Zugangscode

Nutzungsdauer 24 Monate

6BHJ2F62

Zugangscode einlösbar bis 30.09.2027

https://www.pearson.de/mylab/orgchem

Organische Chemie

8., aktualisierte Auflage

Organische Chemie

8., aktualisierte Auflage

Paula Y. Bruice

Pearson

Bibliografische Information der Deutschen Nationalbibliothek
Die Deutsche Nationalbibliothek verzeichnet diese Publikation in der Deutschen Nationalbibliografie; detaillierte bibliografische Daten sind im Internet über *http://dnb.dnb.de* abrufbar.

Authorized translation from the English language edition, entitled ORGANIC CHEMISTRY, 8th Edition by PAULA BRUICE; published by Pearson Education, Inc, publishing as Pearson, Copyright © 2017.

10 9 8 7 6 5 4 3 2 1

26 25 24 23 22

ISBN 978-3-86894-341-2 (Buch)
ISBN 978-3-86326-831-2 (E-Book)

Zugangscode einlösbar bis 30.09.2027

Übersetzung und Bearbeitung der Änderungen der aktuellen Auflage:
Dr. Gerhard Pappert, Berlin
Dr. Tobias Schneider, Berlin
Programmleitung: Alice Kachnij, alice.kachnij@pearson.com
Lektorat: Elisabeth Prümm, epruemm@pearson.de
Herstellung: Claudia Bäurle, cbaeurle@pearson.de
Satz: inpunkt[w]o, Haiger (www.inpunktwo.de)
Coverillustration: Ratchapol yindeesuk, 123rf.com
Druck und Verarbeitung: Neografia, a.s., Martin-Priekopa

Printed in Slovakia

Inhaltsübersicht

Vorwort zur amerikanischen Ausgabe 21
Hinweise zur deutschen Ausgabe 33

TEIL I Eine Einführung in das Studium der Organischen Chemie 35

Kapitel 1 Wiederholung allgemeine Chemie: Elektronenstruktur und Bindung 37
Kapitel 2 Säuren und Basen: Ein zentrales Thema zum Verständnis Organischer Chemie 95
Tutorial Säuren und Basen 129
Kapitel 3 Einführung in organische Verbindungen: Nomenklatur, physikalische Eigenschaften und Struktur 139

TEIL II Elektrophile Additionsreaktionen, Stereochemie und Elektronendelokalisation 201

Tutorial Molekülmodelle verwenden 204
Kapitel 4 Isomere: Die Anordnung von Atomen im Raum 207
Tutorial Umwandeln von verschiedenen Strukturdarstellungsweisen 256
Kapitel 5 Alkene – Struktur, Nomenklatur, Reaktivität • Thermodynamik und Kinetik 259
Tutorial Gekrümmte Pfeile zeichnen 301
Kapitel 6 Die Reaktionen der Alkene • Die Stereochemie von Additionsreaktionen 313
Kapitel 7 Die Reaktionen der Alkine • Einführung in die Mehrstufensynthese 371
Kapitel 8 Delokalisierte Elektronen und ihre Effekte auf Stabilität, Reaktivität und pK_S-Wert • Aromatizität und elektronische Effekte – Eine Einführung in die Reaktionen von Benzol 405
Tutorial Grenzstrukturen zeichnen 477

TEIL III Substitutionen und Eliminierungen 487

Kapitel 9 Substitutionsreaktionen und Eliminierungsreaktionen der Halogenalkane 491
Kapitel 10 Reaktionen der Alkohole, Amine, Ether, Epoxide und schwefelhaltigen Verbindungen 567
Kapitel 11 Organometallverbindungen 623
Kapitel 12 Radikale 651
Tutorial Gekrümmte Pfeile in radikalischen Systemen zeichnen 688

TEIL IV Die Identifizierung von organischen Verbindungen 693

Kapitel 13 Massenspektrometrie; Infrarotspektroskopie; UV/Vis-Spektroskopie 695
Kapitel 14 NMR-Spektroskopie 751

TEIL V Carbonylverbindungen 817

Kapitel 15 Reaktionen von Carbonsäuren und Carbonsäurederivaten ... 821
Kapitel 16 Reaktionen von Aldehyden und Ketonen • Weitere Reaktionen von Carbonsäurederivaten ... 881
Kapitel 17 Reaktionen am α-Kohlenstoffatom ... 949
Tutorial Synthese und retrosynthetische Analyse ... 1003

TEIL VI Aromatische Verbindungen 1019

Kapitel 18 Reaktionen von Benzolen und substituierten Benzolen ... 1021
Kapitel 19 Weiteres zu den Aminen • Reaktionen heterozyklischer Verbindungen ... 1079

TEIL VII Bioorganische Verbindungen 1107

Kapitel 20 Die Organische Chemie der Kohlenhydrate ... 1111
Kapitel 21 Aminosäuren, Peptide und Proteine ... 1157
Kapitel 22 Katalyse in organischen Reaktionen und in enzymatischen Reaktionen ... 1211
Kapitel 23 Die Organische Chemie der Coenzyme, von Vitaminen abgeleitete Verbindungen ... 1251
Kapitel 24 Die Organische Chemie der Stoffwechselwege ... 1295
Kapitel 25 Die Organische Chemie der Lipide ... 1331
Kapitel 26 Die Chemie der Nucleinsäuren ... 1365

TEIL VIII Spezielle Themen in der Organischen Chemie 1399

Kapitel 27 Synthetische Polymere ... 1401
Kapitel 28 Perizyklische Reaktionen ... 1437

Anhang 1473

ANHANG A: Physikalische Eigenschaften organischer Verbindungen ... 1474
ANHANG B: pK_S-Werte ... 1481
ANHANG C: Kinetik ... 1483
ANHANG D: Zusammenfassung der Methoden, die benötigt werden, um eine bestimmte funktionelle Gruppe zu synthetisieren ... 1486
ANHANG E: Zusammenfassung der Methoden zur Bildung von Kohlenstoff-Kohlenstoff-Bindungen ... 1489
ANHANG F: Spektroskopie-Tabellen ... 1490
ANHANG G: Bildnachweis ... 1496

Index 1499

Inhaltsverzeichnis

Vorwort zur amerikanischen Ausgabe 21

Hinweise zur deutschen Ausgabe 33

Teil I Eine Einführung in das Studium der Organischen Chemie 35

Kapitel 1 Wiederholung allgemeine Chemie: Elektronenstruktur und Bindung 37

1.1 Die Struktur eines Atoms ... 40
1.2 Die Elektronenverteilung in einem Atom ... 42
1.3 Kovalente Bindungen ... 45
1.4 Die Darstellung von Strukturen ... 52
1.5 Atomorbitale ... 60
1.6 Einführung in die Molekülorbitaltheorie ... 62
1.7 Wie Einfachbindungen in organischen Verbindungen gebildet werden ... 68
1.8 Die Bildung von Doppelbindungen: Ethen ... 73
1.9 Die Bildung von Dreifachbindungen: Ethin ... 76
1.10 Die Bindungen im Methylkation, im Methylradikal und im Methylanion ... 78
1.11 Die Bindungen im Ammoniakmolekül und im Ammoniumion ... 79
1.12 Die Bindungen im Wassermolekül ... 81
1.13 Die Bindung der Halogenwasserstoffe ... 83
1.14 Hybridisierung und molekulare Geometrie ... 85
1.15 Zusammenfassung: Orbitalhybridisierung, Bindungslängen, Bindungsstärken und Bindungswinkel ... 86
1.16 Dipolmomente von Molekülen ... 91
Zusammenfassung ... 92

Kapitel 2 Säuren und Basen: Ein zentrales Thema zum Verständnis Organischer Chemie 95

2.1 Einführung in die Säure-Base-Theorie ... 96
2.2 pK_S und pH ... 99
2.3 Organische Säuren und Basen ... 102
2.4 Vorhersage des Resultats von Protonenübertragungsreaktionen ... 106
2.5 Wie die Lage des Gleichgewichts bestimmt wird ... 106
2.6 Der Einfluss der Struktur auf die Säurekonstante pK_S ... 108
2.7 Der Einfluss von Substituenten auf die Säurestärke ... 112
2.8 Einführung in die Elektronendelokalisation ... 114
2.9 Zusammenfassung der Faktoren, die die Säurestärke bestimmen ... 118
2.10 Der Effekt des pH-Wertes auf die Struktur organischer Verbindungen ... 119
2.11 Pufferlösungen ... 125
2.12 Lewis-Säuren und Lewis-Basen ... 126
Zusammenfassung ... 128
Tutorial Säuren und Basen ... 129

Kapitel 3 Einführung in organische Verbindungen: Nomenklatur, physikalische Eigenschaften und Struktur **139**

3.1 Nomenklatur der Alkylradikale ... 144
3.2 Nomenklatur der Alkane ... 148
3.3 Nomenklatur der Cycloalkane/Gerüstformeln ... 154
3.4 Nomenklatur der Halogenalkane ... 156
3.5 Nomenklatur der Ether ... 158
3.6 Nomenklatur der Alkohole ... 159
3.7 Nomenklatur der Amine ... 162
3.8 Strukturen der Halogenalkane, Alkohole, Ether und Amine ... 165
3.9 Nichtkovalente Interaktionen ... 167
3.10 Die Löslichkeit von organischen Verbindungen ... 174
3.11 Rotation um Kohlenstoff-Kohlenstoff-Bindungen ... 177
3.12 Manche Cycloalkane weisen Ringspannung auf ... 182
3.13 Konformationen der Cyclohexane ... 185
3.14 Konformationen monosubstituierter Cyclohexane ... 188
3.15 Konformationen zweifach substituierter Cyclohexane ... 191
3.16 Annelierte Cyclohexane ... 196
Zusammenfassung ... 199

Teil II Elektrophile Additionsreaktionen, Stereochemie und Elektronendelokalisation **201**

Tutorial Molekülmodelle verwenden ... 204

Kapitel 4 Isomere: Die Anordnung von Atomen im Raum **207**

4.1 *Cis-trans*-Isomere entstehen durch eingeschränkte Rotation ... 210
4.2 Die *E*/*Z*-Nomenklatur ... 213
4.3 Ein chirales Objekt kann nicht mit seinem Spiegelbild zur Deckung gebracht werden ... 217
4.4 Ein Chiralitätszentrum führt zu einem chiralen Molekül ... 218
4.5 Isomere mit einem asymmetrisch substituierten Kohlenstoffatom ... 219
4.6 Asymmetrisch substituierte Kohlenstoffatome und Stereozentren ... 220
4.7 Das Zeichnen von Enantiomeren ... 221
4.8 Die Benennung von Enantiomeren: Das *R*/*S*-System ... 223
4.9 Chirale Verbindungen sind optisch aktiv ... 228
4.10 Die Messung einer spezifischen Drehung ... 231
4.11 Enantiomerenüberschuss ... 233
4.12 Verbindungen mit mehr als einem asymmetrisch substituierten Kohlenstoffatom ... 234
4.13 Stereoisomere von zyklischen Verbindungen ... 237
4.14 Mesoverbindungen haben chirale Zentren, sind aber optisch inaktiv ... 240
4.15 Nomenklatur für Isomere mit mehr als einem asymmetrisch substituierten Kohlenstoffatom ... 244
4.16 Stickstoff- und Phosphorchiralitätszentren ... 249
4.17 Rezeptoren ... 250
4.18 Die Trennung von Enantiomeren ... 251
Zusammenfassung ... 254
Tutorial Umwandeln von verschiedenen Strukturdarstellungsweisen ... 256

Kapitel 5 Alkene – Struktur, Nomenklatur, Reaktivität • Thermodynamik und Kinetik **259**

5.1 Summenformeln und der ungesättigte Charakter 261
5.2 Die Nomenklatur der Alkene 263
5.3 Die Struktur der Alkene 267
5.4 Wie eine organische Verbindung reagiert, hängt von ihren funktionellen Gruppen ab 268
5.5 Wie Alkene reagieren • Gekrümmte Pfeile und die Bewegung von Elektronen 269
5.6 Thermodynamik: Wie viel Produkt wird bildet? 275
5.7 Die Ausbeute einer Reaktion erhöhen 279
5.8 Die Berechnung von $\Delta H°$-Werten 280
5.9 Mit $\Delta H°$ kann die relative Stabilität von Alkenen bestimmt werden 282
5.10 Kinetik: Wie schnell wird ein Produkt gebildet? 287
5.11 Die Geschwindigkeit einer chemischen Reaktion 289
5.12 Ein Reaktionskoordinatendiagramm beschreibt den Energieverlauf einer Reaktion 293
5.13 Katalysatoren 296
5.14 Enzymkatalyse 297
Zusammenfassung 299
Tutorial Gekrümmte Pfeile zeichnen 301

Kapitel 6 Die Reaktionen der Alkene • Die Stereochemie von Additionsreaktionen **313**

6.1 Die Addition von Halogenwasserstoff an Alken 315
6.2 Die Stabilität von Carbokationen hängt von der Anzahl der Alkylgruppen am positiv geladenem Kohlenstoffatom ab 317
6.3 Die Struktur des Übergangszustandes 319
6.4 Die Regioselektivität der elektrophilen Additionsreaktionen 321
6.5 Die Addition von Wasser an Alken 326
6.6 Die Addition von Alkohol an Alken 327
6.7 Ein Carbokation lagert sich um, wenn es ein stabileres Carbokation bilden kann 329
6.8 Die Addition von Boran an Alken: Hydroborierung und Oxidation 332
6.9 Die Addition von Halogen an Alken 336
6.10 Die Addition von Peroxycarbonsäure an Alken 341
6.11 Die Addition von Ozon an Alken: Die Ozonolyse 343
6.12 Die Stereochemie von Reaktionen: Regioselektive, stereoselektive und stereospezifische Reaktionen 347
6.13 Die Stereochemie der elektrophilen Additionsreaktionen 348
6.14 Die Stereochemie von enzymkatalysierten Reaktionen 362
6.15 Die Unterscheidung von Enantiomeren durch biologische Moleküle 363
6.16 Reaktionen und Synthesen 365
Zusammenfassung 368
Zusammenfassung der Reaktionen 369

Kapitel 7 Die Reaktionen der Alkine • Einführung in die Mehrstufensynthese 371

7.1 Nomenklatur der Alkine ... 374
7.2 Die Benennung von Verbindungen mit mehr als einer funktionellen Gruppe ... 376
7.3 Die Struktur der Alkine ... 378
7.4 Die physikalischen Eigenschaften ungesättigter Kohlenwasserstoffe ... 379
7.5 Wie Alkine reagieren ... 380
7.6 Addition von Halogenwasserstoffen und Addition von Halogenen an Alkine ... 382
7.7 Addition von Wasser an Alkine ... 385
7.8 Addition von Borwasserstoff an Alkine: Hydroborierung-Oxidation ... 388
7.9 Addition von Wasserstoff an ein Alkin ... 389
7.10 Azidität eines an ein *sp*-hybridisiertes Kohlenstoffatom gebundenen Wasserstoffatoms ... 391
7.11 Synthesen mit Acetylidionen ... 394
7.12 **Syntheseplanung I:** Einführung in die Mehrstufensynthese ... 395
Zusammenfassung ... 402
Zusammenfassung der Reaktionen ... 403

Kapitel 8 Delokalisierte Elektronen und ihre Effekte auf Stabilität, Reaktivität und pK_S-Wert • Aromatizität und elektronische Effekte – Eine Einführung in die Reaktionen von Benzol 405

8.1 Delokalisierte Elektronen erklären die Struktur des Benzols ... 407
8.2 Die Bindung im Benzolmolekül ... 410
8.3 Mesomere Grenzformeln und der mesomere Zustand ... 411
8.4 Wie man mesomere Grenzformeln zeichnet ... 413
8.5 Die vorhergesagten Stabilitäten von mesomeren Grenzformeln ... 417
8.6 Delokalisationsenergie ... 420
8.7 Delokalisierte Elektronen erhöhen die Stabilität ... 422
8.8 Eine molekülorbitaltheoretische Beschreibung der Stabilität ... 427
8.9 Der Effekt der Elektronendelokalisation auf den pK_S-Wert ... 432
8.10 Elektronische Effekte ... 436
8.11 Der Effekt der Elektronendelokalisation auf das Produkt einer Reaktion ... 440
8.12 Reaktionen von Dienen ... 441
8.13 Thermodynamische vs. kinetische Kontrolle von chemischen Reaktionen ... 445
8.14 Die Diels-Alder-Reaktion ist eine 1,4-Addition ... 451
8.15 Retrosynthetische Analyse von Diels-Alder-Reaktionen ... 459
8.16 Benzol ist eine aromatische Verbindung ... 460
8.17 Die beiden Kriterien für Aromatizität ... 461
8.18 Anwendung der Aromatizitätskriterien ... 462
8.19 Eine molekülorbitaltheoretische Beschreibung des aromatischen und des antiaromatischen Zustandes ... 465
8.20 Aromatische Heterozyklen ... 467
8.21 Wie Benzol reagiert ... 469
8.22 Was wir über die Reaktionen von organischen Verbindungen wissen ... 472
Zusammenfassung ... 474
Zusammenfassung der Reaktionen ... 476
Tutorial Grenzstrukturen zeichnen ... 477

Teil III Substitutionen und Eliminierungen 487

Kapitel 9 Substitutionsreaktionen und Eliminierungsreaktionen der Halogenalkane 491

9.1 Der Mechanismus der S_N2-Reaktion ... 494
9.2 Faktoren, die die S_N2-Reaktion beeinflussen ... 501
9.3 Die S_N1-Reaktion ... 510
9.4 Faktoren, die die S_N1-Reaktion beeinflussen ... 514
9.5 Konkurrenz zwischen S_N2- und S_N1-Reaktionen ... 515
9.6 Eliminierungsreaktionen von Halogenalkanen ... 518
9.7 Die E2-Reaktion ... 518
9.8 Die E1-Reaktion ... 526
9.9 Konkurrenz zwischen E2- und E1-Reaktionen ... 529
9.10 Der stereochemische Verlauf der E2- und E1-Reaktionen ... 530
9.11 Eliminierung aus zyklischen Verbindungen ... 535
9.12 Vorhersagen der Produkte einer Reaktion eines Halogenalkans mit einem Nucleophil/einer Base ... 538
9.13 Benzylhalogenide, Allylhalogenide, Vinylhalogenide und Arylhalogenide ... 543
9.14 Die Rolle des Lösungsmittels in S_N2- und S_N1-Reaktionen ... 548
9.15 Substitution und Eliminierung in der Synthese ... 555
9.16 Intermolekulare und intramolekulare Reaktionen ... 557
9.17 **Syntheseplanung II:** Annäherung an das Problem ... 560
Zusammenfassung ... 563
Zusammenfassung der Reaktionen ... 565

Kapitel 10 Reaktionen der Alkohole, Amine, Ether, Epoxide und schwefelhaltigen Verbindungen 567

10.1 Nucleophile Substitution an Alkoholen: Halogenalkanbildung ... 569
10.2 Andere Methoden der Überführung von Alkoholen in Halogenalkane ... 575
10.3 Überführung von Alkoholen in Sulfonsäureester ... 576
10.4 Eliminierungsreaktionen von Alkoholen: Dehydratisierung ... 580
10.5 Die Oxidation von Alkoholen ... 586
10.6 Nucleophile Substitutionen der Ether ... 590
10.7 Nucleophile Substitutionen von Epoxiden ... 594
10.8 Arenoxide ... 600
10.9 Amine gehen keine Substitutions- oder Eliminierungsreaktionen ein ... 605
10.10 Quarternäre Ammoniumhydroxide gehen Eliminierungen ein ... 608
10.11 Thiole, Thioether und Sulfoniumsalze ... 611
10.12 Natürliche und synthetische Methylierungsreagenzien ... 614
10.13 Was wir nun über die Reaktionen von organischen Verbindungen wissen ... 616
Zusammenfassung ... 618
Zusammenfassung der Reaktionen ... 619

Kapitel 11 Organometallverbindungen 623

11.1 Organolithium- und Organomagnesiumverbindungen ... 626
11.2 Transmetallierung ... 628
11.3 Organocuprate ... 628

11.4 Palladiumkatalysierte Kupplungsreaktionen 632
11.5 Alkenmetathese 641
Zusammenfassung 647
Zusammenfassung der Reaktionen 648

Kapitel 12 Radikale 651

12.1 Alkane: Unreaktive Verbindungen 653
12.2 Chlorierung und Bromierung der Alkane 654
12.3 Radikalstabilität hängt von der Zahl der Alkylgruppen ab 657
12.4 Die Produkteverteilung hängt von der Wahrscheinlichkeit der Reaktion und der Reaktivität ab 659
12.5 Das Reaktivitäts-Selektivitäts-Prinzip 661
12.6 Die Bildung explosiver Peroxide 666
12.7 Radikaladdition an Alkene 667
12.8 Der stereochemische Verlauf radikalischer Substitutionen und Additionen 670
12.9 Radikalische Substitution von Benzyl- und Allylwasserstoffatomen 672
12.10 **Syntheseplanung III:** Zusätzliche Praxis in der Mehrstufensynthese 675
12.11 Radikalische Reaktionen in biologischen Systemen 678
12.12 Radikale und das stratosphärische Ozon 683
Zusammenfassung 686
Zusammenfassung der Reaktionen 687
Tutorial Gekrümmte Pfeile in radikalischen Systemen zeichnen 688

Teil IV Die Identifizierung von organischen Verbindungen 693

Kapitel 13 Massenspektrometrie; Infrarotspektroskopie; UV/Vis-Spektroskopie 695

13.1 Massenspektrometrie 698
13.2 Das Massenspektrum • Fragmentierungen 700
13.3 Eine Methode zur Bestimmung der Summenformel aus dem *m/z*-Wert des Molekülions 702
13.4 Isotope in der Massenspektrometrie 704
13.5 Die Bestimmung von Summenformeln: Hochauflösende Massenspektrometrie 705
13.6 Fragmentierung an funktionellen Gruppen 706
13.7 Andere Ionisationsmethoden 713
13.8 Gaschromatographie-Massenspektrometrie 714
13.9 Spektroskopie und das elektromagnetische Spektrum 714
13.10 Infrarotspektroskopie 717
13.11 Charakteristische IR-Absorptionsbanden 721
13.12 Die Intensität von Absorptionsbanden 721
13.13 Die Lage von Absorptionsbanden 722
13.14 Die Position und Form einer Absorptionsbande wird durch Elektronendelokalisation und Wasserstoffbrücken beeinflusst 724
13.15 C—H-Absorptionsbanden 729
13.16 Das Fehlen von Absorptionsbanden 733
13.17 Manche Vibrationen sind infrarot-aktiv 734
13.18 Die Analyse von Infrarotspektren 735

13.19 Ultraviolett- und visuelle Spektroskopie ... 738
13.20 Das Lambert-Beer'sche Gesetz ... 741
13.21 Der Effekt der Konjugation auf lmax ... 741
13.22 Das sichtbare Spektrum und das Phänomen der Farbigkeit ... 744
13.23 Anwendungen der UV/Vis-Spektroskopie ... 745
Zusammenfassung ... 748

Kapitel 14 NMR-Spektroskopie 751

14.1 Einführung in die NMR-Spektroskopie ... 752
14.2 Fourier-Transformations-NMR ... 756
14.3 Abschirmung führt zur Ausbildung verschiedener Signale ... 757
14.4 Die Zahl der Signale im ^{1}H-NMR-Spektrum ... 758
14.5 Chemische Verschiebung ... 760
14.6 Die relativen Lagen der ^{1}H-NMR-Signale ... 762
14.7 Charakteristische Werte der chemischen Verschiebung ... 764
14.8 Diamagnetische Anisotropie ... 766
14.9 Die Integration von NMR-Signalen ... 769
14.10 Die $N+1$-Regel beschreibt die Aufspaltung der Signale ... 771
14.11 Was verursacht die Aufspaltung der Signale? ... 774
14.12 Weitere Beispiele für ^{1}H-NMR-Spektren ... 777
14.13 Kopplungskonstanten ... 782
14.14 Aufspaltungsdiagramme ... 786
14.15 Enantiotope und diastereotope Wasserstoffatome ... 789
14.16 Zeitabhängigkeit der NMR-Spektroskopie ... 791
14.17 An Sauerstoff und Stickstoff gebundene Protonen ... 793
14.18 Die Verwendung von Deuterium in der ^{1}H-NMR-Spektroskopie ... 795
14.19 Die Auflösung von ^{1}H-NMR-Spektren ... 796
14.20 ^{13}C-NMR-Spektroskopie ... 798
14.21 DEPT-^{13}C-NMR-Spektren ... 805
14.22 Zweidimensionale NMR-Spektroskopie ... 805
14.23 Magnetresonanzbildgebung: Der Einsatz der NMR in der Medizin ... 809
14.24 Röntgenkristallographie ... 811
Zusammenfassung ... 814

Teil V Carbonylverbindungen 817

Kapitel 15 Reaktionen von Carbonsäuren und Carbonsäurederivaten 821

15.1 Die Nomenklatur der Carbonsäuren und Carbonsäurederivate ... 824
15.2 Strukturen der Carbonsäuren und Carbonsäurederivate ... 830
15.3 Physikalische Eigenschaften von Carbonylverbindungen ... 831
15.4 Wie Carbonsäuren und Carbonsäurederivate reagieren ... 832
15.5 Relative Reaktivitäten der Carbonsäuren und Carbonsäurederivate ... 835
15.6 Reaktionen der Acylchloride ... 838
15.7 Reaktionen der Ester ... 841
15.8 Säurekatalysierte Esterhydrolyse und Umesterung ... 843
15.9 Hydroxidionenvermittelte Esterhydrolyse ... 848
15.10 Reaktionen der Carbonsäuren ... 852

15.11	Reaktionen der Amide	854
15.12	Die Hydrolyse von Amiden	856
15.13	Durch Hydroxidionen vermittelte Hydrolyse von Amiden	860
15.14	Die Hydrolyse eines Imids: Ein Weg zur Synthese primärer Amine	861
15.15	Nitrile	862
15.16	Säureanhydride	865
15.17	Dicarbonsäuren	868
15.18	Wie Chemiker*innen Carbonsäuren aktivieren	869
15.19	Wie lebende Zellen Carbonsäuren aktivieren	871
	Zusammenfassung	876
	Zusammenfassung der Reaktionen	877

Kapitel 16 Reaktionen von Aldehyden und Ketonen • Weitere Reaktionen von Carbonsäurederivaten 881

16.1	Nomenklatur der Aldehyde und Ketone	883
16.2	Relative Reaktivitäten der Carbonylverbindungen	887
16.3	Wie Aldehyde und Ketone reagieren	888
16.4	Reaktionen der Carbonylverbindungen mit Carbonylnucleophilen	890
16.5	Reaktionen der Carbonylverbindungen mit Hydridionen	898
16.6	Mehr zu Reduktionsreaktionen	904
16.7	Chemoselektive Reaktionen	906
16.8	Reaktionen der Aldehyde und Ketone mit Aminen und Aminderivaten	907
16.9	Reaktionen der Aldehyde und Ketone mit Sauerstoffnucleophilen	915
16.10	Schutzgruppen	922
16.11	Reaktionen auf Aldehyde und Ketone mit Schwefelnucleophilen	924
16.12	Reaktionen von Aldehyden und Ketone mit einer Peroxysäure	925
16.13	Die Wittig-Reaktion zur Darstellung von Alkenen	926
16.14	**Syntheseplanung IV:** Bindungstrennungen, Synthone und Syntheseäquivalente	930
16.15	Nucleophile Addition an α,β-ungesättigte Aldehyde und Ketone	933
16.16	Nucleophile Addition an α,β-ungesättigte Carbonsäurederivate	937
16.17	Additionsreaktionen in biologischen Systemen konjugieren	939
	Zusammenfassung	941
	Zusammenfassung der Reaktionen	942

Kapitel 17 Reaktionen am α-Kohlenstoffatom 949

17.1	Azidität von α-Wasserstoffatomen	951
17.2	Keto-Enol-Tautomerie	955
17.3	Keto-Enol-Umwandlung	956
17.4	Halogenierung des α-Kohlenstoffatoms von Aldehyden und Ketonen	957
17.5	Halogenierung des α-Kohlenstoffs von Carbonsäuren	959
17.6	Bildung des Enolations	960
17.7	Alkylierung des α-Kohlenstoffatoms	961
17.8	Alkylierung und Acylierung des α-Kohlenstoffatoms über Enamin-Zwischenstufen	965
17.9	Alkylierung des β-Kohlenstoffatoms	966
17.10	Eine Aldoladdition bildet ein β-Hydroxyaldehyd oder ein β-Hydroxyketon	968

17.11 Die Hydrierung von Produkten einer Aldoladdition bildet α,β-ungesättigte Aldehyde und Ketone ... 970
17.12 Die gekreuzte Aldoladdition ... 972
17.13 Die Claisen-Kondensation bildet β-Ketoester ... 976
17.14 Andere gekreuzte Kondensationen ... 979
17.15 Intramolekulare Kondensationsreaktionen und intramolekulare Aldoladditionen ... 980
17.16 Die Robinson-Annelierung ... 982
17.17 CO_2 kann von einer Carbonsäure entfernt werden, die eine Carbonylgruppe an der 3-Position trägt ... 985
17.18 Die Malonestersynthese: Ein Weg zur Synthese von Carbonsäuren ... 986
17.19 Die Acetessigestersynthese: Ein Weg zur Synthese von Methylketonen ... 988
17.20 **Syntheseplanung V:** Die Knüpfung neuer Kohlenstoff-Kohlenstoff-Bindungen ... 990
17.21 Reaktionen am α-Kohlenstoffatom in biologischen Systemen ... 992
17.22 Einordnen, was wir über die Reaktionen organischer Verbindungen wissen ... 996
Zusammenfassung ... 998
Zusammenfassung der Reaktionen ... 999
Tutorial Synthese und retrosynthetische Analyse ... 1003

Teil VI Aromatische Verbindungen 1019

Kapitel 18 Reaktionen von Benzolen und substituierten Benzolen 1021

18.1 Nomenklatur der monosubstituierten Benzole ... 1024
18.2 Der allgemeine Mechanismus der elektrophilen aromatischen Substitution ... 1026
18.3 Halogenierung des Benzols ... 1028
18.4 Nitrierung des Benzols ... 1030
18.5 Sulfonierung des Benzols ... 1031
18.6 Friedel-Crafts-Acylierung des Benzols ... 1032
18.7 Friedel-Crafts-Alkylierung des Benzols ... 1034
18.8 Alkylierung des Benzols durch Acylierung–Reduktion ... 1037
18.9 Der Einsatz von Kupplungsreaktionen zur Alkylierung von Benzol ... 1038
18.10 Wie man die Substituenten eines Benzolrings chemisch verändern kann ... 1039
18.11 Die Nomenklatur di- und polysubstituierter Benzole ... 1041
18.12 Reaktivität eines Benzolrings ... 1043
18.13 Der Effekt von Substituenten auf die Orientierung ... 1048
18.14 Das *ortho*/*para*-Verhältnis ... 1052
18.15 Weitere Betrachtungen zu den Substituenteneffekten ... 1053
18.16 **Syntheseplanung VI:** Die Synthese mono- und disubstituierter Benzolderivate ... 1056
18.17 Die Synthese trisubstituierter Benzole ... 1059
18.18 Die Synthese substituierter Benzole mit Arendiazoniumsalzen ... 1061
18.19 Azobenzole ... 1064
18.20 Der Mechanismus zur Bildung eines Diazoniumions ... 1067
18.21 Nucleophile aromatische Substitution ... 1069
18.22 **Syntheseplanung VII:** Die Synthese zyklischer Verbindungen ... 1072
Zusammenfassung ... 1075
Zusammenfassung der Reaktionen ... 1076

Kapitel 19 Weiteres zu den Aminen • Reaktionen heterozyklischer Verbindungen 1079

19.1 Weiteres zur Nomenklatur ... 1081
19.2 Mehr über die Säure-Base-Eigenschaften von Aminen ... 1083
19.3 Amine reagieren als Basen und als Nucleophile ... 1084
19.4 Die Synthese von Aminen ... 1086
19.5 Aromatische fünfgliedrige Heterozyklen ... 1086
19.6 Aromatische sechsgliedrige Heterozyklen ... 1092
19.7 Biologisch bedeutsame Heterozyklen ... 1098
19.8 Unser Wissen über die Reaktionen organischer Verbindungen ordnen (Gruppe IV) ... 1103
Zusammenfassung ... 1105
Zusammenfassung der Reaktionen ... 1105

Teil VII Bioorganische Verbindungen 1107

Kapitel 20 Die Organische Chemie der Kohlenhydrate 1111

20.1 Klassifizierung der Kohlenhydrate ... 1114
20.2 Die D-/L-Nomenklatur der Kohlenhydrate ... 1114
20.3 Die Konfigurationen der Aldosen ... 1116
20.4 Die Konfigurationen der Ketosen ... 1118
20.5 Reaktionen der Monosaccharide in basischen Lösungen ... 1119
20.6 Redoxreaktionen der Monosaccharide ... 1120
20.7 Kettenverlängerung: Die Kiliani-Fischer-Synthese ... 1122
20.8 Kettenverkürzung: Der Wohl-Abbau ... 1123
20.9 Die Stereochemie der Glucose: Der Konfigurationsbeweis von Fischer ... 1124
20.10 Monosaccharide aus zyklischen Halbacetalen bilden ... 1127
20.11 Glucose ist die stabilste Aldohexose ... 1131
20.12 Glycosidbildung ... 1133
20.13 Der anomere Effekt ... 1135
20.14 Reduzierende und nichtreduzierende Zucker ... 1136
20.15 Disaccharide ... 1136
20.16 Polysaccharide ... 1141
20.17 Einige von Kohlenhydraten abgeleitete Naturstoffe ... 1145
20.18 Kohlenhydrate an Zelloberflächen ... 1148
20.19 Synthetische Süßstoffe ... 1150
Zusammenfassung ... 1153
Zusammenfassung der Reaktionen ... 1155

Kapitel 21 Aminosäuren, Peptide und Proteine 1157

21.1 Die Nomenklatur der Aminosäuren ... 1159
21.2 Konfiguration der Aminosäuren ... 1164
21.3 Säure-Base-Eigenschaften der Aminosäuren ... 1166
21.4 Der isoelektrische Punkt ... 1169
21.5 Trennung von Aminosäuren ... 1170
21.6 Synthese von Aminosäuren ... 1176
21.7 Racematspaltung von Aminosäuregemischen ... 1178

21.8 Peptidbindungen und Disulfidbindungen ... 1179
21.9 Einige interessante Peptide ... 1184
21.10 Strategie der Peptidsynthese: N-Schutz und C-Aktivierung ... 1186
21.11 Automatisierte Peptidsynthese ... 1189
21.12 Proteinstruktur – Eine Einführung ... 1192
21.13 Bestimmung der Primärstruktur eines Polypeptids oder eines Proteins ... 1193
21.14 Sekundärstruktur von Proteinen ... 1200
21.15 Tertiärstruktur von Proteinen ... 1204
21.16 Quartärstruktur von Proteinen ... 1206
21.17 Proteindenaturierung ... 1207
Zusammenfassung ... 1209

Kapitel 22 Katalyse in organischen Reaktionen und in enzymatischen Reaktionen 1211

22.1 Katalyse in der Organischen Chemie ... 1214
22.2 Saure Katalyse ... 1215
22.3 Basenkatalyse ... 1219
22.4 Nucleophile Katalyse ... 1221
22.5 Katalyse durch Metallionen ... 1222
22.6 Intramolekulare Reaktionen ... 1224
22.7 Intramolekulare Katalyse ... 1227
22.8 Katalyse biochemischer Reaktionen ... 1230
22.9 Eine enzymkatalysierte Reaktion, die an eine säurekatalysierte Amidhydrolyse erinnert ... 1232
22.10 Eine weitere enzymkatalysierte Reaktion, die an eine säurekatalysierte Amidhydrolyse erinnert ... 1235
22.11 Eine enzymkatalysierte Reaktion, die aus zwei aufeinanderfolgenden S_N2-Reaktionen besteht ... 1239
22.12 Eine enzymkatalysierte Reaktion, die an eine basenkatalysierte Endiolumlagerung erinnert ... 1244
22.13 Eine enzymkatalysierte Reaktion, die an eine Retro-Aldoladdition erinnert ... 1245
Zusammenfassung ... 1248

Kapitel 23 Die Organische Chemie der Coenzyme, von Vitaminen abgeleitete Verbindungen 1251

23.1 Niacin: Das für viele Redoxreaktionen notwendige Vitamin ... 1255
23.2 Riboflavin: Ein weiteres Vitamin, das in Redoxreaktionen verwendet wird ... 1262
23.3 Vitamin B_1: Das für den Acylgruppentransfer benötigte Vitamin ... 1266
23.4 Biotin: Das notwendige Vitamin für die Carboxylierung eines α-Kohlenstoffs ... 1272
23.5 Vitamin B_6: Das notwendige Vitamin für Aminosäureumwandlungen ... 1274
23.6 Vitamin B_{12}: Das notwendige Vitamin für bestimmte Isomerisierungen ... 1280
23.7 Folsäure: Das notwendige Vitamin für die Kohlenstoffübertragung ... 1283
23.8 Vitamin K: Das Vitamin, welches für die Carboxylierung von Glutamat benötigt wird ... 1288
Zusammenfassung ... 1292

Kapitel 24 Die Organische Chemie der Stoffwechselwege 1295

24.1 ATP: Der Überträger der chemischen Energie ... 1297
24.2 Warum ATP in lebenden Zellen kinetisch stabil ist ... 1300
24.3 Der „energiereiche Charakter“ der Phosphoanhydridbindungen ... 1301
24.4 Die vier Stufen des Katabolismus ... 1303
24.5 Der Katabolismus der Fette: Stufe 1 und 2 ... 1304
24.6 Der Katabolismus der Kohlenhydrate: Stufe 1 und 2 ... 1308
24.7 Die verschiedenen Schicksale des Pyruvats ... 1313
24.8 Der Katabolismus der Proteine: Stufe 1 und 2 ... 1315
24.9 Der Zitronensäurezyklus: Stufe 3 ... 1317
24.10 Die oxidative Phosphorylierung: Stufe 4 ... 1320
24.11 Anabolismus ... 1322
24.12 Gluconeogenese ... 1322
24.13 Regulierende Stoffwechselwege ... 1324
24.14 Die Biosynthese der Aminosäuren ... 1326
Zusammenfassung ... 1328

Kapitel 25 Die Organische Chemie der Lipide 1331

25.1 Fettsäuren sind langkettige Carbonsäuren ... 1333
25.2 Wachse sind hochmolekulare Ester ... 1335
25.3 Fette und Öle sind Triglyceride ... 1336
25.4 Seifen und Mizellen ... 1339
25.5 Phospholipide sind Bestandteile biologischer Membranen ... 1341
25.6 Prostaglandine regulieren physiologische Reaktionen ... 1345
25.7 Terpene enthalten fünfgliedrige Kohlenstoffatomgruppen ... 1348
25.8 Die Biosynthese der Terpene ... 1350
25.9 Die Biosynthese des Cholesterols ... 1356
25.10 Steroide ... 1358
25.11 Synthetische Steroide ... 1361
Zusammenfassung ... 1363

Kapitel 26 Die Chemie der Nucleinsäuren 1365

26.1 Nucleoside und Nucleotide ... 1366
26.2 Nucleinsäuren bestehen aus Nucleotiduntereinheiten ... 1371
26.3 Die Sekundärstruktur der DNA ... 1372
26.4 Warum DNA keine 2′-OH-Gruppe besitzt ... 1375
26.5 Die Biosynthese der DNA nennt man Replikation ... 1376
26.6 DNA und Vererbung ... 1377
26.7 Die Biosynthese der RNA heißt Transkription ... 1378
26.8 Die für die Biosynthese von Proteinen verwendeteten RNAs ... 1380
26.9 Die Biosynthese der Proteine nennt man Translation ... 1383
26.10 Warum die DNA Thymin anstelle von Uracil enthält ... 1388
26.11 Antivirale Wirkstoffe ... 1390
26.12 Wie die Basensequenz eines DNA-Moleküls bestimmt wird ... 1392
26.13 Gentechnik ... 1394
Zusammenfassung ... 1396

Teil VIII Spezielle Themen in der Organischen Chemie 1399

Kapitel 27 Synthetische Polymere 1401

27.1 Zwei Hauptklassen synthetischer Polymere ... 1404
27.2 Eine Einführung in die Kettenwachstumspolymere ... 1405
27.3 Radikalische Polymerisation ... 1406
27.4 Kationische Polymerisation ... 1412
27.5 Anionische Polymerisation ... 1414
27.6 Ringöffnungspolymerisationen ... 1416
27.7 Stereochemie der Polymerisation • Ziegler-Natta-Katalysatoren ... 1417
27.8 Die Polymerisation von Dienen ... 1419
27.9 Copolymere ... 1422
27.10 Eine Einführung in die Stufenwachstumspolymere ... 1423
27.11 Stufenwachstumspolymerklassen ... 1424
27.12 Physikalische Eigenschaften von Polymeren ... 1430
27.13 Recycling von Polymeren ... 1432
27.14 Biologisch abbaubare Polymere ... 1433
Zusammenfassung ... 1435

Kapitel 28 Perizyklische Reaktionen 1437

28.1 Die drei Arten perizyklischer Reaktionen ... 1438
28.2 Molekülorbitale und Orbitalsymmetrie ... 1442
28.3 Elektrozyklische Reaktionen ... 1447
28.4 Cycloadditionen ... 1455
28.5 Sigmatrope Umlagerungen ... 1459
28.6 Perizyklische Reaktionen in biologischen Systemen ... 1465
28.7 Zusammenfassung der Auswahlregeln für perizyklische Reaktionen ... 1469
Zusammenfassung ... 1470

Anhang 1473

ANHANG A: Physikalische Eigenschaften organischer Verbindungen ... 1474
ANHANG B: pK_S-Werte ... 1481
ANHANG C: Kinetik ... 1483
ANHANG D: Zusammenfassung der Methoden, die benötigt werden, um eine bestimmte funktionelle Gruppe zu synthetisieren ... 1486
ANHANG E: Zusammenfassung der Methoden zur Bildung von Kohlenstoff-Kohlenstoff-Bindungen ... 1489
ANHANG F: Spektroskopie-Tabellen ... 1490
ANHANG G: Bildnachweis ... 1496

Index 1499

Vorwort zur amerikanischen Ausgabe

Der Leitgedanke dieses Buches ist es, die Organische Chemie als eine spannende und lebenswichtige Wissenschaft zu präsentieren. Um dem Eindruck entgegenzuwirken, dass das Studium der Organischen Chemie in erster Linie aus dem Auswendiglernen einer Vielzahl von Fakten besteht, habe ich dieses Buch nach gemeinsamen Merkmalen und vereinheitlichenden Konzepten gegliedert und dabei Prinzipien herausgestellt, die immer wieder angewendet werden können. Ich möchte, dass die Studierenden das Gelernte auf neue Zusammenhänge anwenden und lernen, sich ihren Weg zu Lösungen zu denken. Ich wünsche mir auch, dass sie die Organische Chemie als eine faszinierende Disziplin sehen, die in ihr tägliches Leben integriert ist.

Vorbereitung der Studierenden auf ein künftiges Studium in einer Vielzahl von wissenschaftlichen Disziplinen

Dieses Buch ordnet die funktionellen Gruppen nach mechanistischen Ähnlichkeiten. Wenn die Studierenden ihre erste Reaktion sehen, die keine Säure-Base-Reaktion ist, wird ihnen erklärt, dass alle organischen Verbindungen in Familien eingeteilt werden können und dass alle Mitglieder einer Familie auf die *gleiche* Weise reagieren. Und um die Sache noch einfacher zu machen, kann jede Familie in eine von vier Gruppen eingeteilt werden, und alle Familien in einer Gruppe reagieren auf *ähnliche* Weise.

„Organisieren, was wir über Organische Chemie wissen" basiert auf diesen Aussagen.

So können die Studierenden sehen, wo sie waren und wohin sie gehen, während sie durch jede der vier Gruppen gehen. Es ermutigt sie auch, sich das Grundprinzip der Reaktionen aller organischen Verbindungen vor Augen zu führen: *Elektrophile reagieren mit Nucleophilen.* Wenn die Studierenden das Studium einer bestimmten Gruppe abgeschlossen haben, können sie ihr Wissen über diese überprüfen und verstehen, warum die Familien zu dieser Gruppe gehören. Die vier Gruppen werden wie folgt behandelt. (Das Buch ist jedoch modular aufgebaut, so dass sie in beliebiger Reihenfolge behandelt werden können).

- **Gruppe I: Verbindungen mit Kohlenstoff-Kohlenstoff-Doppel- und -Dreifachbindungen.** Diese Verbindungen sind Nucleophile und reagieren daher mit Elektrophilen, wobei sie elektrophile Additionsreaktionen eingehen.
- **Gruppe II: Verbindungen mit elektronenziehenden Atomen oder Gruppen, die an *sp*^{3}-Kohlenstoffatomen gebunden sind.** Diese Verbindungen sind Elektrophile und reagieren daher mit Nucleophilen, wobei es zu nucleophilen Substitutions- und Eliminierungsreaktionen kommt.
- **Gruppe III: Carbonylverbindungen.** Diese Verbindungen sind Elektrophile und reagieren daher mit Nucleophilen – durch nucleophile Acylsubstitutionen, nucleophile Additionen und nucleophile Additions-Eliminierung-Reaktionen. Aufgrund der Azidität des α-Kohlenstoffs kann eine Carbonylverbindung zu einem Nucleophil werden und daher mit Elektrophilen reagieren.
- **Gruppe IV: Aromatische Verbindungen.** Einige aromatische Verbindungen sind Nucleophile und reagieren daher mit Elektrophilen, wobei sie elektrophile aromatische Substitutionsreaktionen eingehen. Andere aromatische Verbindungen sind Elektrophile und reagieren daher mit Nucleophilen, wobei es zu nucleophilen aromatischen Substitutionsreaktionen kommt.

Die Gliederung rät vom Auswendiglernen ab und ermöglicht es den Studierenden, Reaktionen auf der Grundlage ihres Reaktionsmusters zu lernen. Erst wenn diese Reaktivitätsmuster verstanden worden sind, kann ein tiefes Verständnis der Organischen Chemie beginnen. So erwerben die Studierenden die Fähigkeit, Reaktionen vorherzusehen, was das Schöne am Studium der Naturwissenschaften ist. Ein Kurs, der den Studierenden beibringt zu analysieren, klassifizieren, erklären und vorherzusagen, gibt ihnen eine solide Grundlage für ihr späteres Studium der Naturwissenschaften, unabhängig von der Disziplin.

Beim Durchblättern des Buchs stoßen die Studierenden auf ca. 200 interessante Kästen, die eine Verbindung zwischen dem, was sie studieren, und dem wirklichen Leben herstellen. Man muss keine angehende Medizinerin oder ein angehender Mediziner sein, um sich für einen Kasten zu interessieren, der ein experimentelles Medikament zur Behandlung von Ebola behandelt. Entsprechend muss man keine Karriere im Ingenieurwesen anstreben, um etwa einen Kasten über die Eigenschaften eines Polymers für Zahnabdrücke zu verstehen.

Die Organisation verbindet Reaktivität und Synthese

Viele Lehrbücher der Organischen Chemie behandeln die Synthese einer funktionellen Gruppe und die Reaktivität dieser Gruppe nacheinander, wobei diese beiden Gruppen von Reaktionen im Allgemeinen wenig miteinander zu tun haben. Wenn ich die Reaktivität einer funktionellen Gruppe bespreche, gehe ich stattdessen auf die Synthese von Verbindungen ein, die durch diese Reaktivität entstehen, und lasse die Studierenden häufig Synthesen entwerfen. In Kapitel 6 lernen die Studierenden beispielsweise die *Reaktionen* von Alkenen kennen, aber *nicht* deren *Synthese*. Stattdessen lernen sie die Synthese von Alkylhalogeniden (Halogenalkanen), Alkoholen, Ethern, Epoxiden, Alkanen usw. kennen – den Verbindungen, die bei der Reaktion von Alkenen entstehen. Die Synthese von Alkenen wird erst behandelt, wenn die Reaktionen von Halogenalkanen und Alkoholen besprochen werden – Verbindungen, deren Reaktionen zur Synthese von Alkenen führen.

Diese Strategie, die Reaktivität einer funktionellen Gruppe und die Synthese von Verbindungen, die sich aus ihrer Reaktivität ergeben, miteinander zu verknüpfen, verhindert, dass Studierende Listen von nicht zusammenhängenden Reaktionen auswendig lernen müssen. Es führt auch zu einer gewissen Sparsamkeit der Darstellung, wodurch mehr Stoff in kürzerer Zeit behandelt werden kann. Obwohl das Auswendiglernen verschiedener Möglichkeiten, wie eine bestimmte funktionelle Gruppe hergestellt werden kann, für den Spaß an der organischen Chemie kontraproduktiv sein kann, ist eine solche Zusammenstellung von Reaktionen beim Entwurf von mehrstufigen Synthesen nützlich. Aus diesem Grund sind in Anhang C Listen von Reaktionen zusammengestellt, die eine bestimmte funktionelle Gruppe ergeben. Im Laufe des Lernens, wie man Synthesen entwirft, lernen die Studierenden die Bedeutung von Reaktionen zu schätzen, die das Kohlenstoffgerüst eines Moleküls verändern; diese Reaktionen sind in Anhang E zusammengestellt.

Studierende beim Lernen und Verstehen der Organischen Chemie unterstützen

Da sich jede studierende Generation weiterentwickelt und immer vielfältiger wird, stehen wir Lehrenden vor der Herausforderung, die einzigartigen Wege zu unterstützen, wie Studierende heute Wissen erwerben, lernen, üben und ein Fach meistern. Um die modernen Studierenden zu unterstützen, die oft visuell und interaktiv lernen und kleine Informationshäppchen bevorzugen, habe ich diese Ausgabe überarbeitet, um sie besser an ihren Lernstil anzupassen, indem ich die Texte gestrafft sowie Gliederungspunkte und Zwischenüberschriften eingefügt habe. Dadurch können sie effizienter mit den Texten lernen.

Das Buch ist ähnlich wie ein Tutorium aufgebaut. Jeder Abschnitt endet mit einer Reihe von Aufgaben, die die Studierenden bearbeiten müssen, um herauszufinden, ob sie bereit sind, mit dem nächsten Abschnitt fortzufahren, oder ob sie den Abschnitt wiederholen müssen, von dem sie dachten, dass sie ihn gerade gemeistert haben. Dadurch kann das Buch gut im „umgedrehten Unterricht" eingesetzt werden. Für diejenigen, die Organische Chemie nach einem Semester allgemeiner Chemie unterrichten, enthalten Kapitel 5 und Anhang C Material zu Thermodynamik und Kinetik, sodass diese Themen auch im organischen Kurs unterrichtet werden können.

Ein verbessertes Layout mit neuen und erweiterten Anmerkungen bietet den Studierenden Schlüsselinformationen, damit sie wichtige Teile des Kapitels überprüfen können. Randbemerkungen im gesamten Buch wiederholen kurz und bündig die wichtigsten Punkte und helfen den Studierenden, wichtiges Material auf einen Blick zu erfassen.

Im Anschluss an relevante Kapitel folgen Tutorials, um den Studierenden zu helfen, die wesentlichen Inhalte zu verinnerlichen:

- Säuren und Basen
- Molekülmodelle verwenden
- Umwandeln von verschiedenen Strukturdarstellungsweisen
- Gekrümmte Pfeile zeichnen
- Grenzstrukturen zeichnen
- Gekrümmte Pfeile in radikalischen Systemen zeichnen
- Synthese und retrosynthetische Analyse

Organisatorische Änderungen

Die Verwendung des *E,Z*-Systems zur Unterscheidung von Alken-Stereoisomeren wurde in Kapitel 4 verschoben, sodass es jetzt unmittelbar nach der Verwendung von *cis* und *trans* zur Unterscheidung von Alken-Stereoisomeren erscheint.

Die katalytische Hydrierung und die relativen Stabilitäten von Alkenen wurden von Kapitel 6 nach Kapitel 5 (Thermodynamik) verschoben, um zu veranschaulichen, wie $\Delta H°$-Werte zur Bestimmung relativer Stabilitäten verwendet werden können. Die Verschiebung hat noch einen weiteren Vorteil:

Da die katalytische Hydrierung die einzige Reaktion von Alkenen ist, für die es keinen wohldefinierten Mechanismus gibt, haben nun alle übrigen Reaktionen in Kapitel 6 definierte Mechanismen, die alle der allgemeinen Regel folgen, die für alle elektrophilen Additionsreaktionen gilt:

Der erste Schritt ist immer die Addition des Elektrophils an den sp^2-Kohlenstoff, der an die meisten Wasserstoffatome gebunden ist.

In Kapitel 8 wird zunächst die Struktur von Benzol erörtert, da dies die ideale Verbindung ist, um delokalisierte Elektronen zu erklären. In diesem Kapitel wird auch die Aromatizität behandelt, sodass nun eine kurze Einführung in die elektrophilen aromatischen Substitutionsreaktionen erfolgt. So können die Studierenden sehen, wie Aromatizität dazu führt, dass Benzol eine elektrophile Substitution und keine elektrophile Addition eingeht – die Reaktionen, die sie gerade erst gelernt haben.

Traditionell werden elektronische Effekte gelehrt, damit die Studierenden die aktivierenden und lenkenden Effekte von Substituenten an Benzolringen verstehen können. Da der größte Teil der Chemie des Benzols auf die Carbonylchemie folgt, müssen die Studierenden über elektronische Effekte Bescheid wissen, bevor sie zur Benzolchemie kommen (damit sie besser auf die Spektroskopie und die Carbonylchemie vorbereitet sind). Daher werden in dieser Ausgabe elektronische Effekte in Kapitel 8 besprochen und verwendet, um den Studierenden beizubringen, wie Substituenten die pK_S-Werte von Phenolen, Benzoesäuren und Aniliniumionen beeinflussen. Elektronische Effekte werden dann in dem Kapitel über Benzol behandelt.

Die beiden Kapitel der vorherigen Ausgabe, die die Substitutions- und Eliminierungsreaktionen von Alkylhalogeniden behandelten, wurden in einem Kapitel zusammengefasst (Kapitel 9). Die jüngsten überzeugenden Beweise, die zeigen, dass Alkylhalogenide keine S_N1-Solvolysereaktionen eingehen, haben es ermöglicht, diesen Stoff stark zu vereinfachen, sodass er jetzt gut in ein Kapitel passt.

Ich habe die Erfahrung gemacht, dass es sich für meine Studierenden bewährt hat, die Carbonylchemie vor der Chemie der aromatischen Verbindungen zu unterrichten (eine Änderung, die in der letzten Ausgabe vorgenommen wurde). Carbonylverbindungen sind wahrscheinlich die wichtigsten organischen Verbindungen, und die Verschiebung nach vorne gibt ihnen den Stellenwert, den sie haben sollten. Darüberhinaus ermöglicht die derzeitige Positionierung der Chemie des Benzols, dass sie und die Chemie der aromatischen heterozyklischen Verbindungen nacheinander gelehrt werden können.

Der Schwerpunkt des ersten Kapitels über Carbonylchemie sollte darauf liegen, wie sich ein tetraedrisches Zwischenprodukt aufteilt. Wenn die Studierenden dies verstehen, wird die Carbonylchemie relativ einfach. Ich fand, dass das Material über Lipide, das in dieses Kapitel aufgenommen wurde, von der Hauptaussage des Kapitels ablenkte. Daher wurde das Material über Lipide entfernt und in ein neues Kapitel aufgenommen: Die organische Chemie der Lipide. Die Erörterung der Terpene aus dem Kapitel über den Stoffwechsel wurde ebenfalls in dieses Kapitel verschoben, und es wurde einiges neues Material aufgenommen.

Modularität/Spektroskopie

Das Buch ist modular aufgebaut, sodass die vier Gruppen (Gruppe I – Kapitel 6, 7, 8; Gruppe II – Kapitel 9 und 10; Gruppe III – Kapitel 15, 16, 17; Gruppe IV – Kapitel 18 und 19) in beliebiger Reihenfolge behandelt werden können.

Die Spektroskopiekapitel (Kapitel 13 und 14) sind so geschrieben, dass sie zu jedem Zeitpunkt des Kurses behandelt werden können. Für diejenigen, die es vorziehen, die Spektroskopie zu unterrichten, bevor alle funktionellen Gruppen eingeführt wurden – oder in einem separaten Laborkurs – gibt es eine Tabelle der funktionellen Gruppen am Anfang von Kapitel 13.

Frühe und konsequente Betonung der organischen Synthese

Die Studierenden werden schon früh im Buch in die synthetische Chemie und die retrosynthetische Analyse eingeführt (Kapitel 6 bzw. 7), sodass sie schon früh im Kurs mit dem Entwurf von mehrstufigen Synthesen beginnen können. Sieben spezielle Abschnitte zum Synthesedesign, jeder mit einem anderen Schwerpunkt, werden in angemessenen Abständen eingeführt. Außerdem gibt es ein Tutorial über Synthese und retrosynthetische Analyse, das einige Beispiele für komplizierte mehrstufige Synthesen aus der Literatur enthält.

Beispiel 2

Wie kann man, ausgehend von Ethin, 2-Brompentan herstellen?

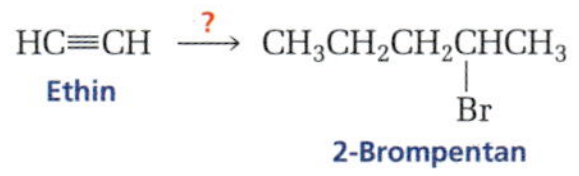

2-Brompentan lässt sich aus 1-Penten gewinnen, welches aus 1-Pentin zugänglich ist. 1-Pentin lässt sich aus Ethin und einem Halogenalkan mit drei C-Atomen herstellen.

Übungen, Übungen mit Lösungen und Strategien zur Problemlösung

Das Buch beinhaltet unzählige Übungen, viele davon mit mehreren Teilen. Diese Ausgabe enthält viele neue Übungen am Ende eines Kapitelabschnitts. Dazu gehören neue Übungen mit Lösungen, neue Problemlösungsstrategien und neue Übungen, die Informationen aus mehr als einem Kapitel enthalten. Ich führe eine Liste mit Fragen, die meine Studierenden in den Sprechstunden stellen. Viele der neuen Aufgaben wurden aufgrund dieser Fragen erstellt.

Die Aufgaben innerhalb jedes Kapitels sind in erster Linie Übungsaufgaben. Sie erscheinen am Ende eines jeden Abschnitts und ermöglichen es den Schülern, den gerade behandelten Stoff zu überprüfen, bevor sie zum nächsten Abschnitt übergehen. Kurze Antworten, die im **MyLab | Organische Chemie**, zu finden sind, zu den mit den * gekennzeichneten Übungen geben den Studierenden eine unmittelbare Rückmeldung darüber, ob sie eine Fähigkeit oder ein Konzept beherrschen. Ausgewählte Übungen werden von ausgearbeiteten Lösungen begleitet, um einen Einblick in Problemlösungstechniken zu geben, und die vielen Problemlösungsstrategien zeigen den Studierenden, wie sie verschiedene Arten von Problemen angehen können. Auf diese Strategien folgen eine oder mehrere Übungen, die den Studierenden die Möglichkeit geben, die soeben erlernte Strategie anzuwenden.

Studierende, die sich für Biowissenschaften interessieren

Ich bin seit langem der Meinung, dass Studierende, die Organische Chemie belegen, auch mit bioorganischer Chemie in Berührung kommen sollten – der Organischen Chemie, die in biologischen Systemen vorkommt. Die Studierenden verlassen ihren Kurs in Organischer Chemie mit einem soliden Verständnis für organische Mechanismen und Synthese. Wenn sie jedoch Biochemie studieren, werden sie nie etwas über Claisen-Kondensationen, S_N2-Reaktionen, nucleophile Acylsubstitutionsreaktionen usw. hören, obwohl dies äußerst wichtige Reaktionen in Zellen sind. Warum müssen die Studierenden Organische Chemie belegen, wenn ihnen nicht beigebracht wird, wie sich die

Organische Chemie, die sie lernen, in der biologischen Welt wiederholt?

Die Studierenden sollen sehen, dass die organischen Reaktionen, die Chemiker im Labor durchführen, in vielerlei Hinsicht denen entsprechen, die in der Natur in einer Zelle ablaufen.

Die sieben Kapitel (Kapitel 20–26), die sich in erster Linie mit der Organischen Chemie lebender Systeme befassen, betonen die Verbindung zwischen den organischen Reaktionen, die im Labor ablaufen, und denen, die in den Zellen ablaufen.

Jede organische Reaktion, die in einer Zelle abläuft, wird explizit mit der organischen Reaktion verglichen, mit der die Studierenden bereits vertraut sind.

So ist beispielsweise der erste Schritt der Glycolyse eine S_N2-Reaktion, der zweite Schritt ist identisch mit der Endiolumlagerung, die die Studierenden im Rahmen des Studiums der Kohlenhydratchemie lernen, der dritte Schritt ist eine weitere S_N2-Reaktion, der vierte Schritt ist eine umgekehrte Aldoladdition usw. Der erste Schritt im Zitronensäurezyklus ist eine Aldoladdition, gefolgt von einer nucleophilen Acylsubstitutionsreaktion, der zweite Schritt ist eine E2-Dehydratisierung, gefolgt von der konjugierten Addition von Wasser, der dritte Schritt ist die Oxidation eines sekundären Alkohols, gefolgt von der Decarboxylierung eines 3-Oxocarboxylations usw.

Wir unterrichten die Studierenden über Halogenid- und Sulfonat-Abgangsgruppen. Die Hinzufügung der Phosphat-Abgangsgruppe erfordert nur wenig zusätzliche Zeit, vermittelt den Studierenden jedoch wertvolle Informationen für ihr späteres Biochemiestudium.

Studierende der Organischen Chemie lernen etwas über Tautomerisierung und Iminhydrolyse, und Studierende der Biochemie lernen, dass die DNA Thyminbasen anstelle der Uracilbasen in der RNA enthält. Aber wie vielen dieser Studierenden wird jemals gesagt, dass der Grund für die Unterschiede zwischen den Basen in der DNA und der RNA die Tautomerisierung und die Iminhydrolyse ist?

Kollegen haben mich gefragt, wie sie Zeit finden können, die „bioorganische Brücke“ in ihre organisch-chemischen Kurse einzubauen. Ich habe festgestellt, dass die Verknüpfung von Reaktivität und Synthese sehr viel Zeit freisetzt. (Diese Gliederung habe ich vor vielen Jahren übernommen, als ich versuchte herauszufinden, wie ich die bioorganische Brücke in meinen Kurs einbauen könnte).

Die bioorganische Brücke

Die bioorganische Chemie zieht sich durch den gesamten Text, um den Studierenden zu zeigen, dass die Organische Chemie und die Biochemie keine getrennten Bereiche sind, sondern vielmehr auf einem Wissenskontinuum eng miteinander verbunden sind. Wenn die Studierenden erst einmal gelernt haben, wie zum Beispiel Elektronenverschiebung, Abgangsgruppenneigung, Elektrophilie und Nucleophilie die Reaktionen einfacher organischer Verbindungen beeinflussen, können sie nachvollziehen, wie dieselben Faktoren die Reaktionen organischer Verbindungen in Zellen beeinflussen.

In den Kapiteln 1–19 beschränkt sich das bioorganische Material meist auf die Hintergrund-Kästen und auf die letzten Abschnitte der Kapitel. Auf diese Weise steht das Material dem neugierigen Studierenden zur Verfügung, ohne dass der Dozent bioorganische Themen in den Kurs einführen muss. So wird beispielsweise nach der Einführung in die Wasserstoffbrückenbindungen in Kapitel 3 die Wasserstoffcodierung in Proteinen und in der DNA besprochen. Nach der Einführung in die Katalyse in Kapitel 5 wird die Katalyse durch Enzyme besprochen. Nach der Darstellung der Stereochemie organischer Reaktionen in Kapitel 6 wird die Stereochemie enzymkatalysierter Reaktionen besprochen. Nach der Besprechung von Sulfoniumionen in Kapitel 10 wird eine biologische Methylierungsreaktion unter Verwendung eines Sulfoniumions untersucht und der Grund für die Verwendung verschiedener Methylierungsmittel durch Chemiker*innen und Zellen erklärt. Nachdem in Kapitel 15 die Methoden der Chemiker*innen zur Aktivierung von Carbonsäuren vorgestellt werden (indem ihnen Halogenid- oder Anhydrid-Abgangsgruppen gegeben werden), werden die Methoden der Zellen zur Aktivierung derselben Säuren erläutert (indem sie ihnen Phosphoanhydrid-, Pyrophosphat- oder Thiol-Abgangsgruppen geben). Und nachdem in Kapitel 17 Kondensationsreaktionen besprochen werden, werden die Mechanismen einiger biologischer Kondensationsreaktionen dargestellt.

Darüber hinaus befassen sich sieben Kapitel im letzten Teil des Buches (Kapitel 20–26) mit der Organischen Chemie lebender Systeme. Diese Kapitel zeichnen sich dadurch aus, dass sie mehr Chemie enthalten als in den entsprechenden Teilen eines Biochemietextes üblich ist. In Kapitel 22 (Katalyse in organischen Reaktionen und in enzymatischen Reaktionen) werden beispielsweise die verschiedenen Arten der Katalyse in organischen Reaktionen erklärt, und anschließend wird gezeigt, dass sie mit den Arten der Katalyse in Reaktionen, die von Enzymen katalysiert werden, identisch sind. All dies wird so dargestellt, dass die Studierenden die blitzschnellen Geschwindigkeiten enzymatischer Reaktionen verstehen können. Kapitel 23 (Die Organische Chemie der Coenzyme, von Vitaminen abgeleitete Verbindungen) hebt die Rolle von Vitamin B_1 bei der Elektronenverschiebung hervor, Vitamin K als starke Base, Vitamin B_{12} als Radikalbildner, Biotin als Verbindung, die eine Carboxylgruppe durch eine nucleophile Acylsubstitutionsreaktion überträgt, und beschreibt, wie die vielen verschiedenen Reaktionen von Vitamin B_6 gemeinsame Mechanismen haben – der erste Schritt ist immer die Iminbildung. Kapitel 24 (Die Organische Chemie der Stoffwechselwege) erklärt die chemische Funktion von ATP und zeigt den Studierenden, dass die im Stoffwechsel auftretenden Reaktionen nur weitere Beispiele für Reaktionen sind, die sie bereits beherrschen. In Kapitel 26 (Die Chemie der Nucleinsäuren) lernen die Studierenden, dass die 2′-OH-Gruppen der Ribosemoleküle in der RNA deren Hydrolyse katalysieren und dass deshalb die DNA, die für das Leben der Zelle intakt bleiben muss, keine 2′-OH-Gruppen hat. Die Studierenden sehen auch, dass die Synthese von Proteinen in Zellen nur ein weiteres Beispiel für eine nucleophile Acylsubstitutionsreaktion ist. Diese Kapitel wiederholen also nicht, was in einem Biochemiekurs behandelt wird, sondern schlagen eine Brücke zwischen den beiden Disziplinen, sodass die Studierenden sehen können, wie sich die Organische Chemie, die sie gelernt haben, in der biologischen Welt wiederholt.

Die Organische Chemie für Studierende unterschiedlicher Naturwissenschaftlicher Fächer interessant machen

Studierende verstehen die Relevanz Ihres Lernstoffs besser, wenn sie die Verbindungen zwischen den Reaktionen organischer Verbindungen, die im Labor stattfinden, und denen, die in einer Zelle ablaufen, sehen. Die in dieser Ausgabe vorgenommenen Änderungen bieten den Studierenden diese dringend benötigte „bioorganische Brücke", wobei die Strenge des traditionellen organischen Kurses erhalten bleibt.

Zum Beispiel lehren wir den Studierenden Halogenid- und Sulfonat-Abgangsgruppen. Die Behandlung von Phosphat-Abgangsgruppen erfordert nur wenig zusätzliche Zeit, führt die Studierenden jedoch in wertvolle Informationen ein, insbesondere wenn sie Organische Chemie aus einem Interesse an den Biowissenschaften heraus studieren. Studierende der organischen Chemie lernen etwas über Tautomerisierung und Iminhydrolyse, und Studierende der Biochemie lernen, dass die DNA Thyminbasen anstelle der Uracilbasen in der RNA enthält. Aber wie vielen dieser Studierenden wird jemals gesagt, dass der Grund für den Unterschied zwischen den Basen in der DNA und der RNA die Tautomerisierung und die Iminhydrolyse ist?

Jedes NADPH kann beim Durchlauf durch die Atmungskette zur Bildung von 2,5 Molekülen ATP Anlass geben (Abschnitt 24.10). Die Reduktion von Dihydrofolat mit NADPH geht also zu Lasten der ATP-Produktion. Das bedeutet, dass die Thyminsynthese energieraubend ist. Man kann daher die Hypothese aufstellen, dass es einen guten Grund gibt, aus dem die DNA Thyminreste enthält.

Die Anwesenheit von Thymin anstelle von Uracil in DNA-Molekülen verhindert Mutationen mit möglicherweise negativen Folgen für das Lebewesen. Cytosinreste können durch Tautomerie in die Iminform übergehen (Abschnitt 17.2), welche zu Uracil hydrolysieren kann (Abschnitt 16.8). Die Gesamtreaktion ist eine **Desaminierung** (Entzug einer Aminfunktion).

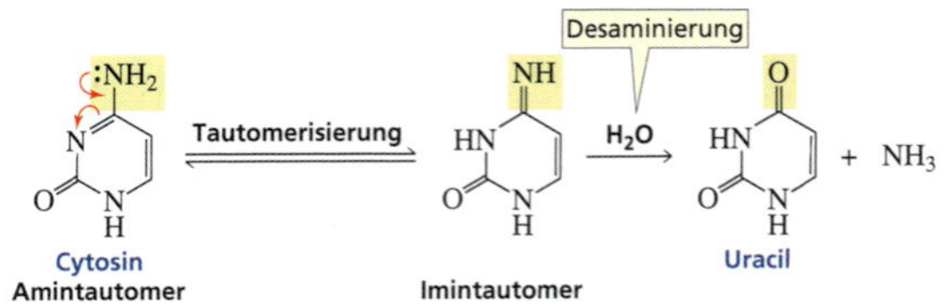

Mehr Anwendungen als jedes andere Organik-Lehrbuch

NEUE! und aktualisierte Hintergrund-Kästen verbinden die Diskussion mit medizinischen, ökologischen, biologischen, pharmazeutischen, ernährungsphysiologischen, chemischen, industriellen, historischen und allgemeinen Anwendungen und ermöglichen es den Studierenden, das Material mit dem wirklichen Leben und möglichen zukünftigen Karrieren zu verbinden.

HINTERGRUND

■ Omega-Fettsäuren

Omega (Ω) ist der letzte Buchstabe des griechischen Alphabets und das Symbol, mit dem angezeigt wird, wo bei einer Fettsäure die erste olefinische Doppelbindung liegt, ausgehend vom Methylende des Moleküls (also nicht von der Carboxylgruppe aus gezählt). So ist etwa Linolsäure eine Omega-6-Fettsäure, weil die erste C═C-Doppelbindung zwischen dem sechsten und siebten C-Atom vom Methylterminus aus liegt. Linolensäure ist eine Omega-3-Fettsäure, da die erste C═C-Bindung zwischen dem dritten und vierten C-Atom liegt. Säugetieren fehlt ein Enzym, das eine Doppelbindung jenseits von C-9 einzuführen vermag. Achtung: C-1 ist das Carboxylkohlenstoffatom; gezählt wird die Kohlenstoffkette also von der COOH-Gruppe aus. Linolsäure und Linolensäure sind daher für Säugetiere essenzielle Fettsäuren. Da sie für die ordnungsgemäße Funktion des Körpers notwendig sind, aber nicht selbst hergestellt werden können, müssen sie in der Nahrung enthalten sein. Omega-3-Fettsäuren verringern das Risiko an einem Herzinfarkt zu sterben. Unter Stress kann das Herz tödliche Rhythmusstörungen entwickeln. Omega-3-Fettsäuren werden in die Zellmembranen der Herzzellen eingebaut und haben anscheinend einen stabilisierenden Effekt auf den Rhythmus. Diese Fettsäuren finden sich in fetthaltigen Fischen wie Hering, Makrele und Lachs.

Linolsäure und Linolensäure sind essenzielle Fettsäuren für Säugetiere.

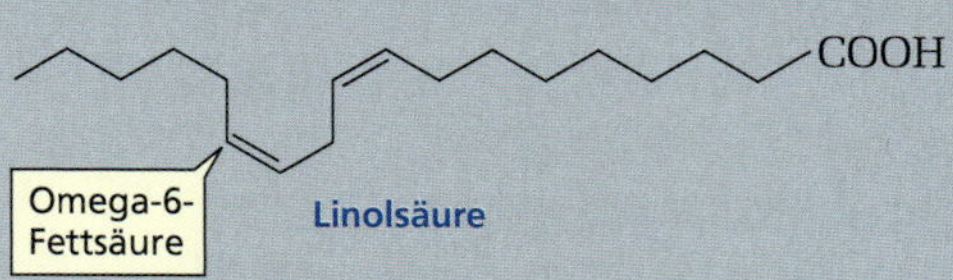

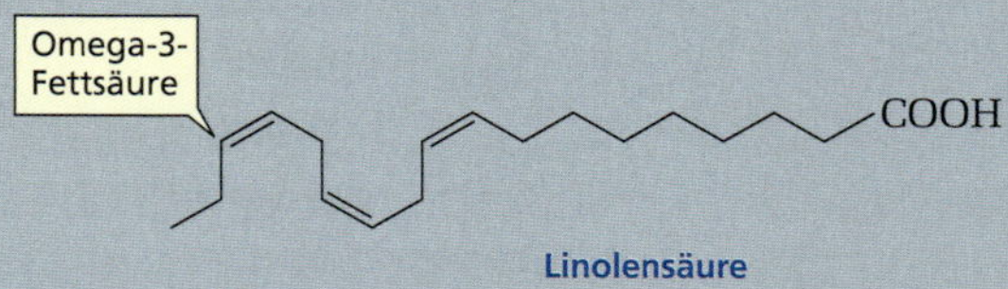

Geführter Ansatz zur Problemlösung

Tutorials zu grundlegenden Fertigkeiten

Diese Tutorials führen die Studierenden durch einige der Themen in der Organischen Chemie, die sie in der Regel als besonders schwierig empfinden. Sie bieten prägnante Erklärungen, entsprechende Problemlösungsmöglichkeiten und Antworten zur Selbstkontrolle.

Tutorial
Gekrümmte Pfeile zeichnen

Dies ist eine Erweiterung zu dem, was sie bereits auf in Abschnitt 5.5 zum Zeichnen gekrümmter Pfeile gelernt haben. Die folgenden Übungen werden nur wenig Zeit in Anspruch nehmen. Und es wird die Zeit Wert sein. Da gekrümmte Pfeile im gesamten Buch vorkommen es ist wichtig, sich wohl mit deren Verwendung zu fühlen. (Sie werden manche der folgenden Reaktionen in den Übungen für einige Wochen oder sogar Monate nicht erneut zu Gesicht bekommen, machen sie sich also keine Sorgen über die Ursache der Reaktionen.)

Chemiker*innen nutzen gekrümmte Pfeile um zu verdeutlichen wie sich Elektronen bei der Bildung und/oder beim Bruch von Bindungen bewegen.

- Jeder Pfeil steht für die gleichzeitige Bewegung von zwei Elektronen (einem Elektronenpaar) von einem Nucleophil (am Anfang des Pfeiles) zu einem Elektrophil (an der Spitze des Pfeiles).
- Der Anfang des Pfeiles ist an der Stelle positioniert, an der sich die Elektronen im Reaktanten befinden; Er beginnt immer an einem freien Elektronenpaar oder an einer Bindung.
- Die Spitze des Pfeiles zeigt auf die Stelle, in der sich die Elektronen im Produkt befinden werden; der Pfeil zeigt immer auf ein Atom oder auf eine Bindung.

In der folgenden Reaktion wird die Bindung zwischen Brom und einem Kohlenstoffatom des Cyclohexanringes gebrochen und beide Elektronen zum Brom verschoben. Daher **beginnt der Pfeil an den Elektronen, die sich Brom und Kohlenstoff im Reaktanten teilen und die Spitze des Pfeiles zeigt auf Brom**, da sich die Elektronen im Produkt dort befinden.

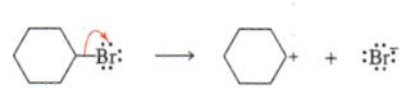

Beachten Sie, dass das Kohlenstoffatom des Cyclohexanrings im Produkt positiv geladen ist. Der Grund dafür ist, dass es beide Elektronen verloren hat, die es vorher mit Brom teilte. Brom hingegen ist negativ geladen, weil es beide Elektronen aufnahm, die es mit Kohlenstoff teilte. Die Bewegung von zwei Elektronen wird an den beiden Zacken in der Pfeilspitze gekennzeichnet.

Beachten Sie, dass ein Pfeil *immer* an einer Bindung oder einem freien Elektronenpaar beginnt. Es beginnt *nicht* an einer negativen Ladung.

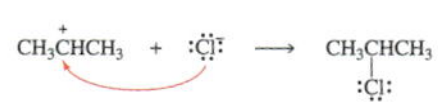

Die Organisation unseres Wissens über die Reaktivität organischer Verbindungen

Diese Gliederung betont die vereinheitlichenden Prinzipien der Reaktivität, stellt den Stoff in schlanker Weise dar und ermutigt dadurch die Studierenden, Lerninhalte nicht bloß auswendig zu lernen.

Die Studierenden lernen, dass

- organische Verbindungen in *Familien* eingeteilt werden können und dass alle Mitglieder einer Familie auf die gleiche Weise reagieren.
- die Familien in eine von vier *Gruppen* eingeteilt werden können und dass alle Familienmitglieder in einer Gruppe auf ähnliche Weise reagieren.

Die Tabelle „Unser Wissen ordnen" wird erweitert, wenn die Studierenden nacheinander die vier Gruppen durcharbeiten.

- Gruppe I: elektrophile Additionsreaktionen
- Gruppe II: nucleophile Substitutionsreaktionen und Eliminierungsreaktionen
- Gruppe III: nucleophile Acylsubstitutionsreaktionen, nucleophile Additionsreaktionen und nucleophile Additions-Eliminierungsreaktionen
- Gruppe IV: elektrophile (und nucleophile) aromatische Substitutionsreaktionen

Unser Wissen über die Reaktionen organischer Verbindungen ordnen (Gruppe IV) 19.8

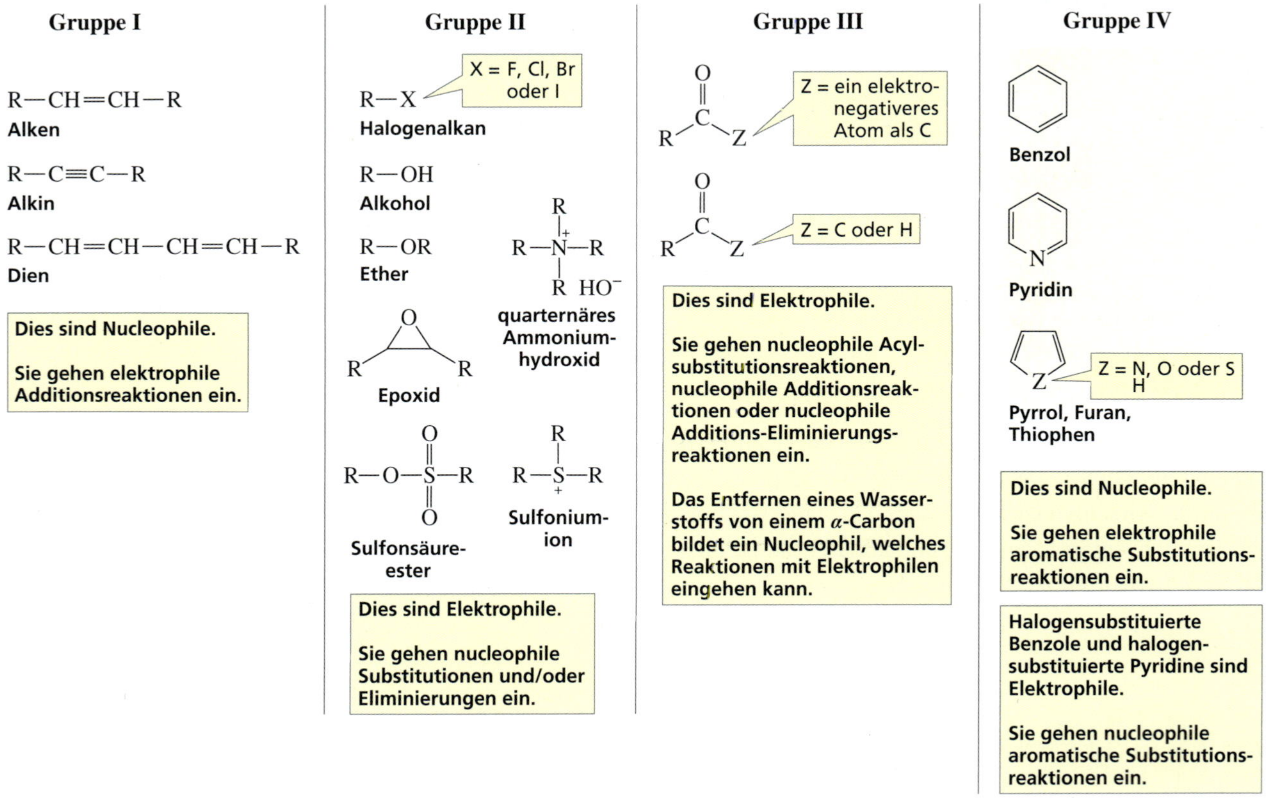

Betonung der Strategien, die zur Lösung von Problemen und zur Beherrschung von Inhalten erforderlich sind

Passagen, in denen wichtige Problemlösungsstrategien erklärt werden, sind in den Kästen „Strategien zur Problemlösung“ zu finden. Die Übungen, bei denen die Studierenden die soeben erlernte Strategie anwenden müssen, folgen im Anschluss. Diese Abfolge, die sich durch den gesamten Text zieht, ermöglicht es den Studierenden, wichtige Inhalte leicht zu finden und ihre Anwendung zu üben.

STRATEGIEN ZUR PROBLEMLÖSUNG

■ Durch die Basizität das Ergebnis einer nucleophilen Substitutionsreaktionen vorhersagen

Was ist das Produkt der Reaktion von Acetylchlorid mit CH_3O^-? Der pK_S-Wert von HCl ist –7; der pK_S-Wert von CH_3OH ist 15.5.

Um das Produkt der Reaktion zu identifizieren, müssen wir die Basizität der beiden Gruppen in der tetraedrischen Zwischenstufe vergleichen. Daraus können wir bestimmen, welche Gruppe in der Reaktion beseitigt wird. Da HCl eine stärkere Säure als CH_3OH ist, ist Cl^- eine schwächere Base als CH_3O^-. Daher wird Cl^- aus dem tetraedrischen Zwischenprodukt eliminiert und das Reaktionsprodukt ist Methylacetat..

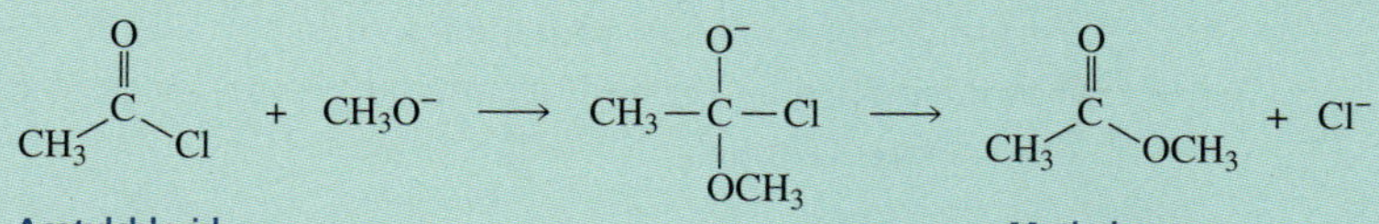

Ü 7*

(a) Was ist das Produkt der Reaktion von Acetylchlorid mit HO^-? Der pK_S-Wert von HCl ist –7; H_2O hat hingegen einen pK_S-Wert von 15,7.

(b) Was ist das Produkt der Reaktion von Acetamid mit HO^-? Der pK_S-Wert von NH_3 beträgt 36; H_2O hat hingegen einen pK_S-Wert von 15,7.

Ü 8* Was ist das Produkt einer Substitutionsreaktion – ein neues Carbonsäurederivat, eine Mischung aus zwei Carbonsäurederivaten oder findet keine Reaktion statt – wenn die neue Gruppe des tetraedrischen Zwischenprodukts die folgende ist?

(a) eine stärkere Base als der an die Acylgruppe gebundene Substituent.

(b) eine schwächere Base als der an die Acylgruppe gebundene Substituent.

(c) eine Gruppe, die in ihrer Basizität dem an die Acylgruppe gebundenen Substituenten ähnelt.

Entwurf einer Synthese

Dieses wiederkehrende Element hilft den Studierenden, mehrstufige Synthesen zu entwerfen und fördert die Entwicklung komplexer Problemlösungsfähigkeiten. Viele Aufgaben beinhalten die Synthese bekannter Verbindungen wie Novocain®, Valium® und Ketoprofen®.

Syntheseplanung V

Die Knüpfung neuer Kohlenstoff-Kohlenstoff-Bindungen 17.20

Wenn Sie die Darstellung einer Verbindung planen, in deren Verlauf neue C—C-Bindungen geknüpft werden müssen:

- Stellen Sie fest, an welcher Stelle des Moleküls die neue Bindung entstehen soll, und brechen Sie die Bindung, um zwei Fragmente zu erhalten (Abschnitt 16.14).
- Stellen Sie fest, welche der Atome, die die neue Bindung bilden, als Elektrophil und als Nucleophil dienen sollen.
- Wählen Sie eine Verbindung mit den gewünschten elektrophilen und nucleophilen Gruppen.

Beispiel 1

Bei der Synthese des folgenden β-Diketons etwa schließt die neu zu knüpfende C—C-Bindung den zweiten Fünfring.

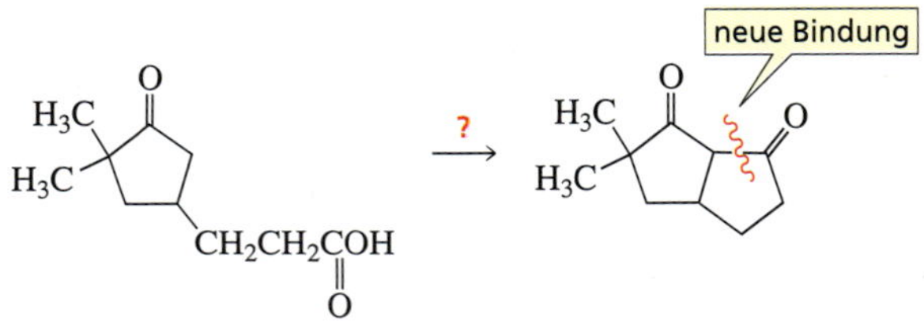

In unserem Beispiel ist es leicht, die Wahl zwischen den beiden Möglichkeiten für das Elektrophil und Nucleophil zu treffen, weil wir bereits wissen, dass ein Carbonylkohlenstoffatom elektrophile Eigenschaften besitzt.

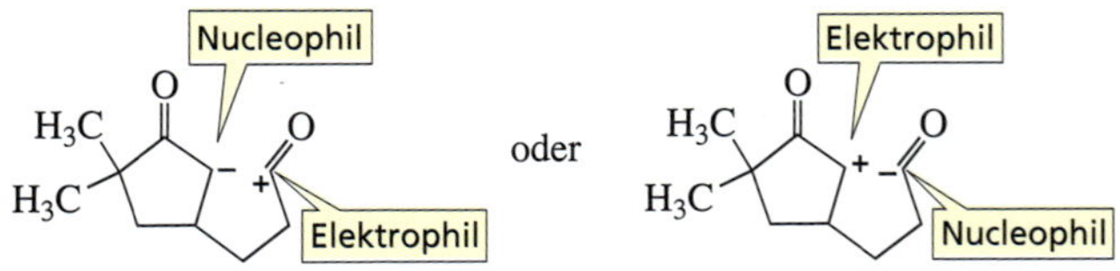

Falls eine Ausgangsverbindung vorgegeben ist, nutzen Sie diese als Ausgangspunkt für Ihre Planung. Die Carbonylfunktion eines Esters könnte beispielsweise ein gutes Elektrophil für diese Synthese sein, da sie eine Gruppe besitzt, die

Danksagung

Es ist mir eine große Freude, die engagierte Arbeit vieler guter Freunde zu würdigen, die dieses Buch Wirklichkeit werden ließen. Ein besonderer Dank geht an Richard Morrison von der University of Georgia, der jede Seite gelesen, wichtige Vorschläge gemacht, jede Antwort im Lösungsbuch überprüft und viele neue Probleme am Ende des Kapitels erstellt hat, sowie an Jordan Fantini von der Dennison University, der die interaktiven digitalen Module entwickelt hat, die die Studierenden in die grundlegenden Prinzipien der Reaktivität einführen und gleichzeitig ihre Visualisierungsfähigkeiten fördern sollen.

Ich bin auch Laura Sessions vom Valencia College sehr dankbar, die jeden Zentimeter des Buchs auf seine Richtigkeit hin überprüft hat, David Yerzley, M.D., für seine Unterstützung bei der Darstellung der MRT; Warren Hehre von Wavefunction, Inc. und Alan Shusterman vom Reed College für ihre Ratschläge zu den elektrostatischen Potenzialkarten, und meinem Studenten Jeremy Davis, der die Hundekarikaturen entworfen hat. Ich danke auch meinen vielen Studentinnen und Studenten, die auf klärungsbedürftige Abschnitte hingewiesen haben, nach Fehlern suchten und deren Fragen bei der Erstellung neuer Probleme hilfreich waren.

Viele Menschen haben dieses Buch möglich gemacht, aber ganz oben auf der Liste steht meine Lektorin Jeanne Zalesky, die mich in jeder Phase der Entstehung des Buches unterstützt hat und mit ihren vielen Talenten das Buch so gut wie möglich gemacht hat. Ich bin auch sehr dankbar, dass ich die Gelegenheit hatte, mit Matt Walker, dem Entwicklungsredakteur, zusammenzuarbeiten. Seine Einblicke in die Art und Weise, wie die Studierenden von heute lernen, und seine kreativen künstlerischen Fähigkeiten hatten einen großen Einfluss auf diese Ausgabe. Ich bin zudem Elisa Mandelbaum, der Projektredakteurin, dankbar, die mit ihrer Liebe zum Detail und der Festlegung überschaubarer Fristen dafür gesorgt hat, dass das Buch tatsächlich zustande kam. Und ich möchte mich bei den anderen talentierten und engagierten Mitarbeitern von Pearson bedanken, deren Beiträge dieses Buch Wirklichkeit werden ließen:

Mein besonderer Dank gilt den vielen wunderbaren und talentierten Studierenden, die mich im Laufe der Jahre inspiriert und herausgefordert haben und die mir beigebracht haben, wie man lehrt. Und ich möchte meinen Kindern danken, von denen ich vielleicht am meisten gelernt habe.

Um dieses Lehrbuch so benutzerfreundlich wie möglich zu gestalten, würde ich mich über Kommentare freuen, die mir helfen, dieses Ziel in zukünftigen Ausgaben zu erreichen. Wenn Sie Abschnitte finden, die geklärt oder erweitert werden könnten, oder Beispiele, die hinzugefügt werden könnten, lassen Sie es mich bitte wissen. Schließlich wurde diese Ausgabe sorgfältig auf typografische Fehler überprüft. Für etwaige Fehler bin ich verantwortlich.

Paula Yurkanis Bruice
University of California, Santa Barbara

Über die Autorin

Paula Bruice mit Zeus, Bacchus und Abigail

Paula Yurkanis Bruice wuchs hauptsächlich in Massachusetts auf. Nach ihrem Abschluss an der Girls' Latin School in Boston erwarb sie einen Bachelor-Abschluss am Mount Holyoke College und einen Doktorgrad in Chemie an der Universität von Virginia. Anschließend erhielt sie ein NIH-Postdoktorandenstipendium für ein Studium am Department für Biochemie an der Medizinischen Fakultät der University of Virginia und war als Postdoktorandin in der Abteilung für Pharmakologie an der Yale School of Medicine tätig.

Paula Bruice lehrt seit 1972 an der University of California, Santa Barbara, wo sie mit dem Associated Students Teacher of the Year Award, dem Academic Senate Distinguished Teaching Award, zwei Mortar Board Professor of the Year Awards und dem UCSB Alumni Association Teaching Award ausgezeichnet wurde. Ihre Forschungsinteressen konzentrieren sich auf den Mechanismus und die Katalyse von organischen Reaktionen, insbesondere solchen von biologischer Bedeutung. Paula Bruice hat eine Tochter und einen Sohn, die Ärzte sind, und einen Sohn, der Anwalt ist. Ihre Hobbys sind das Lesen von Krimis und Biografien und die Freude an ihren Haustieren (drei Hunde, zwei Katzen und zwei Papageien).

Hinweise zur deutschen Ausgabe

MyLab | Organische Chemie

Mithilfe des vorne ins Buch eingedruckten Codes erhalten Sie einen exklusiven, 24-monatigen Zugang zur Lernplattform MyLab | Organische Chemie, wo Sie umfangreiche ergänzende Online-Materialien finden:

- **Das komplette Lehrbuch als eText online lesen**
  Der Pearson eText eröffnet Ihnen den einfachen Zugang zum Lehrbuch – ohne das umfangreiche Buch ständig mitnehmen zu müssen. Der Pearson eText kann auf Smartphones, PCs, Macs, iPad- und Android-Tablets genutzt werden und umfasst hilfreiche Werkzeuge wie Markieren, Notizen und Kommentare, das Setzen von Lesezeichen oder die Suche nach Begriffen.
- **3D-Molekülmodelle**
  Es steht Ihnen eine umfangreiche Auswahl verschiedener 3D-Molekülmodelle zur Verfügung, die frei im Raum beweglich sind.
- **Lösungen zu ausgewählten Übungen**
  Zu ausgewählten und mit * versehene Übungen aus dem Buch finden Sie die entsprechende Lösung dazu.
- **Übungsaufgaben**
  Zu allen Kapiteln gibt es, je nach Kapitelumfang, 10 bis 15 Multiple-Choice-Aufgaben, mit denen Sie Ihren Wissensstand jederzeit überprüfen können.
- **Digitale Lernkarten und ein umfangreiches Glossar**
  Alle Glossarbegriffe stehen Ihnen auch als digitale Lernkarten „Flashcards" bereit, damit Sie Definitionen lernen und einüben können – auch mobil auf dem Smartphone nutzbar.

Das MyLab | Organische Chemie wird regelmäßig aktualisiert und erweitert – also schauen Sie bitte regelmäßig rein, was es an Neuerungen gibt.

Über die Bearbeiter

Gerhard Pappert, Jahrgang 1980, studierte Biotechnologie an der Technischen Universität Braunschweig und der North Carolina State University. 2010 promovierte er am Institut für Wasserchemie an der Technischen Universität München mit einer Arbeit zur Bioanalytik von Mikroorganismen im Trinkwasser. Im Anschluss arbeitete er als Lektor für Wissenschaftsverlage in München und Berlin, verantwortlich für die Programmentwicklung von Lehrbüchern, Zeitschriften und Monografien in den Naturwissenschaften und im Ingenieurswesen. Seit 2016 ist er selbständig im Bereich der Wissenschaftskommunikation tätig mit den Schwerpunkten Beratung, Strategie und Fachtexte für Life-Science-Unternehmen und Verlage.

Tobias Schneider, Jahrgang 1991. Nach dem Abitur im Jahr 2011 begann er mit dem Chemiestudium an der Universität Paderborn und schloss dort das Masterstudium im Jahr 2015 ab. Im gleichen Jahr trat er seine Promotion an der Technischen Universität Berlin an, in der sich auf die chemische Synthese neuartiger Aminosäuren spezialisierte und deren Einbau in Proteine untersuchte. Nach der Erlangung des Doktorgrades im Jahr 2019 ist er weiter für die Technische Universität tätig und arbeitet nebenberuflich an verschiedenen Projekten im Bereich Life Sciences.

TEIL I

Eine Einführung in das Studium der Organischen Chemie

1	**Wiederholung allgemeine Chemie: Elektronenstruktur und Bindung**	37
2	**Säuren und Basen: Ein zentrales Thema zum Verständnis organischer Chemie**	95
3	**Einführung in organische Verbindungen: Nomenklatur, physikalische Eigenschaften und Struktur**	139

Die beiden ersten Kapitel des Buches behandeln eine Reihe von Themen, die Sie brauchen werden, um mit dem Studium der Organischen Chemie beginnen zu können.

Kapitel 1 Wiederholung allgemeine Chemie: Elektronenstruktur und Bindung

Kapitel 1 gibt eine Übersicht über Themen aus der allgemeinen Chemie, die für das Studium der Organischen Chemie von großer Bedeutung sind. Das Kapitel beginnt mit einer Beschreibung der Struktur der Atome und fährt dann mit einer Beschreibung der Struktur von Molekülen fort. Die Molekülorbitaltheorie wird eingeführt.

Kapitel 2 Säuren und Basen: Ein zentrales Thema zum Verständnis Organischer Chemie

In **Kapitel 2** wird die Säure-Base-Chemie erörtert, die wesentlich für das Verständnis vieler organisch-chemischer Reaktionen ist. Sie werden sehen, wie die Struktur eines Moleküls dessen Säurestärke beeinflusst und wie die Säurestärke einer Lösung die Molekülstrukturen beeinflusst.

Kapitel 3 Einführung in organische Verbindungen: Nomenklatur, physikalische Eigenschaften und Strukturen

Um organische Verbindungen erörtern zu können, müssen Sie in der Lage sein, diese zu benennen und sich ihre Strukturen vorzustellen, wenn Sie von ihnen hören oder lesen. In **Kapitel 3** werden Sie lernen, fünf verschiedene Klassen organischer Verbindungen zu benennen. Dies wird Ihnen ein gutes Verständnis der grundlegenden Regeln vermitteln, die der Benennung von chemischen Verbindungen zugrunde liegen. Da es sich bei den Verbindungen, die in diesem Kapitel besprochen werden, entweder um Ausgangsstoffe oder Reaktionsprodukte von Reaktionen handelt, die im ersten drittel dieses Buches vorgestellt werden, werden Sie Gelegenheit bekommen, die Nomenklatur dieser Verbindungen zu wiederholen, wenn Sie sich mit den späteren Kapiteln befassen. Die Strukturen und die physikalischen Eigenschaften dieser Verbindungen werden einander gegenübergestellt und miteinander verglichen; das macht das Lernen ein bisschen leichter, als wenn jede Verbindung einzeln abgehandelt würde. Da die Organische Chemie das Studium der Kohlenstoffverbindungen ist, befasst sich der letzte Teil von Kapitel 3 mit der räumlichen Anordnung von Ketten und Ringen aus Kohlenstoffatomen.

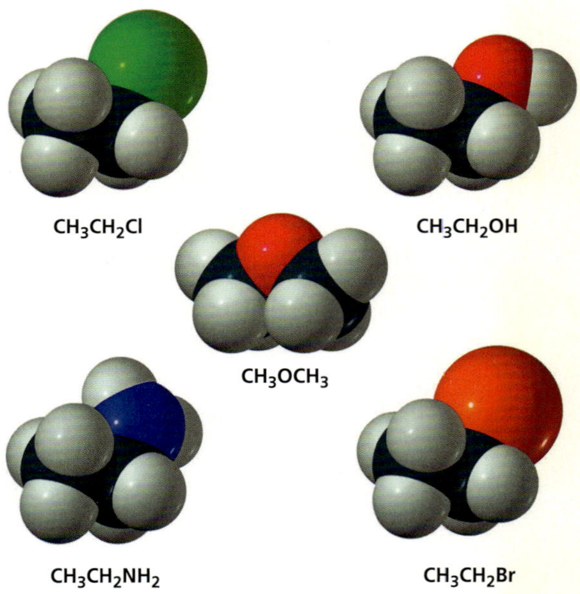

Wiederholung allgemeine Chemie: Elektronenstruktur und Bindung

1

1.1 Die Struktur eines Atoms ... 40
1.2 Die Elektronenverteilung in einem Atom ... 42
1.3 Kovalente Bindungen ... 45
1.4 Die Darstellung von Strukturen ... 52
1.5 Atomorbitale ... 60
1.6 Einführung in die Molekülorbitaltheorie ... 62
1.7 Wie Einfachbindungen in organischen Verbindungen gebildet werden ... 68
1.8 Die Bildung von Doppelbindungen: Ethen ... 73
1.9 Die Bildung von Dreifachbindungen: Ethin ... 76
1.10 Die Bindungen im Methylkation, im Methylradikal und im Methylanion ... 78
1.11 Die Bindungen im Ammoniakmolekül und im Ammoniumion ... 79
1.12 Die Bindungen im Wassermolekül ... 81
1.13 Die Bindung der Halogenwasserstoffe ... 83
1.14 Hybridisierung und molekulare Geometrie ... 85
1.15 Zusammenfassung: Orbitalhybridisierung, Bindungslängen, Bindungsstärken und Bindungswinkel ... 86
1.16 Dipolmomente von Molekülen ... 91
Zusammenfassung ... 92

ÜBERBLICK

Um am Leben zu bleiben, mussten die Menschen der Frühzeit in der Lage sein, eine grundlegende Unterscheidung zwischen den sie umgebenden Dingen zu treffen. „Menschen können sich von Wurzeln und Beeren ernähren", mögen sie gesagt haben, „aber nicht von Sand und Staub. Man kann Wärme erzeugen, wenn man Baumäste verbrennt, aber man kann keine Steine verbrennen."

Im 18. Jahrhundert war die Wissenschaft dann so weit, dass sie glaubte, die Natur dieses Unterschiedes erfasst zu haben. Im Jahr 1807 gab der schwedische Wissenschaftler Jöns Jakob Berzelius diesen beiden Arten der Dinge Namen. Von aus lebenden Organismen stammenden Verbindungen nahm man an, dass ihnen eine besondere, unmessbare Kraft innewohnte – die Lebenskraft *vis vitalis*. Diese Dinge wurden „organisch" genannt. Alle anderen Verbindungen, die nicht von lebenden Organismen herrührten, wurden als „anorganisch" bezeichnet und den Mineralien zugerechnet.

Da die Chemiker nicht in der Lage waren, Leben im Labor zu erschaffen, schlossen sie daraus, dass sie auch nicht in der Lage sein würden, Stoffe herzustellen, die die geheimnisvolle „Lebenskraft" enthielten. Man kann sich vorstellen, wie überrascht die Forschergemeinde angesichts dieser vorherrschenden Überzeugung war, als im Jahr 1828 der Chemiker Friedrich Wöhler verkündete, dass es ihm gelungen war, Harnstoff im Labor herzustellen – eine Verbindung, von der man wusste, dass Tiere sie ausscheiden. Wöhler hatte ihn aus dem anorganischen Stoff Ammoniumcyanat durch Erhitzen erhalten.

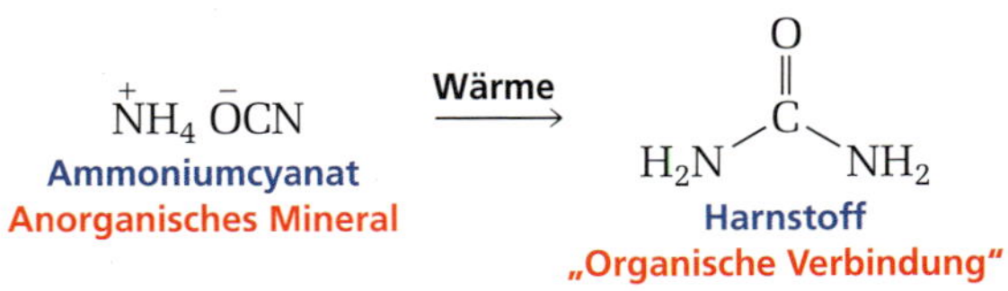

MERKE!

Organische Verbindungen sind Verbindungen, die auf Kohlenstoff basieren.

Zum ersten Mal war eine „organische" Verbindung aus etwas anderem als einem lebenden Organismus erhalten worden, und konnte daher keine „Lebenskraft" enthalten. Damit war klar, dass die Chemie eine neue Definition für „organische Verbindungen" brauchte. **Organische Verbindungen** sind heute als *Verbindungen, welche Kohlenstoff enthalten*, definiert.

Warum widmet sich ein ganzer eigenständiger Zweig der Chemie nun dem Studium kohlenstoffhaltiger Verbindungen? Wir betreiben Organische Chemie u.a. deshalb, weil so ziemlich alle Verbindungen, die das Leben ermöglichen – Proteine, Enzyme, Vitamine, Lipide, Kohlenhydrate, DNA und RNA –, Kohlenstoff enthalten. So sind die chemischen Reaktionen, die in lebenden Systemen inklusive uns selbst ablaufen, zum guten Teil organische Reaktionen. Die meisten Verbindungen, die wir in der belebten Natur vorfinden – auf die wir uns bei der Ernährung, in der Medizin, zu Bekleidungszwecken (Baumwolle, Seide, Wolle) und zur Energiegewinnung (Erdgas, Erdöl, Kohle) stützen – sind ebenfalls organische Stoffe.

Wichtige organische Verbindungen sind jedoch nicht auf den Bereich der belebten Natur beschränkt. Die Chemiker*innen haben gelernt, Kunststoffe, synthetisches Gummi und selbst solche Dinge wie CDs und Klebstoffe gezielt herzustellen. Manche dieser synthetischen Verbindungen haben Naturprodukte ersetzt. Man hat zum Beispiel geschätzt, dass man – gäbe es keine synthetischen Fasern für die Herstellung von Kleidung – die gesamte landwirtschaftliche Anbaufläche der USA für die Erzeugung von Wolle und Baumwolle nutzen müsste, um den Bedarf an menschlicher Bekleidung zu decken. Zum gegenwärtigen Zeitpunkt sind ca. 16 Millionen verschiedene organische Verbindungen bekannt; viele weitere, die wir uns heute nicht einmal vorstellen können, sind möglich.

Was macht nun den Kohlenstoff so besonders? Warum gibt es so viele kohlenstoffhaltige Verbindungen? Die Antwort liegt in der Stellung des Kohlenstoffs im Periodensystem der Elemente. Der Kohlenstoff steht in der Mitte der zweiten Reihe des Periodensystems. Die Atome der Elemente links von ihm haben ein Bestreben, Elektronen abzugeben, wohingegen die Atome der Elemente rechts vom Kohlenstoff eine zunehmende Tendenz zeigen, Elektronen aufzunehmen (Abschnitt 1.3).

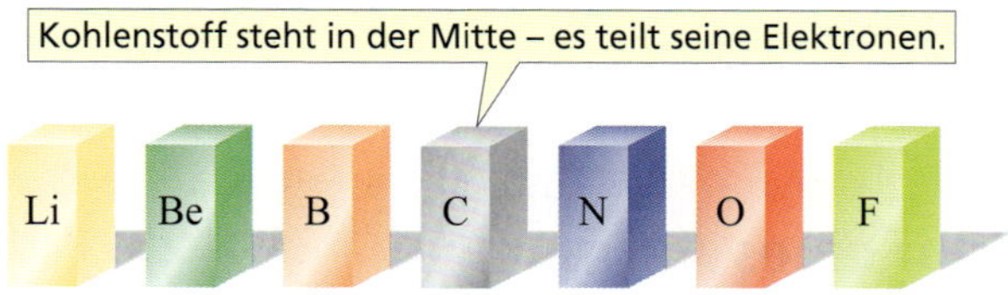

die zweite Periode des Periodensystems der Elemente

Da der Kohlenstoff in der Mitte steht, gibt er weder bereitwillig Elektronen ab noch nimmt er sie auf. Stattdessen teilt der Kohlenstoff Elektronen. Kohlenstoffatome können Elektronen mit vielerlei verschiedenen anderen Atomen teilen, und sie können Elektronen auch mit anderen Kohlenstoffatomen teilen. Daraus ergibt sich, dass der Kohlenstoff in der Lage ist, Millionen unterschiedlicher stabiler Verbindungen zu bilden, die eine weite Streuung chemischer Eigenschaften zeigen, einfach dadurch, dass seine Elektronen mit anderen Atomen geteilt werden.

Wenn wir Organische Chemie studieren, studieren wir, wie organische Verbindungen reagieren. Organische Verbindungen bestehen aus Atomen, die durch kovalente Bindungen zusammen gehalten werden. Wenn eine organische Verbindung chemisch reagiert, werden einige vorhandene Bindungen aufgelöst und neue gebildet.

Bindungen bilden sich, wenn Atome Elektronen teilen und gemeinsam nutzen; Bindungen werden gespalten, wenn die Atome ihre Elektronen nicht langer teilen, sondern unter sich aufteilen und sich trennen.

Wie leicht sich eine chemische Bindung bildet und wie leicht sie zerbricht, hängt von den speziellen Umständen ab, unter denen Elektronen geteilt werden, was wiederum von den Atomen abhängt, zu denen die Elektronen gehören. So müssen wir uns am Beginn unseres Studiums der Organischen Chemie ein grundlegendes Verständnis vom Aufbau der Atome verschaffen: wie viele Elektronen in welchem Zustand ein Atom besitzt und wie diese angeordnet sind.

HINTERGRUND

■ Natürliche versus synthetische organische Verbindungen

Es entspricht der landläufigen Meinung, dass natürliche Substanzen – solche, die von der Natur produziert werden – synthetischen (solchen, die im Labor entstehen) überlegen sind. Doch wenn Chemiker*innen eine Verbindung synthetisieren, wie etwa Penicillin oder Morphin, dann geschieht das in jeder Hinsicht in genau derselben Weise, wie diese Verbindung in der Natur synthetisiert wird (Abschnitt 15.11).

Chemiker*innen können sogar manchmal die Natur verbessern. So haben sie etwa Penicillin-Äquivalente hergestellt – also Verbindungen mit einer ähnlichen, aber nicht genau der gleichen Struktur wie Penicillin –, die über Schmerz stillende Wirkungen verfügen, von denen man im Gegensatz zum Morphin aber nicht abhängig wird. Die meisten kommerziellen Morphine werden aus Opium gewonnen, ein Saft, der aus der Spezies Mohnblume gewonnen wird, die im Bild rechts gezeigt ist. Morphin ist das Ausgangsmaterial für die Synthese von Heroin. Eines der Nebenprodukte dieser Reaktion hat einen extrem scharfen Geruch, der von Spürhunden erschnüffelt werden kann (Abschnitt 15.16). Fast drei Viertel der weltweiten Heroinproduktion stammen von den Mohnfeldern Afghanistans.

Mohnblumenfeld in Afghanistan
Morphin wird aus Opium gewonnen, dem Saft, den diese Mohnpflanze abgibt.

Die Struktur eines Atoms 1.1

Ein Atom besteht aus einem im Verhältnis zum ganzen Atom winzigen, aber sehr dichten Atomkern, der von einer Elektronenwolke umgeben ist, welche über einen verhältnismäßig großen Raumbereich um den Atomkern herum verteilt sind. Der Atomkern enthält **positiv geladene Protonen** und elektrisch **ungeladene Neutronen**. Als Ganzes ist der Atomkern positiv geladen. Die **Elektronen** sind **negativ geladen**. Da die positive Ladungsmenge eines Protons der negativen Ladungsmenge eines Elektrons genau entspricht, hat ein neutrales Atom gleich große Zahlen von Protonen und Elektronen.

Wie alles, was sich bewegt, haben Elektronen eine kinetische Energie. Diese wirkt der Anziehungskraft der positiv geladenen Protonen entgegen, die die negativ geladenen Elektronen zum Kern ziehen.

Protonen und Neutronen haben annähernd die gleiche Masse und sind rund 1800 mal schwerer als ein Elektron. Das bedeutet, dass der weit überwiegende Teil der *Masse* eines Atoms in seinem Kern konzentriert ist. Der weitaus größte Teil seines *Volumens* wird jedoch von den Elektronen eingenommen, und dies ist der Bereich des Atoms, auf den sich unser Hauptaugenmerk richten wird, weil es eben die Elektronen sind, die die chemischen Bindungen ausbilden, die für die Chemie entscheidend sind.

Die **Ordnungszahl** (= Kernladungszahl) eines Atoms ist gleich der *Zahl der Protonen* in seinem Kern. Die Ordnungszahl ist für jedes Element einzigartig. Die Ordnungszahl des Kohlenstoffs ist beispielsweise 6, was bedeutet, dass ein neutrales Kohlenstoffatom sechs Protonen und sechs Elektronen enthält.

Die **Massenzahl** eines Atoms ist die Summe seiner Protonen und Neutronen. Obwohl alle Kohlenstoffatome die gleiche *Ordnungszahl* haben, haben sie nicht alle die gleiche *Massenzahl*. Warum? Weil Kohlenstoffatome unterschiedlich viele Neutronen besitzen können. 98,89 % des natürlichen Kohlenstoffs bestehen aus Atomen mit sechs Neutronen (plus sechs Protonen ergibt eine Massenzahl von 12). Die restlichen 1,11 % der Kohlenstoffatome haben neben den sechs Protonen noch sieben Neutronen im Kern; die Atome haben eine Massenzahl von 13. Diese beiden unterschiedlichen Arten von Kohlenstoffatomen (^{12}C und ^{13}C, „C-zwölf“ und „C-dreizehn“) sind **Isotope**.

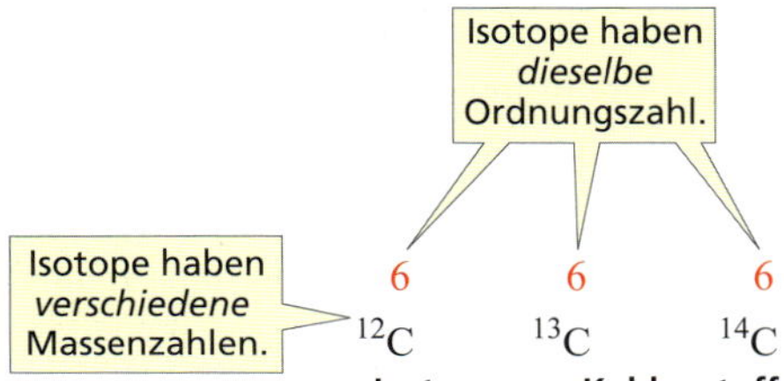

Isotope von Kohlenstoff

In der Natur vorkommender Kohlenstoff enthält außerdem immer Spuren von ^{14}C, einem Isotop, das sechs Protonen und acht Neutronen in den Atomkernen besitzt. Dieses Kohlenstoffisotop ist radioaktiv (seine Atomkerne sind nicht stabil), und es zerfällt mit einer Halbwertszeit von 5730 Jahren. (Die *Halbwertszeit* ist die Zeitspanne, in der genau die Hälfte der radioaktiven Atomkerne zerfällt.) Solange ein Lebewesen lebt, nimmt es genauso viel von dem Isotop ^{14}C auf, wie es durch Ausscheidung und Ausatmen wieder verliert. Wenn das Lebewesen stirbt, nimmt es nicht länger neues ^{14}C auf, so dass der ^{14}C-Gehalt langsam durch den radioaktiven Zerfall abnimmt. Da der Zerfall immer gleich schnell verläuft, kann man das Alter organischer Verbindungen aus Lebewesen bestimmen, wenn man die noch vorhandene Menge ^{14}C misst.

Die **Atommasse** eines natürlich vorkommenden Elementes ist die Durchschnittsmasse seiner Atome. Da die *atomare Masseneinheit* (ame oder u [= unit]) als exakt $^1/_{12}$ der Masse eines Kohlenstoffatoms des Isotops ^{12}C definiert ist, beträgt die Atommasse von ^{12}C auch genau 12,0000 Atommasseneinheiten (ame). Die Atommasse von ^{13}C beträgt 13,0035 ame. Die Atommasse des natürlichen Kohlenstoffs ist 12,011 ame, weil man die Prozentzahlen der Isotope mit ihren Massen multiplizieren und dann zusammenzählen muss ($0{,}9889 \times 12{,}0000 + 0{,}0111 \times 13{,}0035 = 12{,}011$). Die **Molekülmasse** ist die *Summe aller Atommassen* in einem Molekül; sie wird ebenfalls in ame angegeben.

Ü 1* Sauerstoff besitzt drei Isotope mit den Massenzahlen 16, 17 und 18. Die Ordnungszahl von Sauerstoff ist 8. Wieviele Protonen und Neutronen hat jedes der Sauerstoffisotope?

MERKE!

Der Kern enthält positiv geladene Protonen und neutrale Neutronen.

Die Elektronen sind negativ geladen.

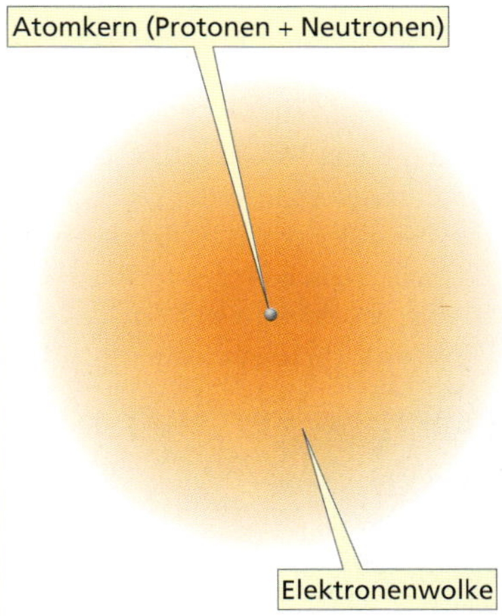

ein Atom

Ordnungszahl = Zahl der Protonen im Kern

Massenzahl = Zahl der Protonen + Zahl der Neutronen

MERKE!

Atommasse = Die gewichteten Durchschnittsmassen aller Isotope eines Elements.

Molekülmasse = Die Summe aller Atommassen in einem Molekül.

Eine Molekül ist eine Gruppe von zwei oder mehr Atomen, die durch kovalente Bindung zusammen gehalten werden.

HINTERGRUND

■ **Albert Einstein**

Die Bronzeskulptur Einsteins auf dem Gelände der *National Academy of Sciences* in Washington, D.C., ist etwa 7 Meter hoch und wiegt ca. 3200 kg. In seiner linken Hand hält Einstein die mathematischen Gleichungen, die als seine wichtigsten Beiträge zur Wissenschaft gelten: die Formulierungen des photoelektrischen Effekts, der Beziehung von Energie und Masse und der Relativitätstheorie. Zu seinen Füßen ist eine Himmelskarte abgebildet.

MERKE !

Je näher ein Orbital dem Atomkern ist, desto geringer ist seine Energie.

Ü 2*

(a) Wie viele Protonen hat jede der folgenden Spezies? (Siehe Periodensystem am Ende dieses Buches.)

(b) Wie viele Elektronen haben sie?

1. Na^+ **2.** Ar **3.** Cl^-

Ü 3* Chlor hat zwei Isotope, ^{35}Cl und ^{37}Cl; 75,55 % ist ^{35}Cl und 24,23 % ist ^{37}Cl. Die atomare Masse von ^{35}Cl ist 34,969 ame und die atomare Masse von ^{37}Cl ist 36,966 ame. Was ist das Atomgewicht von Chlor?

Die Elektronenverteilung in einem Atom 1.2

Lange Zeit wurden die Elektronen als diskrete Teilchen betrachtet – unendlich kleine „Planeten", die den Atomkern umkreisen. Dies stößt jedoch auf schwer wiegende physikalische Probleme. Im Jahr 1924 konnte ein französischer Physiker, Louis de Broglie, zeigen, dass Elektronen auch als Wellen beschrieben werden können. Dies gelang ihm, indem er eine Beziehung Einsteins, die die Masse und die Energie in Relation zueinander setzt, mit einer Beziehung zwischen der Frequenz und der Energie einer Strahlung von Planck verband. Die Erkenntnis, dass Elektronen Eigenschaften von Wellen haben, motivierte Physiker ein mathematisches Konzept, das als Quantenmechanik bekannt ist, zu entwickeln und damit die Bewegung der Elektronen um den Atomkern zu beschreiben.

Die bekannteste Formulierung der **Quantenmechanik** benutzt für die abstrakte Beschreibung des Verhaltens eines Elektrons in einem Atom mathematische Gleichungen, die analog zu jenen sind, die die klassische Mechanik für die Beschreibung der Schwingungsform einer Gitarrensaite benutzt. Diese auch als Wellenmechanik bezeichnete Version der Quantenmechanik, die sich in der Chemie durchgesetzt hat, wurde 1926 von Erwin Schrödinger formuliert. Nach Schrödinger besetzen Elektronen eine Reihe von konzentrischen Schalen um den Atomkern (► Tabelle 1.1).

	Erste Schale	Zweite Schale	Dritte Schale	Vierte Schale
Atomorbitale	*s*	*s, p*	*s, p, d*	*s, p, d, f*
Zahl der Orbitale	1	1, 3	1, 3, 5	1, 3, 5, 7
Maximale Zahl von Elektronen in der Schale	2	8	18	32

Tabelle 1.1: Verteilung der Elektronen in den ersten vier, den Atomkern umgebenden Elektronenschalen.

- Die erste Schale liegt am dichtesten am Atomkern, während die zweite Schale weiter entfernt liegt als die erste. Die dritte Schale (und alle weiteren) sind sogar noch weiter entfernt.
- Die Schale enthält Unterschalen, die als **Atomorbitale** bekannt sind. Wir werden später noch sehen, dass ein Atomorbital eine charakteristische Form und Energie hat (Abschnitt 1.5).
- Jede Schale enthält ein *s*-Atomorbital. Die zweite und alle weiteren Schalen enthalten zusätzlich zum *s*-Atomorbital drei degenerierte *p*-Atomorbitale. **Degenerierte Orbitale sind Orbitale mit gleicher Energie**. Die dritte und alle weiteren Schalen haben neben den *s*- und *p*-Orbitalen fünf degenerierte *d*-Orbitale. Zusätzlich dazu haben die vierte und alle weiteren Schalen sieben degenerierte *f*-Atomorbitale.

MERKE !

Entartete Orbitale sind Orbitale, die die gleiche Energie aufweisen.

- Ein Orbital kann nur von maximal zwei Elektronen besetzt werden (siehe Pauli-Verbot). Daher können die ersten vier Schalen mit 1, 4, 9 und 16 Atomorbitalen maximal 2, 8, 18 und 32 Elektronen beherbergen.

Bei unserem Studium der Organischen Chemie werden wir uns hauptsächlich mit Atomen beschäftigen, die nur Elektronen in den ersten beiden Schalen besitzen.

Elektronenkonfiguration im Grundzustand

Die **Elektronenkonfiguration im Grundzustand** eines Atoms beschreibt die von Elektronen besetzten Orbitale eines Atoms, wenn diese die jeweils energieärmsten verfügbaren Zustände besetzen. Wenn einem Atom im Grundzustand Energie zugeführt wird, können ein oder mehrere Elektronen in ein Orbital höherer Energie überwechseln. Das Atom wird dadurch angeregt und erlangt eine **Elektronenkonfiguration eines angeregten Zustandes.**

Die elektronischen Grundzustände der leichtesten Atome sind in ►Tabelle 1.2 wiedergegeben. Jeder Pfeil – ob auf- oder abwärts weisend – entspricht einem Elektron.

Atom	Name des Elementes	Ordnungszahl	1s	2s	$2p_x$	$2p_y$	$2p_z$	3s
H	Wasserstoff	1	↑					
He	Helium	2	↑↓					
Li	Lithium	3	↑↓	↑				
Be	Beryllium	4	↑↓	↑↓				
B	Bor	5	↑↓	↑↓	↑			
C	Kohlenstoff	6	↑↓	↑↓	↑	↑		
N	Stickstoff	7	↑↓	↑↓	↑	↑	↑	
O	Sauerstoff	8	↑↓	↑↓	↑↓	↑	↑	
F	Fluor	9	↑↓	↑↓	↑↓	↑↓	↑	
Ne	Neon	10	↑↓	↑↓	↑↓	↑↓	↑↓	
Na	Natrium	11	↑↓	↑↓	↑↓	↑↓	↑↓	↑

Tabelle 1.2: Elektronische Grundzustände der kleinsten Atome.

Die folgenden Prinzipien legen fest, wie die Elektronen Orbitale besetzen:

1. Das **Aufbauprinzip** sagt aus, dass

   ein Elektron immer in das Orbital mit der geringsten Energie besetzt.

   Da sich das 1*s*-Orbital näher am Atomkern befindet, besitzt es eine niedrigere Energie als ein 2*s*-Orbital, welches näher beim Kern ist – und also eine niedrigere potenzielle Energie besitzt – als ein 3*s*-Orbital. Vergleichen wir die Orbitale in derselben Schale (demselben Hauptenergieniveau), so sehen wir, dass ein *s*-Atomorbital energieärmer ist als ein *p*-Atomorbital und ein *p*-Orbital energieärmer als ein *d*-Orbital.

   niedrigste Energie → $1s < 2s < 2p < 3s < 3p < 3d$ ← höchste Energie

2 Das **Pauli-Verbot** (auch *Pauli'sches Ausschließungsprinzip* oder *Pauli-Prinzip* genannt) besagt, dass

erstens nie mehr als zwei Elektronen ein einzelnes Atomorbital besetzen können, und dass zweitens diese beiden Elektronen entgegengesetzt orientierte Eigendrehimpulse (Spins) aufweisen müssen.

Es wird oft Ausschließungsprinzip genannt, weil es die Anzahl der Elektronen limitiert, die das gleiche Atomorbital (und damit eine Schale) besetzen können. (In ►Tabelle 1.2 wird der quantenmechanische Eigendrehimpuls der Elektronen durch die Richtung des Pfeils angezeigt.)

Diese ersten beiden Regeln erlauben uns, Elektronen auf Atomorbitale aufzuteilen, die ein, zwei, drei, vier oder fünf Elektronen enthalten.

- Das erste Elektron eines Wasserstoffatoms besetzt das 1 *s*-Orbital.
- Das zweite Elektron eines Heliumatoms füllt das 1 *s*-Orbital.
- Das dritte Elektron von Lithium besetzt das 2 *s*-Orbital.
- Das vierte Elektron von Beryllium füllt das 1 *s*-Orbital.
- Das fünfte Elektron des Bors besetzt ein 2 *p*-Orbital. (Die tiefgestellten Indizes *x*, *y*, und *z* unterscheiden die drei *p*-Orbitale. Die die drei *p*-Orbitale degeneriert sind, kann das Elektron jedes von ihnen besetzen.

Bevor wir fortfahren können, mehr Elektronen hinzuzufügen, um größere Atome aufzubauen (mit sechs oder mehr Elektronen) müssen wir die Hund'sche Regel kennenlernen:

3 Die **Hund'sche Regel** besagt, dass,

wenn entartete Orbitale zur Verfugung stehen, ein neu hinzutretendes Elektron zuerst ein verfügbares energiegleiches Orbital einfach und mit gleichsinnigem Spin besetzen wird, bevor es zur Doppelbelegung eines Orbitals kommt.

Auf diese Weise wird die gegenseitige Abstoßung der Elektronen infolge ihrer gleichnamigen elektrischen Ladungen (und damit die Energie des Atoms) minimiert.

- Das sechste Elektron eines Kohlenstoffatoms wird deshalb in ein noch unbesetztes 2*p*-Orbital gehen, anstatt sich zu dem schon vorhandenen Elektron in einem anderen 2*p*-Orbital zu gesellen (siehe ►Tabelle 1.2).
- Das siebte Elektron eines Stickstoffatoms besetzt das noch freie dritte 2*p*-Orbital.
- Bei Sauerstoff tritt das achte Elektron in ein schon einfach besetztes 2*p*-Orbital ein, um dieses aufzufüllen, statt in das noch unbesetzte, aber energetisch hoher liegende 3*s*-Orbital zu gehen.

Unter Anwendung dieser drei einfachen Regeln lassen sich die Elektronenkonfigurationen der meisten anderen Elemente ableiten.

Valenz- und Rumpfelektronen

Der für die chemische Reaktivität eines Elements entscheidende Faktor ist die Zahl der Valenzelektronen. **Valenzelektronen** sind Elektronen in der äußersten Schale eines Atoms. Elektronen in den tieferliegenden Schalen werden als **Rumpfelektronen** bezeichnet. Kohlenstoff enthält beispielsweise vier Valenzelektronen und zwei Rumpfelektronen (siehe ►Tabelle 1.2). Valenzelektronen nehmen an chemischen Bindungen teil; Rumpfelektronen tun dies nicht,

Elemente in der gleiche Spalte des Periodensystems haben ähnliche chemische Eigenschaften, da sie die gleiche Zahl an Valenzelektronen aufweisen. Wenn sie sich das Periodensystem am Ende dieses Buches ansehen, werden sie feststellen, dass Lithium und Natrium, die über ähnliche chemische Eigenschaften verfügen, beide über 1 Valenzelektron aufweisen.

MERKE!

Valenzelektronen sind Elektronen in der äußeren Schale.

Rumpfelektronen sind Elektronen in den inneren Schalen.

Das chemische Verhalten eines Elements hängt von seiner Elektronenkonfiguration ab.

Ü 4* Wie viele Valenzelektronen haben die folgenden Atome?
(a) Bor **(b)** Stickstoff **(c)** Sauerstoff **(d)** Fluor

Ü 5*
(a) Schreiben Sie die Elektronenkonfigurationen für die Elemente Chlor (Ordnungszahl 17), Brom (Ordnungszahl 35) und Iod (Ordnungszahl 53) im Grundzustand auf.
(b) Wie viele Valenzelektronen haben diese Elemente jeweils?

Ü 6 Schauen Sie sich die relativen Positionen der einzelnen Atompaare an, die hier im Periodensystem aufgeführt sind. Wie viele Kernelektronen hat jedes? Wie viele Valenzelektronen hat jedes?
(a) Kohlenstoff und Silizium **(c)** Stickstoff und Phosphor
(b) Sauerstoff und Schwefel **(d)** Magnesium und Calcium

Kovalente Bindungen 1.3

Nun, da wir etwas über die Elektronenkonfiguration von Atomen wissen, können wir uns der Frage zuwenden, warum Atome Bindungen ausbilden. G. N. Lewis schlug zu Beginn des 20. Jahrhunderts vor, dass

ein Atom dann seinen stabilsten Zustand erreicht, wenn seine äußerste Schale vollständig mit Elektronen gefüllt ist oder acht Elektronen enthält und es keine weiteren Elektronen höherer Energie besitzt.

Nach der Lewis'schen Theorie wird ein Atom Elektronen aufnehmen oder abgeben oder mit anderen teilen, um den Zustand der voll besetzten äußeren Schale oder ein Oktett von Elektronen in dieser Schale herzustellen. Diese Theorie ist als **Oktettregel** bekannt geworden (trotz der Tatsache, dass Wasserstoff nur zwei Elektronen benötigt, um seine äußere Schale zu füllen).

Eine gefüllte äußere Schale kann durch Elektronenaufnahme oder Elektronenabgabe erreicht werden

Lithium (Li) hat eine voll besetzte erste Schale und ein freies Elektron in seinem 2*s*-Orbital. Falls das Lithiumatom dieses Elektron verliert oder abgibt, erlangt es einen Zustand mit einer voll besetzten inneren Schale – eine stabile Konfiguration. Lithium gibt also ziemlich bereitwillig ein Elektron ab. Natrium (Na) besitzt ein freies Elektron in seinem 3*s*-Orbital und gibt ebenfalls bereitwillig ein Elektron ab.

Da nur Valenzelektronen zur Bindungsbildung genutzt werden, sind in den folgenden Abbildungen nur die Valenzelektronen dargestellt. (Das Symbol eines Elements repräsentiert die Protonen, Neutronen und Rumpfelektronen.)

Jedes der Elemente in der ersten Spalte des Periodensystems gibt sein Elektron bereitwillig ab, da jedes dieser Elemente ein Elektron in seiner äußeren Schale trägt.

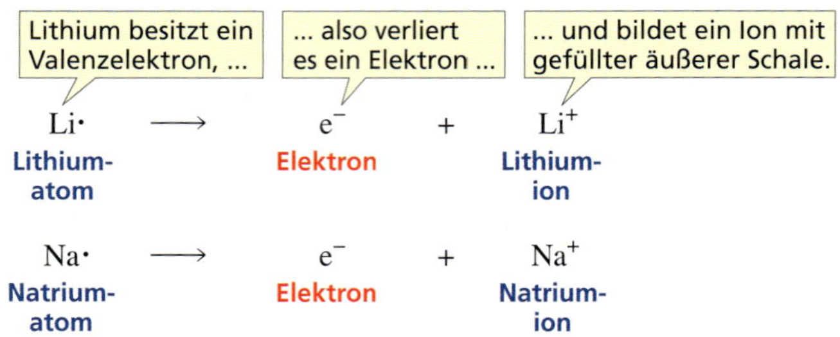

Fluoratome besitzen sieben Valenzelektronen (▶ Tabelle 1.2). Fluoratome nehmen bereitwillig ein Elektron auf, um ihre Außenschale auf acht Elektronen zu erweitern.

Die Aufnahme eines Elektron führt zur Bildung von F^-, dem Fluoridion. Wenn ein Atom ein Elektron aufnimmt, wird Energie frei.

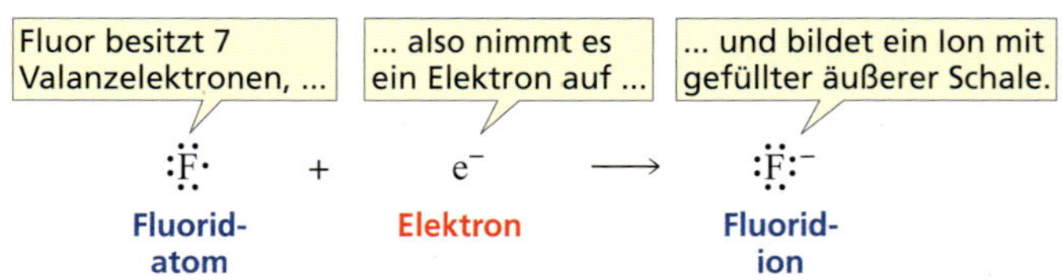

Elemente in derselben Gruppe wie das Fluor (Chlor, Brom und Iod) benötigen auch jeweils nur ein Elektron, um in ihrer Valenzschale ein Oktett zu erreichen, und so nehmen auch sie bereitwillig ein Elektron auf.

Elemente (wie Fluor und Chlor), die bereitwillig Elektronen aufnehmen, heißen **elektronegativ** – sie nehmen leicht ein Elektron auf und werden dabei negativ geladen.

Ein Wasserstoffatom hat ein Valenzelektron. Daher kann es durch die Abgabe seines Elektrons eine komplett leere Schale erhalten oder seine Schale durch Aufnahme eines Elektrons füllen.

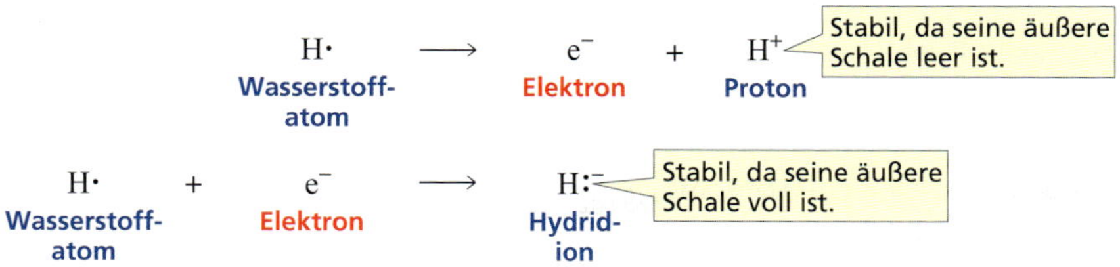

Die Abgabe seines Elektrons führt zu einem positiv geladenem **Wasserstoffion**. Es wird auch als **Proton** bezeichnet, da nur der Kern des Wasserstoffatoms – der nur aus einem Proton besteht – zurückbleibt, wenn es sein Elektron abgibt. Wenn Wasserstoff ein Elektron aufnimmt, bildet sich ein negativ geladenes Wasserstoffatom, das als **Hydridion** bezeichnet wird.

Ü 7*

(a) Suchen Sie im Periodensystem das Element Kalium (K) und sagen Sie die Anzahl seiner Valenzelektronen voraus.

(b) Welches Orbital besetzt das ungepaarte Elektron?

Auffüllen der äußeren Schale durch das Teilen von Elektronen

Statt Elektronen ganz abzugeben oder aufzunehmen, kann ein Atom die Auffüllung seiner äußeren Schale auch dadurch erreichen, dass es ein Elektronenpaar mit anderen Atomen teilt. Zwei Fluoratome können beispielsweise beide ein Elektronenoktett in ihren Valenzschalen herstellen, indem sie ihre ungepaarten Valenzelektronen miteinander teilen. Eine solche Bindung, die durch die *Teilung von Elektronen* zwischen zwei Atomkernen zustande kommt, heißt **kovalente Bindung**. Eine kovalente Bindung wird durch eine durchgezogenen Strich gekennzeichnet, statt durch zwei einzelne Punkte.

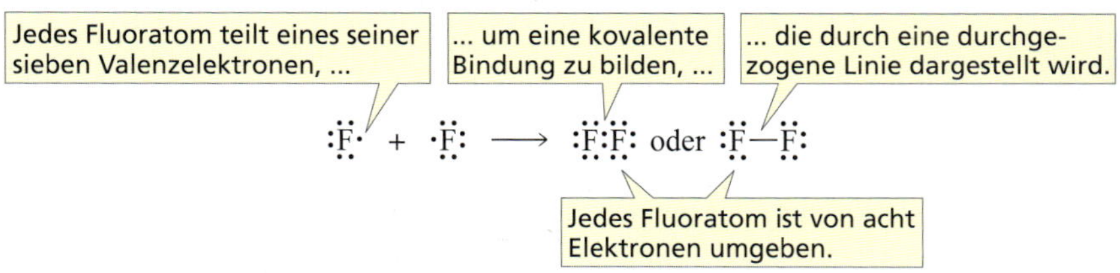

MERKE!

Eine kovalente Bindung wird gebildet, wenn zwei Atome ein Elektronenpaar teilen.

Zwei Wasserstoffatome können eine kovalente Bindung eingehen, indem sie ihre Elektronen teilen. Als Ergebnis dieser kovalenten Bindung erreicht jedes Wasserstoffatom eine vollständig gefüllte Elektronenschale (mit 2 Elektronen).

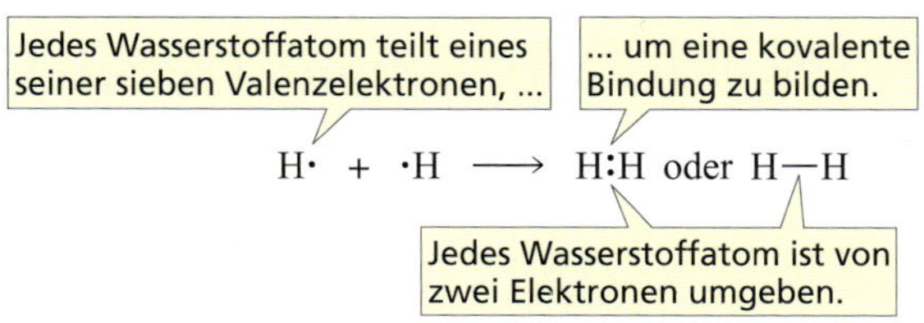

In analoger Weise können auch Wasserstoff und Chlor durch das Teilen von Elektronen eine kovalente Bindung eingehen. Dadurch füllt das Wasserstoffatom seine einzige benutzte Elektronenschale und das Chloratom füllt seine Valenzschale (die 2. oder L-Schale) mit einem Elektronenoktett.

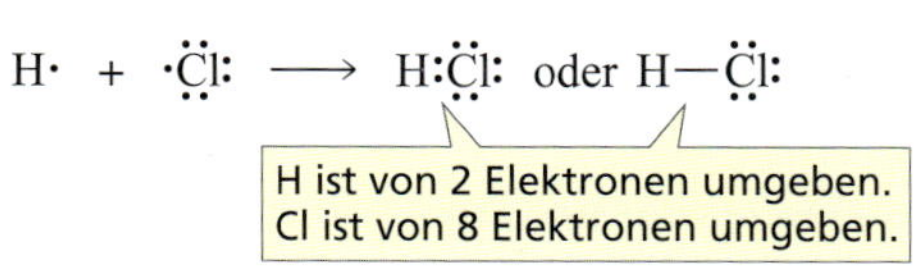

Schauen wir uns nun die Bindungen an, die von Sauerstoff, Stickstoff und Kohlenstoff gebildet werden. Sauerstoffatome besitzen sechs Valenzelektronen, brauchen also zwei weitere Elektronen zum Elektronenoktett. Sauerstoff bildet deshalb gern zwei kovalente Bindungen, um acht Elektronen in seiner Außenschale zu versammeln. Stickstoff mit fünf Valenzelektronen muss drei kovalente Bindungen eingehen, und der Kohlenstoff – mit vier Valenzelektronen – muss vier kovalente Bindungen ausbilden, um seine Valenzschale aufzufüllen. Beachten Sie, dass alle Atome in den Molekülen Wasser, Ammoniak und Methan aufgefüllte Valenzschalen besitzen.

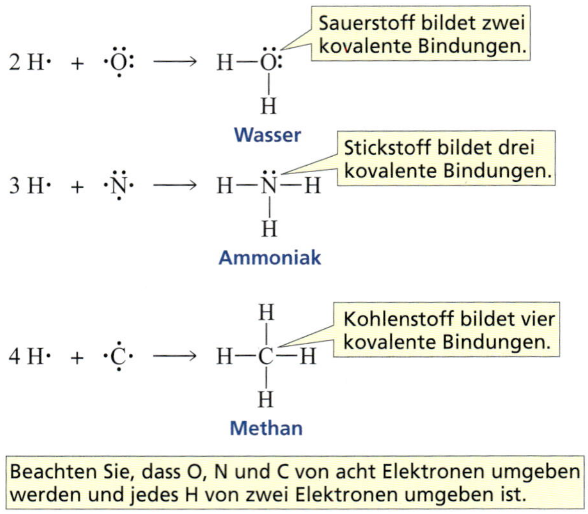

Polare und unpolare kovalente Bindungen

MERKE!

Eine unpolare kovalente Bindung ist eine kovalente Bindung zwischen Atomen mit ähnlichen Elektronegativitäten.

Eine polare kovalente Bindung ist eine kovalente Bindung zwischen Atomen mit unterschiedlichen Elektronegativitäten.

Kovalente Bindungen werden in unpolar und polar unterteilt, abhängig von den Elektronegativitäten der beteiligten Atome. Die **Elektronegativität** ist ein Maß für das Bestreben eines Atoms, die Elektronen einer Bindung zu sich hin zu ziehen. Die Elektronegativitätswerte einiger Atome sind in ►Tabelle 1.3 aufgelistet. Man beachte, dass die Elektronegativität von links nach rechts innerhalb einer Periode und von unten nach oben innerhalb einer Gruppe zunimmt.

IA	IIA	IB	IIB	IIIA	IVA	VA	VIA	VIIA
H 2,1								
Li 1,0	Be 1,5			B 2,0	C 2,5	N 3,0	O 3,5	F 4,0
Na 0,9	Mg 1,2			Al 1,5	Si 1,8	P 2,1	S 2,5	Cl 3,0
K 0,8	Ca 1,0							Br 2,8
								I 2,5

zunehmende Elektronegativität (→ von links nach rechts; ↑ von unten nach oben)

Tabelle 1.3: Elektronegativität ausgewählter Elemente (Elektronegativitätswerte sind relativ, nicht absolut. Daraus folgt, dass es unterschiedliche Elektronegativitätsskalen gibt; die hier angegebenen Werte folgen der von Linus Pauling entwickelten Skala.).

Wenn die Differenz der Elektronegativitäten zwischen zwei aneinander gebundenen Atomen *weniger als 0,5* beträgt, wird die Bindung als **unpolare kovalente Bindung** bezeichnet. Das heißt, die Bindungspartner teilen die Elektronen gleichmäßig auf – die durch die Bindung repräsentierten Elektronen sind symmetrisch um die Atome verteilt. Beispiele unpolarer kovalenter Bindungen sind unten gezeigt.

H—H F—F C—C C—H

Wenn der Elektronegativitätsunterschied zwischen den gebundenen Atomen *zwischen 0,5 und etwa 1,9* liegt, dann ist die Bindung eine **polare kovalente Bindung**. Die Bindungselektronen sind unsymmetrisch verteilt, weil die Bindungsatome ausreichend unterschiedliche Elektronegativitäten haben; ein Ende einer polaren kovalenten Bindung hat eine partiell negative Ladung (δ^-) und ein Ende hat eine partiell positive Ladung (δ^+). Das negativ polarisierte Ende der Bindung (δ^-) ist dasjenige, welche das elektronegativere Atom beherbergt. Je größer die Differenz in den Elektronegativitäten der sich verbindenden Atome, desto polarer ist die Bindung.

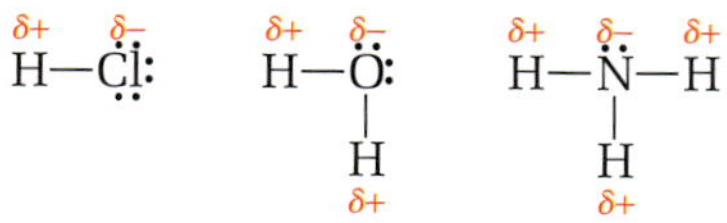

Die Richtung der Bindungspolarität kann auch mit einem Pfeil symbolisiert werden. Per Konvention zeigt der Pfeil in die Richtung, in die die Elektronen verschoben werden. Die Pfeilspitze gibt also den Ort der negativen Teilladung (δ^-) an. Ein kleiner Querstrich in der Nähe des Pfeilendes symbolisiert das positiv polarisierte Ende (δ^+) der Bindung.

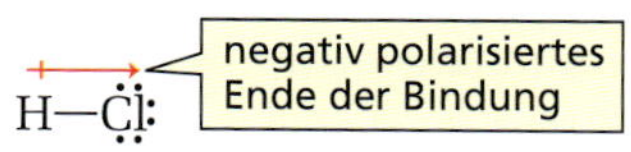

Wenn die Differenz der Elektronegativitäten *größer als 1,9* ist, dann teilen die Atome ihre Elektronen nicht. Ein Atome überträgt seine Elektronen auf das andere und es entstehen Ionen (Zum Beispiel Na^+ und Cl^-). Diese werden durch **elektrostatische Anziehung** – einer Kraft zwischen zwei entgegengesetzten Ladungen – zusammen gehalten. Natriumchlorid ist zum Beispiel eine **ionische Verbindung** (auch als **Salz** bezeichnet). Ionische Verbindungen werden gebildet, wenn ein Element der linken Seite des Periodensystems ein oder mehrere Elektronen auf ein Element von der rechten Seite des Periodensystems *überträgt*.

Sie können sich unpolare kovalente Bindungen – bei denen Elektronen gleichmäßig verteilt sind – als ein Ende eines Kontinuums von Bindungsarten vorstellen, während ionische Bindungen – bei denen die Elektronen nicht geteilt werden – das andere Ende darstellen. Polare kovalente Bindung befinden sich in der Mitte.

Kontinuum chemischer Bindungsarten

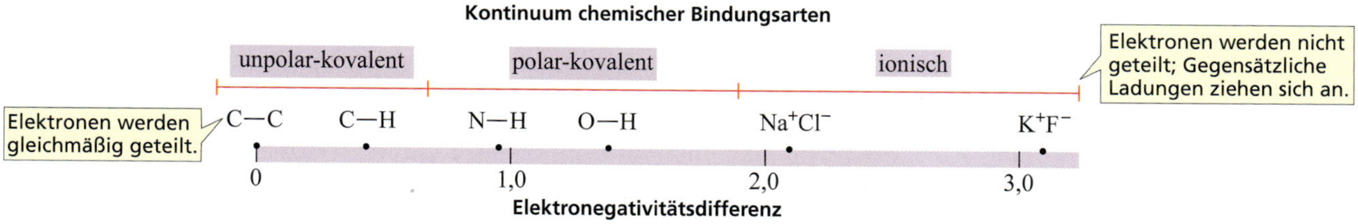

Natriumchloridkristalle (Kochsalz).

Salar de Uyuni in Bolivien – Das größte Lithiumvorkommen der Welt.
Lihtiumsalze werden medizinisch eingesetzt. Lithiumchlorid (LiCl) ist ein Antidepressivum, Lihtiumbromid ein Sedativ; zudem wird Lithiumcarbonat (Li_2CO_3) eingesetzt, um Stimmungsschwankungen bei Patient*innen mit bipolarer Störung zu behandeln. Wissenschaftler*innen wissen jedoch nicht, warum Lithiumsalze diese therapeutischen Effekte zeigen.

Ü 8* Welche Bindung ist polarer?

(a) $H—CH_3$ oder $:\ddot{C}l—CH_3$ (c) $H—\ddot{C}l:$ oder $H—\ddot{F}:$

(b) $H—\ddot{O}H$ oder $H—H$ (d) $:\ddot{C}l—\ddot{C}l:$ oder $:\ddot{C}l—CH_3$

Ü 9* Welche der folgenden chemischen Verbindungen hat

(a) die am stärksten polare Bindung?
NaI LiBr

(b) die am wenigsten polare Bindung?
Cl_2 KCl

Dipolmomente von Bindungen

Eine polare Bindung stellt einen **Dipol** dar – sie besitzt ein positives und ein negatives Ende. Die Größe (Stärke) des molekularen Dipols wird durch sein **Dipolmoment** angegeben; das Dipolmoment wird durch den griechischen Buchstaben μ („mü") symbolisiert. Das Dipolmoment einer Bindung ist gleich der Stärke der Ladung an jedem der Atome (da die positive und negative Partialladung den gleichen Betrag haben) mal dem Abstand der beiden Ladungen.

Dipolmoment einer Bindung =
Größe der Ladung (e) × Abstand zwischen den Ladungen (d)

Die Einheit des Dipolmomentes ist das **Debye (D)**. Da die elektrische Ladung eines Elektrons $4{,}80 \times 10^{-10}$ elektrostatische Einheiten (esu) und der Abstand zwischen den Ladungen in einer polaren Bindung von der Größenordnung 10^{-8} cm beträgt, ist das Produkt aus Ladung und Abstand von der Größenordnung 10^{-18} esu cm. Ein Dipolmoment von $1{,}5 \times 10^{-18}$ esu cm entspricht 1,5 D. Die Dipolmomente einiger Bindungen, die in organischen Verbindungen häufig auftauchen, sind in ►Tabelle 1.4 zusammengefasst.

In einem Molekül mit nur einer kovalenten Bindung ist das Dipolmoment identisch mit dem Dipolmoment dieser Bindung. So ist bespielsweise das Dipolmoment von Chlorwasserstoff (HCl) 1,1 D, weil das Dipolmoment einer einzelnen H—Cl-Bindung gerade 1,1 Debye beträgt. Das Gesamtdipolmoment eines Moleküls mit mehr als einer kovalenten Bindung hängt von den Dipolmomenten aller Bindungen des Moleküls sowie seiner Struktur ab.

Wir werden die Dipolmomente von Molekülen mit mehr als einer kovalenten Bindung in Abschnitt 1.16 näher betrachten, nachdem wir etwas mehr über die Struktur von Molekülen gelernt haben.

Bindung	Dipolmoment (D)
H—C	0,4
H—N	1,3
H—O	1,5
H—F	1,7
H—Cl	1,1
H—Br	0,8
H—I	0,4
C—C	0
C—N	0,2
C—O	0,7
C—F	1,6
C—Cl	1,5
C—Br	1,4
C—I	1,2

Tabelle 1.4: Die Dipolmomente häufiger Bindungen.

Ü 10 mit Lösung

Nutzen Sie die Symbole δ^+ und δ^-, um die Polarität der Bindung zwischen Kohlenstoff und Sauerstoff zu zeichnen.

$$H_3C—OH$$

►Tabelle 1.3 zeigt, dass die Elektronegativität von Kohlenstoff 2,5 und die Elektronegativität von Sauerstoff 3,5 beträgt. Da Sauerstoff elektronegativer ist als Kohlenstoff, erhält Sauerstoff eine negative Partialladung und Kohlenstoff eine positive Partialladung.

$$H_3\overset{\delta+}{C}—\overset{\delta-}{O}H$$

Ü 11* Verwenden Sie die Symbole δ^+und δ^- (δ, gr. kleines „delta"), um den Richtungssinn der Polarität bei den durch den Bindungsstrich markierten Bindungen in den folgenden Verbindungen anzuzeigen
Beispiel:

(a) HO—H	**(c)** H_3C—NH_2	**(e)** HO—Br	**(g)** I—Cl
(b) F—Br	**(d)** H_3C—Cl	**(f)** H_3C—Li	**(h)** H_2N—OH

Ü 12 mit Lösung

Bestimmen Sie die negative Partialladung des Fluoratoms in einer C—F-Bindung. Die Bindungslänge beträgt 1,39 Å*, das Dipolmoment 1,60 D. Die Ladung eines Elektrons beträgt $4{,}80 \times 10^{-10}$ esu.

Lösung

Wenn das Fluoratom eine volle negative Elementarladung trüge, so betrüge das Dipolmoment

$$(4{,}80 \times 10^{-10}\ \text{esu})\ (1{,}39 \times 10^{-8}\ \text{cm}) = 6{,}67 \times 10^{-18}\ \text{esu cm} = 6{,}67\ \text{D}.$$

Da bekannt ist, dass das Dipolmoment der Bindung 1,60 D beträgt, können wir die negative Teilladung am Fluoratom mit ca. 0,24 bestimmen:

$$\frac{1{,}60}{6{,}67} = 0{,}24$$

Ü 13 Erklären Sie, warum HCl ein kleineres Dipolmoment aufweist als HF, obwohl die H—Cl-Bindung länger ist als die H—F-Bindung.

---

* Die Einheit Angström Å ist keine SI-Einheit. Diejenigen, die SI-Einheiten bevorzugen, können Å in Picometer (pm) umrechnen: 1 Å = 100 pm. Da die Einheit Angström weiterhin von vielen organischen Chemikern und Chemikerinnen verwendet wird, werden wir diese Einheit auch in diesem Buch verwenden. Berechnungen des Dipolmoments benötigen eine in cm angegebene Bindungslänge: 1 Å = 10^{-8} cm.

Elektrostatische Potenzialkarten

Ein Verständnis für Bindungspolaritäten ist von großer Wichtigkeit für das Verständnis organisch-chemischer Reaktionen, da eine zentrale Regel, die die Reaktivität organischer Verbindungen beschreibt, besagt, dass *elektronenreiche Atome oder Moleküle von elektronenarmen Atomen oder Molekülen angezogen werden* (Abschnitt 5.5). **Elektrostatische Potenzialkarten** (oder einfach Potenzialkarten) sind Modelle, die zeigen, wie die Ladung in einem Molekül verteilt ist. Die Potenzialkarten für LiH (Lithiumhydrid), H_2 und HF (Fluorwasserstoff) sind rechts wiedergegeben.

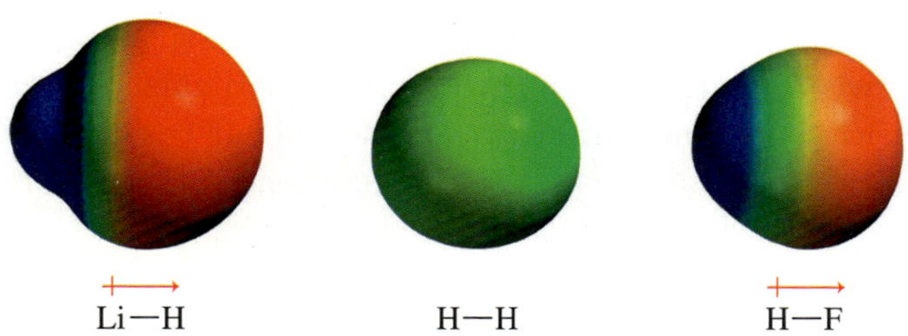

Die Farbcodierung der Potenzialkarten gibt die relative Ladungsverteilung im Molekül an und sagt etwas darüber aus, in welchem Ausmaß ein Molekül oder Atom in einem Molekül geladene Teilchen (elektrostatisch) anzieht. Rot symbolisiert dabei das am stärksten negative elektrostatische Potenzial (durch diese Bereiche werden elektronenarme Moleküle am stärksten angezogen); Blau symbolisiert das am stärksten positive elektrostatische Potenzial – diese Bereiche ziehen elektronenreiche Moleküle am stärksten an. Die anderen Farben stehen für dazwischen liegende Anziehungswerte.

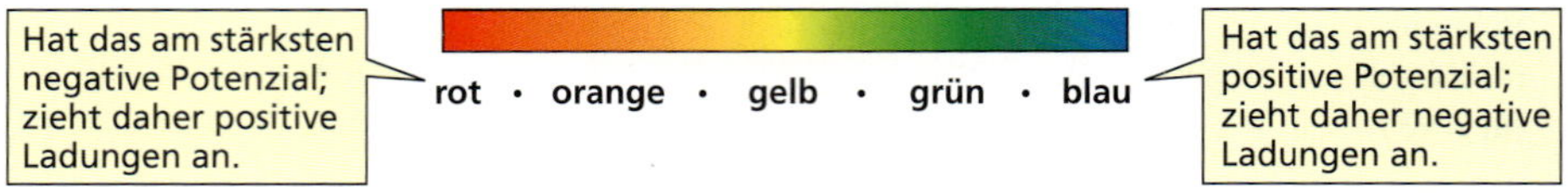

Die Potenzialkarte von LiH zeigt, dass das Wasserstoffatom stärker negativ aufgeladen ist als das Lithiumatom (blau). Durch Vergleich der drei Potenzialkarten können wir ablesen, dass der Wasserstoff im LiH elektronenreicher ist als im neutralen Wasserstoffmolekül H_2, und dass der Wasserstoff im HF-Molekül elektronenärmer ist als im H_2-Molekül.

Da eine Potenzialkarte grob die „Kanten“ der Elektronenwolke eines Moleküls umreißt, sagt die Karte etwas über die relative Größe und die Form des Moleküls aus. Man beachte, dass ein gegebenes Atom in verschiedenen Molekülen verschiedene Größe besitzen, da die Größe eines Atoms in der Potenzialkarte von seiner Elektronendichte abhängt. Zum Beispiel ist das negativ geladene Wasserstoffatom in LiH ist größer als ein neutrales H-Atom im H_2-Molekül. Dieses ist wiederum größer als das positiv geladene Wasserstoffatom eines HF-Moleküls.

Ü 14* Beantworten Sie, nachdem Sie die Potenzialkarten für LiH, HF und H_2 studiert haben, die folgenden Fragen:
(a) Welche der Verbindungen sind polar?
(b) Wieso besitzt das LiH das größte Wasserstoffatom?
(c) Welche Verbindung enthält das am stärksten positiv polarisierte Wasserstoffatom?

Die Darstellung von Strukturen 1.4

Zunächst werden wir sehen wie Verbindungen durch Lewis-Formeln repräsentiert werden. Danach werden wir uns mit den häufiger verwendeten Strukturtypen beschäftigen.

Lewis-Formeln

Die chemischen Symbole, die wir bisher benutzt haben und bei der Valenzelektronen durch Punkte oder durchgezogene Linien repräsentiert werden, werden **Lewis-Formeln** genannt. Lewis-Formeln sind nützlich, weil sie uns zeigen, welche Atome miteinander verknüpft sind und uns sagen, ob Atome *freie Elektronenpaare* oder eine *Formalladung* tragen. Die Lewis-Formeln von H_2O, H_3O^+, HO^- und H_2O_2 sind im Folgenden wiedergegeben:

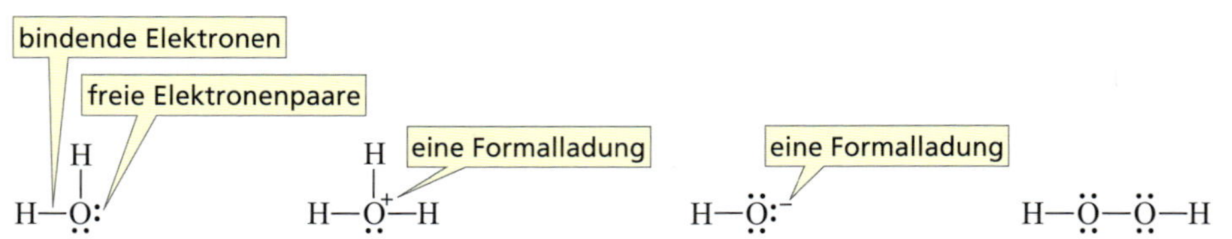

Wasser Hydroniumion Hydroxidion Wasserstoffperoxid

Beachten Sie, dass Atome in Lewis-Formeln stets linear oder rechtwinklig angeordnet sind und wir daraus nichts über die tatsächlichen Bindungswinkel in einem Molekül erfahren.

Freie Elektronenpaare

Wenn wir eine Lewis-Formel zeichnen, müssen wir sicherstellen, dass Wasserstoffatome von nicht mehr als zwei Elektronen umgeben sind, und Atome von Elementen der zweiten Reihe des Periodensystems (C, N, O, F) von nicht mehr als acht Valenzelektronen umgeben sind. Für diese Atome (und in organischen Verbindungen in der Regel auch für Cl, Br und I) gilt die Oktettregel. Valenzelektronen, die nicht an der Ausbildung von Bindungen beteiligt sind, werden **nichtbindende Elektronen** oder **freie Elektronen** (**freie Elektronenpaare**, wenn sie gepaart sind) genannt.

> **MERKE!**
>
> **Freie Elektronenpaare sind Valenzelektronen, die keine Bindungen bilden.**

Formalladungen

Nachdem die Atome ihre Plätze eingenommen haben, muss jedes Atom daraufhin untersucht werden, ob ihm eine elektrische Ladung zugewiesen werden soll oder muss. Eine **Formalladung** ist die *Differenz* zwischen der Zahl der Valenzelektronen eines ungebundenen Atoms und der Zahl der Elektronen, die ihm zukommen, wenn es in der betrachteten Verbindung an seine Bindungspartner gebunden ist. Ein Atom „besitzt" alle seine freien Elektronen sowie die Hälfte der Bindungselektronen. (Beachten Sie, dass die Anzahl der Bindung genau halb so groß ist wie die Anzahl der Bindungselektronen.)

Formalladung = Zahl der Valenzelektronen – (Zahl der freien Elektronen + Zahl der Bindungen)

Nun werden wir sehen, wie diese Gleichung für die Formalladung auf die drei unten gezeigten Moleküle angewendet werden kann. So hat etwa ein Sauerstoffatom sechs Valenzelektronen (siehe ►Tabelle 1.2). In einem Wassermolekül „gehören" dem Sauerstoffatom seine sechs Außenelektronen (vier davon bilden zwei freie Elektronenpaare), die beiden restlichen gehen Bindungen mit Wasserstoffatomen ein. Da die Zahl der Elektronen, die dem Sauerstoff „gehören" gleich der Zahl der Valenzelektronen ist ($6 - 6 = 0$), hat das Sauerstoffatom im Wassermolekül keine Formalladung.

Dem Sauerstoffatom im Hydroniumion (H_3O^+) „gehören" fünf Elektronen: ein freies Elektronenpaar plus die Hälfte (drei von sechs) der Bindungselektronen. Da die Zahl der Elektronen, die es „besitzt" eins weniger als die Zahl seiner Valenzelektronen ist ($6 - 5 = 1$), beträgt seine Formalladung nun +1.

Das Sauerstoffatom im Hydroxidion (HO^-) „besitzt" sieben Elektronen: drei freie Elektronenpaare plus die Hälfte der Bindungselektronen (ein Elektronenpaar). Da ihm ein Elektron mehr zukommt als es der Zahl seiner normalen Valenzelektronen entspricht ($6 - 7 = -1$) beträgt seine Formalladung hier –1.

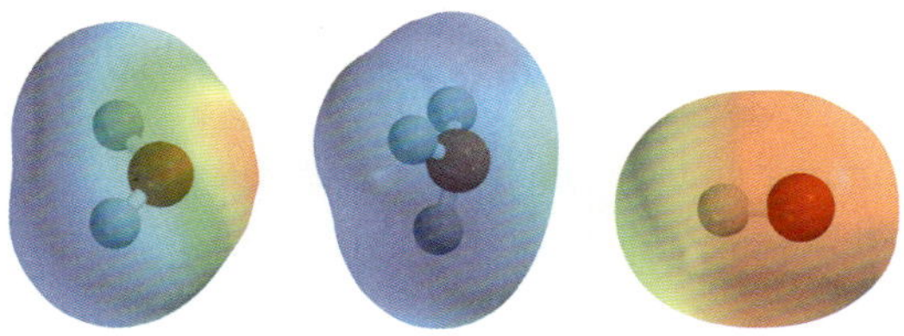

H_2O H_3O^+ HO^-

Ü 15* Eine Formalladung dient der molekularen „Buchführung". Sie besagt nicht unbedingt, dass ein Atom eine größere oder geringere Elektronendichte besitzt als irgendein anderes Atom des Moleküls ohne eine Formalladung. Man kann dies erkennen, wenn man die Potenzialkarten von H_2O, H_3O^+ und HO^- betrachtet.

(a) Welches Atom trägt die formale negative Ladung im Hydroxidion?

(b) Welches Atom hat die größere Elektronendichte im Hydroxidion?

(c) Welches Atom trägt die formale positive Ladung im Hydroniumion?

(d) Welches Atom hat die geringste Elektronendichte im Hydroniumion?

Das Zeichnen von Lewis-Strukturen

Ein Stickstoffatom besitzt fünf Valenzelektronen (siehe ▶ Tabelle 1.2). Vergewissern Sie sich, dass den Stickstoffatomen in den folgenden Lewis-Formeln die korrekte Formalladung zugewiesen wurde:

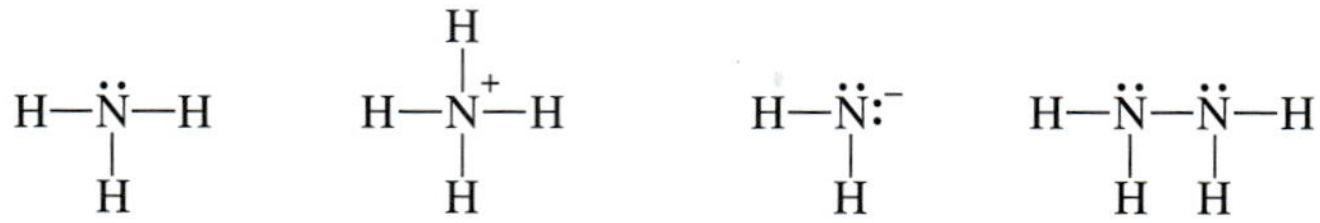

Ammoniak · Ammoniumion · Amidanion · Hydrazin

Kohlenstoff besitzt vier Valenzelektronen. Nehmen Sie sich einen Moment Zeit, um sich klarzumachen, warum die Kohlenstoffatome in den folgenden Lewis-Formeln alle die angegebene Formalladung aufweisen:

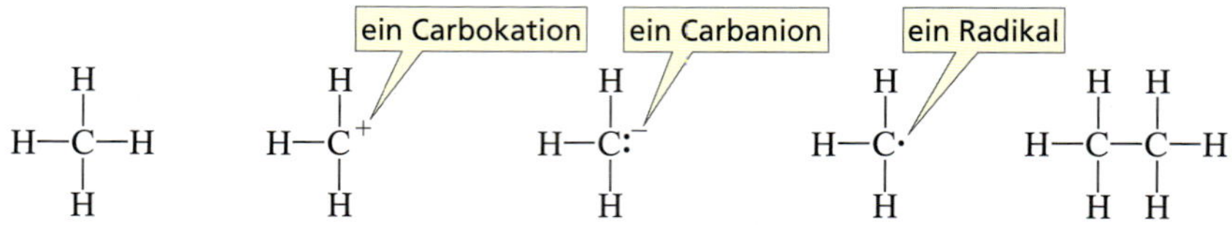

Methan · Methylkation · Methylanion · Methylradikal · Ethan

MERKE!

Ein Carbokation ist eine Spezies, die ein positiv geladenes Kohlenstoffatom enthält.

Ein Carbanion ist eine Spezies, die ein negativ geladenes Kohlenstoffatom enthält.

Ein Radikal ist eine Spezies, die ein Atom mit einem ungepaarten Elektron besitzt.

Eine molekulare Spezies, die ein positiv geladenes Kohlenstoffatom enthält, wird **Carbokation** genannt, eine molekulare Spezies mit einem negativ geladenen Kohlenstoffatom **Carbanion**. Bei den Carbokationen werden dreibindige Carbeniumionen und (hypothetische) fünfbindige Carboniumionen unterschieden. Im Sprachgebrauch wird der Begriff Carbokation synonym für Carbeniumion verwendet. Eine molekulare oder atomare Spezies mit einem ungepaarten Elektron wird als **Radikal** bezeichnet (oft auch als **freies Radikal**).

Wasserstoff besitzt ein Valenzelektron, und alle Halogene (F, Cl, Br, I) besitzen sieben Valenzelektronen. Die folgenden Spezies haben daher die angegebenen Formalladungen:

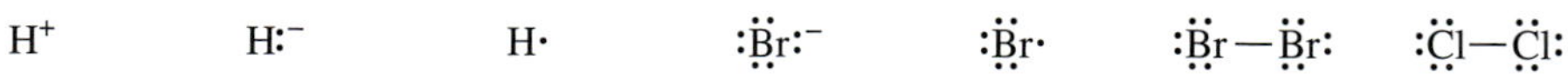

Wasserstoffion · Hydridion · Wasserstoffradikal · Bromidion · Bromradikal · Brom · Chlor

Ü 16 Geben Sie für jedes Atom die richtige Formalladung an:

(a) 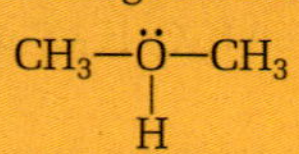

(b) 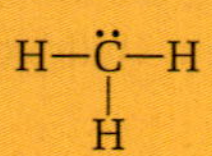

(c) 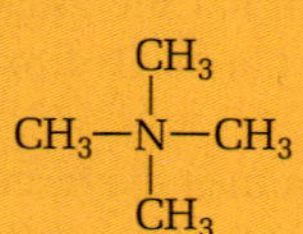

(d) 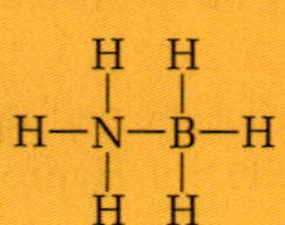

Beachten Sie während des Studiums der Moleküle in diesem Abschnitt, wenn Moleküle keine Formalladung oder ungepaarte Elektronen tragen, dass:

- Kohlenstoff immer vier kovalente Bindungen ausbildet und keine freien Elektronenpaare besitzt,
- Stickstoff immer drei kovalente Bindungen ausbildet und ein freies Elektronenpaar besitzt,
- Sauerstoff immer zwei kovalente Bindungen ausbildet und ein zwei freie Elektronenpaare besitzt,
- ein Halogen immer eine kovalente Bindung hat und drei freie Elektronenpaare,
- Wasserstoff immer eine kovalente Bindung bildet und keine freien Elektronenpaare hat.

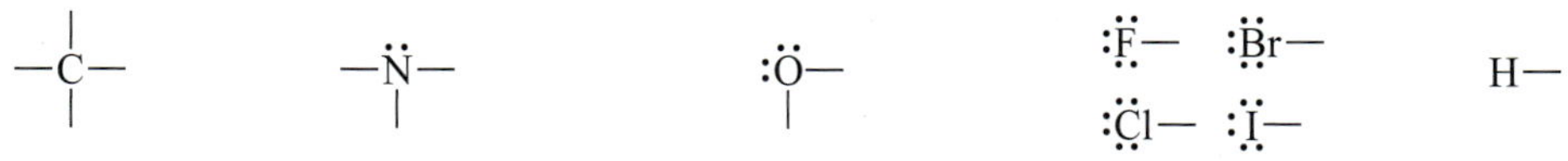

	4 Bindungen	3 Bindungen	2 Bindungen	1 Bindung	1 Bindung
Zahl der Bindungen + Zahl der freien Elektronenpaare ist gleich 4.	0 freie Elektronenpaare	1 freies Elektronenpaar	2 freie Elektronenpaare	3 freie Elektronenpaare	
	4	4	4	4	

Beachten Sie, dass die Anzahl an Bindungen addiert auf die Anzahl der freien Elektronenpaare vier ergeben muss, um ein komplettes Oktett zu erzeugen (Ausnahme ist Wasserstoff, der nur zwei Elektronen benötigt, um seine Schale zu füllen).

Diese Zahlen sind sehr wichtig, wenn sie Strukturen organischer Moleküle zeichnen, da sie einen schnellen Weg bieten, einen Fehler zu erkennen. Atome mit mehr oder weniger Bindungen als für ein neutrales Atom nötig sind müssen entweder eine formale Ladung tragen oder ein ungepaartes Elektron besitzen.

Jedes Atom in den folgenden Strukturen hat eine gefüllte äußere Schale. Weil keines der Moleküle eine Formalladung oder eine ungepaartes Elektron besitzt, bildet H eine Bindung, C vier Bindungen, N drei Bindungen, O zwei Bindungen und Br eine Bindung. Beachten Sie zudem, dass jedes N ein freies Elektronenpaar besitzt, jedes O hat zwei und Br drei freie Elektronenpaare.

MERKE!

C bildet 4 Bindungen.
N bildet 3 Bindungen.
O bildet 2 Bindungen.
Ein Halogen bildet eine Bindung.
H bildet eine Bindung.

2 kovalente Bindungen, die 2 Atome zusammenhalten, werden als Doppelbindung bezeichnet.

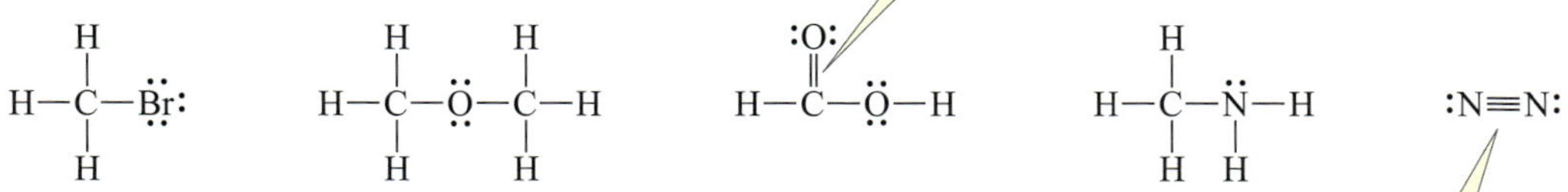

3 kovalente Bindungen, die 2 Atome zusammenhalten, werden als Dreifachbindung bezeichnet.

STRATEGIEN ZUR PROBLEMLÖSUNG

■ Zeichnen von Lewis-Strukturen

(a) Zeichnen Sie die Lewis-Struktur von CH_4O.

(b) Zeichnen Sie die Lewis-Struktur von HNO_2.

(a)

1 **Bestimmen Sie die Gesamtzahl der Valenzelektronen** (vier für C, eines für H und sechs für O; 4 + 4 + 6 = 14 Valenzelektronen).

2 **Verteilen sie die Atome.** erinnern Sie sich daran, dass C vier Bindungen, O zwei Bindungen und jedes H eine Bindung bildet. Platzieren sie H immer an den Rändern des Moleküls, da es nur eine Bindung bilden kann.

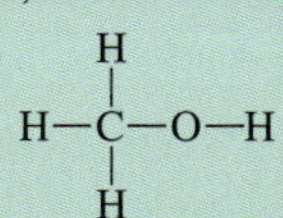

3 **Bilden Sie Bindungen und füllen sie die Oktette mit freien Elektronenpaaren** mit den Valenzelektronen aus **1**.

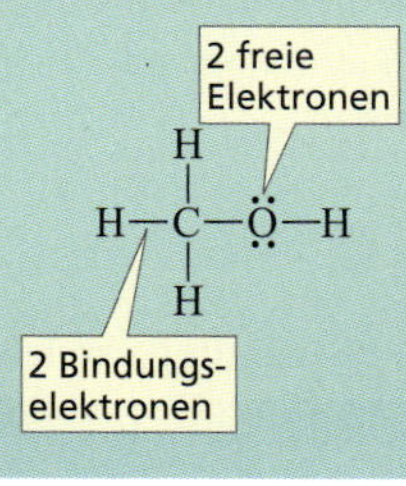

10 Bindungselektronen
4 freie Elektronen
14 Valenzelektronen

4 **Weisen Sie jedem Atom eine Formalladung zu** dessen Zahl von Valenzelektronen nicht gleich der Zahl seiner Zahl von freien Elektronen plus der Zahl seiner Bindungen ist. (Keines der Atome in CH_4O hat eine Formalladung.)

(b)

1 **Bestimmen Sie die Gesamtzahl der Valenzelektronen** (hier: 1 für H, 5 für N, und 6 für jedes O=1+5+(2×6)=18).

2 **Verteilen sie die Atome.** Platzieren Sie Wasserstoff am Rand des Moleküls. Wenn eine Verbindung zwei oder mehr Sauerstoffatome besitzt, vermeiden Sie es Sauerstoff-Sauerstoff einfach Bindungen zu zeichnen. Diese sind schwache Bindungen, nur wenige Verbindungen besitzen diese.

H—O—N—O

3 **Bilden Sie Bindungen und füllen sie die Oktette mit freien Elektronenpaaren** mit den Valenzelektronen aus **1**.

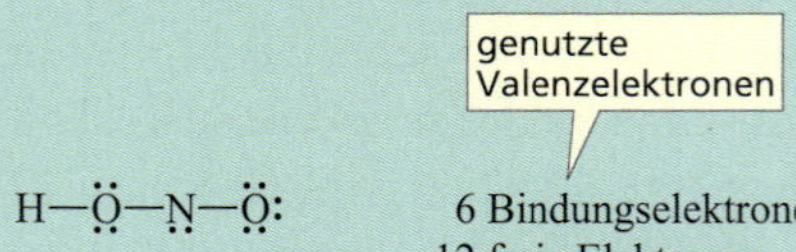

6 Bindungselektronen
12 freie Elektronen
18 Valenzelektronen

Falls ein Atom (außer Wasserstoff), nachdem alle Elektronen zugeordnet wurden, kein gefülltes Oktett besitzt, nutzen Sie ein freies Elektronenpaar oder ein benachbartes Atom um eine Doppelbindung zum dem Atom zu zeichnen, das zu wenige Elektronen besitzt.

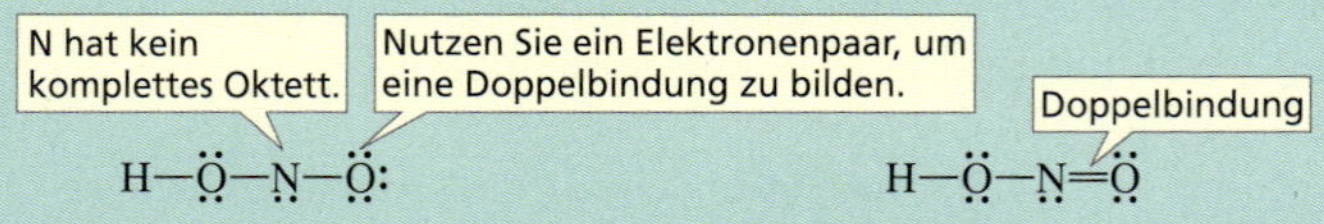

18 Elektronen wurden zugeordnet.

Nutzen Sie eines der freien Elektronenpaare des Sauerstoffatoms, um eine Doppelbindung zu bilden; Dies gibt N ein vollständiges Oktett.

4 **Weisen Sie jedem Atom eine Formalladung zu** dessen Zahl von Valenzelektronen nicht gleich der Zahl seiner Zahl von freien Elektronen plus der Zahl seiner Bindungen ist. (Keines der Atome in HNO_2 hat eine Formalladung.)

Ü 17 mit Lösung

Zeichnen Sie die Lewis-Formeln folgender Verbindungen:

(a) NO_3^- **(b)** NO_2^+ **(c)** $^-C_2H_5$ **(d)** $^+C_2H_5$ **(e)** $CH_3\overset{+}{N}H_3$ **(f)** NaOH **(g)** HCO_3^- **(h)** HCO_2^-

Lösung zu 17 (a)

Die Gesamtzahl der Valenzelektronen beträgt auf Basis der neutralen Atome 23 (5 für das Stickstoffatom und je weitere 6 für jedes Sauerstoffatom). Da das Molekülion eine negative Ladung aufweist, müssen wir ein weiteres Valenzelektron aufschlagen, so dass wir auf 24 kommen. Der einzige Weg, die drei Sauerstoffatome und das Stickstoffatom anzuordnen und dabei Sauerstoff-Sauerstoff-Einfachbindungen zu vermeiden, besteht darin, die drei O-Atome um das N-Atom herum gleichmäßig zu verteilen. Wir verwenden nun diese 24 Valenzelektronen, um Bindungen zu bilden und Oktette mit freien Elektronen(paaren) aufzufüllen.

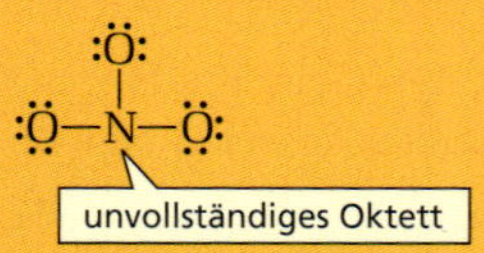

Wenn alle 24 Elektronen zugeordnet sind, sehen wir, dass das N-Atom kein vollständiges Oktett besitzt. Wir vervollständigen das Oktett des Stickstoffatoms, indem wir ein freies Elektronenpaar eines der Sauerstoffatome zur Bildung einer Doppelbindung heranziehen. Es macht dabei keinerlei Unterschied, welches Elektronenpaar welches Sauerstoffatoms wir dafür benutzen, da alle gleichwertig sind. Wenn wir nun die Atome daraufhin untersuchen, ob irgendwo Formalladungen auftreten, stellen wir fest, dass zwei der Sauerstoffatome negativ geladen und das Stickstoffatom positiv geladen sind (um eine Gesamtladung des Molekülions von –1 zu erreichen).

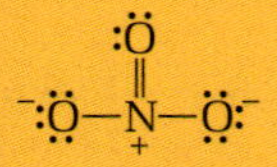

Es sei darauf hingewiesen, dass es sich hier um eine formalistische Betrachtung handelt und die soeben ermittelte Elektronenverteilung nicht der wahren Elektronenkonfiguration des Nitrations entspricht.

Lösung zu 17(b)

Die Gesamtzahl der Valenzelektronen für das NO_2^+-Teilchen beträgt 17 (5 für Stickstoff und je sechs für die Sauerstoffatome), abzüglich eines Valenzelektrons, da die Spezies eine positive Gesamtladung trägt. Die Gesamtzahl der zu verteilenden Elektronen beträgt somit 16. Die 16 Elektronen werden wiederum zur Bildung von Bindungen und zum Auffüllen von Oktetten mit freien Elektronenpaaren verwendet.

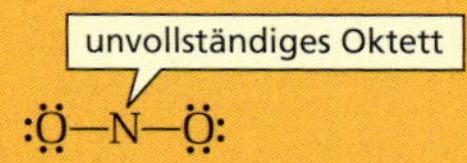

Zwei Doppelbindungen sind nötig, um das Elektronenoktett des Stickstoffatoms zu vervollständigen. Das N-Atom hat eine formale Ladung von +1.

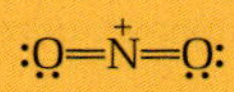

Ü 18*

(a) Zeichnen Sie zwei Lewis-Formeln für C_2H_6O.
(b) Zeichnen Sie drei Lewis-Formeln für C_3H_8O.

(*Hinweis:* Die beiden gesuchten Lewis-Formelbilder in Teil (a) repräsentieren zwei **Konstitutionsisomere** – Verbindungen, die die gleichen Atome in gleichen Mengenverhältnissen enthalten, sich aber in dem Verknüpfungsmuster der Atome unterscheiden. Die drei Lewis-Formeln in Teil (b) der Übung stellen ebenfalls eine Gruppe von Konstitutionsisomeren dar.)

Kekulé-Strukturen

Kekulé-Strukturen sind wie Lewis-Strukturen, mit dem Unterschied, dass freie Elektronenpaare in der Regel nicht gezeichnet werden.

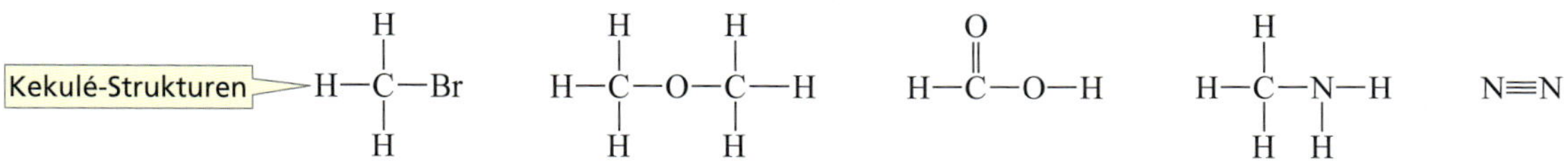

Kondensierte Strukturformeln

Kondensierte Strukturen vereinfachen die Darstellung durch Weglassung der Darstellung einiger oder aller kovalenter Bindungen. Die Atome, die an ein bestimmtes Kohlenstoffatom (oder Sauerstoff- oder Stickstoff- etc.) gebunden sind, werden unmittelbar neben dieses geschrieben und die Zahl der betreffenden Atome durch eine tiefer gestellte Zahl angegeben. Freie Elektronenpaare werden nicht gezeichnet, solange sie nicht gebraucht werden, um auf eine bestimmte chemische Eigenschaft des Moleküles hinzuweisen.

kondensierte Strukturen → CH_3Br CH_3OCH_3 HCO_2H CH_3NH_2 N_2

(Obwohl freie Elektronenpaare nicht gezeichnet werden, sollten Sie nicht vergessen, dass neutraler Stickstoff, Sauerstoff und Halogenatome sie dennoch besitzen: Ein Paar für Stickstoff, zwei Paare für Sauerstoff und drei für Halogene.) Sie finden weitere Beispiele für kondensierte Strukturformeln und Kekulé-Strukturen sowie die Konventionen, die der Bildung von kondensierten Strukturen zugrunde liegen, in der ► Tabelle 1.5 zusammengefasst. Beachten Sie, dass jedes C-Atom in den in ► Tabelle 1.5 aufgeführten Formelbildern vier, jedes N-Atom drei, jedes O-Atom zwei, und jedes H-Atom eine Bindung aufweist, da keines der dargestellten Moleküle eine Formalladung besitzt.

Kekulé-Strukturen	Kondensierte Strukturformeln
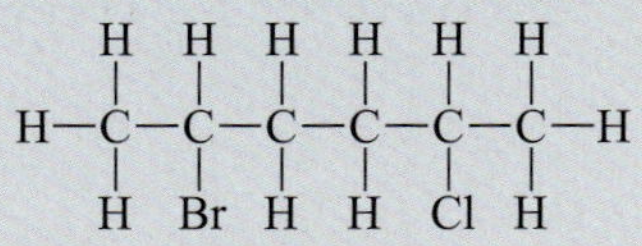	An Kohlenstoff gebundene Atome werden auf der rechte Seite des Kohlenstoffes gezeichnet ... / ... oder durch einen Strich über oder unter dem Kohlenstoff verbunden. $CH_3CHBrCH_2CH_2CHClCH_3$ oder $CH_3CHCH_2CH_2CHCH_3$ (Br, Cl)
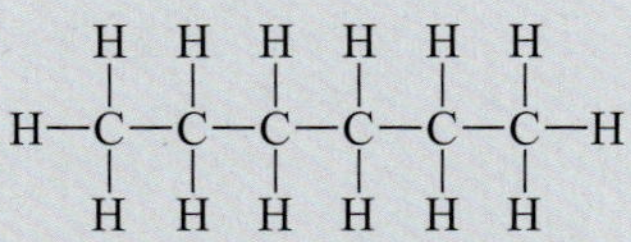	Sich wiederholende CH_2-Einheiten können in Klammern gezeichnet werden. $CH_3CH_2CH_2CH_2CH_2CH_3$ oder $CH_3(CH_2)_4CH_3$
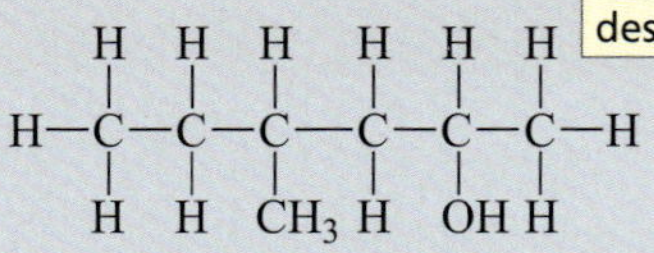	An Kohlenstoffatome gebunde Gruppen können in Klammern auf der rechten Seite des Kohlenstoffes gezeichnet werden ... / ... oder durch einen Bindungsstrich über oder unter dem Kohlenstoff verbunden werden. $CH_3CH_2CH(CH_3)CH_2CH(OH)CH_3$ oder $CH_3CH_2CHCH_2CHCH_3$ (CH_3, OH)
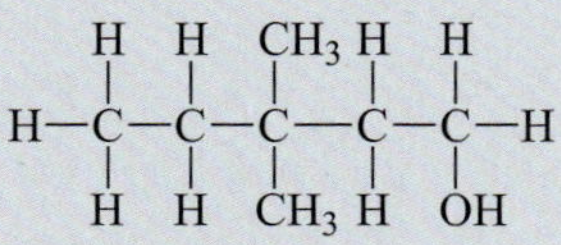	Einzelne Gruppen an terminalen Kohlenstoffatomen werden nicht in Klammern gesetzt. $CH_3CH_2C(CH_3)_2CH_2CH_2OH$ oder $CH_3CH_2CCH_2CH_2OH$ (CH_3, CH_3)
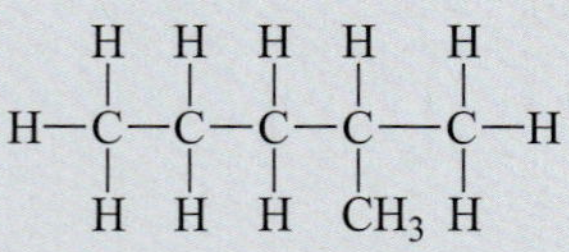	2 oder mehr identische Gruppen an einem endständigen Kohlenstoffatom können in Klammern gesetzt werden ... / ... oder durch eine Linie über oder unter dem Kohlenstoffatom verbunden werden. $CH_3CH_2CH_2CH(CH_3)_2$ oder $CH_3CH_2CH_2CHCH_3$ (CH_3)
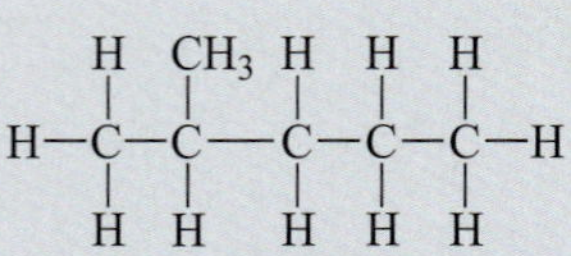	2 oder mehr identische Gruppen, die an das „erste" Atom gebunden sind, können in Klammern auf der linken Seite gezeichnet werden ... / ... oder durch einen Bindungsstrich über oder unter dem Kohlenstoff verbunden werden. $(CH_3)_2CHCH_2CH_2CH_3$ oder $CH_3CHCH_2CH_2CH_3$ (CH_3)
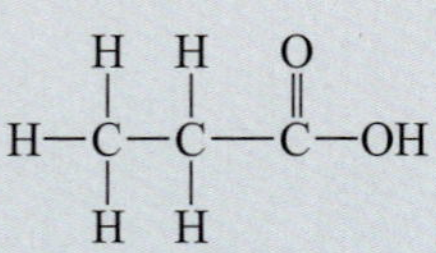	Ein Sauerstoffatom, das doppelt an ein Kohlenstoffatom gebunden ist, ... / ... kann auch zur Rechten des Kohlenstoffs gezeichnet werden. CH_3CH_2COH (=O) oder $CH_3CH_2CO_2H$ oder CH_3CH_2COOH

Tabelle 1.5: Kekulé-Strukturen und kondensierte Strukturen.

Ü 19* Zeichnen Sie die freien Elektronenpaare in die folgenden Strukturformeln ein:

(a) $CH_3CH_2NH_2$ **(c)** CH_3CH_2OH **(e)** CH_3CH_2Cl
(b) CH_3NHCH_3 **(d)** CH_3OCH_3 **(f)** $HONH_2$

Ü 20* Zeichnen Sie kondensierte Strukturformeln für die Moleküle, die den folgenden Modellen entsprechen (Farbcodierung: schwarz = C, grau = H, rot = O, blau = N, grün = Cl).

(a)

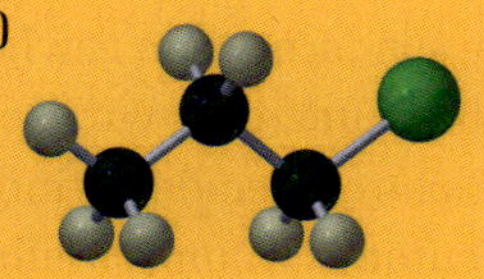

(c)

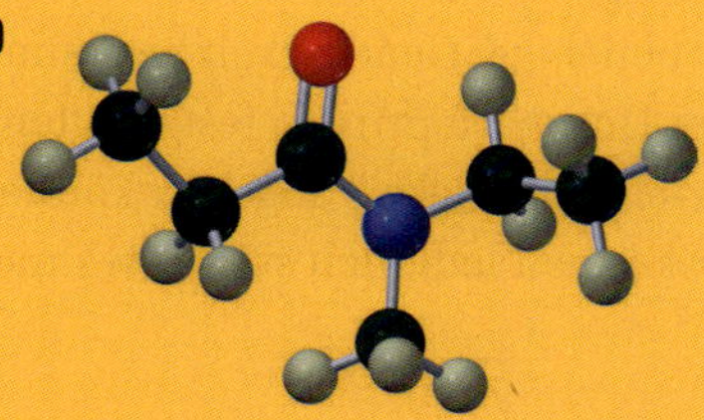

(b)

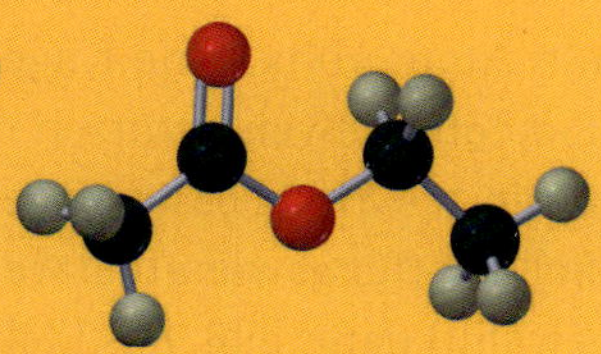

(d)

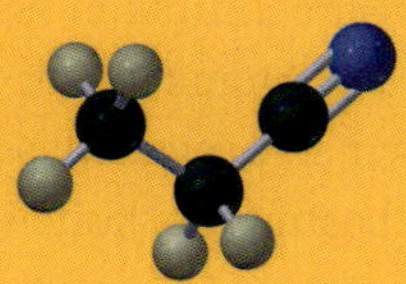

Ü 21* Welches der Atome in den Molekülmodellen aus Übung 20 besitzt:

(a) drei freie Elektronenpaare; **(c)** ein freies Elektronenpaar;
(b) zwei freie Elektronenpaare; **(d)** kein freies Elektronenpaar?

Ü 22 Schreiben Sie die folgenden kondensierten Strukturformeln in Formelbilder mit Bindungsstrichen und/oder Punkten um, die die kovalenten Bindungen und die freien Elektronenpaare repräsentieren:

(a) $CH_3NH(CH_2)_2CH_3$ **(c)** $(CH_3)_3CBr$
(b) $(CH_3)_2CHCl$ **(d)** $(CH_3)_3C(CH_2)_3CHO$

Skelettstrukturen

Skelettstrukturen zeigen Kohlenstoff-Kohlenstoff-Bindungen als Linien. Die Kohlenstoffatome selbst und deren gebundene Wasserstoffatome werden jedoch nicht gezeigt. Jede Ecke in einer Skelettstruktur repräsentiert ein Kohlenstoffatom, und jedes dieser Kohlenstoffatome trägt implizit die Anzahl an Wasserstoffatomen, die nötig ist, um Kohlenstoff zu vierbindig zu machen. Andere Atome als Kohlenstoff werden gezeichnet, als auch deren Wasserstoffatome.

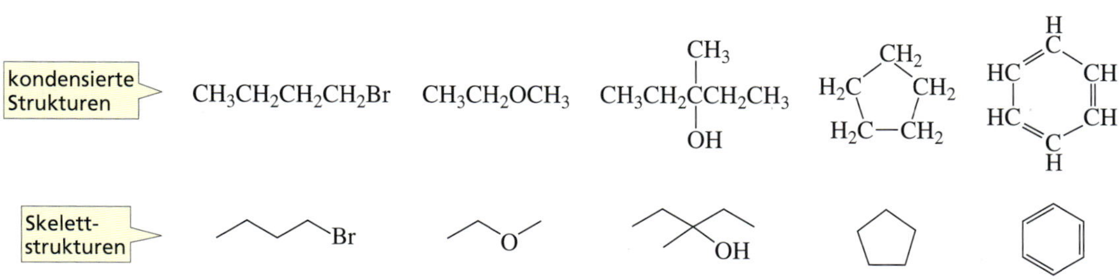

Ü 23 Wandeln Sie die Strukturen aus Aufgabe 20 in Skelettstrukturen um.

Atomorbitale 1.5

MERKE!

Ein Atomorbital ist der dreidimensionale Bereich um den Kern, in dem am wahrscheinlichsten ein Elektron gefunden wird.

Wie wir gesehen haben, sind Elektronen auf verschiedene Atomorbitale verteilt (▶Tabelle 1.2). Ein Atomorbital ist ein Raumbereich in der Umgebung eines Atomkerns mit einer hohen Wahrscheinlichkeit, dort das Elektron zu finden. Die **Heisenberg'sche Unschärferelation** besagt, dass der genaue Ort und der genaue Impuls eines atomaren bzw. subatomaren Teilchens nie gleichzeitig mit beliebiger Genauigkeit bestimmt werden können, sondern nur in gewissen, vom Unschärfeprinzip festgelegten, Grenzen. Dies bedeutet, dass wir nie mit letzter Genauigkeit angeben können, wo sich ein Elektron gerade befindet – wir können lediglich seinen wahrscheinlichen Aufenthaltsort umschreiben.

s-Atomorbitale

Mathematische Berechnungen zeigen, dass ein Atomorbital eine Kugel ist, deren Zentrum der Atomkern ist und experimentelle Beweise stützen diese Theorie. Wenn wir also sagen, dass ein Elektron ein 1*s*-Orbital besetzt, meinen wir, dass es eine bestimmte, hohe Wahrscheinlichkeit (für gewöhnlich werden Wahrscheinlichkeitswerte von 90 oder 95 % gewählt) dafür gibt, das Elektron in einem durch den Radius der das Orbital begrenzenden Kugel definierten Raumelement anzutreffen.

Für ein Elektron in einem 2*s*-Orbital ist der durchschnittliche Abstand seines Aufenthaltsraumes größer als beim 1*s*-Orbital; daher wird das 2*s*-Orbital durch eine Kugel mit größerem Radius repräsentiert. Folglich ist die mittlere Elektronendichte in einem 2*s*-Orbital geringer als die in einem 1*s*-Orbital.

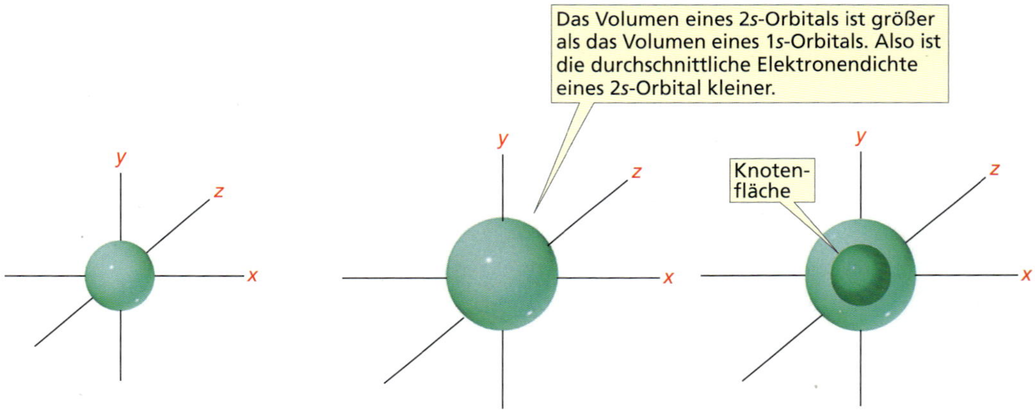

1*s*-Atomorbital **2*s*-Atomorbital** Knotenfläche nicht dargestellt **2*s*-Atomorbital** Knotenfläche dargestellt

MERKE!

Elektronen haben sowohl Wellen- als auch Teilcheneigenschaften.

Ein Elektron in einem 1*s*-Orbital kann sich irgendwo im 1*s*-Kugelraum aufhalten; für ein 2*s*-Orbital existiert jedoch ein Bereich, in dem die Wahrscheinlichkeit, das Elektron zu finden, auf Null abfällt. Dieser Bereich wird als **Knoten** oder genauer als **radiale Knotenfläche** bezeichnet. Ein 2*s*-Elektron kann sich also irgendwo innerhalb des Kugelraums des 2*s*-Orbitals aufhalten – einschließlich des durch die 1*s*-Funktion beschriebenen Bereichs – außer in der Knotenebene.

Um zu verstehen, warum solche Knoten(ebenen) auftreten, müssen wir uns daran erinnern, dass Elektronen sowohl Teilchen- wie Welleneigenschaften haben. Ein Knoten (eine Knotenfläche) ist eine Konsequenz der Welleneigenschaften des Elektrons. Stellen wir uns zum besseren Verständnis die beiden folgenden Arten von Wellen vor: sich ausbreitende Wellen und stehende Wellen. Sich ausbreitende Wellen bewegen sich durch den Raum. Licht ist ein Beispiel für eine sich ausbreitende Welle. Eine stehende Welle ist im Gegensatz dazu auf einen bestimmten Raumbereich begrenzt. Eine vibrierende Gitarrensaite ist ein Beispiel für eine stehende Welle – die Saite bewegt sich auf und nieder, bewegt sich jedoch nicht durch den Raum an einen anderen Ort. Bereiche auf der einen Seite der Ruhelage werden mit (+) bezeichnet, die Bereiche jenseits der Ruhelage mit (–). Man sagt, diese Bereiche haben entgegengesetzte Phasen. Ein Bereich (ein Punkt), an dem die Gitarrensaite keine Auslenkung aus der Ruhelage erfährt (keine Amplitude hat), ist ein *Knoten*.

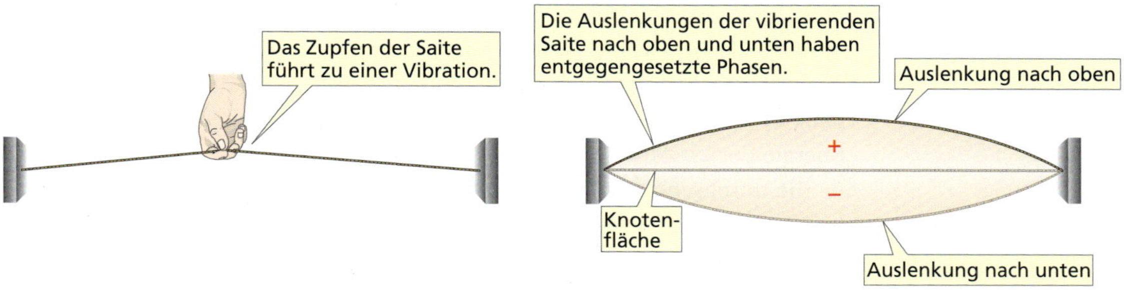

Ein Elektron verhält sich wie eine stehende Welle; anders als die stehende Welle einer schwingenden Saite bildet ein Elektron jedoch eine dreidimensionale stehende Welle. Dies bedeutet, wie wir schon gesehen haben, dass „der Knoten" eines 2*s*-Atomorbitals tatsächlich eine (gekrümmte) Fläche – eine Knotenfläche – ist, genau gesagt eine kugelförmige, infinitesimale Fläche innerhalb des 2*s*-Orbitals. Da die Elektronenwelle in der Knotenebene die Amplitude Null aufweist, ist die Wahrscheinlichkeit, das Elektron in dieser Knotenebene zu finden, ebenfalls Null.

MERKE!

Die Wahrscheinlichkeit, ein Elektron an einem Knoten zu finden, beträgt null.

p-Atomorbitale

Anders als die *s*-Orbitale mit ihrer Kugelform besitzen die *p*-Orbitale zwei so genannte Orbitallappen. Meist werden diese Orbitallappen als tropfenförmige Gebilde dargestellt, jedoch zeigen Computersimulationen, dass sie mehr wie Türknäufe geformt sind (wie unten dargestellt gezeigt). Wie bei der schwingenden Saite besitzen die durch die Lappen repräsentierten Bereiche eines solchen Orbitals unterschiedliche Phasen (+ bzw. –). Statt der mathematischen Symbole können zur Verdeutlichung des Sachverhalts auch unterschiedliche Farben oder Schraffierungen angewandt werden. Man vergegenwärtige sich stets, dass in diesem Zusammenhang Plus- und Minuszeichen keine elektrischen Ladungen repräsentieren, sondern die Phase der Wellenfunktion des (immer elektrisch negativ geladenen) Elektrons. Der Knoten eines *p*-Orbitals ist eine Ebene, die durch die Lage des Atomkerns definiert ist, und die das Orbital symmetrisch in die beiden gegenphasigen Orbitallappen zerschneidet. Sie wird **Knotenebene** genannt. Bei nichtrelativistischer Lösung der Wellengleichung eines Elektrons ergibt sich in der Knotenebene wiederum eine Aufenthaltswahrscheinlichkeit von Null für das Elektron.

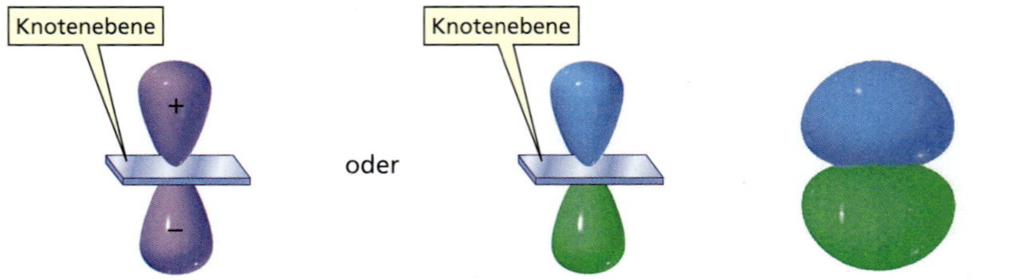

In Abschnitt 1.2 haben wir gesehen, dass für den durch die *p*-Orbitale beschriebenen Energiezustand drei entartete (energetisch völlig gleichwertige) Möglichkeiten der Realisierung existieren. Das p_x-Orbital ist rotationssymmetrisch bezüglich der *x*-Achse eines gedachten kartesischen Koordinatensystems, das p_y-Orbital ist rotationssymmetrisch bezüglich der *y*-Achse, und das p_z-Orbital ist natürlich rotationssymmetrisch bezüglich der *z*-Achse. Das bedeutet, dass die drei *p*-Orbitale jeweils senkrecht aufeinanderstehen. Die Energie der 2*p*-Atomorbitale ist etwas größer als die Energie des 2*s*-Orbitals, da die durchschnittliche (mittlere) Entfernung des Elektrons vom Atomkern in einem *p*-Orbital etwas größer ist als in einem *s*-Orbital derselben Hauptquantenzahl.

Ü 24 Zeichnen Sie die folgenden Orbitale:
(a) 3*s*-Orbital
(b) 4*s*-Orbital
(c) 3*p*-Orbital

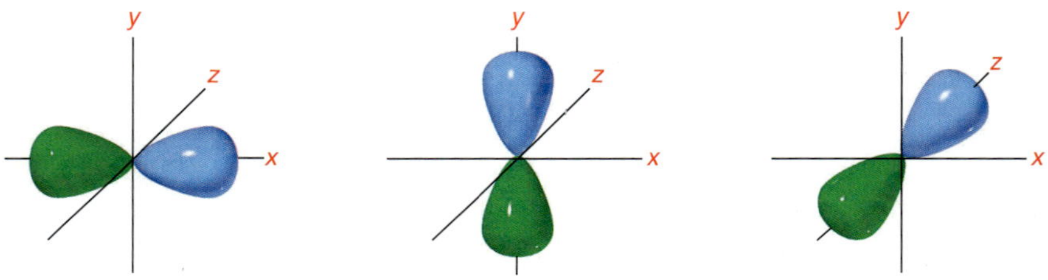

$2p_x$-Orbital $2p_y$-Orbital $2p_z$-Orbital

Einführung in die Molekülorbitaltheorie 1.6

Wie bilden nun Atome kovalente Bindungen aus, um Moleküle zu bilden? Das Lewis-Modell, das beschreibt, wie Atome durch das Teilen von Elektronen ein vollständiges Elektronenoktett zu erlangen versuchen, erzählt uns nicht die ganze Geschichte. Ein Nachteil dieses leicht fasslichen Modells besteht darin, dass es die Elektronen als diskrete Teilchen behandelt und ihre Welleneigenschaften nicht in Betracht zieht.

Die **Molekülorbitaltheorie (MO-Theorie)** ist eine quantenphysikalische Theorie, die die Tendenz der Atome zur Bildung von Elektronenoktetts durch das gemeinsame Nutzen von Elektronen mit den wellenmechanischen Eigenschaften der Elektronen (die Zuweisung eines Volumenelementes, des Orbitals) kombiniert. Gemäß den Vorstellungen der MO-Theorie kommt es zu einer kovalenten Bindung, wenn sich Atomorbitale der aneinander bindenden Atome zu so genannten *Molekülorbitalen* kombinieren. So wie ein Atomorbital einen Raumbereich im Umfeld eines Atomkerns mit einer definierten Wahrscheinlichkeit für das Auffinden eines Elektrons beschreibt, beschreiben **Molekülorbitale** Raumbereiche im Einflussbereich mehrerer Atomkerne, die zu einem Molekül gehören. Wie Atomorbitale besitzen auch Molekülorbitale bestimmte Größen, Formen und Energien.

Ein Atomorbital umgibt ein Atom.
Ein Molekülorbital umgibt ein Molekül.

Bildung einer Sigma (σ)-Bindung

Betrachten wir zunächst die Bindung in einem Wasserstoffmolekül (H_2). Stellen Sie sich Aufeinandertreffen zweier Wasserstoffatome vor. Wenn sich das 1*s*-Orbital eines Wasserstoffatoms dem 1*s*-Orbital eines anderen Wasserstoffatoms nähert, beginnen sie bei ausreichender Annäherung zu überlappen. In dem Maß, in dem sich die Atome einander näherkommen, nimmt die Überlappung der Atomorbitale zu, bis schließlich ein gemeinsames Molekülorbital ausgebildet wird. Die kovalente Bindung, die ausgebildet wird, wenn die beiden *s*-Atomorbitale überlappen, wird als **σ-Bindung (Sigma-Bindung)** bezeichnet. Eine σ-Bindung ist zylindersymmetrisch, d. h., die Elektronen der Bindung sind rotationssymmetrisch um eine gedachte Verbindungsachse der Atomkerne der beiden beteiligten Atome herum angeordnet.

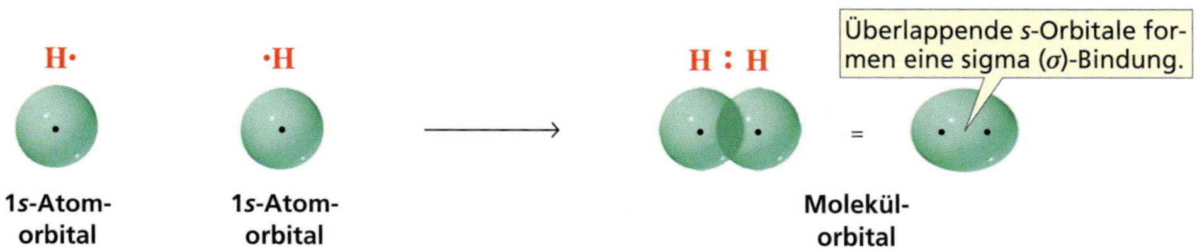

Wenn die beiden Atomorbitale beginnen, sich zu überlappen und so eine Bindung auszubilden, wird Energie frei, da die potenzielle Energie der Elektronen abnimmt, wenn sie nicht nur von ihrem ursprünglichen Atomkern sondern von zwei Atomkernen gleichzeitig angezogen werden (►Abbildung 1.1).

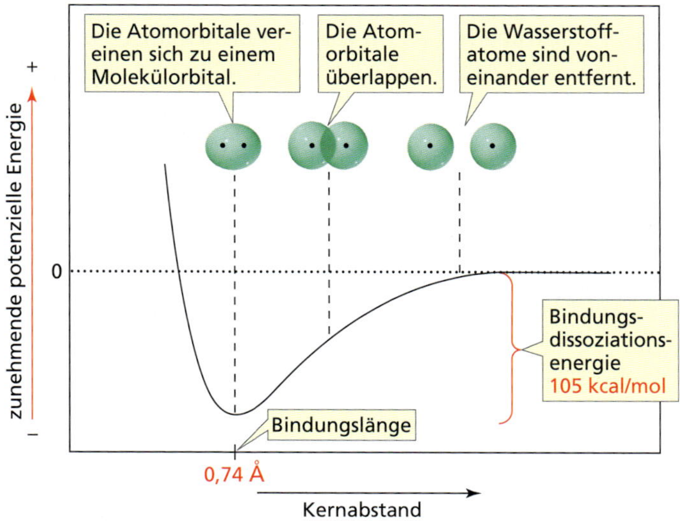

Abbildung 1.1: Ablaufende Energieänderung bei der Annäherung zweier Wasserstoffatome. Der Abstand der beiden Kerne bei minimaler potenzieller Engerie ist die Länge der H—H-Bindung.

Die Anziehung der beiden negativ geladenen Elektronen durch die positiv geladenen Atomkerne ist das, was die Wasserstoffatome zusammenhält. Je stärker die Orbitale überlappen, desto mehr Energie wird bei der Bindungsbildung frei. Diese Abnahme der potenziellen Energie geht solange vonstatten, bis die Abstoßung der Atomkerne untereinander die Oberhand gewinnt. Die elektrische Abstoßung der Atomkerne erhöht bei weiterer Annäherung die Energie des Systems wieder. Wir erkennen, dass der Zustand minimaler Energie (maximaler Stabilität) erreicht wird, wenn die Atomkerne sich in einer bestimmten Entfernung voneinander befinden. Diese Entfernung wird als **Bindungslänge** der neu gebildeten (kovalenten) Bindung bezeichnet. Die Länge einer H—H-Bindung beträgt beispielsweise 0,74 Å.

MERKE!

Minimale Energie bedeutet maximale Stabilität.

► Abbildung 1.1 veranschaulicht den Umstand, dass bei der Bildung einer kovalenten Bindung Energie frei wird. Wenn sich eine H—H-Bindung ausbildet, wird die Menge von 105 kcal/mol freigesetzt. Die Aufspaltung der Bindung erfordert den Einsatz exakt derselben Menge Energie, die von außen zugeführt werden muss. Die **Bindungsdissoziationsenergie** – ein Maß für die Stärke der Bindung – ist diejenige Energiemenge, die aufgewendet werden muss, um eine Bindung zu brechen bzw. ist die Energie, die bei der Bildung einer Bindung freigesetzt wird. Jede kovalente Bindung hat eine charakteristische mittlere Bindungslänge und eine charakteristische Bindungsstärke.

Bindende und antibindende Molekülorbitale

Orbitale sind konserviert – d.h., die Zahl der gebildeten Molekülorbitale ist gleich der Anzahl der dabei miteinander kombinierten Atomorbitale. Bei der Beschreibung der Bildung einer H—H-Bindung haben wir zwei Atomorbitale miteinander kombiniert, aber nur ein Molekülorbital beschrieben. Wo ist das andere Molekülorbital und wie sieht es aus? Wie Sie in Kürze sehen werden, ist es vorhanden, enthält aber keine Elektronen.

Die Welleneigenschaften eines Elektrons führen zu der Bildung von zwei Molekülorbitalen aus zwei Atomorbitalen. Die Atomorbitale können in additiver (konstruktiver) Weise überlappen, so wie zwei Lichtwellen oder Schallwellen sich gegenseitig verstärken können (siehe ► Abbildung 1.2a). Die konstruktive Überlappung von zwei *s*-Atomorbitalen wird als **σ (sigma)-bindendes Molekülorbital** bezeichnet.

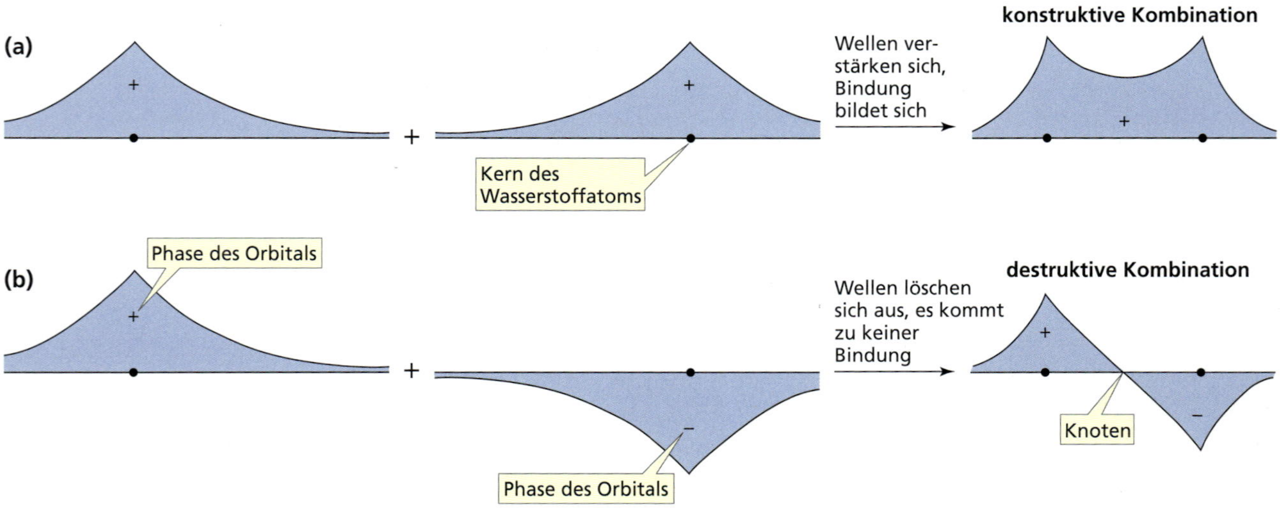

Abbildung 1.2:
(a) Wellen mit derselben Phase (+/+) überlappen konstruktiv, verstärken sich gegenseitig und führen zu einer Bindung.
(b) Wellen mit gegenseitigen Phasen (+/–) überlappen destruktiv, löschen sich aus und bilden einen Knoten.

Die zwei Atomorbitale können jedoch auch in destruktiver Weise überlappen, sodass sie sich gegenseitig auslöschen. Diese Auslöschung ist ähnlich wie die Dunkelheit, die aus der destruktiven Überlappung zweier Lichtwellen resultiert, oder wie die Stille bei der destruktiven Überlappung von Schallwellen (siehe ►Abbildung 1.2). Die destruktive Kombination zweier *s*-Atomorbitale wird als **σ^*-antibindendes Molekülorbital** bezeichnet. Ein antibindendes Orbital wird durch einen Asterisk (*) gekennzeichnet, den Chemiker*innen als „Stern" bezeichnen. σ^* wird „sigma-Stern" gesprochen.

Das bindende σ-Molekülorbital und das antibindende σ^*-Molekülorbital sind im Molekülorbitalschema in ► Abbildung 1.3 dargestellt. In einem MO-Schema werden sowohl die Energien der Atomorbitale, als auch die der Molekülorbitale durch horizontale Linien repräsentiert. Die unterste Linie entspricht dem Zustand niedrigster Energie, die oberste Linie dem höchster Energie.

Wenn zwei Atomorbitale überlappen,
werden auch zwei Molekülorbitale gebildet.
Eines mit einer geringeren und eines mit einer höheren Energie
als die bildenden Atomorbitale.

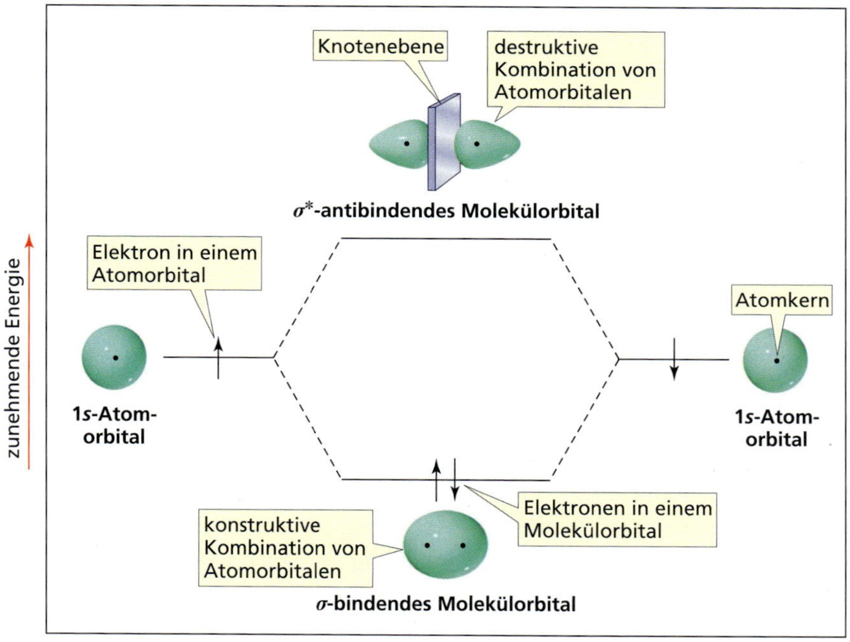

Abbildung 1.3: Atomorbitale von H_2 und die Molekülorbitale des H_2-Moleküls. Vor der Ausbildung einer kovalenten Bindung befindet sich jedes der daran teilnehmenden Elektronen in einem Atomorbital. Nach der Bildung einer kovalenten Bindung befinden sich beide daran teilnehmenden Elektronen in einem gemeinsamen bindenden Molekülorbital. Das antibindende Molekülorbital bleibt unbesetzt.

Die Elektronen im bindenden Molekülorbital sind am wahrscheinlichsten zwischen den beiden Atomkernen zu finden, wo sie am einfachsten beide Kerne gleichzeitig anziehen können. Die erhöhte Elektronendichte im Bereich zwischen den Atomkernen ist die Ursache für den Zusammenhalt der Atome (siehe ►Abbildung 1.2a). Elektronen im antibindenen Molekülorbital werden sich allerdings überall aufhalten, nur nicht zwischen den beiden Atomkernen, da sich dort die Knotenebene befindet (siehe ►Abbildung 1.2b). Daraus resultiert, dass Elektronen im antibindenden Orbital die Kerne ihrer abstoßenden

Kräfte überlassen. Daher wirken diese Elektronen einer Bindung zwischen den beteiligten Atomen also eher entgegen als dass sie den Zusammenhalt fördern.

Elektronen in einem bindenden MO stärken eine Bindung. Elektronen in einem antibindenden MO wirken einer Bindung entgegen.

Das MO-Schema zeigt uns weiterhin, dass bindende Molekülorbitale eine geringere Energie aufweisen und daher stabiler sind als die ursprünglichen, getrennten Atomorbitale. Das liegt daran, dass ein Elektronen desto stabiler wird, je mehr Kerne es spürt. Das antibindende Molekülorbital mit seiner verminderten Elektronendichte zwischen den Atomkernen ist weniger stabil (besitzt eine höhere Energie) als die ursprünglichen, getrennten Atomorbitale.

Elektronen werden Molekülorbitalen mit den gleichen Regeln zugewiesen, mit denen auch Atomorbitale besetzt werden.

- Elektronen besetzen immer die verfügbaren Orbitale mit der geringsten Energie (Aufbauprinzip).
- Es können nicht mehr als zwei Elektronen das gleiche Molekülorbital besetzen (Pauli-Prinzip).

Die beiden Elektronen in einem H_2-Molekül, die die H—H-Bindung aufbauen, besetzen daher das energetisch tiefer liegende bindende Molekülorbital, das sich aus der Linearkombination der Wasserstoffatomorbitale ergibt (► Abbildung 1.3) und in dem die Elektronen von beiden Wasserstoffatomkernen gleichzeitig angezogen werden. Es ist diese elektrostatische Anziehung, die der kovalenten Bindung ihre Stärke gibt. Daraus kann man schließen, dass die Stärke einer kovalenten Bindung mit dem Grad der Orbitalüberlappung zunimmt.

Die Stärke einer kovalenten Bindung nimmt mit der Orbitalüberlappung zu.

Das MO-Schema von ► Abbildung 1.3 lässt die Vorhersage zu, dass das Molekülion H_2^+ weniger stabil als ein H_2-Molekül wäre, da beim H_2^+ das bindende Molekülorbital nur einfach besetzt ist. Mit dem gleichen Schema können wir ebenfalls vorhersagen, dass das He_2-Molekül nicht exisitieren sollte: Da jedes Heliumatom zwei Elektronen mitbringt, hätte das He_2-Molekül insgeamt vier Elektronen – zwei davon würden das energetisch günstige bindende Molekülorbital besetzen, die beiden verbleibenden jedoch das energetisch benachteiligte antibindende Molekülorbital. *Die beiden Elektronen im antibindenden MO würden den Energiegewinn der Bindung ausgleichen, die durch die beiden Elektronen im bindenden MO verursacht wird.*

Ü 25* Sagen Sie voraus, ob He_2^+ existenzfähig ist oder nicht.

Bildung einer Pi (π)-Bindung

Bei der Überlappung von zwei *p*-Orbitalen überlagert sich ein Lappen eines Orbitals mit einem Lappen des anderes Orbitals. Diese seitliche Überlappung zweier paralleler *p*-Orbitale führt zur Bildung einer **Pi (π)-Bindung**.

Seitliche Überlappung zweier phasengleicher *p*-Orbitale (blaue Lappen überlagern mit blauen Lappen und grüne Lappen überlagern mit grünen Lappen) ist eine konstruktive Überlappung und bildet ein bindendes π-Orbital, während die seitliche Überlappung von zwei gegenphasigen *p*-Orbitalen (blaue Lappen überlagern mit grünen Lappen) ein antibindendes π*-Orbital (gelesen:

„pi-Stern") bildet (siehe ▶Abbildung 1.4). Das bindende π-Orbital hat eine Knotenebene, die durch die beiden Atomkernen. Das antibindende π^*-MO hat zwei Knotenebenen.

Falls die überlappenden Anteile der p-Orbitale gegenphasig sind (nicht das gleiche Phasenvorzeichen bzw. gleiche „Farben" besitzen), kommt es zur Bildung eines antibindenden σ^*-Molekülorbitals. Das antibindende σ^*-Molekülorbital besitzt drei Knotenflächen. Man beachte, dass nach jedem Knoten die Phase des nachfolgenden Orbitalbereichs wechselt.

Das VSEPR-Modell

Um noch mehr über Bindungen in einem Molekül zu lernen, wenden sich organische Chemiker*innen an das **VSEPR-Modell** (von engl. „*Valence Shell Electron Pair Repulsion*"). Dieses Modell sagt die Geometrie eines Moleküls basierend auf auf der Minimalisierung der Abstoßung von Bereichen hoher Elektronendichte um ein Atom. In anderen Worten teilen Atome ihre Elektronen durch Überlappung ihrer Atomorbitale. Da Elektronen sich abstoßen positionieren sich die bindenden Elektronenpaare und die freien Elektronenpaare um ein Atom so weit von einander entfernt wie möglich. Daher gibt uns die Lewis-Struktur einen erste Näherung der Geometrie eines einfachen Moleküls und das VSEPR-Modell gibt einen ersten Eindruck von der Form eines Moleküls.

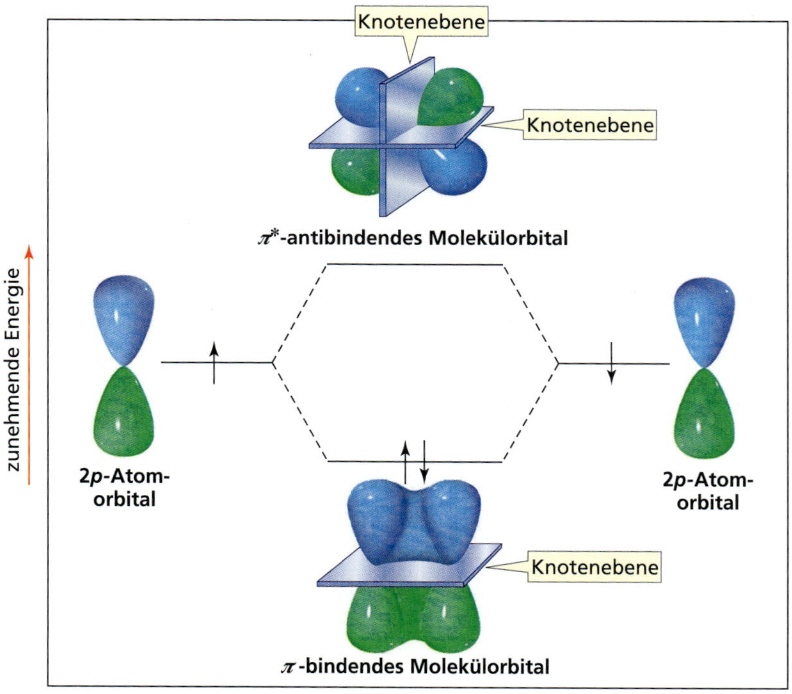

Abbildung 1.4: Seitliche Überlappung von zwei parallelen p-Atomorbitalen bildet ein bindendes π-Molekülorbital und ein antibindendes π^*-Molekülorbital.

> **MERKE!**
>
> **Eine σ-Bindung ist stärker als eine π-Bindung.**

> **MERKE!**
>
> **Seitliche Überlappung von zwei p-Orbitalen bildet eine π-Bindung. Alle anderen kovlanten Bindungen in organischen Molekülen sind σ-Bindungen.**
>
> **Die Überlappung zweier Orbitale gleicher Phase führt zu einem bindenden MO; bei unterschiedlichen Phasen entstehen antibindende MO.**

Da chemische Reaktionen in der Organischen Chemie zumeist als Änderungen der Bindungszustände der reagierenden Moleküle betrachtet werden, bietet das VSEPR-Modell vielfach den einfachsten Weg, sich die festgestellten chemischen Änderungen bei der Reaktion theoretisch zu verdeutlichen. Aber auch dieses Modell ist auf manche Moleküle (Verbindungen) nicht anwendbar, da es die Möglichkeit antibindender Molekülorbitale nicht einbezieht. Eine Modellvor-

Ü 26* Geben Sie an, welche Art von Molekülorbital (σ, σ^*, π oder π^*) sich ergibt, wenn die Orbitale wie folgt kombiniert werden:

(a)

(b)

(c)

(d)

stellung ist also nicht für alle Fälle hinreichend, und so werden wir in diesem Buch sowohl das MO- als auch das VSEPR-Modell verwenden, abhängig davon, welches der Modelle uns die beste (bessere) Beschreibung der gerade betrachteten Moleküle zu liefern vermag. Wir werden das VSEPR-Modell in den Abschnitten 1.7–1.13 verwenden.

Wie Einfachbindungen in organischen Verbindungen gebildet werden 1.7

Wir werden unsere Diskussion der Bindungsverhältnisse bei organischen Verbindungen mit einer Betrachtung des Methans beginnen – einer Verbindung mit nur einem einzigen Kohlenstoffatom. Danach werden wir die Bindungsverhältnisse im Ethan untersuchen, einer Verbindung mit Kohlenstoffatomen und einer C—C-Einfachbindung.

Die Bindungen in Methan

Methan (CH_4) besitzt vier kovalente C—H-Bindungen. Da alle vier Bindungen die gleiche Länge (1,10 Å) besitzen, und auch alle Bindungswinkel gleich sind (109,5°), können wir den Schluss ziehen, dass alle vier C—H-Bindungen des Methanmoleküls identisch sind. Nachfolgend sind vier verschiedene Arten für die Darstellung der Struktur eines Methanmoleküls wiedergegeben:

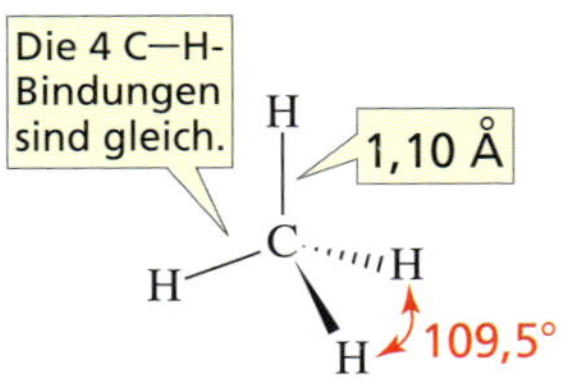

perspektivische Formel

Darstellungen von Methan

Kugel-Stab-Modell — raumfüllendes Modell — elektrostatische Potenzialkarte

Bei der **perspektivischen Formel** werden konventionsgemäß Bindungen, die in der Papierebene liegen, als einfache, gerade Linien wiedergegeben; Bindungen, die aus der Papierebene auf den Betrachter zu herausragen, werden als ausgemalte Keile dargestellt; Bindungen, die aus der Papierebene nach hinten (vom Betrachter weg) hinausragen, werden schließlich als gestrichelte Keile (manchmal auch nur als gestrichelte Linien) dargestellt.

Die Potenzialkarte des Methans zeigt, dass weder die Wasserstoffatome noch das Kohlenstoffatom viel Überschussladung tragen: Es gibt keine roten Bereiche, die auf eine negative Ladungskonzentration hindeuten, noch blaue Bereiche, die auf positive Partialladung hindeuten würden. Vergleichen Sie dies mit der Potenzialkarte des Wassermoleküls in Abschnitt 1.12. Das Fehlen von Atomen mit Teilladungen kann durch die sehr ähnlichen Elektronegativitäten von Kohlenstoff- und Wasserstoffatomen erklärt werden. Wasserstoffatome und Kohlenstoffatome besitzen vergleichbare Kräfte, mit denen Bindungselektronen angezogen werden, so dass die Bindungselektronen sehr gleichmäßig zwischen ihnen verteilt sind (Abschnitt 1.3). Methan ist daher ein **unpolares Molekül**.

Auf den ersten Blick mag man erstaunt sein zu erfahren, dass ein Kohlenstoffatom vier kovalente Bindungen ausbildet, da das Kohlenstoffatom im Grund-

Die blaue Farbe von Uranus und Neptun wird durch die Gegenwart von Methan in ihren Atmosphären verursacht, einem farblosen und geruchlosen Gas. Natürliches Gas, das als fossiler Brennstoff bezeichnet wird, da es durch den Abbau von pflanzlichem und tierischem Material gebildet wird, besteht zu 75 % aus Methan.

zustand nur zwei ungepaarte Valenzelektronen aufweist (►Tabelle 1.2). Kohlenstoff muss vier kovalente Bindungen ausbilden, da es sonst sein Oktett nicht vervollständigen kann. Wir müssen also eine Erklärung dafür finden, warum es vier Bindungen bildet, obwohl es nur zwei Valenzelektronen besitzt.

Falls eines der Elektronen im 2*s*-Orbital in das unbesetzte dritte *p*-Orbital angehoben würde, erhielten wir eine neue Elektronenkonfiguration des Kohlenstoffatoms mit vier ungepaarten Elektronen. Das Atom könnte in diesem Fall vier kovalente Bindungen ausbilden.

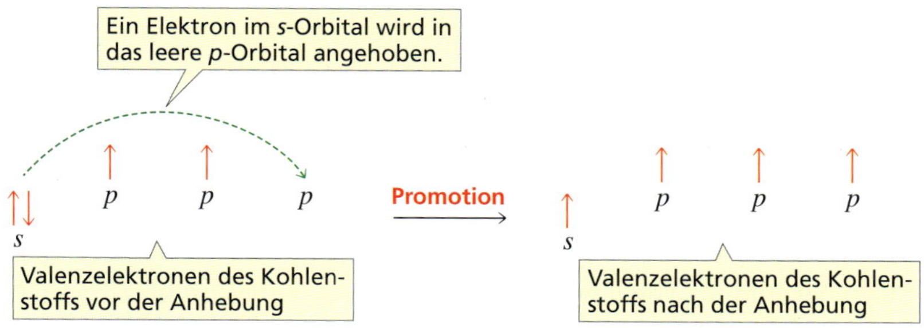

Wir wissen jedoch, dass die vier C—H-Bindungen identisch sind. Wie kann das sein, wenn das Kohlenstoffatom ein *s*-Orbital und drei *p*-Orbitale für die Bindungsbildung einsetzt. Wäre die Bindung, die mit dem *s*-Orbital gebildet wird, nicht anders als die, die mit den *p*-Orbitalen gebildet werden? Die vier C—H-Bindungen sind identisch, da Kohlenstoff Hybridorbitale benutzt.

Hybridorbitale

Hybridorbitale sind Mischorbitale – sie ergeben sich aus der Kombination verschiedener Atomorbitale. Das Konzept der Orbitalhybridisierung, das auch als **Hybridisierung** bezeichnet wird, wurde zuerst von Linus Pauling im Jahr 1931 vorgeschlagen.

> **MERKE!**
>
> **Hybridorbitale entstehen aus der Kombination von Atomorbitalen.**

Falls das eine *s*- und die drei *p*-Orbitale der zweiten Elektronenschale (L-Schale) des Kohlenstoffatoms kombiniert und dann in vier gleichwertige neue Orbitale aufgeteilt würden, würde jedes der neuen Atomorbitale ein Hybridorbital aus einem Teil *s*- und drei Teilen *p*-Orbitalcharakter. Dieser spezielle Typus von Mischorbitalen wird als sp^3-Orbital(e) („*s*-*p*-drei"-Orbitale) bezeichnet. Die Hochzahl 3 gibt an, dass drei *p*-Orbitale mit einem *s*-Orbital „vermischt" werden, um Hybridorbitale zu bilden. Die Hochzahl 1 beim *s*-Orbital ist bei dieser Notation impliziert.Jedes der vier sp^3-Orbitale hat 25 % *s*- und 75 % *p*-Orbitalcharakter. Die vier sp^3-Hybridorbitale sind entartet, d. h., sie haben dieselbe Energie.

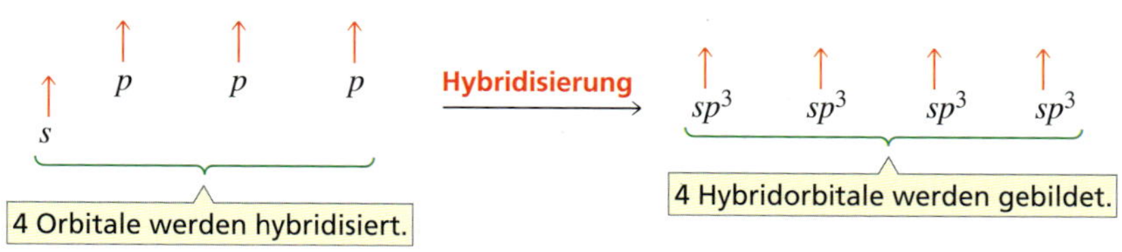

Wie ein *p*-Orbital besitzt ein sp^3-Hybridorbital zwei Lappen. Diese Orbitallappen unterscheiden sich jedoch bei einem sp^3-Hybridorbital in ihrer Größe, da bei der Linearkombination der Ausgangsorbitale das *s*-Orbital zu einem der Lappen des *p*-Orbitals addiert, vom anderen (mit der gegenläufigen Phase) subtrahiert wird (►Abbildung 1.5).

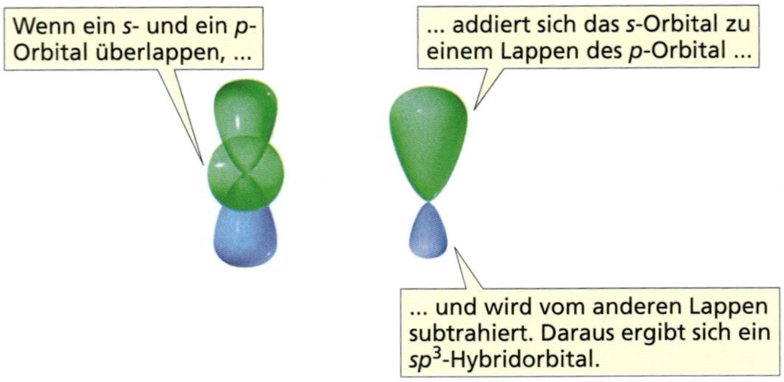

Abbildung 1.5: Das *s*-Orbital addiert zu einem Lappen des *p*-Orbitals und wird vom anderen subtrahiert. Das Ergebnis ist ein Hybridorbital mit zwei Lappen unterschiedlicher Größe.

Die Stabilität eines sp^3-Hybridorbitals spiegelt seine Zusammensetzung wieder: Es ist stabiler (energieärmer) als ein *p*-, aber energiereicher als ein *s*-Orbital (► Abbildung 1.6). Der größere der beiden Lappen eines sp^3-Hybridorbitals wird bei der Bildung von kovalenten Bindungen herangezogen.

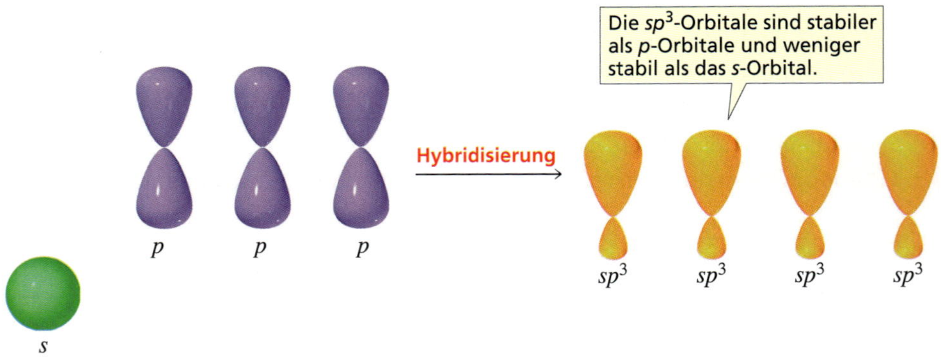

Abbildung 1.6: Ein *s*-Orbital und drei *p*-Orbitale hybridisieren zu vier sp^3-Orbitalen. Ein sp^3-Atomorbital ist stabiler (also energieärmer) als ein *p*-Orbital, aber stabiler (energiereicher) als ein *s*-Orbital.

Tetraedrischer Kohlenstoff und tetraedrische Bindungswinkel

> **MERKE!**
>
> **Elektronenpaare nehmen Positionen ein, in denen ihr Abstand voneinander so groß wie möglich ist.**

Die vier sp^3-Hybridorbitale ordnen sich so im Raum an, dass eine maximale Entfernung zwischen ihnen erreicht wird. Elektronen stoßen sich aufgrund ihrer gleichnamigen elektrischen Ladungen ab, und die Maximierung der Orbitalabstände *minimiert* die elektrische Abstoßung (siehe VSEPR-Modell).

Wenn sich vier sp^3-Orbitale räumlich so verteilen, dass sie so weit wie möglich voneinander entfernt sind, zeigen sie unweigerlich in die Ecken eines regelmäßigen Tetraeders (einer pyramidalen geometrischen Figur mit vier gleichseitigen Dreiecken als Seitenflächen; siehe ►Abbildung 1.7a). Jede der vier C—H-Bindungen des Methans wird durch die Überlappung eines sp^3-Hybridorbitals des Kohlenstoffatoms mit dem *s*-Orbital eines Wasserstoffatoms gebildet (► Abbildung 1.7b). Wir haben so eine Erklärung für die vier identischen C—H-Bindungen des Methanmoleküls gefunden.

Der Winkel zwischen zwei Linien, die vom Zentrum in die Ecken des Tetraeders zeigen, ist immer 109,5° (siehe ►Abbildung 1.7). Daher sind die Bindungswinkel im Methan ebenfalls 109,5°. Dies wird als **tetraedrischer Bindungswinkel** bezeichnet. Ein Kohlenstoffatom, so wie das in Methan, dass Bindungen durch seine vier äquivalenten sp^3-Orbitale bildet, wird auch als **tetraedrisches Kohlenstoffatom** bezeichnet.

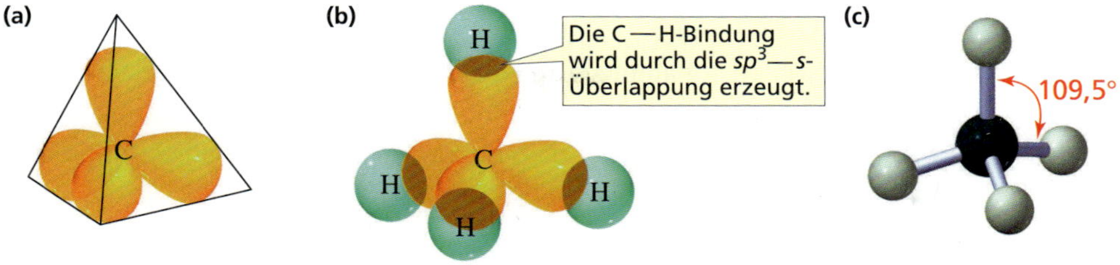

Abbildung 1.7: Der Einfachheit halber sind die kleineren Lappen der sp^3-Orbitale nicht gezeigt.
(a) Die vier sp^3-Orbitale weisen in die Ecken eines regelmäßigen Tetraeders. Die Winkel zwischen ihnen betragen jeweils 109,5°. Dies erlaubt den Orbitalen, den maximalen Abstand zueinander einzunehmen.
(b) Eine Orbitaldarstellung des Methanmoleküls, das die Überlappung der sp^3-Hybridorbitale des Kohlenstoffatoms mit den s-Orbitalen der Wasserstoffatome erkennen lässt. Aus Gründen der besseren Übersichtlichkeit sind die kleinen Lappen der sp^3-Hybridorbitale nicht wiedergegeben.
(c) Der Bindungswinkel im Tetraeder beträgt 109,5°.

Falls Sie nun denken, dass die Hybridorbitaltheorie nur aufgestellt wurde, um diese Dinge passend erscheinen zu lassen, dann haben Sie Recht. Trotzdem gibt sie uns ein gutes Bild von Bindungen in organischen Molekülen.

Die Bindungen in Ethan

Jedes der Kohlenstoffatome in Ethan (CH_3CH_3) ist an vier andere Atome gebunden:

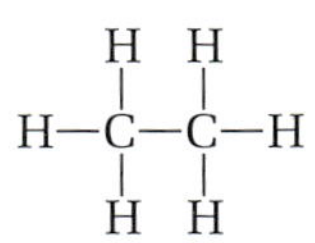

Ethan

Eine Bindung, die zwei Atome verbindet, wird auch als **Einfachbindung** bezeichnet. Alle Bindungen im Ethan sind Einfachbindungen.

Um eine Bindung mit vier Atomen einzugehen, nutzen beide Kohlenstoffatome sp^3-Hybridorbitale, so wie auch in Methan (► Abbildung 1.8). Ein sp^3-Hybridorbital des einen Kohlenstoffatoms überlappt mit einem sp^3-Hybridorbital des zweiten Kohlenstoffatoms unter Ausbildung einer C—C-Einfachbindung.

Hinweis für die Studierenden

Es ist von großer Wichtigkeit zu verstehen und sich vorstellen zu können, wie Moleküle in den drei Dimensionen des Raumes aussehen. Im MyLab Organische Chemie finden Sie eine Molekülgalerie, in der pseudodreidimensionale Darstellungen von Molekülen zu allen Kapiteln des Buches wiedergegeben sind.

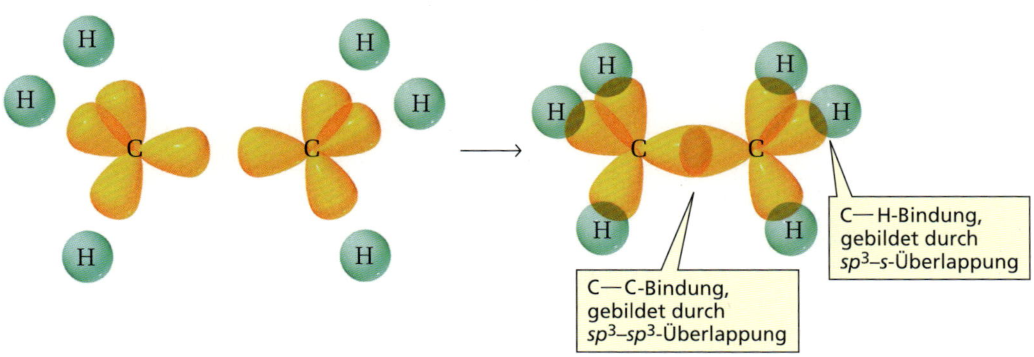

Abbildung 1.8: Ein schematisches Orbitalbild des Ethanmoleküls. Die C—C-Bindung wird durch sp^3–sp^3-Überlappung gebildet. Jede der C—H-Bindungen wird durch sp^3–s-Überlappung gebildet. Die kleineren Lappen der sp^3-Orbitale sind nicht dargestellt. Aus diesem Grund sind beide Kohlenstoffatome tetraedrisch und alle Bindungswinkel sind ~109,5°.

Die drei verbleibenden sp^3-Orbitale jedes Kohlenstoffatoms überlappen mit dem *s*-Orbitals eines Wasserstoffatoms und bilden eine C—H-Bindung. Daher wird die C—C-Bindung durch sp^3–sp^3-Überlappung gebildet und jede C—H-Bindung durch sp^3–*s*-Überlappung.

Da beide Kohlenstoffatome tretraedrisch umgeben sind, entsprechen Bindungswinkel im Ethan fast genau 109,5°. Die Länge der C—C-Bindung beträgt 1,54 Å. Die Potenzialkarte zeigt, dass Ethan (wie Methan auch) ein unpolares Molekül ist.

Darstellungen von Ethan

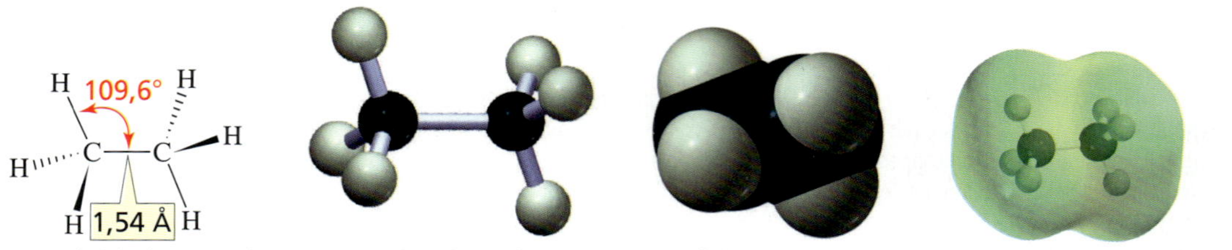

Das MO-Schema, das die Überlappung von zwei sp^3-Hybridorbitalen zweier Kohlenstoffatome zeigt (►Abbildung 1.9), ist dem MO-Schema der Kopf-zu-Kopf-Überlappung von zwei *p*-Orbitalen ähnlich, was uns nicht allzu sehr überraschen sollte, da wir bereits wissen, dass die sp^3-Hybridorbitale viel (75 %) *p*-Orbitalcharakter besitzen. Die Überlappung am Ende bildet eine zylindersymmetrische Bindung – eine Sigma-Bindung (Abschnitt 1.6). Alle Einfachbindungen in organischen Verbindungen sind Sigma-Bindungen. Somit sind alle Bindungen in Methan und Ethan Sigma-Bindungen.

Beachten Sie in ►Abbildung 1.9, dass die Elektronendichte des *s*-bindenden MO zwischen den Kernen konzentriert ist. Dies führt dazu, dass die hinteren Lappen (die nicht überlappenden grünen Lappen) ziemlich klein sind.

MERKE!

σ-Bindungen sind zylindersymmetrisch.

Alle Einfachbindungen in organischen Verbindungen sind σ-Bindungen.

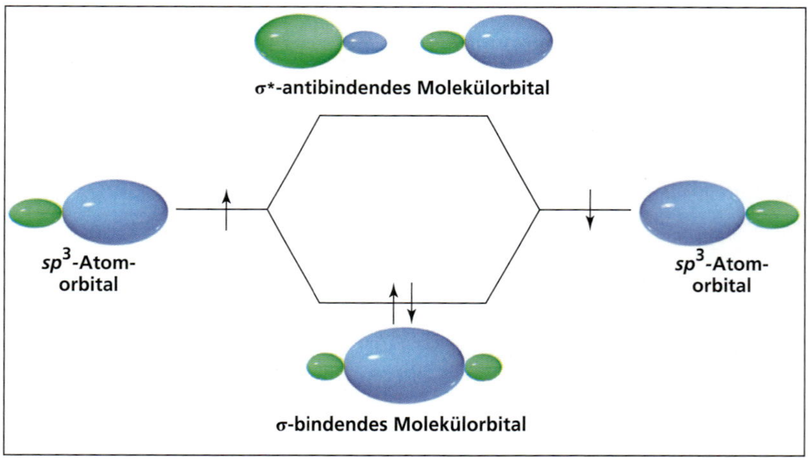

Abbildung 1.9: Kopf-an-Kopf-Überlappung zweier sp^3-Orbitale unter Bildung eines bindenden σ- und eines antibindenden σ^*-Molekülorbitals.

Ü 27* Welche Orbitale werden verwendet, um die 10 Sigma-Bindungen im Propan ($CH_3CH_2CH_3$) zu bilden?

Ü 28 Erklären Sie, warum eine σ-Bindung, die durch Überlappung eines *s*-Orbitals mit einem sp^3-Orbital eines Kohlenstoffatoms gebildet wurde, stärker ist als eine σ-Bindung, die durch Überlappung eines *s*-Orbitals mit einem *p*-Orbital eines Kohlenstoffatoms gebildet wurde.

Die Bildung von Doppelbindungen: Ethen 1.8

Jedes der Kohlenstoffatome im Ethen (besonders in der angelsächsischen Literatur ist auch heute noch die veraltete Bezeichnung Ethylen verbreitet) bilden zwei Bindungen (**Doppelbindung**) miteinander aus, doch ist jedes C-Atom nur mit drei anderen Atomen verknüpft.

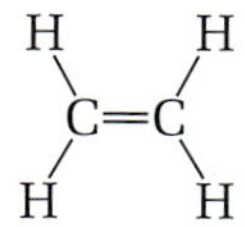

Ethen
Ethylen

Um drei andere Atome zu binden, bringt jedes C-Atom drei seiner Atomorbitale zur Hybridisierung. Da drei Orbitale hybridisiert werden (ein *s*- und zwei *p*-Orbitale), erhält man drei Hybridorbitale. Diese werden als sp^2-Hybridorbitale bezeichnet. Nach der Hybridisierung besitzt jedes Kohlenstoffatom drei entartete sp^2-Hybridorbitale und ein unhybridisiertes *p*-Orbital:

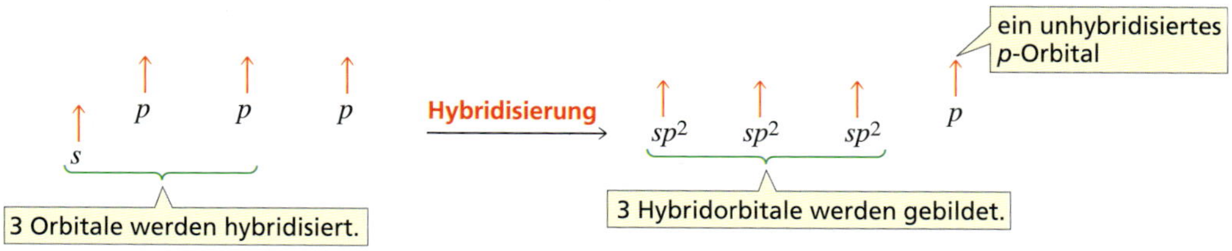

Um die elektronische Abstoßung zu minimieren, müssen die drei sp^2-Hybridorbitale sich so weit voneinander entfernen wie möglich. Man kann sich leicht veranschaulichen, dass dieser Zustand realisiert ist, wenn die drei Orbitale in einer Ebene liegen und in die Ecken eines gleichseitigen Dreiecks weisen, in dessen Mitte der Kern des C-Atoms liegt. Dies bedeutet, dass der Winkel zwischen den sp^2-Hybridorbitalen ungefähr 120° beträgt (► Abbildung 1.10a).

Da die drei sp^2-Hybridorbitale des Kohlenstoffatoms zur Bindungsbildung mit drei anderen Atomen beteiligt sind, liegen auch die Bindungspartner in derselben Ebene. Man sagt, das Kohlenstoffatom besitzt eine **trigonal-planare Konfiguration**. Das nicht in die Hybridisierung einbezogene *p*-Orbital steht senkrecht auf der von dem Dreieck der sp^2-Hybridorbitale aufgespannten Ebene (► Abbildung 1.10b).

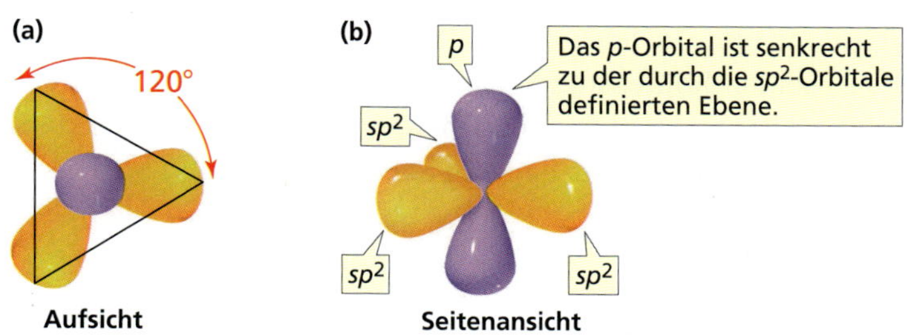

Abbildung 1.10: Ein sp^2-hybridisiertes Kohlenstoffatom. (a) Die drei entarteten sp^2-Orbitale liegen in einer Ebene. (b) Das nichthybridisierte *p*-Orbital steht senkrecht zu dieser Ebene. Die kleineren Orbitallappen der sp^2-Orbitale sind nicht wiedergegeben.

> **MERKE!**
>
> **Eine Doppelbindung besteht aus einer σ-Bindung und einer π-Bindung.**

Die beiden Bindungen dieser Doppelbindung sind jedoch nicht identisch. Eine der Bindungen ergibt sich aus der Überlappung eines sp^2-Hybridorbitals eines der C-Atome mit einem anderen sp^2-Hybridorbital des anderen C-Atoms. Hierbei handelt es sich um eine zylindersymmetrische σ-Bindung (▶Abbildung 1.11a). Jedes der C-Atome benutzt seine beiden verbleibenden sp^2-Hybridorbitale zur Bindungsbildung mit Wasserstoffatomen, wobei die sp^2-Hybridorbitale mit den s-Orbitalen von Wasserstoffatomen überlappen.

Die zweite Bindung zwischen den C-Atomen ergibt sich aus der seitlichen Überlappung von zwei nichthybridisierten p-Orbitalen (eines von jedem C-Atom). Die seitliche Überlappung dieser Orbitale führt zu einer π-Bindung (▶Abbildung 1.11b). Die eine der Bindungen ist also eine σ-Bindung, die andere eine π-Bindung. Alle C—H-Bindungen des Ethens sind natürlich wieder σ-Bindungen. (Vergegenwärtigen Sie sich, dass alle Bindungen in organischen Verbindungen σ-Bindungen sind.)

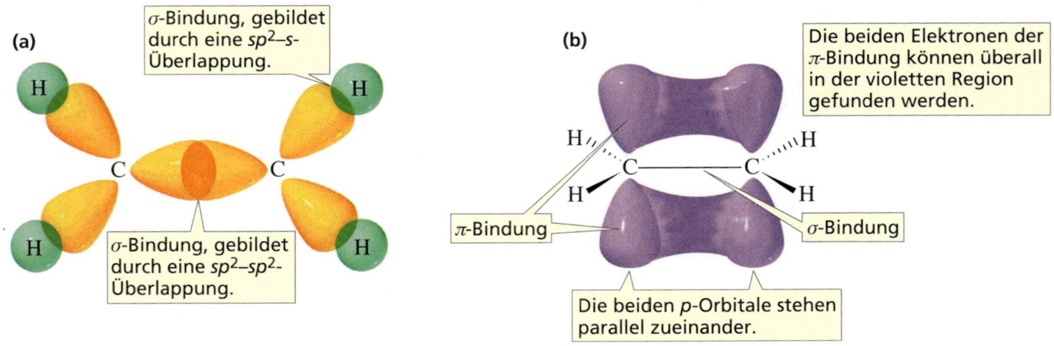

Abbildung 1.11:
(a) Eine C—C-Bindung im Ethenmolekül ist eine σ-Bindung, die durch sp^2–sp^2-Überlappung entsteht. Die C—H-Bindungen entstehen durch sp^2–s-Überlappung.
(b) Die zweite C—C-Bindung ist eine π-Bindung durch seitliche Überlappung eines p-Orbitals des einen C-Atoms mit einem p-Orbital des anderen C-Atoms. Die beiden p-Orbitale sind parallel zueinander.

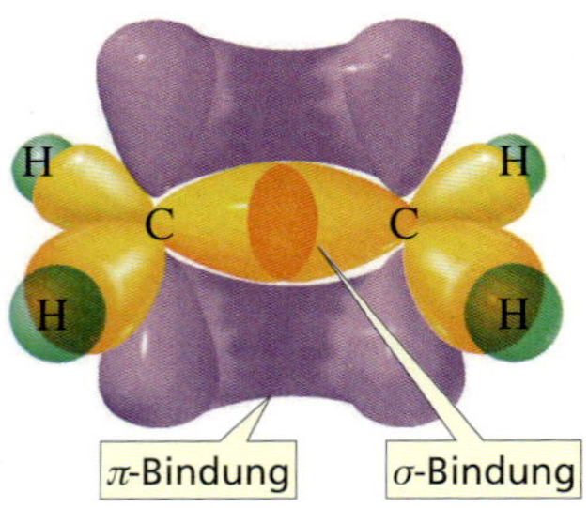

Abbildung 1.12: Die beiden Kohlenstoffatome und die vier Wasserstoffatome liegen in der gleichen Ebene. Die beiden p-Orbitale liegen senkrecht zu dieser Ebene. Dies führt zu einer Akkumulation von Elektronendichte über und unter der Ebene, die durch die Kohlenstoffatome und Wasserstoffatome definiert wird.

Die beiden p-Orbitale, die für die Bildung des π-Molekülorbitals überlappen, müssen parallel zueinander sein, damit eine maximale Überlappung stattfinden kann (▶Abbildung 1.11b). Dies führt dazu, dass das Bindungsdreieck des einen Kohlenstoffatoms und seiner beiden Wasserstoffatome in derselben Ebene zu liegen kommt wie das des anderen C-Atoms. Das bedeutet für das Gesamtmolekül, dass alle sechs Atome des Ethens (2 C + 4 H) in einer Ebene liegen, und die Elektronen der π-Bindung eine Elektronenwolke oberhalb und unterhalb dieser Molekülebene bilden (▶Abbildung 1.12).

Die elektrostatische Potenzialkarte des Ethens zeigt, dass dieses ein unpolares Molekül ist, mit einer leichten Konzentrierung negativer Ladung (Elektronen) „über" den beiden Kohlenstoffatomen. (Falls wir die gemalte Potenzialkarte umdrehen könnten, würden wir sehen, dass sich dieselbe Akkumulation negativer Teilladungen auf der anderen Seite des Moleküls ebenfalls findet.)

Darstellungen von Ethen

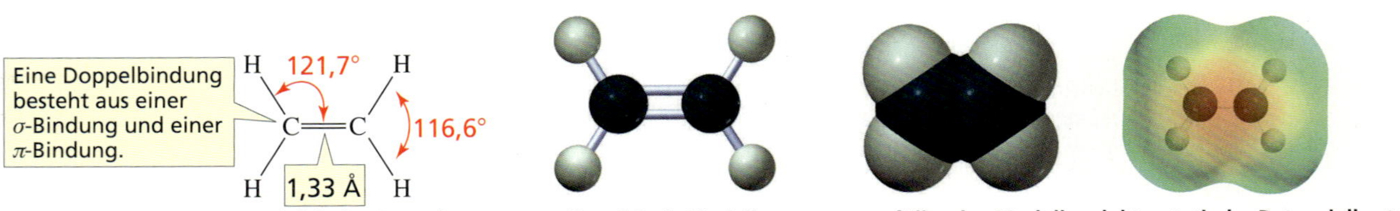

perspektivische Formel **Kugel-Stab-Modell** **raumfüllendes Modell** **elektrostatische Potenzialkarte**

Vier Elektronen halten die C-Atome in einer C—C-Doppelbindung zusammen; nur zwei Elektronen binden die Atome einer C—C-Einfachbindung zusammen. Dies führt dazu, dass eine C—C-Doppelbindung stärker (174 kcal/mol) und kürzer (1,33 Å) als eine C—C-Einfachbindung (90 kcal/mol; 1,54 Å) ist.

HINTERGRUND

■ Diamant, Graphit, Graphen und Fullerene: Stoffe, die nur Kohlenstoffatome enthalten

Die Unterschied in Hybridisierung kann durch Diamant und Graphit illustriert werden. Diamant ist die härteste aller bekannten Substanzen, Graphit hingegen ist rutschig, weich und wird in Bleistiften verwendet. Beide Materialien bestehen ausschließlich aus Kohlenstoffatomen, obwohl sie sehr unterschiedliche physikalische Eigenschaften besitzen. Die beiden Substanzen unterscheiden sich nur in ihrer Hybridisierung.

Diamant besteht aus einem steifen, drei-dimensionalem Netzwerk von Kohlenstoffatomen, die durch sp^3-Orbitale verbunden ist.

Die Kohlenstoffatome im Graphit sind dagegen sp^2-hybridisiert; jedes C-Atom im Graphit bindet nur drei andere C-Atome. Die trigonal-planare Anordnung, die sich hieraus ergibt, führt dazu, dass die Kohlenstoffatome im Graphit in ebenen Schichten angeordnet sind. Da es keine kovalente Bindungen zwischen den Bindungen gibt, lassen sich diese leicht gegeneinander verschieben.

Diamant und Graphit sind seit langer Zeit bekannt, aber eine dritte Substanz, die nur Kohlenstoffatome enthält wurde 004 entdeckt. Graphen ist ein einzige Schicht Graphit. Es ist das dünnste und leichteste bekannte Material. Es ist transparent und kann gebogen, gestapelt oder gerollt werden. Es ist härter als Diamant und leitet Strom besser als Kupfer. 2010 wurde der Nobelpreis für Physik an Andre Geim und Konstantin Novoselov an der Universität für ihre bahnbrechenden Experimente an Graphen verliehen.

Fullerene sind ebefalls natürliche Verbindungen, die nur Kohlenstoff enthalten. Wie Graphit besitzen Fullerene nur sp^2-Kohlenstoffatome, jedoch bilden sie sphärische Strukturen anstatt ebenen Schichten. (Fullerene werden in Abschnitt 8.18 weiter beschrieben.)

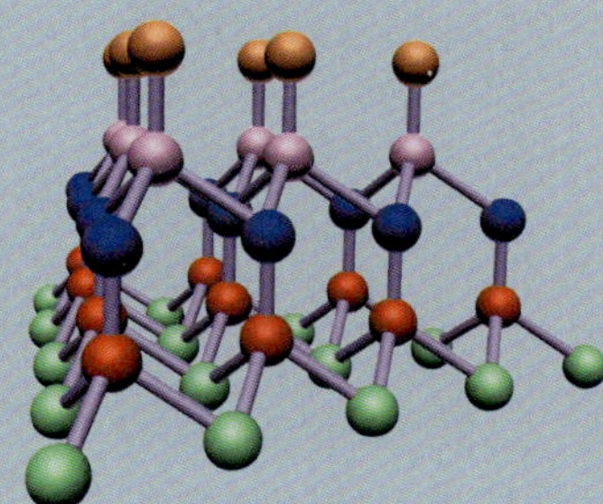

Diamant

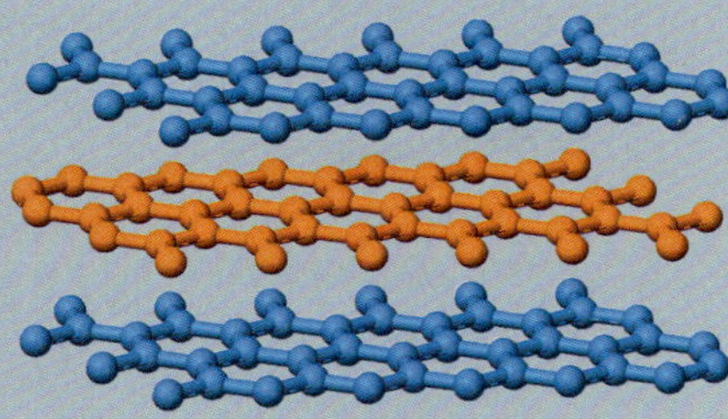

Graphit

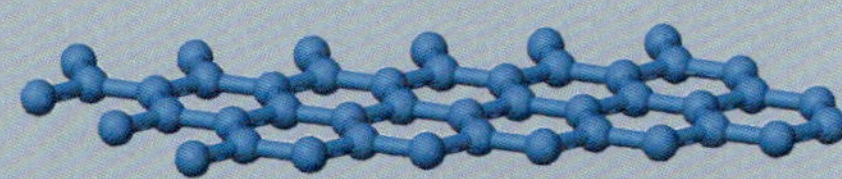

Graphen

Ü 29 mit Lösung

Liegen die sp^2-Kohlenstoffatome und das gekennzeichnete sp^3-Kohlenstoffatom in der gleichen Ebene?

(a) 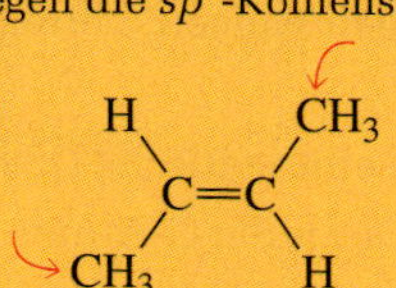

(b) 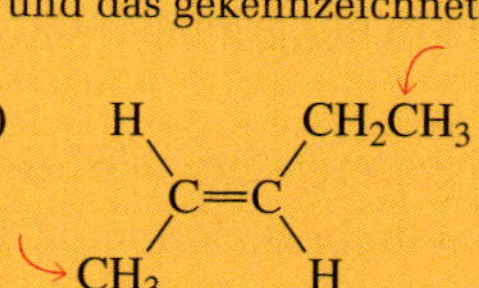

Lösung

Die beiden sp^2-Kohlenstoffatome und alle Atome, die an sie gebunden sind liegen in einer Ebene. Die anderen Atome in einem Molekül liegen nicht zwangsweise in der selben Ebene, wie diese sechs Atome. Indem sie diese Atome mit einem Stern kennzeichnen, werden sie erkennen können, ob die gekennzeichneten Atome in der selben Ebene liegen. Bei (a) liegen sie in der gleichen Ebene, jedoch ist dies nicht der Fall in (b).

(a) 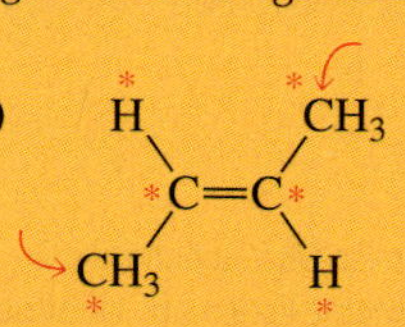

(b) 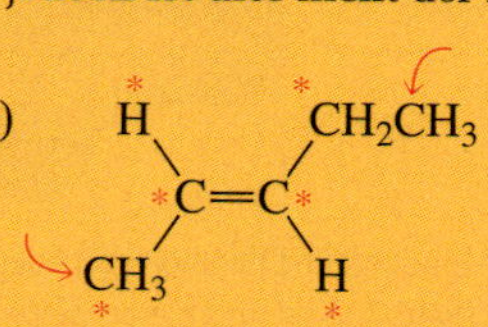

Die Bildung von Dreifachbindungen: Ethin 1.9

Acetylen-Sauerstoffflammen werden zum Schweißen und Schneiden von Metallen eingesetzt. Die Flamme erreicht dies durch das Mischen von Ethin und Sauerstoff, um die Temperatur bis auf 3500 °C zu erhöhen.

Die beiden Kohlenstoffatome des Ethins (besonders in der angelsächsischen Literatur ist auch heute noch die veraltete Bezeichnung Acetylen verbreitet) werden durch drei Bindungen zusammen gehalten. Wenn drei Bindungen zwei Atome zusammen halten, wird dies auch als **Dreifachbindung** bezeichnet. Jedes der Kohlenstoffatome hat vier Bindungen, aber sie sind jeweils mit zwei weiteren Atomen verknüpft – je einem Wasserstoff- und einem Kohlenstoffatom.

H—C≡C—H
Ethin
Acetylen

Da jedes Kohlenstoffatom kovalente Bindungen mit zwei weiteren Atomen ausbildet, hybridisiert Kohlenstoff nur zwei seiner Orbitale (ein *s*- und ein *p*-Orbital). Daraus ergeben sich zwei energetisch entartete *sp*-Hybridorbitale. Jedes der Kohlenstoffatome im Ethin besitzt daher zwei *sp*-Hybridorbitale und zwei nichthybridisierte *p*-Orbitale (► Abbildung 1.13).

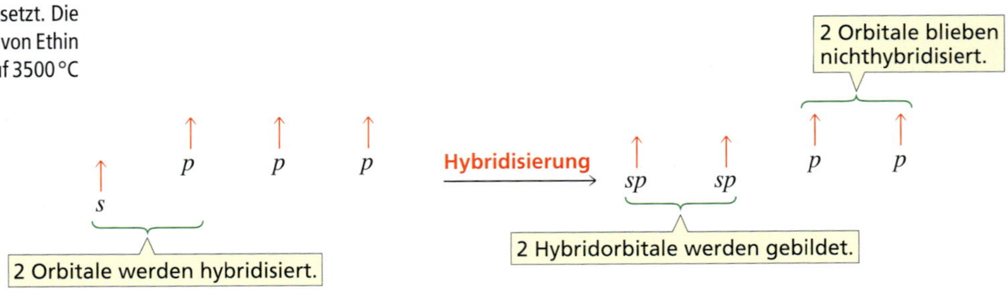

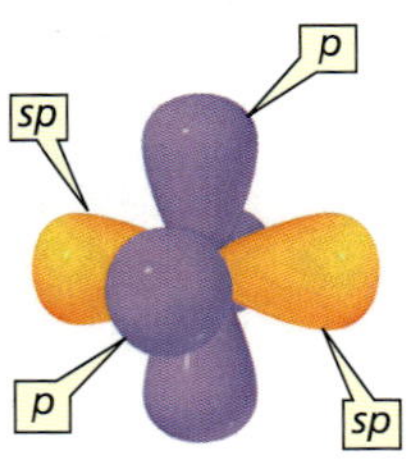

Abbildung 1.13: Ein *sp*-hybridisiertes Kohlenstoffatom. Die beiden unhybridisierten *p*-Orbitale stehen senkrecht aufeinander und zu den *sp*-Orbitalen. Die kleinen Orbitallappen der *sp*-Orbitale sind nicht dargestellt.

Aus Gründen der Minimierung der Elektronenabstoßung (= Minimierung der potenziellen Energie) weisen die beiden *sp*-Orbitale in entgegengesetzte Richtungen. Die zwei unhybridisierten *p*-Orbitale stehen senkrecht aufeinander und auf den *sp*-Orbitalen (► Abbildung 1.13).

Eines der *sp*-Hybridorbitale des eines C-Atoms überlappt mit einem der *sp*-Orbitale des anderen C-Atoms unter Bildung einer C—C-σ-Bindung. Die verbleibenden *sp*-Orbitale überlappen jeweils mit einem *s*-Orbital eines Wasserstoffatoms unter Ausbildung einer C—H-σ-Bindung (► Abbildung 1.14 a). Da die beiden *sp*-Orbitale in entgegengesetzte Richtungen weisen, beträgt der Bindungswinkel 180°.

Jedes der nichthybridisierten *p*-Orbitale bringt sich in eine seitliche Überlappung mit dem parallelen unhybridisierten *p*-Orbital des anderen C-Atoms ein – mit dem Ergebnis, dass zwei π-Bindungen geknüpft werden (► Abbildung 1.14 b).

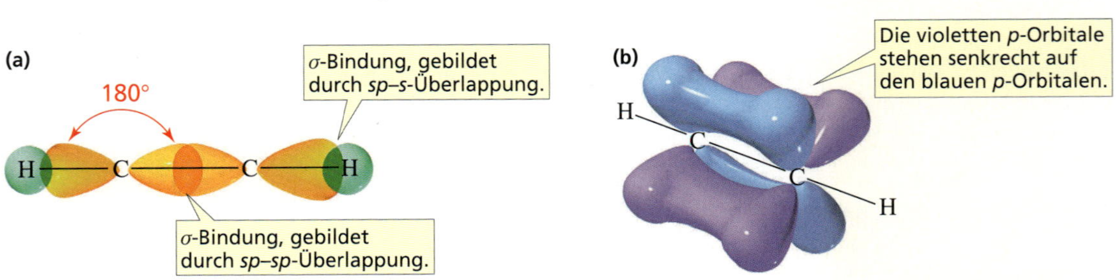

Abbildung 1.14: (a) Die C—C-σ-Bindung im Ethinmolekül bildet sich durch *sp*–*sp*-Überlappung, die C—H-Bindungen durch *sp*–*s*-Überlappung. Die C-Atome und die an diese bindenden Atome liegen auf einer geraden Linie. (b) Die beiden C—C-π-Bindungen bilden sich durch seitliche Überlappung der beiden *p*-Orbitale des einen mit den *p*-Orbitalen des anderen C-Atoms.

Eine Dreifachbindung besteht demnach aus einer σ-Bindung und zwei π-Bindungen. Da die nichthybridisierten p-Orbitale der C-Atome senkrecht aufeinander stehen, ergibt sich ein Bereich hoher Elektronendichte „über" und „unter", sowie ein entsprechender „vor" und „hinter" dem Molekül (▶Abbildung 1.15).

Das Ergebnis kann in der Potenzialkarte des Ethins beobachtet werden. Diese zeigt uns, dass es zu einer Konzentration von negativer Teilladung in einem zylinderförmigen Raumbereich kommt, der das gestreckt eiförmige Molekül einhüllt wie ein Muff.

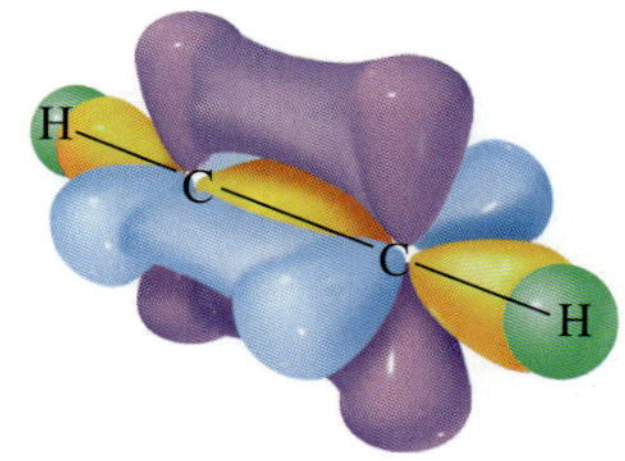

Abbildung 1.15: Die Dreifachbindung hat eine hohe Elektronendichte sowohl über und unter, aber auch vor und hinter der internuklearen Achse des Moleküls.

Darstellungen von Ethin

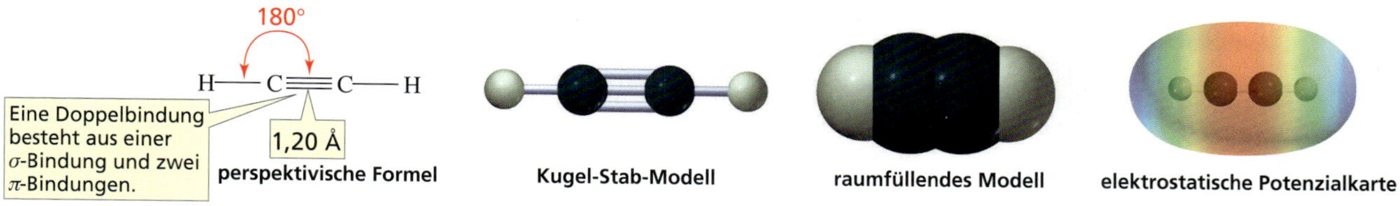

Die beiden C-Atome werden in einer Dreifachbindung von insgesamt sechs Elektronen zusammengehalten. Deshalb ist eine C—C-Dreifachbindung stärker (231 kcal/mol) und kürzer (1,20 Å) als eine C—C-Doppelbindung (174 kcal/mol und 1,33 Å).

MERKE!

Eine Dreifachbindung besteht aus einer σ-Bindung und zwei π-Bindungen.

Ü 30 Füllen Sie die fehlenden Zahlen aus:

(a) ____ s-Orbital und ____ p-Orbtiale bilden ____ sp^3-Orbitale.
(b) ____ s-Orbital und ____ p-Orbtiale bilden ____ sp^2-Orbitale.
(c) ____ s-Orbital und ____ p-Orbtiale bilden ____ sp-Orbitale.

Ü 31 mit Lösung

(a) Zeichnen Sie die Lewis-Formel von HCOH.
(b) Beschreiben Sie die von Kohlenstoff genutzten Orbitale und geben Sie näherungsweise die Bindungswinkel an.

Lösung zu 31 (a)

Da HCOH neutral ist, wissen wir, dass jedes H-Atom eine Bindung ausbildet, das O-Atom zwei und das C-Atom vier. Unser erster Ansatz für eine Lewis-Formel (mit den Wasserstoffatomen an den Rändern des Moleküls) zeigt, dass C das einzige Atom ist, das nicht die erforderliche Bindungsanzahl aufweist.

H—C—O—H

Wenn wir zwischen C und O eine Doppelbindung zeichnen und ein H-Atom verschieben, haben alle Atome die richtige Bindungsanzahl. Freie Elektronen werden verwendet, um jedem Atom eine besetzte äußere Schale zu geben. Wenn wir überprüfen, ob einem der Atome eine Formalladung zugewiesen werden muss, stellen wir fest, dass dies nicht der Fall ist.

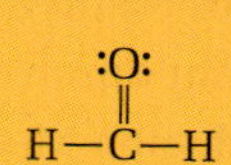

Lösung zu 31 (b)

Da das C-Atom eine Doppelbindung bildet, wissen wir, dass es (wie bei Ethen) sp^2-Orbitale zur Bindung der beiden H-Atome und des O-Atoms nutzt. Es nutzt sein übrig gebliebenes, freies p-Orbital zur Bildung der zweiten C—O-Bindung. Da C sp^2-hybridisiert ist, betragen die Bindungswinkel annähernd 120°.

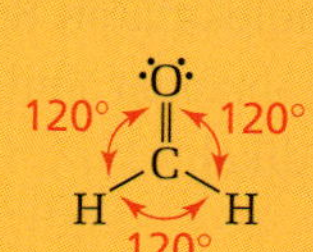

Ü 32 Für jede der folgenden Spezies:

(a) Zeichnen Sie die Lewis-Struktur.

(b) Beschreiben Sie die Orbitale, die von jedem Kohlenstoffatom genutzt werden und kennzeichnen Sie die ungefähren Bindungswinkel.

1. H_2CO_2 **2.** HCN **3.** CCl_4 **4.** H_2CO_3

Die Bindungen im Methylkation, im Methylradikal und im Methylanion 1.10

Nicht alle Kohlenstoffatome bilden vier Bindungen aus. Kohlenstoffatome mit einer positiven Ladung, mit einer negativen Ladung oder mit einem ungepaarten Elektron bilden jeweils nur drei Bindungen aus. Schauen wir uns nunmehr an, welche Orbitale ein Kohlenstoffatom benutzt, wenn es drei Bindungen ausbildet.

Das Methylkation ($^+CH_3$)

MERKE!

Das Kohlenstoffatom in $^+CH_3$ ist *sp*^{2}-hybridisiert.

Das positiv geladene Kohlenstoffatom im Methylkation ist an drei weitere Atome gebunden; es hybridisiert drei Orbitale – ein *s*- und zwei *p*-Orbitale. Es bildet daher drei kovalente Bindungen mit Hilfe seiner *sp*^{2}-Hybridorbitale aus. Sein nichthybridisiertes *p*-Orbital verbleibt unbesetzt. Der positiv geladene Kohlenstoff und die drei gebundenen Atome liegen in einer Ebene. Das freie *p*-Orbital steht senkrecht auf dieser Ebene.

Darstellungen des Methylkations

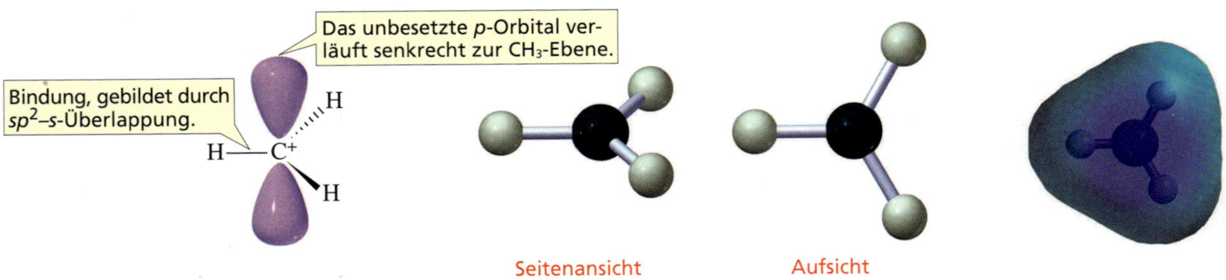

$^+CH_3$ **Kugel-Stab-Modelle** **elektrostatische Potenzialkarte**

Das Methylradikal ($\cdot CH_3$)

MERKE!

Das Kohlenstoffatom in $\cdot CH_3$ ist *sp*^{2}-hybridisiert.

Das C-Atom des Methylradikals ist *sp*^{2}-hybridisiert. Das Methylradikal unterscheidet sich nur durch den Mehrbesitz eines ungepaarten Elektrons von dem zuvor besprochenen Methylkation. Das zusätzliche Elektron besetzt das freie *p*-Orbital. Bei Betrachtung der abgebildeten Molekülmodelle fällt augenblicklich die Ähnlichkeit zwischen dem Kugel-Stab-Modell des Methylkations und der des Methylradikals auf. Die Potenzialkarten zeigen jedoch ebenso deutlich, dass diese molekularen Spezies in ihrer elektronischen Natur ziemlich verschieden voneinander sind, und dies allein aufgrund des zusätzlichen Elektrons im Methylradikal.

Darstellungen des Methylradikals

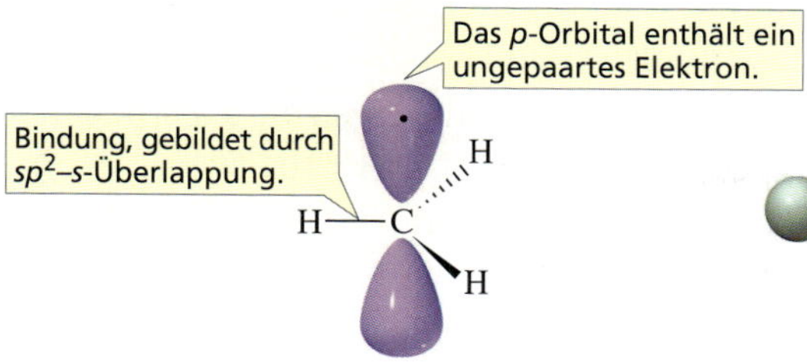

$\cdot CH_3$

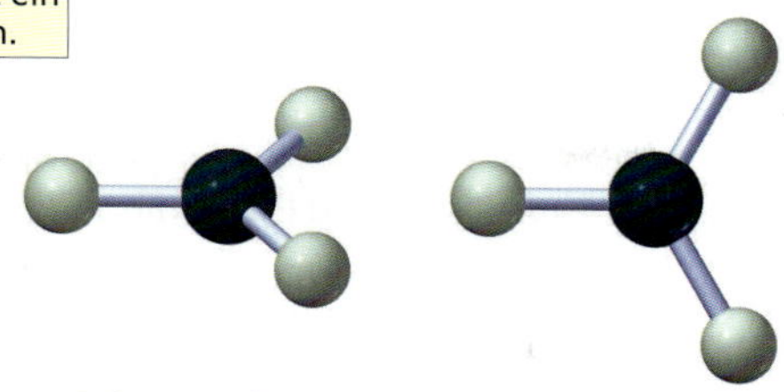

Kugel-Stab-Modelle

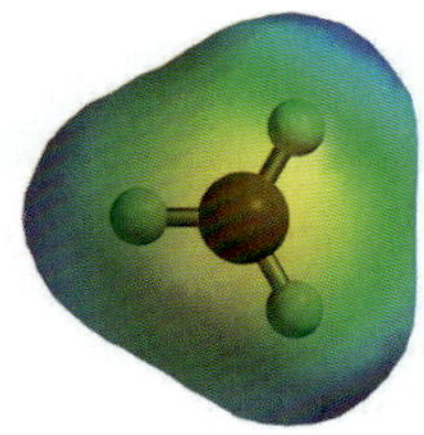

elektrostatische Potenzialkarte

Das Methylanion ($\bar{:}CH_3$)

Das negativ geladene C-Atom im Methylanion besitzt drei bindende Elektronenpaare und ein freies Elektronenpaar. Die vier Elektronenpaare sind am weitesten voneinander entfernt, wenn die vier doppelt besetzten Orbitale in die Ecken eines Tetraeders weisen. Anders gesagt: Das negativ geladene C-Atom ist sp^3-hybridisiert. Drei der (einfach besetzten) sp^3-Hybridorbitale des Methylanions überlappen mit *s*-Orbitalen von Wasserstoffatomen; das vierte sp^3-Hybridorbital enthält das freie Elektronenpaar.

> **MERKE!**
>
> **Das Kohlenstoffatom in $\bar{:}CH_3$ ist sp^3-hybridisiert.**

Darstellungen des Methylanions

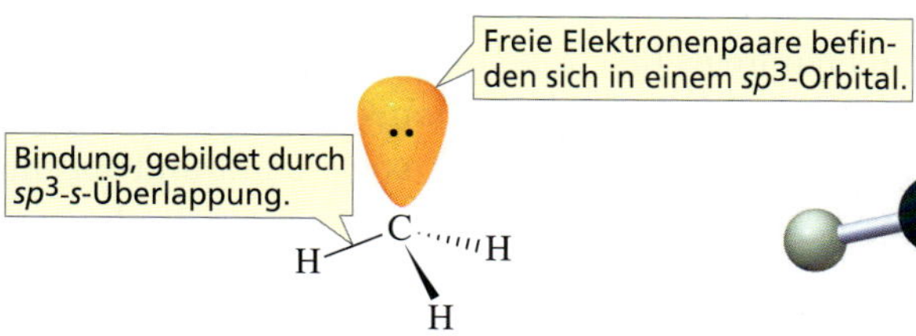

$\bar{:}CH_3$

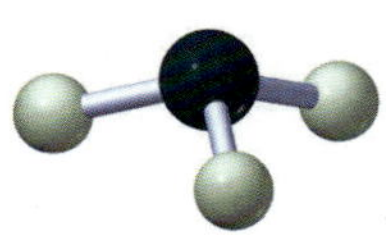

Kugel-Stab-Modell

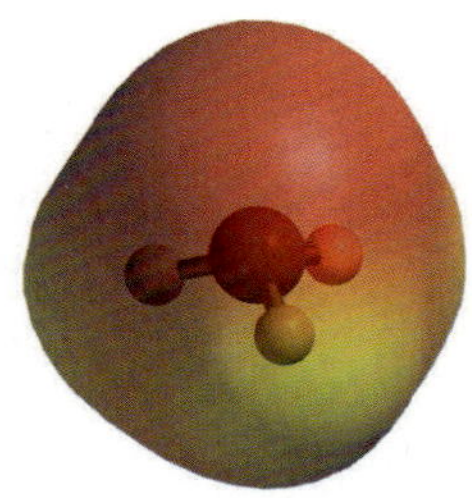

elektrostatische Potenzialkarte

Nehmen Sie sich einen Moment Zeit, um die Potenzialkarten des Methylkations, des Methylradikals und des Methylanions zu vergleichen.

Die Bindungen im Ammoniakmolekül und im Ammoniumion 1.11

Das Stickstoffatom im Ammoniak ($\ddot{N}H_3$) bildet drei kovalente Bindungen und besitzt ein freies Elektronenpaar. Die elektronische Konfiguration des Stickstoffatoms zeigt, dass es drei ungepaarte Valenzelektronen besitzt (► Tabelle 1.2), also muss es kein Elektron in ein anderes Orbital anregen, um drei Bindungen zu bilden und acht Außenelektronen zu erreichen – also ein vollständiges Oktett.

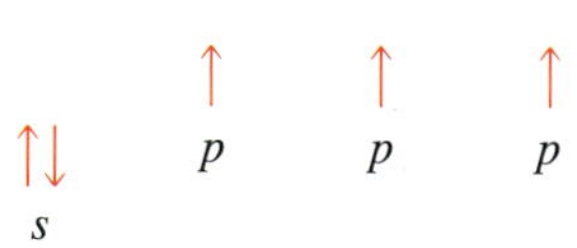

Valenzelektronen des Stickstoffs

MERKE!

Die Bindungswinkel in einem Molekül geben Aufschluss darüber, welche Orbitale sich an den Bindungen beteiligen.

MERKE!

Stickstoff hybridisiert vier Orbitale, da es drei Bindungen ausbildet und ein freies Elektronenpaar besitzt.

Jedoch führt dieses einfache Bild zu einem Problem. Falls Stickstoff *p*-Orbitale verwendet, um drei N—H-Bindungen zu bilden (wie die Elektronenkonfiguration voraussagt), würden wir Bindungswinkel von 90° erwarten, da die *p*-Orbitale senkrecht aufeinander stehen. Dennoch betragen die experimentell ermittelten Bindungswinkel im Ammoniakmolekül (NH_3) 107,3°.

Die Bindungswinkel deuten darauf hin, dass der Stickstoff ebenfalls Hybridorbitale verwendet, um kovalente Bindungen auszubilden, so wie Kohlenstoff auch. Das 2*s*- und die drei 2*p*-Orbitale des Stickstoffs bilden vier energetisch entartete sp^3-Hybridorbitale.

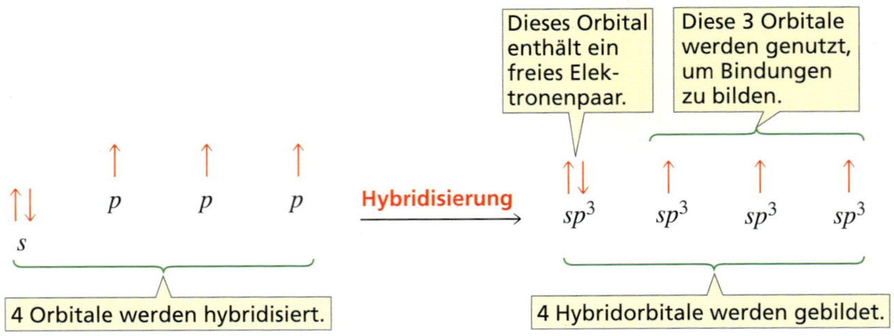

Die drei N—H-Bindungen im NH_3-Molekül werden durch die Überlappung je eines sp^3-Orbitals mit dem *s*-Orbital eines Wasserstoffatoms gebildet. Das einzelne freie Elektronenpaar besetzt das verbleibende sp^3-Orbital. Der beobachtete Bindungswinkel von 107,3° ist geringfügig kleiner als der ideale Tetraederwinkel (109,5°), da ein freies Elektronenpaar mehr Raum einnimmt als ein bindendes Elektronenpaar, dass durch zwei Atomkerne angezogen wird und dadurch einen relativ kleinen Raum einnimmt. Aus diesem Grund übt ein freies Elektronenpaar mehr Abstoßung aus und drückt die N—H-Bindungen zusammen, was zu einem verringerten Bindungswinkel führt.

Darstellungen von Ammoniak

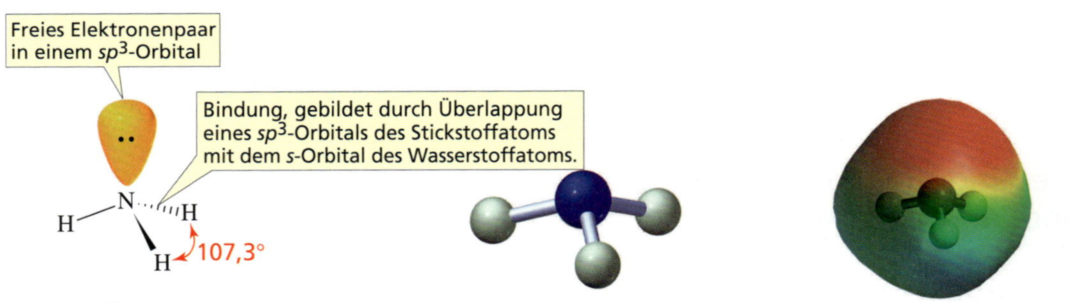

$\ddot{N}H_3$ — Kugel-Stab-Modell — elektrostatische Potenzialkarte

Das durch Protonierung des Ammoniaks gebildete Ammoniumion ($^+NH_4$) besitzt vier identische N—H-Bindungen und kein freies Elektronenpaar, und wie im Methan entsprechen auch hier die Bindungswinkel zwischen den N—H-Bindungen dem idealen Tetraederwinkel von 109,5°.

Darstellungen des Ammoniumions

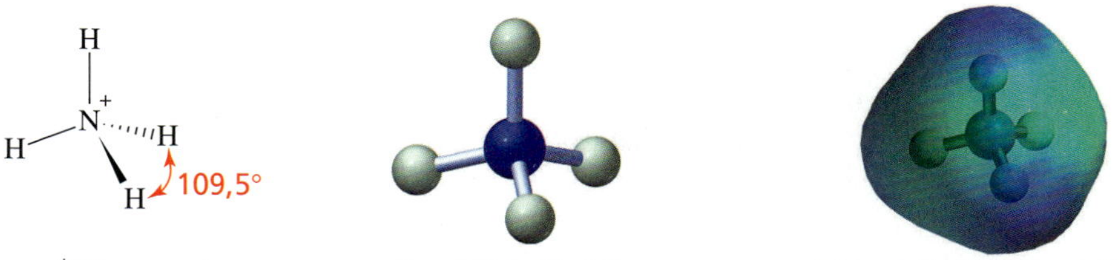

$^{+}NH_4$ — Kugel-Stab-Modell — elektrostatische Potenzialkarte

Ü 33* Sagen Sie die ungefähren Bindungswinkel voraus für
(a) das Methylkation. **(b)** das Methylradikal. **(c)** das Methylanion.

Ü 34* Welches Atom im Ammoniumion besitzt laut Potenzialkarte die größte Elektronendichte?

Die Bindungen im Wassermolekül 1.12

Das Sauerstoffatom des Wassers ($H_2\ddot{O}$:) bildet zwei kovalente Bindungen aus und besitzt zwei freie Elektronenpaare. Da ein Sauerstoffatom in seinem Grundzustand zwei ungepaarte Elektronen besitzt, braucht es keines seiner Elektronen in ein anderes Orbital zu befördern, um durch die Bildung von zwei Bindungen das Elektronenoktett seiner Valenzschale zu vervollständigen.

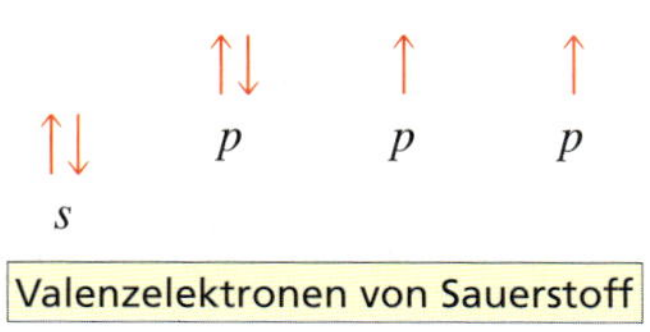

Der experimentell bestimmte Bindungswinkel des Wassermoleküls beträgt jedoch 104,5°, dies weißt darauf hin, dass Sauerstoff (wie Kohlenstoff und Stickstoff) Hybridorbitale nutzt, um kovalente Bindungen zu bilden.

So wie bei Kohlenstoff und Stickstoff wird ein *s*-Orbital und drei *p*-Orbitale genutzt werden um vier sp^3-Hybridorbitale zu bilden.

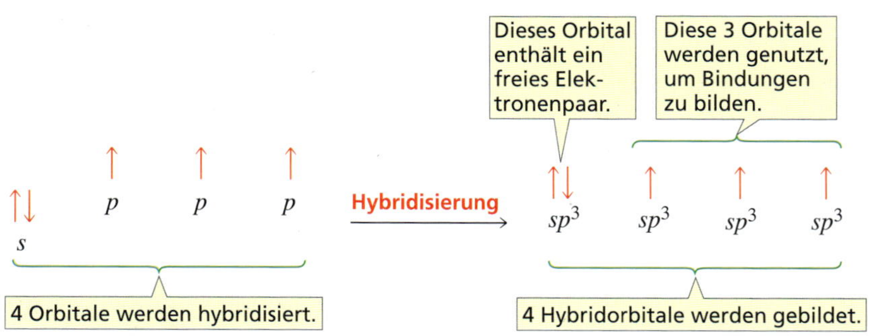

MERKE!

Sauerstoff hybridisiert vier Orbitale, da es zwei Bindungen ausbildet und zwei freie Elektronenpaare besitzt.

Jede der beiden O—H-Bindungen des Wassers wird durch die Überlappung eines sp^3-Hybridorbitals des Sauerstoffatoms mit dem *s*-Orbital eines Wasserstoffatoms bewerkstelligt. Die beiden verbleibenden sp^3-Orbitale werden von je einem freien Elektronenpaar besetzt.

Der Bindungswinkel in Wasser (104,5°) ist sogar kleiner als im Ammoniak (107,3°) weil Sauerstoff zwei relativ diffuse freie Elektronenpaare besitzt, während Stickstoff nur eines hat.

Darstellungen von Wasser

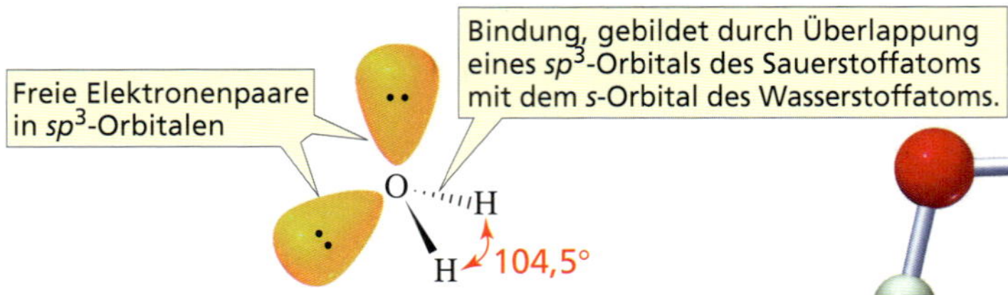

H_2O

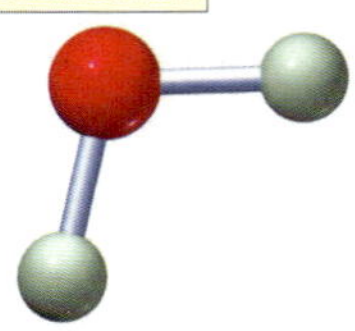

Kugel-Stab-Modell

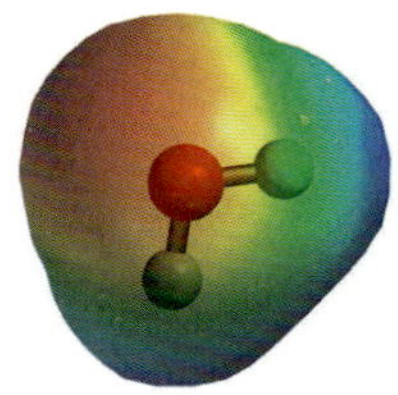

elektrostatische Potenzialkarte

Ü 35* Vergleichen Sie die elektrostatischen Potenzialkarten für Methan, Ammoniak und Wasser. Welches ist das polarste Molekül? Welches ist das am wenigsten polare?

Methan

Ammoniak

Wasser

Ü 36 mit Lösung

Die Bindungswinkel im H_3O^+-Molekülion betragen mehr als ____ und weniger als ____.

Lösung

Das Kohlenstoffatom in CH_4 hat keine freien Elektronenpaare; die Bindungswinkel betragen 109,5°. Das Wasserstoffatom in H_3O^+ hat ein freies Elektronenpaar. Ein freies Elektronenpaar ist diffuser als ein bindendes Elektronenpaar, also drängen sich die O—H-Bindungen zusammen im die Elektronenabstoßung zu minimieren. Jedoch ist der Bindungswinkel nicht so klein wie im Wasser (104,5°), in dem Wasser zwei freie Elektronenpaare hat. Daher sind die Bindungswinkel in H_3O^+ kleiner als 109,5° und größer als 104,5°.

HINTERGRUND

Wasser – eine einzigartige chemische Verbindung

Wasser ist in lebenden Organismen die häufigste chemische Verbindung. Seine einzigartigen Eigenschaften haben die Entstehung und Evolution des Lebens erst ermöglicht. Die hohe Schmelzwärme des Wassers schützt lebende Organismen vor einem schnellen Einfrieren bei niedrigen Temperaturen, da dem Wasser eine große Menge Wärme entzogen werden muss, damit es kristallisiert. Die hohe Wärmekapazität des Wassers minimiert die Temperaturänderungen, die ein Organismus erfährt, wenn sich die Außentemperatur ändert. Die hohe Verdampfungswärme des Wassers erlaubt es endothermen Tieren schließlich, sich bei minimalem Verlust an Körperwasser durch Verdunstung abzukühlen.

Da flüssiges Wasser dichter ist als festes (Eis), schwimmt Eis auf flüssigem Wasser und isoliert das darunter liegende Wasser. Dies ist der Grund, warum Gewässer nicht vom Boden zur Oberfläche hin zufrieren.

Die Bindung der Halogenwasserstoffe 1.13

Fluorwasserstoff

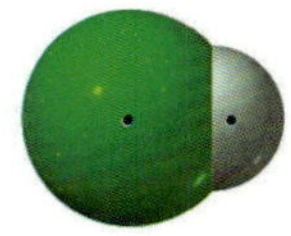
Chlorwasserstoff

Bromwasserstoff

Iodwasserstoff

HF, HCl, HBr und HI werden als *Halogenwasserstoffe* (allgemeine Formel HX) bezeichnet. Ein Halogen hat nur ein ungepaartes Valenzelektron (► Tabelle 1.2), sodass es nur eine kovalente Bindung bildet.

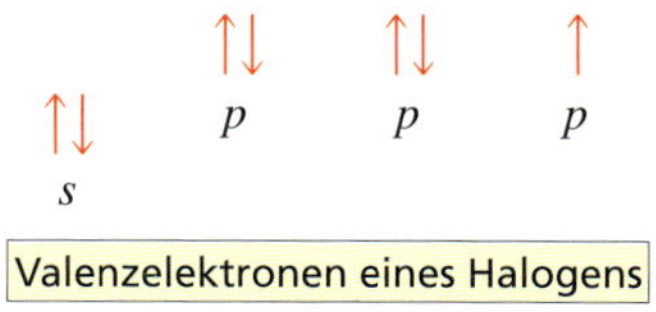

Bindungswinkel werden bei der Analyse der Bindungsverhältnisse in den Halogenwasserstoffmolekülen nicht hilfreich sein, da die HX-Moleküle nur eine Bindung aufweisen und so zwangsläufig gestreckt gebaut sind. Wir wissen aber, dass die drei freien Elektronenpaare eines Halogens energetisch identisch sind und dass diese sich so anordnen, dass die gegenseitige elektrische Abstoßung möglichst gering ist. Beide diese Beobachtungen legen nahe, dass die drei freien Elektronenpaare eines Halogens in Hybridorbitalen untergebracht sind.

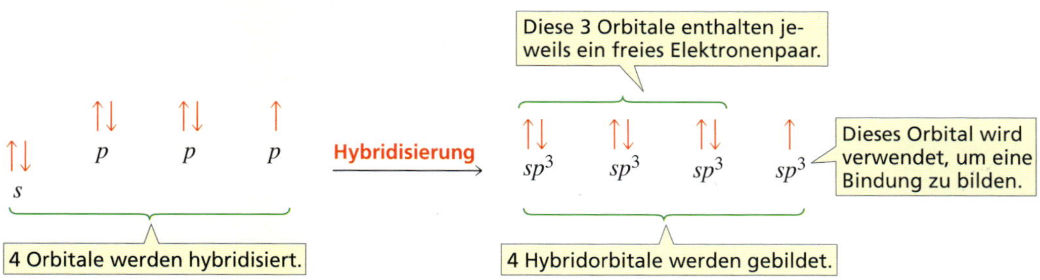

Wir gehen daher davon aus, dass die Wasserstoff-Halogen-Bindung in den HX-Molekülen durch die Überlappung eines sp^3-Orbitals des Halogenatoms mit dem *s*-Orbital des Wasserstoffatoms erfolgt.

Darstellungen von Fluorwasserstoff

H—F:

perspektivische Formel

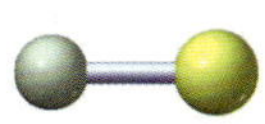
Kugel-Stab-Modell

elektrostatische Potenzialkarte

Im Fall des Fluors werden die sp^3-Orbitale von den Valenzelektronen der zweiten Elektronenschale gebildet. Beim Chlor werden erwartungsgemäß die sp^3-Orbitale von den Valenzelektronen der dritten Schale gebildet. Da die dritte Elektronenschale ein größeres Volumen einnimmt als die zweite, ist der mittlere Abstand der Elektronen der M-Schale vom Atomkern größer und die mittlere Elektronendichte in den Orbitalen dieser Schale geringer, so auch in einem $3sp^3$-Orbital im Vergleich zu einem $2sp^3$-Orbital. Dies bedeutet, dass die Elektronendichte im Überlappungsbereich der die Bindung ausbildenden Orbitale mit zunehmender Ordnungszahl des Halogenatoms abnimmt (► Abbildung 1.16). Die Länge der Wasserstoff-Halogen-Bindung nimmt in der Gruppe von oben nach unten zu, die Stärke der Bindung in der gleichen Richtung ab (► Tabelle 1.6).

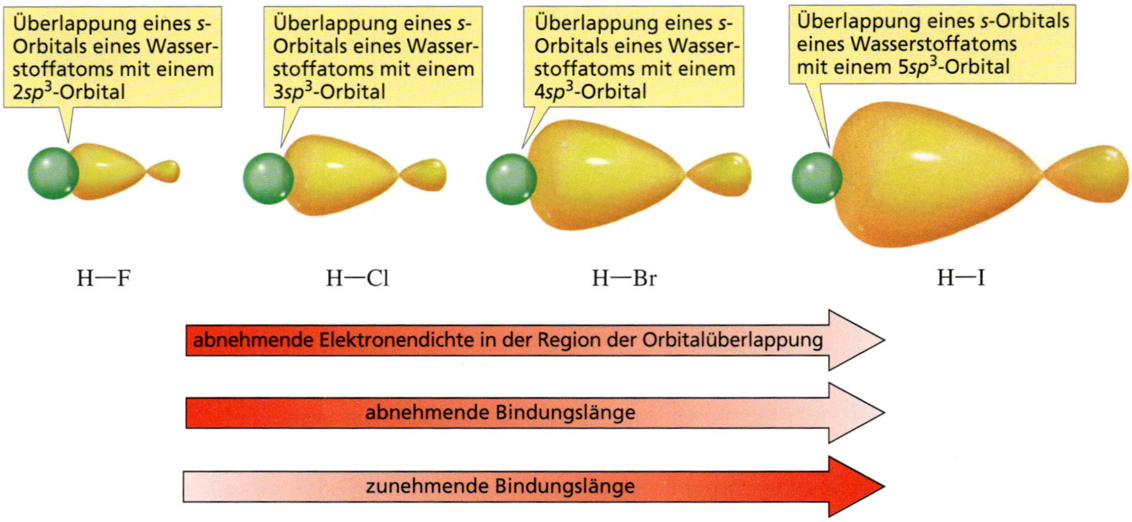

Abbildung 1.16: Die Elektronendichte in der Region der Überlappung des *s*-Orbitals des Wasserstoff mit einem $2sp^3$-Orbitals ist größer als mit einem $3sp^3$-Orbital. Diese ist wiederum größer als mit einem $4sp^3$-Orbital.

Halogenwasserstoff	Bindungslänge (Å)	Bindungsstärke (kcal/mol)
H—F 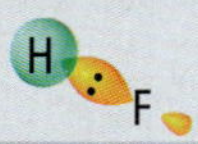	0,917	136
H—Cl 	1,275	103
H—Br 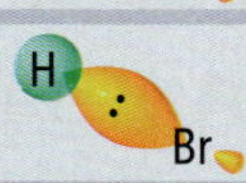	1,415	87
H—I 	1,609	71

Tabelle 1.6: Wasserstoff-Halogen-Bindungslängen und -stärken.

MERKE!

Die Wasserstoff-Halogen-Bindung wird länger und schwächer, je größer das Halogen wird.

Ü 37*

(a) Sagen Sie die relativen Längen und Stärken der Bindungen in den Molekülen Cl_2 und Br_2 voraus.

(b) Sagen Sie die relativen Längen und Stärken der Kohlenstoff-Halogen-Bindungen in den Molekülen CH_3F, CH_3Cl und CH_3Br voraus.

Ü 38*

(a) Welche der folgenden Bindungen ist die längere?

(b) Welche der folgenden Bindungen ist die stärkere?

1. C—Cl oder C—I

2. C—C oder C—Cl

3. H—Cl oder H—F

Hybridisierung und molekulare Geometrie 1.14

Wir haben gesehen, dass die *Hybridisierung* eines Atoms den *Aufbau* der Bindungen um das Atom bestimmt und dass der Aufbau den *Bindungswinkel* bestimmt. *Daher wird die molekulare Geometrie durch die Hybridisierung bestimmt.*

Zum Beispiel:

- Wenn Kohlenstoff an vier Atome gebunden ist, ist es sp^3-hybridisiert und daher tetraedrisch mit Bindungswinkeln von 109,5°.
- Wenn Kohlenstoff an drei Atome gebunden ist, ist es sp^2-hybridisiert und trigonal-planar mit Bindungswinkeln von 120°.
- Wenn Kohlenstoff an zwei Atome gebunden ist, ist es sp-hybridisiert und linear mit einem Bindungswinkel von 180°.

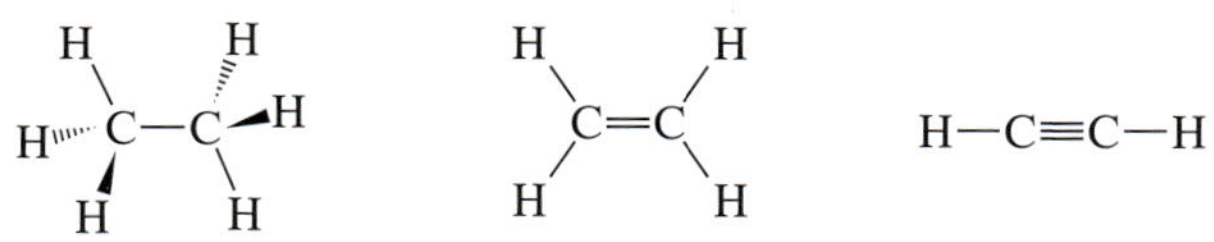

sp^3	sp^2	sp
109,5°	120°	180°
tetraedrisch	trigonal-planar	linear

MERKE!

Die Geometrie eines Moleküls wird durch die Hybridisierung bestimmt.

STRATEGIEN ZUR PROBLEMLÖSUNG

■ Vorhersage von Orbitalen und Bindungswinkeln in Bindungen

Beschreiben sie die Orbitale, die für die Bindung benutzt werden und die Bindungswinkel in den folgenden Verbindungen:
(a) BeH_2 **(b)** BH_3

(a) Beryllium (Be) hat keine ungepaarten Valenzelektronen (siehe ► Tabelle 1.2). Daher kann es keine Bindungen bilden, solange es keine Elektronen anregt. Nach der Anregung eines Elektrons aus dem *s*-Orbital in ein leeres *p*-Orbital und Hybridisierung der beiden Orbitale, die beide nun ein ungepaartes Elektron enthalten, resultieren zwei *sp*-Orbitale.

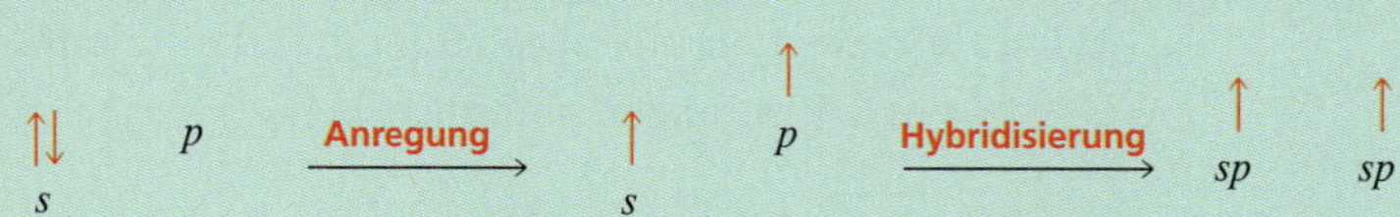

Jedes *sp*-Orbital des Berylliums überlappt mit dem *s*-Orbital eines Wasserstoffatoms. Um die Elektronenabstoßung zu minimieren, zeigen die *sp*-Orbitale in unterschiedliche Richtungen, sodass ein Bindungswinkel von 180° entsteht.

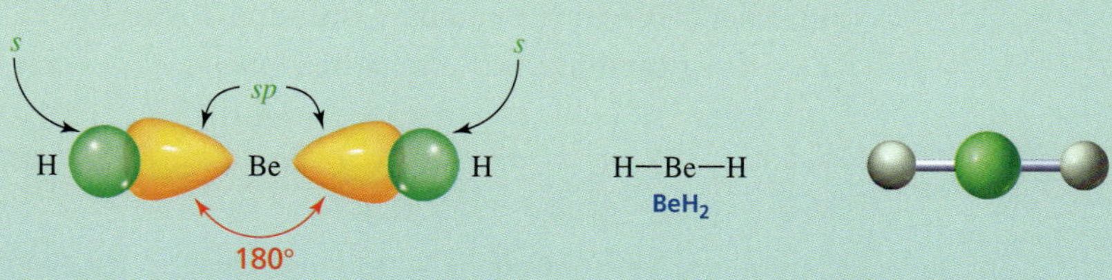

(b) Ohne Anregung kann Bor (B) nur eine Bindung bilden, da es nur ein ungepaartes Valenzelektron besitzt (siehe ▶ Tabelle 1.2). Die Anregung führt zu drei ungepaarten Elektronen. Wenn die drei Orbitale, die ein ungepaartes Elektron enthalten (ein *s*-Orbital und ein *p*-Orbital), hybridisiert werden, bilden sich drei sp^2-Orbitale.

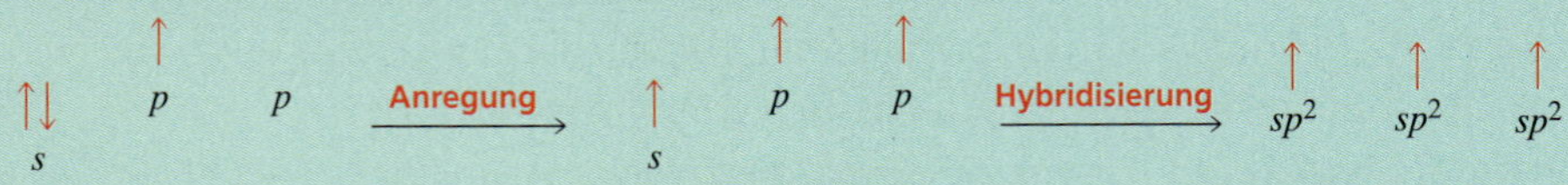

Jedes sp^2-Orbital des Bors überlappt mit einem *s*-Orbital von Wasserstoff. Wenn die drei sp^2-Orbitale so weit voneinander weg wie möglich orientiert sind, resultieren Bindungswinkel von 120°.

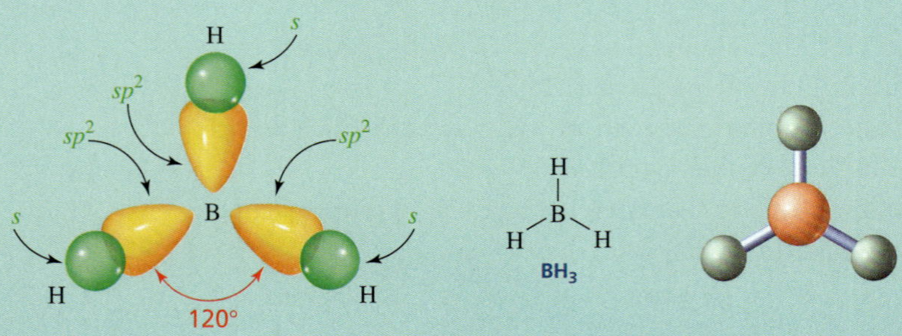

Ü 39 Beschreiben sie die Orbitale, die für die Bindung benutzt werden und die Bindungswinkel in den folgenden Verbindungen:
(a) CH_3O^- **(b)** CO_2 **(c)** H_2CO **(d)** N_2 **(e)** BF_3

Zusammenfassung: Orbitalhybridisierung, Bindungslängen, Bindungsstärken und Bindungswinkel 1.15

Sie mögen sich vielleicht fragen, wie ein Elektron „weiß", welches Orbital es besetzen sollte. Tatsächlich wissen Elektronen nichts über Orbitale. Sie besetzen lediglich den Raum um die Atome in der stabilsten möglichen Anordnung. Chemiker*innen nutzen das Konzept der Orbitale, um die Anordnung zu erklären. Wir werden uns nun noch einmal mit dem beschäftigen, was wir über Orbitale und Bindungen gelernt haben.

Bindungsordnung

Alle *Einfachbindungen* sind σ-Bindungen. Alle *Doppelbindungen* bestehen aus einer σ-Bindung und einer π-Bindung. Alle *Dreifachbindungen* bestehen aus einer σ-Bindung und zwei π-Bindungen.

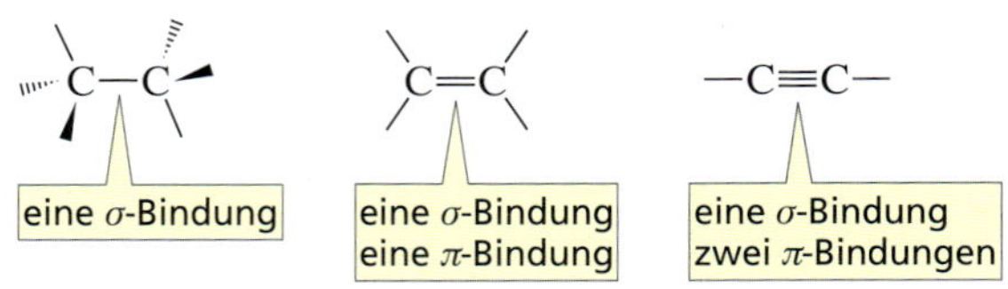

Die **Bindungsordnung** beschreibt die Zahl der kovalenten Bindungen, die von zwei Atomen geteilt werden. Eine Einfachbindung hat eine Bindungsordnung von eins, eine Doppelbindung von zwei und eine Dreifachbindung hat eine Bindungsordnung von drei.

Hybridisierung

Der einfachste Weg, die Hybridisierungszustände von Kohlenstoff-, Sauerstoff- und Stickstoffatomen zu bestimmen besteht darin, die Zahl der gebildeten π-Bindungen zu ermitteln:

- Wenn es keine π-Bindungen bildet, ist es sp^3-hybridisiert.
- Wenn es eine π-Bindung bildet, ist es sp^2-hybridisiert.
- Wenn es zwei π-Bindungen bildet, ist es sp-hybridisiert.

MERKE!

Die Hybridisierung von C, N, oder O ist sp$^{(3\text{ minus der Anzahl an }\pi\text{-Bindungen})}$.

Die Ausnahmen sind Carbokationen und Kohlenstoffradikale – diese sind sp^2-hybridisiert, jedoch nicht, weil sie π-Bindungen ausbilden, sondern weil sie ein unbesetztes oder halbgefülltes p-Orbital besitzen (Abschnitt 1.10).

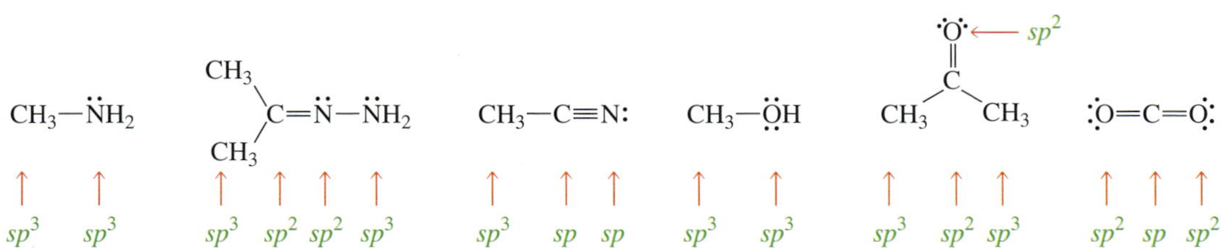

Ü 40 mit Lösung

In welchen Orbitalen befinden sich die freien Elektronenpaare in jedem der folgenden Moleküle?

(a) $CH_3\ddot{O}H$ (b) 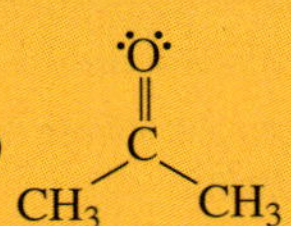 (c) $CH_3C{\equiv}N:$

Lösung

(a) Sauerstoff bildet nur eine Einfachbindung in dieser Verbindung, also ist es sp^3-hybridisiert. Es nutzt zwei seiner vier sp^3-Hybridorbitale um σ-Bindungen zu bilden (eine zu C und eine zu H), und die anderen beiden enthalten freie Elektronenpaare.

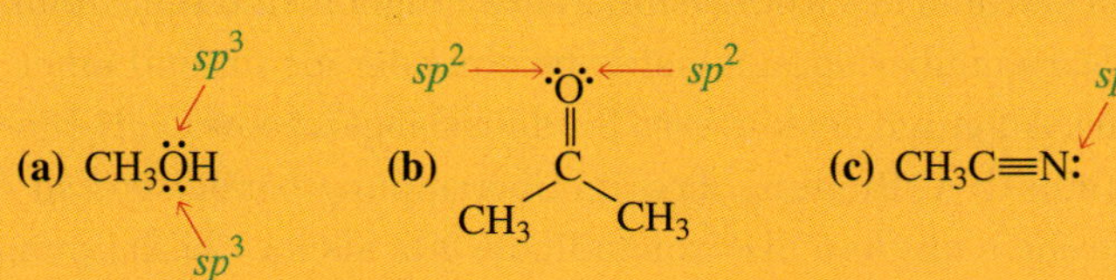

(b) Sauerstoff bildet eine π-Bindung in dieser Verbindung, also ist es sp^2-hybridisiert. Es nutzt eines seiner drei sp^2-Hybridorbitale um eine σ-Bindung zu C auszubilden und die anderen für freie Elektronenpaare.

(c) Stickstoff bildet zwei π-Bindungen in dieser Verbindung, es ist also sp-hybridisiert. Es benutzt eines der sp-Hybridorbitale um eine σ-Bindung zu C auszubilden und die andere für ein freies Elektronenpaar.

Bindungslänge und Bindungsstärke

Je kürzer eine Bindung ist, desto stärker ist sie. Beim Vergleich der Längen und Stärken von C—C-Einfach-, Zweifach- und Dreifachbindungen sehen wir, dass die Kohlenstoff-Kohlenstoff-Bindung kürzer und stärker wird, je mehr Bindungen die Kohlenstoffatome zusammenhalten (siehe ►Tabelle 1.7). Dreifachbindungen sind daher kürzer und stärker als Zweifachbindungen, und diese sind wiederrum stärker und kürzer als Einfachbindungen.

MERKE!

Je größer die Elektronendichte in der Überlappungsregion, desto stärker die Bindung.

MERKE!

Je kürzer eine Bindung, desto stärker ist sie.

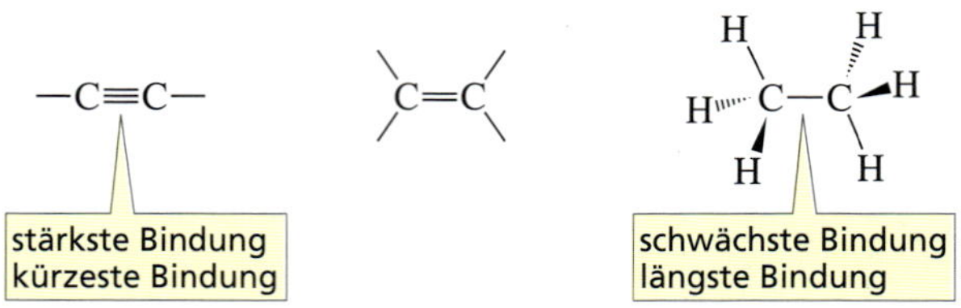

Die Bindungsstärke nimmt mit der Zunahme der Bindungslänge ab.

Molekül	Hybridisierungszustand des Kohlenstoffs	Bindungswinkel	Länge der C—C-Bindung (Å)	Stärke der C—C-Bindung (kcal/mol)	Stärke der C—C-Bindung (kJ/mol)	Länge der C—H-Bindung (Å)	Stärke der C—H-Bindung (kcal/mol)
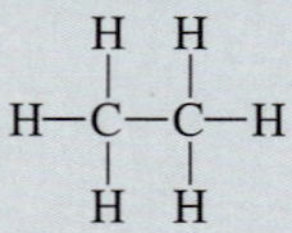 Ethan	sp^3	109,5°	1,54	90,2	377	1,10	101,1
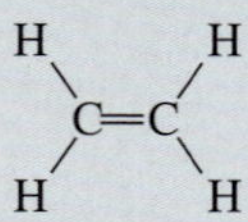 Ethen	sp^2	120°	1,33	174,5	720	1,08	110,7
H—C≡C—H Ethin	sp	180°	1,20	230,4	967	1,06	133,3

Tabelle 1.7: Vergleich der Bindungswinkel und der Längen und Stärken der Kohlenstoff-Kohlenstoff- und Kohlenstoff-Wasserstoff-Bindungen in Ethan, Ethen und Ethin.

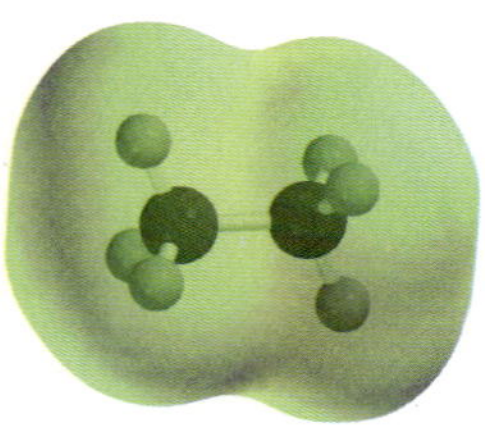

Ethan

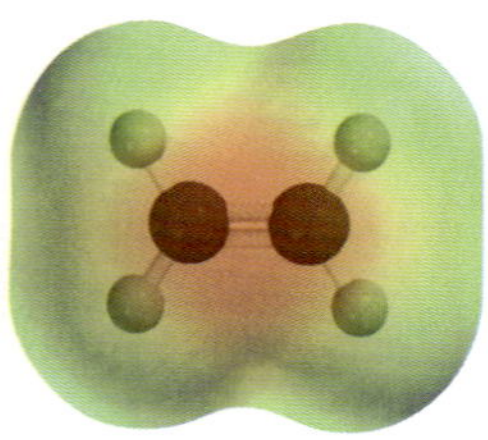

Ethen

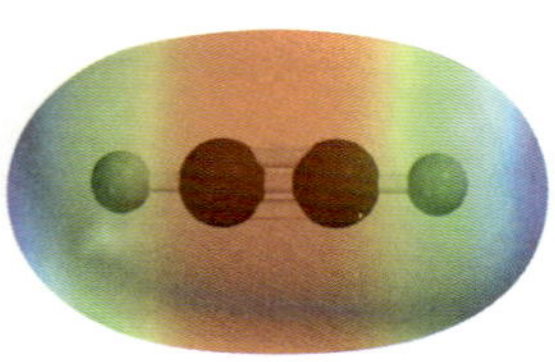

Ethin

Die in ► Tabelle 1.7 zusammengefassten Daten zeigen, dass eine C—H-σ-Bindung stärker und kürzer ist als eine C—C-σ-Bindung. Dies ist darauf zurückzuführen, dass das *s*-Orbital des Wasserstoffatoms näher beim Kern des Atoms ist als das sp^3-Hybridorbital des Kohlenstoffatoms. Folglich sind die Atomkerne bei einer sp^3–s-Orbitalüberlappung näher beieinander als im Fall einer sp^3–sp^3-Überlappung. Aufgrund der kürzeren Bindungslänge ist eine C—H-Bindung auch stärker als eine C—C-Bindung, da es im Überlappungsbereich von sp^3- und *s*-Orbital eine größere mittlere Elektronendichte gibt als im Überlappungsbereich eines sp^3-Orbitals mit einem anderen sp^3-Orbital.

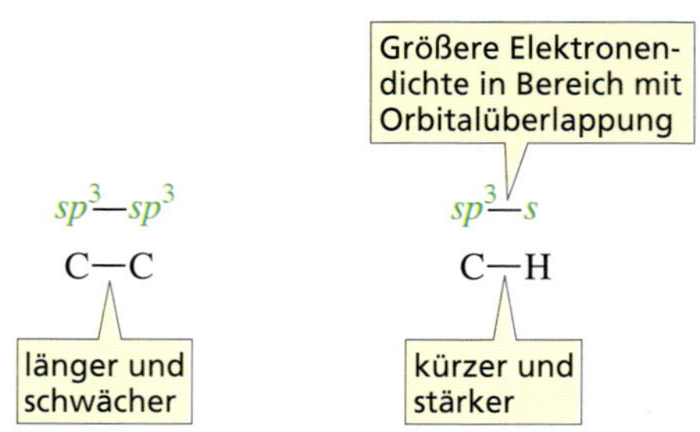

Je größer die Elektronendichte in einem orbitalen Überlappungsgebiet ist, desto stärker und kürzer ist die Bindung.

Hybridisierung beeinflusst Bindungslänge und Bindungsstärke

Länge und Stärke einer C—H-Bindung hängen vom Hybridisierungszustand des Kohlenstoffatoms ab, an das das Wasserstoffatom gebunden ist. Je mehr *s*-Orbitalcharakter das Orbital besitzt, das der Kohlenstoff für die Bindungsbildung heranzieht, desto kürzer und stärker ist die Bindung – und dies wiederum, weil *das s-Orbital näher beim Atomkern ist als ein p-Orbital.* So ist die C—H-Bindung eines *sp*-hybridisierten C-Atoms (50 % *s*-Anteil) kürzer und stärker als eine C—H-Bindung, die von einem sp^2-hybridisierten C-Atom (33,33 % *s*-Anteil) gebildet wird; diese wiederum ist kürzer und stärker als die C—H-Bindung, die von einem sp^3-hybridisierten C-Atom (25 % *s*-Anteil) gebildet wird.

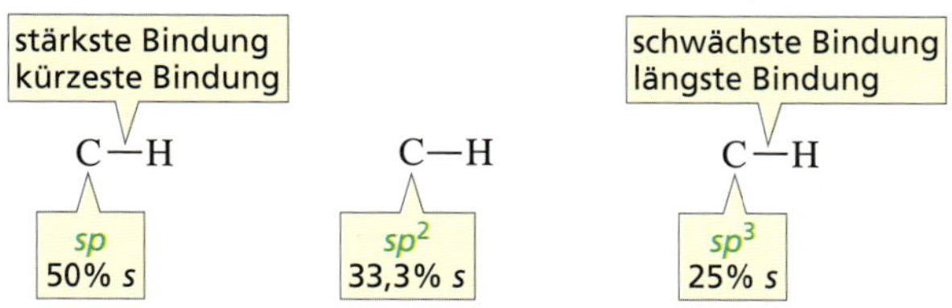

Hybridisierung beeinflusst Bindungslänge und -stärke.

Eine Doppelbindung (eine σ-Bindung plus eine π-Bindung) ist stärker als eine Einfachbindung (eine σ-Bindung), doch sie ist nicht genau doppelt so stark. Wir können daraus schließen, dass eine π-Bindung schwächer als eine σ-Bindung ist. Aus ►Tabelle 1.7 lässt sich entnehmen, dass die Stärke einer C—C-σ-Bindung, die durch eine sp^3–sp^3-Überlappung gebildet wird, 90 kcal/mol beträgt. Eine durch sp^2–sp^2-Überlappung gebildete C—C-σ-Bindung hingegen ist aufgrund des größeren *s*-Charakters der überlappenden Orbitale stärker; sie wird auf etwa 112 kcal/mol geschätzt. Daraus können wir schließen, dass die π-Bindungsstärke in Ethen etwa 174 kcal/mol – 112 kcal/mol = 62 kcal/mol beträgt.

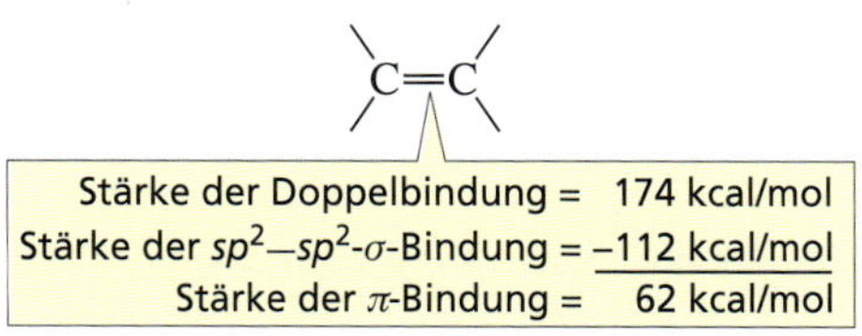

Eine π-Bindung ist schwächer als eine σ-Bindung.

Die Hybridisierung beeinträchtigt Bindungswinkel

Der Bindungswinkel hängt ebenfalls von dem Orbital ab, den das Kohlenstoffatom zur Bindungsbildung benutzt. Je größer der *s*-Orbitalcharakter des Bindungsorbitals ist, desto größer fällt der Bindungswinkel aus. *sp*-hybridisierte C-Atome haben Bindungswinkel von 180°, sp^2-hybridisierte solche von 120°, und sp^3-hybridisierte Tetraederwinkel von 109,5°.

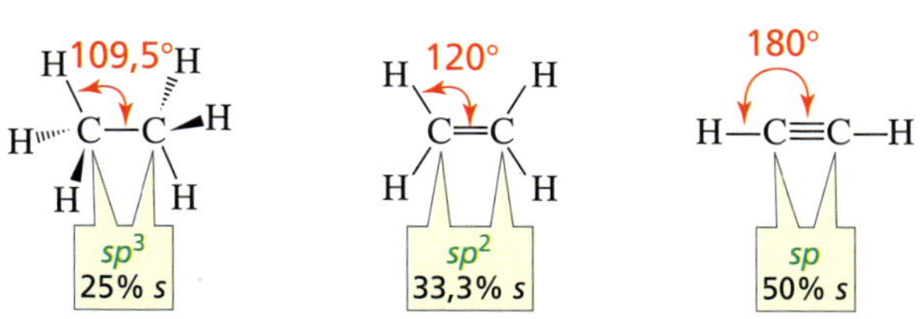

Der Bindungswinkel nimmt mit dem *s*-Charakter des Orbitals zu.

MERKE!

Je mehr *s*-Orbitalcharakter eine Bindung besitzt, desto kürzer und stärker ist sie.

Je mehr *s*-Orbitalcharakter eine Bindung besitzt, desto größer ist der Bindungswinkel.

Eine π-Bindung ist schwächer als eine σ-Bindung.

Kaffeebohnen

Ü 41* Welche der beiden Einzelbindungen einer C—O-Doppelbindung besitzt mehr effektive Orbital-Orbital-Überlappung – die σ-Bindung oder die π-Bindung?

Ü 42* Würden Sie erwarten, dass eine C—C-σ-Bindung, die durch die Überlappung von zwei sp^2-Orbitalen zustande kommt, stärker ist als eine σ-Bindung durch sp^3–sp^3-Überlappung?

Ü 43 Koffein ist ein natürliches Insektizid aus den Samen bestimmter Pflanzen, die Insekten abtöten, die die Pflanze fressen wollen. Koffein für den menschlichen Konsum wird aus den Bohnen der Kaffeepflanze, aus Kolanüssen und aus Blättern von Teepflanzen extrahiert. Da es das zentrale Nervensystem stimuliert, verhindert es temporär Müdigkeit. Fügen Sie das fehlende Elektronenpaar in die Struktur ein.

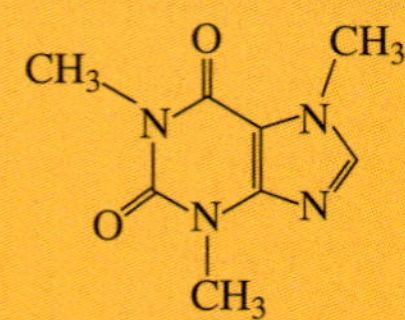

Koffein

Ü 44

(a) Was ist die Hybridisierung jedes der Kohlenstoffatome in der folgenden Verbindung?

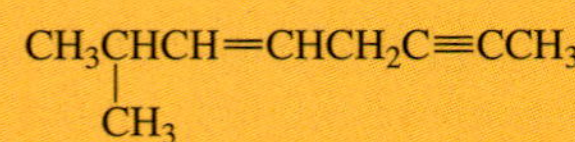

(b) Was ist die Hybridisierung jedes der C-, N- und O-Atome in den folgenden Verbindungen?

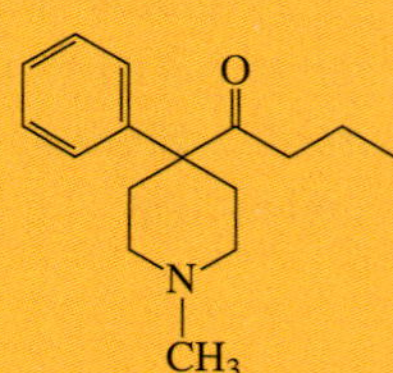

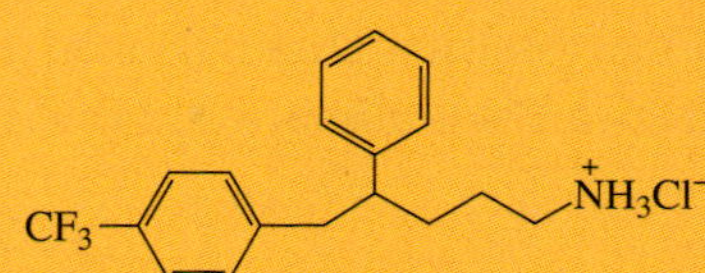

Ü 45* Sagen Sie die ungefähren Bindungswinkel der folgenden Bindungen voraus:

(a) C—N—C in $(CH_3)_2\overset{+}{N}H_2$

(b) C—N—H in $CH_3CH_2NH_2$

(c) H—C—N in $(CH_3)_2NH$

(d) H—C—O in CH_3OCH_3

STRATEGIEN ZUR PROBLEMLÖSUNG

■ Bindungswinkel vorhersagen

Die Aufgabe lautet, den ungefähren Bindungswinkel der C—N—H-Bindung in $(CH_3)_2NH$ vorherzusagen.

Wir müssen zunächst den Hybridisierungszustand des Zentralatoms bestimmen. Da das N-Atom nur Einfachbindungen bildet, muss es sp^3-hybridisiert sein. Als Nächstes suchen wir nach freien Elektronenpaaren, die sich auf den Bindungswinkel auswirken.

Ein neutrales N-Atom hat ein freies Elektronenpaar. Aufgrund dieser Kenntnisse können wir den Bindungswinkel der C—N—H-Bindung mit etwa 107,3° vorhersagen. Dies ist der Winkel der H—N—H-Bindung in NH_3, einer anderen Verbindung mit einem neutralen, sp^3-hybridisierten N-Atom.

Dipolmomente von Molekülen 1.16

In Abschnitt 1.3 haben wir gelernt, dass bei Molekülen mit einer kovalenten Bindung das Dipolmoment der Bindung gleich dem Dipolmoment des ganzen Moleküls ist. Bei Molekülen mit mehr als einer kovalenten Bindung müssen wir die Struktur des Moleküls berücksichtigen, da das Gesamtdipolmoment des Moleküls sowohl von *Stärke* und *Richtung* der individuellen Bindungs-Dipolmomente (bzw. deren Vektorsumme) abhängt.

Das Dipolmoment hängt von der Stärke und Richtung der individuellen Bindungsdipole ab.

Da die Richtung der Bindungsdipole beachtet werden muss, haben symmetrische Moleküle kein Dipolmoment. Schauen wir uns als Beispiel das Dipolmoment des Kohlendioxids (CO_2) an. Da das C-Atom an zwei weitere Atome gebunden ist, nutzt es zur Ausbildung der C—O-σ-Bindungen *sp*-Hybridorbitale. Die verbleibenden *p*-Orbitale des Kohlenstoffs bilden π-Bindungen mit den beiden Sauerstoffatomen aus. Die *sp*-Orbitale bilden einen Winkel von 180° zueinander, was dazu führt, dass die Dipolmomente der Kohlenstoff-Sauerstoff-Bindungen sich gegenseitig ausgleichen. Kohlenstoffdioxid hat daher ein Dipolmoment (symbolisliert durch den Griechischen Buchstaben μ) von 0 D.

Ein weiteres hoch symmetrisches Molekül ist das Tetrachlormethan (CCl_4). Die vier an das C-Atom gebundenen Halogenatome sind völlig gleich, und auch hier heben sich aufgrund des völlig regelmäßigen tetraedrischen Baus die Dipolmomente auf. Wie bei CO_2 ist auch hier die Symmetrie des Moleküles dafür verantwortlich, dass sich die Dipolmomente gegenseitig aufheben.

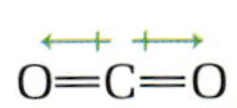

Kohlendioxid
μ = 0 D

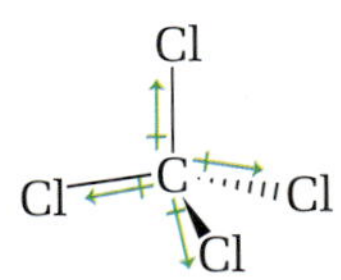

Kohlenstofftetrachlorid
μ = 0 D

Das Dipolmoment des Chlormethans (CH_3Cl) ist mit 1,87 D größer als das Dipolmoment einer Kohlenstoff–Chlor-Bindung (1,50 D), da die schwachen C—H-Dipole so ausgerichtet sind, dass sie das Dipolmoment der C—Cl-Bindung verstärken. Anders gesagt werden alle Elektronen in die gleiche Richtung gezogen.

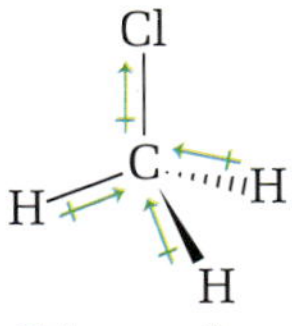

Chloromethan
μ = 1,87 D

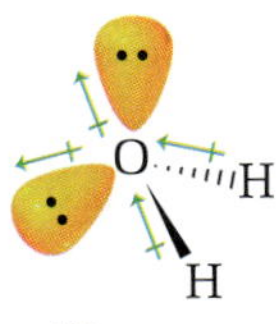

Wasser
μ = 1,85 D

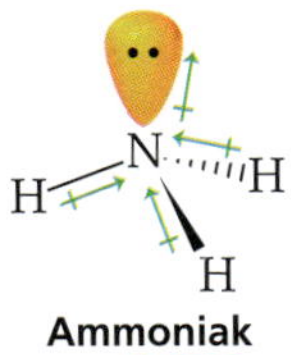

Ammoniak
μ = 1,47 D

Das Dipolmoment des Wassers ist mit 1,85 D ebenfalls größer als das einer einzelnen O—H-Bindung (1,50 D), da die beiden Einzeldipolmomente der beiden O—H-Bindungen im Wassermolekül sich verstärken (Vektoraddition!). Ähnlich dazu ist das Dipolmoment von Ammoniak (1,47 D) größer als das Dipolmoment einer einzelnen N—H-Bindung (1,3 D).

Ü 46* Welches der folgenden Moleküle sollte Ihrer Erwartung nach ein Gesamtdipolmoment von Null aufweisen? Um die Antworten für die Verbindungen unter **(g)** und **(h)** zu finden, müssen Sie ggf. auf die Strategien zur Problemlösung aus Abschnitt 1.14 zurückgreifen.

(a) CH_3CH_3
(b) $H_2C{=}O$
(c) CH_2Cl_2
(d) NH_3
(e) $H_2C{=}CH_2$
(f) $H_2C{=}CHBr$
(g) $BeCl_2$
(h) BF_3

Ü 47 Begründen Sie die Unterschiede in der Form und der Farbe der Potenzialkarten für Ammoniak und das Ammoniumion in Abschnitt 1.11.

Ü 48* Das Dipolmoment von CH_3F beträgt 1,847 D während das Dipolmoment von CD_3F beträgt 1,858 D. Was ist elektronegativer, Wasserstoff oder Deuterium?

Zusammenfassung

Abschnitt 1.0

- **Organische Moleküle** basieren auf Kohlenstoff.

Abschnitt 1.1

- Die Ordnungszahl eines Atoms steht für die Zahl der Protonen im Atomkern.
- Die **Massenzahl** eines Atoms ist die Summe seiner Protonen und Neutronen.
- **Isotope** haben die gleiche Ordnungszahl aber unterschiedliche Massenzahlen.
- Die **atomare Masse** ist der gewichtete Durchschnitt der Isotope eines Elements.
- Die **Molmasse** ist die Summe der atomaren Massen aller Atome in einem Molekül.

Abschnitt 1.2

- Je näher ein Atomorbital dem Atomkern ist, desto niedriger ist seine Energie.
- **Entartete** Orbitale haben die gleiche Energie.
- Die **Elektronenkonfiguration** eines Atoms beschreibt die Besetzung der Atomorbitale durch die Elektronen eines Atoms.
- Elektronen werden nach dem **Aufbauprinzip**, dem **Pauli-Prinzip** und der **Hund'schen Regel** Orbitalen zugewiesen (gilt für atomare und molekulare Orbitale).
- **Rumpfelektronen** sind Elektronen den inneren Schalen. **Valenzelektronen** sind Elektronen der äußersten Schale.

Abschnitt 1.3

- Ein Atom ist am stabilsten, wenn seine äußere Schale entweder gefüllt ist oder acht Elektronen besitzt und kein Elektron höherer Energie zugegen ist.
- Die **Oktettregel** sagt aus, dass ein Atom Elektronen abgeben, aufnehmen oder teilen wird, um seine äußere Schale zu füllen oder mit acht Elektronen zu besetzen.
- **Elektronegative** Elemente nehmen Elektronen bereitwillig auf.
- **Elektrostatische Anziehung** ist die Anziehung zwischen gegensätzlichen Ladungen.
- Eine **kovalente Bindung** wird durch ein Elektronenpaar gebildet.
- Eine **polare kovalente Bindung** ist eine kovalente Bindung zwischen zwei Atomen unterschiedlicher **Elektronegativität**. Eine unpolare kovalente Bindung ist eine Bindung zwischen Atomen ähnlicher Elektronegativität.
- Je größer der Unterschied der Elektronegativitäten zwischen den Atomen, die eine Bindung bilden, desto näher ist die Bindung dem ionischen Ende des Kontinuums.
- Eine polare kovalente Bindung hat einen **Dipol** (ein positives und ein negatives Ende), der durch das **Dipolmoment** gemessen wird.
- Das **Dipolmoment** einer Bindung ist gleich der Stärke der Ladung mal dem Abstand zwischen den Ladungen.

Abschnitt 1.4

- **Freie Elektronenpaare** sind Valenzelektronen, die nicht für Bindungen eingesetzt werden.
- Ein **Proton** ist ein positiv geladenes Wasserstoffatom; ein **Hydridion** ist ein negativ geladenes Wasserstoffatom.
- Die **Formalladung** entspricht der Zahl der Valenzelektronen – der Zahl der Elektronen, die es für sich selbst beansprucht (alle freien Elektronenpaare und die Hälfte der Bindungselektronen).
- **Lewis-Formeln** geben Aufschluss darüber, welche Atome aneinander gebunden sind und zeigen **freie Elektronenpaare** und **Formalladungen**.
- Wenn ein Atom neutral ist bildet C vier Bindungen, N drei Bindungen, O zwei Bindungen und Wasserstoff sowie alle Halogene eine Bindung.
- Wenn ein Atom neutral ist besitzt C keine freien Elektronenpaare, N besitzt eines, O zwei und Halogene besitzen drei.
- Ein **Carbokation** ist ein positiv geladenes Kohlenstoffatom, während ein **Carbanion** ein negativ geladenes Kohlenstoffatom darstellt. Ein **Radikal** hat ein ungepaartes Elektron.

Abschnitt 1.5

- Ein **Atomorbital** sagt etwas über das Raumvolumen um einen Atomkern aus, in dem sich ein Elektron wahrscheinlich aufhält.
- Ein Elektron kann nicht in einem **Knoten** gefunden werden.

Abschnitt 1.6

- Der **Molekülorbitaltheorie (MO-Theorie)** zufolge entstehen kovalente Bindungen durch Überlappung von Atomorbitalen zu **Molekülorbitalen**.
- **Minimale Energie** entspricht **maximaler Stabilität**.
- Zwei Atomorbitale kombinieren zu einem **bindenden MO** und einem **antibindenden MO** höherer Energie.
- Elektronen in einem bindenden MO vermitteln die Bindung. Elektronen in einem antibindenden MO wirken der Bindung entgegen.
- Zylindersymmetrische Bindungen werden **Sigma (σ)**-Bindungen genannt, seitliche Überlappung von parallelen *p*-Orbitalen bildet **Pi (π)**-Bindungen.
- Die Bindungsstärke wird durch die **Bindungsdissoziationsenergie** gemessen.

Abschnitt 1.7

- Um vier Bindungen zu bilden, muss Kohlenstoff ein Elektron von einem *s*-Orbital in ein leeres *p*-Orbital anregen.
- Kohlenstoff bildet vier Bindungen durch **Hybridorbitale**.
- Bindende Elektronenpaare und freie Elektronenpaare gehen auf maximalen Abstand zueinander.
- Alle **Einfachbindungen** in organischen Verbindungen sind σ-Bindungen.

Abschnitt 1.8

- Eine **Doppelbindung** besteht aus einer σ-Bindung und einer π-Bindung. Das doppelt gebundene Kohlenstoffatom ist sp^2-hybridisiert.

Abschnitt 1.9

- Eine **Dreifachbindung** besteht aus einer σ-Bindung und zwei π-Bindungen. Das doppelt gebundene Kohlenstoffatom ist *sp*-hybridisiert.

Abschnitt 1.10

- Carbokationen und Kohlenstoffradikale nutzen sp^2-Orbitale; Carbanionen bilden Bindungen durch sp^3-Orbitale.

Abschnitt 1.11–1.13

- Stickstoff, Sauerstoff und andere Halogene bilden Bindung durch **Hybridorbitale**.
- Freie Elektronenpaare verringern den Bindungswinkel, da sie diffuser sind als bindende Elektronen.

Abschnitt 1.14

- Die **molekulare Geometrie** wird durch **die Hybridisierung festgelegt**. sp^3 ist tetraedrisch, sp^2 ist trigonal-planar, *sp* ist linear.

Abschnitt 1.15

- Die **Hybridisierung** von C, N oder O hängt von der Zahl der π-Bindungen des Atoms ab; keine π-Bindungen = sp^3, eine π-Bindung = sp^2, zwei π-Bindungen = *sp*. Ausnahmen sind Carbokationen und Kohlenstoffradikale, diese sind sp^2-hybridisiert.
- Je größer die Elektronendichte in der Region des Orbital-Überlapps, desto kürzer und stärker die Bindung.
- Je mehr *s*-Charakter in einem bindenden Orbital genutzt wird, desto kürzer und stärker ist die Bindung und desto größer ist der Bindungswinkel.
- Je kürzer die Bindung, desto stärker ist sie.
- Dreifachbindungen sind kürzer und stärker als Doppelbindungen, die wiederum kurzer und stärker als Einfachbindungen sind.
- Eine π-Bindung ist schwächer als eine σ-Bindung.

Abschnitt 1.16

- Das **Dipolmoment** eines Moleküls hängt von der Größe und Richtung aller individuellen Bindungsdipole ab.

Im MyLab | Organische Chemie finden Sie:

- den praktischen **eText** zum Kapitel mit Notizfunktion
- eine Auswahl verschiedener **3D-Moleküle**
- **Lösungen** zu ausgewählten, mit * versehenen Übungen
- digitale **Lernkarten** und ein umfangreiches **Glossar** zum Nachschlagen und Wiederholen von Definitionen
- digitale Übungsaufgaben in Form von **Kapiteltests** zur eigenen Lernkontrolle

Säuren und Basen: Ein zentrales Thema zum Verständnis Organischer Chemie

2

2.1 Einführung in die Säure-Base-Theorie 96
2.2 pK_S und pH 99
2.3 Organische Säuren und Basen 102
2.4 Vorhersage des Resultats von Protonenübertragungsreaktionen 106
2.5 Wie die Lage des Gleichgewichts bestimmt wird 106
2.6 Der Einfluss der Struktur auf die Säurekonstante pK_S 108
2.7 Der Einfluss von Substituenten auf die Säurestärke 112
2.8 Einführung in die Elektronendelokalisation 114
2.9 Zusammenfassung der Faktoren, die die Säurestärke bestimmen 118
2.10 Der Effekt des pH-Wertes auf die Struktur organischer Verbindungen 119
2.11 Pufferlösungen 125
2.12 Lewis-Säuren und Lewis-Basen 126
Zusammenfassung 128
Tutorial Säuren und Basen 129

ÜBERBLICK

Jahrzehnte sauren Regens haben die Fichtenwälder in der Nähe von Hora Svatého Sebestiána in Tschechien zerstört.

Die Chemie in diesem Kapitel erklärt die Ursache von saurem Regen, der Monumente und Pflanzen zerstört, warum Sport die Atmung beschleunigt, wie Fosamax den Abbau von Knochen verhindert und warum (und wie) Blut gepuffert ist. Säuren und Basen spielen eine wichtige Rolle in der organischen Chemie. Was Sie in diesem Kapitel über sie lernen werden, wird in fast jedem Kapitel dieses Buches in der einen oder anderen Form wieder auftauchen. Die Bedeutung von organischen Säuren und Basen wird vor allem dann klar werden, wenn sie lernen wie und warum organische Stoffe reagieren.

Es ist heute kaum zu glauben, dass Chemiker*innen früher Substanzen anhand ihres Geschmackes charakterisierten. Früher nannten Chemiker*innen alle Verbindungen, die einen sauren Geschmack aufwiesen Säuren. Allgemein bekannte Säuren sind die Zitronensäure (aus Zitronen und anderen Zitrusfrüchten), die Essigsäure und die Salzsäure (z. B. in Form der Magensäure, die für den sauren Geschmack und Geruch beim Erbrechen verantwortlich ist).

Verbindungen wie Pflanzenasche (Pottasche), die Säuren zu neutralisieren vermochten, wurden als Laugen oder Basen bezeichnet, ihre Reaktion als alkalisch (*al kalai* ist arabisch für „Asche"). Glas- und Rohrreiniger bestehen aus alkalischen (basischen) Lösungen.

Einführung in die Säure-Base-Theorie 2.1

Wir werden nun zwei Definitionen der Begriffe *Säure* und *Base* kennenlernen, die Brønsted-Lowry Definition und die Definition nach Lewis. Wir werden mit der Brønsted-Lowry Definition beginnen. Nach der Festlegung von Brønsted und Lowry ist eine **Säure** eine chemische Verbindung, die Protonen abgeben, eine **Base** eine chemische Verbindung, die Protonen aufnehmen kann. (Vergegenwärtigen Sie sich, dass positiv geladene Wassersoffionen als Protonen bezeichnet werden.) Zum Beispiel reagiert in der unten gezeigten Reaktion Chlorwasserstoff (HCl) als Säure, da es ein Proton verliert und Wasser als Base, da es ein Proton aufnimmt. Die Reaktion einer Säure mit einer Base wird

Säure-Base-Reaktion oder **Protonenübertragungsreaktion** genannt. Die Umkehrreaktion einer Säure-Base-Reaktion ist ebenfalls eine Säure-Base-Reaktion. In der Umkehrreaktion ist H_3O^+ die Säure, da es ein Proton abgibt und Cl^- die Base, da es ein Proton aufnimmt.

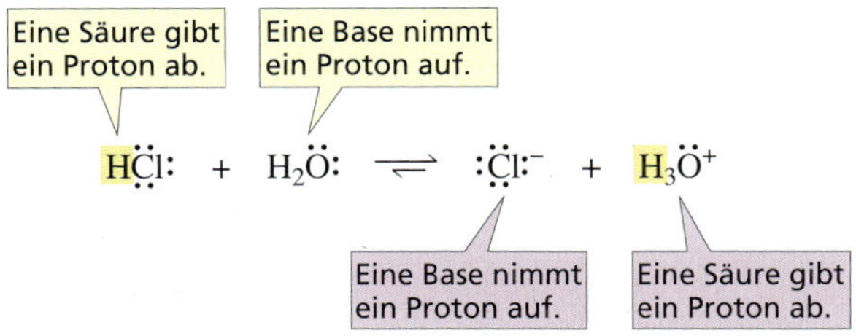

Wasser kann ein Proton aufnehmen, da es zwei freie Elektronenpaare hat. Beide können eine kovalenten Bindung mit einem Proton eingehen. Cl^- hat sogar vier freie Elektronenpaare von denen jedes eine kovalente Bindung mit einem Proton eingehen kann. Im Einklang mit der Brønsted-Lowry-Definition von Säuren und Basen heißt das:

Jede Verbindung, die ein Wasserstoffatom trägt,
kann potenziell als Säure reagieren.
Jede Verbindung, die ein freies Elektronenpaar trägt,
kann potenziell als Base reagieren.

Für eine Säure-Base-Reaktion müssen sowohl Säure als auch Base vorhanden sein, da eine Säure kein Proton abgegeben kann, ohne dass eine Base es aufnimmt. Die meisten *Säure-Base-Reaktionen sind reversibel.* Zwei Pfeile mit halben Spitzen werden verwenden, um reversible Reaktionen anzuzeigen.

> **MERKE!**
>
> **Die meisten Säure-Base-Reaktionen sind reversibel.**

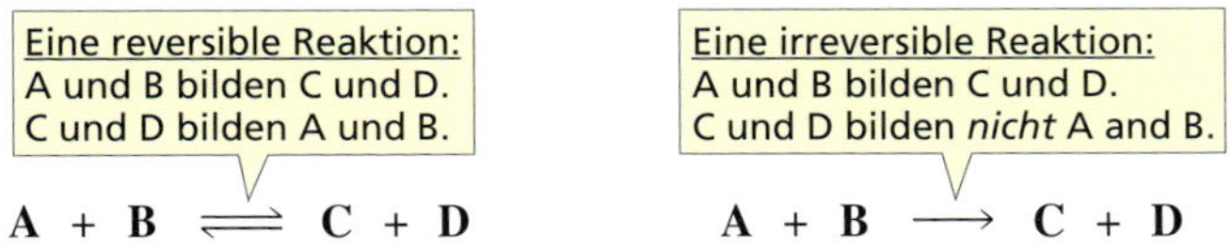

Wenn eine Verbindung ein Proton abgibt, wird die sich daraus ergebende chemische Spezies als **konjugierte Base** dieser Säure bezeichnet. Das Chloridion (Cl^-) ist also die konjugierte Base der Säure HCl und das Wasser ist die konjugierte Base von H_3O^+. Wenn eine Verbindung ein Proton akzeptiert, wird die aus der Reaktion hervorgehende chemische Spezies als **konjugierte Säure** bezeichnet. HCl ist die konjugierte Säure der Base Chloridion und das Hydroniumion ist die konjugierte Säure des Wassers.

> **MERKE!**
>
> **Eine konjugierte Base wird durch das Entfernen des Protons von einer Säure gebildet.**
>
> **Eine konjugierte Säure wird durch das Aufnehmen eines Protons durch eine Base gebildet.**

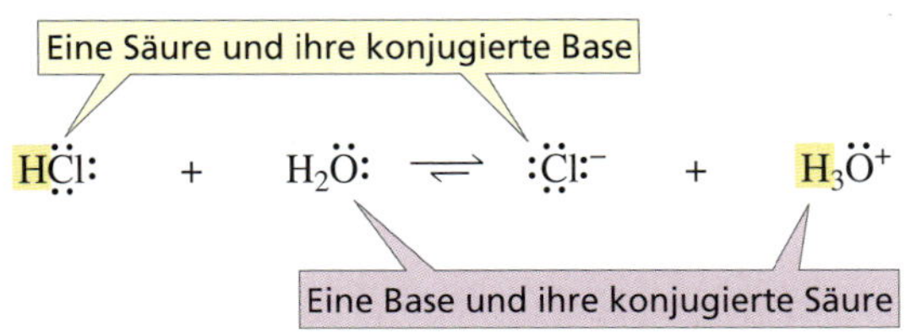

Ein weiteres Beispiel einer Säure-Base-Reaktion ist die Reaktion von Wasser mit Ammoniak Ammoniak (NH_3) ist eine Base, weil das Molekül ein Proton akzeptiert (Basen werden auch als Protonenakzeptoren bezeichnet) und das Wasser ist in diesem Fall die Säure, die ein Proton abgibt (Protonendonator). In der Umkehrreaktion ist das Ammoniumion ($^+NH_4$) die Säure, da es ein Proton abgibt und das Hydroxidion (HO^-) die Base, da es ein Proton aufnimmt. (In Abschnitt 2.5 werden sie lernen, warum die Pfeile in dieser Säure-Base-Reaktion nicht die gleiche Länge haben.)

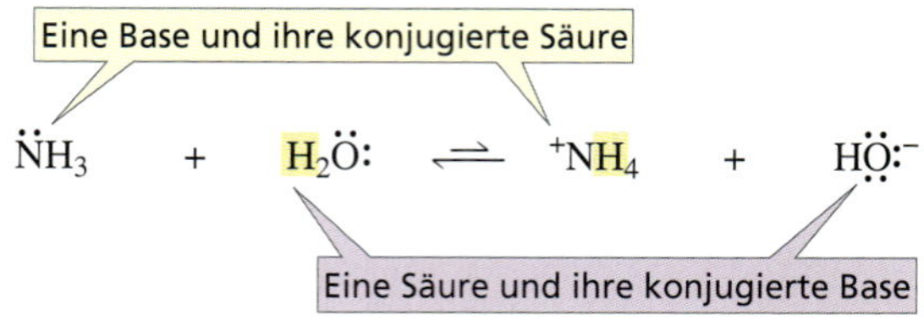

- $^+NH_4$ ist die konjugierte Säure von NH_3.
- H_2O ist die konjugierte Säure von HO^-.
- HO^- ist die konjugierte Base von H_2O.
- NH_3 ist die konjugierte Base von $^+NH_4$.

Hier fällt auf, dass Wasser einmal als Säure und einmal als Base auftritt. Es kann sich als Säure verhalten, weil es Wasserstoffatome gebunden hält, die es abgeben kann; es kann sich aber auch als Base verhalten, weil es freie Elektronenpaare (Bindungsstellen) für Protonen besitzt. In Abschnitt 2.4 werden wir erfahren, warum das Wasser in der ersten Reaktion als Base und in der zweiten als Säure erscheint.

MERKE!

Eine starke Base hat eine hohe Affinität für ein Proton.

Eine schwache Base hat eine geringe Affinität für ein Proton.

Die **Säurestärke (Azidität)** einer Verbindung ist ein quantitatives Maß dafür, wie leicht eine Verbindung ein Proton abgibt. Die **Basenstärke (Basizität)** ist umgekehrt ein quantitatives Maß dafür, wie groß die Tendenz einer Verbindung ist, ein Proton aufzunehmen. Eine starke Säure hat ein großes Bestreben ein Proton abzugeben. Dies bedeutet reziprok, dass die konjugierte Base schwach ist, da sie eine geringe Affinität für Protonen hat. Eine schwache Säure hat nur eine schwach ausgebildete Tendenz, ein Proton abzugeben; die konjugierte Base hat demgemäß eine hohe Affinität für das Proton. Für den Zusammenhang zwischen Säuren und ihren konjugierten Basen existiert der folgende, grundlegende Zusammenhang:

Je stärker die Säure, desto schwächer ist ihre konjugierte Base (und umgekehrt).

Da z. B. HBr stärker sauer ist als HCl, ist das Br^--Ion schwächer basisch als das Cl^--Ion.

Ü 1* Welche der folgenden Spezies sind *keine* Säuren?
CH_3COOH CO_2 HNO_2 $HCOOH$ CCl_4

Ü 2* Schauen Sie sich die folgende Reaktion an:

$$HBr + {}^-C{\equiv}N \rightleftharpoons Br^- + HC{\equiv}N$$

(a) Was ist die Säure auf der linken Seite der Gleichung?
(b) Was ist die Base auf der linken Seite der Gleichung?
(c) Was ist die konjugierte Base der Säure auf der linken Seite der Gleichung?
(d) Was ist die konjugierte Säure der Base auf der linken Seite der Gleichung?
(e) Was ist die Säure auf der rechten Seite der Gleichung?
(f) Was ist die Base auf der rechten Seite der Gleichung?
(g) Was ist die konjugierte Base der Säure auf der rechten Seite der Gleichung?
(h) Was ist die konjugierte Säure der Base auf der rechten Seite der Gleichung?

Ü 3* Zeichnen Sie die Produkte der Säure-Base-Reaktionen bei denen:
(a) HCl die Säure ist und NH_3 die Base.
(b) H_2O die Säure ist und $^-NH_2$ die Base.

Ü 4*
(a) Zeichnen Sie Formeln der konjugierten Säuren der folgenden Moleküle und Ionen:
1. NH_3 **2.** Cl^- **3.** OH^- **4.** H_2O
(b) Zeichnen Sie Formeln der konjugierten Basen der folgenden Moleküle und Ionen:
1. NH_3 **2.** HBr **3.** HNO_3 **4.** H_2O

pK_S und pH 2.2

Wenn eine starke Säure wie Chlorwasserstoff (HCl) in Wasser gelöst wird, dissoziieren fast alle Moleküle (zerfallen in Ionen). Das Gleichgewicht der Reaktion von HCl mit Wasser liegt also fast vollständig auf Seiten der *Reaktionsprodukte* – der rechten Seite. Wenn eine schwächere Säure, wie z. B. Essigsäure, in Wasser gelöst wird, dissoziieren nur relativ wenige Moleküle; im chemischen Gleichgewicht überwiegen die *Reaktanten (oder Edukte)* – das Gleichgewicht liegt auf der linken Seite. Ein längerer Pfeil wird zu den Spezies gezeichnet, die im Gleichgewicht bevorzugt gebildet werden.

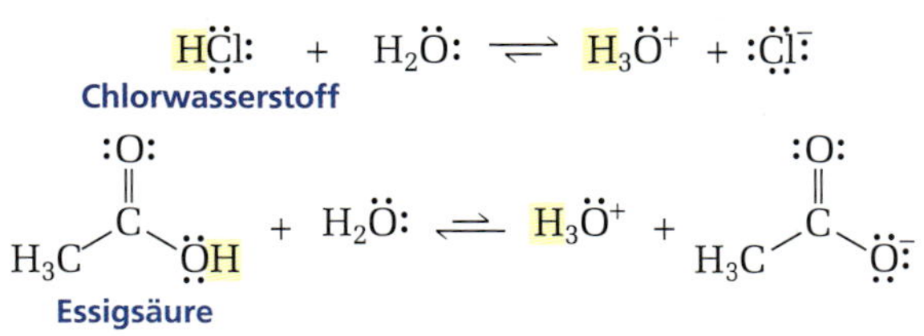

Die Definition von K_{eq}

Der Grad, zu dem eine Säure (HA) in wässriger Lösung dissoziiert wird durch die **Gleichgewichtskonstante K_{eq}** einer Reaktion wiedergegeben. Eckige Klammern werden verwendet, um die Konzentrationen der Reaktanten und Produkte (in mol/L) wiederzugeben:

$$HA + H_2O \rightleftharpoons H_3O^+ + A^-$$

$$K_{eq} = \frac{[H_3O^+][A^-]}{[H_2O][HA]}$$

Die Definition von K_S

Der Dissoziationsgrad einer Säure (HA) wird normalerweise in einer verdünnten Lösung bestimmt, so dass die Konzentration des Wassers praktisch konstant bleibt. Die Kombination der beiden Konstanten (K_{eq} und H_2O) erlaubt der Gleichung eine Umformulierung durch die Einführung einer neuen Gleichgewichtskonstante die **Säuredissoziationskonstante K_S**.

$$K_S = \frac{[H_3O^+][A^-]}{[HA]} = K_{eq}\,[H_2O]$$

Die Dissoziationskonstante der Säure ist also die Gleichgewichtskonstante der Protolysereaktion mal der Konzentration des Wassers (55,5 mol/Liter).

Die Definition von pK_S

> **MERKE!**
>
> **Je stärker eine Säure, desto eher gibt sie ihr Proton ab.**

Je größer die Dissoziationskonstante einer Säure, desto stärker sauer ist sie (d. h. desto größer ist ihr Bestreben, ein Proton abzuspalten). Chlorwasserstoff mit einer Dissoziationskonstante von 10^7 ist eine wesentlich stärkere Säure als Essigsäure, deren Dissoziationskonstante lediglich $1{,}74 \times 10^{-5}$ beträgt. Aus Gründen der Praktikabilität werden Säure- und Basenstärken zumeist durch den **pK_S-Wert** (bzw. den pK_B-Wert) angegeben anstelle des K_S-Wertes. Dabei gilt die Beziehung

$$pK_S = -\log K_S$$

> **MERKE!**
>
> **Je stärker die Säure, desto kleiner ist der pK_S-Wert.**

Der pK_S-Wert von Chlorwasserstoff ist demnach –7. Der pK_S-Wert von Essigsäure beträgt 4,76. Je kleiner der pK_S-Wert, desto stärker ist die Säure.

Sehr starke Säuren	$pK_S < 1$
Moderat starke Säuren	$pK_S = 1–3$
Schwache Säuren	$pK_S = 3–5$
Sehr schwache Säuren	$pK_S = 5–15$
Extrem schwache Säuren	$pK_S > 15$

Sofern nicht ausdrücklich anders angegeben, beziehen sich die in diesem Buch genannten pK_S-Werte auf die Stärke einer Säure in Wasser. In einem späteren Abschnitt (9.14) werden wir sehen, wie sich der pK_S-Wert einer Säure ändert, wenn das Lösungsmittel, in dem sich die Säure befindet, ein anderes als Wasser ist.

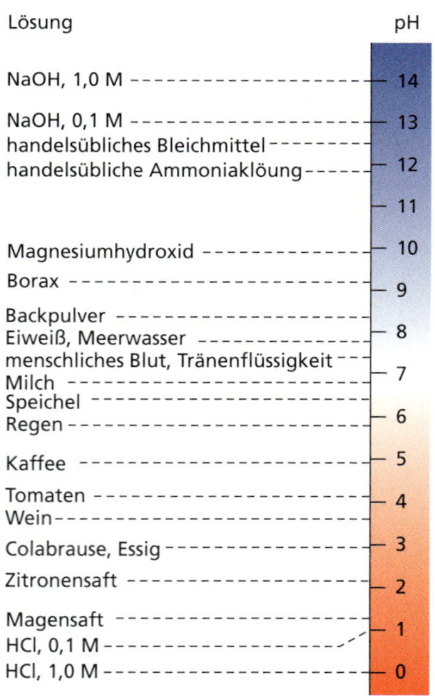

Die Definition von pH

Der **pH-Wert** einer Lösung gibt die Konzentration positiv geladener Protonen an. Die Konzentration der Protonen wird durch das Symbol $[H^+]$, oder genauer $[H_3O^+]$ angegeben, da die Protonen in Wasser gelöst sind.

$$pH = -\log [H_3O^+]$$

Die pH-Werte einiger bekannten Lösungen sind neben diesem Text gezeigt. Da der pH-Wert mit steigender Azidität der Lösung abnimmt, ist Zitronensaft saurer als Kaffee und Regen ist saurer als Milch. Saure Lösungen haben pH-Werte unter 7; basische Lösungen haben pH-Werte über 7. Der pH-Wert einer Lösung kann auf einfache Weise durch die Zugabe einer Säure oder Lauge verändert werden.

Man darf den pH-Wert und den pK_S-Wert nicht durcheinander werfen. Die pH-Wertskala beschreibt den Säuregrad einer *Lösung*; der pK_S-Wert ist hingegen eine Stoffkonstante, ähnlich wie Schmelz- und Siedepunkte – er gibt das Bestreben der *Verbindung* an, ein Proton abzugeben.

Ü 5*

(a) Welche Säure ist stärker? Eine mit einem pK_S-Wert von 5,2 oder eine mit einem pK_S-Wert von 5,8?

(b) Welche Säure ist stärker? Eine mit einer Dissoziationskonstante von $3{,}4 \times 10^{-3}$ oder eine mit einer Dissoziationskonstante von $2{,}1 \times 10^{-4}$?

Ü 6* Eine Säure besitzt in Wasser einen K_S-Wert von $4{,}53 \times 10^{-6}$. Wie groß ist ihre K_{eq}? ($[H_2O] = 55{,}5\ M$).

STRATEGIEN ZUR PROBLEMLÖSUNG

■ Errechnung von K_S aus pK_S

Vitamin C hat einen pK_S-Wert von 4,17. Wie groß ist K_S?

Für diese Aufgabe benötigen wir einen Taschenrechner. Erinnern Sie sich, dass pK_S = –log K_S.
Drücken Sie die Taste 10^x, geben Sie dann den negativen pK_S-Wert ein und drücken Sie =.
Als Ergebnis sollten Sie $6{,}76 \times 10^{-5}$ erhalten.

HINTERGRUND

■ Saurer Regen

Regen ist üblicherweise schwach sauer (pH = 5,5), weil bei der Reaktion von CO_2 mit Wasser eine schwache Säure gebildet wird – Kohlensäure (pH = 6,4).

$$CO_2 + H_2O \rightleftharpoons \underset{\text{Kohlensäure}}{H_2CO_3}$$

An vielen Orten wird jedoch festgestellt, dass Regen stärker sauer ist – mit pH-Werten von bis zu 4,3. Saurer Regen entsteht bei Bildung von Schwefeldioxid und Stickstoffoxiden, da diese Gase bei der Reaktion mit Wasser starke Säuren (Schwefelsäure, pK_S = –5,0 und Salpetersäure, pK_S = –1,3) bilden. Der Verbrauch fossiler Brennstoffe zur Energiegewinnung ist der Hauptfaktor bei der Erzeugung dieser säurebildenden Gase.

Saurer Regen hat vielerlei schädliche Auswirkungen. Er kann Leben in Seen und Flüssen töten; er kann Böden untauglich für den Anbau von Getreide machen; und er ist für den Verfall von Farben und Baumaterialien z. B. bei Gebäuden und Statuen verantwortlich. Marmor, eine Form von Calciumcarbonat, zerfällt bei der Reaktion mit Säure, da diese mit CO_3^{2-} reagiert und dabei Kohlensäure gebildet wird, die sich in CO_2 und H_2O zersetzt – die Umkehrung der oben angeführten Reaktion.

$$CO_3^{2-} \underset{}{\overset{H^+}{\rightleftharpoons}} HCO_3^- \overset{H^+}{\rightleftharpoons} H_2CO_3 \rightleftharpoons CO_2 + H_2O$$

Foto aus dem Jahr 1935

Foto aus dem Jahr 1994

Die George Washington-Statue im Washington Square Park, Greenwich Village (New York).

Ü 7* Buttersäure, eine Verbindung, die für den unangenehmen Geruch und Geschmack saurer Milch verantwortlich ist, hat einen pK_S-Wert von 4,82. Ist sie damit eine stärkere oder eine schwächere Säure als Vitamin C?

Ü 8 Antazida sind Verbindungen, die die Magensäure neutralisieren. Schreiben Sie für die folgenden Verbindungen die dabei ablaufenden Reaktionen auf:
(a) Magnesiumhydroxid, $Mg(OH)_2$;
(b) Kaliumhydrogencarbonat/Natriumhydrogencarbonat, $KHCO_3$ bzw. $NaHCO_3$;
(c) Calciumcarbonat, $CaCO_3$.

Ü 9* Sind die folgenden Körperflüssigkeiten sauer oder basisch?
(a) Gallensaft (pH = 8,4);
(b) Urin (pH = 5,9);
(c) Rückenmarksflüssigkeit (pH = 7,4).

Organische Säuren und Basen 2.3

Carbonsäuren

Die häufigsten und bekanntesten organischen Säuren sind die Carbonsäuren – das sind Verbindungen mit einer COOH-Gruppe im Molekül. Essigsäure und Ameisensäure sind Beispiele für einfache Carbonsäuren. Carbonsäuren haben pK_S-Werte im Bereich von 3 bis 5 (sie sind also mäßig starke Säuren). Die pK_S-Werte einer Vielzahl organischer Verbindungen sind in Anhang B aufgelistet.

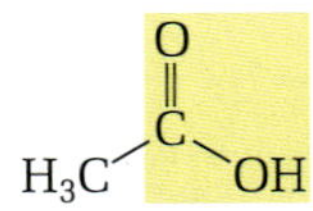

Essigsäure
$pK_S = 4{,}76$

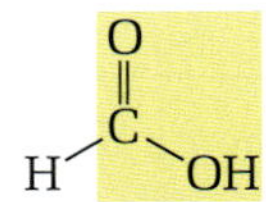

Ameisensäure
$pK_S = 3{,}75$

Alkohole

Alkohole – organische Verbindungen mit einer OH-Gruppe – sind sehr viel schwächere organische Säuren, mit pK_S-Werten um 16. Methanol und Ethanol (Trinkalkohol) sind Beispiele für bekannte Alkohole. Wir werden in Abschnitt 2.8 erfahren, warum Carbonsäuren stärkere Säuren sind als Alkohole.

CH_3OH	CH_3CH_2OH
Methanol	**Ethanol**
$pK_S = 15{,}5$	$pK_S = 15{,}9$

Amine

Amine sind Verbindungen, die aus dem Austausch eines Wasserstoffatoms in NH_3 durch einen kohlenstoffhaltigen Substituenten resultieren. Amine und Ammoniak haben hohe pK_S-Werte, sodass sie kaum als Säuren wirken, stattdessen wirken sie oft als Basen. Tatsächlich sind sie die häufigsten organischen Basen. Wir werden in Abschnitt 2.6 sehen, warum Alkohole stärkere Basen sind als Amine.

CH_3NH_2	NH_3
Methylamin	**Ammoniak**
$pK_S = 40$	$pK_S = 36$

Protonierte Verbindungen

Wir können die Stärke einer Base durch die Stärke ihrer konjugierten Säure vorhersagen. Erinnern Sie sich: *Je stärker eine Säure ist, desto schwächer ist ihre konjugierte Base.* Zum Beispiel ist (basierend auf den pK_S-Werten) protoniertes Methylamine (10,7) eine stärkere Säure als protoniertes Ethylamine (11,0).

$CH_3\overset{+}{N}H_3$	$CH_3CH_2\overset{+}{N}H_3$
protoniertes Methylamin	**protoniertes Ethylamin**
$pK_S = 10{,}7$	$pK_S = 11{,}0$

Protonierte Alkohole und protonierte Carbonsäuren sind sehr starke Säuren mit pK_S-Werten < 0.

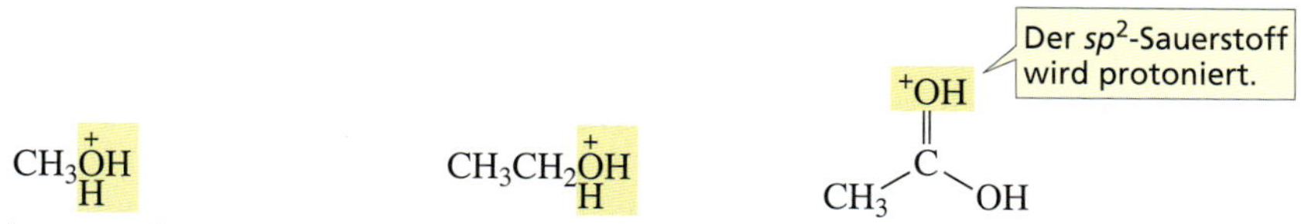

protoniertes Methanol $pK_S = -2{,}5$ | **protoniertes Ethanol** $pK_S = -2{,}4$ | **protonierte Essigsäure** $pK_S = -6{,}1$

Beachten Sie, dass das doppelt gebundene Sauerstoffatom der Carbonsäure protoniert wird (das heißt, es nimmt das Proton auf). Sie werden den Grund dafür in „Strategien zur Problemlösung" in Abschnitt 2.8 kennenlernen.

HINTERGRUND

Giftige Amine

Die Exposition zu giftigen Pflanzen ist jährlich für durchschnittlich 63.000 Anrufe in Giftinformationszentren verantwortlich. Der Schierling ist eine bekannte giftige Pflanze. Er enthält acht giftige Amine. Den größten Anteil daran hat Coniin, ein Neurotoxin, das das Zentralnervensystem stört. Selbst die Aufnahme kleiner Mengen kann tödlich sein, da es zu Atomstillstand führen kann, was wiederum zu Sauerstoffmangel in Gehirn und Herz führt. Eine vergiftete Person kann sich erholen, wenn eine künstliche Beatmung durchgeführt wird, bis Coniin aus dem Körper ausgeschieden wurde. 399 v. Chr. wurde eine Getränk mit Schierling genutzt, um Sokrates zu töten; er wurde verurteilt weil er die Götter Athens nicht anerkannte.

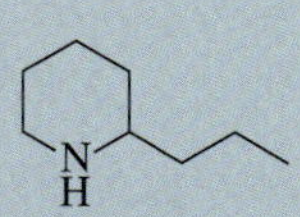

Coniin

Schierling

Alkohole, Carbonsäuren und Amine sind Säuren und Basen

Wir haben in Abschnitt 2.1 gesehen, dass Wasser sich sowohl als Säure wie auch als Base verhalten kann. Ein Alkohol (der als alkyliertes Wasser aufgefasst werden kann) verhält sich ähnlich. Er kann sich als Säure verhalten und ein Proton abgeben oder als Base und ein Proton aufnehmen.

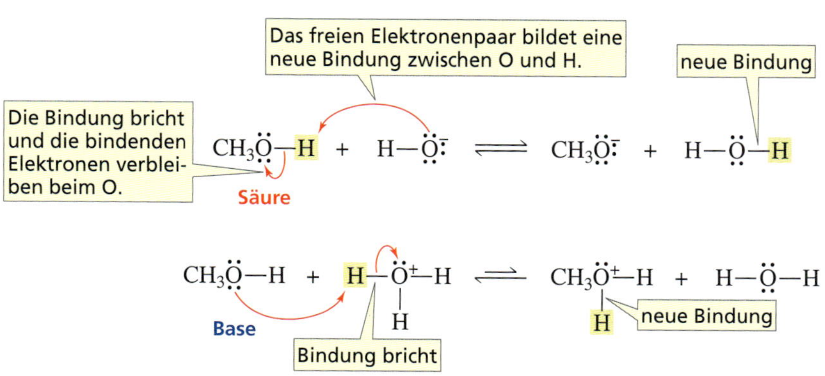

MERKE!

Ein gekrümmter Pfeil zeigt *vom* Elektronendonor *zum* Elektronenaktzeptor.

In der Chemie werden geschwungene Pfeile verwendet, um anzuzeigen, dass bei der Bildung von Produkten aus Reaktanten Bindungen aufgebrochen und neu gebildet werden. Sie werden auch *gekrümmte Pfeile* genannt (in diesem Buch sind sie immer rot) um sie von *geraden Pfeilen* zu unterscheiden, die zwischen Reaktanten und Produkten in einer Reaktion gezeichnet werden. Jeder gekrümmte Pfeil mit zwei Hacken an der Pfeilspitze zeigt die Bewegung von zwei Elektronen an. Der Pfeil zeigt *vom* Elektronendonor *zum* Elektronenaktzeptor. In einer Säure-Base-Reaktion wird ein Pfeil *von* einem freien Elektronenpaar der Base *zu* einem Proton der Säure gezeichnet. Ein zweiter Pfeil wird *vom* Elektronenpaar, das das Proton teilte, *zu* dem Atom, mit dem das Proton seine Elektronen teilte, gezeichnet. Der gekrümmte Pfeil lässt Sie verfolgen, welche Bindungen in einer Reaktion gebrochen und gebildet werden.

Eine Carbonsäure kann ebenfalls als Säure auftreten und ein Proton abgeben oder als Base und ein Proton aufnehmen.

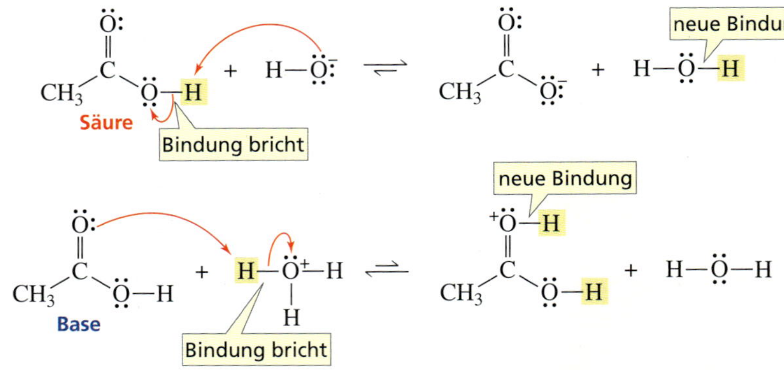

In ähnlicher Weise kann ein Amin auch als Säure (gibt ein Proton ab) oder Base (nimmt ein Proton auf) wirken.

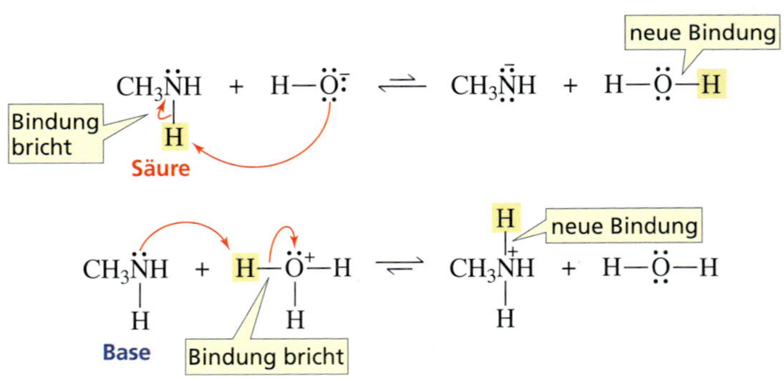

Es ist wichtig zu wissen, wo die pK_S-Werte von verschiedenen Verbindungsklassen, die wir uns bereits angesehen haben, liegen. Ein einfacher Weg sich an diese zu erinnern ist in Abständen von fünf Einheiten, wie in ▶ Tabelle 2.1 gezeigt (R zeigt an, dass Carbonsäure, Alkohol oder Amin nicht spezifiziert sind.

- Protonierte Alkohole, protonierte Carbonsäuren und protoniertes Wasser haben haben pK_S-Werte < 0.
- Carbonsäuren haben pK_S-Werte um 5.
- Protonierte Amine haben pK_S-Werte um 10.
- Alkohole und Wasser haben pK_S-Werte um 15.

$pK_S < 0$	$pK_S \sim 5$	$pK_S \sim 10$	$pK_S \sim 15$
$R\overset{+}{O}H_2$ protonierter Alkohol	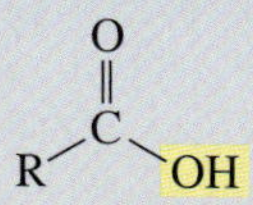 Carbonsäure	$R\overset{+}{N}H_3$ protoniertes Amin	ROH Alkohol
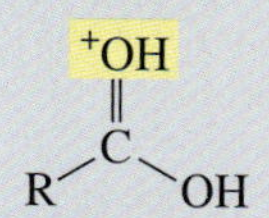 protonierte Carbonsäure			H_2O Wasser
H_3O^+ protoniertes Wasser			

Tabelle 2.1: Ungefähre pK_S-Werte.

Hinweis für die Studierenden

Sie müssen sich an diese ungefähren pK_S-Werte erinnern, da sie sehr wichtig sein werden, sobald wir uns mit Reaktionen von organischen Verbindungen befassen werden. Diese Werte sind zudem in Anhang B aufgelistet.

Ü 10* Zeichnen Sie die konjugierte Säure für jede der folgenden Strukturen:

(a) CH_3CH_2OH **(b)** $CH_3CH_2O^-$ **(c)** 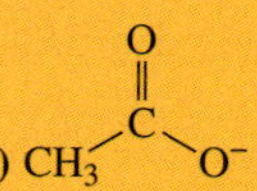 **(d)** $CH_3CH_2NH_2$ **(e)** 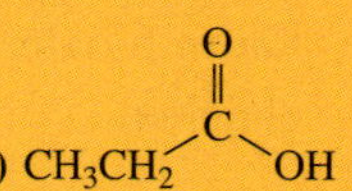

Ü 11

(a) Formulieren Sie eine Gleichung, bei der CH_3OH als Säure mit NH_3 reagiert und eine Gleichung, bei der es als Base mit HCl reagiert.

(b) Formulieren Sie eine Gleichung, bei der NH_3 als Säure mit CH_3O^- reagiert und eine Gleichung, bei der es als Base mit HBr reagiert.

Ü 12* Schätzen Sie die pK_S-Werte der folgenden Verbindungen ab:

(a) $CH_3CH_2CH_2NH_2$ **(b)** $CH_3CH_2CH_2OH$ **(c)** CH_3CH_2COOH **(d)** $CH_3CH_2CH_2\overset{+}{N}H_3$

STRATEGIEN ZUR PROBLEMLÖSUNG

■ Das basischste Atom in einer Verbindung finden

Welches der Atome in der folgenden Verbindung nimmt am leichtesten ein Proton auf, sobald eine Säure zugegeben wird.

$$HOCH_2CH_2CH_2NH_2$$

Ein einfacher Weg dieses Problem zu lösen ist der Blick auf die pK_S-Werte der konjugierten Säuren der funktionellen Gruppen, die sich in diesem Molekül finden. Beachten Sie, dass die schwächere Säure die stärkere Base ist. Die stärkere Base wird am einfachsten protoniert.

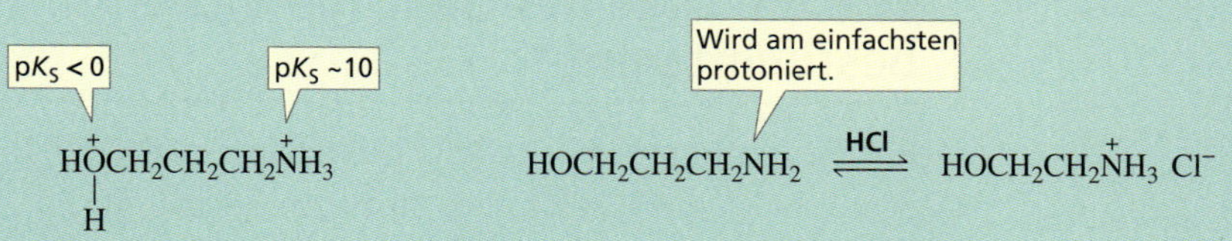

Die konjugierte Säuren haben pK_S-Werte zwischen ~0 und ~10. Da die $^+NH_3$-Gruppe die schwächere Säure ist, ist NH_2 die stärkere Base und wird daher am einfachsten protoniert.

Ü 13

(a) Was ist die stärkere Base: CH_3COO^- oder $HCOO^-$? (Der pK_S-Wert von CH_3COOH ist 4,8; der von HCOOH ist 3,8.)

(b) Was ist die stärkere Base: HO^- oder $^-NH_2$? (Der pK_S-Wert von H_2O ist 15,7; der von NH_3 ist 36.)

(c) Was ist die stärkere Base: H_2O oder CH_3OH? (Der pK_S-Wert von H_3O^+ ist –1,7; der von $CH_3C\overset{+}{O}H_2$ ist –2,5.)

Ü 14* Ordnen Sie die folgenden Verbindungen anhand der pK_S-Werte aus Abschnitt 2.3 von der stärksten zur schwächsten Base.

$$CH_3NH_2 \quad CH_3\overset{-}{N}H \quad CH_3OH \quad CH_3O^- \quad CH_3\overset{\overset{\displaystyle O}{\|}}{C}O^-$$

Vorhersage des Resultats von Protonenübertragungsreaktionen 2.4

Wenden wir uns nun der Frage zu, woher wir wussten, dass das Wasser in der ersten Reaktion mit HCl in Abschnitt 2.1 als Base fungierte und in der zweiten Reaktion mit NH_3 als Säure. Um herauszufinden, welcher der Reaktanten als Säure fungieren wird, müssen wir die pK_S-Werte der Reaktionspartner vergleichen.

Die Reaktion von H_2O mit HCl

Der pK_S-Wert von Chlorwasserstoff beträgt –7, und der von Wasser 15,7. Da der Chlorwasserstoff die wesentlich stärkere Säure ist (weil es den geringsten pK_S hat), wird er sein Wasserstoffatom als Ion an das Wasser abgeben. Daher ist HCl die Säure und Wasser die Base in dieser Reaktion.

Die Säure → **Reaktanten**

$HCl \quad + \quad H_2O$

pK_S = –7   pK_S = 15,7

Reaktanten ← Die Säure

$NH_3 \quad + \quad H_2O$

pK_S = 36   pK_S = 15,7

Ü 15* Ist Methanol eine Säure oder eine Base bei der Reaktion mit Methylamin (*Hinweis:* In Abschnitt 2.3 können Sie die Strukturen von Methanol und Methylamin finden.)

Die Reaktion von H_2O mit NH_3

Die Reaktanten sind in diesem Fall Wasser (pK_S = 15,7) und NH_3 (pK_S = 36). Da Wasser eine stärkere Säure ist (da es einen geringeren pK_S-Wert hat), gibt es bei der Reaktion ein Proton ab. Daher ist Wasser eine Säure und Ammoniak eine Base in dieser Reaktion.

Wie die Lage des Gleichgewichts bestimmt wird 2.5

Bei der Bestimmung des Gleichgewichtes einer Säure-Base-Reaktion (also bei dem Versuch, herauszufinden, ob die Ausgangsstoffe oder die Reaktionsprodukte überwiegen), müssen wir den pK_S-Wert der Säure auf der linken Seite dem mit dem pK_S-Wert der Säure auf der rechten Seite der Gleichung vergleichen. Das Gleichgewicht bevorzugt die *Bildung* der schwächeren Säure (mit dem höheren pK_S-Wert). Mit anderen Worten liegt das Gleichgewicht auf der Seite der schwächeren Säure.

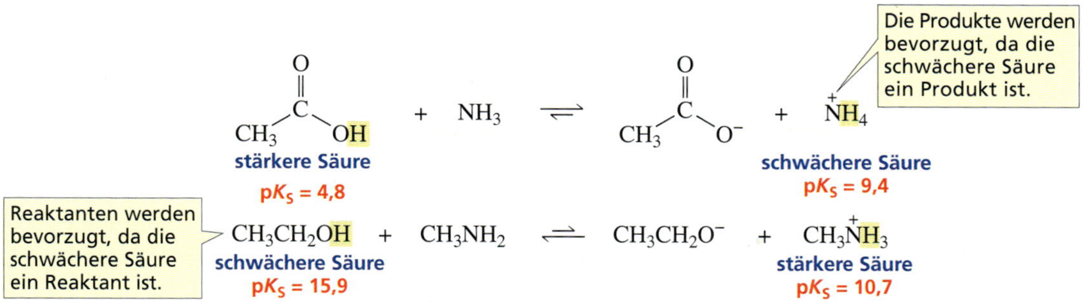

Da das Gleichgewicht die Bildung der schwächeren Säure bevorzugt, kann formuliert werden:

Eine Säure-Base-Reaktion wird die Produkte bevorzugt bilden, wenn die konjugierte Säure der Base, die das Proton aufnimmt, eine schwächere Säure ist als die Säure auf der Reaktantseite.

MERKE!

Eine Säure-Base-Reaktion liegt auf der Seite der schwächeren Säure.

Der genaue Wert der Gleichgewichtskonstanten kann durch die folgende Gleichung berechnet werden:

$$pK_{eq} = pK_S\,(\text{Säure Reaktant}) - pK_S\,(\text{Säure Produkt})$$

Daher ist die Gleichgewichtskonstante der Reaktion von Essigsäure mit Ammoniak $4{,}0 \times 10^4$.

$$pK_{eq} = 4{,}8 - 9{,}4 = -4{,}6$$
$$K_{eq} = 10^{4,6} = 4{,}0 \times 10^4$$

Die Gleichgewichtskonstante der Reaktion von Ethanol mit Methylamin ist $6{,}3 \times 10^{-6}$.

$$pK_{eq} = 15{,}9 - 10{,}7 = 5{,}2$$
$$K_{eq} = 10^{-5,2} = 6{,}3 \times 10^{-6}$$

Ü 16

(a) Vergleichen Sie für alle Säure-Base-Reaktionen aus Abschnitt 2.3 die pK_S-Werte der Säuren auf beiden Seiten des Gleichgewichtes und überzeugen Sie sich, dass die Lage des Gleichgewichtes richtig angegeben ist (der längere Pfeil in die richtige Richtung weist). Die benötigten pK_S-Werte finden Sie in Abschnitt 2.3 oder in Übung 13.

(b) Wiederholen Sie die Übung wie unter (a) mit den Gleichgewichten aus Abschnitt 2.1.

Ü 17 Ethin (HC≡CH) besitzt einen pK_S-Wert von 25, Wasser hat einen pK_S-Wert von 15,7 und Ammoniak (NH_3) einen pK_S-Wert von 36. Schreiben Sie die Gleichung mit Gleichgewichtspfeilen auf, die die Lage des Gleichgewichts der Säure-Base-Reaktion anzeigen für die Reaktion von Ethin mit:

(a) HO^-

(b) $^-NH_2$

(c) Welches würde eine bessere Base sein, wenn Sie ein Proton von Ethin, HO^- oder $^-NH_2$ entfernen wollten?

Ü 18* Welche der folgenden Basen können ein Proton von Essigsäure entfernen? Das Gleichgewicht muss auf der Seite der Produkte liegen.

HO^- CH_3NH_2 $HC{\equiv}C^-$ CH_3OH H_2O Cl^-

Ü 19* Berechnen Sie Gleichgewichtskonstante für eine Säure-Base-Reaktion zwischen den Reaktanten in den folgenden Paaren:

(a) $HCl + H_2O$ **(b)** $CH_3COOH + H_2O$ **(c)** $CH_3NH_2 + H_2O$ **(d)** $CH_3\overset{+}{N}H_3 + H_2O$

Der Einfluss der Struktur auf die Säurekonstante pK_S 2.6

MERKE!

Stabile Basen sind schwache Basen.

Je stabiler die Base, desto stärker ist die konjugierte Säure.

Je schwächer die Base, desto stärker ihre konjugierte Säure.

Die Stärke einer Säure wird durch die Stabilität der konjugierten Base bestimmt, die gebildet wird, wenn die Säure ein Proton abgibt. Je stabiler die Base, desto stärker ist die konjugierte Säure. (Der Grund dafür wird in Abschnitt 5.7 erklärt.)

Eine Base ist um so stabiler, je besser sie die frei gewordenen Bindungselektronen, die das Proton gebunden hatte, verwalten kann. Anders ausgedrückt, sind stabile Basen schwache Basen – Verbindungen, die ihre Elektronen nicht bereitwillig zur Verfügung stellen. Wir können also sagen, dass

eine Säure um so stärker ist, je schwächer die konjugierte Base ist,

oder:

Je stabiler die Base, desto stärker die konjugierte Säure.

Lassen Sie uns nun zwei Faktoren betrachten, die die Stabilität einer Base beeinflussen – ihre Elektronegativität und ihre Größe.

Elektronegativität

Die Atome der Elemente der zweiten Periode des Periodensystems der Elemente haben alle *ungefähr die gleiche Größe*, doch unterscheiden sie sich erheblich in ihren *Elektronegativitäten*. Die Elektronegativität nimmt in der Periode von links nach rechts stetig zu. Von den nachfolgend gezeigten Atomen ist der Kohlenstoff das am wenigsten und das Fluor das am stärksten elektronegative.

Relative Elektronegativitäten

C < N < O < F

am elektronegativsten

Wenn wir die Säuren betrachten, die entstehen, wenn Wasserstoffatome an diese Elemente angehängt werden, erkennen wir, dass die am stärksten saure Verbindung diejenige ist, bei der das Wasserstoffatom an dem am stärksten elektronegativen Atom hängt. So ist in unserem Beispiel Fluorwasserstoff (HF) die stärkste und Methan die schwächste Säure.

Wenn Atome eine ähnliche Größe besitzen, ist die stärkste Säure diejenige, bei der das Proton an der elektronegativste Atom gebunden ist.

MERKE!

Wenn Atome von vergleichbarer Größe sind, ist die stärkere Säure die Verbindung, die das Wasserstoffatom am elektronegativeren Atom trägt.

Relative Aziditäten

CH_4 < NH_3 < H_2O < HF

stärkste Säure

Wenn wir die konjugierten Basen zu diesen Säuren betrachten, so sehen wir, dass ihre Stabilität ebenfalls von links nach rechts zunimmt, weil die elektronegativeren Atome besser in der Lage sind, eine negative Ladung unterzubringen. *So entspricht der stärksten Säure die stabilste (schwächste) konjugierte Base.*

Relative Stabilitäten

$^{-}CH_3 < {}^{-}NH_2 < HO^{-} < F^{-}$ (am stabilsten)

Der Effekt, der von der Elektronegativität des das Wasserstoffatom tragenden Atoms ausgeht, kann anhand des Vergleichs der pK_S-Werte von Alkoholen und Aminen abgeschätzt werden. Da Sauerstoffatome stärker elektronegativ sind als Stickstoffatome, ist ein Alkohol stärker sauer als ein Amin.

CH_3OH	CH_3NH_2
Methanol	Methylamin
pK_S = 15,5	pK_S = 40

In gleicher Weise ist ein protonierter Alkohol viel stärker sauer als ein protoniertes Amin.

$CH_3\overset{+}{O}H_2$	$CH_3\overset{+}{N}H_3$
protoniertes Methanol	protoniertes Methylamin
pK_S = −2,5	pK_S = 10,7

Ü 20* Ordnen Sie die Ionen ($^{-}CH_3$, $^{-}NH_2$, HO^{-} und F^{-}) nach ihrer Basizität.

Hybridisierung

Der Hybridisierungszustand eines Atoms hat Auswirkungen auf die Azidität eines Wasserstoffatoms, das mit ihm verbunden ist, weil von ihm die Elektronegativität des Atoms abhängt: Ein *sp*-hybridisiertes Atom ist elektronegativer als das gleiche Atom mit sp^2-Hybridisierung, das wiederum elektronegativer ist als das gleiche Atom mit sp^3-Hybridisierung.

Relative Elektronegativitäten

(am elektronegativsten) $sp > sp^2 > sp^3$ (am wenigsten elektronegativ)

MERKE!

Ein *sp*-hybridisiertes Kohlenstoffatom ist elektronegativer als ein sp^2-hybridisiertes Kohlenstoffatom, das wiederum elektronegativer ist als ein sp^3-hybridisiertes Kohlenstoffatom.

Daher ist Ethin eine stärkere Säure als Ethen und Ethen ist eine stärkere Säure als Ethan – die am stärksten saure Verbindung ist jene, bei der das Wasserstoffatom am elektronegativsten Atom hängt.

stärkste Säure			schwächste Säure
	sp	sp^2	sp^3
	$HC{\equiv}CH$ >	$H_2C{=}CH_2$ >	CH_3CH_3
	Ethin	Ethen	Ethan
	pK_S = 25	pK_S = 44	pK_S > 60

Warum beeinflusst der Hybridisierungszustand eines Atoms seine Elektronegativität? Elektronegativität ist ein Maß für die Bereitschaft eines Atoms, Bindungselektronen aufzunehmen. Demzufolge ist das elektronegativste Atom jenes, dessen Bindungselektronen dem Kern am nächsten liegen. Der durchschnittliche Abstand eines 2*s*-Elektrons vom Kern ist geringer als der durchschnittliche Abstand eines 2*p*-Elektrons vom Kern. Daher ist ein *sp*-hybridisiertes Atom mit 50 % *s*-Charakter am stärksten elektronegativ, gefolgt vom sp^2-hybridisierten mit 33,5 % *s*-Charakter und schließlich dem am wenigsten elektronegativen sp^3-hybridisierten mit 25 % *s*-Charakter.

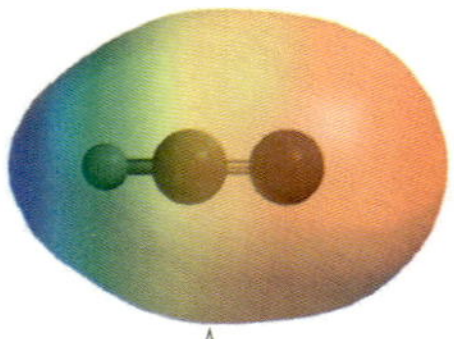

am stabilsten

$HC{\equiv}C^-$

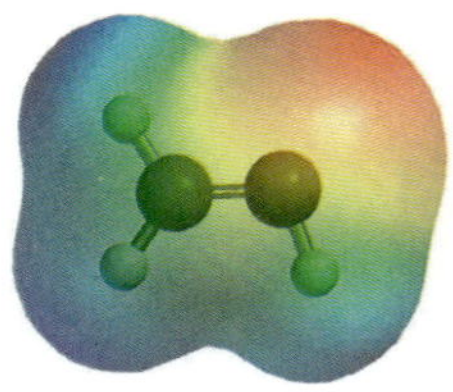

$H_2C{=}\bar{C}H$

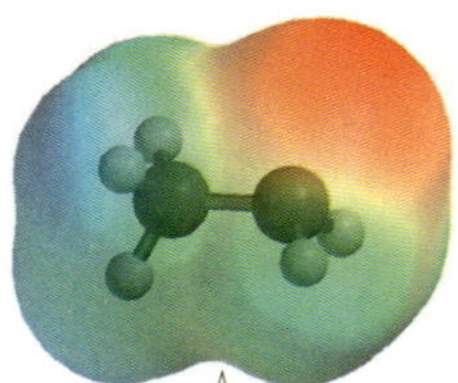

am instabilsten

$CH_3\bar{C}H_2$

Die Elektronen näher am Kern zu ziehen stabilisiert das Carbanion. Erneut sehen wir, dass die Base desto stabiler (schwächer) ist, je stärker die Säure ist. Beachten Sie, dass die elektrostatischen Potenzialkarten die stärkste Base (die instabilste Base) als elektronenreichste Verbindung (am stärksten rot gefärbt) darstellt.

Ü 21* Ordnen Sie Carbionen auf der Seite von der stärksten zur schwächsten Base.

Ü 22* Was ist die stärkere Säure?

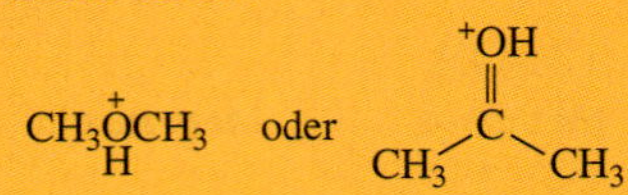

Ü 23

(a) Zeichnen sie die Produkte der folgenden Reaktionen:

A $HC{\equiv}CH + CH_3\bar{C}H_2 \rightleftharpoons$

B $H_2C{=}CH_2 + HC{\equiv}C^- \rightleftharpoons$

C $CH_3CH_3 + H_2C{=}\bar{C}H \rightleftharpoons$

(b) Welche der Reaktionen führen bevorzugt zur Bildung der Produkte?

Ü 24 Welche der Reaktionen in Übung 23 hat die kleinste Gleichgewichtskonstante?

Größe

Beim Vergleich von Atomen, die von sehr *verschiedener Größe* sind, ist die Größe des Atoms wichtiger als die *Elektronegativität*, will man abschätzen, wie gut dieses eine negative Nettoladung verkraften kann. Wenn wir uns beispielsweise in einer Elementgruppe des Periodensystems nach unten bewegen, werden die Atome der betreffenden Elemente immer *größer* und ihre Elektronegativitäten nehmen ab. Die *Stabilität* der Basen ihrer Wasserstoffverbindungen *nehmen dagegen zu*, genauso wie die Stärke der konjugierten Säuren. Der Iodwasserstoff ist also die stärkste Säure unter den stabilen Halogenwasserstoffen (d. h. I^- ist die schwächste, stabilste Base), obgleich Iod das am wenigsten elektronegative der Halogene ist (▶ Tabelle 2.2).

Wenn also Atome von sehr verschiedener Größe sind, ist bei der stärksten Säure das Wasserstoffatom mit dem größten Atom verbunden.

MERKE!

Größe ist wichtiger als Elektronegativität bei der Bestimmung von Azidität.

Wenn Atome von sehr verschiedener Größe sind, ist bei der stärksten Säure das Wasserstoffatom mit dem größten Atom verbunden.

Relative Größe

$F^- < Cl^- < Br^- < I^-$

größtes

Relative Azidität

$HF < HCl < HBr < HI$

stärkste Säure

Warum hat die Größe eines Atoms einen so profunden Effekt auf die Stabilität einer Base und damit auch auf die Azidität eines an das Atom gebundenen Wasserstoffatoms?

Die Valenzelektronen des Fluoridions (F^-) besetzen sp^3-Orbitale in der zweiten Schale, die Valenzelektronen des Chloridions (Cl^-) besetzen sp^3-Orbitale in der dritten Schale, die Valenzelektronen des Bromidions (Br^-) besetzen sp^3-Orbitale in der vierten Schale und die Valenzelektronen des Iodidions (I^-) besetzen sp^3-Orbitale in der fünften Schale. Das Volumen, das ein sp^3-Hybridorbital der dritten Schale beansprucht, ist wesentlich größer als das Volumen, das ein sp^3-Hybridorbital der zweiten Schale beansprucht, da sich die Orbitale der dritten Schale (des dritten Hauptenergieniveaus) vom Atomkern aus weiter in den Raum hinaus erstrecken. Da die negative Ladung des Ions über einen größeren Raumbereich verteilt ist, ist Cl^- stabiler als das F^-.

Mit zunehmender Größe (steigender Ordnungszahl) der Halogenidionen nimmt deren Stabilität zu, da die negative Ladung über ein größeres Volumen verteilt ist. Daher ist HI (Iodwasserstoff) die stärkste Säure unter den Halogenwasserstoffen, da I^- das stabilste unter den Halogenidionen ist. Die Potenzialkarten verdeutlichen die großen Unterschiede in der Größe der Halogenatome.

HF

HCl

HBr

HI

CH_4 $pK_S = 60$	NH_3 $pK_S = 36$	H_2O $pK_S = 15{,}7$	HF $pK_S = 3{,}2$
		H_2S $pK_S = 7{,}0$	HCL $pK_S = -7$
			HBr $pK_S = -9$
			HI $pK_S = -10$

Tabelle 2.2: Die pK_S-Werte einiger einfacher Säuren.

STRATEGIEN ZUR PROBLEMLÖSUNG

Zusammenfassung

- Die Atomgröße verändert sich nicht signifikant wenn wir uns im Periodensystem von links nach rechts bewegen, also haben die Orbitale ungefähr das gleiche Volumen. Daher bestimmt die Elektronegativität die Stabilität der Base und dadurch die Azidität der konjugierten Säure.
- Die Atomgröße nimmt zu, wenn wir uns im Periodensystem nach unten bewegen. Das Volumen des Orbitals ist wichtiger als die Elektronegativität bei der Bestimmung der Stabilität der Base.

Ü 25* Welches der Halogenidionen (F^-, Cl^-, Br^-, I^-) ist die stärkste Base? Welches ist die schwächste Base?

Ü 26*

(a) Die Atome welchen Elementes sind elektronegativer, die des Sauerstoffs oder die des Schwefels?

(b) Welches ist die stärkere Säure, H_2O oder H_2S?

(c) Welches ist die stärkere Säure, CH_3OH (Methanol) oder CH_3SH (Thiomethanol, Mercaptomethanol)?

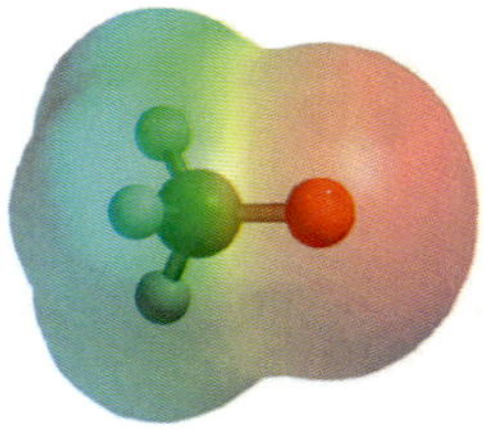

CH_3O^-

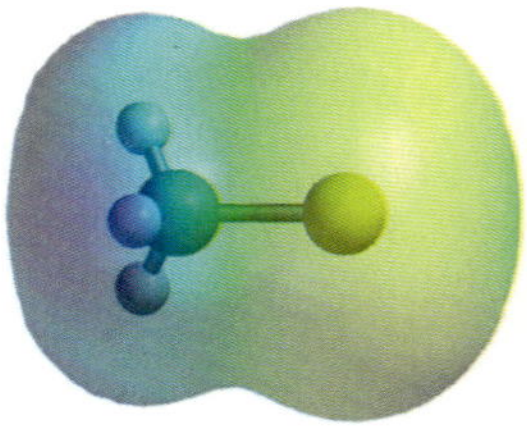

CH_3S^-

Ü 27* Geben Sie für die folgenden Verbindungspaare jeweils an, welche der beiden Verbindungen die stärkere Säure ist:

(a) HCl oder HBr

(b) $CH_3CH_2CH_2\overset{+}{N}H_3$ oder $CH_3CH_2CH_2\overset{+}{O}H_2$

(c) 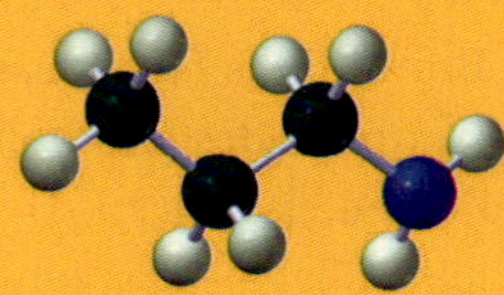 oder 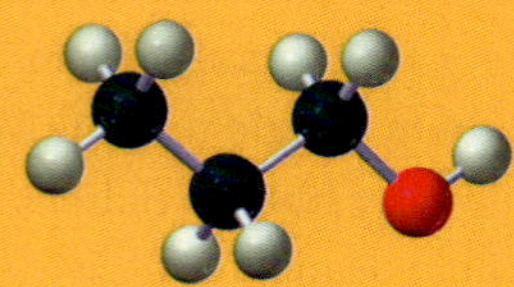

schwarz = C
grau = H
blau = N
rot = O

(d) $CH_3CH_2CH_2OH$ oder $CH_3CH_2CH_2SH$

Ü 28*

(a) Welches der Halogenidionen (F^-, Cl^-, Br^-, I^-) ist die stabilste Base?

(b) Welches ist die instabilste Base?

Ü 29* Geben Sie für jedes der folgenden Verbindungspaare jeweils an, welches die stärkere Base ist (die Potenzialkarten an der Seite können Ihnen helfen, Teilaufgabe (a) zu beantworten):

(a) CH_3O^- oder CH_3S^-

(b) H_2O oder OH^-

(c) H_2O oder NH_3

(d) $CH_3\overset{\overset{O}{\|}}{C}O^-$ oder CH_3O^-

Der Einfluss von Substituenten auf die Säurestärke 2.7

Obwohl der azide Wasserstoff jeder der folgenden fünf Carbonsäuren an ein Sauerstoffatom gebunden ist, weisen die fünf Verbindungen unterschiedliche Säurestärken auf:

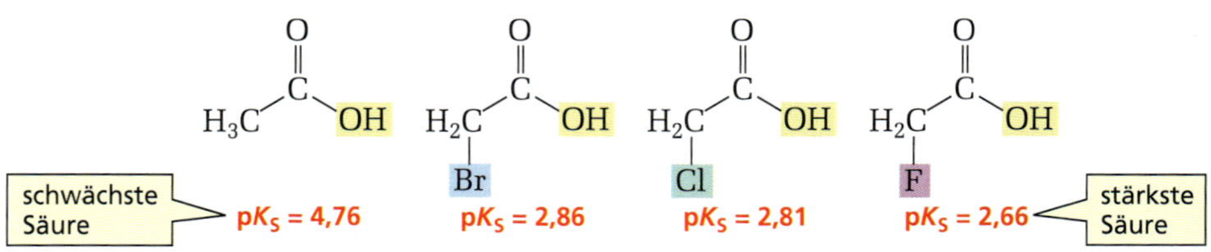

MERKE!

Induktiver Elektronenzug verstärkt die Azidität einer Säure.

Diese Unterschiede deuten darauf hin, dass es irgendeinen anderen Faktor als die Natur des Atoms, an das der Wasserstoff gebunden ist, geben muss, der die Säurestärke (die Azidität) der Verbindung beeinflusst.

Aus den pK_S-Werten der fünf Carbonsäuren ersehen wir, dass der Ersatz eines der Wasserstoffatome der Methylgruppe durch ein Halogenatom die Azidität der betreffenden Verbindung verändert. Man nennt einen solchen Austausch von Atomen oder Atomgruppen eine *Substitution*, und das neue Atom bzw. die Atomgruppe den *Substituenten*. Alle Halogene sind elektronegativer als der Wasserstoff, also zieht das Halogen die Elektronen stärker zu sich. Elektronenzug durch σ-Bindungen wird als **induktiver Elektronenzug** (negativer induktiver Effekt) bezeichnet.

Wenn wir uns die konjugierten Basen der Carbonsäuren anschauen, so sehen wir, dass der induktive Elektronenzug diese durch die *Verminderung der*

Elektronendichte am Sauerstoffatom stabilisiert. Die Stabilisierung der Base erhöht die Azidität der konjugierten Säure.

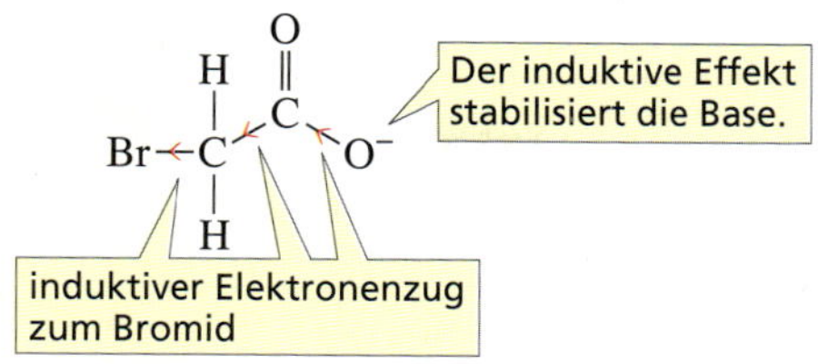

Wie die pK_S-Werte der fünf Carbonsäuren, die oben gezeigt sind, zeigen, nimmt der Wert ab (die Verbindung wird saurer) wenn der elektronenziehende Effekt des Halogens zunimmt. Daher ist die fluorsubstituierte Verbindung die stärkste Säure, da ihre konjugierte Base am stärksten durch den induktiven Effekt stabilisiert wird.

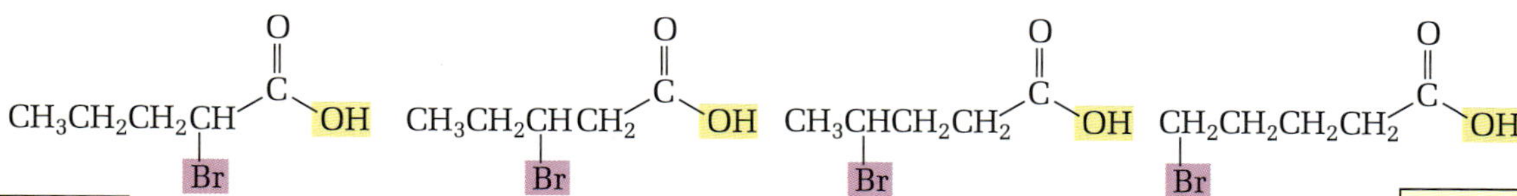

stärkste Säure $pK_S = 2{,}97$ $pK_S = 4{,}01$ $pK_S = 4{,}59$ $pK_S = 4{,}71$ schwächste Säure

STRATEGIEN ZUR PROBLEMLÖSUNG

■ Ermittlung der relativen Säurestärke aus der Struktur

(a) Welche Verbindung ist die stärkere Säure?

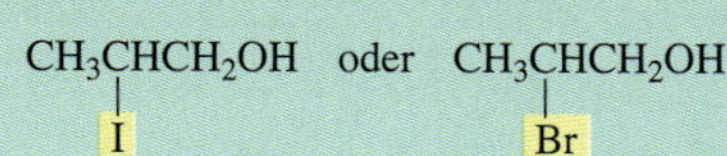

Wenn Sie aufgefordert werden, zwei Dinge zu vergleichen, lenken Sie Ihre Aufmerksamkeit auf die Unterschiede; ignorieren Sie die Gemeinsamkeiten. Die beiden obigen Verbindungen unterscheiden sich nur in dem Halogenatom, das jeweils an das mittlere der drei Kohlenstoffatome gebunden ist. Da Brom elektronegativer als Iod ist, übt es einen stärkeren Elektronenzug auf die Elektronen des restlichen Moleküls aus. Die bromierte Verbindung wird daher die stabilere konjugierte Base bilden. Deshalb wird diese Verbindung die stärkere Säure sein.

(b) Welche Verbindung ist die stärkere Säure?

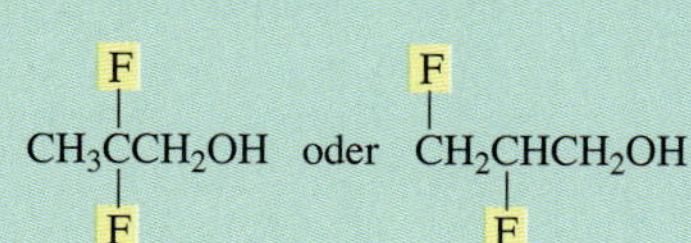

Die beiden Verbindungen unterscheiden sich hinsichtlich der Positionen der Fluoratome. Da die Fluoratome in der Verbindung auf der linken Seite näher an dem sauren H-Atom positioniert sind als eines der beiden Fluoratome der Verbindung auf der rechten Seite, sind die beiden Fluoratome in der linken Verbindung im Verbund wirkungsvoller beim induktiven Abzug von Elektronen vom O-Atom als die beiden weiter auseinander stehenden Fluoratome in der rechten Verbindung. Daher wird die Verbindung links die besser stabilisierte Base bilden und somit die stärkere Säure sein.

Ü 30* Geben Sie für die folgenden Verbindungspaare jeweils an, welche der beiden Verbindungen die stärkere Säure ist:

(a) CH_3OCH_2OH oder $CH_3CH_2CH_2CH_2OH$

(b) $CH_3CH_2CF_2CH_2\overset{+}{N}H_3$ oder $CH_3CH_2CF_2CH_2\overset{+}{O}H_2$

(c) $CH_3OCH_2CH_2CH_2OH$ oder $CH_3CH_2OCH_2CH_2OH$

(d) 

Ü 31* Ordnen Sie die folgenden Verbindungen in der Reihenfolge ihrer Azidität:

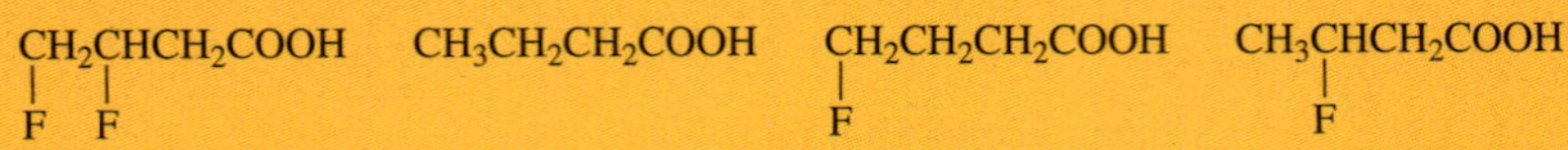

Ü 32* Geben Sie für die folgenden Verbindungspaare jeweils an, welche der beiden Verbindungen die stärkere Base ist:

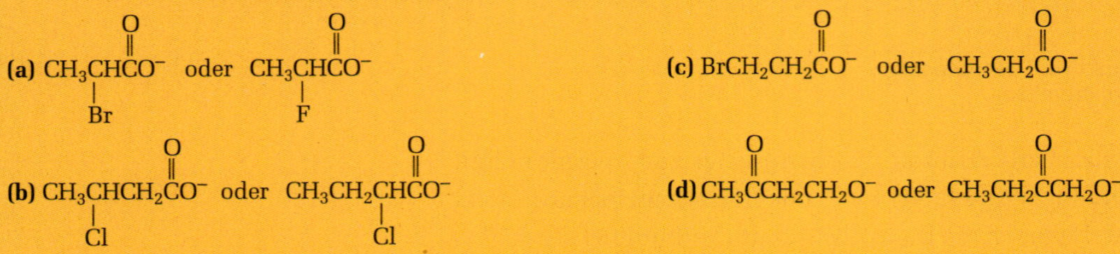

Ü 33 mit Lösung

HCl ist im Vergleich zu HBr die schwächere Säure. Warum ist dann Chloressigsäure ($ClCH_2COOH$) stärker sauer als Bromessigsäure ($BrCH_2COOH$)?

Lösung

Um die Säurestärken von HCl und HBr zu vergleichen, wollen wir die Stärken der Ionen Cl^- und Br^- vergleichen. Beachten Sie, dass in einer Verbindung die H—Cl-Bindung bricht und in der anderen Verbindung die H—Br-Bindung. Da wir wissen, dass für die Stabilitätsbetrachtung die Atomgröße wichtiger ist als die Elektronegativität des Elementes, können wir ableiten, dass Bromid stabiler ist als Chlorid. HBr ist deshalb eine stärkere Säure als HCl.

Beim Vergleich der Azidität von zwei Carbonsäuren müssen wir in Analogie die relativen Stabilitäten der Ionen $RCOO^-$ und $R'COO^-$ vergleichen. Beachten Sie, dass die O—H-Bindung in beiden Verbindungen bricht. Der einzige Faktor, den es hier zu beachten gilt, ist die Elektronegativität der Atome, die Elektronen von den Sauerstoffatomen der konjugierten Basen (den Carboxylationen) abziehen. Da Chlor elektronegativer als Brom ist, übt das Chloratom eine stärker elektronenziehende Wirkung aus. Es stabilisiert daher die Base durch die Verteilung der negativen Ladung des Molekülions besser als es das Bromatom kann, wenn das Proton abdissoziiert wird.

Einführung in die Elektronendelokalisation 2.8

Wie wir gesehen haben, besitzen Carbonsäuren pK_S-Werte um 5, wohingegen die pK_S-Werte von Alkoholen um Werte von 15 tendieren. Da Carbonsäuren also viel stärkere Säuren sind als Alkohole, können wir den Schluss ziehen, dass Carbonsäuren wesentlich stabilere Basen bilden.

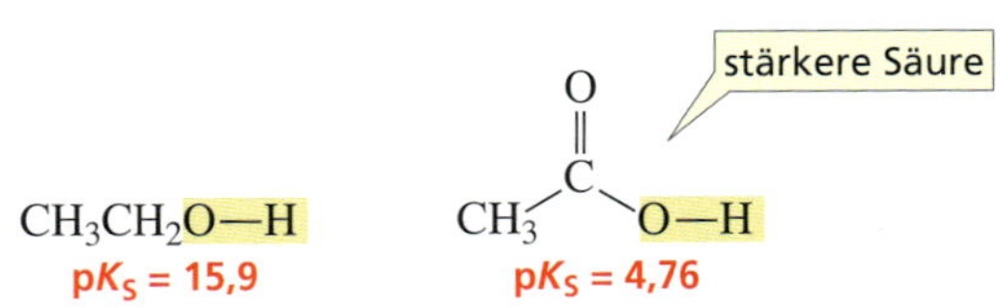

Es gibt zwei Faktoren, die dazu führen, dass die konjugierte Base einer Carbonsäure stabiler ist als die konjugierte Base eines Alkohols.

Induktiver Effekt

Zunächst trägt ein Carbonsäuremolekül ein doppelt gebundenes Sauerstoffatom anstelle von zwei Wasserstoffatomen beim Alkoholation. Der induktive Elektronenzug dieses elektronegativen Sauerstoffatoms verteilt die Elektronendichte des Ions. Zweitens wird die mittlere Elektronendichte durch *Elektronendelokalisation* weiter vermindert.

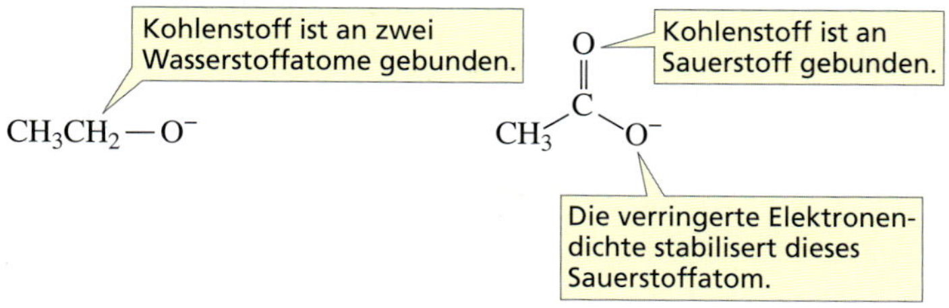

Delokalisierte Elektronen

Wenn ein Alkoholmolekül ein Proton abgibt, verbleibt die negative Überschussladung bei dem einzigen vorhandenen Sauerstoffatom. Diese Elektronen werden als *lokalisiert* bezeichnet, da sie sich nur an *einem* Atom befinden. Daher befindet sich die negative Ladung nur am Sauerstoffatom.

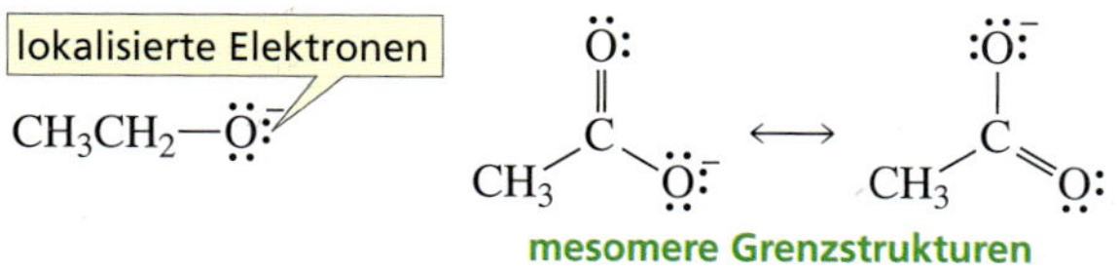

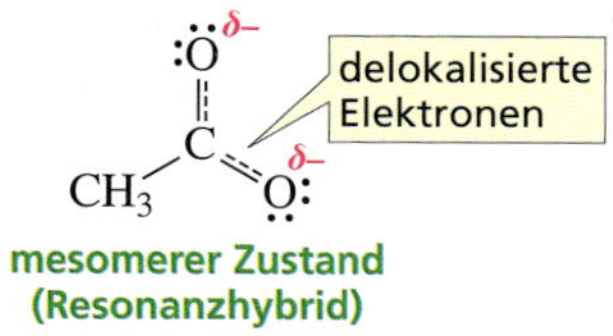

Wenn im Gegensatz hierzu ein Carbonsäuremolekül ein Proton abdissoziiert, wird die negative Überschussladung unter den beiden vorhandenen Sauerstoffatomen und ein Kohlenstoffatom aufgeteilt. Diese Elektronen werden als *delokalisiert* bezeichnet, da sie zu mehr als zwei Atomen gehören. Die negative Ladung gehört daher zu beiden Sauerstoffatomen. Daraus ergibt sich, dass die konjugierte Base stabilisiert wird, da die Verringerung der Elektronendichte an einem Atom einer Stabilisierung gleichkommt.

Die beiden oben abgebildeten Strukturen für das Acetation (die konjugierte Base der Essigsäure) werden als **mesomere Grenzstrukturen** bezeichnet. Keine der Grenzstrukturen gibt die tatsächliche Struktur des Moleküls (Molekülions) akkurat wieder. Die tatsächliche Struktur, die als **mesomerer Zustand** oder als **Resonanzhybrid** bezeichnet wird, ist eine Überlagerung der beiden wiedergegebenen Grenzstrukturen. Der Doppelpfeil zwischen den abgebildeten Grenzstrukturen wird verwendet, um anzuzeigen, dass die tatsächliche Struktur ein Hybrid ist (also zwischen den durch die Grenzstrukturen formulierten Extremen liegt).

Man beachte, dass die zweite mesomere Grenzstruktur durch eine Verschiebung eines freien Elektronenpaars der ersten Grenzstruktur zu einem sp^2-Kohlenstoffatom (und Bruch einer π-Bindung) darstellen lässt. Alle Atome bleiben relativ zueinander an ihren Plätzen.

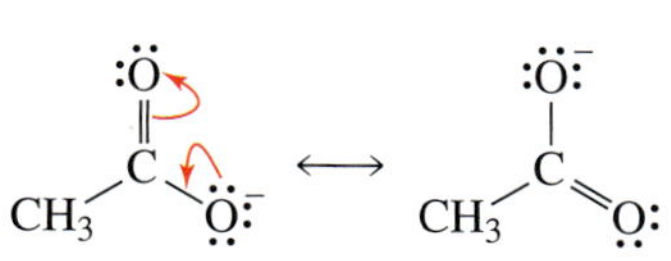

Im mesomeren Zustand wird die negative Überschussladung gleichmäßig von beiden Sauerstoffatomen geteilt, und beide Kohlenstoff-Sauerstoff-Bindungen besitzen demgemäß die gleichen Bindungslängen, die zwischen der Länge einer Einfach- und der einer Doppelbindung liegt. Eine mesomere Struktur kann auch unter Zuhilfenahme gepunkteter Linien, die die delokalisierten Elektronen repräsentieren, gezeichnet werden. Im Resonanzhybriden ist ein Elektronenpaar auf *zwei Sauerstoffatome und ein Kohlenstoffatom* aufgeteilt.

MERKE!

Delokalisierte Elektronen werden von mehr als zwei Atomen geteilt.

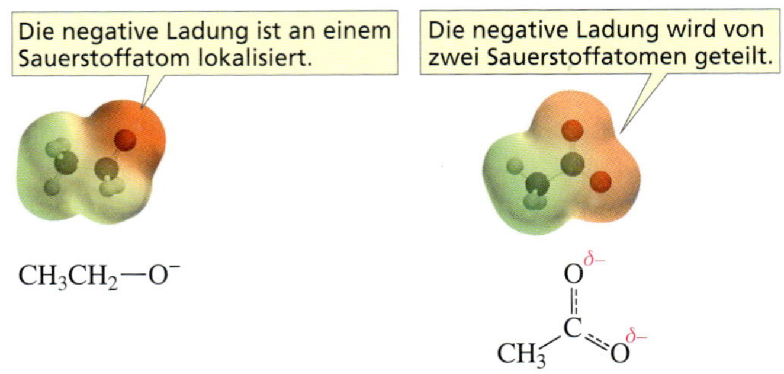

Eine Kombination aus induktivem Elektronenzug und der Fähigkeit zweier benachbarter Sauerstoffatome, eine einzelne negative Elektronenladung aufzuteilen, vermindert die mittlere Elektronendichte und macht so die konjugierte Base einer Carbonsäure stabiler als die konjugierte Base eines Alkoholmoleküls.

Wir werden delokalisierte Elektronen in Kapitel 8 in weiteren Einzelheiten diskutieren. Bis dahin werden Sie mit Verbindungen, die nur lokalisierte Elektronen enthalten, sehr vertraut sein, so dass Sie in der Lage sein werden, die Art und Weise, wie delokalisierte Elektronen die Stabilität und Reaktivität organischer Verbindungen beeinflussen, weitergehend zu studieren.

HINTERGRUND

Fosamax verhindert den Abbau von Knochen

Fosamax wird verwendet um Osteoporose zu behandeln, eine Krankheit die sich durch verringerte Knochendichte auszeichnet. Unter normalen Bedingungen sind die Geschwindigkeiten des Knochenaufbaus und der Kochenresorption (Abbau) genau ausbalanciert. Bei Osteoporose ist die Resorption schneller als der Aufbau des Knochens, daher verliert dieser an Masse und wird brüchig (die Knochen sehen dann aus wie Bienenwaben). Fosamax dringt zu den Stellen vor, an denen Knochen abgebaut werden und inhibiert die Aktivität der Zellen, die für den Abbau zuständig sind. Studien haben gezeigt, dass sich normales Knochengewebe über Fosamax bildet und die Geschwindgeit des Knochenaufbaus wieder schneller wird als die Resorption. (Handelsnamen sind in diesem Buch grün.)

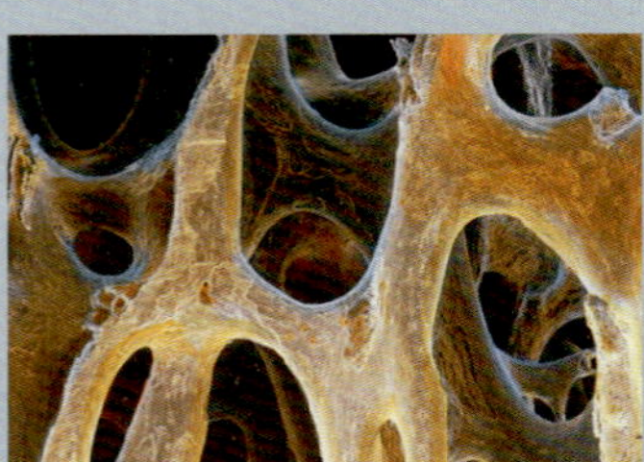
normale Knochen

Knochen mit Osteoporose

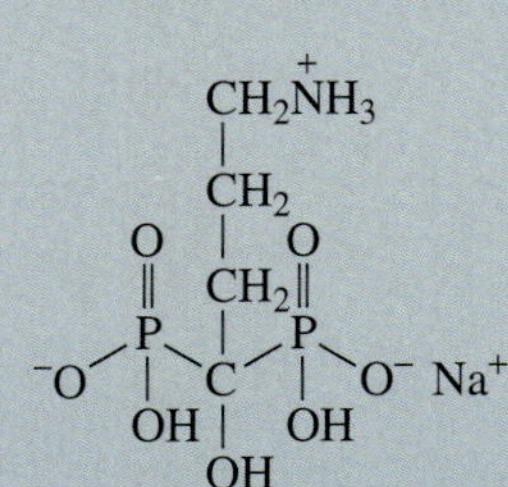
Fosamax®

STRATEGIEN ZUR PROBLEMLÖSUNG

■ An welcher Stelle wird ein Molekül mit delokalisierten Elektronen protoniert?

Welches Atom in der folgenden Verbindung wird am leichtesten protoniert, sobald Säure zugegeben wird?

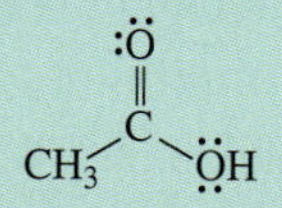

In „Strategien zur Problemlösung“ in Abschnitt 2.5 haben Sie gelernt, dass, wenn eine Verbindung zwei basische Atome besitzt, die stärkere Base in saurer Lösung zuerst ein Proton aufnimmt. Wenn eine Verbindung delokalisierte Elektronen besitzt, müssen Sie die Grenzstrukturen zeichnen, um zu bestimmen, welches Atom die stärkere Base ist

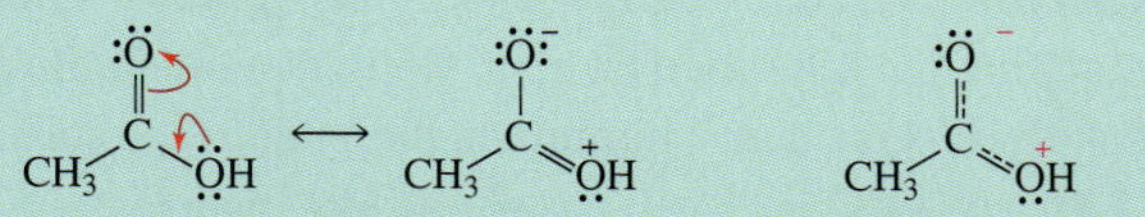

mesomere Grenzstrukturen — mesomerer Zustand

In einer der Grenzstrukturen besitzt eines der Sauerstoffatome eine negative Ladung und das andere Sauerstoffatom eine positive Ladung. Daher haben diese Atome im Resonanzhybrid eine positive bzw. negative Partialladung. Das Sauerstoffatom mit negativer Partialladung ist die stärkere Base, wird also in saurer Lösung am schnellsten protoniert.

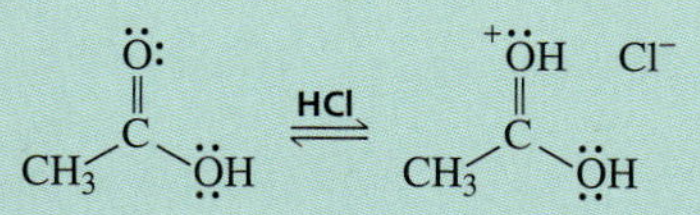

Ü 34 Geben Sie für jede der folgenden Verbindungen an, welche der Atome in saurer Lösung zuerst protoniert wird.

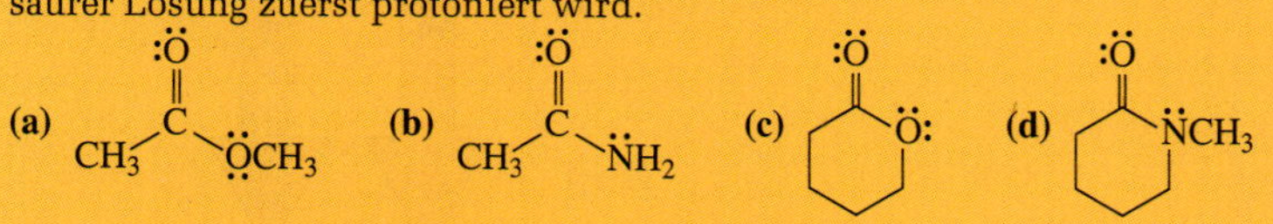

Ü 35* Zeichnen Sie die mesomeren Grenzstrukturen für:

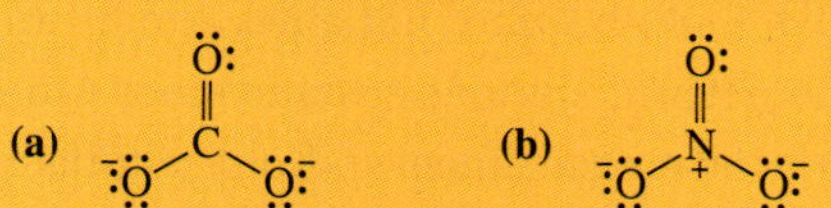

Ü 36* Was ist die stärkere Säure? Warum?

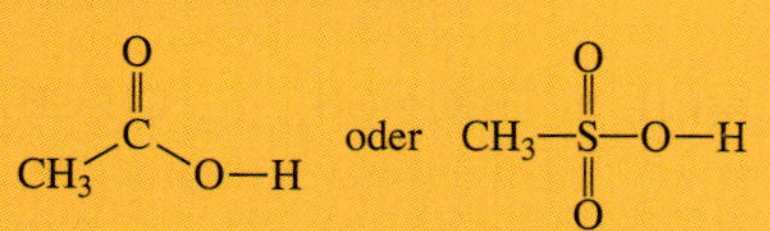

Ü 37 Fosamax (oben gezeigt) hat sechs saure Gruppen. Die aktive Form des Medikaments, die zwei seiner Protonen abgeben hat, ist dort dargestellt. (Beachten Sie, dass das Phosphoratom in Fosamax und das Schwefelatom aus Übung 36 von mehr als acht Elektronen umgeben sein können, da sie sich im Periodensystem unter der zweiten Reihe befinden.)

(a) Warum sind die OH-Gruppen, die an Phosphor gebunden sind, die stärksten Säuren der sechs Gruppen?

(b) Welche der verbleibenden vier Gruppen ist die schwächste Säure?

Zusammenfassung der Faktoren, die die Säurestärke bestimmen 2.9

Wir haben gelernt, dass die Säurestärke von fünf Faktoren abhängt: der *Größe* des Atoms, mit dem das Wasserstoffatom verbunden ist; seiner *Elektronegativität*; seinem *Hybridisierungszustand* sowie von *induktiven Effekten* und der *Elektronendelokalisation*. Alle fünf Faktoren wirken sich stabilisierend auf die konjugierte Base aus und beeinflussen so die Säurestärke.

1 **Größe:** Bei zunehmender Größe des Atoms, mit dem das Wasserstoffatom verbunden ist (d. h. wenn man in der Gruppe des Periodensystems abwärts geht), nimmt auch die Säurestärke zu.

2 **Elektronegativität:** Bei zunehmender Elektronegativität des Atoms, mit dem das Wasserstoffatom verbunden ist (d. h. wenn man in der Reihe des Periodensystems nach rechts geht), nimmt auch die Säurestärke zu.

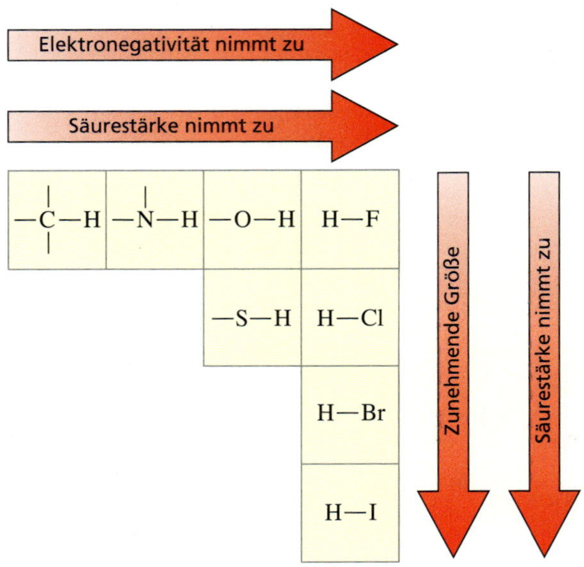

3 **Hybridisierungszustand:** Die relative Elektronegativität eines Atoms folgt der Regel $sp > sp^2 > sp^3$. Da sich der Hybridisierungszustand eines Atoms auf dessen Elektronegativität auswirkt, ist ein mit einem *sp*-Kohlenstoffatom verbundenes Wasserstoffatom am stärksten, ein mit einem sp^3-Kohlenstoffatom verbundenes Wasserstoffatom am schwächsten sauer.

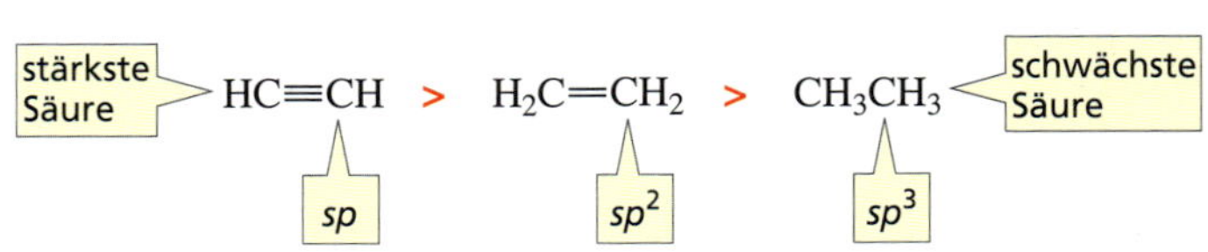

4 **Induktiver Effekt:** Eine Gruppe mit induktivem Elektronenzug vergrößert die Säurestärke – je elektronegativer die Gruppe mit induktivem Elektronenzug ist und je näher sie am sauren Wasserstoffatom liegt, desto stärker ist die Säure.

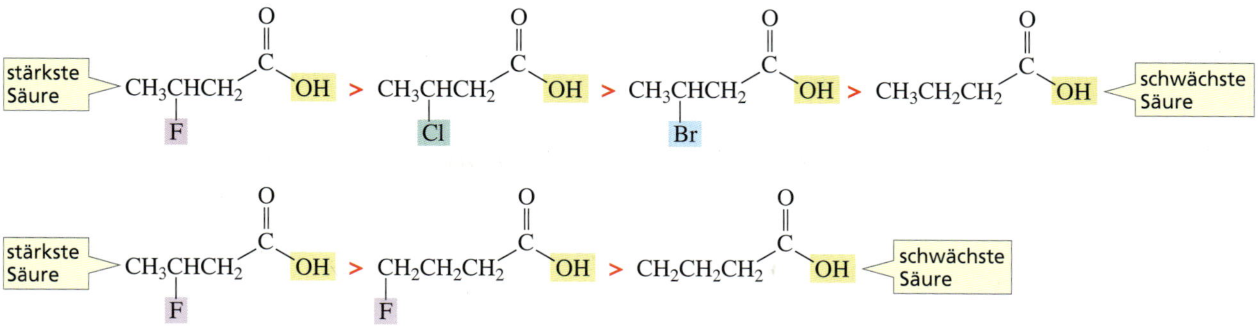

5 **Elektronendelokalisation:** Eine Säure, deren konjugierte Base delokalisierte Elektronen aufweist, ist stärker als eine Säure, in deren konjugierter Base alle Elektronen lokalisiert sind.

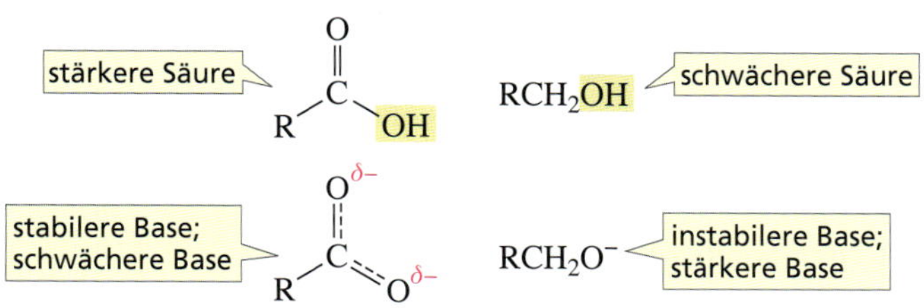

Ü 38* Beantworten Sie unter Verwendung der pK_S-Werte aus Anhang B die folgenden Fragen:

(a) Welches ist die am stärksten saure organische Verbindung in Anhang B?

(b) Welches ist die am wenigsten saure organische Verbindung in Anhang B?

(c) Welches ist die stärkste Carbonsäure in Anhang B?

(d) Was ist elektronegativer, ein sp^3-hybridisiertes Sauerstoffatom oder ein sp^2-hybridisiertes? (*Hinweis:* Suchen Sie sich eine Verbindung aus dem Anhang B aus, die ein Wasserstoffatom trägt, das an ein sp^2-hybridisiertes Sauerstoffatom gebunden ist und eine weitere mit einem an ein sp^3-hybridisiertes Sauerstoffatom gebundenes Wasserstoffatom, und vergleichen Sie die pK_S-Werte der Verbindungen.)

(e) Wie verhalten sich die relativen Elektronegativitäten von sp^3-, sp^2- und sp-hybridisierten Stickstoffatomen?

Der Effekt des pH-Wertes auf die Struktur organischer Verbindungen 2.10

Ob eine gegebene Säure in wässriger Lösung ein Proton abdissoziieren wird, hängt vom pK_S-Wert der Säure und vom pH-Wert der Lösung ab. Die quantitative Beziehung zwischen den beiden Größen wird durch die **Henderson-Hasselbalch-Gleichung** beschrieben. (Ihre Ableitung finden Sie auf den nächsten Seiten.)

Die Henderson-Hasselbalch-Gleichung

$$pK_S = pH + \log \frac{[HA]}{[A^-]}$$

Bei ihr handelt es sich um eine außerordentlich nützliche Gleichung, da sie uns mitteilt, ob eine Verbindung bei einem bestimmten pH-Wert in der Säureform (mit dem gebundenen Proton) oder in der Basenform (ohne Proton) vorliegt. Dieses Wissen wird sehr wichtig werden, wenn wir die Reaktivität von organischen Verbindungen betrachten werden.

saure Form		basische Form
RCOOH	$\rightleftharpoons$	$RCOO^- + H^+$
ROH	$\rightleftharpoons$	$RO^- + H^+$
$R\overset{+}{N}H_3$	$\rightleftharpoons$	$RNH_2 + H^+$

MERKE!

Eine Verbindung wird vorzugsweise in ihrer Säureform vorliegen, wenn der pH-Wert der Lösung kleiner als ihr pK_S-Wert ist.

Eine Verbindung wird vorzugsweise in ihrer Basenform vorliegen, wenn der pH-Wert der Lösung größer als ihr pK_S-Wert ist.

Die Henderson-Hasselbalch-Gleichung besagt:

- Wenn der pH-Wert einer Lösung gleich dem pK_S-Wert der Säure ist, ist die Konzentration der undissoziierten Form [HA] gleich der Konzentration der dissoziierten Form [A^-] (da log 1 = 0).
- Falls der pH-Wert der Lösung kleiner als der pK_S-Wert der Säure ist, liegt die Verbindung bevorzugt in der Säureform vor.
- Ist der pH-Wert der Lösung größer als der pK_S-Wert der Säure, so liegt die Verbindung überwiegend in der Basenform vor.

Mit anderen Worten:

Verbindungen liegen vorzugsweise dann in der Säureform vor, wenn die Lösung, in der sie sich befinden, stärker sauer ist, als es ihrem pK_S-Wert entspricht; sie liegen vorzugsweise in der Basenform vor, wenn der pH-Wert der Lösung höher (basischer) ist als der pK_S-Wert der Säure.

STRATEGIEN ZUR PROBLEMLÖSUNG

Ermittlung der Struktur bei gegebenem pH-Wert

In welcher Form wird das Molekül folgender Verbindungen in einer Lösung mit pH = 5,5 wahrscheinlich vorliegen?

(a) CH_3CH_2OH (pK_S = 15,9)
(b) $CH_3CH_2\overset{+}{O}H_2$ (pK_S = –2,5)
(c) $CH_3\overset{+}{N}H_3$ (pK_S = 11,0)

Für diese Frage müssen wir den pH-Wert der Lösung mit dem pK_S-Wert des dissoziierbaren Protons vergleichen.

(a) Der pH-Wert der Lösung ist saurer (5,5) als der pK_S-Wert der OH-Gruppe (15,9). Daher wird die Verbindung vorwiegend (mit ihrem Proton) in der Form CH_3CH_2OH vorliegen.
(b) Der pH-Wert der Lösung ist basischer (5,5) als der pK_S-Wert der $\overset{+}{O}H_2$-Gruppe (–2,5). Daher wird die Verbindung vorwiegend (ohne ihr Proton) in der Form CH_3CH_2OH vorliegen.
(c) Der pH-Wert der Lösung ist saurer (5,5) als der pK_S-Wert der $\overset{+}{N}H_3$-Gruppe (11,0). Daher wird die Verbindung vorwiegend (mit ihrem Proton) in der Form $CH_3\overset{+}{N}H_3$ vorliegen.

Ü 39* Zeichnen Sie für jede der folgenden Verbindungen, die in ihren sauren (protonierten) Formen dargestellt sind, diejenige Form des Moleküls, die bei einem pH-Wert von 5,5 in einer Lösung vorliegt:

(a) CH_3COOH (pK_S = 4,76)
(b) $CH_3CH_2\overset{+}{N}H_3$ (pK_S = 11,0)
(c) H_3O^+ (pK_S = –1,7)
(d) HBr (pK_S = –9)
(e) $^+NH_4$ (pK_S = 9,4)
(f) H≡CN (pK_S = 9,1)
(g) HNO_2 (pK_S = 3,4)
(h) HNO_3 (pK_S = –1,3)
(i) $HO\overset{+}{N}H_3$ (pK_S = 6,0)

Ü 40* Solange der pH-Wert nicht geringer als ________ ist, liegen mindestens 50 % eines protonierten Amins mit einem pK_S = 10,4 in seiner neutralen, unprotonierten Form vor.

Ü 41

(a) Geben Sie an, ob eine Carbonsäure (RCOOH) mit einem pK_S-Wert von 4,55 bei den folgenden pH-Werten überwiegend geladen (ionisch) oder neutral (undissoziiert) vorliegt:

1. pH = 1 **2.** pH = 3 **3.** pH = 5 **4.** pH = 7 **5.** pH = 10 **6.** pH = 13

Lösung

Bestimmen Sie zunächst, ob die Verbindung geladen oder neutral in ihrer sauren oder ihrer basischen Form ist: Eine Carbonsäure ist neutral in ihrer sauren Form (RCOOH) und geladen in ihrer basischen Form ($RCOO^-$). Vergleichen Sie dann den pH-Wert und den pK_S-Wert und erinnern Sie sich daran, dass mehr Moleküle in ihrer sauren Form vorliegen, wenn der pH-Wert kleiner als der pK_S-Wert der Verbindung ist. Anders herum liegen mehr Moleküle in ihrer basischen Form vor, wenn der pH-Wert größer als der pK_S-Wert der Verbindung ist. Daher liegen bei pH = 1 und 3 mehr neutrale Moleküle vor und bei pH = 5, 7, 10 und 13 mehr geladene Moleküle

Ü 42*

(a) Geben Sie an, ob ein protoniertes Amin ($R\overset{+}{N}H_3$) mit einem pK_S-Wert von 9 mehr neutrale oder geladene Spezies bildet, wenn Sie pK_S-Werte aus Übung 41 vorliegen.

(b) Geben Sie an, ob ein Alkohol (ROH) mit einem pK_S-Wert von 15 mehr neutrale oder geladene Spezies bildet, wenn Sie pK_S-Werte aus Übung 41 vorliegen.

Ü 43 Eine natürlich vorkommende Aminosäure wie Alanin trägt eine Carboxylgruppe und ein protoniertes Amin. Die pK_S-Werte dieser Gruppen sind unten gezeigt.

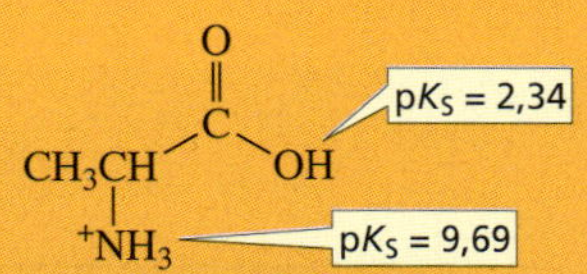

protoniertes Alanin
eine protonierte Aminosäure

(a) Wenn der pK_S-Wert einer Carbonsäure (so wie Essigsäure) um 5 liegt (siehe ▶ Tabelle 2.1), warum ist der pK_S-Wert der Carbonsäure in Alanin so viel niedriger?

(b) Zeichnen sie die Struktur von Alanin in Lösung bei pH = 0.

(c) Zeichnen sie die Struktur von Alanin in Lösung bei physiologischem pH (pH = 7,4).

(d) Zeichnen sie die Struktur von Alanin in Lösung bei pH = 12.

(e) Gibt es einen pH-Wert, bei dem Alanin ungeladen vorliegt?

(f) Bei welchem pH-Wert hat Alanin keine Nettoladung (bei dem sich negative und positive Ladungen ausgleichen)?

MERKE!

Die Umgebung gibt die Form vor. Eine Verbindung nimmt in einer sauren Umgebung (pH < pK_S) hauptsächlich ihre Säureform an, während sie in einer basischen Umgebung (pH > pK_S) in ihrer Basenform vorliegt.

Bei bekanntem pH-Wert und bekannter Säuredissoziationskonstante lassen sich die Mengen der undissoziierten Säure und der konjugierten Base berechnen.

Wenn beispielsweise eine Verbindung mit einem pK_S-Wert von 5,2 in einer Lösung vom pH-Wert 5,2 vorliegt, besteht die Hälfte der Moleküle aus undissoziierten Säuremolekülen und die andere Hälfte aus dissoziierten Molekülen der konjugierten Base (► Abbildung 2.1). Falls der pH-Wert um eine Einheit (eine Zehnerpotenz) kleiner ist als der pK_S-Wert (pH = 4,2), liegt zehnmal so viel der Verbindung in der undissoziierten Säureform vor als in der basischen, anionischen Form (da log 10 = 1).

$$5.2 = 4.2 + \log\frac{[HA]}{[A^-]}$$

$$1.0 = \log\frac{[HA]}{[A^-]} = \log\frac{10}{1}$$

Falls der pH-Wert um zwei Einheiten kleiner ist als der pK_S-Wert (pH = 3,2), liegen hundert mal so viele Moleküle undissoziiert vor wie in der dissoziierten, anionischen Basenform (da log 100 = 2). Falls der pH-Wert 6,2 beträgt, liegen zehnmal so viele Moleküle der Verbindung in der Basenform (als dissoziiertes Anion) vor als in der Säureform, und bei pH = 7,2 liegen hundertmal so viele Moleküle in der dissoziierten Form vor wie bei pH = 5,2.

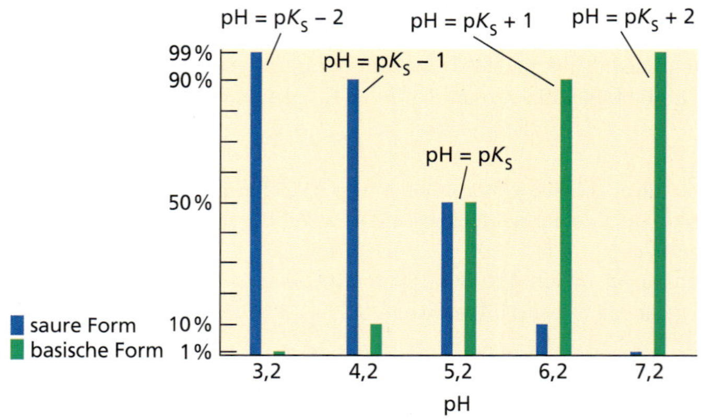

Abbildung 2.1: Die relativen Mengen der protonierten und der deprotonierten Form einer Verbindung vom pK_S-Wert 5,2 bei verschiedenen pH-Werten.

HINTERGRUND

Ableitung der Henderson-Hasselbalch-Gleichung

Die Henderson-Hasselbalch-Gleichung kann aus dem Massenwirkungsgesetz für die Protolysereaktion hergeleitet werden:

$$K_S = \frac{[H_3O^+][A^-]}{[HA]}$$

Logarithmiert man beide Seiten der Gleichung und multipliziert die Gleichung mit –1, so erhält man

$$\log K_S = \log\,[H_3O^+] + \log\frac{[A^-]}{[HA]} \quad \text{und} \quad -\log K_S = -\log\,[H_3O^+] - \log\frac{[A^-]}{[HA]}$$

Unter Beachtung der Tatsache, dass sich bei der Vertauschung von Zähler und Nenner eines Bruches das Vorzeichen des Logarithmus ändert, gibt die Substitution

$$pK_S = pH + \log\frac{[HA]}{[A^-]}$$

Wir erinnern uns, dass pH = $-\log\,[H_3O^+]$.

Ü 44

(a) Bei welchem pH-Wert ist die Konzentration einer Verbindung mit einem pK_S-Wert von 8,4 in der basischen Form 100-mal größer als in der Säureform?

(b) Bei welchem pH-Wert ist die Konzentration einer Verbindung mit einem pK_S-Wert von 3,7 in der Säureform 10-mal größer als in der basischen Form?

Lösung zu 44 (a)

Wenn die Konzentration in der basischen Form 100-mal größer ist als die Konzentration der sauren Form, dann ergibt die Henderson-Hasselbalch-Gleichung:

$$pK_S = pH + \log 1/100$$
$$8{,}4 = pH + \log 0{,}01$$
$$8{,}4 = pH - 2$$
$$pH = 10{,}4$$

Es gibt sogar einen schnelleren Weg, die Antwort zu erhalten: Wenn 100-mal mehr Moleküle in ihrer basischen Form als in der sauren Form vorliegen, dann muss der pH zwei Einheiten basischer sein als der pK_S-Wert. Daher gilt: pH = 8,4 + 2,0 = 10,4

Lösung zu 44 (b)

Wenn 10-mal mehr Moleküle in der sauren Form vorliegen, dann ist der pH eine Einheit geringer als der pK_S-Wert. In diesem Fall gilt: pH = 3,7 – 1,0 = 2,7

Ü 45*

(a) Bei welchem pH-Wert ist die Konzentration einer Verbindung mit einem pK_S-Wert von 8,4 in der Säureform 100-mal größer als in der basischen Form?

(b) Bei welchem pH-Wert liegen 50 % einer Verbindung mit einem pK_S-Wert von 7,3 in der basischen Form vor?

(c) Bei welchem pH-Wert ist die Konzentration einer Verbindung mit einem pK_S-Wert von 4,6 in der basischen Form 10-mal größer als in der Säureform?

Ü 46* Geben Sie für jede der Verbindungen den pH-Wert an, bei dem

(a) 50 % der Verbindung in der geladenen Molekülform vorliegt.

(b) mehr als 99 % der Verbindung in der geladenen Molekülform vorliegt.

1. CH_3CH_3COOH (pK_S = 4,9) **2.** $CH_3\overset{+}{N}H_3$ (pK_S = 10,7)

Die Henderson-Hasselbalch-Gleichung kann im Laboratorium sehr nützlich sein, wenn Verbindungen voneinander getrennt werden müssen. Wasser und Diethylether ($H_5C_2OC_2H_5$) sind nichtmischbare Flüssigkeiten und bilden daher bei ihrer Vermischung zwei getrennte Schichten (Phasen).

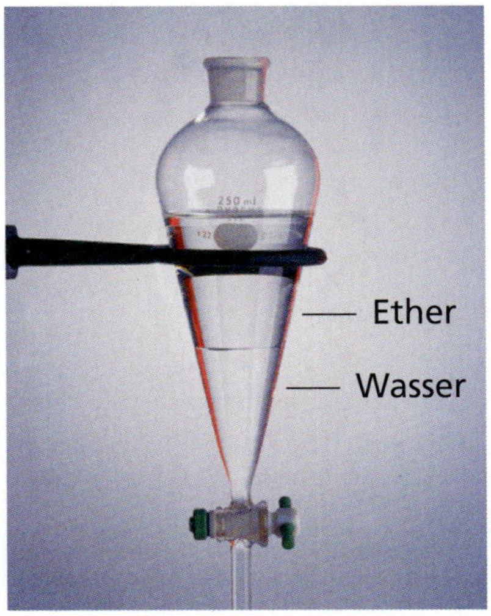

- Geladene Verbindungen sind leichter in Wasser löslich als in Diethylether.
- Ungeladene Verbindungen sind in der Regel leichter löslich in Diethylether als in Wasser.

Zwei Verbindungen wie eine Carbonsäure (RCOOH) mit einem pK_S-Wert von 5,0 und ein protoniertes Amin ($R\overset{+}{N}H_3$) mit einem pK_S-Wert von 10,0, die in einer Mischung von Wasser und Diethylether gelöst werden, können durch Veränderung des pH-Wertes der wässrigen Phase voneinander getrennt werden. Falls der pH-Wert der wässrigen Phase beispielsweise 2 beträgt, liegen sowohl die Carbonsäure als auch das Amin in ihrer Säureform vor, da der pH-Wert der wässrigen Lösung kleiner ist als die pK_S-Werte beider Verbindungen. Die saure Form der Carbonsäure ist ein elektrisch neutrales Molekül, während die saure Form des Amins geladen ist. Die Carbonsäure ist daher in der Etherphase besser löslich, während das protonierte Amin (das quaternäre Ammoniumion) besser in der wässrigen Phase löslich ist.

Zur bestmöglichen Trennung ist es am günstigsten, wenn der pH-Wert der wässrigen Phase wenigstens zwei Einheiten vom pK_S-Wert der Verbindung entfernt ist. Dann betragen die Mengenverhältnisse der Verbindungen in ihrer Säure- und ihrer Basenform mindestens 100 : 1 (▶ Abbildung 2.1).

Ü 47 mit Lösung

$C_6H_{11}COOH$ hat einen pK_S-Wert = 4,8 und $C_6H_{11}\overset{+}{N}H_3$ hat einen pK_S-Wert = 10,7, bei welchem pH Wert würden sich beide Verbindungen in Wasser lösen?

Lösung

Die Verbindungen müssen geladen sein, um sich in der wässrigen Phase zu lösen. Die Carbonsäure ist in ihrer basischen Form geladen – dem Carboxylation. Damit mehr als 99 % der Carbonsäure in der basischen Form vorliegen, muss der pH mindestens zwei Einheiten *größer* sein als der pK_S-Wert der Verbindung. Daher muss das Wasser einen pH > 6,8 aufweisen. Das Amin ist in seiner sauren Form geladen – dem Ammoniumion. Damit mehr als 99 Prozent des Amins in der sauren Form vorliegen, muss der pH mindestens zwei Einheiten *geringer* sein als der pK_S-Wert des Ammoniumions. Daher sollte der pH-Wert kleiner als 8,7 sein. Beide Verbindungen werden sich daher in Wasser lösen, wenn der pH-Wert zwischen 6,8–8,7 liegt. Ein pH-Wert in der Mitte dieses Bereichs (z.B. 7,7) ist eine gute Wahl.

Ü 48* Verbinden Sie die Daten aus Übung 47:

(a) Bei welchem pH-Wert würde sich die Carbonsäure in Wasser lösen und das Amin in der Etherphase?

(b) Bei welchem pH-Wert oder sich die Carbonsäure in Ether lösen und das Amine im Wasser?

HINTERGRUND

■ Aspirin muss in der basischen Form vorliegen und physiologisch aktiv zu sein

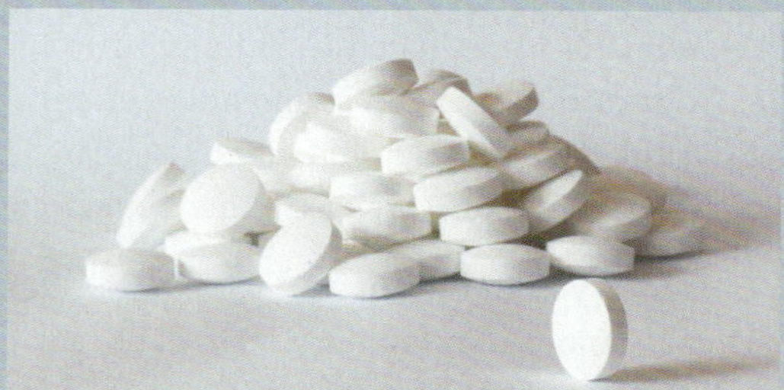

Aspirin wurde seit seiner Kommerzialisierung im Jahr 1899 genutzt um Fieber, leichte Schmerzen und Entzündungen zu behandeln. Es war das erste Medikament das klinisch getestet wurde, bevor es verkauft wurde (Abschnitt 7.0). Gegenwärtig ist es eines der am meisten verwendeten Medikamente weltweit. Es ist frei verkäuflich und gehört zu der Gruppe der sogenannten NSAIDs (von engl. *nonsteroidal anti-inflammatory drugs* = nicht steroidosche Entzündungshemmer).

Aspirin ist eine Carbonsäure. Wenn wir uns die Reaktion ansehen (Abschnitt 15.9), die für die fiebersenkende, schmerzstillende und antientzündliche Wirkung des Aspirins verantwortlich sind, werden wir feststellen, dass die Carbonsäure in ihrer basischen Form vorliegen muss, um physiologisch aktiv zu sein. Die Carbonsäure-Gruppe hat einen pK_S-Wert von ungefähr 5. Daher nun liegt es im Magen (pH = 1–2,5) in seiner basischen Form vor. Die ungeladene Form des Aspirins kann leicht durch Membranen diffundieren, dies trifft nicht auf die negativ geladene Form zu. Sobald das Medikament in einer Zelle angekommen ist (pH = 7,4), wird ist die deprotoniert und kann die Reaktion, die für die positiven Eigenschaften verantwortlich ist, durchführen.

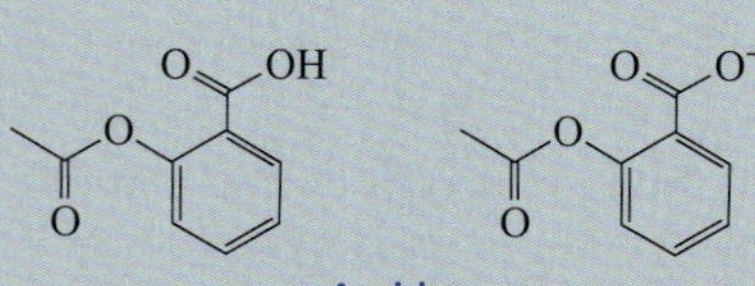

saure Form Aspirin basische Form

Die Nebenwirkungen des Aspirins (Magengeschwür und Blutungen) führten zur Entwicklung von anderen NSAIDs (Abschnitt 3.9). Die Behandlung mit Aspirin wurde zudem mit der Entwicklung des sogenannten Reye-Syndroms, einer seltenen aber schweren Erkrankung, die Kinder betrifft, die sich von einer viralen Infektion (wie einer Erkältung, der Grippe oder den Windpocken) erholen, in Verbindung gebracht. Daher wird nun empfohlen, dass niemand unter 16 Jahren mit Fieber Aspirin einnehmen soll.

Pufferlösungen 2.11

Die Lösung einer schwachen Säure (HA) und ihrer konjugierten Base wird als **Pufferlösung** bezeichnet. Die Komponenten von drei verschiedenen Pufferlösungen sind in folgenden gezeigt:

Essigsäure/ Natriumacetat	Ameisensäure/ Natriumformiat	Methylammoniumchlorid/ Methylamin
CH_3COOH	$HCOOH$	$CH_3\overset{+}{N}H_3\ Cl^-$
$CH_3COO^-\ Na^+$	$HCOO^-\ Na^+$	CH_3NH_2

Eine Pufferlösung ist eine Lösung, die ihren pH-Wert beinahe konstant hält, (in einem Bereich von einer pH-Einheit ober- und unterhalb des pK_S-Wertes der konjugierten Säure) wenn kleine Mengen einer Säure oder einer Base zugesetzt werden, da die schwache Säure ein Proton an ein beliebiges OH^--Ion abgeben kann, das der Lösung zugesetzt wird, und ihre konjugierte Base jedes Proton aufnehmen kann, das der Lösung zugesetzt wird.

Kann ein Proton an HO^- abgeben. $HA + HO^- \longrightarrow A^- + H_2O$

Kann ein Proton von H_3O^+ aufnehmen. $A^- + H_3O^+ \longrightarrow HA + H_2O$

Ü 49* Schreiben Sie die Reaktionsgleichung auf, die zeigt, wie eine durch Lösung von CH_3COOH und $CH_3COO^-Na^+$ in Wasser entstandene Pufferlösung verhindert, dass sich der pH-Wert der Lösung ändert, wenn:

(a) geringe Mengen von H^+ zur Lösung zugesetzt werden.

(b) geringe Mengen von HO^- zur Lösung zugesetzt werden.

Ü 50 mit Lösung

Sie planen eine Reaktion, bei der Hydroxidionen entstehen. Damit die Reaktion bei konstantem pH-Wert abläuft, wird sie bei pH = 4,2 gepuffert. Wäre es besser, die Reaktion in einem Ameisensäure/Formiat-Puffer oder in einem Essigsäure/Acetat-Puffer durchzuführen? (*Hinweis:* Der pK_S-Wert von Ameisensäure beträgt 3,75 und der von Essigsäure beträgt 4,76).

Lösung

Ein konstanter pH ist gewährleistet, da das produzierte Hydroxidion ein Proton von der sauren Form des Puffers aufnehmen kann. Daher hier ist es am besten einen Puffer zu wählen, der eine hohe Konzentration seiner sauren Form bei einem pH von 4,2 aufweist. Da der pK_S-Wert von Ameisensäure 3,75 ist, liegt den Großteil des Puffers bei pH = 4,2 in seiner basischen Form vor. Bei Essigsäure (mit einem pK_S-Wert von 4,76) liegen bei pH = 4,2 mehr Moleküle in der sauren Form vor. Daher ist der Essigsäure/Acetat-Puffer eine bessere Wahl für diese Reaktion.

HINTERGRUND

Blut: Eine gepufferte Lösung

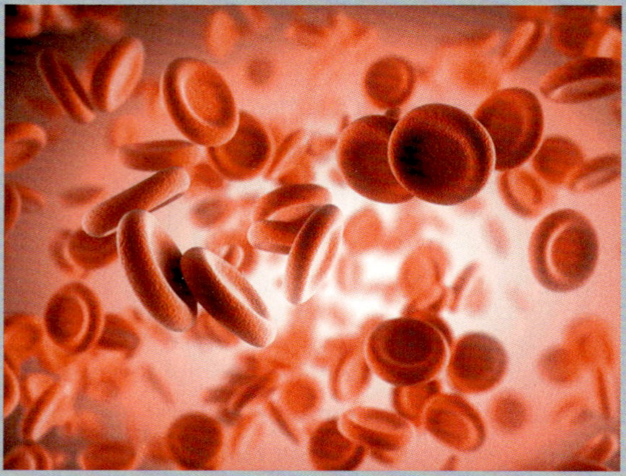

Blut ist die Körperflüssigkeit, die Sauerstoff zu allen Zellen des Körpers transportiert. Der normale pH-Wert des menschlichen Blutes ist 7,35 bis 7,45 (im Mittel 7,4). Der Tod tritt ein, wenn der pH-Wert des Blutes nur für Sekunden auf unter ca. 6,8 abfällt oder über ca. 8,0 ansteigt.

Der Sauerstoff wird von einem Protein namens Hämoglobin (HbH^+), das sich im Inneren der roten Blutkörperchen befindet, zu den Zellen befördert. Wenn das Hämoglobin ein O_2-Molekül bindet, verliert es ein Proton, das das Blut ansäuern würde, verfügte dieses nicht über ein Puffersystem, das den pH-Wert stabil hält.

$$HbH^+ + O_2 \rightleftharpoons HbO_2 + H^+$$

Ein Kohlensäure-/Hydrogencarbonat-Puffersytem (H_2CO_3/HCO_3^-) ist im Blut vorhanden, um dessen pH-Wert auszugleichen. Ein wichtiges Merkmal dieses Puffersystems ist, dass die Kohlensäure in H_2O und CO_2 zerfällt:

$$CO_2 + H_2O \rightleftharpoons \underset{\text{Kohlensäure}}{H_2CO_3} \rightleftharpoons \underset{\text{Hydrogencarbonat}}{HCO_3^-} + H^+$$

Bei körperlicher Anstrengung erhöht sich der Stoffwechsel und es werden große Mengen CO_2 produziert. Die höhere CO_2-Konzentration verschiebt das Gleichgewicht zwischen Kohlensäure und Hydrogencarbonat nach rechts, so dass die Konzentration an H^+ zunimmt. Im Verlauf körperlicher Anstrengung werden außerdem beachtliche Mengen an Milchsäure/Lactat gebildet, was die Menge an H^+ weiter erhöht. Rezeptoren im Gehirn reagieren auf die erhöhte Menge an H^+-Ionen und lösen einen Reflex aus, der die Atemfrequenz und die Atmungstiefe vergrößert. Hämoglobin vermehrt dann die Freisetzung von Sauerstoff in das Gewebe und die Eliminierung von Kohlendioxid durch Ausatmen. Beide Vorgänge setzen die H^+-Konzentration im Blut herab, indem sie das Gleichgewicht wieder nach links verschieben.

Folglich senkt jede Unregelmäßigkeit, die Atemfrequenz und Atmungstiefe vermindert – wie etwa ein Emphysem – den pH-Wert des Blutes. Dies wird Azidose genannt. Umgekehrt wird durch vermehrte Atemfrequenz und Atmungstiefe – wie etwa bei Hyperventilation – der pH-Wert des Blutes erhöht. Dies wird Alkalose genannt.

2.12 Lewis-Säuren und Lewis-Basen

Im Jahr 1923 stelle G. N. Lewis eine neuartige Definition der Begriffe „Säure“ und „Base“ vor.

Eine Säure ist eine Spezies, die ein Elektronenpaar akzeptiert und eine Base ist eine Spezies, die ein Elektronenpaar zur Verfügung stellt.

Alle Protonensäuren erfüllen gleichzeitig auch die Lewis'sche Definition einer Säure, da die Protonen- oder Brønsted-Säuren bei der Abgabe des Protons das bindende Elektronenpaar zurückbehalten (sie akzeptieren es).

MERKE!

Beachten Sie, dass gekrümmte Pfeile immer vom Ursprung der Elektronen zu ihrem Zielort zeigen.

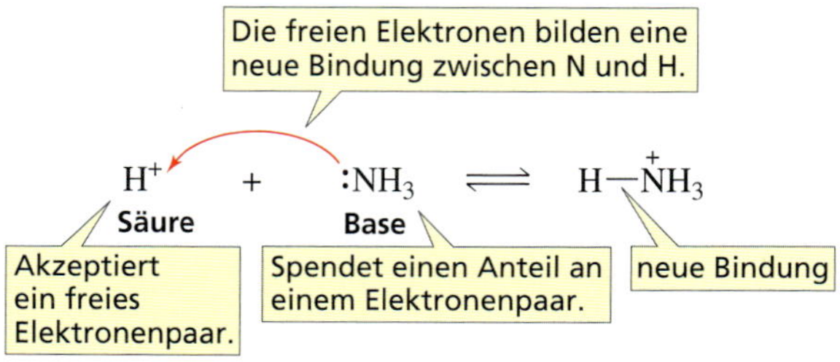

Die Lewis'sche Definition einer Säure ist weiter gefasst als die von Brønsted und Lowry, da sie nicht an die Anwesenheit dissoziierbarer Wasserstoffatome gebunden ist. Nach der Lewis'schen Definition sind Verbindungen wie Aluminiumchlorid ($AlCl_3$), Bortrifluorid (BF_3) und Boran (BH_3) Säuren, da sie unbesetzte Orbitale (Elektronenlücken) in ihren Valenzschalen aufweisen und darum ein Elektronenpaar unterbringen (akzeptieren) können. Diese Verbindungen reagieren mit Verbindungen, die freie Elektronenpaare besitzen (Elektronenpaardonatoren) in der gleichen Weise, wie ein Proton mit dem freien Elektronenpaar einer Brønsted-Base wie Ammoniak oder Wasser reagiert.

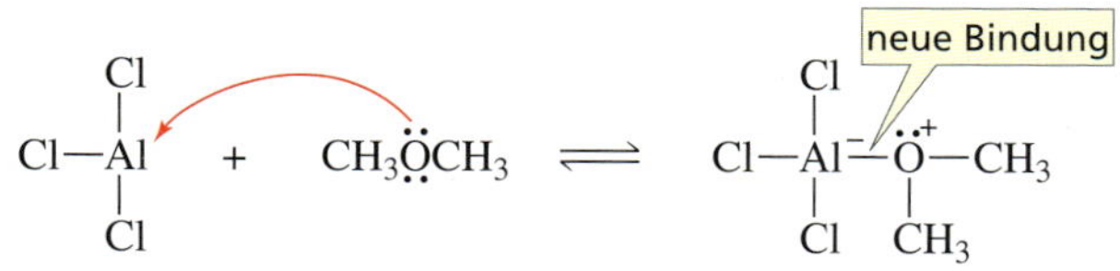

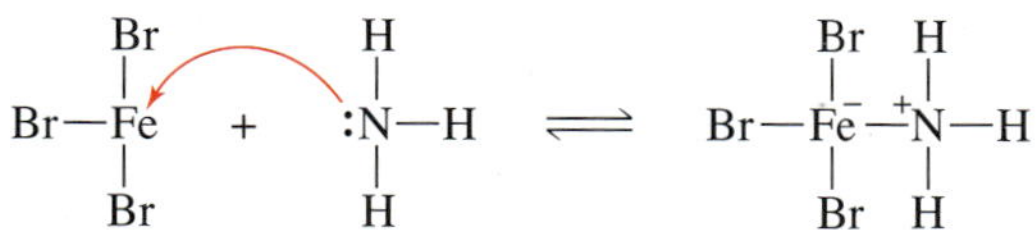

MERKE!

Lewis-Säuren nehmen ein Elektronenpaar auf.

Lewis-Basen gegen ein Elektronenpaar ab.

Die Lewis'sche Säuredefinition schließt somit die Protonensäuren ein plus einiger weiterer Verbindungen, die keine aziden Wasserstoffatome tragen. Im ganzen Buch ist mit dem einfachen Begriff „Säure" stets eine klassische Brønsted-/Protonen-Säure gemeint; der Begriff **Lewis-Säure** wird gezielt und explizit zur Charakterisierung von Verbindungen wie $AlCl_3$ und BF_3 benutzt.

Alle Basen sind **Lewis-Basen**, da sie freie Elektronenpaare besitzen, die für eine Bindung zur Verfügung stehen – entweder mit einem Atom wie Aluminium oder Bor oder einem Proton.

Ü 51 Welches sind die Produkte der folgenden Reaktionen? Von wo nach wo werden die Elektronenpaare übertragen?

(a) $ZnCl_2 + CH_3\ddot{O}H \rightleftharpoons$

(b) $FeBr_3 + :\ddot{Br}:^- \rightleftharpoons$

(c) $AlCl_3 + :\ddot{Cl}:^- \rightleftharpoons$

Ü 52 Beschreiben Sie, wie die folgenden Verbindungen mit Hydroxidionen (HO^-) reagieren:

(a) CH_3OH **(c)** $CH_3\overset{+}{N}H_3$ **(e)** $^+CH_3$ **(g)** $AlCl_3$

(b) $\overset{+}{N}H_4$ **(d)** BF_3 **(f)** $FeBr_3$ **(h)** CH_3COOH

Zusammenfassung

Abschnitt 2.1

- Eine **Säure** ist eine Spezies, die ein Proton abgeben kann; eine **Base** ist eine Spezies, die ein Proton aufnehmen kann.
- Die **Azidität** ist ein Maß für die Tendenz einer Verbindung ein Proton abzugeben.
- Die **Basizität** ist ein Maß für die Tendenz einer Verbindung ein Proton aufzunehmen.
- Eine starke Base hat eine hohe Affinität von ein Proton; eine schwache Base eine geringe Affinität.
- Je stärker eine Säure, desto schwächer ihre konjugierte Base.

Abschnitt 2.2

- Die Stärke einer Säure wird durch ihre **Dissoziationskonstante** (K_S) oder durch ihren pK_S-Wert angegeben.
- Je stärker eine Säure, desto kleiner ihr pK_S-Wert.
- Der **pH-Wert** einer Lösung gibt an, wie groß die Konzentration von Protonen in dieser Lösung ist. Je kleiner der pH-Wert, desto azider ist die Lösung.

Abschnitt 2.3

- Ungefähre pK_S-Werte lauten wie folgt: Protonierte Alkohole, protonierte Carbonsäuren und protoniertes Wasser < 0; Carbonsäuren ~5; protonierte Amine ~10; Alkohole und Wasser ~15.
- Gekrümmte Pfeile zeigen an, welche Bindungen bei einer Reaktion gebrochen und neu gebildet werden.

Abschnitt 2.4

- Der azidere von zwei Reaktanten gibt ein Proton in einer **Säure-Base-Reaktion** ab.

Abschnitt 2.5

- In einer Säure-Base-Reaktionen liegt das Gleichgewicht auf der Seite der schwächeren Säure.

Abschnitt 2.6

- Die Stärke einer Säure wird durch die Stabilität ihrer konjugierten Base bestimmt; die stabilere (schwächere) Base hat eine stärkere konjugierte Säure.
- Bei Atomen ähnlicher Größe ist das Proton der stärksten Säure an das elektronegativste Atom gebunden.
- Die Hybridisierung beeinflusst die Azidität, da ein *sp*-hybridisiertes Atom elektronegativer ist als ein sp^2-hybridisiertes Atom, welches wiederum elektronegativer ist als ein sp^3-hybridisiertes Atom.
- Bei Atom mit unterschiedlicher Größe ist dasjenige die stärkste Säure, bei der das Proton an das größte Atom gebunden ist.

Abschnitt 2.7

- Der **induktive Effekt** beeinflusst die Azidität einer Verbindung. Je elektronegativer eine elektronenziehende Gruppe ist und je näher sie dem aziden Wasserstoffatom ist, desto stärker ist die Säure.

Abschnitt 2.8

- **Delokalisierte Elektronen** (Elektronen, die von mehr als zwei Atomen geteilt werden) stabilisieren eine Verbindung.
- Ein **Resonanzhybrid** wird aus mehreren **mesomeren Grenzstrukturen** zusammengesetzt. Diese unterscheiden sich lediglich in der Verteilung ihrer π-Elektronen und freien Elektronenpaare.

Abschnitt 2.10

- Die **Henderson-Hasselbalch-Gleichung** beschreibt den Zusammenhang zwischen pK_S-Wert und pH-Wert. Eine Verbindung existiert primär in ihrer aziden Form (mit Proton) wenn der pH-Wert der Lösung azider (kleiner) als ihr pK_S-Wert ist. Die Verbindung existiert primär in ihrer basischen Form, wenn der pH-Wert basischer (größer) als ihr pK_S-Wert ist.

Abschnitt 2.11

- Eine **Pufferlösung** enthält eine schwache Säure und ihre konjugierte Base.

Abschnitt 2.12

- Eine **Lewis-Säure** ist eine Spezies die ein Elektronenpaar aufnehmen kann und eine **Lewis-Base** ist eine Spezies, die ein Elektronenpaar abgeben kann.
- In diesem Buch wird der Begriff *Säure* auf die Abgabe von Protonen bezogen; der Begriff **Lewis-Säure** wird genutzt, um auf Säuren zu verweisen, die keine Protonen abgeben können wie $AlCl_3$ oder BF_3.

Tutorial
Säuren und Basen

Dieses Tutorial dient dazu, um Sie zum Anwenden von Konzepten, die Sie in Kapitel 2 kennengelernt haben, zu motivieren. Die meisten Konzepte werden hier nicht noch einmal erläutert, da diese bereits in Kapitel 2 erklärt wurden.

Eine Säure und ihre konjugierte Base

Eine Säure ist eine Spezies, die ein Proton abgeben kann (nach der Definition von Brønsted-Lowry). Wenn eine Säure ein Proton (H^+) abgibt, wird sie zu ihrer konjugierten Base. Wenn das Proton abgegeben wird, behält die Säure jedoch das Elektronenpaar, mit dem das Proton an die Säure gebunden war.

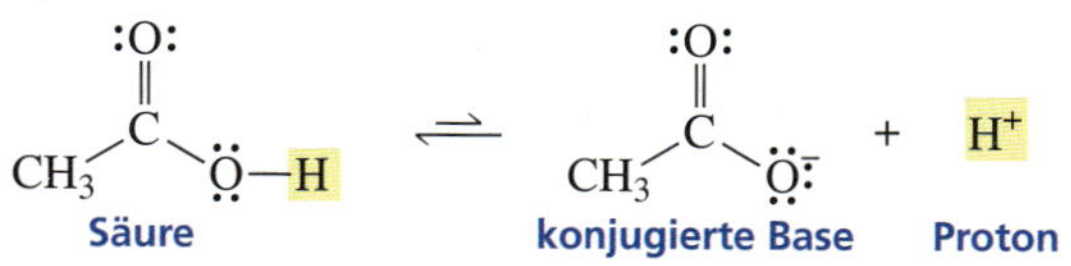

Oft werden freie Elektronenpaare und bindende Elektronen nicht gezeigt.

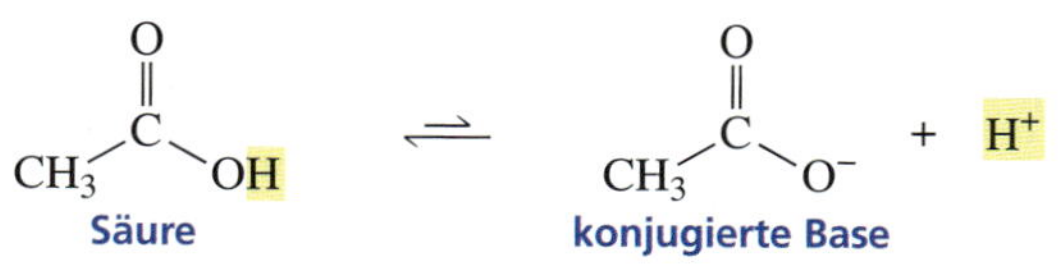

$$CH_3\overset{+}{O}H_2 \rightleftharpoons CH_3OH + H^+$$

Säure — konjugierte Base

Beachten Sie, dass eine neutrale Säure eine negativ geladene konjugierte Base bildet, während eine positiv geladene Säure eine neutrale konjugierte Base bildet. (Die Ladung wird um eins *verringert*, da die Säure H^+ *abgibt*.)

Ü 1 Zeichnen Sie die konjugierte Base für jede der folgenden Verbindungen:

(a) CH_3OH **(b)** $CH_3\overset{+}{N}H_3$ **(c)** CH_3NH_2 **(d)** H_3O^+ **(e)** H_2O

Eine Base und ihre konjugierte Säure

Eine Base ist eine Spezies, die ein Proton aufnehmen kann (nach der Definition von Brønsted-Lowry). Wenn eine Base ein Proton (H^+) aufnimmt, wird sie zu ihrer konjugierten Säure. Um ein Proton aufzunehmen, muss die Base ein freies Elektronenpaar besitzen, das es zur Ausbildung einer neuen Bindung nutzen kann.

$$CH_3\ddot{\underset{\cdot\cdot}{O}}{:}^- + H^+ \rightleftharpoons CH_3\ddot{\underset{\cdot\cdot}{O}}{-}H$$

Base — konjugierte Säure

Oft werden freie Elektronenpaare und bindende Elektronen nicht gezeigt.

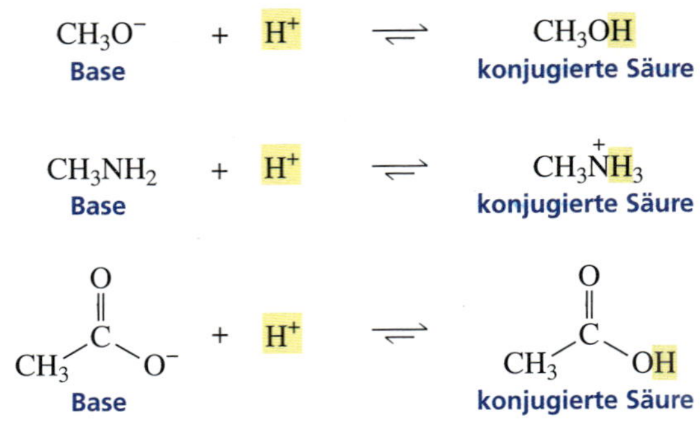

Beachten Sie, dass eine negativ geladene Base eine neutrale konjugierte Säure bildet, während eine neutrale Base eine positiv geladene konjugierte Säure bildet. (Die Ladung *erhöht* sich um eins, da die Verbindung H^+ *aufnimmt.*)

Ü 2 Zeichnen Sie die konjugierte Säure für jede der folgenden Basen:

(a) H_2O **(b)** HO^- **(c)** CH_3OH **(d)** NH_3 **(e)** Cl^-

Säure-Base-Reaktionen

Eine Säure kann ihr Proton nicht abgeben, solange keine Base präsent ist, um es aufzunehmen. Daher reagiert seine Säure immer mit einer Base. Die Reaktion einer Säure mit einer Base wird als Säure-Base-Reaktion bezeichnet oder auch als Protonenübertragungsreaktion. Die meisten Säure-Base-Reaktionen sind reversibel.

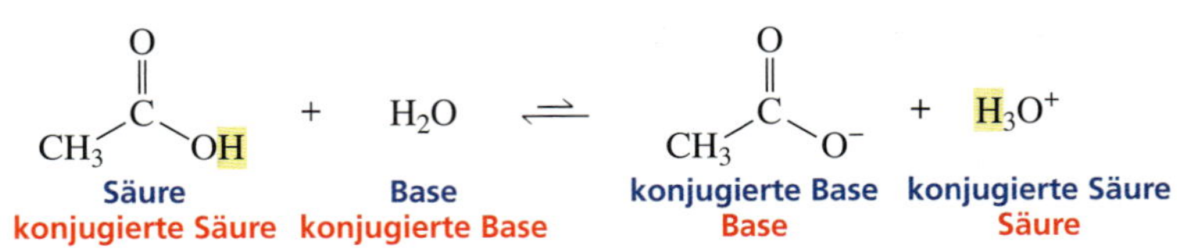

Beachten Sie, dass eine Säure mit einer Base in Vorwärtsrichtung (blaue Schrift) reagiert, dass gleiche aber auch für die Rückreaktion (rote Schrift) gilt.

Die Produkte von Säure-Base-Reaktionen

Sowohl CH_3COOH als auch H_2O in der oben gezeigten Reaktion haben Protonen, die abgegeben werden können (sie sind also beide Säuren). Allerdings besitzen auch beide freie Elektronenpaare, die eine Bindung mit einem Proton eingehen können (sind sind also auch beide Basen). Woher wissen wir nun, welcher Reaktant ein Proton verliert und welcher ein Proton aufnimmt? Die Antwort ist: Durch Vergleich der pK_S-Werte der Reaktanten; dieser Wert liegt bei 4,8 für CH_3COOH und bei 15,7 für H_2O. Die stärkere Säure (die mit dem niedrigerem pK_S-Wert) reagiert als Säure (und verliert ein Proton). Der andere Reaktant reagiert als Base (und nimmt ein Proton auf).

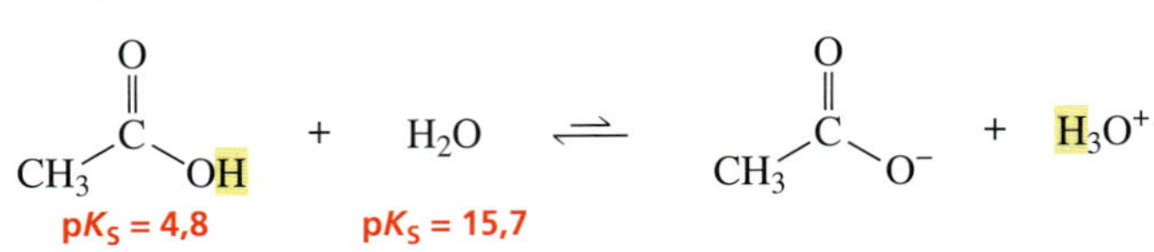

Ü 3 Zeichnen Sie die Produkte der folgenden Säure-Base-Reaktionen:

(a) $CH_3\overset{+}{N}H_3 + H_2O$ **(c)** $CH_3\overset{+}{N}H_3 + HO^-$
(b) $HBr + CH_3OH$ **(d)** $CH_3NH_2 + CH_3OH$

Die Lage des Gleichgewichts

Ob eine Säure-Base-Reaktion die Bildung der Produkte oder der Reaktanten bevorzugt, kann durch Vergleich der pK_S-Werte analysiert werden. Es müssen der pK_S-Wert der Säure, die in Proton aufnimmt, in vorwärts Richtung mit dem pK_S-Wert der Säure, die ein Proton abgibt, in rückwärts Richtung der Reaktion verglichen werden. Das Gleichgewicht bevorzugt die Bildung der schwächeren Säure aus der stärkeren Säure. Die folgende Reaktion bevorzugt die Bildung der Reaktanten, da $CH_3\overset{+}{O}H_2$ eine stärkere Säure ist als CH_3COOH.

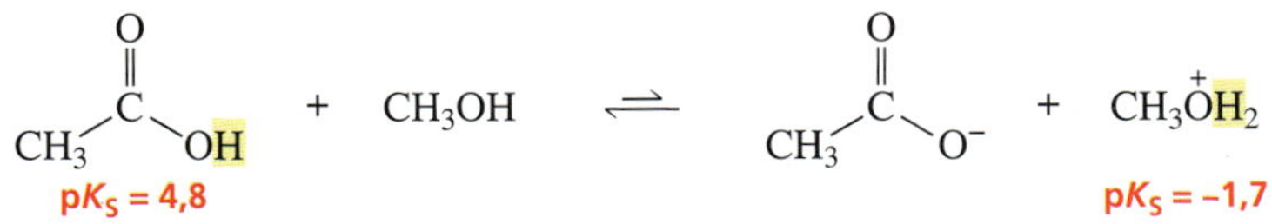

Die nächste Reaktion bevorzugt die Bildung der Produkte, da HCl eine stärkere Säure ist als $CH_3\overset{+}{N}H_3$.

$$\underset{pK_S = -7}{HCl} + CH_3NH_2 \rightleftharpoons Cl^- + \underset{pK_S = 10{,}7}{CH_3\overset{+}{N}H_3}$$

Ü 4 Welche der Reaktionen in Übung 3 fördert die Bildung der Reaktanten und welche die Bildung der Produkte? (Die pK_S-Werte können in den Abschnitten 2.3 und 2.6 gefunden werden.)

Die relative Stärke einer Säure: Wenn ein Proton mit Atomen ähnlicher Größe verbunden ist

Die Atome in der zweiten Reihe des Periodensystems haben eine ähnliche Größe, aber verschiedene Elektronegativitäten.

Relative Elektronegativitäten

C < N < O < F (am elektronegativsten)

Wenn Säuren Protonen besitzen, die an Atome ähnlicher Größe gebunden sind, ist die stärkste Säure diejenige, bei der das Proton an der elektronegativste Atom gebunden ist. Die relativen Säurestärken verlaufen wie folgt:

(stärkste Säure) $HF > H_2O > NH_3 > CH_4$ (schwächste Säure)

Ein positiv geladenes Atom ist elektronegativer als ein sonst identisches, neutrales Atom. Daher gilt:

$CH_3\overset{+}{N}H_3$	ist azider als	CH_3NH_2
$CH_3\overset{+}{O}H_2$	ist azider als	CH_3OH

Wenn die relative Stärke von zwei Säuren durch die Elektronegativitäten der verbunden Atome miteinander verglichen werden soll, müssen beide Atome die gleiche Ladung aufweisen. Dann gilt:

$CH_3\overset{+}{O}H_2$	ist azider als	$CH_3\overset{+}{N}H_3$
CH_3OH	ist azider als	CH_3NH_2

Ü 5 Was ist die stärkere Säure?

(a) CH_3OH oder CH_3CH_3
(b) CH_3OH oder HF
(c) CH_3NH_2 oder HF
(d) CH_3NH_2 oder CH_3OH

Der Effekt der Hybridisierung auf die Azidität

Die Elektronegativität eines Atoms hängt von seiner Hybridisierung ab.

am elektronegativsten: $sp > sp^2 > sp^3$

Auch hier bindet bei der stärkste Säure das Proton am elektronegativsten Atom. Daher verhält sich die Säurestärke wie folgt:

stärkste Säure $HC{\equiv}CH$ (sp) $>$ $H_2C{=}CH_2$ (sp^2) $>$ CH_3CH_3 (sp^3) schwächste Säure

Ü 6 Was ist die stärkere Säure?

(a) CH_3CH_3 oder $HC{\equiv}CH$
(b) $H_2C{=}CH_2$ oder $HC{\equiv}CH$
(c) $H_2C{=}CH_2$ oder CH_3CH_3

Die relative Stärke einer Säure: Wenn ein Proton mit Atomen stark unterschiedlicher Größe verbunden ist

Die Atome in einer Spalte des Periodensystems werden mit steigender Ordnungszahl beträchtlich größer.

am elektronegativsten $I^- > Br^- > CL^- > F^-$ am wenigsten elektronegativ

Beim Vergleich von zwei Säuren, bei denen die Protonen an Atome stark unterschiedlicher Größe gebunden sind, ist die Säure stärker, bei der das Proton an das größere Atom gebunden ist. Daher verlaufen die relativen Säurestärken wie folgt:

stärkste Säure $HI > HBr > HCl > HF$ schwächste Säure

Ü 7 Was ist die stärkere Säure? (*Hinweis:* Sie können das Periodensystem am Ende dieses Buches verwenden.)

(a) HCl oder HBr **(b)** CH_3OH oder CH_3SH

(c) HF oder HCl **(d)** H_2S oder H_2O

Der Effekt von induktivem Elektronenmangel auf die Azidität

Das Ersetzen von Wasserstoff mit einem elektronegativem Substituenten, der die Bindungselektronen zu sich selbst zieht, vergrößert die Stärke einer Säure.

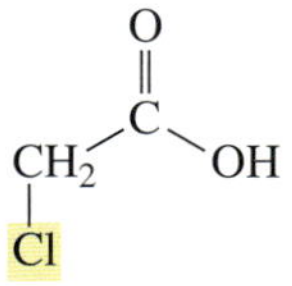 ist azider als 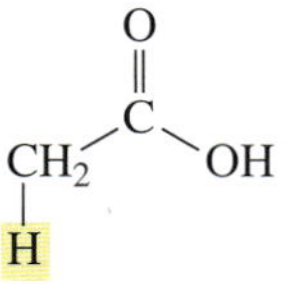

Die Halogene besitzen folgende relative Elektronegativitäten:

am elektronegativsten $F > Cl > Br > I$ am wenigsten elektronegativ

Je elektronegativer der Substituent ist, der Wasserstoff ersetzt, desto stärker die Säure.

stärkste Säure 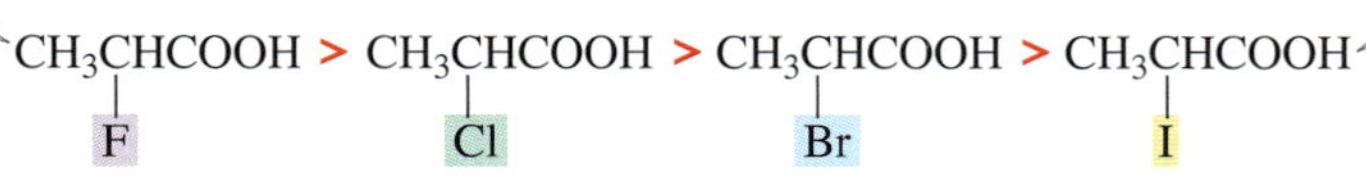 schwächste Säure

Je näher der elektronegative Substituent am aziden Proton liegt, desto stärker die Säure.
Daher verläuft die relative Säurestärke wie folgt:

stärkste Säure  schwächste Säure

Ü 8 Was ist die stärkere Säure?

(a) $ClCH_2CH_2OH$ oder FCH_2CH_2OH

(b) 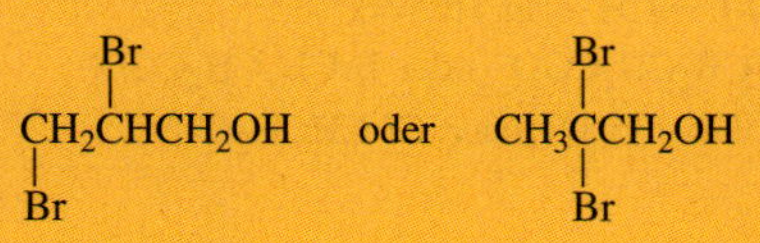

(c) $CH_3CH_2OCH_2OH$ oder $CH_3OCH_2CH_2OH$

(d) 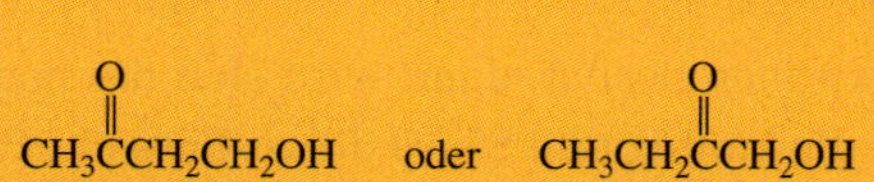

Die relative Stärke einer Base

Starke Basen teilen ihre Elektronen bereitwillig mit einem Proton. In anderen Worten ist die konjugierte Säure einer *starken* Base eine *schwache* Säure, die diese ihr Proton nicht so schnell abgeben wird. Das erlaubt uns zu sagen: *Je stärker eine Base, desto schwächer ihre konjugierte Säure* (oder auch *je stärker eine Säure, desto schwächer ihre konjugierte Base*).

Als Beispiel: Was ist die stärkere Base?

(a) CH_3O^- oder $CH_3\bar{N}H$ **(b)** $HC{\equiv}C^-$ oder $CH_3\bar{C}H_2$

Um diese Frage zu beantworten, müssen wir die konjugierten Säuren vergleichen:

(a) CH_3OH ist eine stärkere Säure als CH_3NH_2 (da O elektronegativer ist als N). Weil die stärkere Säure die schwächere konjugierte Base besitzt, muss $CH_3\bar{N}H$ eine stärkere Base sein als CH_3O^-.

(b) $HC{\equiv}CH$ ist eine stärkere Säure als CH_3CH_3 (ein *sp*-hybridisiertes Kohlenstoffatom ist elektronegativer als ein sp^3-hybridisiertes Kohlenstoffatom). Daher ist $CH_3\bar{C}H_2$ eine stärkere Base.

Ü 9 Was ist die stärkere Base?

(a) Br^- oder I^-
(b) CH_3O^- oder CH_3S^-
(c) $CH_3CH_2O^-$ oder CH_3COO^-
(d) $H_2C{=}\bar{C}H$ oder $HC{\equiv}C^-$
(e) $FCH_2CH_2COO^-$ oder $BrCH_2CH_2COO^-$
(f) $ClCH_2CH_2O^-$ oder $Cl_2CHCH_2O^-$

Schwache Basen sind stabile Basen

Schwache Basen sind stabil, weil sie die Elektronen gerne tragen, die sie vorher mit einem Proton teilten. Daher kann die Aussage getroffen werden , dass *je schwächer eine Base ist, desto stabiler ist sie auch*. Ebenfalls könnten wir sagen: *Je stärker eine Säure, desto stabiler (schwächer) ist ihre konjugierte Base.*

Zum Beispiel: Was ist die stabilere Base: Cl^- oder Br^-?

Um dies zu bestimmen, müssen wir einen Blick auf die konjugierten Säuren werfen:

HBr ist eine stärkere Säure als HCl (da Br größer ist als Cl). Daher ist Br^- eine stabilere (schwächere) Base.

Ü 10 Was ist die stabilere Base?

(a) Br^- oder I^-
(b) CH_3O^- oder CH_3S^-
(c) $CH_3CH_2O^-$ oder CH_3COO^-
(d) $H_2C{=}\bar{C}H$ oder $HC{\equiv}C^-$
(e) $FCH_2CH_2COO^-$ oder $BrCH_2CH_2COO^-$
(f) $ClCH_2CH_2O^-$ oder $Cl_2CHCH_2O^-$

Elektronendelokalisierung stabilisiert eine Base

Wenn eine Base lokalisierte Elektronen besitzt, dann wird sich die negative Ladung, die gebildet wird wenn die konjugierte Säure dieser Base ein Proton abgibt, nur an einem Atom befinden. Besitzt eine Base delokalisierte Elektronen, wir die negative Ladung, die bei der Abgabe eines Protons entsteht, von zwei (oder mehr) Atomen geteilt. Eine Base mit delokalisierten Elektronen ist stabiler als eine ähnliche Base mit lokalisierten Elektronen.

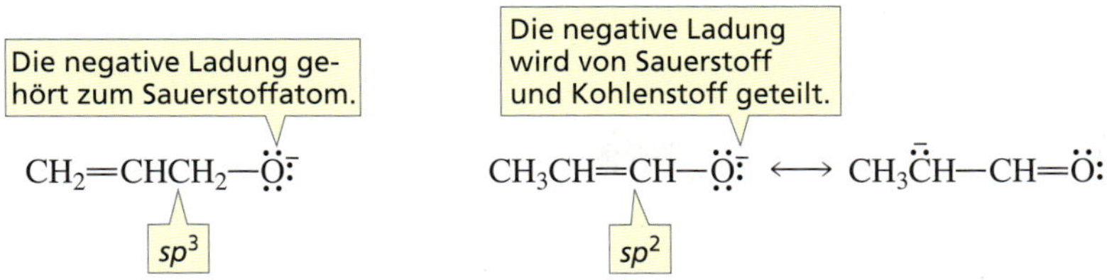

Um zu bestimmen ob eine Base delokalisierte Elektronen, muss man einfach die Elektronen betrachten, die zurückbleiben sobald die konjugierte Säure der Base ein Proton abgegeben hat.

- Falls diese Elektronen an ein sp^3-hybridisiertes Kohlenstoffatomen gebunden sind, dann gehören sie nur zu einem Atom – sie sind also lokalisiert.
- Falls diese Elektronen an ein sp^2-hybridisiertes Kohlenstoffatomen gebunden sind, dann sind diese Elektronen delokalisiert.

Ü 11 Was ist die stabilere Base?

(a) 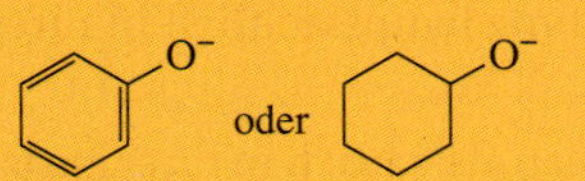

(b) 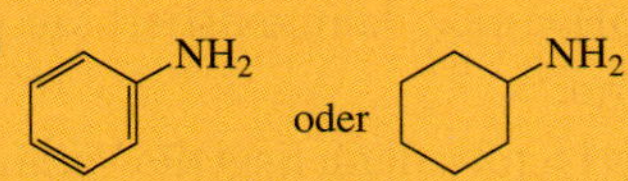

Erinnern sie sich daran, dass eine stabilere (schwächere Base) eine stärkere konjugierte Säure besitzt um Übung 12 zu lösen.

Ü 12 Was ist die stärkere Säure?

(a) 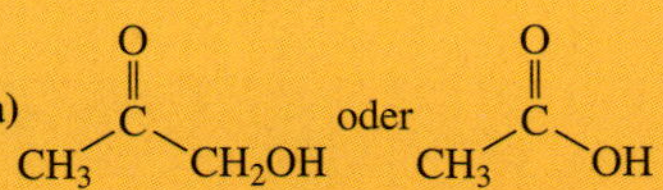

(b) 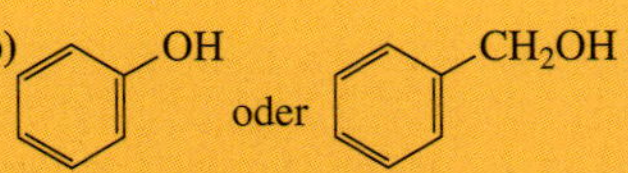

Verbindungen mit mehr als einer sauren Gruppe

Wenn eine Verbindung zwei saure funktionelle Gruppen besitzt, wird eine Base zuerst die saurere der beiden Gruppen deprotonieren. Wenn ein zweites Äquivalent Base zugegeben wird, wird die Base das Proton von der weniger aziden Gruppe entfernen.

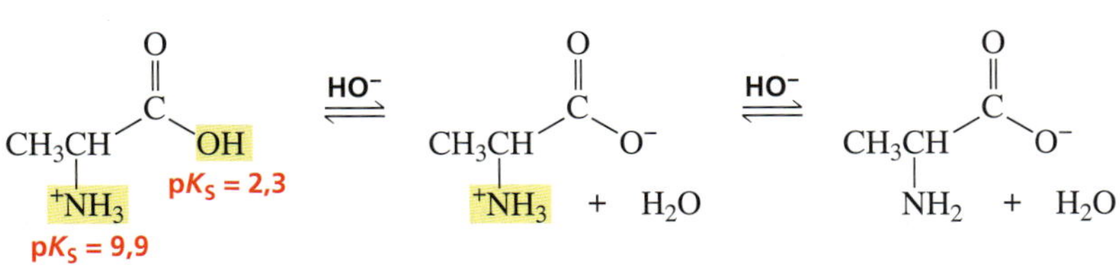

In ähnlicher Weise verhält es sich, wenn eine Verbindung zwei basische Gruppen besitzt. Die Säure wird zunächst die basischere der beiden Gruppen protonieren. Falls ein zweites Äquivalent Säure zugegeben wird, wird die weniger basische Gruppe protoniert.

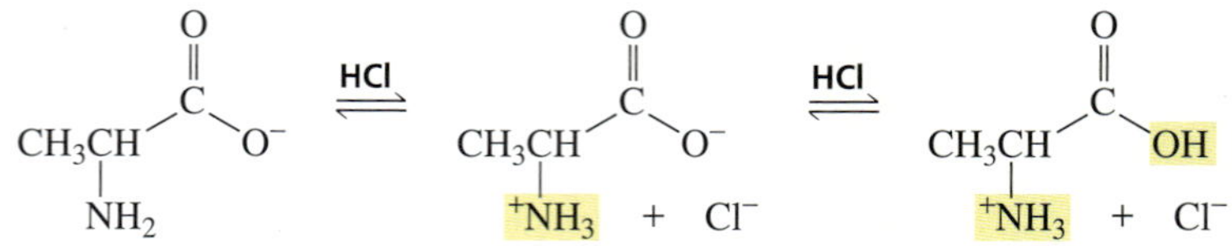

Ü 13

(a) Welche Spezies wird gebildet wenn ein Äquivalent HCl zu $HOCH_2CH_2NH_2$?

(b) Existiert die folgende Verbindung?

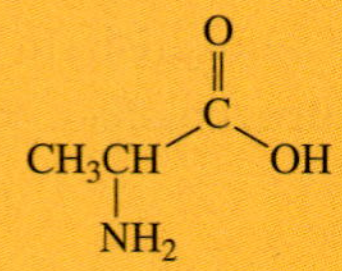

Der Effekt des pH-Wertes auf die Struktur

Ob eine Säure in ihrer aziden Form (mit ihrem Proton) oder ihrer basischen Form (ohne ihr Proton) hängt sowohl vom pK_S-Wert der Säure als auch vom pH-Wert der Lösung ab:

- Wenn $pH < pK_S$, dann existiert die Verbindung hauptsächlich in ihrer aziden Form.
- Wenn $pH > pK_S$, dann liegt die Verbindung hauptsächlich in ihrer basischen Form vor.

Anders ausgedrückt liegt eine Verbindung in ihrer aziden Form vor, wenn die Lösung saurer ist als der pK_S-Wert der Säure. Wenn die Lösung jedoch basischer ist als der pK_S-Wert der Säure, liegt sie in ihrer basischer Form vor.

Ü 14

(a) Zeichnen sie die Struktur von CH_3COOH ($pK_S = 4{,}7$) bei pH = 2, pH = 7 und pH = 10.

(b) Zeichnen sie die Struktur von CH_3OH ($pK_S = 15{,}5$) bei pH = 2, pH = 7 und pH = 10.

(c) Zeichnen sie die Struktur von $CH_3\overset{+}{N}H_3$ ($pK_S = 10{,}7$) bei pH = 2, pH = 7 und pH = 14.

Lösungen zu den Übungen „Säuren und Basen"

Lösung zu Übung 1

(a) CH_3O^- **(b)** CH_3NH_2 **(c)** $CH_3\bar{N}H$ **(d)** H_2O **(e)** HO^-

Lösung zu Übung 2

(a) H_3O^+ **(b)** H_2O **(c)** $CH_3\overset{+}{O}H_2$ **(d)** $^+NH_4$ **(e)** HCl

Lösung zu Übung 3

(a) $CH_3\overset{+}{N}H_3 + H_2O \rightleftharpoons CH_3NH_2 + H_3O^+$

(b) $HBr + CH_3OH \rightleftharpoons Br^- + CH_3\overset{+}{O}H_2$

(c) $CH_3\overset{+}{N}H_3 + HO^- \rightleftharpoons CH_3NH_2 + H_2O$

(d) $CH_3NH_2 + CH_3OH \rightleftharpoons CH_3\overset{+}{N}H_3 + CH_3O^-$

Lösung zu Übung 4

(a) Reaktanten **(b)** Produkte **(c)** Produkte **(d)** Reaktanten

Lösung zu Übung 5

(a) CH_3OH **(b)** HF **(c)** HF **(d)** CH_3OH

Lösung zu Übung 6

(a) $HC{\equiv}CH$ **(b)** $HC{\equiv}CH$ **(c)** $H_2C{=}CH_2$

Lösung zu Übung 7

(a) HBr **(b)** CH_3SH **(c)** HCl **(d)** H_2S

Lösung zu Übung 8

(a) FCH_2CH_2OH **(b)** $CH_3CBr_2CH_2OH$ **(c)** $CH_3CH_2OCH_2OH$ **(d)** $CH_3CH_2C(=O)CH_2OH$

Lösung zu Übung 9

(a) Br^-
(b) CH_3O^-
(c) $CH_3CH_2O^-$
(d) $H_2C{=}\bar{C}H$
(e) $BrCH_2CH_2COO^-$
(f) $ClCH_2CH_2O^-$

Lösung zu Übung 10

(a) I^-
(b) CH_3S^-
(c) CH_3COO^-
(d) $HC{\equiv}C^-$
(e) $FCH_2CH_2COO^-$
(f) $Cl_2CHCH_2O^-$

Lösung zu Übung 11

(a) 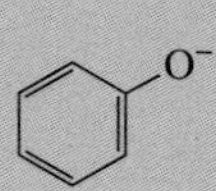

(b) 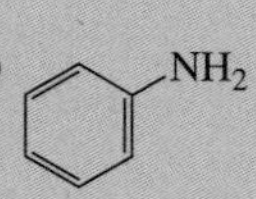

Lösung zu Übung 12

(a) 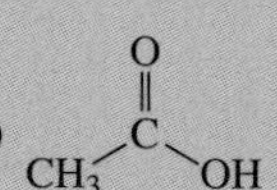

(b) 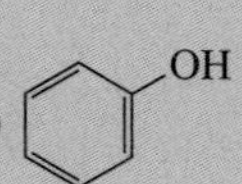

Lösung zu Übung 13

(a) $HOCH_2CH_2\overset{+}{N}H_3$

(b) Die Verbindung existiert nicht. Um es zu bilden, müsste ein Proton mit einem pK_S-Wert von 9,9 vor einer Gruppe mit einen pK_S-Wert von 2,3 deprotoniert werden. Dies ist nicht möglich; je niedriger der pK_S-Wert ist, desto stärker die Säure – und desto eher gibt diese ihr Proton ab. In anderen Worten kann eine schwache Säure ihr Proton nicht schneller abgeben als eine starke Säure.

Lösung zu Übung 14

(a) CH_3COOH	bei pH = 2, da $pH < pK_S$
CH_3COO^-	bei pH = 7 und 10, da $pH > pK_S$
(b) CH_3OH	bei pH = 2, 7 und 10, da $pH < pK_S$
(c) $CH_3\overset{+}{N}H_3$	bei pH = 2 und 7, da $pH < pK_S$
CH_3NH_2	bei pH = 14, da $pH > pK_S$

Einführung in organische Verbindungen: Nomenklatur, physikalische Eigenschaften und Struktur

3

3.1 Nomenklatur der Alkylradikale ... 144
3.2 Nomenklatur der Alkane ... 148
3.3 Nomenklatur der Cycloalkane/Gerüstformeln ... 154
3.4 Nomenklatur der Halogenalkane ... 156
3.5 Nomenklatur der Ether ... 158
3.6 Nomenklatur der Alkohole ... 159
3.7 Nomenklatur der Amine ... 162
3.8 Strukturen der Halogenalkane, Alkohole, Ether und Amine ... 165
3.9 Nichtkovalente Interaktionen ... 167
3.10 Die Löslichkeit von organischen Verbindungen ... 174
3.11 Rotation um Kohlenstoff-Kohlenstoff-Bindungen ... 177
3.12 Manche Cycloalkane weisen Ringspannung auf ... 182
3.13 Konformationen der Cyclohexane ... 185
3.14 Konformationen monosubstituierter Cyclohexane ... 188
3.15 Konformationen zweifach substituierter Cyclohexane ... 191
3.16 Annelierte Cyclohexane ... 196
Zusammenfassung ... 199

ÜBERBLICK

Eine Sonnenfinsternis tritt auf, wenn sich der Mond mit der Sonne ausrichtet und diese verdeckt. Ekliptische Konformere werden auf die gleiche Weise ausgerichtet.

Dieses Kapitel erklärt, warum Medikamente mit ähnlichen Wirkungen oft ähnliche Strukturen aufweisen, wie hohes Cholesterol klinisch behandelt wird, warum Fisch oft mit Zitrone serviert wird, wie die Octanzahl von Kraftstoff bestimmt wird und warum Stärke (eine Komponente von vielen Nahrungsmitteln) und Cellulose (ein strukturgebendes Pflanzenmaterial) unterschiedliche physikalische Eigenschaften haben, obwohl beide nur aus Glucose bestehen.

Dieses Buch unterteilt die Organische Chemie danach, wie organisch-chemische Verbindungen reagieren. Bei der Reaktion einer Verbindung entsteht zwangsweise immer eine neue Verbindung. Anders gesagt: Wenn wir lernen, wie organische Verbindungen reagieren, lernen wir gleichzeitig, wie man neue organische Verbindungen synthetisieren kann.

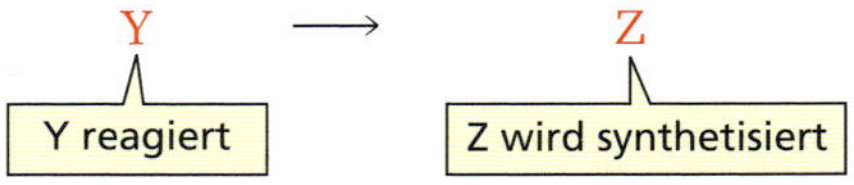

Die Hauptklassen organischer Verbindungen, die durch die Reaktionen, die wir in den Kapiteln 5 bis 12 kennen lernen werden, synthetisiert werden, sind Alkane, Halogenalkane, Ether, Alkohole und Amine. Wenn wir lernen, Verbindungen zu synthetisieren, müssen wir auch in der Lage sein, die Verbindungen zu benennen. Deshalb werden wir unser Studium der Organischen Chemie damit beginnen zu lernen, wie man die fünf genannten Klassen von Verbindungen richtig benennt.

Alkane

Alkane bestehen nur aus Kohlenstoff- und Wasserstoffatomen, und sie enthalten nur *Einfachbindungen*. Verbindungen, die nur Kohlenstoff und Wasserstoff enthalten, werden **Kohlenwasserstoffe** genannt. Ein Alkan ist also ein Kohlenwasserstoff, der nur Einfachbindungen besitzt.

Alkane, in denen die Kohlenstoffatome eine unverzweigte Kette bilden, heißen **geradkettige Alkane**. Die Namen der vier kürzesten geradkettigen Alkane haben historische Wurzeln, die anderen basieren auf griechischen Zahlen. Es ist wichtig, dass Sie zumindest die Namen der ersten zehn geradkettigen Alkane aus ▶ Tabelle 3.1 lernen.

Anzahl der Kohlenstoffatome	Summenformel (C_nH_{2n+2})	Name	Kondensierte Formel	Siedepunkt (°C)	Schmelzpunkt (°C)	Dichte* (g/ml)
1	CH_4	Methan	CH_4	–167,7	–182,5	
2	C_2H_6	Ethan	CH_3CH_3	–88,6	–183,3	
3	C_3H_8	Propan	$CH_3CH_2CH_3$	–42,1	–187,7	
4	C_4H_{10}	Butan	$CH_3(CH_2)_2CH_3$	–0,5	–138,3	
5	C_5H_{12}	Pentan	$CH_3(CH_2)_3CH_3$	36,1	–129,8	0,5572
6	C_6H_{14}	Hexan	$CH_3(CH_2)_4CH_3$	68,7	–95,3	0,6603
7	C_7H_{16}	Heptan	$CH_3(CH_2)_5CH_3$	98,4	–90,6	0,6837
8	C_8H_{18}	Octan	$CH_3(CH_2)_6CH_3$	127,7	–56,8	0,7026
9	C_9H_{20}	Nonan	$CH_3(CH_2)_7CH_3$	150,8	–53,5	0,7177
10	$C_{10}H_{22}$	Decan	$CH_3(CCH_2)_8CH_3$	174,0	–29,7	0,7299
11	$C_{11}H_{24}$	Undecan	$CH_3(CH_2)_9CH_3$	195,8	–25,6	0,7402
12	$C_{12}H_{26}$	Dodecan	$CH_3(CH_2)_{10}CH_3$	216,3	–9,6	0,7487
13	$C_{13}H_{28}$	Tridecan	$CH_3(CH_2)_{11}CH_3$	235,4	–5,5	0,7546
…	…	…	…	…	…	…
20	$C_{20}H_{42}$	Eicosan	$CH_3(CH_2)_{18}CH_3$	343,0	36,8	0,7886
21	$C_{21}H_{44}$	Heneicosan	$CH_3(CH_2)_{19}CH_3$	356,5	40,5	0,7917
…	…	…	…	…	…	…
30	$C_{30}H_{62}$	Triacotan	$CH_3(CH_2)_{28}CH_3$	449,7	65,8	0,8097

* Die Dichte ist natürlich temperaturabhängig. Die angegebenen Dichtewerte gelten für 20 °C ($d^{20°}$).

Tabelle 3.1: Nomenklatur und physikalische Eigenschaften geradkettiger Alkane.

Die Familie der Alkane, die in der Tabelle zusammengestellt sind, bilden eine **homologe Reihe** (*homos* von griechisch „das gleiche"). Eine homologe Reihe organischer Verbindungen ist eine Gruppe von Verbindungen, deren Mitglieder sich voneinander nur durch die Zahl der **Methylengruppen (CH_2-Einheiten)** unterscheiden. Die Mitglieder einer homologen Reihe werden **Homologe** genannt.

Homologe unterscheiden sich durch eine CH_2-Gruppe.

$CH_3CH_2CH_3$ $CH_3CH_2CH_2CH_3$

Wenn Sie sich die relativen Mengen von Kohlenstoff- und Wasserstoffatomen in den Alkanen der ▶ Tabelle 3.1 anschauen, so werden Sie feststellen, dass die allgemeine Summenformel für Alkane C_nH_{2n+2} lautet, wobei n eine natürliche Zahl ist. Wenn also ein Alkan 1 Kohlenstoffatom besitzt, muss es 4 Wasserstoffatome haben; falls es 2 C-Atome hat, muss die Zahl der Wasserstoffatome 6 betragen usw.

Methan, Ethan und Propan

Wir haben bereits gesehen, dass Kohlenstoff vier und Wasserstoff nur eine kovalente Bindung ausbildet (Abschnitt 1.4). Das bedeutet, dass es nur eine mögliche Struktur für ein Alkan mit der Summenformel CH_4 (Methan) gibt, und nur eine Struktur für ein Alkan mit der Summenformel C_2H_6 (Ethan). Wir haben die Strukturen dieser Verbindungen in Abschnitt 1.7 diskutiert. Es gibt ebenfalls nur eine mögliche Struktur für ein Alkan mit der Summenformel C_3H_8 (Propan).

Name	Summenformel	Kekulé-Struktur	kondensierte Formel	Kugel-Stab-Modell
Methan	CH_4	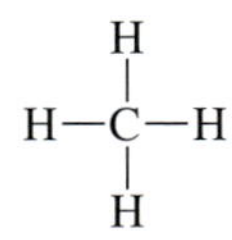	CH_4	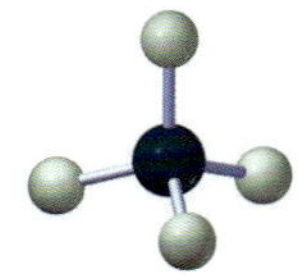
Ethan	C_2H_6	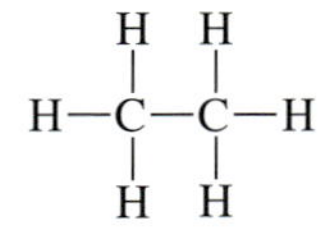	CH_3CH_3	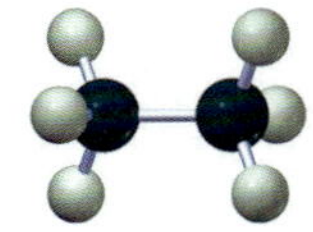
Propan	C_3H_8	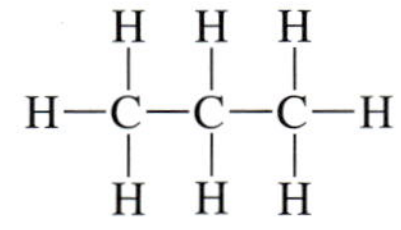	$CH_3CH_2CH_3$	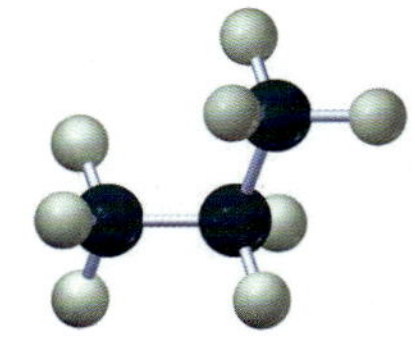
Butan	C_4H_{10}	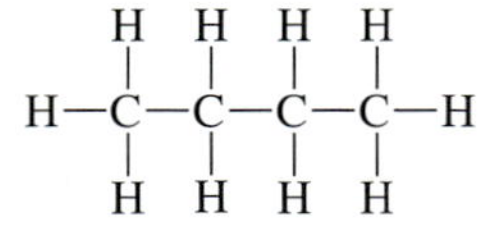	$CH_3CH_2CH_2CH_3$	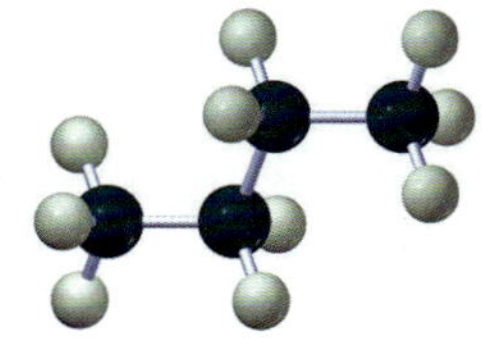

Butan

Es gibt zwei mögliche Strukturen für ein Alkan mit der Summenformel C_4H_{10}. Zusätzlich zum *n*-Butan mit einer geraden Kette von C-Atomen gibt es das Isobutan mit einer sich verzweigenden Kette von C-Atomen. Beide Strukturen erfüllen die Forderung, dass jedes Kohlenstoffatom vier Bindungen und jedes Wasserstoffatom eine Bindung ausbildet.

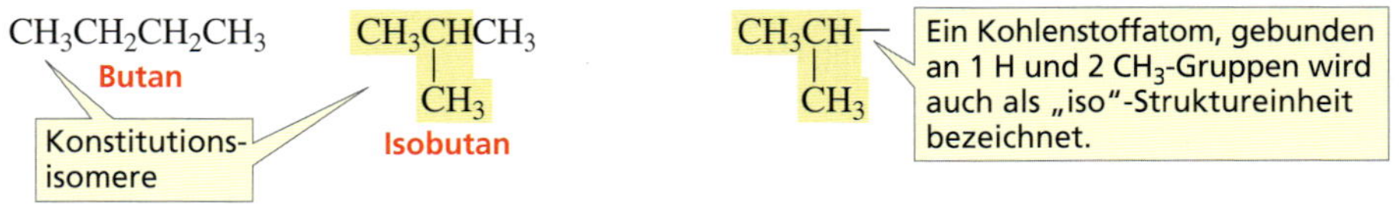

Verbindungen wie *n*-Butan und Isobutan haben dieselbe Summenformel, unterscheiden sich aber in der Art und Weise, wie die Atome angeordnet sind. Sie bilden **Konstitutionsisomere** – ihre Moleküle besitzen verschiedene Konstitutionen. Das Isobutan hat seinen Namen bekommen, weil es eben ein „Iso"-mer des normalen *n*-Butans ist. Das im Isobutan auftretende Strukturelement, bestehend aus *einem Kohlenstoffatom, das an ein Wasserstoffatom*

und zwei CH_3-Gruppen gebunden ist, wird als Isogruppierung bezeichnet. Der Name *Isobutan* sagt uns also, dass es sich um eine Verbindung mit vier Kohlenstoffatomen und einer „Iso-Baueinheit" handelt.

Pentan

Es gibt drei Alkane mit der Summenformel C_5H_{12}. *n*-Pentan ist das geradkettige Isomer dieser Alkane. Isopentan enthält, wie der Name andeutet, wieder die „Isobaugruppe" sowie insgesamt fünf C-Atome. Wir können das andere verzweigte Alkan nicht benennen, ohne den Namen für eine neue Struktureinheit einzuführen. (Ignorieren Sie für jetzt die Namen in blauer Schrift.)

$CH_3CH_2CH_2CH_2CH_3$
n-Pentan

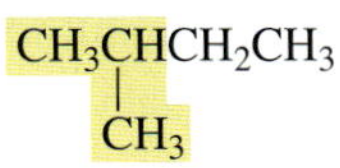
Isopentan

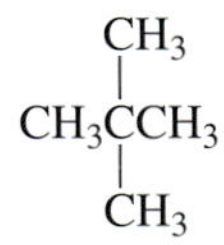
2,2-Dimethylpropan

Hexan

Es gibt fünf Konstitutionsisomere mit der Summenformel C_6H_{14}. Wir sind bereits in der Lage, zwei davon zu benennen; für die anderen müssen wir ebenfalls Namen für neue Strukturelemente festlegen.

$CH_3CH_2CH_2CH_2CH_2CH_3$
Trivialname: Hexan
systematischer Name: *n*-Hexan

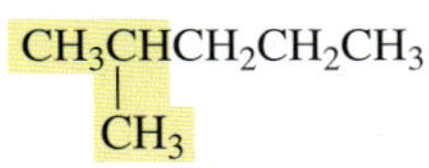
Isohexan
2-Methylpentan

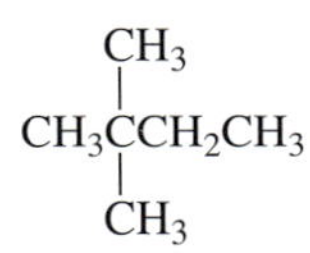
2,2-Dimethylbutan

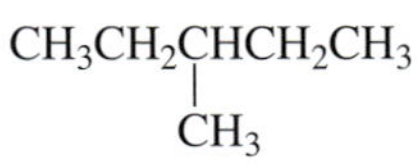
3-Methylpentan

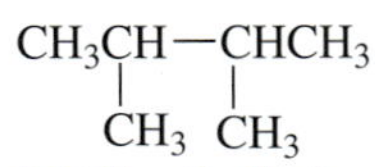
2,3-Dimethylbutan

Heptan

Es gibt neun Alkane mit der Summenformel C_7H_{16}. Wir können bisher nur zwei davon benennen (Heptan und Isoheptan).

$CH_3CH_2CH_2CH_2CH_2CH_2CH_3$
Trivialname: Heptan
systematischer Name: Heptan

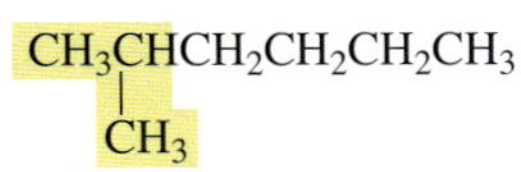
Isoheptan
2-Methylhexan

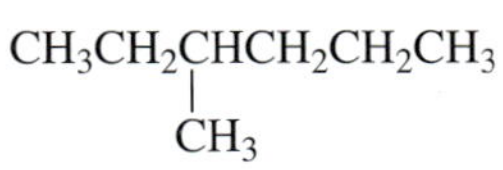
3-Methylhexan

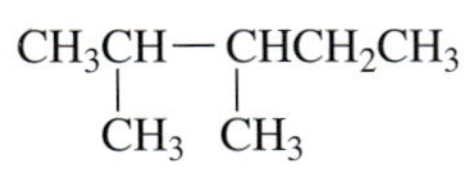
2,3-Dimethylpentan

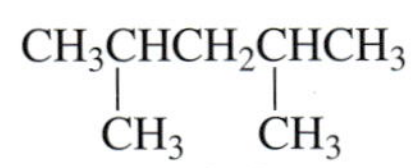
2,4-Dimethylpentan

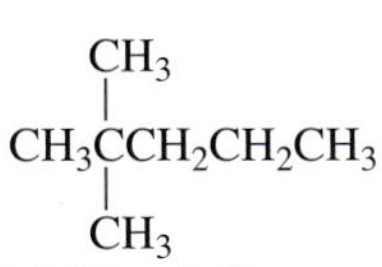
2,2-Dimethylpentan

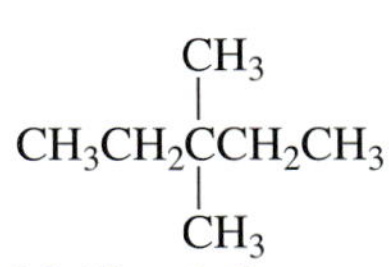
3,3-Dimethylpentan

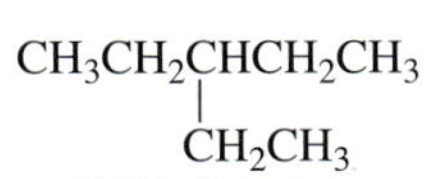
3-Ethylpentan

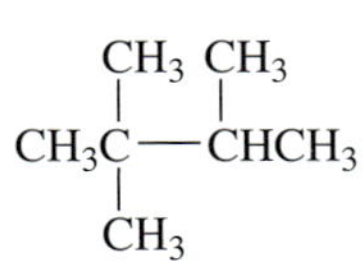
2,2,3-Trimethylbutan

Systematische/IUPAC-Nomenklatur

Die Zahl der Konstitutionsisomere (dt. Stellungsisomere) wächst rasch an, wenn wir die Zahl der Kohlenstoffatome der Alkane erhöhen. Für die Summenformel $C_{10}H_{22}$ gibt es 75 Stellungsisomere, und für die Summenformel $C_{15}H_{32}$ existieren 4347 isomere Formen. Um die unlösbare Aufgabe zu vermeiden, sich Tausende von Namen merken zu müssen, haben sich die Chemiker*innen Regeln ausgedacht, um chemische Verbindungen auf der Grundlage ihrer Stuktur(en) zu benennen. Auf diese Weise muss man nur die Regeln lernen. Da ein chemischer Name auf der Struktur fußt, lassen sich durch diese Regeln die Strukturen von Verbindungen aus deren Namen herleiten.

Diese Art der Nomenklatur wird als **systematische Nomenklatur** bezeichnet. Sie wird daneben auch als **IUPAC-Nomenklatur** bezeichnet, nach der Internationalen Vereinigung für Reine und Angewandte Chemie *(International Union for Pure and Applied Chemistry)*. Die Regeln der systematischen Nomenklatur wurden auf einer Tagung in Genf im Jahr 1892 festgelegt und nach Bedarf aktualisiert und ergänzt.

Namen wie Isobutan sind nichtsystematische Namen und werden als **Trivialnamen** bezeichnet. Sie werden im Text in Rot wiedergegeben. Die systematischen (IUPAC) Namen sind in Blau wiedergegeben. Bevor wir verstehen können, wie der systematische Name eines Alkans konstruiert wird, müssen wir zuerst lernen, wie Alkylgruppen benannt werden.

Ü 1*

(a) Wie viele Wasserstoffatome hat ein Alkan mit 17 Kohlenstoffatomen?

(b) Wie viele Kohlenstoffatome hat ein Alkan mit 74 Wasserstoffatomen?

Ü 2 Zeichnen sie die Strukturen von Octan und Isooctan.

Nomenklatur der Alkylradikale 3.1

Die Entfernung eines Wasserstoffatoms aus einem Alkan führt zu einer **Alkylgruppe** (oder **Alkylsubstituent**). Alkylgruppen werden benannt, indem die Endung „-an“ eines Alkans durch die Endung „-yl“ ersetzt wird. Der Buchstabe „R“ ist ein allgemeiner Platzhalter für eine Alkylgruppe.

$CH_3—$ **Methylgruppe**

$CH_3CH_2—$ **Ethylgruppe**

$CH_3CH_2CH_2—$ **Propylgruppe**

$CH_3CH_2CH_2CH_2—$ ***n*-Butylgruppe**

$CH_3CH_2CH_2CH_2CH_2—$ **Pentylgruppe**

R— **eine Alkylgruppe**

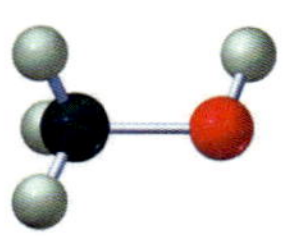

Methylalkohol

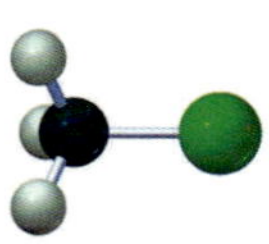

Methylchlorid

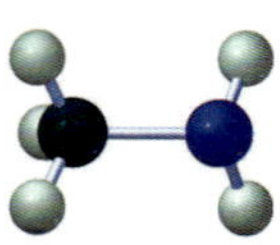

Methylamin

Falls ein Wasserstoffatom eines Alkans durch eine OH-Gruppe ausgetauscht wird, gelangt man zu einem **Alkohol** (R—OH); falls es durch eine Aminogruppe ($—NH_2$) ersetzt wird, entsteht ein primäres **Amin** ($R—NH_2$); falls es durch ein Halogenatom ersetzt wird, ist die entstehende Verbindung ein **Halogenalkan** (R—X) und wenn es durch eine OR-Gruppe ersetzt wird, entsteht ein **Ether**.

R—OH **Alkohol**

$R—NH_2$ **primäres Amin**

R—X **Halogenalkan** (X = F, Cl, Br oder I)

R—O—R **Ether**

Der Name einer Alkylgruppe, gefolgt von dem Namen der Verbindungsklasse (Alkohol etc.) führt zum Trivialnamen der betreffenden Verbindung. Die beiden Alkylgruppen in Ethern werden in alphabetischer Reihenfolge aufgelistet. Die folgenden Beispiele zeigen, wie die Namen von Alkylgruppen benutzt werden, um Trivialnamen abzuleiten:

CH_3OH Methylalkohol	$CH_3CH_2NH_2$ Ethylamin	$CH_3CH_2CH_2Br$ Propylbromid	$CH_3CH_2CH_2CH_2Cl$ Butylchlorid
CH_3I Methyliodid	CH_3CH_2OH Ethylalkohol	$CH_3CH_2CH_2NH_2$ Propylamin	$CH_3CH_2OCH_3$ Ethylmethylether

Ü 3* Benennen Sie die folgenden Verbindungen:

(a) 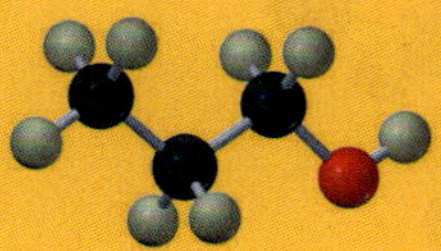 (b) 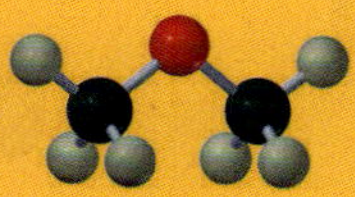 (c) 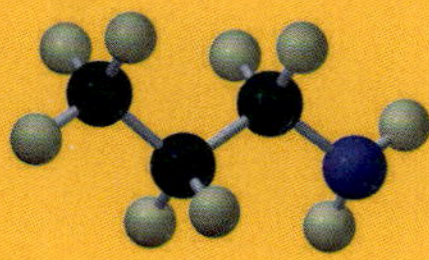

Drei-Kohlenstoff-Alkylgruppen

Zwei der Alkylgruppen (Alkylradikale) – der Propylrest und der Isopropylrest – enthalten drei Kohlenstoffatome.

- Eine Propylgruppe entsteht, wenn ein Wasserstoffatom von einem der *primären C-Atome* des Propans abstrahiert wird. Ein **primäres Kohlenstoffatom** ist eines, das nur mit einem weiteren C-Atom verbunden ist.
- Eine Isopropylgruppe entsteht, wenn ein Wasserstoffatom von dem *sekundären Kohlenstoffatom* (dem mittleren C-Atom) des Propans abstrahiert wird. Ein **sekundäres Kohlenstoffatom** ist eines, das an zwei weitere C-Atome gebunden ist.

ein sekundäres Kohlenstoffatom — ein primäres Kohlenstoffatom

$CH_3CH_2CH_3$ **Propan** $\xrightarrow{\text{Entfernen eines Wasserstoffatoms}}$ $CH_3CH_2CH_2—$ **Propylgruppe** $CH_3\underset{|}{C}HCH_3$ **Isopropylgruppe**

$CH_3CH_2CH_2Cl$ **Propylchlorid** $CH_3\underset{\underset{Cl}{|}}{C}HCH_3$ **Isopropylchlorid**

Beachten Sie, dass eine Isopropylgruppe, wie der Name sagt, drei Kohlenstoffatome in einer iso-Struktureinheit enthält – also ein Kohlenstoffatom, das an ein Wasserstoffatom und zwei CH_3-Gruppen gebunden ist.

Molekülstrukturen lassen sich auf verschiedene Art und Weise zeichnen. 2-Chlorpropan ist hier auf zwei unterschiedliche Arten dargestellt. Beide Darstellungsformen geben dieselbe chemische Verbindung wieder. Auf den ersten Blick scheint die zweidimensionale Darstellung (oben) von der anderen (unten) abzuweichen (die Methylgruppen sind an gegenüberstehenden Enden in einer Struktur und im rechten Winkel zueinander in der anderen Struktur platziert). Die vier an das mittlere C-Atom gebundenen Substituenten – zwei Methylgruppen, ein Wasserstoff- und ein Chloratom – weisen in die Ecken eines Tetraeders. Wenn man das Raummodell des Moleküls um 90° im Uhrzeigersinn drehte, könnte man sehen, dass die beiden Darstellungsformen sich entsprechen.

Zwei unterschiedliche Darstellungsweisen für Isopropylchlorid

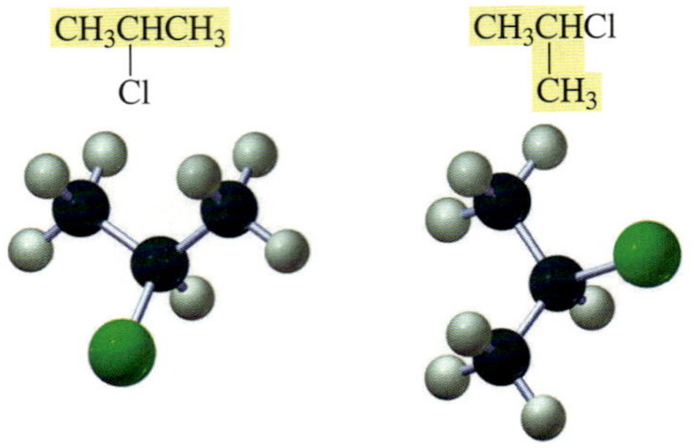

> **Hinweis für die Studierenden**
>
> Bauen Sie Modelle der beiden Repräsentationen von Isopropylchlorid, um zu sehen, dass es sich um die gleiche Verbindung handelt.

Vier-Kohlenstoff-Alkylgruppen

Es gibt vier Alkylgruppen, die vier Kohlenstoffatome beinhalten. In zwei von ihnen, der Butyl- und der Isobutylgruppe, ist ein Wasserstoffatom von einem primären Kohlenstoffatom entfernt worden. Eine *sek*-Butylgruppe entsteht, wenn ein Wasserstoffatom von einem sekundären C-Atom abstrahiert wird (*sek.* steht für „sekundär"). Eine *tert*-Butylgruppe entsteht, wenn ein H-Atom von einem tertiären Kohlenstoffatom entfernt wird (*tert.* = „tertiär"). Ein **tertiäres Kohlenstoffatom** ist eines, das an drei weitere C-Atome gebunden ist. Beachten Sie, dass der Isobutylrest die einzige Gruppierung ist, bei der eine „Isobaueinheit" auftritt.

> **MERKE!**
>
> **Ein primäres Kohlenstoffatom ist an ein weiteres Kohlenstoffatom gebunden, ein sekundäres an zwei, und ein tertiäres an drei weitere C-Atome.**

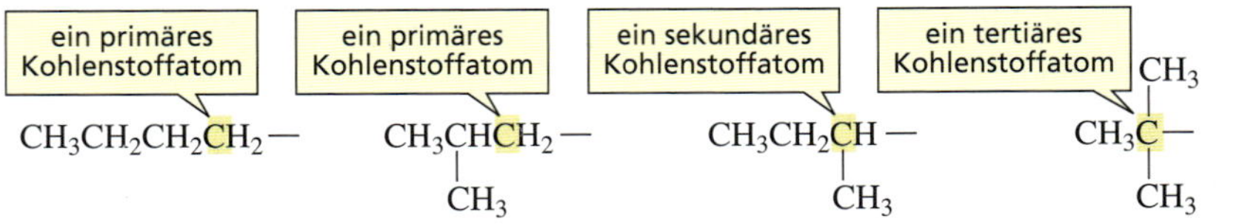

die *n*-Butylgruppe **die Isobutylgruppe** **die *sek*-Butylgruppe** **die *tert*-Butylgruppe**

Ein geradkettiger Alkylrest erhält oft den Präfix „*n*-" (für „normal"), um zu betonen, dass die Kohlenstoffatome eine unverzweigte Kette bilden.

$CH_3CH_2CH_2CH_2Br$		$CH_3CH_2CH_2CH_2CH_2F$
1-Brombutan	**(systematischer Name)**	**1-Fluorpentan**
oder		**oder**
***n*-Butylbromid**		***n*-Pentylfluorid**

> **MERKE!**
>
> **Primäre Wasserstoffatome sind an ein primäres C-Atom gebunden, sekundäre Wasserstoffatome an sekundäre, und tertiäre Wasserstoffatome an tertiäre C-Atome.**

Wie die Kohlenstoffatome, so werden auch die Wasserstoffatome einer Verbindung als primäre, sekundäre oder tertiäre Wasserstoffatome bezeichnet. **Primäre Wasserstoffatome** sind an ein primäres C-Atom gebunden, **sekundäre Wasserstoffatome** an sekundäre, und **tertiäre Wasserstoffatome** an tertiäre C-Atome.

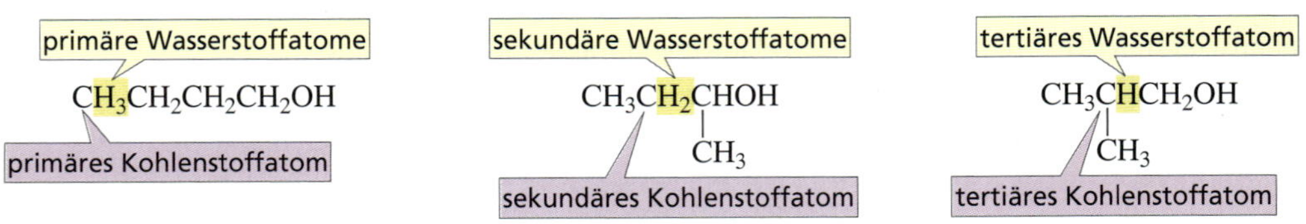

Da eine chemische Benennung nach Möglichkeit nur eine einzige Verbindung spezifizieren darf, wird die einzige Einsatzmöglichkeit der Vorsilbe „*sek*-" die *sek*-Butylgruppe sein. Der Name „*sek*-Pentyl-" kann nicht verwendet werden, weil das *n*-Pentan drei sekundäre Kohlenstoffatome enthält. Man kann also durch die Entfernung von sekundären Wasserstoffatomen mehr als einen sekundären Pentylrest erzeugen. Da der Name nicht eindeutig wäre, muss er vermieden werden.

MERKE!

Eine Verbindung kann mehr als einen Namen haben, aber ein Name darf nur jeweils eine Verbindung charakterisieren.

Beide Alkylhalogenide haben fünf Kohlenstoffatome mit einem an einen sekundären Kohlenstoff gebundenen Chlor, aber zwei Verbindungen können nicht als *sek*-Pentylchlorid bezeichnet werden.

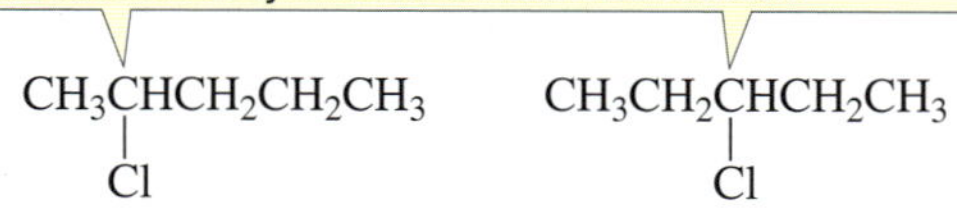

Der Vorsilbe „*tert*-" begegnen wir beim *tert*-Butyl- und beim *tert*-Pentylrest, da dieser Substituentenname jeweils nur eine eindeutig definierte Gruppierung beschreibt. Manchmal findet man – besonders in der älteren Literatur – die Bezeichnung „Amyl-" anstelle von „Pentyl-" zur Beschreibung von Alkylresten mit fünf Kohlenstoffatomen. Der Name „*tert*-hexyl" kann nicht verwendet werden, da er zwei verschiedene Alkylgruppen beschreibt.

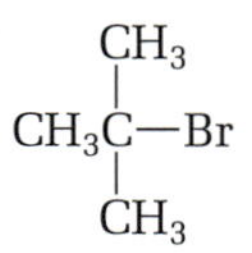

***tert*-Brombutan**

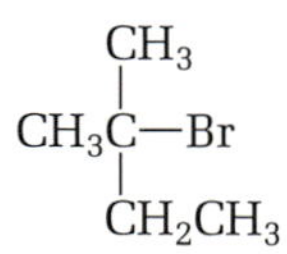

***tert*-Brompentan**

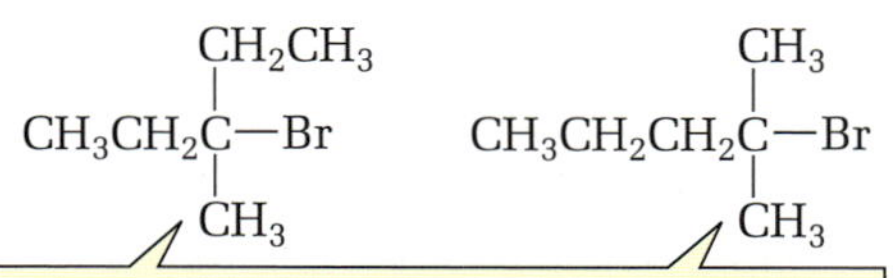

Beide Bromalkane besitzen sechs C-Atome und ein Bromatom, das an ein tertiäres Kohlenstoffatom gebunden ist. Beide Verbindungen bekämen daher den Namen *tert*-Bromhexan.

Wenn Sie die folgenden Strukturen untersuchen, werden Sie sehen, dass, wann immer die Vorsible „Iso-" verwendet wird, die Isogruppierung immer an dem einen Ende des Moleküls auftritt, und jedwede Gruppierung, die ein Wasserstoffatom ersetzt, sich am entgegengesetzten Ende befindet:

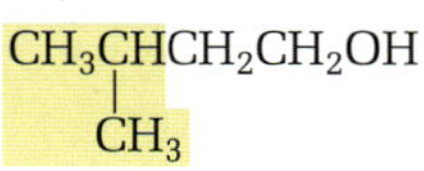

Isopentanol

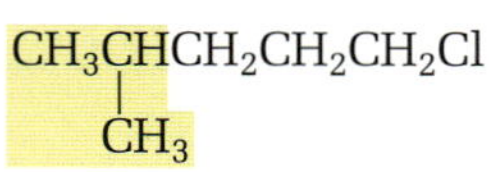

Isochlorhexan

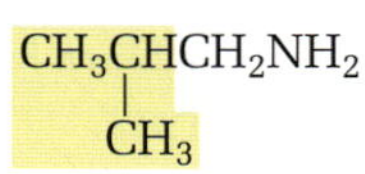

Isobutylamin

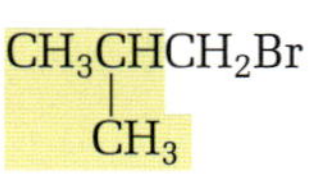

Isobrombutan

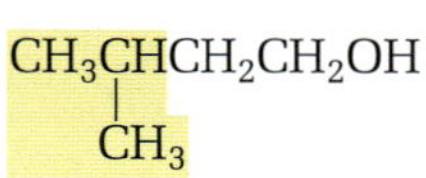

Isopentanol

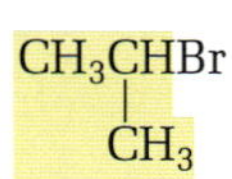

Isobrompropan

Beachten Sie, dass eine Isogruppe einen Methylsubstituenten am vorletzten C-Atom ihrer Kohlenstoffkette trägt. Beachten Sie außerdem, dass *alle* Isoalkylverbindungen einen weiteren Substituenten (—OH, —Cl, $—NH_2$ usw.) an einem primären C-Atom tragen (mit Ausnahme des Isopropyls, das seinen Substituenten an einem sekundären C-Atom trägt). Man hätte den Isopropylrest auch *sek*-Propylrest nennen können. Jede dieser beiden Benennungen wäre geeignet, da die Gruppierung eine Isogruppe ist und ein Wasserstoffatom von einem sekundären Kohlenstoffatom entfernt wurde. Die Bezeichnung Isopropyl- hat sich durchgesetzt, so dass „*sek*-" auf den sekundären Butylrest beschränkt ist.

Alkylgruppen werden uns so oft begegnen, dass man ihre Benennung beherrschen sollte. Einige der häufigsten Alkylreste und ihre Namen sind in ► Tabelle 3.2 zusammengestellt.

Methyl	$CH_3—$	Isobutyl	$CH_3\underset{CH_3}{\underset{\vert}{C}}HCH_2—$	*n*-Pentyl	$CH_3CH_2CH_2CH_2CH_2—$
Ethyl	$CH_3CH_2—$	*sek*-Butyl	$CH_3CH_2\underset{CH_3}{\underset{\vert}{C}}H—$	Isopentyl	$CH_3\underset{CH_3}{\underset{\vert}{C}}HCH_2CH_2—$
Propyl	$CH_3CH_2CH_2—$	*tert*-Butyl	$CH_3\overset{CH_3}{\overset{\vert}{\underset{CH_3}{\underset{\vert}{C}}}}—$	*n*-Hexyl	$CH_3CH_2CH_2CH_2CH_2CH_2—$
Isopropyl	$CH_3\underset{CH_3}{\underset{\vert}{C}}H—$			Isohexyl	$CH_3\underset{CH_3}{\underset{\vert}{C}}HCH_2CH_2CH_2—$
Butyl	$CH_3CH_2CH_2CH_2—$				

Tabelle 3.2: Die Namen einiger Alkylgruppen.

Ü 4* Zeichnen Sie die Struktur der Verbindung mit der Summenformel C_5H_{12} und geben Sie ihren systematischen Namen an für den Fall, dass sie
(a) ein tertiäres Kohlenstoffatom hat;
(b) keine sekundären Kohlenstoffatome hat.

Ü 5* Zeichnen Sie die Strukturen und schreiben Sie die Namen der vier Konstitutionsisomere mit der Summenformel C_4H_9Br nieder.

Ü 6* Welche der folgenden Aussagen kann herangezogen werden, um zu verifizieren, dass die Valenzen des Kohlenstoffs tetraedrisch ausgerichtet sind?
(a) Brommethan hat keine Konstitutionsisomere.
(b) Tetrabrommethan besitzt kein Dipolmoment.
(c) Dibrommethan hat keine Konstitutionsisomere.

Ü 7* Schreiben Sie die Strukturformel der folgenden Verbindungen:
(a) Isopropanol; **(c)** *sek*-Butyliodid; **(e)** *tert*-Butylamin;
(b) Isopentylfluorid; **(d)** *tert*-Pentylalkohol; **(f)** *n*-Octylbromid.

Ü 8* Benennen Sie die folgenden Verbindungen:
(a) $CH_3OCH_2CH_3$ **(c)** $CH_3CH_2\underset{CH_3}{\underset{\vert}{C}}HNH_2$ **(e)** $CH_3\underset{CH_3}{\underset{\vert}{C}}HCH_2Br$
(b) $CH_3OCH_2CH_2CH_3$ **(d)** $CH_3CH_2CH_2CH_2OH$ **(f)** $CH_3CH_2\underset{CH_3}{\underset{\vert}{C}}HCl$

Nomenklatur der Alkane 3.2

Der systematische Name eines Alkans lässt sich mit der Hilfe folgender Regeln ableiten:

1 Bestimmen Sie die Zahl der Kohlenstoffatome der längsten durchgehenden Kohlenstoffkette des Moleküls. Diese Atomfolge legt den zugrunde liegenden **Mutterkohlenwasserstoff** fest. Dieser Name, der die Zahl der Kohlenstoffatome in der Muttersubstanz angibt, wird später der letzte Teil des Verbindungsnamens. Ein Mutterkohlenwasserstoff mit acht C-Atomen heißt

Octan. Die längste zusammenhängende Kette von Kohlenstoffatomen ist nicht immer eine gerade Kette. Manchmal muss man also „abbiegen“, um die längste ununterbrochene Kette aufzufinden.

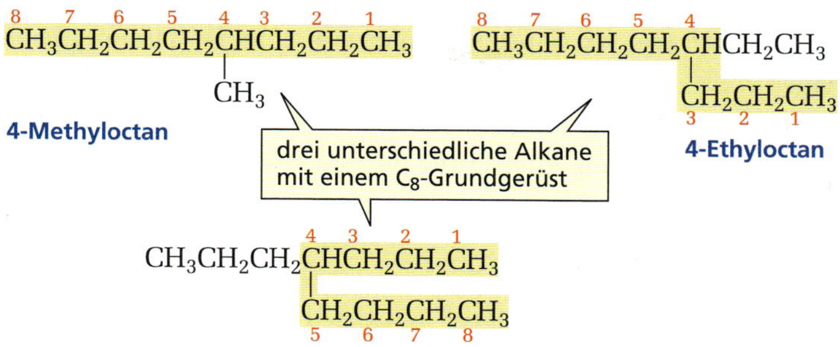

MERKE!

Bestimmen Sie zunächst die Zahl der Kohlenstoffatome in der längsten ununterbrochenen Kette von C-Atomen.

2 Der Name eines Alkylrestes, der von dem Mutterkohlenwasserstoff abzweigt, wird vor dem Namen der Muttersubstanz angegeben, zusammen mit der Ziffer des Kohlenstoffatoms der Muttersubstanz, an die der Alkylrest angeknüpft ist. Die C-Atomkette der Mutterverbindung wird so beziffert, dass der Substituent die niedrigstmögliche Ziffer zugewiesen bekommt. Der Name des Substituenten und der Name der Ausgangssubstanz werden zu einem Wort zusammengefasst, und man schreibt einen Bindestrich zwischen die Ziffer, die die Stellung des Substituenten angibt, und den Namen der Verbindung.

MERKE!

Nummerieren Sie die Kohlenstoffkette derart, dass dem Substituenten die niedrigstmögliche Ziffer zufällt.

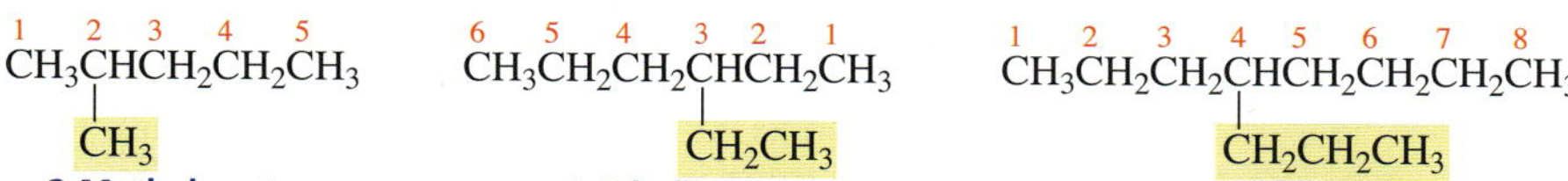

2-Methylpentan nicht **4-Methylpentan** | **3-Ethylhexan** nicht **4-Ethylhexan** | **4-Propyloctan** nicht **5-Propyloctan**

Man beachte, dass nur systematische Benennungen Ziffern enthalten; Trivialnamen haben keine Ziffern.

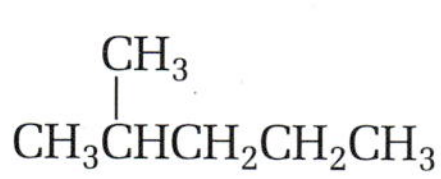

Trivialname: **Isohexan**
systematischer Name: **2-Methylpentan**

MERKE!

Ziffern werden nur in systematischen Namen benutzt, nie in Trivialnamen.

3 Falls der Mutterkohlenwasserstoff mehr als einen Substituenten trägt, wird die Verbindung so benannt, dass die niedrigstmögliche Bezifferung resultiert. Die verschiedenen Substituenten werden in alphabetischer Reihenfolge aufgeführt (nicht nach der Bezifferung); dabei wird jedem Substituenten die ihm zukommende Bezifferung zugeteilt. Im folgenden Beispiel wäre der korrekte Name 5-Ethyl-3-Methyloctan, mit der 3 als niedrigster Ziffer. Die alternative Benennung der Verbindung als 4-Ethyl-6-Methyloctan, mit 4 als niedrigster Ziffer eines einen Substituenten tragenden Kohlenstoffatoms, würde zwar zu einer identischen Strukturformel führen, entspricht aber nicht den Regeln.

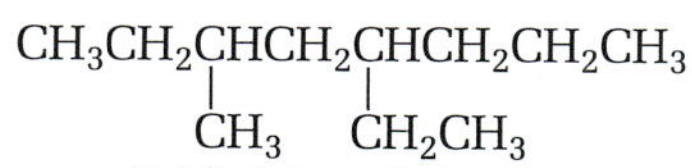

5-Ethyl-3-methyloctan
nicht
4-Ethyl-6-methyloctan
da 3 < 4

MERKE!

Substituenten werden in alphabetischer Reihenfolge aufgelistet.

Falls zwei oder mehr gleiche Substituenten vorliegen, werden die Vorsilben „Di-“, „Tri-“, „Tetra-“ und so weiter verwendet, um anzugeben, wieviele identische Substituenten die Verbindung enthält. Die vorangestellten Ziffern geben die Positionen der gleichen Substituenten in der Kohlenstoffkette an. Die Ziffern werden durch Kommata voneinander getrennt. Es müssen genauso viele Ziffern erscheinen, wie die Vorsilbe für die Zahl der Substituenten angibt. Die Vorsilben „Di-“, „Tri-“, „Tetra-“, „*sek*-“, „*tert*-“ werden bei der alphabetischen Anordnung der Substituentennamen übergangen, nicht jedoch die Vorsilben „Iso-“ und „Cyclo-“.

MERKE!

Eine Zahl und ein Wort werden durch einen Bindestrich verbunden. Ziffern werden durch Kommata getrennt.

Di-, Tri-, Tetra-, *sek*-, *tert*- werden bei der alphabetischen Anordnung übergangen.

Iso- und Cyclo- werden bei der alphabetischen Anordnung nicht übergangen.

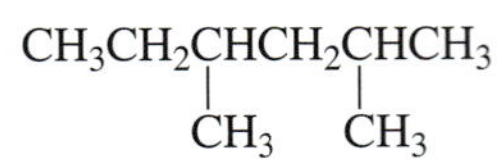

2,4-Dimethylhexan

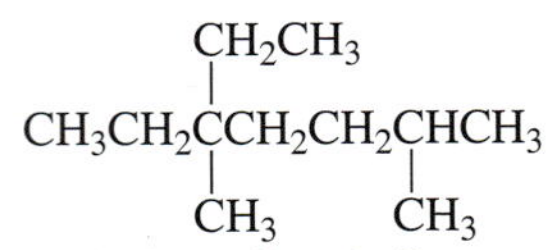

5-Ethyl-2,5-dimethylheptan

Die Ziffern werden durch ein Komma voneinander abgetrennt; ein Wort und eine Ziffer werden durch einen Bindestrich getrennt.

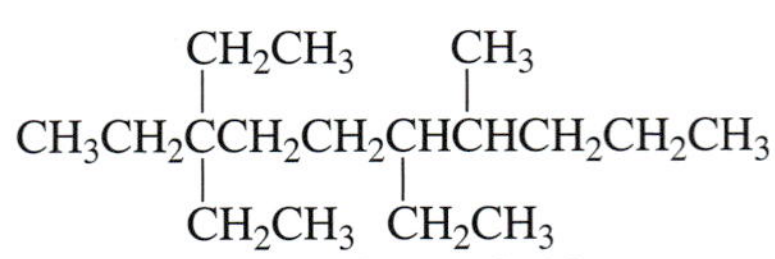

3,3,6-Triethyl-7-methyldecan

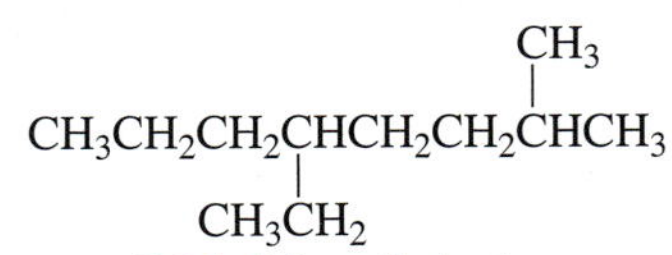

5-Ethyl-2-methyloctan

4 Wenn beide Abzählrichtungen von den Enden des Mutterkohlenwasserstoffs aus zu derselben niedrigsten Ziffer eines substituententragenden Kohlenstoffatoms führen, wird die Zählrichtung so gewählt, dass dem Zweitsubstituenten die für ihn niedrigstmögliche Bezifferung zukommt.

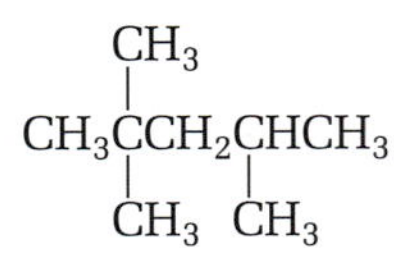

2,2,4-Trimethylpentan
nicht
2,4,4-Trimethylpentan
da 2 < 4

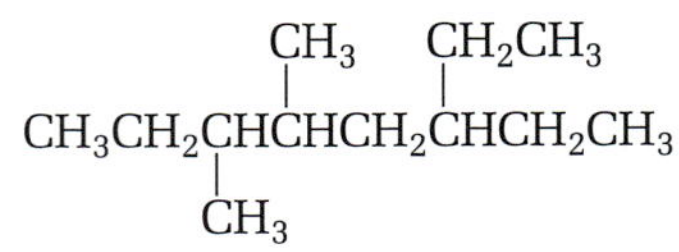

6-Ethyl-3,4-dimethyloctan
nicht
3-Ethyl-5,6-dimethyloctan
da 4 < 5

5 Falls sich in beiden Abzählrichtungen identische Bezifferungen ergeben, erhält der erstgenannte (im Alphabet vorangehende) Substituent die niedrigere Ziffer.

MERKE!

Nur wenn sich in beiden Zählrichtungen dieselbe Bezifferung ergibt, bekommt die erstgenannte Gruppierung die niedrigere Zahl.

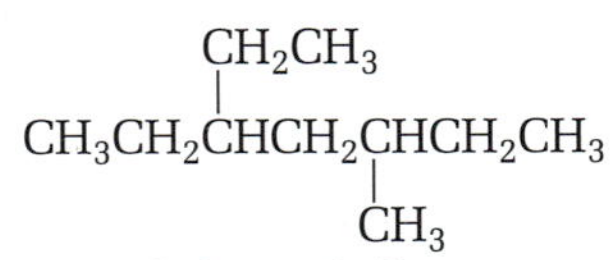

3-Ethyl-5-methylheptan
nicht
5-Ethyl-3-methylheptan

6 Systematische Namen für verzweigte Substituenten werden erzeugt, indem der Alkylsubstituent ausgehend von der Verbindungsstelle zum Mutterkohlenwasserstoff nummeriert wird. Das heißt, dass das Kohlenstoffatom, das an den Mutterkohlenwasserstoff gebunden ist immer die Nummer eins trägt. In einer Verbindung wie 4-(1-Methylethyl)octan wird der Substituent in Klammern gesetzt; die Ziffer innerhalb der Klammer gibt die Bindungsverhältnisse innerhalb des Substituenten wieder, während die Ziffer außerhalb der Klammer die Position am Mutterkohlenwasserstoff wiedergibt. (Falls ein Präfix wie „Di" Teil des Namens des Substituenten ist, wird es bei der alphabetischen Reihenfolge nicht berücksichtigt.)

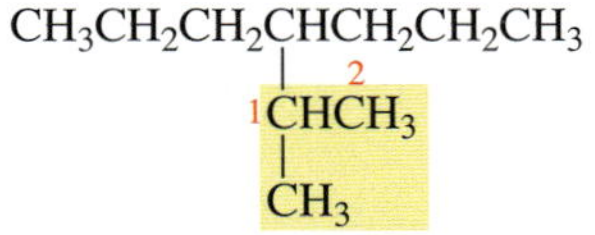

4-(1-Methylethyl)heptan

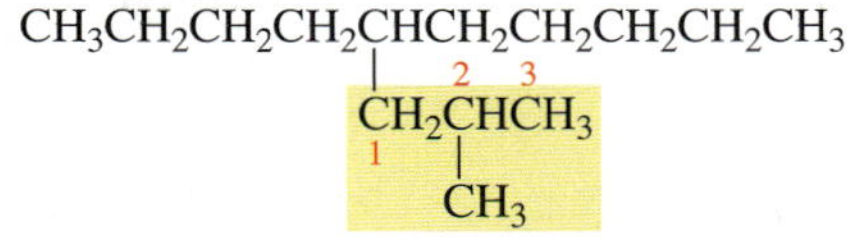

5-(2-Methylpropyl)decan

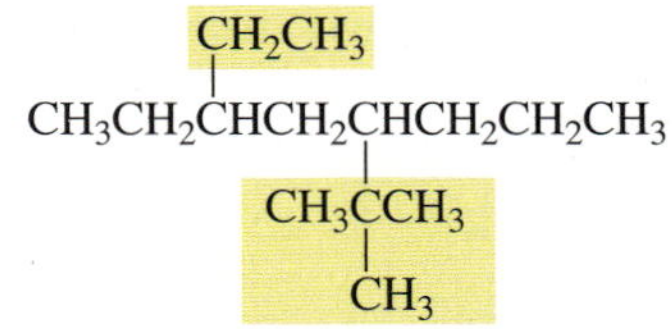

5-(1,1-Dimethylethyl)-3-Ethyloctan

Falls der Substituent einen Trivialnamen trägt, kann der Trivialname anstelle des systematischen Namens verwendet werden.

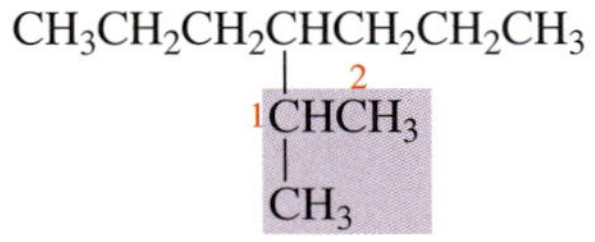

4-Isopropylheptan

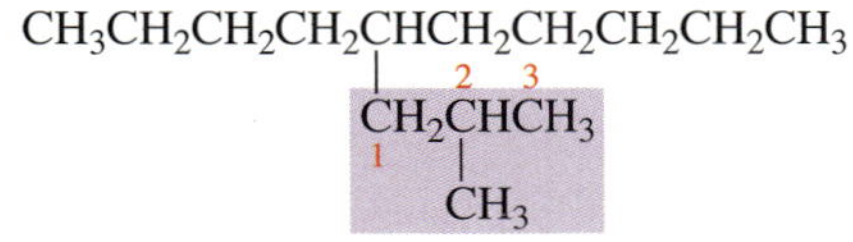

5-Isobutyldecan

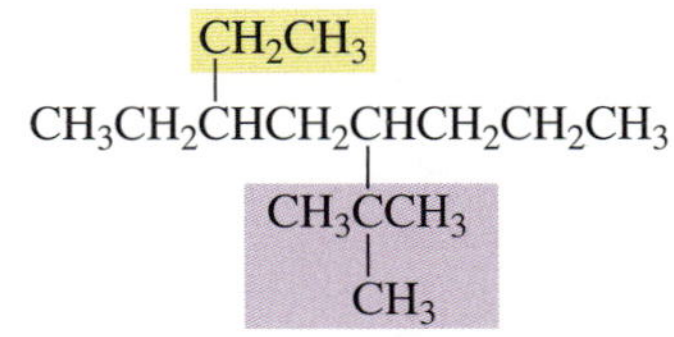

5-*tert*-Butyl-3-ethyloctan

Wenn der Substituent keinen Trivialnamen hat, muss der systematische Name verwendet werden.

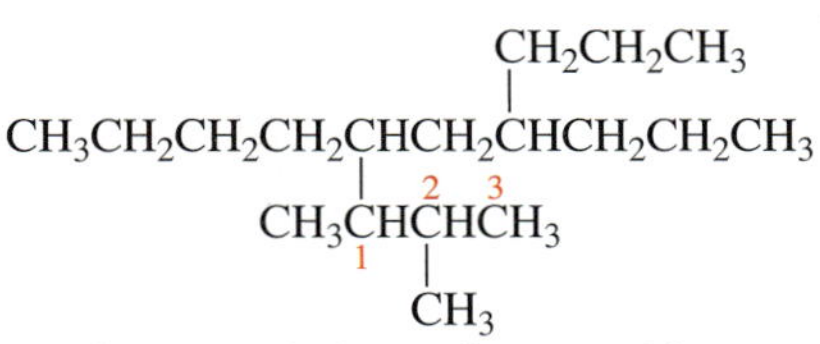

6-(1,2-Dimethylpropyl)-4-propyldecan

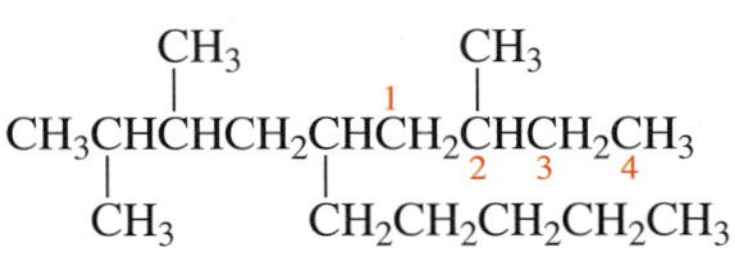

2,3-Dimethyl-5-(2-methylbutyl)decan

7 Falls eine Verbindung zwei oder mehr Kohlenstoffketten identischer Länge aufweist, wird als Mutterkohlenwasserstoff diejenige ausgewählt, die die größte Zahl von Substituenten trägt.

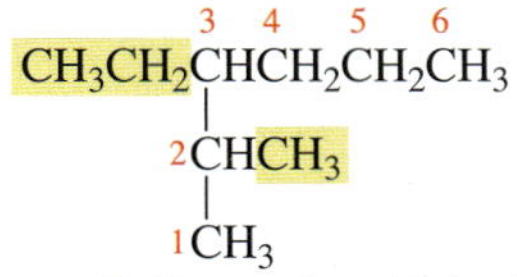

3-Ethyl-2-methylhexan (zwei Substituenten)
nicht
3-Isopropylhexan (ein Substituent)

> **MERKE!**
>
> **Wenn zwei Kohlenstoffketten eine identische Zahl von C-Atomen enthalten, wählen Sie als Ausgangspunkt der Benennung diejenige mit der größten Zahl von Substituenten.**

Diese Regeln erlauben es uns, eine praktisch unbegrenzte Vielzahl von Alkanen zu benennen. Nach und nach werden wir weitere Regeln kennen lernen, die notwendig sind, um andere Typen von Verbindungen eindeutig zu benennen. Die Regeln sind wichtig, wenn man eine bestimmte Verbindung in der wissenschaftlichen Literatur auffinden will, da sie dort im Allgemeinen mit ihrem systematischen Namen aufgelistet sein wird. Nichtsdestotrotz müssen wir unterwegs auch einige Trivialnamen lernen, da viele schon so lange in Gebrauch und den Chemiker*innen in Mark und Bein übergegangen sind, dass sie auch in der wissenschaftlichen Literatur fast regelmäßig wieder auftauchen.

Schauen Sie sich noch einmal die systematischen Namen (die blau geschriebenen sind) für die isomeren Hexane und Heptane an und vergewissern Sie sich, dass Sie verstanden haben, wie diese abgeleitet werden.

Ü 9* Geben Sie den systematischen Namen der Verbindung an.

(a) 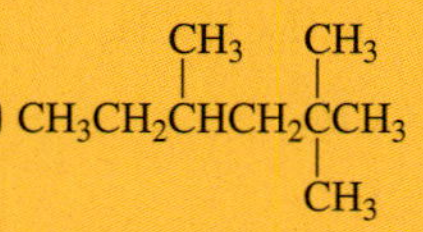

(b) $CH_3CH_2C(CH_3)_3$

(c) 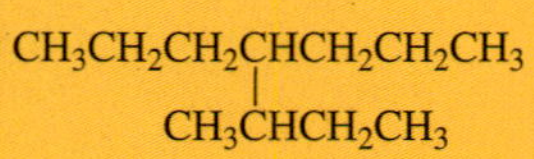

(d) 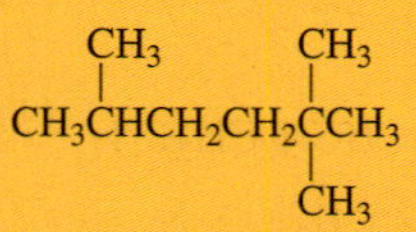

(e) $CH_3CH_2C(CH_2CH_3)CH(CH_3)CH(CH_2CH_2CH_3)_2$

(f) 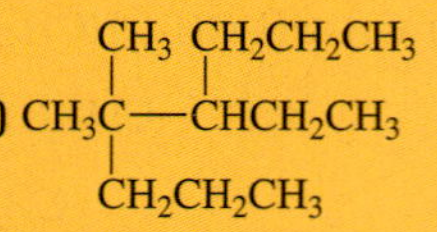

(g) $CH_3CH_2C(CH_2CH_3)_2CH_2CH_2CH_3$

(h) 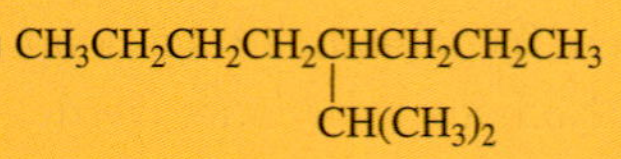

(i) 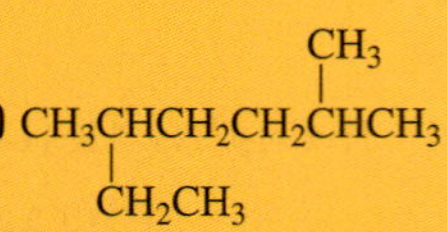

HINTERGRUND

Wie wird die Octanzahl von Kraftstoff bestimmt?

Die Verbrennungsmotoren, die in den meisten Autos benutzt werden, funktionieren indem sie eine Reihe von zeitlich exakt kontrollierten Explosionen durchführen. Der Kraftstoff wird mit Luft in den Zylinder des Motors vermischt, verdichtet und dann durch einen Funken entzündet. Wenn der Kraftstoff zu einfach entzündet wird, kann die Wärme, die bei der Verdichtung entsteht, eine vorzeitige Zündung auslösen. Dies sorgt für ein Klopfen des Motors und eine Leistungsminderung.

Kraftstoffe höherer Qualität lösen seltener Klopfen aus. Die Qualität eines Kraftstoffes wird oft durch seine Octanzahl angegeben. Kohlenwasserstoffe mit grader Kette haben niedrige Octanzahlen und sind daher schlechte Kraftstoffe. Heptan, für das eine Octanzahl von null festgelegt wurde, führt zu starkem Klopfen des Motors. Verzweigte Alkane besitzen mehr Wasserstoffatome, die an primäre Kohlenstoffatome gebunden sind. Sie besitzen Bindungen, die am meisten Energie benötigen, um gebrochen zu werden. Dies macht es schwerer, die Verbrennung einzuleiten und reduziert das Klopfen. Zum Beispiel hat 2,2,4-Trimethylheptan einer Octanzahl von 100 und verursacht kein Klopfen..

$CH_3CH_2CH_2CH_2CH_2CH_2CH_3$
Heptan
Octanzahl = 0

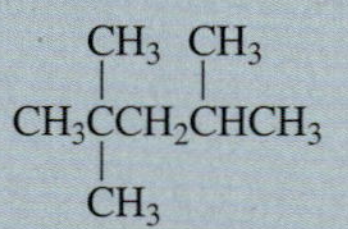
2,2,4-Trimethylpentan
Octanzahl = 100

Die Octanzahl eines Kraftstoffes wird durch den Vergleich des Klopfens von Mischungen mit Heptan und 2,2,4-Trimethylpentan bestimmt. Die Octanzahl des Kraftstoffs korrespondiert mit dem prozentualen Anteil von 2,2,4-Trimethylpentan in der Mischung. Daher hat ein Kraftstoff mit einer Octanzahl von 91 die gleichen Klopfeigenschaften wie eine Mischung aus 9 % Heptan und 91 % 2,2,4-Trimethylpentan. Der Ausdruck Octanzahl stammt daher, dass 2,2,4-Trimethylpentan acht Kohlenstoffatome enthält. Da leicht unterschiedliche Methoden verwendet werden, um die Octanzahl zu bestimmen, hat der gleiche Kraftstoff in Nordamerika eine niedrigere Octanzahl (4 bis 5 Punkte) als in Europa oder Australien.

Ü 10 mit Lösung

Zeichnen Sie die Strukturen von 2,2-Dimethyl-4-propyloctan.

Lösung

Der Name des Mutterkohlenwasserstoffs ist Octan, da die längste durchgehende Kette acht Kohlenstoffatome aufweist. Zeichnen Sie nun den Mutterkohlenwasserstoff und nummerieren Sie ihn.

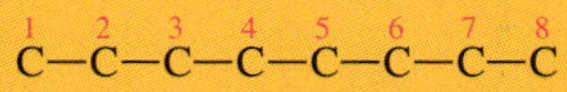

Zeichnen Sie die Substituenten (zwei Methylgruppen und eine Propylgruppe) an die angegebenen Kohlenstoffatome.

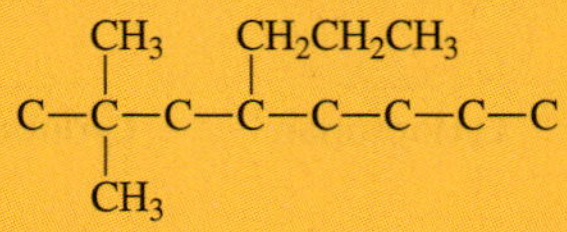

Fügen Sie eine angemessene Anzahl Wasserstoffatomen zu, sodass jedes Kohlenstoffatom vier Bindungspartner hat.

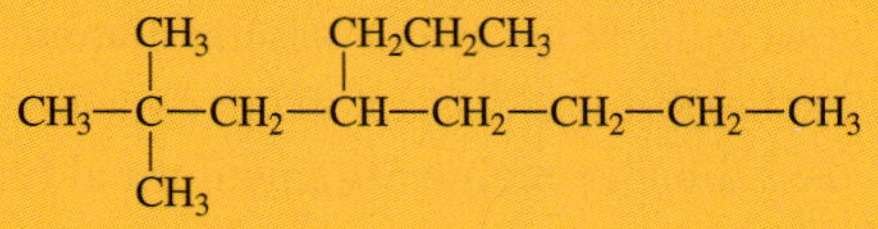

Ü 11* Zeichnen Sie die Strukturformeln der folgenden Verbindungen:

(a) 2,2-Dimethyl-4-isopropyloctan;
(b) 2,3-Dimethylhexan;
(c) 4,4-Diethyldecan;
(d) 2,4,5-Trimethyl-4-(1-methylethyl)heptan;
(e) 2,5-Dimethyl-4-(2-methylpropyl)octan;
(f) 4-(1,1-Dimethylethyl)octan.

Ü 12 mit Lösung

(a) Zeichnen Sie die 18 isomeren Octane.
(b) Geben Sie jedem der Isomere von Übung (a) ihren systematischen Namen.
(c) Wie viele der Octanisomere verfügen über Trivialnamen?
(d) Welche der Octanisomere enthalten eine Isopropylgruppe?
(e) Welche der Octanisomere enthalten eine *sek*-Butylgruppe?
(f) Welche der Octanisomere enthalten eine *tert*-Butylgruppe?

Lösung zu 12 (a)

Man beginnt mit den Isomeren, die eine durchgehende Kette aus acht Kohlenstoffatomen aufweisen. Danach zeichnet man die Isomere mit einer durchgehenden Kette aus sieben Kohlenstoffatomen und einer Seitenkette aus einem C-Atom. Danach fährt man mit den Isomeren fort, die eine durchgehende Kette aus sechs Kohlenstoffatomen haben und die eine Seitenkette aus zwei C-Atomen enthalten. Dann zeichnet man die Isomere mit einer durchgehenden Kette von sechs C-Atomen und zwei Einkohlenstoffsubstituenten. Genauso verfährt man mit den Isomeren mit einer Kohlenstoffkette aus fünf Atomen, die drei Methylgruppen oder eine Methyl- und eine Ethylgruppe als Seitenketten tragen. Schließlich zeichnet man eine durchgehende Kette mit vier C-Atomen und vier Methylgruppen. Ob Sie bei dieser Vorgehensweise Strukturen doppelt entworfen haben, erfahren Sie spätestens in Übung 12 (b), denn wenn zwei Strukturen denselben Namen tragen, handelt es sich um dieselbe Verbindung.

Ü 13 Versehen Sie jede der Substituenten an der Kette mit 10 Kohlenstoffatomen mit einem systematischen und einem Trivialnamen.

(a) 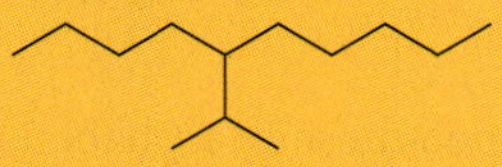 **(b)**  **(c)**  **(d)** 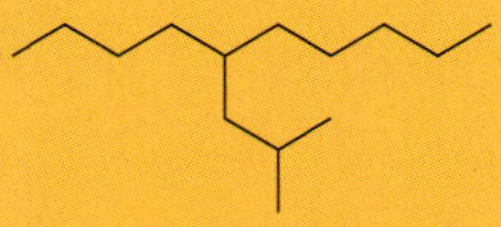

Ü 14* Zeichnen Sie die Strukturen und geben Sie den systematischen Namen für eine Verbindung mit der Summenformel C_5H_{12} an, die

(a) nur primäre und sekundäre Wasserstoffatome enthält,
(b) nur primäre Wasserstoffatome enthält,
(c) ein tertiäres Wasserstoffatom enthält,
(d) zwei sekundäre Wasserstoffatome enthält.

3.3 Nomenklatur der Cycloalkane/ Gerüstformeln

Cycloalkane sind gesättigte Kohlenwasserstoffe (Alkane), deren Kohlenstoffatome zu einem Ring angeordnet sind. Cycloalkane tragen den Präfix „Cyclo" vor dem Namen des Alkans, der die Zahl der Kohlenstoffatome im Ring wiedergibt.

Cyclopropan

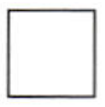
Cyclobutan

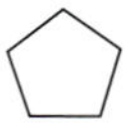
Cyclopentan

Cyclohexan

Cycloalkane werden generell als Gerüstformeln (Skelettformeln) gezeichnet. Aufgrund der Verknüpfung von Kohlenstoffatomen beim Ringschluss weisen die Cycloalkane zwei Wasserstoffatome weniger auf als der offenkettige (azyklische) Kohlenwasserstoff mit derselben Anzahl von C-Atomen. Dies bedeutet, dass die allgemeine Summenformel für Cycloalkane C_nH_{2n} ist.

Die Regeln für das Benennen von Cycloalkanen ähneln denen für das Benennen von azyklischen (nicht zyklischen) Verbindungen:

1. In einem Cycloalkan mit Alkylsubstituenten ist der Ring der Mutterkohlenwasserstoff, solange der Substituent nicht mehr Kohlenstoffatome hat als der Ring. In diesem Fall ist der Substituent der Mutterkohlenwasserstoff und der Ring wird als Substituent benannt. *Es gibt keinen Grund, einen einzelnen Substituenten an einem Ring zu nummerieren.*

MERKE!

Falls nur ein Substituent an einem Ring vorhanden ist, wird dem Substituenten keine Ziffer zugewiesen.

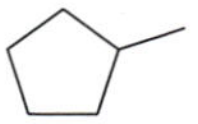
Methylcyclopentan

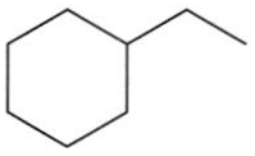
Ethylcyclohexan

Der Substituent hat mehr Kohlenstoffatome als der Ring.

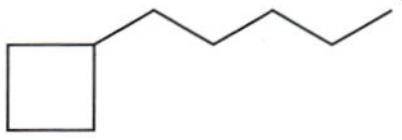
1-Cyclobutylpentan

2. Wenn der Ring zwei verschiedene Substituenten trägt, werden diese in *alphabetischer Reihenfolge* gelistet und die 1-Position wird für den erstgenannten Substituenten festgelegt.

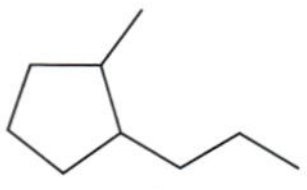
1-Methyl-2-propylcyclopentan

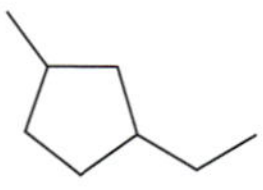
1-Ethyl-3-methylcyclopentan

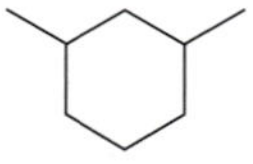
1,3-Dimethylcyclohexan

3. Wenn es mehr als zwei Substituenten gibt, werden diese in alphabetischer Reihenfolge gelistet und die 1-Position wird dem Substituenten gegeben, der zur geringstmöglichen Nummerierung für den zweiten Substituenten führt. Wenn dies zu gleichen Nummerierungen für den zweiten Substitu-

enten führt, wird entweder gegen oder mit dem Uhrzeigersinn gezählt, sodass der dritte Substituent eine möglichst geringe Ziffer erhält.

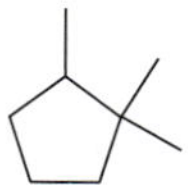

1,1,2-Trimethylcyclopentan
nicht
1,2,2-Trimethylcyclopentan
da 1 < 2
nicht
1,1,5-Trimethylcyclopentan
da 2 < 5

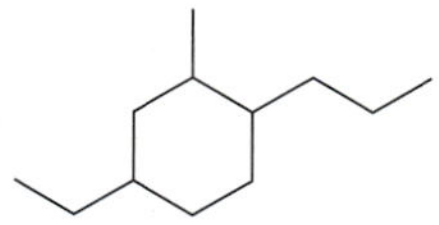

4-Ethyl-2-methyl-1-propylcyclohexan
nicht
1-Ethyl-3-methyl-4-propylcyclohexan
da 2 < 3
nicht
5-Ethyl-1-methyl-2-propylcyclohexan
da 4 < 5

Ü 15* Geben Sie den systematischen Namen für die folgenden Verbindungen an:

(a) 

(d) 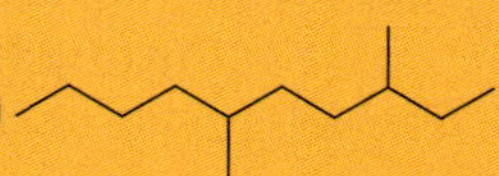

(g) 

(b) 

(e) 

(h) 

(c) 

(f) 

(i) 

STRATEGIEN ZUR PROBLEMLÖSUNG

■ Interpretation einer Gerüstformel

Geben Sie die Anzahl der Wasserstoffatome an, die mit jedem der angegebenen Kohlenstoffatome in der folgenden Verbindung verbunden sind:

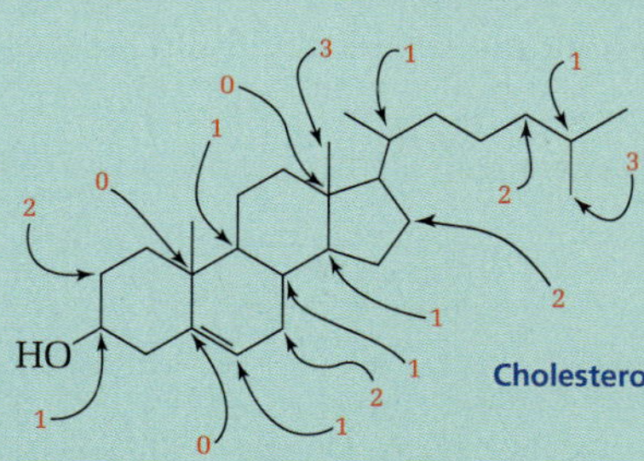

Cholesterol

Alle C-Atome der Verbindung sind neutral, d. h., jedes muss mit vier Atomen verbunden sein. Wenn für ein C-Atom also nur eine Verbindung angegeben ist, so muss es mit drei nicht abgebildeten H-Atomen verbunden sein; wenn für ein C-Atom zwei Verbindungen angegeben sind, muss es mit zwei H-Atomen verbunden sein etc.

Ü 16 Geben Sie die Anzahl der Wasserstoffatome an, die mit jedem der angegebenen Kohlenstoffatome in der folgenden Verbindung verbunden sind:

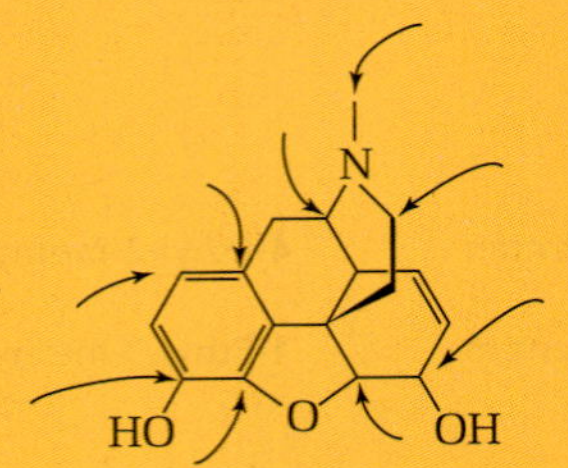

Morphin

Ü 17* Wandeln Sie die folgenden kondensierten Formeln in Gerüstformeln um:

(a) $CH_3CH_2CH_2CH_2CH_2CH_2OH$

(b) $CH_3CH_2CH_2CH_2CH_2CH_3$

(c) $CH_3CH_2\overset{\overset{CH_3}{|}}{C}HCH_2\overset{\overset{CH_3}{|}}{C}HCH_2CH_3$

(d) $CH_3CH_2CH_2CH_2OCH_3$

(e) $CH_3CH_2NHCH_2CH_2CH_3$

(f) $CH_3\overset{\overset{CH_3}{|}}{C}HCH_2CH_2\underset{\underset{Br}{|}}{C}HCH_3$

Ü 18 Wandeln Sie die Strukturen aus Übung 9 in Gerüstformeln um.

Ü 19 Zeichnen Sie eine kondensierte Formel und eine Gerüstformel für:

(a) 3,4-Diethyl-2-methylheptan

(b) 2,2,5-Trimethylhexan

MERKE!

Kondensierte Formeln zeigen Atome aber zeigen wenige (oder keine) Bindungen; Gerüstformeln zeigen Bindungen aber wenige (oder keine) Atome.

Nomenklatur der Halogenalkane 3.4

Halogenalkane sind Verbindungen, in denen eines oder mehrere der Wasserstoffatome eines Alkans durch ein Halogenatom ersetzt worden sind. Halogenalkane werden als primäre, sekundäre oder tertiäre Halogenalkane klassifiziert, abhängig davon, an welchen Typ von Kohlenstoffatom das Halogenatom gebunden ist (Abschnitt 3.1).

- **Primäre Halogenalkane** haben also offensichtlich ein Halogenatom an ein primäres C-Atom gebunden.
- **Sekundäre Halogenalkane** tragen das Halogenatom an ein sekundäres C-Atom gebunden.
- **Tertiäre Halogenalkane** tragen ein Halogenatom an einem tertiären C-Atom.

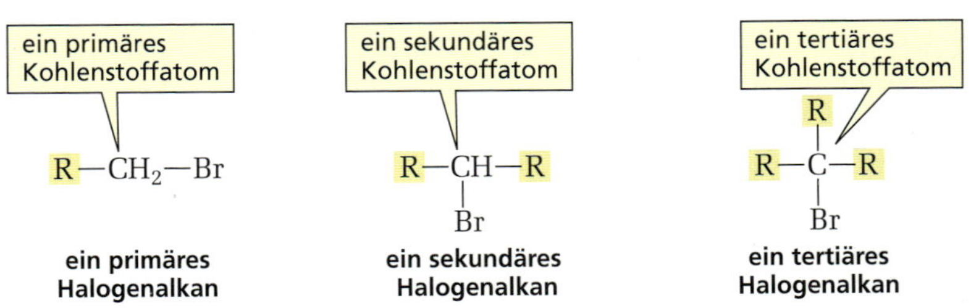

MERKE!

Die Zahl der Alkylgruppen, die an das Kohlenstoffatom gebunden sind, das das Halogenatom trägt, legt fest, ob das Halogenalkan ein primäres, ein sekundäres oder ein tertiäres ist.

Die freien Elektronenpaare der Valenzschale des Halogenatoms werden im Allgemeinen nicht dargestellt, außer in dem Fall, dass sie für einen speziellen Zusammenhang von Bedeutung sind.

Trivialnamen

Die Trivialnamen der Halogenalkane setzen sich aus dem Namen des Alkylradikals, gefolgt von dem Namen des Halogens als „Halogenid“ (-fluorid, -bromid usw.) zusammen. Beachten Sie, dass ein Namen nur zur einer Verbindung passt, aber eine Verbindung mehrere Namen haben kann.

Trivialname:	Methylchlorid	Ethylfluorid	Isopropyliodid	*sek*-Butylbromid
systematischer Name:	Chlormethan	Fluorethan	2-Iodpropan	2-Brombutan

> **MERKE!**
>
> **Eine Verbindung kann mehr als einen Namen haben, doch ein Name kann immer nur eine bestimmte Verbindung bezeichnen.**
>
> **Beachten Sie, dass Ziffern nur für systematische Namen verwendet werden, nicht für Trivialnamen.**

Systematische Namen

Im IUPAC-System werden die Halogenalkane als substituierte Alkane behandelt. Der Elementname des Halogens geht dem systematischen Namen des Kohlenwasserstoffes, an den es gebunden ist, voraus (Fluor-, Brom- usw.). Auf diese nach Möglichkeit zu vermeidende Benennung geht die (obsolete) Gruppenbezeichnung „Alkylhalogenide“ für die Halogenalkane zurück. Erinnern Sie sich daran, dass eine Verbindung mehr als einen Namen haben kann, selbst wenn ein Name immer nur eine bestimmte Verbindung bezeichnen kann.

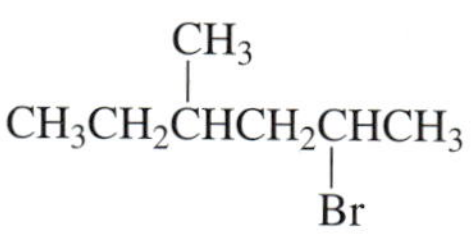

2-Brom-4-methylhexan

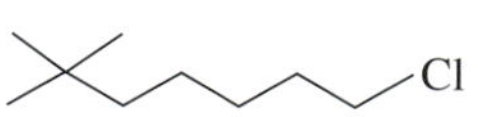

1-Chlor-6,6-dimethylheptan

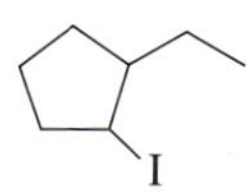

1-Ethyl-2-iodcyclopentan

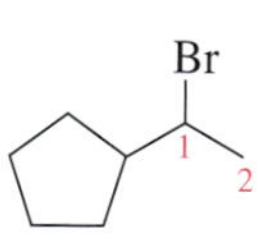

(1-Bromethyl)cyclopentan

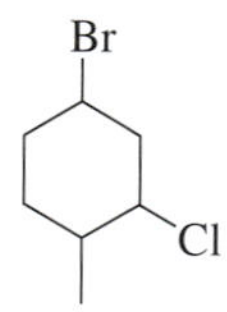

4-Brom-2-chlor-1-methylcyclohexan

CH_3F
Fluormethan

CH_3Cl
Chlormethan

CH_3Br
Brommethan

CH_3I
Iodmethan

Ü 20* Geben Sie jeweils zwei Namen für die folgenden Verbindungen an. Geben Sie weiterhin an, ob die Verbindung ein primäres, sekundäres oder tertiäres Halogenalkan ist:

(a) 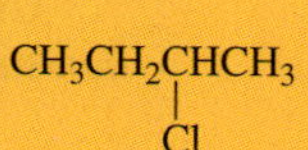

(c) 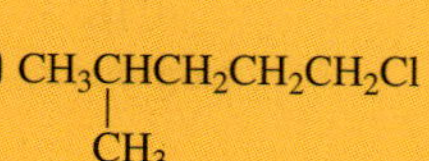

(b) 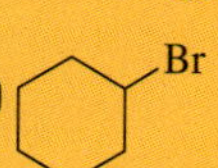

(d) 

Ü 21 Zeichnen Sie die Strukturen und geben Sie die sytematischen Namen für Methylcyclohexan an, wenn ein Wasserstoffatom durch ein Chloratom ersetzt wird. Unterscheiden Sie die folgenden Fälle:

(a) ein primäres Halogenalkan,
(b) ein tertiäres Halogenalkan,
(c) drei sekundäre Halogenalkane.

Nomenklatur der Ether 3.5

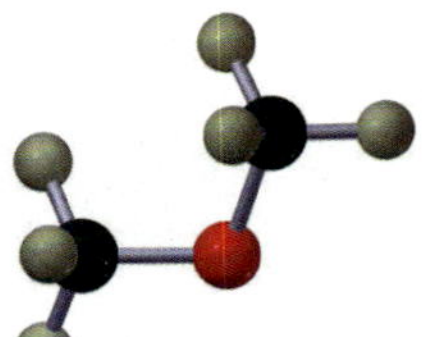

Dimethylether

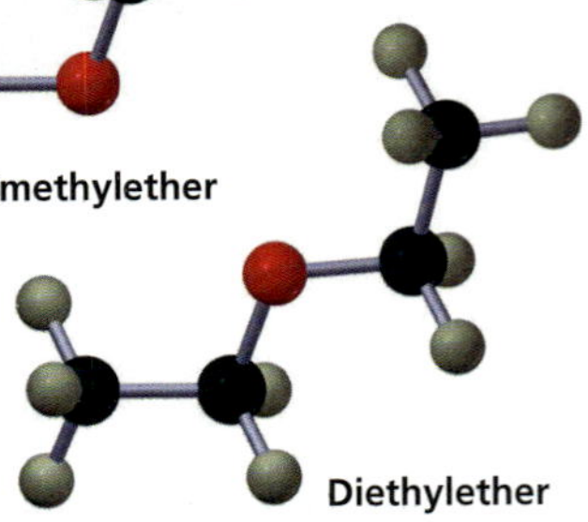

Diethylether

Ether (im älteren deutschsprachigen Schrifttum „Äther“) sind organische Verbindungen, in denen ein Sauerstoffatom zwei Alkylsubstituenten trägt.

- Falls die Alkylsubstituenten identisch sind, spricht man von einem **symmetrischen Ether** (R und R).
- Falls die Substituenten verschieden sind, handelt es sich um einen **unsymmetrischen Ether** (R und R′).

R—O—R
ein symmetrischer Ether

R—O—R′
ein unsymmetrischer Ether

Trivialnamen

Die Trivialnamen der Ether bestehen aus den Namen der beiden Alkylsubstituenten in alphabetischer Reihenfolge, gefolgt von dem Wortstamm „-ether“. Die kleinsten Ether werden praktisch immer mit ihren Trivialnamen belegt.

$CH_3OCH_2CH_3$
Ethylmethylether

$CH_3CH_2OCH_2CH_3$
Diethylether
(oft Ethylether genannt)

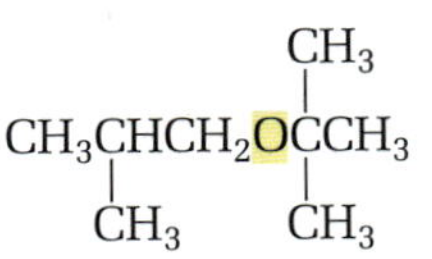

tert-Butylisobutylether

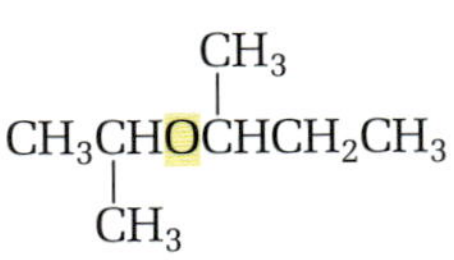

sek-Butylisopropylether

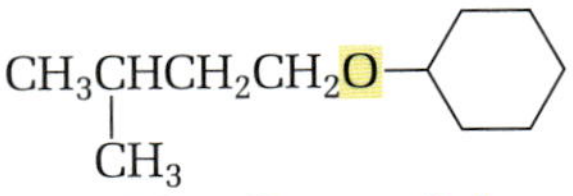

Cyclohexylisopentylether

MERKE!

Chemiker*innen lassen im täglichen Gebrauch manchmal die Vorsilbe „Di-“ weg, wenn symmetrische Ether betrachtet werden. Versuchen Sie dieser Gewohnheit zu widerstehen.

Systematische Namen

Das IUPAC-System benennt die Ether als ein Alkan mit einem RO-Substituenten. Die Substituenten werden benannt, indem die Endung „-yl“ des Alkylradikals durch „-oxy“ ersetzt wird.

CH_3O—
Methoxy

CH_3CH_2O—
Ethoxy

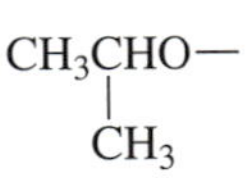

Isopropoxy

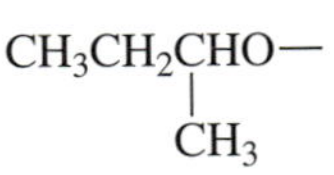

sek-Butoxy

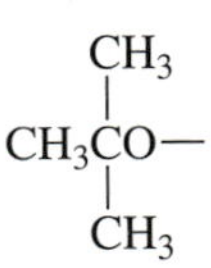

tert-Butoxy

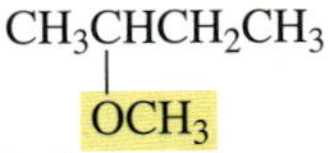

2-Methoxybutan

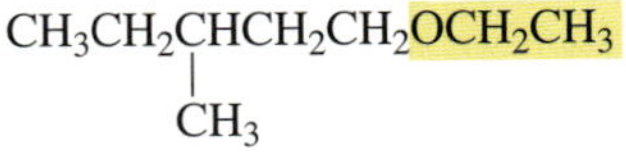

1-Ethoxy-3-methylpentan

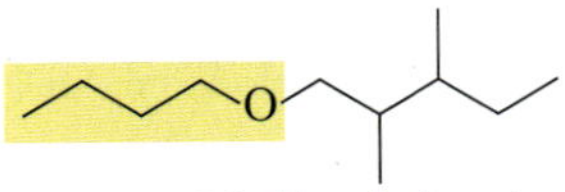

1-Butoxy-2,3-dimethylpentan

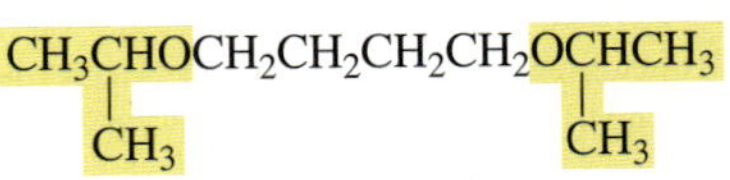

1,4-Diisopropoxybutan

Ü 22*

(a) Geben Sie die systematischen Namen (IUPAC-konforme Namen) der folgenden Ether an:

1. $CH_3OCH_2CH_3$

2. $CH_3CH_2OCH_2CH_3$

3. $CH_3CH_2CH_2CH_2CHCH_2CH_2CH_3$ (mit OCH_3 am CH)

4. $CH_3CHOCH_2CH_2CHCH_3$ (mit je einem CH_3 an beiden CH)

5. 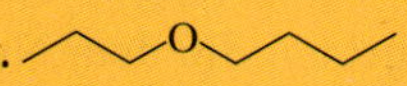

6. 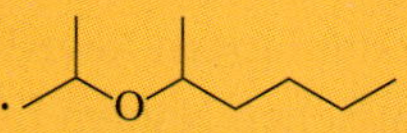

(b) Besitzen alle diese Ether Trivialnamen?

(c) Wie lauten sie?

Nomenklatur der Alkohole 3.6

Alkohole sind organische Verbindungen, in denen ein Wasserstoffatom eines Alkans durch eine OH-Gruppe ersetzt wird.

- Ein **primärer Alkohol** trägt die OH-Gruppe an einem primären Kohlenstoffatom.
- Ein **sekundärer Alkohol** trägt die OH-Gruppe an einem sekundären Kohlenstoffatom.
- Ein **tertiärer Alkohol** trägt die OH-Gruppe an einem tertiären Kohlenstoffatom.

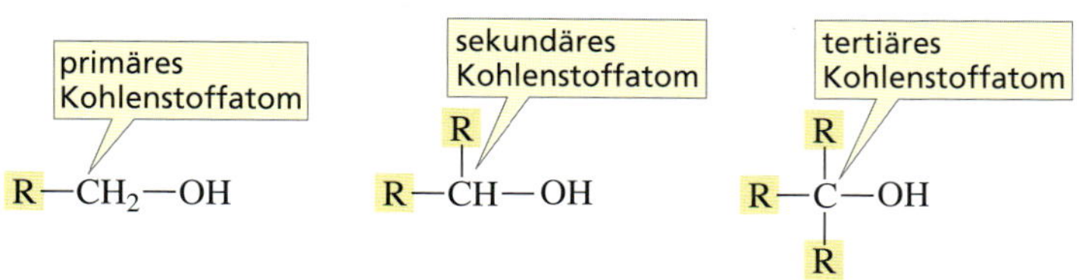

ein primärer Alkohol **ein sekundärer Alkohol** **ein tertiärer Alkohol**

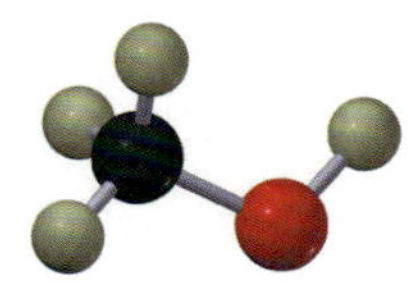

Methanol

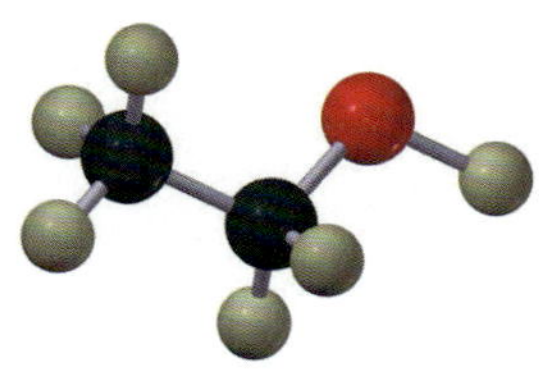

Ethanol

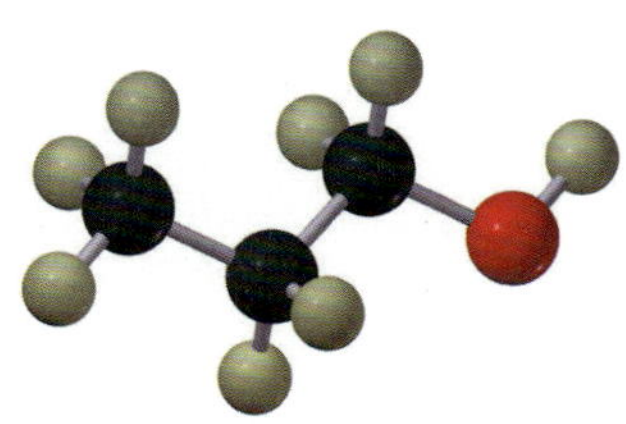

n-Propanol

Trivialnamen

Der Trivialname eines Alkohols besteht aus dem Namen des Alkylradikals, an den die OH-Gruppe gebunden ist, gefolgt von der Silbe „-ol".

CH_3CH_2OH	$CH_3CH_2CH_2OH$	CH_3CHOH (mit CH_3 am CH)	CH_3CHCH_2OH (mit CH_3 am CH)
Ethanol	*n*-Propanol	Isopropanol	Neopentanol

Systematische Namen

Die **funktionelle Gruppe** ist das Reaktivitätszentrum eines Moleküls. Bei den Alkoholen ist die OH-Gruppe die funktionelle Gruppe. Das IUPAC-System verwendet *Suffixe*, um bestimmte funktionelle Gruppen zu charakterisieren. Die funktionelle Gruppe eines Alkohols ist die OH-Gruppe, die durch das Suffix „-ol" angezeigt wird. Dieses wird einfach an den Namen den Mutterkohlenwasserstoffes angehängt.

> **MERKE!**
>
> **Die Zahl der Alkylgruppen, die an ein Kohlenstoffatom gebunden sind, das eine OH-Gruppe trägt, legt fest, ob ein Alkohol primär, sekundär oder tertiär ist.**

CH_3OH **Methanol** CH_3CH_2OH **Ethanol**

Falls notwendig, wird die Stellung der funktionellen Gruppe im Molekül durch eine Ziffer angegeben, die dem Namen des Alkohols oder der Endung „-ol" vorangeht. Nach der letzten Revision der IUPAC-Nomenklaturregeln sind die gültigen systematischen Namen die, bei denen die Ziffer der Endung unmittelbar vorangeht. Doch sind die Namen, bei denen die Ziffer dem Namen des Alkohols vorangeht, sehr lange in Gebrauch gewesen, sodass man ihnen noch häufig in der Literatur, auf Chemikalienbehältern im Labor und an anderen Orten begegnen wird. Sie sind auch diejenigen, die in diesem Buch am häufigsten verwendet werden. Da sie nicht der neusten IUPAC-Nomenklatur entsprechen, werden wir sie als systematische Namen verwenden.

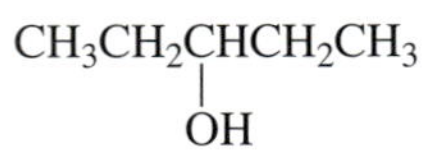

3-Pentanol **oder** **Pentan-3-ol**

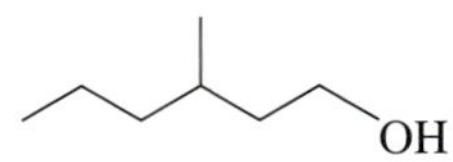

3-Methyl-1-hexanol **oder** **3-Methylhexan-1-ol**

Die Ziffer steht vor dem Namen des Mutterkohlenwasserstoffes.

Die Ziffer steht vor dem Suffix.

Die folgenden Regeln kommen zur Anwendung, um eine Verbindung zu benennen, die eine funktionelle Gruppe trägt:

1 Der Mutterkohlenwasserstoff leitet sich von der längsten ununterbrochenen Kette von Kohlenstoffatomen ab, *welche die funktionelle Gruppe trägt.*

2 Der Ausgangskohlenwasserstoff wird so nummeriert, *dass der funktionellen Gruppe die niedrigstmögliche Ziffer zugewiesen wird.*

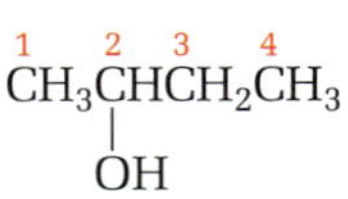

2-Butanol **oder** **Butan-2-ol**

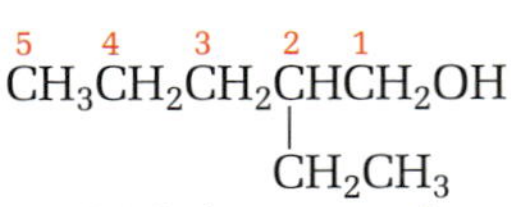

2-Ethyl-1-pentanol **oder** **2-Ethylpentan-1-ol**

Die längste ununterbrochene Kette weist sechs Kohlenstoffatome auf, die längste ununterbrochene Kette, welche die OH-Funktion enthält, weist jedoch fünf Kohlenstoffatome auf, so dass die Verbindung als ein Pentanolderivat angesprochen wird.

3-Butoxy-1-propanol **oder** **3-Butoxypropan-1-ol**

Die längste ununterbrochene Kette weist vier Kohlenstoffatome auf, die längste ununterbrochene Kette, welche die OH-Funktion enthält, weist jedoch drei Kohlenstoffatome auf, so dass die Verbindung als Propanolderivat angesprochen wird.

3 Falls eine Verbindung zwei OH-Gruppen enthält, wird das Suffix „-diol" dem Namen des Mutterkohlenwasserstoffes zugefügt.

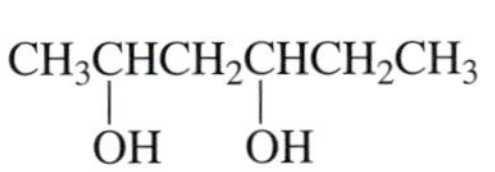

2,4-Hexandiol **oder** **Hexan-2,4-diol**

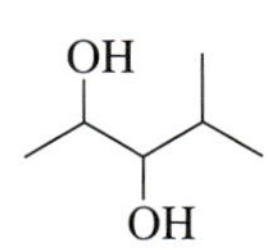

4-Methyl-2,3-pentandiol **oder** **4-Methylpentan-2,3-diol**

4 Wenn es ein Suffix für eine funktionelle Gruppe und einen Substituenten gibt, bekommt das Suffix die kleinste Ziffer.

3-Brom-1-propanol

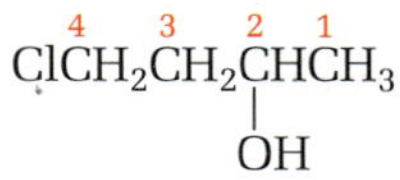

4-Chlor-2-butanol

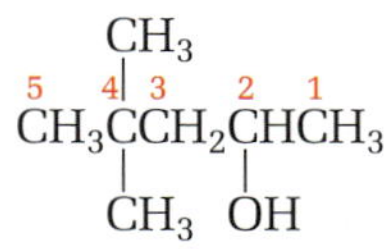

4,4-Dimethyl-2-pentanol

5 Falls sich in beiden Abzählrichtungen der Kohlenstoffkette für die funktionelle Gruppe dieselbe Bezifferung ergibt, wird die Zählrichtung so festgelegt, dass dem Zweitsubstituenten die niedrigere (niedrigstmögliche) Ziffer zufällt. Bei einer zyklischen Verbindung ist es nicht notwendig, der funktionellen Gruppe eine Ziffer zuzuweisen, da hier vereinbarungsgemäß gilt, dass sie am Kohlenstoffatom Nr. 1 positioniert ist.

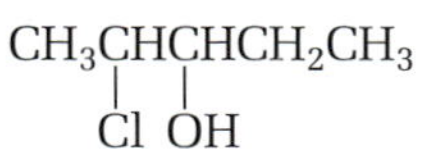

2-Chlor-3-pentanol
nicht
4-Chlor-3-pentanol

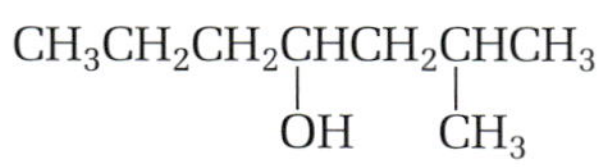

2-Methyl-4-heptanol
nicht
6-Methyl-4-heptanol

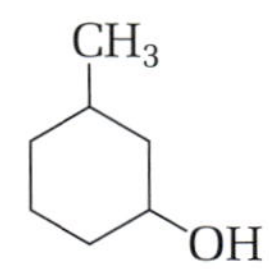

3-Methylcyclohexanol
nicht
5-Methylcyclohexanol

6 Falls mehr als ein Substituent zugegen ist, werden die Alkylsubstituenten in alphabetischer Reihenfolge aufgezählt.

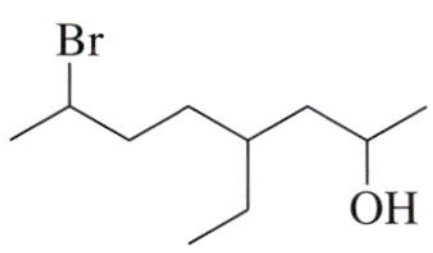

7-Brom-4-ethyl-2-octanol

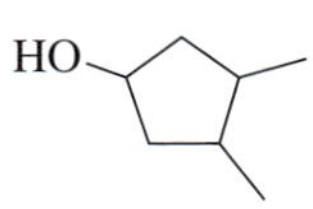

3,4-Dimethylcyclopentanol

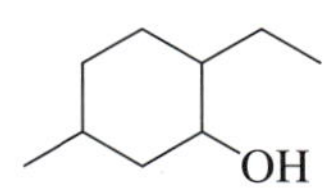

2-Ethyl-5-methylcyclohexanol

> **MERKE!**
>
> **Wenn es nur einen Alkylsubstituenten gibt, wird dem Alkylsubstituenten die niedrigstmögliche Ziffer zugeteilt.**
>
> **Wenn es nur eine Endung der funktionellen Gruppe gibt, wird ihr die niedrigstmögliche Ziffer zugeteilt.**
>
> **Wenn es sowohl eine funktionelle als auch einen weiteren, nichtfunktionellen Alkylubstituenten gibt, wird der funktionellen Gruppe die niedrigstmögliche Ziffer zugeteilt.**

Rufen Sie sich die Tatsache in das Gedächtnis, dass der Name eines Alkylsubstituenten *vor* dem Namen des zugrunde liegenden Hauptkohlenwasserstoffs genannt wird, die Endung für die funktionelle Gruppe aber *nach* dem Namen des Mutterkohlenwasserstoffs folgt.

Methyl, Ethoxy, Chlor, usw. → **[Substituent][Mutterkohlenwasserstoff][Suffix funktionelle Gruppe]** ← ol

Ü 23* Geben Sie jeder der folgenden Verbindungen einen systematischen Namen, und geben Sie zudem an, ob es sich um einen primären, sekundären oder tertiären Alkohol handelt

(a) $CH_3CH_2CH_2CH_2CH_2OH$

(b)

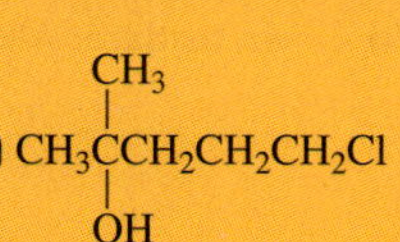

(c)

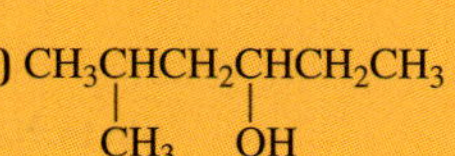

(d)

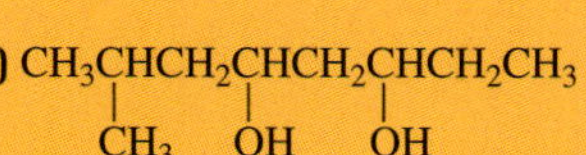

Ü 24 Zeichnen Sie die homologe Reihe der Alkohole, die zwischen einem und sechs Kohlenstoffatomen bestehen und geben Sie jeder Verbindung einen systematischen Namen.

Ü 25* Zeichnen Sie die kondensierten und Skelettstrukturen der tertiären Alkohole mit der Summenformel $C_6H_{14}O$ und geben Sie diesen systematische Namen.

Ü 26* Geben Sie jeder der folgenden Verbindungen einen systematischen Namen, und geben Sie an, ob es sich um einen primären, sekundären oder tertiären Alkohol handelt.

(a) 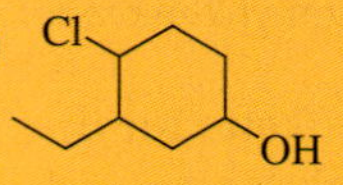

(b) 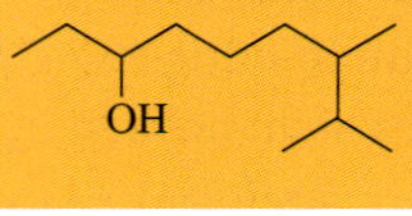

(c) 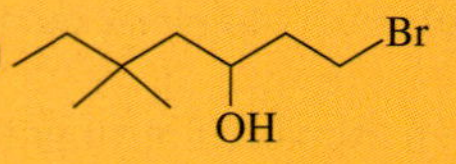

(d) 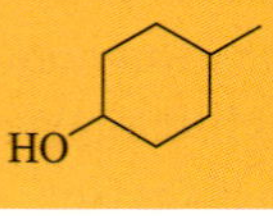

Nomenklatur der Amine 3.7

Amine sind organische Verbindungen, die sich formal vom Ammoniak ableiten, von dessen Wasserstoffatomen eines oder mehrere durch organische Reste ersetzt sind. Man unterscheidet **primäre**, **sekundäre** und **tertiäre Amine**. Die Klassifikation in diese Untergruppen hängt davon ab, wieviele Alkylgruppen an das Stickstoffatom gebunden sind.

- Ein **primäres Amin** trägt eine Alkylgruppe am Stickstoffatom.
- Ein **sekundäres Amin** trägt zwei Alkylgruppen am Stickstoffatom.
- Ein **tertiäres Amin** trägt drei Alkylgruppen am Stickstoffatom.

MERKE!

Die Zahl der an das Stickstoffatom gebundenen Alkylgruppen bestimmt, ob ein Amin ein primäres, ein sekundäres oder ein tertiäres ist.

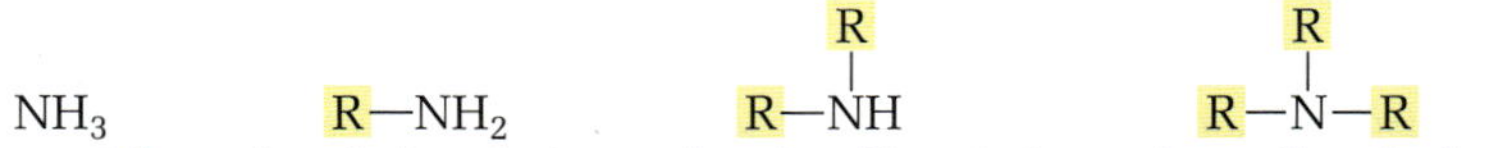

Ammoniak — ein primäres Amin — ein sekundäres Amin — ein tertiäres Amin

Beachten Sie, dass die *Zahl der Alkylgruppen am Stickstoffatom* entscheidet, ob das Amin primär, sekundär oder tertiär ist. Bei den Halogenalkanen und den Alkoholen, die wir besprochen haben, war es die *Zahl der Alkylgruppen am Kohlenstoffatom*, an welches das Halogenatom (X) bzw. die OH-Gruppe gebunden waren, die über die Klassifikation entschied (Abschnitte 3.4 und 3.6).

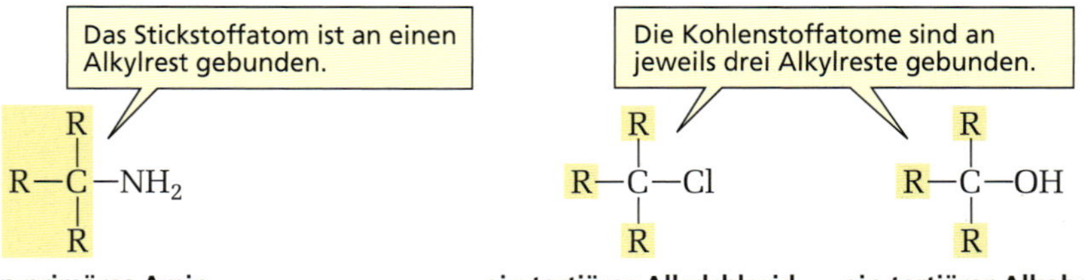

ein primäres Amin — ein tertiäres Alkylchlorid — ein tertiärer Alkohol

Trivialnamen

Die Trivialnamen der Amine setzen sich aus den Namen der Alkylreste, die an das Stickstoffatom gebunden sind, zusammen, gefolgt von dem Wortstamm „-amin“. Der gesamte Name der Verbindung wird als ein Wort geschrieben.

CH_3NH_2
Methylamin

$CH_3NHCH_2CH_2CH_3$
Methylpropylamin

$CH_3CH_2NHCH_2CH_3$
Diethylamin

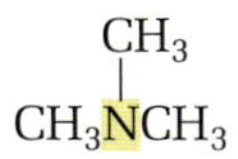
Trimethylamin

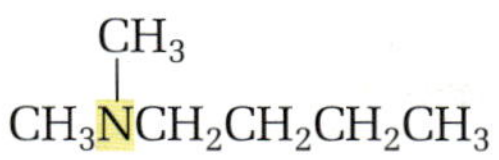
Butyldimethylamin

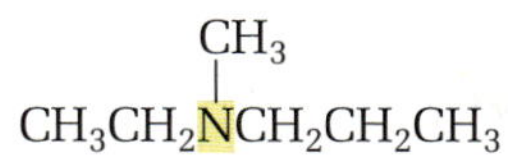
Ethylmethylpropylamin

Systematische Namen

Das IUPAC-System verwendet wiederum eine Wortendung, um ein Amin zu benennen. An den Namen des Mutterkohlenwasserstoffs wird die Endung „-amin" angehängt, ganz ähnlich wie bei der Benennung der Alkohole mit der angehängten Endung „-ol". Eine Ziffer wird vor den Namen der Verbindung oder eingeschoben vor der Endung angegeben, um das Kohlenstoffatom anzugeben, an den der Aminostickstoff gebunden ist. Der Bezeichnung einer jedweden Alkylgruppe, die an das Stickstoffatom gebunden ist, wird ein kursiv gestelltes *N* vorangestellt, um eindeutig anzuzeigen, dass das im Folgenden genannte Radikal an ein Stickstoffatom gebunden ist und nicht an ein Kohlenstoffatom.

1-Butanamin
oder
Butan-1-amin

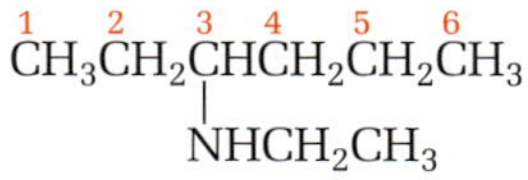
***N*-Ethyl-3-hexanamin**
oder
***N*-Ethylhexan-3-amin**

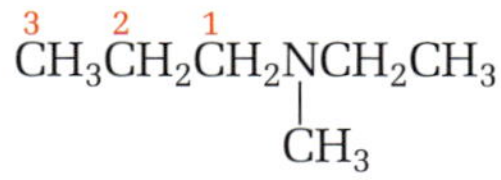
***N*-Ethyl-*N*-methyl-1-propanamin**
oder
***N*-Ethyl-*N*-methylpropan-1-amin**

Die Alkylsubstituenten – unabhängig davon, ob sie an ein Stickstoff- oder den zugrunde liegenden Mutterkohlenwasserstoff gebunden sind – werden in alphabetischer Reihenfolge aufgeführt, und es wird jedem Rest eine Ziffer oder der Buchstabe *N* zugewiesen. Die Kette der Kohlenstoffatome wird so nummeriert, dass der funktionellen Gruppe (hier die Endung „-amin") die niedrigstmögliche Ziffer zugeteilt wird.

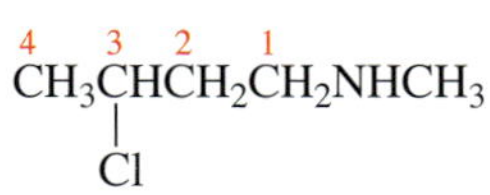
3-Chlor-*N*-methyl-1-butanamin

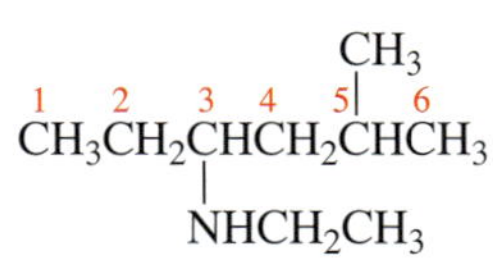
***N*-Ethyl-5-methyl-3-hexanamin**

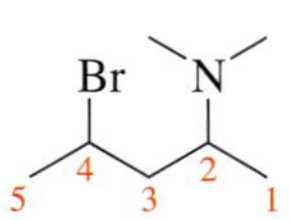
4-Brom-*N*,*N*-dimethyl-2-pentanamin

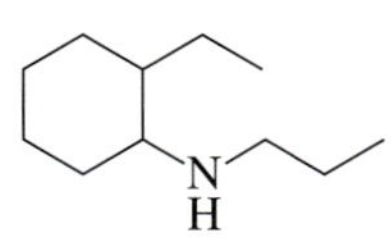
2-Ethyl-*N*-propylcyclohexanamin

Stickstoffverbindungen, bei denen vier Alkylgruppen an das Stickstoffatom gebunden sind, heißen **quaternäre Ammoniumsalze**. Ihre Namen setzen sich aus den Bezeichnungen der Alkylreste in alphabetischer Reihenfolge zusammen, gefolgt von dem Wortstamm „-ammonium". Wie bei Salzen üblich wird der Name des Gegenions in den Verbindungsnamen mit einbezogen.

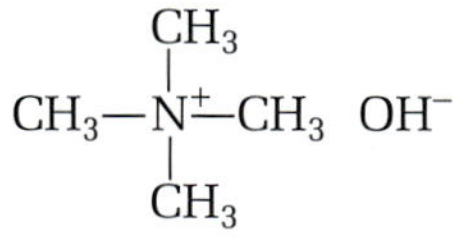
Tetramethylammoniumhydroxid

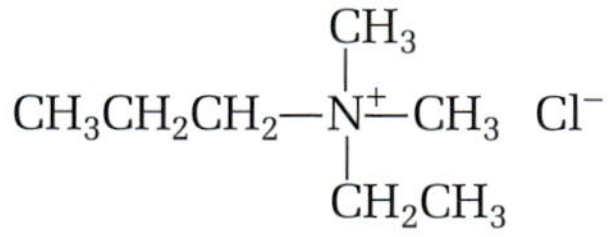
Ethyldimethylpropylammoniumchlorid

Ü 27* Geben Sie die systematischen und (wenn möglich) die Trivialnamen für jede der folgenden Verbindungen an und bestimmen Sie, ob es sich um eine primäre, sekundäre oder tertiäre handelt:

(a) $CH_3CH_2CH_2CH_2CH_2CH_2NH_2$

(b) 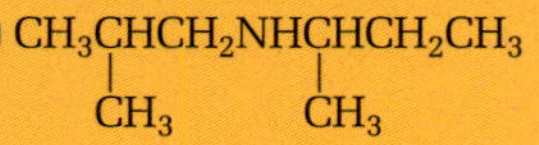

(c) $(CH_3CH_2)_2NCH_3$

(d) $CH_3CH_2CH_2NHCH_2CH_2CH_2CH_3$

(e) 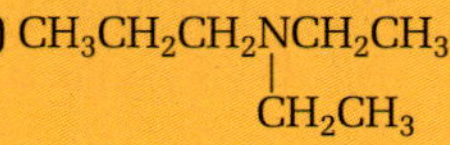

(f) 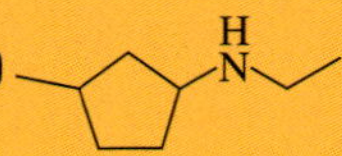

Ü 28* Geben Sie für die folgenden Verbindungen an, ob sie primär, sekundär oder tertiär sind:

(a) 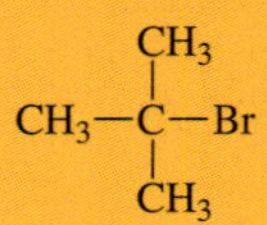

(b) 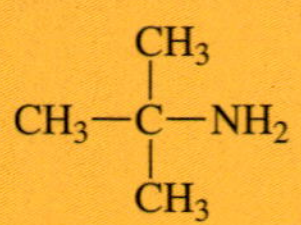

(c) 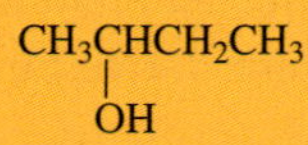

(d) $CH_3NHCH_2CH_3$

Ü 29* Zeichnen Sie die Strukturen für jede der folgenden Verbindungen:

(a) 2-Methyl-*N*-propyl-1-propanamin;
(b) *N*-Ethylethanamin;
(c) 5-Methyl-1-Hexanamin;
(d) Methyldipropylamin;
(e) *N,N*-Dimethyl-3-pentanamin;
(f) Cyclohexylethylmethylamin

Ü 30* Geben Sie für jede der folgenden Verbindungen den systematischen und den Trivialnamen an (sofern die Verbindung einen solchen besitzt) und geben Sie an, ob das Amin ein primäres, sekundäres oder tertiäres ist.

(a) 

(b) 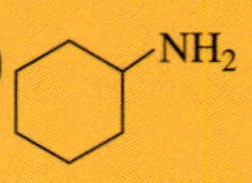

(c) 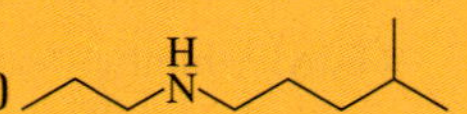

(d) 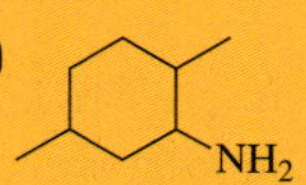

	Systematischer Name	Trivialname
Halogenalkane	Substituierte Alkane CH_3Br Brommethan CH_3CH_2Cl Chlorethan	Alkylrest, an den das Halogen gebunden ist + „*-halogenid*" CH_3Br Methylbromid CH_3CH_2Cl Ethylchlorid
Ether	Substituierte Alkane CH_3OCH_3 Methoxymethan $CH_3CH_2OCH_3$ Methoxyethan	An das Sauerstoffatom gebundene Alkylreste + „*-ether*" CH_3OCH_3 Dimethylether $CH_3CH_2OCH_3$ Ethylmethylether
Alkohole	Name des Alkans + Endung „*-ol*" CH_3OH Methanol CH_3CH_2OH Ethanol	An die OH-Gruppe gebundener Alkylrest + „*-alkohol*" CH_3OH Methylalkohol CH_3CH_2OH Ethylalkohol
Amine	Name des Alkans + Endung „*-amin*" $CH_3CH_2NH_2$ Ethanamin $CH_3CH_2CH_2NHCH_3$ *N*-Methyl-1-propanamin	An das *N*-Atom gebundene Alkylreste + „*-amin*" $CH_3CH_2NH_2$ Ethylamin $CH_3CH_2CH_2NHCH_3$ Methylpropylamin

Tabelle 3.3: Zusammenfassung der Nomenklatur.

Die ► Tabelle 3.3 fasst die Benennungen der bisher besprochenen Verbindungsklassen Halogenalkane, Ether, Alkohole und Amine knapp zusammen.

HINTERGRUND

■ Übelriechende Verbindungen

Amine sind für einige der unangenehmeren Gerüche verantwortlich. So riechen etwa Amine mit relativ kleinen Alkylgruppen oft nach Fisch. Beispielsweise riecht vergorener Hai, ein traditionelles isländisches Gericht, genauso wie Triethylamin. Fisch wird oft mit Zitrone serviert, da die Zitronensäure die Amine protoniert, was sie in ihre wohlriechendere Form umwandelt.

Die Zitronensäure im Zitronensaft verringert den Fischgeschmack.

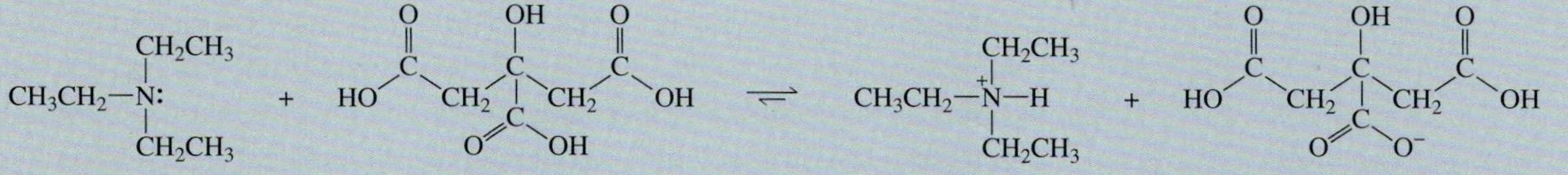

Die giftigen Amine Putrescin und Cadaverin entstehen, wenn Aminosäuren zerfallen. Da sie vom Körper auf schnellstmöglichem Weg ausgeschieden werden, kann man ihren Geruch im Urin und im Atem wahrnehmen. Sie sind auch für den Geruch von verwesendem Fleisch verantwortlich.

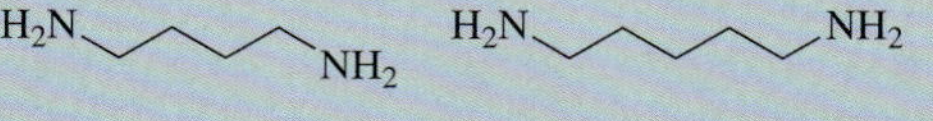

3.8 Strukturen der Halogenalkane, Alkohole, Ether und Amine

Die Verbindungsklassen, die wir in diesem Kapitel besprochen haben, weisen strukturelle Ähnlichkeiten mit den einfacheren Verbindungen auf, die in Kapitel 1 eingeführt wurden.

Halogenalkane

Betrachten wir zunächst die Halogenalkane im Vergleich mit den Alkanen. Beide Verbindungsklassen haben die gleiche Struktur; der einzige Unterschied ist eine C—X-Bindung eines Halogenalkans (X = beliebiges Halogenatom) anstelle einer C—H-Bindung (Abschnitt 1.7).

Die C—X-Bindung eines Halogenalkans wird durch die Überlappung eines sp^3-Orbitals eines C-Atoms mit einem sp^3-Orbital eines Halogenatoms gebildet. Fluor benutzt dazu ein $2sp^3$-Orbital, Chlor ein $3sp^3$-, Brom ein $4sp^3$- und Jod ein $5sp^3$-Orbital. Da die mittlere Elektronendichte der Orbitale mit sich vergrößerndem Volumen abnimmt, nimmt die Länge der C—X-Bindung zu und ihre Bindungsstärke ab, wenn man in der Gruppe der Halogene von oben nach unten geht (zunehmender Atomradius; ▶ Tabelle 3.4). Dieser Trend ist uns schon bei den H—X-Bindungen der Halogenwasserstoffe begegnet (siehe ▶ Tabelle 1.6).

Alkohole

Wenden wir uns nun der Struktur des Sauerstoffs in einem Alkoholmolekül zu, die die gleiche ist wie die des O-Atom eines Wassermoleküls (Abschnitt 1.12). Daher lassen sich, wie bereits erwähnt, die Alkohole als alkylierte Wassermoleküle ansehen. Das Sauerstoffatom eines Alkoholmoleküls ist wie das des Wassers sp^3-hybridisiert. Eines der sp^3-Orbitale des Sauerstoffs überlappt mit einem sp^3-Orbital des Kohlenstoffatoms, ein anderes mit dem *s*-Orbital eines Wasserstoffatoms (OH-Gruppe). Die beiden verbleibenden sp^3-Orbitale enthalten jeweils ein freies Elektronenpaar der Valenzschale des Sauerstoffatoms.

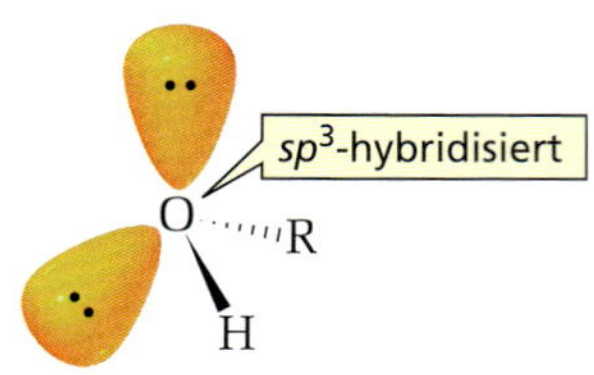

ein Alkohol

elektrostatische Potenzialkarte des Methanolmoleküls

Ether

Das Sauerstoffatom eines Ethers weist dieselbe Hybridisierung auf; die Struktur der Bindungen ist daher ebenfalls mit der des Wassers und der Alkohole identisch. Ein Ethermolekül ist daher ein zweifach alkyliertes „Wassermolekül" und weist dieselbe gewinkelte Struktur auf wie ein Wasser- oder ein Alkoholmolekül.

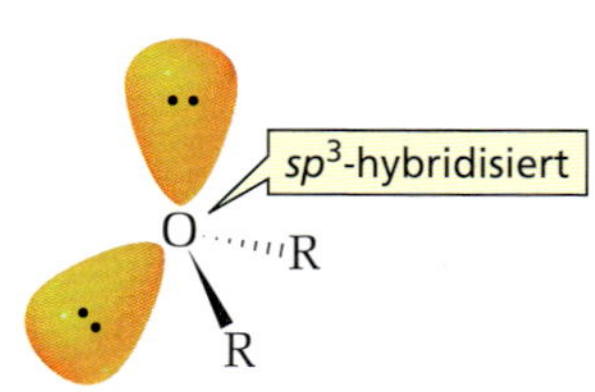

ein Ether

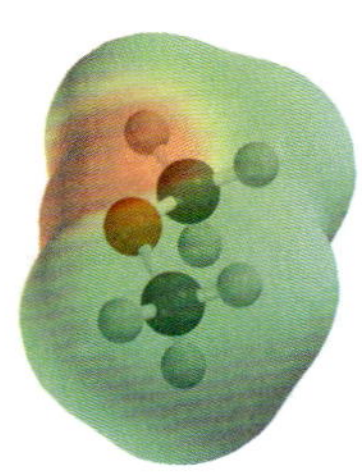

elektrostatische Potenzialkarte des Dimethylethers

Amine

Das Stickstoffatom der Amine besitzt dieselbe Struktur wie das Ammoniakmolekül (Abschnitt 1.11). Es ist wie im Ammoniak sp^3-hybridisiert und ein, zwei oder drei der Wasserstoffatome des Ammoniaks können durch organische Reste ersetzt sein. Die Zahl der eingeführten organischen Reste legt fest, ob das Amin primär, sekundär oder tertiär ist (Abschnitt 3.7).

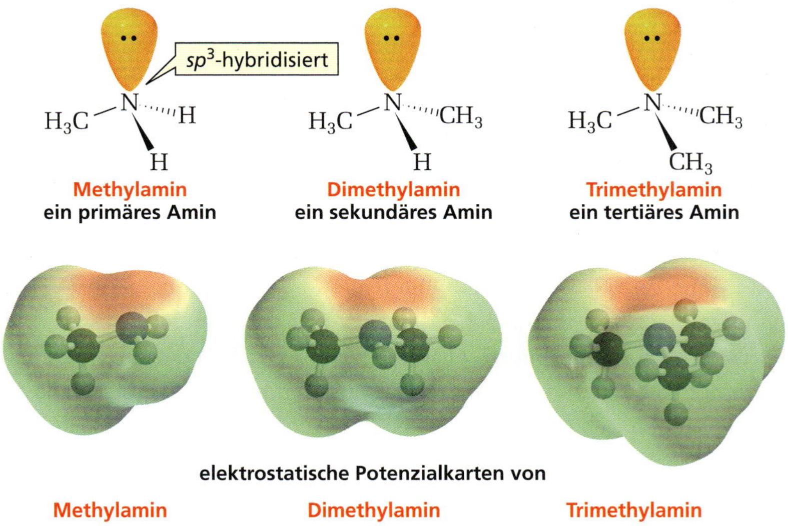

Ü 31 Sagen Sie die ungefähre Größe der folgenden Bindungswinkel voraus (*Hinweis:* Siehe gegebenenfalls die Abschnitte 1.11 und 1.12):

(a) C—O—C-Winkel eines Ethermoleküls;
(b) C—N—C-Winkel eines sekundären Aminmoleküls;
(c) C—O—H-Winkel eines Alkoholmoleküls;
(d) C—N—C-Winkel eines quaternären Ammoniumions.

Nichtkovalente Interaktionen 3.9

Nun werden wir uns mit nichtkovalenten Interaktionen beschäftigen, die schwächer sind als kovalente Bindungen und zwischen Molekülen wirken. Wir werden sehen, wie diese Bindungen die physikalischen Eigenschaften von fünf Verbindungsklassen, deren Struktur und Namen wir bereits kennengelernt haben, beeinflussen. Diese Interaktionen umfassen London-Dispersionskräfte, Dipol-Dipol-Wechselwirkungen und Wasserstoffbrücken.

MERKE!

Ausführliche Tabellen zu physikalischen Eigenschaften finden Sie in Anhang A.

Siedepunkte

Der **Siedepunkt** (Sdp., auch Kochpunkt genannt) einer Verbindung ist diejenige Temperatur, bei der die flüssige Form der betreffenden chemischen Verbindung in die gasförmige Form (die flüssige Phase in die Gasphase) übergeht. Damit eine Verbindung verdampfen kann, müssen die zwischenmolekularen Kräfte, die die einzelnen Moleküle in der flüssigen Phase zusammenhalten, überwunden werden. Daher hängt der Siedepunkt von der Stärke der Wechselwirkungen zwischen den einzelnen Molekülen ab. Falls die Moleküle durch betragsmäßig starke Kräfte zusammengehalten werden, ist mehr Energie notwendig, um die Moleküle voneinander zu trennen als wenn die Moleküle durch betragsmäßig schwache Kräfte aneinander gebunden sind. Im ersten Fall besitzt die betreffende Verbindung einen höheren Siedepunkt, im zweiten einen niedrigeren.

MERKE!

Je stärker die anziehenden Kräfte zwischen den Molekülen, desto höher ist der Siedepunkt.

London-Dispersionskräfte

Alkanmoleküle bestehen nur aus Kohlenstoff- und Wasserstoffatomen. Da die Elektronegativitäten des Kohlenstoffs und des Wasserstoffs von vergleichbarer Größe sind, sind die Bindungen in den Alkanmolekülen praktisch unpolar – es gibt keine nennenswerten Teilladungen an irgendeinem Atom – und damit neutral. Daher sind Alkane neutrale, unpolare Moleküle. Die unpolare Natur der Alkane gibt ihnen ihr öliges Verhalten.

Bei genauerer Analyse erweist es sich jedoch, dass nur die durchschnittliche Ladungsverteilung in einem Alkanmolekül symmetrisch ist. Die Elektronen wie die Atomkerne sind in ständiger Bewegung und die Elektronendichte kann und wird daher von einem Moment zum nächsten leicht unterschiedlich sein. Die vorübergehende Ungleichverteilung der Ladungsträger relativ zueinander verleiht dem Gesamtmolekül daher kurzzeitig ein geringfügiges Dipolmoment. Erinnern Sie sich daran, dass ein Molekül mit einem Dipolmoment über ein negativ geladenes und ein positiv geladenes Ende verfügt (Abschnitt 1.3).

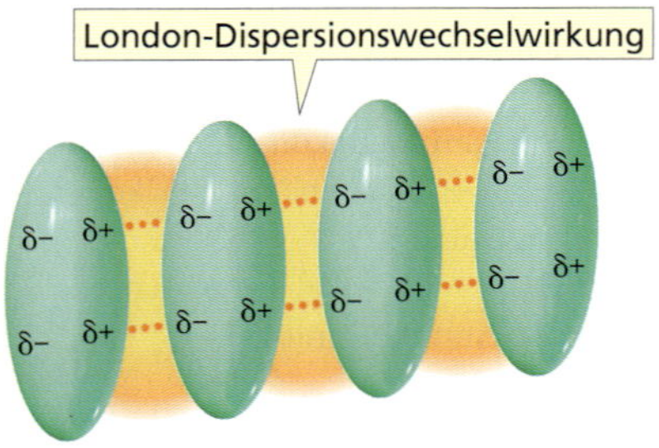

Abbildung 3.1: London-Dispersionswechselwirkungen sind zwischenmolekulare Wechselwirkungen durch induzierte Dipolmomente.

Das zeitweilige Dipolmoment eines Moleküls kann ein ebensolches in einem benachbarten Molekül induzieren. Dadurch liegt die (temporär) negative Seite eines Moleküle nahe der (temporär) positiv geladenen Seite eines anderen (siehe ► Abbildung 3.1). Da die Dipolmomente der Moleküle induziert („von außen eingegeben") sind, spricht man bei derartigen zwischenmolekularen Wechselwirkungen von **induzierten Dipol-Dipol-Wechselwirkungen**. Die Alkanmoleküle werden untereinander durch solche induzierten Dipol-Dipol-Wechselwirkungen zusammengehalten, die auch als *Dispersionswechselwirkung* bezeichnet werden und eine Untergruppe der **van der Waals'schen Wechselwirkungen** darstellen. Die van der Waals'schen Kräfte sind die schwächsten aller zwischenmolekularen Anziehungswechselwirkungen.

Die Stärke der zwischen den Molekülen wirksamen van der Waals-Wechselwirkungen hängt von der Größe der Kontaktfläche(n) der Moleküle ab. Je größer die Kontaktflächen sind, desto stärker sind die van der Waals'schen Wechselwirkungen und desto mehr Energie ist notwendig, um die Moleküle zu trennen. Wenn man sich die homologe Reihe der Alkane betrachtet (► Tabelle 3.1), so stellt man fest, dass die Siedepunkte der Alkane mit zunehmender Molmasse ansteigen. Diese Beziehung besteht, weil jede neue Methylengruppe (—CH_2—) die Kontaktfläche vergrößert. Die vier kleinsten Alkane (Methan bis Butan) weisen Siedepunkte auf, die unterhalb der Raumtemperatur liegen (definiert als 25 °C = 298 K), so dass sie bei dieser Temperatur gasförmig vorliegen.

Da die Stärke der London-Dispersionswechselwirkung von der Kontaktfläche zwischen den Molekülen abhängig ist, erniedrigt sich bei verzweigten Molekülen der Siedepunkt, da die Kontaktflächen zwischen den Molekülen kleiner werden. Stellt man sich, grob vereinfachend, das *unverzweigtes n*-Pentan als eine Zigarre und das *verzweigtes* 2,2-Dimethylpropan als Tennisball vor, so kann man sehen, dass die Verzweigung die Kontaktflächen verringert. Zwei Zigarren weisen eine größere, gemeinsame Kontaktfläche auf als zwei Tennisbälle. Falls also zwei isomere Alkane die gleiche Molmasse besitzen, wird das stärker verzweigte Isomer den niedrigeren Siedepunkt aufweisen.

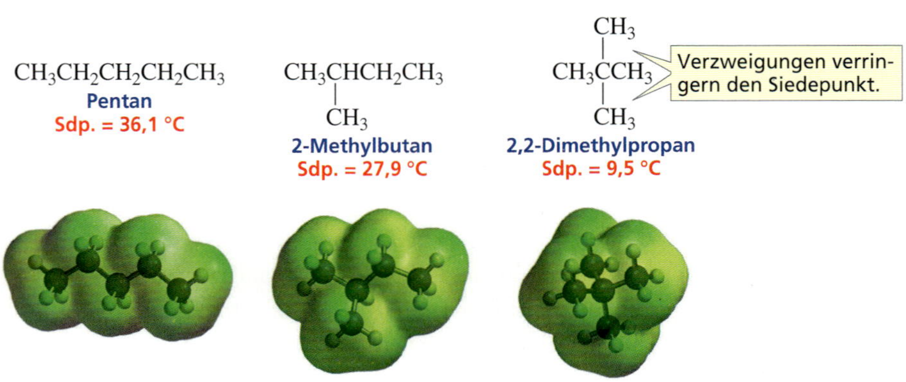

Ü 32* Was ist das kleinste geradkettige Alkan, das bei Raumtemperatur (etwa 25 °C) flüssig ist?

Dipol-Dipol-Wechselwirkungen

Die Siedepunkte jeder homologen Reihe von Ethern, Halogenalkanen, Alkoholen und Aminen nehmen ebenfalls mit steigender Molmasse zu, da auch die Stärke der London-Dispersionskräfte zunimmt. Die Siedepunkte dieser Verbindungen werden jedoch zusätzlich durch den polaren Charakter der C—Z-Bindung (Z = Heteroatom wie N, O, F, Cl, Br usw.) beeinflusst. Diese ist polar, da Atome wie Stickstoff, Sauerstoff und die Halogene elektronegativer sind als der Kohlenstoff, an den sie gebunden sind (Abschnitt 1.3).

> **MERKE!**
>
> **Das Dipolmoment einer chemischen Bindung ist gleich der Menge der Ladung an einem der beiden verbundenen Atome mal dem Abstand zwischen den verknüpften Atomen.**

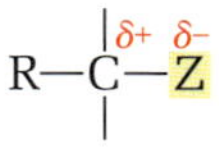

Z = N, O, F, Cl oder Br

Moleküle mit polaren Bindungen werden voneinander angezogen, da sich die Ladungen so anordnen können, dass der negative Teil eines Moleküls sich an den positiven Teil eines anderen Moleküls anlagern kann. Diese elektrostatisch anziehenden **Dipol-Dipol-Wechselwirkungen** sind stärker als die oben besprochenen Dispersionswechselwirkungen, jedoch sind sie weit schwächer als die ionische oder die kovalente Bindung.

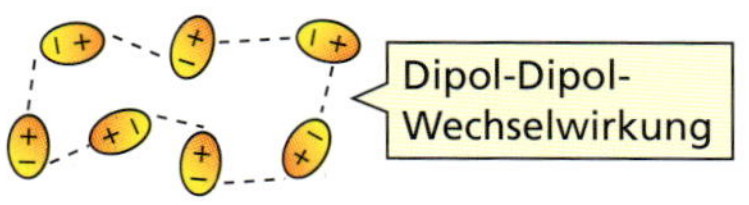

Ether haben generell höhere Siedepunkte als Alkane vergleichbarer Molmasse, da *sowohl* Dispersions- (induzierte Dipol-Dipol-) als *auch* (permanente) Dipol-Dipol-Wechselwirkungen überwunden werden müssen (► Tabelle 3.4).

Cyclopentan Sdp. = 49,3 °C — **Tetrahydrofuran** Sdp. = 65 °C

Alkane	Ether	Alkohole	Amine
$CH_3CH_2CH_3$ −42,1	CH_3OCH_3 −23,7	CH_3CH_2OH 78	$CH_3CH_2NH_2$ 16,6
$CH_3CH_2CH_2CH_3$ −0,5	$CH_3OCH_2CH_3$ 10,8	$CH_3CH_2CH_2OH$ 97,4	$CH_3CH_2CH_2NH_2$ 47,8

Tabelle 3.4: Vergleich der Siedepunkten (°C).

Damit ein Halogenalkan siedet, müssen sowohl Dispersionskräfte als auch Dipol-Dipol-Wechselwirkungen überwunden werden. Wenn das Halogen größer wird, werden auch beide dieser Kräfte größer. Eine größere Elektronenwolke bedeutet, dass auch die Kontaktfläche größer wird. Zudem nimmt auch die **Polarisierbarkeit** zu. Sie gibt an, wie leicht eine Elektronenwolke verschoben werden kann, um einen Dipol zu erzeugen. Je größer ein Atom, desto schwächer sind die Elektronen in den äußeren Schalen gebunden und desto eher können diese verschoben werden. Wenn also Halogenalkane mit gleichen Alkylgruppen verglichen werden, hat das Alkylfluorid einen geringeren Siedepunkt als das Alkylchlorid, welches wiederum leichter siedet als das Alkylbromid (► Tabelle 3.5).

–Y	H	F	Cl	Br	I
CH_3—Y	–161,7	–78,4	–24,2	3,6	42,4
CH_3CH_2—Y	–88,6	–37,7	12,3	38,4	72,3
$CH_3CH_2CH_2$—Y	–42,1	–2,5	46,6	71,0	102,5
$CH_3CH_2CH_2CH_2$—Y	–0,5	32,5	78,4	101,6	130,5
$CH_3CH_2CH_2CH_2CH_2$—Y	36,1	62,8	107,8	129,6	157,0

Tabelle 3.5: Vergleich der Siedepunkte von Alkanen und Halogenalkanen.

MERKE!

Wasserstoffbrückenbindungen sind stärker als andere Dipol-Dipol-Wechselwirkungen, die wiederum stärker als Van-der-Waals-Kräfte sind.

Wasserstoffbrücken

Wie die ► Tabelle 3.4 erkennen lässt, besitzen die Alkohle wesentlich höhere Siedepunkte als Alkane oder Ether vergleichbarer Molmassen. Hier treten zusätzlich zu den Dispersions- und den Dipol-Dipol-Wechselwirkungen der C—O-Bindungen noch **Wasserstoffbrückenbindungen** auf. Eine Wasserstoffbrückenbindung ist eine spezielle Form von Dipol-Dipol-Wechselwirkung zwischen einem Wasserstoffatom, dass an Sauerstoff, Stickstoff oder an Fluor gebunden ist und einem freien Elektronenpaar eines Sauerstoff-, Stickstoff- oder Fluoratoms eines anderen Moleküls. Eine Wasserstoffbrückenbindung ist nicht so stark wie eine kovalente O—H-Bindung, aber stärker als andere Dipol-Dipol-Wechselwirkungen. Die stärksten Wasserstoffbindungen sind linear – die beiden elektronegativen Atome und Wasserstoffatom liegen auf einer geraden Linie.

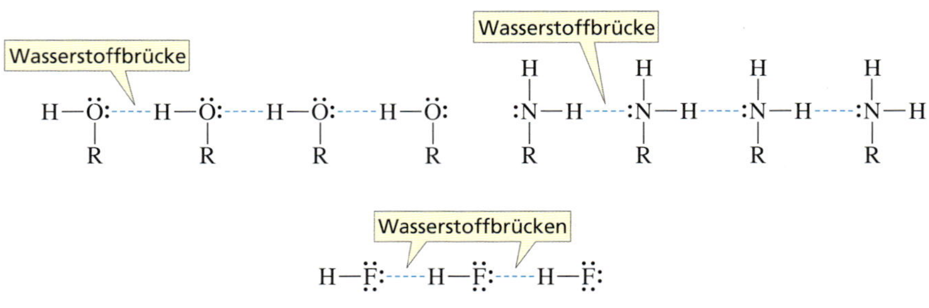

Obwohl jede einzelne Wasserstoffbrückenbindung schwach (Bindungsdissoziationsenergie ungefähr 21 kJ/mol oder 5 kcal/mol) und bei Zimmertemperatur hoch dynamisch ist, halten die H-Brücken in der Summe die Alkoholmoleküle zusammen, so dass der Siedepunkt eines Alkohols viel höher liegt als bei einem Ether oder gar Alkan vergleichbarer Molmasse.

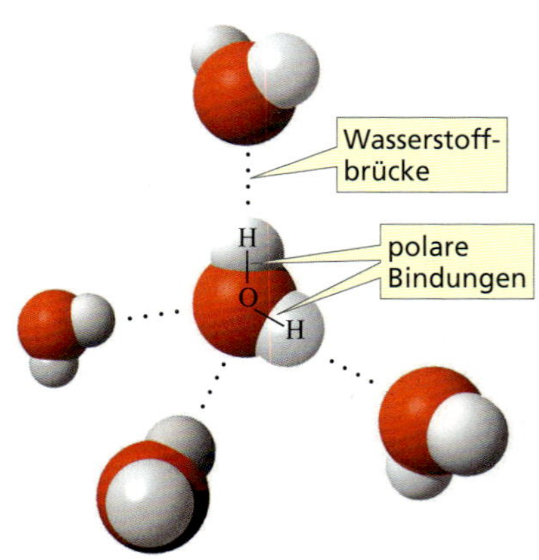

Der Siedepunkt des Wassers verdeutlich auf dramatische Weise die Wirkung, die Wasserstoffbrückenbindungen auf Siedepunkte haben können. Wasser hat eine Molmasse von rund 18 g und einen Siedepunkt von 100 °C. Das seiner Molmasse nach ähnlichste Alkan ist das Methan mit 16 g/mol. Methan siedet bei –167,7 °C.

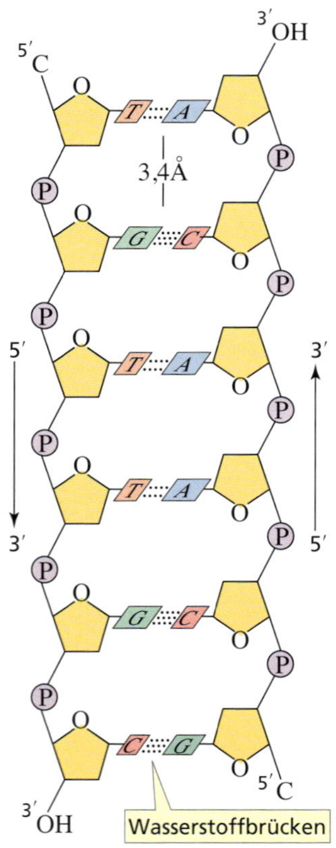

Abbildung 3.2: DNA besteht aus zwei Strängen, die in unterschiedliche Richtungen verlaufen. Die Phosphatreste (R) und die Zucker (fünfgliedrige Ringe) befinden sich auf der Außenseite, die Basen in (A, G, C und T) auf der Innenseite. Die beiden Ketten werden durch Wasserstoffbrücken zwischen den Basen zusammengehalten. A bildet ein Paar mit T (zwei Wasserstoffbrücken) und G bildet ein Paar mit C (drei Wasserstoffbrücken). Die Struktur der Basen und der Wasserstoffbrücken ist in Abschnitt 26.1 gezeigt.

Primäre und sekundäre Amine bilden ebenfalls Wasserstoffbrückenbindungen aus, und so haben auch diese Amine höhere Siedepunkte als Ether vergleichbarer Molmassen. Stickstoffatome sind nicht ganz so elektronegativ wie Sauerstoff (3,0 vs. 3,5), was bedeutet, dass die Wasserstoffbrücken zwischen Aminmolekülen schwächer sind als die zwischen Alkoholmolekülen. Ein Amin hat daher einen niedrigeren Siedepunkt als ein Alkohol mit ähnlicher Molmasse (► Tabelle 3.4).

Da primäre Amine zwei N—H-Bindungen besitzen, ist die Wasserstoffbrückenbildung bei ihnen ausgeprägter als bei den sekundären Aminen. Tertiäre Amine können untereinander keine Wasserstoffbrückenbindungen ausbilden, da sie keine an das Stickstoffatom gebundenen Wasserstoffatome aufweisen. Wenn man also Amine mit ähnlichen Molmassen und ähnlichen Strukturen untereinander vergleicht, so stellt man fest, dass die primären Amine höhere Siedepunkte haben als die sekundären, und die sekundären wiederum höhere als die tertiären.

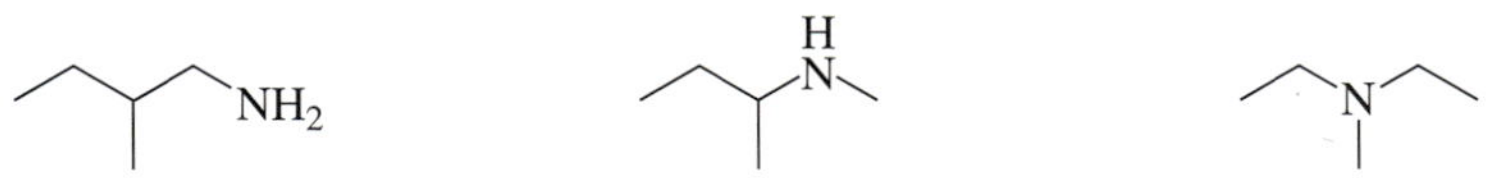

primäres Amin Sdp. = 97 °C — **sekundäres Amin** Sdp. = 84 °C — **tertiäres Amin** Sdp. = 65 °C

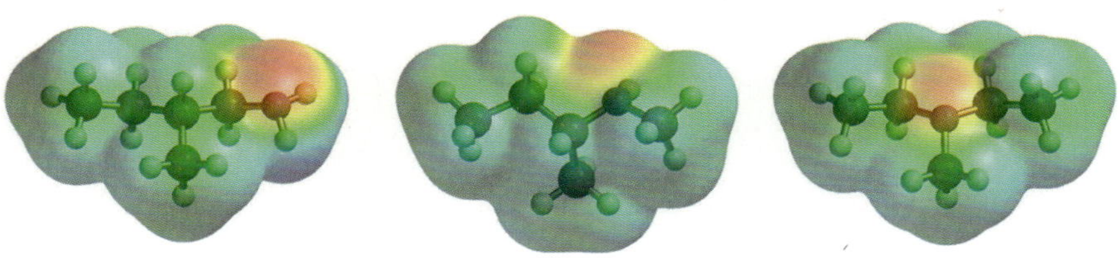

Wasserstoffbrückenbindungen spielen eine wichtige Rolle in der Biologie. Wir werden später noch sehen, dass Proteine durch Wasserstoffbrückenbindungen gebildet werden und dass die DNA sich Wasserstoffbrückenbindungen zur Weitergabe der Erbinformation bedient. Diese Themen werden im Detail in Abschnitt 26.3 und 26.4 diskutiert.

STRATEGIEN ZUR PROBLEMLÖSUNG

■ Vorhersage von Wasserstoffbrückenbindungen

(a) Welche der folgenden Verbindungen wird mit ihresgleichen Wasserstoffbrückenbindungen ausbilden?
1. $CH_3CH_2CH_2OH$ **2.** $CH_3CH_2CH_2F$ **3.** $CH_3OCH_2CH_3$

(b) Welche dieser Verbindungen wird Wasserstoffbrückenbindungen mit einem polaren Lösungsmittel wie Ethanol ausbilden?

Bei der Lösung dieser Art von Aufgabe beginnt man damit herauszufinden, welche Verbindungsklasse die Aufgabe erfüllt, die gestellt ist.

(a) Eine Wasserstoffbrückenbindung bildet sich zwischen einem Wasserstoffatom, das an ein O-, N- oder F-Atom gebunden ist und einem freien Elektronenpaar eines anderen O-, N-, F- oder anderen Atoms. Eine Verbindung, die Wasserstoffbrückenbindungen mit Molekülen desselben Typs ausbildet, muss eine sein, die ein Wasserstoffatom an einem stark elektronegativen Atom wie O, N, F usw. trägt. Anders ausgedrückt: Eine Verbindung, die überhaupt fähig ist, Wasserstoffbrücken auszubilden, kann auch Wasserstoffbrückenbindungen mit gleichartigen Molekülen bilden. Von den drei aufgeführten Verbindungen trifft dies nur für Verbindung 1. zu.

(b) Ethanol trägt ein polar an das Sauerstoffatom gebundenes Wasserstoffatom. Es wird daher Wasserstoffbrückenbindungen mit anderen Molekülen ausbilden, die ein freies Elektronenpaar an einem stark elektronegativen Atom wie O, N, F usw. tragen. Die Verbindungen 1. und 3. sind somit in der Lage, Wasserstoffbrückenbindungen mit Ethanol auszubilden.

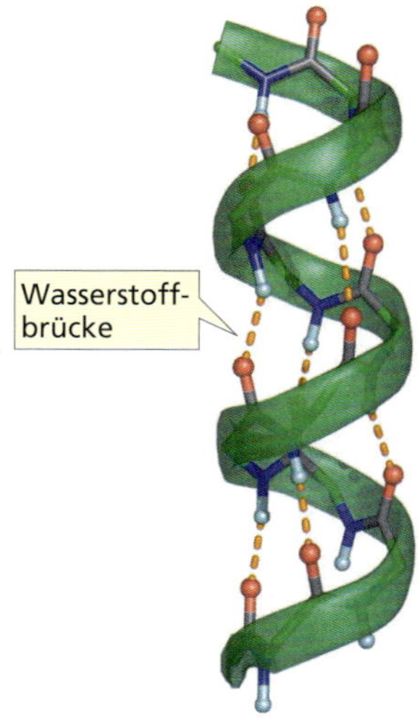

Abbildung 3.3: Wasserstoffbrückenbindungen halten ein Proteinkettensegment in einer helikalen Struktur. Beachten Sie, dass sich jede Wasserstoffbrückenbindung zwischen einem Wasserstoff (weiß), der an einen Stickstoff (blau) gebunden ist, und einem einzelnen freien Elektronenpaar des Sauerstoffs (rot) bildet.

Ü 33*

(a) Welche der folgenden Verbindungen bildet Wasserstoffbrücken untereinander aus?

1. $CH_3CH_2OH_2CH_2OH$ **3.** $CH_3CH_2Ch_2CH_2Br$ **5.** $CH_3CH_2CH_2COOH$
2. $CH_3CH_2N(CH_3)_2$ **4.** $CH_3CH_2CH_2NHCH_3$ **6.** $CH_3CH_2CH_2CH_2F$

(b) Welche der Verbindungen bildet Wasserstoffbrücken mit einem Lösungsmittel wie Ethanol?

Ü 34 Erklären Sie warum

(a) H_2O (100 °C) einen höheren Siedepunkt hat als CH_3OH (65 °C).
(b) H_2O (100 °C) einen höheren Siedepunkt hat als NH_3 (–33 °C).
(c) H_2O (100 °C) einen höheren Siedepunkt hat als HF (20 °C).
(d) HF (20 °C) einen höheren Siedepunkt hat als NH_3 (–33 °C).

Ü 35* Ordnen Sie die folgenden Verbindungen vom höchsten zum niedrigsten Siedepunkt.

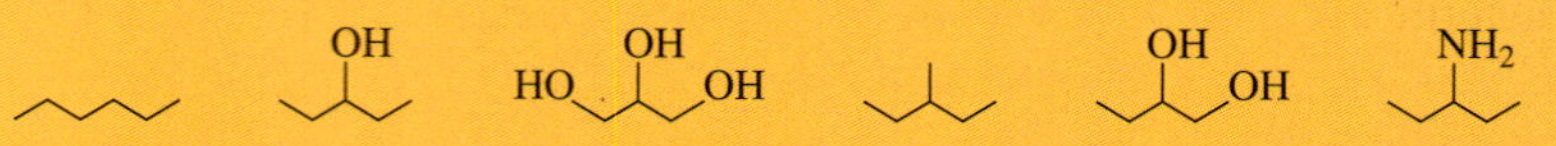

Ü 36 Ordnen Sie die folgenden Verbindungen vom höchsten zum niedrigsten Siedepunkt.

(a)
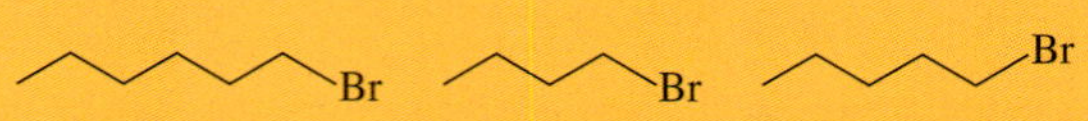

(b)

(c)

HINTERGRUND

■ Medikamente binden an ihre Rezeptoren

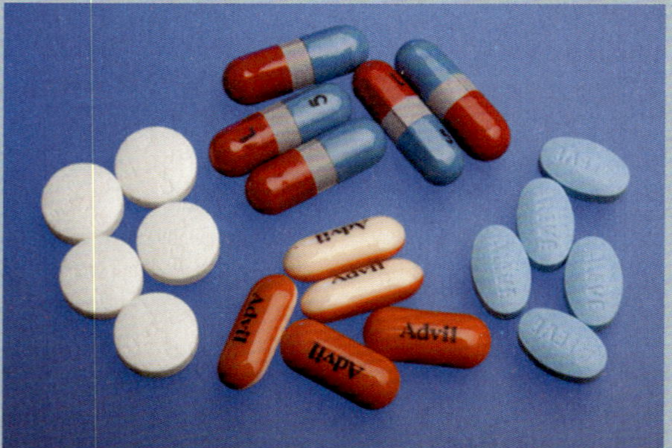

Viele Medikamente üben ihre physiologischen Effekte durch die Bindung an spezifische Stellen, Rezeptoren genannt, auf der Oberfläche bestimmter Zellen aus (Abschnitt 4.17). Die Bindung erfolgt durch dieselben Mechanismen (London-Dispersionskräfte, Dipol-Dipol-Wechselwirkungen und Wasserstoffbrücken), die Moleküle untereinander zusammenhält.

Der wichtigste Faktor bei den Interaktionen zwischen einem Medikament und seinem Rezeptor ist eine passgenaue Form. Daher haben Medikamente mit ähnlicher Form und Polarität, die sie zur Bindung am selben Rezeptor befähigt, ähnliche physiologische Effekte. Zum Beispiel beinhaltet jede der folgenden Verbindungen einen unpolaren, planaren, sechsgliedrigen Ring und Substituenten ähnlicher Polarität. Sie alle besitzen eine anti-entzündliche Aktivität und sind als NSAIDs (von engl. *non-steroidal anti-inflamatory drugs*) bekannt.

Salicylsäure wurde bereits seit 500 v. Chr. genutzt, um Fieber und Arthroseschmerzen zu behandeln. Im Jahr 1897 wurde Acetylsalicylsäure (bekannt durch Markennamen wie Aspirin, Bufferin, Anacin, Ecotrin und Ascriptin) als stärkere anti-entzündliche Verbindung entdeckt, die zugleich den Magen schonte. Es wurde 1899 kommerziell verfügbar.

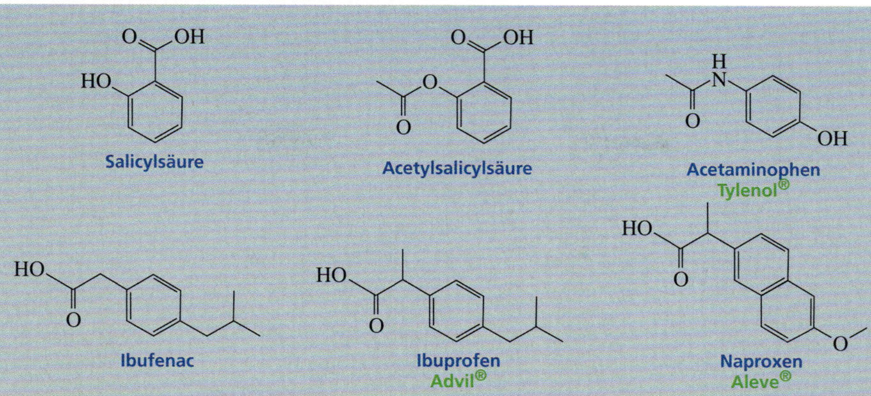

Der Tausch der Substituenten und ihrer relativen Positionen am Ring führte zu der Entdeckung von Acetaminophen (Tylenol), welches 1955 eingeführt wurde. Es wurde häufig eingesetzt, da es keine Irritationen im Magen hervorrief. Allerdings war die eingesetzte Dosis fast schon toxisch. Daher wurde zunächst Ibufenac entwickelt; eine zusätzliche Methylgruppe führte zu Ibuprofen (Advil), was ein sicheres Medikament darstellt. Naproxen (Aleven), das doppelt so wirksam ist wie Ibuprofen, wurde 1976 eingeführt.

Schmelzpunkte

Der **Schmelzpunkt** (Smp.) ist diejenige Temperatur, bei der ein kristalliner Festkörper in den flüssigen Zustand übergeht. Vergleicht man die Schmelzpunkte der Alkane in ► Tabelle 3.1, so sieht man, dass die Schmelzpunkte – mit wenigen Ausnahmen – bei einer homologen Reihe von Verbindungen mit der Molmasse zunehmen. Das Ansteigen der Schmelzpunkte ist weniger regelmäßig als das der Siedepunkte, da die *Packung* der Moleküle im Kristall den Schmelzpunkt beeinflusst. Die **Packung** beschreibt, wie genau die Moleküle im festen Zustand in einem Kristallgitter angeordnet – *gepackt* – sind. Je besser die Passung der Moleküle in das betreffende Kristallgitter, desto mehr Energie ist notwendig, um den Gitterverband des Kristalls aufzubrechen und die Moleküle zu trennen – also den Kristall zum Schmelzen zu bringen.

Aus ► Abbildung 3.4 lässt sich ablesen, dass die Schmelzpunkte der Alkane mit einer geraden Zahl von C-Atomen gut auf eine glatte Kurve passen (rote Linie). Das Gleiche gilt für die Schmelzpunkte von Alkanen mit einer ungeraden Zahl von Kohlenstoffatomen (grüne Linie). Die beiden Kurven schneiden sich jedoch nicht, weil die Moleküle mit ungeraden Zahlen von C-Atomen sich generell weniger dicht packen lassen als die mit geraden Zahlen von C-Atomen.

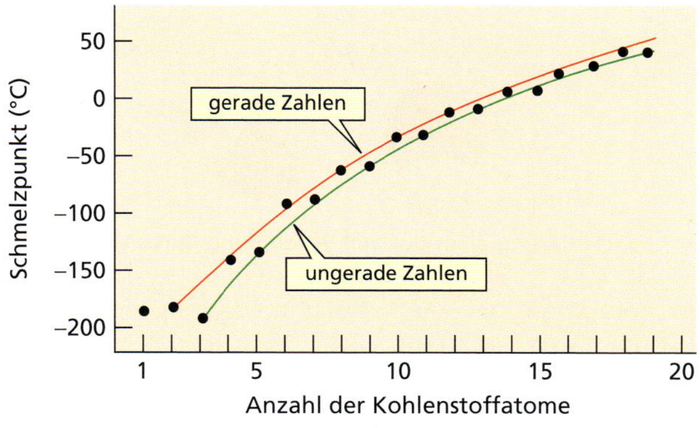

Abbildung 3.4: Schmelzpunkte geradkettiger Alkane. Alkane mit einer geraden Anzahl von Kohlenstoffatomen liegen auf einer Schmelzpunktskurve, die über derjenigen von Alkanen mit einer ungeraden Zahl von Kohlenstoffatomen liegt.

Dies ist darauf zurückzuführen, dass bei den Alkanen mit ungerader Zahl von C-Atomen die letzte Methylgruppe des Moleküls gewissermaßen „überhängt" und die Interferenz mit einer Methylgruppe eines anderen Moleküls nur dann vermeiden kann, wenn der Abstand der Molekülketten vergrößert wird. Als Folge davon haben Alkanmoleküle mit einer ungeraden Zahl von C-Atomen weniger zwischenmolekulare Wechselwirkungen und entsprechend niedrigere Schmelzpunkte.

Die Löslichkeit von organischen Verbindungen 3.10

Die allgemeine und jedem/jeder Chemiker*in bekannte Faustregel zur **Löslichkeit** besagt, dass sich „Ähnliches in Ähnlichem auflöst" (*similia similibus solventur*). Anders ausgedrückt:

Polare Verbindungen lösen sich in polaren Lösungsmitteln, unpolare Verbindungen lösen sich in unpolaren Lösungsmitteln (Solventien).

Dies ist auf der molekularen Ebene darauf zurückzuführen, dass ein polares Lösungsmittel (Solvens) wie Wasser an jedem seiner Moleküle Teilladungen (Partialladungen, δ) aufweist, die mit den Teilladungen von polaren Molekülen oder den Ladungen von Ionen in elektrostatische Wechselwirkung treten können. Die negativ geladenen Teile des Lösemittels umringen den positiv geladenen Teil der polaren Verbindung. Umgekehrt umringen die positiv geladenen Teile des Lösemittels den negativ geladenen Teil der polaren Verbindung. Das Anordnen von Lösemittelmolekülen um polare Moleküle separiert diese voneinander und führt zu deren Auflösung. Die Wechselwirkung zwischen Lösemittelmolekülen und den gelösten Molekülen wird als **Solvatisierung** bezeichnet.

MERKE!

„Ähnliches löst sich in Ähnlichem."

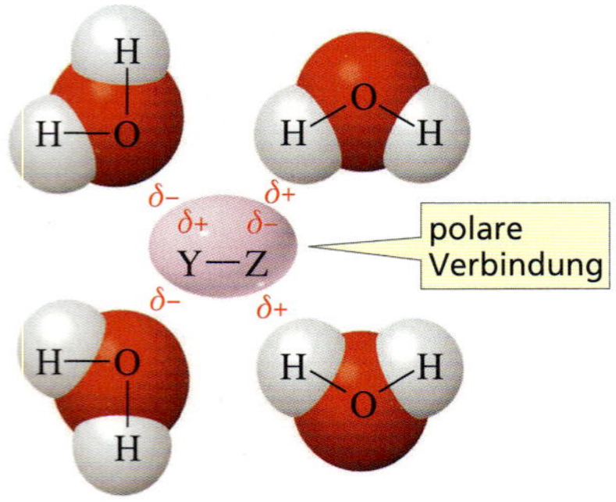

Solvatisierung einer polaren Verbindung durch Wasser

Da nichtpolare Verbindungen keine Nettoladung tragen, werden polare Lösungsmittelmoleküle von ihnen nicht angezogen. Damit sich eine unpolare Verbindung in einem polaren Lösungsmittel wie Wasser auflösen könnte, müssten die unpolaren Moleküle die Wassermoleküle beiseite schieben und dabei die zwischen ihnen ausgebildeten Wasserstoffbrückenbindungen lösen. Diese sind jedoch stark genug, unpolare Moleküle auszuschließen. Wie zu erwarten ist, lösen sich unpolare Verbindungen in unpolaren Lösungsmitteln, da die schwachen van der Waals'schen Wechselwirkungen zwischen Lösungsmittelmolekülen und gelösten Molekülen (Atomen) von gleicher Art und Stärke sind wie die zwischen den Lösungsmittelmolekülen allein bzw. den Lösungsgutmolekülen allein.

Rauchsäulen einer kontrollierten Ölverbrennung vor der Küste Louisianas im Golf von Mexiko.

Alkane

Alkane sind unpolar; sie sind also löslich in unpolaren Lösungsmitteln und unlöslich in polaren Solventien wie Wasser. Die Dichten der Alkane (► Tabelle 3.1) erhöhen sich mit zunehmender Molmasse, aber selbst ein Alkan mit 30 C-Atomen wie Triakotan (Dichte bei 20 °C = 0,8097 g/ml) ist weniger dicht als Wasser (Dichte bei 20 °C = 1,00 g/ml). Das bedeutet, dass sich eine Mischung aus einem Alkan mit Wasser in zwei getrennte Schichten (Phasen) auftrennen wird. Dabei schwimmt die weniger dichte Alkanphase auf der dichteren Wasserphase. Die Ölkatastrophen in Alaska im Jahr 1989, im persischen Golf im Jahr 1991, und die Katastrophe im Golf von Mexiko im Jahr 2010 sind großformatige Beispiele für dieses Löslichkeitsverhalten, da das in jedem der Fälle ausgetretene Roh- oder Erdöl im Wesentlichen eine komplizierte Mischung aus vielen Alkanen ist.

Alkohole

Alkoholmoleküle bestehen aus einem unpolaren Alkylanteil und einer polaren OH-Gruppe. Ist ein Alkoholmolekül also polar oder nichtpolar? Löst es sich in einem polaren oder in einem unpolaren Lösungsmittel? In dem Maß, in dem die Größe des Alkylrestes zunimmt, wird sie immer mehr zum bestimmenden Teil des Alkoholmoleküls, und die Verbindung wird immer weniger wasserlöslich. Mit anderen Worten: Die Verbindung wird – in ihren physikalischen Eigenschaften – einem Alkan immer ähnlicher. Bei Raumtemperatur liegt die Grenzlinie bei etwa vier Kohlenstoffatomen. Alkohole mit vier C-Atomen oder weniger lösen sich also in Wasser, solche mit mehr als vier nicht mehr. Eine OH-Gruppe vermag also, bildlich gesprochen, drei bis vier Kohlenstoffatome in eine wässrige Lösung zu ziehen (wenn diese als Methylen- bzw. Methylgruppen vorliegen).

Die Vierkohlenstoffregel ist nur eine Faustregel und damit ein ungefährer Anhaltspunkt, da die Löslichkeit eines Alkohols auch von der Struktur des Alkylrestes beeinflusst wird. Alkohole mit verzweigten Kohlenwasserstoffketten sind besser in polaren Solventien löslich als solche mit unverzweigten Alkylanteilen mit der gleichen Zahl von C-Atomen, da die Verzweigung die Kontaktflächen zwischen dem unpolaren Alkylrest und den polaren Lösungsmittelmolekülen vermindert. *Tert*-Butanol ist also in Wasser besser löslich als *n*-Butanol.

Ether

In Analogie zum gerade Gesagten kann man grob sagen, dass das Sauerstoffatom eines Ethermoleküls in der Lage ist, drei bis vier Kohlenstoffatome in ein polares Lösungsmittel wie Wasser hineinzuziehen (► Tabelle 3.6). Wir haben bereits gesehen, dass Diethylether in Wasser nicht löslich ist.

2 C-Atome	CH_3OCH_3	löslich
3 C-Atome	$CH_3OCH_2CH_3$	löslich
4 C-Atome	$CH_3CH_2OCH_2CH_3$	mäßig löslich (10 g / 100 g Wasser)
5 C-Atome	$CH_3CH_2OCH_2CH_2CH_3$	schlecht löslich (1,0 g / 100 g Wasser)
6 C-Atome	$CH_3CH_2CH_2OCH_2CH_2CH_3$	unlöslich (0,25 g / 100 g Wasser)

Tabelle 3.6: Löslichkeit von Ethern in Wasser.

Amine

Niedermolekulare Amine sind in Wasser löslich, da Amine durch ihre freien Elektronenpaare mit den Wassermolekülen Wassserstoffbrückenbindungen ausbilden können. Beim Vergleich von Aminen mit gleicher Anzahl von Kohlenstoffatomen ergibt sich, dass primäre Amine in Wasser besser löslich sind als sekundäre, da primäre Amine zwei polar gebundene Wasserstoffatome besitzen, die an der Bildung von Wasserstoffbrücken teilnehmen können. Tertiäre Amine verfügen wie die primären und die sekundären über freie Elektronenpaare, die eine Wasserstoffbrücke unterstützen können, doch verfügen sie über keine polar gebundenen H-Atome, die sie in Wasserstoffbrückenbindungen einbringen könnten. Tertiäre Amine sind daher in Wasser weniger löslich als sekundäre mit der gleichen Anzahl von C-Atomen.

Halogenalkane

Halogenalkane haben mindestens zu Teilen ebenfalls polaren Charakter. Doch verfügen nur die Fluoralkane über ein Heteroatom, das ausreichende Polarität verleiht, um Wasserstoffbrücken ausbilden zu können. Das hat zur Folge, dass Fluoralkane am besten wasserlöslich sind. Die anderen Halogenalkane sind weniger wasserlöslich als Ether oder Alkohole mit der gleichen Zahl von C-Atomen (► Tabelle 3.7).

CH_3F gut löslich	CH_3Cl löslich	CH_3Br mäßig löslich	CH_3I mäßig löslich
CH_3CH_2F löslich	CH_3CH_2Cl mäßig löslich	CH_3CH_2Br mäßig löslich	CH_3CH_2I mäßig löslich
$CH_3CH_2CH_2F$ mäßig löslich	$CH_3CH_2CH_2Cl$ mäßig löslich	$CH_3CH_2CH_2Br$ mäßig löslich	$CH_3CH_2CH_2I$ mäßig löslich
$CH_3CH_2CH_2CH_2F$ unlöslich	$CH_3CH_2CH_2CH_2Cl$ unlöslich	$CH_3CH_2CH_2CH_2Br$ unlöslich	$CH_3CH_2CH_2CH_2I$ unlöslich

Tabelle 3.7: Löslichkeit von Halogenalkanen in Wasser.

Ü 37* In welchem/n der folgenden Lösungsmittel(n) hat Cyclohexan die geringste Löslichkeit: 1-Pentanol, Diethylether, Ethanol oder Hexan?

HINTERGRUND

■ Zellmembranen

Zellmembranen veranschaulichen, wie unpolare Moleküle von anderen unpolaren Molekülen angezogen werden, während polare Moleküle von anderen polaren Molekülen angezogen werden. Alle Zellen sind von einer Membran umschlossen, die verhindert, dass die wässrigen (polaren) Anteile der Zelle in die Umgebung „auslaufen". Die Membran besteht aus zwei Schichten von Phospholipiden – dies wird als Lipiddoppelschicht bezeichnet. Ein Phospholipid besteht aus einem polaren Kopf und zwei langen, unpolaren Kohlenwasserstoffketten (Abschnitt 25.5). Die Phospholipide sind so lokalisiert, dass sich die Kohlenwasserstoffketten in der Mitte der Membran treffen. Die polaren Köpfe befinden sich sowohl an der Innenseite als auch an der Außenseite der Membran. Unpolare Cholesterolmoleküle befinden sich zwischen den Ketten, um diese von einer zu starken Bewegung abzuhalten. Die Struktur von Cholesterol wird in Abschnitt 3.16 gezeigt und diskutiert werden.

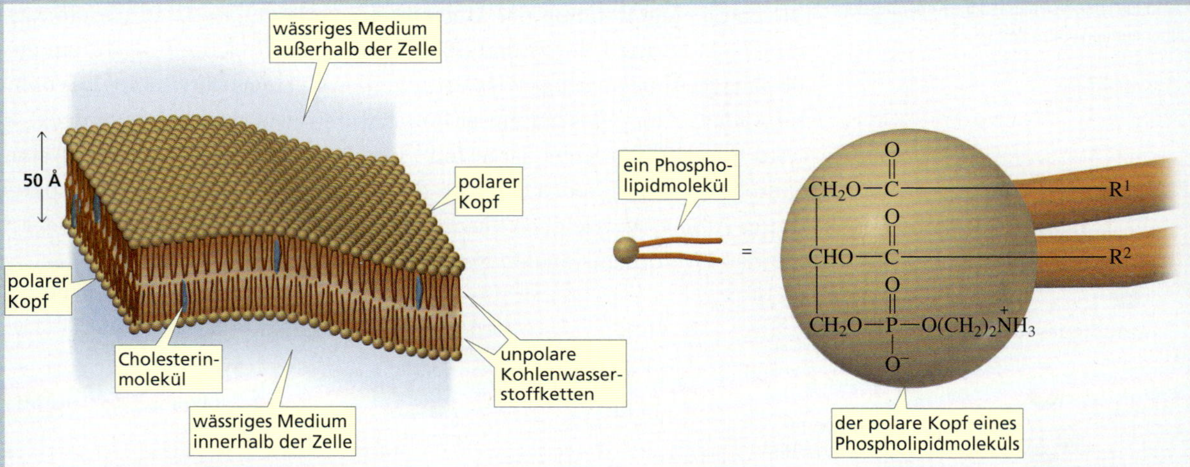

Lipiddoppelschicht

Ü 38* Ordnen Sie die folgenden Verbindungen von sehr gut wasserlöslich zu unlöslich in Wasser.

(a)

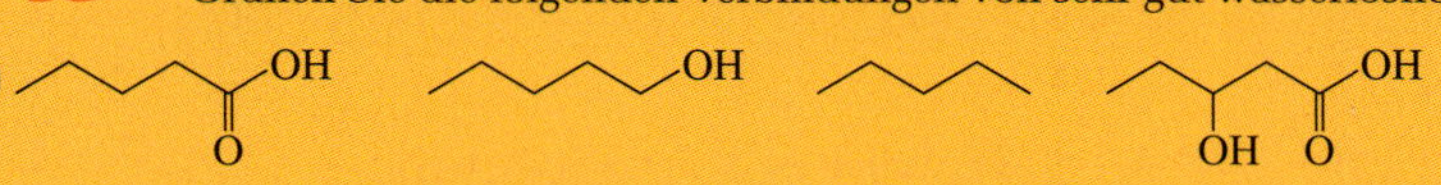

(b) $CH_3CH_2CH_2CH_2Cl$ $CH_3CH_2CH_2CH_2OH$ $HOCH_2CH_2CH_2OH$

Ü 39* Die sedierende Wirkung von Barbituraten hängt von ihrer Fähigkeit ab, unpolare Membranen zu penetrieren. Welches der folgenden Barbiturate sollte ein effektiveres Sedativum sein?

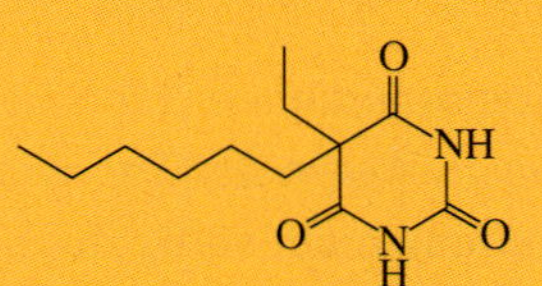

Hexethal

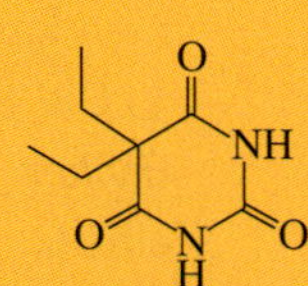

Barbital

Rotation um Kohlenstoff-Kohlenstoff-Bindungen 3.11

Wir haben gesehen, dass eine Kohlenstoff-Kohlenstoff-Einfachbindung (die eine σ-Bindung ist) ausgebildet wird, wenn ein sp^3-Orbital eines C-Atoms mit einem sp^3-Orbital eines anderen C-Atoms überlappt (Abschnitt 1.7). Da σ-Bin-

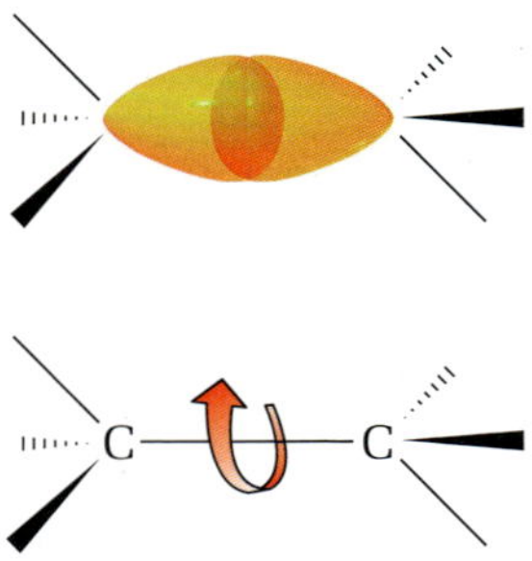

Abbildung 3.5: Eine Kohlenstoff-Kohlenstoff-Bindung bildet sich durch die Überlappung zylindersymmetrischer sp^3-Hybridorbitale. Die Rotation um eine solche Bindung kann sich damit ohne Änderung der Orbitalüberlappung vollziehen.

dungen zylindersymmetrisch sind (also rotationssymmetrisch um die gedachte Kern-Kern-Verbindungsachse der Atome), kann eine Rotation um diese Bindung erfolgen, ohne den Grad der Orbitalüberlappung zu beeinflussen (► Abbildung 3.5). Die unterschiedlichen räumlichen Anordnungen der Atome als Ergebnis von Rotationen um Einfachbindungen werden als die **Konformationen** oder **Konformationsisomere** des betreffenden Moleküls bezeichnet. Eine einzelne solche Anordnung der Atome wird **Konformer** genannt.

Chemiker*innen nutzen häufig *Newman-Projektionen* um die dreidimensionalen Strukturen darzustellen, die aus der Drehung um σ-Bindungen resultieren. In der **Newman-Projektion** betrachtet man das Molekül exakt entlang einer ausgewählten C—C-Einfachbindung; es ist die Bindung, um die herum die betrachtete Rotation der Molekülteile verläuft. Das in Blickrichtung vordere C-Atom wird durch den Schnittpunkt der drei Bindungslinien zu den übrigen Bindungspartnern des betreffenden C-Atoms dargestellt. Das dahinter liegende C-Atom, das bei dieser Betrachtungsweise eigentlich verdeckt wäre, wird durch einen Kreis dargestellt. Die drei aus dem Kreis hervortretenden Linien repräsentieren wiederum die Bindungen zu den Bindungspartnern dieses Atoms. (Vergleichen Sie die dreidimensionalen Strukturen an der Seite mit den zweidimensionalen Newman-Projektionen.)

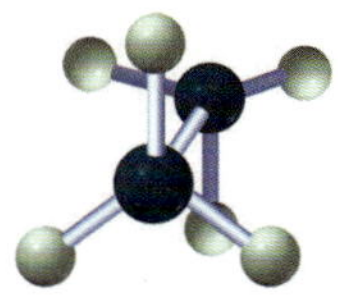

gestaffeltes Konformer

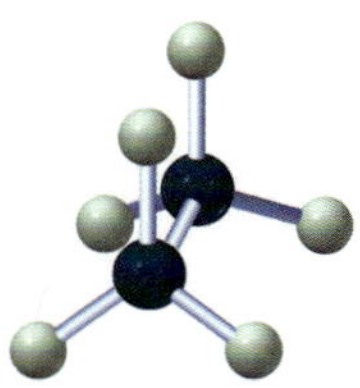

ekliptisches Konformer

$H_3C—CH_3$
Ethan

Newman-Projektionen

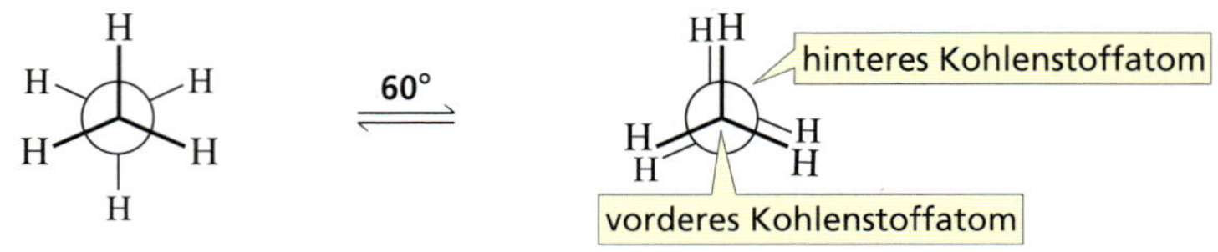

Das gestaffelte Konformer, das aus der Rotation um die C—C-Bindung in Ethan resultiert.

Das ekliptische Konformer, das aus der Rotation um die C—C-Bindung in Ethan resultiert.

MERKE!

Das gestaffelte Konformer ist stabiler als der ekliptische Konformer.

Ekliptische und gestaffelte Konformationen

Das **gestaffelte Konformer** und das **ekliptische Konformer** repräsentieren zwei Extreme der Rotation um eine C—C-Bindung, da diese ein Kontinuum (unendlich viele) an Konformeren zwischen diesen beiden Punkten einnehmen kann.

Die *gestaffelten Konformationen* sind stabiler (energieärmer) als die *ekliptischen Konformationen*. Wegen des Energieunterschieds ist die Rotation um eine C—C-Einfachbindung nicht völlig frei (► Abbildung 3.6). Diese Energiebarriere ist jedoch so niedrig (12 kJ/mol), dass sich bei Raumtemperatur die Bindung ungehindert drehen kann.

Die Konformation eines Moleküls ändert sich bei Raumtemperatur mehrere Millionen mal pro Sekunde von gestaffelt nach ekliptisch. Daraus ergibt sich, dass Konformere nicht voneinander getrennt werden können. Zu einem bestimmten Zeitpunkt sind etwa 99 % der Ethanmoleküle in der gestaffelten Konformation, da es eine größere Stabilität besitzt. Daraus folgt, dass sich nur 1 % der Moleküle in der weniger stabilen ekliptischen Konformation befinden.

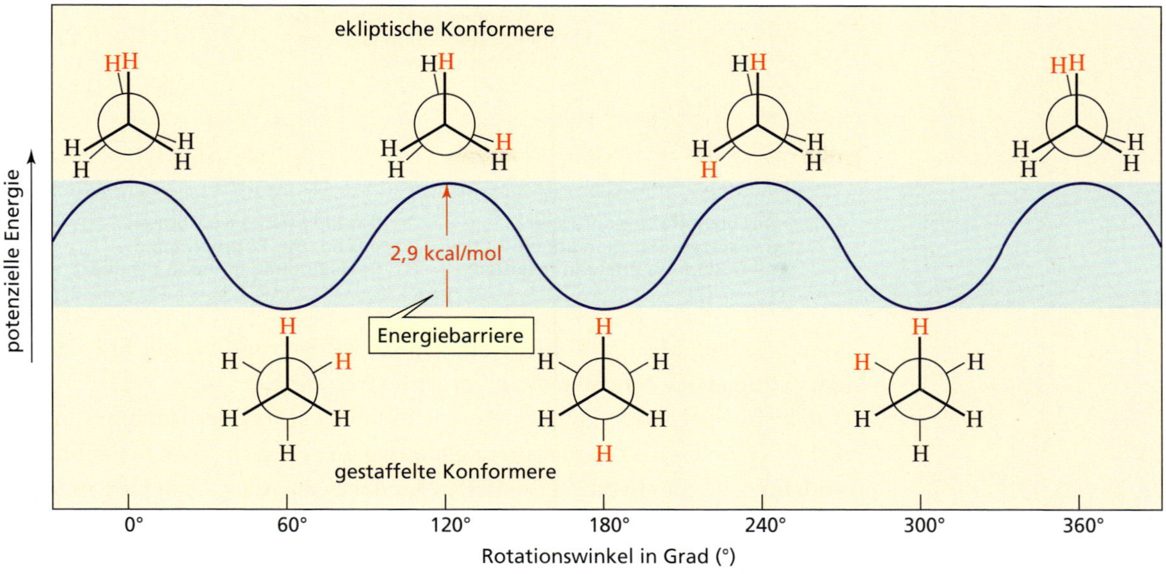

Abbildung 3.6: Potenzielle Energie des Ethans als Funktion des Rotationswinkels um die Kohlenstoff-Kohlenstoff-Bindungsachse.

Warum ist die gestaffelte Konformation stabiler als die ekliptische? Für den Energieunterschied zwischen den beiden ist in erster Linie eine stabilisierende Wechselwirkung zwischen dem C—H-σ-Bindungsorbital an einem Kohlenstoffatom und dem C—H-σ^*-antibindenden Orbital am anderen Kohlenstoffatom verantwortlich. Die Elektronen aus dem besetzten Bindungsorbital bewegen sich teilweise zum unbesetzten antibindenden Orbital. Diese Wechselwirkung ist in der gestaffelten Konformation am größten, weil nur hier die beiden Orbitale parallel zueinander liegen. Solch eine Delokalisation von Elektronen durch die Überlappung eines σ-Orbitals mit einem leeren Orbital wird **Hyperkonjugation** genannt.

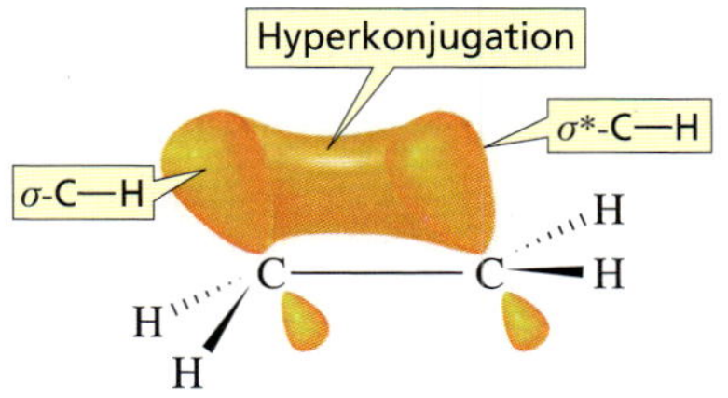

Das Molekül des Butans enthält drei C—C-Einfachbindungen, und es kann um jede dieser Bindungen Rotationen ausführen.

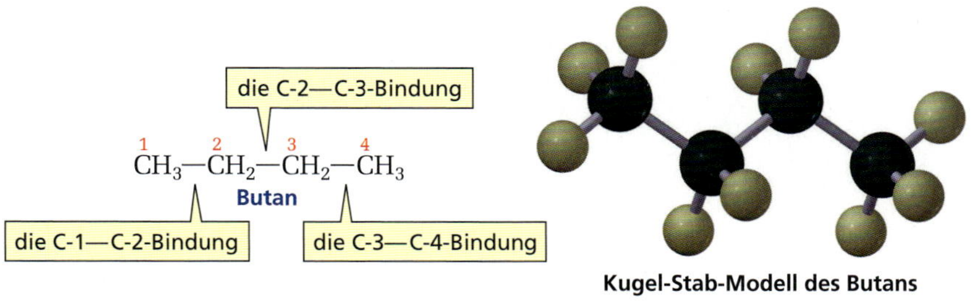

In der nachfolgenden Abbildung sind Newman-Projektionen der gestaffelten und ekliptischen Konformere für die Rotation um die C-1—C-2-Bindungsachse des n-Butans wiedergegeben:

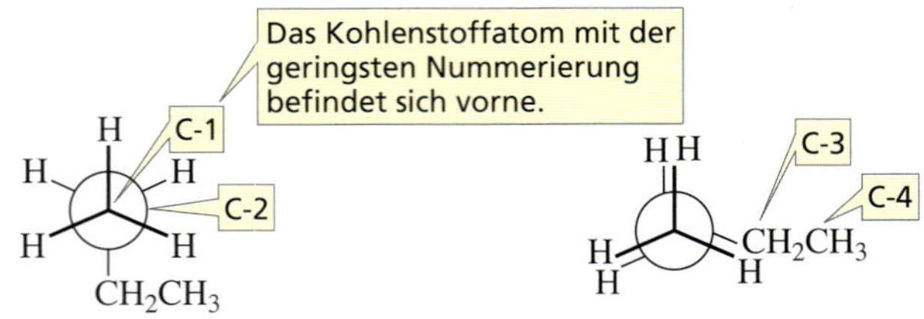

Das gestaffelte Konformer, das aus der Rotation um die C—C-Bindung in Butan resultiert.

Das ekliptische Konformer, das aus der Rotation um die C—C-Bindung in Butan resultiert.

Man beachte, dass das Kohlenstoffatom im Vordergrund bei der Projektionsdarstellung nach Newman die niedrigere Ziffer trägt.

Obwohl die Staffelkonformere des Butans, die aus der Rotation um die C-1—C-2-Achse resultieren, allesamt denselben Betrag an potenzieller Energie enthalten, ist dies bei den gestaffelten Konformeren, die sich bei der Rotation um die C-2—C-3-Achse ergeben, nicht der Fall. Die sich ergebenden gestaffelten und ekliptischen Konformationen bei einer Rotation um die C-2—C-3-Bindungsachse sind wie folgt:

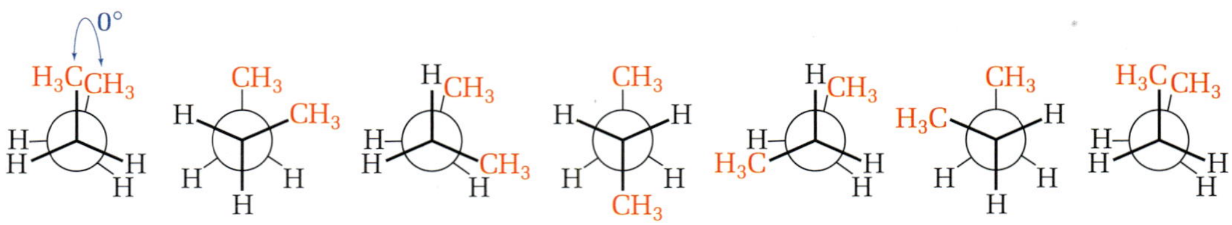

A B C D E F A

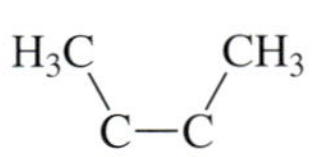

Diederwinkel = 0°

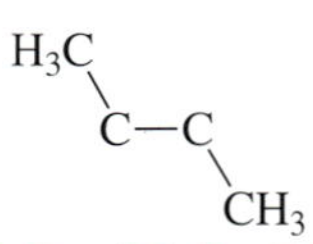

Diederwinkel = 180°

Die relativen Energien der Konformere sind in ► Abbildung 3.7 dargestellt. Die Buchstaben in der Abbildung korrespondieren zu den Buchstaben in den Strukturen oben. Der Rotationsgrad jedes Konformers wird durch den Diederwinkel angegeben, dem Winkel, der in der Newman-Projektion durch eine Bindung am vorderen Kohlenstoffatom und einer Bindung am hinteren Kohlenstoffatom definiert wird. Zum Beispiel hat Konformer A, bei dem die eine Methylgruppe genau vor der anderen steht, einen Diederwinkel von 0°. Hingegen stehen sich die Methylgruppen in Konformer D gegenüber, daher beträgt der Diederwinkel 180°.

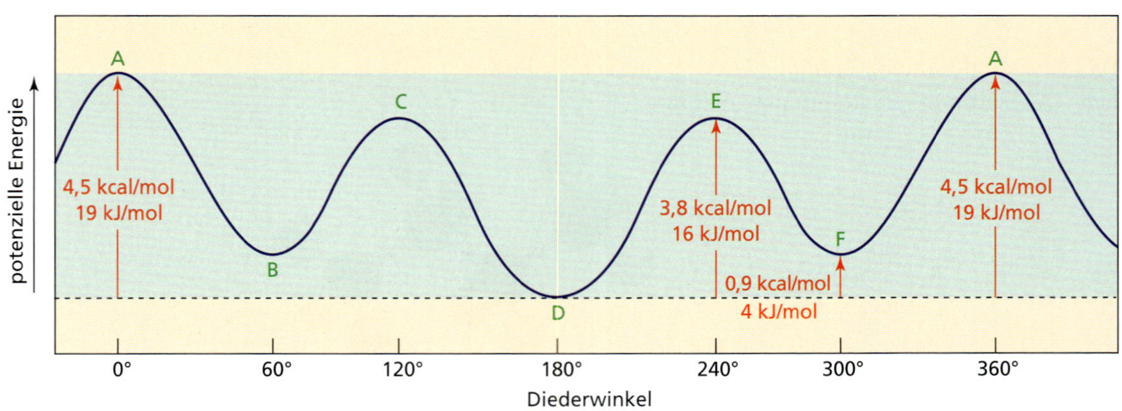

Abbildung 3.7: Potenzielle Energie als Funktion des Rotationswinkels um die C-2—C-3-Bindungsachse. Die grünen Buchstaben beziehen sich auf die Konformere A bis F weiter oben im Text.

Anti- und gauche-Konformere

Das Konformer D, in dem die beiden Methylgruppen den größtmöglichen Abstand voneinander haben, ist stabiler (energieärmer) als die gestaffelten Konformere B und F. D wird **anti-Konformer** genannt, die beiden alternativen gestaffelten Konformationen B und F **gauche-Konformere** bezeichnet (*anti*, gr. gegen(über); *gauche*, fr. links).

Anti- und gauche-Konformere besitzen unterschiedliche Energien, weil die Beträge der sterischen Spannung in ihnen unterschiedlich groß sind. **Sterische Spannung** ist eine Spannung, die entsteht, wenn sich Atome oder Gruppen von Atomen einander annähern und gegenseitig in ihrer Bewegungsfreiheit behindern. Die Elektronenwolken der Atome bzw. Atomgruppen wechselwirken, was zu einer abstoßenden elektromagnetischen Kraft führt. In den gauche-Konformeren herrscht aufgrund der Nachbarschaft der Methylgruppen eine gegenüber der anti-Konformation erhöhte sterische Spannung. Dieser Typus der sterischen Spannung wird daher als **gauche-Wechselwirkung** bezeichnet. Generell wird die sterische Spannung in einem Molekül größer, wenn die Größe der Atome oder Gruppen in einem Molekül zunimmt.

Die ekliptischen Konformationen, die sich aus der Rotation um die C-2—C-3-Bindungsachse im Butan ergeben, besitzen ebenfalls unterschiedliche Energien. Die ekliptische Konformation, bei der sich die beiden Methylgruppen am nächsten sind (A), ist erwartungsgemäß energiereicher als die beiden anderen ekliptischen Konformationen (C und E).

Aufgrund der unablässigen Rotationen um die C—C-Einfachbindungen eines Moleküls werden organische Moleküle mit (freien) C—C-Einfachbindungen durch die geläufigen Kugel-Stab-Modelle nur unzureichend wiedergegeben. Moleküle sind keine starren Gebilde; sie können viele, ineinander übergehende Konformationen aufweisen. Die relative Anzahl von Molekülen einer Substanzprobe, die sich zu einem gegebenen Zeitpunkt in einer bestimmten Konformation befinden, hängt von der Stabilität der Konformationen ab: Je stabiler eine bestimmte Konformation unter den herrschenden Bedingungen ist, desto größer ist der Anteil der Moleküle, die diese Konformation einnehmen werden. Die Moleküle halten sich deshalb in gestaffelten Konformationen auf, und *anti*-Konformere sind häufiger als *gauche*-Konformere. Die Tendenz zur Einnahme einer gestaffelten Konformation führt dazu, dass sich Ketten von Kohlenstoffatomen in einer zickzackartigen Art und Weise anordnen, wie an dem folgenden Kugel-Stab-Modell des *n*-Decans verdeutlicht werden soll:

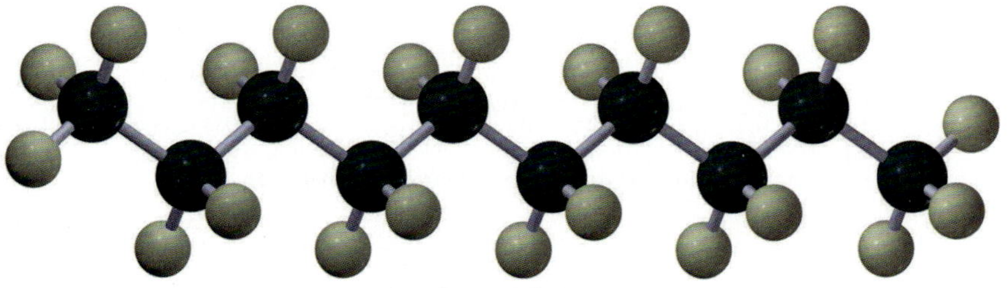

Kugel-Stab-Modell des *n*-Decans

Ü 40

(a) Zeichnen Sie alle gestaffelten und ekliptischen Konformere, die sich aus der Rotation um die C-2—C-3-Bindung von Pentan ergeben.

(b) Zeichnen Sie ein Potenzialenergie-Diagramm für die 360°-Rotation um die C-2—C-3-Bindung von Pentan, beginnend mit dem instabilsten Konformer.

Ü 41 Wandeln Sie die folgenden Newman-Projektionen in Skelettstrukturen um und benennen Sie diese.

(a)

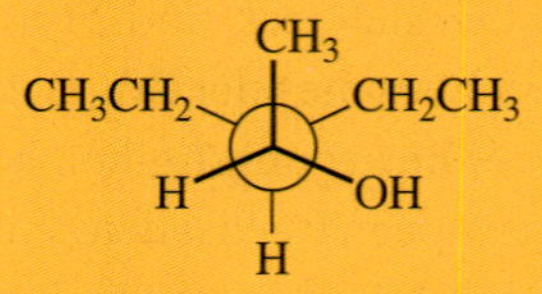

(b)

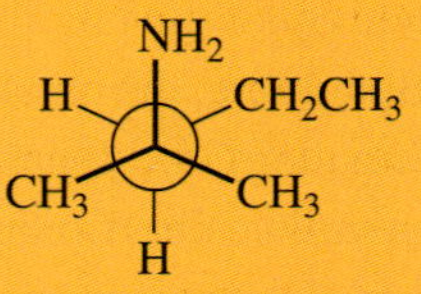

Ü 42* Zeichnen Sie unter Verwendung von Newman-Projektionen das jeweils stabilste Konformer von:

(a) 3-Methylpentan bei Rotation um die C-2—C-3-Bindung

(b) 3-Methylhexan bei Rotation um die C-3—C-4-Bindung

(c) 3,3-Dimethylhexan bei Rotation um die C-3—C-4-Bindung.

3.12 Manche Cycloalkane weisen Ringspannung auf

Die Chemiker*innen, die sich mit der Organischen Chemie in ihren frühen Epochen beschäftigten, entdeckten empirisch, dass zyklische organische Verbindungen in der Natur vorzugsweise in Form fünf- oder sechsgliedriger Ringe vorkamen. Verbindungen mit Ringen aus drei- oder vieratomigen Ringen kamen hingegen sehr viel weniger häufig vor. Diese Beobachtung legte die Schlussfolgerung nahe, dass die fünf- bzw. sechsatomigen Ringstrukturen die, im Vergleich zu den drei- und viergliedrigen, stabileren sein mussten.

Wir wissen bereits, dass ein sp^3-hybridisiertes Kohlenstoffatom im Idealfall Bindungswinkel von 109,5° aufweist (Abschnitt 1.7). Im Jahr 1855 postulierte der deutsche Chemiker Adolf von Baeyer – im Glauben, dass alle cyclischen Verbindungen planar seien – , dass die relative Stabilität von Cycloalkanen durch den Vergleich ihrer idealen und tatsächlichen Bindungswinkel bestimmt werden kann. Die Winkel eines regelmäßigen Dreiecks betragen 60°, eine Abweichung von 49,5° gegenüber den 109,5°. Diese Abweichung des Bindungswinkels vom theoretischen idealen Bindungswinkel wird nach Baeyer als **Winkelspannung** des Moleküls bezeichnet.

Bindungswinkel in planaren Cycloalkanen

Die Winkelspannung eines dreigliedrigen Ringes kann man verstehen, wenn man die Molekülorbitale betrachtet, die sich aus der Überlappung von Atomorbitalen zu σ-Bindungen ergeben (▶ Abbildung 3.8). Normale σ-Bindungen zwischen Kohlenstoffatomen werden gebildet, indem zwei sp^3-Hybridorbitale überlappen, die direkt aufeinander zuweisen. Da die C—C-Bindungen in einem

Cyclopropanmolekül nicht direkt aufeinander zu zeigen können, ist die Überlappung der Atomorbitale geringer als bei einer normalen C—C-Bindung. Die Schwächung der Überlappung schwächt die C—C-Bindung und genau diese Schwächung ist die Winkelspannung.

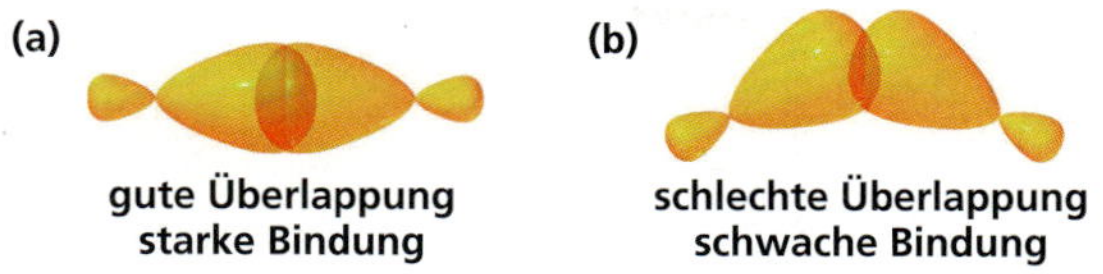

Abbildung 3.8: (a) Überlappung von sp^3-Orbitalen in einer normalen σ-Bindung. (b) Überlappung von sp^3-Orbitalen im Cyclopropanmolekül.

Zusätzlich zur Winkelpsannung der C—C-Bindungen sind alle sich anschließenden C—H-Bindungen im Cyclopropan eher ekliptisch als gestaffelt, was zu noch mehr Spannung führt.

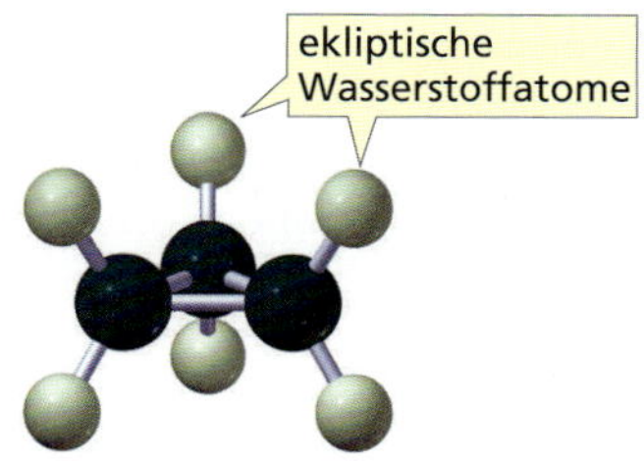

Cyclopropan

Obwohl das planare Cyclobutan weniger Ringspannung aufweisen würde als Cyclopropan (da die Bindungswinkel in Cyclobutan nur 19,5° [nicht 49,5°] vom idealen Bindungswinkel abweichen), hätte es acht Paare ekliptische Wasserstoffatome, anstelle von sechs Paaren im Cyclopropan. Wegen dieser verdeckten Wasserstoffatome ist das Cyclobutanmolekül nicht planar; eine der CH_2-Gruppen ist von der Ebene, die durch anderen Kohlenstoffatome definiert wird, weggebogen. Obwohl dieses gebogene Cyclobutan mehr Ringspannung aufweist als planares Cyclobutan wird die Winkelspannung durch die Abnahme von ekliptischen Wasserstoffatomen überkompensiert.

Ü 43* Der Bindungswinkel in einem regelmäßigen Polygon mit n Seiten wird durch folgende Beziehung ausgedrückt:

$$180° - \frac{360°}{n}$$

(a) Wie groß sind die Winkel in einem regelmäßigen Oktagon?
(b) Wie groß sind sie in einem regelmäßigen Nonagon?

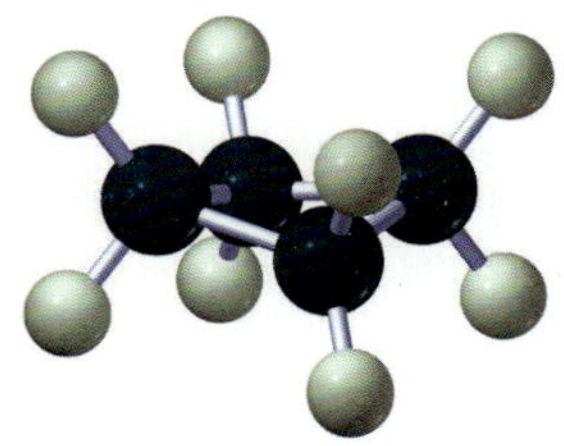

Cyclobutan

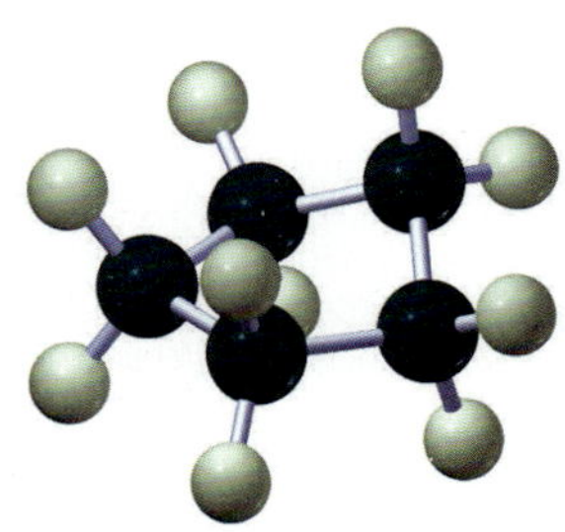

Cyclopentan

Falls das Cyclopentan planar wäre, wie Baeyer vorhergesagt hatte, würde es praktisch keine Winkelspannung aufweisen, doch würden seine zehn Paare in ekliptischer Konformation stehenden Wasserstoffatome einer beträchtlichen Torsionsspannung unterliegen. So nimmt das Cyclopentanmolekül aus energetischen Gründen eine „gefaltete" Konformation ein, die es den Wasserstoffatomen erlaubt, eine angenähert gestaffelte Konformation einzunehmen. Dabei nimmt jedoch unweigerlich die Winkelspannung etwas zu.

Im Gegensatz zu Baeyers Vorhersagen ist jedoch das Cyclohexan stabiler als das Cyclopentan. Weiterhin werden zyklische Verbindung nicht weniger stabil, wenn die Zahl der Kohlenstoffatome über 6 steigt. Der Fehler in Baeyers Überlegungen lag in der Annahme, dass die zyklischen Verbindungen planare Moleküle seien (zur Zeit Baeyers wusste man noch nichts von der tetraedrischen Struktur der Valenzen des Kohlenstoffs). In der euklidischen Geometrie legen drei Punkte eine Ebene fest; die drei C-Atome des Cyclopropans müssen daher in einer Ebene liegen. Die übrigen Cycloalkane besitzen jedoch keine planare Molekülgestalt. Zyklische Verbindungen biegen und verdrehen sich derart, dass sie eine Molekülgestalt einnehmen, die ihre Stabilität durch Minimierung der Ringspannung und der ekliptischen Wasserstoffatome maximiert.

HINTERGRUND

Von Baeyer, Barbitursäure und Blue Jeans

Johann Friedrich Wilhelm Adolf von Baeyer (1835–1917) war ein Professor für Chemie an der Universität Straßburg und später an der Universität München. Im Jahr 1864 entdeckte er Barbitursäure, die erste Verbindung einer Gruppe von Sedativen, die als Barbiturate bekannt sind und benannte sie nach einer Frau namens Barbara. Wer Barbara war, ist nicht genau bekannt. Es wird behauptet, dass Barbara seine Freundin war, aber da Baeyer Barbitursäure im selben Jahr entdeckte, in dem Preußen Dänemark besiegte, könnte es ebenfalls sein, dass der Name von der heiligen St. Barbara inspiriert wurde – der Schutzpatronin der Artilleriesoldaten.

Baeyer synthetisierte auch Indigo, den Farbstoff der Blue Jeans, als erster. Er erhielt im Jahr 1905 den Nobelpreis für seine Arbeit in der synthetischen organischen Chemie.

Indigo-Farbstoff

STRATEGIEN ZUR PROBLEMLÖSUNG

Berechnen der sterischen Spannung von Cycloalkanen

Wenn wir annehmen, dass Cyclohexan komplett spannungsfrei ist, dann können wir die **Bildungswärme** – die Wärme, die bei der Bildung einer Verbindung aus den Elementen unter Standardbedingungen abgegeben wird – nutzen, um die sterische Spannung der anderen Cycloalkane zu berechnen. Teilen wir die Bildungswärme von Cyclohexan (–29,5 kcal/mol) durch sechs (für sechs CH_2-Gruppen) erhalten wir einen Wert von –4,92 kcal/mol für eine „spannungsfreie" CH_2-Gruppe. Mit diesem Wert können wir die Bildungswärme der anderen hypothetischen „spannungsfreien" Cycloalkane berechnen, indem wir die Zahl der CH_2-Gruppen mit 4,92 kcal/mol multiplizieren. Die Spannung ist die Differenz zwischen der echten Bildungswärme und der berechneten „spannungsfreien" Bildungswärme (siehe ► Tabelle 3.8). Zum Beispiel weist Cyclopentan eine Bildungswärme von –18,4 kcal/mol auf eine „spannungsfreie" Bildungswärme von (5)(–4,92) = –24,6 kcal/mol. Daher hat Cyclopentan eine Ringspannungsenergie von 6,2 kcal/mol (–18,4 – (–24,6) = 6,2). Teilen wir nun erneut durch die Zahl der CH_2-Gruppen, erhalten wie die Ringspannungsenergie pro CH_2-Gruppe für diese Verbindung.

	Bildungswärme (kcal/mol)	„spannungsfreie" Bildungswärme (kcal/mol)	Ringspannungsenergie (kcal/mol)	Ringspannungsenergie pro CH_2-Gruppe (kcal/mol)
Cyclopropan	+12,7	–14,6	27,3	9,1
Cyclobutan	+6,8	–19,7	26,5	6,6
Cyclopentan	–18,4	–24,6	6,2	1,2
Cyclohexan	–29,5	–29,5	0	0
Cycloheptan	–28,2	–34,4	6,2	0,9
Cyclooctan	–29,7	–39,4	9,7	1,2
Cyclononan	–31,7	–44,3	12,6	1,4
Cyclodecan	–36,9	–49,2	12,3	1,2
Cycloundecan	–42,9	–54,1	11,2	1,0

Tabelle 3.8: Bildungswärmen und Gesamtspannungsenergien von Cycloalkanen.

Ü 44 Bestätigen Sie die Ringspannung aus ► Tabelle 3.8 für Cycloheptan.

Konformationen der Cyclohexane **3.13**

Die Sesselkonformation

Die zyklischen Verbindungen, die man in der Natur findet, enthalten am häufigsten sechsgliedrige Ringe, da organische Ringmoleküle dieser Größe in einer Konformation existieren können, die praktisch frei von Molekülspannungen ist. Diese spezielle Konformation wird als *Sesselkonformation* (▶ Abbildung 3.9) bezeichnet.

Ein Sesselkonformer ist nicht planar, dies würde Bindungswinkel von 120° bedeuten. Stattdessen ordnen sich die Atome in einer dreidimensionalen Form an, die einem Sessel ähnelt. In der **Sesselkonformation** des Cyclohexans betragen alle Bindungswinkel 111°. Sie liegen somit sehr nahe beim (idealen) Tetraederwinkel von 109,5°. Alle benachbarten Bindungen sind gestaffelt.

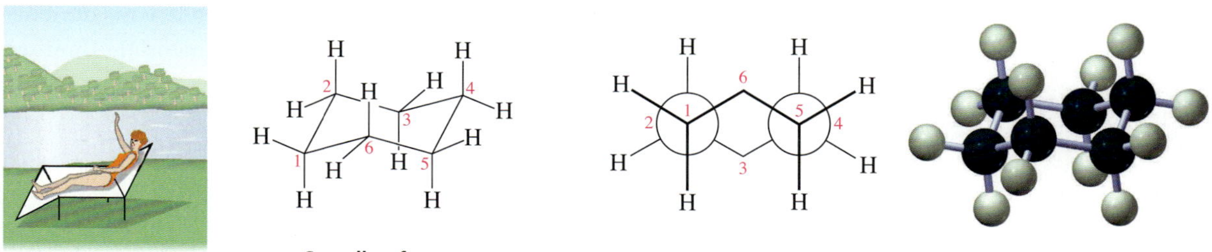

Sesselkonformer des Cyclohexans

Newman-Projektion der Sesselkonformation entlang der C-1—C-2- und C-5—C4-Bindungen

Kugel-Stab-Modell der Sesselkonformation des Cyclohexans

Abbildung 3.9: Die Sesselkonformation des Cyclohexans, eine Newman-Projektion der Sesselkonformation und ein Kugel-Stab-Modell, das erkennen lässt, dass alle Bindungen gestaffelt stehen.

Das Sesselkonformer ist von solcher Bedeutung, dass man lernen sollte, es ohne Hilfe zeichnerisch darstellen zu können. Dazu merke man sich folgende Regeln:

1 Man zeichne zwei paralle Linien gleicher Länge, die leicht schräg nach unten zeigen. Starten Sie mit dem Zeichnen der zweiten Linie auf halber Breite der ersten Linie.

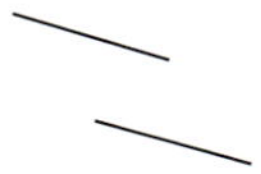

2 Man verbinde die beiden Enden der parallelen Linien mit einer V-förmigen Linie, die nach unten zeigt. Verbinden Sie dann die rechten Enden der parallelen Linien mit einem „V", das nach oben zeigt. Dies komplettiert den sechsgliedrigen Ring.

Das fertige Sesselkonformer sollte drei Paare von parallelen Linien enthalten.

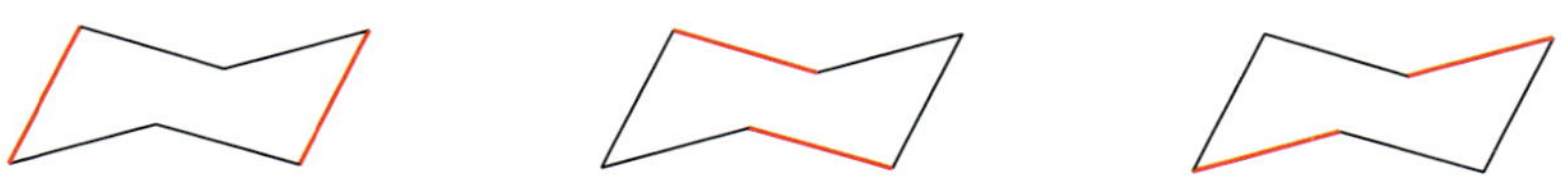

3 Jedes C-Atom besitzt eine axiale und eine äquatoriale Bindung. Die **axialen Bindungen** (rote Linien und rote Spitzen) stehen vertikal nach oben bzw. unten in alternierender Reihenfolge entlang des Ringes. Die axialen Bindungen an einem der in dieser Darstellung am weitesten oben liegenden C-Atome weist aufwärts, die ihm benachbarten abwärts usw.

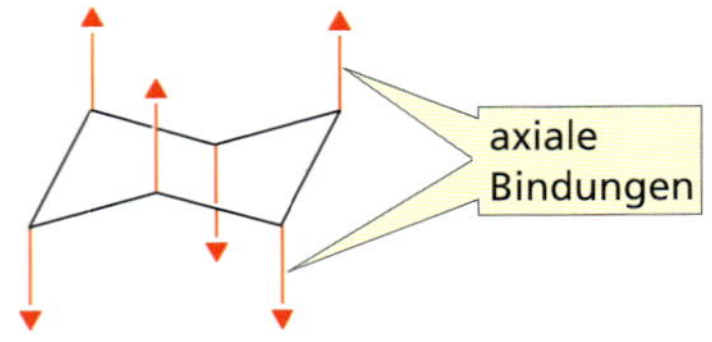

4 Die **äquatorialen Bindungen** (rote Linien mit blauen Punkten) weisen vom Ring auswärts. Da die Bindungswinkel größer als 90° sind, weisen die äquatorialen Bindungen eine Neigung gegen die mittlere Ringebene auf. Falls die axiale Bindung an einem C-Atom nach oben zeigt, ist die äquatoriale Bindung dieses C-Atoms abwärts geneigt; entsprechend gilt: Falls die axiale Bindung eines C-Atoms nach unten weist, ist die äquatoriale Bindung dieses C-Atoms aufwärts geneigt.

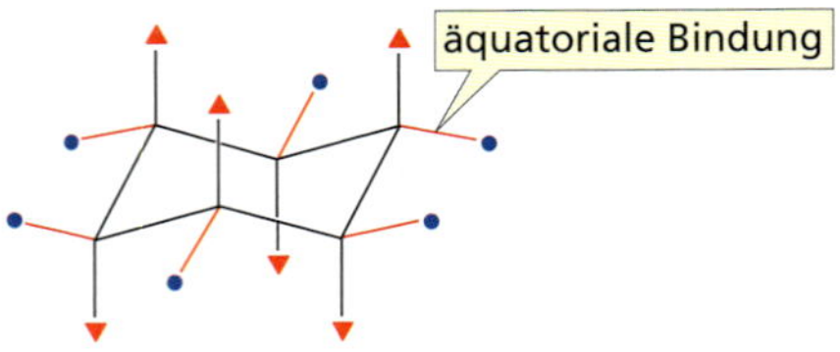

Man beachte, dass die äquatorialen Bindungen parallel zu den zwei übernächsten Ringbindungen (zwei C-Atome weiter) und zur gegenüberliegenden äquatorialen Bindung sind.

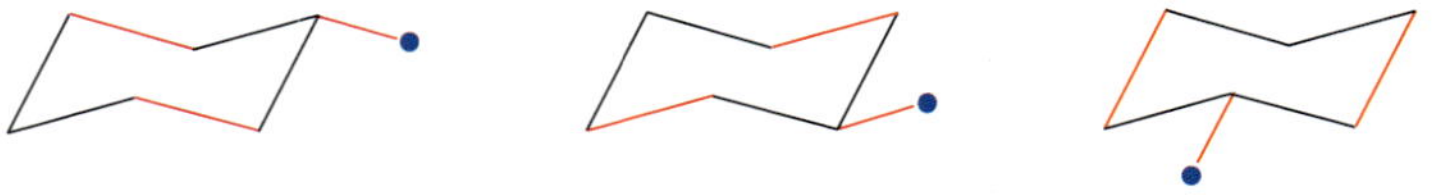

Vergegenwärtigen Sie sich, dass Sie das Cyclohexanmolekül von der Seite betrachten. Die an der unteren Kante befindlichen Bindungen liegen näher beim Betrachter, die Bindungen an der oberen Kante liegen weiter vom Betrachter weg.

Ü 45 Zeichnen Sie die Struktur des 1,2,3,4,5,6-Hexachlorcyclohexans mit
(a) allen Chlorgruppen in axialer Stellung;
(b) allen Chlorgruppen in äquatorialer Stellung.

Ringinversion

Das Cyclohexan wechselt rasch zwischen zwei alternativen, stabilen Sesselkonformationen hin und her, da die Rotation um C—C-Einfachbindungen, wie wir gesehen haben, leicht möglich ist. Die Interkonversion dieser beiden Konformationen wird als **Ringinversion** bezeichnet (▶ Abbildung 3.10). Wenn sich die beiden Sesselkonformeren ineinander umwandeln, werden die in der einen Konformation äquatorialen Bindungen zu axialen und umgekehrt.

MERKE!

Äquatoriale Bindungen in einem Sesselkonformer stehen im anderen Sesselkonformer axial.

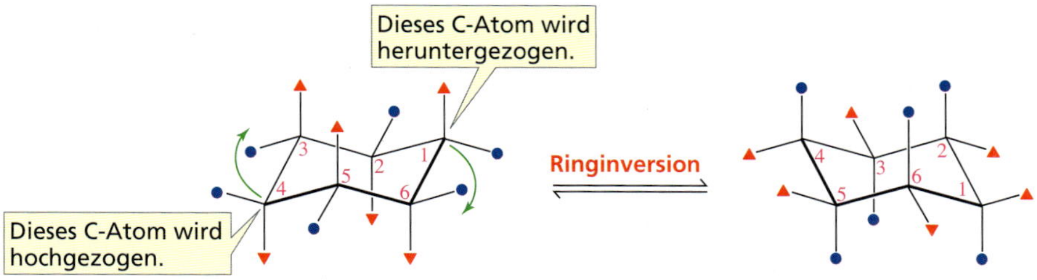

Abbildung 3.10: Die Bindungen, die in dem einen Sesselkonformer äquatorial sind, sind in dem anderen Sesselkonformer axial.

Boot-Konformation

Für das Cyclohexan gibt es weiterhin die so genannte **Boot-Konformation** (▶ Abbildung 3.11). Wie die Sesselkonformeren, ist das Boot-Konformer frei von Winkelspannung. Die Boot-Konformation ist jedoch nicht so stabil wie die Sesselkonformation, weil einige der Bindungen in der Boot-Form verdeckt liegen, so dass Torsionsspannung auftritt. Die Boot-Konformation wird durch die räumliche Nähe von so genannten **Flaggenmast-Wasserstoffatomen** (die Wasserstoffatome, die das vordere und das hintere Ende des „Bootes" markieren) weiter destabilisiert. Dies verleiht der Konformation sterische Spannung.

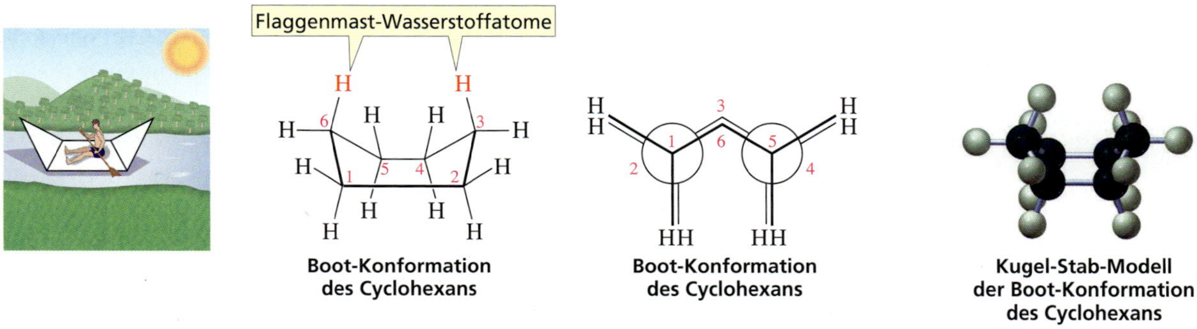

Abbildung 3.11: Die Boot-Konformation des Cyclohexans, eine Newman-Projektion der Boot-Konformation und ein Kugel-Stab-Modell, das erkennen lässt, dass einige der Bindungen verdeckt liegen.

Twist-Boot- und Halbsesselkonformation

Die Konformationen, die das Cyclohexan durchläuft, wenn es von einer Sesselform in die alternative Sesselform übergeht, sind in ▶ Abbildung 3.12 angegeben. Um die Boot-Form in eine der Sesselformen zu überführen, muss eines der beiden „oberen" C-Atome des Boot-Konformers nach „unten" gezogen werden, so dass es zum „untersten" C-Atom des Sessels wird. Wenn das Kohlenstoffatom nur ein wenig nach unten „gezogen" wird, entsteht eine Konformation, die als Twist-Boot-Konformation bezeichnet wird. Die **Twist-Boot-Konformation** ist stabiler als die reine Boot-Konformation, weil es weniger Verdeckung der Substituenten gibt und folglich auch weniger Torsionsspannung. Die Flaggenmast-Wasserstoffatome haben sich voneinander entfernt, wodurch auch ein Teil der sterischen Spannung aufgehoben wird. Wenn sich das Kohlenstoffatom so weit nach unten bewegt hat, dass es in derselben Ebene wie die „seitlichen" C-Atome des Bootes ist, befindet sich das Molekül in der sehr instabilen **Halbsesselkonformation**. Ein weiteres „Herunterziehen" des Kohlenstoffatoms führt zur stabilen *Sesselkonformation*.

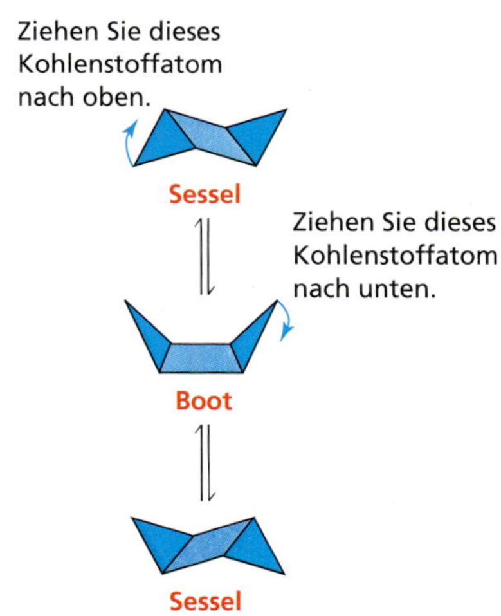

Hinweis für die Studierenden

Bauen Sie ein Model von Cyclohexan. Wandeln Sie ein Sesselkonformer in ein anderes um, indem Sie in Kohlenstoffatom nach oben klappen und das andere Kohlenstoffatom nach unten.

Der Graph der ► Abbildung 3.12 zeigt den Verlauf des Gehaltes an potenzieller Energie, den ein Cyclohexanmolekül besitzt, wenn es sich von einer Sesselkonformation in die andere umlagert. Die Energieschwelle der Konformationsumwandlung beträgt 12,1 kcal/mol. Aus diesem Wert lässt sich berechnen, dass ein Cyclohexanmolekül bei Raumtemperatur 10^5 Ringinversionen pro Sekunde durchläuft. Die beiden alternativen Sesselkonformationen befinden sich ergo in einem raschen kinetischen Gleichgewicht.

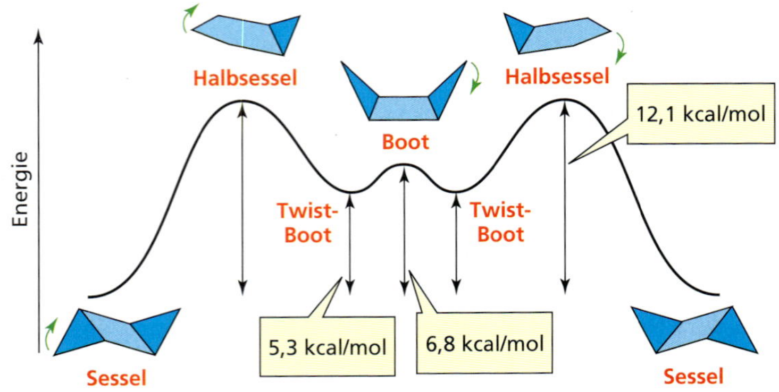

Abbildung 3.12: Die Konformere des Cyclohexans und ihre relativen Energien im Verlauf der Überführung (Interkonversion) der einen Sesselkonformation in die andere.

Da die Sesselkonformere die stabilsten Konformeren darstellen, befinden sich in jedem Augenblick mehr Moleküle einer Cyclohexanprobe in einer dieser Konformationen als in jeder anderen möglichen Konformation, die die Verbindung einnehmen kann. Für 10.000 Sesselkonformere von Cyclohexan gibt es nicht mehr als ein Twist-Boot-Konformer, das das zweitstabilste Konformer ist.

3.14 Konformationen monosubstituierter Cyclohexane

Anders als im Fall des Cyclohexans mit seinen beiden energetisch gleichwertigen Sesselkonformationen, sind die beiden Sesselkonformeren eines monosubstituierten Cyclohexans wie Methylcyclohexan nicht äquivalent. Die Methylgruppe befindet sich bei dem einen Konformer in einer axialen, in dem anderen in einer äquatorialen Stellung (► Abbildung 3.13), denn wie soeben gelernt sind Wasserstoffatome (oder Substituenten), die in einem Sesselkonformer äquatorial sind, im anderen axial (siehe ► Abbildung 3.9).

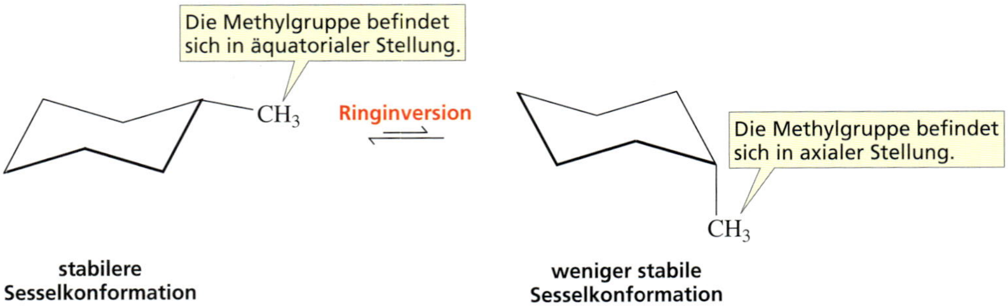

Abbildung 3.13: Ein Substituent ist in dem einen Sesselkonformeren in einer axialen, in dem anderen in einer äquatorialen Stellung. Das Konformere mit dem Substituenten in der äquatorialen Stellung ist das stabilere.

Das Sesselkonformer, bei dem sich die Methylgruppe in einer äquatorialen Position befindet, ist das stabilere, weil hier für den Substituenten mehr Raum zur Verfügung steht und somit weniger sterische Wechselwirkungen auftreten. Dies lässt sich anhand von ► Abbildung 3.14a verdeutlichen, die zeigt, dass sich die Methylgruppe in äquatorialer Position im leeren Raum zeigt, entfernt vom Rest des Moleküls.

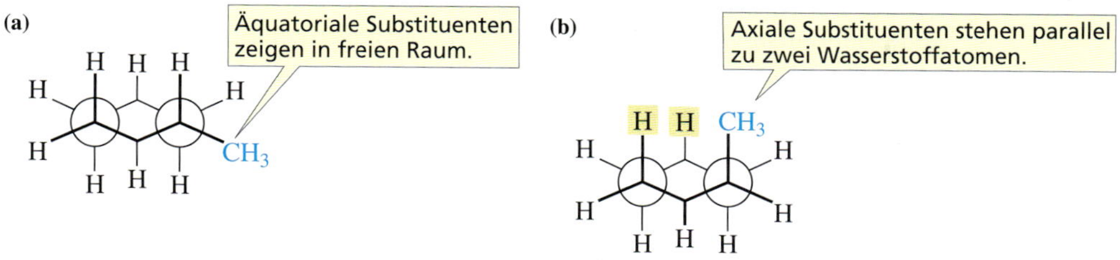

Abbildung 3.14: Newman-Projektion von Methylcyclohexan:
(a) Die Methylgruppe steht äquatorial. (b) Die Methylgruppe steht axial.

Wenn sich im Gegensatz hierzu werden jeder axialen Substituent relativ nahe an den anderen axialen Substituenten an Kohlenstoffatomen auf der gleichen Seite des Ringes stehen (► Abbildung 3.14b). Da sich die in Wechselwirkung stehenden Substituenten relativ zueinander in 1,3-Stellung befinden, werden diese sterischen Wechselwirkungen als **1,3-diaxiale Wechselwirkungen** bezeichnet.

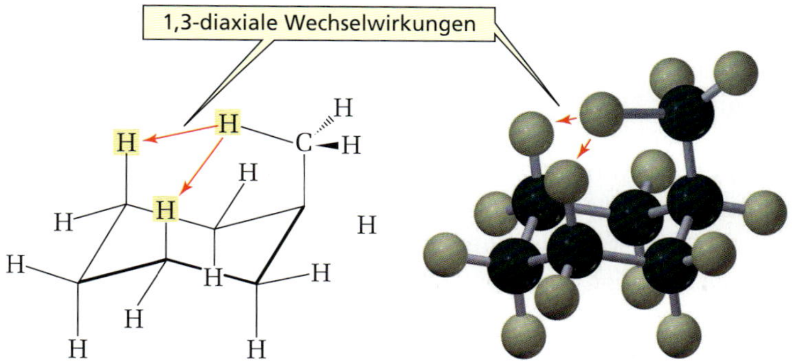

Hinweis für die Studierenden

Bauen Sie ein Modell von Methylcyclohexan, damit Sie sehen können, dass ein Substituent mehr Raum erhält, wenn er sich in äquatorialer Position befindet.

Das gauche-Konformer des Butans und Methylcyclohexan mit axialständiger Methylgruppe werden in ► Abbildung 3.15 einander gegenübergestellt. Beachten Sie, dass die gauche-Wechselwirkung in Butan ähnlich der 1,3-diaxialen Wechselwirkung in Methylcyclohexan ist.

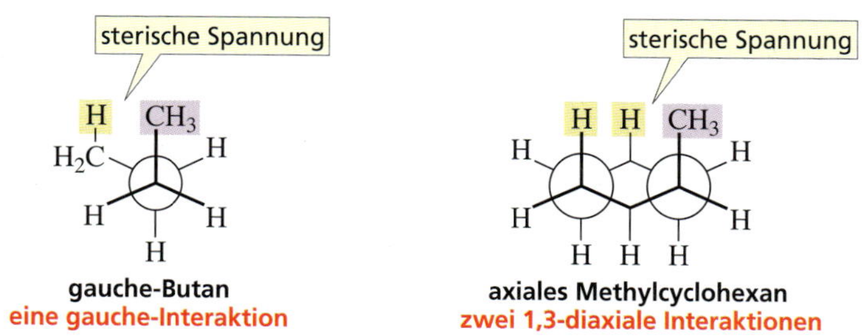

Abbildung 3.15: Die sterische Spannung des Butans in gauche-Konformation ist die gleiche wie die zwischen einer axialen Methylgruppe und einem axialen Wasserstoffatom im Methylcyclohexan. Butan zeigt eine gauche-Wechselwirkung zwischen zwei Methylgruppen. Das Methylcyclohexan zeigt deren zwei.

In Abschnitt 3.11 haben wir gesehen, dass die gauche-Wechselwirkung zwischen den Methylgruppen des Butans dazu führt, dass das gauche-Konformer

Substituent	$K_{eq} = \frac{[\text{äquatorial}]}{[\text{axial}]}$
H	1
CH_3	18
CH_3CH_2	21
$\overset{CH_3}{CH_3CH}$	35
$CH_3\overset{CH_3}{\underset{CH_3}{C}}$	4.800
CN	1,4
F	1,5
Cl	2,4
Br	2,2
I	2,2
HO	5,4

Tabelle 3.9: Gleichgewichtskonstanten für verschiedene monosubstituierte Cyclohexane bei 25 °C.

um 0,87 kcal/ mol energiereicher ist als das anti-Konformer. Da es bei den Sesselkonformeren des Methylcyclohexans zwei solcher Wechselwirkungen gibt, ist das gauche-Konformere dieses Ringmoleküls um 1,74 kcal/mol energiereicher (weniger stabil) als das Sesselkonformere, bei dem sich die Methylgruppe in äquatorialer Stellung befindet.

Aufgrund des Unterschieds in der Stabilität der beiden Sesselkonformeren werden im zeitlichen Mittel mehr Methylcyclohexanmoleküle eine Sesselkonformation mit einer äquatorialen Methylgruppe einnehmen als eine mit der Methylgruppe in axialer Stellung. Die relativen Anteile der beiden möglichen Sesselkonformationen hängen von dem Substituenten ab (► Tabelle 3.9). Der Substituent mit dem größeren Raumbedarf im Gebiet der 1,3-diaxialen Wasserstoffatome wird eine höhere Präferenz für die äquatoriale Stellung besitzen, da er eine stärkere 1,3-diaxiale Wechselwirkung aufweisen wird. So gibt beispielsweise die Gleichgewichtskonstante (K_{eq}) für die Konformere des Methylcyclohexans an, dass ungefähr 95 % der Methylcyclohexanmoleküle die Methylgruppe (bei 25 °C = 298,15 K) in der äquatorialen Stellung tragen:

$$K_{eq} = \frac{[\text{äquatoriales Konformer}]}{[\text{axiales Konformer}]} = \frac{18}{1}$$

$$\%\ \text{äquatoriales Konformer} = \frac{[\text{äquatoriales Konformer}]}{[\text{äquatoriales Konformer}] + [\text{axiales Konformer}]} \times 100$$

$$\%\ \text{äquatoriales Konformer} = \frac{18}{18 + 1} \times 100 = 95\%$$

Im Fall des *tert*-Butylcyclohexans, bei dem die 1,3-diaxialen Wechselwirkungen in einem noch höheren Maß destabilisierend wirken, weil die *tert*-Butylgruppe viel raumgreifender ist als eine Methylgruppe, liegen mehr als 99,9 % der Moleküle in einer Konformation vor, bei der die voluminöse *tert*-Butylgruppe sich in einer äquatorialen Stellung befindet.

HINTERGRUND

■ Stärke und Cellulose – axial und äquatorial

Polysaccharide sind Substanzen, die durch die Aneinanderreihung vieler Zuckermoleküle entstehen. Zwei der am häufigsten in der Natur vorkommenden Polysaccharide sind Amylose (eine wichtige Komponente von Stärke) und Cellulose. Beide bestehen aus Glucosemolekülen. Stärke, eine wasserlösliche Verbindung, ist in vielen Nahrungsmitteln enthalten – Kartoffeln, Reis, Mehl, Bohnen, Mais und Erbsen. Cellulose, eine wasserunlösliche Verbindung, ist die wichtigste strukturelle Komponente von Pflanzen. Baumwolle besteht z. B. zu über 90 % aus Cellulose und Holz zu über 50 %.

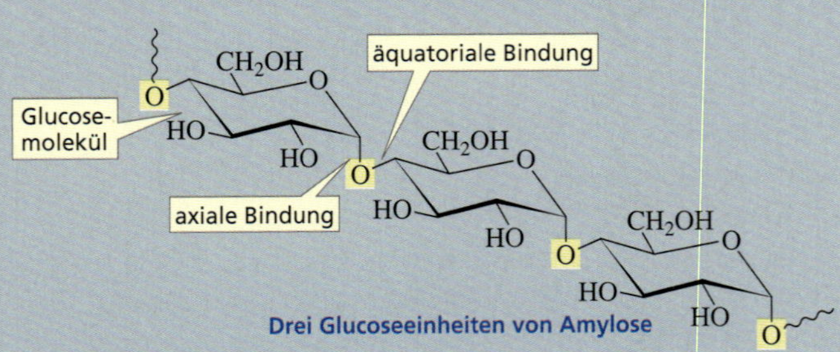

Drei Glucoseeinheiten von Amylose

stärkereiche Lebensmittel

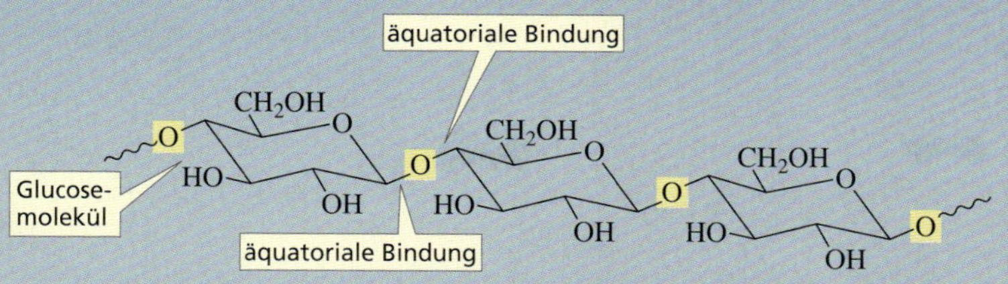

Drei Glucoseeinheiten von Cellulose

Baumwollpflanze und Baumwollhandtuch

Wie können zwei Verbindungen mit solch unterschiedlichen physikalischen Eigenschaften bei jeder aus Glucose bestehen? Wenn Sie sich die Struktur genauer ansehen, werden Sie feststellen, dass die Verknüpfungsarten der beiden Polysaccharide unterschiedlich sind. In Stärke ist ein Sauerstoffatom einer axialen Bindung eines Glucosemoleküls durch eine äquatoriale Bindung mit einem anderen Glucosemolekül verbunden. In Cellulose hingegen ist das Sauerstoffatom mit zwei äquatorialen Bindungen mit beiden Glucosemolekülen verbunden. Die axialen Bindungen führen dazu, dass Stärke eine Helix bildet und Wasserstoffbrücken zu Wassermolekülen ausbildet. Das führt dazu, dass Stärke wasserlöslich ist. Die äquatorialen Bindungen in Cellulose führen zu einer linearen Anordnung von Glucose. Die so entstandenen Reihen werden durch intermolekulare Wasserstoffbrücken zusammengehalten; diese stehen daher nicht für Wasserstoffbrücken mit Wasser zur Verfügung. Daher ist Cellulose nicht wasserlöslich (Abschnitt 20.15). Säugetiere besitzen nur Enzyme, die die axialen Bindungen in Stärke verdauen können, nicht jedoch die äquatorialen Bindungen in Cellulose.

Weidetiere tragen Bakterien in ihren Verdauungssystemen, die in der Lage sind, die Bindungen in Cellulose aufzubrechen. Also können Kühe und Pferde Heu essen, um ihren Glucosebedarf zu decken.

Ü 46* Berechnen Sie unter Zuhilfenahme der Daten aus ► Tabelle 3.9 den prozentualen Anteil der Moleküle des Cyclohexanols, bei denen sich die OH-Gruppe bei 25 °C in äquatorialer Stellung befindet.

Ü 47* Das Sesselkonformer des Fluorcyclohexans ist um 0,25 kcal/mol energieärmer, wenn sich der Fluorsubstituent in einer äquatorialen Stellung befindet, als wenn sich dieser in einer axialen Stellung aufhält. Um wie viel stabiler ist das anti-Konformer des 1-Fluorpropans im Vergleich zum gauche-Konformer (bezogen auf die C-1—C-2-Bindung)?

3.15 Konformationen zweifach substituierter Cyclohexane

Falls sich zwei Substituenten an einem Cyclohexanring befinden, müssen beide einbezogen werden, will man herausfinden, welche der beiden Sesselkonformationen die stabilere ist. Beginnen wir unsere Analyse am 1,4-Dimethylcyclohexan.

Geometrische Isomere

Als Erstes stellen wir fest, dass es zwei verschiedene 1,4-Dimethylcyclohexane gibt. Bei der einen Form stehen beide Methylgruppen bezogen auf die Ringebene auf *derselben* Seite des Moleküls; dieses Isomer wird als das ***cis*-Isomer** bezeichnet (*cis*, lat. „auf dieser Seite"). Bei der anderen Form – dem anderen Isomer – stehen die beiden Methylgruppen auf *gegenüberliegenden* Seiten des Ringes. Dieses Isomer wird das ***trans*-Isomer** genannt (*trans*, lat. „gegenüber").

MERKE!

Beim *cis*-Isomer stehen die Substituenten auf derselben Seite des Moleküls.

Beim *trans*-Isomer stehen die Substituenten auf gegenüberliegenden Seiten des Moleküls.

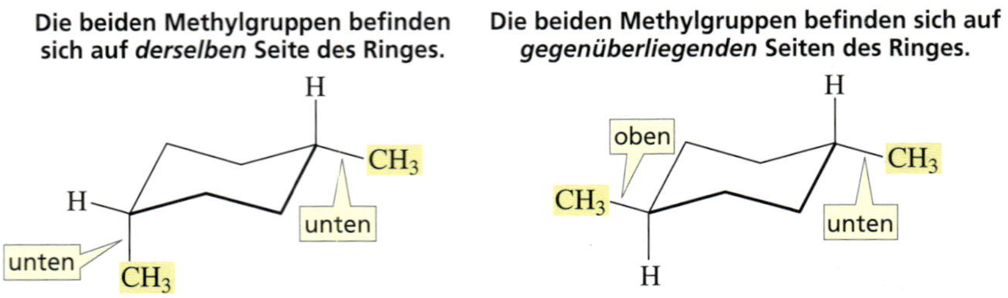

cis-1,4-Dimethylcyclohexan   *trans*-1,4-Dimethylcyclohexan

cis-1,4-Dimethylcyclohexan und *trans*-1,4-Dimethylcyclohexan sind ein Beispiel für **geometrische Isomerie** oder auch ***cis-trans*-Isomerie**. Solche Isomere bestehen aus den gleichen Atomen, und die Atome sind auch in der gleichen Weise miteinander verknüpft, doch unterscheidet sich die räumliche Anordnung der Atome in Bezug zueinander. Beim *cis*-Isomer stehen die Substituenten auf der gleichen Seite des Ringes, beim *trans*-Isomer auf unterschiedlichen Seiten. Diese Isomere sind verschiedene Verbindungen mit unterschiedlichen Schmelz- und Siedepunkten und können voneinander getrennt werden.

STRATEGIEN ZUR PROBLEMLÖSUNG

■ Unterscheidung von *cis*- und *trans*-Isomeren

Ist das Konformer des 1,2-Dimethylcyclohexans, bei dem eine Methylgruppe äquatorial und die andere axial steht, das *cis*- oder das *trans*-Isomer?

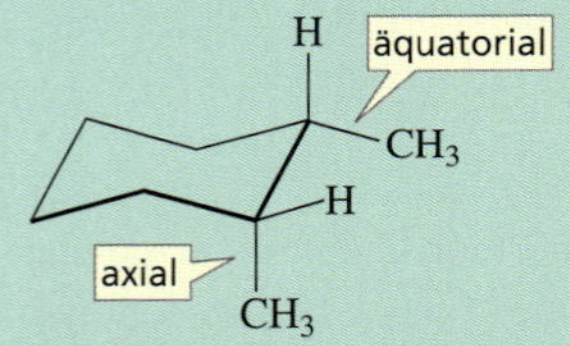

Handelt es sich hierbei um das *cis*- oder das *trans*-Isomer?

Um diese Aufgabe lösen zu können, müssen wir bestimmen, ob die beiden Substituenten – wenn sie wie gefordert zueinander orientiert sind – auf derselben (*cis*) oder auf verschiedenen (*trans*) Seiten des Moleküls liegen. Falls die Bindungen, die die Substituenten tragen, beide nach oben oder nach unten weisen, liegt das *cis*-Isomer vor. Falls jedoch die eine nach unten und die andere nach oben weist, liegt das *trans*-Isomer vor. Da bei dem in Frage stehenden Konformer beide Substienten(bindungen) nach unten weisen, handelt es sich um das *cis*-Isomer.

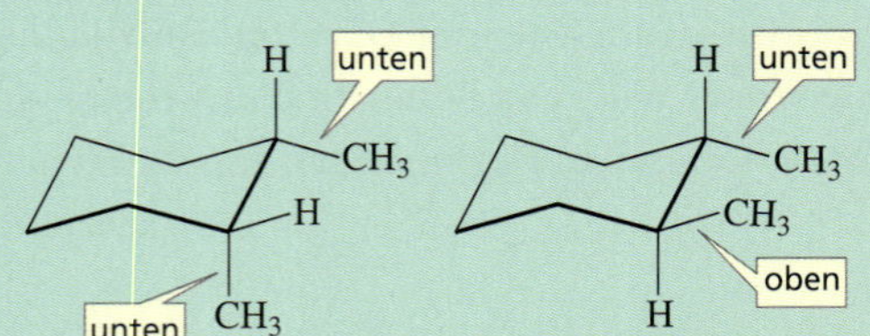

cis-Isomer   *trans*-Isomer

Das bei zweidimensionaler Darstellung auf Papier am ehesten in die Irre führende Isomer ist das *trans*-1,2-disubstituierte Isomer. Auf den ersten Blick scheinen die beiden Methylgruppen des *trans*-1,2-Dimethylcyclohexans die gleiche Orientierung aufzuweisen, so dass man denken könnte, das es sich um eine *cis*-Verbindung handelte. Eine genauere Betrachtung ergibt jedoch, dass die Bindung zu der einen Methylgruppe nach oben, die zu der anderen Methylgruppe aber nach unten weist. Es handelt sich also tatsächlich um das *trans*-Isomer. Dieser Sachverhalt wird sehr schnell und eindeutig klar, wenn man das entsprechende Modell des Moleküls baut.

Ü 48* Ermitteln Sie jeweils, ob es sich bei den folgenden Verbindungen um das *cis*- oder das *trans*-Isomer handelt:

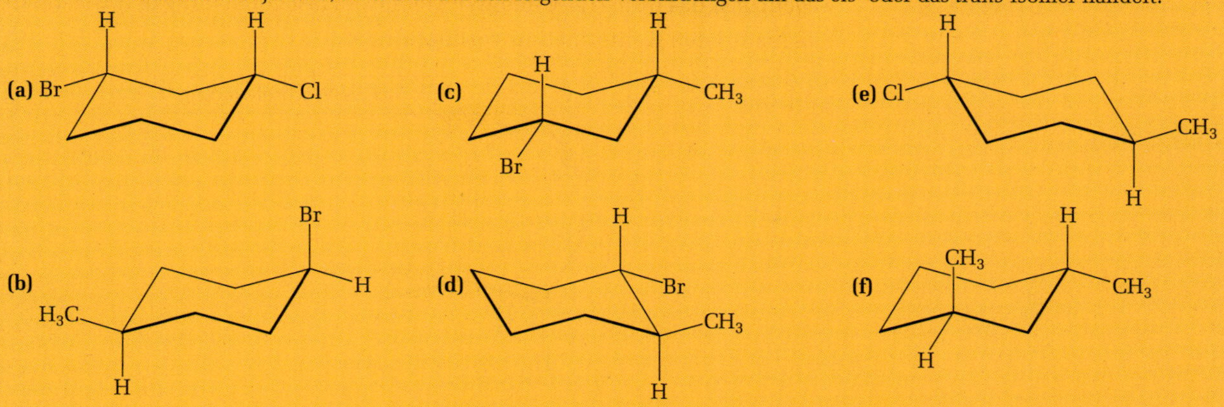

Die relative Stabilität von Konformeren

Jede Verbindung mit einem Cyclohexanring hat zwei Sesselkonformere. Damit haben auch die *cis*- und *trans*-Isomere disubstituierter Cyclohexane zwei Sesselkonformere. Wir wollen nun untersuchen, welche der beiden Sesselkonformationen des *cis*-1,4-Dimethylcyclohexans die stabilere ist.

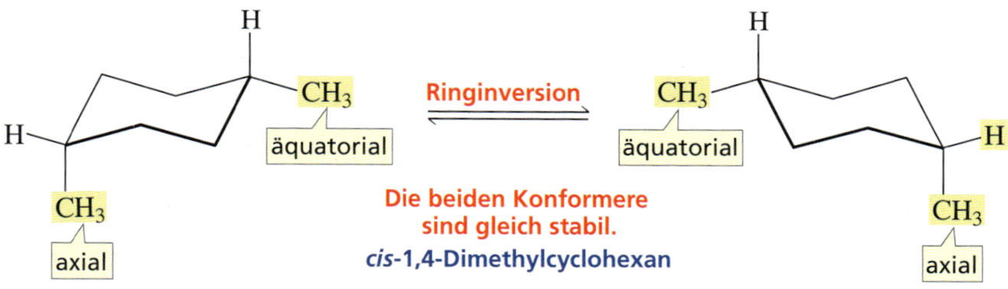

Das linke der beiden Konformere enthält eine der Methylgruppen in äquatorialer, die andere in axialer Stellung. Bei dem rechten Sesselkonformer finden wir identische Verhältnisse, nur ist die Position der beiden Methylgruppen untereinander ausgetauscht. Daher sind beide Sesselkonformere gleich stabil.

Im Gegensatz hierzu haben die beiden Konformere des *trans*-1,4-Dimethylcyclohexans unterschiedliche Stabilitäten, da ein Konformer beide Methylgruppen in äquatorialer Stellung, das andere Konformer beide in axialer Stellung trägt. *Das Konformer mit den Methylgruppen in äquatorialer Stellung ist das stabilere.*

MERKE!

Wenn beide Gruppen in einem Sesselkonformer in axialer Position stehen und um anderen Sesselkonformer in äquatorialer Position, ist zweiteres stabiler.

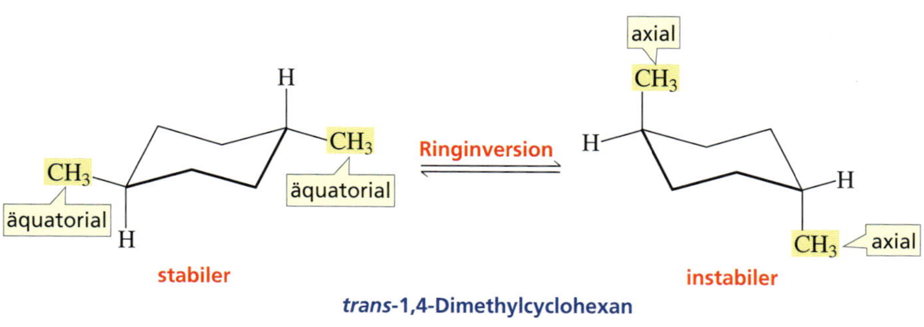

Das Sesselkonformer, bei dem beide Methylgruppen axialständig sind, zeigt vier 1,3-diaxiale Wechselwirkungen, was es 4 × 0,87 kcal/mol = 3,5 kcal/mol weniger stabil werden lässt als dasjenige Konformer, bei dem sich beide

Methylgruppen in äquatorialer Stellung befinden. Wir können daher vorhersagen, dass das *trans*-1,4-Dimethylcyclohexan fast vollständig in der stabileren diäquatorialen Konformation vorliegen wird.

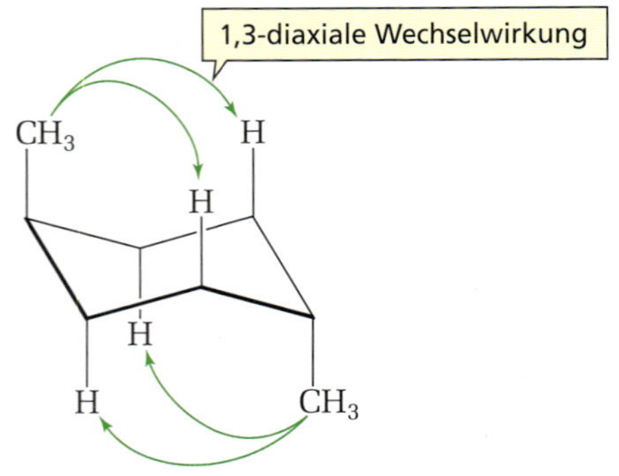

Diese Sesselkonformation besitzt vier 1,3-diaxiale Wechselwirkungen.

Betrachten wir nunmehr die geometrischen Isomere des 1-*tert*-Butyl-3-methylcyclohexans. Beide Substituenten befinden sich beim *cis*-Isomer bei der einen Konformation in äquatorialer Stellung, in der anderen Konformation befinden sich hingegen beide Substituenten des *cis*-1-*tert*-Butyl-3-methylcyclohexans in axialer Stellung. *Dasjenige Konformer, bei dem beide Substituenten äquatorial angeordnet sind, ist das stabilere.*

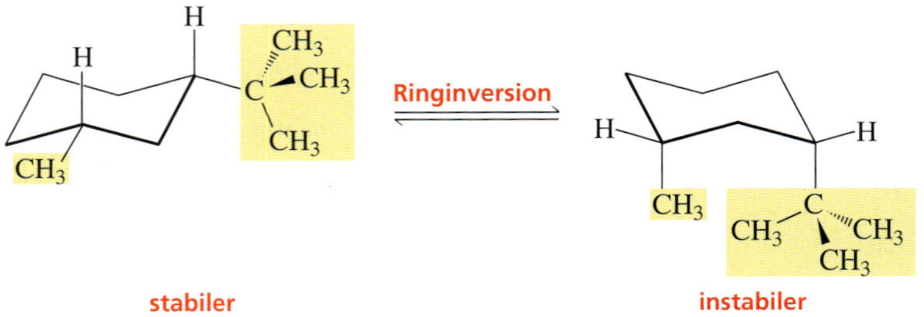

***cis*-1-*tert*-Butyl-3-methylcyclohexan**

Bei beiden Konformeren des *trans*-Isomeren steht der eine Substituent äquatorial, der andere axial. Da die *tert*-Butylgruppe deutlich größer als die Methylgruppe ist, sind die 1,3-diaxialen Wechselwirkungen stärker, wenn sich die *tert*-Butylgruppe in axialer Stellung befindet. *Darum ist dasjenige Konformer des trans-1-tert-Butyl-3-methylcyclohexans, bei dem sich die voluminöse tert-Butylgruppe in äquatorialer Stellung befindet, das stabilere.*

MERKE!

Wenn in einem Konformer eine Gruppe in äquatorialer Position und die andere Gruppe in axialer Position steht, dann ist das Konformer stabiler, bei dem die größere Gruppe in äquatorialer Position steht.

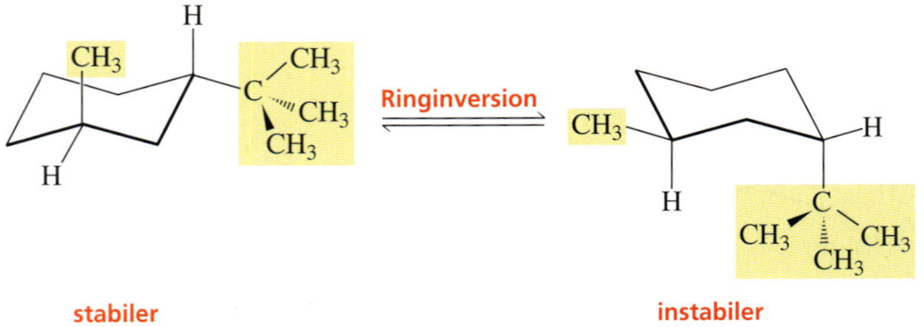

***trans*-1-*tert*-Butyl-3-methylcyclohexan**

STRATEGIEN ZUR PROBLEMLÖSUNG

■ Das stabilere Konformer zeichnen

Zeichnen Sie das stabilere Konformer von *cis*-1-Methyl-4-propylcyclohexan.

Zeichnen sie zunächst Cyclohexan. Fügen Sie dann die axialen Bindungen (da diese am einfachsten zu zeichnen sind) hinzu. Starten Sie dazu an der hinteren rechten Ecke und zeichnen Sie eine Bindung nach oben. Am nächsten C-Atom zeigt die Bindung nach unten, dann wieder nach oben usw. Schauen Sie sich die axialen Bindungen an den Atomen an, an denen Sie die Substituenten platzieren wollen (in diesem Fall an der 1- und 4-Position). Sie werden sehen, dass eine axiale Bindung nach oben zeigt und die andere nach unten. Daher werden an ihnen gebundene Substituenten *trans*-ständig sein.

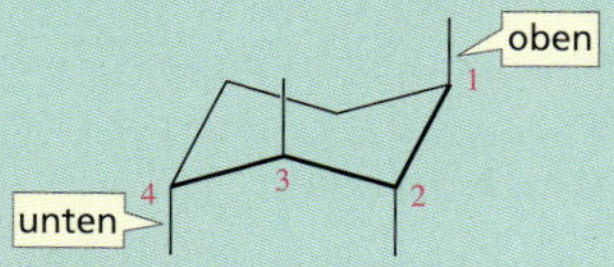

Nun, da Sie wissen, dass ein Konformer eines *trans*-1,4-disubstituierten Isomers sowohl einen axialen als auch einen äquatorialen Substituenten aufweist, wissen Sie auch, dass im anderen Isomer beide Substituenten äquatorial stehen. Das heißt, dass jedes Konformer des *cis*-Isomers (welches Sie zeichnen wollen) einen äquatorialen und einen axialen Substituenten besitzt. Zeichnen Sie den kleineren Substituenten in einer der axialen Positionen (an welche Position ist egal).

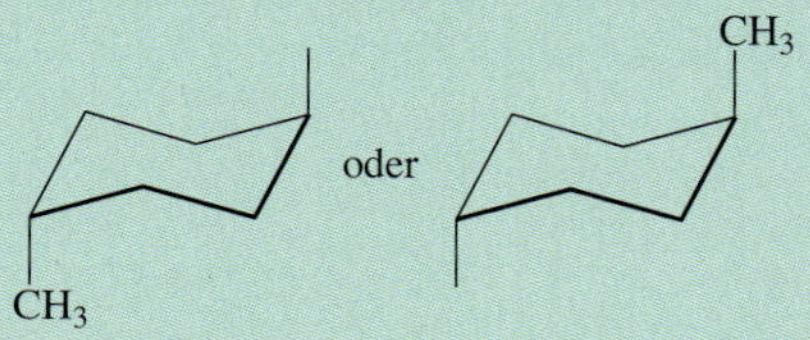

Nun müssen Sie die äquatoriale Bindung zeichnen und den größeren Substituenten dort platzieren. Wenn die axiale Bindung am gleichen Kohlenstoffatom nach oben zeigt, muss die äquatoriale Bindung leicht nach unten geneigt sein. Wenn die axiale Bindung nach unten zeigt, ist die äquatoriale Bindung leicht nach oben geneigt.

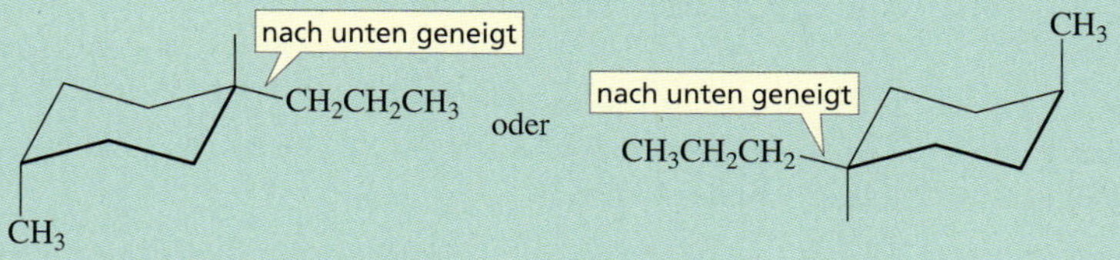

Zeichnen Sie keine Bindung, die keinen Substituenten trägt. (Dies würde bedeuten, dass sich dort eine Methylgruppe befindet.)

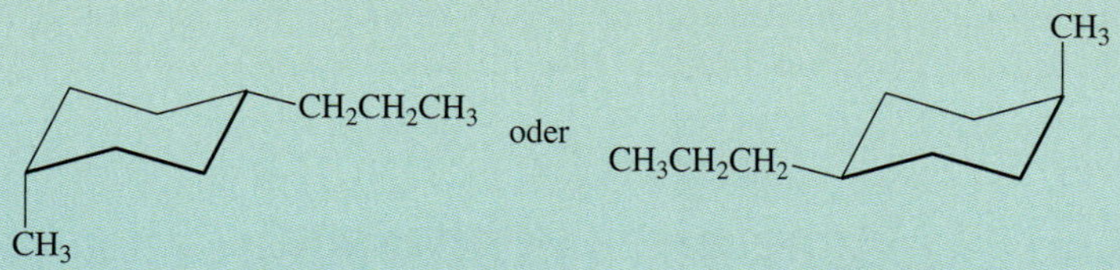

Ü 49* Welche der folgenden Verbindungen wird, verglichen mit dem diaxial substituierten Konformer, den höheren prozentualen Anteil des diäquatorial substituierten Konformers aufweisen: *trans*-1,4-Dimethylcyclohexan oder *cis*-1-*tert*-Butyl-3-methylcyclohexan?

Ü 50

(a) Zeichnen Sie das stabilere Sesselkonformer des *cis*-1-Ethyl-2-methylcyclohexans.
(b) Zeichnen Sie das stabilere Sesselkonformer des *trans*-1-Ethyl-2-methylcyclohexans.
(c) Welches der Moleküle ist stabiler, das *cis*-1-Ethyl-2-methylcyclohexan oder das *trans*-1-Ethyl-2-methylcyclohexan?

Ü 51* Geben Sie für jedes der im folgenden genannten disubstituierten Cyclohexane an, ob sich die Substituenten in den beiden Sesselkonformeren beide in äquatorialer Stellung im einen und in axialer Stellung im anderen Sesselkonformer befinden *oder* ob je einer sich in äquatorialer und in axialer Stellung in jedem Sesselkonformer befindet:
(a) *cis*-1,2- **(b)** *trans*-1,2- **(c)** *cis*-1,3- **(d)** *trans*-1,3- **(e)** *cis*-1,4- **(f)** *trans*-1,4-

Ü 52 mit Lösung
(a) Zeichnen Sie die Newman-Projektion der beiden Konformere von *cis*-1,3-Dimethylcyclohexan.
(b) Welches der Konformere liegt im Gleichgewicht häufiger vor?

Lösung zu 52 (a)

Zeichnen Sie die gestaffelten Konformere nebeneinander, verbinden Sie sie und nummerieren Sie die Kohlenstoffatome, um zu wissen, wo Sie die Substituenten platzieren sollen.

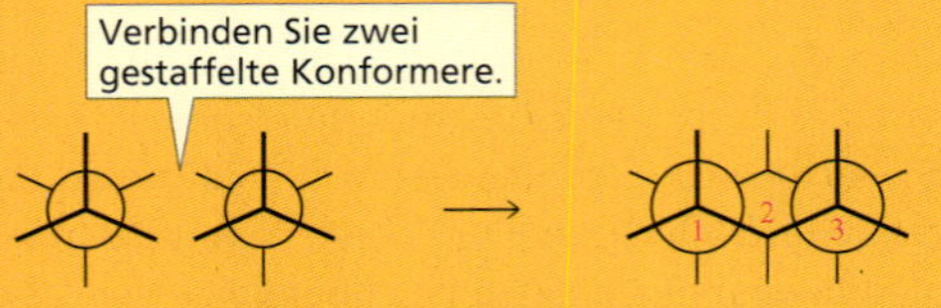

Verbinden Sie Methylgruppen mit dem ersten und dritten Kohlenstoffatom. Da Sie das *cis*-Isomer zeichnen, sollten die Substituenten in einem Konformer beide nach oben und im anderen Konformer beide nach unten zeigen.

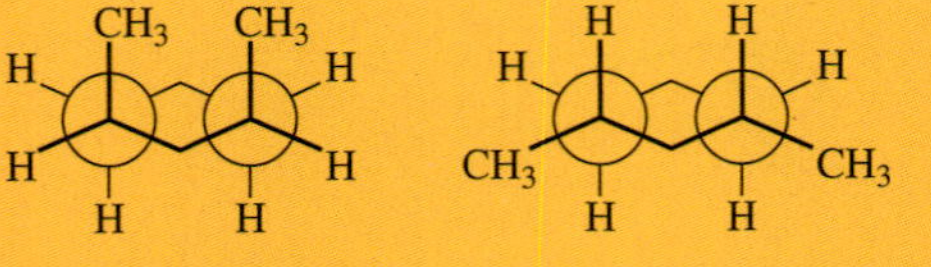

Lösung zu 52 (b)

Das Konformer auf der rechten Seite liegt in höherer Konzentration vor, da es stabiler ist. Beide Methylgruppen stehen dort in äquatorialer Position.

Ü 53
(a) Zeichnen Sie die Newman-Projektion der beiden Konformere von *trans*-1,3-Dimethylcyclohexan.
(b) Welches der Konformere liegt im Gleichgewicht häufiger vor?

Ü 54*
(a) Berechnen Sie die Energiedifferenz zwischen den beiden Sesselkonformeren des *trans*-1,4-Dimethylcyclohexans.
(b) Wie groß ist der Energieunterschied zwischen den beiden Sesselkonformeren des *cis*-1,4-Dimethylcyclohexans?

Annelierte Cyclohexane 3.16

Falls zwei Cyclohexanringe anelliert sind – **anellierte Ringe** teilen zwei benachbarte Kohlenstoffatome – kann ein Ring als Paar von Substituenten des anderen Ringes gesehen werden. Wie bei allen anderen doppeltsubstituierten Cycloalkanen können diese beiden Substituenten in *cis*- oder *trans*-Stellung zueinanderstehen. Beim *trans*-Isomer (in dem eine der substituierten Bindungen nach oben zeigt und die andere Bindung nach unten) stehen beide Substituenten in äquatorialer Position. Beim *cis*-Isomer steht nur ein Substituent äquatorial, der andere axial. Daher sind ***trans*-anellierten Ringe** stabiler als ***cis*-anellierte Ringe**.

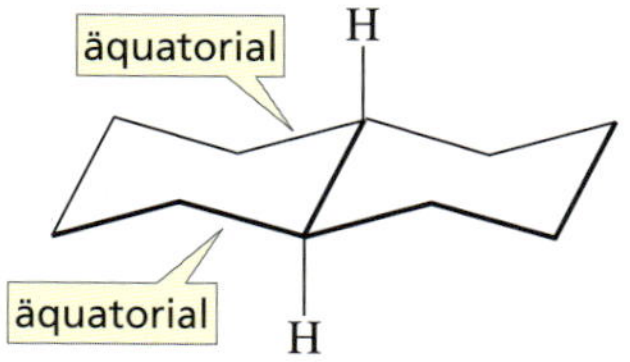

trans-anellierte Ringe
stabiler

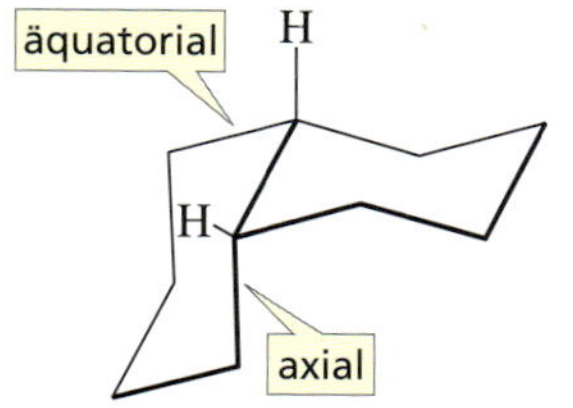

cis-anellierte Ringe
instabiler

Hormone sind chemische Signalstoffe – organische Moleküle, die in Drüsen hergestellt, durch das Blut zu einem Zielgewebe transportiert werden und dort Prozesse stimulieren oder inhibieren. Viele Hormone sind **Steroide**. Steroide besteht aus vier Ringen, hier als A, B, C und D gekennzeichnet. Die B-, C- und D-Ringe sind alle *trans*-anelliert. Die A- und B-Ringe sind in den meisten natürlichen Steroiden ebenfalls *trans*-anelliert.

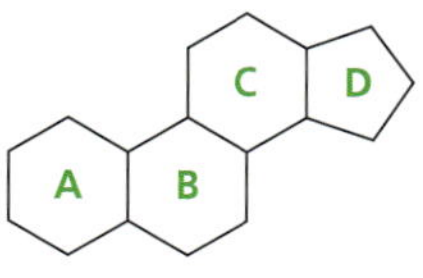

Das Ringsystem von Steroiden

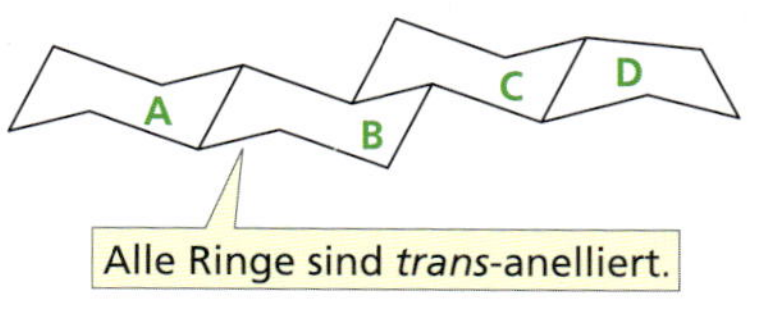

Cholesterolkristalle

Das am häufigsten vorkommende Mitglied der Steroidfamilie in Tieren ist das **Cholesterol** (veraltet Cholesterin), der Vorläufer aller anderen Steroide. Cholesterol ist ein wichtiger Bestandteil von Zellmembranen (Abschnitt 3.10). Weil die Ringe in einer spezifischen Konformation gefangen sind, ist es wesentlich starrer als andere Membrankomponenten.

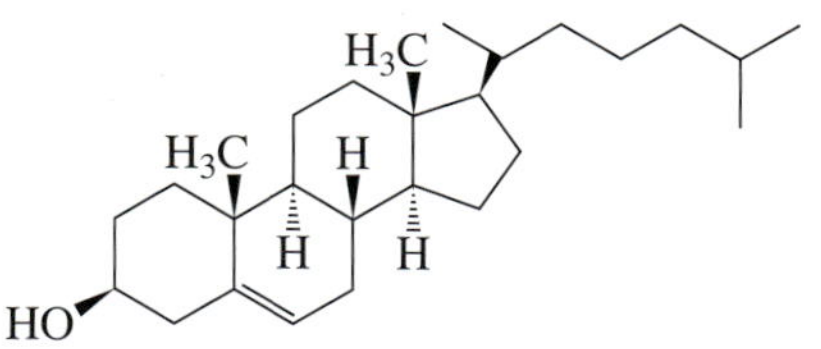

Cholesterol

HINTERGRUND

■ Cholesterol und Erkrankungen des Herzens

Cholesterol ist wahrscheinlich das am besten bekannte Steroid, da es durch den gut dokumentierten Zusammenhang von Cholesterolspiegeln im Blut und Herzerkrankungen zweifelhafte Berühmtheit erlangt hat. Cholesterol wird in der Leber hergestellt und ist in fast allen Geweben vorhanden. Es ist zudem in vielen Nahrungsmitteln zu finden, jedoch müssen wir es nicht aufnehmen, da wir unseren Bedarf selbst herstellen können. Eine cholesterolreiche Nahrung kann zu hohen Spiegeln von Cholesterol im Blut führen, der Überschluss kann sich an den Wänden von Arterien ansammeln und dadurch den Blutfluss behindern. Diese Krankheit des Kreislaufsystems ist als Artherosklerose bekannt und zugleich die häufigste Ursache von Herzerkrankungen. Cholesterol wird im Blut in Partikeln transportiert, die durch ihre Dichte klassifiziert werden.

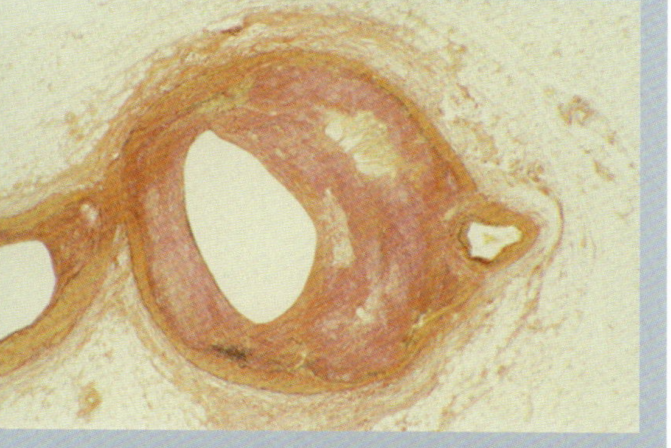

Cholesterol (braun) blockiert eine Arterie.

LDL (von engl. *low density lipoprotein*) transportiert Cholesterol von der Leber in die Gewebe. Rezeptoren an der Zelloberfläche binden an LDL-Partikel und erlauben eine Passage in die Zelle, um dort das transportierte Cholesterol zur Verfügung zu stellen. HDL (von engl. *high density lipoprotein*) ist ein Cholesterolsammler; es entfernt Cholesterol von Membranoberflächen und bringt es zurück zur Leber, in der es zu Gallensäuren umgesetzt wird. LDL wird auch als „schlechtes Cholesterol" bezeichnet, HDL hingegen ist das „gute Cholesterol". Je mehr Cholesterol wir essen, desto weniger wird vom Körper hergestellt. Das heißt jedoch nicht, dass die Menge an zugeführtem Cholesterol die Blutspiegel nicht beeinflusst, da Cholesterol aus der Nahrung die Synthese von LDL-Rezeptoren inhibiert. Das heißt also: Je mehr Cholesterol wir essen, desto weniger wird vom Körper hergestellt, allerdings kann der Körper auch weniger Cholesterol in seinen Zellen aufnehmen.

■ **Klinische Behandlung von hohen Cholesterolspiegeln**

Statine sind Pharmaka und senken die Cholesterolkonzentration im Blut durch Blockade eines Enzyms, das die Synthese eines Vorläufers von Cholesterol katalysiert. Durch die geringere Cholesterolsynthese in der Leber stellt diese mehr LDL-Rezeptoren her und nimmt dadurch mehr LDL auf. Studien haben gezeigt, dass eine zehnprozentige Abnahme der Cholesterolspiegel die Todesfälle durch koronare Herzkrankheit um 15 % und das absolute Sterberisiko um 11 % verringern.

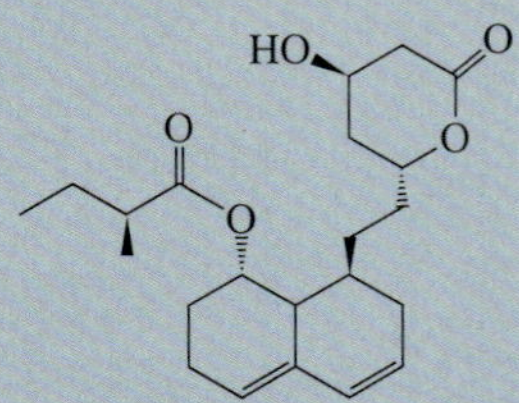

Lovastatin
Mevacor®

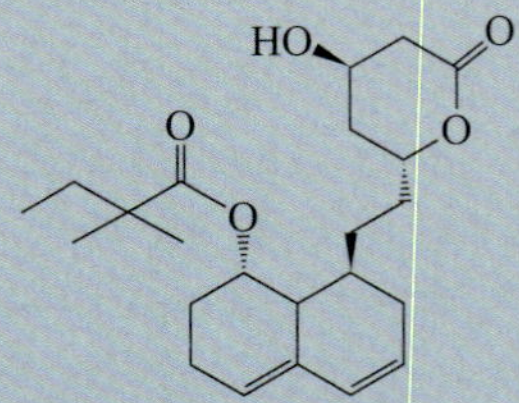

Simvastatin
Zocor®

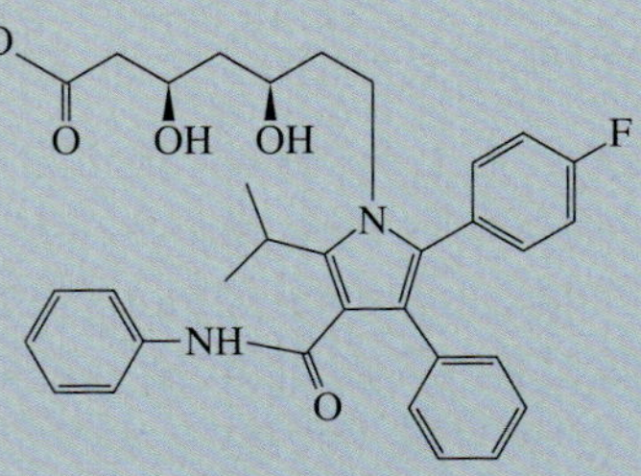

Atorvastatin
Lipitor®

Lovastatin und Simvastatin sind natürliche Statine und unter den Markennahmen Mevacor und Zocor bekannt. Atorvastatin (Lipitor) ist ein synthetisches Statin und der am meisten eingesetzte Vertreter dieser Gruppe. Es besitzt eine größere Potenz und verbleibt länger im Körper als natürliche Statine, da auch seine Abbauprodukte effektiv die Cholesterolspiegel senken. Daher können geringere Mengen eingesetzt werden. Zusätzlich ist Atorvastatin unpolarer als Lovastatin und Simvastatin und verbleibt damit länger in den Zellen, wo es gebraucht wird. Atorvastatin war in den vergangen Jahren eines der am meisten verschriebenen Pharmaka in den Vereinigten Staaten.

Zusammenfassung

Abschnitt 3.0

- **Alkane** sind **Kohlenwasserstoffe**, die nur Einfachbindungen enthalten. Ihre allgemeine Summenformel beträgt C_nH_{2n+2}.
- **Konstitutionsisomere** haben die gleiche Summenformel, aber ihre Atome sind unterschiedlich verknüpft.

Abschnitt 3.1

- Das Entfernen eines Wasserstoffatoms von einem Alkan führt zu einer **Alkylgruppe**.
- Eine **Iso-Gruppe** enthält ein Kohlenstoffatom, das an ein Wasserstoffatom und zwei Methylgruppen gebunden ist.
- Eine Verbindung kann mehr als einen Namen haben, aber ein Name kann nur eine Verbindung spezifizieren.

Abschnitt 3.2

- Um ein Alkan zu benennen, müssen Sie zuerst die Zahl der Kohlenstoffatome in **Mutterkohlenwasserstoff** bestimmen.
- Substituenten werden als Präfixe in alphabetischer Reihenfolge aufgelistet, dabei erhalten sie eine Ziffer, um ihre Position anzugeben.
- **Systematische Namen** enthalten Ziffern; **Trivialnamen** nicht.

Abschnitt 3.3

- Ein einziger Substituent in Ring benötigt keine Nummerierung.

Abschnitte 3.4 und 3.5

- **Halogenalkane** und **Ether** werden wie substituierte Alkane benannt.

Abschnitte 3.6 und 3.7

- **Alkohole und Amine** werden durch einen Suffix benannt.
- Eine **funktionelle Gruppe** ist das Zentrum der Reaktivität in einem Molekül.
- Wenn es nur einen einzigen Substituenten gibt, bekommt dieser die geringstmögliche Ziffer. Wenn es nur eine funktionelle Gruppe gibt, bekommt das Suffix der funktionellen Gruppe die geringstmögliche Ziffer, wenn es einen Substituenten und eine funktionelle Gruppe gibt, bekommt die funktionelle Gruppe die geringstmögliche Ziffer.
- Ob Halogenalkane oder Alkohole **primär**, **sekundär** oder **tertiär** sind, hängt davon ab, ob das Halogen oder die OH-Gruppe an ein primäres, sekundäres oder tertiäres Kohlenstoffatom gebunden ist.
- Ob Amine **primär**, **sekundär** oder **tertiär** sind, hängt davon ab, ob eine, zwei oder drei Alkylgruppen an das Stickstoffatom gebunden sind.
- Verbindungen mit vier Alkylgruppen am Stickstoffatomen werden als **quarternäre Ammoniumsalze** bezeichnet.

Abschnitt 3.8

- Das Sauerstoffatom eines Alkohols oder eines Ethers hat die gleiche Geometrie wie das Wasserstoffatom im Wasser; das Stickstoffatom in einem Amin hat die gleiche Geometrie wie das Stickstoffatom in Ammoniak.

Abschnitt 3.9

- Der Siedepunkt einer Verbindung nimmt mit der attraktiven Wechselwirkung (**London-Dispersionskräfte, Dipol-Dipol-Wechselwirkungen** und **Wasserstoffbrücken**) zwischen den Molekülen zu.
- Wasserstoffbrücken sind stärker als Dipol-Dipol-Wechselwirkungen und London-Dispersionskräfte.
- Eine **Wasserstoffbrücke** ist eine Interaktion zwischen einem Wasserstoffatom, das an O, N oder F gebunden ist, und einem freien Elektronenpaar von O, N oder F eines anderen Moleküls.
- In einer Reihe von **Homologen** nimmt der Siedepunkt mit zunehmender Molmasse zu. Verzweigungen senken den Siedepunkt.
- Die **Polarisierbarkeit** gibt an, wie leicht es ist, eine Elektronenwolke zu verschieben. Größere Atome sind leichter polarisierbar.

Abschnitt 3.10

- Polare Verbindungen lösen sich in polaren Lösemitteln; unpolare Verbindungen lösen sich in unpolaren Lösemitteln.

- **Solvatisierung** ist die Interaktion zwischen einem Lösemittel und einem Molekül oder einem Ion, das in einem Lösemittel gelöst ist.
- Das Sauerstoffatom eines Alkohols oder eines Ethers kann drei oder vier Kohlenstoffatome mit sich in Lösung ziehen.

Abschnitt 3.11

- Die Rotation um die C—C-Bindung resultiert in gestaffelten und ekliptischen Konformeren, die sich rasch ineinander umwandeln.
- **Konformere** sind verschiedene Konformationen der gleichen Verbindung. Sie können nicht voneinander getrennt werden.
- Ein **gestaffeltes Konformer** ist durch **Hyperkonjugation** stabiler als ein **ekliptisches Konformer**.
- Ein ***anti*-Konformer** ist durch sterische Spannung stabiler als ein ***gauche*-Konformer**.
- **Sterische Spannung** resultiert aus der Abstoßung zwischen zwei Elektronenwolken von Atomen oder Gruppen.
- Eine **gauche-Interaktion** führt zu sterischer Spannung in einem gauche-Konformer.

Abschnitt 3.12

- Fünf- oder sechsgliedrige Ringe sind stabiler als drei- oder viergliedrige Ringe, da die **Winkelspannung**, die daraus resultiert, dass die Bindungswinkel signifikant vom idealen Bindungswinkel (109,5°) abweichen, das System destabilisieren. Die Anwesenheit von ekliptischen Wasserstoffatomen wirkt ebenfalls destabilisierend.

Abschnitt 3.13

- Cyclohexan wandelt sich sehr schnell zwischen zwei stabilen Sesselkonformeren um. Dies wird als **Ringinversion** bezeichnet.
- Bindungen, die **axial** in einem Konformer stehen, sind im anderen Konformer in **äquatorialer** Position zu finden und *vice versa*.

Abschnitt 3.14

- Ein Sesselkonformer mit äquatorialen Substituenten hat weniger sterische Spannung und ist daher stabiler als ein Sesselkonformer mit axialen Substituenten.
- Ein axialer Substituent erfährt destabilisierende **1,3-diaxiale Wechselwirkungen**.

Abschnitt 3.15

- ***Cis-*** und ***trans*-Isomere** sind unterschiedliche Verbindungen und können daher voneinander getrennt werden.
- Ein ***cis*-Isomer** trägt beide Substituenten auf der gleichen Seite des Ringes; beim ***trans*-Isomer** stehen die beiden Substituenten auf unterschiedlichen Seiten.
- Wenn bei einem Konformer eines disubstituierten Cyclohexans beide Substituenten in äquatoriale Positionen zeigen und diese beim anderen Konformer in axiale Positionen zeigen, ist das stabilere Konformer jenes, bei dem beide Substituenten in äquatoriale Position zeigen.
- Wenn bei Konformeren eines disubstituierten Cyclohexans ein Substituent in äquatoriale und ein Substituent in axiale Position zeigt, ist das Konfomer stabiler, bei dem der größere Substituent in äquatoriale Position zeigt.

Im MyLab | Organische Chemie finden Sie:

- den praktischen **eText** zum Kapitel mit Notizfunktion
- eine Auswahl verschiedener **3D-Moleküle**
- **Lösungen** zu ausgewählten, mit * versehenen Übungen
- digitale **Lernkarten** und ein umfangreiches **Glossar** zum Nachschlagen und Wiederholen von Definitionen
- digitale Übungsaufgaben in Form von **Kapiteltests** zur eigenen Lernkontrolle

TEIL II

Elektrophile Additionsreaktionen, Stereochemie und Elektronendelokalisation

4 Isomere: Die Anordnung von Atomen im Raum 207

5 Alkene – Struktur, Nomenklatur, Reaktivität • Thermodynamik und Kinetik 259

6 Die Reaktionen der Alkene • Die Stereochemie von Additionsreaktionen 313

7 Die Reaktionen der Alkine • Einführung in die Mehrstufensynthese 371

8 Delokalisierte Elektronen und ihre Effekte auf Stabilität, Reaktivität und pK_S-Wert • Aromatizität und elektronische Effekte – Eine Einführung in die Reaktionen von Benzol 405

Die Reaktionen organischer Verbindungen können in drei Haupttypen unterteilt werden: **Additionsreaktionen, Substitutionsreaktionen** und **Eliminierungsreaktionen**. Welche Art von Reaktion eine Verbindung eingeht, hängt von ihrer funktionellen Gruppe ab. In **Teil II** werden Reaktionen von Verbindungen betrachtet, die C—C-Doppel- und -Dreifachbindungen aufweisen. Wir werden sehen, dass diese Verbindungen Additionsreaktionen eingehen, genauer gesagt **elektrophile Additionsreaktionen**. **Teil II** beschäftigt sich zudem mit Stereochemie, Thermodynamik und Kinetik sowie Elektronendelokalisation – wichtige Themen für die Bestimmung des Ergebnisses einer Reaktion.

Kapitel 4 Isomere: Die Anordnung von Atomen im Raum

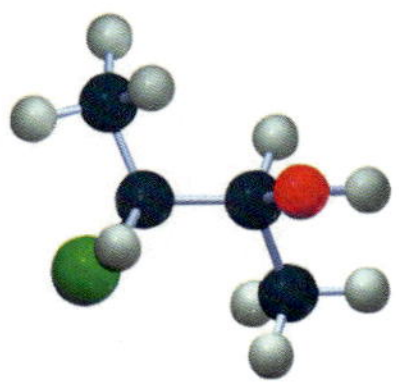

Kapitel 4 beschäftigt mit verschiedenen Arten von Isomeren, die von organischen Verbindungen gebildet werden können.

Kapitel 5 Alkene – Struktur, Nomenklatur, Reaktivität • Thermodynamik und Kinetik

Kapitel 5 beginnt mit einer Betrachtung der Struktur und der Nomenklatur der Alkene – *Kohlenwasserstoffe, die Kohlenstoff-Kohlenstoff-Doppelbindungen enthalten*. Danach werden einige grundlegende Prinzipien, die das Verhalten organischer Verbindungen bei Reaktionen steuern, eingeführt. Sie werden lernen, gekrümmte Pfeile zu benutzen, um darzustellen, wie sich Elektronen im Verlauf einer chemischen Reaktion umgruppieren, um neue kovalente Bindungen zu bilden und alte aufzulösen. Dieses Kapitel wird außerdem grundlegende Prinzipien der Thermodynamik und der Kinetik erörtern – Prinzipien, die von zentraler Bedeutung für ein Verständnis, wie und warum (organische) Reaktionen ablaufen, sind.

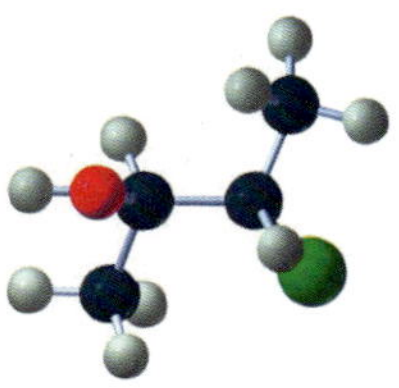

Kapitel 6 Die Reaktionen der Alkene • Die Stereochemie von Additionsreaktionen

Organische Verbindungen lassen sich bestimmten Familien zuordnen, und glücklicherweise ist das chemische Verhalten aller Mitglieder einer Verbindungsfamilie gleich oder zumindest ähnlich. Im **Kapitel 6** werden wir erfahren, wie die als Alkene bezeichnete Familie von organischen Verbindungen reagiert und welche Produkte bei diesen Reaktionen gebildet werden. Obgleich viele verschiedene Reaktionen behandelt werden, werden wir erkennen, dass sie alle nach einem ähnlichen, sich wiederholenden Muster verlaufen.

Kapitel 7 Die Reaktionen der Alkine • Einführung in die Mehrstufensynthese

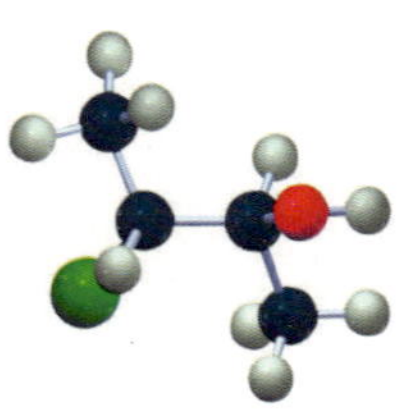

Kapitel 7 behandelt die Reaktionen der Alkine – *Kohlenwasserstoffe, die Kohlenstoff-Kohlenstoff-Dreifachbindungen enthalten*. Da Alkine wie Alkene reaktive C—C-π-Bindungen aufweisen, werden wir feststellen, dass ihre Reaktionen viele Gemeinsamkeiten erkennen lassen. Dieses Kapitel wird außerdem einige der Techniken vorstellen, die Chemiker*innen einsetzen, um Synthesen organischer Verbindungen zu planen. Sie werden an dieser Stelle dann die erste Gelegenheit zur Planung einer mehrstufigen Synthese haben.

Kapitel 8 **Delokalisierte Elektronen und ihre Effekte auf Stabilität, Reaktivität und pK_S-Wert • Aromatizität und elektronische Effekte – Eine Einführung in die Reaktionen von Benzol**

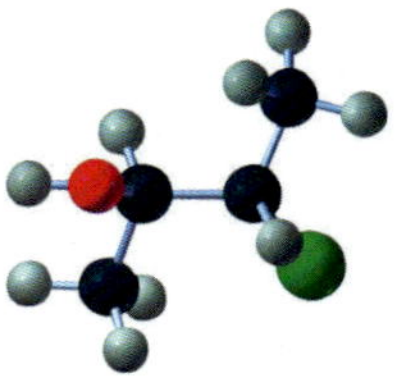

Kapitel 8 wird Ihnen dann noch mehr über delokalisierte Elektronen und das Konzept der Mesomerie vermitteln – Themen, die schon in Kapitel 2 angerissen wurden. Wir werden dann sehen, wie die Delokalisation von Elektronen einige der Dinge, mit denen wir schon vertraut sind, beeinflussen – z. B. der pK_S-Wert, die Stabilität von Carbokationen und Produkte, die aus der Reaktion bestimmter Alkene hervorgehen. Danach werden wir uns der Reaktion von Dienen zuwenden – *Verbindungen mit zwei C—C-Doppelbindungen*. Sie werden sehen, dass, wenn zwei Doppelbindungen konjugiert, die Elektronendelokalisation eine wichtige Rolle spielen wird. Wir werden zudem die Eigenschaften, die eine aromatische Verbindung ausmachen, untersuchen und sehen, warum aromatische Verbindungen für Alkene und Diene typische Reaktionen nicht eingehen.

Tutorial
Molekülmodelle verwenden

Wir empfehlen, in diesem Kapitel einen Baukasten für molekulare Modelle zu benutzen.

1 Bauen Sie ein Modell von beiden Enantiomeren des 2-Brombutans (Abschnitt 4.7).

(a) Versuchen Sie, diese zu überlagern.

(b) Ordnen Sie diese so an, dass Sie sehen, dass beide Spiegelbilder unterschiedlich voneinander sind.

(c) Welches ist das (*R*)-2-Brombutan?

2 Bauen Sie Modelle der beiden Stereoisomere von 3-Chlor-2-Butanol (**1** und **2** in Abschnitt 4.8).

(a) Wo befinden sich die OH- und Cl-Substituenten (relativ zueinander) in der Fischer-Projektion? (Beachten Sie, dass horizontale Linien in der Fischer-Projektion für Bindungen stehen, die aus der Ebene des Papiers auf den Beobachter zulaufen, während vertikale Linien Bindungen repräsentieren, die „nach hinten“ zeigen.)

(b) Wo befinden sich die OH- und Cl-Substituenten (relativ zueinander) im stabilsten Konformer (bezogen auf die C-2—C-3-Bindung)?

3 **(a)** Bauen Sie Modelle der Stereoisomere von 2,3-Dibrombutan (**1** und **2** in Abschnitt 4.14).

(b) Bauen Sie Modelle ihrer Spiegelbilder.

(c) Zeigen Sie, das Stereoisomer 1 mit seinem Spiegelbild zur Deckung gebracht werden kann, dies bei Stereoisomer 2 aber nicht der Fall ist.

4 Bauen Sie Modelle der vier Stereoisomere von 2,3-Dibrompetan. Warum hat 2,3-Dibrombutan nur drei Stereoisomere, während 2,3-Dibrompetan vier Stereoisomere besitzt?

5 Bauen Sie ein Modell von (*S*)-2-Pentanol.

6 Bauen Sie ein Modell von (2*S*,3*S*)-3-Brom-2-butanol. Rotieren Sie das Modell so, dass es der Fischer-Projektion entspricht. Vergleichen Sie diese Struktur mit der Abbildung in Abschnitt 4.15.

7 Bauen Sie ein Modell aus den unten stehenden Verbindungen und benennen Sie diese.

(a) 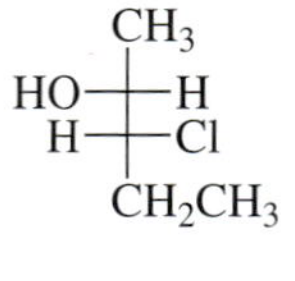

(b) 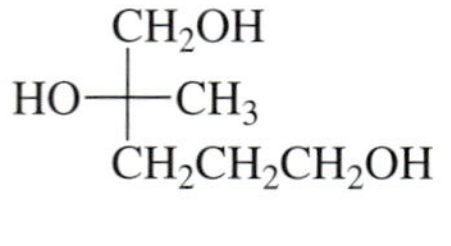

(c) 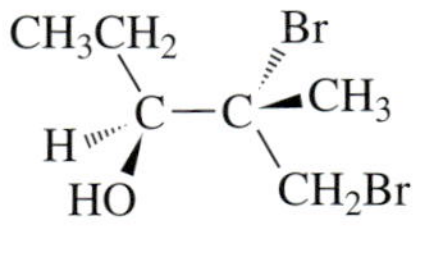

8 **(a)** Bauen Sie ein Modell von *cis*-1-Brom-4-chlorcyclohexan. Bauen Sie ebenfalls das Spiegelbild dieser Verbindung. Sind beide Strukturen überlagerbar?

(b) Bauen Sie ein Modell von *cis*-1-Brom-2-chlorcyclohexan. Bauen Sie ebenfalls das Spiegelbild dieser Verbindung. Sind beide Strukturen überlagerbar?

9 Bauen Sie Modelle von *cis*-1,2-Dichlorcyclohexan und *trans*-1,2-Dichlorcyclohexan. Bauen Sie zudem ihre Spiegelbilder. Beobachten Sie, dass die Spiegelbilder des *cis*-Isomers überlagerbar sind, während dies beim *trans*-Isomer nicht der Fall ist.

10 Bauen Sie Modelle der nachfolgenden Moleküle. Wie ist das asymmetrische Zentrum in beiden Molekülen konfiguriert?

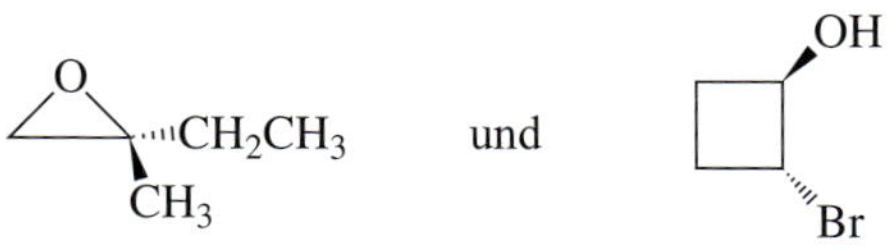

11 Bauen Sie zwei Modelle von *trans*-2-Penten. Addieren Sie Br_2 an unterschiedliche Seiten der Doppelbindung, indem sie Br^+ in einem Modell von oben auf die Doppelbindung addieren und im anderen Modell von unten. Dies sollte zu den Enantiomeren in Abschnitt 6.13 führen. Rotieren Sie die Modelle so, dass sie den Fischer-Projektionen entsprechen. Sind diese *Erythro*- oder *Threo*-Enantiomere? Vergleichen Sie Ihre Antworten mit denen in Abschnitt 6.13.

12 Schauen Sie sich den Kasten „Zyklische Alkene“ in Abschnitt 6.12 an. Bauen Sie Modelle der folgenden Verbindungen. Können einige von ihnen nicht konstruiert werden?

(a) *cis*-Cycloocten
(b) *trans*-Cycloocten
(c) *cis*-Cyclohexen
(d) *trans*-Cyclohexen

Isomere: Die Anordnung von Atomen im Raum

4

4.1 *Cis-trans*-Isomere entstehen durch eingeschränkte Rotation 210
4.2 Die *E/Z*-Nomenklatur 213
4.3 Ein chirales Objekt kann nicht mit seinem Spiegelbild zur Deckung gebracht werden 217
4.4 Ein Chiralitätszentrum führt zu einem chiralen Molekül 218
4.5 Isomere mit einem asymmetrisch substituierten Kohlenstoffatom 219
4.6 Asymmetrisch substituierte Kohlenstoffatome und Stereozentren 220
4.7 Das Zeichnen von Enantiomeren 221
4.8 Die Benennung von Enantiomeren: Das *R/S*-System 223
4.9 Chirale Verbindungen sind optisch aktiv 228
4.10 Die Messung einer spezifischen Drehung 231
4.11 Enantiomerenüberschuss 233
4.12 Verbindungen mit mehr als einem asymmetrisch substituierten Kohlenstoffatom 234
4.13 Stereoisomere von zyklischen Verbindungen 237
4.14 Mesoverbindungen haben chirale Zentren, sind aber optisch inaktiv 240
4.15 Nomenklatur für Isomere mit mehr als einem asymmetrisch substituierten Kohlenstoffatom 244
4.16 Stickstoff- und Phosphorchiralitätszentren 249
4.17 Rezeptoren 250
4.18 Die Trennung von Enantiomeren 251
Zusammenfassung 254
Tutorial Umwandeln von verschiedenen Strukturdarstellungsweisen 256

ÜBERBLICK

Spiegelbild

In diesem Kapitel werden wir lernen, warum die Vertauschung zweier Gruppen an einem Kohlenstoffatom einen schwerwiegenden Effekt auf die physiologischen Eigenschaften einer Verbindung haben kann. Zum Beispiel kann die Vertauschung von Wasserstoff und einer Methylgruppe in der aktiven Komponente eines Dampfinhalators zu der Verbindung Methylamphetamin führen, die auch als die Straßendroge Meth bekannt ist. Die gleiche Vertauschung konvertiert die aktive Komponente in Aleve, einem häufig verwendetem Medikament gegen Schmerzen, zu einer stark lebertoxischen Verbindung.

Wir werden uns nun **Isomeren** zuwenden, Verbindungen mit der gleichen Summenformel aber unterschiedlichen Strukturen. Die Isomere zerfallen in zwei Hauptklassen: Die *Konstitutionsisomere* und die *Stereoisomere.*

- **Konstitutionsisomere** unterscheiden sich in der Art und Weise, in der ihre Atome miteinander verknüpft sind. Ethanol und Dimethylether sind ein Beispiel für die Konstitutionsisomerie, weil die Verbindungen identische Summenformeln besitzen (C_2H_6O), die Atome in jeder der beiden Verbindungen aber unterschiedlich verknüpft sind. Das Sauerstoffatom im Ethanol ist an ein Kohlenstoff- und an ein Wasserstoffatom gebunden, wohingegen das Sauerstoffatom im Dimethylether an zwei Kohlenstoffatome gebunden ist.

Konstitutionsisomere

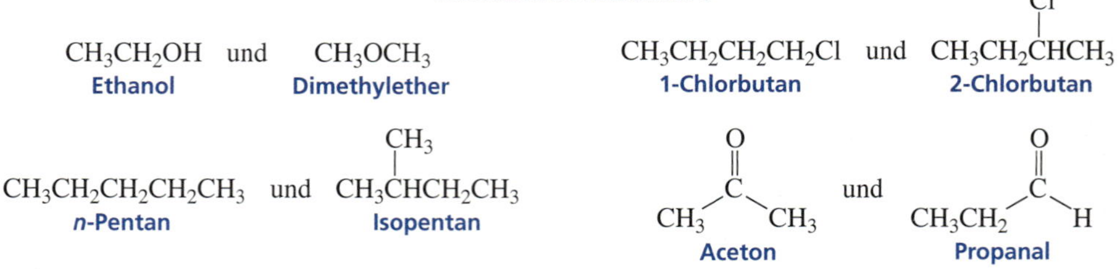

- Anders als die Atome der Konstitutionsisomere sind die Atome der **Stereoisomere** auf die gleiche Weise miteinander verknüpft. Stereoisomere (die auch **Konfigurationsisomere** genannt werden) unterscheiden sich in der Art und Weise, in der die Atome im Raum angeordnet sind.

- **Konformationsisomere** (auch **Konformere** genannt) sind Stereoisomere, die sich bei Raumtemperatur rasch ineinander umwandeln. Daher können sie nicht voneinander getrennt werden.
- **Konfigurationsisomere** sind Stereoisomere, die nicht ineinander umgewandelt werden können, ohne dass kovalente Bindungen gebrochen werden. Daher können sie voneinander getrennt werden.
- Es gibt zwei Arten von **Konformationsisomeren**. Eine Sorte wird durch **Rotation um Kohlenstoff-Kohlenstoff-Bindungen** erzeugt, die andere durch **Amininversion**. Wir haben uns bereits mit Konformeren bei der Rotation um Kohlenstoff-Kohlenstoff-Einfachbindungen in den Abschnitten 3.11–3.15 beschäftigt (gestaffelt, ekliptisch, Sesselkonformation, Bootkonformation usw.). Wir werden die Amininversion in Abschnitt 4.16 kennenlernen.
- Es gibt zwei Arten von **Konfigurationsisomeren**: ***cis-trans*-Isomere** und **Isomere die asymmetrische Zentren (Chiralitätszentren)** enthalten.

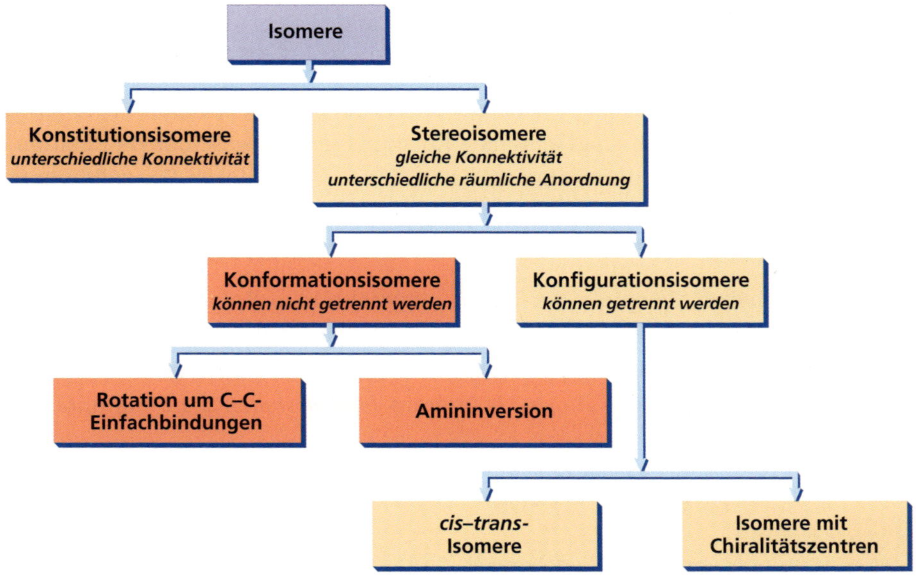

Verwechseln Sie nicht Konformationsisomere mit Konfigurationsisomeren.

- Konformationsisomere (oder Konformere) besitzen eine unterschiedliche räumliche Anordnung (zum Beispiel *anti*- und *gauche*-Konformere; Abschnitt 3.11). Sie können nicht voneinander getrennt werden. Manche Konformere sind stabiler als andere.

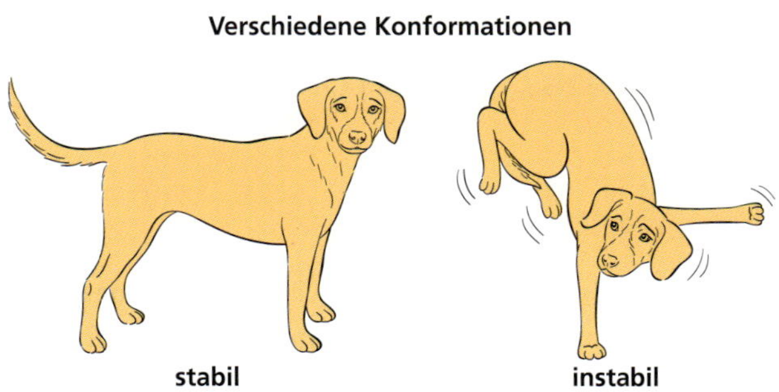

Hinweis für die Studierenden

Wenn Chemiker*innen von Stereoisomeren sprechen, meinen sie konventionsgemäß nur Konfigurationsisomere. Wenn Sie also aufgefordert werden sollten, die Stereoisomere einer bestimmten Verbindung zu zeichnen (zum Beispiel in den Übungen 44 und 45), dann zeichnen Sie nur Konfigurationsisomere und keine Konformationsisomere.

- Konfigurationsisomere sind verschiedene Verbindungen (zum Beispiel *cis-trans*-Isomere). Sie können voneinander getrennt werden. Es müssen jedoch Bindungen gebrochen werden, um verschiedene Konfigurationsisomere ineinander umzuwandeln.

Ü 1*

(a) Zeichnen Sie drei Konstitutionsisomere mit der Summenformel C_3H_8O.

(b) Wie viele Konstitutionsisomere der Summenformel $C_4H_{10}O$ lassen sich zeichnen?

Verschiedene Konfigurationen

Cis-trans-Isomere entstehen durch eingeschränkte Rotation 4.1

Die erste Art von Konfigurationsisomeren, mit der wir uns beschäftigen werden, sind ***cis-trans*-Isomere** (auch **geometrische Isomere** genannt). Diese Isomere entstehen durch eingeschränkte Rotation. Eine eingeschränkte Rotation entsteht entweder durch eine *zyklische Struktur* oder durch *Doppelbindungen*.

Zyklische Verbindungen

Sie haben Beispiele der durch eingeschränkte Rotation hervorgerufenen *cis-trans*-Isomerie in einem Ring bereits bei disubstituierten Cyclohexanen in Abschnitt 3.15 kennengelernt. *Beim* cis-*Isomer stehen beide Substituenten auf einer Seite des Ringes; beim* trans-*Isomer stehen diese auf unterschiedlichen Seiten.*

***cis*-4-Methylcyclohexanol**

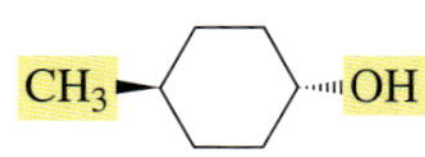

***trans*-4-Methylcyclohexanol**

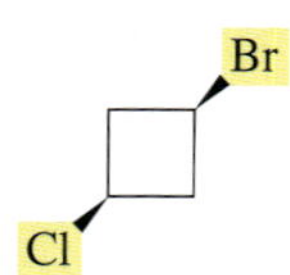

***cis*-1-Brom-3-chlorcyclobutan**

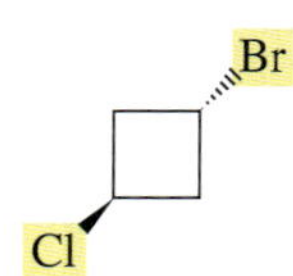

***trans*-1-Brom-3-chlorcyclobutan**

Hinweis für die Studierenden

Ein gefüllter Keil repräsentiert eine Bindung, die in Richtung des Beobachters zeigt, während ein gestrichelter Keil eine Bindung repräsentiert, die vom Beobachter hinweg zeigt.

Ü 2 Zeichnen Sie die *cis*- und *trans*-Isomere für:

(a) 1-Brom-4-chlorcyclohexan **(b)** 1-Ethyl-3-methylcyclobutan

Verbindungen mit Doppelbindungen

Verbindungen mit Kohlenstoff-Kohlenstoff-Doppelbindungen können ebenfalls *cis-trans*-Isomere aufweisen. Die Struktur der kleinsten Verbindung mit einer Kohlenstoff-Kohlenstoff-Doppelbindung (Ethen) wurde in Abschnitt 1.8 beschrieben. Dort wurde gezeigt, dass die Doppelbindung aus einer σ-Bindung und einer π-Bindung besteht. Wir sahen zudem, dass eine π-Bindung durch seitliche Überlappung zweier paralleler *p*-Orbitale entsteht. Andere Verbindungen mit Kohlenstoff-Kohlenstoff-Doppelbindungen haben eine ähnliche Struktur.

Die Rotation um eine Kohlenstoff-Kohlenstoff-Doppelbindung wird ermöglicht, sobald die π-Bindung gebrochen wird, da die *p*-Orbitale nicht länger parallel sind (► Abbildung 4.1). Die Energiebarriere bei der Rotation um eine Kohlenstoff-Kohlenstoff-Doppelbindung ist deutlich größer als bei der Rotation um eine Kohlenstoff-Kohlenstoff-Einfachbindung: 62 kcal/mol vs. 2,9 kcal/mol (Abschnitt 3.1).

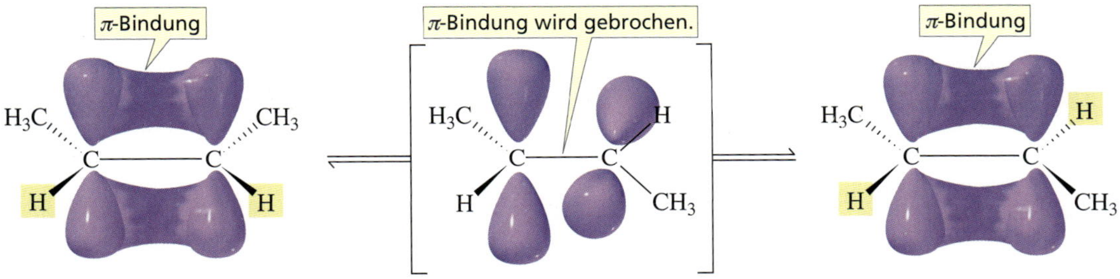

Abbildung 4.1: Eine Rotation um die C—C-Doppelbindung bricht die π-Bindung.

Die hohe Energiebarriere bei der Rotation um die C—C-Doppelbindung führt dazu, dass eine Verbindung mit einer C—C-Doppelbindung zwei verschiedene Strukturen einnehmen kann: Die Wasserstoffatome an den sp^2-hybridisierten Kohlenstoffatomen können sich auf der gleichen Seite der Doppelbindung befinden oder auf der entgegengesetzten Seite.

- Die Verbindung mit den Wasserstoffatomen auf der gleichen Seite wird als ***cis*-Isomer** bezeichnet.
- Die Verbindung mit den Wasserstoffatomen auf unterschiedlichen Seiten wird als ***trans*-Isomer** bezeichnet.

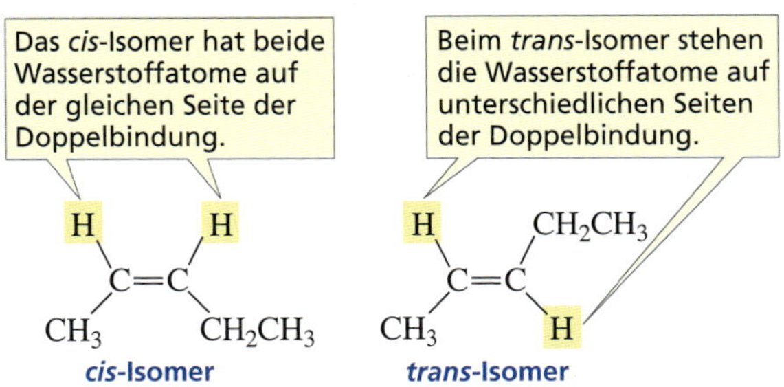

Beachten Sie, dass *cis*- und *trans*-Isomere die gleiche Summenformel aufweisen, die Bindungen unterscheiden sich jedoch in ihrer *Konfiguration*; also in ihrer räumlichen Anordnung.

Falls eines der beiden sp^2-hybridisierten Kohlenstoffatome zwei identische Substituenten aufweist, kann die Verbindung keine *cis*- und *trans*-Isomere bilden.

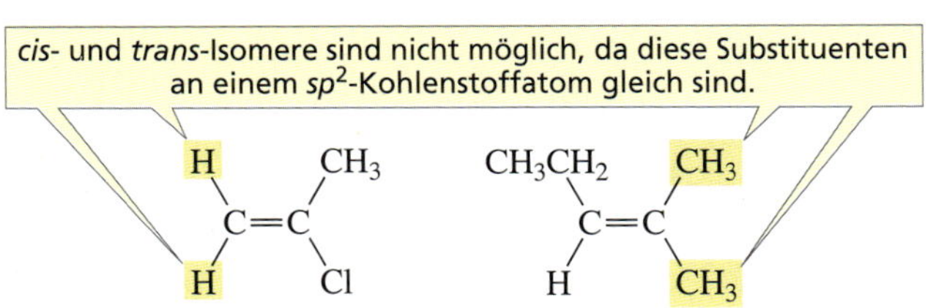

Hinweis für die Studierenden

Bauen Sie molekulare Modelle, um zu sehen, warum *cis*- und *trans*-Isomere nicht entstehen können, wenn eines der beiden sp^2-Kohlenstoffatome zwei identische Substituenten trägt.

Cis- und *trans*-Isomere können getrennt werden

Cis- und *trans*-Isomere können voneinander getrennt werden, da sie unterschiedliche Verbindungen mit unterschiedlichen physikalischen Eigenschaften darstellen. Sie haben zum Beispiel verschiedene Siedepunkte und Dipolmomente.

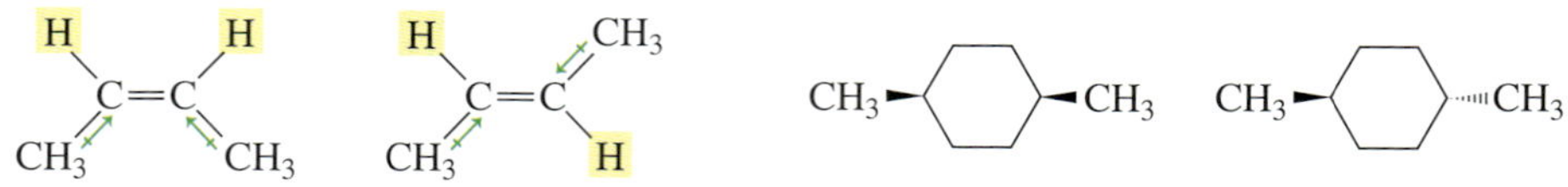

cis-Isomer Sdp = 3,7 °C μ = 0,33 D | *trans*-Isomer Sdp = 0,9 °C μ = 0 D | *cis*-Isomer Sdp = 99,3 °C | *trans*-Isomer Sdp = 91,8 °C

Beachten Sie, dass *trans*-Isomere von Alkenen ein Dipolmoment (μ) von 0 aufweisen, da sich die Dipolmomente ihrer Substituenten ausgleichen (Abschnitt 1.16).

HINTERGRUND

■ *Cis*- und *trans*-Isomere beim Sehen

Unsere Fähigkeit zu sehen hängt teilweise von der Umwandlung von *cis*- in *trans*-Isomere ab, die in unseren Augen stattfindet. Ein Protein namens Opsin bindet in Photorezeptorzellen (Stäbchen) in der Netzhaut an *cis*-Retinal (das aus Vitamin A gebildet wird) und bildet so Rhodopsin. Wenn Rhodopsin Licht absorbiert, konvertiert dies eine *cis*-Doppelbindung in eine *trans*-Doppelbindung, was wiederum einen Nervenimpuls auslöst, der für das Sehen eine wichtige Bedeutung hat. *Trans*-Retinal wird anschließend von Opsin freigesetzt und isomerisiert dann zu *cis*-Retinal, das in einen neuen Zyklus eintreten kann. Um einen Nervenimpuls auszulösen, muss eine Gruppe von etwa 500 Stäbchenzellen fünf bis sieben Rhodopsin-Isomerisierungen pro Sekunde pro Zelle innerhalb weniger Zehntelsekunden detektieren.

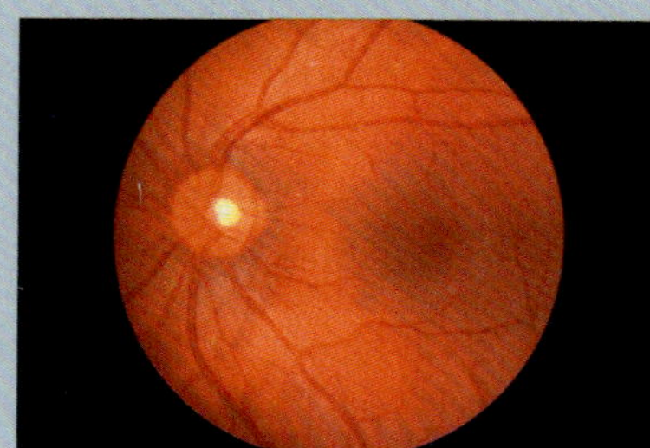

Blick in das menschliche Auge

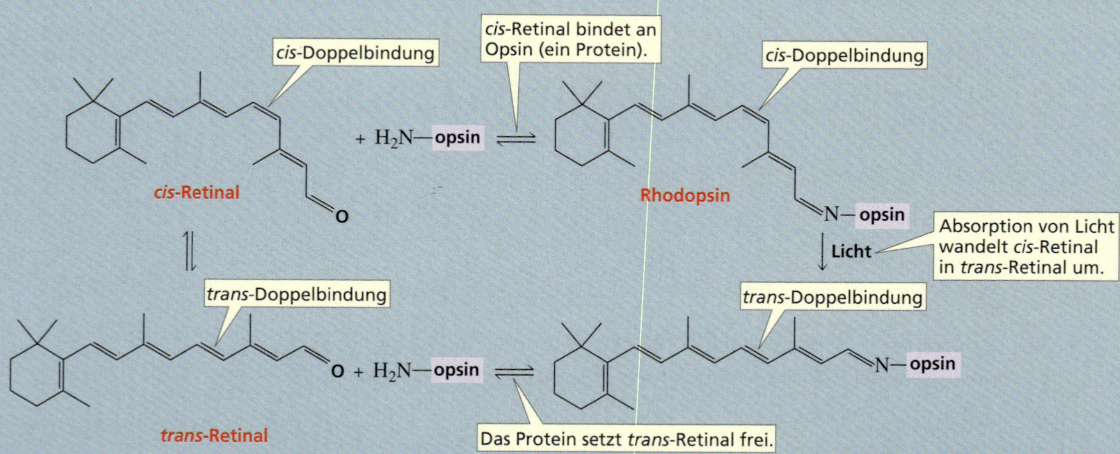

Ü 3* Bei welcher der folgenden Verbindungen können *cis-trans*-Isomere auftreten?

1. $CH_3CH{=}CHCH_2CH_2CH_3$
2. $CH_3CH_2C{=}CHCH_3$ (mit CH_2CH_3 am C)
3. $CH_3CH{=}CHCH_3$
4. $CH_3CH_2CH{=}CH_2$

Ü 4 Zeichnen Sie die Gerüststrukturen der Verbindungen aus Übung 3, einschließlich ihrer *cis-trans*-Isomere.

Ü 5* Zeichnen Sie vier Verbindungen mit der Summenformel C_5H_{10}, die C—C-Doppelbindungen enthalten, aber keine *cis-trans*-Isomere bilden können.

Ü 6* Welche der folgenden Verbindungen haben ein Dipolmoment von 0?

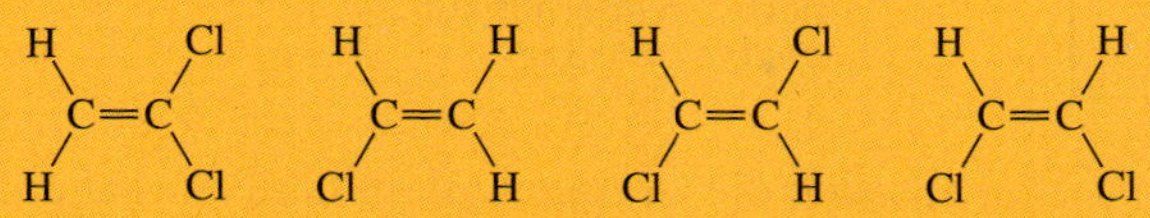

A B C D

Die *E/Z*-Nomenklatur **4.2**

Solange jedes der sp^2-hybridisierten Kohlenstoffatome eines Alkens nur einen Substituenten gebunden hat, können wir die Vorsilben *cis* und *trans* benutzen, um die Struktur des Alkens eindeutig anzugeben. *Falls die Wasserstoffatome auf derselben Seite der Doppelbindung stehen, handelt es sich um das cis-Isomer; falls sie auf gegenüberliegenden Seiten der Doppelbindung liegen, handelt es sich um das trans-Isomer* (Abschnitt 4.1).

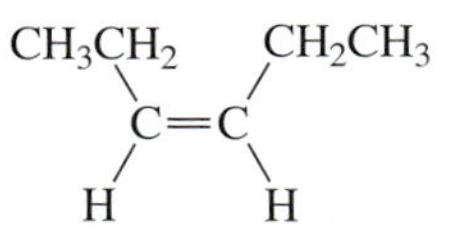

cis-Isomer

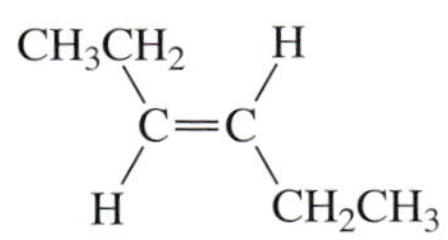

trans-Isomer

Wie aber lassen sich die Isomere einer Verbindung wie 1-Brom-2-chlorpropen eindeutig angeben?

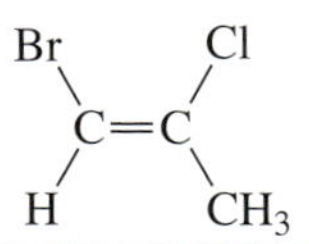

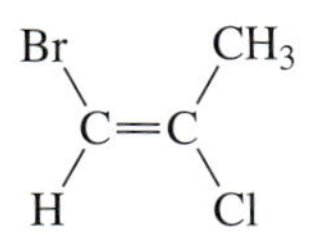

Welches Isomer ist *cis* und welches ist *trans*?

Die *E/Z*-Nomenklatur wurde für Alkene entwickelt, die nicht an jedes der sp^2-Kohlenstoffatome ein Wasserstoffatom gebunden haben.*

Um ein Isomer nach dem *E/Z*-System zu benennen, legt man zunächst mit Hilfe der Prioritätsregeln die relativen Prioritäten der beiden Gruppen an einem der beiden sp^2-hybridisierten Kohlenstoffatome fest und danach die relativen Prioritäten der beiden Bindungspartner oder Gruppen an dem anderen sp^2-hybridisierten C-Atom. (Die Regeln für die Zuweisung der Prioritäten werden im Anschluss erläutert.)

* Die IUPAC bevorzugt eine durchgehende Verwendung der Benennung nach dem *E/Z*-System für alle isomeren Alkene. Die meisten Chemiker*innen benutzen jedoch im Alltag weiterhin bei einfachen Molekülen die *cis/trans*-Benennung.

MERKE!

Das *Z*-Isomer hat die Gruppen hoher Priorität auf derselben Seite.

Das *E*-Isomer hat die Gruppen hoher Priorität auf unterschiedlichen Seiten.

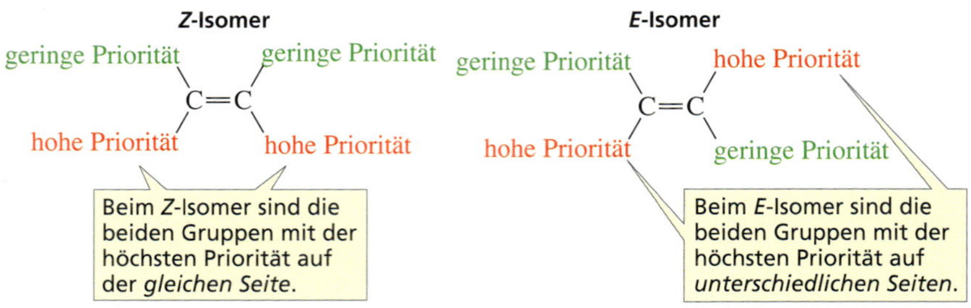

Falls sich die Gruppen mit hoher Priorität auf derselben Seite der Doppelbindung befinden, hat das Isomer die *Z*-Konfiguration (*Z* steht für *zusammen*). Falls die Gruppen mit höherer Priorität auf entgegengesetzten Seiten der Doppelbindung stehen, besitzt das Isomer die *E*-Konfiguration (*E* steht für *entgegen*).

Relative Prioritäten bestimmen

1 Die relativen Prioritäten der beiden Gruppen (Substituenten) hängen von der Ordnungszahl des Atoms ab, das direkt an das sp^2-Kohlenstoffatom gebunden ist. Je größer die Massenzahl, desto höher die Priorität. Schauen wir uns nun an, wie Sie feststellen können, dass das Isomer unten links das *Z*-Isomer ist:

- Eines der sp^2-Kohlenstoffatome links ist an ein Brom- und an ein Wasserstoffatom gebunden; Brom besitzt eine größere Ordnungszahl als Wasserstoff, das Brom hat also gegenüber dem Wasserstoff die höhere Priorität.

MERKE!

Je größer die Massenzahl (Ordnungszahl) des an ein sp^2-Kohlenstoffatom gebundenen Atoms ist, desto höher ist dessen Priorität als Substituent.

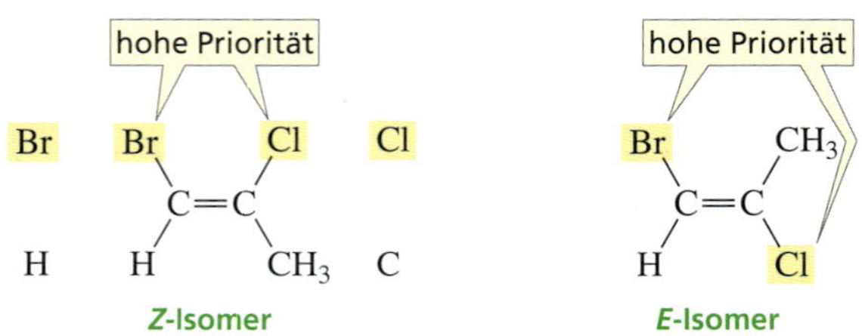

- Das andere sp^2-Kohlenstoffatom rechts ist an ein Chlor- und an ein Kohlenstoffatom gebunden. Das **Chlor** hat die höhere Ordnungszahl, und so erhält das Chloratom eine höhere Priorität als das **Kohlenstoffatom.** Man beachte, dass man die Ordnungszahl des Kohlenstoffatoms in Betracht zieht, nicht die Masse der Methylgruppe. Prioritäten werden auf der Grundlage atomarer Ordnungszahlen zugewiesen, nicht auf der Grundlage von Massen ganzer Atomgruppierungen.

Bei dem Isomer auf der linken Seite stehen die Substituenten mit den höheren Prioritäten (Br und Cl) auf derselben Seite der Doppelbindung; es handelt sich also um das **Z-Isomer**. Bei dem Isomer rechts in der Abbildung stehen die Substituenten mit den höheren Prioritäten auf entgegengesetzten Seiten der Doppelbindung; es handelt sich um das ***E*-Isomer**.

MERKE!

Falls die an das sp^2-Kohlenstoffatom gebundenen Atome gleich sind, werden die Atome betrachtet, die ihrerseits an die Bindungspartner des sp^2-C-Atoms mit der gleichen Priorität gebunden sind. Die höhere Priorität wird der Atomfolge zugewiesen, die das Atom mit der höheren Ordnungszahl beinhaltet.

2 Falls die beiden an das sp^2-Kohlenstoffatom gebundenen Substituenten mit einem gleichartigen Atom beginnen, muss man ein Atom weitergehen und das oder die an das erste Substituentenatom gebundene(n) Atom(e) betrachten, die wieder in der Reihenfolge ihrer Ordnungszahlen bewertet werden. In der folgenden Verbindung ist eines der sp^2-Kohlenstoffatome an ein Chloratom und an das Kohlenstoffatom einer CH_2Cl-Gruppe gebunden:

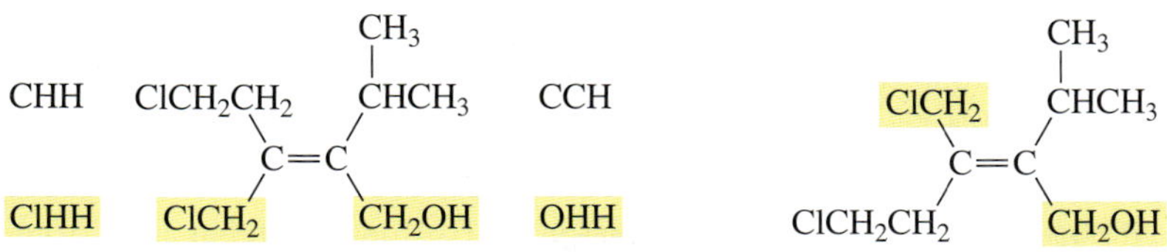

***Z*-Isomer** **E-Isomer**

Das Kohlenstoffatom der —CH_2Cl-Gruppe ist an Cl und zwei H-Atome gebunden, das Kohlenstoffatom der —CH_2CH_2Cl-Gruppe ist an C und zwei H-Atome gebunden. Chlor hat gegenüber Kohlenstoff die höhere Ordnungszahl, so erhält das Chloratom die höhere Priorität.

- Die beiden Atome, die an das andere sp^2-Kohlenstoffatom gebunden sind, sind ebenfalls Kohlenstoffatome (einmal einer CH_2OH-Gruppierung, das andere Mal einer $CH(CH_3)_2$-Gruppierung) – hier finden wir eine Pattsituation. Das C-Atom der —CH_2OH-Gruppe ist an ein **O**- und zwei **H**-Atome gebunden, das C-Atom der —$CH(CH_3)_2$-Gruppe an 2 weitere **C**-Atome und ein **H**-Atom. Von diesen sechs Atomen besitzt das Sauerstoffatom (O) die höchste Ordnungszahl; deshalb hat die —$\mathbf{CH_2OH}$-Gruppe eine höhere Priorität als die $\mathbf{CH(CH_3)_2}$-Gruppe. Beachten Sie, dass man die Ordnungszahlen nicht aufaddiert; man rekurriert bei der Prioritätszuweisung nur auf das Einzelatom mit der höchsten Ordnungszahl.

Das *E*- und das *Z*-Isomer ergeben sich dann wie im obigen Formelbild dargestellt.

3 Falls ein Atom doppelt an ein anderes Atom gebunden ist, wird es bei der Prioritätszuweisung so behandelt, als wäre es einfach an zwei dieser Atome gebunden.

- Falls ein Atom dreifach an ein anderes Atom gebunden ist, wird es bei der Prioritätszuweisung so behandelt, als wäre es einfach an drei dieser Atome gebunden. Im folgenden Beispiel ist eines der sp^2-hybridisierten C-Atome des abgebildeten Isomerenpaares an eine —CH_2CH_3-Gruppe und an eine —$CH{=}CH_2$-Gruppe gebunden:

MERKE!

Falls ein Atom doppelt an ein weiteres Atom gebunden ist, wird es so behandelt, als ob es einfach an zwei dieser Atome gebunden wäre.

Falls ein Atom dreifach an ein weiteres Atom gebunden ist, wird es so behandelt, als ob es einfach an drei dieser Atome gebunden wäre.

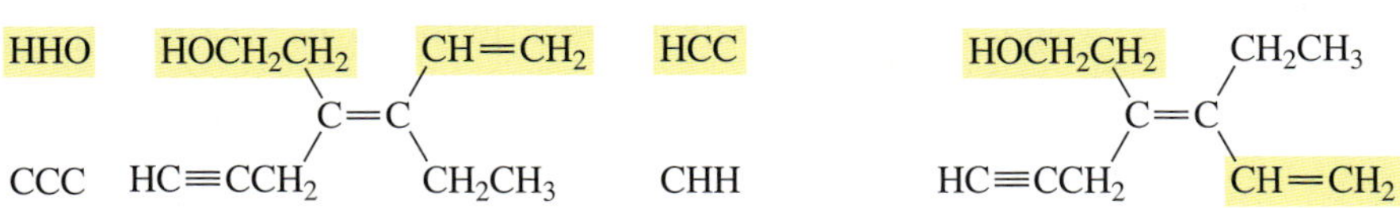

***Z*-Isomer** ***E*-Isomer**

Da die unmittelbar an das sp^2-Kohlenstoffatom gebundenen Folgeatome in beiden Fällen an C und zwei H-Atome gebunden sind, lassen wir sie beiseite und konzentrieren uns auf die Gruppen, die an ihnen hängen. Eine davon ist —CH_2OH, die andere ist —$C{\equiv}CH$. Das dreifach gebundene Kohlenstoffatom wird so behandelt, als wäre es an drei weitere Kohlenstoffatome gebunden. Das andere C-Atom ist an ein O- und zwei H-Atome gebunden. Von den sechs Atomen hat das Sauerstoffatom die höchste Ordnungszahl. Demgemäß fällt der CH_2OH-Gruppe eine höhere Priorität zu als der $C{\equiv}CH$-Gruppe.

MERKE!

Atome, die in den beiden betrachteten Gruppen identisch sind, neutralisieren sich; man verwendet die verbleibenden Atome, um die relativen Prioritäten der Gruppen zuzuweisen.

- Beide Atome, die an das andere der mittleren sp^2-hybridisierten Kohlenstoffatome gebunden sind, sind wieder C-Atome. Es kommt also wieder zum Patt. Das erste C-Atom der CH_2CH_3-Gruppe ist (jeweils einfach) an ein **C**- und zwei **H**-Atome gebunden. Das erste C-Atom der $CH{=}CH_2$-Gruppe ist doppelt an ein C- und einfach an ein H-Atom gebunden. Es wird gewertet, als wäre es an 2 C- und ein H-Atom gebunden. Das eine dieser beiden letztgenannten C-Atome wird durch das C-Atom der anderen Gruppe bei der Prioritätsbetrachtung „neutralisiert“. Im Falle der CH_2CH_3-Gruppe verbleiben für die Priortätsbetrachtung zwei Wasserstoffatome übrig. Im Falle der **$CH{=}CH_2$-Gruppe** verbleiben für die Prioritätszuweisung ein Kohlenstoff- und ein Wasserstoffatom. Die **—$CH{=}CH_2$-Gruppe** besitzt also gegenüber der **—CH_2CH_3-Gruppe** Priorität.

4 Im Falle von Isotopen (Atome mit gleicher Ordnungs-, aber verschiedener Massenzahl) wird die Masse der Atome benutzt, um die Priorität festzulegen.

- In den Molekülstrukturen des folgenden Beispiels ist eines der sp^2-hybridisierten C-Atome an ein Deuterium- (D) und an ein (normales) Wasserstoffatom (H) gebunden: D und H besitzen dieselbe Ordnungszahl, aber D besitzt die größere Atommasse. D kommt daher eine höhere Priorität als H zu.

MERKE!

Falls Atome dieselbe Ordnungszahl, aber verschiedene Massenzahlen besitzen, so fällt dem Atom mit der höheren Massenzahl die höhere Priorität zu.

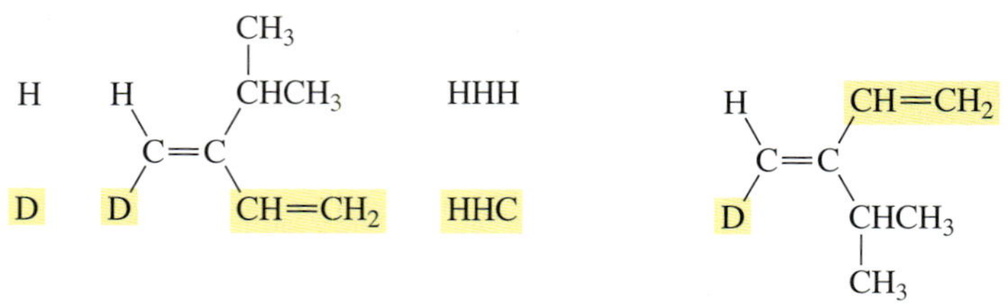

Z-Isomer *E*-Isomer

- Die C-Atome, die an das andere sp^2-Kohlenstoffatom gebunden sind, sind *beide* an **2 weitere C**- und ein **H**-Atom gebunden. Wir müssen daher zu den nachfolgenden Atomen fortschreiten, um diese Pattsituation aufzulösen. Das zweite Kohlenstoffatom der —$CH(CH_3)_2$-Gruppe ist an **drei H-Atome** gebunden, wohingegen das zweite C-Atom der —$CH{=}CH_2$-Gruppe an zwei Wasserstoff- und ein Kohlenstoffatom gebunden ist. Daher kommt **—$CH{=}CH_2$** eine höhere Priorität zu als **—$CH(CH_3)_2$**.

Ü 7 Zeichnen und kennzeichnen Sie die geometrischen Isomere *E* und *Z* jeder der folgenden Verbindungen:

(a) $CH_3CH_2CH{=}CHCH_3$

(c) $CH_3CH_2CH_2CH_2$ (an C gebunden) / $CH_3CH_2C{=}CCH_2Cl$ / CH_3CHCH_3 (an C gebunden)

(b) $CH_3CH_2C(Cl){=}CHCH_2CH_3$ (Cl am C)

(d) $HOCH_2CH_2C{=}CC{\equiv}CH$, mit $O{=}CH$ und $C(CH_3)_3$ an den C-Atomen der Doppelbindung

Ü 8 Weisen Sie den Substituenten ihre relativen Prioritäten zu:

(a) —Br, —I, —OH, —CH_3 ;

(b) —CH_2CH_2OH, —OH, —CH_2Cl, —$CH{=}CH_2$.

Ü 9 Tamoxifen verlangsamt das Wachstum einiger Arten von Brustkrebs durch das Binden an Estrogenrezeptoren. Ist Tamoxifen ein *E*- oder ein *Z*-Isomer?

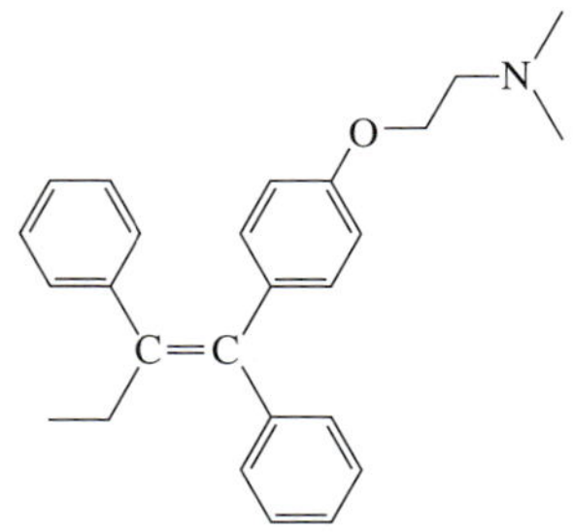

Tamoxifen

Ü 10 Zeichnen Sie die Skelettstrukturen für die Isomerenpaare aus Aufgabe 7.

Ü 11 Benennen Sie die folgenden Verbindungen:

(a)  **(b)** 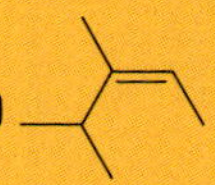 **(c)** 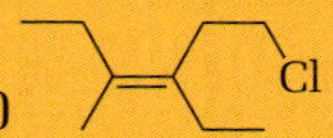

Ü 12 Zeichnen Sie das *Z*-Isomer eines Alkens, das eine CH_3-Gruppe und ein H an einem der sp^2-Kohlenstoffatome und eine Isopropyl- und eine Butylgruppe am anderen sp^2-Kohlenstoffatom trägt.

STRATEGIEN ZUR PROBLEMLÖSUNG

■ Zeichnung von *E*- und *Z*-Strukturen

Zeichnen Sie die Struktur von (*E*)-1-Brom-2-methyl-2-buten.

Zeichnen Sie zunächst die Verbindung, ohne das Isomer anzugeben, damit Sie sehen, welche Substituenten an die sp^2-Kohlenstoffatome gebunden sind. Bestimmen Sie anschließend die relativen Prioritäten der beiden Gruppen an jedem der sp^2-Kohlenstoffatome.

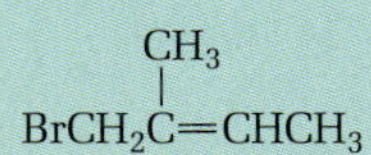

Ein sp^2-Kohlenstoffatom ist an CH_3 und an H gebunden: CH_3 hat die höhere Priorität. Das andere ist an CH_3 und an CH_3Br gebunden: hier hat CH_3Br die höhere Priorität. Das *E*-Isomer erhalten Sie, wenn Sie die beiden Substituenten mit höherer Priorität auf gegenüberliegenden Seiten der Doppelbindung einzeichnen.

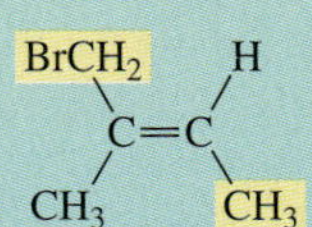

4.3 Ein chirales Objekt kann nicht mit seinem Spiegelbild zur Deckung gebracht werden

Warum können Sie Ihren rechten Schuh nicht auf den linken Fuß ziehen? Warum können Sie Ihren rechten Handschuh nicht auf die linke Hand stülpen? Dies ist so, weil Hände, Füße, Schuhe und Handschuhe in einer rechtshändigen und einer linkshändigen Form existieren. Ein Objekt, von dem eine rechtshändige und eine linkshändige Form existiert, ist **chiral**. Das Wort „chiral" leitet sich von dem griechischen Wort *cheir* ab, das „Hand" bedeutet. Beachten Sie, dass Chiralität (Händigkeit) eine Eigenschaft eines Objektes als Ganzem ist.

Ein chirales Objekt besitzt *nicht überlagerungsfähige Spiegelbilder*. Mit anderen Worten: Sein Spiegelbild ist mit dem Objekt nicht identisch. Eine Hand ist chiral, da wir, wenn wir die rechte Hand in einem Spiegel betrachten, nicht die rechte Hand sehen; wir sehen die linke Hand (► Abbildung 4.2a).

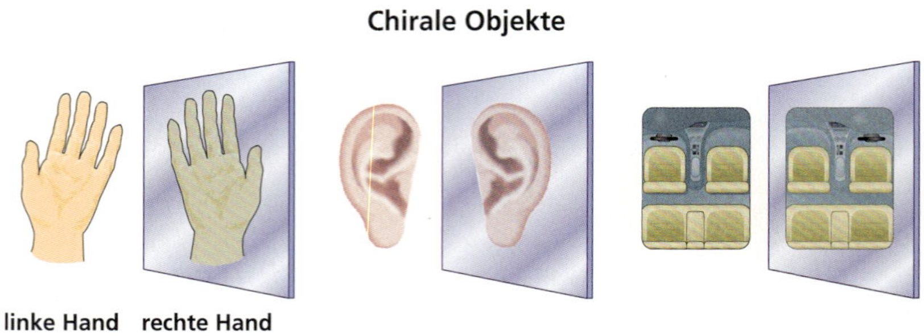

Abbildung 4.2a: Ein chirales Objekt ist nicht mit seinem Spiegelbild identisch – Bild und Spiegelbild sind nicht deckungsgleich.

Im Gegensatz hierzu ist ein Stuhl nicht chiral – er sieht im Spiegel genauso aus. Objekte, die nicht chiral sind, werden als **achiral** (= nichtchiral) bezeichnet. Ein achirales Objekt besitzt ein *überlagerungsfähiges Spiegelbild* (► Abbildung 4.2b).

Abbildung 4.2b: Ein achirales Objekt ist mit seinem Spiegelbild identisch, sie sind deckungsgleich.

Ü 13* Welche der folgenden Objekte sind chiral?

(a) Eine Tasse mit dem Wort DAD auf einer Seite des Griffs.
(b) Eine Tasse mit dem Wort MOM auf einer Seite des Griffs.
(c) Eine Tasse mit dem Wort DAD auf der dem Griff gegenüberliegenden Seite.
(d) Eine Tasse mit dem Wort MOM auf der dem Griff gegenüberliegenden Seite.
(e) Ein Schubkarren.
(f) Eine Fernbedienung.
(g) Ein Nagel.
(h) Eine Schraube.

4.4 Ein Chiralitätszentrum führt zu einem chiralen Molekül

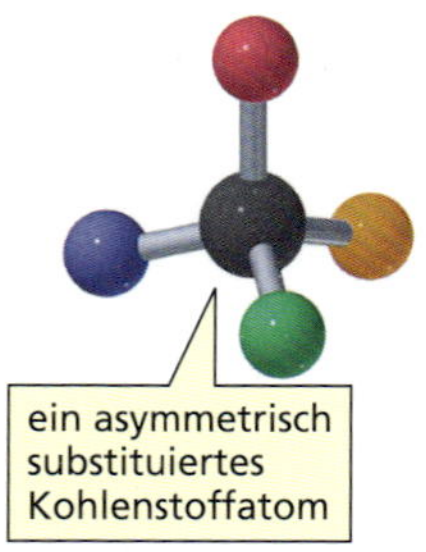

Nicht nur makroskopische Objekte können chiral sein, Moleküle können es auch. Das Merkmal, das am häufigsten der Chiralität eines Moleküls zugrunde liegt, ist ein *asymmetrisch substituiertes Kohlenstoffatom*. Andere molekulare Merkmale, die Chiralität zur Folge haben, sind relativ selten und sprengen den Rahmen dieses Buches.

Ein **asymmetrisch substituiertes Kohlenstoffatom** (auch **Chiralitätszentrum**; der Begriff „*asymmetrisches Kohlenstoffatom*" sollte vermieden werden, da er suggeriert, dass das C-Atom selbst nicht symmetrisch ist) ist ein Kohlenstoffatom, an das vier unterschiedliche Bindungspartner gebunden sind. Das asymmetrisch substituierte Kohlenstoffatom ist in den nachfolgenden Verbindungen durch einen Stern gekennzeichnet.

MERKE!

Ein Molekül mit genau einem asymmetrisch substituierten Kohlenstoffatom ist chiral.

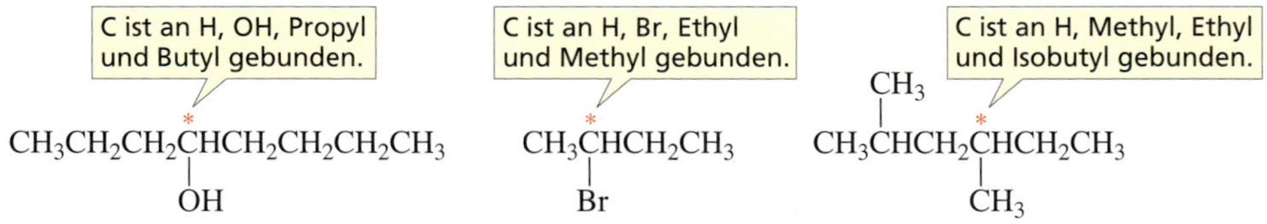

4-Octanol 2-Brombutan 2,4-Dimethylhexan

Ü 14* Welche der folgenden Verbindungen besitzt ein asymmetrisch substituiertes Kohlenstoffatom?

(a) $CH_3CH_2CH(Cl)CH_3$ (c) $CH_3CH_2C(CH_3)(Br)CH_2CH_2CH_3$ (e) $CH_3CH_2CH(Br)CH_2CH_3$

(b) $CH_3CH_2CH(CH_3)CH_3$ (d) CH_3CH_2OH (f) $CH_2{=}CHCH(NH_2)CH_3$

Ü 15 mit Lösung

Tetracyclin ist ein Breitbandantibiotikum, weil es gegen eine breite Palette von Bakterien aktiv ist. Wie viele asymmetrisch substituierte Kohlenstoffatome (Chiralitätszentren) besitzt das Tetracyclinmolekül?

Lösung

Nur sp^3-hybridisierte C-Atome können Chiralitätszentren sein, da ein asymmetrisch substituiertes C-Atom vier unterschiedliche Bindungspartner haben muss; nur sp^3-hybridisierte Kohlenstoffatome können Chiralitätszentren sein. Als Erstes lokalisiert man daher alle sp^3-hybridisierten C-Atome des Tetracyclins. Sie sind in der Formel rot beziffert. Das Tetracyclin hat neun solche sp^3-hybridisierten C-Atome. Vier von ihnen (Nummern 1, 2, 5 und 8) sind nicht asymmetrisch substituiert, da sie nicht an vier unterschiedliche Bindungspartner geknüpft sind. Das Tetracyclin besitzt somit fünf asymmetrisch substituierte Kohlenstoffatome (3, 4, 6, 7 und 9).

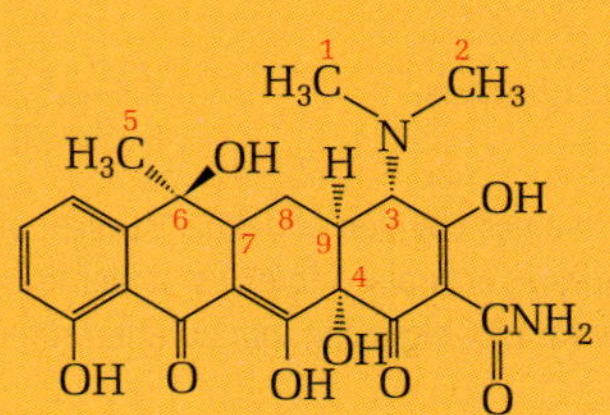

Tetracyclin

Isomere mit einem asymmetrisch substituierten Kohlenstoffatom 4.5

Eine Verbindung mit einem asymmetrisch substituierten Kohlenstoffatom wie das 2-Brombutan kann in Form zweier verschiedener Stereoisomere vorkommen. Die beiden Isomere sind analog zu einer rechten und einer linken Hand. Stellen Sie sich einen Spiegel zwischen den beiden Isomeren vor; beachten Sie, dass die beiden Moleküle Spiegelbilder des jeweils anderen sind. Die beiden Stereoisomere sind nicht deckungsgleiche Spiegelbilder – sie sind unterschiedliche Moleküle.

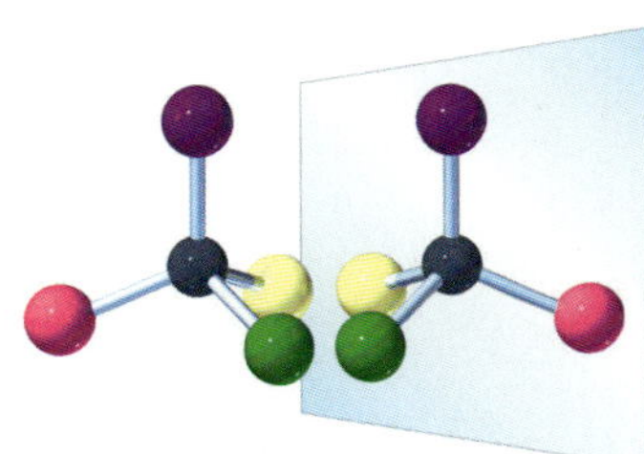

nicht überlagerbare Spiegelbilder

Hinweis für die Studierenden

Machen Sie eine Pause und überzeugen Sie sich davon, dass die beiden 2-Brombutanisomere nicht identisch sind, indem Sie Kugel-Stab-Modelle bauen, für die Sie vier unterschiedlich gefärbte Kugeln benutzen, die die vier verschiedenen Substituenten, die an das asymmetrisch substituierte C-Atom gebunden sind, repräsentieren. Versuchen Sie nun, diese zur Deckung zu bringen.

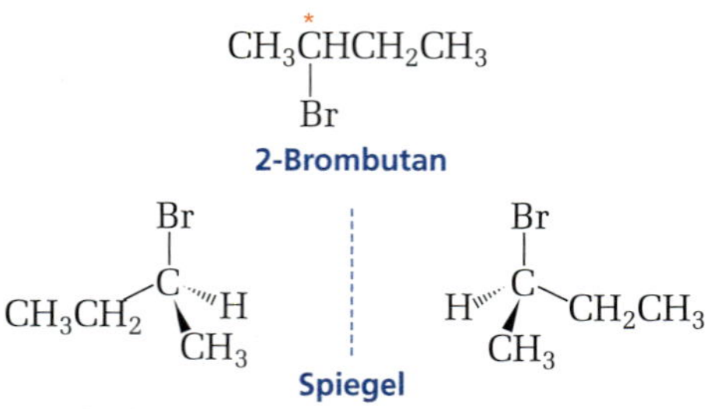

Nicht deckungsgleiche, spiegelbildliche Moleküle werden **Enantiomere** genannt (*enantion*, gr. „gegenüber"). Die beiden Stereoisomere des 2-Brombutans sind Enantiomere.

Ein Molekül, das ein Spiegelbild besitzt, mit dem es nicht zur Deckung zu bringen ist, ist wie jedes andere Objekt, das ein *nicht überlagerungsfähiges* Spiegelbild aufweist, *chiral* (▶ Abbildung 4.3a). Jedes der Enantiomere eines Enantiomerenpaares ist chiral. Ein Molekül, das ein Spiegelbild besitzt, mit dem es zur Deckung zu bringen ist, ist wie jedes andere Objekt, das ein *überlagerungsfähiges* Spiegelbild aufweist, *achiral* (▶ Abbildung 4.3b). Man vergesse dabei nicht, dass Chiralität eine Eigenschaft des Moleküls als Ganzes ist. Um zu erkennen, dass ein achirales Molekül mit seinem Spiegelbild zur Deckung gebracht werden kann (d. h., dass es sich um identische Moleküle handelt), lässt man das achirale Bild im Geiste im Uhrzeigersinn rotieren.

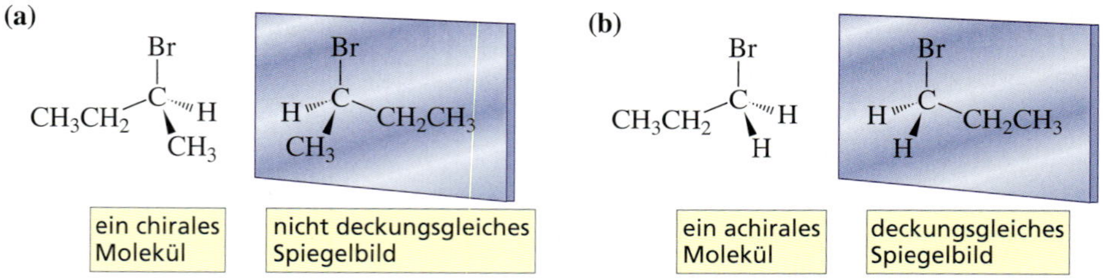

Abbildung 4.3: (a) Das Spiegelbild eines chiralen Moleküls ist nicht deckungsgleich mit dem ursprünglichen Molekül. (b) Das Spiegelbild eines achiralen Moleküls ist identisch mit dem ursprünglichen Molekül. Drehen Sie das Molekül im Geiste im Uhrzeigersinn, um zu überprüfen, dass es mit seinem Spiegelbild überlagert werden kann.

Ü 16* Welche der Verbindungen aus Übung 14 können Enantiomere bilden?

Asymmetrisch substituierte Kohlenstoffatome und Stereozentren 4.6

Ein **Stereozentrum** (auch als **stereogenes Zentrum** oder **asymmetrisches Zentrum** bezeichnet) ist ein Atom, an welchem die Vertauschung von zwei Bindungspartnern (Atomen oder Gruppen) zu einem Stereoisomer führt. Folglich gehören zu den Stereozentren sowohl (1) *asymmetrisch substituierte Kohlenstoffatome*, bei denen die Vertauschung zweier Bindungspartner zu einem Enantiomer führt und (2) die sp^2-Kohlenstoffatome eines Alkens sowie die sp^3-Kohlenstoffatome einer zyklischen Verbindung, bei der die Vertauschung von zwei Gruppen zu der Konvertierung eines *cis-* in ein *trans*-Isomers führt und *vice versa*. Das bedeutet, *dass zwar alle asymmetrisch substituierten Kohlenstoffatome Stereozentren sind*, nicht aber alle Stereozentren asymmetrisch substituierte Kohlenstoffatome sein müssen.

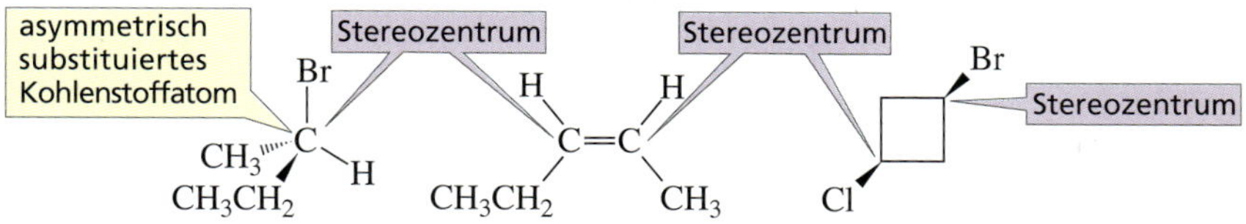

Ü 17*

(a) Wie viele Chiralitätszentren hat die folgende Verbindung?

(b) Wie viele Stereozentren hat es?

$CH_3CHCH{=}CHCH_3$ (mit Cl am zweiten C-Atom)

Das Zeichnen von Enantiomeren 4.7

Chemiker*innen zeichnen Enantiomere entweder mit Hilfe *perspektivischer Formeln* oder in Form von *Fischer-Projektionen*. Um die perspektivische Formel eines Enantiomers zu zeichnen:

- Zeichnen Sie zwei Bindungen am Chiralitätszentrum in der Ebene des Papiers. (Stellen Sie sicher, dass sich die beiden Bindungen nebeneinander befinden.)
- Zeichnen Sie eine Bindung als gefüllten Keil, der nach vorne aus der Papierebene hinaus zeigen soll.
- Zeichnen Sie die vierte Bindung als gestrichelten Keil, der für eine Bindung steht, die nach hinten in die Ebene des Papiers verläuft. (Der gefüllte und der gestrichelte Keil müssen am gleichen Atom liegen und der gefüllte Keil muss unter dem gestrichelten liegen.)

Sie können das erste Enantiomer zeichnen, indem Sie die vier Bindungspartner des asymmetrisch substituierten Kohlenstoffatoms in einer beliebigen Anordnung zeichnen. Das zweite Enantiomer ergibt sich dann, wenn man das Spiegelbild des ersten Enantiomers zeichnet.

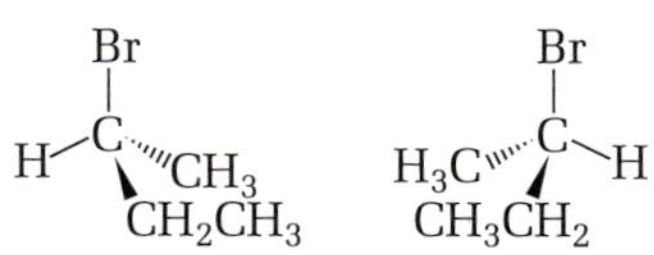

perspektivische Formeln der Enantiomere des 2-Brombutans

MERKE!

Die ausgemalten Keile repräsentieren Bindungen, die aus der Papierebene auf den Betrachter zuragen.

Die gestrichelten Keile repräsentieren Bindungen, die aus der Papierebene nach hinten, vom Betrachter wegragen.

Stellen Sie, wenn Sie eine perspektivische Formel zeichnen, sicher, dass die beiden in der Papierebene liegenden Bindungen einander benachbart sind; weder der ausgefüllte Keil noch der gestrichelte Keil sollten dazwischengezeichnet werden.

Eine andere Art der Darstellung der dreidimensionalen Anordnung von an ein asymmetrisch substituiertes Kohlenstoffatom gebundenen Atomen und/oder Gruppen ist die **Fischer-Projektion**. Sie wurde im ausgehenden 19. Jahrhundert von dem deutschen Chemiker Emil Fischer ersonnen, als es noch nicht möglich war, Keile mit konventionellen Techniken auf Papier zu drucken. In einer Fischer-Projektion wird das asymmetrisch substituierte Kohlenstoffatom durch den Schnittpunkt zweier senkrecht aufeinander stehender Linien symbolisiert.

- Die horizontalen Linien symbolisieren Bindungen, die aus der Papierebene auf den Betrachter hinzu zeigen.
- Die vertikalen Linien symbolisieren Bindungen, die vom Betrachter weg hinter die Papierebene zeigen.

MERKE!

Bei einer Fischer-Projektion ragen die horizontalen Linien aus der Papierebene in Richtung auf den Betrachter zu heraus; die vertikalen Linien erstrecken sich hinter die Papierebene, vom Betrachter weg.

- Die Kohlenstoffkette wird in der Regel vertikal gezeichnet, mit C-1 an der Spitze.

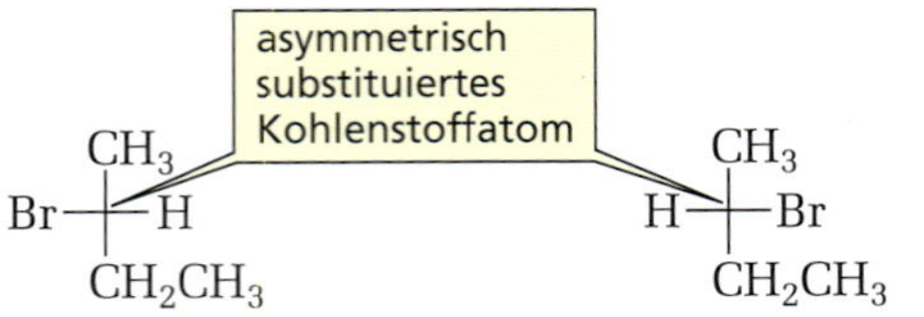

Fischer-Projektionen der Enantiomere des 2-Brombutans

Um Enantiomere mit Hilfe der Fischer-Projektion darzustellen, wird das erste Enantiomer gezeichnet, indem man die vier Bindungspartner des asymmetrisch substituierten Kohlenstoffatoms auf beliebige Weise zeichnet. Das zweite Enantiomer erhält man, indem man zwei der Bindungspartner gegeneinander vertauscht. Es spielt dabei keine Rolle, welches Paar man vertauscht. Bauen Sie Modelle, um sich davon zu überzeugen, dass dies richtig ist. Es ist am günstigsten, die Atome oder Gruppen der horizontal gezeichneten Bindungen gegeneinander zu vertauschen, da die Enantiomere auf dem Papier dann unmittelbar wie Bild und Spiegelbild aussehen.

Beachten Sie, dass die wechselseitige Vertauschung von zwei Atomen oder Gruppen das andere Enantiomer liefert – gleichgültig, ob man perspektivische Formeln oder Fischer-Projektionen zur Darstellung benutzt. Die nochmalige wechselseitige Vertauschung von zwei Atomen oder Gruppen führt wieder zum ursprünglichen Molekül zurück.

Ü 18 Zeichnen Sie Enantiomere für die folgenden Verbindungen:
(a) in Form von perspektivischen Formeln
(b) in Form von Fischer-Projektionen

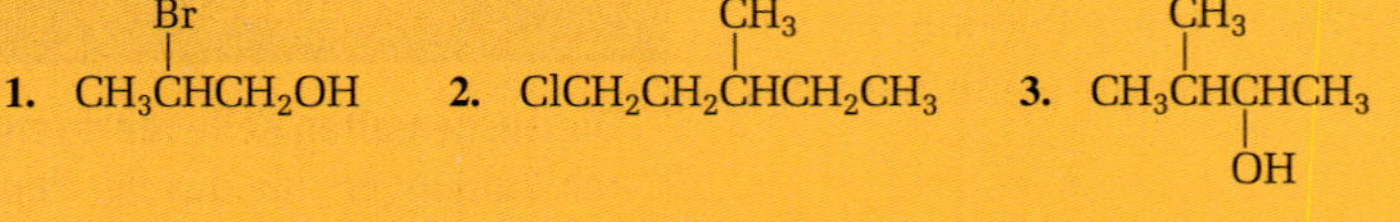

Ü 19 mit Lösung

Stellen die folgenden Strukturen Enantiomere dar oder sind sie identisch?

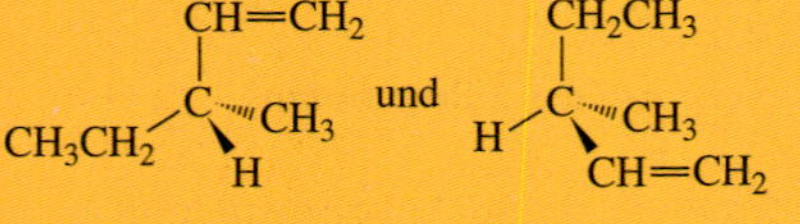

Lösung

Die Vertauschung zweier Gruppen an stereogenen Zentrum führt zu einem anderen Enantiomer (Struktur unten in der Mitte). Tun Sie dies ein weiteres Mal, erhalten Sie erneut den Ausgangsstoff (unten rechts). Da Sie zwei Gruppen vertauschen mussten, um die beiden Strukturen oben zur Deckung zu bringen, handelt es sich um die identische Verbindung.

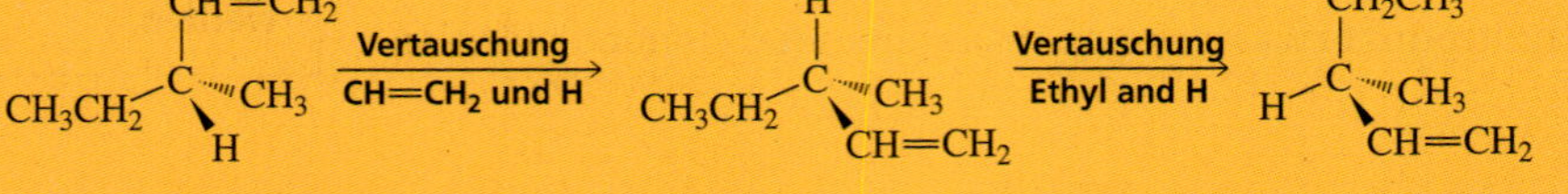

In Abschnitt 4.8 werden Sie einen anderen Weg kennenlernen, um zu bestimmen, ob zwei Strukturen identisch sind oder Enantiomere darstellen.

Die Benennung von Enantiomeren: Das *R/S*-System 4.8

Wie können wir die unterschiedlichen Stereoisomere einer Verbindung wie 2-Brombutan so benennen, dass wir wissen, wovon wir reden? Wir benötigen ein Nomenklatursystem, das die Anordnung der Atome oder/und Gruppen an einem asymmetrisch substituierten Kohlenstoffatom angibt. In der Chemie benutzt man dafür die Buchstaben *R* und *S*. Für jedes Enantiomerenpaar mit einem asymmetrisch substituierten Kohlenstoffatom gilt, dass eines die ***R*-Konfiguration** und das andere die ***S*-Konfiguration** besitzen wird. Das *R/S*-System wurde von den Chemikern R. Cahn, C. Ingold und V. Prelog entwickelt und wird deshalb auch als **Cahn-Ingold-Prelog-Nomenklatur** bezeichnet.

Benennung einer Verbindung aus der perspektivischen Formel

Schauen wir uns zunächst an, wie sich die Konfiguration einer Verbindung ermitteln lässt, die in ihrer perspektivischen Formel gezeichnet ist. Wir werden die Enantiomere des 2-Brombutans als Beispiel verwenden.

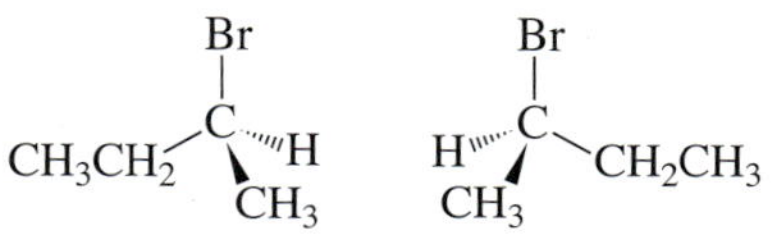

Enantiomere des 2-Brombutans

1 **Ordnen Sie die Atome und/oder Gruppen, die an das Chiralitätszentrum gebunden sind, in der Reihenfolge ihrer Prioritäten.** Die relativen Prioritäten ergeben sich aus den Ordnungszahlen der *Atome*, die direkt mit dem Chiralitätszentrum verbunden sind. Je höher die Ordnungszahl, desto höher die Priorität. Falls zwei Atome die gleiche Priorität aufweisen, müssen Sie weitere Atome in Betracht ziehen. Wie Sie dies tun, ist neben den Strukturen erklärt.

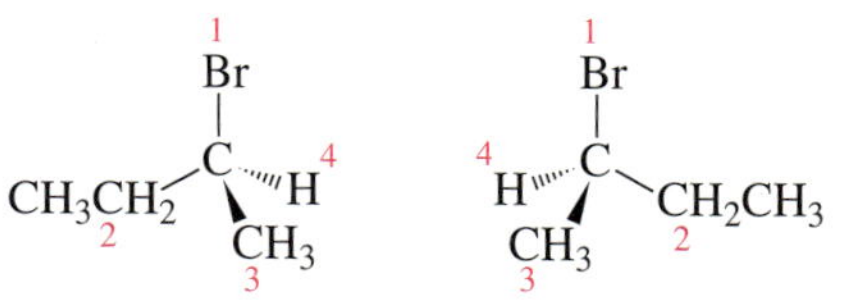

Die Kohlenstoffatome der Ethyl- und Methylgruppe sind gleichwertig. Da das C-Atom der Methylgruppe an H, H, H gebunden ist und das C-Atom der Ethylgruppe an C, H, H gebunden ist, hat die Ethylgruppe die höhere Priorität. Die Prioritäten lauten wie folgt:

(1) Brom (2) Ethyl (3) Methyl (4) Wasserstoff

2 **Wenn die Gruppe (oder Atom) mit der geringsten Priorität (4) mit einem gestrichelten Keil gebunden ist:**

- Zeichnen Sie einen Pfeil in Richtung abnehmender Priorität – (1) nach (2) und dann (3).
- Falls der Pfeil in Uhrzeigersinn verläuft, liegt die Verbindung in der *R*-Konfiguration vor. (*R* steht für *rectus*, lateinisch für „rechts“).

Hinweis für die Studierenden

Dies sollte Sie an die Art und Weise erinnern, wie relative Prioritäten in *E*- und *Z*-Isomeren bestimmt werden, da das System zunächst für *R* und *S* entwickelt wurde und später auch auf *E* und *Z* angewandt wurde (Abschnitt 4.2).

MERKE!

„Im Uhrzeigersinn“ spezifiziert die Konfiguration *R*, falls die Bindung zum Substituenten mit der niedrigsten Priorität durch den gestrichelten Keil symbolisiert wird.

MERKE!

„Gegen den Uhrzeigersinn" spezifiziert die Konfiguration *S*, falls die Bindung zum Substituenten mit der niedrigsten Priorität durch den gestrichelten Keil symbolisiert wird.

- Falls der Pfeil gegen den Uhrzeigersinn verläuft, liegt die Verbindung in *S*-Konfiguration vor. (*S* steht für *sinister*, lateinisch für „links").
- Die Buchstaben *R* und *S* (in Klammern) stehen vor dem Namen der Verbindung.

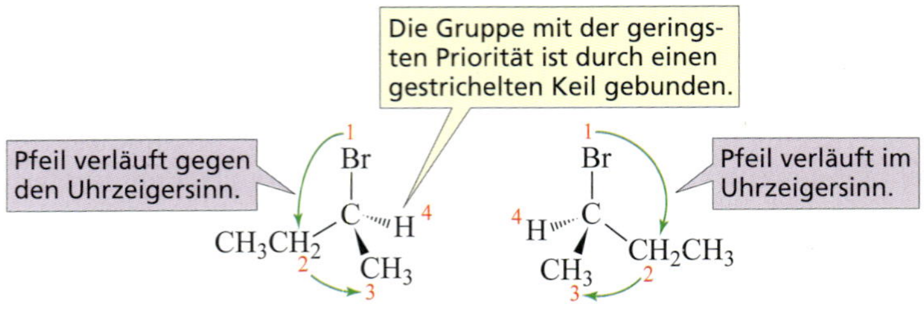

(*S*)-2-Brombutan **(*R*)-2-Brombutan**

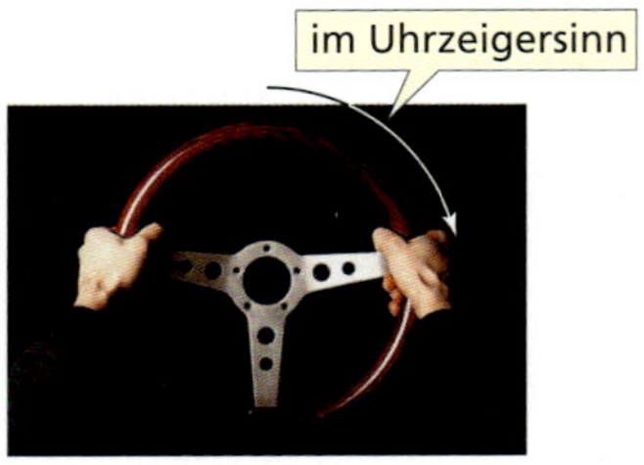

Rechtskurve

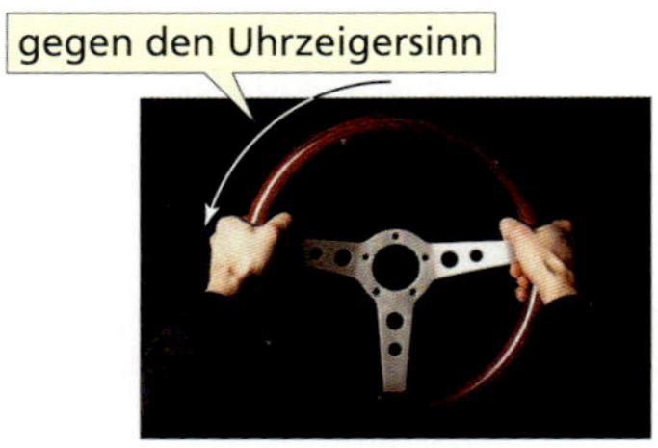

Linkskurve

3 Wenn die Gruppe (oder Atom) mit der geringsten Priorität (4) nicht mit einem gestrichelten Keil gebunden ist:

- Vertauschen Sie die Gruppe (4) mit der Gruppe geringster Priorität
- Fahren Sie mit Punkt 2. fort. Zeichnen Sie einen Pfeil in Richtung abnehemder Priorität von (1) nach (2) und dann (3).

Da der Pfeil im Uhrzeigersinn verläuft, weist die Verbindung mit vertauschten Gruppen die *R*-Konfiguration auf. Daher muss die Verbindung ohne vertauschte Gruppen *S*-konfiguriert sein.

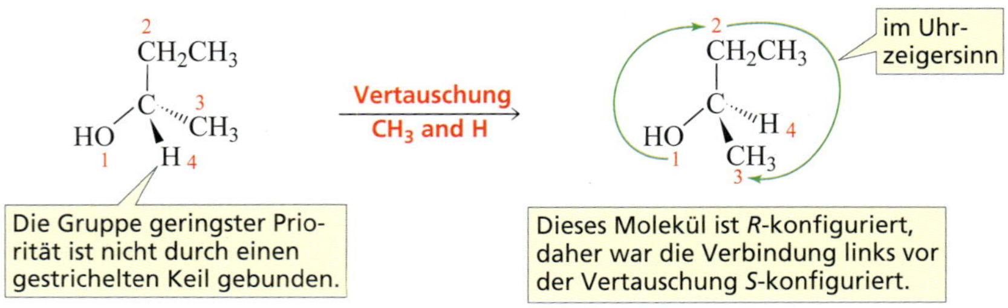

Ü 20* Bestimmen Sie die relative Priorität der Gruppen in jedem der folgenden Gruppen.

(a) $—CH_2OH$ $—CH_3$ $—H$ $—CH_2CH_2OH$

(b) $—CH_2Br$ $—OH$ $—CH_3$ $—CH_2OH$

(c) $—CH(CH_3)_2$ $—CH_2CH_2Br$ $—Cl$ $—CH_2CH_2CH_2Br$

(d) $—CH{=}CH_2$ $—CH_2CH_3$  $—CH_3$

Ü 21 mit Lösung

Ist die folgende Verbindung *S*- oder *R*-konfiguriert?

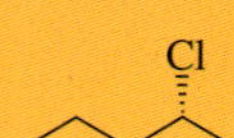

Lösung

Beginnen Sie, indem Sie den fehlenden gefüllten Keil und das Wasserstoffatom, zudem der Keil zeigt, hinzufügen. Der neue Keil kann entweder zur linken oder zur rechten des gestrichelten Keils gezeichnet werden. (Beachten Sie, dass die Keile am gleichen Atom liegen müssen.)

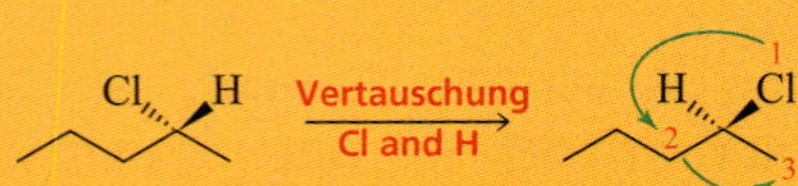

Da die Gruppe mit der geringsten Priorität nicht mit einem gestrichelten Keil gebunden ist, müssen Sie Cl und H vertauschen, sodass H am gestrichelten Keil liegt. Ein Pfeil wird dann von (1) nach (2) und (3) gezeichnet. Dies zeigt, dass die Verbindung in der *S*-Konfiguration vorliegt. Daher war die Verbindung vor der Vertauschung *R*-konfiguriert.

Ü 22* Sind die folgenden Verbindungen *R*- oder *S*-konfiguriert?

(a) 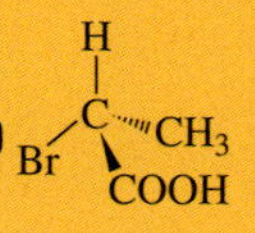

(b) 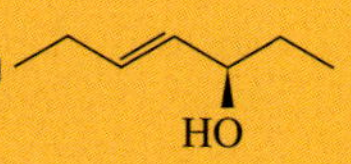

(c) 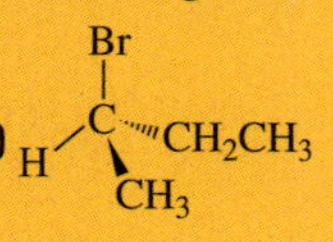

Benennung einer Verbindung aus der Fischer-Projektion

Schauen wir uns nunmehr an, wie man die Konfiguration einer Verbindung ermittelt, die in Form einer Fischer-Projektion dargestellt ist.

1. **Ordnen Sie die Atome und/oder Gruppen, die an das Chiralitatszentrum gebunden sind, in der Reihenfolge ihrer Prioritaten.**
2. **Zeichnen Sie einen Pfeil von dem Atom/der Gruppe mit der höchsten Priorität (1) zu der Gruppe oder dem Atom mit der nächst niedrigeren Priorität (2) und (3).** Falls der Pfeil in Uhrzeigerrichtung verläuft, besitzt das Enantiomer die *R*-Konfiguration; falls er gegen die Richtung des Uhrzeigers verläuft, besitzt das Enantiomer die *S*-Konfiguration – *unter der Voraussetzung, dass die Gruppe oder das Atom mit der niedrigsten Priorität (4) sich an einer vertikal dargestellten, also vom Betrachter wegweisenden, Bindung befindet.*

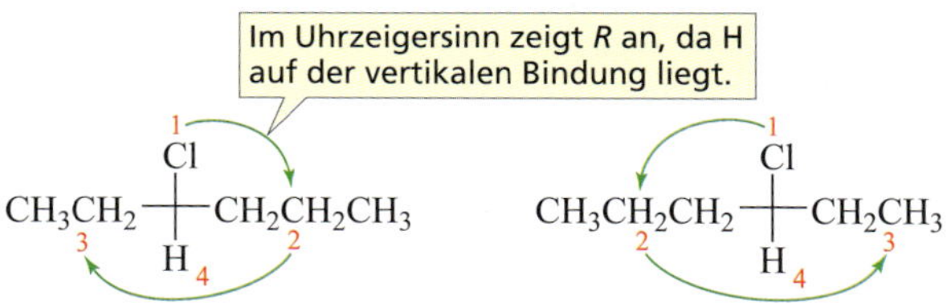

(*R*)-3-Chlorhexan (*S*)-3-Chlorhexan

MERKE!

„Im Uhrzeigersinn" spezifiziert die Konfiguration *R*, falls die Bindung zum Substituenten mit der niedrigsten Priorität durch eine vertikal verlaufende Linie symbolisiert wird.

Falls die Bindung zu der Gruppe oder dem Atom mit der niedrigsten Priorität durch eine *horizontale* Linie – die eine auf den Betrachter zuweisende Bindung symbolisiert – dargestellt wird, wird die Antwort, die durch den Richtungssinn des Pfeiles angegeben wird, der korrekten Antwort entgegengesetzt sein. Falls beispielsweise der Pfeil in Uhrzeigerrichtung verläuft, also andeutet, dass das Chiralitätszentrum die *R*-Konfiguration besitzt, liegt tatsächlich die *S*-Konfiguration vor. Falls die Pfeilrichtung gegen den Uhrzeigersinn weist, also andeutet, dass das Chiralitätszentrum die *S*-Konfiguration besitzt, liegt in Wahrheit die *R*-Konfiguration vor. In dem folgenden Beispiel befindet sich der Bindungspartner mit der niedrigsten Priorität an einer in der Fischer-Projektion horizontal dargestellten Linie. Der Uhrzeigersinn zeigt dann die *S*-Konfiguration an und nicht die *R*-Konfiguration.

MERKE!

„Im Uhrzeigersinn" spezifiziert die Konfiguration *S*, falls die Bindung zum Substituenten mit der niedrigsten Priorität durch eine horizontal verlaufende Linie symbolisiert wird.

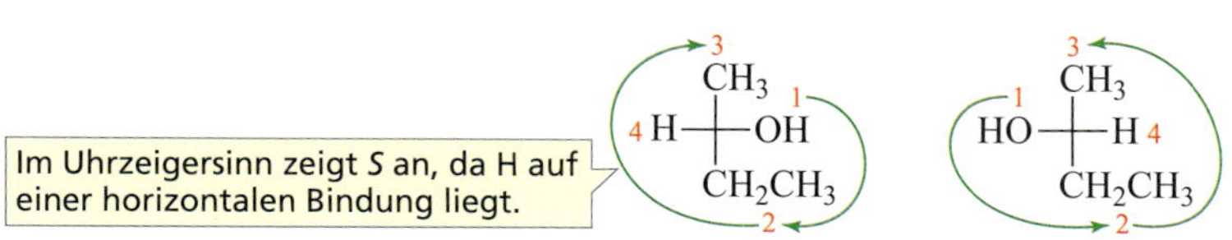

(*S*)-2-Butanol (*R*)-2-Butanol

STRATEGIEN ZUR PROBLEMLÖSUNG

■ Identifizierung von Enantiomeren

Repräsentieren die folgenen Strukturen identische Moleküle oder Enantiomerenpaare?

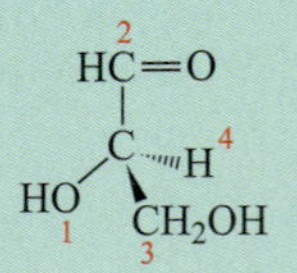 und 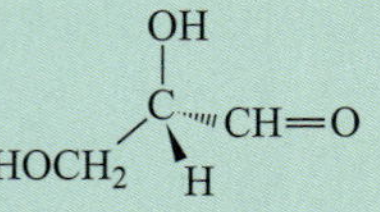

Der leichteste Weg festzustellen, ob zwei Moleküle Enantiomere (also nicht zur Deckung zu bringende) oder identische (zur Deckung zu bringende) Moleküle sind, besteht darin, ihre Konfigurationen zu ermitteln. Falls eines die *R*-Konfiguration und das andere die *S*-Konfiguration besitzt, handelt es sich um Enantiomere. Falls beide die *R*- oder beide die *S*-Konfiguration besitzen, handelt es sich um identische Moleküle. Die OH-Gruppe hat die höchste Priorität, das Wasserstoffatom die geringste Priorität und die beiden Kohlenstoffatome der anderen Gruppen zunächst die gleiche Priorität. Die CH=O-Gruppe hat eine höhere Priorität als die CH_2OH-Gruppe, da das Sauerstoffatom aufgrund der Doppelbindung als zwei gebundene Sauerstoffatome zählt. Daher wird das Kohlenstoffatom der CH=O-Gruppe als an O, O, H gebunden betrachtet; das Kohlenstoffatom der CH_2OH-Gruppe, die hingegen als an O, H, H gebunden. Ein O in beiden Gruppen gleicht sich aus, daher bleibt O und H in der CH=O-Gruppe und H und H in der CH_2OH-Gruppe.

Da die Struktur auf der linken Seite *R*-konfiguriert ist und die Struktur auf der rechten Seite *S*-konfiguriert ist, stellen die beiden Verbindungen ein Enantiomerenpaar dar.

Ü 23* Geben Sie für die folgenden Molekülstrukturen an, ob sie in der *R*- oder der *S*-Konfiguration vorliegen:

(a) 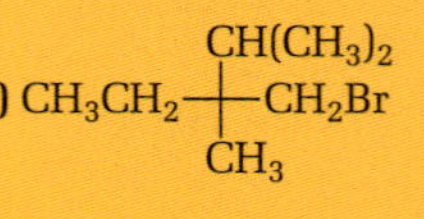 **(c)** 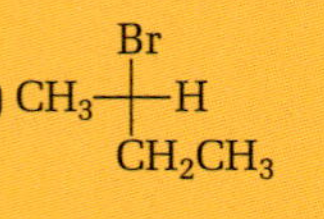

(b) 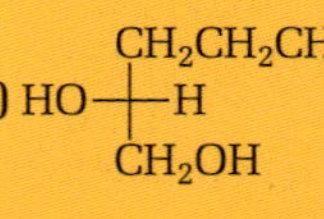 **(d)** 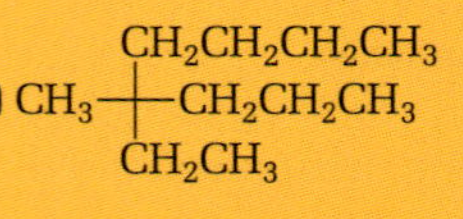

Ü 24* Repräsentieren die folgenden Molekülstrukturen identische Moleküle oder Enantiomerenpaare?

(a) 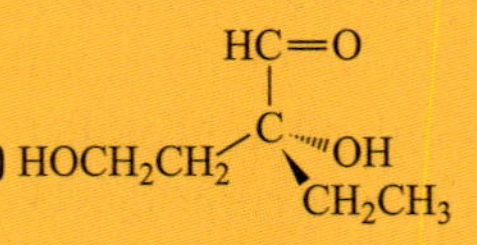 und 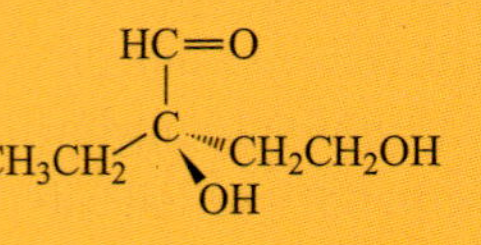

(b) 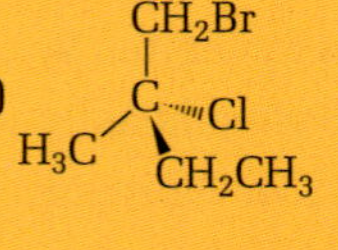 und 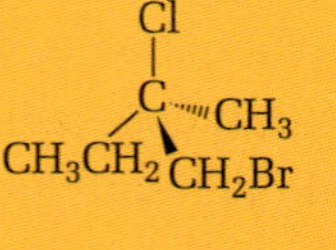

(c) 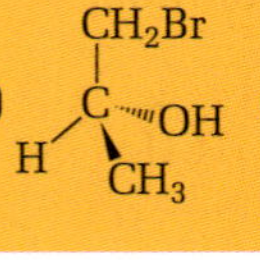 und 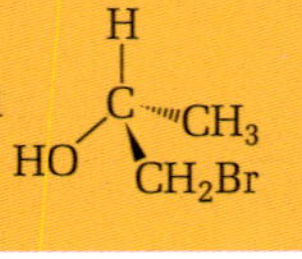 **(d)** 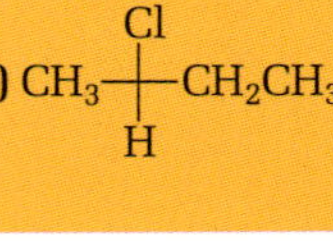 und 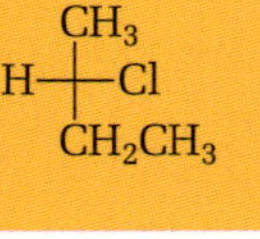

Hinweis für die Studierenden

Wenn man zwei Fischer-Projektionen vergleicht, um abzulesen, ob sie gleich oder verschieden sind, dürfen sie nie um 90° rotiert oder gespiegelt werden, da dies die Verbindung in ihr Enantiomer überführt. Eine Fischer-Projektion kann in der Papierebene um 180° rotiert werden; das Molekül verändert sich dadurch nicht.

STRATEGIEN ZUR PROBLEMLÖSUNG

■ Zeichnung eines Enantiomers mit der gewünschten Konfiguration

(*S*)-Alanin ist eine in der Natur vorkommende Aminosäure. Zeichnen Sie seine Struktur unter Verwendung einer perspektivischen Formel.

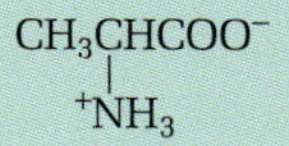

Alanin

Zeichnen Sie zunächst die Verbindungen am asymmetrisch substituierten Kohlenstoffatom. Denken Sie daran, dass die beiden Bindungen in der Papierebene aneinander angrenzen müssen und dass der gefüllte Keil unter dem gestrichelten Keil liegen muss.

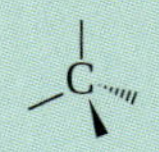

Setzen Sie die Gruppe mit der niedrigsten Priorität an den gestrichelten Keil. Setzen Sie die Gruppe mit der höchsten Priorität an irgendeine der verbleibenden Bindungen.

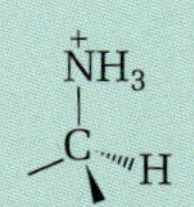

Da Sie ein *S*-Enantiomer zeichnen sollen, zeichnen Sie als Nächstes einen gegen den Uhrzeigersinn gekrümmten Pfeil von der Gruppe mit der höchsten Priorität zur nächstmöglichen Bindung und setzen Sie die Gruppe mit der nächsthöchsten Priorität an diese Bindung.

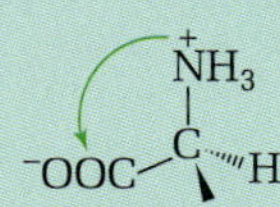

Setzen Sie den verbleibenden Substituenten (mit der dritthöchsten Priorität) an die letzte verfügbare Bindung.

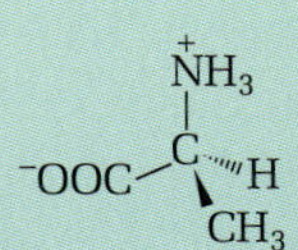

Ü 25 Zeichnen Sie perspektivische Formeln der folgenden Verbindungen:

(a) (*S*)-2-Chlorbutan;

(b) (*R*)-1,2-Dibrombutan.

Ü 26 mit Lösung

Wandeln Sie diese Fischerprojektion in eine perspektivische Formel um:

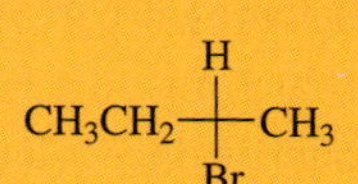

Lösung

Bestimmen Sie zunächst die Konfiguration in der Fischerprojektion, hier ist das Molekül *R*-konfiguriert. Zeichnen Sie dann die perspektivische Formel mit der gleichen Konfiguration durch Anwenden der Schritte aus den vorherigen „Strategien zur Problemlösung".

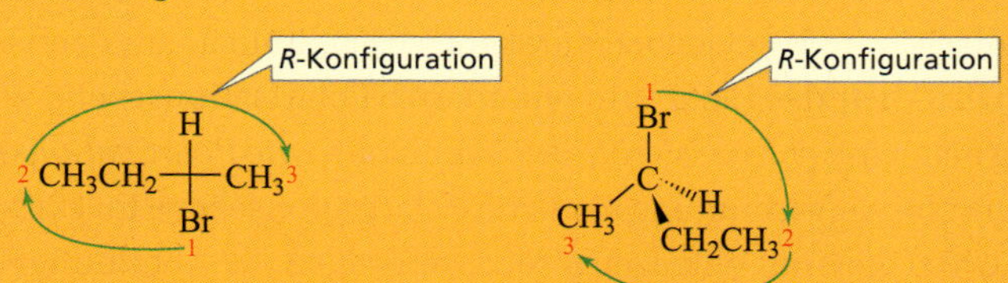

Ü 27 Zeichnen Sie die perspektivische Formel ausgehend von folgender Fischer-Projektion:

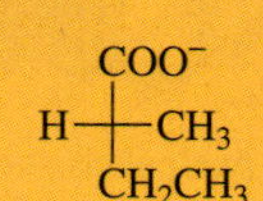

Chirale Verbindungen sind optisch aktiv 4.9

Enantiomere haben viele Eigenschaften gemeinsam: Sie besitzen dieselben Siedepunkte, dieselben Schmelzpunkte und dieselben Löslichkeiten. In der Tat sind alle physikalischen Eigenschaften von Enantiomeren gleich, mit Ausnahme derer, die davon abhängen, wie die Bindungspartner des asymmetrisch substituierten Kohlenstoffatoms im Raum angeordnet sind. Eine dieser Eigenschaften, die bei Enantiomeren nicht gleich ist, ist die Art und Weise, in der sie mit polarisiertem Licht wechselwirken.

Normales Licht, das aus einer Glühbirne oder von der Sonne stammt, besteht aus elektromagnetischen Wellen, die in allen Richtungen oszillieren. **Linear polarisiertes Licht** (oft einfach als „polarisiertes Licht" bezeichnet) oszilliert hingegen nur in einer Ebene, die senkrecht zur Ausbreitungsrichtung der Lichtwelle liegt. Polarisiertes Licht wird erzeugt, indem man normales Licht durch einen Polarisator – z. B. eine polarisierende Linse oder ein Nicol-Prisma – schickt (► Abbildung 4.4).

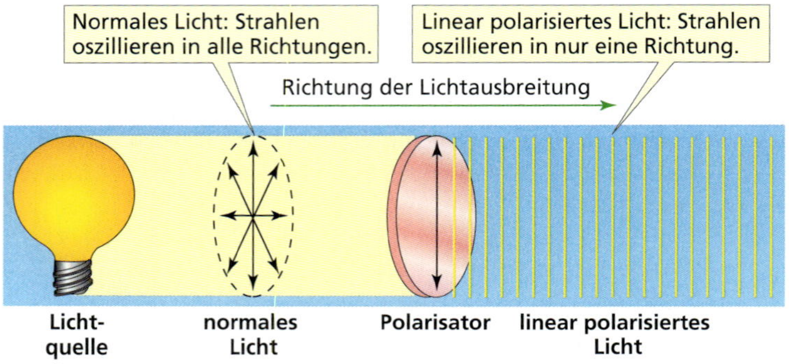

Abbildung 4.4: Nur Licht, das in eine bestimmte Richtung oszilliert, gelangt durch den Polarisator.

Wenn Licht durch zwei polarisierte Linsen gefiltert wird, die im 90°-Winkel zueinander stehen, dringt nichts von dem Licht durch.

Man kann den Effekt des polarisierten Lichtes zum Beispiel mit polarisierenden Sonnenbrillen demonstrieren. Sonnenbrillen mit polarisierenden Gläsern lassen nur Licht durch, das in einer Ebene – der Polarisationsebene – schwingt. Dadurch blenden sie Reflexionen wirkungsvoller aus als nicht polarisierende Sonnenbrillen.

Jean-Baptiste Biot hat im Jahr 1815 entdeckt, dass bestimmte natürlich vorkommende organische Substanzen wie Campher oder Terpentin in der Lage sind, die Ebene des polarisierten Lichtes zu drehen. Er bemerkte, dass einige Verbindungen die **Polarisationsebene** im Uhrzeigersinn, andere im Gegenuhrzeigersinn verdrehen. Er sagte voraus, dass die Fähigkeit, die Polarisationsebene zu drehen, auf irgendeine Asymmetrie der Moleküle zurückzuführen sei. Später fand man heraus, dass die molekulare Asymmetrie mit Verbindungen einherging, die ein oder mehrere asymmetrisch substituierte Kohlenstoffatome enthalten.

Wenn polarisiertes Licht durch eine Lösung einer achiralen Verbindung geschickt wird, tritt das Licht mit unveränderter Polarisationsrichtung wieder aus der Lösung aus (► Abbildung 4.5).

Wenn polarisiertes Licht jedoch durch eine Lösung einer chiralen Verbindung geschickt wird, tritt das Licht mit veränderter Polarisationsebene wieder aus der Lösung aus. *Eine chirale Verbindung dreht also die Polarisationsebene des Lichtes.* Eine chirale Verbindung kann die Polarisationsebene im Uhrzeigersinn oder dem Uhrzeigersinn entgegengesetzt verdrehen (► Abbildung 4.6). Falls ein Enantiomer die Polarisationsebene im Uhrzeigersinn dreht, so dreht das andere Enantiomer (das molekulare Spiegelbild der Verbindung) die Polarisationsebene um exakt denselben Betrag in entgegengesetzter Richtung (gegen den Uhrzeigersinn).

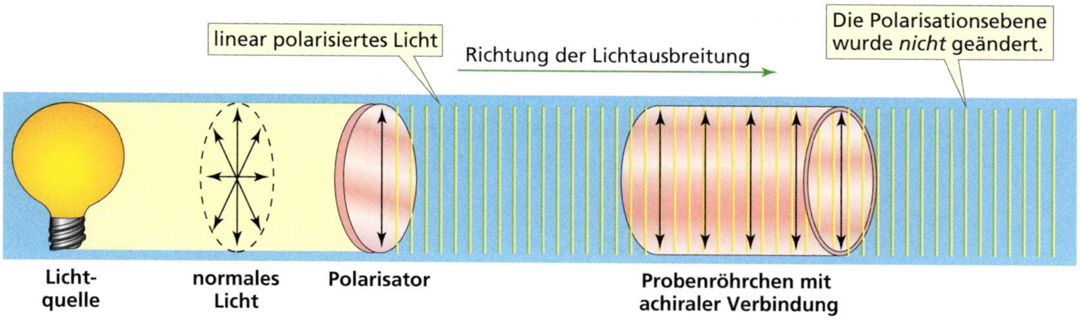

Abbildung 4.5: Eine achirale Verbindung verändert die Polarisationsebene des Lichtes nicht.

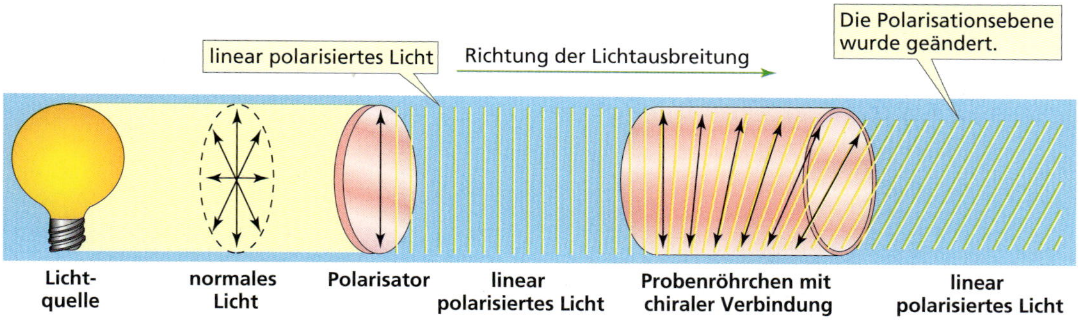

Abbildung 4.6: Eine chirale Verbindung verändert die Polarisationsebene des Lichtes.

Eine Verbindung, die die Polarisationsebene verändert (dreht), wird **optisch aktiv** genannt. Anders ausgedrückt: Chirale Verbindungen sind optisch aktiv, und achirale Verbindungen sind **optisch inaktiv**.

Falls eine optisch aktive Verbindung die Polarisationsebene im Uhrzeigersinn dreht, wird sie **rechtsdrehend** (*dextrorotatorisch*) genannt. Dieser Umstand wird durch das Symbol (+) angezeigt. Falls eine optisch aktive Verbindung die Polarisationsebene gegen den Uhrzeigersinn dreht, wird sie **linksdrehend** (*laevorotatorisch*) genannt. Dieser Umstand wird durch das Symbol (–) angezeigt. Die Präfixe *dextro* und *levo* entstammen dem Lateinischen und bedeuten „rechts" bzw. „links". In der chemischen Literatur werden gelegentlich auch die Symbole *d* und *l* anstelle von (+) und (–) benutzt, um den Drehsinn anzugeben.

Man darf (+) und (–) nicht mit *R* und *S* verwechseln. Die Symbole (+) und (–) bezeichnen die Richtung, in die eine optisch aktive Verbindung die Polarisationsebene des Lichtes dreht, während die Symbole *R* und *S* die Anordnung von Gruppen an einem Chiralitätszentrum (asymmetrisch substituiertes C-Atom) angeben. Einige Verbindungen mit *R*-Konfiguration sind rechtsdrehend (+), andere linksdrehend (–). Genauso können Verbindungen mit (*S*)-Konfiguration rechtsdrehend oder linksdrehend sein.

Wir können, wenn wir uns die Molekülstruktur einer Verbindung ansehen, sagen, ob sie die *R*- oder die *S*-Konfiguration besitzt, aber der einzige Weg, um herauszufinden, ob die Verbindung rechts- oder linksdrehend ist, besteht darin, sie in einem Polarimeter zu vermessen, einem Gerät, das die Richtung

MERKE!

Eine achirale Verbindung verändert die Polarisationsebene des linear polarisierten Lichtes nicht.

MERKE!

Eine chirale Verbindung verändert die Polarisationsebene des linear polarisierten Lichtes.

und das Ausmaß der Drehung der Polarisationsebene misst. Beispielsweise besitzen (*S*)-Milchsäure und (*S*)-Natriumlactat dieselbe Konfiguration, doch ist die (*S*)-Milchsäure rechtsdrehend, während das (*S*)-Natriumlactat linksdrehend ist. Wenn wir die Richtung kennen, in die eine optisch aktive Verbindung die Polarisationsebene dreht, können wir die Symbole (+) bzw. (–) zu ihrem Namen hinzufügen. Wir können anhand der Struktur einer Verbindung bestimmen, ob sie (*R*)- oder (*S*)-konfiguriert ist. Wir können allerdings nur herausfinden, ob eine Verbindung rechtsdrehend (+) oder linksdrehend (–) ist, wenn wir sie in einem Polarimeter vermessen (Abschnitt 4.10).

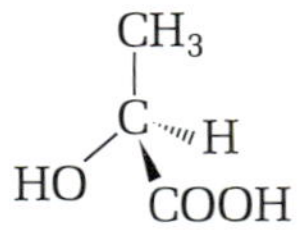

(*S*)-(+)-Milchsäure

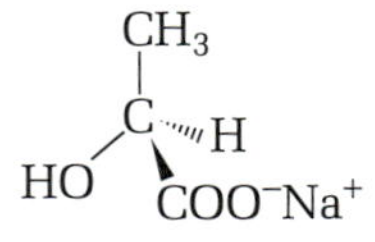

(*S*)-(–)-Natriumlactat

Ü 28*

(a) Ist (*R*)-Milchsäure rechtsdrehend oder linksdrehend? **(b)** Ist (*R*)-Natriumlactat rechtsdrehend oder linksdrehend?

Ü 29 mit Lösung

Was ist die Konfiguration von (–)-Glycerinaldehyd?

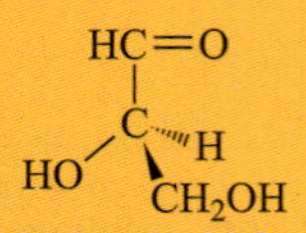

(+)-Glycerinaldehyd

Lösung

Wir wissen, dass (+)-Glycerinaldehyd *R*-konfiguriert ist, da die Gruppe mit der geringsten Priorität am gestrichelten Keil liegt und da der Pfeil ausgehend von der OH-Gruppe zu der HC=O-Gruppe im Uhrzeigersinn verläuft. Daher ist (–)-Glycerinaldehyd *S*-konfiguriert.

Ü 30*

Geben Sie die Konfiguration der folgenden Verbindungen an. (Nutzen Sie die gezeigten Strukturen, um eine Lösung zu finden.)

(a)

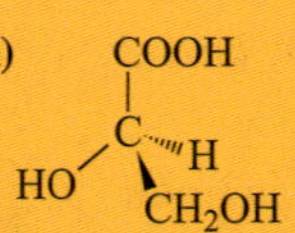

(–)-Glycerinsäure

(b)

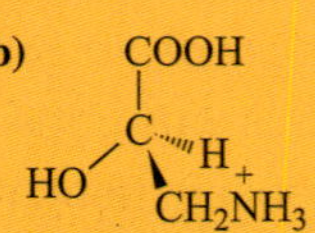

(+)-Isoserin

(c)

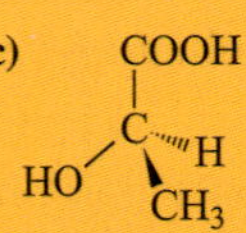

(–)-Milchsäure

Ü 31 mit Lösung

(*S*)-(–)-2-Methyl-1-butanol kann zu (+)-2-Methylbutansäure umgewandelt werden ohne eine der Bindungen am Chiralitätszentrum zu brechen. Wie ist (–)-2-Methylbutansäure konfiguriert?

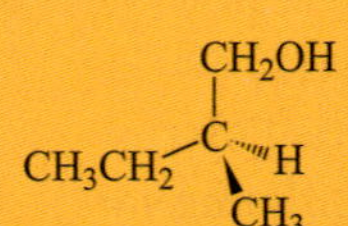

(*S*)-(–)-2-Methyl-1-butanol

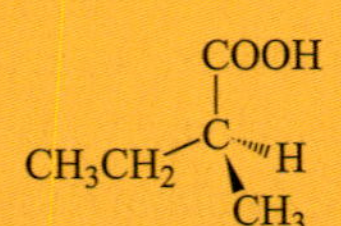

(+)-2-Methylbutansäure

Lösung

Wir wissen, dass (+)-2-Methylbutansäure die oben gezeigte Konfiguration aufweisen muss, da die Verbindung aus (*S*)-(–)-2-Methyl-1-butanol hergestellt wurde und keine Bindung am Chiralitätszentrum gebrochen wurde.Aus dieser Struktur können wir schließen, dass (+)-2-Methylbutansäure (*S*)-konfiguriert sein muss. Daher ist (–)-2-Methylbutansäure *R-konfiguriert.*

Ü 32* Die Reaktion von (*R*)-1-Iod-2-methylbutan mit dem Hydroxidion führt zu einem Alkohol, ohne eine der Bindungen an Chiralitätszentrum zu brechen. Der Alkohol dreht die Polarisationsebene von linear polarisiertem Licht gegen den Uhrzeigersinn. Wie ist (+)-2-Methyl-1-butanol konfiguriert?

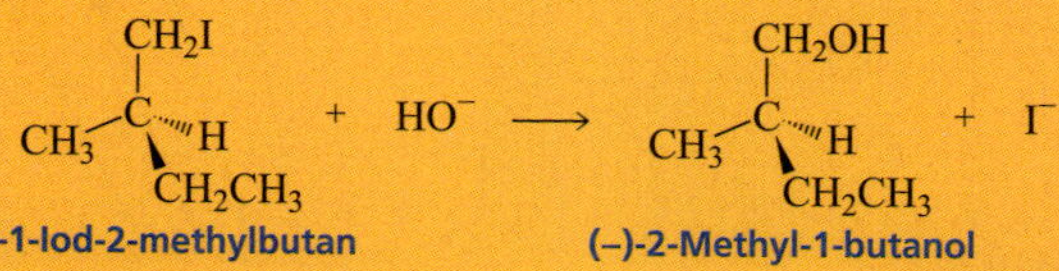

Die Messung einer spezifischen Drehung 4.10

Die Richtung und das Ausmaß der optischen Drehung, die von einer optisch aktiven Verbindung ausgeht, kann mit einem **Polarimeter** gemessen werden. ▶ Abbildung 4.7 zeigt eine vereinfachte Darstellung der Arbeitsweise eines Polarimeters. Da das Ausmaß der Rotation mit der Wellenlänge des Lichtes variiert, muss die Lichtquelle des Polarimeters monochromatisches Licht (Licht einer einzigen Wellenlänge) aussenden. Die meisten Polarimeter verwenden das Licht einer Natriumdampflampe (die Wellenlänge der so genannten D-Linie, 589 nm).

In einem Polarimeter durchquert das monochromatische Licht einen Polarisator, aus dem es als polarisiertes Licht austritt. Das polarisierte Licht durchquert dann ein leeres Probengefäß (oder alternativ eines mit einem optisch inaktiven Lösungsmittel) und tritt mit unveränderter Polarisationsebene wieder aus. Das Licht wird dann zu einem Analysator geleitet. Der Analysator besteht aus einem zweiten Polarisator und befindet sich in einem Okular, an das eine Stellschraube mit Gradeinteilung angeschlossen ist. Wenn mit dem Polarimeter gemessen wird, wird der Analysator solange gedreht, bis das Okularbild für den Betrachter vollständig dunkel erscheint. In dieser Stellung befindet sich der zweite Polarisator im rechten Winkel zum ersten, sodass überhaupt kein Licht hindurchtritt. Diese Analysatorstellung dient als Referenz- bzw. Nullpunkt.

Die zu vermessende Probe wird dann in das Probengefäß gefüllt. Falls die Probensubstanz optisch aktiv ist, wird sie die Polarisationsebene drehen. Der Analysator wird dann nicht mehr alles Licht verschlucken, sodass Licht in das Auge des Betrachters fällt. Der Experimentator verändert dann solange die Stellung des Analysators (2. Polarisator), bis kein Licht mehr durchtritt. Das Ausmaß der Stellungsänderung des Analysators lässt sich dann an der Gradeinteilung der Stellschraube ablesen. Der Wert gibt die Differenz zwischen der optisch inaktiven Referenzsubstanz und der optisch aktiven Probensubstanz an. Dieser Wert wird als **beobachtete Drehung** (α) bezeichnet und wird in Winkelgraden (°) angegeben (▶ Abbildung 4.7). Die beobachtete Drehung hängt von der Menge optisch aktiver Moleküle ab, denen das Licht beim Durchqueren der Substanz ausgesetzt ist. Dies hängt von der Konzentration der Probensubstanz und von der Schichtdicke der Substanzprobe (dem Durchmesser der Probenkammer) ab. Die beobachtete Drehung hängt weiterhin von der Temperatur und von der Wellenlänge der Lichtquelle ab.

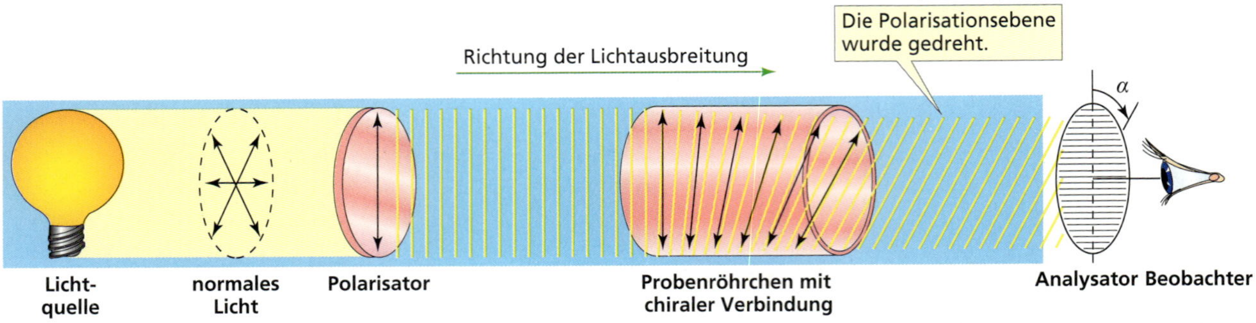

Abbildung 4.7: Schematischer Aufbau eines Polarimeters.

Jede optisch aktive Verbindung weist eine charakteristische spezifische Drehung auf. Die **spezifische Drehung** ist der Winkel in Grad der Drehung einer Lösung von 1,0 g der Verbindung pro ml Lösung in einer Probenkammer von 10 cm Länge bei einer spezifizierten Temperatur und einer spezifizierten Wellenlänge. Die spezifische Drehung lässt sich aus der beobachteten Drehung unter Verwendung der folgenden Gleichung berechnen:

$$[\alpha]_{\lambda}^{T} = \frac{\alpha}{l \times c}$$

$[\alpha]$ ist die spezifische Drehung, T ist die Temperatur in °C, λ ist die Wellenlänge des eingestrahlten Lichtes (falls die D-Linie des Natriums zur Anwendung kommt, wird dies statt λ durch den Index D angezeigt), α ist die beobachtete Drehung; l ist die Länge der Probenkammer in Dezimetern; c ist die Konzentration der Probensubstanz in Gramm pro Milliliter (g/ml) Lösung.

Für ein Enantiomer wurde die spezifische Drehung beispielsweise mit +5,75** bestimmt. Da sein molekulares Spiegelbild die Polarisationsebene des Lichtes um den gleichen Betrag, aber in entgegengesetzter Richtung dreht, beträgt die spezifische Drehung des anderen Enantiomeren –5,75. Die spezifischen Drehungen einiger gängiger Verbindungen können Sie der ► Tabelle 4.1 entnehmen.

Cholesterol	–31,5
Kodein	–136
Kokain	–16
Morphin	–132
Penicillin V	+233
Progesteron (weibliches Geschlechtshormon)	+172
Saccharose	+66,5
Testosteron (männliches Geschlechtshormon)	+109

Tabelle 4.1: Spezifische Drehungen von in der Natur vorkommenden Verbindungen.

(*R*)-2-Methyl-1-butanol
$[\alpha]_{D}^{20\,°C} = +5{,}75$

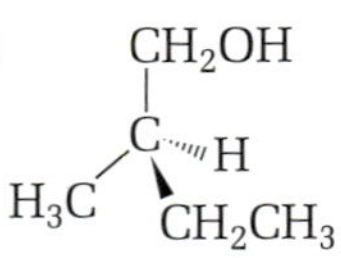

(*S*)-2-Methyl-1-butanol
$[\alpha]_{D}^{20\,°C} = -5{,}75$

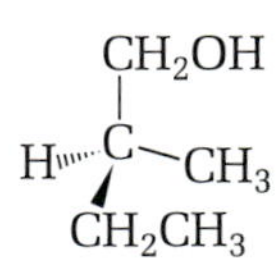

Eine Mischung gleicher Mengen zweier Enantiomere – wie (*R*)-(–)-Milchsäure und (*S*)-(+)-Milchsäure – wird **racemisches Gemisch** oder **Racemat** genannt. Racemate drehen die Ebene des polarisierten Lichtes nicht. Sie sind optisch inaktiv, weil für jedes Molekül, das die Polarisationsebene in die eine Richtung dreht, ein spiegelbildliches anderes existiert, das die Polarisationsebene in die Gegenrichtung dreht. Als Ergebnis tritt das Licht aus einem racemischen Gemisch mit unveränderter Polarisationsrichtung aus. Das Symbol (±) wird zur Kennzeichnung eines Racemates verwendet. (±)-2-Brombutan bezeichnet daher eine äquimolare Mischung von (+)-2-Brombutan und (–)-2-Brombutan.

** Anders als die gemessene Rotation, die in Grad angegeben wird, hat die spezifische Rotation die Einheit $10^{-1°}\,cm^2/g^{-1}$. In diesem Buch werden die Werte der spezifischen Rotation jedoch ohne Einheit angegeben.

Ü 33* Die beobachtete Drehung von 2,0 g einer Verbindung in 50 ml Lösung in einer Polarimeterröhre von 20 cm Länge wurde zu +138° bestimmt. Wie groß ist die spezifische Drehung der Verbindung?

Ü 34* (*S*)-(+)-Mononatriumglutamat ist ein Geschmacksverstärker, der in vielen Lebensmitteln Verwendung findet. Manche Menschen reagieren allergisch auf das Natriumglutamat und leiden unter Kopf- und Thoraxschmerzen sowie einem allgemeinen Schwächegefühl. „Fast food" enthält oftmals beträchtliche Mengen Mononatriumglutamat, das auch ausgiebig in der chinesischen Küche eingesetzt wird. Das Mononatriumglutamat hat eine spezifische Drehung von +24°.

(*S*)-(+)-Mononatriumglutamat

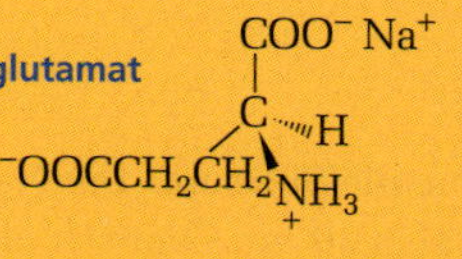

(a) Wie groß ist die spezifische Drehung von (*R*)-(–)-Mononatriumglutamat?
(b) Wie groß ist die spezifische Drehung eines racemischen Gemisches von Mononatriumglutamat?

Enantiomerenüberschuss 4.11

Ob eine bestimmte Probe enantiomerenrein ist oder aus einem Enantiomerengemisch besteht, lässt sich mit Hilfe der **beobachteten spezifischen Drehung** (also der für eine spezifische Probe gemessenen spezifischen Drehung) ermitteln.

- Falls eine Lösung von (*S*)-(+)-2-Brombutan **enantiomerenrein** (nur ein Enantiomer ist präsent) vorliegt, wird diese Lösung eine *spezifische Rotation* von +23,1° haben, da der spezifische Drehwert von (*S*)-(+)-2-Brombutan eben +23,1° beträgt.
- Falls jedoch die 2-Brombutanprobe eine beobachtete spezifische Drehung von 0° aufweist, so wissen wir, dass die Verbindung in Form eines Racemates vorliegt.
- Wenn die beobachtete Drehung positiv, aber geringer als 23,1° ist, dann ist die Probe eine Mischung der Enantiomere, aber enthält mehr (*S*)-Enantiomer als (*R*)-Enantiomer, da das (*S*)-Enantiomer rechtsdrehend ist.

Aus der beobachteten spezifischen Drehung können wir den **Enantiomerenüberschuss** der Probe/des Gemisches errechnen, der uns Aufschluss darüber gibt, wie viel Überschuss eines Enantiomers darin vorliegt:

$$\text{Enantiomerenüberschuss} = \frac{\text{beobachtete spezifische Drehung}}{\text{spezifische Drehung des reinen Enantiomers}} \times 100\%$$

Hat beispielsweise eine 2-Brombutanprobe eine beobachtete spezifische Drehung von +9,2°, so beträgt ihre optische Reinheit 0,40 oder 40 %. Mit anderen Worten: 40 % des Gemisches bestehen aus einem Überschuss eines einzelnen Enantiomers.

$$\text{Enantiomerenüberschuss} = \frac{+9{,}2}{+23{,}1} \times 100\% = 40\%$$

Falls ein Gemisch einen enantiomeren Überschuss von 40 % aufweist, sind 40 % des Gemisches ein Überschuss des *S*-Enantiomers und 60 % sind ein racemisches Gemisch. Die Hälfte des racemischen Gemisches plus die Menge des *S*-Enantiomerenüberschusses ist gleich der Menge des *S*-Enantiomers, die in dem Gemisch anwesend sind. Daher sind 70 % der Mischung das *S*-Enantiomer ($\frac{1}{2} \times 60 + 40$), und 30 % sind das *R*-Enantiomer.

Ü 35* (+)-Mandelsäure hat eine spezifische Drehung von +158. Wie groß wäre die beobachtete spezifische Drehung der folgenden Gemische:
(a) 50 % (–)-Mandelsäure und 50 % (+)-Mandelsäure
(b) 25 % (–)-Mandelsäure und 75 % (+)-Mandelsäure
(c) 75 % (–)-Mandelsäure und 25 % (+)-Mandelsäure

Ü 36* Naproxen ist eine nichtsteroidale entzündungshemmende Substanz. Das Naproxen weist in Chloroform eine spezifische Drehung von +66° auf. Ein kommerzielles Präparat ergibt sich als ein Gemisch, das 97 % optische Reinheit aufweist.
(a) Besitzt Naproxen die *R*- oder die *S*-Konfiguration?
(b) Welcher Prozentsatz jedes Enantiomers lässt sich aus dem kommerziellen Präparat gewinnen?

Ü 37 mit Lösung
Eine Lösung, die durch Vermischung von 10 ml einer 0,10 M Lösung eines *R*-Enantiomers mit 30 ml einer 0,10 M Lösung eines *S*-Enantiomers hergestellt wurde, hatte eine beobachtete spezifische Drehung von +4,8°. Wie groß ist die spezifische Rotation jedes der Enantiomere? (*Hinweis:* ml × M = Millimol, abgekürzt als mmol.)

Lösung

1 Millimol (mmol; 10,0 ml × 0,10 M) des *R*-Enantiomers wird mit 3 (30 ml × 0,10 M) mmol des *S*-Enantiomers vermischt. 1 mmol des *R*-Enantiomers + 1 mmol des S-Enantiomers bilden 2 mmol eines racemischen Gemisches. 2 mmol des *S*-Enantiomers bleiben übrig. 2 von 4 mmol bilden den Überschuss des *S*-Enantiomers ($\frac{2}{4} = 0{,}50$). Die Lösung besitzt einen Enantiomerenüberschuss von 50 %. Da wir den Enantiomerenüberschuss und die beobachtete spezifische Rotation kennen, erlaubt uns dies, die spezifische Rotation zu berechnen.

$$\text{Enantiomerenüberschuss} = \frac{\text{beobachtete spezifische Drehung}}{\text{spezifische Drehung des reinen Enantiomers}} \times 100\%$$

$$50\% = \frac{+4{,}8}{x} \times 100\%$$

$$x = +4{,}8 \times 2$$

$$x = +9{,}6$$

Das *S*-Enantiomer besitzt eine spezifische Drehung von +9,6°. Das *R*-Enantiomer besitzt eine spezifische Drehung von –9,6°.

4.12 Verbindungen mit mehr als einem asymmetrisch substituierten Kohlenstoffatom

Viele organische Verbindungen besitzen mehr als ein asymmetrisch substituiertes Kohlenstoffatom. Je mehr asymmetrisch substituierte Kohlenstoffatome eine Verbindung aufweist, desto mehr Stereoisomere sind für die Verbindung möglich. Falls wir wissen, wie viele asymmetrisch substituierte Kohlenstoffatome eine Verbindung besitzt, können wir die *maximal* mögliche Zahl von Stereoisomeren für die Verbindung berechnen: *Eine Verbindung kann ein Maximum von* 2^n *Stereoisomeren haben* (vorausgesetzt, sie hat keine anderen Stereozentren), *wobei n gleich der Zahl der asymmetrisch substituierten Kohlenstoffatome ist.* Voraussetzung ist, dass es keine weiteren Stereozentren aufweist, die *cis-trans*-Isomere bilden können.

MERKE!

Die maximale Anzahl an Stereoisomeren ist 2^n. *n* steht für die Anzahl an stereogenen Zentren.

Beispielsweise besitzt 3-Chlor-2-butanol zwei asymmetrisch substituierte Kohlenstoffatome. Daher kann es bis zu vier ($2^2 = 4$) Stereoisomere haben. Die vier Stereoisomere sind sowohl als perspektivische Formeln als auch als Fischer-Projektionen wiedergegeben.

3-Chlor-2-butanol

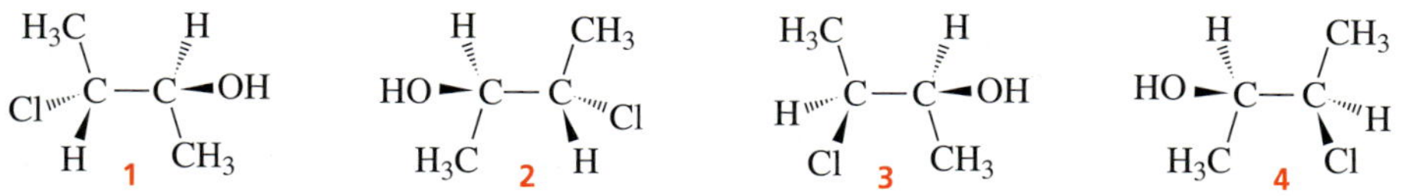

Erythro-Enantiomere *Threo*-Enantiomere

perspektivische Formeln der Stereoisomere des 3-Chlor-2-butanols (gestaffelt)

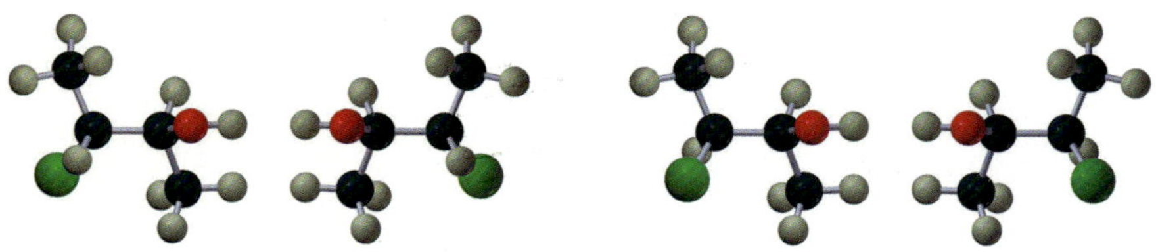

Stereoisomere des 3-Chlor-2-butanols

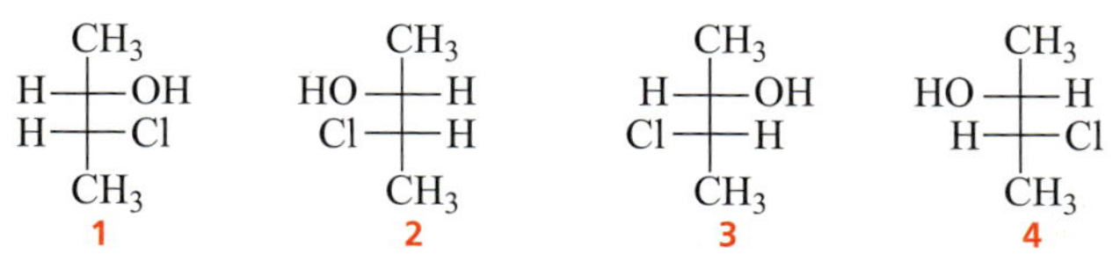

Erythro-Enantiomere *Threo*-Enantiomere

Fischer-Projektionen der Stereoisomere des 3-Chlor-2-butanols (ekliptisch)

Diastereomere

Die vier Stereoisomere des 3-Chlor-2-butanols bestehen aus zwei Enantiomerenpaaren. Die Stereoisomere **1** und **2** sind Spiegelbilder, die nicht deckungsgleich sind. Diese sind daher enantiomer zueinander. Die Stereoisomere **3** und **4** sind ebenfalls Enantiomere. Die Stereoisomere **1** und **3** sind nicht identisch, und sie sind auch nicht Bild und Spiegelbild. Solche Stereoisomere werden als **Diastereomere** bezeichnet. Diastereomere sind Stereoisomere, die keine Enantiomere sind. Die Paare **1** und **4**, **2** und **3**, sowie **2** und **4** sind ebenfalls diastereomer zueinander. *Cis-trans*-Isomere werden ebenfalls als Diastereomere eingestuft, da sie Stereoisomere, aber keine Enantiomere sind.

Beachten Sie, dass ein chirales Zentrum in einem Paar von Diastereomeren gleich konfiguriert ist, das andere chirale Zentrum aber unterschiedlich konfiguriert ist. *Diastereomere sind Stereoisomere, die keine Enantiomere sind.* (Beachten Sie zudem, dass *cis-trans*-Isomere nach dieser Definition auch Diastereomere sind.)

MERKE!

Diastereomere sind Stereoisomere, die keine Enantiomere sind.

Wenn man Fischer-Projektionen für Stereoisomere mit zwei benachbarten asymmetrisch substituierten Kohlenstoffatomen (wie die für das 3-Chlor-2-butanol) zeichnet, werden die Enantiomere, bei denen die sich entsprechenden Substituenten auf derselben Seite des Moleküls stehen, als ***Erythro*-Enantiomere** bezeichnet (siehe Übung 62). Die, bei denen die sich entsprechenden Gruppen auf verschiedenen Seiten des Moleküls stehen, heißen ***Threo*-Enantiomere**. **1** und **2** sind somit die *Erythro*-Enantiomere des 3-Chlor-2-butanols (die Wasserstoffatome stehen auf derselben Seite), während die Enantiomere **3** und **4** die *Threo*-Enantiomere sind.

Enantiomere verfügen über *identische physikalische Eigenschaften* (außer im Hinblick auf die Wechselwirkung mit polarisiertem Licht) sowie *identische chemische Eigenschaften*; sie reagieren mit der gleichen Geschwindigkeit mit einem achiralen Reagenz. Diastereomere weisen *unterschiedliche physikalische Eigenschaften* (unterschiedliche Schmelz- und Siedepunkte, unterschiedliche Löslichkeiten, unterschiedliche spezifische Drehwerte usw.) sowie *unterschiedliche chemische Eigenschaften* auf; sie reagieren mit derselben achiralen Substanz mit unterschiedlichen Geschwindigkeiten. In jeder der hier abgebildeten Fischer-Projektionen ragen die horizontal gezeichneten Bindungen aus der Papierebene auf den Betrachter zu, und die vertikal gezeichneten Bindungen hinter die Papierebene, weg vom Betrachter. Die Gruppen (oder Atome) können um die Kohlenstoff-Kohlenstoff-Einfachbindungen frei rotieren, aber die Fischer-Projektionen zeigen die Stereoisomere in ihren ekliptischen Konformationen.

Fischer-Projektion vs. perspektivische Formel

Eine Fischer-Projektion stellt die dreidimensionale Struktur des Moleküls in sehr stark abstrahierter Form dar, und sie stellt das Molekül in einer relativ instabilen, ekliptischen Konformation dar. Die meisten Chemiker*innen bevorzugen daher die Darstellung durch perspektivische Formeln (die in ersten Gruppe von Bildern in diesem Abschnitt dargestellt sind), da diese die Struktur der Moleküle in einer stabileren, gestaffelten Konformation wiedergeben, sodass sie eine akkuratere Vorstellung von der Struktur vermitteln. Wenn perspektivische Formeln gezeichnet werden (durch Rotation der rechten Seite des Moleküls um die horizontale C—C-Bindung), um Stereoisomere in ihrer weniger stabilen, ekliptischen Konformation darzustellen, kann man leicht sehen – wie die ekliptischen Konformationen der Fischer-Projektionen zeigen –, dass bei den *Erythro*-Isomeren gleiche Gruppen auf derselben Seite stehen. Wir werden sowohl perspektivische Formeln wie auch Fischer-Projektionen benutzen, um die Anordnung von Gruppen und Atomen, die an Chiralitätszentren gebunden sind, bildlich darzustellen.

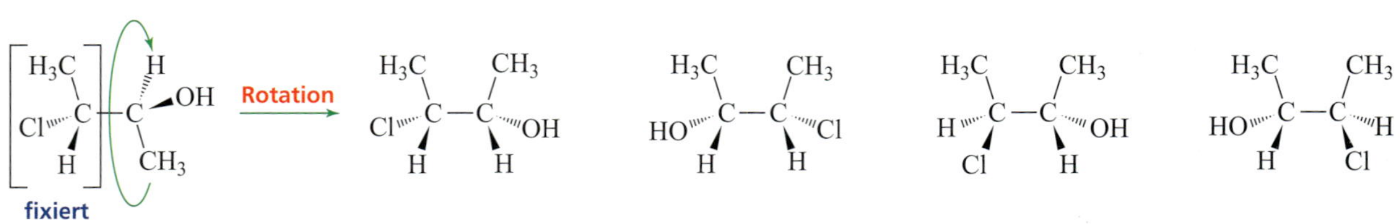

1 (gestaffelt) | 1 (ekliptisch) | 2 | 3 | 4

Erythro-Enantiomere | *Threo*-Enantiomere

perspektivische Formeln der Stereoisomere von 3-Chlor-2-butanol (gestaffelt)

Ü 38 Die folgende Verbindung besitzt nur ein asymmetrisch substituiertes Kohlenstoffatom. Warum besitzt die Verbindung vier Stereoisomere?

$$CH_3CH_2\overset{*}{\underset{\substack{|\\ Br}}{C}}HCH_2CH{=}CHCH_3$$

Ü 39*

(a) Stereoisomere mit zwei asymmetrisch substituierten C-Atomen werden ______ genannt, falls die Konfigurationen an beiden asymmetrisch substituierten C-Atomen des einen Isomers den Konfigurationen der asymmetrisch substituierten C-Atome des anderen Isomers entgegengesetzt sind.

(b) Stereoisomere mit zwei asymmetrisch substituierten C-Atomen werden ______ genannt, falls die Konfigurationen an beiden asymmetrisch substituierten C-Atomen des einen Isomers die gleichen sind wie die Konfigurationen der asymmetrisch substituierten C-Atome des anderen Isomers.

(c) Stereoisomere mit zwei asymmetrisch substituierten C-Atomen werden ______ genannt, falls eines der asymmetrisch substituierten C-Atome in beiden Isomeren die gleiche Konfiguration besitzt und das andere asymmetrisch substituierte C-Atom in beiden Isomeren die entgegengesetzte Konfiguration aufweist.

Ü 40* Das in der Natur vorkommende Stereoisomer von Cholesterol ist

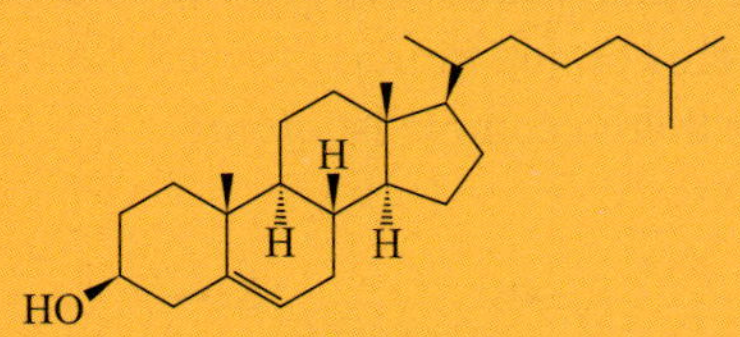

Cholesterol

(a) Wie viele asymmetrisch substituierte Kohlenstoffatome besitzt das Cholesterolmolekül?

(b) Welches ist die maximale Stereoisomerenzahl, die das Cholesterol haben könnte?

Ü 41 Zeichnen Sie die Stereoisomere der folgenden Aminosäuren. Geben Sie die Enantiomeren- und Diastereomerenpaare an.

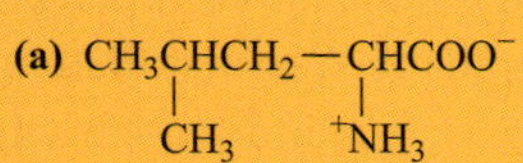

Leucin

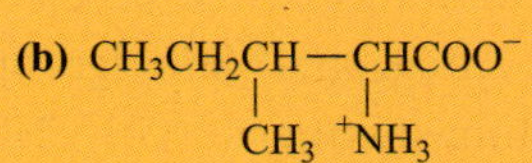

Isoleucin

Stereoisomere von zyklischen Verbindungen 4.13

Zum Beispiel besitzt 1-Brom-2-methylcyclopentan ebenfalls zwei asymmetrisch substituierte Kohlenstoffatome und vier Stereoisomere. Weil die Verbindung zyklisch ist, können die Substituenten entweder in der *cis*- oder in der *trans*-Konfiguration vorliegen (Abschnitt 3.15). Das *cis*-Isomer existiert als Enantiomerenpaar, und das *trans*-Isomer existiert auch als Enantiomerenpaar. Jedes der vier Stereoisomere ist *chiral*.

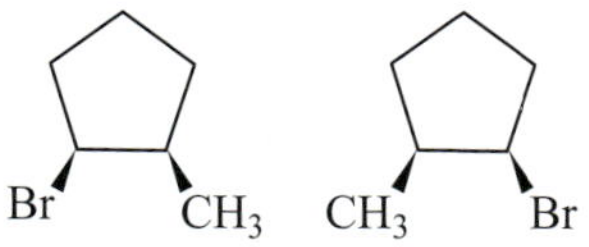

cis-1-Brom-2-methylcyclopentan
Enantiomere

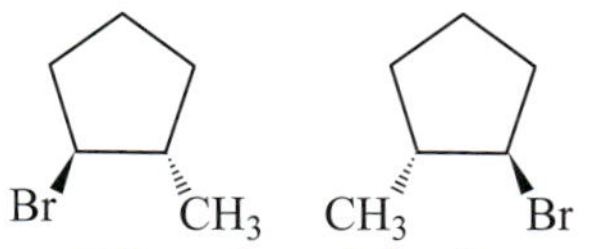

trans-1-Brom-2-methylcyclopentan
Enantiomere

Ü 42 1-Brom-2-methylcyclopentan besitzt vier Paare von Diastereomeren. Zeichnen Sie diese.

1-Brom-3-methylcyclohexan hat ebenfalls zwei asymmetrische Zentren. Das Kohlenstoffatom, das an Br und H gebunden ist, ist außerdem an zwei verschiedene kohlenstoffhaltige Gruppen ($—CH_2CH(CH_3)CH_2CH_2CH_2—$ und $—CH_2CH_2CH_2\ CH(CH_3)CH_2—$) gebunden. Also ist es ein Chiralitätszentrum. Das Kohlenstoffatom, dass an eine CH_3-Gruppe und an H gebunden ist, ist ebenfalls an zwei verschiedene kohlenstoffhaltige Gruppen gebunden, also ist es auch ein Chiralitätszentrum.

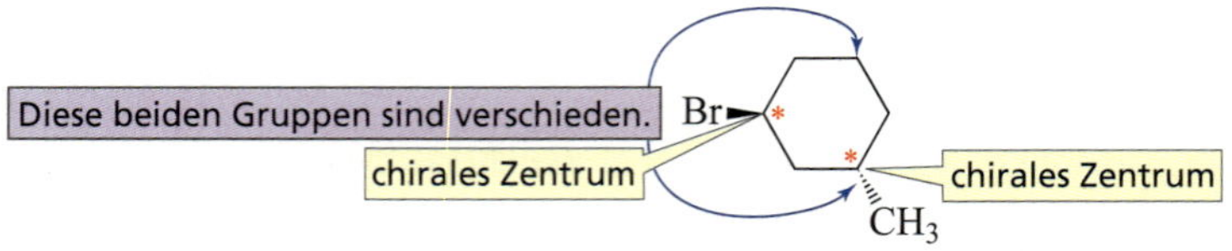

Da diese Verbindung zwei asymmetrische Zentren aufweist, hat sie vier Stereoisomere. Enantiomere können für das *cis*- und das *trans*-Isomer gezeichnet werden. Jedes der vier Stereoisomere ist *chiral.*

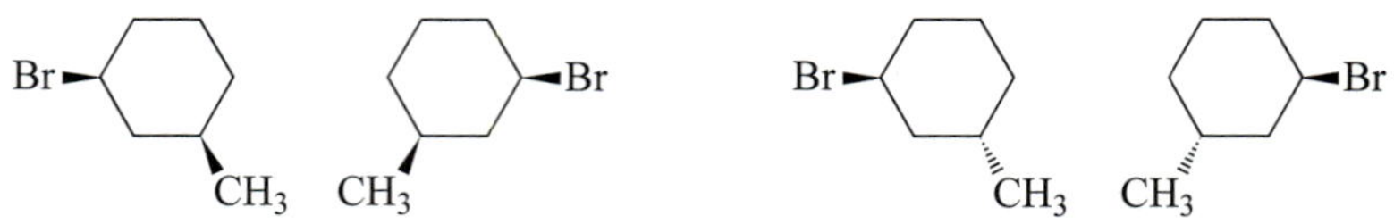

***cis*-1-Brom-3-methylcyclohexan**
Enantiomere

***trans*-1-Brom-3-methylcyclohexan**
Enantiomere

1-Brom-3-methylcyclobutan besitzt keine asymmetrisch substituierten Kohlenstoffatome. Das C-1 trägt ein Brom- und ein Wasserstoffatom, seine beiden anderen Bindungspartner sind jedoch identische Gruppen ($—CH_2CH(CH_3)CH_2—$). Das C-3 trägt eine Methylgruppe und ein Wasserstoffatom, seine beiden anderen Bindungspartner ($—CH_2CH(Br)CH_2—$) sind jedoch wiederum identisch. Da die Verbindung kein Kohlenstoffatom mit vier unterschiedlichen Bindungspartnern enthält, kommt es nur in Form zweier Stereoisomere vor – das *cis*- und das *trans*-Isomer. Diese *cis*- und *trans*-Isomere besitzen keine enantiomeren Gegenstücke. Beide Stereoisomere sind *achiral.*

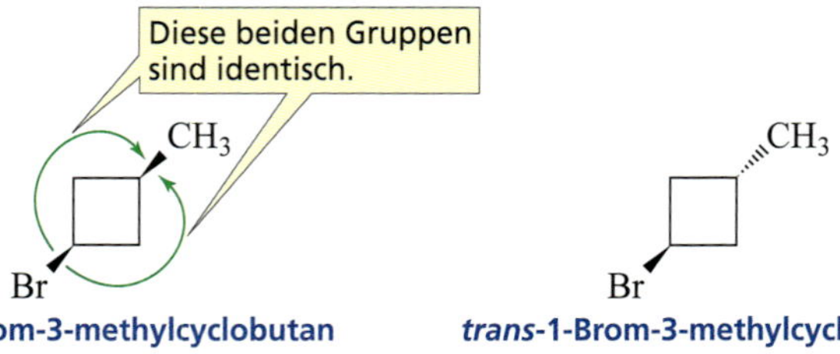

***cis*-1-Brom-3-methylcyclobutan** ***trans*-1-Brom-3-methylcyclobutan**

1-Brom-4-methylcyclohexan hat auch keine asymmetrisch substituierten Kohlenstoffatome. Daher hat die Verbindung nur zwei Stereoisomere: das *cis*-Isomer und das *trans*-Isomer. Beide Stereoisomere sind *achiral.*

***cis*-1-Brom-4-methylcyclohexan** ***trans*-1-Brom-4-methylcyclohexan**

Ü 43* Welche der folgenden Verbindungen hat ein oder mehrere asymmetrisch substituierte(s) Kohlenstoffatom(e)?

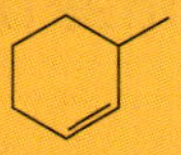
A

B

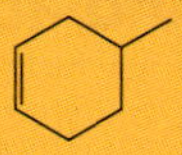
C

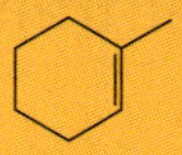
D

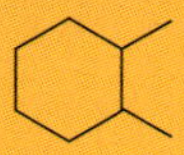
E

Ü 44 Zeichnen Sie für die folgenden Verbindungen alle Stereoisomere, die möglich sind:

(a) 2-Chlor-3-hexanol; **(c)** 2,3-Dichlorpentan;
(b) 2-Brom-4-Chlorhexan; **(d)** 1,3-Dibrompentan.

Ü 45 Zeichnen Sie die Stereoisomere von 2-Methylcyclohexanol.

Ü 46* Welche von allen Cyclooctanen mit einem Chlor- und einem Methylsubstituenten, die möglich sind, besitzen *keinerlei* asymmetrisch substituierte Kohlenstoffatome?

Ü 47 Zeichen Sie je ein Diastereomer für die folgenden Verbindungen:

(a)
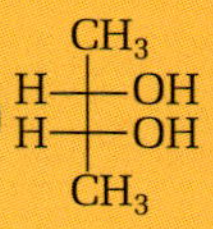

(b)
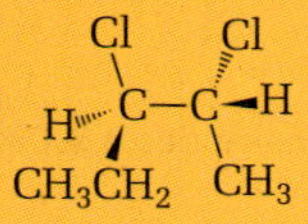

(c)
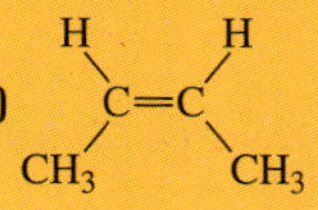

(d)
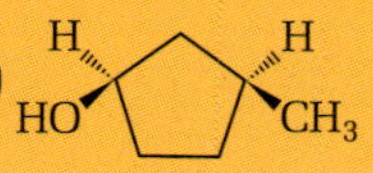

Ü 48* Geben Sie an, ob die Strukturen in der unteren Reihe Enantiomere, Diastereomere oder identisch mit der oberen Verbindung sind.

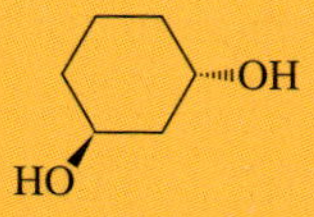

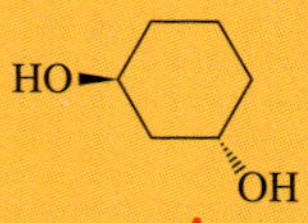

A

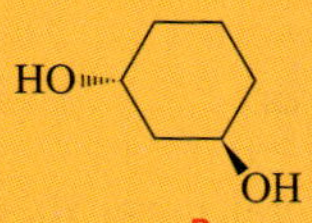

B

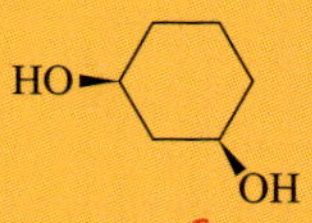

C

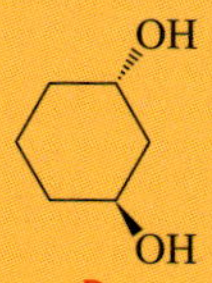

D

STRATEGIEN ZUR PROBLEMLÖSUNG

■ Zeichnung von Enantiomeren und Diastereomeren

Zeichnen Sie je ein Enantiomer und ein Diastereomer für die folgende Verbindung:

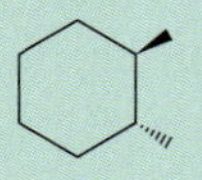

Es gibt zwei Möglichkeiten, ein Enantiomer zu zeichnen. Sie können die Konfiguration beider asymmetrisch substituierten Kohlenstoffatome ändern, indem Sie wie in **A** aus allen gestrichelten Keilen ausgefüllte machen und umgekehrt. Oder Sie können wie in **B** einfach das Spiegelbild der gegebenen Verbindung zeichnen. Beachten Sie, dass **A** und **B** identische Moleküle sind, da es sich bei beiden um Enantiomere der gegebenen Verbindung handelt. Sie können dies überprüfen, indem sie **B** um 180° drehen.

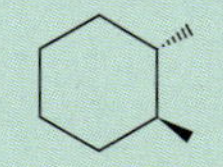
A

oder

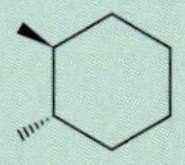
B

Ein Diastereomer zeichnen Sie, indem Sie die Konfiguration nur eines der asymmetrisch substituierten Kohlenstoffatome ändern, wie in **C** oder **D**.

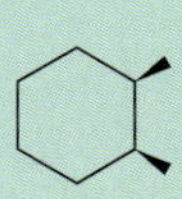
C

oder

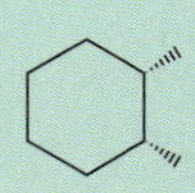
D

Mesoverbindungen haben chirale Zentren, sind aber optisch inaktiv 4.14

In den Beispielen, die wir soeben erörtert haben, besitzt jede Verbindung mit zwei asymmetrisch substituierten Kohlenstoffatomen vier Stereoisomere. Einige Verbindungen mit zwei asymmetrisch substituierten Kohlenstoffatomen (wie das unten gezeigte Beispiel) besitzen jedoch nur drei Stereoisomere.

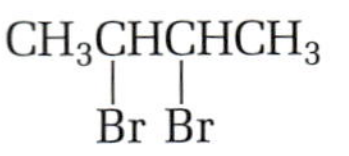

2,3-Dibrombutan

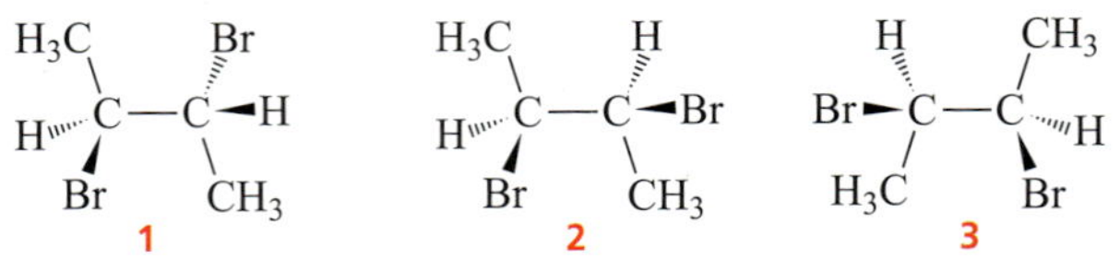

1 2 3

perspektivische Formeln der Stereoisomere des 2,3-Dibrombutans (gestaffelt)

Das „fehlende“ Isomer ist das Spiegelbild von 1, da 1 mit seinem Spiegelbild identisch ist. Dies lässt sich am besten erkennen, wenn man entweder perspektivische Formeln in der ekliptischen Konformation oder Fischer-Projektionen betrachtet.

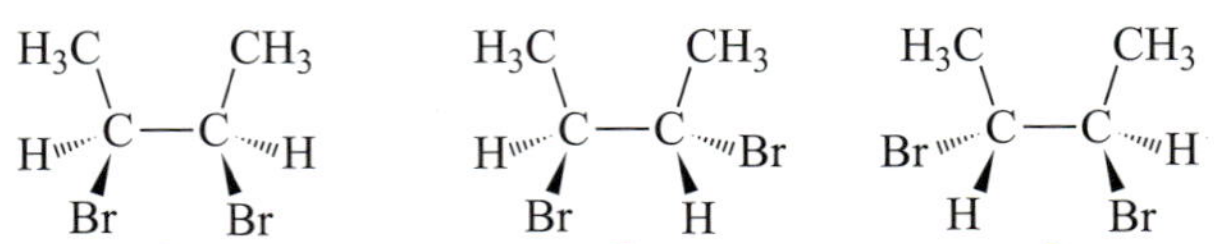

1 2 3

perspektivische Formeln der Stereoisomere des 2,3-Dibrombutans (ekliptisch)

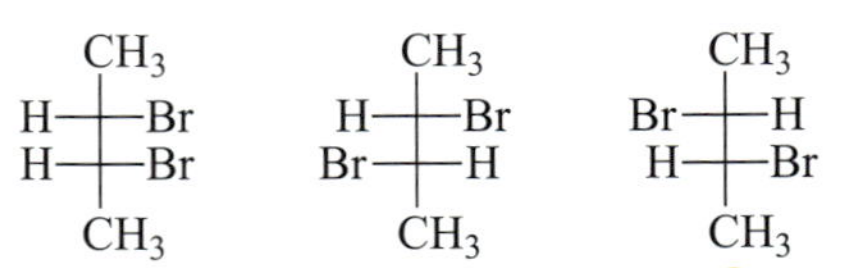

1 2 3

Fischer-Projektionen der Stereoisomere des 2,3-Dibrombutans (ekliptisch)

Es ist offensichtlich, dass **1** und sein Spiegelbild identisch sind, wenn man die perspektivischen Formelbilder in der ekliptischen Konformation betrachtet. Um sich zu überzeugen, dass die Fischer-Projektion von **1** und ihr Spiegelbild identische Moleküle wiedergeben, lässt man das Spiegelbild um 180° rotieren.

Hinweis für die Studierenden

Beachten Sie, dass Sie Fischer-Projektionen durch Rotation um 180° in der Papierebene ineinander umwandeln können.

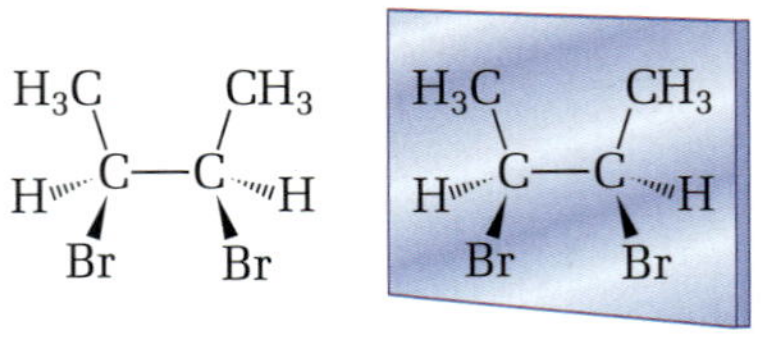

deckungsgleiche Spiegelbilder

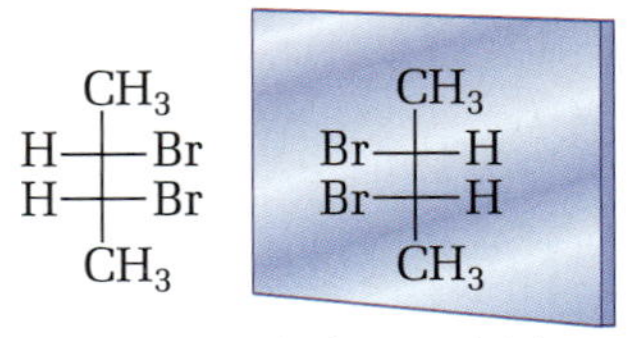

deckungsgleiche Spiegelbilder

Das Stereoisomer **1** wird als **Mesoverbindung** (= Mesoform der Verbindung) bezeichnet. Ungeachtet der Tatsache, dass eine Mesoverbindung asymmetrisch substituierte C-Atome besitzt, handelt es sich um ein achirales Molekül, da es mit seinem Spiegelbild deckungsgleich ist. Die Vorsilbe *meso* ist dem Griechischen entlehnt und bedeutet „mittig“/„in der Mitte“.

MERKE!

Eine Mesoform besitzt zwei oder mehr asymmetrisch substituierte Kohlenstoffatome und eine Symmetrieebene.

Beachten Sie, dass eine **Symmetrieebene** die Mesoverbindung in der Mitte teilt. Sehen Sie sich als Beispiel die erste Verbindung unten an. Wenn die obere Hälfte des Moleküls polarisiertes Licht nach rechts dreht, dann wird die untere Hälfte das Licht wieder nach links drehen. Diese Drehungen werden sich ausgleichen und die Verbindung wird optisch nicht aktiv sein.

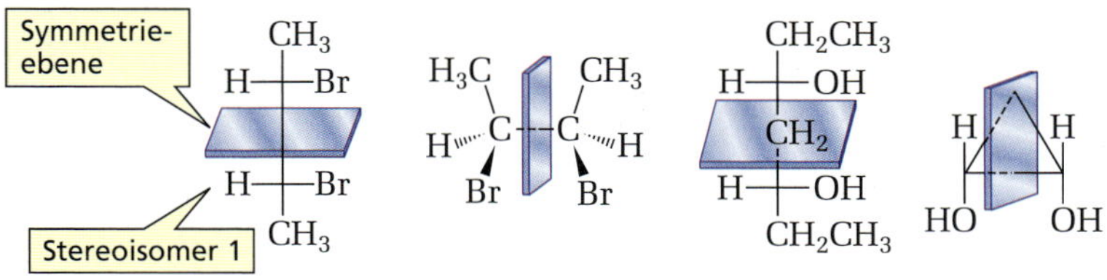

Mesoverbindungen

> **MERKE!**
>
> **Mesoformen sind nicht optisch aktiv.**
>
> **Falls eine Verbindung eine Symmetrieebene besitzt, wird sie auch dann nicht optisch aktiv sein, wenn sie asymmetrisch substituierte Kohlenstoffatome enthält.**

Es ist leicht zu erkennen, ob eine Verbindung mit zwei asymmetrisch substituierten Kohlenstoffatomen ein Stereoisomer besitzt, das eine Mesoverbindung ist: Die vier Atome und/oder Gruppen, die an die asymmetrisch substituierten C-Atome gebunden sind, sind identisch mit den vier Atomen oder/und Gruppen an dem anderen asymmetrisch substituierten C-Atom. Zum Beispiel sind beide Chiralitätszentren in der folgenden Verbindung an H, OH, eine CH_3-Gruppe und an $CH(OH)CH_3$ gebunden.

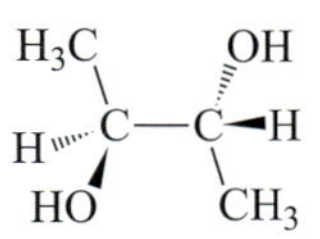

Mesoverbindung

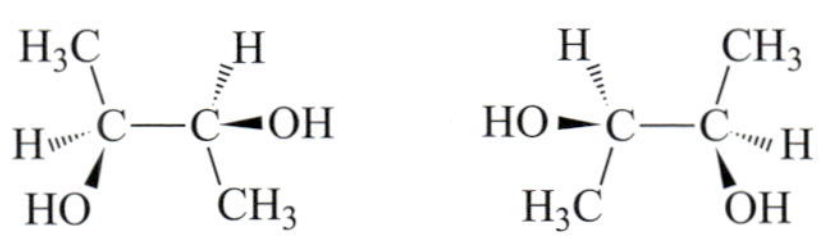

Enantiomere

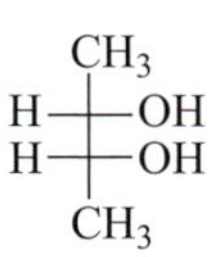

Mesoverbindung

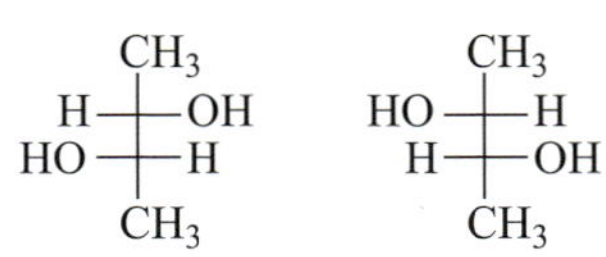

Enantiomere

Eine Verbindung, die die gleichen vier Atome oder Gruppen an zwei verschiedenen asymmetrischen Zentren hat, wird drei verschiedene Stereoisomere aufweisen. Eines der drei Isomere ist eine Mesoform, die anderen beiden sind zueinander enantiomer.

Im Fall zyklischer Verbindungen, die zwei chirale Zentren mit identischen Substituenten haben, ist das *cis*-Isomer die Mesoverbindung und das *trans*-Isomer besitzt ein Enantiomerenpaar.

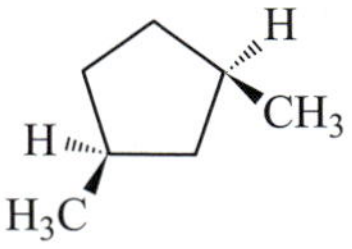

cis-1,3-Dimethylcyclopentan
Mesoverbindung

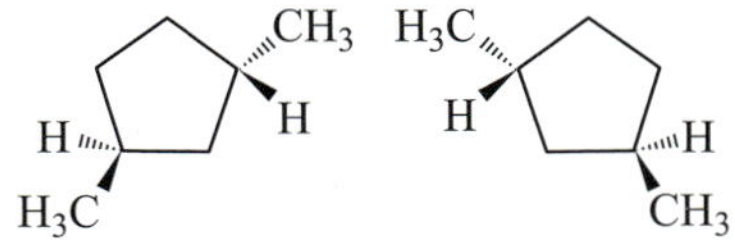

trans-1,3-Dimethylcyclopentan
Enantiomerenpaar

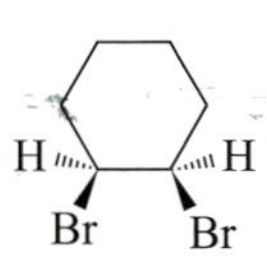

cis-1,2-Dibromcyclohexan
Mesoverbindung

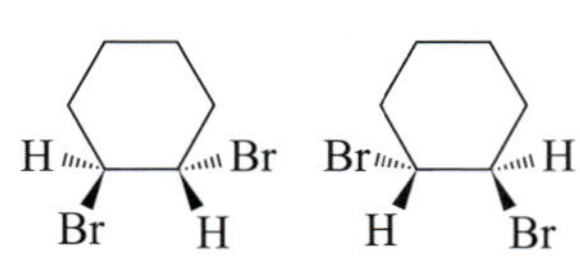

trans-1,2-Dibromcyclohexan
Enantiomerenpaar

Die vorangegangene perspektivische Formel des *cis*-1,2-Dibromcyclohexans legt die Vermutung nahe, dass die Verbindung eine Symmetrieebene besitzt. Das Cyclohexan ist jedoch kein planes Sechseck – es existiert überwiegend in der Sesselkonformation, und das Sesselkonformer des *cis*-1,2-Dibromcyclohexans weist keine Symmetrieebene auf. Nur die viel weniger stabile Bootskonformation des *cis*-1,2-Dibromcyclohexans besitzt eine Symmetrieebene. Ist *cis*-1,2-Dibromcyclohexan also eine Mesoverbindung? Die Antwort ist ja. Solange irgendein Konformer einer Verbindung eine Symmetrieebene aufweist, ist die Verbindung achiral, auch wenn das Konformer mit Symmetrieebene nicht das stabilste Konformer ist.

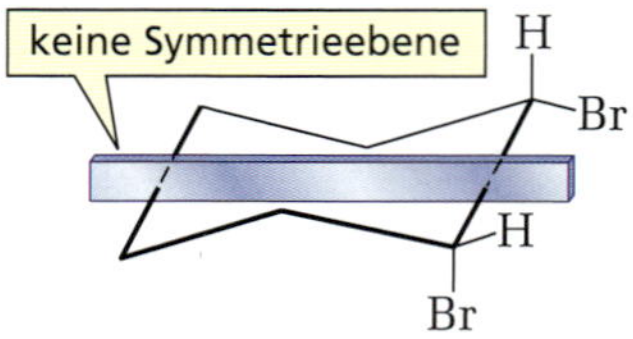

Sesselkonformation

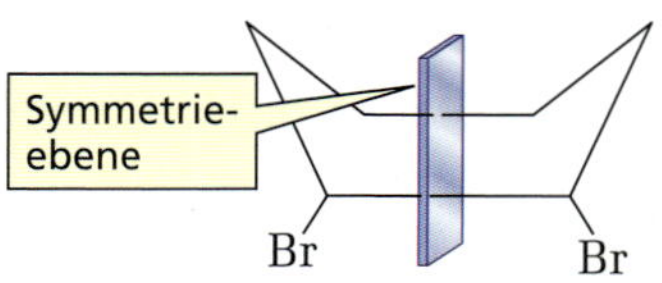

Bootkonformation

Dies gilt auch für azyklische Verbindungen. Wir haben gerade gesehen, dass 2,3-Dibrombutan eine achirale Mesoform ist, da es eine Symmetrieebene besitzt. Um erkennen zu können, dass es eine Symmetrieebene besitzt, mussten wir die relativ instabile ekliptische Konformation betrachten. Die stabilere gestaffelte Konformation hat dagegen keine Symmetrieebene. 2,3-Dibrombutan ist jedoch immer noch eine Mesoverbindung, da es ein Konformer mit einer Symmetrieebene besitzt.

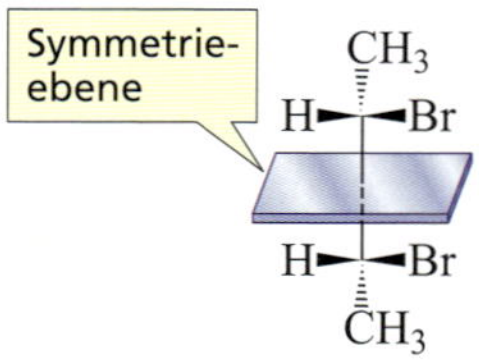

ekliptische Konformation

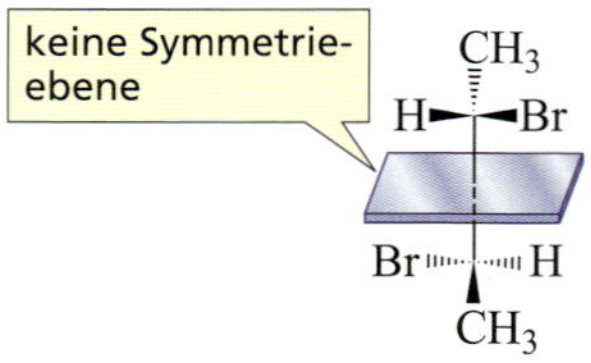

gestaffelte Konformation

STRATEGIEN ZUR PROBLEMLÖSUNG

■ Identifizierung von Stereoisomeren einer Verbindung, die Mesoformen sind

Welche der folgenden Verbindungen besitzt ein Stereoisomer, das eine Mesoform ist?

A 2,3-Dimethylbutan
B 3,4-Dimethylhexan
C 2-Brom-3-methylpentan
D 1,3-Dimethylcyclohexan
E 1,4-Dimethylcyclohexan
F 1,2-Dimethylcyclohexan
G 3,4 Diethylhexan
H 1-Brom-2-methylcyclohexan

Prüfen Sie jede Verbindung, um zu ergründen, ob es die notwendigen Voraussetzungen für die Existenz einer Mesoform erfüllt. Verfügt sie also über zwei asymmetrisch substituierte Kohlenstoffatome mit den gleichen vier Substituenten an jedem asymmetrisch substituierten Kohlenstoffatom?

Die Verbindungen **A**, **E** und **G** besitzen *kein* Stereoisomer, das eine Mesoform ist, weil sie keine asymmetrisch substituierten Kohlenstoffatome enthalten.

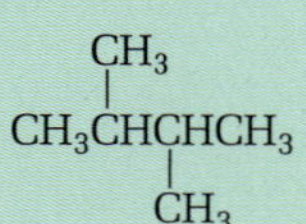

A

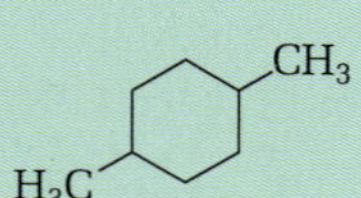

E

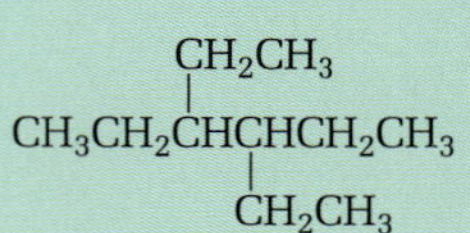

G

Die Verbindungen **C** und **H** verfügen jeweils über zwei asymmetrisch substituierte C-Atome. Die besitzen *kein* Stereoisomer, das eine Mesoform ist, weil die beiden asymmetrisch substituierten C-Atome in den beiden Verbindungen *nicht* über die gleichen Bindungspartner verfügen.

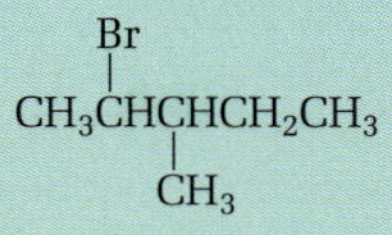
C

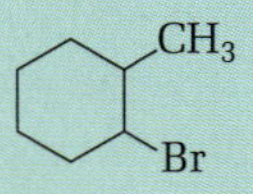
H

Die Verbindungen **B**, **D** und **F** verfügen über ein Stereoisomer, das eine Mesoform ist: Sie besitzen zwei asymmetrisch substituierte Kohlenstoffatome, und jedes asymmetrisch substituierte Kohlenstoffatom ist an die gleichen vier Atome und/oder Gruppen gebunden.

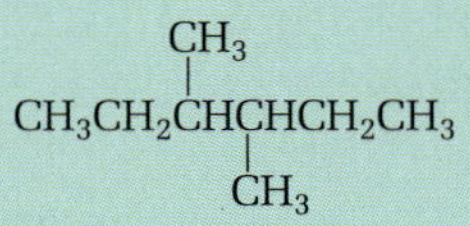
B

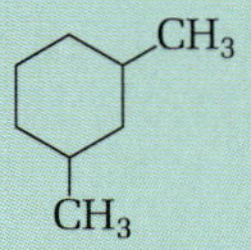
D

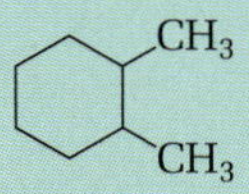
F

Das Isomer, das die Mesoform ist, ist dasjenige, das eine Symmetrieebene besitzt, wenn eine azyklische Verbindung in ihrer ekliptischen Konformation gezeichnet wird (**B**) oder wenn eine zyklische Verbindung mit einem planaren Ring gezeichnet wird. Bei zyklischen Verbindungen ist die Mesoverbindung das *cis*-Isomer (**D** und **F**).

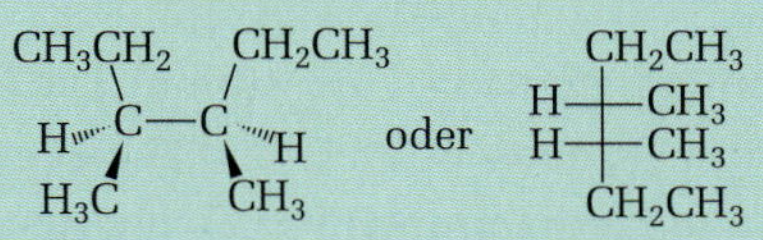
B

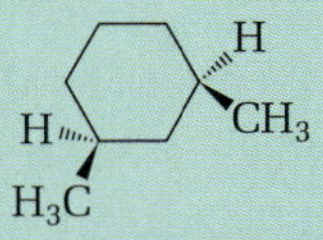
D

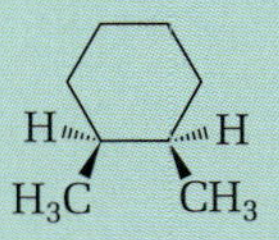
F

Ü 49* Welche der folgenden Verbindungen verfügt über ein Stereoisomer, das eine Mesoform ist?

A 2,4-Dibromhexan
B 2,4-Dibrompentan
C 2,4-Dimethylpentan
D 1,3-Dichlorcyclohexan
E 1,4-Dichlorcyclohexan
F 1,2-Dichlorcyclobutan

Ü 50 mit Lösung

Welche der folgenden Verbindungen sind optisch aktiv?

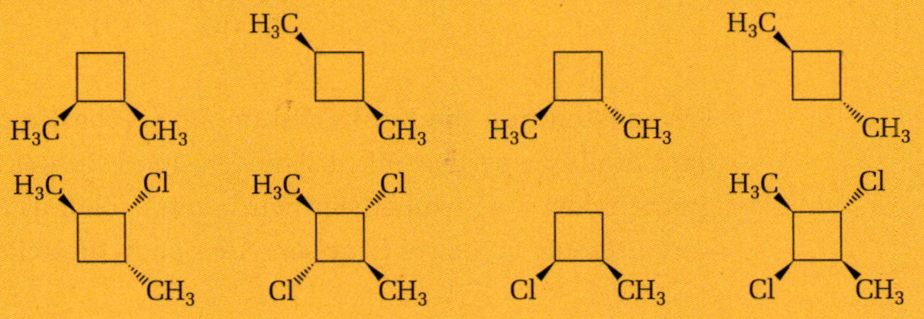

Lösung

In der *oberen* Reihe ist nur die *dritte* Verbindung optisch aktiv. Die erste Verbindung besitzt eine Symmetrieebene, die bei einer optisch aktiven Verbindung nicht vorkommen darf; die zweite und die vierte Verbindung haben keine Chiralitätszentren. In der *unteren* Reihe sind die *erste* und *dritte* Verbindung optisch aktiv. Die zweite und vierte Verbindung haben erneut keine Chiralitätszentren.

Ü 51 Zeichnen Sie alle Stereoisomere aller folgenden Verbindungen:

(a) 1-Chlor-3-methylpentan
(b) 2-Methyl-1-propanol
(c) 2-Brom-1-butanol
(d) 3-Brom-2-butanol
(e) 3,4-Dichlorhexan
(f) 1,2-Dichlorcyclobutan
(g) 1,3-Dichlorcyclohexan
(h) 1,4-Dichlorcyclohexan
(i) 1-Brom-2-chlorcyclobutan
(j) 1-Brom-3-chlorcyclobutan

Nomenklatur für Isomere mit mehr als einem asymmetrisch substituierten Kohlenstoffatom 4.15

Falls eine Verbindung mehr als ein asymmetrisch substituiertes Kohlenstoffatom aufweist, müssen die Schritte zur Bestimmung der Konfiguration (*R* oder *S*) für jedes asymmetrisch substituierte Kohlenstoffatom einzeln durchgeführt werden. Lassen Sie uns dies beispielhaft an einem der Stereoisomere des 3-Brom-2-butanols durchführen.

Benennung einer Verbindung aus der perspektivischen Formel

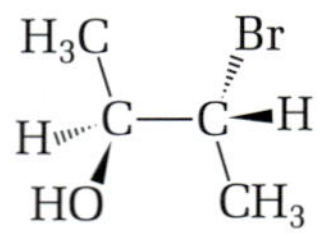

ein Stereoisomer des 3-Brom-2-butanols

Als Erstes wird die Konfiguration am C-2 bestimmt. Die OH-Gruppe besitzt die höchste Priorität (1), das C-3 (das an Br, C und H gebundene C-Atom) besitzt die nächstniedrigere. Die Methylgruppe (—CH_3) besitzt die nächstniedrigere Priorität (3), und das H-Atom die niedrigste (4). Da die Bindung zum Bindungspartner mit der niedrigsten Priorität (—H) mit einem gestrichelten Keil dargestellt ist, können wir unmittelbar einen Pfeil vom Bindungspartner mit der höchsten Priorität zu dem Bindungspartner mit der zweithöchsten Priorität zeichnen. Da die Pfeilrichtung von (1) nach (2) nach (3) gegen den Uhrzeigersinn verläuft, ist die Konfiguration am C-2 *S*.

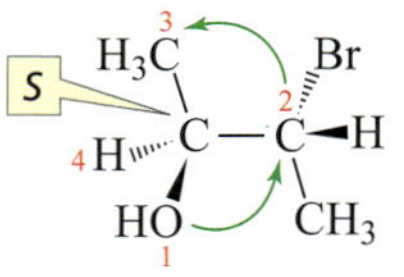

Wir müssen nun die Konfiguration am C-3 bestimmen. Da die Bindung zu dem Bindungspartner mit der niedrigsten Priorität (—H) nicht durch einen gestrichelten Keil symbolisiert wird, müssen wir es vorübergehend durch die Vertauschung von zwei Gruppen/Atomen in diese Position bringen.

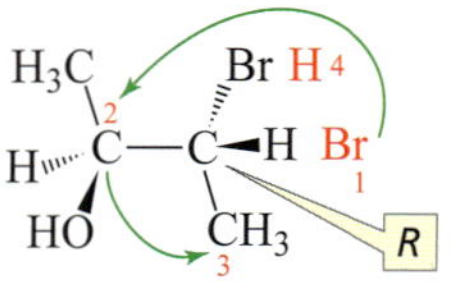

Der Pfeil, der vom Bindungspartner mit der höchsten Priorität (1) (—Br) zum Bindungspartner mit der nächstniedrigeren Priorität (2) (das an O, C und H gebundene C-Atom) weist, zeigt in die Gegenuhrzeigerrichtung, was auf die *S*-Konfiguration an C-3 hindeutet. Da wir aber vor dem Einzeichnen des Pfeiles zwei Gruppen bzw. Atome vertauscht haben, besitzt das C-3 die entgegengesetzte

Konfiguration, also die *R*-Konfiguration. Das Isomer trägt also die Bezeichnung (2*S*,3*R*)-3-Brom-2-butanol.

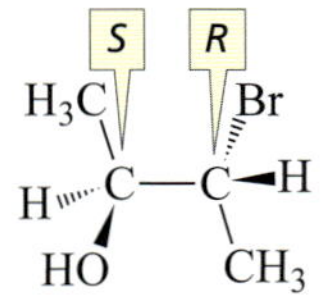

(2*S*,3*R*)-3-Brom-2-butanol

Benennung einer Verbindung aus der Fischer-Projektion

Fischer-Projektionen von Verbindungen mit zwei asymmetrisch substituierten C-Atomen lassen sich auf ähnliche Weise benennen. Dazu müssen Sie nur die Regeln, die Sie für die Fischer-Projektionen mit einem Chiralitätszentrum gelernt haben, auf jedes asymmetrisch substituierte Kohlenstoffatom anwenden. Beim C-2 weist der Pfeil von (1) zu (2) nach (3) im Uhrzeigersinn, was *R*-Konfiguration nahelegt. Da jedoch die Gruppe mit der niedrigsten Priorität durch einen horizontalen Bindungsstrich symbolisiert ist, kommen wir zu der Folgerung, dass am C-2 die *S*-Konfiguration gegeben ist (Abschnitt 4.8).

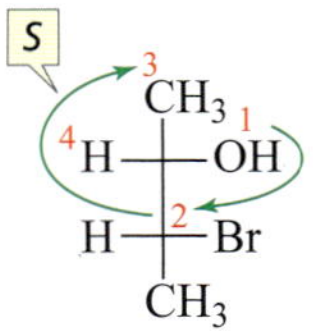

Durch Wiederholung dieser Schritte für das C-3 gelangen Sie zu dem Ergebnis, dass dieses *R*-Konfiguration aufweist. Der vollständige Name des Isomers ist also (2*S*,3*R*)-3-Brom-2-butanol.

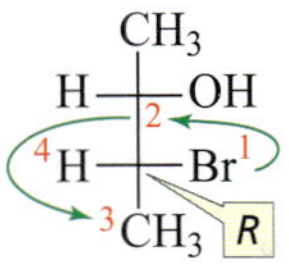

(2*S*,3*R*)-3-Brom-2-butanol

Beispiele

Die vier Stereoisomere des 3-Brom-2-butanols sind im Folgenden mit vollständigen chemischen Bezeichnungen wiedergegeben. Nehmen Sie sich einige Minuten Zeit, um die Namen zu überprüfen und ihre Richtigkeit zu verifizieren.

- Beachten Sie, dass Enantiomere an beiden asymmetrisch substituierten Kohlenstoffatomen (Chiralitatszentren) entgegengesetzte Konfigurationen aufweisen.
- Beachten Sie zudem, dass Diastereomere an einem der Chiralitatszentren die gleiche Konfiguration, an dem anderen Chiralitätszentrum entgegengesetzte Konfigurationen besitzen.

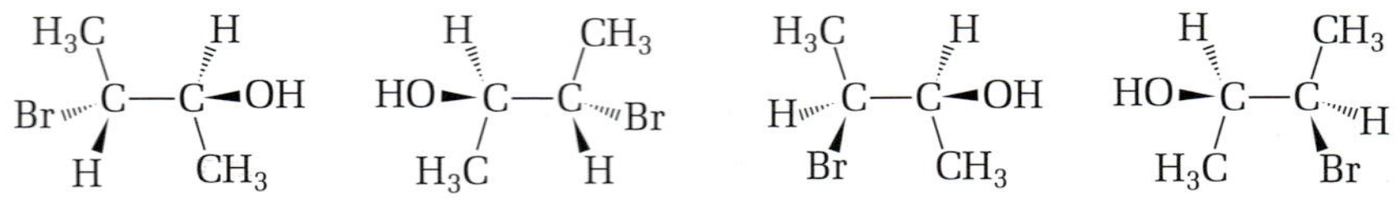

(2*S*,3*R*)-3-Brom-2-butanol | (2*R*,3*S*)-3-Brom-2-butanol | (2*S*,3*S*)-3-Brom-2-butanol | (2*R*,3*R*)-3-Brom-2-butanol

perspektivische Formeln der Stereoisomere des 3-Brom-2-butanols

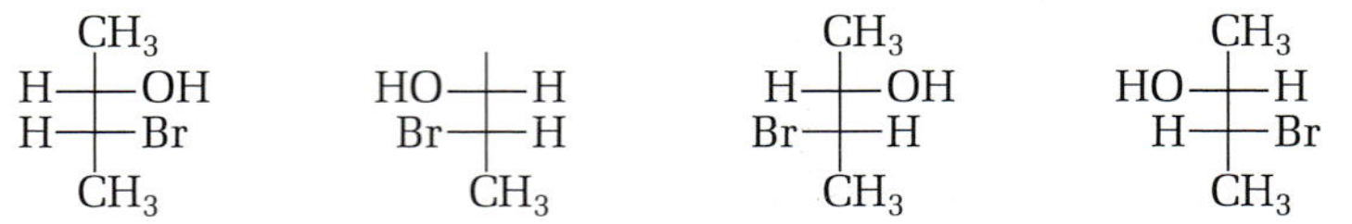

(2*S*,3*R*)-3-Brom-2-butanol | (2*R*,3*S*)-3-Brom-2-butanol | (2*S*,3*S*)-3-Brom-2-butanol | (2*R*,3*R*)-3-Brom-2-butanol

Fischer-Projektionen der Stereoisomere des 3-Brom-2-butanols

Die Weinsäure besitzt drei Stereoisomere, weil jedes ihrer beiden asymmetrisch substituierten Kohlenstoffatome (beide Chiralitätszentren) den gleichen Satz von vier Bindungspartnern aufweist. Die Mesoform der Weinsäure und das Enantiomerenpaar tragen die nachfolgend aufgeführten exakten Bezeichnungen.

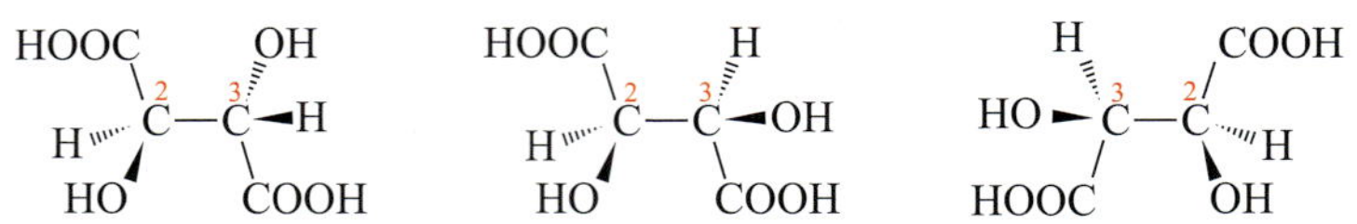

(2*R*,3*S*)-Weinsäure — Mesoverbindung | (2*R*,3*R*)-Weinsäure | (2*S*,3*S*)-Weinsäure — Enantiomerenpaar

perspektivische Formeln der Stereoisomere der Weinsäure

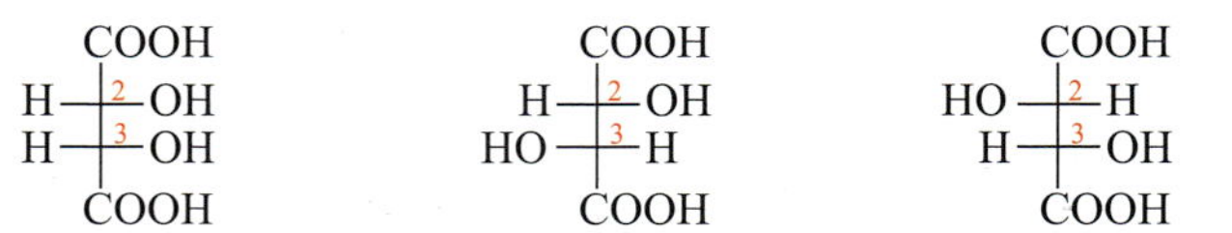

(2*R*,3*S*)-Weinsäure — Mesoverbindung | (2*R*,3*R*)-Weinsäure | (2*S*,3*S*)-Weinsäure — Enantiomerenpaar

Fischer-Projektionen der Stereoisomere der Weinsäure

Die physikalischen Eigenschaften der drei Stereoisomere der Weinsäure sind in ► Tabelle 4.2 zusammengestellt. Die Mesoform und jedes der beiden Enantiomere bilden jeweils ein Diastereomerenpaar. Man beachte, dass die physikalischen Eigenschaften der Enantiomere sich gleichen, wohingegen die physikalischen Eigenschaften der Diastereomeren verschieden sind. Beachten Sie weiterhin, dass die physikalischen Eigenschaften des Racemats sich von den physikalischen Eigenschaften der Enantiomere unterscheiden.

	Schmelzpunkt (°C)	spezifische Drehung	Löslichkeit (g/100 g H_2O bei 15 °C)
(2*R*,3*R*)-(+)-Weinsäure	171	+ 11,98	139
(2*S*,3*S*)-(−)-Weinsäure	171	− 11,98	139
(2*R*,3*S*)-(Weinsäure)*	146	0	125
(±)-Weinsäure	206	0	139

* meso-Weinsäure

Tabelle 4.2: Physikalische Eigenschaften der Stereoisomere der Weinsäure.

Ü 52 Zeichnen und benennen Sie die vier Stereoisomere des 1,3-Dichlor-2-pentanols unter Verwendung von:
(a) perspektivischen Formeln; **(b)** Fischer-Projektionen.

Ü 53 Benennen Sie die Verbindungen, die Sie in Übung 52 gezeichnet haben.

Ü 54* Chloramphenicol ist ein Breitspektrum-Antibiotikum, das besonders gut zur Behandlung von Typhus geeignet ist. Wie lauten die Konfigurationen aller asymmetrisch substituierten Kohlenstoffatome des Chloramphenicols?

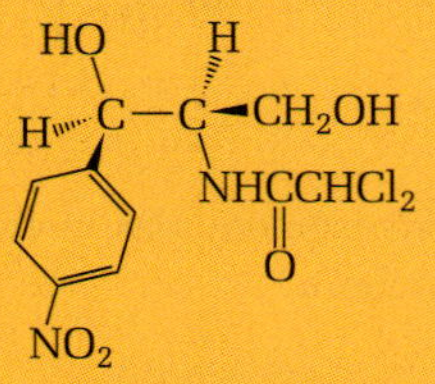

Chloramphenicol

STRATEGIEN ZUR PROBLEMLÖSUNG

■ Zeichnung perspektivischer Formeln einer Verbindung mit zwei asymmetrisch substituierten Kohlenstoffatomen

Zeichnen Sie perspektivische Formeln von (2*S*,3*R*)-3-Chlor-2-pentanol.

Zeichnen Sie zunächst die Verbindung um zu sehen, welche Gruppen am Chiralitätszentrum gebunden sind.

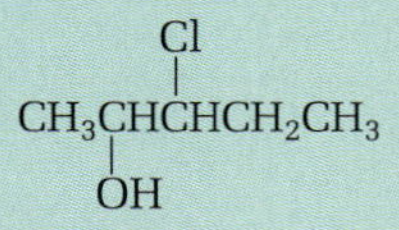

3-Chlor-2-pentanol

Zeichnen Sie nun die Bindungen, die in der Ebene des Papiers legen und fügen Sie die Keile hinzu. Erinnern Sie sich daran, dass gefüllte und gestrichelte Keile am gleichen Kohlenstoffatom liegen müssen und dass der gestrichelte Keil über dem gefüllten Keil liegen muss.

Bringen Sie an jedem der asymmetrisch substituierten C-Atome den Bindungspartner mit der niedrigsten Priorität an der durch den gestrichelten Keil symbolisierten Bindung an.

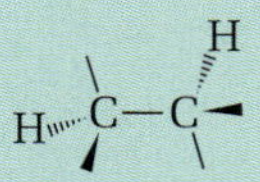

Bringen Sie bei jedem der asymmetrisch substituierten C-Atome den Bindungspartner mit der höchsten Priorität an einer Bindung an, sodass ein Pfeil, der zum Bindungspartner mit der nächstniedrigeren Priorität weist, im Uhrzeigersinn verläuft, falls die *R*-Konfiguration gewünscht ist, und im Gegenuhrzeigersinn, falls die *S*-Konfiguration gewünscht ist.

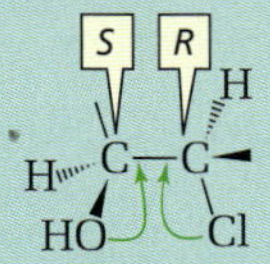

Bringen Sie die verbleibenden Substituenten (Bindungspartner) an den letzten noch freien Bindungen an.

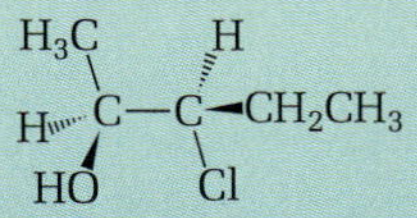

(2*S*,3*R*)-3-Chlor-2-pentanol

Ü 55 Zeichnen Sie perspektivische Formeln der folgenden Verbindungen:

(a) (*S*)-3-Chlor-1-pentanol
(b) (2*R*,2*R*)-2,3-Dibrompentan
(c) (2*R*,2*R*)-3-Methyl-2-pentanol
(d) (*R*)-1,2-Dibrombutan

Ü 56* Benennen Sie die nachfolgenden Verbindungen vollständig:

(a) 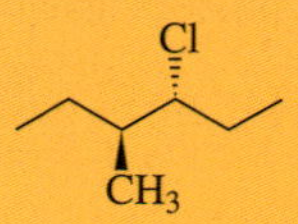

(c) 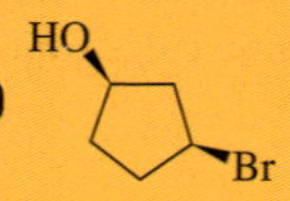

(b) 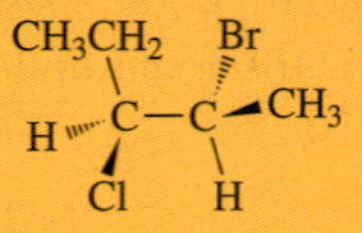

(d) 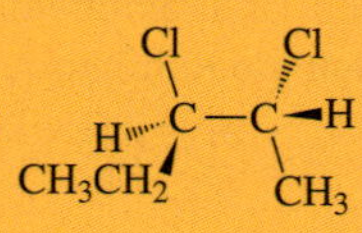

Ü 57* Threonin, eine Aminosäure, hat vier Stereoisomere. Das in der Natur vorkommende Isomer ist (2*S*,3*S*)-Threonin. Welches der folgenden Strukturen ist natürliches Threonin?

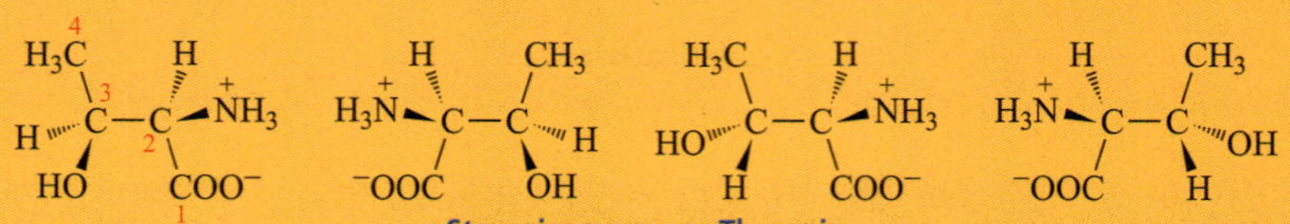

Stereoisomere von Threonin

Ü 58 mit Lösung

Wandeln Sie die Fischer-Projektion in eine perspektivische Formel um.

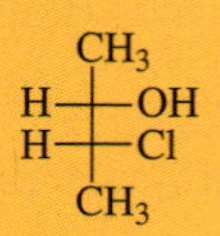

Lösung

Bestimmen Sie die Konfiguration an beiden Stereozentren und zeichnen Sie die perspektivische Formel mit den gleichen Konfigurationen nach der Anleitung in „Strategien zur Problemlösung".

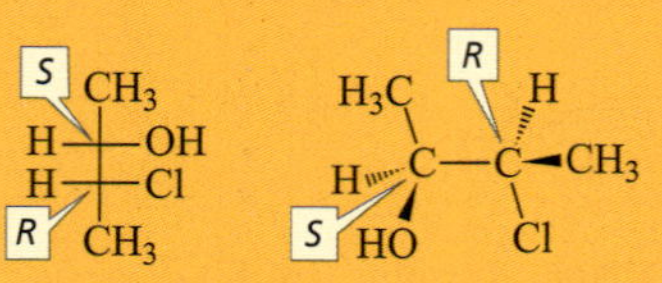

Ü 59 Wandeln Sie die Fischer-Projektion in eine perspektivische Formel um.

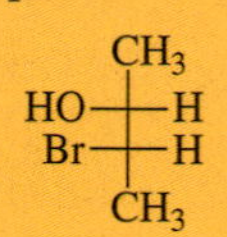

Ü 60 mit Lösung

Wandeln Sie die perspektivische Formel in eine Gerüststruktur um.

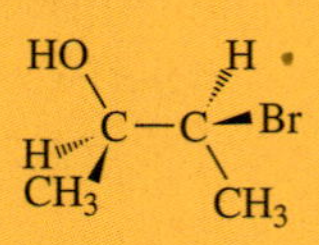

Lösung

Bestimmen Sie die Konfiguration an beiden Chiralitätszentren in der perspektivischen Formel. Zeichnen Sie nun die Gerüststruktur und stellen Sie sicher, dass die Chiralitätszentren ihre Konfiguration behalten.

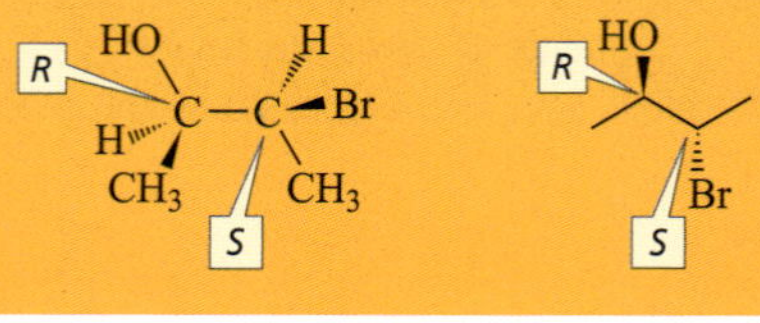

Ü 61* Wandeln Sie die perspektivische Formel in eine Gerüststruktur um.

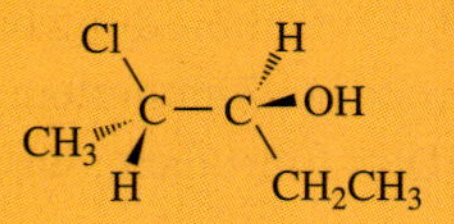

Ü 62* Die folgende Verbindung hat zwei Chiralitätszentren und vier Stereoisomere. Zwei davon sind D-Erythrose und D-Threose, zwei natürlich vorkommende Zucker. Die Konfiguration D-Erythrose ist (2*R*,3*R*) und die Konfiguration von D-Threose ist (2*S*,3*R*).

(a) Welche Struktur ist D-Erythrose? **(b)** Welche Struktur ist D-Threose?

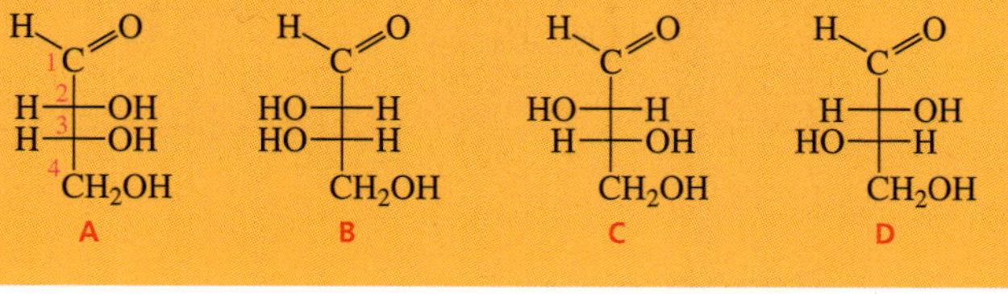

Stickstoff- und Phosphorchiralitätszentren 4.16

Nicht nur asymmetrisch substituierte Kohlenstoffatome, sondern auch andere Atome können Chiralitätszentren sein. Wenn ein Atom wie ein Stickstoff- oder Phosphoratom vier unterschiedliche Gruppen gebunden hat und eine tetraedrische Struktur einnimmt, ist es ein Chiralitätszentrum. Zum Beispiel sind die folgenden Verbindungspaare, die Stickstoff- bzw. Phosphorchiralitätszentren tragen, Enantiomere.

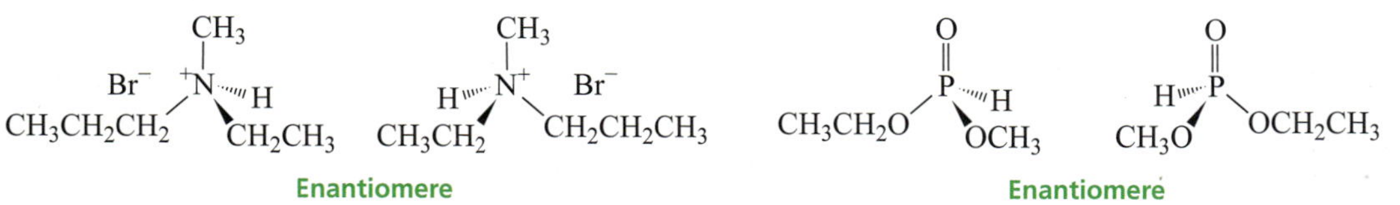

Falls eine der vier „Gruppen", die an das N-Atom gebunden sind, ein freies Elektronenpaar ist, können die Enantiomere nicht getrennt und isoliert werden, da sie sich bei Raumtemperatur rasch ineinander umwandeln. Dieses Phänomen wird als **Amininversion** bezeichnet (► Abbildung 4.8). Das freie Elektronenpaar ist für die Inversion essenziell; quarternäre Ammoniumsalze – Verbindungen mit vier Bindungen am Stickstoffatom ohne Elektronenpaar – können nicht invertieren. Ein Weg, die Amininversion bildlich darzustellen, ist, sie sich als einen Regenschirm vorzustellen, der in einem Sturm umgestülpt wird.

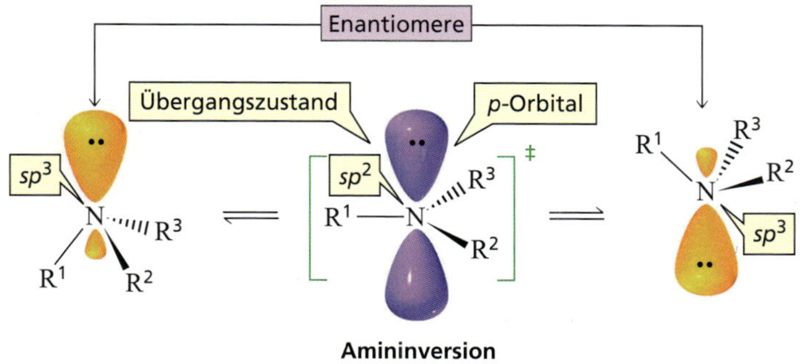

Abbildung 4.8: Die Amininversion verläuft durch einen Übergangszustand, in dem sich das sp^3-Stickstoffatom in ein sp^2-Stickstoffatom umwandelt. Die drei Gruppen, die an Stickstoff gebunden sind, liegen dann in einer Ebene und das freie Elektronenpaar befindet sich in einem *p*-Orbital senkrecht auf dieser Ebene. Die invertierte und nicht invertierte Form des Moleküls sind Enantiomere.

Die zur Amininversion benötigte Energie beträgt etwa 6 kcal/mol (25 kJ/mol) – das ist ungefähr doppelt so viel Energie, wie für eine Rotation um eine C—C-Einfachbindung benötigt wird, aber immer noch so wenig, dass die Enantiomere bei Zimmertemperatur problemlos ineinander überführt werden können. Dies führt dazu, dass sich die Enantiomere nicht trennen lassen.

Ü 63* Verbindung A besitzt zwei Stereoisomere, die Verbindungen B und C existieren als Einzelverbindungen. Geben Sie eine Erklärung.

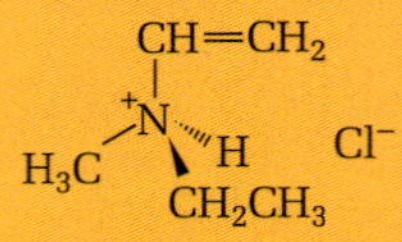
A

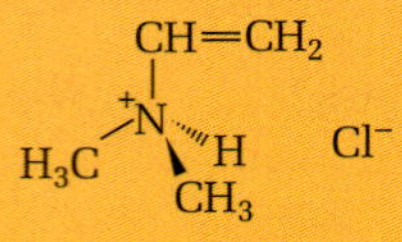
B

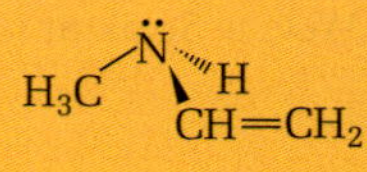
C

Rezeptoren 4.17

Dr. Frances O. Kelsey erhält 1962 die Medallie für „Distinguished Federal Civillian Service" von Präsident John F. Kennedy, da sie den Verkauf von Thalidomid verhinderte. Kelsey wurde 1914 in British Columbia geboren und erhielt ihren B.Sc. 1934 und ihren M.Sc. in Pharmakologie von der McGill Universität. In 1938 erhielt sie ihren Ph.D. und M.D. von der Universität Chicago, wo sie Fakultätsmitglied wurde. Sie heiratete einen ihrer Kollegen und bekam mit ihm zwei Töchter. Sie trat 1960 der FDA (food and drug administration) bei und blieb dort bis 2005, als sie mit 90 Jahren aus dem Dienst ausschied. Jedes Jahr wird in der FDA den Dr. Frances O. Kelsey Preis an einen ihrer Mitarbeiter verliehen.

Ein **Rezeptor** ist ein Protein, das an ein bestimmtes Molekül bindet. Da Proteine chiral sind, bindet ein Rezeptor ein Enantiomer besser als ein anderes Enantiomer. In ► Abbildung 4.9 bindet der Rezeptor an das *R*-Enantiomer, aber nicht das *S*-Enantiomer, sowie ein rechter Handschuh nur über eine rechte Hand passt.

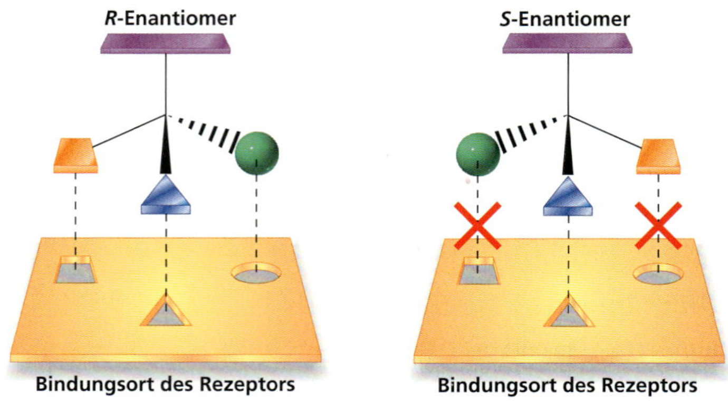

Abbildung 4.9: Ein schematisches Diagramm zeigt, warum nur ein Enantiomer von einem Rezeptor gebunden wird. Ein Enantiomer passt in die Bindungsstelle, das andere nicht.

Da Proteine typischerweise nur ein Enantiomer erkennen, führt dies dazu, dass Enantiomere unterschiedliche physiologische Eigenschaften haben. Zudem verfügen Rezeptoren an der Außenseite von Nervenzellen über die Fähigkeit, über 10.000 Gerüche unterscheiden zu können, denen sie ausgesetzt sind. Der Grund warum (*R*)-(−)-Carvon (aus Pfefferminzöl) und (*S*)-(+)-Carvon (der Hauptbestandteil von Kümmelöl) stark unterschiedlich riechen, ist, dass sie unterschiedliche Rezeptoren aktivieren.

(*R*)-(−)-Carvon riecht wie Minze

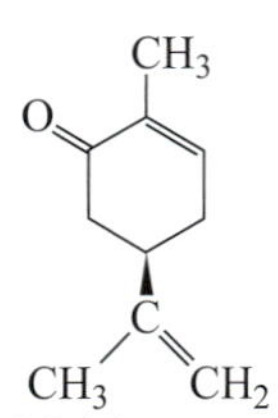
(*R*)-(−)-Carvon
$[\alpha]_D^{20\,°C} = -62{,}5$

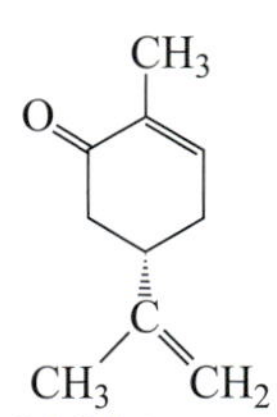
(*S*)-(+)-Carvon
$[\alpha]_D^{20\,°C} = +62{,}5$

(*S*)-(+)-Carvon riecht wie Kümmel

Viele Medikamente üben ihre physiologische Aktivität über die Bindung zu Rezeptoren auf Zelloberflächen aus. Wenn das Medikament ein Chiralitätszentrum besitzt, wird eines der Enantiomere bevorzugt von einem Rezeptor gebunden. Daher können die beiden Enantiomere einer Verbindung unterschiedliche physiologische Aktivitäten und Wirkstärken oder auch komplett unterschiedliche Wirkungen haben. Zum Beispiel weisen die unten gezeigten Enantiomere stark unterschiedliche Aktivitäten auf.

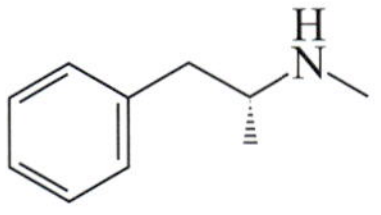

Die aktive Verbindung in Asthma-Inhalatoren.

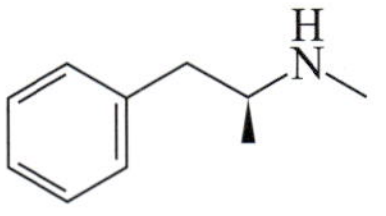

Methylamphetamin „Meth"

Ü 64* Limonen hat zwei verschiedene Stereoisomere. Das *R*-Enantiomer stammt aus Orangen und Zitronen und das *S*-Enantiomer aus Fichten. Welche der beiden gezeigten Verbindungen stammt aus Orangen und Zitronen?

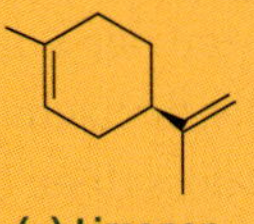

(+)-Limonen

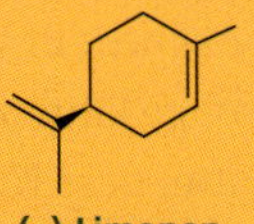

(–)-Limonen

HINTERGRUND

Die Enantiomere von Thalidomid

Thalidomid wurde in Westdeutschland entwickelt und zuerst in 1957 als Contergan gegen Schlafprobleme, Stress und morgendliche Übelkeit während der Schwangerschaft verkauft. Zu dieser Zeit wurde es in über 40 Ländern eingesetzt, aber nicht in den USA, weil Frances Kelsey, eine medizinische Wissenschaftlerin bei der *Food and Drug Administration* (FDA), auf weitere Tests bestand, um eine britische Studie zu erklären, die Nebenwirkungen am Nervensystem feststellte.

Das (+)-Isomer hat starke sedative Effekte, aber das verkaufte Produkt enthielt ein racemisches Gemisch. Niemand wusste, dass das (*S*)-Enantiomer teratogen (verursacht Fehlbildungen des Fötus im Mutterleib) ist bevor Frauen, die Thalidomid während ihrer ersten drei Schwangerschaftsmonate einnahmen, Kinder mit einem weiten Spektrum von Fehlbildungen bekamen. Als die Gefahr des Medikaments 1961 erkannt wurde, waren bereits 10.000 Kinder geschädigt. Es wurde zudem festgestellt, dass auch das (+)-Isomer eine geringe teratogene Wirkung hat und sich beide Enantiomere im Körper ineinander umwandeln (racemisieren). Daher ist nicht eindeutig zu sagen, ob die Fehlbildungen der Kinder weniger schwer ausgefallen wären, wenn die Mütter nur das (+)-Isomer eingenommen hätten.

Da Thalidomid schnell wachsende Zellen im Fötus schädigt, wurde es vor Kurzem zur Zerstörung bestimmter Krebszellen wieder zugelassen (allerdings unter Auflagen und starken Kontrollen).

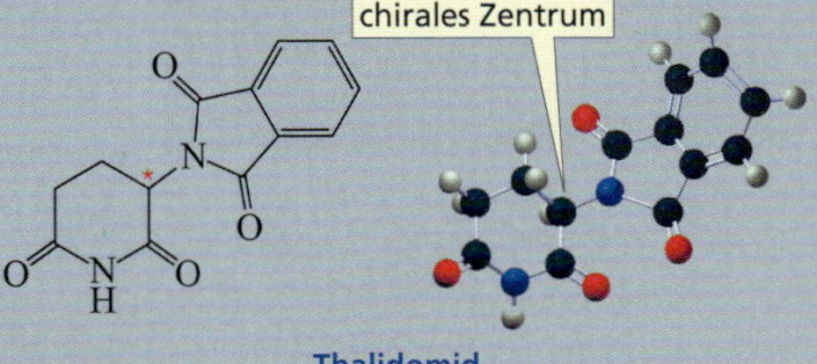

Thalidomid

Die Trennung von Enantiomeren 4.18

Enantiomere können nicht durch die gebräuchlichen Trenntechniken wie fraktionierte Destillation oder Kristallisation voneinander getrennt werden, weil ihre identischen Siedepunkte und Löslichkeitswerte dazu führen, dass sie bei der Destillation gleichzeitig übertreten und gleichzeitig kristallisieren.

Kaliumhydrogentartratkristalle – ein in der Natur vorkommendes Salz, das man in Weintrauben findet. Weintrauben sind ungewöhnlich, weil sie große Mengen an Weinsäure erzeugen, während die meisten Früchte Zitronensäure erzeugen. Kaliumhydrogentartrat wird manchmal beim Kochen anstelle von Essig oder Zitronensaft verwendet.

Louis Pasteur war der Erste, dem es gelang, ein Enantiomerenpaar erfolgreich zu trennen. Bei seiner Arbeit mit Kristallen des Natriumammoniumtartrats fiel ihm auf, dass die Kristalle nicht identisch waren – einige der Kristalle waren „Rechtshänder“, andere „Linkshänder“. Er trennte mit größter Gewissenhaftigkeit die beiden Kristallsorten mit einer Pinzette. Er fand dann experimentell heraus, dass eine Lösung der „rechtshändigen“ Kristalle die Ebene des polarisierten Lichtes im Uhrzeigersinn drehten, während eine Lösung der „linkshändigen“ Kristalle die Ebene des polarisierten Lichtes im Gegenuhrzeigersinn drehte.

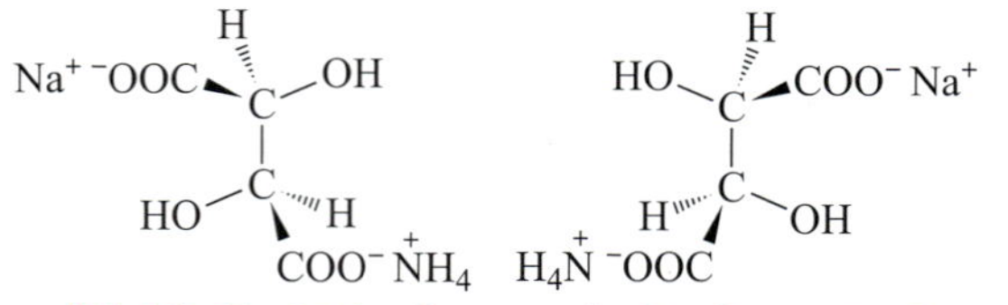

„linkshändige“ Kristalle „rechtshändige“ Kristalle

Natriumammoniumtartrat

Pasteur war zu diesem Zeitpunkt erst 26 Jahre alt und in wissenschaftlichen Kreisen weitgehend unbekannt. Er war wegen der Korrektheit seiner Beobachtungen besorgt, da nur wenige Jahre zuvor der deutsche Organochemiker Eilhard Mitscherlich berichtet hatte, dass Kristalle desselben Salzes allesamt identisch seien. Pasteur teilte seine Befunde sogleich Jean-Baptiste Biot mit und wiederholte das Experiment in Biots Anwesenheit. Biot war überzeugt, dass Pasteur erfolgreich die Enantiomere des Natriumammoniumtartrates getrennt hatte.

Später erkannten Chemiker*innen, wieviel Glück Pasteur gehabt hatte. Natriumammoniumtartrat bildet nämlich nur unter ganz bestimmten Bedingungen asymmetrische Kristalle – genau unter jenen Bedingungen, die Pasteur angewandt hatte. Unter anderen experimentellen Bedingungen werden die symmetrischen Kristalle gebildet, die Mitscherlich in die Irre geführt hatten. Um mit Pasteur zu sprechen: „Der Zufall begünstigt nur einen vorbereiteten Geist!“

Pasteurs Experiment führte zur Einführung eines neuen chemischen Begriffes. Die Weinsäure (deren Salze Tartrate heißen) wird aus Weintrauben gewonnen, und so wurde sie als racemische Säure bezeichnet (*racemus* ist das lateinische Wort für „Weintraube“). Als Pasteur herausfand, dass die Weinsäure (engl. *tartaric acid*) tatsächlich ein Enantiomerengemisch war, nannte er dieses ein „racemisches Gemisch“. Seither nennt man eine Mischung aus gleichen Anteilen von Enantiomeren **racemisches Gemisch** (Abschnitt 4.10). Die Trennung von Enantiomeren wird als **Racematspaltung** bezeichnet.

Der französische Chemiker und Mikrobiologe Louis Pasteur (1822–1895) demonstrierte als Erster, dass bestimmte Krankheiten von Mikroben ausgelöst werden. Er wurde von der französischen Weinindustrie beauftragt herauszufinden, warum Wein beim altern oft sauer wird. Er zeigte, dass Mikroorganismen eine Fermentation von Traubensaft erwirken, was zu Wein führt, aber diesen auch sauer werden lässt. Leichtes Erhitzen des Weins nach der Fermentation (ein Prozess, der heute Pasteurisierung genannt wird) tötet die Mikroorganismen ab, bevor sie den Wein sauer werden lassen.

Enantiomerentrennung durch Chromatographie

Die Enantiomerentrennung von Hand, wie Pasteur sie vollführt hatte, ist keine universell anwendbare Methode, um ein Racemat zu trennen, da nur wenige Verbindungen asymmetrische Kristalle bilden. Bis vor kurzer Zeit war die Trennung von Enantiomeren ein mühsamer Prozess.

Glücklicherweise können Enantiomere mittlerweile durch eine relativ einfache Technik getrennt werden, die man **Chromatographie** nennt. Bei dieser Methode wird das zu trennende Gemisch in einem Lösungsmittel aufgelöst und die Lösung durch eine Säule geschickt, die mit einem Stoff gefüllt ist, der dazu neigt, organische Verbindungen zu adsorbieren. Die beiden Enantiomere bewegen sich mit unterschiedlichen Geschwindigkeiten durch die Säule, da sie verschiedene Affinitäten für das chirale Material aufweisen; genauso wie ein rechter Handschuh besser auf eine rechte Hand passt als auf eine linke Hand. Das eine Enantiomer wird also vor dem anderen am Ende der Säule erscheinen. Da die Enantiomerentrennung heute relativ einfach ist, werden viele Arzneimittel als einzelne Enantiomere und nicht mehr als racemische Mischungen angeboten.

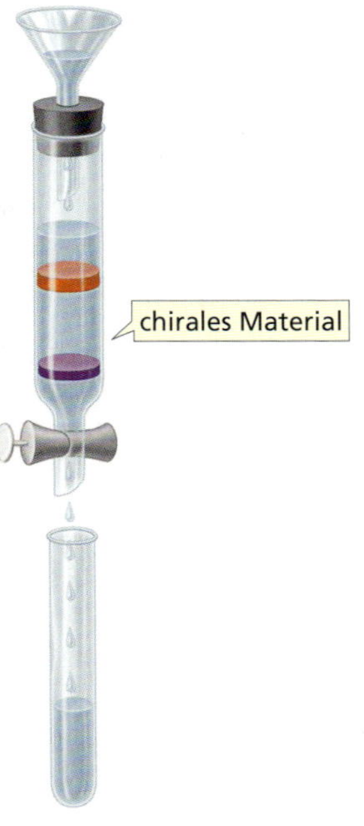

Das chirale Material ist ein Beispiel für eine **chirale Sonde** – es kann zwischen Enantiomeren unterscheiden. Ein Polarimeter (Abschnitt 4.9) ist ein weiteres Beispiel für eine chirale Sonde. Biologische Moleküle wie Rezeptoren (Abschnitt 4.17) und Enzyme (Abschnitt 6.15) sind ebenfalls chirale Sonden. Sie werden zudem sehen, wie bestimmte Enzyme dazu verwendet werden können Enantiomere zu trennen (Abschnitt 21.7).

HINTERGRUND

Chirale Medikamente

Bis vor kurzer Zeit wurden die meisten Medikamente mit einem oder mehr Chiralitätszentren als Racemate verkauft, da es schwierig war, gezielt ein Enantiomer herzustellen und die Trennung der Enantiomere mit großen Kosten verbunden war. 1992 wandte sich die FDA mit der Aufforderung an die pharmazeutischen Unternehmen, die Fortschritte auf dem Gebiet der Synthese (Abschnitt 6.15) und der Trennung von Substanzen zu nutzen, um enantiomerenreine Medikamente zu entwickeln. Dies ist heute auch zum Großteil der Fall. Pharmazeutische Unternehmen können ihre Patente verlängern, indem Sie ein enantiomerenreines Medikament verkaufen, das vorher nur als Racemat verfügbar war (Abschnitt 7.0).

Wenn ein Medikament als Racemat verkauft wird, müssen beide Enantiomere getestet werden; da Rezeptoren chiral sind, können die beiden Enantiomere an verschiedene Rezeptoren binden (Abschnitt 4.17). Aus diesem Grund können Enantiomere ähnliche oder stark verschiedene Wirkungen haben. Dafür gibt es zahllose Beispiele. Tests haben gezeigt, dass (*S*)-(+)-Ketamin als Anästhetikum vier Mal stärker wirkt als (*R*)-(–)-Ketamin. Zudem sind die verstörenden Nebenwirkungen anscheinend mit dem (–)-Ketamin assoziiert. Nur das *S*-Enantiomer des Beta-Blockers Propanolol zeigt Aktivität; das *R*-Enantiomer ist inaktiv. Das *S*-Enantiomer von Prozac, einem Antidepressivum, blockt Serotonin besser, wird aber schneller abgebaut als das *R*-Enantiomer. Die Aktivität von Ibuprofen, einem bekannten schmerzstillenden Medikament, kommt hauptsächlich durch das (*S*)-(+)-Enantiomer zustande. Heroinabhängige können mit (–)-α-Acetylmethadon für 72 Stunden ruhig gestellt werden, anstelle von 24 Stunden mit racemischem Methadon. Dies führt zu weniger Besuchen in der Klinik, da eine einzige Dosis für ein ganzes Wochenende reicht.

Die Verschreibung eines einzigen Enantiomers verschont Patient*innen davor, das weniger aktive Enantiomer zu metabolisieren und es verringert gleichzeitig die Chance von ungewollten Interaktionen. Medikamente, die als Racemate durch die Toxizität eines Enantiomers nicht verschrieben werden dürfen, können nun eingesetzt werden. Zum Beispiel kann (*S*)-Penicillamin gegen Morbus Wilson genutzt werden, obwohl (*R*)-Penicillamin zu Blindheit führt.

Zusammenfassung

Abschnitt 4.0

- **Die Stereochemie** ist der Teilbereich der Chemie, der sich mit dem dreidimensionalen Aufbau von Molekülen beschäftigt.
- **Isomere** sind Verbindungen mit der gleichen Summenformel aber unterschiedlichen Strukturen.
- **Konstitutionsisomere** unterscheiden sich in der Art, in der die Atome im Raum angeordnet sind.
- Es gibt zwei Arten von Stereoisomeren: **Konformationsisomere**, die nicht voneinander getrennt werden können und **Konfigurationsisomere**, die sich voneinander trennen lassen.
- Es gibt zwei Arten von Konfigurationsisomeren: ***cis-trans*-Isomere** und Isomere mit **Chiralitätszentren**.

Abschnitt 4.1

- Da die Rotation um Bindungen in einer zyklischen Verbindung gehindert ist, bilden disubstituierte zyklische Verbindungen ***cis-trans*-Isomere**. Beim ***cis*-Isomer** liegen beide Substituenten auf der gleichen Seite des Ringes; beim ***trans*-Isomer** liegen sie auf unterschiedlichen Seiten.
- Da die Rotation um eine Doppelbindung gehindert ist, bilden auch Alkene ***cis-trans*-Isomere**. Beim ***cis*-Isomer** liegen die beiden Wasserstoffatome auf der gleichen Seite; beim ***trans*-Isomer** liegen sie auf unterschiedlichen Seiten.

Abschnitt 4.2

- Beim ***Z*-Isomer** liegen die Substituenten höherer Priorität auf der gleichen Seite der Doppelbindung; beim ***E*-Isomer** liegen die Substituenten höherer Priorität auf unterschiedlichen Seiten.

Abschnitt 4.3

- Ein **chirales** Molekül hat ein nicht deckungsgleiches Spiegelbild; ein **achirales** Molekül hat ein deckungsgleiches Spiegelbild.

Abschnitt 4.4

- Ein **Chiralitätszentrum** ist ein Atom, das an vier unterschiedliche Atomen oder Gruppen gebunden ist.

Abschnitt 4.5

- **Enantiomere** sind nicht überlagerbare Spiegelbilder.

Abschnitt 4.8

- Die Buchstaben ***R*** und ***S*** geben die **Konfiguration** an einem Chiralitätszentrum an.
- Wenn eine Verbindung in einem Paar von Stereoisomeren *R*-konfiguriert ist und das andere *S*-konfiguriert ist, sind sie Enantiomere; sind beide gleich konfiguriert, sind sie identisch.

Abschnitt 4.9

- Chirale Verbindungen sind **optisch aktiv**; achirale Verbindungen sind **optisch inaktiv**.
- Wenn ein Enantiomer die Polarisationsebene des Lichtes im Uhrzeigersinn (+) dreht, dann dreht sein Spiegelbild die Polarisationsebene um denselben Betrag gegen den Uhrzeigersinn (–).

Abschnitt 4.10

- Eine **racemische Mischung** ist eine Mischung gleicher Anteile von zwei Enantiomeren.
- Jede optisch aktive Verbindung hat einen charakteristischen **spezifischen Drehwert**.
- Eine **racemische Mischung**, angezeigt durch (±), ist optisch inaktiv.

Abschnitte 4.12 und 4.13

- **Diastereomere** sind Stereoisomere, die keine Enantiomere sind.
- Enantiomere haben identische physikalische und chemische Eigenschaften; Diastereomere haben unterschiedliche physikalische und chemische Eigenschaften.
- Hat eine Verbindung zwei asymmetrische Zentren, haben Enantiomere die entgegengesetzte Konfiguration an beiden Zentren; Diastereomere sind nur an einem Zentrum anders konfiguriert, die Konfiguration am anderen Zentrum ist gleich.

Abschnitt 4.14

- Eine **Mesoverbindung** hat zwei oder mehr Chiralitätszentren und eine Symmetrieebene; sie ist optisch inaktiv.
- Eine Verbindung, die die gleichen vier Gruppen an zwei verschiedenen Chiralitätszentren trägt, hat drei Stereoisomere: eine Mesoverbindung und ein Paar von Enantiomeren.

Abschnitt 4.16

- Andere Atome als Kohlenstoff (sowie N und P) können ebenfalls Chiralitätszentren darstellen, falls sie an vier verschiedene Gruppen gebunden sind.

Abschnitt 4.17

- Ein Rezeptor bindet ein Enantiomer besser als ein anderes.

Abschnitt 4.18

- Enantiomere können durch Chromatographie getrennt werden.

Tutorial
Umwandeln von verschiedenen Strukturdarstellungsweisen

Wenn Sie Zugang zu einem Molekülbaukasten haben, ist es recht einfach, sich zwischen *perspektivischen Formeln, Fischer-Projektionen und Gerüststrukturen* zurechtzufinden. Falls Sie jedoch diese dreidimensionalen Strukturen auf ein zweidimensionales Blatt Papier zeichnen müssen, ist es einfach, einen Fehler zu machen. Besonders dann wenn Sie Schwierigkeiten haben, sich dreidimensionale Strukturen vorzustellen. Zum Glück gibt es eine relativ einfache Methode für solche Umwandlungen. Alles was Sie wissen müssen ist, wie man die Konfiguration an einem Chiralitätszentrum bestimmt (Abschnitt 4.8 und 4.15). Schauen Sie sich die folgenden Beispiele an, um zu erfahren, welche Methode am besten geeignet ist, die verschiedenen Strukturdarstellungsweisen ineinander umzuwandeln.

1. **Eine Fischer-Projektion in eine perspektivische Formel umwandeln.** Bestimmen Sie zunächst die Konfiguration am Chiralitätszentrum. Nachdem Sie gesehen haben, dass es sich um eine *R*-Konfiguration handelt, zeichnen Sie die perspektivische Formel mit dieser Konfiguration. Zeichnen Sie dann die Gruppe mit der niedrigsten Priorität (in diesem Fall H) an den gestrichelten Keil.

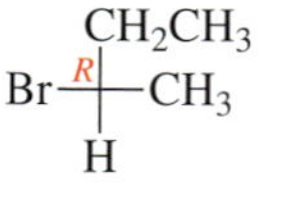

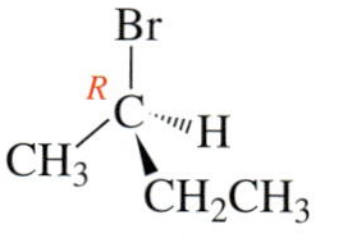

2. **Eine perspektivische Formel in eine Gerüststruktur umwandeln.** Nachdem Sie bestimmt haben, dass das Chiralitätszentrum *R*-konfiguriert ist, zeichnen Sie die Gerüststruktur mit der *R*-Konfiguration.

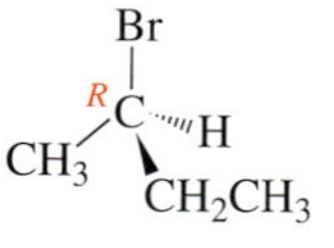

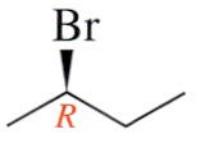

3. **Eine Gerüststruktur in eine Fischer-Projektion umwandeln.** Nachdem Sie bestimmt haben, dass die Chiralitätszentren *R*-konfiguriert und *S*-konfiguriert sind, zeichnen Sie die Fischer-Projektionen mit den gleichen Konfigurationen an C-2 und C-3.

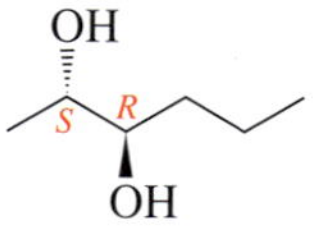

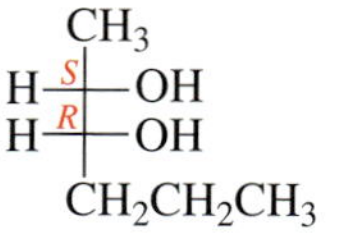

4. **Eine perspektivische Formel in eine Fischer-Projektion umwandeln.** Bestimmen Sie die Konfiguration der Chiralitätszentren in der perspektivischen Formel und zeichnen Sie die Fischer-Projektion mit der gleichen Konfiguration an diesen Atomen.

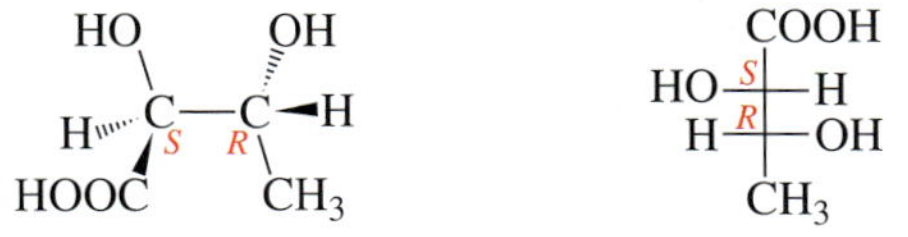

5. **Eine Fischer-Projektion in eine Gerüststruktur umwandeln.** Bestimmen Sie die Konfiguration der Chiralitätszentren in der Fischer-Projektion und zeichnen Sie die Gerüststruktur mit der gleichen Konfiguration an diesen Atomen.

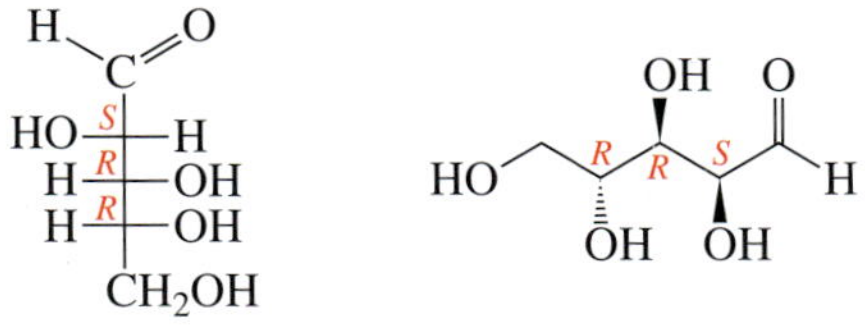

6. **Eine Fischer-Projektion in eine perspektivische Formel umwandeln.** Bestimmen Sie die Konfiguration der beiden Chiralitätszentren in der Fischer-Projektion. Zeichnen Sie die drei „normalen" Linien in der perspektivischen Formel. Fügen Sie einen gefüllten und einen gestrichelten Keil an jedem Kohlenstoffatom (der gefüllte Keil muss unter dem gestrichelten Keil liegen); fügen Sie die Gruppen mit der geringsten Priorität an einen gestrichelten Keil hinzu. Fügen Sie nun die anderen beiden Gruppen so hinzu, dass sich die gewünschte Konfiguration ergibt.

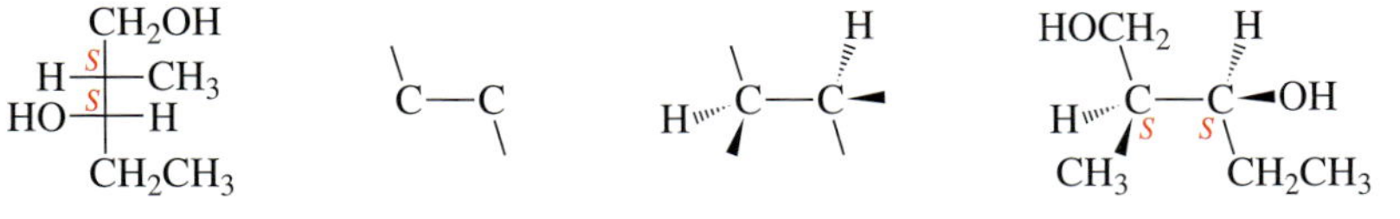

7. **Eine Gerüststruktur in eine perspektivische Formel umwandeln.** Bestimmen Sie die Konfiguration der beiden Chiralitätszentren in der Gerüststruktur. Fahren Sie, wie in Beispiel 6 erklärt, fort, um die gewünschte perspektivische Formel zu erhalten.

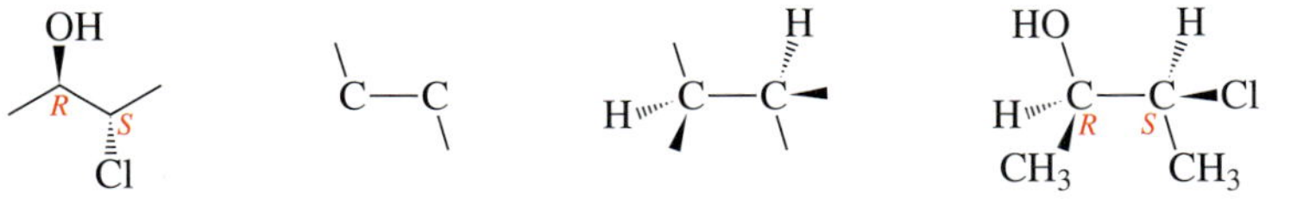

Eine Umwandlung von einer *Newman-Projektion* zu (oder von) einer Fischer-Projektion, einer perspektivischen Formel oder einer Gerüststruktur ist relativ einfach, wenn sie sich daran erinnern, dass die Fischer-Projektion ein ekliptisches Konformer darstellt. (Erinnern Sie sich zudem daran, dass horizontale Linien in der Fischer-Projektion Bindungen darstellen, die auf den Beobachter hinzu zeigen, während vertikale Linien vom Beobachter hinweg zeigen.)

8. Eine Newman-Projektion in eine Fischer-Projektion umwandeln. Wandeln Sie zunächst das gestaffelte Konformer der Newman-Projektion in ein ekliptisches Konformer um, indem sie entweder das vordere oder hintere Kohlenstoffatom rotieren. (In diesem Beispiel ist das vordere Kohlenstoffatom unbewegt, während das hintere gegen den Uhrzeigersinn gedreht wird.) Nun können Sie die Fischer-Projektion zeichnen, indem Sie die Bindung, die zu der CH_3-Gruppe am hinteren Kohlenstoffatom zeigt, nach unten ziehen. Dies führt dazu, dass das vordere Kohlenstoffatom in der Newman-Projektion zum oberen Kreuz der Fischer-Projektion wird und das hintere Kohlenstoffatom zum unteren Kreuz. Beachten Sie, dass die Bindung zur CH_3-Gruppe am hinteren Kohlenstoffatom, die in der ekliptischen Newman-Projektion nach oben zeigte, in der Fischer-Projektion nach unten zeigt. Fügen Sie nun die anderen Atome an den Bindungen. (Die Atome auf der rechten Seite der Newman-Projektion sind in der Fischer-Projektion auch auf der rechten Seite; gleiches gilt auch für die linke Seite.)

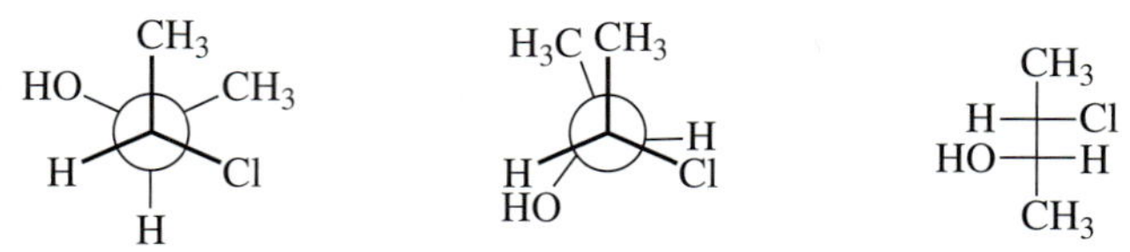

9. Eine Newman-Projektion in eine perspektivische Formel umwandeln. Wandeln Sie zunächst das gestaffelte Konformer in ein ekliptisches Konformer um und dann das ekliptische Konformer in eine Fischer-Projektion (wie in Beispiel 8). Sobald Sie die Fischer-Projektion gezeichnet haben, können Sie diese in eine perspektivische Formel (wie im Beispiel 6) umwandeln.

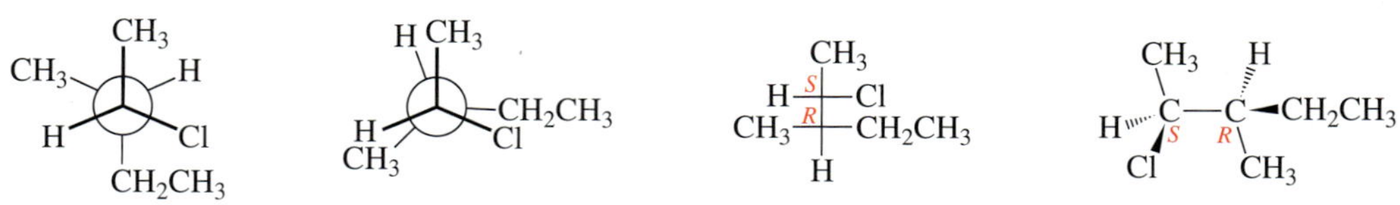

10. Eine perspektivische Formel in eine Newman-Projektion umwandeln. Bestimmen Sie die Konfiguration an den Chiralitätszentren in der perspektivischen Formel und zeichnen Sie die Fischer-Projektion mit der gleichen Konfiguration. Da die Fischer-Projektion eine ekliptische Konformation darstellt, können Sie die Newman-Projektion in eine ekliptische Konformation umwandeln, indem Sie die nach unten zeigende Bindung in den Fischer-Projektionen in die nach oben zeigende Bindung am hinteren Kohlenstoffatom in der Newman-Projektion umwandeln. Fügen Sie nun die restlichen Atome an den Bindungen hinzu. (Die Atome auf der rechten Seite der Fischer-Projektionen sind auch in der Newman-Projektion auf der rechten Seite; gleiches gilt auch für die linke Seite.) Drehen Sie nun die Newman-Projektion so, dass sie in eine gestaffelte Konformation übergeht. (Hier wird das hintere Kohlenstoffatom im Uhrzeigersinn gedreht, allerdings wäre dies auch gegen den Uhrzeigersinn möglich.)

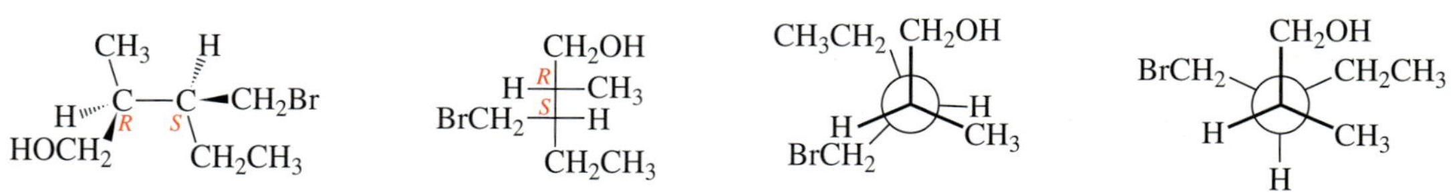

Alkene – Struktur, Nomenklatur, Reaktivität • Thermodynamik und Kinetik

5

5.1 Summenformeln und der ungesättigte Charakter 261
5.2 Die Nomenklatur der Alkene 263
5.3 Die Struktur der Alkene 267
5.4 Wie eine organische Verbindung reagiert, hängt von ihren funktionellen Gruppen ab 268
5.5 Wie Alkene reagieren • Gekrümmte Pfeile und die Bewegung von Elektronen 269
5.6 Thermodynamik: Wie viel Produkt wird bildet? 275
5.7 Die Ausbeute einer Reaktion erhöhen 279
5.8 Die Berechnung von $\Delta H°$-Werten 280
5.9 Mit $\Delta H°$ kann die relative Stabilität von Alkenen bestimmt werden 282
5.10 Kinetik: Wie schnell wird ein Produkt gebildet? 287
5.11 Die Geschwindigkeit einer chemischen Reaktion 289
5.12 Ein Reaktionskoordinatendiagramm beschreibt den Energieverlauf einer Reaktion 293
5.13 Katalysatoren 296
5.14 Enzymkatalyse 297
Zusammenfassung 299
Tutorial Gekrümmte Pfeile zeichnen 301

ÜBERBLICK

Der gotische Turm der Universität Glasgow überblickt den Fluss Kelvin.

In diesem Kapitel lernen Sie, wie die Temperaturskala nach Kelvin ihren Namen bekam, wie trans-Fettsäuren in unsere Nahrung gelangen, warum Karotten und Flamingos orange sind, wie Insektenpopulationen kontrolliert werden können und wie sich Stoffe in biologischen Systemen gegenseitig erkennen.

In Kapitel 3 haben wir gelernt, dass Alkane Kohlenwasserstoffe sind, die nur Kohlenstoff-Kohlenstoff-*Einfachbindungen* enthalten. Nun werden wir uns mit **Alkenen** beschäftigen – Kohlenwasserstoffen, die eine Kohlenstoff-Kohlenstoff-*Doppelbindung* enthalten.

Alkene spielen wichtige Rollen in der Biologie. Zum Beispiel ist Ethen ($H_2C{=}CH_2$), das kleinste Alken, ein pflanzliches Hormon – ein Stoff, der Wachstum und andere Änderungen in Pflanzengewebe reguliert. Unter anderem beeinflusst Ethen die Keimung von Pflanzensamen sowie die Blüten- und Fruchtreifung. Viele Aroma- und Geruchsstoffe, die bestimmte Pflanzen produzieren, gehören ebenfalls zur Familie der Alkene

Tomaten werden im grünen Zustand transportiert, damit sie nicht verrotten. Die Reifung beginnt, sobald sie Ethen ausgesetzt werden.

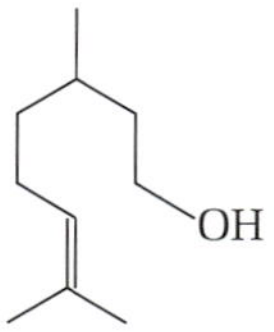

Citronellol in Rosen- und Geranienöl

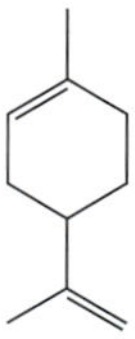

Limonen aus den Schalen von Zitrusfrüchten

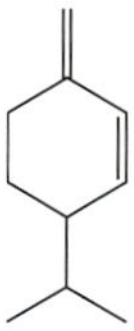

β-Phellandren Eukalyptusöl

Wir beginnen bei unserer Untersuchung von Alkenen mit ihrer Struktur und Nomenklatur. Anschließend werden wir die Reaktion eines Alkens untersuchen und dabei genau die ablaufenden Schritte und die sie begleitenden Energieänderungen beachten. Sie werden feststellen, dass Ihnen einige der Konzepte, die wir dazu benötigen, bereits vertraut sind, während andere Inhalte neu sind und Ihre Wissensbasis für die folgenden Kapitel verbreitern wird.

HINTERGRUND

■ **Pheromone**

Insekten kommunizieren durch die Freisetzung von Pheromonen – chemischen Substanzen, die andere Insekten der gleichen Spezies mit ihren Antennen detektieren. Es gibt Geschlechts-, Alarm- und Spurpheromone, und viele von ihnen sind Alkene. Die Beeinflussung der Fähigkeit eines Insektes, chemische Signale auszusenden und/oder zu empfangen, ist ein umweltfreundlicher Weg, um Insektenpopulationen zu steuern. Zum Beispiel wurden mit synthetischen Sexuallockstoffen versehene Fallen aufgestellt, um Fraßschädlinge von Nutzpflanzen wie den Baumwollkäfer oder den Borkenkäfer irrezuleiten und einzufangen.

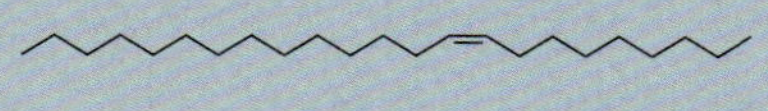

Muscalur
Pheromon der Hausfliege

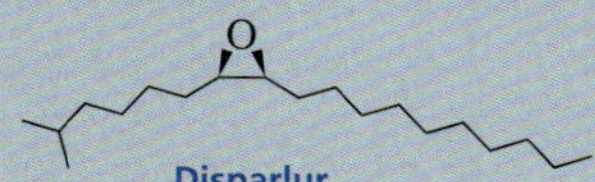

Disparlur
Sexuallockstoff des Schwammspinners

Summenformeln und der ungesättigte Charakter 5.1

In Kapitel 2 haben wir gelernt, dass die allgemeine Summenformel für nichtzyklische Alkane C_nH_{2n+2} ist. Wir haben ebenfalls gelernt, dass die allgemeine Summenformel für zyklische Alkane C_nH_{2n} ist, weil die Zyklisierung die Zahl der Wasserstoffatome um zwei vermindert (Abschnitt 3.3). Nichtzyklische Verbindungen werden auch **azyklisch** genannt („a-" ist im Griechischen die Vorsilbe für „nicht" oder „kein").

Die allgemeine Summenformel für *azyklische Alkene* ist ebenfalls C_nH_{2n}, weil als Ergebnis der Kohlenstoff-Kohlenstoff-Doppelbindung ein Alken zwei Wasserstoffatome weniger aufweist als ein Alkan mit derselben Anzahl von Kohlenstoffatomen. Die allgemeine Summenformel für *zyklische Alkene* muss darum C_nH_{2n-2} sein. Wir gelangen daher zu der folgenden Aussage: *Die allgemeine Summenformel für einen Kohlenwasserstoff ist C_nH_{2n+2} minus 2 Wasserstoffe für jede π-Bindung und/oder jeden Ring im Molekül.*

Hinweis für die Studierenden

Nichtzyklische Verbindungen werden auch **azyklisch** genannt („a-" ist im Griechischen die Vorsilbe für „nicht" oder „kein").

MERKE!

Die allgemeine Summenformel für einen Kohlenwasserstoff ist C_nH_{2n+2} minus 2 Wasserstoffe für jede π-Bindung und/oder jeden Ring im Molekül.

$CH_3CH_2CH_2CH_2CH_3$
Alkan
C_5H_{12}
C_nH_{2n+2}

$CH_3CH_2CH_2CH{=}CH_2$
Alken
C_5H_{10}
C_nH_{2n}

Cycloalkan
C_5H_{10}
C_nH_{2n}

Cycloalken
C_5H_8
C_nH_{2n-2}

Wir können daher – gesetzt den Fall, wir kennen die Summenformel eines Kohlenwasserstoffs – bestimmen, wieviele Ringe und π-Bindungen er besitzt, weil für jeweils zwei Wasserstoffatome, die zu der Summenformel C_nH_{2n+2} fehlen, entweder eine π-Bindung oder ein Ring vorhanden sein muss. Eine Verbindung mit der Summenformel C_8H_{14} zum Beispiel benötigt vier Wasserstoffatome, um zu C_8H_{18} ($C_8H_{2\times 8+2}$) zu werden. Die Verbindung muss daher notwendigerweise entweder (1) zwei Doppelbindungen, (2) einen Ring und eine Doppelbindung, (3) zwei Ringe oder (4) eine Dreifachbindung enthalten. Rufen wir uns ins Gedächtnis, dass eine Dreifachbindung aus einer σ- und zwei π-Bindungen besteht (Abschnitt 1.9). Die Zahl der π-Bindungen und Ringe, die ein Alken aufweist, wird der **Sättigungsgrad** genannt.

Verschiedene Verbindungen mit der Summenformel C_8H_{14}:

$CH_3CH{=}CH(CH_2)_3CH{=}CH_2$

A

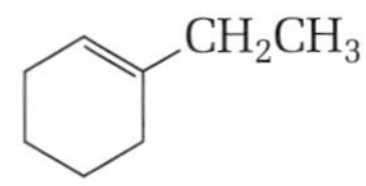

B

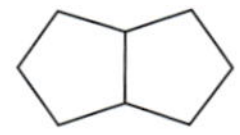

C

$CH_3(CH_2)_5C{\equiv}CH$

D

Da *Alkane* die größtmögliche Zahl von Kohlenstoff-Wasserstoff-Bindungen enthalten (sie sind mit Wasserstoff gesättigt), heißen sie dementsprechend **gesättigte Kohlenwasserstoffe**. Im Gegensatz dazu sind *Alkene* **ungesättigte Kohlenwasserstoffe**, weil sie weniger als die maximale Anzahl von Wasserstoffatomen gebunden haben.

$CH_3CH_2CH_2CH_3$	$CH_3CH{=}CHCH_3$
Alkan	**Alken**
ein gesättigter Kohlenwasserstoff	ein ungesättigter Kohlenwasserstoff

Ü 1 mit Lösung

Bestimmen sie die Formel für einen Kohlenwasserstoff mit fünf Kohlenstoffatomen, einer π-Bindung und einem Ring.

Lösung

Für einen azyklischen und gesättigten Kohlenwasserstoff dieser Länge wäre die Formel $C_nH_{2n+2} = C_5H_{12}$. Durch die π-Bindung und den Ring gehen vier Wasserstoffatome verloren, weil durch jeden Ring und jede π-Bindung jeweils zwei Wasserstoffatome abgezogen werden. Daher ist die korrekte Formel C_5H_8.

Ü 2* Bestimmen Sie die Summenformel für die folgenden Verbindungen:

(a) ein Kohlenwasserstoff mit vier C-Atomen und zwei π-Bindungen und keinem Ring

(b) ein Kohlenwasserstoff mit zehn C-Atomen und einer π-Bindung und zwei Ringen

Ü 3 mit Lösung

Bestimmen Sie den Sättigungsgrad für einen Kohlenwasserstoff mit der Formel $C_{10}H_{16}$.

Lösung

Für einen Kohlenwasserstoff mit zehn Kohlenstoffatomen ohne π-Bindungen und keinem Ring müsste die Formel $C_{10}H_{22}$ lauten. Eine Verbindung mit zehn Kohlenstoffatomen mit der Formel $C_{10}H_{16}$ hat sechs Wasserstoffatome weniger, also muss der Sättigungsgrad $3 = 6/2$ betragen.

Ü 4* Bestimmen Sie den Sättigungsgrad für die Kohlenwasserstoffe mit den folgenden Summenformeln:

(a) $C_{20}H_{34}$ **(c)** $C_{12}H_{20}$

(b) C_8H_{16} **(d)** $C_{40}H_{56}$

Ü 5 Bestimmen Sie den Sättigungsgrad und zeichnen Sie mögliche Strukturen für Verbindungen mit den folgenden Summenformeln:

(a) C_3H_6 **(b)** C_3H_4 **(c)** C_4H_6

Ü 6* Verschiedene Untersuchungen haben gezeigt, dass β-Carotin – eine Vorläufersubstanz des Vitamins A – eine vorbeugende Rolle gegen die Entstehung von Krebs spielen könnte. β-Carotin besitzt die Summenformel $C_{40}H_{56}$. Das Molekül enthält zwei Ringe und keine Dreifachbindungen. Wie viele Doppelbindungen enthält das β-Carotin?

β-Carotin ist eine orange gefärbte Verbindung in Karotten, Aprikosen und den Federn von Flamingos (Abschnitte 13.21 und 16.13).

Die Nomenklatur der Alkene 5.2

Wir haben bereits gelernt, dass im System der IUPAC bestimmte funktionelle Gruppen durch ein eigenes Suffix angezeigt werden (Abschnitte 3.6 und 3.7). Die funktionelle Gruppe eines Alkens ist die Doppelbindung, die durch das Suffix „-en“ angezeigt wird. Der systematische Name eines Alkens nach den Regeln der IUPAC wird also gebildet, indem man die Endung „-an“ des korrespondierenden Alkans durch die Endung „-en“ ersetzt. Das Alken mit zwei Kohlenstoffatomen heißt beispielsweise Ethen, das mit drei Kohlenstoffen Propen. Ethen wird häufig (besonders in der älteren und der angelsächsischen Literatur) auch noch Ethylen genannt.

	$H_2C{=}CH_2$	$CH_3CH{=}CH_2$	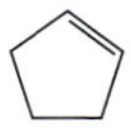	
systematischer Name:	**Ethen**	**Propen**	**Cyclopenten**	**Cyclohexen**
Trivialname:	**Ethylen**	**Propylen**		

Bei den meisten Alkennamen ist es notwendig, durch Bezifferung die Position der Doppelbindung im Molekül anzugeben. Die vier Namen der Beispielsubstanzen benötigen keine solche Bezifferung, weil es keine Zweideutigkeiten bezüglich der Lage der C=C-Doppelbindung gibt. Die IUPAC-Regeln, die wir in den Abschnitten 3.6 und 3.7 eingeführt haben, lassen sich auch auf Alkene anwenden:

1 Die längste durchgehende Kette von Kohlenstoffatomen, die die funktionelle Gruppe (in diesem Fall die C=C-Doppelbindung) trägt, wird so nummeriert, dass dem Suffix der funktionellen Gruppe die niedrigstmögliche Zahl zugewiesen wird. Beispielsweise gibt 1-Buten an, dass die Doppelbindung zwischen dem ersten und dem zweiten Kohlenstoffatom des Moleküls ausgebildet wird. 2-Hexen gibt an, dass die Doppelbindung zwischen den Kohlenstoffatomen 2 und 3 liegt.

$\overset{4}{C}H_3\overset{3}{C}H_2\overset{2}{C}H{=}\overset{1}{C}H_2$
1-Buten

$\overset{1}{C}H_3\overset{2}{C}H{=}\overset{3}{C}H\overset{4}{C}H_3$
2-Buten

$\overset{1}{C}H_3\overset{2}{C}H{=}\overset{3}{C}H\overset{4}{C}H_2\overset{5}{C}H_2\overset{6}{C}H_3$
2-Hexen

$\overset{6}{C}H_3\overset{5}{C}H_2\overset{4}{C}H_2\overset{3}{C}H_2\overset{2}{C}(={}^{1}CH_2)CH_2CH_2CH_3$
2-Propyl-1-hexen

Die längste ununterbrochene Atomkette hat acht Kohlenstoffatome, die längste ununterbrochene Atomkette, die die funktionelle Gruppe enthält, hat sechs Kohlenstoffatome, sodass als der zugrundeliegende Kohlenwasserstoff das *n*-Hexen angesehen wird.

Man beachte, dass 1-Buten keinen Trivialnamen besitzt. Man könnte versucht sein, es in Anlehnung an „Propylen“ „Butylen“ zu nennen, doch wäre Butylen kein guter Name. Ein Name muss, damit er von Nutzen ist, unzweideutig sein, und Butylen könnte sowohl für 1-Buten als auch für 2-Buten Anwendung finden.

Erinnern Sie sich an die Stereoisomere, die ein Alken haben können. Diese tragen das Präfix *cis* oder *trans* (oder *E* und *Z*, Abschnitt 4.1 und 4.2).

MERKE!

Nummerieren Sie die längste durchgehende Kette von Kohlenstoffatomen, die die Doppelbindung enthält, sodass die Doppelbindung die niedrigstmögliche Bezifferung erhält.

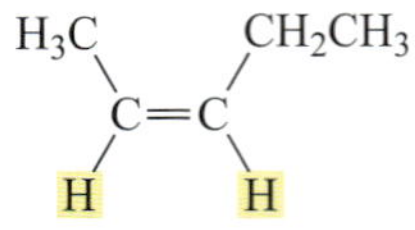

***cis*-2-Penten**
oder
(*Z*)-2-Penten

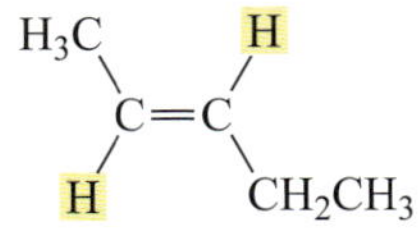

***trans*-2-Penten**
oder
(*E*)-2-Penten

2 Bei einer Verbindung mit einer oder mehr Doppelbindungen wird die Endung „an" des korrespondierenden Alkans mit „dien", „trien", „tetraen" usw. ersetzt. Welche der Endungen verwendet wird, hängt von der Zahl der Doppelbindungen ab.

$CH_3CH{=}CH{-}CH{=}CHCH_2CH_3$
2,4-Heptadien

$CH_3CH{=}CH{-}CH{=}CH_2$
1,3-Pentadien

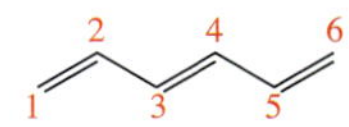

1,3,5-Hexatrien

3 Der Name eines Substituenten wird dem Namen der längsten durchgehenden Kohlenstoffkette, welche die Doppelbindung enthält, vorangestellt, zusammen mit einer Ziffer, die das Kohlenstoffatom angibt, an das der Substituent gebunden ist. Man beachte, *dass die Kette der Kohlenstoffatome immer noch in der Richtung nummeriert wird, die der Wortendung der funktionellen Gruppe die niedrigstmögliche Ziffer zuweist.*

MERKE!

Wenn es sowohl ein Suffix für die funktionelle Gruppe als auch einen Substituenten gibt, wird das Suffix für die funktionelle Gruppe mit der niedrigstmöglichen Ziffer versehen.

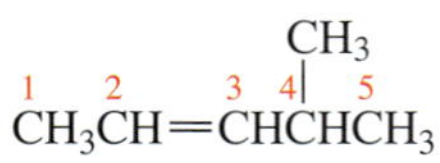

4-Methyl-2-penten

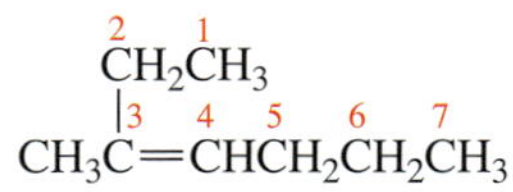

3-Methyl-3-hepten

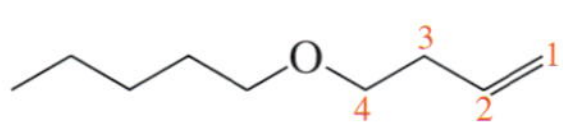

4-Pentoxy-1-buten

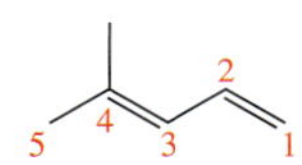

4-Methyl-1,3-pentadien

4 Falls eine Kohlenstoffkette mehr als einen Substituenten trägt, werden die Substituenten in alphabetischer Reihenfolge aufgezählt. Dabei finden genau dieselben Regeln Anwendung, die in Abschnitt 3.2 vorgestellt wurden. Jedem Substituenten wird dann die passende Bezifferung zugewiesen.

MERKE!

Substituenten werden in alphabetischer Reihenfolge genannt.

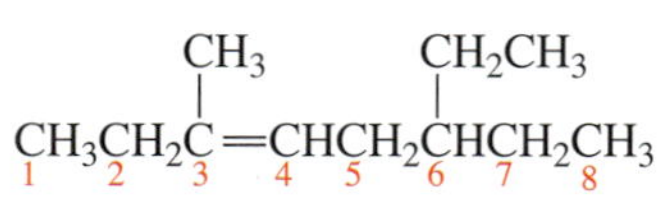

6-Ethyl-3-methyl-3-octen

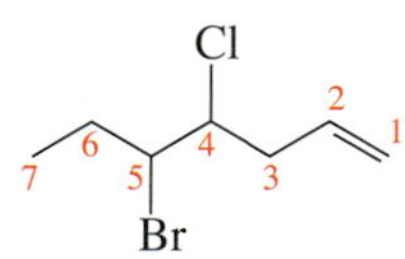

5-Brom-4-chlor-1-hepten

5 Falls sich bei der Zählung der Kohlenstoffatome eines Alkens für die Position der Doppelbindung in beiden Zählrichtungen entlang der längsten Kette von C-Atomen dieselbe Platzziffer für die Doppelbindung ergibt, wird die Zählrichtung so festgelegt, dass etwaigen Substituenten die niedrigstmöglichen Ziffern zufallen. Zum Beispiel ist die unten abgebildete Verbindung ein 4-Octen-Derivat, egal in welcher Richtung die längste Kohlenstoffkette durchgezählt wird. Wenn man von links nach rechts abzählt, bekommen die Methylgruppen die Ziffern 4 und 7; nummeriert man aber von rechts nach links fallen den Methylgruppen die Ziffern 2 und 5 zu. Die Bezifferung, die zu den Positionen 2 und 5 für die Methylgruppen führt, liefert niedrigere Platzzahlen als die Bezifferung in Gegenrichtung. Daher trägt die Verbindung den Namen 2,5-Dimethyl-4-octen und *nicht* 4,7-Dimethyl-4-octen.

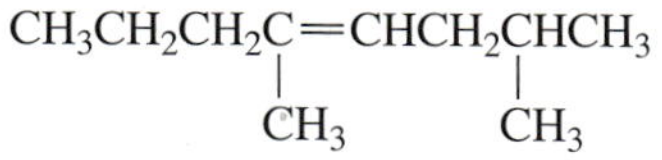

2,5-Dimethyl-4-octen
nicht
4,7-Dimethyl-4-octen
da 2 < 4

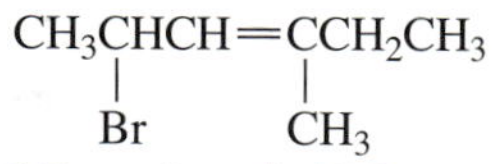

2-Brom-4-methyl-3-hexen
nicht
5-Brom-3-methyl-3-hexen
da 2 < 3

6 Bei zyklischen Alkenen ist es nicht notwendig, die Position der Doppelbindung durch Ziffern anzugeben, da der Ring konventionsgemäß so nummeriert wird, dass sie zwischen C-1 und C-2 liegt. Für die Zuweisung von Ziffern zu Substituenten fährt man den Ring in der Richtung ab (im oder gegen den Uhrzeigersinn), die zur niedrigsten Platzziffer des Namens führt.

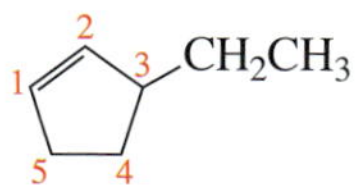

3-Ethylcyclopenten

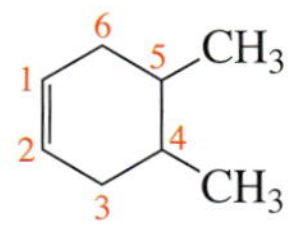

4,5-Dimethylcyclohexen

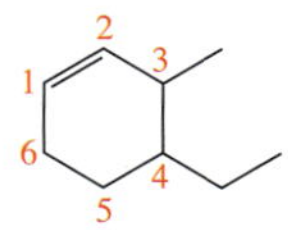

4-Ethyl-3-methylcyclohexen

So wird etwa die nachfolgend dargestellte Verbindung 1,6-Dichlorcyclohexen genannt und *nicht* 2,3-Dichlorcyclohexen, da die 1 in 1,6-Dichlorhexen die niedrigst mögliche Platzziffer ist, obgleich die Summe der Platzziffern in diesem Fall (1 + 6 = 7) größer ist als im anderen Fall (2 + 3 = 5).

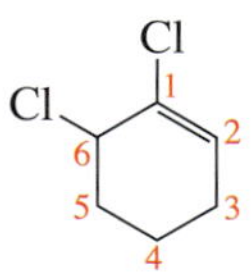

1,6-Dichlorcyclohexen
nicht
2,3-Dichlorcyclohexen
da 1 < 2

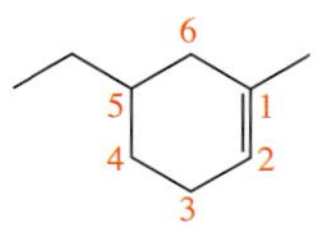

5-Ethyl-1-methylcyclohexen
nicht
4-Ethyl-2-methylcyclohexen
da 1 < 2

7 Falls beide Abzählrichtungen zu denselben Platzziffern für die an der Doppelbindung vorhandenen Substituenten führen, so werden diese Substituenten übergangen und die Zählrichtung so festgelegt, das einem nachfolgenden Substituenten die niedrigstmögliche Platzziffer zufällt.

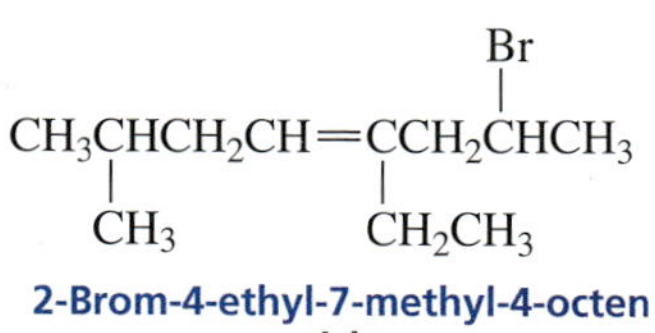

2-Brom-4-ethyl-7-methyl-4-octen
nicht
7-Brom-5-ethyl-2-methyl-4-octen
da 4 < 5

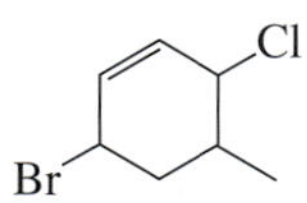

6-Brom-3-chlor-4-methylcyclohexen
nicht
3-Brom-6-chlor-5-methylcyclohexen
da 4 < 5

Vergegenwärtigen Sie sich, dass der Name eines Substituenten *vor* dem Namen des Kohlenwasserstoffes steht, während der Name einer funktionellen Gruppe *dahinter* steht.

Methyl, Ethoxy, Chlor, usw. → **[Substituent][Kohlenwasserstoff][funktionelle Gruppe]** ← en, ol, amin, usw.

MERKE!

Einem Substituenten wird nur dann die niedrigstmögliche Ziffer zugeschrieben, wenn kein Suffix einer funktionellen Gruppe existiert oder wenn sich beim Abzählen in beiden Richtungen die gleiche Ziffer für das Suffix der funktionellen Gruppe ergeben würde.

Ü 7* Geben Sie den systematischen Namen der folgenden Verbindungen an:

(a) 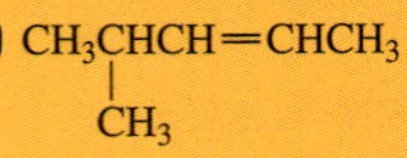

(b) 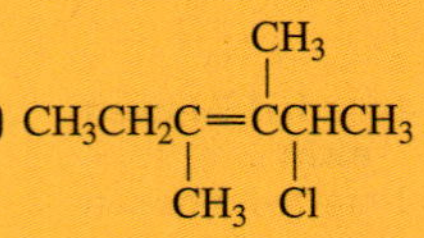

(c) 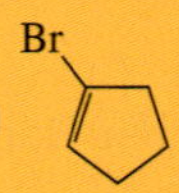

(d) 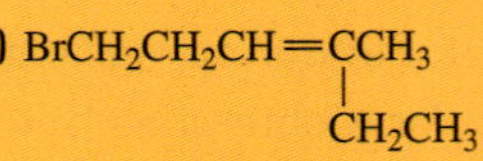

(e) 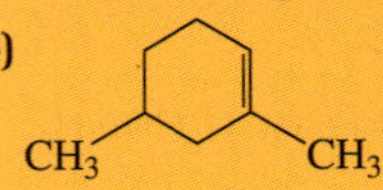

(f) $CH_3CH{=}CHCH_2OCH_2CH_2CH_2CH_3$

(g) 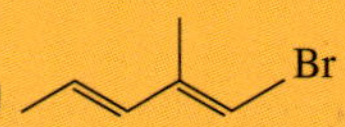

(h) 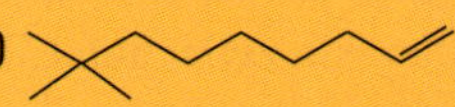

Die sp^2-hybridisierten Kohlenstoffatome eines Alkens werden als **Vinylkohlenstoffatome** bezeichnet. Ein sp^3-hybridisiertes C-Atom, das einem Vinylkohlenstoff benachbart ist, heißt **Allylkohlenstoff(atom)**. Ein an ein Vinylkohlenstoffatom gebundenes Wasserstoffatom wird als **Vinylwasserstoff** bezeichnet, und ein an ein Allylkohlenstoffatom gebundenes Wasserstoffatom wird als **Allylwasserstoff** bezeichnet.

Ü 8

(a) Wie viele Vinylwasserstoffatome besitzt Cyclopenten?

(b) Wie viele Allylwasserstoffatome hat es zudem?

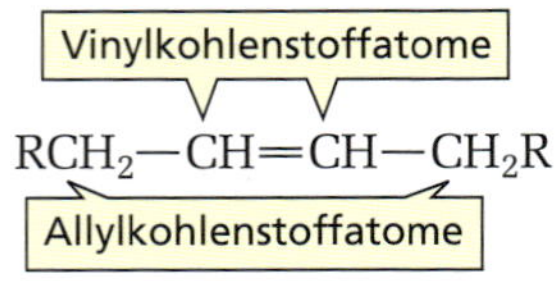

Zwei wiederholt auftretende Atomgruppen, die eine C=C-Doppelbindung enthalten, tragen eigene Trivialnamen – die **Vinylgruppe** und die **Allylgruppe**. Die Vinylgruppe ist die kleinstmögliche Gruppierung, die Vinylkohlenstoffe enthalten kann. Die Allylgruppe ist die kleinstmögliche Gruppierung mit einem Allylkohlenstoffatom. Wenn die Silbe „Allyl-" in der Benennung einer chemischen Verbindung eingesetzt wird, muss der Substituent an das allylische Kohlenstoffatom gebunden sein.

	$H_2C{=}CH{-}$	$H_2C{=}CHCH_2{-}$
	Vinylgruppe	**Allylgruppe**
	$H_2C{=}CHCl$	$H_2C{=}CHCH_2Br$
systematischer Name:	Chlorethen	3-Brompropen
Trivialname:	Vinylchlorid	Allylbromid

Beachten Sie, wie diese Gruppen (und einige andere) als Substituenten in systematische Nomenklatur benannt werden.

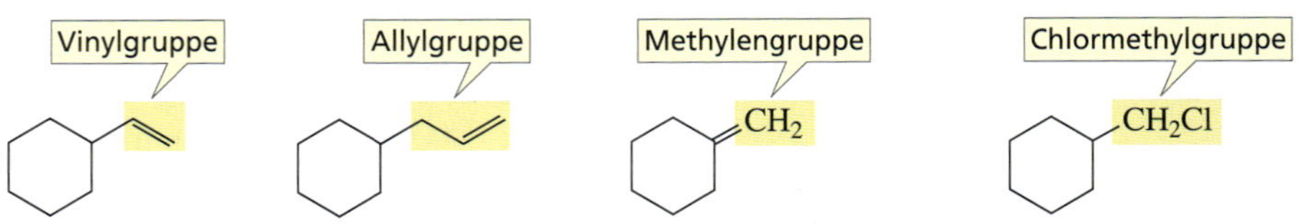

Vinylcyclohexan | Allylcyclohexan | Methylencyclohexan | Chlormethylcyclohexan

Ü 9* Zeichnen Sie die Strukturen jeder der folgenden Verbindungen:

(a) 3,3-Dimethylcyclopenten

(b) 6-Brom-2,3-dimethyl-2-hexen

(c) Ethylvinylether

(d) Allylalkohol

Die Struktur der Alkene 5.3

Alkene haben eine ähnliche Struktur wie Ethen, das kleinste Alken, dessen Aufbau in Abschnitt 1.8 erläutert wurde. Jedes Kohlenstoffatom mit einer Doppelbindung besitzt drei sp^2-Orbitale. Jedes dieser Orbitale überlappt mit einem Orbital eines anderen Atoms und bildet eine σ-Bindung, die eine der beiden Bindungen in Doppelbindungen ist. Daher wird die σ-Bindung durch Überlappung des sp^2-Orbitals eines Kohlenstoffatoms mit dem sp^2-Orbital eines anderen Kohlenstoffatoms geformt. Die andere Bindung der Doppelbindung ist die π-Bindung, die durch die seitliche Überlappung der verbleibenden *p*-Orbitale gebildet wird. Da drei Punkte eine Ebene definieren, liegen jedes sp^2-hybridisierte Kohlenstoffatom und die beiden durch Einfachbindungen an es gebundenen Atome in einer Ebene. Um eine maximale Orbitalüberlappung zu erreichen, müssen sich die beiden *p*-Orbitale parallel zueinander ausrichten. Damit die beiden *p*-Orbitale parallel sein können, müssen alle Atome des Doppelbindungssystems in einer Ebene liegen.

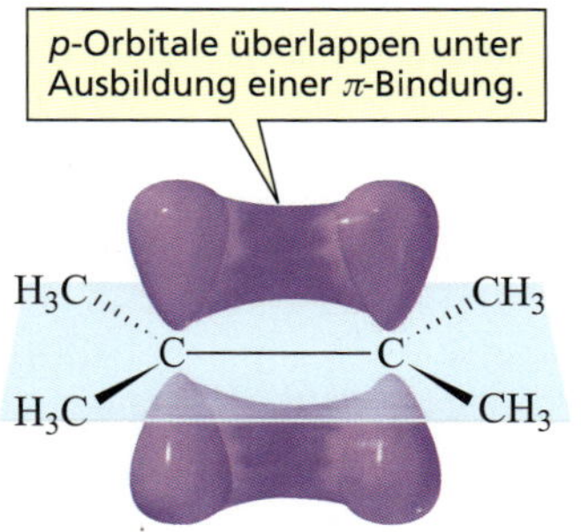

Es ist wichtig, in Erinnerung zu behalten, dass die π-Bindung eine Elektronenwolke beschreibt, die sich oberhalb und unterhalb der von den sp^2-hybridisierten C-Atomen und den vier an sie gebundenen Atomen definierten Ebene erstreckt.

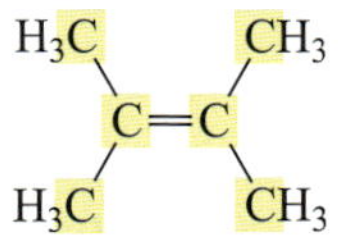

Die sechs Kohlenstoffatome liegen in derselben Ebene.

Ü 10 mit Lösung

Geben Sie für jede der folgenden Verbindungen an, wie viele ihrer Kohlenstoffatome in derselben Ebene liegen:

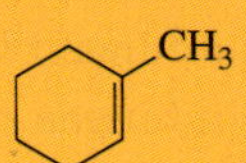

Lösung

Fünf Kohlenstoffatome liegen im Doppelbindungssystem: Die beiden sp^2-hybritisierten Kohlenstoffatome (durch blaue Punkte gekennzeichnet) und die drei Atome, die an die sp^2-hybritisierten Kohlenstoffatome gebunden sind (durch rote Punkte gekennzeichnet). Das sechste Atom in der Ebene ist ein Wasserstoffatom.

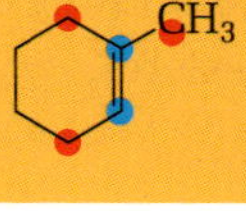

Ü 11* Geben Sie für jede der folgenden Verbindungen an, wie viele ihrer Kohlenstoffatome in derselben Ebene liegen.

(a) 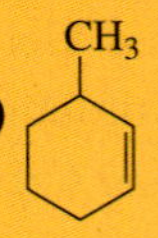
(b) 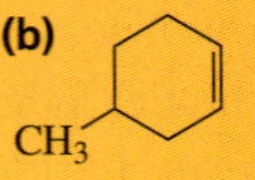
(c) 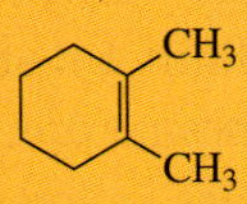

Ü 12 Zeichnen Sie die Isomere der folgenden Verbindungen und benennen sie diese.

(a) 2-Methyl-2,4-hexadien **(b)** 2,4-Heptadien **(c)** 1,3-Pentadien

STRATEGIEN ZUR PROBLEMLÖSUNG

■ Zeichnen von Isomeren für Verbindungen mit zwei Doppelbindungen

Wie viele Isomere hat die folgende Verbindung?

$$ClCH_2CH{=}CHCH{=}CHCH_2CH_3$$

Diese Verbindung besitzt vier Isomere, da jede ihrer Doppelbindungen jeweils *E*- oder *Z*-konfiguriert sein kann. Daher gibt es *E-E-*, *Z-Z-*, *E-Z-* und das *Z-E*-Isomer.

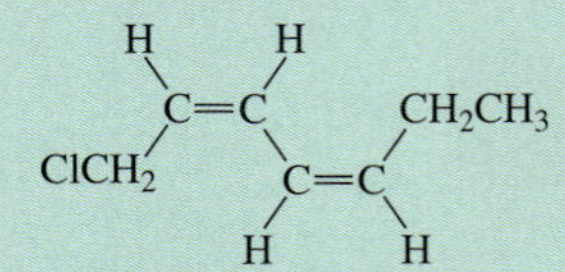

(2*Z*,4*Z*)-1-Chlor-2,4-heptadien

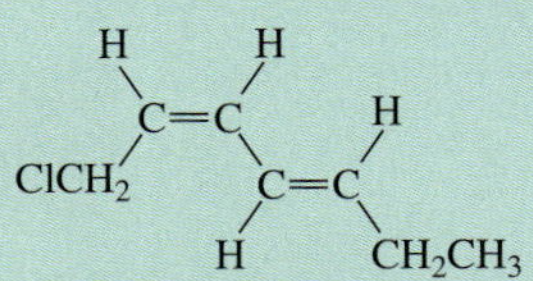

(2*Z*,4*E*)-1-Chlor-2,4-heptadien

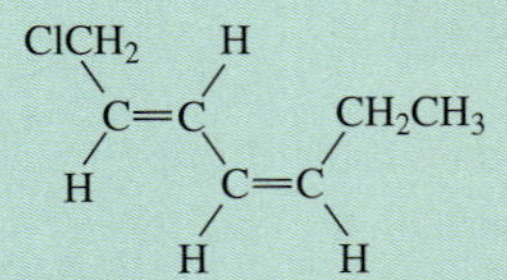

(2*E*,4*Z*)-1-Chlor-2,4-heptadien

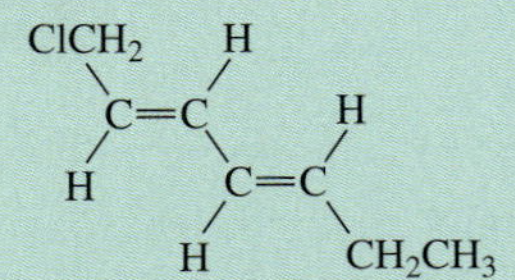

(2*E*,4*E*)-1-Chlor-2,4-heptadien

Wie eine organische Verbindung reagiert, hängt von ihren funktionellen Gruppen ab 5.4

Es gibt Millionen organischer Verbindungen (und es werden täglich mehr). Wenn man jede einzelne davon auswendig lernen müsste, wäre das Studium der Organischen Chemie eine grauenhafte Angelegenheit. Glücklicherweise lassen sich die organischen Verbindungen in Familien unterteilen, und alle Mitglieder einer Familie von Verbindungen reagieren auf eine ähnliche Weise.

Die Familienzugehörigkeit einer organischen Verbindung wird von seiner **funktionellen Gruppe** bestimmt. Die funktionelle Gruppe bestimmt die Art der Reaktionen, die ablaufen können. Mit der funktionellen Gruppe der Alkene sind wir schon vertraut: Es ist die Kohlenstoff-Kohlenstoff-Doppelbindung. Alle Verbindungen mit einer Kohlenstoff-Kohlenstoff-Doppelbindung reagieren auf ähnliche Weise, egal ob die Verbindung aus kleinen Molekülen wie Ethen besteht oder aus großen wie Cholesterol.

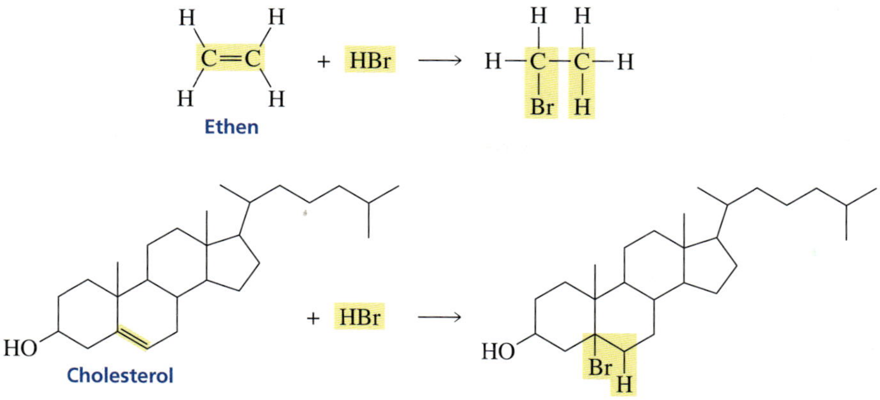

Das Studium der Organischen Chemie wird dadurch vereinfacht, *dass alle Familien in eine von vier Gruppen eingeordnet werden können und alle Familien in einer Gruppe ähnlich reagieren.*

Wir werden unser Studium der Reaktionen damit beginnen, uns die Reaktionen von Alkenen anzusehen, eine Familie, die zu der ersten der vier Gruppen gehört.

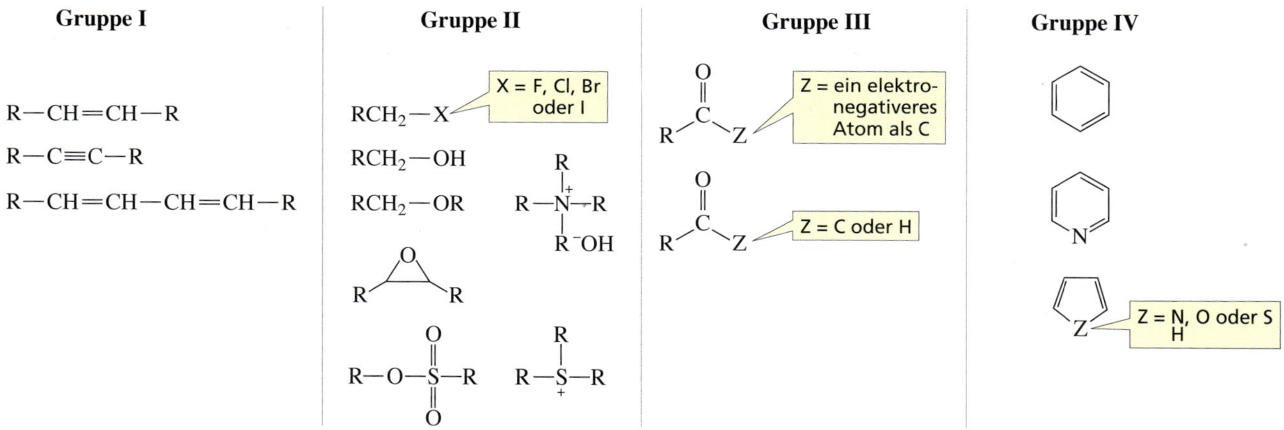

Wie Alkene reagieren • Gekrümmte Pfeile und die Bewegung von Elektronen 5.5

Wenn Sie die Reaktionen einer bestimmten funktionellen Gruppe studieren, müssen Sie verstehen, warum eine funktionelle Gruppe in einer bestimmten Weise reagiert. Es ist nicht damit getan, sich die beiden Reaktionen in Abschnitt 5.4 anzusehen und dabei zu beobachten, dass Kohlenstoff-Kohlenstoff-Doppelbindungen mit HBr reagieren und sich ein Produkt dabei bildet, in dem H und Br den Platz der π-Bindung eingenommen haben. Sie müssen verstehen, *warum* eine Reaktion abläuft. Wenn Sie den Grund für die Reaktivität einer funktionellen Gruppe kennen, werden sie dazu in der Lage sein, anhand der Struktur einer organischen Verbindung mögliche Reaktionen dieser Verbindung vorherzusagen. Kurz gesagt geht es in der Organischen Chemie um die Wechselwirkung elektronenreicher Spezies mit elektronenarmen Spezies. Es sind diese Anziehungskräfte, die eine Reaktion stattfinden lassen. Erinnern

Sie sich jedes Mal, wenn sie eine neue funktionelle Gruppe sehen, daran, dass ihre Reaktionen mit einer einfachen Regel erklärt werden können:

Elektronenarme Spezies werden von elektronenreichen Spezies angezogen.

Um verstehen zu können, wie eine funktionelle Gruppe reagiert, müssen wir also zuerst lernen, elektronenarme und elektronenreiche Atome und Moleküle zu erkennen.

Elektrophile

Eine elektronenarme Spezies wird als ein **Elektrophil** bezeichnet. Ein Elektrophil kann ein Atom enthalten, das ein Elektronenpaar aufnehmen kann, oder es kann ein Atom enthalten, das ein ungepaartes Elektron besitzt und darum ein Elektron benötigt, um sein Oktett zu vervollständigen. Ein Elektrophil ist daher auf der Suche nach Elektronen. Wörtlich bedeutet *elektrophil* „Bernstein liebend“ (*elektron*, gr. Bernstein; *philos*, gr. Liebe).

MERKE!

Elektronenreiche Atome oder Moleküle werden von elektronenarmen Atomen oder Molekülen angezogen.

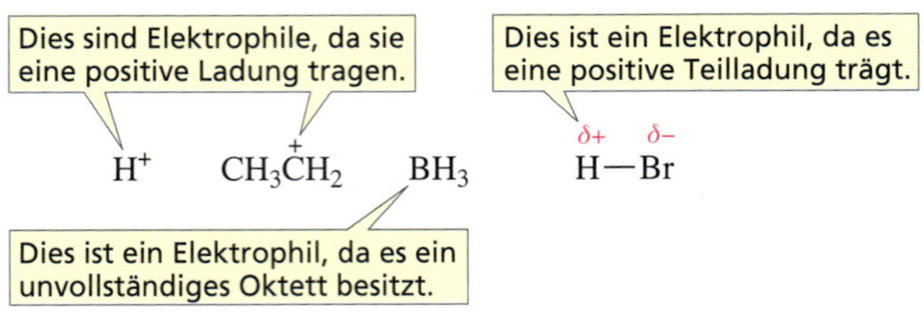

Nucleophile

Ein elektronenreiches Atom oder Molekül wird als **Nucleophil** bezeichnet. Ein Nucleophil besitzt ein freies Elektronenpaar, welches es mit einer anderen chemischen Verbindung oder Atomen teilen kann. Nucleophile und Elektrophile ziehen einander an (wie positive und negative Ladungen), da Nucleophile Elektronen zum Teilen haben und Elektrophile nach ebendiesen suchen. Die oben aufgestellte Regel kann daher auch so formuliert werden: *Nucleophile reagieren mit Elektrophilen.*

MERKE!

Ein Nucleophil reagiert mit einem Elektrophil.

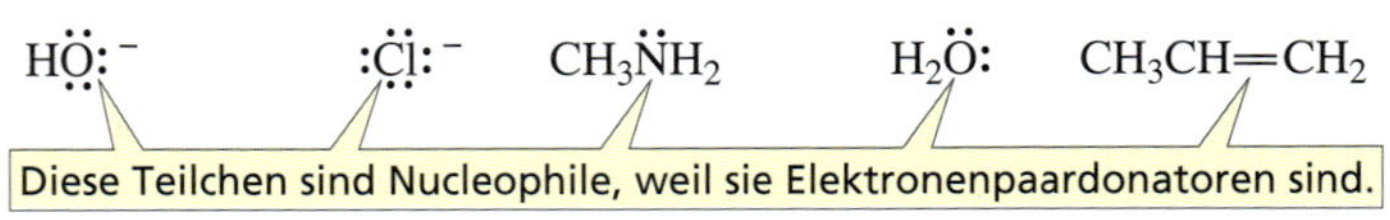

In Abschnitt 2.12 haben sie gelernt, dass Lewis-Säuren Verbindungen sind, die Elektronenpaare aufnehmen können (Elektronenpaarakzeptoren). Lewis-Basen hingegen können ein Elektronenpaar abgeben (Elektronenpaardonatoren). Daher sind Elektrophile Lewis-Säuren und Lewis-Basen sind Nucleophile. Also ist die Reaktion einen Elektrophils mit einem Nucleophil das gleiche wie die Reaktion einer Lewis-Säure mit einer Lewis-Base.

Da die Definitionen nach Lewis sehr unspezifisch sind, werden wir den Ausdruck *Base* benutzen, wenn eine Lewis-Base mit einem Proton reagiert. Bei der Reaktion mit etwas anderem als einem Proton werden wir Sie als *Nucleophil* bezeichnen. (Das eine wichtige Unterscheidung, da die Stärke einer Base eine thermodynamische Eigenschaft ist, während die Stärke eines Nucleophil eine kinetische Eigenschaft ist.)

Ü 13* Welche der nachfolgenden chemischen Teilchen sind Elektrophile, und welche sind Nucleophile?

$$H^- \quad CH_3C{\equiv}CH \quad NH_3$$
$$CH_3O^- \quad CH_3\overset{+}{C}HCH_3$$

Ü 14 Identifizieren Sie die Elektrophilen und die Nucleophilen in den folgenden Säure-Base-Reaktionen:

(a) $AlCl_3 + NH_3 \rightleftharpoons Cl_3\bar{A}l{-}\overset{+}{N}H_3$

(b) $H{-}Br + HO^- \rightleftharpoons Br^- + H_2O$

Der Mechanismus einer Reaktion

Wir werden nun sehen, wie die Regel „Nucleophile reagieren mit Elektrophilen" uns erlaubt, die charakteristischen Reaktionen von Alkenen vorherzusagen. Wir haben gesehen, dass die π-Bindung eines Alkens aus einer Elektronenwolke oberhalb und unterhalb der σ-Bindung besteht. Infolge dieser Elektronenwolke ist ein Alken eine elektronenreiche Verbindung – es ist ein Nucleophil. Man beachte das relativ elektronenreiche, orangefarbige Gebiet auf der elektrostatischen Potenzialkarte von *cis*- und *trans*-2-Buten. Wir haben außerdem gesehen, dass eine π-Bindung schwächer als eine σ-Bindung ist (Abschnitt 1.15). Die π-Bindung ist daher die Bindung, die am leichtesten aufgelöst wird, wenn ein Alken eine Reaktion eingeht. Wir können daher vorhersagen, dass ein Alken mit einem Elektrophil reagieren wird und bei diesem Vorgang die π-Bindung aufgebrochen werden wird.

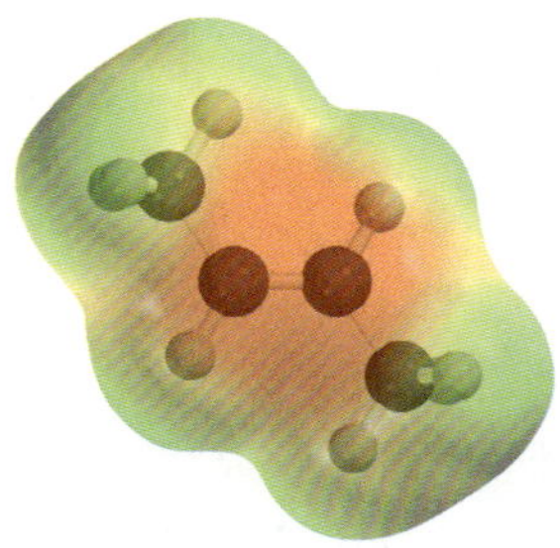

***trans*-2-Buten**

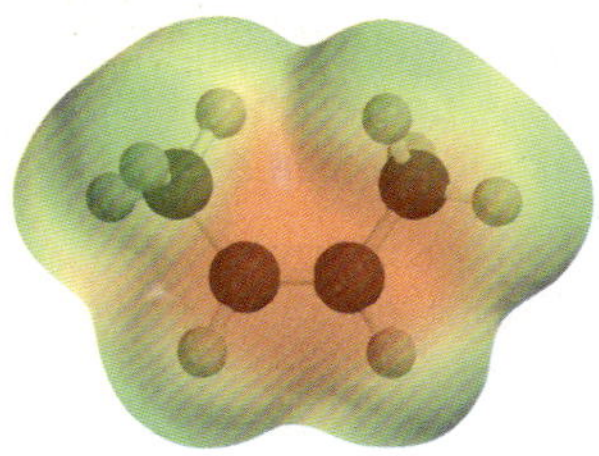

***cis*-2-Buten**

Falls also ein Reagenz wie Bromwasserstoff einem Alken zugesetzt wird, wird das Alken mit dem eine positive Teilladung tragenden Wasserstoffatom des Bromwasserstoffmoleküls reagieren und ein Carbokation bilden. Im zweiten Schritt der Reaktion wird das positiv geladene Carbokation (das ein Elektrophil ist) mit dem negativ geladenen Bromidion (einem Nucleophil) zu einem Halogenalkan reagieren.

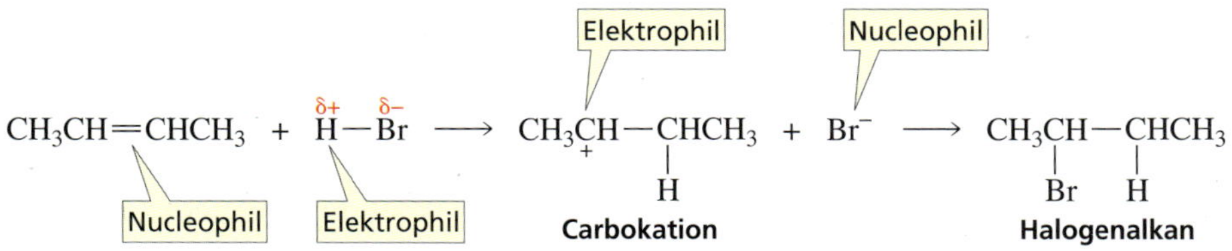

Die schrittweise Beschreibung des Prozesses, durch den Reaktanten (z.B. ein Alken und Bromwasserstoff) in Reaktionsprodukte überführt werden, wird **Reaktionsmechanismus** genannt.

Wir nutzen gekrümmte Pfeile um einen Reaktionsmechanismus zu verstehen.

- Gekrümmte Pfeile werden gezeichnet um zu verdeutlichen, wie sich die Elektronenbewegen während neue kovalente Bindungen gebildet werden und alte Bindungen sich auflösen (Abschnitt 2.3).
- Jeder Pfeil repräsentiert die gleichzeitige Wanderung von zwei Elektronen (einem Elektronenpaar) von einem Nucleophil (am Beginn des Pfeiles) zu einem Elektrophil (an der Spitze des Pfeiles).

- Der Beginn des Pfeiles wird an der Stelle gezeichnet, an der sich die Elektronen im Reaktanten befinden. Der Beginn geht zudem immer von einer Bindung oder einem freien Elektronenpaar aus.
- Die Spitze des Pfeiles zeigt zu der Stelle, an der sich die Elektronen im Produkt befinden. Sie zeigt immer auf ein Atom oder eine Bindung.

MERKE!

Der Reaktionsmechanismus beschreibt den schrittweisen Prozess, bei dem Reaktanten in Produkte umgewandelt werden.

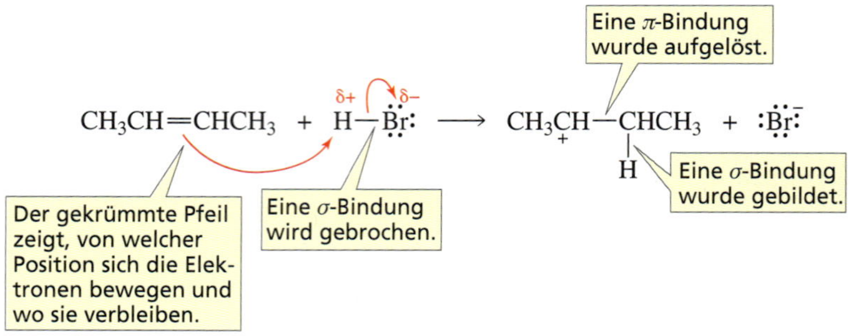

Für den Fall der Reaktion von 2-Buten mit HBr wird ein Pfeil gezeichnet, um anzuzeigen, dass die beiden Elektronen der π-Bindung des Alkens vom positiv polarisierten Wasserstoffatom des HBr-Moleküls angezogen werden. Das Wasserstoffatom kann jedoch dieses Elektronenpaar nicht aufnehmen, weil es schon an ein Bromatom gebunden ist (Abschnitt 1.4).

Wenn sich die π-Elektronen des Alkens auf das Wasserstoffatom zubewegen, bricht die H—Br-Bindung auf. Das Bromatom bleibt hierbei im Besitz der Bindungselektronen. Man beachte, dass die π-Elektronen von einem sp^2-hybridisierten Kohlenstoffatom abgezogen werden, aber mit dem anderen verknüpft bleiben. Das Produkt dieses ersten Schrittes der Reaktion ist positiv geladen, da der sp^2-hybridisierte Kohlenstoff, der nicht an der neuen Bindung zum Wasserstoffatom beteiligt ist, nicht länger an dem (vormaligen) π-Elektronenpaar teilhat. Im zweiten Schritt der Reaktion bildet ein freies Elektronenpaar des negativ geladenen Bromions eine Bindung mit dem positiv geladenen Kohlenstoffatom des Carbokations. Man beachte, dass an beiden Schritten der Reaktion die Reaktion eines Elektrophils mit einem Nucleophil beteiligt ist.

MERKE!

Gekrümmte Pfeile zeigen die Verschiebung von Elektronen an; sie gehen von einem elektronenreichen Zentrum aus und reichen bis zu einem elektronenarmen Zentrum.

Eine Pfeilspitze mit zwei Zacken symbolisiert die Verschiebung von zwei Elektronen.

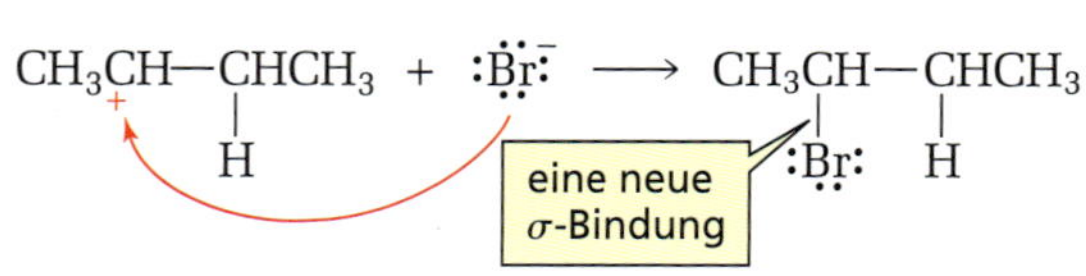

Allein aufgrund des Wissens, dass ein Elektrophil mit einem Nucleophil reagiert und eine π-Bindung die schwächste Bindung in einem Alken ist, sind wir in der Lage gewesen, das Produkt der Reaktion von 2-Buten mit HBr als 2-Brombutan vorherzusagen. In der Summe umfasst die Reaktion die *Addition* eines mols Bromwasserstoff (HBr) an 1 mol des Alkens. Die Reaktion wird deshalb als **Additionsreaktion** (oder einfach als **Addition**) bezeichnet. Da der erste Schritt der Reaktion in der Addition eines Elektrophils (H^+) an das Alken besteht, wird diese Reaktion genauer als eine **elektrophile Addition** bezeichnet.

Elektrophile Additionen sind die kennzeichnenden Reaktionen der Alkene.

MERKE!

Das Ende eines Pfeils startet von den elektronenreichen Zentren in den Reaktanten. Es geht immer von einem freien Elektronenpaar oder einer Bindung aus.

Der Kopf des Pfeils zeigt an, wo die Elektronen aus den Reaktanten sich im Produkt befinden. Er zeigt immer auf ein Atom oder eine Bindung.

An dieser Stelle denken Sie vielleicht, dass es einfacher wäre, sich die Tatsache zu merken, dass 2-Brombutan das Produkt der Reaktion ist, ohne zu versuchen, den Mechanismus zu verstehen, warum 2-Brombutan das Reaktionsprodukt ist. Jedoch werden Sie bald viele Reaktionen kennenlernen, an die Sie sich nicht alle erinnern werden. *Es wird deutlich einfacher sein, sich einige Reaktionsmechanismen zu merken, die auf ähnlichen Regeln basieren als sich an tausende Reaktionen zu erinnern.* Wenn Sie den Mechanismus der Reaktionen verstehen, werden Ihnen die Prinzipien der Organischen Chemie bald klar werden, und dies wird das Meistern des Stoffes viel einfacher und angenehmer machen.

MERKE!

Alkene gehen elektrophile Additionsreaktionen ein.

HINTERGRUND

■ Einige Bemerkungen über gekrümmte Pfeile

1. Stellen Sie sicher, dass die Pfeile immer in Richtung der Elektronenverschiebung und niemals in entgegengesetzter Richtung gezeichnet werden. Dies bedeutet, *dass ein Pfeil immer weg von der negativen Ladung auf die positive Ladung zu gezeichnet wird.* Ein Pfeil zeigt sowohl die Bindung, die gebildet, als auch jene, die aufgelöst wird.

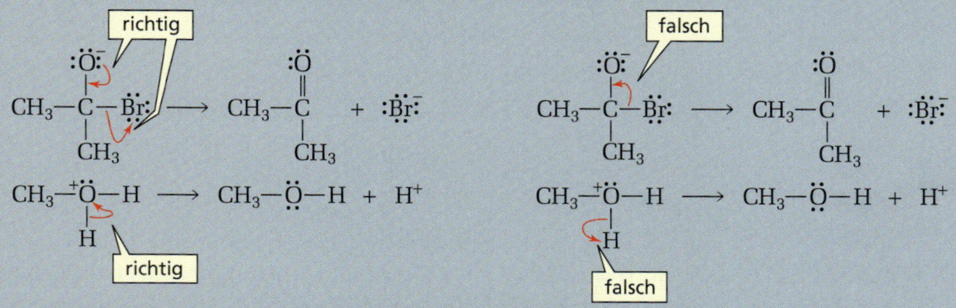

2. Gekrümmte Pfeile werden gezeichnet, um die Verschiebung von Elektronen zu verdeutlichen. *Benutzen Sie gekrümmte Pfeile niemals, um anzuzeigen, dass ein Atom seinen Platz wechselt.* Man kann also einen gekrümmten Pfeil nicht dazu benutzen, um beispielsweise die Abstraktion eines Protons zu illustrieren, wie es hier gezeigt wird:

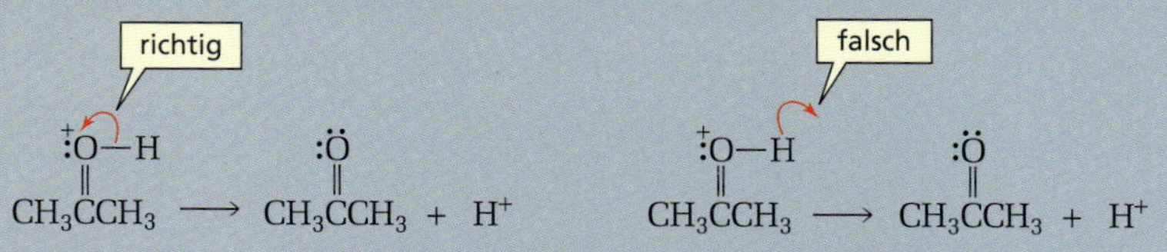

3. *Die Spitze eines gekrümmten Pfeils zeigt stets auf ein Atom oder eine Bindung.* Zeichnen Sie einen Pfeil nie so, dass er ins Nichts zeigt.

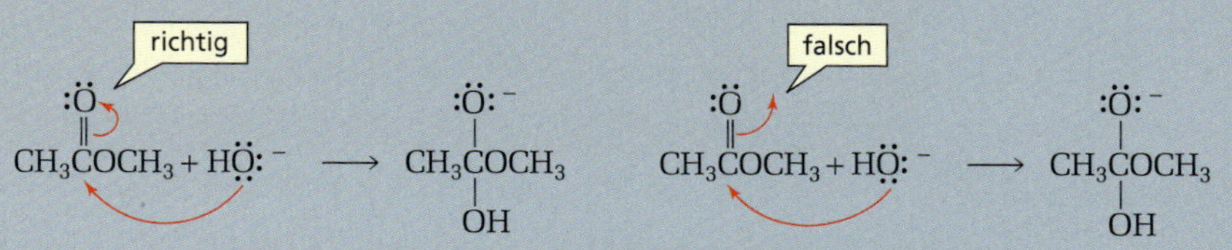

4. *Der Pfeil hat seinen Ausgangspunkt am Ursprungsort der Elektronen.* Er nimmt seinen Anfang nicht an einem Atom. Im folgenden Beispiel nimmt der gekrümmte Pfeil seinen Anfang bei den Elektronen der π-Bindung, nicht an einem Kohlenstoffatom:

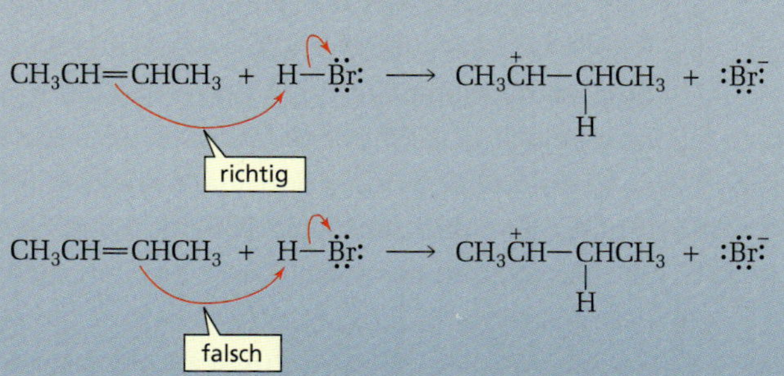

Hinweis für die Studierenden

Es ist sehr wichtig, dass Sie das Zeichnen von gekrümmten Pfeilen erlernen. Das Tutorial am Ende dieses Kapitels wird Ihnen dabei helfen. Es sollte nicht mehr als 15 Minuten in Anspruch nehmen, kann aber einen großen Unterschied bei Ihrem Lernerfolg ausmachen.

Ü 15 mit Lösung

Verwenden Sie gekrümmte Pfeile, um die Verschiebung von Elektronen in jedem der folgenden Reaktionsschritte zu verdeutlichen. (*Hinweis:* Sehen Sie sich zunächst die Ausgangsstoffe, dann die Produkte genau an, und zeichnen Sie erst dann die Pfeile ein.)

(a) 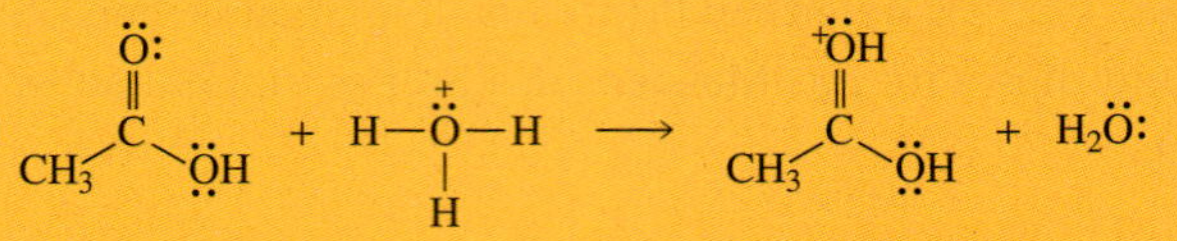

(b) 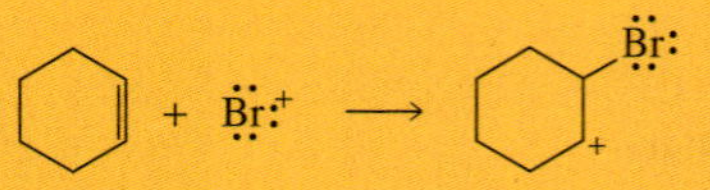

(c) 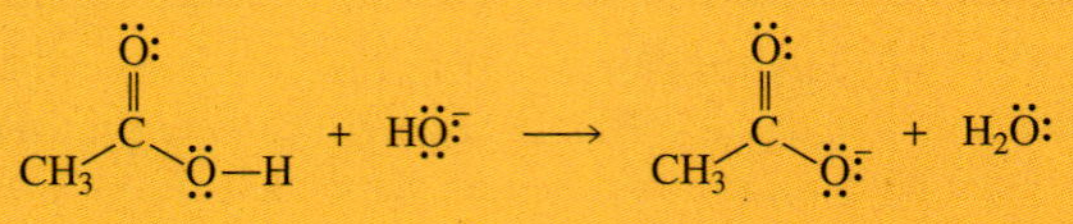

(d) 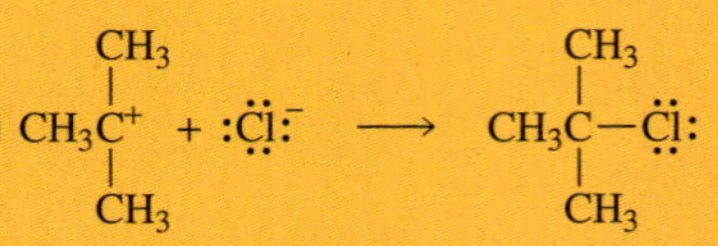

Lösung zu 15(a)

Wir sehen an den Produkten, dass dem doppelt gebundenen Sauerstoffatom ein Proton angefügt wird, während H_3O^+ ein Proton abgibt und das bindende Elektronenpaar zurückbehält. Wir müssen die Pfeile so zeichnen, dass wir zu diesem Ergebnis kommen. Beachten Sie, dass das Sauerstoffatom, welches das Proton aufnahm, positiv geladen wird. Das Sauerstoffatom, dass das Proton abgab, ist hingegen nicht mehr positiv geladen.

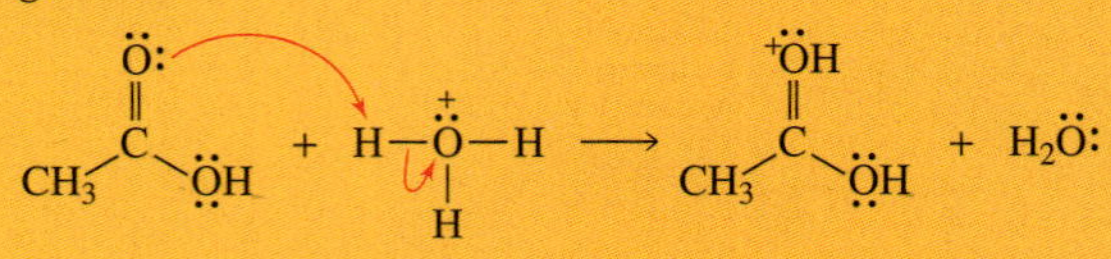

Ü 16 Geben Sie für jede Reaktion in Übung 15 an, welcher Reaktant nucleophil und welcher elektrophil ist.

Ü 17 Zeichnen Sie die Produkte, die Sie erhalten würden, indem Sie den falschen Pfeilen im HINTERGRUND-Kasten „Einige Bemerkungen über gekrümmte Pfeile“ folgen und erklären Sie, was mit den erhaltenen Strukturen, nicht stimmt.

Reaktionskoordinatendiagramme

Der Mechanismus einer Reaktion, so wie er oben gezeigt ist, beschreibt die verschiedenen Schritte, von denen man annimmt, dass sie auftreten, wenn Reaktanten (= Edukte) zu Produkten umgesetzt werden. Ein **Reaktionskoordinatendiagramm** stellt die Energieänderungen, die mit jedem Schritt eines Mechanismus verbunden sind, graphisch dar.

In einem Reaktionskoordinatendiagramm wird die Gesamtenergie aller Stoffe gegen den zeitlichen Ablauf einer Reaktion aufgetragen. Da eine Reaktion von links nach rechts fortschreitet, wird die Energie der Ausgangsstoffe (Reaktanten = Edukte) am linken Rand der x-Achse eingezeichnet und die Energie der Reaktionsprodukte am rechten Rand der x-Achse. Ein beispielhaftes Reaktionskoordinatendiagramm ist in ▶ Abbildung 5.1 dargestellt. Das

Diagramm der ▶ Abbildung 5.1 beschreibt die Reaktion von A—B mit C zu A + B—C. Rufen Sie sich in das Gedächtnis, dass *ein Stoff umso stabiler ist, je geringer sein Energiegehalt ist.*

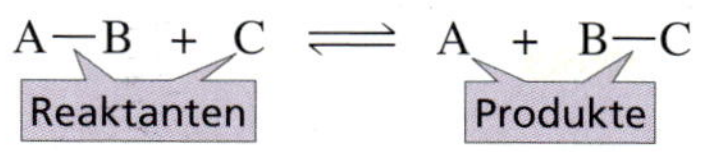

Im Verlauf der chemischen Umsetzung der Reaktanten zu den Produkten passiert die Reaktion ein *Energiemaximum*, das als **Übergangszustand** bezeichnet wird. Die Struktur des Übergangszustandes liegt irgendwo zwischen der Struktur der Ausgangsstoffe und der Struktur der Reaktionsprodukte. Bindungen, die sich auflösen und Bindungen, die sich bilden, während die Reaktanten sich in die Produkte umwandeln, sind im Übergangszustand teilweise gelöst bzw. teilweise ausgebildet. Um teilweise aufgelöste bzw. gebildete Bindungen darzustellen, werden gestrichelte Linien verwendet. Die Höhe des Übergangszustandes (die Energiedifferenz zwischen der Energie den Reaktanten und der Energie des Übergangszustandes) sagt uns etwas über wie wahrscheinlich es ist, dass eine Reaktion ablaufen wird. Wenn die Energie zu groß ist, wird es für die Reaktanten nicht möglich sein, in Produkte umgewandelt zu werden. Es findet also keine Reaktion statt.

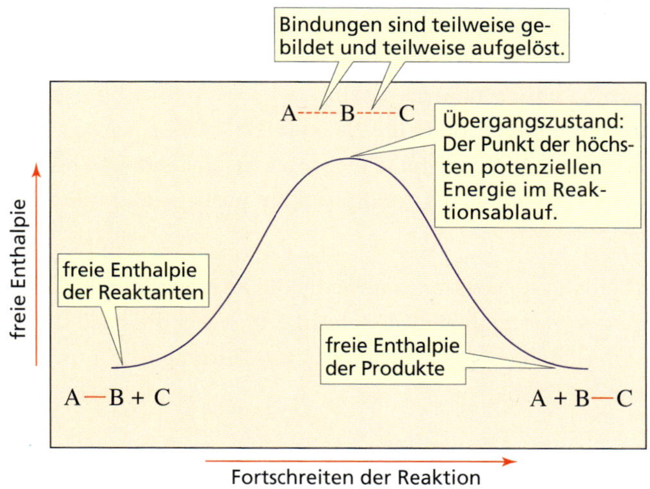

Abbildung 5.1: Ein Reaktionskoordinatendiagramm zeigt die Energieänderungen, die bei der Umwandlung von Reaktanten zu Produkten einhergehen. Die gestrichelten Linien des Übergangszustandes symbolisieren Bindungen, die teilweise aufgelöst bzw. teilweise ausgebildet sind.

> **MERKE!**
>
> **Je stabiler eine Spezies, desto geringer ist ihre Energie.**

Thermodynamik: Wie viel Produkt wird bildet? 5.6

Um die Veränderungen der Energie in einer Reaktion wie der Addition von HBr an ein Alken zu verstehen, müssen sie sich mit den grundlegenden Prinzipien der *Thermodynamik* vertraut machen. Diese beschreiben Reaktionen im Gleichgewichtszustand, während die *Reaktionskinetik* die Geschwindgeit einer Reaktion beschreibt.

Bei einer Reaktion in der Y in Z umgewandelt wird sagt uns die *Thermodynamik* etwas darüber, wie sich die relativen Mengen des Reaktanten (Y) und des Produkts (Z) verhalten, sobald die Reaktion ein Gleichgewicht erreicht hat. Die *Kinetik* beschreibt wie schnell Y in Z umgewandelt wird.

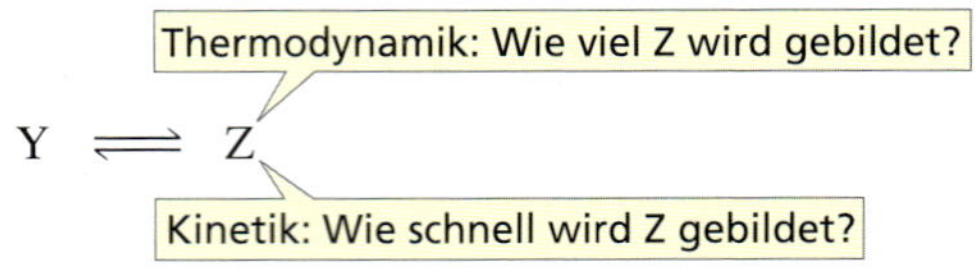

Willian Thomson (1824–1907) geboren in Belfast, Nordirland. Er war Professor für Naturphilosophie an der Universität von Glasgow, Schottland. Für die Entwicklung der Tempera nach Kelvin und anderer wichtiger Arbeiten wurde ihm der Titel Baron Kelvin zuerkannt, der ihm erlaubte sich ***Lord Kelvin*** zu nennen. Der Name stammt vom Fluss Kelvin, der durch Glasgow fließt (siehe Beginn dieses Kapitels). Seine Statue steht im botanischen Garten, der sich in der Nähe der Universität von Belfast befindet.

Das Gebiet der Chemie, das sich mit den Eigenschaften eines Systems im Gleichgewicht befasst, wird **Thermodynamik** genannt. Die relativen Konzentrationen von Reaktanten und Produkten im Gleichgewicht werden nummerisch durch die Gleichgewichtskonstante K_{eq} (Abschnitt 2.2) ausgedrückt.

$$\mathbf{A} + \mathbf{B} \rightleftharpoons \mathbf{C} + \mathbf{D}$$

$$K_{eq} = \frac{[\text{Produkte}]}{[\text{Reaktanten}]} = \frac{[\text{C}][\text{D}]}{[\text{A}][\text{B}]}$$

Die relativen Konzentrationen der Produkte und Reaktanten im Gleichgewichtszustand hängen von ihren relativen Stabilitäten ab: *Je stabiler eine Verbindung ist, desto höher ist ihre Konzentration im Zustand des chemischen Gleichgewichtes.*

- Falls die Produkte stabiler sind (eine geringere freie Enthalpie aufweisen) als die Reaktanten (► Abbildung 5.2a), wird im Gleichgewichtszustand eine höhere Konzentration von Produkten als von Reaktanten vorhanden sein, und K_{eq} wird größer als 1 sein.
- Falls auf der anderen Seite die Reaktanten stabiler sind als die Produkte (► Abbildung 5.2b), wird im Gleichgewichtszustand eine höhere Konzentration von Reaktanten als von Produkten vorliegen, und K_{eq} wird kleiner als 1 sein.

Nun verstehen Sie auch besser, warum die Stärke einer Säure von der Stabilität der konjugierten Base abhängt (Abschnitt 2.6). Wird die Base stabiler, erhöht sich auch die Gleichgewichtskonstante ihrer Bildung (K_s) – und je größer K_s desto stärker die Säure.

Änderung der freien Gibbs-Energie

Es werden verschiedene thermodynamische Parameter benutzt, um eine Reaktion zu beschreiben. Die Änderung der **freien Enthalpie*** (auch **freie Gibbs-Energie** gennant) der Produkte im Vergleich zur freien Ethalpie der Reaktanten unter Standardbedingungen wird freie Reaktionsenthalpie*. genannt. Das Symbol ° gibt an, dass sich die Zahlenwerte auf Standardbedingungen beziehen, d.h., dass alle Stoffe in der Konzentration 1 mol/Liter (1-molar, 1 M) vorliegen, eine Temperatur von 25 °C (298,15 K) und ein Druck von 1 atm herrschen.

$$\Delta G° = \textbf{freie Enthalpie der Produkte – freie Enthalpie der Reaktanten}$$

Aus dieser Gleichung können wir ablesen, dass $\Delta G°$ negativ sein wird, falls die Produkte eine niedrigere freie Enthalpie besitzen – und somit stabiler sind – als die Reaktanten. Die Reaktion wird, anders ausgedrückt, Energie freiset-

* Die Begriffe Energie und Enthalpie sind genau genommen nicht identisch. In der physikalischen Chemie rechnet man meist mit Enthalpien, diese kann man sich jedoch zum besseren Verständnis als „Energien“ vorstellen. In diesem Buch ist daher meist von „Energie“ die Rede.

zen und nicht verbrauchen. Es handelt sich um eine **exergonische Reaktion** (► Abbildung 5.2a).

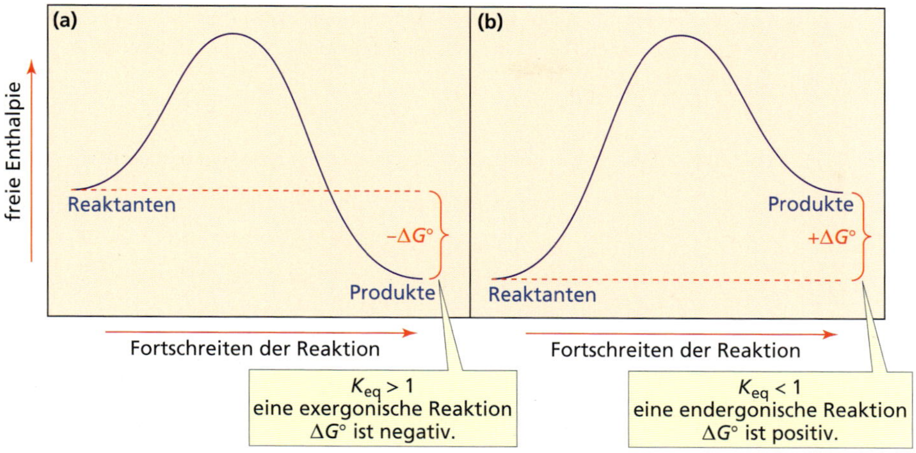

Abbildung 5.2: Reaktionskoordinatendiagramme für (a) eine Reaktion, deren Produkte stabiler sind als die Reaktanten (eine exergonische Reaktion), und (b) eine Reaktion, deren Produkte weniger stabil sind als die Reaktanten (eine endergonische Reaktion).

Falls die Reaktionsprodukte eine höhere freie Enthalpie besitzen (weniger stabil sind) als die Reaktanten, wird $\Delta G°$ positiv, und die Reaktion wird mehr Energie verbrauchen als sie freisetzt. Es handelt sich um eine **endergonische Reaktion** (► Abbildung 5.2b). Die Begriffe *exergonisch* und *endergonisch* beziehen sich darauf, ob die Reaktion einen negativen $\Delta G°$-Wert oder einen positiven $\Delta G°$-Wert hat. Man darf diese Begriffe nicht mit den Begriffen exotherm und endotherm, die an späterer Stelle definiert werden, verwechseln.

Eine erfolgreiche Reaktion ist eine solche, deren Produkte im Gleichgewichtszustand begünstigt werden (wenn also die Produkte stabiler als die Reaktanten sind). Ob die Reaktanten oder die Produkte im Gleichgewichtszustand begünstigt sind, kann entweder durch die Gleichgewichtskonstante (K_{eq}) oder die Änderungen der freien Enthalpie ($\Delta G°$) angegeben werden. Diese beiden quantitativen Größen sind durch die Gleichung:

$$\Delta G° = -RT \ln K_{eq}$$

miteinander verknüpft, in der R die allgemeine Gaskonstante ($8{,}314 \times 10^{-3}$ kJ mol^{-1} K^{-1} = $1{,}986 \times 10^{-3}$ kcal mol^{-1} K^{-1}) und T die absolute Temperatur in Kelvin sind. (In der Kelvin-Skala gibt es keine negativen Temperaturen da 0 K als –273 °C festgelegt ist, die geringste bekannte Temperatur. Daher ist K = °C + 273, 25 °C = 298 K bei 25 °C.)

MERKE!

Je stabiler eine Spezies ist, desto größer ist ihre Konzentration im Gleichgewicht.

Das Gleichgewicht liegt auf der Seite der Produkte wenn $\Delta G°$ negativ und K_{eq} größer als 1 ist.

Das Gleichgewicht liegt auf der Seite der Reaktanten wenn $\Delta G°$ positiv und K_{eq} kleiner als 1 ist.

Ü 18*

(a) Welche der monosubstituierten Cyclohexane aus ► Tabelle 3.9 besitzt einen negativen $\Delta G°$-Wert für die Umwandlung eines axial substituierten Sesselkonformers in ein äquatorial substituiertes Sesselkonformer?

(b) Welches monosubstituierte Cyclohexan weist den am stärksten negativen $\Delta G°$-Wert auf?

(c) Welches monosubstituierte Cyclohexan besitzt die größte Präferenz für die äquatoriale Stellung?

(d) Berechnen Sie den $\Delta G°$-Wert für die Umwandlung „axialen" Methylcyclohexans in „äquatoriales" Methylcyclohexan bei 25 °C.

Ü 19 mit Lösung

Der $\Delta G°$-Wert für die Umwandlung von „axialem“ Fluorcyclohexan in „äquatoriales“ Fluorcyclohexan bei 25 °C beträgt –1,05 kJ/mol (= –0,25 kcal/mol). Berechnen Sie den prozentualen Anteil der Fluorcyclohexanmoleküle, die das Fluoratom in der äquatorialen Stellung tragen.

Lösung

Zunächst müssen wir die Gleichgewichtskonstante der Reaktion berechnen:

$$\underset{\text{axial}}{\text{Fluorcyclohexan}} \rightleftharpoons \underset{\text{äquatorial}}{\text{Fluorcyclohexan}}$$

$$\Delta G° = -0{,}25 \text{ kcal/mol bei } 25\ °\text{C}$$

$$\Delta G° = -RT \ln K_{eq}$$

$$-0{,}25 \text{ kcal/mol} = -1{,}986 \times 10^{-3} \text{ kcal/mol K} \times 298 \text{ K} \times \ln K_{eq}$$

$$\ln K_{eq} = 0{,}422$$

$$K_{eq} = 1{,}53 = \frac{[\underset{\text{äquatorial}}{\text{Fluorcyclohexan}}]}{[\underset{\text{axial}}{\text{Fluorcyclohexan}}]} = \frac{1{,}53}{1}$$

Nun müssen wir noch den äquatorialen Anteil berechnen:

$$\frac{[\underset{\text{äquatorial}}{\text{Fluorcyclohexan}}]}{[\underset{\text{äquatorial}}{\text{Fluorcyclohexan}}] + [\underset{\text{axial}}{\text{Fluorcyclohexan}}]} = \frac{1{,}53}{1{,}53 + 1} = \frac{1{,}53}{2{,}53} = 0{,}60 \text{ oder } 60\%$$

Ü 20

(a) Berechnen sie den Anteil von Isopropylcyclohexanmolekülen, die im Gleichgewicht einen Isopropylsubstituenten in äquatorialer Position tragen. ($\Delta G°$-Wert bei 25 °C ist –2,1 kcal/mol.)

(b) Warum ist der Anteil an Molekülen mit dem Substituenten in äquatorialer Position bei Isopropylcyclohexan größer als für Fluorcyclohexan?

Enthalpie und Entropie

Die freie Enthalpie ($G°$) besitzt einen Enthalpieanteil ($H°$) und einen Entropieanteil ($\Delta S°$). (T ist die Temperatur in Kelvin.)

$$\Delta G° = \Delta H° - T\Delta S°$$

Die **Enthalpie** ist die Wärme, die bei einer Reaktion aufgenommen oder abgegeben wird. Wärme wird abgegeben wenn Bindungen gebildet werden und wird verbraucht wenn Bindungen gebrochen werden. Daher ist $\Delta H°$ ein Maß für die Bindungsbildungen und -Brüche die auftreten wenn Reaktanten in Produkte umgewandelt werden.

$\Delta H°$ = benötigte Enthalpie durch Bindungsbruch – freigesetzte Enthalpie durch Bindungsbildung

Wenn die Bindungen, die während einer Reaktion gebildet werden, stärker sind als jene die gebrochen werden wird mehr Energie freigesetzt als verbraucht. Daher wird $\Delta H°$ negativ. Eine Reaktion mit negativem $\Delta H°$ wird als **exotherme Reaktion** bezeichnet. Wenn die gebildeten Bindungen schwächer sind als die gebrochenen Bindungen, wird $\Delta H°$ positiv. Eine Reaktion mit positivem $\Delta H°$ heißt **endotherme Reaktion**.

Die **Entropie** ist ein Maß für die Freiheit eines Systems sich zu bewegen. Die Bewegungsfreiheit eines Moleküls einzuschränken verringert seine Entropie.

Zum Beispiel wird sich bei einer Reaktion, bei der zwei Teilchen sich zu einem einzigen Molekül vereinigen, die Entropie der Produkte geringer sein als die der Reaktanten, da zwei getrennte Teilchen sich auf eine Art und Weise bewegen können, die für ein einziges Teilchen nicht möglich ist. In einer solchen Reaktion ist $\Delta S°$ negativ. Wird ein Teilchen in einer Reaktion in zwei unterschiedliche Spezies gespalten, werden die Produkte eine größere Bewegungsfreiheit haben als die Reaktanten, daher wird $\Delta S°$ in diesem Fall positiv sein.

$\Delta S°$ = Bewegungsfreiheit der Produkte – Bewegungsfreiheit der Reaktanten

MERKE!

Entropie ist ein Maß für die Bewegungsfreiheit eines Systems.

Ü 21*

(a) Für welche der folgenden Reaktionen wird $\Delta S°$ signifikanter sein?
(b) Für welche Reaktion wird $\Delta S°$ positiv sein?
1. $A \rightleftharpoons B$ oder $A + B \rightleftharpoons C$
2. $A + B \rightleftharpoons C$ oder $A + B \rightleftharpoons C + D$

Wir haben gesehen dass bei einer bevorzugten Reaktion $\Delta G°$ negativ ist (und $K_{eq} > 1$). Die Formel für die freie Standardenthalpie zeigt, dass negative Werte von $\Delta H°$ und positive Werte von $\Delta S°$ zu einem negativen $\Delta G°$ beitragen. Anders formuliert: *Die Bildung eines Produkts mit stärkeren Bindungen und größerer Bewegungsfreiheit führt dazu, dass $\Delta G°$ negativ wird.* Dies führt dazu, dass die Reaktion bevorzugt abläuft.

MERKE!

Die Bildung von Reaktionsprodukten mit stärkeren Bindungen und mit einer größeren Bewegungsfreiheit führt dazu, dass $\Delta G°$ negativ wird.

Beachten Sie, dass der Entropieterm temperaturabhängig ist, er wird daher wichtiger wenn die Temperatur steigt. Daher kann eine Reaktion mit positivem $\Delta S°$ bei geringen Temperaturen endergonisch und bei hohen Temperaturen exergonisch sein.

Ü 22

(a) Berechnen Sie für eine Reaktion mit $\Delta H°$ = –12 kcal/mol und $\Delta S°$ = 0,01 kcal/mol das $\Delta G°$ und die Gleichgewichtskonstante **1.** bei 30 °C und **2.** bei 150 °C.
(b) Wie ändert sich $\Delta G°$, wenn die Temperatur T zunimmt?
(c) Wie ändert sich K_{eq}, wenn die Tempatur T zunimmt?

Die Ausbeute einer Reaktion erhöhen 5.7

Glücklicherweise gibt es Wege, um die Menge eines in einer Reaktion gebildeten Produkts zu vergrößern. Das **Prinzip von Le Châtelier** besagt, *dass sich das System bei einer Störung des Gleichgewichts anpasst, um die Störung auszugleichen.* Mit anderen Worten: Wenn die Konzentration von C oder D abnimmt, reagieren A und B, um eine größere Menge von C und D zu produzieren und somit den Wert der Gleichgewichtskonstante stabil zu halten. (Der Wert der Konstante muss beibehalten werden – daher die Bezeichnung *Konstante.*)

$$\mathbf{A + B \rightleftharpoons C + D}$$

$$K_{eq} = \frac{[\mathrm{C}][\mathrm{D}]}{[\mathrm{A}][\mathrm{B}]}$$

MERKE!

Wenn ein Gleichgewicht gestört wird, muss das System sich anpassen, um die Störung auszugleichen.

Wenn beispielsweise ein Produkt bei seiner Bildung aus einer Lösung auskristallisiert oder als Gas entweicht, werden die Reaktanten die Reaktion fortsetzen, um das entweichende Produkt zu ersetzen und den Wert der Gleichgewichtskonstante stabil zu halten. Es können also größere Mengen an Produkten gewonnen werden, wenn man die Konzentration eines der Reaktanten erhöht.

Lebende Organismen gewinnen Energie durch die Durchführung einer Reihe hintereinander folgender Reaktionen die komplexe Nährstoffmoleküle (wie etwa Glucose) in einfache Moleküle (Abschnitt 24.6) umwandeln. Solch eine Reihe von Reaktionen wird als **Stoffwechselweg** bezeichnet. Manche der Reaktionen in einem Stoffwechselweg sind endergonisch, führen also zu wenig Produkt.

Jedoch wird die Menge des gebildeten Produktes erhöht, wenn eine hoch exergone Reaktion auf den endergonischen Schritt folgt – eine Anwendung des Prinzips von Le Châtelier.

Zum Beispiel wird sehr wenig B in den ersten beiden Reaktion auf der nächsten Seite gebildet, da die Reaktion von A zu B endergonisch ist. Da jedoch eine hoch exergone Reaktion B und C umwandelt wird die erste Reaktion immer die Gleichgewichtskonzentration an B nachliefern. Daher treibt die exergonische Reaktion den vorhergehenden endergonischen Schritt an.

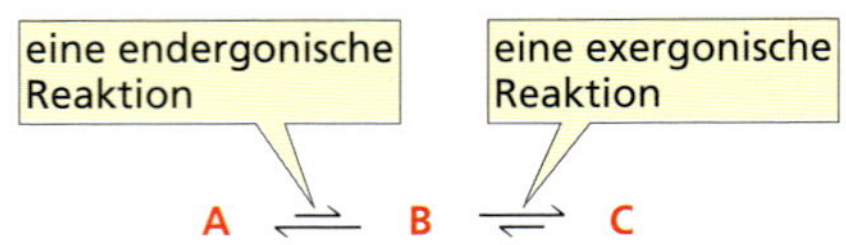

Die beiden aufeinander folgenden Reaktionen (eine endergonische Reaktion gefolgt von einer exergonischen Reaktion) werden auf als **gekoppelte Reaktionen** bezeichnet. Gekoppelte Reaktionen sind die thermodynamische Grundlage für die Regulierung von Stoffwechselwegen (Abschnitt 24.6).

Die Berechnung von $\Delta H°$-Werten 5.8

$\Delta H°$-Werte lassen sich aus den Werten von Bindungsdissoziationsenergien berechnen (► Tabelle 5.1), wie im folgenden Beispiel aufgezeigt wird. Die Bindungsdissoziationsenergie wird mit den Term ΔH beschrieben. (Vergegenwärtigen Sie sich, dass die Bindungsdissoziationsenergie einer π-Bindung 62 kcal/mol beträgt; Abschnitt 1.15)

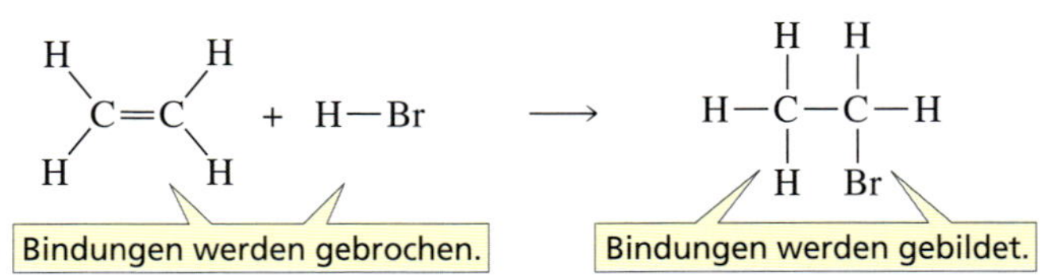

π-Bindung von Ethen	ΔH = 62 kcal/mol		C—H	ΔH = 101 kcal/mol
H—Br	ΔH = 88 kcal/mol		C—Br	ΔH = 71 kcal/mol
	ΔH_{total} = 150 kcal/mol			ΔH_{total} = 172 kcal/mol

$$\begin{aligned}\Delta H° \text{ für eine Reaktion} &= \Delta H \text{ der gebrochenen Bindungen} - \Delta H \text{ der gebildeten Bindungen}\\ &= 150\text{ kcal/mol} - 172\text{ kcal/mol}\\ &= -22\text{ kcal/mol}\end{aligned}$$

Weil $\Delta H°$-Werte relativ einfach zu berechnen sind, schätzen Chemiker*innen Reaktionen oftmals allein auf der Grundlage dieser thermodynamischen Größe ab, da $\Delta S°$ nicht berechnet werden kann, sondern experimentell bestimmt werden muss. Man kann jedoch den Entropiebeitrag nur dann vernachlässigen, wenn die Reaktionen nur mit einer kleinen Änderung der Entropie verbunden sind, da in diesem Fall der Term $T\Delta S°$ klein und der Wert von $\Delta H°$ nahe beim Wert von $\Delta G°$ liegen wird. Die Vernachlässigung des Entropieterms $T\Delta S°$ kann jedoch gefährlich sein, da viele organische Reaktionen mit einer Entropieänderung einhergehen oder bei hohen Temperaturen ablaufen und aus diesem Grund signifikante $T\Delta S°$-Terme aufweisen. Es ist erlaubt, $\Delta H°$-Werte zu benutzen, um abzuschätzen, ob eine Reaktion mit einer günstigen Gleichgewichtskonstante verbunden ist; wenn jedoch eine präzise Antwort gefordert ist, müssen $\Delta G°$-Werte herangezogen werden.

Bindung	ΔH (kcal/mol)	Bindung	ΔH (kcal/mol)
CH_3—H	105,0	H—H	104,2
CH_3CH_2—H	101,1	F—F	37,7
		Cl—Cl	58,0
$(CH_3)_2CH$—H	98,6	Br—Br	53,5
$(CH_3)_3C$—H	96,5	I—I	51,0
		H—F	136,3
CH_3—CH_3	90,2	H—Cl	103,2
CH_3CH_2—CH_3	89,1	H—Br	87,5
$(CH_3)_2CH$—CH_3	88,6	H—I	71,3
$(CH_3)_3C$—CH_3	87,5	CH_3—F	114,8
H_2C=CH_2	174,5	CH_3—Cl	83,6
HC≡CH	230,4	CH_3CH_2—Cl	84,7
		$(CH_3)_3C$—Br	70,7
H2C=CH—H	110,7	CH_3—I	57,1
HC≡C—H	133,3	CH_3CH_2—I	56,3
		$(CH_3)_2CH$—Cl	85,1
HO—H	118,8	$(CH_3)_3C$—Cl	84,8
CH_3O—H	104,2	CH_3—Br	70,3
CH_3—OH	92,1	CH_3CH_2—Br	70,5
		$(CH_3)_2CH$—Br	72,0

S. J. Blanksby and G. B. Ellison, *Acc. Chem. Res.*, **2003**, 36, 255.
Tabelle 5.1: Experimentelle Bindungsdissoziationsenthalpien $Y - Z \longrightarrow Y + Z$.

Als Beispiel: Da $\Delta H°$ für die Addition von HBr an Ethen signifikant negativ (–22 kcal/mol) ist, können wir annehmen, dass $\Delta G°$ ebenso negativ sein wird. Wenn $\Delta H°$ jedoch fast null wäre, könnten wir nicht länger annehmen, dass $\Delta G°$ und $\Delta H°$ das gleiche Vorzeichen haben (Erinnern sie sich, dass zwei Bedingungen erfüllt sein müssen um $\Delta G°$ aus $\Delta H°$ abschätzen zu können: Erstens muss die Entropieänderung klein sein; Zweitens muss die Reaktion in der Gasphase stattfinden.)

Wenn Reaktionen in Lösung ablaufen, wie es in der großen Mehrheit der organisch-chemischen Reaktionen der Fall ist, können die Moleküle des Lösungsmittels mit den Reaktanten und Produkten wechselwirken (Abschnitt 3.9). Dies hat sowohl Auswirkungen auf $\Delta H°$ als auch auf $\Delta S°$.

Bei einer Reaktion, bei der ein polares Reagenz solvatisiert wird, muss beispielsweise das ΔH° für die Auflösung der Dipol-Dipol-Wechselwirkungen zwischen dem Lösungsmittel und dem Reagenz in die Betrachtung einbezogen werden und bei einer Reaktion, bei der ein polares Reaktionsprodukt solvatisiert wird, muss das $\Delta H°$ für die Bildung der „Dipol-Dipol-Wechselwirkungen" zwischen dem Lösungsmittel und den Produktmolekülen in die Betrachtung einbezogen werden. Darüber hinaus kann die Solvatisierung eines polaren Reagenzes oder eines polaren Produktes durch ein polares Lösungsmittel die Bewegungsfreiheit der Lösungsmittelmoleküle stark herabsetzen, und die wird den $\Delta S°$-Wert beeinflussen.

Ü 23*

(a) Berechnen Sie unter Verwendung der Bindungsdissoziationsenergien aus ► Tabelle 5.1 den $\Delta H°$-Wert für die Addition von HCl an Ethen.
(b) Berechnen Sie das $\Delta H°$ für die Addition von H_2 an Ethen.
(c) Sind die Reaktionen exotherm oder endotherm?
(d) Erwarten Sie, dass die Reaktionen exergonisch oder endergonisch sind?

Mit $\Delta H°$ kann die relative Stabilität von Alkenen bestimmt werden 5.9

Katalytische Hydrierung

In Gegenwart eines Metallkatalysators addiert Wasserstoff (H_2) an die Doppelbindung eines Alkens, dabei entsteht ein Alkan. Der am meisten verwendete Metallkatalysator ist Palladium, welches auf Aktivkohle aufgebracht wird, um die aktive Oberfläche zu vergrößern; es wird oft nur als „Palladium auf Kohle" bezeichnet und mit Pd/C abgekürzt. Der Metallkatalysator dient der Schwächung der starken H—H-Bindung. (► Abbildung 1.1 in Kapitel 1).

MERKE!

Eine Reduktion erhöht die Zahl der C—H-Bindungen.

$$\underset{\textbf{Alken}}{CH_3CH{=}CHCH_3} + H_2 \xrightarrow{\text{Pd/C}} \underset{\textbf{Alkan}}{CH_3CH_2CH_2CH_3}$$

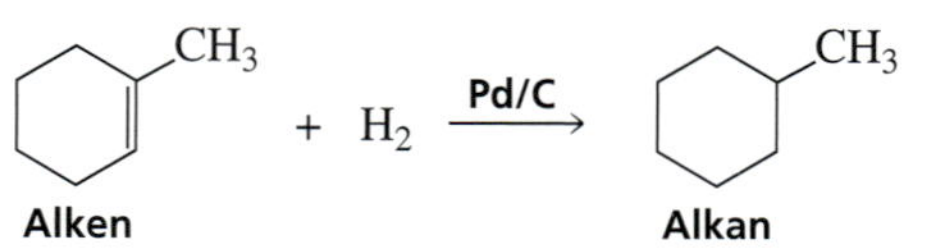

Alken **Alkan**

- Die Addition von Wasserstoff an eine Verbindung ist eine **Reduktion**. Eine Reduktion erhöht die Zahl der C—H-Bindungen und/oder verringert die Zahl von C—O-, C—N- oder C—X-Bindungen (X ist ein Halogen).
- Die Addition was Wasserstoff wird **Hydrierung** genannt. Weil eine Hydrierung einen Katalysator benötigen, wird sie **katalytische Hydrierung** genannt.

Der Mechanismus der katalytischen Hydrierung ist zu komplex, um ihn einfach darzustellen. Wir wissen, dass Wasserstoff an der Oberfläche des Metalls adsorbiert wird und dass das Alken mit seinen *p*-Orbitalen mit den leeren

Orbitalen des Metalls interagiert. Alle Bindungsbrüche und -bildungen finden auf der Metalloberfläche statt. Nachdem das Alkan gebildet wurde, verlässt es Oberfläche durch Diffusion (► Abbildung 5.3).

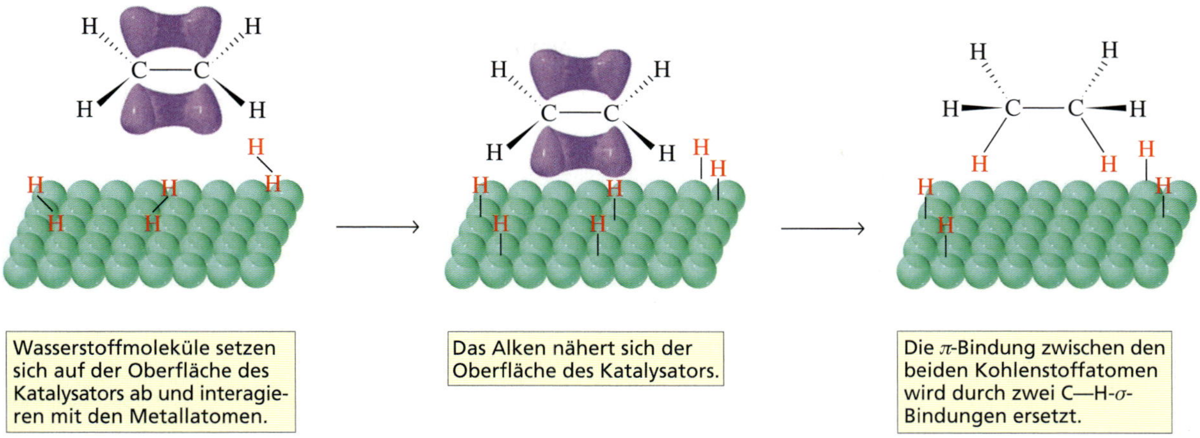

Abbildung 5.3: Katalytische Hydrierung eines Alkens zu einem Alkan.

Wir können uns die katalytische Hydrierung auch folgendermaßen vorstellen: Sowohl die H—H-Bindung des H_2 als auch die π-Bindung des Alkens werden gebrochen und die gebildeten Wasserstoffradikale addieren nun an die beiden Kohlenstoffradikale.

$$\underset{\text{H—H}}{CH_3CH{=}CHCH_3} \longrightarrow \underset{\text{H}\cdot\quad\cdot\text{H}}{CH_3\dot{C}H{-}\dot{C}HCH_3} \longrightarrow \underset{\text{H}\quad\text{H}}{CH_3CH{-}CHCH_3}$$

STRATEGIEN ZUR PROBLEMLÖSUNG

■ Auswahl des Reaktanten für eine Synthese

Mit welchem Alken würden Sie bei der Synthese von Methylcyclohexan beginnen?

Sie müssen ein Alken wählen, das über die gleiche Anzahl und die gleichen Verbindungen von Kohlenstoffatomen verfügt wie das gewünschte Produkt. Dafür bieten sich mehrere Alkene an, denn die Doppelbindung kann irgendwo im Molekül lokalisiert sein.

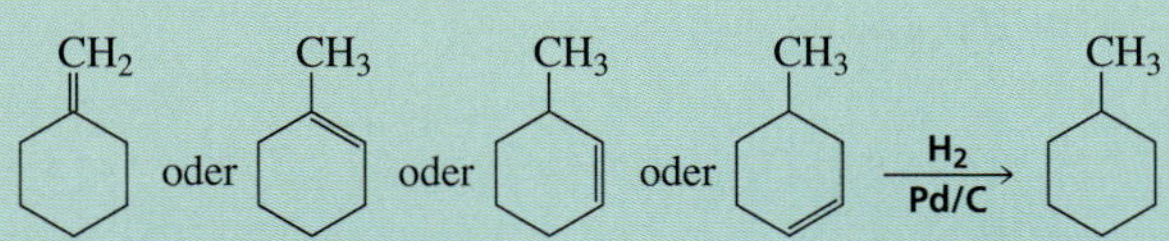

Ü 24 Mit welchem Alken würden Sie bei der Synthese der folgenden Verbindungen beginnen:

(a) *n*-Pentan

(b) Ethylcyclopentan

Ü 25 Wie viele unterschiedliche Alkane können durch Hydrierung zur Bildung der folgenden Verbindungen führen:

(a) *n*-Butan

(b) 3-Methylpentan

(c) Hexan

Die relative Stabilität von Alkenen

Um die relative Stabilität von Alkenen zu bestimmen wurden die drei hier gezeigten Hydrierungen durchgeführt und ihre $\Delta H°$-Werte experimentell bestimmt.

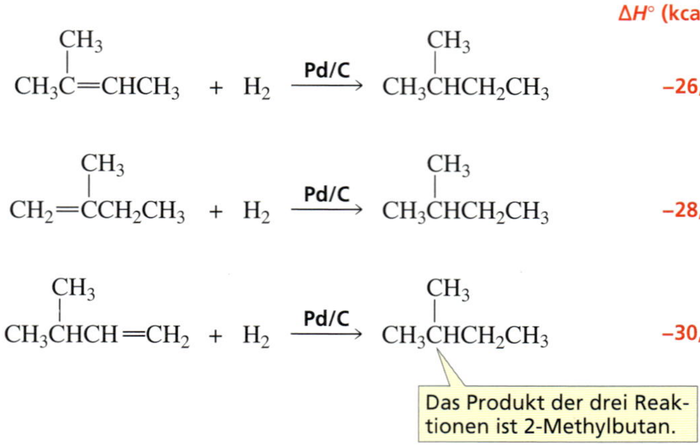

$\Delta H°$ (kcal/mol)	Hydrierwärme
–26,9	26,9 kcal/mol
–28,5	28,5 kcal/mol
–30,3	30,3 kcal/mol

Hinweis für die Studierenden

Beachten Sie, dass wenn ein Reaktionskoordinatendiagramm $\Delta H°$ zeigt, die *y*-Achse die potenzielle Energie darstellt (▶ Abbildung 5.4). Wenn es $\Delta G°$ zeigt, stellt die *y*-Achse die freie Enthalpie dar (▶ Abbildung 5.2).

Die bei einer Hydrierungsreaktion umgesetzte Wärmemenge wird als **Hydrierwärme** bezeichnet. Sie bekommt konventionsgemäß ein positives Vorzeichen. Hydrierungen sind jedoch exotherme Reaktionen, d.h. ihre $\Delta H°$-Werte sind negativ. *Die Hydrierwärme ist also der Betrag des $\Delta H°$-Wertes der Reaktion.*

Die $\Delta H°$-Werte sagen uns etwas über die relativen Energien der Reaktanten und Produkte für die drei katalytischen Hydrierungen. Da wir jedoch nicht über den genauen Reaktionsmechanismus wissen, können wir keine Reaktionskoordinatendiagramme für die drei Reaktionen zeichnen. Daher verbinden wir die Energie der Reaktanten und der Produkte mit gestrichelten Linien, um die Unsicherheit der Energieänderung zu signalisieren (▶ Abbildung 5.4).

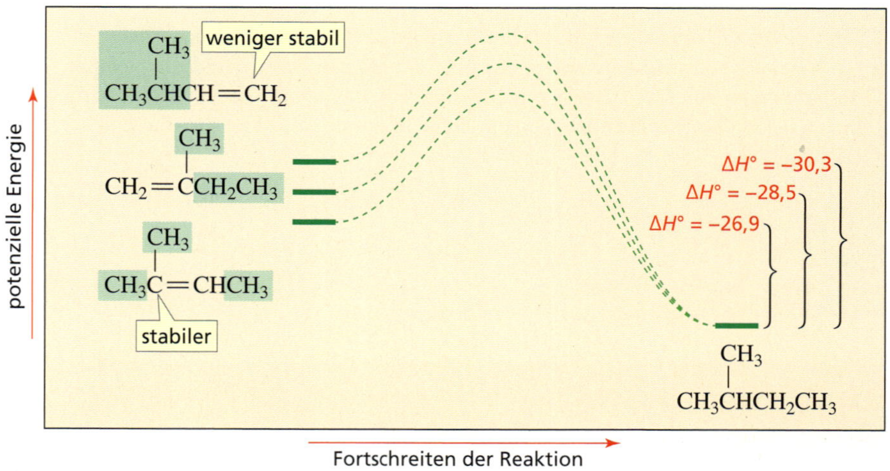

Abbildung 5.4: Die relativen Energien (Stabilitäten) von Alkenen, die zu 2-Methylbutan hydriert werden können. Das stabilste Alken weist die geringste Hydrierwärme auf.

MERKE!

Das stabilste Alken weist die geringste Hydrierwärme auf.

Die vorausgehenden drei Beispiele für katalytische Hydrierungen führen alle zum selben Alkan als Reaktionsprodukt, was bedeutet, dass die Energie des Produktes in jedem Fall die gleiche sein muss. Die drei Reaktionen besitzen jedoch unterschiedliche Hydrierwärmen, was bedeutet, dass die Ausgangsstoffe unterschiedliche Energien besitzen müssen. Zum Beispiel muss das Alken, das die meiste Reaktionswärme freisetzt, auch die meiste Energie besitzen (also das *instabilste* der drei Alkene sein). Im Gegensatz dazu muss das Alken, das die geringste Reaktionswärme freisetzt, auch die geringste Energie enthalten (und damit das *stabilste* der drei Alkene sein). *Je stabiler ein Alken ist, desto niedriger ist seine Hydrierwärme.*

Wenn Sie die Strukturen der drei Alkenreaktanten in ▶ Abbildung 5.4 betrachten, werden Sie erkennen, dass das stabilste Alken an seinem einen sp^2-Kohlenstoffatom zwei Alkylsubstituenten und an dem anderen sp^2-Kohlenstoffatom einen Alkylsubstituenten gebunden trägt; das macht insgesamt drei Alkylsubstituenten (drei Methylgruppen), die an seine beiden sp^2-Kohlenstoffatome gebunden sind. Das Alken mit der mittleren Stabilität besitzt im Ganzen zwei Alkylsubstituenten (eine Methyl- und eine Ethylgruppe), die an seine sp^2-C-Atome gebunden sind. Das am wenigsten stabile Alken verfügt nur über einen Alkylsubstituenten (eine Isopropylgruppe), die an seine sp^2-Kohlenstoffatome gebunden sind.

Wir kommen somit zu folgender Aussage:

Die Stabilität eines Alkens nimmt mit der Anzahl der Alkylsubstituenten an seinen sp^2*-Kohlenstoffatomen zu.*

MERKE!

Alkylgruppen stabilisieren Alkene.

Je mehr Alkylsubstituenten an die *sp*²-Kohlenstoffatome eines Alkens gebunden sind, desto größer ist dessen Stabilität.

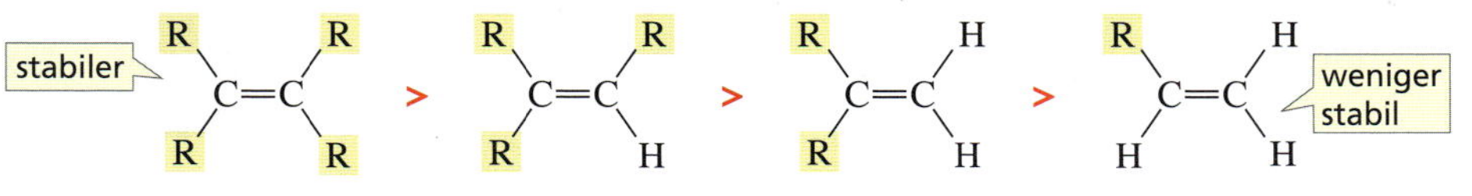

(Manche Menschen finden es einfacher, sich die Zahl der an die sp^2-Kohlenstoffatome gebundenen Wasserstoffatome anzuschauen. Bezogen auf den Wasserstoff lautet die Feststellung: *Je kleiner die Zahl der an die* sp^2*-C-Atome gebundenen Wasserstoffatome ist, desto größer ist dessen Stabilität.)*

Ü 26* Durch katalytische Hydrierung der Alkene **A** und **B** erhält man dasselbe Alkan. Die Hydrierwärme des Alkens **A** beträgt 125 kJ/mol (29,8 kcal/mol), die von Alken **B** 131 kJ/mol (31,4 kcal/mol). Welches Alken ist das stabilere?

Ü 27

(a) Welche der folgenden Verbindungen ist die stabilste?
(b) Welches ist die am wenigsten stabile?
(c) Welche besitzt die niedrigste Hydrierwärme?

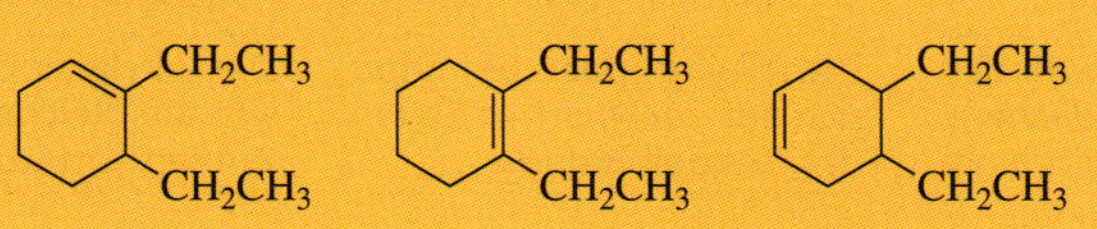

Sowohl *trans*-2-Buten als auch *cis*-2-Buten verfügen über zwei Alkylgruppen an ihren sp^2-Kohlenstoffatomen, doch weist das *trans*-2-Buten die geringere Hydrierwärme auf. Dies bedeutet, dass das *trans*-Isomer, bei dem die großen Substituenten weiter auseinander stehen, stabiler ist als das *cis*-Isomer, bei welchem die beiden großen Substituenten näher beieinanderstehen.

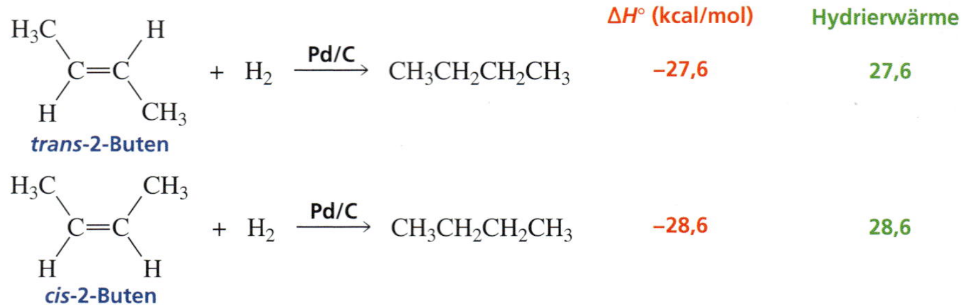

Wenn die großen Substituenten auf derselben Seite des Moleküls stehen, können ihre Elektronenwolken miteinander in Wechselwirkung treten, was zu **sterischer Spannung** im Molekül führt, die es weniger stabil macht (Abschnitt 3.11). Wenn die großen Substituenten auf gegenüberliegenden Seiten des Moleküls lokalisiert sind, können ihre Elektronenwolken nicht wechselwirken, das Molekül verfügt über weniger sterische Spannung und ist daher stabiler.

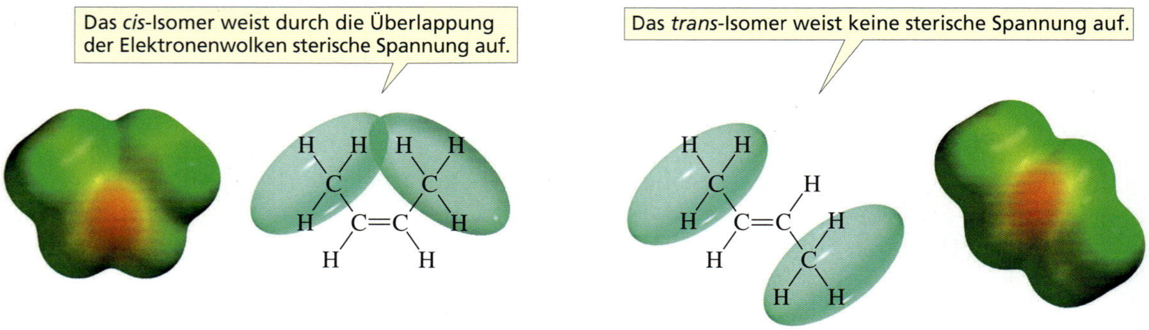

Die Hydrierwärme des *cis*-2-Butens, in dem die zwei Alkylsubstituenten auf *derselben* Seite des Moleküls liegen, ist der von 2-Methylpropen ähnlich, in dem die beiden Alkylsubstituenten am *selben* Kohlenstoffatom angeordnet sind. Die drei dialkylsubstituierten Alkene sind alle *weniger stabil* als ein trialkylsubstituiertes Alken und *stabiler* als ein monoalkylsubstituiertes Alken.

Relative Stabilität von Alkenen mit 2 Alkylgruppen an den *sp*²-Kohlenstoffatomen

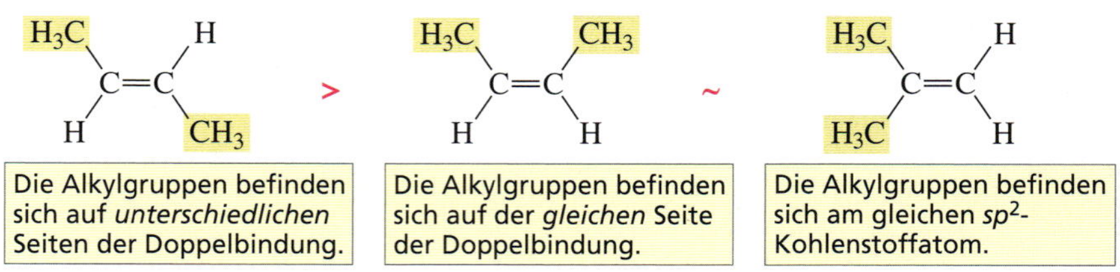

Ü 28* Ordnen Sie die folgenden Verbindungen in der Reihenfolge abnehmender Stabilität: *trans*-3-Hexen, *cis*-3-Hexen, *cis*-2,5-Dimethyl-3-hexen, (*Z*)-3,4-Dimethyl-3-hexen.

HINTERGRUND

■ **Giftige Amine**

Fette sind bei Raumtemperatur flüssig, weil die Kohlenwasserstoffketten ihrer Fettsäuren mehrere Kohlenstoff-Kohlenstoff-Doppelbindungen enthalten, die eine dichte Packung schwierig machen. Im Gegensatz dazu besitzen die Kohlenwasserstoffketten von Fetten weniger Doppelbindungen, sodass sie enger zusammengepackt werden können (Abschnitt 25.1). Wegen ihrer vielen ungesättigten Bindungen werden Öle auch als mehrfach ungesättigt bezeichnet.

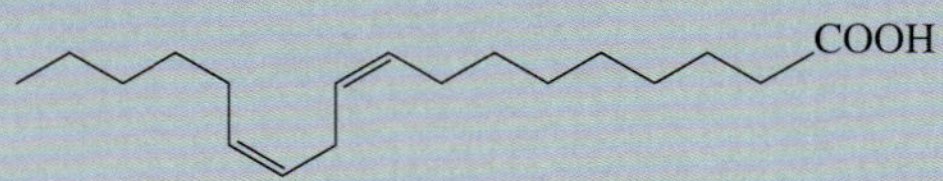

Linolsäure
Fettsäure mit 18-Kohlenstoffatomen und zwei *cis*-Doppelbindungen

Bei Ölen können einige, manchmal sogar alle Doppelbindungen durch katalytische Hydrierung reduziert werden. Beispielsweise werden Margarine und Bratfett durch Hydrierung von pflanzlicher COOH-Linolsäure, eine Fettsäure mit 18 Kohlenstoffatomen und zwei *cis*-Doppelbindungen, Öle gewonnen, wie etwa Sojaöl oder Distelöl, bis sie die gewünschte seifige, feste Konsistenz haben. Alle Doppelbindungen in natürlich vorkommenden Fetten und Ölen haben eine *cis*-Konfiguration. Während einer katalytischen Hydrierung kann es jedoch zu einer *cis-trans*-Isomerisierung kommen, die zur Bildung eines *trans*-Fettes führt.

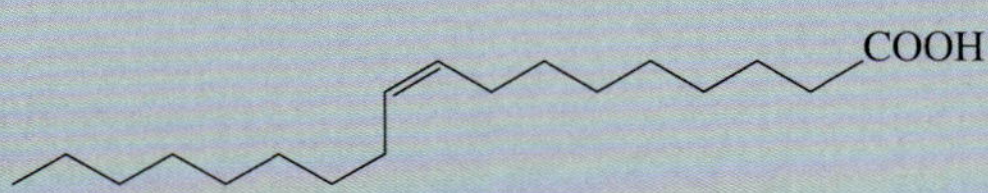

Ölsäure
Fettsäure mit 18-Kohlenstoffatomen und einer *cis*-Doppelbindung
vor dem Erhitzen

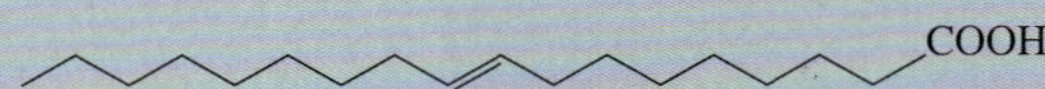

Elaidinsäure
Fettsäure mit 18-Kohlenstoffatomen und einer *trans*-Doppelbindung
nach dem Erhitzen

Transfette sind ein Gesundheitsrisiko, da sie LDL, das sogenannte „schlechte" Cholesterol (Abschnitt 3.16) fördern. Epidemiologische Studien haben gezeigt, dass die tägliche Aufnahme von *trans*-Fetten das Auftreten kardiovaskulärer Erkrankungen signifikant erhöht.

5.10 Kinetik: Wie schnell wird ein Produkt gebildet?

Zu wissen, dass eine bestimmte Reaktion exergonisch ist, sagt nichts darüber aus, wie schnell diese abläuft, da der $\Delta G°$-Wert einer Reaktion nur den Unterschied in den Stabilitäten der Ausgangsstoffe im Vergleich zur Stabilität der Reaktionsprodukte zum Ausdruck bringt; er sagt nichts über die Aktivierungsenergie der Reaktion aus, die einen „Energieberg" beschreibt, der zuerst von den Ausgangsstoffen erklommen werden muss, damit sie in die Reaktionsprodukte überführt werden können. Die **Kinetik** ist dasjenige Teilgebiet der Chemie, das die Geschwindigkeiten chemischer Reaktionen und die Faktoren, die sie beeinflussen, untersucht.

Die energetische Hürde einer Reaktion (in ► Abbildung 5.5 durch $\Delta G^{\ddagger}$ symbolisier) wird die **freie Aktivierungsenthalpie** der Reaktion genannt. Sie ist die Differenz zwischen der freien Enthalpie des Übergangszustandes und der freien Enthalpie der Reaktanten:

$$\Delta G^{\ddagger} = \textbf{freie Enthalpie des Übergangszustandes – freie Enthalpie der Reaktanten}$$

Je kleiner $\Delta G^{\ddagger}$ ist, desto schneller verläuft die Reaktion. Daher gilt: Alles, was *die Ausgangsstoffe destabilisiert oder den Übergangszustand stabilisiert, wird die Reaktion beschleunigen.*

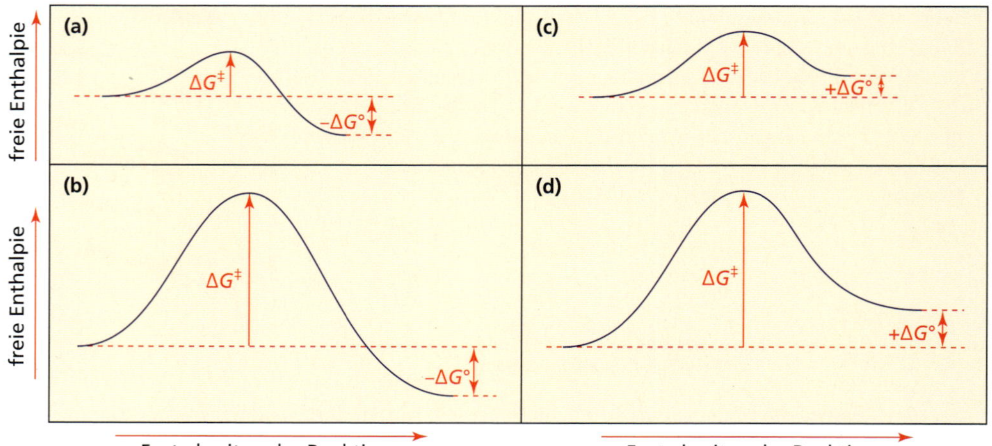

Abbildung 5.5: Reaktionskoordinatendiagramm für (a) eine schnelle exergonische Reaktion, (b) eine langsame exergonische Reaktion, (c) eine schnelle endergonische Reaktion und (d) eine langsame endergonische Reaktion. Die vier Reaktionskoordinatendiagramme haben den gleichen Maßstab.

> **MERKE!**
>
> **Die Geschwindigkeit einer Reaktion nimmt zu, wenn die Energiebarriere abnimmt.**

Wie $\Delta G°$ besitzt auch $\Delta G^{\ddagger}$ sowohl einen Enthalpie- als auch einen Entropieanteil. Jede Größe, die sich auf den Übergangszustand bezieht, wird konventionsgemäß mit dem Symbol ‡ gekennzeichnet:

$$\Delta G^{\ddagger} = \Delta H^{\ddagger} - T\Delta S^{\ddagger}$$

$\Delta H^{\ddagger}$ = Enthalpie des Übergangszustandes – Enthalpie der Ausgangsstoffe

$\Delta S^{\ddagger}$ = Entropie des Übergangszustandes – Entropie der Ausgangsstoffe

Einige exergonische Reaktionen weisen niedrige freie Aktivierungsenthalpien auf und können deshalb bei Raumtemperatur ablaufen (▶ Abbildung 5.5a). Im Gegensatz dazu besitzen manche exergonische Reaktionen so hohe freie Aktivierungsenthalpien, dass die Reaktion nicht stattfinden kann, wenn nicht zusätzlich zu den herrschenden thermischen Bedingungen Energie zugeführt wird (▶ Abbildung 5.5b). Endergonische Reaktionen können ebenfalls entweder niedrige (▶ Abbildung 5.5c) oder hohe freie Aktivierungsenthalpien (▶ Abbildung 5.5d) besitzen.

Lassen Sie uns nun den Unterschied zwischen thermodynamischer Stabilität und kinetischer Stabilität erläutern.

> Die **thermodynamische Stabilität** einer Verbindung wird durch $\Delta G°$ angegeben. Falls $\Delta G°$ negativ ist, ist das Produkt im Vergleich zu den Ausgangsstoffen *thermodynamisch stabil.* Falls $\Delta G°$ positiv ist, ist das Produkt im Vergleich zum Ausgangsstoff *thermodynamisch instabil.*

> Die **kinetische Stabilität** einer Verbindung wird durch $\Delta G^{\ddagger}$ angegeben. Falls das $\Delta G^{\ddagger}$ einer Reaktion hoch ist, ist die Verbindung *kinetisch stabil,* da es nur langsam reagiert. Falls $\Delta G°$ niedrig ist, ist die Verbindung *kinetisch instabil* – es unterliegt einer raschen chemischen Umsetzung.

Im Allgemeinen meinen Chemiker*innen, wenn sie den Begriff *Stabilität* gebrauchen, die thermodynamische Stabilität.

Ü 29*

(a) Welche der Reaktionen von ► Abbildung 5.5 besitzt ein thermodynamisch stabiles Produkt?

(b) Welche der Reaktionen von ► Abbildung 5.5 besitzt das kinetisch stabilste Produkt?

(c) Welche der Reaktionen von ► Abbildung 5.5 hat das kinetisch am wenigsten stabile Produkt?

Ü 30 Zeichnen Sie ein Reaktionskoordinatendiagramm für eine Reaktion, bei der

(a) das Produkt thermodynamisch und kinetisch instabil ist.

(b) das Produkt thermodynamisch instabil und kinetisch stabil ist.

Die Geschwindigkeit einer chemischen Reaktion 5.11

Die Reaktionsgeschwindigkeit ist die Geschwindigkeit, mit der das Reaktionsprodukt gebildet wird.

Die Reaktionsgeschwindigkeit hängt von den folgenden Faktoren ab:

1. **Der Zahl der Zusammenstöße, die in einem bestimmten Zeitraum zwischen den Teilchen der reagierenden Substanzen stattfinden.** Je größer die Zahl der Zusammenstöße, desto schneller verläuft die Reaktion.
2. **Dem Anteil der Zusammenstöße, die mit ausreichender Energie stattfinden, sodass die reagierenden Teilchen über die Energiebarriere befördert werden.** Falls die freie Aktivierungsenthalpie gering ist, wird ein größerer Anteil der Zusammenstöße zur Reaktion führen als wenn die freie Aktivierungsenthalpie hoch ist.
3. **Dem Anteil der Zusammenstöße, die mit einer geeigneten Orientierung stattfinden.** Zum Beispiel wird 2-Buten nur dann mit HBr reagieren, wenn die H-Atome der HBr-Moleküle mit der π-Bindung des 2-Butens zusammenstoßen. Falls die H-Atome der HBr-Moleküle mit einer Methylgruppe des 2-Butens zusammenstoßen, wird keine Reaktion stattfinden, unabhängig von der Energie der Kollision.

$$\text{Geschwindigkeit der Reaktion} = \left(\text{Anzahl der Kollisionen pro Zeiteinheit}\right) \times \left(\text{Anteil mit ausreichender Energie}\right) \times \left(\text{Anteil mit geeigneter Orientierung}\right)$$

- Die Erhöhung der Konzentration der Reaktionspartner erhöht die Reaktionsgeschwindigkeit, weil sie zu einer Zunahme der Zahl der Zusammenstöße in einem gegebenen Zeitraum führt.
- Eine Erhöhung der Temperatur, bei der die Reaktion durchgeführt wird, erhöht ebenfalls die Reaktionsgeschwindigkeit, da sie die Häufigkeit der Zusammenstöße (die Moleküle bewegen sich schneller und stoßen häufiger zusammen) und die Zahl der Zusammenstöße, die eine genügend hohe Energie aufweisen, um die reagierenden Moleküle über die Energiebarriere zu bringen, erhöht (► Abbildung 5.6).
- Die Reaktionsgeschwindigkeit kann ebenfalls durch einen Katalysator erhöht werden (Abschnitt 5.13).

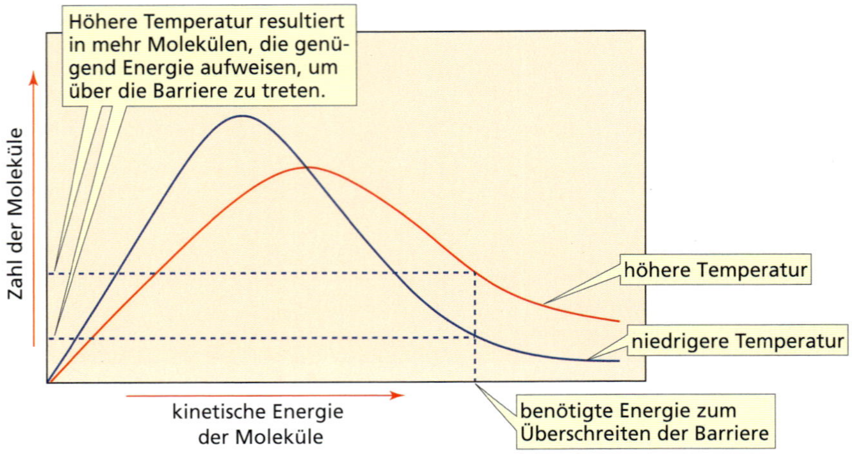

Abbildung 5.6: Boltzmannverteilungen für zwei unterschiedliche Temperaturen. Die Kurve gibt die Verteilung von Molekülen mit einer bestimmten kinetischen Energie an. Die Energiewerte der meisten Moleküle bewegen sich im Umkreis eines Durchschnittswerts, doch es gibt einige mit höherer oder niedrigerer Energie. Bei höheren Temperaturen gibt es eine größere Anzahl von Molekülen, deren Energie hoch genug ist, um die Energiebarriere zu überwinden.

Der Unterschied zwischen der Geschwindigkeit einer Reaktion und ihrer Geschwindigkeitskonstante

Bei einer Reaktion, bei der ein einzelnes Molekül A in ein Produktmolekül B umgewandelt wird, ist die *Reaktionsgeschwindigkeit* proportional zur Konzentration von A. Falls die Konzentration von A verdoppelt wird, verdoppelt sich die Reaktionsgeschwindigkeit; falls die Konzentration von A verdreifacht wird, wird die Reaktionsgeschwindigkeit verdreifacht, usw.

$$\mathbf{A} \longrightarrow \mathbf{B}$$

Wenn Sie den Zusammenhang zwischen der Reaktionsgeschwindigkeit und der Konzentration der Reaktanten kennen, können Sie ein **Geschwindigkeitsgesetz** für die Reaktion aufstellen.

$$\text{Reaktionsgeschwindigkeit} \propto [\text{A}]$$

Wir können das Proportionalitätssymbol ($\propto$) durch ein Gleichheitszeichen ersetzen, wenn wir eine Proportionalitätskonstante k einführen, die als die **Geschwindigkeitskonstante** der Reaktion bezeichnet wird.

Geschwindigkeitskonstante einer Reaktion

$$\text{Geschwindigkeit} = k[\text{A}]$$

Geschwindigkeit einer Reaktion

Man verwechsle nicht die *Geschwindigkeitskonstante* (k) einer Reaktion mit der *Reaktionsgeschwindigkeit*. Die *Geschwindigkeitskonstante* gibt an, wie leicht oder schwierig es ist, den Übergangszustand zu erreichen (wie leicht oder schwierig es für die reagierenden Teilchen ist, über die Barriere der Aktivierungsenergie zu gelangen).

- Niedrige Energiebarrieren gehen mit großen Geschwindigkeitskonstanten einher (► Abbildungen 5.5a und 5.5c).
- Hohe Energiebarrieren hingegen sind mit kleinen Geschwindigkeitskonstanten verbunden (► Abbildungen 5.5b und 5.5d).

Die Reaktionsgeschwindigkeit ist ein Maß für die Menge Reaktionsprodukt, die pro Zeiteinheit gebildet werden kann. Die vorausgegangenen Gleichungen lassen erkennen, dass die Reaktionsgeschwindigkeit das Produkt der Geschwindigkeitskonstante mit der/den Konzentration(en) der Reaktanten ist. Die Reaktionsgeschwindigkeiten sind somit konzentrationsabhängig, während Geschwindigkeitskonstanten konzentrationsunabhängig sind. Wenn wir also zwei Reaktionen vergleichen, um herauszufinden, welche leichter ablaufen wird, müssen wir zunächst ihre Geschwindigkeitskonstanten vergleichen und nicht ihre konzentrationsabhängigen Reaktionsgeschwindigkeiten. In Anhang B wird erklärt, wie man Geschwindigkeitskonstanten ermittelt.

Ludwig Eduard Boltzmann (1844–1906) geboren in Wien, Österreich. Erhielt seinen Doktortitel von der Universität von Wien in 1866. Seine Dissertation handelte von der kinetischen Gastheorie, Boltzmann begann seine Karriere als Professor für mathematische Physik an der Universität von Gratz. In 1872 traf er Henriette van Aigentier, eine aufstrebende Lehrerin für Mathematik und Physik, die nicht an Vorlesungen an der Universität teilnehmen durfte, da diese für Frauen nicht zugänglich waren. Boltzman ermutigte sie dazu sich einzuschreiben, was sie mit Erfolg tat. Boltzmann kehrte 1873 als Professor für Mathematik nach Wien zurück. Er heiratete Henriette 1876; das Paar bekam fünf Kinder. 1887 wurde er Präsident der Universität von Gratz. Boltzmann litt unter Stimmungsschwankungen zwischen Euphorie und schwerer Depression, was er auf seine Geburt zwischen Faschingsdienstag und Aschermittwoch zurückführte.

Die Arrhenius-Gleichung

Obwohl Geschwindigkeitskonstanten konzentrationsunabhängig sind, hängen sie von der Temperatur ab. Die **Arrhenius-Gleichung** setzt die Reaktionsgeschwindigkeit in Beziehung zur experimentell bestimmten Aktivierungsenergie und zur Temperatur, bei der die Reaktion ausgeführt wird.

$$k = Ae^{-E_a/RT}$$

In diesem Ausdruck ist k die Geschwindigkeitskonstante, A der Häufigkeitsfaktor (der angibt welcher Anteil der Stöße mit geeigneter Orientierung erfolgt) und $e^{-E_a/RT}$ ist der Anteil der Stöße mit der minimalen Energie für die Reaktion. (R ist die allgemeine Gaskonstante ($8{,}314 \times 10^{-3}$ kJ/mol/K) und T ist die absolute Temperatur in Kelvin und E_a ist die experimentelle Aktivierungsenergie, die ein Näherungswert für die echte Aktivierungsenergie ist; siehe „Der Unterschied zwischen $\Delta G^{\ddagger}$ und E_a“ weiter unten.)

Eine gute Faustregel besagt, dass eine Temperaturerhöhung um 10 °C die Geschwindigkeitskonstante – und damit die Reaktionsgeschwindigkeit – verdoppelt. Logarithmieren der Arrhenius-Gleichung führt zu folgender Form der Gleichung:

$$\ln k = \ln A - \frac{E_a}{RT}$$

Ü 31 mit Lösung

Die Reaktionsgeschwindigkeit der Reaktion von Chlormethan mit Hydroxidionen ist sowohl linear abhängig von der Konzentration an Chlormethan als auch von der Konzentration der Hydroxidionen. Bei 30 °C beträgt die Geschwindigkeitskonstante (k) für die Reaktion $1{,}0 \times 10^{-5}\ M^{-1}s^{-1}$.

(a) Wie hoch ist die Geschwindigkeit der Reaktion, wenn die Konzentration des Chlormethans 0,10 mol/l und die der Hydroxidionen 0,10 mol/l beträgt?

(b) Wie wirkt sich eine Verminderung der Konzentration des Chlormethans auf 0,01 mol/l aus auf

1. die Geschwindigkeit der Reaktion?
2. die Geschwindigkeitskonstante der Reaktion?

Lösung zu 31(a)

Die Geschwindigkeit der Reaktion ist durch folgende Beziehung gegeben:

$$\text{Geschwindigkeit} = k\,[\text{Chlormethan}]\,[\text{Hydroxidionen}]$$

Einsetzen der angegebenen Geschwindigkeitskonstanten und der Konzentrationen ergibt:

$$\text{Geschwindigkeit} = 1{,}0 \times 10^{-5}\ M^{-1}s^{-1} \times 0{,}10\ \text{mol/l} \times 0{,}10\ \text{mol/l} = 1{,}0 \times 10^{-7} Ms^{-1}$$

HINTERGRUND

■ **Der Unterschied zwischen $\Delta G^{\ddagger}$ und E_a**

Der Unterschied zwischen der **freien Aktivierungsenergie** ($\Delta G^{\ddagger}$) und der **experimentellen Aktivierungsenergie** (E_a) in der Arrhenius- Gleichung ist die Entropiekomponente. Die freie Aktivierungsenthalpie ($\Delta G^{\ddagger} = \Delta H^{\ddagger} - T\Delta S^{\ddagger}$) besitzt sowohl einen Enthalpie- als auch einen Entropieanteil, wohingegen die experimentelle Aktivierungsenergie ($E_a = \Delta H^{\ddagger} + RT$) nur einen Enthalpieanteil enthält, weil der Entropieanteil implizit im A-Faktor der Arrhenius-Gleichung enthalten ist. Die experimentelle Aktivierungsenergie stellt in erster Näherung die Energieschwelle einer Reaktion dar. Die wahre Energieschwelle einer Reaktion wird durch $\Delta G^{\ddagger}$ wiedergegeben, weil einige Reaktionen durch eine Änderung der Enthalpie und einige durch eine Änderung der Entropie getrieben werden, die meisten aber durch eine Änderung sowohl der Enthalpie als auch der Entropie.

Ü 32* Die Geschwindigkeitskonstante einer Reaktion kann durch _______ der Stabilität der Ausgangsstoffe oder durch _________ der Stabilität des Übergangszustandes erhöht werden.

Ü 33* Sagen Sie anhand der Arrhenius-Gleichung voraus, wie

(a) die Erhöhung der experimentellen Aktivierungsenergie die Geschwindigkeitskonstante einer Reaktion beeinflussen wird.

(b) die Erhöhung der Temperatur die Geschwindigkeitskonstante einer Reaktion beeinflussen wird.

Wie sind Geschwindigkeitskonstanten mit Gleichgewichtskonstanten verknüpft?

Wie sind die Geschwindigkeitskonstanten einer Reaktion mit der Gleichgewichtskonstanten verknüpft? Im Gleichgewichtszustand ist die Geschwindigkeit der Reaktion in beiden Richtungen gleich, sodass sich die relativen Mengen der Reaktanten und Produkte nicht ändern:

$$\mathrm{A} \underset{k_{-1}}{\overset{k_1}{\rightleftharpoons}} \mathrm{B}$$

$$\text{Geschwindigkeit Hinreaktion} = \text{Geschwindigkeit Rückreaktion}$$

$$k_1[\mathrm{A}] = k_{-1}[\mathrm{B}]$$

Daher gilt:

$$K_{eq} = \frac{k_1}{k_{-1}} = \frac{[\mathrm{B}]}{[\mathrm{A}]}$$

Anhand dieser Gleichung können sie sehen, dass die Gleichgewichtskonstante einer Reaktion aus den relativen Geschwindigkeitskonstanten der Hin- und Rückreaktionen *oder* aus den Konzentrationen von Produkten und Reaktanten im Gleichgewicht ermittelt werden kann. Zum Beispiel kann die Aussage getroffen werden, dass die in ► Abbildung 5.2a gezeigte Reaktion eine signifikant größere Geschwindigkeitskonstante als eins besitzt, da die Geschwindigkeitskonstante für die Hinreaktion größer ist als für die Rückreaktion *oder* da die Produkte stabiler sind als die Reaktanten.

Ü 34*

(a) Welche Reaktion besitzt die höhere Gleichgewichtskonstante – eine mit einer Geschwindigkeitskonstanten von $1 \times 10^{-3}\ s^{-1}$ für die Hinreaktion und einer von $1 \times 10^{-5}\ s^{-1}$ für die Rückreaktion, oder eine Reaktion mit einer Geschwindigkeitskonstanten von $1 \times 10^{-2}\ s^{-1}$ für die Hin- und einer von $1 \times 10^{-3}\ s^{-1}$ für die Rückreaktion?

(b) Welche der unter (a) genannten Reaktionen wird mehr Reaktionsprodukte ergeben, falls beide Reaktionen mit einer Reaktantenkonzentration von 1 M starten?

Hinweis für die Studierenden

Zusätzliche Informationen über Kinetik können Sie in Anhang C finden.

Ein Reaktionskoordinatendiagramm beschreibt den Energieverlauf einer Reaktion 5.12

Wir haben bereits gesehen, dass die Addition von Bromwasserstoff (HBr) an 2-Buten eine Zweischrittreaktion ist (Abschnitt 5.5). Die Strukturen der Übergangszustände der beiden Teilschritte der Reaktion sind nachfolgend in Klammern dargestellt.

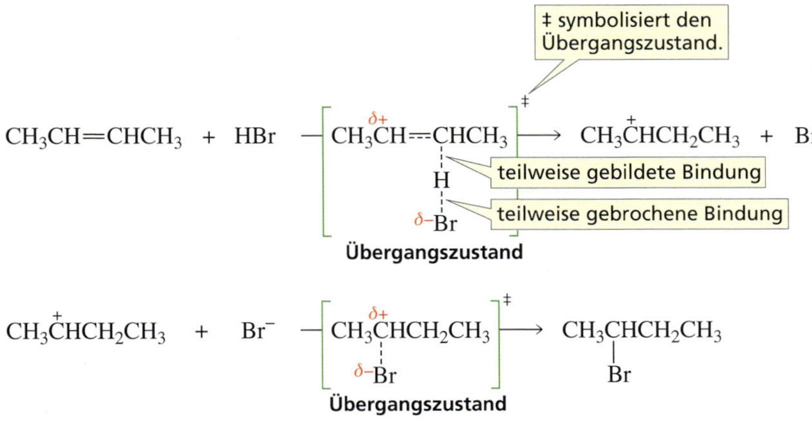

Man beachte, dass im *Übergangszustand* die Bindungen, die sich auflösen und die Bindungen, die sich bilden, jeweils teils gelöst und teils geknüpft sind (durch gestrichelte Linien dargestellt). In gleicher Weise sind Atome, denen im Verlauf der Reaktion Ladungen zufallen oder Ladungen verlieren, im Übergangszustand partiell geladen. (Die Übergangszustände sind neben den eckigen Klammern noch zusätzlich durch das Doppelkreuzsymbol kenntlich gemacht.)

Das Reaktionskoordinatendiagramm

Für jeden Teilschritt der Reaktion lässt sich ein Reaktionskoordinatendiagramm zeichnen (► Abbildung 5.7). Im ersten Schritt der elektrophilen Addition wird das Alken in ein Carbokation überführt, das weniger stabil als die Ausgangsstoffe ist. Dieser erste Schritt ist daher endergonisch ($\Delta G° > 0$). Im zweiten Schritt der Reaktion reagiert das Carbokation mit einem Nucleophil unter Bildung eines Produktes, das stabiler ist als das Carbokation. Dieser Schritt ist daher exergonisch ($\Delta G° < 0$).

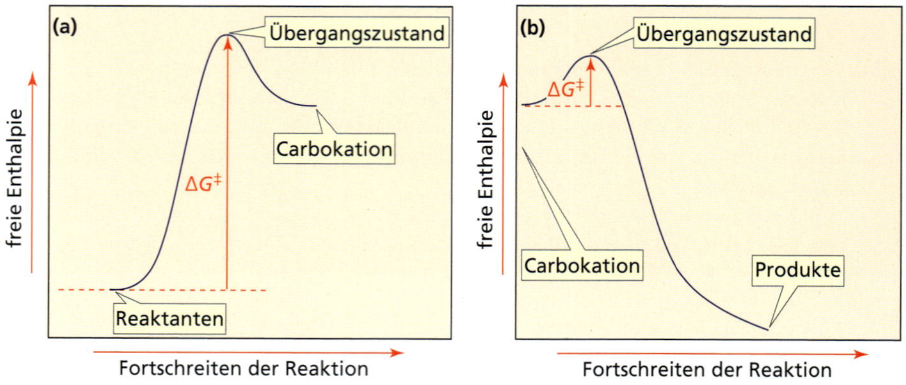

Abbildung 5.7: Reaktionskoordinatendiagramm für die beiden (Teil)schritte der Addition von HBr an 2-Buten: (a) der erste Teilschritt; (b) der zweite Teilschritt (Bildung des Alkylhalogenids).

Da die Produkte des ersten Teilschritts die Ausgangsstoffe für den zweiten Teilschritt sind, können wir die beiden Reaktionskoordinatendiagramme zusammenbinden, um ein Reaktionskoordinatendiagramm für die Gesamtreaktion zu erhalten (► Abbildung 5.8). Die Änderung der freien Standardenthalpie, $\Delta G°$, für die Gesamtreaktion ist die Differenz zwischen der freien Enthalpie der Reaktionsendprodukte und der freien Enthalpie der Ausgangsstoffe. ► Abbildung 5.8 lässt erkennen, dass die Gesamtreaktion exergonisch ist ($\Delta G°$ ist negativ).

Übergangszustände und Intermediate

Ein chemischer Stoff, der das Produkt eines Reaktionsschrittes und gleichzeitig der Ausgangsstoff (Reaktant) für einen nachfolgenden Schritt ist, wird **Intermediat** (Reaktionszwischenstufe) genannt. Das als Intermediat in der besprochenen Reaktion auftretende Carbokation ist so instabil, dass es nicht isoliert werden kann; einige Reaktionen besitzen jedoch stabilere Intermediate, die isolierbar sind.

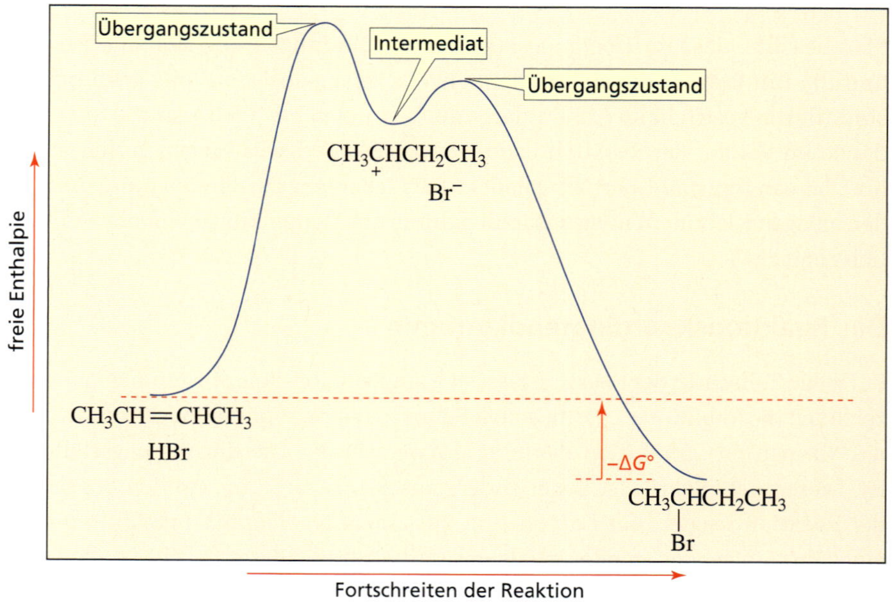

Abbildung 5.8: Reaktionskoordinatendiagramm der Addition von HBr an 2-Buten zu 2-Brombutan.

Übergangszustände stellen im Gegensatz dazu die höchstenergetischen Zustände dar, die im Verlauf einer Reaktion auftreten. Sie stellen höchst kurzlebige und flüchtige Zustände dar, die niemals isolierbar sind (► Abbildung 5.8). Man darf Übergangszustände und Zwischenprodukte (Intermediate) nicht miteinander verwechseln:

- *Übergangszustände zeichnen sich durch partiell gebildete Bindungen aus.*
- *In Intermediaten liegen voll ausgebildete chemische Bindungen vor.*

Wir können aus dem Reaktionskoordinatendiagramm in ► Abbildung 5.8 ablesen, dass die freie Aktivierungsenthalpie des ersten Reaktionsschrittes höher ist als die freie Aktivierungsenthalpie des zweiten Teilschrittes. Anders ausgedrückt bedeutet das, dass die Geschwindigkeitskonstante des ersten Teilschrittes kleiner als die Geschwindigkeitskonstante für den Folgeschritt ist. Dies ist das, was man erwarten würde, weil die Moleküle im ersten Schritt der Reaktion mit ausreichender Energie zusammenstoßen müssen, um kovalente Bindungen zu lösen, wohingegen im zweiten Teilschritt keine Bindungen zu lösen sind.

MERKE!

Übergangszustände haben teilweise geformte Bindungen; Intermediate haben vollständig ausgebildete Bindungen.

Der geschwindigkeitsbestimmende Schritt

Der Reaktionsschritt, dessen Übergangszustand das absolute Maximum (den höchsten Punkt) der Reaktionskoordinate darstellt, heißt **geschwindigkeitsbestimmender Schritt** oder **geschwindigkeitsbegrenzender Schritt**. Der geschwindigkeitsbestimmende Schritt kontrolliert die Gesamtgeschwindigkeit der Reaktion, da die Gesamtgeschwindigkeit nicht höher als die Geschwindigkeit des geschwindigkeitsbestimmenden Schrittes (der Bildungsgeschwindigkeit des Übergangszustandes) liegen kann. Der geschwindigkeitsbestimmende Schritt in der Reaktion von 2-Buten mit HBr ist der erste Schritt – die Addition des Protons (des Elektrophils) an das Alken (dem Nucleophil), um das Carbokation zu bilden.

Ü 35 Zeichnen Sie ein Reaktionskoordinatendiagramm für eine Zweischrittreaktion, bei der der erste Schritt endergonisch, der zweite Schritt exergonisch und die Gesamtreaktion endergonisch ist. Markieren Sie im Diagramm die Reaktanten (= Edukte), die Reaktionsprodukte, die Intermediate (Zwischenstufen) und die Übergangszustände.

Ü 36*

(a) Welcher Schritt im hier gezeigten Reaktionskoordinatendiagramm besitzt die höchste freie Aktivierungsenthalpie für die Hinreaktion?

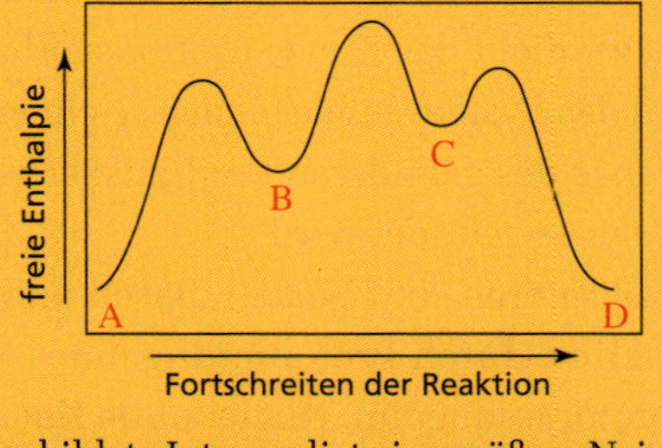

(b) Besitzt das zuerst gebildete Intermediat eine größere Neigung, zum Reaktanten zu revertieren oder zum Produkt abzureagieren?

(c) Welcher Teilschritt der Reaktionsfolge ist der geschwindigkeitsbestimmende?

Ü 37* Zeichnen Sie ein Reaktionskoordinatendiagramm für die folgende Reaktion, in der C der stabilste und B der am wenigsten stabile der drei chemischen Stoffe ist, und bei der der Übergangszustand von A nach B stabiler ist als der Übergangszustand von B nach C:

$$A \underset{k_{-1}}{\overset{k_1}{\rightleftharpoons}} B \underset{k_{-2}}{\overset{k_2}{\rightleftharpoons}} C$$

(a) Wie viele Intermediate gibt es?
(b) Wie viele Übergangszustände gibt es?
(c) Welcher Schritt besitzt die höhere Geschwindigkeitskonstante für die Hinreaktion?
(d) Welcher Schritt besitzt die höhere Geschwindigkeitskonstante für die Rückreaktion?
(e) Welcher der vier Reaktionsschritte besitzt die höchste Geschwindigkeitskonstante?
(f) Welches ist der geschwindigkeitsbestimmende Schritt der Hinreaktion?
(g) Welches ist der geschwindigkeitsbestimmende Schritt der Rückreaktion?

Katalysatoren 5.13

Ein **Katalysator** beschleunigt die Geschwindigkeit einer Reaktion durch Bereitstellung eines alternativen Reaktionsweges mit geringerem $\Delta G^{\ddagger}$. Anders formuliert verringert ein Katalysator die Energiebarriere, die überwunden werden muss, um Reaktanten in Produkte umzuwandeln (► Abbildung 5.9).

Abbildung 5.9: Ein Katalysator ermöglicht einen Reaktionsweg mit geringerer Energiebarriere, doch er verändert nicht die Energie der Startpunkte (der Reaktanten) oder der Endpunkte (der Produkte).

Wenn ein Katalysator eine Reaktion beschleunigt, muss er an ihr teilnehmen, darf aber dabei nicht verbraucht oder verändert werden. Da der Katalysator nicht verschwindet, braucht man nur eine kleine Menge von ihm, um die Reaktion zu katalysieren (typischerweise 1 bis 10 % des Startmaterials). Beachten sie, dass die Stabilität von Reaktanten und Produkten in ► Abbildung 5.9 im katalysierten und nicht katalysierten Reaktionsweg gleich ist. In anderen Worten verändert ein Katalysator nicht das Konzentrationsverhältnis von Reaktanten und Produkten, sobald das System sein Gleichgewicht erreicht hat. Daher verändert er nicht die *Menge* des gebildeten Produkts; er verändert lediglich die *Geschwindigkeit*, mit der es gebildet wird.

Die üblichsten Katalysatoren sind Säuren, Basen und Nucleophile. Säuren katalysieren eine Reaktion durch Protonierung eines Reaktanten, während Basen dies durch Deprotonierung tun. Nucleophile Katalyse erfolgt durch die Bildung einer neuen Bindung mit den Reaktanten. In den nächsten Kapiteln werden wir auf viele Beispiele für katalysierte Reaktionen stoßen. Auf Katalyse selbst und die Natur von Katalysatoren werden wir noch einmal genauer in Kapitel 22 eingehen.

MERKE!

Ein Katalysator gibt den Reagenzien einen neuen Reaktionsweg mit einem geringeren „Energiehügel".

Ein Katalysator ändert nicht die *Menge* des gebildeten Produkts; Er ändert lediglich die *Geschwindigkeit*, mit der das Produkt gebildet wird.

Ü 38* Welche der folgenden Parameter ändern sich beim Einsatz eines Katalysators verglichen mit der nicht katalysierten Reaktion?

$$\Delta G°, \Delta H^{\ddagger}, E_a, \Delta S^{\ddagger}, \Delta H°, K_{eq}, \Delta G^{\ddagger}, \Delta S°, k$$

Enzymkatalyse 5.14

Im Grunde genommen sind alle Reaktionen in biologischen Systemen Reaktionen von organischen Molekülen. Diese brauchen fast immer einen Katalysator. Die meisten biologischen Katalysatoren sind Proteine und werden **Enzyme** genannt. Enzyme bestehen aus Ketten von Aminosäuren, die durch kovalente Bindungen miteinander verbunden sind. Jede biologische Reaktion wird durch ein anderes Enzym katalysiert.

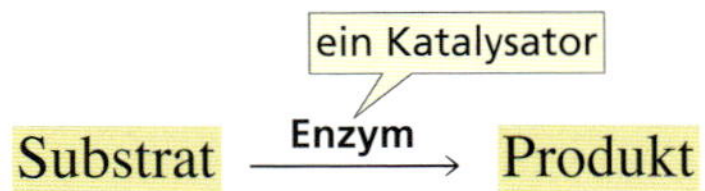

Der Reaktant einer enzymkatalysierten Reaktion wird **Substrat** genannt. Das Enzym bindet das Substrat in einer Tasche, dem **aktiven Zentrum**. Alle Bindungsbrüche und die Neubildung von Bindungen erfolgen, während das Substrat im aktiven Zentrum gebunden ist.

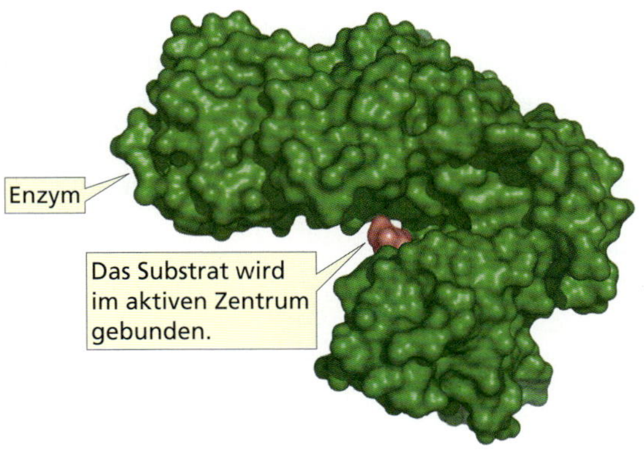

Anders als nicht biologische Katalysatoren sind Enzyme spezifisch für ein Substrat, dessen Reaktion sie katalysieren (Abschnitt 6.14). Jedoch zeigen nicht alle Enzyme den gleichen Grad an Spezifität. Manche sind spezifisch für ein bestimmtes Substrat und tolerieren nicht die geringste strukturelle Abweichung, wohingegen andere Enzyme eine ganze Gruppe von verwandten Strukturen umsetzen können. Die Spezifität eines Enzyms für ein Substrat ist ein Beispiel für **molekulare Erkennung** – die Fähigkeit eines Moleküls, ein anderes durch intermolekulare Interaktionen zu erkennen (siehe Einführung zu Kapitel 20).

Die Spezifität eines Enzyms für ein Substrat wird durch die Aminosäuren, die sich im aktiven Zentrum befinden, bestimmt (Abschnitt 21.1). Die Aminosäuren binden das Substrat durch Wasserstoffbrücken, London-Wechselwirkungen und Dipol-Dipol-Wechselwirkungen – die gleichen Kräfte, die auch Moleküle zusammenhalten (Abschnitt 3.9) – im aktiven Zentrum. Eine detailliertere Diskussion über die Interaktionen zwischen Enzym und Substrat befindet sich in Abschnitt 22.8.

Zellwände bestehen aus tausenden Molekülen, die aus sechsgliedrigen Ringen aufgebaut und durch Sauerstoffatome verbunden sind. Lysozym ist ein Enzym, das die bakterielle Zellwand durch Bruch der Bindungen, die die Ringe zusammenhalten, auflöst. ► Abbildung 5.10 zeigt einen Ausschnitt des aktiven Zentrums von Lysozym und einige der Aminosäuren, die das Substrat (die Zellwand) in einer definierten Position im aktiven Zentrum halten.

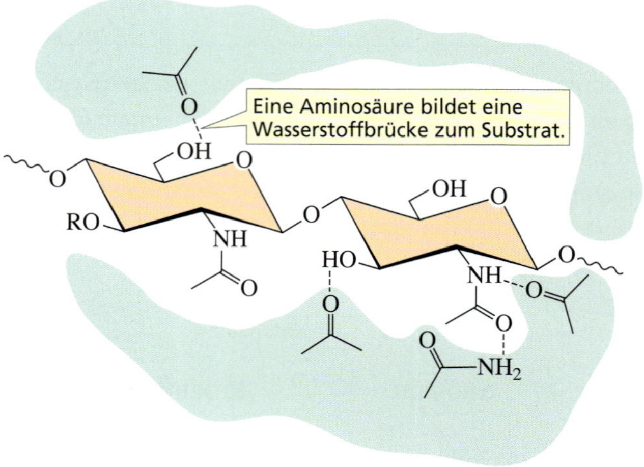

Abbildung 5.10: Die Aminosäuren im aktiven Zentrum des Enzyms halten das Substrat in einer definierten Position, die für die Reaktion notwendig ist.

Zusätzlich zu den Aminosäuren, die das Substrat in Position halten, gibt es weitere Aminosäuren, die für die Katalyse der Reaktion verantwortlich sind. Diese Aminosäuren können Säuren, Basen und Nukleophile sein – genau wie bei der Katalyse nicht biologischer Reaktionen (Abschnitt 5.13). Zum Beispiel hat Lysozym zwei katalytische Gruppen im aktiven Zentrum – einen sauren und einen nukleophilen Katalysator (► Abbildung 5.11). Wie diese Gruppen die Spaltung der Zellwand katalysieren, werden wir genauer in Abschnitt 22.11 erläutern, nachdem Sie mehr über die Art der ablaufenden Reaktion gelernt haben.

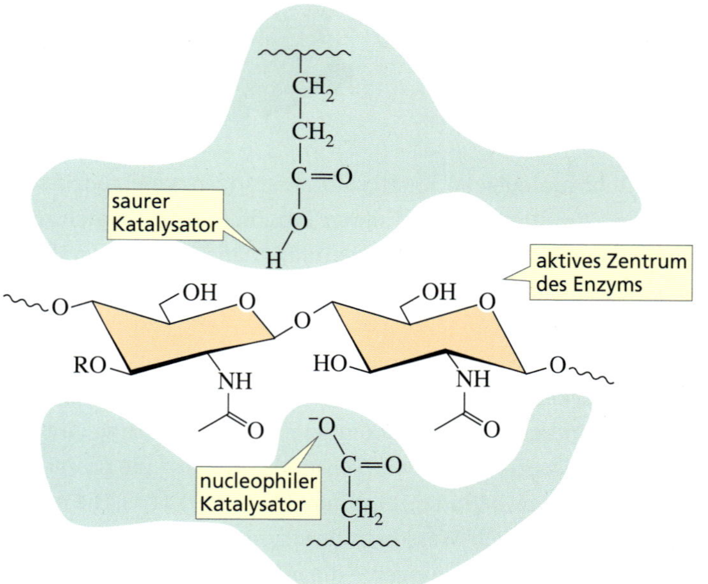

Abbildung 5.11: Zwei Aminosäuren im aktiven Zentrum von Lysozym katalysieren die Reaktion, die die Bindung zwischen den sechsgliedrigen Ringen zerstört.

Zusammenfassung

Abschnitt 5.1

- **Alkene** sind Kohlenwasserstoffe, die Doppelbindungen enthalten. Da sie weniger als die maximale Anzahl an Wasserstoffen enthalten, werden sie auch **ungesättigte Kohlenwasserstoffe** genannt.
- Die allgemeine Summenformel für einen gesättigten Kohlenwasserstoff lautet C_nH_{2n+2}; für jede π-Bindung oder jeden Ring in der Molekülstruktur werden zwei Wasserstoffatome abgezogen.
- Die Zahl der π-Bindungen und Ringe wird **Sättigungsgrad** der Verbindung genannt.

Abschnitt 5.2

- Der **Suffix** eines Alkens ist „-en".
- Wenn es sowohl eine funktionelle Gruppe als auch einen Substituenten gibt, erhält die funktionelle Gruppe die niedrigere Zählziffer.

Abschnitt 5.3

- Die beiden sp^2-Kohlenstoffatome eines Alkens und die beiden Bindungspartner jedes dieser Kohlenstoffatome liegen in der gleichen Ebene.

Abschnitt 5.4

- Die Doppelbindung ist die **funktionelle Gruppe** (Zentrum der Reaktivität) eines Alkens.
- Alle Verbindungen mit einer bestimmten **funktionellen Gruppe** reagieren in der gleichen Weise.

Abschnitt 5.5

- **Nucleophile** sind elektronenreiche Spezies; **Elektrophile** sind elektronenarme Spezies.
- Nucleophile reagieren mit Elektrophilen.
- Wegen der Elektronenwolke ober- und unterhalb der π-Bindung sind Alkene Nucleophile.
- Alkene gehen **elektrophile Additionsreaktionen** ein.
- Der **Mechanismus einer Reaktion** beschreibt einen schrittweisen Prozess in dem Reaktanten in Produkte umgewandelt werden.
- **Gekrümmte Pfeile** zeigen Bindungen die in einer Reaktion gebildet und gebrochen werden.
- In einem **Reaktionskoordinatendiagramm** wird der Energieverlauf während einer Reaktion dargestellt.
- Eine Reaktion verläuft durch einen **Übergangszustand** mit maximaler Energie.

Abschnitt 5.6

- Die **Thermodynamik** beschreibt eine Reaktion im Gleichgewicht.
- Je stabiler eine Spezies, desto geringer ihre Energie.
- Die Gleichgewichtskonstante, K_{eq}, beschreibt die relativen Konzentrationen von Reaktanten und Produkten im Gleichgewicht.
- Je stabiler das Produkt verglichen mit dem Reaktanten ist, desto großer ist die Konzentration des Produkts und desto großer ist K_{eq}.
- Wenn die Produkte stabiler sind als die Reaktanten, dann gilt $K_{eq} > 1$, $\Delta G°$ ist negativ und die Reaktion ist **exergonisch**.
- Wenn die Reaktanten stabiler sind als die Produkte, dann gilt $K_{eq} < 1$, $\Delta G°$ ist positiv und die Reaktion ist **endergonisch**.
- $\Delta G°$ und K_{eq} sind verknüpft durch die Formel $\Delta G° = -RT \ln K_{eq}$.
- $\Delta G°$ ist die Änderung der **freien Gibbs-Energie** und wird beschrieben durch: $\Delta G° = \Delta H° - T\Delta S°$.
- $\Delta H°$ ist die **Enthalpieänderung**, welche die während einer Reaktion abgegebene oder aufgenommene Wärme beschreibt und aus Bindungsbildungen und Bindungsbrüchen resultiert.
- In einer **exothermen** Reaktion ist $\Delta H°$ negativ, in einer **endothermen** Reaktion ist $\Delta H°$ positiv.
- $\Delta S°$ ist die **Entropieänderung**, die die Änderung der Bewegungsfreiheit eines Systems während einer Reaktion beschreibt.
- Die Bildung von Produkten mit stärkeren Bindungen und größerer Bewegungsfreiheit bewirkt, dass $\Delta G°$ negativ wird.

Abschnitt 5.7

- Das **Prinzip von Le Châtelier** besagt, dass die Störung eines Gleichgewichts vom System ausgeglichen wird.
- Zwei aufeinander folgende Reaktionen werden, bei der eine exergonische Reaktion auf eine endergonische folgt, werden als **gekoppelte Reaktionen** bezeichnet.

Abschnitt 5.8

- $\Delta H°$ kann berechnet werden, während $\Delta S°$ experimentell bestimmt werden muss.

Abschnitt 5.9

- Bei der **katalytischen Hydrierung** werden Alkene zu Alkanen reduziert.
- Die **Hydrierwärme** ist die Wärme die bei der Hydrierung frei wird. Sie entspricht dem Betrag von $\Delta H°$.
- Das **stabilste Alken** hat die **geringste Hydrierwärme**.
- Die Stabilität eines Alken wird umso größer, je mehr Alkylgruppen an seine sp^2-hybridisierten Kohlenstoffatome gebunden sind.
- ***Trans*-Alkene** sind durch sterische Spannung stabiler als ***cis*-Alkene**.

Abschnitt 5.10

- Die **freie Aktivierungsenthalpie** ($\Delta G^{\ddagger}$) stellt die Energiebarriere für eine Reaktion dar. Sie ist die Differenz zwischen der freien Enthalpie des Übergangszustandes und der freien Enthalpie der Reaktanten.
- Die Geschwindigkeit einer Reaktion nimmt ab, wenn $\Delta G^{\ddagger}$ zunimmt.
- Alles, was die Reaktanten destabilisiert oder den Übergangszustand stabilisiert, erhöht die Reaktionsgeschwindigkeit (das heißt $\Delta G^{\ddagger}$ nimmt zu).
- Die **kinetische Stabilität** wird durch $\Delta G^{\ddagger}$ ausgedrückt, die **thermodynamische Stabilität** durch $\Delta G°$.

Abschnitt 5.11

- Die **Geschwindigkeit** einer Reaktion hängt von der Konzentration der Reaktanten, der Temperatur und der Geschwindigkeitskonstanten ab.
- Die **Geschwindigkeitskonstante** ist ein Maß dafür, wie einfach es für die Reaktanten ist, den Übergangszustand zu erreichen.
- Die **Gleichgewichtskonstante** kann durch die relativen Geschwindigkeitskonstanten für die Hin- und Rückreaktion bestimmt werden.

Abschnitt 5.12

- Ein **Intermediat** ist das Produkt eines Reaktionsschrittes und ist der Reaktant für den nächsten Schritt.
- Übergangszustände haben teilweise geformte Bindungen; Intermediate haben vollständig ausgebildete Bindungen.
- Der **geschwindigkeitsbestimmende Schritt** hat den Übergangszustand am höchsten Punkt des Reaktionskoordinatendiagramms.

Abschnitt 5.13

- Ein **Katalysator** verringert die Energiebarriere, die für die Umwandlung der Reaktanten in die Produkte überwunden werden muss.
- Ein **Katalysator** wird während einer Reaktion weder verbraucht noch verändert.
- Ein **Katalysator** ändert nicht die *Produktmenge*; Er ändert lediglich die *Geschwindigkeit*, mit der das Produkt gebildet wird.

Abschnitt 5.14

- Die meisten biologischen Katalysatoren sind Proteine, die **Enzyme** genannt werden.
- **Molekulare Erkennung** ist die Fähigkeit eines Moleküls, ein anderes zu erkennen.

Tutorial
Gekrümmte Pfeile zeichnen

Dies ist eine Erweiterung zu dem, was sie bereits auf in Abschnitt 5.5 zum Zeichnen gekrümmter Pfeile gelernt haben. Die folgenden Übungen werden nur wenig Zeit in Anspruch nehmen. Und es wird die Zeit Wert sein. Da gekrümmte Pfeile im gesamten Buch vorkommen es ist wichtig, sich wohl mit deren Verwendung zu fühlen. (Sie werden manche der folgenden Reaktionen in den Übungen für einige Wochen oder sogar Monate nicht erneut zu Gesicht bekommen, machen sie sich also keine Sorgen über die Ursache der Reaktionen.)

Chemiker*innen nutzen gekrümmte Pfeile um zu verdeutlichen wie sich Elektronen bei der Bildung und/oder beim Bruch von Bindungen bewegen.

- Jeder Pfeil steht für die gleichzeitige Bewegung von zwei Elektronen (einem Elektronenpaar) von einem Nucleophil (am Anfang des Pfeiles) zu einem Elektrophil (an der Spitze des Pfeiles).
- Der Anfang des Pfeiles ist an der Stelle positioniert, an der sich die Elektronen im Reaktanten befinden; Er beginnt immer an einem freien Elektronenpaar oder an einer Bindung.
- Die Spitze des Pfeiles zeigt auf die Stelle, in der sich die Elektronen im Produkt befinden werden; der Pfeil zeigt immer auf ein Atom oder auf eine Bindung.

In der folgenden Reaktion wird die Bindung zwischen Brom und einem Kohlenstoffatom des Cyclohexanringes gebrochen und beide Elektronen zum Brom verschoben. Daher **beginnt der Pfeil an den Elektronen, die sich Brom und Kohlenstoff im Reaktanten teilen und die Spitze des Pfeiles zeigt auf Brom**, da sich die Elektronen im Produkt dort befinden.

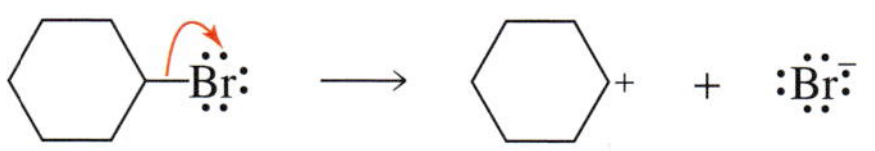

Beachten Sie, dass das Kohlenstoffatom des Cyclohexanrings im Produkt positiv geladen ist. Der Grund dafür ist, dass es beide Elektronen verloren hat, die es vorher mit Brom teilte. Brom hingegen ist negativ geladen, weil es beide Elektronen aufnahm, die es mit Kohlenstoff teilte. Die Bewegung von zwei Elektronen wird an den beiden Zacken in der Pfeilspitze gekennzeichnet.

Beachten Sie, dass ein Pfeil *immer* an einer Bindung oder einem freien Elektronenpaar beginnt. Es beginnt *nicht* an einer negativen Ladung.

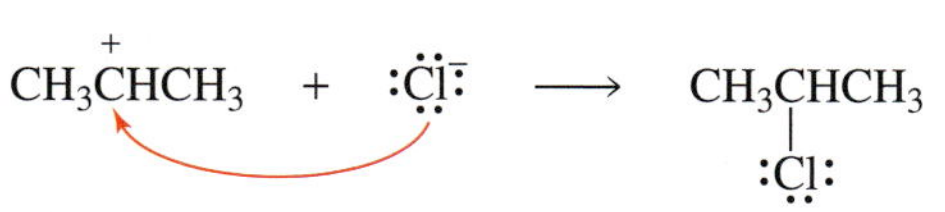

Im folgenden Beispiel wird eine Bindung zwischen dem Sauerstoffatom von Wasser und einem Kohlenstoffatom des anderen Reaktanten aufgebaut. Der Pfeil beginnt an einem der freien Elektronenpaare des Sauerstoffatoms und zeigt auf das Kohlenstoffatom, mit dem es die Elektronen im Produkt teilen wird. Das Sauerstoffatom ist im Produkt positiv geladen, da es die Elektronen, die es vorher für sich selbst hatte, nun mit dem Kohlenstoffatom teilt. Das Kohlenstoffatom war vor der Reaktion positiv geladen, ist nun aber nicht geladen, da es nun einen Anteil des Elektronenpaares bekommen hat.

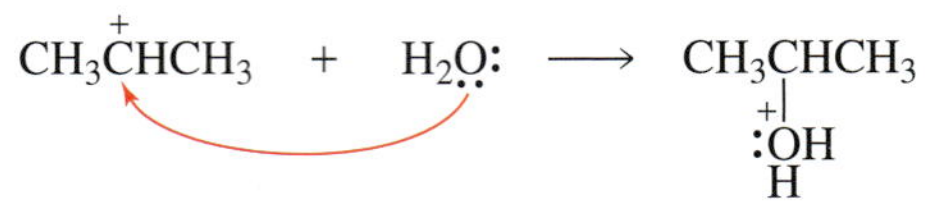

Ü 1 Zeichnen Sie in den folgenden Beispielen die gekrümmten Pfeile ein, um die Bewegung der Elektronen zu verdeutlichen. (Die Lösungen finden Sie nach Übung 10.)

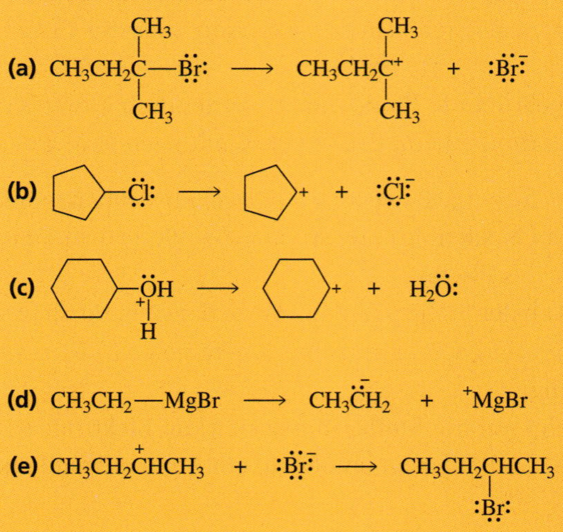

Chemiker*innen zeichnen die freien Elektronenpaare oft nicht. Übung 2 zeigt die gleichen Beispiele wie Übung 1, nur ohne die freien Elektronenpaare.

Ü 2 Zeichnen Sie in den folgenden Beispielen die gekrümmten Pfeile ein, um die Bewegung der Elektronen zu verdeutlichen.

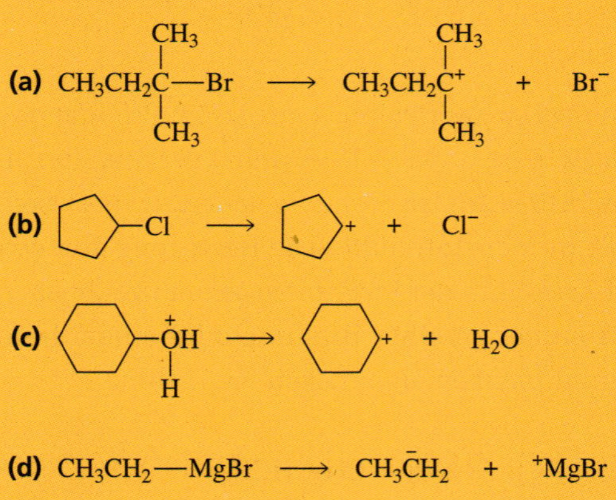

Die freien Elektronenpaare des Br^- in Teilaufgabe (e) müssen im Reaktanten gezeichnet werden, weil ein Pfeil nur an einer Bindung oder einem freien Elektronenpaar beginnen kann. Die freien Elektronenpaare im Produkt müssen jedoch nicht gezeichnet werden. Es ist nie falsch freie Elektronenpaare zu zeichnen, aber sie müssen nur dann gezeichnet werden, wenn ein Pfeil an ihnen beginnt.

(e) 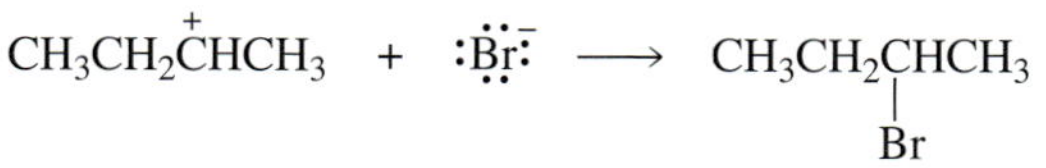

Viele Reaktionsschritte beinhalten sowohl Bindungsbildungen als auch Bindungsbrüche. In den folgenden Beispielen bricht und bildet sich jeweils eine Bindung; Die Elektronen in der gebrochenen Bindung sind dieselben, die auch die neue Bindung bilden. Daher ist auch nur ein Pfeil nötig, um den Elektronenfluss zu beschreiben. Wie in den vorherigen Beispielen beginnt der Pfeil an der Stelle an der die Elektronen im Reaktanten befinden und die Spitze des Pfeiles zeigt auf die Position in der sich eben diese Elektronen im Produkt befinden (zwischen der CH_3-Gruppe und dem Kohlenstoffatom, das ersten Beispiel positiv geladen war und im nächsten Beispiel zwischen den beiden Kohlenstoffatomen). Beachten Sie, dass seinen Anteil an einem Elektronenpaar verliert (C im ersten Beispiel, H im zweiten) am Ende eine positive Ladung trägt.

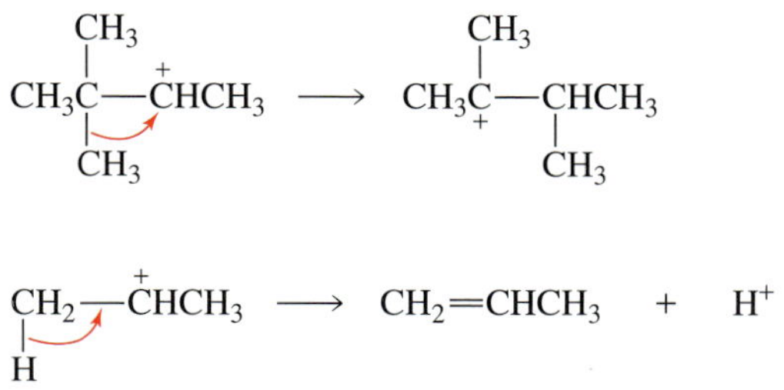

In vielen Fällen sind die Elektronen in der gebrochenen Bindung nicht dieselben wie in der gebildeten Bindung. In diesen Fällen sind zwei Pfeile nötig, um den Elektronenfluss zu zeichnen — einen für die gebrochene Bindung und einen für die neu geformte Bindung. Schauen Sie in jedem der folgenden Beispiele genau auf jeden der Pfeile. Beachten Sie, wie die Bewegung der Elektronen ihnen erlaubt, sowohl die Struktur des Produktes als auch die Ladungen in Reaktant und Produkt zu bestimmen.

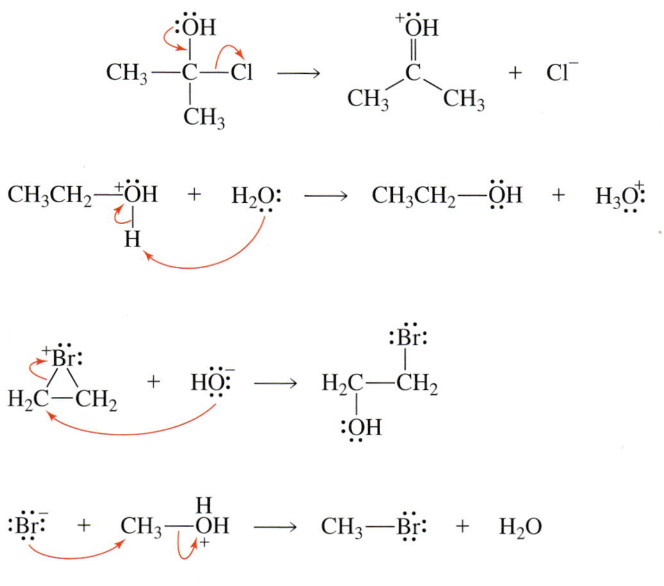

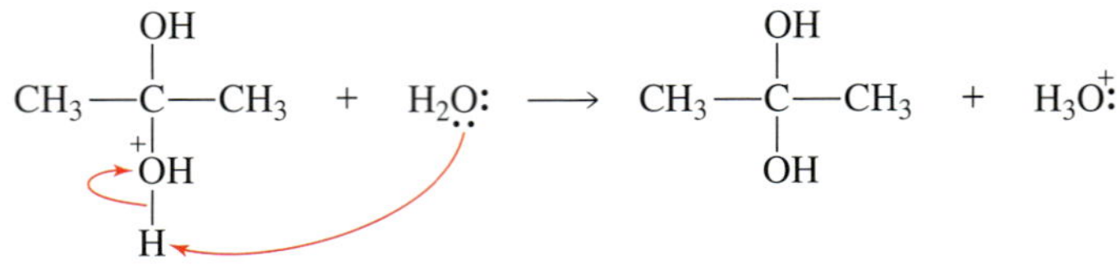

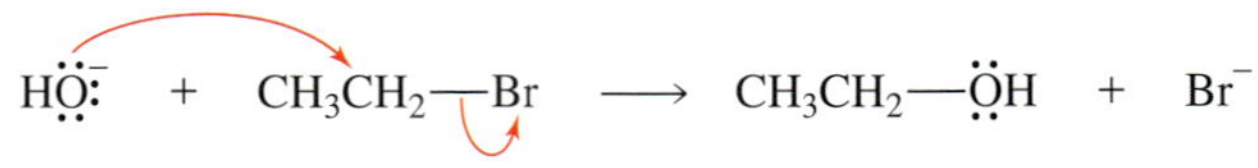

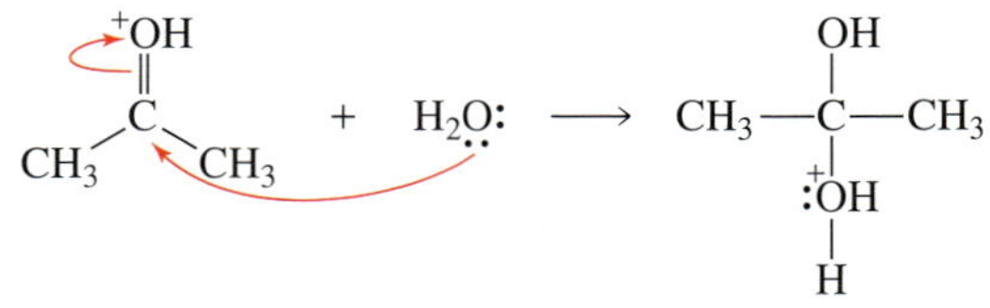

In der nächsten Reaktion wird wieder eine Bindung gebildet, aber zwei gebrochen; zwei Pfeile sind nötig, um den Elektronenfluss zu beschreiben.

In der nächsten Reaktion bilden sich und brechen jeweils zwei Bindungen; drei Pfeile sind nötig, um den Elektronenfluss zu beschreiben.

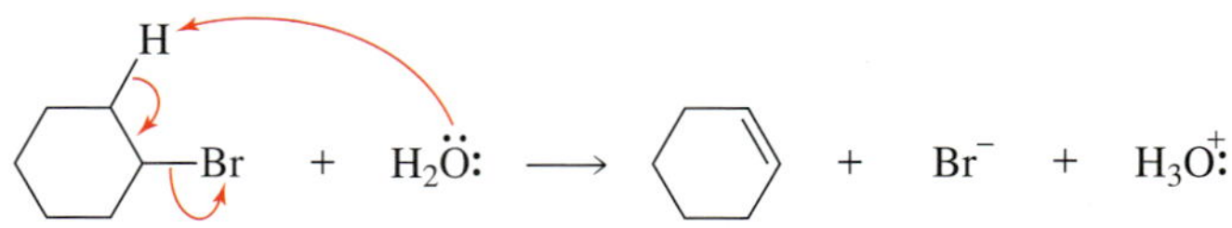

Ü 3 Zeichnen Sie die gekrümmten Pfeile, um den Elektronenfluss zu beschreiben, der für die Bildung der folgenden Produkte notwendig ist. (*Hinweis:* Schauen Sie sich das Produkt an, um zu evaluieren, welche Bindungen gebrochen und welche neu gebildet werden müssen.)

(a) 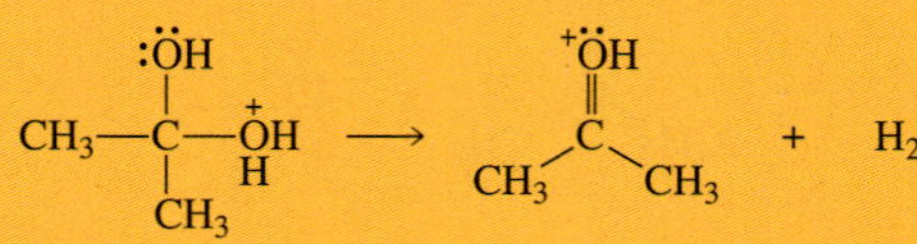

(b) $CH_3CH_2CH{=}CH_2 \; + \; H{-}Cl \longrightarrow CH_3CH_2\overset{+}{C}H{-}CH_3 \; + \; Cl^-$

(c) $CH_3CH_2{-}Br \; + \; \ddot{N}H_3 \longrightarrow CH_3CH_2{-}\overset{+}{N}H_3 \; + \; Br^-$

(d) 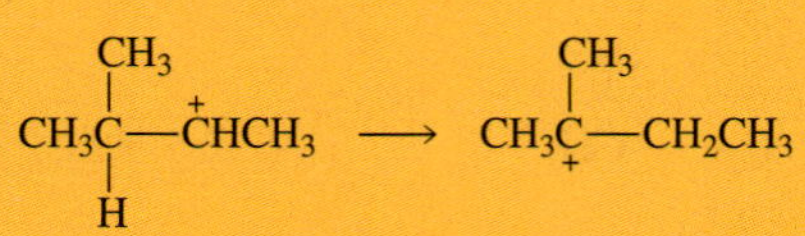

Ü 4 Zeichnen Sie die gekrümmten Pfeile, um den Elektronenfluss zu beschreiben, der für die Bildung der folgenden Produkte notwendig ist.

(a) 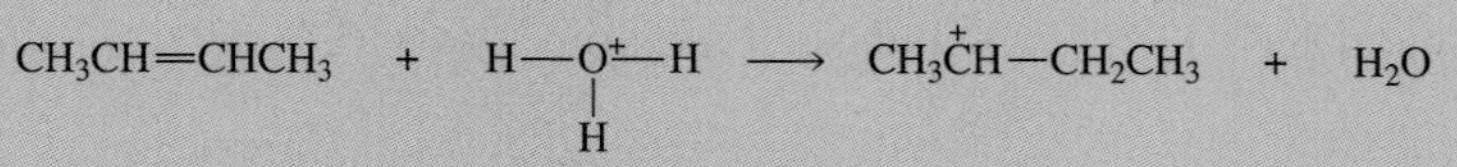

(b) $CH_3CH_2CH_2CH_2—Cl + {}^{-}\ddot{C}{\equiv}N \longrightarrow CH_3CH_2CH_2CH_2—C{\equiv}N + Cl^-$

(c) 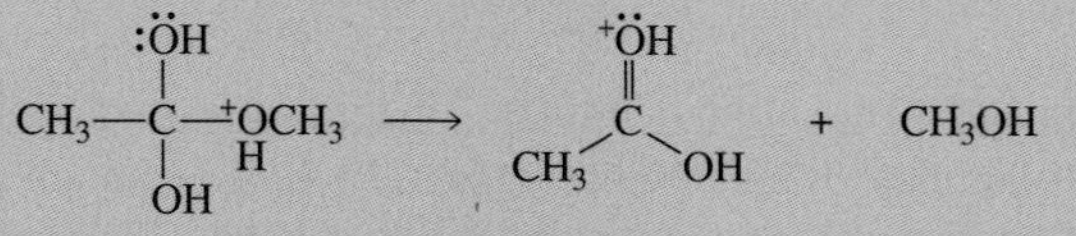

(d) 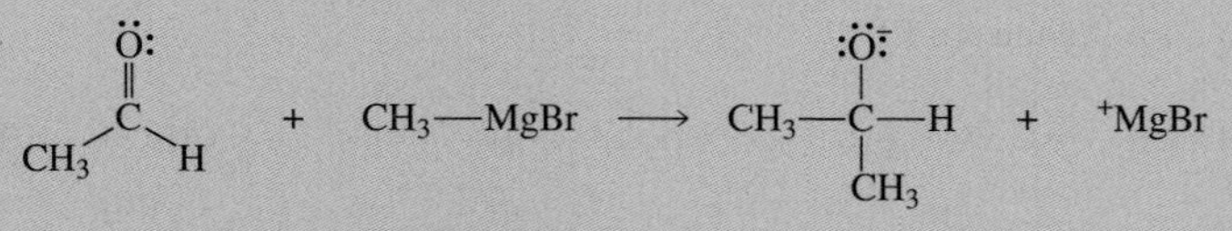

Ü 5 Zeichnen Sie die gekrümmten Pfeile, um den Elektronenfluss zu beschreiben, der für die Bildung der folgenden Produkte notwendig ist.

(a) 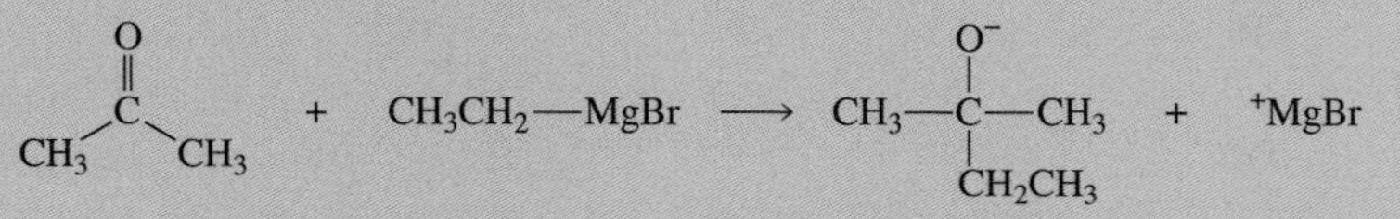

(b) $CH_3CH_2CH_2—Br + CH_3\ddot{\underset{..}{O}}{:}^- \longrightarrow CH_3CH_2CH_2—OCH_3 + Br^-$

(c) 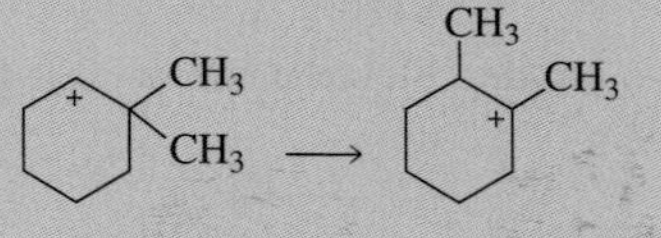

(d) 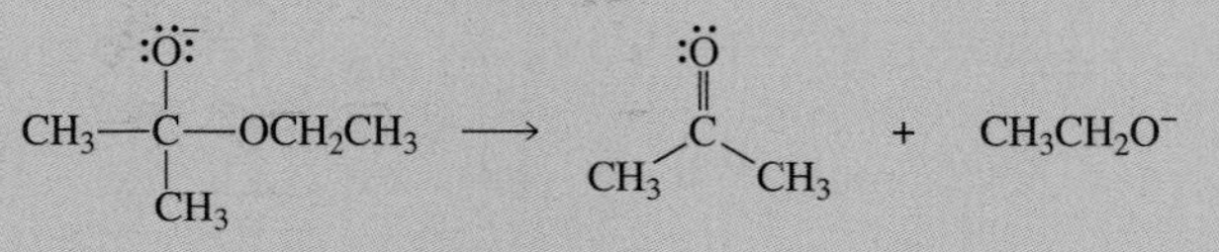

Ü 6 Zeichnen Sie die gekrümmten Pfeile, um den Elektronenfluss zu beschreiben, der für die Bildung der folgenden Produkte notwendig ist.

(a) 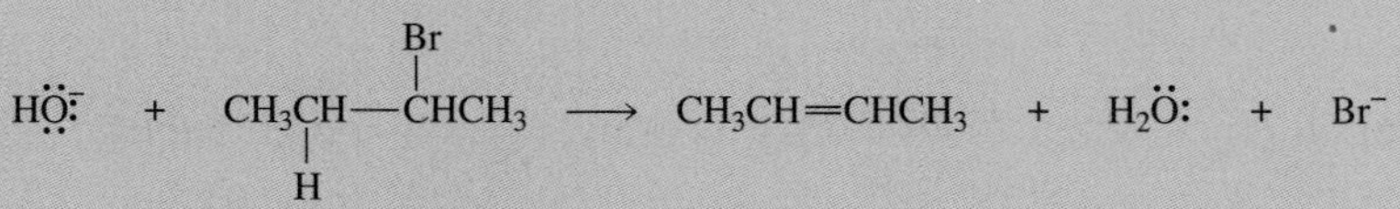

(b) $CH_3CH_2C{\equiv}C—H + {:}\ddot{N}H_2^- \longrightarrow CH_3CH_2C{\equiv}C{:}^- + \ddot{N}H_3$

(c) 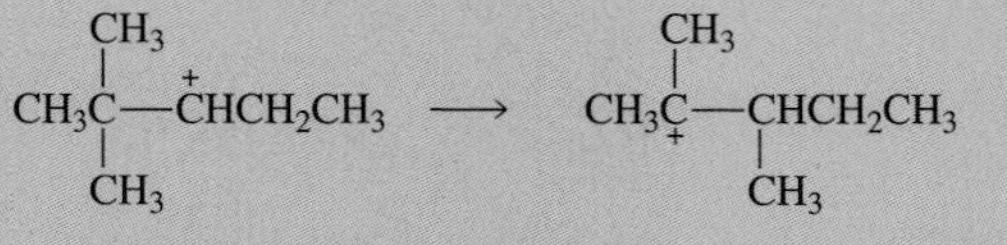

(d) 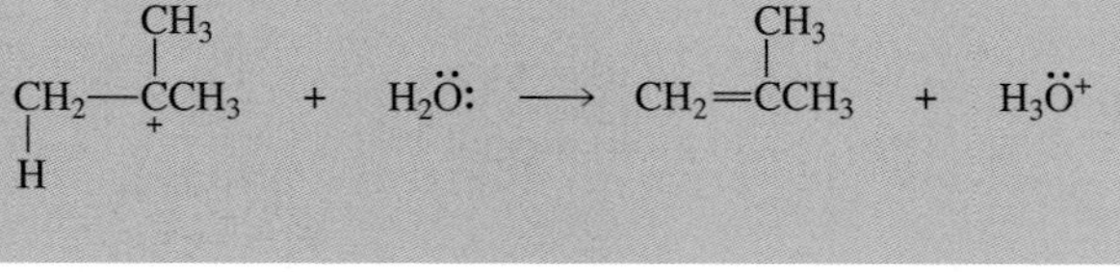

Ü 7 Zeichnen Sie die gekrümmten Pfeile, um den Elektronenfluss zu beschreiben, der für die Bildung der folgenden Produkte notwendig ist.

(a) 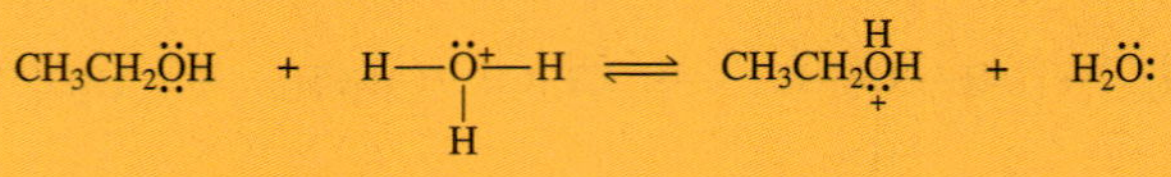

(b) 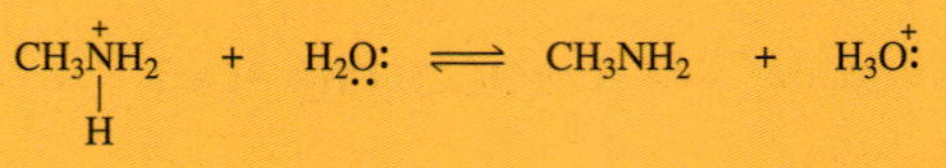

Ü 8 Zeichnen Sie die gekrümmten Pfeile, um den Elektronenfluss in jedem Schritt der folgenden Reaktionen zu beschreiben. (*Hinweis:* Sie können anhand der Produkte jedes Schrittes festmachen, wie die Pfeile als Resultat der Elektronenbewegung zu zeichnen sind.)

(a) 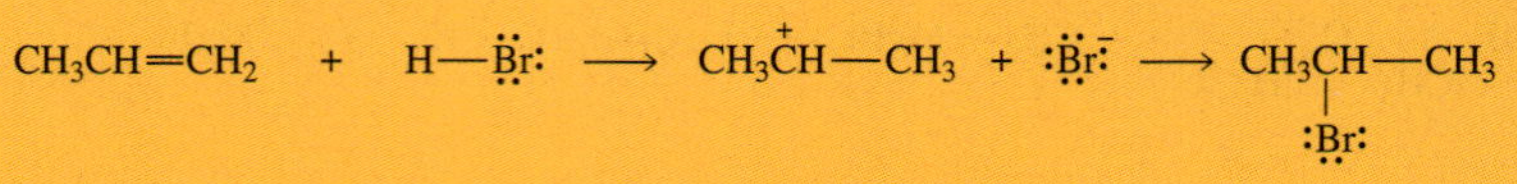

(b) 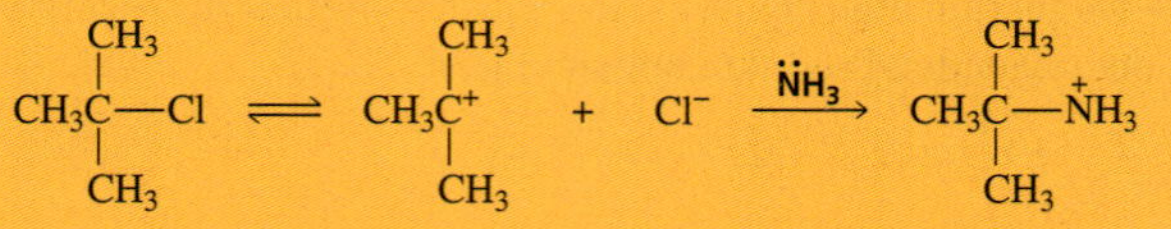

(c) 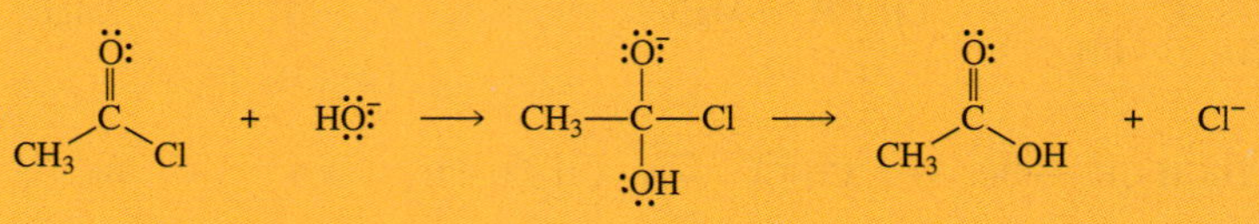

Ü 9 Zeichnen Sie die gekrümmten Pfeile, um den Elektronenfluss in jedem Schritt der folgenden Reaktionen zu beschreiben.

(a) 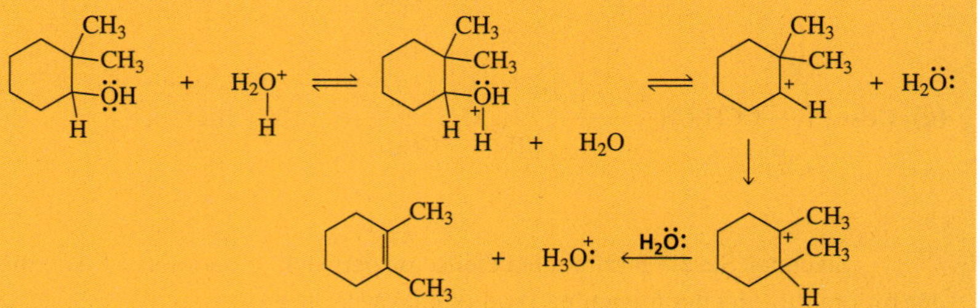

(b) 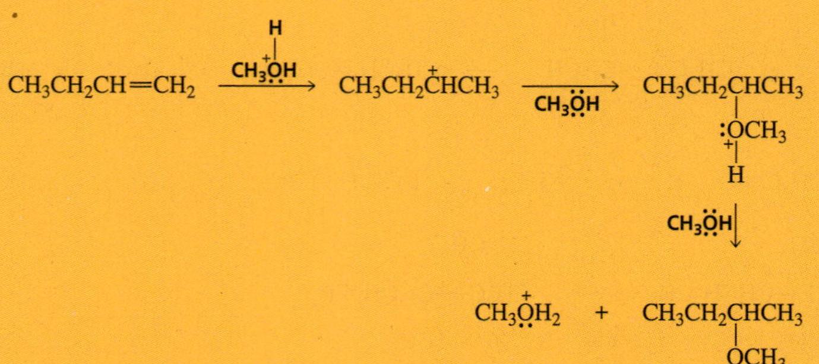

(c) 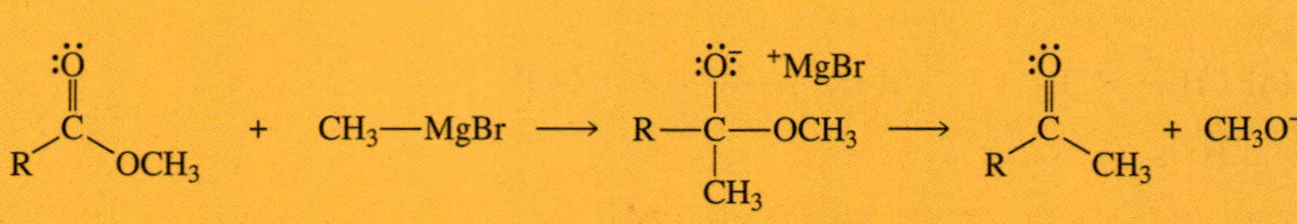

Ü 10 Nutzen Sie die gezeichneten gekrümmten Pfeile, um die Produkte jedes Reaktionsschrittes zu bestimmen.

(a) 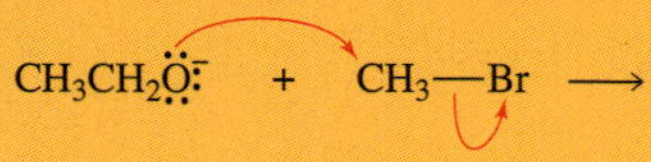

(b) 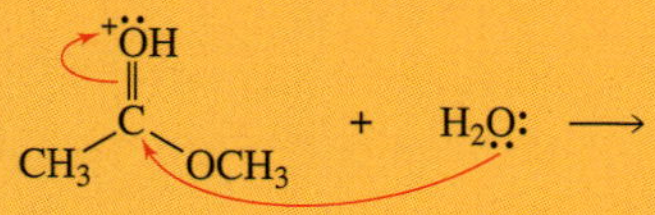

(c) 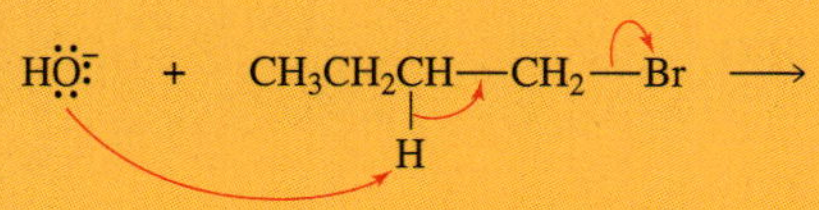

(d) 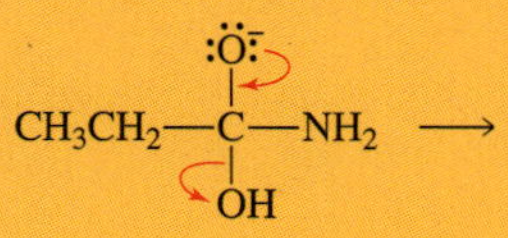

(e) 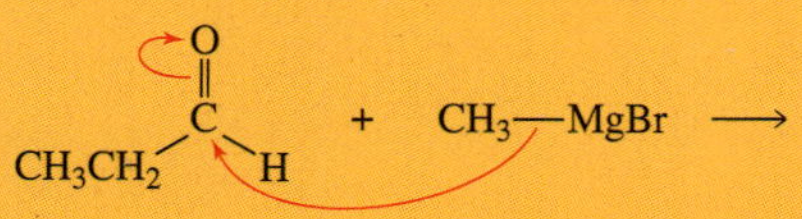

(f) 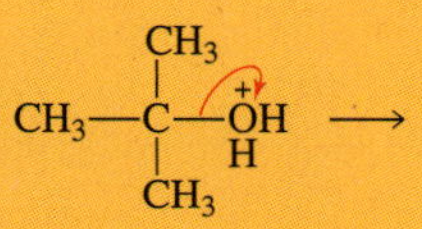

(g) 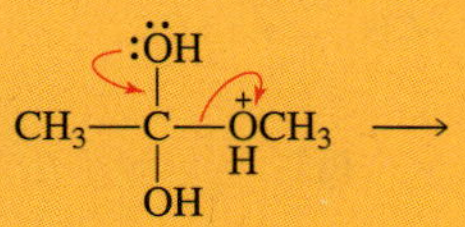

Lösungen zu den Übungen „Gekrümmte Pfeile zeichnen"

Lösung zu Übung 1

(a) 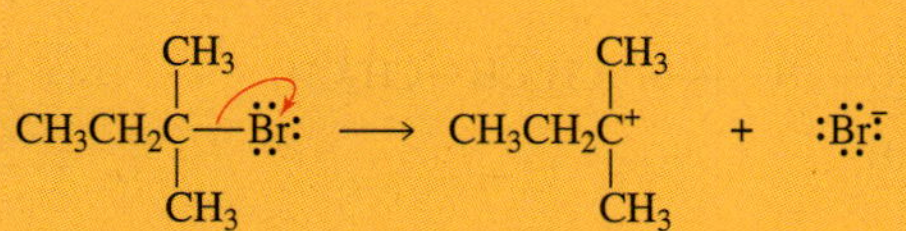

(b) 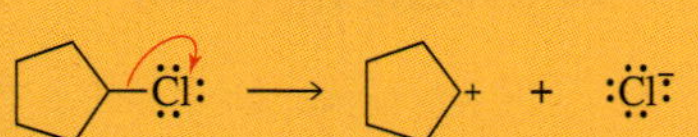

(c) 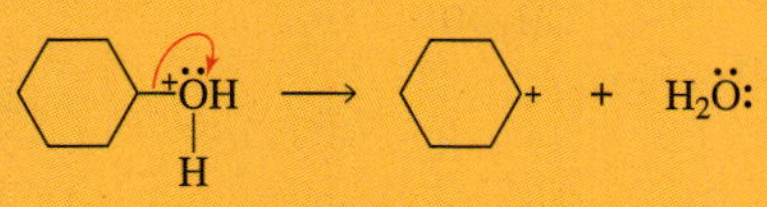

(d) 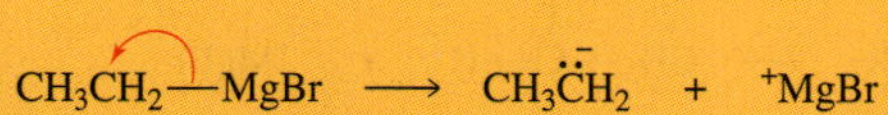

(e) 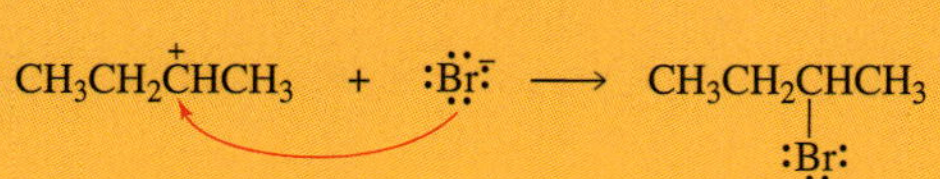

Lösung zu Übung 2

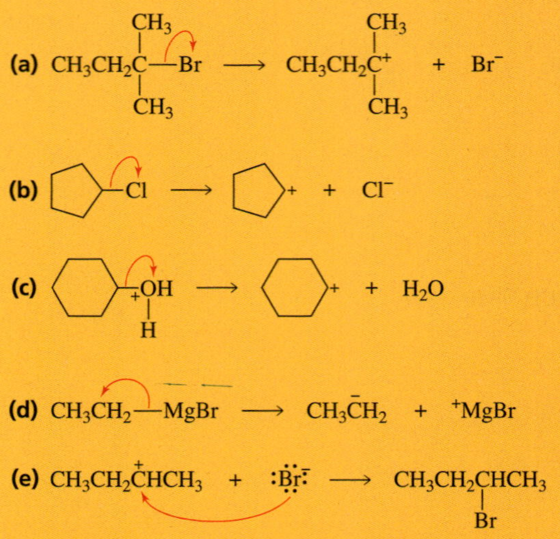

Lösung zu Übung 3

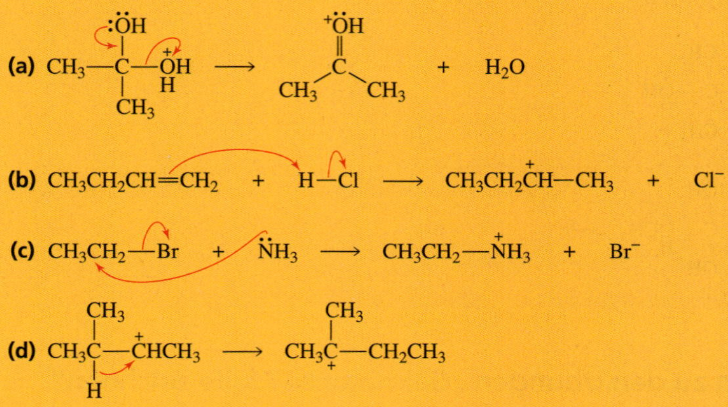

Lösung zu Übung 4

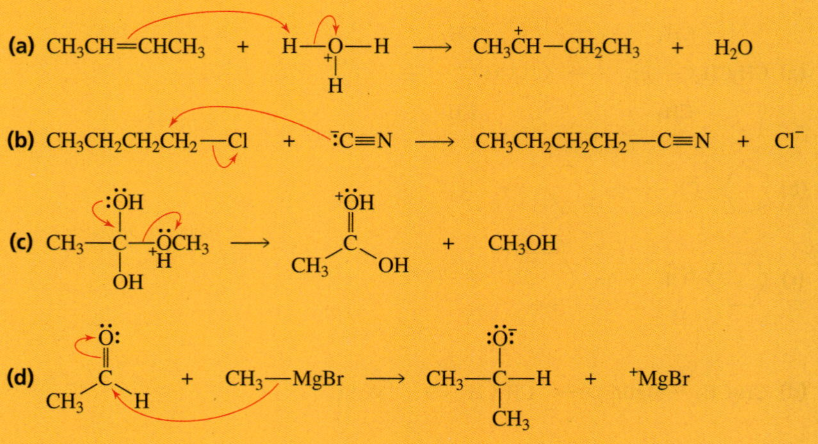

Lösung zu Übung 5

(a) 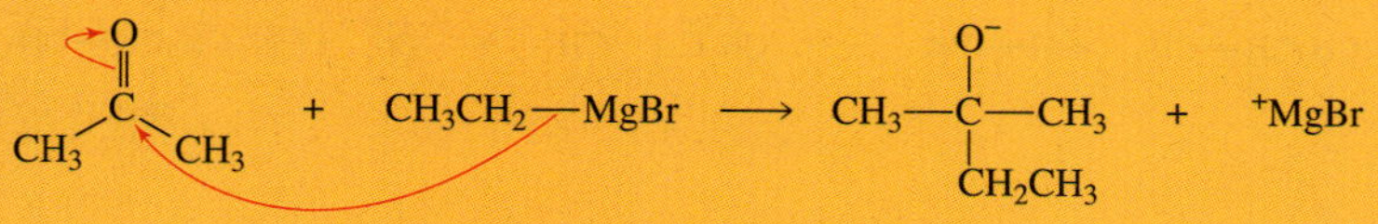

(b) 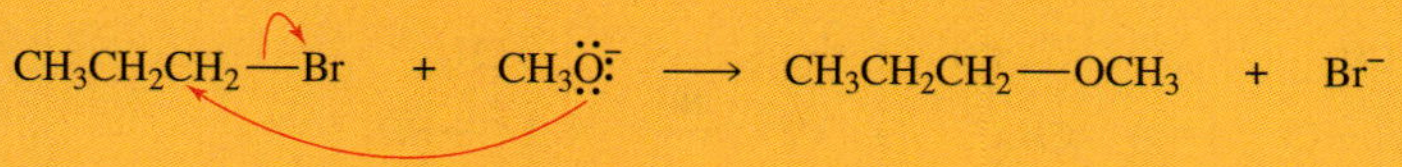

(c) 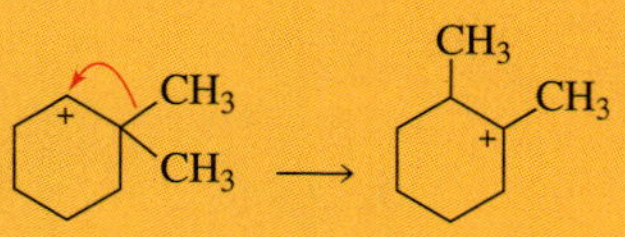

(d) 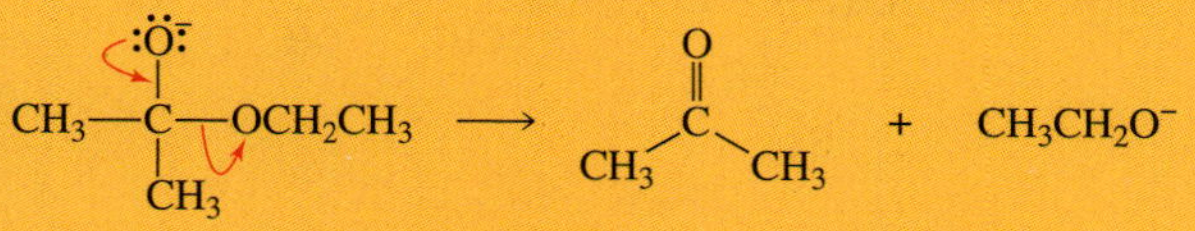

Lösung zu Übung 6

(a) 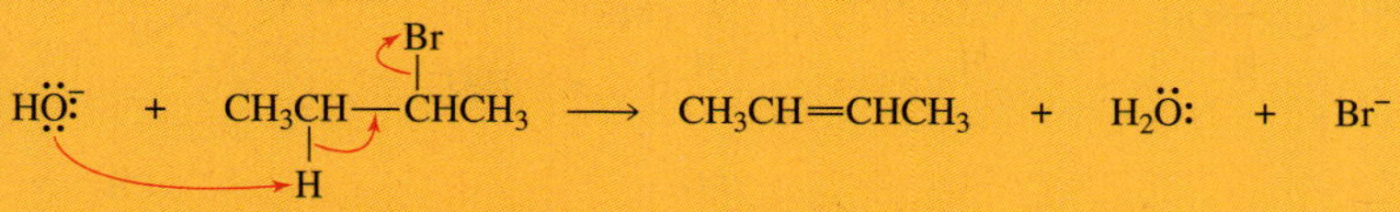

(b) 

(c) 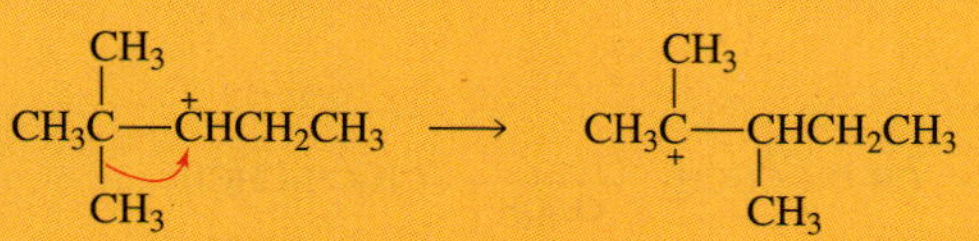

(d) 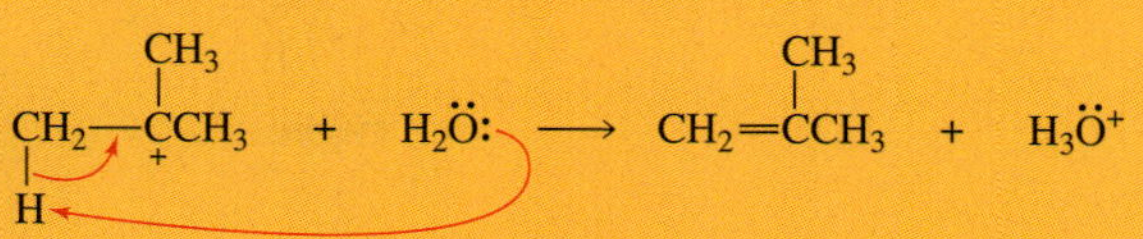

Lösung zu Übung 7

(a) 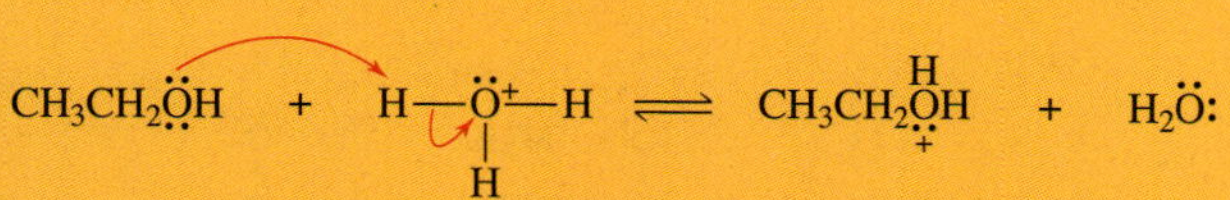

(b) 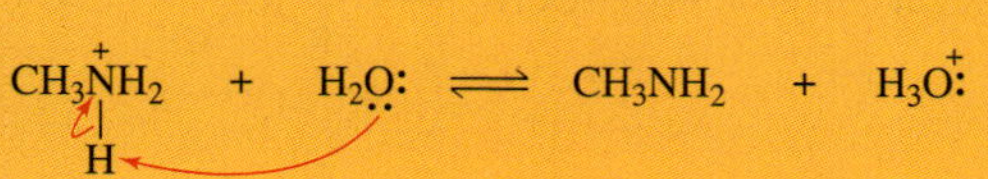

Lösung zu Übung 8

(a) 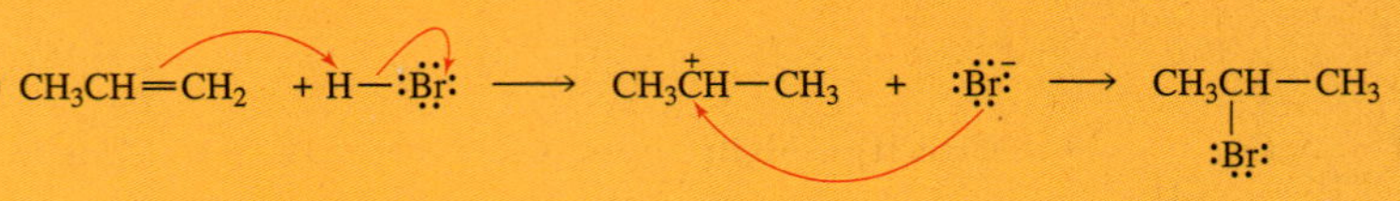

(b) 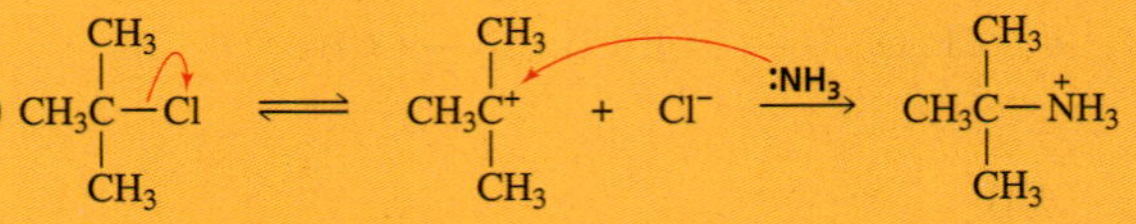

(c) 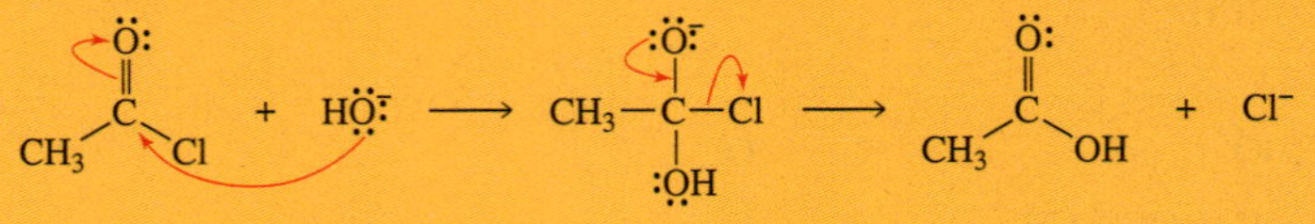

Lösung zu Übung 9

(a) 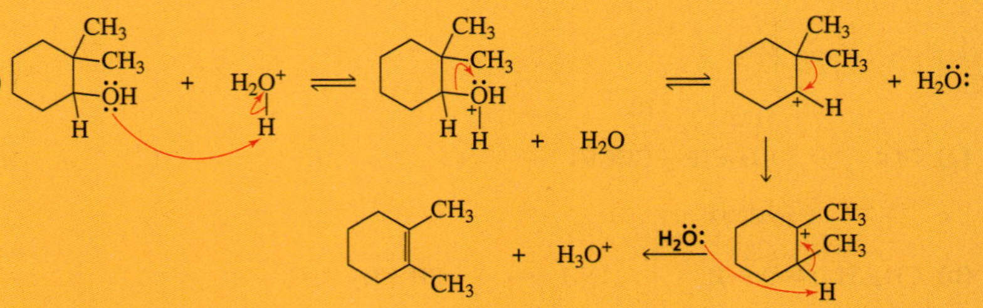

(b) 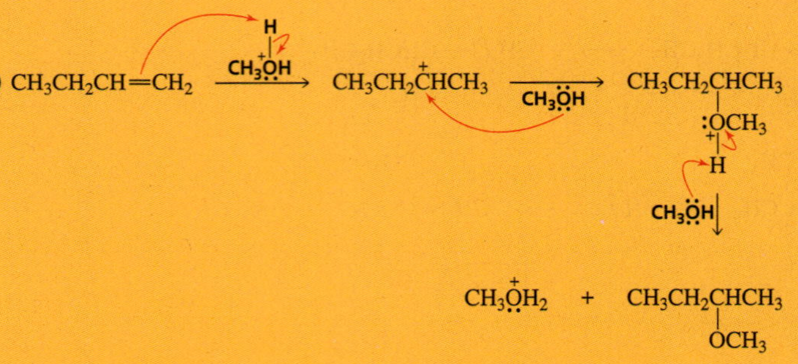

(c) 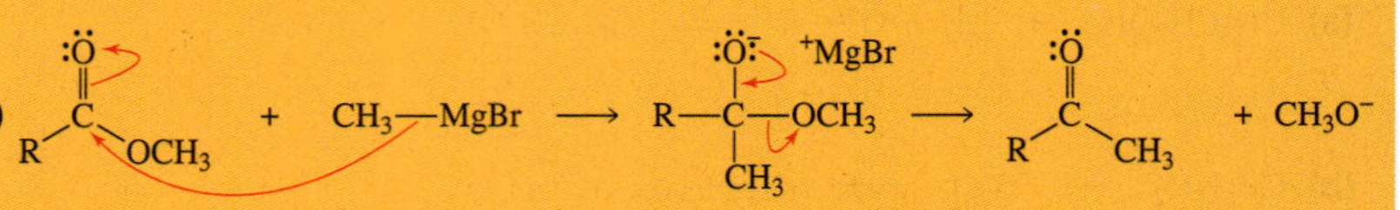

Lösung zu Übung 10

(a) 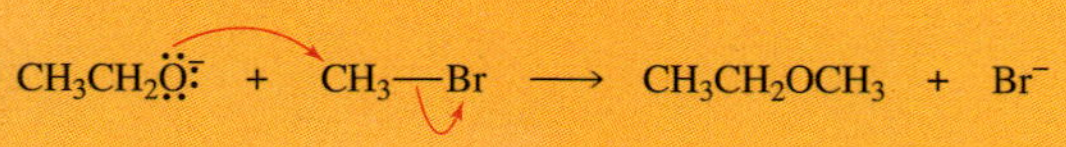

(b) 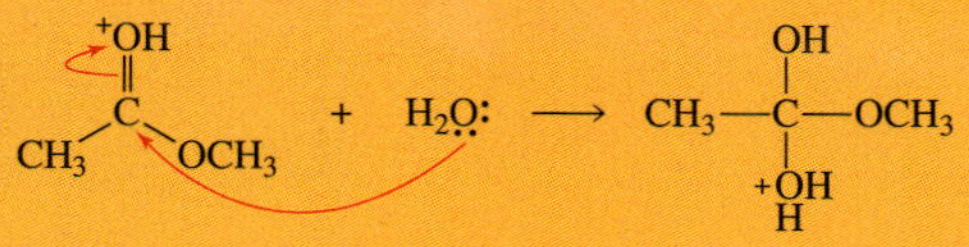

(c) 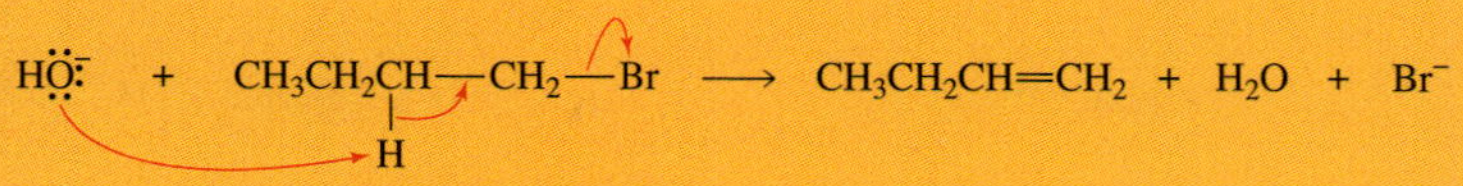

(d) 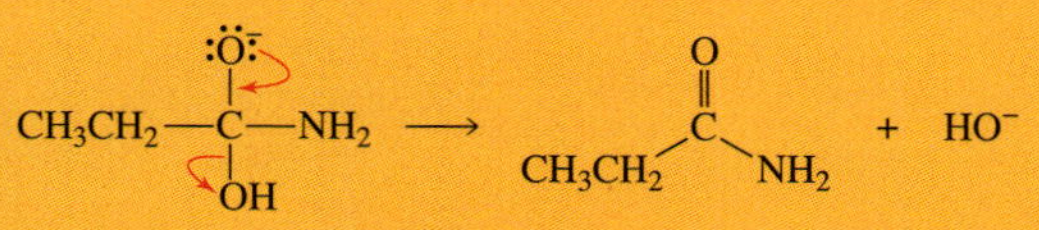

(e) 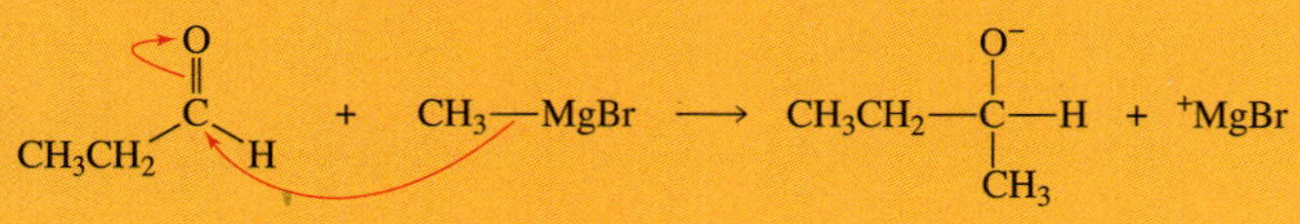

(f) 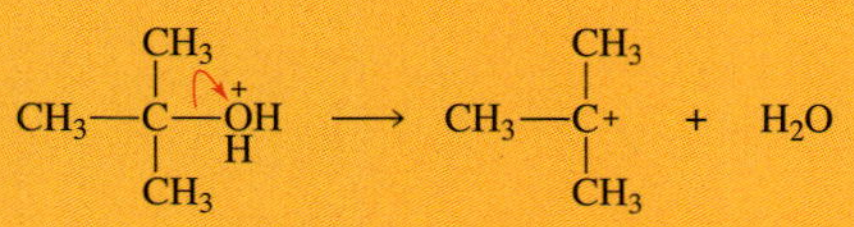

(g) 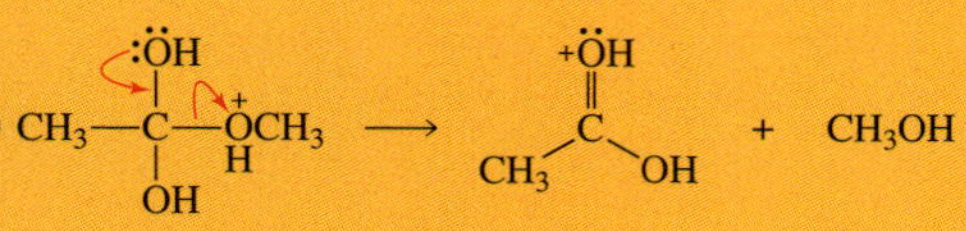

Die Reaktionen der Alkene • Die Stereochemie von Additionsreaktionen

6

6.1	Die Addition von Halogenwasserstoff an Alken	315
6.2	Die Stabilität von Carbokationen hängt von der Anzahl der Alkylgruppen am positiv geladenem Kohlenstoffatom ab	317
6.3	Die Struktur des Übergangszustandes	319
6.4	Die Regioselektivität der elektrophilen Additionsreaktionen	321
6.5	Die Addition von Wasser an Alken	326
6.6	Die Addition von Alkohol an Alken	327
6.7	Ein Carbokation lagert sich um, wenn es ein stabileres Carbokation bilden kann	329
6.8	Die Addition von Boran an Alken: Hydroborierung und Oxidation	332
6.9	Die Addition von Halogen an Alken	336
6.10	Die Addition von Peroxycarbonsäure an Alken	341
6.11	Die Addition von Ozon an Alken: Die Ozonolyse	343
6.12	Die Stereochemie von Reaktionen: Regioselektive, stereoselektive und stereospezifische Reaktionen	347
6.13	Die Stereochemie der elektrophilen Additionsreaktionen	348
6.14	Die Stereochemie von enzymkatalysierten Reaktionen	362
6.15	Die Unterscheidung von Enantiomeren durch biologische Moleküle	363
6.16	Reaktionen und Synthesen	365
Zusammenfassung		368
Zusammenfassung der Reaktionen		369

ÜBERBLICK

Wir werden uns in diesem Kapitel mit einer Frage beschäftigen: Was ist gefährlicher: Die Pestizide, die Bauern auf unsere Lebensmittel spritzen, oder die, die von den Pflanzen selbst produziert werden?

Wir wissen bereits, dass organische Verbindungen in Familien eingeteilt werden können und dass alle Mitglieder einer Familie gleich reagieren (Abschnitt 5.4). Eine dieser Familien besteht aus Verbindungen mit einer Kohlenstoff-Kohlenstoff-Doppelbindung – die **Alkene**.

Die π-Bindung einer Doppelbindung ist schwach, sie wird also schnell gebrochen. Dies erlaubt Alkenen Additionsreaktionen einzugehen. Da Alkene Nucleophile sind, reagieren sie naturgemäß mit Elektrophilen. Präziser ausgedrückt reagieren Alkene in *elektrophilen* Additionsreaktionen (Abschnitt 5.5).

Wenn ein Alken in einer elektrophilen Additionsreaktion mit HBr reagiert, besteht der erste (relativ langsame) Schritt in der Addition eines Protons (eines Elektrophils) an das Alken (ein Nucleophil). Dabei wird eine **Carbokation-Zwischenstufe (oder Intermediat)** als Elektrophil gebildet, das dann schnell mit dem Bromid-Anion (einem Nucleophil) reagiert und ein Halogenalkan bildet. Beachten Sie, dass jeder Schritt die Reaktion eines Elektrophils mit einem Nucleophil beinhaltet. *Die Gesamtreaktion ist die Addition eines Elektrophils an eines der sp^2-Kohlenstoffatome des Alkens und die Addition eines Nucleophils an das andere sp^2-Kohlenstoffatom* (Abschnitt 5.5).

MERKE!

Ein gekrümmter Pfeil mit zwei Haken zeigt die Bewegung von zwei Elektronen an. Der Pfeil zeigt immer vom Elektronendonor zum Elektronenakzeptor.

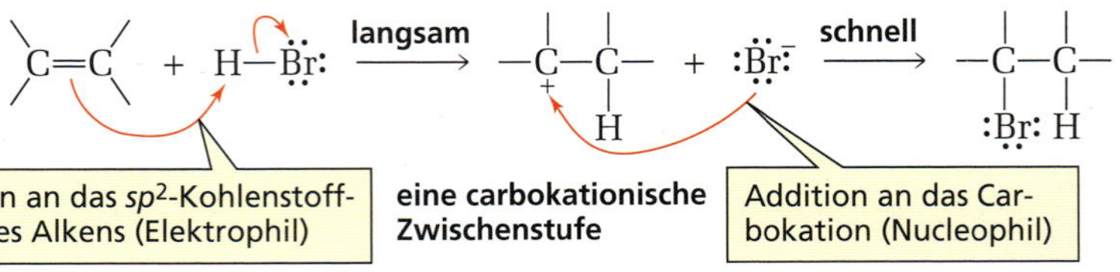

In diesem Kapitel werden wir eine große Vielfalt von Alkenreaktionen betrachten. Wir werden sehen, dass sich im Verlauf einiger dieser Reaktionen Carbokationen wie das bei der Reaktion mit HBr als Zwischenprodukte bilden, einige Reaktionen andere Intermediate liefern, und einige überhaupt keine Zwischenstufe ausbilden. Auf den ersten Blick scheinen die Reaktionen, die in diesem

Kapitel diskutiert werden, ziemlich verschieden zu sein. Wir werden jedoch sehen, dass sie alle nach einem ähnlichen Mechanismus ablaufen.

Beachten Sie daher, wenn Sie die Reaktionen studieren, dass allen Alkenreaktionen das folgende Merkmal gemeinsam ist:

- Die relativ locker gebundenen π-Elektronen der Kohlenstoff-Kohlenstoff-Doppelbindung werden von einem Elektrophil angezogen.
- Jede Reaktion beginnt also mit der Addition eines Elektrophils an eines der sp^2-hybridisierten Kohlenstoffatome des Alkens.
- Jedes Reaktion endet durch die Addition eines Nucleophils an das andere sp^2-hybridisierte Kohlenstoffatom.

Das Endergebnis ist die Spaltung der π-Bindung und die Ausbildung neuer σ-Bindungen der sp^2-Kohlenstoffe mit dem Elektrophil und dem Nucleophil (wobei die Kohlenstoffatome ihren Hybridisierungszustand nach sp^3 ändern!).

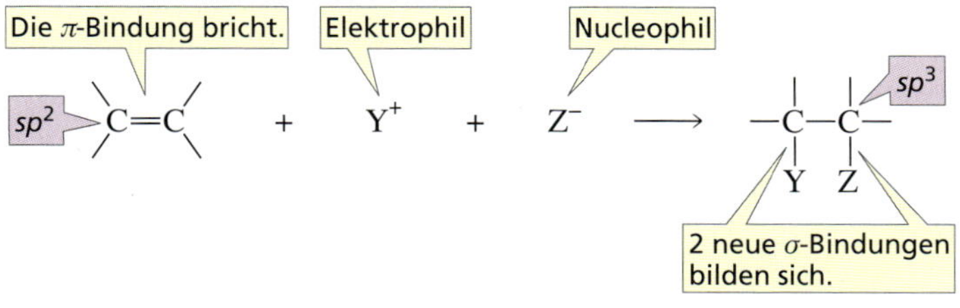

Diese Reaktivität macht die Alkene zu einer wichtigen Verbindungsklasse der Organischen Chemie, da sie als Ausgangsstoffe für die Synthese einer Vielzahl anderer Verbindungen dienen können. So können z. B. Alkylhalogenide, Alkohole, Ether und Alkane über elektrophile Additionen aus Alkenen hergestellt werden. Die genauen Produkte, die man bei diesen Reaktionen erhält, hängen von dem *Elektrophil* und dem *Nucleophil* ab, das man für die Reaktion verwendet.

6.1 Die Addition von Halogenwasserstoff an Alken

Wenn das elektrophile Reagenz, das an das Alken addiert wird, ein Halogenwasserstoff (HF, HCl, HBr, oder HI) ist, wird als Reaktionsprodukt ein Halogenkohlenwasserstoff (Alkylhalogenid) gebildet:

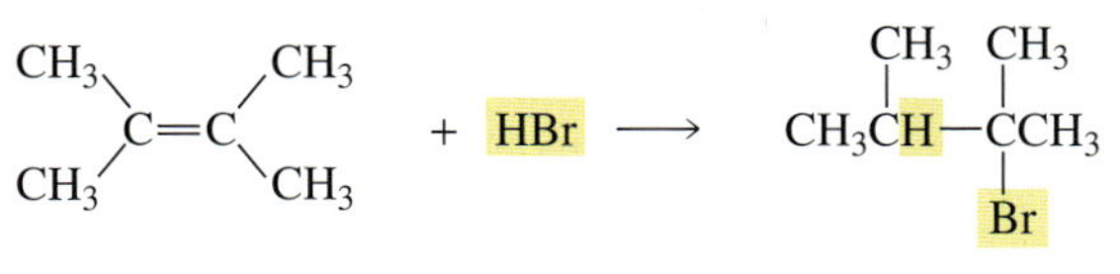

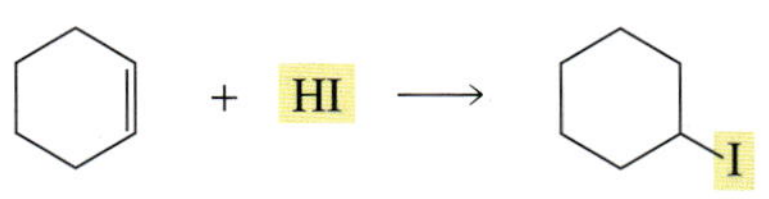

Da die Alkene, die in die obigen Reaktionen eingesetzt wurden, an beiden sp^2-hybridisierten Kohlenstoffatomen jeweils identische Substituenten tragen, ist es leicht, das Reaktionsprodukt vorherzusagen: Das Elektrophil (H^+) addiert sich an das eine der sp^2-Kohlenstoffatome, und das Nucleophil (X^-: X = Halogen) an den anderen sp^2-Kohlenstoff. Es macht keinen Unterschied, an welches sp^2-

Kohlenstoffatom sich das Elektrophil anlagert, weil wir in jedem Fall dasselbe Reaktionsprodukt erhalten.

Was aber passiert, falls das Alken nicht an beiden sp^2-Kohlenstoffatomen gleiche Substituenten trägt? An welches der sp^2-Kohlenstoffatome wird sich der Wasserstoff anlagern? Wird beispielsweise die folgende Addition von HCl an 2-Methylpropen zu tertiärem Butylchlorid (*tert*-Butylchlorid) oder zu Isobutylchlorid führen?

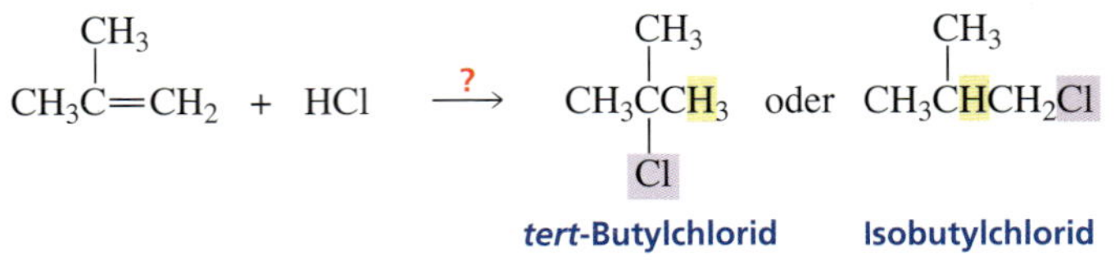

Um diese Frage beantworten zu können, müssen wir die Reaktion ablaufen lassen, die Produkte isolieren und sie identifizieren. Dabei stellen wir fest, dass das einzige Produkt der Reaktion *tert*-Butylchlorid ist. Nun müssen wir uns fragen, warum das so ist, damit wir auf der Basis dieses Wissens die Produkte anderer Alken-Reaktionen vorhersagen können. Dafür müssen wir uns nochmals den **Reaktionsmechanismus** der Addition anschauen (Abschnitt 5.5).

Erinnern wir uns, daß der erste Schritt der Reaktion – die Addition von H^+ an ein sp^2-hybridisiertes Kohlenstoffatom unter Bildung des *ter-t*-Butylkations oder des Isobutylkations – der geschwindigkeitsbestimmende Schritt ist (Abschnitt 5.12). Falls es einen Unterschied zwischen den Bildungsgeschwindigkeiten dieser beiden möglichen Carbokationen gibt, wird dasjenige, das sich schneller bildet, das bevorzugte Produkt des ersten Schrittes der Reaktion sein. Da die Bildung des Carbokations der geschwindigkeitsbestimmende Schritt der Gesamtreaktion ist, wird darüberhinaus das im ersten Reaktionsschritt gebildete Carbokation das Endprodukt der Reaktion festlegen. Wenn also das tertiäre Butylkation gebildet wird, wird es schnell mit Chlorid (Cl^-) zum *tert*-Butylchlorid abreagieren. Falls aber stattdessen das Isobutylkation gebildet wird, wird dieses schnell mit einem Chloridion zu Isobutylchlorid weiterreagieren. Da wir wissen, dass als einziges Produkt der Reaktion *tert*-Butylchlorid gebildet wird, muss das tertiäre Butylkation also schneller gebildet werden als das Isobutylkation.

MERKE!

Das sp^2-hybridisierte Kohlenstoffatom, das *nicht* an das Wasserstoffion gebunden wird, ist dasjenige, welches im Carbokation positiv geladen vorliegt.

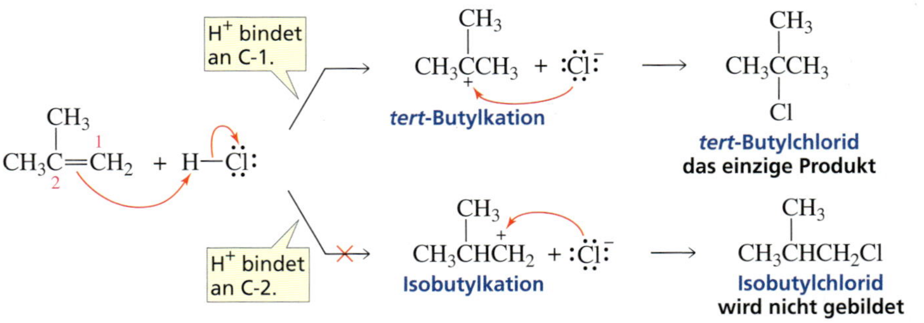

Es ergibt sich nun die Frage, warum das tertiäre Butylkation schneller gebildet wird? Um sie beantworten zu können, müssen wir uns mit den Faktoren befassen: (1) Welche Faktoren bestimmen die Stabilität eines Carbokations? (2) Wie bestimmt die Stabilität eines Carbokations die Geschwindigkeit, mit der es gebildet wird?

Ü 1 Zeichnen Sie den Reaktionsmechanismus der Reaktion von Cyclohexan mit HCl.

Die Stabilität von Carbokationen hängt von der Anzahl der Alkylgruppen am positiv geladenem Kohlenstoffatom ab 6.2

Carbokationen werden basierend auf dem Kohlenstoffatom, das die positive Ladung trägt, klassifiziert:

- Ein **primäres Kohlenstoffatom** trägt die positive Ladung an einem primären Kohlenstoffatom.
- Ein **sekundäres Kohlenstoffatom** trägt die positive Ladung an einem sekundären Kohlenstoffatom.
- Ein **tertiäres Kohlenstoffatom** trägt die positive Ladung an einem tertiären Kohlenstoffatom.

Stabilität von Carbokationen

Tertiäre Carbokationen sind stabiler als sekundäre, und sekundäre sind stabiler als primäre. Daraus kann man ableiten, dass die Stabilität von Carbokationen mit der Zahl der Alkylsubstituenten am positiv geladenem Kohlenstoffatom zunimmt. Allerdings sind dies nur relative Stabilitäten. Carbokationen sind allgemein keine stabilen Stoffe, die nur selten isoliert werden können.

> **MERKE!**
>
> **Je größer die Zahl der Alkylsubstituenten, die an das positiv geladene Kohlenstoffatom gebunden sind, desto stabiler ist das Carbokation.**

Relative Stabilität von Carbokationen

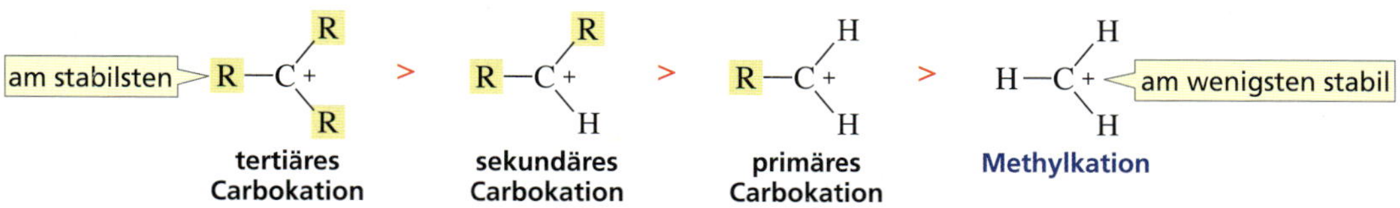

Alkylgruppen verringern die Konzentration positiver elektrischer Ladung an dem Kohlenstoffatom. Beachten Sie, dass die blaue Färbung (erinnern Sie sich daran, dass die blaue Schattierung elektronenarme Atome repräsentiert) am wenigsten intensiv bei dem in diesem Vergleich stabilsten *tert*-Butylkation (einem tertiärem Carbokation) und am intensivsten beim instabilsten Methylkation ausgeprägt ist.

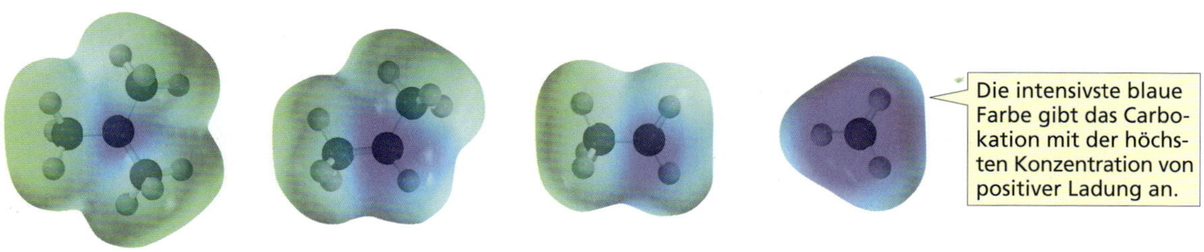

***tert*-Butylkation** | **Isopropylkation** | **Ethylkation** | **Methylkation**

Hyperkonjugation

Wie führen nun Alkylgruppen zu einer Verminderung der Konzentration positiver Ladung am Kohlenstoffatom? Rufen Sie sich in Erinnerung, dass die positive Ladung des C-Atoms ein leeres *p*-Orbital anzeigt (Abschnitt 1.10). Die ► Abbildung 6.1 verdeutlicht, dass im Ethylkation das Orbital einer benachbarten C—H-σ-Bindung (dem orangen Orbital) mit dem leeren *p*-Orbital (dem

> **MERKE!**
>
> **Stabilität von Carbokationen:**
> **3° > 2° > 1°.**

violetten Orbital) überlappen kann. Im Fall des Methylkations ist keine solche Orbitalüberlappung möglich.

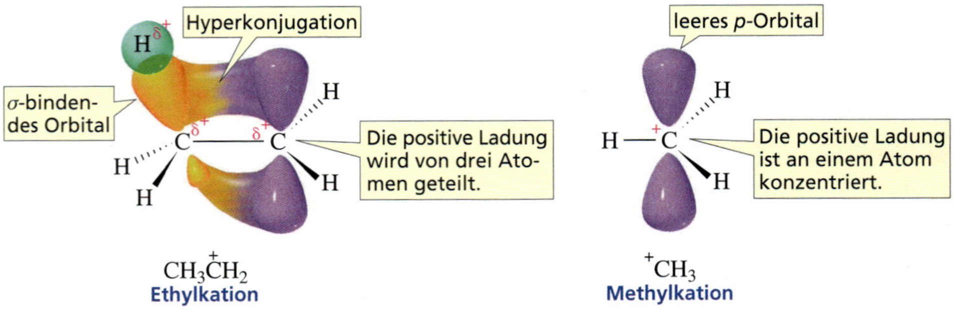

Abbildung 6.1: Stabilisierung eines Carbokations durch Hyperkonjugation: Die Elektronen einer benachbarten C—H-Bindung im Ethylkation breiten sich in ein unbesetztes *p*-Orbital aus. Eine Hyperkonjugation ist beim Methylkation nicht möglich.

Die Bewegung von Elektronen aus dem σ-Bindungsorbital in Richtung auf das vakante *p*-Orbital des Ethylkations bewirkt eine Herabsetzung der positiven Ladung an dem sp^2-hybridisierten C-Atom und führt zu der Ausbildung einer partiell positiven Ladung an den beiden Atomen, die durch das überlappende σ-Orbital gebunden sind (C und H). Die Dispersion der elektrischen Ladung über drei Atome stabilisiert das Carbokation, weil ein geladenes Teilchen stabiler ist, wenn seine Ladung über mehr als ein Atom delokalisiert ist (Abschnitt 2.8). Im Gegensatz dazu ist die positive Ladung im Methylkation auf ein Atom konzentriert. Die Delokalisation von Elektronen durch Überlappung eines σ-Bindungsorbitals mit einem unbesetzten *p*-Orbital wird **Hyperkonjugation** genannt (Abschnitt 3.11). Das einfache Molekülorbitaldiagramm in ► Abbildung 6.2 ist eine weitere Möglichkeit, die erreichte Stabilisierung durch Überlappung eines besetzten C—H-σ-Bindungsorbitals mit einem unbesetzten *p*-Orbital darzustellen.

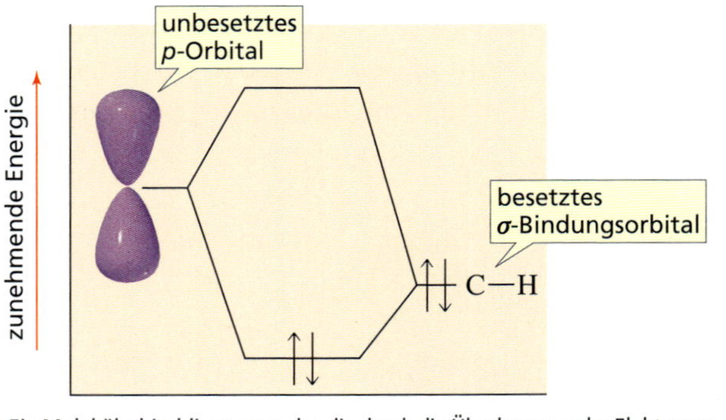

Abbildung 6.2: Ein Molekülorbitaldiagramm, das die durch die Überlappung der Elektronen einer besetzten C—H-Bindung mit einem unbesetzten *p*-Orbital erreichte Stabilität verdeutlicht.

Eine Hyperkonjugation tritt nur dann auf, wenn das σ-Bindungsorbital und das unbesetzte *p*-Orbital geeignete Orientierung zueinander aufweisen. Eine geeignete Ausrichtung lässt sich leicht erreichen, da um eine Kohlenstoff-Kohlenstoff-σ-Bindung freie Rotation möglich ist (Abschnitt 3.11). Beachten Sie, dass die σ-Bindungen, die mit dem unbesetzten *p*-Orbital überlappen können, jene sind, *die mit einem Atom verbunden sind, welches mit dem positiv geladenen Kohlenstoffatom verbunden ist.* Im Fall des *tert*-Butylkations stehen prizipiell neun C—H-σ-Bindungsorbitale für eine Überlappung mit dem unbesetzten *p*-

Orbital des positiv geladenen C-Atoms zur Verfügung. (Die neun σ-Bindungen sind durch rote Punkte gekennzeichnet.)

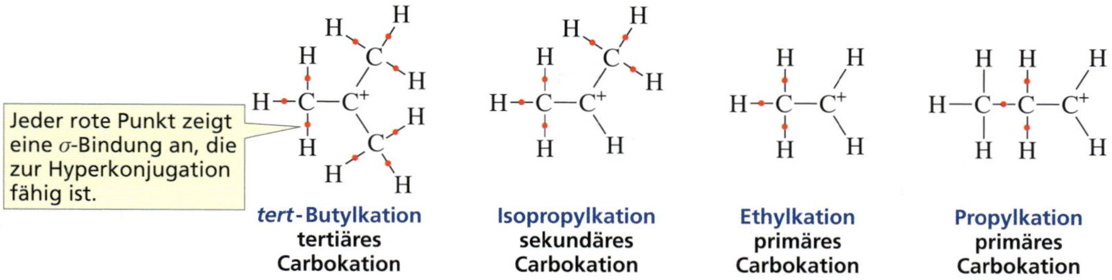

Das Isopropylkation verfügt über sechs σ-bindende Orbitale, das Ethyl- und das Propylkation nur über drei. Es gilt daher: Die Stabilisierung durch Hyperkonjugation ist im Fall des tertiären Carbokations größer als im Fall des sekundären Carbokations, und die Stabilisierung des sekundären Carbokations ist größer als die des primären Carbokations. Beachten Sie, dass die C—H- als auch die C—C-σ-Bindungsorbitale mit dem leeren p-Orbital überlappen.

Die Struktur des Übergangszustandes 6.3

Nun, da wir wissen, dass ein tertiäres Carbokation stabiler ist als ein primäres Carbokation, müssen wir die Frage beantworten, warum die stabilere Verbindung schneller gebildet wird.

Wir wissen, dass die Reaktionsgeschwindigkeit durch die freie Aktivierungsenergie bestimmt wird – die Differenz zwischen der freien Energie im Übergangszustand und der freien Energie der Reaktanten (Abschnitt 5.11). Daher müssen wir herausfinden, wie die Stabilität eines Carbokations die Stabilität des Übergangszustandes beeinflusst, um herauszufinden, wie schnell das Carbokation gebildet wird.

Wenn zwei Punkte auf dem aufsteigenden oder dem absteigenden Pfad des Reaktionskoordinatendiagramms ähnliche Energien aufweisen, sind auch ihre Strukturen ähnlich. Je näher ihre Energien aneinander liegen, desto ähnlicher sind auch ihre Strukturen (► Abbildung 6.1).

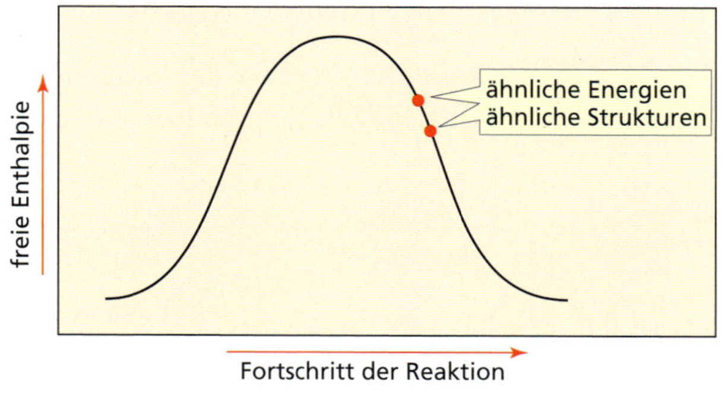

Wir können diese Information nutzen, um zu verstehen, wie der Übergangszustand einer Reaktion beschaffen ist (► Abbildung 6.2).

- Im Fall einer exergonischen Reaktion ist der Übergangszustand energetisch dem Reaktanten ähnlicher als dem Reaktionsprodukt. Daher wird die

Ü 2*

(a) Wie viele σ-Bindungsorbitale stehen im Methylkation für eine Überlappung mit dem unbesetzten p-Orbital zur Verfügung?

(b) Welches Kation ist stabiler, das Methyl- oder das Ethylkation? Warum?

Ü 3*

(a) Wie viele σ-Bindungsorbitale stehen für eine Überlappung mit dem unbesetzten p-Orbital zur Verfügung in:

1. dem Isobutylkation
2. dem n-Butylkation
3. dem *sek*-Butylkation?

(b) Welches der Kationen aus Teil (a) ist das stabilste von ihnen?

Ü 4* Erstellen Sie eine Liste der folgenden Carbokationen in der Reihenfolge abnehmender Stabilität:

(a) $CH_3CH_2\overset{+}{C}(CH_3)CH_3$

$CH_3CH_2\overset{+}{C}HCH_3$

$CH_3CH_2CH_2\overset{+}{C}H_2$

(b) $CH_3CH(Cl)CH_2\overset{+}{C}H_2$

$CH_3CH(CH_3)CH_2\overset{+}{C}H_2$

$CH_3CH(F)CH_2\overset{+}{C}H_2$

Struktur des Übergangszustandes mehr der Struktur des Reaktanten als der des Produktes ähneln.

- Bei einer endergonischen Reaktion ist der Übergangszustand energetisch dem Produkt ähnlicher, und so wird der Übergangszustand strukturell ebenfalls dem Reaktionsprodukt ähnlicher sein.

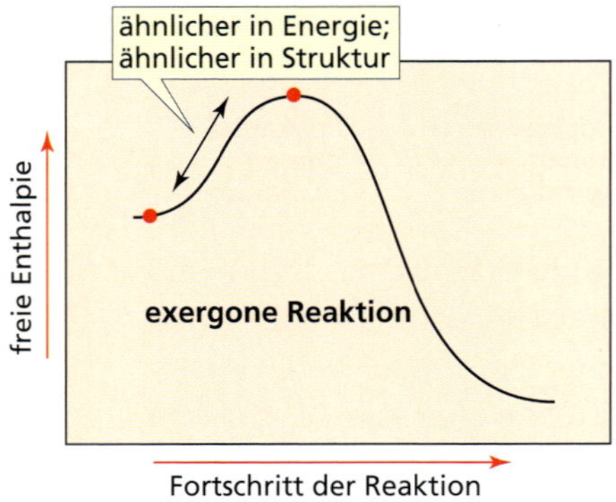

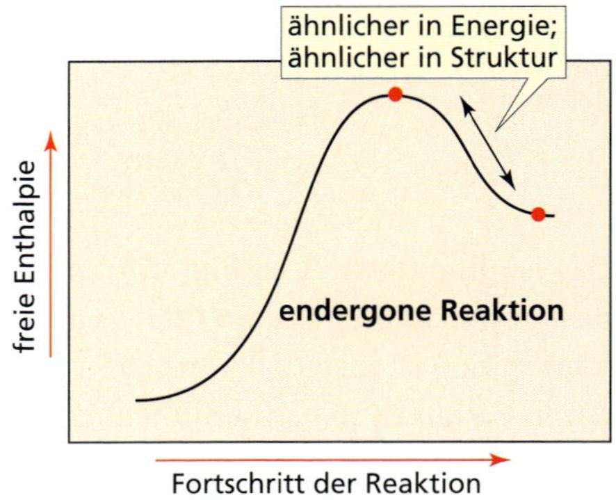

Dies kann auch durch das **Hammond-Postulat** (auch: Hammond-Regel) ausgedrückt werden:

Die Struktur des Übergangszustands ist der Spezies ähnlicher, die dem Übergangszustand in ihrer Energie ähnlicher ist.

Da die Bildung des Carbokations ein endergonischer Prozess ist (► Abbildung 6.3), wird die Struktur des Übergangszustandes der Struktur des Carbokationenproduktes ähnlich sein. Das bedeutet, dass der Übergangszustand eine beträchtliche Menge positiver Ladung an einem Kohlenstoffatom aufweisen wird. Dieselben Faktoren, die das positiv geladene Carbokation stabilisieren, stabilisieren auch den partiell positiv geladenen Übergangszustand. Darum ist der Übergangszustand, der zu einem *tert*-Butylkation (einem tertiären Carbokationen mit partiell positiver Ladung) führt, stabiler (hat eine niedrigere Energie) als der Übergangszustand, der zum Isobutylkation (ein primäres Kohlenstoffatom mit partiell positiver Ladung) führt. Daher wird das *tert*-Butylkation durch seine geringere Aktivierungsenergie schneller gebildet als das Isobutylkation.

Das stabilere Carbokation wird in einer elektrophilen Additionsreaktion schneller gebildet.

Nun wissen wir, *warum* das *tert*-Butylkation bei der Reaktion von 2-Methylpropen mit HCl schneller als das Isobutylkation gebildet wird (Abschnitt 6.1).

MERKE!

Das stabilere Carbokation wird schneller gebildet.

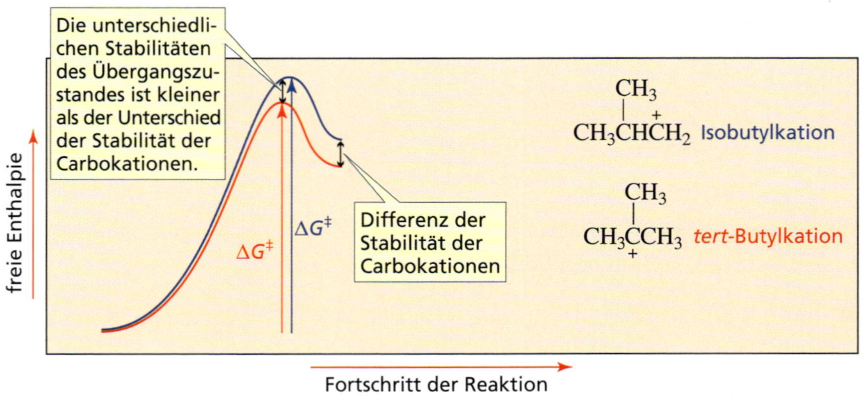

Abbildung 6.3: Reaktionskoordinatendiagramm für die Addition von H^+ an 2-Methylpropen unter Bildung des primären Isobutylkations und des tertiären *tert*-Butylkations.

Da die Menge der positiven Ladung im Übergangszustand nicht so groß ist wie die Menge positiver Ladung in den Carbokationen, ist der Unterschied in der Stabilität der beiden Übergangszustände in ► Abbildung 6.3 nicht so groß wie der Unterschied in den Stabilitäten der beiden Carbokationen.

Da die Bildung des Carbokations der geschwindigkeitsbestimmende Schritt der Reaktion ist, legen die relativen Bildungsgeschwindigkeiten der beiden Carbokationen die relativen Mengen der gebildeten Produkte fest. Falls die Differenz zwischen den Geschwindigkeiten klein ist, werden beide Produkte gebildet, das Hauptprodukt wird aber dasjenige sein, das durch die Reaktion des Nucleophils mit dem stabileren Carbokation gebildet wird. Falls die Differenz zwischen den Geschwindigkeiten genügend groß ist, wird das Produkt, das durch die Reaktion des Nucleophils mit dem stabileren Carbokation gebildet wird, das einzige Reaktionsprodukt sein. Wenn zum Beispiel HCl an 2-Methylpropen addiert wird, weisen die Bildungsgeschwindigkeiten der beiden möglichen Carbokationen-Zwischenstufen – eine primäre und eine tertiäre – einen genügend großen Unterschied auf, so dass *tert*-Butylchlorid (2-Chlor-2-methylpropan) das einzige Reaktionsprodukt ist.

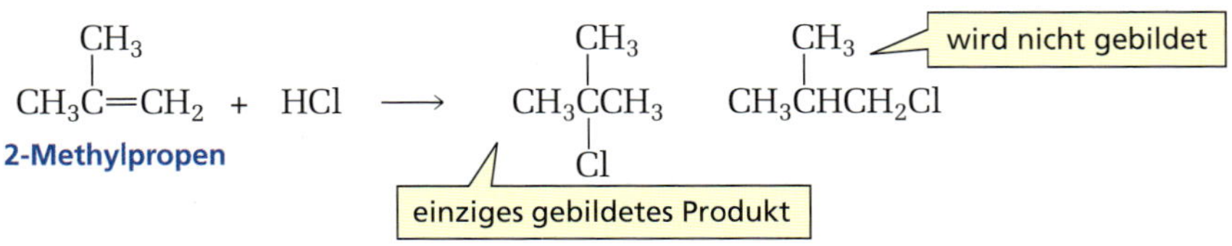

Ü 5* Ist die Struktur des Übergangszustandes in den folgenden Reaktionskoordinatendiagrammen ähnlicher zur der Struktur der Reaktanten oder der Produkte?

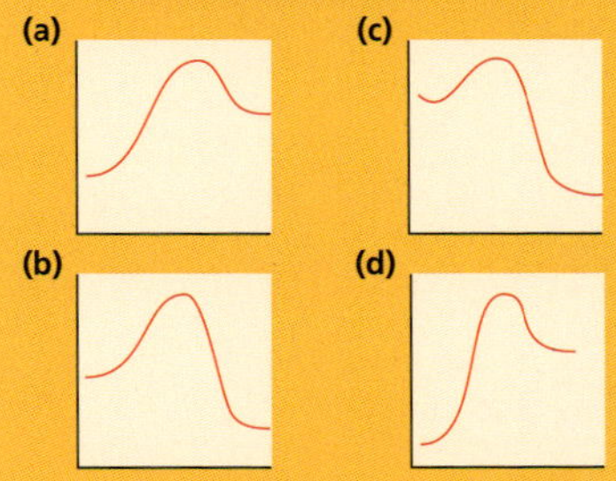

Die Regioselektivität der elektrophilen Additionsreaktionen 6.4

Nun, da wir gesehen haben, dass das Hauptprodukt der Reaktion dasjenige ist, das durch die Addition des Elektrophils an dasjenige sp^2-hybridiserte C-Atom entsteht, das zur Bildung des stabileren Carbokations führt (Abschnitt 6.3), können wir das Hauptprodukt der Reaktion an jedem unsymmetrischen Alken vorhersagen.

Wenn beispielsweise Propen mit HCl reagiert, kann sich das Proton an das C-Atom Nr. 1 (C-1) anlagern, was zur Bildung eines sekundären Carbokations führt, oder es kann sich an das C-Atom Nr. 2 (C-2) anlagern, wobei ein primäres Carbokation gebildet wird. Das sekundäre Carbokation bildet sich schneller, weil es stabiler ist als das primäre Carbokation. Primäre Carbokationen sind so instabil, dass sie sich nur unter großen Schwierigkeiten bilden. Das Produkt der Reaktion ist daher 2-Chlorpropan.

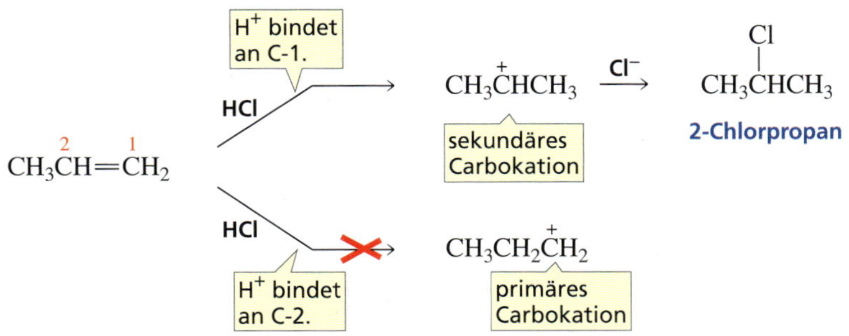

MERKE!

Das sp^2-Kohlenstoffatom, das nicht an das Proton bindet, ist dasjenige, das im Übergangszustand positiv geladen ist.

Regioselektive Reaktionen

In beiden der folgenden Reaktionen entstehen zwei Produkte. In jedem Fall ist das Hauptprodukt dasjenige, das bei der Reaktion des Nucleophils mit dem stabileren Carbokation entsteht – also dem Carbokation, das schneller gebildet wird.

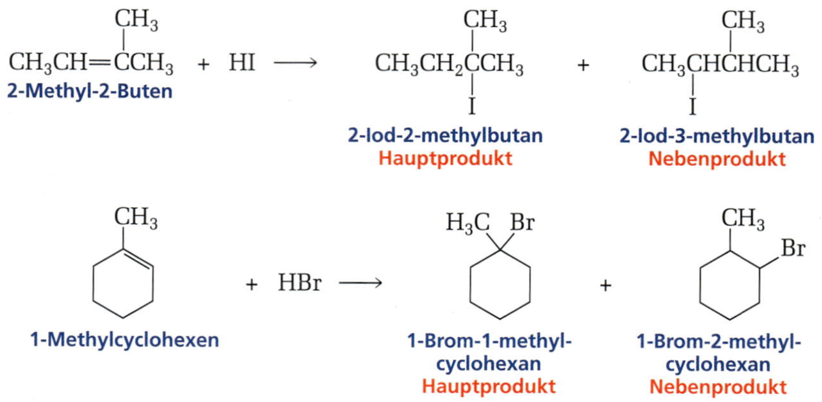

Die beiden unterschiedlichen Produkte jeder dieser Reaktionen werden als *Konstitutionsisomere* bezeichnet. Konstitutionsisomere besitzen dieselbe Summenformel, unterscheiden sich aber in der Weise, wie ihre Atome verbunden sind. Eine Reaktion (wie jede der gerade dargestellten), die zu zwei oder mehr Konstitutionsisomeren als Produkten führt, von denen eines überwiegt, wird als **regioselektive Reaktion** bezeichnet.

Grade der Regioselektivität

Es gibt verschiedene Grade der **Regioselektivität**: Eine Reaktion kann *mäßig regioselektiv, hochgradig regioselektiv* oder *vollständig regioselektiv* sein. Bei einer vollständig regioselektiven Reaktion wird eines der (theoretisch) möglichen Reaktionsprodukte überhaupt nicht gebildet. Die Addition eines Halogenwasserstoffs (wie HCl) an 2-Methylpropen (bei dem die beiden möglichen Carbokationen tertiär bzw. primär sind) ist stärker regioselektiv als die Addition eines Halogenwasserstoffs an 2-Methyl-2-buten (bei dem die beiden möglichen Carbokationen tertiär bzw. sekundär sind), da die beiden aus 2-Methyl-2-buten gebildeten Carbokationen in ihren Stabilitäten näher beieinander liegen. In einer komplett regioselektiven Reaktion wird nur eines der möglichen Produkte gebildet.

MERKE!

Als Regioselektivität bezeichnet man die bevorzugte Bildung eines Konstitutionsisomers im Vergleich zu einem anderen.

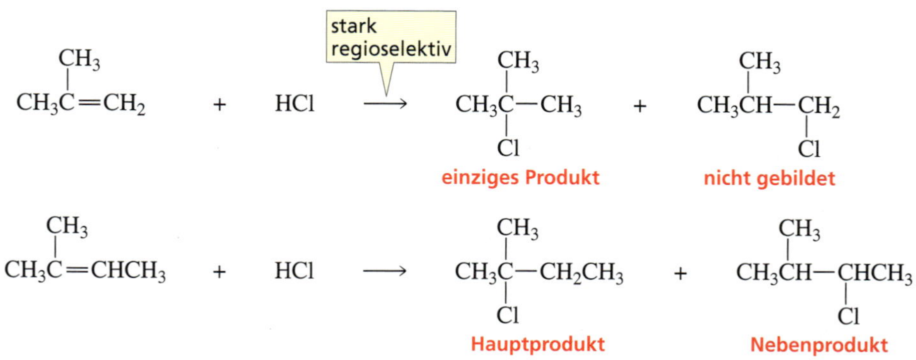

Die Addition von Bromwasserstoff an 2-Penten ist nicht regioselektiv. Da die Addition eines Wasserstoffions an jedes der beiden sp^2-hybridisierten Kohlenstoffatome zu einem sekundären Carbokation führt, besitzen beide Carbokationen-Zwischenstufen dieselbe Stabilität, so dass sie beide gleich leicht gebildet werden. Es werden daher ungefähr gleiche Mengen der beiden Halogenalkane gebildet.

$$\underset{\text{2-Penten}}{CH_3CH{=}CHCH_2CH_3} + HBr \longrightarrow \underset{\substack{\text{2-Brompentan} \\ 50\%}}{CH_3\overset{\overset{\displaystyle Br}{|}}{C}HCH_2CH_2CH_3} + \underset{\substack{\text{3-Brompentan} \\ 50\%}}{CH_3CH_2\overset{\overset{\displaystyle Br}{|}}{C}HCH_2CH_3}$$

Ü 6* Die Addition von HBr an welche der folgenden Verbindungen verläuft stärker regioselektiv?

(a) $CH_3CH_2\overset{\overset{\displaystyle CH_3}{|}}{C}{=}CH_2$ oder $CH_3\overset{\overset{\displaystyle CH_3}{|}}{C}{=}CHCH_3$

(b) 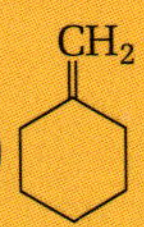 oder 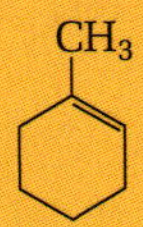

Die Regel, die das Produkt einer elektrophilen Additionsreaktion bestimmt

Wladimir Markownikow war der erste Wissenschaftler, der erkannte, dass bei der Addition eines Halogenwasserstoffs an ein unsymmetrisches Alken das H^+-Ion an das sp^2-Kohlenstoffatom bindet, das bereits die größere Zahl von Wasserstoffatomen gebunden hält. Diese Regel wurde als **Markownikow-Regel** bekannt. Allerdings ist diese Regel nur für Reaktionen anwendbar, bei denen H^+ das Elektrophil ist. Eine bessere Regel , die wir in diesem Buch benutzen werden, ist auf alle elektrophilen Additionsreaktionen anwendbar. Erinnern Sie sich unbedingt an diese Regel, da sie in jeder Reaktion in diesem Kapitel auftaucht.

Das Elektrophil addiert sich bevorzugt an das sp^2-Kohlenstoffatom mit den meisten Wasserstoffatomen.

Diese Regel liefert einen schnellen Weg, um zu bestimmen, an welches sp^2-Kohlenstoffatom das Elektrophil sich im ersten Schritt anlagert. Man erhält dasselbe Ergebnis, egal ob man das Hauptprodukt einer elektrophilen Addition durch Einsatz dieser Regel ermittelt, oder ob man die relativen Stabilitäten der Carbokationen bestimmt. Bei der folgenden Reaktion beispielsweise ist H^+ das Elektrophil:

$$CH_3CH_2\overset{2}{C}H{=}\overset{1}{C}H_2 + HCl \longrightarrow CH_3CH_2\underset{\underset{\displaystyle Cl}{|}}{C}HCH_3$$

Wir können sagen, dass sich das H^+-Ion bevorzugt an das C-1 addiert, weil C-1 das sp^2-Kohlenstoffatom mit den meisten Wasserstoffatomen ist, während C-2 nur ein Wasserstoffatom gebunden hält. Oder wir können sagen, dass sich das H^+-Ion an das C-1 addiert, weil dies zur Bildung eines sekundären Carbokations

MERKE!

Das Elektrophil lagert sich an dasjenige sp^2-Kohlenstoffatom an, das die größere Anzahl Wasserstoffatome gebunden hält.

führt, das stabiler ist als das primäre Carbokation, das sich bei der Addition von H^+ an das C-2 bilden würde.

Die vorherigen Beispiele illustrieren, wie organische Reaktionen typischerweise dargestellt werden. Die Reaktanten stehen auf der linken Seite des Pfeils und die Produkte auf der rechten Seite. Bestimmte Bedingungen wie das Lösungsmittel, die Temperatur oder ein Katalysator stehen über oder unter dem Pfeil. Manchmal (wie unten gezeigt) wird nur die organische Komponente zur Linken des Pfeiles gezeichnet und andere Reagenzien stehen über oder unter dem Pfeil.

$$CH_3CH_2CH{=}CH_2 \xrightarrow{HCl} CH_3CH_2\underset{\large |\atop Cl}{C}HCH_3$$

Ü 7* Welches wäre das Hauptprodukt der Addition von Bromwasserstoff (HBr) an jede der folgenden Verbindungen?

(a) $CH_3CH_2CH{=}CH_2$

(b) $CH_3CH{=}\overset{CH_3\atop |}{C}CH_3$

(c) 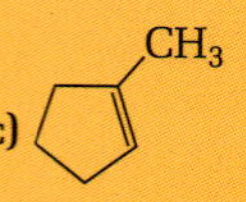

(d) $CH_2{=}\overset{CH_3\atop |}{C}CH_2CH_2CH_3$

(e) 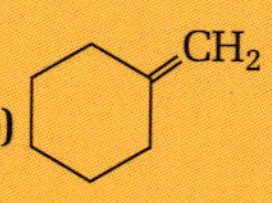

(f) $CH_3CH{=}CHCH_3$

STRATEGIEN ZUR PROBLEMLÖSUNG

■ Planung der Synthese eines Halogenalkans

(a) Welches Alken sollte zur Synthese von 3-Bromhexan eingesetzt werden?

$$? + HBr \longrightarrow CH_3CH_2\underset{\large |\atop Br}{C}HCH_2CH_2CH_3$$

3-Bromhexan

Der beste Weg, um diese Frage zu beantworten besteht darin, einmal alle Alkene aufzulisten, die in Frage kämen. Da wir ein Halogenalkan synthetisieren wollen, dass ein Bromatom am C-3 trägt, sollte das Alken ein sp^2-hybridisiertes Kohlenstoffatom in dieser Position enthalten. Zwei Alkene erfüllen diese Bedingung: 2-Hexen und 3-Hexen.

$CH_3CH{=}CHCH_2CH_2CH_3$ **2-Hexen** $\qquad$ $CH_3CH_2CH{=}CHCH_2CH_3$ **3-Hexen**

Da wir mit zwei Möglichkeiten konfrontiert sind, müssen wir als Nächstes bestimmen, ob es irgendeinen Vorteil bei der Verwendung einer dieser Verbindungen gegenüber der anderen gibt. Die Addition von H^+ an 2-Hexen kann zu zwei unterschiedlichen Carbokationen führen. Weil es sich in beiden Fällen um sekundäre Carbokationen handelt, besitzen sie dieselbe Stabilität; aus diesem Grund werden sich gleiche Mengen von ihnen bilden. Als Folge davon wird die Hälfte des Produktes aus 3-Bromhexan und die andere Hälfte aus 2-Bromhexan bestehen.

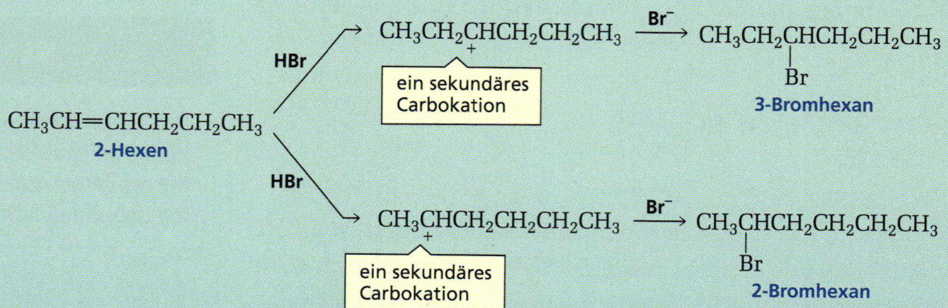

Die Addition von H^+ an jedes der beiden sp^2-hybridisierten Kohlenstoffatome des 3-Hexens wird auf der anderen Seite zu demselben Carbokation führen, da dieses Alken symmetrisch ist. Deshalb wird das gesamte Produkt (nicht nur die Hälfte) ausschließlich aus dem gewünschten 3-Bromhexan bestehen. Daher sollte 3-Hexen für die Synthese der Zielkomponente verwendet werden.

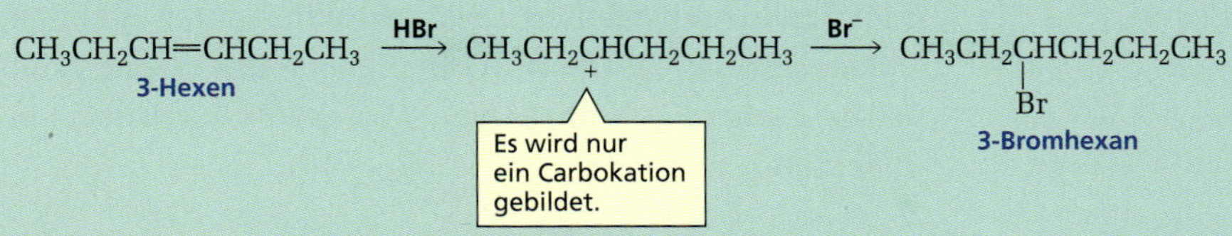

Da das gesamte aus 3-Hexen gebildete Halogenalkan 3-Bromhexan ist, aber nur die Hälfte des aus 2-Hexen gebildeteten Halogenalkans aus 3-Bromhexan besteht, ist das 3-Hexen das beste Alken zur Herstellung von 3-Bromhexan.

(b) Welches Alken sollte zur Synthese von 2-Brompentan verwendet werden?

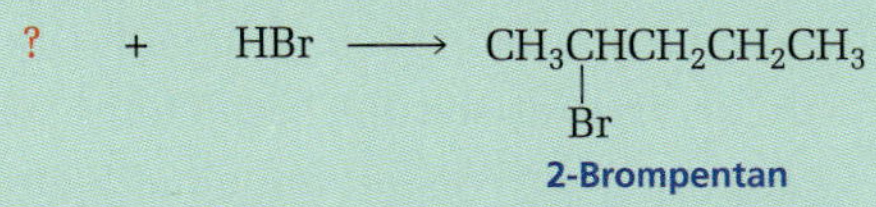

Man könnte entweder 1-Penten oder 2-Penten einsetzen, da beide ein sp^2-hybridisiertes Kohlenstoffatom in der Position C-2 aufweisen.

$CH_2{=}CHCH_2CH_2CH_3$ (1-Penten) $\quad CH_3CH{=}CHCH_2CH_3$ (2-Penten)

Wenn H^+ an 1-Penten addiert wird, ist eines der Carbokationen, die sich bilden könnten, ein sekundäres und das andere ein primäres. Ein sekundäres Carbokation ist stabiler als ein primäres, das so instabil ist, dass nur wenig von ihm – falls überhaupt – gebildet werden würde. 2-Brompentan wird somit das einzige Produkt dieser Reaktion sein.

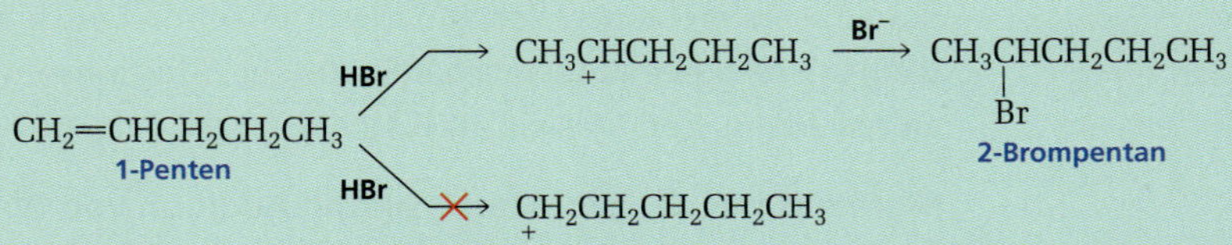

Wenn H^+ an 2-Penten addiert wird, wird jedes der beiden Carbokationen, die gebildet werden können, ein sekundäres sein. Da beide etwa gleich stabil sind, werden sie beide in angenähert gleichen Mengen gebildet werden. Daher wird nur die Hälfte des Reaktionsproduktes aus 2-Brompentan bestehen. Die andere Hälfte wird aus 3-Brompentan bestehen.

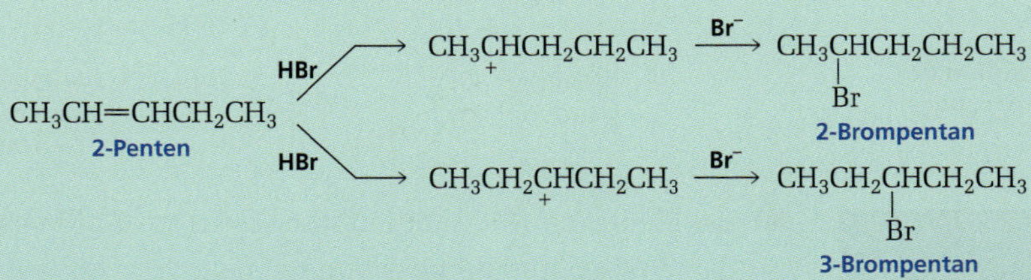

Da das gesamte aus 1-Penten gebildete Halogenalkan 2-Brompentan sein wird, aber nur die Hälfte des aus 2-Penten gebildeten Halogenalkans 2-Brompentan sein wird, ist das 1-Penten die beste Ausgangsverbindung zur Herstellung von 2-Brompentan.

Ü 8* Welches Alken sollte für die Synthese der folgenden Bromalkane eingesetzt werden?

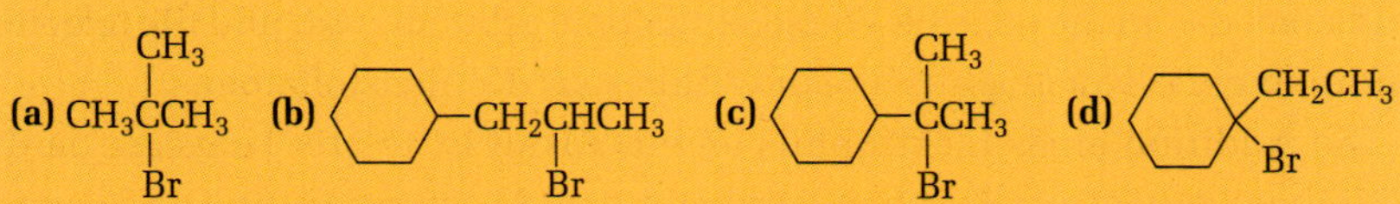

Die Addition von Wasser an Alken 6.5

Wenn Wasser zu einem Alken gegeben wird, tritt keine Reaktion ein, weil kein Elektrophil vorhanden ist, um die Reaktion durch Addition an das nucleophile Alken einzuleiten. Die O—H-Bindungen des Wassers sind zu stark – Wasser ist zu wenig sauer – um es dem Wasserstoff zu erlauben, in dieser Reaktion als Elektrophil zu agieren.

$$CH_3CH{=}CH_2 \quad + \quad H_2O \quad \longrightarrow \quad \text{keine Reaktion}$$

Falls jedoch der Lösung eine Säure (z. B. H_2SO_4 oder HCl) zugesetzt wird, wird eine Reaktion eintreten, weil die Säure ein Elektrophil bereitstellt. Das Reaktionsprodukt ist ein Alkohol. Die Addition von Wasser an ein Molekül wird als **Hydratisierung** bezeichnet; wir können also sagen, dass ein Alken in Gegenwart von Wasser und einer Säure *hydratisiert* wird.

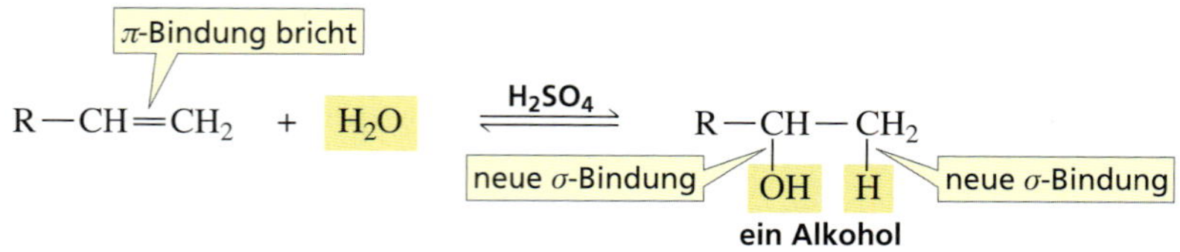

Bei der Betrachtung des Mechanismuses dieser Reaktion werden Sie feststellen, dass die ersten beiden Schritte dieser Reaktion (außer dem Nucleophil) identisch mit dem Reaktionsmechanismus der Addition eines Halogenwasserstoffs an ein Alken sind (Abschnitt 6.1).

Mechanismus der säurekatalysierten Addition von Wasser

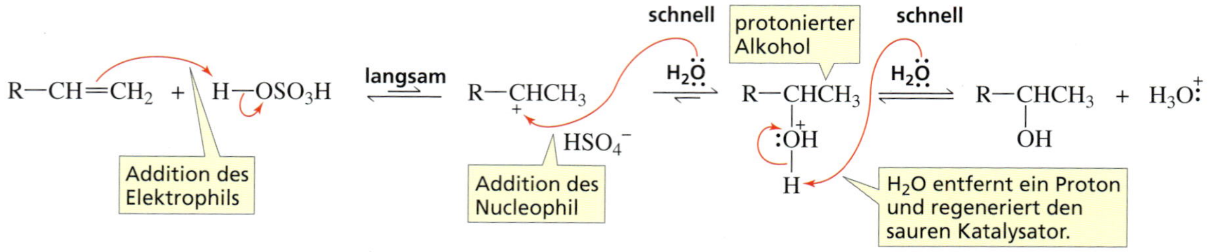

- Das Elektrophil (H^+) addiert sich an das sp^2-Kohlenstoffatom, das die größte Zahl Wasserstoffatome gebunden hält.
- H_2O (das Nucleophil) addiert sich an das andere sp^2-hybridisierte Kohlenstoffatom und bildet einen protonierten Alkohol.
- Der protonierte Alkohol gibt ein Proton ab, da der pH-Wert der Lösung höher ist als der pK_S-Wert des protonierten Alkohols (Abschnitt 2.10; zur hohen Säurestärke protonierter Alkohole siehe auch Abschnitt 2.6).

MERKE!

Wenn H_2O an ein elektronenarmes Kohlenstoffatom addiert, wird es als Nucleophil bezeichnet; wenn es seine Elektronen mit einem Proton teilt, ist es eine Base.

Die Gesamtreaktion ist daher die Addition eines Elektrophils an ein sp^2-Kohlenstoffatom, das an die meisten Wasserstoffatome gebunden ist, und die folgende Addition eines Nucleophils an ein weiteres sp^2-Kohlenstoffatom.

Die Addition eines Elektrophils an ein Alken ist relativ langsam, da die π-Bindung zunächst gebrochen werden muss (Abschnitt 5.12). Die folgende Addition eines Nucleophils an das Carbokation erfolgt schnell, da hierfür keine Bindungen gebrochen werden müssen. Tatsächlich ist die Reaktion so schnell, dass das Carbokation mit dem Nucleophil reagiert, mit dem es zuerst kollidiert.

Bei der vorausgegangenen Hydratisierungsreaktion befinden sich in der Lösung zwei Nucleophile: Wasser und das Gegenion der Säure, die zu Beginn der Reaktion eingesetzt wurde (HSO_4^-), um die Reaktion in Gang zu setzen.* Da die Konzentration des Wassers viel größer ist als die Konzentration des Gegenions, wird das Carbokation sehr viel wahrscheinlicher mit einem Wassermolekül zusammenstoßen. Das Produkt der Kollision ist ein protonierter Alkohol.

H_2SO_4 katalysatiert die Hydratisierungsreaktion. Wir wissen, dass ein Katalysator die Geschwindigkeit einer Reaktion erhöht, aber selbst nicht verbraucht wird (Abschnitt 5.13). Daher addiert sich im ersten Schritt ein Proton an das Alken, und ein Proton wird im letzten Schritt der Reaktion an die Reaktionsmischung zurückgegeben. Im Ganzen wird das Proton nicht verbraucht. Da der Katalysator für die Hydratisierung eines Alkens eine Säure ist, ist die Hydratisierung eine **säurekatalysierte Reaktion**.

Katalysatoren erhöhen die Reaktionsgeschwindigkeit durch die Herabsetzung der Aktivierungsenergie der Reaktion (Abschnitt 5.13). Katalysatoren beeinflussen *nicht* die Gleichgewichtskonstante einer Reaktion. Ein Katalysator erhöht, anders ausgedrückt, die *Geschwindigkeit*, mit der ein Produkt gebildet wird, aber nicht die *Menge* des gebildeten Produktes.

Hinweis für die Studierenden

Lernen Sie die Reaktionsprodukte von Alkenadditionen nicht auswendig. Fragen Sie sich stattdessen bei jeder Reaktion: „Welches ist das Elektrophil?" und „Welches Nucleophil liegt in der höchsten Konzentration vor?"

CHEMIE IM ALLTAG

Katalyse – was ist das?

http://www.chemie-im-alltag.de/articles/oo22

Ü 9* Der pK_S-Wert eines protonierten Alkohols beträgt ca. –2,5 und der pK_S-Wert eines Alkohols ca. 15. Deshalb gilt: Solange der pH-Wert einer Lösung höher als _____ und niedriger als ____ ist, liegen mehr als 50 % des 2-Propanols (dem Produkt der vorhergehenden Reaktion) in der neutralen, nichtprotonierten Form vor.

Ü 10* Beantwortet Sie die folgenden Fragen zur säurekatalysierten Hydratisierung eines Alkens:

(a) Wie viele Übergangszustände gibt es?

(b) Wie viele Zwischenstufen (Intermediate) gibt es?

(c) Welcher der Schritte der Hinreaktion hat die niedrigste Geschwindigkeitskonstante?

Ü 11* Geben Sie das Hauptprodukt der säurekatalysierten Hydratisierung der folgenden Alkene an:

(a) $CH_3CH_2CH_2CH{=}CH_2$ **(b)** 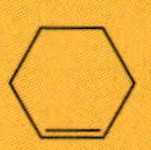 **(c)** $CH_3CH_2CH_2CH{=}CHCH_3$ **(d)** 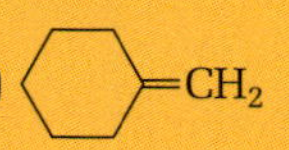

Die Addition von Alkohol an Alken 6.6

Alkohole reagieren mit Alken in der gleichen Weise wie das Wasser. Wie die Addition des Wassers, erfordert auch die Addition eines Alkohols einen sauren Katalysator. Das Produkt der Reaktion ist ein *Ether*.

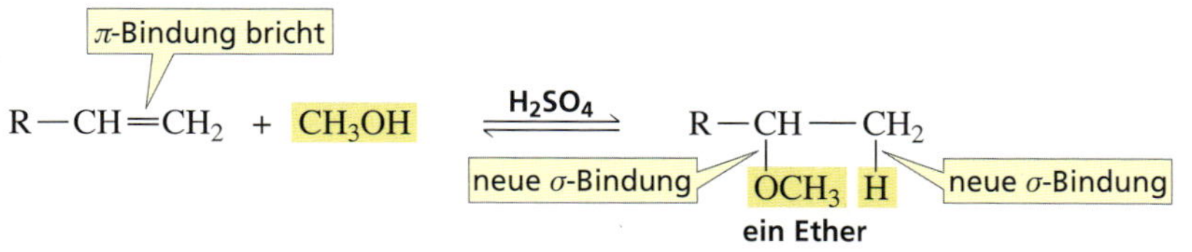

* Bei einem pH-Wert von 4 beträgt die Konzentration der Hydroxidionen (OH^-) beispielsweise 1×10^{-10} M, wohingegen die Konzentration des Wassers in einer verdünnten wässrigen Lösung 55,5 M beträgt.

Mechanismus der säurekatalysierten Addition eines Alkohols an ein Alken

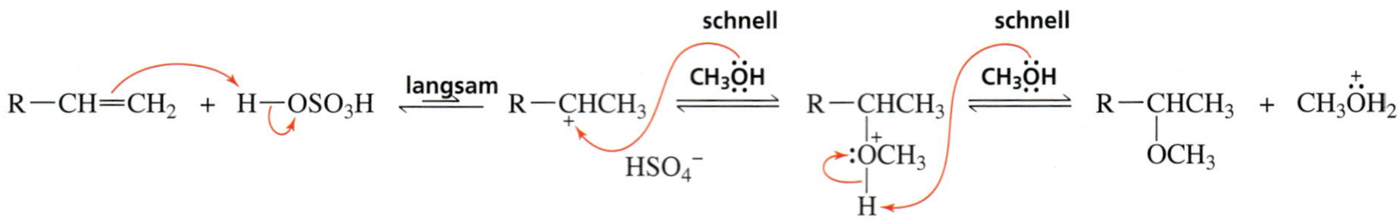

- Das Elektrophil (H^+) addiert sich an das sp^2-Kohlenstoffatom, das mit der größeren Zahl von Wasserstoffatomen verbunden ist.
- Das Nucleophil (CH_3OH) addiert sich an das Carbokation und bildet einen protonierten Ether.
- Der protonierte Ether gibt ein Proton ab, da der pH-Wert der Lösung größer als der pK_S-Wert des protonierten Ethers ($pK_S \sim -3{,}6$) ist.

Der *Mechanismus einer säurekatalysierten Reaktion* ist der gleiche *Mechanismus wie für die säurekatalysierte Addition von Wasser*. Der einzige Unterschied ist, dass ROH statt H_2O als Nucleophil wirkt.

Ü 12

(a) Geben Sie die Hauptprodukte der folgenden Reaktionen an:

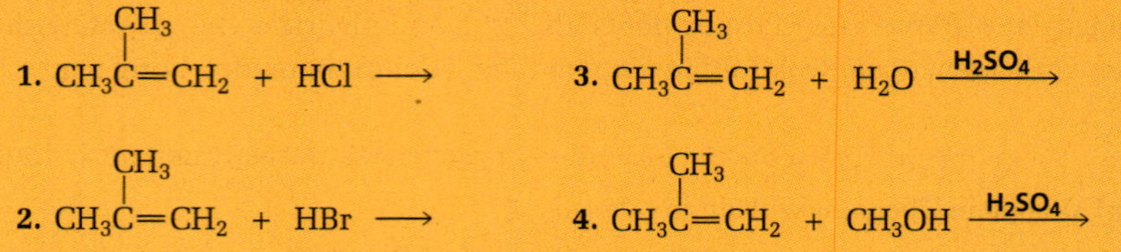

(b) Was haben alle diese Reaktionen gemeinsam?

(c) Worin unterscheiden sie sich?

Ü 13 mit Lösung

Wie könnte die folgende Verbindung aus einem Alken hergestellt werden?

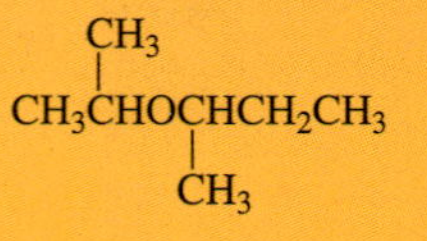

Lösung

Die **Zielverbindung** kann durch die säurekatalysierte Addition eines Alkohols an ein Alken hergestellt werden. Es gibt drei verschiedene Kombinationen eines Alkohols mit einem Alken, die zu der Zielverbindung führen würden. Eine Möglichkeit benötigt ein Alken mit drei Kohlenstoffatomen und einen Alkohol mit vier Kohlenstoffatomen; bei den anderen beiden Varianten ist dies umgekehrt.

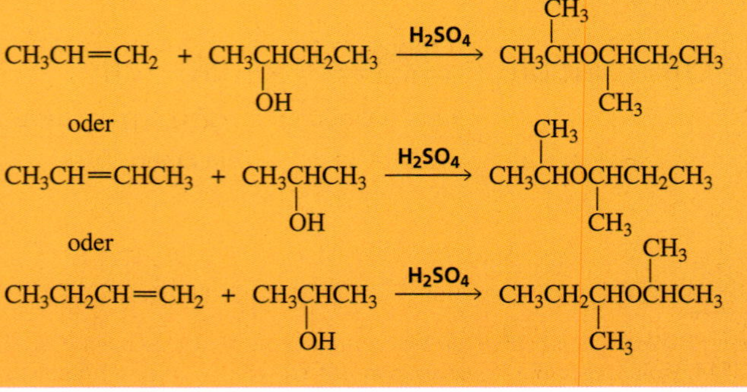

Ü 14 Wie ließen sich die folgenden Verbindungen aus einem Alken als einer der Ausgangssubstanzen herstellen?

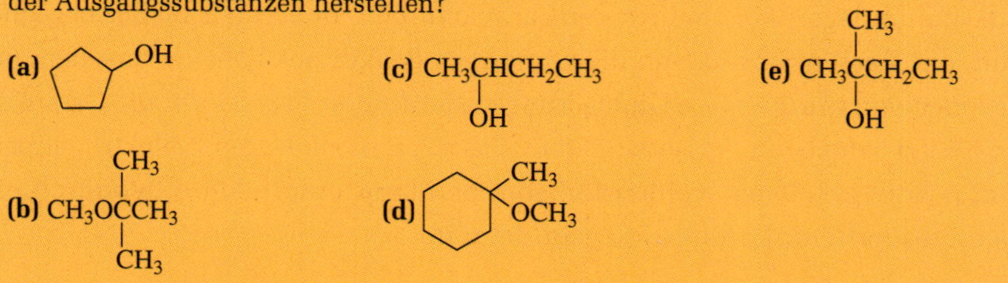

Ü 15 Schlagen Sie einen Mechanismus für die folgende Reaktion vor (benutzen Sie gekrümmte Pfeile, um den Mechanismus zu beschreiben):

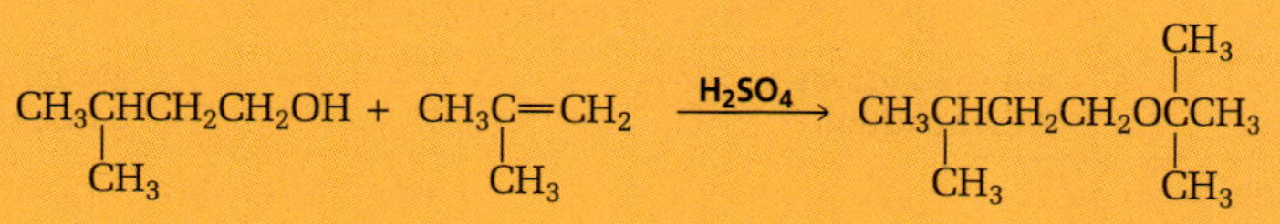

Ein Carbokation lagert sich um, wenn es ein stabileres Carbokation bilden kann 6.7

Manche elektrophile Additionen bilden unerwartete Produkte: Verbindungen, die nicht das Ergebnis einer Addition eines Nucleophils an das sp^2-Kohlenstoffatom, das an die meisten Wasserstoffatome gebunden ist, darstellen.

Zum Beispiel die folgende Reaktion, in der 2-Brom-3-Methylbutan das erwartete Produkt wäre. Es würde durch die Addition eines H^+ an das sp^2-Kohlenstoffatom mit den meisten Wasserstoffatomen und anschließender Addition von Br^- an das andere sp^2-Kohlenstoffatom. Dieses ist aber nur ein Nebenprodukt, das Hauptprodukt ist 2-Brom-2-methylbutan.

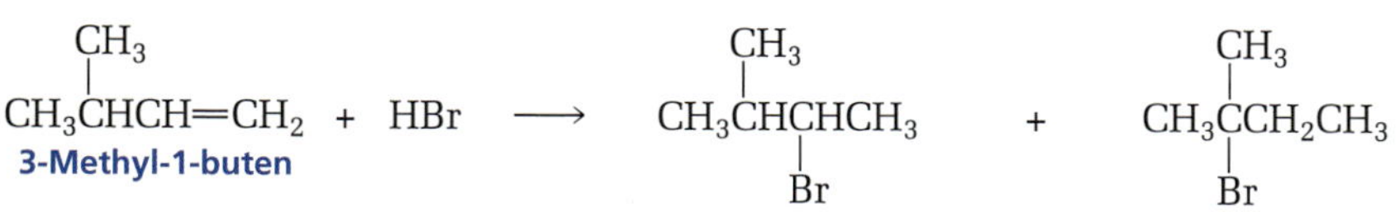

3-Methyl-1-buten

2-Brom-3-methylbutan Nebenprodukt

2-Brom-2-methylbutan Hauptprodukt

Ein anderes Beispiel: Die Addition von HCl an 3,3-Dimethyl-1-buten führt sowohl zur Bildung von 3-Chlor-2,2-dimethylbutan (einem „erwarteten" Produkt) und von 2-Chlor-2,3-dimethylbutan (einem „unerwarteten" Produkt). Wieder bildet sich das unerwartete Produkt im Überschuss.

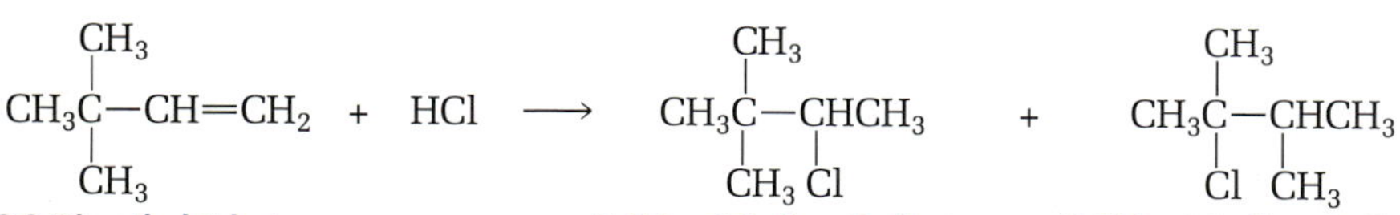

3,3-Dimethyl-1-buten

3-Chlor-2,2-dimethylbutan Nebenprodukt

2-Chlor-2,3-dimethylbutan Hauptprodukt

In jeder Reaktion sind die unerwarteten Reaktionsprodukte das Ergebnis einer *Umlagerungsreaktion* der carbokationischen Zwischenstufen. Nicht alle Carbokationen lagern um.

Carbokationen lagern sich nur dann um, wenn bei der Reaktion ein stabileres Carbokation gebildet wird.

1,2-Hydridverschiebung

MERKE!

Carbokationen lagern sich dann um, wenn sie durch die Umlagerung stabiler werden.

Tatsächlich lagert sich keines der Carbokationen, denen wir bisher begegnet sind, um. Lassen Sie uns nun die vorherigen Reaktionen genauer ansehen, um zu verstehen, warum diese Umlagerungen stattfinden. Das *sekundäre* Carbokation besitzt jedoch ein Wasserstoffatom, das mit seinem Bindungselektronenpaar zum positiv geladenen Kohlenstoffatom herüberwandern kann, wodurch ein stabileres *tertiäres* Carbokation gebildet wird.

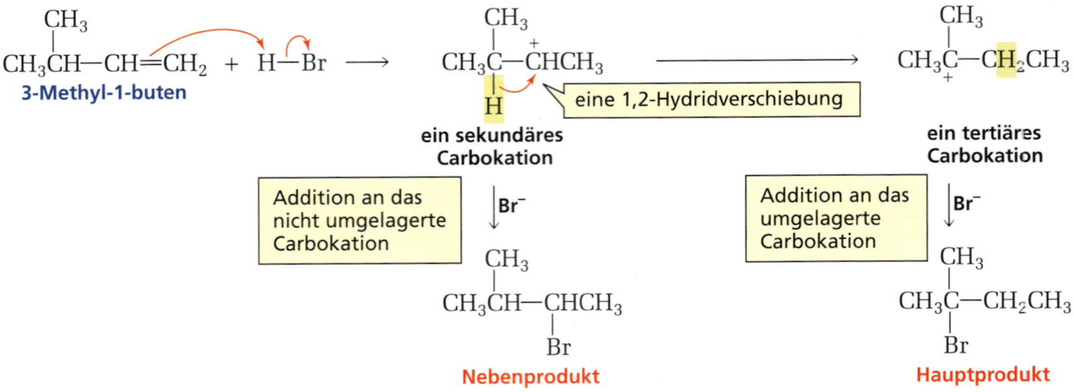

Da im Verlauf der Umlagerung eine Verschiebung eines Wasserstoffatoms mit seinem Bindungselektronenpaar stattfindet, spricht man von einer Hydridverschiebung. Erinnern Sie sich daran, dass $H:^-$ das Hydridion (Anion des Wasserstoffs) ist. Genauer spricht man von einer **1,2-Hydridverschiebung** (oder 1,2-Hydrid Shift, da sich das Hydridion von einem Kohlenstoffatom zu einem *benachbarten* Kohlenstoffatom bewegt.

Man beachte, dass dies nicht notwendigerweise bedeutet, dass es vom C-1 zum C-2 eines Moleküls wandert. Als Folge der **Carbokationenumlagerung** werden zwei Halogenalkane gebilet – eines durch die Addition eines Nucleophils an das nicht umgelagerte Carbokation, und ein anderes durch die Addition des Nucleophils an das umgelagerte Carbokation. Das Hauptprodukt ist das Umgelagerte.

1,2-Methylverschiebung

In der zweiten Reaktion wird zunächst ebenfalls ein *sekundäres* Carbokation gebildet. In diesem Fall kann eine Methylgruppe mit ihrem Bindungselektronenpaar zum benachbarten positiv geladenen Kohlenstoffatom wandern, wobei ein stabileres *tertiäres* Carbokation gebildet wird. Diese Art der Verschiebung wird als **1,2-Methylverschiebung** bezeichnet. Man sollte eigentlich in Analogie zur 1,2-Hydridverschiebung hier von einer 1,2-Methidverschiebung sprechen, aber aus irgendeinem Grund hat sich die Bezeichnung Methylverschiebung eingebürgert. Die Methylgruppe bewegt sich mit ihren Elektronen von einem Kohlenstoffatom zu einem *benachbarten* Kohlenstoffatom. Wieder entsteht das Hauptprodukt durch die Addition des Nucleophils an das umgelagerte Carbokation.

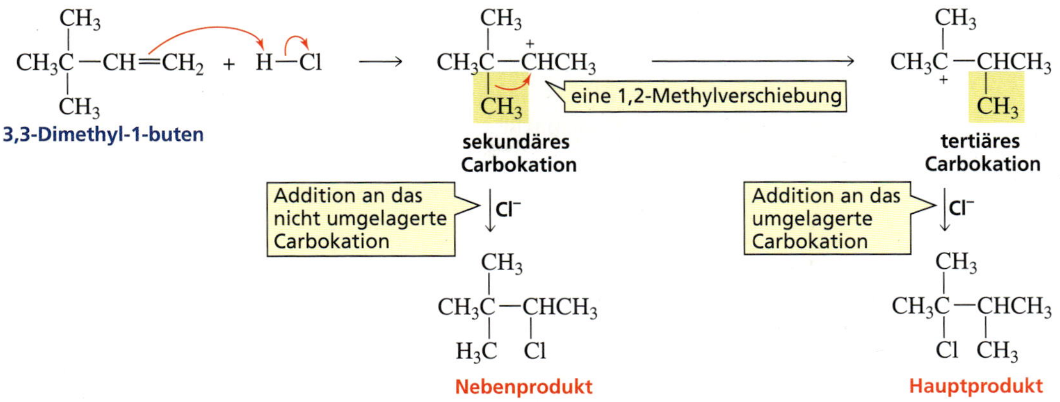

Falls die Umlagerung nicht zu einem stabileren Carbokation führt, tritt darüberhinaus eine Carbokationenumlagerung nicht auf. Wenn etwa ein Proton an 4-Methyl-1-penten addiert wird, bildet sich ein sekundäres Carbokation. Eine 1,2-Hydridverschiebung führt zur Bildung eines anderen sekundären Carbokations. Da beide Carbokationen gleiche Stabilität besitzen, ergäbe sich durch die Verschiebung kein energetischer Vorteil. Folglich kommt es nicht zur Umlagerung, und es wird nur ein Halogenalkan gebildet.

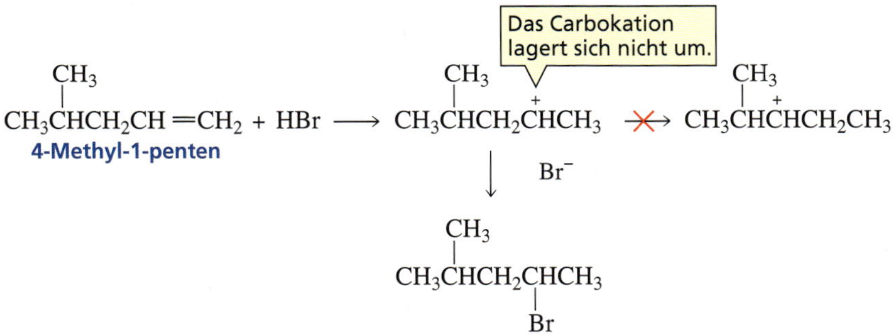

Hinweis für die Studierenden

Prüfen Sie bei jeder Reaktion, die zur Bildung eines Carbokations führt, ob sich das Carbokation wahrscheinlich umlagern wird.

In den folgenden Kapiteln werden Sie weitere Reaktionen kennenlernen und untersuchen, die mit der Bildung von Carbokationen als Zwischenstufen einhergehen. Prägen Sie sich ein, dass – *wann immer eine Reaktion zur Bildung eines Carbokations führt – die Struktur des Carbokations auf die Möglichkeit einer Umlagerung hin untersucht werden muss.*

Ü 16 mit Lösung

Von welchem der folgenden Carbokationen würden Sie annehmen, dass es eine Umlagerung durchführt?

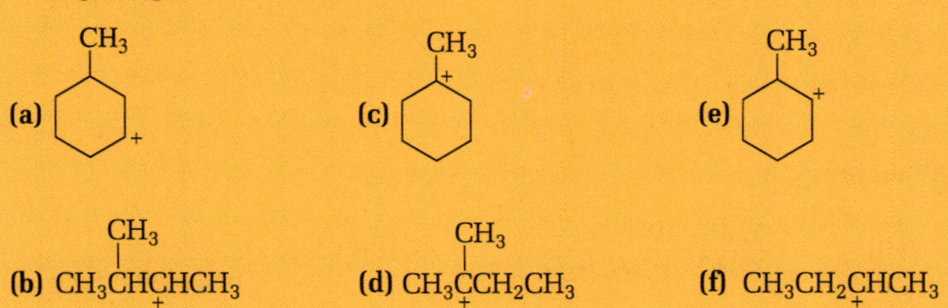

Lösung

(a) Dies ist ein sekundäres Carbokation. Es lagert sich nicht um, da eine 1,2-Hydridverschiebung es in ein anderes sekundäres Carbokation umwandeln würde, daher gibt es keine energetische Triebkraft für diese Reaktion.

(b) Dieses Carbokation wird sich umlagern, weil eine 1,2-Hydridverschiebung das sekundäre in ein tertiäres Carbokation umwandeln wird.

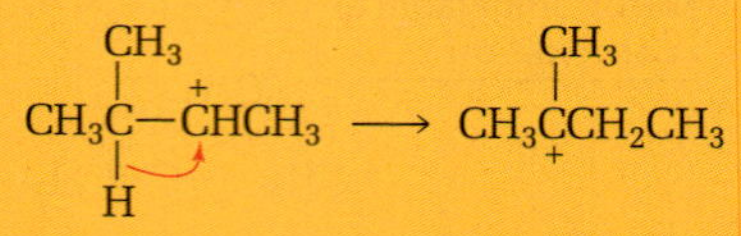

(c) Dieses Carbokation wird sich nicht umlagern, da es sich um ein tertiäres handelt, dessen Stabilität sich durch eine Umlagerung nicht weiter erhöhen lässt.

(d) Dieses Carbokation wird sich nicht umlagern, da es sich um ein tertiäres handelt, dessen Stabilität sich durch eine Umlagerung nicht weiter erhöhen lässt.

(e) Dies ist ein sekundäres Carbokation. Es lagert sich um, da eine 1,2-Hydridverschiebung es in ein stabileres tertiäres Carbokation umwandelt.

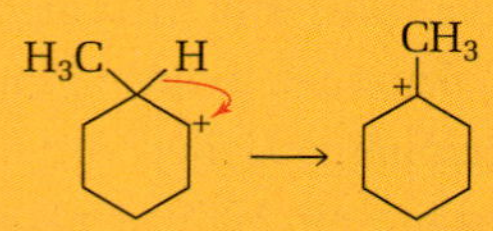

(f) Dieses Carbokation wird sich nicht umlagern, da es sich um ein sekundäres handelt und eine Carbokationenumlagerung wieder zu einem sekundären Carbokation führen würde.

Ü 17* Geben Sie das/die Hauptprodukt(e) an, die die folgenden Verbindungen bei einer Additionsreaktion mit HBr ergeben:

(a) 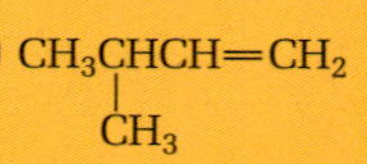

(c) 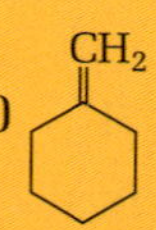

(e) 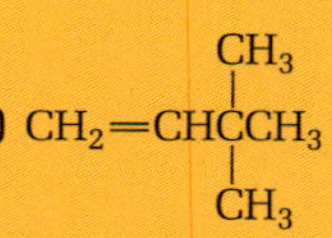

(b) 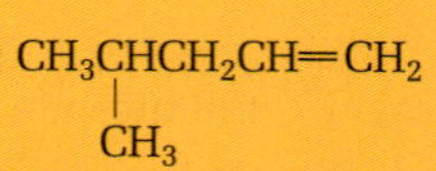

(d) 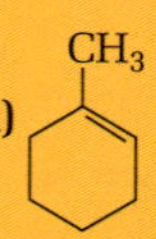

(f) 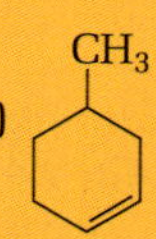

Die Addition von Boran an Alken: Hydroborierung und Oxidation **6.8**

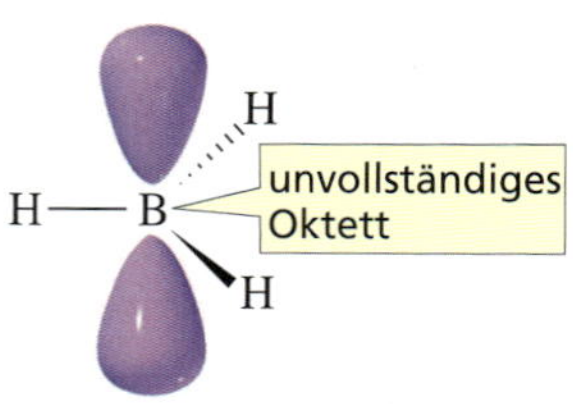

BH_3
Boran

Ein weiterer Weg, um ein Alken in einen Alkohol umzuwandeln führt über zwei aufeinander folgende Reaktionen, die zusammen als **Hydroborierung-Oxidation** bezeichnet werden.

Hydroborierung und Oxidation

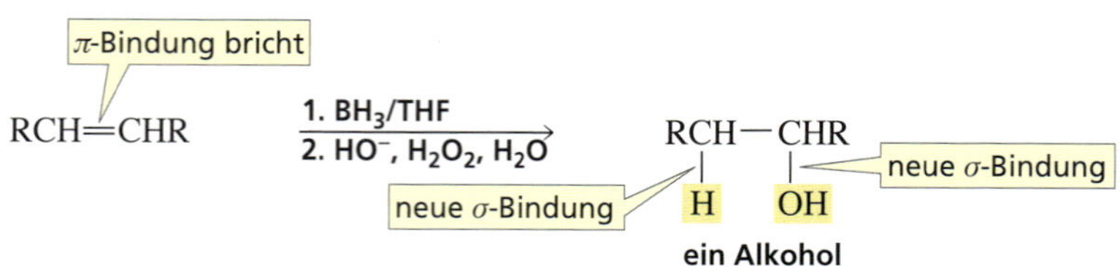

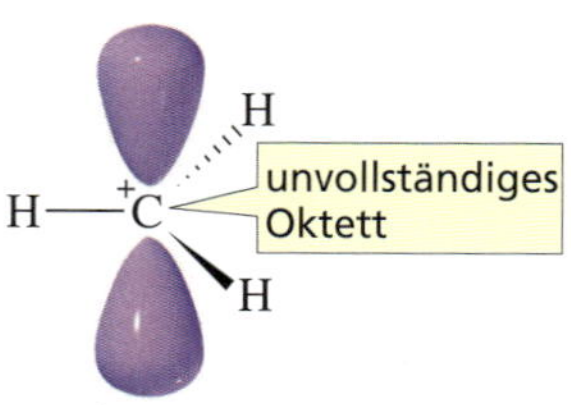

$^+CH_3$
Methylkation

Ein Atom oder Molekül muss nicht positiv geladen sein, um als Elektrophil zu wirken. Boran (BH_3) ist zum Beispiel ein Elektrophil, da es ein unvollständiges Oktett besitzt. Bor nutzt drei sp^2-Hybridorbitale, um Bindungen mit drei Wasserstoffatomen auszubilden, daher nutzt es ein leeres p-Orbital, um ein Elektronenpaar eines anderen Moleküls teilweise aufzunehmen (Abschnitt 1.14). Daher ist BH_3 ein Elektrophil, das die Doppelbindung des Alkens angreift. Wir werden zudem sehen, dass H^- ein Nucleophil ist, das an Bor gebunden ist.

Sobald diese Reaktion vorbei ist, wird eine wässrige Lösung aus Natriumhydroxid und Wasserstoffperoxid hinzugegeben, dabei nimmt OH den Platz des Bors ein. Daher ist das Produkt der Reaktion ein Alkohol. Die Zahlen 1 und 2 über und unter dem Reaktionspfeil geben an, dass es sich um zwei aufeinander folgende Reaktionen handelt; die Reagenzien unter 2 werden nicht zugegeben, bevor die erste Reaktion beendet ist.

HINTERGRUND

Boran und Diboran

Boran liegt hauptsächlich als farbloses Gas vor, das Diboran genannt wird. Diboran ist ein **Dimer** – ein Molekül, das aus zwei identischen Molekülen aufgebaut ist. Da Bor kein vollständiges Oktett besitzt (es wird nur von sechs Elektronen umgeben), hat es die starke Tendenz, ein weiteres Elektronenpaar aufzunehmen. Im Dimer befinden sich daher zwei Elektronen jeweils einer Wasserstoff-Bor-Bindung in einer seltenen Halbbindung (auch als als 2-Elektronen-3-Zentren-Bindung bezeichnet). Diese speziellen Bindungen im Diboran sind in der folgenden Formel als gestrichelte Linien dargestellt, um anzuzeigen, dass diese Bindungen von weniger als zwei Elektronen gebildet werden.

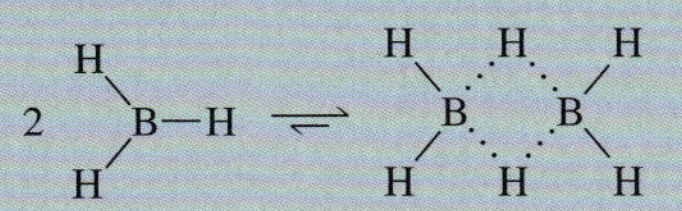

Boran Diboran

Diboran (B_2H_6) ist ein entzündliches, toxisches und explosives Gas. Ein Komplex, der durch das Lösen von Diboran in THF hergestellt wird, ist ein deutlich handlicheres und weniger gefährliches Gemisch. Eines der freien Elektronenpaare des Sauerstoffs im THF versorgt Bor mit den Elektronen, die es braucht, um sein Oktett aufzufüllen. Der Boran-THF-Komplex wird als Quelle von Boran in Reaktionen verwendet.

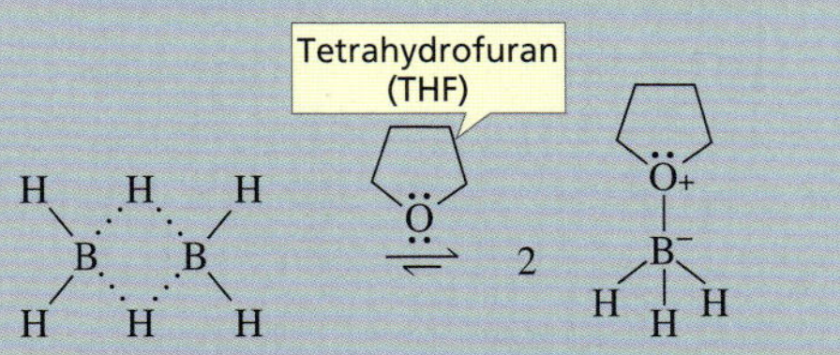

Diboran Boran-THF-Komplex

Wie die folgenden Reaktionen zeigen, sind die Positionen von H und OH bei der Hydroborierung mit anschließender Oxidation gegenüber des Produkts einer säurekatalysierten Hydratisierung vertauscht.

Säurekatalysierte Addition von Wasser

$$CH_3CH{=}CH_2 \underset{H_2O}{\overset{H_2SO_4}{\rightleftharpoons}} CH_3CH(OH)CH_3$$

OH ist das Nucleophil.

2-Propanol

Hydroborierung-Oxidation

$$CH_3CH{=}CH_2 \xrightarrow[\text{2. } HO^-,\ H_2O_2,\ H_2O]{\text{1. } BH_3/THF} CH_3CH_2CH_2OH$$

OH ersetzt das Nucleophil.

1-Propanol

> **MERKE!**
>
> **H^+ ist das Elektrophil bei der säurekatalysierten Addition von Wasser, bei der Hydroborierung-Oxidation ist H^- das Nucleophil.**

In beiden Reaktionen addiert sich das Elektrophil an das sp^2-*hybridisierte Kohlenstoffatom mit den meisten Wasserstoffatomen.*

- In einer *säurekatalysierten Reaktion* von Wasser ist H^+ das Elektrophil und H_2O das Nucleophil.
- Bei einer *Hydroborierung-Oxidation* ist BH_3 das Elektrophil (und OH ersetzt dieses später) und H^- das Nucleophil.

Hydroborierung

Um zu verstehen, warum die Hydroborierung-Oxidation von Propen zu 1-Propanol und nicht zu 2-Propanol führt, müssen wir uns mit dem Mechanismus der ersten Reaktion beschäftigen, der Hydroborierung.

Mechanismus der Hydroborierung mit BH_3

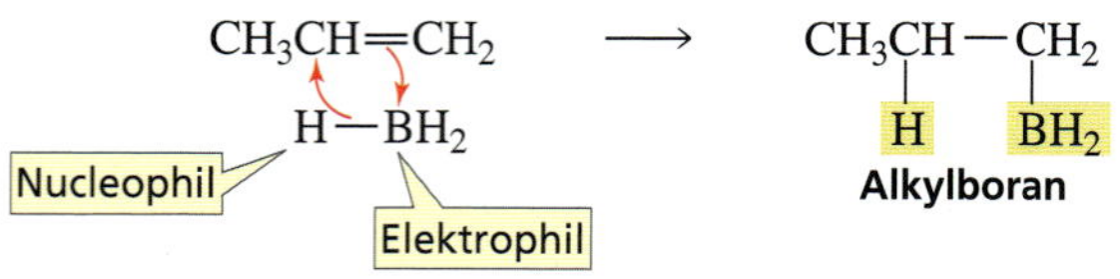

> **MERKE!**
>
> **In einer konzertierten Reaktion laufen alle bindungsbildenden und bindungsbrechenden Schritte zur gleichen Zeit ab.**

- Sobald Bor (ein Elektrophil) die π-Elektronen des Alkens aufnimmt und eine Bindung mit einem sp^2-Kohlenstoffatom bildet, gibt es auch ein Hydridion (ein Nucleophil) an das andere sp^2-Kohlenstoffatom ab.

Die Hydroborierung ist ein Beispiel einer konzertierten Reaktion. In **konzertierten Reaktionen** brechen und bilden sich alle beteiligten Bindungen zur gleichen Zeit (alle Ergebnisse passieren „gleichzeitig"). Da sowohl Bor als auch Hydrid in einem Schritt an das Alken addiert werden, gibt es kein Intermediat.

Bor bindet (wie die anderen Nucleophile, die wir uns bisher angesehen haben) an das sp^2-Kohlenstoffatom, das an die meisten Wasserstoffatome gebunden ist. Es gibt zwei Gründe für diese Regioselektivität. Der erste Grund ist, dass es mehr Platz am an diesem sp^2-Kohlenstoffatom für das Elektrophil gibt, da es das weniger substituierte der beiden sp^2-Kohlenstoffatome ist.

Der zweite Grund für die Regioselektivität kann verdeutlich werden, wenn wir uns die beiden Übergangszustande anschauen. Diese zeigen, dass die C—B-Bindung sich bereits zu einem größeren Anteil gebildet hat als die C—H-Bindung. Daher hat das sp^2-Kohlenstoffatom, das *nicht* an Bor gebunden ist, im Übergangszustand eine partiell positive Ladung.

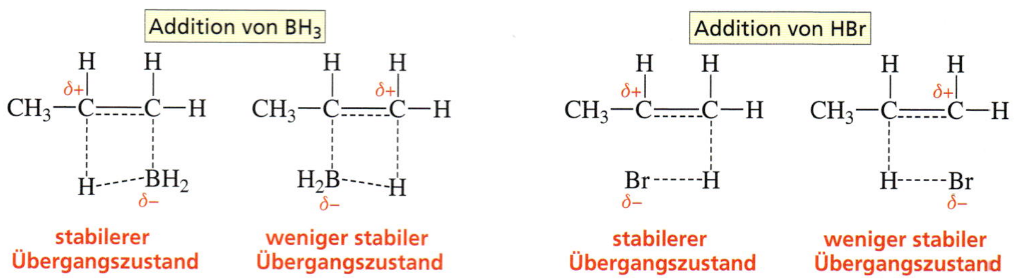

Die Addition von Bor an das sp^2-Kohlenstoffatom mit den meisten Wasserstoffatomen führt zur Bildung des stabileren Übergangszustands, da sich die positive Ladung an einem sekundären Kohlenstoffatom befindet. Wenn sich Bor an das andere sp^2-Kohlenstoffatom addiert hätte, läge die partiell positive

Ladung an einem primären Kohlenstoffatom. Daher binden Elektrophile wie BH_3 oder H^+ aufgrund derselben Ursache an das sp^2-Kohlenstoffatom mit den meisten Wasserstoffatomen – um den stabilsten Übergangszustand zu bilden.

Das Alkylboran (RBH_2), das im ersten Schritt gebildet wird, besitzt noch zwei Wasserstoffatome am Boratom. Daher reagiert es mit weiteren Alkenen und bildet zunächst ein Dialkylboran (R_2BH) und danach ein Trialkylboran (BR_3). In jeder dieser Reaktionen addiert sich das Boratom wieder an das sp^2-Kohlenstoffatom, an dem mehr Wasserstoffatome gebunden sind.

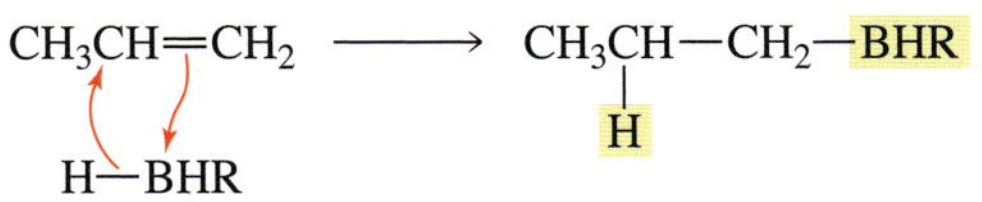

Alkylboran **Dialkylboran**

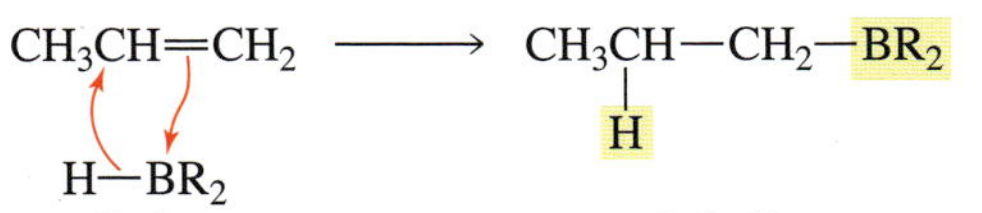

Dialkylboran **Trialkylboran**

Ein Alkylboran (RBH_2) ist wesentlich sperriger als BH_3, da R größer ist als H. Dialkylborane (R_2BH) sind daher noch größer als Alkylborane. Dadurch haben Alkylborane und Dialkylborane eine noch größere Präferenz für die weniger substituierten sp^2-Kohlenstoffatome (also die Kohlenstoffatome mit den meisten gebundenen Wasserstoffatomen).

Für die Hydroborierung wird nur ein Hydridion benötigt. Daher werden Reagenzien wie 9-BBN, die nur ein Wasserstoffatom an Bor tragen, oft genutzt, um BH_3 zu ersetzen. Da 9-BBN zwei relativ große R-Gruppen besitzt, hat es eine stärkere Präferenz für das weniger substituierte sp^2-Kohlenstoffatom als BH_3. In den Mechanismen werden wir diese Verbindung durch R_2BH repräsentieren. Die Mechanismen für die Addition von R_2BH und BH_3 sind identisch.

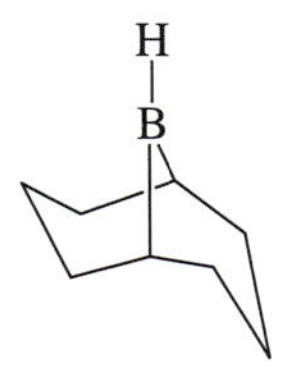

9-BBN
9-Borabicyclo[3.3.1]nonan
R_2BH

Mechanismus der Hydroborierung mit R_2BH

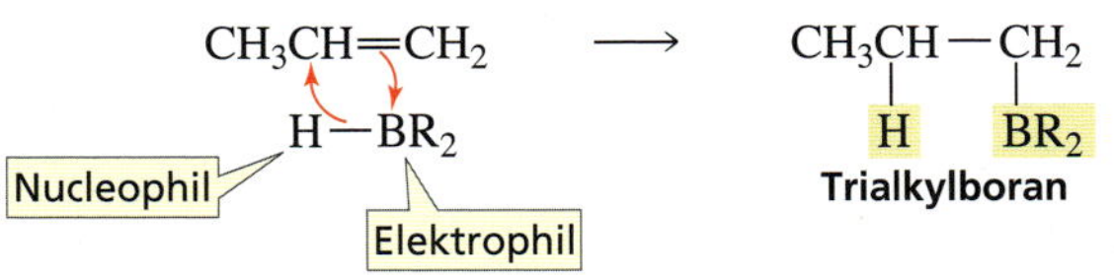

Oxidation

Nachdem die Hydroborierung abgeschlossen ist, wird eine wässrige Lösung aus Natriumhydroxid und Wasserstoffperoxid (HOOH) zu der Reaktionsmischung zugegeben, um BR_2 mit einer OH-Gruppe zu ersetzen.

$$CH_3CH_2CH_2{-}BR_2 \xrightarrow{HO^-,\ H_2O_2,\ H_2O} CH_3CH_2CH_2{-}OH + HOBR_2$$

Dies ist eine Oxidationsreaktion. Eine **Oxidationsreaktion** verringert die Zahl der C—H-Bindungen und erhöht die Zahl der C—O-, C—N- oder C—X-Bindungen in einer Verbindung (X ist ein Halogen). Daher wird die Gesamtreaktion auch als Hydroborierung-Oxidation bezeichnet.

MERKE!

Eine Oxidationsreaktion erhöht die Zahl der C—O-, C—N- oder C—X-Bindungen und/oder verringert die Zahl der C—H-Bindungen.

Mechanismus der Oxidationsreaktion

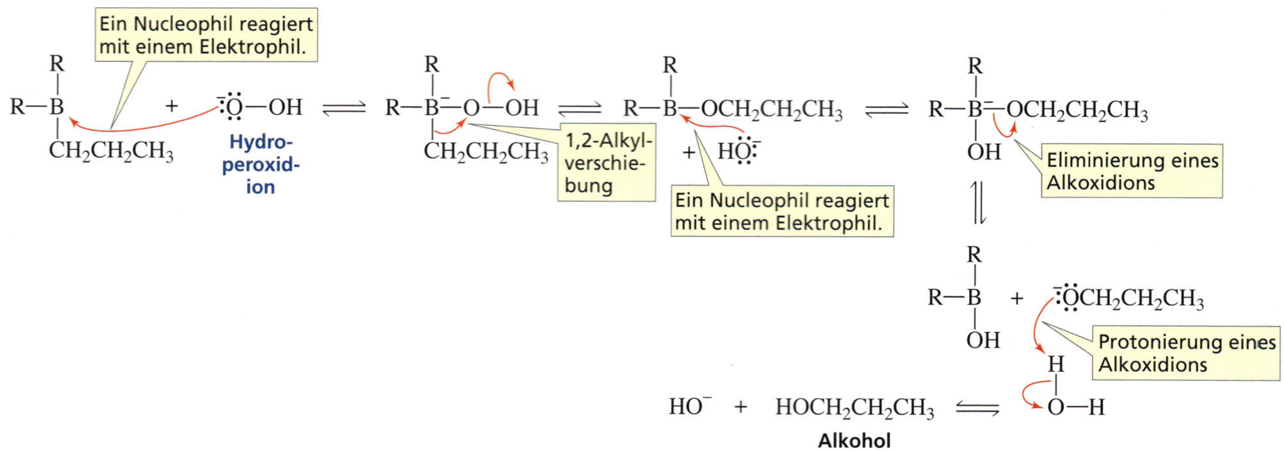

- Ein Hydroperoxidion (ein Nucleophil) teilt ein Elektronenpaar mit dem Boratom des $R_2BCH_2CH_2CH_3$ (ein Elektrophil).
- Eine 1,2-Alkylverschiebung verdrängt das Hydroxidion, sodass Bor nicht länger negativ geladen ist. (Erinnern Sie sich daran, dass Bor vor Kohlenstoff im Periodensystem steht, daher ist es mit negativer Ladung sehr instabil.)
- Ein Hydroxidion teilt ein Elektronenpaar mit dem Boratom aus $R_2BCH_2CH_2CH_3$.
- Ein Alkoxidion wird eliminiert, was Bor erlaubt die negative Ladung abzugeben.
- Die Protonierung des Alkoxidions führt zu einem Alkohol.

Beachten Sie, dass die OH-Gruppe am Ende an das weniger substituierte sp^2-Kohlenstoffatom gebunden ist, da sie Bor ersetzt, welches das Elektrophil in der ersten Reaktion darstellte.

Da bei der Hydroborierung keine Carbokationen als Intermediate auftreten, gibt es keine treten Umlagerungen von Carbokationen nicht auf.

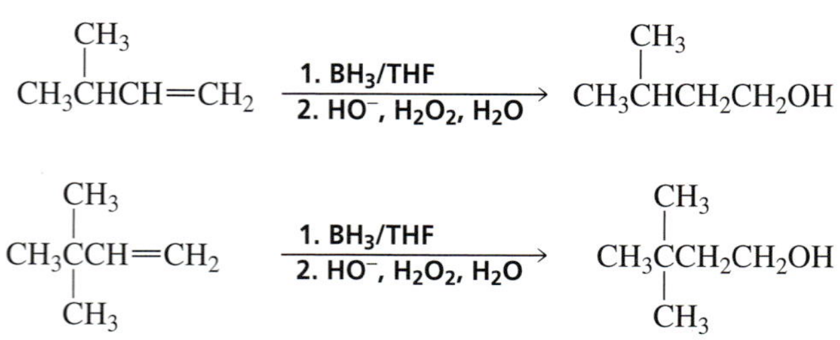

Ü 18* Welche Reaktion ist regioselektiver: Die Reaktion eines Alkens mit BH_3 oder mit 9-BBN?

Ü 19 Was ist das Hauptprodukt der folgenden Verbindungen nach Hydroborierung und Oxidation?

(a) 2-Methyl-2-buten

(b) 1-Methylcyclohexen

Die Addition von Halogen an Alken 6.9

Die Halogene Brom (Br_2) und Chlor (Cl_2) addieren sich an Alkene. Die Produkte dieser Reaktion sind *vicinale Dibromide* (oder Dichloride). **Vicinal** heißt, dass die beiden Halogene an zwei benachbarten Kohlenstoffatomen liegen (*Lat. vicinus* = nahe). Reaktionen von Br_2 oder Cl_2 werden in der Regel durch die Mischung des Alkens und des Halogens in einem inertem Lösungsmittel wie Dichlormethan (CH_2Cl_2) durchgeführt, welches beide Reaktanten schnell auflöst aber selbst nicht an der Reaktion teilnimmt.

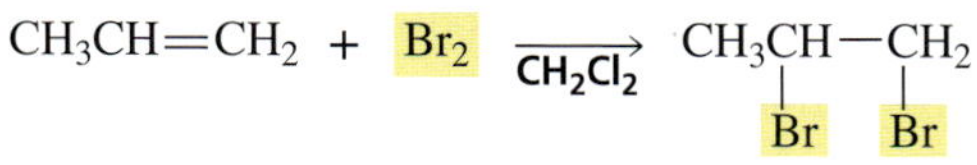

vicinales Dibromid

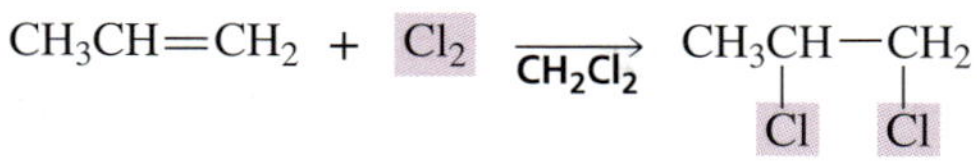

vicinales Dichlorid

Diese Reaktion mag Sie vielleicht überraschen, da es nicht offensichtlich ist, dass ein Elektrophil (das für die Reaktion notwendig ist) vorliegt.

Die Reaktion ist möglich, da die Bindung zwischen den beiden Halogenatomen relativ einfach gebrochen werden kann, da Br_2 und Cl_2 leicht polarisierbar sind (Abschnitt 3.9). Das nucleophile Alken nähert sich Br_2 (oder Cl_2), induziert einen Dipol, was zu einer partiell positiven Ladung an einem der Halogenatome führt. Dieses wirkt nun als Elektrophil, das in der Lage ist, sich an eines der sp^2-Kohlenstoffatome anzulagern. Der Mechanismus der Reaktion ist unten gezeigt.

Mechanismus der Addition von Brom an ein Alken

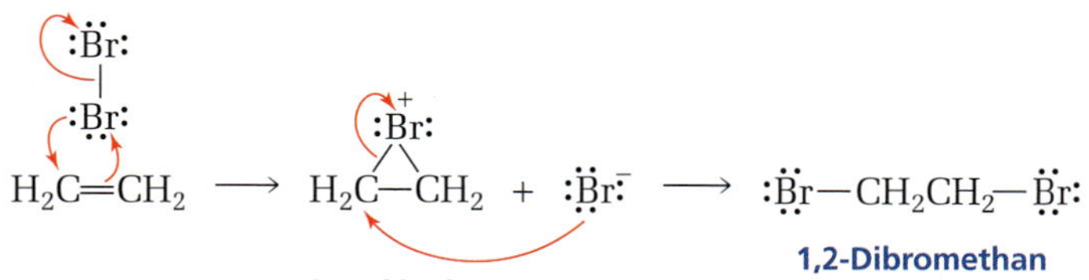

ein zyklisches Bromoniumion

1,2-Dibromethan
ein vicinales Dibromid

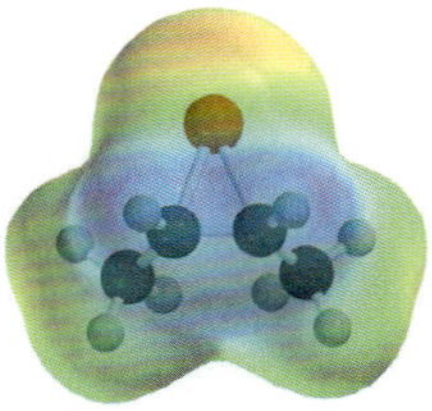

zyklisches Bromoniumion des *cis*-2-Butens

Abbildung 6.4: Das zyklische Bromoniumion ist der Intermediat der Reaktion von Br_2 mit *cis*-2-Buten. Es zeigt eine elektronenarme Region (blau) an den beiden Kohlenstoffatomen, obwohl sich die positive Ladung formal am Bromatom befindet.

- Wenn die π-Elektronenwolke des Alkens sich einem Br_2-Molekül nähert, nimmt eines der Bromatome die Elektronen auf und setzt die mit dem anderen Bromatom geteilten, dabei bleibt ein Bromidion zurück. Da die Elektronenwolke des Broms nahe genug am anderen sp^2-Kohlenstoffatom liegt, um eine Bindung zu bilden, bildet sich ein zyklisches Bromonium-Intermediat statt eines Carbokations.
- Das zyklische Bromoniumion ist durch die auftretende Ringspannung instabil und zieht Elektronen stark von den Ringkohlenstoffatomen ab (► Abbildung 6.4). Dadurch reagiert das zyklische Bromoniumion sehr schnell mit einem Nucleophil (Br^-).
- Der Mechanismus der Reaktion mit Cl_2 ist identisch mit dem Reaktionsmechanismus von Br_2.

Da kein Carbokation gebildet wird, wenn Br_2 oder Cl_2 an ein Alken addiert wird, tritt bei diesen Reaktionen auch keine Carbokationenumlagerung auf.

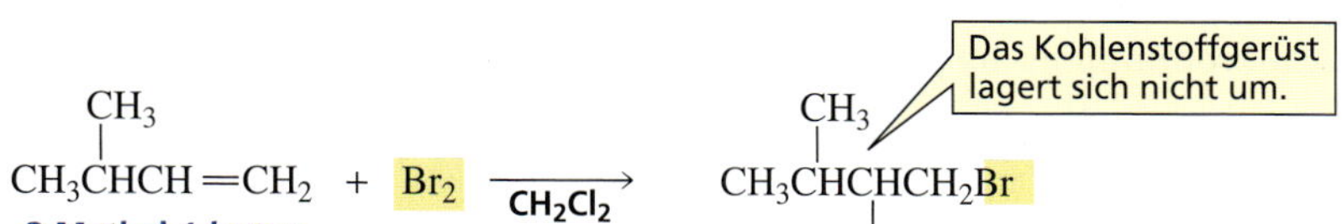

3-Methyl-1-buten

1,2-Dibrom-3-methylbutan
vicinales Dibromid

Ü 20* Welches wäre das Produkt gewesen, wenn in der vorausgegangenen Reaktion HBr anstelle von Br_2 als Reagenz benutzt worden wäre?

Ü 21

(a) Wie unterscheidet sich der erste Schritt der Reaktion von Ethen mit Br_2 von dem ersten Schritt der Reaktion von Ethen mit HBr?

(b) Zeichnen Sie, um zu verstehen, warum das Bromidion (Br^-) ein Kohlenstoffatom des Bromoniumions angreift, statt des positiv geladenen Bromatoms, das Produkt, das sich ergeben würde, falls das Bromidion das Bromatom angriffe.

Fluor (F_2) und Iod (I_2) sind ebenfalls Halogene, doch werden sie nicht als Reagenzien in elektrophilen Additionen eingesetzt. Das elementare Fluor reagiert mit allen Alkenen explosiv, so dass die elektrophile Addition von F_2 keine synthetisch sinnvoll einsetzbare Reaktion ist. Die Addition von I_2 an ein Alken ist eine thermodynamisch ungünstige Reaktion (Abschnitt 5.10): Vicinale Diiodide sind bei Zimmertemperatur instabil; sie zerfallen wieder in das Alken und I_2.

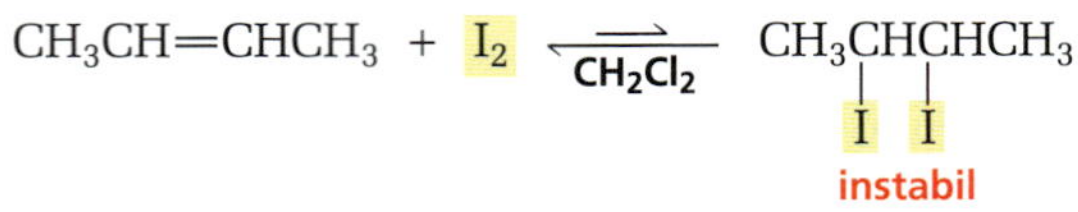

Konkurrierende Nucleophile

Falls Wasser (H_2O) in der Reaktionsmischung vorliegt, ist das Hauptprodukt der Reaktion ein vicinales Halohydrin. Ein **Halohydrin** (spezifischer ein Bromhydrin oder ein Chlorhydrin) ist eine organische Verbindung, die sowohl ein Halogenatom als auch eine OH-Gruppe enthält. In einem vicinalen Halohydrin befinden sich das Halogenatom und die OH-Gruppe an benachbarten Kohlenstoffatomen.

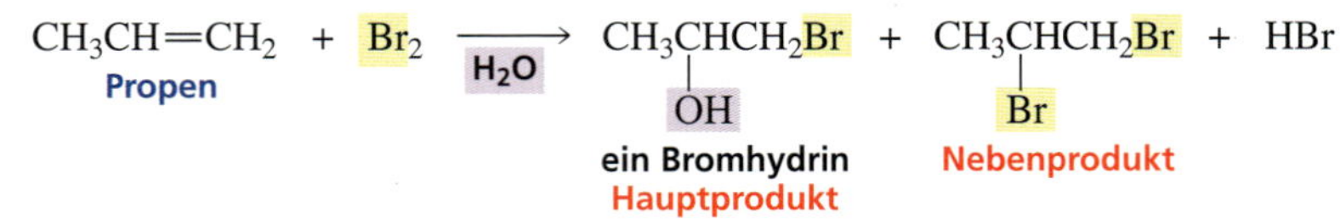

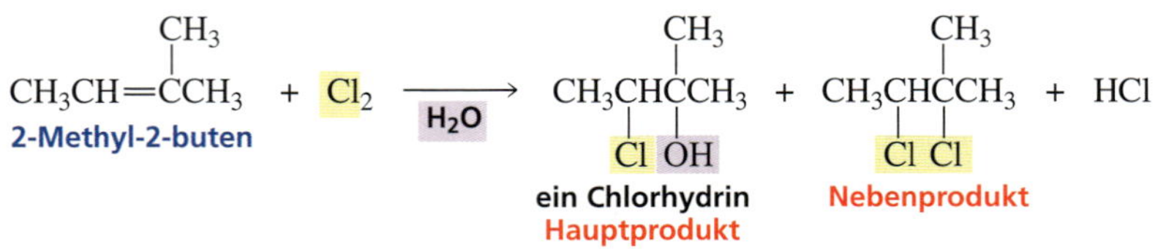

Der Mechanismus der Halohydrinbildung hat drei Schritte.

Mechanismus der Halohydrinbildung

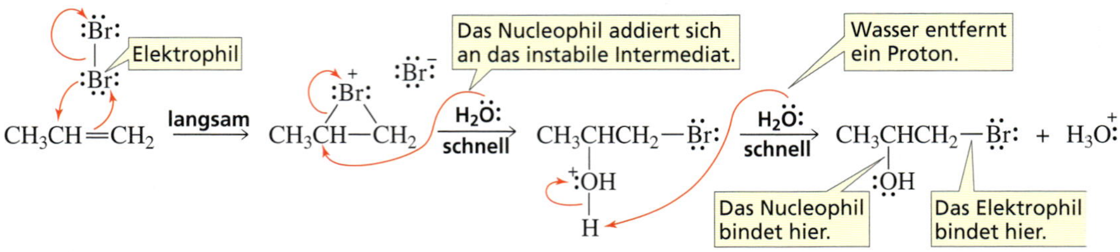

- Im ersten Teilschritt erfolgt die Bildung eines zyklischen Bromonium- oder Chloroniumions als Intermediat, da Br^+ oder Cl^+ das einzige Elektrophil in der Reaktionsmischung ist.
- Im zweiten Teilschritt reagiert das relativ instabile Bromoniumion rasch mit jedwedem Nucleophil, mit dem es zusammenstößt. In der Lösung sind zwei Nucleophile vorhanden: H_2O und Br^-. Da Wasser das Lösungsmittel ist, liegt seine Konzentration weit höher als die der Bromidionen. Folglich ist die Wahrscheinlichkeit eines Zusammenstoßes des Bromoniumions mit

einem Wassermolekül viel größer als die eines Zusammenstoßes mit einem Bromidion (Br^-).

- Das gebildete protonierte Halohydrin ist eine starke Säure (Abschnitt 2.3), die ein Proton abgibt.

Wie lässt sich die Regioselektivität der vorausgegangenen Reaktion erklären? Das Elektrophil (Br^+) landet an dem sp^2-hybridiserten Kohlenstoffatom mit der größeren Zahl gebundener Wasserstoffatome, weil im Übergangszustand für den zweiten Teilschritt der Reaktion die Auflösung der C—Br-Bindung in einem größeren Ausmaß erfolgt als die Bildung der C—O-Bindung. Als Folge existiert eine positive Teilladung an dem Kohlenstoffatom, das durch das Nucleophil angegriffen wird.

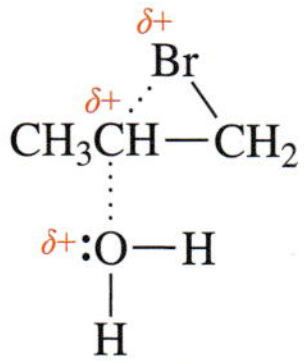

stabilerer Übergangszustand

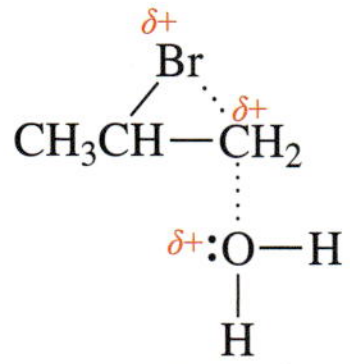

weniger stabiler Übergangszustand

Wasser addiert an das stärker substituierte Kohlenstoffatom, da dort ein stabilerer Übergangszustand gebildet wird, weil die positive Teilladung dort an einem sekundären Kohlenstoffatom liegt, statt an einem primären Kohlenstoffatom. Diese Reaktion folgt somit der allgemeinen Regel für elektrophile Additionen: Das *Elektrophil addiert sich an das sp^2-Kohlenstoffatom*, das die größere Anzahl von Wasserstoffatomen gebunden hält. In diesem Fall ist das Elektrophil das Br^+-Ion. Das Nucleophil (H_2O) addiert an das andere sp^2-Kohlenstoffatom.

Wenn andere Nucleophile als Wasser in die Reaktionsmischung eingeführt werden (zum Beispiel MeOH oder Cl^-), führt dies zu einer Änderung des Reaktionsproduktes. Da die Konzentration des zugesetzten Nucleophils höher als die Konzentration des aus dem Halogenmolekül (Br_2 oder Cl_2) gebildeteten Halogenidions liegt, wird es das zugesetzte Nucleophil sein, das mit der größten Wahrscheinlichkeit am zweiten Teilschritt der Reaktion teilnimmt.

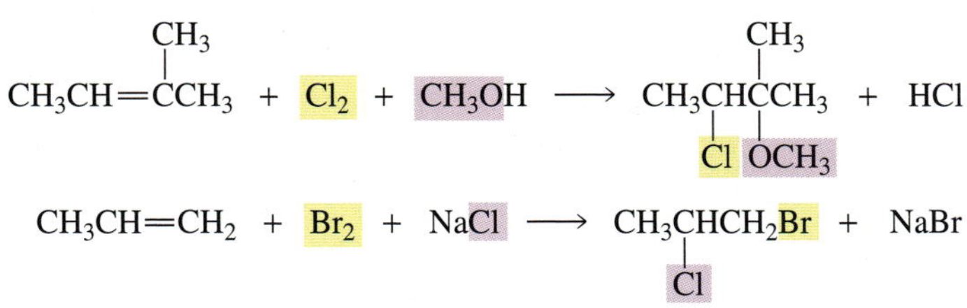

Erinnern Sie sich daran, dass Ionen wie Na^+ oder K^+ keine kovalenten Bindungen ausbilden; folglich reagieren sie nicht mit organischen Verbindungen. Sie dienen lediglich als Gegenionen für negativ geladene Ionen, so dass ihre Anwesenheit bei der Aufstellung chemischer Gleichungen oft ignoriert wird.

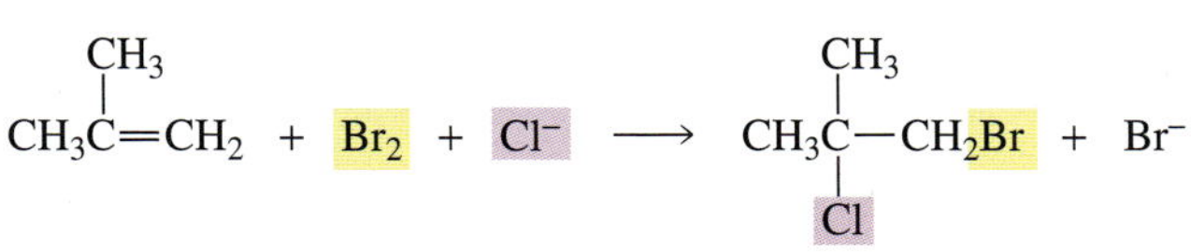

Ü 22 Warum bilden Na^+ und K^+ keine kovalenten Bindungen aus?

Ü 23 Bei jeder der nachfolgenden Reaktionen gibt es zwei Nucleophile:

(a) $CH_2{=}\overset{\overset{\displaystyle CH_3}{|}}{C}CH_3 + Cl_2 \xrightarrow{CH_3OH}$

(b) $CH_2{=}CHCH_3 + 2\ NaI + HBr \longrightarrow$

(c) $CH_3CH{=}CHCH_3 + HCl \xrightarrow{H_2O}$

(d) $CH_3CH{=}CHCH_3 + Br_2 \xrightarrow{CH_3OH}$

Erklären Sie für jede dieser Reaktionen, warum eine höhere Konzentration des einen Nucleophils im Vergleich zu dem anderen vorliegt. Geben Sie die Hauptprodukte der Reaktionen an.

Ü 24 Welches wäre das Produkt einer Additionsreaktion von I—Cl mit 1-Buten? (*Hinweis*: Chlor ist stärker elektronegativ als Iod; siehe gegebenenfalls ► Tabelle 1.3.)

Ü 25* Welches wären die Hauptprodukte einer Reaktion von Br_2 mit 1-Buten, falls die Reaktion in:

(a) Dichlormethan, **(b)** Wasser, **(c)** Ethanol oder **(d)** Methanol

ausgeführt würde?

Ü 26 Schlagen Sie einen Mechanismus für die folgende Reaktion vor:

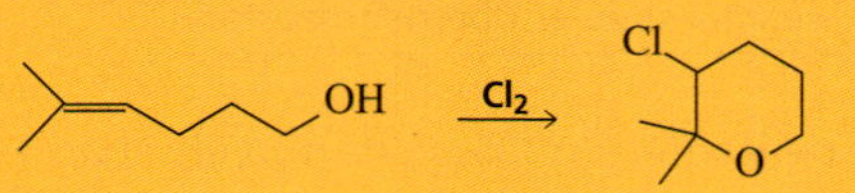

STRATEGIEN ZUR PROBLEMLÖSUNG

Einen Mechanismus vorschlagen

Schlagen Sie einen Mechanismus für die folgende Reaktion vor:

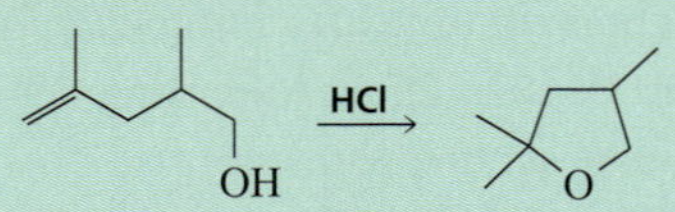

Fangen Sie bei der Bildung einer zyklischen Verbindung damit an, die Atome im Startmolekül und im Produkt zu nummerieren. Dies vereinfacht das Erkennen der Position, an der der Ringschluss erfolgt.

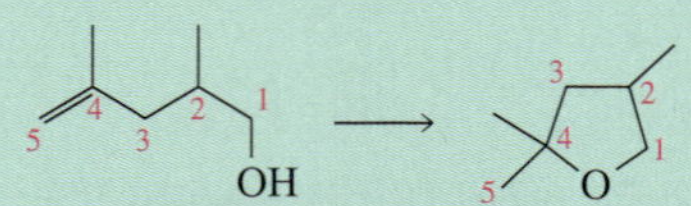

Wir sehen, dass Sauerstoff eine Bindung mit C-4 aufbaut. Die Addition des Nucleophils (H^+ von HCl) an das am wenigsten substituierte sp^2-Kohlenstoffatom des Alkens führt zu der Bildung eines Carbokations (mit der positiven Ladung an C-4), das mit dem Nucleophil reagiert.

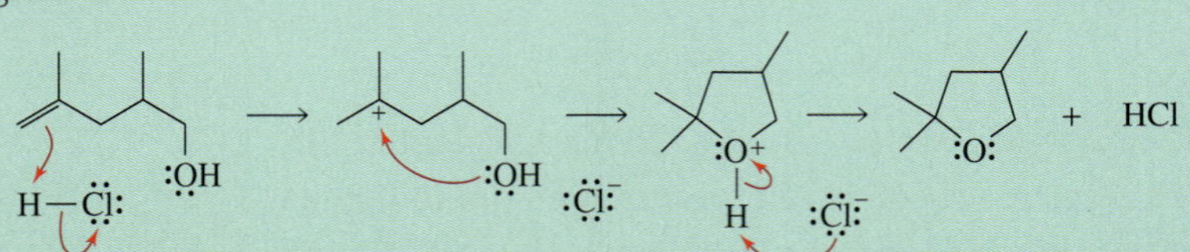

Es gibt zwei Nucleophile, die an das Carbokation addieren könnten, OH und Cl^-. Die OH-Gruppe ist in der Nähe des Carbokations gebunden, also muss sie anders als Cl^- nicht durch die Lösung diffundieren, um das Carbokation zu erreichen. Daher reagiert die OH-Gruppe am schnellsten mit dem Carbokation.

Die Addition von Peroxycarbonsäure an Alken 6.10

Ein Alken kann mit Hilfe einer Peroxycarbonsäure in ein *Epoxid* umgewandelt werden.

- Ein **Epoxid** ist ein Ether, bei dem das Sauerstoffatom in einen Dreiring mit zwei Kohlenstoffatomen eingebaut ist.
- Eine **Peroxycarbonsäure** ist eine Carbonsäure mit einem zusätzlichen Sauerstoffatom.

Die Gesamtreaktion läuft auf den Transfer eines Sauerstoffatoms von der Peroxycarbonsäure zum Alken hinaus; es handelt sich um eine Oxidation. Eine **Oxidation** erhöht die Zahl der C—O-, C—N- oder C—X-Bindungen einer Verbindung (X = beliebiges Halogen), oder sie vermindert die Zahl der C—H-Bindungen.

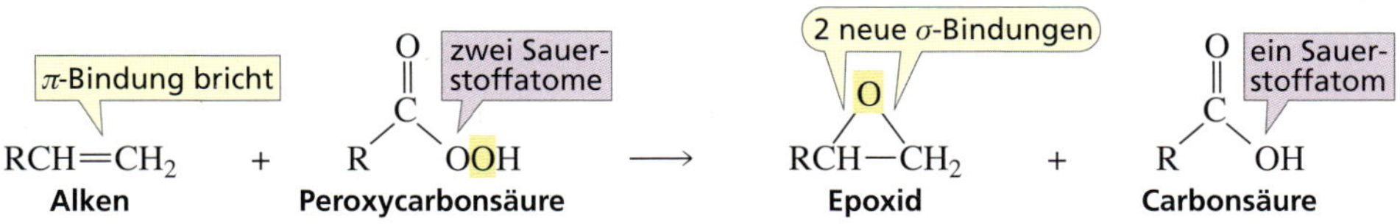

Erinnern Sie sich daran, dass die O—O-Bindung schwach ist und deshalb einfach aufgelöst werden kann (Abschnitt 1.4). Die am häufigsten verwendete Peroxycarbonsäure für Epoxidierungen ist MCPBA (von Engl. *meta*-chloroperoxybenzoic acid).

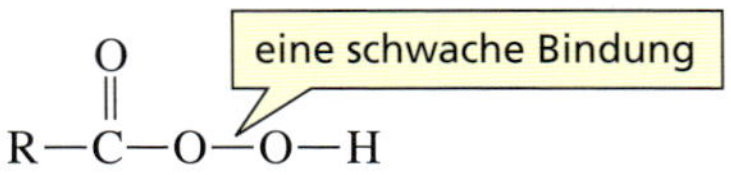

Peroxycarbonsäure

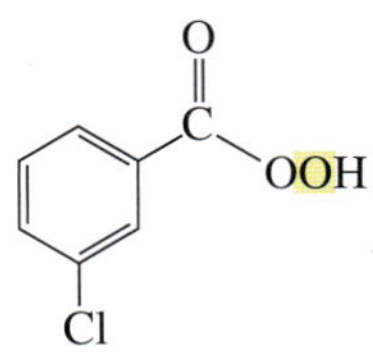
MCPBA

Mechanismus der Epoxidierung eines Alkens

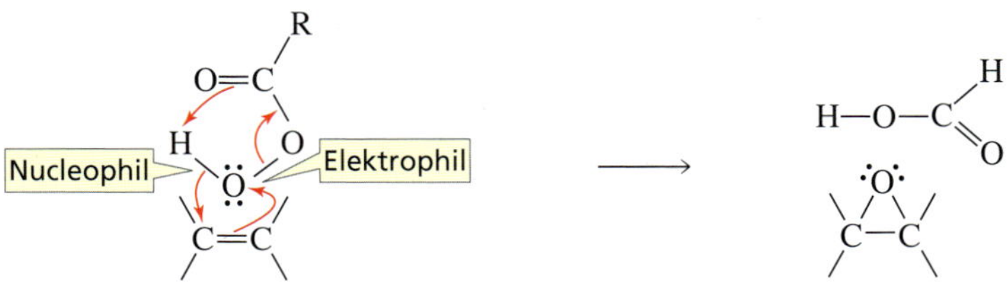

- Dem Sauerstoffatom der OH-Gruppe der Peroxycarbonsäure fehlen Elektronen; daher ist es elektrophil. Es nimmt Elektronen der π-Bindung des Alkens auf, wodurch die schwache O—O-Bindung aufgelöst wird.
- Die Elektronen der O—O-Bindung werden delokalisiert, was dazu führt, dass die π-Bindung der C=O-Gruppe sich auflöst und ein Proton aufnimmt (Abschnitt 2.8).
- Beim Bruch der O—H-Bindung gehen die Bindungselektronen (das Nucleophil) zum anderen sp^2-Kohlenstoffatom des Alkens über.
  Daher ist das Sauerstoffatom sowohl das Elektrophil als auch das Nucleophil. Diese Reaktion ist zudem ein weiteres Beispiel einer konzertierten Reaktion (alle Bindungsbrüche und Bindungsbildungen laufen zur gleichen Zeit ab).

Der Mechanismus zur Bildung eines Epoxids ist ein Beispiel für eine *konzertierte Reaktion*. Eine **konzertierte Reaktion** ist eine Reaktion, bei der sich alle bindungsbildenden und bindungslösenden Prozesse in einem einzigen Reaktionsschritt vollziehen.

Der Mechanismus für die Addition von Sauerstoff an eine Doppelbindung und die Bildung eines Epoxids verläuft analog zu den eben untersuchten Mechanismus der Addition von Brom an eine Doppelbindung, bei dem ein zyklisches Intermediat gebildet wurde (Abschnitt 6.9).

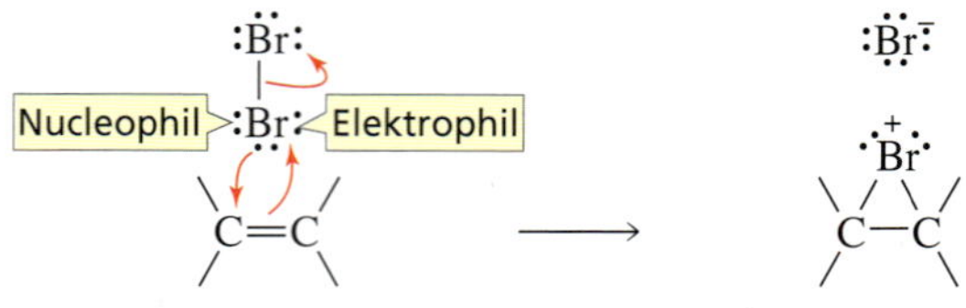

Das instabile Bromoniumion (Intermediat) ist ein Elektrophil, das anschließend mit einem Nucleophil reagiert. Jedoch ist das Epoxid so stabil, dass man es isolieren kann, da keines der Kohlenstoffringatome eine positive Ladung aufweist.

Nomenklatur von Epoxiden

Der Trivialname eines Epoxids wird gebildet, indem man die Endung „-oxid" an den Trivialnamen des korrespondierenden Alkens hängt; dies geht von der Annahme aus, dass sich das Sauerstoffatom an der Stelle befindet, an der beim Alken die π-Bindung wäre. Das einfachste Epoxid ist Ethylenoxid.

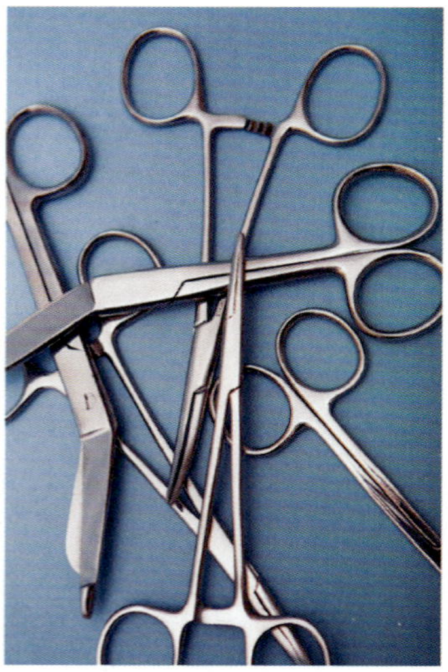

Ethylenoxid wird zur Desinfektion von medizinischen Instrumenten verwendet. Sobald die DNA von Mikroorganismen mit dem Ethylenoxid in Kontakt kommt, wird diese alkyliert und die Mikroorganismen können sich nicht mehr vermehren.

Es gibt zwei systematische Methoden zur Benennung von Epoxiden. Nach der einen wird der Dreiring mit einem Sauerstoff- und zwei Kohlenstoffatomen „Oxiran" genannt und dem Sauerstoffatom die 1. Position im Ring zugewiesen. So hat 2-Ethyloxiran einen Ethylsubstituenten an der 2. Position des Oxiran-Rings. Nach der anderen Methode kann ein Epoxid wie ein Alkan benannt und ein „Epoxy"-Präfix hinzugefügt werden, das die Kohlenstoffatome identifiziert, an die das Sauerstoffatom angelagert ist.

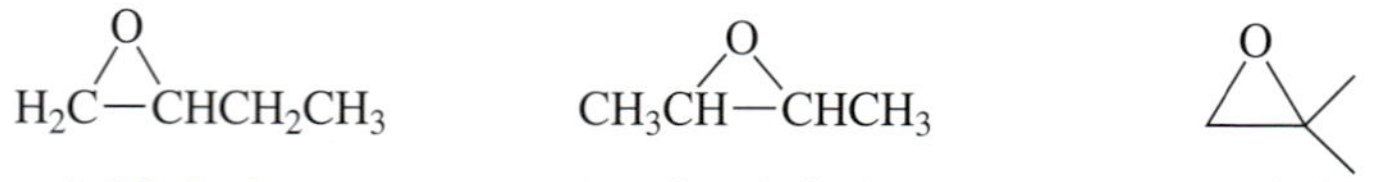

2-Ethyloxiran, 1,2-Epoxybutan | 2,3-Dimethyloxiran, 2,3-Epoxybutan | 2,2-Dimethyloxiran, 1,2-Epoxy-2-methylpropan

Ü 27* Zeichnen Sie die Strukturen der folgenden Verbindungen:

(a) 2-Propyloxiran;
(b) Cyclohexenoxid;
(c) 2,2,3,3-Tetramethyloxiran;
(d) 2,3-Epoxy-2-methylpentan.

Ü 28* Welches Alken würden Sie mit Peroxycarbonsäure reagieren lassen, um die Verbindungen aus Übung 27 zu erhalten?

Ü 29 mit Lösung

Identifizieren Sie die folgenden Reaktionen als Oxidationen, Reduktionen oder keines von beiden.

(a) $CH_3CH{=}CHCH_3 + Cl_2 \xrightarrow{CH_2Cl_2} CH_3CH(Cl)CH(Cl)CH_3$

(b) $CH_3CH{=}CHCH_3 + H_2O \xrightarrow{H_2SO_4} CH_3CH(OH)CH_2CH_3$

Lösung zu 29(a)

Erinnern Sie sich daran, dass eine Oxidationsreaktion die Zahl der C—H-Bindungen verringert und/oder die Zahl der C—O-, C—N-, oder C—X-Bindungen (X = Halogen) erhöht (Abschnitt 6.8). Bei der Reduktion ist genau das Gegenteil der Fall. Daher handelt es sich bei (a) um eine Oxidationsreaktion, da die Zahl der C—Cl-Bindungen zunimmt.

Lösung zu 29(b)

Im Produkt liegt eine neue C—O-Bindung vor (was für eine Oxidation spricht), aber ebenfalls eine neue C—H-Bindung (was auf eine Reduktion hinweist). In Summe ist diese Reaktion weder eine Oxidation noch eine Reduktion.

Die Addition von Ozon an Alken: Die Ozonolyse 6.11

Wenn ein Alken mit Ozon (O_3) bei niedrigen Temperaturen in Kontakt kommt, bricht sowohl die σ- als auch die π-Bindung, und die beiden Kohlenstoffatome, die an der Doppelbindung beteiligt waren, sind nach der Reaktion beide doppelt an Sauerstoffatome gebunden. Dies ist eine Oxidationsreaktion – **Ozonolyse** genannt –, da die Zahl der C—O-Bindungen zunimmt.

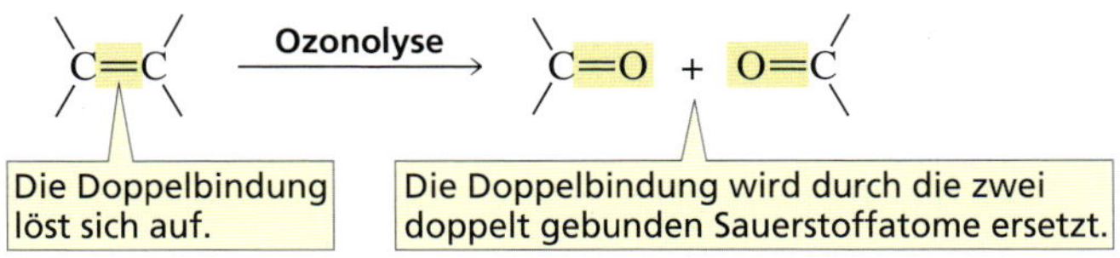

MERKE!

Um das Produkt einer Ozonolyse zu bestimmen, ersetzen Sie C═C mit C═O und O═C.

Die Ozonolyse ist ein Beispiel einer **oxidativen Spaltung** – eine Oxidationsreaktion, die den Reaktanten in Stücke teilt (*lysis* Gr. für „auflösen/abbauen").

Mechanismus der Ozonidbildung

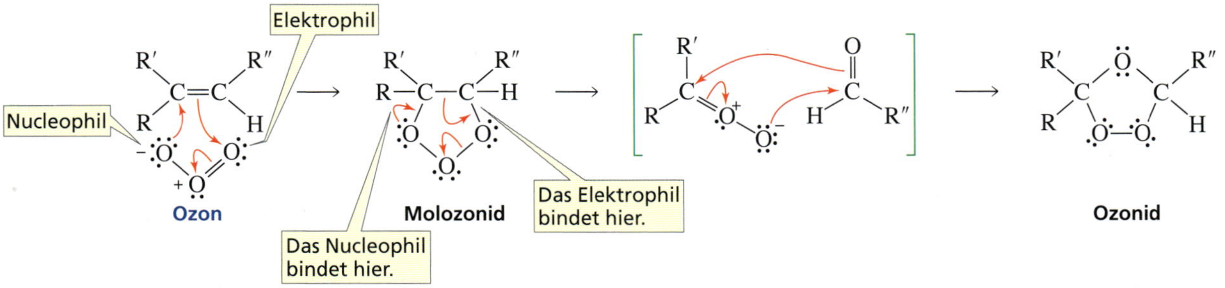

- Das Elektrophil (das doppelt gebundene Sauerstoffatom an einem der Enden des Ozonmoleküls) addiert an eines der sp^2-Kohlenstoffatome, und das Nucleophil (das negativ geladene Sauerstoffatom am anderen Ende) bindet an das andere sp^2-Kohlenstoffatom. Das Produkt ist ein **Molozonid**.
- Das Molozonid ist instabil, da es zwei O — O-Bindungen enthält; es lagert sich daher sofort zu einem stabileren **Ozonid** um.

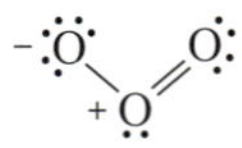

Ozon

Ozon ist ein Hauptbestandteil von Smog und stellt in Bodennähe ein erhöhtes Gesundheitsrisiko dar, an von Lungen- oder Herzerkrankungen zu sterben. In der Stratosphäre schützt jedoch eine Ozonschicht die Erde vor schädlicher Sonnenstrahlung.

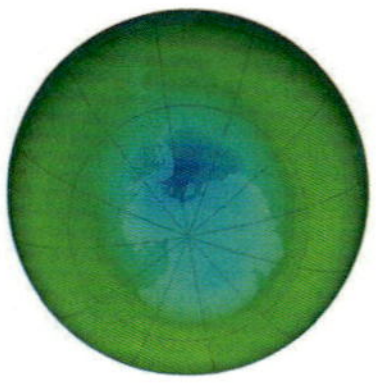

1979

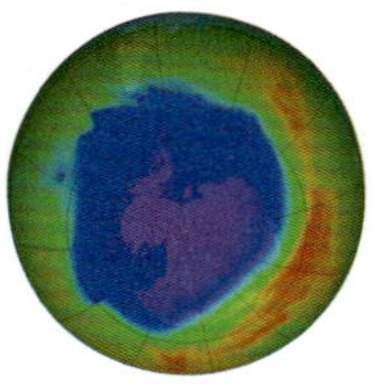

2011

Diese Karte zeigt den Verlust des Ozons in der Stratosphäre über der Antarktis, dies ist das bekannte Ozonloch. Die geringste Ozondichte wird durch die dunkle blaue Farbe repräsentiert (Abschnitt 12.12).

Da Ozonide explosiv sind, werden sie nicht isoliert. Stattdessen werden sie sofort durch Dimethylsulfid (CH_3SCH_3) oder Zink in Ketone und/oder Aldehyde umgewandelt.

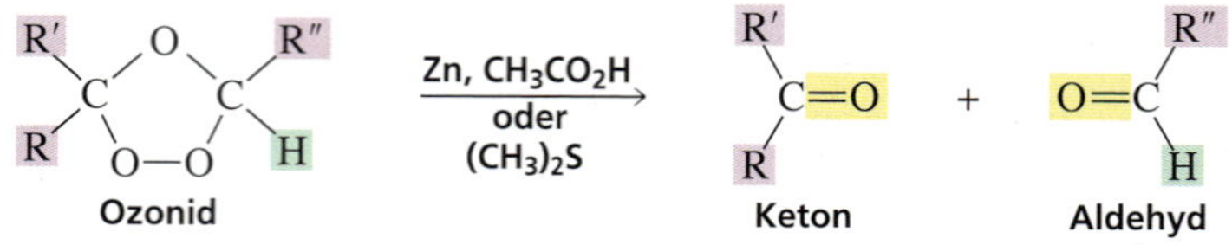

Das Produkt der Reaktion ist ein Keton, wenn das sp^2-Kohlenstoffatom des Alkens an zwei kohlenstoffhaltige Substituenten gebunden war; das Produkt ist hingegen ein Aldehyd, wenn einer der beiden Substituenten ein Wasserstoffatom war.

- Ein **Keton** besitzt zwei Alkylgruppen an einer **Carbonylgruppe**.
- Ein **Aldehyd** trägt nur eine Alkylgruppe und ein Wasserstoffatom (oder zwei Wasserstoffatome) an der Carbonylgruppe.

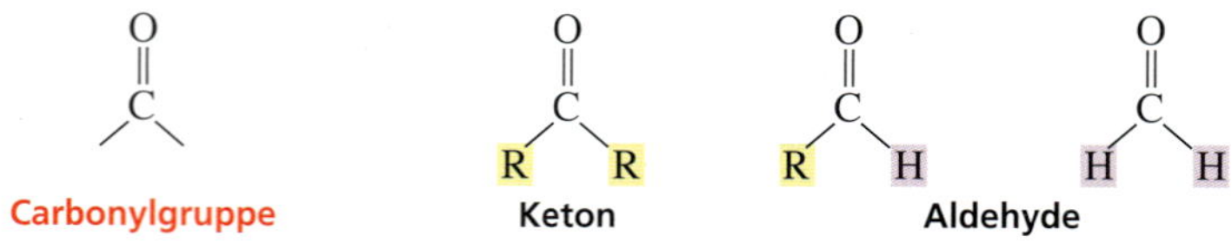

Die folgenden Reaktionen sind weitere Beispiele der oxidativen Spaltung von Alkenen durch Ozonolyse. Viele organische Reaktionen, die in der Kälte ablaufen müssen, werden bei −78 °C durchgeführt, da dies die Temperatur ist, die relativ einfach durch eine Mischung von Trockeneis (festem CO_2) in Aceton erzeugt werden kann.

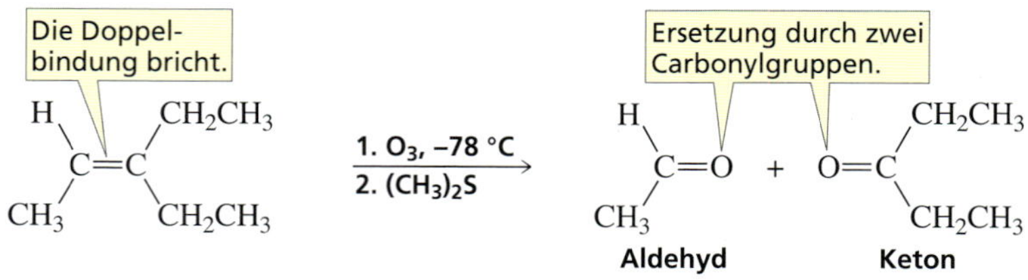

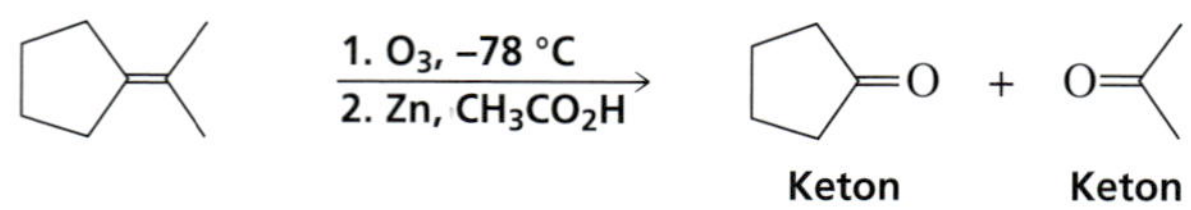

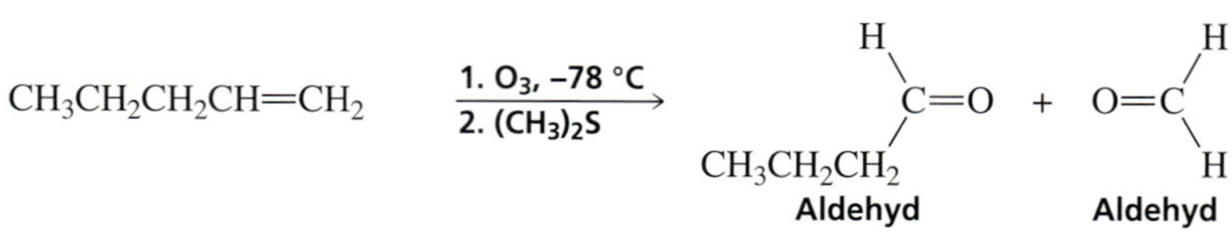

MERKE!

Eine Ozonolyse oxidiert Alkene zu Aldehyden und Ketonen.

STRATEGIEN ZUR PROBLEMLÖSUNG

■ **Die Produkte einer oxidativen Spaltung vorhersagen**

Welche Produkte würden Sie erwarten, wenn die folgenden Verbindungen erst mit Ozon und dann mit Dimethylsulfid reagieren?

(a) 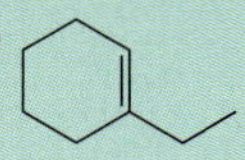 (b) $CH_3CH_2CH{=}CHCH_2CH_3$ (c) 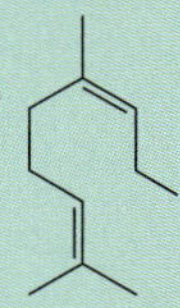

Lösung zu (a)

Lösen Sie die Doppelbindung auf und ersetzten Sie diese mit zwei doppelt gebundenen Sauerstoffatomen.

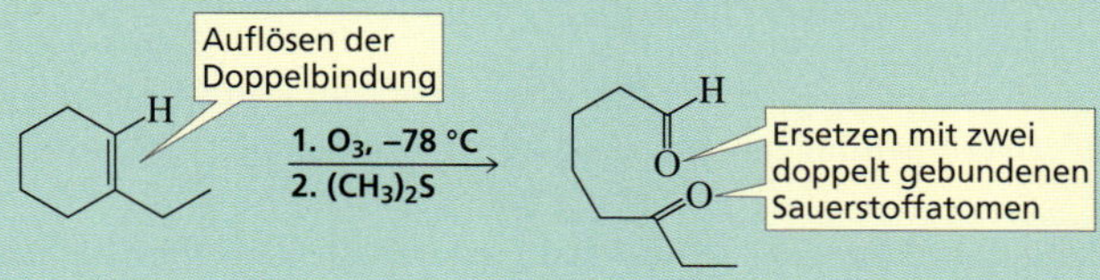

Lösung zu (b)

Lösen Sie die Doppelbindung auf und ersetzen Sie diese mit zwei doppelt gebundenen Sauerstoffatomen. Da das Alken symmetrisch ist, wird nur ein Produkt gebildet.

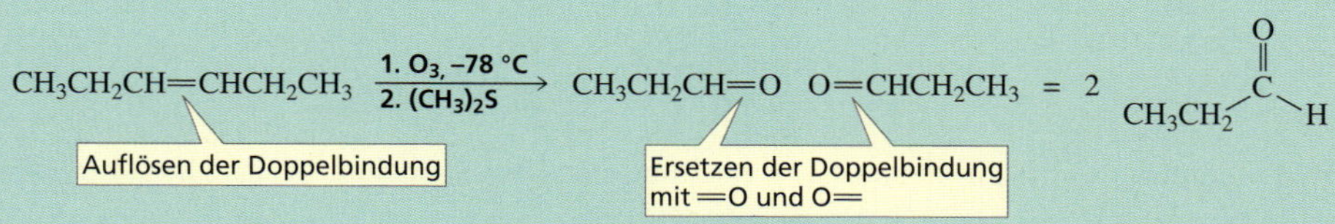

Lösung zu (c)

Da der Reaktant zwei Doppelbindungen besitzt, müssen diese beide durch zwei doppelt gebundene Sauerstoffatome ersetzt werden.

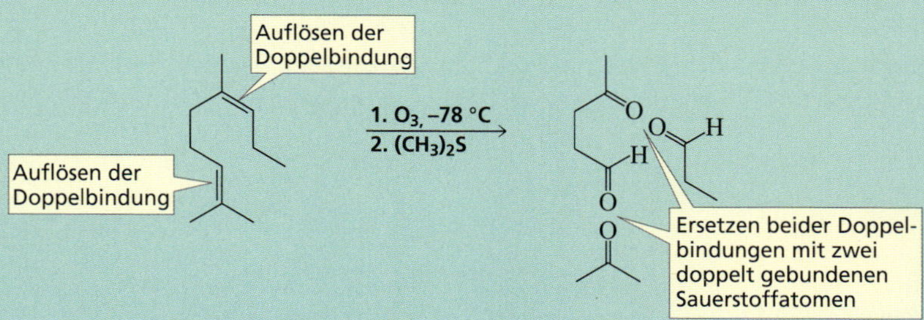

Ü 30 Welche Produkte werden gebildet, wenn die folgenden Verbindungen erst mit Ozon und dann mit Dimethylsulfid reagieren?

(a) 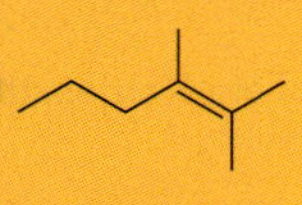 (c) 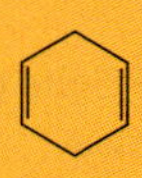 (e) 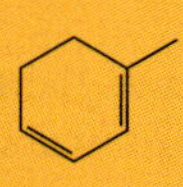

(b) 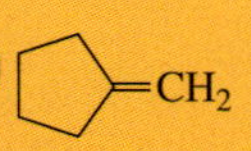

(d) 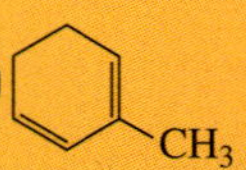

(f) 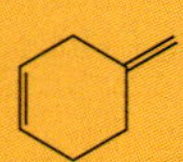

Die Ozonolyse kann verwendet werden, um die Struktur eines unbekannten Alkens zu bestimmen. Wenn man die Ketone und Aldehyde, die bei der Ozonolyse gebildet werden, identifizieren kann, dann kann die Struktur des Alkens mental rekonstruiert werden. Mit anderen Worten: Streichen Sie die Doppelbindungen zu den Sauerstoffatomen und verbinden Sie die Kohlenstoffatome mit einer Doppelbindung. (Beachten Sie, dass das „rückwärts arbeiten“ (auch Retrosynthese genannt) durch einen offenen Pfeil angezeigt wird.)

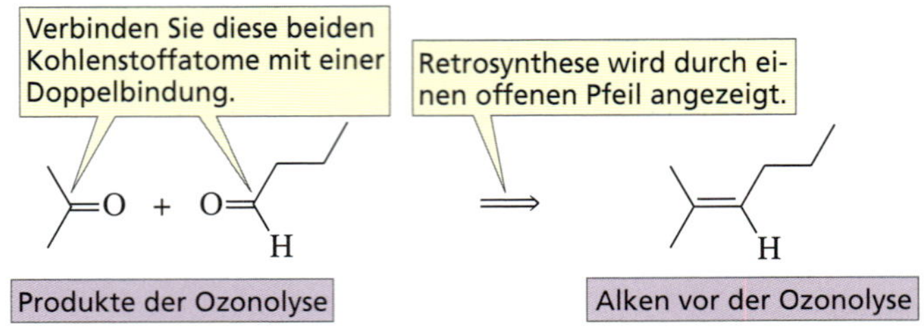

Ü 31*

(a) Welches Alken würde bei oxidativer Spaltung nur ein Keton mit drei Kohlenstoffatomen ergeben?

(b) Welches Alken würde bei oxidativer Spaltung nur ein Aldeyhd mit vier Kohlenstoffatomen ergeben?

Ü 32* Über welchen Aspekt der Struktur eines Alkens kann man durch Ozonolyse nichts herausfinden?

Ü 33 mit Lösung

(a) Das folgende Produkt wurde durch die Ozonolyse eines Alkens und folgender Behandlung mit Dimethylsulfid erhalten. Welche Struktur hatte das Alken?

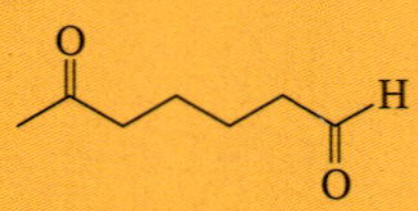

(b) Die folgenden Verbindungen wurden nach oxidativer Spaltung eines Diens erhalten. Welche Struktur hatte das Alken?

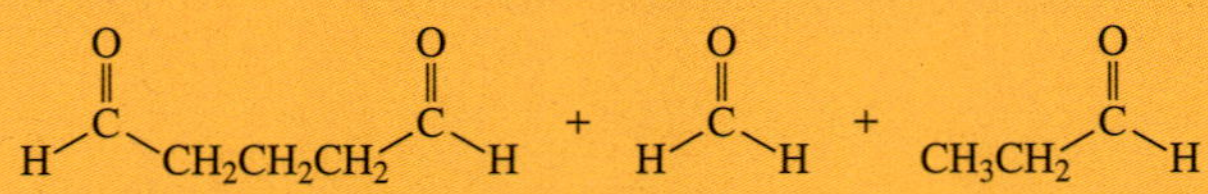

Lösung zu 33(a)

Da nur ein Produkt gebildet wurde, muss der Reaktant ein zyklisches Alken sein. Das Nummerieren des Produkts zeigt, dass sich die Carbonylgruppen an C-1 und C-6 befinden, also muss sich dort die Doppelbindung befunden haben.

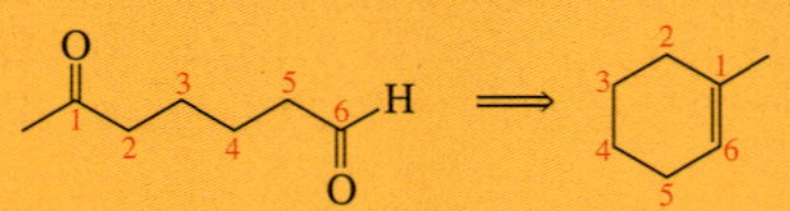

Lösung zu 33(b)

Das Produkt mit fünf Kohlenstoffatomen und zwei Carbonylgruppen legt die Vermutung nahe, dass das Dien zwei Kohlenstoffatome enthalten muss, die von zwei Doppelbindungen flankiert werden.

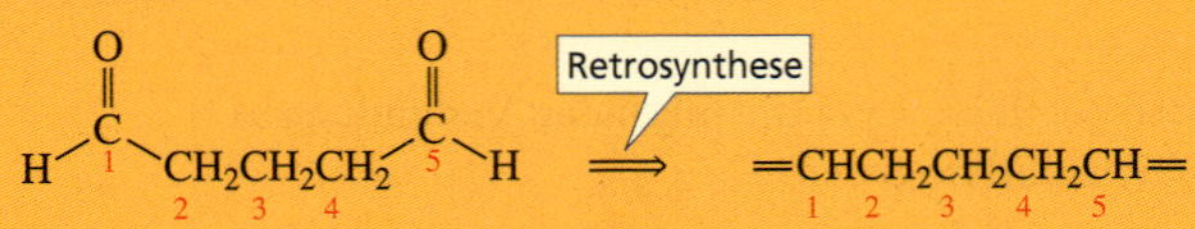

Eines der beiden Produkte hat nur ein Kohlenstoffatom, das andere drei. Daher muss auf einer Seite des Diens ein Kohlenstoffatom angefügt werden und auf der anderen Seite müssen drei Kohlenstoffatome angefügt werden.

$$CH_2{=}CHCH_2CH_2CH_2CH{=}CHCH_2CH_3$$

Ü 34 Die folgenden Verbindungen wurden nach oxidativer Spaltung eines Diens erhalten. Welche Struktur hatte das Alken?

(a) 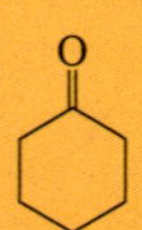 **(b)** 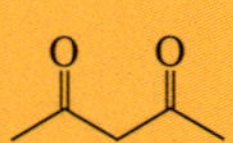 **(c)** 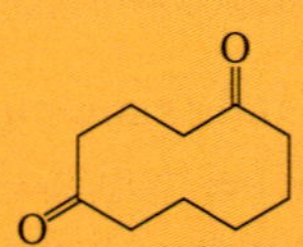

Die Stereochemie von Reaktionen: Regioselektive, stereoselektive und stereospezifische Reaktionen 6.12

Als wir uns mit elektrophilen Additionsreaktionen an Alkenen beschäftigten, haben wir uns den schrittweisen Prozess, durch den die Reaktionen ablaufen (den Mechanismus einer Reaktion) angeschaut und die auftretenden Produkte analysiert. Wir haben jedoch die Stereochemie der Reaktionen außer Acht gelassen.

Die **Stereochemie** ist ein Gebiet, das sich mit der Struktur von Molekülen in den drei Dimensionen des Raumes befasst. Wenn wir den stereochemischen Verlauf einer Reaktion untersuchen, beschäftigen uns die folgenden Fragen:

1. Falls ein *Reaktionsprodukt* in Form von zwei oder mehr Stereoisomeren existieren kann, führt dann die Reaktion zur Bildung eines einzelnen Stereoisomers, zur Bildung eines bevorzugten Satzes von Stereoisomeren oder zur Bildung aller möglichen Stereoisomere?
2. Falls Stereoisomerie beim *Reaktanten* möglich ist, reagieren dann alle Stereoisomere unter Bildung derselben stereoisomeren Produkte, oder führt jede Reaktantform zu einem anderen Stereoisomer oder einem unterschiedlichen Satz von Stereoisomeren?

Bevor wir den stereochemischen Verlauf der elektrophilen Addition untersuchen können, müssen wir uns zuvor mit einigen Begriffen vertraut machen, die bei der Beschreibung des stereochemischen Verlaufs von Reaktion zum Tragen kommen.

Wir haben gelernt, dass eine **regioselektive** Reaktion eine solche ist, bei der zwei *Konstitutionsisomere* als Produkte aus einer Reaktion hervorgehen können, eines der Isomere aber in größerer Menge erhalten wird als das andere (Abschnitt 6.4). Eine regioselektive Reaktion selektiert mit anderen Worten auf ein bestimmtes Konstitutionsisomer. Erinnern Sie sich daran, dass eine Reaktion *mäßig regioselektiv, hochgradig regioselektiv* oder *vollständig regioselektiv* verlaufen kann, abhängig davon, in welchen relativen Mengen die Konstitutionsisomere in der betreffenden Reaktion gebildet werden.

MERKE!

Eine regioselektive Reaktion führt zur Bildung einer größeren Menge eines Konstitutionsisomers gegenüber einem anderen.

Eine regioselektive Reaktion

Konstitutionsisomere

A ⟶ B + C

Es wird mehr B als C gebildet.

Stereoselektivität ist ein ähnlich gearteter Begriff, doch bezieht er sich auf die bevorzugte Bildung eines *Stereoisomers* anstelle eines *Konstitutionsisomers*. Eine stereoselektive Reaktion bildet ein Stereoisomer bevorzugt. Mit anderen Worten selektiert sie ein bestimmtes Stereoisomer. Abhängig vom Grad der Bevorzugung eines bestimmten Stereoisomers, lässt sich eine Reaktion als *mäßig stereoselektiv, hochgradig stereoselektiv* oder *vollständig stereoselektiv* beschreiben.

MERKE!

Eine stereoselektive Reaktion führt zur Bildung einer größeren Menge eines Stereoisomers im Vergleich zu einem anderen.

Eine stereoselektive Reaktion

Stereoisomere

A ⟶ B + C

Es wird mehr B als C gebildet.

Eine Reaktion heißt **stereospezifisch**, wenn der *Reaktant* in Form von Stereoisomeren vorkommen kann und jeder stereoisomere Ausgangsstoff zu einem

MERKE!

Bei einer stereospezifischen Reaktion führt jedes Stereoisomer zur Bildung eines stereochemisch unterschiedlichen Produktes oder eines stereochemisch unterschiedlichen Satzes von Produkten.

MERKE!

Eine stereospezifische Reaktion ist auch stereoselektiv. Eine stereoselektive Reaktion ist nicht notwendigerweise auch stereospezifisch.

stereochemisch verschiedenen Produkt oder einem stereochemisch verschiedenen Satz von Produkten führt.

Stereospezifische Reaktionen

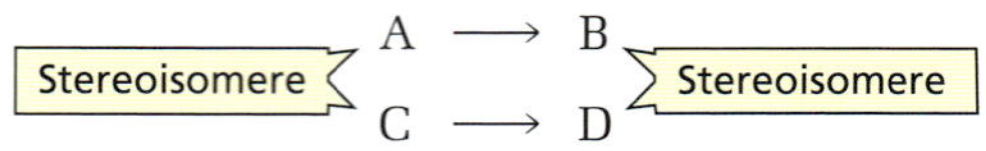

In der vorausgegangenen Reaktion führt Stereoisomer A zur Bildung von Stereoisomer B, aber nicht von D; die Reaktion ist also nicht nur stereospezifisch, sondern darüber hinaus auch stereoselektiv. *Alle stereospezifischen Reaktionen sind somit auch stereoselektiv. Es sind jedoch umgekehrt nicht alle stereoselektiven Reaktionen auch stereospezifisch,* weil es stereoselektive Reaktionen gibt, deren Reaktanten keine Stereoisomere haben.

Ü 35* Welche Eigenschaften muss der Reaktant einer stereospezifischen Reaktion aufweisen?

Die Stereochemie der elektrophilen Additionsreaktionen 6.13

Da wir nunmehr mit der elektrophilen Addition sowie mit Stereoisomeren (Kapitel 4) vertraut sind, können wir die beiden Konzepte vereinen und uns dem stereochemischen Verlauf der elektrophilen Addition zuwenden. Wir wenden uns mit anderen Worten den Stereoisomeren zu, die im Verlauf dieses Kapitels kennengelernt haben.

Wir wissen, dass bei der Reaktion eines Alkens mit einem elektrophilen Reagenz wie HBr das Hauptprodukt der Reaktion dasjenige ist, bei dem das Elektrophil (H^+) an dasjenige sp^2-hybridisierte C-Atom gebunden wird, das die größere Zahl H-Atome gebunden hält, und das Nucleophil (Br^-) an das andere sp^2-Kohlenstoffatom gebunden wird (Abschnitt 6.4). Beispielsweise ist das Hauptprodukt der Reaktion von Propen mit HBr das 2-Brompropan. Dieses besondere Produkt besitzt keine Stereoisomere, da es kein asymmetrisch substituiertes C-Atom enthält. Daher muss uns der stereochemische Verlauf dieser Reaktion nicht weiter kümmern.

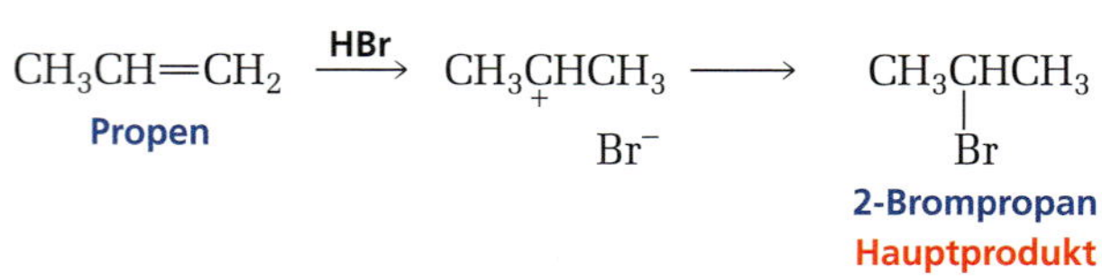

Falls jedoch die Reaktion zu einem Produkt mit einem Chiralitätszentrum führt, müssen wir wissen, welche Stereoisomere gebildet werden. Wie lautet die Konfiguration des Produktes? Erhalten wir das *R*-Enantiomer, das *S*-Enantiomer, oder beide?

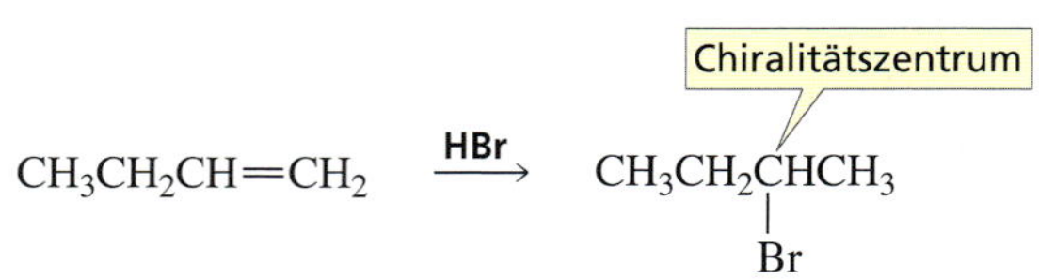

Bei der Erörterung des stereochemischen Verlaufs der elektrophilen Addition werden wir zunächst Reaktionen betrachten, die zu einem Produkt mit einem Chiralitätszentrum führen. Danach werden wir Reaktionen betrachten, die zu einem Produkt mit zwei Chiralitätszentren führen.

Die Stereochemie der Additionsreaktionen, die ein Produkt mit einem asymmetrisch substituierten Chiralitätszentrum bilden

Wenn ein Reaktant, der *kein* Chiralitätszentrum enthält, eine Reaktion durchläuft, die zur Bildung eines Produktes mit *einem* Chiralitätszentrum führt, ist das Produkt ein racemisches Gemisch. Beispielsweise führt die Reaktion von 1-Buten mit HBr zu gleichen Teilen von (*R*)-2-Brombutan und (*S*)-2-Brombutan. Eine elektrophile Addition, die von einem Reaktanten ohne jedes asymmetrisch substituierte Kohlenstoffatom zu einem Produkt mit einem asymmetrisch substituierten Kohlenstoffatom führt, ist nicht stereoselektiv, da sie nicht auf ein bestimmtes Stereoisomer selektiert. Warum ist das so?

Die Additionsreaktion führt zur Bildung einer Carbokation-Zwischenstufe (Intermediat). Das positiv geladene Kohlenstoffatom ist sp^2-hybridisiert, also liegen die drei an es gebundenen weiteren Atome in einer Ebene (Abschnitt 1.10). Wenn sich das Bromidion dem positiv geladenen C-Atom von oberhalb der Ebene nähert, wird das eine Enantiomer gebildet; wenn es sich aber von unterhalb der Molekülebene nähert, wird das andere Enantiomer gebildet. Da das Bromidion von beiden Seiten der Molekülebene einen gleich guten Zugang hat, werden durch die Reaktion gleiche Mengen des *R*- und des *S*-Enantiomers gebildet (▶ Abbildung 6.5).

MERKE!

Eine racemische Mischung enthält gleiche Anteile von zwei Enantiomeren.

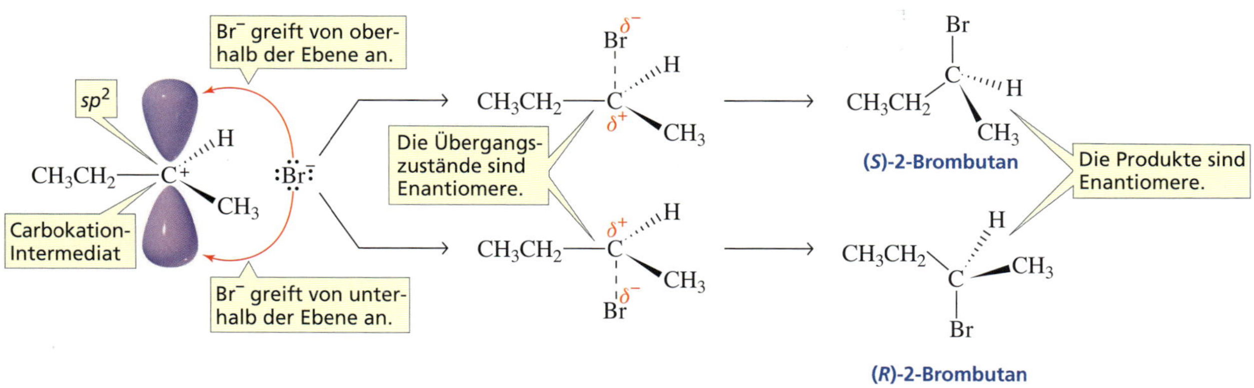

Abbildung 6.5: Da die Reaktionsprodukte Enantiomere sind, sind die Übergangszustände, die zu den Produkten führen, auch Enantiomere. Daher haben die beiden Übergangszustände die gleiche Stabilität, so dass die beiden Produkte mit der gleichen Geschwindigkeit gebildet werden. Das Produkt ist daher eine racemische Mischung.

Eine racemische Mischung wird bei jeder Reaktion gebildet, bei der ein Produkt mit Chiralitätszentrum aus einem Reaktanten ohne Chiralitätszentrum entsteht.

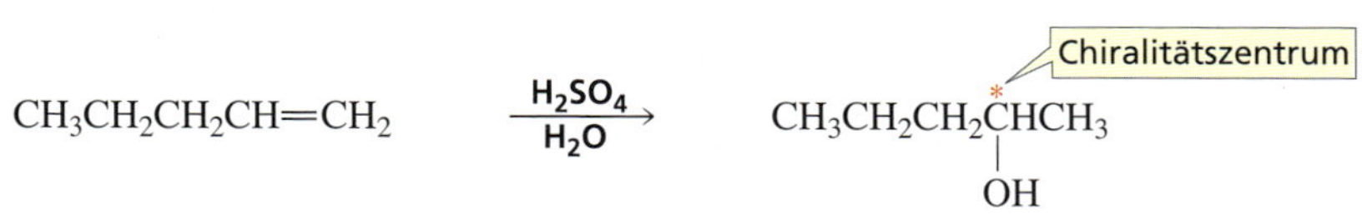

MERKE!

Wenn ein Reaktant ohne Chiralitätszentrum ein Produkt mit einem Chiralitätszentrum bildet, ist das Produkt immer eine racemische Mischung.

Die Produkte dieser Reaktion haben die folgende Konfiguration:

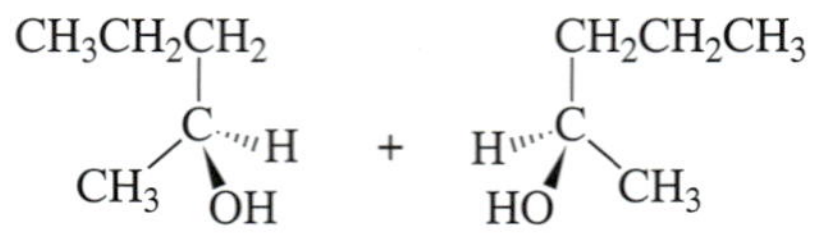

(*S*)-2-Pentanol (*R*)-2-Pentanol

Beachten Sie, dass das gleiche Produkt aus den *E*- und *Z*-Isomeren eines Alkens gebildet wird, da beide dasselbe Carbokation bilden. Da bei der Reaktion ein neues Chiralitätszentrum gebildet wird, ist das Produkt eine racemische Mischung. Die Reaktion ist also weder stereoselektiv noch stereospezifisch.

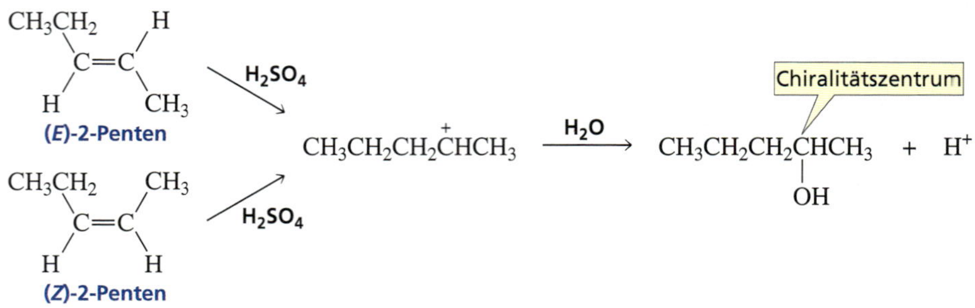

Ü 36*

(a) Ist die Reaktion von 2-Buten mit HBr regioselektiv?
(b) Ist sie stereoselektiv?
(c) Ist sie stereospezifisch?
(d) Ist die Reaktion von 1-Buten mit HBr regioselektiv?
(e) Ist sie stereoselektiv?
(f) Ist sie stereospezifisch?

Ü 37 Welche Stereoisomere entstehen bei jeder der folgenden Reaktionen?

(a) $CH_3CH_2CH_2CH{=}CH_2 \xrightarrow{HCl}$

(b) 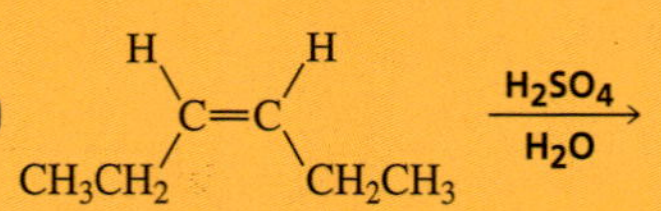

(c) 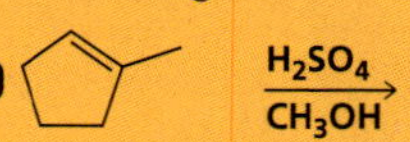

(d) 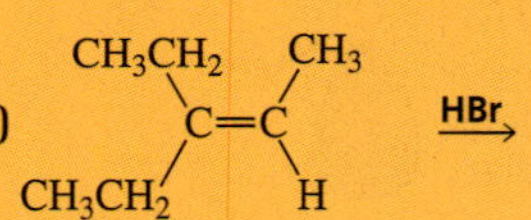

Falls eine Reaktion ein asymmetrisch substituiertes C-Atom in einer Verbindung erzeugt, die bereits ein Chiralitätszentrum besitzt, wird ein Diastereomerenpaar gebildet.

Sehen wir uns als Beispiel die folgende Reaktion an: Da keine der Bindungen an dem asymmetrisch substituierten C-Atom des Reaktanten im Verlauf der Additionsreaktion mit wird, ändert sich die Konfiguration an diesem asymmetrisch substituierten Kohlenstoffatom nicht. Das Chloridion kann sich der planaren carbokationischen Zwischenstufe sowohl von oben als auch von unten her nähern. Dabei wird ein neues Chiralitätszentrum geschaffen; es werden also zwei Stereoisomere gebildet. Die Stereoisomere sind Diastereomere, da eines der asymmetrisch substituierten C-Atome in beiden Isomeren dieselbe Konfiguration besitzt und an dem anderen asymmetrisch substituierten C-Atom in den beiden Isomeren entgegengesetzte Konfigurationen vorliegen.

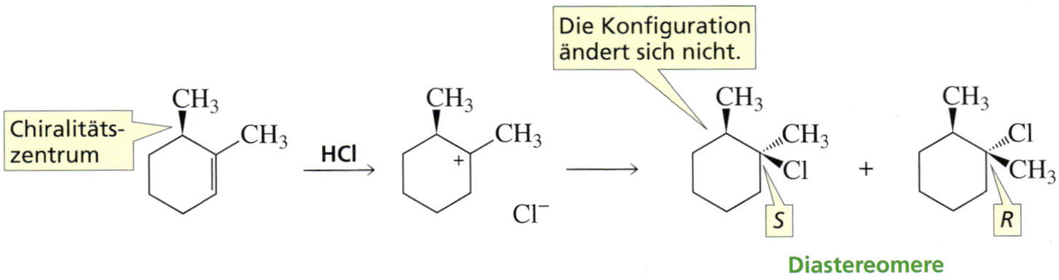

Da die Produkte der vorausgegangenen Reaktion Diastereomere sind, muss der Übergangszustand, der zu ihnen führt, ebenfalls diastereomer sein. Die beiden Übergangszustände werden folglich nicht die gleiche Stabilität besitzen, so dass die beiden Diastereomere in unterschiedlichen relativen Mengen gebildet werden. Die Reaktion ist stereoselektiv – von dem einen Stereoisomer wird mehr gebildet als von dem anderen.

MERKE!

Wenn ein Reaktant ohne Chiralitätszentrum ein Produkt mit *zwei* Chiralitätszentren bildet, ist das Produkt eine Mischung von Diastereomeren mit ungleichen Anteilen.

Ü 38 mit Lösung

Welches Produkt wird bevorzugt von der obigen Reaktion gebildet?

Lösung

Die Methylgruppe am sp^3-Kohlenstoffatom im Reaktanten zeigt nach oben, also übt sie eine sterische Abschirmung auf den Angriff des Chloridions von oben aus. Daher ist das bevorzugt Produkt dasjenige, bei dem das Chloridion von unten angreift.

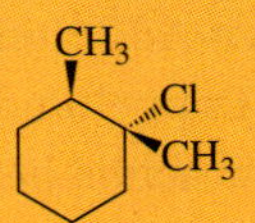

Die Stereochemie der Additionsreaktionen, die ein Produkt mit zwei Chiralitätszentren bilden

Wenn ein Reaktant, der keine asymmetrisch substituierten Kohlenstoffatome enthält, eine Reaktion durchläuft, die zur Bildung eines Produktes mit *zwei* Chiralitätszentren führt, sind die Stereoisomere, die gebildet werden, vom Mechanismus der Reaktion abhängig.

Additionsreaktionen, die ein Carbokation-Intermediat bilden

Falls als Ergebnis einer Addition mit einem Carbokation als Intermediat *zwei asymmetrisch substituierte Kohlenstoffatome* erzeugt werden, können als Produkte *vier Stereoisomere* entstehen.

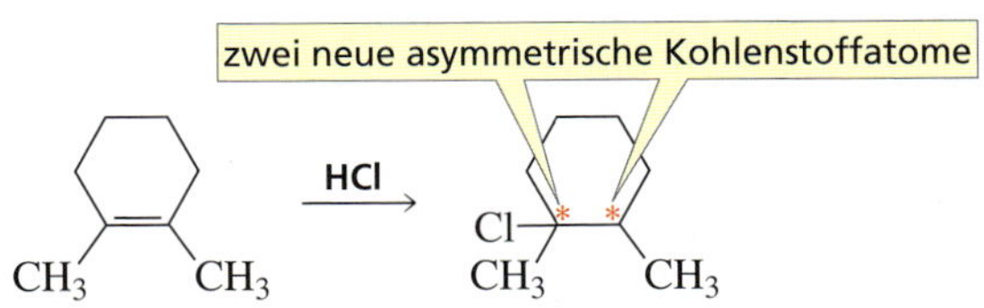

Lassen Sie uns nun anschauen, warum vier Stereoisomere gebildet werden. Im ersten Schritt der Reaktion kann das Wasserstoffion die Ebene der doppelt gebundenen Kohlenstoffatome des Alkens von oberhalb oder unterhalb angreifen, um das Carbokation zu bilden. Nachdem das Carbokation gebildet ist, kann das Chloridion sich dem positiv geladenen C-Atom von oben oder von unten her nähern. Als Endergebnis können vier Stereoisomere entstehen:

Das Wasserstoffion und das Chloridion können sich oben/oben, oben/unten, unten/oben und unten/unten addieren. Als Produkt können daher vier Stereoisomere erhalten werden.

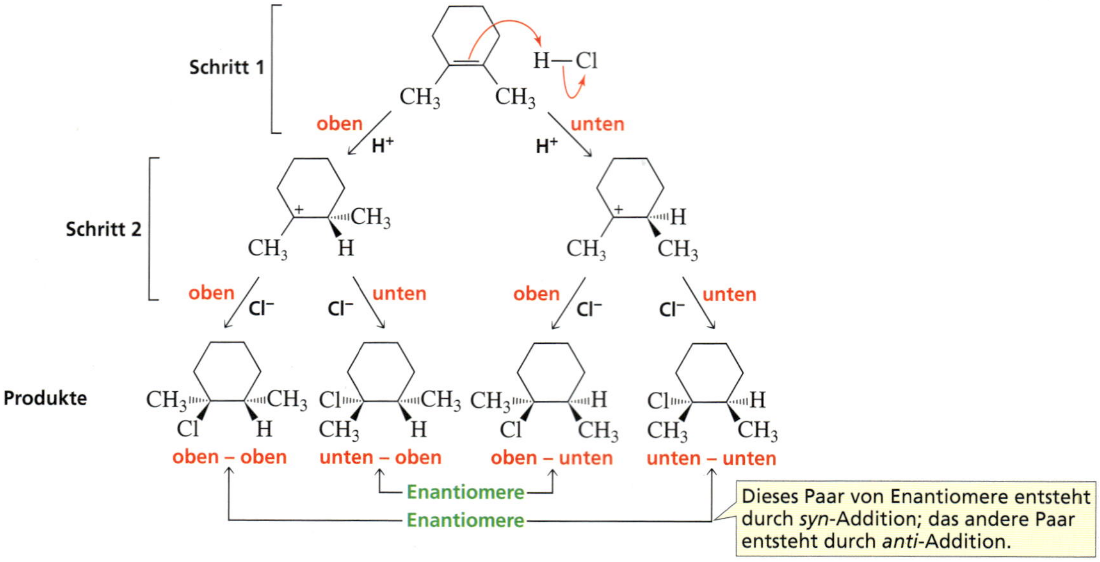

MERKE!

Wenn eine Additionsreaktion, die zur Bildung von zwei neuen Chiralitätszentren führt, über ein Carbokation verläuft, bilden sich vier Stereoisomere.

Wenn die beiden Substituenten an dieselbe Seite der Doppelbindung addiert werden, spricht man von einer ***syn*-Addition**. Wenn die beiden Substituenten an gegenüberliegende Seiten der Doppelbindung addiert werden, spricht man von einer ***anti*-Addition**. Man beobachtet bei Additionen an Alkene, die über ein Carbokation als Zwischenstufe verlaufen, sowohl *syn*- wie *anti*-Additionen. Da die vier Stereoisomere, die aus einem *cis*-Alken entstehen, mit den vier Stereoisomeren, die aus einem *trans*-Alken entstehen, identisch sind, ist die Reaktion nicht stereospezifisch.

Ü 39 mit Lösung

Benutzen Sie perspektivische Formeln um die Produkte der Reaktion von (*Z*)-3,4-Dimethyl-3-hexen mit HCl zu zeichnen.

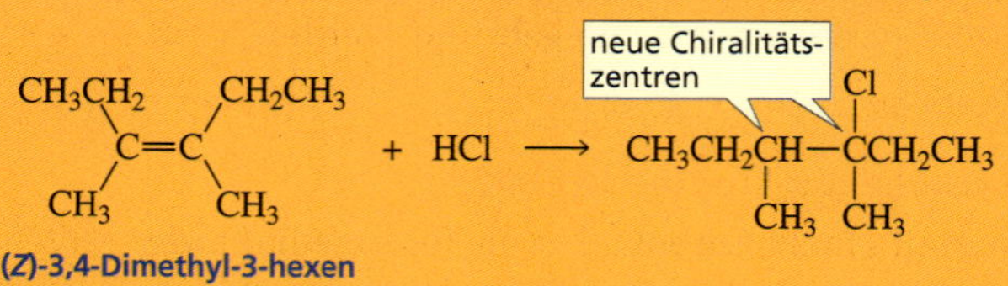

Da bei der Reaktion ein Carbokation-Intermediat und zwei neue Stereozentren entstehen, können bis zu vier Stereozentren gebildet werden. Zeichnen Sie zunächst die Bindungen um die Chiralitätszentren. (Beachten Sie, dass die Linien in der Ebene benachbart sein müssen und dass der gestrichelte Keil über dem gefüllten Keil liegen muss.) Fügen Sie die Gruppen in beliebiger Reihenfolge hinzu; zeichnen Sie dann das Spiegelbild dieser Struktur.

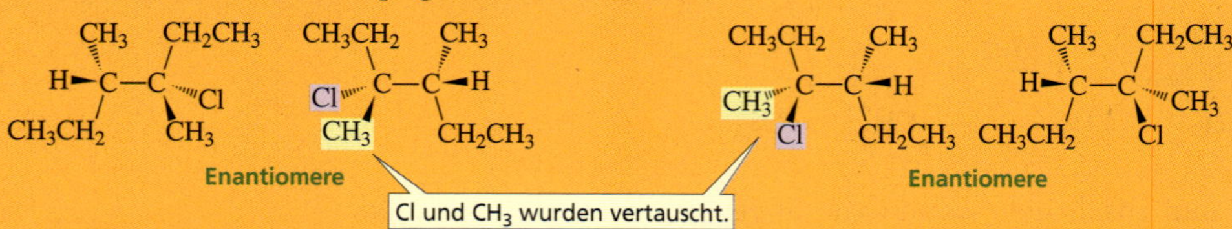

Zeichnen Sie nun die dritte Struktur, indem Sie zwei beliebige Gruppen in einer der beiden Strukturen vertauschen. Zeichnen sie anschließend auch das Spiegelbild dieser Struktur.

Da die vier Stereosiomere, die aus dem *cis*-Alken gebildet werden, identisch mit den Stereoisomeren sind, die aus dem *trans*-Alken entstehen, ist die Reaktion nicht stereospezifisch.

Die Stereochemie der Wasserstoffaddition

Wir haben bereits gesehen, dass bei einer katalytischen Hydrierung das Alken auf der Oberfläche eines metallischen Katalysators sitzt, und beide Wasserstoffatome addieren sich auf derselben Seite an die Doppelbindung (Abschnitt 5.9). Die Addition von H_2 an ein Alken ist darum eine *syn*-Addition.

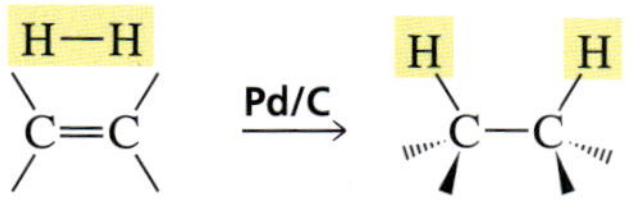

Die Addition von H_2 ist eine *syn*-Addition.

Falls die Addition von Wasserstoff an ein Alken zu einem Produkt mit zwei asymmetrisch substituierten Kohlenstoffatomen führt, werden nur zwei der vier theoretisch möglichen Stereoisomere gebildet, weil nur die *syn*-Addition ablaufen kann.

Die anderen beiden Stereoisomere müssten aus der *anti*-Addition hervorgehen. Ein Stereoisomer resultiert aus der Addition beider H-Atome von oberhalb der Ebene der Doppelbindung her; das andere Stereoisomer resultiert aus der Addition beider H-Atome von unterhalb der Ebene. Das spezielle Stereoisomerenpaar, das gebildet wird, hängt davon ab, ob der Reaktant ein *cis*- oder ein *trans*-Alken ist. Die *syn*-Addition von H_2 an ein *cis*-Alken führt nur zur Bildung des *Erythro*-Enantiomers. In Abschnitt 4.12 haben wir gelernt, dass die *Erythro*-Enantiomere diejenigen sind, bei denen in der ekliptischen Konformation identische Gruppen auf derselben Seite einer Kette von Kohlenstoffatomen stehen.

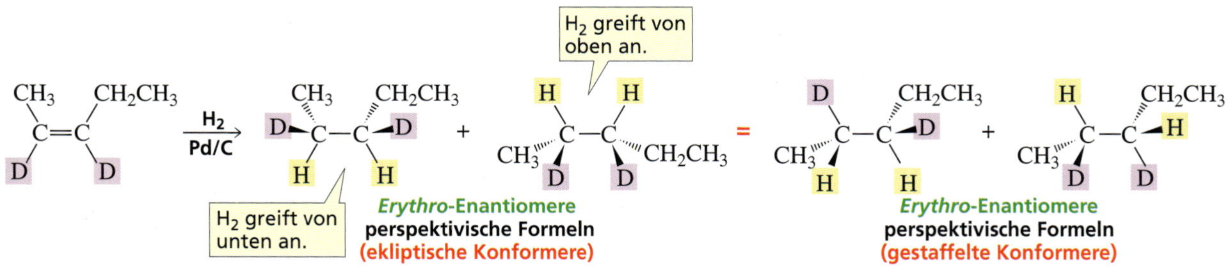

***Erythro*-Enantiomere** **perspektivische Formeln (ekliptische Konformere)**

***Erythro*-Enantiomere** **perspektivische Formeln (gestaffelte Konformere)**

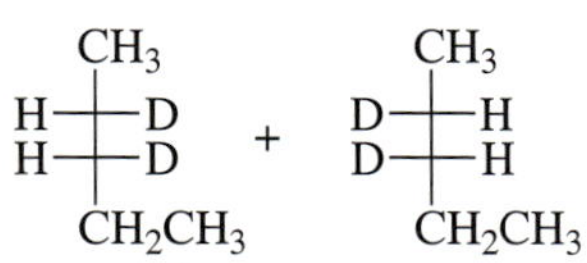

***Erythro*-Enantiomere**
Fischer-Projektionen

Falls jedes der beiden asymmetrisch substituierten Kohlenstoffatome an die gleichen vier Substituenten gebunden ist, wird anstelle der *Erythro*-Enantiomere eine Mesoform gebildet.

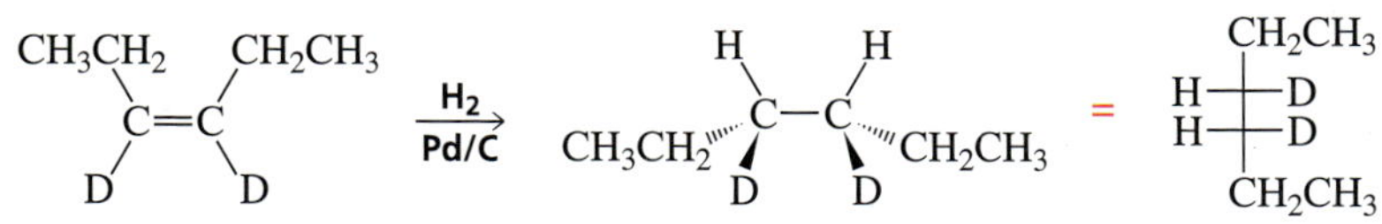

***cis*-2,3-Dideuterio-2-pentan** **Mesoverbindung**

Im Gegensatz dazu führt die *syn*-Addition von H_2 an ein *trans*-Alken nur zur Bildung der *Threo*-Enantiomere. Die Wasserstoffaddition ist somit eine stereospezifische Reaktion – das bei der Addition an ein *cis*-Isomer gebildete Produkt ist ein anderes als das Produkt, das man bei der Addition an ein *trans*-Isomer bekommt. Es handelt sich also auch um eine stereoselektive Reaktion, weil nicht alle möglichen Isomere gebildet werden; beispielsweise werden in der nachfolgenden Reaktion nur die *Threo*-Enantiomere gebildet.

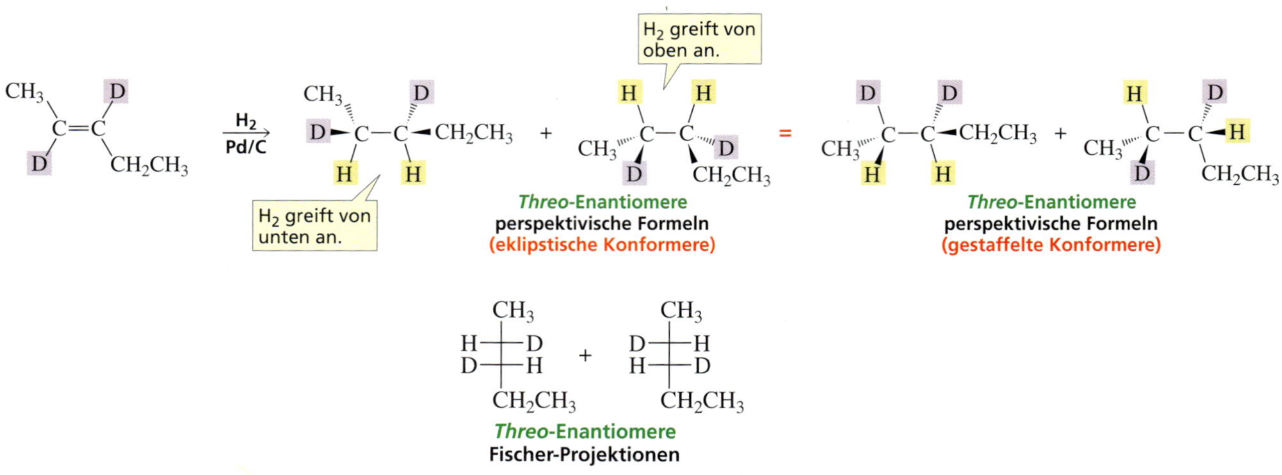

Wenn das Produkt eine zyklische Verbindung ist, führt die Addition von H_2 nur zur Bildung des *cis*-Enantiomers, da sich die beiden Wasserstoffatome auf der gleichen Seite der Doppelbindung anlagern. Sie können die Produkte der Reaktion bestimmen, indem Sie ein Produkt zeichnen, bei dem H_2 über der Ebene der ehemaligen Doppelbindung gebunden ist und eines, bei dem H_2 unter der Ebene der ehemaligen Doppelbindung gebunden ist.

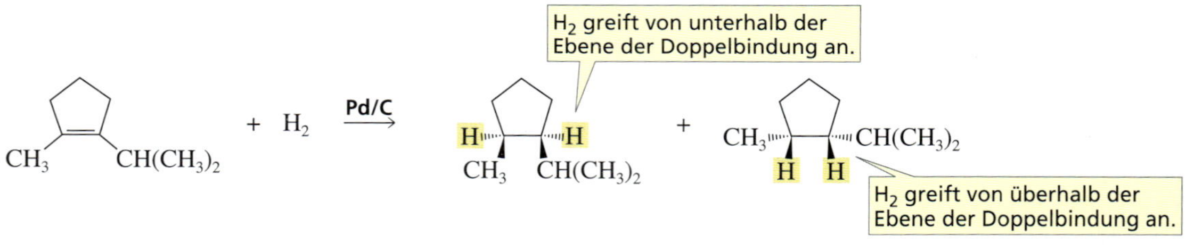

Sie können aber auch zuerst ein Produkt zeichnen, bei dem H_2 von oben oder unten angegriffen wurde, und dann das Spiegelbild dieses Moleküls zeichnen.

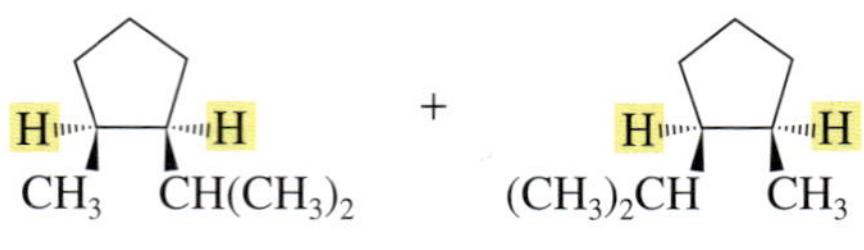

Jedes der beiden asymmetrisch substituierten Kohlenstoffatome im Produktmolekül der folgenden Reaktion ist an die gleichen vier Substituenten gebunden. Die *syn*-Addition führt darum zur Bildung einer Mesoform.

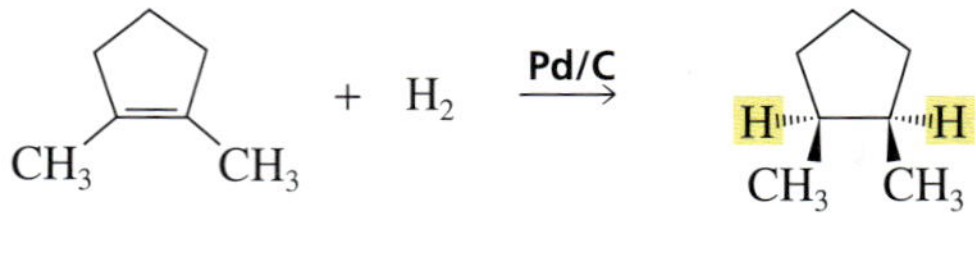

HINTERGRUND

■ Zyklische Alkene

Zyklische Alkene mit weniger als sieben Kohlenstoffatomen, wie Cyclopenten und Cyclohexen, liegen nur in der *cis*-Konfiguration vor, da sie nicht genug Kohlenstoffatome enthalten, um eine *trans*-Doppelbindung zu enthalten. Daher ist es nicht nötig, ihren Namen *cis* oder *trans* voranzustellen. Wenn der Ring sieben oder mehr Kohlenstoffatome aufweist sind beide Isomere möglich, also müssen sie im Namen spezifiziert werden.

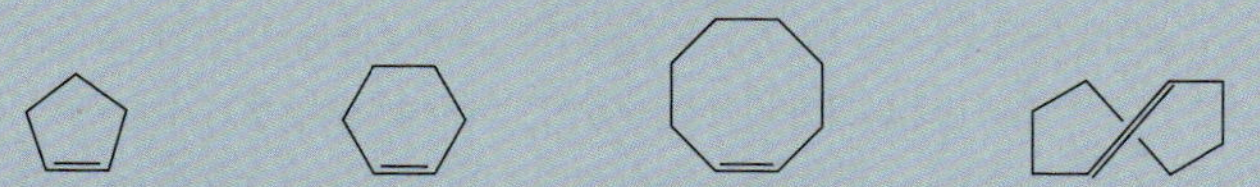

Cyclopenten   Cyclohexen   *cis*-Cycloocten   *trans*-Cycloocten

Ü 40 mit Lösung

(a) Welche Stereoisomere werden bei der folgenden Reaktion gebildet?

(b) Welches Stereoisomer wird in größerer Ausbeute gebildet?

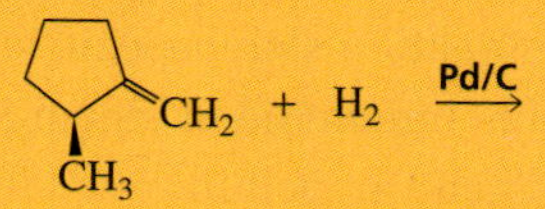

Lösung zu 40(a)

Bei der Reaktion bilden sich zwei Stereoisomere, da H_2 von oberhalb oder untenhalb der Ebene angreifen kann. Die Stereosiomere sind Diastereomere, da der Reaktant bereits ein Chiralitätszentrum aufweist und bei der Reaktion ein zweites Chiralitätszentrum gebildet wird.

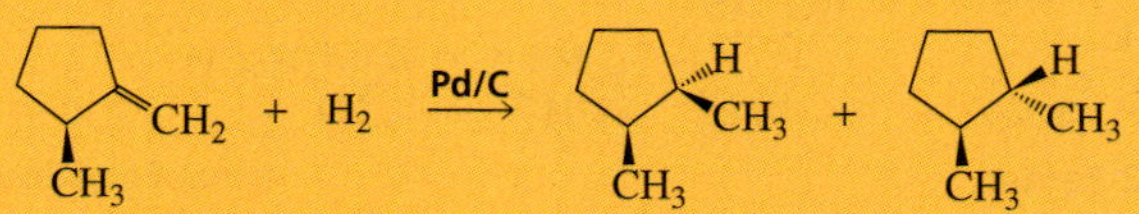

A   B

Lösung zu 40(b)

Da die beiden Meythylgruppen nach oben zeigen, hindern sie den Angriff von H_2 von dort. Daher ist A das Hauptprodukt, das von Angriff des H_2 von unterhalb der Ebene der Doppelbindung gebildet wird.

Die Stereochemie der Peroxycarbonsäureaddition

Die Addition einer Peroxycarbonsäure an ein Alken, bei der ein Epoxid entsteht (Abschnitt 6.1) ist eine konzertierte Reaktion: Das Sauerstoffatom lagert sich gleichzeitig an die beiden sp^2-hybridisierten Kohlenstoffatome an. Folglich muss es sich um eine *syn*-Addition handeln.

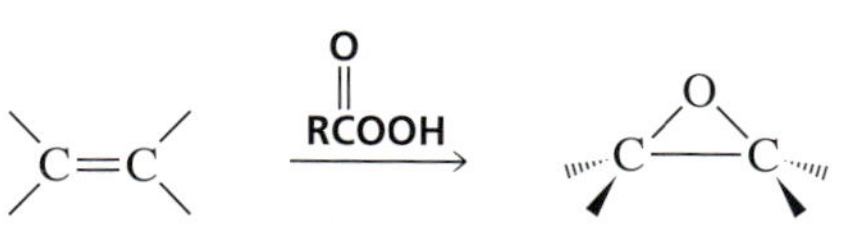

ein Alken   ein Epoxid

Die Addition einer Peroxycarbonsäure ist eine *syn*-Addition.

Das Sauerstoffatom kann sich von oberhalb oder unterhalb der Ebene nähern, welche die Doppelbindung enthält. Deshalb werden bei der Addition einer Peroxycarbonsäure an ein Alken zwei Stereoisomere gebildet. Die *syn*-Addition an ein *cis*-Alken bildet die *cis*-Enantiomere. Da nur die *syn*-Addition vorkommt, ist die Reaktion stereoselektiv. Sie können die Produkte zeichnen, indem Sie in einem Molekül Sauerstoff oberhalb der Ebene der ehemaligen Doppelbindung platzieren und im anderen Produkt unterhalb.

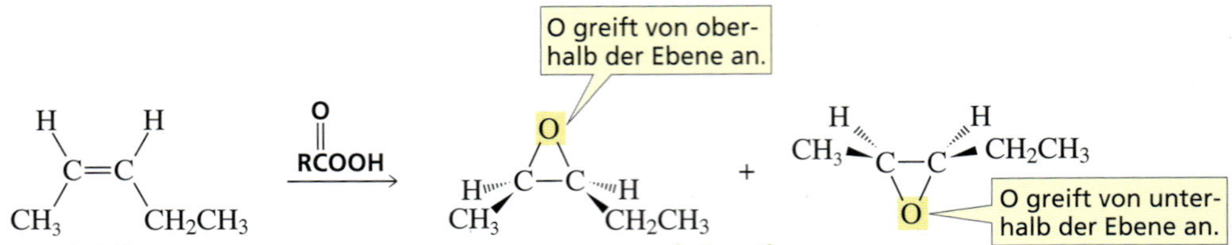

cis-2-Penten — *cis*-Enantiomere

Sie können auch nur eines der beiden Produkte zeichnen und dann das Spiegelbild dieses Moleküles bestimmen, um sein Enantiomer zu erhalten.

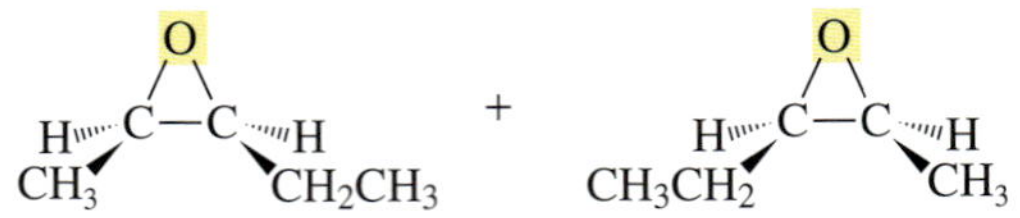

Die *syn*-Addition an ein *trans*-Alken bildet die *trans*-Enantiomere. Da das *cis*- und das *trans*-Isomer jeweils ein anderes Paar von Enantiomeren bilden, ist die Reaktion stereospezifisch. Auch hier können Sie die beiden Produkte zeichnen, indem Sie in einem Molekül das Sauerstoff oberhalb der Ebene der ehemaligen Doppelbindung platzieren und im anderen Produkt unterhalb.

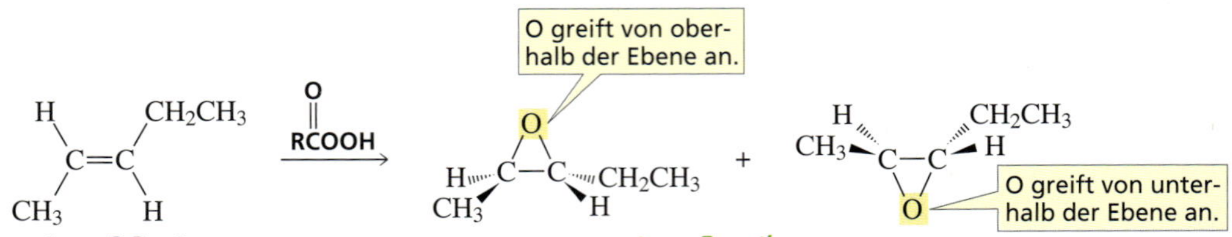

trans-2-Penten — *trans*-Enantiomere

Und auch hier können Sie alternativ einfach eines der beiden Produkte zeichnen und dann das Spiegelbild dieses Moleküls zeichnen, um sein Enantiomer zu erhalten.

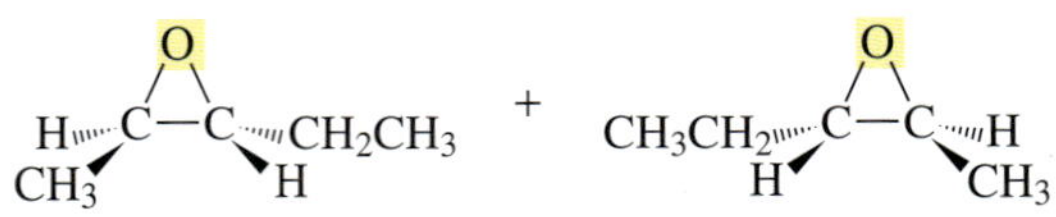

Bei der Addition einer Peroxycarbonsäure an *cis*-2-Buten entsteht eine Mesoform – jedes der beiden asymmetrisch substituierten Kohlenstoffatome ist mit den gleichen vier Gruppen verbunden (Abschnitt 4.14).

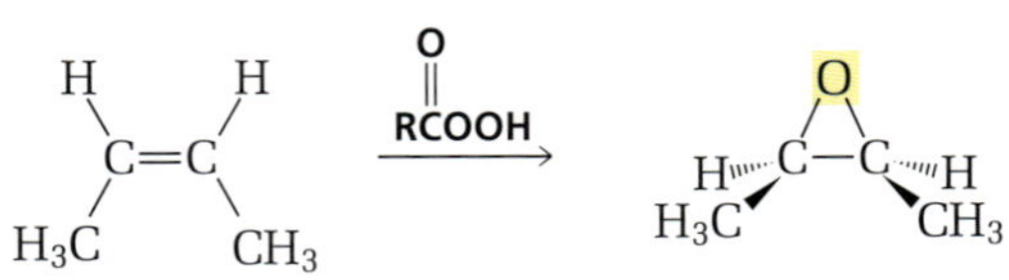

cis-2-Buten

Ü 41*

(a) Welches Alken benötigt man, um die folgenden Verbindungen zu synthetisieren?

1. 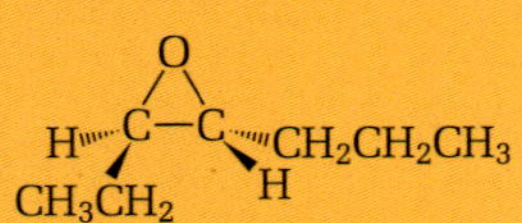

2. 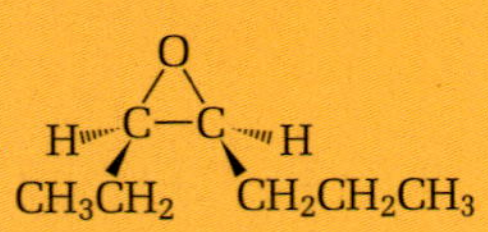

(b) Welches andere Epoxid entsteht dabei?

(c) Weisen Sie den Chiralitätszentren *R*- und *S*-Konfiguration zu.

Die Stereochemie der Hydroborierung-Oxidation

Die Addition von Boran an ein Alken (Abschnitt 6.8) ist ebenfalls eine konzertierte Reaktion. Das Bor und das Hydridion werden gleichzeitig an die beiden sp^2-Kohlenstoffatome der Doppelbindung addiert. Da die beiden Teilchen zeitgleich addiert werden, müssen sie sich an dieselbe Seite der Doppelbindung addieren. Die Addition von Boran an ein Alken ist daher wie die Addition von Wasserstoff eine *syn*-Addition.

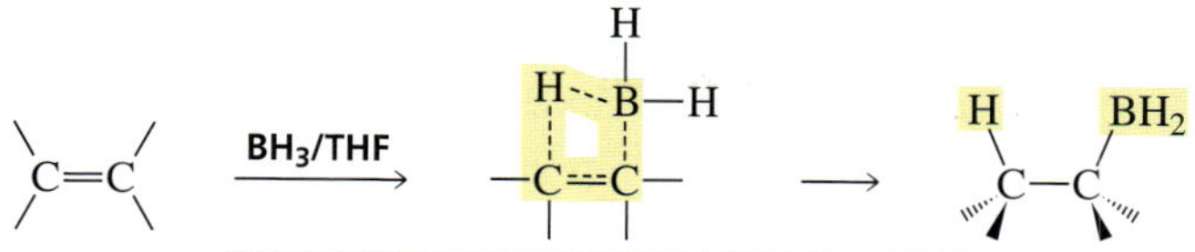

Die Addition von Boran ist eine *syn*-Addition.

Wenn das Alkylboran durch die Reaktion mit Wasserstoffperoxid und Hydroxidionen oxidiert wird, nimmt die OH-Gruppe genau die Position ein wie die Borgruppe, die sie ersetzt. Folglich entspricht die Hydroborierung-Oxidation insgesamt einer *syn*-Addition von Wasser an eine Kohlenstoff-Kohlenstoff-Doppelbindung.

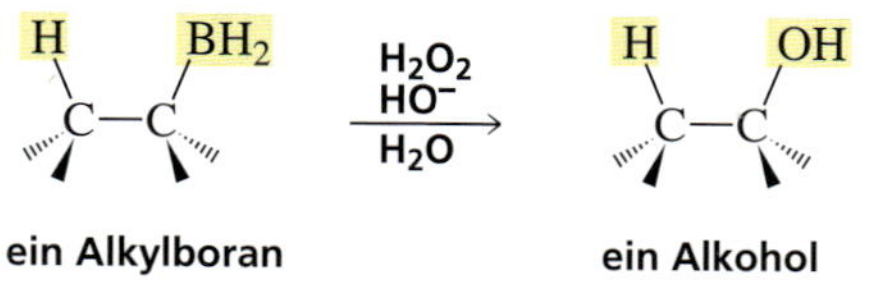

Die Hydroborierung-Oxidation ist eine *syn*-Addition von Wasser.

Da nur die *syn*-Addition abläuft, ist die Hydroborierung-Oxidation stereoselektiv – nur zwei der vier möglichen Stereoisomere werden gebildet. Wie wir bei der Addition von H_2 an ein Cycloalken gesehen haben, resultiert die *syn*-Addition in der Bildung von nur demjenigen Enantiomerenpaar, bei dem die neu hinzugetretenen Gruppen auf derselben Seite des Ringes stehen. Sie können ein Produkt der Reaktion zeichnen, indem Sie H und OH oberhalb der Ebene der ehemaligen Doppelbindung platzieren. Das andere Produkt können Sie zeichnen, indem Sie H und OH unterhalb der Ebene der ehemaligen Doppelbindung platzieren.

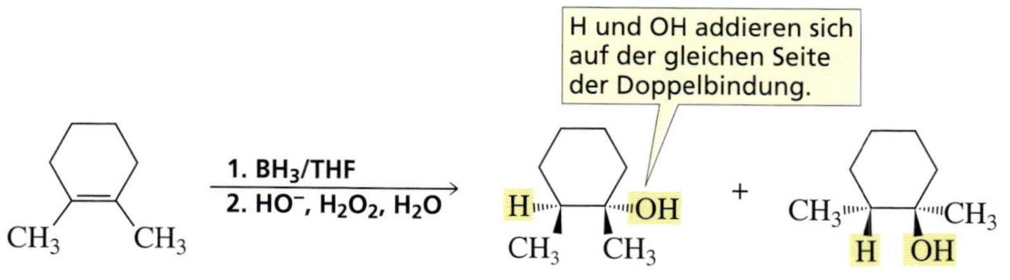

Auch hier können Sie auch das Spiegelbild eines der beiden Produkte zeichnen, um das andere Produkt zu erhalten.

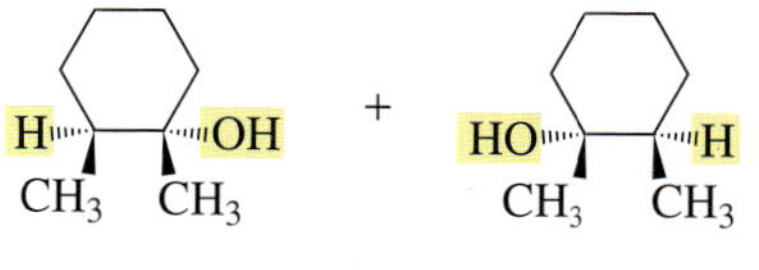

Ü 42* Welche Stereoisomere würde man aus der Hydroborierung-Oxidation der folgenden Verbindungen erhalten?

(a) Cyclohexen;
(b) 1-Ethylcyclohexen;
(c) *cis*-2-Buten;
(d) (*Z*)-3,4-Dimethyl-3-hexen.

Die Stereochemie von Additionsreaktionen mit einem zyklischen Bromonium- oder Chloroniumion als Zwischenstufe

Falls als Ergebnis einer Additionsreaktion mit einem Bromoniumion (oder Chloroniumion) als Zwischenstufe zwei asymmetrisch substituierte Kohlenstoffatome erzeugt werden, wird nur ein Enantiomerenpaar gebildet. Die Addition von Br_2 an das *cis*-Alken führt nur zur Bildung der *Threo*-Enantiomere.

Hinweis für die Studierenden

Falls Sie Probleme haben, das Produkt einer Reaktion zu bestimmen, nutzen Sie Modelle.

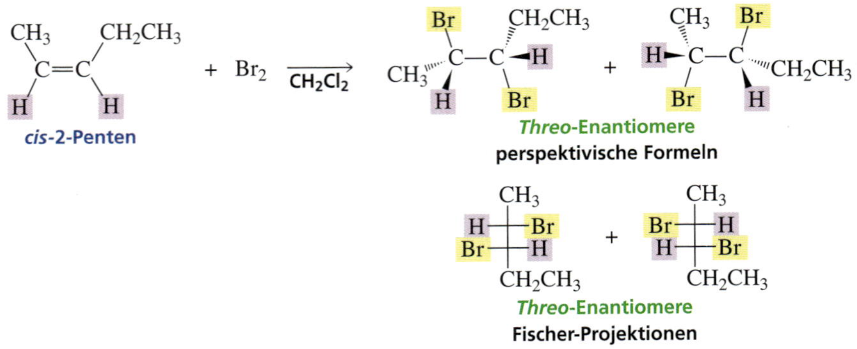

In gleicher Weise führt die Addition von Br_2 an ein *trans*-Alken nur zur Bildung der *Erythro*-Enantiomere. Da das *cis*- und das *trans*-Isomer verschiedene Produkte ergeben, ist die Reaktion sowohl stereospezifisch als auch stereoselektiv.

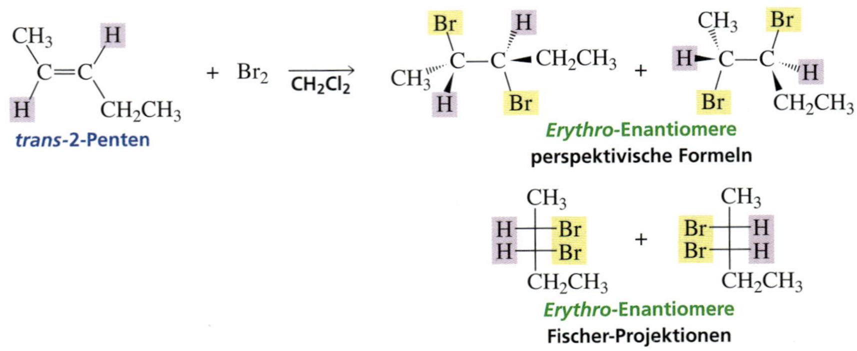

Da die Addition von Br_2 an ein *cis*-Alken zur Bildung der *Threo*-Enantiomere führt, wissen wir, dass die Addition von Br_2 ein Beispiel für eine *anti*-Addition ist, weil im Fall der *syn*-Addition an ein *cis*-Alken die *Erythro*-Enantiomere gebildet worden wären. Die Addition von Br_2 verläuft anti, weil die Zwischenstufe der Reaktion ein zyklisches Bromoniumion ist (► Abbildung 6.6).

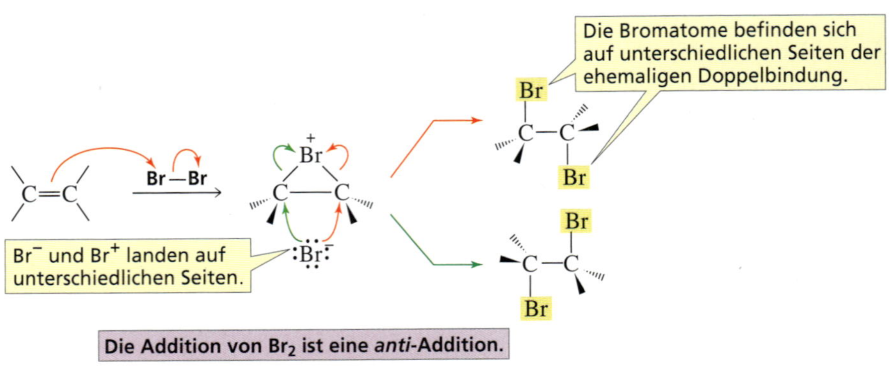

Abbildung 6.6: Im ersten Schritt der Reaktion wird ein zyklisches Bromoniumion gebildet (Abschnitt 6.9). Da das Bromatom eine Seite des Intermediats blockiert, muss Br^- sich von der anderen Seite annähern (am grünen oder roten Pfeil entlang). Daher kann nur die *anti*-Addition von Br_2 ablaufen (die beiden Bromatome landen auf unterschiedlichen Seiten der Doppelbindung), also entstehen nur zwei der vier möglichen Stereoisomere.

Falls die beiden asymmetrisch substituierten C-Atome im Produktmolekül jeweils die gleichen vier Substituenten tragen, sind die *Erythro*-Isomere gleich und bilden eine Mesoverbindung. Die Addition von Br_2 an *trans*-2-Buten führt also zur Bildung einer Mesoform.

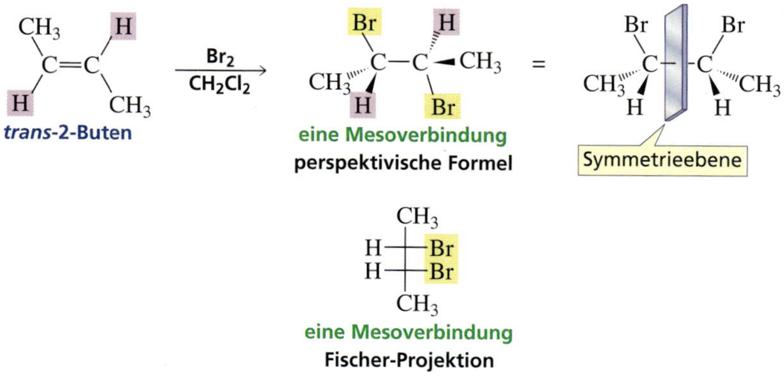

Da nur *anti*-Addition auftritt, führt die Addition von Br_2 an ein Cyclohexen(derivat) nur zur Bildung der Enantiomere, bei denen die Bromatome auf gegenüberliegenden Seiten des Ringes stehen.

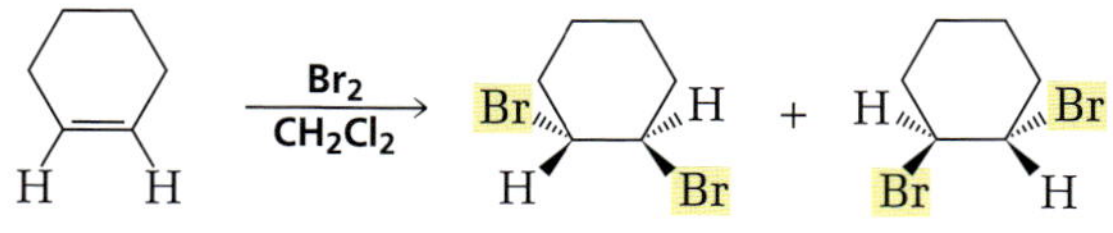

Eine Zusammenfassung der Stereochemie der Produkte, die man aus Additionsreaktionen an Alkenen erhält, können Sie ► Tabelle 6.1 entnehmen.

Reaktion	Additionstyp	Gebildetes Stereoisomer
Additionsreaktionen, die nur ein Chiralitätszentrum im Produkt bilden		Falls der Reaktant kein asymmetrisch substituiertes Kohlenstoffatom enthält und ein Chiralitätszentrum im Produkt erzeugt wird, wird ein Enantiomerenpaar gebildet. Falls der Reaktant ein asymmetrisch substituiertes Kohlenstoffatom enthält, werden ungleiche Mengen eines Diastereomerenpaares gebildet.
Additionsreaktionen, die zwei asymmetrisch substituierte Kohlenstoffatome im Produkt bilden		
Addition von Reagenzien, die Carbokationen als Zwischenstufe bilden	*syn* und *anti*	Vier Stereosiomere werden gebildet: Die *cis*- und *trans*-Isomere bilden das gleiche Produkt.
Addition von H_2 Addition einer Peroxysäure Addition von BH_3 und BHR_2	*syn* *syn* *syn*	*cis* ⟶ *Erythro*- oder *cis*-Enantiomere* *trans* ⟶ *Threo*- oder *trans*-Enantiomere
Addition von Br_2, $Br_2 + H_2O$, $Br_2 + ROH$ (jede Reaktion, die eine zyklische Bromoniumion- oder Chloroniumion-Zwischenstufe bildet)	*anti*	*cis* ⟶ *Threo*- oder *trans*-Enantiomere *trans* ⟶ *Erythro*- oder *cis*-Enantiomere*

* Eine azyklische Verbindung bildet die *Erythro*-Enantiomere; eine zyklische Verbindung bildet die *cis*-Enantiomere. Falls die beiden asymmetrisch substituierten Kohlenstoffatome die gleichen Substituenten tragen, resultiert eine Mesoform anstelle des *Erythro*-Enantiomerenpaares.

Tabelle 6.1: Stereochemie von Additionsreaktionen an Alkene.

Ü 43 Die Reaktion von 2-Ethyl-1-penten mit Br_2, mit H_2 + Pd/C oder mit R_2BH/THF, gefolgt von HO^- + H_2O_2 führt zu einem Racemat. Erklären Sie, warum Sie in jedem der Fälle ein Racemat erhalten.

Ü 44 mit Lösung

Wie könnten Sie am Beispiel des *trans*-2-Pentens nachweisen, dass die Addition von Brom (Br_2) mit einem zyklischen Bromoniumion als Zwischenstufe statt einem Carbokation als Zwischenstufe abläuft?

Lösung

Sie können zwischen den beiden Intermediaten unterscheiden, indem Sie die Zahl der Produkte der Reaktion bestimmen. Wenn ein zyklisches Intermediat gebildet wird, werden zwei Produke gebildet, da nur eine *anti*-Addition ablaufen kann. Wenn ein Carbokation als Zwischenstufe gebildet wird, werden vier Produkte entstehen, da sowohl *syn*- als auch *anti*-Additionen ablaufen können.

Eine Merkhilfe

Ein Weg, um zu ermitteln, welche Stereoisomere man aus vielen Reaktionen, die zur Bildung eines Produktes mit zwei asymmetrisch substituierten Kohlenstoffatomen führen, erhält, gibt die Eselsbrücke **CIS-SYN-(ERYTHRO** oder **CIS)** an, die leicht zu behalten ist, weil alle drei Begriffe den gleichen Aussagesinn haben: „Auf derselben Seite." Man kann zwei der Begriffe beliebig austauschen, jedoch nicht nur einen einzigen. Zum Beispiel sind **TRANS-ANTI-(ERYTHRO** oder **CIS)**, und **CIS-ANTI-(THREO** oder **TRANS)** erlaubt, **TRANS-SYN-(ERYTHRO** oder **CIS)** ist hingegen nicht erlaubt. Falls Sie also einen *cis*-Reaktanten haben, der eine Addition von Br_2 durchmacht (die *anti* verläuft), erhalten Sie die *Threo*-Produkte, wenn die Produkte azyklisch sind, und die *trans*-Produkte, wenn die Produkte zyklisch sind. Diese Eselsbrücke funktioniert für alle Reaktionen, die zu einem Produkt führen, dessen Struktur durch die Vorsilben *Threo*- bzw. *Erythro*- oder *cis*- bzw. *trans*- beschrieben werden kann.

STRATEGIEN ZUR PROBLEMLÖSUNG

■ Vorhersage der Stereoisomere, die man aus der Additionsreaktion von Alkenen erhält

Welche Stereoisomere würden Sie aus den folgenden Reaktionen erhalten:

(a) 1-Buten + H_2O + H_2SO_4
(b) Cyclohexen + HBr
(c) *cis*-3-Hepten + Br_2
(d) *trans*-3-Hexen + Br_2

Beginnen Sie, die Produkte ohne Rücksicht auf ihre Konfigurationen zu zeichnen, um zu überprüfen, ob die Reaktionen zur Erzeugung asymmetrisch substituierter C-Atome geführt haben. Bestimmen Sie dann die Konfigurationen der Produkte; achten Sie dabei – falls notwendig – auf die Konfiguration des Ausgangsstoffes (Reaktant), wie viele asymmetrisch substituierte Kohlenstoffatome erzeugt worden sind, sowie auf den Mechanismus der Reaktion. Beginnen wir mit Übung (a).

(a) $CH_3CH_2CH(OH)CH_3$

Das Reaktionsprodukt besitzt ein Chiralitätszentrum; es werden also gleiche Mengen des *R*- und des *S*-Enantiomers gebildet.

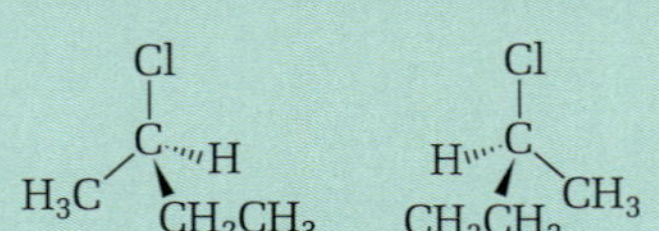

(b)

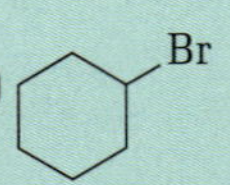

Das Produkt weist keine asymmetrisch substituierten C-Atome auf; es gibt also auch keine Stereoisomere.

(c) 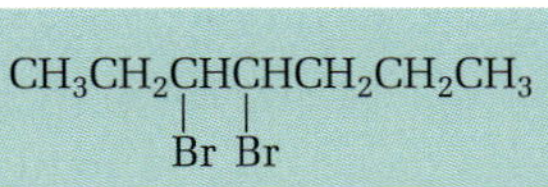

In diesem Produktmolekül sind zwei asymmetrisch substituierte Kohlenstoffatome erzeugt worden. Da der Reaktant das *cis*-Isomer ist und die Addition von Br_2 *anti* verläuft, werden die *Threo*-Enantiomere gebildet.

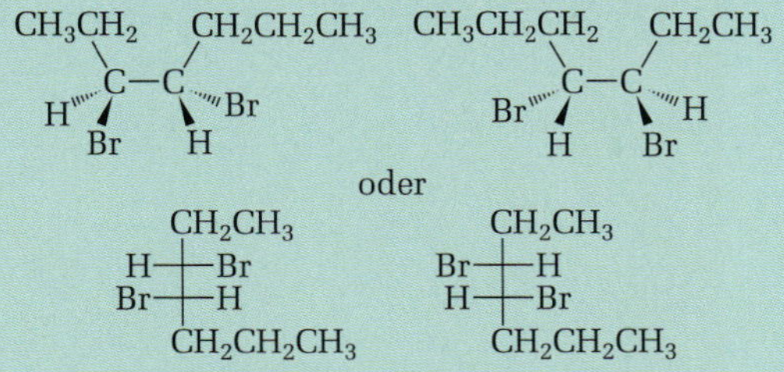

(d) 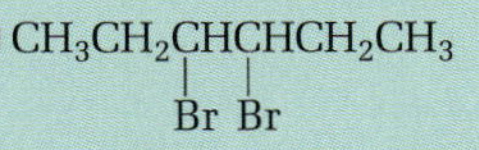

In diesem Produktmolekül sind zwei asymmetrisch substituierte Kohlenstoffatome erzeugt worden. Da der Reaktant das *trans*-Isomer ist und die Addition von Br_2 anti verläuft, würde man *Erythro*-Enantiomere erwarten. Da die beiden asymmetrisch substituierten C-Atome aber an die gleichen vier Gruppen gebunden sind, ist das *Erythro*-Produkt eine Mesoform. Es wird daher nur ein Stereoisomer gebildet.

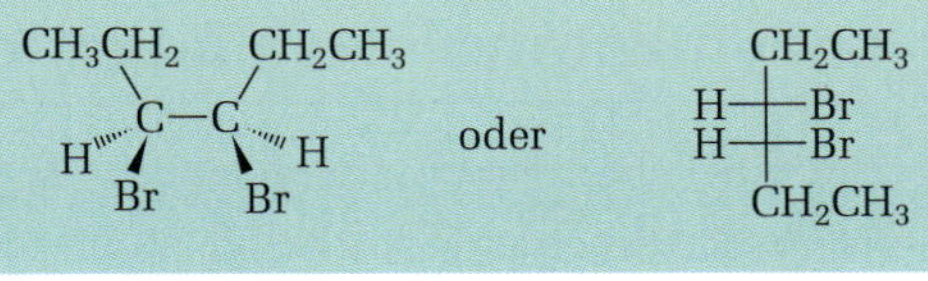

Ü 45 Geben Sie die Konfigurationen der Produkte an, die Sie aus den folgenden Reaktionen erhalten würden:

(a) *trans*-2-Buten + HBr;
(b) (*Z*)-3-Methyl-2-penten + HBr;
(c) (*E*)-3-Methyl-2-penten + HBr;
(d) *cis*-3-Hexen + HBr;
(e) *cis*-2-Penten + Br_2;
(f) 1-Hexen + Br_2.

Ü 46 Wenn Br_2 an ein Alken mit unterschiedlichen Substituenten an jedem der beiden sp^2-hybridisierten Kohlenstoffatome wie *cis*-2-Hepten addiert wird, erhält man gleiche Mengen der beiden *Threo*-Enantiomere, obwohl die Wahrscheinlichkeit für einen erfolgreichen Angriff des Bromidions auf das sterisch weniger gehinderte Kohlenstoffatom des Bromoniumions größer ist. Geben Sie eine Erklärung dafür, warum dennoch gleiche Mengen der Stereoisomere gebildet werden.

Ü 47

(a) Welche Produkte würde man aus der Addition von Br_2 an Cyclohexen erhalten, falls das Lösungsmittel Wasser anstelle von Dichlormethan (CH_2Cl_2) wäre?
(b) Schlagen Sie einen Mechanismus für die Reaktion vor.

Ü 48 Welche Stereoisomere würden Sie als Produkte der nachfolgenden Reaktionen erwarten?

(a) 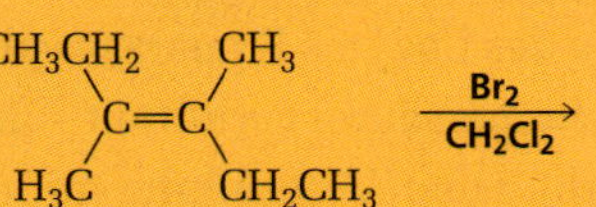

(c) 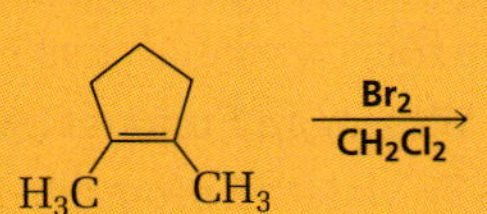

(b) 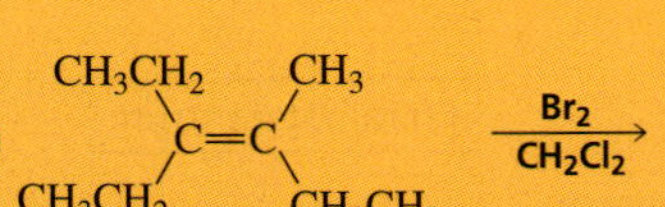

(d) 

Ü 49 Welche Stereoisomere würden Sie als Produkte der nachfolgenden Reaktionen erwarten?

(a) 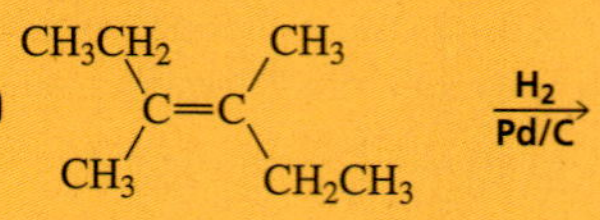

(c) 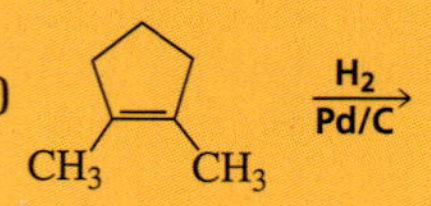

(b) 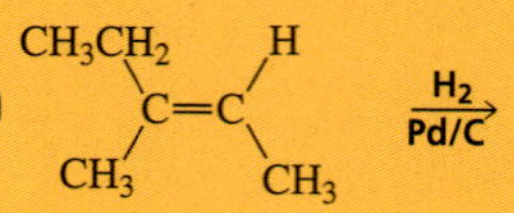

(d) 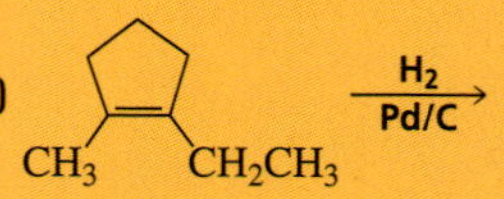

Ü 50*

(a) Welches ist das Hauptprodukt der Reaktion von Propen mit Br_2 plus einem Überschuss Chlorid (Cl^-)?

(b) Geben Sie die relativen Mengen der Stereoisomere, die man erhalten würde, an.

Die Stereochemie von enzymkatalysierten Reaktionen 6.14

Die mit Lebewesen einhergehende Chemie wird als **Biochemie** bezeichnet. Wenn Sie Biochemie studieren, studieren Sie die Strukturen und Funktionen der Moleküle, die in der belebten Welt vorkommen, und die Reaktionen, die bei der Synthese und beim Abbau dieser Verbindungen auftreten. Da die Verbindungen in den lebenden Organismen organische Verbindungen sind, überrascht es nicht, dass viele Reaktionen, denen wir in der Organischen Chemie begegnen auch beim Studium der Chemie biologischer Systeme wieder auftauchen.

Lebende Zellen enthalten keine Moleküle wie Cl_2, HBr oder BH_3, so dass man nicht erwarten würde, Additionen solcher Verbindungen an Alkene in biologischen Systemen anzutreffen. Lebende Zellen enthalten jedoch Wasser und saure Katalysatoren, und so unterliegen die Alkene, die man in biologischen Systemen findet, der säurekatalysierten Addition von Wasser.

Die in biologischen Systemen ablaufenden organischen Reaktionen werden durch **Enzyme** katalysiert (Abschnitt 5.14). Wird bei einer enzymkatalysierten Reaktion ein asymmetrisches substituiertes Kohlenstoffatom gebildet, wird nur ein Stereoisomer gebildet.

Enzymkatalysierte Reaktionen sind komplett stereoselektiv.

Beispielsweise führt die katalytische Wirkung des Enzyms Fumarase – das die Addition von Wasser an Fumarat (Anion der Fumarsäure) vermittelt – nur zur Bildung von (*S*)-Malat (Anion der Apfelsäure), einer Verbindung mit einem Chiralitätszentrum.

MERKE!

Ein Enzym bildet nur ein Stereoisomer, wenn bei einer Reaktion ein neues Chiralitätszentrum entsteht.

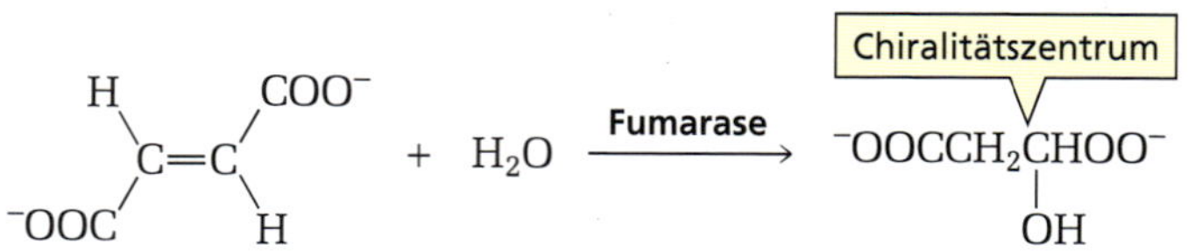

Fumarat Malat

Es entsteht jedoch nur (*S*)-Malat; das *R*-Enantiomer wird nicht gebildet.

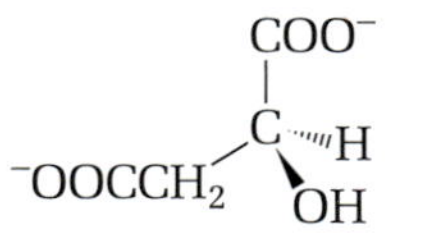

(*S*)-Malat

Anders als eine nichtenzymatische Reaktion führt eine enzymkatalysierte Reaktion nur zur Bildung eines Stereoisomers, da das Enzym nur im aktiven Zentrum eine Reaktion durchführt (Abschnitt 5.14). Im aktiven Zentrum können die Reagenzien nur von einer Seite mit dem Reaktanten interagieren.

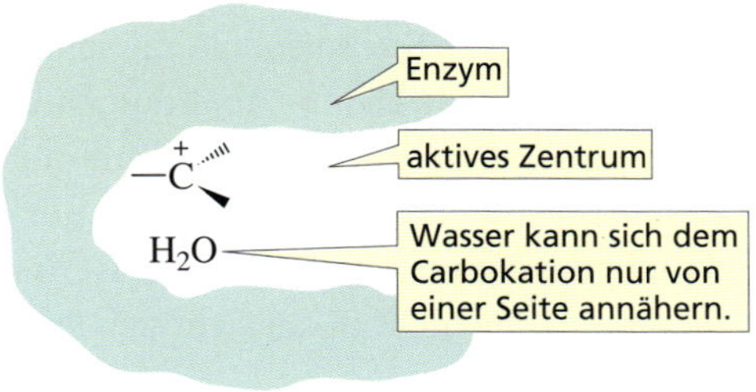

Enzymkatalysierte Reaktionen sind außerdem stereospezifisch – ein Enzym katalysiert im Regelfall die Reaktion nur eines Stereoisomers. Beispielsweise katalysiert die Fumarase die Addition von Wasser nur an der Fumarsäure (dem *trans*-Isomer), nicht aber an der Maleinsäure (dem *cis*-Isomer).

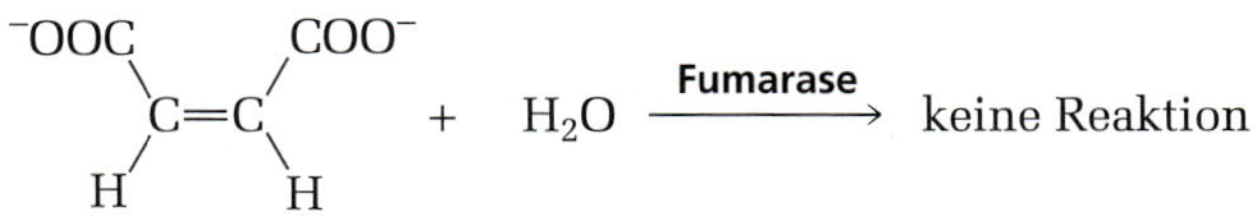

Maleat

Ein Enzym ist in der Lage, zwischen zwei Stereoisomeren zu unterscheiden, da nur einer von ihnen eine Struktur besitzt, die in die Bindungsstelle des Enzyms passt (Abschnitt 5.14).

Ü 51*

(a) Welches wäre das Produkt der Reaktion von Fumarat mit Wasser (H_2O), falls H_2SO_4 anstelle der Fumarase als Katalysator eingestzt würde?

(b) Welches wäre das Produkt der Reaktion von Malat mit Wasser (H_2O), falls H_2SO_4 anstelle der Fumarase als Katalysator eingestzt würde?

6.15 Die Unterscheidung von Enantiomeren durch biologische Moleküle

Enzyme und Rezeptoren können zwischen Enantiomeren unterscheiden, da beide Proteine und folglich chirale Moleküle sind.

Enzyme

Hydroxidionen, die achirale Reagenzien sind, reagieren mit (*R*)-2-Brombutan mit derselben Geschwindigkeit, mit der sie mit (*S*)-2-Brombutan reagieren.

Da ein Enzym ein *chirales Reagenz* ist, kann es nicht nur zwischen *cis*- und *trans*-Isomeren wie Maleat und Fumarat unterscheiden (Abschnitt 6.14), sondern auch zwischen Enantiomeren. Es kann bei einer Reaktion ein Enantiomer bevorzugen. In der Chemie wird diese Eigenschaft von Enzymen zur Trennung von Enantiomeren genutzt. Das Enzym D-Aminosäureoxidase beispielsweise katalysiert nur die Reaktion des *R*-Enantiomers und lässt das *S*-Enantiomer unangetastet. Das Produkt einer enzymkatalysierten Reaktion kann leicht von dem nicht umgesetzten Enantiomer abgetrennt werden, da es sich um unterschiedliche Verbindungen handelt.

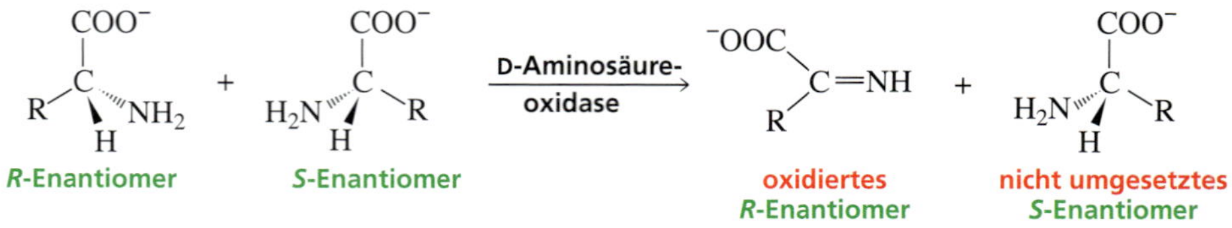

MERKE!

Ein achirales Reagenz reagiert mit beiden Enantiomeren gleichartig. Eine Socke, die achiral ist, passt auf jeden der beiden Füße.

Ein chirales Reagenz reagiert mit jedem Enantiomer anders. Ein Schuh, der chiral ist, passt nur auf einen Fuß.

Wie wir gesehen haben, kann ein Enzym zwischen Enantiomeren sowie zwischen *cis*- und *trans*-Isomeren unterscheiden, weil seine Bindungsstelle chiral ist. Das Enzym bindet also nur das Stereoisomer, dessen Struktur in die chirale Bindungsstelle passt. Wenn Sie sich ► Abbildung 4.9 in Abschnitt 4.17 anschauen und die Bindungsstelle des Rezeptors mit einer Bindungsstelle eines Enzyms vertauschen, werden Sie sehen, dass das nur das *R*-Enantiomer gebunden wird und nicht das *S*-Enantiomer. Warum ist das so? Weil sich die Substituenten des *S*-Enantiomers nicht in der richtigen Position befinden, um effizient an das Enzym zu binden.

Wie ein rechter Handschuh nur auf eine rechte Hand passt, bildet ein Enzym nur ein Stereoisomer und bindet auch nur ein Stereoisomer.

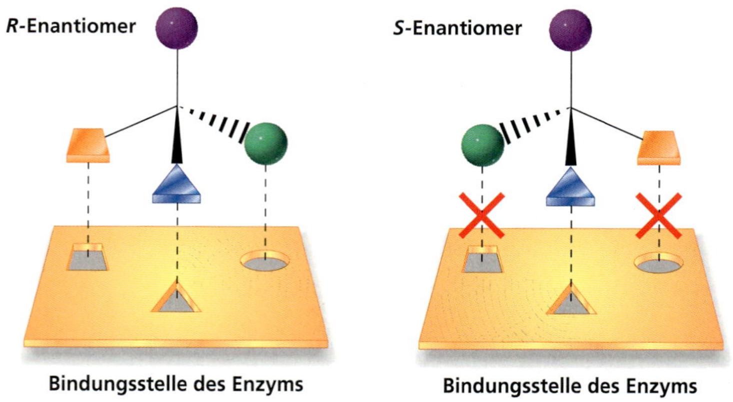

Abbildung 6.7: Schematisches Diagramm, das zeigt, warum nur ein Enantiomer von einem Enzym gebunden wird. Ein Enantiomer passt in die Bindungsstelle, das andere nicht.

HINTERGRUND

■ Chirale Katalysatoren

Das Problem der Enantiomerentrennung kann umgangen werden, falls eine Synthese so ausgeführt wird, dass präferenziell nur eines der Enantiomere gebildet wird. Zu diesem Zweck werden nichtenzymatische **chirale Katalysatoren** entwickelt, die die Synthese eines Enantiomers im großen Überschuss gegenüber dem anderen bewirken. So liefert beispielsweise die katalytische Hydrierung von 2-Ethyl-1-penten gleiche Mengen der beiden Enantiomere, da der Wasserstoff (H_2) mit gleicher Leichtigkeit auf beiden Seiten der Doppelbindung angeliefert werden kann (Abschnitt 6.13).

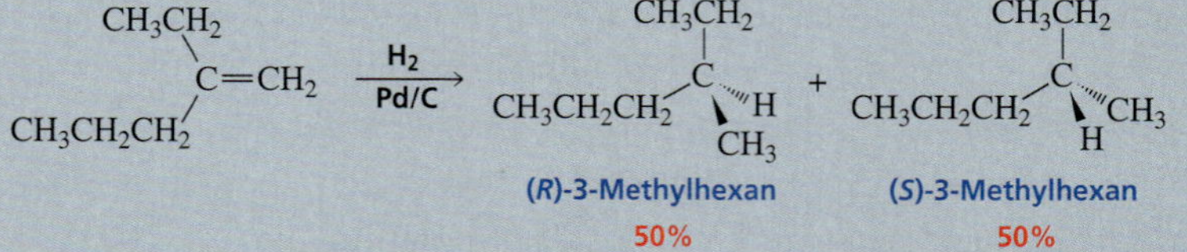

Falls jedoch das Metall mit einem chiralen organischen Molekül komplexiert wird, wird H2 nur an eine Seite der Doppelbindung herangeführt. Ein solcher chiraler Katalysator, der Ru(II) als Metall und BINAP (2,2'-Bis(diphenylphosphino)- 1,1'-binaphtyl) als chirales Molekül einsetzt, ist verwendet worden, um (*S*)-Naproxen – die aktive Verbindung in mehreren frei verkäuflichen nichtsteroiodalen Entzündungshemmern – zu synthetisieren, und das mit mehr als 98%igem Enantiomerenüberschuss. Dies ist ein Beispiel für eine **enantioselektive Reaktion**. Dies ist von großer Bedeutung; eine racemische Mischung von Naproxen kann nicht verabreicht werden, da (*R*)-Naproxen stark lebertoxisch ist.

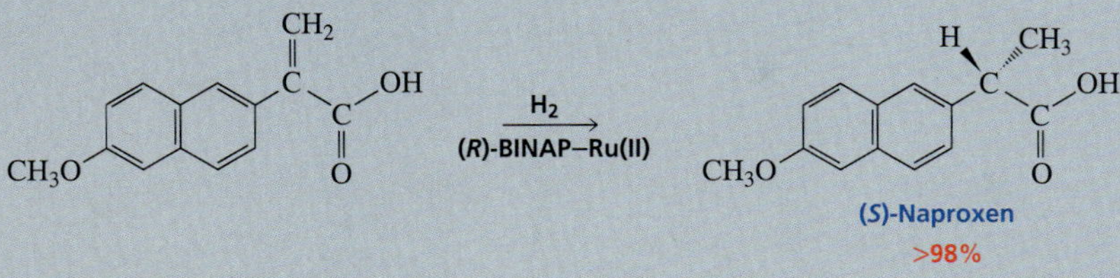

Die Sharpless-Epoxidierung ist ein weiteres Beispiel einer enantioselektiven Reaktion, bei der ein chiraler Katalysator verwendet wird. In dieser Reaktion überträgt ein Peroxid (*tert*-butylhydroxyperoxid) in Gegenwart eines Metallkatalysators (Titan(IV)-isopropoxid) und eines chiralen organischen Moleküls (Diethylweinsäure; DET) ein Sauerstoffatom auf eine Seite der Doppelbindung eines Allylalkohols.

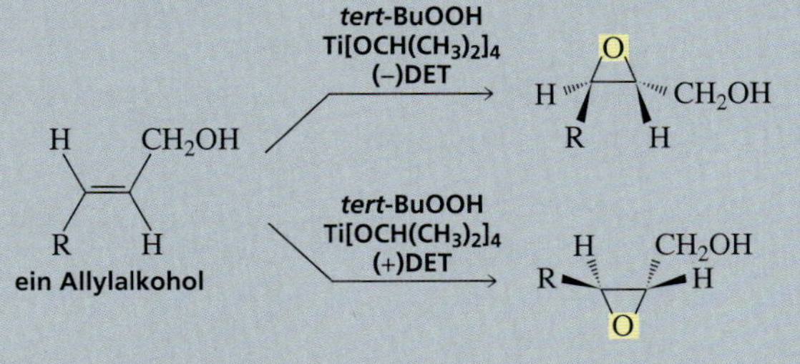

Die Struktur des Epoxids hängt von der Struktur des eingesetzten Tartrats ab.

Reaktionen und Synthesen 6.16

Dieses Kapitel hat sich mit den Reaktionen der Alkene befasst. Sie haben gesehen, warum Alkene reagieren, mit welchen Stoffen sie reagieren, die Mechanismen, nach denen die Reaktionen ablaufen, und die Produkte, die dabei gebildet werden. Es ist wichtig, im Gedächtnis zu behalten, dass, wenn Sie Reaktionen studieren, Sie gleichzeitig auch Synthesen studieren. Wenn Sie lernen, wie Verbindung **A** mit einem bestimmten Reagenz zu Verbindung **B** reagiert, lernen Sie nicht nur etwas über die Reaktivität von **A**, sondern auch eine Methode, wie Sie Verbindung **B** synthetisieren können.

$$\mathbf{A} \longrightarrow \mathbf{B}$$

A reagiert;
B wird synthetisiert.

Sie haben beispielsweise gesehen, dass Alkene viele verschiedene Reagenzien zu addieren vermögen, und dass als Ergebnis der Addition dieser Stoffe Verbindungen wie Halogenalkane, vicinale Dihalogenide, Halohydrine, Alkohole, Ether, Alkane, Aldehyde und Ketone.

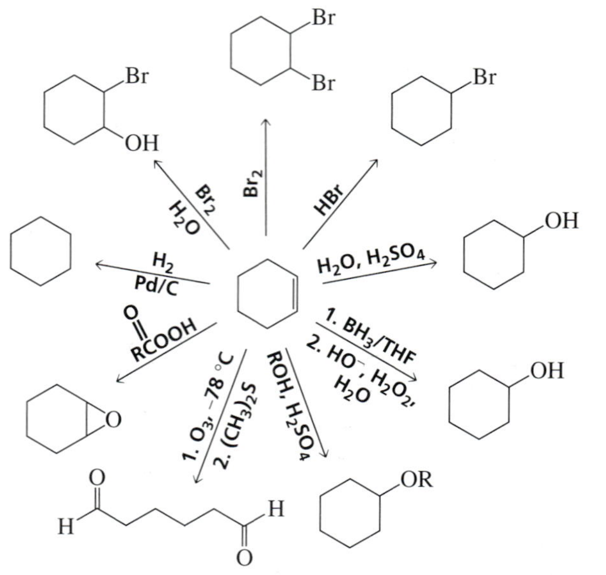

Obwohl Sie gesehen haben, wie Alkene reagieren und Sie etwas über die dabei gebildeten Stoffe gelernt haben, haben Sie noch nicht erfahren, wie Alkene selbst synthetisiert werden. Die Reaktionen der Alkene beinhalten die *Addition* von Atomen oder Atomgruppen an die beiden sp^2-hybridisierten C-Atome der Doppelbindung. Reaktionen, die zu Alkenen führen, sind gerade das Gegenteil – sie beinhalten die *Eliminierung* von Atomen oder Atomgruppen von zwei benachbarten sp^3-hybridiserten C-Atomen.

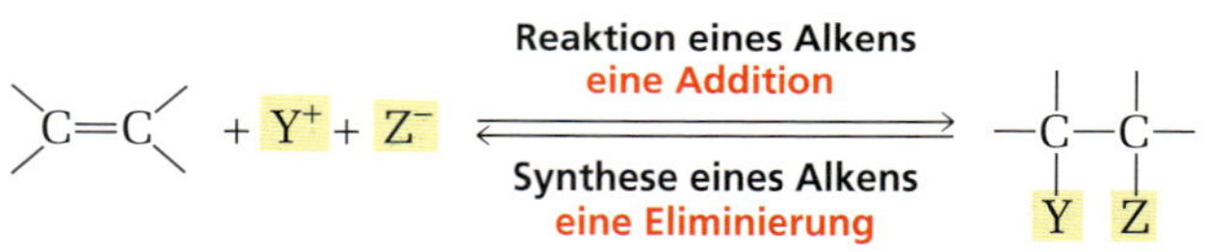

Sie werden lernen, wie man Alkene synthetisiert, wenn wir Verbindungen untersuchen, die Eliminierungsreaktionen unterliegen. Die verschiedenen Reaktionen, die zur Synthese von Alkenen führen, sind in Anhang D zusammengestellt.

HINTERGRUND

Was ist gefährlicher: Natürliche oder synthetische Pestizide?

Pestizide werden über Pflanzen gesprüht.

Die Synthese neuer Verbindungen zu erlernen ist ein wichtiger Teil der Organischen Chemie. Lange bevor Chemiker*innen lernten, Verbindungen herzustellen, die Pflanzen vor Fressfeinden schützen, taten die Pflanzen dies selbst. Pflanzen haben eine starke Motivation, diese Pestizide herzustellen: Wenn man nicht wegrennen kann, muss man einen anderen Weg finden, sich zu schützen. Aber wer stellt gefährlichere Pestizide her: Chemiker*innen oder Pflanzen? Wir können dies leider nicht endgültig beantworten, da alle synthetischen Pestizide genau auf ihre Effekte untersucht werden müssen, Pestizide aus Pflanzen allerdings nicht. Nebenbei wird die Risikoeinstufung von Chemikalien normalerweise an Ratten durchgeführt (und etwas, das eine Ratte schädigt, schädigt nicht immer einen Menschen) und die Dosen, denen die Ratten ausgesetzt werden, sind viel höher als die zu erwartende Exposition eines Menschen zu dieser Chemikalie. Manche Chemikalien sind erst in hoher Konzentration toxisch. Zum Beispiel brauchen wir alle Natriumchlorid zum Überleben, aber hohe Konzentrationen sind giftig. Obwohl wir Alfafa-Sprossen mit einer gesunden Ernährung verbinden, wurde bei Affen, die diese Sprossen besonders häufig essen, eine Dysregulation des Immunsystems beobachtet.

Ü 52 mit Lösung

Geben Sie – beginnend mit einem Alken – an, wie sich die folgenden Verbindungen synthetisieren lassen:

(a) 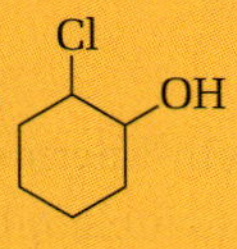

(b) 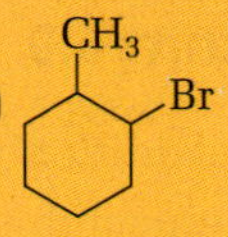

Lösung zu 52(a)

Das einzige Alken, das für diese Synthese in Frage kommt, ist Cyclohexen. Um die gewünschten Substituenten in den Ring einzuführen, muss das Cyclohexen mit Cl_2 in einer wässrigen Lösung zur Reaktion gebracht werden, so dass Wasser als Nucleophil auftreten wird.

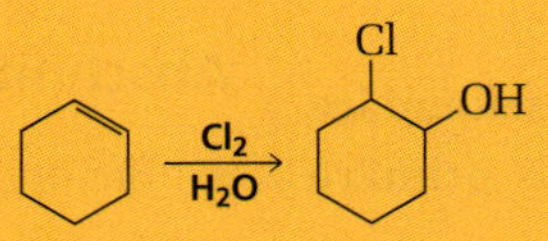

Lösung zu 52(b)

Das Alken, das hier eingesetzt werden sollte, ist 1-Methylcyclohexen. Um die Substituenten in die gewünschten Positionen einzuführen, kann nicht HBr allein verwendet werden, da dann H^+ als Elektrophil am weniger substituierten Kohlenstoffatom eintreten würde. Das Elektrophil müsste entweder ein Br^+ oder ein Bromradikal Br· sein, letzteres kann man durch die Kombination von HBr und einem Peroxid herstellen (der gesamte Prozess wird in Abschnitt 11.6 besprochen).

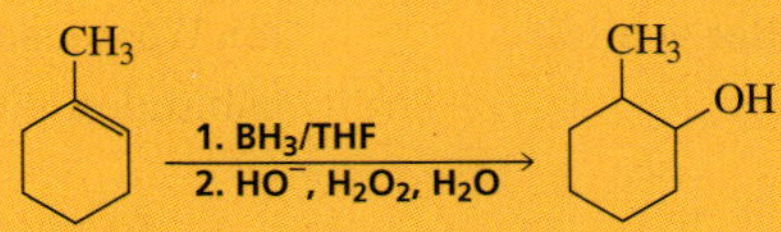

Ü 53 Geben Sie – beginnend mit einem Alken – an, wie sich die folgenden Verbindungen synthetisieren lassen:

(a) CH_3CHOCH_3 (mit CH_3 am CH)

(b) $CH_3CH_2CHCHCH_3$ (mit Br an beiden CH)

(c) 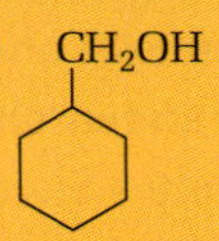

(d) 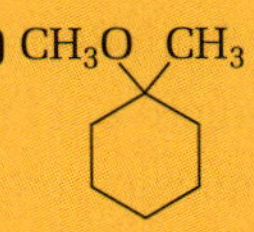

(e) 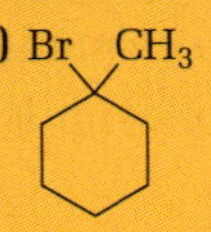

(f) 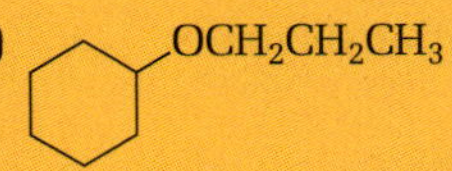

Ü 54* Warum sollte 3-Methylcyclohexen nicht als Ausgangsmaterial für Übung 52(b) verwendet werden?

Zusammenfassung

Abschnitt 6.0

- **Alkene** reagieren in elektrophilen **Additionsreaktionen**.
- Ein gekrümmter Pfeil zeigt vom Elektronendonor zum Elektronenakzeptor.

Abschnitt 6.2

- **Tertiäre Carbokationen** sind stabiler als **sekundäre Carbokationen**, die wiederum stabiler als **primäre Carbokationen** sind.

Abschnitt 6.3

- Das **Hammond-Postulat** sagt aus, dass ein Übergangszustand strukturell ähnlich zu der Spezies ist, die näher an seiner Energie liegt.
- Das stabilere Carbokation wird schneller gebildet.

Abschnitt 6.4

- Eine elektrophile Addition beginnt mit einer Addition eines *Elektrophils* an ein sp^2-Kohlenstoffatom, das an die meisten Wasserstoffatome gebunden ist, und endet mit der Addition eines Nucleophils an das andere sp^2-Kohlenstoffatom.
- **Regioselektivität** ist die bevorzugte Bildung eines **bestimmten Konstitutionsisomers**.

Abschnitte 6.4–6.6

- Die Addition von Halogenwasserstoffen und die säurekatalysierte Addition von Wasser und Alkoholen bilden **Carbokationen als Zwischenstufe**.

Abschnitt 6.7

- Ein Carbokation wird sich umlagern, wenn es durch die Umlagerung in ein stabileres Carbokation übergeht.
- **Umlagerungen von Carbokationen** verlaufen durch **1,2-Hydridverschiebungen** und **1,2-Methylverbschiebungen**.

Abschnitt 6.8

- Bei der **Hydroborierung** gibt es kein Intermediat.
- Eine **Oxidation** verringert die Zahl der C—H-Bindungen und/oder erhöht die Zahl der C—O-, C—N- oder C—X-Bindungen.

Abschnitt 6.9

- Die Addition von Br_2 oder Cl_2 bildet ein Intermediat mit einem dreigliedrigen Ring, der mit Nucleophilen reagiert.
- Wenn eine Reaktion keine Carbokationen als Intermediate bildet, kann es zu keiner Umlagerung kommen.

Abschnitt 6.10

- Bei der **Epoxidierung** gibt es kein Intermediat.

Abschnitt 6.11

- Bei der **Ozonolyse** kommt es zur Bildung eines fünfgliedrigen Rings als Intermediat.
- Bei einem **Keton** sind zwei Alkylgruppen an die Carbonylgruppe (C═O) gebunden; bei einem **Aldehyd** ist ein Wasserstoffatom (oder zwei) an die Carbonylgruppe gebunden.

Abschnitt 6.12

- Eine **regioselektive** Reaktion bildet bevorzugt ein bestimmtes Konstitutionsisomer.
- Eine **stereoselektive** Reaktion bildet bevorzugt ein bestimmtes Stereosiomer.
- Eine Reaktion ist **stereospezifisch**, wenn der Reaktant als Stereoisomere vorliegen kann und jedes der Stereoisomere ein anderes Stereoisomer (oder Gruppe von Stereosiomeren) bildet.

Abschnitt 6.13

- Wenn ein Reaktant keine Chiralitätszentren besitzt und aus ihm ein Produkt mit einem Chiralitätszentrum gebildet wird, ist das Produkt immer eine racemische Mischung.
- Wenn ein Reaktant ein Chiralitätszentrum besitzt und im Produkt ein zweites Chiralitätszentrum gebildet wird, sind die Produkte Diastereomere und werden in ungleichen Mengen gebildet.
- In einer ***syn*-Addition** addieren die Substituenten auf der gleichen Seite der Doppelbindung; in einer ***anti*-Addition** addieren sie auf unterschiedlichen Seiten.
- Sowohl *syn*- als auch *anti*-Additionen treten bei elektrophilen Additionen auf und bilden Carbokationen als Intermediate.

- Die Addition von H_2 oder einer Peroxysäure an ein Alken ist eine *syn*-Addition.
- Die Hydroborierung-Oxidation ist im Ganzen eine *syn*-Addition.
- Die Addition von Cl_2 und Br_2 ist eine *anti*-Addition.

Abschnitt 6.14

- Eine enzymkatalysierte Reaktion bildet nur ein Stereoisomer und ein Enzym verwendet normalerweise auch nur ein bestimmtes Stereoisomer als Reaktant.

Abschnitt 6.15

- Ein achirales Reagenz reagiert mit beiden geometrischen Isomeren (oder beiden Enantiomeren) identisch.
- Ein chirales Reagenz reagiert mit jedem geometrischen Isomer (und jedem Enantiomer) unterschiedlich.
- Eine **enantioselektive** Reaktion selektiert ein bestimmtes Enantiomer.

Zusammenfassung der Reaktionen

Behalten Sie, wenn Sie die Reaktionen der Alkene überdenken, das eine Merkmal im Gedächtnis, das allen gemeinsam ist: Der erste Schritt jeder Reaktion besteht in der Addition eines Elektrophils an das *sp*²-hybridisierte Kohlenstoffatom, das die größere Zahl Wasserstoffatome gebunden hält.

Elektrophile Additionen

1 Die Addition von Halogenwasserstoffen (H^+ ist das Elektrophil; Abschnitte 6.1 und 6.4) ist *syn* und *anti*.

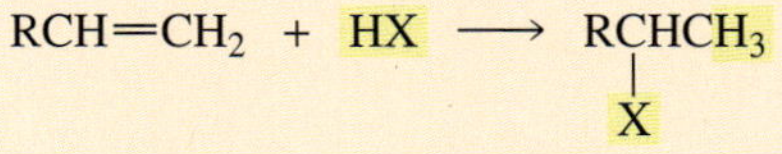

HX = HF, HCl, HBr, HI

2 Die säurekatalysierte Addition von Wasser und Alkoholen (H^+ ist das Elektrophil, Wasser oder ein Alkohol ist das Nucleophil; Abschnitte 6.5 und 6.6) Addition ist *syn* und *anti*.

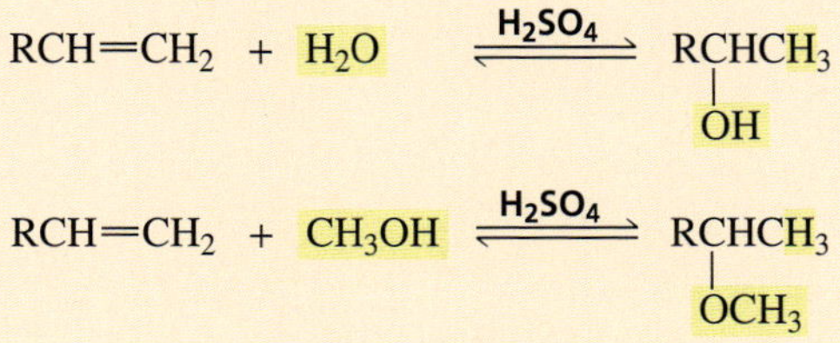

3 Die Hydroborierung-Oxidation (BH_3 ist das Elektrophil und H^- ist das Nucleophil; Bor wird im zweiten Schritt durch OH ersetzt; Abschnitt 6.9) ist *syn*.

$$\mathrm{RCH{=}CH_2} \xrightarrow[\text{2. } \mathrm{HO^-, H_2O_2, H_2O}]{\text{1. } \mathrm{BH_3/THF}} \mathrm{RCH_2CH_2OH}$$

4 Die Addition von Halogenen (Br^+ oder Cl^+ ist ein Elektrophil; Br^- oder Cl^- oder Wasser ist das Nucleophil) ist *anti*.

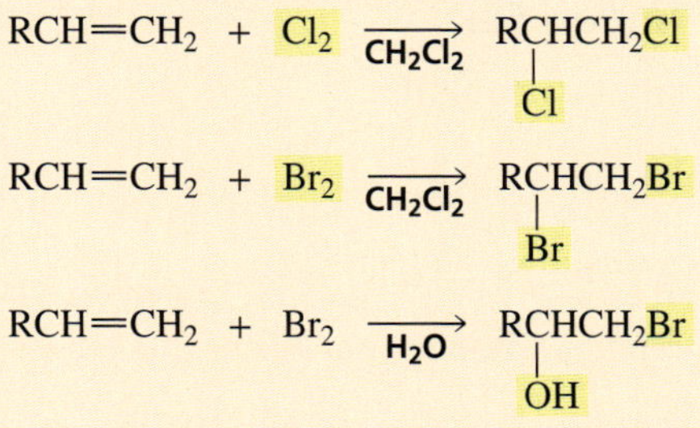

5 Die Addition einer Peroxysäure (O ist Nucleophil und Elektrophil; Abschnitt 6.10) ist *syn*.

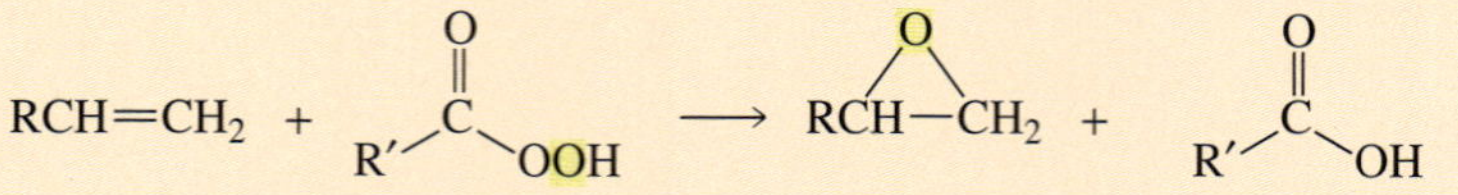

6 Die Ozonolyse von Alkenen (ein O ist das Nucleophil, das andere das Elektrophil; Abschnitt 6.11) bildet zwei Carbonylverbindungen.

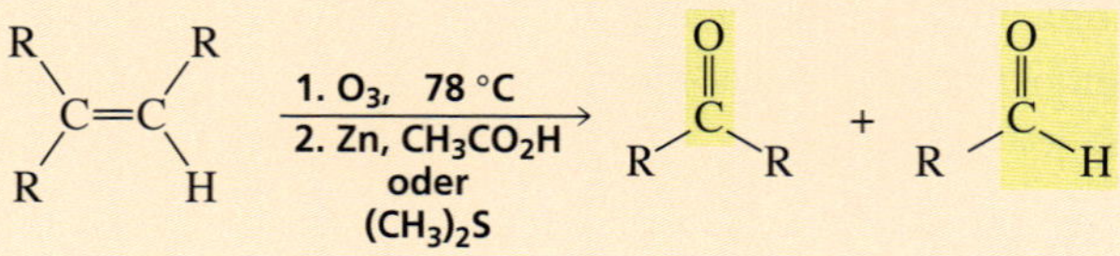

7 Die Addition von Wasserstoff ist *syn* (Abschnitt 6.13).

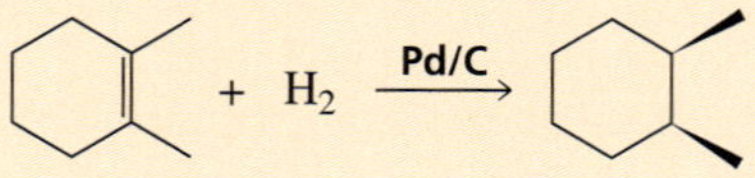

Im MyLab | Organische Chemie finden Sie:

- den praktischen **eText** zum Kapitel mit Notizfunktion
- eine Auswahl verschiedener **3D-Moleküle**
- **Lösungen** zu ausgewählten, mit * versehenen Übungen
- digitale **Lernkarten** und ein umfangreiches **Glossar** zum Nachschlagen und Wiederholen von Definitionen
- digitale Übungsaufgaben in Form von **Kapiteltests** zur eigenen Lernkontrolle

Die Reaktionen der Alkine • Einführung in die Mehrstufensynthese

7

7.1 Nomenklatur der Alkine 374

7.2 Die Benennung von Verbindungen mit mehr als einer funktionellen Gruppe 376

7.3 Die Struktur der Alkine 378

7.4 Die physikalischen Eigenschaften ungesättigter Kohlenwasserstoffe 379

7.5 Wie Alkine reagieren 380

7.6 Addition von Halogenwasserstoffen und Addition von Halogenen an Alkine 382

7.7 Addition von Wasser an Alkine 385

7.8 Addition von Borwasserstoff an Alkine: Hydroborierung-Oxidation 388

7.9 Addition von Wasserstoff an ein Alkin 389

7.10 Azidität eines an ein *sp*-hybridisiertes Kohlenstoffatom gebundenen Wasserstoffatoms 391

7.11 Synthesen mit Acetylidionen 394

7.12 Syntheseplanung I: Einführung in die Mehrstufensynthese 395

Zusammenfassung 402

Zusammenfassung der Reaktionen 403

ÜBERBLICK

*Um die Umwelt zu schützen, arbeiten organische Chemiker*innen aktuell an Synthesen, die Reaktanten verwenden und Produkte erzeugen, die nicht (oder nur gering) umweltschädlich sind. Umweltverschmutzung auf molekularer Ebene zu verhindern, ist auch als „Grüne Chemie" bekannt (siehe Ende dieses Kapitels). In diesem Kapitel werden Sie auch die erste Gelegenheit haben, eine mehrstufige Synthese zu erstellen.*

Ein **Alkin** ist ein Kohlenwasserstoff, der eine Kohlenstoff-Kohlenstoff-Dreifachbindung enthält. In der Natur kommen relativ wenige Alkine vor. Ein Beispiel ist Capillin (antifungale Aktivität), ein anderes ist Ichthyotherol, ein Antikonvulsivum aus Pfeilgiftfröschen, das von Uhreinwohnern des Amazonas verwendet wird, um ihre Pfeilspitzen zu vergiften.

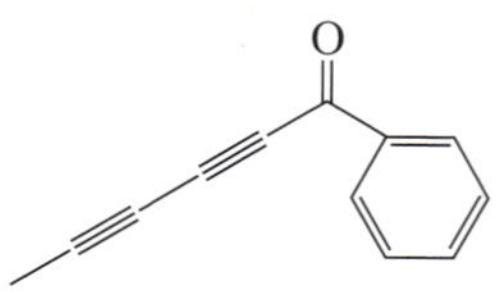

Capillin
fungizid (pilztötend)

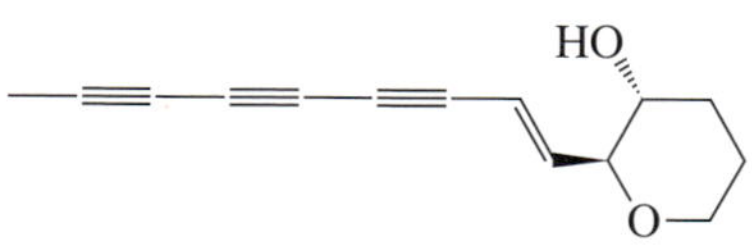

Ichthyothereol
Antikonvulsivum (gegen Krämpfe)

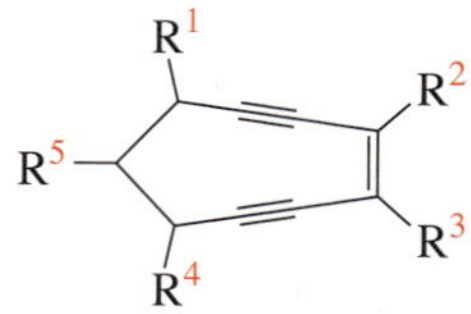

ein Endiin
Antikrebsmedikament

Pfeilgiftfrosch.

Eine Gruppe natürlich vorkommender Verbindungen Namens Endiine hat starke anticancerogene Eigenschaften, da diese Verbindungen in der Lage sind DNS zu spalten. Alle Endiine haben einen neun- oder zehngliedrigen Ring, der zwei Dreifachbindungen enthält, die durch eine Doppelbindung getrennt sind. Eines der ersten Endiine, das in der Medizin eingewandt wurde, wirkt gegen akute myelomonozytäre Leukämie. Viele andere durchlaufen zurzeit klinische Studien (siehe Box am Ende dieses Abschnitts).

Andere Medikamente auf dem Markt, die eine Endiin-Gruppe enthalten, sind keine natürlichen Verbindungen; sie existieren nur, weil Chemiker*innen sie synthetisiert haben. Die Markennamen (in grün) dürfen nur von den Firmen für die Bewerbung des Produktes benutzt werden.

Sinovial®

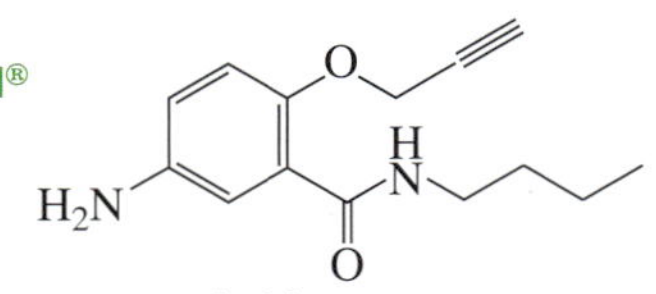

Parsalmid
analgetisch (gegen Schmerzen)

Supirdyl®

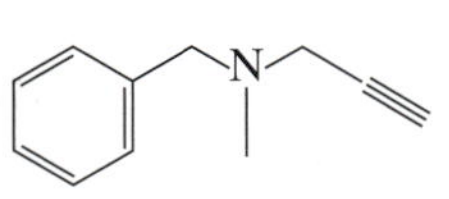

Pargylin
antihypertensiv (gegen hohen Blutdruck)

HINTERGRUND

■ Synthetische Alkine bei der Behandlung der Parkinson-Krankheit

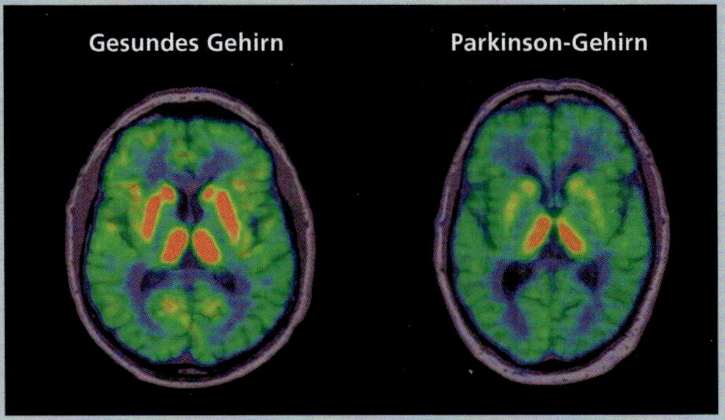

Die Parkinson-Krankheit ist eine degenerative Erkrankung, die durch Muskelzittern charakterisiert wird. Es wird durch den Abbau von Zellen in der *substantia nigra*, einer Region im Mittelhirn, ausgelöst. Diese Zellen setzen Dopamin frei, einen Neurotransmitter mit wichtiger Rolle bei Bewegung, Muskelkontrolle und Balance. Ein Neurotransmitter vermittelt Informationen zwischen Gehirnzellen.

Dopamin wird aus Tyrosin synthetisiert (eine der 20 kanonischen Aminosäuren; Abschnitt 20.1). Idealerweise könnte die Parkinson-Krankheit behandelt werden, indem man Patient*innen Dopamin verabreicht. Unglücklicherweise ist Dopamin aber nicht polar genug, um die Blut-Hirn-Schranke zu übertreten. Daher wird L-DOPA, das Vorläufer von Dopamin, verwendet. Es verliert aber nach einiger Zeit der Behandlung an Wirkung.

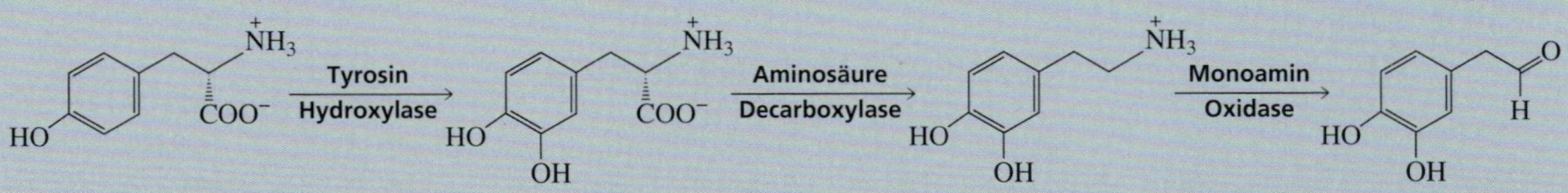

Tyrosin L-DOPA Dopamin

Dopamin wird im Körper durch ein Enzym namens Monoaminoxidase abgebaut. Zwei Medikamente, die beide eine C—C-Dreifachbindung enthalten, wurden beide entwickelt, um dieses Enzym zu hemmen. Damit sollte der Abbau von Dopamin verhindert werden, sodass das Gehirn mehr Dopamin zu Verfügung hat. Beide Medikamente haben eine ähnliche Struktur wie Dopamin, also binden sie an das aktive Zentrum des Enzyms. (Erinnern Sie sich daran, dass Enzyme ihre Substrate durch ihre Gestalt erkennen; Abschnitt 6.15). Da beide Medikamente kovalente Bindungen mit dem aktiven Zentrum des Enzyms bilden, verhindert dies die weitere Bindung von Dopamin. Die Einnahme dieser Verbindungen erlaubt es Patient*innen L-DOPA in größeren Intervallen einzunehmen. Zudem kann L-DOPA länger eingenommen werden, ohne dass es zu einer Resistenzentwicklung kommt.

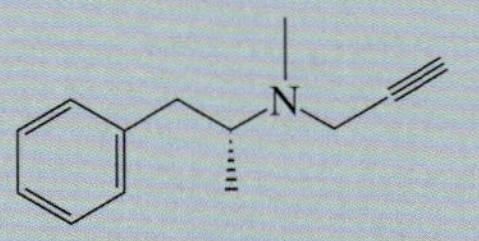

Selegilin
Eldepryl®

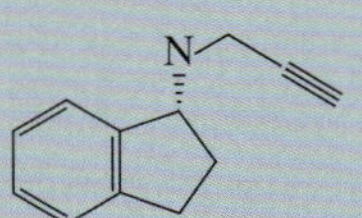

Rasagilin
Azilect®

Selegilin wurde in den USA zuerst zugelassen, allerdings haben einige seiner Abbauprodukte eine ähnliche Struktur wie die Straßendroge Methylamphetamin „Meth" (Abschnitt 4.17). Manche Patient*innen erfuhren bei der Einnahme dieses Medikaments Effekte auf ihr Herz und ihre Psyche. Diese Effekte wurden bei der Einnahme von Rasagilin nicht beobachtet.

Beachten Sie, dass die Namen der meisten Enzyme mit -ase enden. Die vorherigen Silben lassen in der Regel auf die Funktion des Enzyms schließen. Daher fügt das Enzym Tyrosin Hydroxylase der Aminosäure Tyorsin eine weitere OH-Gruppe hinzu, das Enzym Decarboxylase entfernt eine Carboxylgruppe (COO^-) von einer Aminosäure (oder in diesem Fall einer Aminosäure ähnlichen Verbindung). Die Monoaminoxidase oxidiert ein Amin.

HINTERGRUND

Warum sind Medikamente so teuer?

Es kostet im Schnitt 1,2 Milliarden US Dollar, um ein neues Medikament auf den Markt zu bringen. Der Hersteller muss diese Kosten schnell wieder einnehmen, da das Patent bei der Entdeckung des Medikaments beantragt werden muss. Obwohl ein Patent für 20 Jahre läuft, dauert es im Schnitt 12 Jahre, bis ein Medikament auf den Markt gebracht ist, daher verbleiben noch etwa 8 Jahre, um die Kosten zu decken und um die Forschung an neuen Medikamenten zu finanzieren.

Warum ist die Entwicklung eines Medikaments so teuer? Die Zulassungsbehörden der Länder haben hohe Standards, die erfüllt werden müssen bevor ein Medikament freigegeben werden kann. Ein wichtiger Faktor bei den Kosten ist geringe Chance, dass es ein Medikament von den ersten Studien bis zur Zulassung schafft. Tatsächlich sind nur eine oder zwei von 100 getesteten Substanzen vielversprechend genug, um sie als Kandidaten für ein neues Medikament in Betracht zu ziehen. Chemiker*innen modifizieren diese Strukturen, um die Chance zu erhöhen, dass aus ihnen ein Medikament werden kann. Von 100 Modifikationen ist wiederum nur eine für weitere Studien geeignet. Von 10.000 dieser Verbindungen, die es in Tierversuche geschafft haben, kommen nur 10 in klinische Studien an Menschen.

- Diese klinischen Studien bestehen aus vier Phasen.
- Phase I stellt den ersten Versuch des Medikaments an Menschen dar. Normalerweise mit einer kleinen Zahl an freiwilligen Probanden. Das primäre Ziel dieser Phase ist das Erforschen der Sicherheit der Dosierung.
- Phase-II-Studien sind größer. Zudem haben die Probanden nun die Krankheit, die vom Medikament geheilt bzw. gelindert werden soll. Phase II erforscht Effektivität, Sicherheit und Nebenwirkungen.
- Große Phase-II-Studien mit hunderten oder tausenden an Patient*innen stellen weiterhin die Effektivität fest und suchen nach Nebenwirkungen.
- Sobald das Medikament zugelassen ist, werden unter Umständen Phase-IV-Studien durchgeführt. Hier wird nach Nebenwirkungen gesucht, die nicht in den vorherigen Phasen gefunden wurden.

Ungefähr eine von zehn Verbindungen, die in klinischen Studien eingesetzt wird, erfüllt die strengen Anforderungen und wird letztendlich zugelassen.

Nomenklatur der Alkine 7.1

Aufgrund seiner Dreifachbindung enthält ein Alkin vier Wasserstoffatome weniger als ein Alkan mit der gleichen Anzahl Kohlenstoffatome. Da die allgemeine Summenformel eines Alkans C_nH_{2n+2} ist, ergibt sich

- die allgemeine Summenformel eines azyklischen (nichtzyklischen) Alkins als C_nH_{2n-2} und
- die allgemeine Summenformel eines zyklischen Alkins als C_nH_{2n-4}.

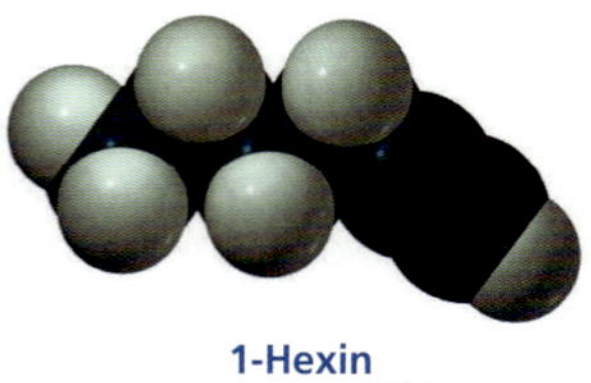

1-Hexin
terminales Alkin

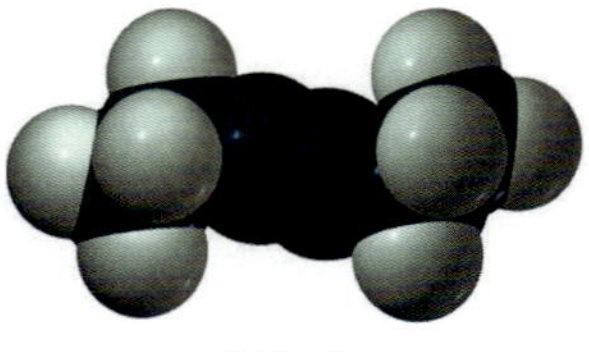

3-Hexin
internes Alkin

Den systematischen Namen eines Alkins erhält man, indem man die Endung „-an" eines Alkans durch die Endung „-in" ersetzt. Analog zu der Vorgehensweise bei der Benennung mit anderen funktionellen Gruppen (Abschnitte 3.6, 3.7, 5.2) wird die längste durchgehende Kette von Kohlenstoffatomen, die die funktionelle Gruppe enthält – in diesem Fall die Dreifachbindung – so durchnummeriert, dass die das Alkin anzeigende Endung mit der niedrigsten möglichen Ziffer belegt wird. Falls die Dreifachbindung am Ende der Atomkette liegt, wird das betreffende Alkin als **terminales Alkin** bezeichnet. Alkine, deren Dreifachbindung an einer anderen Stelle der Kette liegen, werden als **interne Alkine** bezeichnet. So ist beispielsweise 1-Butin ein terminales Alkin, 2-Pentin hingegen ein internes Alkin.

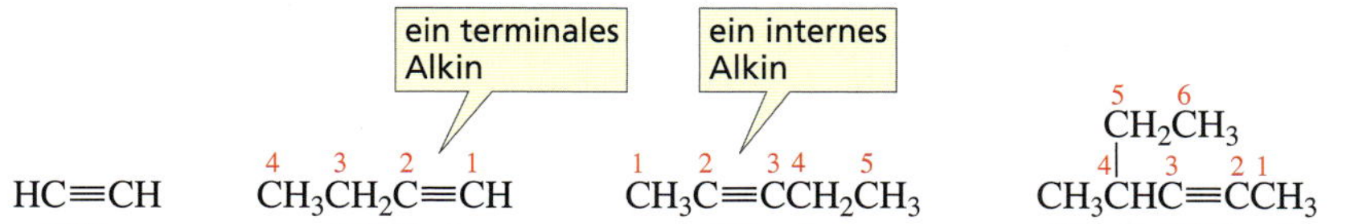

systematischer Name:	Ethin	1-Butin	2-Pentin	4-Methyl-2-hexin
Trivialname:	Acetylen	Ethylacetylen	Ethylmethylacetylen	*sek*-Butylmethylacetylen

Bei der Herleitung der Trivialnamen werden die Alkine als *substituierte Acetylene* angesprochen. Den Trivialnamen erhält man, indem die Namen der Alkylgruppen, die die Wasserstoffatome des Acetylens (= Ethins) ersetzen, in alphabetischer Reihenfolge angibt. Acetylen ist eine unglückliche Bezeichnung für das kleinste Alkin, weil die Wortendung „-en" auf eine Verbindung mit einer Doppel- und nicht mit einer Dreifachbindung hinzudeuten scheint.

Falls die Bezifferung in beiden Zählrichtungen zur selben Ziffer für die Endung der funktionellen Gruppe führt, ist der korrekte systematische Name derjenige, der die niedrigste Substituentenziffer trägt. Falls die Verbindung mehr als einen Substituenten enthält, werden die Substituenten in alphabetischer Reihenfolge aufgeführt.

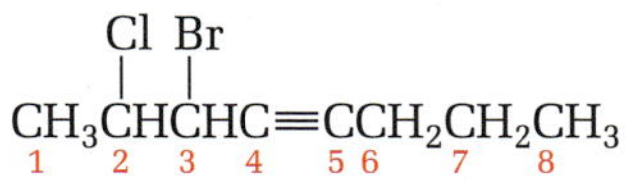

3-Brom-2-chlor-4-octin
***nicht* 6-Brom-7-chlor-4-octin**
da 2 < 6

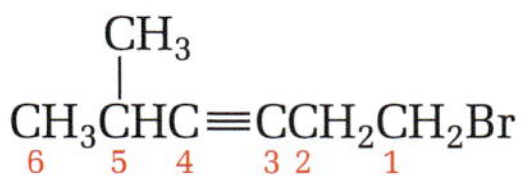

1-Brom-5-methyl-3-hexin
***nicht* 6-Brom-2-methyl-3-hexin**
da 1 < 2

Ü 1* Geben Sie die systematischen Namen der folgenden Verbindungen an:

(a) $BrCH_2CH_2C\equiv CCH_3$

(b) 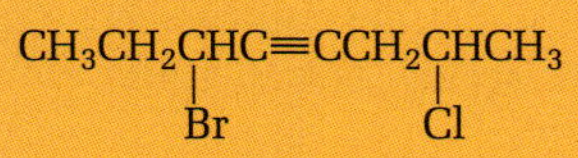

(c) $CH_3OCH_2C\equiv CCH_2CH_3$

(d) 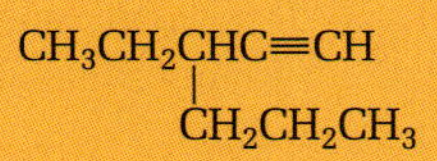

Ü 2* Benennen Sie die folgenden Verbindungen:

(a) 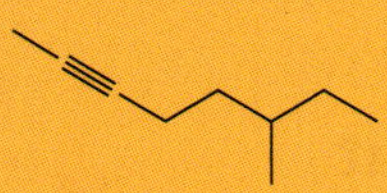

(b) 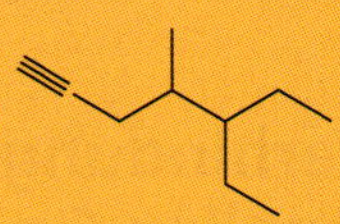

(c) 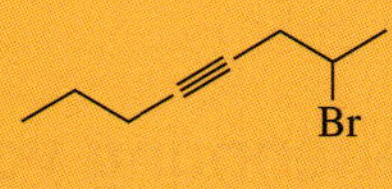

Ü 3* Wie lautet die Summenformel für einen zyklischen Kohlenwasserstoff mit 14 Kohlenstoffatomen und zwei Dreifachbindungen?

Ü 4* Zeichnen Sie die kondensierten Strukturen und Gerüststrukturen aller folgenden Verbindungen:

(a) 1-Chlor-3-hexin
(b) Cyclooctin
(c) Isopropylacetylen
(d) *sek*-Butylisobutylacetylen
(e) 4,4-Dimethyl-1-pentin
(f) Dimethylacetylen

Ü 5 Zeichnen Sie die Strukturen und geben Sie sowohl die Trivialnamen als auch die systematischen Namen der sieben Alkine mit der Summenformel C_6H_{10} an.

MERKE!

Ein Substituent erhält nur dann die niedrigste mögliche Bezifferung, falls es keine funktionelle Gruppe bezeichnende Wortendung gibt oder falls die Zählung in beiden Richtungen zur selben Ziffer für die Endung der funktionellen Gruppe führt.

HINTERGRUND

■ Synthetische Alkine werden in der Schwangerschaftsverhütung eingesetzt

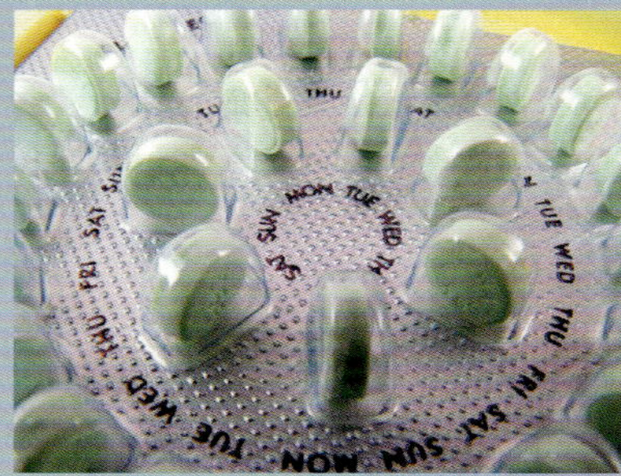

Estradiol und Progesteron sind natürliche weibliche Sexualhormone. Wegen ihrer Ringstrukturen werden sie als Steroide klassifiziert (Abschnitt 3.16). Estradiol ist für die Ausprägung sekundärer weiblicher Geschlechtsorgane verantwortlich, es beeinflusst die Körperform, Fettverteilung, die Knochen und die Gelenke. Progesteron ist für die Aufrechterhaltung der Schwangerschaft von kritischer Bedeutung.

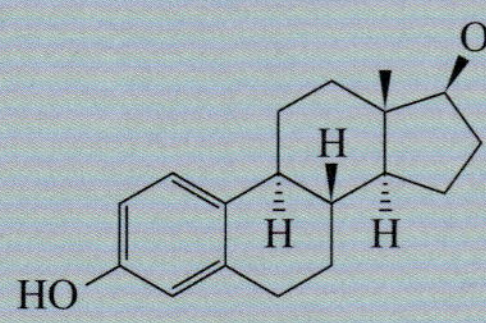

Estradiol

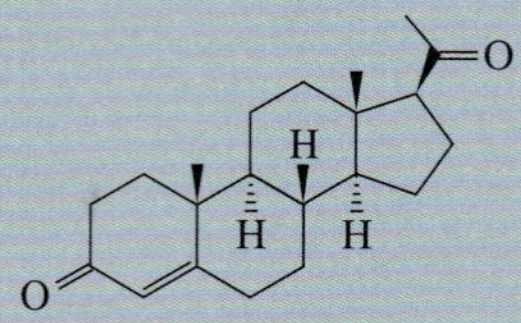

Progesteron

Die vier Verbindungen in der nächsten Abbildung sind synthetische Steroide, die für die Verhütung von Schwangerschaften eingesetzt werden, und enthalten ein Alkin. Die meisten „Pillen" enthalten Ethinylestradiol (eine Verbindung mit struktureller Ähnlichkeit zu Estradiol) und eine weitere Verbindung, die dem Progesteron ähnlich ist (wie Norethindron). Ethinylestradiol verhindert den Eisprung, Norethindron hingegen erschwert das Verankern einer befruchteten Eizelle in der Gebärmutter.

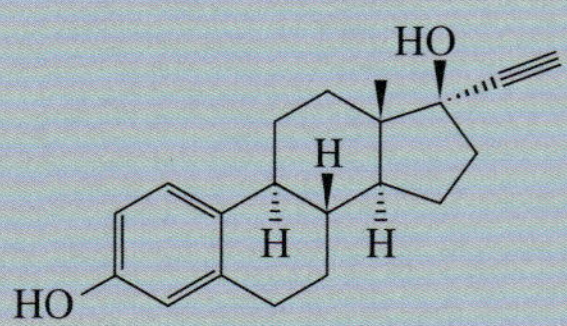

Ethinylestradiol

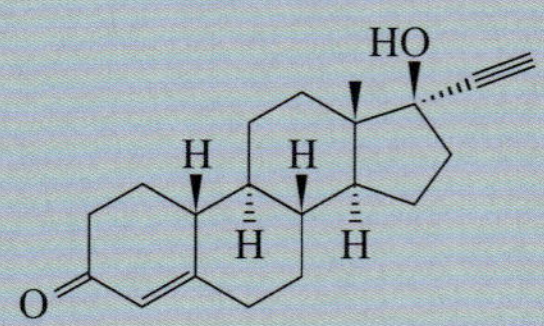

Norethindron
Aygestin®

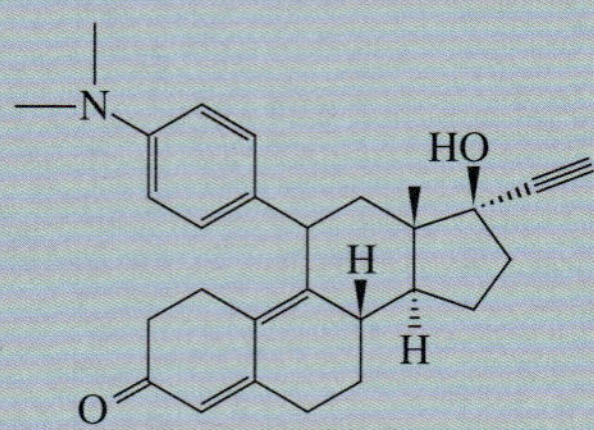

Mifepriston
RU-486
Mifegyne®

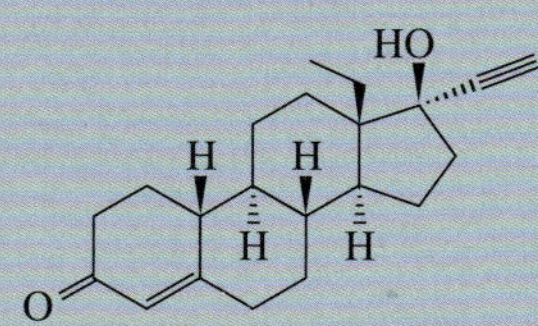

Levonorgestrel
Norplant®

Mifepriston und Levonorgestrel sind ebenfalls synthetische Steroide mit Alkingruppe. Mifepriston, auch als RU-486 bekannt, führt in frühen Phasen der Schwangerschaft zu einer Abtreibung. Der Name stammt von Roussel-Uclaf, der französischen Firma, in der es als erstes synthetisiert wurde, und einer willkürlichen Seriennummer. Lonovorgestrel ist eine „Notfall"-Pille, die eine Schwangerschaft auch noch innerhalb einiger Tage nach der Empfängnis noch verhindern kann.

7.2 Die Benennung von Verbindungen mit mehr als einer funktionellen Gruppe

Wir haben bereits gesehen, wie Verbindungen mit zwei Doppelbindungen benannt werden (Abschnitt 5.2). Ähnliche Regeln gelten für Verbindungen mit zwei Dreifachbindungen unter Verwendung der Endung „-diin".

	$CH_2{=}C{=}CH_2$	$\overset{6}{C}H_3\overset{5}{C}H{=}\overset{4}{C}H\overset{3}{C}H_2\overset{2}{\underset{|}{C}}(CH_3){=}\overset{1}{C}H_2$	$CH_3\underset{|}{C}H(CH_3)C{\equiv}CCH_2C{\equiv}CH$
systematischer Name:	Propadien	2-Methyl-1,4-hexadien oder 2-Methylhexa-1,4-dien	6-Methyl-1,4-heptadiin oder 6-Methylhepta-1,4-diin
Trivialname:	Allen		

1 Um ein Alken zu benennen, bei dem die zweite funktionelle Gruppe keine Doppelbindung ist, aber durch eine Wortendung identifiziert wird, findet man die längste durchgehende Kette, die beide funktionellen Gruppen enthält, und setzt beide Wortendungen an das Ende des Namens. Die Endung „-en" geht dabei voraus.

2 Die Zahl, die den Ort der ersten aufgeführten funktionellen Gruppe angibt, wird für gewöhnlich vor den Namen der zugrunde liegenden Mutterkette gesetzt. Die Zahl, die den Ort der zweiten aufgeführten funktionellen Gruppe angibt, wird unmittelbar vor die Wortendung, die die funktionelle Gruppe bezeichnet, gesetzt.

3 Falls die beiden funktionellen Gruppen eine *Doppel-* und eine *Dreifachbindung* sind, wird die Bezifferung der Kette so durchgeführt, dass der Name mit den kleineren Platzziffern entsteht. In den nachfolgenden Beispielen wird daher in der Verbindung links der Alkinendung die niedrigere Ziffer zugewiesen, und dem Alken in der Verbindung rechts.

7 6 5 4 3 2 1 $CH_3CH{=}CHCH_2CH_2C{\equiv}CH$	1 2 3 4 5 6 7 $CH_2{=}CHCH_2CH_2C{\equiv}CCH_3$
5-Hepten-1-in ***nicht*** **2-Hepten-6-in** **da 1 < 2**	**1-Hepten-5-in** ***nicht*** **6-Hepten-2-in** **da 1 < 2**

$CH_2CH_2CH_2CH_3$ (an C-3)
$CH_2{=}CHCHC{\equiv}CCH_3$ (1 2 3 4 5 6)
3-Butyl-1-hexen-4-in

Die längste fortlaufende Atomkette besteht aus acht Kohlenstoffatomen, jedoch enthält diese nicht beide funktionellen Gruppen; daher wird die Verbindung als Hexin bezeichnet, da die längste fortlaufende Kette, die beide funktionellen Gruppen enthält, sechs Kohlenstoffatome enthält.

MERKE!

Wenn die funktionellen Gruppen eine Doppel- und eine Dreifachbindung sind, wird die Kette so nummeriert, dass der Name mit der niedrigstmöglichen Bezifferung herauskommt, egal welche funktionelle Gruppe die niedrigere Ziffer erhält.

4 Falls man in beiden Zählrichtungen dieselbe Ziffer für eine funktionelle Gruppe erhält, wird die Kette in der Richtung beziffert, die der Doppelbindung die niedrigere Ziffer zuweist.

1 2 3 4 5 6 $CH_3CH{=}CHC{\equiv}CCH_3$	6 5 4 3 2 1 $HC{\equiv}CCH_2CH_2CH{=}CH_2$
2-Hexen-4-in ***nicht*** **4-Hexen-2-in**	**1-Hexen-5-in** ***nicht*** **5-Hexen-1-in**

MERKE!

Falls es ein Patt zwischen einer Doppel- und einer Dreifachbindung gibt, bekommt die Doppelbindung die niedrigere Ziffer.

5 Falls das Suffix der zweiten funktionellen Gruppen eine höhere Priorität als das Alken aufweist, nummerieren Sie die Kette so, dass das Suffix höherer Priorität die niedrigste Ziffer erhält. (Die relativen Prioritäten von einigen funktionellen Gruppen sind in ► Tabelle 7.1 gezeigt.) Die funktionelle Gruppe mit der höchsten Priorität erhält in zyklischen Verbindungen die Ziffer eins.

höchste Priorität → $C{=}O$ > OH > NH_2 > $C{=}C$ = $C{\equiv}C$ ← niedrigste Priorität

Die Doppelbindung besitzt nur dann Priorität gegenüber einer Dreifachbindung, wenn es zu einem Patt der Bezifferung kommt.

Tabelle 7.1: Die Prioritäten der Wortendungen funktioneller Gruppen.

$CH_2{=}CHCH_2OH$	$CH_3C(CH_3){=}CHCH_2CH_2OH$	$CH_2{=}CHCH_2CH_2CH_2CH(NH_2)CH_3$
2-Propen-1-ol ***nicht*** **1-Propen-3-ol**	**4-Methyl-3-penten-1-ol**	**6-Hepten-2-amin**

$CH_3CH_2CH{=}CHCH(OH)CH_3$
3-Hexen-2-ol

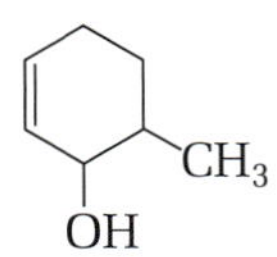
6-Methyl-2-cyclohexenol

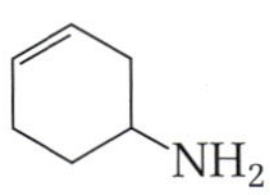
3-Cyclohexenamin

MERKE!

Eine Kette wird so nummeriert, dass der funktionellen Gruppe mit der höheren Priorität die niedrigste mögliche Ziffer zufällt.

Ü 6* Geben Sie die systematischen Namen der folgenden Verbindungen an:

(a) $CH_2{=}CHCH_2C{\equiv}CCH_2CH_3$

(b) $CH_3CH{=}\underset{}{C}(CH_3)CH_2CH{=}CH_2$ (mit CH_3 am dritten C-Atom)

(c) $CH_3CH_2CH{=}CCH_2CH_2C{\equiv}CH$ (mit $CH{=}CH_2$ am vierten C-Atom)

(d) $HOCH_2CH_2C{\equiv}CH$

(e) $CH_3CH{=}CHCH{=}CHCH{=}CH_2$

(f) $CH_3CH{=}CCH_2CHCH_2OH$ (mit je einer CH_3-Gruppe am dritten und fünften C-Atom)

Ü 7* Benennen Sie die folgenden Verbindungen:

(a) 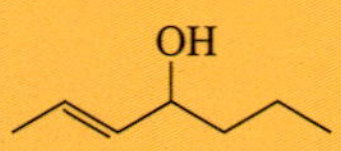

(b) 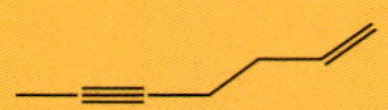

(c) 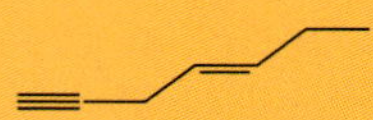

HINTERGRUND

■ Woher weiß eine Bananenschnecke, was sie fressen soll?

Viele Pilzarten synthetisieren 1-Octen-3-ol, das als Abwehrstoff dient, um gefräßige Nacktschnecken zu vertreiben. Solche Pilze lassen sich an kleinen Bissspuren an ihren Hüten erkennen, an denen die Schnecken angefangen hatten zu nagen, bevor die flüchtige Verbindung freigesetzt wurde. Menschen werden durch die Freisetzung dieser Verbindung nicht abgeschreckt, da für sie 1-Octen-3-ol einfach nach Pilzen riecht. 1-Octen-3-ol besitzt antibakterielle Eigenschaften, die den Pilz vielleicht vor Mikroorganismen schützen, die sonst in die von der Schnecke herrührende Wunde eindringen würden. Es überrascht daher nicht, dass die Pilzarten, die häufig von der Bananenschnecke verzehrt werden, 1-Octen-3-ol nicht zu synthetisieren vermögen.

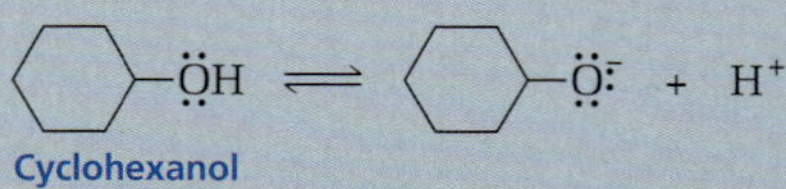

1-Octen-3-ol

Die Struktur der Alkine **7.3**

Die Struktur des Ethins haben wir in Abschnitt 1.9 erörtert. Wir haben gesehen, dass jedes Kohlenstoffatom *sp*-hybridisiert ist, sodass jedes C-Atom zwei *sp*-(Hybrid)Orbitale und zwei (nichthybridisierte) *p*-Orbitale besitzt. Ein *sp*-Orbital überlappt mit dem *s*-Orbital eines Wasserstoffatoms, und das andere überlappt mit dem *sp*-Orbital des anderen Kohlenstoffatoms, um σ-Bindungen zu bilden (die kleinen Lappen der *sp*-Orbitale sind nicht gezeigt). Da die *sp*-Orbitale soweit voneinander entfernt sind, wie es geht, um die Abstoßung der Elektronen untereinander zu minimieren, ist das Ethinmolekül linear, mit Bindungswinkeln von 180°.

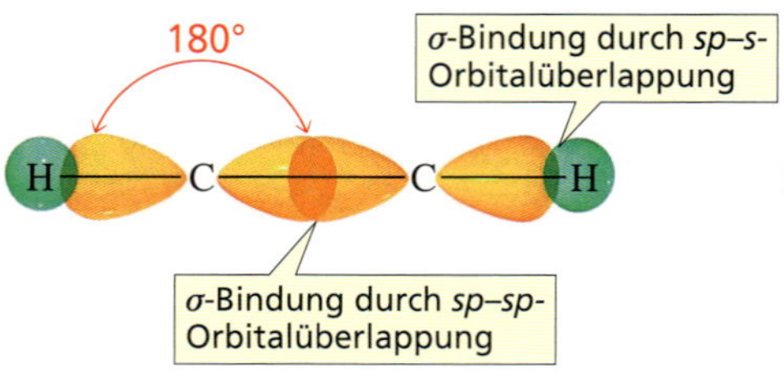

180°

$H{-}C{\equiv}C{-}H$

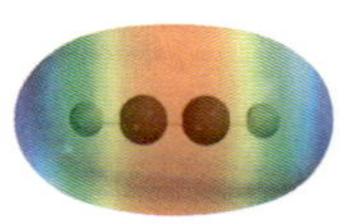

Erinnern Sie sich daran, dass die zwei π-Bindungen einer Dreifachbindung durch die Überlappung der zwei p-Orbitale mit dem jeweils parallelen p-Orbital am anderen Kohlenstoffatomen gebildet werden (▶ Abbildung 7.1). Das Ergebnis kann man sich als Zylinder von Elektronen um die σ-Bindung vorstellen.

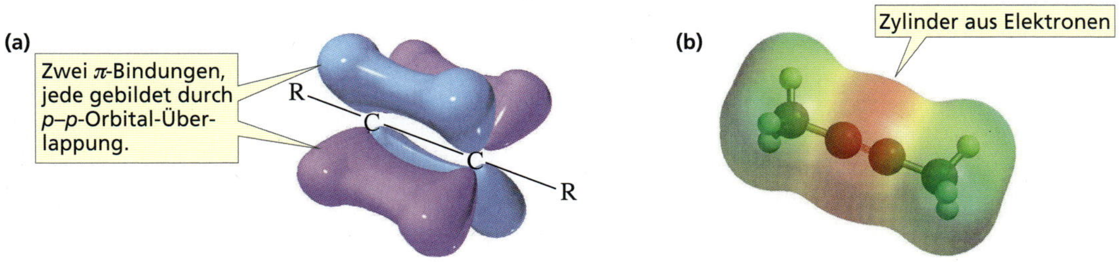

Abbildung 7.1: (a) Jede der beiden π-Bindungen einer Dreifachbindung bildet sich durch die seitliche Überlappung eines p-Orbitals des einen C-Atoms mit einem parallel liegenden p-Orbital des Nachbarkohlenstoffatoms. (b) Die elektrostatische Potenzialkarte von 2-Butin zeigt einen Zylinder aus Elektronen, der sich um die σ-Bindung ausbildet (blau und purpur).

Wir haben gesehen, dass eine Kohlenstoff-Kohlenstoff-Dreifachbindung kürzer und stärker als eine Kohlenstoff-Kohlenstoff-Doppelbindung ist, die ihrerseits kürzer und stärker als eine Kohlenstoff-Kohlenstoff-Einfachbindung ist. Wir haben außerdem gesehen, dass eine π-Bindung schwächer ist als eine σ-Bindung (Abschnitt 1.15).

> **MERKE!**
>
> **Eine Dreifachbindung besteht aus einer σ- und zwei π-Bindungen.**

Die relativ schwachen π-Bindungen erlauben es den Alkinen, leicht zu reagieren. Alkylgruppen stabilisieren Alkine, genauso wie im Fall der Alkene und Carbokationen (Abschnitte 5.9 und 6.2). Interne Alkine sind daher stabiler als terminale Alkine. Wir haben nunmehr gesehen, dass *Alkylgruppen Alkene, Alkine und Carbokationen stabilisieren.*

Ü 8* Welche Orbitale werden herangezogen, um die Kohlenstoff-Kohlenstoff-σ-Bindung zwischen den farblich unterlegten Kohlenstoffatomen auszubilden?

(a) $CH_3CH{=}CHCH_3$	**(d)** $CH_3C{\equiv}CCH_3$	**(g)** $CH_3CH{=}CHCH_2CH_3$
(b) $CH_3CH{=}CHCH_3$	**(e)** $CH_3C{\equiv}CCH_3$	**(h)** $CH_3C{\equiv}CCH_2CH_3$
(c) $CH_3CH{=}C{=}CH_2$	**(f)** $CH_2{=}CHCH{=}CH_2$	**(i)** $CH_2{=}CHC{\equiv}CH$

Die physikalischen Eigenschaften ungesättigter Kohlenwasserstoffe 7.4

Alle Kohlenwasserstoffe – Alkane, Alkene und Alkine – haben ähnliche physikalische Eigenschaften.

- Ihre Siedepunkte nehmen mit zunehmender Molmasse zu (▶ Tabelle 7.2).
- Sie sind unlöslich in Wasser aber löslich in unpolaren Lösemitteln (Abschnitt 3.9).
- Sie sind weniger dicht als Wasser.

> **Hinweis für die Studierenden**
>
> Tabellen mit physikalischen Eigenschaften von einigen Verbindungen können Sie im Anhang A finden.

Alkine sind linearer aufgebaut als Alkene, zudem ist eine Dreifachbindung polarisierbarer als eine Doppelbindung (Abschnitt 3.9). Diese zwei Gründe sind ausschlaggebend für die stärkeren London-Wechselwirkungen von Alkinen.

Dies führt dazu, dass Alkine höhere Siedepunkte haben als Alkene mit gleicher Anzahl an Kohlenstoffatomen.

	Siedepunkt (°C)		Siedepunkt (°C)		Siedepunkt (°C)
CH_3CH_3 **Ethan**	–88,6	$H_2C{=}C_2H_2$ **Ethen**	–104	$HC{\equiv}CH$ **Ethin**	–84
$CH_3CH_2CH_3$ **Propan**	–42,1	$CH_3CH{=}CH_2$ **Propen**	–47	$CH_3C{\equiv}CH$ **Propin**	–23
$CH_3CH_2CH_2CH_3$ **Butan**	–0,5	$CH_3CH_2CH{=}CH_2$ **1-Buten**	–6,5	$CH_3CH_2C{\equiv}CH$ **1-Butin**	8
$CH_3(CH_2)_3CH_3$ **Pentan**	36,1	$CH_3CH_2CH_2CH{=}CH_2$ **1-Penten**	30	$CH_3CH_2CH_2C{\equiv}CH$ **1-Pentin**	39
$CH_3(CH_2)_4CH_3$ **Hexan**	68,7	$CH_3CH_2CH_2CH_2CH{=}CH_2$ **1-Hexen**	63,5	$CH_3CH_2CH_2CH_2C{\equiv}CH$ **1-Hexin**	71
		$CH_3CH{=}CHCH_3$ ***cis*-2-Buten**	3,7	$CH_3C{\equiv}CCH_3$ **2-Butin**	27
		$CH_3CH{=}CHCH_3$ ***trans*-2-Buten**	0,9	$CH_3CH_2C{\equiv}CCH_3$ **2-Pentin**	55

Tabelle 7.2: Siedepunkte der kleinsten Kohlenwasserstoffe.

Ü 9* Was ist das kleinste Alkan, das kleinste terminale Alken und das kleinste terminale Alkin in ► Tabelle 7.2, das bei Raumtemperatur (zwischen 20–25 °C) noch als Flüssigkeit vorliegt?

Ü 10* Warum hat *cis*-2-Buten einen höheren Siedepunkt als *trans*-2-Buten?

Wie Alkine reagieren 7.5

Die Elektronenwolke, die die σ-Bindung umgibt, macht ein Alkin zu einem elektronenreichen Molekül. Alkine sind daher Nucleophile und reagieren mit Elektrophilen. Aus diesem Grund gehen Alkine, wie Alkene, wegen ihren relativ schwachen π-Bindungen *elektrophile Additionsreaktionen* ein. Die elektrophilen Reagenzien, die mit Alkenen reagieren, reagieren auch mit Alkinen. Zum Beispiel bildet die Addition von HCl an ein Alkin ein chlorsubstituiertes Alken.

$$CH_3C{\equiv}CCH_3 \xrightarrow{HCl} CH_3\underset{\displaystyle Cl}{\underset{|}{C}}{=}CHCH_3$$

Der π-Komplex

Für die elektrophile Addition von HCl an ein Alken ist die Addition des Protons an das Alken der geschwindigkeitsbestimmende Schritt der Reaktion und führt zur Bildung eines *Alkylkations* (Abschnitt 5.5). Die Addition des Protons an ein Alkin ist auch der geschwindigkeitsbestimmende Schritt für diese Art der Reaktion. Die Addition des Protons führt hier zur Bildung eines Vinylkations. Ein **Vinylkation** trägt eine positive Ladung an einem Vinylkohlenstoffatom.

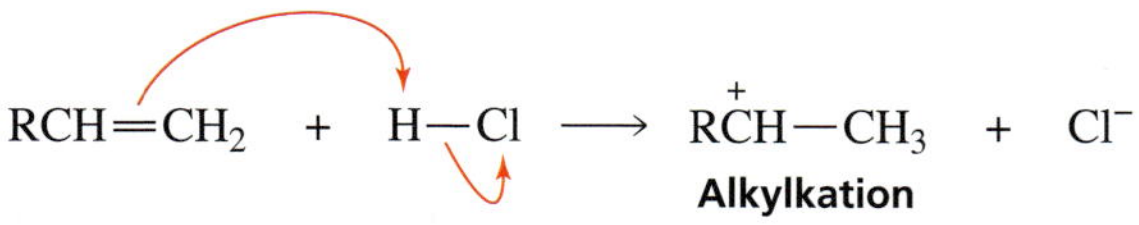

Alkylkation

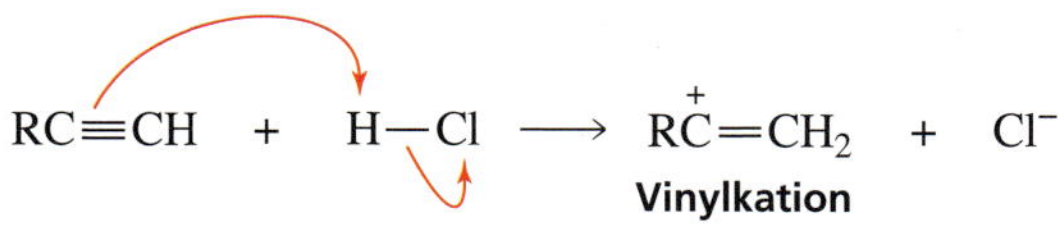

Vinylkation

Ein Vinylkation ist weniger stabil als ein *ähnlich substituiertes* Alkylkation, da ein Vinylkation die positive Ladung an einem *sp*-hybridisierten Kohlenstoffatom trägt. Mit „ähnlich substituiert" ist gemeint, dass ein primäres Vinylkation weniger stabil ist als ein primäres Alkylkation und ein sekundäres Vinylkation ist weniger stabil als ein sekundäres Alkylkation.

Ein *sp*-Kohlenstoffatom ist elektronegativer als ein sp^2-Kohlenstoffatom eines Alkylkations und ist daher weniger stabil, wenn es eine positive Ladung trägt (Abschnitt 2.6).

Relative Stabilitäten von Carbokationen

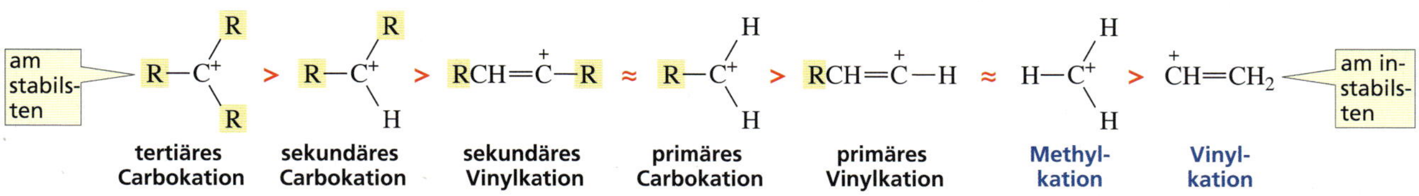

Wir haben gesehen, dass primäre Carbokationen zu instabil sind, um gebildet zu werden. Da ein sekundäres Vinylkation ungefähr die gleiche Stabilität aufweist, erwarten wir auch nicht, dass dieses Kation gebildet wird. Manche Chemiker*innen denken, dass als Zwischenprodukt ein sogenannter **π-Komplex** anstelle eines Vinylkations gebildet wird.

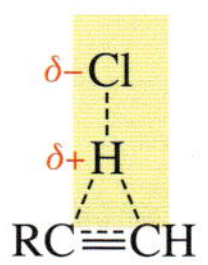

π-Komplex

Ein Hinweis auf diesen π-Komplex kommt von der Beobachtung, dass manche (aber nicht alle) Additionsreaktionen an Alkine stereoselektiv sind. Zum Beispiel bildet sich bei der folgenden Reaktion nur (*Z*)-2-Chlor-2-buten; das heißt, dass nur eine *anti*-Addition von Cl und H erfolgen kann.

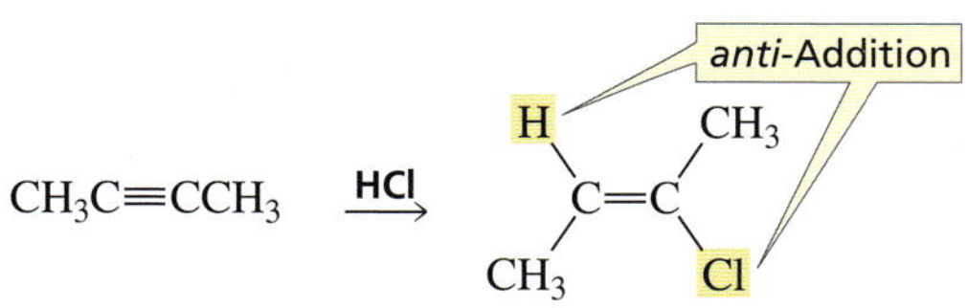

(*Z*)-2-Chlor-2-buten

Der Mechanismus dieser Reaktion ist allerdings nicht voll aufgeklärt. Hier werden wir annehmen, dass bei der Reaktion ein π-Komplex gebildet wird.

Alkine sind weniger reaktiv als Alkene

► Abbildung 7.2 zeigt, dass ein Alkin weniger stabil ist als ein Alken und dass der π-Komplex (auch wenn er stabiler ist als ein Vinylkation) weniger stabil ist als ein Alkylkation. Da die Energiedifferenz der Übergangszustände größer ist als die Energiedifferenz der Reaktanten, ist $\Delta G^{\ddagger}$ für die Bildung des

π-Komplexes größer als $\Delta G^{\ddagger}$ für die Bildung des Alkylkations. Daher ist ein Alkin in elektrophilen Additionsreaktionen weniger reaktiv als ein Alken.

MERKE!

Alkine sind bei elektrophilen Additionsreaktionen weniger reaktiv als Alkene.

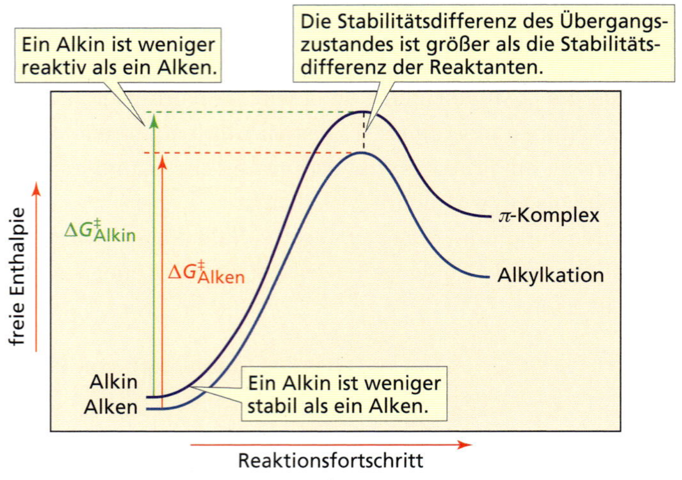

Abbildung 7.2: Vergleich der freien Aktivierungsenthalpien der Addition eines Elektrophils an ein Alkin und ein Alken. $\Delta G^{\ddagger}$ für die Reaktion eines Alkins ist größer als für die Reaktion eines Alkens; dies weist auf eine geringere Reaktivität hin.

Ü 11 mit Lösung

Unter welchen Umständen können Sie davon ausgehen, dass die weniger stabile von zwei Verbindungen die reaktivere sein wird?

Lösung

Damit die weniger stabile Verbindung reaktiver ist, muss sie den stabileren Übergangszustand aufweisen, oder der Energieunterschied zwischen den Reaktanten muss größer sein als der Energieunterschied der Übergangszustände.

Addition von Halogenwasserstoffen und Addition von Halogenen an Alkine 7.6

Addition eines Halogenwasserstoffes an ein Alkin

Das Produkt einer elektrophilen Additionsreaktion von HCl an ein Alken ist ein Alkin. Daher kann auch eine zweite Reaktion ablaufen, wenn ein Überschuss an Halogenwasserstoff vorliegt. Die zweite Reaktion ist regioselektiv (wie andere Additionsreaktionen an Alkene): H^+ greift das weniger substituierte sp^2-Kohlenstoffatom an (mit mehr Wasserstoffatomen).

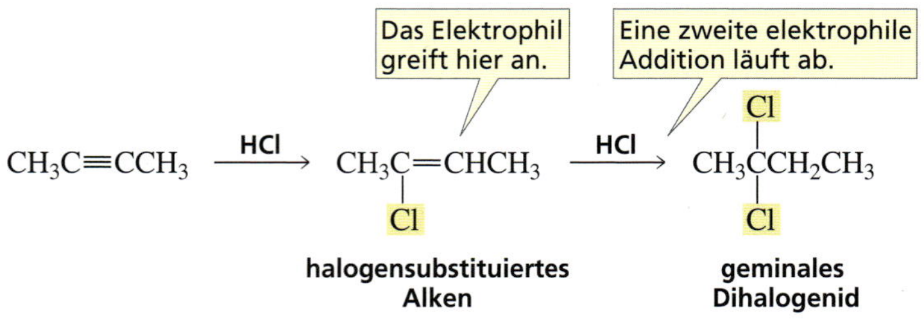

Das Produkt der zweiten Additionsrunde ist ein **geminales Dihalogenid (Dihalogenalkan)** – ein Molekül mit zwei Halogenatomen an demselben Kohlenstoffatom. „Geminal" leitet sich vom lateinischen geminus ab, das „Zwilling" bedeutet.

Die Addition eines Halogenwasserstoffes an ein Alkin kann nach der Addition von einem Äquivalent Halogenwasserstoff gestoppt werden, da ein Alkin reaktiver ist als ein halogensubstituiertes Alken, das den Reaktanten der zweiten Reaktion darstellt.

Relative Reaktivität

halogensubstituiertes Alken

Das halogensubstituierte Alken ist weniger reaktiv als ein Alkin, da das Halogen einen induktiven Elektronenzug ausübt (durch die σ-Bindung) und damit den nucleophilen Charakter der Doppelbindung schwächt.

Addition an ein terminales Alkin

Wenn ein *terminales Alkin* vorliegt, ist die erste elektrophile Additionsreaktion ebenfalls regioselektiv: H^+ greift an das weniger substituierte *sp*-Kohlenstoffatom an.

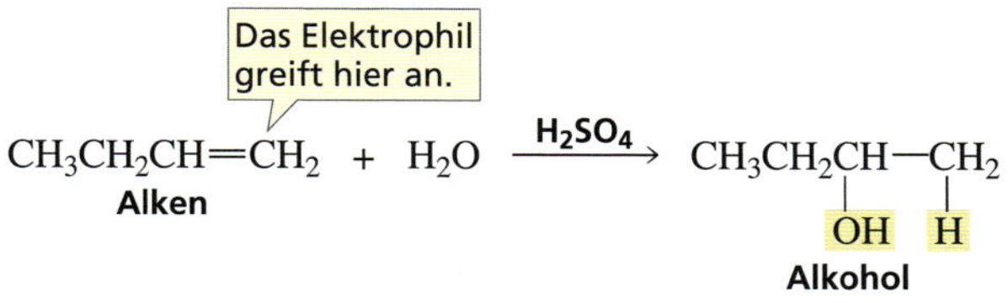

MERKE!

Das Elektrophil bindet an das *sp*-Kohlenstoffatom, das das Wasserstoffatom trägt.

Der Mechanismus der Addition eines Halogenwasserstoffes an ein Alkin ist ähnlich dem der Addition eines Halogenwasserstoffes an ein Alken. Der Unterschied liegt im Intermediat: ein Alkin bildet den π-Komplex, dass Alken hingegen bildet ein Carbokation.

Mechanismus der elektrophilen Addition eines Halogenwasserstoffes an ein Alkin

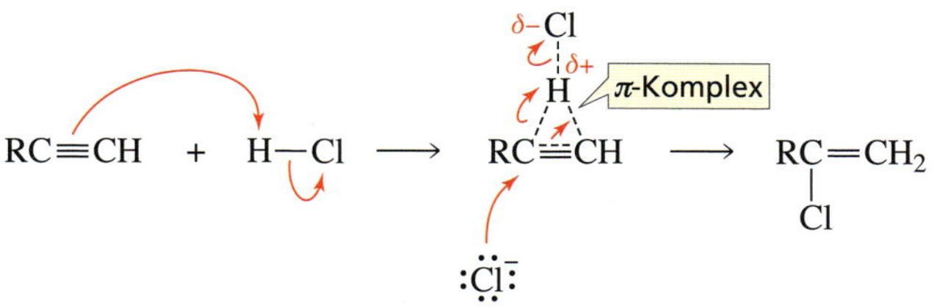

- Das Alkin (ein Nucleophil) reagiert mit einem Elektrophil und bildet den π-Komplex.
- Das Chloridion addiert an den π-Komplex und bildet ein halogensubstituiertes Alken.

Die Regioselektivtät der elektrophilen Addition an ein Alkin kann genauso erklärt werden wie die Regioselektivtät bei der Addition an ein Alken (Abschnitt 6.4). Von den beiden möglichen Übergangszuständen ist derjenige stabiler, der die positive Ladung am höher substituierten (sekundären) Kohlenstoffatom trägt.

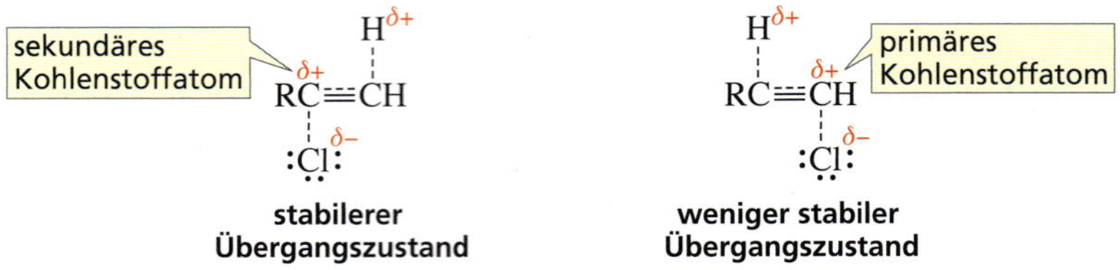

Wir haben bereits erfahren, dass die zweite elektrophile Addition (die Reaktion mit einem halogensubstituierten Alken) ebenfalls regioselektiv ist.

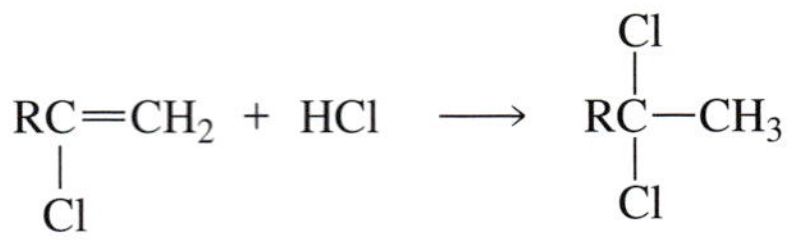

Wir können durch den Vergleich der Stabilitäten der beiden möglichen Carbokationen feststellen, warum diese Reaktion regioselektiv ist. Wenn H^+ an das höher substituierte sp^2-Kohlenstoffatom addiert, würde ein *primäres Carbokation* gebildet werden. Der Chlorsubstituent *verringert die Stabilität* durch induktiven Elektronenzug durch die σ-Bindung weiterhin. Dies erhöht die positive Ladung am Kohlenstoffatom.

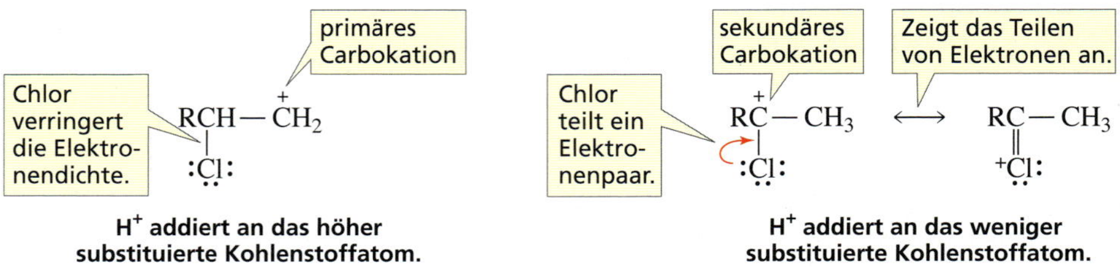

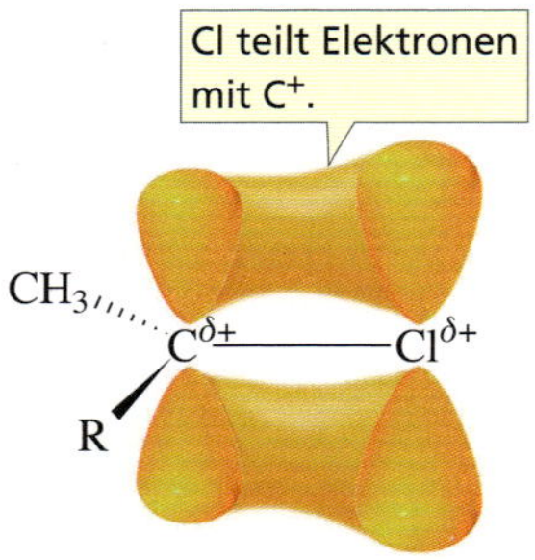

Abbildung 7.3: Chlor teilt die positive Ladung mit Kohlenstoff, indem es eines seiner Orbitale, das ein freies Elektronenpaar enthält, mit dem leeren *p*-Orbital des positiv geladenen Kohlenstoffs überlappt.

Im Gegensatz dazu würde die Addition von H^+ an das weniger substituierte sp^2-Kohlenstoffatom (mit den meisten Wasserstoffatomen) ein stabileres *sekundäres Carbokation* bilden. Chlor *stabilisiert* dieses, indem es dem positiv geladenen Kohlenstoffatom ein freies Elektronenpaar zur Verfügung stellt. Auf diese Weise wird die positive Ladung von Kohlenstoff und Chlor geteilt (▶ Abbildung 7.3).

Addition an ein internes Alkin

Die Addition eines Überschusses von Halogenwasserstoff zu einem *unsymmetrischen internen* Alkin führt zur Bildung zweier geminaler Dihalogenide, weil die initiale Addition des Protons mit gleicher Leichtigkeit an jedem der beiden *sp*-Kohlenstoffatome stattfinden kann.

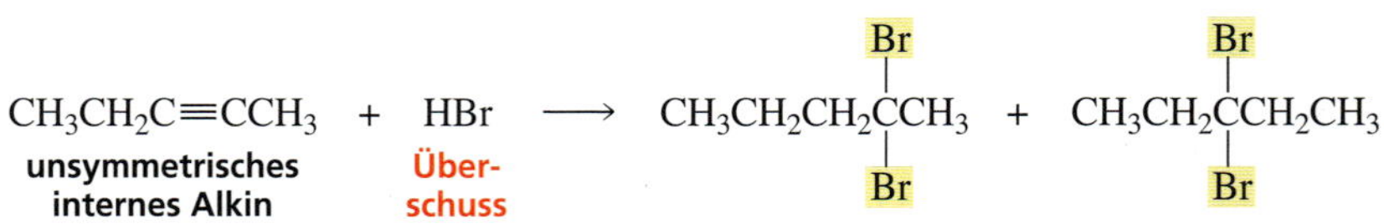

Beachten Sie jedoch, dass bei der Addition an ein symmetrisches, internes Alkin nur ein geminales Dihalogenid gebildet wird.

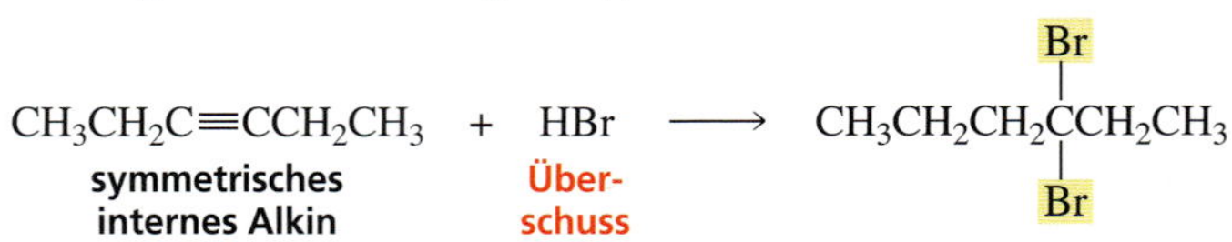

Addition eines Halogens an ein Alkin

Die Halogene Chlor (Cl_2) und Brom (Br_2) addieren ebenfalls an Alkine. In Gegenwart eines Überschusses von Halogen kann es zu einer nachfolgenden Zweitaddition kommen. Der Mechanismus dieser Reaktion ist identisch mit dem Mechanismus der Addition von Cl_2 oder Br_2 an ein Alken (Abschnitt 6.9).

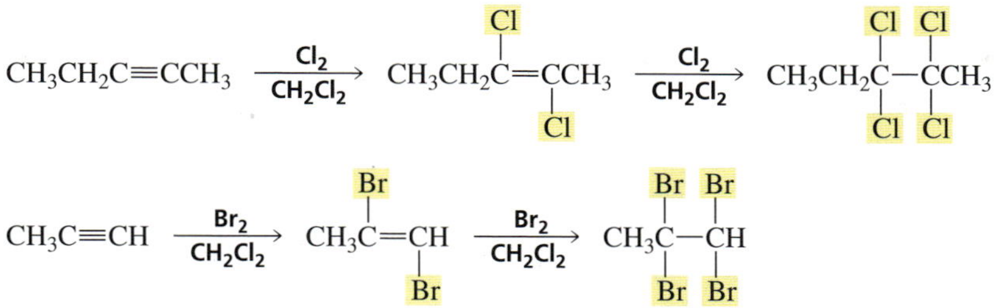

Ü 12* Was ist das Hauptprodukt der folgenden Reaktionen?

(a) $HC{\equiv}CCH_3 \xrightarrow{HBr}$

(b) $HC{\equiv}CCH_3 \xrightarrow[\text{HBr}]{\text{Überschuss}}$

(c) $CH_3C{\equiv}CCH_3 \xrightarrow[CH_2Cl_2]{Br_2}$

(d) $HC{\equiv}CCH_3 \xrightarrow[CH_2Cl_2]{\text{Überschuss } Br_2}$

(e) $CH_3C{\equiv}CCH_3 \xrightarrow[\text{HBr}]{\text{Überschuss}}$

(f) $CH_3C{\equiv}CCH_2CH_3 \xrightarrow[\text{HBr}]{\text{Überschuss}}$

Ü 13 Sagen Sie anhand Ihrer Kenntnisse über den stereochemischen Verlauf von Additionsreaktionen an Alkenen

(a) den Mechanismus der Reaktion von 2-Butin mit einem Moläquivalent Br_2 in CH_2Cl_2 voraus.

(b) die Produkte aus Teil (a) voraus.

Addition von Wasser an Alkine 7.7

In Abschnitt 6.5 haben wir gelernt, dass Alkene eine säurekatalysierte Addition von Wasser eingehen. Das Produkt der elektrophilen Addition ist ein Alkohol.

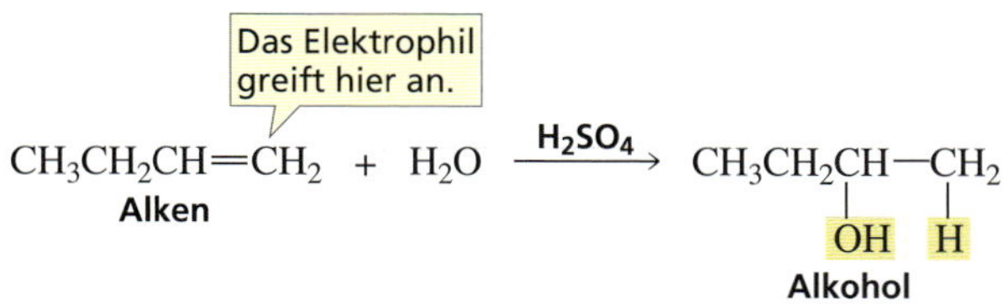

Alkine gehen ebenfalls eine säurekatalysierte Addition von Wasser ein. Wie erwartet addiert sich das Elektrophil (H^+) an das weniger substituierte *sp*-Kohlenstoffatom.

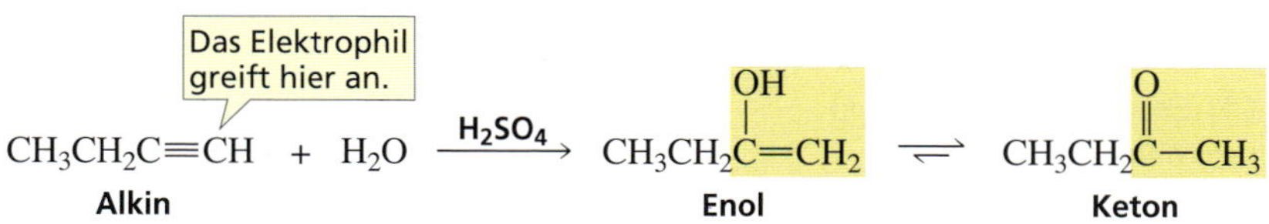

Das initiale Produkt der Reaktion ist ein *Enol*. Ein **Enol** ist eine Verbindung mit einer Kohlenstoff-Kohlenstoff-Doppelbindung und einer OH-Gruppe, die an eines der sp^2-hybridisierten C-Atome gebunden ist. Die Silbe „en“ weist auf das Vorhandensein einer Doppelbindung hin, die Silbe „ol“ auf eine OH-Gruppe. Wenn die beiden Suffixe zusammengefügt werden, ergibt sich der Begriff „Enol“. Ein Enol lagert sich augenblicklich zu einem *Keton* um – ein Keton und sein korrespondierendes Enol werden **Keto-Enol-Tautomere** genannt.

- **Tautomere** sind Konstitutionsisomere, die sich schnell ineinander umwandeln.
- Ein Keton und ein Enol unterscheiden sich nur in der Position der Doppelbindung und eines Wasserstoffatoms.
- Das Keton-Tautomer liegt in Lösung in höherer Konzentration vor, da es normalerweise viel stabiler ist als das Enol-Tautomer.
- Die Umwandlung der Tautomere wird als **Keto-Enol-Isomerisierung** oder auch **Tautomerisierung** bezeichnet.

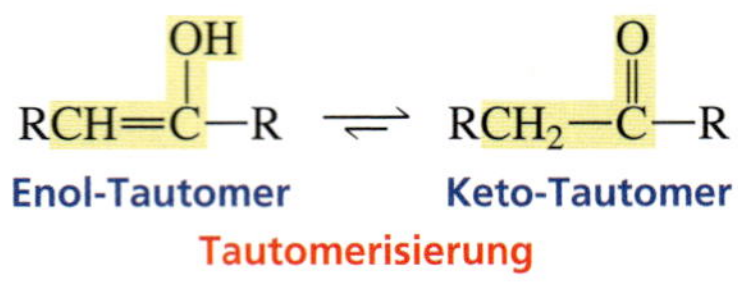

Der Mechanismus der Umwandlung eines Enols in ein Keton ist unten gezeigt.

Mechanismus der säurekatalysierten Keto-Enol-Isomerisierung

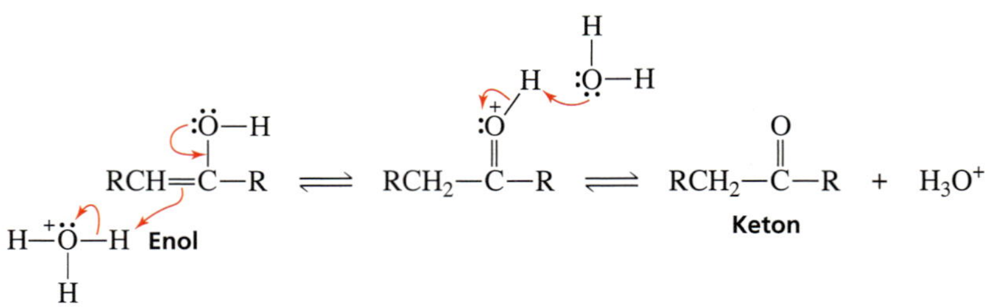

- Eine π-Bindung zwischen Kohlenstoff und Sauerstoff bildet sich und Kohlenstoff nimmt ein Proton auf, sobald sich die π-Bindung zwischen den beiden Kohlenstoffatomen auflöst.
- Wasser entfernt ein Proton von der protonierten Carbonylgruppe.

Addition an ein internes Alkin

Die Addition von Wasser an ein symmetrisches internes Alkin, bei dem an beiden *sp*-Kohlenstoffatomen die gleiche Gruppe gebunden ist, führt zu einem einzigen Keton als Produkt. Falls das Alkin unsymmetrisch ist, werden zwei Ketone gebildet, weil die anfängliche Addition eines Protons an jedem der beiden *sp*-Kohlenstoffatome stattfinden kann.

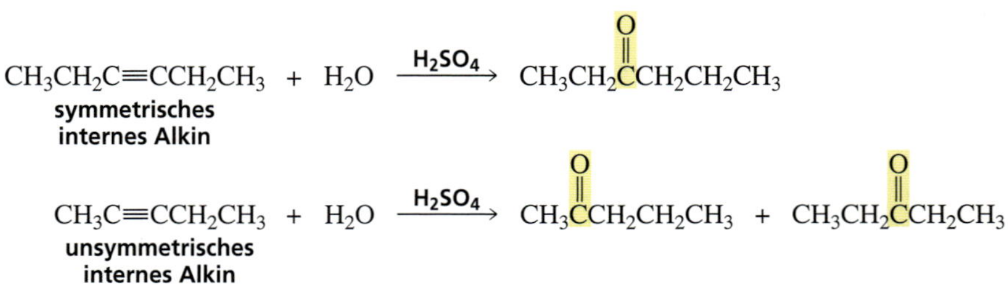

Addition an ein terminales Alkin

Terminale Alkine sind bezüglich der Addition von Wasser weniger reaktiv als interne Alkine. Daher wird die Addition von Wasser an ein terminales Alkin meistens unter Anwesenheit von Quecksilberionen (Hg^{2+}) durchgeführt. Das Quecksilber(II)-Ion ist ein Katalysator – es erhöht die Geschwindigkeit der Additionsreaktion.

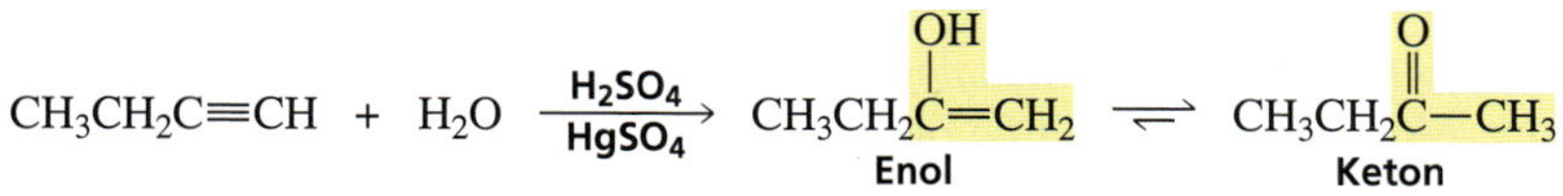

Der erste Schritt im Mechanismus der durch *Quecksilberionen katalysierten Hydratisierung* eines Alkins ist unten gezeigt. Das Intermediat der Reaktion sollte Sie an das zyklische Bromoniumion und die Mercuriniumionen erinnern, die als Zwischenstufen bei der elektrophilen Addition an Alkene gebildet werden (Abschnitte 6.9).

Mechanismus der durch Quecksilberionen katalysierten Hydratisierung von Alkinen

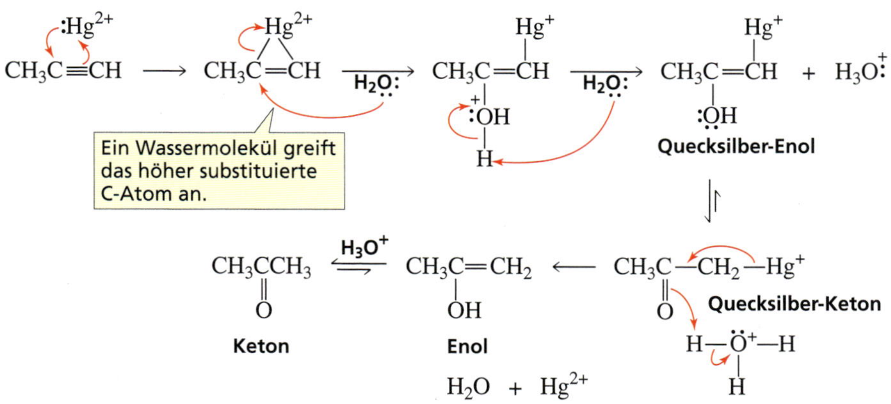

- Die Reaktion eines Alkins mit einem zweiwertigen Quecksilberion (Hg^{2+}) führt zur Bildung eines zyklischen Mercuriniumions. Zwei der Elektronen der aufgefüllten 5*d*-Orbitale des Quecksilbers sind dargestellt.
- Ein Wassermolekül (das Nucleophil) greift das höher substituierte Kohlenstoffatom des zyklischen Intermediats an (Abschnitt 6.9).
- Die protonierte OH-Gruppe, die eine sehr starke Säure ist, verliert ein Proton und bildet ein Quecksilber-Enol, das unmittelbar darauf in ein Quecksilber-Keton tautomerisiert.
- Die Abspaltung des zweiwertigen Quecksilberions führt zum Enol, welches sich in einer säurekatalysierten Reaktion zum Keton umlagert.

Ü 14* Welche Ketone würden durch die säurekatalysierte Hydratisierung von 3-Heptin gebildet?

Ü 15* Welches Alkin wäre das beste Reagenz für den Einsatz in der Synthese der nachfolgend dargestellten Ketone?

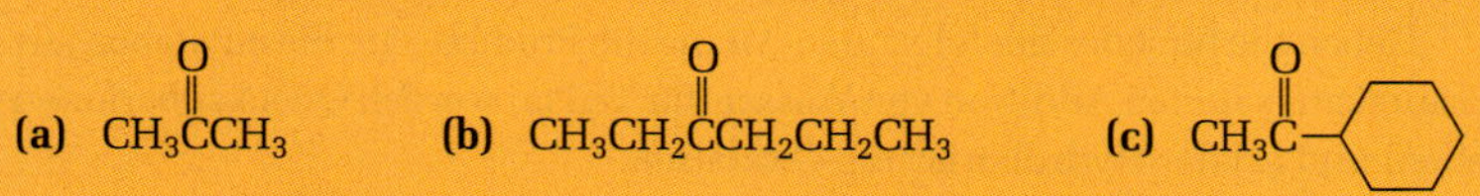

Ü 16* Zeichnen Sie die Enol-Tautomere für alle Ketone der Übung 15.

Addition von Borwasserstoff an Alkine: Hydroborierung-Oxidation 7.8

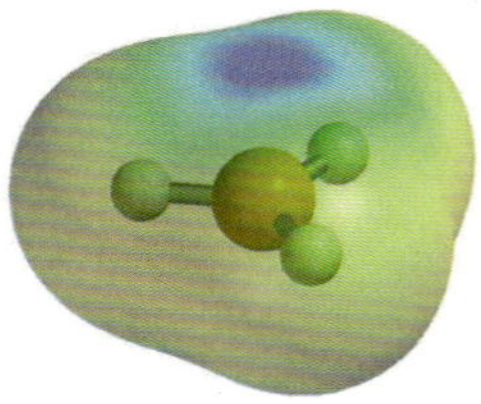

BH_3

BH_3 oder RBH_2 (in THF) addieren sich auf die gleiche Weise an Alkine wie an Alkene. Das heißt, Bor ist das Elektrophil und H^- stellt das Nucleophil dar (Abschnitt 6.8). Wenn die Additionsreaktion abgeklungen ist, werden wässriges Natriumhydroxid und Wasserstoffperoxid der Reaktionsmischung zugesetzt. Das Endergebnis ist wie im Fall der Alkene ein Austausch des Bors gegen eine OH-Gruppe. Das Enolprodukt tautomerisiert unmittelbar in ein Keton.

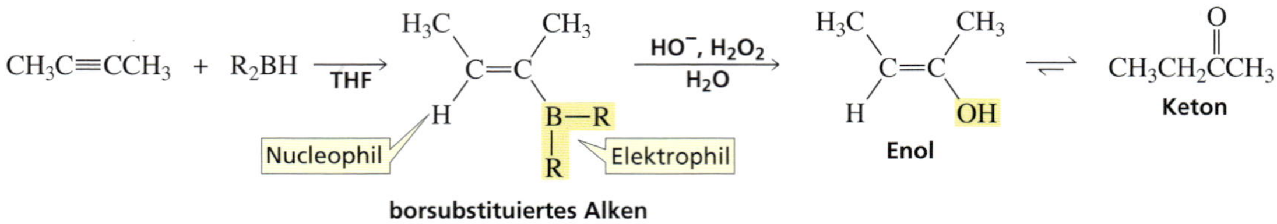

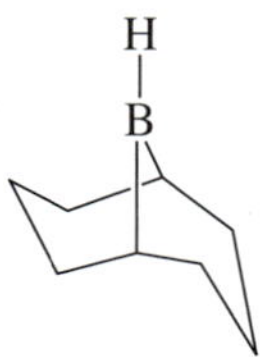

9-BBN
9-Borabicyclo[3.3.1]nonan
R_2BH

Eine Carbonylverbindung wird nur dann das Produkt einer Hydroborierung-Oxidation sein, wenn sich kein zweites Molekül BH_3 oder R_2BH an die π-Bindung des borsubstituierten Alkens anlagert. Im Falle eines internen Alkins verhindern die Substituenten des borsubstituierten Alkens einen Angriff der zweiten Borverbindung. Im Falle von terminalen Alkinen in befindet sich an der Stelle der Butylgruppe ein Wasserstoffatom an dem Kohlenstoffatom, an dem sich die zweite Borverbindung anlagen könnte, also gibt es in diesem Fall weniger sterische Hinderung. Daher können BH_3 oder RBH_2 bei internen Alkinen verwendet werden, das sterisch anspruchsvollere R_2BH funktioniert nur bei terminalen Alkinen.

Bor ist ein Elektrophil, da es ein unvollständiges Oktett besitzt. Bei der Reaktion mit terminalen Alkinen addiert es sich (wie andere Elektrophile) bevorzugt an das weniger substituierte *sp*-Kohlenstoffatom. Da die borhaltige Gruppe später von OH ersetzt wird, führt die Hydroborierung-Oxidation eines terminalen Alkins zu einem *Aldehyd* (die Carbonylgruppe befindet sich am terminalen Kohlenstoffatom). Folglich führt die durch Quecksilberionen katalysierte Addition von Wasser an ein terminales Alkin zu einem *Keton* (die Carbonylgruppe ist *nicht* an dem terminalen C-Atom), wohingegen die Hydroborierung-Oxidation eines terminalen Alkins einen *Aldehyd* erzeugt (die Carbonylgruppe *ist* an dem terminalen C-Atom).

MERKE!

Die Hydroborierung-Oxidation eines terminalen Alkins führt zu einem Aldehyd.

Die säurekatalysierte Addition von Wasser (in Gegenwart von Quecksilberionen) an ein terminales Alkin führt zu einem Keton.

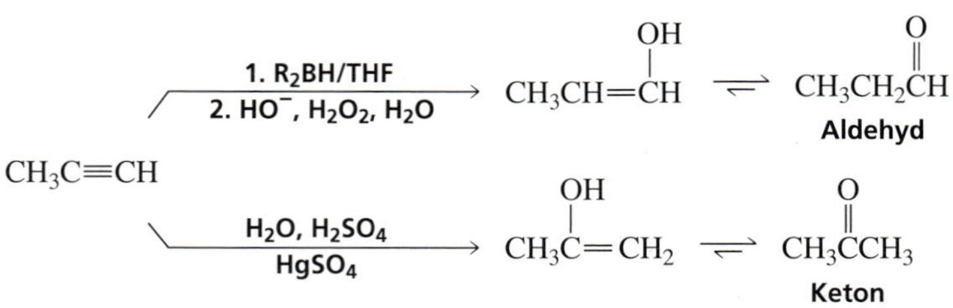

Ü 17 Geben Sie für jedes der folgenden Alkine die Produkte an, die entstehen aus (1) der säurekatalysierten Addition von Wasser (für Teil (a) werden Quecksilberionen zugegeben) und (2) der Hydroborierung-Oxidation:

(a) 1-Butin **(b)** 2-Butin **(c)** 2-Pentin

Ü 18* Es gibt nur ein Alkin, das einen Aldehyd bildet, wenn es eine säurekatalysierte oder eine durch Quecksilberionen katalysierte Wasseraddition durchläuft. Finden Sie heraus, um welches Alkin es sich handelt.

Addition von Wasserstoff an ein Alkin 7.9

Alkine werden in gleicher Weise wie Alkene durch katalytische Hydrierung reduziert (Abschnitt 5.9). Das initiale Produkt ist ein Alken, doch ist es schwierig, die Reaktion an diesem Punkt anzuhalten, da Alkene in dieser Reaktion schneller reagieren als Alkine. Das Reaktionsendprodukt der Hydrierung ist deshalb ein Alkan.

Ein Alkin wird in ein Alkan überführt.

$$\underset{\text{Alkin}}{CH_3CH_2C{\equiv}CH} \xrightarrow[\text{Pd/C}]{H_2} \underset{\text{Alken}}{CH_3CH_2CH{=}CH_2} \xrightarrow[\text{Pd/C}]{H_2} \underset{\text{Alkan}}{CH_3CH_2CH_2CH_3}$$

Bildung eines *cis*-Alkens

Die Reaktion kann auf der Stufe des Alkens angehalten werden, falls ein „vergifteter" (teilweise desaktivierter) Palladiumkatalysator eingesetzt wird. Der am häufigsten verwendete partiell desaktivierte Metallkatalysator ist der so genannte Lindlar-Katalysator (▶ Abbildung 7.4).

Da das Alkin an der Oberfläche des metallischen Katalysators „sitzt" und die Wasserstoffmoleküle von der Oberfläche des Metalls aus zur Dreifachbindung „geliefert" werden, werden beide Wasserstoffatome auf dieselbe Seite der Doppelbindung gebracht. Es treten mit anderen Worten nur *syn*-Additionen von Wasserstoff auf (Abschnitt 6.13). Die *syn*-Addition von Wasserstoff an ein internes Alkin führt zur Bildung eines *cis*-Alkens.

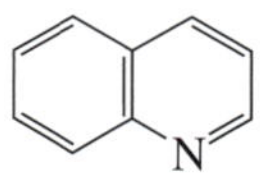

Chinolin

Abbildung 7.4: Der Lindlar-Katalysator wird durch die Abscheidung von Palladium auf durch Chinolin deaktiviertem Bariumsulfat hergestellt. Diese Behandlung führt zu einer Veränderung der Oberfläche des Palladiums, wodurch seine Wirksamkeit bei der Addition von Wasserstoff an eine Dreifachbindung im Vergleich zur Addition an eine Doppelbindung erhöht wird.

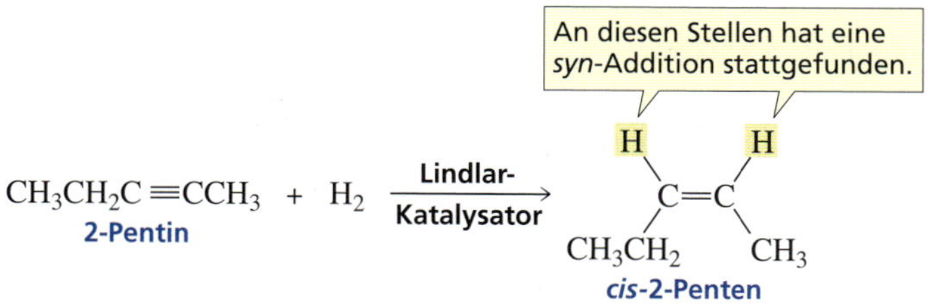

Bildung eines *trans*-Alkens

Interne Alkine können mit Natrium (oder Lithium) in flüssigem Ammoniak zu *trans*-Alkenen umgesetzt werden. Die Reaktion hält auf der Alkenstufe an, da Natrium (oder Lithium) rascher mit der Dreifachbindung als mit der Doppelbindung reagiert. Diese Reaktion wird als **auflösende Metallreduktion** bezeichnet Ammoniak ist bei Zimmertemperatur ein Gas (Sdp. = –33 °C); für die Reaktion wird es mit einem Gemisch aus Trockeneis (gefrorenes Kohlen-

Bei der Lösung von Natrium in flüssigem Ammoniak bildet sich durch Na^+ und die gelösten Elektronen eine tiefblaue Farbe.

dioxid (Sublimationspunkt = –78 °C)) und Aceton, das den Reaktionskolben umgibt, im flüssigen Aggregatzustand gehalten.

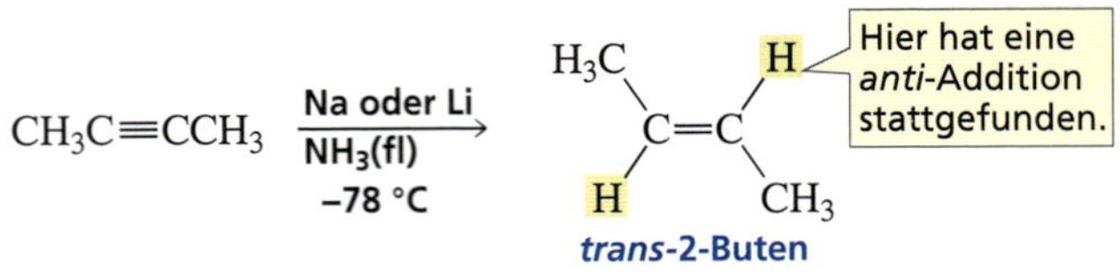

Mechanismus der Umwandlung eines Alkins in ein *trans*-Alken

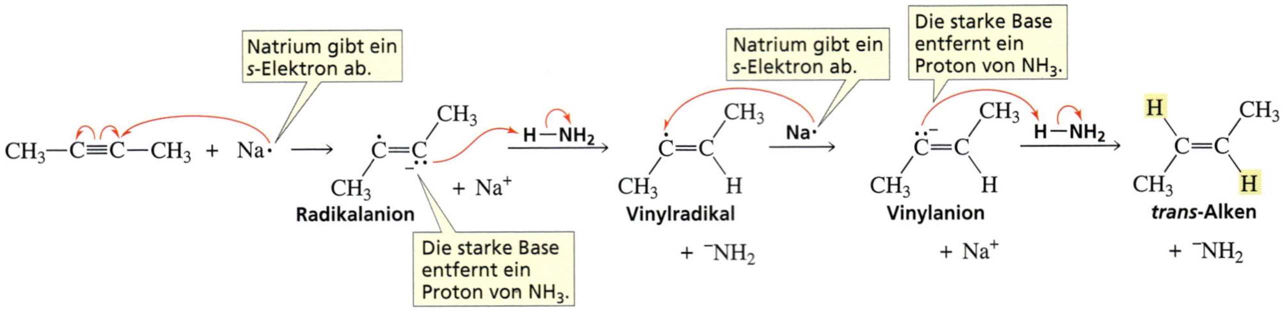

Eine Pfeilspitze mit zwei Haken zeigt die Bewegung von zwei Elektronen an.

Eine Pfeilspitze mit einem Haken zeigt die Bewegung von einem Elektron an.

Die mechanistischen Schritte der Umwandlung eines internen Alkins in ein *trans*-Alken sind:

- Das Elektron des *s*-Orbitals der Valenzschale des Natrium- oder des Lithiumatoms wird unter Bildung eines Radikalanions auf ein *sp*-Kohlenstoffatom des Alkins übertragen. Dieses **Radikalanion** ist ein Teilchen mit einer negativen Ladung und einem ungepaarten Elektron. Man beachte, dass die Übertragung eines einzelnen Elektrons durch einen gekrümmten Pfeil mit einer halben Spitze (einer einzackigen Spitze) symbolisiert wird.
  Erinnern Sie sich daran, dass Natrium und Lithium beide ein starkes Bestreben besitzen, das einzelne Elektron des *s*-Orbitals ihrer äußersten Elektronenschale abzugeben (Abschnitt 1.3).
- Das Radikalanion ist eine so starke Base, dass es ein Proton aus einem Ammoniakmolekül abziehen kann. Dies führt zur Bildung eines **Vinylradikals** – das ungepaarte Elektron befindet sich an einem Vinylkohlenstoffatom.
- Ein weiterer Einelektronentransfer von einem Natrium- oder Lithiumatom auf das Vinylradikal führt zur Bildung eines **Vinylanions**.
- Das Vinylanion ist ebenfalls eine starke Base; sie entreißt einem weiteren Ammoniakmolekül wiederum ein Proton. Das Produkt ist ein *trans*-Alken.

Das Radikalanion und das Vinylanion können beide entweder *cis*- oder *trans*-Konfiguration besitzen. Das *cis*- und das *trans*-Radikalanionen stehen im Gleichgewicht miteinander, so wie auch die *cis*- und *trans*-Vinylanionen. In beiden fällen liegt das *trans*-Isomer bevorzugt vor. Die höhere Stabilität des *trans*-Isomers führt am Ende der Reaktion zum *trans*-Produkt (► Abbildung 7.5).

Eine Reduktion durch gelöste Metalle kann nicht für die Reduktion von terminalen Alkinen verwendet werden, da Natrium ein Proton dieses Alkins entfernen würde.

$$2\,RC{\equiv}CH + 2\,Na \longrightarrow 2\,RC{\equiv}C^- + 2\,Na^+ + H_2$$

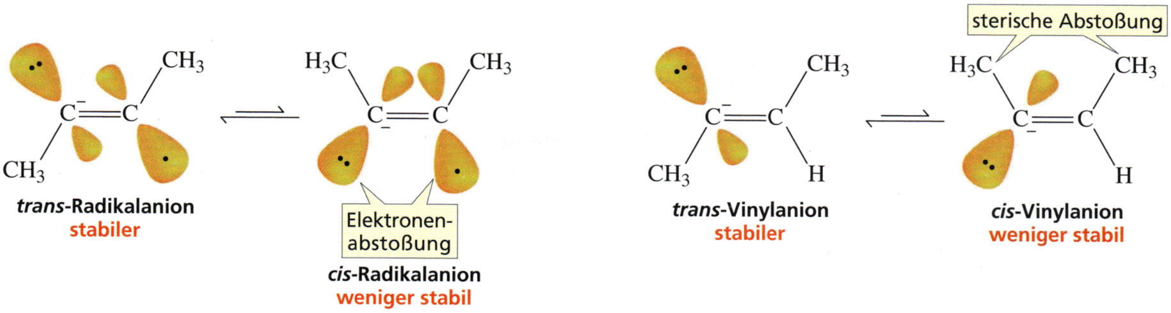

Abbildung 7.5: Das *trans*-Radikalanion ist stabiler als das *cis*-Radikalanion, da die nicht gebundenen Elektronen im *trans*-Isomer weiter voneinander entfernt sind. Das *trans*-Vinylanion ist stabiler als das *cis*-Vinylanion, da die relativ sperrigen Alkylgruppen im *trans*-Isomer weiter voneinander entfernt sind (Abschnitt 5.9).

Ü 19* Beschreiben Sie das Alkin, von dem Sie ausgehen würden, sowie die Reagenzien, die Sie einsetzen würden, falls Sie die folgenden Stoffe synthetisieren wollten:

(a) Pentan **(b)** *cis*-2-Buten **(c)** *trans*-2-Penten **(d)** 1-Hexen

Ü 20 Was sind die Produkte der folgenden Reaktionen?

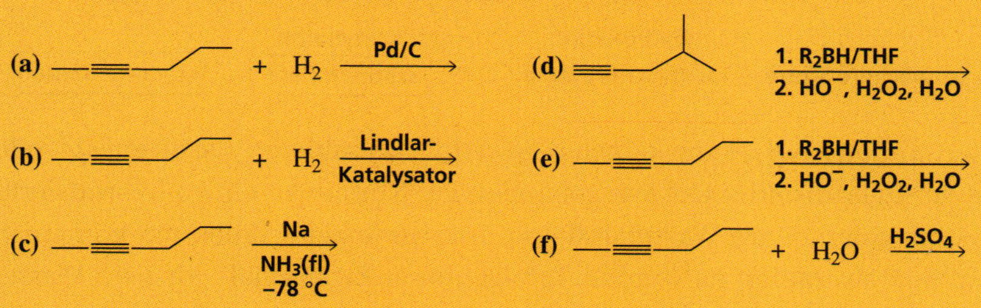

Azidität eines an ein *sp*-hybridisiertes Kohlenstoffatom gebundenen Wasserstoffatoms 7.10

Wir haben gelernt, dass der Hybridisierungszustand eines Atoms die Azidität eines an es gebundenen Wasserstoffatoms beeinflusst, da die Elektronegativität eines Atoms von seinem Hybridisierungszustand abhängt (Abschnitt 2.6).

Relative Elektronegativitäten von Kohlenstoffatomen in unterschiedlichen Zuständen

am stärksten elektronegativ $sp > sp^2 > sp^3$ am wenigsten elektronegativ

MERKE!

Ein *sp*-Kohlenstoffatom ist elektronegativer als ein sp^2-Kohlenstoffatom, welches elektronegativer ist als ein sp^3-Kohlenstoffatom.

Da die am stärksten sauer reagierende Verbindung diejenige ist, bei der das Wasserstoffatom an das am stärksten elektronegative Atom gebunden ist (wenn die Atome die gleiche Größe haben), ist Ethin eine stärkere Säure als Ethen, und Ethen ist eine stärkere Säure als Ethan.

$HC{\equiv}CH$	$H_2C{=}CH_2$	CH_3CH_3
Ethin	Ethen	Ethan
$pK_S = 25$	$pK_S = 44$	$pK_S > 60$

Wir haben bereits gesehen, dass wenn das Proton einer Säure entfernt werden soll (wenn das Gleichgewicht auf der Seite der Produkte liegt), eine Base verwendet werden muss, die stärker ist als die bei der Reaktion produzierte Base. Der Grund hierfür ist, dass das Gleichgewicht die Bildung der schwächeren Base bevorzugt (dies bedeutet auch, dass das Gleichgewicht die Bildung der schwächeren Säure bevorzugt; Abschnitt 2.5).

MERKE!

Je stärker die Säure, desto schwächer ist ihre konjugierte Base.

Zum Beispiel ist $^{-}NH_2$ eine stärkere Base als das Acetylidion, das während der Reaktion gebildet wird, da NH_3 ($pK_S = 36$) eine schwächere Säure ist als das terminale Alkin ($pK_S = 25$). Ein Amidion kann daher dazu benutzt werden, um ein Proton von einem terminalen Alkin abzuspalten, um ein **Acetylidion** zu gewinnen.

$$RC{\equiv}CH + {}^{-}NH_2 \rightleftharpoons RC{\equiv}C^{-} + NH_3$$

$RC{\equiv}CH$	$^{-}NH_2$	$RC{\equiv}C^{-}$	NH_3
	Amidion	Acetylion	
stärkere Säure	stärkere Base	schwächere Base	schwächere Säure

Falls jedoch Hydroxidionen als Base verwendet worden wären, würde das Gleichgewicht der Reaktion stark auf Seiten der Reaktanten liegen, da das Hydroxidion eine viel schwächere Base ist als das Acetylidion, das es zu bilden galt.

MERKE!

Um ein Proton von einer Säure in einer Reaktion, die die Produkte begünstigt, zu entziehen, muss die Base, die das Proton abstrahiert, stärker sein als die Base, die gebildet wird.

$$RC{\equiv}CH + OH^{-} \rightleftharpoons RC{\equiv}C^{-} + H_2O$$

$RC{\equiv}CH$	OH^{-}	$RC{\equiv}C^{-}$	H_2O
	Hydroxidion	Acetylidion	
schwächere Säure	schwächere Base	stärkere Base	stärkere Säure

Ein Amidion ($^{-}NH_2$) kann keinen Wasserstoff abstrahieren, der an ein sp^2- oder ein sp^3-hybridisiertes C-Atom gebunden ist. Nur ein an ein *sp*-hybridisiertes C-Atom gebundenes Wasserstoffatom ist ausreichend sauer, um von einem Amidion abstrahiert zu werden. Infolge dieser Eigenschaft wird ein Wasserstoffatom, das an ein *sp*-Kohlenstoffatom gebunden ist, manchmal als „saures Wasserstoffatom" bezeichnet. Stellen Sie daher sicher, nicht fehl zu interpretieren, was damit gemeint ist, wenn davon gesprochen wird, dass ein an ein *sp*-Kohlenstoffatom gebundenes Wasserstoffatom „sauer" sei. Es ist stärker sauer als die meisten anderen kohlenstoffgebundenen Wasserstoffatome, aber es ist viel weniger sauer ($pK_S = 25$) als ein Wasserstoffatom eines Wassermoleküls; und Wasser ist eine nur sehr schwach saure chemische Verbindung ($pK_S = 15{,}7$).

Relative Säurestärken

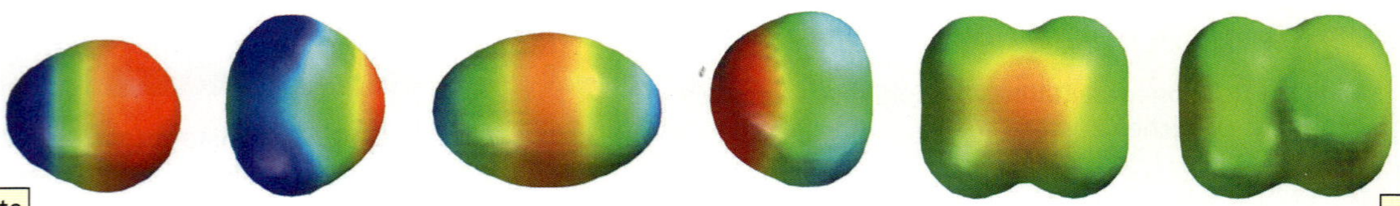

stärkste Säure HF ($pK_S = 3{,}2$) > H_2O ($pK_S = 15{,}7$) > $HC{\equiv}CH$ ($pK_S = 25$) > NH_3 ($pK_S = 36$) > $H_2C{=}CH_2$ ($pK_S = 44$) > CH_3CH_3 ($pK_S > 60$) schwächste Säure

HINTERGRUND

Natriumamid und Natrium

Stellen Sie sicher, dass Sie die Verbindung Natriumamid ($Na^{+}\,{}^{-}NH_2$) nicht mit einer Mischung aus Natrium (Na) in flüssigem Ammoniak (NH_3) verwechseln. Natriumamid ist eine starke Base, die verwendet wird, um ein Proton von einem terminalen Alkin abzuspalten. Natrium in flüssigem Ammoniak wird als Quelle für Elektronen und Protonen herangezogen, um ein internes Alkin in ein *trans*-Alken zu überführen (Abschnitt 7.9).

STRATEGIEN ZUR PROBLEMLÖSUNG

Vergleich der Aziditäten von chemischen Verbindungen

(a) Ordnen Sie die nachfolgenden Verbindungen in der Reihenfolge abnehmender Säurestärke (Azidität):

$$CH_3CH_2\overset{+}{N}H_3 \qquad CH_3CH{=}\overset{+}{N}H_2 \qquad CH_3C{\equiv}\overset{+}{N}H$$

Um die Säurestärke einer Gruppe von Verbindungen miteinander vergleichen zu können, müssen wir ermitteln, auf welche Weise sich die Verbindungen unterscheiden. Diese drei Verbindungen unterscheiden sich im Hybridisierungszustand der Stickstoffatome, an welche die sauren Wasserstoffatome gebunden sind. Rufen wir uns als Nächstes ins Gedächtnis, was wir über den Zusammenhang von Orbitalhybridisierung und Elektronegativität wissen. Wir wissen, dass ein *sp*-hybridisiertes Atom elektronegativer ist als ein sp^2-hybridisiertes Atom, welches wiederum elektronegativer ist als ein sp^3-hybridisiertes Atom. Wir wissen außerdem, dass ein Wasserstoffatom umso stärker sauer ist, je stärker elektronegativ das Atom (innerhalb derselben Periode) ist, an das das H-Atom gebunden ist. Wir können nunmehr die Frage beantworten.

Relative Aziditäten

$$CH_3C{\equiv}\overset{+}{N}H > CH_3CH{=}\overset{+}{N}H_2 > CH_3CH_2\overset{+}{N}H_3$$

(b) Zeichnen Sie die konjugierten Basen der obigen Verbindungen und listen Sie diese in der Reihenfolge abnehmender Basizität auf.
Entfernen Sie zunächst ein Proton von jeder Säure, um die Strukturen der konjugierten Basen zu erhalten. Je stärker die Säure, desto schwächer ist die konjugierte Base; unter Heranziehung der relativen Säurestärken aus Teil (a) der Übung können wir leicht die Reihenfolge der Basizitäten ermitteln und die Verbindungen entsprechend ordnen:

Relative Basizitäten

$$CH_3CH_2NH_2 > CH_3CH{=}NH > CH_3C{\equiv}N$$

Ü 21 Welche der folgenden Basen können ein Proton von einem termialen Alkin entfernen (in einer Reaktion, bei der das Gleichgewicht auf der Seite der Produkte liegt)?

$$CH_3O^- \qquad NH_3 \qquad CH_3\bar{C}H_2 \qquad H_2C{=}\bar{C}H \qquad F^-$$

Ü 22* Erklären Sie, warum Natriumamid dazu verwendet werden kann, in einer Reaktion, deren Gleichgewichtslage die Reaktionsprodukte begünstigt, aus einem Alkan ein Carbanion zu erzeugen?

Ü 23* Jede Base, deren konjugierte Säure einen pK_S-Wert besitzt, der größer als _____ ist, kann ein Proton von einem terminalen Alkin unter Bildung eines Acetylidions bilden (in einer Reaktion, deren Gleichgewichtslage die Reaktionsprodukte begünstigt).

Ü 24* Ordnen Sie die folgenden Verbindungen in der Reihenfolge abnehmender Basizität:

(a) $CH_3CH_2CH{=}\bar{C}H \qquad CH_3CH_2C{\equiv}C^- \qquad CH_3CH_2CH_2\bar{C}H_2$

(b) $CH_3CH_2O^- \qquad F^- \qquad CH_3C{\equiv}C^- \qquad {}^-NH_2$

Ü 25 mit Lösung

Welches Carbokation ist stabiler?

$CH_3\overset{+}{C}H_2$ oder $H_2C{=}\overset{+}{C}H$

Lösung

Da ein sp^2-Kohlenstoffatom elektronegativer ist als ein sp^3-Kohlenstoffatom, ist ein sp^2-Kohlenstoffatom mit einer positiven Ladung weniger stabil als ein sp^3-Kohlenstoffatom mit einer positiven Ladung. Daher ist das Ethylcarbokation das stabilere der beiden.

Ü 26* Welches Carbokation ist stabiler?

(a) $H_2C{=}\overset{+}{C}H$ oder $HC{\equiv}C^+$

(b) $HC{\equiv}C^+$ oder $CH_3\overset{+}{C}H_2$

Synthesen mit Acetylidionen 7.11

Reaktionen, die zur Knüpfung von Kohlenstoff-Kohlenstoff-Bindungen führen, sind für die Synthese organischer Verbindungen bedeutsam, weil wir ohne solche Reaktionen Moleküle mit kleinen Kohlenstoffskeletten nicht in solche mit größeren Kohlenstoffskeletten überführen könnten. Stattdessen hätte das Produkt einer Reaktion immer die gleiche Anzahl Kohlenstoffatome wie der Ausgangsstoff.

Eine Reaktion, die zur Bildung einer Kohlenstoff-Kohlenstoff-Bindung führt, ist die Reaktion eines Acetylidions mit einem Halogenalkan. Nur primäre Halogenalkane oder Halogenmethane sollten für diese Reaktion eingesetzt werden.

Eine Alkylierungsreaktion setzt eine Alkylgruppe an einen Reaktanten.

$$CH_3CH_2C{\equiv}C^- + CH_3CH_2CH_2Br \longrightarrow CH_3CH_2C{\equiv}CCH_2CH_2CH_3 + Br^-$$

3-Heptin

Der Mechanismus dieser Reaktion ist gut untersucht. Brom ist stärker elektronegativ als Kohlenstoff; als Folge davon sind die Elektronen in der C—Br-Bindung nicht gleichmäßig zwischen den Atomen verteilt. Am Kohlenstoffatom herrscht eine positive Teilladung, und am Bromatom liegt eine negative Teilladung vor.

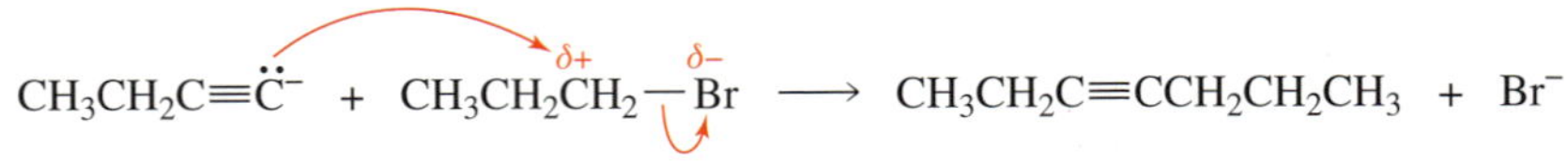

Das negativ geladene Acetylidion (ein Nucleophil) wird von dem partiell positiv geladenen C-Atom (einem Elektrophil) des Halogenalkans angezogen. In dem Maß, in dem sich die Elektronen des Acetylidions dem Kohlenstoffatom annähern und dabei eine neue C—C-Bindung auszubilden beginnen, stoßen sie das Bromatom und die bindenden Elektronen fort, da Kohlenstoffatome nicht mehr als vier Atome zur gleichen Zeit binden können.

Dies ist ein Beispiel für eine *Alkylierungsreaktion*. Eine **Alkylierung** führt zur kovalenten Anbringung einer Alkylgruppe an die Ausgangssubstanz. Der Mechanismus dieser und ähnlicher Reaktionen wird in Einzelheiten in Kapitel 9 erörtert werden. Dann werden wir ebenfalls in der Lage sein zu begreifen, warum die Reaktion am besten mit primären Halogenalkanen einschließlich der Halogenmethane funktioniert.

Wir können terminale Alkine in interne Alkine jeder beliegen Kettenlänge überführen, indem wir einfach ein Halogenalkan geeigneter Struktur dazu auswählen. Man muss nur die Zahl der Kohlenstoffatome des terminalen Alkins und des Reaktionsproduktes abzählen, um zu ermitteln, wie viele C-Atome in dem einzusetzenden Halogenalkan vorliegen müssen.

$$\underset{\text{1-Pentin}}{CH_3CH_2CH_2C{\equiv}CH} \xrightarrow{NaNH_2} CH_3CH_2CH_2C{\equiv}C^- \xrightarrow{CH_3CH_2Br} \underset{\text{3-Heptin}}{CH_3CH_2CH_2C{\equiv}CCH_2CH_3}$$

Ü 27 mit Lösung

Ein*e Chemiker*in will 3-Heptin synthetisieren, kann jedoch das 1-Pentin, das wir als Ausgangsmaterial in der vorangegangenen Synthese verwendet haben, nicht finden. Auf welche Weise kann er 3-Heptin noch synthetisieren?

Lösung

Die *sp*-Kohlenstoffatome des 3-Heptins sind an eine *Ethyl-* bzw. eine *Propylgruppe* gebunden. Um zum 3-Heptin zu gelangen, kann daher das Acetylidion des 1-Pentins mit einem *Halogenethan* reagieren, oder man kann das Acetylidion von 1-Butin mit einem *Halogenpropan* umsetzen. Da 1-Pentin nicht zur Verfügung steht, sollte unser*e Chemiker*in 1-Butin und ein Halogenpropan verwenden.

$$\underset{\text{1-Butin}}{CH_3CH_2C{\equiv}CH} \xrightarrow[\text{2. } CH_3CH_2CH_2Cl]{\text{1. } NaNH_2} \underset{\text{3-Heptin}}{CH_3CH_2C{\equiv}CCH_2CH_2CH_3}$$

(Erinnern Sie sich daran, dass die Ziffern 1 und 2 vor den Reagenzien über und unter dem Reaktionspfeil zwei getrennte, aufeinander folgende Reaktionen anzeigen; das zweite Reagenz wird nicht zugesetzt, bevor die Reaktion mit dem ersten Reaktionspartner nicht vollständig zum Erliegen gekommen ist.)

7.12 Einführung in die Mehrstufensynthese

Syntheseplanung I

Bei jeder der bislang vorgestellten Reaktionen haben wir gesehen, *warum* die Reaktion *so* abläuft, *wie* sie abläuft, und die *Produkte*, die gebildet werden, angeschaut. Eine gute Art und Weise, um diese Reaktionen zu wiederholen, besteht darin, Synthesen zu entwerfen, da man, um eine Synthese entwerfen zu können, in der Lage sein muss, viele der gelernten Reaktionen aus der Erinnerung abzurufen. Zudem ist es in der Organischen Chemie sehr wichtig, die Planung eine Synthese zu beherrschen.

Wichtige Faktoren bei der Syntheseplanung

Bei der Syntheseplanung berücksichtigen Chemiker*innen den *Zeitaufwand*, die *Kosten* und die *Ausbeuten* der Reaktionen. Im Hinblick auf den Aufwand an Zeit wird eine gut geplante Synthese so wenig aufeinanderfolgende Schritte (nacheinander auszuführende Reaktionen) wie möglich enthalten, und jeder dieser Schritte sollte eine Reaktion sein, die sich leicht ausführen lässt. Falls zwei Chemiker*innen in einem pharmazeutischen Betrieb den Auftrag erhielten, einen neuen Wirkstoff herzustellen, und einer würde den Stoff in drei einfachen

Schritten erzeugen, während der andere zwanzig schwierig durchzuführende Reaktionen benötigte, wer würde wohl zur Beförderung vorgeschlagen?

Die Kosten für die Ausgangsstoffe werden bei der Planung einer Synthese ebenfalls in die Überlegungen einbezogen. Darüber hinaus sollte jeder Schritt der Synthese die größtmögliche Ausbeute des gewünschten Produktes ergeben. Je größer die Reaktantmenge ist, die man benötigt, um eine gegebene Menge des Produktes zu erzeugen, desto teurer ist die Herstellung des Produktes. Manchmal wird einer Synthese, die mehrere Schritte umfasst, der Vorzug gegeben, weil die Ausgangsstoffe billig sind, sich die Reaktionen leicht durchführen lassen, und die Ausbeuten aller Teilschritte hoch sind. Eine solche Synthese ist besser als eine mit weniger Schritten, falls diese Schritte teure Ausgangsverbindungen erfordern und aus Reaktionen bestehen, die schwierig durchzuführen sind oder nur geringe Ausbeuten liefern.

An diesem Punkt Ihrer chemischen Ausbildung sind Sie jedoch mit den Kosten verschiedener Chemikalien oder den Schwierigkeiten, die mit spezifischen Reaktionen verbunden sind, noch nicht vertraut. In der Zwischenzeit werden Sie sich bei der Planung einer Synthese darauf konzentrieren, einen Syntheseweg mit möglichst wenigen Schritten zu finden.

Die Syntheseplanung

MERKE!

Nachhaltiges organisch-chemisches Praktikum:

http://www.oc-praktikum.de

Die nachfolgenden Beispiele vermitteln Ihnen eine Vorstellung von der Denkweise, die für eine erfolgreiche Syntheseplanung notwendig ist. Übungen dieser Art werden im Verlauf des Buches wiederholt auf Sie zukommen, da ihre Bearbeitung Spaß macht und ein guter Weg ist, Organische Chemie zu erlernen.

Beispiel 1

Wie könnten Sie, ausgehend von 1-Butin, das dargestellte Keton herstellen? Sie können hierzu jedes organische oder/und anorganische Reagenz verwenden.

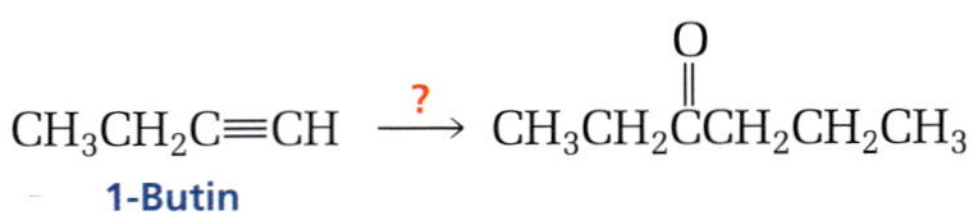

Viele Chemiker*innen sind der Meinung, dass es am einfachsten ist, bei der Planung einer Synthese rückwärts vorzugehen. Statt sich die Ausgangsstoffe anzusehen und sich zu überlegen, wie der erste Schritt der Synthese aussehen könnte, betrachten Sie das gewünschte Endprodukt und überlegen sich, wie der *letzte* Schritt einer Synthese zu diesem Zielmolekül aussehen könnte.

Hinweis für die Studierenden

Ein Blick in Anhang D wird Ihnen bei der Syntheseplanung helfen. Dort sind Methoden zur Synthese von bestimmten Gruppen aufgelistet.

Das Produkt ist hier ein Keton. Also müssen Sie sich an alle Synthesen erinnern, die zur Bildung eines Ketons führen. Wir werden die säurekatalysierte Addition von Wasser an ein Alkin verwenden. (Sie könnten auch die Hydroborierung-Oxidation nutzen.) Falls das für die Reaktion herangezogene Alkin an beiden *sp*-Kohlenstoffatomen identische Substituenten trägt, erhält man nur ein Keton. 3-Hexin ist daher das Alkin der Wahl, um das gewünschte Keton unseres Beispiels herzustellen.

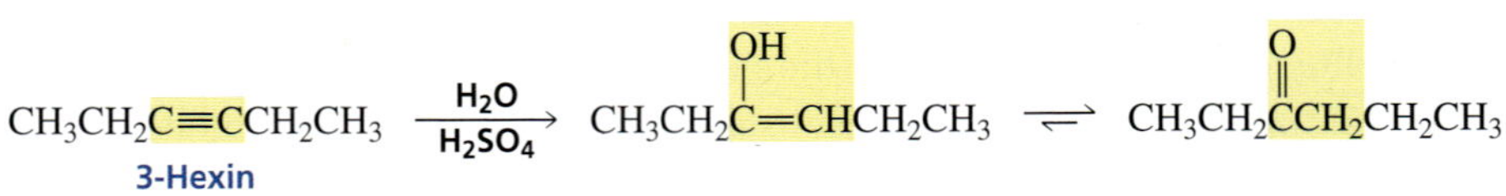

3-Hexin lässt sich aus der Ausgangsverbindung (1-Butin) gewinnen, indem man ein Proton von deren *sp*-Kohlenstoffatom abstrahiert und eine Alkylierung folgen lässt. Um das gewünschte Produkt mit sechs Kohlenstoffatomen zu erzeugen, muss für die Alkylierungsreaktion ein Halogenalkan mit zwei Kohlenstoffatomen eingesetzt werden.

$$\underset{\text{1-Butin}}{CH_3CH_2C{\equiv}CH} \xrightarrow[\text{2. }CH_3CH_2Br]{\text{1. }NaNH_2} \underset{\text{3-Hexin}}{CH_3CH_2C{\equiv}CCH_2CH_3}$$

Die Planung einer Synthese, ausgehend vom Produkt zurück zu möglichen Reaktanten ist nicht einfach nur eine Technik, die man Chemiestudenten beibringt. Diese Vorgehensweise wird so häufig von erfahrenen Berufschemiker*innen eingesetzt, dass sie einen eigenen Namen bekommen hat: Man spricht von einer **retrosynthetischen Analyse** oder einfach von einer **Retrosynthese**. Die Chemiker*innen schreiben offene Doppelpfeile (siehe unten), wenn sie eine retrosynthetische Analyse niederschreiben, um anzuzeigen, dass sie rückwärts gehen. Im Regelfall werden die Reagenzien, die man benötigt, um die einzelnen Schritte auszuführen, nicht genau angegeben, bevor man die Reaktionsfolge in der „Vorwärtsrichtung“ aufschreibt. Die oben diskutierte, einfache Ketonsynthese kann man durch die folgende retrosynthetische Analyse ableiten:

Retrosynthese

$$CH_3CH_2\overset{O}{\overset{\|}{C}}CH_2CH_2CH_3 \Longrightarrow CH_3CH_2C{\equiv}CCH_2CH_3 \Longrightarrow CH_3CH_2C{\equiv}CH$$

Nachdem eine vollständige Reaktionsfolge durch eine solche retrosynthetische Analyse festgelegt worden ist, lässt sich der Syntheseplan niederlegen, indem man die Schritte in der umgekehrten Reihenfolge aufschreibt und die für jeden Schritt erforderlichen Reagenzien hinzufügt.

Synthese

$$CH_3CH_2C{\equiv}CH \xrightarrow[\text{2. }CH_3CH_2Br]{\text{1. }NaNH_2} CH_3CH_2C{\equiv}CCH_2CH_3 \xrightarrow[H_2SO_4]{H_2O} CH_3CH_2\overset{O}{\overset{\|}{C}}CH_2CH_2CH_3$$

Beispiel 2

Wie kann man, ausgehend von Ethin, 2-Brompentan herstellen?

$$\underset{\text{Ethin}}{HC{\equiv}CH} \xrightarrow{?} \underset{\text{2-Brompentan}}{CH_3CH_2CH_2\underset{Br}{\underset{|}{C}}HCH_3}$$

2-Brompentan lässt sich aus 1-Penten gewinnen, welches aus 1-Pentin zugänglich ist. 1-Pentin lässt sich aus Ethin und einem Halogenalkan mit drei C-Atomen herstellen.

Retrosynthese

$$CH_3CH_2CH_2\underset{Br}{\underset{|}{C}}HCH_3 \Longrightarrow CH_3CH_2CH_2CH{=}CH_2 \Longrightarrow CH_3CH_2CH_2C{\equiv}CH \Longrightarrow HC{\equiv}CH$$

Nun können wir den Synthesplan niederschreiben:

Synthese

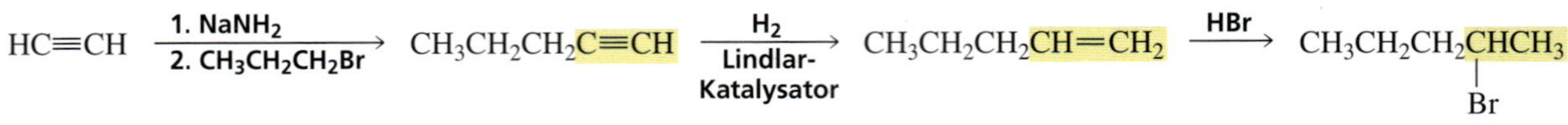

Beispiel 3

Wie könnte man, ausgehend von einem Alkin und einem Halogenalkan 2,6-Dimethylheptan herstellen? Der Strich beim R′ bedeutet, dass R und R′ unterschiedliche Alkylreste sein können.

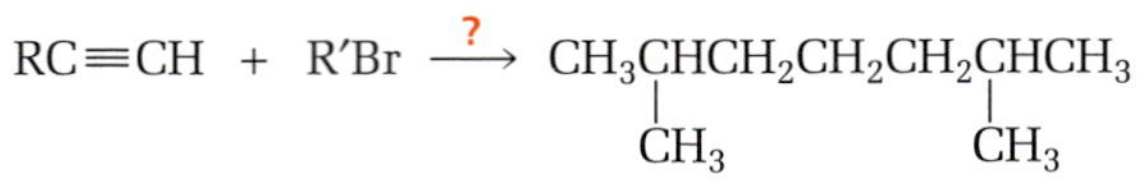

2,6-Dimethylheptan

2,6-Dimethyl-3-heptin ist das einzige Alkin, das bei der Hydrierung das gewünschte Alkan ergibt. (Falls Sie das nicht glauben, versuchen Sie ein anderes Produkt zu zeichnen.) Dieses Alkin lässt sich auf zweierlei Weise zerlegen: Das Alkin kann durch die Reaktion eines Acetylidions mit einem primären Halogenalkan (Isobutylbromid), oder durch die Reaktion eines Acetylidions mit einem sekundären Halogenalkan (Isopropylbromid) hergestellt werden.

Retrosynthese

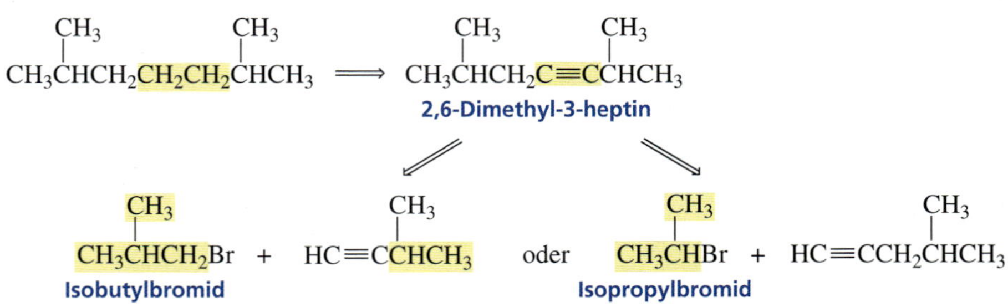

Da wir wissen, dass die Reaktion eines Acetylidions mit einem Halogenalkan am besten mit einem primären Halogenalkan und Halogenmethanen funktioniert, sollten Sie die Synthese wählen, die ein primäres Halogenalkan verwendet.

Synthese

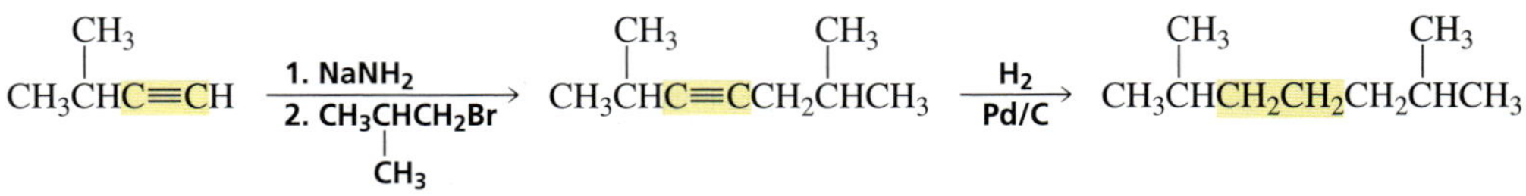

Beispiel 4

Wie könnten Sie, ausgehend von dem dargestellen Ausgangsstoff, die nachfolgende Synthese durchführen?

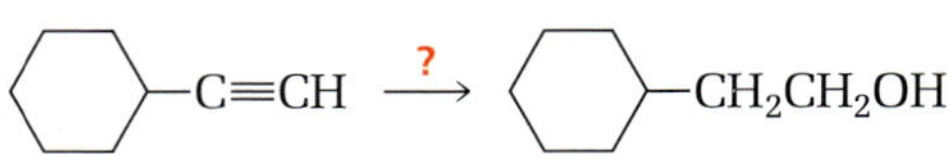

Ein Alkohol kann aus einem Alken gewonnen werden, und ein Alken aus einem Alkin.

Retrosynthese

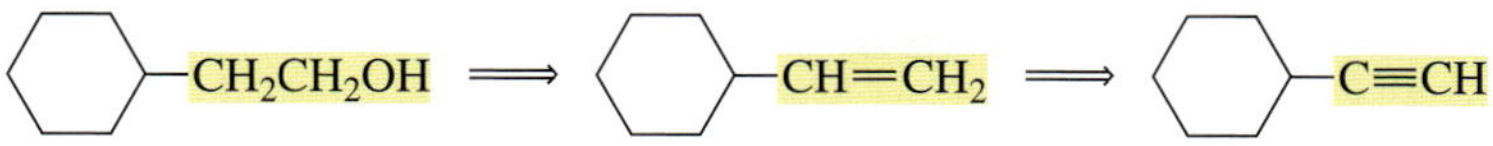

Sie können jede der beiden Ihnen bekannten Methoden für die Überführung eines Alkins in ein Alken benutzen, da das gewünschte Alken keine *cis/trans*-Isomere besitzt. Die Hydroborierung-Oxidation wird benutzt, um ein Alken in den gewünschten Alkohol umzuwandeln, da die säurekatalysierte Wasseraddition nicht zu einem anderen Alkohol führen würde.

Synthese

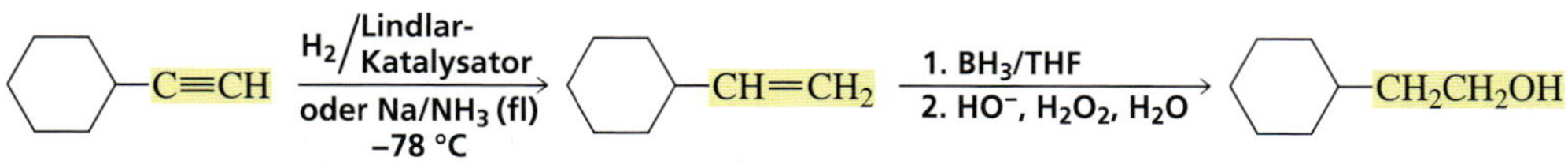

Beispiel 5

Wie könnten Sie (*E*)-2-Penten aus Ethin herstellen?

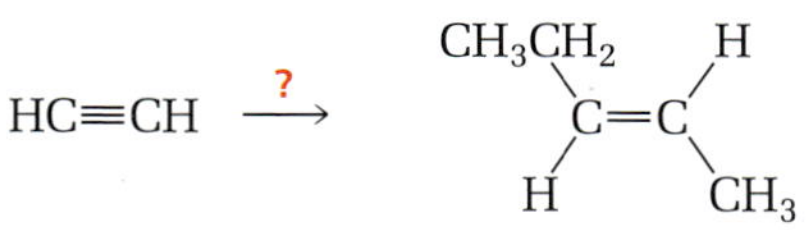

(*E*)-2-Penten

Ein *trans*-Alken lässt sich durch die Reaktion eines internen Alkins mit Natrium und flüssigem Ammoniak erzeugen. Das für die Synthese des gewünschten Alkens notwendige Alkin lässt sich aus 1-Butin und einem Halogenmethan herstellen. 1-Butin lässt sich durch Umsetzung von Ethin mit einem Halogenethan gewinnen.

Retrosynthese

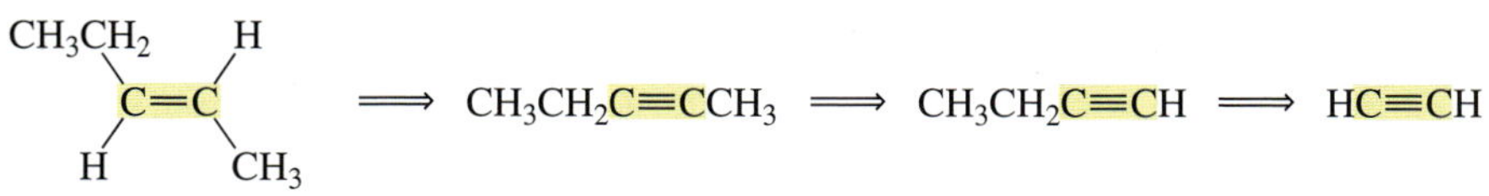

Synthese

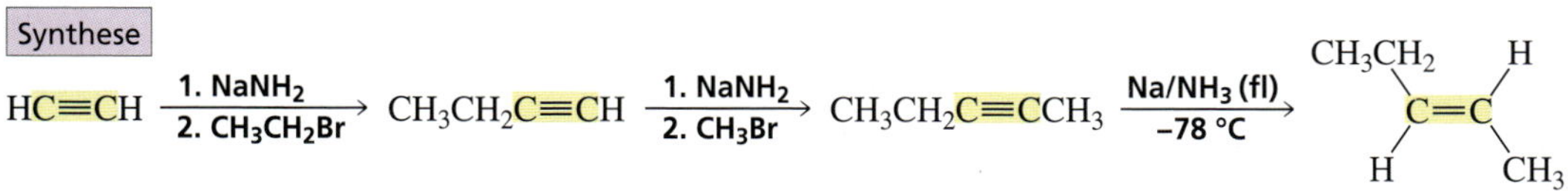

Beispiel 6

Wie könnten Sie *cis*-2,3-Diethyloxiran aus Ethin herstellen?

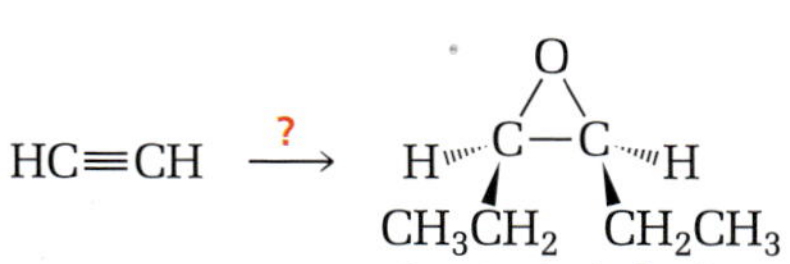

***cis*-2,3-Diethyloxiran**

Ein *cis*-Epoxid lässt sich aus einem *cis*-Alken und einer Peroxysäure herstellen. Das *cis*-Alken, das man hier verwenden sollte, ist das *cis*-3-Hexen, das aus 3-Hexin zugänglich ist. 3-Hexin kann aus 1-Butin und einem Halogenethan hergestellt werden, und 1-Butin kann man aus Ethin und einem Halogenethan herstellen.

Retrosynthese

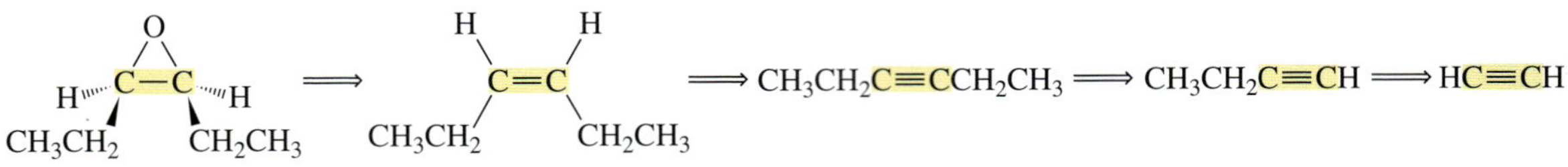

Das Alkin muss mit H_2 und dem Lindlar-Katalysator in das Alken umgewandelt werden; dadurch wird das gewünschte *cis*-Alken gebildet.

Synthese

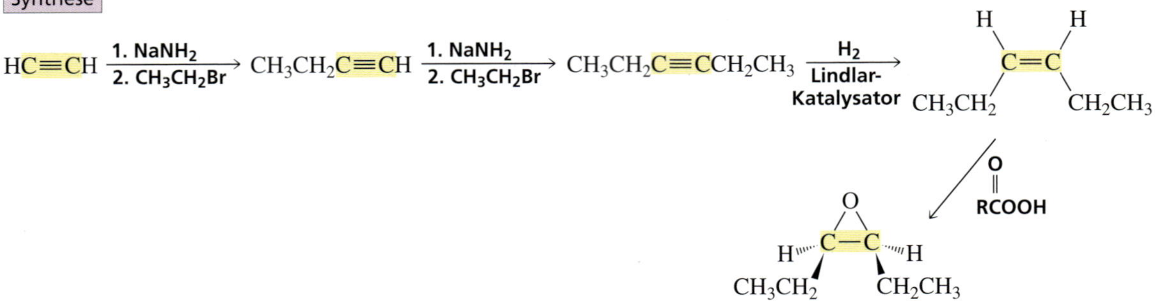

Beispiel 7

Wie könnten Sie 3,3-Dibromhexan aus Reagenzien herstellen, die nicht mehr als zwei Kohlenstoffatome enthalten?

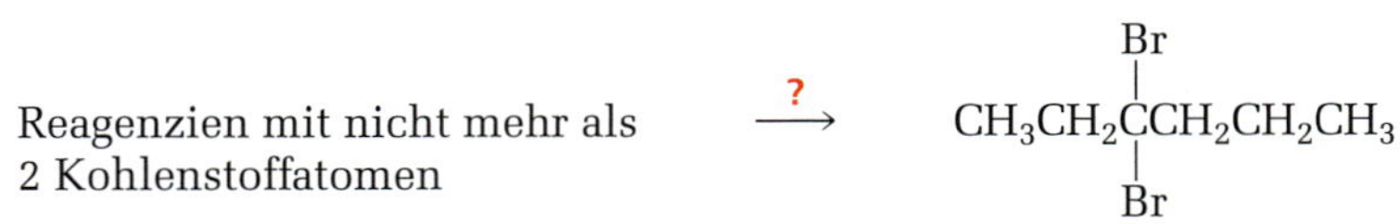

3,3-Dibromhexan

Eine geminale Dibromverbindung kann aus einem Alkin hergestellt werden. 3-Hexin ist das Alkin der Wahl, da es eine geminale Bromverbindung ergeben wird, wohingegen 2-Hexin zwei unterschiedliche geminale Dibromverbindungen ergeben würde. 3-Hexin lässt sich aus 1-Butin und Brommethan herstellen; 1-Butin kann aus Ethin und Brommethan erzeugt werden.

Retrosynthese

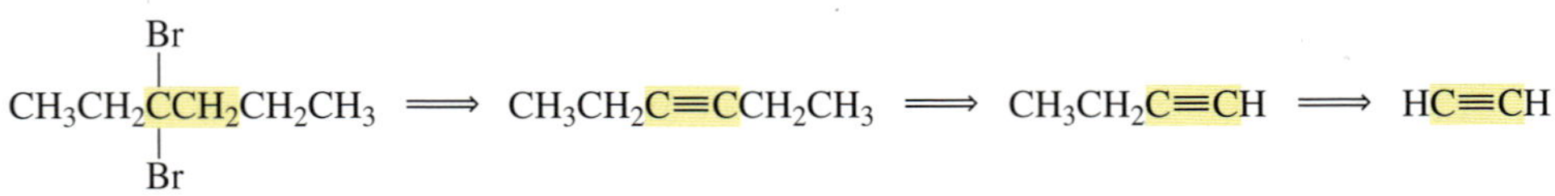

Synthese

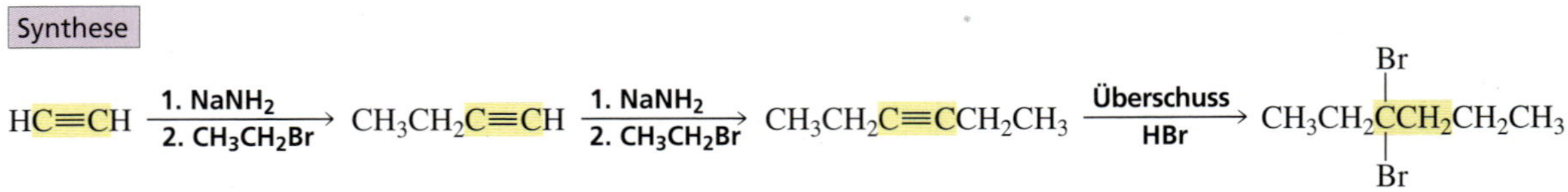

Beispiel 8

Wie können Sie ein Aldehyd mit drei Kohlenstoffatomen aus 1-Butin herstellen?

$$CH_3CH_2C{\equiv}CH \xrightarrow{?} CH_3CH_2\overset{\overset{\displaystyle O}{\|}}{C}{-}H$$

Da die Zielverbindung weniger Kohlenstoffatome aufweist als der Reaktant, wissen wir, dass eine Spaltungsreaktion durchgeführt werden muss. Der gewünschte Aldehyd kann durch Ozonolyse (eine oxidative Spaltung) aus 3-Hexen hergestellt werden. 3-Hexen lässt sich aus 3-Hexin herstellen, das wiederum aus 1-Butin und Ethylbromid hergestellt stellt werden kann.

Retrosynthese

$$CH_3CH_2\overset{\overset{\displaystyle O}{\|}}{C}H \Longrightarrow CH_3CH_2CH{=}CHCH_2CH_3 \Longrightarrow CH_3CH_2C{\equiv}CCH_2CH_3 \Longrightarrow CH_3CH_2C{\equiv}CH$$

Synthese

$$CH_3CH_2C{\equiv}CH \xrightarrow[\text{2. } CH_3CH_2Br]{\text{1. } NaNH_2} CH_3CH_2C{\equiv}CCH_2CH_3 \xrightarrow[\text{Lindlar-Katalysator}]{H_2} CH_3CH_2CH{=}CHCH_2CH_3 \xrightarrow[\text{2. } (CH_3)_2S]{\text{1. } O_3,\ -78\ °C} CH_3CH_2\overset{\overset{\displaystyle O}{\|}}{C}H$$

Ü 28 Wie ließen sich, ausgehend von Ethin (Acetylen), die folgenden Verbindungen synthetisieren?

(a) $CH_3CH_2CH_2C{\equiv}CH$

(b) $\underset{H}{\overset{CH_3CH_2}{}}\!\!C{=}C\!\!\underset{H}{\overset{CH_2CH_3}{}}$

(c) $CH_3CH{=}CH_2$

(d) $CH_3\overset{\overset{\displaystyle Cl}{|}}{\underset{\underset{\displaystyle Cl}{|}}{C}}CH_3$

(e) $CH_3CH_2CH_2CH_2\overset{\overset{\displaystyle O}{\|}}{C}H$

(f) $CH_3\underset{\underset{\displaystyle Br}{|}}{C}HCH_3$

HINTERGRUND

Grüne Chemie: Das Streben nach Nachhaltigkeit

Chemische Innovationen haben fast jeden Aspekt unseres Lebens verbessert: Nahrungsmittel, Wohnraum, Medizin, Verkehr, Kommunikation und die Herstellung neuer Materialien. Diese Verbesserungen sind allerdings mit einem Preis verbunden: Schäden an unserer Umwelt, die wir durch die Entwicklung und Entsorgung von Chemikalien verursacht haben.

Chemiker*innen konzentrieren sich nun auf Nachhaltigkeit, die definiert ist als: „Die Bedürfnisse der jetzigen Generation zufrieden zu stellen, ohne dabei die Fähigkeit zukünftiger Generationen zu behindern ihre Bedürfnisse zu befriedigen". Ein Weg zu dieser Nachhaltigkeit ist die sogenannte grüne Chemie.

Grüne Chemie verhindert Umweltverschmutzung auf molekularer Ebene. Sie beinhaltet das Design von chemischen Verbindungen und Prozessen, welche die Entstehung von gefährlichen Substanzen einschränken oder gänzlich verhindern. Zum Beispiel achten Chemiker*innen nun nicht mehr allein auf die Funktion eines Produkts, sondern auch auf seine Bioabbaubarkeit. Sie erstellen Synthesen, die weniger für die Umwelt gefährliche Substanzen verwenden und/oder produzieren. Grüne chemische Synthesen können zudem sehr kosteneffizient sein, sodass sie den Aufwand der Entsorgung von toxischen Substanzen erheblich verringern und das Vermeiden von Regularien erleichtern. Das Anwenden der Prinzipien der grünen Chemie kann uns dabei helfen, eine nachhaltige Zukunft zu erschaffen.

Zusammenfassung

Abschnitt 7.1

- Ein **Alkin** ist ein Kohlenwasserstoff, der eine Kohlenstoff-Kohlenstoff-Dreifachbindung enthält. Der Suffix für ein Alkin lautet „in".
- Ein **terminales Alkin** trägt die Dreifachbindung am Ende die Kette. Ein **internes Alkin** trägt die Dreifachbindung an einer Stelle innerhalb der Kette.

Abschnitt 7.2

- Wenn eine Verbindung eine Dreifachbindung als auch eine Zweifachbindung trägt, wird der Suffix „en" zuerst genannt (en-in) und die Kette wird so nummeriert, dass die kleinsten Ziffern gewählt werden können. Wenn die gleiche Ziffer in beiden Zählrichtungen auftreten würde, bekommt die Doppelbindung die niedrigere Ziffer.
- Falls die zweite funktionelle Gruppe eine höhere Priorität aufweist als ein Alken, bekommt diese Gruppe die geringste Ziffer zugewiesen.

Abschnitt 7.3

- Eine Dreifachbindung besteht aus einer σ-Bindung und zwei π-Bindungen.

Abschnitt 7.4

- Alle Kohlenwasserstoffe – Alkane, Alkene und Alkine – haben ähnliche physikalische Eigenschaften.

Abschnitt 7.5

- Alkine gehen elektrophile Additionsreaktionen ein. Sie reagieren mit den gleichen Reagenzien wie Alkene.
- Alkine sind weniger reaktiv als Alkene.

Abschnitt 7.6

- Falls ein Reagenz im Überschuss zugesetzt wird, gehen Alkine eine zweite Addition mit Halogenalkanen und Halogenen ein, da das Produkt der ersten Reaktion eine Doppelbindung aufweist.

Abschnitt 7.7

- Das Produkt der Reaktion eines Alkins mit Wasser unter sauren Bedingungen ist ein **Enol**, das sich sofort in ein Keton umlagert. Terminale Alkine benötigen einen Quecksilberkatalysator.
- Das Keton und das Enol werden **Keto-Enol-Tautomere** genannt; sie unterscheiden sich in der Position der Doppelbindung und des Wasserstoffatoms. Im Gleichgewicht liegt das Keton normalerweise in einer höheren Konzentration vor.
- Das Umwandeln der Tautomere ineinander wird auch als **Tautomerisierung** oder **Keto-Enol-Isomerisierung** bezeichnet.

Abschnitt 7.8

- Die Hydroborierung-Oxidation eines internen Alkins bildet ein Keton; die Hydroborierung-Oxidation eines terminalen Alkins bildet ein Aldehyd. Für interne Alkine werden entweder BH_3 oder R_2BH verwendet; R_2BH sollte für terminale Alkine verwendet werden.

Abschnitt 7.9

- Die katalytische Hydrierung eines Alkins bildet ein Alkan.
- Die katalytische Hydrierung mit einem Lindlar-Katalysator überführt ein internes Alkin in ein *cis*-Alken.
- Natrium in flüssigem Ammoniak wandelt ein Alkin in ein *trans*-Alken um.

Abschnitt 7.10

- Die Elektronegativität nimmt in der Richtung $sp > sp^2 > sp^3$ ab, also ist Ethin eine stärkere Säure als Ethen, welches wiederum eine stärkere Säure als Ethan ist.
- Ein Amidion entfernt ein Proton von einem *sp*-Kohlenstoffatom eines terminalen Alkins und bildet ein **Acetylidion**.

Abschnitt 7.11

- Ein Acetylidion kann eine Alkylierung mit einem Halogenmethan oder einem primären Halogenalkan durchlaufen, um ein Alkin zu bilden.
- Die **Alkylierung** fügt eine Alkylgruppe an ein Nucleophil an.

Abschnitt 7.12

- Das Erstellen einer Synthese durch rückwärtiges Arbeiten wird als **retrosynthetische Analyse** bezeichnet.

Zusammenfassung der Reaktionen

1 Elektrophile Additionsreaktionen

(a) Addition von Halogenwasserstoffen (H^+ ist das Elektrophil; Abschnitt 7.6).

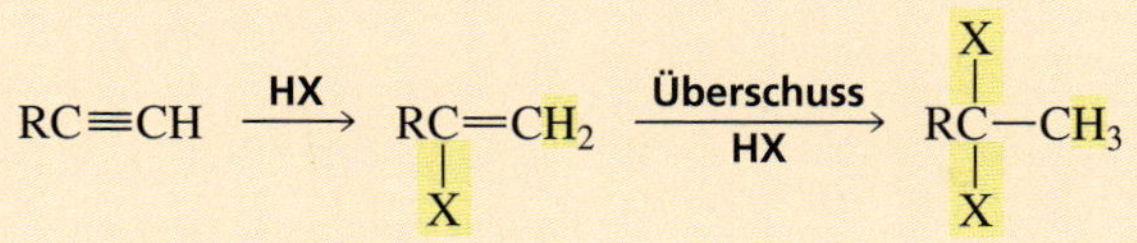

HX = HF, HCl, HBr, HI

(b) Addition von Halogenen (Abschnitt 7.6). Der Mechanismus ist identisch mit dem Mechanismus der Addition von Halogenen an Alkene.

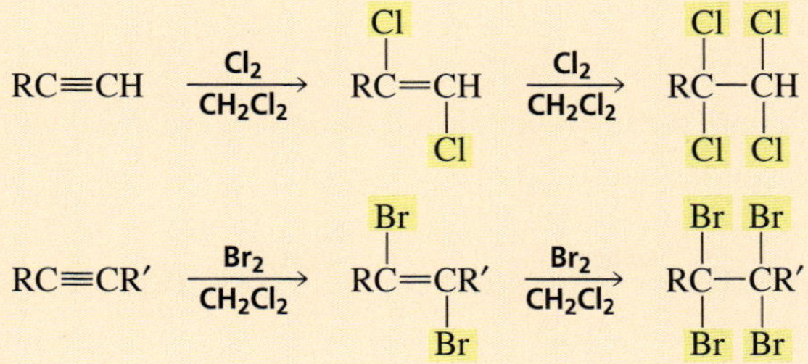

(c) Säurekatalysierte Addition von Wasser/Hydroborierung-Oxidation (Abschnitte 7.7 und 7.8) außer der Addition eines π-Komplexes in der säurekatalysierten Reaktion sind die Mechanismen identisch mit denen der Alkene für die gleichen Reagenzien. Der Mechanismus für die säurekatalysierte Keto-Enol-Isomerisierung und die durch Quecksilberionen katalysierte Hydratisierung befinden sich in Abschnitt 7.7.

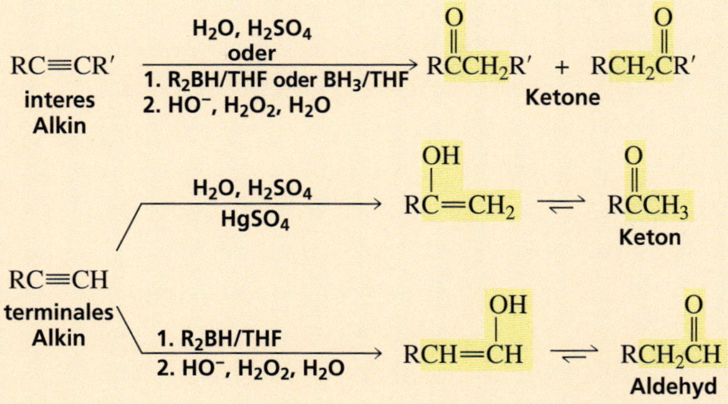

2 Die Addition von Wasserstoff (Abschnitt 7.9). Für die Addition von H_2 siehe Abschnitt 5.9. Der Mechanismus für die Bildung eines Alkans und eines *cis*-Alkens befindet sich ebenfalls dort. Der Mechanismus für die Bindung eines *trans*-Alkens befindet sich in Abschnitt 7.9.

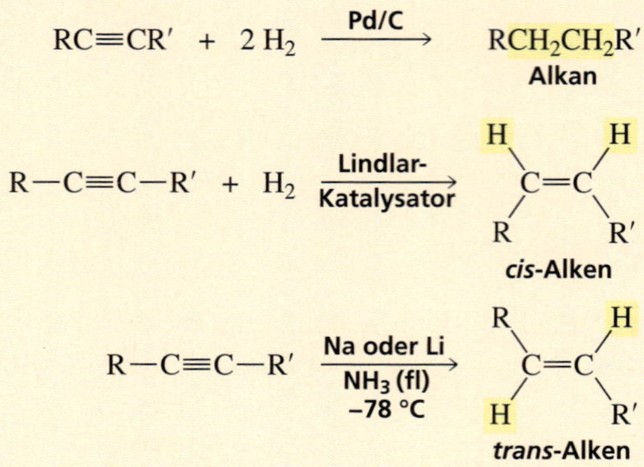

3 Entfernung eines Protons von einem terminalen Alkin, gefolgt von einer Alkylierung (Abschnitte 7.10 und 7.11). Der Mechanismus befindet sich in Abschnitt 7.11.

$$RC{\equiv}CH \xrightarrow{NaNH_2} RC{\equiv}C^- \xrightarrow{R'CH_2Br} RC{\equiv}CCH_2R'$$

Im MyLab | Organische Chemie finden Sie:

- den praktischen **eText** zum Kapitel mit Notizfunktion
- eine Auswahl verschiedener **3D-Moleküle**
- **Lösungen** zu ausgewählten, mit * versehenen Übungen
- digitale **Lernkarten** und ein umfangreiches **Glossar** zum Nachschlagen und Wiederholen von Definitionen
- digitale Übungsaufgaben in Form von **Kapiteltests** zur eigenen Lernkontrolle

Delokalisierte Elektronen und ihre Effekte auf Stabilität, Reaktivität und pK_S-Wert • Aromatizität und elektronische Effekte – Eine Einführung in die Reaktionen von Benzol

8

8.1 Delokalisierte Elektronen erklären die Struktur des Benzols ... 407
8.2 Die Bindung im Benzolmolekül ... 410
8.3 Mesomere Grenzformeln und der mesomere Zustand ... 411
8.4 Wie man mesomere Grenzformeln zeichnet ... 413
8.5 Die vorhergesagten Stabilitäten von mesomeren Grenzformeln ... 417
8.6 Delokalisationsenergie ... 420
8.7 Delokalisierte Elektronen erhöhen die Stabilität ... 422
8.8 Eine molekülorbitaltheoretische Beschreibung der Stabilität ... 427
8.9 Der Effekt der Elektronendelokalisation auf den pK_S-Wert ... 432
8.10 Elektronische Effekte ... 436
8.11 Der Effekt der Elektronendelokalisation auf das Produkt einer Reaktion ... 440
8.12 Reaktionen von Dienen ... 441
8.13 Thermodynamische vs. kinetische Kontrolle von chemischen Reaktionen ... 445
8.14 Die Diels-Alder-Reaktion ist eine 1,4-Addition ... 451
8.15 Retrosynthetische Analyse von Diels-Alder-Reaktionen ... 459
8.16 Benzol ist eine aromatische Verbindung ... 460
8.17 Die beiden Kriterien für Aromatizität ... 461
8.18 Anwendung der Aromatizitätskriterien ... 462
8.19 Eine molekülorbitaltheoretische Beschreibung des aromatischen und des antiaromatischen Zustandes ... 465
8.20 Aromatische Heterozyklen ... 467
8.21 Wie Benzol reagiert ... 469
8.22 Was wir über die Reaktionen von organischen Verbindungen wissen ... 472
Zusammenfassung ... 474
Zusammenfassung der Reaktionen ... 476
Tutorial Grenzstrukturen zeichnen ... 477

ÜBERBLICK

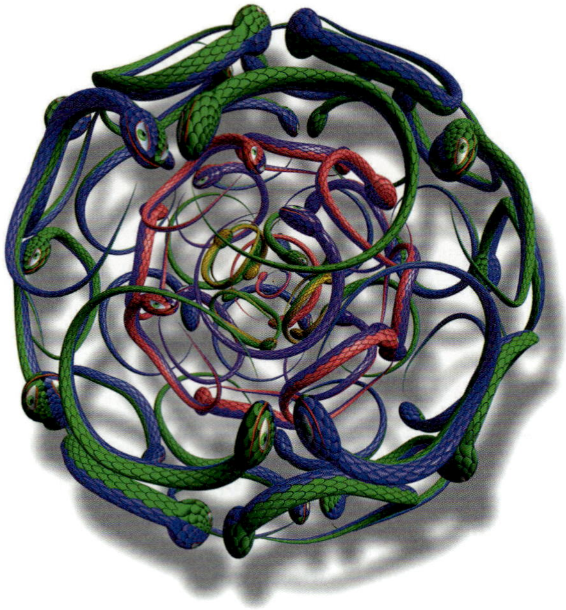

Kekulés Traum (Abschnitt 8.1)

Delokalisierte Elektronen spielen eine solch wichtige Rolle in der Organischen Chemie, dass sie in allen restlichen Kapiteln dieses Buches vorkommen werden. Dieses Kapitel beginnt damit, Ihnen die Notation für delokalisierte Elektronen näherzubringen. Danach werden Sie erfahren, wie Sie Dinge beeinflussen, die Sie bereits kennen; z.B. pK_S-Werte, die Stabilität von Carbokationen und Produkte von elektrophilen Additionsreaktionen. Hier wird zudem dargelegt, was aromatische Systeme definiert und warum Aromatizität bei Verbindungen mit Kohlenstoff-Kohlenstoff-Bindungen eher zur Substitutionen als zu Additionsreaktionen führt.

Elektronen, die auf einen bestimmten Bereich beschränkt sind, werden **lokalisierte Elektronen** genannt. Lokalisierte Elektronen gehören entweder zu einem einzelnen Atom oder sind auf eine Bindung zwischen zwei Atomen beschränkt.

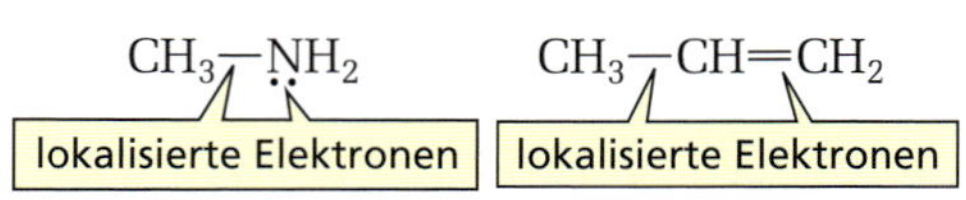

Nicht alle Elektronen sind auf ein einzelnes Atom oder eine einzelne Bindung beschränkt. Viele organische Verbindungen enthalten *delokalisierte* Elektronen. **Delokalisierte Elektronen** gehören weder einem einzelnen Atom an, noch sind sie auf den Bereich einer Bindung zwischen zwei Atomen beschränkt, sondern werden von drei oder mehr Atomen gemeinsam „genutzt". Sie sind delokalisierten Elektronen zuerst in Abschnitt 2.8 begegnet, wo Sie gelernt haben, dass die beiden Elektronen der π-Bindung in der COO^--Gruppe von drei Atomen anteilig benutzt werden – dem Kohlenstoff- und den beiden Sauerstoffatomen. Die gestrichelten Linien in der hier gezeigten Strukturformel symbolisieren, dass die beiden Elektronen über den Bereich von drei Atomen delokalisiert sind.

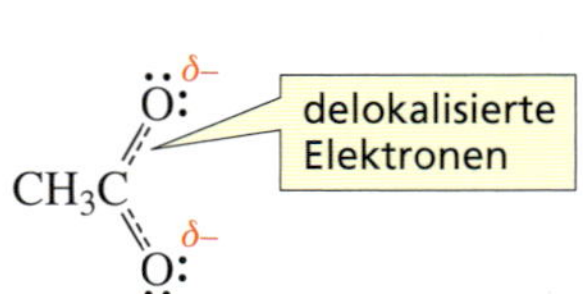

In diesem Kapitel werden Sie lernen, Verbindungen, die delokalisierte Elektronen enthalten, zu erkennen und Strukturen zu zeichnen, die die Elektronenverteilung in Molekülen mit delokalisierten Elektronen repräsentieren. Sie werden außerdem mit einigen der speziellen Merkmale von Verbindungen, die delokalisierte Elektronen haben, bekannt gemacht. Sie werden dann in der Lage sein, die weitreichenden Effekte, die delokalisierte Elektronen auf die Reaktivität organischer Verbindungen haben, zu verstehen. Wir beginnen mit einer Betrachtung des Benzols, einer Verbindung, die perfekt dafür geeignet ist, das Konzept von delokalisierten Elektronen zu erklären.

Delokalisierte Elektronen erklären die Struktur des Benzols 8.1

Das Rätsel der Benzolstruktur

Weil sie nichts über delokalisierte Elektronen wussten, hat die molekulare Struktur des Benzols die Chemiker*innen früherer Zeiten irritiert. Sie wussten, dass die Summenformel des Benzols C_6H_6 ist, dass es sich um eine ungewöhnlich stabile Verbindung handelt und dass es nicht die für Alkene typischen Additionsreaktionen durchläuft (Abschnitt 6.0). Sie wussten außerdem, dass, wenn anstelle eines der Wasserstoffatome im Benzol ein andersartiges Atom in das Benzol eingefügt wird, nur ein Produkt entsteht, und dass, wenn das substituierte Produkt eine zweite Substitution durchläuft, drei Produkte entstehen.

$$C_6H_6 \xrightarrow[\text{durch X ersetzen}]{\text{ein Wasserstoffatom}} C_6H_5X \xrightarrow[\text{durch X ersetzen}]{\text{ein Wasserstoffatom}} C_6H_4X_2 + C_6H_4X_2 + C_6H_4X_2$$

eine monosubstituierte Verbindung (C_6H_5X) — drei disubstituierte Verbindungen ($C_6H_4X_2$)

Welche Art von Struktur würden wir vorschlagen, wenn wir nur das wüssten, was die Chemiker*innen früherer Zeiten gewusst haben? Die Summenformel (C_6H_6) teilt uns mit, dass das Benzol acht Wasserstoffatome weniger besitzt als ein zyklisches Alkan mit sechs Kohlenstoffatomen ($C_nH_{2n+2} = C_6H_{14}$). Der Sättigungsgrad des Benzols beträgt also –4 (Abschnitt 3.1). Dies bedeutet, dass die Anzahl von Ringen und π-Bindungen im Benzol insgesamt vier sein muss (Abschnitt 5.1).

Da man beim Austausch irgendeines der sechs Wasserstoffatome gegen ein anderes Atom nur ein Produkt erhält, wissen wir, dass alle sechs Wasserstoffatome identisch sein müssen. Zwei Molekülstrukturen, die diese Bedingung erfüllen, sind nachfolgend wiedergegeben:

$$CH_3C{\equiv}C{-}C{\equiv}CCH_3$$

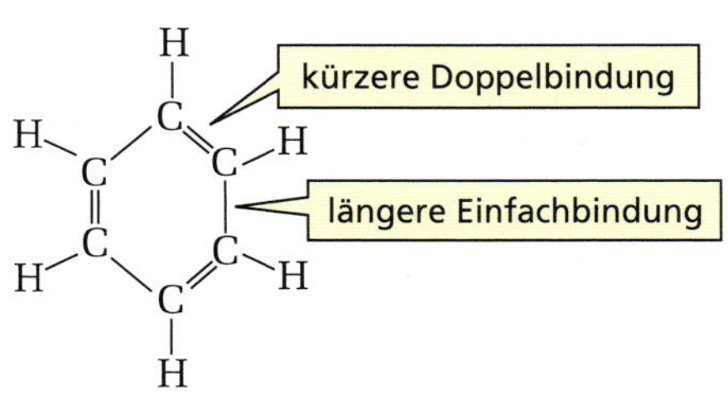

MERKE!

Jedes Paar von Wasserstoffatomen, das von der generellen Molekülformel eines Alkans (C_nH_{2n+2}) abgezogen ist, bedeutet, dass ein Kohlenwasserstoff entweder eine π-Bindung oder einen Ring enthält.

Keine dieser Strukturen ist konsistent mit der Beobachtung, dass man drei (unterscheidbare) Verbindungen erhält, wenn ein zweites Wasserstoffatom gegen ein anderes Atom ausgetauscht wird. Die azyklische Struktur ergibt zwei disubstituierte Produkte.

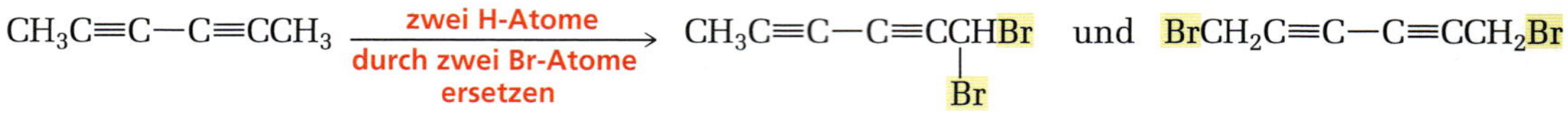

Die zyklische Struktur mit alternierenden Einfach- und etwas kürzeren Doppelbindungen liefert vier disubstituierte Produkte – ein 1,3-disubstituiertes, ein 1,4-disubstituiertes und zwei 1,2-disubstituierte – weil die beiden Substituenten an zwei benachbarten C-Atomen angebracht werden können, die entweder durch eine Einfach- oder durch eine Doppelbindung miteinander verbunden sind.

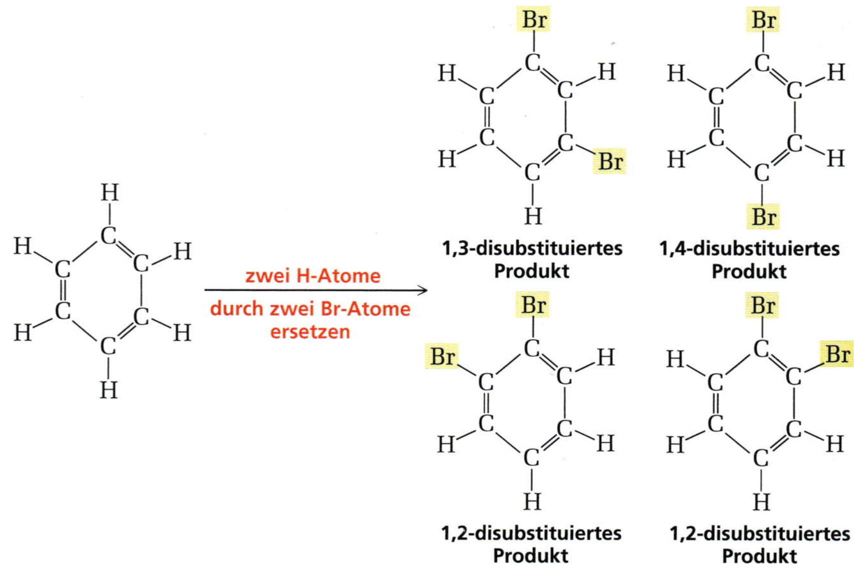

Im Jahr 1865 unterbreitete der deutsche Chemiker Friedrich Kekulé einen Vorschlag, um dieses Dilemma aufzulösen. Sein Vorschlag besagte, dass das Benzol keine einheitliche Verbindung sein sollte, sondern ein Gemisch aus zwei (isomeren) Verbindungen, die in einem raschen dynamischen Gleichgewicht miteinander stehen.

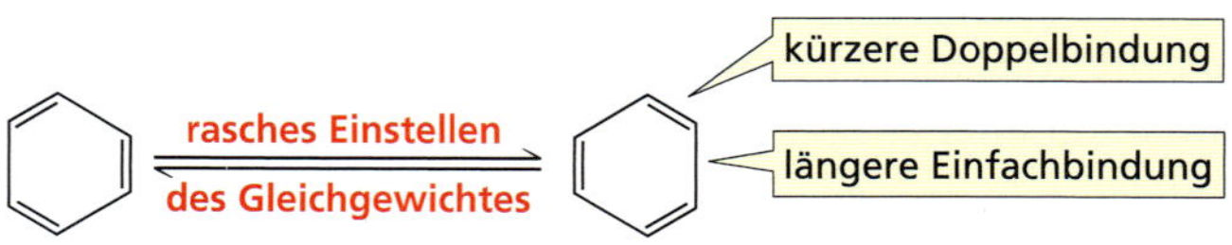

Kekulé-Strukturen des Benzols

Kekulé, Sabatier und Röntgenkristallographie lösen das Puzzle

Kekulés Vorschlag konnte erklären, warum man nur drei disubstituierte Produkte erhielt, wenn man monosubstituiertes Benzol einer Zweitsubstitution unterzog. Nach Kekulé musste es tatsächlich *vier* disubstituierte Produkte geben, doch sollten die beiden 1,2-disubstituierten Verbindungen zu rasch ineinander umgewandelt werden, um unterscheid- und trennbar zu sein.

HINTERGRUND

Kekulés Traum

Friedrich August Kekulé von Stradonitz (1829–1896) wurde in Deutschland geboren. Er schrieb sich an der Universität von Gießen ein, um Architektur zu studieren, wechselte aber zur Chemie, nachdem er einen Kurs in diesem Fach belegt hatte. Er war später Professor für Chemie an den Universitäten von Heidelberg, Gent in Belgien und zuletzt in Bonn. Im Jahr 1890 hielt er eine improvisierte Rede anlässlich des fünfundzwanzigsten Jahrestages der Veröffentlichung seiner ersten Abhandlung zur Benzolstruktur. In dieser Rede erklärte er, dass ihm die nach ihm benannten Strukturen des Benzols im Traum erschienen seien, als er während seiner Arbeiten an einem Lehrbuch am Kamin eingeschlafen sei. Er habe von Ketten aus Kohlenstoffatomen geträumt, die sich wie Schlangen gedreht und gewunden hätten, bis plötzlich der Kopf einer dieser Schlangen in ihren eigenen Schwanz gebissen und so einen sich um sich selbst drehenden Ring gebildet hätte (siehe Anfang des Kapitels). In jüngerer Zeit ist diese Geschichte von Kekulés Traum in Zweifel gezogen worden, weil es keinen schriftlichen Beleg für diesen in der Zeit zwischen 1861 und den Bezug auf ihn im Jahr 1890 gegeben habe. Dagegen wurde wiederum eingewendet, dass Träume nicht die Art von Beweisführung sind, auf die man sich in wissenschaftlichen Abhandlungen zu stützen pflegt, obgleich es nicht ungewöhnlich ist, dass Wissenschaftler*innen von unvermittelt aufkommenden kreativen Ideen berichten, die ihnen in unbewussten Momenten gekommen seien, in denen sie nicht bewusst angestrengt über ein wissenschaftliches Problem nachgesonnen haben. Auch Kekulé selbst warnte vor einer Öffentlichmachung von Träumereien, als er sagte: „Lassen Sie uns lernen zu träumen, dann werden wir vielleicht die Wahrheit erkennen. Hüten wir uns jedoch davor, unsere Träume öffentlich kundzutun, bevor sie nicht vom wachen Verstande geprüft worden sind!“ 1895 wurde er von Kaiser Wilhelm II. in den Adelsstand erhoben. Von da ab trug er den Zusatz „von Stradonitz“ in seinem Familiennamen. Ehemalige Studenten Kekulés erhielten drei der fünf ersten Chemie-Nobelpreise: van't Hoff im Jahr 1901, Fischer im Jahr 1902 und von Baeyer 1905.

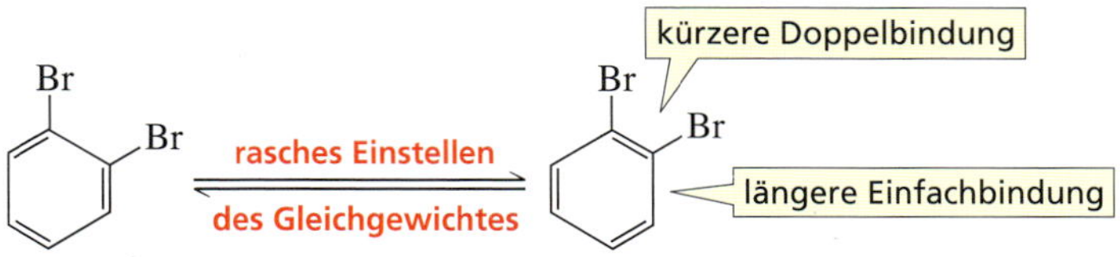

1901 wurde bestätigt, dass Benzol einen sechsgliedrigen enthält als Paul Sabatier herausfand, dass die katalytische Hydrierung (unter extremen Bedingungen) von Benzol zu Cyclohexan führte.

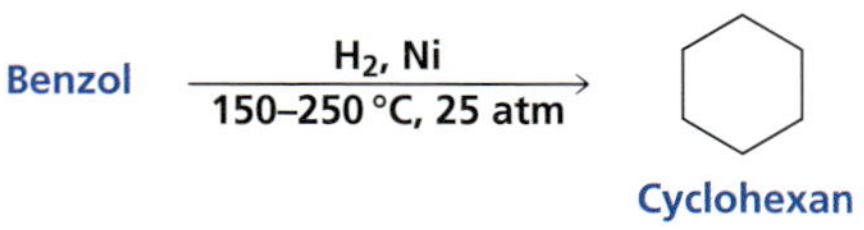

Die Kontroverse um die Benzolstruktur setzte sich bis in die 30er Jahre des 20. Jahrhunderts fort, als die noch relativ neuen Methoden der Röntgen- und der Elektronenbeugung ein überraschendes Ergebnis zutage förderten: Sie zeigten, *dass das Benzol ein planares Molekül ist und die sechs Kohlenstoff-Kohlenstoff-Bindungen alle dieselbe Länge haben.* Die Länge jeder der Kohlenstoff-Kohlenstoff-Bindungen im Benzol beträgt 139 pm (Pikometer); das ist kürzer als eine Kohlenstoff-Kohlenstoff-Einfachbindung (154 pm), aber länger als eine normale Kohlenstoff-Kohlenstoff-Doppelbindung (133 pm; Abschnitt 1.14). Benzol besitzt also keine sich abwechselnden Einfach- und Doppelbindungen.

Falls die Kohlenstoff-Kohlenstoff-Bindungen alle dieselbe Länge haben, muss sich auch dieselbe Anzahl Elektronen zwischen den Kohlenstoffatomen aufhalten. Dies kann jedoch nur dann der Fall sein, wenn die *p*-Elektronen des Benzols um den Ring herum delokalisiert sind, statt paarweise zwischen zwei C-Atomen lokalisiert zu sein. Um das Konzept der delokalisierten Elektronen besser verstehen zu können, werden wir nunmehr einen genaueren Blick auf die Bindungen im Benzol werfen.

Ü 1*

(a) Wie viele monosubstituierte Produkte hätten die nachfolgenden Verbindungen? Beachten Sie, dass alle Verbindungen dieselbe Summenformel wie Benzol haben.

1. $HC{\equiv}CC{\equiv}CCH_2CH_3$

2. $CH_2{=}CHC{\equiv}CCH{=}CH_2$

(b) Wie viele dibromierte Produkte würden die vorausgegangenen Verbindungen ergeben? (Vernachlässigen Sie Stereoisomere.)

(c) Wie viele dibromierte Produkte würden die Verbindungen ergeben, wenn man die Stereoisomerie mit in Betracht zöge?

Ü 2 Zwischen 1865 und 1890 wurden noch andere mögliche Strukturen für das Benzolmolekül vorgeschlagen, von denen zwei nachfolgend wiedergegeben sind:

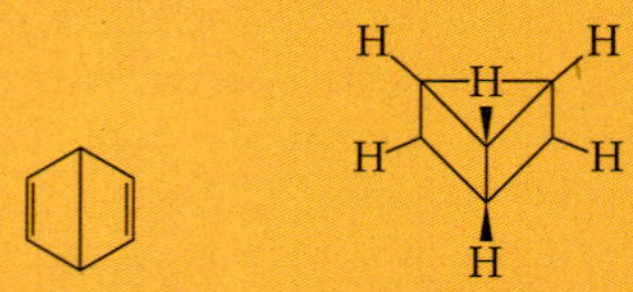

Dewarbenzol Ladenburgbenzol

Welcher der beiden Vorschläge für die Struktur des Benzols ist unter Berücksichtigung des Kenntnisstandes des ausgehenden 19. Jahrhunderts der bessere – das Dewarbenzol oder das Ladenburgbenzol? Warum?

Die Bindung im Benzolmolekül 8.2

Jedes der sechs Kohlenstoffatome des Benzolmoleküls ist sp^2-hybridisiert. Ein sp^2-Kohlenstoffatom weist Bindungswinkel von 120° auf – diese sind identisch mit den Winkeln in einem ebenen Sechseck. Benzol ist also ein planares Molekül. Jedes der Kohlenstoffatome im Benzolmolekül benutzt zwei sp^2-Orbitale, um Bindungen mit zwei weiteren C-Atomen zu bilden; das dritte sp^2-Orbital eines jeden C-Atoms überlappt mit dem *s*-Orbital eines Wasserstoffatoms (▶ Abbildung 8.1a). Da das Benzolmolekül eben (planar) ist, stehen die sechs *p*-Orbitale parallel zueinander (▶ Abbildung 8.1b). Die *p*-Orbitale sind sich nahe genug, um eine seitliche Überlappung zu ermöglichen, sodass jedes *p*-Orbital mit den benachbarten *p*-Orbitalen der Nachbarkohlenstoffatome zur Linken und zur Rechten überlappen kann (▶ Abbildung 8.1c). Als Ergebnis dieser Wechselwirkungen bilden die sich überlappenden *p*-Orbitale eine durchgehende ringförmige Elektronenwolke oberhalb und unterhalb der Ebene, in der sich die Atomkerne befinden (▶ Abbildung 8.1c). Die elektrostatische Potenzialkarte (▶ Abbildung 8.1d) lässt erkennen, dass alle Kohlenstoff-Kohlenstoff-Bindungen dieselbe mittlere Elektronendichte besitzen.

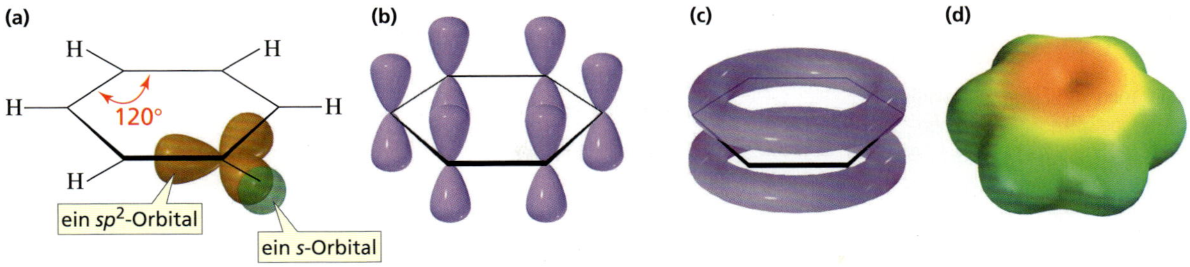

Abbildung 8.1: (a) die Kohlenstoff-Kohlenstoff- und Kohlenstoff-Wasserstoff-σ-Bindungen im Benzolmolekül; (b) das *p*-Orbital jedes Kohlenstoffatoms überlappt mit zwei weiteren *p*-Orbitalen zu beiden Seiten; (c) die Elektronenwolken oberhalb und unterhalb der Ringebene des Benzolmoleküls; (d) die elektrostatische Potenzialkarte des Benzols.

Jedes der sechs p-Elektronen ist daher weder einem einzelnen Atom noch einer einzelnen Bindung zwischen zwei Kohlenstoffatomen (wie in einem Alken) zugeordnet. Stattdessen wird jedes p-Elektron von allen sechs Kohlenstoffatomen gemeinsam „mitbenutzt". Die sechs p-Elektronen sind, anders gesagt, delokalisiert – sie bewegen sich frei innerhalb der ringförmigen Wolken ober- und unterhalb des Rings aus Kohlenstoffatomen (▶ Abbildung 8.1c und d). Das Benzolmolekül wird häufig als regelmäßiges Sechseck mit einem eingeschriebenen Kreis oder einer umlaufenden gestrichelten Linie gezeichnet; beide Darstellungsweisen symbolisieren die sechs delokalisierten p-Elektronen.

 oder 

Diese Art der Darstellung macht deutlich, dass es im Benzol keine klassischen Doppelbindungen gibt. Wir erkennen nunmehr, dass Kekulés Struktur beinahe korrekt gewesen ist. Die tatsächliche Struktur des Benzolmoleküls ist eine Kekulé-Struktur mit delokalisierten Elektronen.

Mesomere Grenzformeln und der mesomere Zustand 8.3

Ein Nachteil bei der Verwendung gestrichelter Linien (oder eines Ringes) zur Darstellung delokalisierter Elektronen besteht darin, dass uns diese Darstellungsweise nicht mitteilt, wie viele π-Elektronen sie symbolisiert. Die gestrichelte Linie innerhalb des Sechsecks zeigt beispielsweise an, dass die π-Elektronen gleichmäßig unter allen sechs Kohlenstoffatomen des Benzols aufgeteilt sind, und dass alle Kohlenstoff-Kohlenstoff-Bindungen die gleiche Länge haben; sie zeigt uns jedoch nicht an, wie viele π-Elektronen sich im Ring befinden. Darum bevorzugen Chemiker*innen in manchen Fällen die Darstellung durch Strukturformeln, die die Elektronen lokalisiert wiedergeben und so die Zahl der Elektronen erkennen lassen, selbst wenn die Elektronen in der Verbindung in Wirklichkeit nicht lokalisiert sind.

Die *angenäherten* Strukturformeln mit lokalisierten Elektronen werden **mesomere Grenzformeln** oder **mesomere Grenzstrukturen** genannt. Die *tatsächliche* Molekülstruktur mit delokalisierten Elektronen wird als **mesomerer Zustand** oder **Resonanzhybrid** bezeichnet. Beachten Sie, dass Sie leicht sehen können, dass in jeder mesomeren Grenzstruktur sechs π-Elektronen vorhanden sind.

Hinweis für die Studierenden

Die Delokalisation von Elektronen wird durch einen doppelspitzigen Pfeil symbolisiert (⟷). Ein (thermodynamischer) Gleichgewichtszustand wird durch zwei antiparallele einspitzige Pfeile symbolisiert (⇌).

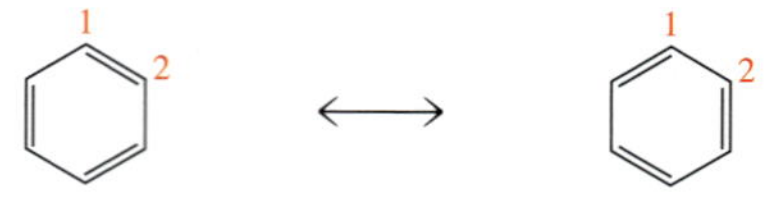

mesomere Grenzformel　　　mesomere Grenzformel

Resonanzhybrid

Mesomere Grenzstrukturen werden mit einem dazwischenliegenden Doppelpfeil wiedergegeben. Der Pfeil mit den zwei Pfeilspitzen bedeutet *nicht*, dass die beiden Strukturen im Gleichgewicht miteinander stehen. Er zeigt vielmehr an, dass die tatsächliche Struktur *zwischen* den dargestellten Strukturen der mesomeren Grenzformeln liegt. Mesomere Grenzformeln sind lediglich ein bequemer Weg, die π-Elektronen darzustellen; sie stellen keine reale Elektronenverteilung dar.

Der Unterschied zwischen einer Grenzformel und einem Resonanzhybrid

Die folgende Analogie illustriert den Unterschied zwischen mesomeren Grenzstrukturen und dem mesomeren Zustand. Stellen Sie sich vor, Sie müssten einem Freund beschreiben, wie ein Nashorn aussieht. Sie sagen Ihrem Freund, dass es aussieht, wie eine Kreuzung zwischen einem Einhorn und einem Drachen. Wie die mesomeren Grenzstrukturen existieren Einhorn und Drache in der Wirklichkeit nicht. Wie mesomere Grenzzustände stehen sie auch nicht miteinander im Gleichgewicht: Ein Nashorn wechselt nicht zwischen zwei Erscheinungsformen hin und her, wobei es eine Minute wie ein Einhorn und in der nächsten wie ein Drache aussieht. Das Einhorn und der Drache sind lediglich Hilfsmittel, um zu beschreiben, wie die tatsächliche, real existierende „Struktur" – das Nashorn – aussieht. *Mesomere Grenzformeln sind – wie Einhorn und Drache – imaginär und nicht real. Nur der mesomere Zustand, also das Resonanzhybrid, ist – wie das Nashorn – real.*

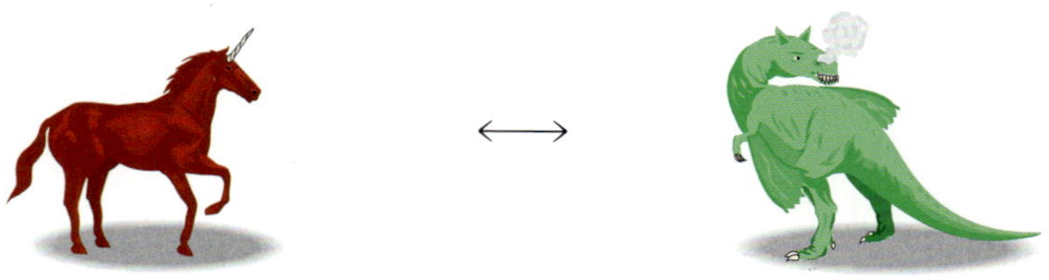

„Einhorn"
mesomere Grenzformel

„Drachen"
mesomere Grenzformel

„Nashorn"
Resonanzhybrid
(mesomerer Zustand)

Die Elektronendelokalisation ist dann am effektivsten, wenn alle beteiligten Atome in oder nahezu in einer Ebene liegen, sodass ihre p-Orbitale maximal überlappen können. Beispielsweise zeigt die elektrostatische Potenzialkarte, dass Cyclooctatetraen wannenförmig ist und nicht planar; seine sp^2-Kohlenstoffatome besitzen Bindungswinkel von 120°, wohingegen ein ebener achtgliedriger

Ring Bindungswinkel von 135° aufweisen müsste (ein weiterer Grund, warum es nicht planar ist, wird in Abschnitt 14.6 erörtert). Da der Molekülring nicht eben ist, kann ein p-Orbital mit einem benachbarten p-Orbital überlappen, aber nur eine geringe Überlappung mit einem weiteren p-Orbital in seiner Nachbarschaft erreichen. Die acht π-Elektronen sind daher nicht über den gesamten Cyclooctatetraenring verteilt, sondern in vier Doppelbindungen lokalisiert. Seine Kohlenstoff-Kohlenstoff-Bindungen weisen nicht alle die gleiche Länge auf.

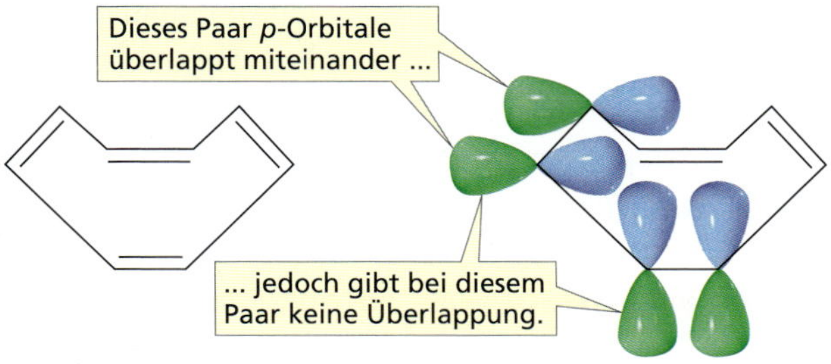

Cyclooctatetraen

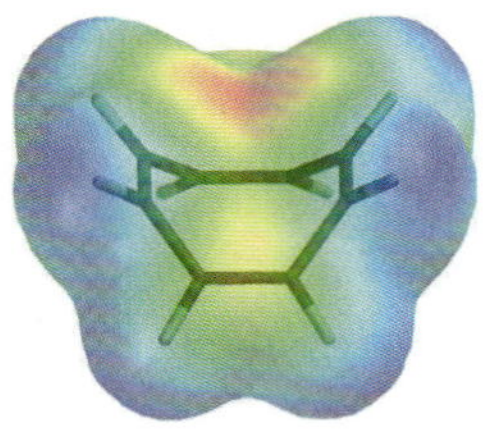

Wie man mesomere Grenzformeln zeichnet 8.4

Wir haben gesehen, dass eine organische Verbindung mit delokalisierten Elektronen im Allgemeinen als eine Struktur mit lokalisierten Elektronen repräsentiert wird, um uns wissen zu lassen, wie viele π-Elektronen in dem Molekül sind. Zum Beispiel wird Nitroethan mit einer Stickstoff-Sauerstoff-Doppelbindung und einer Stickstoff-Sauerstoff-Einfachbindung dargestellt.

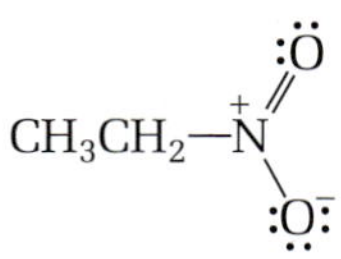

Nitroethan

Jedoch sind die beiden Stickstoff-Sauerstoff-Bindungen in Nitroethan tatsächlich identisch; sie haben beide die gleiche Bindungslänge. Eine akkuratere Beschreibung der Struktur des Moleküls erhält man, wenn man zwei mesomere Grenzformeln zeichnet. Beide mesomere Grenzformeln zeigen die Verbindung mit einer Stickstoff-Sauerstoff-Doppelbindung und einer Stickstoff-Sauerstoff-Einfachbindung, aber sie zeigen an, dass die Elektronen delokalisiert sind, indem sie die Bindung in einer Grenzformel als Doppelbindung und in der anderen als Einfachbindung versinnbildlichen.

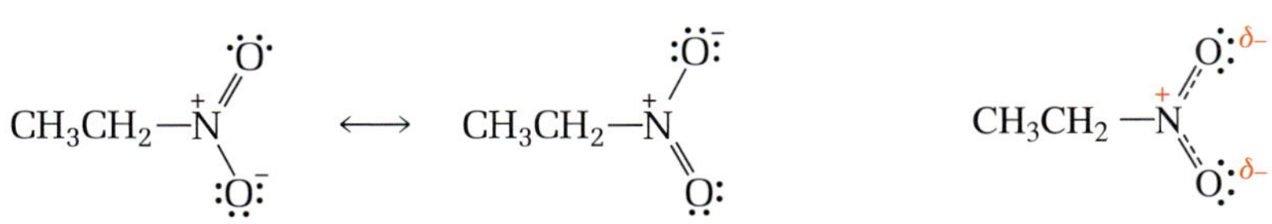

mesomere Grenzformel — mesomere Grenzformel — Resonanzhybrid

Die mesomere Struktur zeigt im Gegensatz dazu, dass das p-Orbital des Stickstoffs mit dem p-Orbital des Sauerstoffs überlappt. Mit anderen Worten, es zeigt, dass die zwei Stickstoff-Sauerstoff-Bindungen identisch sind und dass die negative Ladung gleichmäßig von beiden Sauerstoffatomen geteilt wird.

Wir müssen daher beide mesomeren Grenzformeln visualisieren und mental den Durchschnitt bilden, um einschätzen zu können, wie das tatsächliche Molekül – das Resonanzhybrid – aussieht.

Beachten Sie, dass

delokalisierte Elektronen durch die Überlappung von p-Orbitalen von zwei benachbarten Atomen entstehen.

MERKE!

Delokalisierte Elektronen resultieren aus einer *p*-Orbitalüberlappung eines *p*-Orbitals mit *p*-Orbitalen von mehr als einem benachbarten Atom.

Zum Beispiel überlappt im Nitroethan ein *p*-Orbital am Stickstoffatom mit den *p*-Orbitalen zweier benachbarter Sauerstoffatome. Im Carboxylation überlappt ein *p*-Orbital am Kohlenstoffatom mit den *p*-Orbitalen zweier benachbarter Sauerstoffatome. Im Benzol überlappt ein *p*-Orbital von Kohlenstoff mit den *p*-Orbitalen der beiden benachbarten Kohlenstoffatome.

Regeln für das Zeichnen von mesomeren Grenzformeln

Um einen Satz von mesomeren Grenzformeln zu zeichnen, zeichnen wir eine Lewis-Struktur des Moleküls – es wird unsere erste mesomere Grenzstruktur – und dann bewegen wir die Elektronen, den unten aufgelisteten Regeln folgend, um die nächste mesomere Grenzstruktur zu erzeugen.

- Nur Elektronen bewegen sich. Atome bewegen sich nie.
- Nur π-Elektronen (Elektronen in π-Bindungen) und freie Elektronenpaare können sich bewegen; σ-Elektronen bewegen sich nie.
- Die Gesamtzahl von Elektronen in dem Molekül ändert sich nicht. Darum muss jede mesomere Grenzformel für eine bestimmte Verbindung dieselbe Nettoladung haben. Falls eine eine Nettoladung von 0 hat, müssen alle anderen auch eine Nettoladung von 0 haben. Eine Nettoladung von 0 bedeutet nicht notwendigerweise, dass es keine Ladung an irgendeinem der Atome gibt: Ein Molekül mit einer positiven Ladung an einem Atom und einer negativen Ladung an einem anderen Atom hat eine Nettoladung von 0.

Beachten Sie, wenn Sie die folgenden mesomeren Grenzstrukturen studieren und üben, sie zu zeichnen, dass die Elektronen (π-Elektronen oder freie Paare) immer hin zu einem sp^2- oder sp-hybridisierten Atom bewegt werden. Erinnern Sie sich, dass ein sp^2-Kohlenstoff entweder ein positiv geladener Kohlenstoff (Abschnitte 1.8, 1.9 und 1.10) oder ein doppelt gebundener Kohlenstoff ist, und dass ein sp-Kohlenstoff zwei π-Bindungen hat und darum im Allgemeinen ein dreifach gebundener Kohlenstoff ist. Elektronen können nicht zu einem sp^3-Kohlenstoff hin bewegt werden, da ein sp^3-Kohlenstoff ein komplettes Oktett hat und besitzt keine π-Bindung, die brechen kann, sodass er keine weiteren Elektronen mehr aufnehmen kann.

Beispiel 1

Das folgende Carbokation hat delokalisierte Elektronen. Um seine mesomeren Grenzformeln zu zeichnen, *bewegen wir die π-Elektronen zu einem sp^2-Kohlenstoff hin.* Ein gekrümmter Pfeil gibt an, wie Sie die nächste mesomere Grenzformel zeichnen müssen. Erinnern Sie sich, dass der Schwanz des gekrümmten Pfeiles zeigt, wo die Elektronen starten, und der Kopf zeigt, wo die Elektronen hingehen. Der mesomere Zustand zeigt, dass die positive Ladung von zwei Kohlenstoffen und die π-Bindung von drei Kohlenstoffatomen geteilt wird.

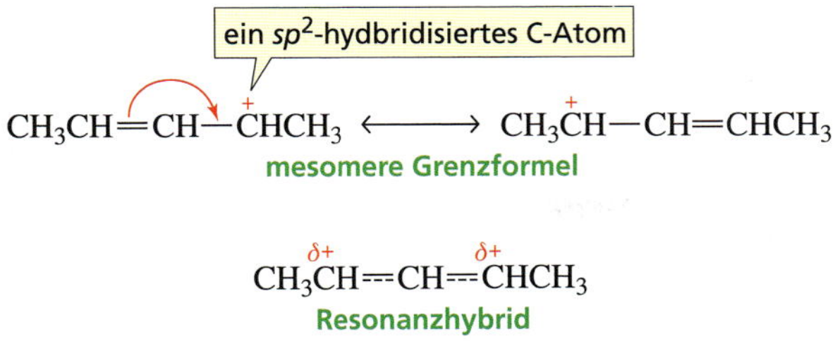

MERKE!

Um eine mesomere Grenzstruktur zu zeichnen, bewege man nur π-Elektronen oder freie Elektronenpaare hin zu einem sp^2- (oder sp-) Kohlenstoffatom.

Lassen Sie uns dieses Carbokation mit einer ähnlichen Verbindung vergleichen, bei der alle Elektronen lokalisiert sind. Die π-Elektronen in der gezeigten Verbindung können sich nicht bewegen, weil der Kohlenstoff, zu dem sie sich bewegen würden, ein sp^3-Kohlenstoff ist, und sp^3-Kohlenstoffe können keine Elektronen akzeptieren.

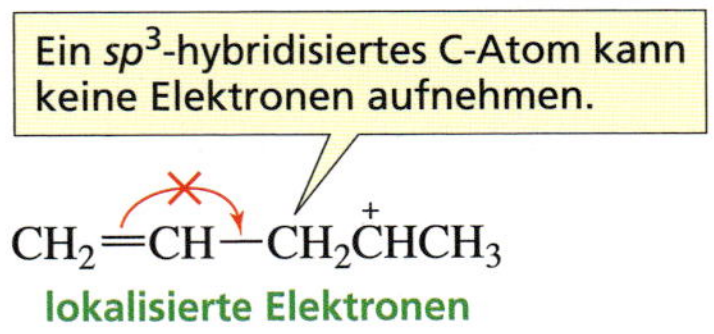

Beispiel 2

Im nächsten Beispiel *bewegen sich die π-Elektronen wieder hin zu einem sp^2-Kohlenstoff.* Der mesomere Zustand zeigt, dass die π-Elektronen von fünf Kohlenstoffatomen und die positive Ladung von drei Kohlenstoffen geteilt wird. Der mesomere Zustand (Resonanzhybrid) wird durch die mentale Kombination der Grenzformeln gebildet.

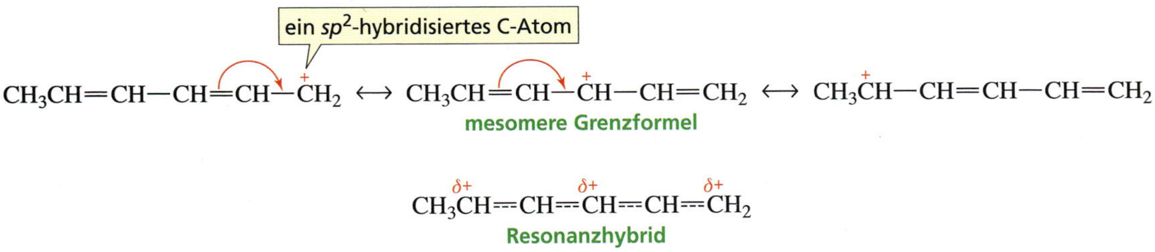

Beispiel 3

Die mesomere Grenzstruktur für die nächste Verbindung erhält man durch die *Bewegung eines freien Elektronenpaares hin zu einem sp^2-Kohlenstoff.* Der sp^2-Kohlenstoff kann die neuen Elektronen durch Bruch einer π-Bindung unterbringen. Die freien Elektronenpaare in der Verbindungen auf der rechten Seite sind lokalisiert, da diese sich zu einem sp^3-hybridisierten Kohlenstoffatom bewegen müssten.

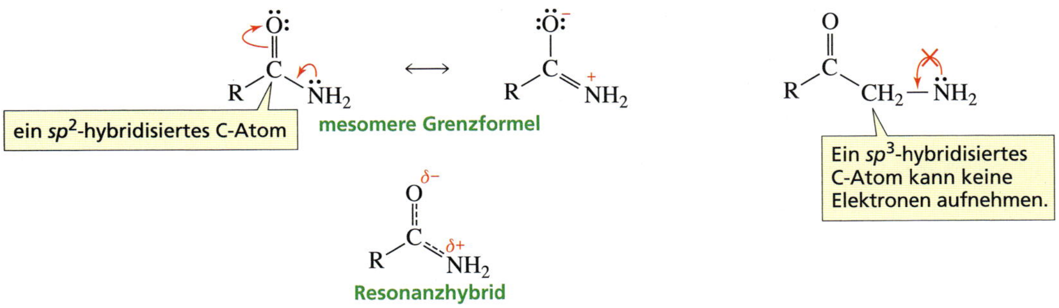

Beispiel 4

Im nächsten Beispiel *wandern freie Elektronenpaare zu einem sp-Kohlenstoffatom.*

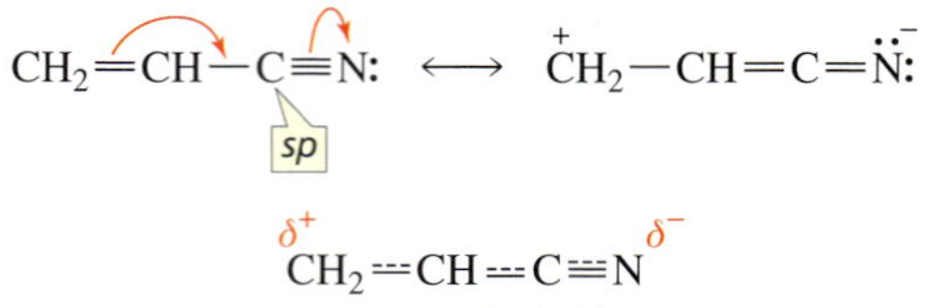

Resonanzhybrid

Ü 3

(a) Welche der folgenden Verbindungen haben delokalisierte Elektronen?

1. $CH_2{=}CHCH_2CH{=}CH_2$

2. $CH_3CH{=}CHCH{=}C\overset{+}{H}CH_2$

3. $CH_3CH_2\ddot{N}HCH_2CH{=}CH_2$

4. 

5. 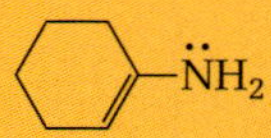

6. 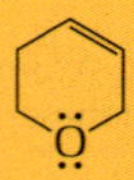

7. 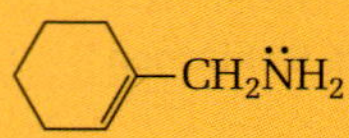

(b) Zeichnen Sie die mesomeren Grenzformeln für diese Verbindungen.

HINTERGRUND

■ Peptidbindungen

Ein Protein besteht aus Aminosäuren, die durch Peptidbindungen aneinander gereiht sind. Jede dritte Bindung in einem Protein ist eine Peptidbindung, die die durch einen roten Pfeil angezeigt wird.

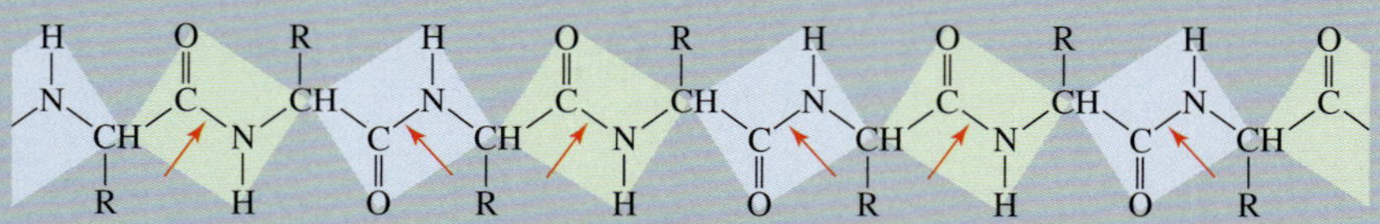

ein Ausschnitt aus einer Peptidkette

Eine mesomere Grenzformel kann für eine Peptidbindung gezeichnet werden, indem das freie Paar am Stickstoff zum sp^2-Kohlenstoff hin bewegt wird. Die zweite mesomere Grenzformel zeigt, dass eine Peptidbindung partiellen Doppelbindungscharakter aufweist.

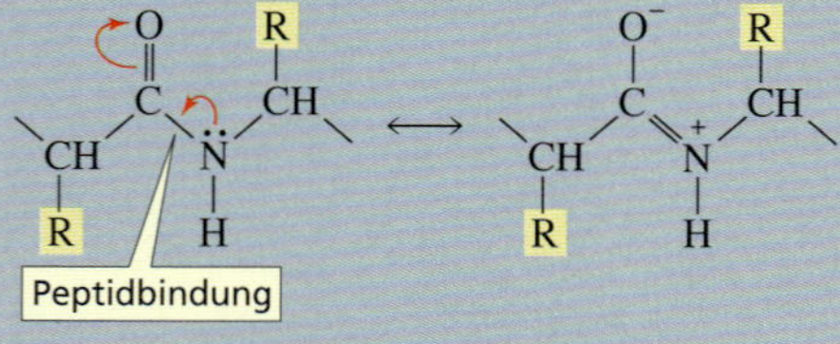

Aufgrund des partiellen Doppelbindungscharakters der Peptidbindung werden das Kohlenstoff- und das Stickstoffatom und die beiden Atome, die an jedes gebunden sind, rigide in einer Ebene gehalten, wie unten in den blauen und grünen Kästen dargestellt. Trotz der steifen Eigenschaften der Peptidbindung können sich die Einfachbindungen in Proteinen frei drehen. Dadurch kann sich die Kette als Ganzes in eine Myriade von komplexen Strukturen falten. (Hier werden zwei konzeptionelle Darstellungen von Proteinen gezeigt; siehe auch ► Abbildung 21.10.).

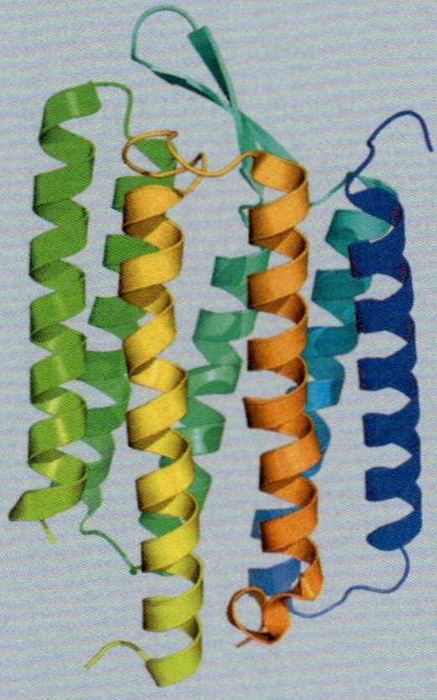

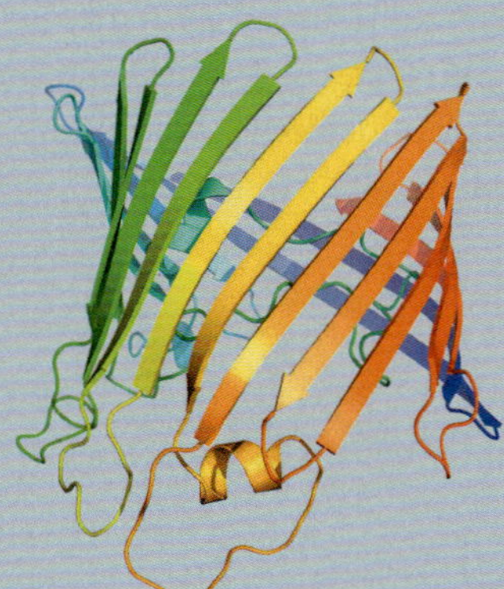

8.5 Die vorhergesagten Stabilitäten von mesomeren Grenzformeln

Alle mesomeren Grenzformeln tragen nicht notwendigerweise in gleichem Maß zum mesomeren Zustand bei. Der Grad, zu dem jede mesomere Grenzstruktur beiträgt, hängt von ihrer vorhergesagten Stabilität ab. Da mesomere Grenzstrukturen nicht real sind, können ihre Stabilitäten nicht gemessen werden. Darum müssen die Stabilitäten der mesomeren Grenzstrukturen auf der Grundlage molekularer Merkmale, die man in realen Molekülen findet, vorhergesagt werden.

Je größer die vorhergesagte Stabilität der mesomeren Grenzstruktur, desto mehr trägt sie zu der Struktur des mesomeren Zustands bei.

Je mehr sie zur Struktur des mesomeren Zustandes beiträgt, desto ähnlicher sind sich die Grenzstruktur und das reale Molekül.

Die Beispiele, die folgen, illustrieren diesen Punkt.

Beispiel 1

Die beiden mesomeren Grenzstrukturen für eine Carbonsäure sind in ► Abbildung 8.2 gezeigt. **B** hat zwei Eigenschaften, die dazu führen, dass es weniger stabil ist als **A**.

- Eines der Sauerstoffatome hat eine positive Ladung – keine günstige Situation für ein elektronegatives Atom.
- Die Ladungen in **B** sind separiert.

Ein Molekül mit **separierten Ladungen** hat eine positive Ladung und eine negative Ladung, die durch die Bewegung von Elektronen neutralisiert werden können. Mesomere Grenzstrukturen mit separierten Ladungen sind relativ instabil (relativ hoch an Energie), weil Energie benötigt wird, um entgegengesetzte Ladungen separiert zu halten. Struktur **A** ist daher vorausgesagt stabiler als Struktur **B**. Konsequenterweise macht **A** einen größeren Beitrag zum mesomeren Zustand, und so sieht der mesomere Zustand mehr wie **A** aus als wie **B**.

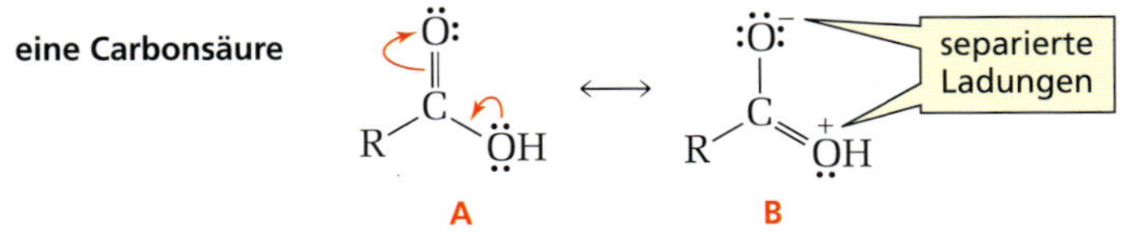

Abbildung 8.2: **B** ist weniger stabil als **A**, da **B** separierte Ladungen aufweist und eines der Sauerstoffatome eine positive Ladung trägt.

Beispiel 2

Die beiden mesomeren Grenzstrukturen für ein Carboxylation sind in ► Abbildung 8.3 gezeigt. Die Strukturen **C** und **D** sind voraussagungsgemäß gleich stabil und darum erwartet man, dass sie gleich viel zum mesomeren Zustand beitragen.

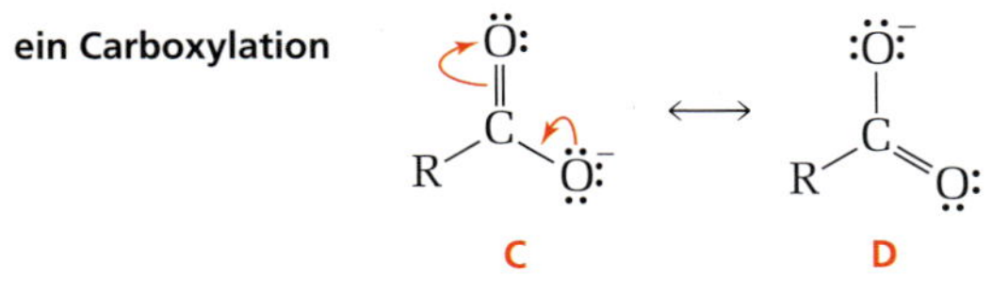

Abbildung 8.3: **C** und **D** sind in etwa gleich stabil. Daher tragen sie zu gleichen Teilen zum mesomeren Zustand bei.

Beispiel 3

Wenn Elektronen in mehr als eine Richtung bewegt werden können, erhält man die stabilste mesomere Grenzstruktur, indem man sie auf das elektronegativere Atom **zubewegt**. Zum Beispiel resultiert Struktur **F** in ► Abbildung 8.4 aus der Bewegung von π-Elektronen hin zum Sauerstoff – das elektronegativste Atom in dem Molekül. Im Gegensatz dazu resultiert Struktur **E** aus der Bewegung der π-Elektronen weg vom Sauerstoff. Daher ist **F** weniger stabil als **E**.

- **F** trägt separierte Ladungen.
- Zudem trägt eines der Kohlenstoffatome ein unvollständiges Oktett.

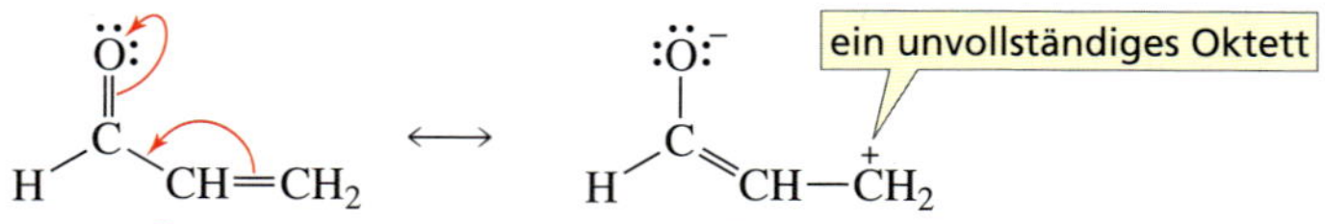

E F

Abbildung 8.4: **F** wird durch die Bewegung der Elektronen zum Sauerstoffatom (dem elektronegativsten Atom in Molekül) gebildet. Es wird vorhergesagt, dass **F** weniger stabil ist als **E**, da **F** separierte Ladungen und ein unvollständiges Oktett aufweist. Daher trägt **E** in höherem Maße zum mesomeren Zustand bei.

Beispiel 4

Eine mesomere Grenzformel, die Sie erhalten, indem Sie Elektronen weg vom elektronegativsten Atom bewegen, müssen Sie nur dann zeichnen, wenn das der einzige Weg ist, um Elektronen bewegen zu können. Mit anderen Worten, die Bewegung von Elektronen weg vom elektronegativsten Atom ist besser als überhaupt keine Bewegung, weil die Elektronendelokalisation ein Molekül stabiler macht (wie wir in Abschnitt 8.6 sehen werden). Zum Beispiel ist die einzige mesomere Grenzstruktur, die für **G** in ► Abbildung 8.5 gezeichnet werden kann, diejenige, die aus der Bewegung von Elektronen vom Sauerstoffatom resultiert. **H** ist daher weniger stabil als **G**.

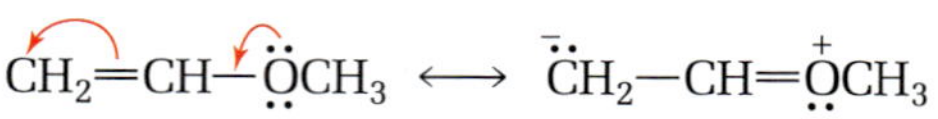

G H

Abbildung 8.5: Für Struktur **H** ist vorhergesagt, dass sie relativ instabil ist, weil sie separierte Ladungen hat und ihr elektronegatives Sauerstoffatom das Atom mit der positiven Ladung ist. Die Struktur des mesomeren Zustands ist der Struktur **G** ähnlich, mit nur einem kleinen Beitrag von Struktur **H**.

Beispiel 5

Lassen Sie uns nun sehen, welche der mesomeren Grenzstrukturen die in ► Abbildung 8.6 gezeigt sind, die größere vorhergesagte Stabilität hat. Struktur **I** hat eine negative Ladung am Kohlenstoff, wohingegen **J** eine negative Ladung an einem Sauerstoffatom trägt. Sauerstoff ist besser als Träger einer negativen Ladung geeignet als Kohlenstoff, da er elektronegativer ist. Also ist **J** stabiler als **I**.

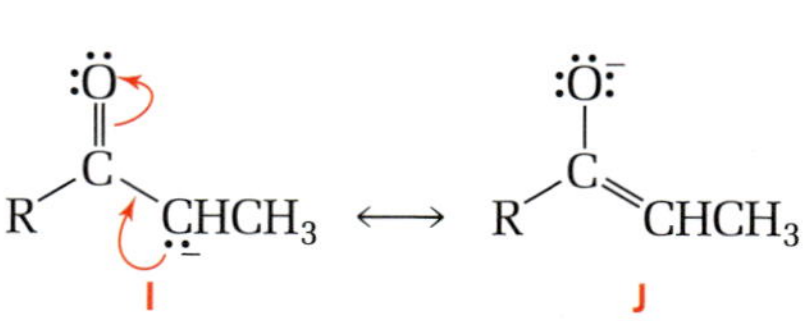

I J

Abbildung 8.6: Der mesomere Zustand ähnelt eher **J**. Das heißt, dass der mesomere Zustand eine höhere Konzentration von negativer Ladung am Sauerstoffatom als am Kohlenstoffatom trägt.

Einflussfaktoren auf die vorhergesagte Stabilität

Wir können die Merkmale, die die vorhergesagte Stabilität einer mesomeren Grenzstruktur vermindern, wie folgt zusammenfassen:

1. ein Atom mit einem unvollständigen Oktett
2. eine negative Ladung, die nicht am elektronegativsten Atom ist oder eine positive Ladung, die nicht am wenigsten elektronegativen (elektropositivsten) Atom ist

3 eine positive Ladung an einem elektronegativen Atom
4 Ladungsseparation

Wenn wir die relativen Stabilitäten der mesomeren Grenzstrukturen vergleichen, macht ein Atom mit einem unvollständigen Oktett (Merkmal 1 in der vorangehenden Liste) im Allgemeinen eine Struktur instabiler als die anderen drei Merkmale.

STRATEGIEN ZUR PROBLEMLÖSUNG

■ Relative Stabilitäten bestimmen

Welches Carbokation ist stabiler?

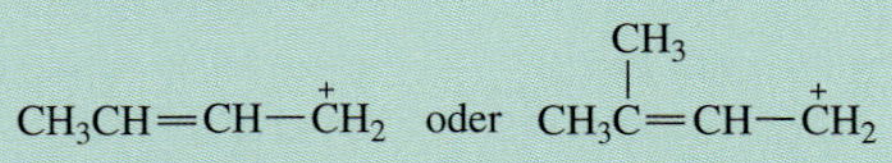

Beginnen Sie, indem Sie die Grenzformeln für jedes Carbokation zeichnen.

$$CH_3CH{=}CH{-}\overset{+}{C}H_2 \longleftrightarrow CH_3\overset{+}{C}H{-}CH{=}CH_2$$

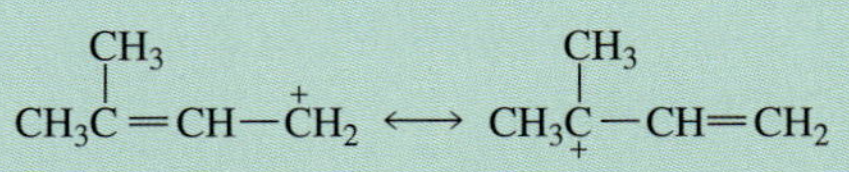

Sehen Sie sich nun die beiden Grenzformelpaare an. Sie sollten beobachten, worin sich die Strukturen unterscheiden und wie diese Unterschiede sich auf die relative Stabilität der mesomeren Zustände auswirken.

Jedes Carbokation besitzt zwei mesomere Grenzstrukturen. Die positive Ladung des Carbokations auf der linken Seite wird durch ein primäres und ein sekundäres Kohlenstoffatom geteilt. Die positive Ladung des Carbokations auf der rechten Seite wird durch ein primäres und ein tertiäres Kohlenstoffatom geteilt. Da die Ladung an einem tertiären Kohlenstoffatom stabiler ist als an einem sekundären Kohlenstoffatom (Abschnitt 6.2), ist das Carbokation auf der rechten Seite stabiler.

Ü 4* Welche Verbindung ist stabiler?

(a) 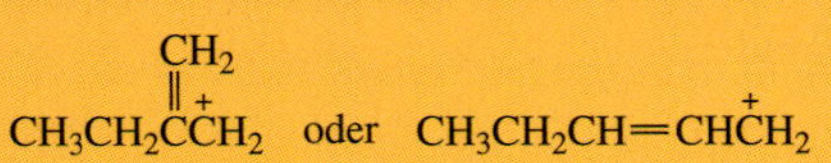

(b) 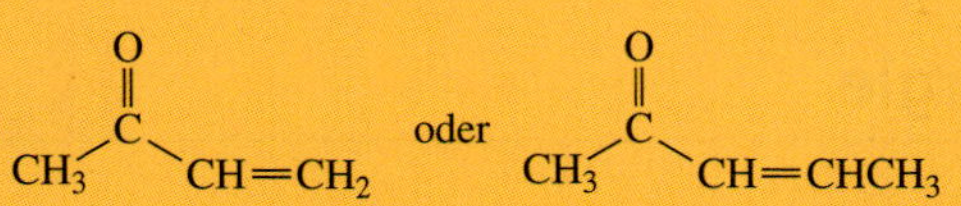

(c) 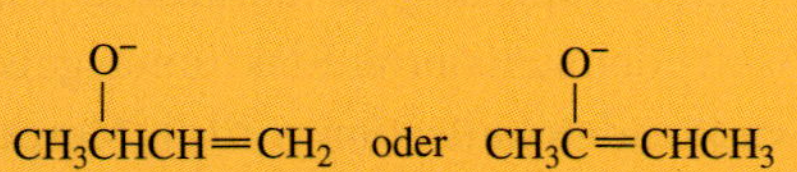

(d) 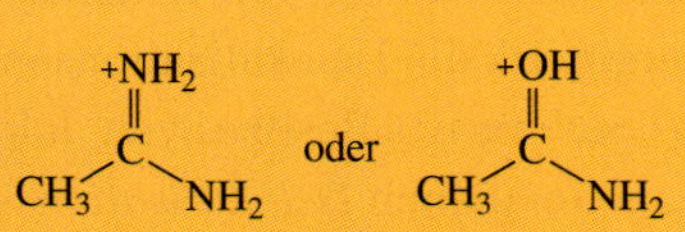

MERKE!

Je größer die vorhergesagte Stabilität einer mesomeren Grenzstruktur ist, desto größer ist ihr Anteil an der Struktur des mesomeren Zustandes.

Je größer der Anteil einer mesomeren Grenzstruktur am mesomeren Zustand ist, desto ähnlicher ist die Grenzstrukturen dem realen Molekül.

Ü 5 mit Lösung

Zeichnen Sie die mesomeren Grenzformeln der folgenden Spezies und ordnen Sie diese nach abnehmendem Anteil am mesomeren Zustand. Zeichnen Sie zudem den mesomeren Zustand.

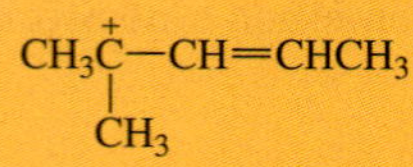

Lösung

A ist stabiler als **B**, da sich die positive Ladung in **A** an einem tertiären Kohlenstoffatom befindet, bei **B** befindet sich diese an einem sekundären Kohlenstoffatom. Ein tertiäres Carbokation ist stabiler als ein sekundäres Carbokation (Abschnitt 6.2).

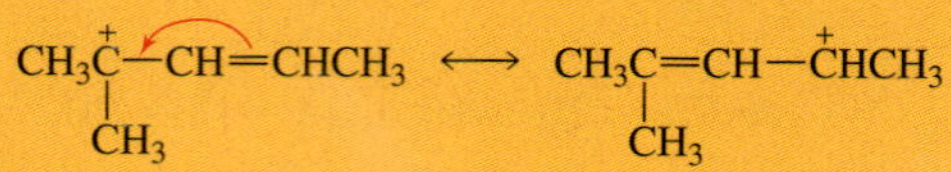

A B

Zeichnen Sie den mesomeren Zustand, indem sie eine Bindung, die in einer Grenzformel eine Doppelbindung und in der anderen Grenzformel eine Einfachbindung ist, als Einfachbindung mit einer zusätzlichen gestrichelten Linie. Die positive Ladung in den beiden Grenzformeln wird durch zwei partiell positive Ladungen im mesomeren Zustand dargestellt.

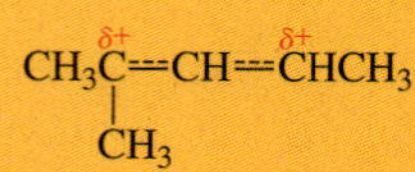

Ü 6 Zeichnen Sie die mesomeren Grenzformeln der folgenden Spezies und ordnen Sie diese nach abnehmendem Anteil am mesomeren Zustand. Zeichnen Sie dann den mesomeren Zustand.

(a) 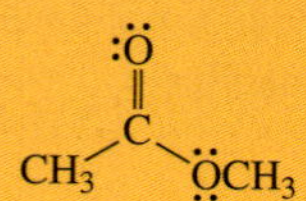

(c) 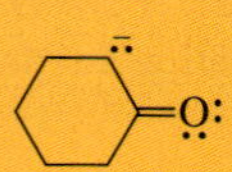

(e) 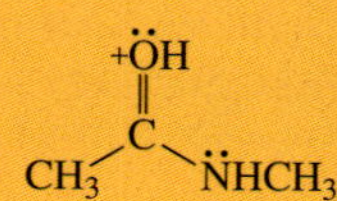

(b) $CH_3\ddot{N}H{-}CH{=}CHCH_3$

(d) 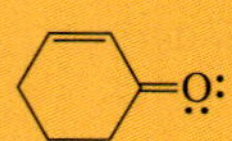

(f) $CH_3\overset{+}{C}H{-}CH{=}CHCH_3$

Hinweis für die Studierenden

Das Tutorial am Ende dieses Kapitels wird Ihnen zusätzliche Übung beim Zeichnen von Grenzstrukturen und beim Vorhersagen ihrer Stabilität ermöglichen.

8.6 Delokalisationsenergie

Delokalisierte Elektronen stabilisieren eine Verbindung. Die zusätzliche Stabilität, die eine Verbindung durch den Besitz delokalisierter Elektronen gewinnt, heißt **Delokalisationsenergie**. Die **Elektronendelokalisation** wird als **Mesomerie** oder **Resonanz** bezeichnet. Statt von Delokalisationsenergie spricht man auch von **Mesomerieenergie** oder **Resonanzenergie**. Da die Delokalisationsenergie uns sagt, um wie viel eine Verbindung als Ergebnis des Besitzes von delokalisierten Elektronen stabiler ist, wird sie manchmal auch *Delokalisationsstabilisierungsenergie* oder *Resonanzstabilisierungsenergie* genannt. Wissend, dass die delokalisierten Elektronen die Stabilität eines Moleküls erhöhen, können wir folgern, dass

ein mesomerer Zustand stabiler ist als die vorhergesagte Stabilität jeder seiner mesomeren Grenzzustände.

Die Delokalisationsenergie, die mit einer Verbindung assoziiert ist, die delokalisierte Elektronen hat, hängt von der Zahl *und* der vorhergesagten Stabilität der mesomeren Grenzzustände ab:

Je größer die Zahl relativ stabiler mesomerer Grenzzustände, desto größer die Delokalisationsenergie (Stabilisierungsenergie).

So ist beispielsweise die Delokalisationsenergie eines Carboxylations mit zwei relativ stabilen Grenzstrukturen signifikant größer als die Delokalisationsenergie eines Carbonsäuremoleküls mit nur einer relativ stabilen mesomeren Grenzstruktur.

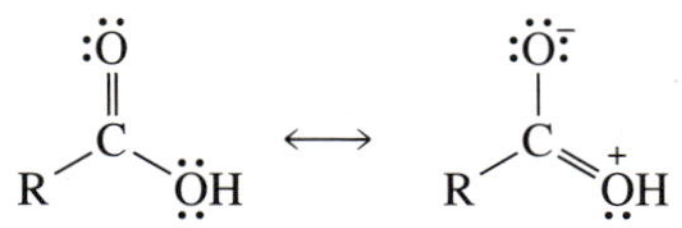

relativ stabil — relativ instabil

Grenzstrukturen einer Carbonsäure

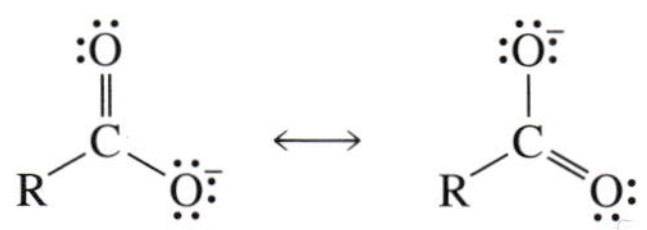

relativ stabil — relativ stabil

Grenzstrukturen eines Carboxylation

Der Fakt, dass die zwei Grenzstrukturen des Carboxylations äquivalent sind, trägt ebenfalls zur Delokalisationsenergie bei.

Je ähnlicher sich die Strukturen der Grenzformeln sind, desto größer ist die Delokalisationsenergie.

Man beachte, dass es die Zahl der *relativ stabilen* mesomeren Grenzstrukturen und nicht die Gesamtzahl mesomerer Grenzstrukturen ist, die wichtig für die Bestimmung der Delokalisationsenergie ist.

Beispielsweise ist die Delokalisationsenergie eines Carboxylations (konjugierte Base einer Carbonsäure) mit zwei relativ stabilen mesomeren Grenzstrukturen größer als die Delokalisationsenergie der Verbindung in folgendem Beispiel, weil nur eine der mesomeren Grenzstrukturen relativ stabil ist, obwohl die Verbindung drei aufweist:

$$\overset{-}{C}H_2{-}CH{=}CH{-}\overset{+}{C}H_2 \longleftrightarrow CH_2{=}CH{-}CH{=}CH_2 \longleftrightarrow \overset{+}{C}H_2{-}CH{=}CH{-}\overset{-}{C}H_2$$

relativ instabil — relativ stabil — relativ instabil

Wir können nunmehr zusammenfassen, was wir über mesomere Grenzstrukturen gelernt haben:

- Je höher die vorhergesagte Stabilität einer mesomeren Grenzstruktur, desto mehr trägt sie zum mesomeren Zustand bei.
- Je größer die Zahl relativ stabiler mesomerer Grenzstrukturen und je ähnlicher sich diese sind, desto höher ist der Betrag der Delokalisationsenergie.

Ü 7*

(a) Sagen Sie die relativen Bindungslängen der drei Kohlenstoff-Sauerstoff-Bindungen im Carboxylation voraus.

(b) Welche Ladung trägt jedes Sauerstoffatom?

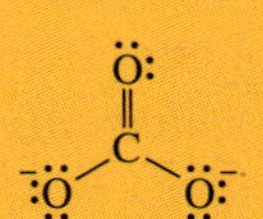

Carbonation

MERKE!

Die Delokalisationsenergie ist ein Maß dafür, um wie viel eine Verbindung mit delokalisierten Elektronen stabiler ist, als sie sein würde, falls ihre Elektronen lokalisiert wären.

MERKE!

Je größer die Zahl relativ stabiler mesomerer Grenzstrukturen, desto größer die Delokalisationsenergie.

MERKE!

Je größer der strukturelle Äquivalenzgrad von mesomeren Grenzstrukturen ist, desto größer ist der Betrag der Delokalisationsenergie.

Ü 8 Welches Teilchen besitzt die größte Delokalisationsenergie?

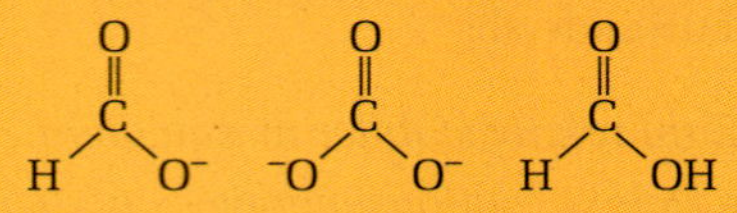

Ü 9 Wo ist die Delokalisationsenergie größer?

$CH_2{=}CH{-}CH{=}CH_2$ oder 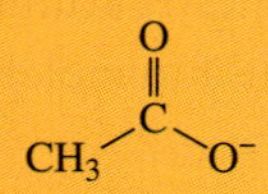

Ü 10* Wo ist die Delokalisationsenergie größer?

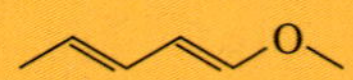 oder 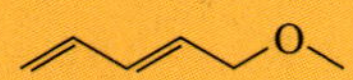

Delokalisierte Elektronen erhöhen die Stabilität 8.7

Wir werden nun zwei Beispiele dafür betrachten, die die zusätzliche Stabilität, die ein Molekül durch delokalisierte Elektronen gewinnt, illustrieren.

Stabilität von Dienen

Diene sind Kohlenwasserstoffe mit zwei Doppelbindungen.

- **Isolierte Diene** besitzen isolierte Doppelbindungen: **Isolierte Doppelbindungen** sind solche, die durch mehr als eine Einfachbindung voneinander getrennt sind.
- **Konjugierte Diene** besitzen konjugierte Doppelbindungen: **Konjugierte Doppelbindungen** sind solche, die durch eine Einfachbindung voneinander getrennt sind.

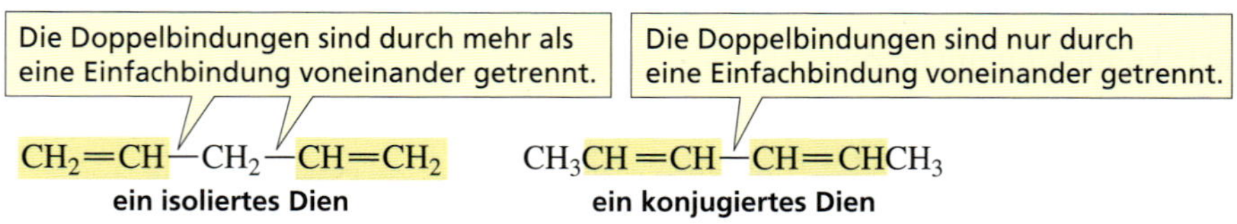

Wir haben in Abschnitt 5.9 gesehen, dass die relative Stabilität eines Alkens über die Hydrierungswärme der katalytischen Hydrierung bestimmbar ist. Erinnern Sie sich daran, dass das stabilste Alken die niedrigste Hydrierungswärme besitzt; es gibt den geringsten Wärmebetrag ab, wenn es hydriert wird, da es von Anfang an am wenigsten Energie enthält.

MERKE!

Das stabilste Alken besitzt niedrigsten Hydrierungswärme.

Konjugierte Diene

Die Hydrierungswärme von 1,3-Pentadien (ein konjugiertes Dien) ist kleiner als die von 1,4-Pentadien (ein isoliertes Dien). Wir können daher den Schluss ziehen: *Ein konjugiertes Dien ist stabiler als ein isoliertes Dien.*

		$\Delta H°$ (kcal/mol)	Hydrierungswärme
$CH_2{=}CH{-}CH_2{-}CH{=}CH_2 + 2\,H_2 \xrightarrow{Pd/C} CH_3CH_2CH_2CH_2CH_3$	**1,4-Pentadien** **isoliertes Dien**	–60,2	60,2 kcal/mol
$CH_2{=}CH{-}CH{=}CH{-}CH_3 + 2\,H_2 \xrightarrow{Pd/C} CH_3CH_2CH_2CH_2CH_3$	**1,3-Pentadien** **konjugiertes Dien**	–54,1	54,1 kcal/mol

Warum ist ein konjugiertes Dien stabiler als ein isoliertes? Zwei Faktoren tragen zu diesem Unterschied bei. Der erste ist die *Elektronendelokalisation*. Die π-Elektronen in jeder der Doppelbindungen eines isolierten Diens sind zwischen den beiden Kohlenstoffatomen *lokalisiert*. Im Gegensatz dazu sind die π-Elektronen eines konjugierten Diens *delokalisiert* (▶ Abbildung 8.7); die Delokalisation von Elektronen stabilisiert eine Verbindung. Der mesomere Zustand zeigt, dass eine Einzelbindung in 1,3-Butadien keine reine Einzelbindung ist, sondern partiellen Doppelbindungscharakter als Resultat der Elektronendelokalisation aufweist. Man beachte, dass die Wanderungsrichtung der Elektronen nicht festgelegt ist; da die Verbindung kein elektronegatives Atom besitzt, können sich die Elektronen sowohl nach links als auch nach rechts bewegen.

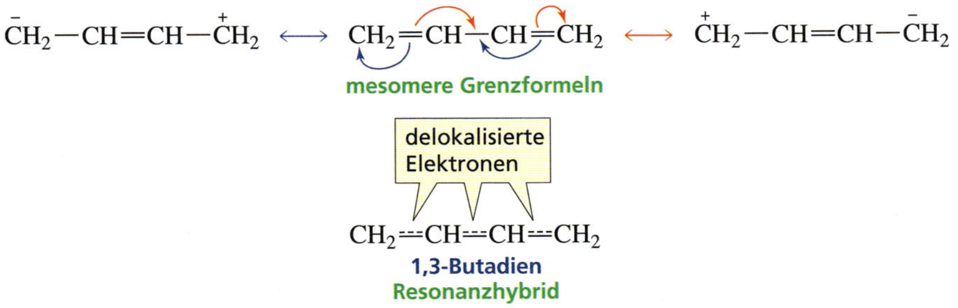

Abbildung 8.7: Im mesomeren Zustand zeigt sich, dass die Einfachbindung eines konjugierten Diens wie 1,3-Butadien durch Elektronendelokalisation partiellen Doppelbindungscharakter aufweist. Beachten Sie zudem, dass diese Verbindung kein elektronegatives Atom trägt, dass die Elektronen in einer bestimmten Weise bewegen würde. Also können sich diese nach links (blauer Pfeil) als auch nach rechts (roter Pfeil) bewegen.

MERKE!

Eine Zunahme der Delokalisationsenergie bedeutet eine Stabilitätszunahme.

Der zweite Faktor ist die *Hybridisierung der Orbitale*, die die Kohlenstoff-Kohlenstoff-Einfachbindungen bilden. Da ein 2*s*-Elektron in Mittel näher am Kern liegt als ein 2*p*-Elektron, ist eine Bindung, die durch Überlappung von zwei sp^2-Orbitalen entsteht, *kürzer* und *stärker* als eine Bindung, die durch Überlappung von einem sp^2-Orbital und einem sp^3-Orbital gebildet wird. Der Grund dafür ist, dass ein sp^2-Orbital einen höheren *s*-Charakter aufweist als ein sp^3-Orbital (Abschnitt 1.15 und ▶ Tabelle 8.1). Aus diesem Grund sind die Einfachbindungen in einem konjugierten Dien stärker als die Einfachbindungen in einem isolierten Dien. Stärkere Bindungen machen eine Verbindung stabiler (▶ Abbildung 8.8).

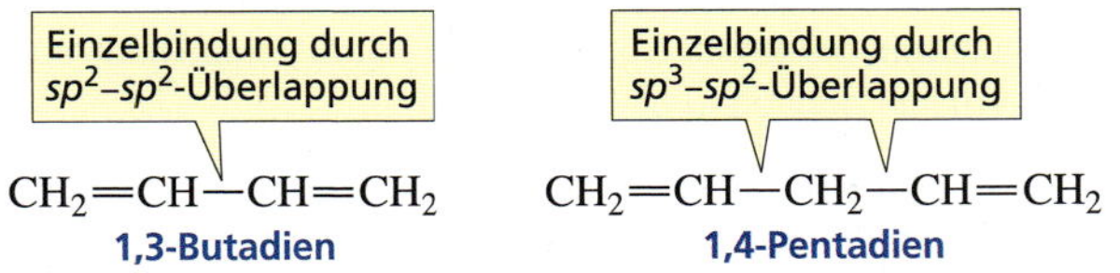

Abbildung 8.8: Eine Kohlenstoff-Kohlenstoff-Einfachbindung in 1,3-Pentadien wird durch die Überlappung von einem sp^2-Orbital mit einem weiteren sp^2-Orbital gebildet. Die andere Einfachbindung wird jedoch durch Überlappung von einem sp^2-Orbital mit einem weiteren sp^3-Orbital gebildet. Im Gegensatz dazu werden beide Kohlenstoff-Kohlenstoff-Einfachbindungen im 1,4-Pentadien durch Überlappung von einem sp^2-Orbital mit einem sp^3-Orbital gebildet.

Verbindung	Hybridisierungszustand	Bindungslänge (pm)
H_3C-CH_3	sp^3-sp^3	154
$H_3C-CH=CH_2$	sp^3-sp^2	150
$H_2C=CH-CH=CH_2$	sp^2-sp^2	147
$H_3C-C\equiv CH$	sp^3-sp	146
$H_2C=CH-C\equiv CH$	sp^2-sp	143
$HC\equiv C-C\equiv CH$	$sp-sp$	137

Tabelle 8.1: Abhängigkeit der Länge einer Kohlenstoff-Kohlenstoff-Einfachbindung vom Hybridisierungszustand der Orbitale, die an ihrer Bildung beteiligt sind.

Allene

Allene sind Verbindungen, die **kumulierte Doppelbindungen** besitzen. Dabei handelt es sich um Doppelbindungen, die einander direkt benachbart sind. Die kumulierten Doppelbindungen verleihen Allenen infolge der *sp*-Hybridisierung des mittleren Kohlenstoffatoms eine ungewöhnliche Molekülstruktur, das zentrale Kohlenstoffatom *sp* hybridisiert ist, genau wie in CO_2. Eines der *p*-Orbitale des zentralen Kohlenstoffatoms überlappt mit einem *p*-Orbital des benachbarten sp^2-hybridisierten C-Atoms. Das zweite *p*-Orbital des zentralen C-Atoms überlappt mit einem *p*-Orbital des anderen sp^2-Kohlenstoffatoms (► Abbildung 8.9a).

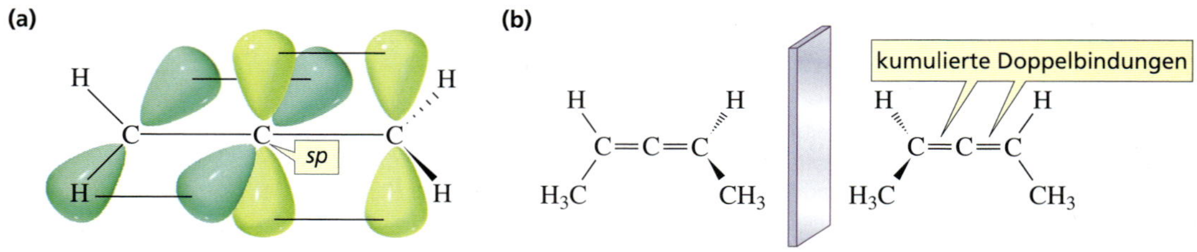

Abbildung 8.9: (a) Die zwei *p*-Orbitale des zentralen Kohlenstoffatoms stehen senkrecht aufeinander; also steht die Ebene einer H—C—H-Gruppe senkrecht auf der Ebene der anderen H—C—H-Gruppe. Aus diesem Grund ist ein Allen nicht planar. (b) 2,3-Pentadien besitzt ein Spiegelbild, mit dem es nicht deckungsgleich ist. Es ist daher ein chirales Molekül, obgleich es kein asymmetrisch substituiertes Kohlenstoffatom besitzt.

Ü 11* Die Hydrierungswärme für die Hydrierung von 2,3-Pentadien – eines kumulierten Diens – beträgt 70,5 kcal/mol. Wie sind die relativen Stabilitäten kumulierter, konjugierter und isolierter Diene?

Ü 12* Benennen Sie die folgenden Diene und ordnen Sie sie in der Reihenfolge zunehmender Stabilität. (*Hinweis*: Alkylgruppen stabilisieren Diene auf die gleiche Weise, in der sie Alkene stabilisieren; Abschnitt 5.9.)

$CH_3CH=CHCH=CHCH_3$ $\qquad$ $CH_2=CHCH_2CH=CH_2$

$CH_3C(CH_3)=CHCH=C(CH_3)CH_3$ $\qquad$ $CH_3CH=CHCH=CH_2$

HINTERGRUND

■ Leitende organische Verbindungen

Damit eine organische Verbindung elektrischen Strom leitet, müssen ihre Elektronen delokalisiert sein, sodass sich diese genau wie in einem Kupferdraht durch die Verbindung bewegen können. Die erste organische Verbindung, die Strom leiten konnte, wurde durch das Verbinden einer großen Zahl von Ethinmolekülen erschaffen; das Produkt dieser Reaktionen wurde Polyacetylen genannt. Dieser Prozess wird auch als **Polymerisierung** bezeichnet. Polyacetylen ist ein sogenanntes **Polymer** – ein großes Molekül, das durch die Aneinanderreihung vieler kleiner Moleküle entsteht. Polymerchemie ist ein wichtiges Feld in der Organischen Chemie, daher ist ihr ein ganzes Kapitel in diesem Buch gewidmet (Kapitel 27).

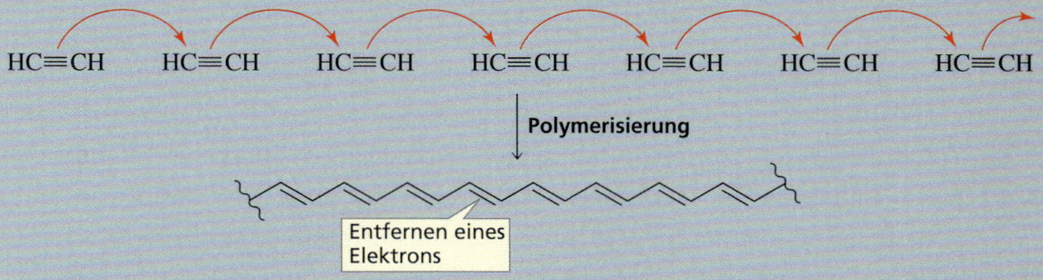

Polyacetylen

Die Elektronen in Polyacetylen bewegen sich allerdings nicht hinreichend schnell entlang der Kette, um Strom wirklich gut zu leiten. Werden jedoch einige Elektronen entfernt oder hinzugefügt (Dotierung), können sich die anderen Elektronen wesentlich einfacher entlang der Kette bewegen. Mit einigen Verbesserungen kann Polyacetylen Strom in etwa so gut leiten wie Kupfer.

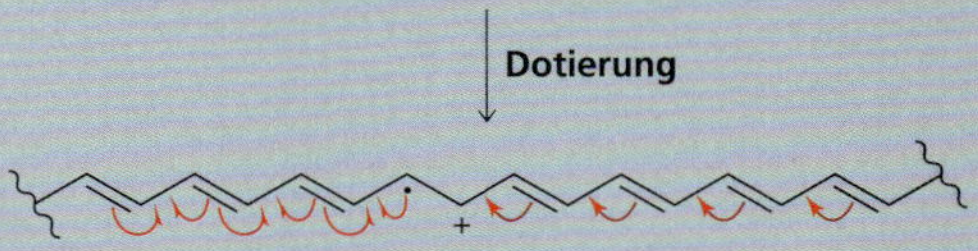

Polyacetylen ist nicht besonders gut für Anwendungen in der Technik geeignet, da es wasser- und luftempfindlich ist. Allerdings wurden viele andere leitende Polymere entwickelt (drei sind unten gezeigt), die für technische Anwendungen geeignet sind. Beachten Sie, dass alle diese Polymere eine Kette mit konjugierten Doppelbindungen aufweisen.

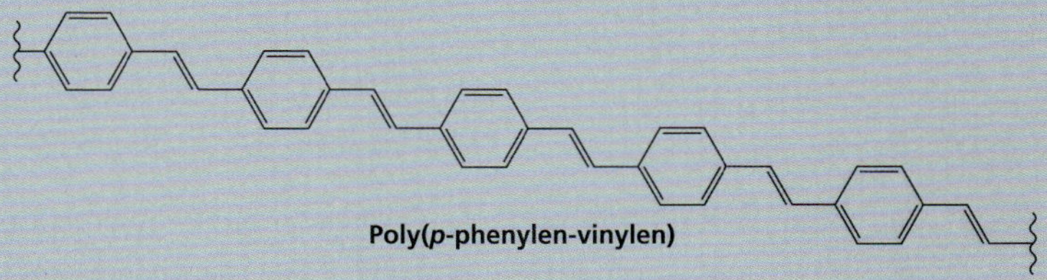

Poly(*p*-phenylen-vinylen)

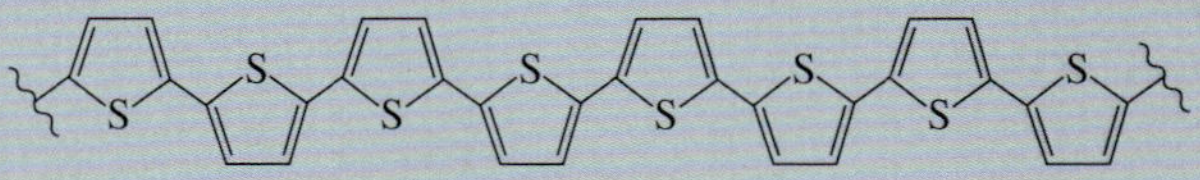

Polythiophen

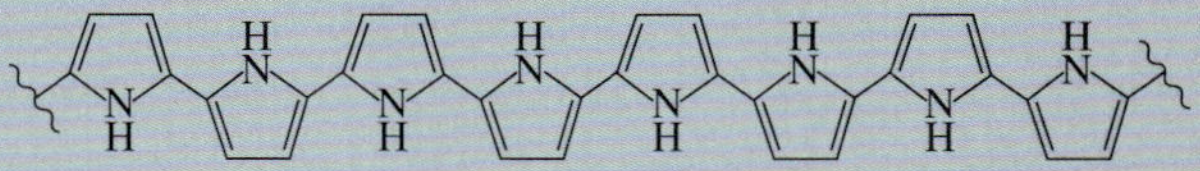

Polypyrrol

Eine wichtige Eigenschaft von leitenden Polymeren ist ihr geringes Gewicht. Daher werden Sie auch benutzt, um Flugzeuge zu lackieren, sodass das Innere des Flugzeugs bei Blitzeinschlag vor Schaden geschützt ist. Der Aufbau von statischer Elektrizität kann beim Überzug eines Isolators mit einem leitenden Polymer vermieden werden. Leitende Polymere werden auch in LEDs (engl. *light emmiting diode*) eingesetzt. LEDs geben Licht ab, wenn sie von Strom durchflossen werden, dies ist als Elektrolumineszenz bekannt. LEDs werden in Flachbildschirmen, Handys und in den Anzeigen von Autos und Flugzeugen verbaut.

Weitere Forschung sollte viele weitere Anwendungen für leitende Polymere finden. Ein wichtiges Forschungsfeld ist die Entwicklung von „smarten" Strukturen, wie etwa einem Golfschläger, der sich an den Schwung des Golfers anpasst. „Smarte" Skier (die beim Laufen nicht vibrieren) sind bereits entwickelt worden.

Alan Heeger (Universität von Kalifornien, Santa Barbara), Alan MacDiarmid (Universität Pennsylvania) und Hideki Shirakawa (Universität Tsukuba, Japan) teilten sich den Nobelpreis für Chemie im Jahr 2000 für ihrer Arbeit auf dem Bereich von leitenden Polymeren.

Die Stabilität von Allyl- und Benzylkationen

Wir betrachten nun Allyl- und Benzylkationen. Diese Carbokationen besitzen delokalisierte Elektronen und sind stabiler als ähnliche Carbokationen mit lokalisierten Elektronen.

- Ein **Allylkation** ist ein Carbokation mit der positiven Ladung an einem Allylkohlenstoffatom; ein **Allylkohlenstoffatom** ist ein C-Atom, das einem sp^2-hybridisierten Kohlenstoffatom eines Alkens benachbart ist (Abschnitt 5.2).
- Ein **Benzylkation** ist ein Carbokation mit der positiven Ladung an einem Benzylkohlenstoffatom; ein **Benzylkohlenstoffatom** ist ein Kohlenstoffatom, das einem sp^2-hybridisierten Kohlenstoffatom eines Benzolrings benachbart ist.

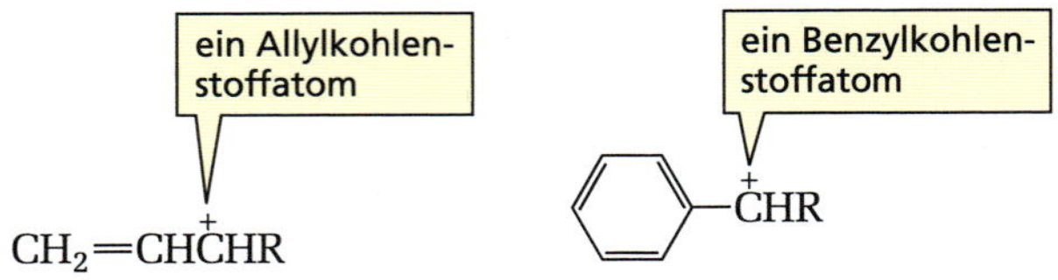

ein Allylkation   ein Benzylkation

Allylkation

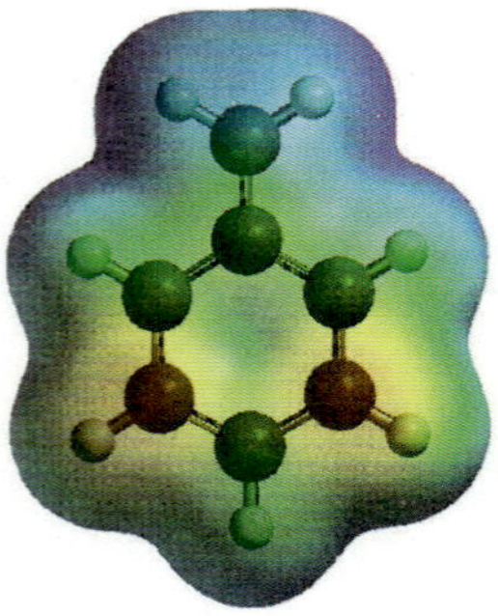
Benzylkation

Das *Allylkation* ist ein unsubstituiertes Allylkation, und das *Benzylkation* ist ein unsubstituiertes Benzylkation.

$CH_2{=}CH\overset{+}{C}H_2$
das Allylkation

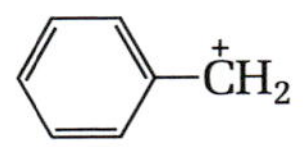
das Benzylkation

Ein Allylkation besitzt zwei mesomere Grenzstrukturen. Die positive Ladung ist nicht an einem einzelnen C-Atom lokalisiert, sondern unter zwei C-Atomen aufgeteilt.

$$RCH{=}CH{-}\overset{+}{C}H_2 \longleftrightarrow R\overset{+}{C}H{-}CH{=}CH_2$$
ein Allylkation

Ein Benzylkation besitzt fünf mesomere Grenzstrukturen. Man beachte, dass die positive Ladung unter vier Kohlenstoffatomen aufgeteilt (= auf vier C-Atome verteilt) ist.

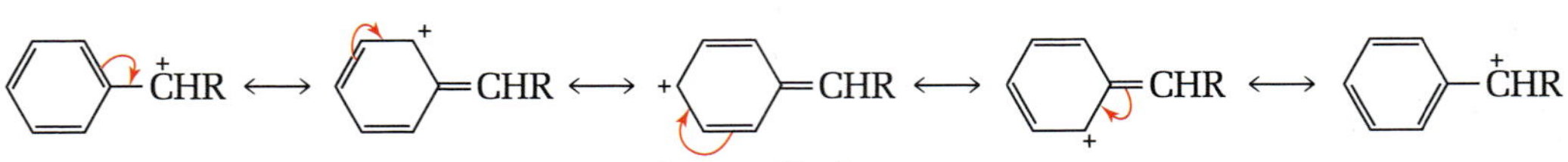
ein Benzylkation

Da Allyl- und Benzylkationen delokalisierte Elektronen besitzen, sind sie stabiler als andere primäre und als sekundäre Carbokationen. Tatsächlich weisen sie ungefähr die gleichen Stabilitäten wie tertiäre Alkylcarbokationen auf. Wir können die Allyl- und die Benzylkationen unserer Liste von Carbokationen, deren relative Stabilitäten in den Abschnitten 5.9 und 7.5 aufgezeigt worden sind, hinzufügen.

Relative Stabilitäten von Carbokationen

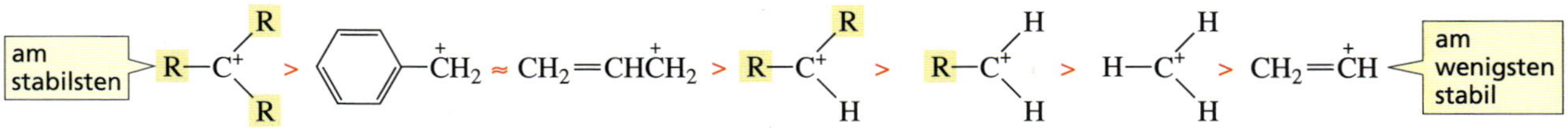

tertiäres Carbokation · Benzylkation · Allylkation · sekundäres Carbokation · primäres Carbokation · Methylkation · Vinylkation

Nicht alle Allyl- und Benzylkationen besitzen die gleiche Stabilität. Genauso wie tertiäre Alkylcarbokationen stabiler sind als sekundäre, ist ein tertiäres Allylkation stabiler als ein sekundäres Allylkation, welches wiederum stabiler ist als das primäre Allylkation. In gleicher Weise ist ein tertiäres Benzylkation stabiler als ein sekundäres, und ein sekundäres wiederum stabiler als das (primäre) Benzylkation.

Relative Stabilitäten

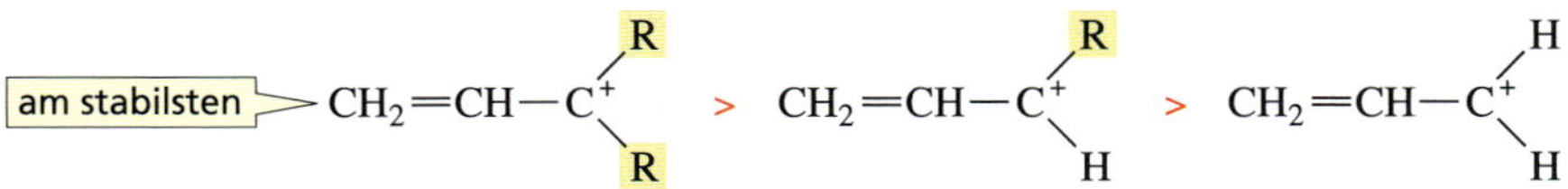

tertiäres Allylkation · sekundäres Allylkation · Allykation

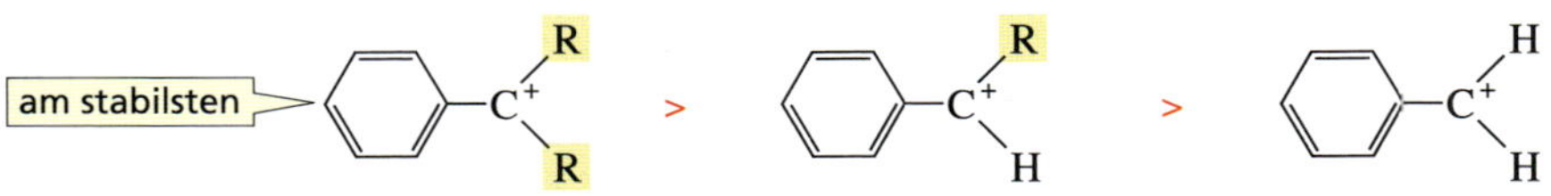

tertiäres Benzylkation · sekundäres Benzylkation · Benzylkation

Ü 13* Welches Carbokation der folgenden dargestellten Paare ist das jeweils stabilere?

(a) 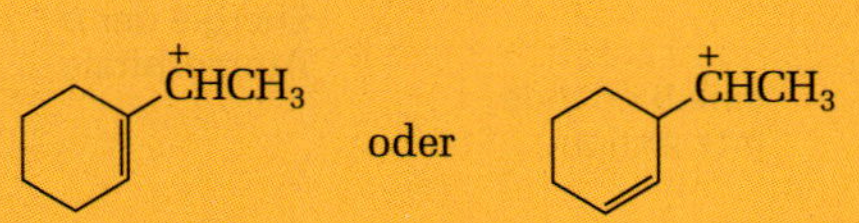

(b) $CH_3O\overset{+}{C}H_2$ oder $CH_3NH\overset{+}{C}H_2$

(c) 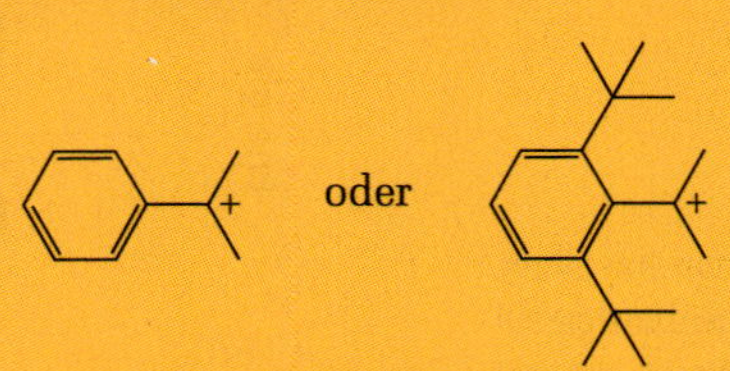

Eine molekülorbitaltheoretische Beschreibung der Stabilität 8.8

Bislang haben wir in unserer Erörterung mesomere Grenzzustände dazu benutzt aufzuzeigen, warum chemische Verbindungen durch Elektronendelokalisation stabilisiert werden. Die Stabilisierung einer Verbindung durch Elektronendelokalisation kann auch durch die Molekülorbitaltheorie (MO-Theorie) erklärt werden.

Wir haben in Abschnitt 1.6 gelernt, dass die beiden Lappen eines *p*-Orbitals gegenläufige Phasen besitzen. Wir haben außerdem gesehen, dass bei der Überlappung von zwei gleichphasigen *p*-Orbitalen eine kovalente Bindung

Hinweis für die Studierenden

Nehmen Sie sich ein paar Minuten Zeit, um erneut Abschnitt 1.6 zu lesen.

Schauen Sie sich die entsprechenden Kapitel für weitere Informationen über die Molekülorbitaltheorie an.

gebildet wird, und die Überlappung von zwei gegenphasigen p-Orbitalen zur gegenseitigen Auslöschung und der Bildung einer Knotenebene zwischen den Atomkernen führt (Abschnitt 1.6). Rufen Sie sich in Erinnerung, dass eine *Knotenebene* ein Bereich ist, in dem die Wahrscheinlichkeit, ein Elektron anzutreffen, null ist.

Ethen

Wiederholen wir, wie die π-Molekülorbitale des Ethens zustandekommen. Die beiden p-Orbitale können gleich- oder gegenphasig sein. Die unterschiedlichen Phasen sind durch unterschiedliche Farben wiedergegeben. Man beachte, dass die Anzahl der Orbitale erhalten bleibt – die Zahl der Molekülorbitale entspricht der Zahl der Atomorbitale, aus denen sie hervorgegangen sind. Die beiden Atom-p-Orbitale eines Ethenmoleküls überlappen unter Bildung von zwei Molekülorbitalen (► Abbildung 8.10). Die seitliche Überlappung gleichphasiger p-Orbitale (Lappen in gleichen Farben) führen zu einem **π-bindenden Molekülorbital**, das mit ψ_1 (griechischer Buchstabe „Psi", entspricht dem „y" im deutschen Alphabet) bezeichnet wird. Die seitliche Überlappung gegenphasiger p-Orbitale erzeugt ein **π^*-antibindendes Molekülorbital**, ψ_2.

Die Überlappung von zwei gleichphasigen Orbitalen hält Atome zusammen; es handelt sich um eine bindende Interaktion.

Die Interaktion zwischen zwei gegenphasigen Orbitalen drückt Atome auseinander; sie ist antibindend.

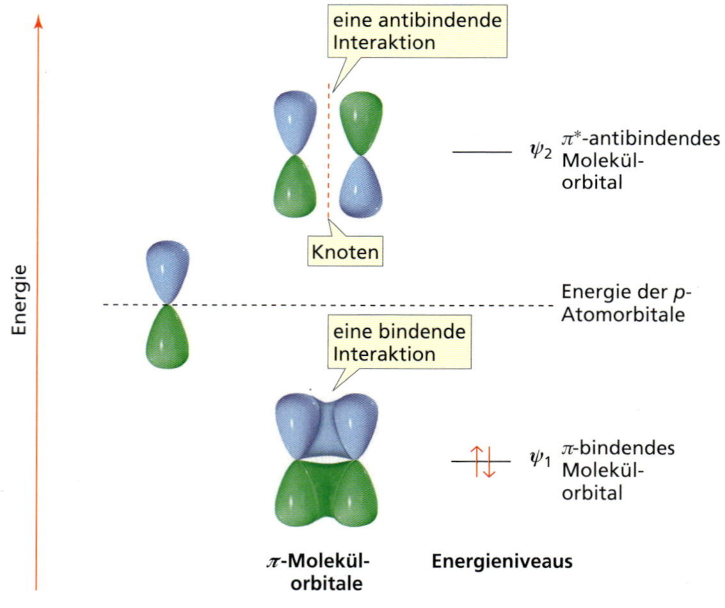

Abbildung 8.10: Das MO-Diagramm von Ethen. Das π-bindende MO weist eine geringere Energie auf als die ursprünglichen p-Atomorbitale; es erstreckt sich auf beide Kohlenstoffatome. Mit anderen Worten verteilen sich die Elektronen im bindenden MO auf beide Kohlenstoffatome. Das π^*-antibindende Molekülorbital hat eine höherer Energie als die p-Atomorbitale und besitzt eine Knotenebene an der Grenze der beiden Phasen.

Die π-Elektronen werden nach den gleichen Regeln auf die Molekülorbitale verteilt, wie dies bei der Besetzung der Atomorbitale geschieht (Abschnitt 1.2): Das Aufbauprinzip – Orbitale werden in der Reihenfolge zunehmender potenzieller Energie besetzt –, das Pauli-Verbot (jedes Orbital kann maximal zwei Elektronen mit entgegengesetztem Spin aufnehmen) und die Hund'sche Regel (ein Elektron wird ein freies, energetisch entartetes Orbital besetzen, bevor es ein Orbital besetzt, indem sich schon ein Elektron befindet) greifen auch hier (Abschnitt 1.2). Daher befinden sich beide π-Elektronen in ψ_1.

1,3-Butadien

Die vier π-Elektronen des 1,3-Butadiens sind über vier sp^2-hybridisierte C-Atome verteilt.

1,3-Butadien
mesomere Grenzzustände

CH_2┅CH┅CH┅CH_2

mesomerer Zustand

Jedes der vier Kohlenstoffatome steuert ein p-Atomorbital bei und die vier p-Atomorbitale führen bei der Linearkombination zu vier π-Molekülorbitalen: ψ_1, ψ_2, ψ_3, und ψ_4, deren Energie in dieser Reihenfolge ansteigt (▶ Abbildung 8.11). Wir erkennen somit, dass die Molekülorbitale ein Ergebnis der **Linearkombination von Atomorbitalen (LCAO, linear combination of atomic orbitals)** sind. Die eine Hälfte der Molekülorbitale sind bindende π-Molekülorbitale (ψ_1 und ψ_2), die andere Hälfte besteht aus antibindenden π^*-Molekülorbitalen (ψ_3 und ψ_4). Die Energien der bindenden und der antibindenden MOs sind symmetrisch um die Lage des Energiegehaltes der p-Atomorbitale herum verteilt.

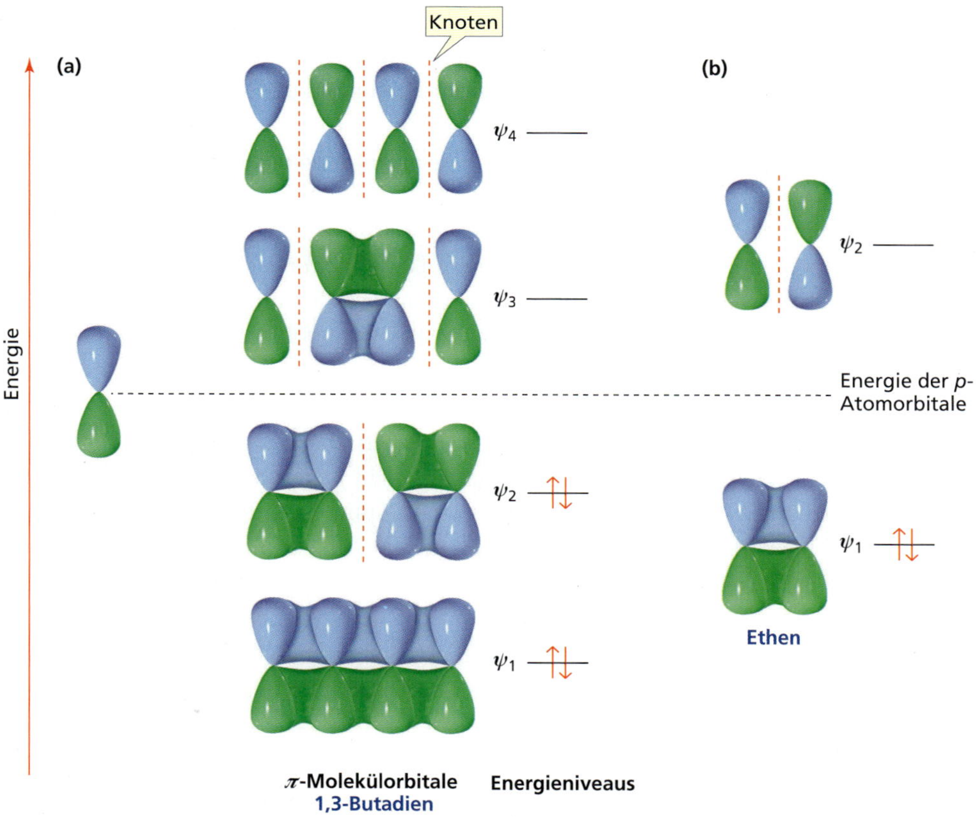

Abbildung 8.11: Vier p-Atomorbitale überlappen im 1,3-Butadienmolekül unter Bildung von vier Molekülorbitalen. (a) Vier p-Orbitale aus 1,3-Butadien überlappen und bilden vier MOs; zwei π-bindende MOs und zwei π^*-antibindende MOs. (b) Zwei p-Orbitale von Ethen überlappen und bilden zwei MOs; ein π-bindendes MO und ein π^*-antibindendes MO.

Beachten Sie, dass die durchschnittliche Energie der vier Elektronen in 1,3-Butadien geringer ist als die Energie der beiden Elektronen in Ethen, da ψ_1 in Ethen näher an ψ_2 in 1,3-Butadien liegt als an ψ_2. Dieser Unterschied ist die Delokalisationsenergie. In anderen Worten wird 1,3-Butadien durch Elektronendelokalisation stabilisiert. Beachten Sie zudem, dass sowohl Ethen als auch 1,3-Butadien gefüllte bindende MOs besitzen. ► Abbildung 8.1 zeigt, dass *bei steigender Energie eines MOs auch die Zahl der Knotenebenen zunimmt und die Zahl der bindenden Interaktion abnimmt.*

- ψ_1 (das MO geringster Energie in 1,3-Butadien) hat keine Knotenebenen zwischen den Kernen. Es weist nur eine Knotenebene zwischen den Lappen der *p*-Orbitalen auf. Man beobachtet zudem **drei bindende** Interaktionen.
- ψ_2 zeigt eine Knotenebene zwischen den Atomkernen und zwei bindende Interaktion (dies ergibt insgesamt **eine bindende** Interaktion).
- Bei ψ_3 erkennt man zwei Knotenebenen zwischen den Sternen und eine bindende Interaktion (insgesamt **eine antibindende** Interaktion).
- ψ_4 hingegen weist drei Knotenebenen zwischen den Kernen und keine bindenden Interaktionen auf (insgesamt **drei antibindende** Interaktionen).

Die vier π-Elektronen des 1,3-Butadiens halten sich (im Grundzustand) in den Molekülorbitalen ψ_1 und ψ_2 auf.

Das MO des 1,3-Butadiens mit dem geringsten Energiegehalt (ψ_1) ist besonders stabil, weil es drei bindende Wechselwirkungen aufweist und seine beiden Elektronen über den Bereich aller vier Atomkerne verteilt (delokalisiert) sind. Das im Energiegehalt folgende MO (ψ_2) ist ebenfalls ein bindendes MO, weil es eine bindende Wechselwirkung mehr besitzt als antibindende Wechselwirkungen; es ist jedoch nicht so stark bindend wie ψ_1 und auch seine Energie liegt höher. ψ_3 ist ein antibindendes MO, das insgesamt mehr antibindende Interaktionen aufweist als bindende Interaktionen. Es ist allerdings nicht so stark antibindend wie ψ_4, das keine bindenden Interaktion aufweist. Diese beiden bindenden Molekülorbitale in ► Abbildung 8.11 zeigen, dass die größte π-Elektronendichte in den Molekülen einer Verbindung mit zwei Doppelbindungen, die durch eine Einfachbindung miteinander verbunden sind, zwischen den Atomen C-1 und C-2 sowie zwischen C-3 und C-4 zu finden ist, es jedoch auch etwas π-Elektronendichte zwischen C-2 und C-3 gibt – gerade so, wie es die mesomeren Grenzzustände anzeigen. Sie zeigen außerdem, warum das 1,3-Butadien in einer planaren Konformation am stabilsten ist: Falls das 1,3-Butadien nicht planar wäre, würde keine Überlappung zwischen den *p*-Orbitalen von C-2 und C-3 zustandekommen.

Sowohl ψ_1 als auch ψ_3 sind **symmetrische Molekülorbitale**; sie weisen eine Symmetrieebene auf: Eine Orbitalhälfte ist das Spiegelbild der anderen. Im Gegensatz dazu sind sowohl ψ_2 als auch ψ_4 **antisymmetrisch**; sie weisen keine Symmetrieebene auf, hätten jedoch eine, wenn man eine Hälfte des Orbitals umdrehte. Man beachte, dass die Molekülorbitale in ► Abbildung 8.11 mit zunehmendem Energiegehalt zwischen symmetrisch und antisymmetrisch hin- und herwechseln.

Die Energien der Molekülorbitale des 1,3-Butadiens und des Ethens werden in ► Abbildung 8.11 gegenübergestellt. Man beachte, dass die durchschnittliche Energie der Elektronen im 1,3-Butadienmolekül niedriger ist als im Ethenmolekül. Diese Verminderung des Energiegehaltes ist gerade die Delokalisationsenergie des Moleküls. 1,3-Butadien wird, anders gesagt, durch Elektronendelokalisation stabilisiert.

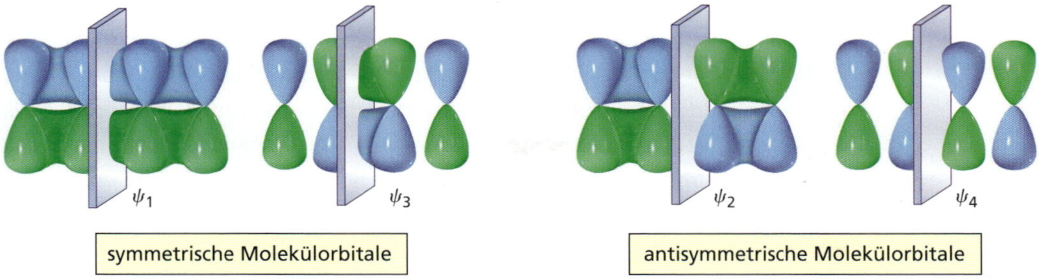

Das Molekülorbital des 1,3-Butadiens mit der höchsten Energie, welches Elektronen enthält, ist ψ_2. Aus diesem Grund wird ψ_2 als das **höchste besetzte Molekülorbital (HOMO, highest occupied molecular orbital)** bezeichnet. Das Molekülorbital mit der niedrigsten Energie, das im 1,3-Butadienmolekül noch nicht mit Elektronen besetzt ist, ist ψ_3. Es wird als das **niedrigste unbesetzte Molekülorbital (LUMO, lowest unoccupied molecular orbital)** bezeichnet.

Die molekülorbitaltheoretische Beschreibung des 1,3-Butadiens in ► Abbildung 8.11 stellt die Elektronenkonfiguration des Moleküls im *Grundzustand* dar. Falls das Molekül Licht einer geeigneten Wellenlänge absorbiert, regt die Energie der Lichtstrahlung ein Elektron zum Übergang vom HOMO in das LUMO (von ψ_2 nach ψ_3) an. Das Molekül befindet sich dann in einem *angeregten Zustand* (Abschnitt 1.2). Wir werden noch sehen, dass die Anregung von Elektronen vom HOMO in das LUMO die Grundlage der UV/Vis-Spektroskopie (Spektroskopie im ultravioletten und im sichtbaren (visuellen) Bereich) ist (Abschnitt 13.19).

MERKE!

HOMO = *highest occupied molecular orbital* (höchstes besetztes Molekülorbital)

LUMO = *lowest unoccupied molecular orbital* (niedrigstes unbesetztes Molekülorbital)

Ü 14* Wie hoch ist die Gesamtzahl der Knotenflächen in den Molekülorbitalen ψ_3 und ψ_4 im 1,3-Butadien?

Ü 15* Beantworten Sie die nachfolgenden Fragen für die π-Molekülorbitale des 1,3-Butadiens:

(a) Welches sind die bindenden MOs, und welches sind die antibindenden MOs?
(b) Welche MOs sind symmetrisch, und welche sind antisymmetrisch?
(c) Welches MO ist das HOMO, und welches ist das LUMO des Grundzustandes?
(d) Welches MO ist das HOMO, und welches ist das LUMO des 1. angeregten Zustandes?
(e) Wie ist die Beziehung zwischen dem HOMO und dem LUMO und den symmetrischen und den antisymmetrischen (Molekül)orbitalen?

1,4-Pentadien

Betrachten wir nun die π-Molekülorbitale des 1,4-Pentadiens.

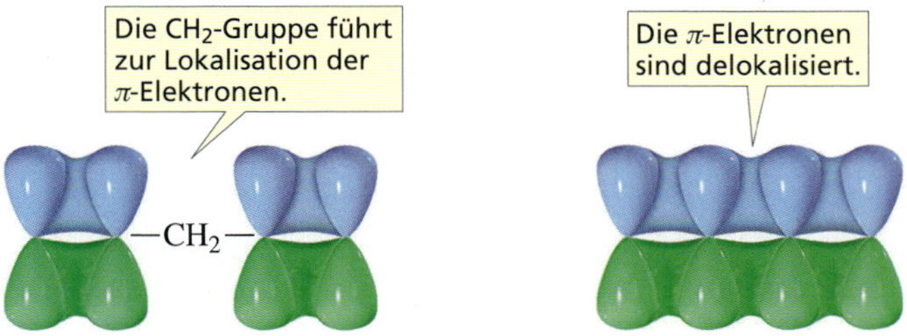

π-bindendes Orbital mit geringster Energie von
$CH_2{=}CHCH_2CH{=}CH_2$
1,4-Pentadien

π-bindendes Orbital mit geringster Energie von
$CH_2{=}CH{-}CH{=}CH_2$
1,3-Butadien

Das 1,4-Pentadienmolekül besitzt, wie das 1,3-Butadien, vier π-Elektronen. Anders als die *delokalisierten* π-Elektronen des 1,3-Butadiens sind jedoch die π-Elektronen des 1,4-Pentadiens vollständig voneinander getrennt (isoliert). Die Elektronen sind, anders gesagt, *lokalisiert*. Daher weist das Molekülorbital des 1,4-Penetadiens mit der geringsten Energie auch die gleiche Energie auf wie das Molekülorbital mit der geringsten Energie des Ethenmoleküls – einer Verbindung mit einem Paar lokalisierter π-Elektronen. Die Molekülorbitaltheorie und die mesomeren Grenzzustände sind also zwei verschiedene Wege, um aufzuzeigen, dass die π-Elektronen des 1,3-Butadiens delokalisiert sind, und dass die Elektronendelokalisation ein Molekül stabilisiert.

Ü 16* Das stabilste MO von 1,3,5-Hexatrien und das stabilste MO von Benzol sind unten gezeigt. Welche Verbindung ist stabiler? Warum?

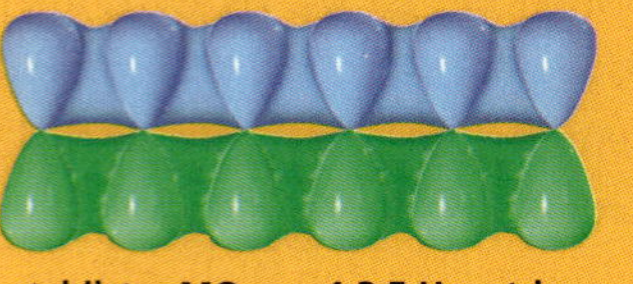

stabilstes MO von 1,3,5-Hexatrien

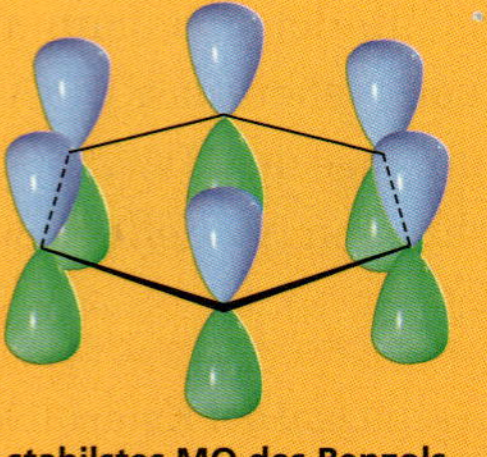

stabilstes MO des Benzols

Der Effekt der Elektronendelokalisation auf den pK_S-Wert **8.9**

Essigsäure vs. Ethanol

MERKE!

Je stabiler eine Base, desto stärker ist ihre konjugierte Säure.

Ein elektronegatives Atom in der Nähe eines Anions kann dieses durch induktiven Elektronenzug stabilisieren.

Wir haben in Abschnitt 2.7 gelernt, dass eine Carbonsäure eine viel stärkere Säure als ein Alkohol ist, weil die konjugierte Base einer Carbonsäure (Carboxylatanion) beträchtlich stabiler als die konjugierte Base eines Alkohols (Alkoholatanion) ist. Erinnern Sie sich daran, dass eine Säure umso stärker ist, je stabiler ihre konjugierte Base ist.

Essigsäure pK_S = 4,76 **Ethanol** pK_S = 15,9

Wir sahen außerdem, dass die Stabilität des Carboxylations hauptsächlich von zwei Faktoren abhing:

- Induktiver Elektronenzug
- Elektronendelokalisation

Der Elektronenzug durch dieses stark elektronegative Sauerstoffatom stabilisiert das Carboxylation durch die *Verminderung der Elektronendichte* an dem negativ geladenen Sauerstoffatom und zusätzlich durch *Delokalisationsenergie*.

Obwohl sowohl die Carbonsäure als auch das Carboxylation delokalisierte Elektronen aufweisen, ist die Delokalisationsenergie bei zweiterem höher. Das Carboxylation besitzt eine höhere Delokalisationsenergie, weil das Ion zwei gleichwertige mesomere Grenzstrukturen besitzt, deren vorhergesagte Stabilität relativ gut ist, wohingegen die undissoziierte Carbonsäure nur eine solche aufweist (Abschnitt 8.6). Daher geht der Verlust eines Protons von einem Carbonsäuremolekül mit einer erhöhten Delokalisationsenergie einher – mit anderen Worten, einer Zunahme der Stabilität.

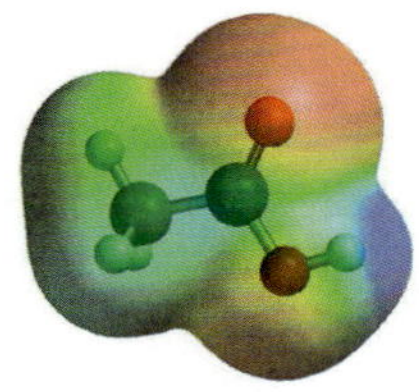

Essigsäure

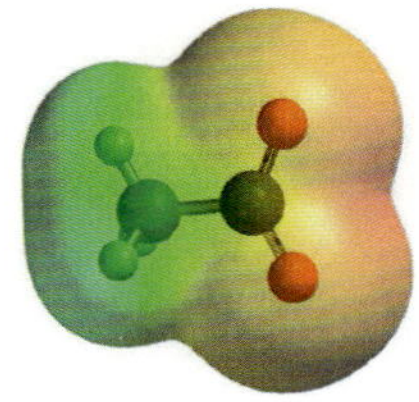

Acetation

relativ stabil — relativ instabil — relativ stabil — relativ stabil

Im Gegensatz hierzu sind alle Elektronen eines Alkoholmoleküls wie Ethanol und seiner konjugierten Base, dem Ethanolation, lokalisiert, sodass der Verlust eines Protons von einem Alkoholmolekül nicht von einer Zunahme an Delokalisationsenergie begleitet wird.

$$\underset{\text{Ethanol}}{CH_3CH_2\ddot{O}H} \rightleftharpoons \underset{\text{Ethanolation}}{CH_3CH_2\ddot{O}:^-} + H^+$$

Phenol vs. Cyclohexanol

Dieselben beiden Faktoren, die für die stärkere Azidität einer Carbonsäure im Vergleich zu einem Alkohol verantwortlich sind, führen dazu, dass Phenol stärker sauer reagiert als ein Alkohol wie Cyclohexanol: Die Stabilisierung der konjugierten Base des Phenols (dem Phenolatanion) durch *Elektronenzug* und eine Zunahme der *Delokalisationsenergie*.

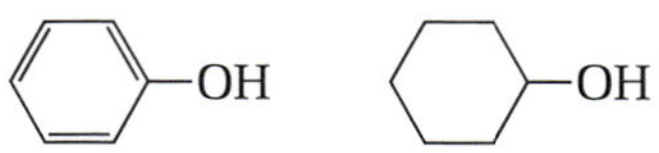

Phenol pK_S = 10 — Cyclohexanol pK_S = 16

Die OH-Gruppe des Phenols ist an ein sp^2-Kohlenstoffatom gebunden, welches stärker elektronegativ ist als das sp^3-Kohlenstoffatom, an welches die OH-Gruppe des Cyclohexanols gebunden ist (Abschnitt 2.6). Der stärkere *Elektronenzug* durch das sp^2-Kohlenstoffatom stabilisiert die konjugierte Base durch Verminderung der Elektronendichte am negativ geladenen Sauerstoffatom.

Während sowohl das Phenolmolekül wie auch das Phenolatmolekülion delokalisierte Elektronen besitzen, ist die Delokalisationsenergie (Mesomerieenergie) des Phenolations größer als die des (elektrisch neutralen) Phenols, weil die drei mesomeren Grenzzustände des Phenols getrennte Ladungen aufweisen. Der Verlust eines Protons aus einem Phenolmolekül wird daher von einer Zunahme der Delokalisationsenergie begleitet (also einer Zunahme der Stabilität).

MERKE!

Eine Zunahme der Delokalisationsenergie bedeutet auch eine Zunahme der Stabilität.

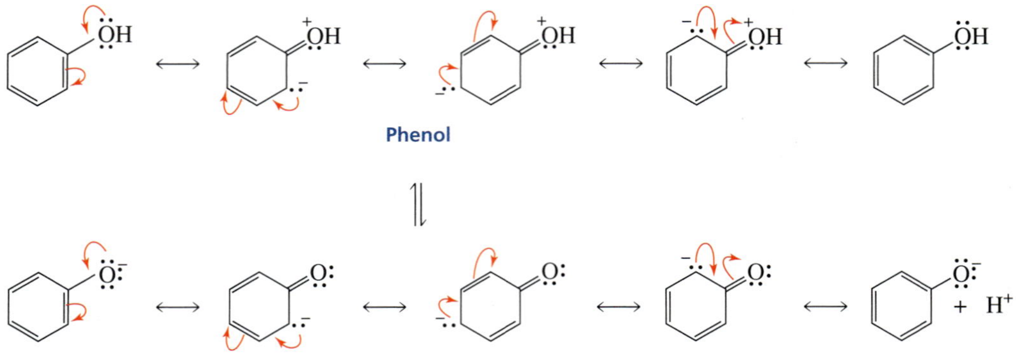

Phenol

Phenolation

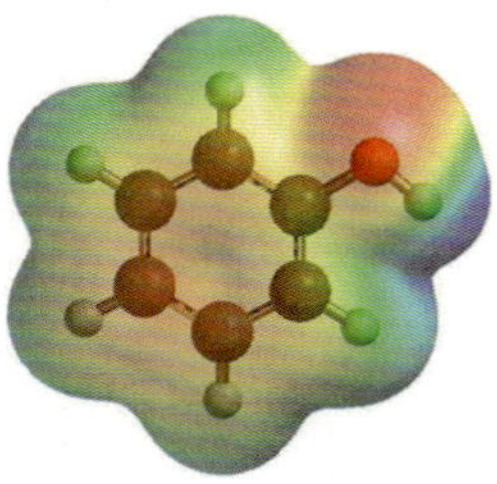

Phenol

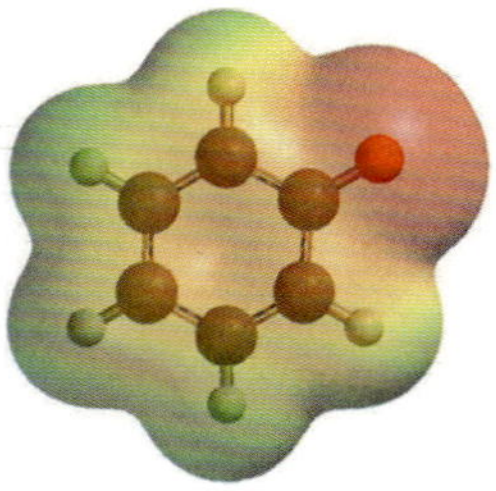

Phenolation

Im Gegensatz hierzu sind *weder* das Cyclohexanol *noch* seine konjugierte Base (das Cyclohexanolation) im Besitz stabilisierender delokalisierter Elektronen.

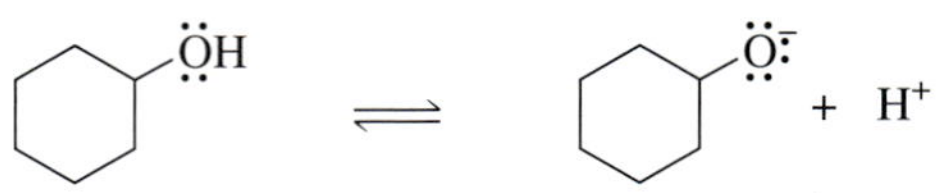

Cyclohexanol

konjugierte Base von Cyclohexanol

Phenol ist *schwächer* sauer als eine Carbonsäure, weil der Elektronenzug durch das Sauerstoffatom des Phenolations nicht so stark ist wie der im Carboxylation.

- Der induktive Elektronenzug durch Kohlenstoff im Phenolation ist nicht so groß wie der Elektronenzug des Sauerstoffatoms im Carboxylation.
- Die zunehmende Delokalisationsenergie bei Verlust eines Protons ist im Carboxylation größer als im Phenolation, da die negative Ladung dort nicht von zwei Sauerstoffatomen geteilt wird.

Anilin vs. Cyclohexylamin

Induktiver Elektronenzug und Elektronendelokalisation können ebenfalls herangezogen werden, um zu erklären, warum protoniertes Anilin eine stärkere Säure ist als protoniertes Cyclohexylamin.

protoniertes Anilin $pK_S = 4{,}60$

protoniertes Cyclohexylamin $pK_S = 11{,}2$

Zunächst ist das Stickstoffatom des Anilinmoleküls an ein sp^2-hybridisiertes C-Atom gebunden, wohingegen das N-Atom des Cyclohexylaminmoleküls an ein weniger elektronegatives sp^3-hybridisiertes Kohlenstoffatom gebunden ist. Zweitens fehlt dem Stickstoffatom des protonierten Anilins ein freies Elektronenpaar, welches delokalisiert werden kann. Wenn das Stickstoffatom jedoch ein Proton abstoßen kann, wird das vormals bindende Elektronenpaar der N—H-Bindung zum freien Elektronenpaar, das für eine Delokalisation zur Verfügung steht. Die Abstoßung eines Protons wird daher von einer Zunahme der Delokalisationsenergie begleitet.

protoniertes Anilin

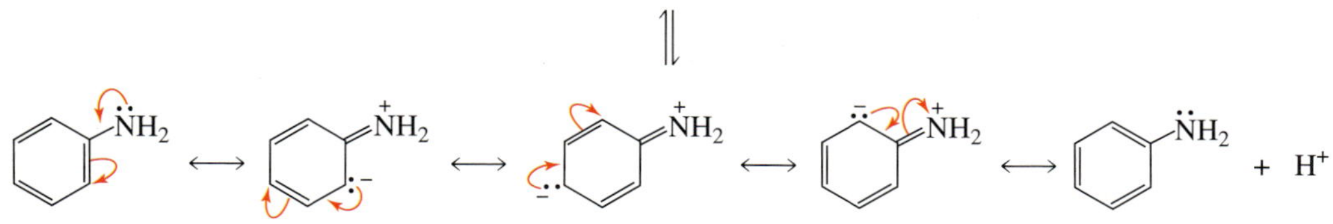

Anilin

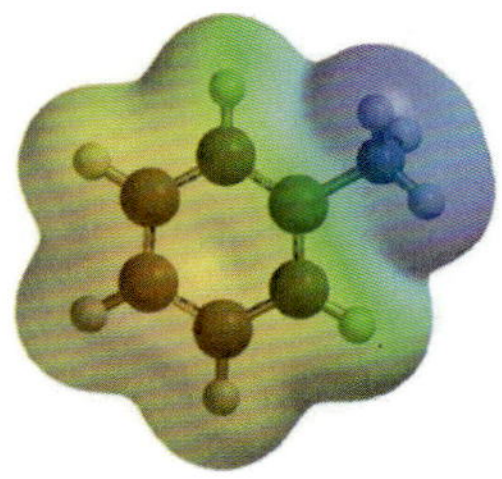

protoniertes Anilin

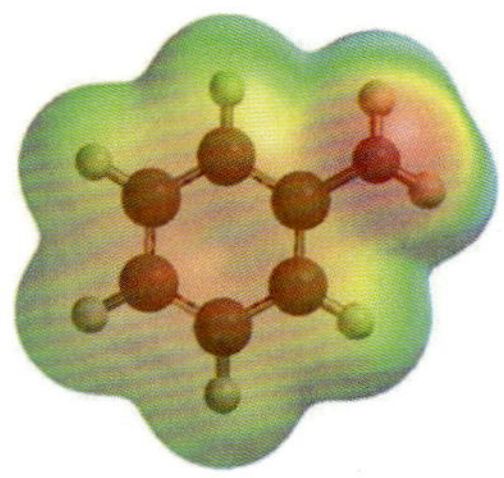

Anilin

Ein Amin wie das Cyclohexylamin besitzt im Gegensatz dazu keine delokalisierten Elektronen, um es zu stabilisieren – weder in der protonierten noch in der nicht protonierten Form.

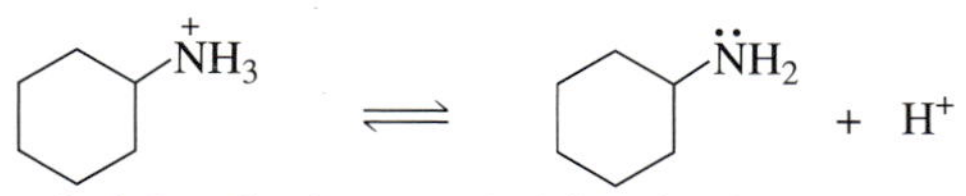

protoniertes Cyclohexylamin   Cyclohexylamin

Wir können nun das Phenol und das protonierte Anilin unserer Liste organischer Verbindungen, deren angenäherte pK_S-Werte man kennen sollte, hinzufügen (► Tabelle 8.2). Sie finden Sie zur leichten Auffindbarkeit ein weiteres Mal im hinteren Buchdeckel aufgelistet.

pK_S < 0	K_S ≈ 5p	pK_S ≈ 10	pK_S ≈ 15
$R\overset{+}{O}H_2$	$RC(=O)OH$	$R\overset{+}{N}H_3$	ROH
$RC(=\overset{+}{O}H)OH$	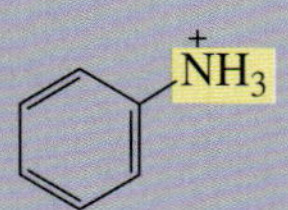	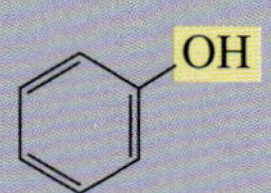	H_2O
H_3O^+			

Tabelle 8.2: Angenäherte pK_S-Werte.

STRATEGIEN ZUR PROBLEMLÖSUNG

■ Die Bestimmung von relativen Aziditäten

Welche Säure ist stärker?

$$CH_3CH_2OH \quad \text{oder} \quad CH_2{=}CHOH$$

Ethanol   Vinylalkohol

Die Stärke eine Säure hängt von der Stabilität ihrer konjugierten Base ab. Also können Sie diese Frage beantworten, indem Sie die Stabilitäten der beiden konjugierten Basen untersuchen und dabei im Hinterkopf behalten, dass die stabilere Base die stärkere konjugierte Säure besitzt.

lokalisierte Elektronen   delokalisierte Elektronen

$$CH_3CH_2{-}\ddot{\underset{..}{O}}{:}^- \qquad CH_2{=}CH{-}\ddot{\underset{..}{O}}{:}^- \longleftrightarrow \bar{C}H_2{-}CH{=}\ddot{O}{:}$$

Alle Elektronen in der konjugierten Base des Ethanols sind lokalisiert. Jedoch wird beim Vinylalkohol die Base durch Elektronendelokalisation stabilisiert. Zudem ist das Sauerstoffatom im Vinylalkohol an ein sp^2-Kohlenstoffatom gebunden, welches elektronegativer ist als ein sp^3-hybridisiertes Kohlenstoffatom. Als Konsequenz muss Vinylalkohol eine stärkere Säure sein als Ethanol.

Ü 17* Welches ist jeweils die stärkere Säure?

(a) 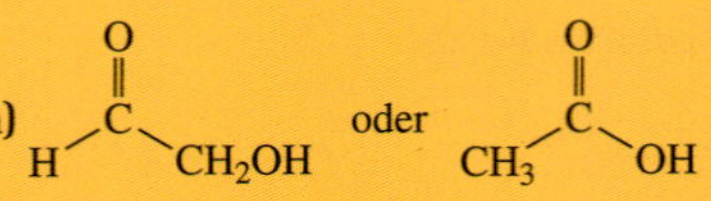

(b) $CH_3CH_2CH_2\overset{+}{N}H_3$ oder $CH_3CH{=}CH\overset{+}{N}H_3$

(c) $CH_3CH{=}CHCH_2OH$ oder $CH_3CH{=}CHOH$

Ü 18* Welches ist jeweils die stärkere Base?

(a) Ethylamin oder Anilin
(b) Ethylamin oder das Ethoxidion (Ethanolation; $H_3CCH_2O^-$)
(c) das Phenolation oder das Ethoxidion?
(d) das Phenolation oder das Acetation?

Ü 19* Ordnen Sie die folgenden Verbindungen in der Reihenfolge abnehmender Säurestärke:

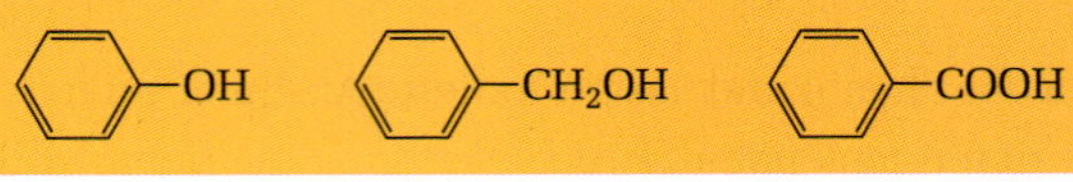

Elektronische Effekte 8.10

Wenn ein Substituent Elektronen in einen Benzolring hineinschieben oder aus ihm herausziehen kann, werden die pK_S-Werte von Phenolen, protonierten Anilinen und Benzoesäuren dies reflektieren.

Elektronenschiebende Substituenten destabilisieren eine Base und schwächen daher die entsprechende konjugierte Säure. Elektronenziehende Substituenten stabilisieren eine Base und erhöhen daher die Stärke ihrer konjugierten Säure (Abschnitt 2.7). Hier gilt wieder: Je stärker die Säure, desto stabiler (schwächer) ihre konjugierte Base.

MERKE!

Elektronenschiebende Gruppen verringern die Azidität. Elektronenziehende Gruppen erhöhen die Azidität.

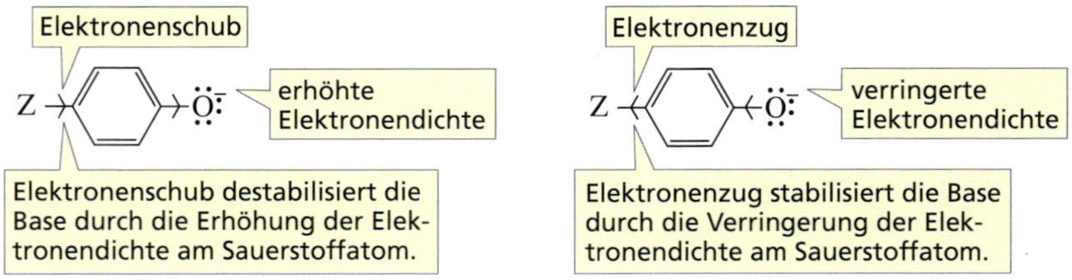

Induktiver Elektronenzug

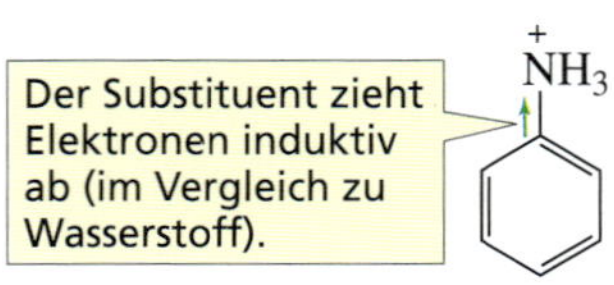

Wenn ein Substituent an einen Benzolring gebunden ist, *der Elektronen stärker abzieht als Wasserstoff*, wird er die σ-Elektronen stärker zu sich ziehen als ein Wasserstoffatom dies tut. Der Abzug von Elektronen durch eine σ-Bindung wird auch als **induktiver Elektronenzug** (auch **–I-Effekt** genannt; Abschnitt 2.7) bezeichnet. Die $^+NH_3$-Gruppe ist ein Beispiel für einen Substituenten der Elektronen induktiv an sich bindet, da sie elektronegativer ist als Wasserstoff.

Elektronenschub durch Hyperkonjugation

Wir haben gesehen, dass Alkylsubstituenten (eine CH_3-Gruppe) Alkene und Carbokationen durch Hyperkonjugation stabilisieren – und zwar durch Abgabe von Elektronen in ein *p*-Orbital (Abschnitt 6.2).

Elektronenschub durch Resonanz

Wenn ein Substituent ein freies Elektronenpaar an einem Atom aufweist, das direkt an den Benzolring gebunden ist, kann dieses Elektronenpaar in den Ring verschoben werden. Diese Substituenten können also einen **Elektronenschub durch Resonanz durchführen** (auch +M-Effekt genannt). Substituenten NH_2, OH, OR oder Cl gehören zu dieser Klasse. Gleichzeitig ziehen diese Substituenten aber auch induktiv Elektronen aus dem Ring, da sie elektronegativer sind als Wasserstoff.

Elektronenschub durch Resonanz in einem Benzolring

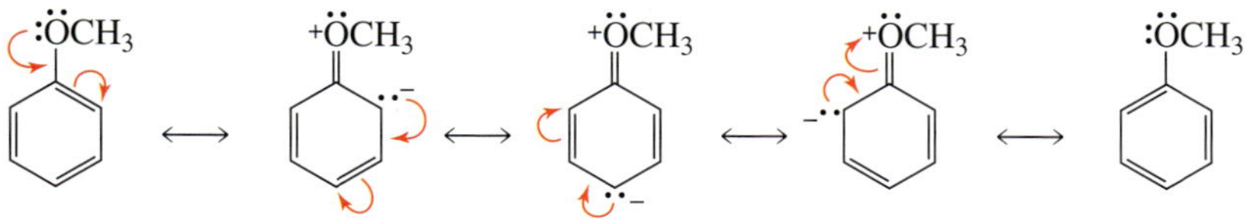

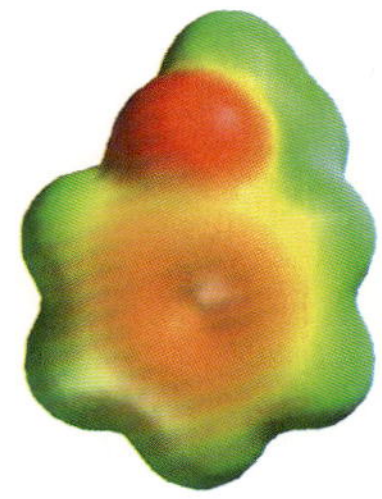

Anisol

Elektronenzug durch Resonanz

Wenn ein Substituent durch ein elektronnegatives Atom doppelt oder dreifach an einen Benzolring gebunden ist, können die Elektronen des Ringes in den Substituenten verschoben werden. Diese Substituenten weisen also einen **Elektronenzug durch Resonanz** auf (auch –M-Effekt genannt). C═O, C≡N, SO_3H und NO_2 gehören zu dieser Klasse von Substituenten. Sie weisen zudem auch einen induktiven Elektronenzug auf, da das Atom, das an den Ring gebunden ist, typischerweise auch stark elektronegativ ist.

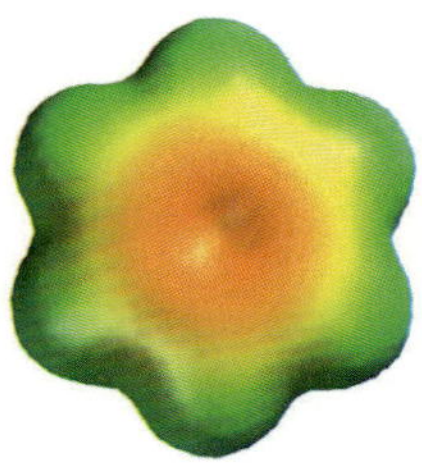

Benzol

Elektronenschub durch Resonanz in einem Benzolring

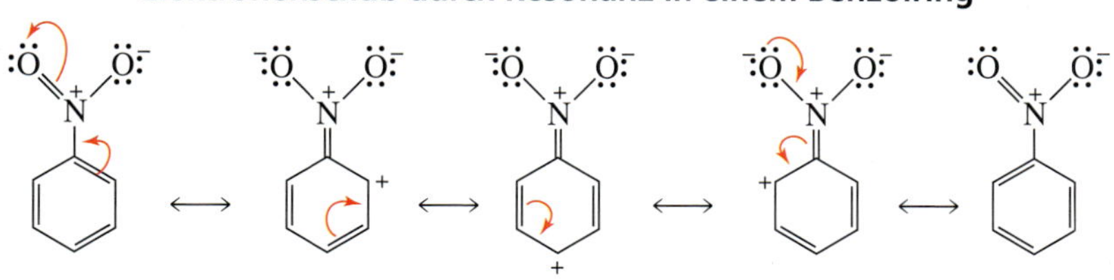

Nitrobenzol

Nehmen Sie sich eine Minute Zeit, um die Potenzialkarten für Anisol, Benzol und Nitrobenzol zu vergleichen. Beachten Sie, dass elektronenschiebende Substituenten (wie OCH_3) den Ring stärker rötlich färben (stärker negativ machen), wohingegen elektronenziehende Substituenten (wie NO_2) den Ring schwächer rötlich färben (stärker positiv machen).

Der Effekt von Elektronenzug und Elektronenschub auf pK_S-Werte

Wir werden uns nun damit beschäftigen, wie verschiedene Substituenten den pK_S-Wert von Phenol beeinflussen.

- Wir haben bereits gesehen, dass eine Methylgruppe Elektronen durch *Hyperkonjugation* bereitstellen kann (Abschnitt 6.2). Dies sorgt dafür, dass ein methylsubstituiertes Phenol eine schwächere Säure ist als ein unsubstituiertes Phenol.
- Da die Methoxygruppe (CH_3O) ein freies Elektronenpaar an einem Atom aufweist, das direkt an den Ring gebunden ist, *kann sie Elektronen durch Resonanz in den Ring schieben*. Da Sauerstoff zudem elektronegativer ist als Wasserstoff zieht die Methoxygruppe aber auch *Elektronen induktiv aus dem Ring heraus*. Die Tatsache, dass ein methoxysubstituiertes Phenol eine schwächere Säure ist als Phenol weist darauf hin, dass der *Elektronenschub durch Resonanz stärker* ausfällt als der *induktive Elektronenzug*.

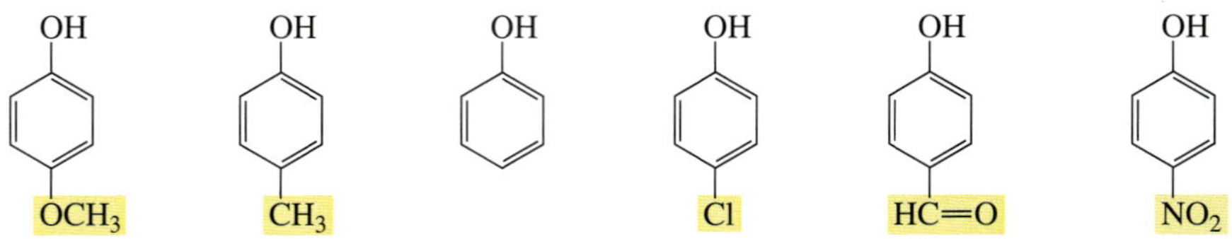

$pK_S = 10{,}20$ | $pK_a = 10{,}09$ | $pK_S = 9{,}95$ Phenol | $pK_S = 9{,}38$ | $pK_S = 7{,}66$ | $pK_S = 7{,}14$

- Cl besitzt ein freies Elektronenpaar, das *Elektronen durch Resonanz* bereitstellen kann; es ist gleichzeitig aber auch elektronegativer als Wasserstoff, daher übt es auch *induktiven Elektronenzug* aus. Die Tatsache das chlorsubstituiertes Phenol eine stärkere Säure ist als Phenol weist in diesem Fall darauf hin, dass Chlor einen *stärkeren induktiven Elektronenzug* aufweist, der nicht durch den *Elektronenschub durch Resonanz* kompensiert werden kann.
- Die HC═O- und NO_2-Gruppen ziehen Elektronen sowohl *induktiv* als auch durch *Resonanz auf dem Ring*. Daher erhöhen sie die Azidität von Phenol stark. Beachten Sie, dass die NO_2-Gruppe eine positive Ladung am Stickstoffatom trägt (s.o.), was zu einem starken Elektronenzug führt. Dies wird durch den niedrigen pK_S-Wert eines nitrosubsubstituierten Phenols wiedergegeben.

Ein ähnlicher Effekt (elektronenziehende Substituenten erhöhen die Azidität; elektronenschiebende verringern die Azidität) auf den pK_S-Wert wird bei substituierten bzw. protonierten Anilinen und Benzoesäuren beobachtet.

MERKE!

Je stärker der elektronenschiebende Effekt eines Substituenten ist, desto stärker fällt auch die Verringerung der Azidität einer COOH-, OH- oder $^{+}NH_3$-Gruppe aus, die an den Benzolring gebunden ist.

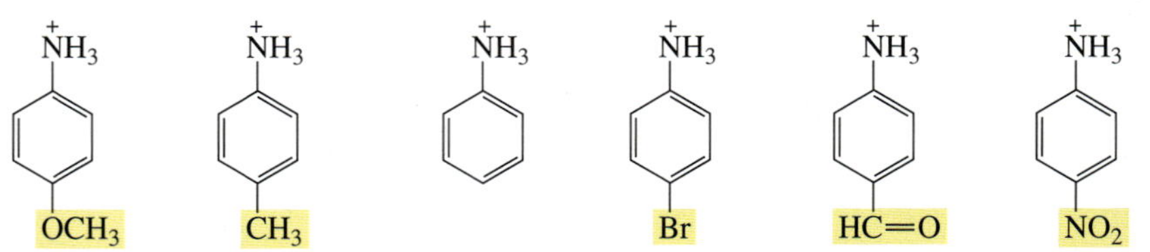

$pK_S = 5{,}29$ | $pK_S = 5{,}07$ | $pK_S = 4{,}58$ protoniertes Anilin | $pK_S = 3{,}91$ | $pK_S = 1{,}76$ | $pK_a = 0.98$

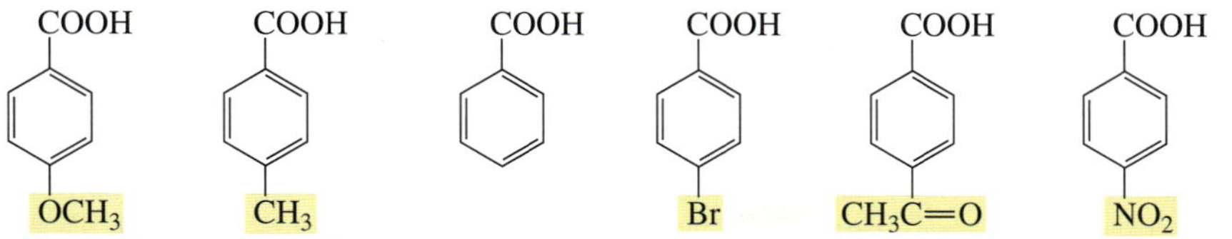

pK_S = 4,47 | pK_S = 4,34 | pK_S = 4,20 Benzoesäure | pK_S = 4,00 | pK_S = 3,70 | pK_S = 3,44

MERKE!

Je stärker der elektronenziehende Effekt eines Substituenten ist, desto stärker fällt auch die Erhöhung der Azidität einer COOH-, OH- oder $^{+}NH_3$-Gruppe aus, die an den Benzolring gebunden ist.

Ü 20* Geben Sie für jeden der folgenden Substituenten an, ob er Elektronen induktiv abzieht, Elektronen durch Hyperkonjugation bereitstellt, einen Elektronenzug durch Resonanz oder einen Elektronenschub durch Resonanz ausübt. (Die Stärke der Effekte sollte immer mit Wasserstoff verglichen werden. Vergessen Sie nicht, dass viele Substituenten mehr als einen Effekt ausüben.)

(a) Br **(b)** CH_2CH_3 **(c)** $C(=O)CH_3$ **(d)** $NHCH_3$ **(e)** OCH_3 **(f)** $^{+}N(CH_3)_3$

Ü 21* Welche Säure ist stärker?

(a) CH_3COOH oder $ClCH_2COOH$

(b) O_2NCH_2COOH oder $O_2NCH_2CH_2COOH$

(c)

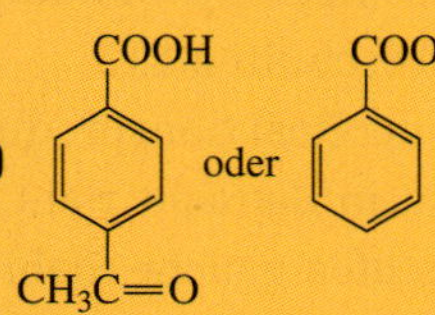

(d) CH_3CH_2COOH oder $H_3\overset{+}{N}CH_2COOH$

(e) HCOOH oder CH_3COOH

(f)

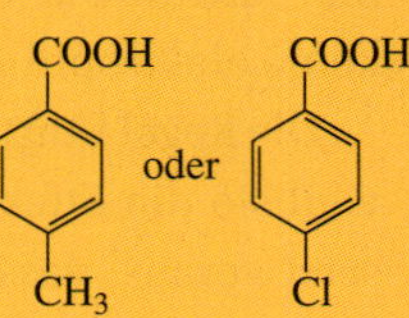

Ü 22 mit Lösung

Welche Säure ist die stärkere?

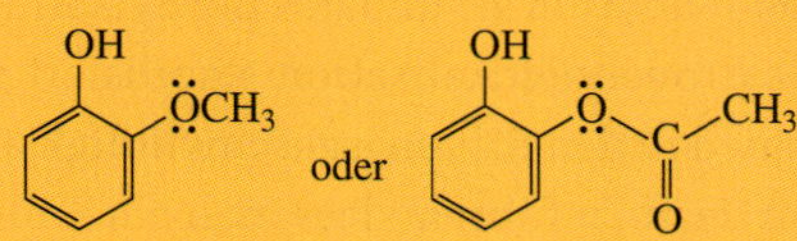

Lösung

Beide Phenole besitzen einen Substituenten, der Elektronen induktiv abzieht, aber Elektronen durch Resonanz bereitstellt. Der Substituent der Verbindung auf der rechten Seite kann Elektronen durch Resonanz in die andere Richtung abgeben.

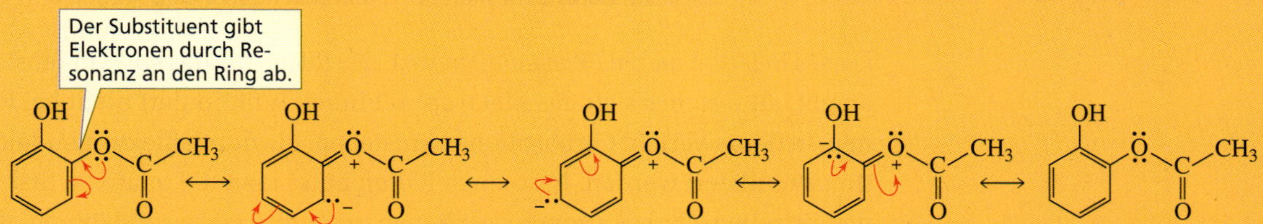

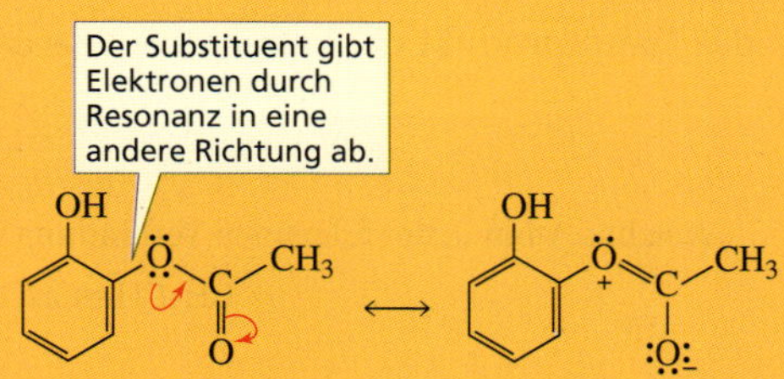

Im Gegensatz dazu kann der Substituent auf der linken Seite (CH_3O) nur in den Ring abgeben (s.o.). Daher ist der elektronenschiebende Effekt dieses Substituenten stärker als der Effekt des Substituenten auf der rechten Seite. Daher ist die Verbindung auf der rechten Seite eine stärkere Säure.

Ü 23 Erklären Sie, warum der pK_S-Wert von *p*-Nitrophenol 7,14 beträgt während *m*-Nitrophenol einen pK_S-Wert von 8,39 aufweist. (*Hinweis:* Zeichnen Sie die Grenzstrukturen.)

Der Effekt der Elektronendelokalisation auf das Produkt einer Reaktion 8.11

Unsere Fähigkeiten, das oder die Produkt(e) einer organisch-chemischen Reaktion korrekt vorherzusagen, hängen oftmals von unserer Fähigkeit ab zu erkennen, dass eine organische Verbindung delokalisierte Elektronen besitzt. In der folgenden Reaktion sind beispielsweise beide sp^2-Kohlenstoffatome des Alkens an die gleiche Anzahl Wasserstoffatome gebunden:

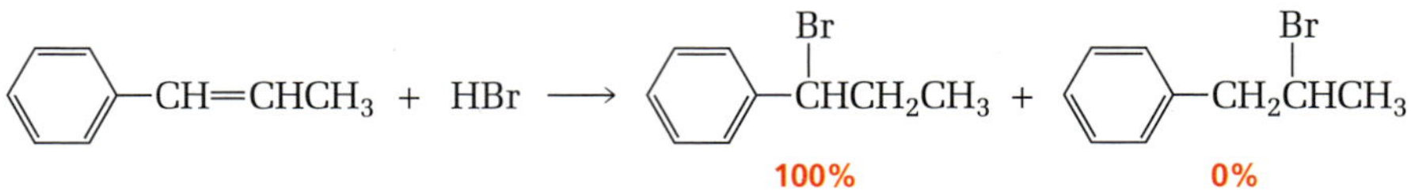

Die Regel, die besagt, dass sich das Elektrophil an dasjenige sp^2-C-Atom addiert, das die größere Anzahl H-Atome gebunden hat, sagt daher für die Reaktion angenähert gleiche Mengen der beiden möglichen Produkte voraus. Wenn man die Reaktion tatsächlich durchführt, wird aber nur ein Produkt gebildet. (Beachten Sie, dass die Stabilität des Benzolrings dazu führt, dass seine Doppelbindungen keine elektrophilen Additionsreaktion durchführen; Abschnitt 8.21).

Die Regel führt uns zu einer inkorrekten Vorhersage der Reaktionsprodukte, weil sie die Effekte der Elektronendelokalisation nicht in Betracht zieht. Sie setzt voraus, dass beide carbokationischen Zwischenstufen gleiche Stabilität besitzen, weil beide sekundäre Carbokationen sind. Die Regel lässt die Tatsache außer Acht, dass ein Reaktionsintermediat ein sekundäres Alkylkation ist und das andere ein sekundäres Benzylkation. Da das sekundäre Benzylkation durch Elektronendelokalisation stabilisiert wird, bildet es sich rascher. Der Unterschied in den Bildungsgeschwindigkeiten der beiden Carbokationen reicht aus, um dazu zu führen, dass man am Ende nur ein Produkt erhält.

ein sekundäres Benzylkation **ein sekundäres Carbokation**

Dieses Beispiel mag als Warnung dienen. Die Regel, die das sp^2-Kohlenstoffatom angibt, an welches sich das Elektrophil bindet, funktioniert nicht bei Reaktionen, in deren Verlauf Carbokationen entstehen, die durch Elektronendelokalisation stabilisiert werden. In solchen Fällen muss man die relativen Stabilitäten der einzelnen Carbokationen anschauen, um vorhersagen zu können, welches das Hauptprodukt der betrachteten Reaktion sein wird.

Ü 24* Welches ist das Hauptprodukt, das man durch die Addition von Bromwasserstoff (HBr) an die folgende Verbindung erhält?

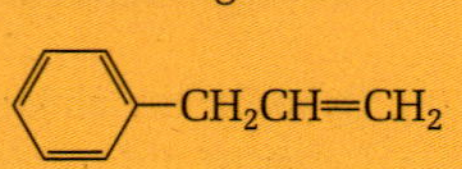

Ü 25 mit Lösung

Welches Atom in der folgenden Verbindung wird am wahrscheinlichsten protoniert?

$$CH_3CH{=}CHOCH_3 + H^+$$

Lösung

Die Grenzformel, dass eines der Kohlenstoffatome eine positive Teilladung besitzt. Daher wird dieses am wahrscheinlichsten protoniert.

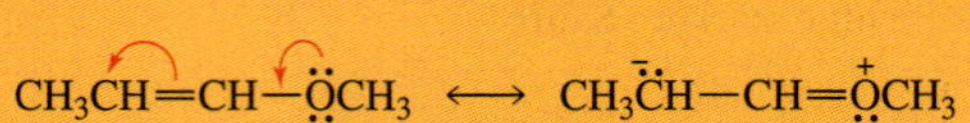

mesomere Grenzformel

Ü 26 Welches der Atome in der folgenden Verbindung wird am wahrscheinlichsten protoniert?

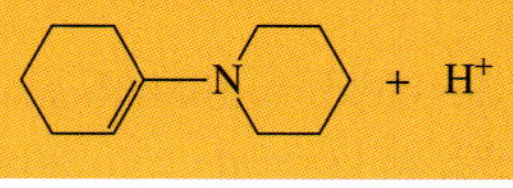

Reaktionen von Dienen **8.12**

Als weiteres Beispiel dafür, wie delokalisierte Elektronen das Produkt einer Reaktion beeinflussen können, werden wir die Produkte vergleichen, die gebildet werden, wenn *isolierte Diene* (Diene, die nur lokalisierte Elektronen haben) elektrophile Additionsreaktionen eingehen, und die Produkten, die gebildet werden, wenn *konjugierte Diene* (Diene, die delokalisierte Elektronen haben), die gleichen Reaktionen eingehen.

$CH_2{=}CHCH_2CH_2CH{=}CH_2$ — **isoliertes Dien**

$CH_3CH{=}CH{-}CH{=}CHCH_3$ — **konjugiertes Dien**

Reaktionen von isolierten Dienen

Die Reaktionen von *Dienen mit isolierten Doppelbindungen* verlaufen wie die Reaktionen der Alkene. Falls ein Überschuss des elektrophilen Reagenzes anwesend ist, werden zwei unabhängige Additionsereignisse eintreten. Bei jeder der Reaktionen *addiert sich das Elektrophil an dasjenige sp^2-Kohlenstoffatom, das die größere Zahl Wasserstoffatome gebunden hält*, da dies die Bildung des stabilsten Carbokations zur Folge hat.

$$\underset{\text{1,5-Hexadien}}{CH_2{=}CHCH_2CH_2CH{=}CH_2} + \underset{\text{Überschuss}}{HBr} \longrightarrow CH_3\underset{\displaystyle Br}{CH}CH_2CH_2\underset{\displaystyle Br}{CH}CH_3$$

Die Reaktion verläuft genauso, wie wir es aufgrund unseres Wissens über den Mechanismus der Reaktion von Alkenen mit elektrophilen Reagenzien voraussagen würden.

Mechanismus der Reaktion eines isolierten Diens mit einem Überschuss HBr

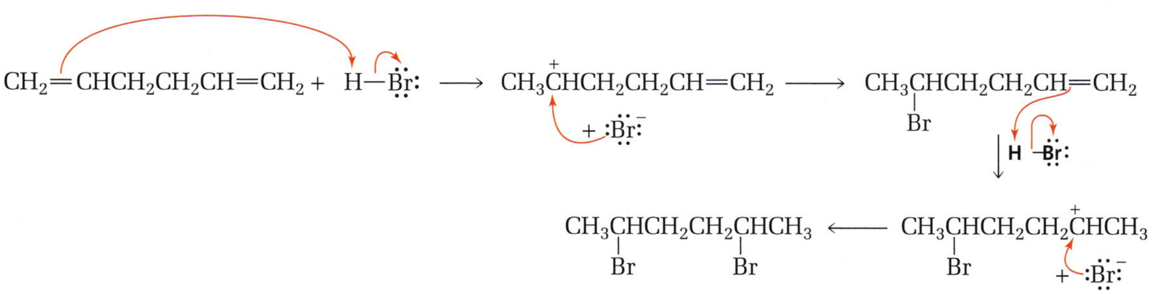

- Das Elektrophil (H^+) addiert sich an das sp^2-Kohlenstoffatom mit den meisten Wasserstoffatomen an, sodass das stabilere Carbokation gebildet wird (Abschnitt 6.4).
- Das Bromidion addiert sich danach an das entstandene Carbokation.
- Da ein Überschuss des elektrophilen Reagenzes vorliegt, gibt es genug Reaktionspartner, um auch an der zweiten Doppelbindung eine Addition

zustandezubringen. Wieder addiert sich H^+ an das Kohlenstoffatom mit den meisten Wasserstoffatomen.

- Das Bromidion addiert sich wieder an das entstandene Carbokation.

Falls die vorhandene Menge des elektrophilen Reagenzes nur für die Addition an eine Doppelbindung ausreicht, so kommt es vorzugsweise zur Addition an die reaktivere Doppelbindung. Beispielsweise bildet sich bei der Addition von HCl an 2-Methyl-1,5-hexadien an die Doppelbindung links ein sekundäres Carbokation, wohingegen die Addition von HCl an die rechte Seite zu einem tertiären Carbokation führt. Da der zu einem tertiären Carbokation führende Übergangszustand stabiler ist als der zu einem sekundären Carbokation führende, wird das tertiäre Carbokation rascher gebildet. In Gegenwart eines Unterschusses an HCl wird daher das Hauptprodukt der Reaktion 5-Chlor-5-methyl-1-hexen sein (Abschnitt 6.4).

$$CH_2{=}CHCH_2CH_2\overset{\displaystyle CH_3}{\overset{|}{C}}{=}CH_2 + HCl \longrightarrow CH_2{=}CHCH_2CH_2\overset{\displaystyle CH_3}{\overset{|}{\underset{\underset{\displaystyle Cl}{|}}{C}}}CH_3$$

2-Methyl-1,5-hexadien 1 mol; HCl 1 mol; 5-Chlor-5-methyl-1-hexen **Hauptprodukt**

Ü 27* Geben Sie jeweils das Hauptprodukt der folgenden Reaktionen an; gehen Sie jeweils davon aus, dass 1 Moläquivalent jedes Reaktionspartners in der jeweiligen Reaktionsmischung vorliegt.

(a) $CH_2{=}CHCH_2CH_2CH{=}\overset{\displaystyle CH_3}{\overset{|}{C}}CH_3 \xrightarrow{HBr}$

(b) $HC{\equiv}CCH_2CH_2CH{=}CH_2 \xrightarrow{Cl_2}$

(c) 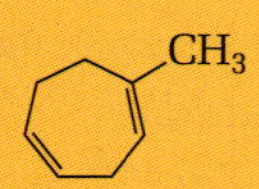 $\xrightarrow{HCl}$

Reaktionen konjugierter Diene

> **MERKE!**
>
> **Ein isoliertes Dien vollzieht nur die 1,2-Addition.**
>
> **Ein konjugiertes Dien vollzieht sowohl die 1,2- wie auch die 1,4-Addition.**

Wenn ein Dien mit *konjugierten Doppelbindungen* wie 1,3-Butadien mit einer begrenzten Menge eines elektrophilen Reagenzes zur Reaktion gebracht wird, sodass die Addition nur an einer der Doppelbindungen stattfinden kann, werden zwei Additionsprodukte gebildet. Eines ist ein **1,2-Additionsprodukt**, das – wie der Name bereits sagt – durch Addition in den Positionen 1 und 2 entsteht. Das andere ist ein **1,4-Additionsprodukt**, welches natürlich durch Addition in den Positionen 1 und 4 zustandekommt. Die Addition in den Positionen 1 und 2 wird **1,2-Addition** oder **direkte Addition** genannt. Die Addition in den Positionen 1 und 4 wird **1,4-Addition** oder **konjugierte Addition** genannt.

$$\overset{1}{C}H_2{=}\overset{2}{C}H{-}\overset{3}{C}H{=}\overset{4}{C}H_2 + Cl_2 \longrightarrow \underset{\underset{\displaystyle Cl}{|}}{C}H_2{-}\underset{\underset{\displaystyle Cl}{|}}{C}H{-}CH{=}CH_2 + \underset{\underset{\displaystyle Cl}{|}}{C}H_2{-}CH{=}CH{-}\underset{\underset{\displaystyle Cl}{|}}{C}H_2$$

1,3-Butadien 1 mol; Cl_2 1 mol; 3,4-Dichlor-1-buten **1,2-Additionsprodukt**; 1,4-Dichlor-2-buten **1,4-Additionsprodukt**

$$CH_2{=}CH{-}CH{=}CH_2 + HBr \longrightarrow CH_3\underset{\underset{\displaystyle Br}{|}}{C}H{-}CH{=}CH_2 + CH_3{-}CH{=}CH{-}\underset{\underset{\displaystyle Br}{|}}{C}H_2$$

1,3-Butadien 1 mol; HBr 1 mol; 3-Brom-1-buten **1,2-Additionsprodukt**; 1-Brom-2-buten **1,4-Additionsprodukt**

Auf der Grundlage unseres erworbenen Wissens darüber, wie sich elektrophile Reagenzien an Doppelbindungen addieren, würde man erwarten, dass sich das 1,2-Produkt bildet. Dass sich jedoch auch das 1,4-Produkt bildet, mag überraschen – nicht nur, weil sich das Reagenz nicht an benachbarte C-Atome addiert hat, sondern auch, weil eine Doppelbindung ihre Lage im Molekül verändert hat. Die Doppelbindung befindet sich im 1,4-Additionsprodukt zwischen den C-Atomen 2 und 3, während die Ausgangsverbindung an dieser Stelle eine Einfachbindung aufwies.

Wenn wir über Additionen in den Positionen 1 und 2 beziehungsweise 1 und 4 sprechen, dann bezieht sich diese Bezifferung auf die vier Kohlenstoffatome des konjugierten Elektronensystems. Das C-Atom der Position Nr. 1 ist eines der sp^2-hybridisierten C-Atome am Rand des konjugierten Systems – es muss also nicht notwendigerweise das Kohlenstoffatom Nr. 1 des Moleküls sein!

Zum Beispiel sind die 1-und 4-Positionen im konjugierten System von 2,4-Hexadien tatsächlich C-2 und C-5.

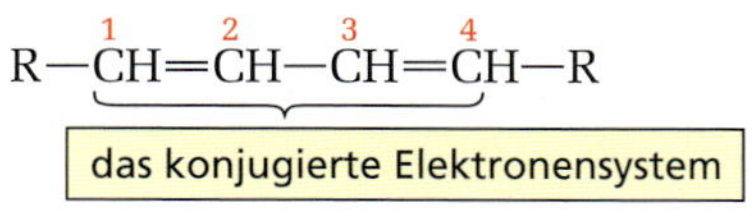

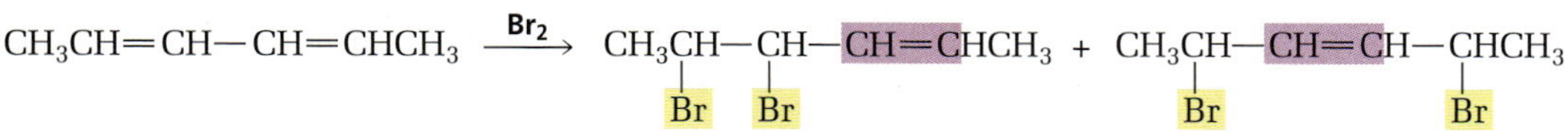

2,4-Hexadien — **4,5-Dibrom-2-hexen**, **1,2-Additionsprodukt** — **2,5-Dibrom-3-hexen**, **1,4-Additionsprodukt**

Um zu verstehen, warum eine elektrophile Addition an einem konjugierten Dien sowohl zur Bildung des 1,2- wie des 1,4-Produktes führt, müssen wir den Mechanismus der Reaktion betrachten.

Mechanismus der Reaktion eines konjugierten Diens mit Bromwasserstoff (HBr)

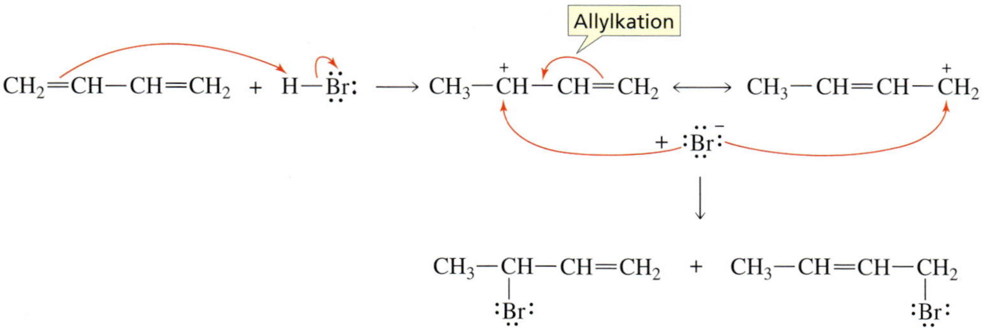

1,2-Additionsprodukt — **1,4-Additionsprodukt**

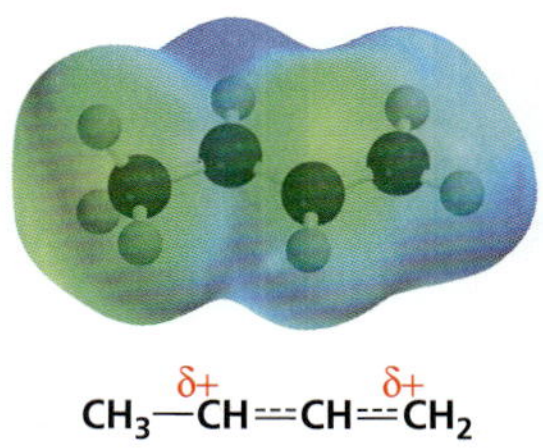

- Das Proton addiert sich unter Bildung eines Allylkations an das C-1. Die π-Elektronen des Allylkations sind delokalisiert.
- Die mesomeren Grenzzustände des Allylkations zeigen an, dass die positive Ladung des Carbokations nicht am C-2 lokalisiert ist, sondern auf das C-2 und das C-4 anteilig verteilt ist. Folglich kann das Bromidion entweder das C-2 oder das C-4 angreifen, wobei dann ein 1,2- bzw. ein 1,4-Produkt gebildet wird.

Die Addition des Protons im ersten Schritt an C-1 ist äquivalent zu der Addition an C-4, da 1,3-Butadien symmetrisch ist.

Beachten Sie bei der Betrachtung weiterer Beispiele, dass der erste Schritt bei allen elektrophilen Additionen an konjugierte Diene die Addition des Elektrophils an eines der sp^2-Kohlenstoffatome *an einem Ende des konjugierten Systems* ist. Dies ist der einzige Weg zur Erzeugung eines Carbokations, das durch Elektronendelokalisation stabilisiert ist. Falls das Elektrophil sich an eines der inneren sp^2-Kohlenstoffatome anlagerte, hätte das entstehende Carbokation nur lokalisierte Elektronen.

Ü 28* Geben Sie die Produkte der folgenden Reaktionen an; gehen Sie dabei davon aus, dass jeweils 1 Moläquivalent beider Reaktionspartner vorliegt:

(a) $CH_3CH{=}CH{-}CH{=}CHCH_3 \xrightarrow{Cl_2}$

(b) $CH_3CH{=}C(CH_3){-}C(CH_3){=}CHCH_3 \xrightarrow{HBr}$

(c)  $\xrightarrow{Br_2}$

(d) 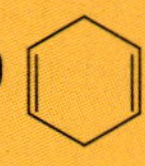 $\xrightarrow{HCl}$

Ü 29* Welche der Doppelbindungen in Zingiberen – der Verbindung, die den Geschmack von Ingwer hervorruft – ist am reaktivsten gegenüber einer elektrophilen Addition mit HBr?

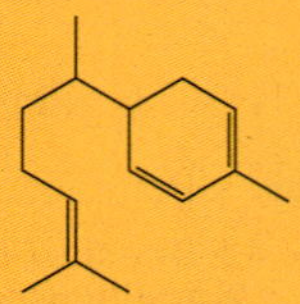

Zingiberen

Ingwer

Ü 30 Welche Stereoisomere erhält man aus den Reaktionen auf den von 1,3-Butadien mit Chlor und 1,3-Butadien mit Bromwasserstoff? (*Hinweis*: Gehen Sie ggf. zu Abschnitt 6.13 zurück.)

Falls das konjugierte Dien kein symmetrisches Molekül ist, sind die Hauptprodukte der Reaktion diejenigen, welche sich durch die Addition des Elektrophils an irgendein terminales sp^2-Kohlenstoffatom ergeben, wenn diese Addition zur Bildung des stabileren Carbokations führt.

Beispielsweise addiert sich bei der Reaktion von 2-Methyl-1,3-Butadien (unten gezeigt) das Proton vorzugsweise an das C-1, weil die positive Ladung unter einem tertiären und einem primären Allylkohlenstoffatom aufgeteilt wird. Addition des Protons an das C-4 würde zur Bildung eines Carbokations führen, bei dem die positive Ladung unter einem sekundären und einem primären Allylkohlenstoffatom aufgeteilt wäre.

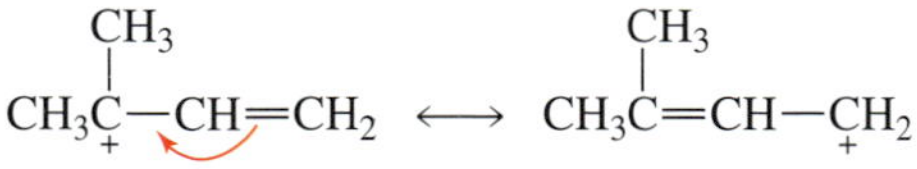

Carbokation bei Addition von H⁺ an C-1

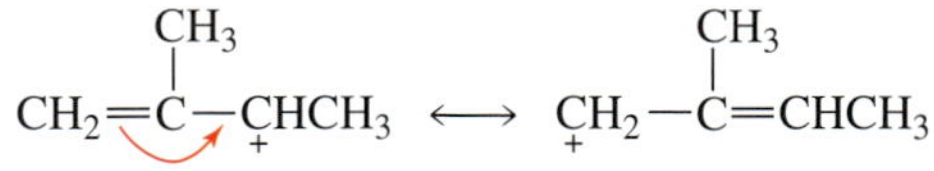

Carbokation bei Addition von H⁺ an C-4

Da die Addition an das C-1 zum stabileren Carbokation führt, sind 3-Brom-3-methyl-1-buten und 1-Brom-3-methyl-2-buten die Hauptprodukte dieser Reaktion.

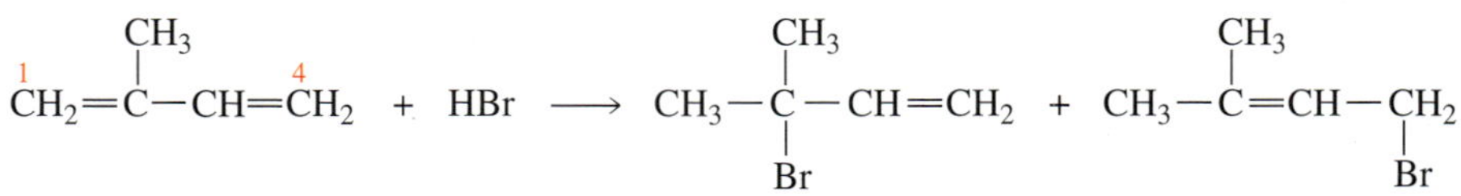

1,2-Additionsprodukt **1,4-Additionsprodukt**

Ü 31 Welche Produkte erhielte man aus der Reaktion von 1,3,5-Hexatrien mit einem Moläquivalent HBr? Vernachlässigen Sie Stereoisomere.

Ü 32* Geben Sie die Produkte der folgenden Reaktionen an; vernachlässigen Sie dabei Stereoisomere. Bei jeder Reaktion kommt 1 Moläquivalent jedes der Reagenzien zum Einsatz.

(a) $CH_3CH{=}CH{-}\underset{\displaystyle CH_3}{\underset{|}{C}}{=}CH_2 \xrightarrow{Cl_2}$ (b) $CH_3CH{=}CH{-}\underset{\displaystyle CH_3}{\underset{|}{C}}{=}CHCH_3 \xrightarrow{HBr}$

Thermodynamische vs. kinetische Kontrolle von chemischen Reaktionen 8.13

Wenn ein konjugiertes Dien sich einer elektrophilen Addition unterzieht, bestimmen zwei Faktoren – die *Reaktionstemperatur* und die *Molekularstruktur* der Reaktionsteilnehmer – ob ein 1,2- oder ein 1,4-Additionsprodukt das Hauptprodukt der Reaktion sein wird.

Kinetische und thermodynamische Produkte

Wenn eine Reaktion zu mehr als einem Produkt führt,

- wird das **kinetische Produkt** *am schnellsten* gebildet.
- wird das *stabilste Produkt* als **thermodynamisches Produkt** bezeichnet.
- werden Reaktionen, die hauptsächlich das kinetische Produkt liefern, als **kinetisch kontrollierte Reaktionen** bezeichnet.
- werden Reaktionen, die hauptsächlich das thermodynamische Produkt liefern, als **thermodynamisch kontrollierte Reaktionen** bezeichnet.

Bei vielen organisch-chemischen Reaktionen ist das stabilste Produkt auch dasjenige, das sich am schnellsten bildet. Anders ausgedrückt: Das kinetische und das thermodynamische Reaktionsprodukt sind ein und dasselbe. Die elektrophile Addition an 1,3-Butadien ist ein Beispiel für eine Reaktion, bei der das kinetische und das thermodynamische Produkt *nicht* gleich sind: Das 1,2-Additionsprodukt ist das kinetische, und das 1,4-Additionsprodukt das thermodynamische.

$$\underset{\text{1,3-Butadien}}{CH_2{=}CHCH{=}CH_2} + HBr \longrightarrow \underset{\substack{\text{1,2-Additionsprodukt}\\ \text{kinetisches Produkt}}}{CH_3\underset{\displaystyle Br}{\underset{|}{C}H}CH{=}CH_2} + \underset{\substack{\text{1,4-Additionsprodukt}\\ \text{thermodynamisches Produkt}}}{CH_3CH{=}CH\underset{\displaystyle Br}{\underset{|}{C}H_2}}$$

MERKE!

Das kinetische Produkt ist das Produkt, das sich am raschesten bildet.

Das thermodynamische Produkt ist das Produkt, das am stabilsten ist.

Milde Bedingungen begünstigen das kinetische Produkt

Bei einer Reaktion (sowie der gerade gezeigten), bei der das kinetische und das thermodynamische Produkt nicht gleich sind, hängt das vorherrschende Produkt von den Bedingungen ab, unter denen die Reaktion durchgeführt wird (von der *Reaktionsführung*). Falls die Reaktion unter ausreichend milden Bedingungen durchgeführt wird (niedrige Temperatur), um die Reaktion *irrever-*

sibel ablaufen zu lassen, ist das Hauptprodukt, das man erhält, das *kinetische Produkt*, also jenes, das am schnellsten gebildet wird.

MERKE!

Das kinetische Produkt herrscht vor, wenn die Reaktion irreversibel ist.

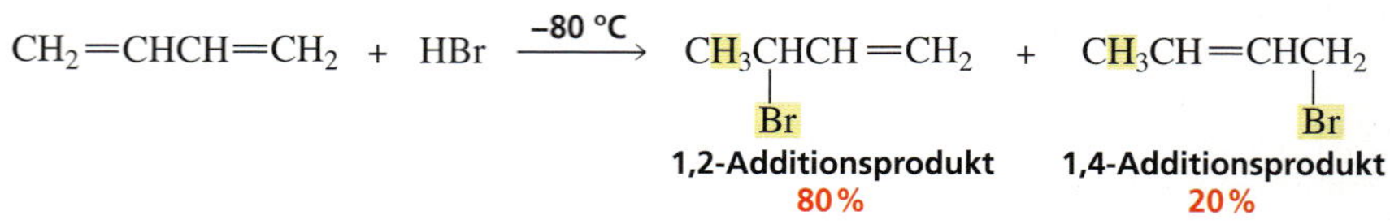

Harsche Bedingungen begünstigen das thermodynamische Produkt

Falls andererseits die Reaktion unter ausreichend harschen Bedingungen durchgeführt wird (hohe Temperatur), sodass die Reaktion *reversibel* verläuft, ist das Hauptprodukt, welches man erhält, das *thermodynamische Produkt*, also jenes, das stabiler ist.

MERKE!

Das thermodynamische Produkt herrscht vor, wenn die Reaktion reversibel ist.

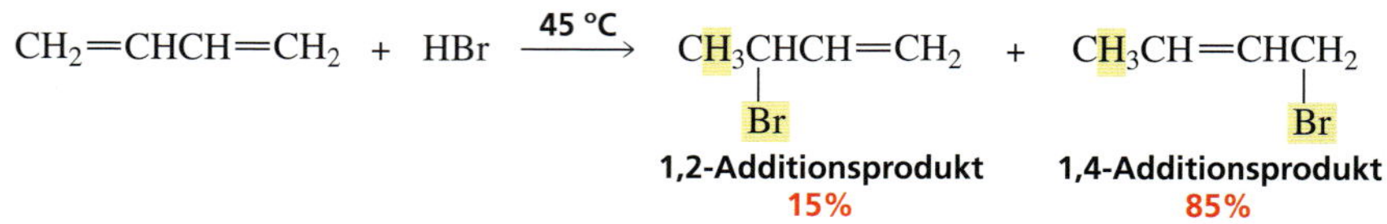

Reaktionskoordinatendiagramme erklären die Temperaturabhängigkeit der Produkte

Ein Reaktionskoordinatendiagramm ist hilfreich bei der Erklärung, warum bei verschiedenen Reaktionsbedingungen unterschiedliche Produkte vorherrschend sind (► Abbildung 8.12). Der erste Schritt der Addition ist gleich, egal ob schließlich das 1,2- oder das 1,4-Produkt gebildet wird: Ein Proton wird an das C-1 der Verbindung angelagert. Der zweite Schritt der Reaktion ist derjenige, der festlegt, ob das Nucleophil (hier: Br^-) am C-2 oder am C-4 angreift.

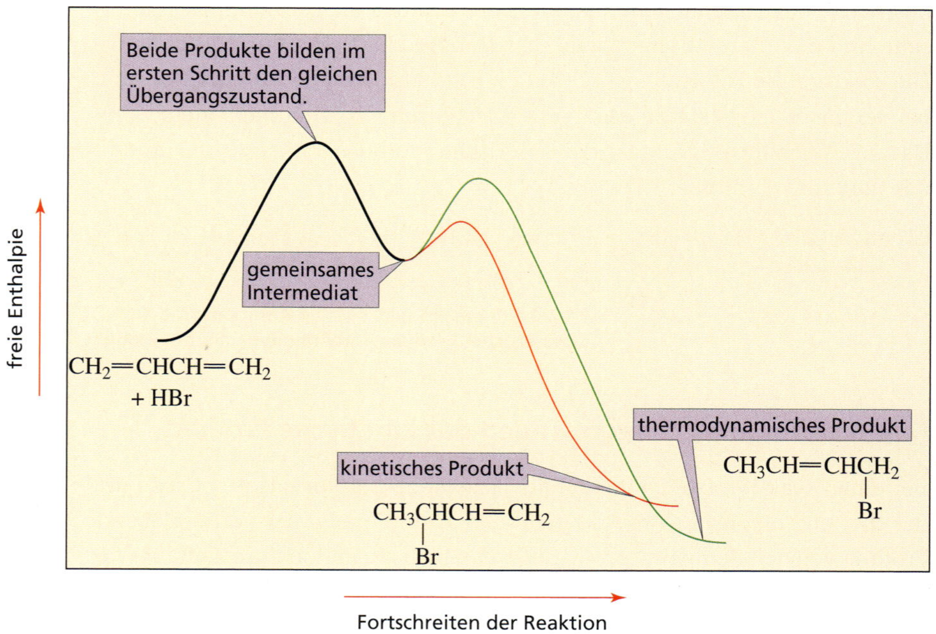

Abbildung 8.12: Ein Reaktionskoordinatendiagramm für die Addition von HBr an 1,3-Butadien.

Bei niedriger Temperatur (–80 °C) ist ausreichend Energie vorhanden, damit die Ausgangsstoffe die Energieschwelle des ersten Reaktionsschrittes überwinden können, und es gibt genügend Energie, damit die im ersten Schritt gebildete Reaktionszwischenstufe die beiden Additionsendprodukte zu bilden vermag. Es ist jedoch nicht genügend Energie vorhanden, um die Reaktion in der umgekehrten Richtung ablaufen zu lassen: Die Reaktionsprodukte können die hohe Energiebarriere, die sie von den Zwischenstufen trennt, nicht überwinden. Folglich spiegeln die relativen Mengen der beiden Produkte, die man bei –80 °C erhält, die relativen Energieschwellen des zweiten Schrittes der Reaktion wider. Also ist das Hauptprodukt jenes, das schneller gebildet wird (das kinetische).

Bei 45 °C ist im Gegensatz dazu genügend Energie vorhanden, damit eines oder beide Produkte in den Zustand der Zwischenstufe zurückkehren können. Die Reaktionszwischenstufe (Intermediat) wird als **gemeinsame Zwischenstufe** (gemeinsames Intermediat) bezeichnet, weil es eine Zwischenstufe ist, die beide Produkte gemeinsam haben. Sogar wenn beide Produkte sich wieder in das gemeinsame Intermediat umwandeln könnten, wäre es für das 1,2-Additionsprodukt leichter, dies zu tun. Jedes Mal, wenn sich das kinetisch Produkt wieder in das gemeinsame Intermediat zurückbildet, kann sich erneut entweder das kinetische oder das thermodynamische Produkt bilden. über längere Zeit wird daher mehr und mehr thermodynamisches Produkt gebildet.

Die Fähigkeit, sich wieder in das gemeinsame Intermediat zurückzubilden, erlaubt den Produkten sich ineinander umzuwandeln. Wenn dies der Fall ist, hängen die relativen Mengen am Ende der Reaktion von ihren Stabilitäten ab. Also ist das Hauptprodukt im Gleichgewicht das thermodynamische Produkt.

Zusammengefasst:

- Eine unter den eingesetzten Bedingungen *irreversible* Reaktion wird *kinetisch kontrolliert* sein.
- Eine Reaktion unter *kinetischer Kontrolle* bildet Produkte *in Abhängigkeit von deren Bildungsgeschwindigkeit.*

Kinetische Kontrolle:
Beide Reaktionen sind irreversibel.

Das Hauptprodukt ist das sich rascher bildende.

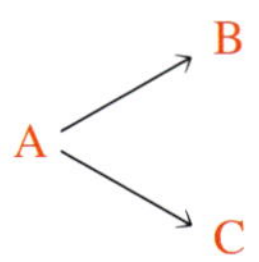

- Wenn genug Energie zur Verfügung steht, um die Reaktion *reversibel* verlaufen zu lassen, ist sie *thermodynamisch kontrolliert.*
- Eine Reaktion unter *thermodynamischer Kontrolle* bildet Produkte *in Abhängigkeit von deren Stabilität.*

Thermodynamische Kontrolle:
Beide Reaktionen sind irreversibel.

Das Hauptprodukt ist das stabilere.

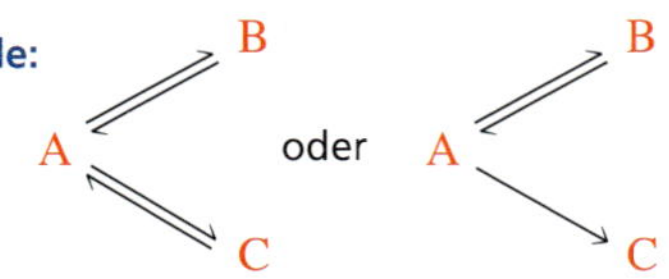

Die Temperatur, bei der eine Reaktion von irreversibel zu reversibel übergeht, hängt von der Reaktion ab

Bei jeder chemischen Reaktion, die unter milden Bedingungen irreversibel und unter harscheren Bedingungen reversibel verläuft, gibt es eine Temperatur, bei der der Übergang von irreversibel zu reversibel eintritt. Die Temperatur, bei der sich der Übergang von kinetischer zu thermodynamischer Kontrolle vollzieht, hängt von den Reaktanten der Reaktion ab.

So bleibt beispielsweise die Addition von Chlorwasserstoff (HCl) an 1,3-Butadien bei 45 °C kinetisch kontrolliert, obgleich die Addition von *Brom*wasserstoff (HBr) an 1,3-Butadien bei dieser Temperatur thermodynamisch kontrolliert abläuft. Da eine C—Cl-Bindung stärker ist als eine C—Br-Bindung (▶ Tabelle 5.1), ist eine höhere Temperatur erforderlich, damit die Reaktionsprodukte, die eine C—Cl-Bindung enthalten, die Rückreaktion vollziehen können. (Erinnern Sie sich: Eine thermodynamische Reaktionskontrolle tritt nur dann ein, wenn ausreichend Energie im System vorhanden ist, um eine oder beide Reaktionen rückwärts ablaufen lassen zu können.)

Warum ist das 1,4-Additionsprodukt bei der Reaktion von 1,3-Butadien mit HBr das thermodynamische Produkt?

Warum ist bei der Reaktion von einem Äquivalent HBr mit 1,3-Butadien das 1,4-Additionsprodukt das thermodynamische (stabilere) Produkt? Wir haben bereits gelernt, dass die relative Stabilität eines Alkens von der Zahl der Alkylgruppen an seinen sp^2-Kohlenstoffatomen bestimmt wird: Je größer die Zahl der Alkylgruppen, desto stabiler ist das Alken (Abschnitt 5.9). Die beiden Produkte, die bei der Umsetzung von 1,3-Butadien mit einem Moläquivalent Bromwasserstoff gebildet werden, haben unterschiedliche Stabilitäten, weil das Produkt der 1,2-Addition eine an ein sp^2-Kohlenstoffatom gebundene Alkylgruppe trägt, während das Produkt der 1,4-Addition zwei an sp^2-Kohlenstoffatome gebundene Alkylgruppen trägt. Das 1,4-Additionsprodukt ist daher das stabilere. Es ist somit das thermodynamische Reaktionsprodukt.

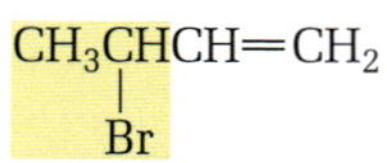

1,2-Additionsprodukt
kinetisches Produkt

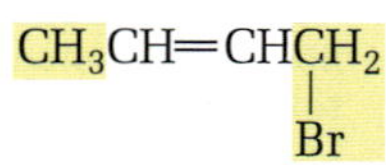

1,4-Additionsprodukt
thermodynamisches Produkt

Warum ist das 1,2-Additionsprodukt immer das kinetische Produkt?

Die nächste Frage, die wir beantworten müssen, ist, warum das 1,2-Produkt schneller gebildet wird. Andersherum gefragt: Warum ist der Übergangszustand bei der 1,2-Addition stabiler als der der 1,4-Addition? Lange dachte man, dies sei so, weil der Übergangszustand der 1,2-Addition einer mesomeren Grenzstruktur ähnele, bei der die positive elektrische Ladung sich an einem sekundären Allylkohlenstoffatom befindet. Im Gegensatz dazu sollte der Übergangszustand der 1,4-Addition einer mesomeren Grenzstruktur ähneln, bei der die positive Ladung an einem weniger stabilen primären Allylkohlenstoffatom lokalisiert ist.

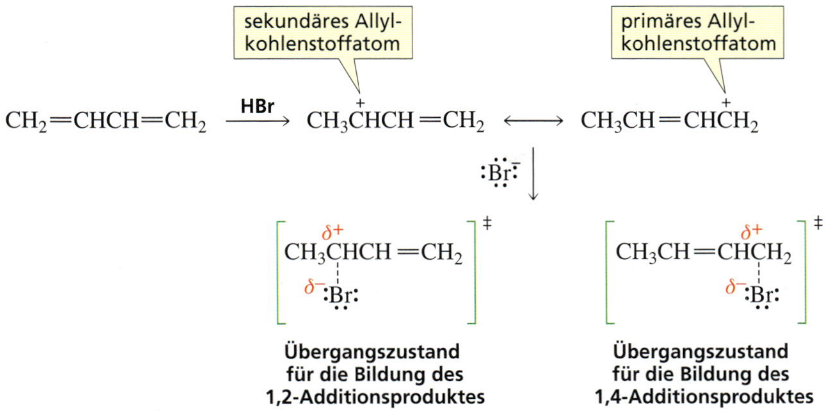

Falls die ursprüngliche Hypothese richtig wäre, müssten die Produktmengen bei der Reaktion des 1,3-Pentadiens mit DCl gleich sein, weil die Übergangszustände der 1,2- und der 1,4-Addition des 1,3-Pentadiens die gleiche Stabilität aufweisen, da beide einer mesomeren Grenzstruktur ähneln, bei der positive Ladung an einem sekundären Allylkohlenstoffatom lokalisiert ist. Jedoch bildet sich bei dieser kinetisch kontrollierten Reaktion hauptsächlich das 1,2-Produkt. Warum bildet sich dieses rascher?

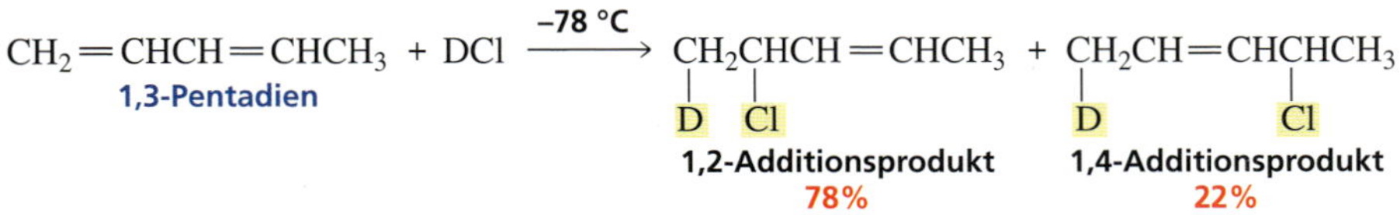

Die Antwort darauf ist, dass nach der Addition von D^+ an die Doppelbindung, das Chloridion eine positive Ladung am C-2 leichter stabilisieren kann als am C-4, weil das Chloridion im Augenblick seiner Entstehung aus dem DCl dem C-2 näher ist als dem C-4. Es ist also ein *Näheeffekt*, der dazu führt, dass das 1,2-Produkt rascher gebildet wird. Ein **Näheeffekt** ist ein Effekt, der dadurch hervorgerufen wird, dass ein Teilchen sich nahe bei einem anderen befindet.

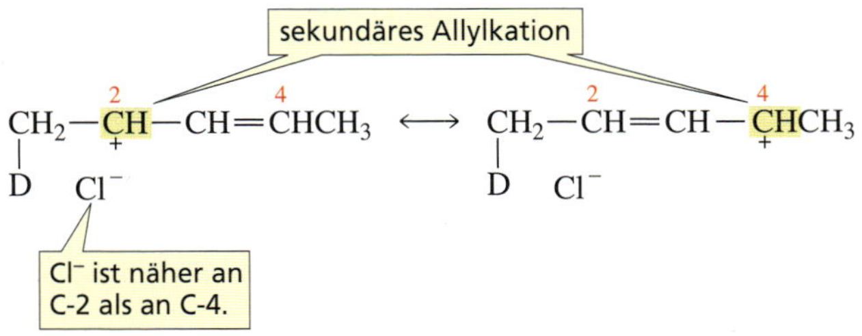

Ü 33*

(a) Warum lagert sich das Deuteriumion in der vorangegangenen Reaktion eher an das C-1 als an das C-4 an?

(b) Warum wird bei dieser Reaktion DCl anstelle von HCl eingesetzt?

Ü 34* Ein Student wollte herausfinden, ob die größere Nähe des Nucleophils zum C-2 Kohlenstoffatom im Übergangszustand wirklich die Ursache dafür ist, dass das 1,2-Additionsprodukt bei der Reaktion von HCl an 1,3-Butadien schneller gebildet wird. Daher beschloss er, die Reaktion von 2-Methyl-1,3-cyclohexadien mit HCl zu untersuchen. Ein Freund sagte ihm, das er stattdessen 1-Methyl-1,3-cyclohexadien verwenden sollte. Sollte er dem Ratschlag seines Freundes folgen?

Die Identifizierung von kinetischen und thermodynamischen Produkten

Da die größere räumliche Nähe des Nucleophils zum C-2 zur höheren Bildungsgeschwindigkeit des 1,2-Additionsproduktes beiträgt, können wir annehmen, dass

das 1,2-Additionsprodukt immer das kinetische Produkt bei der Reaktion von konjugierten Dienen sein muss.

Nehmen Sie jedoch *nicht* an, dass das 1,4-Additionsprodukt immer das thermodynamische Produkt sein muss.

Die Struktur des konjugierten Diens bestimmt letztendlich das thermodynamische Produkt.

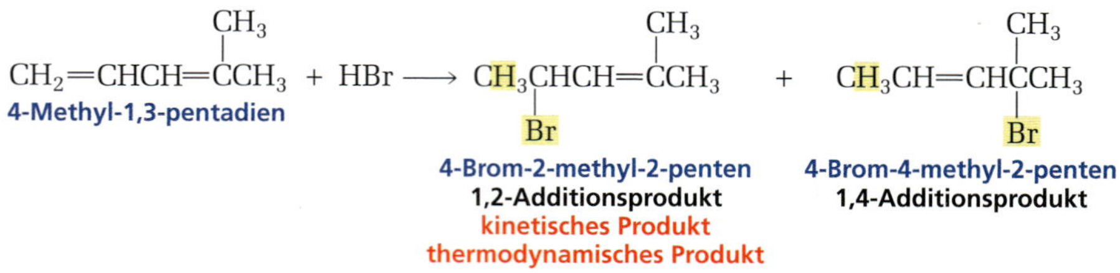

Die Produkte der 1,2- und der 1,4-Addition, welche man aus der nächsten Reaktion erhält, weisen die gleiche Stabilität auf, weil beide dieselbe Anzahl Alkylgruppen an den jeweiligen sp^2-hybridisierten C-Atomen tragen. Daher ist keines von ihnen das thermodynamische Produkt. Es werden ungefähr gleiche Anteile von beiden Produkten gebildet, vorausgesetzt die Reaktion ist reversibel. Das 1,2-Additionsprodukt ist das kinetische Produkt.

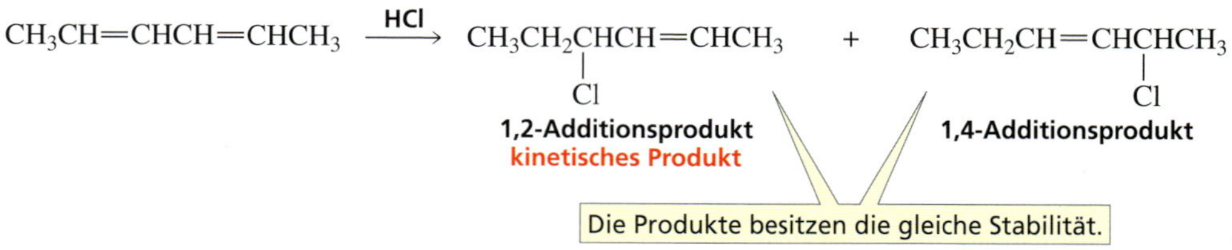

Ü 35*

(a) Welches ist bei der Addition von HBr an ein konjugiertes Dien der geschwindigkeitsbestimmende Schritt?

(b) Welches ist bei der Addition von HBr an ein konjugiertes Dien der produktbestimmende Schritt?

Ü 36 mit Lösung

Geben Sie für die in folgenden Reaktionen die hauptsächlichen 1,2- und 1,4-Additionsprodukte an. Welches ist das kinetische und welches ist das thermodynamische Produkt?

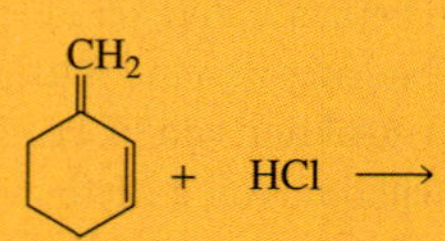

Lösung

Als Erstes müssen wir ermitteln, welches der terminalen (endständigen) sp^2-Kohlenstoffatome des konjugierten Systems das Proton aufnimmt. Das Proton wird sich bereitwilliger an das unten angegebene sp^2-Kohlenstoffatom anlagern, weil das sich dann daraus bildende Carbokation seine positive Ladung unter einem tertiären und einem sekundären Allylkohlenstoffatom aufteilen könnte. Falls sich das Proton das sp^2-C-Atom am entgegengesetzten Ende des konjugierten Systems anlagert, entsteht ein Carbokation, das weniger stabil ist, weil die positive Ladung zwischen einem primären und einem sekundären Allylkohlenstoffatom aufgeteilt wäre. Aus diesem Grund sind die unten gezeigten Produkte auch die Hauptprodukte. Das 1,2-Additionsprodukt ist das kinetische Reaktionsprodukt, weil das Chloridion sich in der Nähe des C-2 befindet; demgemäß ist das 1,4-Additionsprodukt das thermodynamische Reaktionsprodukt, weil seine höher substituierte Doppelbindung es stabiler macht.

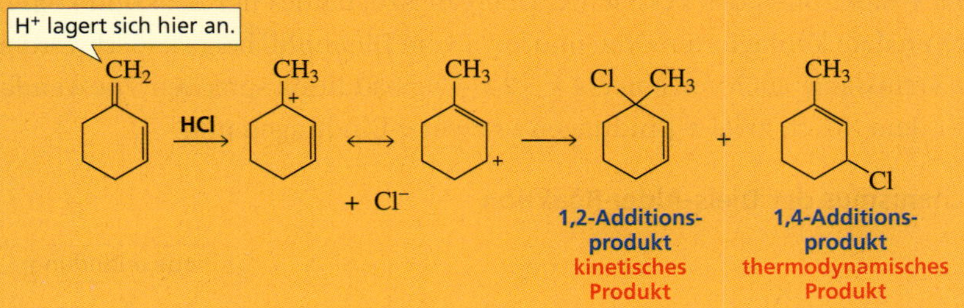

Ü 37 Was sind die hauptsächlichen 1,2- und 1,4-Additionsprodukte der folgenden Reaktionen? Geben Sie zudem für jede Reaktion an, welches das thermodynamische und welches das kinetische Produkt ist.

(a) 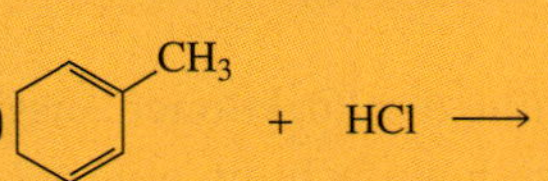

(b) 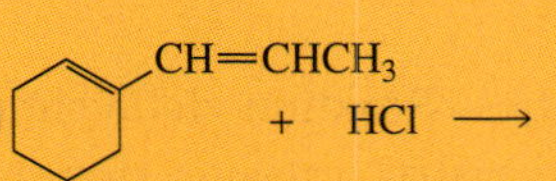

Ü 38 Identifizieren Sie das thermodynamische und das kinetische Produkt bei folgender Reaktion.

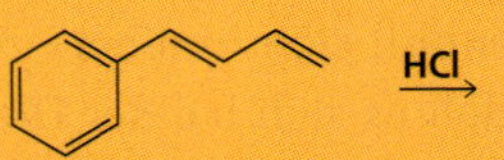

Die Diels-Alder-Reaktion ist eine 1,4-Addition **8.14**

Reaktionen, die neue Kohlenstoff-Kohlenstoff-Bindungen knüpfen, sind von großer Bedeutung für die synthetische organische Chemie, da nur vermöge solcher Reaktionen kleine Kohlenstoffgerüste in größere überführt werden können (Abschnitt 7.11). Die Diels-Alder-Reaktion ist besonders bedeutsam, weil sie *zwei* neue Kohlenstoff-Kohlenstoff-Bindungen erzeugt; bei dem Vorgang entsteht ein ringförmiges (zyklisches) Molekül. In Würdigung der Bedeutung dieser Reaktion für die (synthetisch-organische) Chemie wurden ihren Entdeckern Otto Diels und Kurt Alder im Jahr 1950 der Nobelpreis für Chemie zuerkannt.

Bei einer **Diels-Alder-Reaktion** reagiert ein konjugiertes Dien mit einer Verbindung, die eine Kohlenstoff-Kohlenstoff-Doppelbindung enthält. Die letztere Verbindung wird als **Dienophil** bezeichnet, weil sie „Diene liebt“.

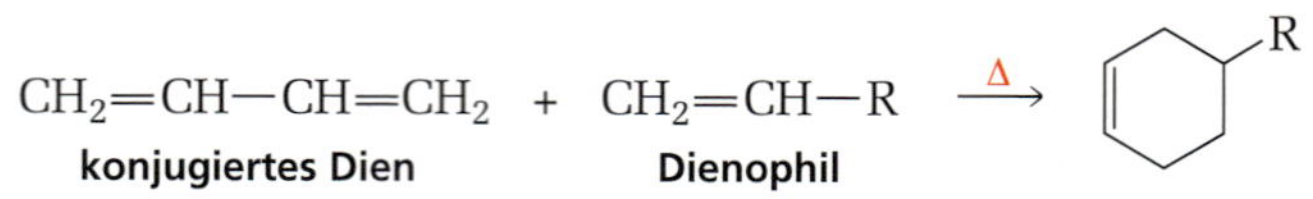

MERKE!

Die Diels-Alder-Reaktion und andere Cycloadditionen werden in Abschnitt 28.4 genauer diskutiert.

Die Diels-Alder-Reaktion ist eine **perizyklische Reaktion**. Eine perizyklische Reaktion ist eine Reaktion, die durch eine zyklische Verschiebung von Elektronen in einem einzigen Schritt abläuft. Sie ist außerdem eine Cycloaddition. Eine **Cycloaddition** ist eine Reaktion, bei der zwei Reaktionspartner ein zyklisches Produkt bilden. Noch genauer gesagt, ist die Diels-Alder-Reaktion eine **[4 + 2]-Cycloaddition**, weil ein vieratomiges π-Elektronensystem mit einem zweiatomigen π-Elektronensystem reagiert. Die Nomenklatur [n + m]-Cycloaddition gibt also die Zahl der an der Reaktion beteiligten Atome an. Von den sechs π-Elektronen des zyklischen Übergangszustandes der Reaktion können vier von dem konjugierten Dien und zwei vom Dienophil beigesteuert werden. Man kann daher auch von einer [4 π + 2 π]-Cycloaddition sprechen. Die wandelt unter dem Strich zwei π-Bindungen in zwei σ-Bindungen um.

Mechanismus der Diels-Alder-Reaktion

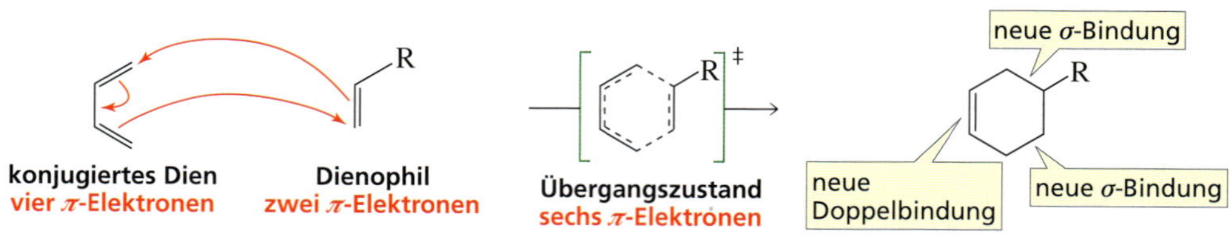

- Obwohl diese Reaktion vielleicht nicht wie eine der Reaktionen aussieht, denen wir bisher begegnet sind, handelt es sich einfach um eine 1,4-Addition eines Elektrophils und eines Nucleophils an ein konjugiertes Dien. Anders als bei den anderen 1,4-Additionen, die wir betrachtet haben – bei denen sich das Elektrophil in einem ersten Reaktionsschritt an das Dien anlagert und das Nucleophil sich in einem zweiten Reaktionsschritt an das Carbokation – handelt es sich bei der Diels-Alder-Reaktion um eine **konzertierte Reaktion**: Die Addition des Elektrophils und des Nucleophils vollzieht sich in einem einzigen Reaktionsschritt.

Die Diels-Alder-Reaktion sieht auf den ersten Blick seltsam aus, weil das Elektrophil und das Nucleophil, die an das konjugierte Dien addiert werden, die benachbarten sp^2-hybridisierten C-Atome einer olefinischen Doppelbindung sind. Wie bei den anderen 1,4-Additionen auch, befindet sich die neue Doppelbindung im Reaktionsprodukt zwischen den Kohlenstoffatomen, die das C-2 und das C-3 des konjugierten Diens gewesen sind.

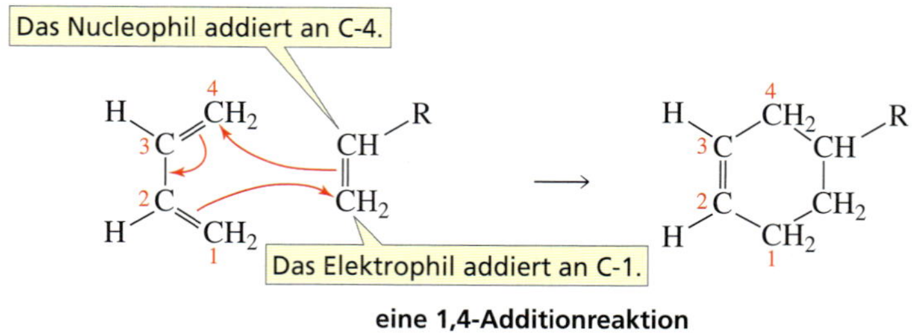

eine 1,4-Additionreaktion

Eine elektronenziehende Gruppe erhöht die Reaktivität des Dienophils

Die Reaktivität des Dienophils wird erhöht, wenn eine oder mehrere elektronenziehende Gruppen an seine sp^2-Kohlenstoffatome gebunden sind. Eine elektronenziehende Gruppe wie z.B. eine Carbonylgruppe (—C=O) oder eine Nitrilgruppe (—C≡N) zieht Elektronen aus dem Bereich der olefinischen Doppelbindung ab. Dies verleiht den sp^2-hybridisierten C-Atomen eine positive Partialladung (δ^+), an die sich die π-Elektronen des konjugierten Diens addieren. Daher macht eine elektronenziehende Gruppe das Dienophil zu einem besseren Elektrophil; Dadurch kann die Reaktion nun auch bei Raumtemperatur durchgeführt werden (► Abbildung 8.13).

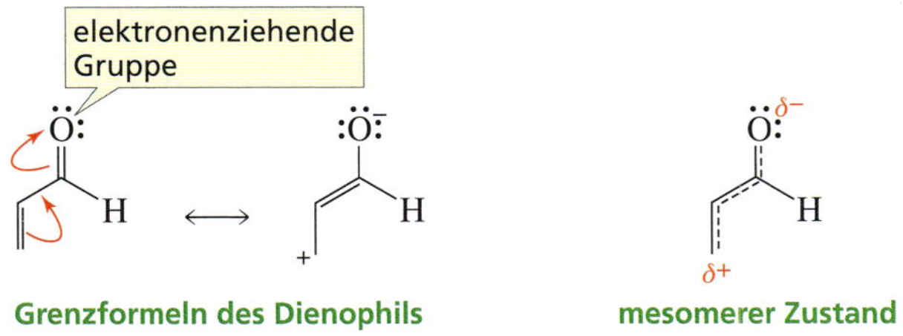

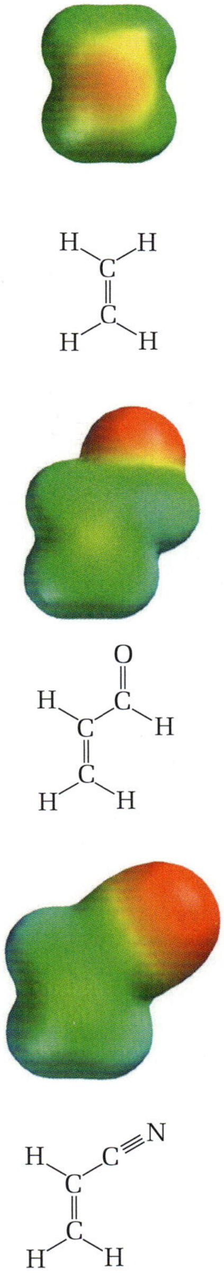

Abbildung 8.13: Durch die blaue Farbe im unteren Teil dieser elektrostatischen Potenzialkarten kann man erkennen, dass ein elektronenziehender Substituent die Elektronendichte im Bereich der Kohlenstoff-Kohlenstoff-Doppelbindung vermindert.

Beispiele von Diels-Alder-Reaktionen

Eine große Vielfalt von zyklischen Verbindungen kann unter Variation des Dienophils und des Diens durch die Diels-Alder-Reaktion hergestellt werden.

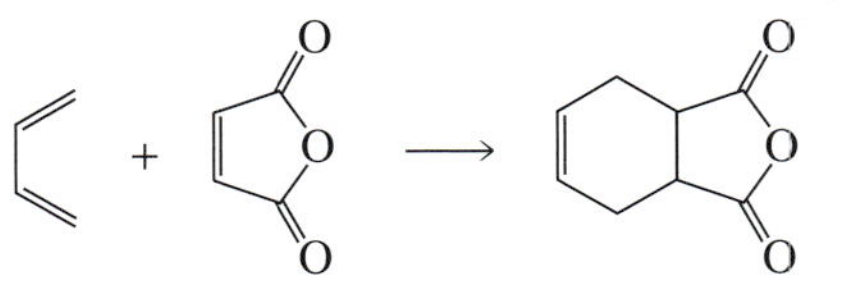

Verbindungen mit Kohlenstoff-Kohlenstoff-Dreifachbindungen können ebenfalls als Dienophile in Diels-Alder-Reaktionen eingesetzt werden, um Verbindungen mit zwei isolierten Doppelbindungen zu erhalten.

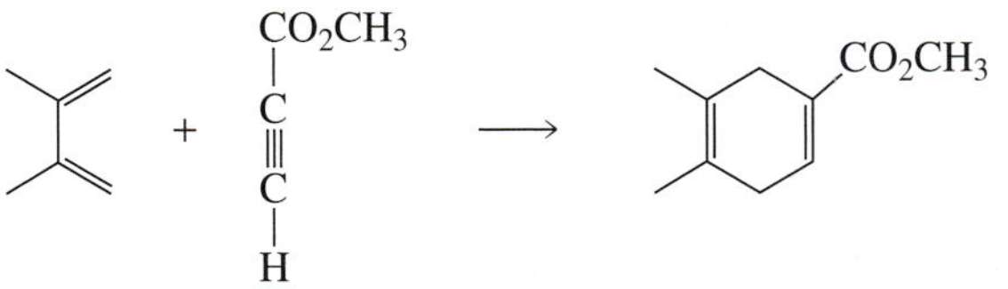

Ü 39* Was sind die Produkte der folgenden Reaktionen?

(a) $CH_2{=}CH{-}CH{=}CH_2 + CH_3\overset{O}{\overset{\|}{C}}{-}C{\equiv}C{-}\overset{O}{\overset{\|}{C}}CH_3 \longrightarrow$

(b) $CH_2{=}CH{-}CH{=}CH_2 + HC{\equiv}C{-}C{\equiv}N \longrightarrow$

(c) 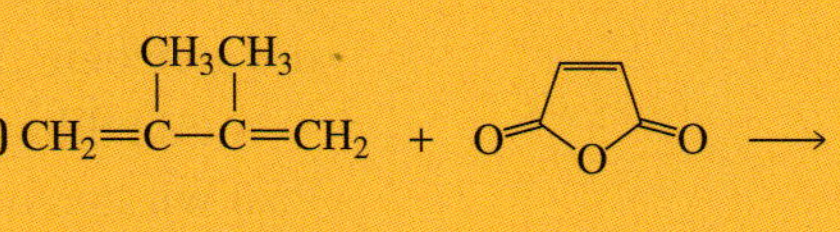

(d) 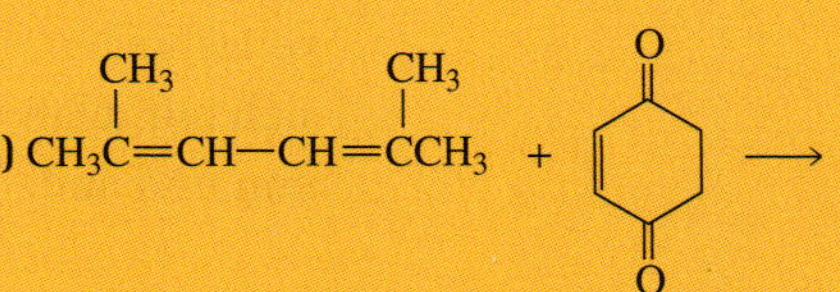

Eine molekülorbitaltheoretische Beschreibung der Diels-Alder-Reaktion

Die beiden im Verlauf einer Diels-Alder-Reaktion neugebildeten σ-Bindungen resultieren aus der Übertragung von Elektronen(dichte) zwischen den Reaktionspartnern. Die Molekülorbitaltheorie liefert uns Einsichten in diesen molekularen Vorgang.

Bei einer Cycloaddition überlappen die Orbitale des einen Reaktionspartners mit den Orbitalen des anderen. Da durch die Übertragung von Elektronendichte von einem Reaktionsteilnehmer auf den anderen schließlich im Produktmolekül zwei neue σ-Bindungen geknüpft werden, müssen wir das HOMO des Dienophils mit dem LUMO des Diens oder umgekehrt betrachten. Wir müssen aber nur das HOMO des einen Moleküls und das LUMO des anderen für die Erörterung heranziehen.

Für die Konstruktion von HOMO und LUMO, die zur Illustration des Elektronenzugs in einer Diels-Alder-Reaktion nötig sind, müssen wir zu ► Abbildung 8.11 zurückkehren. Sie zeigen, dass das HOMO des Diens und das LUMO des Dienophils antisymmetrisch sind (siehe auch ► Abbildung 8.11a) und dass das LUMO des Diens und das HOMO des Dienophils symmetrisch sind (siehe auch ► Abbildung 8.11b).

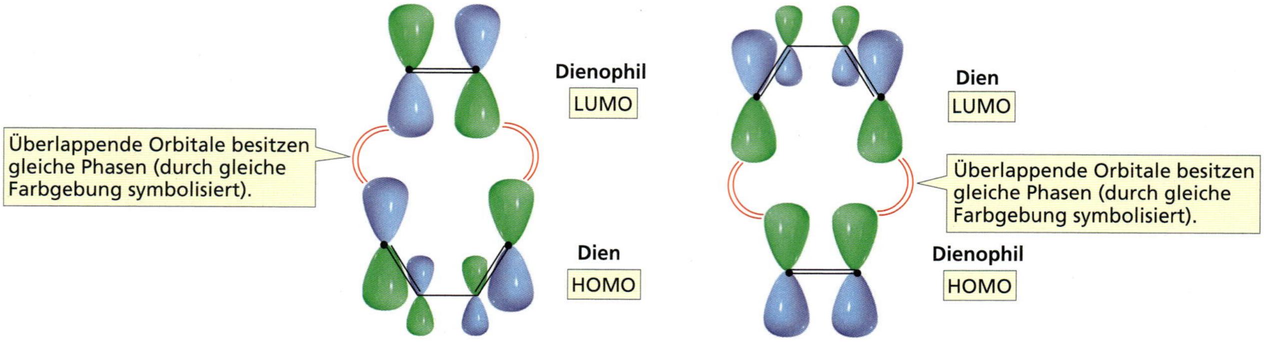

Abbildung 8.14: Die neuen σ-Bindungen, die in der Diels-Alder-Reaktion geknüpft werden, resultieren aus der Überlappung gleichphasiger Orbitale. (a) Überlappung des HOMOs des Diens mit dem LUMO des Dienophils. (b) Überlappung des HOMOs des Dienophils mit dem LUMO des Diens.

Perizyklische Reaktionen wie die Diels-Alder-Reaktion können durch eine Theorie beschrieben werden, die die *Theorie von der Erhaltung der Orbitalsymmetrie* genannt wird (Abschnitt 28.2). Diese einfache Theorie besagt, dass perizyklische Reaktionen sich als Ergebnis der Überlappung gleichphasiger Orbitale vollziehen. Die Phasen der Orbitale werden in ► Abbildung 8.14 durch ihre Farbe angezeigt. Jede im Verlauf einer Diels-Alder-Reaktion neu gebildete σ-Bindung entsteht daher durch die Überlappung von Orbitalen mit der gleichen „Farbverteilung".

► Abbildung 8.14 zeigt, dass – ungeachtet der Frage, welches HOMO/LUMO-Paar wir heranziehen – die überlappenden Orbitale immer die gleichen „Farbverteilungen" haben. Anders ausgedrückt: Eine Diels-Alder-Reaktion vollzieht sich mit relativer Leichtigkeit. Eine vertiefte Erörterung der Diels-Alder-Reaktion und anderer Cycloadditionen findet in Abschnitt 28.4 statt.

Vorhersage des Reaktionsproduktes, wenn beide Reagenzien unsymmetrisch substituiert sind

Bei jeder der vorangegangenen Diels-Alder-Reaktionen wurde nur ein Produkt gebildet (wir vernachlässigen die Möglichkeit von Stereoisomeren), weil jeweils mindestens einer der Reaktionsteilnehmer symmetrisch substituiert war. Falls sowohl das Dien als auch das Dienophil unsymmetrisch substituiert sind, sind zwei Produkte möglich. Die Produkte sind in diesem Fall Konstitutionsisomere.

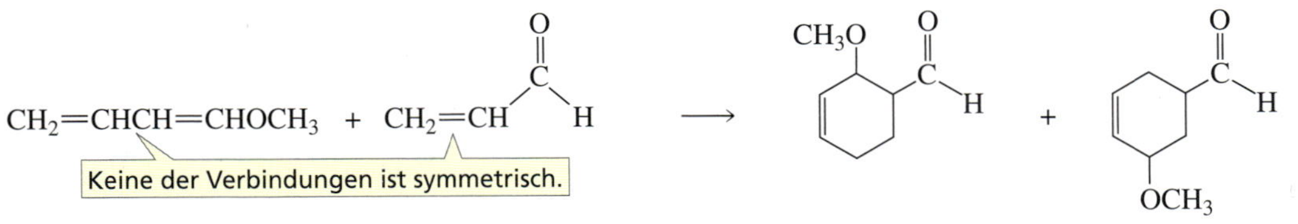

Es sind zwei Produkte möglich, weil die Reaktanten sich auf zweierlei Weise zueinander auszurichten vermögen. (Um die Struktur des zweiten Produkts zu bestimmen, müssen Sie die Position eines Reaktanten auf den Kopf stellen, während sie den anderen in seiner Position ausharren lassen.)

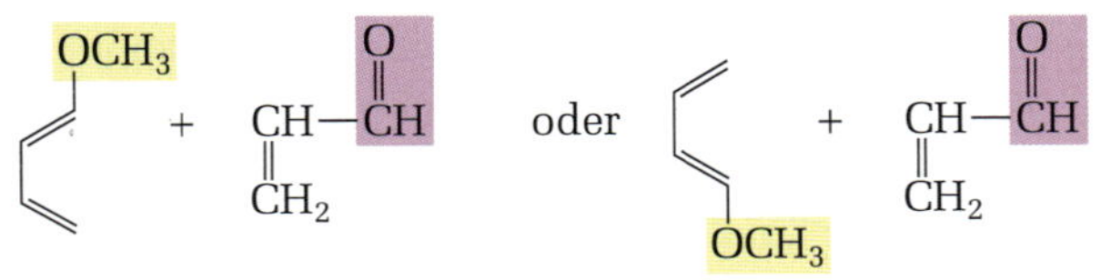

Welches der beiden Produkte gebildet – oder in höherer Ausbeute gebildet – wird, hängt von den Ladungsverteilungen in beiden Ausgangsverbindungen ab. Um die Ladungsverteilung zu ermitteln, müssen wir zunächst die mesomeren Grenzzustände aufzeichnen. In der oben dargestellten Reaktion ist die Methoxygruppe des Diens dazu in der Lage, *Elektronen durch Resonanz (+M-Effekt)* beizusteuern. Als Folge davon trägt das endständige Kohlenstoffatom eine negative Partialladung. Die Aldehydgruppe des Dienophils andererseits *entzieht Elektronen Resonanz (–M-Effekt)*. Das endständige C-Atom trägt hier eine positive Partialladung.

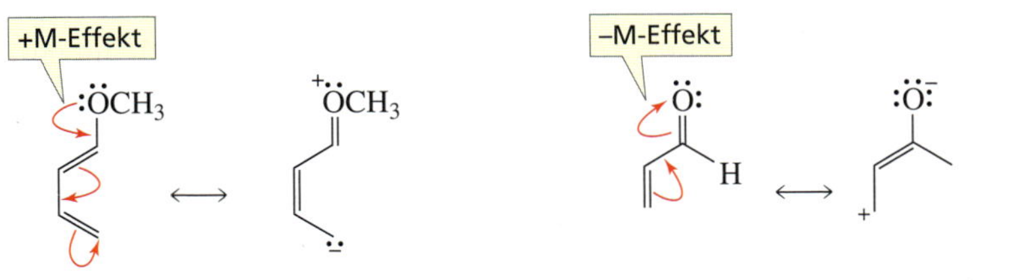

Grenzstrukturen des Diens **Grenzstrukturen des Dienophils**

Das partiell positiv geladene Kohlenstoffatom des Dienophils wird sich bevorzugt an das partiell negativ geladene C-Atom des Diens binden. Das Hauptprodukt der Reaktion ist die unten gezeigte Verbindung.

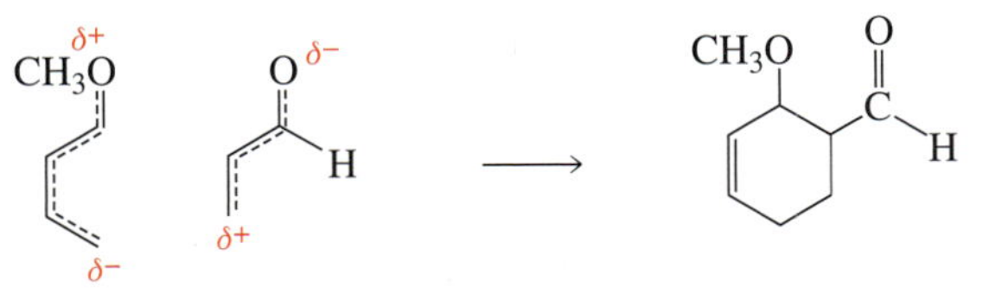

Ü 40* Welches wäre das Hauptreaktionsprodukt, falls die Methoxygruppe im vorhergehenden Beispiel am C-2 statt am C-1 angesiedelt wäre?

Ü 41 Formulieren Sie eine generelle Regel, die benutzt werden kann, um die Hauptprodukte einer Diels-Alder-Reaktion zwischen einem Alken mit einem elektronenziehenden Substituent und einen Dien mit einem elektronenschiebenden Substituent, abhängig von der Position des Substituenten am Dien, vorherzusagen.

Ü 42* Geben Sie die Produkte der nachfolgenden Reaktionen an:

(a) $CH_2{=}CH{-}CH{=}CH{-}CH_3 + HC{\equiv}C{-}C{\equiv}N \xrightarrow{\Delta}$

(b) $CH_2{=}CH{-}C(CH_3){=}CH_2 + HC{\equiv}C{-}C{\equiv}N \xrightarrow{\Delta}$

Konformationen des Diens

Wir haben in Abschnitt 8.8 gesehen, dass ein konjugiertes Dien wie 1,3-Butadien in einer planaren Konformation am stabilsten ist. Ein konjugiertes Dien kann in zwei verschiedenen planaren Konformationen existieren: Einer *s-cis*-Konformation und einer *s-trans*-Konformation. Rufen Sie sich ins Gedächtnis, dass eine Konformation aus der Rotation um Einfachbindungen hervorgeht; siehe Abschnitt 3.11.

In der ***s-cis*-Konformation** liegen die Doppelbindungen *cis*-ständig um die Einfachbindung (s = singulär); in der ***s-trans*-Konformation** liegen sie natürlich *trans*-ständig um die Einfachbindung. Die *s-trans*-Konformation ist etwas stabiler als die *s-cis*-Konformation (um 2,3 kcal/mol), weil die enge Nachbarschaft zwischen den H-Atomen zu einer leichten sterischen Spannung des Moleküls führt (Abschnitt 3.11). Die Rotationsbarriere zwischen der *s-cis*- und der *s-trans*-Konformation ist mit 4,9 kcal/mol niedrig genug, um bei Zimmertemperatur eine rasche Interkonversion der Konformeren zu ermöglichen.

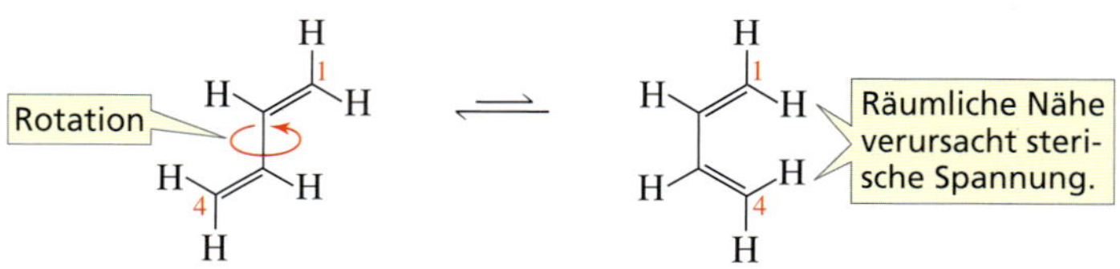

***s-trans*-Konformer** ***s-cis*-Konformer**

Um an einer Diels-Alder-Reaktion teilnehmen zu können, muss das konjugierte Dien eine *s-cis*-Konformation einnehmen, weil in der *s-trans*-Konformation die Kohlenstoffatome 1 und 4 zu weit voneinander entfernt sind, um mit dem Dienophil in einer konzertierten Reaktion reagieren zu können. Ein konjugiertes Dien, das in der *s-trans*-Konformation „eingefroren" ist, kann daher keine Diels-Alder-Reaktion durchlaufen, da es nicht um die benötigte *s-cis*-Konformation rotieren kann.

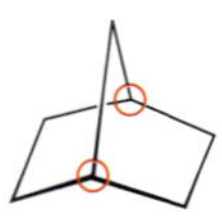

verbrückte bizyklische Ringe
2 Ringe teilen
2 nicht benachbarte Kohlenstoffatome.

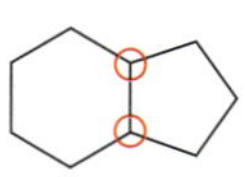

anellierte bizyklische Ringe
2 Ringe teilen

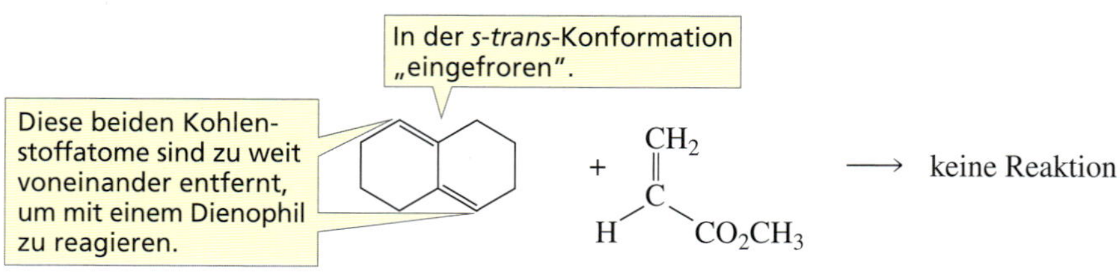

Ein in einer *s-cis*-Konformation eingefrorenes Dien wie 1,3-Cyclopentadien verhält sich daher in einer Diels-Alder-Reaktion hochreaktiv. Wenn das Dien eine zyklische Verbindung ist, ist das Produkt der Diels-Alder-Reaktion dieser Verbindung eine **verbrückte bizyklische Verbindung** – eine Verbindung, die zwei Ringe enthält, denen zwei nichtbenachbarte Kohlenstoffatome gemeinsam sind.

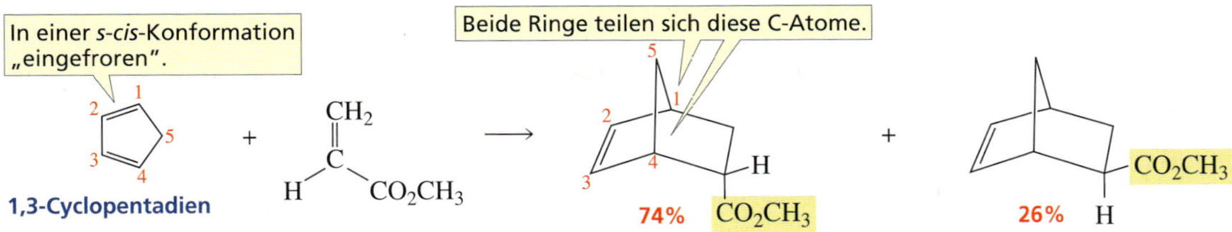

1,3-Cyclopentadien

verbrückte bizyklische Verbindungen

exo- und endo-Produkte

Es existieren zwei mögliche Konformationen für substituierte verbrückte Bicyclen, weil der Substituent R von der Doppelbindung weg (die **exo**-Konfiguration) oder zur Doppelbindung hin zeigen kann (die **endo**-Konfiguration).

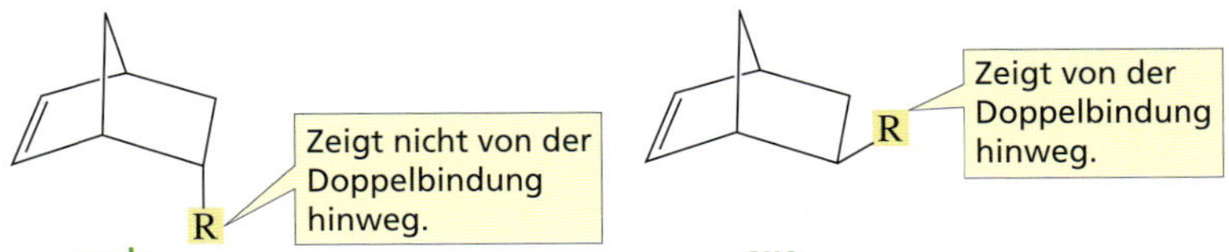

endo **exo**

▶ Abbildung 8.15 zeigt, wie exo- und endo-Produkte gebildet werden.

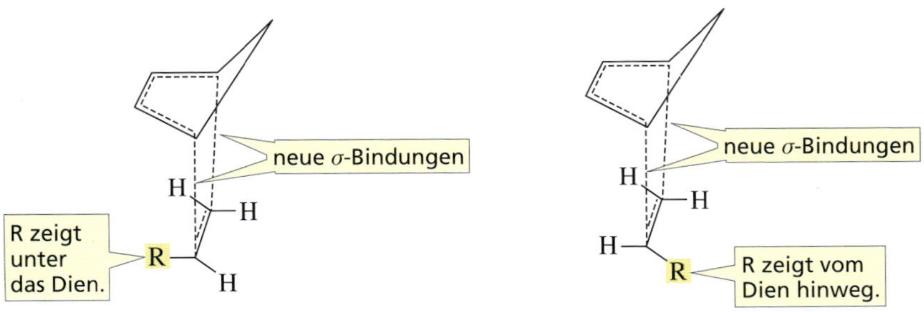

endo-Übergangszustand **exo-Übergangszustand**

Abbildung 8.15: Die Übergangszustände für die Bildung der exo- und endo-Produkte zeigen, dass zwei Produkte gebildet werden, weil das Dienophil sich in der Reaktion in zwei verschiedenen Arten anordnen kann. R kann entweder unter das Dien (endo) oder von ihm hinweg zeigen (exo).

MERKE!

Wenn das Dienophil neben den π-Elektronen der Kohlenstoff-Kohlenstoff-Doppelbindung noch weitere π-Elektronen besitzt, wird eine größere Menge des endo-Produktes gebildet.

Das endo-Produkt bildet sich schneller, wenn das Dienophil einen Substituenten mit π-Elektronen besitzt. Neuere Untersuchungen deuten darauf hin, dass die größere Geschwindigkeit der Bildung des endo-Produkts auf die Interaktion zwischen π-Elektronen des Substituenten mit π-Elektronen des Ringes zurückführen lässt, die den Übergangszustand stabilisiert. Ein Substituent in exo-Position kann eine solche stabilisierende Interaktion nicht ausführen.

Ü 43* Welche der nachfolgend abgebildeten konjugierten Diene würden nicht mit einem Dienophil in einer Diels-Alder-Reaktion reagieren?

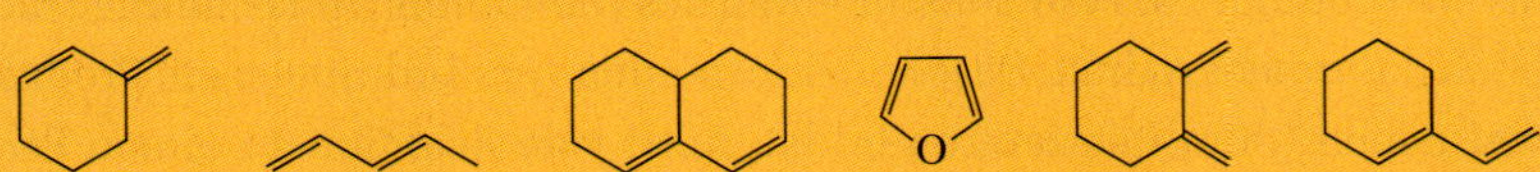

A B C D E F

Ü 44 Was sind die Produkte der folgenden Reaktionen?

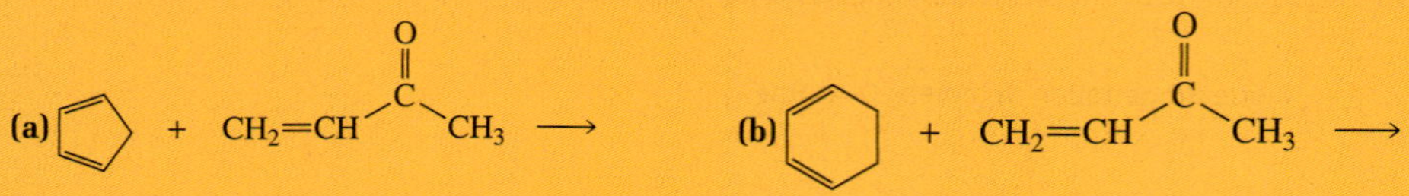

Ü 45 mit Lösung

Ordnen Sie die folgenden Diene in der Reihenfolge abnehmender Reaktivität in Diels-Alder-Reaktionen:

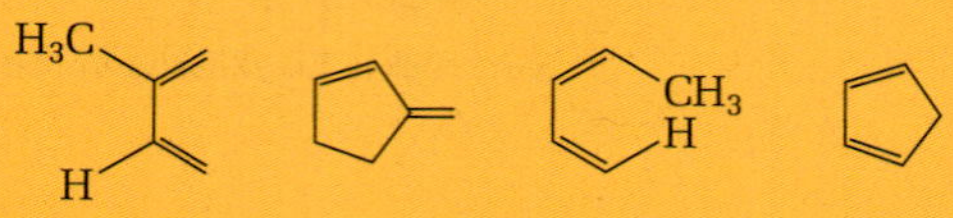

Lösung

Das reaktivste Dien ist dasjenige, dessen Doppelbindungen in einer *s-cis*-Konformation eingefroren sind, wohingegen das am wenigsten reaktive Dien die erforderliche *s-cis*-Konformation nicht einnehmen kann, weil es in einer *s-trans*-Konformation gefangen ist. 2-Methyl-1,3-Butadien und 1,3-Pentadien sind von intermediärer Reaktivität, weil sie sowohl in *s-cis-* wie auch in *s-trans*-Konformationen vorliegen können. 1,3-Pentadien ist weniger geneigt, in der für die Reaktion erforderlichen *s-cis*-Konformation vorzuliegen, weil eine sterische Wechselwirkung zwischen dem Wasserstoffatom und der Methylgruppe vorliegt. Folglich ist das 1,3-Pentadien weniger reaktiv als das 2-Methyl-1,3-Butadien.

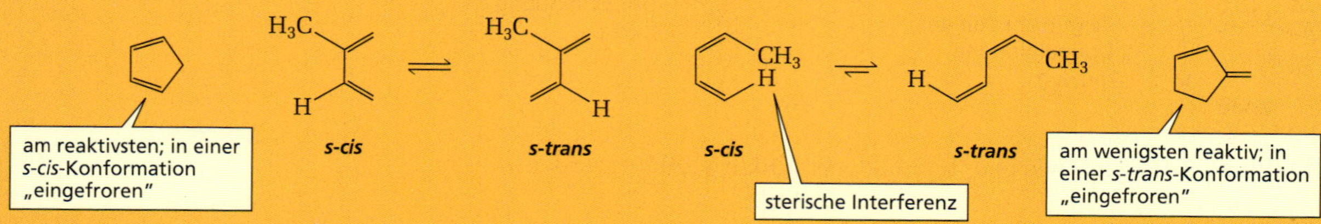

Die Reihenfolge der Reaktivität unserer vier Diene ist demnach wie folgt:

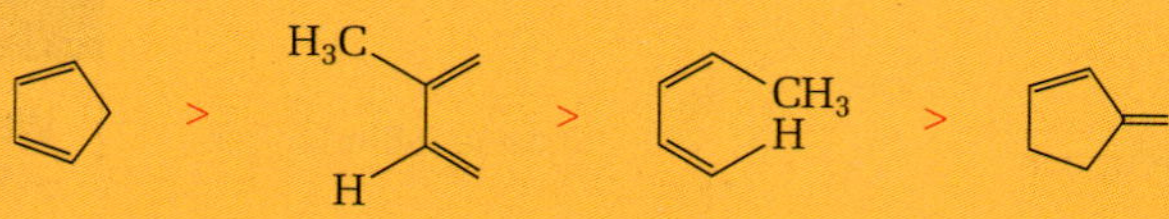

Der stereochemische Verlauf der Diels-Alder-Reaktion

Genau wie bei allen anderen Reaktionen, die wir bis jetzt gesehen haben, ist es so, dass eine Diels-Alder-Reaktion zu einem Produkt mit einem Chiralitätszentrum führt, bilden sich gleiche Mengen des *R*- und des *S*-Enantiomers. Das Reaktionsprodukt wird also ein racemisches Gemisch sein (Abschnitt 6.13).

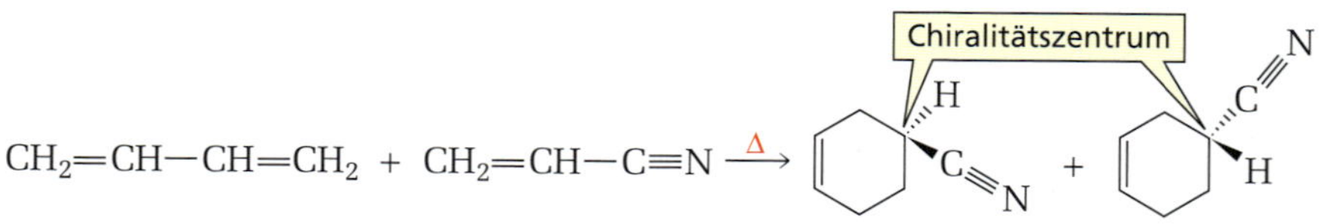

Die Diels-Alder-Reaktion ist im Hinblick auf sowohl das Dien wie das Dienophil eine *syn*-Addition: Eine Seite des Diens lagert sich an eine Seite des Dienophils an. Daher gilt: Falls die Substituenten des *Dienophils cis*-ständig sind, bildet sich das *cis*-Produkt; falls die Substituenten des *Dienophils trans*-ständig sind, bildet sich das *trans*-Produkt. Da jede der folgenden *syn*-Additionen ein Produkt mit zwei neuen Chiralitätszentren bildet, führt jede Reaktion zu einem Paar von Enantiomeren (Abschnitt 6.13). Der stereochemische Verlauf der Reaktion wird vertiefend in Abschnitt 28.4 behandelt.

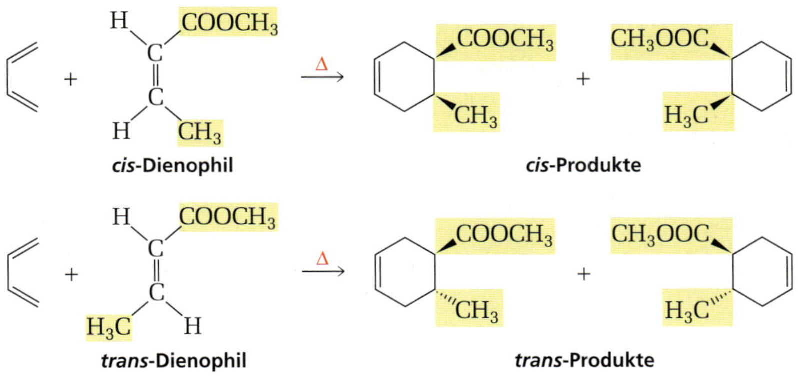

Ü 46* Erklären Sie, warum die folgenden Reaktionsprodukte nicht optisch aktiv sind:

(a) Das Produkt aus der Reaktion von 1,3-Butadien mit *cis*-1,2-Dichlorethen.

(b) Das Produkt aus der Reaktion von 1,3-Butadien mit *trans*-1,2-Dichlorethen.

Retrosynthetische Analyse von Diels-Alder-Reaktionen 8.15

Um die Reaktanten für ein Diels-Alder-Produkt zu bestimmen, müssen Sie zunächst:

1. Die Doppelbindung im Produkt lokalisieren. Das Dien, das für die Synthese der Zielverbindung benutzt wurde, besaß Doppelbindungen auf jeder Seite der Doppelbindung im Produkt. Zeichnen Sie also diese Bindungen und entfernen Sie die erstgenannte Doppelbindung.
2. Die neuen σ-Bindungen sind nach der Reaktion auf der anderen Seite dieser Doppelbindungen. Entfernen Sie diese σ-Bindungen und platzieren Sie eine π-Bindung zwischen den beiden Kohlenstoffatomen, die an den entfernten σ-Bindungen lagen. Dies führt zurück zu den Reaktanten, also dem Dienophil und dem Dien.

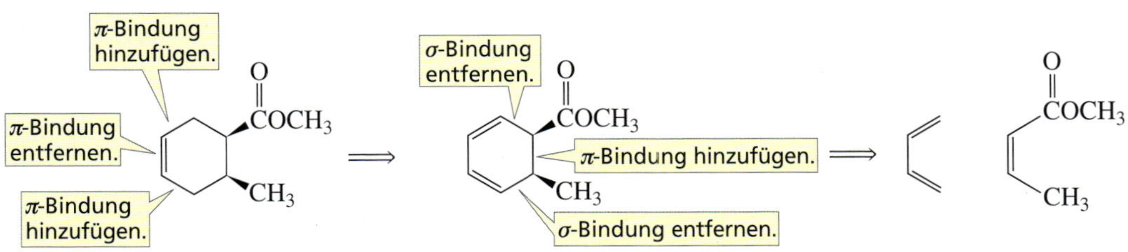

Lassen Sie uns nun diese beiden Regeln anwenden, um die Reaktanten für die Synthese einer verbrückten bizyklischen Verbindung zu bestimmen.

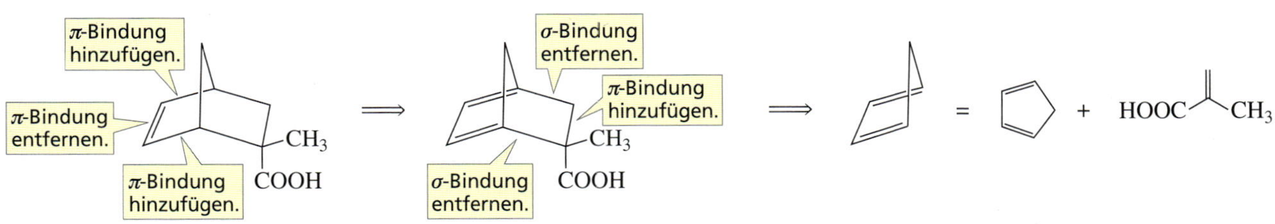

Ü 47* Welches Dien und welches Dienophil müssen genutzt werden, um die folgenden Verbindungen zu synthetisieren?

(a) 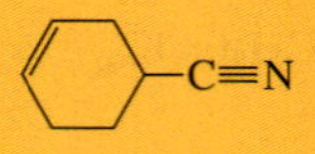

(c) 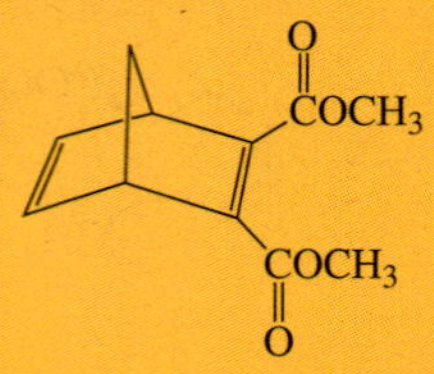

(e) 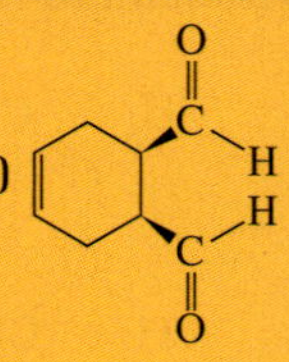

(b) 

(d) 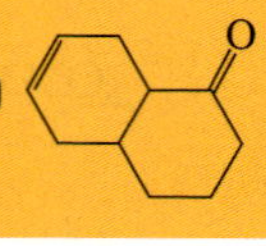

(f) 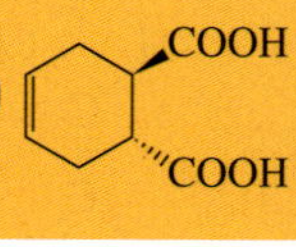

Benzol ist eine aromatische Verbindung 8.16

Die beiden Grenzformeln von Benzol sind identisch, also müssen wir erwarten, dass Benzol eine relativ große Delokalisationsenergie zeigt (Abschnitt 8.6).

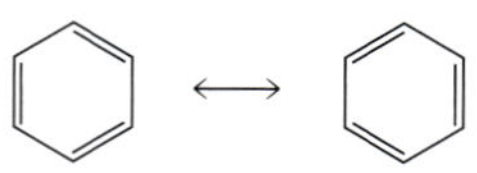

MERKE!

Aromatische Verbindungen sind außergewöhnlich stabil.

Die Daten für die Hydrierungswärme, die in ► Abbildung 8.16 gezeigt sind, weisen darauf hin, dass die Delokalisationsenergie sogar noch größer (36 kcal/mol), als für eine Verbindung mit zwei äquivalenten Grenzstrukturen erwartet, ist. Die meisten Verbindungen mit hohen Delokalisationsenergien, wie Benzol, sind **aromatische Verbindungen** (Abschnitt 8.17).

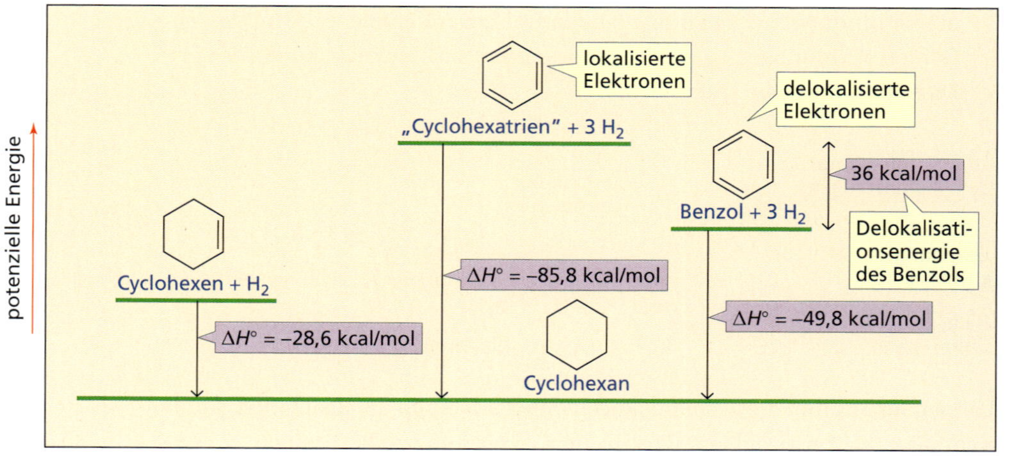

Abbildung 8.16: Cyclohexen, eine Verbindung mit einer lokalisierten Doppelbindung, hat eine experimentelle Hydrierungsenthapie ($\Delta H°$) von –28,6 kcal/mol bei der Reaktion mit H_2 und bildet Cyclohexan. Daher müsste $\Delta H°$ für die Hydrierung von Cyclohexatrien, eine hypothetische Verbindung mit drei lokalisieren Doppelbindungen, theoretisch dreimal so groß ($\Delta H° = 3 \times -28{,}6$ kcal/mol = –85,8 kcal/mol) sein wie für Cyclohexen. Benzol, das drei Doppelbindungen mit delokalisierten π-Elektronen aufweist, zeigt aber nur eine experimentelle $\Delta H°$ = –49,8 kcal/mol bei seiner Hydrierung zu Cyclohexan. Der Energieunterschied zwischen „Cyclohexatrien" und Benzol (36 kcal/mol) ist die Delokalisationsenergie des Benzols. Diese zusätzliche Stabilisierung erhält Benzol aufgrund seiner delokalisierten Elektronen.

Durch seine große Delokalisationsenergie ist Benzol eine extrem stabile Verbindung. Es geht daher keine elektrophilen Additionsreaktionen ein, die charakteristisch für Alkene sind (außer unter extremen Bedingungen). Beachten

Sie die Bedingungen, die Sabatier anwenden musste, um Benzol zu reduzieren (Abschnitt 8.1). Nun können Sie verstehen, warum die ungewöhnliche Stabilität von Benzol die Köpfe vieler Chemiker*innen im 19. Jahrhundert, die noch nichts von Elektronendelokalisation (Abschnitt 8.1) wussten, zum Rauchen brachte.

Die beiden Kriterien für Aromatizität 8.17

Wie können wir wissen, ob eine Verbindung aromatischen Charakter hat, wenn wir ihre Molekülstruktur betrachten? Anders herum gefragt: Welche molekularen Strukturmerkmale haben alle aromatischen Verbindungen gemeinsam?

Um als aromatische Verbindung eingestuft zu werden, muss eine chemische Verbindung die folgenden Kriterien erfüllen:

1. *Sie muss eine ununterbrochene zyklische Wolke aus π-Elektronen besitzen, die sich oberhalb und unterhalb der Molekülebene erstreckt.* Betrachten wir eingehender, was dies bedeutet:
   - Damit die π-Elektronenwolke zyklisch sein kann, *muss das gesamte Molekül zyklisch sein.*
   - Damit die π-Elektronenwolke durchgehend sein kann, *muss jedes Atom ein p-Orbital beisteuern können.*
   - Damit sich die π-Elektronenwolke ausbilden kann, muss jedes der teilnehmenden *p*-Orbitale mit den benachbarten *p*-Orbitalen zu beiden Seiten überlappen. Damit dies geschehen kann, *muss das Molekül planar sein.*
2. *Die π-Elektronenwolke muss eine ungerade Zahl von π-Elektronenpaaren enthalten.*

Benzol ist deshalb eine aromatische Verbindung, weil das Molekül eine zyklische Struktur aufweist und planar ist. Jedes Kohlenstoffatom des Molekülrings weist ein freies *p*-Orbital auf, und die π-Elektronenwolke enthält *drei* Paare π-Elektronen (► Abbildung 8.1).

MERKE!

Damit eine chemische Verbindung aromatischen Charakter aufweisen kann, muss sie zyklisch und planar sein und eine durchgehende Wolke von π-Elektronen aufweisen. Die π-Elektronenwolke muss eine ungerade Zahl von π-Elektronenpaaren enthalten.

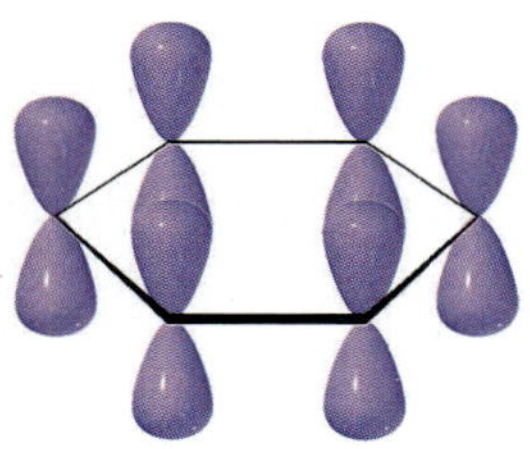

***p*-Orbitale des Benzols**

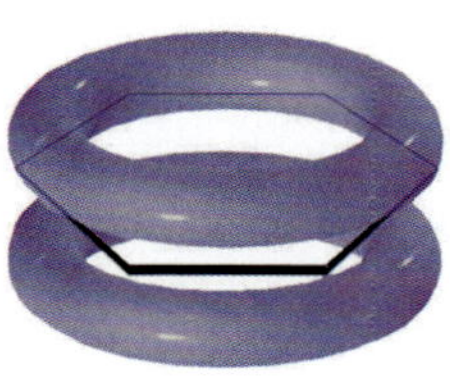

π-Elektronenwolke des Benzols

Benzol besitzt drei Paare von π-Elektronen.

Der deutsche Physiker Erich Hückel war der Erste, der erkannte, dass für den aromatischen Zustand eine ungerade Zahl von π-Elektronenpaaren vonnöten ist. Im Jahr 1931 schrieb er diese Erkenntnis in Form einer nach ihm bekannten Regel, der **Hückel-Regel**, nieder. Diese Regel besagt, dass ein zyklisch-planares Molekül eine durchgehende Wolke aus $\mathbf{(4\,n + 2)}$ π-Elektronen enthalten muss, um aromatischen Charakter zu besitzen. Dabei ist n eine beliebige natürliche Zahl, einschließlich der Null. Gemäß der Hückel-Regel muss eine aromatische Verbindung also 2 ($n = 0$), 6 ($n = 1$), 10 ($n = 2$), 14 ($n = 3$), 18 ($n = 4$) usw.

π-Elektronen enthalten. Da immer zwei Elektronen ein Elektronenpaar bilden, sagt die Hückel-Regel also, dass eine aromatische Verbindung 1, 3, 5, 7, 9, ... π-Elektronenpaare enthalten muss. Die Hückel-Regel ist eine mathematisch exakte Formulierung dafür, dass eine aromatische Verbindung eine *ungerade* Anzahl von π-Elektronenpaaren enthalten muss.

Ü 48* Welche der folgenden Verbindungen sind aromatisch?

(a) 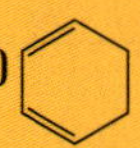

(b) 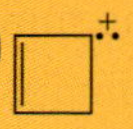

(c) 

(d) 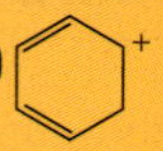

(e) 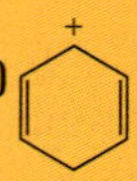

(f) $CH_2{=}CHCH{=}CHCH{=}CH_2$

Ü 49*

(a) Wie groß ist die in der Hückel-Regel auftretende Zahl n, wenn eine chemische Verbindung neun π-Elektronenpaare enthält?

(b) Ist eine solche Verbindung aromatisch?

Anwendung der Aromatizitätskriterien 8.18

Das Cyclobutadien besitzt zwei π-Elektronenpaare und das Cyclooctatetraen vier. Anders als das Benzol sind diese Verbindungen nicht aromatisch, weil sie die Hückel-Regel nicht erfüllen. Sie besitzen eine gerade, keine ungerade Zahl von π-Elektronenpaaren. Es gibt noch einen weiteren Grund, warum das Cyclooctatetraen nicht aromatisch ist: Es ist kein planares, sondern ein „wannenförmiges" Molekül. Da Cyclobutadien und Cyclooctatetraen keine Aromaten sind, zeigen sie auch nicht die ungewöhnlich hohe Stabilität und Reaktionsträgheit, die für aromatische Verbindungen kennzeichnend ist.

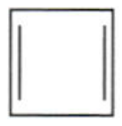

Cyclobutadien

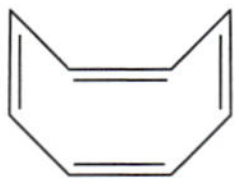

Cyclooctatetraen

Schauen wir uns nun noch weitere Verbindungen an und ermitteln wir, ob diese aromatischen Charakter haben.

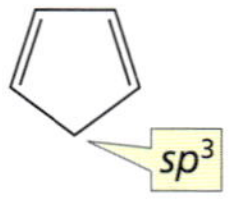

Cyclopentadien
nicht aromatisch

Das Cyclopentadien ist nicht aromatisch, weil es über keine ununterbrochene Folge von unhybridisierten p-Orbitalen im Molekül verfügt. Eines seiner Ringkohlenstoffatome ist sp^3-hybridisiert, aber nur sp^2- und sp-hybridisierte C-Atome verfügen über nichthybridisierte p-Orbitale. Das Cyclopentadien erfüllt somit das erste Kriterium für Aromatizität nicht.

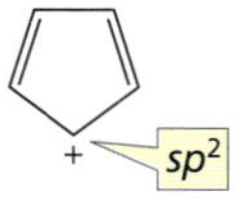

Cyclopentadienylkation
nicht aromatisch

Das Cyclopentadienylkation ist ebenfalls nicht aromatisch, weil seine π-Elektronenwolke eine gerade Anzahl (zwei) von Elektronenpaaren aufweist, obwohl ein durchgehender Ring von p-orbitaltragenden Atomen im Molekül vorliegt.

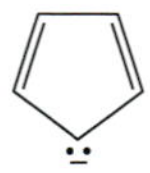

Cyclopentadienyl-anion
aromatisch

Das Cyclopentadienylanion hingegen ist aromatisch: Es besitzt eine durchgehende Folge von *p*-orbitaltragenden Atomen, und seine π-Elektronenwolke enthält drei (eine ungerade Zahl) von delokalisierten π-Elektronenpaaren.

Woher wissen wir, dass die freien Elektronenpaare in Cyclopentadienylanion π-Elektronen sind? Es gibt einen einfachen Weg dies herauszufinden: Wenn ein freies Elektronenpaar benutzt werden kann, um eine π-Bindungen im Ring einer Grenzstruktur zu bilden. Dann sind die freien Elektronenpaare π-Elektronen.

Grenzstrukturen des Cyclopentadienylanions

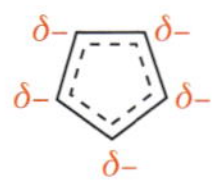

Resonanzhybrid

> **MERKE!**
>
> **Achten Sie beim Zeichnen von Grenzstrukturen immer darauf, nur Elektronen zu verschieben und keine Atome.**

Der mesomere Zustand zeigt, dass alle Kohlenstoffatome im Cyclopentadienylanion äquivalent sind. Jedes Kohlenstoffatom trägt exakt ein Fünftel der negativen Ladung des Anions.

Die Kriterien, die für die Bestimmung der Aromatizität in monozyklischen Kohlenwasserstoffen genutzt werden, können ebenfalls dazu herangezoge werden, die Aromatizität von polyzyklischen Kohlenwasserstoffen festzustellen. Naphthalin (fünf π-Elektronenpaare), Phenanthren (sieben π-Elektronenpaare) und Chrysen (neun π-Elektronenpaare) sind aromatisch.

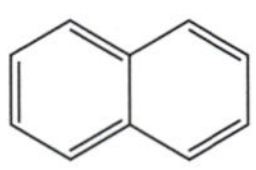

Naphthalin

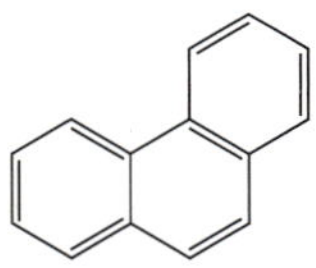

Phenanthren

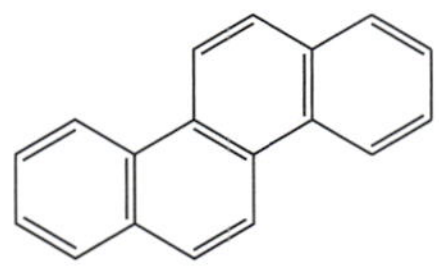

Chrysen

Ü 50* Welche Verbindung(en) ist/sind in den nachfolgenden Reihen aromatisch? Erklären Sie Ihre Auswahl.

(a)

Cyclopropen

Cyclopropen-kation

Cyclopropen-anion

(b)

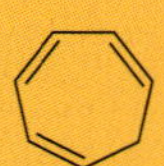

Cycloheptatrien

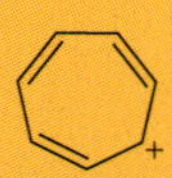

Cycloheptatrien-kation

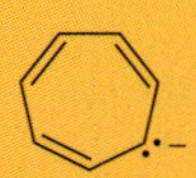

Cycloheptatrien-anion

> **CHEMIE IM ALLTAG**
>
> **Wir bauen einen „Buckyball":**
>
> **http://www.chemie-im-alltag.de/articles/0079**

HINTERGRUND

Fullerene

Geodätischer Kuppelbau.

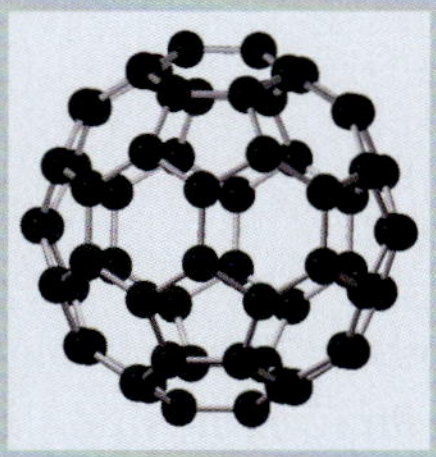

C_{60} Buckminsterfulleren.

Diamant und Graphit (Abschnitt 1.8) sind zwei uns vertraute Erscheinungsformen des Elementes Kohlenstoff. Eine neuartige dritte Modifikation des Kohlenstoffs wurde unverhofft im Jahr 1985 entdeckt, als Wissenschaftler*innen Experimente zur Entstehung langkettiger Moleküle im Weltraum durchführten. R. Smalley, R. Curl Jr. und H. Kroto wurde für die Entdeckung dieser neuartigen Erscheinungsform des Kohlenstoffs gemeinschaftlich der Nobelpreis im Fach Chemie des Jahres 1996 verliehen. Sie haben die von ihnen entdeckte Substanz Buckminsterfulleren genannt – ein Name, der wegen seiner Kompliziertheit bald zu Fulleren verkürzt wurde. Der Name leitet sich von dem Namen des Architekten R. Buckminster Fuller ab, der für seine geodätischen Kuppelbauten bekannt geworden war. Im Englischen spricht man verniedlichend oft auch von „Buckyballs“, Buckybällen, weil die Molekülstruktur kugelförmig ist.

Als Hohlkugel aus 60 Kohlenstoffatomen ist das C_{60}-Fulleren das Großmolekül mit dem höchsten bekannten Symmetriegrad. Wie Graphit enthält auch das Fulleren nur sp^2-hybridisierte Kohlenstoffatome. Statt jedoch wie im Graphit zu Schichten angeordnet zu sein, sind die Atome des C_{60}-Fullerens zu einer fußballartigen Struktur miteinander verknüpft. Jedes Molekül besteht aus 32 ineinandergreifenden Ringen, 20 Hexagonen und 12 Pentagonen. Auf den ersten Blick scheint das Fulleren aufgrund seiner benzol-ähnlichen Struktur aromatisch zu sein. Die Krümmung der Molekülkugel verhindert jedoch, dass das erste Kriterium für Aromatizität erfüllt werden kann: Das Molekül ist nicht planar; daher sind Fullerene nicht aromatisch. Die Antwort auf diese interessante strukturchemische Frage ist tatsächlich jedoch komplizierter und würde hier den Rahmen sprengen; interessierten Lesern sei die folgende, weiterführende Abhandlung zu diesem Thema empfohlen: *M. Bühl and A. Hirsch: Spherical Aromaticity of Fullerenes; Chemical Reviews (2001), vol. 101: 1153–1183.*

Die Fullerene haben außerordentliche physikalische und chemische Eigenschaften. Da sie im Grunde leere Käfige sind, können sie so verändert werden, dass völlig neuartige, bis dato unbekannte Werkstoffe entstehen. Wenn beispielsweise ein Fulleren mit einem eingebrachten Kalium- oder Cäsiumatom in seinem Innenraum dotiert wird, wird es zu einem ausgezeichneten Supraleiter. Diese Verbindungen sind nunmehr in der Erprobung für eine Reihe von möglichen Anwendungen, einschließlich der Entwicklung neuer Polymermaterialien, neuer Katalysatoren und neuartiger Medikamentenverabreichungssysteme. Die Entdeckung der Fullerene, von denen es neben dem C_{60} noch eine Reihe anderer Vertreter gibt, ist ein treffendes Beispiel dafür, wie technologischer Fortschritt aus Grundlagenforschung erwachsen kann.

Ü 51 mit Lösung

Der pK_S-Wert von Cyclopentan liegt über 60, was für ein Wasserstoffatom an einen sp^3-hybridisierten Kohlenstoffatom durchaus erwartet werden kann. Erklären Sie warum Cyclopentadien eine wesentlich stärkere Säure (pK_S-Wert = 15) ist, obwohl sein Proton ebenfalls an ein sp^3-hybridisiertes Kohlenstoffatom gebunden ist.

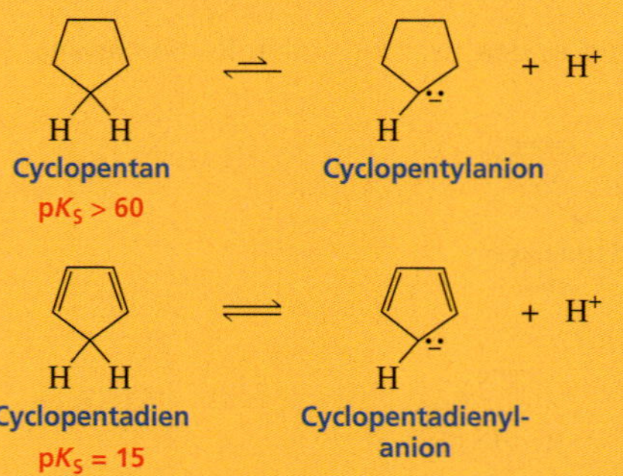

Lösung

Um diese Frage zu beantworten, müssen wir uns zunächst mit den Stabilitäten der Anionen, die beim Verlust der Protonen gebildet werden, beschäftigen. Beachten Sie, dass die einer Säure durch die Stabilität ihrer konjugierten Base bestimmt wird; je stabiler die Base, desto stärker ist die konjugierte Säure; Abschnitt 2.6). Alle Elektronen im Cyclopentylanion sind lokalisiert. Im Gegensatz dazu ist das Cyclopentadienylanion aromatisch. Durch die Aromatizität ist das Cyclopentadienylanion ein ungewöhnlich stabiles Carbanion, dies verursacht auch die ungewöhnliche Stärke der Säure (zumindest im Vergleich zu anderen Verbindungen mit Protonen an sp^3-hybridisierten Kohlenstoffatomen).

STRATEGIEN ZUR PROBLEMLÖSUNG

■ Analyse der Elektronenverteilung

Welche der folgenden Verbindungen hat das größere Dipolmoment?

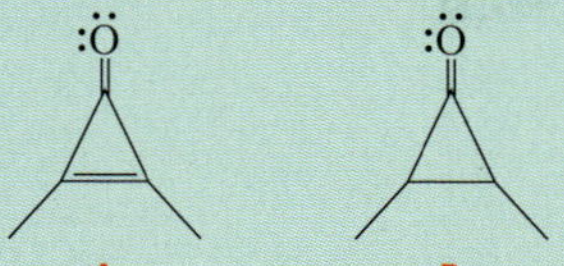

A B

Das Dipolmoment dieser Verbindungen entsteht durch das ungleiche Verteilen die Elektronen auf Kohlenstoff und Sauerstoff. Das Dipolmoment nimmt zu, je ungleicher die Verteilung wird, also lautet die Frage eher: Welche Verbindung hat die größere negative Ladung am Sauerstoffatom? Um dies herauszufinden, müssen wir Strukturen mit einer negativen Ladung am Sauerstoffatom zeichnen und ihre relativen Stabilitäten bestimmen.

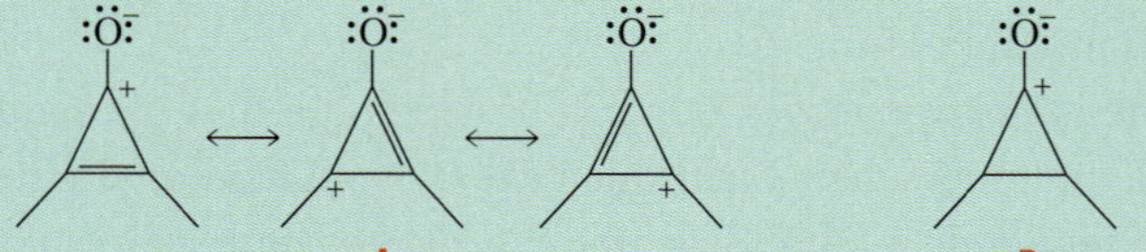

A B

Wir sehen, dass **A** drei Resonanzstrukturen besitzt, die alle aromatisch sind, während sich die negative Ladung am Sauerstoffatom befindet. **B** hat keine Grenzstrukturen. Daher besitzt **A** eine größere Konzentration von negativer Ladung am Sauerstoffatom und daher auch ein größeres Dipolmoment.

Ü 52*

(a) Sagen Sie die relativen pK_S-Werte von Cyclopentadien und Cycloheptatrien voraus.

(b) Sagen Sie die relativen pK_S-Werte von Cyclopropen und Cyclopropan voraus.

Ü 53* Was ist besser wasserlöslich: 3-Bromcyclopropen oder Bromcyclopropan?

Ü 54

(a) In welche Richtung wirkt das Dipolmoment in Fulven? Erklären Sie warum.

(b) In welche Richtung wirkt das Dipolmoment in Calicen? Erklären Sie warum.

Fulven Calicen

8.19 Eine molekülorbitaltheoretische Beschreibung des aromatischen und des antiaromatischen Zustandes

Die relativen Energien der π-Molekülorbitale eines planaren Moleküls mit einer ununterbrochenen π-Elektronenwolke können ermittelt werden – ohne dass man dazu irgendwelche Mathematik bemühen müsste – indem man zunächst die zyklische Verbindung so zeichnet, dass eine ihrer Ecken nach unten zeigt. Die relativen Energien der π-Molekülorbitale kann man sich als die relativen Niveaus der Ecken des Moleküls vorstellen (► Abbildung 8.17). Molekülorbitale unterhalb der Molekülmitte sind bindende Molekülorbitale, solche überhalb der Mittellinie antibindende; die, die genau auf der Mittellinie liegen, sind nichtbindend. Beachten Sie, dass die Zahl der π-Molekülorbitale die gleiche ist wie die Zahl der Atome des Molekülringes, weil jedes Ringatom ein π-Orbital beisteuert.

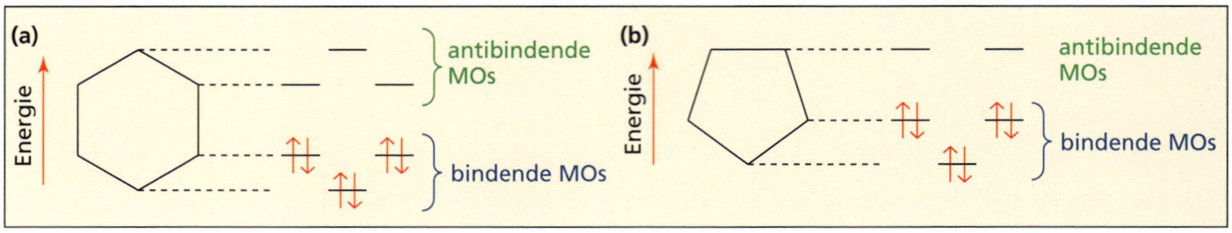

Abbildung 8.17: Die Verteilung der Elektronen auf die π-Molekülorbitale von (a) Benzol, (b) dem Cyclopentadienylanion.

MERKE!

Aromatische Verbindungen sind stabil, weil sie aufgefüllte bindende π-Molekülorbitale besitzen.

Molekülorbitale unterhalb der Molekülmitte sind bindende Molekülorbitale, solche überhalb der Mittellinie antibindende; die, die genau auf der Mittellinie liegen, sind nichtbindend.

Die sechs π-Elektronen des Benzols besetzen die drei bindenden π-Molekülorbitale, und die sechs π-Elektronen des Cyclopentadienylanions besetzen dessen drei bindende π-MOs. Beachten Sie, dass es immer eine ungerade Zahl bindender Molekülorbitale gibt, weil eines von ihnen dem unteren Scheitelpunkt des Moleküls entspricht und die anderen in energetisch entarteten Paaren auftreten. Folglich weisen aromatische Moleküle wie das Benzol und das Cyclopentadienylanion mit ihren ungeraden Zahlen von π-Elektronenpaaren vollständig besetzte bindende Molekülorbitale und unbesetzte nichtbindende und antibindende Orbitale auf. Dies ist, was den aromatischen Verbindungen ihre besondere Stabilität verleiht.

Antiaromatische Verbindungen

MERKE!

Antiaromatische Verbindungen sind sehr instabil.

Eine Verbindung wird als **antiaromatisch** klassifiziert, wenn sie das erste Kriterium Im der Aromatizität erfüllt, aber nicht das zweite. Anders gesagt sind diese Verbindungen planar und zyklisch und besitzen ein ununterbrochenes System von π-Elektronen, sie besitzen allerdings eine gerade Anzahl von π-Elektronenpaaren. Da antiaromatische Verbindungen nicht in der Lage sind, ihre Molekülorbitale zu füllen, sind sie instabil und dadurch auch reaktiv. Daher ist eine aromatische Verbindung *stabiler* als eine zyklische Verbindung mit lokalisierten Elektronen, eine antiaromatische Verbindung hingegen ist *weniger stabil*.

Relative Stabilität

aromatische Verbindung > zyklische Verbindung mit lokalisierten Elektronen > antiaromatische Verbindung

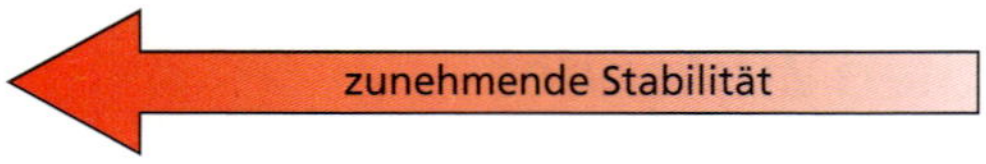

Ü 55 Zeichnen Sie nach den Angaben zur Erstellung eines π-Molekülorbitalenergieniveauschemas aus ► Abbildung 8.17 ein π-Molekülorbitalenergieniveauschema für das Cycloheptatrienylkation, das Cycloheptatrienylanion und das Cyclopropenylkation. Zeigen Sie für jede der Verbindungen die π-Elektronenverteilung auf. Welche der Verbindungen ist aromatischen Charakters?

Aromatische Heterozyklen 8.20

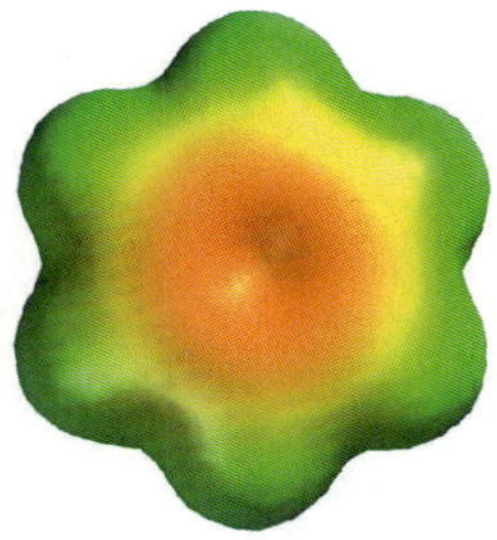

Benzol

Pyridin

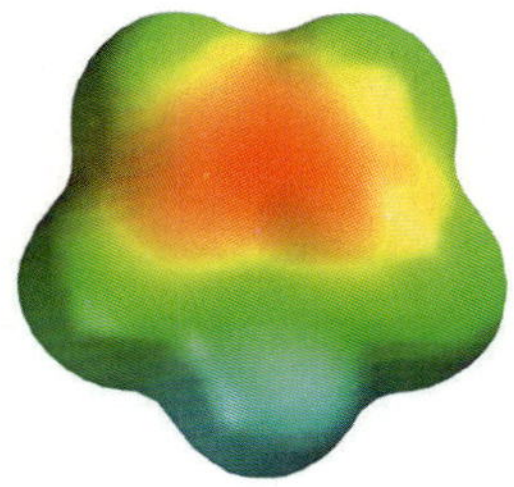

Pyrrol

Eine chemische Verbindung muss nicht unbedingt ein Kohlenwasserstoff sein, um aromatischen Charakter zu besitzen. Viele *heterozyklische Verbindungen* sind aromatisch. Eine **heterozyklische Verbindung** (ein Heterozyklus) ist eine zyklische chemische Verbindung, in der eines oder mehrere der Ringatome kein Kohlenstoffatom ist/sind. Das oder die Atome, die keine Kohlenstoffatome sind, heißen **Heteroatom(e)**. Der Begriff leitet sich vom griechischen Wort *heteros* ab, das „verschieden" bedeutet. Die am häufigsten vorkommenden Heteroatome sind N, O und S.

Heterozyklische Verbindungen

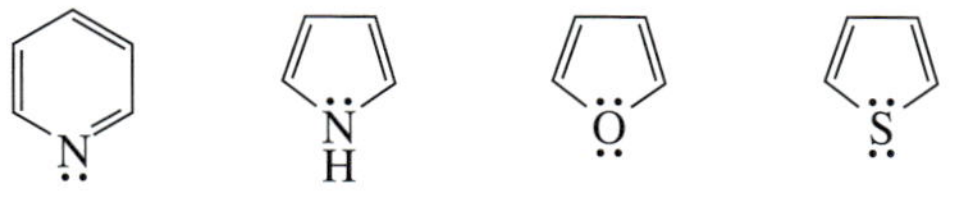

Pyridin Pyrrol Furan Thiophen

Pyridin

Das Pyridin ist aromatischer Heterozyklus. Jedes der sechs Ringatome im Pyridin ist sp^2-hybridisiert, was bedeutet, dass jedes über ein unhybridisiertes p-Orbital verfügt. Das Molekül enthält drei Paare π-Elektronen. Lassen Sie sich von dem freien Elektronenpaar am Stickstoffatom nicht verwirren; dabei handelt es sich nicht um π-Elektronen. Rufen Sie sich ins Gedächtnis, das freie Elektronenpaare nur dann π-Elektronen sind, wenn sie zur Bildung einer π-Bindung in einer Resonanzstruktur genutzt werden können. Da das Stickstoffatom sp^2-hybridisiert ist, besitzt es drei sp^2- und ein p-Orbital. Das p-Orbital wird zur Ausbildung einer π-Bindung herangezogen. Zwei der sp^2-Orbitale des Stickstoffs überlappen mit sp^2-Orbitalen der benachbarten Kohlenstoffatome; das dritte sp^2-Orbital des N-Atoms enthält das freie Elektronenpaar.

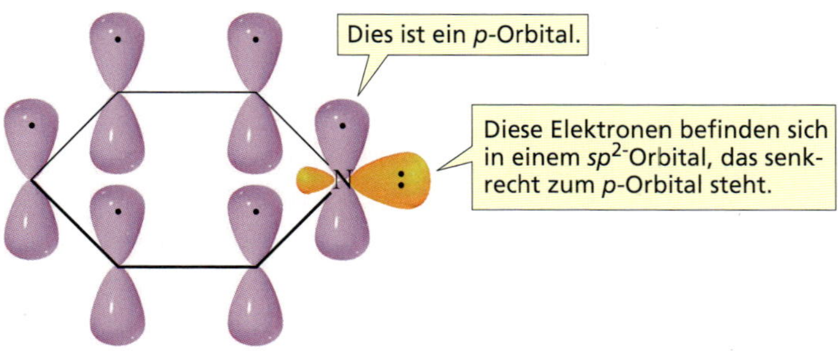

Orbitalstruktur des Pyridins

Pyrrol, Furan und Thiophen

Das Stickstoffatom im Pyrrol ist sp^2-hybridisiert. Daher besetzt es drei sp^2-Orbitale und ein p-Orbital. Es benutzt seine drei sp^2-Orbitale, um zwei Kohlenstoff- und ein Wasserstoffatom zu binden. Das freie Elektronenpaar befindet sich in einem p-Orbital, das mit den p-Orbitalen von benachbarten Kohlenstoffatomen überlappt. Pyrrol besitzt somit drei π-Elektronenpaare (sechs π-Elektronen; $4 \times 1 + 2$, der Hückel-Regel ist somit genüge getan) und ist ein Aromat.

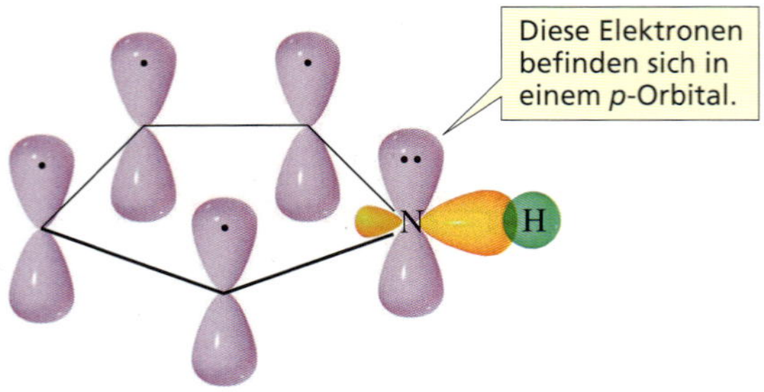

Orbitalstruktur des Pyrrols

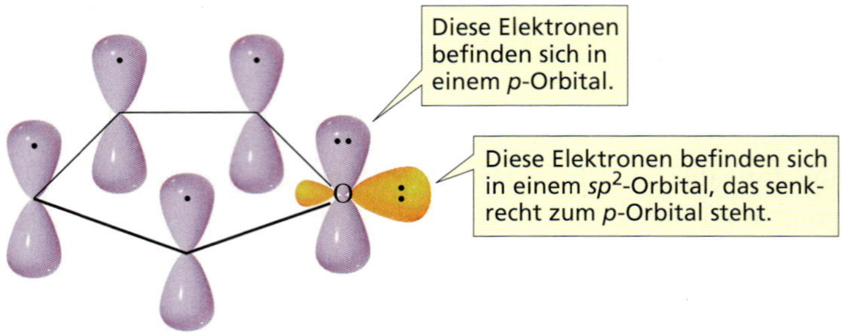

Orbitalstruktur des Furans

Die Grenzstrukturen zeigen, dass das freie Elektronenpaar von Pyrrol eine π-Bindung im Ring bilden kann, daher handelt es sich um π-Elektronen.

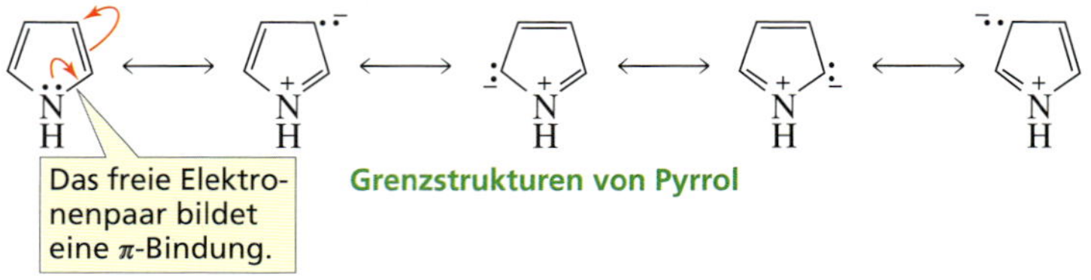

Grenzstrukturen von Pyrrol

In gleicher Weise sind das Furan und das Thiophen stabile aromatische Verbindungen. Sowohl das Sauerstoffatom des Furans wie das Schwefelatom des Thiophens sind sp^2-hybridisiert und besitzen je ein freies Elektronenpaar in einem sp^2-Orbital. Das zweite freie Elektronenpaar befindet sich in einem p-Orbital, das mit p-Orbitalen der benachbarten C-Atome überlappt, wobei wieder eine π-Bindung ausgebildet wird. Es handelt sich also um π-Elektronen.

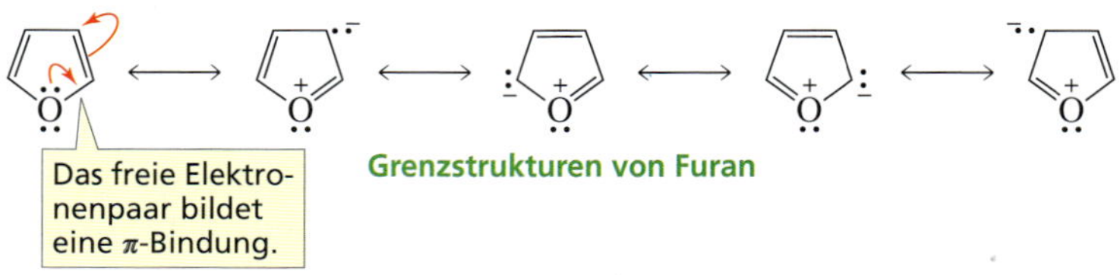

Grenzstrukturen von Furan

Chinolin, Indol, Imidazol, Purin und Pyrimidin sind weitere Beispiele für heterozyklische Aromaten (Heteroaromaten). Die heterozyklischen Verbindungen, die wir in diesem Abschnitt vorgestellt haben, werden uns noch einmal vertieft in Kapitel 20 beschäftigen.

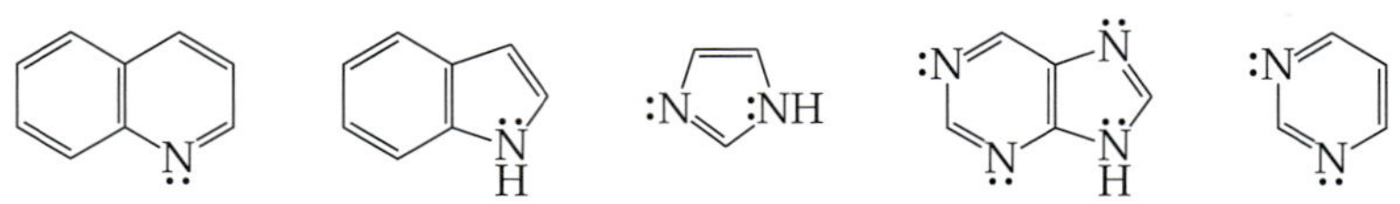

Chinolin **Indol** **Imidazol** **Purin** **Pyrimidin**

Ü 56* In welchen Orbitalen befinden sich die freien Elektronenpaare in den folgenden Verbindungen?

(a) $CH_3CH_2\ddot{N}H_2$ **(b)**  $-CH{=}\ddot{N}CH_2CH_3$ **(c)** $CH_3CH_2C{\equiv}N:$

Ü 57* Welcher Orbitaltyp enthält die als freie Elektronenpaare dargestellten Elektronen in den Strukturen des Chinolins, des Indols, des Imidazols, des Purins und des Pyrimidins?

Ü 58 mit Lösung
Welche der folgenden Verbindungen könnte protoniert werden, ohne die Aromatizität zu zerstören?

Lösung

Das freie Elektronenpaar im Pyridin enthält sp^2-hybridisierte Elektronen. Sie sind daher nicht Teil der π-Elektronenwolke (nur π-Elektronen können sich dort aufhalten). Es könnte also protoniert werden, ohne dass die Aromatizität beeinflusst wird.

Wir wissen, dass das Elektronenpaar im Pyrrol aus π-Elektronen besteht, da diese in einer Grenzstruktur zur Bildung einer π-Bindung fähig sind.

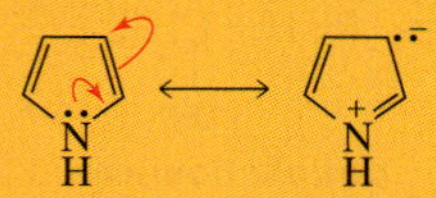

Da das freie Elektronenpaar im Pyrrol eines der drei π-Elektronenpaare in der Elektronenwolke darstellt, kann das nicht protoniert werden, ohne dass die Aromatizität verloren geht.

Ü 59 Welche der folgenden Verbindungen könnte protoniert werden, ohne dass dabei die Aromatizität verloren geht?

Ü 60 Beantworten Sie mit Hilfe der elektrostatischen Potenzialkarten zu Beginn von Abschnitt 8.20 die folgenden Fragen:

(a) Warum ist der untere Bereich der elektrostatischen Potenzialkarte des Pyrrols blau unterlegt?

(b) Warum ist der untere Bereich der elektrostatischen Potenzialkarte des Pyridins rot unterlegt?

(c) Warum ist der Innenbereich der elektrostatischen Potenzialkarte des Benzolmoleküls stärker rötlich-orange eingefärbt als die Mitte des Pyridinmoleküls?

Wie Benzol reagiert 8.21

Aromatische Verbindungen wie Benzol unterziehen sich der **elektrophilen aromatischen Substitution**. Dabei substituiert ein Elektrophil eines der Wasserstoffatome des Benzolringes.

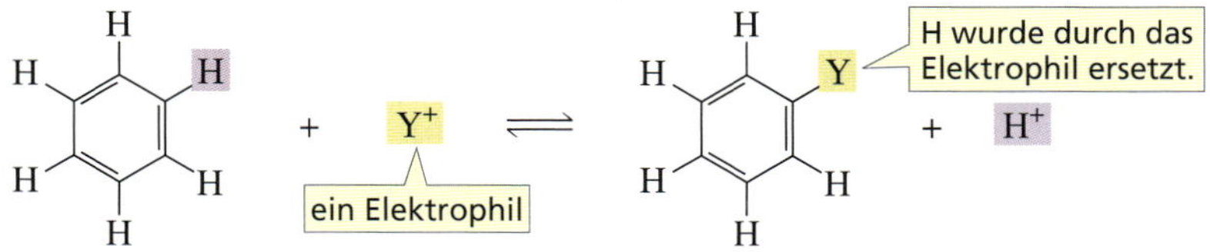

Schauen wir nun, warum es zu dieser Substitution kommt. Die π-Elektronenwolke oberhalb und unterhalb der Ringebene führt dazu, dass das Benzolmolekül nucleophil ist. Es wird daher mit einem Elektrophil (Y^+) reagieren. Wenn ein Elektrophil sich an den Benzolring anlagert, wird als Zwischenstufe ein Carbokation gebildet.

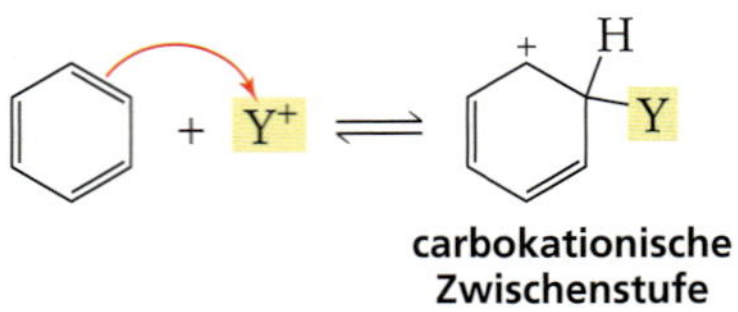

Dieser Schritt sollte Sie an den ersten Schritt der *elektrophilen Addition an Alkene* erinnern: Das nucleophile Alken reagiert mit einem Elektrophil unter Bildung eines Carbokations als Intermediat (Abschnitt 6.0). Im zweiten Schritt der elektrophilen Addition reagiert dieses Carbokation mit einem Nucleophil (Z^-) zu einem elektrisch neutralen Additionsprodukt.

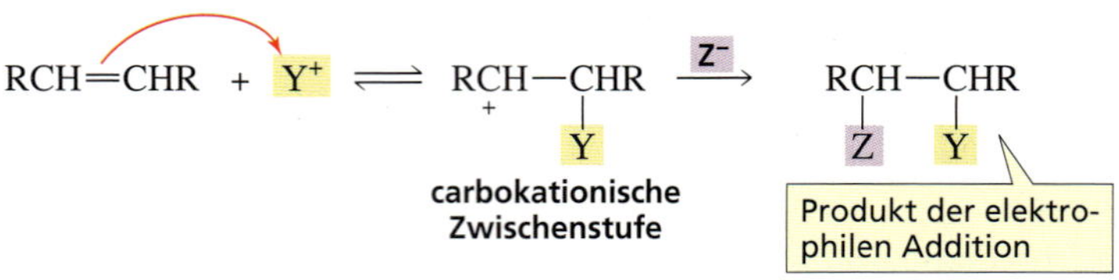

Falls die carbokationische Zwischenstufe aus der Reaktion des Benzols mit einem Elektrophil ähnlich reagierte (Pfad a in ► Abbildung 8.18), wäre das sich ergebende *Additionsprodukt* nicht mehr aromatischer Natur. Falls das Carbokation dagegen ein Proton vom Ort des elektrophilen Angriffs abstoßen und ein Substitutionsprodukt bilden würde (Pfad b in ► Abbildung 8.18), würde der aromatische Zustand des Benzolringes wiederhergestellt.

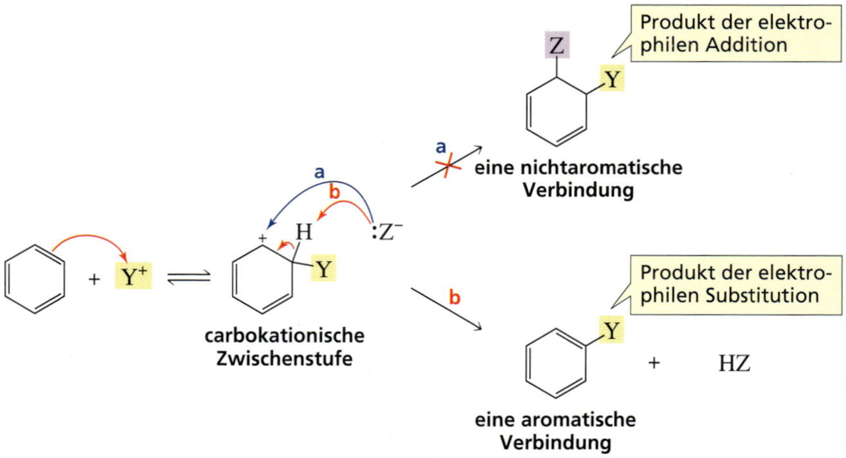

Abbildung 8.18: Reaktion von Benzol mit einem Elektrophil. Da das aromatische Reaktionsprodukt stabiler ist, verläuft die Reaktion gemäß Pfad a als elektrophile Addition statt nach Pfad b als elektrophile Substitution.

Da das aromatische Substitutionsprodukt viel stabiler als das nichtaromatische Additionsprodukt ist (► Abbildung 8.19), geht Benzol die *elektrophile Substitution* ein, die die Aromatizität des Systems erhält, und nicht *elektrophile Additionen*, wie sie für Alkene kennzeichnend sind, weil diese den aromatischen Zustand zerstören würden. Die Reaktion wird genauer als **elektrophile aromatische Substitution** bezeichnet, da das angreifende Elektrophil ein Wasserstoffatom der aromatischen Ausgangsverbindung durch Austausch ersetzt.

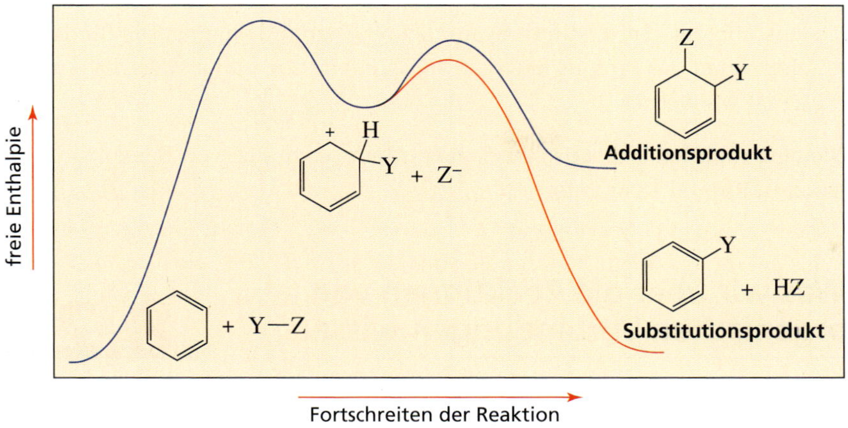

Abbildung 8.19: Reaktionskoordinatendiagramm der elektrophilen Substitution am Benzol im Vergleich zur elektrophilen Addition an Benzol.

Die Reaktion eines Alkens mit Br_2 führt zu einer elektrophilen Additionsreaktion.

$$CH_3CH{=}CHCH_3 + Br_2 \longrightarrow CH_3\underset{\displaystyle Br}{\underset{|}{C}}H-\underset{\displaystyle Br}{\underset{|}{C}}HCH_3$$

Die Reaktion von Benzol mit Br_2 führt jedoch zu einer elektrophilen aromatischen Substitution. Beachten Sie, dass die Reaktion von Br_2 hier, anders als die Reaktion von Br_2 mit einem Alken, von einem Katalysator abhängig ist ($FeBr_3$), da Benzol durch die seine Aromatizität stabil ist, also auch relativ unreaktiv.

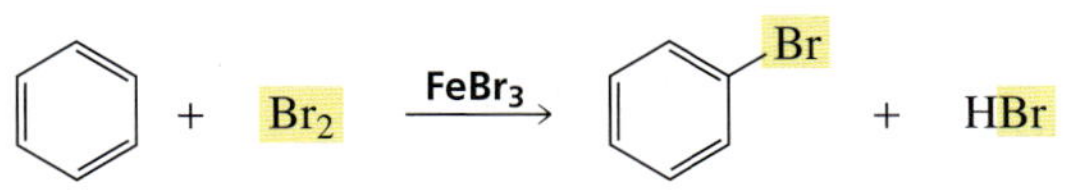

Nun verstehen wir, warum frühe Chemiker*innen das Ausbleiben der für Alkene charakteristischen elektrophilen Additionsreaktion bei Benzol beobachten (Abschnitt 8.1).

Der Mechanismus für die elektrophile aromatische Substitution ist unten gezeigt.

Mechanismus der elektrophilen aromatischen Substitution

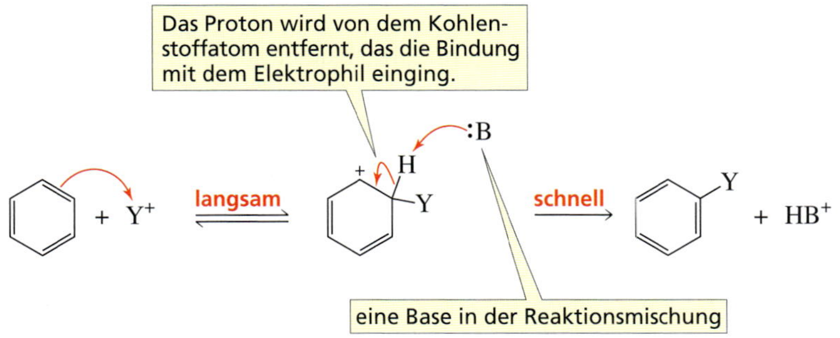

- Das Elektrophil (Y^+) addiert an den nucleophilen Benzolring und bildet damit eine Carbokation-Zwischenstufe.

- Eine Base in der Reaktionsmischung (:B) entfernt ein Proton von dem Kohlenstoffatom, das die Bindung mit dem Elektrophil einging. Die Bindungselektronen des Protons bewegen sich in den Ring und stellen die Aromatizität wieder her.

Die elektrophilen aromatischen Substitutionsreaktionen von Benzol sind genauer in Kapitel 18 erläutert.

8.22 Was wir über die Reaktionen von organischen Verbindungen wissen

Als Sie zuerst in die Reaktionen von organischen Verbindungen in Abschnitt 5.4 eingeführt wurden, haben Sie gesehen, dass alle organischen Verbindungen in Familien eingeteilt werden können, die durch ihre funktionellen Gruppen definiert werden, und dass alle Mitglieder einer Familie auf die gleiche Art und Weise reagieren. Außerdem konnte jede Familie in eine von vier Gruppen eingeteilt werden. Alle Familien in einer Gruppe reagieren ähnlich. Nun haben Sie das Studium der Reaktionen der ersten Gruppe abgeschlossen. Zeit für einen Rückblick.

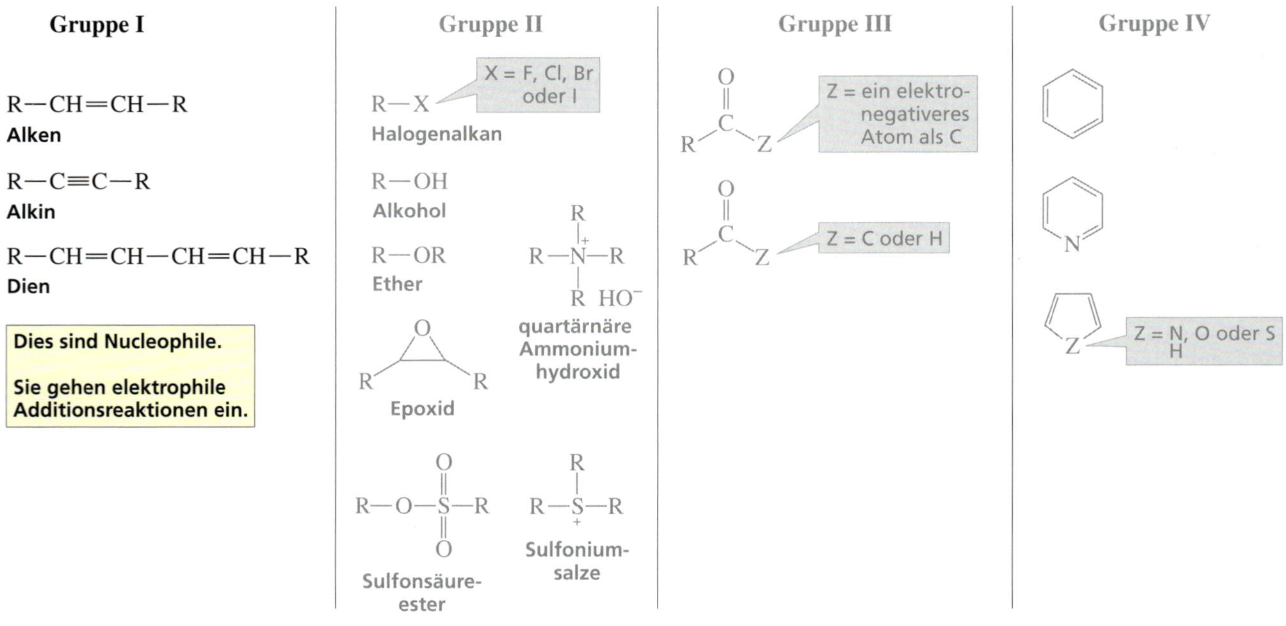

Alle Verbindungen in der ersten Gruppe sind Nucleophile, da sie elektronenreiche Kohlenstoff-Kohlenstoff-Doppelbindungen oder Dreifachbindungen enthalten. Da Doppelbindungen und Dreifachbindungen relativ schwache π-Bindungen enthalten, gehen die Familien in dieser Gruppe Additionsreaktionen ein. Die erste Spezies, die mit einem Nucleophil reagiert, ist ein Elektrophil; präziser ausgedrückt gehen die Gruppen also *elektrophile Additionsreaktionen* ein.

- Alkene enthalten eine π-Bindung, also reagieren sie einmal in einer elektrophilen Additionsreaktion.

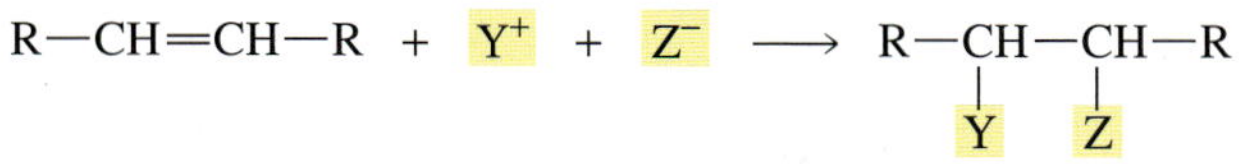

- Alkine enthalten zwei π-Bindungen, also können sie zwei elektrophile Additionsreaktionen eingehen.

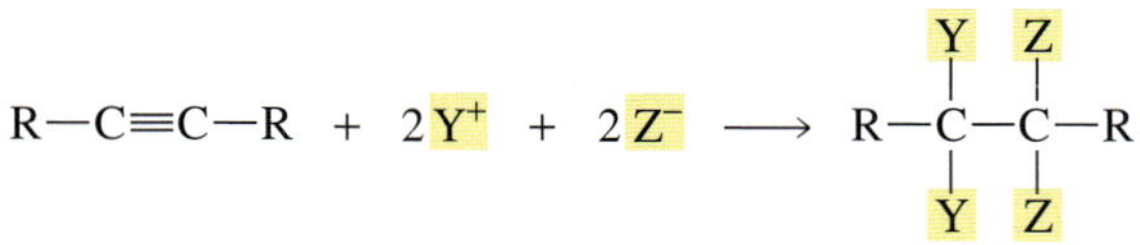

- Wenn jedoch die erste Reaktion ein Enol bildet, lagert sich dieses sofort in ein Keton (oder Aldehyd) um, was eine zweite Reaktion unmöglich macht.

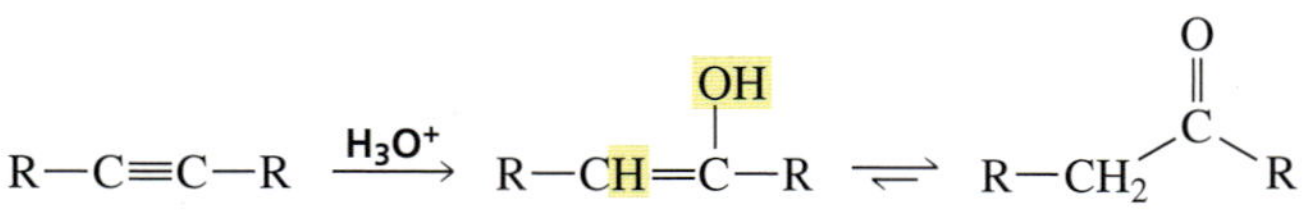

- Wenn die Doppelbindungen eines Diens isoliert sind, reagiert dieses wie ein Alken. Wenn die Doppelbindungen jedoch konjugiert sind, gehen sie sowohl 1,2- als auch 1,4-Additionsreaktionen ein, da die Elektronen im Intermediat delokalisiert sind.

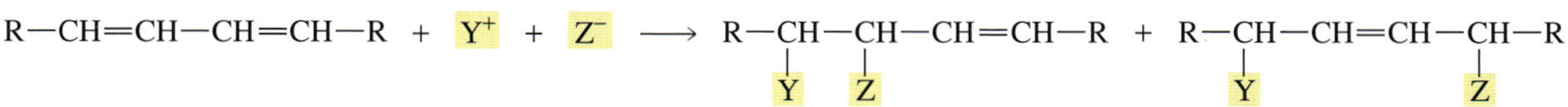

Zusammenfassung

Abschnitt 8.0

- **Lokalisierte Elektronen** gehören zu einem Atom oder werden von zwei Atomen geteilt. **Delokalisierte Elektronen** gehören zu mehr als zwei Atomen.

Abschnitt 8.2

- Die sechs π-Elektronen von Benzol werden von allen sechs Kohlenstoffatom geteilt. Daher ist Benzol ein planares Molekül mit sechs delokalisierten π-Elektronen.

Abschnitt 8.3

- **Mesomere Grenzstrukturen** – Strukturen mit lokalisierten Elektronen – nähern ihre Struktur einer Verbindung mit delokalisierten Elektronen an – dem **mesomeren Zustand** (auch **Resonanzhybrid** genannt).
- Elektronendelokalisation tritt nur auf, wenn alle teilnehmenden Atome in einer (oder fast in einer) Ebene liegen.

Abschnitt 8.4

- Sie können π-Elektronen zu einem *sp* oder sp^2-hybridisierten Kohlenstoffatom bewegen, um verschiedene Grenzstrukturen zu zeichnen.
- Elektronendelokalisation (Resonanz) entsteht durch die Überlappung von einem *p*-Orbital mit benachbarten *p*-Orbitalen.

Abschnitt 8.5

- Je größer die vorhergesagte Stabilität einer Grenzstruktur ist, desto mehr trägt sie zur Struktur des mesomeren Zustands bzw. Resonanzhybrids bei und desto ähnlicher ist sie der Struktur des realen Moleküls.
- Die vorhergesagte Stabilität nimmt bei (1) einem Atom mit einem unvollständigen Oktett, (2) einer negativen Ladung, die sich nicht am elektronegativsten Atom befindet, (3) einer positiven Ladung an einem elektronegativen Atom und bei (4) Ladungsteilung ab.
- Der **mesomere Zustand (Resonanzhybrid)** ist stabiler als die vorhergesagte Stabilität aller Grenzstrukturen.

Abschnitt 8.6

- **Delokalisationsenergie** (oder **Resonanzenergie**) ist die zusätzliche Stabilität einer Verbindung, die von delokalisierten Elektronen verursacht wird. Sie gibt an, um welchen Wert eine Verbindung mit delokalisierten Elektronen stabiler ist als sie es wäre, wenn ihre Elektronen lokalisiert wären.
- Je größer die Anzahl relativ stabiler mesomerer Grenzzustände ist und je ähnlicher diese sich sind, desto größer ist die Delokalisationsenergie (Mesomeriestabilisierung).

Abschnitt 8.7

- Allylische und benzylische Kohlenstoffatome besitzen delokalisierte Elektronen, sie sind also stabiler als ähnlich substituierte Carbokationen mit lokalisierten Elektronen.
- **Konjugierte Doppelbindungen** werden durch dazwischenliegende Einfachbindungen voneinander getrennt. **Isolierte Doppelbindungen** sind durch mehr als eine Einfachbindung voneinander getrennt.
- Da Diene mit konjugierten Doppelbindungen über delokalisierte Elektronen verfügen, sind sie stabiler als Diene mit isolierten Doppelbindungen.

Abschnitt 8.8

- Die Zahl der Molekülorbitale entspricht der Zahl der ursprünglichen Atomorbitale, aus denen sie hervorgingen.
- Die seitliche Überlappung gleichphasiger *p*-Orbitale führt zur Ausbildung eines **bindenden Molekülorbitals**, das stabiler ist als die der konstituierenden Atomorbitale. Die seitliche Überlappung gegenphasiger *p*-Orbitale führt zu einem **antibindenden Molekülorbital**, das weniger stabil als die der konstituierenden Atomorbitale ist.
- Ein **Molekülorbital** resultiert aus der **Linearkombination von Atomorbitalen** (**LCAO**, *linear combination of atomic orbitals*).
- Das **höchste besetzte Molekülorbital** (**HOMO**, *highest occupied molecular orbital*) ist das Molekülorbital mit der höchsten potenziellen Energie, welches noch mit Elektronen besetzt ist. Das **niedrigste unbesetzte Molekülorbital** (**LUMO**, *lowest unoccupied molecular orbital*) ist das Molekülorbital mit der niedrigsten potenziellen Energie, welches noch nicht durch Elektronen besetzt ist.
- In dem Maß, in dem die Energie der Molekülorbitale (MOs) zunimmt, steigt die Zahl der Knotenflächen an,

und die Zahl der bindenden Wechselwirkungen nimmt ab; dabei alternieren die Orbitale zwischen **symmetrisch** und **antisymmetrisch**.

- Die Molekülorbitaltheorie wie die mesomeren Grenzstrukturen belegen, dass Elektronen delokalisiert werden und dass die Elektronendelokalisation ein Molekül stabiler macht.

Abschnitt 8.9

- Eine Carbonsäure und ein Phenol reagieren stärker sauer als ein Alkohol wie Ethanol, und ein protoniertes Anilin reagiert stärker sauer als ein protoniertes Amin, weil Elektronenzug und eine Zunahme der Delokalisationsenergie die konjugierten Basen der Carbonsäuren, Phenole und protonierten Aniline stabilisieren.

Abschnitt 8.10

- Das Teilen von Elektronen durch π-Bindungen wird als **Elektronenschub durch Resonanz (+M-Effekt)** bezeichnet. Das Entziehen von Elektronen durch π-Bindungen wird als **Elektronenzug durch Resonanz (–M-Effekt)** bezeichnet.
- Substituenten an einen Benzolring können Elektronen entweder durch Hyperkonjugation oder den +M-Effekt in den Ring schieben und können Elektronen durch den –M-Effekt oder durch induktiven Elektronenzug aus dem Ring entfernen.

Abschnitt 8.12

- Ein isoliertes Dien zeigt wie ein Alken 1,2-Addition. Falls der elektrophile Reaktionspartner im Unterschuss vorliegt, sodass nur Addition an eine der Doppelbindungen erfolgen kann, findet diese vorzugsweise an der Doppelbindung statt, die die Bildung des stabileren Carbokations erlaubt.
- Ein konjugiertes Dien reagiert mit einer begrenzten Menge des elektrophilen Reagenz zum **1,2-Additionsprodukt** und zum **1,4-Additionsprodukt**. Der erste Schritt der Reaktion ist die Addition des Elektrophils an ein sp^2-Kohlenstoffatom an einem Ende des konjugierten Systems.

Abschnitt 8.13

- Wenn bei einer Reaktion mehr als ein Produkt gebildet wird, wird das sich am schnellsten bildende Reaktionsprodukt das **kinetische Produkt** genannt. Das stabilste Reaktionsprodukt wird das **thermodynamische Produkt** genannt.
- Falls die Reaktion unter milden Bedingungen durchgeführt wird, sodass sie irreversibel verläuft, ist das Hauptprodukt das kinetische; falls die Reaktion unter harscheren Bedingungen durchgeführt wird, sodass sie reversibel verläuft, ist das Hauptprodukt das thermodynamische.
- Wenn eine Reaktion **kinetisch kontrolliert** ist, hängen die relativen Mengen der Reaktionsprodukte von deren Bildungsgeschwindigkeiten ab.
- Wenn eine Reaktion **thermodynamisch kontrolliert** ist, hängen die relativen Mengen der Reaktionsprodukte von deren Stabilitäten ab.
- Eine **gemeinsame Reaktionszwischenstufe** ist ein Intermediat, das beide Reaktionsprodukte gemeinsam haben.
- Bei der elektrophilen Addition an ein konjugiertes Dien ist das 1,2-Produkt immer das kinetische; das **1,2- oder das 1,4-Produkt** kann das thermodynamische sein, abhängig von der relativen Stabilität der Produkte.

Abschnitt 8.14

- Bei einer **Diels-Alder-Reaktion** reagiert ein **konjugiertes Dien** mit einem **Dienophil** unter Bildung einer zyklischen Verbindung. Im Verlauf dieser **konzertierten [4 + 2]-Cycloaddition** werden zwei neue σ-Bindungen geknüpft; zwei π-Bindungen werden dafür „verbraucht".
- Die Reaktivität eines **Dienophils** wird durch elektronenziehende Gruppen am sp^2-Kohlenstoffatom verstärkt.
- Wenn sowohl das Dienophil als auch das Dien unsymmetrisches substituiert sind, kann dies zu zwei verschiedenen Produkten führen, da sich die Reaktanten in zwei verschiedenen Orientierungen anordnen können.
- Um an einer Diels-Alder-Reaktion teilzunehmen, muss das konjugierte Dien in der ***s-cis*-Konformation** vorliegen.
- Die Diels-Alder-Reaktion ist eine *syn*-Addition.
- In **verbrückten bizyklischen Verbindungen** kann ein Substituent **endo-** oder **exo-ständig** sein. Endo wird favorisiert, wenn der Substituent π-Elektronen besitzt.

Abschnitt 8.15

- Eine **aromatische Verbindung** besitzt eine ununterbrochene zyklische Wolke aus π-Elektronen, die eine *ungerade Anzahl an π-Elektronenpaaren* enthält.

Abschnitt 8.19

- Eine **antiaromatische Verbindung** besitzt eine ununterbrochene zyklische Wolke aus π-Elektronen, die eine *gerade Anzahl an π-Elektronenpaaren* enthält.
- Aromatische Verbindungen sind sehr stabil; antiaromatische Verbindungen sind sehr instabil.

Abschnitt 8.20

- Eine **heterozyklische Verbindung** ist eine zyklische Verbindung, in der ein oder mehrere **Heteroatome** (also kein Kohlenstoff) vorkommen.
- Pyridin, Pyrrol, Furan und Thiophen sind aromatische heterozyklische Verbindungen.

Abschnitt 8.21

- Um seine Aromatizität zu erhalten, geht Benzol elektrophile aromatische Substitutionsreaktionen anstelle von elektrophilen Additionsreaktionen ein.

Zusammenfassung der Reaktionen

1 Bei Vorliegen eines Überschusses des elektrophilen Reagenz findet an beiden Doppelbindungen eines *isolierten Diens* eine elektrophile Addition statt (Abschnitt 8.12).

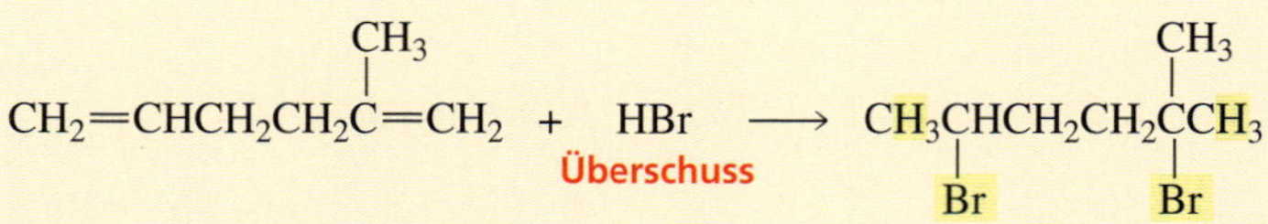

Bei Vorliegen eines Moläquivalents des elektrophilen Reagenz reagiert nur die reaktivste Doppelbindung eines *isolierten Diens* durch elektrophile Addition.

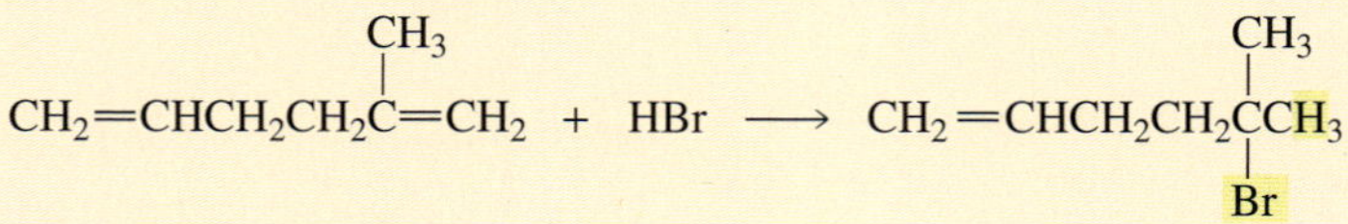

2 Konjugierte Diene unterziehen sich in der Gegenwart eines Moläquivalents eines elektrophilen Reagenzes 1,2- und 1,4-Additionen (Abschnitt 8.12).

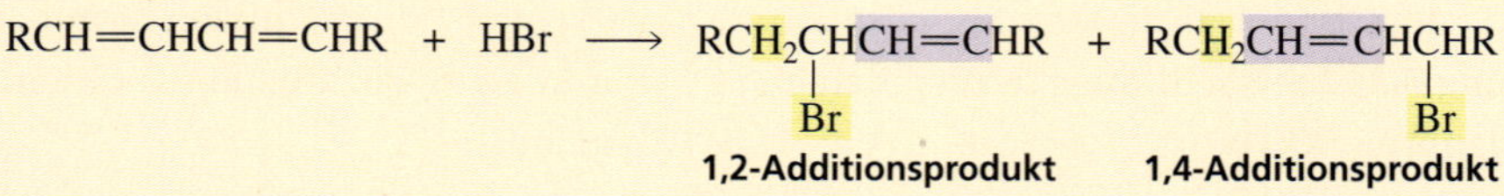

3 Konjugierte Diene unterziehen sich bei der Reaktion mit einem Dienophil (in einer Diels-Alder-Reaktion) einer 1,4-Addition (Abschnitt 8.14).

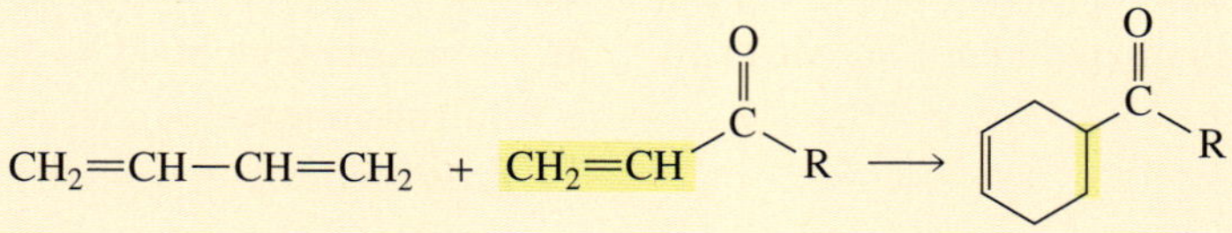

Tutorial
Grenzstrukturen zeichnen

Sie haben bereits gelernt, dass Chemiker*innen gekrümmte Pfeile nutzen, um den Fluss von Elektronen in Reaktionen anzuzeigen. (Siehe Tutorial am Ende von Kapitel 5.) Gekrümmte Pfeile werden auch beim Zeichnen von Grenzstrukturen eingesetzt.

Wir haben auch gesehen, dass delokalisierte Elektronen von mehr als zwei Atomen geteilt werden. Wenn dies der Fall ist, können wir keine normalen Linien nutzen, um die Position der Elektronen akkurat anzugeben. Als Beispiel kann das Carboxylation dienen; ein Elektronenpaar wird von Kohlenstoff und zwei Sauerstoffatomen geteilt. Wir Zeichnen dieses delokalisierte Elektronenpaar, indem wir die drei Atome mit einer gepunkteten Linie verbinden. Die entstehende Struktur ist der **mesomere Zustand (Resonanzhybrid)**. Das Resonanzhybrid zeigt, dass die negative Ladung über beide Sauerstoffatome verteilt ist.

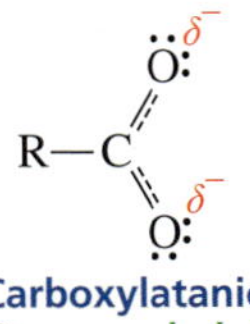

Carboxylatanion
Resonanzhybrid

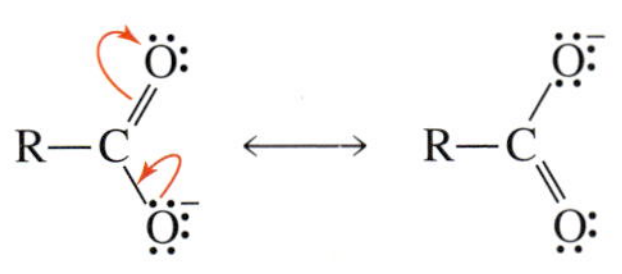

mesomere Grenzstrukturen

Allerdings mögen es Chemiker*innen nicht besonders gerne, gepunktete Linien zu benutzen, da sie – anders als durchgehende Linien – die Zahl der in ihnen enthaltenen Elektronen nicht genau spezifizieren. Daher zeichnen Chemiker*innen Strukturen mit lokalisierten Elektronen um den Resonanzhybriden mit seinen delokalisierten Elektronen näherungsweise. Diese Strukturen mit lokalisierten Elektronen werden als **mesomere Grenzstrukturen** bezeichnet. Die Umwandlung dieser Grenzstrukturen ineinander wird mit gekrümmten Pfeilen dargestellt.

Regeln für das Zeichnen von Grenzstrukturen

Schauen wir uns nun drei einfache Regeln für das Zeichnen von Grenzstrukturen an:

1 Elektronen können sich bewegen, Atome *nicht*.

2 Es können sich zudem nur π-Elektronen bewegen (Elektronen aus π-Bindungen) sowie freie Elektronenpaare.

3 Elektronen bewegen sich immer zu sp^2- oder sp-hybdridisierten Atomen. Ein sp^2-hybridisiertes Atom ist entweder positiv geladen oder trägt eine Doppelbindung; ein sp-hybridisiertes Atom trägt eine Dreifachbindung.

(In Kapitel 12 werden wir sehen, dass Elektronen sich auch zu einem Kohlenstoffatom mit einem ungepaarten Elektron bewegen können, dieses Atom ist ebenfalls sp^2-hybridisiert.)

π-Elektronen bewegen sich zu sp^2-hybdridisierten Kohlenstoffatomen mit positiver Ladung

Im folgenden Beispiel bewegen sich π-Elektronen zu einem positiv geladenen Kohlenstoffatom. Da dieses Atom kein komplettes Oktett aufweist, kann es diese Elektronen aufnehmen. Das positiv geladene Atom in der ersten Grenzstruktur ist in der zweiten Grenzstruktur ungeladen, da es Elektronen aufnahm. Allerdings ist das Kohlenstoffatom, das in der ersten Grenzstruktur seinen Anteil an π-Elektronen abgab, in der zweiten Grenzstruktur ungeladen.

$$CH_3CH{=}CH{-}\overset{+}{C}HCH_3 \longleftrightarrow CH_3\overset{+}{C}H{-}CH{=}CHCH_3$$

Das folgende Carbokationen hat drei mesomere Grenzstrukturen:

$$CH_2{=}CH{-}CH{=}CH{-}\overset{+}{C}HCH_3 \longleftrightarrow CH_2{=}CH{-}\overset{+}{C}H{-}CH{=}CHCH_3 \longleftrightarrow \overset{+}{C}H_2{-}CH{=}CH{-}CH{=}CHCH_3$$

Beachten Sie, dass die Anzahl von Elektronen in allen drei Grenzstrukturen gleich ist. Also muss auch jede Struktur die gleiche Nettoladung tragen.

Ü 1 Zeichnen Sie die Grenzstrukturen für das folgende Carbokation (die Antworten finden Sie hinter Übung 12):

$$CH_3CH{=}CH{-}CH{=}CH{-}CH{=}CH{-}\overset{+}{C}H_2 \longleftrightarrow$$

$$\updownarrow$$

$$\longleftrightarrow$$

Ü 2 Zeichnen Sie die Grenzstrukturen für das folgende Carbokation:

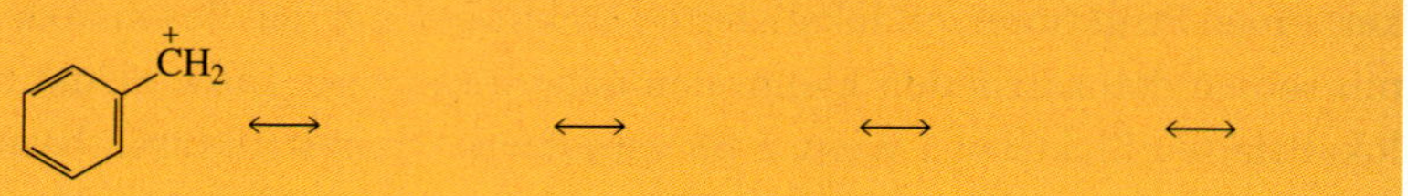

π-Elektronen bewegen sich zu sp^2-hybdridisierten Kohlenstoffatomen mit Doppelbindung

Im folgenden Beispiel bewegen sich π-Elektronen an ein doppelt gebundenes Kohlenstoffatom. Dieses Atom kann die Elektronen aufnehmen, da eine π-Bindung gebrochen werden kann.

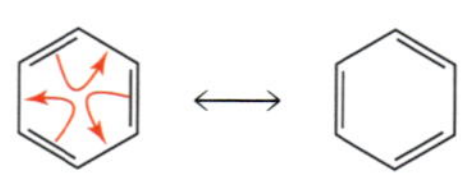

Ü 3 Zeichnen Sie die Grenzstrukturen für die folgende Verbindung:

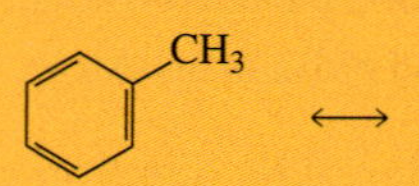

Im nächsten Beispiel bewegen sich die Elektronen gleichermaßen nach links (rote Pfeile) oder nach rechts (blaue Pfeile). Beim Vergleich der Ladungen in den Grenzstrukturen können wir erkennen, dass sich die Ladung an den terminalen Kohlenstoffatomen ausgleicht. Also ist der Resonanzhybrid ungeladen.

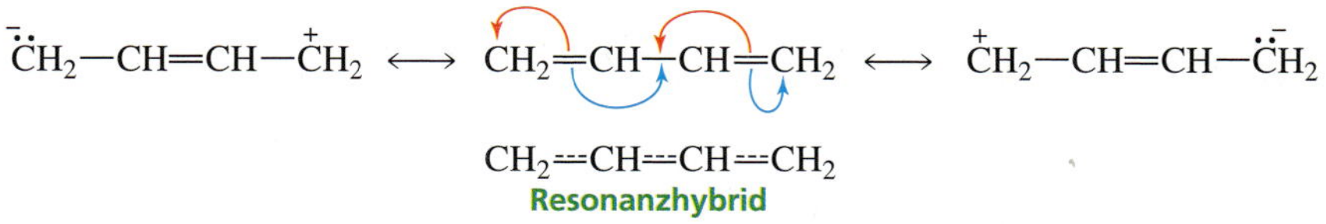

Wenn sich Elektronen in zwei Richtungen bewegen können und es einen Unterschied in der Elektronegativität der dortigen Atome gibt, bewegen sie sich immer in Richtung des elektronegativeren Atoms. Im folgenden Beispiel bewegen sich die Elektronen daher zum Sauerstoffatom und nicht zum Kohlenstoffatom.

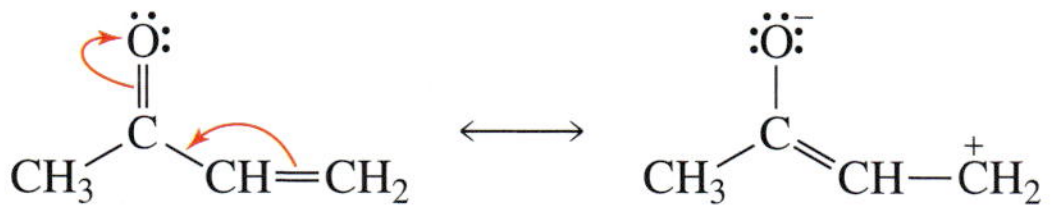

Beachten Sie, dass die erste Grenzstruktur eine Nettoladung von null trägt. Da sich die Zahl der Elektronen in einem Molekül nicht verändert, muss die zweite Grenzstruktur ebenfalls eine Nettoladung von 0 tragen. (Eine Nettoladung von 0 heißt nicht, dass kein Atom eine Ladung tragen kann. Eine Grenzstruktur mit einem positiv und einem negativ geladenen Atom hat auch eine Nettoladung von 0.)

Ü 4 Zeichnen Sie die Grenzstrukturen der folgenden Verbindung:

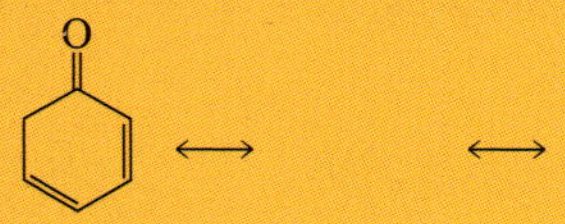

Ein freies Elektronenpaar bewegt sich zu *sp*²-hybdridisierten Kohlenstoffatomen mit Doppelbindung

In den folgenden Beispielen bewegt sich ein freies Elektronenpaar zu doppelt gebundenen Kohlenstoffatomen. Beachten Sie, dass die gekrümmten Pfeile immer am Elektronenpaar beginnen, nicht an einer negativen Ladung. Im ersten Beispiel hat jede Grenzstruktur eine Ladung von –1; im zweiten Beispiel tragen sie keine Ladung.

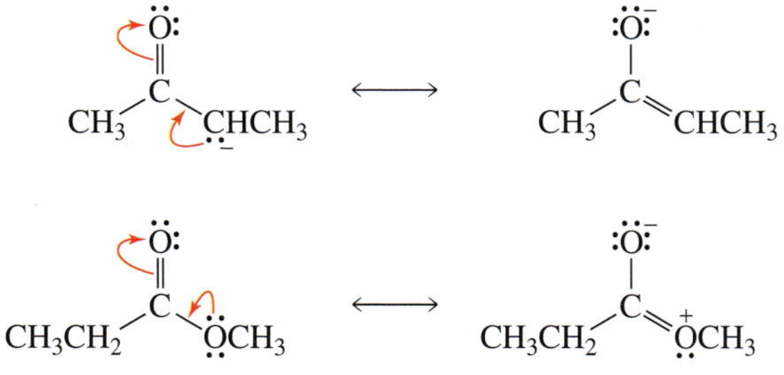

Die Spezies weist drei Grenzstrukturen auf. Auch hier beginnt der gekrümmte Pfeil am freien Elektronenpaar, nicht an einer negativen Ladung. Die drei Sauerstoffatome teilen sich zwei negative Ladungen. Daher trägt jedes Sauerstoffatom im Resonanzhybrid 2/3 einer negativen Ladung.

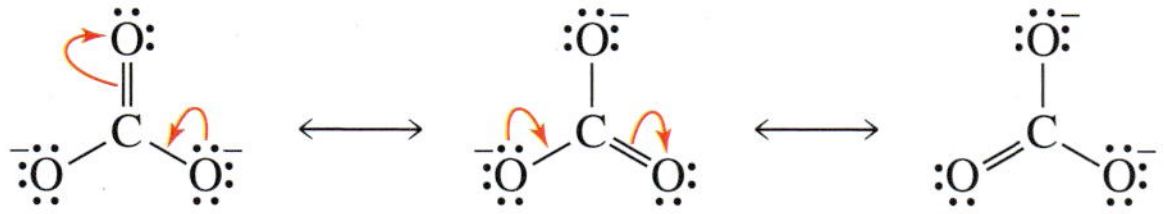

Ü 5 Zeichnen Sie die Grenzstrukturen der folgenden Verbindung:

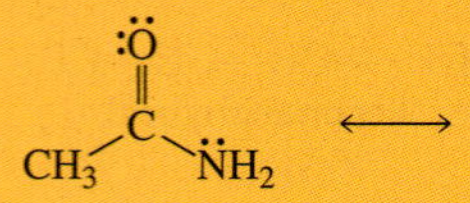

Im nächsten Beispiel bewegt sich ein freies Elektronenpaar vom elektronegativsten Atom im Molekül weg. Dies ist allerdings der einzige Weg, über den Elektronen delokalisiert werden können (und jede Art von Delokalisation ist besser als keine). Die π-Elektronen können sich nicht zum Sauerstoff hinbewegen, da das Sauerstoffatom bereits ein komplettes Oktett besitzt (es ist sp^3-hybridisiert). Beachten Sie, dass sich Elektronen nur zu sp^2- oder sp-hybridisierten Atomen bewegen können.

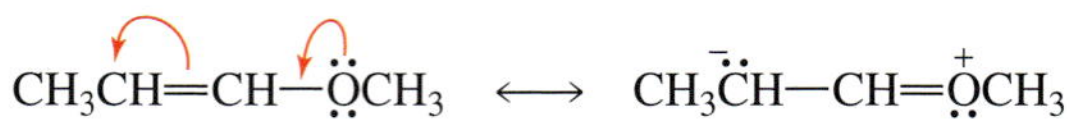

Die Verbindung im nächsten Beispiel weist fünf Grenzstrukturen auf. Um die zweite Grenzstruktur zu zeichnen, bewegt sich ein freies Elektronenpaar von Stickstoff zu einem sp^2-hybridisierten Kohlenstoffatom. Beachten Sie, dass die erste und die fünfte Struktur nicht identisch sind; sie sind ähnlich zu den zwei Grenzstrukturen des Benzols.

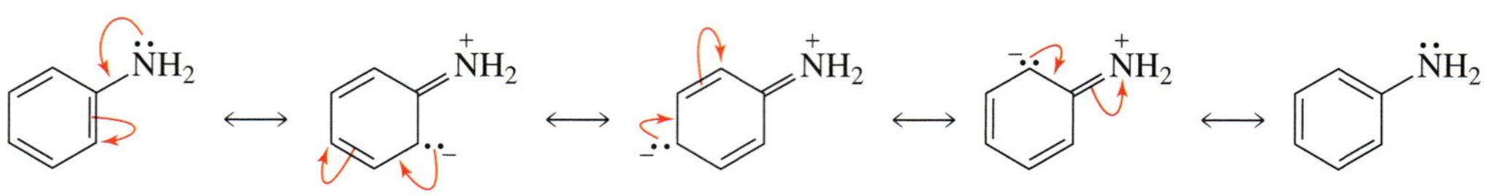

Ü 6 Zeichnen Sie die Grenzstrukturen der folgenden Verbindung:

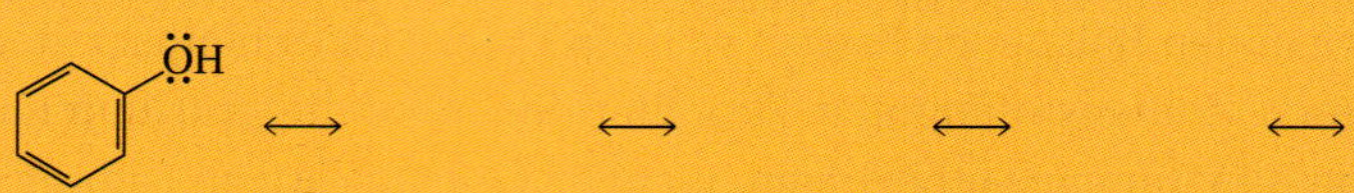

Die folgende Spezies hat keine delokalisierten Elektronen. Elektronen können sich daher nicht zu sp^3-hybdridisierten Atomen bewegen, da sp^3-hybridisierte Atome ein komplettes Oktett aufweisen und keine π-Bindungen besitzen, die brechen könnten. Also können diese Atome keine weiteren Elektronen aufnehmen.

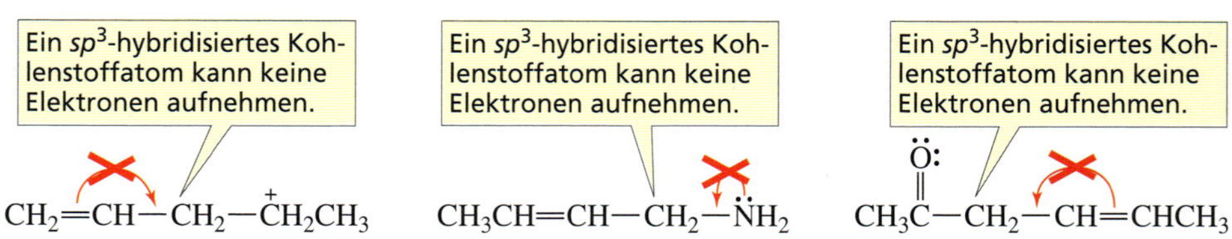

Beachten Sie den Unterschied in den Grenzstrukturen für die folgenden beiden Beispiele. Im ersten Beispiel bewegen sich Elektronen in den Benzolring. Das heißt, ein freies Elektronenpaar am Atom, das mit dem Ring verbunden ist, bewegt sich auf ein sp^2-hybridisiertes Kohlenstoffatom hin.

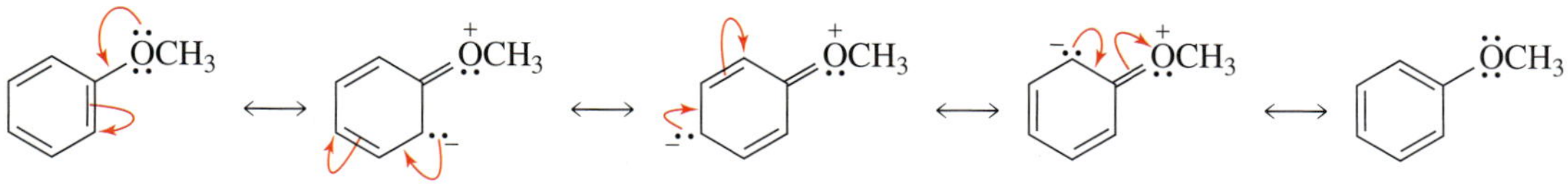

Im zweiten Beispiel bewegen sich die Elektronen vom Benzolring weg. Zunächst bewegt sich eine π-Bindung zu einem sp^2-hybridisierten Kohlenstoffatom. Die Elektronen bewegen sich zum Sauerstoff hin, da dieser elektronegativer ist als Kohlenstoff. Die zweite Grenzstruktur entsteht durch die Bewegung der π-Bindung zu der positiven Ladung.

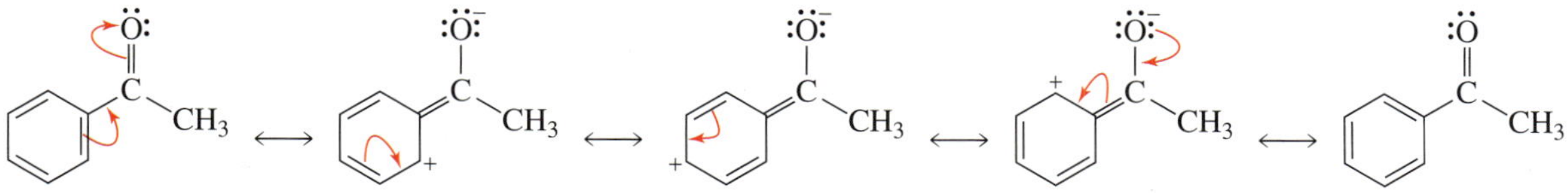

In den nächsten beiden Beispielen hat das Atom, das an den Ring gebunden ist, weder eine π-Bindung noch ein freies Elektronenpaar. Daher kann der Substituent weder Elektronen aufnehmen noch zur Verfügung stellen. Aus diesem Grund haben diese Verbindungen nur zwei Grenzstrukturen – nämlich die, die den Grenzstrukturen des Benzols ähneln.

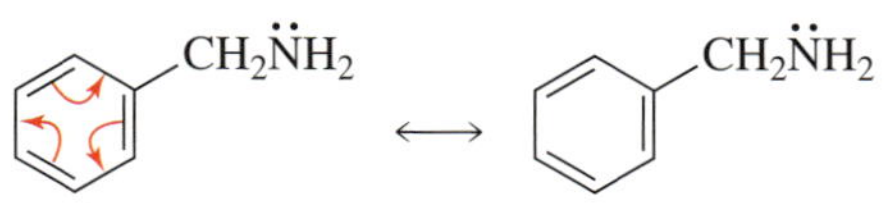

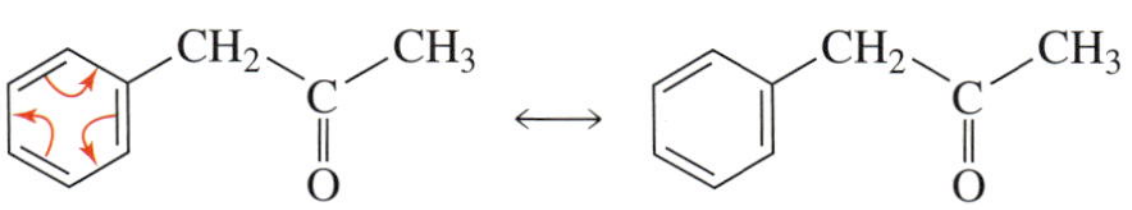

Ü 7 Welche der folgenden Verbindungen besitzen delokalisierte Elektronen?

$CH_3CH{=}CHCH_2CH{=}CH_2$ **A**

$CH_3CH{=}CHCH{=}CH_2$ **B**

$CH_3CH{=}CHCH_2\ddot{N}HCH_3$ **C**

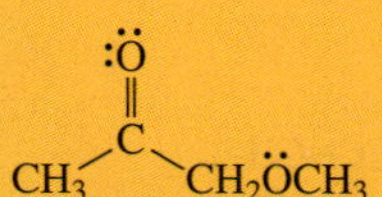
D

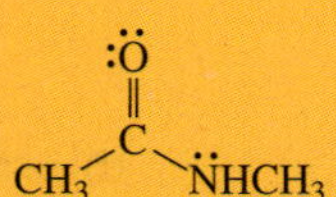
E

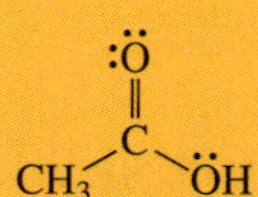
F

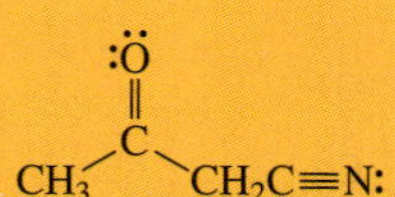
G

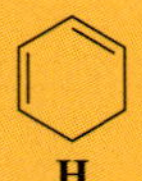
H

I

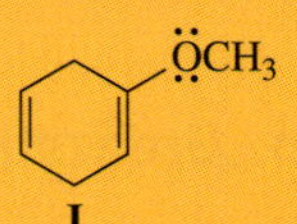
J

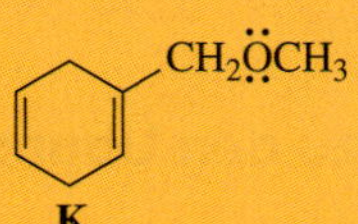
K

L

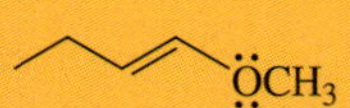
M

N

O

Ü 8 Zeichnen Sie die Grenzstrukturen für die Moleküle aus Übung 7, die Grenzstrukturen aufweisen.

Ü 9 Zeichnen Sie gekrümmte Pfeile, um zu zeigen, wie sich die Grenzstrukturen ineinander umwandeln.

(a) 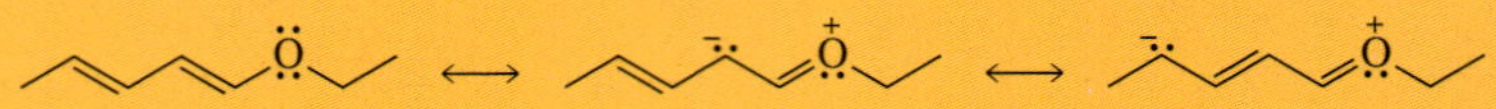

(b) 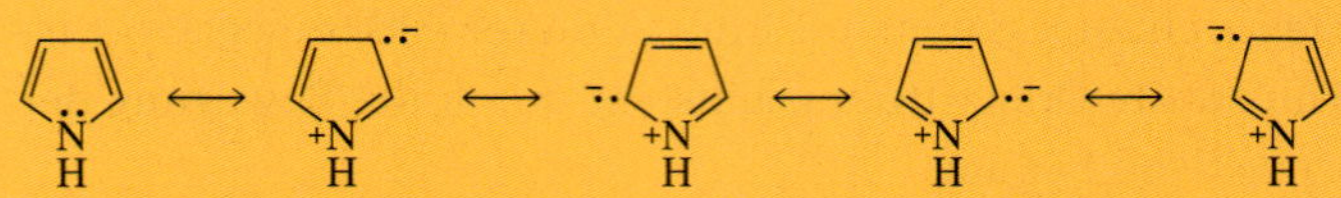

Ü 10 Zeichnen Sie die Grenzstrukturen der folgenden Verbindungen:

(a) 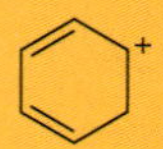

(b) 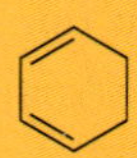

(c) 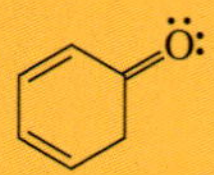

(d) $CH_2{=}CH{-}CH{=}CH{-}\ddot{N}H_2$

(e) 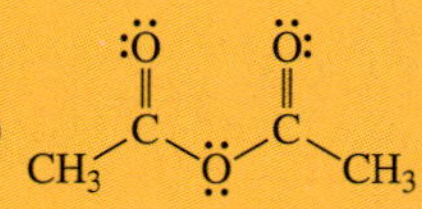

(f) 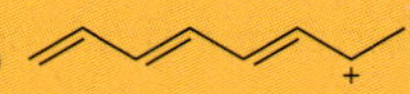

Ü 11 Zeichnen Sie die Grenzstrukturen der folgenden Verbindungen:

(a) 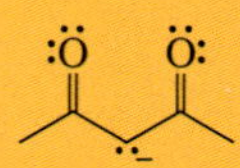

(b) 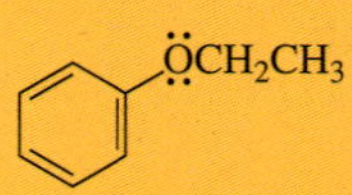

(c) 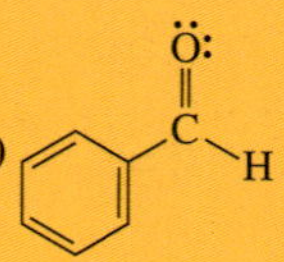

(d) 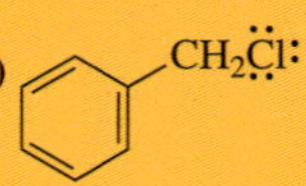

(e) 

(f) 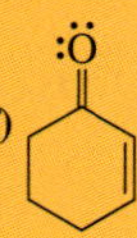

Ü 12 Zeichnen Sie die Grenzstrukturen der folgenden Verbindungen:

(a) 

(b) 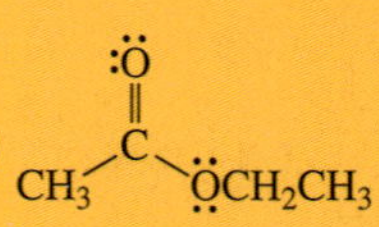

(c) 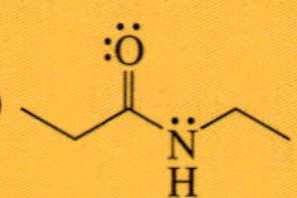

(d) 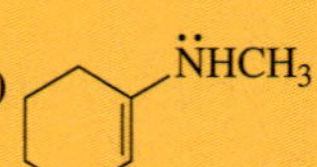

(e) 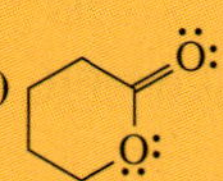

(f) 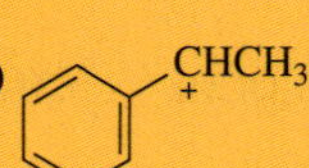

Lösungen zu den Übungen „Grenzstrukturen zeichnen"

Lösung zu Übung 1

$CH_3CH{=}CH{-}CH{=}CH{-}CH{=}CH{-}\overset{+}{C}H_2 \longleftrightarrow CH_3CH{=}CH{-}CH{=}CH{-}\overset{+}{C}H{-}CH{=}CH_2$

$\updownarrow$

$CH_3\overset{+}{C}H{-}CH{=}CH{-}CH{=}CH{-}CH{=}CH_2 \longleftrightarrow CH_3CH{=}CH{-}\overset{+}{C}H{-}CH{=}CH{-}CH{=}CH_2$

Lösung zu Übung 2

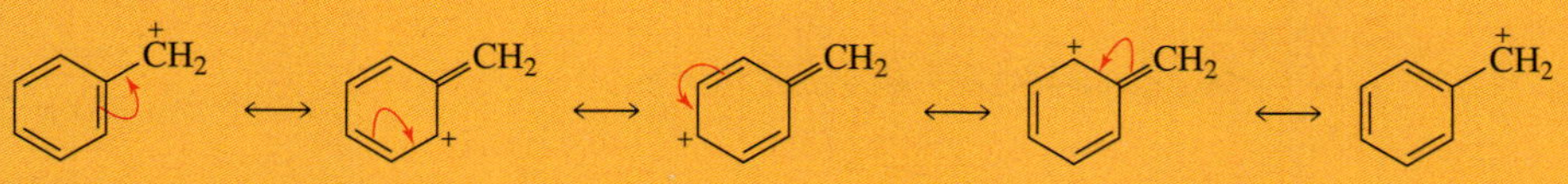

Lösung zu Übung 3

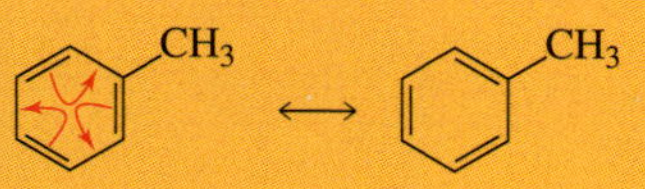

Lösung zu Übung 4

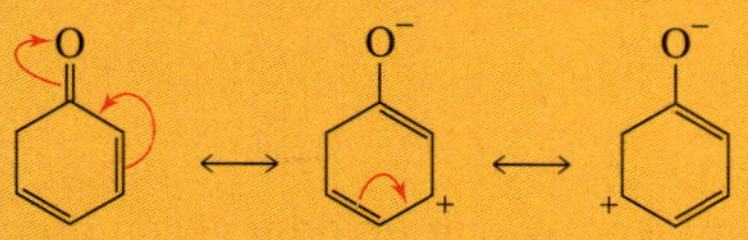

Lösung zu Übung 5

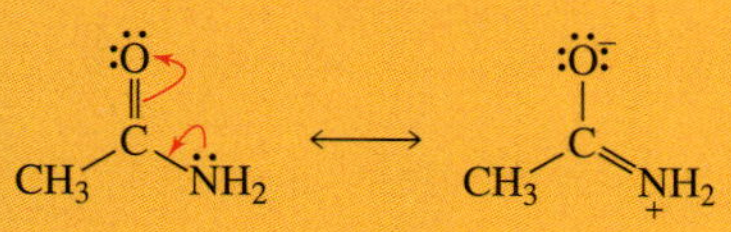

Lösung zu Übung 6

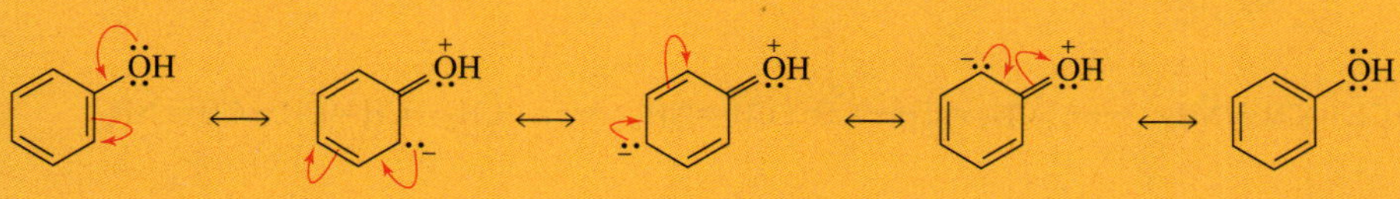

Lösung zu Übung 7

B, E, F, H, J, M und O.

Lösung zu Übung 8

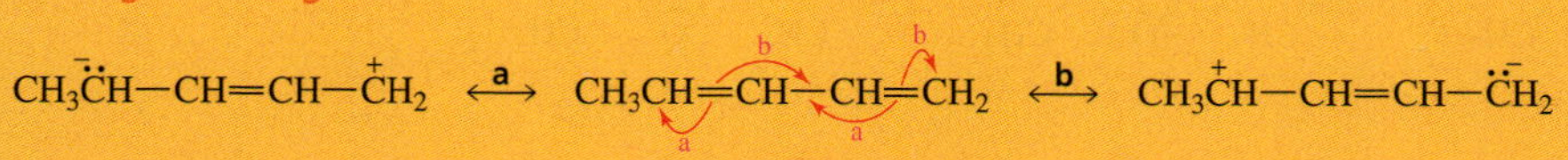

B

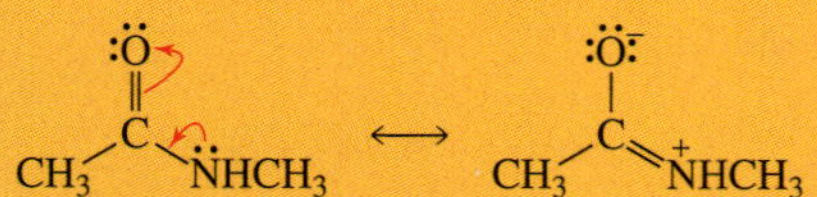

E

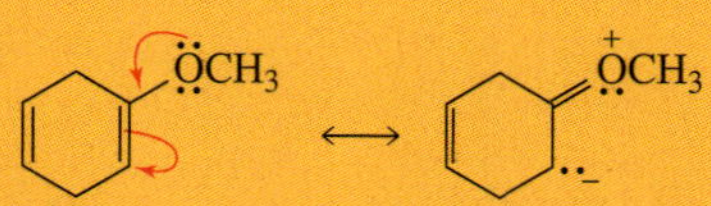

J

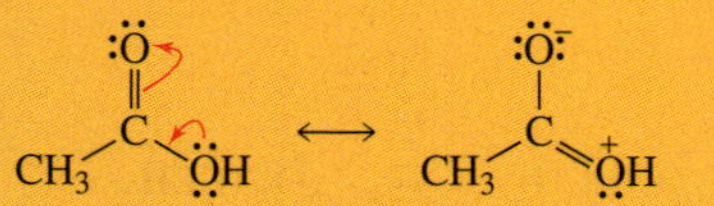

F

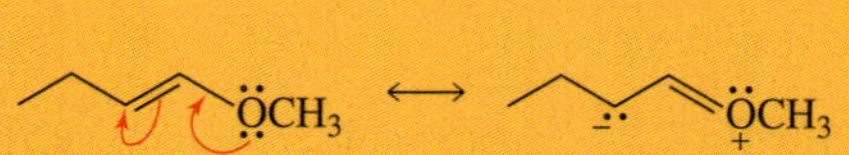

M

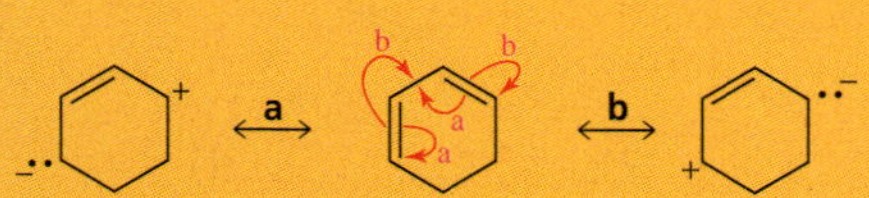

H

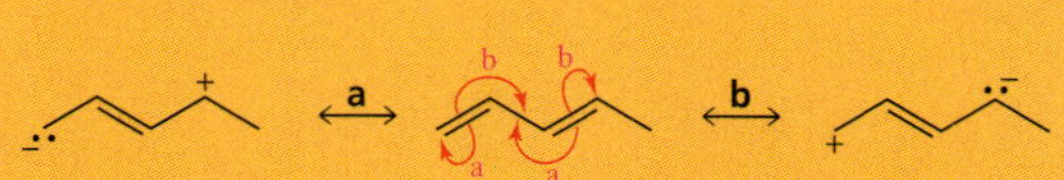

O

Lösung zu Übung 9

(a) 

(b) 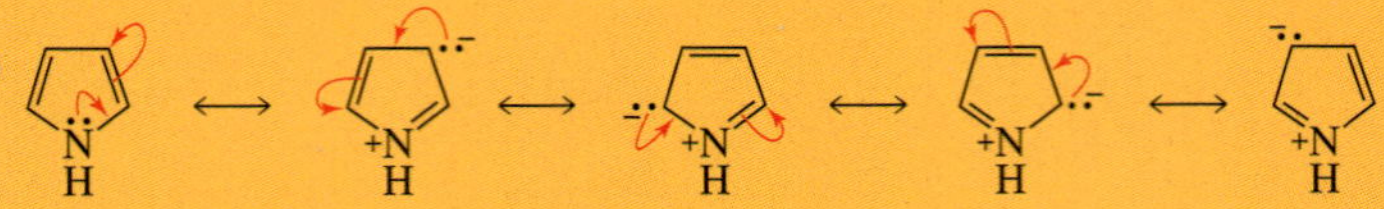

Lösung zu Übung 10

(a) 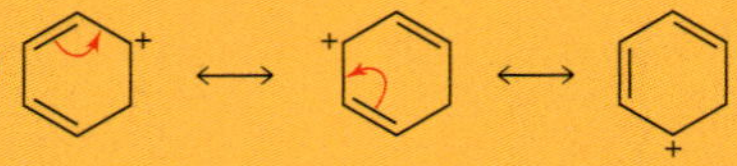

(b) Beachten Sie, dass sich die die Elektronen im folgenden Beispiel entweder im oder gegen den Uhrzeigersinn bewegen können.

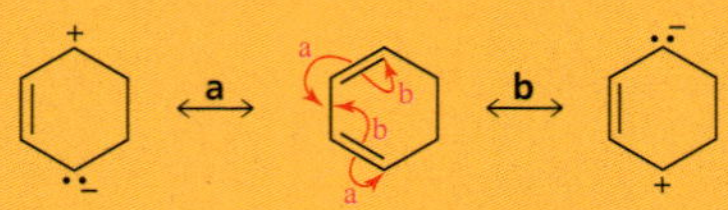

(c) 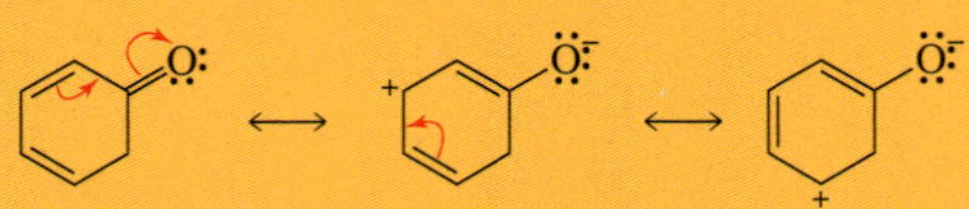

(d) 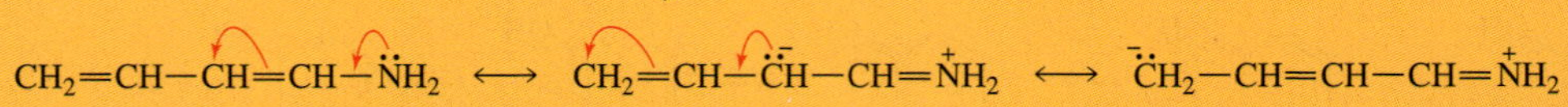

(e) Beachten Sie, dass sich die Elektronen im folgenden Beispiel zu zwei verschiedenen sp^2-hybridisierten Kohlenstoffatomen bewegen können.

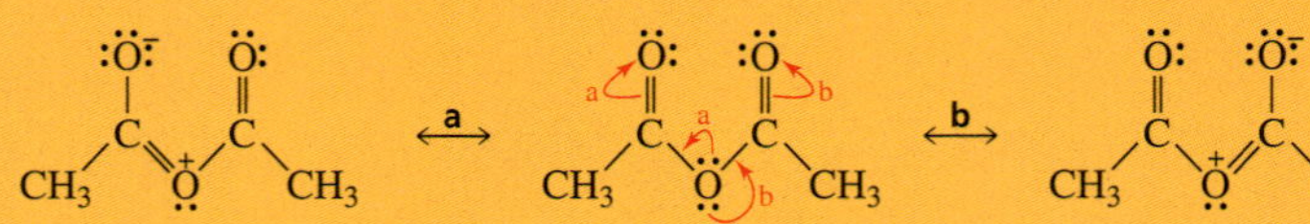

(f) 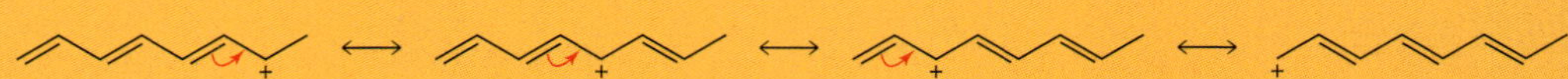

Lösung zu Übung 11

(a) 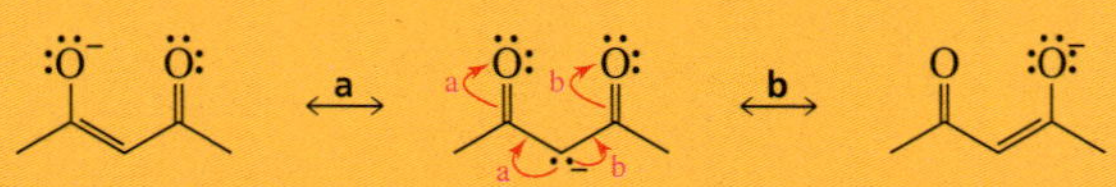

(b) 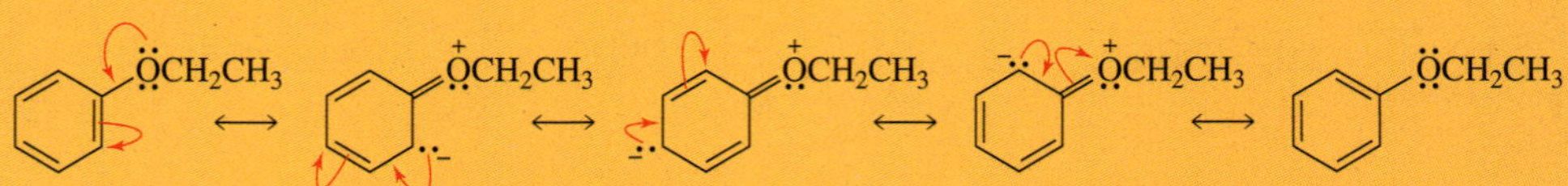

(c) 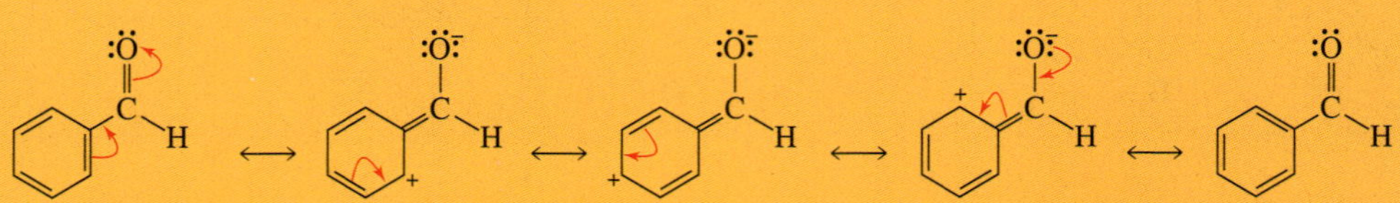

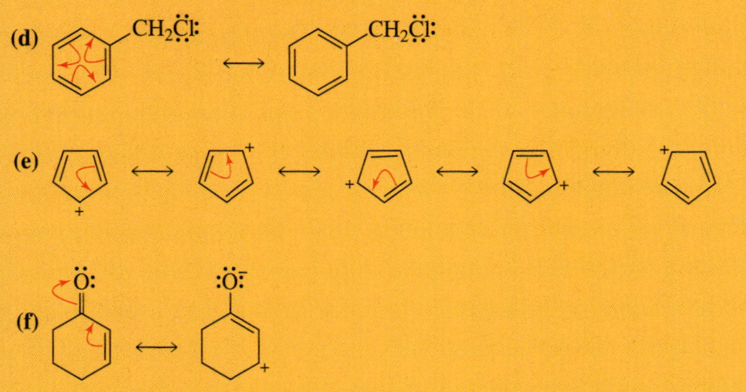

Lösung zu Übung 12

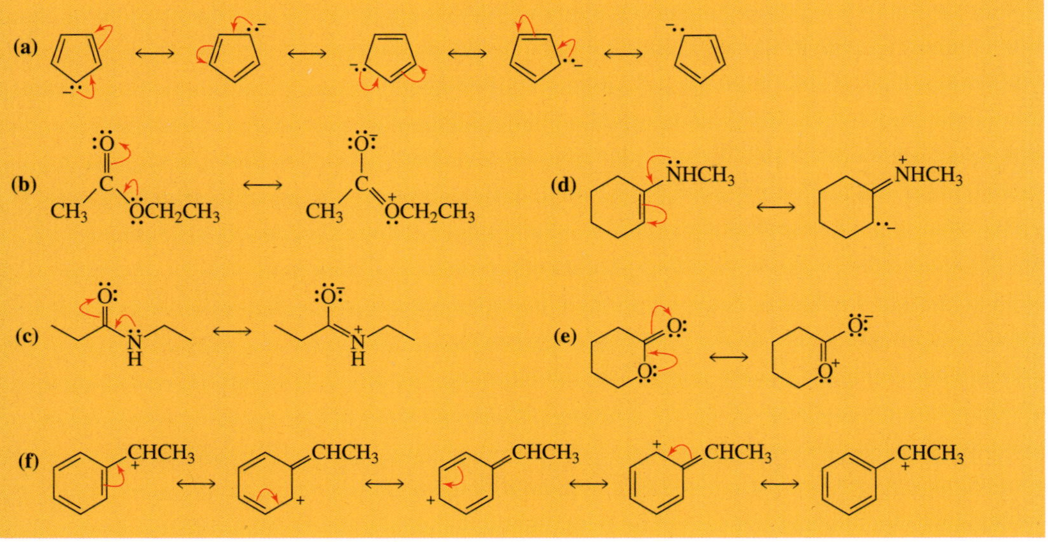

Im MyLab | Organische Chemie finden Sie:

- den praktischen **eText** zum Kapitel mit Notizfunktion
- eine Auswahl verschiedener **3D-Moleküle**
- **Lösungen** zu ausgewählten, mit * versehenen Übungen
- digitale **Lernkarten** und ein umfangreiches **Glossar** zum Nachschlagen und Wiederholen von Definitionen
- digitale Übungsaufgaben in Form von **Kapiteltests** zur eigenen Lernkontrolle

TEIL III

Substitutionen und Eliminierungen

9 Substitutionsreaktionen und Eliminierungsreaktionen der Halogenalkane 491

10 Reaktionen der Alkohole, Amine, Ether, Epoxide und schwefelhaltigen Verbindungen 567

11 Organometallverbindungen 623

12 Radikale 651

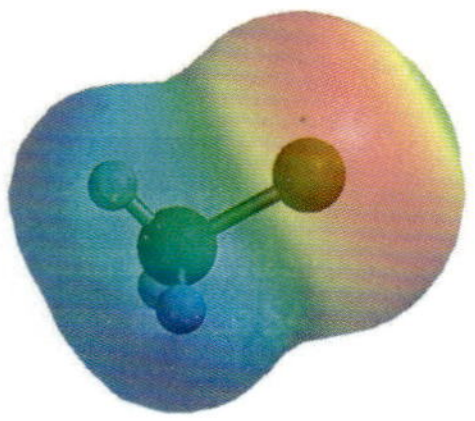

CH_3F

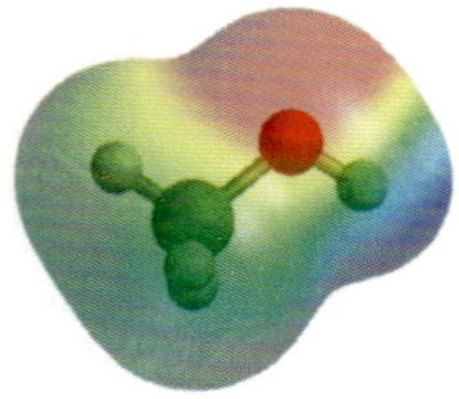

CH_3OH

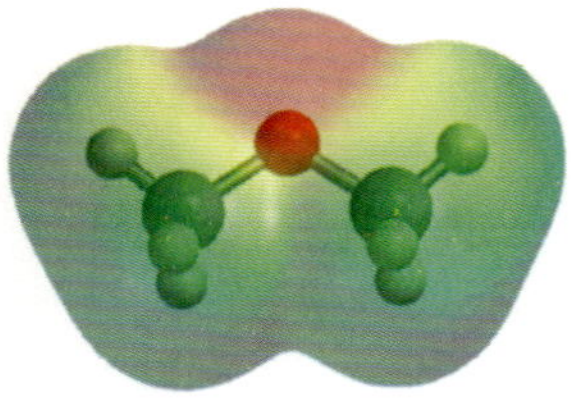

CH_3OCH_3

CH_3SH

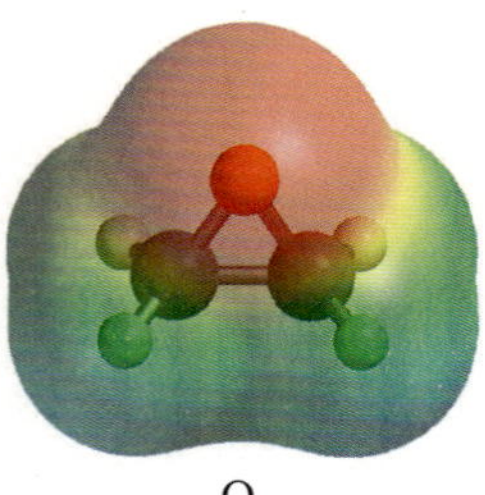

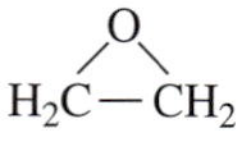

Die ersten zwei Kapitel des III. Teils befassen sich mit den Reaktionen von Verbindungen, die elektronenziehende Gruppen oder Atome besitzen – potenzielle Abgangsgruppen –, die an sp^3-hybridisierte C-Atome gebunden sind. Diese Verbindungen können Substitutions- oder Eliminierungsreaktionen eingehen. Das dritte Kapitel in Teil III (Kapitel 11) wird Sie in die Klasse der Organometallverbindungen einführen, einer Klasse von Nucleophilen, die an Substitutionsreaktionen teilnehmen kann. Das letzte Kapitel dieses III. Teiles (Kapitel 12) erörtert die Reaktionen der Alkane, die keine Abgangsgruppe besitzen, die aber unter extremen Reaktionsbedingungen radikalische Substitutionen eingehen können.

Kapitel 9 Substitutionsreaktionen und Eliminierungsreaktionen der Halogenalkane

Kapitel 9 erörtert die Substitutionsreaktionen und Eliminierungsreaktionen der Halogenalkane und Faktoren, die bestimmen, ob ein Halogenalkan eher Substitutionsreaktionen, Eliminierungsreaktionen oder beide Reaktionsarten eingeht. Von den verschiedenen Verbindungsklassen, die sich Substitutions- und Eliminierungsreaktionen unterziehen können, werden die Halogenalkane als erstes diskutiert, weil sie über relativ gute Abgangsgruppen verfügen.

Kapitel 10 Reaktionen der Alkohole, Amine, Ether, Epoxide und schwefelhaltigen Verbindungen

Kapitel 10 erörtert Verbindungen, die keine Halogenalkane sind, aber genau wie diese Substitutions- und Eliminierungsreaktionen zeigen. Sie werden in diesem Kapitel sehen, dass Alkohole und Ether, weil sie im Vergleich zu den Halogenalkanen schlechte Abgangsgruppen besitzen, zuerst aktiviert werden müssen, bevor eine Substitution oder eine Eliminierung stattfinden kann. Verschiedene gebräuchliche Methoden zur Aktivierung von Abgangsgruppen werden untersucht. Kapitel 10 widmet sich auch den Reaktionen von Epoxiden – zyklischen Ethern, an denen der Einfluss der Ringspannung auf eine Abgangsgruppe verdeutlicht werden kann. Amine besitzen so schlechte Abgangsgruppen, dass bei ihnen keine Substitutionen und/oder Eliminierungen stattfinden können, doch gehen sie andere bedeutsame Reaktionen ein. Quaternäre Ammoniumsalze, die deutlich bessere Abgangsgruppen als Amine sind, gehen Eliminierungsreaktionen ein. Dieses Kapitel stellt außerdem einen Vergleich der Reaktionen der Thiole (Thioalkohole) und Sulfide (Thioether) mit Alkoholen und Ethern an. Es diskutiert zudem ein Sulfoniumsalz, das in biologischen Systemen für Substitutionsreaktionen genutzt wird, da Halogenalkene in der Natur nur selten vorkommen.

Kapitel 11 Organometallverbindungen

Organometallverbindungen sind sehr wichtig für synthetische organische Chemiker*innen. Diese Verbindungen enthalten eine Kohlenstoff-Metall-Bindung. Während Kapitel 9 zeigt, wie ein Halogenalkan eine *elektrophile Alkylgruppe* enthält (da Kohlenstoff weniger elektronegativ als Halogene ist), werden in **Kapitel 11** Organometallverbindungen mit *nucleophilen Alkylgruppen* vorgestellt (da Kohlenstoff elektronegativer ist als Metalle). Organometallverbindungen werden oft dafür eingesetzt, um neue Kohlenstoff-Kohlenstoff-Einfachbindungen, als auch Doppel- und Dreifachbindungen, zu bilden.

Kapitel 12 Radikale

Kapitel 12 erörtert die Substitutionsreaktionen von Alkanen – Kohlenwasserstoffen, die nur Einfachbindungen enthalten (gesättigte Kohlenwasserstoffe). In den vorangegangenen Kapiteln haben wir gelernt, dass – wenn eine chemische Verbindung reagiert – die schwächste Bindung des Moleküls als erste gelöst wird. Alkane besitzen jedoch nur starke chemische Bindungen. Daher sind spezielle Reaktionsbedingungen vonnöten, die harsch genug sind, um Radikale zu erzeugen, damit Alkane zur Reaktion gebracht werden können. Das Kapitel wirft auch einen Blick auf die radikalischen Substitutionsreaktionen und radikalischen Additionen von Alkenen. Es schließt mit einer Diskussion einiger Radikalreaktionen, die in der belebten Welt auftreten.

Substitutionsreaktionen und Eliminierungsreaktionen der Halogenalkane

9

9.1 Der Mechanismus der S_N2-Reaktion 494
9.2 Faktoren, die die S_N2-Reaktion beeinflussen 501
9.3 Die S_N1-Reaktion 510
9.4 Faktoren, die die S_N1-Reaktion beeinflussen 514
9.5 Konkurrenz zwischen S_N2- und S_N1-Reaktionen 515
9.6 Eliminierungsreaktionen von Halogenalkanen 518
9.7 Die E2-Reaktion 518
9.8 Die E1-Reaktion 526
9.9 Konkurrenz zwischen E2- und E1-Reaktionen 529
9.10 Der stereochemische Verlauf der E2- und E1-Reaktionen 530
9.11 Eliminierung aus zyklischen Verbindungen 535
9.12 Vorhersagen der Produkte einer Reaktion eines Halogenalkans mit einem Nucleophil/einer Base 538
9.13 Benzylhalogenide, Allylhalogenide, Vinylhalogenide und Arylhalogenide 543
9.14 Die Rolle des Lösungsmittels in S_N2- und S_N1-Reaktionen 548
9.15 Substitution und Eliminierung in der Synthese 555
9.16 Intermolekulare und intramolekulare Reaktionen 557
9.17 Syntheseplanung II: Annäherung an das Problem 560
Zusammenfassung 563
Zusammenfassung der Reaktionen 565

ÜBERBLICK

Dieser Cartoon erschien im „Time Magazine" am 30.06.1947.

In diesem Kapitel werden Sie lernen, wie die großflächige Anwendung von DDT zur Geburt der Umweltbewegung führte. Sie werden außerdem lernen, warum Leben auf Kohlenstoff basiert und nicht auf Silizium, obwohl Silizium im Periodensystem genau unter Kohlenstoff seinen Platz hat und in der Erdkruste viel häufiger vorkommt.

Gruppe II

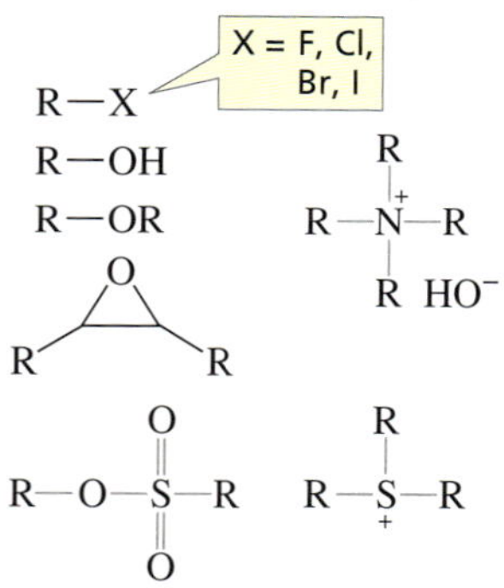

Wir haben gesehen, dass organische Verbindungen in eine von vier Gruppen eingeteilt werden können und dass alle Familien in einer Gruppe ähnlich reagieren (Abschnitt 5.5). In diesem Kapitel beginnt die Diskussion der Verbindungen der zweiten Gruppe.

Beachten Sie, dass die Familien der zweiten Gruppe ein elektrophiles Atom oder eine elektronenziehende Gruppe an einem sp^3-Kohlenstoffatom tragen. Dieses Atom (oder Gruppe) kreiert eine polare Bindung, die es der Verbindung ermöglicht, Substitutionen oder Eliminierungen zu durchlaufen.

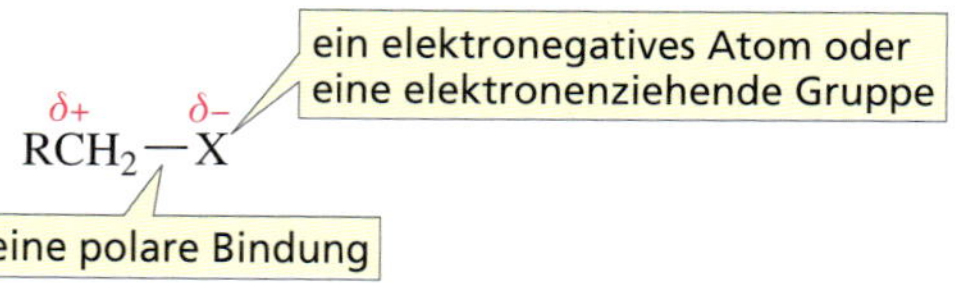

In einer ***Substitutionsreaktion*** *wird das elektrophile Atom oder die elektronenziehende Gruppe durch ein anderes Atom oder eine andere Gruppe ersetzt.*

In einer ***Eliminierungsreaktion*** *wird das elektrophile Atom oder die elektronenziehende Gruppe zusammen mit einem Wasserstoffatom an einem benachbarten Kohlenstoffatom abgespalten.*

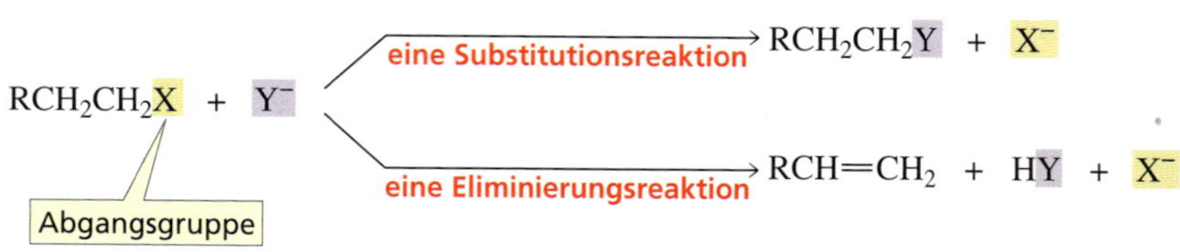

Das Atom oder die Gruppe, die *substituiert* oder *eliminiert* wird, wird als **Abgangsgruppe** bezeichnet.

Wir werden die Diskussion dieses Kapitels damit beginnen, dass wir uns die Eliminierungsreaktionen der Halogenalkane anschauen, die Halogenidionen (F^-, Cl^-, Br^- oder I^-) als Abgangsgruppe tragen.

Halogenalkane

R—F	R—Cl	R—Br	R—I
Fluoralkan	**Chloralkan**	**Bromalkan**	**Iodalkan**

Halogenalkane sind besonders gut geeignet, um mit ihnen das Studium der Substitutions- und Eliminierungsreaktionen zu beginnen, da sie relativ gute Abgangsgruppen tragen; Halogenidionen werden also relativ leicht verdrängt. Nachdem wir uns mit den Reaktionen der Halogenalkane beschäftigen haben, werden wir uns in Kapitel 10 der Diskussion von Verbindungen mit schlechteren Abgangsgruppen (die nur schwer zu verdrängen sind) als auch einigen Verbindungen mit besseren Abgangsgruppen zuwenden.

Substitutions- und Eliminierungsreaktionen spielen in der Organischen Chemie eine wichtige Rolle, da sie die Umwandlung von einfach verfügbaren Halogenalkanen in eine große Vielfalt anderer Verbindungen ermöglichen. Diese Reaktionen sind auch in Tieren und Pflanzen wichtig. Allerdings sind die meisten Halogenalkane unlöslich in Wasser (biologische Reaktionen in Zellen laufen in wässriger Umgebung ab), daher werden öfter Verbindungen mit polaren (und damit wasserlöslicheren) Gruppen in lebenden Organismen genutzt (Abschnitt 10.12).

HINTERGRUND

■ Die Geburt der Umweltbewegung

Halogenalkane werden seit 1939 als Insektizide verwendet. Dies begann mit der Entdeckung, dass DDT (im Jahre 1874 zuerst synthetisiert) sehr toxisch auf Insekten wirkte, Säugetiere aber kaum schädigte. DDT wurde im Zweiten Weltkrieg breit verwendet, um Typhus und Malaria unter Soldaten und Zivilisten gleichermaßen im Zaum zu halten. Es rettete Millionen von Leben, aber zu dieser Zeit war sich niemand bewusst, dass es durch seine Stabilität kaum biologisch abbaubar war. Zudem sind DDT und DDE – eine Verbindung, die durch die Eliminierung von HCl aus DDT entsteht – nicht wasserlöslich. Daher reichern sie sich im Fettgewebe von Vögeln und Fischen an und werden in der Nahrungskette weitergegeben. Die meisten älteren Menschen tragen geringe Konzentrationen von DDT und DDE in ihrem Körper.

1962 publizierte Rachel Carson, eine Meeresbiologin, das Buch „Silent Spring", indem Sie die Folgen des Einsatzes von DDT auf die Umwelt darlegte. Das Buch erfreute sich schnell hoher Popularität und brachte das Problem der Umweltverschmutzung zum ersten Mal ans Licht der Öffentlichkeit. Daher war diese Veröffentlichung ein wichtiger Schritt in der Geburt der Umweltbewegung. Wegen der aufkommenden Bedenken wurde DDT 1972 in den Vereinigten Staaten verboten. 2004 wurde DDT durch die Stockholm-Konvention zudem weltweit verboten. Nur durch Malaria gefährdete Staaten dürfen es weiterhin zur Kontrolle der Krankheit anwenden.

In Abschnitt 12.12 werden wir uns außerdem mit den Effekten von FCKWs (synthetischen Halogenalkanen) auf die Umwelt beschäftigen.

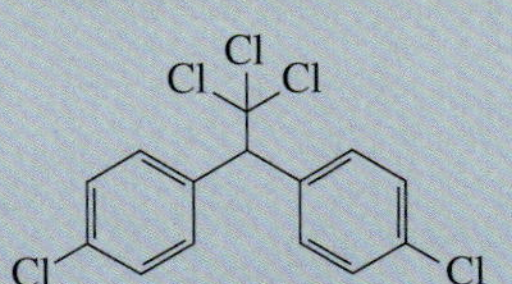

DDT

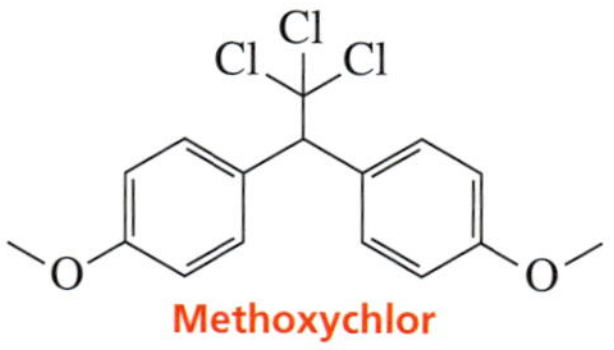

Methoxychlor

Ü 1 Zeichnen Sie die Struktur von DDE.

Ü 2 Methoxychlor ist ein Insektizid, das für den Ersatz von DDT vorgesehen war, da es weniger gut fettlöslich und besser bioabbaubar ist. Es kann sich jedoch auch in der Umwelt anreichern, deswegen wurde es ebenfalls 2002 in der Europäischen Union und 2003 in den USA verboten. Warum ist Methoxychlor weniger fettlöslich als DDT?

Der Mechanismus der S_N2-Reaktion 9.1

Sie werden sehen, dass es zwei verschiedene Substitutionsmechanismen an Alkylgruppen gibt. In jedem Fall involvieren beide Mechanismen erwartungsgemäß die *Reaktion eines Nucleophils mit einem Elektrophil.* Das Nucleophil ersetzt (substituiert) die Abgangsgruppe, daher wird diese Reaktion als **nucleophile Substitutionsreaktion** bezeichnet.

Sie haben nun bereits einige Mechanismen kennengelernt und fragen sich vielleicht, wie diese in der Praxis aufgeklärt werden. Erinnern Sie sich daran, dass ein Reaktionsmechanismus ein theoretisches Modell für den schrittweisen Ablauf einer chemischen Reaktion ist, also für die Teilschritte, durch die die Ausgangsstoffe in die Reaktionsprodukte überführt werden. Er ist ein theoretisches Konstrukt, das im Einklang mit den experimentell ermittelten Fakten über die Reaktion in Einklang stehen muss. Daher werden *Mechanismen experimentell bestimmt.* Chemiker*innen denken sich Mechanismen nicht einfach nur aus, um eine Reaktion zu erklären.

Experimentelle Beweise für den Mechanismus der S_N2-Reaktion

Wir können durch die Untersuchung der **Kinetik** (Faktoren, die die Reaktionsgeschwindigkeit beeinflussen) einer Reaktion viel über sie lernen. Zum Beispiel hängt die Geschwindigkeit der folgenden Reaktion von der Konzentration beider Reaktanten ab.

$$CH_3Br + OH^- \longrightarrow CH_3OH + Br^-$$

Brommethan Methanol

- Eine Verdopplung der Konzentration des Halogenalkans verdoppelt auch die Reaktionsgeschwindigkeit.
- Eine Verdopplung der Konzentration des Nucleophils (OH^-) verdoppelt auch die Reaktionsgeschwindigkeit.
- Eine Verdopplung der Konzentration beider Reaktanten vervierfacht die Reaktionsgeschwindigkeit.

Da wir die Beziehung zwischen der Reaktionsgeschwindigkeit und der Konzentration der Reaktanten kennen, können wir das **Geschwindigkeitsgesetz** der Reaktion formulieren.

$$\textbf{Reaktionsgeschwindigkeit} \propto \textbf{[Halogenalkan][Nucleophil]}$$

Das Proportionalitätszeichen ($\propto$) kann durch ein Gleichheitszeichen und eine Proportionalitätskonstante (k) ersetzt werden. Die S_N2-Reaktion ist eine **Reak-**

tion 2. Ordnung, da die Reaktionsgeschwindigkeit linear von der Konzentration beider Reaktanten abhängt.

Reaktionsgeschwindigkeit = *k* [Halogenalkan][Nucleophil]

Geschwindigkeitskonstante

Das **Reaktionsgeschwindigkeitsgesetz** sagt etwas darüber aus, welche Moleküle im Übergangszustand des geschwindigkeitsbestimmenden Schritts eine Rolle spielen. In diesem Fall können wir aus dem Gesetz folgern, dass *beide*, sowohl das Halogenalkan als auch das Nucleophil, am geschwindigkeitsbestimmenden Übergangszustand beteiligt sind.

Die Proportionalitäskonstante wird auch als **Geschwindigkeitskonstante** bezeichnet. Der Wert dieser Konstante spiegelt wider wie schwer es für die Reaktanten ist, die Energiebarriere der Reaktion zu überwinden – also wie schwer das Erreichen des Übergangszustandes ist (Abschnitt 5.11).

Je niedriger die Energiebarriere, desto größer die Geschwindigkeitskonstante.

Eine niedrigere Energiebarriere macht es für die Reaktanten leichter, den Übergangszustand zu erreichen (► Abbildung 9.3).

Ü 3* Wie wird sich die Reaktionsgeschwindigkeit von Brommethan mit dem Hydroxidion ändern, wenn die folgenden Änderungen vorkommen werden:

(a) Die Konzentration des Halogenalkans ändert sich nicht, aber die Konzentration des Nucleophils verdreifacht sich.

(b) Die Konzentration des Halogenalkans halbiert sich, und die Konzentration des Nucleophils bleibt unverändert.

(c) Die Konzentration des Halogenalkans halbiert sich, aber die Konzentration des Nucleophils verdoppelt sich.

Die Reaktion von Brommethan mit Hydroxidionen ist ein Beispiel für eine **S_N2-Reaktion**. Das „S“ darin steht für *Substitution*, das „N“ für *nucleophil(e)* und die „2“ für *bimolekular/2. Ordnung*. **Bimolekular** besagt, dass an dem Übergangszustand des geschwindigkeitsbestimmenden Schrittes zwei Moleküle beteiligt sind. Im Jahr 1937 schlugen die englischen Forscher Edward Hughes und Christopher Ingold einen Mechanismus für die S_N2-Reaktionen vor. Sie basierten ihren Vorschlag auf drei *experimentellen Befunden*:

1. Die Geschwindigkeit der Reaktion hängt von der Konzentration des Halogenalkans *und* der Konzentration des Nucleophils ab. Das bedeutet, dass beide Reaktionsteilnehmer an dem Übergangszustand des geschwindigkeitsbestimmenden Schrittes beteiligt sind.
2. Wenn die Wasserstoffatome des Brommethans größer werden, nimmt die Reaktionsgeschwindigkeit gegenüber einem gegebenen Nucleophil immer mehr ab.

Relative Geschwindigkeit einer S_N2-Reaktion

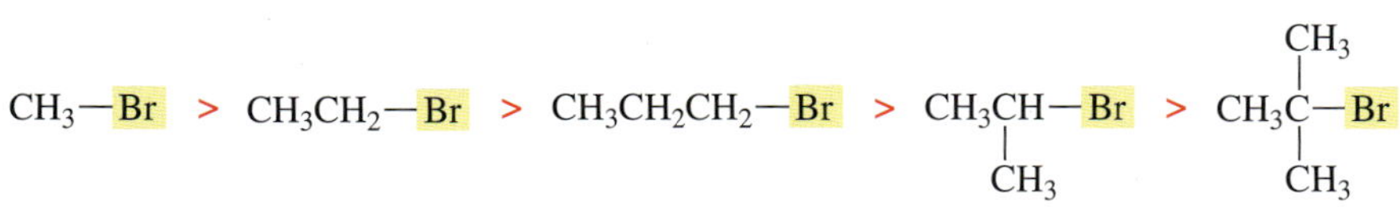

3 Die Substitutionsreaktion eines Halogenalkans, bei welchem das Halogenatom an ein Chiralitätszentrum gebunden ist, führt zur Bildung von nur einem Stereoisomer als Reaktionsprodukt, und die Konfiguration am Chiralitätszentrum der Produktmoleküle ist der Konfiguration des eingesetzten Halogenalkans gerade entgegengesetzt.

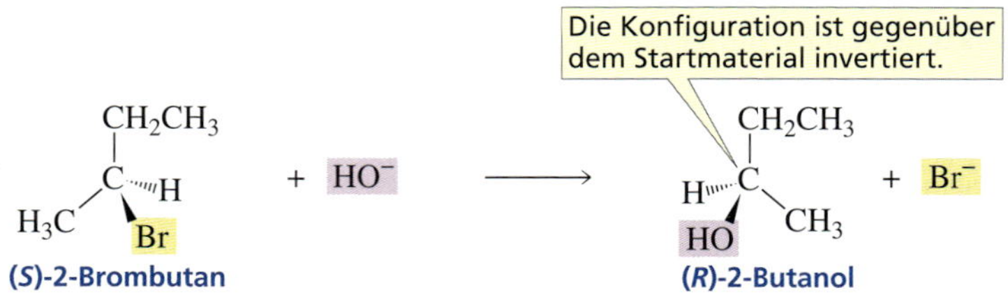

Mechanismus der S_N2-Reaktion

Mit diesen Befunden schlugen Hughes und Ingold vor, dass die S_N2-Reaktion eine *konzertierte* Reaktion ist (sich also in einem einzigen Reaktionsschritt vollzieht), sodass keine Zwischenstufen (Intermediate) gebildet werden.

MERKE!

Eine S_N2-Reaktion ist eine konzertierte Reaktion.

Mechanismus der S_N2-Reaktion eines Halogenalkans

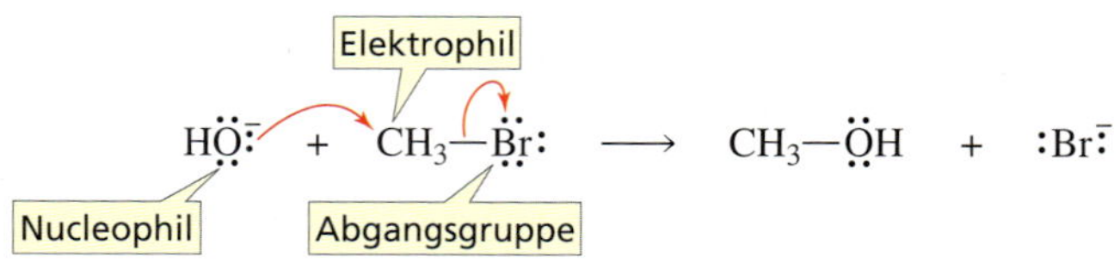

- Das Nucleophil greift von der Rückseite des Kohlenstoffatoms (dem Elektrophil), das die Abgangsgruppe trägt, an und verdrängt diese.

Ein produktiver Zusammenstoß (von Teilchen) ist einer, der zur Bildung eines Reaktionsproduktes führt. Ein produktiver Zusammenstoß im Verlauf einer S_N2-Reaktion erfordert es, dass das Nucleophil das reagierende Kohlenstoffatom von der Seite trifft, die der Seite, auf der die Abgangsgruppe gebunden ist, gegenüberliegt. Man spricht in diesem Zusammenhang daher von einem **Rückseitenangriff** auf das Kohlenstoffatom.

Warum muss das Nucleophil von der Rückseite her angreifen? Die einfachste Antwort ist, dass die Abgangsgruppe der Annäherung des angreifenden Teilchens im Wege steht, falls dieses von der Vorderseite her angreift (der Zusammenstoß der molekularen Teilchen auf dieser Seite erfolgt).

Die Molekülorbitaltheorie erklärt den Rückseitenangriff ebenfalls. Erinnern Sie sich an Abschnitt 8.8, in dem wir gelernt haben, dass – um eine chemische Bindung auszubilden – das LUMO des einen Teilchens mit dem HOMO des anderen in Wechselwirkung treten muss. Wenn sich das Nucleophil dem Halogenalkan annähert, muss das besetzte nichtbindende Molekülorbital (das HOMO) des Nucleophils mit dem unbesetzen antibindenden σ^*-Molekülorbital (dem LUMO), das mit der C—Br-Bindung assoziiert ist, in Wechselwirkung treten.

► Abbildung 9.1a zeigt, dass im Fall eines Rückseitenangriffs eine bindende Wechselwirkung zwischen dem Nucleophil und dem größeren Lappen des σ^*-Molekülorbitals stattfindet (die interagierenden Lappen sind beide grün). Vergleichen Sie dies mit dem, was abläuft, wenn das Nucleophil sich dem Kohlenstoffatom von der Vorderseite her nähert (► Abbildung 9.1b): Es kommt sowohl zu einer bindenden wie zu einer antibindenden Wechselwirkung, die sich gegenseitig aufheben. Daher ist eine S_N2-Reaktion nur dann erfolgreich, wenn das Nucleophil das sp^3-hybridisierte Atom von der Rückseite angreift.

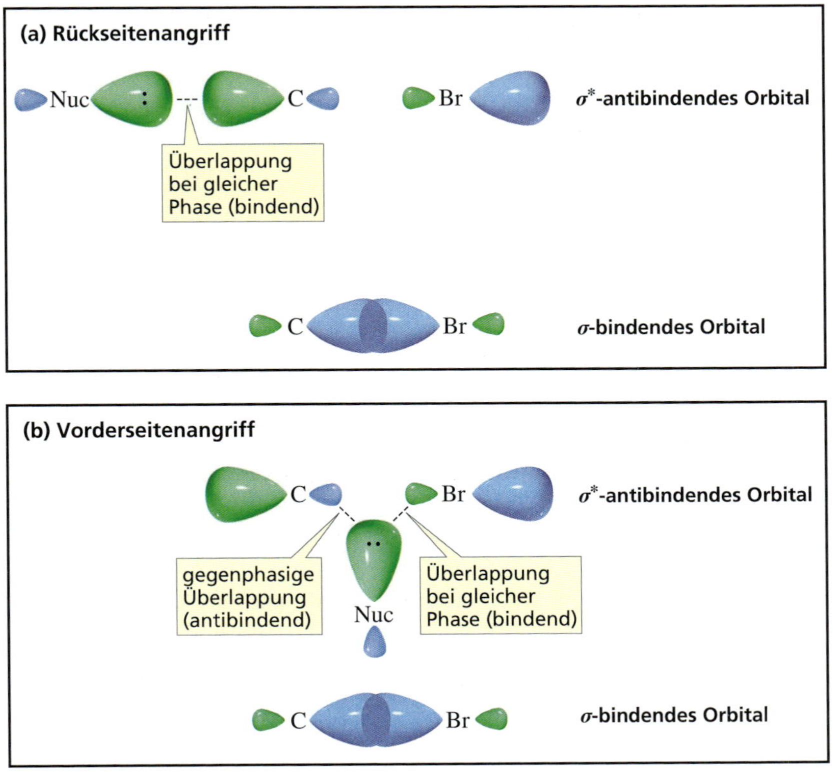

Abbildung 9.1: (a) Ein Rückseitenangriff führt zu einer bindenden Wechselwirkung zwischen dem HOMO (dem besetzten bindenden Orbital) und dem LUMO (dem unbesetzten, antibindenden σ^*-Orbital) der Atomgemeinschaft C–Br. (b) Ein Vorderseitenangriff würde gleichzeitig zu einer bindenden und einer antibindenden Orbitalwechselwirkung führen, die sich gegenseitig neutralisieren würden.

MERKE!

Ein Nucleophil greift die Rückseite des Kohlenstoffatoms an, an welches die Abgangsgruppe gebunden ist.

Wie der Mechanismus die experimentellen Befunde integriert

Wie trägt nun der Mechanismus von Hughes und Ingold den drei Teilaspekten der experimentellen Beweislage Rechnung? Der von ihnen vorgeschlagene Mechanismus zeigt, dass das Halogenalkan und das Nucleophil im Übergangszustand einer einschrittigen Reaktion zusammenkommen. Die Erhöhung der Konzentration jedes der Reaktionsteilnehmer macht einen molekularen Zusammenstoß mit der richtigen Orientierung wahrscheinlicher, indem sie die Stoßrate der Teilchen erhöht. Die Reaktion folgt mechanistisch einer Kinetik 2. Ordnung – genauso, wie es im Experiment beobachtet wird.

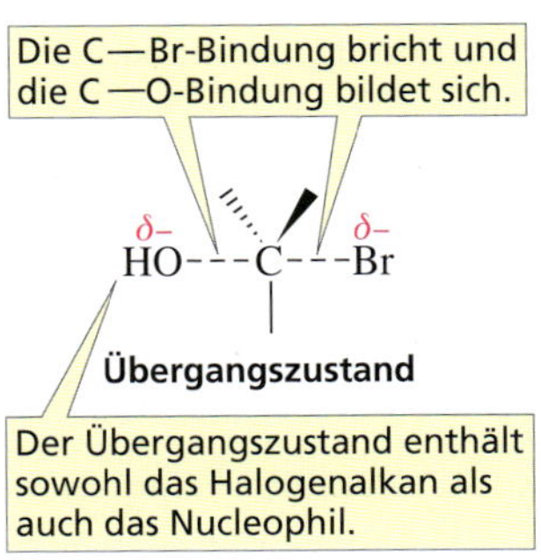

Da das Nucleophil die Rückseite des an das Halogenatom gebundenen C-Atoms angreift, behindern raumfordernde Substituenten, die an dieses C-Atom gebunden sind, den Zugang des Nucleophils zum C-Atom und werden demgemäß die Reaktionsgeschwindigkeit herabsetzen (► Abbildung 9.2). Dies erklärt, warum die Reaktionsgeschwindigkeit bei Zunahme der Größe der Alkylgruppen abnimmt.

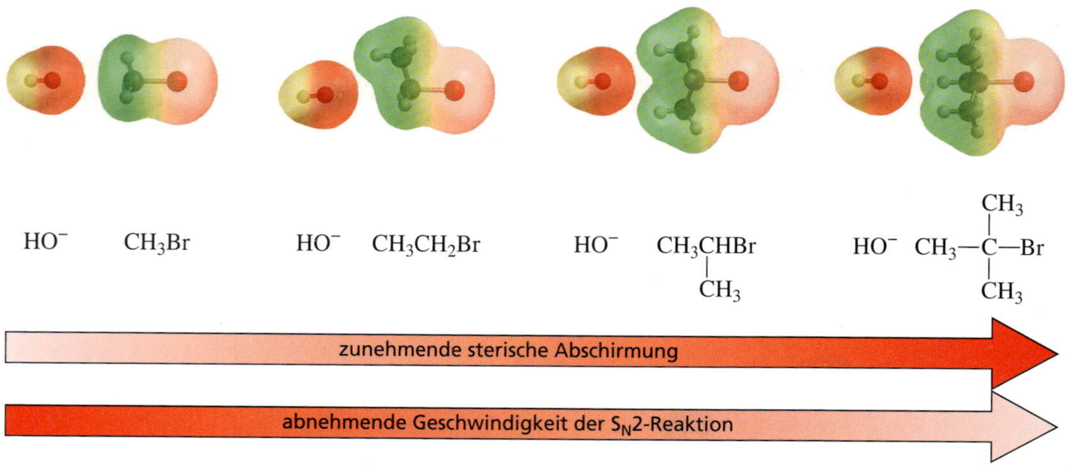

Abbildung 9.2: Die Annäherung eines HO^--Ions (gezeigt durch die gelbe Farbe in den elektrostatischen Potenzialkarten) an das Kohlenstoffatom des Methylbromids, an ein primäres Halogenalkanmolekül, ein sekundäres Halogenalkanmolekül und ein tertiäres Halogenalkanmolekül. Eine Vermehrung der Raum beanspruchenden Substituenten, welche an das zentrale C-Atom gebunden sind, verschlechtert die Zugänglichkeit der Molekülrückseite, wodurch die Geschwindigkeit der S_N2-Reaktion herabgesetzt wird.

MERKE!

Die sterische Hinderung führt dazu, dass sich Halogenmethane und primäre Halogenalkane in S_N2-Reaktionen am reaktivsten verhalten.

Tertiäre Halogenalkane können keine S_N2-Reaktionen eingehen.

Sterische Effekte sind solche Effekte, die von der Raumbeanspruchung der sie ausübenden Atome oder Gruppen ausgehen (Abschnitt 3.11). Ein sterischer Effekt, der die Reaktivität des betreffenden Teilchens vermindert, wird als **sterische Hinderung** bezeichnet. Eine sterische Hinderung tritt dann auf, wenn Gruppen an der regierenden Stelle des Teilchens „im Weg stehen".

Die sterische Hinderung ist die zugrunde liegende Ursache der folgenden Reihenfolge relativer Reaktivitäten bei der S_N2-Reaktion, weil im Allgemeinen primäre Halogenalkane weniger sterischer Hinderung unterliegen als sekundäre, die wiederum weniger sterisch gehindert sind als tertiäre (► Abbildung 9.3).

Relative Reaktivitäten der Halogenalkane bei S_N2-Reaktionen

am reaktivsten — Halogenmethan > prim. Halogenalkan > sek. Halogenalkan > tert. Halogenalkan — zu unreaktiv, um eine S_N2-Reaktion einzugehen

Die drei Alkylgruppen eines tertiären Halogenalkans machen es dem angreifenden Nucleophil unmöglich, sich auf Bindungslänge dem tertiären Kohlenstoffatom zu nähern, ergo sind tertiäre Halogenalkane unfähig, in S_N2-Reaktionen zu reagieren.

reaktiver in einer S_N2-Reaktion	weniger reaktiv in einer S_N2-Reaktion
CH_3CH_2Br	$CH_3CH_2CH_2Br$
Bromethan	**1-Brompropan**

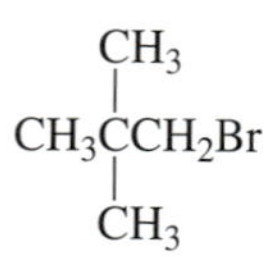

Obwohl es sich um ein primäres Halogenalkan handelt, reagiert es nur sehr langsam in S_N2-Reaktionen, da seine Alkylgruppe ungewöhnlich sperrig ist.

Die Geschwindigkeit einer S_N2-Reaktion hängt nicht nur von der *Anzahl* der Alkylgruppen ab, die an das Kohlenstoffatom gebunden sind, auf welches der nucleophile Angriff erfolgt, sondern auch von deren Größe. Beispielsweise sind sowohl Bromethan als auch 1-Brompropan primäre Halogenalkane, doch verhält sich das Bromethan in der S_N2-Reaktion mehr als doppelt so reaktiv, weil die mehr Raum beanspruchende Gruppe des 1-Brompropans beim Angriff des Nucleophils ein größeres Maß an sterischer Hinderung auf die Rückseite bewirkt. Und auch 1-Brom-2,2-dimethylpropan verhält sich in S_N2-Reaktionen sehr reaktionsträge und reagiert sehr langsam, obwohl es sich um ein primäres Halogenalkan handelt, denn seine einzelne Alkylgruppierung ist sehr ausladend.

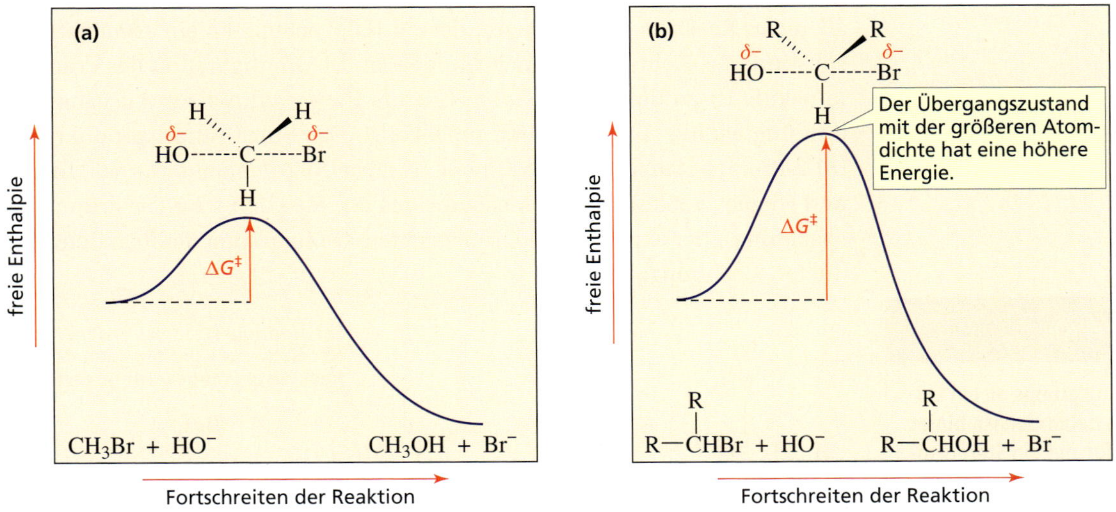

Abbildung 9.3: Das Reaktionskoordinatendiagramm zeigt, dass sterische Hinderung durch die Erhöhung der Energie des Übergangszustandes die Reaktionsgeschwindigkeit verlangsamt. Reaktionskoordinatendiagramm für (a) die S_N2-Reaktion von Brommethan mit Hydroxidionen; (b) eine S_N2-Reaktion eines sterisch gehinderten sekundären Halogenalkans mit Hydroxidionen.

Ü 4* Erhöht oder verringert eine Erhöhung der Energiebarriere für eine S_N2-Reaktion die Geschwindigkeitskonstante für die Reaktion?

MERKE!

Eine S_N2-Reaktion führt zu einer Inversion der Konfiguration am Kohlenstoffatom, an dem die Reaktion abläuft.

► Abbildung 9.4 illustriert den dritten experimentellen Beweis, den Hughes und Ingold benutzten, um ihren vorgeschlagenen Mechanismus zu finden: die Inversion der Konfiguration am teilnehmenden Kohlenstoffatom.

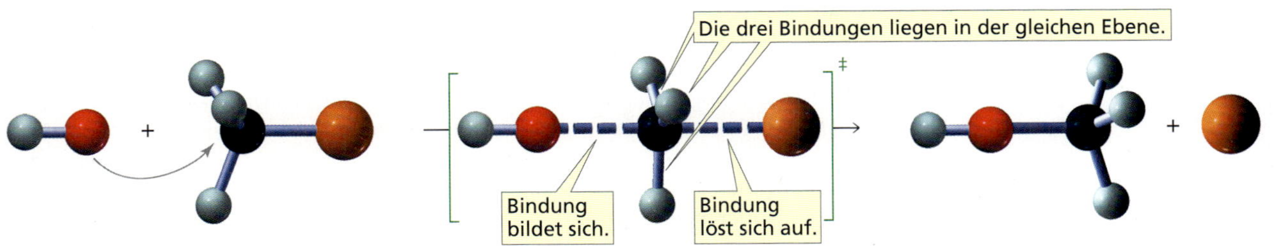

Bei Annäherung des Nucleophils an die Hinterseite des tetraedrischen Kohlenstoffatoms bewegen sich die Elektronen der C—H-Bindungen aus dem Weg des Nucleophils bzw. seiner angreifenden Elektronen.

Die C—H-Bindungen im Übergangszustand liegen in der gleichen Ebene; das Kohlenstoffatom ist von fünf Atomen umgeben (vollständig an drei Atome und partiell an zwei Atome gebunden) und daher nicht tetraedrisch.

Die C—H-Bindungen bewegen sich weiterhin in die gleiche Richtung. Wenn die Bindung zwischen Kohlenstoff und dem Nucleophil vollständig ausgebildet und die Bindung zwischen Kohlenstoff und Brom vollständig gebrochen ist, ist auch das Kohlenstoffatom wieder tetraedrisch umgeben.

Abbildung 9.4: Eine S_N2-Reaktion zwischen einem Hydroxidion und einem Brommethanmolekül.

Das Kohlenstoffatom, an dem sich die Substitution vollzieht, wechselt im Verlauf der Reaktion seine Konfiguration, gerade so wie ein Regenschirm, der durch einen Windstoß umgestülpt wird. Diese **Konfigurationsumkehr** wird nach ihrem Entdecker auch *Walden'sche Umkehr* oder Walden'sche Inversion genannt. Paul Walden war der Forscher, der als Erster entdeckte, dass die Konfiguration einer chemischen Verbindung im Verlauf einer S_N2-Reaktion umgekehrt (invertiert) wird.

Da eine S_N2-Reaktion unter Inversion der Konfiguration am reagierenden C-Atom verläuft, wird nur ein Reaktionsprodukt gebildet, wenn ein Halogenalkan zur Reaktion gebracht wird, dessen Halogenatom an ein asymmetrisch substituiertes Kohlenstoffatom gebunden ist. Die Konfiguration des Produktmoleküls ist an dem betreffenden C-Atom im Verhältnis zur Ausgangsverbindung gerade spiegelbildlich umgekehrt. Das Substitutionsprodukt von (*R*)-2-Brompentan mit Hydroxidionen ist etwa (*S*)-2-Pentanol. Der von Ingold und Hughes vorgeschlagene Mechanismus der Reaktion trägt der dritten Beobachtung – der experimentell beobachteten Konfiguration der Reaktionsprodukte – Rechnung.

MERKE!

Wenn die Abgangsgruppe an ein Chiralitätszentrum gebunden ist, bildet eine S_N2-Reaktion nur ein Stereoisomer mit invertierter Konfiguration.

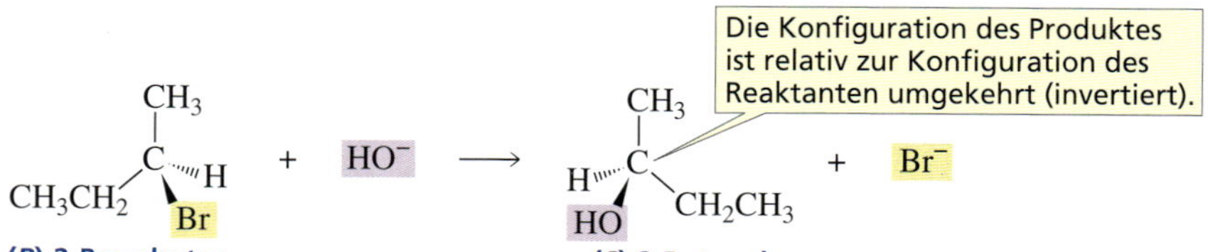

(*R*)-2-Brombutan (*S*)-2-Butanol

Hinweis für die Studierenden

Um das konfigurativ invertierte Produkt einer S_N2-Reaktion darzustellen, zeichnet man das Spiegelbild des Ausgangsmoleküls und ersetzt das Halogenatom darin durch das in die Reaktion eingesetzte Nucleophil.

Ü 5* Ordnen Sie die folgenden Bromalkane in der Reihenfolge abnehmender Reaktivität bei der S_N2-Reaktion: 1-Brom-2-methylbutan, 1-Brom-3-methylbutan, 2-Brom-2-methylbutan und 1-Brompentan.

Ü 6* mit Lösung

Zeichnen Sie die Produkte, die in einer S_N2-Reaktion aus

(a) 2-Brombutan und Methoxidionen

(b) (*R*)-2-Brombutan und Methoxidionen

(c) (*S*)-3-Chlorhexan und Hydroxidionen

(d) 3-Iodpentan und Hydroxidionen

gebildet würden.

Lösung zu 6(a)

Das Produkt ist 2-Methoxybutan. Da es sich um eine S_N2-Reaktion handelt, ist die Konfiguration des Produktes im Verhältnis zur Ausgangsverbindung umgekehrt. Da die Konfiguration des Ausgangsstoffes nicht genau angegeben ist, können wir die Konfiguration des sich ergebenden Reaktionsproduktes nicht vorhersagen. In anderen Worten: Wenn wir nicht wissen ob die Reaktanten *R*, *S* oder gemischt konfiguriert sind, dann wissen wir auch nicht, ob die Produkte *R*, *S* oder gemischt konfiguriert sind.

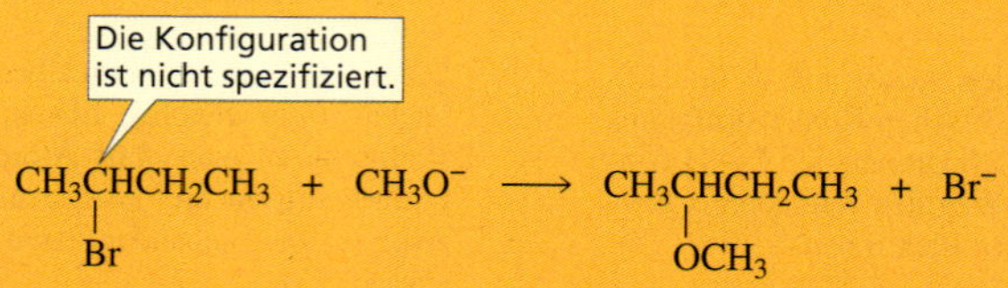

Ü 7 mit Lösung

Zeichnen Sie das Substitutionsprodukt der Reaktion von *cis*-1-Brom-4-methylcyclohexan und Hydroxidionen in einer S_N2-Reaktion.

Lösung

In dieser S_N2-Reaktion wird nur das *trans*-Produkt gebildet, da das an die Abgangsgruppe gebundene Kohlenstoffatom nur von hinten angegriffen werden kann.

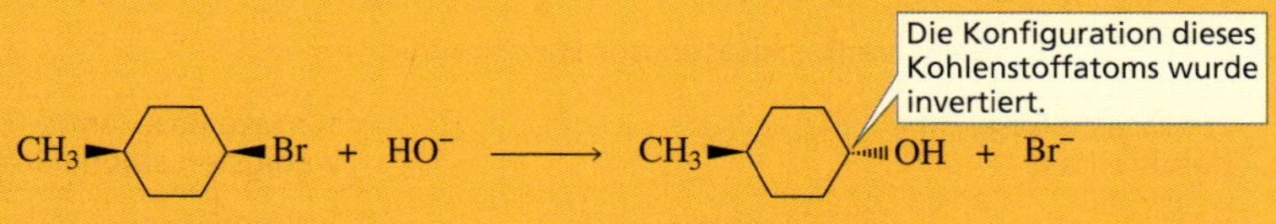

cis-1-Brom-4-methylcyclohexan — *trans*-4-Methylcyclohexanol

Ü 8 Zeichnen Sie das Substitutionsprodukt der folgenden S_N2-Reaktionen:

(a) *trans*-1-Iod-4-ethylcyclohexan und Methoxidion

(b) *cis*-1-Chlor-3-methylcyclobutan und Ethoxidion

Faktoren, die die S_N2-Reaktion beeinflussen 9.2

Wir werden uns nun mit der chemischen Natur der Abgangsgruppe und der Frage, welchen Einfluss die Natur des Nucleophils auf den Gang einer S_N2-Reaktion nimmt, befassen.

Die Abgangsgruppe bei einer S_N2-Reaktion

Wenn wir ein Iodalkan, ein Bromalkan, ein Chloralkan und ein Fluoralkan, die alle den gleichen Alkylrest R aufweisen, unter identischen Reaktionsbedingungen mit dem gleichen Nucleophil zur Reaktion brächten, würden wir finden, dass sich das Iodalkan in der Reaktion am reaktivsten und das Fluoralkan am wenigsten reaktiv (am reaktionsträgsten) verhielte.

	Relative Reaktionsgeschwindigkeit	pK_S-Werte von HX
$HO^- + RCH_2I \longrightarrow RCH_2OH + I^-$	30.000	−10
$HO^- + RCH_2Br \longrightarrow RCH_2OH + Br^-$	10.000	−9
$HO^- + RCH_2Cl \longrightarrow RCH_2OH + Cl^-$	200	−7
$HO^- + RCH_2F \longrightarrow RCH_2OH + F^-$	1	3,2

Der einzige Unterschied bei diesen vier Reaktionen ist die chemische Natur der Abgangsgruppe. Aus den relativen Reaktionsgeschwindigkeiten können wir ablesen, dass das Iodidion die beste Abgangsgruppe ist und das Fluoridion die schlechteste. Dies führt uns zu einer wichtigen Regel der Organischen Chemie (einer, der Sie wiederholt begegnen werden). Beim Vergleich von Basen des gleichen Typs gilt:

Je geringer die Basizität einer Gruppe,
desto besser sind ihre Abgangseigenschaften.

Der Grund dafür, dass die Abgangseigenschaften von der Basizität abhängen, liegt darin, dass *schwächere Basen stabilere Basen sind;* sie tragen bereitwillig die Elektronen, die sie zuvor mit einem Wasserstoffatom geteilt hatten (das als Proton abgespalten wurde). Da schwache Basen ihre Elektronen bereitwillig mit anderen Atomen teilen, ist eine schwache Base nicht so stark gebunden wie eine starke Base es wäre, und wie wir wissen, wird eine schwächere chemische Bindung leichter aufgelöst.

Relative Basizitäten der Halogenidionen

schwächste Base, stabilste Base — $I^- < Br^- < Cl^- < F^-$ — stärkste Base, am wenigsten stabile Base

Wir haben in Abschnitt 2.6 erfahren, dass das Iodidion die schwächste Base unter den Halogeniden ist (es hat die stärkste konjugierte Säure) und dass das Fluoridion die stärkste Base der Halogenide ist (es besitzt die schwächste konjugierte Säure). Wenn Sie also Halogenalkane mit identischen Alkylgruppen vergleichen, werden Sie feststellen, dass Iodalkane am reaktivsten und Fluoralkane am unreaktivsten sind. Tatsächlich ist das Fluoridion eine so starke Base, dass es im Prinzip keine S_N2-Reaktionen eingeht.

MERKE!

Je schwächer die Base, desto besser ist sie als Abgangsgruppe.

Stabile Basen sind schwache Basen.

Relative Reaktivitäten der Halogenalkane bei S_N2-Reaktionen

am reaktivsten — RI > RBr > RCl > RF — zu unreaktiv, um eine S_N2-Reaktion einzugehen

Zu Beginn dieses Kapitels haben wir gesehen, dass es die polare Kohlenstoff-Halogen-Bindung ist, die dazu führt, dass Halogenalkane Substitutionsreaktionen eingehen. Kohlenstoff und Iod besitzen aber praktisch gleiche Elektronegativitätswerte (siehe ► Tabelle 1.3). Warum unterzieht sich dann ein Iodalkan einer Substitionsreaktion?

Wir wissen, dass größere Atome besser polarisierbar sind als kleine. Rufen Sie sich in Erinnerung, dass die Polarisierbarkeit ein Maß dafür ist, wie leicht die Elektronenwolke eines Atoms verzerrt werden kann (Abschnitt 3.9). Die hohe Polarisierbarkeit des großen Iodatoms erlaubt eine Polarisierung der C—I-Bindung durch die Annäherung des elektronenreichen Nucleophils; dies führt zu einer positiven Teilladung am Kohlenstoffatom. Daher reagiert ein Halogenalkan wie eine polare Verbindungen, obwohl Kohlenstoff und Iod die gleiche Elektronegativität besitzen.

Ü 9* Welches Halogenalkan ist in einer S_N2-Reaktion bei gegebenem Nucleophil reaktiver?

(a) 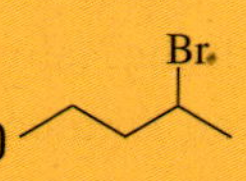 oder 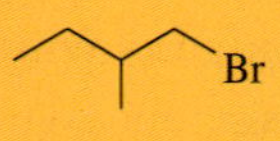

(b) 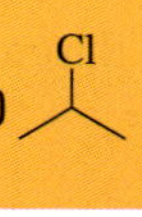 oder 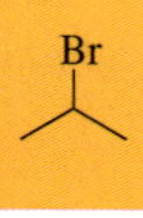

(c) 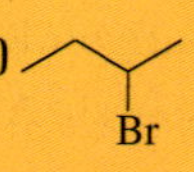 oder 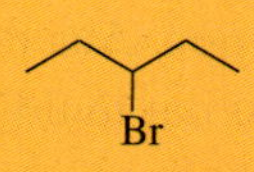

(d) 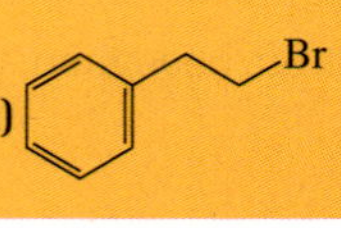 oder 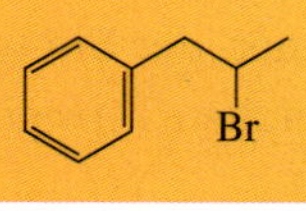

Das Nucleophil in einer S_N2-Reaktion

Wenn wir von Atomen oder Molekülen mit freien Elektronenpaaren sprechen, nennen wir diese manchmal Basen und manchmal Nucleophile. Worin besteht der Unterschied zwischen einer Base und einem Nucleophil (► Tabelle 9.1).

HO^-	RO^-	H_2O	ROH	$RCOO^-$
HS^-	RS^-	H_2S	RSH	
$^-NH_2$	RNH^-	NH_3	RNH_2	
$^-C{\equiv}N$	$RC{\equiv}C^-$			
Cl^-	Br^-	I^-		

Tabelle 9.1: Gängige Nucleophile/Basen.

Der Begriff **Basizität** beschreibt, wie bereitwillig eine Verbindung (eine **Base**) ihre freien Elektronenpaare mit einem Proton teilt. Je stärker eine Base, desto bereitwilliger teilt sie ihre Elektronen mit „jemandem". Quantitativ ist die Basizität eine Maßzahl für die Lage des chemischen Gleichgewichtes – also der *Gleichgewichtskonstanten* der Reaktion (in Form der Basendissoziationskonstanten K_B, oder indirekt der Säuredissoziationskonstanten K_S), die angibt, wie stark die Tendenz einer Base ist, ein Proton aufzunehmen bzw. wie stark die Tendenz der konjugierten Säure ist, ein solches abzugeben (Abschnitt 2.2).

Die **Nucleophilie** ist ein Maß dafür, wie bereitwillig eine Verbindung (ein **Nucleophil**) ein elektronendefizientes Atom angreift. Die Nucleophilie wird mittels einer *Geschwindigkeitskonstante (k)* quantitativ erfasst. Im Fall einer S_N2-Reaktion ist die Nucleophilie ein Maß dafür, wie wirkungsvoll das Nucleophil das an die Abgangsgruppe gebundene sp^3-Kohlenstoffatom anzugreifen vermag.

Da das Nucleophil ein sp^3-Kohlenstoffatom im geschwindigkeitsbestimmenden Schritt einer S_N2-Reaktion angreift, hängt die Reaktionsgeschwindigkeit von der Stärke des Nucleophils ab: Je stärker das Nucleophil, desto schneller ist die S_N2-Reaktion.

Beachten Sie, dass Spezies mit einer negativen Ladung stärkere Basen *und* Nucleophile sind als Spezies mit den gleichen angreifenden Atom, aber ohne Ladung. Daher ist HO^- eine bessere Base und ein besseres Nucleophil als H_2O. Basen werden zudem als stark oder schwach bezeichnet; bei Nucleophilen hingegen spricht man von gut oder schlecht.

stärkere Base besseres Nucleophil		schwächere Base schlechteres Nucleophil
HO^-	>	H_2O
CH_3O^-	>	CH_3OH
NH_2^-	>	NH_3
$CH_3CH_2NH^-$	>	$CH_3CH_2NH_2$

Der Effekt der Basizität auf die Nucleophilie

Wenn wir Moleküle vergleichen, deren *angreifende Atome von ungefähr gleicher Größe sind*, so stellen wir fest, dass *stärkere Basen wiederum bessere Nucleophile* sind. Die Atome in der zweiten Periode des Periodensystems der

Elemente haben näherungsweise gleiche Größen. Das Amidion ist sowohl die stärkste Base als auch das beste Nucleophil.

Relative Basen- und Nucleophilstärke

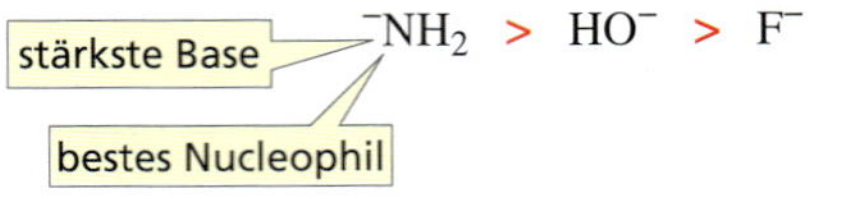

Wenn wir Moleküle vergleichen, deren *angreifende Atome von sehr unterschiedlicher Größe* sind, kommt ein weiterer Faktor ins Spiel: Die Polarisierbarkeit des Atoms. Da die äußeren Elektronen in großen Atomen weiter vom Atomkern entfernt sind, und die Ladung des Atomkerns durch weiter innen liegende Elektronen teilweise abgeschirmt wird, werden sie nicht so fest gehalten und können sich deshalb zu einer positiven elektrischen Ladung hinbewegen. Als Folge hiervon können die Elektronen mit Orbitalen des angegriffenen C-Atoms aus einer größeren Entfernung überlappen als die von kleineren Atomen (► Abbildung 9.5). Dies führt zu einem größeren Bindungsgrad im Übergangszustand, was diesen stabiler werden lässt.

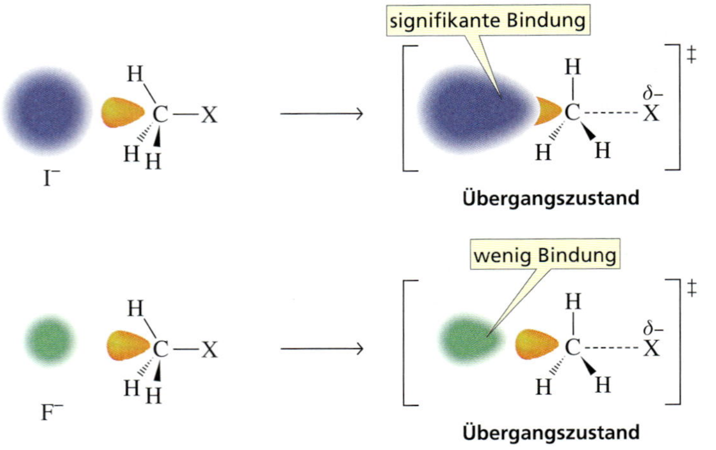

Abbildung 9.5: Ein Iodidion ist größer und stärker polarisierbar als ein Fluoridion. Wenn ein Iodidion ein Kohlenstoffatom angreift, können daher die relativ locker gebundenen Elektronen des Iodids aus größerer Entfernung mit Orbitalen des C-Atoms wechselwirken. Die fester gebundenen Elektronen des Fluoridions können erst dann beginnen, mit Orbitalen des C-Atoms zu überlappen, wenn die reagierenden Atome näher beieinander sind.

Nun erhebt sich die Frage, ob die höhere Polarisierbarkeit, die den größeren Atomen zu ihrer besseren Nucleophilie verhilft, die verminderte Basizität ausgleicht, die dazu führt, dass sie schlechtere Nucleophile sind. Wir werden erkennen, dass die Antwort von dem Lösungsmittel abhängt, unter denen die Reaktion durchgeführt wird.

Der Effekt des Lösungsmittels auf die Nucleophilie

Falls die Reaktion in einem **aprotisch polaren Lösungsmittel** (in einem Lösungsmittel, dessen Moleküle keine an ein Sauerstoff- oder Stickstoffatom gebundene Wasserstoffatome enthalten) durchgeführt wird, bleibt die direkte Beziehung zwischen Basizität und Nucleophilie erhalten: Stärkere Basen bleiben bessere Nucleophile. Der höhere Polarisierungsgrad gleicht die verminderte Basizität nicht voll aus. *In einem aprotisch polaren Lösungsmittel ist daher das Iodidion das schlechteste Nucleophil unter den Halogeniden.* Falls die Reaktion jedoch in einem **protisch polaren Lösungsmittel** durchgeführt wird – was bedeutet, dass die Lösungsmittelmoleküle ein Wasserstoffatom besitzen, das an ein Stickstoff- oder Sauerstoffatom gebunden ist – kehrt sich das Verhältnis zwischen Nucleophilie und Basizität um (► Abbildung 9.6). Das größte Atom

MERKE!

Ein aprotisch polares Lösungsmittel enthält keine Wasserstoffatome, die an ein N- oder ein O-Atom gebunden sind.

Ein protisch polares Lösungsmittel enthält Wasserstoffatome, die an ein N- oder ein O-Atom gebunden sind.

(das am besten polarisierbare Atom) ist das beste Nucleophil, selbst wenn es die schwächste Base ist. *Das Iodidion, die schwächste Base, ist somit in protisch polaren Lösungsmitteln unter den Halogenidionen das beste Nucleophil.*

MERKE!

Beim Angriff von Basen verschiedener Größe ist die stärkste Base in einem aprotisch polaren Lösungsmittel das beste Nucleophil und in einem protisch polaren Lösungsmittel das schlechteste Nucleophil.

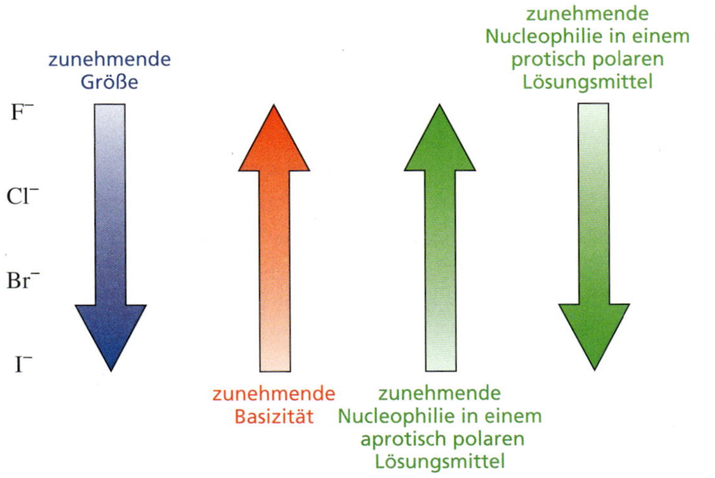

Abbildung 9.6: Die stärksten Basen sind auch die besten Nucleophile, außer wenn (1) die Basen unterschiedliche Größen haben und (2) die Reaktion in einem protisch polaren Lösungsmittel durchgeführt wird. Nur wenn beide Bedingungen erfüllt sind, ist die stärkste Base *nicht* das beste Nucleophil.

Ü 10* Geben Sie an, ob die folgenden Lösungsmittel protisch oder aprotisch sind:
(a) Chloroform ($CHCl_3$) **(b)** Diethylether **(c)** Essigsäure **(d)** Hexan

Warum wird die Nucleophilie vom Lösungsmittel beeinflusst?

Warum ist in einem protischen Lösungsmittel das kleinste Atom ungeachtet der Tatsache, dass es die stärkste Base ist, das schlechteste Nucleophil? *Wie macht ein protisches Lösungsmittel starke Basen weniger nucleophil?*

Protische Lösungsmittel sind Wasserstoffbrückenbindungsdonatoren. Wenn ein negativ geladenes Teilchen (ein Anion) in ein protisches Lösungsmittel eingebracht wird, wird das Ion solvatisiert. Die Lösungsmittelmoleküle gruppieren sich so um die zu lösenden Anionen, dass ihre partiell positiv geladenen Wasserstoffatome zu den negativ geladenen Teilchen hin ausgerichtet sind. Die Wechselwirkung zwischen dem Ion und den Dipolen der Lösungsmittelmoleküle des protischen Lösungsmittels wird als **Ion-Dipol-Wechselwirkung** bezeichnet.

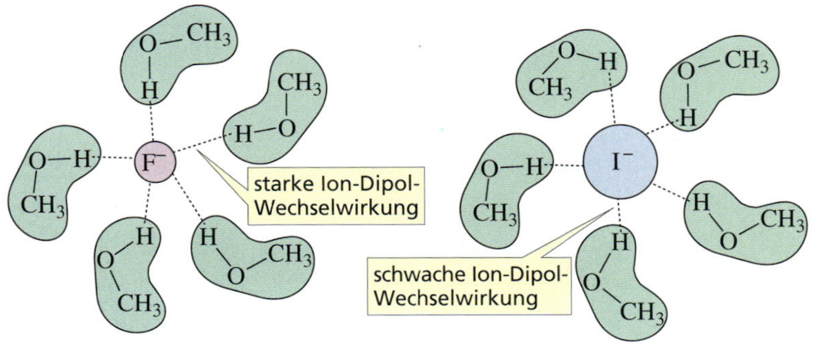

Da das Lösungsmittel die nucleophilen Eigenschaften abschirmt, muss mindestens eine der Ion-Dipol-Wechselwirkungen aufgelöst werden, bevor das nucleophile Teilchen an einer S_N2-Reaktion teilnehmen kann. Schwache Basen wechselwirken nur schwach mit protischen Lösungsmitteln, wohingegen starke Basen stärkere Wechselwirkung zeigen, weil sie bereitwilliger ihre Elektronen zur Verfügung stellen. Es ist daher einfacher, die Ion-Dipol-Wechselwirkung zwischen einem Iodidion (einer schwachen Base) und den Lösungsmittelmolekülen aufzulösen als zwischen einem Fluoridion (einer starken Base) und den Molekülen des Lösungsmittels. Als Folge davon ist in einem protischen Lösungsmittel ein Iodidion ein besseres Nucleophil als ein Fluoridion, auch wenn es eine schwächere Base ist (► Tabelle 9.2).

Das Fluoridion wäre in einem *unpolaren* Lösungsmittel sogar ein noch besseres Nucleophil, da es gar keine Ion-Dipol-Wechselwirkungen zwischen Ionen und unpolaren Lösungsmitteln gibt. Ionische Verbindungen lösen sich nicht in unpolaren Lösungsmitteln, aber in aprotisch polaren Lösungsmitteln. Das Fluoridion ist ebenfalls ein gutes Nucleophil in der Gasphase, in der es kein Lösungsmittel gibt.

$CH_3S^- > I^- > {}^-C{\equiv}N > CH_3O^- > Br^- > NH_3 > Cl^- > F^- > CH_3OH$

← zunehmende Nucleophilie

Tabelle 9.2: Relative Nucleophilie gegenüber Iodmethan (CH_3I) in Methanol (CH_3OH).

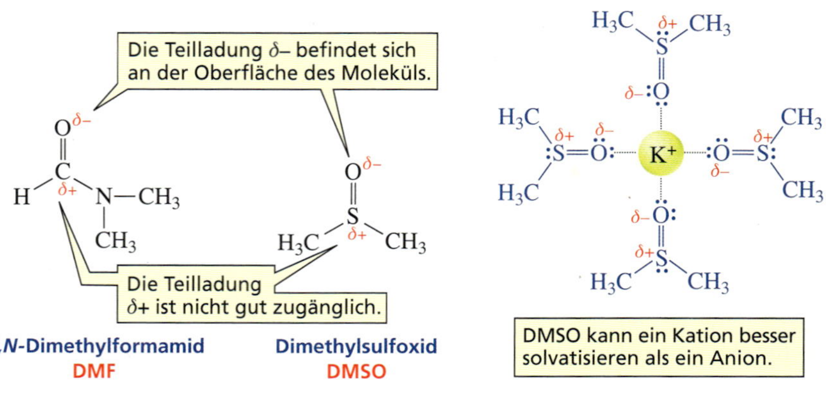

Ü 11*
(a) Was ist die stärkere Base RO^- oder RS^-?
(b) Was ist das bessere Nucleophil in wässriger Lösung?
(c) Was ist das bessere Nucleophil in DMSO?

Ü 12* Was ist das bessere Nucleophil?

(a) Br^- oder Cl^- in H_2O
(b) Br^- oder Cl^- in DMSO
(c) CH_3O^- oder CH_3OH in H_2O
(d) CH_3O^- oder CH_3OH in DMSO
(e) HO^- oder $^-NH_2$ in H_2O
(f) HO^- oder $^-NH_2$ in DMSO
(g) I^- oder Br^- in H_2O
(h) I^- oder Br^- in DMSO

Die Nucleophilie wird durch sterische Effekte beeinflusst

Sterische Effekte *beeinflussen* die Nucleophilie. Ein räumlich ausgedehntes Nucleophil kann sich der Rückseite eines Kohlenstoffatoms nicht so leicht nähern wie ein sterisch weniger gehindertes Nucleophil. Die Stärke von Basen hingegen wird durch sterische Effekte nur relativ *wenig beeinflusst*, da eine Base ein relativ ungehindertes Wasserstoffatom als Proton abspaltet. Die Stärke einer Base hängt nur davon ab, wie gut die Base ihre Elektronen mit einem Proton zu teilen vermag.

$$CH_3CH_2O^- \qquad CH_3\overset{CH_3}{\underset{CH_3}{C}}O^-$$

Ethanolation — **besseres Nucleophil**

***tert*-Butanolation** — **stärkere Base**

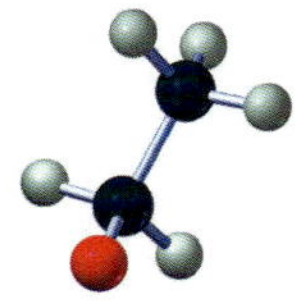

Ethanolation

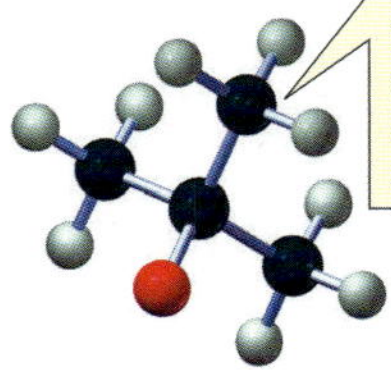

Die 3 Methylgruppen erschweren den Angriff von Sauerstoff auf der Hinterseite des Kohlenstoffatoms.

tert-Butanolation

Das *tert*-Butanolation (*tert*-Butoxidion) ist daher ungeachtet seiner raumgreifenden Substituenten eine stärkere Base als das Ethanolation (Ethoxidion), da *tert*-Butanol ($pK_S = 18$) eine schwächere Säure ist als Ethanol ($pK_S = 15{,}9$).

Ü 13 mit Lösung

Ordnen Sie die folgenden Teilchen in der Reihenfolge *abnehmender* Nucleophilie in wässriger Lösung:

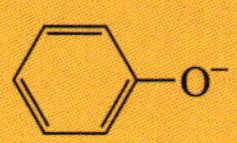 $\quad CH_3OH \quad HO^- \quad CH_3\overset{O}{\overset{\|}{C}}O^- \quad CH_3S^-$

Lösung

Unterteilen wir die gezeigten molekularen Teilchen zunächst in zwei Gruppen. Es gibt ein Nucleophil mit einem negativ geladenen Schwefelatom, drei mit negativ geladenen Sauerstoffatomen, und eines mit einem elektrisch neutralen Sauerstoffatom. Wir wissen, dass in einer wässrigen Umgebung die Verbindung mit dem negativ geladenen S-Atom die nucleophilste ist, weil das Schwefelatom größer ist als das Sauerstoffatom. Wir wissen außerdem, dass das schlechteste Nucleophil diejenige mit dem elektrisch neutralen Sauerstoff ist. Um die Übung abzuschließen, müssen wir die drei Nucleophile mit den negativ geladenen O-Atomen ordnen; dies können wir tun, wenn wir uns die pK_S-Werte der konjugierten Säuren ansehen. Eine Carbonsäure ist stärker sauer als ein Phenol, welches stärker sauer ist als Wasser (Abschnitt 8.9). Da das Wasser die schwächste Säure in unserer Auswahl ist, ist seine konjugierte Base die stärkste und somit das beste Nucleophil. Die relativen Nucleophilien unserer Übungsverbindungen lauten daher:

$CH_3S^- \; > \; HO^- \; >$ 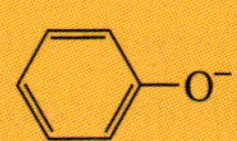 $> \; CH_3\overset{O}{\overset{\|}{C}}O^- \; > \; CH_3OH$

Ü 14* Geben Sie für jedes Paar von S_N2-Reaktionen an, welche schneller ablaufen wird:

(a) $CH_3CH_2Br + H_2O$ oder $CH_3CH_2Br + HO^-$

(b) $CH_3\underset{CH_3}{CH}CH_2Br + HO^-$ oder $CH_3CH_2\underset{CH_3}{CH}Br + HO^-$

(c) $CH_3CH_2Cl + CH_3O^-$ oder $CH_3CH_2Cl + CH_3S^-$ **(in Ethanol)**

(d) $CH_3CH_2Cl + I^-$ oder $CH_3CH_2Br + I^-$

Eine große Vielfalt von Verbindungen kann durch S_N2-Reaktionen hergestellt werden

Viele verschiedene Arten von Nucleophilen können mit Halogenalkanen reagieren. Dadurch kann eine große Vielfalt von organischen Verbindungen durch S_N2-Reaktionen synthetisiert werden. Beachten Sie, dass die letzte Reaktion die Umsetzung eines Halogenalkans mit einem Acetylidion darstellt. Wir haben diese bereits in Abschnitt 7.11 verwendet, um eine Kohlenstoffkette zu verlängern. Nun wissen wir, dass es sich dabei um eine S_N2-Reaktion handelt. Deswegen wurde an dieser Stelle auch erwähnt, dass es am besten sei, Halogenmethane oder primäre Halogenalkane zu benutzen.

$$CH_3CH_2Cl + HO^- \longrightarrow CH_3CH_2OH + Cl^-$$
Alkohol

$$CH_3CH_2I + RO^- \longrightarrow CH_3CH_2OR + I^-$$
Ether

$$CH_3CH_2Br + HS^- \longrightarrow CH_3CH_2SH + Br^-$$
Thiol

$$CH_3CH_2Br + RS^- \longrightarrow CH_3CH_2SR + Br^-$$
Thioether

$$CH_3CH_2Cl + NH_3 \longrightarrow CH_3CH_2\overset{+}{N}H_3 + Cl^-$$
primäres Ammoniumion

$$CH_3CH_2Br + CH_3N(CH_3)CH_3 \longrightarrow CH_3CH_2\overset{+}{N}(CH_3)_2CH_3 + Br^-$$
tertiäres Amin — quarternäres Ammoniumion

$$CH_3CH_2I + {}^-C{\equiv}N \longrightarrow CH_3CH_2C{\equiv}N + I^-$$
Nitril

$$CH_3CH_2Br + {}^-C{\equiv}CR \longrightarrow CH_3CH_2C{\equiv}CR + Br^-$$
Alkin

Auf den ersten Blick mag es vielleicht so erscheinen, dass die Umkehrreaktion der hier gezeigten Reaktionen die Voraussetzungen für eine nucleophile Substitution erfüllt. Die Umkehrreaktion des ersten Beispiels ist die Reaktion eines Chloridions (eines Nucleophils) mit Ethanol (mit einer HO^--Abgangsgruppe). Ethanol reagiert allerdings *nicht* mit dem Chloridion.

Warum findet die Umkehrreaktion nicht statt? Wir können diese Frage durch den Vergleich der Eigenschaften von Cl^- und HO^- beantworten, den Abgangsgruppen in der Hin- und Rückreaktion. Die Abgangseigenschaften von zwei Gruppen zu vergleichen heißt, ihre Basizität zu vergleichen. Da HCl eine viel stärkere Säure ist als H_2O, ist Cl^- eine viel schwächere Base als HO^-. Daher ist Cl^- eine bessere Abgangsgruppen. HO^- kann also Cl^- (eine gute Abgangsgruppe) in der Hinreaktion verdrängen, aber Cl^- kann HO^- (eine schlechte Abgangsgruppe) in der Rückreaktion nicht verdrängen.

Ü 15* Was ist das Produkt der Reaktion von Brommethan mit den folgenden Nucleophilen?

(a) $CH_3CH_2CH_2O^-$
(b) $CH_3{\equiv}C^-$
(c) $(CH_3)_3N$
(d) $CH_3CH_2S^-$

HINTERGRUND

■ Warum bestehen Lebewesen aus Kohlenstoff statt aus Silizium?

Es gibt zwei Gründe, warum Organismen hauptsächlich aus Kohlenstoff, Sauerstoff, Stickstoff und Wasserstoff aufgebaut sind: die *Eignung* diese Elemente für bestimmte Rollen in biologischen Prozessen und ihre *Verfügbarkeit* in der Umgebung. Die Eignung spielt anscheinend eine größere Rolle als die Verfügbarkeit, da Kohlenstoff anstelle von Silizium der fundamentaler Baustein von Lebewesen wurde, obwohl Silizium, dass genau unter Kohlenstoff im Periodensystem steht, mehr als 140-mal häufiger in der Erdkruste vorkommt.

Warum sind Kohlenstoff, Sauerstoff, Stickstoff und Wasserstoff so gut für ihre Aufgaben in lebenden Organismen geeignet? Das liegt hauptsächlich daran, dass sie die kleinsten Atome sind, die mehrere kovalente Bindungen bilden können. Sie bilden starke Bindungen aus, also sind die Moleküle, die von diesen Atomen gebildet werden, stabil. Die Verbindungen, aus denen Organismen bestehen, müssen stabil sein, damit diese überleben können.

Silizium weist fast den doppelten Durchmesser von Kohlenstoff auf, daher bildet es längere und schwächere Bindungen. Als Konsequenz wird eine S_N2-Reaktion an Silizium viel schneller ablaufen als an Kohlenstoff. Außerdem hat Silizium noch ein anderes Problem. Das Endprodukt des Kohlenstoff-Stoffwechsels ist CO_2. Das analoge Produkt des Silizium-Stoffwechsels wäre SiO_2. Anders als Kohlenstoff, mit doppelt gebundenen Sauerstoffatomen in CO_2, ist Silizium in SiO_2 nur einfach an Sauerstoff gebunden. Daher polymerisiert Siliziumdioxid und bildet Quarz (Sand). Es ist schwer sich vorzustellen, dass Lebewesen existieren, die Sand anstatt CO_2 ausatmen.

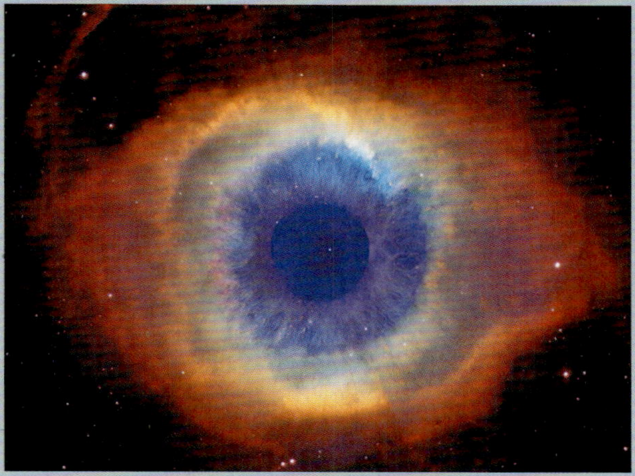

Element	Häufigkeit (Atome/100 Atome) in Lebewesen	in der Erdkruste
H	49	0,22
C	25	0,19
O	25	47
N	0,3	0,1
Si	0,03	28

Ü 16 mit Lösung

Welches Produkt bildet sich bei der Reaktion von Ethylamin mit einem Überschuss Methyliodid in einer basischen Kaliumcarbonatlösung?

Lösung

Ethylamin und Methyliodid gehen eine S_N2-Reaktion ein. Das Produkt der Reaktion ist ein sekundäres Amin, das hauptsächlich in seiner basischen (neutralen) Form vorliegt, da der pH-Wert der basischen Lösung größer ist als der pK_S-Wert des protonierten Amins (Abschnitt 2.9). Das sekundäre Amin kann eine zweite S_N2-Reaktion mit einem weiteren Äquivalent Methyliodid eingehen, dies führt zur Bildung eines tertiären Amins. Das tertiäre Amin kann eine weitere S_N2-Reaktion durchführen. Das Endprodukt der Reaktion ist ein quarternäres Ammoniumiodid.

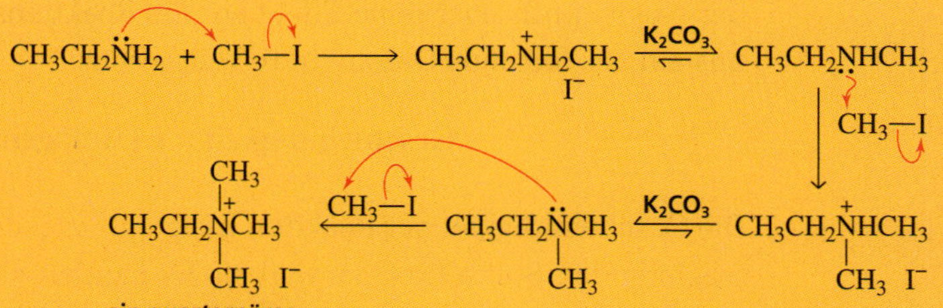

Die Reaktion eines Amins mit genügend Methyliodid, um das in ein quarternäres Ammoniumiodid zu überführen, wird auch als **erschöpfende Methylierung** bezeichnet.

Ü 17

(a) Erklären Sie, warum die Reaktion eines Halogenalkans mit Ammoniak nur weniges primäres Amin ergibt.

(b) Erklären Sie, warum eine viel bessere Ausbeute an primären Aminen von der Reaktion eines Halogenalkans mit dem Azidion ($^{-}N_3$), gefolgt von katalytischer Hydrierung, erhalten wird. (*Hinweis:* Ein Alkylazid ist nicht nucleophil.)

$$CH_3CH_2CH_2Br \xrightarrow{^{-}N_3} \underset{\text{ein Alkylazid}}{CH_3CH_2CH_2N{=}\overset{+}{N}{=}N^{-}} \xrightarrow[\text{Pd/C}]{H_2} CH_3CH_2CH_2NH_2 + N_2$$

Die S_N1-Reaktion 9.3

Mit unserem gegenwärtigen Verständnis von S_N2-Reaktionen würden wir erwarten, dass die Geschwindigkeit der folgenden Reaktion sehr niedrig sein wird, da Wasser ein schlechtes Nucleophil ist und das Halogenalkan vor dem Angriff durch ein Nucleophil durch sterische Hinderung geschützt ist.

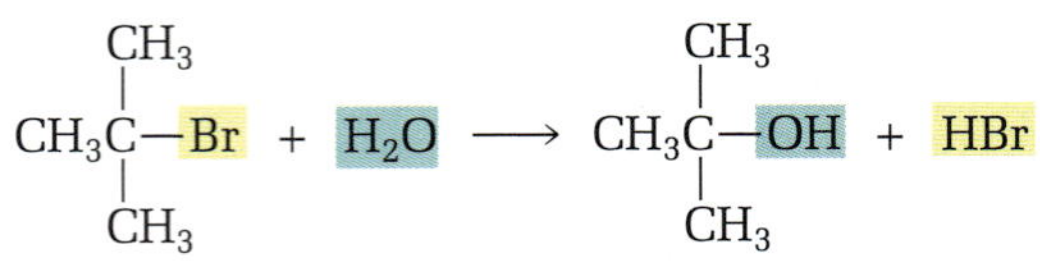

2-Brom-2-methylpropan 2-Methyl-2-propanol

Man findet jedoch, dass diese Reaktion überraschend rasch verläuft. Sie verläuft tatsächlich über eine Million mal schneller als die Reaktion von Brommethan (einer Verbindung mit weniger sterischer Hinderung) mit Wasser. Es ist klar ersichtlich, dass diese Reaktion nach einem anderen Mechanismus als die S_N2-Reaktion ablaufen muss.

Experimentelle Beweise für den Mechanismus der S_N1-Reaktion

Wir haben gesehen, dass wir zur Ermittlung des mechanistischen Verlaufs einer chemischen Reaktion herausfinden müssen, welche Faktoren die Geschwindigkeit der Reaktion beeinflussen. Außerdem müssen wir wissen, wie die Konfiguration des Reaktionsproduktes aussieht.

Der Befund, dass die Verdoppelung der Konzentration der Halogenalkane die Reaktionsgeschwindigkeit verdoppelt, die Änderung der Konzentration des Nucleophils aber ohne Effekt auf die Reaktionsgeschwindigkeit ist, führt uns auf das folgende Geschwindigkeitsgesetz:

$$\textbf{Geschwindigkeit} = k\,\textbf{[Halogenalkan]}$$

Die Geschwindigkeit der Reaktion hängt nur von der Konzentration eines der reagierenden Stoffe (Reaktanten) ab. Es handelt sich also um eine **Reaktion 1. Ordnung**.

Da das Geschwindigkeitsgesetz der Reaktion von 2-Brom-2-methylpropan mit Wasser von dem Geschwindigkeitsgesetz der Reaktion von Brommethan mit Hydroxidionen (Abschnitt 9.1) verschieden ist, müssen die beiden Reaktionen nach verschiedenen Mechanismen ablaufen. Wir haben gesehen, dass die Reaktion zwischen 2-Brom-2-methylpropan und Wasser eine **S_N1-Reaktion** ist, wobei „S“ wieder für *Substitution* und „N“ für *Nucleophil(e)* steht; die „1“ steht für *unimolekular*. **Unimolekular** bedeutet, dass nur ein Molekül an dem Übergangszustand des geschwindigkeitsbestimmenden Schrittes beteiligt ist.

In der S_N1-Reaktion von Halogenalkanen ist das Lösungsmittel das Nucleophil. Zum Beispiel ist Methanol in der folgenden Reaktion sowohl das Lösungsmittel als auch das Nucleophil. Die Reatkion mit dem Lösungsmittel nennt man auch **Solvolyse**.

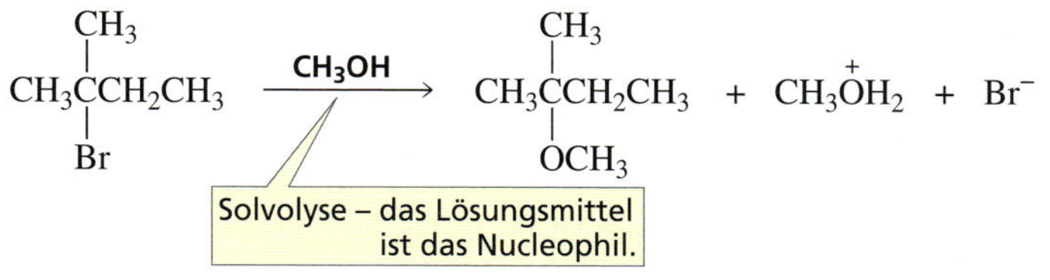

Der Mechanismus für eine S_N1-Reaktion basiert auf den folgenden experimentellen Beweisen:

1. Das Geschwindigkeitsgesetz der Reaktion hängt nur von der Konzentration des Halogenalkans ab. Das bedeutet, dass an dem Übergangszustand des geschwindigkeitsbestimmenden Schrittes nur das Halogenalkan beteiligt ist.
2. Tertiäre Halogenalkane reagieren in S_N1-Solvolysen mit schlechten Nucleophilen wie Wasser und Alkoholen, Halogenmethane und primäre Halogenalkane tun dies nicht. Kürzlich brachte eine Sichtung der Daten von Hughes und Ingold zu Tage, dass auch *sekundäre* Halogenalkane nicht in S_N1-Reaktionen mit Lösungsmitteln reagieren.* Daher reagieren Halogenmethane, primäre und sekundäre Halogenalkane nur in S_N2-Reaktionen.
3. Die Substitution an einem Halogenalkan, dessen Halogenatom an ein asymmetrisch substituiertes C-Atom gebunden ist, führt zur Bildung von zwei Stereoisomeren: Eines mit derselben relativen Konfiguration am Chiralitätszentrum wie das eingesetzte Halogenalkan und eines mit der inversen Konfiguration.

MERKE!

Nur tertiäre Halogenalkane gehen S_N1-Solvolyse-Reaktionen ein.

Der Mechanismus der S_N1-Reaktion

Anders als bei der S_N2-Reaktion, bei der die Abgangsgruppe das Molekül *zur gleichen Zeit* verlässt, zu der der Angriff des Nucleophils erfolgt, verlässt bei einer S_N1-Reaktion zunächst die Abgangsgruppe das Molekül, *bevor* sich das Nucleophil annähert.

Mechanismus der S_N1-Reaktion eines Halogenalkans

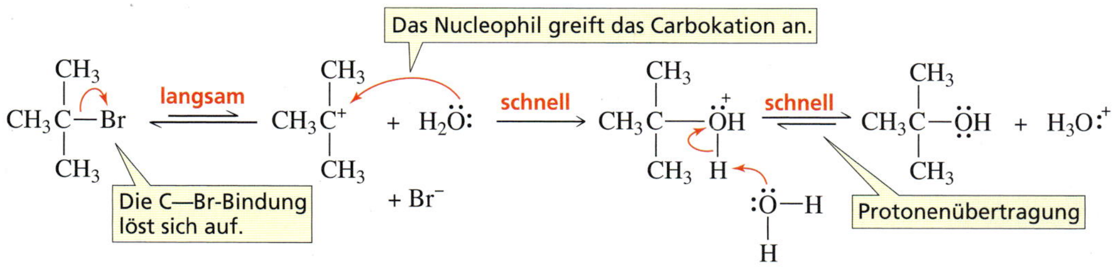

* Murphy, T. J.: *J. Chem. Ed.* **2009**, *86*, 519–524.

- Im ersten Schritt löst sich die Kohlenstoff-Halogen-Bindung, wobei das Bindungselektronenpaar beim Halogen verbleibt. Als Folge bildet sich ein Carbokation.
- Im zweiten Schritt reagiert das Nucleophil rasch mit dem Carbokation (ein Elektrophil) unter Bildung eines protonierten Alkohols.
- Ob das alkoholische Reaktionsprodukt in der protonierten (sauren) oder in der neutralen (basischen) Form vorliegt, hängt vom pH-Wert der Lösung ab. Bei pH = 7 existiert der Alkohol vorwiegend in der neutralen Form (Abschnitt 2.10).

MERKE!

Eine S_N1-Reaktion ist eine zweischrittige Reaktion.

Da die Geschwindigkeit einer S_N1-Reaktion nur von der Konzentration des Halogenalkans abhängt, muss der erste Schritt der langsamste (geschwindigkeitsbestimmende) sein (▶ Abbildung 9.7). Das Nucleophil ist am geschwindigkeitsbestimmenden Reaktionsschritt nicht beteiligt, sodass seine Konzentration keinen Einfluss auf die Geschwindigkeit der Reaktion hat.

Wir werden sehen, dass das Lösungsmittel auch noch eine weitere Rolle in der S_N1-Reaktion spielt, nämlich als Nucleophil im zweiten Schritt der Reaktion. Die Ion-Dipol-Wechselwirkung zwischen der geladenen Spezies in der Lösung und dem Lösungsmittel liefern die nötige Energie für die Dissoziation der Kohlenstoff-Halogen-Bindung (Abschnitt 9.14).

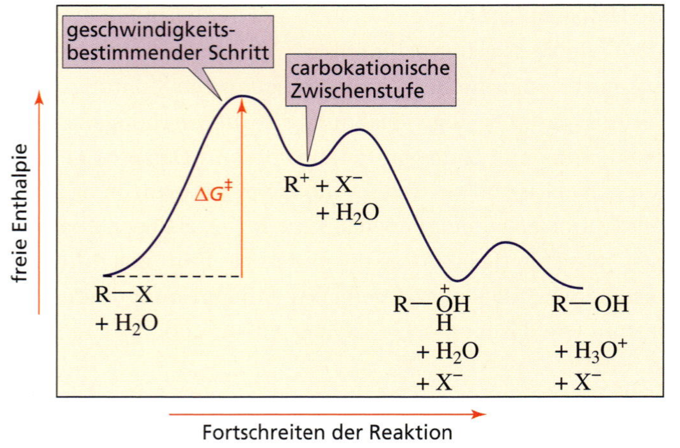

Abbildung 9.7: Das Reaktionskoordinatendiagramm für eine S_N1-Reaktion. Zeigt, warum eine Erhöhung die Reaktionsgeschwindigkeit des zweiten Schrittes einer S_N1-Reaktion nicht beschleunigt.

Wie der Mechanismus die experimentellen Befunde integriert

Wie trägt nun der Mechanismus einer S_N1-Reaktion den drei Teilen der experimentellen Beweise Rechnung?

Da das Halogenalkan das einzige Teilchen ist, das an dem geschwindigkeitsbestimmenden Schritt beteiligt ist, steht der Mechanismus zunächst im Einklang mit der Beobachtung, dass die Reaktionsgeschwindigkeit nur von der Konzentration des Halogenalkans abhängt; sie hängt nicht von der Konzentration des Nucleophils ab.

Zweitens lässt der Mechanismus erkennen, dass im geschwindigkeitsbestimmenden Schritt ein Carbokation gebildet wird. Das erklärt, warum tertiäre Halogenalkane S_N1-Reaktionen eingehen, primäre und sekundäre Halogenalkane aber nicht. Tertiäre Carbokationen sind stabiler als primäre und sekundäre Carbokationen und werden daher einfacher gebildet. (In Abschnitt 9.5 werden wir sehen, warum Allyl- und Benzylhalogenide ebenfalls S_N1-Reaktionen eingehen; sie bilden nämlich auch relativ stabile Carbokationen.)

MERKE!

Carbokationenstabilität: tertiär > sekundär > primär.

Drittens ist das positiv geladene C-Atom der carbokationischen Zwischenstufe *sp*²-hybridisiert, was bedeutet, dass drei Bindungen in der gleichen Ebene mit ihm verknüpft sind (► Abbildung 9.8). Im zweiten Schritt einer S_N1-Reaktion kann sich das Nucleophil dem Carbokation von beiden Seiten her nähern, also ist ein Teil des Produktes wie der Reaktant konfiguriert, aber der andere Teil ist invertiert.

MERKE!

Tertiäre Halogenalkane gehen S_N1-Reaktionen ein; primäre und sekundäre Halogenalkane gehen S_N2-Reaktionen ein.

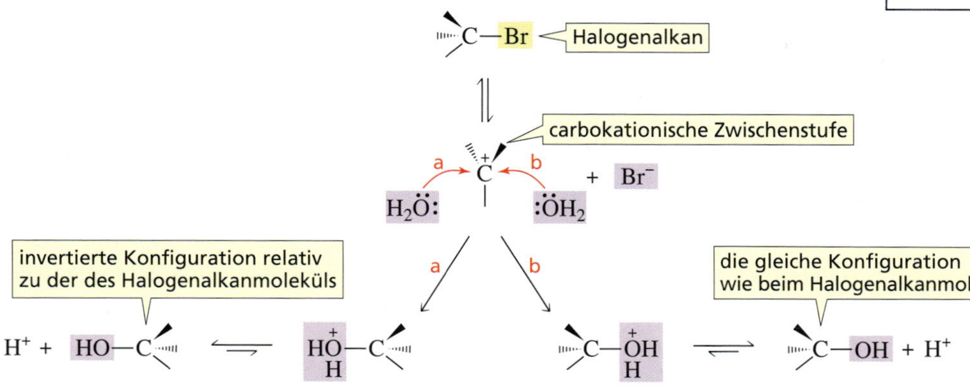

Abbildung 9.8: Wenn das Nucleophil von der gegenüberliegenden Seite, von der sich die Abgangsgruppe abspaltete, angreift (a), wird das Produkt eine invertierte Konfiguration in Bezug auf den Reaktanten aufweisen. Wenn das Nucleophil von der gleichen Seite angreift (b), besitzen Reaktant und Produkt die gleiche Konfiguration.

Wir sind nunmehr in der Lage zu verstehen, warum eine S_N1-Reaktion eines tertiären Halogenalkans, bei dem das Halogenatom an einem Chiralitätszentrum lokalisiert ist, zu zwei stereoisomeren Produkten führt: Der Angriff des Nucleophils auf die eine Seite des trigonal-planaren Carbokations führt zur Bildung des einen Stereoisomers, der Angriff auf die andere Seite führt zum Stereoisomer mit der entgegengesetzten Konfiguration. Also ist das Produkt ein Paar von Stereoisomeren.

MERKE!

Eine S_N1-Reaktion führt zur Inversion und Erhaltung der Konfiguration.

Falls die Abgangsgruppe an ein Chiralitätszentrum gebunden ist, bildet die S_N1-Reaktion ein Paar von Enantiomeren.

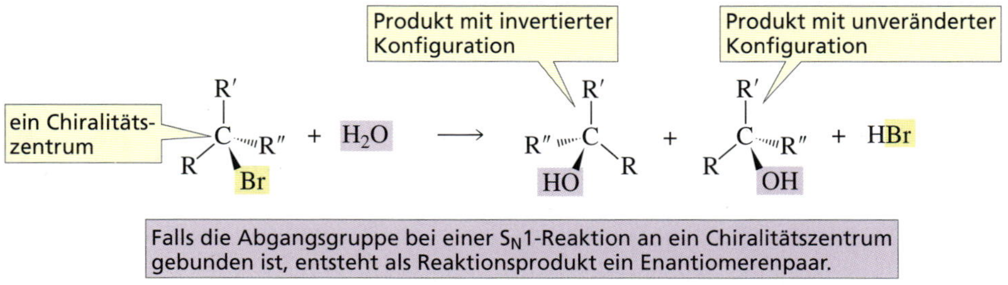

Die meisten S_N1-Reaktionen führen zu partieller Racemisierung

Auch wenn Sie wahrscheinlich erwarten, dass beide Produkte zu gleichen Teilen in einer S_N1-Reaktion gebildet werden, wird in den meisten Fällen das Produkt mit invertierter Konfiguration im Überschuss erhalten. Typischerweise 50–70 % des Produkts einer S_N1-Reaktion liefern das invertierte Produkt. Wenn die Reaktion zu gleichen Teilen der beiden Stereoisomere führt, spricht man von einer **vollständigen Racemisierung**. Wenn mehr invertiertes Produkt gebildet wird, ist von einer **partiellen Racemisierung** die Rede.

Warum führt eine S_N1-Reaktion generell eher zum invertierten Produkt? Die Dissoziation des Halogenalkans führt zunächst zu der Bildung eines **Kon-**

taktionenpaars. In einem Kontaktionenpaar hat sich die Bindung zwischen Kohlenstoff und dem Halogen aufgelöst, aber die Ionen verbleiben zunächst nah beieinander. Wenn sie sich etwas weiter voneinander wegbewegt haben, werden sie zu einem *solvat-getrennten Ionenpaar*, zwischen ihnen befinden sich also dann ein oder zwei Lösemittelmoleküle. Wenn sich die Ionen noch weiter voneinander wegbewegen, werden sie zu dissoziierten Ionen.

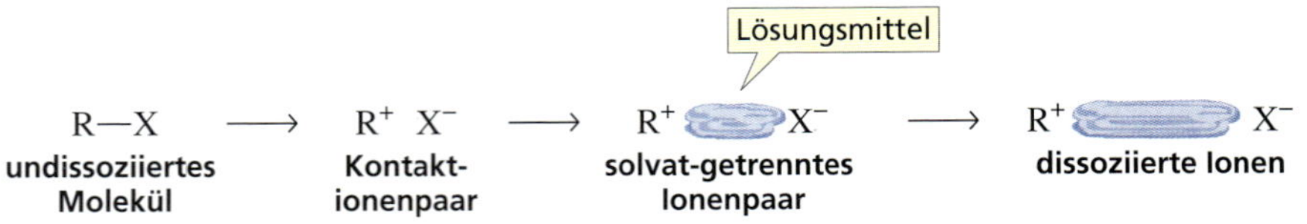

Das Nucleophil kann jede dieser vier Spezies angreifen. Wenn das Nucleophil das vollständig dissoziierte Carbokation angreift, ist das Produkt komplett racemisiert. Wenn das Nucleophil das Carbokation entweder im Kontaktionenpaar oder im solvat-getrennten Ionenpaar angreift, ist die Abgangsgruppe noch in einer Position, die den Angriff des Nucleophils von dieser Seite abblockt. Als Ergebnis wird mehr Produkt mit invertierter Konfiguration gebildet.

MERKE!

Bei einer S_N1-Reaktion findet Racemisierung statt.

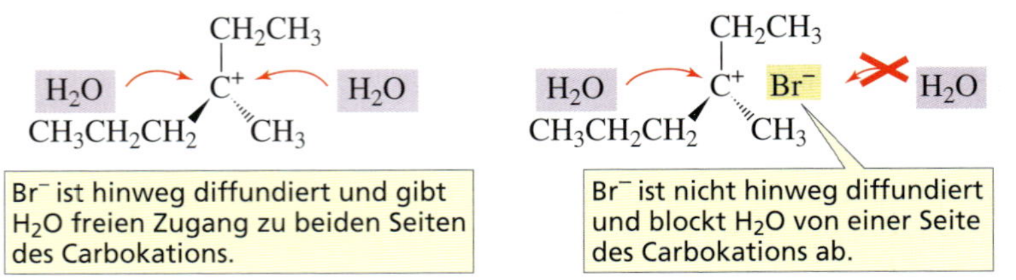

(Beachten Sie, dass die Reaktion eines Nucleophils mit nicht dissoziierten Halogenalkanen eine S_N2-Reaktion darstellt.)

Ü 18* Zeichnen Sie die Stereoisomere, die bei der folgenden S_N1-Reaktion gebildet werden.
(a) 3-Brom3-methylpentan in Methanol **(b)** 3-Chlor-3-methylhexan in Methanol

Faktoren, die die S_N1-Reaktion beeinflussen 9.4

Wir werden nunmehr einen Blick darauf werfen, wie die Natur der Abgangsgruppe und des Nucleophils S_N1-Reaktionen beeinflussen.

Die Abgangsgruppe bei S_N1-Reaktionen

Da der geschwindigkeitsbestimmende Schritt einer S_N1-Reaktion die Dissoziation des Halogenalkans zum Carbokation ist, beeinflussen die folgenden beiden Faktoren die Geschwindigkeit der Reaktion:

1. die Leichtigkeit, mit der die Abgangsgruppe vom Kohlenstoffatom abdissoziiert, und
2. die Stabilität des sich dabei bildenden Carbokations.

Wie bei S_N2-Reaktionen gibt es einen direkten Zusammenhang zwischen der Basizität und der Eignung als Abgangsgruppe in einer S_N1-Reaktion: je schwächer die Base, desto schwächer ist die Bindung an das Kohlenstoffatom und desto einfacher kann die Kohlenstoff-Halogen-Bindung gebrochen werden. Daraus folgt, dass beim Vergleich von Halogenalkanen mit identischer Alkylgruppe Iodid am reaktivsten ist und Fluorid am wenigsten reaktiv ist. Dies gilt sowohl in S_N1- als auch in S_N2-Reaktionen.

Relative Reaktivitäten von Halogenalkanen in einer S_N1-Reaktion

am reaktivsten > RI > RBr > RCl > RF < am wenigsten reaktiv

Das Nucleophil in der S_N1-Reaktion

Da das Nucleophil nicht im geschwindigkeitsbestimmenden Schritt einer S_N1-Reaktion teilnimmt, ist diese von der Stärke des Nucleophils unabhängig.

Ü 19* Ordnen Sie die nachfolgenden Halogenalkane in der Reihenfolge abnehmender Reaktivität in der S_N1-Reaktion: 2-Brom-2-methylpentan, 2-Chlor-2-methylpentan, 3-Chlorpentan und 2-Iod-2-methylpentan.

9.5 Konkurrenz zwischen S_N2- und S_N1-Reaktionen

Die Merkmale von S_N2- und S_N1-Reaktionen werden in ► Tabelle 9.3 gegenübergestellt. Erinnern Sie sich daran, dass die „2" in S_N2 und die „1" in S_N1 sich auf die Molekularität der Reaktion beziehen (die Zahl der Moleküle, die am Übergangszustand des geschwindigkeitsbestimmenden Schrittes beteiligt sind) und nicht auf die Zahl der Schritte in Mechanismus. Tatsächlich gilt die gegenteilige Beziehung: Eine S_N2-Reaktion verläuft nach einem *einschrittigen*, konzertierten Mechanismus; eine S_N1-Reaktion verläuft dagegen nach einem *zweischrittigen* Mechanismus mit einer carbokationischen Zwischenstufe.

S_N2	S_N1
einschrittiger Mechanismus	zweischrittiger Mechanismus mit Carbokation-Intermediat
bimolekularer geschwindigkeitsbestimmender Schritt	unimolekularer geschwindigkeitsbestimmender Schritt
Die Reaktionsgeschwindigkeit nimmt mit zunehmender sterischer Hinderung ab.	Die Reaktionsgeschwindigkeit nimmt mit abnehmender Stabilität des Carbokations ab.
Das Produkt ist invertiert.	Das Produkt ist racemisiert.
Abgangsgruppe: $I^- > Br^- > Cl^- > F^-$	Abgangsgruppe: $I^- > Br^- > Cl^- > F^-$
Methylhalogenide, primäre und sekundäre Halogenalkane reagieren	Tertiäre Halogenalkane reagieren.
Je besser das Nucleophil, desto schneller ist die Reaktion.	Die Reaktionsgeschwindigkeit ist von der Stärke des Nucleophils unabhängig.

Tabelle 9.3: Vergleich zwischen S_N1- und S_N2-Reaktionen.

Wenn ein Halogenalkan sowohl eine S_N1- wie eine S_N2-Reaktion eingehen kann, laufen beide Reaktionen gleichzeitig nebeneinander ab und das Geschwindigkeitgesetz der Reaktion eines Halogenalkans mit einem Nucleophil ist die

Summe der Geschwindigkeitsgesetze für S_N1- und S_N2-Reaktion (Abschnitte 9.1 und 9.3). Rechts unten an der Geschwindigkeitskonstante steht eine Zahl, die für die Reaktionsordnung steht.

$$\textbf{Geschwindigkeit} = k_2\,\textbf{[Halogenalkan][Nucleophil]} + k_1\,\textbf{[Halogenalkan]}$$

Beitrag durch eine S_N2-Reaktion

Beitrag durch eine S_N1-Reaktion

Das Geschwindigkeitsgesetz erlaubt uns, zu bestimmen, ob eine S_N1-Reaktion oder eine S_N2-Reaktion für ein bestimmtes Halogenalkan wahrscheinlicher ist.

MERKE!

Primäre und sekundäre Halogenalkane gehen S_N2-Reaktionen ein.

- Primäre Halogenalkane und Methylhalogenide können keine Carbokationen bilden, da primäre Carbokationen und Methylkationen zu instabil sind, um gebildet zu werden. Daher ist für sie k_1 ungefähr null. Aus diesem Grund gehen **primäre Halogenalkane** und **Methylhalogenide** nur **S_N2-Reaktionen** ein.
- Sekundäre Carbokationen sind etwas stabiler als primäre Carbokationen, dies reicht aber nicht aus, um sie stabil genug zu machen, die große Konzentration des Nucleophils in einer Solvolyse auszugleichen. Daher gehen auch **sekundäre Halogenalkane** nur **S_N2-Reaktionen** ein.
- Sterische Abschirmung hält tertiäre Halogenalkane davon ab, S_N2-Reaktionen einzugehen (Abschnitt 9.2). Daher wird hier k_2 ungefähr null. **Tertiäre Halogenalkane** gehen daher nur **S_N1-Reaktionen** ein.

MERKE!

Tertiäre Halogenalkane gehen S_N1-Reaktionen ein.

Es ist recht einfach vorherzusagen, ob ein Halogenalkan nun S_N1-Reaktionen oder S_N2-Reaktionen eingehen wird. Sehen Sie sich nun die Struktur an. Wenn ein Halogenalkan ein Methylhalogenid oder ein primäres bzw. sekundäres Halogenalkan ist wird es nur S_N2-Reaktionen eingehen. Falls es sich um ein tertiäres Halogenalkan handelt, geht dieses nur S_N1-Reaktionen ein.

Hinweis für die Studierenden

Ein Weg das invertierte Produkt zu zeichnen, ist einfach das Spiegelbild des Reaktanten zu zeichnen und dann das Nucleophil an die gleiche Position wie die Abgangsgruppe zu setzen.

Ü 20 Zeichnen Sie die Konfiguration der Substitutionsprodukte, die von den Reaktionen der folgenden Verbindungen mit dem gezeigten Nucleophil gebildet werden.

(a) 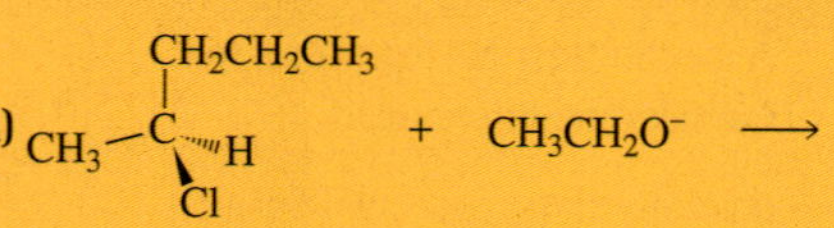

(b) 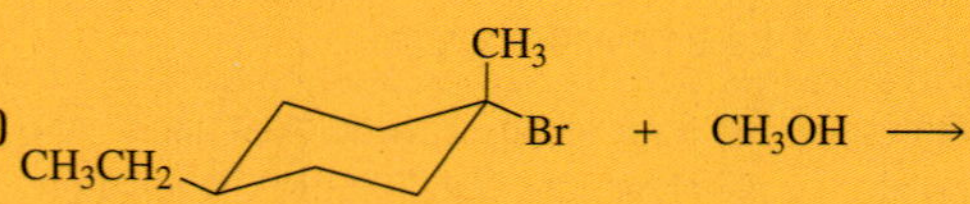

Ü 21* Welche der folgenden Reaktionen beschleunigt sich, wenn die Konzentration des Nucleophils erhöht wird?

A 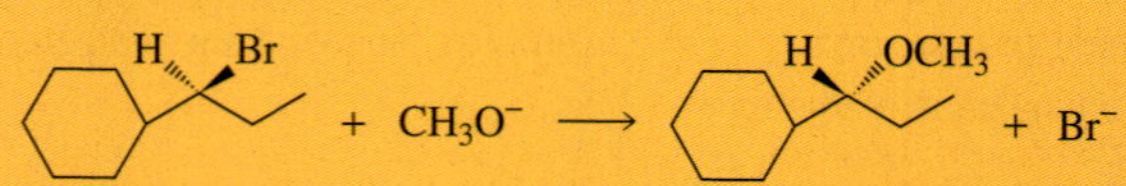

B 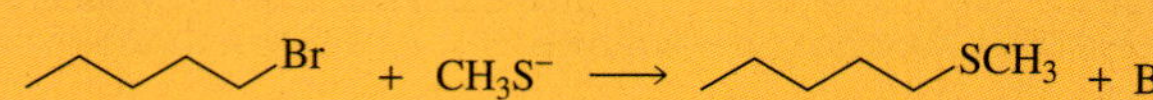

C 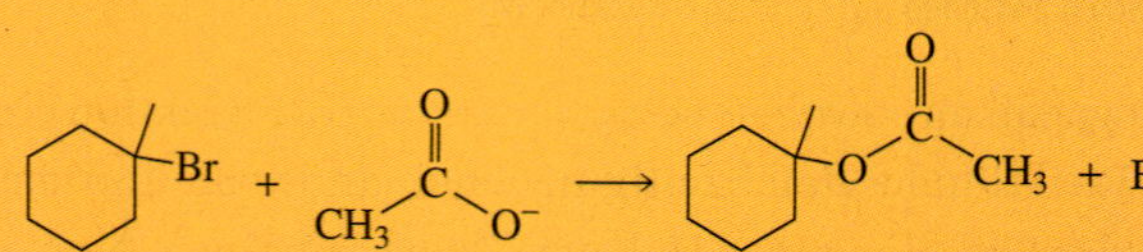

STRATEGIEN ZUR PROBLEMLÖSUNG

■ Vorhersage, ob eine nucleophile Substitution eine S_N1- oder eine S_N2-Reaktion sein wird und Bestimmung der Produkte dieser Reaktion

Zeichnen Sie die Konfiguration der Substitutionsprodukte, die von den Reaktionen der folgenden Verbindungen mit dem gezeigten Nucleophil gebildet werden.

(a) Da der Reaktant ein sekundäres Halogenalkan ist, muss es sich um eine S_N2-Reaktion handeln. Daher ist die Konfiguration im Produkt invertiert.

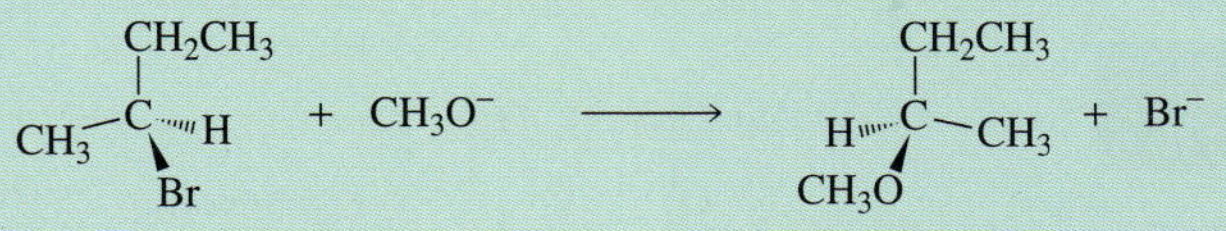

(b) Da der Reaktant ein tertiäres Halogenalkan ist, muss es sich um eine S_N1-Reaktion handeln. Daher gibt es zwei Substitutionsprodukte, eines mit erhaltener Konfiguration und eines mit invertierter Konfiguration relativ zum Ausgangsprodukt.

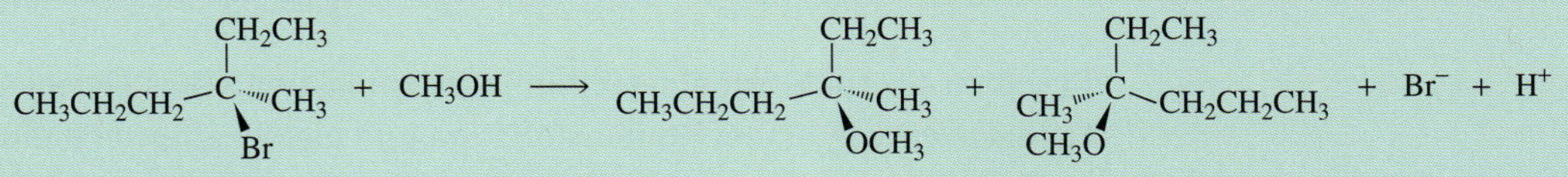

(c) Da der Reaktant ein tertiäres Halogenalkan ist, muss es sich um eine S_N1-Reaktion handeln. Das Produkt besitzt kein Chiralitätszentrum, also gibt es keine Stereoisomere. Daher wird auch nur ein Produkt gebildet.

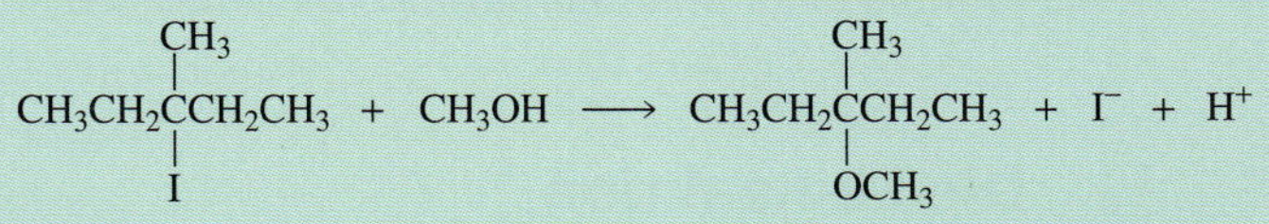

(d) Da der Reaktant ein sekundäres Halogenalkan ist, wissen wir, dass es sich um eine S_N2-Reaktion handeln muss. Daher ist die Produktkonfiguration relativ zum Startmaterial invertiert. Da allerdings die Konfiguration des Reaktanten nicht angegeben war, wissen wir in diesem Fall auch nichts über die Konfiguration des Produkts.

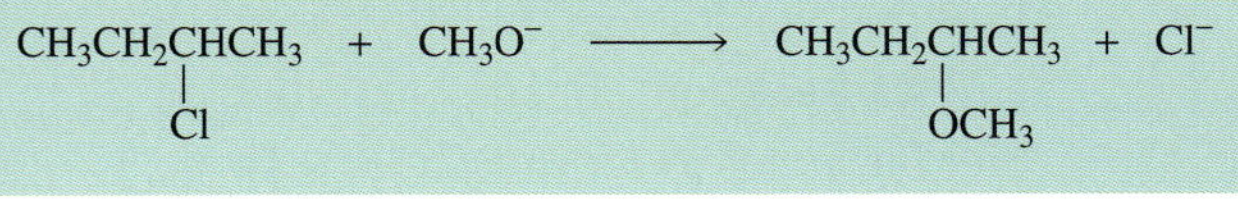

HINTERGRUND

■ Natürlich vorkommende Halogenalkane, die gegen Fressfeinde schützen

Lange Zeit dachten Chemiker*innen, dass nur wenige Halogenalkane in der Natur vorkommen. Nun sind allerdings über 5000 natürlich vorkommende Halogenalkane bekannt. Viele Meeresorganismen wie Schwämme, Korallen und Algen, synthetisieren Halogenalkane, die sie gegen Fressfeinde schützen. Zum Beispiel stellen rote Algen ein toxisches, faul schmeckendes Halogenalkan her, dass Fressfeinde davon abhält sie zu fressen.

Ein Organismus lässt sich davon allerdings nicht abschrecken, die Breitfußschnecken. Nach dem Verzehr der Rotalgen wandelt die Schnecke das Halogenalkan in eine strukturell ähnliche Verbindung um und benutzt sie für ihre eigene Verteidigung. Diese Schnecke besitzt, anders als andere Mollusken, keine Schale. Sie stützt sich, indem sie sich mit einer schleimigen Substanz umgibt, die das Halogenalkan enthält, und dadurch fleischfressende Fische fernhält.

Menschen stellen ebenfalls Halogenalkane her, um sich vor Infektionen zu schützen. Das menschliche Immunsystem besitzt ein Enzym, das eindringende Bakterien (nur eine andere Art von Fressfeind) zerstört, indem es die halogeniert.

Eine Breitfußschnecke.

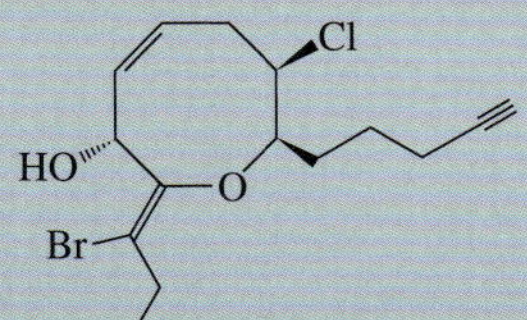

von Rotalgen hergestellt

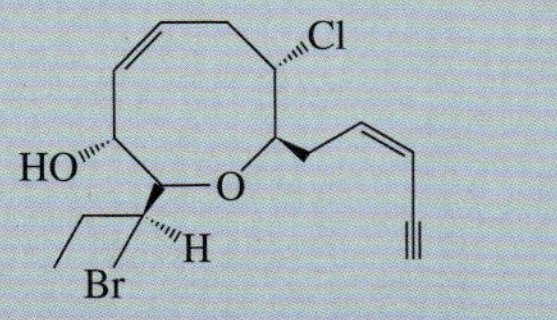

von Breitfußschnecken hergestellt

Eliminierungsreaktionen von Halogenalkanen 9.6

Zusätzlich zu nucleophilen Substitutionsreaktionen können Halogenalkane ebenfalls **Eliminierungsreaktionen** eingehen. Eine Eliminierungsreaktion entfernt Atome oder Gruppen vom Reaktanten.

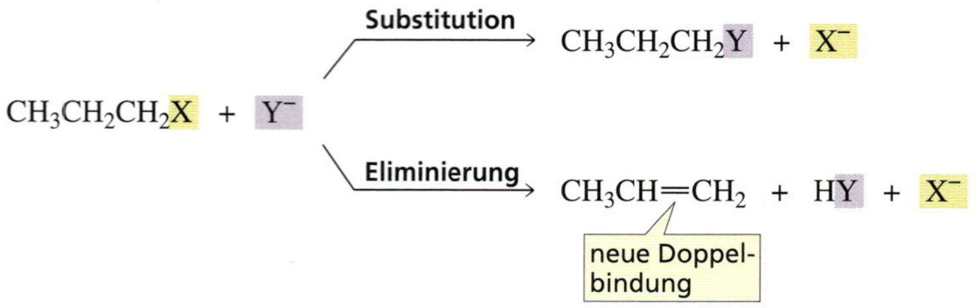

MERKE!

Das Produkt einer Eliminierungsreaktion ist ein Alken.

Beachten Sie, dass bei einer Eliminierungsreaktion eines Halogenalkans das Halogen (X) von einem Kohlenstoffatom und gleichzeitig auch einen Wasserstoffatom von einem benachbarten Kohlenstoffatom entfernt wird. Zwischen den beiden Kohlenstoffatomen bildet sich eine Doppelbindung. *Daher ist das Produkt einer Eliminierungsreaktion ein Alken.*

Die E2-Reaktion 9.7

Genauso, wie es zwei bedeutende nucleophile Substitutionsreaktionen gibt, existieren auch zwei bedeutsame Varianten der Eliminierung: E1 und E2. Die Reaktion von 2-Brom-2-methylpropan mit Hydroxidionen ist ein Beispiel für eine **E2-Reaktion**. „E" steht natürlich für *Eliminierung*, und die „2" steht auch hier für *bimolekular* (Abschnitt 9.1).

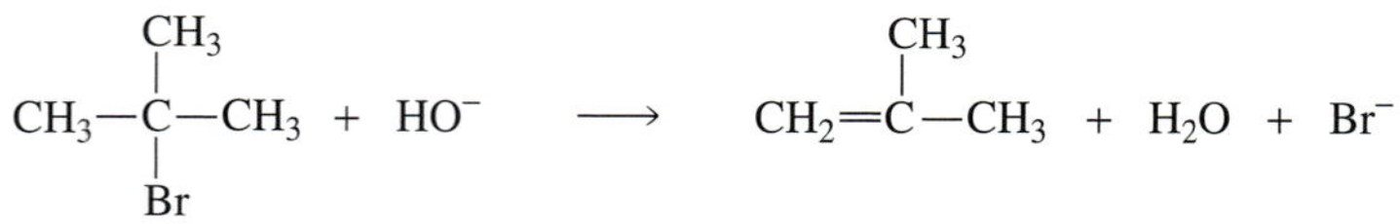

Die Geschwindigkeit einer E2-Reaktion hängt sowohl von der Konzentration des Halogenalkans als auch der der Hydroxidionen ab. Es handelt sich also um eine Reaktion 2. Ordnung.

Geschwindigkeit = *k* [Halogenalkan][Base]

Das Geschwindigkeitsgesetz sagt uns, dass sowohl das Halogenalkan als auch die Hydroxidionen am Übergangszustand der Reaktion beteiligt sind. Der folgende Mechanismus – der die E2-Reaktion als eine konzertierte, einschrittige Reaktion darstellt – steht mit der Kinetik 2. Ordnung in Einklang.

Mechanismus der E2-Reaktion eines Halogenalkans

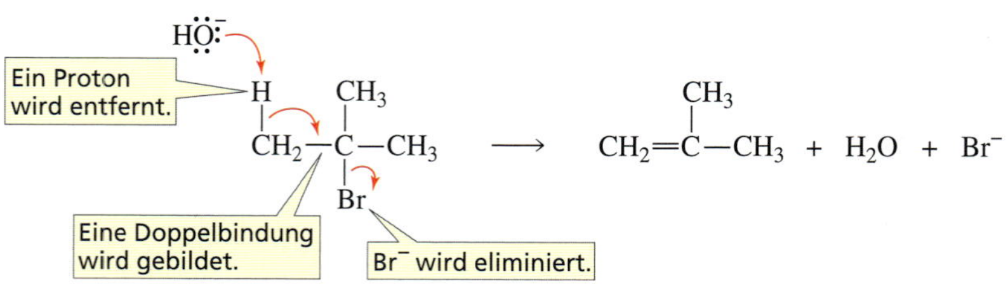

- Die Base abstrahiert ein Proton von einem Kohlenstoffatom, welches dem C-Atom benachbart ist, an das das Halogenatom gebunden ist. Dabei wandern die Elektronen, die das Proton für die Bindung zu dem C-Atom benutzt hatte, auf das benachbarte C-Atom, welches das Halogenatom gebunden hält. Gleichzeitig löst sich die Bindung zum Halogenatom, welches das Molekül verlässt. Dabei nimmt das Halogenatom seine Bindungselektronen mit.

Nach Ende der Reaktion bilden die Elektronen, die im Reaktant die Bindungen zum Wasserstoffatom ausbildeten, nun eine π -Bindung. Die Entfernung eines Protons und eines Halogenidions wird in der Summe als **Dehydrohalogenierung**.

Das Kohlenstoffatom, an welches das Halogenatom gebunden war, wird ***α*-Kohlenstoffatom** genannt. Ein dem α-Kohlenstoffatom benachbartes C-Atom heißt ***β*-Kohlenstoff(atom)**. Da die Eliminierung durch die Abstraktion eines Protons von einem β-Kohlenstoffatom eingeleitet wird, wird eine E2-Eliminierung manchmal auch als ***β*-Eliminierung** bezeichnet. Sie wird außerdem auch als **1,2-Eliminierung** bezeichnet, weil die Atome, die dem Molekül verloren gehen, an benachbarten – 1,2-ständigen – Kohlenstoffatomen gebunden sind.

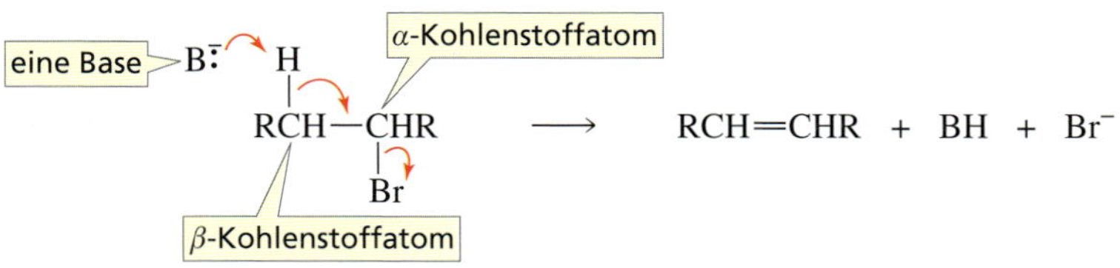

Die Regioselektivität der E2-Reaktion

Ein Halogenalkan wie 2-Brompropan besitzt zwei β-Kohlenstoffatome, von denen ein Proton bei einer E2-Reaktion abstrahiert werden kann. Da die beiden β-Kohlenstoffatome identische molekulare Umgebungen aufweisen (also chemisch identisch sind), kann das Proton mit gleicher Leichtigkeit (Wahrscheinlichkeit) von jedem der beiden C-Atome abgelöst werden.

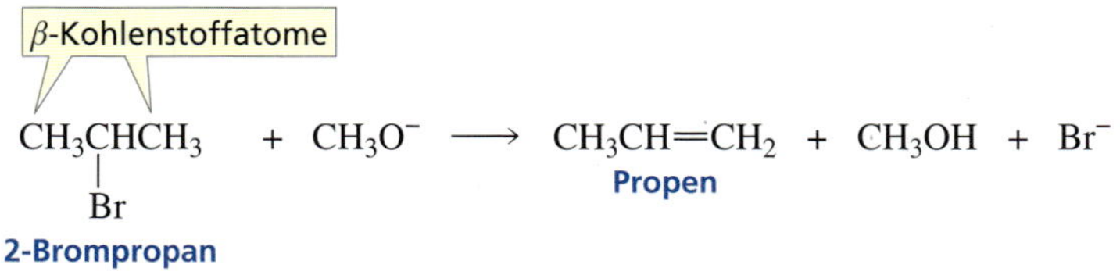

Im Gegensatz dazu besitzt das 2-Brombutan zwei strukturell verschiedene β-Kohlenstoffatome, von denen ein Proton abgezogen werden kann. Wenn 2-Brombutan mit der Base (dem Methoxidion) reagiert, werden deshalb zwei unterschiedliche Produkte gebildet: 2-Buten (80 %) und 1-Buten (20 %). Die E2-Reaktion verläuft *regioselektiv*, weil von einem Konstitutionsisomer eine größere Menge gebildet wird als vom anderen (Abschnitt 6.4).

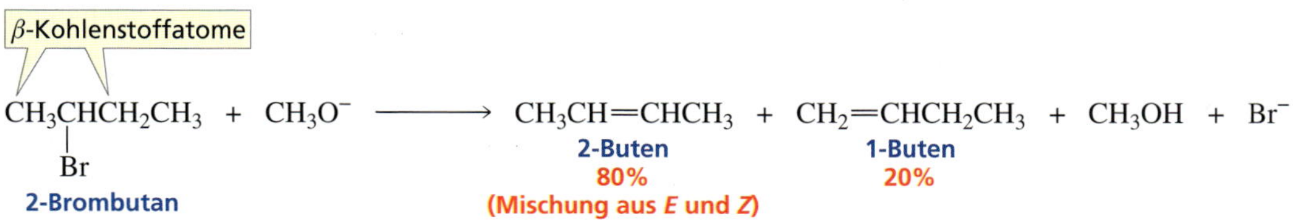

Chloralkane, Bromalkane, Iodalkane bilden bevorzugt das stabilste Produkt

Welche Faktoren legen fest, welches der beiden Eliminierungsprodukte in größerer Menge gebildet wird? Was verursacht, anders ausgedrückt, die Regioselektivität der E2-Reaktion? Wir können diese Frage beantworten, indem wir das Reaktionskoordinatendiagramm der E2-Reaktion des 2-Brombutans betrachten (► Abbildung 9.9).

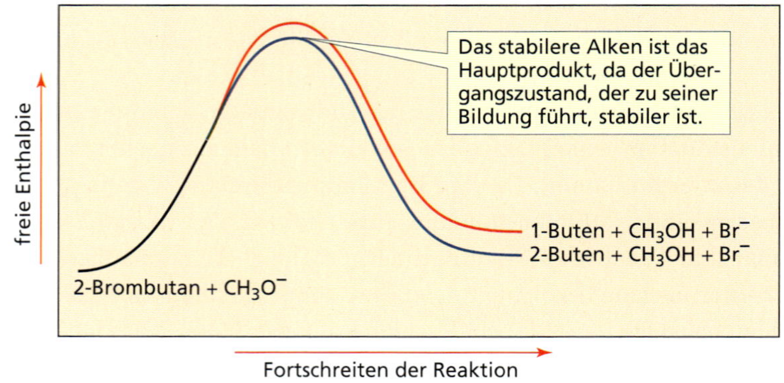

Abbildung 9.9: Das Hauptprodukt der E2-Reaktion von 2-Brombutan mit dem Methoxidion ist 2-Buten (blaue Linie). Der Übergangszustand, der zu der Bildung von 2-Buten führt, ist stabiler als der Übergangszustand, der zur Bildung von 1-Buten führt (rote Linie).

In dem zum Alken führenden Übergangszustand sind die C—H- und die C—Br-Bindung teilweise aufgelöst und die Doppelbindung teilweise ausgebildet; die partiell aufgelösten und ausgebildeten Bindungen werden durch gestrichelte Linien symbolisiert, wodurch der Übergangszustand eine alkenartige Struktur erlangt. Da der Übergangszustand diese alkenartige Struktur besitzt, wird jeder Faktor, der ein Alken stabilisiert, auch den Übergangszustand stabilisieren, der zum Alken führt, sodass das Alken rascher gebildet werden kann.

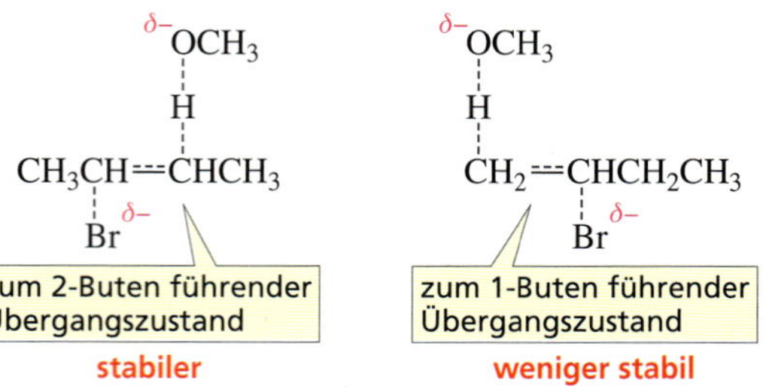

► Abbildung 9.9 zeigt, dass der Unterschied der Bildungsgeschwindigkeiten der beiden Alkene nicht besonders groß ist. Daher werden beide Produkte gebildet, das *stabilere* Alken ist allerdings das Hauptprodukt. Wir wissen bereits, dass die Stabilität eines Alkens von der Zahl seiner Alkylsubstituenten an seinen sp^2-Kohlenstoffatomen abhängt: Je größer die Zahl der Alkylsubstituenten, desto stabiler das Alken (Abschnitt 5.9). Da es mehr Alkylsubstituenten an seinen sp^2-Kohlenstoffatomen trägt, ist 2-Buten stabiler als 1-Buten. Daher ist 2-Buten das Hauptprodukt.

Die folgende Reaktion führt zu zwei Eliminierungsprodukten. Da das 2-Methyl-2-buten das höher substituierte Alken ist (es besitzt die größere Anzahl Alkylgruppen an seinen sp^2-Kohlenstoffatomen), ist es das stabilere der beiden Alkene und aus diesem Grund das Hauptprodukt dieser Eliminierungsreaktion.

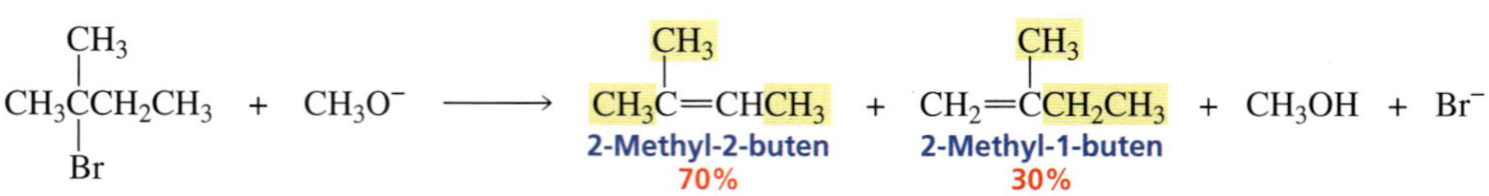

Die Saytzeff-Regel

Alexander Saytzeff, ein russischer Chemiker des 19. Jahrhunderts, ersann eine Faustregel, mit der sich das höher substituierte Alken-Reaktionsprodukt vorhersagen lässt. Er wies darauf hin, *dass man das höher substituierte Alken erhält, wenn ein Proton von demjenigen β-Kohlenstoffatom abstrahiert wird, das weniger H-Atome gebunden hält.* Diese Beziehung wird „Saytzeff-Regel" genannt.

> **MERKE!**
>
> **Das Hauptprodukt einer E2-Reaktion ist generell das stabilere Alken.**

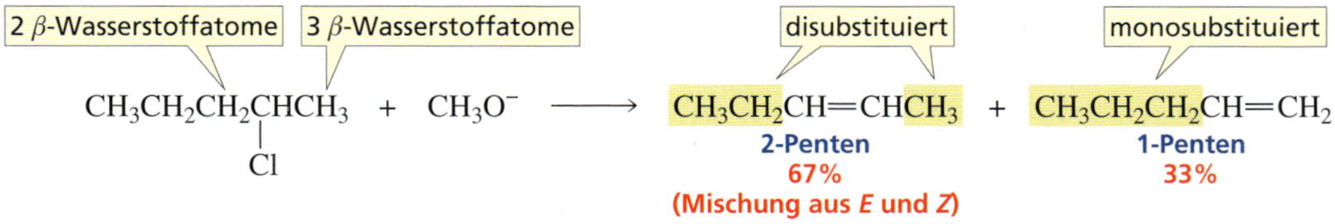

Beispielsweise ist in der folgenden Reaktion ein β-Kohlenstoffatom an drei H-Atome gebunden, das andere nur an zwei. Gemäß der **Saytzeff-Regel** bildet sich das höher substituierte Alken durch die Abstraktion eines Protons von demjenigen β-Kohlenstoffatom, das zwei H-Atome gebunden hält. Deshalb ist 2-Penten (ein disubstituiertes Alken) das Hauptprodukt und 1-Penten (ein monosubstituiertes Alken) das Nebenprodukt.

> **Ü 22*** Was ist das Hauptprodukt der Eliminierung der Reaktion der folgenden Halogenalkane mit dem Hydroxidion?
>
> 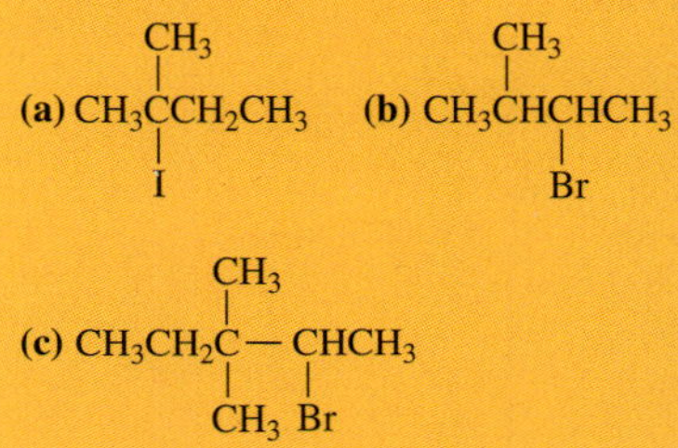

Limitierungen der Saytzeff-Regel

Sie müssen bei der Anwendung der Saytzeff-Regel vorsichtig sein. Behalten Sie im Gedächtnis, dass das Hauptprodukt einer E2-Reaktion generell das *stabilere Alken* ist und die Saytzeff-Regel nur eine Faustregel ist, welches der möglichen Alkene das *höher substituierte* ist. Das höher substituierte Alken ist jedoch nicht in jedem Fall auch das stabilere.

In den nachfolgend dargestellten Reaktionen ist das konjugierte Alken das stabilere, obgleich es nicht das am höchsten substituierte ist. Das Hauptprodukt jeder dieser Reaktionen ist daher das konjugierte Alken, weil es – da am stabilsten – am leichtesten gebildet wird.

> **MERKE!**
>
> **Die Saytzeff-Regel führt zum höher substituierten Alken.**

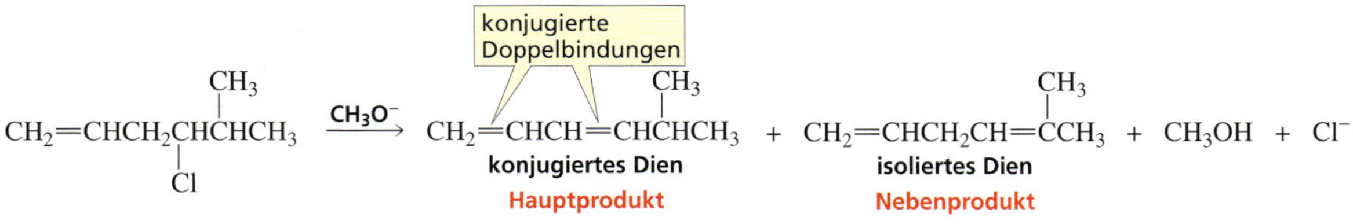

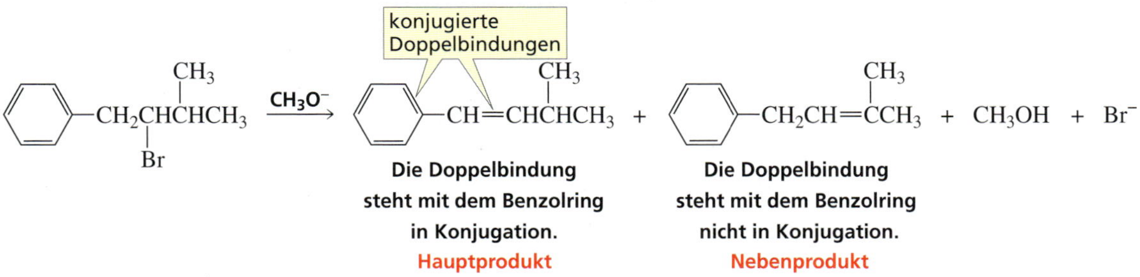

Die Saytzeff-Regel kann nicht herangezogen werden, um die Hauptprodukte der eben vorgestellten Reaktionen vorherzusagen, weil sie nicht in Betracht zieht, dass konjugierte Doppelbindungssysteme stabiler sind als isolierte (Abschnitt 8.7). Ziehen Sie also nicht die Saytzeff-Regel zu Rate, um das stabilste Produkt

> **MERKE!**
>
> **Verbindungen mit konjugierten Doppelbindungen sind stabiler als Verbindungen mit isolierten Doppelbindungen.**

(Hauptprodukt) einer Eliminierung vorherzusagen, falls das reagierende Halogenalkan eine Doppelbindung oder einen Benzolring aufweist.

Falls die an einer E2-Reaktion teilnehmende Base ein voluminöses Teilchen ist und der Zugang zum Halogenalkan dadurch sterisch gehindert ist, wird die Base bevorzugt das am besten zugängliche Wasserstoffatom angreifen und als Proton abstrahieren. Da das weniger hoch substituierte Alken sich leichter bildet, ist es das Hauptprodukt dieser Reaktion.

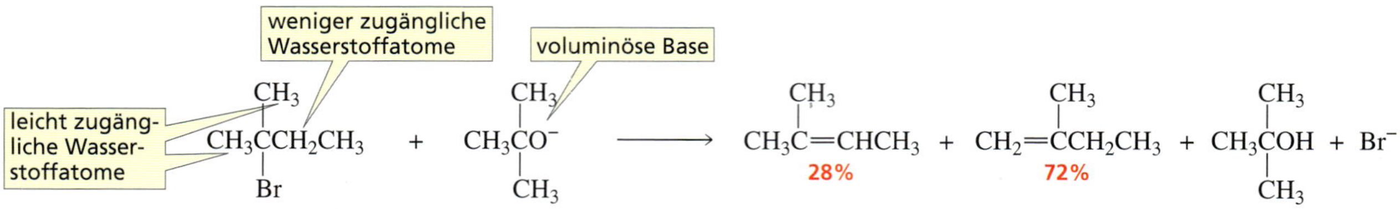

Zum Beispiel ist es in der oben gezeigten Reaktion einfacher für das voluminöse *tert*-Butanolation, eines der leicht zugänglichen Wasserstoffatome von einer der beiden Methylgruppen zu abstrahieren. Dies führt zu der Bildung des weniger stabilen Alkens. Da das weniger stabile Alken einfacher gebildet wird, ist es das Hauptprodukt der Reaktion.

Falls das Halogenalkan sterisch nicht gehindert ist und die Base nur moderat stark ist, wird das Hauptprodukt der Reaktion in Übereinstimmung mit der allgemeinen Regel die stabilere Verbindung sein. Das Hauptprodukt der Reaktion von 2-Iodbutan mit *tert*-Butoxid ist beispielsweise 2-Buten. Es muss mit anderen Worten ein hohes Maß an sterischer Hinderung vorliegen, um das weniger stabile Produkt vor dem stabileren zu begünstigen und zum Hauptprodukt werden zu lassen.

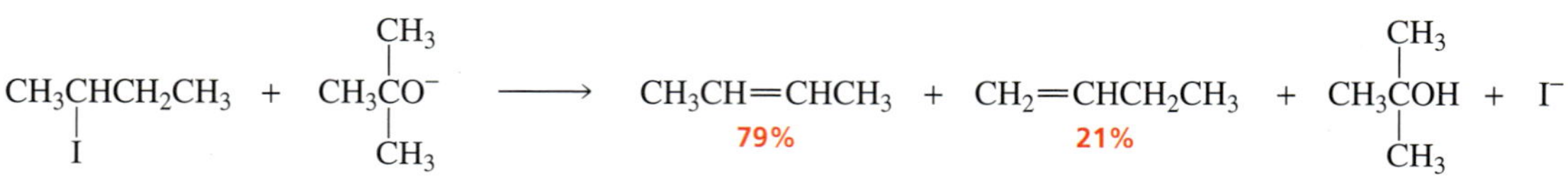

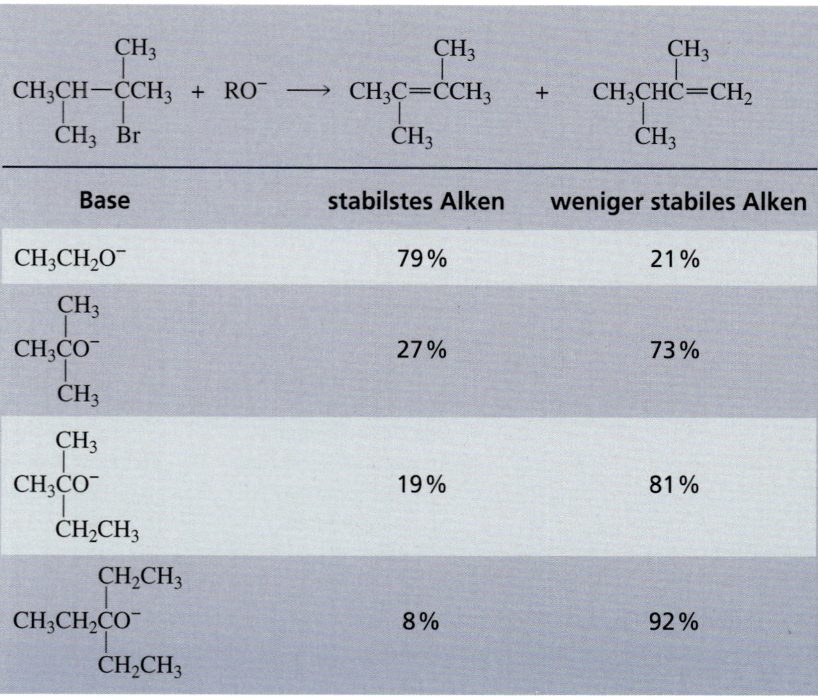

Base	stabilstes Alken	weniger stabiles Alken
$CH_3CH_2O^-$	79 %	21 %
$CH_3C(CH_3)_2O^-$	27 %	73 %
$CH_3C(CH_3)(CH_2CH_3)O^-$	19 %	81 %
$CH_3CH_2C(CH_2CH_3)_2O^-$	8 %	92 %

Tabelle 9.4: Der Effekt der sterischen Eigenschaften der Base auf die Verteilung der Produkte einer E2-Reaktion.

► Tabelle 9.4 zeigt die Menge der Produkte, die von der Reaktion eines sterisch gehinderten Halogenalkans mit verschiedenen Basen erhalten wird. Beachten Sie, dass der Anteil der weniger stabilen (weniger substituierten) Alkene mit der Größe der Base zunimmt.

Alkylfluoride bilden das weniger stabile Alken

Obwohl die Hauptprodukte einer E2-Dehydrohalogenierung von Chlor-, Brom- und Iodalkanen normalerweise zu den höher substituierten Alkenen führt, ist das Hauptprodukt der E2-Dehydrohalogenierung von Fluoralkanen das weniger hoch substituierte Alken.

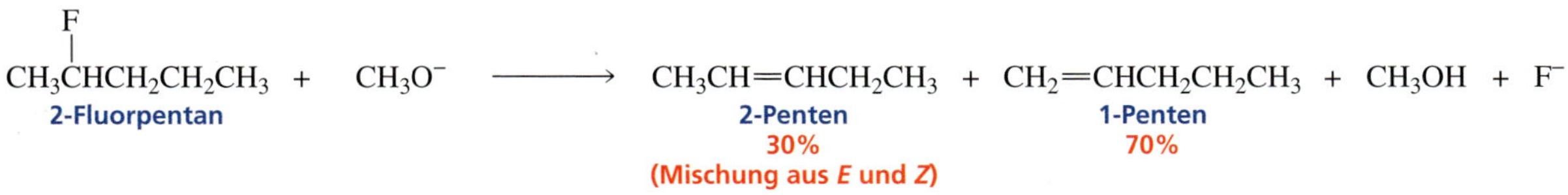

Warum bilden Alkylfluoride weniger stabile Alkene? Diese Frage der können wir durch einen Blick auf die Übergangszustände der Reaktionen beantworten.

Wenn ein Wasserstoff- und ein Chlor-, Brom- oder Iodatom aus einem Halogenalkan eliminiert wird, beginnt das Halogenatom das Molekül zu verlassen, sobald die Base damit beginnt, dem Molekül das Wasserstoffatom ionisch als Proton zu entziehen. Der Übergangszustand ähnelt einem Alken.

Das Fluoridion ist jedoch unter den Halogenidionen die stärkste Base und daher die schlechteste Abgangsgruppe. Wenn eine Base beginnt, ein Proton aus einem Fluoralkanmolekül zu abstrahieren, hat das Fluoratom keine so große Neigung, das Molekül als Halogenidion zu verlassen wie dies andere Halogenatome haben. Als Folge davon bleibt an dem Kohlenstoffatom, welches das Proton abgibt, eine negative Ladung zurück, was dazu führt, dass der Übergangszustand mehr einem Carbanion als einem Alken ähnelt. Um zu bestimmen, welcher der carbanionenähnlichen Übergangszustände der stabilere ist, müssen wir herausbekommen, welches Carbanion das stabilere sein würde.

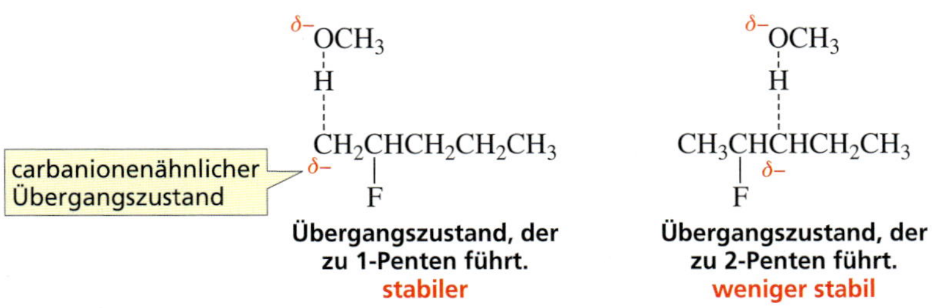

Stabilität von Carbokationen und Carbanionen

Wir haben gelernt, dass Carbokationen – weil sie positiv geladen sind – durch elektronenschiebende Alkylgruppen *stabilisiert* werden. Tertiäre Carbokationen sind daher die stabilsten und Methylkationen die am wenigsten stabilen (Abschnitt 6.2).

Relative Stabilität von Carbokationen

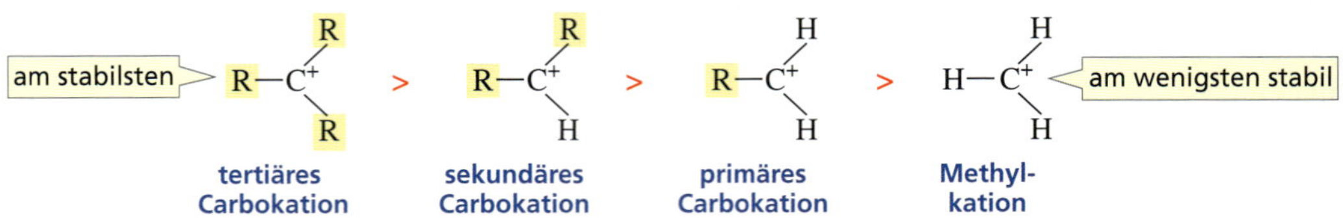

Carbanionen sind demgegenüber negativ geladen; sie werden also durch elektronenschiebende Alkylgruppen *destabilisiert*. Methylanionen sind daher die stabilsten und tertiäre Carbanionen die am wenigsten stabilen. (Unterschiede in der Solvatisierungsenergie tragen ebenfalls dazu bei, da kleinere Ionen am stärksten solvatisiert werden).

Relative Stabilität von Carbanionen

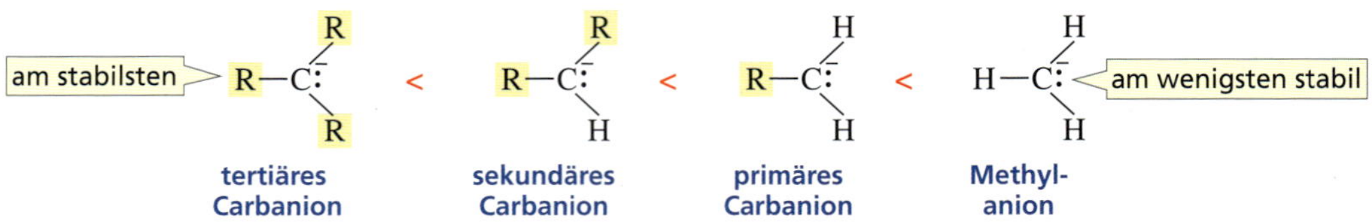

MERKE!

Carbokationen Stabilität:
3° > 2° > 1°

Carbanionen Stabilität:
3° < 2° < 1°

Mit Blick auf den Übergangszustand für die E2-Reaktion eines Alkylfluorids können wir sagen, im Übergangszustand, der zu 1-Penten führt, eine negative Ladung an einem primären Kohlenstoffatom ausgebildet wird. Daher ist dieser Übergangszustand stabiler als der Übergangszustand, der zu 2-Penten führt. Dort würde die negative Ladung an einem sekundären Kohlenstoffatom gebildet werden. Da der Übergangszustand für 1-Penten stabiler ist, wird dieses schneller gebildet und ist das Hauptprodukt der E2-Reaktion.

Zusammenfassung der Regioselektivität von E2-Reaktionen

Die Daten aus ► Tabelle 9.5 zeigen, dass die Ausbeute des stabileren Alkens immer kleiner wird, je basischer die Halogenidionen werden (also schlechtere Abgangsgruppen werden). Jedoch bleibt das stabilere Alken in allen Fällen das Hauptprodukt der Eliminierung, außer bei Fluorid.

$$CH_3\overset{X}{\overset{|}{C}}HCH_2CH_2CH_2CH_3 + CH_3O^- \longrightarrow \underset{\text{(Mischung aus } E \text{ und } Z)}{CH_3CH{=}CHCH_2CH_2CH_3} + CH_2{=}CHCH_2CH_2CH_2CH_3$$

Abgangsgruppe	konjugierte Säure	pK_S	stabileres Produkt	weniger stabiles Produkt
X = I	HI	−10	81 %	19 %
X = Br	HBr	−9	72 %	28 %
X = Cl	HCl	−7	67 %	33 %
X = F	HF	3,2	30 %	70 %

Tabelle 9.5: Produkte der E2-Reaktion von CH_3O^- und 2-Halogenhexanen.

Wir fassen folgendermaßen zusammen: *das Hauptprodukt einer E2-Reaktion ist das stabilere Alken, außer wenn die Reaktanten sterisch gehindert sind oder die Abgangsgruppe schlecht ist, in diesem Fall ist das Hauptprodukt das weniger stabile Alken.* In Abschnitt 9.11 werden Sie lesen, dass das stabilere

Alken im Fall von bestimmten zyklischen Halogenalkanen nicht immer das Hauptprodukt ist.

Ü 23* Was ist das Hauptprodukt der Eliminierung, das aus der E2-Reaktion der folgenden Halogenalkane mit Hydroxidionen entsteht?

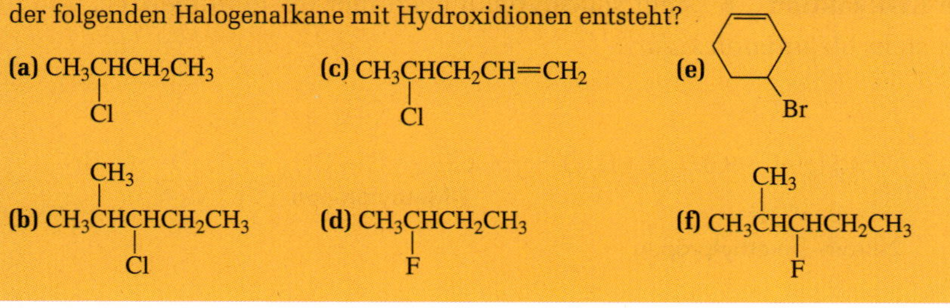

Relative Reaktivität in E2-Reaktionen

Da die Eliminierung aus einem tertiären Halogenalkan typischerweise zum höher substituierten Alken führt als eine Eliminierung aus einem sekundären Halogenalkan – und da die Eliminierung aus einem sekundären Halogenalkan generell zum höher substituierten Alken führt als die Eliminierung aus einem primären Halogenalkan –lauten die relativen Aktivitäten wie folgt:

Relative Reaktivität von Halogenalkanen in einer E2-Reaktion

tertiäres Halogenalkan > sekundäres Halogenalkan > primäres Halogenalkan

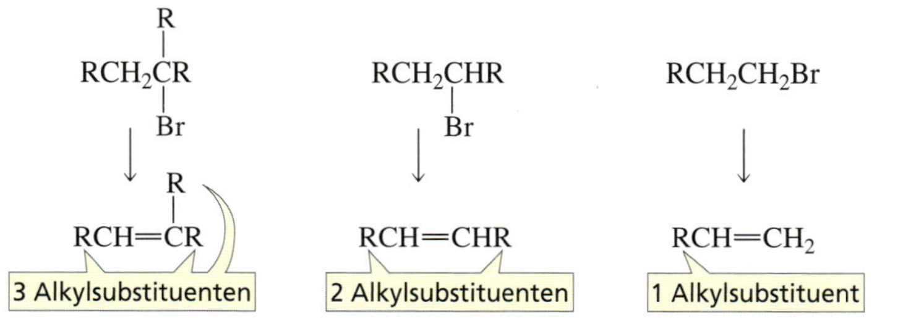

Ü 24* Welches Halogenalkan in jedem Paar ist reaktiver in einer E2-Reaktion mit Hydroxidionen?

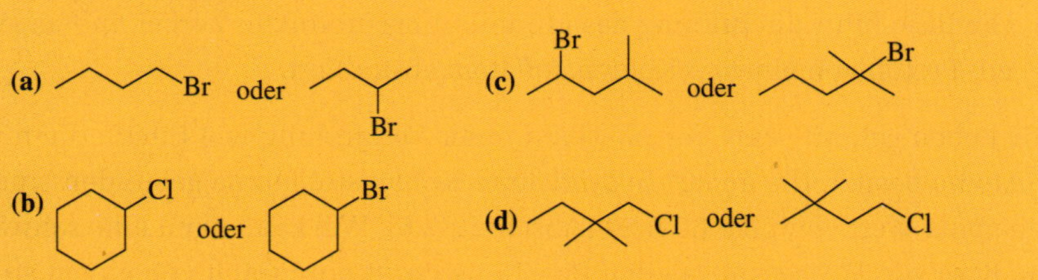

Ü 25* Welches Halogenalkan in jedem Paar ist reaktiver in einer E2-Reaktion mit Hydroxidionen?

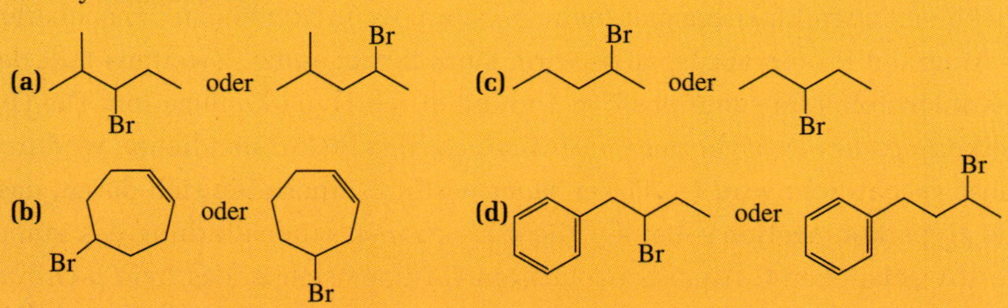

Die E1-Reaktion 9.8

Die zweite Art der Eliminierung, die ein Halogenalkan durchlaufen kann, ist die **E1-Reaktion**. „E" steht selbstredend auch hier für *Eliminierung*, und die „1" steht für *unimolekular*.

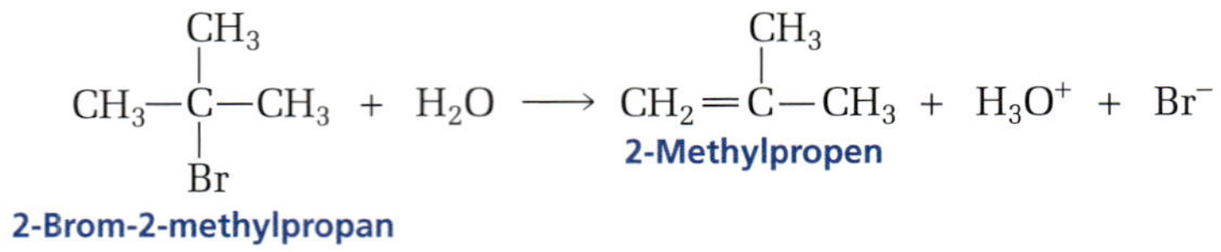

Eine E1-Reaktion ist eine Eliminierungsreaktion mit einer Kinetik 1. Ordnung, deren Geschwindigkeit nur von der Konzentration des Halogenalkans abhängt.

Geschwindigkeit = *k* [Halogenalkan]

Wir wissen daher bereits, dass nur das Halogenalkanmolekül am Übergangszustand der Reaktion beteiligt ist. Die E1-Reaktion muss daher mindestens zweischrittig sein. Der nachfolgende Reaktionsmechanismus ist im Einklang mit der Kinetik 1. Ordnung. Da der erste Schritt der geschwindigkeitsbestimmende ist, führt eine Erhöhung der Konzentration der Base – die nur am zweiten Reaktionsschritt beteiligt ist – zu keinem Effekt hinsichtlich der Geschwindigkeit, mit der die Reaktion abläuft.

Mechanismus der E1-Reaktion eines Halogenalkans

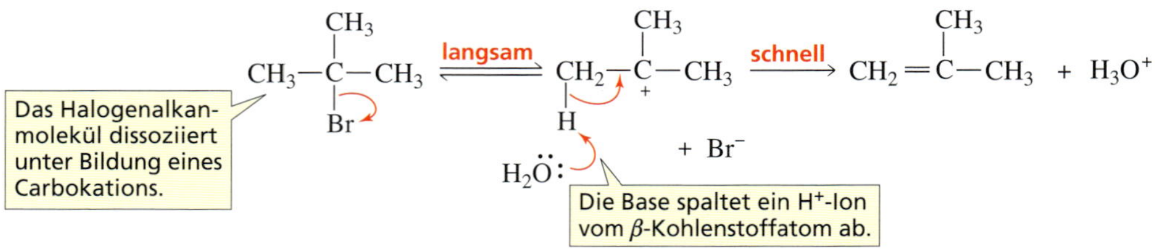

- Das Halogenalkanmolekül dissoziiert unter Bildung eines Carbokations.
- Die Base führt die Bildung des Eliminierungsproduktes herbei, indem sie ein Proton von einem β-Kohlenstoffatom abstrahiert.

Wir haben gelernt, dass der pK_S-Wert einer Verbindung wie Ethan, die nur H-Atome besitzt, die an sp^3-hybridisierte Kohlenstoffatome gebunden sind, bei einem Wert von über 60 liegt (Abschnitt 2.6). Wie kann dann eine schwache Base wie Wasser im zweiten Reaktionsschritt ein Proton von einem sp^3-hybridisierten C-Atom abstrahieren?

Erstens wird der pK_S-Wert von dem positiv geladenen C-Atom, das die zurückbleibenden Elektronen aufnehmen kann, wenn von einem benachbarten C-Atom ein Proton abgespalten wird, stark herabgesetzt. Zweitens teilt das β-Kohlenstoffatom seine positive Ladung durch Hyperkonjugation. Die Hyperkonjugation entzieht der C—H-Bindung also Elektronendichte, wodurch diese geschwächt wird (= stärker sauer wird). Erinnern Sie sich daran, dass die Hyperkonjugation – bei der die σ-Elektronen einer Bindung des einem positiv geladenen C-Atom benachbarten C-Atoms sich in das freie *p*-Orbital des positiv geladenen C-Atoms hinein ausdehnen – für die höhere Stabilität eines tertiären Carbokations im Vergleich zu einem sekundären verantwortlich ist (Abschnitt 6.2).

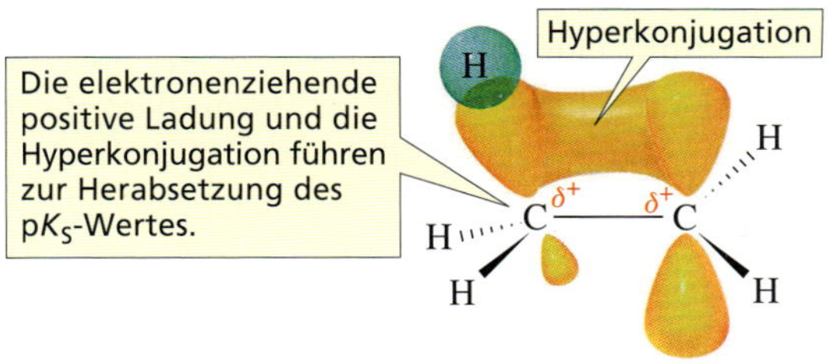

Die E1-Reaktion ist regioselektiv

Falls mehr als ein Alken gebildet werden kann, verläuft die E1-Reaktion – ebenso wie die E2-Reaktion – regioselektiv. Das Hauptprodukt ist im Allgemeinen das *stabilere Alken*.

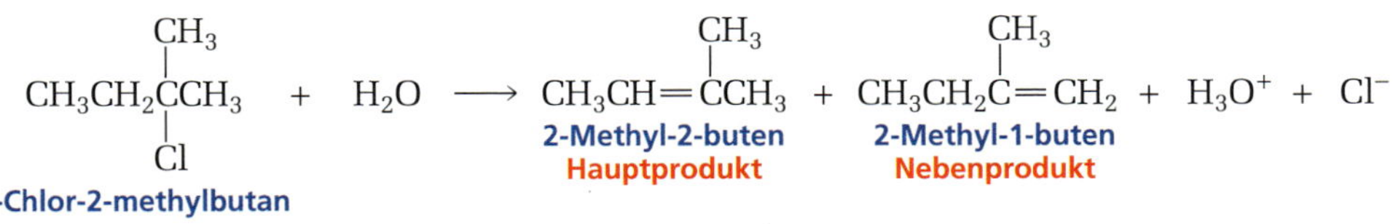

Das höher substituierte Alken ist in der vorausgegangenen Reaktion das stabilere und besitzt damit den stabileren Übergangszustand, der zu seiner Bildung führt (▶ Abbildung 9.10). Als Folge hiervon bildet sich das höher substituierte Alken rascher. Das stabilere Alken wird durch Abstraktion des H-Atoms vom β-Kohlenstoffatom mit der geringeren Zahl von H-Atomen gebildet – in Übereinstimmung mit der Saytzeff-Regel.

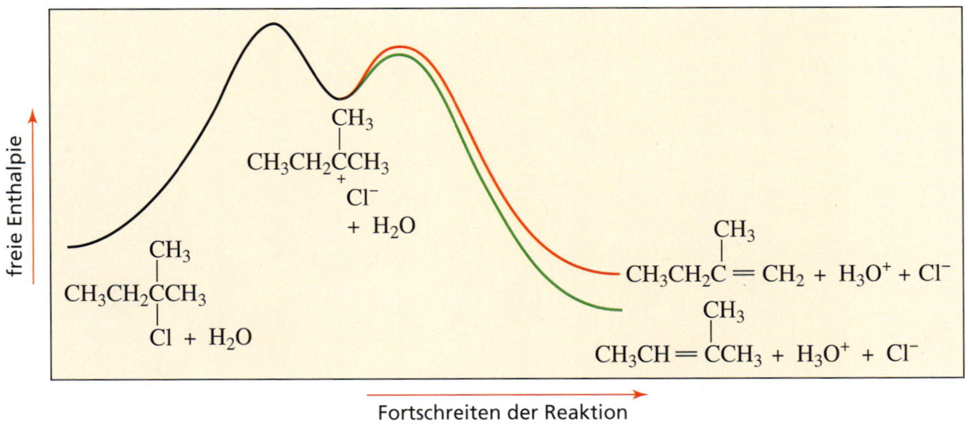

Abbildung 9.10: Das Hauptprodukt der E1-Reaktion ist das stabilere Alken (grüne Linie), da die Stabilität des Produkts auch für einen stabileren Übergangszustand sorgt.

Da der erste Schritt der geschwindigkeitsbestimmende ist, hängt die Geschwindigkeit einer E1-Reaktion sowohl davon ab, wie leicht (oder schwer) sich das Carbokation bilden kann, als auch davon, wie bereitwillig die Abgangsgruppe abdissoziiert. Daher:

- Tertiäre Halogenalkane führen leicht E1-Reaktionen durch, da sie relativ stabile Carbokationen bilden.

MERKE!

Tertiäre Halogenalkane gehen E1- und E2-Reaktionen ein.

Primäre und sekundäre Halogenalkane gehen nur E2-Reaktionen ein.

- Primäre und sekundäre Halogenalkane gehen *keine* E1-Reaktionen ein, da ihre Carbokationen weniger stabil sind und hohe Konzentration an Base (dem Lösungsmittel) zugegen sind. Beide Faktoren begünstigen den Teil der Reaktion, der durch den E2-Pfad (Geschwindigkeitsgesetz in Abschnitt 9.9) verläuft. Deshalb gehen primäre und sekundäre Halogenalkane nur E2-Reaktionen ein.

Die Abgangsgruppe in E2- und E1-Reaktionen

In einer Abfolge von Halogenalkanen mit den gleichen Alkylgruppen verhalten sich deshalb die Iodalkane in E2- und E1-Reaktionen am reaktivsten und die Fluoralkane am wenigsten reaktiv, da – wie wir in Abschnitt 9.2 gesehen haben – schwächere Basen auch die besseren Abgangsgruppen sind.

MERKE!

Die schwächere Base eignet sich besser als Abgangsgruppe.

Relative Reaktivitäten der Halogenalkane bei E1-Reaktionen

am reaktivsten → RI > RBr > RCl > RF ← am wenigsten reaktiv

Ü 26* Bei der E1-Reaktion von 3-Brom-2,3-dimethylpentan und Methanol werden vier Alkene gebildet. Geben Sie die Strukturen aller Alkene an und ordnen Sie diese nach den mengenmäßigen Anteilen, in denen sie gebildet werden würden.

Ü 27* Wenn 2-Fluorpentan eine E1-Reaktion eingehen könnte, würden Sie erwarten, dass das Hauptprodukt das stabilere oder das weniger stabile Alken ist? Erläutern Sie Ihre Antwort.

Ü 28* Welche der nachfolgend dargestellten Verbindungen würde in einer

(a) E1-Reaktion
(b) E2-Reaktion
(c) S_N1-Reaktion
(d) S_N2-Reaktion

rascher reagieren?

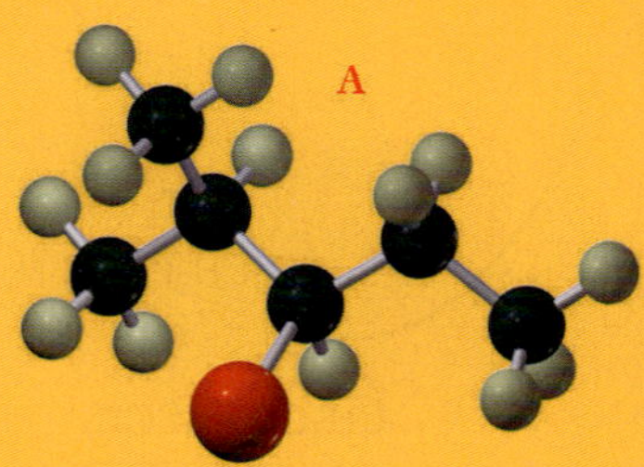
A

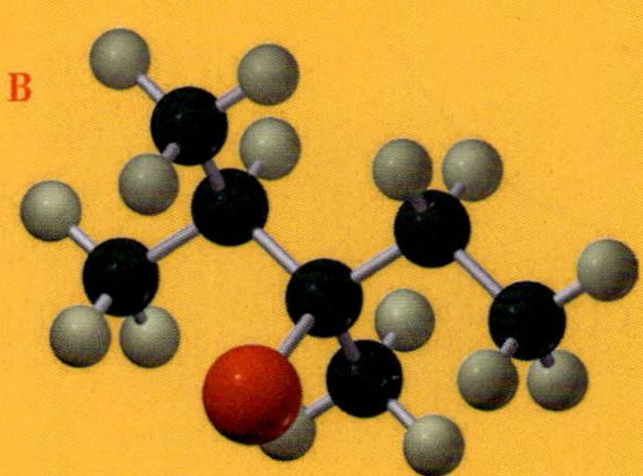
B

Ü 29 Schlagen Sie einen Mechanismus für die folgende Reaktion vor:

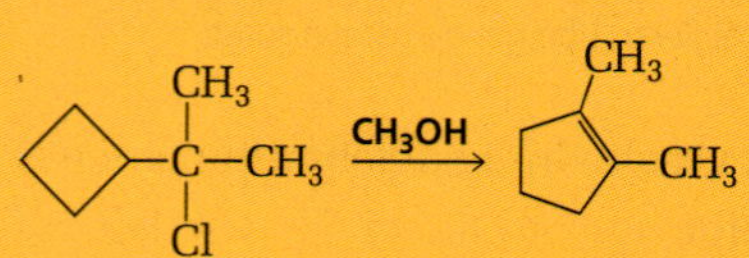

STRATEGIEN ZUR PROBLEMLÖSUNG

■ **Das Vorschlagen eines Reaktionsmechanismus**

Schlagen Sie einen Reaktionsmechanismus für die folgende Reaktion vor:

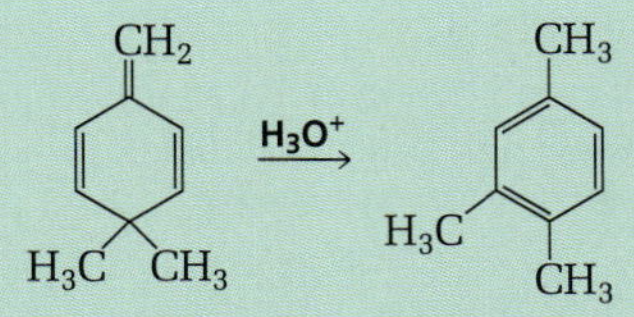

Da das für die Reaktion benutzte Reagenz eine Säure ist, beginnen wir mit der Protonierung des Moleküls an den Stellen, die die Bildung des stabilsten Carbokations zulassen. Die Protonierung der CH_2-Gruppe führt zur Bildung eines tertiären Allylkations, in dem die positive Ladung über zwei weitere C-Atome verteilt ist. Nun verschieben wir die π-Elektronen so, dass die 1,2-Methylverschiebung vonstatten gehen kann, die zur Bildung des Produktes notwendig ist. Die Abspaltung eines Protons ergibt das Endprodukt.

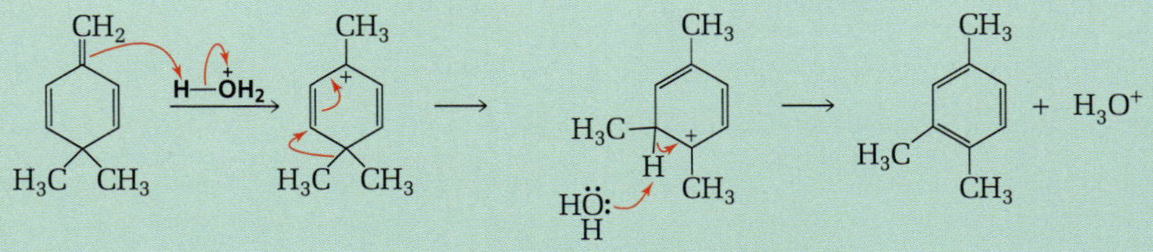

Konkurrenz zwischen E2- und E1-Reaktionen 9.9

Beachten Sie, dass die gleichen Bindungen in E2- und E1-Reaktionen gebrochen und gebildet werden. Der einzige Unterschied ist die zeitliche Abfolge. Das Proton wird im ersten (und einzigen Schritt) der E2-Reaktion und im zweiten Schritt der E1-Reaktion abgespalten.

Wir haben gelernt, dass

- **primäre** und **sekundäre Halogenalkane** wegen ihre relativ instabilen Carbokationen und der hohen Konzentration der Base in Solvolysereaktionen nur **E2-Reaktionen** eingehen (Abschnitt 9.8).
- **tertiäre Halogenalkane E1- und E2-Reaktionen** eingehen.

Da tertiäre Halogenalkane sowohl E2- als auch E1-Reaktionen eingehen können, wird das Geschwindigkeitsgesetz für die Eliminierungsreaktion durch die Summe der Geschwindigkeitsgesetze für beide Reaktionsarten ausgedrückt (Abschnitte 9.7 und 9.8).

$$\text{Reaktionsgeschwindigkeit} = k_2[\text{Halogenalkan}]\,[\text{Base}] + k_1[\text{Halogenalkan}]$$

Das Reaktionsgeschwindigkeitsgesetz sagt uns:

Eine E2-Reaktion wird durch starke Basen in hoher Konzentration begünstigt.

Eine E1-Reaktion wird durch schwache Basen in niedriger Konzentration begünstigt.

MERKE!

Primäre und sekundäre Halogenalkane gehen nur E2-Reaktionen ein.

Tertiäre Halogenalkane gehen sowohl E1- als auch E2-Reaktionen ein.

Beachten Sie, dass bei der Veranschaulichung der E2-Reaktionen in Abschnitt 9.1 ein tertiäres Halogenalkan und eine starke Base gewählt wurden, wohingegen ein tertiäres Halogenalkan und eine schwache Base in Abschnitt 9.3 verwendet wurden, um die E1-Reaktion darzustellen.

Ü 30 Entscheiden Sie für die nachfolgend dargestellten Reaktionen erstens, welcher Typ von Eliminierung stattfinden wird, und geben Sie zweitens das Haupteliminierungsprodukt jeder Reaktion an:

(a) $CH_3CH_2CHCH_3$ (mit Br am CH) $\xrightarrow{CH_3O^-}$ **(b)** $CH_3CH_2CHCH_3$ (mit F am CH) $\xrightarrow{CH_3O^-}$ **(c)** CH_3CCH_3 (mit CH_3 und Cl am C) $\xrightarrow{H_2O}$ **(d)** CH_3CCH_3 (mit CH_3 und Cl am C) $\xrightarrow{HO^-}$

Ü 31 mit Lösung

Das Geschwindigkeitsgesetz für die Reaktion von HO^- mit *tert*-Brombutan zur Bildung eines Eliminierungsproduktes in 75 % Ethanol/25 % Wasser bei 30 °C ist die Summe der Geschwindigkeitsgesetze der E2- und der E1-Reaktion. Welcher Prozentsatz der Reaktion läuft über eine E2-Reaktion wenn: $[HO^-] = 5{,}0$ M? ($k_2 = 7{,}1 \times 10^{-5}$ und $k_2 = 1{,}5 \times 10^{-5}$)

Reaktionsgeschwindigkeit = Geschwindigkeitsgesetz der E1-Reaktion + Geschwindigkeitsgesetz der E2-Reaktion

Reaktionsgeschwindigkeit = k_2[*tert*-Butylbromid] $[HO^-]$ + k_1[*tert*-Butylbromid]

Lösung

$$\frac{E2}{E2 + E1} = \frac{k_2[\textit{tert}\text{-Butylbromid}][HO^-]}{k_2[\textit{tert}\text{-Butylbromid}][HO^-] + k_1[\textit{tert}\text{-Butylbromid}]}$$

$$\frac{E2}{E2 + E1} = \frac{7{,}1 \times 10^{-5} \times 5{,}0}{7{,}1 \times 10^{-5} \times 5{,}0 + 1{,}5 \times 10^{-5}} = \frac{35{,}5 \times 10^{-5}}{35{,}5 \times 10^{-5} + 1{,}5 \times 10^{-5}} = \frac{35{,}5}{37} = 0{,}96 = 96\%$$

Ü 32 Welcher Prozentsatz der Reaktion aus Übung 31 läuft über eine E2-Reaktion, wenn: $[HO^-] = 0{,}0025$ M?

Der stereochemische Verlauf der E2- und E1-Reaktionen 9.10

Zusätzlich zur *Regioselektivität* – der bevorzugten Bildung eines Konstitutionsisomers – sind E2- und E1-Reaktionen *stereoselektiv*, also wird auch ein bestimmtes Stereoisomer bevorzugt gebildet.

Stereoisomere in einer E2-Reaktion

Da eine E2-Reaktion konzertiert abläuft, müssen die Bindungen der eliminierten Gruppen parallel zueinander stehen, da das sp^3-Hybridorbital des Kohlenstoffatoms, das an H gebunden ist, und das sp^3-Hybridorbital des Kohlenstoffatoms, das an X gebunden ist, zu zwei überlappenden *p*-Orbitalen im Alken (Produkt) werden müssen. Für die maximale Überlappung im Übergangszustand ist die Parallelität der Orbitale erforderlich.

Syn- und *anti*-Eliminierung

Es gibt zwei Wege, in denen sich die C—H- und die C—X-Bindungen anordnen können, um parallel zu stehen: auf der gleichen oder auf der gegenüberliegenden Seite des Moleküls.

Wenn bei einer Eliminierungsreaktion zwei Substituenten von unterschiedlichen Seiten eines Moleküls entfernt werden, handelt es sich um eine ***anti*-Eliminierung**. Stehen die beiden entfernten Substituenten auf der gleichen Seite des Moleküls, spricht man von einer ***syn*-Eliminierung**. Beide Eliminierungsarten kommen vor, jedoch wird die *anti*-Eliminierung *in einer E2-Eliminierung bevorzugt*. **Sägebock-Projektionen**, die die C—C-Bindung aus einem schrägen Winkel zeigen, zeigen warum dies der Fall ist.

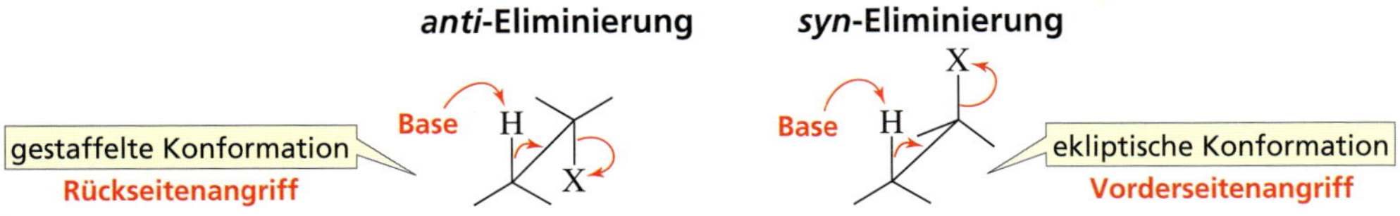

- Eine *anti*-Eliminierung benötigt ein Molekül in gestaffelter Konformation, während ein Molekül in der weniger stabilen ekliptischen Konformation für eine *syn* vonnöten ist.
- Bei einer *anti*-Eliminierung bewegen sich die Elektronen des sich abspaltenden Wasserstoffatoms auf die *Rück*seite des Kohlenstoffatoms zu, der an X gebunden ist. Bei einer *syn*-Eliminierung bewegen sich die Elektronen auf die *Vorder*seite dieses Kohlenstoffatoms zu. Wir haben bereits gesehen, dass Substitutionsreaktionen durch einen Rückseitenangriff ablaufen, da so die interagierenden Orbitale die beste Überlappung erreichen (► Abbildung 9.1).
- In einer *anti*-Eliminierung erfährt die elektronenreiche Base nicht die gleiche Abstoßung, der sie beim Angriff von der gleichen Seite, auf der die Abgangsgruppe steht, ausgesetzt wäre.

MERKE!

Bei E2-Reaktionen herrschen *anti*-Eliminierungen vor.

Ein Reaktant mit zwei Wasserstoffatomen am β-Kohlenstoffatom

Eine E2-Reaktion ist *stereoselektiv*, was bedeutet, dass von einem Stereoisomer eine größere Menge gebildet wird als von einem anderen. Aus der Eliminierungsreaktion an 2-Brompentan geht beispielsweise das 2-Penten als Hauptprodukt hervor; dieses kann in Form eines Stereoisomerenpaares existieren. Dabei wird mehr (*E*)-2-Penten gebildet als (*Z*)-2-Penten.

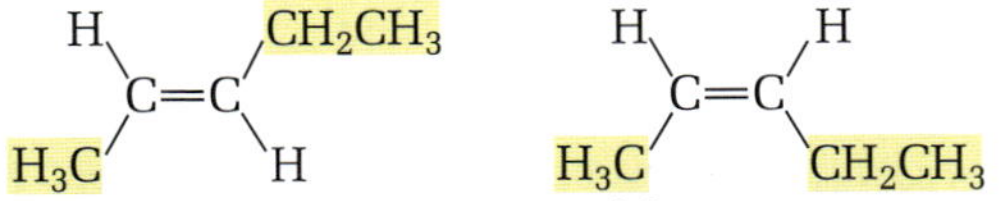

(*E*)-2-Penten
Hauptprodukt

(*Z*)-2-Penten
Nebenprodukt

Wir gelangen zu der folgenden allgemeinen Aussage bezüglich der Stereoselektivität von E2-Reaktionen: Falls der Reaktant *zwei H-Atome* an dem C-Atom gebunden hält, von welchem bei der Eliminierung das H abgespalten wird, wird sowohl das *E*- wie das *Z*-Isomer gebildet, weil der Reaktant zwei Konformere besitzt, in denen die zu eliminierenden Gruppen *anti* zueinander angeordnet sind.

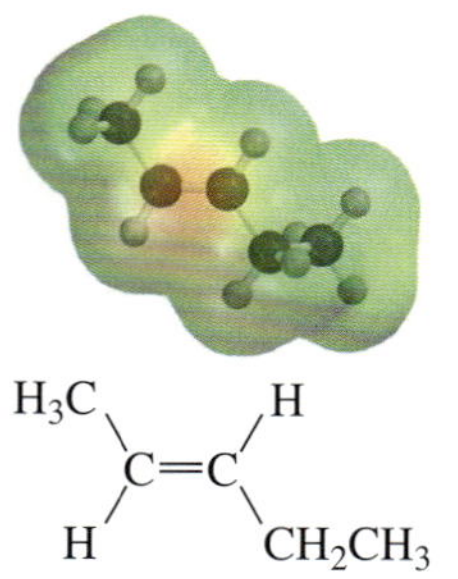

(*E*)-2-Penten

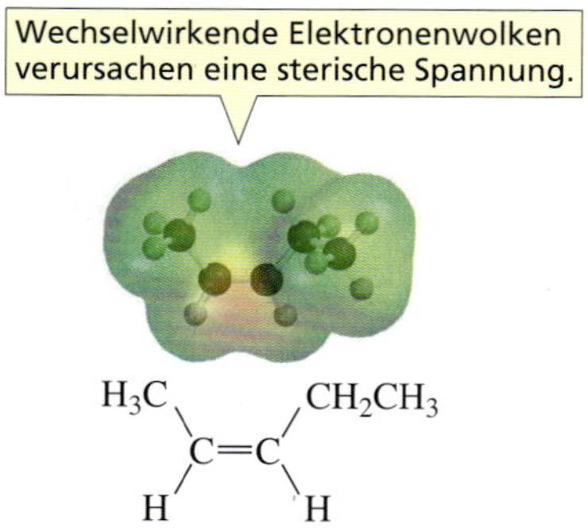

(*Z*)-2-Penten

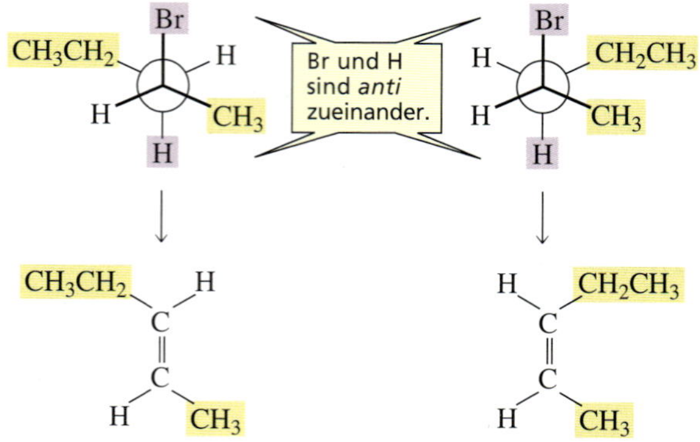

(*E*)-2-Penten **stabiler**

(*Z*)-2-Penten **weniger stabil**

Von den beiden Stereoisomeren wird das mit den *weiter ausladenden Gruppen auf gegenüberliegenden Seiten der Doppelbindung* in höherer Ausbeute gebildet, weil es das stabilere Alken ist (► Abbildung 9.11). (Erinnern Sie sich daran, dass das Alken mit den raumgreifendsten Gruppen auf *derselben* Seite des Moleküls weniger *stabil* ist, weil die Elektronenwolken der großen Substituenten sich gegenseitig stören können, was zu sterischer Spannung im Molekül führt (Abschnitt 5.9).)

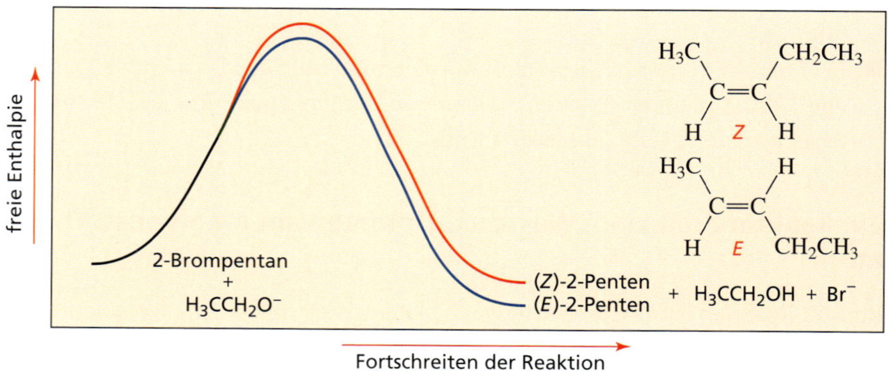

Abbildung 9.11: Das hauptsächlich gebildete Stereoisomer in einer E2-Reaktion ist dasjenige, bei dem die größten Gruppen auf unterschiedlichen Seiten des Moleküls (hier das *E*-Isomer) stehen. Der Grund dafür ist, dass das stabilere Alken (blaue Linie) einen stabileren Übergangszustand aufweist und daher schneller gebildet wird.

Die folgende Reaktion führt hauptsächlich zum *E*-Isomer, da in diesem Stereoisomer eine Methylgruppe (die größere Gruppe an einem sp^2-Kohlenstoffatom) auf der gegenüberliegenden Seite der voluminösen *tert*-Butylgruppe steht (die größere Gruppe am anderen sp^2-Kohlenstoffatom).

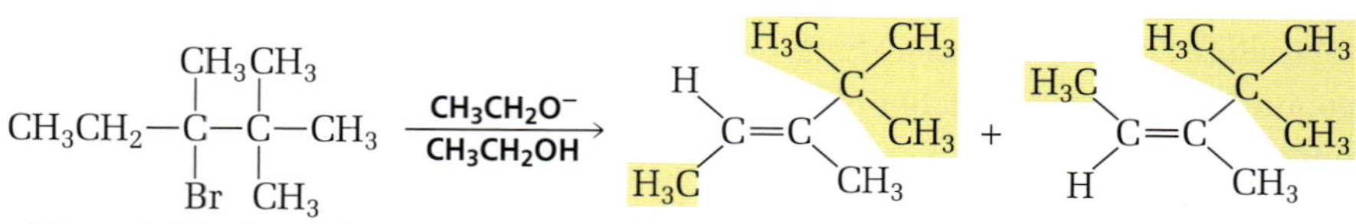

3-Brom-2,2,3-trimethylpentan

(*E*)-3,4,4-Trimethyl-2-penten **Hauptprodukt**

(*Z*)-3,4,4-Trimethyl-2-penten **Nebenprodukt**

Ein Reaktant mit einem Wasserstoffatom am β-Kohlenstoffatom

Falls andererseits das β-Kohlenstoffatom, dessen H-Atom eliminiert wird, nur dieses *eine* H-Atom trägt, gibt es nur eine Konformation des Moleküls, in der die beiden Gruppen/Atome *anti*-eliminiert werden können. Daher bildet sich nur ein Alken als Produkt. Das genaue Isomer hängt von der Konfiguration des Reaktantenmoleküls ab. Beispielsweise führt die *anti*-Eliminierung von HBr aus (2*S*,3*S*)-2-Brom-3-phenylbutan zum *E*-Isomer, wohingegen die *anti*-Eliminierung von HBr aus (2*S*,3*R*)-2-Brom-3-phenylbutan zum *Z*-Isomer führt. Man beachte, dass die beiden durch gefüllte Keile gebundenen Gruppen im Produkt auf der gleichen Seite des Alkens stehen.

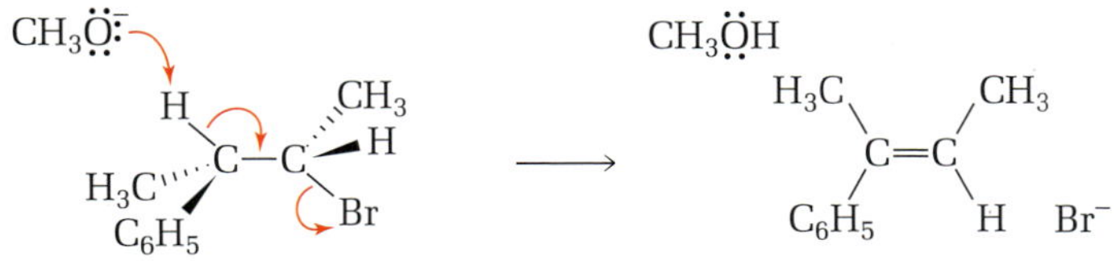

(2*S*,3*S*)-2-Brom-3-phenylbutan → **(*E*)-2-Phenyl-2-buten**

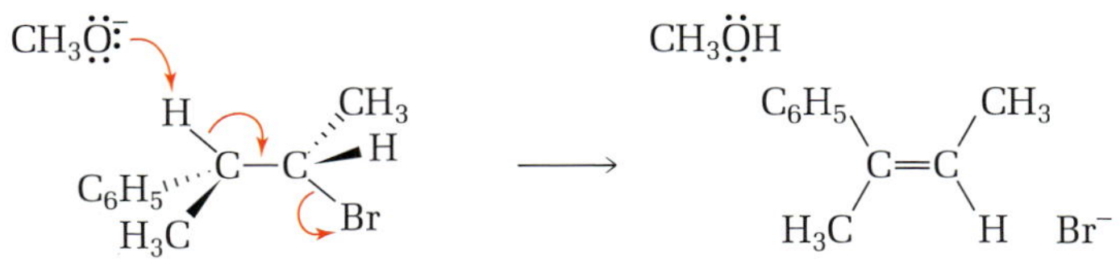

(2*S*,3*R*)-2-Brom-3-phenylbutan → **(*Z*)-2-Phenyl-2-buten**

MERKE!

Wenn zwei H-Atome an das β-Kohlenstoffatom gebunden sind, ist das Hauptprodukt einer E2-Reaktion das Alken, bei dem die räumlich ausgedehntesten Substituenten auf gegenüberliegenden Seiten der Doppelbindung stehen.

MERKE!

Wenn nur ein Wasserstoffatom an das β-Kohlenstoffatom gebunden ist, hängt das Hauptprodukt einer E2-Reaktion von der Struktur des Alkens ab.

STRATEGIEN ZUR PROBLEMLÖSUNG

■ Das Hauptprodukt einer E2-Reaktion bestimmen

Was ist das Hauptprodukt, wenn die folgenden Verbindungen eine E2-Eliminierung eingehen?

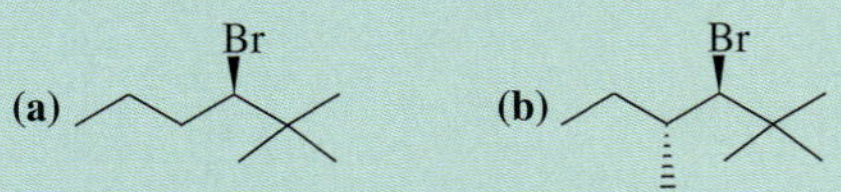

Das Halogenalkan aus Teil (a) besitzt zwei Wasserstoffatome an β-Kohlenstoffatomen, von denen die Wasserstoffatome entfernt werden können. Daher werden sowohl *E*- als auch *Z*-Isomer gebildet, das *E*-Isomer ist allerdings das Hauptprodukt.

***E*-Isomer** **Hauptprodukt** ***Z*-Isomer**

Das Halogenalkan aus Teil (b) trägt nur ein Wasserstoffatom an einem β-Kohlenstoffatom, also führt die Entfernung dieses Wasserstoffatoms nur zu einen Eliminierungsprodukt. Zunächst müssen wir die Konfiguration an den beiden Chiralitätszentren bestimmen. Danach zeichnen wir eine perspektivische Formel, in der wir H und Br (die eliminierten Atome) an Bindungen platzieren, die aus der Ebene des Papiers hinaus zeigen. Da wir die Konfiguration der Chiralitätszentren kennen, können wir die anderen Gruppen an den Kohlenstoffatomen hinzufügen. Bei der Eliminierung von H und Br stehen die Gruppen, die von gefüllten Keilen gebunden werden, im Produkt auf der gleichen Seite der Doppelbindung.

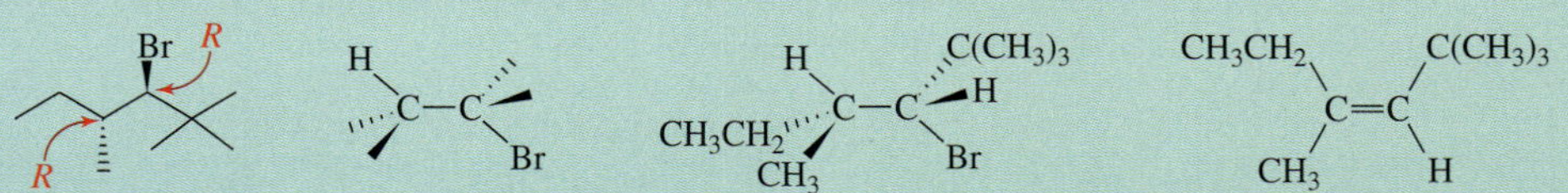

Ü 33*

(a) Geben Sie für die nachfolgenden Halogenalkane die Struktur des Hauptproduktes an, das sich bei einer E2-Reaktion bilden würde; geben Sie dabei auch dessen Konfiguration an:

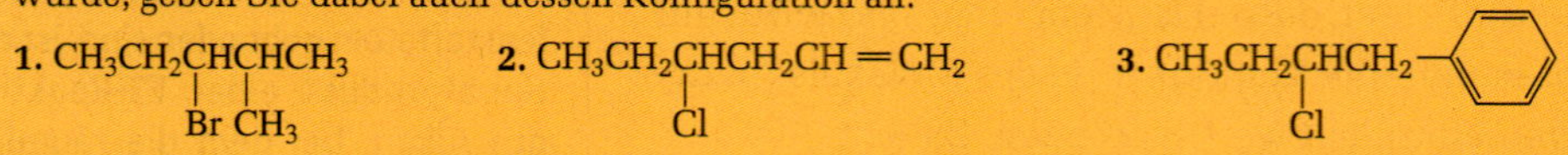

(b) Ist das erhaltene Reaktionsprodukt abhängig davon, ob Sie mit dem *R*- oder dem *S*-Enantiomer des Reaktanten beginnen?

Die im Verlauf einer E1-Reaktion gebildeten Stereoisomere

Die E1-Reaktion verläuft wie die E2-Reaktion stereoselektiv. Sowohl das *E*- wie das *Z*-Isomer treten als Produkte auf. Das Hauptreaktionsprodukt ist jedoch dasjenige, bei dem die *raumforderndsten Gruppen auf gegenüberliegenden Seiten der Doppelbindung* stehen. Werfen wir einen genaueren Blick auf die Reaktion, um zu verstehen, warum dies so ist.

Wir haben gesehen, dass eine E1-Reaktion in zwei Schritten verläuft. Die Abgangsgruppe verlässt im ersten Schritt das Molekül, und ein Proton wird im zweiten Schritt von einem benachbarten Kohlenstoffatom abgespalten. Dieser Vorgang folgt somit der Saytzeff-Regel für die Bildung des stabileren Alkens. Das Carbokation, das im ersten Schritt gebildet wird, besitzt eine planare Konfiguration. Die Elektronen des als Ion abdissoziierenden Wasserstoffatoms können sich daher mit gleicher Wahrscheinlichkeit *zu jeder der Seiten* des positiv geladenen C-Atoms hinbewegen. Es tritt daher sowohl *syn*- wie *anti*-Eliminierung auf.

Daher wird bei einer E1-Reaktion sowohl das *E*- wie das *Z*-Produkt gebildet, *ungeachtet* der Frage, ob das β-Kohlenstoffatom, von dem das H^+-Ion abgespalten wird, ein oder zwei H-Atome gebunden hält. Das Hauptreaktionsprodukt ist das, bei dem die raumforderndsten Gruppen auf gegenüberliegenden Seiten der Doppelbindung stehen, weil dies das stabilere Alken ist und daher auch schnellller gebildet wird.

MERKE!

Das Hauptstereoisomer einer E1-Reaktion ist das Alken, bei dem die raumfordernsten Gruppen auf gegenüberliegenden Seiten der Doppelbindung angeordnet sind.

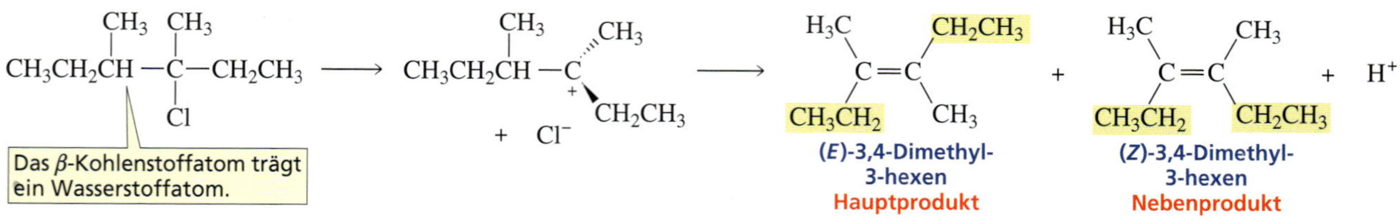

Reaktion	Produkte
S_N2	Es wird nur das invertierte Produkt gebildet.
E2	Sowohl *E*- und *Z*-Isomere werden gebildet (mit Überschuss desjenigen Isomers, bei dem die größten Gruppen auf unterschiedlichen Seiten der Doppelbindung liegen), solange das β-Kohlenstoffatom, von dem das Wasserstoffatom abgespalten wurde, nur an ein Wasserstoffatom gebunden war. In diesem Fall wird nur ein Stereoisomer gebildet. Dessen Konfiguration hängt von der Konfiguration des Startmaterials ab.
S_N1	Beide Stereoisomere (*R* und *S*) werden gebildet, generell mit etwas mehr invertiertem Produkt.
E1	Sowohl *E*- und *Z*-Isomere werden gebildet (mit Überschuss desjenigen Isomers, bei dem die größten Gruppen auf unterschiedlichen Seiten der Doppelbindung liegen).

Tabelle 9.6: Stereochemie von Substitutions- und Eliminierungsreaktionen.

Ü 34 mit Lösung

Ermitteln Sie für das folgende Halogenalkan das Hauptprodukt, das bei einer E1-Reaktion gebildet wird:

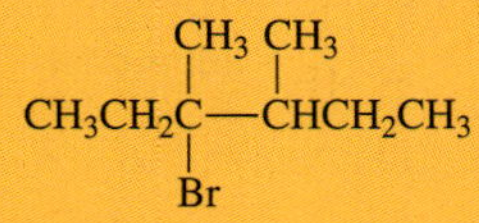

Lösung

Zunächst müssen wir den *regiochemischen* Verlauf der Reaktion betrachten: Es wird mehr 3,4-Dimethyl-3-hexen gebildet, da es das stabilste der drei möglichen Regioisomere ist.

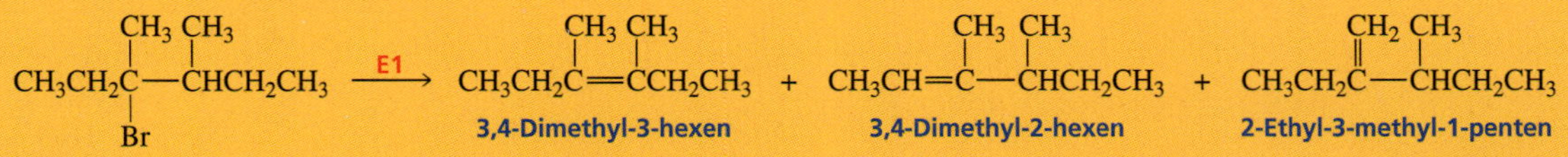

Als Nächstes müssen wird den *stereochemischen* Verlauf der Reaktion analysieren: Das Hauptprodukt hat zwei Stereoisomere und es wird mehr (*E*)-3,4-Dimethyl-3-hexen gebildet als (*Z*)-3,4-Dimethyl-3-hexen, da ersteres stabiler ist.

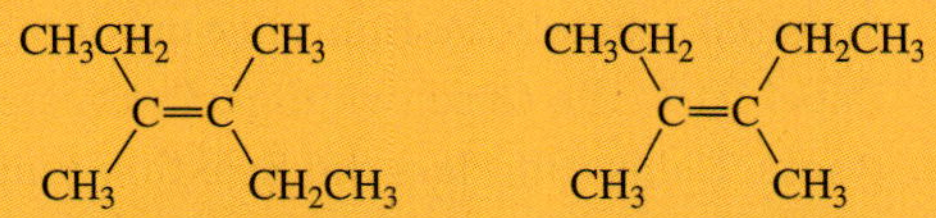

(*E*)-3,4-Dimethyl-3-hexen (*Z*)-3,4-Dimethyl-3-hexen

Ü 35 Ermitteln Sie für jedes der nachfolgenden Halogenalkane das Hauptprodukt, das bei einer E1-Reaktion gebildet wird:

(a) 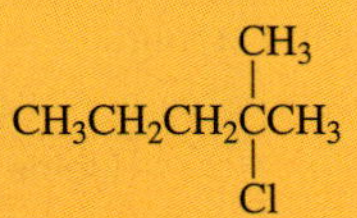 **(b)** 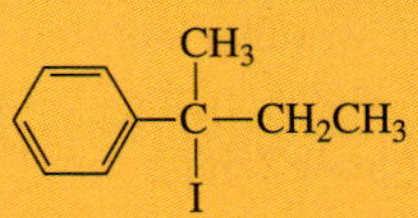 **(c)** 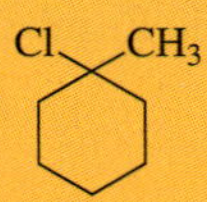

Eliminierung aus zyklischen Verbindungen 9.11

Die Eliminierung aus substituierten Cyclohexanen folgt den gleichen stereochemischen Regeln wie die Eliminierungen aus offenkettigen Verbindungen.

E2-Reaktionen substituierter Cyclohexane

Wir haben soeben gelernt, dass die beiden zu eliminierenden Gruppen parallel zueinander angeordnet sein müssen, um die eine E2-Reaktion begünstigende *anti*-periplanare Struktur zustande zu bringen (Abschnitt 9.9). Damit zwei Gruppen/Atome an einem Cyclohexanring parallel zueinander angeordnet sind, müssen sie sich in *axialen* Stellungen aufhalten.

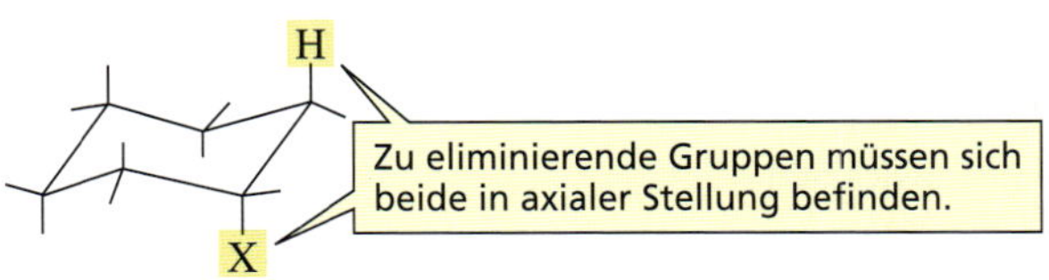

MERKE!

Bei einer E2-Reaktion eines substituierten Cyclohexans müssen sich beide zu eliminierenden Gruppen in axialer Stellung befinden.

Das stabilere Konformer des Chlorcyclohexans geht keine E2-Reaktion ein, weil das Chloratom sich hier in äquatorialer Stellung befindet. (Erinnern Sie sich daran, dass wir in Abschnitt 3.14 gelernt hatten, dass das stabilere Konformer eines monosubstituierten Cyclohexans dasjenige ist, bei welchem der Substituent äquatorial steht, weil es in dieser Stellung mehr Platz für ihn gibt.) Das weniger stabile Konformer, bei dem das Chloratom axial steht, geht bereitwillig E2-Reaktionen ein.

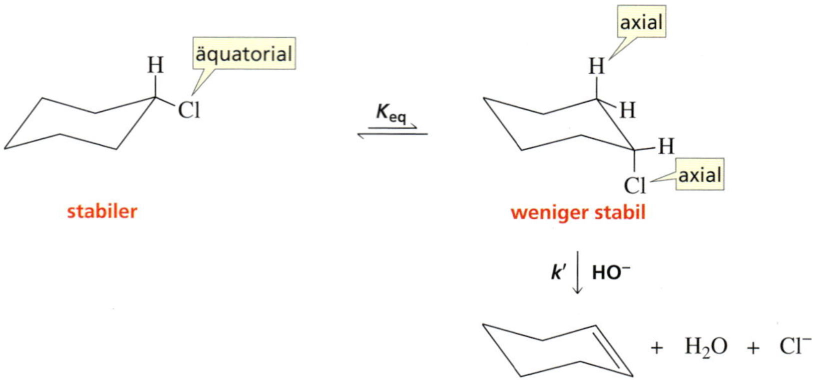

Da eines der beiden Konformere keine E2-Reaktion eingeht, wird die Geschwindigkeitskonstante der Eliminierung durch den Ausdruck $k'\,K_{eq}$ wiedergegeben. Dabei ist k' die Geschwindigkeitskonstante und K_{eq} die Gleichgewichtskonstante. Daher gilt, dass die Reaktion umso rascher abläuft, je größer der Wert von K_{eq} ist. Die meisten Moleküle befinden sich zu einem gegebenen Zeitpunkt in der für die Verbindung stabileren Konformation. Daher ist der Wert von K_{eq} hoch, falls die Eliminierung aus dem stabileren Konformer erfolgt und klein, falls die Eliminierung aus dem weniger stabilen Konformer heraus erfolgt.

große Zahl

$$K_{eq} = \frac{[\text{stabileres Konformer}]}{[\text{weniger stabiles Konformer}]}$$

kleine Zahl

Für eine Reaktion, die über das stabilere Konformer verläuft.

kleine Zahl

$$K_{eq} = \frac{[\text{weniger stabiles Konformer}]}{[\text{stabileres Konformer}]}$$

große Zahl

Für eine Reaktion, die über das weniger stabile Konformer verläuft.

So verläuft beispielsweise die E2-Eliminierung aus Neomenthylchlorid mit Ethoxidionen rund zweihundertmal schneller als aus Menthylchlorid. Das Konformer des Neomenthylchlorids, das sich der Eliminierung unterwirft, ist das *stabilere* Konformer, da die Methyl- und die Isopropylgruppe sich in äquatorialer Stellung befinden, wenn das Cl- und das H-Atom sich in axialer Stellung aufhalten.

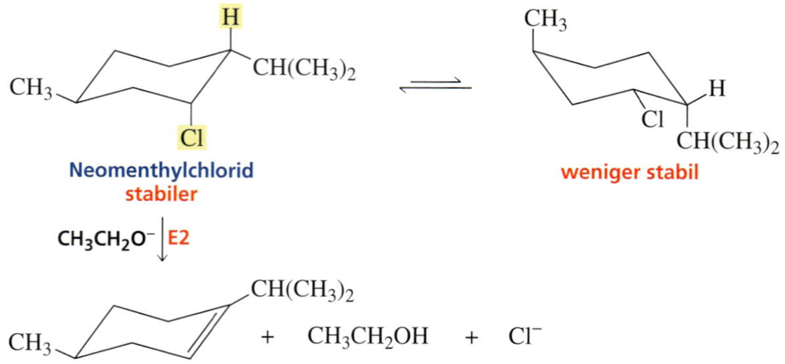

Im Gegensatz dazu ist das sich einer Eliminierung unterwerfende Konformer im Fall des Menthylchlorids das *weniger* stabile Konformer, da sich die Methyl- und die Isopropylgruppe ebenfalls in axialer Stellung befinden, wenn das Cl- und das H-Atom dies tun.

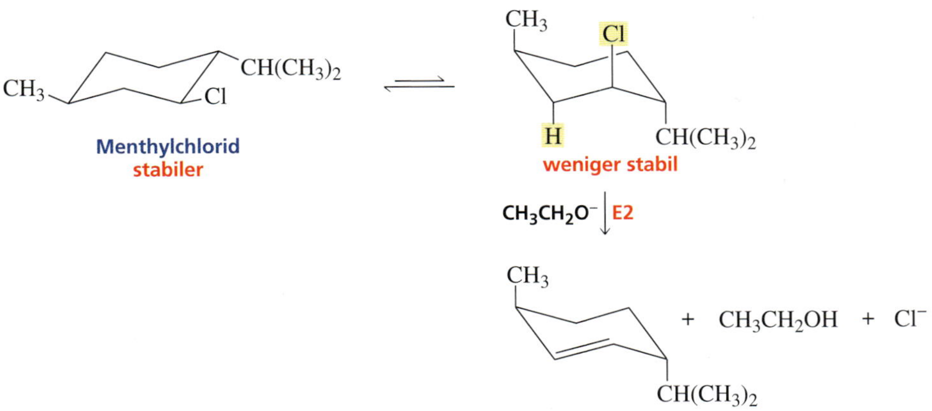

Beachten Sie, dass das H-Atom, welches aus Menthylchlorid eliminiert wird, nicht von demjenigen β-Kohlenstoffatom abgespalten wird, das die wenigsten H-Atome trägt. Dies mag wie eine Verletzung der Saytzeff-Regel aussehen, doch besagt diese Regel, dass das H-Atom von dem β-Kohlenstoffatom mit den wenigsten gebundenen H-Atomen abgespalten wird, wenn es mehr als ein β-Kohlenstoffatom gibt, an dem dies vollzogen werden kann. Daher wird gerade dieses H-Atom abgespalten, selbst wenn es nicht an das β-Kohlenstoffatom gebunden ist, welches die wenigsten H-Atome trägt.

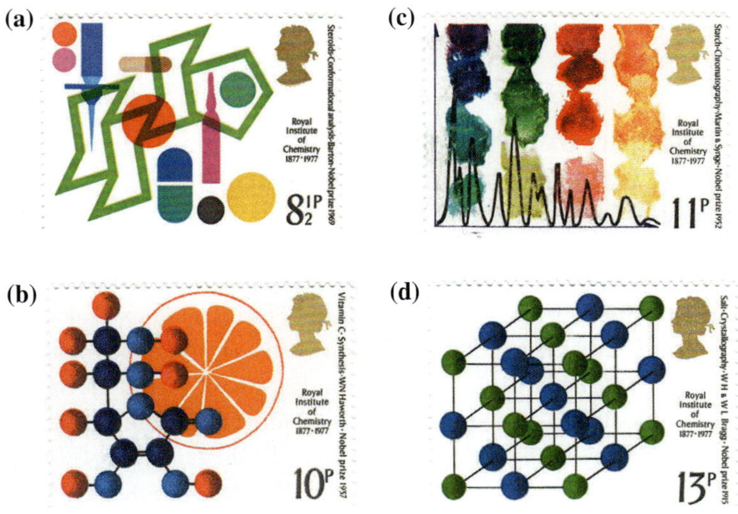

Briefmarken zu Ehren englischer Nobelpreisträger
(a) Sir Derek Barton für die Konformationsanalyse, 1969
(b) Sir Walter Haworth für die Synthese von Vitamin C, 1932
(c) A. J. P. Martin und Richard L. M. Synge für die Chromatographie, 1952
(d) William H. Bragg und William L. Bragg für die Kristallographie, 1915 (Die Braggs sind eines von sechs Vater-Sohn-Paaren, die den Nobelpreis erhielten.)

Ü 36* Warum bilden *cis*-1-Brom-2-ethylcyclohexan und *trans*-1-Brom-2-ethylcyclohexan unterschiedliche Hauptprodukte, wenn sie eine E2-Reaktion eingehen??

Ü 37* Welches Isomer reagiert in einer E2-Reaktion rascher: *cis*-1-Brom-4-*tert*-butylcyclohexan oder *trans*-1-Brom-4-*tert*-butylcyclohexan? Warum ist das so?

E1-Reaktionen substituierter Cyclohexane

Wenn ein substituiertes Cyclohexan eine E1-Reaktion durchläuft, müssen die beiden zu eliminierenden Gruppen nicht notwendigerweise in axialen Stellungen angeordnet sein, da dieser Eliminierungstyp nicht konzertiert verläuft. In der nachfolgend dargestellten Reaktion wird im ersten Schritt ein Carbokation gebildet. Dieses spaltet dann ein Proton von dem benachbarten C-Atom ab, das die wenigsten gebundenen H-Atome aufweist. Die Saytzeff-Regel wird bei dieser Reaktion befolgt.

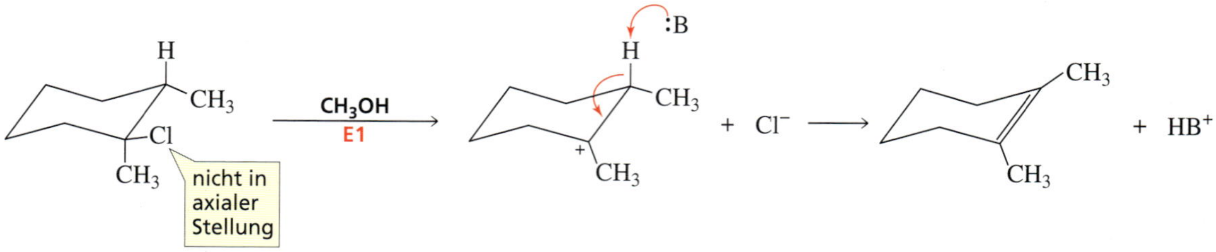

Ü 38 Zeichnen Sie die Substitutions- und Eliminierungsprodukte für die nachfolgend dargestellten Reaktionen und zeigen Sie die Konfigurationen der einzelnen Produktmoleküle auf:

(a) *trans*-1-Chlor-2-methylcyclohexan + CH_3O^-
(b) *cis*-1-Chlor-2-methylcyclohexan + CH_3O^-
(c) 1-Chlor-1-methylcyclohexan + CH_3O^-
(d) 1-Chlor-1-methylcyclohexan + CH_3OH

9.12 Vorhersagen der Produkte einer Reaktion eines Halogenalkans mit einem Nucleophil/einer Base

Hinweis für die Studierenden

Beachten Sie, dass HO^- in einer nucleophilen Substitutionsreaktion als *Nucleophil* (weil es ein Kohlenstoffatom angreift) und in einer Eliminierungsreaktion als Base (weil es ein Proton entfernt) bezeichnet wird.

Wir haben gesehen, das Halogenalkane viele Arten von Reaktionen eingehen können: S_N1, S_N2, E1 und E2. Bevor wir die Produkte einer Reaktion eines Halogenalkans mit einem Nucleophil/Base vorhersagen können, müssen wir entscheiden, ob sie in die Gruppe der S_N2- und E2-Reaktionen gehört oder in die Gruppe der S_N1- und E1-Reaktionen drücken (Bedingungen, die S_N2-Reaktionen begünstigen tun dies auch für E2-Reaktionen. Bedingungen, die S_N1-Reaktionen begünstigen tun dies auch für E1-Reaktionen die; also sind S_N1/E2- und S_N2/E1-Kombinationen nicht möglich). Um zu entscheiden, ob S_N2- und E2-Reaktionen oder S_N1- und E1-Reaktionen ablaufen, müssen wir uns zunächst die Struktur des Halogenalkans ansehen.

- Primäre und sekundäre Halogenalkane gehen S_N2- und E2-Reaktionen ein.
- Tertiäre Halogenalkane gehen entweder E2-Reaktionen *oder* S_N1- und E1-Reaktionen ein. (Beachten Sie, dass die sterische Abschirmung tertiäre Halogenalkane davon abhält S_N2-Reaktionen einzugehen.)

Daher müssten wir nur bei tertiären Halogenalkanen eine weitere Entscheidung treffen, welche durch das Nucleophil/die Base bestimmt wird.

- Falls es sich um ein gutes Nucleophil bzw. eine starke Base handelt, wird das tertiäre Halogenalkan nach E2 reagieren.
- Falls ein schwach basisches Lösungsmittel das einzige Nucleophil/die einzige Base ist, wird das tertiäre Halogenalkan S_N1- und E1-Reaktionen eingehen.

Nun müssen wir bestimmen, ob das Substitutionsprodukt oder das Eliminierungsprodukt das Hauptprodukt ist, wenn das Halogenalkan sowohl Substitution *und* Eliminierung eingehen kann.

S_N2/E2-Reaktionen von primären Halogenalkanen

Die folgenden Reaktionen zeigen, dass das Hydroxidion als Nucleophil wirken kann und die Hinterseite des α-Kohlenstoffatoms eines primären Halogenalkan angreifen kann, um das Substitutionsprodukt zu bilden. Es kann aber auch als Base wirken und einen Wasserstoffatom von einem β-Kohlenstoffatom entfernen, und damit das Eliminierungsprodukt bilden.

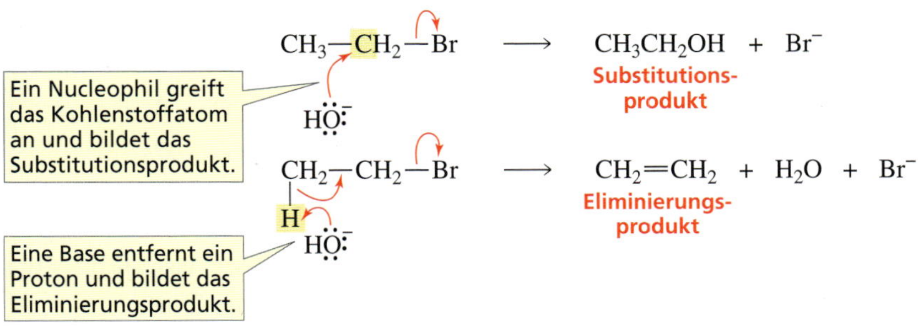

Daher stehen die beiden Reaktionen zueinander in Konkurrenz. Sie laufen beide aus dem gleichen Grund ab: das elektronenziehende Halogen gibt dem Kohlenstoffatom, an das es gebunden ist, eine positive Teilladung. Die relative Reaktivität von Halogenalkanen in S_N2- und E2-Reaktionen ist hier zeigt.

In einer S_N2-Reaktion: primär > sekundär > tertiär
In einer E2-Reaktion: tertiär > sekundär > primär

Da ein *primäres* Halogenalkan die reaktivste Spezies in einer S_N2-Reaktion ist (die Rückseite des α-Kohlenstoffatoms ist relativ ungehindert; Abschnitt 9.1) und am wenigsten reaktiv in einer E2-Reaktion ist (Abschnitt 9.7) bildet das primäre Halogenalkan hauptsächlich das Substitutionsprodukt. Anders gesagt gewinnt die Substitution den Wettstreit.

MERKE!

Primäre Halogenalkane gehen hauptsächlich Substitutionen ein.

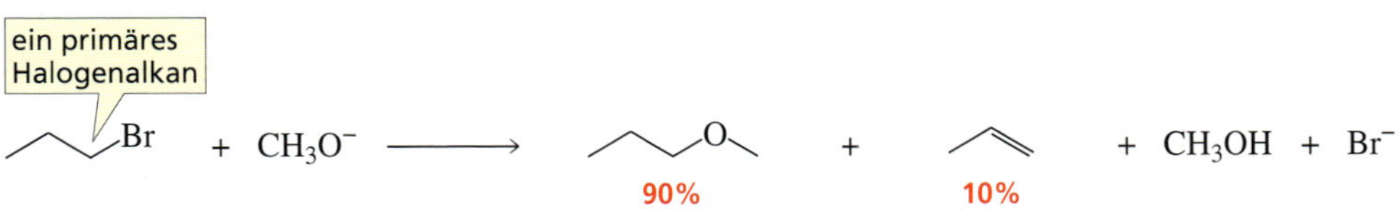

Sterische Abschirmung begünstigt das Eliminierungsprodukt

Falls jedoch das primäre Halogenalkan oder das Nucleophil/die Base sterisch gehindert ist, wird das Nucleophil Schwierigkeiten haben, die Hinterseite des α-Kohlenstoffatoms zu erreichen. Es wird jedoch wahrscheinlich in der Lage sein, ein zugängliches Wasserstoffatom zu entfernen. Als Ergebnis gewinnt in diesem Fall die Eliminierung.

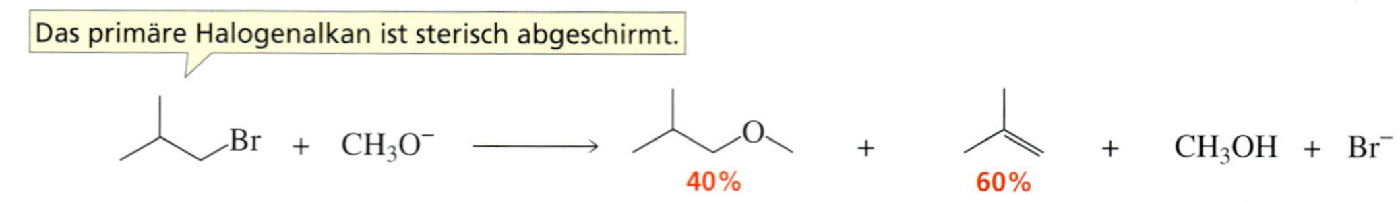

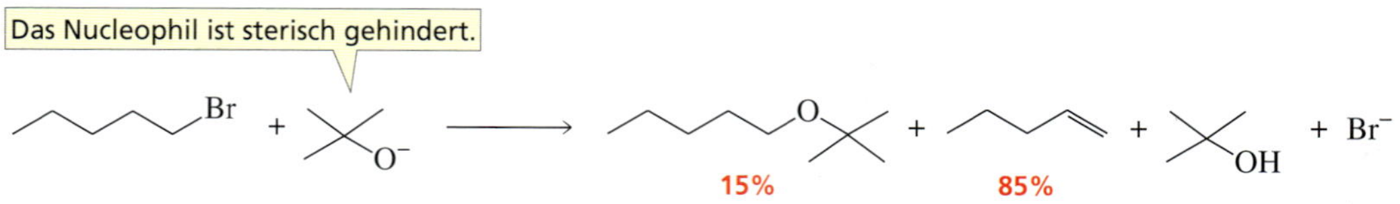

S_N2/E2-Reaktionen von sekundären Halogenalkanen

Verglichen mit einem *primären* Halogenalkan reagiert ein *sekundäres* Halogenalkan langsamer in S_N2-Reaktionen und schneller in E2-Reaktionen, also erwarten wir sowohl Substitutionen und Eliminierungen. Die relativen Mengen der beiden Produkte hängt von der Stärke und der Größe des Nucleophils/der Base ab.

Je stärker und größer das Nucleophil/die Base,
desto größer ist der Anteil des Eliminierungsprodukts.

Eine starke Base begünstigt das Eliminierungsprodukt

In der folgenden Reaktion ist das Acetation eine schwächere Base als das Ethanolation, da es eine stärkere Säure ist ($pK_S = 4{,}76$) als Ethanol ($pK_S = 15{,}9$). Bei der Reaktion von 2-Chlorpopan mit dem schwach basischen Acetation wird kein Eliminierungsprodukt gebildet, wird jedoch das stark basische Ethanolation verwendet, ist das Eliminierungsprodukt das Hauptprodukt.

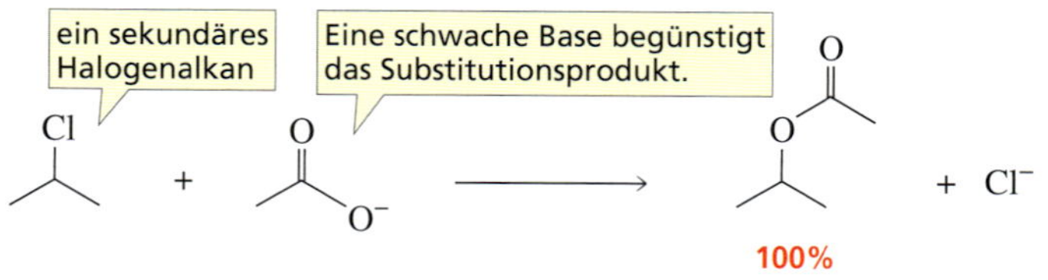

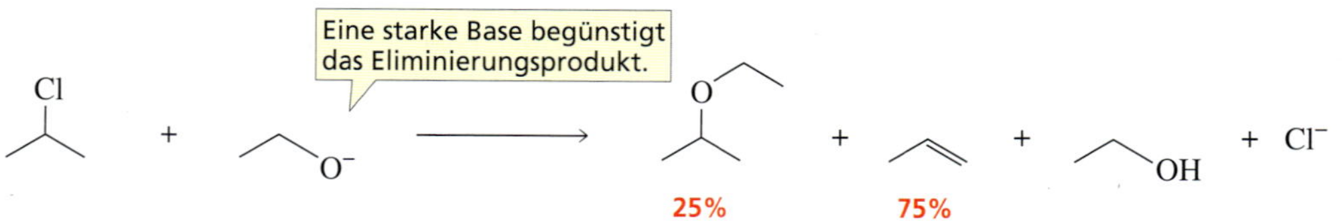

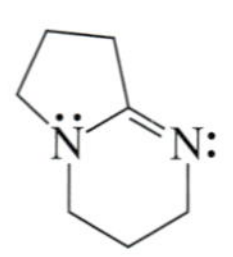

DBN
1,5-Diazabicyclo[4.3.0]non-5-en

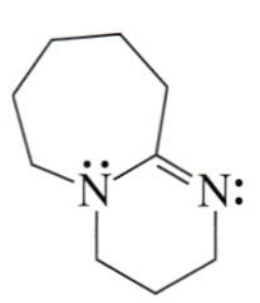

DBU
1,8-Diazabicyclo[5.4.0]undec-7-en

Eine voluminöse Base begünstigt das Eliminierungsprodukt

DBN und DBU sind sterisch anspruchsvolle Basen, die oft verwendet werden, um Eliminierungen statt Substitutionen durchzuführen. Wie andere Amine sind sie relativ starke Basen, obwohl sie neutrale Verbindungen sind. Sie sind so voluminös, dass bei der Reaktion mit einem sekundären Halogenalkan nur das Eliminierungsprodukt gebildet wird.

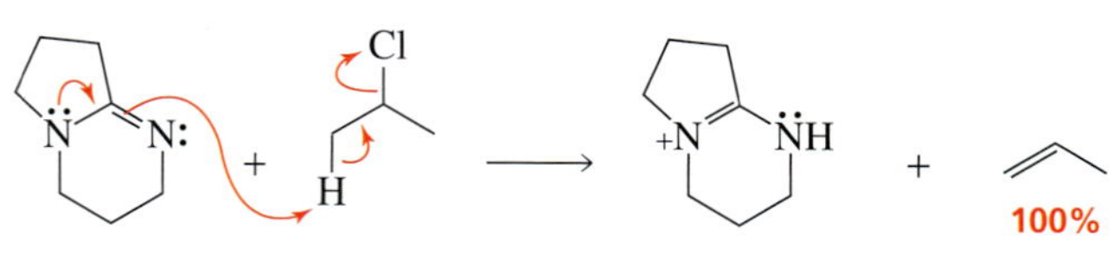

Hohe Temperaturen begünstigen das Eliminierungsprodukt

Hohe Temperaturen begünstigen eine Eliminierung, weil $\Delta S°$ für eine Eliminierungsreaktion im Vergleich größer ist, da die Eliminierung ein Molekül mehr produziert, als es eine Substitution tut (Abschnitt 5.6). Eine Eliminierung bildet drei Produkte (das Alken, die Abgangsgruppe und die konjugierte Säure der Base), wohingegen die Substitution nur zwei Produkte bildet (das Substitutionsprodukt und die Abgangsgruppe).

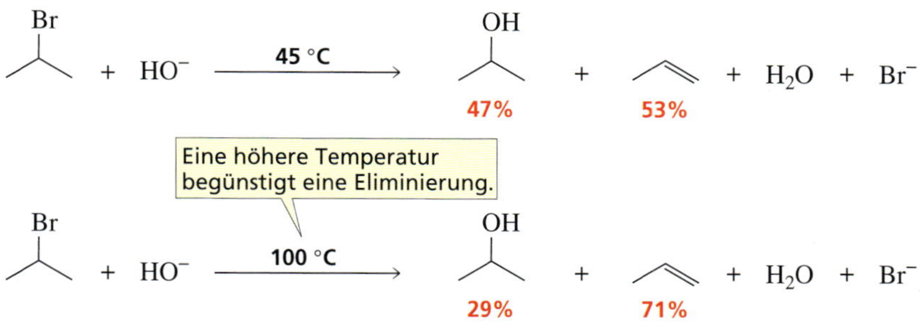

MERKE!

Sekundäre Halogenalkane gehen S_N2- und E2-Reaktionen ein und bilden Substitutions- und Eliminierungsprodukte.

Starke und voluminöse Basen sowie hohe Temperaturen begünstigen die Eliminierung gegenüber der Substitution.

E2-Reaktionen eines tertiären Halogenalkans

Da ein tertiäres Halogenalkan keine S_N2-Reaktionen eingehen kann, ergibt die Reaktion mit einer starken Base nur das Eliminierungsprodukt.

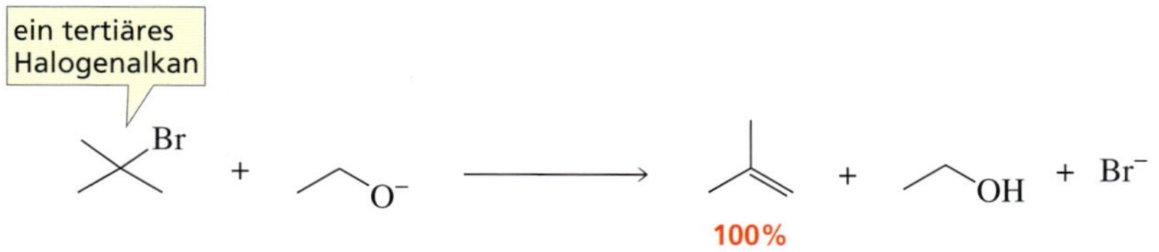

MERKE!

Tertiäre Halogenalkane gehen E2- aber keine S_N2-Reaktionen ein, und bilden deswegen nur Eliminierungsprodukte.

S_N1- und E1-Reaktionen eines tertiären Halogenalkans

Bei Reaktion eines tertiären Halogenalkans mit einer schwachen Base/einem schlechten Nucleophil kommen sowohl S_N1- als auch E1-Reaktionen vor. Beachten Sie, dass S_N1/E1-Reaktionen über die Dissoziation des Halogenalkans in ein Carbokation verlaufen, das dann entweder mit dem Nucleophil reagiert und das Substitutionsprodukt bildet oder ein Proton verliert und dadurch das Eliminierungsprodukt bildet.

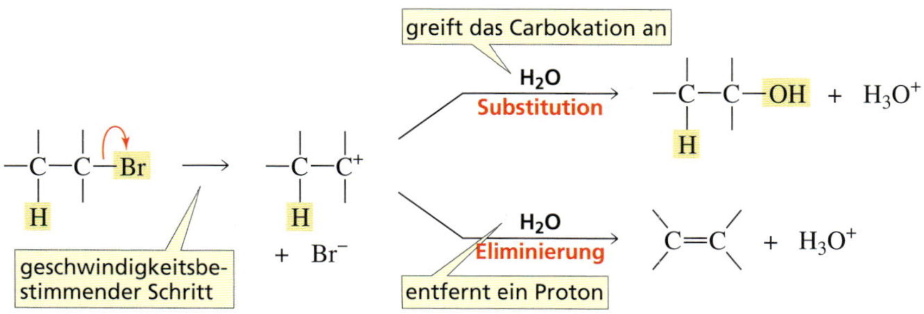

MERKE!

Tertiäre Halogenalkane gehen sowohl S_N1- als auch E1-Reaktionen ein, wobei die Substitution begünstigt wird.

Das Substitutionsprodukt ist in der Regel bevorzugt, da keine Bindungen gebrochen werden müssen, um es zu bilden. Das ist eine glückliche Fügung, denn wir haben gesehen, dass bei der Reaktion eines tertiären Halogenalkans mit einer starken Base nur das Eliminierungsprodukt beobachtet wird.

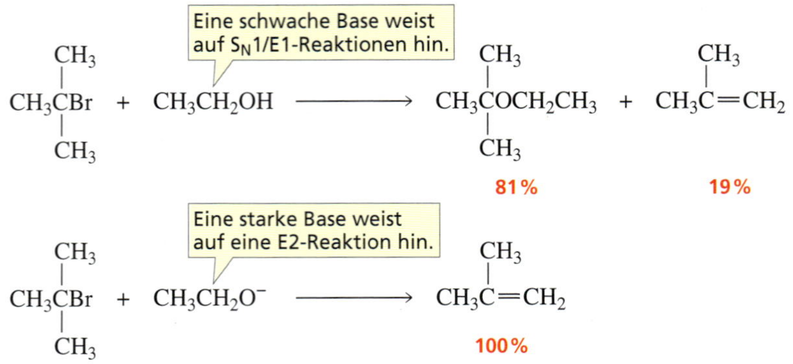

In ► Tabelle 9.7 sind die Produkte der Reaktion von Halogenalkanen mit Nucleophilen/Basen zusammengefasst.

Klasse des Halogenalkans	S_N2 und E2	S_N1 und E1
Primär	Hauptsächlich Substitution, außer es wird ein sterisch anspruchsvolles Halogenalkanen oder ein sterische anspruchsvolles Nucleophil verwendet; dann wird die Eliminierung bevorzugt.	Geht keine S_N1/E1-Solvolysen ein.
Sekundär	Sowohl Substitution als auch Eliminierung; je stärker und voluminöser die Base und je höher die Temperatur ist, desto größer ist der Anteil der Eliminierung.	Geht keine S_N1/E1-Solvolysen ein.
Tertiär	Nur Eliminierung	Sowohl Substitution als auch Eliminierung mit favorisierter Substitution.

Tabelle 9.7: Zusammenfassung der erwarteten Produkte in Substitutions- und Eliminierungsreaktionen.

Ü 39*

(a) Welche Verbindung reagiert schneller in einer S_N2-Reaktion?

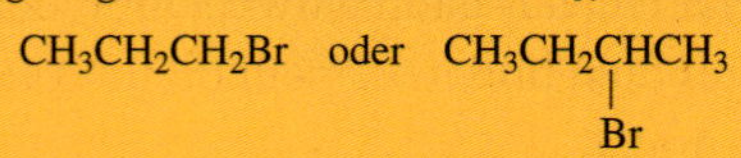

(b) Welche Verbindung reagiert schneller in einer E1-Reaktion?

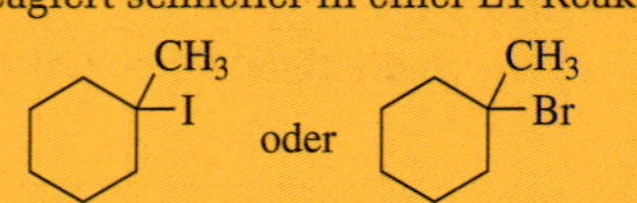

(c) Welche Verbindung reagiert schneller in einer S_N1-Reaktion?

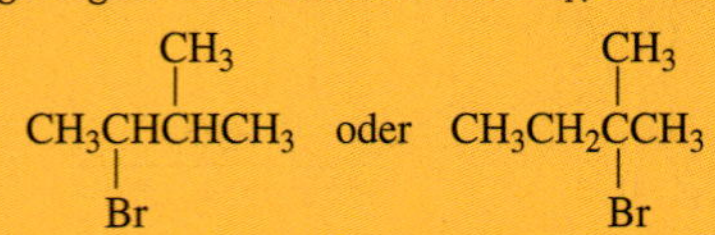

Ü 40 In Abschnitt 7.1 haben Sie gelernt, dass es am besten ist, ein Halogenmethan oder ein primäres Halogenalkan bei der Reaktion mit einem Acetylidion einzusetzen. Erklären Sie, warum dies so ist.

Ü 41* Wie verändert sich das Verhältnis von Substitution und Eliminierung bei der Reaktion von Brompropan mit CH_3O^- in Methanol, wenn als Nucleophil stattdessen CH_3S^- verwendet wird?

Ü 42* Erklären Sie, warum bei der Reaktion der folgenden Verbindung mit Natriummethanolat nur Substitutionsprodukt und kein Eliminierungsprodukt erhalten wird.

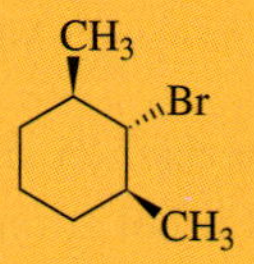

Ü 43*

(a) Erklären Sie, warum 1-Brom-2,2-dimethylpropan nur schwer S_N2- und S_N1-Reaktionen eingehen kann.

(b) Kann es E2- und E1-Reaktionen eingehen?

Benzylhalogenide, Allylhalogenide, Vinylhalogenide und Arylhalogenide 9.13

Bis zu diesem Punkt war unsere Erörterung der Substitutionsreaktionen auf Halogenmethane und primäre, sekundäre und tertiäre Halogenalkane beschränkt. Wie verhält es sich aber mit Benzyl-, Allyl-, Vinyl- und Arylhalogeniden?

Benzylhalogenide und Allylhalogenide

Substitutionsreaktionen

Außer wenn Benzylhalogenide und Allylhalogenide tertiär sind, unterziehen sich diese Halogenide bereitwillig S_N2-Reaktionen. Tertiäre Benzyl- und tertiäre Allylhalogenide verhalten sich, wie andere tertiäre Halogenverbindungen, in S_N2-Reaktionen aufgrund der sterischen Hinderung unreaktiv. (Erinnern Sie sich daran, dass Benzylhalogenide ein Halogenatom an einem benzylischen Kohlenstoffatom tragen und Allylhalogenide ein Halogenatom an einem allylischen Kohlenstoff tragen; Abschnitt 8.7.)

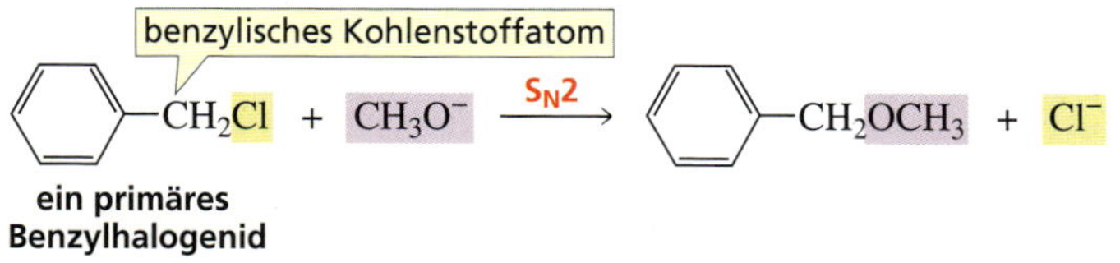

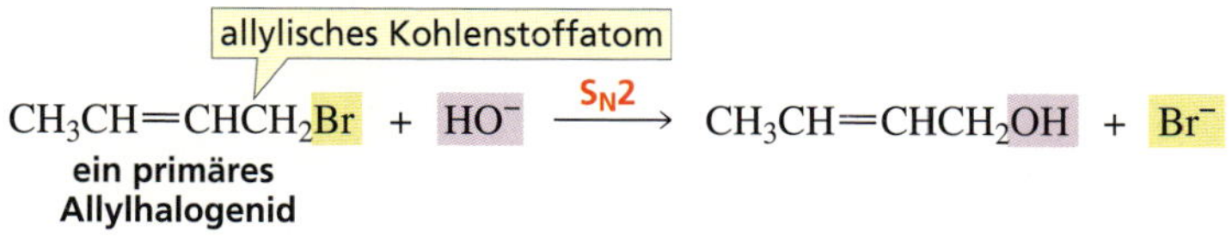

Wir haben bereits gelernt, dass ein Benzolring, der an eine Methylengruppe gebunden ist, als Benzylgruppe bezeichnet wird. Ein Substituent, der nur aus einem Benzolring besteht, wird als Phenylgruppe bezeichnet.

MERKE!

Benzyl- und Allylhalogenide unterziehen sich S_N1- und S_N2-Reaktionen.

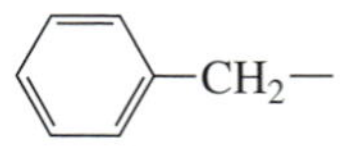

eine Benzylgruppe

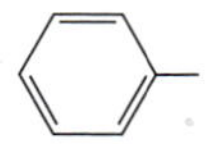

eine Phenylgruppe

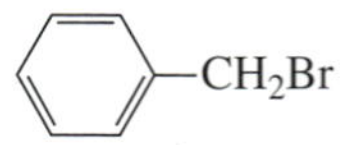

Benzylbromid

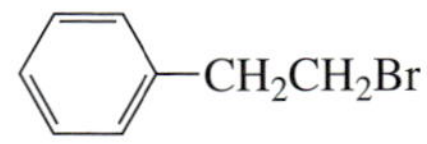

1-Brom-2-phenylethan

Benzyl- und Allylhalogenide unterziehen sich ebenfalls bereitwillig S_N1-Reaktionen, weil sie relativ stabile Carbokationen bilden (Abschnitt 8.7).

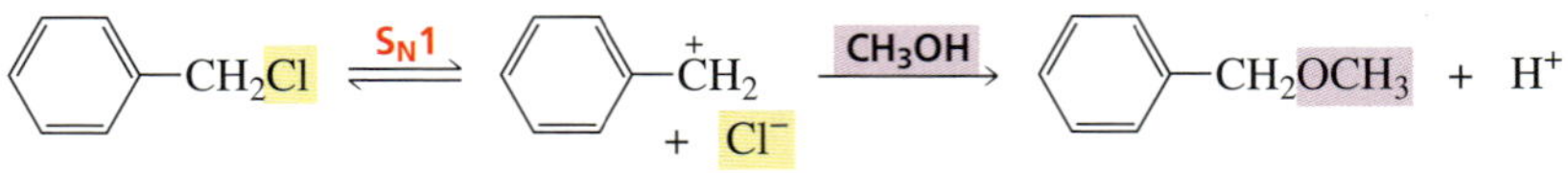

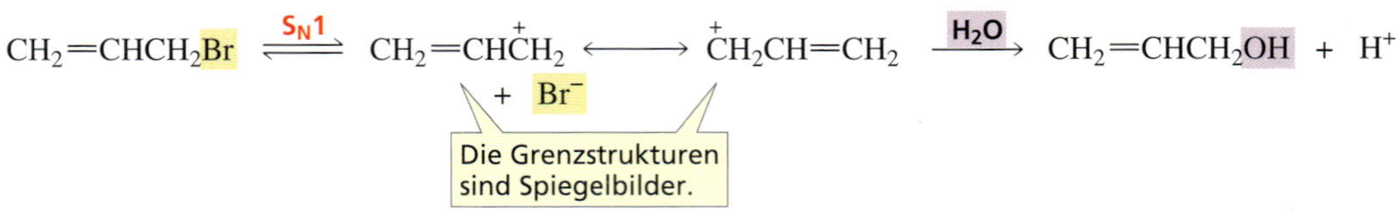

Falls die beiden mesomeren Grenzstrukturen der allylischen Carbokation-Zwischenstufe, die in einer S_N1-Reaktion gebildet werden, Spiegelbilder voneinander sind (wie in Beispiel oben), werden zwei Substitutionsprodukte gebildet. Dies ist ein weiteres Beispiel dafür, wie die Elektronendelokalisation die chemische Natur der im Verlauf einer Reaktion gebildeten Produkte beeinflussen kann (Abschnitt 8.11).

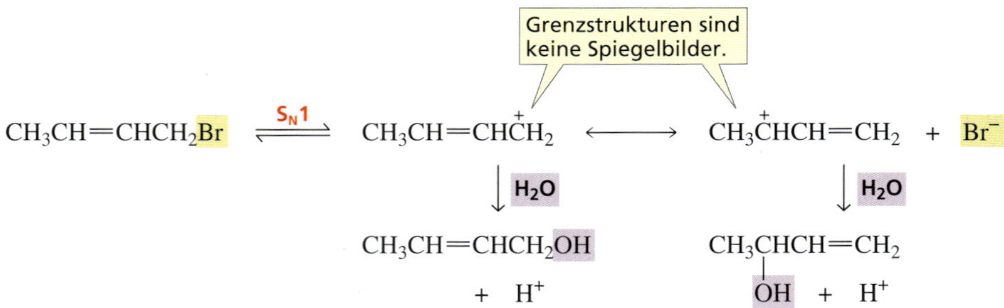

Beachten Sie, dass bei allen Reaktionen in diesem Abschnitt ein gutes Nucleophil (CH_3O^-, HO^-) verwendet wird, um S_N2-Reaktionen zu begünstigen. Schwache Nucleophile (CH_3OH, H_2O) begünstigen S_N1-Reaktionen.

Ü 44

(a) Angenommen, die beiden unten abgebildeten Verbindungen weisen die gleiche Stabilität auf: Welche Verbindung würde schneller in einer S_N1-Reaktion reagieren?

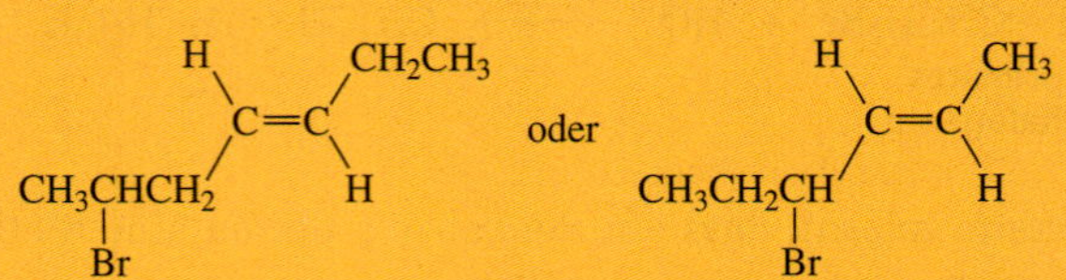

(b) Zeichnen Sie das Produkt für den Fall, dass Ethanol als Lösungsmittel verwendet wird.

STRATEGIEN ZUR PROBLEMLÖSUNG

■ Die Vorhersage relativer Reaktivitäten

Von welchem der folgenden Halogenalkane würden Sie vermuten, dass es sich in einer S_N1-Reaktion verhält?

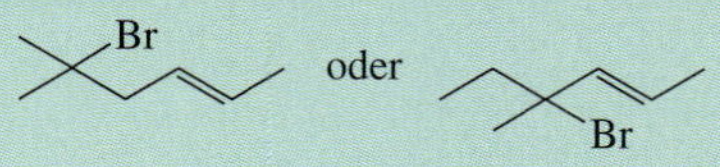

Wenn wir aufgefordert werden, die relativen Reaktivitäten zweier Verbindungen zu bestimmen, müssen wir die $\Delta G^{\ddagger}$-Werte der geschwindigkeitsbestimmenden Schritte der zugrundeliegenden Reaktion(en) betrachten. Die rascher reagierende Verbindung wird den *niedrigeren* $\Delta G^{\ddagger}$-Wert aufweisen, das heißt, die kleinere Differenz zwischen der freien Enthalpie der Reaktion und der freien Enthalpie des Übergangszustandes des geschwindigkeitsbestimmenden Schrittes.

Beide Halogenalkane besitzen ungefähr die gleiche Stabilität, sodass der Unterschied in den Reaktionsgeschwindigkeiten auf die Differenz in der Stabilität der Übergangszustände der geschwindigkeitsbestimmenden Schritte zurückzuführen sein wird. Der geschwindigkeitsbestimmende Schritt ist die Bildung des Carbokations. Hier handelt es sich um eine endotherme Reaktion, also ähnelt der Übergangszustand eher dem Carbokation als dem Reaktant (Abschnitt 6.3). Anders als das Carbokation, das zum Halogenalkan auf der linken Seite (das keine delokalisierten Elektronen aufweist) gebildet wird, wird das Carbokation, das aus dem Halogenalkan auf der rechten Seite gebildet wird, durch delokalisierte Elektronen stabilisiert. Daher reagiert das Halogenalkan auf der rechten Seite schneller in S_N1-Reaktionen.

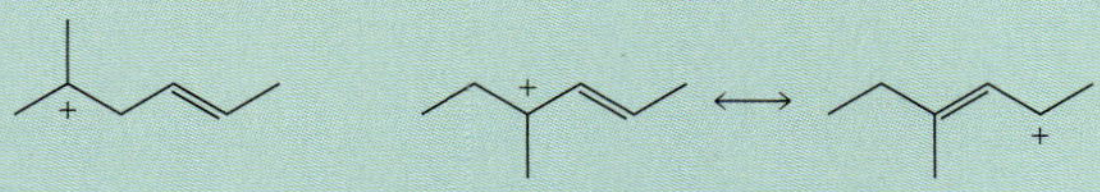

Eliminierungsreaktionen

Benzyl- und Allylhalogenide, die β-Wasserstoffatome tragen, reagieren schnell in E2-Reaktionen, da die neue Doppelbindung im Produkt relativ stabiler ist und damit auch schneller gebildet wird, weil sie in Konjugation mit dem bestehenden Benzolring bzw. der Doppelbindung steht.

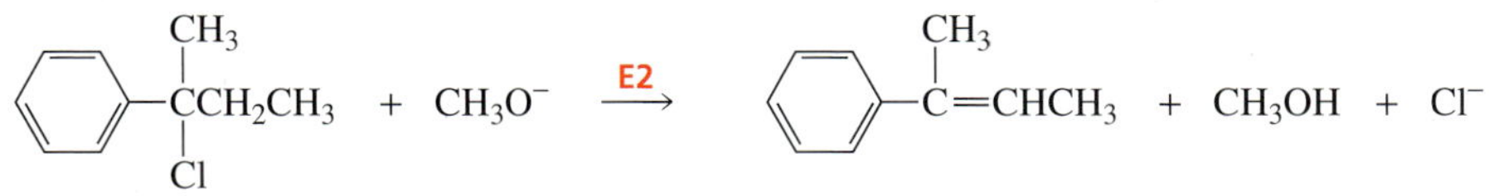

$$CH_3CH{=}CH\underset{\displaystyle Br}{C}HCH_3 + CH_3O^- \xrightarrow{E2} CH_3CH{=}CHCH{=}CH_2 + CH_3OH + Br^-$$

Benzyl- und Allylhalogenide gehen ebenfalls E1-Reaktionen ein, da sie relativ stabile Carbokationen bilden.

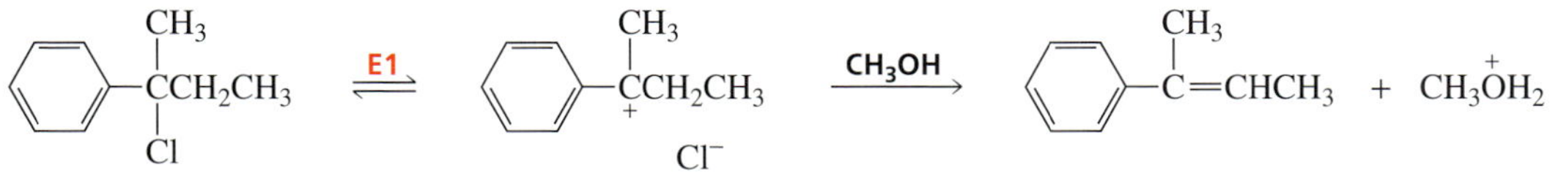

$$CH_3CH{=}CH\underset{\displaystyle Br}{C}HCH_3 \underset{}{\overset{E1}{\rightleftharpoons}} CH_3CH{=}CH\overset{+}{C}HCH_3 \longleftrightarrow CH_3\overset{+}{C}HCH{=}CHCH_3 + Br^-$$

$$\downarrow CH_3OH$$

$$CH_3CH{=}CHCH{=}CH_2 + CH_3\overset{+}{O}H_2$$

Falls die beiden Grenzstrukturen keine Spiegelbilder voneinander sind (so wie im vorherigen Beispiel) werden zwei Diene als Produkt gebildet.

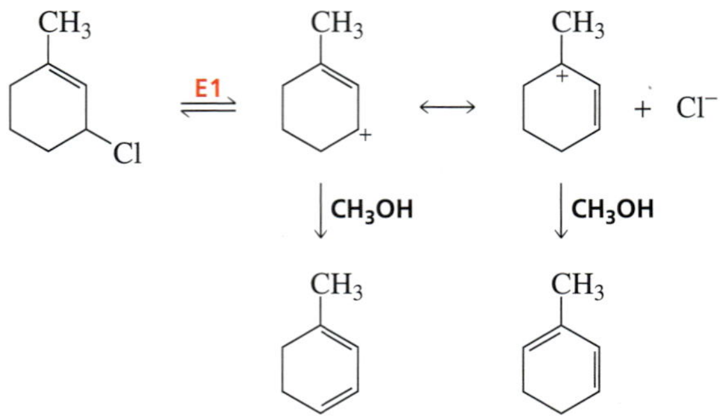

Beachten Sie, dass bei allen Reaktionen in diesem Abschnitt eine starke Base für S_N2-Reaktionen und eine schwache Base für S_N1-Reaktionen verwendet wird.

Ü 45* Welches Produkt wird aus der E2-Reaktion der folgenden Halogenalkane erhalten?

(a) 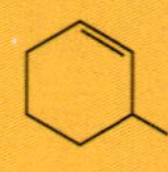

(b) 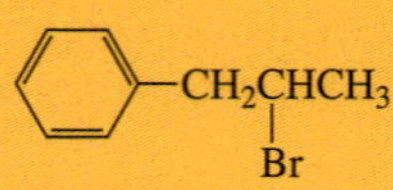

(c) $CH_3CH(Cl)CH{=}C(CH_3)CH_3$

Ü 46* Welche Produkte werden aus den Halogenalkanen in Übung 45 erhalten, wenn eine E1-Reaktion durchlaufen wird?

Ü 47 Zeichnen sie die Eliminierungsprodukte der Reaktion von 3-Brom-3-methyl-1-Buten mit
(a) CH_3O^-. **(b)** CH_3OH.

Vinylhalogenide und Arylhalogenide

Substitutionsreaktionen

Vinylhalogenide und Arylhalogenide (Verbindungen, in denen das Halogenatom an einen aromatischen Ring wie z. B. dem Benzolring gebunden ist) unterziehen sich keinen S_N2- oder S_N1-Reaktionen. Sie gehen keine S_N2-Reaktion ein, weil ein von der Rückseite des sp^2-Kohlenstoffatoms her angreifendes Nucleophil von der *p*-Elektronenwolke der olefinischen Doppelbindungen (Vinylhalogenide) oder des aromatischen Benzolrings (Arylhalogenide) abgestoßen wird.

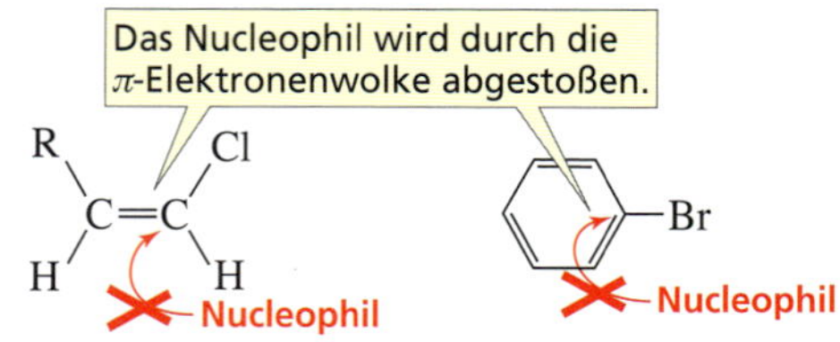

Vinyl- und Arylhalogenide gehen keine S_N1-Reaktionen ein, da sie noch instabiler als primäre Carbokationen sind. Die positive Ladung an einem Aryl- bzw. Vinylkation würde an einem *sp*-Kohlenstoff lokalisiert sein. Da *sp*-hybridisierte C-Atome elektronegativer sind als die sp^2-hybridisierten, die die positive Ladung von Alkylcarbokationen tragen, sind *sp*-hybridisierte C-Atome noch resistenter gegen die Übernahme einer positiven elektrischen Ladung (Abschnitt 7.5). Zusätzlich kann ein Kohlenstoffatom im Ring die für die *sp*-Hybridisierung erforderlichen 180° nicht ausbilden.

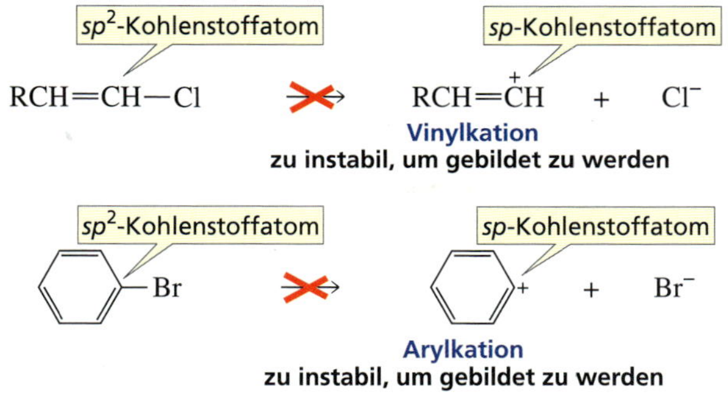

MERKE!

Vinyl- und Arylhalogenide gehen weder S_N1- noch S_N2-Reaktionen ein.

Ü 48* Welche Verbindung ist in einer S_N1-Reaktion reaktiver? In beiden Fällen können Sie annehmen, dass beide Halogenalkane die gleiche Stabilität aufweisen.

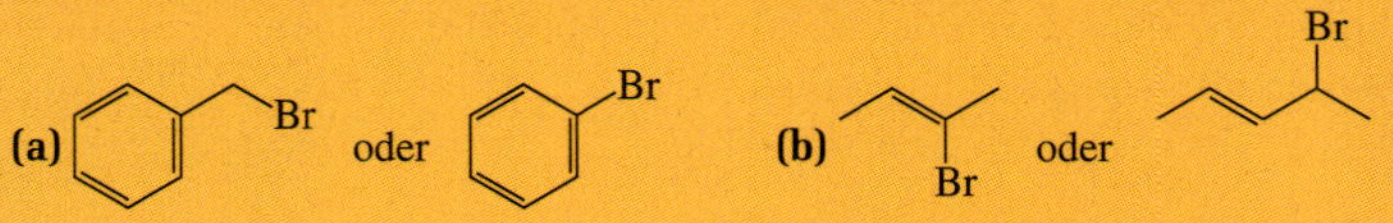

Ü 49* Welche Verbindungspaare in Aufgabe 48 sind in einer S_N2-Reaktion reaktiver?

Eliminierungsreaktionen

Da Vinylhalogenide keine S_N1-Reaktionen eingehen können, können sie ebenfalls nicht nach E1 reagieren. Sie können jedoch E2-Reaktion durchführen. Allerdings muss durch ihre niedrige Reaktivität eine sehr starke Base ($^-NH_2$) verwendet werden, um eine Eliminierungsreaktion einzuleiten.

$$CH_3CH{=}C(Br)CH_3 \xrightarrow{^-NH_2} CH_3C{\equiv}CCH_3 + 2\,NH_3 + 2\,Br^-$$

Ü 50 Warum wird bei der oben gezeigten Reaktion kein kumuliertes Dien gebildet?

Ü 51 mit Lösung

Beschreiben Sie, wie eine Doppelbindung in eine Dreifachbindung umgewandelt werden kann. Wie kann beispielsweise 2-Buten in 2-Butin konvertiert werden?

$$\underset{\text{2-Buten}}{CH_3CH{=}CHCH_3} \xrightarrow{?} \underset{\text{2-Butin}}{CH_3C{\equiv}CCH_3}$$

Lösung

Wir haben gerade gelernt, wie ein Vinylhalogenid in ein Alkin umgewandelt werden kann. Daher lautet die Frage nun: Wie kann man ein Alken in ein Vinylhalogenid umwandeln? Das Vinylhalogenid kann durch die Addition von Br_2 an ein Alken, gefolgt von einer E2-Reaktion hergestellt werden. $^-NH_2$ wird für die erste E2-Reaktion verwendet, also können die beiden aufeinander folgenden E2-Reaktionen einfach durch die Zugabe eines Überschusses von $^-NH_2$ zum vicinalen Dibromid durchgeführt werden.

$$CH_3CH{=}CHCH_3 \xrightarrow[CH_2Cl_2]{Br_2} CH_3CH(Br)CH(Br)CH_3 \xrightarrow{^-NH_2} CH_3CH{=}C(Br)CH_3 \xrightarrow{^-NH_2} CH_3C{\equiv}CCH_3 + 2\,NH_3 + 2\,Br^-$$

Ü 52 Welches Produkt wird gebildet, wenn die folgende Verbindung zwei aufeinander folgende Eliminierungsreaktionen durchläuft?

$$CH_3CH(CH_3)CH(Cl)CH_2CH(Cl)CH(CH_3)CH_3 + \underset{\text{Überschuss}}{CH_3O^-} \longrightarrow$$

STRATEGIEN ZUR PROBLEMLÖSUNG

■ Die Vorhersage, ob S_N2/E2- oder S_N1/E1-Reaktionen ablaufen

Zeichnen Sie die Substitutions- und Eliminierungsprodukte, die bei der Reaktion der folgenden Verbindungen mit dem Nucleophil hergestellt werden.

(a) 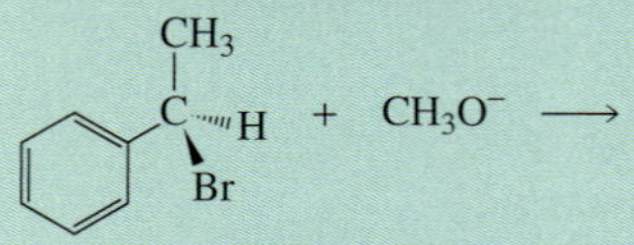 (b) 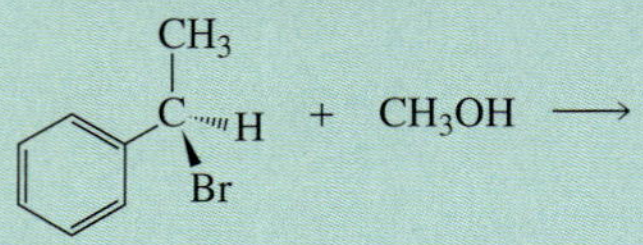

Lösung zu (a)

Der Reaktant ist ein sekundäres Benzylhalogenid, also kann es S_N2/E2- oder S_N1/E1-Reaktionen durchlaufen. Da ein gutes Nucleophil verwendet wird, wissen wir, dass S_N2/E2-Reaktionen bevorzugt werden. Das Substitutionsprodukt weist eine invertierte Konfiguration auf. Für das Eliminierungsprodukt können keine unterschiedlichen Stereoisomere gebildet werden.

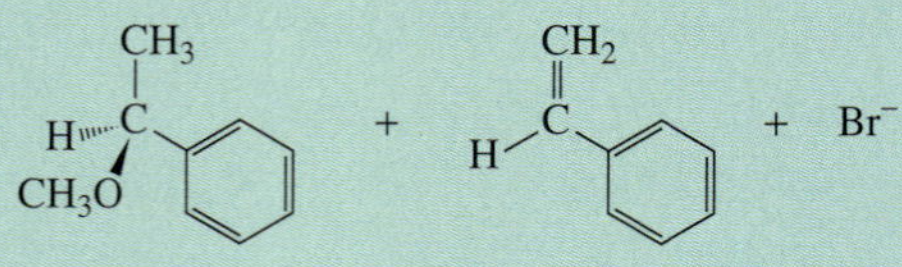

Lösung zu (b)

Der Reaktant ist ein sekundäres Benzylhalogenid, also kann es S_N2/E2- oder S_N1/E1-Reaktionen durchlaufen. Da ein schwaches Nucleophil verwendet wird, wissen wir, dass S_N1/E1-Reaktionen bevorzugt werden. Daher werden zwei Substitutionsprodukte gebildet, eines mit invertierter und eines mit erhaltener Konfiguration (relativ zum Ausgangsprodukt).

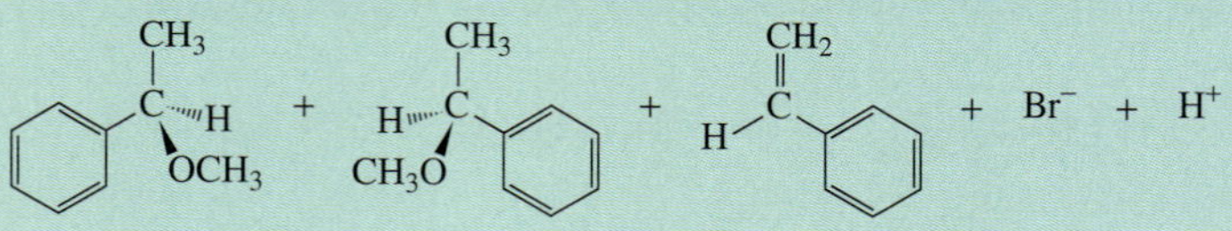

Ü 53 Welche Produkte werden in den folgenden Reaktionen gebildet?

(a) 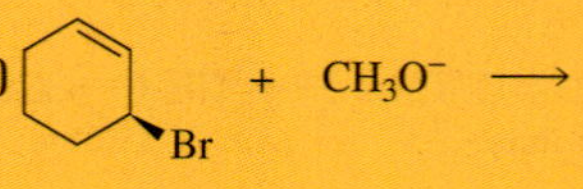 (b) 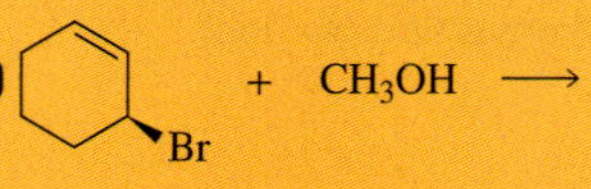

Die Rolle des Lösungsmittels in S_N2- und S_N1-Reaktionen 9.14

Polare Lösungsmittel wie Wasser und Alkohole sammeln sich mit ihren positiv geladenen Polen um die negativen geladenen Anionen und mit ihren negativen geladenen Polen um die positiv geladenen Kationen. Rufen Sie sich in Erinnerung, dass die Wechselwirkung der Teilchen eines Lösungsmittels mit einem Ion oder Molekül, das in dem Lösungsmittel gelöst wird, als *Solvatisierung* (oder Solvatation) bezeichnet wird (Abschnitt 3.10).

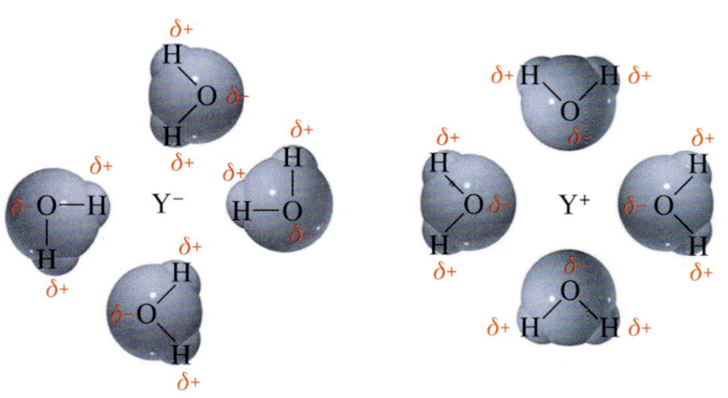

Ion-Dipol-Wechselwirkungen zwischen einem negativ geladenen Teilchen und Wassermolekülen

Ion-Dipol-Wechselwirkungen zwischen einem positiv geladenen Teilchen und Wassermolekülen

Wenn ein Ion mit einem polaren Lösungsmittel in Wechselwirkung tritt, ist die Ladung nicht länger ausschließlich an dem Ion lokalisiert; sie breitet sich vielmehr über die umliegenden Lösungsmittelmoleküle aus. Die Verteilung der elektrischen Ladung über einen größeren Raumbereich, der einer Verdünnung der Ladung pro Raumelement gleichkommt, stabilisiert das geladene Teilchen (die „verdünnte" Ladung entspricht einem Zustand geringerer potenzieller Energie, und der energieärmste Zustand ist der stabilste).

Die Stabilisierung elektrischer Ladungen durch Wechselwirkung mit dem Lösungsmittel spielt bei organischen Reaktionen eine bedeutsame Rolle. Wenn etwa ein Halogenalkan eine S_N1-Reaktion durchläuft, ist der erste Schritt der Reaktion die Dissoziation der Halogen-Kohlenstoff-Atombindung unter Bildung eines Carbokations und eines Halogenid(an)ions. Um die Bindung aufzulösen, ist Energie erforderlich, doch woher stammt diese Energie, wenn keine Bindungen gebildet werden?

Falls die Reaktion in einem polaren Lösungsmittel durchgeführt wird, werden die gebildeten Ionen umgehend solvatisiert. Der Energieumsatz, der mit einer einzelnen Ion-Dipol-Wechselwirkung einhergeht, ist klein, aber die additive Gesamtwirkung aller Ion-Dipol-Wechselwirkungen, die stattfinden, wenn ein Lösungsmittel ein geladenes Teilchen stabilisiert, stellen eine große Energiemenge dar. Diese Ion-Dipol-Wechselwirkungen liefern einen Großteil der Energie, die notwendig ist, um die Kohlenstoff-Halogen-Bildung zu trennen. Im Verlauf einer S_N1-Reaktion fällt das Halogenalkanmolekül also nicht spontan auseinander, vielmehr *ziehen* es die polaren Lösungsmittelmoleküle auseinander. Eine S_N1-Reaktion kann daher in einem unpolaren Lösungsmittel nicht ablaufen.

HINTERGRUND

■ Solvatationseffekte

Der gewaltige Energieumsatz, der mit Auflösungsvorgängen verbunden ist, wird deutlich, wenn man den Energieumsatz betrachtet, der notwendig ist, um das Kristallgitter von Natriumchlorid (Kochsalz) aufzulösen. Bei Abwesenheit eines polaren Lösungsmittels muss man Natriumchlorid auf eine Temperatur von über 800 °C erhitzen, um die (elektrostatischen) Kräfte zu überwinden, die die entgegengesetzt geladenen Ionen im Kristallgitter zusammenhalten. Natriumchlorid löst sich jedoch bei Zimmertemperatur (ca. 20 °C) in Wasser auf, weil die Solvatisierung der Na^+- und Cl^--Ionen genug Energie liefert, um die Ionen aus dem Kristallgitter zu lösen und voneinander zu trennen.

Wie ein Lösungsmittel die Reaktionsgeschwindigkeit im Allgemeinen beeinflusst

Inwiefern die Polarität des Löungsmittels die Geschwindigkeit der meisten chemischen Reaktionen beeinflusst, ist *einzig* davon abhängig, ob ein Reaktant, der am geschwindigkeitsbestimmenden Schritt der Reaktion teilnimmt, geladen ist oder nicht:

Wenn ein Reaktant, der an einem geschwindigkeitsbestimmenden Schritt teilnimmt, geladen ist, wird eine Zunahme der Polarität des Löungsmittels zu einer Abnahme der Reaktionsgeschwindigkeit führen.

Falls keiner der Reaktanten, die an einem geschwindigkeitsbestimmenden Schritt teilnehmen, geladen ist, wird eine Zunahme der Polarität des Löungsmittels zu einer Zunahme der Reaktionsgeschwindigkeit führen.

Versuchen wir nun, herauszubekommen, warum diese Daumenregel greift. Die Geschwindigkeit einer chemischen Reaktion hängt von der Differenz der freien Enthalpie der Reaktanten und der freien Enthalpie des Übergangszustandes des geschwindigkeitsbestimmenden Schrittes der Reaktion ab. Wir können daher vorhersagen, wie sich eine Veränderung in der Polarität des Lösungsmittels auf die Reaktionsgeschwindigkeit auswirken wird, indem wir einfach die elektrischen Ladungen an dem oder den reagierenden Teilchen des geschwindigkeitsbestimmenden Schrittes und die des Übergangszustandes des geschwindigkeitsbestimmenden Schrittes betrachten, um zu ermitteln, welches dieser Teilchen durch ein polares Lösungsmittel stärker stabilisiert wird.

Je höher die elektrische Ladung eines solvatisierten Moleküls, desto stärker sind dessen Wechselwirkungen mit einem polaren Lösungsmittel und desto größer ist die Stabilisierung der Ladung(en). Falls die Stärke oder Konzentration der Ladung des Reaktanten größer ist als die des Übergangszustandes, wird ein polares Lösungsmittel den Reaktanten stärker stabilisieren als den Übergangszustand. Eine *Erhöhung der Lösungsmittelpolarität* wird daher die Energiedifferenz ($\Delta G^{\ddagger}$) des Übergangszustandes und den Reaktanten die *Reaktionsgeschwindigkeit herabsetzen*, eben so wie es ► Abbildung 9.12 zeigt.

MERKE!

Eine Erhöhung der Polarität des Lösungsmittels setzt die Reaktionsgeschwindigkeit herab, falls einer oder mehrere der Reaktionsteilnehmer des geschwindigkeitsbestimmenden Schrittes elektrische Nettoladungen tragen.

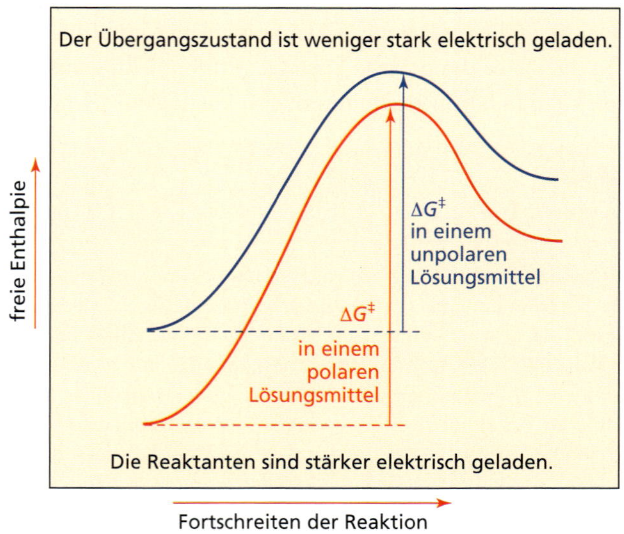

Abbildung 9.12: Ein Reaktionskoordinatendiagramm für eine Reaktion, bei der die elektrische Ladung des Reaktanten größer ist als die des Übergangszustandes. Eine Erhöhung der Polarität des Lösungsmittels erhöht die Stabilität der Reaktanten stärker als die Stabilität des Übergangszustandes. Daher wird die Reaktion langsamer.

Falls die Ladung(en) des Übergangszustandes andererseits größer ist/sind als die Ladung(en) des Reaktanten, stabilisiert ein polares Lösungsmittel den Übergangszustand stärker als der/die Reaktant(en). Eine *Erhöhung der Lösungsmittelpolarität* führt daher zu einer Abnahme des Differenz der freien Enthalpie ($\Delta G^{\ddagger}$) zwischen Übergangszustand und Reaktant(en), was zu einer *Erhöhung der Reaktionsgeschwindigkeit* führt (► Abbildung 9.13).

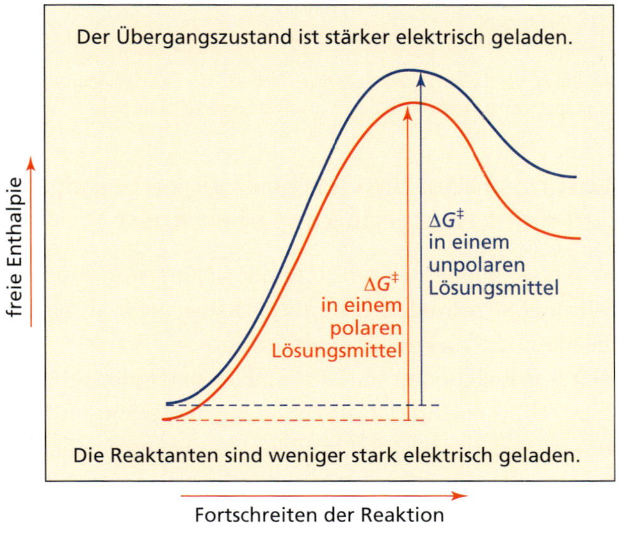

Abbildung 9.13: Ein Reaktionskoordinatendiagramm für eine Reaktion, bei der die Ladung(en) des Übergangszustandes größer ist als die des Reaktanten. Eine Erhöhung der Polarität des Lösungsmittels erhöht ebenfalls die Stabilität des Übergangszustandes stärker als die Stabilität der Reaktanten. Daher wird die Reaktion in diesem Fall schneller.

MERKE!

Eine Erhöhung der Polarität des Lösungsmittels erhöht die Reaktionsgeschwindigkeit, falls keines der Reaktanten oder der am geschwindigkeitsbestimmenden Schritt beteiligten Teilchen elektrische Nettoladungen trägt.

Wie das Lösungsmittel die Geschwindigkeit einer S_N1- oder E1-Reaktion eines Halogenalkans beeinflusst

Schauen wir uns im Folgenden spezifische Reaktionstypen an. Beginnen wollen wir dabei mit der S_N1- oder E1-Reaktion von Halogenalkanen. Das Halogenalkan, welches der einzige Reaktionsteilnehmer des geschwindigkeitsbestimmenden Schrittes einer S_N1- oder E1-Reaktion ist, ist ein elektrisch neutrales Molekül mit kleinem Dipolmoment. Die Teilladungen im Übergangszustand sind größer als im Halogenalkan, da das Kohlenstoffatom positiv und das Halogenatom negativ polarisiert wird, wenn sich die Kohlenstoff-Halogen-Bindung auflöst. Da die elektrische Ladung des Übergangszustandes größer ist als die des Reaktanten, führt eine Erhöhung der Lösungsmittelpolarität zu einer Stabilisierung des Übergangszustandes gegenüber dem Reaktanten und wird daher die Geschwindigkeit der S_N1- oder E1-Reaktion erhöhen (► Abbildung 9.13 und ► Tabelle 9.8).

Geschwindigkeitsbestimmender Schritt einer S_N1- oder E1-Reaktion

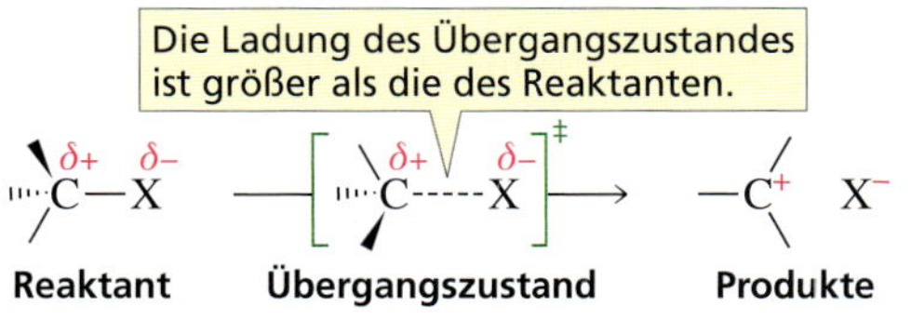

Lösungsmittel	relative Geschwindigkeit
100% Wasser	1200
80% Wasser/20% Ethanol	400
50% Wasser/50% Ethanol	60
20% Wasser/80% Ethanol	10
100% Ethanol	1

zunehmende Polarität

Tabelle 9.8: Der Effekt der Polarität des Löungsmittels auf die Geschwindigkeit der Reaktion von 2-Brom-2-methylpropan (einem tertiären Halogenalkan) auf eine S_N1-Reaktion.

Wie das Lösungsmittel die Geschwindigkeit einer S_N2- oder E2-Reaktion eines Halogenalkans beeinflusst

Die Art und Weise, wie eine Änderung der Lösungsmittelpolarität die Geschwindigkeit einer S_N2-Reaktion beeinflusst, hängt davon ab, ob die Reaktanten elektrisch geladen oder elektrisch neutral sind.

Die meisten S_N2-Reaktionen an Halogenalkanen werden mit negativ geladenen Nucleophilen durchgeführt. Eine Erhöhung der Lösungsmittelpolarität hat einen starken stabilisierenden Effekt auf das/die negativ geladene Nucleophil/Base. Der Übergangszustand der S_N2- oder E2-Reaktion ebenfalls eine negative elektrische Nettoladung, doch ist diese Ladung über zwei Atome verstreut. Folglich sind die Wechselwirkungen zwischen dem Lösungsmittel und dem Übergangszustand nicht so stark wie die zwischen dem Lösungsmittel und dem Nucleophil mit der stärker konzentrierten elektrischen Ladung. Ein polares Lösungsmittel stabilisiert somit das Nucleophil in größerem Maß als den Übergangszustand. Eine Erhöhung der Lösungsmittelpolarität vermindert also die Reaktionsgeschwindigkeit (► Abbildung 9.12).

Geschwindigkeitsbestimmender Schritt einer S_N2- oder E2-Reaktion mit einem/einer negativ geladenem/geladenen Nucleophil/Base

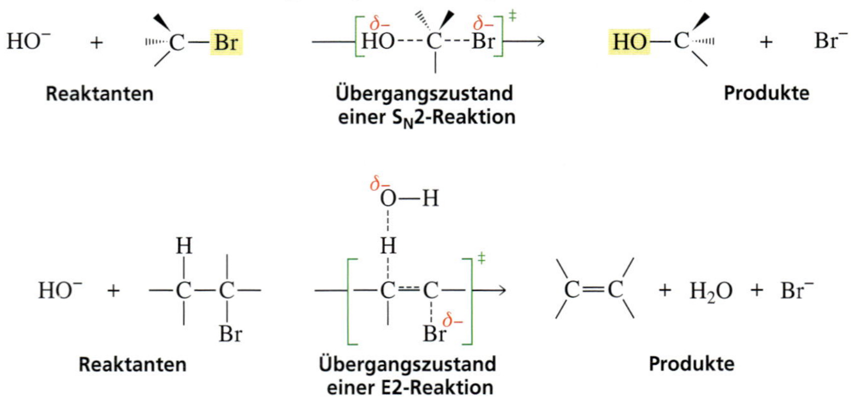

Falls jedoch die S_N2- oder E2-Reaktion zwischen einem Halogenalkan und einem elektrisch neutralen Nucleophil (wie einem Amin) stattfindet, ist der Ladungsbetrag des Übergangszustandes größer als die Ladung des neutralen Reaktanten; hier wird eine Erhöhung der Lösungsmittelpolarität die Geschwindigkeit der Substitutionsreaktion erhöhen (► Abbildung 9.13).

Da ein polares Lösungsmittel die Geschwindigkeit einer S_N2- oder E2-Reaktion vermindert, wenn das Nucleophil negativ geladen ist, würden wir eine solche Reaktion gern in einem unpolaren Lösungsmittel durchführen. Nucleophile mit negativen elektrischen Ladungen lösen sich jedoch im Allgemeinen nicht in unpolaren Lösungsmitteln (wie Hexan). Stattdessen verwendet man ein aprotisch polares Lösungsmittel. Da aprotisch polare Lösungsmittel (wie DMF oder DMSO) keine Wasserstoffbrückendonatoren sind, sind sie bei der Auflösung negativ geladener Teilchen weniger wirkungsvoll als protisch polare Lösungsmittel wie Wasser oder Alkohole; tatsächlich solvatisieren sie negativ geladene Teilchen sogar sehr schlecht, da sich ihre positive Teilladung im Inneren des Moleküls befindet.

Zusammenfassend hängt die Art, in der die Polarität des Lösungsmittels die Reaktionsgschwindigkeit beeinflusst, nicht vom Mechanismus der Reaktion ab. Dafür ist nur ausschlaggebend, ob die am geschwindigkeitsbestimmenden Schritt beteiligten Reaktanten geladen oder ungeladen sind. Daher gilt:

- Eine S_N2- oder E2-Reaktion eines Halogenalkans mit einem/einer geladenen Nucleophil/Base sollte in einem aprotisch polaren Lösungsmittel durchgeführt werden.
- Eine S_N2- oder E2-Reaktion eines Halogenalkans mit einem/einer ungeladenen Nucleophil/Base sollte in einem polaren Lösungsmittel durchgeführt werden.
- Eine S_N1- oder E1-Reaktion sollte in einem polaren Lösungsmittel durchgeführt werden.

Ü 54* Amine sind gute Nucleophile, obwohl sie neutral geladen sind. Wie verändert sich die Geschwindigkeit einer S_N2-Reaktion zwischen einem Amin und einem Halogenalkan, wenn die Polarität des Lösungsmittels erhöht wird?

HINTERGRUND

Umweltanpassung

Die Bakterien des Typs *Xanthobacter* haben evolutiv die Fähigkeit erworben, Halogenalkane, die als industrielle Umweltverschmutzungen in den Erdboden gelangen, als Kohlenstoffquelle für ihren Stoffwechsel zu nutzen. Die Bakterien synthetisieren ein Enzym, das die Halogenalkane als Ausgangsmaterial für die Herstellung anderer kohlenstoffhaltiger Verbindungen verwertet, die die Zellen benötigen.

Der erste Schritt der enzymvermittelten Reaktion ist eine S_N2-Reaktion mit einem geladenen Nucleophil. Das Enzym besitzt mehrere unpolare Gruppen im aktiven Zentrum (der Tasche im Enzym, in der die Reaktion stattfindet; Abschnitt 5.14). Die unpolaren Seitengruppen der Aminosäuren auf der Oberfläche des Enzyms bereiten die unpolare Umgebung, die notwendig ist, um die Geschwindigkeit der Reaktion katalytisch zu maximieren.

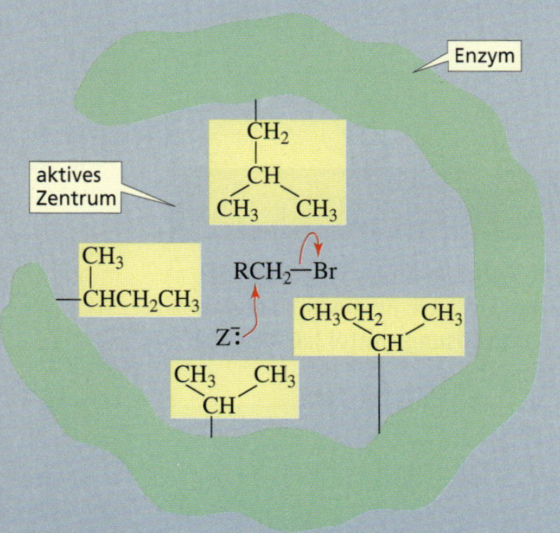

MERKE!

Eine S_N2-Reaktion eines Halogenalkans wird von einer hohen Konzentration eines guten (neutralen) Nucleophils in einem aprotisch polaren Lösungsmittel begünstigt.

Eine S_N1-Reaktion eines Halogenalkans wird durch ein schlechtes Nucleophil in einem protisch polaren Lösungsmittel begünstigt.

Ü 55* Wie wird sich die Reaktionsgeschwindigkeit verändern, falls die nachfolgenden S_N2-Reaktionen in einem protisch polaren Lösungsmittel durchgeführt werden und die Lösungsmittelpolarität erhöht wird?

(a) $CH_3CH_2CH_2CH_2Br + OH^- \longrightarrow CH_3CH_2CH_2CH_2OH + Br^-$

(b) $CH_3\overset{+}{S}(CH_3)CH_3 + CH_3O^- \longrightarrow CH_3OCH_3 + CH_3SCH_3$

(c) $CH_3CH_2I + NH_3 \longrightarrow CH_3CH_2\overset{+}{N}H_3\ I^-$

Ü 56* Welche der beiden Reaktionen der nachfolgend aufgeführten Reaktionspaare wird jeweils rascher ablaufen (EtOH ist Ethanol, Et_2O ist Diethylether)?

(a) $CH_3Br + OH^- \longrightarrow CH_3OH + Br^-$
$CH_3Br + H_2O \longrightarrow CH_3OH + HBr$

(b) $CH_3I + OH^- \longrightarrow CH_3OH + I^-$
$CH_3Cl + OH^- \longrightarrow CH_3OH + Cl^-$

(c) $CH_3Br + NH_3 \longrightarrow CH_3\overset{+}{N}H_3 + Br^-$
$CH_3Br + H_2O \longrightarrow CH_3OH + Br^-$

(d) $CH_3Br + OH^- \xrightarrow{\text{DMSO}} CH_3OH + Br^-$
$CH_3Br + OH^- \xrightarrow{\text{EtOH}} CH_3OH + Br^-$

(e) $CH_3Br + NH_3 \xrightarrow{Et_2O} CH_3\overset{+}{N}H_3 + Br^-$
$CH_3Br + NH_3 \xrightarrow{\text{EtOH}} CH_3\overset{+}{N}H_3 + Br^-$

Ü 57 mit Lösung

Die meisten der in diesem Buch aufgeführten pK_S-Werte sind solche, die in wässrigen Lösungen ermittelt wurden. Wie würden sich die pK_S-Werte der Verbindungsklassen (Carbonsäuren, Alkohole, Phenole, Alkylammoniumionen ($R\overset{+}{N}H_3$) und Aniliniumionen ($C_6H_5\overset{+}{N}H_3$) verändern, falls sie in einem Lösungsmittel bestimmt werden würden, das weniger polar als Wasser ist.

Lösung

Ein pK_S-Wert ist der negativ dekadische Logarithmus der Gleichgewichtskonstanten K_S (Abschnitt 2.2). Da wir bestimmen wollen, wie die Verringerung der Lösungsmittelpolarität eine Gleichgewichtskonstante beeinflusst, müssen wir zunächst schauen, wie sich eine Verringerung in der Polarität des Lösungsmittels auf die Stabilität von Reaktanten und Produkten einer Reaktion auswirkt (Abschnitt 5.6).

$$K_s = \frac{[B^-][H^+]}{[HB]} \qquad K_s = \frac{[B][H^+]}{[HB^+]}$$

ein elektrisch neutrales Säuremolekül | ein positiv geladenes Säurekation

Carbonsäuren, Alkohole und Phenole sind in ihren sauren Formen elektrisch neutrale Moleküle (HB) und in ihren basischen Formen elektrisch geladen (B^-). Ein protisch polares Lösungsmittel wird B^- und H^+ besser stabilisieren als HB; dadurch wird K_S erhöht (stärker sauer). K_S wird somit in Wasser höher sein als in einem weniger polaren Lösungsmittel; der K_S-Wert von Carbonsäuren, Alkoholen und Phenolen ist in einem weniger polaren Lösungsmittel geringer (sie sind dann schwächere Säuren), daher sind ihre pK_S-Werte in weniger polaren Lösungsmittel größer.

MERKE!

Eine neutrale Säure ist schwächer, wenn sie sich in einem weniger polaren Lösungsmittel (als Wasser) befindet.

Ammonium- und Aniliniumionen sind in ihren sauren Formen geladene Teilchen (HB^+) und in ihren basischen Formen elektrisch neutral (B). Ein polares Lösungsmittel stabilisiert HB^+ und H^+ besser als es B stabilisiert. Da HB^+ ein bisschen besser stabilisiert wird als H^+, wird der K_S-Wert in einem weniger polaren Lösungsmittel kleiner (eine schwächere Säure) als in Wasser sein; der pK_S-Wert von Ammonium- und Aniliniumionen liegt in einem weniger polaren Lösungsmittel niedriger (die Verbindungen sind darin stärkere Säuren).

Ü 58* Würden Sie erwarten, dass Acetationen (CH_3COO^-) in einer S_N2-Reaktion in Methanol oder in Dimethylsulfoxid sich als Nucleophil reaktiver verhalten?

Ü 59* Unter welchen der folgenden Reaktionsbedingungen würde sich aus (*R*)-1-Chlor-1-phenylethan die größere Menge (*R*)-1-Phenyl-1-ethanol bilden: in Wasser oder in 1 M HO^-?

Substitution und Eliminierung in der Synthese 9.15

Wenn Substitutions- und/oder Eliminierungsreaktionen in der Synthese eingesetzt werden, muss dafür Sorge getragen werden, dass Reaktanten und Reaktionsbedingungen so gewählt werden, dass die Ausbeute der gewünschten Zielverbindung nach Möglichkeit maximiert wird.

Der Einsatz von Substitutionen bei der Synthese organischer Verbindungen

In Abschnitt 9.2 haben wir gelernt, dass die nucleophile Substitution an Halogenalkanen zur Herstellung einer großen Vielfalt organischer Verbindungen genutzt werden kann. Beispielsweise werden Ether durch eine Reaktion hergestellt, bei der Halogenalkane mit Alkoxidionen (Alkoholationen) umgesetzt werden. Diese, **Williamsonsche Ethersynthese** genannte (von Alexander Williamson um 1850 entdeckte) Reaktion, gilt bis heute als eine der besten Methoden zur Synthese von Ethern.

Ethersynthese nach Williamson

$$\underset{\text{Halogenalkan}}{R{-}Br} + \underset{\text{Alkoxidion}}{R{-}O^-} \longrightarrow \underset{\text{Ether}}{R{-}O{-}R} + \underset{\text{Halogenidion}}{Br^-}$$

Das Alkoxidion RO^- wird durch metallisches Natrium oder Natriumhydrid (NaH) erzeugt, mit dem der Alkohol umgesetzt, um ein Proton des Alkohols zu entfernen.

$$ROH + NaH \longrightarrow RO^- + Na^+ + H_2$$

Falls man einen Ether wie beispielsweise das unten gezeigte Beispiel zu synthetisieren wünschte, stünden verschiedene Ausgangsverbindungen zur Auswahl: Man könnte ein Halogenpropan mit Butoxidionen umsetzen oder ein Halogenbutan mit Propoxidionen.

$$\underset{\text{Brompropan}}{CH_3CH_2CH_2Br} + \underset{\text{Butanolation}}{CH_3CH_2CH_2CH_2O^-} \longrightarrow \underset{\text{Butylpropylether}}{CH_3CH_2CH_2OCH_2CH_2CH_2CH_3} + Br^-$$

$$\underset{\text{Brombutan}}{CH_3CH_2CH_2CH_2Br} + \underset{\text{Propoxidion}}{CH_3CH_2CH_2O^-} \longrightarrow \underset{\text{Butylpropylether}}{CH_3CH_2CH_2CH_2OCH_2CH_2CH_3} + Br^-$$

Falls man jedoch *tert*-Butylethylether herstellen wollte, müssten die Ausgangsstoffe ein Halogenethan und *tert*-Butoxidionen sein.

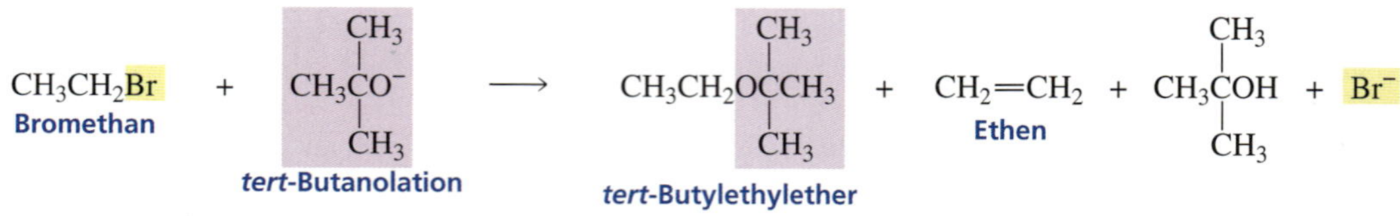

Falls man die Synthese mit einem *tert*-Halogenbutan und Ethoxidionen versuchte, würde man keinen Ether erhalten, da die Reaktion eines tertiären Halogenalkans mit einer starken Base nur das Eliminierungsprodukt bildet.

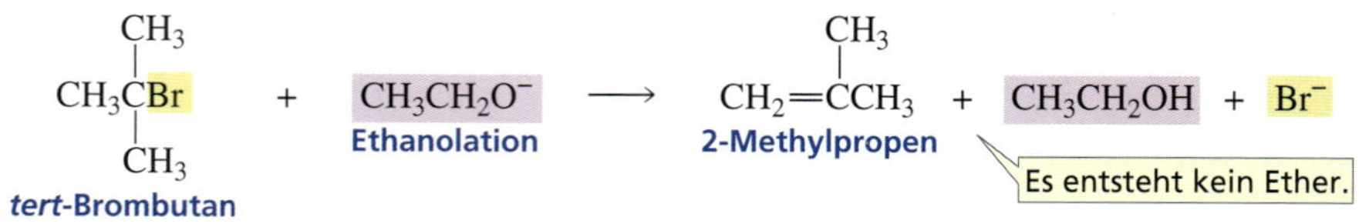

MERKE!

Bei einer Ethersynthese sollte die sterisch weniger gehinderte Komponente vom Halogenalkan beigesteuert werden.

Daher sollte die Williamsonsche Ethersynthese so geplant werden, dass die *weniger gehinderte Alkylgruppe* vom Halogenalkan stammt und die *stärker gehinderte Alkylgruppe* vom Alkoholation.

Ü 60* Bei der Williamsonschen Ethersynthese wird ein kleiner Teil eines anderen organischen Produkts gebildet. Was ist dieses Produkt, wenn das Halogenalkan in der Synthese von Butylpropylether

(a) Propylbromid ist? **(b)** Butylbromid ist?

Ü 61 Was ist der beste Weg, um die folgenden Ether aus Halogenalkanen und Alkoholationen herzustellen?

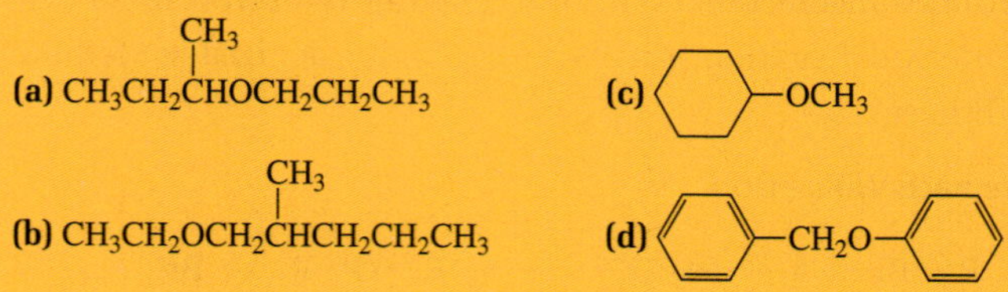

Der Einsatz von Eliminierungen bei der Synthese organischer Verbindungen

Will man ein Alken herstellen, sollte man das sterisch am stärksten gehinderte Halogenalkan einsetzen, das für diesen Zweck geeignet ist, um die Eliminierungsrate zu maximieren und die Substitution entsprechend zu minimieren. So wäre beispielsweise 2-Brompropan eine bessere Ausgangsverbindung für die Herstellung von Propen als 1-Brompropan, weil das sekundäre Halogenalkan eine höhere Ausbeute des gewünschten Eliminierungsproduktes und eine niedrigere des konkurrierenden Substitutionsproduktes ergeben würde. Der prozentuale Anteil an Alken könnte noch weiter gesteigert werden, indem man eine sterisch gehinderte Base wie *tert*-Butoxidionen oder DBN anstelle der Hydroxidionen einsetzt und die Reaktion bei einer hohen Temperatur durchgeführt wird (Abschnitt 9.11).

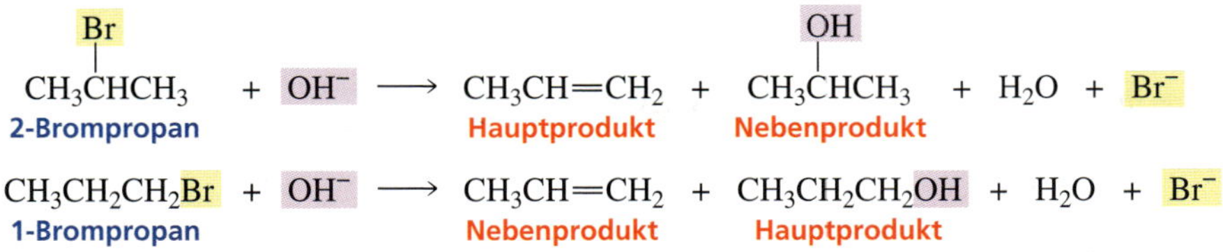

Um 2-Methyl-2-buten aus 2-Brom-2-methylbutan darzustellen, würde man E2-Bedingungen wählen, eine hohe Konzentration einer starken Base, um eine E2-Reaktion zu provozieren, sodass das tertiäre Halogenalkan *nur* Eliminierungsprodukt bilden würde (Abschnitt 9.9). Würde stattdessen eine schwache Base verwendet werden, würde sowohl Substitution als auch Eliminierung stattfinden. Falls man die Reaktion unter S_N1/E1-Bedingungen durchführte, eine niedrige Konzentration an HO^- in einem protisch polaren Lösungsmittel, erhielte man sowohl das Eliminierungs- wie das Substitutionsprodukt.

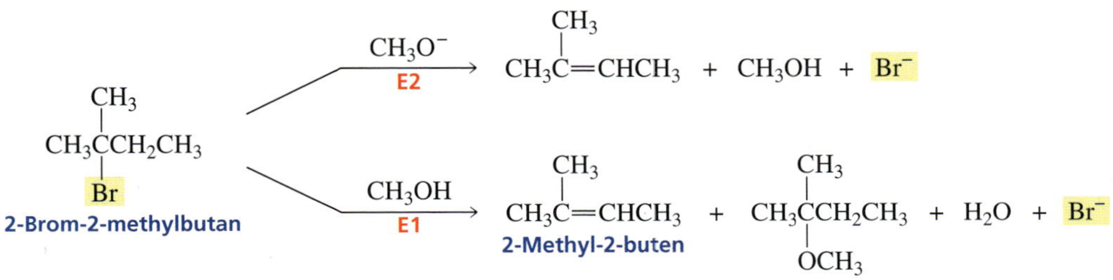

Ü 62* Nennen Sie die drei Produkte, die man erhält, wenn man 2-Brom-2-methylpropan in einer Mischung aus 80 % Ethanol und 20 % Wasser auflöst.

Ü 63 Welche Produkte (einschließlich Stereoisomere, falls gebildet) bilden sich bei der Reaktion von 3-Brom-3-methylpentan
(a) mit HO^-? **(b)** mit H_2O?

Intermolekulare und intramolekulare Reaktionen 9.16

Ein Molekül mit zwei funktionellen Gruppen wird als **bifunktionelles Molekül** bezeichnet. Wenn zwei funktionelle Gruppen in der Lage sind, miteinander zu reagieren, können zwei verschiedene Reaktionen durchlaufen werden – eine *intermolekulare* und eine *intramolekulare* Reaktion. Um den Unterschied zu verstehen, lassen Sie uns ein Molekül mit zwei funktionellen Gruppen, die in einer S_N2-Reaktion miteinander reagieren können (ein gutes Nucleophil, wie ein Alkoholation, und ein Bromalkan), als Beispiel nehmen.

Wenn das Alkoholation eines Moleküls das Bromidion eines zweiten Moleküls ersetzt, ist die Reaktion intermolekular. *Inter* steht lateinisch für „zwischen“, also findet eine **intermolekulare Reaktion** zwischen zwei Molekülen statt. Wenn das Produkt dieser Reaktion mit einem dritten bifunktionellen Molekül (und dann einem vierten usw.) reagiert, wird sich ein Polymer bilden. Ein **Polymer** ist ein großes Molekül, das aus der Verbindung vieler sich wiederholender Einheiten aus kleinen Molekülen entsteht.

Eine intermolekulare Reaktion

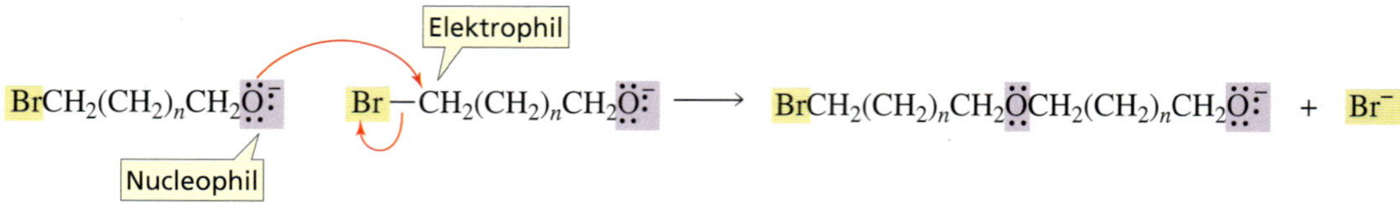

Alternativ kann das Alkoholation auch das Bromidion innerhalb des gleichen Moleküls ersetzen (und damit einen Ring bilden), dann ist die Reaktion intramolekular. *Intra* steht lateinisch für „innerhalb“. Also findet eine **intramolekulare Reaktion** innerhalb eines einzigen Moleküls statt.

Eine intramolekulare Reaktion

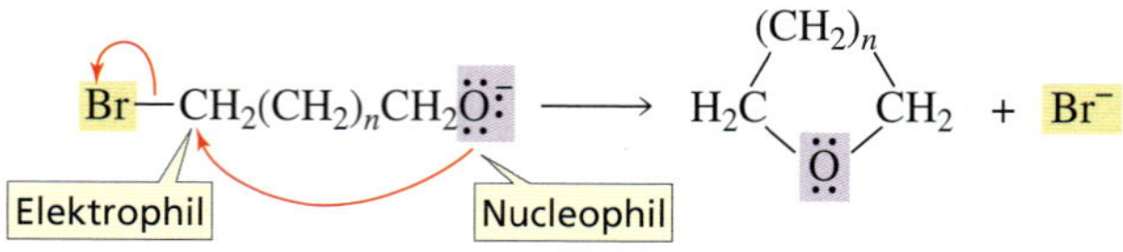

Wie bestimmt werden kann, ob die intermolekulare oder die intramolekulare Reaktion überwiegt

Was ist wahrscheinlicher: das Auftreten einer intermolekularen Reaktion oder eine intramolekulare Reaktion? Die Antwort hängt sowohl von der *Konzentration* des bifunktionellen Moleküls und der *Größe des Rings* ab, die bei der intramolekularen Reaktion gebildet werden würde.

Eine intramolekulare Reaktionen hat einen Vorteil: Die reagierenden Gruppen sind nah aneinander gebunden, also müssen sie nicht durch das Lösungsmittel diffundieren, um eine Gruppe zu finden, mit der sie reagieren können. Daher begünstigt eine geringe Konzentration des Reaktanten eine intramolekulare Reaktion, da die beiden Gruppen eine höhere Chance haben sich zu finden, wenn beide an das gleiche Molekül gebunden sind. Eine hohe Konzentration des Reaktanten kompensiert einen Teil des Vorteils der Gruppen im gleichen Molekül, dies erhöht die Wahrscheinlichkeit einer intermolekularen Reaktion.

Das Ausmaß des Vorteils einer intramolekularen Reaktion gegenüber der intermolekularen Reaktion ist, hängt ebenfalls von der Größe des gebildeten Rings ab. Wenn die intramolekulare Reaktion einen fünf- oder sechsgliedrigen Ring bildet, wird sie gegenüber der intermolekularen Reaktionen bevorzugt werden, da fünf- und sechsgliedrige Ringe stabil sind und daher einfacher gebildet werden. (Die Nummerierung der Atome Reaktanten kann ihn dabei helfen, die Größe des Ringes im Produkt zu bestimmen.)

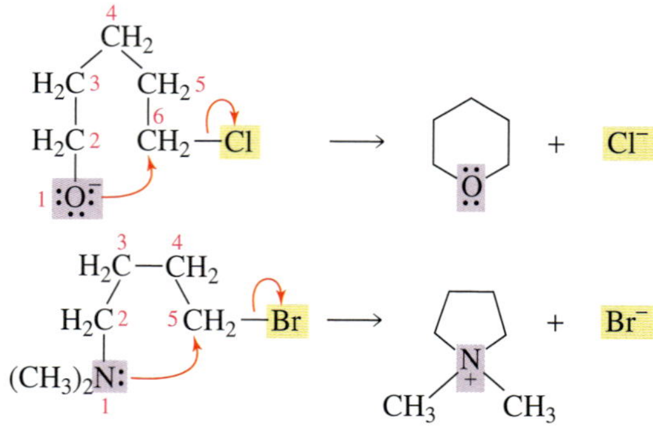

Drei- und viergliedrige Ringe stehen unter Spannung (Abschnitt 3.12). Dies macht sie weniger stabil als fünf- und sechsgliedrige Ringe; sie werden daher langsamer gebildet. Daher kompensiert die höhere Aktivierungsenergie für die Bildung der drei- und viergliedrigen Ringe den Vorteil der räumlichen Nähe der reagierenden Gruppen. Die Wahrscheinlichkeit, dass sich die reagierenden Gruppen finden, nimmt schnell ab, wenn siebengliedrige oder größere Ringe gebildet würden. Daher ist eine intramolekulare Reaktion weniger begünstigt, wenn die Ringgröße über sechs steigt.

STRATEGIEN ZUR PROBLEMLÖSUNG

■ Wie Stereochemie Reaktivität beeinflusst

Welche der folgenden Verbindungen bildet ein Epoxid nach der Reaktion mit Natriumhydrid (NaH)?

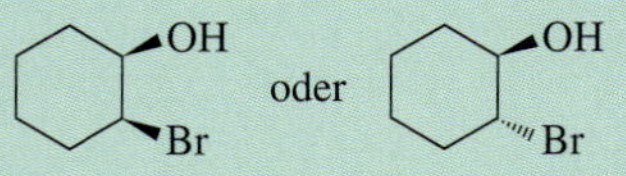

Das Hydridion entfernt ein Proton von der OH-Gruppe und bildet ein gutes Nucleophil, das mit dem sekundären Halogenalkan in einer intramolekularen S_N2-Reaktion zu einem Epoxid reagiert. Für eine S_N2-Reaktion ist ein Rückseitenangriff erforderlich. Nur wenn das Alkoholation und Br auf unterschiedlichen Seiten des Cyclohexanrings stehen, ist das Alkoholation in der Lage, die Rückseite des Kohlenstoffatoms, an das Br gebunden ist, anzugreifen. Also bildet nur das *trans*-Isomer nach der Reaktion ein Epoxid.

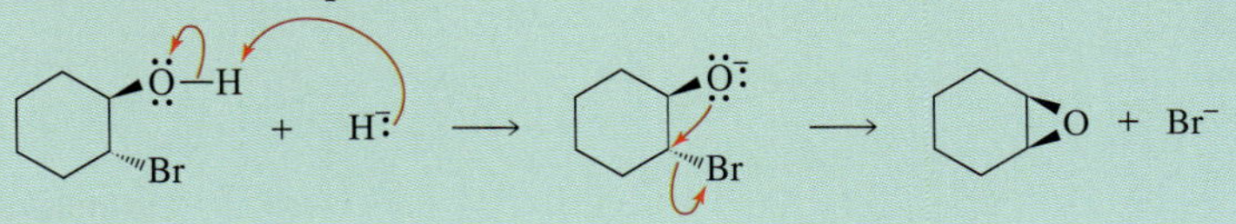

Ü 64* Welche der Verbindungen in jedem der folgenden Paare bildet schneller einen Ether, nachdem das Proton von der OH-Gruppe entfernt wurde?

(a) 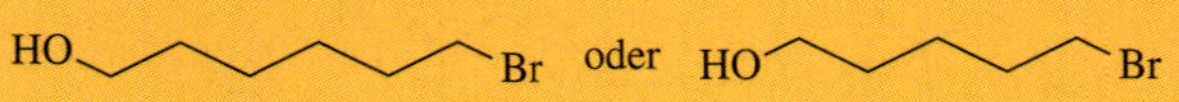

(b) 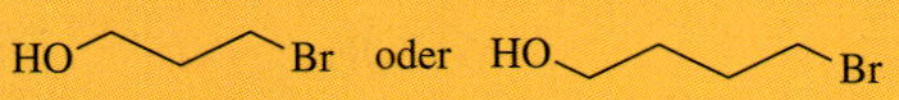

(c) 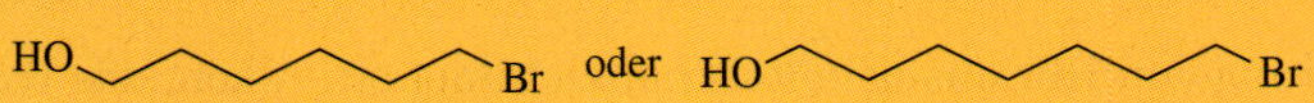

Ü 65 Zeichnen Sie die Produkte der folgenden intramolekularen Reaktionen:

(a) 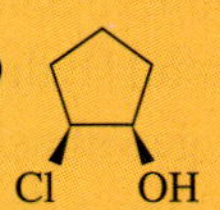

$\xrightarrow{\text{NaH}}$

(b) 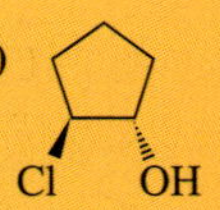

$\xrightarrow{\text{NaH}}$

(c) $BrCH_2CH_2CH_2CH_2CH_2OH \xrightarrow{\text{NaH}}$

(d) $CH_3CH_2C(CH_3)(OH)CH_2Cl \xrightarrow{\text{NaH}}$

(e) $CH_3CH_2CH_2CH{=}CH_2 \xrightarrow[\text{2. NaH}]{\text{1. } Cl_2,\ H_2O}$

Syntheseplanung II

Annäherung an das Problem 9.17

Wenn Sie aufgefordert werden, eine Synthese zu planen, besteht ein Weg, sich der Aufgabe zu nähern, darin, sich Gedanken über den geforderten Reaktanten zu machen und sich zu fragen, ob es eine sich klar anbietende Abfolge von Reaktionen gibt, die – ausgehend vom Reaktanten – auf geradem Weg zum **Zielmolekül** führt (dem gewünschten Endprodukt). Manchmal ist dies der beste Weg, eine *einfache* Synthese anzugehen. Die folgenden Beispiele verleihen Ihnen einige Praxis in der (theoretischen) Anwendung dieser Vorgehensweise.

Beispiel 1

Wie könnten Sie – ausgehend von der vorgegebenen Ausgangsverbindung – das geforderte Zielmolekül herstellen?

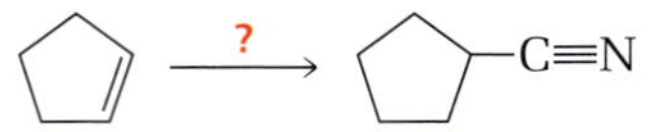

Die Addition vom Bromwasserstoff (HBr) an das Alken würde uns zu einer Verbindung führen, die eine Abgangsgruppe besitzt, die durch ein Nucleophil ersetzt werden kann. Da das Cyanidion ($C^{-}{\equiv}N$) eine ziemlich schwache Base ist (pK_S-Wert von $HC{\equiv}N$ – Blausäure – = 9,1), ist die gewünschte Substitution im Wettstreit mit der Eliminierung begünstigt.

Synthese

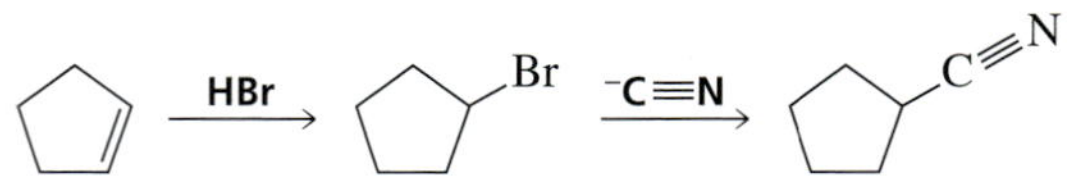

Zielmolekül

Beispiel 2

Wie könnten Sie – ausgehend von 1-Brom-1-methylcyclohexan – *trans*-2-Methylcyclohexanol herstellen?

Die Eliminierung von HBr aus dem Reaktanten bildet ein Alken, das Wasser durch eine elektrophile Additionsreaktion binden kann. Die Eliminierung sollte unter S_N2-Bedingungen durchgeführt werden (starke Base verwenden), sodass es keine konkurrierende Substitutionsreaktionen gibt. (Erinnern Sie sich daran, dass tertiäre Halogenalkane keine S_N2-Reaktionen eingehen.) Hydroborierung-Oxidation führt zur Platzierung der OH-Gruppe an der gewünschten Stelle. Da R_2BH sich hauptsächlich an das weniger gehinderte Kohlenstoffatom addiert, resultiert die Hydroborierung-Oxidation in eine *syn*-Addition von Wasser. So erhält man durch sie das Zielmolekül (sowie dessen Enantiomer).

Synthese

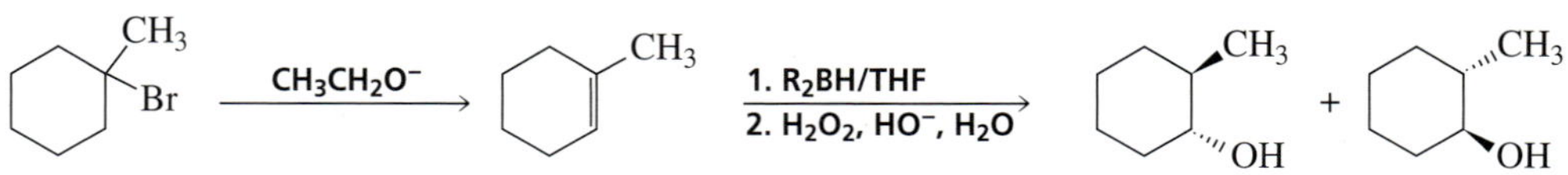

Zielmolekül

Beispiel 3

Wie könnte man Ethylmethylketon aus 1-Brombutan herstellen?

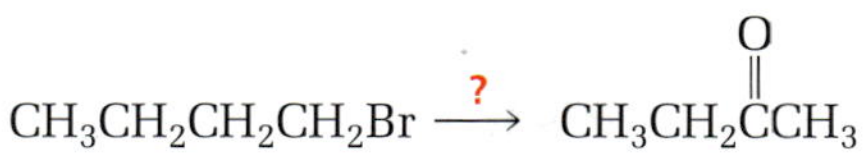

Wie wir in Abschnitt 7.12 gelernt haben, kann es bei der Planung einer Synthese nutzbringend sein, rückwärts vorzugehen, besonders wenn die Ausgangsverbindung nicht klar vorgibt, wie man vorgehen sollte.

Schauen Sie sich das Zielmolekül an und fragen Sie sich, wie man es herstellen könnte. Wenn Sie die Antwort gefunden haben, betrachten Sie die Vorläuferverbindungen, die Sie dingfest gemacht haben, und fragen Sie sich, wie diese dargestellt werden können. Gehen Sie Schritt für Schritt weiter rückwärts, bis Sie zu einem problemlos verfügbaren Ausgangsstoff gelangt sind. Diese Arbeitstechnik wird – wie wir schon wissen – als *Retrosynthese* bezeichnet.

Bis zu diesem Punkt Ihrer Ausbildung in Organischer Chemie kennen Sie drei Verfahren, um ein Keton herzustellen: (1) Die Addition von Wasser an ein *Alkin* (Abschnitt 7.7), (2) die Hydroborierung-Oxidation eines *Alkins* (Abschnitt 7.8) und (3) die Ozonolyse eines *Alkens* (Abschnitt 6.11). Da das Molekül die gleiche Anzahl von Kohlenstoffatomen aufweist wie das Startmaterial, können wir eine Ozonolyse ausschließen. Daher wissen wir, dass das Vorläufermolekül ein Alkin sein muss. Das Alkin kann in zwei nacheinander ausgeführten E2-Reaktionen aus einer vicinalen Dihalogenverbindung hergestellt werden, die ihrerseits aus einem Alken zugänglich ist. Dieses Alken kann aus der vorgegebenen Ausgangsverbindung durch eine Eliminierung dargestellt werden.

Retrosynthese

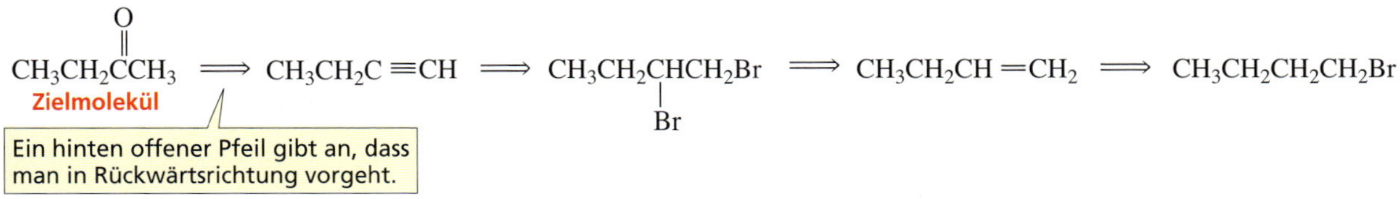

Nun sind Sie in der Lage, die Reaktionsfolge in der Vorwärtsrichtung niederzuschreiben, zusammen mit den notwendigen Reagenzien, um jede einzelne Reaktion durchführen zu können. Beachten Sie, dass eine raumfüllende Base (DBN) bei der Eliminierung eingesetzt wird, um die Menge des Eliminierungsproduktes zu maximieren. (Drei Äquivalente von $^-NH_2$ werden verwendet, da $^-NH_2$ ein terminales Alkin deprotonieren kann, das dann reprotoniert wird, bevor das Alkin in ein Keton umgewandelt wird.)

Synthese

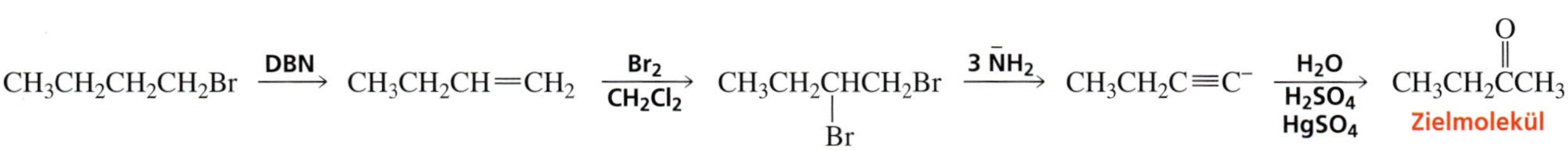

Beispiel 4

Wie könnte der nachfolgend abgebildete zyklische Ether aus dem vorgegebenen Stoff hergestellt werden?

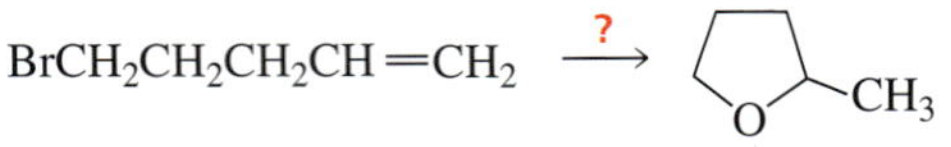

Um einen zyklischen Ether zu erzeugen, müssen das Halogenalkan und der Alkohol, die für eine Ethersynthese notwendig sind, Teile desselben Moleküls sein. Um den Vorläufer für das Zielmolekül zu bestimmen, müssen Sie die neue Bindung, die im Zielmolekül gebildet wurde, finden und die Atome im neu gebildeten Ring nummerieren.

Retrosynthese

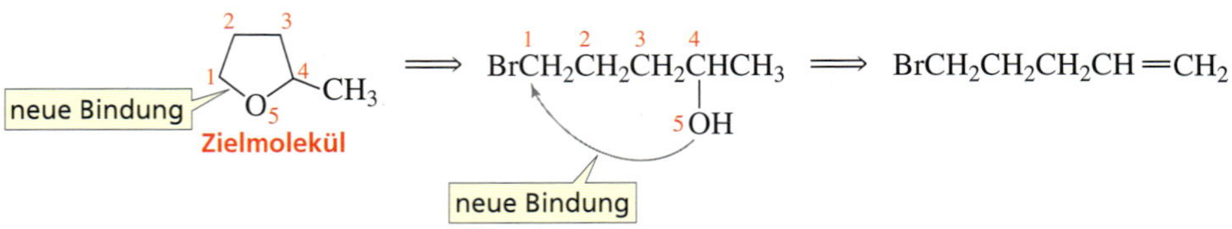

Die Addition von Wasser an die vorgegebene Ausgangsverbindung ergibt die erforderliche bifunktionelle Verbindung, die dann in einer intramolekularen Reaktion den zyklischen Ether ergibt.

Synthese

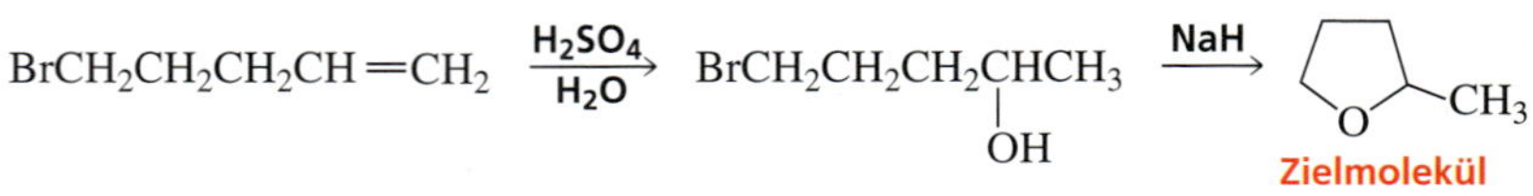

Ü 66 Entwerfen Sie für jede der nachfolgend dargestellten Verbindungen eine Mehrstufensynthese, um aufzuzeigen, wie sich die Verbindung aus dem angegebenen Ausgangsmaterial gewinnen ließe.

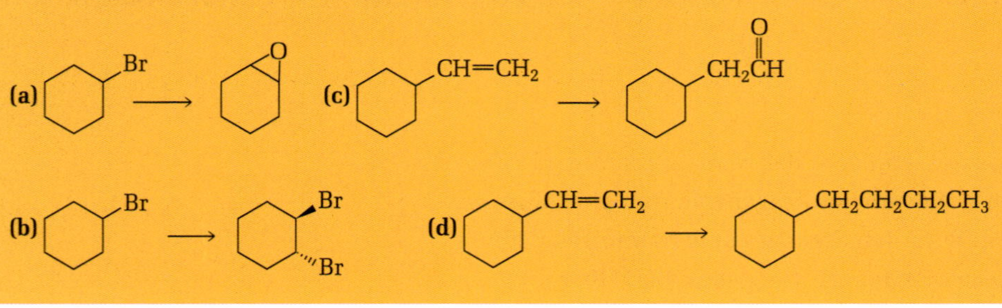

Zusammenfassung

Abschnitt 9.1

- Eine S_N2-Reaktion ist bimolekular: Sowohl das Halogenalkan als auch das Nucleophil sind am Übergangszustand des geschwindigkeitsbestimmenden Schrittes beteiligt. Die Reaktionsgeschwindigkeit hängt von den Konzentrationen beider Reaktanten ab.
- Eine S_N2-Reaktion besitzt einen einschrittigen Mechanismus: Das Nucleophil attackiert die Hinterseite des Kohlenstoffatoms, das an die Abgangsgruppe gebunden ist. Daher tritt eine Inversion der Konfiguration ein.
- Aufgrund sterischer Hinderung lautet die Reihenfolge der relativen Reaktivität von Halogenalkanen in S_N2-Reaktionen: primär > sekundär > tertiär. Tertiäre Halogenalkane können keine S_N2-Reaktionen eingehen.

Abschnitt 9.2

- Die relative Reaktivität von Halogenalkanen, die sich nur in ihrem Halogen unterscheiden, sind: RI > RBr > RCl > RF in S_N2-, S_N1-, E1-, und E2-Reaktionen.
- Die Basizität ist ein Maß dafür, wie gut eine Verbindung sein freies Elektronenpaar mit einem Proton teilen kann. Die Nucleophilie ist ein Maß dafür, wie gut eine Spezies ein anderes elektronenarmes Atom mit seinem freien Elektronenpaar angreifen kann.
- Protische Lösungsmittel (H_2O, ROH) besitzen ein Wasserstoffatom, das an ein O oder N gebunden ist. Aprotische Lösungsmittel (DMF, DMSO) haben kein Wasserstoffatom, das an ein O oder N gebunden ist.
- Generell ist eine stärkere Base auch ein besseres Nucleophil. Wenn jedoch die angreifenden Atome verschiedene Größen aufweisen und die Reaktionen in einem protischen Lösungsmittel durchgeführt wird, dann sind stärkere Basen schlechtere Nucleophile, da Ion-Dipol-Wechselwirkungen zwischen den Ionen und dem Lösungsmittel die Nucleophilie beeinflussen.

Abschnitt 9.3

- Eine S_N1-Reaktion ist unimolekular; nur das Halogenalkan ist am Übergangszustand des geschwindigkeitsbestimmenden Schrittes beteiligt. Also ist die Reaktionsgeschwindigkeit nur von der Konzentration des Halogenalkans abhängig.
- Eine S_N1-Reaktion besitzt einen zweischrittigen Mechanismus: Das Halogen verlässt im ersten Schritt das Molekül, dabei bildet sich ein Carbokation als Intermediat, das danach von dem Nucleophil angegriffen wird. S_N1-Reaktionen von Halogenalkanen sind Solvolysen, d. h., dass das Lösungsmittel in der Reaktion das Nucleophil darstellt.
- Die Geschwindigkeit einer S_N1-Reaktion hängt davon ab, wie leicht das Carbokation gebildet werden kann.
- Bei einer S_N1-Reaktion tritt Racemisierung auf.

Abschnitt 9.5

- Die einzigen Substitutionsreaktionen, die primäre und sekundäre Halogenalkane sowie Halogenmethane eingehen können, sind S_N2-Reaktionen.
- Die einzigen Substitutionsreaktionen, die tertiäre Halogenalkane können, sind S_N1-Reaktionen.

Abschnitt 9.7

- Die Entfernung eines Protons und eines Halogenidions wird als Dehydrohalogenierung bezeichnet. Das Produkt der Eliminierungsreaktionen ist ein Alken. Eine E2-Reaktion ist eine konzertierte, einschrittige Reaktion, in der ein Proton und ein Halogenidion im selben Schritt entfernt werden.
- Eine E2-Reaktion ist regioselektiv: Das Hauptprodukt ist das stabilere Alken, außer die Reaktanten sind sterisch gehindert oder die Abgangsgruppe ist schlecht.
- Das stabilere Alken das generell das höher substituierte Alken.
- Alkylsubstituenten erhöhen die Stabilität eines Carbokations und verringern die Stabilität eines Carbanions.

Abschnitt 9.8

- Eine E1-Reaktion besitzt einen zweischrittigen Mechanismus, indem ein Halogenalkan dissoziiert und ein Carbokation als Intermediat bildet. Dann entfernt eine Base ein Proton an einem der positiven Ladung benachbarten Kohlenstoffatom.
- Eine E1-Reaktion ist regioselektiv: Das Hauptprodukt ist das stabilere Alken.

Abschnitt 9.9

- Die einzigen Eliminierungsreaktionen, die primäre und sekundäre Halogenalkane eingehen, sind E2-Reaktionen.
- Tertiäre Halogenalkane gehen sowohl E2- als auch E1-Reaktionen ein.
- Bei Halogenalkanen, die sowohl E2- als auch E1-Reaktionen eingehen können, begünstigen starke Basen E2-Reaktionen und schwache Basen E1-Reaktionen (also einem schwach basischen Lösungsmittel).

Abschnitt 9.10

- Eine E2-Reaktion ist stereoselektiv: die *anti*-Eliminierung wird bevorzugt. Falls sich am β-Kohlenstoffatom zwei Wasserstoffatome befinden, werden sowohl *E*- als auch *Z*-Stereoisomere gebildet. Das Stereoisomer, bei dem sich die größten Gruppen auf unterschiedlichen Seiten der Doppelbindung befinden, ist stabiler.
- Falls das β-Kohlenstoffatom nur an ein Wasserstoffatom gebunden ist, wird in einer E2-Reaktion nur ein Alken gebildet. Seine Struktur hängt vom Halogenalkan ab.
- Eine E1-Reaktion ist stereoselektiv. *E*- und *Z*-Stereoisomere werden gebildet, unabhängig von der Anzahl der Wasserstoffatome am β-Kohlenstoffatom.

Abschnitt 9.11

- Die beiden Gruppen, die aus einem sechsgliedrigen Ring eliminiert werden, müssen in einer E2-Reaktion in axialer Position stehen (aber nicht in einer E1-Reaktion).
- Die Eliminierung ist schneller, wenn H und X im stabilsten Konformer diaxial stehen.

Abschnitt 9.12

- Primäre Halogenalkane gehen S_N2/E2-Reaktionen ein: Substitution ist bevorzugt, außer wenn das Nucleophil/die Base sterisch gehindert ist.
- Sekundäre Halogenalkane gehen S_N2/E2-Reaktionen ein: Sowohl Substitutions- als auch Eliminierungsprodukte werden gebildet. Starke Basen, voluminöse Basen und hohe Temperaturen begünstigen das Eliminierungsprodukt.
- Tertiäre Halogenalkane vollführen E2-Reaktionen mit starken Basen und S_N1/E1-Reaktionen mit schwachen Basen.

Abschnitt 9.13

- Benzyl- und Allylhalogenide gehen S_N2-, E2-, S_N1- und E1-Reaktionen ein (falls sie tertiär sind, können sie keine S_N2-Reaktionen durchführen). S_N2/E2-Reaktionen werden bei einer hohen Konzentration eines guten Nucleophils bevorzugt. S_N2/E2-Reaktionen werden bei einer niedrigen Konzentration eines schlechten Nucleophils bevorzugt.
- Vinyl- und Arylhalogenide können keine S_N2-, S_N1- und E1-Reaktionen eingehen. Vinylhalogenide können E2-Reaktionen mit einer starken Base vollführen.

Abschnitt 9.14

- Polare Lösungsmittel isolieren gegensätzliche Ladungen voneinander.
- Eine Zunahme der Polarität des Lösungsmittels verringert die Geschwindigkeit der Reaktion, falls einer oder mehr Reaktanten, die am geschwindigkeitsbestimmenden Schritt teilnehmen, geladen sind und erhöht die Geschwindigkeit der Reaktion, falls keiner der Reaktanten, die am geschwindigkeitsbestimmenden Schritt teilnehmen, geladen sind.

Abschnitt 9.15

- Die Williamsonsche Ethersynthese stellt Ether aus der Reaktion von Halogenalkanen mit Alkoholationen her. Die weniger gehinderte Alkylgruppe sollte sich am Halogenalkan befinden.
- Das sterisch am meisten gehinderte Halogenalkan sollte bei der Synthese von Alkenen verwendet werden.

Abschnitt 9.16

- Falls zwei funktionelle Gruppen eines bifunktionellen Moleküls miteinander reagieren können, können intermolekulare (zwischen zwei Molekülen) und intramolekulare (innerhalb eines Moleküls) Reaktionen stattfinden. Welche der Reaktionen wahrscheinlicher ist, hängt von der Konzentration des bifunktionellen Moleküls und der Größe des Rings ab, der in der intramolekularen Reaktion gebildet werden würde.

Zusammenfassung der Reaktionen

1 S_N2-Reaktion: eine einschrittige Reaktion

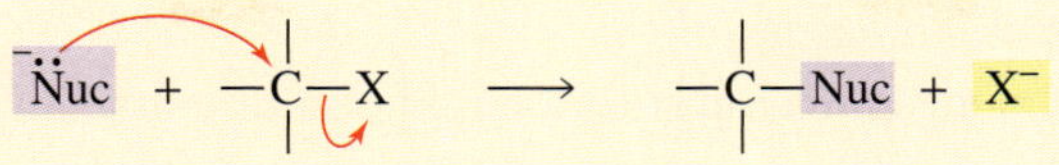

- Relative Reaktionsgeschwindigkeit der Halogenalkane: CH_3X > primär > sekundär > tertiär. Tertiäre Halogenalkane können keine S_N2-Reaktionen eingehen.
- Es wird nur das invertierte Produkt gebildet.

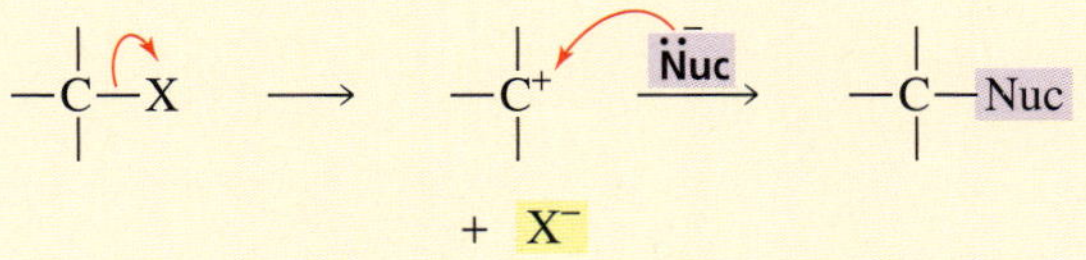

2 S_N1-Reaktion: eine zweischrittige Reaktion mit einem Carbokation-Intermediat

- Reaktivität: Nur tertiäre Halogenalkane, Allylhalogenide und Benzylhalogenide gehen S_N1-Reaktionen ein.
- Es werden Produkte mit sowohl erhaltenen als auch mit invertierten Konfigurationen gebildet.

3 E2-Reaktion: eine einschrittige Reaktion

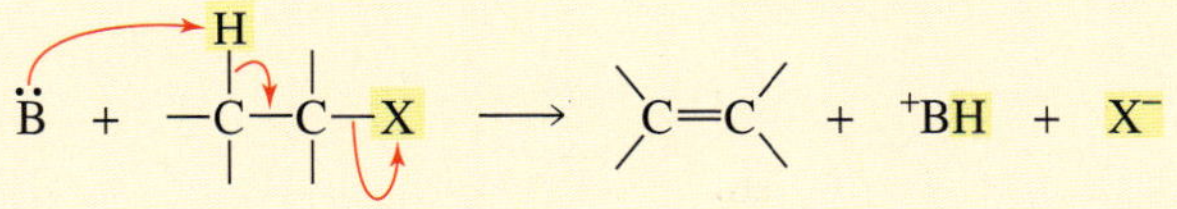

- Relative Reaktionsgeschwindigkeit der Halogenalkane: primär > sekundär > tertiär
- Nur für *anti*-Eliminierung: Wenn das β-Kohlenstoffatom, von dem das Wasserstoffatom abstrahiert wird, an *zwei Wasserstoffatome gebunden* ist, treten *E*- und *Z*-Stereoisomere auf. Das Isomer mit den größten Gruppen auf unterschiedlichen Seiten der Doppelbindung ist das Hauptprodukt. Falls das β-Kohlenstoffatom, von dem das Wasserstoffatom abstrahiert wird, nur an *ein Wasserstoffatom gebunden* ist, wird nur ein Eliminierungsprodukt gebildet. Seine Konfiguration hängt von der Konfiguration des Reaktanten ab.

4 E1-Reaktion: eine zweischrittige Reaktion mit einem Carbokation-Intermediat

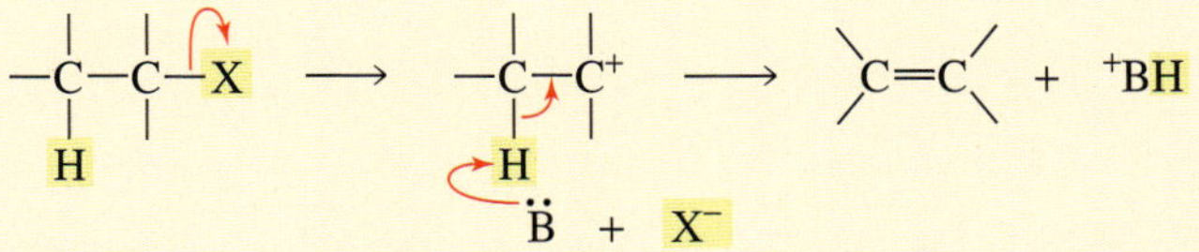

- Reaktivität: Nur tertiäre Halogenalkane, Allylhalogenide und Benzylhalogenide gehen E1-Reaktionen ein.
- *Anti*- und *syn*-Eliminierung: Sowohl *E*- als auch *Z*-Stereoisomere werden gebildet. Das Isomer mit den größten Gruppen auf unterschiedlichen Seiten der Doppelbindung ist das Hauptprodukt.

Für alle Halogenalkane (tertiär, benzylisch und allylisch), die sowohl S_N2/E2- als auch S_N1/E1-Reaktionen eingehen können:

- Ein gutes Nucleophil/eine starke Base begünstigt S_N2/E2.
- Ein schlechtes Nucleophil/eine schwache Base begünstigt S_N1/E1.

Konkurrierende S_N2- und E2-Reaktionen:

- Primäre Halogenalkane: hauptsächlich Substitution
- Sekundäre Halogenalkane: Substitution und Eliminierung (starke und voluminöse Basen sowie hohe Temperaturen begünstigen Eliminierungen)
- Tertiäre Halogenalkane: nur Eliminierung
- Allylhalogenide und Benzylhalogenide: Substitution und Eliminierung (außer sie sind tertiär)

Konkurrierende S_N1- und E2-Reaktionen:
Tertiäre Halogenalkane, Allylhalogenide und Benzylhalogenide: Substitution und Eliminierung mit favorisierter Substitution

Im MyLab | Organische Chemie finden Sie:

- den praktischen **eText** zum Kapitel mit Notizfunktion
- eine Auswahl verschiedener **3D-Moleküle**
- **Lösungen** zu ausgewählten, mit * versehenen Übungen
- digitale **Lernkarten** und ein umfangreiches **Glossar** zum Nachschlagen und Wiederholen von Definitionen
- digitale Übungsaufgaben in Form von **Kapiteltests** zur eigenen Lernkontrolle

Reaktionen der Alkohole, Amine, Ether, Epoxide und schwefelhaltigen Verbindungen

10

10.1 Nucleophile Substitution an Alkoholen: Halogenalkanbildung 569
10.2 Andere Methoden der Überführung von Alkoholen in Halogenalkane 575
10.3 Überführung von Alkoholen in Sulfonsäureester 576
10.4 Eliminierungsreaktionen von Alkoholen: Dehydratisierung 580
10.5 Die Oxidation von Alkoholen 586
10.6 Nucleophile Substitutionen der Ether 590
10.7 Nucleophile Substitutionen von Epoxiden 594
10.8 Arenoxide 600
10.9 Amine gehen keine Substitutions- oder Eliminierungsreaktionen ein 605
10.10 Quarternäre Ammoniumhydroxide gehen Eliminierungen ein 608
10.11 Thiole, Thioether und Sulfoniumsalze 611
10.12 Natürliche und synthetische Methylierungsreagenzien 614
10.13 Was wir nun über die Reaktionen von organischen Verbindungen wissen 616
Zusammenfassung 618
Zusammenfassung der Reaktionen 619

ÜBERBLICK

Getrocknete Cocablätter.

*Chemiker*innen durchsuchen die Welt nach Pflanzen und Beeren und im Ozean nach Flora und Fauna als Quellen für neue Leitverbindungen, die für die Entwicklung neuer Medikamente verwendet werden können. In diesem Kapitel werden wir sehen wie Cocain, das aus den Blättern von* Erythroxylon coca *– einem im Hochland der südamerikanischen Anden heimischen Busch – gewonnen wird, zur Leitverbindung für die Entwicklung einer häufigen Klasse von Anästhetika wurde (Abschnitt 10.9).*

Gruppe II

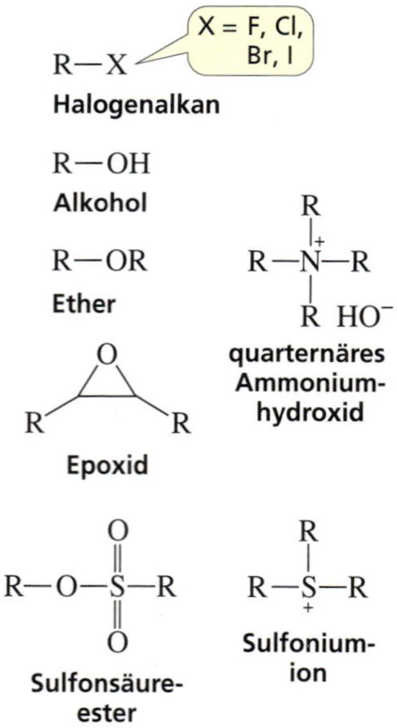

Wir haben gelernt, dass Halogenalkane, eine der Familien in Gruppe II, aufgrund ihrer elektronenziehenden Halogenatome Substitutions- und/oder Eliminierungsreaktionen eingehen (Kapitel 9). Verbindungen mit andersgearteten elektronenziehenden Gruppen können ebenfalls Substitutions- und/oder Eliminierungsreaktionen eingehen. Die relative Reaktivität dieser Verbindungen hängt von den jeweiligen elektronenziehenden Gruppen ab, also der Abgangsgruppe.

Die Reaktivität hängt von der Basizität der Abgangsgruppe ab

- Die Abgangsgruppen von Alkoholen und Ethern (HO^-, RO^-) sind viel stärkere Basen als die Abgangsgruppe in Halogenalkanen. Weil sie stärkere Basen sind, sind sie schlechtere Abgangsgruppen und somit schwerer aus den Molekülen zu verdrängen. Folglich verhalten sich Alkohole und Ether bei Substitutionen und Eliminierungen weniger reaktiv als Halogenalkane. Wir haben bereits gelernt, dass Alkohole und Ether aufgrund ihrer stark basischen Abgangsgruppen zunächst aktiviert werden müssen, bevor sie eine Substitution oder Eliminierung eingehen können. Sulfonsäureester und Sulfoniumsalze verfügen im Gegensatz dazu über schwach basische Abgangsgruppen, so dass sie leicht Substitutionen eingehen.
- Die Abgangsgruppe eines Amins ($^-NH_2$) ist so basisch, das Amine keine Substitutionen und Eliminierungen eingehen können, allerdings sind sie wichtige Basen und Nucleophile.

- Tertiäre Amine, die Abgangsgruppen von **quarternären Ammoniumsalzen**, sind nicht nur weniger basisch als die Abgangsgruppe von Alkoholen und Ethern, sondern weisen auch eine positive Ladung auf, die ihre Abgangseigenschaften verstärkt. Daher gehen quarternäre Ammoniumsalze Eliminierungsreaktionen ein, solange eine starke Base verwendet und eine hohe Reaktionstemperatur gewählt wird.
- **Sulfonsäureester** und **Sulfoniumionen** sind gute Abgangsgruppen. Erstere sind dies wegen der Delokalisation ihrer Elektronen und zweitere wegen ihrer positiven Ladung. Daher gehen sie leicht Substitutionen und/oder Eliminierungen ein.

MERKE!

Wenn Sie Basen mit unterschiedlichen Eigenschaften vergleichen, wird die schwächere Base am leichtesten verdrängt. Beachten Sie, dass die konjugierte Base umso schwächer ist, je stärker die Säure ist.

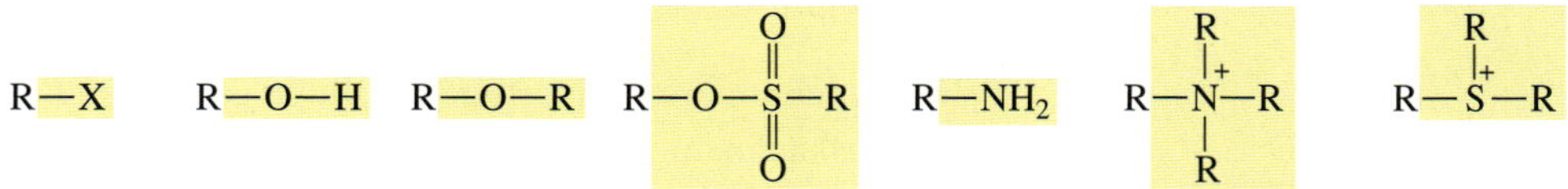

	Halogenalkan X = F, Cl, Br, I	Alkohol	Ether	Sulfonsäureester	Amin	quarternäres Ammoniumhydroxid	Sulfoniumion
pK_S der konjugierten Säure der Abgangsgruppe	−10 bis 3,2	~ 15	~ 15	~ −6	40	~ 10	~ −6

Nucleophile Substitution an Alkoholen: Halogenalkanbildung 10.1

Ein **Alkohol** verfügt über eine stark basische Abgangsgruppe (HO^-), die nicht von einem Nucleophil verdrängt werden kann. Ein Alkohol kann daher keine nucleophile Substitution eingehen.

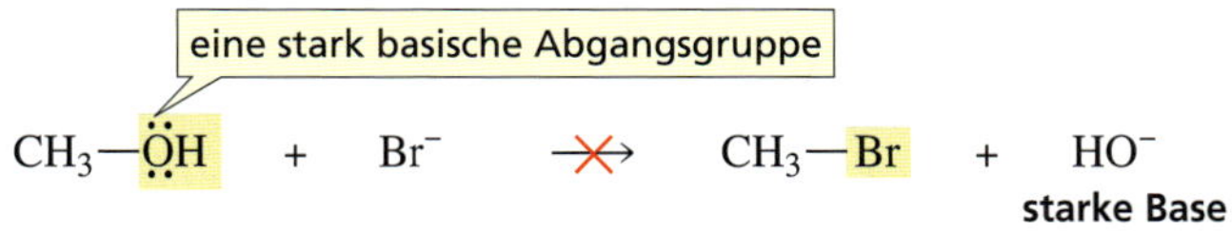

Falls jedoch die OH-Gruppe des Alkohols in eine Gruppierung überführt wird, die schwächer basisch reagiert (und daher eine bessere Abgangsgruppe darstellt), kann eine nucleophile Substitution stattfinden.

Die Umwandlung einer OH-Gruppe in eine bessere Abgangsgruppe

Ein Weg, die OH-Gruppe in eine schwächere Base zu überführen, besteht darin, sie zu protonieren, indem man der Lösung Säure zusetzt. Die Protonierung ändert die Abgangsgruppe von HO^- zu H_2O, die als Base ausreichend schwach ist, um durch ein Nucleophil verdrängbar zu sein. Die Substitution verläuft langsam und erfordert die Zufuhr von Wärmeenergie (außer im Fall tertiärer Alkohole), falls sie in einem vernünftigen Zeitraum ablaufen soll.

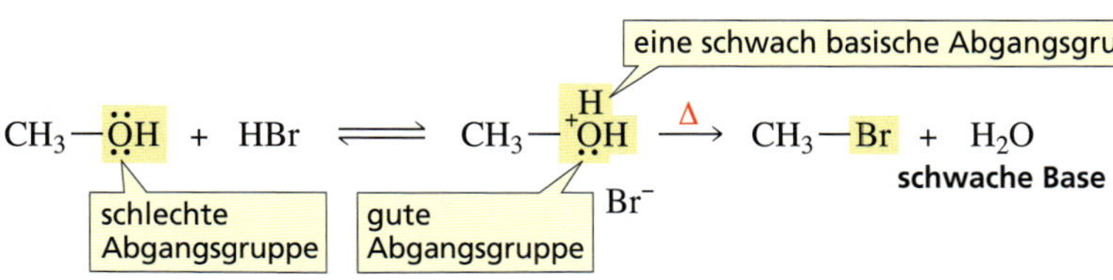

Da die OH-Gruppe des Alkohols protoniert werden muss, bevor sie durch ein Nucleophil verdrängt werden kann, können nur schwach basische Nucleophile (I^-, Br^-, Cl^-) für die Substitution eingesetzt werden. Mäßig basische und stark basische Nucleophile (NH_3, RNH_2, CH_3O^-) können nicht verwendet werden, weil sie in saurer Lösung ebenfalls der Protonierung unterliegen würden und nach einer Protonierung nicht länger nucleophil ($^+NH_4$, $R\overset{+}{N}H_3$) oder zu schwach nucleophil wären (CH_3OH).

Ü 1* Warum sind NH_3 und CH_3NH_2 nicht länger Nucleophile, wenn sie protoniert werden?

Primäre, sekundäre und tertiäre Alkohole gehen sämtlich unter Bildung von Halogenalkanen nucleophile Substitutionen mit den Halogenwasserstoffsäuren HI, HBr und HCl ein.

$$CH_3CH_2CH_2OH + HI \xrightarrow{\Delta} CH_3CH_2CH_2I + H_2O$$

1-Propanol **primärer Alkohol** → **1-Iodpropan**

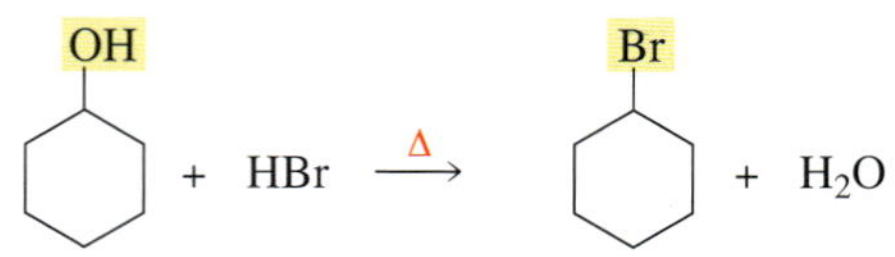

Cyclohexanol **sekundärer Alkohol** → **Bromcyclohexan**

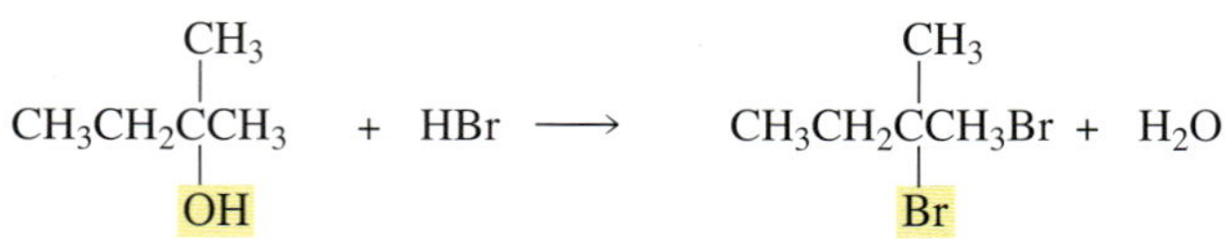

2-Methyl-2-butanol **tertiärer Alkohol** → **2-Brom-2-methylbutan**

Die S_N1-Reaktion von sekundären und tertiären Alkoholen

Der Mechanismus der Substitution hängt von der Struktur des Alkohols ab. Sekundäre und tertiäre Alkohole gehen S_N1-Reaktionen ein.

Mechanismus der S_N1-Reaktion der Alkohole

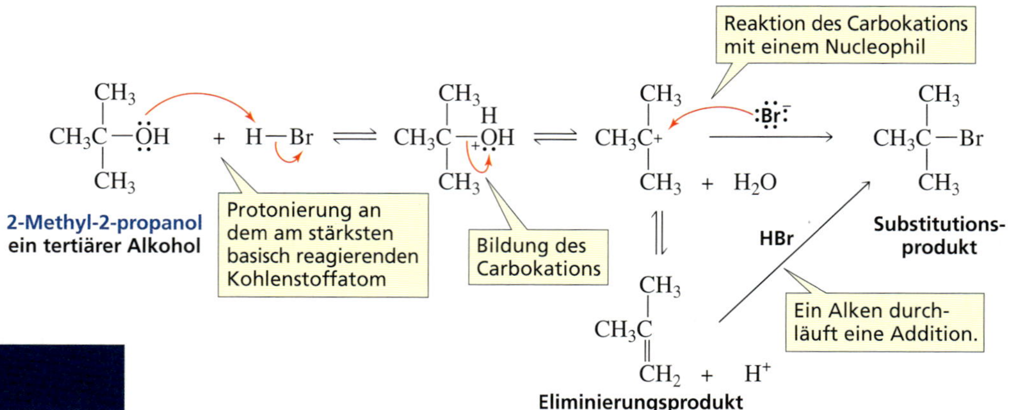

> **MERKE!**
>
> **Eine Säure protoniert das am stärksten basische Atom eines Moleküls.**

- Eine Säure reagiert mit einem organischen Molekül auf immer gleiche Weise: Sie protoniert das am stärksten basisch reagierende Atom des Moleküls.

- Schwach basisches Wasser ist die ausgetriebene Abgangsgruppe; es bildet sich ein Carbokation.
- Dem Carbokation stehen – wie dem Carbokationen, dass bei der Dissoziation eines Halogenalkans in einer S_N1-Reaktion entsteht – zwei mögliche Wege offen: Es kann sich mit einem Nucleophil verbinden und ein Substitutionsprodukt bilden oder es kann ein Proton abspalten und ein Eliminierungsprodukt bilden (Abschnitt 9.12).

Obwohl die Reaktion sowohl in eine Substitution oder eine Eliminierung münden kann, erhält man in der Praxis nur wenig Eliminierungsprodukt, weil jedes durch Eliminierung gebildete Alken sofort eine elektrophile Addition von HBr durchläuft und so ein weiteres Substitutionsprodukt bildet (Abschnitt 6.1).

Tertiäre Alkohole gehen mit Halogenwasserstoffen Substitutionen rascher ein als sekundäre, weil tertiäre Carbokationen sich leichter bilden (weil sie stabiler sind) als sekundäre. (Rufen Sie sich ins Gedächtnis, dass Alkylgruppen Carbokationen durch Hyperkonjugation stabilisieren; Abschnitt 6.2). Die Reaktion eines tertiären Alkohols mit einem Halogenwasserstoff läuft ohne Probleme bei Zimmertemperatur ab, wohingegen die Reaktion eines sekundären Alkohols nur unter Zufuhr von Wärme mit einer annehmbaren Geschwindigkeit vonstatten geht.

Die S_N2-Reaktion von primären Alkoholen

Primäre Alkohole gehen keine S_N1-Reaktionen ein, weil primäre Carbokationen zu instabil sind, um ausreichend lange Zeit zu existieren, auch wenn die Reaktion unter Hitze durchgeführt wird (Abschnitt 9.3). Wenn daher ein primärer Alkohol mit einem Halogenwasserstoff reagiert, muss er dies über den S_N2-Mechanismus tun.

MERKE!

Stabilität von Carbokationen: tertiär > sekundär > primär

Mechanismus der S_N2-Reaktion der Alkohole

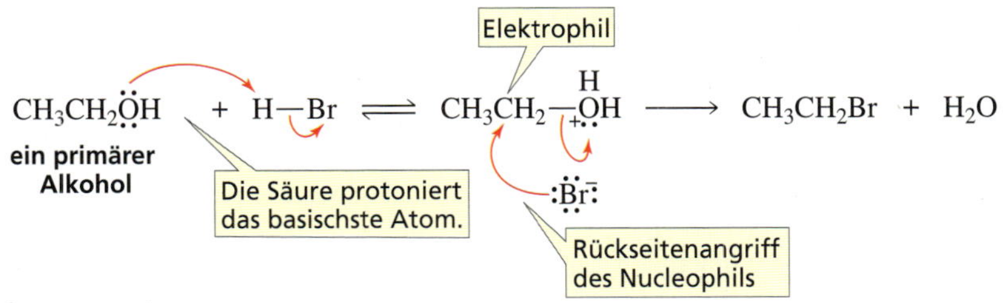

MERKE!

Primäre Alkohole gehen mit Halogenalkanen S_N2-Reaktionen ein.

Sekundäre und tertiäre Alkohole gehen mit Halogenalkanen S_N1-Reaktionen ein.

- Die Säure protoniert das am stärksten basisch reagierende Atom des Reaktanten.
- Das Nucleophil greift die Rückseite des Kohlenstoffatoms an und verdrängt die Abgangsgruppe.

Man erhält nur ein Substitutionsprodukt. Es wird kein Eliminierungsprodukt gebildet, weil das Halogenidion – obschon es ein gutes Nucleophil ist – eine schwache Base in einer Reaktionsmischung ist, die Alkohole und/oder Wasser enthält (also polar protische Lösungsmittel). Erinnern Sie sich daran, dass eine starke Base benötigt wird, um einen Wasserstoffatom von einem β-Kohlenstoffatom in einer E2-Reaktion zu entfernen (Abschnitt 9.9).

Wenn HCl anstelle von HBr oder HI verwendet wird, verläuft die S_N2-Reaktion langsamer, weil Cl^- ein schlechteres Nucleophil ist als Br^- oder I^- (Abschnitt 9.2). Die Geschwindigkeit der Reaktion kann jedoch erhöht werden, wenn man Zink-(II)-chlorid ($ZnCl_2$) als Katalysator zum Einsatz bringt.

$$CH_3CH_2CH_2OH + HCl \xrightarrow[\Delta]{ZnCl_2} CH_3CH_2CH_2Cl + H_2O$$

Zink-(II)-chlorid ist eine Lewis-Base, die starke Komplexe mit den freien Elektronenpaaren der Sauerstoffatome bildet. Diese Wechselwirkung schwächt die C—O-Bindung und erzeugt auf diese Weise eine bessere Abgangsgruppe als Wasser.

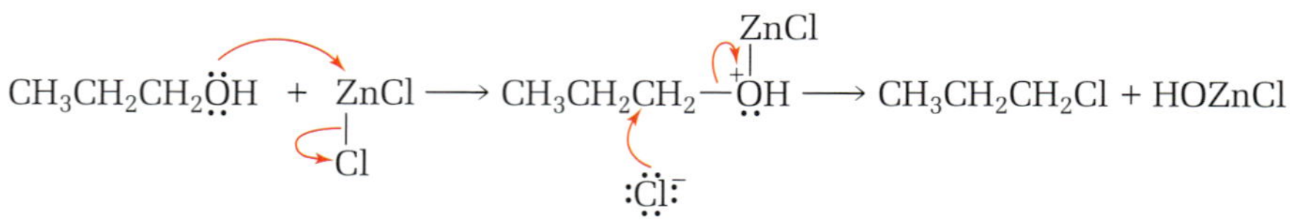

HINTERGRUND

Der Lucas-Test

Bevor Spektroskopie für eine strukturelle Analyse zur Verfügung stand, mussten Chemiker*innen die Identität von Verbindungen mit Tests bestimmen, die ein visuell feststellbares Ergebnis lieferten. Der Lucas-Test ist einer davon. Mit ihm lässt sich durch die Ausnutzung der relativen Reaktionsgeschwindigkeit der Alkohole mit $HCl/ZnCl_2$ feststellen, ob ein Alkohol primär, sekundär oder tertiär ist.

Um den Test durchzuführen, wird ein Alkohol zu einer Mischung aus HCl und $ZnCl_2$ (als Lucas-Reagenz bekannt) gegeben. Alkohole mit geringer Molmasse sind im Lucas-Reagenz löslich, aber die gebildeten Halogenalkane sind dies nicht. Dies führt zu einer Trübung der Reaktionsmischung. Falls ein tertiärer Alkohol vorliegt, trübt sich die Lösung unmittelbar ein. Ein sekundärer Alkohol lässt die Lösung innerhalb von ca. einer bis fünf Minuten milchig-trübe werden. Ein primärer Alkohol führt nur dann zu einer Trübung, wenn die Mischung erhitzt wird. Da der Test auf der vollständigen Löslichkeit des Alkohols in der Testlösung beruht, ist er auf Alkohole mit weniger als sechs Kohlenstoffatomen beschränkt.

Ü 2 mit Lösung

Erklären Sie unter Heranziehung der pK_S-Werte der konjugierten Säuren von Abgangsgruppen (pK_S HBr = –9; pK_S H_2O = 15,7) die Reaktivitätsunterschiede zwischen CH_3Br und CH_3OH in einer nucleophilen Substitutionsreaktion.

Lösung

Die konjugierte Säure der Abgangsgruppe des CH_3Br-Moleküls ist HBr; die konjugierte Säure der Abgangsgruppe von CH_3OH ist H_2O. Da HBr die viel stärkere Säure ist (pK_S HBr = –9) als Wasser (pK_S H_2O = 15,7), ist Br^- die viel schwächere Base als HO^-. Erinnern Sie sich: Je stärker die Säure, desto schwächer die konjugierte Base. Br^- ist daher eine viel bessere Abgangsgruppe als HO^-, was dazu führt, dass Brommethan sich viel reaktiver verhält als Methanol. Dies führt dazu, dass CH_3Br in einen nucleophilen Substitutionsreaktion viel reaktiver als CH_3OH ist.

Ü 3 Erklären Sie den Unterschied zwischen $CH_3\overset{+}{O}H_2$ und CH_3OH in einer nucleophilen Substitutionsreaktion. (Der pK_S-Wert von H_3O^+ beträgt –1,7.)

Ü 4 mit Lösung

Zeigen Sie auf, wie 1-Butanol in die folgende Verbindung umgewandelt werden kann:

Lösung

Da die OH-Gruppe des 1-Butanols zu stark basisch reagiert, um den Alkohol eine nucleophile Substitution mit CH_3O^- zu erlauben, muss der Alkohol zunächst in ein Halogenalkan überführt werden. Das Halogenalkan besitzt eine gute Abgangsgruppe und kann durch CH_3O^- substituiert werden. Das Methanolation ist das geeignete Nucleophil für die Umwandlung in das gewünschte Endprodukt.

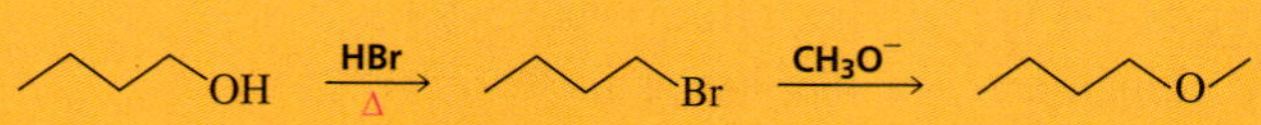

Ü 5 Zeigen Sie auf, wie 1-Butanol in die folgenden Verbindungen überführt werden kann:

Da die Reaktion eines sekundären oder eines tertiären Alkohols mit einem Halogenwasserstoff eine S_N1-Reaktion ist, wird als Zwischenstufe ein Carbokation gebildet. Wir müssen daher die Möglichkeit einer Umlagerung des Carbokations in Betracht ziehen, wenn wir das oder die Reaktionsprodukte einer solchen Substitution voraussagen wollen. Erinnern Sie sich daran, dass eine Carbokationenumlagerung stattfinden wird, falls diese zu einem stabileren Carbokation führt (Abschnitt 6.7).

Beispielsweise ist das Hauptprodukt der folgenden Reaktion 2-Brom-2-methylbutan, da eine 1,2-Hydridverschiebung das anfänglich gebildete sekundäre Carbokation in ein tertiäres von höherer Stabilität umwandelt.

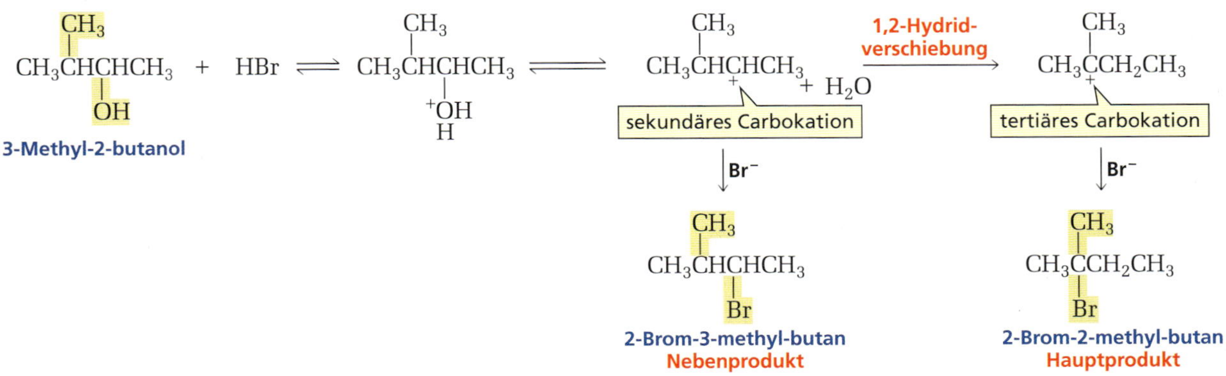

HINTERGRUND

Kornbrand und Holzgeist

Wenn Alkohol in den Körper aufgenommen wird, wirkt er unter anderem auf das zentrale Nervensystem. Geringe Mengen beeinflussen das Urteilsvermögen und enthemmen. Größere Mengen stören die Koordination von Bewegungen und führen zu lallender Aussprache und Gedächtnisstörungen. Noch höhere Konzentrationen führen zu Übelkeit und Bewusstlosigkeit. Die Einnahme sehr hoher Dosen von Ethanol kann die Atemkontrolle beeinträchtigen und zum Tod führen.

Der Ethanol der alkoholischen Getränke entstammt der alkoholischen Vergärung von Traubenzucker (Glucose). Gängige Vergärungen werden mit Weintrauben oder Getreidearten wie Roggen, Weizen, Gerste oder Mais durchgeführt. Da Getreide landläufig auch als „Korn“ bezeichnet wird, rühren Bezeichnungen wie „Kornschnaps“ u. Ä. von der vergorenen Biomasse her. Die Getreidekörner werden angekeimt, wobei sich aus der in ihnen vorhandenen Stärke Malz bildet. Dabei wird ein Teil der Stärke in Glucose aufgespalten, ein Teil bis zur Stufe des Malzzuckers. Dann wird Hefe zugegeben, die den Traubenzucker zu Ethanol (Trinkalkohol) und Kohlendioxid vergärt (Abschnitt 24.7).

$$\underset{\text{Traubenzucker}}{C_6H_{12}O_6} \xrightarrow{\text{Hefeenzyme}} 2\ \underset{\text{Ethanol}}{CH_3CH_2OH} + 2\ CO_2$$

Das dabei entstehende alkoholische Getränk (Wein, Bier, Apfelwein) hängt von den Früchten, und damit von der die Früchte liefernden Pflanze ab. Falls das bei der Gärung entstehende Kohlendioxid nicht entweichen kann, entstehen modifizierte Gärprodukte wie Schaumwein (Sekt, Champagner usw.). Weitere Variation entsteht durch den Zusatz von Stoffen, die genauen Gärbedingungen (Weiß-, Rot-, Roséwein) oder die Art der Weiterverarbeitung nach der Gärung (z. B. Destillation zu hochprozentigen Getränken wie Whisky, Rum, Cognac, Calvados usw.).

Die Alkoholsteuer macht reinen Ethanol zu einem außerordentlich teuren Laborreagenz. Im Labor eingesetzter Alkohol unterliegt im Allgemeinen nicht der Alkoholsteuer und ist oftmals durch den Zusatz nicht abdestillierbarer, ungenießbarer Stoffe „vergällt“. Für manche Anwendungen im chemischen Laboratorium ist der vergällte Alkohol (der Methanol, Benzol oder Pyridin enthält) nicht geeignet.

Methanol – auch „Holzgeist“ genannt, weil man ihn früher durch das trockene Erhitzen von Holz unter Sauerstoffabschluss gewonnen hat – ist für den Menschen sehr giftig. Das Verschlucken schon kleiner Mengen kann zur Erblindung führen, und schon etwa 30 g reiner Methanol können tödlich wirken. Die Gegenmaßnahmen, die bei einer Methanolvergiftung getroffen werden, werden in Abschnitt 10.6 erörtert.

Ü 6* Was ist das Hauptprodukt der folgenden Reaktionen?

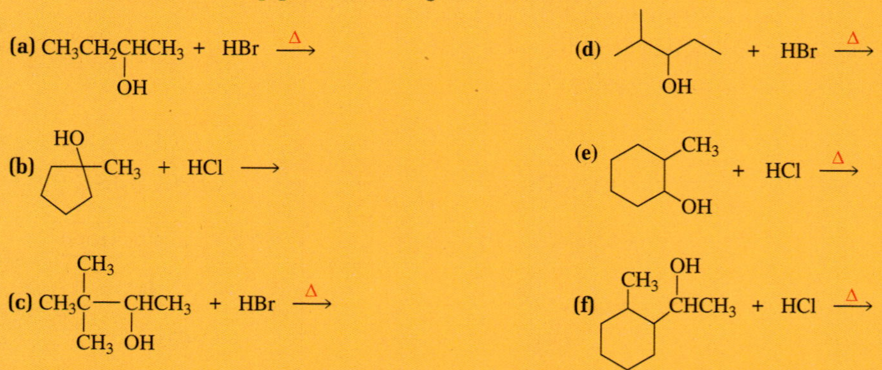

Ü 7 mit Lösung

Welche Stereoisomere werden bei der folgenden Reaktion gebildet?

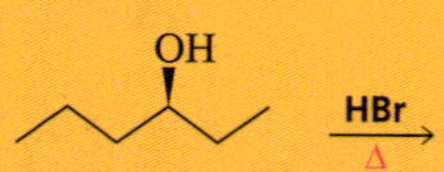

Lösung

Es muss sich um eine S_N1-Reaktion handeln, da ein sekundärer Alkohol vorliegt. Daher bildet die Reaktion ein Carbokation als Zwischenstufe. Das Bromidion kann das Carbokation von der Seite, von der Wasser aus dem Molekül austrat, oder von der gegenüberliegenden Seite angreifen. Daher werden sowohl *R*- als auch *S*-Stereoisomere gebildet.

Ü 8* Welche Stereoisomere werden bei der folgenden Reaktion gebildet?

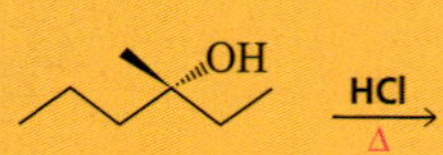

Andere Methoden der Überführung von Alkoholen in Halogenalkane **10.2**

Alkohole sind vergleichsweise billige und leicht verfügbare chemische Verbindungen. Wie wir soeben gelernt haben, gehen sie aber keine nucleophilen Substitutionen ein, weil die HO^- zu basisch reagiert, um durch ein Nucleophil verdrängt werden zu können (Abschnitt 10.1).

Als Chemiker*in benötigt man daher Verfahren, um die leicht zugänglichen, aber wenig reaktiven Alkohole in reaktive Halogenalkane überführen zu können, die dann als Ausgangsstoffe für die Herstellung vieler organischer Verbindungen dienen können (Abschnitt 9.2).

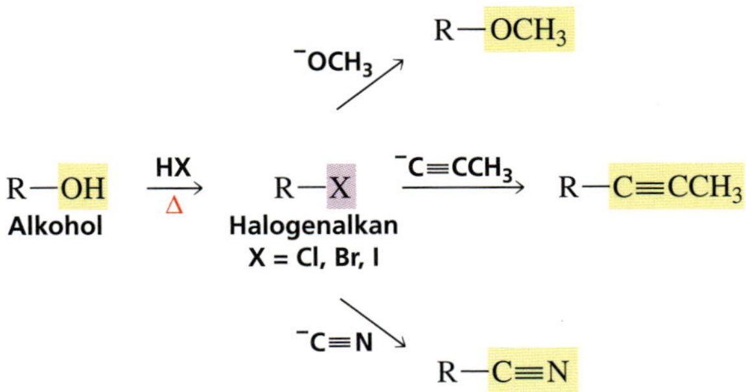

Wir können dieser Reaktionsgleichung entnehmen, dass ein Alkohol in ein Halogenalkan überführt werden kann, indem man ihn mit einem Halogenwasserstoff umsetzt. Man erhält jedoch bessere Ausbeuten an Halogenalkan und vermeidet eine Carbokationenumlagerung, wenn man anstelle des Halogenwasserstoffs eine Phosphortrihalogenverbindung ($PX_3 = PCl_3$ oder PBr_3) oder Thionylchlorid ($SOCl_2$) für diese Umsetzung verwendet.

$$CH_3CH_2OH + PBr_3 \xrightarrow[\text{Pyridin}]{} CH_3CH_2Br$$

$$CH_3CH_2OH + PCl_3 \xrightarrow[\text{Pyridin}]{} CH_3CH_2Cl$$

$$CH_3CH_2OH + SOCl_2 \xrightarrow[\text{Pyridin}]{} CH_3CH_2Cl$$

Diese Reagenzien wirken sämtlich auf vergleichbare Weise: Sie wandeln den Alkohol in ein Zwischenprodukt mit einer guten Abgangsgruppe um, die eine bessere Abgangsgruppe als ein Halogenidion ist, daher kann sie auch von einem Halogenidion verdrängt werden.

Mechanismus der Umwandlung eines Alkohols in ein Bromalkan (oder Chloralkan) durch PBr_3 (oder PCl_3)

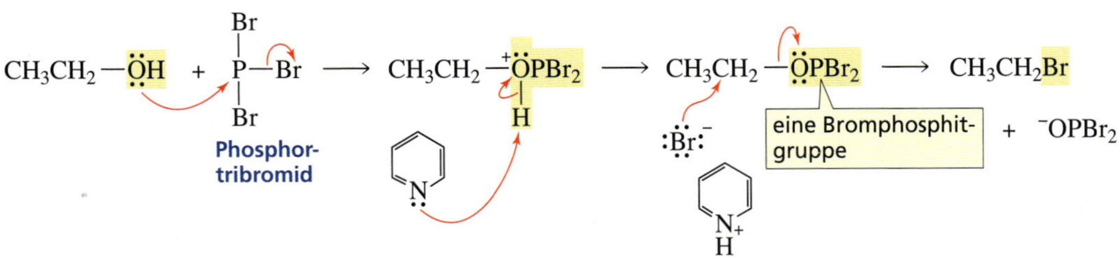

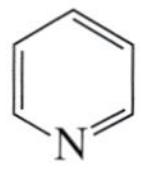

Pyridin

- Der erste Schritt ist eine S_N2-Reaktion am Phosphoratom.
- Pyridin wird oft als Lösungsmittel in dieser Art von Reaktion benutzt, da es ein schlechtes Nucleophil ist. Es ist allerdings basisch genug, um ein Proton vom Intermediat zu entfernen. Dies verhindert die Rückwandlung des Intermediats in die Reaktanten.
- Die Bromphosphitgruppe ist eine schwächere Base als ein Halogenidion, also wird sie von diesem ersetzt.

Mechanismus der Umwandlung eines Alkohols in ein Chloralkan durch $SOCl_2$

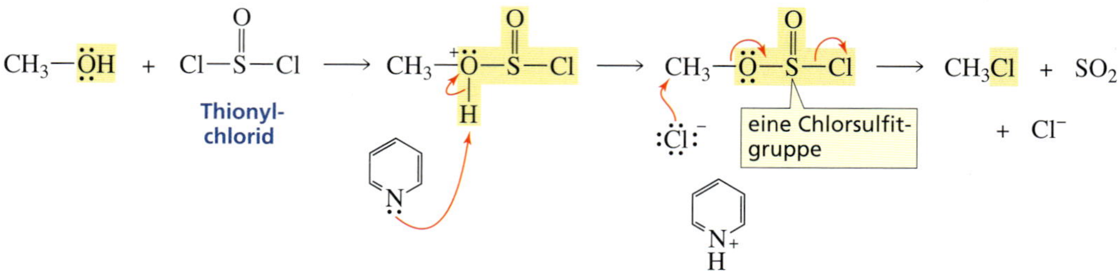

- Der erste Schritt ist eine S_N2-Reaktion am Schwefelatom.
- Pyridin entfernt Proton vom Intermediat. Dies verhindert die Rückwandlung des Intermediats in die Reaktanten.
- Die Chlorsulfitgruppe ist eine schwächere Base als ein Halogenidion, also wird sie von diesem ersetzt.

Die vorangegangenen Reaktionen funktionieren gut mit primären und sekundären Alkoholen, doch tertiäre Alkohole ergeben schlechte Ausbeuten, da das bei einem tertiären Alkohol gebildete Intermediat durch seine sterische Abschirmung einen Rückseitenangriff des Halogenidions erschwert.

Die ► Tabelle 10.1 fasst einige der gebräuchlichen Methoden für die Umwandlung von Alkoholen in Halogenalkane zusammen.

ROH	+	HBr	$\xrightarrow{\Delta}$	RBr
ROH	+	HI	$\xrightarrow{\Delta}$	RI
ROH	+	HCl	$\xrightarrow[\Delta]{ZnCl_2}$	RCl
ROH	+	PBr_3	$\xrightarrow[\text{Pyridin}]{}$	RBr
ROH	+	PCl_3	$\xrightarrow[\text{Pyridin}]{}$	RCl
ROH	+	$SOCl_2$	$\xrightarrow[\text{Pyridin}]{}$	RCl

Tabelle 10.1: Gebräuchliche Methoden für die Überführung von Alkoholen in Halogenalkane.

Ü 9 Welche Stereoisomere werden bei den folgenden Reaktionen gebildet?

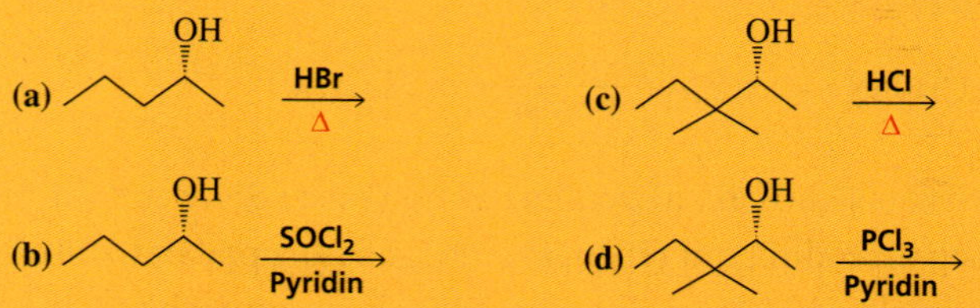

Überführung von Alkoholen in Sulfonsäureester 10.3

Ein anderer Weg für die Aktivierung eines primären oder sekundären Alkohols für die weitere Reaktion mit einem Nucleophil – statt der Umwandlung in ein Halogenalkan – ist die Umwandlung in einen Sulfonsäurester.

Die Bildung eines Sulfonsäureesters

Ein **Sulfonsäureester** bildet sich, wenn ein Alkohol mit einem Sulfonsäurechlorid reagiert. (Beachten Sie, dass Schwefel in der dritten Reihe des Periodensystems steht und damit eine erweiterte Valenzschale aufweist – es wird von 12 Elektronen umgeben.)

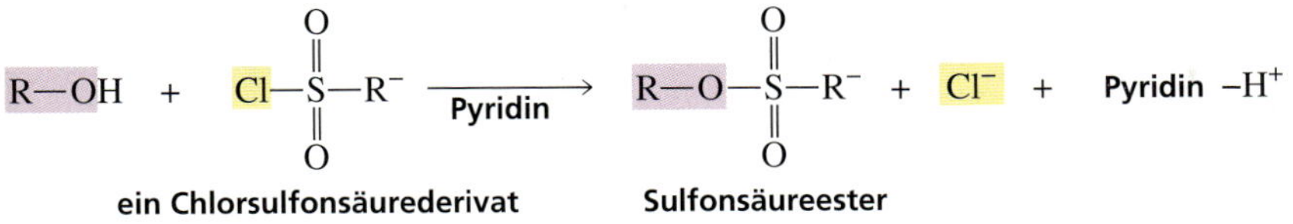

Die Reaktion ist eine nucleophile Substitution. Der Alkohol verdrängt das Chloratom als Chloridion. Als Lösungsmittel dient wieder Pyridin, das auch hier ein Proton von Intermediat entfernt.

Mechanismus der Umwandlung eines Alkohols in einen Sulfonsäureester

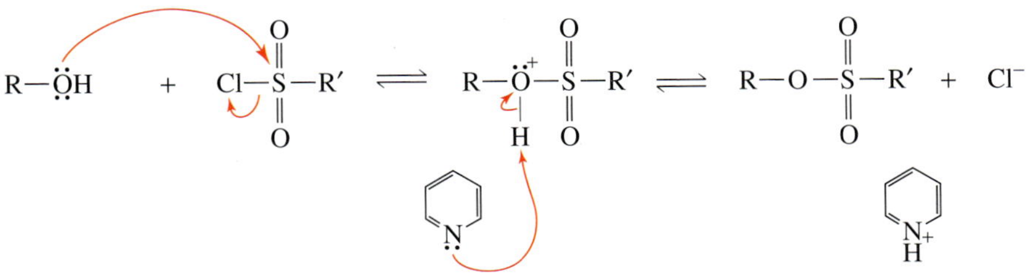

- Der erste Schritt ist eine S_N2-Reaktion am Schwefelatom.
- Pyridin entfernt ein Proton vom Intermediat. Dies verhindert die Rückwandlung des Intermediats in die Reaktanten.

Für die Aktivierung stehen verschiedene Sulfonsäurechloride zur Verfügung. Das gebräuchlichste ist das *para*-Toluolsulfonsäurechlorid (als TsCl abgekürzt). Der in dieser Reaktion von TsCl und einem Alkohol gebildete Sulfonsäureester wird als Tosylalkan oder **Alkyltosylat** bezeichnet (abgekürzt als ROTs).

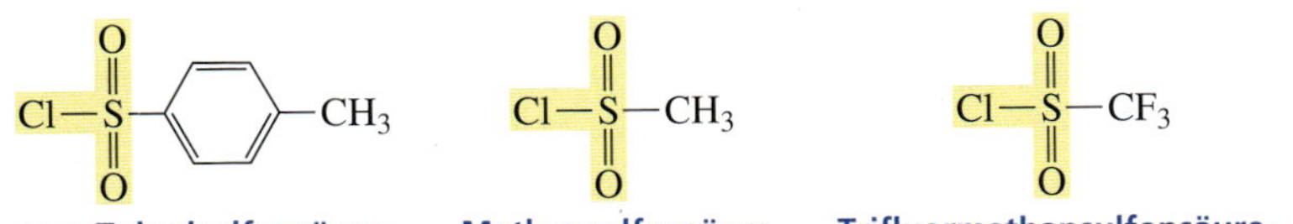

Sulfonsäureester in Substitutionsreaktionen

Nachdem der Alkohol durch die Überführung in einen Sulfonsäureester aktiviert worden ist, wird ein geeignetes Nucleophil zugesetzt. (Beachten Sie, dass in allen Fällen das hinzugegebene Nucleophil ein *deutlich* besseres Nucleophil ist als das Chloridion, das ebenfalls in der Reaktionslösung vorliegt, da es bei der Reaktion zur Bildung des Sulfonsäureesters als Abgangsgruppe abgespalten worden.) Diese Reaktionen verlaufen über den S_N2-Mechanismus und laufen bereitwillig schon bei Zimmertemperatur ab, da der Sulfonsäureester eine exzellente Abgangsgruppe darstellt. Sulfonsäureester reagieren mit einer großen Vielzahl von Nucleophilen, können somit für die Synthese einer Vielfalt organischer Verbindungen eingesetzt werden.

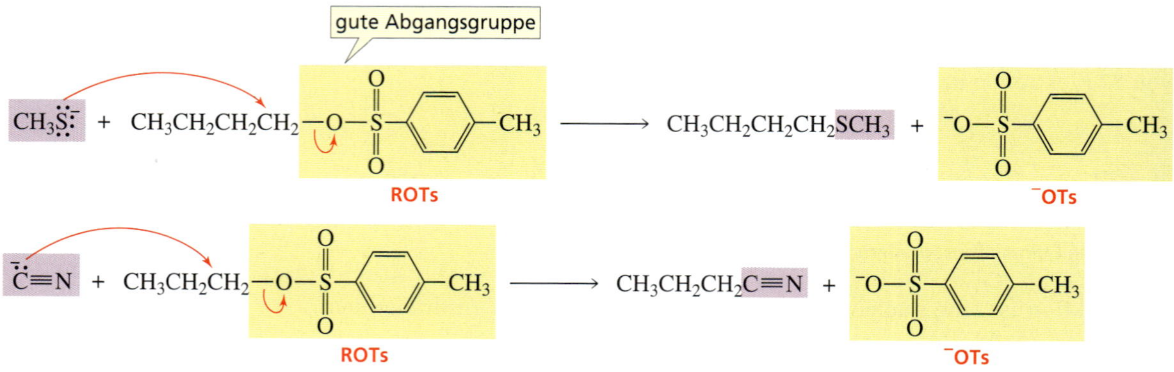

Die Substitutionsreaktion wird nicht stattfinden, falls der Alkohol, der den Sulfonsäureester bildet, tertiär ist, da dieser sterisch zu gehindert ist, um die nachfolgende S_N2-Reaktion durchzuführen. (Erinnern Sie sich daran, dass tertiäre Halogenalkane keine S_N2-Reaktionen durchführen; Abschnitt 9.2.)

Ein Sulfonsäureester besitzt eine sehr gute Abgangsgruppe. Eine Sulfonsäure ist eine sehr starke Säure ($pK_S = -6{,}5$), da ihre konjugierte Base durch die Delokalisation der negativen Ladung über drei Sauerstoffatome vergleichsweise stabil (schwach) ist. (Rufen Sie sich aus Abschnitt 8.6 in Erinnerung, dass die Delokalisation von Elektronen eine Verbindung stabilisiert.) Daher ist die Abgangsgruppe eines Sulfonsäureesters etwa 100-mal besser als ein Chloridion.

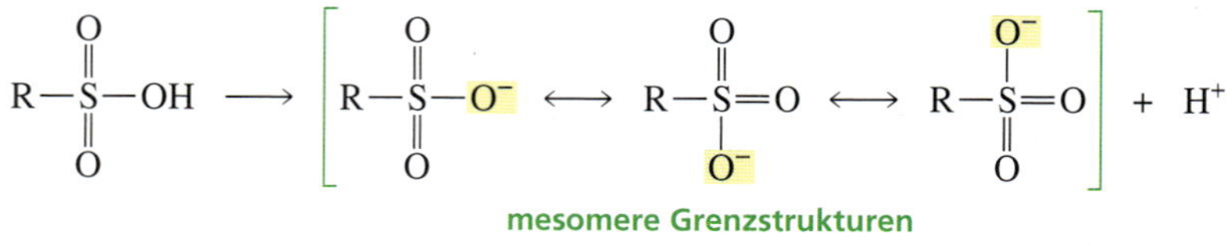

HINTERGRUND

■ Das Unvermögen eine S_N2-Reaktion durchzuführen führt zu einer schweren Krankheit

Im menschlichen Körper katalysiert ein Enzym namens HGPRT die unten gezeigte nucleophile Substitution. Die Pyrophosphatgruppe ist eine exzellente Abgangsgruppe, da die Elektronen, die beim Abgang der Gruppe freigesetzt werden – wie beim Abgang einer Sulfonatgruppe – durch Delokalisation stabilisiert sind.

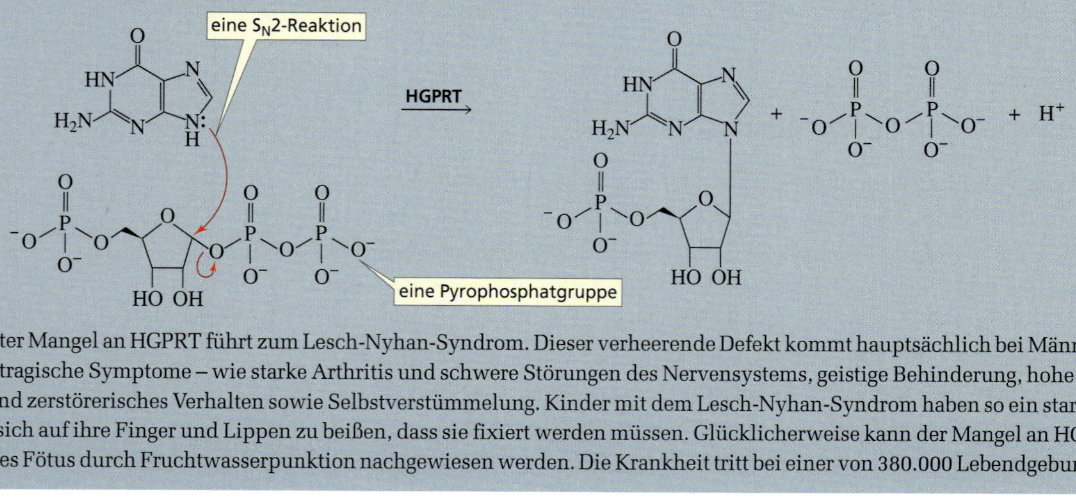

Ein ernster Mangel an HGPRT führt zum Lesch-Nyhan-Syndrom. Dieser verheerende Defekt kommt hauptsächlich bei Männern vor und hat tragische Symptome – wie starke Arthritis und schwere Störungen des Nervensystems, geistige Behinderung, hohe Aggressivität und zerstörerisches Verhalten sowie Selbstverstümmelung. Kinder mit dem Lesch-Nyhan-Syndrom haben so ein starkes Verlangen, sich auf ihre Finger und Lippen zu beißen, dass sie fixiert werden müssen. Glücklicherweise kann der Mangel an HGPRT in Zellen des Fötus durch Fruchtwasserpunktion nachgewiesen werden. Die Krankheit tritt bei einer von 380.000 Lebendgeburten auf.

Ü 10 mit Lösung

Erklären Sie, warum der Ether, den man erhält, wenn man einen optisch aktiven Alkohol mit PBr_3 in Pyridin und nachfolgend mit Methoxidionen umsetzt, die gleiche Konfiguration besitzt wie der ursprüngliche Alkohol, wohingegen der Ether, den man erhält, wenn man denselben Alkohol zunächst mit Tosylchlorid und nachfolgend mit Natriummethoxid umsetzt, die dem Alkohol entgegengesetzte Konfiguration aufweist.

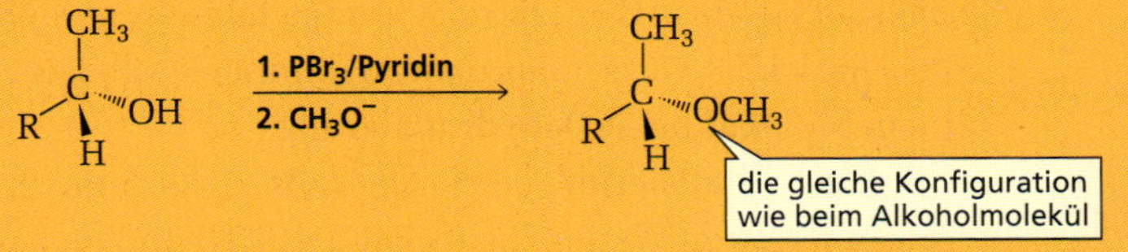

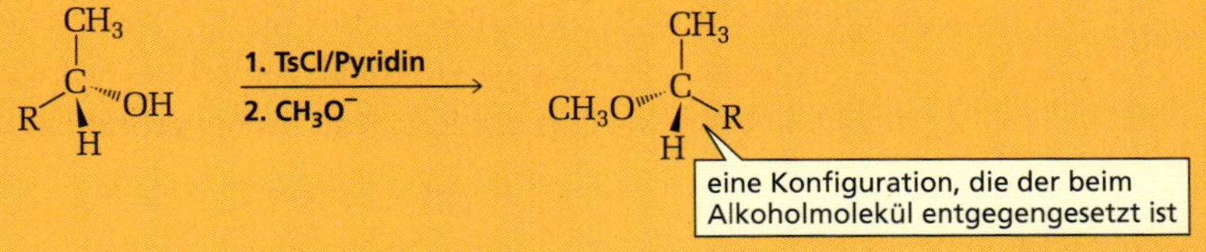

Lösung

Die Umwandlung eines Alkohols in einen Ether über den Umweg über ein Halogenalkan erfordert zwei nacheinander erfolgende S_N2-Reaktionen: (1) Angriff von Br^- auf das Bromphosphit-Intermediat, und (2) Angriff von CH_3O^- auf das Halogenalkan. Jede der S_N2-Reaktionen geht mit einer Konfigurationsumkehr einher. Das Endprodukt besitzt also die gleiche Konfiguration wie die Ausgangsverbindung.

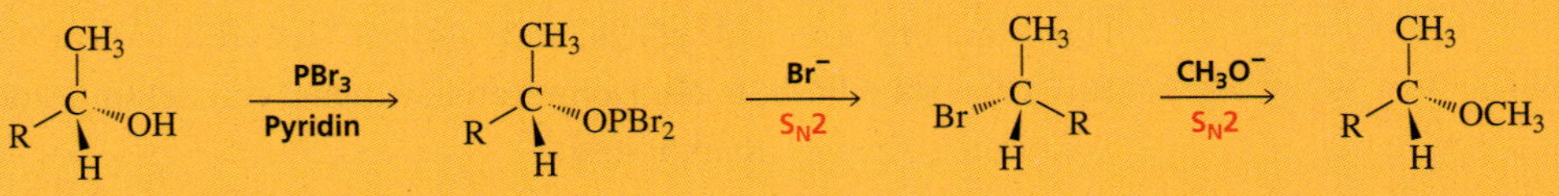

Im Gegensatz dazu verläuft die Überführung eines Alkohols in einen Ether über den Umweg eines Alkyltosylats nur über eine S_N2-Reaktion: Den Angriff des Methanolats auf das Alkyltosylat. Daher haben die Ausgangsverbindung und das Endprodukt entgegengesetzte Konfigurationen.

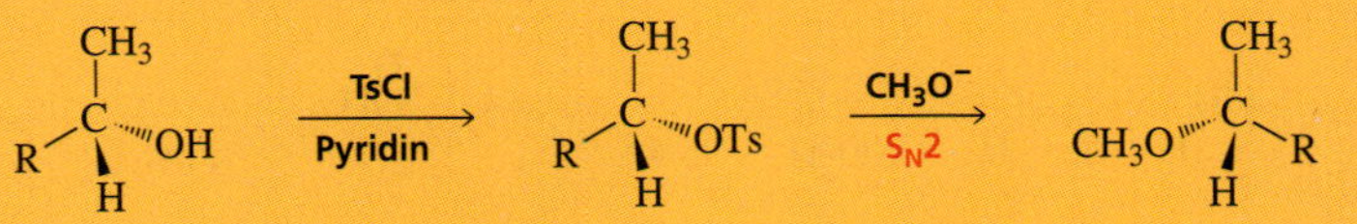

Ü 11 Welche Stereoisomere werden bei den folgenden Reaktionen gebildet?

(a) 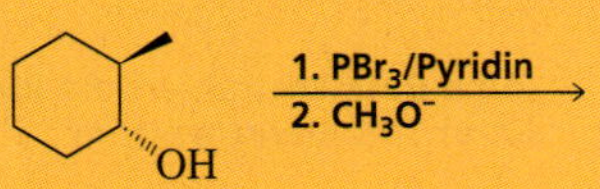

(c) 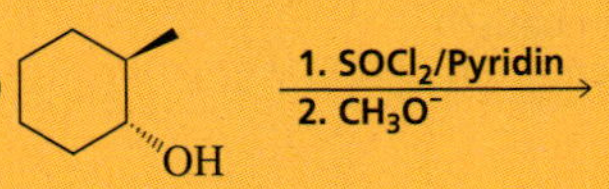

(b) 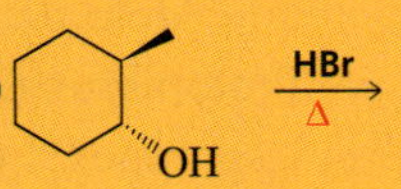

(d) 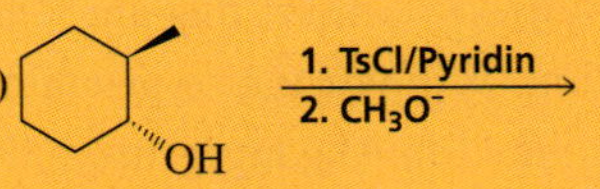

Ü 12 Zeigen Sie, wie sich 1-Propanol über einen Sulfonatester in die folgenden Verbindungen umwandeln lässt:

(a) $CH_3CH_2CH_2SCH_2CH_3$

(b) $CH_3CH_2CH_2OCH_2CHCH_3$ (mit CH_3 an CH)

Eliminierungsreaktionen von Alkoholen: Dehydratisierung 10.4

Ein Alkohol kann eine Eliminierung durchlaufen, indem er die OH-Gruppe und ein H-Atom von einem benachbarten C-Atom abgibt. Das Endprodukt der Reaktion ist ein Alken. In der Summe handelt es sich um die Eliminierung eines Moleküls Wasser aus dem Alkoholmolekül. Die Abgabe von Wasser aus einem Molekül heißt **Dehydratisierung**.

Die Dehydratisierung eines Alkohols verläuft unter Säurekatalyse und der Anwendung von Wärme. Schwefel- (H_2SO_4) und Phosphorsäure (H_3PO_4) sind die gebräuchlichsten Säuren, die für diesen Zweck katalytisch eingesetzt werden. Erinnern Sie sich, dass ein Katalysator die Geschwindigkeit einer Reaktion erhöht, aber im Verlauf der Reaktion nicht verbraucht wird (Abschnitt 5.13).

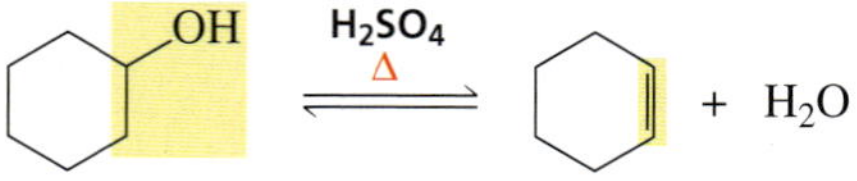

Die E1-Dehydratisierung von sekundären und tertiären Alkoholen

Der Mechanismus der säurekatalysierten Dehydratisierung hängt von der Struktur des Alkohols ab: Dehydratisierungen von sekundären und tertiären Alkoholen sind E1-Reaktionen.

Mechanismus der E1-Dehydratisierung von Alkoholen

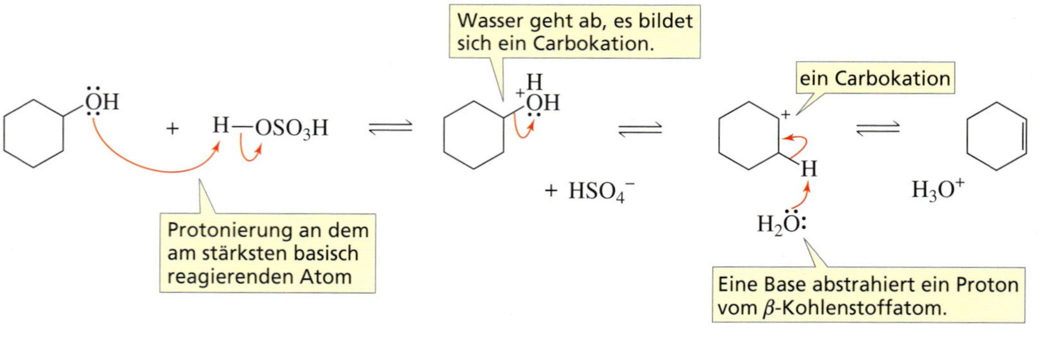

- Die Säure protoniert das am stärksten basisch reagierende Atom des Reaktanten. Wie wir zuvor gesehen haben, überführt die Protonierung eine sehr schlechte Abgangsgruppe (HO^-) in eine gute Abgangsgruppe (H_2O).
- Wasser wird aus dem Molekül abgestoßen und hinterlässt ein Carbokation.
- Eine in der Reaktionsmischung vorliegende Base (Wasser ist hier die in höchster Konzentration vorliegende Base) abstrahiert ein Proton von einem der β-Kohlenstoffatome (ein dem positiv geladenen C-Atom benachbartes) unter Bildung eines Alkens. Dabei wird der saure Katalysator regeneriert. Man beachte, dass die Dehydratisierung eine E1-Reaktion eines protonierten Alkohols ist.

MERKE!

Sekundäre und tertiäre Alkohole unterziehen sich der Dehydratisierung über den E1-Reaktionsweg.

Wenn eine säurekatalysierte Dehydratisierung mehr als ein Eliminierungsprodukt bilden kann, ist das Hauptprodukt das höher substituierte (stabilere) Alken – dasjenige, das man erhält, wenn man ein Proton von dem β-Kohlenstoffatom entfernt, das die wenigsten H-Atome gebunden hält (Abschnitt 9.7).

Das stabilere Alken ist das Hauptprodukt, weil es den stabileren Übergangszustand hat, der zu seiner Bildung führt (▶ Abbildung 10.1).

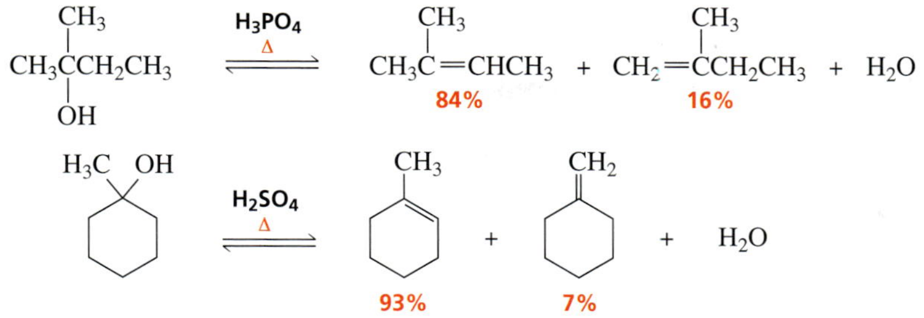

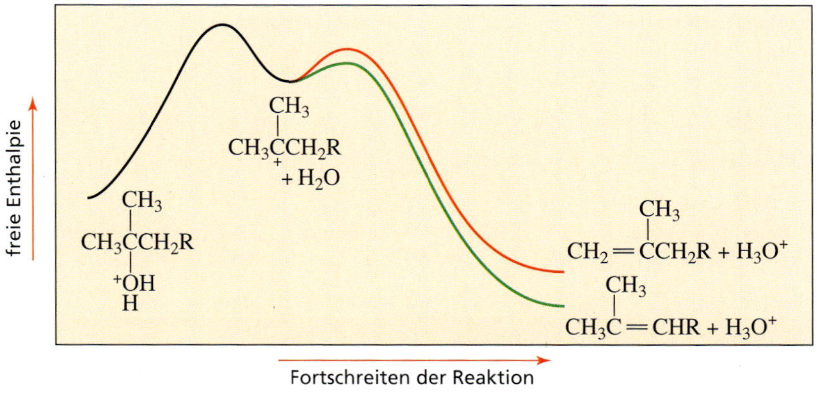

Abbildung 10.1: Das Hauptprodukt ist das stabilere Alken, weil der zu seiner Bildung führende Übergangszustand stabiler ist (grüne Linie), was eine schnellere Bildung erlaubt.

Beachten Sie, dass die säurekatalysierte Dehydratisierung eines Alkohols die Rückreaktion der säurekatalysierten Addition von Wasser an ein Alken darstellt (Abschnitt 6.5).

Um zu verhindern, dass das während der Dehydratisierung gebildete Alken durch die Addition von Wasser wieder in den Alkohol übergeht, kann das Alken fortwährend durch Destillation abgetrennt werden, weil es einen wesentlich niedrigeren Siedepunkt aufweist als der Alkohol (Abschnitt 3.9). Die Entfernung eines Reaktionsproduktes verschiebt das chemische Gleichgewicht auf die rechte Seite der Reaktionsgleichung (das ist das uns bekannte Prinzip von Le Châtelier; Abschnitt 5.7).

Da der geschwindigkeitsbestimmende Schritt der Dehydratisierung eines sekundären oder tertiären Alkohols die Bildung des intermediären Carbokations ist, spiegelt die Geschwindigkeit der Reaktion wider, wie schwierig die Bildung des Kations ist: Tertiäre Alkohole dehydratisieren am leichtesten, weil tertiäre Carbokationen stabiler sind und sich daher leichter bilden als sekundäre und primäre (Abschnitt 6.2).

Relative Schwierigkeit der Dehydratisierung

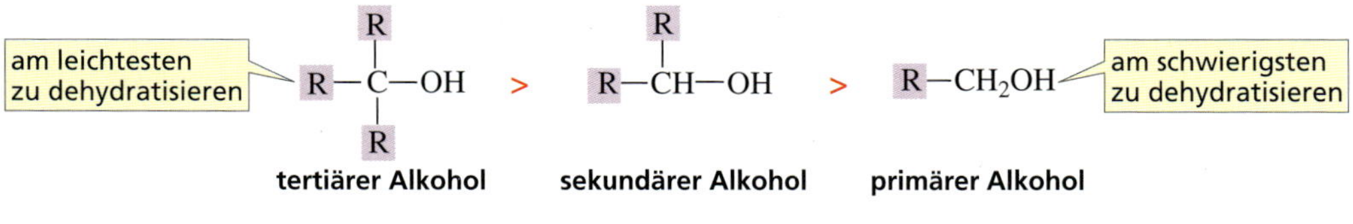

Die Dehydratisierung sekundärer und tertiärer Alkohole beinhaltet die Bildung eines Carbokations als Zwischenstufe; man muss also die Struktur des Carbokations auf die Möglichkeit einer Umlagerung hin untersuchen. Ein Carbokation wird sich, wie Sie bereits zur Genüge wissen, umlagern, um ein stabileres zu bilden, falls dies möglich ist (Abschnitt 6.7). Zum Beispiel lagert sich das im folgenden Beispiel anfänglich gebildete sekundäre Carbokation in ein stabileres tertiäres um:

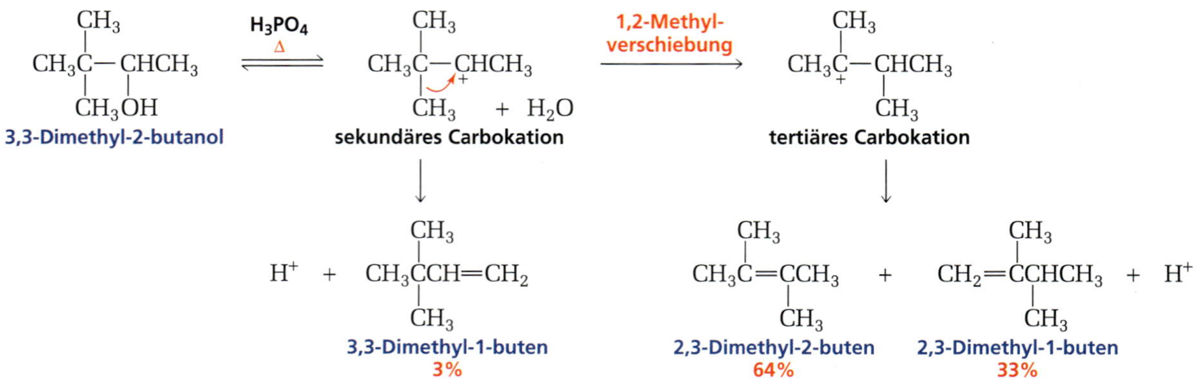

Ü 13* Welcher der folgenden Alkohole würde beim Erhitzen in Gegenwart von Säure am raschesten einer Dehydratisierung unterliegen?

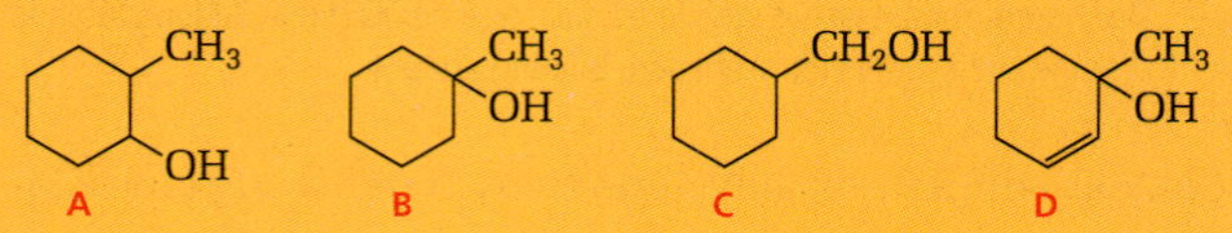

Die E2-Dehydratisierung von primären Alkoholen

MERKE!

Primäre Alkohole unterziehen sich über den E2-Reaktionsweg der Dehydratisierung.

Während die Dehydratisierung eines tertiären oder sekundären Alkohols nach dem E1-Mechanismus verläuft, ist die Dehydratisierung eines primären Alkohols eine E2-Reaktion, weil primäre Carbokationen, wie Sie bereits oft gehört haben, zu instabil für eine freie Existenz sind. Eine Base in der Reaktionsmischung (Wasser ist die Base mit der höchsten Konzentration), entfernt das Proton in der Eliminierungsreaktion.

E2-Mechanismus der Dehydratisierung eines primären Alkohols und die konkurrierende S_N2-Reaktion

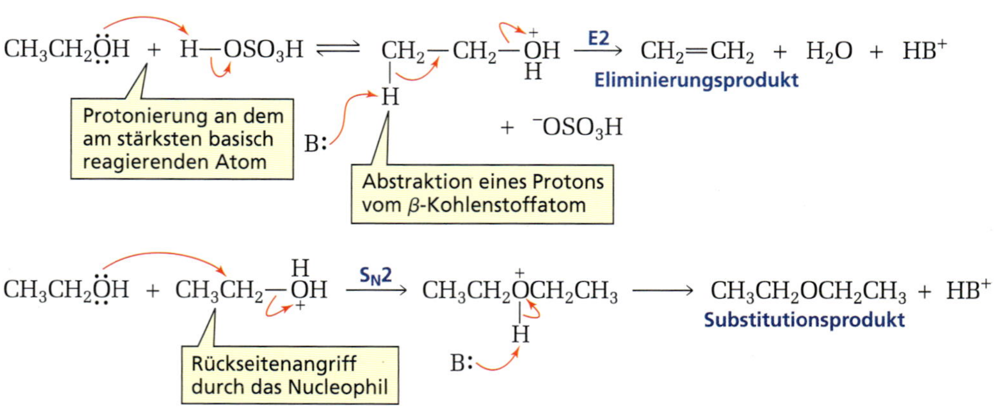

Als konkurrierende S_N2-Reaktion tritt die Bildung eines Ethers ein, da primäre Alkohole am stärksten zur Bildung von Substitutionsprodukten unter S_N2/E2-Bedingungen tendieren. Jedoch ist die Eliminierung, durch die für eine Dehydratisierung erforderlichen hohen Temperaturen, bevorzugt (Abschnitt 9.12).

Obgleich die Dehydratisierung eines primären Alkohols eine E2-Reaktion ist würden wir erwarten, dass 1-Buten das Produkt der E2-Dehydratisierung von 1-Butanol sein wird. Wir stellen jedoch fest, dass das Produkt tatsächlich 2-Buten ist.

$$\underset{\textbf{1-Butanol}}{CH_3CH_2CH_2CH_2OH} \xrightleftharpoons[\Delta]{H_2SO_4} \underset{\textbf{1-Buten}}{CH_3CH_2CH{=}CH_2} + H_2O \xrightleftharpoons{H^+} CH_3CH_2\overset{+}{C}HCH_3 \rightleftharpoons \underset{\textbf{2-Buten}}{CH_3CH{=}CHCH_3} + H^+$$

1-Buten ist zunächst das Produkt, allerdings addiert sich anschließend ein Proton aus der sauren Lösung an die Doppelbindung (in Übereinstimmungen mit der Regel für elektrophile Additionsreaktionen an das sp^2-Kohlenstoffatom, das an die meisten Wasserstoffatome gebunden ist) und bildet dadurch ein Carbokation (Abschnitt 6.4). Die Abspaltung eines Protons vom β-Kohlenstoffatom mit den wenigsten Wasserstoffatomen (Saytzeff-Regel) bildet 2-Buten (Abschnitt 9.8).

Ü 14 Was ist das Hauptprodukt der folgenden Alkohole bei ihrer Erhitzung in Gegenwart von H_2SO_4?

(a) 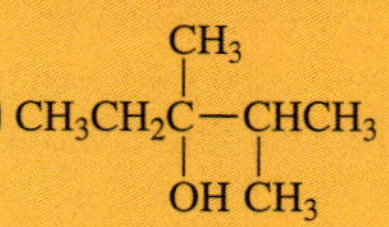

(c) 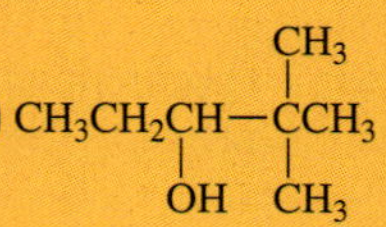

(e) $CH_2{=}CHCH_2CH_2OH$

(b) 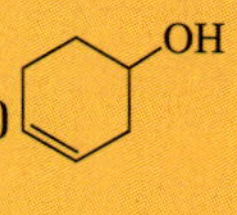

(d) $CH_3CH_2CH_2CH_2CH_2OH$

(f) 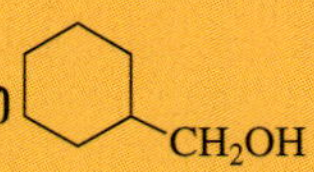

Ü 15 Das Erhitzen eines Alkohols mit Schwefelsäure ist eine gute Vorgehensweise, um symmetrische Ether wie Diethylether zu synthetisieren.

(a) Erklären Sie, warum dies keine gute Vorgehensweise zur Herstellung unsymmetrischer Ether wie Ethylpropylether ist.

(b) Wie ließe sich Ethylpropylether synthetisieren?

Ü 16 Schlagen Sie einen Mechanismus für die folgenden Reaktionen vor:

(a) 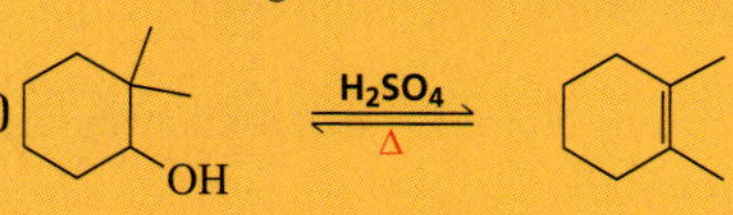

(b) 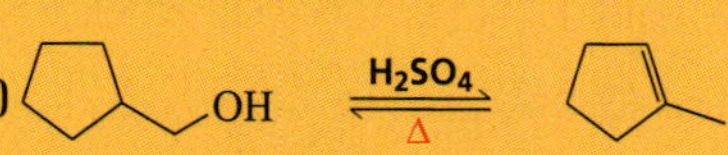

Ü 17 Zeichnen Sie das Produkt der folgenden Reaktionen:

(a) 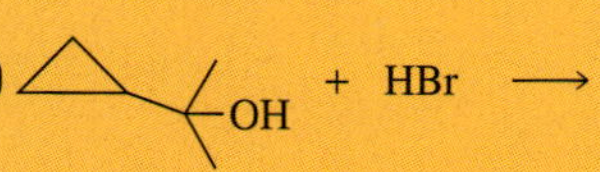

(b) 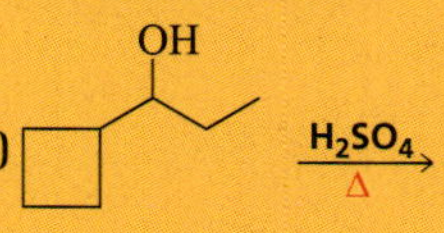

Ü 18 Erklären Sie, warum die folgenden Alkohole bei Reaktion mit heißer Säure das gleiche Alken bilden.

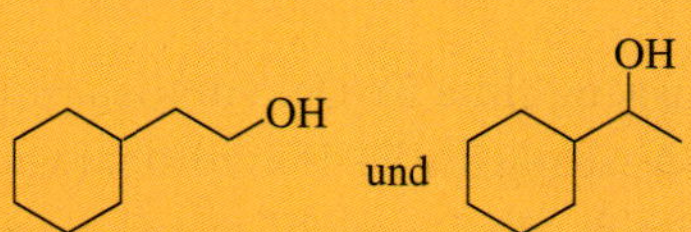

MERKE!

Alkohole gehen S_N1/E1-Reaktionen ein, außer wenn dabei ein primäres Carbokation gebildet werden müsste. In diesem Fall erfolgt Reaktion nach S_N2/E2.

STRATEGIEN ZUR PROBLEMLÖSUNG

■ Einen Mechanismus vorschlagen

Schlagen Sie einen Mechanismus für die folgende Reaktion vor:

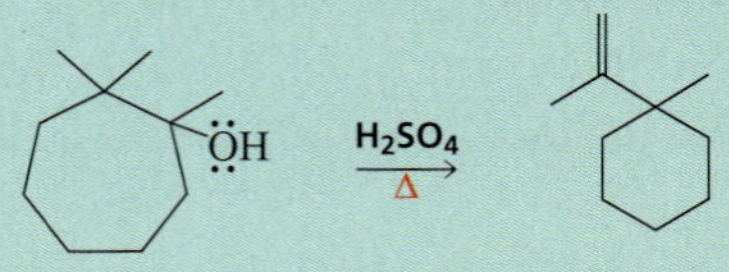

Selbst Mechanismen, die auf den ersten Blick kompliziert erscheinen, können einfach rationalisiert werden, indem Sie Schritt für Schritt vorgehen und dabei die Struktur des Produktes vor ihrem geistigen Auge behalten. Sie haben bereits gelernt, dass bei der Zugabe einer Säure zu einem Reaktanten das am stärksten basische Atom zuerst protoniert wird. In diesem Fall ist Sauerstoff das einzige basische Atom, also wird dieses protoniert. Die Abspaltung von Wasser bildet ein tertiäres Carbokation.

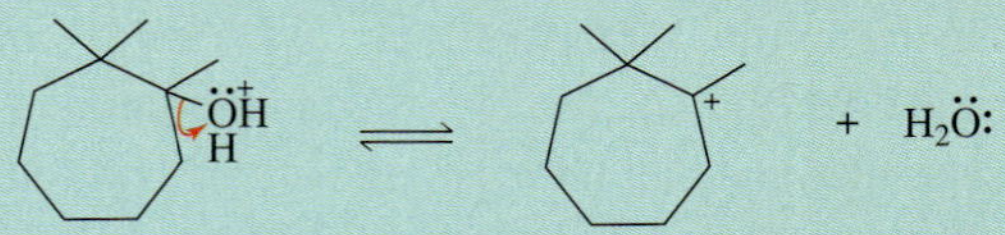

Da im Reaktanten ein siebengliedriger Ring auftaucht, das Produkt aber nur einem sechsgliedrigen Ring enthält, muss eine Kontraktion des Ringes stattfinden, um die Ringspannung im siebengliedrigen Ring abzubauen. (Beachten Sie, dass die Expansion eines Ringes durch eine 1,2-Alkylverschiebung stattfindet; Kapitel 6.) Bei der *Kontraktion* oder *Expansion* eines Ringes wird es für Sie vielleicht hilfreich sein, die Kohlenstoffatome in Reaktant und Produkt zu nummerieren. Von den beiden möglichen Reaktionspfaden der Ringkontraktion führt einer über ein tertiäres Carbokation und der andere über ein primäres Carbokation. Der in der Realität eingeschlagene Pfad führt über das tertiäre Carbokation, da nur hier die gleiche Anordnung der Atome wie im Produkt resultiert und primäre Carbokationen zu instabil sind, um gebildet zu werden.

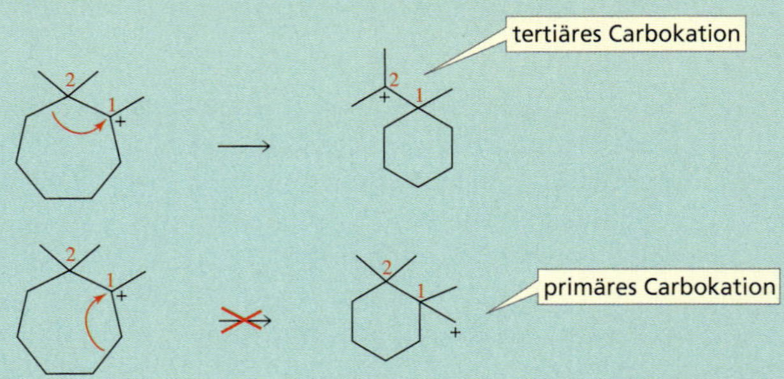

Das Endprodukt wird durch das Entfernen eines Protons vom β-Kohlenstoffatom des umgelagerten Carbokations gebildet.

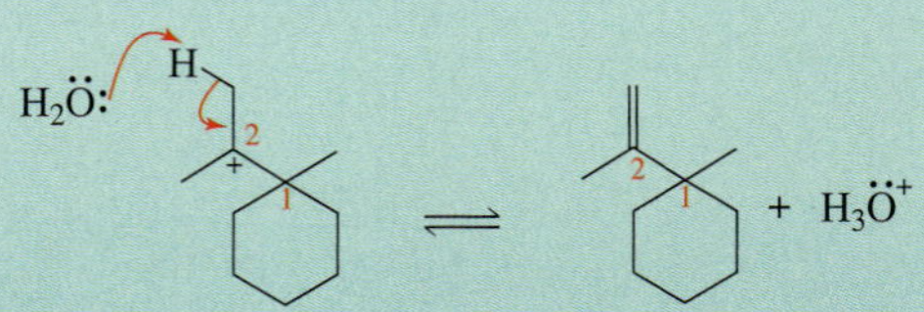

Die Stereochemie der Dehydratisierung

Der stereochemische Ausgang einer E1-Dehydratisierung eines Alkohols ist mit dem stereochemischen Ausgang der E1-Dehydrohalogenierung eines Halogenalkans identisch. Das heißt, dass sowohl das *E*- wie das *Z*-Isomer gebildet werden. Das Hauptprodukt ist jenes, bei welchem die raumfüllenden Gruppen an jedem der sp^2-Kohlenstoffatome sich auf gegenüberliegenden Seiten der Doppelbindung befinden; das heißt, das stabilere Stereoisomer bildet sich rascher, da der Übergangszustand, der zu seiner Bildung führt, stabiler ist (Abschnitt 9.10).

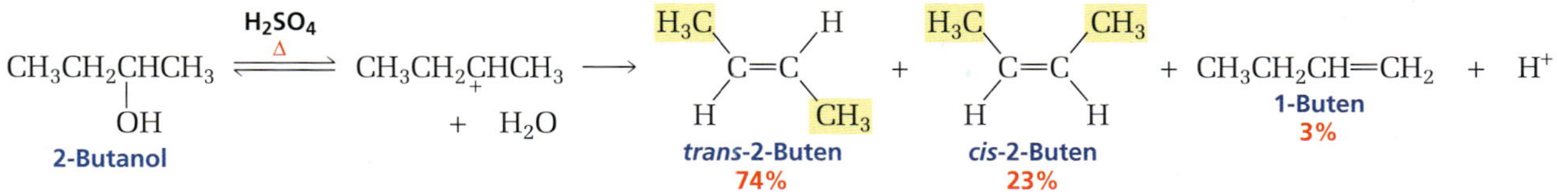

Ü 19* Welche Stereoisomere werden in den folgenden Reaktionen gebildet? Welches Stereoisomer ist das Hauptprodukt?

(a) die säurekatalysierte Dehydratisierung von 1-Pentanol zu 2-Penten

(b) die säurekatalysierte Dehydratisierung von 3,4-Dimethyl-3-hexanol zu 3,4-Dimethyl-3-hexen

Ü 20* Wenn die nebenstehende Verbindung in Gegenwart von H_2SO_4 erhitzt wird,

(a) würde welches Konstitutionsisomer in größerer Ausbeute gebildet werden?

(b) würde welches Stereosiomer in größerer Ausbeute gebildet werden?

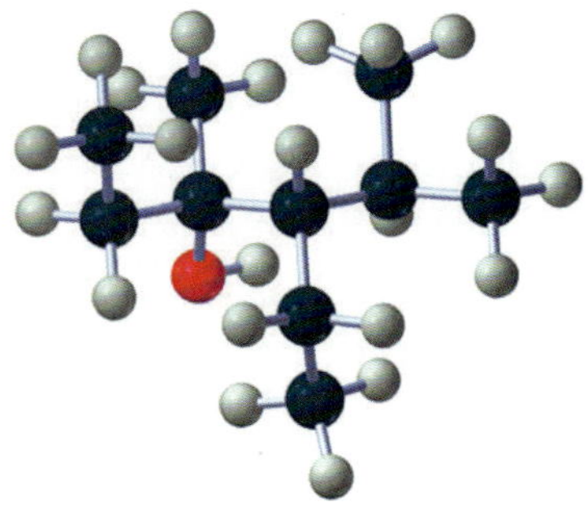

HINTERGRUND

■ Biochemische Dehydratisierungen

Dehydratisierungen laufen auch in Zellen ab. Allerdings werden sie dort nicht von starken Säuren katalysiert, die in einer Zelle nicht verfügbar sind, sondern von Enzymen. So katalysiert z. B. Enolase die Dehydratisierung von 2-Phosphoglycerat in der Glycolyse. Die Glycolyse ist eine Reihe von Reaktionen, die Glucose für den Eintritt in den Citratzyklus in geeigneter Weise umwandeln (Abschnitt 24.6).

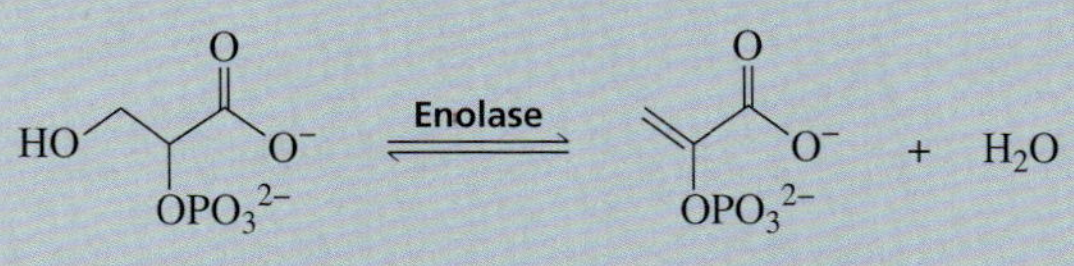

2-Phosphoglycerat — Phosphoenolpyruvat

Fumarase katalysiert die Dehydratisierung von Malat im Citratzyklus. Der Citratzyklus besteht aus einer Reihe von Reaktionen, die aus Kohlenhydraten, Fettsäuren und Aminosäuren abgeleitete Verbindungen oxidieren (Abschnitt 24.9).

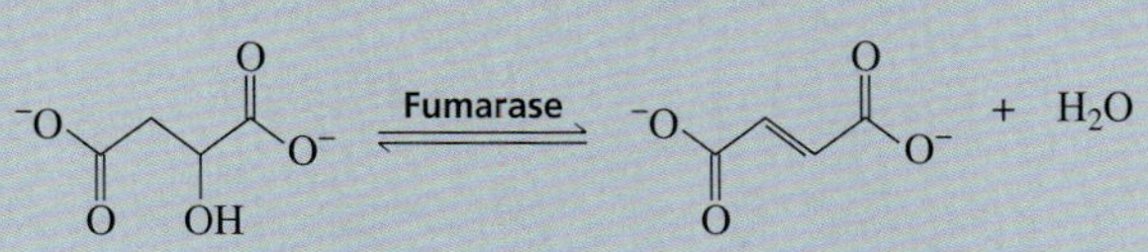

Malat — Fumarat

Eine E1-Dehydratisierung in eine E2-Dehydratisierung umwandeln

Die relativ drastischen Bedingungen (Säure plus Hitze), die für die Dehydratisierung eines Alkohols notwendig sind, und die strukturellen Veränderungen, die sich aus der Carbokationenumlagerung in E1-Reaktionen ergeben, können zu niedrigen Ausbeuten des gewünschten Produktes führen. Eine Dehydratisierung kann jedoch in Pyridin unter deutlich milderen Bedingungen durchgeführt werden, die eine E2-Reaktion durch Austausch der OH-Gruppe mit einer guten Abgangsgruppe begünstigen.

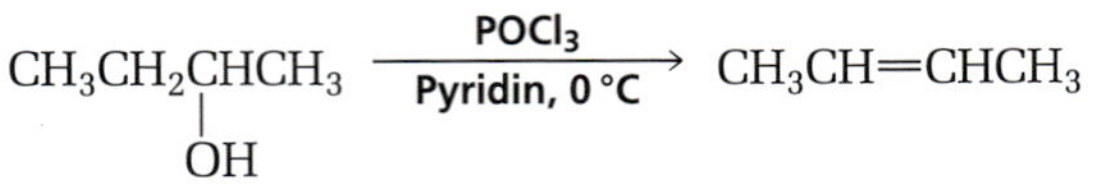

Die Reaktion mit $POCl_3$ überführt beispielsweise die OH-Gruppe des Alkohols in eine $OPOCl_2$-Gruppe, die eine gute Abgangsgruppe ist. Die basischen Reaktionsbedingungen (Pyridin ist das Lösungsmittel, daher liegt es im großer Konzentration vor) begünstigen einen Verlauf nach E2, so dass kein Carbokation gebildet und ergo auch nicht umgelagert wird. Pyridin entfernt ein Proton, um die Rückreaktion des Intermediates in die Ausgangsstoffe zu verhindern und wird zudem als Base in der eigentlichen E2-Reaktion. Pyridin verhindert zudem die Akkumulation von HCl, das sonst an das Alken addieren würde.

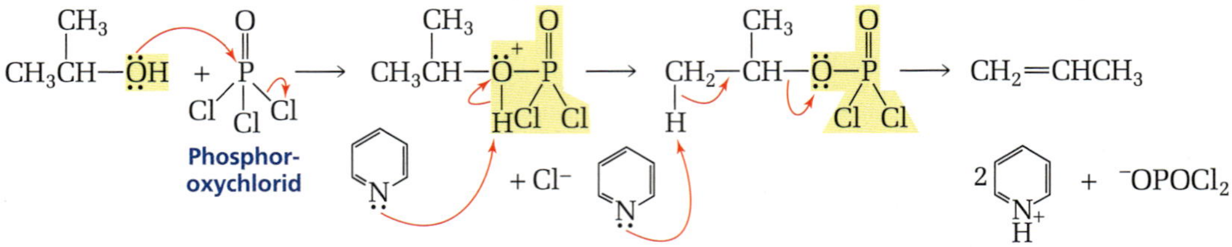

Sulfonsäureester sind ebenfalls gute Abgangsgruppen. Daher kann die Dehydratisierung über eine E2-Reaktion durch die Umwandlung eines Alkohols in einen Sulfonsäureester und anschließender Zugabe einer starken Base erreicht werden. Diese Reaktionen funktionieren gut mit sekundären und tertiären Alkohol, durch die konkurrierenden Substitutionsreaktionen sind primäre Alkohole allerdings weniger geeignet.

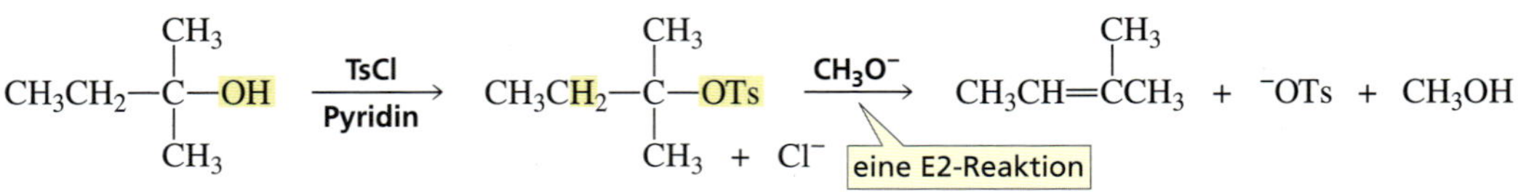

Ü 21* Welchen Alkohol würden Sie mit Phosphoroxychlorid und Pyridin behandeln, um die folgenden Alkene zu erhalten?

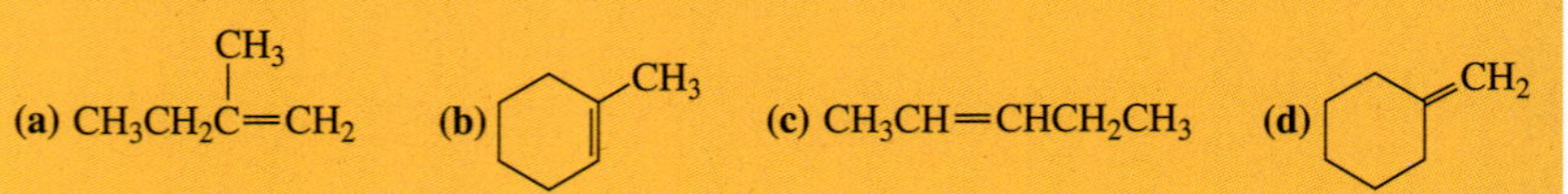

Die Oxidation von Alkoholen 10.5

Chrombasierte Oxidationsmittel

Eine Reihe von verschiedenen Reagenzien sind verfügbar, um Alkohole zu oxidieren. Für viele Jahre war Chromsäure (H_2CrO_4) ein gebräuchliches Reagenz, die durch die Zugabe von Natriumdichromat ($Na_2Cr_2O_7$) in wässriger Säure hergestellt wurde. *Sekundäre Alkohole* werden dabei zu *Ketonen* oxidiert.

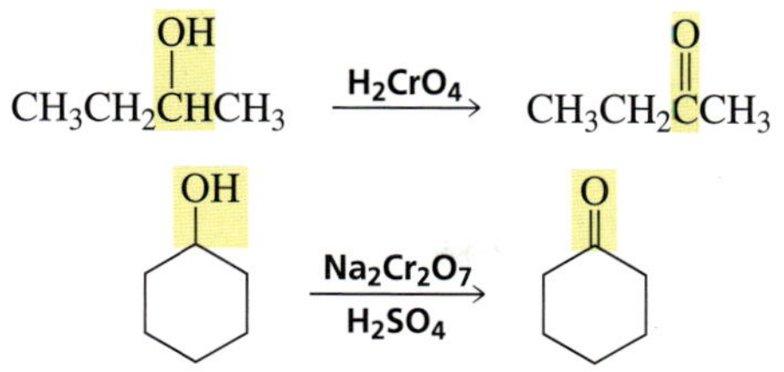

sekundäre Alkohole **Ketone**

Primäre Alkohole werden durch Chromsäure anfänglich zu *Aldehyden* oxidiert. Die Reaktion bleibt jedoch nicht auf der Stufe des Aldehyds stehen. Der Aldehyd wird vielmehr weiter oxidiert bis zur *Carbonsäure.* Diese Reaktionen können einfach als Oxidation erkannt werden, da die Anzahl der C—H-Bindungen abnimmt und die Anzahl der C—O-Bindungen zunimmt (Abschnitt 6.8).

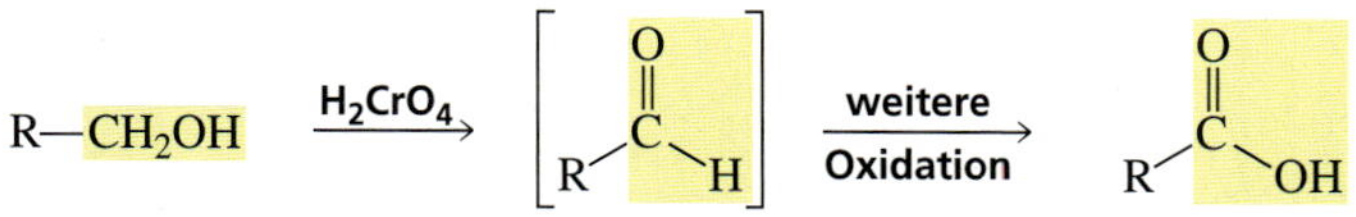

primärer Alkohol **Aldehyd** **Carbonsäure**

Pyridiniumchlorochromat (PCC) ist ein mildes Oxidationsreagenz. Es oxidiert sekundäre Alkohole ebenfalls zu Ketonen, bei primären Alkoholen bleibt die Reaktion allerdings auf der Stufe des Aldehyds stehen. PCC muss in einem trockenen (= wasserfreien) Lösungsmittel wie CH_2Cl_2 verwendet werden, da Aldehyde bei Anwesenheit von Wasser trotzdem zu Carbonsäuren reagieren.

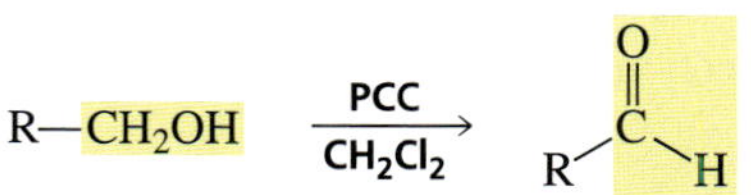

primärer Alkohol **Aldehyd**

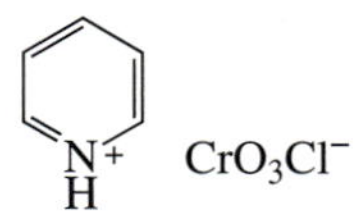

Pyridinium-chlorochromat PCC

Man beachte, dass bei der Oxidation von primären wie von sekundären Alkoholen ein H-Atom von dem Kohlenstoffatom, das die OH-Gruppe trägt, abgespalten wird. Das C-Atom eines tertiären Alkohols, das die OH-Gruppe trägt, besitzt keine direkt gebundenen H-Atome, folglich kann seine OH-Gruppe nicht zu einer Carbonylgruppe oxidiert werden.

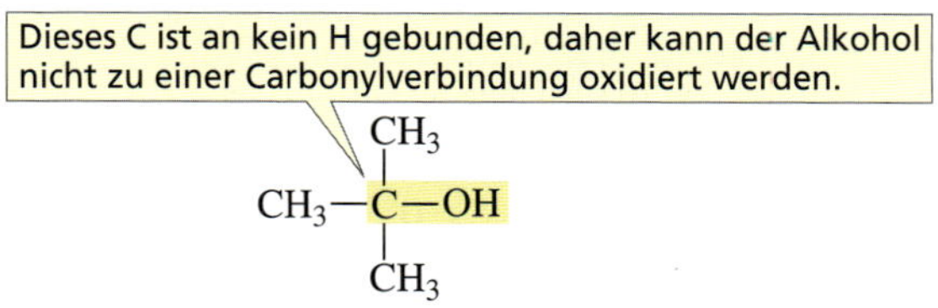

tertiärer Alkohol

Hypochlorige Säure als Oxidationsreagenz

Wegen der Giftigkeit von chrombasierten Reagenzien wurden andere Verbindungen für die Oxidation von Alkoholen entwickelt. Eine häufig verwendete Verbindung ist die hypochlorige Säure (HOCl). Da HOCl instabil ist, wird sie erst in der Reaktionslösung durch die Säure-Base-Reaktion zwischen H^+ und ^-OCl (durch Verwendung von CH_3OOH und NaOCl) hergestellt. Sekundäre Alkohole werden zu Ketonen oxidiert und primäre Alkoholen zu Aldehyden.

MERKE!

Primäre Alkohole werden von HOCl zu Aldehyden oxidiert.

MERKE!

Sekundäre Alkohole werden zu Ketonen oxidiert.

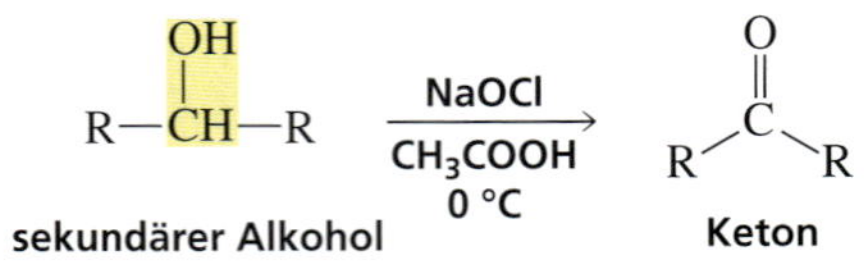

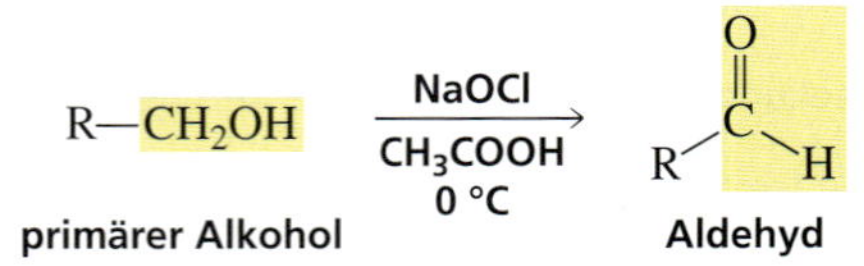

Mechanismus der Oxidation eines Alkohols durch HOCl

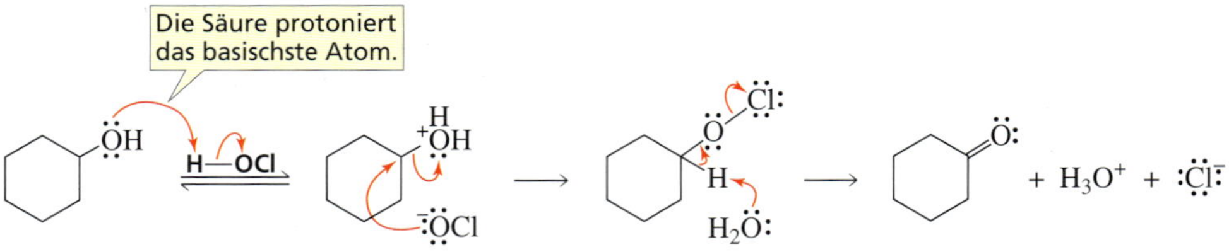

- Die Säure protoniert das Sauerstoffatom (das basischste Atom in Alkohol).
- Da die Reaktion nicht unter Hitze abläuft, verlässt Wasser nicht spontan das Molekül, wird aber durch das Hypochloridion in einer S_N2-Reaktion aus dem Molekül befördert.
- Eine Base in der Reaktionsmischung (Wasser ist die Base, die in der höchsten Konzentration vorliegt) entfernt ein Proton von dem Kohlenstoffatom, das an die O—Cl-Gruppe gebunden ist, und die sehr schwache O—Cl-Bindung bricht.

Die Swern-Oxidation

Die Swern-Oxidation greift ebenfalls auf ungiftige Reagenzien zurück – Dimethylsulfoxid [$(CH_3)_2SO$], Oxalylchlorid [$(COCl)_2$] und Triethylamin. Wie bei HOCl werden primäre Alkohole zu Aldehyden oxidiert und sekundäre Alkohole zu Ketonen.

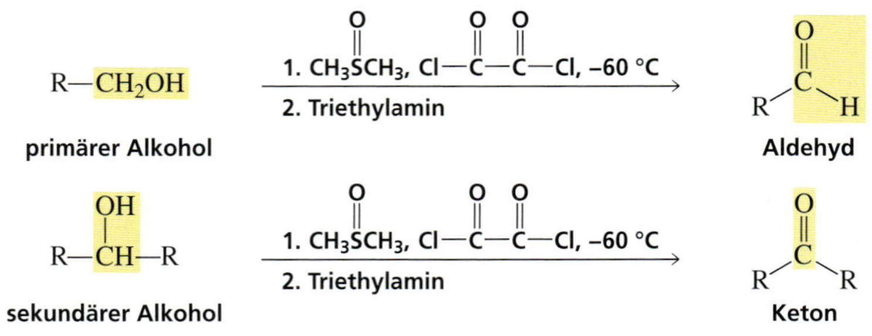

Das eigentliche Oxidationsreagenz ist das Dimethylchlorsulfoniumion (Kapitel 16).

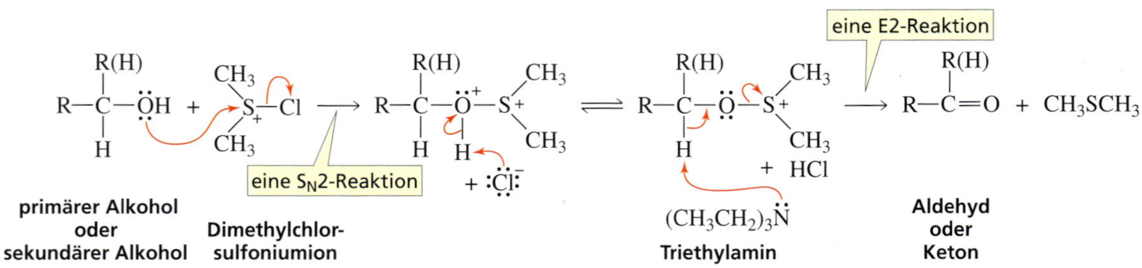

- Der Alkohol verdrängt das Chloridion in einer S_N2-Reaktion.
- Das Intermediat verliert ein Proton.
- Triethylamin entfernt ein Proton in einer E2-Reaktion und bildet das Aldehyd (oder Keton).

HINTERGRUND

Die Konzentration von Alkohol im Blut

Bei der Bewegung von Blut durch unsere Arterien und unsere Lungen bildet sich ein Gleichgewicht zwischen den Alkohol in unserem Blut und dem Alkohol in unserem Atem. Wenn einer der beiden Konzentrationen bekannt ist, kann auch die andere bestimmt werden.

Dieser Umstand wird von Gesetzeshütern ausgenutzt, um die Konzentration von Alkohol im Blut einer Person durch Oxidation von Atemalkohol zu bestimmen. Bei diesem Test bläst die Person in ein Gerät und ein bestimmtes Volumen gelangt in eine Lösung von Chromsäure, einem Oxidationsreagenz. Bei der Oxidation von Alkohol entstehen in dieser Reaktion grüne Chromionen. Dieses Gerät enthält ein Spektrophotometer, das das Ausmaß der Lichtabsorption durch die grünen Chromionen bestimmt – je größer die Absorption, desto größer die Konzentration der Chromionen und damit auch die Konzentration von Alkohol im Atem des Verkehrssünders (Abschnitt 13.21).

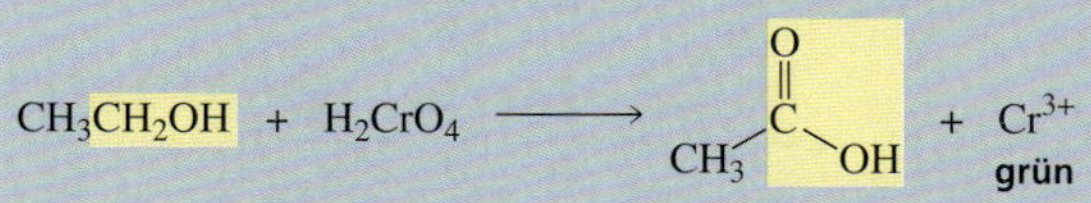

Die Behandlung von Alkoholismus mit Antabus

Disulfiram, bekannt unter dem Handelsnamen Antabus, wird zur Behandlung von Alkoholismus eingesetzt. Es führt zu starkem Unwohlsein, falls Alkohol innerhalb von zwei Tagen nach Einnahme des Medikaments konsumiert wird.

Antabus wirkt durch die Inhibition der Aldehyddehydrogenase gebildet, dem für die Oxidation von Acetaldehyd (einem Produkt des Ethanolabbaus) verantwortlichen Enzym. Dies sorgt für eine Akkumulation von Acetaldehyd. Dieses Aldehyd ist für die sehr unangenehmen physiologischen Effekte des Alkoholkonsums verantwortlich: starke Rötung, Schwindel, Müdigkeit, Schwitzen, Kopfschmerzen, verringerter Blutdruck und letztendlich Schock. Daher sollte Antabus nur unter medizinischer Aufsicht eingenommen werden. In Kapitel 23 werden wir uns mit der Vorbeugung der Symptome eines Katers beschäftigen.

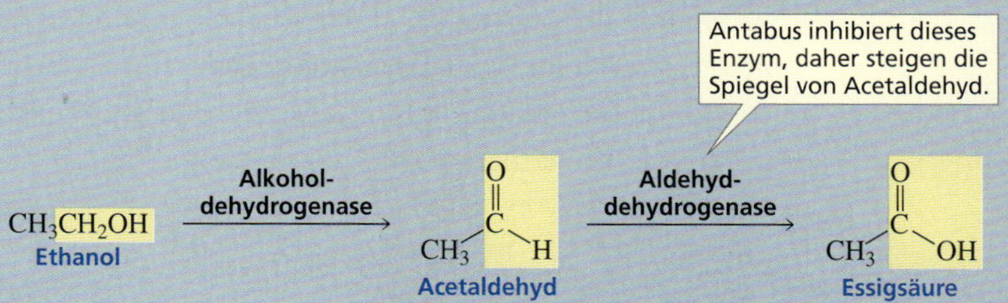

In manchen Menschen funktioniert die Aldehyddehydrogenase unter normalen Bedingungen nicht besonders gut. Ihre Symptome bei Alkoholkonsum entsprechen denen derer, die eine normale Person bei der Einnahme von Antabus und anschließendem Alkoholgenuss erfährt.

HINTERGRUND

■ Methanolvergiftung

Zusätzlich zu der Oxidation von Alkohol zu Acetaldehyd kann die Alkoholdehydrogenase Methanol in Formaldehyd umwandeln. Formaldehyd schädigt viele Gewebe; da das Auge besonders sensibel ist, kann Formaldehyd zu Blindheit führen.

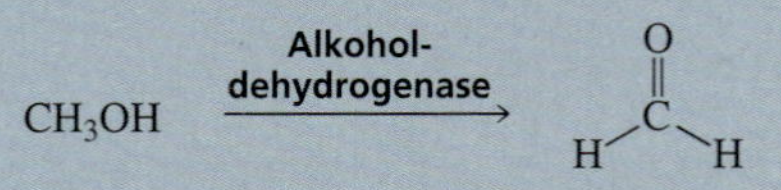

Methanol — Formaldehyd

Falls Methanol versehentlich konsumiert wurde, wird den Patient*innen intravenös für mehrere Stunden Ethanol verabreicht. Ethanol konkurriert im aktiven Zentrum der Alkoholdehydrogenase mit Methanol. Durch die Bindung von Ethanol wird der Umsatz von Methanol zu Formaldehyd minimiert. Es wird so lange Ethanol gegeben, bis das gesamte aufgenommene Methanol durch den Urin ausgeschieden wurde.

Ü 22* Welche Produkte werden bei der Reaktion der folgenden Alkohole mit den angegebenen Reagenzien gebildet?

(a) H_2CrO_4 **(b)** HOCl **(c)** die Reagenzien einer Swern-Oxidation

1. 3-Pentanol **3.** 2-Methyl-2-pentanol **5.** Cyclohexanol

2. 1-Pentanol **4.** 2,4-Hexandiol **6.** 1,4-Butandiol

Nucleophile Substitutionen der Ether 10.6

Die OR-Gruppe eines **Ethers** und die OH-Gruppe eines Alkohols weisen eine praktisch identische Basizität auf, weil die konjugierten Säuren ganz ähnliche pK_S-Werte aufweisen (pK_S Methanol = 15,5; pK_S Wasser = 15,7). Beide Gruppen sind starke Basen, also sind beide schlechte Abgangsgruppen. Folglich müssen Ether wie Alkohole zunächst aktiviert werden, bevor sie eine nucleophile Substitution eingehen können.

ein Alkohol — ein Ether

Ether lassen sich wie Alkohole durch Protonierung aktivieren. Ether können daher nucleophile Substitutionen mit HBr oder HI eingehen. (HCl kann nicht verwendet werden, da Cl^- ein zu schlechtes Nucleophil ist.) Wie bei den Alkoholen verlaufen die Reaktionen der Ether mit Halogenwasserstoffen langsam. Die Reaktionsmischung muss erhitzt werden, damit die Reaktion mit einer praktisch verwertbaren Geschwindigkeit abläuft.

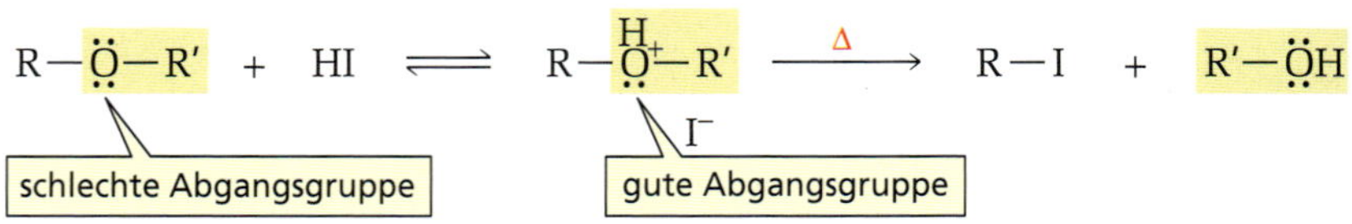

Was *nach* der Protonierung des Ethers passiert, hängt von der molekularen Struktur des Ethers ab. Falls die Abstoßung eines ROH-Teilchens zu einem relativ stabilen Carbokation (etwa einem tertiären) führt, kommt es zu einer S_N1-Reaktion: Die OH-Gruppe verlässt das Molekül.

Mechanismus der Etherspaltung: Eine S_N1-Reaktion

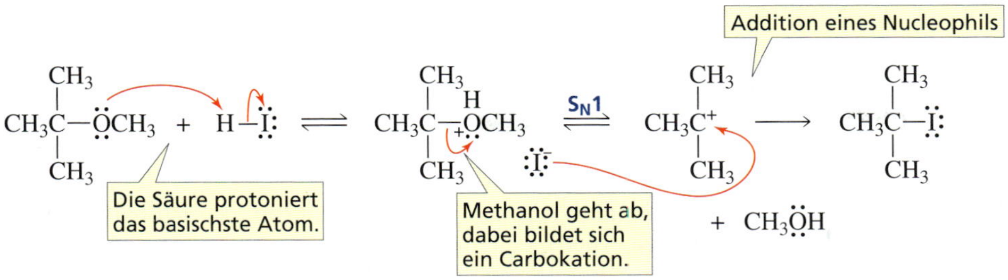

- Die Säure protoniert das Sauerstoffatom und verwandelt dabei die stark basische RO^--Abgangsgruppe in eine weniger basische ROH-Abgangsgruppe.
- Die Abgangsgruppe verlässt das Molekül, dabei bildet sich ein Carbokation.
- Das Halogenidion greift das Carbokation an.

Wenn jedoch der Abgang von ROH ein instabiles Carbokation (wie ein Methyl-, Vinyl-, Aryl- oder ein primäres Carbokation) zurücklassen würde, kann die Abgangsgruppe nicht abgespalten werden. Daher verläuft die Reaktion über einen S_N2-Mechanismus; die Abgangsgruppe wird also durch ein Nucleophil verdrängt.

Mechanismus der Etherspaltung: Eine S_N2-Reaktion

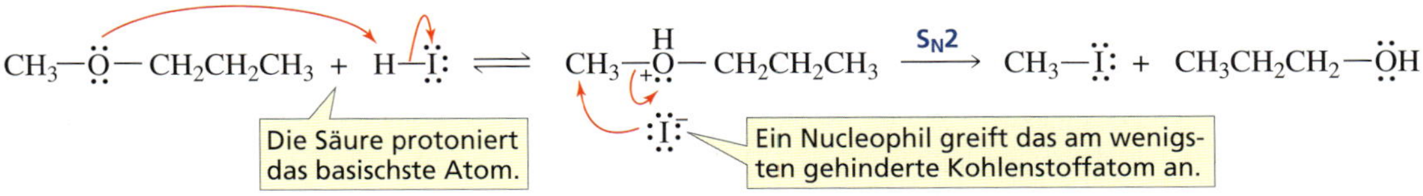

- Die Protonierung verwandelt dabei die stark basische RO^--Abgangsgruppe in eine weniger basische ROH-Abgangsgruppe.
- Das Halogenidion greift vorzugsweise die leichter zugängliche Alkylgruppe an.

Die Etherspaltung bildet nur ein Substitutionsprodukt, da jedes Alken, dass in einer Eliminierungsreaktion gebildet werden würde, einer Addition mit HBr oder HI eingehen würde und damit das gleiche Halogenalkan bilden würde, das auch durch die Substitution erhalten wird.

MERKE!

Ether werden nach einem S_N1-Reaktionsweg gespalten, außer in den Fällen, in denen die fehlende Stabilität des Carbokations einen Verlauf nach S_N2 erzwingt.

Viele der Reagenzien, die eingesetzt werden, um Alkohole für nucleophile Substitutionen zu aktivieren (wie $SOCl_2$, PCl_3), können zur Aktivierung von Ethern nicht benutzt werden. Wenn ein Alkohol mit einem aktivierenden Reagenz wie Thionylchlorid reagiert, dissoziiert im zweiten Schritt der Reaktion ein Proton von der Reaktionszwischenstufe ab, wobei ein stabiler Sulfonsäureester gebildet wird.

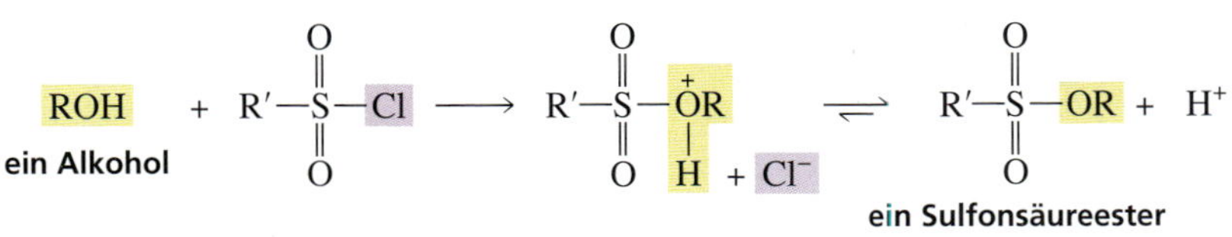

Wenn aber ein Ether mit einem dieser Aktivierungsreagenzien umgesetzt wird, verfügt das Sauerstoffatom über kein dissoziierbares Proton. Die Alkylgruppe (R) kann nicht abdissoziieren; es kann also kein stabiler Sulfonsäureester gebildet werden. Stattdessen werden die stabileren Ausgangsstoffe rückgebildet.

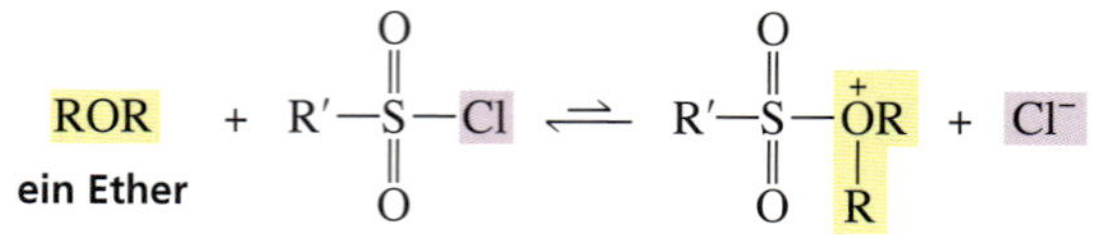

Da die einzigen Reagenzien, die mit Ethern reagieren, die Halogenwasserstoffe sind, werden Ether häufig als Lösungsmittel bei organisch-chemischen Reaktionen eingesetzt. Einige häufig als Lösungsmittel verwendete Ether sind in ► Tabelle 10.2 abgebildet.

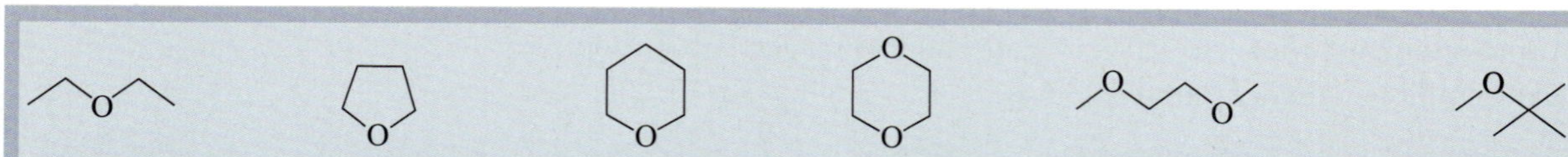

Diethylether „Ether"	Tetrahydrofuran THF	Tetrahydropyran THP	1,4-Dioxan	1,2-Dimethoxyethan DME	*tert*-Butylmethylether tBME

Tabelle 10.2: Als Lösungsmittel verwendete Ether.

Ü 23 mit Lösung

Was in die Hauptprodukte, die bei der Reaktion des folgenden Ethers beim Erwärmen mit einem Äquivalent HI entstehen?

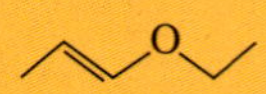

Lösung

Die Reaktion verläuft über einen S_N2-Mechanismus verlaufen, da keine der beiden Alkylgruppen ein stabiles Carbokation bilden kann (eines der Carbokationen wäre vinylisch, das andere primär). Das Iodidion greift das Kohlenstoffatom der Ethylgruppe an, da Vinylkohlenstoffatome nicht von Nucleophilen angegriffen werden (Abschnitt 9.13). Daher sind die Hauptprodukte der Reaktion Iodethan und ein Enol, das sich sofort in ein Aldehyd umlagert (Abschnitt 7.7).

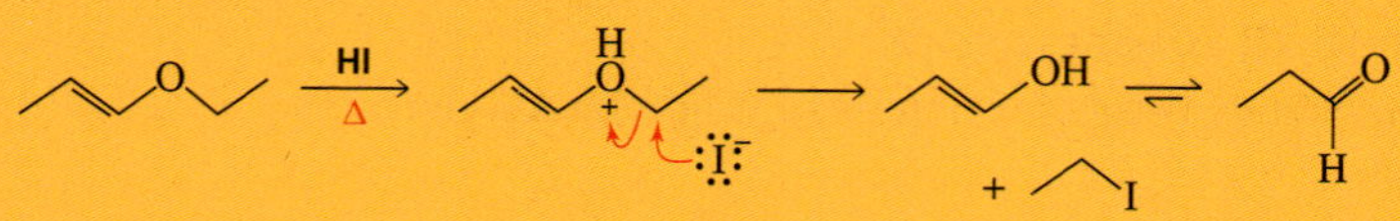

HINTERGRUND

■ Anästhetika

Da Diethylether (umgangssprachlich meist einfach als „Ether" bezeichnet) ein kurzwirksames Muskelrelaxans ist, wurde es in der Vergangenheit als Inhalationsanästhetikum und Inhalationsnarkotikum angewendet. Die Wirkung setzt jedoch nur langsam ein, und der*die behandelte Patient*in macht eine lang andauernde und unangenehme Wiederaufwachphase durch. Daher haben andere Verbindungen wie Enfluran, Isofluran und Halothan den Ether als Anästhetikum und Narkosemittel verdrängt. Dennoch wird Diethylether noch immer in Gegenden eingesetzt, in denen ausgebildete Narkoseärzte Mangelware sind, da es für fachlich nicht geschultes Personal das am sichersten anzuwendende Mittel ist. Anästhetika wechselwirken mit den unpolaren Molekülen der Zellmembranen und führen zu einer Membranschwellung, die die Permeabilitätseigenschaften der Zellmembranen beeinflusst.

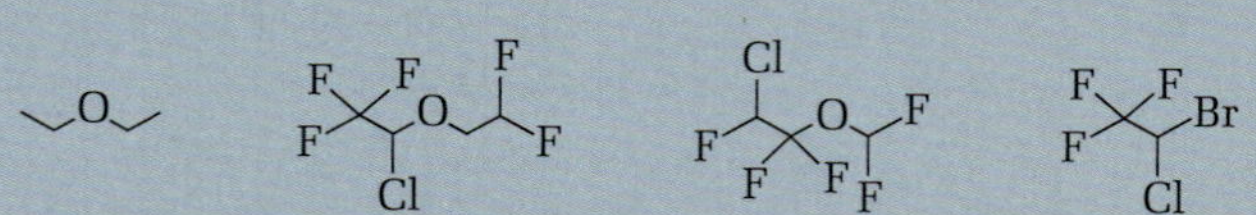

„Ether" | Isofluran | Enfluran | Halothan

Natriumpentothal, das auch als Thiopental-Natrium bezeichnet wird, wird vielfach als *intravenös verabreichtes Narkosemittel* eingesetzt. Die Anästhesie (Schmerzunempfindlichkeit) und der Bewusstseinsverlust (Narkose) setzen innerhalb von Sekunden nach der Verabreichung ein. Bei der Anwendung von Natriumpentothal muss größte Vorsicht angewandt werden, da die wirksame Dosis 75 % der tödlichen Dosis beträgt. Die Substanz besitzt, wie man sagt, ein sehr „enges therapeutisches Fenster".

Propofol besitzt im Gegensatz dazu alle Eigenschaften eines „perfekten Anästhetikums“: Es kann als einziges Anästhetikum über einen intravenösen Tropf verabreicht werden, hat einen schnellen und angenehmen Wirkeintritt und ist in geschulten Händen ein sehr sicheres Medikament. Die Erholung von Propofol ist ebenfalls schnell und komfortabel.

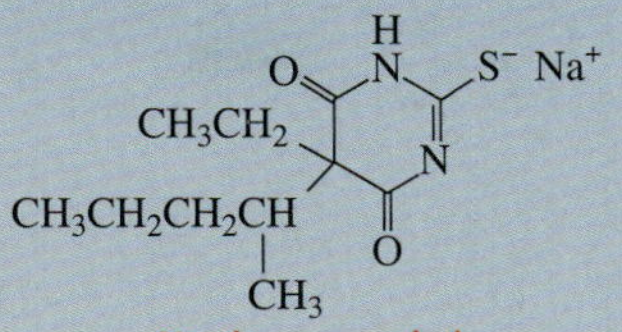

Natriumpentothal

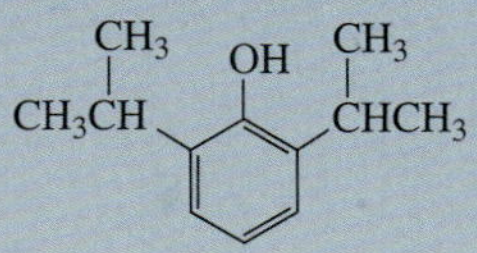

Propofol

Beinamputation ohne Betäubung im Jahr 1528.

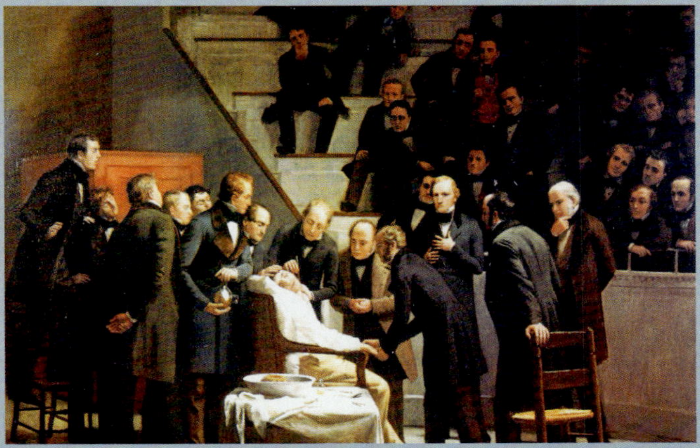

Ein Gemälde, das den ersten Einsatz einer Narkose am *Massachussetts General Hospital* durch den Chirurgen John Collins Warren im Jahr 1846 darstellt.

Ü 24 Was in die Hauptprodukte, die bei der Reaktion der folgenden Ether beim Erwärmen mit einem Äquivalent HI entstehen?

(a) 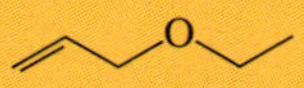

(c) 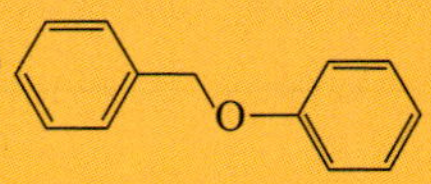

(e) 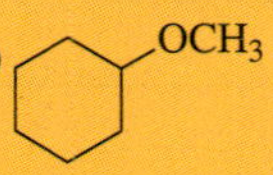

(b) 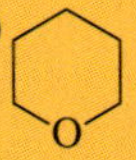

(d) 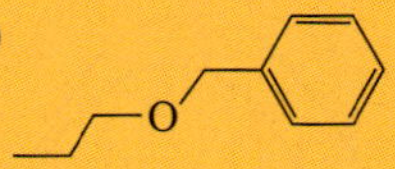

(f) 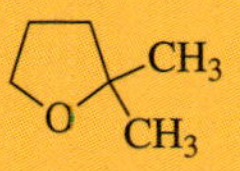

Ü 25 mit Lösung

Erklären Sie, warum Methylpropylether sowohl Iodmethan als auch Iodpropan bildet, wenn es mit einem Überschuss HI erhitzt wird.

Lösung

Wir haben gerade gelernt, dass die S_N2-Reaktion von Methylpropylether mit einer äquimolaren Menge HI zur Bildung von Iodmethan und Propanol führt, weil die Methylgruppe sterisch weniger gehindert ist als die Propylgruppe, wenn es zum Angriff des Iodidions kommt. Wenn ein Überschuss Iodwasserstoff vorliegt, kann der in der ersten Reaktion gebildete Alkohol mit weiterem HI in einer zweiten S_N2-Reaktion reagieren (Abschnitt 10.1). Somit gelangt man zu zwei Iodalkanen als Reaktionsprodukten.

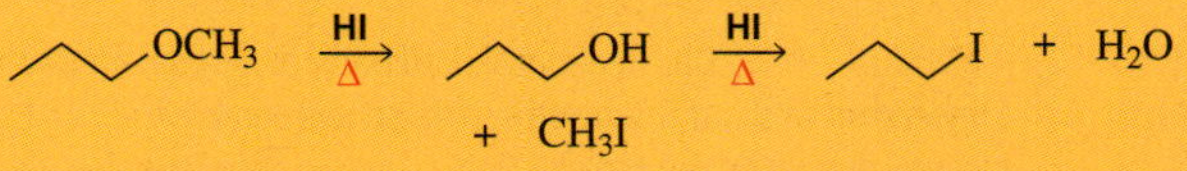

Ü 26* Erklären Sie, warum HF und HCl nicht in einer S_N2-Esterspaltung verwendet werden können.

Nucleophile Substitutionen von Epoxiden 10.7

Wir haben gelernt, dass ein Alken durch eine Peroxysäure in ein **Epoxid**, ein zyklischer Ether mit drei Atomen im Ring, überführt werden kann (Abschnitt 6.10).

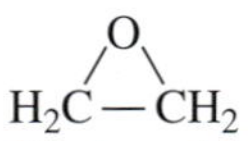

Ethylenoxid

$CH_3CH_2OCH_2CH_3$
Diethylether

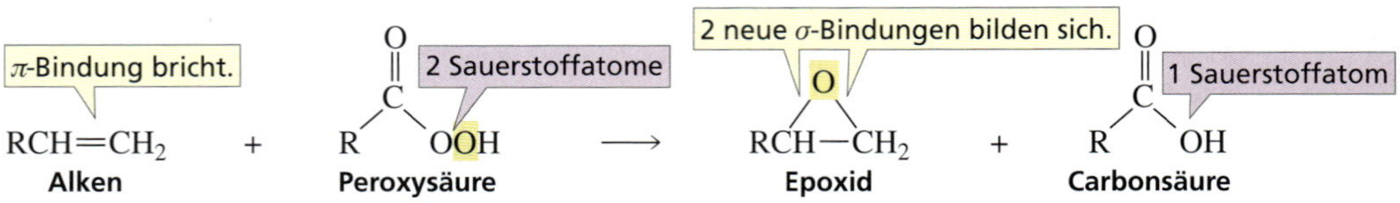

Ein Alken kann ebenso in ein Epoxid umgewandelt werden, wenn man es mit Cl_2 und H_2O und anschließend mit NaH behandelt (Abschnitte 6.9 und 9.15).

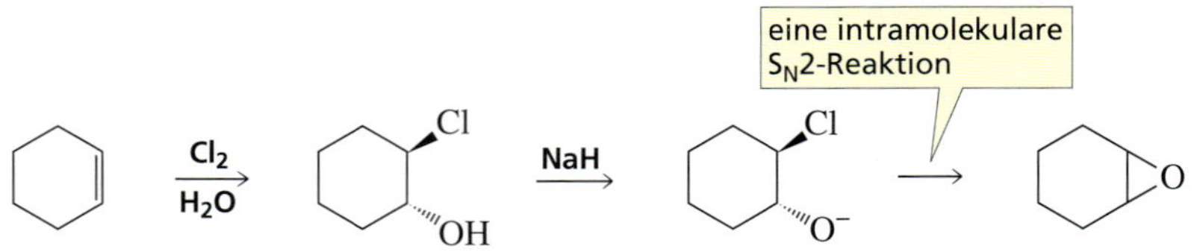

Obwohl ein Epoxid und ein Ether über die gleiche Abgangsgruppe verfügen, sind Epoxide bei nucleophilen Substitutionen sehr viel reaktiver als Ether, weil die sterische Spannung in ihren dreigliedrigen Molekülringen aufgehoben wird, wenn es zur Ringöffnung kommt (▶ Abbildung 10.2). Epoxide zeigen daher nucleophile Substitution mit einer großen Vielzahl von Nucleophilen.

Epoxide – die zyklische Ether darstellen – reagieren wie andere Ether mit Halogenwasserstoffen.

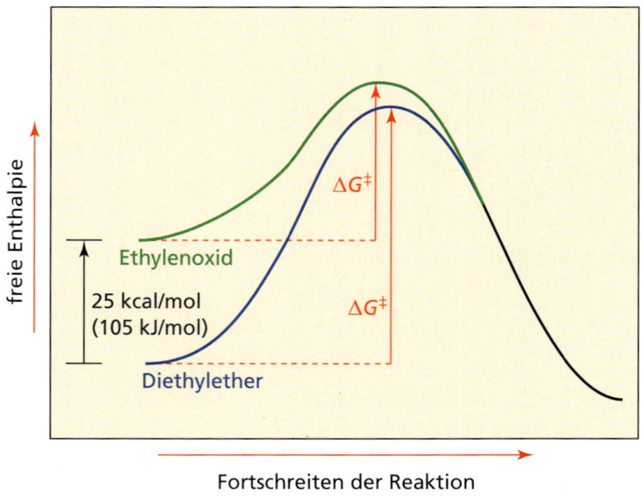

Abbildung 10.2: Das Reaktionskoordinatendiagramm für den nucleophilen Angriff eines Hydroxidions auf Ethylenoxid und auf Diethylether. Die höhere Reaktivität des Epoxids ist eine Folge der Ringspannung des kleinen, dreigliedrigen Molekülringes, der die freie Enthalpie des Epoxids erhöht.

Nucleophile Substitution: Saure Bedingungen

Epoxide gehen wie andere Ether Substitutionsreaktionen mit Halogenwasserstoffen ein. Der Mechanismus dieser Reaktion hängt davon ab, ob sie unter sauren oder basischen Bedingungen durchgeführt wird. Der Mechanismus unter sauren Bedingungen ist unten abgebildet.

Mechanismus der nucleophilen Substitution von Epoxiden unter sauren Bedingungen

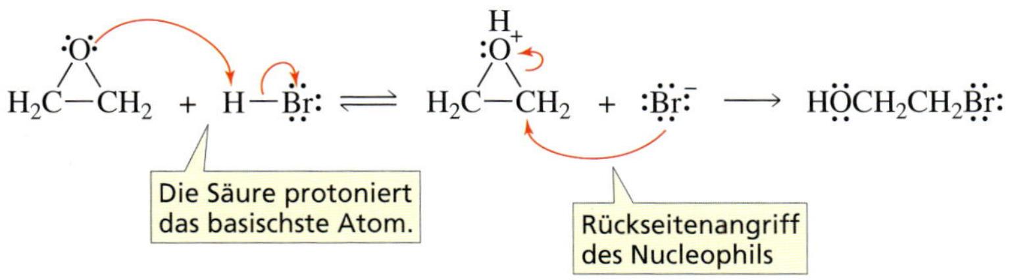

- Die Säure protoniert das Sauerstoffatom des Epoxids.
- Das protonierte Epoxid unterliegt einem Rückseitenangriff durch ein Halogenidion.

Da Epoxide also sehr viel reaktiver sind als Ether, verläuft die Reaktion – anders als die Reaktion der Ether mit Halogenwasserstoffen, die nur in der Wärme vonstatten gehen – bereitwillig bereits bei Zimmertemperatur.

Protonierte Epoxide sind so reaktiv, dass sie von schlechten Nucleophilen wie Wasser und Alkoholen aufgesprengt werden können. (HB^+ ist im Folgenden eine beliebige Säure; :B ist eine beliebige Base.)

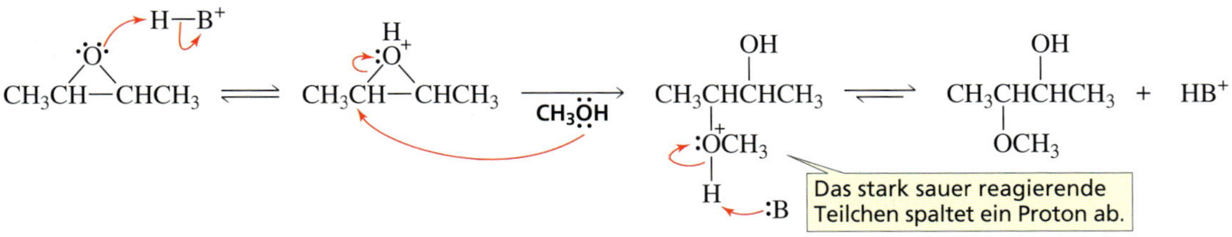

Falls unterschiedliche Substituenten an die beiden Kohlenstoffatome des protonierten Epoxids gebunden sind und das Nucleophil nicht Wasser ist, wird das Produkt des nucleophilen Angriffs auf die 2-Stellung des Oxiranringes verschieden vom Produkt des nucleophilen Angriffs auf die 3-Stellung sein. Das Hauptprodukt ist dasjenige, das aus dem nucleophilen Angriff auf das *höher substituierte* Ring-Kohlenstoffatom resultiert.

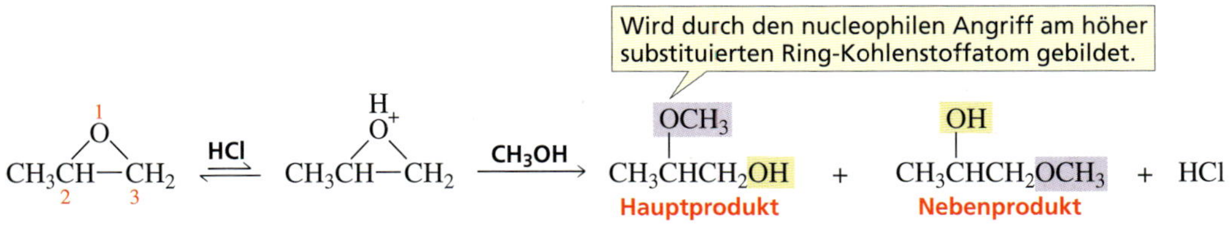

Das höher substituierte Kohlenstoffatom hat eine größere Wahrscheinlichkeit, angegriffen zu werden, weil nach der Protonierung des Epoxids eine der C—O-Bindungen bereits geschwächt wird, bevor das Nucleophil eine Gelegenheit hatte anzugreifen.

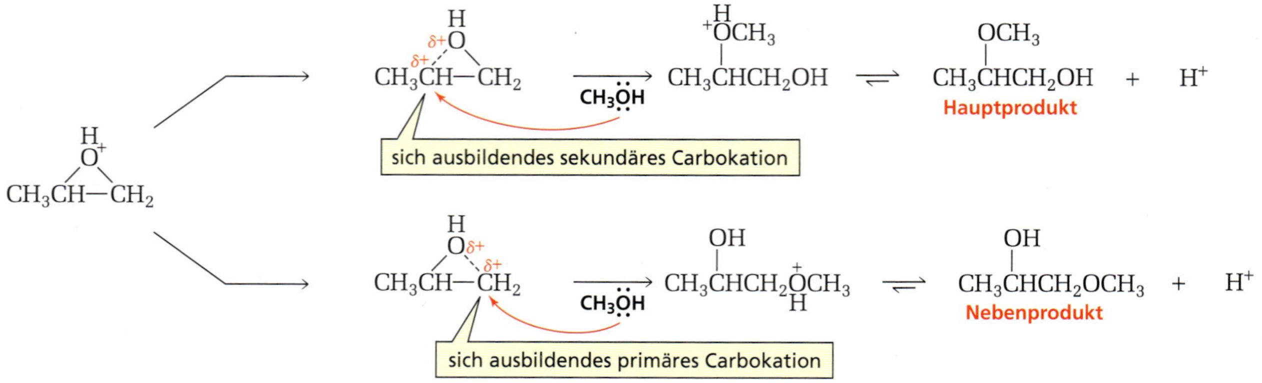

Wenn die Bindung anfängt sich aufzulösen, bildet sich eine positive Teilladung an dem Kohlenstoffatom, das seinen Anteil der Elektronen des Sauerstoffatoms verliert. Daher zerfällt das protonierte Epoxid wahrscheinlicher in die Richtung, in der die positive Teilladung am höher substituierten Kohlenstoffatom liegt, da dieses bei einer positiven Ladung besser stabilisiert ist. (Erinnern Sie sich daran, dass tertiäre Carbokationen stabiler sind als sekundäre Carbokationen, welche wiederum stabiler sind als primäre Carbokationen.)

MERKE!

Unter sauren Bedingungen greift das Nucleophil das am höchsten substituierte C-Atom des Ringes an.

Die einfachste Beschreibung dieser Reaktion besteht in der Feststellung, dass dieser Reaktionspfad teilweise S_N1-artig und teilweise S_N2-artig ist.

- Der Reaktionspfad ist nicht vollständig S_N1-artig, da sich das Carbokation nicht voll ausbildet.
- Der Reaktionspfad ist nicht vollständig S_N2-artig, da die Abgangsgruppe bereits teilweise abgespalten ist, bevor die Verbindung durch ein Nucleophil angegriffen wird.

Nucleophile Substitution: Neutrale oder basische Bedingungen

Obgleich ein Ether erst protoniert werden muss, bevor er eine nucleophile Substitution eingehen kann (Abschnitt 10.6), können Epoxide dies aufgrund der Ringspannung ohne vorherige Protonierung tun (► Abbildung 10.2). Wenn ein gutes Nucleophil ein unprotoniertes Epoxid angreift verläuft die Reaktion nach S_N2.

Mechanismus der nucleophilen Substitution von Epoxiden unter neutralen oder basischen Bedingungen

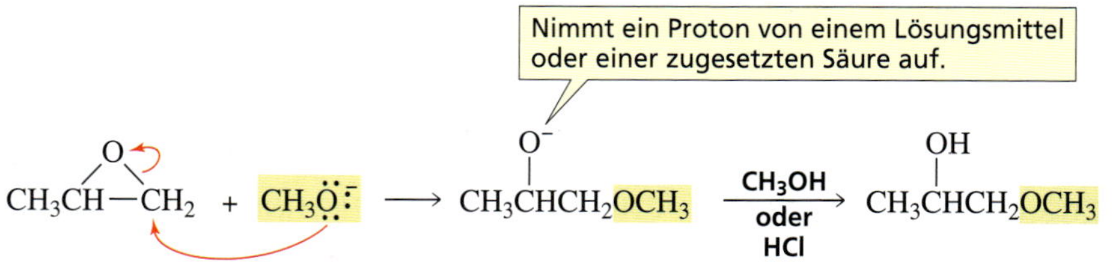

- Die C—O-Bindung beginnt sich nicht aufzulösen, bevor das Kohlenstoffatom vom Nucleophil angegriffen wird. Das Nucleophil greift daher bevorzugt das *weniger hoch substituierte* Kohlenstoffatom an, weil so die sterische Hinderung mit dem Epoxid am geringsten ist.

- Das Alkoxidion übernimmt ein Proton von Molekülen des Lösungsmittels oder einer Säure, die nach Beendigung der Reaktion zugesetzt wird.

Der Ort des nucleophilen Angriffs an einem unsymmetrischen Epoxid ist unter neutralen oder basischen Bedingungen (wenn das Epoxid *nicht protoniert* vorliegt) ein anderer als unter sauren Bedingungen (wenn das Epoxid *protoniert* vorliegt).

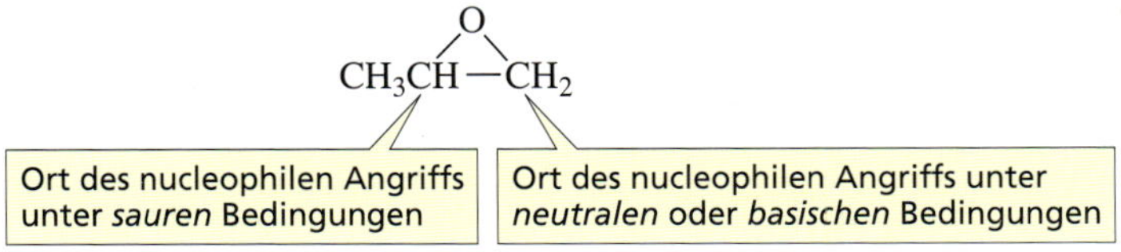

Epoxide sind nützliche Reagenzien, da sie mit einer Vielzahl von Nucleophilen zu reagieren vermögen und dabei eine Vielfalt von Produkten bilden.

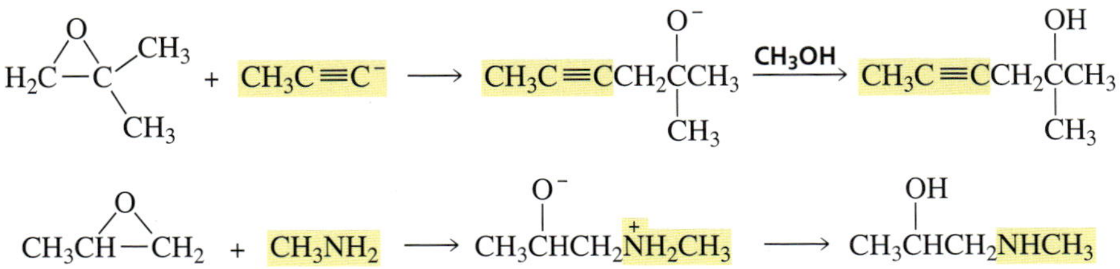

Ü 27* Geben Sie die Hauptprodukte der folgenden Reaktionen an:

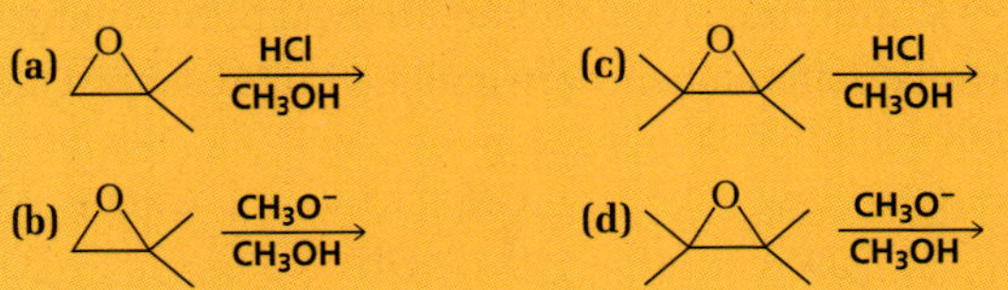

Ü 28* Würden Sie erwarten, dass die Reaktivität eines fünfgliedrigen, ringförmigen Ethers wie Tetrahydrofuran (► Tabelle 10.2) eher einem Epoxid oder einem nichtzyklischen Ether ähnlich ist?

Die Umwandlung eines Alkens in einen Alkohol ohne Umlagerung

In Abschnitt 6.6 haben wir gesehen, dass ein *Alkohol* durch eine säurekatalysierte Reaktion von Wasser an ein *Alken* hergestellt werden kann. Bei der Reaktion wird ein Carbokation als Zwischenstufe gebildet, das sich umlagern kann, falls dabei ein stabileres Carbokation gebildet wird.

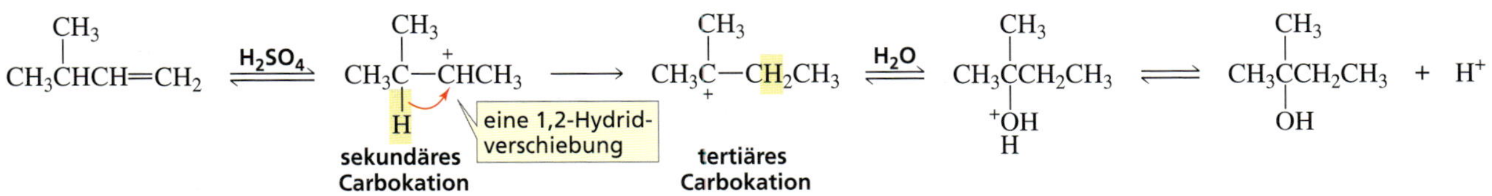

Das Alken kann sich aber auch in den Alkohol umwandeln, ohne dass es zu einer Umlagerung des Carbokations kommt, falls das Alken zuerst in ein Epoxid umgewandelt wird (Abschnitt 6.10). Dieses Epoxid wird mit einem Hydriddo-

MERKE!

Unter basischen oder neutralen Bedingungen greift das Nucleophil das sterisch am wenigsten gehinderte C-Atom an.

nor wie Lithiumaluminiumhydrid (LAH; Summenformel = $LiAlH_4$) umgesetzt und anschließend mit Säure behandelt, um das Alkoholation zu protonieren.

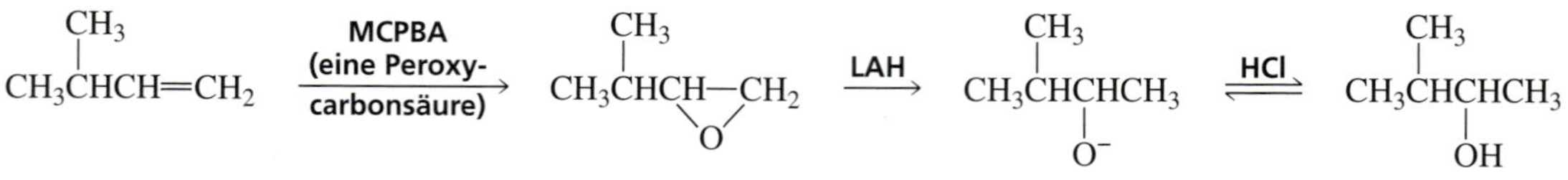

Das Hydridion ist das Nucleophil und greift das weniger substituierte Kohlenstoffatom des Epoxids an.

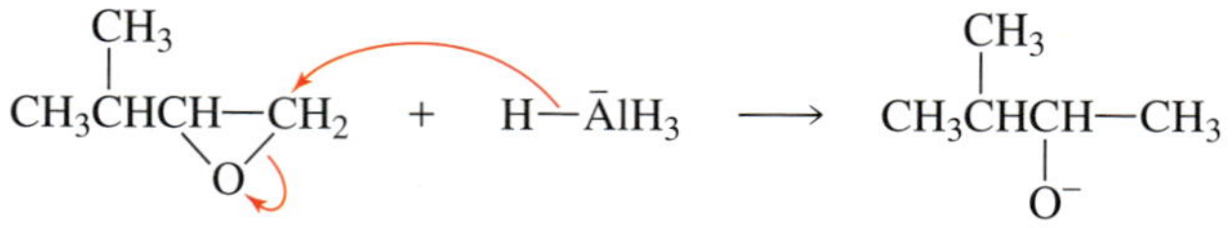

Ü 29 Wie können die folgenden Verbindungen aus 3,3-Dimethyl-1-buten hergestellt werden?
(a) 2,3-Dimethyl-2-butanol **(b)** 3,3-Dimethyl-2-butanol

Trans- und *cis-*Diole

Die Reaktion von Cyclohexenoxid mit Hydroxidionen führt zu einem ***trans*-1,2-Diol**, da die S_N2-Reaktion einen Rückseitenangriff erfordert. Ein Diol wird auch als **Glycol** bezeichnet. Da sich die OH-Gruppen an benachbarten Kohlenstoffatomen befinden, werden 1,2-Diole auch als **vicinale Diole** oder **vicinale Glycole** bezeichnet. (Rufen Sie sich in Erinnerung, dass *vicinal* für zwei Substituenten, die an benachbarten Kohlenstoffatomen stehen, verwendet wird; Abschnitt 6.9.)

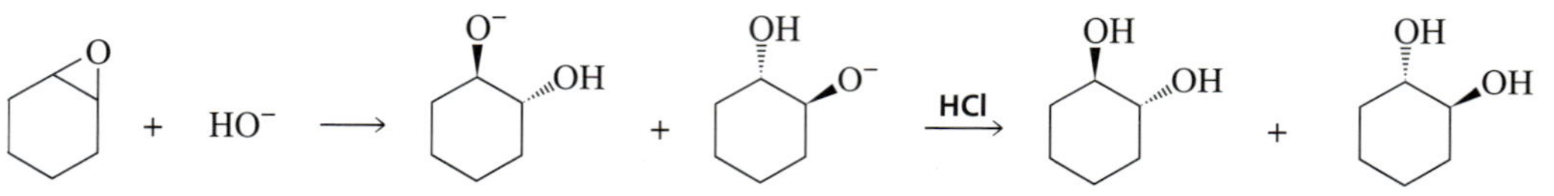

***trans*-1,2-Diole**

Bei dieser Reaktion werden zwei Stereoisomere gebildet, da sich zwei neue Chiralitätszentren bilden, aber nur eine *anti*-Addition abläuft (Abschnitt 6.13).

Ü 30 Welche Produkte werden bei der Reaktion der folgenden Reagenzien mit Cyclohexen gebildet?
(a) Methanolat **(b)** Methylamin

Ein ***cis*-1,2-Diol** kann durch die Oxidation eines Alkens durch Osmiumtetroxid (OsO_4), gefolgt von einer Hydrolyse in wässrigem Wasserstoffperoxid, hergestellt werden.

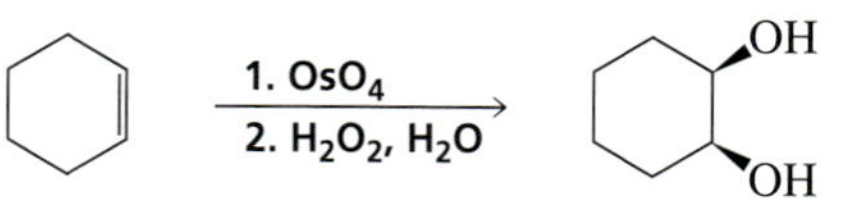

ein *cis*-1,2-Diol

Das 1,2-Diol ist *cis*, da die Addition von Osmiumtetroxid an ein Alken als *syn*-Addition verläuft – also werden beide Sauerstoffatome auf der gleichen Seite der Doppelbindung gebunden.

Mechanismus der *cis*-Glycolbildung

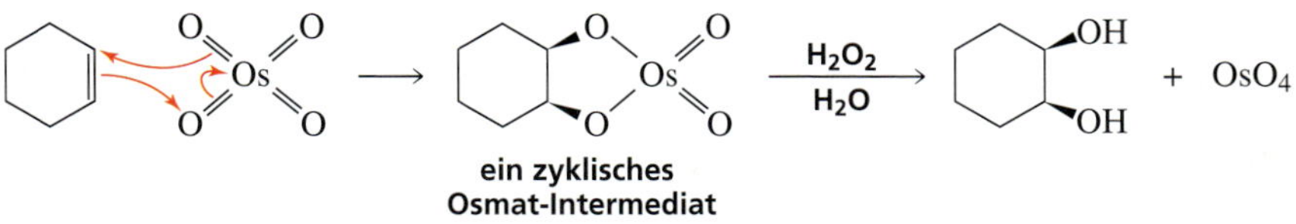

- Osmiumtetroxid bildet bei der Reaktion mit einem Alken ein zyklisches Intermediat.
- Das Intermediat wird mit wässrigem Wasserstoffperoxid hydrolysiert. Wasserstoffperoxid reoxidiert danach das Osmiumreagenz zurück zu Osmiumtetroxid. (Da Osmiumtetroxid recycelt wird, ist nur eine katalytische Menge dieser teuren und toxischen Verbindung vonnöten.)

Ü 31* Welche Produkte werden bei der Reaktion der folgenden Alkene mit OsO_4 und wässrigem H_2O_2 gebildet?

(a) $CH_3C(CH_3){=}CHCH_2CH_3$

(b) 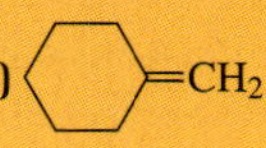

Ü 32 Welche Stereoisomere bei der Reaktion der folgenden Alkene mit OsO_4 und wässrigem H_2O_2 gebildet?

(a) *trans*-2-Buten **(c)** *cis*-2-Penten
(b) *cis*-2-Buten **(d)** *trans*-2-Penten

Ü 33 Welche Stereoisomere würden bei der Reaktion der Alkene aus Übung 32 mit einer Peroxycarbonsäure, gefolgt von Hydroxidionen, entstehen?

HINTERGRUND

Kronenether – ein Beispiel für molekulare Erkennung

Kronenether sind zyklische Verbindungen, die mehrere Etherbrücken um eine zentrale Leerstelle enthalten. Ein Kronenether bindet spezifisch an bestimmte Metallionen oder organischer Moleküle, abhängig von der Größe der zentralen Leerstelle. Der Kronenether wird auch als ***host*** bezeichnet, und die gebundene spezielles als ***guest*** (von engl. für Gastgeber und Gast). Da die Etherbrücken chemisch recht inert sind, kann der Kronenether den *guest* binden, ohne mit ihm zu reagieren. Dieser ***host-guest*-Komplex** wird auch als **Inklusionsverbindung** bezeichnet.

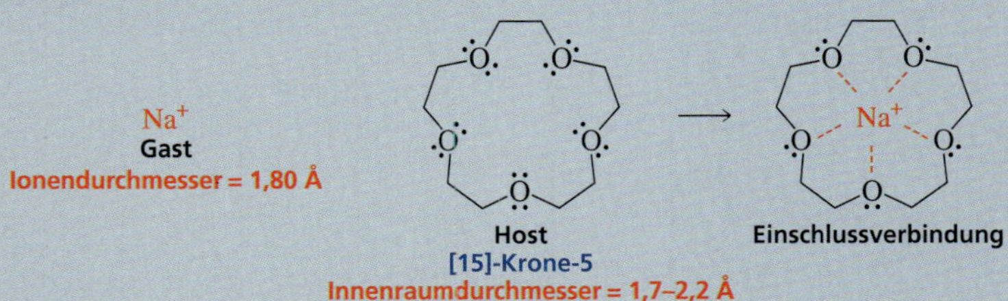

Kronenether werden in der folgenden Nomenklatur benannt: [X]-Krone-Y. X steht für die Anzahl der Atome, die den Ring bilden und Y ist die Anzahl der Sauerstoffatome im Ring. Daher bilden bei [15]-Krone-5 insgesamt 15 Atome den Ring und es kommen fünf Sauerstoffatome darin vor. [15]-Krone-5 bindet spezifisch Na^+, da der Raum im Inneren des Ethers zwischen 1,7 und 2,2 Å groß ist und der Ionenradius von Na^+ 1,80 Å beträgt. Die Bindung kommt durch die Interaktion des positiv geladenen Ions mit den freien Elektronenpaare der Sauerstoffatome, die in die Mitte des Ringes zeigen, zustande. Die Fähigkeit des *hosts*, nur bestimmte Moleküle zu binden, ist ein weiteres Beispiel für molekulare Erkennung (Abschnitt 5.14).

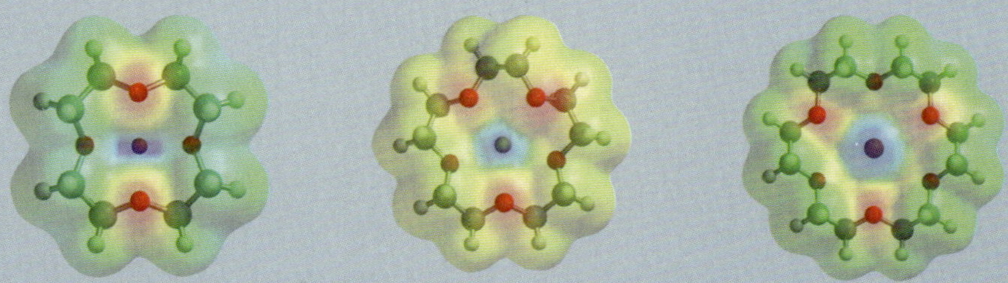

Li^+ gebunden in [12]-Krone-4 Na^+ gebunden in [15]-Krone-5 K^+ gebunden in [18]-Krone-6

HINTERGRUND

■ **Kronenether können S_N2-Reaktionen katalysieren**

Häufig tritt im Labor das Problem auf, dass ein Lösungsmittel, das alle für eine Reaktion notwendigen Reaktanten hinreichend solvatisiert, nicht gefunden werden kann. Als Beispiel: Wir wollen das Cyanidion mit 1-Bromhexan reagieren lassen. Dazu müssen wir Natriumcyanid – eine ionische Verbindung, die sich nur in Wasser löst – mit dem Halogenalkan – einer organischen Verbindung, die sich nicht in Wasser löst – in Kontakt bringen. Wenn wir eine wässrige Lösung von Natriumcyanid mit einer Lösung des Halogenalkans in einem nicht polaren Lösungsmittel mischen, werden sich zwei getrennte Phasen bilden (eine wässrige und eine nicht polare Phase), da die beiden Lösungen nicht mischbar sind. Wie schaffen wir es also, die Reaktion von Natriumcyanid mit 1-Bromhexan zum Laufen zu bringen?

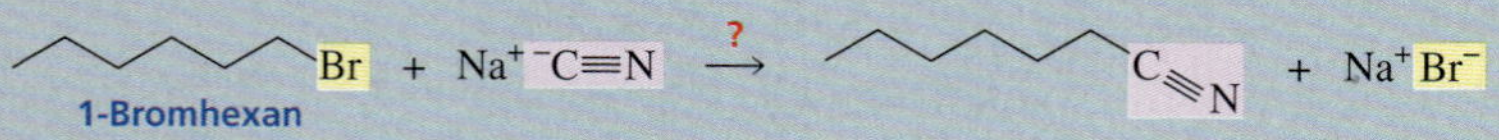

Die Zugabe von [15]-Krone-5 in die Lösung kann die Reaktion der beiden Reaktanten vermitteln.

Na^+ bindet an die zentrale Leerstelle von [15]-Krone-5, und die resultierende Inklusionsverbindung ist in unpolaren Lösungsmitteln löslich, da die Außenseite des Kronenethers hauptsächlich aus unpolaren C—H-Bindungen besteht. Die Inklusionsverbindung muss jedoch ein Gegenion besitzen, um ihre positive Ladung auszugleichen. Daher gehen Cyanidionen ebenfalls in das unpolare Lösungsmittel über, indem sie durch die fehlende Solvatisierung über starke nucleophile Eigenschaften verfügen. Durch diesen Trick können nucleophile Substitutionsreaktionen mit Halogenalkanen, die sich nur in unpolaren Lösungsmitteln lösen, durchgeführt werden.

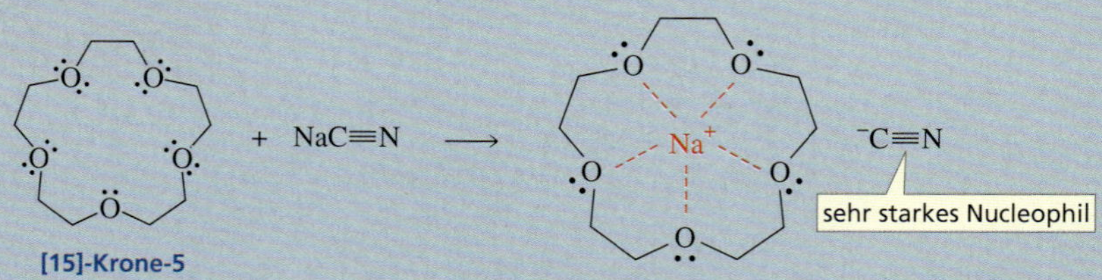

Im nächsten Beispiel ist K^+ das Gegenion, das einem größeren Ionenradius aufweist als Na^+. Daher muss ein größerer Kronenether ([18]-Krone-6) verwendet werden.

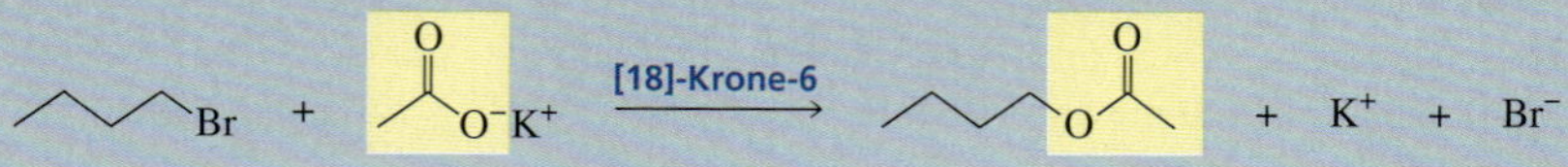

Arenoxide 10.8

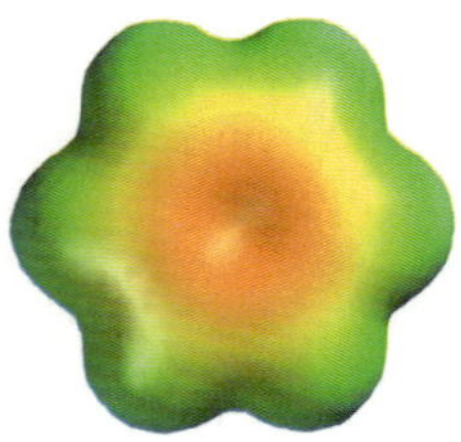

Benzol

Benzoloxid

Ein **Arenoxid** ist eine Verbindung, in der eine der „Doppelbindungen" des aromatischen Ringsystems in ein Epoxid umgewandelt ist. Die Bildung eines Arenoxids ist der erste Schritt, durch den eine von außen in den Körper gelangte (körperfremde) aromatische Verbindung (z. B. aus Zigarettenrauch, Auto- und Industrieabgasen, Medikamenten usw.) in eine wasserlösliche chemische Verbindung überführt wird, die schließlich über die Nieren ausgeschieden werden kann. Das Enzym, das aromatische Kohlenwasserstoffe entgiftet, indem es sie in Arenoxide überführt, gehört zu einer großen Gruppe von Redoxenzymen, den P_{450} Cytochromen.

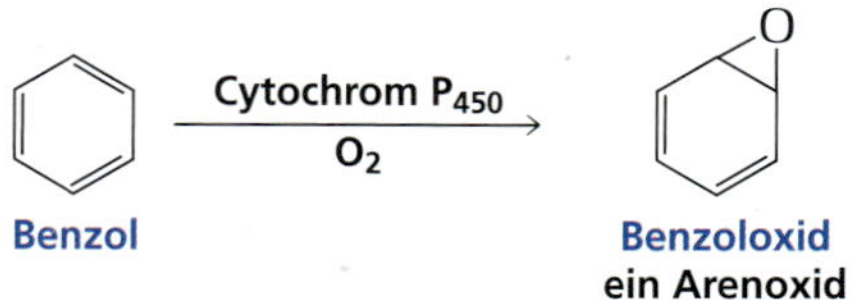

Ein Arenoxid kann auf zweierlei Weise reagieren. Es kann sich wie ein typisches Epoxid verhalten und bei Angriff durch ein Nucleophil (Y^-) ein Additionsprodukt bilden (Abschnitt 10.7). Beachten Sie, dass zwei Additionsprodukte gebildet werden, wenn bei der Reaktion zwei neue Chiralitätszentren entstehen und nur eine *anti*-Addition ablaufen kann (Abschnitt 6.13). Alternativ kann es sich zu einem Phenol umlagern – eine Reaktion, die Epoxiden nicht offensteht.

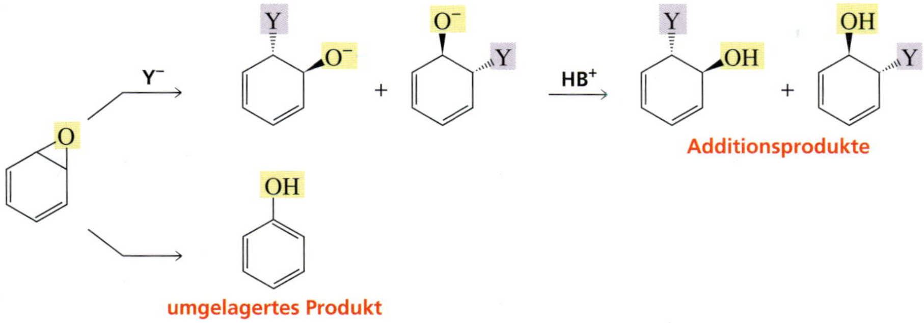

Ü 34 Zeichnen Sie den Mechanismus für die Bildung der beiden Additionsprodukte.

Der Mechanismus der Umlagerung ist nachfolgend dargelegt.

Mechanismus der Arenoxidumlagerung

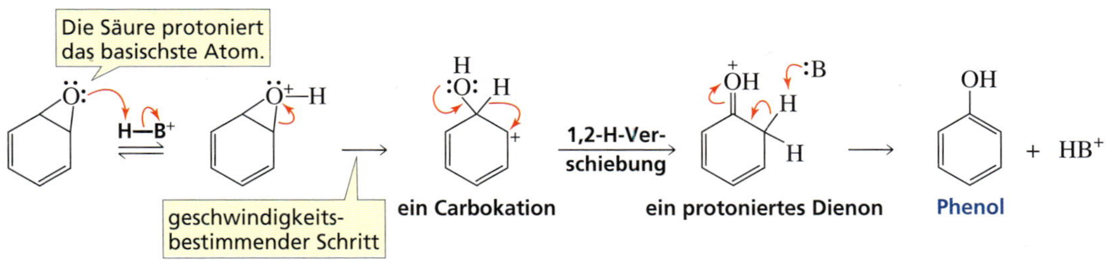

- Eine Säure protoniert das Arenoxid.
- Der dreigliedrige Ring öffnet sich und bildet dabei ein resonanzstabilisiertes Carbokation.
- Statt unmittelbar darauf unter Bildung eines Phenols ein Proton abzustoßen, bildet das Carbokation als Ergebnis einer 1,2-Hydridverschiebung ein *Dienon.*
- Die Abstraktion eines Protons aus dem protonierten Dienon führt zur Bildung eines Phenols.

Da die Bildung des Carbokations der geschwindigkeitsbestimmende Schritt ist, hängt die Geschwindigkeit der Phenolbildung von der Stabilität des Carbokations ab. Je stabiler das Carbokation, desto leichter öffnet sich der Ring zum umgelagerten Produkt.

Aus dem bizyklischen Naphthalinmolekül kann nur ein Arenoxid gebildet werden, da die „Doppelbindung" zwischen den beiden Ringen nicht epoxidiert werden kann. Erinnern Sie sich: Benzolringe sind besonders stabil. Daher ist die Wahrscheinlichkeit höher, dass Naphthalin in einer Stellung epoxidiert wird, die einen der Benzolringe intakt lässt.

Naphthalinoxid kann sich entweder zu 1-Naphthol oder zu 2-Naphthol umlagern. Das zum 1-Naphthol führende Carbokation ist stabiler, weil die positive Ladung durch Elektronendelokalisation stabilisiert wird, ohne den aromatischen Charakter des linken Benzolrings aufzuheben. Im Gegensatz dazu kann die positive Ladung des zum 2-Naphthol führenden Carbokations nur dann durch Elektronendelokalisation stabilisiert werden, wenn der aromatische Charakter des Benzolrings aufgehoben wird. (Dies kann durch den Vergleich der vorhergesagten Stabilitäten der Grenzstrukturen der beiden Carbokationen vorausgesagt werden; siehe Übung 35.) Folglich führt die Umlagerung vorzugsweise zum 1-Naphthol.

Ü 35 Zeichnen Sie alle möglichen mesomeren Grenzformeln der beiden Carbokationen der vorangegangenen Reaktion. Nutzen Sie diese mesomeren Grenzformeln um zu erklären, warum 1-Naphthol das Hauptprodukt der Reaktion ist.

Ü 36 Die Existenz der 1,2-Hydridverschiebung an Enonen wurde durch die Analyse des Hauptproduktes der Umlagerung des folgenden Arenoxids, bei dem ein Wasserstoff- durch ein Deuteriumatom ersetzt wurde, nachgewiesen:

(a) Welches wäre das Hauptprodukt, falls die Hydridverschiebung nicht stattfände? (*Hinweis:* In Abschnitt 9.7 haben wir gelernt, dass eine C—H-Bindung sich leichter auflöst als eine C—D-Bindung.)

(b) Was wäre das Hauptprodukt, wenn das Carbokation ein Phenol durch die Abgabe von H^+ bzw. D^+ anstelle der 1,2-Hydridverschiebung bilden würde?

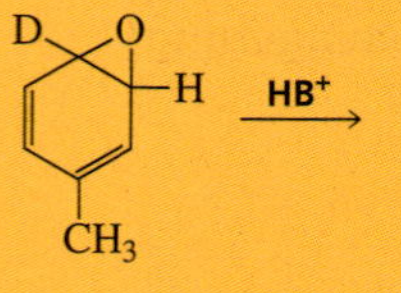

Ü 37 Wie würden sich die Hauptprodukte der Umlagerungen der folgenden Arenoxide unterscheiden?

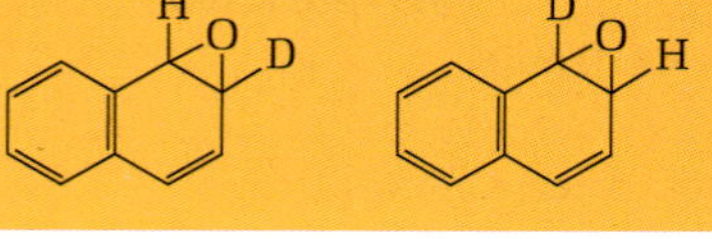

Arenoxide können kanzerogen sein

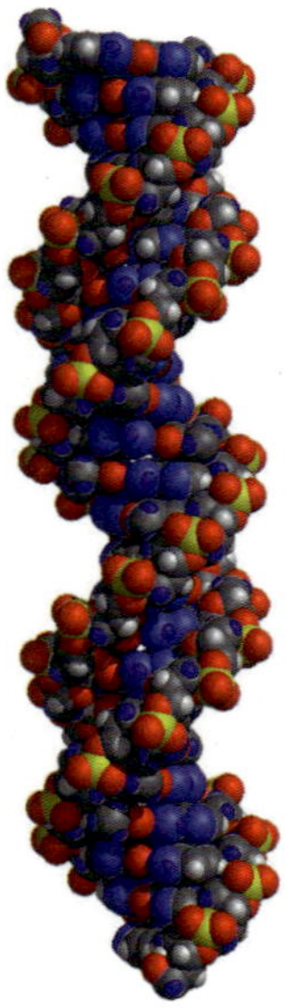

Ausschnitt aus einem DNA-Molekül

Manche aromatischen Kohlenwasserstoffe sind kanzerogen – sie rufen Krebs hervor. Untersuchungen des Phänomens haben jedoch ergeben, dass es nicht eigentlich die Kohlenwasserstoffe sind, die krebsauslösend sind. Die eigentlich krebserzeugenden Verbindungen sind die Arenoxide, in die die Kohlenwasserstoffe erst im Körper umgewandelt werden (es ist daher eigentlich nicht korrekt zu behaupten, dass die Aromaten durch die Cytochrome „entgiftet" werden, wie weiter oben behauptet wurde). Wie verursachen die Arenoxide nun Krebs? Wir haben gelernt, dass Nucleophile mit Epoxiden Additionsprodukte (Addukte) bilden. 2′-Desoxyguanosin – ein Baustein der Desoxyribonucleinsäure (DNA, Abschnitt 26.1) – besitzt eine NH_2-Gruppe, die mit bestimmten Arenoxiden reagiert. Nachdem ein Arenoxid kovalent mit einer 2′-Desoxyguanosineinheit verknüpft worden ist, passt das modifizierte 2′-Desoxyguanosin nicht länger in die Doppelhelixstruktur des DNA-Moleküls. Als Folge davon wird die genetische Information an dieser Stelle nicht mehr korrekt umgeschrieben (transkribiert; Abschnitt 26.7) die dabei entstehenden Mutationen können zu Krebs führen. Krebszellen sind dadurch gekennzeichnet, dass sie die Kontrolle über ihr Wachstum und ihre Teilung verloren haben.

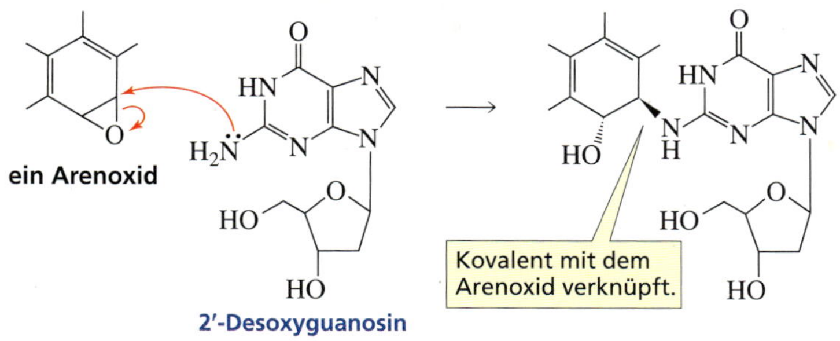

Die Kanzerogenität wird durch die Stabilität das Carbokations festgelegt

Nicht alle Arenoxide sind kanzerogen. Ob ein bestimmtes Arenoxid kanzerogen ist, hängt von den relativen Geschwindigkeiten seiner beiden Reaktionswege – Umlagerung und Reaktion mit einem Nucleophil – ab.

Die Arenoxidumlagerung führt zu Phenolen, die zwar häufig auch giftig, aber nicht krebserzeugend sind. Die Adduktbildung durch nucleophilen Angriff der DNA kann zu krebsauslösenden Veränderungen des Erbgutes führen. Falls also die Rate der Arenoxidumlagerung über der des nucleophilen Angriffs der DNA auf das Arenoxid liegt, ist das Arenoxid vermutlich relativ harmlos. Falls jedoch die Rate des nucleophilen Angriffs höher als die Umlagerungsrate liegt, ist das betreffende Arenoxid vermutlich mit einem kanzerogenen Potenzial ausgestattet.

Wir haben gesehen, dass der geschwindigkeitsbestimmende Schritt der Umlagerung eines Arenoxids die Bildung des Carbokations ist. Daher hängt das krebserzeugende Potenzial eines Arenoxids von der Stabilität des Carbokations bzw. von der Geschwindigkeit der Reaktion ab. Falls das Carbokation relativ stabil ist (und es dadurch schneller gebildet wird), erfolgt die Umlagerung relativ schnell und das Arenoxid ist mutmaßlich nicht oder gering kanzerogen. Falls andererseits das Carbokation relativ instabil ist, verläuft die Umlagerung langsam und das Arenoxid existiert lange genug, um durch Nucleophile angegriffen werden zu können; es hat daher ein höheres kanzerogenes Potenzial. Das bedeutet, dass *je stabiler das Carbokation ist, das bei der Eröffnung des Arenoxids aus einem Epoxid gebildet wird, desto weniger stark ist das kanzerogene Potenzial des Arenoxids ausgeprägt.*

MERKE!

Je stabiler das Carbokation ist, das sich bildet, wenn sich der Epoxidring eines Arenoxids öffnet, desto weniger wahrscheinlich ist es, dass das Arenoxid kanzerogen wirkt.

Ü 38 mit Lösung

Welche Verbindung der nachfolgend dargestellten Verbindungspaare ist jeweils vermutlich stärker krebsfördernd?

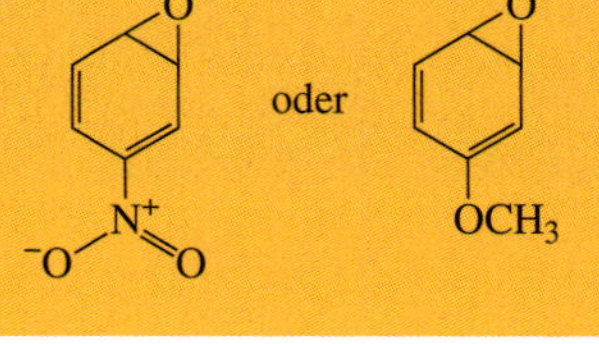

Lösung

Die Nitroverbindung ist vermutlich stärker kanzerogen. Die Nitrogruppe destabilisiert das Carbokation, das sich bildet, wenn der Ring öffnet, indem sie durch den –M-Effekt Elektronen aus dem Ring abzieht (Abschnitt 8.10). Im Gegensatz dazu stabilisiert die Methoxygruppe das Carbokation, indem es durch den +M-Effekt Elektronen in den Ring schiebt. Die Carbokationenbildung führt zu den harmlosen Produkten, so dass die Nitroverbindung mit dem weniger stabilen (weniger leicht gebildeten) Carbokation sich weniger wahrscheinlich zu einem harmlosen Folgeprodukt umlagert. Darüber hinaus erhöht die elektronenziehende Nitrogruppe die Empfänglichkeit des Arenoxids für nucleophile Angriffe (welches der mutationsfördernde Reaktionsweg ist).

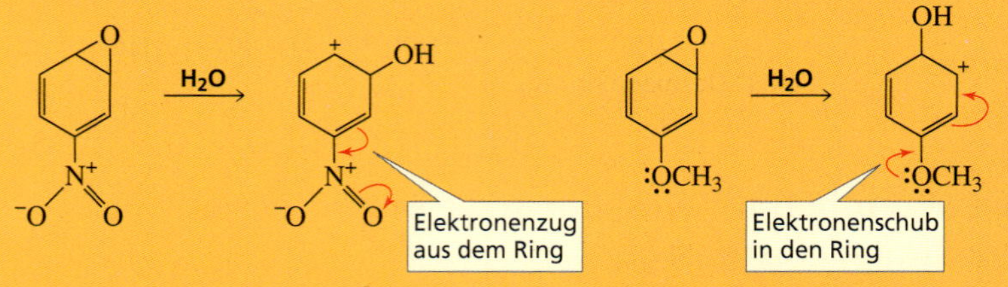

Ü 39 Erklären Sie, warum die beiden Arenoxide der Übung 38 sich in entgegengesetzte Richtungen öffnen.

HINTERGRUND

Benz[*a*]pyren und Krebs

Benz[*a*]pyren ist einer der am stärksten kanzerogenen Arene. Es bildet sich, wenn eine organische Verbindung nur unvollständig verbrennt. So findet es sich beispielsweise auch im Zigarettenrauch, in Autoabgasen und in Fleisch, das auf einem Holzkohlegrill zubereitet wurde. Aus Benz[*a*]pyren können mehrere Arenoxide gebildet werden. Die beiden gesundheitsschädlichsten sind das 4,5-Oxid und das 7,8-Oxid. Es ist die Mutmaßung vorgebracht worden, dass Menschen, die als Folge des Rauchens Lungenkrebs entwickeln, in ihrem Lungengewebe eine überhohe Konzentration von P_{450} Cytochromen enthalten.

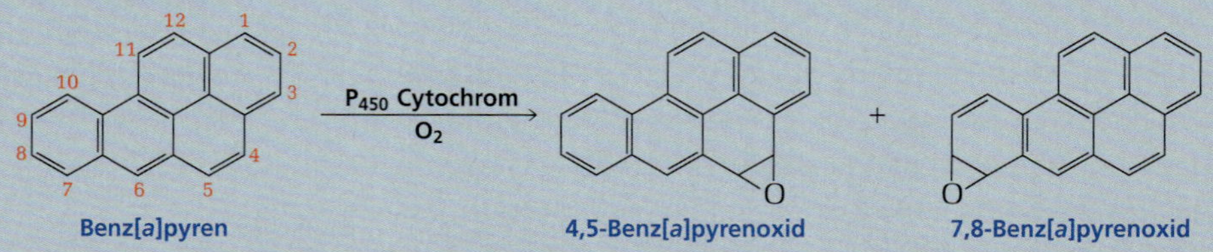

Das 4,5-Oxid ist schädlich, weil es ein Carbokation bildet, das nicht durch Elektronendelokalisation stabilisiert werden kann, ohne dass dabei der aromatische Charakter des benachbarten Benzolrings aufgehoben wird. Daher ist dieses Carbokation relativ instabil, so dass das Epoxid dazu neigt, sich nicht zu öffnen, bevor ein Angriff durch ein Nucleophil erfolgt (der „kanzerogene Reaktionsweg"). Das 7,8-Oxid ist schädlich, weil es mit Wasser (einem Nucleophil) zu einem Diol reagiert, welches dann ein Diolepoxid bildet. Das Diolepoxid geht nicht sehr bereitwillig eine Umlagerung ein (den „harmlosen Reaktionsweg"), weil es sich zu einem Carbokation öffnen muss, das durch die elektronenziehenden OH-Gruppen destabilisiert wird. Da die Bildung des Carbokations nur sehr langsam vonstatten geht, kann das Diolepoxid lange genug existieren, um durch Nucleophile angegriffen zu werden (der „kanzerogene Reaktionsweg").

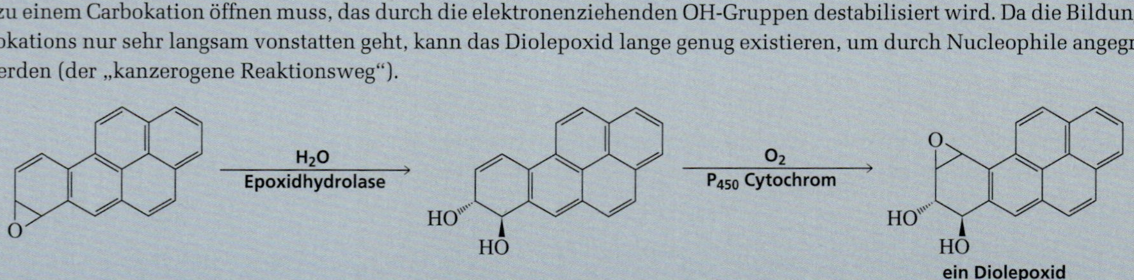

Ü 40* Welche der folgenden Verbindungen ist wahrscheinlich stärker kanzerogen?

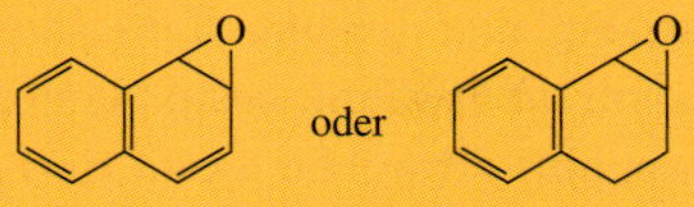

Ü 41 Aus Phenanthren lassen sich drei Arenoxide gewinnen.

Phenanthren

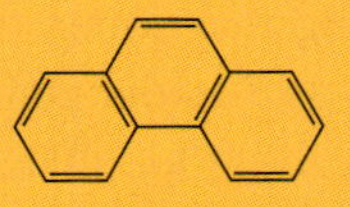

(a) Geben Sie die Strukturen der drei Phenanthrenoxide an.
(b) Geben Sie die Strukturen der Phenole an, die aus jedem der drei Phenanthrenoxide hervorgehen können.
(c) Welches Phenol wird sich in höherer Ausbeute bilden, falls eines der Phenanthrenoxide zur Bildung von mehr als einem Phenol führen kann?
(d) Welches der drei Phenanthrenoxide wird mutmaßlich das höchste kanzerogene Potenzial besitzen?

HINTERGRUND

■ Kaminkehrer und Krebs

Im Jahr 1775 erkannte der britische Arzt Percival Potts als Erster, dass Faktoren der Umwelt an der Auslösung von Krebserkrankungen beteiligt sein können. Er kam zu dieser Erkenntnis, als er bemerkte, dass Kaminkehrer eine höhere Fallhäufigkeit des Skrotumkarzinoms (Hodensackkarzinom) aufwiesen als der Durchschnitt der männlichen Bevölkerung. Er leitete theoretisch ab, dass etwas im Kaminruß sein müsse, das den Krebs verursache. Wir wissen heute, dass unter diesen krebsfördernden Bestandteilen des Rußes das Benz[*a*]pyren zu finden ist.

Percival Pott

Ein viktorianischer Schornsteinfeger und sein Assistent – ein kleiner Junge, der in enge Passagen passt.

Amine gehen keine Substitutions- oder Eliminierungsreaktionen ein 10.9

Obwohl **Amine** wie Halogenalkane, Alkohole und Ether eine elektronenziehende Gruppe an einem sp^3-Kohlenstoffatom aufweisen, gehören sie nicht in Gruppe II, da sie keine Substitutions- oder Eliminierungsreaktionen vollführen.

Das Unvermögen eines Amins, an einer Substitutions- oder Eliminierungsreaktion teilzunehmen, kann durch den Vergleich seiner elektronenziehenden

Gruppe mit den elektronenziehenden Gruppen der anderen Verbindungklassen verstanden werden.

Die relative Neigung von Gruppen, ein Molekül als Abgangsgruppe zu verlassen, kann durch den Vergleich der pK_S-Werte ihrer konjugierten Säuren erreicht werden. Wie schon oft erwähnt, besitzt eine schwächere Säure eine stärkere konjugierte Base, und schwache Basen sind gute Abgangsgruppen. Der pK_S-Wert der konjugierten Säuren zeigt, dass die Abgangsgruppe eines Amins ($^-NH_2$) eine solch starke Base ist, dass Amine praktisch keine Substitutions- oder Eliminierungsreaktionen durchführen können. (HF wurde hier als Vergleich verwendet, da F in der gleichen Reihe des Periodensystems wie O und N steht, allerdings sind Fluoralkane bereits die schlechtesten Abgangsgruppen unter den Halogenalkanen.)

MERKE!

Je stärker die Base, desto schlechter sind ihre Abgangseigenschaften.

Relative Reaktivität

am reaktivsten RCH_2F > RCH_2OH > RCH_2OR > RCH_2NH_2 am wenigsten reaktiv

HF	H_2O	ROH	NH_3
pK_S = 3,2	pK_S = 15,7	pK_S ~ 16	pK_S = 36

Ihre Protonierung macht Amine zu einer besseren Abgangsgruppe, die allerdings immer noch nicht ansatzweise so gut ist wie beispielweise ein protonierter Alkohol, der fast 14 pK_S-Einheiten saurer ist als ein protoniertes Amin.

$$CH_3CH_2\overset{+}{O}H_2 \quad > \quad CH_3CH_2\overset{+}{N}H_3$$

pK_S = −2,4 pK_S = 11,2

Daher können protonierte Amine, anders als protonierte Alkohole, keine Substitutions- oder Eliminierungsreaktionen durchführen, weil sie – selbst wenn protoniert – zu basisch sind, um verdrängt zu werden.

Amine reagieren als Basen und Nucleophile

Auch wenn sie für Substitutions- oder Eliminierungsreaktionen ungeeignet sind, sind Amine doch sehr wichtige organische Verbindungen. Das freie Elektronenpaar des Stickstoffatoms erlaubt dem Amin, sowohl als Base als auch als Nukleophil zu wirken.

Amine sind die am häufigsten verwendeten organischen Basen. Protonierte Amine weisen einen pK_S-Wert von ungefähr 11 auf (Abschnitt 2.3). Bei protonierten Anilinen liegt dieser Wert etwa bei 5 (Abschnitt 8.9). Neutrale Amine haben sehr hohe pK_S-Werte. Zum Beispiel liegt der pK_S-Wert von Methylamin bei etwa 40.

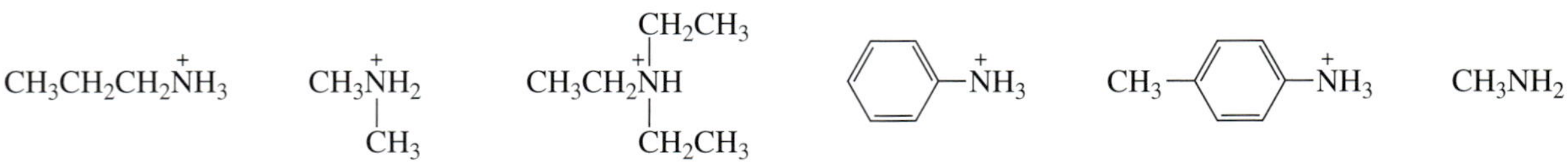

pK_S = 10,8 pK_S = 10,9 pK_S = 11,1 pK_S = 4,58 pK_S = 5,07 pK_S = 40

Amine wirken in einer großen Vielfalt von Reaktionen als Nucleophile. Zum Beispiel haben wir gesehen, dass sie mit Halogenalkanen und Epoxiden in S_N2-Reaktionen als Nucleophile reagieren.

$$CH_3CH_2Br + CH_3NH_2 \xrightarrow{\text{eine } S_N2\text{-Reaktion}} CH_3CH_2\overset{+}{N}H_2CH_3 + Br^-$$

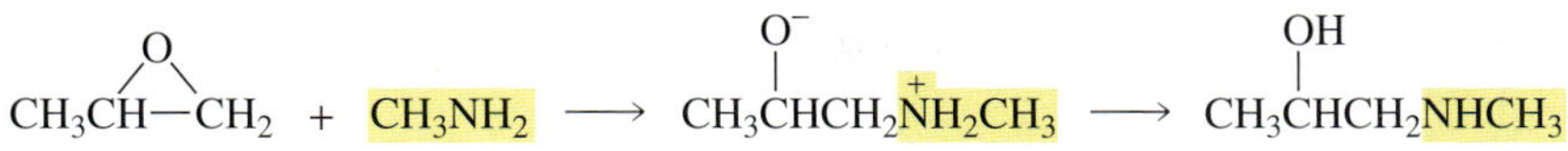

Sie werden außerdem lernen, dass Amine auch mit einer Reihe von Carbonylverbindungen als Nucleophile reagieren können. (Abschnitte 16.8, 16.9, 17.10, 17.18 und 17.19).

HINTERGRUND

Alkaloide

Alkaloide sind Amine, die in den Blättern, der Rinde, den Wurzeln oder den Samen vieler Pflanzen gefunden werden können. Beispiele sind Coffein (aus Teeblätern, Kaffeebohnen und Colanüssen) und Nicotin (aus Tabakblättern). Nicotin führt in Gehirnzellen zur Freisetzung von Dopamin und Endorphinen, die uns ein gutes Gefühl verschaffen und macht dadurch abhängig. Ephedrin, das zur einer Erweiterung der Bronchien führt, ist ein Alkaloid aus der chinesischen Pflanze *Ephedra sinica*. Morphin stillt Schmerzen und ist ein Alkaloid aus Opium – einem milchigen Sekret aus bestimmten Mohnpflanzen (siehe Beginn Kapitel 1).

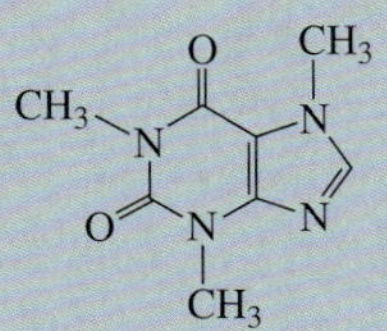

Coffein

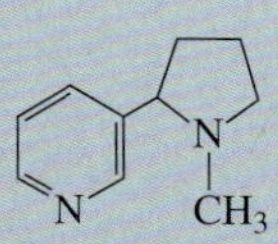

Nicotin

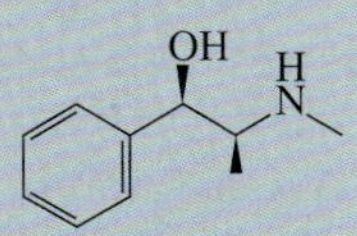

Ephedrin

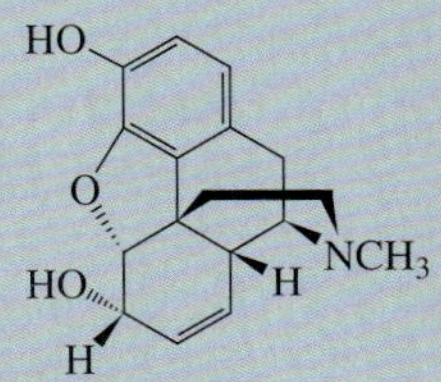

Morphin

Kaffeebohnen.

Leitverbindungen für die Entwicklung neuer Medikamente

Medizinisch wirksame Komponenten, die von Menschen seit antiken Zeiten verwendet werden, waren der Ausgangspunkt für die Entwicklung unseres gegenwärtigen medizinischen Arsenals. Die aktiven Verbindungen wurden aus Blättern, Beeren, Wurzeln und Baumrinde, die von Medizinmännern (als auch Medizinfrauen), Schamanen und Hexendoktoren verwendet wurden. Auch heute suchen Wissenschaftler*innen in der Welt nach Pflanzen, Beeren und allerlei Flora und Fauna, die zur Entwicklung neuer Medizin zu gebrauchen ist.

Nachdem ein natürliches Medikament isoliert und seine Struktur aufgedeckt wurde, dient es als Prototyp für die Suche anderer biologisch aktiver Verbindungen. Dieser Prototyp wird auch als **Leitverbindung** bezeichnet (es spielt also eine leitende Rolle in der Wissenschaft). Analoge dieser Leitverbindung werden hergestellt und auf bessere Eigenschaften (stärkere Wirkung und weniger Nebenwirkungen als die Leitverbindung) untersucht. Diese Analoga weisen unterschiedliche Substituenten, eine alternative Kettenverzweigung, andere funktionelle Gruppen oder weitere strukturelle Unterschiede zur Leitverbindung auf. Diese durch die Produktion von Analoga getriebene Suche wird auch als **molekulare Modifikation** bezeichnet.

In einem klassischen Beispiel von molekularer Modifikationen wurde eine Gruppe von synthetischen Lokalanästhetika aus Cocain hergestellt (einem Alkaloid aus den Blättern des Busches *Erythroxylon Coca*, der in den südamerikanischen Anden heimisch ist; siehe Einleitung Kapitel 10). Cocain ist ein sehr effektives Lokalanästhetikum, es führt allerdings zu einigen Nebenwirkungen im zentralen Nervensystem (ZNS), die von anfänglicher Euphorie zu schwerer Depression reichen. Durch das schrittweise „Zerschneiden" des Cocainmoleküls (Entfernung der Methoxycarboylgruppe und des siebengliedrigen Rings) entdeckten Wissenschaftler*innen den Teil des Moleküls, der für die lokalanästhetische Wirkung verantwortlich ist, aber zu keinen Nebenwirkungen auf das ZNS führt. Dieses Wissen führte zu einer verbesserten Leitverbindung.

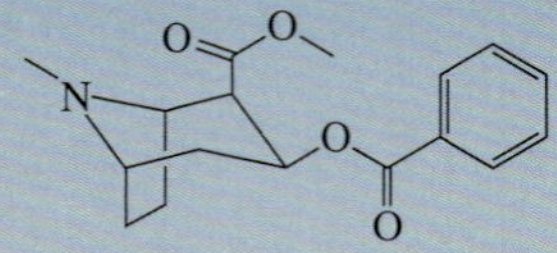

Cocain
Leitverbindung

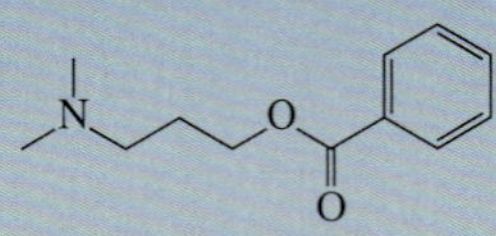

verbesserte Leitverbindung

Hunderte von ähnlichen Verbindungen wurden später hergestellt. Erfolgreiche Anästhetika, die durch molekulare Modifikation hergestellt worden sind Benzocain (ein topisches Anästhetikum), Novocain (von Zahnärzten verwendet) und Xylocain (eines der am häufigsten verwendeten injizierbaren Anästhetika).

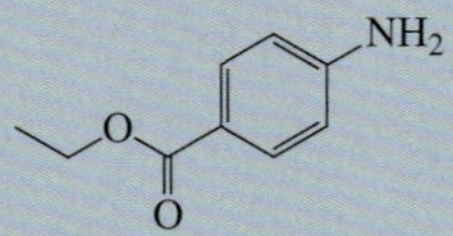

Benzocain®

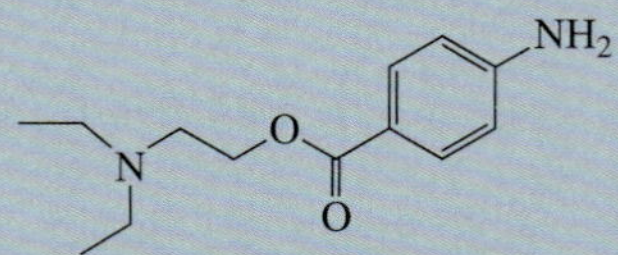

Procain
Novocain®

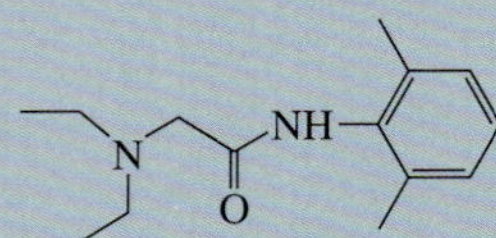

Lidocain
Xylocain®

Ü 42 Erklären Sie, warum die Halbwertszeit (die Zeit, in der die Hälfte einer Verbindung metabolisiert wurde) von Xylocain größer ist als die von Novocain.

Quarternäre Ammoniumhydroxide gehen Eliminierungen ein 10.10

Ein **quarternäres Ammoniumion** geht mit starken Basen wie Hydroxidionen Eliminierungsreaktionen ein. Diese Reaktionen werden auch als **Hofmann-Eliminierungen** bezeichnet. Die Abgangsgruppe einer Hofmann-Eliminierung ist ein tertiäres Amin. Da dieses jedoch eine relativ schlechte Abgangsgruppe ist, muss bei der Reaktion Wärme zugeführt werden.

Die Abgangsgruppe ist ein tertiäres Amin.

$$CH_3CH_2CH_2\text{—}\overset{+}{N}(CH_3)_3 \; HO^- \xrightarrow{\Delta} CH_3CH{=}CH_2 + :N(CH_3)_3 + H_2O$$

quarternäres Ammoniumion

Eine Hofmann-Eliminierung ist eine E2-Reaktion, d. h., das Proton und das tertiäre Amin werden im gleichen Schritt entfernt (Abschnitt 9.7). Es wird nur sehr wenig Substitutionsprodukt gebildet.

Mechanismus der Hofmann-Eliminierung

$$HO^- + CH_3CH(H)\text{—}CH_2\text{—}\overset{+}{N}(CH_3)_3 \longrightarrow CH_3CH{=}CH_2 + :N(CH_3)_3 + H_2O$$

- Das tertiäre Amin ist an das α-Kohlenstoffatom gebunden und ein Proton wird von einem benachbarten Kohlenstoffatom entfernt (dem β-Kohlenstoffatom).

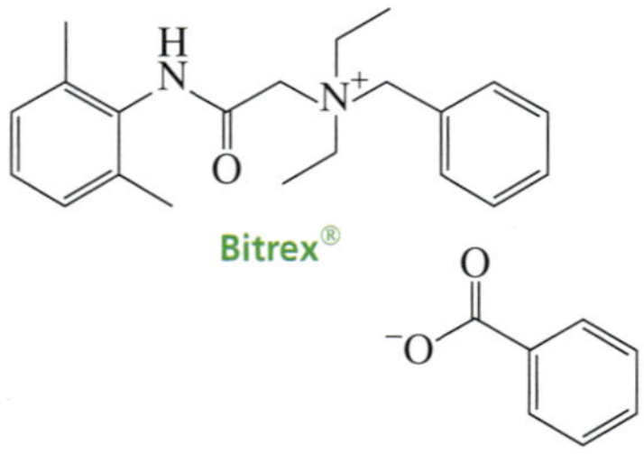

Bitrex®

Bitrex, ein quartärneres Ammoniumsalz, ist ungiftig und eine der bittersten bekannten Substanzen. Es wird benutzt, um Rehe davon zu überzeugen, sich den falschen Futterplatz ausgesucht zu haben. Es wird außerdem auf die Rücken von Tieren aufgetragen, um Sie davon abzuhalten, sich gegenseitig zu beißen. Außerdem eignet es sich zur Entwöhnung einiger schlechter Angewohnheit en von Kindern, wie das Kauen von Fingernägeln und das Lutschen von Daumen. Außerdem wird es toxischen Substanzen zugesetzt, um eine ungewollte Aufnahme zu verhindern.

Falls das quaternäre Ammoniumion mehr als ein β-Kohlenstoffatom aufweist, ist das Hauptprodukt dasjenige, das aus der Abstraktion eines Protons am β-Kohlenstoffatom mit den *meisten* Wasserstoffatomen resultiert. Zum Beispiel ist das Hauptprodukt in der folgenden Reaktion das Alken, das durch die Abstraktion eines Protons vom β-Kohlenstoffatom, das an drei Wasserstoffatome gebunden ist, entsteht. Das Nebenprodukt entsteht bei der Abstraktion eines Protons vom β-Kohlenstoffatom mit zwei Wasserstoffatomen.

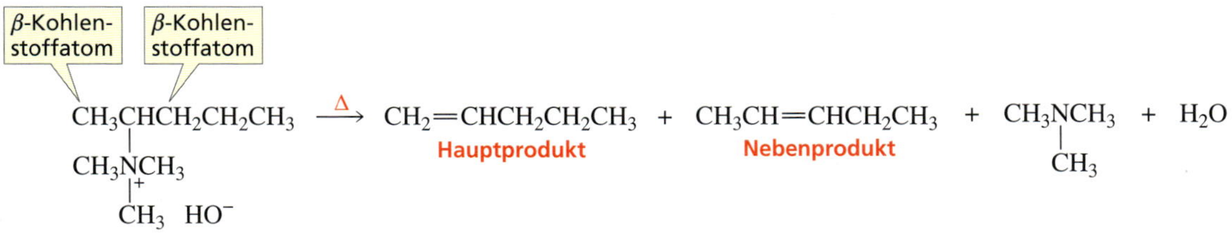

Wir haben bereits gesehen, dass in einer E2-Reaktion von Chlor-, Brom- oder Iodalkanen ein Proton vom β-Kohlenstoffatom entfernt wird, das *an die wenigsten Wasserstoffatome gebunden ist* (Saytzeff-Regel; Abschnitt 9.7). Nun werden wir allerdings erfahren, dass bei einer E2-Reaktion eines quaternären Ammoniumions ein Proton vom β-Kohlenstoffatom, das *an die meisten Wasserstoffatome gebunden ist*, entfernt wird (*anti*-Saytzeff-Eliminierung).

Ü 43 Wenn ein quartärneres Ammoniumion eine Eliminierung mit einer starken Base durchführen kann, warum funktioniert diese nicht bei einem tertiären Amin?

Ü 44* Was ist das Hauptprodukt der folgenden Reaktion?

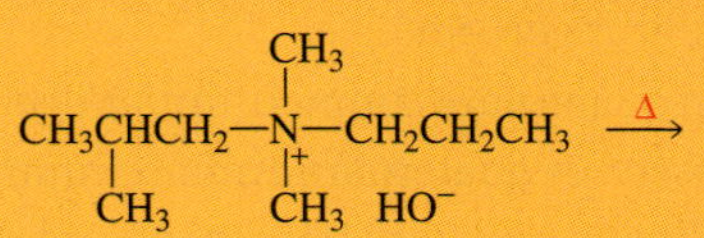

Ü 45* Was sind die Nebenprodukte der oben erwähnten Hofmann-Eliminierung?

Ü 46* Was ist der Unterschied zwischen der Reaktion von Isopropyltrimethylammoniumhydroxid unter Hitze und der Reaktion von 2-Brompropan mit Hydroxidionen?

MERKE!

Bei einer Hofmann-Eliminierung wird das Proton von demjenigen β-Kohlenstoffatom abgespalten, das die meisten H-Atome gebunden hält.

Die Ursache der *anti*-Saytzeff-Eliminierung

Quaternäre Amine verletzen die Saytzeff-Regel aus dem gleichen Grund, aus dem Fluoralkane dies tun (Abschnitt 9.7). Andere Halogenalkane haben, anders als Fluoralkane, relativ gute Abgangsgruppen, die sich sofort von Kohlenstoffatom entfernen, sobald ein Hydroxidion ein Proton abstrahiert. Dies führt zu einem Übergangszustand mit alkenartiger Struktur. Das Proton wird vom β-Kohlenstoffatom *mit den wenigsten Wasserstoffatomen* entfernt, um einen möglichst stabilen *alkenartigen* Übergangszustand zu schaffen.

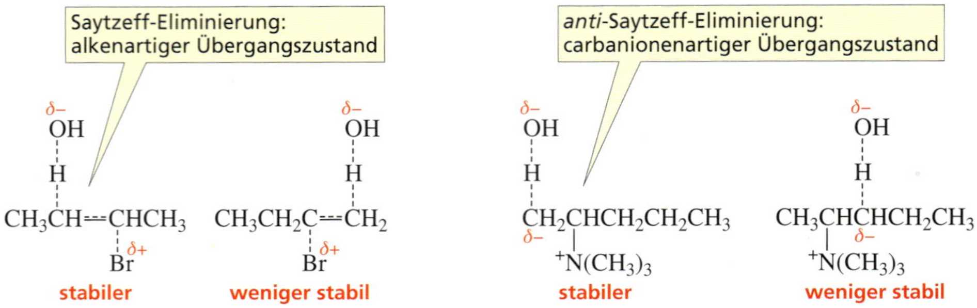

Quaternäre Ammoniumionen und Fluoralkane besitzen schlechtere Abgangsgruppen, die sich bei Abstraktion des Protons nicht sofort in Bewegung setzen. Daher bildet sich eine negative Teilladung an dem Kohlenstoffatom, von dem das Proton entfernt wird. Dies führt zu einer Struktur mit Charakter eines Carbanions (Abschnitt 9.7). Das Proton wird vom β-Kohlenstoffatom *mit den meisten Wasserstoffatomen* entfernt, um das Carbanion im Übergangszustand maximal zu stabilisieren. (Erinnern Sie sich hier daran, dass primäre Carbanionen stabiler sind als sekundäre Carbanionen, welche wiederum stabiler sind als tertiäre Carbanionen.) Sterische Faktoren begünstigen ebenfalls eine *anti*-Saytzeff-Eliminierung.

Weil die *anti-Saytzeff-Eliminierung* bei der *Hofmann-Eliminierung* beobachtet wird, werden beide Begriffe oft gleichgesetzt.

Damit ein quarternäres Ammoniumion eine Eliminierungsreaktion eingeht, muss es sich bei seinem Gegenion um Hydroxid handeln, da eine starke Base für die Abstraktion eines Protons vom β-Kohlenstoffatom benötigt wird. Halogenidionen sind zu schwache Basen, also gehen quaternäre Ammoniumhalogenide keine Hofmann-Eliminierungen ein.

Allerdings kann man quaternäre Ammonium*halogenide* durch Behandlung mit Silberoxid und Wasser in quaternäre Ammonium*hydroxide* umwandeln. Das Silberhalogenid fällt aus und das Halogenid wird durch Hydroxid ersetzt.

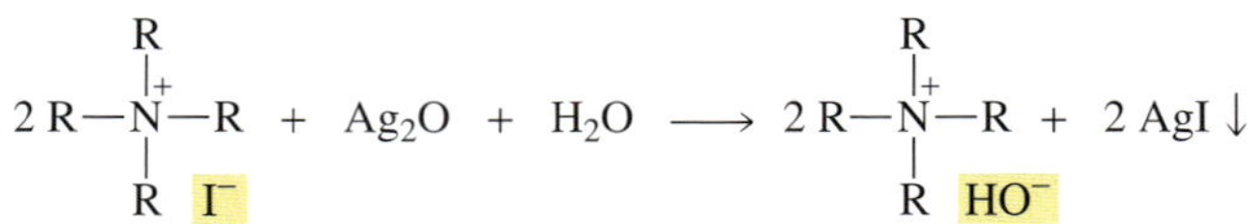

Ü 47* Was ist das Hauptprodukt der folgenden Reaktionen?

(a) 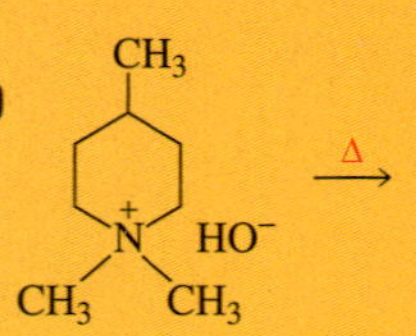 **(b)** 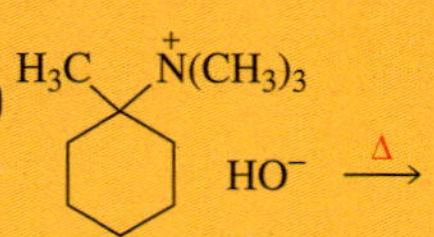 **(c)** 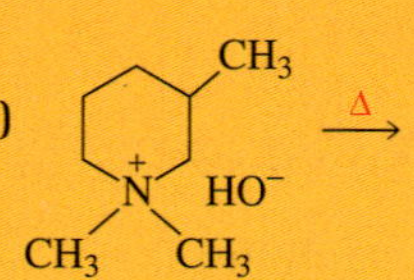

Ü 48 mit Lösung

Beschreiben sie eine Synthese für die folgende Verbindung. Gehen Sie dabei von dem angegebenen Startmaterial aus und benutzen Sie beliebige Reagenzien.

$$CH_3CH_2CH_2CH_2NH_2 \longrightarrow CH_3CH_2CH{=}CH_2$$

Lösung

Obwohl Amine keine Eliminierungsreaktionen eingehen, kann dafür ein quarternäres Ammoniumion eingesetzt werden. Das Amin muss daher durch einen Überschuss von Methyliodid in einer basischen Lösung mit Kaliumcarbonat zunächst in ein quarternäres Ammoniumiodid umgewandelt werden (siehe Übung 16).

Die Behandlung mit wässrigem Silberoxid führt zur Bildung eines quaternären Ammoniumhydroxids, dafür wird Hitze benötigt.

$$CH_3CH_2CH_2CH_2NH_2 \xrightarrow[K_2CO_3]{CH_3I\ \text{Über-}\ \text{schuss}} CH_3CH_2CH_2CH_2\overset{+}{N}(CH_3)_3\ I^- \xrightarrow[H_2O]{Ag_2O} CH_3CH_2CH_2CH_2\overset{+}{N}(CH_3)_3\ HO^- \xrightarrow{\Delta} CH_3CH_2CH{=}CH_2 + H_2O$$

Ü 49 Beschreiben Sie eine Synthese für die folgende Verbindung. Gehen Sie dabei von dem angegebenen Startmaterial aus und benutzen Sie beliebige Reagenzien.

(a) $CH_3CH_2CH_2CH(Br)CH_3 \longrightarrow CH_3CH_2CH_2CH{=}CH_2$

(b) 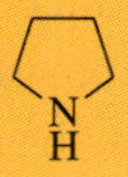 $\longrightarrow CH_2{=}CH{-}CH{=}CH_2$

Thiole, Thioether und Sulfoniumsalze 10.11

Thiole

Thiole (Thioalkohole) sind Schwefelanaloga der Alkohole, in denen ein Schwefelatom das Sauerstoffatom ersetzt. Sie wurden früher (und werden gelegentlich auch heute noch) als Mercaptane bezeichnet, weil sie mit bestimmten Schwermetallen wie Quecksilber (Merkurium) oder Arsen schwerlösliche Komplexe bilden.

$$2\ CH_3CH_2\ddot{\underset{..}{S}}H + Hg^{2+} \longrightarrow CH_3CH_2\ddot{\underset{..}{S}}{-}Hg{-}\ddot{\underset{..}{S}}CH_2CH_3 + 2\ H^+$$

ein Thiol — zweiwertiges Quecksilberion

Thioalkohole werden durch die Endung „-thiol" benannt, die an den Namen des zugrundeliegenden Kohlenwasserstoffs angehängt wird. Falls in dem Molekül eine weitere funktionelle Gruppe mit höherer Priorität zugegen ist, die durch eine Wortendung angezeigt wird, so kann die SH-Gruppe durch den Wortstamm „Mercapto" angezeigt werden. Wie andere Substituentennamen wird er vor den Namen des Mutterkohlenwasserstoffs gesetzt.

CH_3CH_2SH	$CH_3CH_2CH_2SH$	$CH_3CH(CH_3)CH_2CH_2SH$	$HSCH_2CH_2OH$
Ethanthiol	1-Propanthiol	3-Methyl-1-butanthiol	2-Mercaptoethanol

Da Schwefelatome nicht so elektronegativ wie Sauerstoffatome sind, bilden Thiole schwächere Wasserstoffbrückenbindungen aus. Folglich sind ihre zwischenmolekularen Wechselwirkungen schwächer, was sich im Vergleich zu den Alkoholen in deutlich niedrigeren Siedepunkten bemerkbar macht (Abschnitt 3.9). Der Siedepunkt des Ethanols liegt beispielsweise bei 78 °C, während der des analogen Thioethanols bei 37 °C liegt.

Schwefelatome sind größer als Sauerstoffatome, daher ist die negative Ladung eines Thiolations über einen größeren Raumbereich verteilt als die Ladung eines Alkoholations (Alkoxidions), was Thiolationen relativ stabiler macht. Je stärker die konjugierte Säure, desto stabiler ist die Base (Abschnitt 2.6). Thiole ($pK_S = 10$) sind also stärkere Säuren als Alkohole; demgemäß sind Thiolationen schwächere Basen als Alkoholationen. Die größeren Thiolationen sind weniger

Niedermolekulare Thiole sind für deren penetranten Gestank bekannt. Gerüche wie die von Zwiebeln, Knoblauch und Stinktieren werden von Thiolen verursacht. Erdgas ist von Natur aus geruchlos, kann aber zu tödlichen Explosionen führen. Daher werden ihm kleinere Mengen Thiole zugesetzt, um eventuell auftretende Gaslecks durch ihren Geruch lokalisieren zu können.

stark solvatisiert als Alkoholationen. In protischen Lösungsmitteln sind Thiolationen daher bessere Nucleophile als Alkoholat-(Alkoxid)ionen (Abschnitt 9.2).

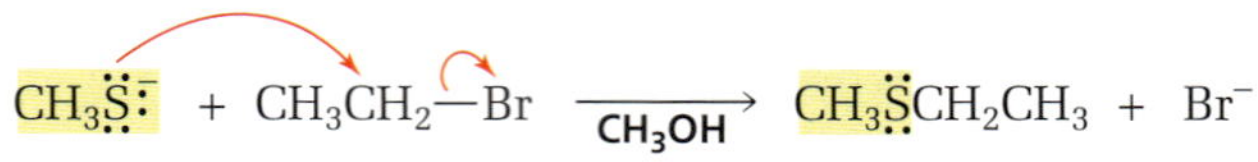

Thioether

Die Schwefelanaloga der Ether sind die **Thioether** (auch als **Sulfide** bezeichnet). Schwefel ist ein ausgezeichnetes Nucleophil, weil seine Elektronenwolke polarisierbar ist (Abschnitt 9.2). Als Folge davon reagieren Thioether bereitwillig mit Halogenalkanen zu **Sulfoniumsalzen**, während Ether mit Halogenalkanen nicht reagieren, weil der Sauerstoff nicht so nucleophil wie der Schwefel ist und eine elektrische Ladung nicht so gut unterbringen kann wie ein Schwefelatom.

Dimethylsulfid ein Thioether — **Trimethylsulfoniumiodid** ein Sulfoniumsalz

Sulfoniumionen

Die positiv geladene Gruppe eines Sulfoniumions ist eine exzellente Abgangsgruppe, also geht ein Sulfoniumion bereitwillig nucleophile Substitutionen ein. Wie im Fall anderer S_N2-Reaktionen läuft die Reaktion am besten ab, wenn die den nucleophilen Angriff erleidende Gruppe eine Methyl- oder primäre Alkylgruppe ist.

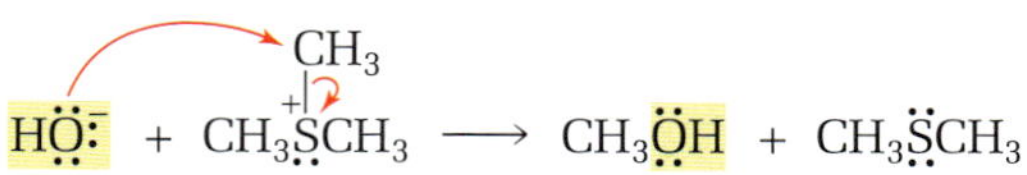

Ü 50 Wie würden Sie, unter Heranziehung eines Halogenalkans und eines Thiols als Ausgangsstoffe, die folgenden Verbindungen herstellen?

(a) 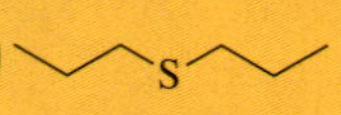 **(b)**  **(c)** $CH_2{=}CHCH(CH_3)SCH_2CH_3$ **(d)** 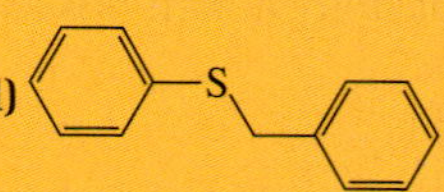

HINTERGRUND

■ Senfgas – Eine chemische Waffe

Die chemische Kriegsführung wurde zuerst im 1. Weltkrieg im großen Stil eingesetzt, als im April 1915 die deutsche Armee in der Schlacht von Ypern in Belgien elementares Chlor gegen die französischen und britischen Truppen einsetzte. Von da an setzten bis zum Ende des Krieges 1918 beide Seiten verschiedene chemische Stoffe als Waffen ein. Eine der für diesen Zweck gebräuchlichen Chemikalien war das sogenannte Senfgas – eine chemische Verbindung, die zur Blasenbildung auf der Haut führt. Senfgas ist eine höchst reaktive Verbindung, die ein sehr stark nucleophiles Schwefelatom enthält, das in einer intramolekularen S_N2-Reaktion leicht das Chloratom als Chloridion verdrängt. Dabei wird ein zyklisches Sulfoniumsalz gebildet, das rasch mit Nucleophilen reagiert. Das Sulfoniumsalz ist besonders reaktiv, weil es einen gespannten Dreiring und eine ausgezeichnete (positiv geladene) Abgangsgruppe besitzt.

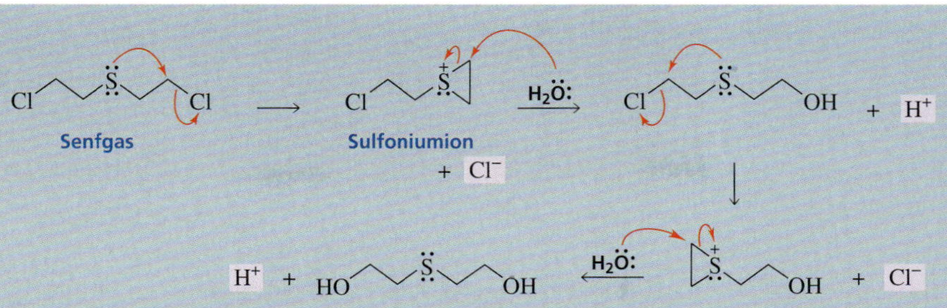

Die vom Senfgas hervorgerufene Blasenbildung der Haut oder der Lungenschleimhaut ist auf die hohen lokalen HCl-Konzentrationen zurückzuführen, wenn das Senfgas mit Wasser oder irgendeinem anderen Nucleophil in Berührung kommt. Autopsien von durch Senfgas im 1. Weltkrieg getöteten Soldaten – geschätzte Zahl: ca. 40.000 – legten offen, dass die Zahl ihrer weißen Blutkörperchen extrem abgesunken war; zudem wurden Defekte in der Entwicklung des Knochenmarks festgestellt, was auf eine kritische Wirkung auf schnell teilende Zellen hinweist.

Alkylierungsreagenzien als Krebsmedikamente

Da Krebs durch das unkontrollierte Wachstum und Proliferation von Zellen charakterisiert wird, führte die Entdeckung, dass Senfgas schnell teilende Zellen beeinflusst, zur der Idee, dass es als Medikament gegen Krebs eingesetzt werden könnte. Daher machten sich Chemiker*innen auf die Suche nach weniger reaktiven Varianten des Senfgases, die sich eventuell für eine Chemotherapie (also die Verwendung von Chemikalien bei der Therapie von Krebs) eignen könnten.

Da Senfgas einen dreigliedrigen Ring bildet, der schnell mit verschiedenen Nucleophilen reagieren kann, wird seine Wirkung wahrscheinlich durch die Fähigkeit verschiedene Gruppen auf der Oberfläche von DNA zu alkylieren verursacht. Eine Alkylierung von DNA kann ihre Zerstörung zur Folge haben; dies führt zum Absterben der schnell teilenden Zellen in Tumoren. Unglücklicherweise töten Verbindungen aus der Chemotherapie auch normale Zellen. Dies ist der Grund für viele Nebenwirkungen, wie z. B. Schwindel und Haarausfall, die mit der Chemotherapie verbunden sind. Heute beschäftigen sich Chemiker*innen mit der Entwicklung von Medikamenten, die nur auf Krebszellen wirken (Abschnitt 24.7).

Die hier gezeigten Medikamente gegen Krebs sind ausnahmslos Alkylierungsreagenzien – sie fügen eine Alkylgruppe unter physiologischen Bedingungen an DNA an.

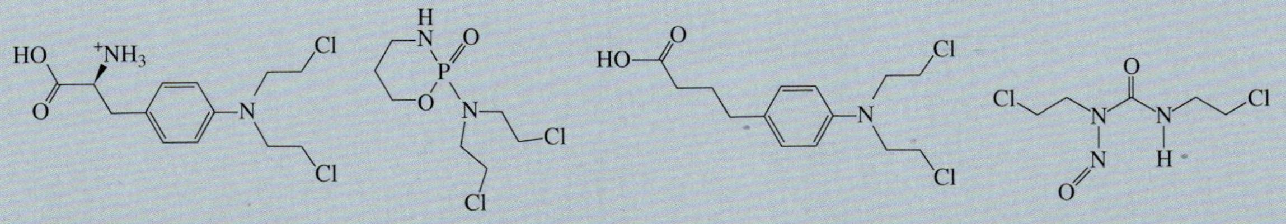

Melphalan · Cyclophosphamid · Chlorambucil · Carmustin

Ü 51* Die nachfolgend abgebildeten drei Senfgase wurden auf eine mögliche Verwendung als Medikament getestet:

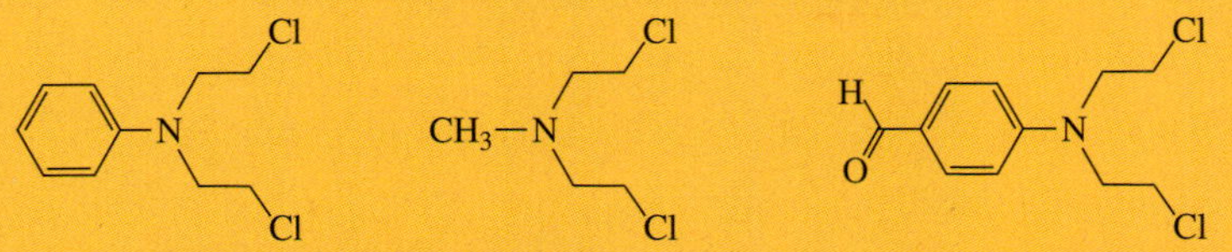

Eine davon werden heute in der Klinik eingesetzt. Man fand außerdem heraus, dass eine zu reaktiv sei, eine andere zu unreaktiv; die dritte war wasserunlöslich und musste intravenös verabreicht werden. Welche Verbindung hat welche Eigenschaft? (*Hinweis:* Zeichnen Sie mesomere Grenzformeln.)

Ü 52* Warum kann Melphalan bei der Behandlung von Krebs eingesetzt werden?

Ü 53 Mechlormethamin, die in der Klinik eingesetzte Verbindung aus Übung 51, wird nur von einigen sehr erfahrenen Ärzten eingesetzt, weil es außerordentlich reaktiv ist. Erklären Sie, warum die vier Verbindungen aus dem Exkurs „Alkylierungsreagenzien als Krebsmedikamente“ wesentlich weniger reaktiv sind.

10.12 Natürliche und synthetische Methylierungsreagenzien

Halogenmethane werden von Chemiker*innen als Methylierungsreagenzien verwendet

Wenn ein/e Chemiker*in eine Methylgruppe an einem Nucleophil anbringen will, würde er dazu in den meisten Fällen Iodmethan (Methyliodid) verwenden. Unter den Halogenmethanen ist Iodmethan das reaktivste, da I^- da schwächste Base ist und damit am einfachsten verdrängt wird. Zusätzlich ist Iodmethan bei Raumtemperatur flüssig, also ist es einfach in der Handhabung als Brommethan oder Chlormethan. Die Reaktion ist eine simple S_N2-Reaktion.

$$\ddot{\overline{N}}uc + CH_3{-}I \longrightarrow CH_3{-}Nuc + I^-$$

Jedoch gibt es keine Halogenmethane in einer Zelle. Wegen ihrer schlechten Wasserlöslichkeit sind Halogenalkane allgemein nicht in den vorrangig wässrigen Umgebungen biologischer Systeme zu finden.

HINTERGRUND

Termitenbekämpfung

Halogenalkane sind unter Umständen sehr toxisch für biologische Organismen. Zum Beispiel wird Brommethan zur Bekämpfung von Termiten und anderer Schädlinge eingesetzt. Die Wirkung ergibt sich aus der Methylierung von NH_2- und SH-Gruppen bei einer Gruppe von Enzymen, die dadurch ihre Aktivität in überlebenswichtigen Reaktionen verlieren. Unglücklicherweise fand man auch heraus, dass Brommethan die Ozonschicht schädigt (Abschnitt 12.12), daher wurde es verboten.

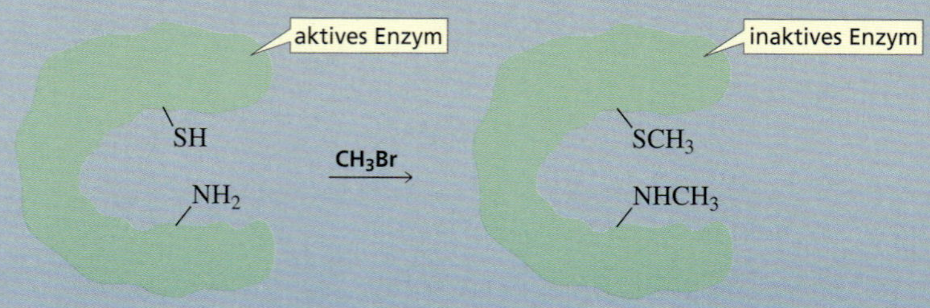

Zellen nutzen *S*-Adenosylmethionin zur Methylierung

In Zellen wird *S*-Adenosylmethionin (SAM, auch als AdoMet abgekürzt), ein wasserlösliches Sulfoniumion, als Methylierungsreagenz. (Ein weniger häufiges biologisches Methylierungsreagenz wird in Abschnitt 23.7 besprochen.)

Obwohl SAM deutlich größer und komplizierter aussieht als Iodmethan, dient es derselben Funktion: dem Transfer von Methylgruppen an Nucleophile. Erinnern Sie sich daran, dass biologische Moleküle typischerweise durch die Fähigkeit zur molekularen Erkennung komplexer sind als simpleren Moleküle, die Chemiker*innen benutzen (Abschnitt 5.14).

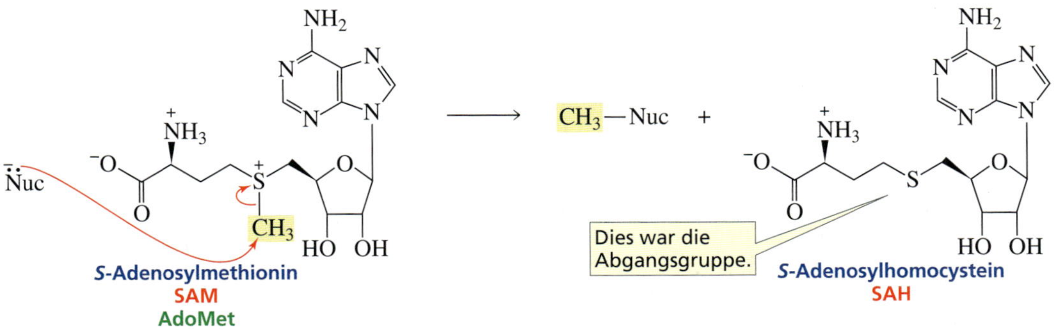

Beachten Sie, dass SAM ein Sulfoniumion ist (Abschnitt 10.11). Das positiv geladene Schwefelatom kann die Bindungselektronen der Methylgruppe aufnehmen, wenn diese übertragen wird. Anders gesagt ist die Methylgruppe an eine gute Abgangsgruppe gebunden, was zu einer biologischen Methylierung führt.

Beispiele von biologischen Methylierungen

Ein spezifisches Beispiel für eine biologische Methylierungsreaktion, die von SAM durchgeführt wird, ist die Umwandlung von Noradrenalin in Adrenalin. SAM dient als Donor für eine Methylgruppe. Noradrenalin und Adrenalin sind Hormone, die den Abbau von Glycogen stimulieren – der wichtigsten Energiequelle des Körpers (Abschnitt 20.16). Sie kennen dies eventuell als „Adrenalinrausch" bei der Vorbereitung auf eine herausfordernde Aktivität. Adrenalin wirkt sechsmal stärker als Noradrenalin. Daher ist diese Methylierungsreaktion physiologisch von großer Bedeutung.

Die Erfahrung eines Adrenalinrauschs.

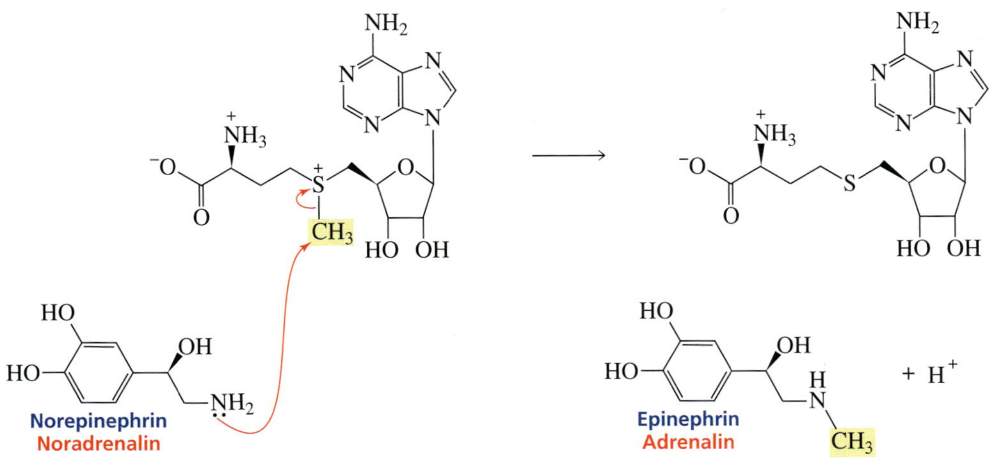

Die Umwandlung von Phosphatidylethanolamin, eine Komponente von Zellmembranen, in Phosphatidylcholin, eine weitere Komponente von Zellmembranen, wird von der Methylierung mit drei Äquivalenten SAM vermittelt (Abschnitt 25.5).

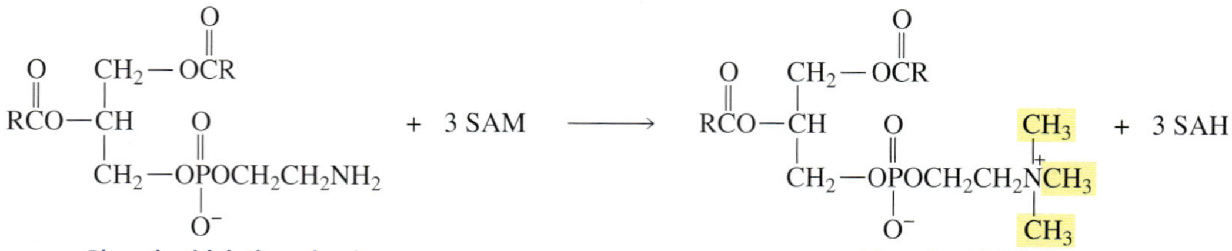

Phosphatidylethanolamin — Phosphatidylcholin

HINTERGRUND

■ *S*-Adenosylmethionin ist ein natürliches Antidepressivum

Unter dem Namen SAMe (als Sammy ausgesprochen), wird *S*-Adenosylmethionin in vielen Lebensmittelgeschäften und Apotheken für die Behandlung von Depressionen und Arthritis verkauft. Obwohl SAMe in Europa bereits seit über drei Jahrzehnten eingesetzt wird, wurde es in den Vereinigten Staaten von Amerika noch nicht für die Benutzung freigegeben. Es kann dort allerdings verkauft werden, da die FDA den Verkauf von natürlichen Substanzen nicht verbietet, solange der Verkäufer keine Heilungsversprechen macht.

Es wurde zudem entdeckt, dass SAMe für die Behandlung von Leberkrankheiten, die durch Alkohol und Hepatitis C verursacht werden. Die Verringerung des Leberschadens wird durch eine erhöhte Konzentration von Glutathion in der Leber begleitet. Glutathion ist ein wichtiges biologisches Antioxidans (Abschnitt 22.1). SAM wird ebenso bei der Biosynthese von Cystein verwendet, eine der 20 häufigsten natürlichen Aminosäuren (Abschnitt 22.9), die für die Synthese von Glutathion benötigt wird.

Ü 54 Schlagen Sie einen Mechanismus für die folgende Reaktion vor:

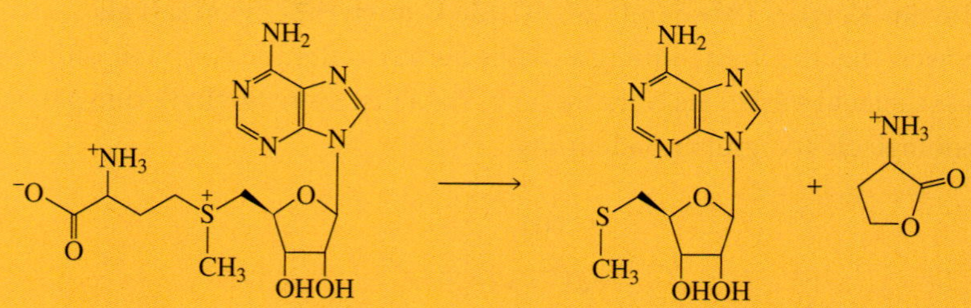

Was wir nun über die Reaktionen von organischen Verbindungen wissen 10.13

Wir haben gesehen, dass organische Verbindungen in Familien eingeteilt werden können und dass alle Mitglieder einer Familie auf die gleiche Art und Weise reagieren. Wir wissen außerdem, dass die Familien in eine von vier Gruppen gehören, und dass alle Familien einer Gruppe gleich reagieren. Wir haben nun das Studium der Familien in Gruppe II abgeschlossen, lassen Sie uns hier rekapitulieren.

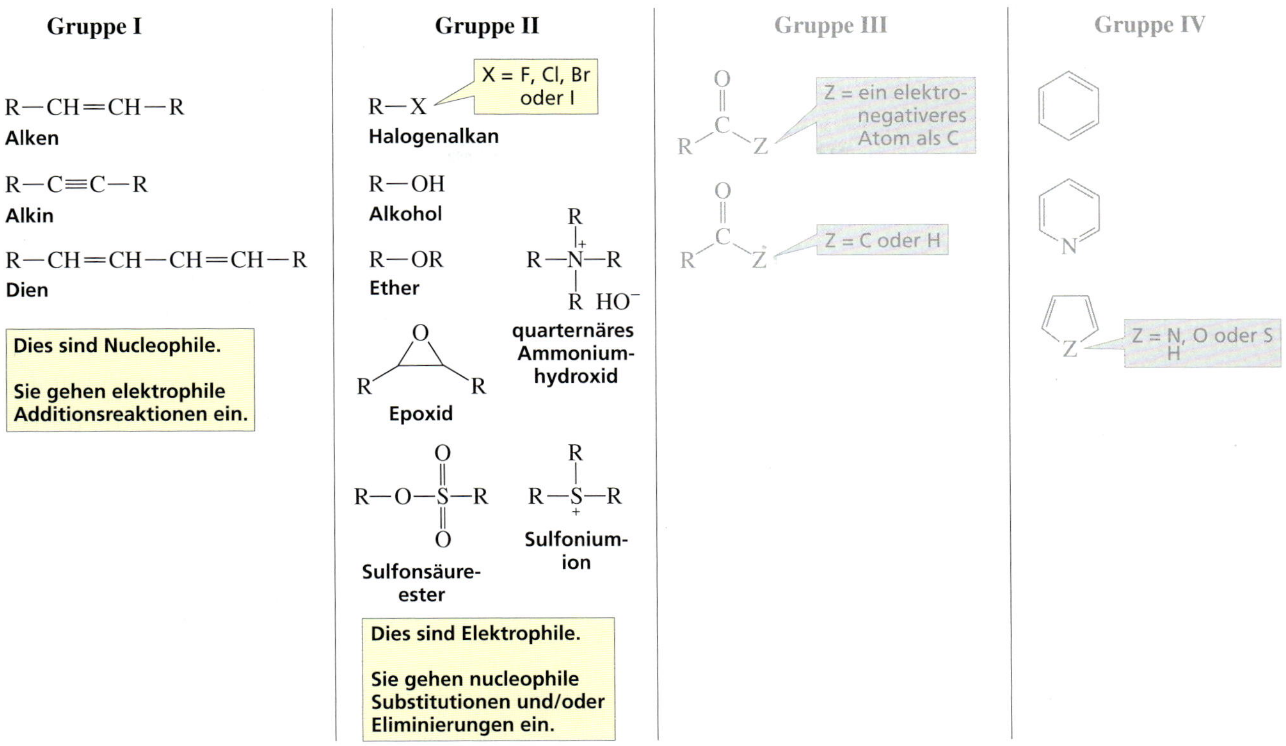

Alle Familien in Gruppe II sind durch ihre positive Teilladung an dem Kohlenstoffatom, das an die elektronenziehende Abgangsgruppe gebunden ist, *Elektrophile*. Daher reagieren die Familien dieser Gruppe mit *Nucleophilen*. Das Nucleophil kann entweder am Kohlenstoffatom, an dem die elektronenziehende Gruppe sitzt, angreifen und sie dadurch substituieren oder es kann ein Wasserstoffatom von einem benachbarten Kohlenstoffatom entfernen und dadurch die Eliminierung der elektronenziehenden Gruppe mit anschließender Bildung eines Alkens einleiten. Daher gehen die Familien in Gruppe II nucleophile Substitutionen und/oder Eliminierungsreaktionen ein.

- Halogenalkane sind hervorragende Abgangsgruppen, daher gehen sie Substitutions- und/oder Eliminierungsreaktionen mit Leichtigkeit ein.
- Alkohole sind sehr viel schlechtere Abgangsgruppen, also müssen Sie aktiviert werden, bevor sie an Substitutions- und/oder Eliminierungsreaktionen teilnehmen können.
- Ether sind wie Alkohole schlechte Abgangsgruppen, allerdings können sie, anders als Alkohole, nur durch Protonierung aktiviert werden. Sie gehen nur Substitutionen ein.
- Epoxide sind durch die Spannung im dreigliedrigen Ring reaktiver als azyklische Ether. Daher reagieren sie in Substitutionen, mit oder ohne Aktivierung durch ein Proton.
- Quarternäre Ammoniumhydroxide können an Eliminierungen teilnehmen. Da sie schlechte Abgangsgruppen sind, wird bei der Reaktion Hitze benötigt, und das weniger substituierte Eliminierungsprodukt wird gebildet.
- Sulfonsäureester und Sulfoniumsalze weisen gute Abgangseigenschaften auf und reagieren daher schnell in Substitutionsreaktionen. Falls der Sulfonsäurester durch ein tertiäres Amin entstand, führt dies zu Eliminierung anstelle von Substitution.

Zusammenfassung

Abschnitt 10.1

- Die Abgangsgruppen der Alkohole und Ether sind stärkere Basen als Halogenidionen, daher sind Alkohole und Ether weniger reaktiv als Halogenalkane und müssen aktiviert werden, bevor sie eine Substitution oder Eliminierung eingehen.
- Ein Alkohol kann durch Protonierung aktiviert werden. Daher gehen Alkohole mit HI, HBr und HCl nucleophile Substitutionen unter Bildung von Halogenalkanen ein. Im Fall der tertiären und sekundären Alkohole sind dies S_N1-Reaktionen, im Fall der primären Alkohole S_N2-Reaktionen.
- S_N1-Rektionen bilden Carbokationen als Zwischenstufen, also kann es zu Umlagerungen kommen.

Abschnitt 10.2

- Ein Alkohol kann außerdem durch PBr_3, PCl_3 oder $SOCl_2$ in ein Halogenalkan überführt werden. Diese Reagenzien wandeln den Alkohol in ein Zwischenprodukt mit einer durch ein Halogenidion leicht zu verdrängenden Abgangsgruppe um.

Abschnitt 10.3

- Die Umwandlung eines Alkohols in einen Sulfonsäureester ist eine weitere Methode, um einen Alkohol für eine nachfolgende Reaktion mit einem Nucleophil, das ein besseres Nucleophil ist als ein Halogenidion, zu aktivieren.
- Tertiäre Alkohole können Sulfonsäureester bilden, sie sind aber sterisch zu stark abgeschirmt, um eine nachfolgende Reaktion mit einem Nucleophil durchzuführen.
- Die Umwandlung eines Alkohols in ein Halogenalkan durch PBr_3, PCl_3 oder $SOCl_2$, gefolgt von der Reaktion mit einem Nucleophil, führt zu einem Substitutionsprodukt mit der gleichen Konfiguration wie der des Alkohols. Die Umwandlung eines Alkohols in einen Sulfonsäureester und anschließende nucleophile Substitution bildet ein Substitutionsprodukt mit invertierter Konfiguration.

Abschnitt 10.4

- Bei Erhitzen mit Säure geht ein Alkohol eine Dehydratisierung (eine Eliminierung von Wasser) ein.
- Im Falle von sekundären und tertiären Alkoholen ist die Dehydratisierung eine E1-Reaktion, im Falle von primären Alkoholen ist sie eine E2-Reaktion.
- Tertiäre Alkohole gehen am schnellsten Dehydratisierungen ein und primäre Alkohole am langsamsten.
- Das Hauptprodukt der Dehydratisierung eines Alkohols ist das stabilere Alken.
- Falls das Alken Stereoisomere besitzt, herrscht das Stereoisomer vor, das die raumfüllendsten Gruppen auf gegenüberliegenden Seiten der Doppelbindung trägt.
- E1-Reaktionen führen zur Bildung von carbokationischen Intermediaten; es kann zu Umlagerungen kommen.
- Die Dehydratisierung von sekundären und tertiären Alkoholen kann über eine E2-Reaktion ablaufen, wenn vor der Eliminierungsreaktionen eine gute Abgangsgruppe statt des Alkohols installiert wird (z.B. durch die Reaktionen mit $POCl_3$, oder im Falle eines tertiären Alkohols durch die Umwandlung in einen Sulfonsäureester aktiviert wird).

Abschnitt 10.5

- Chromsäure oxidiert primäre Alkohole zu Carbonsäuren und sekundäre Alkohole zu Ketonen.
- PCC, hypochlorige Säure und die Swern-Oxidation oxidieren primäre Alkohole zu Aldehyden und sekundäre Alkohole zu Ketonen.

Abschnitt 10.6

- Ether gehen nucleophile Substitutionen mit HBr oder HI unter Hitze ein. Falls bei der Abspaltung der Abgangsgruppe ein relativ stabiles Carbokation gebildet wird, läuft eine S_N1-Reaktion ab. Andernfalls läuft eine S_N2-Reaktion an der sterisch weniger gehinderten Alkylgruppe ab.

Abschnitt 10.7

- Ringspannung führt zur höheren Reaktivität eines Epoxids im Vergleich mit Alkoholen.
- Epoxide reagieren in nucleophilen Substitutionen. Unter sauren Bedingungen addiert sich das Nucleophil an das höher substituierte Kohlenstoffatom; unter neutralen oder basischen Bedingungen addiert es sich an das weniger abgeschirmte Kohlenstoffatom.

- Um ein Alken ohne Bildung eines Carbokations in einen Alkohol umzuwandeln, muss das Alken zunächst in ein Epoxid überführt werden. Dieses reagiert anschließend mit LAH ($LiAlH_4$)zum Alkohol.
- Die Epoxidierung von Cyclohexen und anschließende Reaktion mit Hydroxidionen bildet ein *trans*-1,2-Diol.
- Die Reaktion von Cyclohexen mit Osmiumtetroxid, gefolgt von der Hydrolyse mit Wasserstoffperoxid führt zu einem *cis*-1,2-Diol.

Abschnitt 10.8

- Aromatische Kohlenwasserstoffe (Arene) werden zu Arenoxiden oxidiert, die nucleophile Additionen eingehen können oder sich zu Phenolen umlagern.
- Je stabiler das bei der Umlagerung gebildete Carbokation ist, desto weniger kanzerogen ist das Arenoxid wahrscheinlich.

Abschnitt 10.9

- Amine reagieren nicht in Substitutions- oder Eliminierungsreaktionen, da ihre Abgangsgruppen sehr starke Basen sind. Amine reagieren daher als Basen und Nucleophile.

Abschnitt 10.10

- Ein quarternäres Ammoniumhydroxid geht eine E2-Reaktion (Hofmann-Eliminierung) beim Erhitzen ein. Das Hydroxidion entfernt ein Proton vom β-Kohlenstoffatom, das an die meisten Wasserstoffatome gebunden ist.

Abschnitt 10.11

- Thiole sind stärkere Säuren und haben geringere Siedepunkte als Alkohole.
- Thiolationen sind in protischen Lösungsmitteln schwächere Basen und bessere Nucleophile als Alkoholationen.
- Thioether reagieren mit Halogenalkanen zu Sulfoniumionen, die exzellente Abgangsgruppen darstellen. Daher gehen Sulfoniumionen leicht Substitutionsreaktionen ein.

Abschnitt 10.12

- *S*-Adenosylmethionin, das am häufigsten anzutreffende biologische Methylierungsreagenz, ist ein Sulfoniumion.

Zusammenfassung der Reaktionen

1 Umwandlung eines *Alkohols* in ein *Halogenalkan* (Abschnitte 10.1 und 10.2)

$$R{-}OH + HBr \xrightarrow{\Delta} R{-}Br$$
$$R{-}OH + HI \xrightarrow{\Delta} R{-}I$$
$$R{-}OH + HCl \xrightarrow{\Delta} R{-}Cl$$

relative Geschwindigkeit: tertiär > sekundär > primär

$$R{-}OH + PBr_3 \xrightarrow[\text{Pyridin}]{} R{-}Br$$
$$R{-}OH + PCl_3 \xrightarrow[\text{Pyridin}]{} R{-}Cl$$
$$R{-}OH + SOCl_2 \xrightarrow[\text{Pyridin}]{} R{-}Cl$$

nur für primäre und sekundäre Alkohole

2 Umwandlung eines Alkohols in einen *Sulfonsäureester* (Abschnitt 10.3)

$$R{-}OH + Cl{-}S(=O)_2{-}R' \xrightarrow[\text{Pyridin}]{} R{-}O{-}S(=O)_2{-}R' + HCl$$

3 Umwandlung eines *aktivierten Alkohols* (als Halogenalkan oder Sulfonsäureester) in eine Verbindung mit einer neuen Gruppe am sp^3-Kohlenstoffatom durch eine S_N2-Reaktion (Abschnitt 10.3)

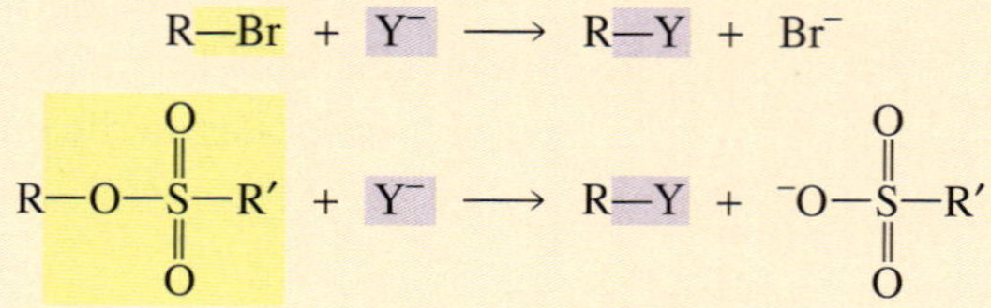

4 Eliminierungsreaktionen von Alkoholen: Dehydrierung (Abschnitt 10.4)

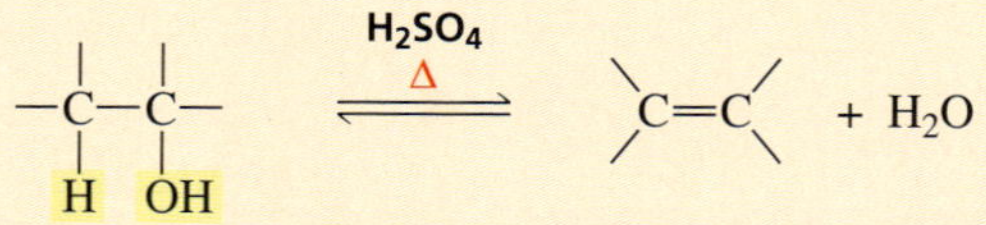

realtive Geschwindigkeit: tertiär > sekundär > primär

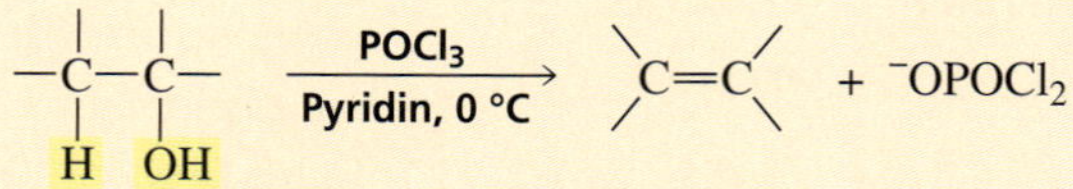

Dehydratisierung ohne Carbokationumlagerung

5 Oxidation von Alkoholen (Abschnitt 10.5)

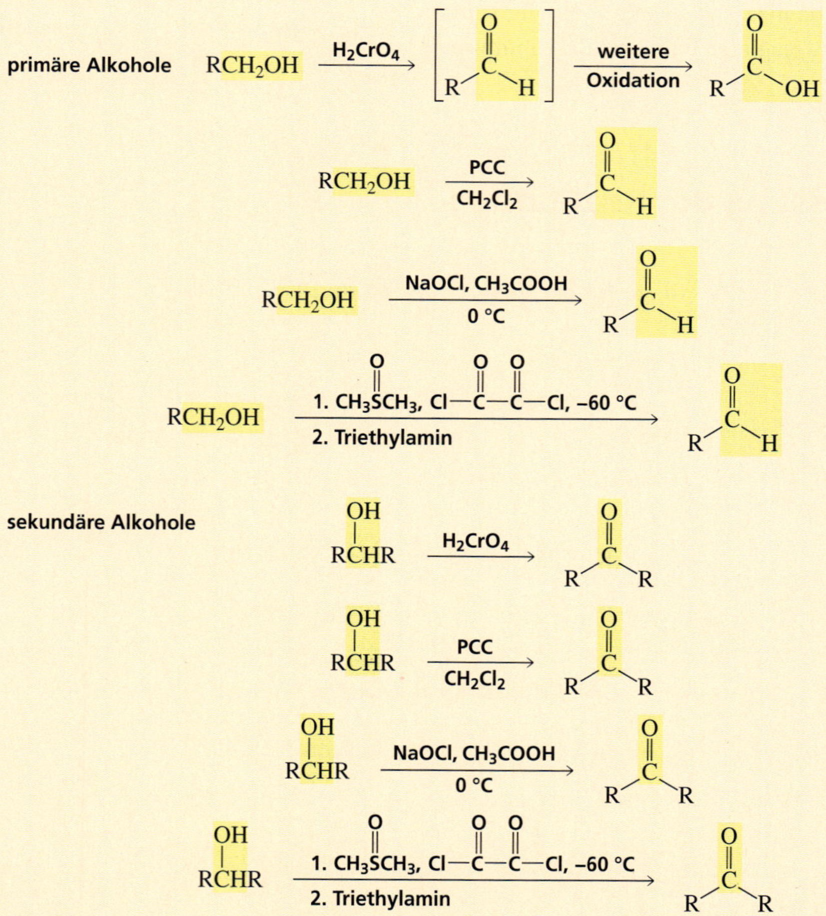

6 Nucleophile Substitutionsreaktionen von Ethern (Abschnitt 10.6)

$$R{-}O{-}R' + HX \xrightarrow{\Delta} R{-}OH + R'{-}X$$

HX = HBr oder HI

7 Nucleophile Substitutionsreaktionen von *Epoxiden* (Abschnitt 10.7)

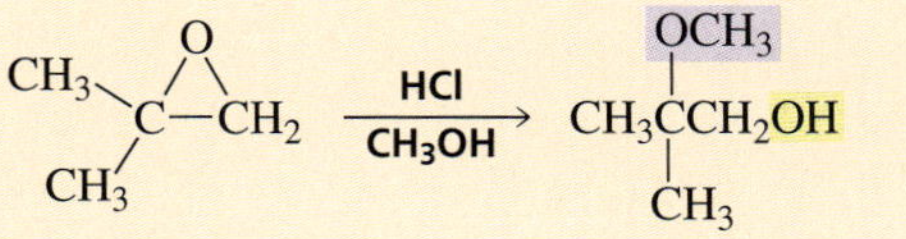

Unter sauren Bedingungen greift das Nucleophil das höher substituierte Ringatom an.

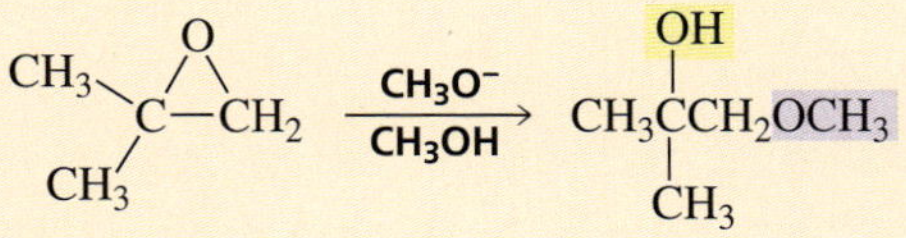

Unter basischen oder neutralen Bedingungen greift das Nucleophil das sterisch weniger gehinderte Ringatom an.

8 Bildung von *cis*- und *trans*-1,2-Diolen (Abschnitt 10.7)

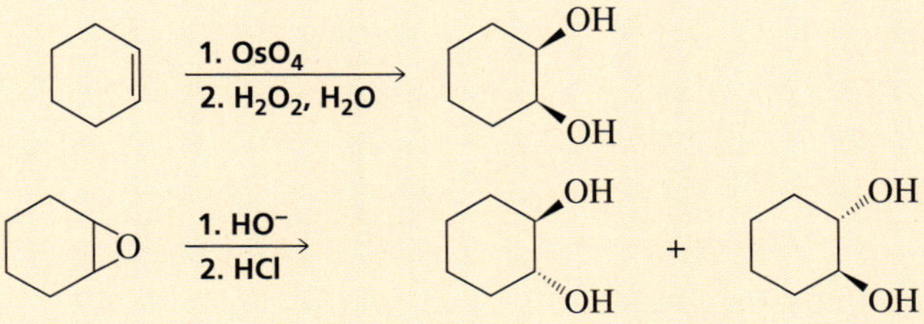

9 Reaktionen von *Arenoxiden*: Ringöffnung und Umlagerung (Abschnitt 10.8)

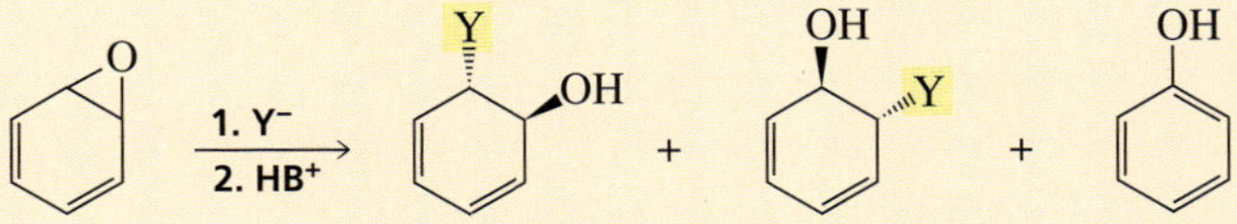

10 Eliminierungsreaktionen von *quarternären Ammoniumhydroxiden*: Das Proton wird von dem β-Kohlenstoffatom, das an die meisten Wasserstoffatome gebunden ist, entfernt (Abschnitt 10.10).

$$RCH_2CH_2\overset{+}{N}(CH_3)_3\ HO^- \xrightarrow[\text{Hofmann-Eliminierung}]{\Delta} RCH{=}CH_2 + N(CH_3)_3 + H_2O$$

11 Reaktionen von Thiolen, Sulfiden und Sulfoniumionen (Abschnitt 10.11)

$$2\,RSH + Hg^{2+} \longrightarrow RS{-}Hg{-}SR + 2\,H^+$$

$$RS^- + R'{-}Br \longrightarrow RS{-}R' + Br^-$$

$$R{-}S{-}R + R'{-}I \longrightarrow R{-}\overset{+}{S}(R'){-}R + I^-$$

$$R{-}\overset{+}{S}(R){-}R + Y^- \longrightarrow R{-}Y + R{-}S{-}R$$

Im MyLab | Organische Chemie finden Sie:

- den praktischen **eText** zum Kapitel mit Notizfunktion
- eine Auswahl verschiedener **3D-Moleküle**
- **Lösungen** zu ausgewählten, mit * versehenen Übungen
- digitale **Lernkarten** und ein umfangreiches **Glossar** zum Nachschlagen und Wiederholen von Definitionen
- digitale Übungsaufgaben in Form von **Kapiteltests** zur eigenen Lernkontrolle

Organometallverbindungen

11.1 Organolithium- und Organomagnesiumverbindungen 626
11.2 Transmetallierung 628
11.3 Organocuprate 628
11.4 Palladiumkatalysierte Kupplungsreaktionen 632
11.5 Alkenmetathese 641
Zusammenfassung 647
Zusammenfassung der Reaktionen 648

ÜBERBLICK

11

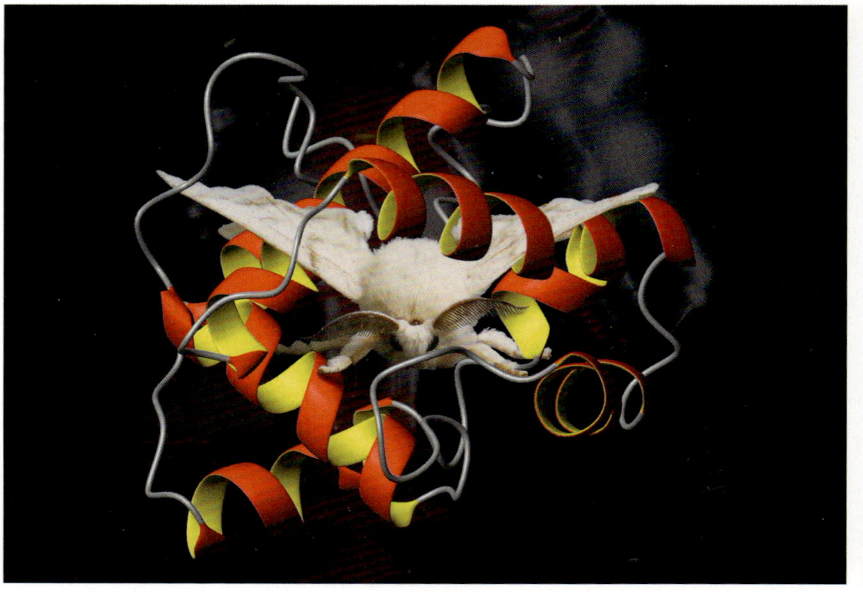

Bombyx mori und Bändermodel des pheromonbindenden Proteins.

*In diesem Kapitel werden wir eine Synthese für Bombykol kennenlernen, dem Sexuallockstoff des Seidenspinners (*Bombyx mori*); siehe Einleitung Kapitel 5. Mombykolmoleküle diffundieren durch die offenen Poren in den Antennen des männlichen Seidenspinners. Bei der Bindung von Bombykol an seinem Rezeptor wird eine elektrische Ladung produziert, die einen Nervenimpuls an das Gehirn schickt. Bombykol ist jedoch ein unpolares Molekül und muss durch eine wässrige Lösung hindurch diffundieren, um zu seinem Rezeptor zu gelangen. Dieses Problem wird durch ein pheromonbindendes Protein gelöst. Dieses Protein bindet Bombykol in einer hydrophoben Tasche und transportiert es zum Rezeptor. Der Bereich um den Rezeptor ist relativ azide. Die saure Umgebung sorgt dafür, dass das pheromonbindende Protein sich entfaltet und Bombykol wird dadurch freigesetzt.*

Wir haben gesehen, dass Verbindungen aus Gruppe II – Halogenalkane, Alkohole, Ether, Epoxide und Sulfonsäureester – ein Kohlenstoffatom enthalten, das ein *elektronegativeres* Atom bindet. Das Kohlenstoffatom ist daher *elektrophil* und reagiert mit Nucleophilen.

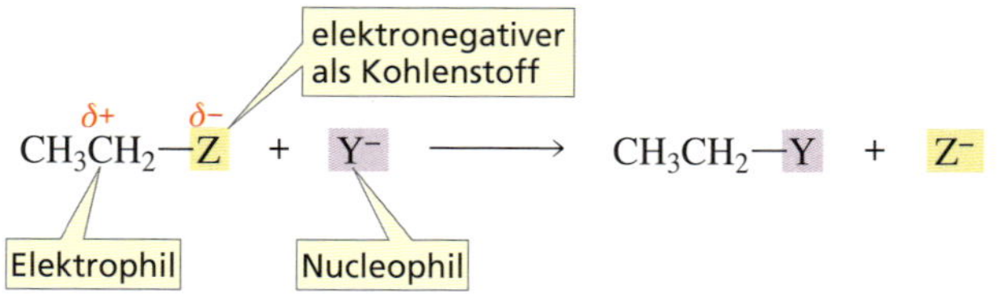

CH_3Cl
Halogenalkan

Wie aber könnten wir ein Kohlenstoffatom mit einem Elektrophil zur Reaktion bringen? Dazu würden wir eine Verbindung mit einem nucleophilen Kohlenstoffatom benötigen. Um *nucleophil* zu sein, muss das Kohlenstoffatom an ein *weniger* elektronegatives Atom gebunden sein.

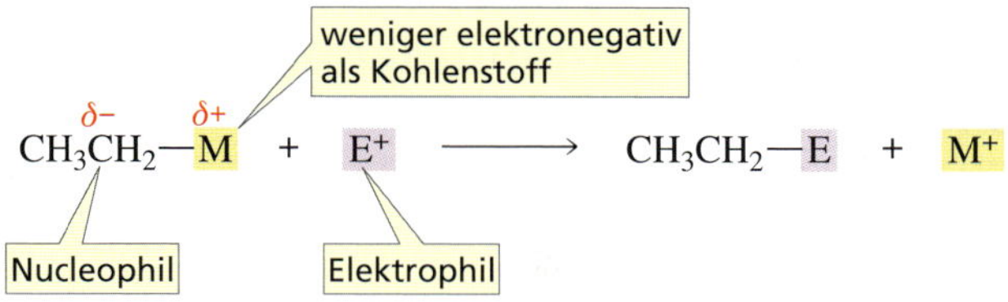

Da Metalle weniger elektronegativ als Kohlenstoff sind (► Tabelle 11.1), führt ein Weg der Synthese von nucleophilen Kohlenstoffatomen über die Bildung einer Kohlenstoff-Metall-Bindung. Eine **Organometallverbindung** (man sagt auch **metallorganische Verbindung**) ist eine Verbindung, die eine Kohlenstoff-Metallatom-Bindung enthält.

Die auf der Seite gezeigten elektrostatischen Potenzialkarten lassen erkennen, dass das Kohlenstoffatom, das im Chloralkanmolekül an ein elektronegativeres Chloratom gebunden ist, als Elektrophil reagiert (bläulich grün dargestellt), wohingegen das an das weniger elektronegative Metallion gebundene Kohlenstoffatom in der Organometallverbindung unten ein Nucleophil ist (rot dargestellt).

MERKE!

Kohlenstoff ist ein Elektrophil, wenn es an ein elektronegativeres Atom gebunden ist.

CH_3Li
Organometallverbindung

MERKE!

Kohlenstoff ist ein Nucleophil, wenn es an ein weniger elektronegatives Atom gebunden ist.

IA	IIA			IB	IIB	IIIA	IVA	VA	VIA	VIIA
H 2,1										
Li 1,0	Be 1,5					B 2,0	C 2,5	N 3,0	O 3,5	F 4,0
Na 0,9	Mg 1,2					Al 1,5	Si 1,8	P 2,1	S 2,5	Cl 3,0
K 0,8	Ca 1,0	Co 1,7	Ni 1,7	Cu 1,8	Zn 1,7	Ga 1,8	Ge 2,0			Br 2,8
		Rh 2,4	Pd 2,4	Ag 1,8	Cd 1,5		Sn 1,7			I 2,5
					Hg 1,5		Pb 1,6			

Tabelle 11.1: Die Elektronegativitäten einiger chemischer Elemente (Elektronegativitätsskala nach Linus Pauling).

Eine große Anzahl von Metallen kann mit Kohlenstoff metallorganische Verbindungen bilden.

$\overset{\delta-}{C}$—$\overset{\delta+}{Mg}$ $\overset{\delta-}{C}$—$\overset{\delta+}{Li}$ $\overset{\delta-}{C}$—$\overset{\delta+}{Cu}$ $\overset{\delta-}{C}$—$\overset{\delta+}{Cd}$ $\overset{\delta-}{C}$—$\overset{\delta+}{Pd}$

$\overset{\delta-}{C}$—$\overset{\delta+}{Zn}$ $\overset{\delta-}{C}$—$\overset{\delta+}{Al}$ $\overset{\delta-}{C}$—$\overset{\delta+}{Pb}$ $\overset{\delta-}{C}$—$\overset{\delta+}{Hg}$ $\overset{\delta-}{C}$—$\overset{\delta+}{Ru}$

Der Name einer Organometallverbindung fängt typischerweise mit dem Namen der Alkylgruppe an und wird gefolgt von der Bezeichnung des Metalls.

$CH_3CH_2CH_2CH_2Li$	CH_3CH_2MgBr	$(CH_3CH_2CH_2)_2Cd$	$(CH_3CH_2)_4Pb$
Butyllithium	**Ethylmagnesiumbromid**	**Dipropylcadmium**	**Tetraethylblei**

Organolithium- und Organomagnesiumverbindungen 11.1

Zwei der am häufigsten anzutreffenden Organometallverbindungen sind *Organolithiumverbindungen* und *Organomagnesiumverbindungen*.

Die Herstellung von Organolithium- und Organomagnesiumverbindungen

Organolithiumverbindungen werden durch die Zugabe von metallischem Lithium zu einem Halogenalkan in einem unpolaren Lösemittel wie Hexan hergestellt.

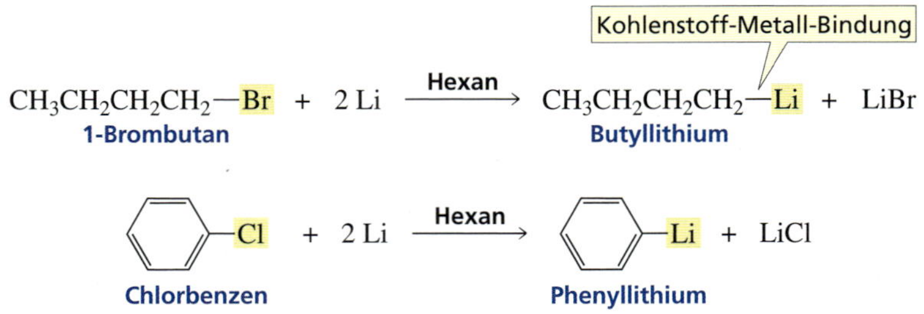

Organomagnesiumverbindungen (auch nach ihrem Entdecker Victor Grignard als **Grignard-Reagenzien** bezeichnet) werden durch die Mischung von Halogenalkanen mit metallischem Magnesium in einen Ether – hauptsächlich Diethylether oder Tetrahydrofuran (THF) – unter trockenen (wasserfreien) Bedingungen hergestellt. Bei der Reaktion wird Magnesium zwischen Kohlenstoff und dem Halogen eingefügt.

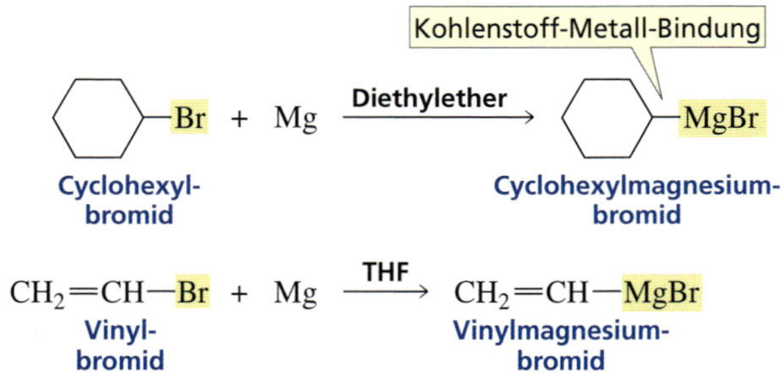

Das Lösungsmittel spielt eine entscheidende Rolle bei der Bildung von Grignard-Verbindungen. Das Magnesiumatom in einem Grignard-Reagenz ist nur von vier Valenzelektronen umgeben – es benötigt also zwei weitere Elektronenpaare, um einen Oktettzustand zu erreichen. Moleküle des Lösungsmittels stellen durch Koordination an das Metallatom diese Elektronen bereit. Das Teilen von Elektronen mit dem Metall wird auch als *Koordinierung* bezeichnet. Die Koordination der Metallionen im Lösungsmittel erlaubt es den Grignard-Verbindungen, sich in dem Lösungsmittel aufzulösen und verhindert, dass sich ein Belag auf den Magnesiumspänen bildet, der diese inaktivieren (passivieren) würde.

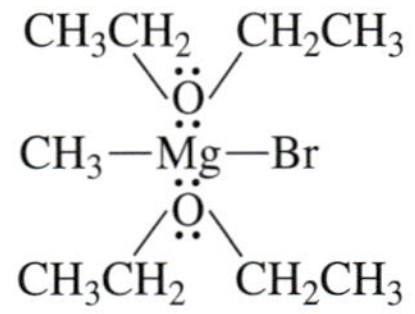

Halogenalkane, Vinylhalogenide und Arylhalogenide können alle zur Bindung von Organolithium- und Organomagnesiumverbindungen verwendet werden. Meistens werden Bromalkane dazu verwendet, da sie schneller als Chloralkane reagieren, aber billiger sind als Iodalkane.

Organolithium- und Organomagnesiumverbindungen sind Nucleophile

Da der Kohlenstoff elektronegativer als das Metallatom (Li oder Mg) ist, an das er gebunden ist, verhalten sich lithiumorganische und magnesiumorganische Verbindungen so, als wären sie Carbanionen. Daher sind sie sehr starke Nucleophile und Basen.

$CH_3CH_2{-}MgBr$ reagiert wie $CH_3\ddot{C}H_2^{-}\ \overset{+}{M}gBr$

Ethylmagnesiumbromid

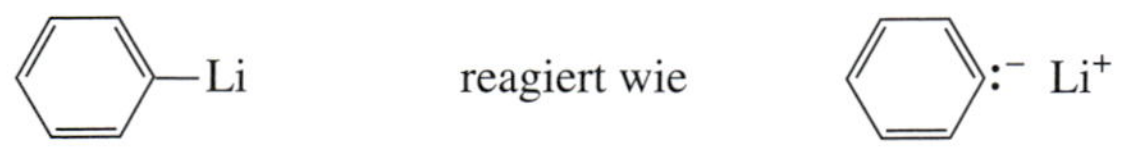

Phenyllithium

Magnesiumorganische und lithiumorganische Verbindungen sind derartig starke Basen, dass sie augenblicklich mit jeder in der Reaktionsmischung vorhandenen Säure reagieren, selbst mit so schwachen Säuren wie Wasser und Alkoholen. Wenn das passiert, wird die metallorganische Verbindung in ein Alkan überführt. Auch wenn dies nicht die Standardmethode zur Herstellung von Alkanen ist, ist sie doch nützlich zur Herstellung von deuterierten Kohlenwasserstoffen. Benutzen kann man dafür einfach D_2O anstelle von H_2O.

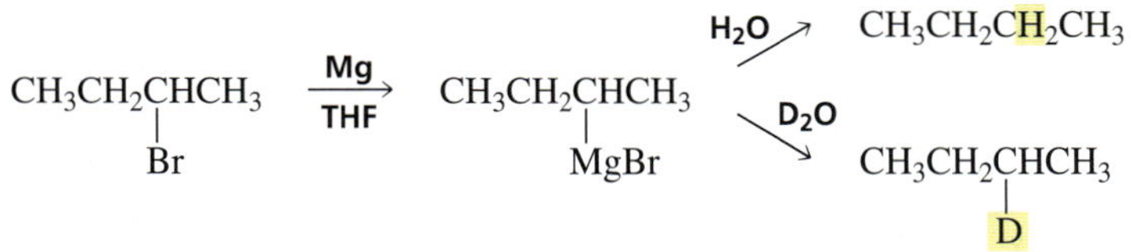

Das Vorausgesagte bedeutet, dass man Grignard-Reagenzien und lithiumorganische Verbindungen nicht aus Verbindungen herstellen kann, die saure Gruppen enthalten (OH, NH_2, NHR, SH, C≡CH, COOH). Da selbst Spuren von Feuchtigkeit zur Zersetzung vieler metallorganischer Verbindungen führen können, ist es wichtig, dass alle Reagenzien in absolut trockenem Zustand eingesetzt werden, wenn eine metallorganische Verbindung hergestellt oder mit einem anderen Reagenz zur Reaktion gebracht werden soll.

Ü 1* Bei welcher der folgenden Reaktionen liegt das Gleichgewicht auf der Seite der Produkte? Siehe Anhang B bezüglich der zur Lösung dieser Aufgabe benötigten pK_S-Werte. Erinnern Sie sich daran, dass im Gleichgewicht die schwächere Säure gebildet wird (Abschnitt 2.5).

$$CH_3MgBr + H_2O \rightleftharpoons CH_4 + HOMgBr$$
$$CH_3MgBr + CH_3OH \rightleftharpoons CH_4 + CH_3OMgBr$$
$$CH_3MgBr + NH_3 \rightleftharpoons CH_4 + H_2NMgBr$$
$$CH_3MgBr + CH_3NH_2 \rightleftharpoons CH_4 + CH_3NHMgBr$$
$$CH_3MgBr + HC{\equiv}CH \rightleftharpoons CH_4 + HC{\equiv}MgBr$$

Transmetallierung 11.2

Die Reaktivität einer metallorganischen Verbindung gegenüber einem Elektrophil hängt von der Polarität der Kohlenstoff-Metall-Bindung ab: *Je höher die Polarität der Bindung, desto stärker ausgeprägt ist das nucleophile Reaktivitätsverhalten.* Die Polarität einer chemischen Bindung hängt von der Elektronegativitätsdifferenz zwischen den beteiligten Atomen (C und M) ab (► Tabelle 11.1).

MERKE!

Je polarer die Kohlenstoff-Metall-Bindung ist, desto reaktiver ist die Organometallverbindung als Nucleophil.

Beispielsweise besitzt Magnesium eine Elektronegativität (EN) von 1,2. Kohlenstoff besitzt im Vergleich dazu einen EN-Wert von 2,5. Dieser vergleichsweise große Unterschied in den Elektronegativitätswerten macht die Kohlenstoff-Magnesium-Bindung stark polar (sie ist ungefähr zu 52 % ionisch). Lithium ist sogar noch weniger elektronegativ (EN = 1,0) als Magnesium. Die Lithium-Kohlenstoff-Bindung ist daher noch ein bisschen polarer als die C—Mg-Bindung. Eine lithiumorganische Verbindung ist daher ein noch reaktiveres nucleophiles Reagenz als eine Grignard-Verbindung.

Eine Organometallverbindung wird eine **Transmetallierung** (ein Metallaustausch) durchführen, wenn ein Metallhalogenid, dessen Metall elektronegativer ist als das Metall der ursprünglichen Organometallverbindung, mit ihr in Kontakt gebracht wird. In anderen Worten: Transmetallierung geschieht dann, wenn die Alkylgruppe auf ein Metall mit einer dem Kohlenstoff ähnlicheren Elektronegativität übertragen werden kann. Dadurch wird eine weniger polare Kohlenstoff-Metall-Bindung gebildet und damit auch ein weniger reaktiveres Nucleophil.

MERKE!

Transmetallierung geschieht dann, wenn eine Alkylgruppe auf ein elektronegativeres Metall übertragen werden kann.

Cadmium (EN =1,5) ist beispielsweise elektronegativer als Magnesium (EN = 1,2). Folglich ist eine Kohlenstoff-Cadmium-Bindung weniger polar als eine C—Mg-Bindung; es tritt also Transmetallierung ein.

$$2\,CH_3CH_2MgCl \;+\; CdCl_2 \longrightarrow (CH_3CH_2)_2Cd \;+\; 2\,MgCl_2$$

Ethylmagnesiumchlorid → Diethylcadmium

Ü 2* Was ist reaktiver: eine Organolithiumverbindung oder eine Organonatriumverbindung? Erklären Sie Ihre Antwort.

Ü 3 Welche organometallische Verbindung wird bei der Reaktion eines Überschusses Methylmagnesiumchlorid und $GaCl_3$ gebildet? (*Hinweis:* siehe ► Tabelle 11.1.)

Organocuprate 11.3

Neue Kohlenstoff-Kohlenstoff-Bindungen können durch Organometallverbindungen hergestellt werden, die ein *Übergangsmetall* tragen. Übergangsmetalle werden durch ihre violette Farbe im Periodensystem am Ende dieses Buches gekennzeichnet. Diese Reaktionen werden **Kupplungsreaktionen** genannt, da zwei CH-haltige Gruppen aneinander gebunden (gekuppelt) werden.

Die ersten Organometallverbindungen, die für diese Kupplungsreaktionen verwendet wurden, waren kupferhaltige **Organocuprate (R_2CuLi)**, die nach ihrem Entdeckern Henry Gilman auch als **Gilman-Cuprate** bezeichnet werden. Organocuprate sind weniger reaktiv als Organolithiumverbindungen oder Grignard-Verbindungen, weil eine Kohlenstoff-Kupfer-Bindung weniger polar ist als eine Kohlenstoff-Lithium-Bindung oder eine Kohlenstoff-Magnesium-Bindung. Das heißt, dass Cu näher an der Elektronegativität von C liegt als an der von Li oder Mg. Nur eine der beiden Alkylgruppen in einem Organocuprat wirkt bei der Reaktion als Nucleophil.

Die Bildung eines Organocuprats

Ein Organocuprat wird durch die Reaktionen einer Organolithiumverbindung mit Kupferiodid in Diethylether oder in THF hergestellt. Beachten Sie, dass Cu elektronegativer (EN = 1,8) ist als Li (EN = 1,0), daher läuft eine Transmetallierung ab.

$$2\,CH_3Li + CuI \xrightarrow{THF} (CH_3)_2CuLi + LiI$$

eine Organolithiumverbindung — **ein Organocuprat** / **ein Gilman-Reagenz**

Ein Organocuprat ersetzt Cl, Br oder I durch eine Alkylgruppe

Ein Organocuprat reagiert durch die Kupplung von einer seiner Alkylgruppen zu der Alkylgruppe eines Halogenalkans (mit Ausnahme von Fluoralkanen, die diese Reaktionen nicht eingehen) und ersetzt das Halogen. D. h., dass ein Alkan aus zwei Halogenalkanen – eines zur Bildung des Organocuprats und eines zur Reaktion mit diesem – gebildet wird. Der genaue Mechanismus dieser Substitutionsreaktion ist unbekannt, er verläuft jedoch wahrscheinlich über Radikale.

$$CH_3CH_2CH_2CH_2{-}Br + (CH_3CH_2CH_2)_2CuLi \longrightarrow CH_3CH_2CH_2CH_2{-}CH_2CH_2CH_3 + CH_3CH_2CH_2Cu + LiBr$$

Heptan

neue C–C-Bindung

Eine Alkylgruppe des Organocuprats ersetzt Cl, Br oder I.

Die R-Gruppe eines Organocuprats *und* das Halogenalkan können primäre Alkyl-, Methyl-, Aryl-, Vinyl- oder Allylgruppen sein, also keine tertiären oder sekundären Alkylgruppen.

RCH_2- **primäres Alkyl-** CH_3- **Methyl-**

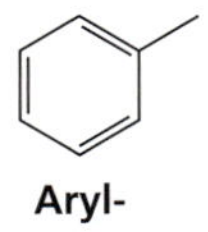

Aryl-

$RCH{=}CH-$ **Vinyl-** $RCH{=}CHCH_2-$ **Allyl-**

Da das Organocuprat mit Vinylhalogeniden und Arylhalogeniden reagiert, kann es zur Herstellung von Verbindungen benutzt werden, die nicht über eine S_N2-Reaktion von Organolithiumverbindungen oder Grignard-Reagenzien hergestellt werden kann. (Zur Erinnerung: Vinyl- und Arylhalogenide können nicht nucleophil angegriffen werden; Abschnitt 9.13.)

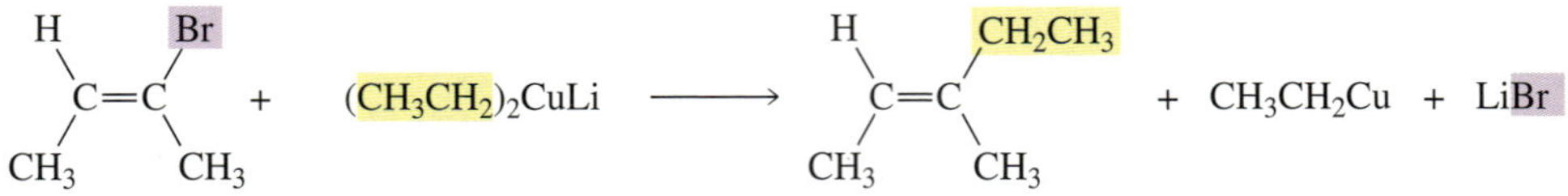

ein Vinylhalogenid

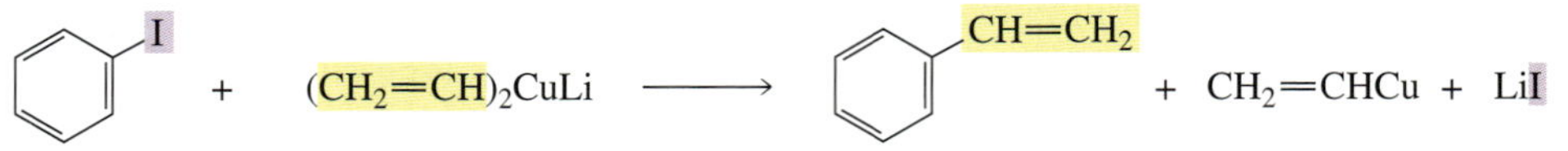

ein Arylhalogenid

Die Substitutionsreaktion ist stereospezifisch. Das heißt, dass die Konfiguration der Doppelbindung im Produkt erhalten bleibt – die Gruppen an den sp^2-Kohlenstoffatomen behalten ihre Position bei.

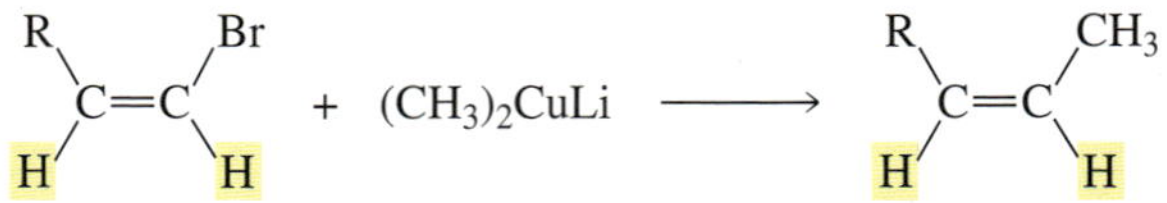

cis ***cis***

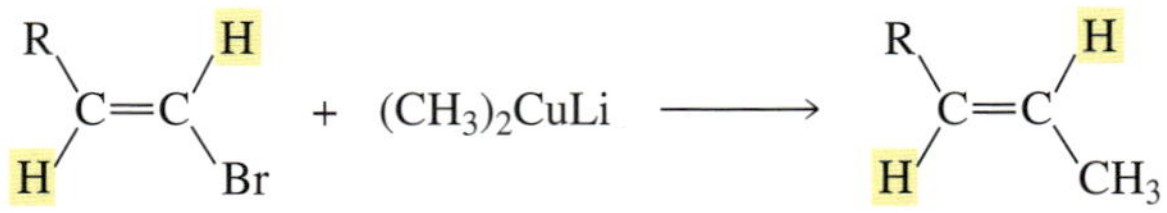

trans ***trans***

Organocuprate können sogar Halogene in Verbindungen verdrängen, die andere funktionelle Gruppen, wie Brom- oder Chloratome an einem Kohlenstoffatom neben einer Carbonylgruppe, enthalten.

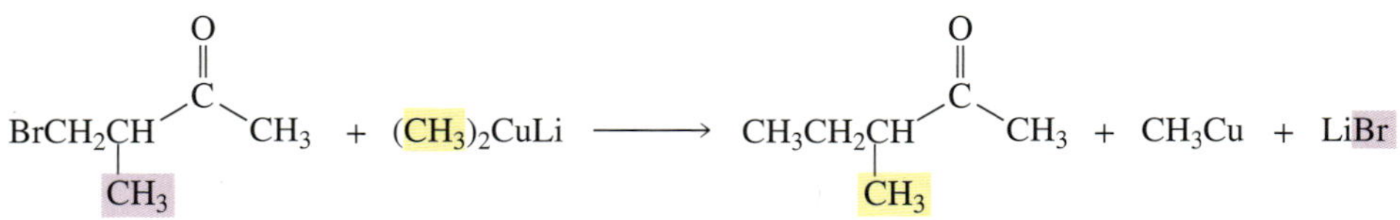

Ü 4 mit Lösung

Beschreiben Sie zwei Wege, um Ethylcyclopetan aus einem Bromalkan herzustellen.

Lösung

Zunächst müssen wir uns den Bromalkanen zuwenden, deren Alkylgruppen wir kuppeln wollen. Da sekundäre Halogenalkane nicht benutzt werden können, bleiben nur Brommethan und Brommethylcyclopentan übrig. Jedes der beiden Bromalkane kann zur Bildung des Organocuprats, das dann mit dem anderen Bromalkan reagiert, verwendet werden.

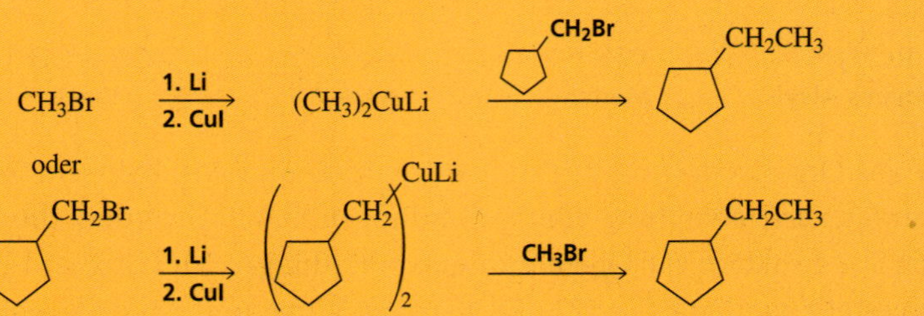

Ü 5 Muscalur ist ein Sexuallockstoff der gewöhnlichen Hausfliege. Fliegen werden in Fallen gelockt, die Muscalur und ein Insektizid enthalten. Der Verzehr des Köders ist für das Insekt tödlich. Wie können Sie Muscalur ausgehend von 1-Brompentan herstellen?

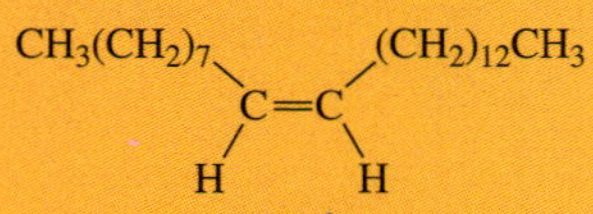

Muscalur

Ü 6 mit Lösung

Welche bromsubstituierte Verbindung wird benötigt, um mit $(CH_2{=}CH)_2CuLi$ zur folgenden Verbindung zu reagieren?

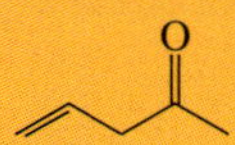

Lösung

Entfernen Sie die $CH_2{=}CH$-Gruppe und ersetzen Sie diese mit Brom.

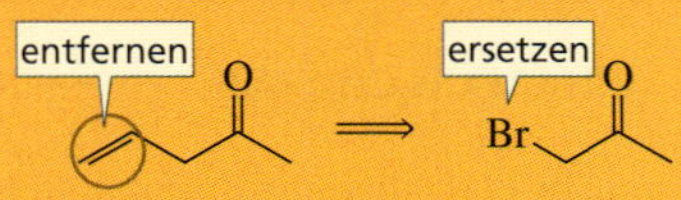

Ü 7 Welche bromsubstituierte Verbindung wird benötigt, um mit $(CH_2{=}CH)_2CuLi$ zu den folgenden Verbindungen zu reagieren?

(a) 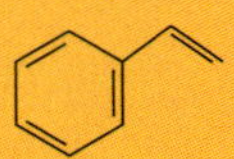 (b) 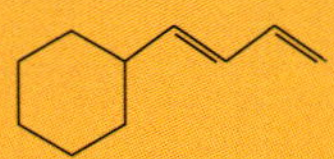 (c) 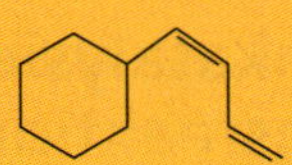

Ein Organocuprat ist ein Nucleophil

Da Organocuprate auch Nucleophile sind, reagieren sie mit Elektrophilen. Zum Beispiel reagiert ein Organocuprat in der folgenden Reaktion mit einem Epoxid in einer nucleophilen Substitutionsreaktion.

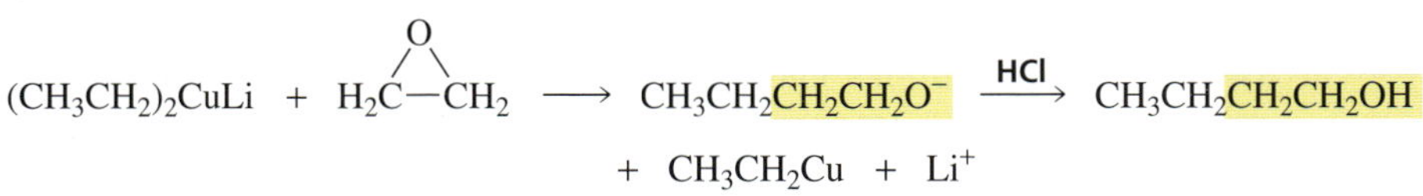

Beachten Sie, dass bei der Reaktion des Organocuprats mit Ethylenoxid ein primärer Alkohol gebildet wird, der zwei Kohlenstoffatomen mehr enthält als die metallorganische Verbindung.

Ü 8* Welche Alkohole werden bei der Reaktion von Ethylenoxid mit den folgenden Organocupraten und einer nachfolgenden Behandlung mit Säure gebildet?

(a) $(CH_3CH_2CH_2)_2CuLi$ **(b)** $(CH_3CH{=}CH)_2CuLi$ **(c)** 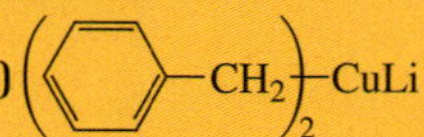

Ü 9 Welche Produkte werden bei den folgenden Reaktionen gebildet?

(a) 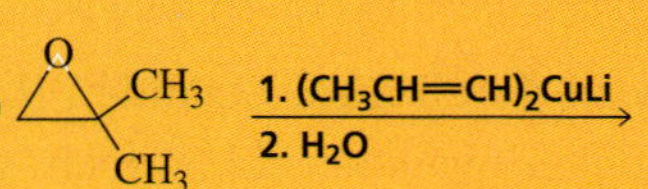 (b) 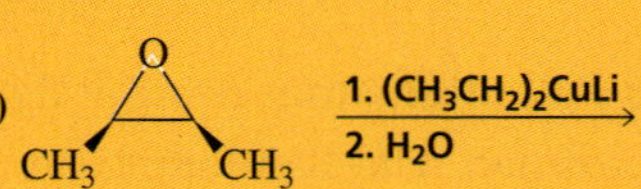

Ü 10 Wie könnten die folgenden Verbindungen aus Cyclohexen hergestellt werden?

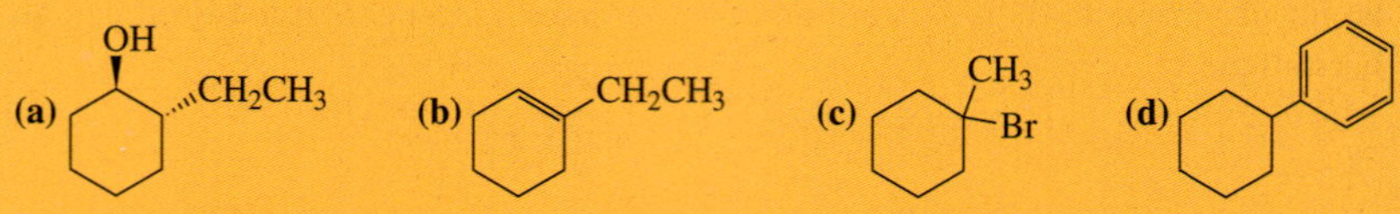

Ü 11 mit Lösung

Stellen Sie die folgenden Verbindungen durch die Reaktion von Ethylenoxid mit beliebigen Reagenzien her:

(a) $CH_3CH_2CH_2CH_2OH$ **(c)** $CH_3CH_2CH_2CH_2D$

(b) $CH_3CH_2CH_2CH_2Br$ **(d)** $CH_3CH_2CH_2CH_2CH_2CH_2OH$

Lösung

(a) 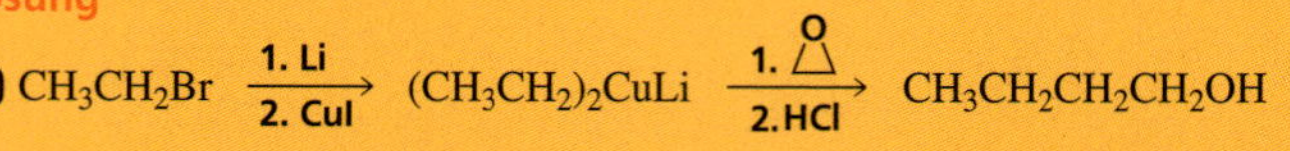

(b) Produkt aus **(a)** $\xrightarrow{PBr_3}$ $CH_3CH_2CH_2CH_2Br$

(c) Produkt aus **(b)** $\xrightarrow[2.\ CuI]{1.\ Li}$ $(CH_3CH_2CH_2CH_2)_2CuLi$ $\xrightarrow{D_2O}$ $CH_3CH_2CH_2CH_2D$

(d) Dieselbe Sequenz wie in Teil (a), aber mit Brombutan im ersten Schritt.

11.4 Palladiumkatalysierte Kupplungsreaktionen

In den vergangenen Jahren wurden viele verschiedene Methoden für Kupplungsreaktionen entwickelt, die auf Übergangsmetallen basieren. Diese Methoden haben den Werkzeugkasten synthetischer Chemiker*innen für die Bildung neuer C—C-Bindungen stark vergrößert. Wir werden uns nun mit zwei Reaktion beschäftigen, die einen Palladiumkatalysator (L_2Pd) verwenden (der *Suzuki-Reaktion* und der *Heck-Reaktion*). Diese beiden Reaktionen haben einiges gemeinsam:

- Beide Reaktionen bilden neue C—C-Bindungen durch das Ersetzen eines Halogens aus einem *Vinylhalogenid* oder einem *Arylhalogenid* (Bromide und Iodide funktionieren am besten) mit einer kohlenstoffhaltigen Gruppe (R). Daher sind sie Substitutionsreaktionen.

ein Vinylhalogenid

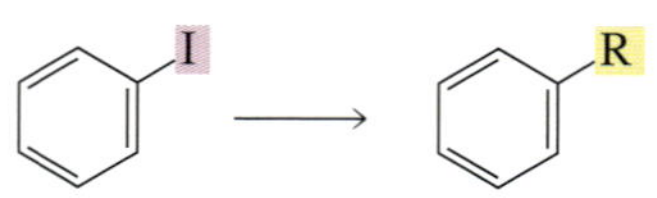

ein Arylhalogenid

- Das Palladiumatom des Katalysators wird durch zwei Liganden (L_2Pd) koordiniert. Die Bandbreite der verwendeten Liganden (L) ist recht groß; Triphenylphosphan $[P(C_6H_5)_3]$ wird recht häufig angewandt.

- Diese Reaktionen verlaufen über einen Katalysezyklus, in dem Palladium am Bindungsbruch der Reaktanten und an der Bildung neuer C—C-Bindungen beteiligt ist.
- Der erste Schritt in den beiden Zyklen ist die Insertion von Palladium zwischen den Kohlenstoffatomen und dem Halogen. Dabei wird eine **Organopalladiumverbindung** gebildet.

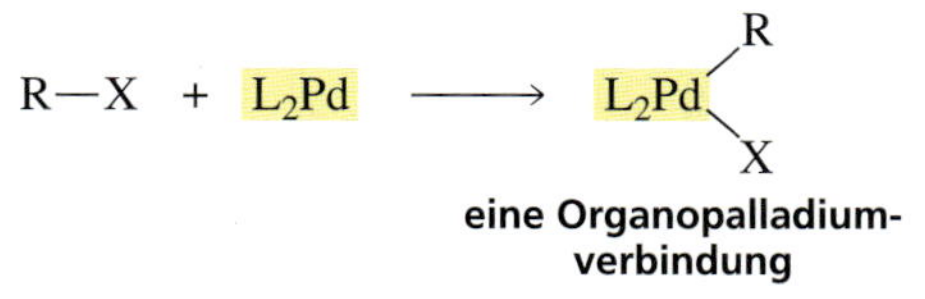

- Trägt die Organopalladiumverbindung ein β-ständiges Wasserstoffatom an einem sp^3-hybridisierten Kohlenstoffatom, vollführt die Organopalladiumverbindung eine Eliminierungsreaktion, bevor die Kupplungsreaktion überhaupt stattfinden kann. Dies erklärt auch, warum Vinylhalogenide und Arylhalogenide bei dieser Art von Reaktionen als Reaktanten verwendet werden – sie können unter den Bedingungen einer Kupplungsreaktion keine Eliminierungen durchführen.

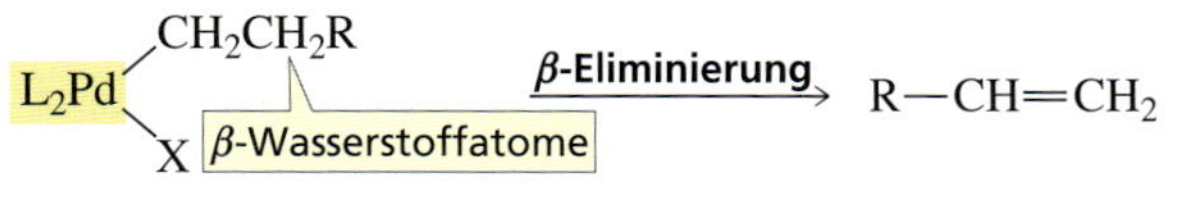

- Die Reaktion toleriert andere funktionelle Gruppen im Reaktant.
- Die Reaktion ist stereospezifisch: Die Konfiguration der Doppelbindung eines Vinylhalogenids bleibt im Produkt erhalten.
- Die Reaktion ist sehr effizient, sie benötige oft nur weniger als 0,1 % Palladiumkatalysator (im Vergleich mit den Reaktanten) und ergibt hohe Ausbeuten von 80–98 %.

Die Suzuki-Reaktion

Bei der **Suzuki-Reaktion** wird eine R-Gruppe an ein *Vinyl-* oder *Arylhalogenid* mit der R′-Gruppe einer **Organoborverbindung** in basischer Lösung und in Gegenwart eines Palladiumkatalysators (PdL_2) gekuppelt. Die Reaktion ist unten gezeigt.

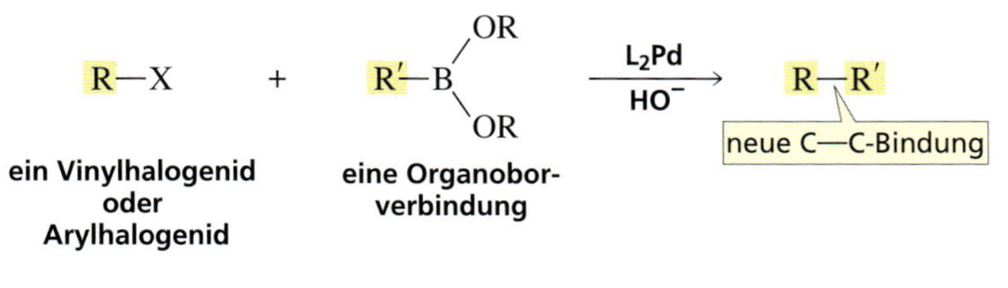

Beispiele von Suzuki-Reaktionen

Die R′-Gruppe der Organoborverbindung kann entweder eine *Alkyl*gruppe, eine *Alkenyl*gruppe oder eine *Aryl*gruppe sein. Beachten Sie, dass die Kohlenstoffatome, die an Halogen und Boratom gebunden waren, im Produkt eine neue C—C-Bindung zueinander ausbilden. (Falls der Katalysator modifiziert ist, können neben Vinyl- oder Arylhalogeniden auch andere Halogenide verwendet werden, aber dies übersteigt den Umfang dieses Buches.)

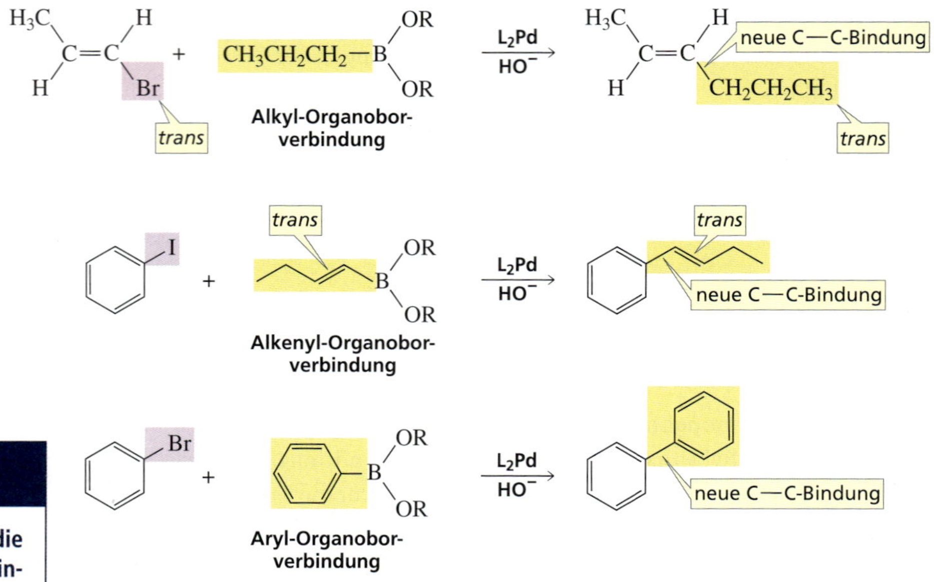

MERKE!

In einer Suzuki-Reaktion ersetzt die R'-Gruppe einer Organoborverbindung ein Halogen.

In einer Suzuki-Reaktion werden die Kohlenstoffatome verknüpft, die in den Ausgangsverbindungen an Bor und das Halogen gebunden waren.

Falls es sich bei den Reaktanten um ein Vinylhalogenid handelt, bleibt die Konfiguration der Doppelbindung im Produkt erhalten. Im Falle von Alkenyl-Organoborverbindungen ist die neue Doppelbindung im Produkt immer *trans*-konfiguriert, da eine Alkenyl-Organoborverbindung auch immer *trans*-konfiguriert sein muss (s. u.).

Der Mechanismus der Suzuki-Reaktion

Der Mechanismus der Suzuki-Reaktion wird immer noch aktiv untersucht; er hängt aber sicher vom Liganden (L) und der Base ab. Der Mechanismus der Reaktion ist unten gezeigt (Triphenylphosphan [$P(C_6H_5)_3$] ist hier der Ligand und ^-OH die Base.)

Mechanismus der Suzuki-Reaktion

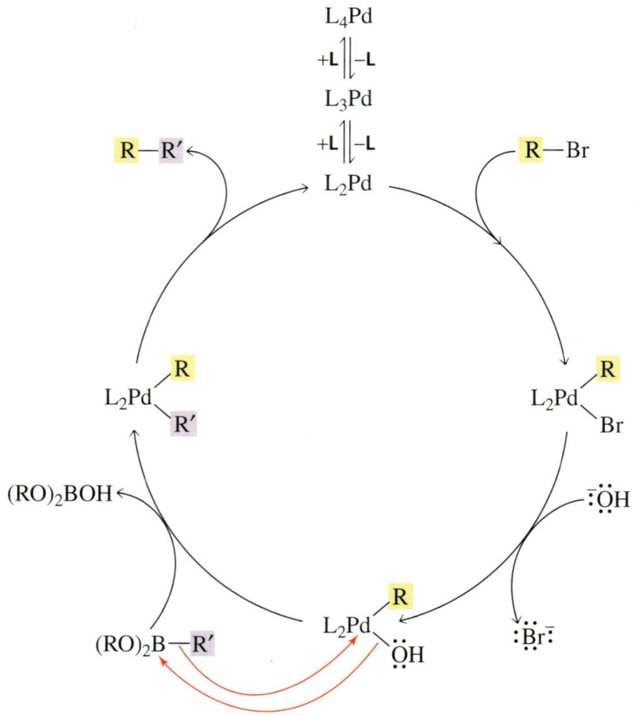

- Der Katalysator (L_2Pd) ist sehr aktiv und muss *in situ* (in der Reaktionsmischung) über zwei aufeinander folgende Dissoziationen von Liganden aus dem stabileren Präkatalystor (L_4Pd) gebildet werden.
- Palladiumatom insertiert (fügt sich ein) zwischen Kohlenstoff und dem Halogen.
- Das Hydroxidion verdrängt das Halogenidion.
- Die R′-Gruppe wird von Bor auf Palladium im Austausch für ^{-}OH transferiert.
- Der letzte Schritt ist eigentlich das Gegenteil des ersten Schrittes: Das Palladiumatom wird eliminiert und eine neue C—C-Bindung bildet sich. Der Katalysator kann nun mit einem neuen Halogenalkan reagieren.

Die Insertion eines Metalls zwischen zwei Atome wird auch als **oxidative Addition** bezeichnet. Dabei bilden zwei neue Gruppen eine Bindung zum Metall aus. Es handelt sich hierbei um eine Addition, da sich die Oxidationszahl von Palladium von 0 (in PdL_2) auf +2 (in $L_2Pd(X)R$) verändert. (Zur Erinnerung: Oxidation bedeutet den Verlust von Elektronen und Reduktion die Aufnahme von Elektronen.) Eine **reduktive Eliminierung** eliminiert zwei Gruppen vom Metall. Daher ist der erste Schritt einer Suzuki-Reaktion eine *oxidative Addition*, und der letzte Schritt eine *reduktive Eliminierung*.

MERKE!

Oxidativer Addition: zwei Gruppen addieren sich an das Metall.

Reduktive Eliminierung: zwei Gruppen werden vom Metall entfernt.

Die Herstellung von Organoborverbindungen für eine Suzuki-Reaktion

Eine Alkyl- oder Alkenyl-Organoborverbindung für eine Suzuki-Reaktion wird durch die Hydroborierung eines terminalen Alkens bzw. eines terminalen Alkins hergestellt. Oft ist die borhaltige Verbindung ein Catecholboran.

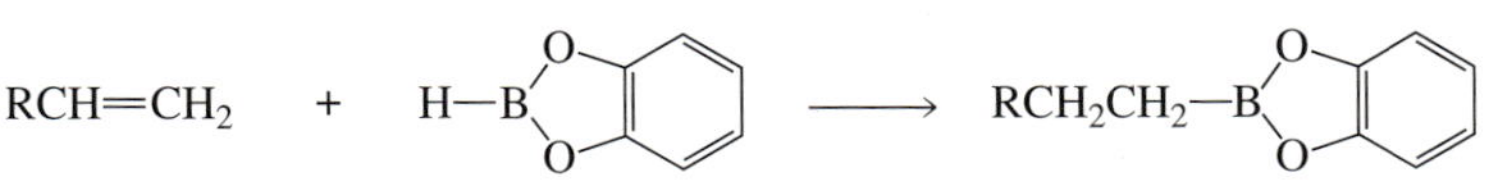

Catecholboran **eine Alkyl-Organoborverbindung**

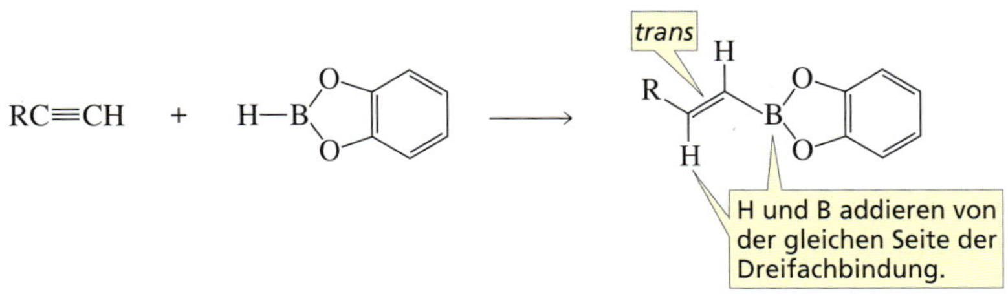

eine Alkenyl-Organoborverbindung

Rufen Sie sich ins Gedächtnis, dass sich Bor an das dreifach gebundene Kohlenstoffatom, das das Wasserstoffatom trägt, addiert und dass sich nach der Reaktion B und H auf der gleichen Seite der Doppelbindung befinden (Abschnitt 7.8). Daher befindet sich Bor in einer Alkenyl-Organoborverbindung immer in *trans*-Stellung zum Substituenten am benachbarten Kohlenstoffatom.

Eine Aryl-Organoborverbindung wird aus einer Organolithiumverbindung und Trimethylborat hergestellt.

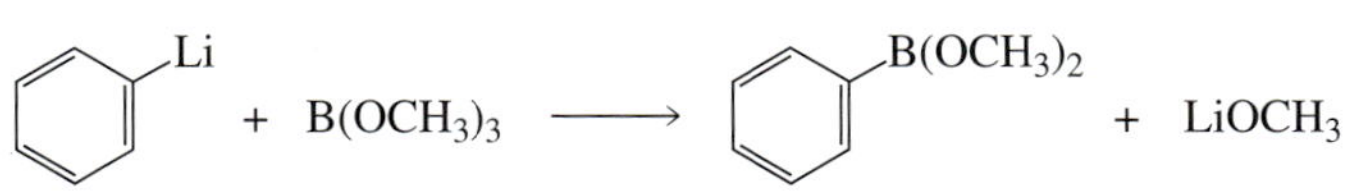

Trimethylborat **eine Aryl-Organoborverbindung**

Ü 12 mit Lösung

Was ist das Produkt der folgenden Reaktionen?

(a) 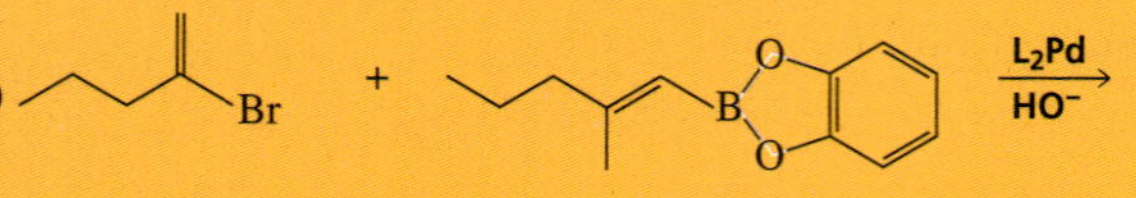

(b) 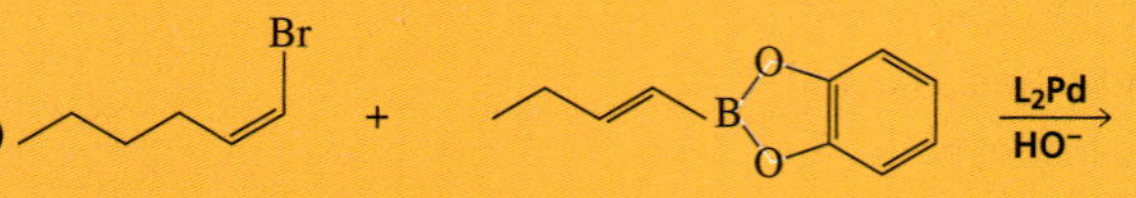

Lösung zu 12 (a)

Verbinden Sie das Kohlenstoffatom, das an Bor gebunden ist, mit dem Kohlenstoffatom, das sich ursprünglich am Halogen befand, und erhalten Sie die Konfiguration der Doppelbindungen.

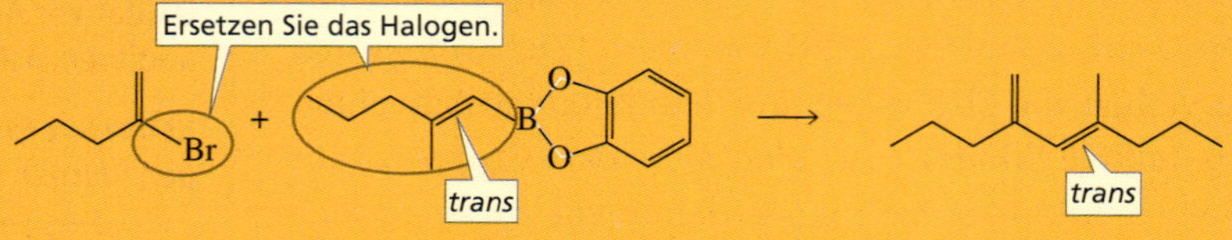

Lösung zu 12 (b)

Verbinden Sie das Kohlenstoffatom, das an Bor gebunden ist, mit dem Kohlenstoffatom, das sich ursprünglich am Halogen befand, und erhalten Sie die Konfiguration der beiden Doppelbindungen.

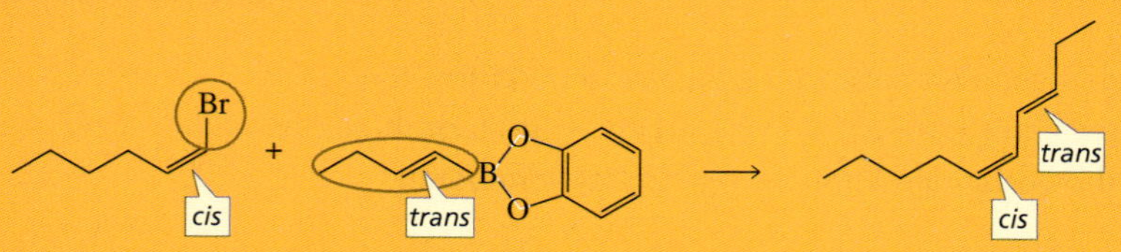

Ü 13 Was ist das Produkt der folgenden Reaktionen?

(a) 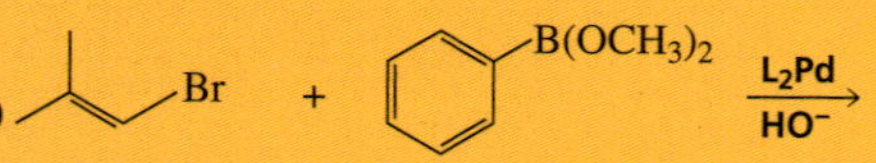

(b) 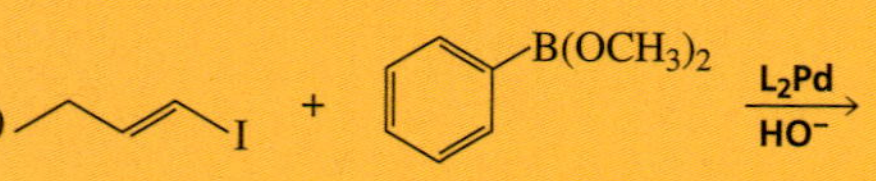

Ü 14* Welche Aryl- oder Vinylhalogenide würden Sie für die Synthese der folgenden Verbindung benutzen? Verwenden Sie dafür die hier gezeigte Alkenyl-Organoborverbindung.

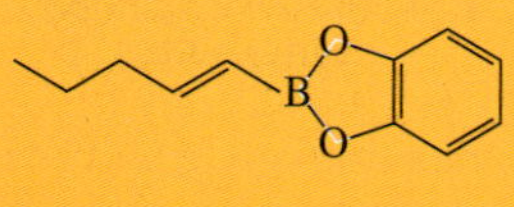

(a) 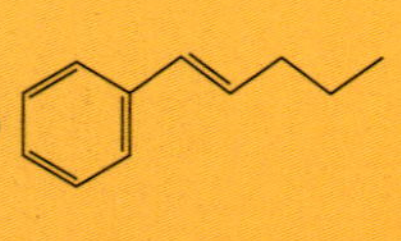 (b)  (c) 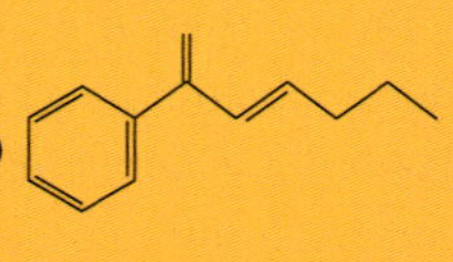

Ü 15* Welchen Kohlenwasserstoff würden Sie für die Herstellung der Organoborverbindung aus Übung 14 verwenden?

Ü 16 Die Stille-Reaktion ist der Suzuki-Reaktion sehr ähnlich. Sie ersetzt die Alkenyl-Organoborverbindung der Suzuki-Reaktion mit einer Alkenyl-Organozinnverbindung (R ist eine Alkylgruppe wie Methyl- oder Butyl-). Anders als die Organoborverbindung, die sich immer in der *trans*-Konfiguration befindet, ist die Organozinnverbindung immer *cis*. Was ist das Produkt der hier gezeigten Stille-Reaktion?

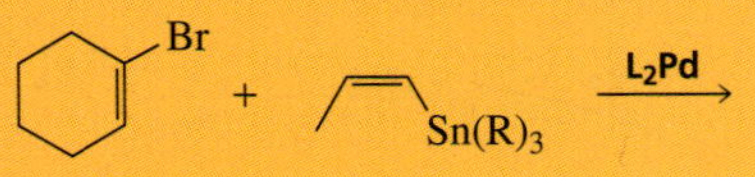

Die Heck-Reaktion

Die **Heck-Reaktion** kuppelt ein *Vinyl-* oder *Arylhalogenid* unter basischen Bedingungen (Triethylamin) und Gegenwart eines Palladiumkatalysators (PdL_2) an ein *Alken*. Wie die Suzuki-Reaktion ist die Heck-Reaktion eine Substitution. Die R-Gruppe des Halogenids *ersetzt ein vinylisches Wasserstoffatom* des Alkens. Falls sich ein Substituent (Z) am Alken befindet, wird die R-Gruppe im Produkt *trans* zu diesem Substituenten stehen. Beachten Sie, dass in den unten gezeigten Reaktionen zwei sp^2-hybridisierte Kohlenstoffatome miteinander verbunden werden.

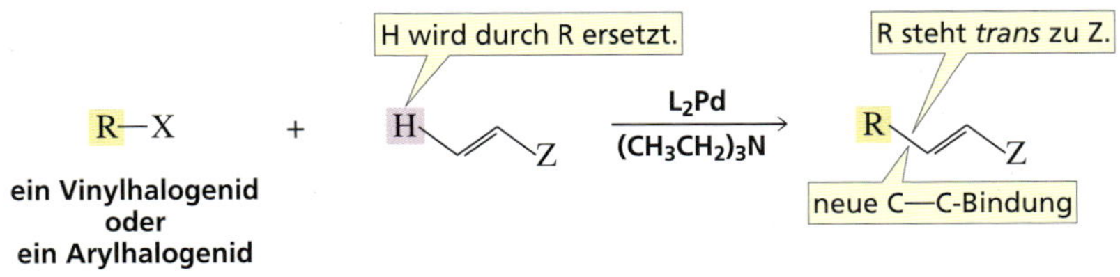

MERKE!

In der Heck-Reaktion ersetzt die R-Gruppe des Halogenids ein vinylisches Wasserstoffatom des Alkens. R steht am Ende der Reaktion *trans* zum Substituenten im Alken.

Die Heck-Reaktion verbindet zwei sp^2-hybridisierte Kohlenstoffatome.

Beispiele von Heck-Reaktionen

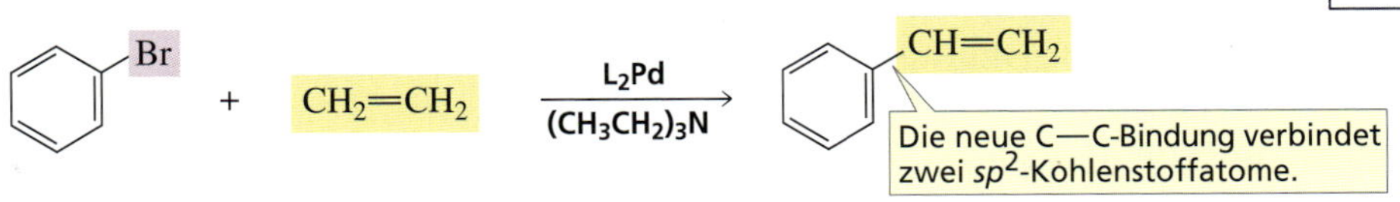

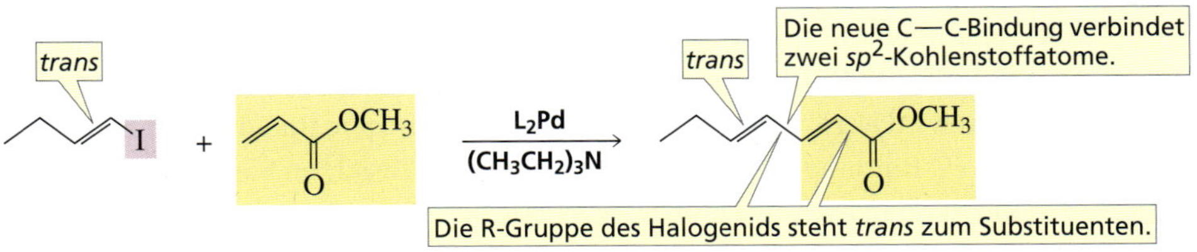

Falls es sich beim Reaktanten um ein Vinylhalogenid handelt, wird die Konfiguration der Doppelbindung im Produkt erhalten.

Der Mechanismus der Heck-Reaktion

Der zurzeit akzeptierte Mechanismus der Heck-Reaktion ist unten gezeigt.

Mechanismus der Heck-Reaktion

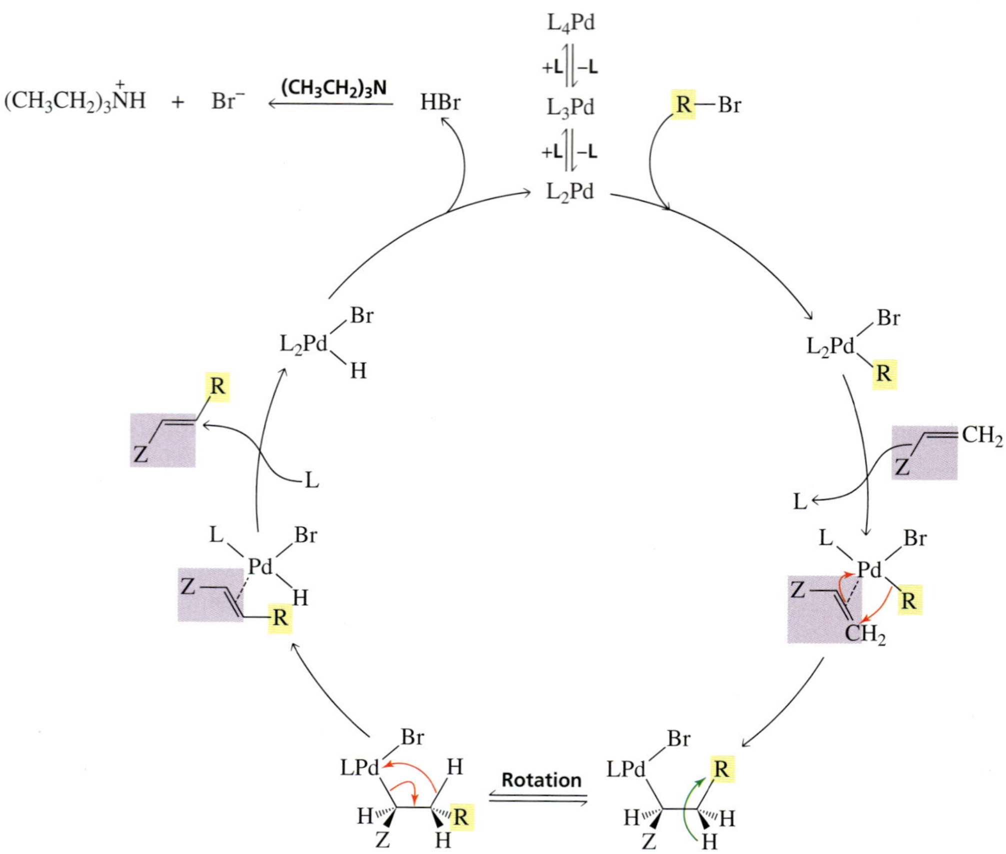

- Der Katalysator (L_2Pd) wird durch zwei aufeinander folgende Dissoziationen eines Liganden vom Präkatalystor (L_4Pd) gebildet.
- Danach läuft eine oxidative Addition ab: Palladiumatom insertiert zwischen Kohlenstoff und dem Halogen.
- Darauf folgt die Substitution eines Liganden: Ein Alken verdrängt einen der Liganden (L).
- Da Kohlenstoff elektronegativer ist als Palladium, wirkt R als Nucleophil. Es addiert sich an das sp^2-Kohlenstoffatom des Alkens und die π-Elektronen der Doppelbindung bilden eine Bindung zu Palladium aus.
- Eine Rotation um die C—C-Bindung ist für die Ausführung des nächsten Schrittes nötig (durch den grünen Pfeil angedeutet).
- Nun wird ein Hydridion auf Palladium übertragen, und die Elektronen der Pd—C-Bindung bilden eine neue π-Bindung. Beachten Sie, dass diese intramolekulare Reaktion eine konzertierte *syn*-Eliminierung eines Hydridions von einem β-Kohlenstoffatom darstellt. (Konzertierte Eliminierungsreaktionen haben wir bereits bei der *anti*-Eliminierung eines Protons (keines Hydridions) von einem β-Kohlenstoffatom können gelernt; Abschnitt 9.7.)
- Eine weitere Substitution eines Liganden findet statt: L nimmt den Platz des Alkens ein.
- Eine reduktive Eliminierung regeneriert den Katalysator und bildet HBr. Triethylamin reagiert mit HBr und verhindert so seine Addition an ein Alken. Der Katalysator kann nun mit einem weiteren Halogenalkan reagieren.

Das bevorzugte Alken bei einer Heck-Reaktion

Die R-Gruppe des Nucleophils kann an beide sp^2-Kohlenstoffatome addieren. Daher führt die Reaktion nur in den folgenden Fällen zu einem einzigen Produkt in hoher Ausbeute:

- Das Alken ist symmetrisch.
- Eines der beiden sp^2-Kohlenstoffatome ist sterisch abgeschirmt und verhindert daher die Addition des Nucleophils. Daher sind interne Alkene deutlich weniger reaktiv als sterisch weniger gehinderte terminale Alkene, daher werden interne Alkene normalerweise nicht in Heck-Reaktionen eingesetzt.
- Eines der beiden sp^2-Kohlenstoffatome ist an eine Gruppe mit –M-Effekt (wie C═O oder C≡N) gebunden. Dies führt zu einer positiven Teilladung am anderen sp^2-Kohlenstoffatom, was dessen Reaktivität in nucleophilen Additionen erhöht.

STRATEGIEN ZUR PROBLEMLÖSUNG

■ Das Produkt einer Heck-Reaktion bestimmen

Was ist das Produkt der folgenden Reaktionen?

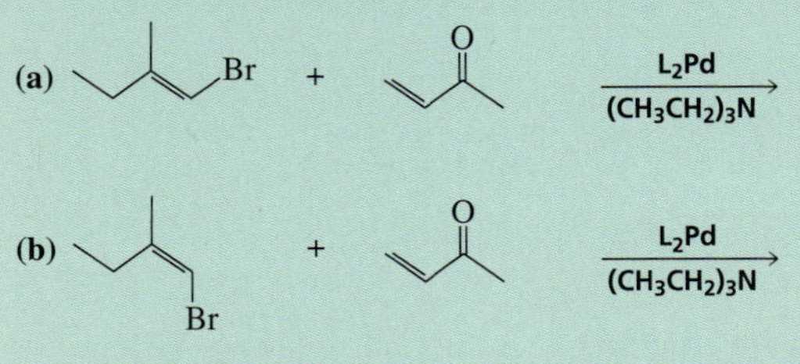

Entfernen Sie das Halogen und verbinden Sie die Bindung mit dem unsubstituierten sp^2-Kohlenstoffatom des Vinylketons und stellen Sie fest, dass die neue C—C-Bindung *trans* zu den Substituenten des Alkens steht.

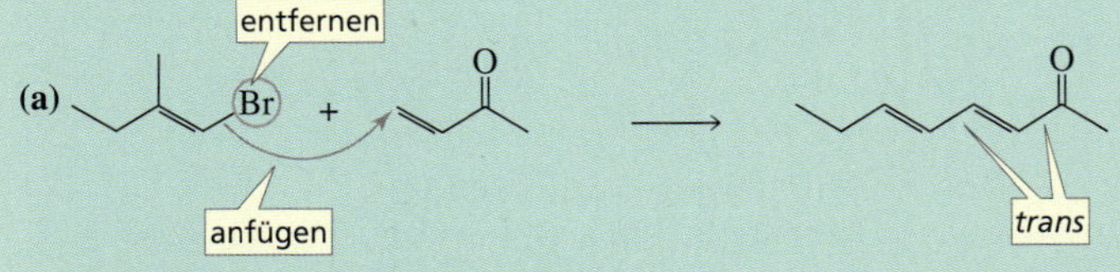

Entfernen Sie wieder das Halogen und verbinden Sie seine Bindung mit dem unsubstituierten sp^2-Kohlenstoffatom des Vinylketons. Um die neue Bindung in *trans*-Stellung zu dem Substituenten am Alken zu zeichnen, muss das Vinylketon anders gezeichnet werden, sodass diese funktionelle Gruppe nach unten zeigt.

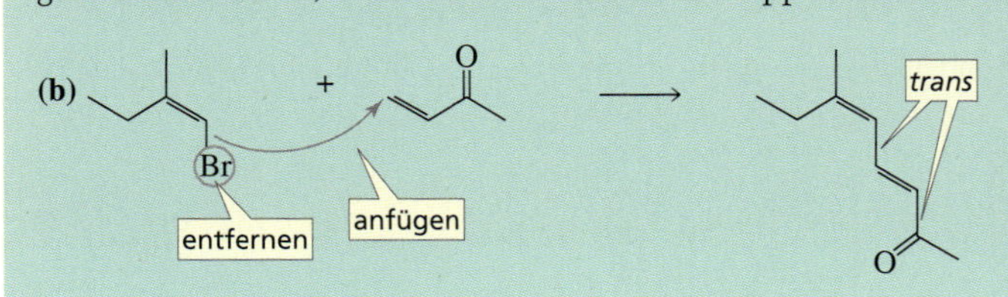

Ü 17* Was ist das Produkt der folgenden Reaktionen?

(a) 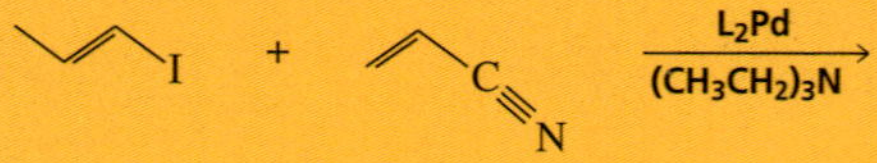

(b) 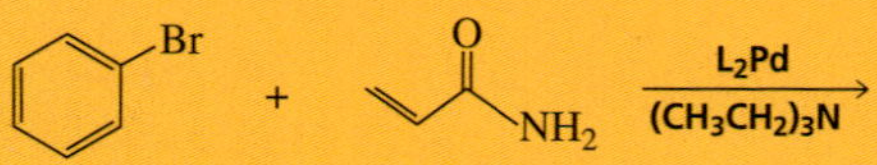

(c) 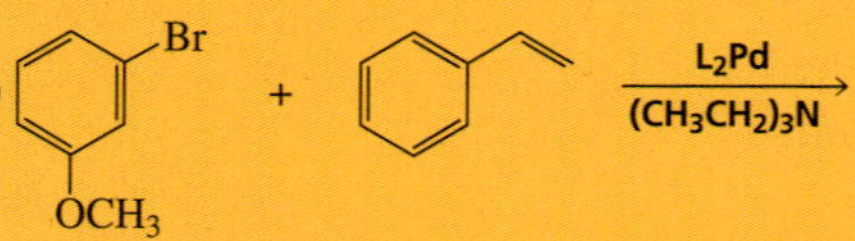

(d) 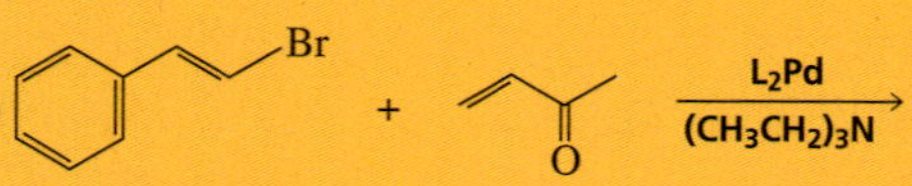

Ü 18 mit Lösung

Welche Reaktanten müssen Sie verwenden, um die folgenden Verbindungen durch eine Heck-Reaktion herzustellen?

(a) 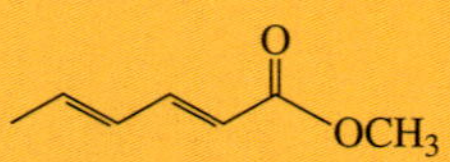

(b) 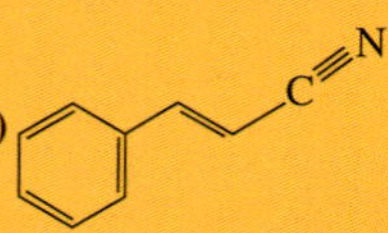

Lösung zu 18 (a)

Spalten Sie am Ende der C—C-Bindung, die die beiden sp^2-Kohlenstoffatome verknüpft und fügen Sie dieser ein Halogen zu.

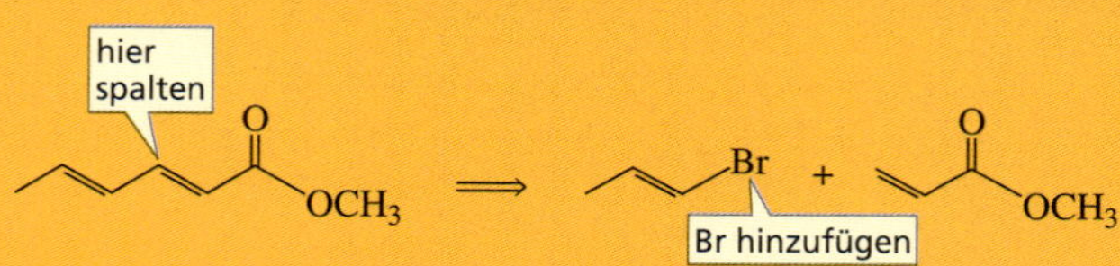

Lösung zu 18 (b)

Auch hier gehen Sie wie in der vorherigen Übung vor: Spalten Sie die C—C-Bindung, die die beiden sp^2-Kohlenstoffatome verknüpft und fügen Sie auf der Seite der Arylgruppe ein Halogen hinzu.

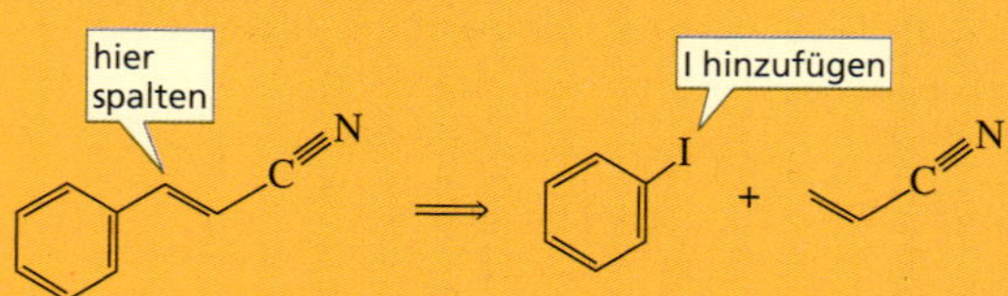

Ü 19 Welche Reaktanten müssen Sie verwenden, um die folgenden Verbindungen durch eine Heck-Reaktion herzustellen?

(a) 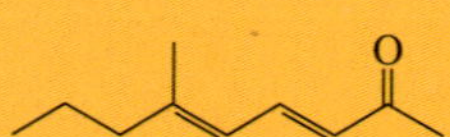

(b) 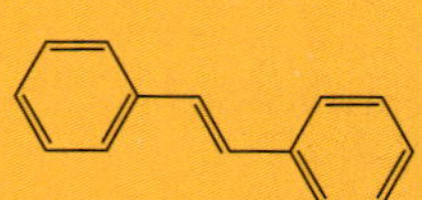

Ü 20 Zeigen Sie, wie Suzuki- und/oder Heck-Reaktion verwendet werden können, um die folgenden Verbindungen herzustellen:

(a) 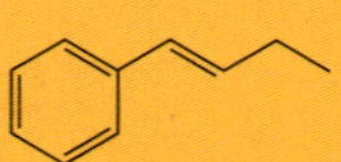

(b) 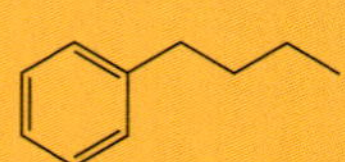

Ü 21* Geben Sie zwei Paare bestehend aus einem Bromalkan und einem Alken an, die die folgende Struktur in einer Heck-Reaktion bilden könnten:

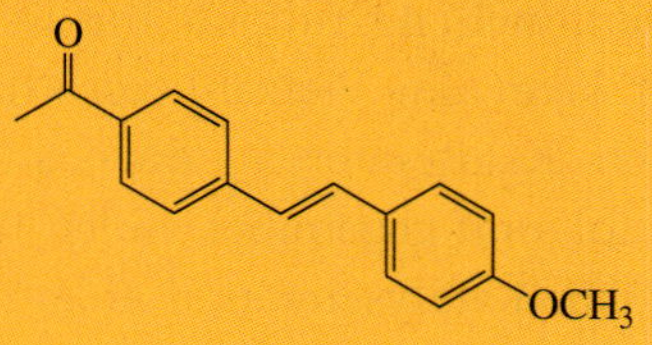

Alkenmetathese 11.5

Die **Alkenmetathese**, auch **Olefinmetathese** genannt, ist eine Reaktion, die die stärkste Bindung in einem Alken (die Doppelbindung) bricht und danach die beiden Fragmente wieder zusammenführt. *Metathese* kommt aus dem Griechischen und bedeutet „Vertauschung". Wenn die beiden Fragmente nämlich zu einer neuen Doppelbindung zusammengesetzt werden, werden entstehen Doppelbindungen zwischen sp^2-Kohlenstoffatomen, die vorher nicht verbunden waren.

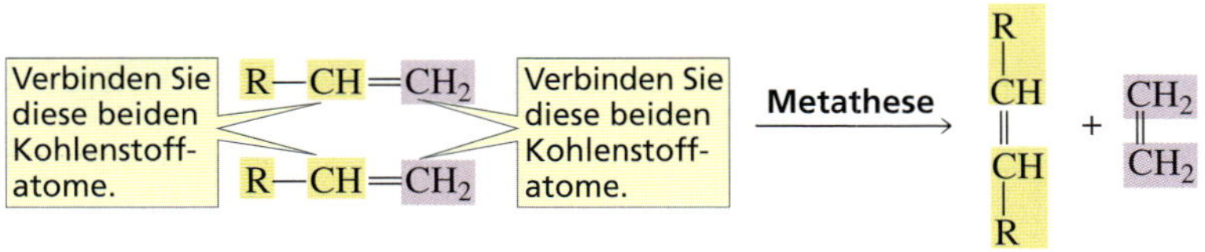

Es gibt zwei Wege, durch die sich die beiden Fragmente vereinigen können. Falls sie, wie oben gezeigt, miteinander verbunden sind, werden neue Alkene als Produkte gebildet. Beim unten gezeigten Fall bildet sich nur das Startmaterial zurück. Jedoch ist diese Reaktion nicht vollkommen unproduktiv, da sich das neu gebildete Startmaterial in einer weiteren Metathese umsetzen kann. Beachten Sie, dass sich bei dieser Reaktion eine neue Doppelbindung zwischen zwei sp^2-Kohlenstoffatomen bildet, die vorher keine Bindung zueinander besaßen.

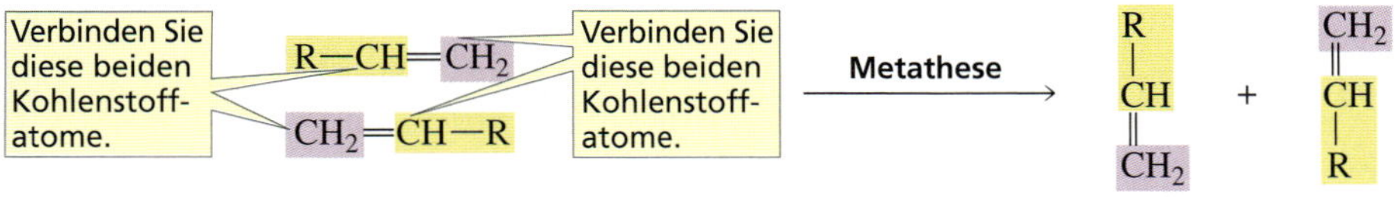

Terminale Alkene ergeben die beste Ausbeute, falls nur eines der beiden Alkene als Produkt gewünscht ist, da es sich bei dem anderen Alken um Ethen handelt. Ethen ist ein Gas, daher verschwindet es nach seiner Bildung aus der Reaktionsmischung. Dies verschiebt das Gleichgewicht zwischen den beiden Reaktionspfaden zu dem Pfad, bei dem sich Ethen und das andere gewünschte Alken bilden.

Bei der Alkenmetathese wird ein Katalysator verwendet

Die Alkenmetathese benötigt einen Übergangsmetallkatalysator. Falls der Katalysator mit den funktionellen Gruppen, die sich im Ausgangsmaterial befinden, verträglich ist, kann eine Vielzahl von Alkenen für die Metathese eingesetzt werden. Grubbs-Katalysatoren – die das Übergangsmetall Ruthenium enthalten – sind tolerant gegenüber vielen funktionellen Gruppen. Die Liganden (L) im Grubbs-Katalysator sind nicht immer gleich, da es verschiedene Generationen dieses Katalysators gibt, die sich in ihren Liganden unterscheiden.

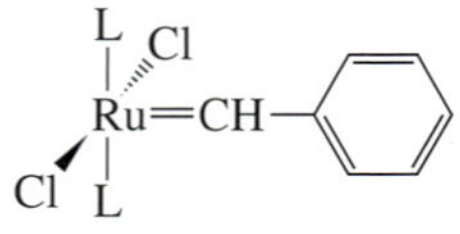

Grubbs-Katalysator

Beispiele für Alkenmetathese

Falls bei der Reaktion die Bildung von *E*- und *Z*-Isomeren möglich ist, werden diese auch beide gebildet.

$$2\ CH_3CH_2CH{=}CH_2 \xrightarrow{\text{Grubbs-Katalysator}} \underset{\text{beide } E \text{ und } Z}{CH_3CH_2CH{=}CHCH_2CH_3} + CH_2{=}CH_2$$

Metathese wird auch bei zwei verschiedenen Alkenen als Ausgangsverbindungen durchgeführt.

$$CH_3CH{=}CHCH_3 + CH_3CH_2CH{=}CHCH_2CH_3 \xrightarrow{\text{Grubbs-Katalysator}} 2\ CH_3CH{=}CHCH_2CH_3$$

Falls es sich beim Reaktant um ein Dien handelt, kann eine **Ringschlussmetathese** ablaufen.

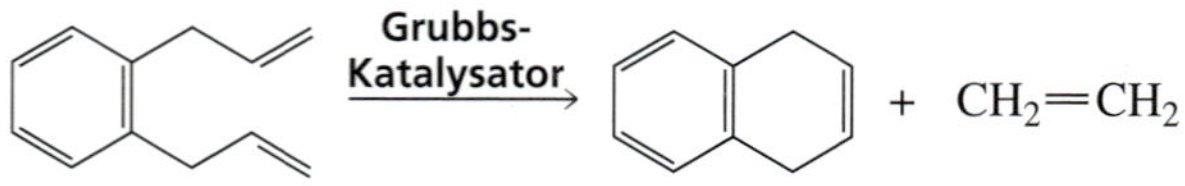

Der Mechanismus der Alkenmetathese

Die Metathese verläuft in zwei Schritten. Im ersten Schritt werden zwei Intermediate (I und II) gebildet. Jedes Intermediat trägt ein Metallatom anstelle der Gruppe, die im Ausgangsmaterial durch eine Doppelbindung gebunden wurde.

$$R{-}CH{=}CH_2 \xrightarrow{\text{erste Phase}} \underset{\mathbf{I}}{R{-}CH{=}M} + \underset{\mathbf{II}}{M{=}CH_2}$$

Der zweischrittige Mechanismus für die erste Phase ist unten gezeigt.

Mechanismus der Alkenmetathese (Phase I)

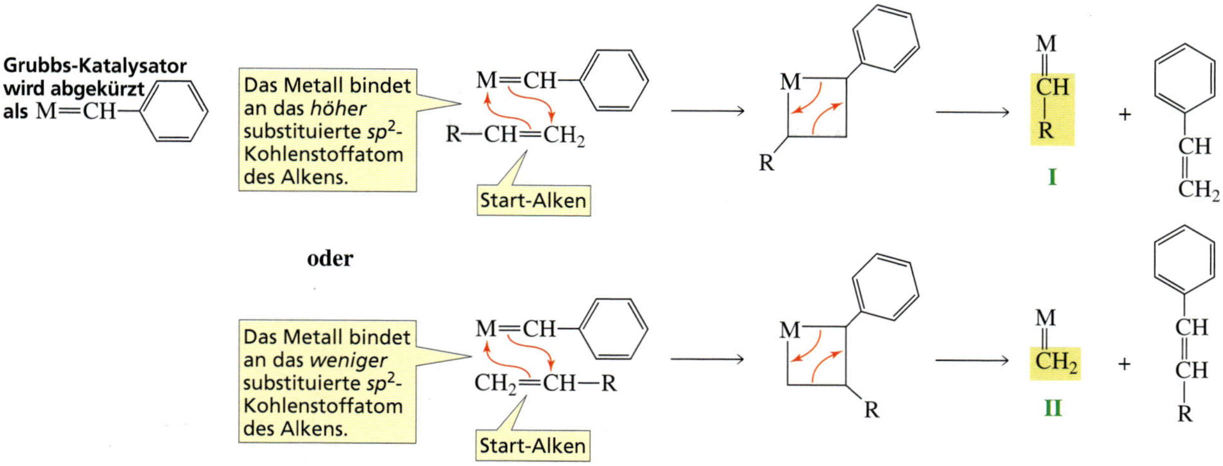

- Der Grubbs-Katalysator und das Alken gehen eine [2 + 2]-Cycloaddition ein (Abschnitt 8.4). Diese Reaktion bildet zwei verschiedene Metallacyclobutane als Zwischenstufen, da sich das Metall an jedes der beiden sp^2 Kohlenstoffatome binden kann.
- Jedes der Metallacyclobutane vollführt eine Ringöffnung. Zwei metallhaltige Intermediate werden gebildet (I und II).

In der zweiten Phase der Metathese reagiert jedes der beiden Intermediate aus Phase I mit dem ursprünglich eingesetzten Alken und bildet damit ein neues Alken und das jeweils andere metallhaltige Intermediat. Beachten Sie, dass der Mechanismus für beide Phasen gleich ist.

Mechanismus der Alkenmetathese (Phase II)

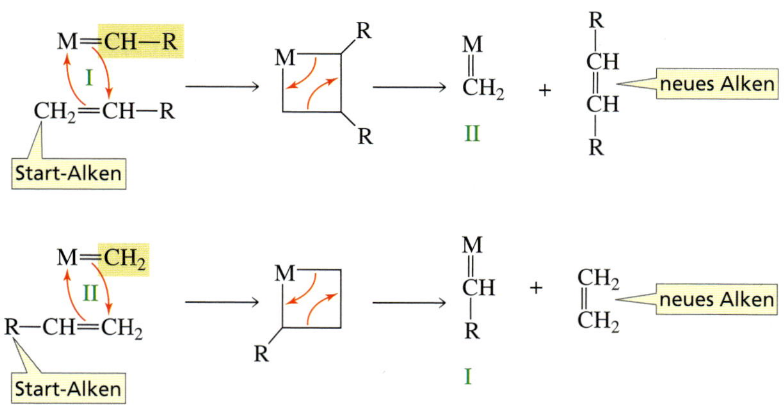

- Jedes der beiden metallhaltigen Intermediate geht eine [2+2]-Cycloaddition ein, um ein neues Metallacyclobutan zu bilden, welches nach einer Ringöffnung ein neues Alken und das jeweils andere metallhaltige Intermediat bildet. Daher wandelt sich das Intermediat I in das Intermediat II um und umgekehrt.

Da sich das Metallatom eines metallhaltigen Intermediats im ersten Schritt der zweiten Phase an beide sp^2-Kohlenstoffatome binden kann, kommt es zur Bildung von zwei verschiedenen Metallacyclobutanen. Nur wenn das Metall in Intermediat I an das *weniger substituierte* sp^2-Kohlenstoffatom bindet, wird ein neues Alken gebildet. Wenn das Metall in Intermediat I allerdings an das höher substituierte sp^2-Kohlenstoffatom bindet, wird das ursprüngliche Alken zurückgebildet. Analog dazu bildet sich nur dann ein neues Alken, wenn das Metall in Intermediat II an das *höher substituierte* sp^2-Kohlenstoffatom bindet. Im Fall der Bindung an das weniger substituierte sp^2-Kohlenstoffatom führt dies ebenfalls zur Bildung des Startmaterials.

Jedes der metallhaltigen Intermediate, die in der zweiten Phase gebildet werden, kann nun mit einem neuen Alkenmolekül einen neuen Reaktionszyklus beginnen.

Ü 22 Welche Produkte werden bei der Metathese der folgenden Alkene gebildet?

(a) $CH_3CH_2CH{=}CH_2$ **(b)** 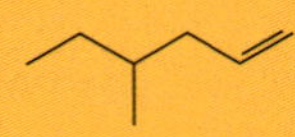 **(c)** $CH_2{=}C(CH_3)CH_3$ **(d)** 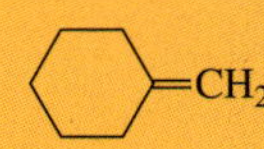

Ü 23 Zeichnen Sie die Produkte der Ringschlussmetathese der folgenden Verbindungen:

(a) 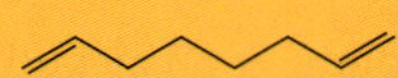 **(b)** 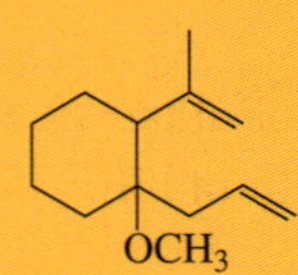

(c) 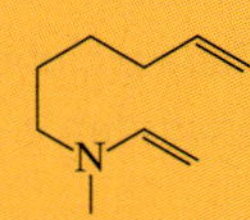

Ü 24 mit Lösung

Wie können die folgenden Produkte durch einen Metathese gebildet werden?

(a)  **(b)** 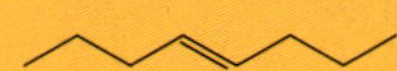

Lösung zu 24 (a)

Lösen Sie die Doppelbindung auf, die sich durch Metathese gebildet hat, und fügen Sie den beiden Enden eine $=CH_2$-Gruppe hinzu.

(a) 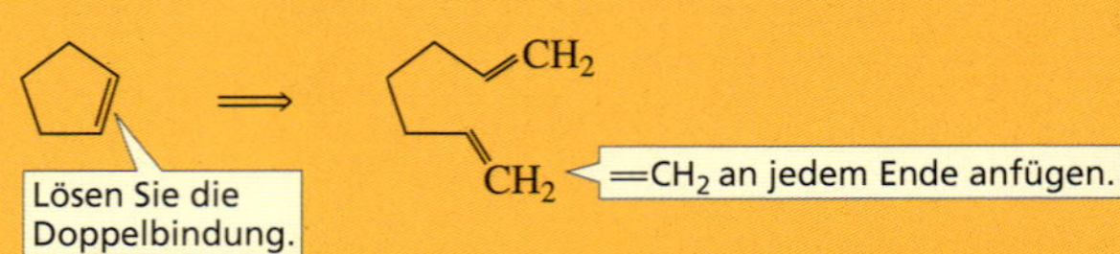

Lösung zu 24 (b)

Gehen Sie wie in Übung 24 (a) vor: Lösen Sie die Doppelbindung auf und fügen Sie den beiden „losen" Enden eine $=CH_2$-Gruppe hinzu.

(b) 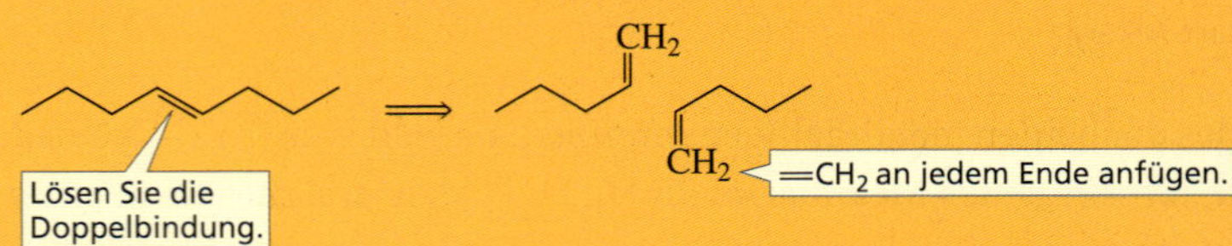

Ü 25 Welche Alkene ergeben nach ihrer Metathese die folgenden Verbindungen?

(a) 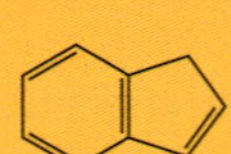 **(b)** 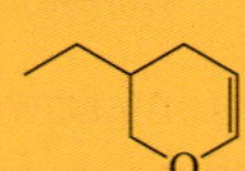

Alkinmetathese

Alkine können ebenfalls in einer Metathese reagieren. Dazu werden vorzugsweise die sogenannten Schrock-Katalysatoren verwendet. Sie enthalten Molybdän oder Wolfram als Übergangsmetall.

$$CH_3CH_2C{\equiv}CH \xrightarrow{\text{Schrock-Katalysator}} CH_3CH_2C{\equiv}CCH_2CH_3 + HC{\equiv}CH$$

Ü 26* Welche Produkte werden bei der Metathese des folgenden Alkins gebildet?

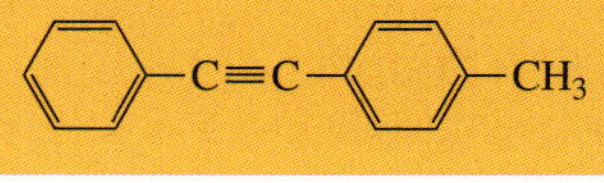

HINTERGRUND

■ Grubbs, Schrock, Suzuki und Heck erhielten den Nobelpreis

Robert H. Grubbs, ein Professor am *California Institute of Technology*, Richard R. Schrock, ein Professor am *Massechusetts Institute of Technology* und Yves Chavin vom französischen *Institut Fracais du Pétrol* bekamen 2005 den Nobelpreis für Chemie für ihre Arbeit im Bereich der Olefinmetathese verliehen. Akira Suzuki, ein Professor an der *Universität Hokkaido* in Sapporo, Japan, Richard F. Heck, ein Professor an der *Universität Delaware* und Ei-ichi Negishi, ein Professor an der *Universität Purdue* bekamen 2010 den Nobelpreis für Chemie für ihre Arbeit über palladiumkatalysierten Kupplungsreaktionen. Es wird angenommen, dass auch John K. Stille von der *Colorado University* einen Teil dieses Nobelpreises erhalten hätte, wenn er nicht 1989 bei einem Flugzeugabsturz ums Leben gekommen wäre.

Robert Grubbs

■ Der Nobelpreis

Der Nobelpreis gilt allgemein als die höchste Auszeichnung, die einer Wissenschaftlerin oder einem Wissenschaftler verliehen werden kann, angesehen. Sie wurde von **Alfred Bernhard Nobel (1833–1896)** gestiftet und im Jahre 1901 erstmals verliehen.

Nobel wurde in Stockholm, Schweden, geboren. Als er neun Jahre alt war, zog er mit seinen Eltern nach St. Petersburg in Russland, wo sein Vater für die russische Regierung Torpedos und Land- und Wasserminen aus eigener Erfindung herstellte. Als ein junger Mann befasste sich Alfred mit Explosivstoffen aus der Fabrik seines Vaters in der Nähe von Stockholm. Im Jahr 1864 tötete eine Explosion in der Fabrik fünf Menschen, darunter war auch sein jüngerer Bruder. Dieses Ereignis motivierte Alfred nach Wegen zu suchen, Explosivstoffe sicherer und transportfähiger zu machen. Nach der Explosion verbot die schwedische Regierung aber den Wiederaufbau der Fabrik, da es dort zu viele Unfälle gegeben hatte. Aus diesem Grund eröffnete Nobel eine neue Fabrik in Deutschland, in der er 1867 entdeckte, dass eine Mischung aus Nitroglycerin mit Kieselgur in Stäbe geformt werden kann, die ohne Zündhütchen nicht detonieren können. Das war die Erfindung des Dynamits. Er entdeckte Sprenggelatine und rauchloses Schießpulver. Obwohl er Explosivstoffe für das Militär herstellte, war er doch ein großer Unterstützer von Friedensbewegungen.

Alfred Bernhard Nobel

Seine 355 Patente machten Nobel zu einem reichen Mann. Er war nie verheiratet und sein letzter Wille sah vor, dass ein Großteil seines Vermögens ($9.200.000) zur Stiftung eines Preises verwendet werden sollte, die jene „die zum Wohle der Menschheit beigetragen haben“ auszeichnen sollte. Er gab vor, dass das Geld investiert werden sollte, und alle Zinsen jedes Jahr in fünf gleiche Anteile aufgeteilt werden sollte. Diese wurden an diejenigen vergeben, die in diesem Jahr die größten Fortschritte auf dem Gebiet der Physik, Chemie, Medizin und Literatur gemacht hatten (und demjenigen oder derjenigen, die zur Verbrüderung von Nationen, der Abschaffung stehender Armeen und der Abhaltung von Friedenskonferenzen beigetrugen). Zudem sollte kein Wert auf die Nationalität der Preisträger gelegt werden, kein Preis an mehr als drei Personen vergeben werden und nicht posthum verliehen werden.

Nobels Instruktionen sehen ebenfalls vor, dass die Preise für Chemie und Physik von der königlichen schwedischen Akademie für Wissenschaften vergeben werden sollen und die Preise für Physiologie und Medizin vom Karolinska Stockholm. Der Nobelpreis für Literatur soll durch die schwedische Akademie und der Friedensnobelpreis von einem fünfköpfigen Komitee, das vom norwegischen Parlament ernannt wird, vergeben werden. Der Auswahlprozess ist geheim und die Entscheidungen können nicht angefochten werden. Im Jahr 1969 stiftete die schwedische Zentralbank den Wirtschaftsnobelpreis zu Ehren Nobels. Der Preisträger wird durch die königlich schwedische Akademie der Wissenschaften bestimmt. Am 10. Dezember, dem Todestag von Nobel, werden die Preise in Stockholm verliehen, bis auf den Friedensnobelpreis, der in Oslo überreicht wird.

Die goldene Halle in der Stadthalle in Stockholm, in der die Nobelpreisträger ein zeremonielles Abendessen einnehmen.

Zusammenfassung

Abschnitt 11.0

- Eine **Organometallverbindung** enthält eine Kohlenstoff-Metall-Bindung.
- Das Kohlenstoffatom, das in einem Halogenalkan an das Halogen gebunden ist, ist ein Elektrophil, wohingegen das an das Metallatom gebundene Kohlenstoffatom in einer Organometallverbindung ein Nucleophil ist.

Abschnitt 11.1

- **Organomagnesiumverbindungen (Grignard-Reagenzien)** und **Organolithiumverbindungen** sind die am häufigsten anzutreffenden Organometallverbindungen. Sie können nicht aus sauren Verbindungen hergestellt werden oder mit diesen reagieren.
- Je größer die Polarität einer Kohlenstoff-Metall-Bindung, desto größer ist die Reaktivität der Organometallverbindung als Nucleophil.

Abschnitt 11.2

- **Transmetallierung** findet dann statt, wenn eine Organometallverbindung zu einen Metallhalogenid, dessen Metall eine höhere Elektronegativität (näher an der Elektronegativität von Kohlenstoff) aufweist als das Metall in der Organometallverbindung, gegeben wird.

Abschnitt 11.3

- **Kupplungsreaktionen** verbinden zwei kohlenstoffhaltige Molekülfragmente.
- Ein **Organocuprat** (ein **Gilman-Reagenz**) substituiert eine R-Gruppe mit einem Cl, Br oder I eines Halogenalkans. Die R-Gruppe des Organocuprats und R-Gruppe des Halogenalkans können nicht sekundär oder tertiär sein.
- Ein Organocuprat reagiert mit einem Epoxid in einer nucleophilen Substitutionsreaktion.

Abschnitt 11.4

- Die **Suzuki-** und **Heck-Reaktionen** sind Kupplungsreaktionen, die über einen Katalysezyklus verlaufen und einen Palladiumkatalysator benötigen.
- Der erste Schritt in Suzuki- und Heck-Reaktionen ist eine **oxidative Addition**, dabei werden zwei Gruppen an das Metall addiert. Der letzte Schritt in beiden Reaktionen ist eine **reduktive Eliminierung**, hier werden zwei Gruppen vom Metallatom eliminiert.
- Eine **Suzuki-Reaktion** verknüpft eine R-Gruppe eines Vinyl-oder Arylhalogenids mit der R′-Gruppe einer **Organobor**verbindung. Die neue C—C-Bindung verbindet das Kohlenstoffatom, das vorher eine Bindung mit dem Halogen einging, und das Kohlenstoffatom, das an Bor gebunden war. Wenn eine Alkenyl-Organoborverbindung verwendet wird, wird die Doppelbindung im Produkt *trans*-konfiguriert sein.
- Eine **Heck-Reaktion** verknüpft eine R-Gruppe eines Vinyl- oder Arylhalogenids mit einem Alken und ersetzt dabei sein Vinylwasserstoffatom mit der R-Gruppe. Die neue C—C-Bindung verbindet zwei sp^2-hybridisierte Kohlenstoffatome und fügt die R-Gruppe des Aryl- oder Vinylhalogenids in *trans*-Stellung zu den Substituenten des Alkens ein. Wenn der Reaktant ein Vinylhalogenid ist, wird die Konfiguration der Vinylgruppe im Produkt erhalten.

Abschnitt 11.5

- **Alkenmetathese** (oder auch **Olefinmetathese**) bricht die Doppelbindung eines Alkens und verbindet die beiden entstandenen Fragmente. Bei dieser Reaktion entsteht eine neue Doppelbindung zwischen zwei sp^2-hybridisierten Kohlenstoffatomen, die zu Beginn der Reaktion nicht verbunden waren. Alkine gehen ebenfalls Metathesereaktionen ein.
- Terminale Alkene sind gut für die Herstellung eines symmetrischen internen Alkens geeignet, da es sich bei den anderen gebildeten Alken um Ethen handelt. Dieses wird einfach aus der Reaktionsmischung entfernt und verschiebt damit das Gleichgewicht auf die Seite des gewünschten Alkens.

Zusammenfassung der Reaktionen

1 Bildung von *Organolithium-* oder *Organomagnesium*verbindungen (Abschnitt 11.1)

$$RBr \xrightarrow[\text{Diethylether}]{\text{Mg}} RMgBr \qquad RBr \xrightarrow[\text{Hexan}]{\text{2 Li}} RLi + LiBr$$

Grignard-Reagenz (RMgBr) **Organolithiumverbindung** (RLi)

2 Organocuprate (Abschnitt 11.3)

(a) Bildung eines Organocuprats

$$2\,R'Li + CuI \xrightarrow{\text{THF}} R'_2CuLi + LiI$$

Organocuprat (R'_2CuLi)

(b) Kupplung eines Halogenalkans und eines Organocuprats

$$R{-}X + R'_2CuLi \longrightarrow R{-}R' + R'Cu + LiX$$

R und R′ können nicht sekundär oder tertiär sein. X = Cl, Br, oder I

(c) Reaktion eines Organocuprats mit einem Epoxid

Das Produkt enthält zwei Kohlenstoffatome mehr als das Organocuprat.

3 Palladiumkatalysierte Kupplungsreaktionen (Abschnitt 11.4)

(a) Kupplung eines *Vinyl-* oder *Arylhalogenids* mit einer *Organoborverbindung*: Die Suzuki-Reaktion

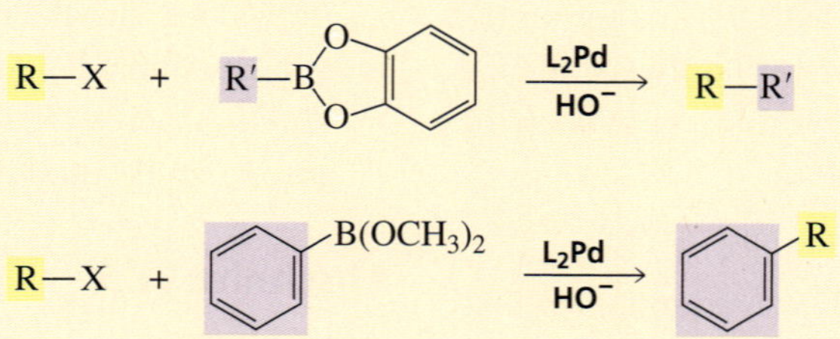

R = Viny- oder Aryl-
X = Br oder I

(b) Kupplung eines *Vinyl-* oder *Arylhalogenids* mit einem *Alken*: Die Heck-Reaktion

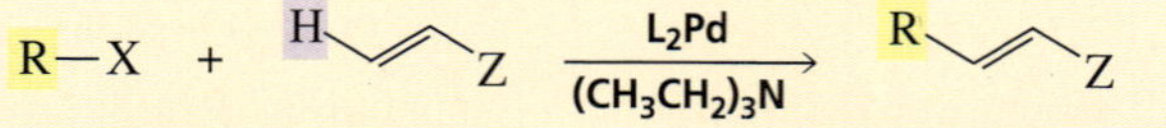

R = Vinyl- oder Aryl-
X = Br oder I

Das Produkt ist ein *trans*-Alken.

4 Alkenmetathese (Abschnitt 11.5)

(a) Die Ausgangsverbindung ist ein Alkan

$$2\ \mathrm{R{-}CH{=}CH_2} \xrightarrow{\text{Grubbs-Katalysator}} \mathrm{R{-}CH{=}CH{-}R} + \mathrm{CH_2{=}CH_2}$$

Mit einem terminalen Alken funktioniert diese Reaktion am besten.

(b) Die Ausgangsverbindung ist ein Dien

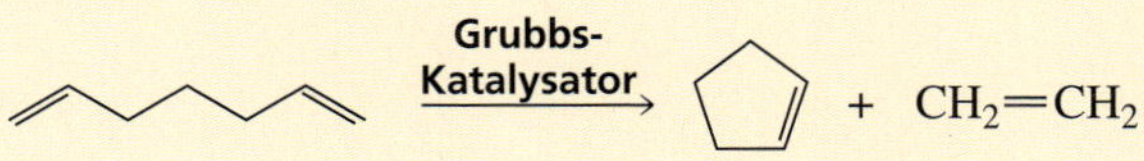

(c) Die Ausgangsverbindung ist ein Alkin

$$\mathrm{RC{\equiv}CH} \xrightarrow{\text{Schrock-Katalysator}} \mathrm{RC{\equiv}CR} + \mathrm{HC{\equiv}CH}$$

Im MyLab | Organische Chemie finden Sie:

- den praktischen **eText** zum Kapitel mit Notizfunktion
- eine Auswahl verschiedener **3D-Moleküle**
- **Lösungen** zu ausgewählten, mit * versehenen Übungen
- digitale **Lernkarten** und ein umfangreiches **Glossar** zum Nachschlagen und Wiederholen von Definitionen
- digitale Übungsaufgaben in Form von **Kapiteltests** zur eigenen Lernkontrolle

Radikale

12

12.1 Alkane: Unreaktive Verbindungen 653
12.2 Chlorierung und Bromierung der Alkane 654
12.3 Radikalstabilität hängt von der Zahl der Alkylgruppen ab 657
12.4 Die Produkteverteilung hängt von der Wahrscheinlichkeit der Reaktion und der Reaktivität ab 659
12.5 Das Reaktivitäts-Selektivitäts-Prinzip 661
12.6 Die Bildung explosiver Peroxide 666
12.7 Radikaladdition an Alkene 667
12.8 Der stereochemische Verlauf radikalischer Substitutionen und Additionen 670
12.9 Radikalische Substitution von Benzyl- und Allylwasserstoffatomen 672
12.10 Syntheseplanung III: Zusätzliche Praxis in der Mehrstufensynthese 675
12.11 Radikalische Reaktionen in biologischen Systemen 678
12.12 Radikale und das stratosphärische Ozon 683
Zusammenfassung 686
Zusammenfassung der Reaktionen 687
Tutorial Gekrümmte Pfeile in radikalischen Systemen zeichnen 688

ÜBERBLICK

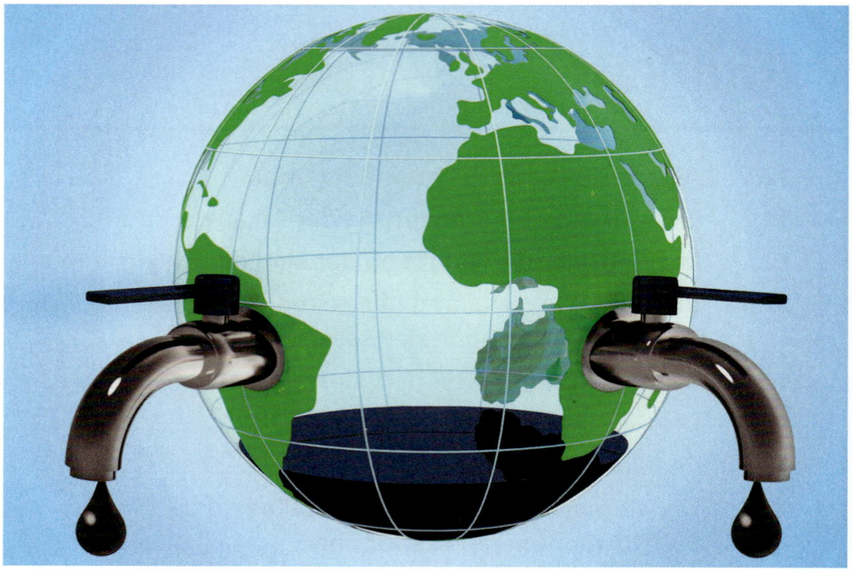

Die Welt braucht eine erneuerbare, saubere und ökonomisch sinnvolle Energiequelle (siehe unten).

Alkane kommen auf der Erde und anderen Planeten vor. Die Atmosphären von Jupiter, Saturn, Uranus und Neptun enthalten große Mengen von Methan (CH_4, dem kleinsten Alkan, einer geruchlosen und entzündbaren Verbindung. Die blaue Farbe von Uranus und Neptun wird von Methan in ihren Atmosphären verursacht (Abschnitt 1.7). Alkane finden sich auf der Erde in Erdgas und Petroleum. Sie entstanden aus der Zersetzung von Pflanzen und tierischem Material, das seit langer Zeit unter der Erdkruste verschüttet lag, wo es nur wenig Sauerstoff gibt. Erdgas und Petroleum sind daher als fossile Brennstoffe bekannt.

Wir haben gelernt, dass es drei Klassen von Kohlenwasserstoffen gibt:

- *Alkane*, die nur Einfachbindungen enthalten;
- *Alkene*, die Doppelbindungen zwischen Kohlenstoffatomen enthalten;
- *Alkine*, die Dreifachbindungen zwischen Kohlenstoffatomen enthalten.

Da die **Alkane** keine Doppel- oder Dreifachbindungen haben, werden sie auch als **gesättigte Kohlenwasserstoffe** bezeichnet, was bedeutet, dass sie mit Wasserstoffatomen abgesättigt sind. Einige Beispiele für Alkane sind die folgenden Verbindungen:

$CH_3CH_2CH_2CH_3$

Butan

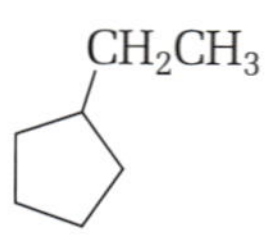

Ethylcyclopentan

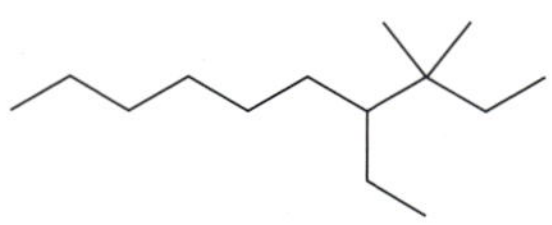

4-Ethyl-3,3-dimethyldecan

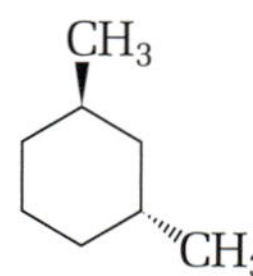

***trans*-1,3-Dimethylcyclohexan**

Alkane: Unreaktive Verbindungen 12.1

Die Doppelbindungen der *Alkene* und die Dreifachbindungen der *Alkine* setzen sich aus starken σ- und schwachen π-Bindungen zusammen. Wir haben gelernt, dass die Reaktivität der Alkene und der Alkine daher rührt, dass ein Elektrophil von den Elektronenwolken der relativ schwachen π-Bindungen angezogen wird (Abschnitte 6.0 und 7.5).

Alkane weisen nur „starke" σ-Bindungen auf. Darüber hinaus sind die Elektronen in den C—H- und den C—C-σ-Bindungen sehr gleichmäßig zwischen den Atomen aufgeteilt, sodass keines der Atome eines Alkanmoleküls ein signifikantes Maß an elektrischer Nettoladung trägt. Das bedeutet, dass weder Nucleophile noch Elektrophile von ihnen angezogen werden oder sie diese anziehen. Alkane sind aus diesem Grund relativ unreaktive Verbindungen. Die Unfähigkeit der Alkane, bereitwillig Reaktionen einzugehen, hat die Chemiker*innen früherer Zeiten dazu veranlasst, sie als **Paraffine** zu bezeichnen, was aus dem Lateinischen kommt (*parum affinis*) und „geringe Neigung (Affinität)" (für andere chemische Stoffe) bedeutet.

HINTERGRUND

■ Erdgas und Petroleum

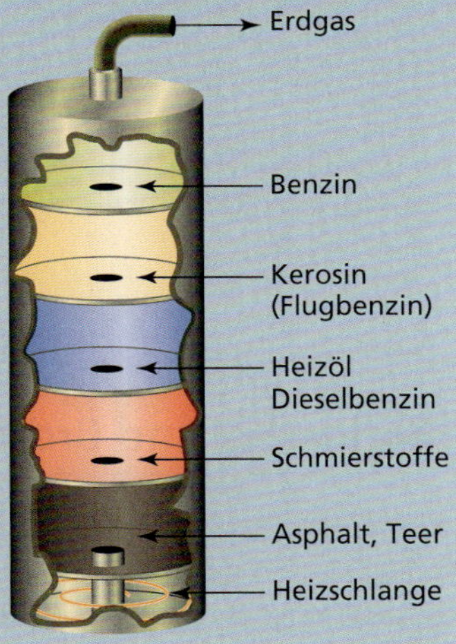

Erdgas besteht zu ca. 75 % aus Methan. Die restlichen 25 % bestehen aus anderen niedermolekularen Alkanen wie Ethan, Propan und Butan.

Erdöl ist eine komplexe Mischung aus Alkanen und Cycloalkanen, die durch Destillation in Fraktionen aufgetrennt werden kann. Die Fraktion, die bei der niedrigsten Temperatur siedet (Kohlenwasserstoffe mit 3 und 4 C-Atomen) ist ein Gas, das durch Anwendung von Druck verflüssigt werden kann. Dieses Gas („Flüssiggas") wird für Feuerzeuge, Campingkocher u. Ä. verwendet. Die nächsthöher siedende Fraktion (5 bis 11 C-Atome) ist das Benzin. Die darauf folgende Fraktion (9 bis 16 C-Atome) ist die des Kerosins (Flugbenzin). Die Fraktion mit 15 bis 25 C-Atomen stellt das Heiz- und Dieselöl. Die am höchsten siedende Fraktion findet Verwendung für Schmierstoffe. Die unpolare Natur dieser Substanzen verleiht den weniger flüchtigen einen öligen Habitus. Der nach der Destillation zurückbleibende nichtflüchtige Rückstand wird Asphalt oder Teer genannt und findet unter anderem als Bindemittel im Straßenbau Verwendung.

Die Fraktion mit 5 bis 11 C-Atomen, die sich im Benzin wiederfindet, ist eigentlich ein schlechter Treibstoff für Verbrennungsaggregate und erfordert eine chemische Nachbehandlung, die als katalytisches Cracken bezeichnet wird, um sich in einen hochwertigen Motorentreibstoff zu verwandeln. Das katalytische Cracken (*to crack*, engl. „zerbrechen") wandelt geradkettige Kohlenwasserstoffe, die schlechte Treibstoffe sind, in verzweigtkettige, die hochwertige Brennstoffe sind, um (Abschnitt 3.2). Ursprünglich erforderte das Cracking (= Pyrolyse) das Erhitzen des Benzins auf hohe Temperaturen, um die Bestandteile in Moleküle von drei bis fünf Kohlenstoffatomen zu zerlegen. Moderne Pyrolysemethoden setzen Katalysatoren ein, um das gleiche Ergebnis bei wesentlich niedrigeren Temperaturen zu erzielen.

HINTERGRUND

■ Fossile Brennstoffe: Eine problembehaftete Energiequelle

Die moderne, industrialisierte Gesellschaft sieht sich aufgrund ihrer Abhängigkeit von fossilen Brennstoffen drei wesentlichen Problemen gegenüber: Erstens sind die Energiequellen nicht erneuerbar, und die auf der Welt verfügbaren Restbestände nehmen kontinuierlich und unwiederbringlich ab. Zweitens wird ein großer Teil der Lagerstätten dieser Rohstoffe von nur einer kleinen Zahl von Ländern im mittleren Osten und in Südamerika kontrolliert. Diese Länder haben die *Organisation of Petrol Exporting Countries* (OPEC) gebildet – eine Organisation, die die dem Weltmarkt zur Verfügung stehende Menge und den Preis des Rohöls bestimmt. Politische Instabilitäten in einem oder mehreren der OPEC-Länder können die Versorgung der restlichen Welt mit Rohöl empfindlich stören.

Drittens führt die massive weltweite Verbrennung dieser fossilen Brennstoffe – vor allem Kohle – zu einem kontinuierlichen Ansteigen der Kohlendioxidkonzentration in der Atmosphäre. Das Verbrennen von Kohle führt außerdem zum Ausstoß großer Mengen Schwefeldioxids. Es konnte experimentell nachgewiesen werden, dass das in der Atmosphäre befindliche Schwefeldioxid die Hauptursache für den so genannten „sauren Regen" ist, der eine Schadwirkung auf die Pflanzen hat und daher den Nachschub an Nahrungspflanzen wie auch an atmosphärischem Sauerstoff beeinträchtigt (Abschnitt 2.2).

Seit 1958 wurde in gewissen Zeitabständen der atmosphärische Kohlendioxidgehalt am Berg Mauna Loa auf Hawaii gemessen. Die Konzentration hat seit der ersten Messung um 20%-Punkte zugenommen. Dies hat zu der Voraussage der Klimaforscher geführt, dass als Folge der dadurch bedingten vermehrten Absorption infraroter Strahlung die Temperatur der Erdoberfläche ansteigen wird – eine Wirkung, die anschaulich als *Treibhauseffekt* bezeichnet wird. Eine stetige Zunahme der Erdoberflächentemperatur würde langfristig verheerende Konsequenzen nach sich ziehen.

Hierzu zählen eine Ausbreitung von Wüstengebieten, Ernteausfälle sowie das Abschmelzen von Gletschern und der polaren Eisgebiete mit einem korrespondierenden Anstieg der mittleren Meereshöhe. Es ist klar ersichtlich, dass es dringend notwendig ist, erneuerbare, die Umwelt nicht oder nur gering verschmutzende, wirtschaftliche und gegen politische Schwankungen möglichst resistente neue Energiequellen zu erschließen oder verbesserte Techniken zur Ausnutzung bestehender Potenziale zu entwickeln.

Chlorierung und Bromierung der Alkane 12.2

Alkane reagieren mit elementarem Chlor (Cl_2) oder Brom (Br_2) unter Bildung von Halogenalkanen (Chloralkane bzw. Bromalkane). Diese **Halogenierungen** laufen nur bei hohen Temperaturen oder in Gegenwart von Licht mit einer geeigneten Wellenlänge ab (die Bestrahlung mit Licht wird durch die physikalischen Symbole $h\nu$ angezeigt).

$$CH_4 + Cl_2 \xrightarrow[h\nu]{\Delta \text{ oder}} \underset{\text{Chlormethan}}{CH_3Cl} + HCl$$

$$CH_3CH_3 + Br_2 \xrightarrow[h\nu]{\Delta \text{ oder}} \underset{\text{Bromethan}}{CH_3CH_2Br} + HBr$$

Mit Ausnahme der Verbrennung ist die Halogenierung die einzige Reaktion, die Alkane ohne Hilfe eines Metallkatalysators eingehen. Eine **Verbrennung** ist die Reaktion mit Sauerstoff bei hohen Temperaturen und bildet Kohlenstoffdioxid und Wasser.

Heterolyse und Homolyse

Wenn eine chemische Bindung so aufgelöst wird, dass beide Elektronen einer kovalenten Bindung bei einem der beteiligten Atome verbleiben, spricht man von **Heterolyse** oder **heterolytischer Bindungsspaltung**.

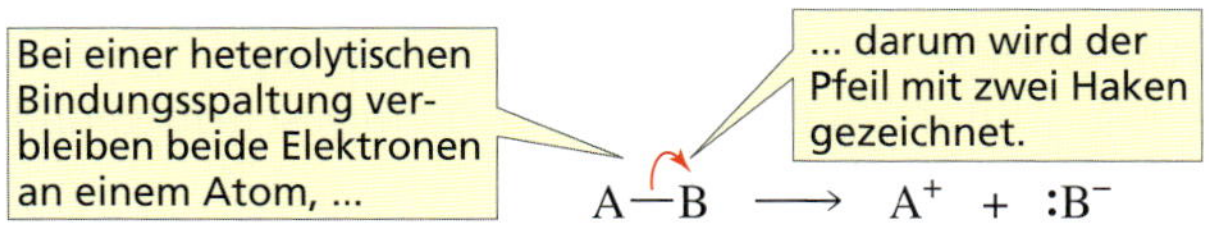

> **MERKE!**
>
> **Eine Pfeilspitze mit zwei Haken zeigt die Bewegung von zwei Elektronen an.**

Wenn eine chemische Bindung so aufgelöst wird, dass je eines der Elektronen einer kovalenten Bindung bei einem der beteiligten Atome verbleibt, spricht man von **Homolyse** oder **homolytischer Bindungsspaltung**. Homolyse führt zur Bildung von Radikalen. Ein **Radikal** (oft auch **freies Radikal** genannt) ist eine Spezies mit einem ungepaarten Elektron an einem Atom. Ein Radikal ist hoch reaktiv, da es sein Elektronenoktett auffüllen will.

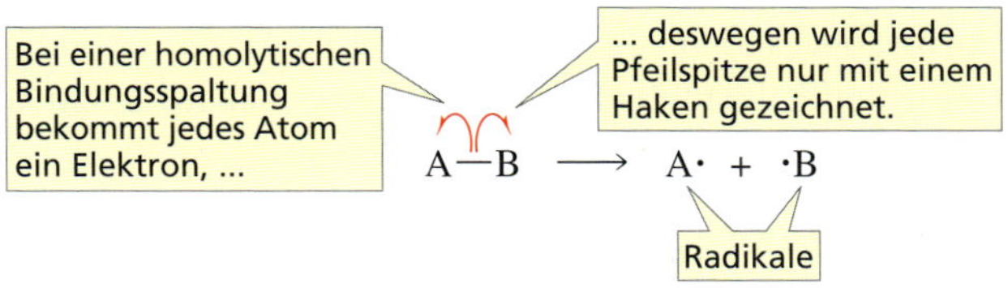

> **MERKE!**
>
> **Eine Pfeilspitze mit einem Haken zeigt die Bewegung von einem Elektron an.**

Einfachchlorierung eines Alkans

Der Reaktionsmechanismus der Alkanhalogenierung ist gut untersucht. Betrachten wir beispielhaft den Mechanismus der Chlorierung des Methans. Dabei wird ein H gegen ein Cl ausgetauscht. Die Einfachchlorierung der anderen Alkane verläuft analog.

Mechanismus der Einfachchlorierung des Methans

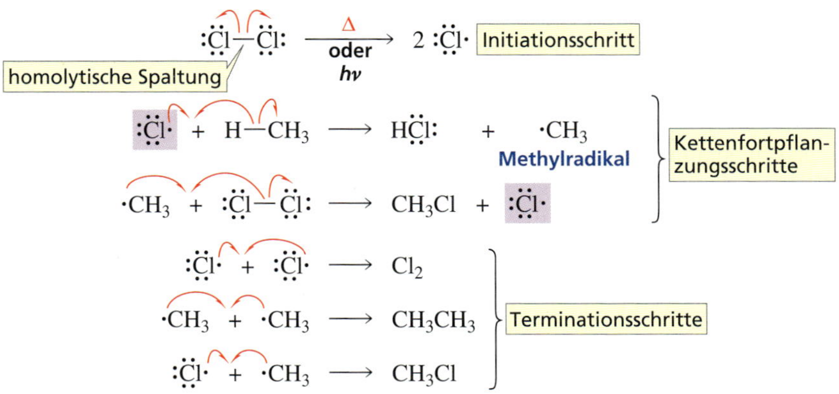

> **Hinweis für die Studierenden**
>
> Am Ende dieses Kapitels finden Sie eine Anleitung zum Zeichnen von gekrümmten Pfeilen in radikalischen Reaktionen.

- Wärme oder Licht liefern die Energie, die notwendig ist, um die X—X-Bindung (Cl—Cl- oder Br—Br-Bindung) homolytisch aufzulösen. Dies ist der **Initiationsschritt** der Reaktion, der zur Erzeugung von Radikalen aus einem Molekül mit ausnahmslos gepaarten Elektronen führt.
- Das im Initiationsschritt gebildete Chlorradikal (ein freies Chloratom) entreißt dem Methanmolekül ein Wasserstoffatom. Dabei entsteht ein Chlorwasserstoffmolekül (HCl) und ein Methylradikal.

- Das Methylradikal entreißt nun seinerseits einem Chlormolekül ein Chloratom, wobei ein einfachhalogeniertes Chlormethanmolekül und ein neues Chlorradikal gebildet werden. Dieses neue freie Chloratom kann wiederum einem Methanmolekül (oder – je nach den herrschenden Konzentrationsverhältnissen – einem schon bestehenden Chlormethanmolekül) ein Wasserstoffatom entreißen.

  Die Schritte 2 und 3 heißen **Fortpflanzungsschritte** (Propagationsschritte) der Reaktion, weil das im ersten Fortpflanzungsschritt gebildete Radikal im zweiten Fortpflanzungsschritt ein neues Radikal erzeugt, das die Reaktionskette fortsetzen kann. Ein Fortpflanzungsschritt ist einer, der die Reaktionskette sich fortpflanzen lässt. Die Fortpflanzungsschritte können sich stetig wiederholen. Der erste Fortpflanzungsschritt ist der geschwindigkeitsbestimmende Schritt der Gesamtreaktion.

MERKE!

Radikalreaktionen weisen Initiations-, Fortpflanzungs- und Kettenabbruchschritte auf.

- Zwei beliebige Radikale in der Reaktionsmischung können sich zu einem Molekül verbinden, in dem alle Elektronen gepaart sind (der radikalische Zustand ist dann aufgehoben). Die Verbindung von zwei Radikalen wird als **Terminationsschritt** (Kettenabbruchschritt) bezeichnet, weil er durch die Verminderung der Zahl der anwesenden Radikale die Reaktion zum Stehen bringt. Da die Radikalkombinationen in den Kettenabbruchschritten beliebig sind, führen Radikalreaktionen zu Produktgemischen.

Die radikalische Chlorierung der höheren Alkane folgt dem gleichen Mechanismus. Da die Reaktionen radikalische Zwischenstufen ausbilden und sich wiederholende Fortpflanzungsschritte aufweisen, werden sie als **Radikalkettenreaktionen** bezeichnet. Die spezielle radikalische Kettenreaktion – die Reaktion eines Alkans mit einem Halogen unter Bildung eines Halogenalkans – wird als **radikalische Substitution** bezeichnet, da sie zum Austausch von Wasserstoffatomen gegen Halogenatome am Alkanmolekül führt.

Die Ausbeute des einfachchlorierten Produkts erhöhen

Um die Menge des monohalogenierten Reaktionsproduktes zu maximieren, sollte eine radikalische Substitution mit einem großen Überschuss des Alkans durchgeführt werden. Ein Überschuss an Alkan erhöht die Wahrscheinlichkeit, dass ein Halogenatom (= Halogenradikal) mit einem Alkan- und nicht mit einem schon gebildeten Halogenalkanmolekül zusammenstößt, und dies selbst im späten Verlauf der Reaktion, wenn schon eine beträchtliche Menge des Monohalogenalkans vorliegt.

Falls das Halogenradikal ein Wasserstoffatom von einem Halogenalkanmolekül abstrahiert statt von einem Alkanmolekül, bildet sich ein dihalogeniertes Produkt (ein Dihalogenalkan).

Halogenalkan

$$Cl\cdot + CH_3Cl \longrightarrow \cdot CH_2Cl + HCl$$

$$\cdot CH_2Cl + Cl_2 \longrightarrow CH_2Cl_2 + Cl\cdot$$

eine dihalogenierte Verbindung

Die Einfachbromierung eines Alkans

Die Bromierung von Alkanen verläuft nach dem gleichen Mechanismus wie die Chlorierung.

Mechanismus der Einfachbromierung des Ethans

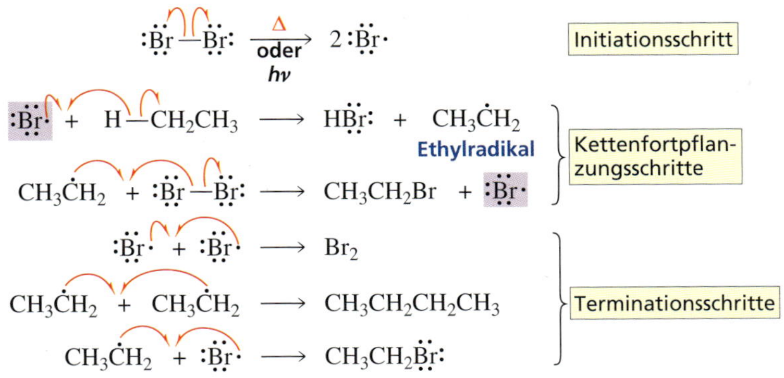

> **HINTERGRUND**
>
> **■ Warum Radikale nicht mehr freie Radikale genannt werden müssen**
>
> Zu einem bestimmten Zeitpunkt wurde die „R-Gruppe“ allgemein als Radikal bezeichnet. Zum Beispiel war die OH-Gruppe in CH_3CH_2OH an ein „Ethylradikal“ gebunden. Um diese Art von Ethylradikalen von $CH_3\dot{C}H_2$ mit einem ungepaarten Elektron zu unterscheiden, wurde letzteres „freies Radikal“ genannt. Es war „frei“ von seinem Substituenten. Heute bezeichnen wir aber R als *Gruppe* oder *Substituenten*, daher müssen wir Spezies mit ungepaarten Elektronen nicht länger als *freie Radikale* bezeichnen. Das Wort Radikal ist nicht mehr *zweideutig*.

Ü 1 Zeigen Sie den Initiations-, die Fortpflanzungs- und die Kettenabbruchschritte der Einfachchlorierung des Cyclohexans auf.

Ü 2 Schreiben Sie den Mechanismus der Bildung von Tetrachlormethan (Tetrachlorkohlenstoff, CCl_4) durch die Reaktion von Methan mit Chlor + *hν* auf.

Radikalstabilität hängt von der Zahl der Alkylgruppen ab 12.3

Radikale werden anhand des Kohlenstoffatoms, das das ungepaarte Elektron trägt, klassifiziert.

- Primäre Radikale tragen ein ungepaartes Elektron an einem primären Kohlenstoffatom.
- Sekundäre Radikale tragen ein ungepaartes Elektron an einem sekundären Kohlenstoffatom.
- Tertiäre Radikale tragen ein ungepaartes Elektron an einem tertiären Kohlenstoffatom.

Alkylgruppen stabilisieren Radikale auf die gleiche Art und Weise wie sie auch Carbokationen stabilisieren, also durch Hyperkonjugation (Abschnitt 6.2). Daher folgt die relative Stabilität von **primären**, **sekundären** und **tertiären Alkylradikalen** der gleichen Reihenfolge wie die Reihenfolge für primäre, sekundäre und tertiäre Carbokationen.

Relative Stabilitäten der Alkylradikale

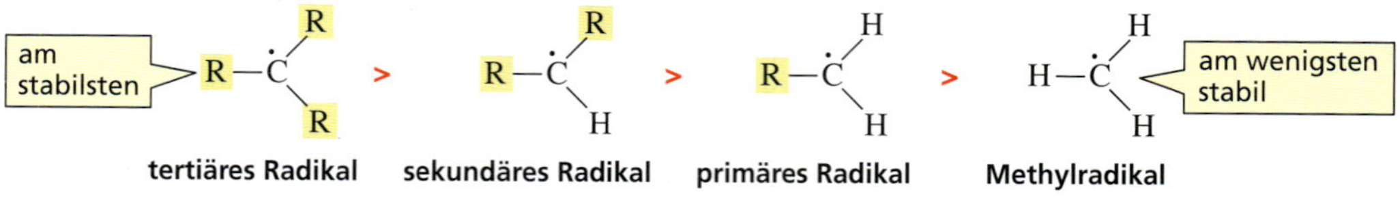

> **MERKE!**
>
> **Alkylradikalstabilität:**
> **tertiär > sekundär > primär**

Die Unterschiede in den Stabilitäten der Radikale in Bezug aufeinander sind viel kleiner als die Stabilitätsunterschiede der Carbokationen, weil Alkylgruppen Radikale nicht so wirksam zu stabilisieren vermögen wie die Carbokationen.

Das MO-Diagramm in ► Abbildung 12.1 verdeutlicht, warum Alkylgruppen Carbokationen besser stabilisieren als Radikale. Die Stabilisierung eines Carbokations resultiert aus der Überlappung einer mit Elektronen besetzten C—H- oder C—C-Bindung mit einem unbesetzten *p*-Orbital; es handelt sich um ein Zweielektronensystem (► Abbildung 12.1a). Im Gegensatz dazu erfolgt die Stabilisierung eines Radikals durch die Überlappung eines mit Elektronen besetzten Orbitals einer C—H- oder C—C-Bindung mit einem *p*-Orbital, das ein ungepaartes Elektron enthält (► Abbildung 12.1b).

In dem Zweielektronensystem befinden sich beide Elektronen in einem bindenden Molekülorbital; in dem Dreielektronensystem muss eines der Elektronen ein antibindendes Molekülorbital (MO) besetzen. Das Dreielektronensystem des Radikals ist immer noch stabilisierend, weil sich mehr Elektronen in dem bindenden als in dem antibindenden MO aufhalten, aber es ist nicht so stark stabilisierend wie das energieärmere Zweielektronensystem ohne Besetzung eines antibindenden (energiereicheren) MOs. Als Folge stabilisieren Alkylgruppen Carbokationen fünf- bis zehnmal wirksamer als Radikale.

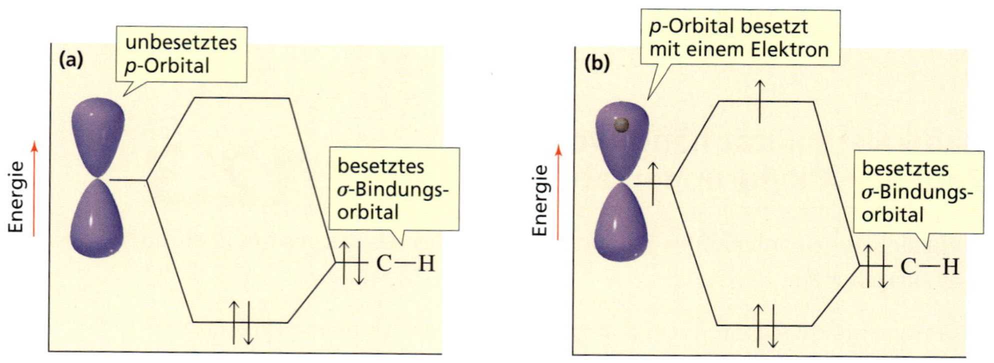

Abbildung 12.1: Molekülorbitaldiagramme, die erkennen lassen, auf welche Weise sich die Stabilisierung ergibt, wenn die Elektronen einer C—H-Bindung mit (a) einem unbesetzten *p*-Orbital bzw. (b) einem einfach besetzten *p*-Orbital überlappen.

Ü 3*

(a) Welche(s) der Wasserstoffatome der nachfolgend dargestellten Verbindung ist/sind am leichtesten für ein Chlorradikal erreichbar, wenn dieses das Molekül angreift?

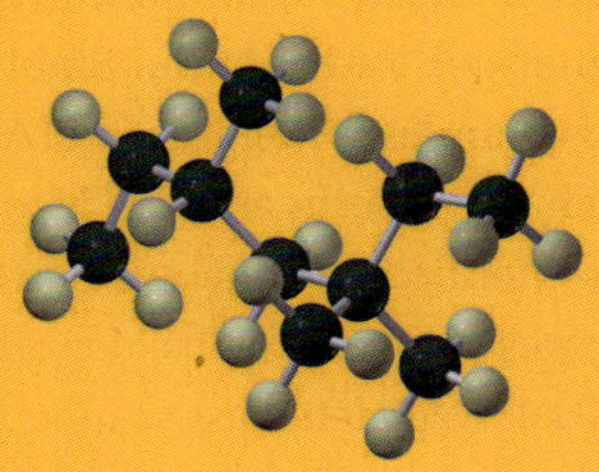

(b) Wie viele sekundäre Wasserstoffatome enthält das Molekül?

Die Produkteverteilung hängt von der Wahrscheinlichkeit der Reaktion und der Reaktivität ab 12.4

Bei der Einfachchlorierung des Butans erhält man zwei unterschiedliche Halogenalkane. Die Substitution eines H-Atoms an einem der primären C-Atome führt zum 1-Chlorbutan, die Substitution an einem der beiden sekundären C-Atome zum 2-Chlorbutan.

$$\underset{n\text{-Butan}}{CH_3CH_2CH_2CH_3} + Cl_2 \xrightarrow{h\nu} \underset{\text{1-Chlorbutan}}{CH_3CH_2CH_2CH_2Cl} + \underset{\text{2-Chlorbutan}}{CH_3CH_2CH(Cl)CH_3} + HCl$$

1-Chlorbutan: erwartete Ausbeute = 60%, experimentell gefunden = 29%

2-Chlorbutan: erwartete Ausbeute = 40%, experimentell gefunden = 71%

Die erwartete statistische Verteilung der beiden möglichen Reaktionsprodukte sollte bei 60 % 1-Chlorbutan und 40 % 2-Chlorbutan liegen, da sechs der zehn H-Atome des Butanmoleküls beim Austausch zu 1-Chlorbutan führen und vier zu 2-Chlorbutan.

Wenn die Reaktion allerdings im Labor durchgeführt wird, werden nicht 29 % 1-Chlorbutan und 71 % 2-Chlorbutan gebildet. Die Produkteverteilung hängt also nicht ausschließlich von der *Wahrscheinlichkeit* ab, mit der ein Chlorradikal mit einem primären oder sekundären Wasserstoffatom reagiert.

Da mehr 2-Chlorbutan als erwartet gebildet wird und *der geschwindigkeitsbestimmende Schritt der Gesamtreaktion die Abstraktion des Wasserstoffatoms aus dem Alkanmolekül* ist, kommen wir zu dem Schluss, dass es einfacher ist, ein H-Atom von einem sekundären C-Atom abzulösen als von einem primären C-Atom, um ein primäres Radikal zu bilden.

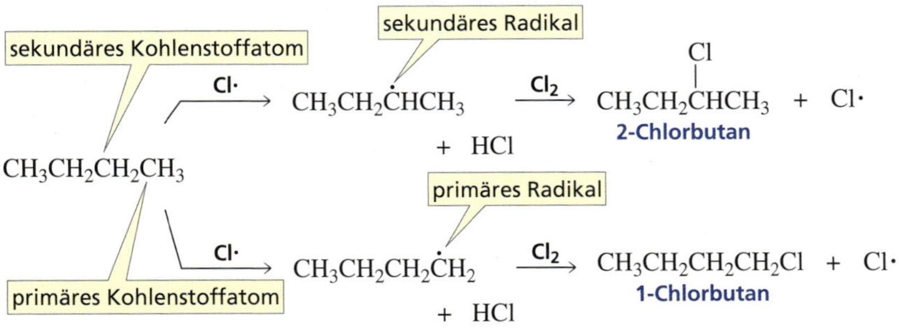

Wir sollten nicht überrascht sein, dass es einfacher ist, unter Bildung eines sekundären Alkylradikals ein H-Atom von einem sekundären C-Atom zu abstrahieren als von einem primären, weil das sekundäre Radikal stabiler als ein primäres ist. Je stabiler das Radikal, desto leichter bildet es sich, da die Stabilität des Radikals die Stabilität des zu seiner Bildung führenden Übergangszustandes widerspiegelt (Abschnitt 6.3).

Nach der experimentellen Messung der Mengen von Chlorierungsprodukten unterschiedlicher Kohlenwasserstoffe konnten Chemiker*innen die relative Reaktionsgeschwindigkeit bei der Bildung der Radikale bestimmen. Die experimentellen Daten zeigten, dass es für ein Chlorradikal bei *Zimmertemperatur* fünfmal einfacher ist, ein H-Atom von einem tertiären als von einem primären C-Atom abzulösen und 3,8-mal leichter, eines von einem sekundären als von einem primären. Die genauen Verhältniszahlen ändern sich mit der Reaktionstemperatur.

Relative Geschwindigkeiten der Alkylradikalbildung durch ein Chlorradikal bei Zimmertemperatur

tertiär	>	sekundär	>	primär
5,0		3,8		1,0

MERKE!

Sowohl die Wahrscheinlichkeit als auch die Reaktivität müssen in die Betrachtung einbezogen werden, wenn man die anteiligen Produktmengen berechnen will.

Um die anteiligen Mengen der unterschiedlichen Reaktionsprodukte der radikalischen Chlorierung eines Alkans abzuschätzen, muss man sowohl die *Wahrscheinlichkeit* (die Zahl der Wasserstoffatome, die unter Bildung eines bestimmten Produktes abstrahierbar sind) wie auch die *Reaktivität* (die relative Geschwindigkeit, mit der ein bestimmtes Radikal gebildet) in Betracht ziehen, wenn die relative Menge der Produkte bestimmt werden soll, die bei einer radikalischen Chlorierung eines Alkens entsteht.

Relative Menge 1-Chlorbutan

Zahl der Wasserstoffatome × relative Reaktivität

$$6 \times 1{,}0 = 6{,}0$$

Relative Menge 2-Chlorbutan

Zahl der Wasserstoffatome × relative Reaktivität

$$4 \times 3{,}8 = 15$$

Der vorausgesagte prozentuale Produktanteil jedes Chloralkans (als Anteil an allen einfachchlorierten Produkten) wird durch die Division des relativ gebildeten Anteils eines Produkts durch die Summe der Produktanteile aller Halogenalkane errechnet (6 + 15 = 21).

Prozent 1-Chlorbutan im Produkt

$$\frac{6{,}0}{21} = 29\%$$

Prozent 2-Chlorbutan im Produkt

$$\frac{15}{21} = 71\%$$

Ü 4* Wie viele Chloralkane kann man durch Einfachchlorierung der folgenden Alkane erzeugen? Vernachlässigen Sie bei Ihrer Betrachtung mögliche Stereoisomere.

(a) 

(b) 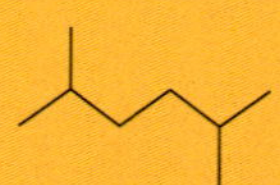

(c) 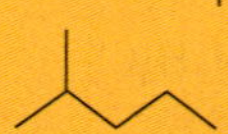

(d) 

(e) 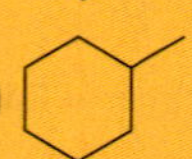

(f) 

(g) 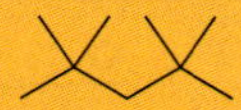

(h) 

(i) 

Radikalische Halogenierung in der Synthese

Da die radikalische Chlorierung eines Alkans verschiedene monochlorierte Reaktionsprodukte ergeben kann sowie darüber hinaus Produkte, die mehr als ein Chloratom enthalten, ist sie nicht die beste Methode zur Darstellung von Halogenalkanen. Die Addition von Halogenwasserstoffen an Alkene (Abschnitt 6.1) oder die Umwandlung eines Alkohols in ein Halogenalkan (Abschnitte 10.1 und 10.2) sind deutlich bessere Methoden zur Darstellung definierter Halogenalkane.

Die radikalische Halogenierung von Alkanen ist nichtsdestotrotz eine nützliche Reaktion, da sie eine der wenigen Möglichkeiten ist, auf dem ein inertes Alkan in eine reaktive Verbindung überführt werden kann. Nachdem das Halogen in das Alkanmolekül eingeführt worden ist, kann es durch eine Vielzahl anderer Substituenten ersetzt werden (Abschnitt 11.2).

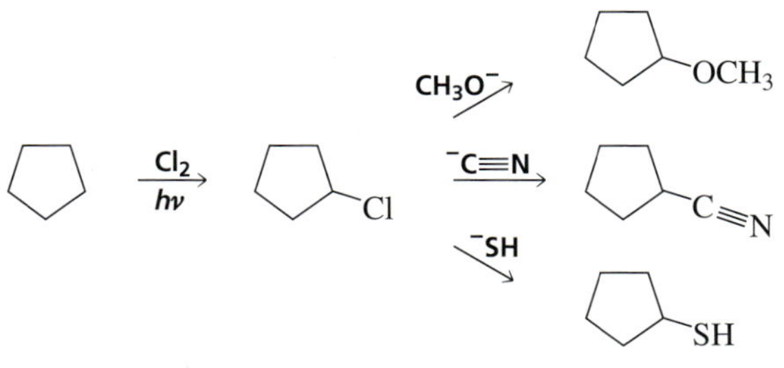

Ü 5 mit Lösung

Wie viele Dichlorcyclopentane würden Sie als Reaktionsprodukte erwarten, falls Cyclopentan mit mehr als einem Moläquivalent Chlor bei hoher Temperatur reagiert?

Lösung

Als Reaktionsprodukte sind sieben verschiedene Dichlorcyclopentane denkbar. Für die 1,1-Dichlorverbindung ist nur ein Isomer möglich. Die 1,2- und die 1,3-Dichlorderivate besitzen je zwei Chiralitätszentren. Jedes 1,2- und 1,3-Derivat kommt in drei stereoisomeren Formen vor, da das *cis*-Isomer eine Mesoform ist und das *trans*-Isomer ein Enantiomerenpaar bildet.

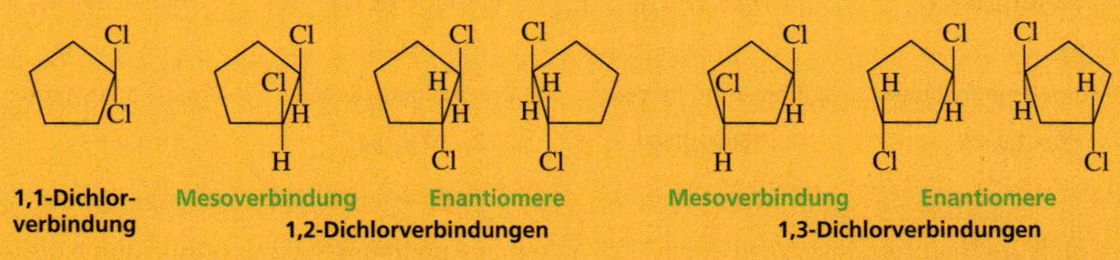

Ü 6 Wie viele Produkte werden bei der Einfachchlorierung der Alkene aus Übung 4 gebildet, wenn auch Stereosiomere berücksichtigt werden?

Das Reaktivitäts-Selektivitäts-Prinzip 12.5

Die relativen Geschwindigkeiten der Radikalbildung durch Bromatome (Bromradikale) sind von den Radikalbildungsgeschwindigkeiten durch Chloratome verschieden. Bei 125 °C abstrahiert ein Bromradikal ein H-Atom 1600-mal schneller von einem tertiären als von einem primären C-Atom und ein sekundäres 82-mal schneller als ein primäres.

Relative Geschwindigkeiten der Radikalbildung durch ein Bromradikal bei 125 °C

tertiär > sekundär > primär
1600 82 1

← Anstieg der Bildungsgeschwindigkeit

In diesem Beispiel sind die *Reaktivitätsunterschiede* so groß, dass der Einfluss der Reaktivität den *Wahrscheinlichkeitsfaktor* bei der Bestimmung der Produktverhältnisse in einer radikalischen Substitution bei weitem übertrifft.

Die radikalische Bromierung des *n*-Butans liefert beispielsweise 98 % 2-Brombutan (im Vergleich zu den 71 % 2-Chlorbutan des vorausgegangenen Beispiels) (Abschnitt 12.4). Die Bromierung verläuft mit anderen Worten viel selektiver als die Chlorierung.

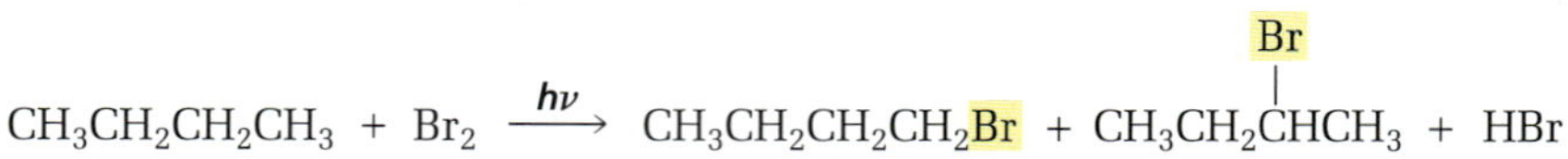

1-Brombutan 2% 2-Brombutan 98%

Ü 7 mit Lösung

(a) Was ist das Hauptprodukt der Einfachbromierung der folgenden Verbindungen? Vernachlässigen Sie Stereoisomere.

(b) Welchen Anteil erwarten Sie für jedes Produkt (in % der Gesamtmenge der Produkte)?

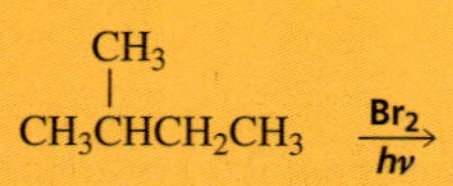

Lösung zu (a)

Der relative Produktanteil wird durch die Multiplikation der Anzahl der Wasserstoffe, die zur Bildung eines bestimmten Produkts führen, mit deren relativer Reaktivität zur Bildung des Radikals (siehe unten). Daher ist 2-Brom-2-Methylbutan das Hauptprodukt.

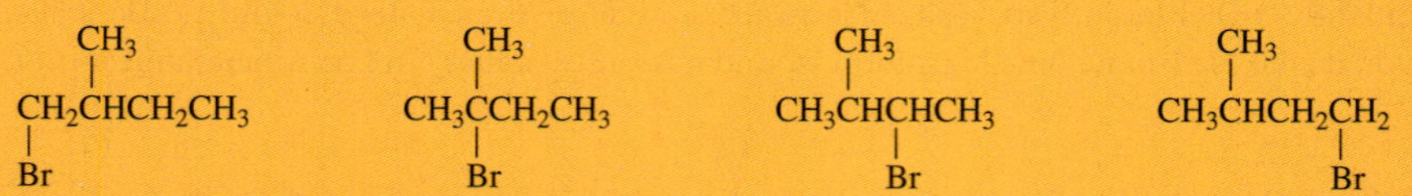

1-Brom-2-methylbutan	2-Brom-2-methylbutan	2-Brom-3-methylbutan	1-Brom-3-methylbutan
6 × 1,0 = 6	1 × 1600 = 1600	2 × 82 = 164	3 × 1,0 = 3

Lösung zu (b)

Der zu erwartende Anteil des Hauptprodukts wird durch Divison seines Anteils am Gesamtprodukt durch die Gesamtmenge aller Halogenalkane im Produkt berechnet. Der voraussichtliche Anteil beträgt 90 %.

$$6{,}0 + 1600 + 164 + 3{,}0 = 1773 \qquad \frac{1600}{1773} = 0{,}90 = 90\%$$

Ü 8*

(a) Was ist das Hauptprodukt der Reaktion in Übung 7, wenn statt Br_2 Cl_2 verwendet wird? Vernachlässigen Sie Stereoisomere.

(b) Welchen Anteil an der Gesamtmenge erwarten Sie für das Hauptprodukt?

Die unterschiedlichen Reaktionsgeschwindigkeiten erklären

Warum sind die relativen Geschwindigkeiten der Radikalbildung so unterschiedlich, wenn ein Brom- anstelle eines Chlorradikals ein Alkanmolekül angreift und diesem ein Wasserstoffatom entzieht?

Um diese Frage beantworten zu können, müssen wir die $\Delta H°$-Werte der Bildung primärer, sekundärer und tertiärer Radikale durch ein Chlor- und durch ein Bromatom vergleichen. Diese $\Delta H°$-Werte lassen sich aus den Bindungsdissoziationsenergien der ► Tabelle 5.1 (siehe dort) rechnerisch ermitteln.

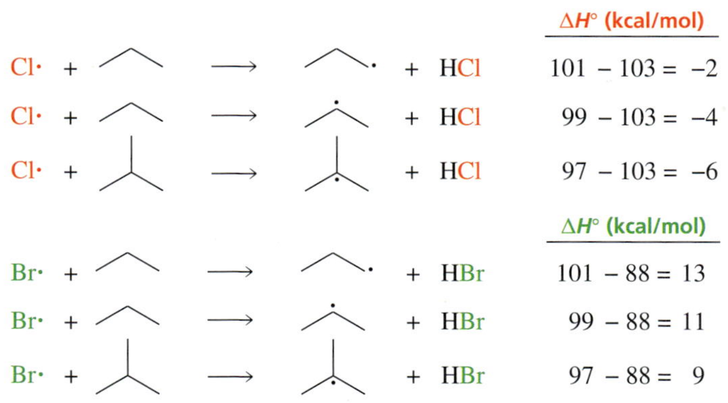

MERKE!

$\Delta H°$ ist gleich der Energie der gebrochenen Bindung minus der Energie der gebildeten Bindung. Abschnitt 5.6.

Wir müssen uns außerdem vor Augen führen, dass eine Bromierung viel langsamer verläuft als eine Chlorierung. Man hat im Experiment gemessen, dass die Aktivierungsenergie für die Abstraktion eines H-Atoms durch ein Bromradikal 4,5-mal höher liegt als die für die Abstraktion durch ein Chlorradikal.

Mithilfe der berechneten $\Delta H°$-Werte und der experimentell bestimmten Werte der Aktivierungsenergien können wir ein Reaktionskoordinatendiagramm für die Bildung primärer, sekundärer und tertiärer Radikale durch ein Chlor- (► Abbildung 12.2a) im Vergleich zu der durch ein Bromradikal (► Abbildung 12.2b) zeichnen.

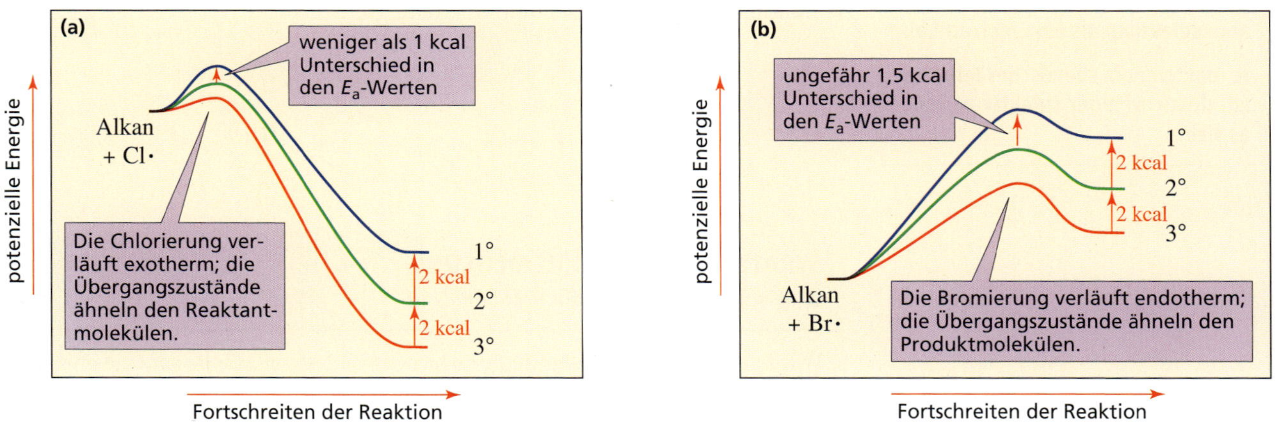

Abbildung 12.2: (a) Reaktionskoordinatendiagramm für die Bildung primärer, sekundärer und tertiärer Alkylradikale als Folge der Abstraktion eines Wasserstoffatoms durch ein Chlorradikal. Die Übergangszustände besitzen relativ geringen Radikalcharakter, weil sie den Reaktanten ähnlich sind. (b) Reaktionskoordinatendiagramm für die Bildung primärer, sekundärer und tertiärer Alkylradikale als Folge der Abstraktion eines Wasserstoffatoms durch ein Bromradikal. Die Übergangszustände besitzen einen relativ großen Radikalcharakter, weil sie den Reaktionsprodukten ähnlich sind.

Da die Reaktion eines Chlorradikals mit einem Alkan unter Bildung eines Radikals (gleichgültig, ob primär, sekundär oder tertiär) ein exothermer Vorgang ist, ähnelt der Übergangszustand den Reaktanten mehr als er den Produkten ähnelt. Das ist, wie wir wissen, das so genannte Hammond-Postulat (Abschnitt 6.3). Die Reaktanten besitzen alle ungefähr die gleiche potenzielle Energie; es gibt also nur einen kleinen Unterschied in den Aktivierungsenergien für die

Abstraktion eines H-Atoms von einem primären, sekundären oder tertiären C-Atom.

Im Gegensatz hierzu ist die Reaktion eines Bromradikals mit einem Alkanmolekül ein endothermer Vorgang, dessen Übergangszustand also mehr den Reaktionsprodukten als den Reaktanten ähnelt. Da es einen signifikanten Unterschied in den Energien der Produktradikale gibt – abhängig davon, ob sie primärer, sekundärer oder tertiärer Natur sind – gibt es auch bedeutsame Unterschiede in den Aktivierungsenergien.

Das Reaktivitäts-Selektivitäts-Prinzip

Ein Chlorradikal erschafft wegen des geringen Unterschieds in den Aktivierungsenergien primäre, sekundäre oder tertiäre Radikale mit der gleichen Leichtigkeit, wohingegen ein Bromradikal eine klare Präferenz für die am leichtesten zu bildenden tertiären Radikale aufweist (▶ Abbildung 12.2a). Da ein Bromradikal im Vergleich relativ wenig reaktiv ist, verhält es sich hochselektiv bezüglich des von ihm abgelösten Wasserstoffatoms (▶ Abbildung 12.2b). Das wesentlich reaktivere Chlorradikal ist dagegen wesentlich weniger selektiv. Diese Beobachtungen spiegeln sich im **Reaktivitäts-Selektivitäts-Prinzip** wider, welches besagt, dass *ein chemisches Teilchen umso selektiver ist, je weniger reaktiv es ist* oder – in der Umkehrung:

Je reaktiver ein chemisches Teilchen,
desto weniger selektiv verhält es sich.

MERKE!

Ein Bromradikal ist weniger reaktiv, aber selektiver als ein Chlorradikal.

Je reaktiver ein chemisches Teilchen ist, desto weniger selektiv verhält es sich.

Da die radikalische Chlorierung ziemlich unselektiv verläuft, ist sie nur dann eine nutzbringend einzusetzende Reaktion, wenn es nur eine Sorte Wasserstoffatome in dem umzusetzenden Alkan gibt.

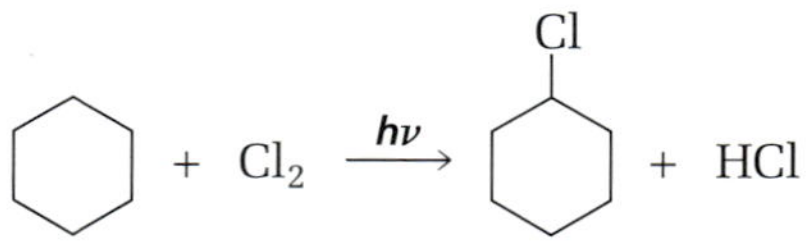

STRATEGIEN ZUR PROBLEMLÖSUNG

■ Syntheseplanung für ein Halogenalkan

Würde die Chlorierung oder die Bromierung von Methylcyclohexan eine größere Ausbeute an 1-Halogen-1-methylcyclohexan erbringen?

Um dieses Problem zu lösen, zeichnen wir zuerst die Molekülstrukturen der zur Diskussion stehenden Verbindungen.

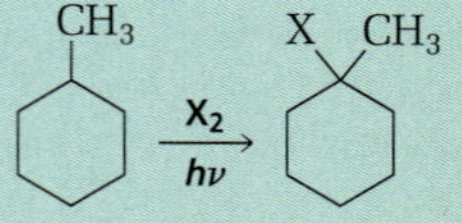

Fahren Sie nun mit Übung 9 fort.

Das 1-Halogen-1-methylcyclohexan ist ein tertiäres Halogenalkan. Die Frage lautet also: Erbringt die Chlorierung oder die Bromierung eine höhere Ausbeute eines tertiären Halogenalkans? Da die Bromierung selektiver verläuft, wird sie eine höhere Ausbeute des gewünschten Reaktionsproduktes liefern. Die Chlorierung wird einiges an tertiärem Halogenalkan ergeben, aber auch zu signifikanten Mengen primärer und sekundärer Halogenalkane als Konkurrenzprodukte führen.

Ü 9*

(a) Würde die Chlorierung oder die Bromierung eine höhere Ausbeute an 1-Halogen-2,3-dimethylbutan erbringen?

(b) Würde die Chlorierung oder die Bromierung eine höhere Ausbeute an 2-Halogen-2,3-dimethylbutan erbringen?

(c) Wäre die Chlorierung oder die Bromierung die bessere Methode zur Darstellung von 1-Halogen-2,2-dimethylpropan?

Warum Alkane nur Chlorierungen und Bromierungen eingehen

Durch den Vergleich der summarischen $\Delta H°$-Werte der beiden Kettenfortpflanzungsschritte bei der Monohalogenierung des Methans können wir verstehen, warum Alkane Chlorierungen und Bromierungen, aber keine Iodierungen eingehen, und warum eine Fluorierung zu heftig verläuft, um von praktischem Nutzen zu sein.

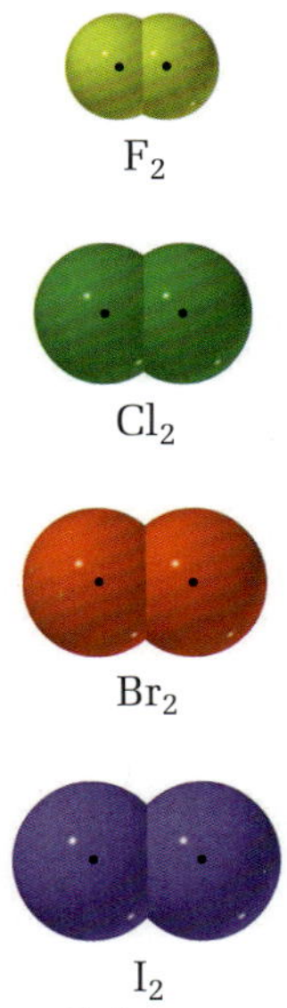

Halogene

Erster Kettenfortpflanzungsschritt der Monohalogenierung

$$F\cdot + CH_4 \longrightarrow \cdot CH_3 + HF \qquad \Delta H° = 105 - 136 = -31$$

$$Cl\cdot + CH_4 \longrightarrow \cdot CH_3 + HCl \qquad \Delta H° = 105 - 103 = 2$$

$$Br\cdot + CH_4 \longrightarrow \cdot CH_3 + HBr \qquad \Delta H° = 105 - 88 = 17$$

$$I\cdot + CH_4 \longrightarrow \cdot CH_3 + HI \qquad \Delta H° = 105 - 71 = 34$$

Das Fluorradikal (freies Fluoratom) ist das reaktivste der Halogenradikale; es reagiert heftig mit Alkanen ($\Delta H° = -31$ kcal/mol). Das Iodradikal (freies Iodatom) ist dagegen das am wenigsten reaktive unter den Halogenradikalen. Es ist in der Tat so wenig reaktiv ($\Delta H° = +34$ kcal/mol), dass es gar nicht in der Lage ist, einem Alkanmolekül ein H-Atom zu entreißen. Es reagiert schließlich mit einem anderen Iodatom (= -radikal) unter Rückbildung eines I_2-Moleküls.

Ü 10 mit Lösung

Wie ließe sich aus Butan Butanon herstellen?

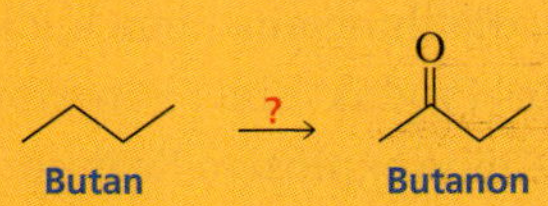

Lösung

Wir wissen, dass die erste Reaktion eine radikalische Halogenierung sein muss, weil dies beinahe die einzige Reaktion ist, die Alkane eingehen. Die Bromierung liefert uns mehr des gewünschten in 2-Stellung halogenierten Reaktionsproduktes als die Chlorierung, weil das Bromradikal selektiver reagiert als das reaktivere Chlorradikal. Eine nucleophile Substitution liefert uns einen Alkohol, aus dem sich durch Oxidation die Zielverbindung darstellen lässt.

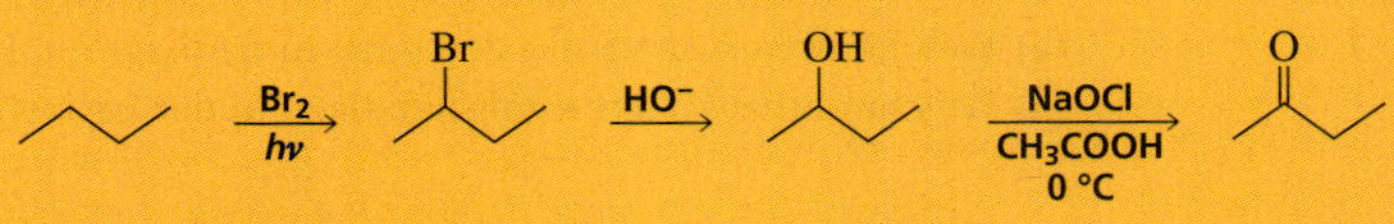

Ü 11 Zeigen Sie, wie die folgenden Verbindungen aus 2-Methylpropan hergestellt werden könnten:

(a) 2-Brom-2-methylpropan **(b)** 2-Methyl-1-propen **(c)** 2-Iod-2-methylpropan

Die Bildung explosiver Peroxide 12.6

Ether stellen im Labor Gefahrstoffe dar, da sie bei der Reaktion mit O_2 durch Luftkontakt explosive Peroxide bilden. Wir werden sehen, warum diese Reaktion vergleichbar mit der Reaktion ist, die Fett ranzig werden lässt (Abschnitt 12.11).

Mechanismus der Peroxidbildung

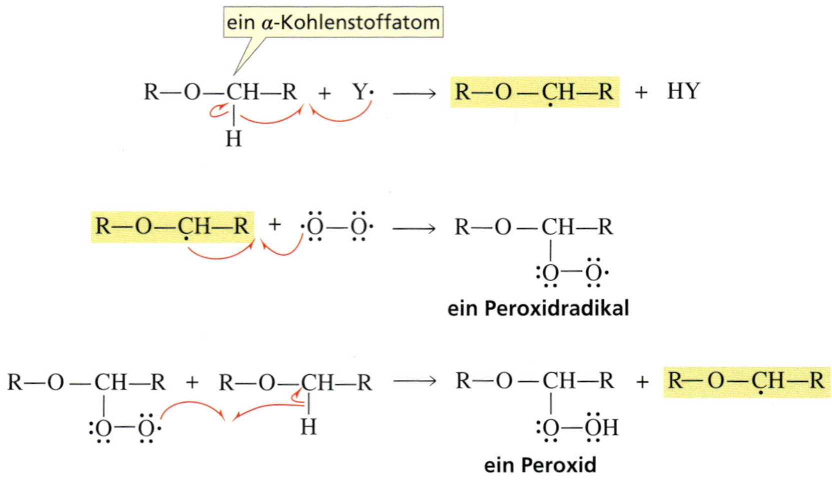

- Das Initiatorradikal entfernt ein Wasserstoffatom von einem α-Kohlenstoffatom des Ethers. (Das α-Kohlenstoffatom ist an Sauerstoff gebunden.) Dies ist ein Kettenstart, da es ein Radikal produziert, was an dem ersten Schritt der Kettenfortpflanzung teilnimmt.
- Das im ersten Schritt gebildete Radikal reagiert mit Sauerstoff in einem Kettenfortpflanzungsschritt und bildet ein Peroxidradikal.
- Im zweiten Schritt der Kettenfortpflanzung entfernt das Peroxidradikal ein Wasserstoffatom vom α-Kohlenstoffatom eines anderen Ethermoleküls; es bildet damit ein Peroxid und ein weiteres Radikal, das am ersten Schritt der Kettenfortpflanzung teilnehmen kann.

Ein **Peroxid** ist eine Verbindung mit einer O—O-Bindung. Da eine O—O-Bindung relativ einfach homolytisch gespalten wird, kann ein Peroxid Radikale bilden, die ihrerseits neue Radikale bilden, ist es ein **Radikalinitiator**. Daher kann das Produkt einer Peroxidierung eine weitere Radikalkettenreaktion einleiten – eine explosive Reaktion. Ether enthalten daher einen Stabilisator, der entstehende Radikale unschädlich macht, um die Entstehung von Peroxiden zu verhindern. Nachdem ein Ether gereinigt wurde (und daher keinen Stabilisator mehr enthält) muss er binnen 24 Stunden verbraucht werden.

Ü 12*

(a) Welcher Ether ist am ehesten dazu in der Lage ein Peroxid zu bilden?
(b) Welcher Ether ist am wenigsten dazu in der Lage ein Peroxid zu bilden?

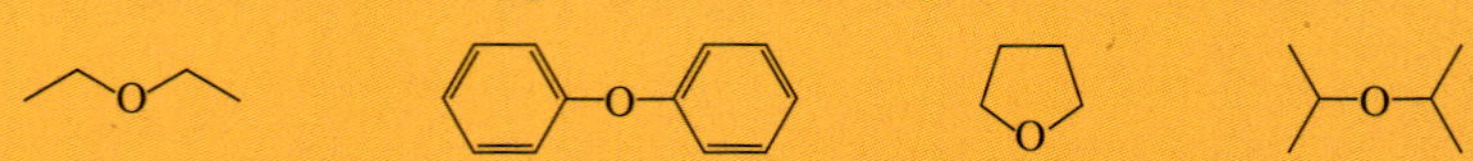

A B C D

Radikaladdition an Alkene 12.7

Die Addition von HBr an 1-Buten liefert 2-Brombutan, da das Elektrophil (H^+) der Regel für elektrophile Additionen folgt (Abschnitt 6.4). Es addiert sich an das sp^2-Kohlenstoffatom mit der größeren Zahl gebundener Wasserstoffatome.

> **MERKE!**
>
> **Das Elektrophil lagert sich an das sp^2-Kohlenstoffatom an, das die höhere Zahl gebundener Wasserstoffatome trägt.**

$$\underset{\text{1-Buten}}{CH_3CH_2CH{=}CH_2} + HBr \longrightarrow \underset{\text{2-Brombutan}}{CH_3CH_2CH(Br)CH_3}$$

$$\underset{\text{1-Buten}}{CH_3CH_2CH{=}CH_2} + HBr \xrightarrow{\text{Peroxid}} \underset{\text{1-Brombutan}}{CH_3CH_2CH_2CH_2Br}$$

Falls der Reaktionsmischung ein organisches Peroxid (ROOR) zugesetzt wird, ist das Reaktionsprodukt das gewünschte 1-Brombutan. Das Peroxid ändert also den Ablauf der Reaktion dergestalt, dass Br• zum Elektrophil der Reaktion wird.

Der nachfolgend dargestellte Mechanismus für die Addition von HBr an ein Alken in Gegenwart von Peroxid lässt erkennen, dass es sich um eine Radikalkettenreaktion handelt, bei der die kennzeichnenden Schritte der Initiation (Ketteneinleitung), der Propagation (Kettenfortpflanzung) und der Termination (Kettenabbruch) auftreten:

Mechanismus der HBr-Addition an ein Alken in Gegenwart von Peroxid

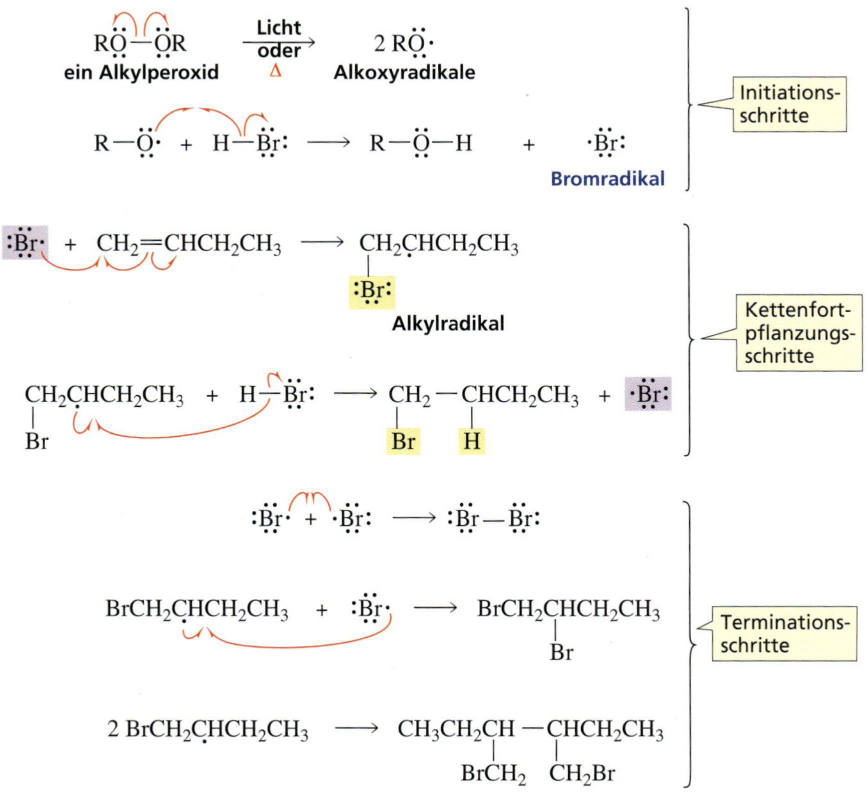

- Das Alkylperoxid enthält eine schwache Sauerstoff-Sauerstoff-Einfachbindung, die sich leicht homolytisch zu Alkoxyradikalen spalten lässt, falls Licht oder Wärme zugeführt werden. Dies ist der Radikale erzeugende Initiationsschritt.

- Das Alkoxyradikal vervollständigt sein Elektronenoktett am O-Atom, indem es ein H-Atom aus einem HBr-Molekül abzieht. Dabei wird ein Bromradikal erzeugt. Dies ist ebenfalls ein Initiationsschritt, weil es das kettenfortsetzende Radikal für den ersten Schritt erzeugt.
- Das Bromradikal ist bestrebt, mit einem zusätzlichen Elektron das Elektronenoktett in der Valenzschale zu komplettieren. Da die π-Bindung eines Alkens die schwächste Bindung im Molekül ist, vervollständigt das Bromradikal sein Elektronenoktett durch Heranziehung eines der Elektronen der π-Bindung des Alkens; dabei wird eine C—Br-Bindung ausgebildet. Das zweite Elektron der vormaligen π-Bindung ist dann das ungepaarte Elektron des sich ergebenden Alkylradikals.

  Falls das Bromradikal sich an das sp^2-Kohlenstoffatom des 1-Butens mit der größeren Zahl gebundener H-Atome lagert, kommt es zur Bildung eines sekundären Alkylradikals. Falls sich das Bromradikal an das andere sp^2-Kohlenstoffatom anlagert, bildet sich ein primäres Alkylradikal. *Das Bromradikal lagert sich daher an dasjenige sp^2-Kohlenstoffatom an, das die größere Zahl Wasserstoffatome gebunden hält, weil dies zu dem stabileren Reaktionsintermediat führt.*
- Das Produkt des ersten Kettenfortpflanzungsschrittes abstrahiert ein H-Atom von einem weiteren HBr-Molekül, wobei ein Halogenalkanmolekül und ein neues Bromradikal erzeugt werden.

  Dieser und der vorausgegangene Schritt sind Kettenfortpflanzungsschritte (Propagationsschritte). Wie wir bei anderen Paaren von Propagationsschritten gesehen haben, reagiert im ersten Schritt ein Radikal (Br•) unter Bildung eines neuen, anderen Radikals. Im zweiten Propagationsschritt reagiert das im ersten Fortpflanzungsschritt erzeugte Radikal unter Bildung eines neuen Radikals, das identisch mit dem ist (Br•), das im ersten Kettenfortpflanzungsschritt als Reaktant aufgetreten ist.
- Die drei letzten Schritte sind Kettenabbruchschritte (Terminationsschritte).

Da das erste sich an das Alken anlagernde Teilchen ein Radikal (Br•) ist, bezeichnet man die Addition von HBr in Gegenwart eines Peroxids als **radikalische Addition**.

Wenn HBr ohne die Anwesenheit eines Peroxids mit einem Alken reagiert, ist das Elektrophil (das erste sich an das Alken anlagernde Teilchen) das H^+-Ion. In Gegenwart eines Peroxids ist Br• das Elektrophil. In beiden Fällen lagert sich das Elektrophil an dasjenige sp^2-Kohlenstoffatom, das die größere Zahl von H-Atomen gebunden hält (um das stabilere Intermediat zu bilden), sodass beide Reaktionen der allgemeinen Regel für elektrophile Additionen folgen: Das Elektrophil lagert sich an dasjenige sp^2-Kohlenstoffatom an, welches die größere Zahl H-Atome gebunden hält.

Das radikalische Intermediat in der folgenden Reaktion nimmt an keiner Umlagerung teil. Radikale lagern sich nicht so bereitwillig um wie Carbokationen.

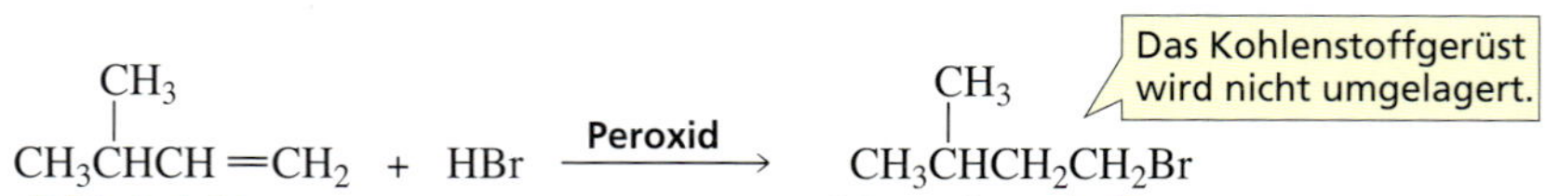

3-Methyl-1-buten → **1-Brom-3-methylbutan**

Ohne einen *Radikalinitiator* würde die radikalische Addition, die wir soeben beschrieben haben, nicht ablaufen. Jede Verbindung, die bereitwillig homolytische Spaltungen (die Dissoziation in Radikale) eingeht, kann als Radikalinitiator fungieren. Wir werden den Radikalinitiatoren bei unserer Diskussion der Polymerchemie in Kapitel 27 wieder begegnen.

Während also Radikalinitiatoren Radikalreaktionen in Gang setzen, haben *Radikalinhibitoren* (Radikalhemmer) die gegenteilige Wirkung; sie fangen freie Radikale ein und verhindern so, dass Reaktionen in Gang kommen, die auf das Vorhandensein von Radikalen angewiesen sind. Wie Radikalinhibitoren Radikale einfangen, werden wir in Abschnitt 12.11 diskutieren.

Ü 13 Formulieren Sie die Kettenfortpflanzungsschritte der Addition von HBr an 1-Methylcyclohexen bei Anwesenheit eines Peroxids.

Peroxide beeinflussen nur die Addition von HBr

Ein Peroxid zeigt keine Wirkung auf die Addition von HCl oder HI an Alkene. Das in Gegenwart eines Peroxids gebildete Produkt ist dasselbe wie ohne Peroxid.

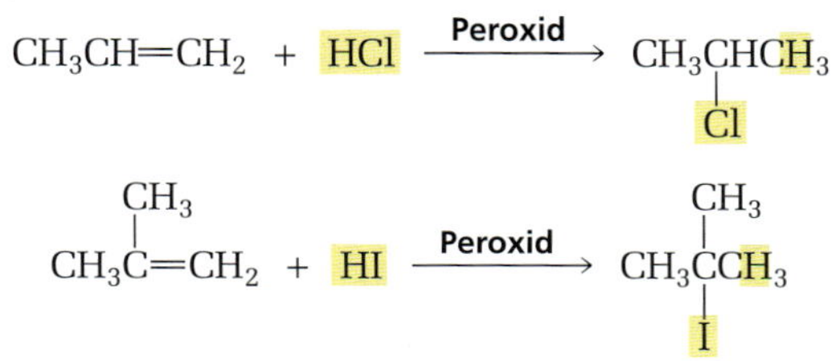

Warum beobachtet man den **Peroxideffekt** nur im Fall der HBr-Addition, aber nicht bei der Addition von HCl oder HI? Diese Frage lässt sich beantworten, wenn man die $\Delta H°$-Werte der beiden Fortpflanzungsschritte der Radikalkettenreaktion berechnet (wieder aus den Bindungsdissoziationsenergien der ► Tabelle 5.1).

Kettenfortpflanzungsschritte für eine radikalische Addition

$$Cl\cdot + CH_2{=}CH_2 \longrightarrow ClCH_2\dot{C}H_2 \qquad \Delta H° = 63 - 85 = -22 \text{ kcal/mol}$$ exotherm

$$ClCH_2\dot{C}H_2 + HCl \longrightarrow ClCH_2CH_3 + Cl\cdot \qquad \Delta H° = 103 - 101 = +2 \text{ kcal/mol}$$ endotherm

$$Br\cdot + CH_2{=}CH_2 \longrightarrow BrCH_2\dot{C}H_2 \qquad \Delta H° = 63 - 72 = -9 \text{ kcal/mol}$$

$$BrCH_2\dot{C}H_2 + HBr \longrightarrow BrCH_2CH_3 + Br\cdot \qquad \Delta H° = 87 - 101 = -14 \text{ kcal/mol}$$ exotherm

$$I\cdot + CH_2{=}CH_2 \longrightarrow ICH_2\dot{C}H_2 \qquad \Delta H° = 63 - 57 = +6 \text{ kcal/mol}$$ endotherm

$$ICH_2\dot{C}H_2 + HI \longrightarrow ICH_2CH_3 + I\cdot \qquad \Delta H° = 71 - 101 = -30 \text{ kcal/mol}$$ exotherm

Bei der radikalischen Addition von HCl ist der erste Fortpflanzungsschritt exotherm und der zweite endotherm. Bei der radikalischen Addition von HI ist der erste Fortpflanzungsschritt endotherm und der zweite exotherm. Nur im Fall der radikalischen Addition von HBr sind beide Kettenfortpflanzungsschritte exotherm.

Bei einer radikalischen Reaktion konkurrieren die Kettenfortpflanzungsschritte mit den Kettenabbruchschritten. Abbruchschritte sind immer exotherm, weil nur Bindungsbildung (aber keine Bindungsauflösung) stattfindet. Daher kann die Kettenfortpflanzung nur dann erfolgreich mit dem Kettenabbruch konkurrieren, wenn beide Fortpflanzungsschritte exotherm sind. Wenn HCl oder HI in Gegenwart eines Peroxids an ein Alken addiert werden, wird jede eingeleitete Reaktionskette eher abgebrochen (terminiert) als fortgesetzt (propagiert), weil die Kettenfortpflanzung sich gegen den Kettenabbruch nicht durchsetzen kann. Folglich kommt es nicht zu einer radikalischen Kettenreaktion, und man beobachtet nur die ionische Addition (H^+, gefolgt von Cl^- oder I^-).

Ü 14* Welches sind die Hauptprodukte der Reaktion von 2-Methyl-2-buten mit den folgenden Reagenzien?
(a) HBr **(b)** HCL **(c)** HBr + Peroxid **(d)** HCl + Peroxid

Der stereochemische Verlauf radikalischer Substitutionen und Additionen 12.8

MERKE!

Wenn ein Reaktant, das kein Chiralitätszentrum besitzt, eine Reaktion durchläuft, die zu einem Produkt mit einem chiral substituierten Kohlenstoffatom führt, besteht das Reaktionsprodukt aus einer racemischen Mischung.

Wir haben gesehen, dass wir ein racemisches Gemisch erhalten, wenn ein Reaktant, welches kein Chiralitätszentrum besitzt, eine Reaktion durchläuft, die zu einem Produkt mit einem chiral substituierten Kohlenstoffatom führt (Abschnitt 6.13). Die folgende radikalische Substitution führt zur Bildung racemischen Mischung (gleiche Mengen der beiden Enantiomere).

$$CH_3CH_2CH_2CH_3 + Br_2 \xrightarrow{h\nu} CH_3CH_2\underset{\displaystyle Br}{\underset{|}{C}}HCH_3 + HBr$$

ein Chiralitätszentrum

Konfiguration der Produkte

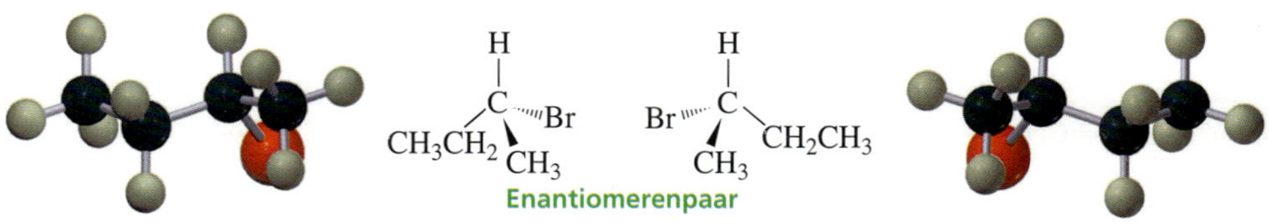

Ebenso bilden die Produkte der folgenden *radikalischen Addition* ein racemisches Gemisch:

$$CH_3CH_2\overset{\displaystyle CH_3}{\overset{|}{C}}{=}CH_2 + HBr \xrightarrow{\text{Peroxid}} CH_3CH_2\overset{\displaystyle CH_3}{\overset{|}{C}}HCH_2Br$$

2-Methyl-1-buten → 1-Brom-2-methylbutan

ein Chiralitätszentrum

Konfiguration der Produkte

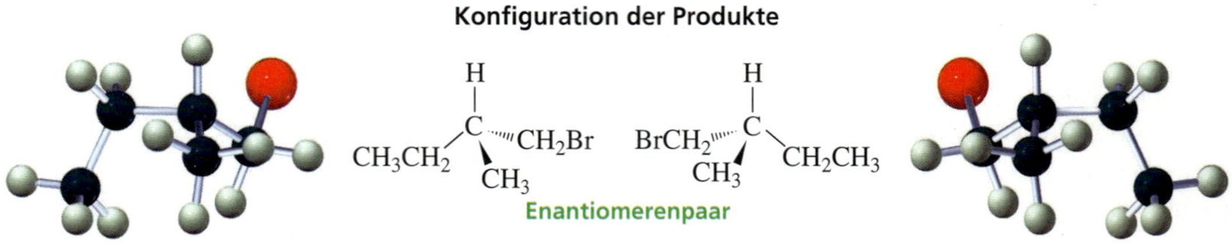

Warum radikalische Substitution und Addition racemische Mischungen bilden

Sowohl die radikalische Substitution als auch die radikalische Addition führen zur Bildung racemischer Gemische, da beide Reaktionen über radikalische Zwischenstufen verlaufen und die Zwischenstufe die Konfiguration im Produkt bestimmt. Das radikalische Intermediat bildet sich im Verlauf der Substitution, wenn das Bromradikal dem Reaktantmolekül ein Wasserstoffatom entreißt. Im Verlauf der Addition bildet sich das radikalische Intermediat, wenn das Bromradikal sich an das sp^2-Kohlenstoffatom der Doppelbindung anlagert.

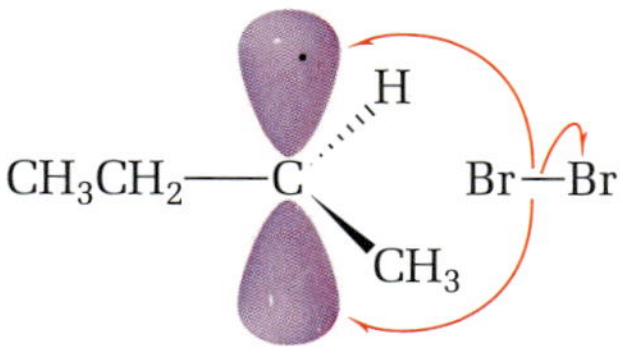

radikalische Zwischenstufe der Substitution

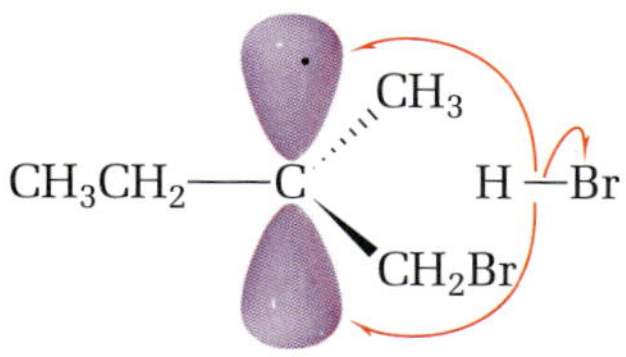

radikalische Zwischenstufe der Addition

Das das ungepaarte Elektron tragende Kohlenstoffatom ist im radikalischen Intermediat sp^2-hybridisiert. Die drei an das C-Atom gebundenen weiteren Atome liegen also in derselben Ebene (Abschnitt 1.10). Das angreifende Atom hat daher von beiden Seiten (oben und unten) her gleich guten Zugang zum Kohlenstoffatom. Folgerichtig bilden sich sowohl bei der Substitution wie der Addition gleiche Mengen des *R*- und des *S*-Enantiomers.

Man erhält ebenfalls identische Mengen an *R*- und *S*-Enantiomer, wenn ein an ein asymmetrisch substituiertes Kohlenstoffatom gebundenes H-Atom gegen ein Halogenatom ausgetauscht wird. Die Auflösung der Bindung am Chiralitätszentrum hebt die Konfiguration an diesem auf und führt zur Bildung eines planaren, radikalischen Intermediats. Das angreifende Halogenatom hat gleich guten Zugang zu beiden Seiten der Molekülebene; es bildet sich also eine racemische Mischung.

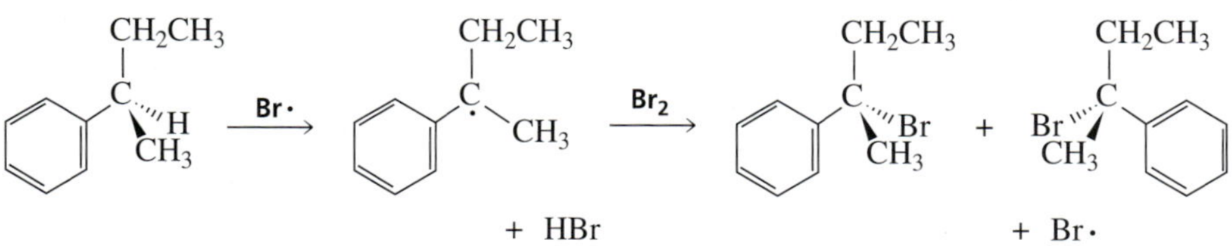

***S*-Enantiomer** ***R*-Enantiomer**

Ü 15*

(a) Welcher Kohlenwasserstoff mit der Summenformel C_4H_{10} bildet nur zwei monochlorierte Substitutionsprodukte? Beide Produkte sind achiral.

(b) Welcher Kohlenwasserstoff mit der gleichen Summenformel wie in (a) bildet nur drei monochlorierte Substitutionsprodukte. Eines ist achiral, zwei sind chiral.

Ü 16 Zeichnen Sie die Stereoisomere des Hauptprodukts der folgenden Einfachbromierung:

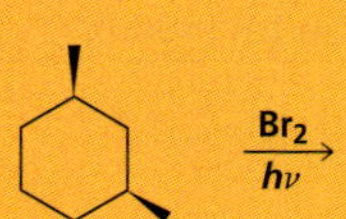

Radikalische Substitution von Benzyl- und Allylwasserstoffatomen 12.9

Die Stabilität von Allyl- und Benzylradikalen

Ein **Allylradikal** besitzt ein ungepaartes Elektron an einem allylischen Kohlenstoffatom, und wie im Fall des Allylkations lassen sich zwei mesomere Grenzstrukturen formulieren (Abschnitt 8.7.).

> **MERKE!**
>
> **Die Elektronendelokalisation erhöht die Stabilität eines Moleküls.**

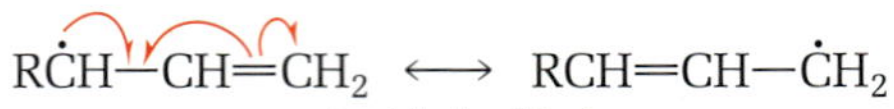

ein Allylradikal

Ein **Benzylradikal** weist ebenfalls ein ungepaartes Elektron auf, und zwar an einem benzylischen Kohlenstoffatom. Wie im Fall des Benzylkations lassen sich fünf mesomere Grenzstrukturen formulieren (Abschnitt 8.7).

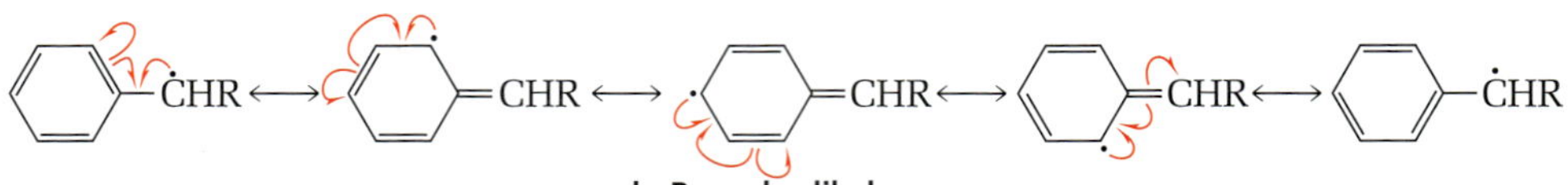

ein Benzylradikal

Da die Elektronendelokalisation ein Molekül stabilisiert (Abschnitt 8.6), sind Allyl- und Benzylradikale stabiler als andere primäre Radikale. Sie sind sogar stabiler als tertiäre Radikale.

Relative Stabilitäten von Radikalen

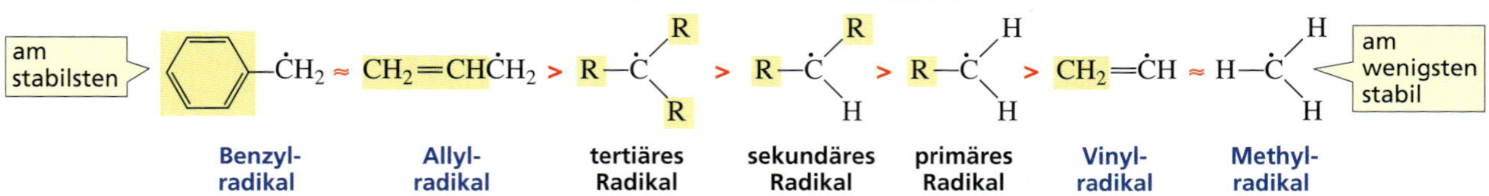

Wir wissen bereits, dass ein Radikal umso rascher gebildet wird, je stabiler es ist. Das bedeutet, dass ein Wasserstoffatom, das entweder an ein benzylisches oder ein allylisches C-Atom gebunden ist, bei einer Halogenierungsreaktion bevorzugt substituiert wird. Da die Bromierung stärker regioselektiv verläuft als die Chlorierung, ist der prozentuale Anteil der Substitution an benzylischen und allylischen Kohlenstoffatomen bei der Bromierung höher.

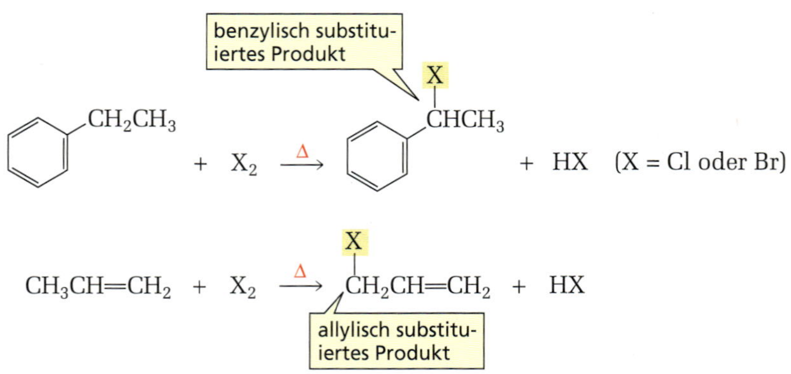

NBS wird für die Bromierung von Allylkohlenstoffatomen verwendet

N-Bromsuccinimid (NBS) wird häufig eingesetzt, allylische Kohlenstoffatome zu bromieren, weil die Verbindung es erlaubt, eine radikalische Substitution mit einer niedrigen Konzentration Br_2 und einer niedrigen Konzentration HBr durchzuführen. Bei hoher Br_2-Konzentration konkurriert die elektrophile Addition des Broms an die Doppelbindung mit der allylischen Substitution. Bei hoher HBr-Konzentration konkurriert die radikalische Addition von Br_2 oder HBr an die Doppelbindung mit der allylischen Substitution.

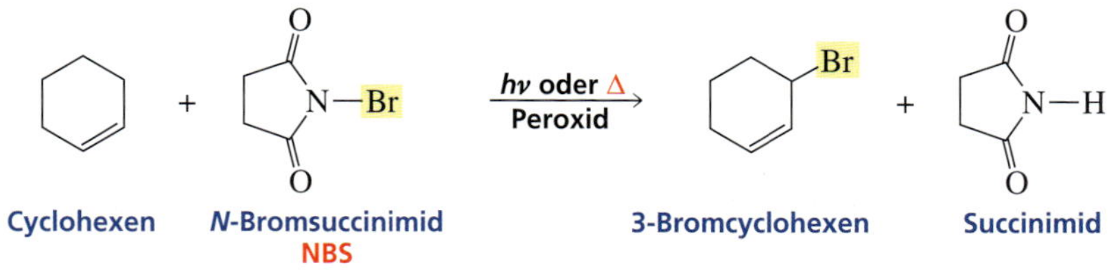

Die Bromierung beginnt mit der homolytischen Spaltung der N—Br-Bindung des NBS-Moleküls. Diese Reaktion erzeugt die Bromradikale, die benötigt werden, um die radikalische Kettenreaktion in Gang zu setzen. Licht oder Wärme sowie ein Radikalinitiator wie ein Peroxid werden eingesetzt, um homolytische Spaltung zu unterstützen.

Das Bromradikal entzieht im ersten Fortpflanzungsschritt dem Kohlenwasserstoff ein allylisches H-Atom unter Bildung von HBr und einem Allylradikal. Beachten Sie, dass das Allylradikal durch Elektronendelokalisation stabilisiert wird. Das Allylradikal reagiert im zweiten Kettenfortpflanzungsschritt mit Br_2 unter Bildung eines Allylbromids und einem die Kette fortsetzenden neuen Bromradikal.

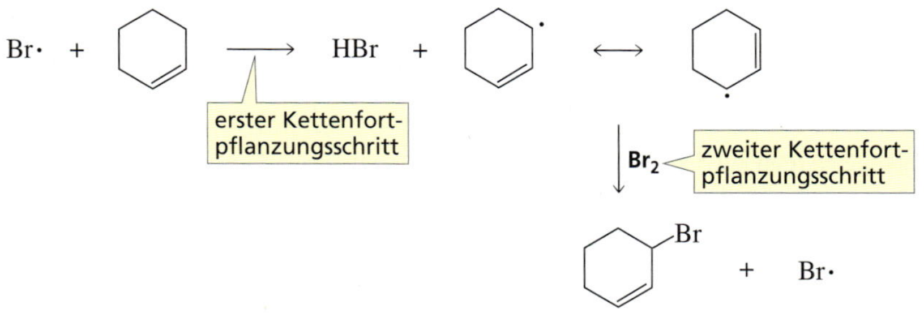

Das in den zweiten Schritt der vorausgegangenen Reaktionsfolge eingehende Br_2-Molekül wird in niedriger stationärer Konzentration durch eine schnelle ionische Reaktion von HBr mit NBS im ersten Kettenfortpflanzungsschritt erzeugt.

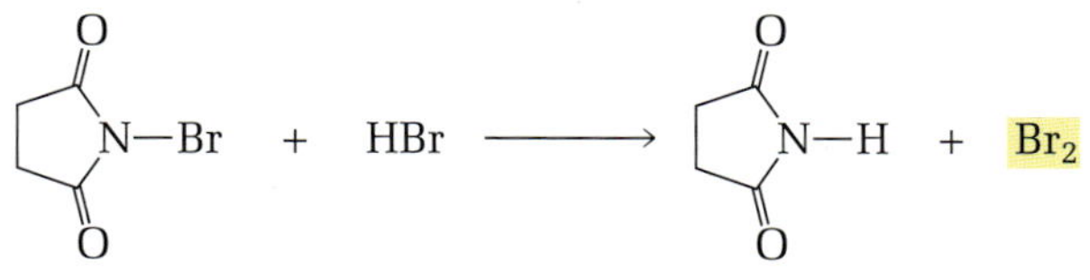

Auch wenn bei der vorherigen Reaktion zwei Grenzstrukturen auftreten, wird nur ein einziges Substitutionsprodukt gebildet (ohne Beachtung von Stereoisomeren), da die beiden Grenzstrukturen Spiegelbilder voneinander sind. Wenn die beiden Grenzstrukturen jedoch keine Spiegelbilder sind, werden zwei verschiedene Produkte (wieder ohne Beachtung von Stereoisomeren) gebildet.

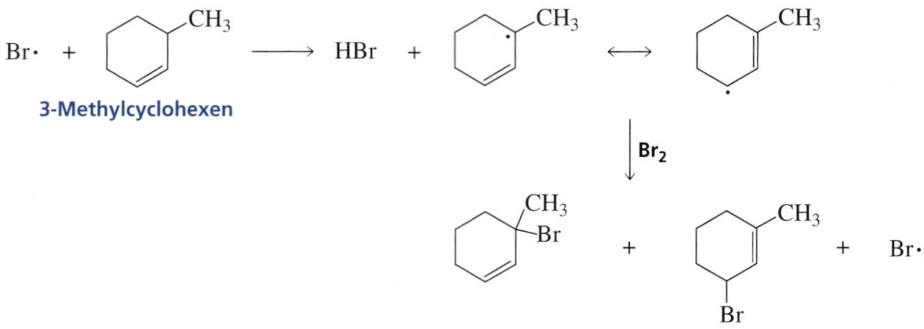

Ü 17 mit Lösung

Wie viele allylisch substituierte Bromalkene werden bei der Reaktion von 2-Penten mit NBS gebildet? Vernachlässigen Sie Stereoisomere.

Lösung

Das Bromradikal kann durch seine hohe Selektivität leichter ein sekundäres H-Atom vom C-4 des 2-Pentenmoleküls ablösen als ein primäres Allylwasserstoffatom vom C-1. Die mesomeren Grenzformeln des sich ergebenden radikalischen Intermediats sind Spiegelbilder; es wird also nur ein Bromalken gebildet.

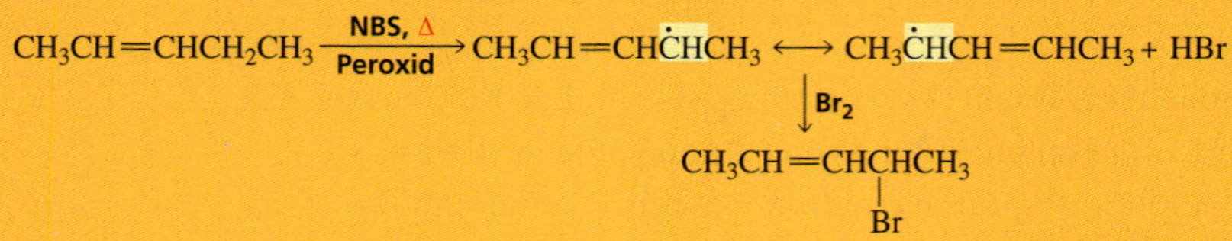

Ü 18 Es kommt zur Bildung von zwei Produkten, wenn Methylencyclohexan mit NBS reagiert. Erklären Sie, wie jedes der beiden Reaktionsprodukte zustande kommt.

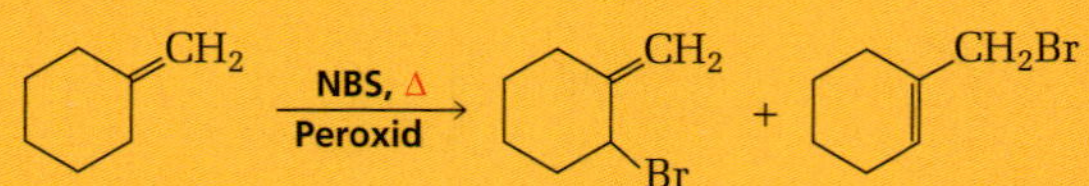

Ü 19* Wie viele allylsubstituierte Bromalkene werden bei den Reaktionen in Übung 17 und 18 gebildet, wenn auch Stereoisomere betrachtet werden?

Ü 20 Zeichnen Sie die Stereoisomere des Hauptprodukts der folgenden Einfachbromierung:

(a) Wie viele Stereoisomere werden bei der Reaktion von NBS mit Cyclohexen gebildet?

(b) Wie viele Stereoisomere werden bei der Reaktion von NBS mit 3-Methylcyclohexen gebildet?

Ü 21 Zeichnen Sie die mesomeren Grenzstrukturen der folgenden Radikale:

(a) 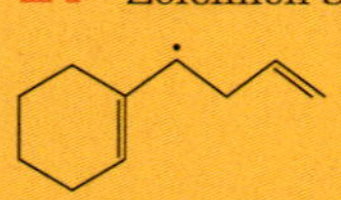 **(b)** 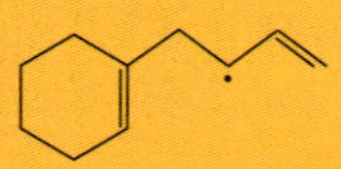 **(c)** 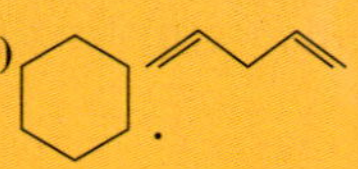 **(d)** 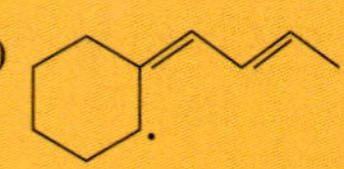

Ü 22

(a) Geben Sie das/die Hauptprodukt(e) der Reaktion von 1-Methylcyclohexen mit den nachfolgend aufgelisteten Reagenzien an. Vernachlässigen Sie hierbei Stereoisomere.

1. NBS/Δ/Peroxid **2.** Br_2/CH_2Cl_2 **3.** HBr **4.** HBr/Peroxid

(b) Geben Sie die Konfiguration(en) des/der Produkte(s) an.

Ein Bromradikal kann ein allylisches Wasserstoffatom entfernen und an eine Doppelbindung addieren

Warum abstrahiert nun das vom NBS erzeugte Bromradikal ein allylisches Wasserstoffatom, während das Bromradikal aus der Reaktion HBr + Peroxid zur Addition an die Doppelbindung führt? Das Bromradikal kann tatsächlich beides vollbringen.

Der Unterschied besteht jedoch darin, dass bei der Anwendung von NBS nur eine geringe Menge HBr zugegen ist, um die Additionsreaktion zu Ende ablaufen zu lassen, nachdem das Bromradikal sich an die Doppelbindung angelagert hat. Da die Addition des Bromradikals an eine Doppelbindung reversibel ist, werden die Reaktanten zurückgebildet und die allylische Substitution wird zur Hauptreaktion.

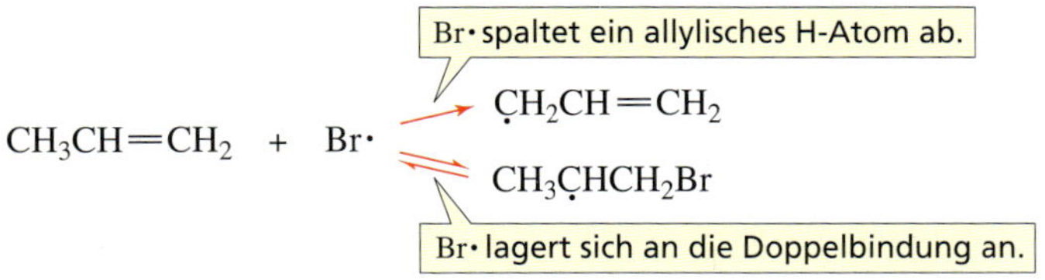

HINTERGRUND

Cyclopropan

Obwohl es ein Alkan ist, unterzieht sich das Cyclopropan elektrophilen Additionen, als ob es ein Alken wäre.

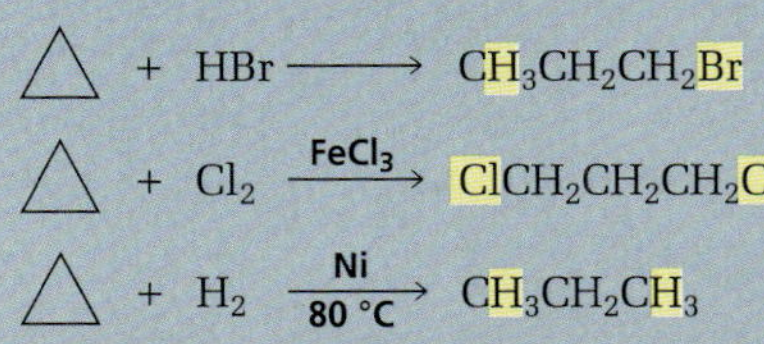

Cyclopropan verhält sich bei der Addition von Säuren wie HBr und HCl reaktiver als Propen, doch ist es weniger reaktiv bezüglich der Addition von Br_2 oder Cl_2, sodass für die Addition eines Halogenmoleküls die katalytische Wirkung einer Lewis-Säure wie $FeCl_3$ oder $FeBr_3$ notwendig ist (Abschnitt 8.17).

Es ist die Molekülspannung des kleinen Ringes, der es dem Cyclopropan ermöglicht, elektrophile Additionen einzugehen. Aufgrund der 60°-Winkel des gleichseitigen Dreiecks der Kohlenstoffatome, können die sp^3-Orbitale nicht Kopf-an-Kopf überlappen. Dadurch ist die Wirksamkeit der Orbitalüberlappung herabgesetzt. Die C—C-„Bananenbindungen" des Cyclopropanmoleküls sind daher deutlich schwächer als normale C—C-σ-Bindungen (► Abbildung 3.8). Als Folge geht der gespannte Dreiring mit elektrophilen Reagenzien Ringöffnungsreaktionen ein.

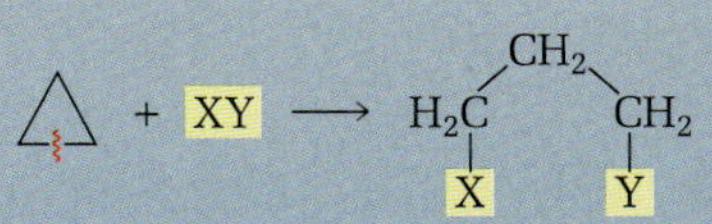

12.10 Zusätzliche Praxis in der Mehrstufensynthese

Syntheseplanung III

Da die Zahl der chemischen Reaktionen, mit denen Sie vertraut sind, nun zugenommen hat, sind Sie in der Lage, die Synthese einer großen Zahl von Verbindungen zu planen.

Beispiel 1

Wie könnten Sie, ausgehend von dem nachfolgend abgebildeten Ether, den ebenfalls abgebildeten Aldehyd darstellen?

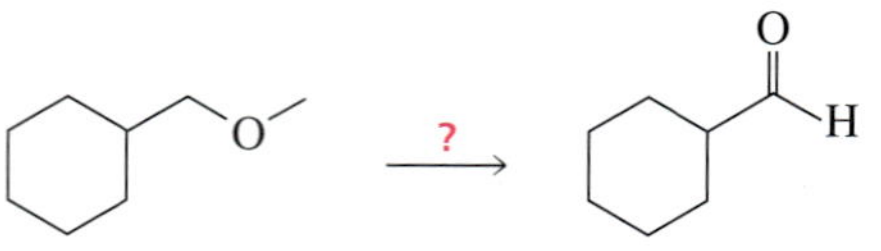

Das Erhitzen des Ethers mit einem Moläquivalent HI führt zur Bildung eines primären Alkohols, der bei der Oxidation das gewünschte Aldeyhd liefert.

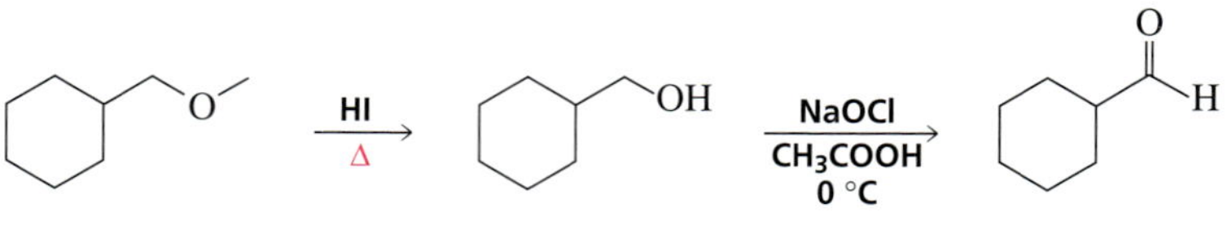

Beispiel 2

Schlagen Sie einen Weg vor, um 1,3-Cyclohexadien aus Cyclohexan darzustellen.

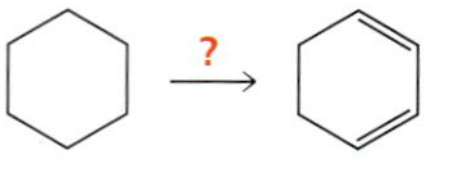

Die Entscheidung, welches die erste Umsetzung sein sollte, ist leicht, da die einzige nützliche Reaktion, die ein Alkan eingehen kann, die radikalische Substitution mit Cl_2 oder Br_2 ist. Danach folgt eine E2-Reaktion mit einer hohen Konzentration einer raumfüllenden Base, die bei recht hoher Temperatur durchgeführt wird, um die Eliminierung gegenüber der Substitution zu begünstigen. Diese Reaktion führt uns zum Cyclohexen. *tert*-Butanolationen wären eine gute Base und *tert*-Butanol ein gutes Lösungsmittel. Die radikalische Bromierung des Cyclohexens führt zu einer Bromallylverbindung, die durch eine weitere E2-Reaktion das gewünschte Zielmolekül liefert.

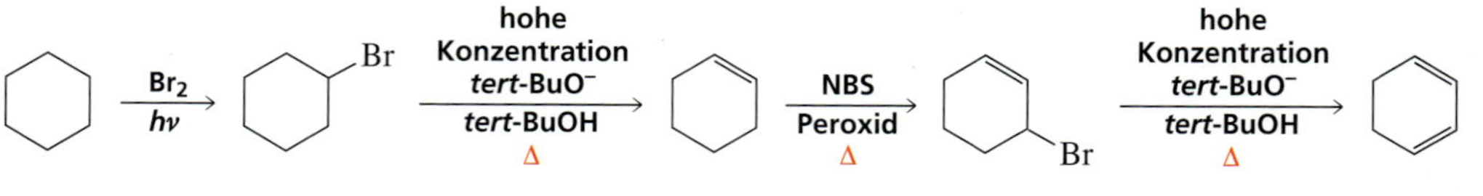

Beispiel 3

Wie könnte man, ausgehend von Methylcyclohexan, die folgende vicinale *trans*-Dihalogenverbindung darstellen?

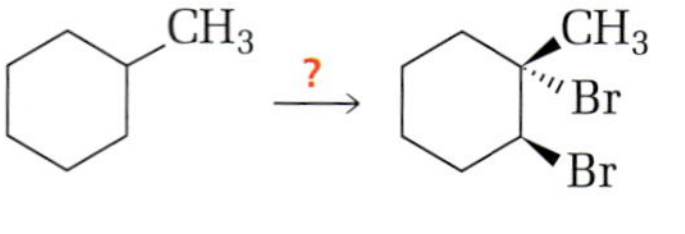

Wieder ist die Ausgangssubstanz ein Alkan. Die erste Reaktion muss eine radikalische Substitution sein. Die Bromierung führt zur selektiven Substitution des tertiären H-Atoms. Unter E2-Bedingungen zeigt ein tertiäres Halogenalkan nur Eliminierung; daher wird bei der nächsten Reaktion keine konkurrierende Substitution auftreten. Es sollte jedoch eine sterisch relativ ungehinderte Base verwendet werden, um die Abstraktion eines Protons vom sekundären C-Atom gegenüber der von der Methylgruppe zu begünstigen. Der Schlussschritt ist die Addition von Br_2. Dabei kommt es nur zur *anti*-Addition, sodass man das Zielmolekül (zusammen mit seinem Enantiomeren) erhält.

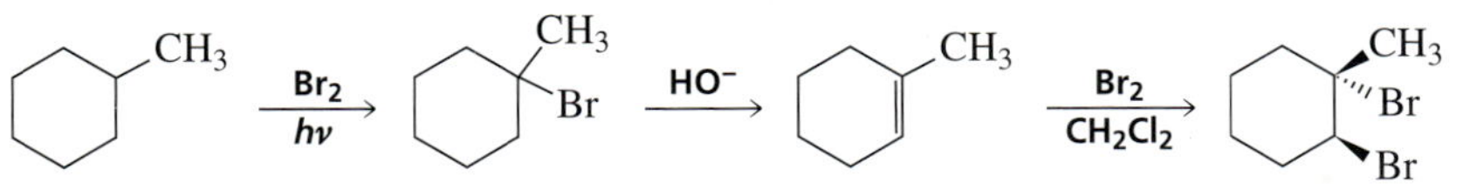

Beispiel 4

Entwerfen Sie eine Synthese für das angegebene Zielmolekül, ausgehend von der abgebildeten Ausgangsverbindung.

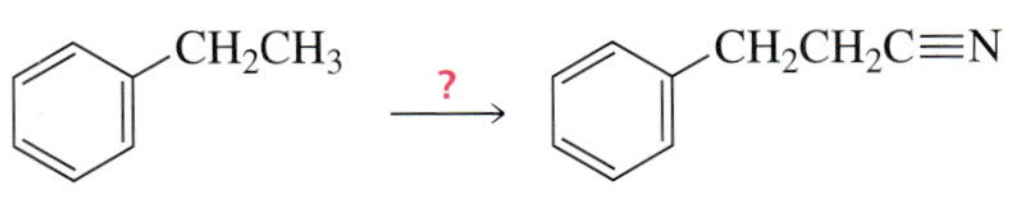

Es ist nicht augenblicklich erkennbar, wie man diese Synthese ausführen kann. Wenden wir also die Retrosynthese an, um einen gangbaren Weg zu ermitteln. Die einzige uns bisher bekannte Reaktion zur Einführung einer Nitrilgruppe (—C≡N) in ein Molekül ist die nucleophile Substitution. Das Halogenalkan für diese Substitution erhält man aus der Addition von HBr in Gegenwart eines Peroxids. Das Alken für die Reaktion erhält man durch Eliminierung eines Halogenalkans, das wiederum durch benzylische Substitution zugänglich ist.

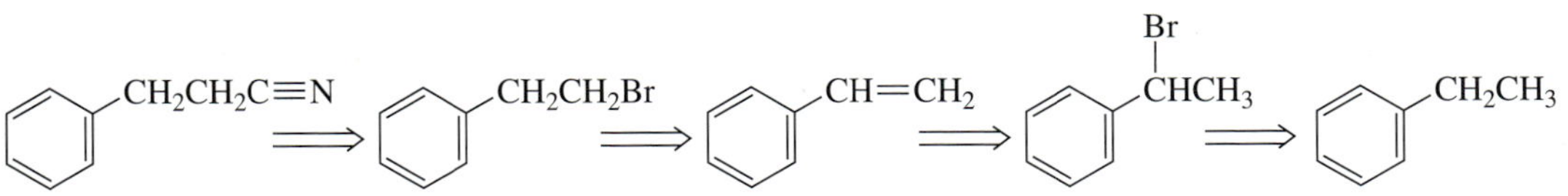

Die Reaktionsfolge kann nun in der Vorwärtsrichtung mit den Reagenzien für jeden Schritt aufgeschrieben werden. Beachten Sie, dass eine raumfüllende Base notwendig ist, um die Eliminierung gegenüber der Substitution zu begünstigen.

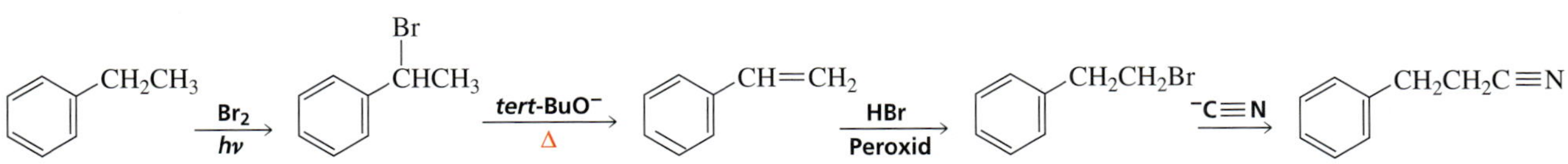

Ü 23 Entwerfen Sie eine Mehrstufensynthese für die Darstellung der folgenden Verbindungen aus den angegebenen Ausgangsstoffen:

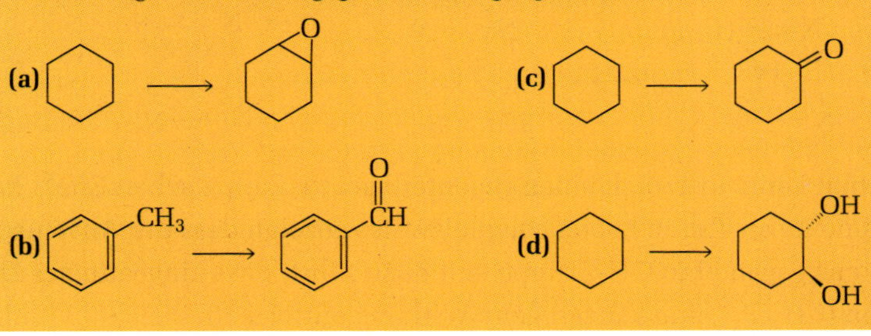

Radikalische Reaktionen in biologischen Systemen 12.11

Aufgrund der großen Energiemenge, die in Form von Licht oder Wärme zugeführt werden muss, um eine radikalische Reaktion in Gang zu bringen, und weil eine radikalische Kettenreaktion schwierig zu kontrollieren ist, wenn sie einmal in Gang gesetzt ist, gingen die Biochemiker*innen lange Zeit davon aus, dass radikalische Reaktionen in lebenden Zellen keine große Bedeutung besitzen. Man hat jedoch in der Zwischenzeit erkannt, dass es viele biochemische Reaktionen in lebenden Zellen gibt, an denen Radikale beteiligt sind. Statt durch die Einwirkung von Hitze oder Licht werden bei diesen Reaktionen die Radikale durch die Reaktion organischer Moleküle mit Metallionen erzeugt. Die biochemischen Radikalreaktionen laufen in den aktiven Zentren von Enzymmolekülen ab (Abschnitt 5.14). Der räumliche Einschluss der Reaktion an diesen speziellen Orten erlaubt einen kontrollierten Ablauf der Reaktion.

Die Umwandlung von polaren in unpolare Verbindungen

Wasserlösliche (polare) Verbindungen werden leicht aus dem Körper entfernt (ausgeschieden). Im Gegensatz dazu sind wasserunlösliche (unpolare) Verbindungen nicht leicht vom Körper auszuscheiden; sie reichern sich vielmehr in den unpolaren Bereichen von Zellen bzw. des Körpers ab. Um zu vermeiden, zu „Müllkippen" für giftige Stoffe zu werden, müssen die Zellen schädliche unpolare Verbindungen, die in den Körper gelangen oder in ihm erzeugt werden (Medikamente, Nahrungsmoleküle, Umweltschadstoffe), in polare Verbindungen umwandeln, die ausgeschieden werden können (beim Menschen über die Nieren).

Eine in der Leber ablaufende chemische Reaktion überführt giftige, unpolare Kohlenwasserstoffe in weniger giftige, polare Alkohole, indem ein H-Atom des Kohlenwasserstoffs durch ein OH ersetzt wird. Die Reaktion verläuft über Radikale und wird von eisenhaltigen Enzymen der Cytochrom P_{450}-Gruppe katalysiert.

Wenn eine $Fe^{V}{=}O$-Gruppe ein Wasserstoffatom aus einem Alkanmolekül abstrahiert, wird ein Alkylradikal als Zwischenstufe gebildet. Das $Fe^{IV}{-}OH$ dissoziiert dann homolytisch zu Fe^{III} und $\dot{O}H$, und das $\dot{O}H$ reagiert augenblicklich mit der radikalischen Zwischenstufe zu einem Alkohol.

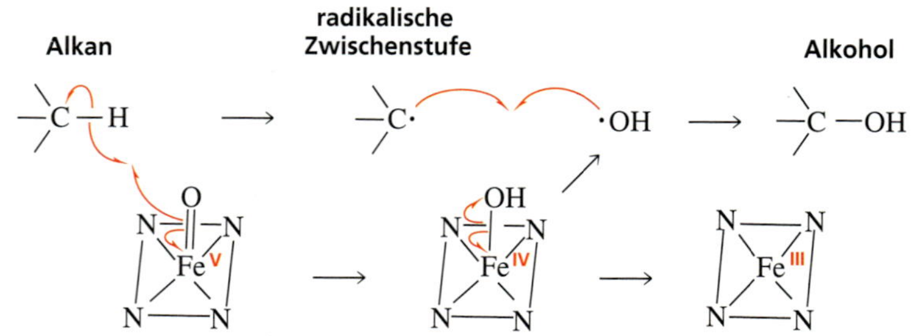

Diese Reaktion kann aber auch einen gegenteiligen toxikologischen Effekt haben. Experimente an Tieren haben beispielsweise gezeigt, dass der Austausch eines H-Atoms gegen eine OH-Gruppe erst dazu führt, dass eingeatmetes Dichlormethan (CH_2Cl_2) eine kanzerogene Wirkung entwickelt.

HINTERGRUND

■ Entkoffeinierter Kaffee und die Angst vor Krebs

Die Tierexperimente, die enthüllt haben, dass Dichlormethan eine krebsfördernde Wirkung haben kann, wenn es eingeatmet wurde, haben sofort zu weiteren Studien geführt, weil tausende Menschen bei der Arbeit täglich Dichlormethan ausgesetzt sind. Jedoch wurde kein erhöhtes Risiko bei diesen Menschen gefunden. Dies zeigt, dass Studien bei Menschen nicht immer mit Studien an Labortieren übereinstimmen müssen.

Weil Dichlormethan damals bei der Extraktion von Koffein aus Kaffeebohnen zur Herstellung von entkoffeinierten Kaffee eingesetzt wurde, untersuchte eine Studie, welche Effekte die Aufnahme von flüssigem Dichlormethan auf Labortiere zeigte. Als man jedoch Dichlormethan dem Trinkwasser von Labornagetieren zugesetzt hatte, fand man keinerlei Giftwirkung, und selbst dann nicht, wenn man Ratten eine Dichlormethanmenge verabreichte, die dem Konsum von 120.000 Tassen entkoffeinierten Kaffees pro Tag entsprach. Das gleiche Ergebnis ergab sich bei Mäusen, die eine Dichlormethanmenge schlucken mussten, die der Dichlormethanmenge entsprach, die in 4,4 Millionen Tassen Kaffee pro Tag enthalten gewesen wären. Aufgrund der anfänglich geäußerten Bedenken wurde jedoch nach alternativen Methoden der Entkoffeinierung gesucht. Die Extraktion mit überkritischem Kohlendioxid wurde als überlegen erachtet, da durch sie das Koffein entfernt wird, gleichzeitig aber andere Aromabestandteile im Kaffee verbleiben. Diese waren durch das Dichlormethan mitextrahiert worden. Dies war einer der ersten „grünen" (umweltfreundlichen) industriellen chemischen Prozesse, die entwickelt worden sind. Nach der Entfernung des Koffeins kann CO_2 recycelt werden, während Dichlormethan keine Verbindung ist, die man in größeren Mengen in die Umwelt ausschütten möchte.

Die Oxidation von Fetten und Ölen

Fette und Öle (flüssige Fette) werden durch O_2 relativ einfach in einer radikalischen Kettenreaktion zu Verbindungen mit starkem Geruch oxidiert. Diese Verbindungen sind für den unangenehmen Geruch und Geschmack verantwortlich, der von saurer Milch und ranziger Butter ausgeht. Fette und Öle besitzen Doppelbindungen (—CH=CH—CH_2—CH=CH—), die durch zwei Einfachbindungen voneinander getrennt sind (Abschnitt 16.13). Der Mechanismus ihrer Oxidation durch O_2 ist unten gezeigt. Beachten Sie die Ähnlichkeit dieses Mechanismuses zu dem in Abschnitt 12.6.

Mechanismus zur Oxidation von Fetten und Ölen durch Sauerstoff

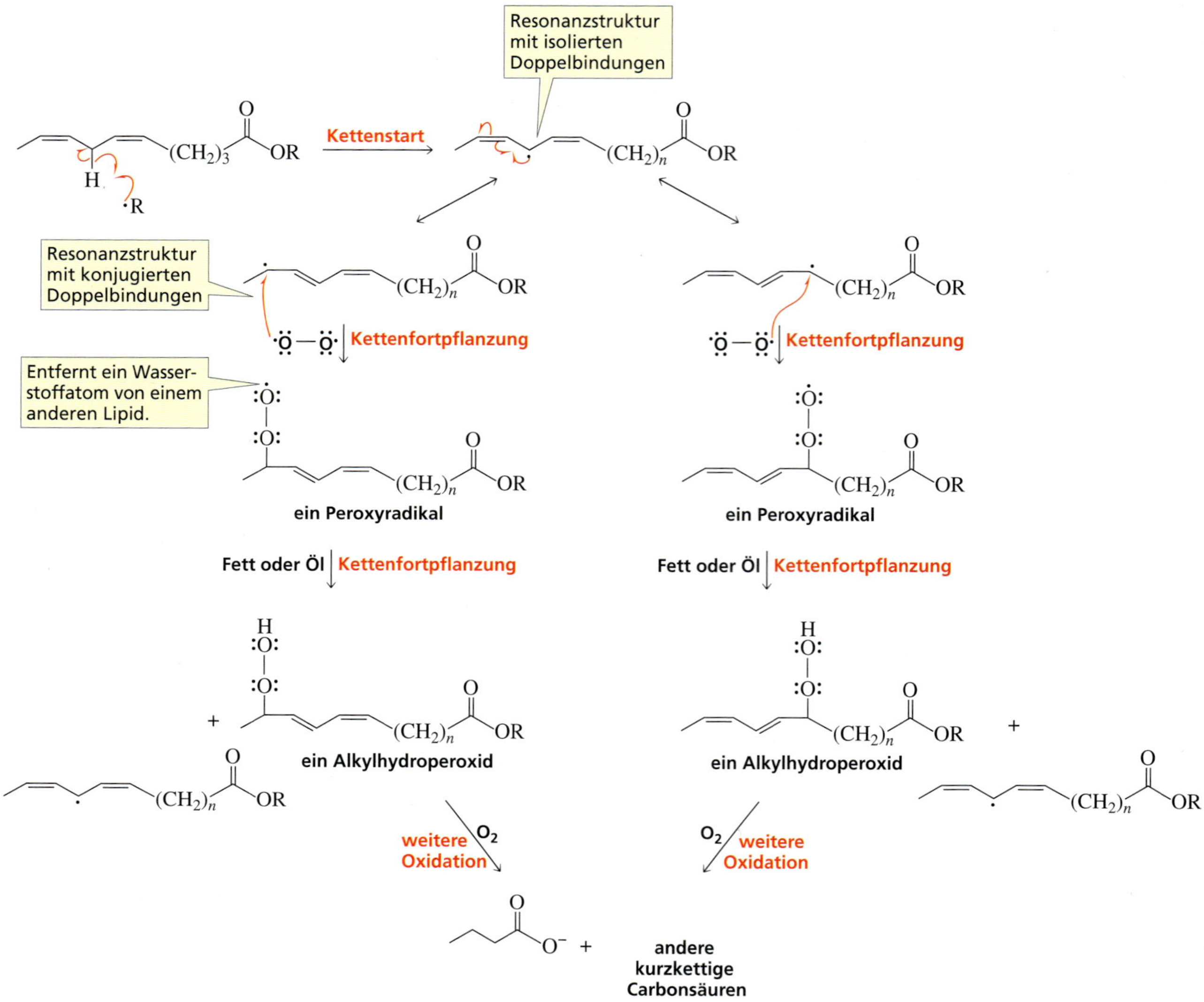

- Im ersten Schritt (Kettenstart) entfernt ein Radikal (R•) ein Wasserstoffatom von einer Methylengruppe, die von zwei Doppelbindungen flankiert wird. Dieses Wasserstoffatom wird am einfachsten entfernt, da das resultierende Radikal durch seine Verteilung auf drei Kohlenstoffatome relativ stabil ist.
- Im ersten Schritt der Kettenfortpflanzung reagiert das im Kettenstart gebildete Radikal mit O_2 und bildet ein Peroxyradikal.
- Im zweiten Schritt der Kettenfortpflanzung entfernt das Peroxyradikal ein Wasserstoffatom von einem anderen Molekül Fett oder Öl. Die beiden Kettenfortpflanzungsschritte werden dann ständig wiederholt.
- Das Alkylhydroperoxid geht weitere Oxidationen ein und bildet Buttersäure und andere kurzkettige Carbonsäuren.

Radikalinhibitoren

Die Moleküle, die Zellmembranen aufbauen (Abschnitt 25.5), gehen die gleichen radikalischen Oxidationsreaktionen einen wie Fette und Öle. Dies führt zu ihrem Abbau. Radikalische Reaktionen in Zellen sollen am Alterungsprozess beteiligt sein.

Sicherlich müssen ungewollt entstandene Radikale aus lebenden Zellen entfernt werden, bevor sie Zellmembranen oder andere zelluläre Komponente schädigen. Radikalische Reaktionen können durch **Radikalhemmer (Radikalinhibitoren)** verhindert werden; diese zerstören aktive Radikale durch Umwandlung in relativ stabile Radikale oder in Verbindungen, die nur geparkte Elektronen enthalten.Radikalhemmer sind *Antioxidantien*, d. h. sie verhindern Oxidationsreaktionen durch Radikale.

Hydrochinon ist ein Beispiel für einen solchen Radikalhemmer. Wenn ein Hydrochinonmolekül ein freies Radikal abfängt, bildet sich Semichinon, das ebenfalls ein Radikal ist, aber durch Elektronendelokalisation stabilisiert wird und deshalb weniger reaktiv als viele andere Radikale ist. Darüber hinaus kann das Semichinon ein weiteres Radikal abfangen und in das Chinon (*p*-Benzochinon) übergehen, in dem alle Elektronen gepaart sind (der Radikalzustand also nicht mehr besteht). Hydrochinone finden sich in den Zellen aller aeroben Organismen.

Da Radikale am Alterungsprozess teilnehmen, enthalten viele Produkte Antioxidantien.

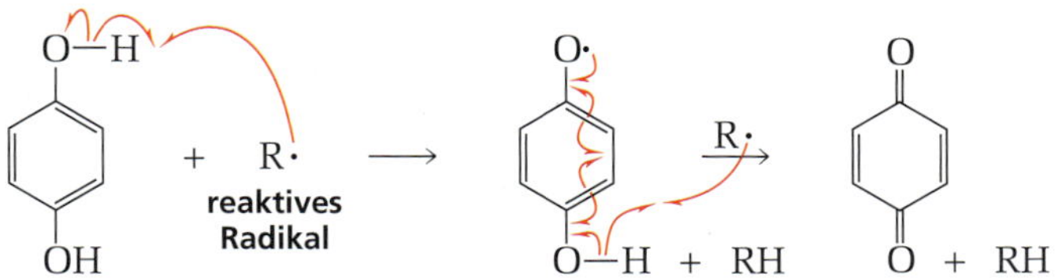

Hydrochinon — Semichinon — Chinon

Zwei weitere Beispiele für Radikalinhibitoren in biochemischen Systemen sind die Vitamine C und E. Wie das Hydrochinon bilden auch sie relativ unreaktive Radikale. Das Vitamin C (Ascorbinsäure) ist eine wasserlösliche Verbindung, die Radikale abfängt, die sich innerhalb der Zellen oder im Blutplasma – beides wässrige Umgebungen – gebildet haben.

Nüsse sind eine natürliche Quelle von Vitamin E.

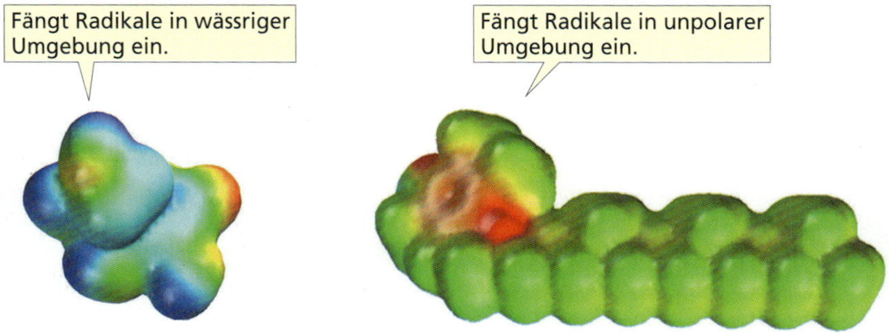

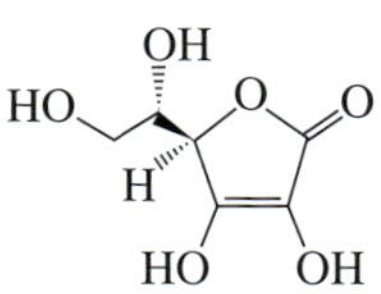

Vitamin C
Ascorbinsäure

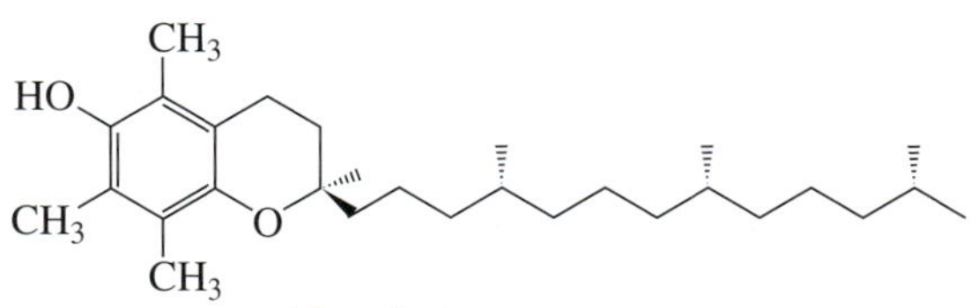

Vitamin E
α-Tocopherol

Das Vitamin E (α-Tocopherol) ist wasserunlöslich (also fettlöslich) und dient dem Abfangen von Radikalen in den unpolaren Innenbereichen der Zellmembranen. Vitamin E ist das primäre Antioxidants im Fettgewebe und ist daher wichtig bei der Prophylaxe von Atherosklerose. Warum das eine Vitamin in wässrigen Umgebungen und das andere in nichtwässrigen aktiv ist, ergibt sich zwanglos aus ihren Molekülstrukturen und den elektrostatischen Potenzialkarten, die erkennen lassen, dass das Vitamin C eine relativ polare Verbindung ist, während das Vitamin E unpolar ist.

Ü 24* Wie viel Atome teilen sich das ungepaarte Elektron im Semichinon?

Ü 25 Erklären Sie anhand der Grenzstrukturen von Catechin, warum dieses ein Antioxidants ist.

HINTERGRUND

Nahrungsmittelkonservierungsstoffe

Radikalhemmer, die in Nahrungsmitteln vorkommen oder diesen zugesetzt werden, werden *Konservierungsstoffe* oder Antioxidantien genannt. Sie konservieren die Nahrungsmittel, indem sie unerwünschte Radikalreaktionen verhindern. Vitamin E ist ein natürlich vorkommendes Konservierungsmittel, das sich Gemüseöl, Sonnenblumenkernen und Spinat findet. BHA und BHT (siehe unten) sind synthetische Konservierungsmittel, die vielen abgepackten Nahrungsmitteln zugefügt werden. Beachten Sie, dass Vitamin E, wie Hydrochinon und alle anderen synthetischen Konservierungsstoffe, ein Phenol ist.

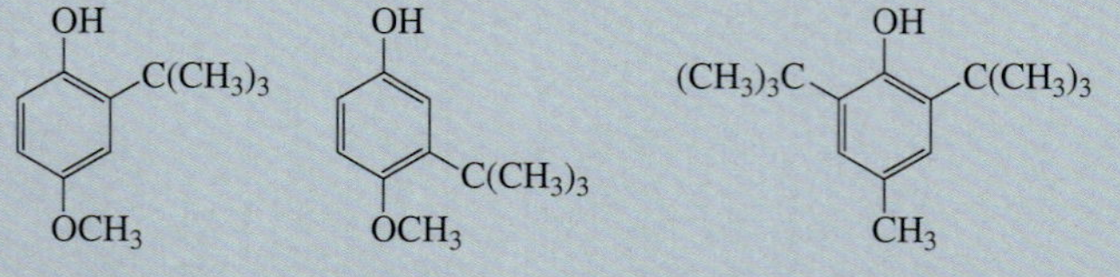

butyliertes Hydroxyanisol
BHA

butyliertes Hydroxytoluol
BHT

Konservierungsstoffe

Ist Schokolade gesund?

Es wird oft behauptet, dass unsere Ernährung viele Früchte und Gemüse enthalten sollte, da diese viele Antioxidantien enthalten. Antioxidantien schützen gegen kardiovaskuläre Erkrankungen, Krebs und grauen Star; und werden generell als Mittel für die Verlangsamung des Alterns angesehen. Schokolade enthält über 100 organische Verbindungen und hohe Anteile von Antioxidantien, die Catechine genannt werden. (Catechine sind ebenfalls Phenole.)

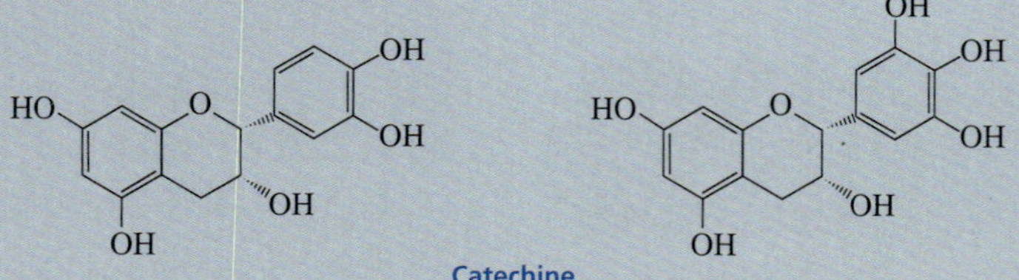

Catechine

Auf das Gewicht bezogen ist die Konzentration von Antioxidantien in Schokolade höher als in Rotwein oder grünem Tee und 20-mal höher als im Tomaten. Eine andere gute Nachricht für Schokoladenliebhaber ist, dass Sterainsäure – die Fettsäure, die am häufigsten Schokolade vorkommt – die Cholesterolspiegel (anders als andere gesättigte Fettsäuren) nicht erhöht. Dunkle Schokolade enthält mehr als doppelt so viele Antioxidantien wie Milchschokolade. Unglücklicherweise enthält weiße Schokolade gar keine Antioxidantien.

Radikale und das stratosphärische Ozon 12.12

Ozon (O_3), eine allotrope Form des molekularen Sauerstoffs, ist ein Hauptbestandteil des Smogs über Ballungsräumen, es führt zu einer Entzündung der Atemwege, verschlechtert die Lungenfunktion und erhöht das Risiko, an einer Herz- oder Lungenerkrankung zu versterben. Am Erdboden stellt es eine Gefahr für die Gesundheit der Lebewesen dar. In der Stratosphäre, einer Schicht der hohen Atmosphäre in Höhen von über 20 km, dagegen schirmt eine Schicht aus Ozon die darunter liegenden Bereiche gegen schädliche, von der Sonne kommende Ultraviolettstrahlung ab. Die Ozonschicht ist am Äquator am dünnsten und an den Polen am dichtesten. Die höchsten Konzentrationen finden sich in Höhen von 19 bis 24 km über Normalnull.

Polare Stratosphärenwolken erhöhen die Rate des Ozonabbaus. Diese Wolken bilden sich im Verlauf der kalten Wintermonate über der Antarktis. Die Ausdünnung des Ozons über der Arktis ist weniger ausgeprägt, da die Temperaturen im Bereich des Nordpols in der Regel nicht weit genug abfallen, um die Ausbildung stratosphärischer Wolken zu ermöglichen.

In der Stratosphäre wirkt das Ozon als Filter für biologische Strukturen schädigende Ultraviolettstrahlung, die ohne diese Filterschicht den Erdboden erreichen könnte. Neben anderen Wirkungen kann diese hochenergetische, kurzwellige UV-Strahlung das Erbmaterial DNA in Zellen der Haut beschädigen. Diese photochemischen Schäden an der DNA können Mutationen hinterlassen, die dann unter Umständen die Entstehung von Krebs hervorrufen oder begünstigen (Abschnitt 28.6). Wir verdanken dieser Ozonschicht unsere Existenz als Landlebewesen. Viele Formen der heutigen landbewohnenden Organismen hätten sich ohne den schützenden Einfluss des stratosphärischen Ozons vermutlich nicht entwickeln können. Die meisten Lebensformen hätten dann in den Ozeanen verbleiben müssen, wo das Wasser wirkungsvoll schädliche Ultraviolettstrahlung absorbiert.

Die Ozonschicht ist am Äquator am dünnsten und am dichtesten an den Polen. Seit Mitte der 1980er Jahre haben Wissenschaftler*innen einen scharfen Abfall der stratosphärischen Ozonkonzentration über der Antarktis verzeichnet. Dieser Bereich der Ozonausdünnung, der verbreitet als „Ozonloch“ bezeichnet wird, ist in der Geschichte der menschlichen Ozonmessungen ohne Beispiel. Kurz darauf fand man auch eine entsprechende Abnahme der Ozonmenge über der nordpolaren Arktis. 1988 wurde dann erstmals auch eine Ausdünnung der Ozonschicht über dem Bereich der Vereinigten Staaten von Amerika nachgewiesen. Drei Jahre später konzidierten die beteiligten Wissenschaftler*innen, dass die Rate der Ozonkonzentrationsabnahme zwei- bis dreimal höher war als man angenommen hatte. Zuwächse in der Zahl der Katarakte (grauer Star; Trübung der Augenlinsen), der Fälle von Hautkrebs und vermindertem Pflanzenwuchs sollen auf durch die Ozonabnahme bedingte erhöhte Ultraviolettstrahlung zurückzuführen sein.

Starke Indizienbeweise legen den Schluss nahe, dass Fluorchlorkohlenwasserstoffe (FCKWs) – das sind Halogenalkane wie $CFCl_3$ und CF_2Cl_2 – eine Hauptursache der Ozonabnahme darstellen. Diese Gase, die gemeinschaftlich unter dem Handelsnamen „Freone“ firmieren, sind lange als Kühlflüssigkeiten in den (geschlossenen) Kühlkreisläufen von Kühl- und Gefrierschränken sowie Klimaanlagen eingesetzt worden. Außerdem wurden sie ebensolange als nichtbrennbare, nichtgiftige, geruchlose Treibmittel in Spraydosen verwendet. Da sie chemisch weitgehend inert sind, reagieren sie auch nicht mit den anderen Inhaltsstoffen. Aus diesen Einsatzgebieten sind diese Stoffe jedoch heute verbannt. Die weltweite Übereinkunft FCKWs und andere ozonschädigende

Stoffe zu verbieten, scheint Wirkung zu zeigen. Das Ozonloch stabilisiert sich und wird seine ursprüngliche Dichte voraussichtlich im Jahre 2070 erreichen.

Ozon wird durch die Interaktion von molekularer um Sauerstoff und UV-Strahlung mit sehr kurzer Wellenlänge erzeugt.

CHEMIE IM ALLTAG

Fluorchlorkohlenwasserstoffe (FCKWs) und das Ozonloch:

http://www.chemie-im-alltag.de/articles/0023

$$O_2 \xrightarrow{h\nu} O + O$$

$$O + O_2 \longrightarrow O_3$$

Ozon

Fluorchlorkohlenwasserstoffe bleiben nach der Verflüchtigung lange Zeit chemisch unverändert in der Atmosphäre, bis sie in die Stratosphäre aufgestiegen sind. Dort erleiden sie unter dem Einfluss der ultravioletten Strahlung eine homolytische Bindungsspaltung der C—Cl-Bindung. Hierbei werden, wie wir wissen, Radikale erzeugt.

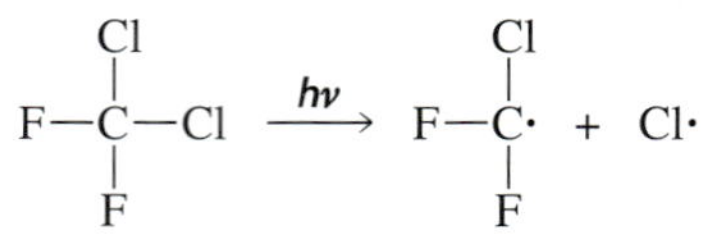

Diese Chlorradikale sind die eigentlichen ozonzersetzenden Agenzien. Sie reagieren mit den Ozonmolekülen unter Bildung von Chlormonoxidradikalen und gewöhnlichem diatomaren Sauerstoff (O_2). Das Chlormonoxidradikal reagiert dann mit einem weiteren Ozonmolekül unter Bildung von Chlordioxid (ClO_2), das unter Rückbildung eines Chlorradikals (freies Chloratom) dissoziiert. Diese drei Schritte, von denen zwei jeweils zur Zerstörung eines Ozonmoleküls führen, sind Kettenfortpflanzungsschritte und wiederholen sich wieder und wieder. Man hat berechnet, dass ein einzelnes Chloratom auf diese Weise bis zu 100.000 Ozonmoleküle zersetzen kann.

$$Cl\cdot + O_3 \longrightarrow ClO\cdot + O_2$$

$$ClO\cdot + O_3 \longrightarrow ClO_2 + O_2$$

$$ClO_2 \longrightarrow Cl\cdot + O_2$$

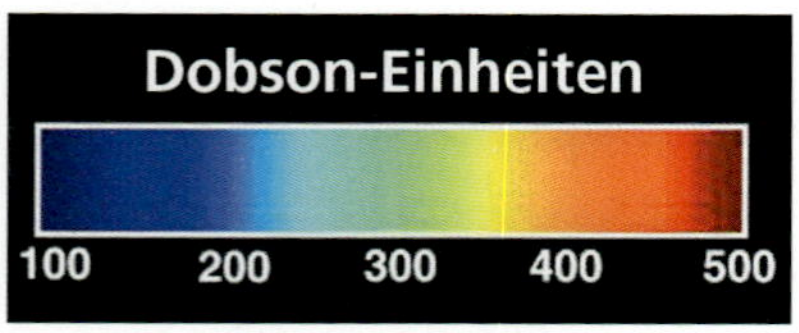

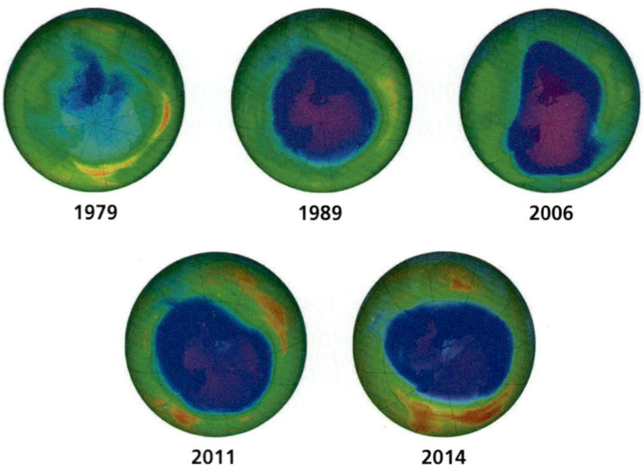

Anwachsen des antarktischen Ozonlochs, das zum größten Teil über dem antarktischen Kontinent lokalisiert ist, seit dem Jahr 1979. Die Bilder wurden anhand von Daten erstellt, die von den „Gesamtozonkartierenden Spektrometern" (*total ozone mapping spectrometers*, TOMS) gemessen wurden. Die Farbwerte geben die Gesamtozonkonzentration in Dobson-Einheiten* an; die niedrigsten Ozonwerte werden vom dunkelblauen Farbwert symbolisiert. (Das Ozon über einer gegebenen Grundfläche wird auf Normalbedingungen (0 °C, 1 atm) heruntergerechnet (normalisiert) und die Dicke der Schicht gemessen. 1 Dobson-Einheit = 0,01 mm Schichtdicke.)

HINTERGRUND

■ Künstliches Blut

Es sind klinische Versuche im Gange, um die Tauglichkeit von Perfluorkohlenstoffen – Alkanen, bei denen alle H-Atome durch F-Atome ersetzt worden sind – um Blutvolumen zu ersetzen und die Fähigkeit des Hämoglobins Sauerstoff zu Zellen und Kohlenstoffdioxid zu den Lungen zu transportieren nachzuahmen. Diese Verbindungen sind jedoch kein echter Blutersatz, da Blut viele Funktionen erfüllt, die dieses künstliche Blut nicht leisten kann. Zum Beispiel kämpfen weiße Blutzellen gegen Infektionen und Blutplättchen helfen bei der Blutgerinnung. Solches „künstliches Blut" hat gegenüber Transfusionsblut in manchen Fällen einige Vorteile: Es kann keimfrei verabreicht werden, sodass keine Infektionskrankheiten mit ihm übertragen werden. Außerdem ist es mit allen Blutgruppen verträglich, kann also jeder Patientin und jedem Patienten verabreicht werden. Seine Verfügbarkeit ist praktisch unbegrenzt und nicht von Blutspendern abhängig. Es lässt sich länger als (gespendetes) Vollbut einlagern, das nur für ca. 40 Tage haltbar ist.

Im MyLab | Organische Chemie finden Sie:

- den praktischen **eText** zum Kapitel mit Notizfunktion
- eine Auswahl verschiedener **3D-Moleküle**
- **Lösungen** zu ausgewählten, mit * versehenen Übungen
- digitale **Lernkarten** und ein umfangreiches **Glossar** zum Nachschlagen und Wiederholen von Definitionen
- digitale Übungsaufgaben in Form von **Kapiteltests** zur eigenen Lernkontrolle

Zusammenfassung

Abschnitt 12.1

- **Alkane** sind **gesättigte Kohlenwasserstoffe**. Sie enthalten keine Kohlenstoff-Kohlenstoff-Doppel- oder Dreifachbindungen. Daher sind sie mit Wasserstoff gesättigt.
- Alkane sind unreaktive Verbindungen, weil sie nur starke σ-Bindungen und keine Atome mit Teilladungen enthalten.

Abschnitt 12.2

- Bei der **heterolytischen Bindungsspaltung** erhält ein Atom nach der Spaltung der Bindung beide Elektronen; bei einer **homolytischen Bindungsspaltung** werden die Elektronen auf beide Atome aufgeteilt.
- Alkane gehen bei hohen Temperaturen oder in Gegenwart von Licht **radikalische Substitutionen** mit Chlor und Brom unter Bildung von Halogenalkanen (Chloralkanen bzw. Bromalkanen) ein. Die Substitutionsreaktion ist eine **Radikalkettenreaktion** mit **Initiations-**, **Propagations-** und **Terminationsschritten**.
- Der geschwindigkeitsbestimmende Schritt einer radikalischen Substitutionsreaktion ist die Entfernung eines Wasserstoffatoms, um ein Alkylradikal zu bilden.

Abschnitt 12.3

- Die relative Stabilität von Radikalen (und damit die relative Geschwindigkeit ihrer Bildung) ist: 3°>2°>1°>Methyl.

Abschnitt 12.4

- Berechnungen der anteiligen Produktmengen bei der radikalischen Halogenierung eines Alkans müssen sowohl die Wahrscheinlichkeit als auch die relativen Geschwindigkeiten, mit denen bestimmte Radikale gebildet werden, einbeziehen.

Abschnitt 12.5

- Das **Reaktivitäts-Selektivitäts-Prinzip** besagt, dass ein chemisches Teilchen umso selektiver ist, je weniger reaktiv es ist.
- Ein Bromradikal ist weniger reaktiv als ein Chlorradikal, also ist ein Bromradikal auch selektiver bezüglich des Wasserstoffatoms, das es dem Alkan entreißt.

Abschnitt 12.6

- Ether bilden bei Reaktion an Luft explosive Peroxide.
- Ein Peroxid ist ein **Radikalinitiator**, da es Radikale erzeugt.

Abschnitt 12.7

- **Radikalische Additionen** sind ebenfalls Kettenreaktionen mit **Initiations-**, **Propagations-** und **Terminationsschritten**.
- Ein Peroxid kehrt die Reihenfolge der Addition von H und Br um, da es dazu führt, dass Br• anstelle von H^+ das Elektrophil der Reaktion ist. Der **Peroxideffekt** wird nur bei der Addition von HBr beobachtet.

Abschnitt 12.8

- Falls ein Reaktant, der kein Chiralitätszentrum besitzt, sich einer radikalischen Substitution oder Addition unterzieht, die zu einem Reaktionsprodukt mit einem Chiralitätszentrum führt, erhält man ein racemisches Gemisch.
- Ein racemisches Gemisch bildet sich ebenfalls, wenn ein an ein chiral substituiertes Kohlenstoffatom gebundenes Wasserstoffatom gegen ein Halogenatom ausgetauscht wird.

Abschnitt 12.9

- Allyl- und Benzylradikale sind stabiler als tertiäre Radikale.
- *N*-Bromsuccinimid (NBS) wird bei der Bromierung von allylischen Kohlenstoffatomen verwendet.

Abschnitt 12.11

- Einige biochemische Reaktionen zeigen die Beteiligung von Radikalen, die durch die chemische Wechselwirkung von organischen Molekülen mit bestimmten Metallionen erzeugt werden. Die Reaktionen spielen sich in den reaktiven Zentren von Enzymen ab.

- Fette, Öle und Membranen werden durch O_2 in einer radikalischen Kettenreaktion oxidiert.
- Ein Radikalinhibitor (ein Antioxidants) zerstört Radikale indem diese in relativ stabile Radikale oder Verbindungen, die nur gepaarte Elektronen besitzen, überführt.

Abschnitt 12.12

- Die Interaktion von FCKWs mit UV-Licht bildet Chlorradikale, die die Ozonschicht zerstören.

Zusammenfassung der Reaktionen

1 *Alkane* gehen mit Cl_2 oder Br_2 in Gegenwart von Licht oder Hitze radikalische Substitutionen ein (Abschnitte 12.2–12.5).

$$\underset{\textbf{Überschuss}}{CH_3CH_3} + Cl_2 \xrightarrow{\Delta \text{ oder } h\nu} CH_3CH_2Cl + HCl$$

$$\underset{\textbf{Überschuss}}{CH_3CH_3} + Br_2 \xrightarrow{\Delta \text{ oder } h\nu} CH_3CH_2Br + HBr$$

Eine Bromierung ist selektiver als eine Chlorierung.

2 Ein Radikalbildner entfernt ein Wasserstoffatom von einem α-Kohlenstoffatom eines Ethers und bildet ein Peroxid (Abschnitt 12.6).

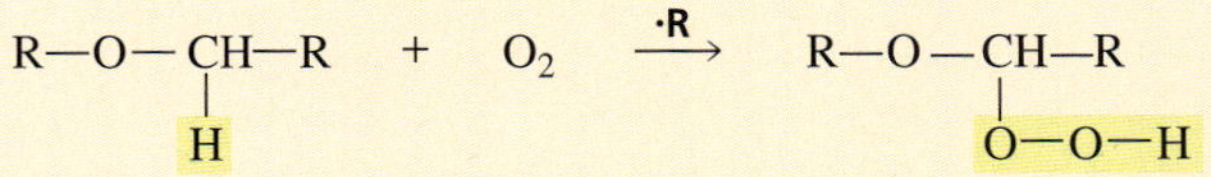

3 *Alkene* gehen radikalische Additionen von Bromwasserstoff in Gegenwart eines Peroxids ein (Br• ist das Elektrophil, Abschnitt 12.7).

$$RCH{=}CH_2 + HBr \xrightarrow{\text{Peroxid}} RCH_2CH_2Br$$

4 *Alkylsubstituierte Benzole* erleiden in der Benzylposition radikalische Substitutionen (Abschnitt 11.9).

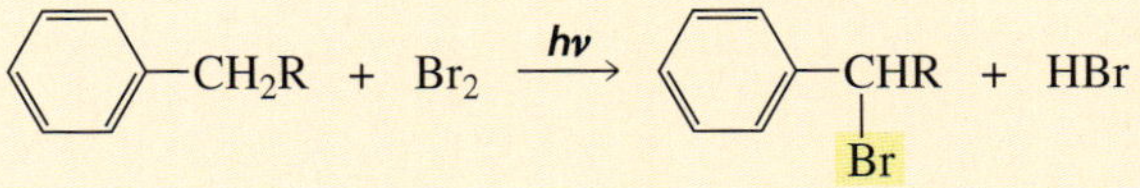

5 *Alkene* gehen radikalische Substitutionen an Allylkohlenstoffatomen ein. NBS wird für die Bromierung an allylischen Kohlenstoffatomen eingesetzt (Br• ist das Elektrophil, Abschnitt 12.9).

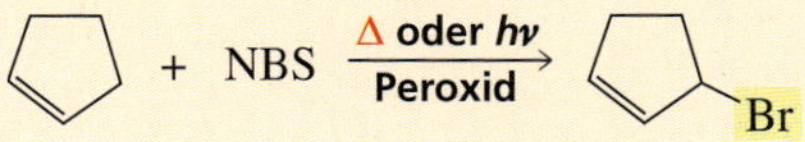

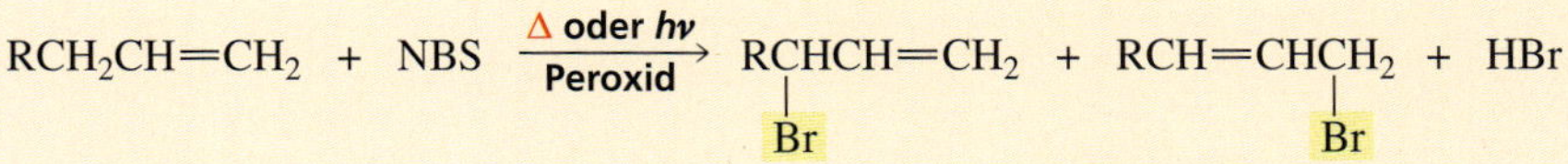

Tutorial
Gekrümmte Pfeile in radikalischen Systemen zeichnen

Wir haben gesehen, dass Chemiker*innen gekrümmte Pfeile benutzen

- um zu zeigen, wie sich Elektronen bei der Umwandlung eines Moleküls bewegen.
- um zu zeigen, wie sich verschiedene mesomere Grenzstrukturen ineinander umwandeln können.

Die beiden vorherigen Tutorials zum Zeichnen gekrümmter Pfeile zeigten die gleichzeitige Bewegung von zwei Elektronen. Dies wird durch einen Pfeil mit zwei Haken an der Spitze angezeigt. In radikalischen Systemen wird in der Regel jedoch nur ein Elektron bewegt. Dies wird durch eine Pfeilspitze mit einem Haken angezeigt.

Gekrümmte Pfeile in radikalischen Reaktionen zeichnen

Wenn eine Bindung in einer Art und Weise bricht, die den beteiligten Atomen erlaubt, jeweils eines der Bindungselektronen zu behalten, wird die Bewegung der Elektronen durch einen Pfeil mit nur einem Haken repräsentiert.

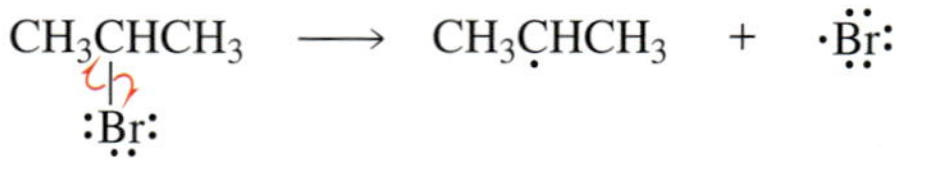

Manchmal werden freie Elektronenpaare nicht gezeigt.

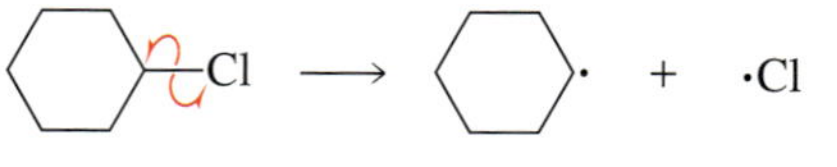

Wenn eine Bindung durch zwei Elektronen, die von verschiedenen Atomen stammen, gebildet wird, wird dafür jeweils ein Pfeil mit nur einem Haken verwendet.

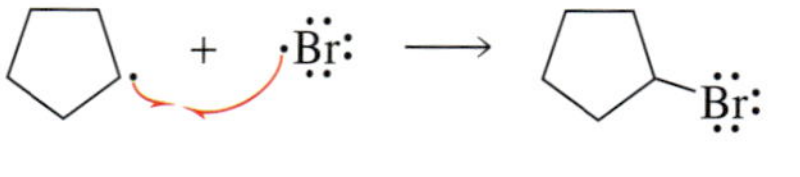

Manchmal werden freie Elektronenpaare auch hier nicht gezeigt.

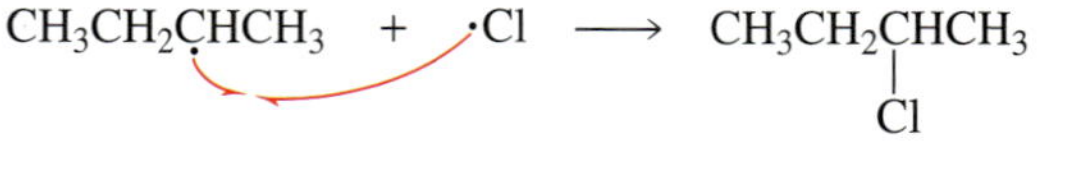

Ü 1 Zeichnen Sie gekrümmte Pfeile, um die Bewegung der Elektronen beim Bruch der Bindung anzuzeigen.

(a) $CH_3CH_2{-}\ddot{\underset{..}{Cl}}{:} \longrightarrow CH_3\dot{C}H_2 + \cdot\ddot{\underset{..}{Cl}}{:}$

(b) 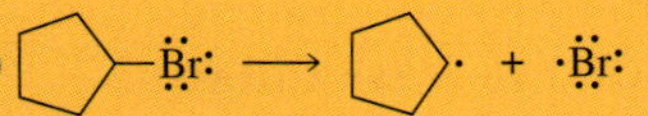

(c) $CH_3\ddot{\underset{..}{O}}{-}\ddot{\underset{..}{O}}CH_3 \longrightarrow CH_3\ddot{\underset{..}{O}}\cdot + \cdot\ddot{\underset{..}{O}}CH_3$

Ü 2 Zeichnen Sie gekrümmte Pfeile, um die Bewegung der Elektronen bei der Bildung der Bindung anzuzeigen.

(a) 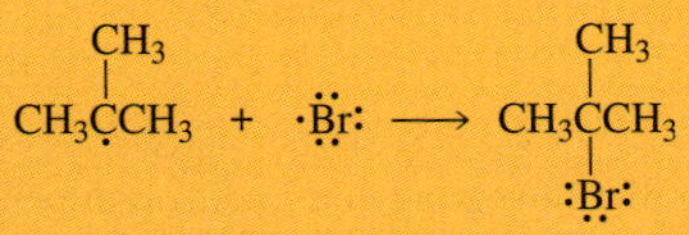

(b) $\cdot Br + \cdot Br \longrightarrow Br_2$

(c) 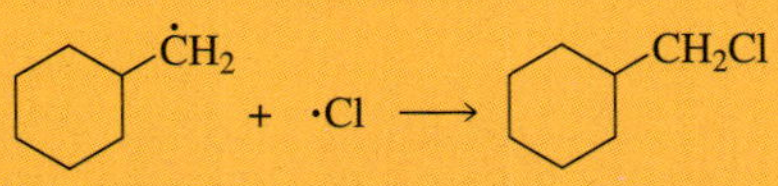

(d) $CH_3\dot{C}H_2 + CH_3\dot{C}H_2 \longrightarrow CH_3CH_2CH_2CH_3$

Oft finden ein Bindungsbruch und eine Bindungsbildung im gleichem Schritt statt.

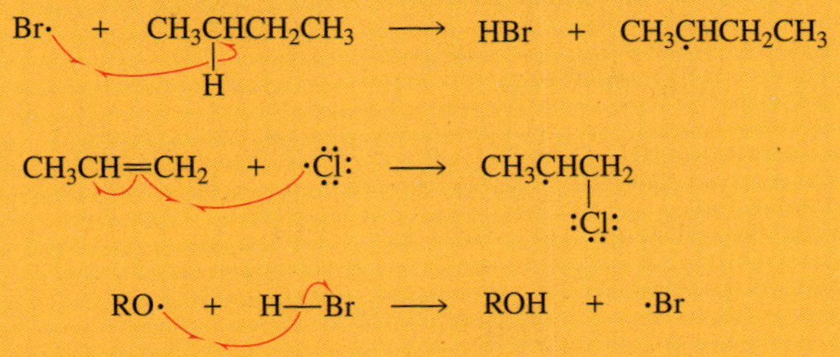

Ü 3 Zeichnen Sie gekrümmte Pfeile, um die Bewegung der Elektronen beim Bruch einer (oder mehrerer) Bindungen und der Entstehung neuer Bindungen anzuzeigen.

(a) 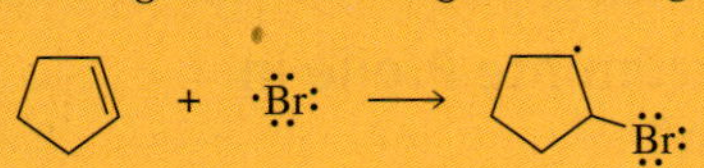

(b) $CH_3\underset{\cdot}{C}HCH_2CH_3 + H{-}Cl \longrightarrow CH_3CH_2CH_2CH_3 + \cdot Cl$

(c) $CH_3\dot{C}H_2 + Br{-}Br \longrightarrow CH_3CH_2Br + \cdot Br$

(d) 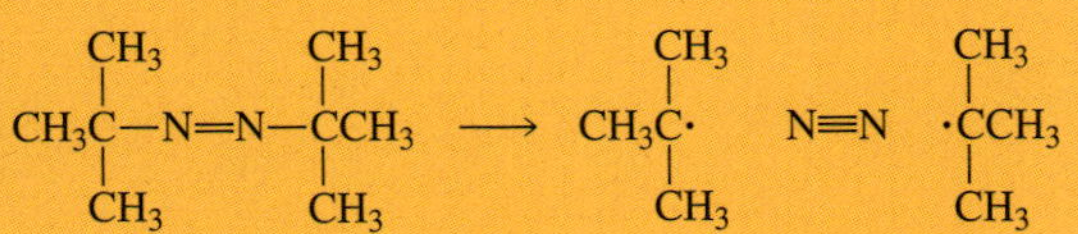

Gekrümmte Pfeile in radikalischen mesomeren Grenzstrukturen zeichnen

Pfeile, die die Bewegung von Elektronen in radikalischen Grenzstrukturen anzeigen, haben nur einen Haken, der die Bewegung eines einzigen Elektrons steht.

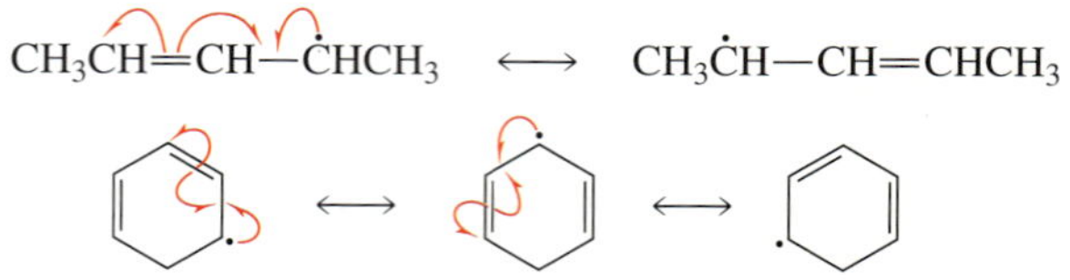

Ü 4 Zeichnen Sie gekrümmte Pfeile, um die Bewegung von Elektronen bei der Umwandlung von mesomeren Grenzstrukturen in eine andere Grenzstruktur anzuzeigen.

(a) 

(b) 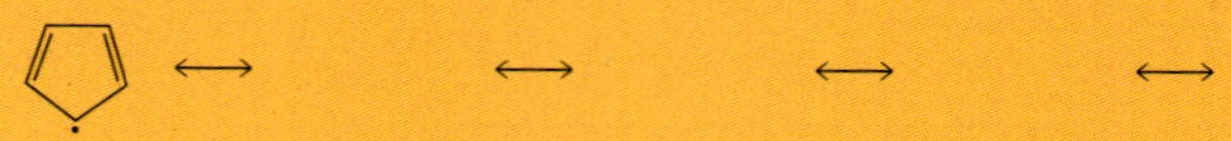

(c) 

(d) 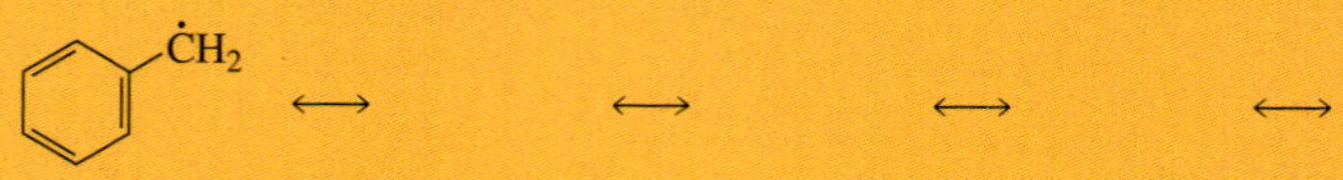

Lösungen zu den Übungen „Gekrümmte Pfeile in radikalischen Systemen zeichnen"

Lösung zu Übung 1

(a) 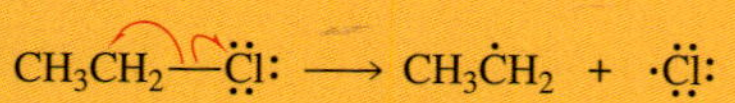

c. 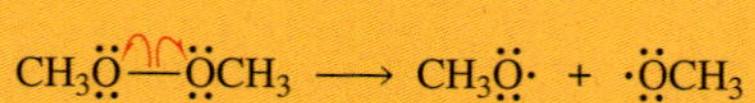

(b) 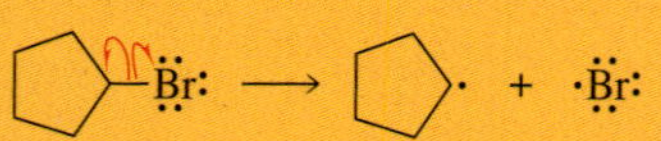

Lösung zu Übung 2

(a) 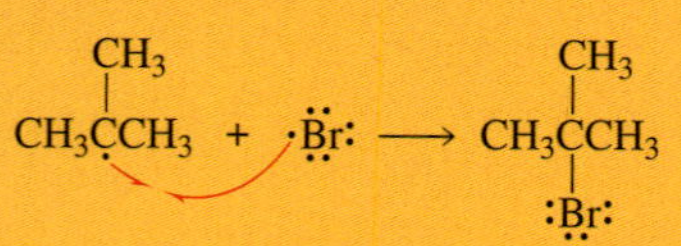

(c) 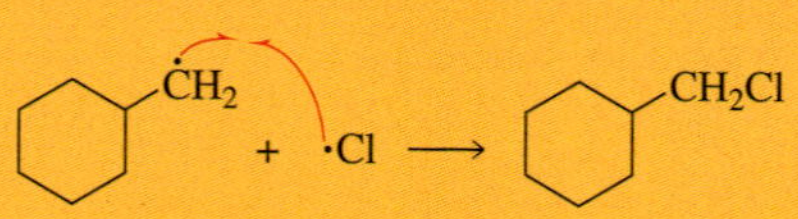

(b) 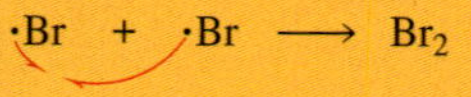

(d) 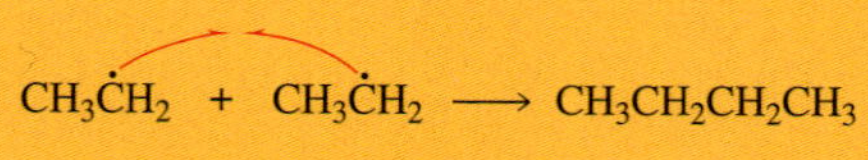

Lösung zu Übung 3

(a) 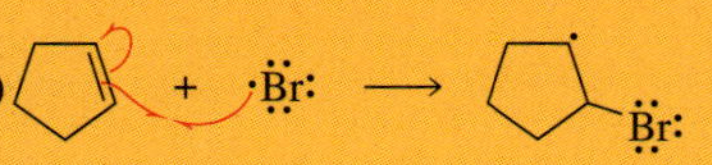

(b) $CH_3\dot{C}HCH_2CH_3 + H{-}Cl \longrightarrow CH_3CH_2CH_2CH_3 + \cdot Cl$

(c) $CH_3\dot{C}H_2 + Br{-}Br \longrightarrow CH_3CH_2Br + \cdot Br$

(d) 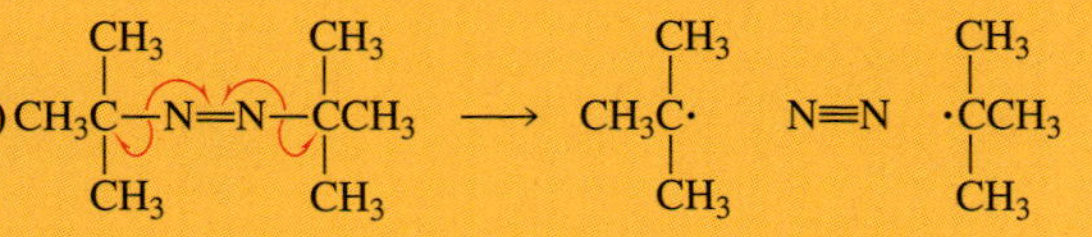

Lösung zu Übung 4

(a) 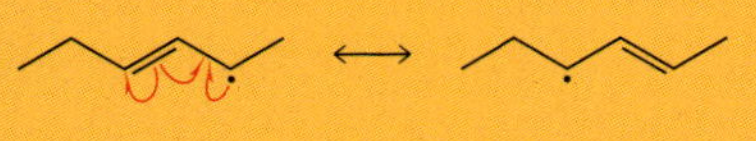

(b) 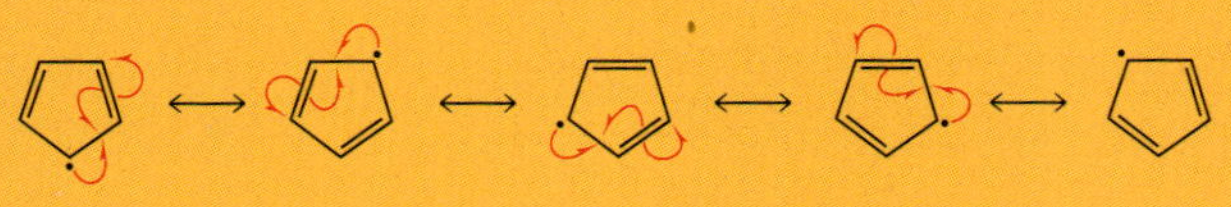

(c) 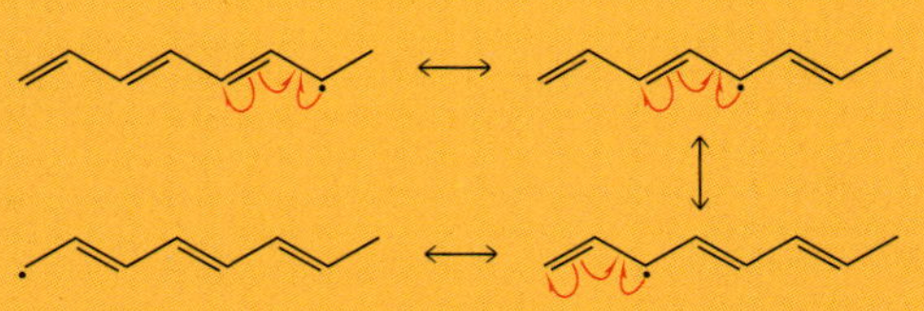

(d) 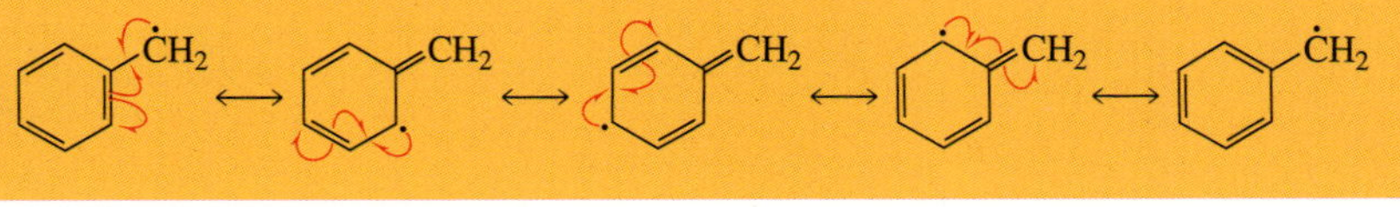

TEIL IV

Die Identifizierung von organischen Verbindungen

13	Massenspektrometrie; Infrarotspektroskopie; UV/Vis-Spektroskopie	695
14	NMR-Spektroskopie	751

Falls Ihr*e Professor*in dieses Kapitel nicht am Anfang Ihres Kurses lehrt, haben Sie bis zu diesem Punkt viele Übungen absolviert, die zum Ziel hatten, eine Synthese für eine bestimmte organische Verbindung zu entwerfen. Wie würden wir aber – falls wir tatsächlich ins Labor gingen, um eine auf dem Papier geplante Synthese durchzuführen – herausfinden, ob die Verbindung, die wir hergestellt haben, auch die ist, die wir zuvor entworfen hatten? Wenn ein*e Wissenschaftler*in z. B. eine Verbindung entdeckt, die eine physiologische Wirkung entfaltet, muss ihre Struktur ermittelt werden. Erst nachdem die Struktur bekannt ist, können Wissenschaftler*innen Synthesestrategien für die Verbindung entwickeln, sodass mehr davon hergestellt werden kann, als die Natur zur Verfügung stellt.

Dies sind nur zwei Gründe, warum Chemiker*innen die Struktur von organischen Verbindungen aufklären. Teil IV diskutiert einige der Techniken, die sie dafür benutzen.

Kapitel 13 Massenspektrometrie; Infrarotspektroskopie; UV/Vis-Spektroskopie

In **Kapitel 13** werden wir uns mit Massenspektrometrie, Infrarotsoektroskopie und ultraviolett/visuelle Strahlungsspektroskopie (UV/Vis-Spektrometrie) beschäftigen – drei Methoden der instrumentellen Analytik, die von Chemiker*innen regelmäßig eingesetzt werden, um Verbindungen zu indentifizieren. Die **Massenspektrometrie** wird verwendet, um Molmassen und die Summenformeln sowie bestimmte strukturelle Merkmale organischer Verbindungen durch die Identifikation von Fragmenten, die bei der Fragmentierung einer Verbindung entstehen, zu ermitteln. Die **Infrarotspektroskopie** (IR-Spektroskopie) wird verwendet, um die in einer organischen Verbindung vorhandenen funktionellen Gruppen und die Art der Bindungen zu ermitteln. Die **ultraviolett/visuelle Spektroskopie (UV/Vis-Spektroskopie)** liefert Informationen über organische Verbindungen mit konjugierten Doppelbindungen.

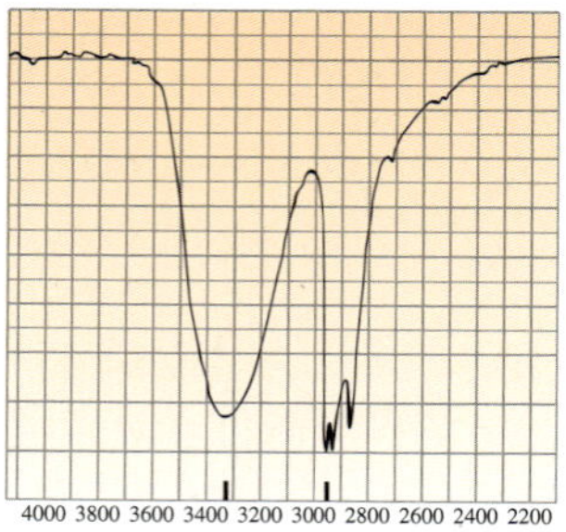

Kapitel 14 NMR-Spektroskopie

Die in **Kapitel 14** behandelte **kernmagnetische Resonanzspektroskopie (NMR-Spektroskopie**, *Nuclear Magnetic Resonance spectroscopy*) hilft uns, das Kohlenstoff-Wasserstoff-Gerüst und das Kohlenstoff-Kohlenstoff-Gerüst einer organischen Verbindung zu erfassen. Dieses Kapitel beschreibt ebenfalls die **2D-NMR-Spektroskopie** und die **Röntgenkristallographie**; dies sind Techniken, die zur Bestimmung der Struktur von größeren Molekülen verwendet werden.

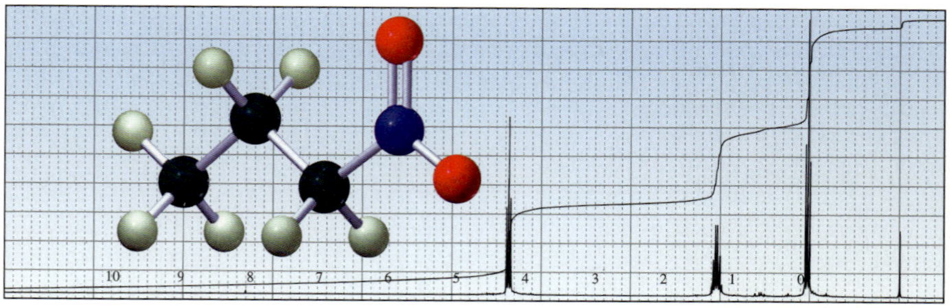

1-Nitropropan

Massenspektrometrie; Infrarotspektroskopie; UV/Vis-Spektroskopie

13

13.1 Massenspektrometrie ... 698
13.2 Das Massenspektrum • Fragmentierungen ... 700
13.3 Eine Methode zur Bestimmung der Summenformel aus dem *m/z*-Wert des Molekülions ... 702
13.4 Isotope in der Massenspektrometrie ... 704
13.5 Die Bestimmung von Summenformeln: Hochauflösende Massenspektrometrie ... 705
13.6 Fragmentierung an funktionellen Gruppen ... 706
13.7 Andere Ionisationsmethoden ... 713
13.8 Gaschromatographie-Massenspektrometrie ... 714
13.9 Spektroskopie und das elektromagnetische Spektrum ... 714
13.10 Infrarotspektroskopie ... 717
13.11 Charakteristische IR-Absorptionsbanden ... 721
13.12 Die Intensität von Absorptionsbanden ... 721
13.13 Die Lage von Absorptionsbanden ... 722
13.14 Die Position und Form einer Absorptionsbande wird durch Elektronendelokalisation und Wasserstoffbrücken beeinflusst ... 724
13.15 C—H-Absorptionsbanden ... 729
13.16 Das Fehlen von Absorptionsbanden ... 733
13.17 Manche Vibrationen sind infrarot-aktiv ... 734
13.18 Die Analyse von Infrarotspektren ... 735
13.19 Ultraviolett- und visuelle Spektroskopie ... 738
13.20 Das Lambert-Beer'sche Gesetz ... 741
13.21 Der Effekt der Konjugation auf λ_{max} ... 741
13.22 Das sichtbare Spektrum und das Phänomen der Farbigkeit ... 744
13.23 Anwendungen der UV/Vis-Spektroskopie ... 745
Zusammenfassung ... 748

ÜBERBLICK

Die rote, violette und blaue Farbe von vielen Blumen, Früchten und Gemüsesorten wird von einer Verbindungsklasse hervorgerufen, die als Anthocyane bekannt sind (Abschnitt 13.19).

*Die Bestimmung der Struktur einer organischen Verbindung ist ein fundamentaler Bestandteil der Organischen Chemie. Wissenschaftlerinnen und Wissenschaftler suchen in der Welt nach Verbindungen mit physiologischer Aktivität. Wenn eine interessante Verbindung gefunden wird, muss ihre Struktur bestimmt werden. Ohne dieses Wissen können Chemiker*innen die Verbindung nicht herstellen und keine Analoga mit verbesserten Eigenschaften synthetisieren. Zum Beispiel wissen Sie, welches Keton bei der säurekatalysierten Addition von Wasser an ein Alkin entsteht (Abschnitt 7.7), aber wie können Sie tatsächlich nachweisen, dass das Produkt der Reaktion auch tatsächlich ein Keton ist?*

Bevor die Struktur einer chemischen Verbindung bestimmt werden kann, muss diese zunächst einmal isoliert werden. Wenn beispielsweise das Produkt einer im Labor durchgeführten Reaktion identifiziert werden soll, muss dieses vom Lösungsmittel und von nicht umgesetzten Rückständen der Ausgangsmaterialien sowie von Nebenprodukten, die sich möglicherweise gebildet haben, befreit werden. Ein Naturstoff muss aus dem Organismus isoliert werden, der ihn gebildet hat.

Die Aufreinigung von Stoffen und ihre Strukturaufklärung können frustrierende und langwierige Aufgaben sein. Die einzigen Methoden zur Stoffisolierung, die Chemiker*innen früher zur Verfügung standen, waren die Destillation (bei Flüssigkeiten) und Sublimation bzw. fraktioniertes Umkristallisieren (bei Feststoffen). Heute lassen sich viele Verbindungen durch eine Vielzahl chromatographischer Techniken relativ leicht(er) trennen. In diese Techniken wird man im Rahmen eines organisch-chemischen Praktikums eingeführt.

Vor langer Zeit beruhte die Identifizierung einer organischen Verbindung auf der Ermittlung ihrer Molmasse und ihrer Summenformel sowie der Elementaranalyse und der Messung ihrer physikalischen Eigenschaften (ihres Schmelz- und ihres Siedepunktes, ihrer Dichte usw.). Dazu kamen einfache chemische Versuche, um die An- bzw. Abwesenheit bestimmter funktioneller Gruppen zu untersuchen (Abschnitt 20.6).

Diese Prozeduren reichten jedoch nicht aus, Moleküle mit komplexeren Strukturen ausreichend zu charakterisieren. Dazu kommt, dass für diese Versuche relativ große Substanzmengen zur Verfügung stehen müssen, sodass diese Methoden für die Analyse von Verbindungen, die nur schwer in großen Mengen zugänglich sind, oftmals nicht praktikabel waren.

Heutzutage wird eine Anzahl verschiedener instrumenteller Analysetechniken zum Einsatz gebracht, um organische Verbindungen eindeutig zu identifizieren. Diese Analysen lassen sich rasch mit kleinen oder sehr kleinen Probenmengen durchführen, und sie liefern viel mehr Informationen über die Struktur einer Verbindung als dies die einfachen chemischen Tests können. In diesem Kapitel werden wir drei instrumentelle Analysetechniken betrachten:

- Die **Massenspektrometrie** erlaubt es uns, die *Molmasse* und die *Summenformel* einer Verbindung sehr genau zu ermitteln sowie bestimmte *Strukturmerkmale* der Verbindung.
- Die **Infrarotspektroskopie** andererseits erlaubt uns zu bestimmen, *welche funktionellen Gruppen* in einer Verbindung vorhanden sind.
- Die **ultraviolett-visuelle (UV/Vis-) Spektroskopie** liefert uns Informationen über Verbindungen mit konjugierten Doppelbindungen.
- **Kernresonanzspektroskopie (NMR)** liefert Informationen um über das Kohlenstoff-Kohlenstoff-Gerüst und das Kohlenstoff-Wasserstoff-Gerüst einer organischen Verbindung. Diese Methode wird in Kapitel 14 diskutiert.

In diesem Kapitel werden wir uns mit der Massenspektrometrie, der Infrarotspektroskopie und der UV/Vis-Spektroskopie befassen. Manchmal wird mehr als eine dieser Methoden benutzt, um die Struktur einer Verbindung zu bestimmen. Mehrere Übungen in diesem Buch werden zu ihrer Lösung zwei oder mehr dieser Methoden benötigen.

Wir werden uns bei der Diskussion der verschiedenen instrumentellen Analysemethoden mit unterschiedlichen organischen Verbindungsklassen zu befassen haben. Diese Verbindungsklassen sind in ▶ Tabelle 13.1 aufgelistet. Sie sind zur leichteren Orientierung noch einmal im hinteren Einbanddeckel aufgeführt.

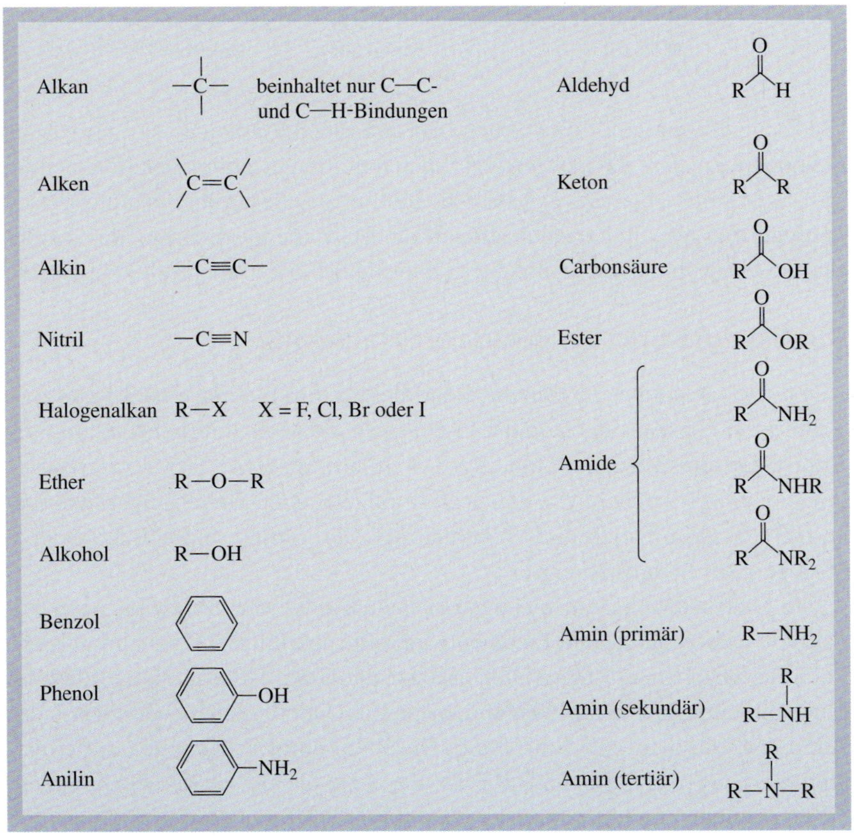

Tabelle 13.1: Organische Verbindungsklassen.

Massenspektrometrie 13.1

In früheren Zeiten wurde die Molmasse einer Verbindung über ihre Dampfdichte oder ihre Gefrierpunktserniedrigung ermittelt, und ihre Summenformel durch die quantitative Elementanalyse (Elementaranalyse: die quantitative Ermittlung der relativen Anteile der die Verbindung konstituierenden chemischen Elemente). Dies waren zeitraubende und anstrengende Arbeiten, die darüberhinaus relativ große Mengen einer sehr reinen Substanz erforderten. In der heutigen Zeit lassen sich die Molmasse und die Summenformel schnell und mit hoher Präzision durch Massenspektrometrie anhand sehr kleiner Substanzmengen ermitteln (die Reinheit der Substanz muss aber immer noch gewährleistet sein).

Die Ionisierung der Probe

Bei der Massenspektrometrie wird eine kleine Probe der zu untersuchenden Verbindung in ein Massenspektrometer eingebracht, wo sie verdampft und ionisiert wird, indem Elektronen aus dem Molekül abgestreift werden. Die Ionisation lässt sich auf mehreren verschiedenen Wegen erreichen. Die am weitesten verbreitete Methode besteht darin, die verdampften Moleküle mit einem hochenergetischen Elektronenstrahl zu beschießen (als *electron ionisation* [EI] bezeichnet).

Die Energie des Elektronenstrahls kann variiert werden; gebräuchlich ist ein Strahl von etwa 70 Elektronenvolt (eV). Wenn der Elektronenstrahl die Moleküle trifft, schlagen die Elektronen des Strahls Elektronen aus ihnen heraus, sodass **Molekülionen** erzeugt werden, die genauer **Radikalkationen** sind – molekulare Spezies mit einem ungepaarten Elektron *und* einer positiven Ladung.

$$\underset{\text{Molekül}}{\mathrm{M}} \xrightarrow{\text{Elektronenstrahl}} \underset{\substack{\text{Molekülion}\\ \text{ein Radikalkation}}}{\mathrm{M}^{\cdot +}} + \underset{\text{Elektron}}{e^-}$$

Die Bombardierung mit Elektronen fügt den Molekülionen so viel kinetische Energie hinzu, dass die meisten von ihnen in Kationen zerbrechen (fragmentieren). Es ist keine Überraschung, dass die Bindungen, die am ehesten unter diesen Bedingungen gespalten werden, die schwächsten (energiereichsten) des jeweiligen Moleküls sind, sowie jene, die zu den stabilsten Zerfallsprodukten führen.

Die Detektion positiv geladener Fragmente

Alle *positiv geladenen Fragmente* des Moleküls durchlaufen eine Strecke zwischen zwei negativ aufgeladenen Platten, die die Molekülbruchstücke in die Analysatorröhre hinein beschleunigen (► Abbildung 13.1). Elektrisch neutrale Fragmente werden nicht von den negativ aufgeladenen Platten angezogen und aus diesem Grund auch nicht beschleunigt. Sie werden schließlich aus dem Spektrometer herausgepumpt.

Die Analysatorröhre ist von einem Magneten umgeben, dessen magnetisches Feld die positiv geladenen Fragmente auf eine gekrümmte Flugbahn ablenkt. Bei einer gegebenen Magnetfeldstärke ist der Grad der Ablenkung, den die Flugbahn eines Ions erfährt, abhängig von dem Quotienten aus der Masse des Teilchens und seiner Ladung (m/z): Die Bahn eines Fragmentes mit einem kleineren m/z-Verhältnis wird stärker abgelenkt als ein schwereres Fragment mit der gleichen Ladung. Auf diese Weise werden Teilchen mit dem gleichen

m/z-Verhältnis von allen anderen Teilchen abgetrennt. Falls die Flugbahn eines Ions in die Krümmung der Analysatorröhre passt, wird das Fragment diese durchqueren und sie durch den Ionenaustrittsspalt verlassen.

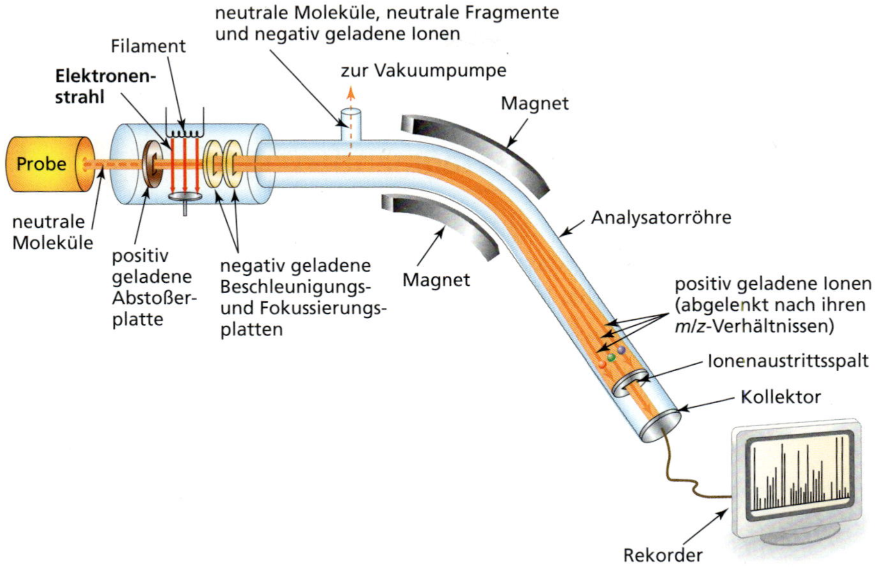

Abbildung 13.1: Schematische Darstellung eines Massenspektrometers. Ein Strahl aus hochenergetischen Elektronen führt zur Ionisation und Fragmentierung der Moleküle. Positiv geladene Fragmente passieren eine Analysatorröhre. Veränderung des Magnetfeldes erlaubt die Trennung von Fragmenten mit unterschiedlichen Masse-zu-Ladungs-Verhältnissen.

Jenseits des Austrittsspaltes registriert ein Kollektor die relativen Mengen von Fragmenten mit bestimmten m/z-Verhältnissen. Je stabiler ein Fragment ist, desto größer ist die Wahrscheinlichkeit, dass es am Kollektor ankommt. Die Stärke des Magnetfeldes wird nach und nach heraufgeregelt, sodass Fragmente mit zunehmend größerem m/z-Verhältnis durch die Röhre und den Austrittsspalt gelenkt werden.

Die Ausgabe des Massenspektrometers

Das Massenspektrometer nimmt ein **Massenspektrum** auf – ein Graph, der die relativen Häufigkeiten jedes Fragmentes als Funktion seines m/z-Wertes darstellt. Da die elektrische Ladung (z) von praktisch allen Fragmenten, die am Kollektor ankommen, +1 beträgt, ist in der Praxis m/z identisch mit der Molmasse (m) des betreffenden Fragmentions. *Man vergegenwärtige sich, dass ausschließlich positiv geladene Spezies den Kollektor erreichen.*

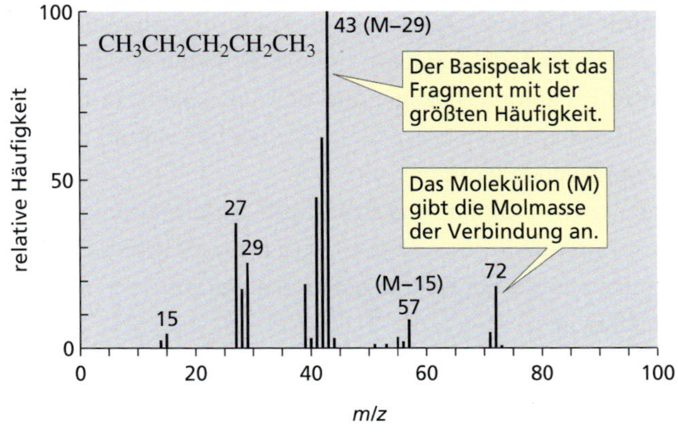

MERKE!

Ein Massenspektrum registriert nur positiv geladene Fragmente.

Abbildung 13.2: Das Massenspektrum von Pentan. Der Basispeak repräsentiert das in der größten relativen Häufigkeit vorkommende Fragment. Der m/z-Wert des Molekülions gibt die Molmasse der Verbindung an.

Ü 1* Welche der folgenden in einem Massenspektrometer erzeugten Fragmente würden in die Analysatorröhre hinein beschleunigt werden?

$CH_3\dot{C}H_2$ $\quad CH_3CH_2\overset{+}{C}H_2$ $\quad [CH_3CH_2CH_3]^{+\cdot}$ $\quad \dot{C}H_2CH{=}CH_2$ $\quad \overset{+}{C}H_2CH{=}CH_2$

Das Massenspektrum • Fragmentierungen 13.2

Das Molekülion und das Muster der Fragmentionenpeaks ist für jede chemische Verbindung einmalig. Ein Massenspektrum ist daher wie ein Fingerabdruck der Verbindung. Eine positive Identifizierung einer Verbindung lässt sich durch den Vergleich ihres Massenspektrums mit dem Massenspektrum einer Probe einer bereits bekannten Verbindung erzielen.

Interpretieren eines Massenspektrums

Das Massenspektrum von Pentan ist in ▶ Abbildung 13.2 dargestellt.

- Jeder m/z-Wert entspricht dem m/z-Wert des Fragmentes nächstliegenden ganzen Zahl.
- Der Peak mit dem höchsten m/z-Wert (in diesem Fall $m/z = 72$) ist das Molekülion (M). Dieses Fragment entsteht durch den Verlust eines Elektrons des ursprünglichen Moleküls als Ergebnis der Bombardierung mit Elektronen.
- Der m/z-Wert des Molekülions gibt die Molekülmasse der untersuchten Verbindung an.
- Signalspitzen mit kleineren m/z-Werten repräsentieren positiv geladene Bruchstücke des Moleküls.
- Die winzige Signalspitze bei $m/z = 73$ wird später erklärt werden.

Weil wir nicht wissen, welche Bindung ein Elektron verliert, wird das Molekülion in Klammern geschrieben; die positive Ladung und das ungepaarte Elektron werden der gesamten Struktur zugeordnet.

$$CH_3CH_2CH_2CH_2CH_3 \xrightarrow[\text{strahl}]{\text{Elektronen-}} \underset{\substack{\text{Molekülion} \\ m/z\,=\,72}}{[CH_3CH_2CH_2CH_2CH_3]^{+\cdot}} + e^-$$

MERKE!

Der m/z-Wert des Molekülions gibt die Molekülmasse der untersuchten Verbindung an.

Der **Basispeak** ist die Signalspitze mit der größten Intensität, aufgrund der größten relativen Häufigkeit des von ihm repräsentierten Ions. Er besitzt die größte relative Häufigkeit, da er generell das stabilste positiv geladene Fragment repräsentiert. Dem Basispeak wird per Definition der relative Intensitätswert 100 % zugeordnet; die relativen Intensitäten aller anderen Signalspitzen (Peaks) wird in Prozenten, bezogen auf den Basispeak (in Prozent*punkten*) angegeben. Massenspektren können als Liniendiagramm oder in Form von Tabellen wiedergegeben werden.

Ein Massenspektrum liefert uns strukturelle Informationen über die untersuchte Verbindung, weil die m/z-Werte und die relativen Häufigkeiten der Fragmente von der Stärke der Bindungen im Molekülion und von den gebildeten Fragmenten abhängen.

Schwächere Bindungen werden im Vergleich zu stärkeren leichter gespalten. Bindungen, die zu stabileren Fragmenten führen, werden bevorzugt gegenüber solchen Bindungen, die zu labileren Fragmenten führen, gespalten.

MERKE!

Die Art, wie ein Molekülion fragmentiert, hängt von der Stärke der Bindungen und der Stabilität der Fragmente ab.

Betrachten wir als Beispiel wieder das Pentan: In dem aus Pentan gebildeten Molekülion besitzen alle C—C-Bindungen etwa dieselbe Stärke. Die Bindung zwischen C-2 und C-3 wird jedoch mit größerer Wahrscheinlichkeit gespalten als die zwischen C-1 und C-2, weil die C-2–C-3-Fragmentierung zu einem *primären* Carbokation und einem *primären* Radikal führt, die zusammengenommen stabiler sind als das *primäre* Carbokation und das *Methyl*radikal (oder das *primäre* Radikal und das *Methyl*kation), das aus einer C-1–C-2-Spaltung resultieren würde.

Die C-2–C-3-Fragmentierung führt zur Bildung von Ionen mit m/z = 43 oder 29; die C-1–C-2-Fragmentierung hingegen zu Ionen mit m/z = 57 oder 15. Der Basispeak im Massenspektrum des Pentans deutet auf eine bevorzugte C-2–C-3-Fragmentierung hin (Abschnitte 7.7 und 11.3 zu den relativen Stabilitäten von Carbokationen und Radikalen).

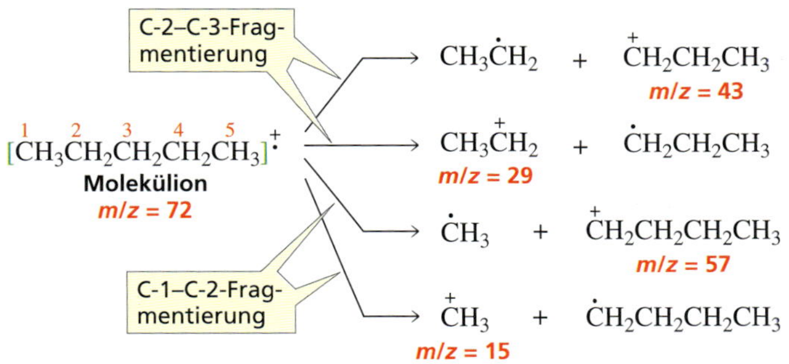

MERKE!

Relative Stabilität von Carbokationen: tertiär > sekundär > primär > Methyl

MERKE!

Relative Stabilität von Radikalen: tertiär > sekundär > primär > Methyl

Die Identifizierung des Fragments

Eine verbreitete Methode zur Identifizierung von Fragmentionen ist die Bestimmung der Differenz zwischen dem m/z-Wert eines gegebenen Fragmentions und dem des Molekülions. Zum Beispiel ist das Ion mit dem m/z-Wert 43 im Massenspektrum des Pentans 29 Einheiten kleiner als das Molekülion (72 – 29 = 43). Ein Ethylradikal (CH_3CH_2) hat eine Molmasse von 29 ame (die Massenzahlen für C und H sind 12 und 1); daher kann man der Signalspitze bei 43 ein Fragment aus dem Molekülion minus einem Ethylradikal zuordnen. In analoger Weise kann der Signalspitze bei m/z = 57 ein Molekülion minus einem Methylradikal (72 – 57 = 15) zugeordnet werden. Signale bei m/z = 15 und m/z = 29 sind leicht als Methyl- bzw. Ethylkationen ansprechbar.

Hinweis für die Studierenden

Der Anhang F enthält eine Tabelle vielfach auftretender Fragmentierungen und eine Tabelle oftmals abgespaltener Fragmente.

Signalspitzen werden häufig bei m/z-Werten beobachtet, die zwei Masseneinheiten unter den m/z-Werten der Carbokationen liegen, da die Carbokationen weiteren Fragmentierungen unterliegen können, wobei sie ein oder zwei Wasserstoffatome verlieren.

$$\underset{m/z\,=\,43}{CH_3CH_2\overset{+}{C}H_2} \longrightarrow \underset{m/z\,=\,41}{\overset{+}{C}H_2CH{=}CH_2} + 2H\cdot$$

Der Vergleich der Massenspektren von Pentan und Isopentan

Isopentan hat dieselbe Summenformel wie Pentan und bildet somit ebenfalls ein Molekülion mit dem *m/z*-Wert von 72 (► Abbildung 13.3). Sein Massenspektrum ist dem des Pentans ähnlich – mit einer beachtenswerten Ausnahme: Die Signalspitze bei $m/z = 57$ entspricht dem Verlust eines Methylradikals und ist sehr viel intensiver als das gleiche Signal in Pentan.

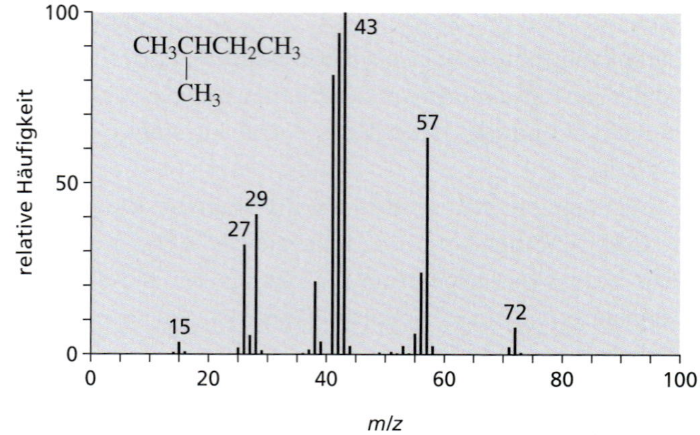

Abbildung 13.3: Das Massenspektrum von Isopentan. Das Signal bei $m/z = 57$ korrespondiert zu dem Verlust einer Methylgruppe unter Bildung eines relativ stabilen sekundären Carbokations.

> **Ü 2** Wie lässt sich das Massenspektrum von 2,2-Dimethylpropan von denen des *n*-Pentans und des Isopentans unterscheiden?
>
> **Ü 3*** Welcher *m/z*-Wert ist für den Basispeak im Massenspektrum des 3-Methylpentans am wahrscheinlichsten?

Isopentan verliert also viel leichter ein Methylradikal, weil bei dessen Abspaltung ein *sekundäres* Carbokation gebildet wird. Im Gegensatz dazu bildet Pentan bei der Abspaltung eines Methylradikals ein weniger stabiles *primäres* Carbokation.

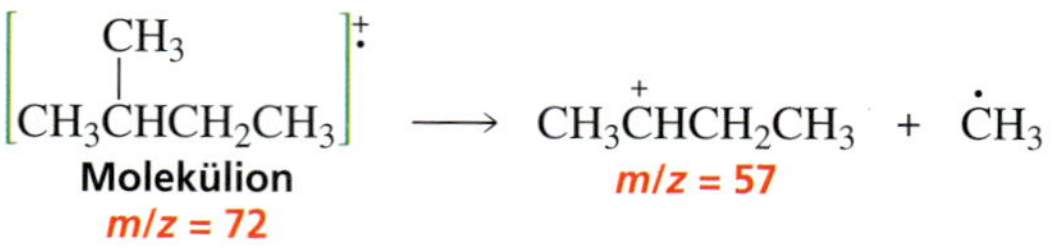

Eine Methode zur Bestimmung der Summenformel aus dem *m/z*-Wert des Molekülions 13.3

Die **Regel der 13** erlaubt mögliche Summenformeln aus den *m/z*-Werten des Molekülions zu bestimmen. Vergegenwärtigen Sie sich, dass der *m/z*-Wert des Molekülions die Molmasse der Verbindung widerspiegelt.

Zunächst muss der **Grundwert** bestimmt werden. Teilen Sie dazu den *m/z*-Wert des Molekülions durch 13. Der erhaltene Wert gibt die Anzahl der Kohlenstoffatome in der Verbindung an. Zum Beispiel entspricht bei einem *m/z*-Wert von 142 die Anzahl der Kohlenstoffatome 10 (142 / 13 = 10; mit 12 als Rest). Die Anzahl der Wasserstoffatome wird durch die Addition des Restes zu der Anzahl der Kohlenstoffatome berechnet (10 + 12 = 22). Daher beträgt der Grundwert $C_{10}H_{22}$.

Falls die Verbindung ein Sauerstoffatom besitzt, wird ein O (16 ame) zu dem Grundwert addiert und ein C und vier H (16 ame) abgezogen. Daher ist die Summenformel nun $C_9H_{18}O$. Falls die Verbindungen zwei Sauerstoffatome aufweist, wird dieser Prozess wiederholt und die Summenformel ist dann $C_8H_{14}O_2$. (Um den gleichen *m/z*-Wert zu erhalten, muss für jedes Fragment, das neu hinzukommt, ein Fragment mit gleicher Masse abgezogen werden.

Ü 4 mit Lösung

Zeichnen Sie die mögliche Struktur eines Esters mit einem Molekülion, das einen *m*/*z*-Wert von 74 aufweist.

Lösung

Die Division von 74 durch 13 ergibt 5 mit 9 als Rest. Daher ist der Grundwert C_5H_{14}. Wir wissen, dass ein Ester zwei Sauerstoffatome hat. Für jedes Sauerstoffatom wird ein C und vier H abgezogen. Daher ergibt sich eine Summenformel von $C_3H_6O_2$. Mögliche Strukturen sind:

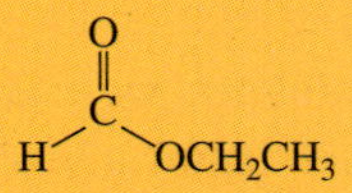

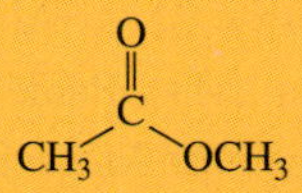

Ü 5* Bestimmen Sie die Molekülformel für jeden der folgenden Sachverhalte:

(a) Eine Verbindung enthält nur C und H und besitzt ein Molekülion mit einem *m*/*z*-Wert von 72.
(b) Eine Verbindung enthält C, H und ein O. Sie besitzt ein Molekülion mit einem *m*/*z*-Wert von 100.
(c) Eine Verbindung enthält C, H und zwei O. Sie besitzt ein Molekülion mit einem *m*/*z*-Wert von 102.
(d) Ein Amid mit einem Molekülion mit einem *m*/*z*-Wert von 115.

Ü 6* Bestimmen Sie die Molekülformel für jeden der folgenden Sachverhalte:

(a) Schlagen Sie mögliche Summenformeln für eine Verbindung vor, die ein Molekülion mit einem *m*/*z*-Wert von 86 aufweist.
(b) Kann eine der möglichen Summenformeln ein Stickstoffatom enthalten?

Ü 7 Wenn eine Verbindung ein Molekülion mit ungeradzahliger Masse aufweist, kann enthält die Verbindung eine ungerade Anzahl von Stickstoffatomen. Dies ist als Stickstoffregel bekannt.

(a) Berechnen Sie den *m*/*z*-Wert der Molekülionen der folgenden Verbindungen:

1. 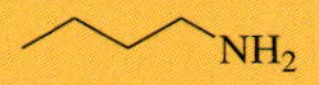

2. 

(b) Erklären Sie, warum die Stickstoffregel gilt.
(c) Formulieren Sie eine Regel für ein Molekülion mit geradzahliger Masse.

Ü 8* Identifizieren Sie den Kohlenwasserstoff mit einem Molekülion mit *m*/*z*-Wert von 128, einem Basispeak mit $m/z = 43$ und signifikanten Signalen bei $m/z = 57, 71, 85$.

STRATEGIEN ZUR PROBLEMLÖSUNG

■ Massenspektren zur Bestimmung der Struktur

Die Massenspektren zweier sehr stabiler Cycloalkane zeigen beide einen Molekülionenpeak bei $m/z = 98$. Das eine Spektrum besitzt einen Basispeak bei $m/z = 69$, das andere einen bei $m/z = 83$. Benennen Sie die beiden Cycloalkane.

Berechnen wir zunächst die Summenformel der Verbindung ausgehend vom *m*/*z*-Wert des Molekülions. Die Division von 98 durch 13 ergibt 7 mit 7 als Rest. Daher haben beide die Summenformel C_7H_{14}.

Schauen wir uns nun an, welches Fragment bei Entstehung des Basispeaks verloren geht. Ein Basispeak bei 69 bedeutet den Verlust einer Ethylgruppe ($98 - 69 = 29$), wohingegen ein Basispeak von 83 den Verlust einer Methylgruppe ($98 - 83 = 15$) bedeutet.

Da die Cycloalkane als sehr stabil bekannt waren, können wir zyklische Alkane mit nur drei- oder viergliedrigen Ringen ausschließen. Ein siebengliedriges Cycloalkan mit einem Basispeak, der den Verlust einer Ethylgruppe (eines Ethylsubstituenten) anzeigt, muss Ethylcyclopentan sein. Ein siebengliedriges Cycloalkan mit einem Basispeak, der den Verlust eines Methylsubstituenten anzeigt, muss Methylcyclohexan sein.

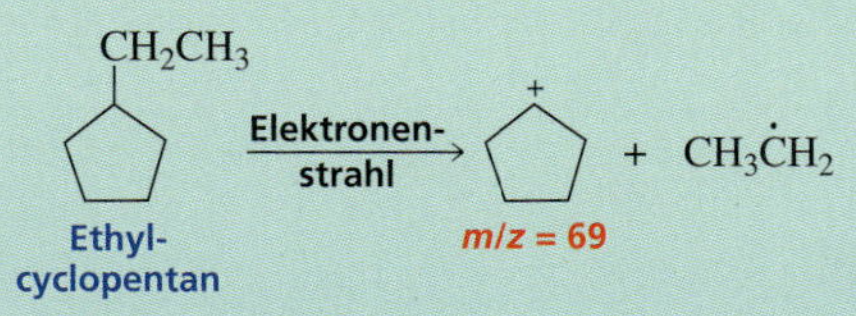

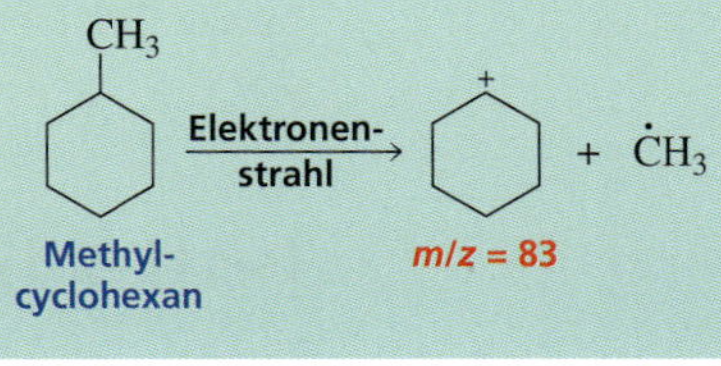

Isotope in der Massenspektrometrie 13.4

Das M+1-Signal

Obwohl die Molekülionen des *n*-Pentans und des Isopentans beide m/z-Werte von 72 aufweisen, findet sich in beiden Spektren ein sehr kleines Signal bei $m/z = 73$ (▶ Abbildung 13.2 und ▶ Abbildung 13.3). Diese Signalspitze wird als „M+1-Peak" bezeichnet, weil für ihn ein Molekülion verantwortlich ist, das eine Masseneinheit (ame) schwerer ist als das Molekülion. Der M+1-Peak verdankt seine Entstehung der Tatsache, dass in chemischen Verbindungen zwei natürlich vorkommende Isotope des Elementes Kohlenstoff vorhanden sind: 98,89 % des natürlichen Kohlenstoffs besteht aus Kernen des Nuclids ^{12}C, und die verbleibenden 1,11 % aus Kernen des Nuclids ^{13}C (Abschnitt 1.1). 1,11 % der Kohlenstoffatome in den Molekülionen sind also ^{13}C-Atome. Da Massenspektrometrie die individuellen Massen der Moleküle misst, wird jedes Molekül, das ein ^{13}C enthält, als M+1 erscheinen.

Die Isotopenverteilung verschiedener chemischer Elemente, die häufig in organischen Verbindungen angetroffen werden, ist in ▶ Tabelle 13.2 zusammengefasst.

Element	natürliche Häufigkeit			
Kohlenstoff	^{12}C 98,89 %	^{13}C 1,11 %		
Wasserstoff	^{1}H 99,99 %	^{2}H 0,01 %		
Stickstoff	^{14}N 99,64 %	^{15}N 0,36 %		
Sauerstoff	^{16}O 99,76 %	^{17}O 0,04 %	^{18}O 0,20 %	
Schwefel	^{32}S 95,0 %	^{33}S 0,76 %	^{34}S 4,22 %	^{36}S 0,02 %
Fluor	^{19}F 100 %			
Chlor	^{35}Cl 75,77 %		^{37}Cl 24,23 %	
Brom	^{79}Br 50,69 %		^{81}Br 49,31 %	
Iod	^{127}I 100 %			

Tabelle 13.2: Die natürlichen Häufigkeiten von Isotopen, die in organischen Verbindungen häufig vertreten sind.

Das M+2-Signal

Ein Massenspektrum kann ebenfalls einen M+2-Peak durch Anwesenheit von ^{18}O oder zwei schweren Isotopen (wie ^{13}C und ^{2}H; oder zwei ^{13}C) im gleichen Molekül zeigen. Unter diesen Bedingungen ist ein M+2-Signal jedoch normalerweise sehr klein.

Das Auftreten eines signifikaten M+2-Peaks ist ein Zeichen dafür, dass die Verbindung entweder Chlor oder Brom enthält, da jedes dieser Elemente in ihrer natürlichen Form einen hohen Prozentsatz eines Isotops enthält, das zwei atomare Masseneinheiten schwerer ist als das häufigste Isotop. Aus den natürlichen Häufigkeiten der Isotope von Chlor und Brom (► Tabelle 13.2) lässt sich ableiten,

- dass die Verbindung ein Chloratom enthält, wenn der M+2-Peak ein Drittel der Höhe des Molekülionenpeaks erreicht, da die natürliche Häufigkeit von ^{37}Cl ein Drittel der von ^{37}Cl beträgt.
- dass, falls die Signalspitzen von M und M+2 etwa die gleiche Höhe haben, die Verbindung dann ein Bromatom enthält, da sich die natürlichen Häufigkeiten von ^{79}Br und ^{81}Br in etwa die Waage halten.

Bei der Berechnung der Molmassen von Molekülionen und Fragmenten müssen die *Atommassen* eines einzelnen, ausgewählten Isotops zugrunde gelegt werden (bei Chlor z. B. 35 oder 37); die durchschnittlichen Atommassen, wie sie das Periodensystem der Elemente aufführt, können nicht zur Analyse von Massenspektren benutzt werden, da es sich bei ihnen um *gewichtete Durchschnittswerte* aller natürlich vorkommenden Isotope des betreffenden Elementes handelt, die Massenspektrometrie jedoch die *m*/*z*-Werte *individueller* Fragmente misst.

Ü 9* Sagen Sie die relativen Intensitäten der Signalspitze für das Molekülion, des M+2-Peaks und des M+4-Peaks für eine Verbindung, die zwei Bromatome enthält, voraus.

13.5 Die Bestimmung von Summenformeln: Hochauflösende Massenspektrometrie

Alle in diesem Buch gezeigten Massenspektren wurden mit einem Massenspektrometer mit niedriger Auflösung aufgenommen. Solche Spektrometer liefern den *m*/*z*-Wert eines Fragmentes – die (auf- oder abgerundete) Masse der nächstliegenden ganzen Zahl. Hoch auflösende Massenspektrometer können die *exakte Molmasse* eines Fragmentes bis auf 0,0001 ame genau bestimmen, was die Unterscheidung von zwei Molekülen mit sehr ähnlichen Massen zulässt. Falls wir die genaue Molmasse eines Molekülions kennen, können wir die Summenformel der zugrundeliegenden Verbindung bestimmen. Wie die nachfolgende Auflistung zeigt, besitzen viele Verbindungen die nominelle Masse von 122 ame, jede von ihnen besitzt jedoch eine etwas verschiedene exakte Molmasse.

Einige Verbindungen mit einer nominellen Molmasse von 122 ame und ihre exakten Molmassen

Exakte Molmasse (ame)	122,1096	122,0845	122,0732	122,0368	122,0579	122,0225
Summenformel	C_9H_{14}	$C_7H_{10}N_2$	$C_8H_{10}O$	$C_7H_6O_2$	$C_4H_{10}O_4$	$C_4H_{10}S_2$

Die exakten Molmassen einiger häufiger Isotope sind in ► Tabelle 13.3 zusammengefasst. Es gibt Computerprogramme, die die Summenformel einer Verbindung aus ihrer exakten Molmasse zu berechnen vermögen.

Isotop	Masse (ame)
^{1}H	1,007825
^{12}C	12,00000
^{14}N	14,0031
^{16}O	15,9949
^{32}S	31,9721
^{35}Cl	34,9689
^{79}Br	78,9183

Tabelle 13.3: Die exakten Molmassen einiger häufiger Isotope, die in organischen Verbindungen häufig vertreten sind.

Ü 10* Welche Summenformel gehört zu der exakten Molmasse von 86,1096 ame: C_6H_{14}, $C_4H_{10}N_2$ oder $C_4H_6O_2$?

Ü 11*

(a) Kann ein Massenspektrum mit niedriger Auflösung zwischen $C_2H_5^+$ und CHO^+ unterscheiden?

(b) Kann ein Massenspektrometer mit hoher Auflösung zwischen diesen Verbindungen unterscheiden?

Fragmentierung an funktionellen Gruppen 13.6

Charakteristische Fragmentierungsmuster gehen mit bestimmten funktionellen Gruppen einher; diese können helfen, eine Substanz anhand ihres Massenspektrums zu identifizieren. Die Muster wurden erkannt, als die Massenspektren einer großen Zahl von Verbindungen mit bestimmten funktionellen Gruppen analysiert wurden. Wir werden hier die Fragmentierungsmuster von Halogenalkanen, Ethern, Alkoholen und Ketonen beispielhaft betrachten.

Halogenalkane

Das Massenspektrum von 1-Brompropan

Schauen wir uns zuerst das Massenspektrum von 1-Brompropan in ► Abbildung 13.4 an. Die relativen Höhen der Signalspitzen M und M+2 sind in etwa gleich groß. Daraus können wir den Schluss ziehen, dass die Verbindung ein Bromatom enthält.

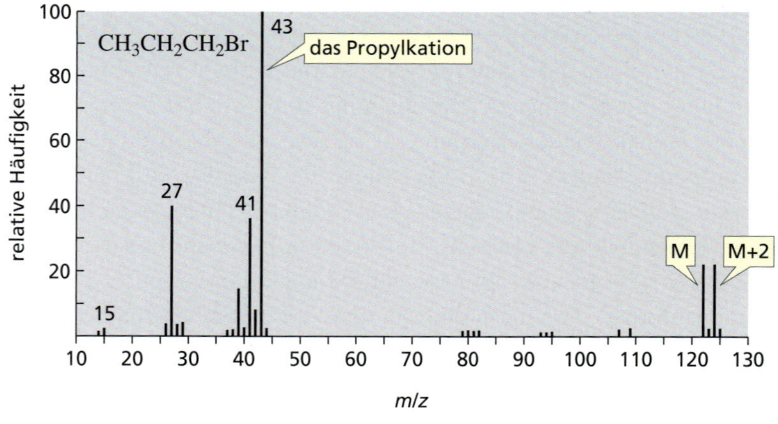

Abbildung 13.4: Das Massenspektrum von 1-Brompropan. M und M+2 sind in etwa gleich hoch, da [79]Br und [81]Br etwa gleich häufig sind.

- Elektronenbeschuss wird am wahrscheinlichsten ein freies Elektronenpaar verdrängen (falls das Molekül solche besitzt), da ein Molekül seine freien (nichtbindenden) Elektronenpaare weniger eng gebunden hält als die bindenden Elektronen(paare). Der Beschuss mit Elektronen verschiebt daher eines der freien Elektronenpaare des Broms.

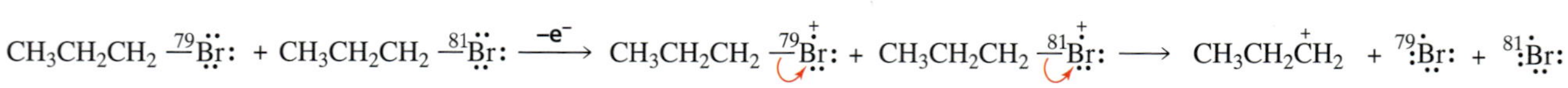

1-Brompropan — $m/z = 122$ — $m/z = 124$ — $m/z = 43$

- Die labilste Bindung in dem resultierenden Molekülion ist die Kohlenstoff-Brom-Bindung. Die C—Br-Bindung spaltet sich heterolytisch: beide Bindungselektronen gehen auf das elektronegativere Atom über, sodass ein Propylkation und ein Bromatom gebildet werden. Als Ergebnis erscheint der Basispeak im Massenspektrum des 1-Brompropans bei $m/z = 43$ [M − 79 = 43 oder (M+2) − 81 = 43].

MERKE!

Bindungsdissoziationsenergie
C—Br = 71 kcal/mol
C—Cl = 85 kcal/mol
C—C = 89 kcal/mol
C—H = 99 kcal/mol

Das Massenspektrum von 2-Chlorpropan

Die ► Abbildung 13.5 zeigt das Massenspektrum des 2-Chlorpropans. Wir wissen, dass die Verbindung ein Chloratom enthält, weil der M+2-Peak ein Drittel der Höhe des Molekülionenpeaks erreicht (Abschnitt 13.4).

- Die C—Cl-Bindung (85 kcal/mol) und eine C—C-Bindung (89 kcal/mol) haben ähnliche Stärken, also können beide Bindungen brechen.
- Die C—Cl-Bindung bricht heterolytisch (da die beteiligten Atome verschiedene Elektronegativitäten aufweisen) und ergibt einen Basispeak mit $m/z = 43$.
- Die C—C-Bindung bricht homolytisch (da die beteiligten Atome die gleiche Elektronegativität aufweisen) und ergeben Signale bei $m/z = 63$ und $m/z = 65$ mit einem Verhältnis von 3:1. Dies weist darauf hin, dass dieses Fragment ein Chloratom enthält. Diese Signale sind das Ergebnis der *homolytischen Spaltung* (auch ***α*-Spaltung** genannt) einer Gruppe vom *α*-Kohlenstoffatom. (Das *α*-Kohlenstoffatom ist das Kohlenstoffatom, das direkt an Chlor gebunden ist.)

MERKE!

Die Fragmentierung eines Molekülions hängt von der Stärke seiner Bindungen und der Stabilität der Fragmente ab.

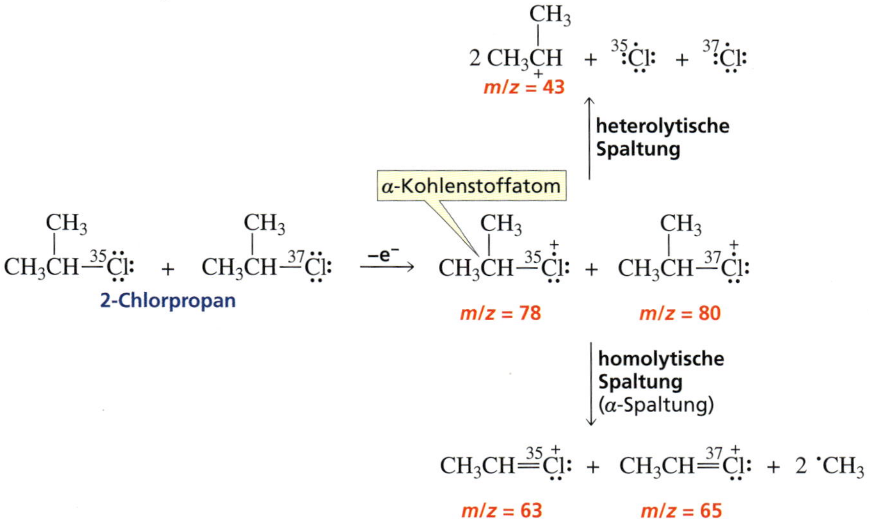

MERKE!

Die Bindung zwischen Kohlenstoff und einem elektronegativerem Atom bricht heterolytisch.

Die Bindung zwischen Kohlenstoff und einem Atom mit vergleichbarer Elektronegativität bricht homolytisch.

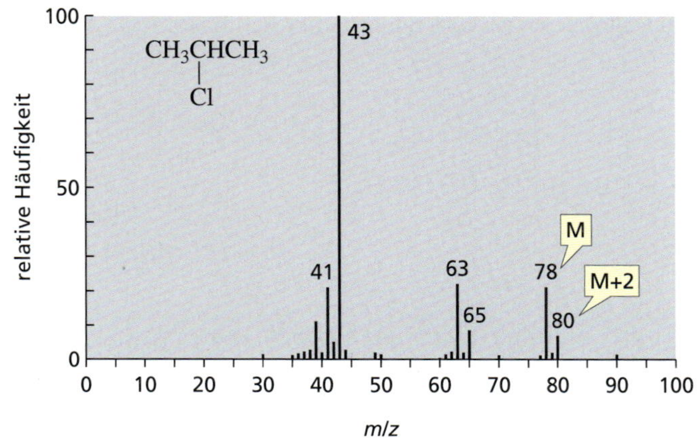

Abbildung 13.5: Das Massenspektrum von 2-Chlorpropan. M+2-Peak ist etwa ein drittel so hoch wie der M-Peak, da ^{35}Cl verglichen mit ^{37}Cl etwa dreimal häufiger vorkommt.

MERKE!

α-Spaltung kommt bei Alkylchloriden vor, da die C—C- und die C—Cl-Bindungen vergleichbar stark sind.

α-Spaltung kommt weniger bei Alkylbromiden vor, da die C—C-Bindung viel stärker ist als die C—Br-Bindung.

α-Spaltung tritt auf, weil sie zu einem relativ stabilen Kation führt, da alle seine Atome ein komplettes Oktett aufweisen:

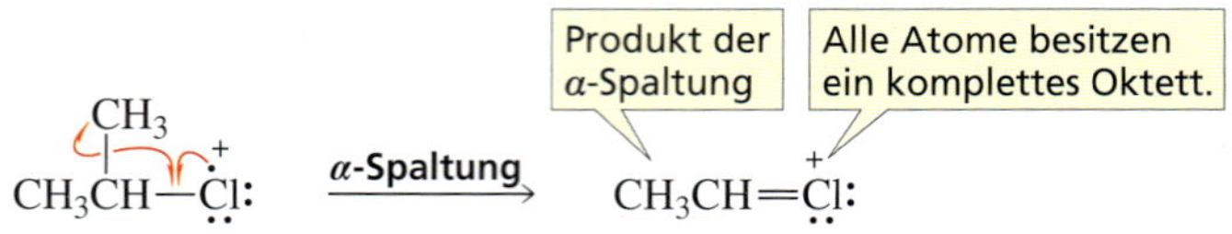

α-Spaltung tritt in *Chloralkanen* ein, weil die C—Cl-Bindung (85 kcal/mol) etwa dieselbe Stärke hat wie die C—C-Bindung (89 kcal/mol). Die α-Spaltung tritt bei *Bromalkanen* wesentlicher seltener ein, da die C—C-Bindung (89 kcal/mol) viel stärker ist als die C—Br-Bindung (71 kcal/mol).

Ü 12 Zeichnen Sie das Massenspektrum von 1-Chlorpropan.

Ether

Das Massenspektrum von 2-Isopropoxybutan ist in ► Abbildung 13.6 wiedergegeben.

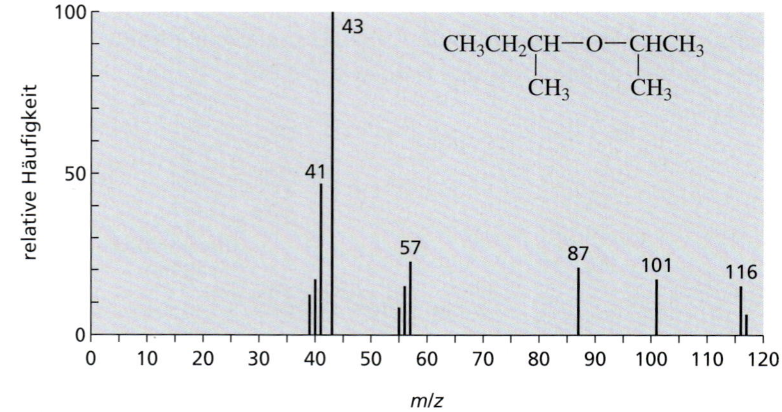

Abbildung 13.6: Das Massenspektrum von 2-Isopropoxybutan.

Das Fragmentierungsmuster eines Ethers ist dem eines Halogenalkans ähnlich.

1. Elektronenbeschuss verschiebt eines der freien Elektronenpaare des Sauerstoffs.
2. Die Fragmentierung des resultierenden Molekülions vollzieht sich auf zwei prinzipiellen Wegen:

   (a) Eine C—O-Bindung wird *heterolytisch* gespalten, wobei die Elektronen auf das elektronegativere Sauerstoffatom übergehen.

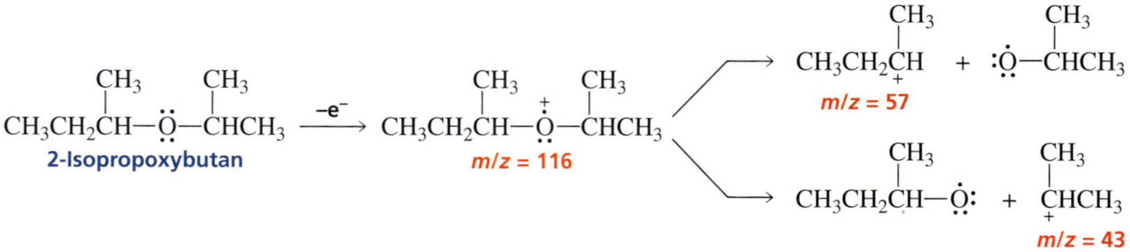

   (b) Eine C—C-Bindung wird *homolytisch* in der α-Position gespalten, weil dies zu einem relativ stabilen Kation führt, da alle seine Atome ein gefülltes Oktett aufweisen. (Das α-Kohlenstoffatom ist an das Sauerstoffatom gebunden.)

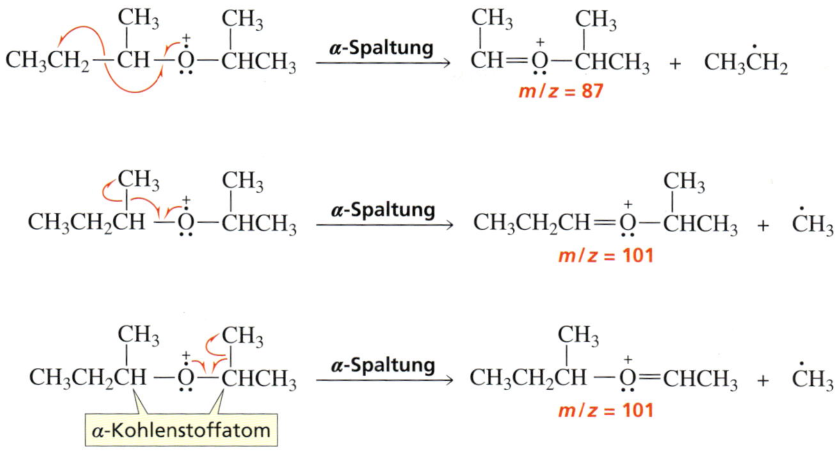

Eine Pfeilspitze mit einem doppelten Zacken zeigt die Bewegung zweier Elektronen an.

Eine Pfeilspitze mit einem einzelnen Zacken zeigt die Bewegung eines Elektrons an.

Die Alkylgruppe, die zum stabilsten Radikal führt, wird am leichtesten abgespalten. Aus diesem Grund ist die Signalspitze bei $m/z = 87$ höher als die bei $m/z = 101$, obwohl die Verbindung drei an das α-Kohlenstoffatom gebundene Methylgruppen besitzt, die unter Bildung eines Fragmentes der Größe $m/z = 101$ gespalten werden können, weil ein primäres Radikal stabiler ist als ein Methylradikal.

Ü 13* Die Massenspektren von 1-Methoxybutan, 2-Methoxybutan und von 2-Methoxy-2-methylpropan sind unten wiedergegeben. Ordnen Sie die Verbindungen den Spektren zu.

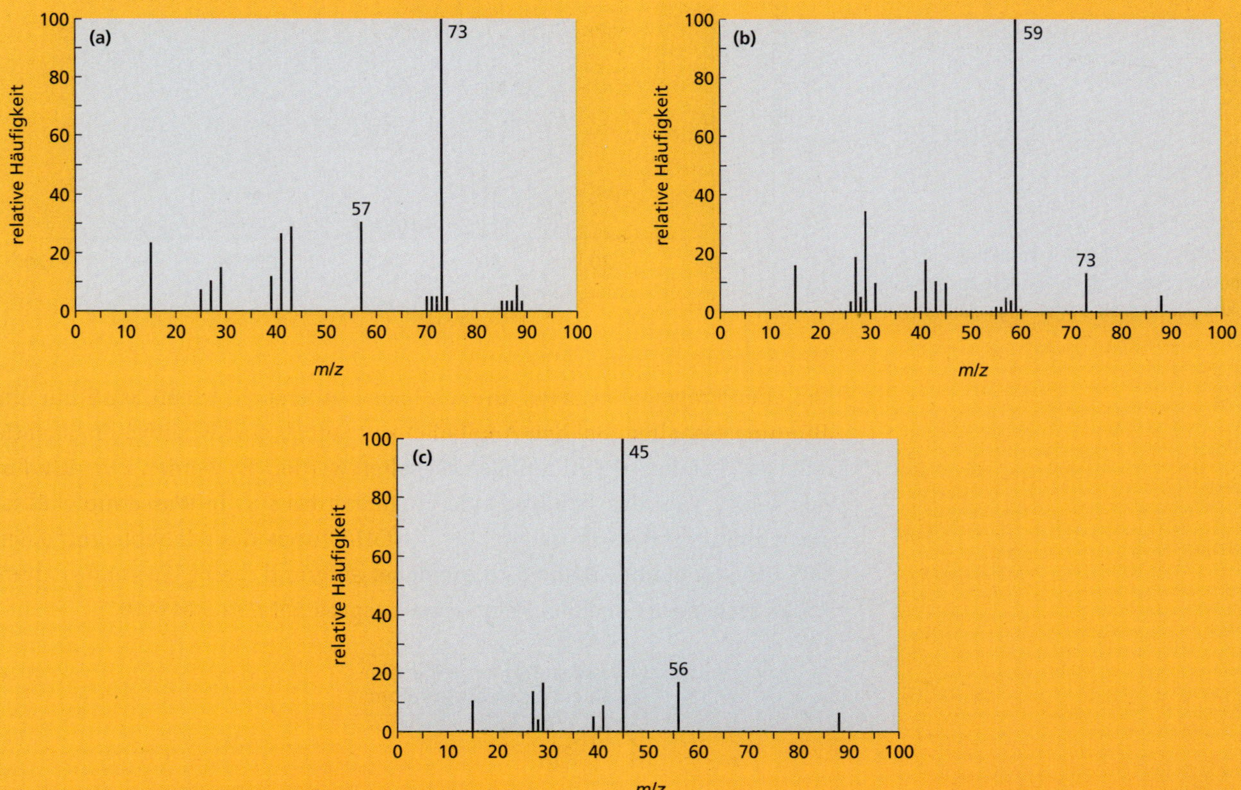

Alkohole

Bei Halogenalkanen und Ethan wird das Molekülion eines Alkohols durch die Zerstörung eines freien Elektronenpaares gebildet. Die Molekülionen, die man aus Alkoholen erhält, fragmentieren so leicht, dass nur wenige lange genug überleben, um den Kollektor des Massenspektrometers zu erreichen. Als Folge davon zeigen die Massenspektren von Alkoholen nur kleine Molekülionenpeaks. Betrachten Sie dazu den Molekülionenpeak bei $m/z = 102$ im Massenspektrum des 2-Hexanols (► Abbildung 13.7).

α-Spaltung

Wie bei Halogenalkanen und Ethern tritt bei den Alkoholen *α*-Spaltung ihrer Molekülionen ein. Das Massenspektrum des 2-Hexanols zeigt daher einen Basispeak bei $m/z = 45$ (*α*-Spaltung, die zu einem stabileren Butylradikal führt) und einem niedrigeren Peak bei $m/z = 87$ (*α*-Spaltung, die zu einem weniger stabilen Methylradikal führt).

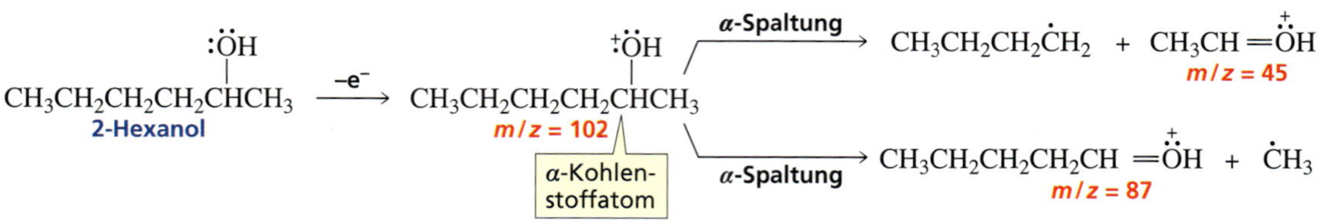

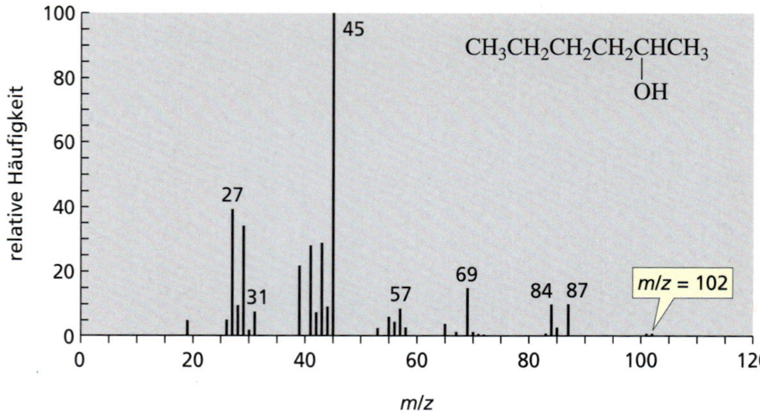

Abbildung 13.7: Das Massenspektrum von 2-Hexanol. Der Peak für das Molekülion bei $m/z = 102$ ist klein, da Alkohole schnell fragmentieren.

Der Abspaltung von Wasser

Bei allen Fragmentierungen, die wir bisher untersucht haben, wird nur eine Bindung gespalten. Bei den Alkoholen tritt jedoch eine wichtige Fragmentierung auf, bei der zwei Bindungen gespalten werden. Es werden zwei Bindungen gelöst, weil das sich bildende Fragment das stabile Wassermolekül ist. Das eliminierte Wasser stammt aus der OH-Gruppe des Alkohols und einem *γ*-Wasserstoffatom. Alkohole zeigen daher aufgrund dieser Wasserabspaltung im Massenspektrum einen Fragmentationspeak bei $m/z = M - 18$.

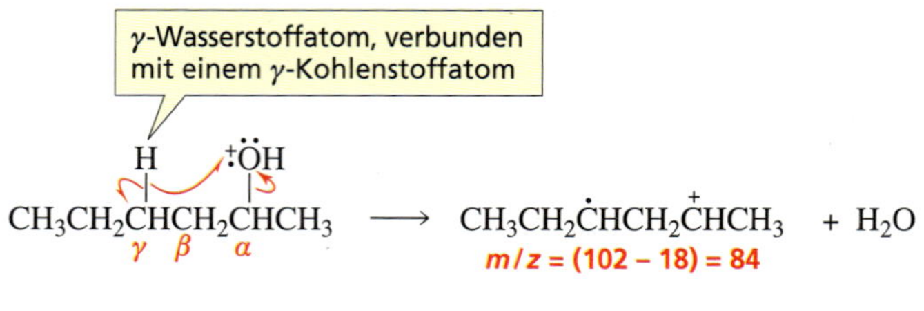

Häufige Fragmentierungsmuster von Halogenalkanen, Ethern und Alkoholen

Man beachte, dass Halogenalkane, Ether und Alkohole die folgenden Gemeinsamkeiten nach der Bildung eines Molekülions durch den Verlust eines Elektrons aus einem freien Elektronenpaar aufweisen:

1. Eine Bindung zwischen Kohlenstoff und einem *elektronegativeren* Atom (einem Halogenatom oder einem Sauerstoffatom) wird heterolytisch gespalten. Die Elektronen verbleibenden am elektronegativeren Atom.
2. Eine Bindung zwischen Kohlenstoff und einem weiteren Atom *ähnlicher Elektronegativität* (einem weiteren Kohlenstoffatom oder einem Wasserstoffatom) wird homolytisch gespalten.
3. Die Bindungen mit der höchsten Wahrscheinlichkeit für einen Bindungsbruch sind diejenigen, die am schwächsten sind, und die zur Bildung der stabilsten Produkte führen. (Man halte Ausschau nach Fragmentierungen, die zur Bildung eines Kations führen, bei dem die positive Ladung auf mehr als ein Atom verteilt ist bei dem alle Atome ein komplettes Oktett besitzen.)

Ü 14* Primäre Alkohole zeigen einen starken Peak bei $m/z = 31$.

(a) Welches Fragment ist für diese Signalspitze verantwortlich?

(b) Zeichnen Sie den Mechanismus für seine Bildung.

Ketone

Das Massenspektrum eines Ketons besitzt im Allgemeinen einen intensiven Molekülionenpeak, der durch den Verlust eines Elektrons aus einem freien Elektronenpaars gebildet wird. Das Molekülion fragmentieren homolytisch an der C—C-Bindung, die der C═O-Bindung benachbart ist, diese Spaltung (auch α-Spaltung genannt) resultiert in der Bindung eines Kations, das nur Atome mit gefülltem Oktett besitzt. Die Alkylgruppe, die zu dem stabileren Radikal führt, ist diejenige, die leichter abgespalten wird. Daher ist das Signal bei $m/z = 43$ ist stärker als bei $m/z = 71$.

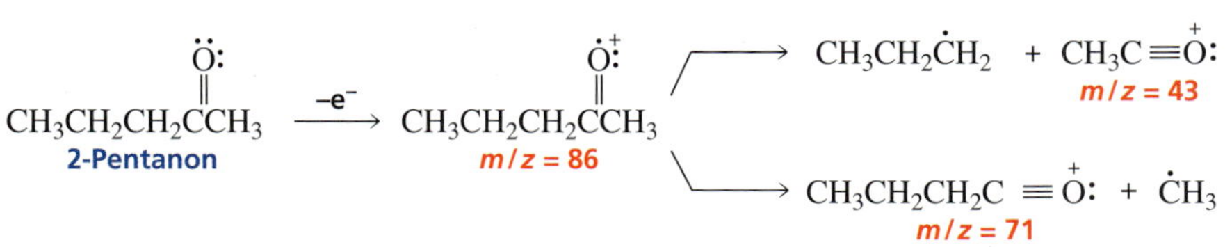

α-Spaltung eines Ethers

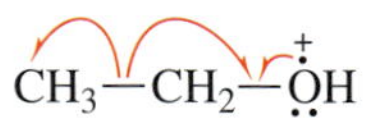
α-Spaltung eines Alkohols

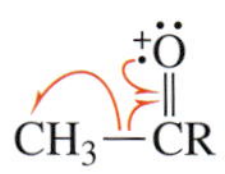
α-Spaltung eines Ketons

Falls eine der Alkylgruppen, die an den Carbonylkohlenstoff gebunden sind, ein γ-Wasserstoffatom besitzt, kommt es zu einer als **McLafferty-Umlagerung** bekannten Spaltungsreaktion, bei der sich zwei Bindungen auflösen. Bei dieser Umlagerung spaltet die Bindung zwischen dem α- und dem β-Kohlenstoffatom homolytisch, und ein Wasserstoffatom des γ-Kohlenstoffatoms wandert zum Sauerstoffatom. Beachten Sie, das diese Fragmentierung ein stabiles Alken und ein Kation mit einem Sauerstoffatom erzeugt, das ein vollständiges Oktett aufweist.

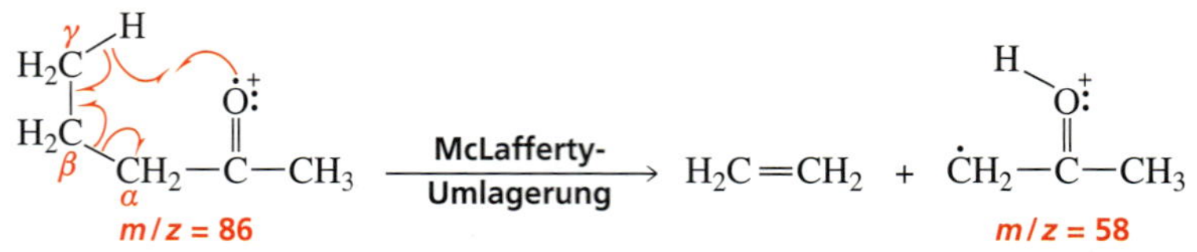

Ü 15* Identifizieren Sie die Ketone, die unten abgebildet sind.

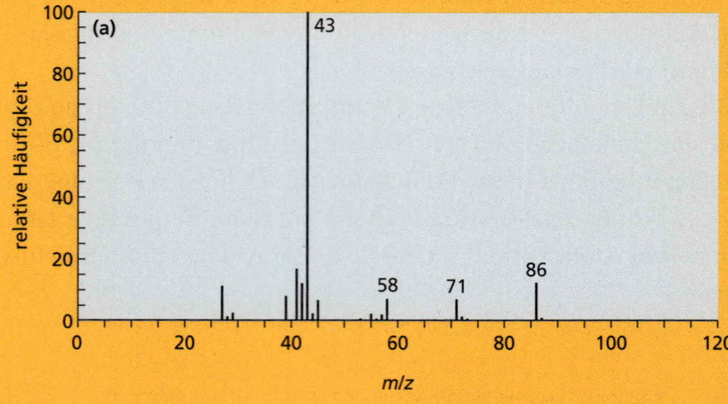

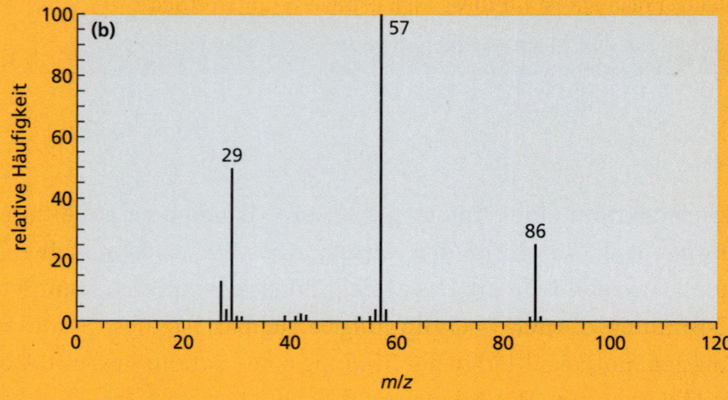

Ü 16 Zeichnen Sie den Mechanismus der Bildung der Fragmente, durch die sich die folgenden Ketone voneinander unterscheiden ließen.

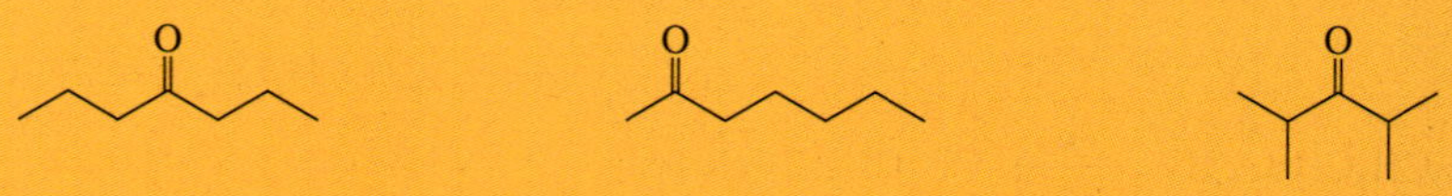

Ü 17 Zeigen Sie unter Verwendung gebogener Pfeile die Hauptfragmente, die Sie in den Massenspektren der folgenden Verbindung erwarten würden:

(a) $CH_3CH_2CH_2CH_2CH_2OH$

(b) $CH_3CH_2CHCH_2CH_2CH_2CH_3$ (mit OH am dritten C-Atom)

(c) $CH_3CH_2OCCH_2CH_2CH_3$ (mit CH_2CH_3 und CH_3 am quartären C-Atom)

(d) $CH_3CCH_2CH_2CH_2CH_3$ (mit O= am zweiten C-Atom)

(e) CH_3CH_2CHCl (mit CH_3 am dritten C-Atom)

(f) $CH_3{-}C{-}Br$ (mit zwei CH_3 am zentralen C-Atom)

Ü 18* Bei der Reaktion von (*Z*)-2-Penten mit Wasser in Gegenwart katalytischer Mengen von Schwefelsäure (H_2SO_4) erhält man zwei Reaktionsprodukte. Führen Sie anhand der Spektren eine Identifizierung der Reaktionsprodukte durch.

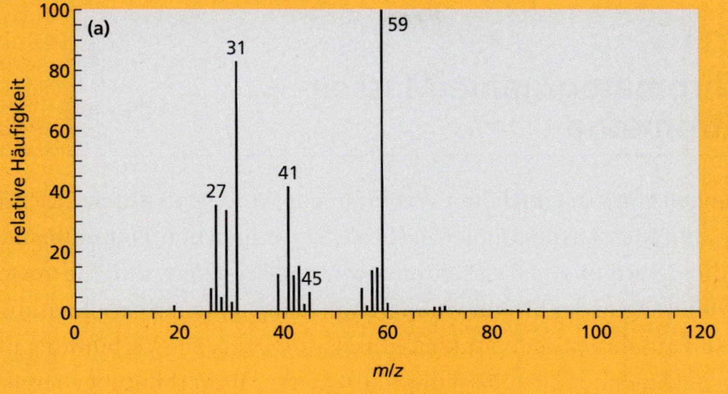

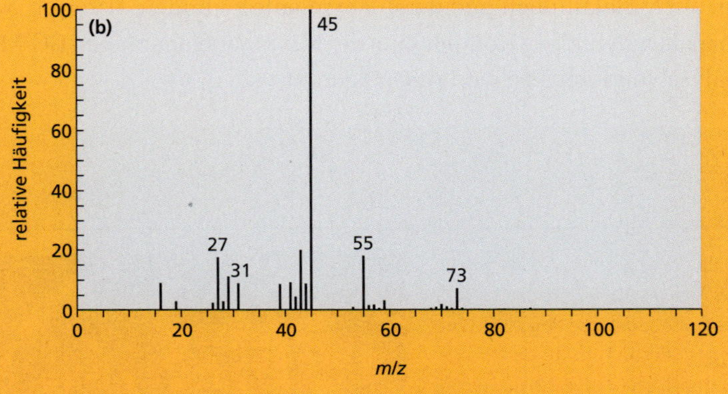

Andere Ionisationsmethoden 13.7

Andere Methoden als die Elektronenionisation (EI-MS) können ebenfalls benutzt werden, um Massenspektren zu erzeugen. Bei der chemischen Ionisierung (CI-MS) wird die Probe mit einem vorionisierten Gas wie Methan oder Ammoniak besprüht, das die Proben durch Elektronen- oder Protonentransfer vom oder zum Gas ionisiert. Da die Molekülionen, die durch diese Methode produziert werden, weniger wahrscheinlich eine Fragmentierung durchführen, ist die Fähigkeit dieser Methode die Molmasse (und damit die Summenformel) der Verbindung zu finden erhöht.

Sowohl EI-MS als auch CI-MS benötigten eine Verdampfung der Probe vor der Ionisierung. Daher können diese Methoden nur von Propen mit relativ geringer Molmasse verwendet werden. Massenspektren von großen Molekülen, sogar riesigen Biomolekülen wie Enzymen oder Oligonukleotiden, können durch Desorptionsionisierung (DI) aufgenommen werden. Bei dieser Methode werden die Proben in einer Matrix aufgelöst, die dann durch eine von mehreren Methoden ionisiert wird. Die Matrix transferiert Energie zur Probe, was dazu führt, dass einige Moleküle der Probe ionisiert werden und aus der Matrix austreten. Diese Ionen werden dann durch das Massenspektrometer beschleunigt und ergeben das Massenspektrum wie bei der EI-MS (Abschnitt 13.1). Diese

Ionisationsmethoden umfassen einen Beschuss der Matrix mit hochenergetischen Ionen (Sekundärionen-MS [SIMS]), Photonen (*matrix-assisted laser desorption ionisation* [MALDI]) oder neutralen Atomen (als *fast-atom bombardment* [FAB] bekannt).

Gaschromatographie-Massenspektrometrie 13.8

Mischungen von verschiedenen Verbindungen werden oft durch Gaschromatographie und Massenspektrometrie (GC-MS) zur gleichen Zeit untersucht. Die Verbindung wird in einen Gaschromatographen injiziert, und die verschiedenen Verbindungen der Mixtur wandern mit verschiedenen Geschwindigkeiten (basierend auf ihren Siedepunkten) durch die Säule. Die Verbindung mit dem niedrigsten Siedepunkt verlässt die Säule zuerst. Die Verbindungen treten nach dem Verlassen der Säule in das Massenspektrometer ein, indem sie ionisiert werden, um Molekülionen und deren Fragmente zu bilden. Dadurch wird ein Massenspektrum für jede Komponente der Mixtur aufgenommen. GC-MS wird zur Analyse von forensischen Proben benutzt.

HINTERGRUND

Massenspektrometrie in der Forensik

Forensik ist die Anwendung von Wissenschaft zur Beantwortung von Fragen, die bei Zivil- oder Strafverfahren eine Rolle spielen. Das Massenspektrometer ist ein wichtiges Werkzeug für die forensische Wissenschaft. Es wird zur Analyse von Körperflüssigkeiten (um die Spiegel darin enthaltener Medikamente oder toxischer Substanzen festzustellen) genutzt. Es kann ebenfalls die Anwesenheit von Medikamenten in Haaren nachweisen, in welchen diese Substanzen sogar nach Monaten oder Jahren (im Gegensatz zu Stunden oder Tagen bei Körperflüssigkeiten) nachgewiesen werden können. Massenspektrometer wurden zuerst bei einer französischen Sportveranstaltung im Jahre 1955 eingesetzt, um Medikamente bei Radrennfahrern nachzuweisen (20 % aller Ergebnisse waren positiv). Die Massenspektrometrie kann ebenso eingesetzt werden, um Rückstände in den Spuren von Brandstiftern oder Explosionen, Farben, Klebern und Fasern zu analysieren.

Spektroskopie und das elektromagnetische Spektrum 13.9

Spektroskopie ist die Untersuchung der Wechselwirkung von Materie mit elektromagnetischer Strahlung. **Elektromagnetische Strahlung** ist Strahlungsenergie, die sich als Feld mit Lichtgeschwindigkeit ausbreitet und dessen „Bestandteile" typisches Quantenverhalten zeigen (d. h. je nach herrschenden Bedingungen Welle- und/oder Teilcheneigenschaften). Ein Kontinuum verschiedener Arten elektromagnetischer Strahlung – jeder Typ ist mit einem bestimmten Energiebereich verknüpft – bildet das elektromagnetische Spektrum (► Abbildung 13.8). Das sichtbare Licht ist die Form der elektromagnetischen Strahlung, mit der wir am besten vertraut sind; es stellt jedoch nur einen kleinen Ausschnitt aus dem gesamten elektromagnetischen Spektum dar. Röntgenstrahlen und Radiowellen sind andere bekannte Formen der elektromagnetischen Strahlung.

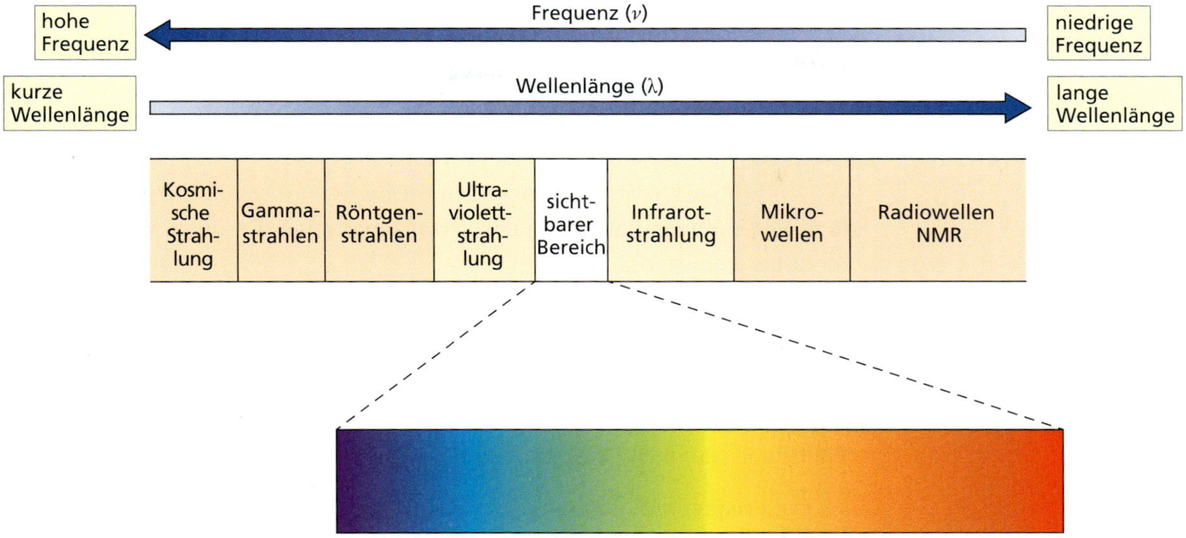

Abbildung 13.8: Das elektromagnetische Spektrum. Elektromagnetische Strahlung mit der höchsten Energie (der höchsten Frequenz und der niedrigsten Wellenlänge) liegt auf der linken Seite des Spektrums. Die elektromagnetische Strahlung mit der geringsten Energie (den niedrigsten Frequenz und der längsten Wellenlänge) liegt auf der rechten Seite.

Das (kontinuierliche) elektromagnetische Spektrum setzt sich aus den folgenden Energiebereichen zusammen (wobei die Übergänge von einem Bereich zum nächsten immer fließend sind):

- *Kosmische Strahlung*, die von der Sonne abgestrahlt wird. Sie hat die höchste Energie aller Arten elektromagnetischen Strahlung.
- *Gammastrahlen (γ-Strahlen)* werden von den Atomkernen bestimmter radioaktiver Isotope beim so genannten Elektroneneinfang ausgesandt. Aufgrund ihrer hohen Energie und Durchdringungsfähigkeit vermögen sie insbesondere biologisches Material zu schädigen.
- *Röntgenstrahlen*. Ihre Energie ist etwas niedriger als die der Gammastrahlen. Ihre Wirkung auf lebendes Material ist weniger stark (außer in hohen Dosen). Röntgenstrahlen werden in niedrigen Dosierungen zur Durchleuchtung von menschlichen Körpern medizinisch eingesetzt. Je dichter ein Körpergewebe, desto mehr absorbiert es die Röntgenstrahlung.
- *Ultraviolettstrahlung* (UV-Strahlung, manchmal auch UV-„Licht"). Kurzwellige Strahlung, die in der Natur von der Sonne ausgeht, und die u. a. Sonnenbrände auslöst. UV-Strahlung kann Biomoleküle wie die Erbsubstanz DNA schädigen und dadurch unter Umständen zur Krebsbildung führen (Abschnitt 29.6).
- Der *sichtbare Bereich* (visueller Bereich) ist der Ausschnitt des elektromagnetischen Spektrums, den wir mit unseren Augen wahrnehmen können.
- *Infrarotstrahlung* wird als Wärme wahrgenommen.
- *Mikrowellen* werden in Mikrowellengeräten in der Küche und beim Radar eingesetzt.
- *Radiowellen* besitzen den geringsten Energiegehalt (ihre Wellen haben die niedrigsten Frequenzen = größten Wellenlängen). Sie werden ausgiebig zur Nachrichtenübermittlung (Radio, Fernsehen, Mobiltelefone etc.) eingesetzt.

Radiowellen sind die Grundlage für die im nächsten Kapitel diskutierte NMR-Spektroskopie und die davon abgeleitete Magnetresonanzbildgebung (MRI, *magnetic resonance imaging*; Kapitel 14).

Jede der in diesem Buch vorgestellten spektroskopischen Techniken nutzt eine andere Form (einen anderen Wellenlängenbereich) der elektromagnetischen Strahlung, um chemische Verbindungen zu identifizieren. Die UV-/Vis-Spektroskopie wird weiter unten eingeführt. In diesem Kapitel werden wir uns nun der Infrarotspektroskopie zuwenden. In Kapitel 14 werden wir lernen, wie man Verbindungen mit Hilfe der kernmagnetischen Resonanzspektroskopie identifizieren kann.

Charakterisierung von elektromagnetischer Strahlung

Weil elektromagnetische Strahlung Eigenschaften von Wellen besitzt, lässt sie sich durch ihre Frequenz (ν, gr. Buchstabe „nü") oder ihre Wellenlänge (λ, gr. Buchstabe „lambda") charakterisieren.

- Die **Frequenz** ist definiert als die Zahl der Wellenkämme (oder Wellentröge), die einen gegebenen Punkt im Zeitraum einer Sekunde passieren. Die Einheit der Frequenz ist Hertz (Hz; 1/s).
- Die **Wellenlänge** ist der Abstand von irgendeinem Punkt entlang der Welle zu dem zu ihm korrespondierenden Punkt im nächsten Wellenzyklus. Sie wird generell in Nanometern angegeben: 1 nm = 10^{-9} m.

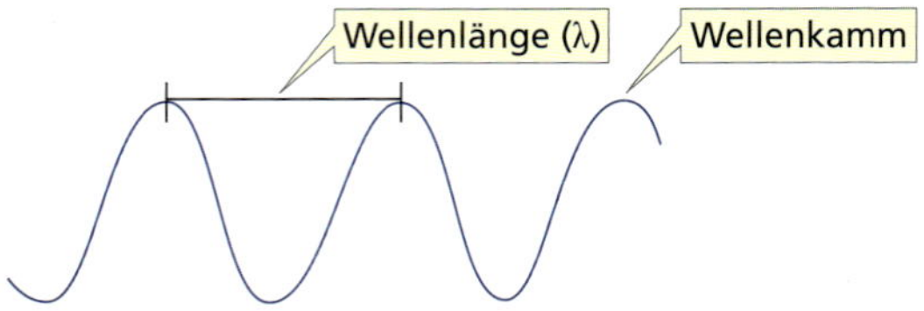

Die Beziehung zwischen der Energie (E) eines Photons und der Frequenz (ν) oder der Wellenlänge (λ) der elektromagnetischen Strahlung wird durch folgende Gleichung wiedergegeben:

$$E = h\nu = \frac{hc}{\lambda}$$

wobei h eine Konstante – das *Planck'sche Wirkungsquantum* – darstellt (benannt nach einem deutschen Physiker, der diese Beziehung erkannte) und c die Lichtgeschwindigkeit (3×10^{10} cm/s). Die Frequenz der elektromagnetischen Strahlung ergibt sich somit als der Quotient aus Lichtgeschwindigkeit c und der Wellenlänge der Strahlung. Kurze Wellenlängen entsprechen hohen Frequenzen, und große Wellenlängen niedrigen.

$$\nu = \frac{c}{\lambda}$$

Die **Wellenzahl** ($\tilde{\nu}$) ist ein alternativer Weg, die *Frequenz* einer elektromagnetischen Strahlung anzugeben. Sie ist die übliche Bezeichnung für die Strahlungsenergie in der Infrarotspektroskopie. Die Wellenzahl gibt die Zahl der Wellenzüge pro Zentimeter an; ihre Einheit ist daher cm^{-1}.

Hohe Frequenzen, große Wellenzahlen und kurze Wellenlängen gehen mit hoher Energie einher.

Ü 19*

(a) Die elektromagnetische Strahlung welcher Wellenzahl besitzt eine höhere Energie pro Photon: 100 cm^{-1} oder 2000 cm^{-1}.

(b) Welche Strahlung besitzt pro Photon mehr Energie, eine von der Wellenlänge 950 nm oder eine von 850 nm Wellenlänge?

Ü 20* Eine der folgenden Darstellungen zeigt die Wellen von Infrarotstrahlung, die andere zeigt jene von Ultraviolettstrahlung. Welche Darstellung gehört zu welcher Strahlung?

(a)

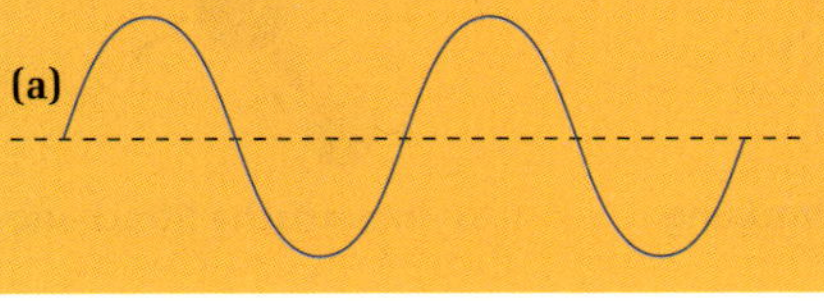

(b)

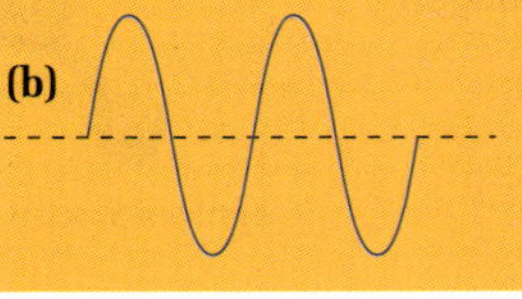

Infrarotspektroskopie 13.10

Die kovalenten Bindungen eines Moleküls führen unablässig Schwingbewegungen aus. Wenn wir also sagen, dass eine Bindung zwischen zwei Atomen diese oder jene Bindungslänge aufweist, geben wir damit einen Mittelwert an, denn die Bindung verhält sich wie eine schwingende Feder, die zwischen die Atome gespannt ist.

Streck- und Deformationsschwingungen

Eine chemische Bindung kann sowohl Streckschwingungen entlang der Bindungsachse als auch Deformationsschwingungen in irgendeinem Winkel zur Bindungsachse ausführen.

- Eine *Streckschwingung* wird entlang der Bindungsachse ausgeführt und ändert die Bindungslänge.
- Eine *Deformationsschwingung* ändert den Bindungswinkel, nicht jedoch die Bindungslänge.

Ein zweiatomiges Molekül wie H—Cl kann nur **Streckschwingungen** ausführen, da keine Bindungswinkel vorhanden sind.

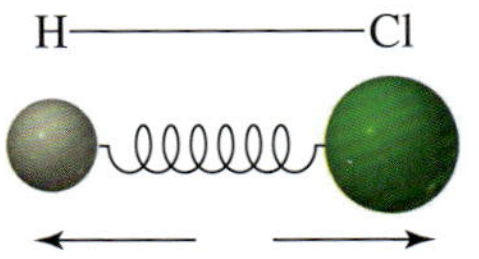

Streckschwingung

Die Schwingungen eines Moleküls, das aus drei oder mehr Atomen besteht, sind komplizierter, da sie sowohl Streck- und Deformationsschwindungen ausführen (► Abbildung 13.9). Solche Moleküle können symmetrische und unsymmetrische Streck- und Deformationsschwingungen ausführen. Deformationsschwingungen können innerhalb der Molekülebene stattfinden oder aus der Molekülebene herausführen **Deformationsschwingungen** werden oft durch bildhafte Ausdrücke wie *Schaukel-, Scheren-, Wedel- oder Torsionsbewegung* beschrieben.

Infrarotstrahlung der Wellenzahlen von 4000 bis 600 cm^{-1} hat gerade die richtige Energie, um in organischen Molekülen Streck- und Deformationsschwingungen anzuregen. Die elektromagnetische Strahlung in diesem Energiebereich wird Infrarotstrahlung genannt, weil sich dieser Spektralbereich unmittelbar an das rote Ende des sichtbaren Spektralbereichs (► Abbildung 13.11) anschließt (*Infra*, lat. unter/unterhalb).

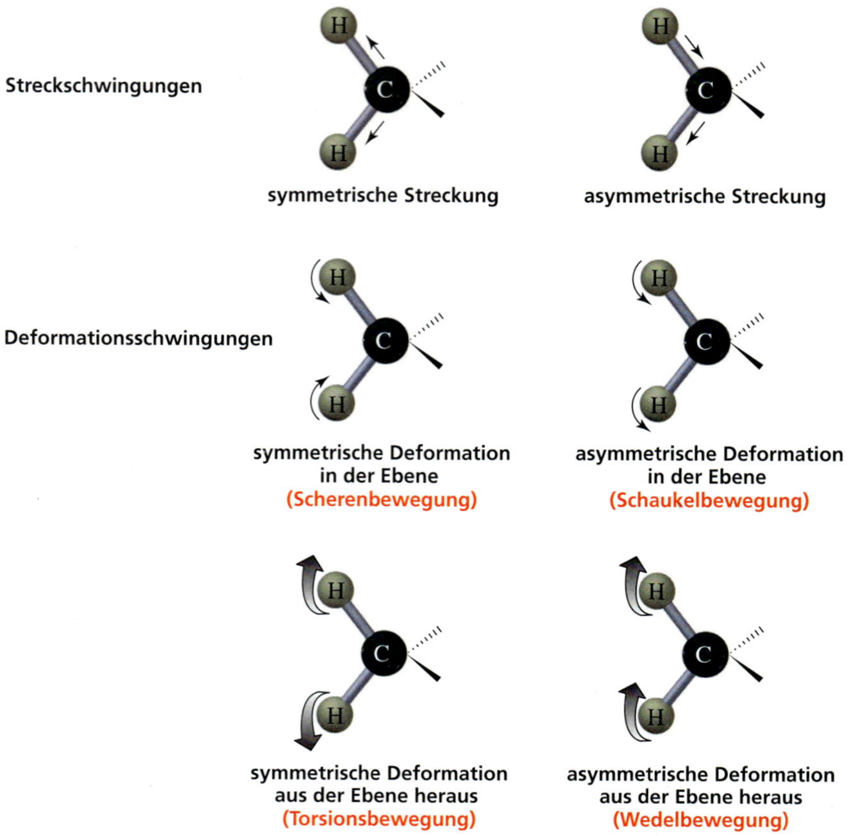

Abbildung 13.9: Streck- und Deformationsschwingungen von Bindungen organischer Moleküle mit drei oder mehr Atomen.

Wenn eine Verbindung mit Strahlung einer passenden Frequenz konfrontiert wird, die der Anregungsfrequenz einer ihrer Schwingungsmoden entspricht, wird die Strahlung dieser Frequenz absorbiert. Dadurch kommt es zur Bewegung der Atome gegeneinander. Wird mehr Strahlungsenergie absorbiert, nimmt die *Amplitude* der Molekülschwingung zu, nicht aber die Frequenz der Molekülschwingung. Durch die experimentelle Bestimmung der Wellenzahlen, bei denen eine Verbindung Strahlung absorbiert, können wir feststellen, welcher Art die Bindungen in der Verbindung sind. Zum Beispiel wird die C═O-Bindung von Strahlung mit der Wellenzahl von ~1700 cm^{-1} zu einer Streckschwingung angeregt, wohingegen die O—H-Bindung Energie der Wellenzahl ~3400 cm^{-1} absorbiert und ebenfalls zu einer Streckschwingung angeregt wird (► Abbildung 13.10).

C═O	O—H
$\tilde{\nu}$ = ~1700 cm^{-1}	$\tilde{\nu}$ = ~3400 cm^{-1}

Das Infrarotspektrum

Man erhält ein **Infrarotspektrum**, wenn man infrarote Strahlung durch eine Substanzprobe schickt. Ein Detektor zeichnet eine Verlaufskurve der Durchlässigkeit der Probe in Abhängigkeit von der Wellenzahl (bzw. Wellenlänge) der Strahlung auf (► Abbildung 13.10). Das Gerät, mit dem *Infrarotspektren* aufgenommen werden, heißt *Infrarotspektrometer*, kurz *IR-Spektrometer*. Bei 100 % Durchlässigkeit (Transmission), geht die gesamte eingestrahlte Energie ohne Wechselwirkung mit den Molekülen der Substanz durch die Probe hindurch. Niedrigere Werte der prozentualen Transmission zeigen an, dass etwas von der Energie der Strahlung durch die Verbindung absorbiert wurde. Jede nach unten zeigende Signalspitze in einem IR-Spektrum bedeutet die Absorption von Energie. Diese (oft unregelmäßigen) Spitzen oder Zacken heißen **Absorptionsbanden**. Die meisten Chemiker*innen geben die Lage von Absorptionsbanden durch Wellenzahlen an (die Wellenzahl des Absorptionsmaximums).

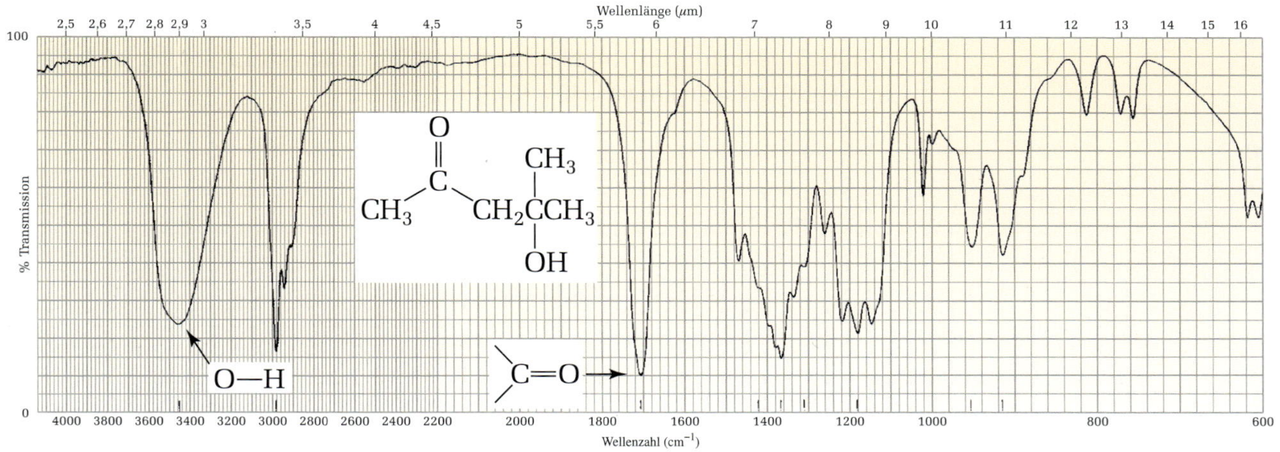

Abbildung 13.10: Ein Infrarotspektrum zeigt den Anteil der Transmission der Strahlung vs. der Wellenzahl der Strahlung. Die (C=O)-Streckschwingung absorbiert bei 1705 cm^{-1} und die (O—H)-Streckschwingung absorbiert bei 3450 cm^{-1}.

Ein neuerer, weiter entwickelter Typ von IR-Spektrometer ist das Fourier-Transform IR-Spektrometer. Diese Variante der Methode heißt dementsprechend Fourier-Transformations-Infrarotspektroskopie (FT-IR). Es misst alle Frequenzen zur gleichen Zeit. Dies erlaubt mehrere Messungen in kurzer Zeit, die dann gemittelt werden können. Die Information wird von einem Computer aufgezeichnet und durch das Rechenwerk automatisch einer Fourier-Transformation unterzogen. Die in diesem Buch wiedergegebenen Spektren sind FT-IR-Spektren.

Die funktionellen Gruppen und der Fingerprintbereich

Ein IR-Spektrum kann in zwei Bereiche unterteilt werden. Die linksseitigen Zweidrittel eines IR-Spektrums (4000–1400 cm^{-1}) bilden den Bereich, in dem die meisten funktionellen Gruppen Absorptionsbanden haben. Dieser Teil des Spektrums wird **Bereich der funktionellen Gruppen** genannt.

Das rechtsseitige Drittel (1400–600 cm^{-1}) wird **Fingerprintbereich** genannt, weil er charakteristisch für die Verbindung als Ganzes ist wie der Fingerabdruck einer Person für diese individuell charakteristisch ist. Selbst wenn zwei verschiedene Moleküle dieselben funktionellen Gruppen tragen, werden ihre IR-Spektren nicht identisch sein, da sich die funktionellen Gruppen nicht in exakt derselben Umgebung befinden. Dieser Unterschied manifestiert sich im Muster der Absorptionsbanden des Fingerprintbereiches. Jede chemische Verbindung zeigt in diesem Bereich des Spektrums ein einzigartiges Muster.

So besitzen beispielsweise 2-Pentanol und 3-Pentanol dieselbe funktionelle Gruppe, sodass ihr Absorptionsverhalten im Bereich der funktionellen Gruppen ähnlich ist. Ihre Fingerprintbereiche sind jedoch unterschiedlich, weil es sich um unterschiedliche chemische Verbindungen handelt (► Abbildung 13.11). Eine Verbindung kann daher durch den Vergleich ihres Fingerprintbereiches mit dem Fingerprintbereich einer schon bekannten Verbindung identifiziert werden.

Die Streck- und Deformationsschwingungen jeder Bindung eines Moleküls kann die Ursache für eine Absorptionsbande sein. IR-Spektren können somit ziemlich kompliziert werden. Organische Chemiker*innen versuchen in der Regel nicht, alle Absorptionsbanden in einem Spektrum zuzuordnen. In diesem Abschnitt werden wir uns einige charakteristische, immer wieder auftauchende Banden ansehen, sodass wir in der Lage sein werden, etwas über die Struktur einer Verbindung auszusagen, die ein bestimmtes IR-Spektrum erzeugt. Es steckt jedoch noch viel mehr in einem Infrarotspektrum als wir in der Lage sein werden zu entdecken.

(a)

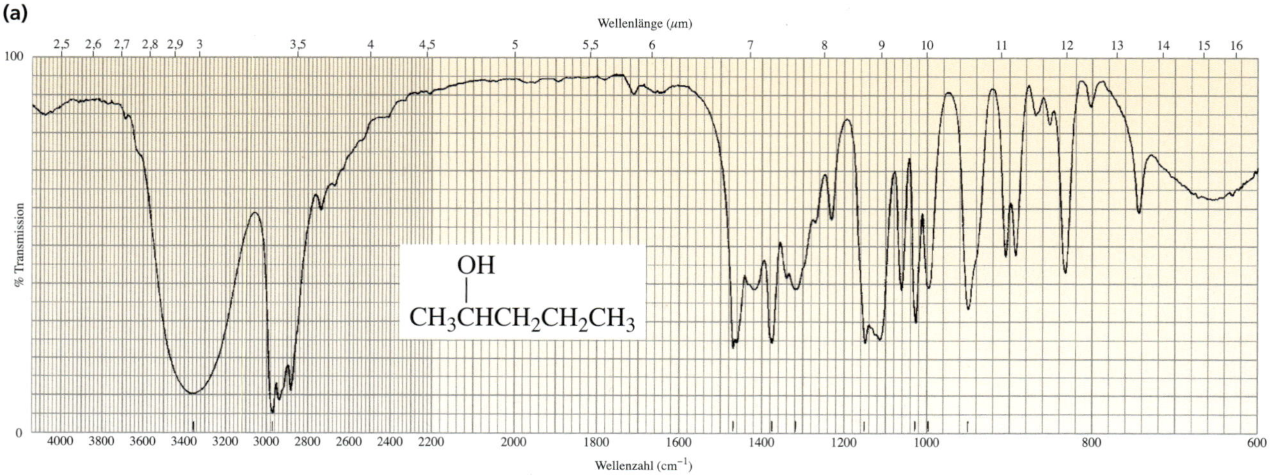

(b)

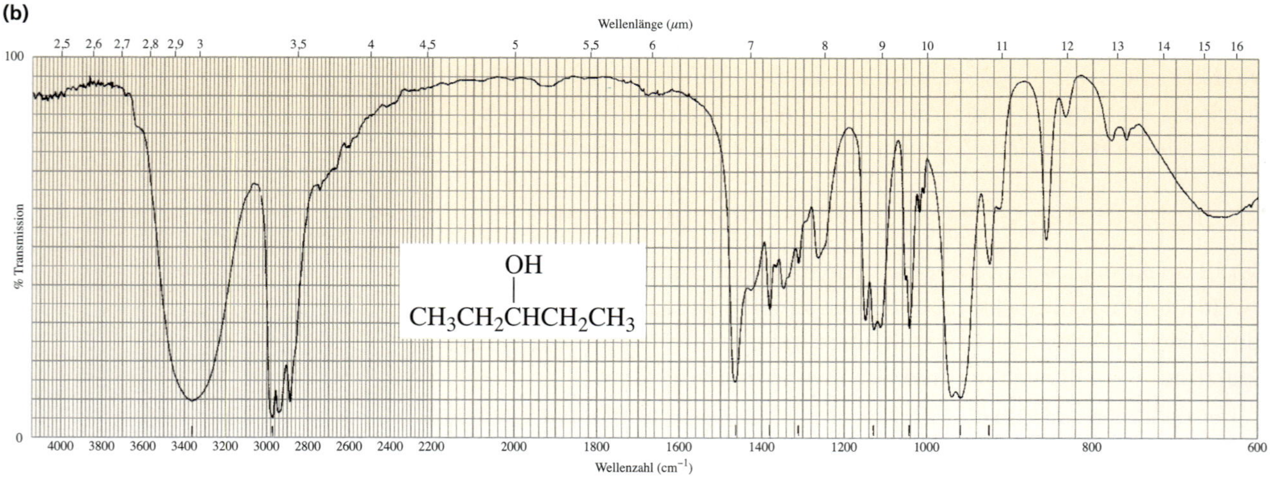

Abbildung 13.11: Das IR-Spektrum von (a) 2-Pentanol und (b) 3-Pentanol. Der Bereich der funktionellen Gruppen (4000–1400 cm^{-1}) ist bei beiden sehr ähnlich, da die beiden Verbindungen die gleiche funktionelle Gruppe besitzen, doch ist der Fingerprintbereich (1400–600 cm^{-1}) für jede der Verbindungen einzigartig.

Bei der Identifizierung einer unbekannten Verbindung setzt man die IR-Spektroskopie häufig im Verbund mit anderen spektroskopischen Techniken ein und kombiniert die Messergebnisse. Viele der Übungen in diesem und in Kapitel 14 geben Ihnen Gelegenheit, Verbindungen zu identifizieren, indem Sie Informationen verwenden, die durch zwei oder mehr verschiedene instrumentelle Methoden gewonnen wurden.

Charakteristische IR-Absorptionsbanden 13.11

Weil man mehr Energie aufwenden muss, um eine Bindung zu strecken als sie zu deformieren, finden sich die Absorptionsbanden für Streckschwingungen im Bereich der funktionellen Gruppen (4000–1400 cm^{-1}), während man Absorptionsbanden für Deformationsschwingungen typischerweise im Fingerprintbereich (1400–600 cm^{-1}) antrifft. Streckschwingungen sind daher die nützlichsten Schwingungsmoden bei der Untersuchung, welche Arten von Bindungen in einem Molekül vorkommen. Die *IR-Streckfrequenzen*, die zu verschiedenen Bindungssorten gehören, sind in ► Tabelle 13.4 zusammengefasst und werden in den Abschnitten 12.12 und 12.13 diskutiert.

MERKE!

Man muss mehr Energie aufwenden, um ein Molekül zu strecken, als man benötigt, um es zu deformieren. Streckschwingungen sind daher bei höheren Wellenzahlen zu finden als Deformationsschwingungen.

Bindungstyp	Wellenzahlen (cm^{-1})	Intensität
C≡N	2260–2220	mittelstark
C≡C	2260–2100	mittelstark bis schwach
C=C	1680–1600	mittelstark
C=N	1650–1550	mittelstark
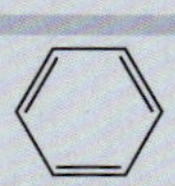	~1600 und ~1500–1430	stark bis schwach
C=O	1780–1650	stark
C—O	1250–1050	stark
C—N	1230–1020	mittelstark
O—H (Alkohol)	3650–3200	stark, breit
O—H (Carbonsäure)	3300–2500	stark, sehr breit
N—H	3500–3300	mittelstark, breit
C—H	3300–2700	mittelstark

Tabelle 13.4: Wichtige IR-Streckfrequenzen.

Hinweis für die Studierenden

Eine ausführlichere Tabelle zu charakteristischen Schwingungen funktioneller Gruppen finden Sie in Anhang F.

Die Intensität von Absorptionsbanden 13.12

Bei einer Streckschwingung erhöht sich das Dipolmoment einer Bindung, da sich die beteiligten Atome voneinander entfernen. Die Intensität einer Absorptionsbande hängt von der Größe der mit der Schwingung einhergehenden Änderung des Dipolmomentes zusammen:

Je größer die Änderung des Dipolmoments,
desto intensiver ist die Absorption.

MERKE!

Erinnern Sie sich daran, dass das Dipolmoment einer Bindung der Größe der Ladung an einem der beiden Atome multipliziert mit dem Abstand der beiden Atome entspricht.

Zum Beispiel erscheinen die Absorptionsbanden der Streckschwingung von C=O- und C=C-Bindungen bei ähnlichen Frequenzen. Sie lassen sich aber leicht unterscheiden, da die Intensität der C=O-Schwingung durch die größere Änderung des Dipolmoments während der Schwingung deutlich intensiver ist. (Vergleichen Sie die C=O-Absorptionsbanden in den ► Abbildungen 13.12–13.15 mit dem C=C-Absorptionsband in ► Abbildung 13.19).

Die Streckschwingung einer O—H-Bindung wird von einer größeren Änderung des zugehörigen Dipolmoments begleitet als die Streckschwingung einer N—H-Bindung, weil die O—H-Bindung polarer (das Sauerstoffatom stärker elektronegativ) ist. Daraus folgt, dass die Streckschwingung einer O—H-Bindung stärker sein wird. Die zugehörige Bande im Spektrum wird somit intensiver ausfallen. In gleicher Weise ist die Streckschwingung einer N—H-Bindung intensiver als die einer C—H-Bindung, weil die N—H-Bindung polarer ist.

Relative Polarität der Bindungen
Relative Intensität der IR-Absorption

am polarsten; am intensivsten — am wenigsten polar; am wenigsten intensiv

O—H > N—H > C—H

> **MERKE!**
>
> **Je größer die Änderung des Dipolmomentes, desto intensiver die Absorption.**
>
> **Je polarer die Bindung, desto intensiver die Absorption.**

Die Intensität einer Absorptionsbande hängt auch davon ab, wieviele Bindungen für die Absorption verantwortlich sind. Zum Beispiel wird die Absorptionsbande für C—H-Streckschwingungen für eine Verbindung wie Iodoctan, die 17 C—H-Bindungen hat, intensiver ausfallen als die von Iodmethan, das nur 3 C—H-Bindungen aufweist.

Die Konzentration der Probe, von der das Spektrum aufgenommen wird, beeinflusst ebenfalls die Stärke der Absorptionsbanden. In konzentrierteren Lösungen sind mehr absorbierende Moleküle enthalten, sodass die zugehörigen Banden von größerer Intensität sind. In der chemischen Literatur werden Intensitäten mit Begriffen wie stark (s), mittelstark (m), schwach (w, von engl. *weak*), breit und scharf umschrieben.

Die Lage von Absorptionsbanden 13.13

Die Frequenz einer Streckschwingung (die Energiemenge, die nötig ist, um eine chemische Bindung zu strecken), hängt von der *Stärke* der Bindung und den *Massen* der beteiligten Atom ab. Je stärker die Bindung, desto mehr Energie ist notwendig, um die Streckung auszuführen, weil eine stärkere chemische Bindung (veranschaulicht) einer stärkeren mechanischen Feder entspricht. Die Frequenz der Schwingung ist umgekehrt proportional zur Masse der Atome, die „an der Feder hängen"; schwerere Atome schwingen mit niedrigerer Frequenz.

> **MERKE!**
>
> **Leichtere Atome zeigen Absorptionsbanden bei größeren Wellenzahlen.**
>
> **C—H ~3000 cm^{-1}**
> **C—D ~2200 cm^{-1}**
> **C—O ~1100 cm^{-1}**
> **C—Cl ~700 cm^{-1}**

Das Hooke'sche Gesetz

Die ungefähre Wellenzahl einer Absorption kann mit der folgenden, vom Hooke'schen Gesetz abgeleiteten Formel näherungsweise errechnet werden. Das **Hooke'sche Gesetz** beschreibt die Bewegung einer schwingenden Feder (eines idealen harmonischen Oszillators):

$$\tilde{\nu} = \frac{1}{2\pi c}\left[\frac{f(m_1 + m_2)}{m_1 m_2}\right]^{1/2}$$

wobei c die Lichtgeschwindigkeit ist, $\tilde{\nu}$ die Wellenzahl der Streckschwingung, c ist die Lichtgeschwindigkeit, f die Kraftkonstante der Bindung und m_1 und m_2 die Massen der Atome, die durch die Bindung miteinander verknüpft sind. Die Gleichung lässt erkennen, dass *stärkere Bindungen* und *leichtere Atome* höhere Frequenzen nach sich ziehen.

HINTERGRUND

■ Der Urheber des Hooke'schen Gesetzes

Robert Hooke (1635–1703) wurde auf der südlich von England im Ärmelkanal liegenden Isle of Wight geboren. Als brillanter Wissenschaftler trug er zu beinahe jedem Gebiet der Naturwissenschaft etwas bei. Er war der Erste, der die Idee entwarf, dass Licht eine Welle sei. Er entdeckte, dass das Himmelsobjekt Gamma Arietis ein Doppelstern ist, und er entdeckte den berühmten roten Fleck in der Atmosphäre des Planeten Jupiter. In einer posthum veröffentlichten Vorlesung Hookes trug er die Hypothese vor, dass sich Erdbeben ereignen, wenn sich die Erde abkühlt und dabei zusammenzieht. Er untersuchte Flaschenkork unter dem Mikroskop und ersann für das, was er sah, den Begriff „Zelle", der noch heute verwendet wird. Auf der Grundlage seiner Studien über Mikrofossilien schrieb er über evolutionäre Entwicklungen, und seine Untersuchungen an Insekten wurden ebenfalls hoch geschätzt. Hooke erfand außerdem die Waagenfeder für Uhren und die Universalkupplung, die noch heute in Automobilen verwendet wird.

Robert Hookes Zeichnung einer Schmeißfliege erschien in dem Band *Micrographia*, dem ersten Buch über die damals neue Mikroskopie, das Hooke im Jahr 1665 herausbrachte.

Effekte der Bindungsordnung

Die Bindungsordnung – also ob eine Bindung eine Einfach-, Zweifach- oder Dreifachbindung ist – beeinflusst die Bindungsstärke; auf diese Weise nehmen Bindungseffekte Einfluss auf die Lage von Absorptionsbanden (► Tabelle 13.4).

Eine C≡C-Dreifachbindung ist stärker als eine C=C-Bindung, sodass eine C≡C-Bindung bei einer höheren Wellenzahl (~2100 cm^{-1}) Streckschwingungen ausführt als eine C=C-Doppelbindung (~1650 cm^{-1}). C—C-Einfachbindungen zeigen Streckschwingungen im Bereich von 1300 bis 800 cm^{-1}, diese Schwingungen sind jedoch schwach und nur von geringem Nutzen bei der Identifizierung einer Verbindung.

Gleichfalls führt eine C=O-Bindung Streckschwingungen bei einer höheren Frequenz aus (~1700 cm^{-1}) als eine C—O-Bindung (~1100 cm^{-1}), und eine C≡N-Bindung streckt sich bei einer höheren Frequenz (~2200 cm^{-1}) als eine C=N-Bindung (~1600 cm^{-1}), die wiederum bei einer höheren Frequenz schwingt als eine C—N-Einfachbindung (~1100 cm^{-1}).

MERKE!

Stärkere Bindungen zeigen Absorptionsbanden bei größeren Wellenzahlen.

C≡N	**~2200 cm^{-1}**
C=N	**~1600 cm^{-1}**
C—N	**~1100 cm^{-1}**

Ü 21*

(a) Welcher Vorgang wird bei einer größeren Wellenzahl ablaufen?
  1. eine C≡C- oder eine C=C-Streckschwingung
  2. eine C—H-Streck- oder eine C—H-Deformationsschwingung
  3. eine C—N- oder C=N-Streckschwingung
  4. eine C=O-oder eine C—C-Streckschwingung

(b) Unter der Voraussetzung gleicher Kraftkonstanten wird welcher der folgenden Vorgänge bei höherer Wellenzahl erfolgen?
  1. eine C—O- oder eine C—Cl-Streckschwingung
  2. eine C—O- oder eine C—C-Streckschwingung

Die Position und Form einer Absorptionsbande wird durch Elektronendelokalisation und Wasserstoffbrücken beeinflusst 13.14

Die ► Tabelle 13.4 gibt für jede Steckschwingung einen Wellenzahlenbereich an, weil die exakte Lage einer Absorptionsbande noch von anderen strukturellen Merkmalen des Moleküls abhängig ist. Zu diesen gehören Elektronendelokalisation, elektronische Effekte von Nachbarsubstituenten und Wasserstoffbrückenbindungen. Aus der genauen Lage der Absorptionsbanden lassen sich so wichtige Details über die Struktur der untersuchten Verbindung ablesen.

Elektronendelokalisation

Das IR-Spektrum der ► Abbildung 13.12 zeigt beispielsweise, dass die Carbonylgruppe (C=O) des 2-Pentanons bei 1720 cm^{-1} absorbiert, während das in ► Abbildung 13.13 gezeigte Spektrum für 2-Cyclohexenon zeigt, das dessen Carbonylgruppe bei der niedrigeren Frequenz von 1680 cm^{-1} absorbiert. Das 2-Cyclohexenon absorbiert bei einer niedrigeren Frequenz, weil seine Carbonylgruppe infolge der Elektronendelokalisation weniger Doppelbindungscharakter besitzt. Da eine Einfachbindung schwächer als eine Doppelbindung ist, wird eine Carbonylgruppe mit merklichem Einfachbindungscharakter bei einer niedrigeren Frequenz zu einer Streckschwingung angeregt als eine mit wenig oder gar keinem Einfachbindungscharakter.

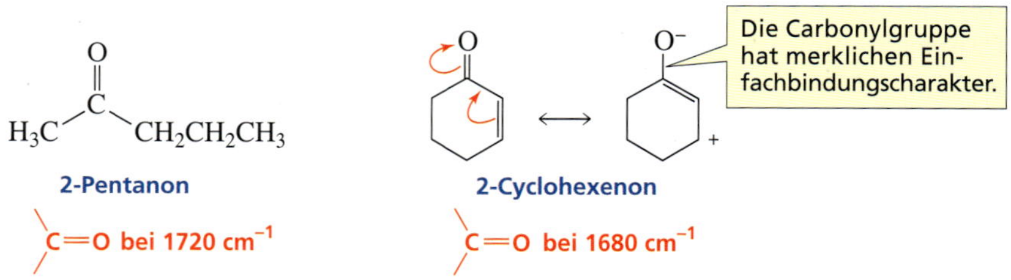

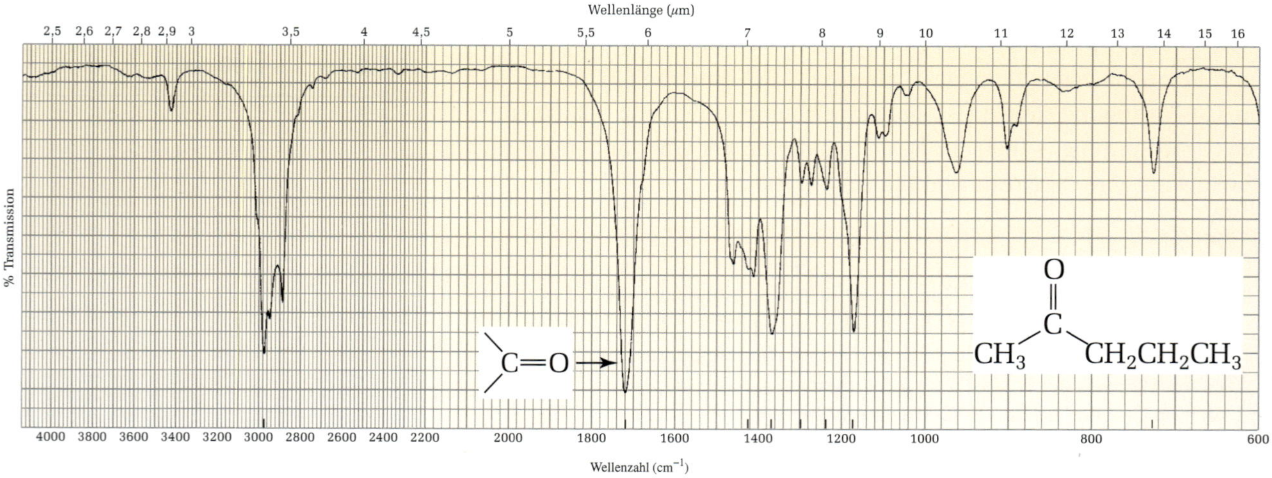

Abbildung 13.12: Das IR-Spektrum von 2-Pentanon. Die intensive Absorptionsbande bei ~1720 cm^{-1} weist auf eine C=O-Bindung hin.

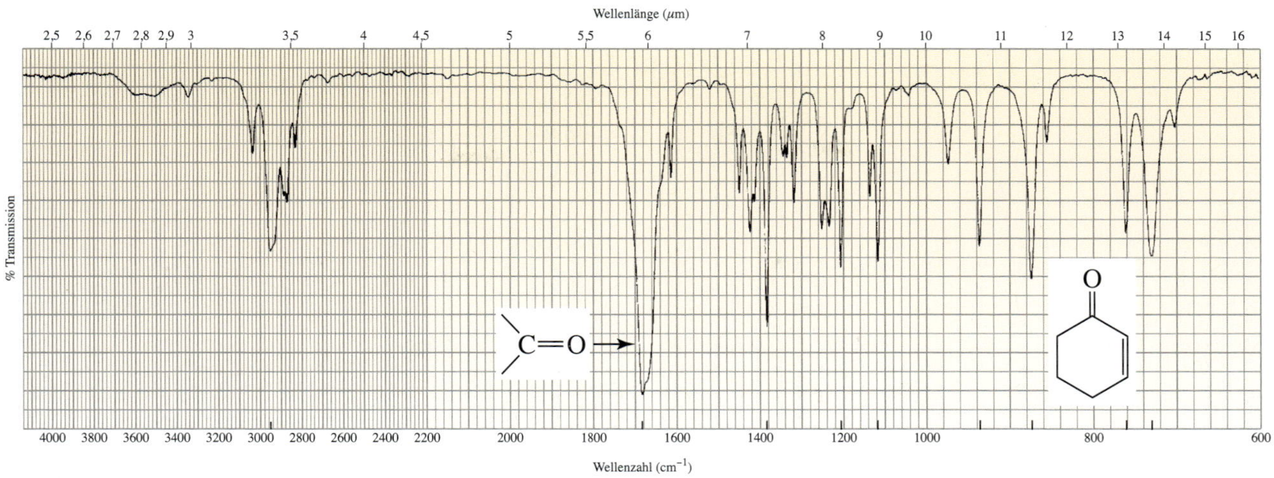

Abbildung 13.13: Das IR-Spektrum von 2-Cyclohexanon. Die Elektronendelokalisation verleiht der Carbonylgruppe weniger Doppelbindungscharakter, sodass sie bei einer niedrigeren Wellenzahl (~1680 cm^{-1}) absorbiert als dies eine Carbonylgruppe mit lokalisierten Elektronen tut (~1720 cm^{-1}).

Wird ein C-Atom, das in direkter Nachbarschaft zu einer Carbonylgruppe liegt, durch ein anderes Atom ersetzt, hat dies ebenfalls eine Verschiebung der Absorptionsbande der Carbonylgruppe zur Folge. Ob die Verschiebung zu einer niedrigeren oder zu einer höheren Frequenz hin erfolgt, hängt davon ab, ob der vorherrschende Effekt des Atoms darin besteht, durch den mesomeren Effekt Elektronen zu liefern oder aber induktiv Elektronen abzuziehen.

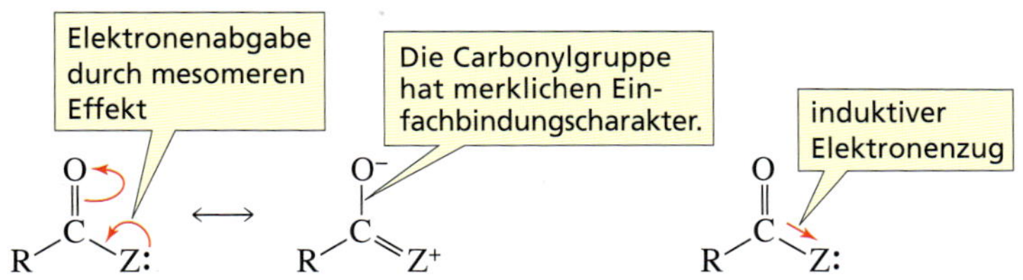

Der vorherrschende Effekt des Stickstoffatoms in einer Amidgruppierung ist der eines mesomeren Elektronendonators (Abschnitt 7.9). Im Gegensatz dazu ist der vorherrschende Effekt des Sauerstoffatoms in einer Estergruppierung der induktive Elektronenzug (Abschnitte 2.7 und 8.10), sodass die mesomere Grenzstruktur mit einer C—O-Einfachbindung weniger zum mesomeren Zustand (dem Resonanzhybrid) beiträgt. Die Carbonylfunktion eines Esters besitzt daher weniger Einzelbindungscharakter als die Carbonylfunktion einer Amidgruppe, sodass mehr Energie erforderlich ist, um sie zu einer Streckschwingung anzuregen (1740 cm^{-1} in ► Abbildung 13.14 im Vergleich mit 1660 cm^{-1} in ► Abbildung 13.15).

Wenn wir die Frequenz für die Streckschwingung der Carbonylgruppe eines Esters (1740 cm^{-1} in ► Abbildung 13.14) mit jener der Carbonylgruppe eines Ketons vergleichen (1720 cm^{-1} in ► Abbildung 13.12), so stellen wir fest, wie wichtig der induktive Elektronenzug für die Position der Streckschwingung der Carbonylgruppe ist.

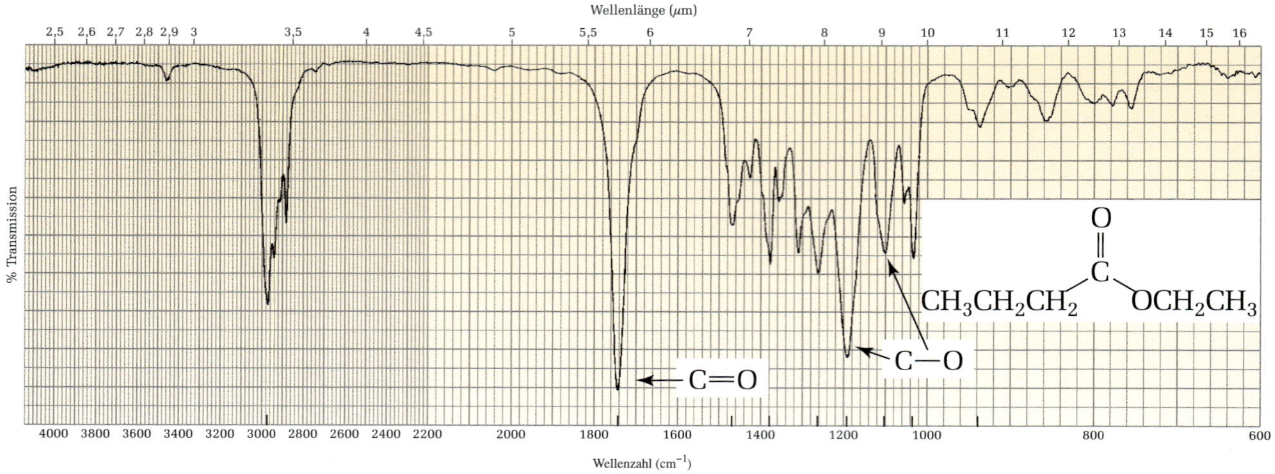

Abbildung 13.14: Das IR-Spektrum von Butansäureethylester. Die elektronenziehende Wirkung des Sauerstoffatoms macht die Carbonylgruppe eines Esters zu einer härteren „Feder", die weniger leicht gestreckt wird (~1740 cm^{-1}) als die Carbonylgruppe eines Ketons (~1720 cm^{-1}).

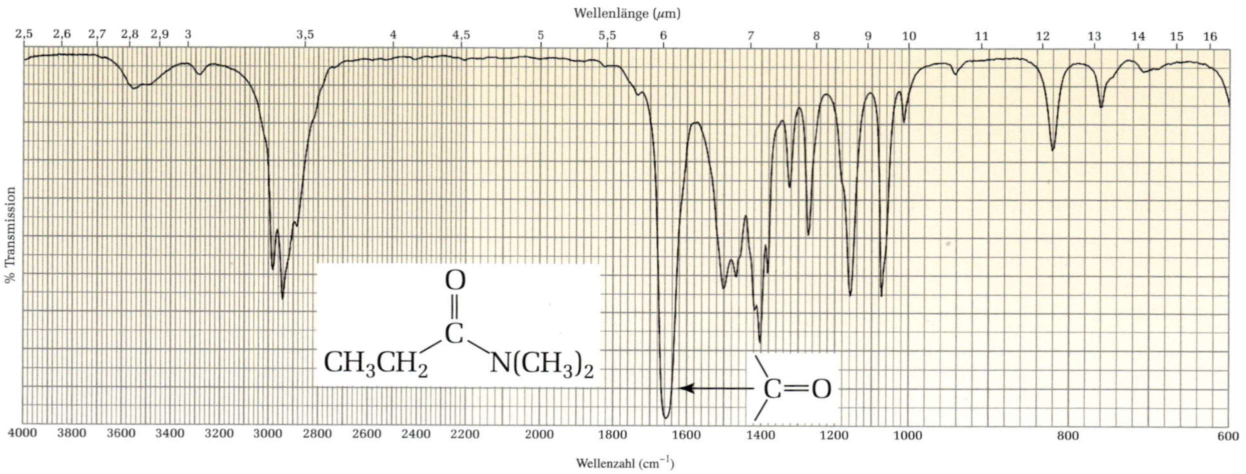

Abbildung 13.15: Das IR-Spektrum von N,N-Dimethylpropanamid. Die Carbonylgruppe eines Amids besitzt weniger Doppelbindungscharakter als die Carbonylgruppe eines Ketons, sodass sie leichter Streckschwingungen ausführt (~1660 cm^{-1}) als die Carbonylgruppe eines Ketons (~1720 cm^{-1}).

Eine C—O-Bindung zeigt Streckschwingungen bei 1250 und 1050 cm^{-1}. Falls die C—O-Bindung in einem Alkohol- oder einem Ethermolekül (▶ Abbildung 13.16) liegt, wird die Streckschwingung am unteren Ende des Wellenzahlenbereichs liegen. Falls jedoch die C—O-Bindung in einer Carbonsäure liegt (▶ Abbildung 13.17), wird die Absorptionsbande der Streckschwingung am oberen Ende des zugehörigen Wellenzahlenbereichs angesiedelt sein.

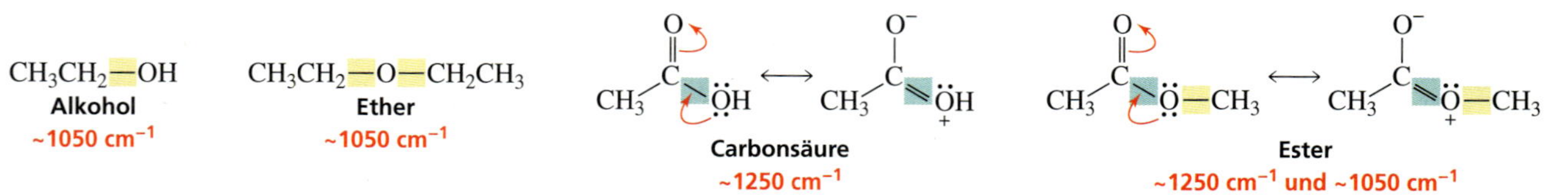

Die Lage der C—O-Absorption variiert, weil die C—O-Bindung in einem *Alkohol* oder einem *Ether* eine reine Einfachbindung ist, während die C—O-Bindung in einer *Carbonsäure* partiellen Doppelbindungscharakter hat, der auf mesomeren

Elektronenaustausch zurückgeht. *Ester* zeigen C—O-Streckschwingungen an beiden Enden des Wellenzahlbereiches (▶ Abbildung 13.14), da Ester zwei C—O-Einfachbindungen besitzen – eine, die eine reine Einfachbindung ist und eine weitere mit partiellem Doppelbindungscharakter.

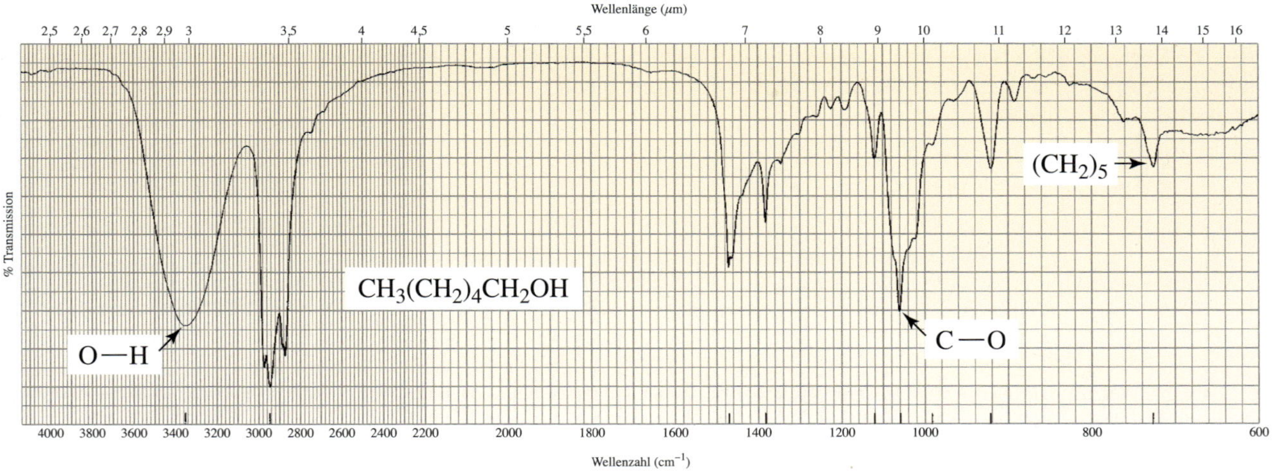

Abbildung 13.16: Das IR-Spektrum von 1-Hexanol. Die C—O-Absorption liegt am unteren Ende des Bereichs, in dem C—O-Streckschwingungen auftreten (1250–1050 cm^{-1}), da die C—O-Bindung in einem Alkohol eine reine Einfachbindung ist.

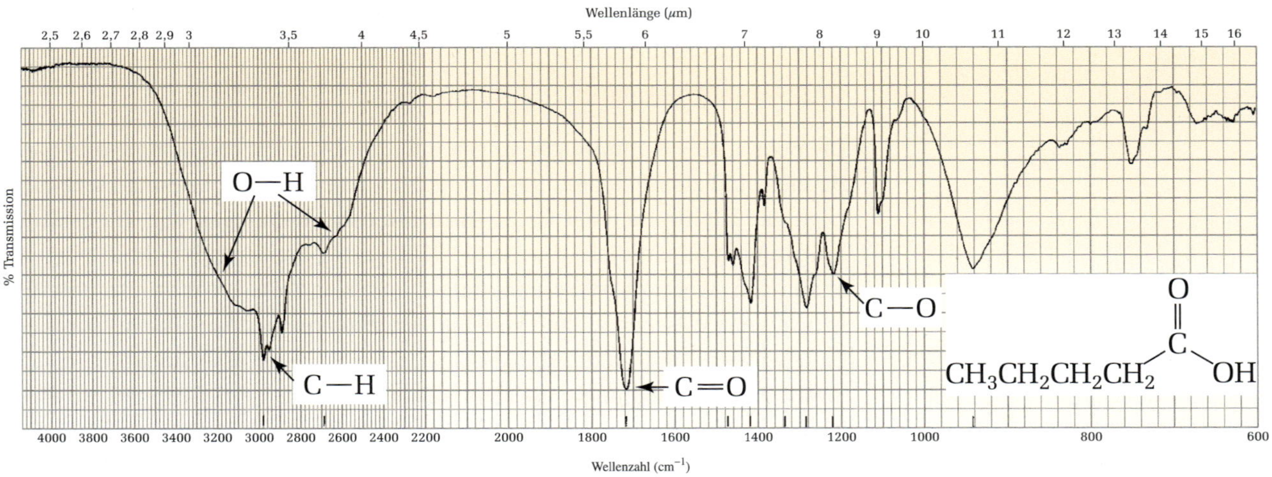

Abbildung 13.17: Das IR-Spektrum von Pentansäure. Die C—O-Absorption liegt am oberen Ende des Bereichs, in dem C—O-Streckschwingungen auftreten (1250–1050 cm^{-1}), da die C—O-Bindung in einer Carbonsäure etwas Doppelbindungscharakter aufweist.

Ü 22* Welcher der folgenden Vorgänge wird bei der höheren Wellenzahl erfolgen?

(a) die C—O-Streckschwingung von Phenol oder die C—O-Streckschwingung von Cyclohexanol

(b) die C=O-Streckschwingung eines Ketons oder die C=O-Streckschwingung eines Amids

(c) die C—N-Streckschwingung von Cyclohexylamin oder die C—N-Streckschwingung von Anilin

Ü 23* Welche der folgenden chemischen Umgebungen würde eine Absorption bei höherer Wellenzahl zeigen: Eine an ein sp^3-hybridisiertes Kohlenstoffatom gebundene Carbonylgruppe oder eine an ein sp^2-hybridisiertes C-Atom in einem Alken gebundene?

STRATEGIEN ZUR PROBLEMLÖSUNG

■ Unterschiede bei IR-Spektren

Erfolgt die C—N-Streckschwingung eines Amins oder jene eines Amids bei einer höheren Wellenzahl?

Um diese Frage zu beantworten, müssen wir ermitteln, welchen Effekt die Elektronendelokalisation auf die C—N-Bindung in Aminen und Amiden hat. Wir stellen dabei fest, dass die Elektronendelokalisation bei der C—N-Bindung des Amids dazu führt, dass sie einen partiellen Doppelbindungscharakter hat, während bei der C—N-Bindung des Amins keine Elektronendelokalisation auftritt; sie ist also eine reine Einfachbindung. Deshalb erfolgt die C—N-Streckschwingung des Amids bei einer höheren Wellenzahl als jene des Amins.

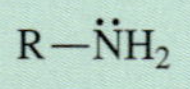

keine Elektronendelokalisation

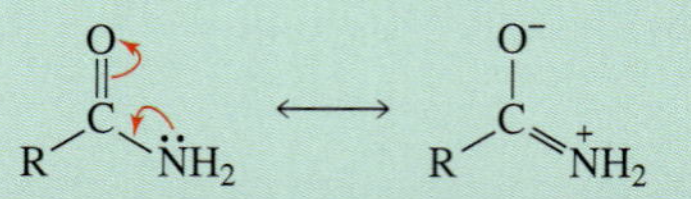

Elektronendelokalisation bewirkt partiellen Doppelbindungscharakter der C—N-Bindung.

Ü 24* Warum erfolgt die C—O-Absorptionsbande von 1-Hexanol bei geringerer Wellenzahl (1060 cm^{-1}) als die C—O-Absorptionsbande von Pentansäure (1220 cm^{-1})?

Ü 25* Ordnen Sie die folgenden Verbindungen in der Reihenfolge abnehmender Wellenzahlen ihrer C═O-Absorptionsbanden:

(a) 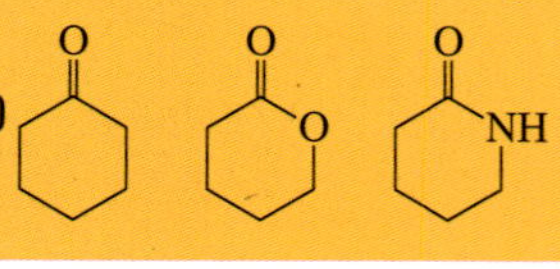

(b) 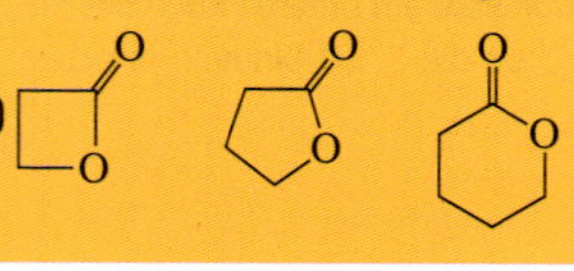

Wasserstoffbrücken

Die polaren O—H-Bindungen zeigen intensive Absorptionsbanden, und diese Banden sind ziemlich breit (► Abbildung 13.16 und ► Abbildung 13.17). Die Lage und die Breite einer O—H-Absorptionsbande hängen von Wasserstoffbrücken ab. Es ist leichter, eine O—H-Bindung zu einer Streckschwingung anzuregen, wenn das Wasserstoffatom an einer Wasserstoffbrücke beteiligt ist, weil das Wasserstoffatom vom Sauerstoffatom eines Nachbarmoleküls angezogen wird (im Bild der Hooke'schen Feder ist das Wasserstoffatom an eine zweite Feder angekoppelt, die ebenfalls an ihm zieht). OH-Gruppen mit einer Wasserstoffbrücke weisen breite Absorptionsbanden auf, da Wasserstofbrücken in ihrer Stärke variieren und Bindungen mit verschiedenen Stärken bei unterschiedlichen Frequenzen absorbieren.

Carbonsäuren liegen als über Wasserstoffbrücken gebundene Dimer vor. Die zusätzliche Wasserstoffbrücke in Carbonsäuren verschiebt und verbreitert die Absorptionbanden im Vergleich mit der O—H-Streckschwingung von Alkoholen zu kleineren Wellenzahlen (3330–2500 cm^{-1} bei Carbonsäuren und 3550–3200 cm^{-1} bei Alkoholen).

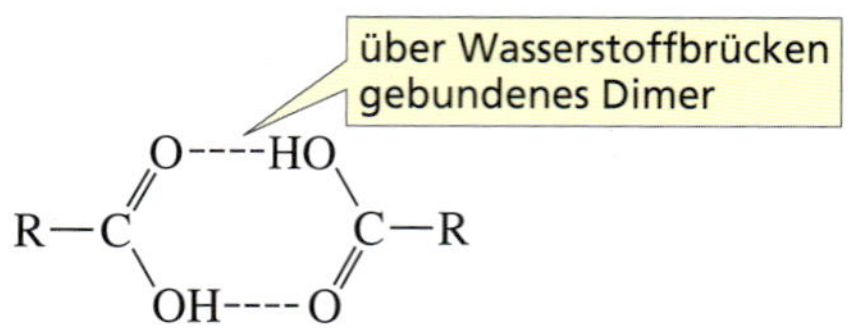

3300–2500 cm^{-1}

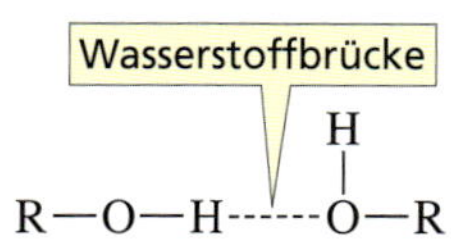

3550–3200 cm^{-1}

Da die Position und Breite einer O—H-Streckschwingung von Wasserstoffbrücken abhängt, ist sie ebenfalls von der Konzentration der Lösung abhängig. Je konzentrierter die Lösung, desto wahrscheinlicher wird es, dass sich zwischen den Molekülen mit den OH-Gruppen Wasserstoffbrücken ausbilden. Aus diesem Grund wird die Streckschwingung in einer konzentrierten (an Wasserstoffbrücken reichen) Lösung eines Alkohols bei 3550–3200 cm^{-1} angeregt, während dieselbe O—H-Schwingung in einer verdünnten Lösung (mit nur wenigen oder gar keinen Wasserstoffbrücken) bei 3650–3590 cm^{-1} angeregt wird.

N—H-Bindungen sind weniger polar und bilden schwächere Wasserstoffbrücken aus als O—H-Bindungen, also ist die Absorption einer N—H-Bindung geringer und weniger breit als die einer O—H-Bindung (▶ Abbildung 13.22).

MERKE!

Die Position, Intensität und die Form einer Absorptionsbande können bei der Identifizierung von funktionellen Gruppen hilfreich sein.

Ü 26* Unter welchen Bedingungen wird eine O—H-Streckschwingung bei einer höheren Wellenzahl erscheinen: Ethanol, gelöst in CS_2, oder in unverdünntem Ethanol?

C—H-Absorptionsbanden 13.15

Die Streck- und Deformationsschwingungen von C—H-Bindungen liefern wichtige Informationen über die Identität einer Verbindung.

Streckschwingungen

Die Stärke einer C—H-Bindung hängt vom Hybridisierungsgrad des Kohlenstoffatoms ab: Je höher der *s*-Orbitalcharakter des Kohlenstoffatoms, desto stärker sind die Bindungen, die es ausbildet (▶ Tabelle 1.7).

Eine C—H-Bindung ist daher stärker, wenn das Kohlenstoffatom *sp*-hybridisiert ist, als dies bei einem sp^2-hybridisierten der Fall ist, dessen Bindungen wiederum stärker sind als die eines sp^3-hybridisierten. Es braucht mehr Energie, um eine Streckschwingung bei einer stärkeren Bindung anzuregen. Diese Gesetzmäßigkeit spiegelt sich in den Absorptionsbanden von C—H-Streckschwingungen wider, die für *sp*-hybridisierte C-Atome bei ~3300 cm^{-1} liegen, für sp^2-hybridisierte C-Atome bei ~3100 cm^{-1}, und bei Wellenzahlen von ~2900 cm^{-1} für sp^3-hybridisierte Kohlenstoffatome (▶ Tabelle 13.5).

	Wellenzahlen (cm^{-1})
C≡C—H	~3300
C=C—H	3100–3020
C—C—H	2960–2850
R—C(=O)—H	~2820 und ~2720

Tabelle 13.5: Kohlenstoff-Wasserstoff-Streckschwingungen.

Ein nützlicher Schritt bei der Analyse eines IR-Spektrums besteht in einem genauen Blick auf die Absorptionsbanden in der Gegend von 3000 cm^{-1}. Die einzige Absorptionsbande in ▶ Abbildung 13.18 in der Umgebung von 3000 cm^{-1} liegt knapp rechts von diesem Wert. Das sagt uns, dass diese Verbindung an ein sp^3-hybridisiertes C-Atom gebundenen Wasserstoff trägt, sie aber gleichzeitig keine sp^2- oder *sp*-hybridisierten Kohlenstoffatome enthält. Die beiden anderen Spektren in ► Abbildung 13.19 und 13.20 haben Absorptionsbanden in der Nachbarschaft zur Linken und zur Rechten von 3000 cm^{-1}; dies zeigt uns an, dass diese Verbindungen Wasserstoffatome enthalten, die an sp^2- und sp^3-hybridisierte Kohlenstoffatome gebunden sind.

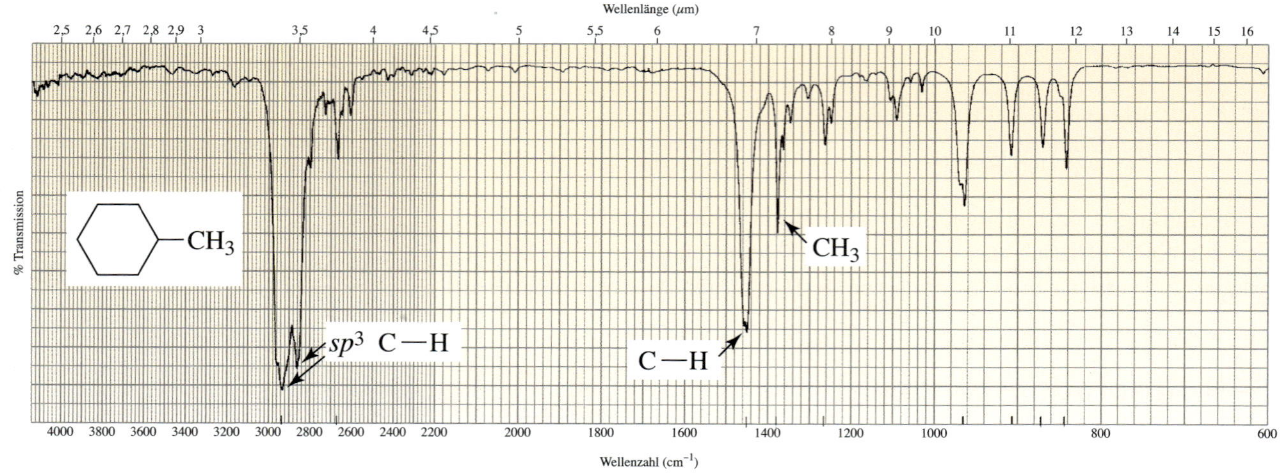

Abbildung 13.18: Das IR-Spektrum von Methylcyclohexan. Die Absorptionsbanden bei 2940 cm^{-1} und 2860 cm^{-1} weisen darauf hin, dass Methylcyclohexan nur Wasserstoffatome an sp^3-hybridisierten Kohlenstoffatomen trägt.

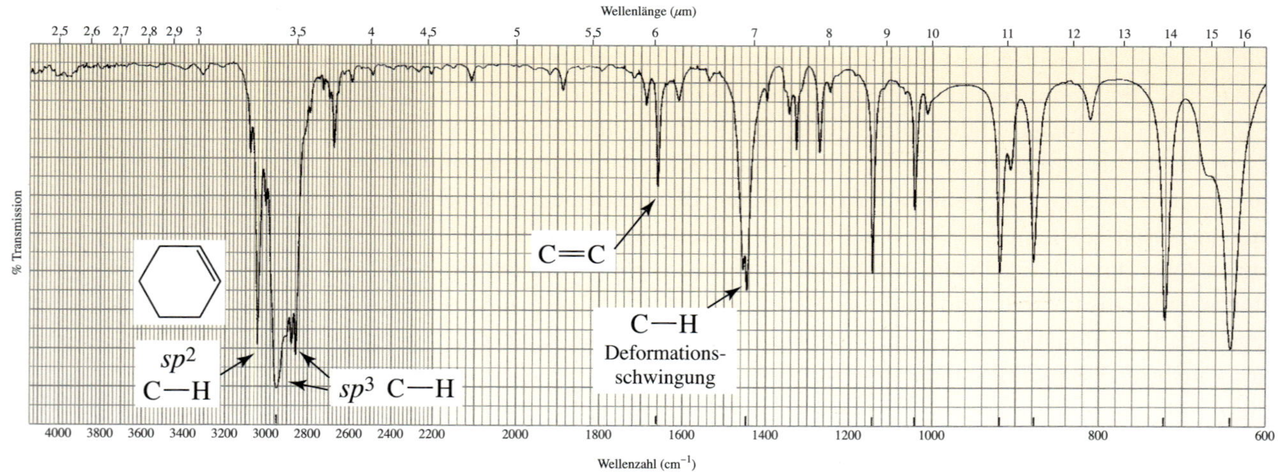

Abbildung 13.19: Das IR-Spektrum von Cyclohexen. Die Absorptionsbanden bei 3040, 2950 und 2860 cm^{-1} weisen darauf hin, dass Cyclohexen Wasserstoffatome an sp^3- und sp^2-hybridisierten Kohlenstoffatomen trägt.

Nachdem wir herausgefunden haben, dass eine Verbindung Wasserstoffatome enthält, die an sp^2-hybridisierte Kohlenstoffatome gebunden sind, müssen wir als Nächstes bestimmen, ob diese sp^2-hybridisierten Kohlenstoffatome zu einem Alken oder einem Benzolring gehören. Ein Benzolring macht sich durch scharfe Absorptionsbanden bei Wellenzahlen von ~1600 cm^{-1} und 1500–1430 cm^{-1} bemerkbar, während ein Alken durch eine Bande nur bei ~1600 cm^{-1} gekennzeichnet ist (► Tabelle 13.4). Die Verbindung, die das Spektrum der ► Abbildung 13.19 geliefert hat, ist also ein Alken, während die Verbindung, die für das Spektrum 12.20 verantwortlich ist, ein Aromat mit einem Benzolring sein muss. (Falls Sie ein NMR-Spektrum der Verbindung haben, ist ein Benzolring sehr einfach zu identifizieren; Abschnitt 14.12.)

Man muss sich jedoch der Tatsache bewusst sein, dass N—H-Deformationsschwingungen ebenfalls bei Wellenzahlen von ~1600 cm^{-1} auftreten; eine Absorption bei dieser Wellenlänge zeigt also nicht in jedem Fall eine C=C-Doppelbindung an. Banden, die auf N—H-Deformationsschwingungen zurückgehen, neigen jedoch dazu, verbreitert (aufgrund von Wasserstoffbrückenbindungen) und intensiver (da sie polarer sind) zu sein als solche Banden, die aus C=C-Streckschwingungen resultieren (▶ Abbildung 13.22). Die N—H-Deformationsschwingungen werden außerdem von Banden der N—H-Streckschwingungen bei 3500–3300 cm^{-1} begleitet.

Die Streckschwingung der C—H-Bindung eines Aldehyds zeigt zwei Absorptionsbanden – eine bei ~2820 cm^{-1} und eine andere bei ~2720 cm^{-1} (▶ Abbildung 13.21). Dadurch sind Aldehyde relativ leicht erkennbar, da im Wesentlichen keine anderen Absorptionen bei diesen Wellenzahlen vorkommen.

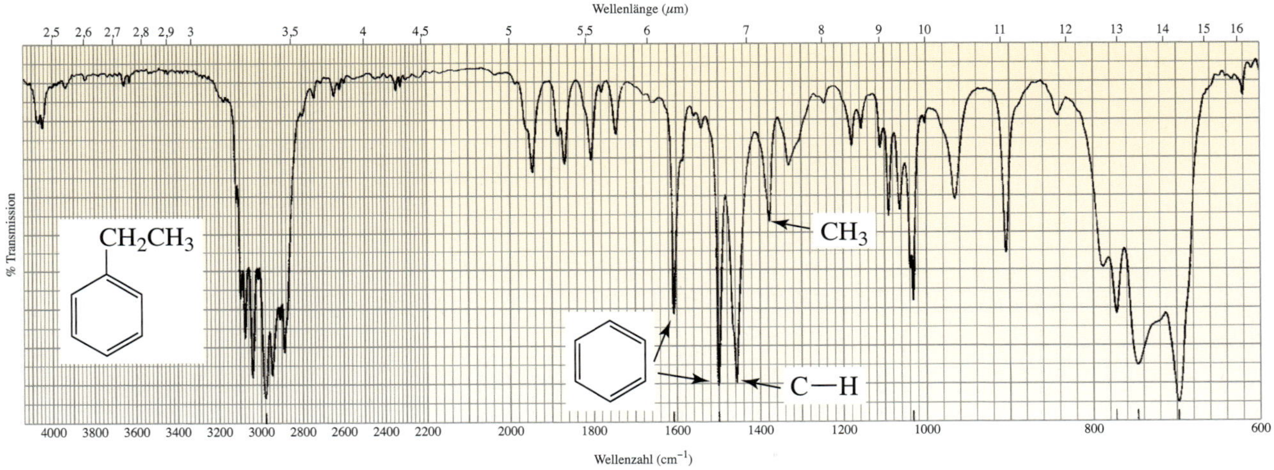

Abbildung 13.20: Das IR-Spektrum von Ethylbenzol. Die Absorptionsbanden zwischen 3100 und 2880 cm^{-1} weisen darauf hin, dass Ethylbenzol Wasserstoffatome an sp^3- und sp^2-hybridisierten Kohlenstoffatomen trägt. Die beiden scharfen Absorptionen bei 1610 und 1500 cm^{-1} weisen wiederum darauf hin, dass sich die beiden sp^2-hybridisierten Kohlenstoffatome in einem Benzolring befinden.

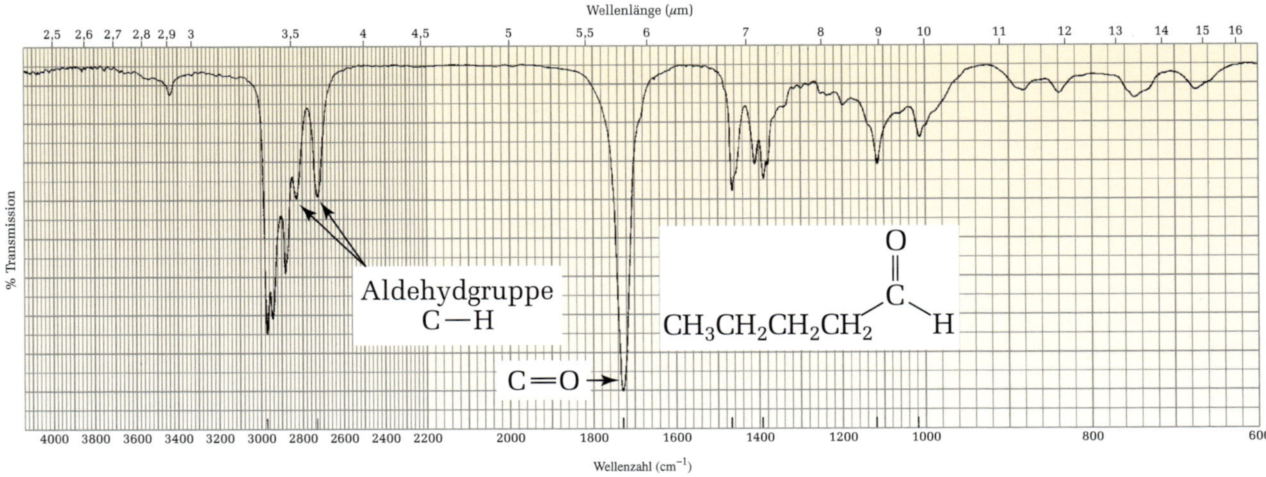

Abbildung 13.21: Das IR-Spektrum von Pentanal. Die Absorptionen bei ~2820 und ~2720 cm^{-1} dienen zur Identifizierung der Aldehydgruppe. Man beachte außerdem die Absorptionsbande bei ~1730 cm^{-1}, die eine C=O-Bindung anzeigt.

Deformationsschwingungen

Falls eine Verbindung sp^3-Kohlenstoffatome enthält, zeigt uns ein Blick auf den Bereich von ~1400 cm^{-1}, ob die Verbindung eine Methylgruppe enthält. Alle Wasserstoffatome, die an ein sp^3-hybridisiertes Kohlenstoffatom gebunden sind, zeigen C—H-Deformationsschwingungen etwas *links* von 1400 cm^{-1}. Nur Methylgruppen zeigen zusätzlich eine C—H-Deformationsschwingung etwas *rechts* von 1400 cm^{-1}. Falls also eine Verbindung eine Methylgruppe enthält, werden Absorptionsbanden *sowohl* links wie rechts von 1400 cm^{-1} auftreten.

Man kann den „Fingerabdruck" einer Methylgruppe in ► Abbildung 13.18 (Methylcyclohexan) erkennen, wie auch in ► Abbildung 13.20 (Ethylbenzol), nicht jedoch in ► Abbildung 13.19 (Cyclohexen). Zwei an dasselbe Kohlenstoffatom gebundene Methylgruppen machen sich manchmal durch eine Aufspaltung des Methylpeaks bei ~1380 cm^{-1} bemerkbar (► Abbildung 13.22).

		Wellenzahlen (cm^{-1})
CH_3— —CH_2— —CH—		1450–1420
CH_3—		1385–1365
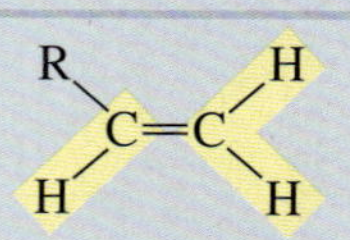	terminales Alken (einfach substituiert)	990 und 910
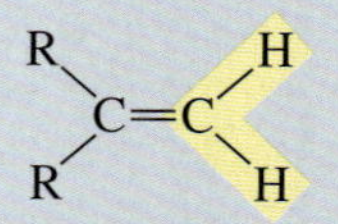	terminales Alken (zweifach substituiert)	890
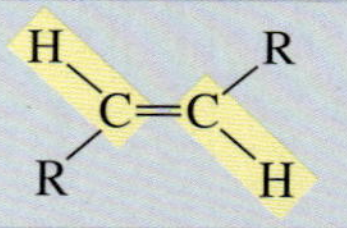	*trans*	980–960
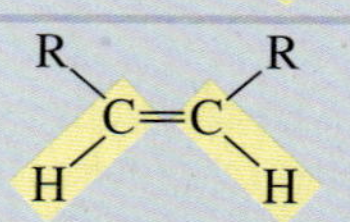	*cis*	730–675
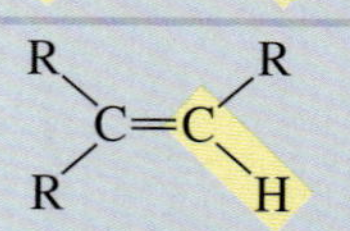	dreifach substituiert	840–800

Tabelle 13.6: Kohlenstoff-Wasserstoff-Deformationsschwingungen.

C—H-Deformationsschwingungen von Wasserstoffatomen an sp^2-hybridisierten Kohlenstoffatomen führen zu Absorptionsbanden im Bereich von 1000–600 cm^{-1} (► Tabelle 13.6). Wie die Tabelle zeigt, hängt die Frequenz, bei der eine C—H-Deformationsschwingung auftritt, von der Zahl der Alkylgruppen ab, die an den sp^2-Kohlenstoffatomen der Doppelbindung hängen und von der Konfiguration des Alkens ab. Es ist wichtig zu wissen, dass diese Absorptionsbanden aus dem für sie charakteristischen Wellenzahlbereich heraus verschoben sein können, falls sich stark elektronenziehende oder elektronenschiebende Substituenten in der Nähe der Doppelbindung befinden. Offenkettige Verbindungen mit mehr als vier benachbarten Methylengruppen (CH_2) zeigen eine charakteristische Absorptionsbande bei 720 cm^{-1}, die auf das gleichsinnige, harmonische Schaukeln der Methylengruppen zurückzuführen ist (► Abbildung 13.16).

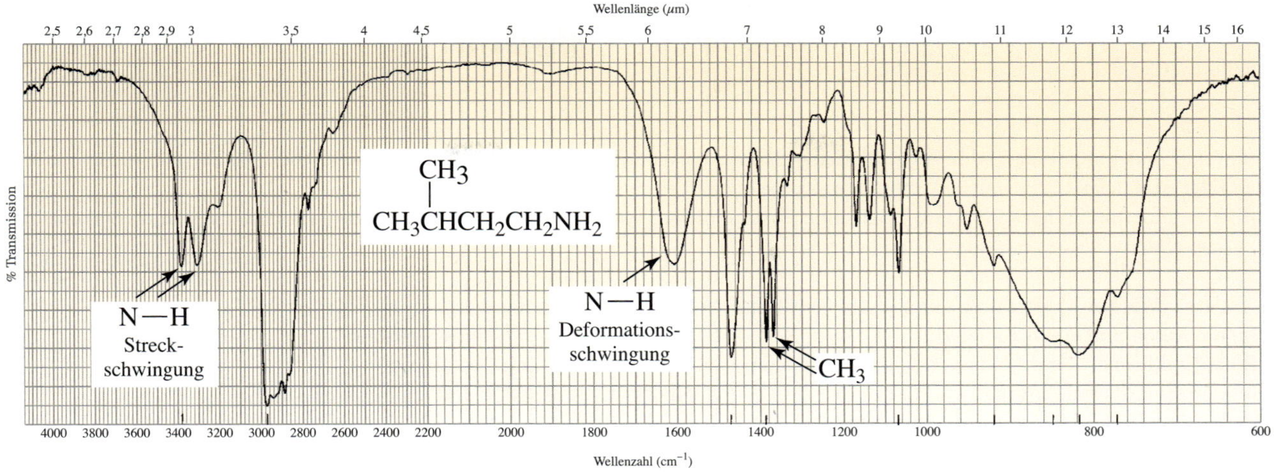

Abbildung 13.22: Das IR-Spektrum von Isopentylamin. Der Doppelpeak bei ~1380 cm^{-1} weist auf die Anwesenheit einer Isopropylgruppe hin. Die N—H-Deformationsschwingung bei 1600 cm^{-1} ist durch intermolekulare Wasserstoffbrücken verbreitert.

Das Fehlen von Absorptionsbanden 13.16

Die Abwesenheit einer (erwarteten) Absorptionsbande kann bei der Analyse einer Verbindung durch IR-Spektroskopie genauso nützlich sein wie ihr Auftreten.

So zeigt beispielsweise das Spektrum in ► Abbildung 13.23 eine starke Absorption bei ~1100 cm^{-1}, was auf eine C—O-Bindung hindeutet. Es ist deutlich erkennbar, dass die Verbindung kein Alkohol ist, weil es keine Absorption oberhalb von 3100cm^{-1} gibt. Es handelt sich auch nicht um einen Ester oder eine andere Art von Carbonylverbindung, da es keine Absorption bei ~1700cm^{-1} gibt. Die Verbindung besitzt keine C≡C, C=C, C≡N, C=N oder C—N-Bindungen. Aus all diesem können wir den Schluss ziehen, dass die Verbindung ein Ether ist. Ihre C—H-Absorptionsbanden zeigen, dass sie nur sp^3-hybridisierte Kohlenstoffatome enthält und dass eine Methylgruppe anwesend ist. Wir wissen außerdem, das die Verbindung weniger als vier benachbarte Methyleneinheiten enthält, da keine Absorption bei ~720 cm^{-1} auftritt. Bei der Verbindung handelt es sich um Diethylether ($H_5C_2OC_2H_5$).

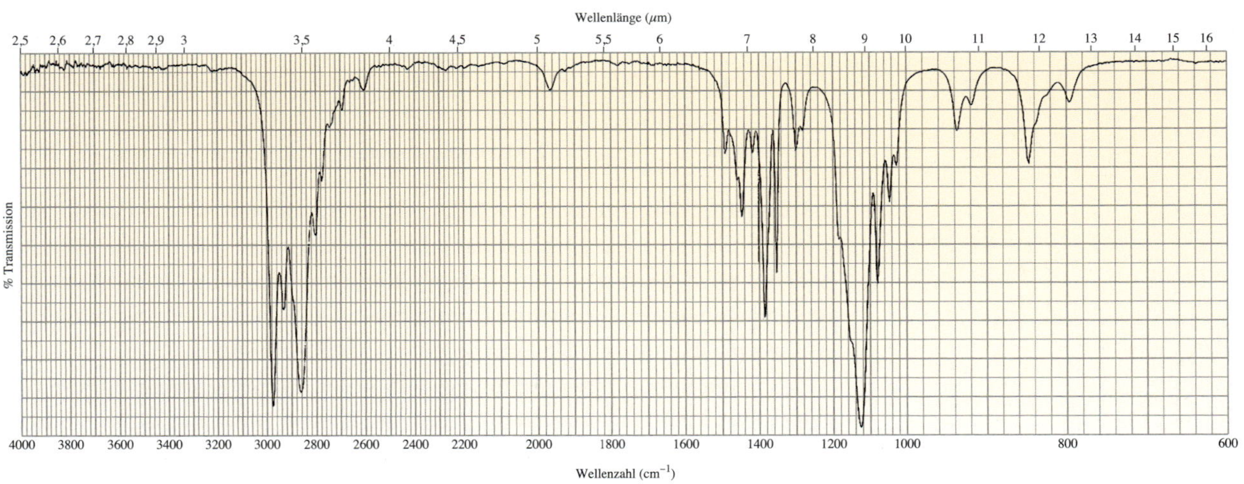

Abbildung 13.23: Das IR-Spektrum von Diethylether.

Ü 27* Woran kann man ablesen, dass die Absorptionsbande bei ~1100 cm^{-1} in ▶ Abbildung 13.23 zu einer C—O-Bindung gehört und nicht zu einer C—N-Bindung?

Ü 28*

(a) Eine sauerstoffhaltige Verbindung zeigt eine Absorptionsbande bei ca. ~1700 cm^{-1}, aber keine bei ~3300 cm^{-1}, ~2700 cm^{-1} oder ~1100 cm^{-1}. Um welche Verbindungsklasse handelt es sich?

(b) Eine stickstoffhaltige Verbindung zeigt keine Absorption bei ~3400 cm^{-1} und auch keine zwischen 1700 cm^{-1} und 1600 cm^{-1}. Um welche Verbindungsklasse handelt es sich?

Ü 29 Wie kann man durch den Einsatz der IR-Spektroskopie die folgenden Verbindungen unterscheiden?

(a) ein Keton und einen Aldehyd;
(b) ein zyklisches Keton und ein offenkettiges Keton;
(c) Benzol und Cyclohexen;
(d) *cis*-2-Hexen und *trans*-2-Hexen;
(e) Cyclohexen und Cyclohexan;
(f) ein primäres Amin und ein tertiäres Amin.

Ü 30 Geben Sie für jedes der folgenden Verbindungspaare eine charakteristische Absorptionsbande an, durch die sich die Moleküle unterscheiden lassen:

(a) $CH_3CH_2CH_2CH_3$ und $CH_3CH_2OCH_3$

(b) 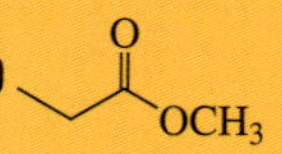 und 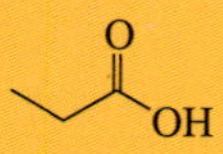

(c) 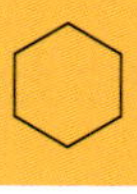 und 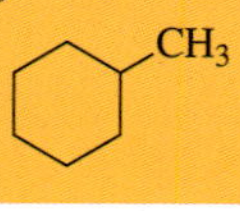

(d) $CH_3CH_2C{\equiv}CCH_3$ und $CH_3CH_2C{\equiv}CH$

(e) 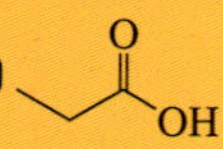 und 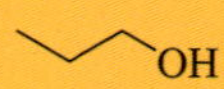

(f) 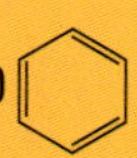 und 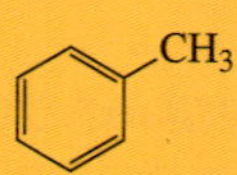

Manche Vibrationen sind infrarot-aktiv **13.17**

Damit die Schwingung IR-Strahlung absorbieren kann, muss sich bei dieser Vibration das Dipolmoment der Verbindung ändern. Daher führen nicht alle Vibrationen zu einem Absorptionsband.

So besitzt zum Beispiel die Doppelbindung in 1-Buten ein Dipolmoment, weil das Molekül bezüglich der olefinischen Doppelbindung nicht symmetrisch ist. Da sich das Dipolmoment ändert, wenn sich die Länge dieser Bindung ändert, lässt sich im Fall der C═C-Streckschwingung eine Absorptionsbande erkennen.

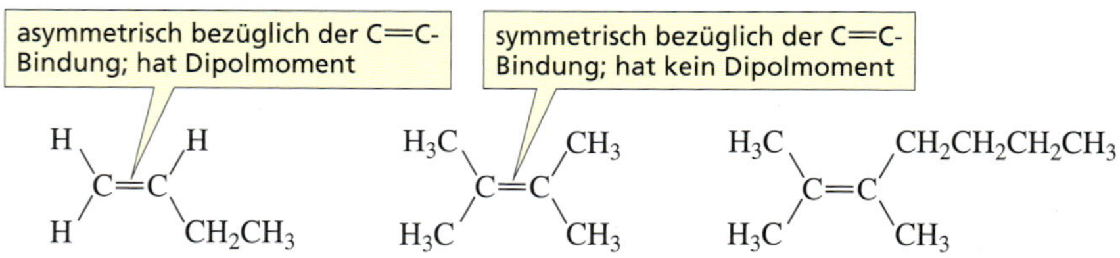

1-Buten **2,3-Dimethyl-2-buten** **2,3-Dimethyl-2-hepten**

2,3-Dimethyl-2-buten ist im Gegensatz dazu ein symmetrisches Molekül; seine C═C-Bindung besitzt kein permanentes Dipolmoment. Wenn diese Bindung gedehnt wird, besitzt sie immer noch kein Dipolmoment. Da die Streckung nicht von einer Änderung eines Dipolmomentes begleitet wird, tritt auch keine Absorptionsbande auf. Die Schwingung ist *infrarot-inaktiv*.

2,3-Dimethyl-2-hepten erfährt im Fall einer Dehnung seiner olefinischen Doppelbindung eine sehr kleine Änderung seines Dipolmomentes, sodass – wenn überhaupt – nur eine sehr schwache Absorptionsbande bei einer Streckschwingung dieser Bindung auftritt.

Ü 31* Welche der folgenden Verbindungen zeigen infrarot-inaktive Schwingungsmoden: 1-Butin, 2-Butin, H_2, H_2O, Cl_2, Ethen?

Ü 32* Identifizieren Sie die Verbindung, die die unten gezeigten IR- und Massenspektren ergibt.

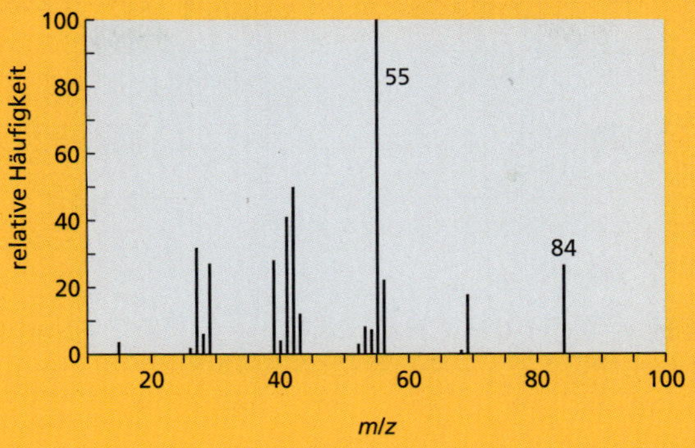

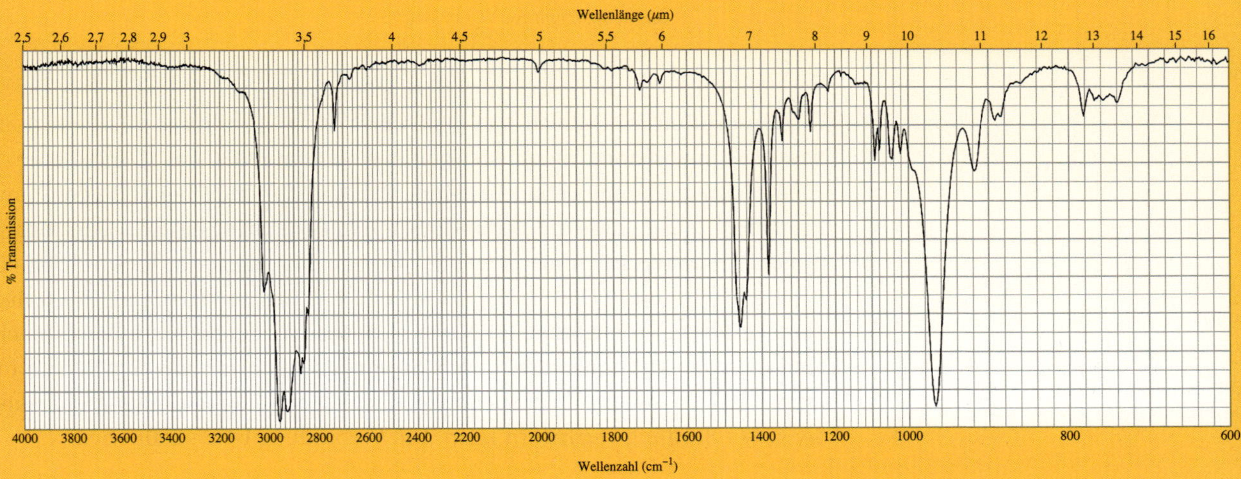

Die Analyse von Infrarotspektren 13.18

Wir werden uns im Folgenden einige IR-Spektren anschauen und sehen, was wir über die Verbindungen, die diese Spektren erzeugt haben, herausfinden können. Wir werden möglicherweise nicht in jedem Fall präzise sagen können, um welche Verbindung es sich handelt. Falls wir aber herausfinden können, um was es sich handelt, sollte unser Strukturvorschlag mit unseren Beobachtungen im Einklang stehen.

Verbindung 1

Die Absorption im Bereich um 3000 cm^{-1} der ► Abbildung 13.24 zeigt uns, dass Wasserstoffatome sowohl an sp^2-hybridisierte C-Atome (3075 cm^{-1}) als auch an sp^3-hybridisierte (2950 cm^{-1}) gebunden sind. Schauen wir nun, ob die sp^2-Kohlenstoffatome zu einem Alken oder einem Benzolring gehören. Die Absorption bei 1650 cm^{-1} und die Absorption bei ~980 cm^{-1} legen nahe, dass die Verbindung ein terminales Alken mit zwei Alkylsubstituenten in der 2-Stellung ist (► Tabelle 13.5). Das Fehlen einer Absorption bei ~720 cm^{-1} zeigt uns, dass die Verbindung weniger als vier benachbarte Methylengruppen besitzt. Es überrascht daher nicht, wenn wir erfahren, dass die gesuchte Verbindung 2-Methyl-1-penten ist.

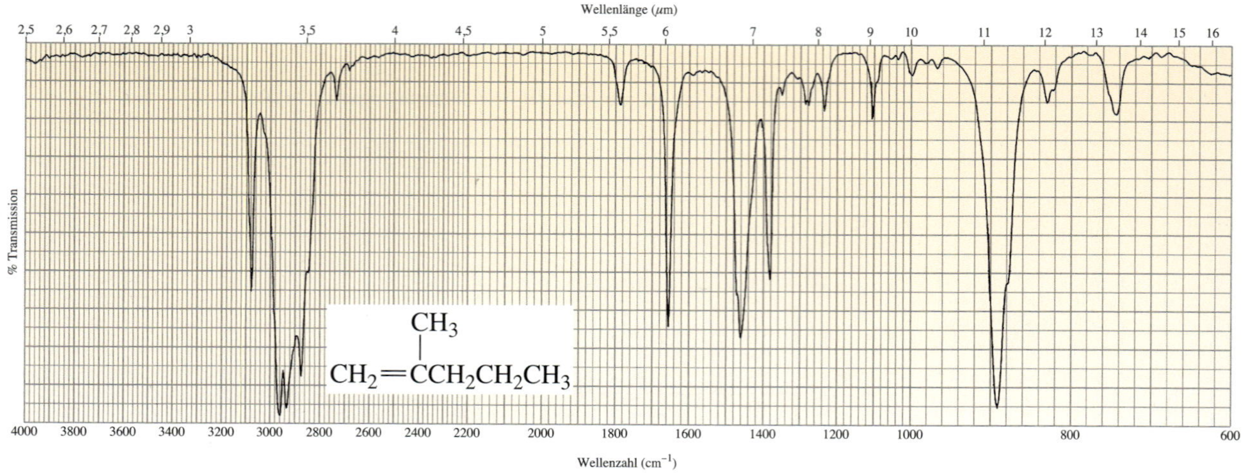

Abbildung 13.24: Das IR-Spektrum von Verbindung 1.

Verbindung 2

Die Absorption im Bereich von 3000 cm^{-1} der ▶ Abbildung 13.25 zeigt an, dass Wasserstoffatome an ein sp^2-Kohlenstoffatom (3050 cm^{-1}), nicht aber an sp^3-Kohlenstoffatome gebunden sind. Die Absorptionen bei 1600 cm^{-1} und 1460 cm^{-1} zeigen, dass die Verbindung einen Benzolring enthält. Die Absorptionen bei 2810 cm^{-1} und 2730 cm^{-1} zeigen uns, dass die Verbindung ein Aldehyd sein muss. Die Absorptionsbande der Carbonylgruppe (C═O) liegt tiefer (1700 cm^{-1}) als normal (1720 cm^{-1}), sodass wir für sie partiellen Einfachbindungscharakter annehmen dürfen. Sie muss daher direkt mit dem Benzolring verknüpft sein, sodass Elektronendelokalisation den Doppelbindungscharakter der C═O-Bindung verringern kann. Die Verbindung ist Benzaldehyd.

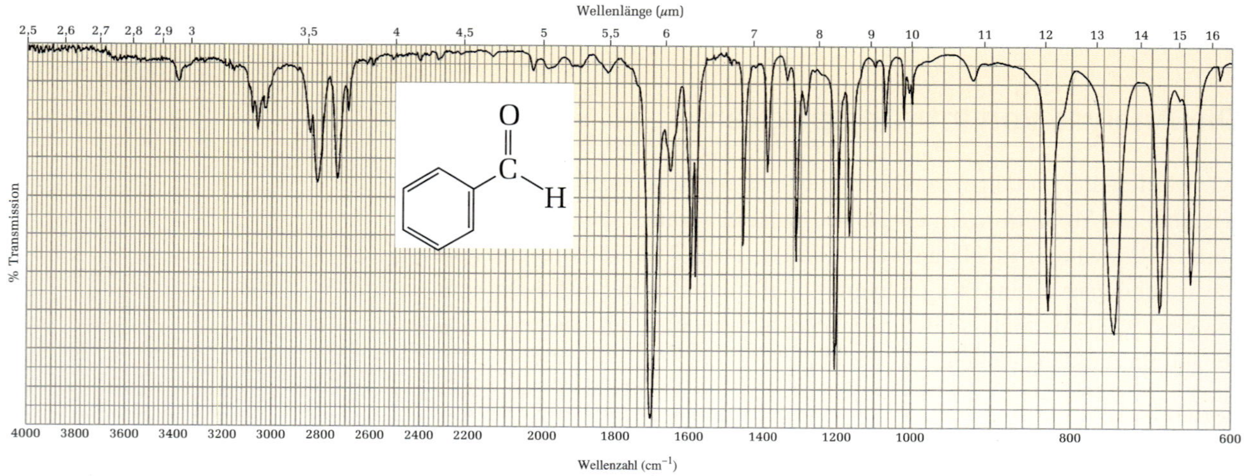

Abbildung 13.25: Das IR-Spektrum von Verbindung 2.

Verbindung 3

Die Absorption im Bereich von 3000 cm^{-1} der ▶ Abbildung 13.26 zeigt an, dass Wasserstoffatome an sp^3-Kohlenstoffatome (2950 cm^{-1}), nicht aber an sp^2-Kohlenstoffatome gebunden sind. Die Form der starken Absorption bei 3300 cm^{-1} ist charakteristisch für eine O—H-Gruppe. Die Absorption bei ~2100 cm^{-1} ist ein Hinweis auf eine Dreifachbindung. Die scharfe Bande bei 3300 cm^{-1}

ist ein Hinweis auf ein terminales Alkin. Die Struktur der Verbindung ist im Spektrum gezeigt.

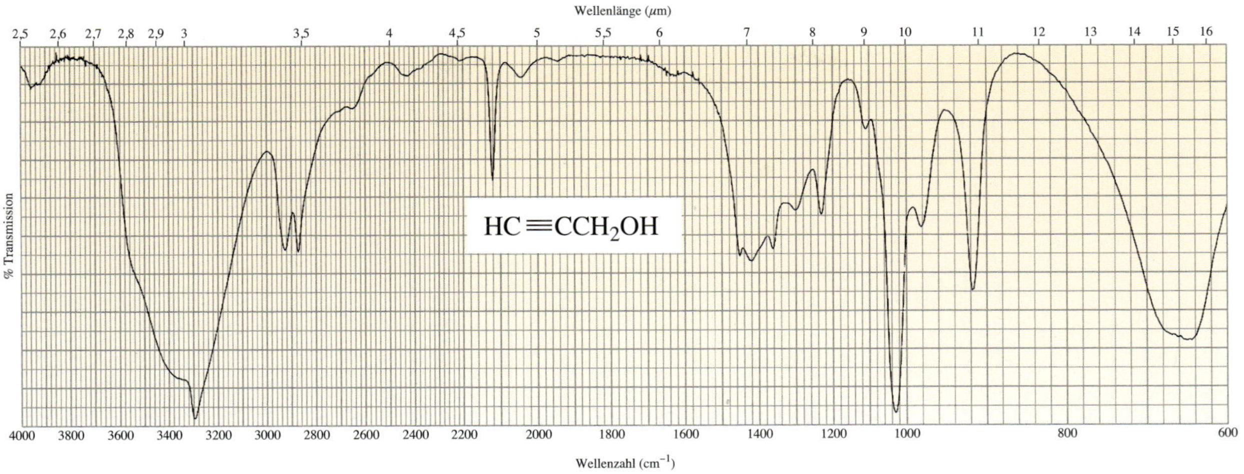

Abbildung 13.26: Das IR-Spektrum von Verbindung 3.

Verbindung 4

Die Absorption im Bereich um 3000 cm^{-1} der ▶ Abbildung 13.27 zeigt an, dass Wasserstoffatome an ein sp^3-hybridisiertes C-Atom gebunden sind (2950 cm^{-1}). Die relativ starke Bande bei 3300 cm^{-1} lässt den Schluss zu, dass eine N—H-Bindung vorhanden ist. Der Verdacht auf eine N—H-Bindung wird durch die Absorption bei 1560 cm^{-1} untermauert. Die C═O-Absorption bei 1660 cm^{-1} zeigt uns, dass die Verbindung ein Amid ist. Die Struktur der Verbindung ist im Spektrum gezeigt.

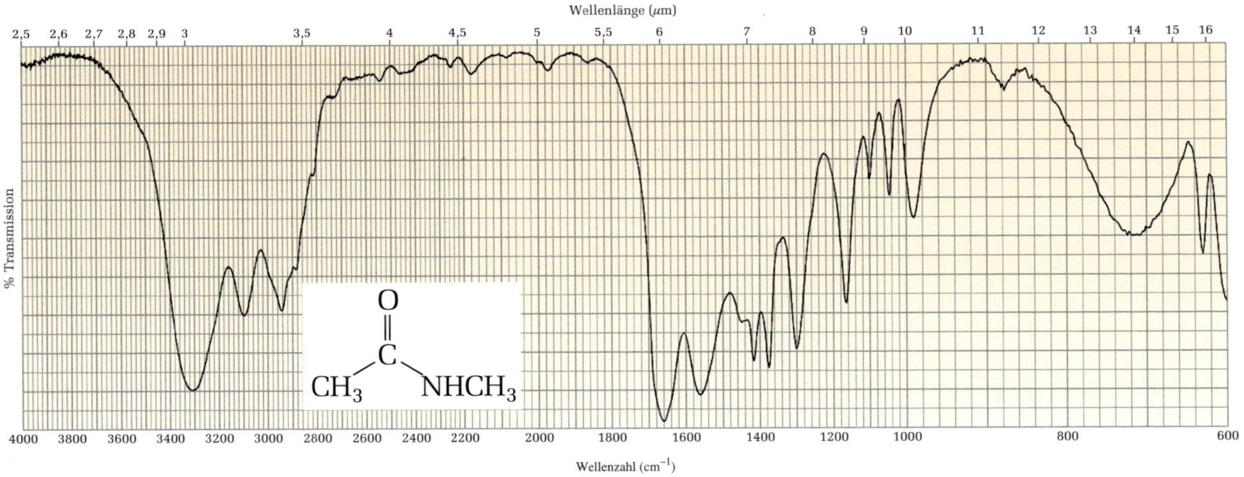

Abbildung 13.27: Das IR-Spektrum von Verbindung 4.

Verbindung 5

Die Absorption im Bereich um 3000 cm^{-1} der ▶ Abbildung 13.28 sagt uns, dass die Verbindung Wasserstoffatome besitzt, die an sp^2-Kohlenstoffatome (> 3000 cm^{-1}), sowie solche, die an sp^3-Kohlenstoffatome (< 3000 cm^{-1}) gebunden sind. Die Absorptionen bei 1605 cm^{-1} und 1500 cm^{-1} zeigen an, dass die Verbindung einen Benzolring enthält. Die Absorption bei 1720 cm^{-1} für eine Carbonylgruppe deuten auf ein Keton hin, und darauf, dass die Carbonylfunktion nicht direkt mit dem Benzolring verknüpft ist. Die Absorption bei ~1380 cm^{-1} ist ein Hinweis auf eine Methylgruppe in der Verbindung. Die Struktur der Verbindung ist im Spektrum gezeigt.

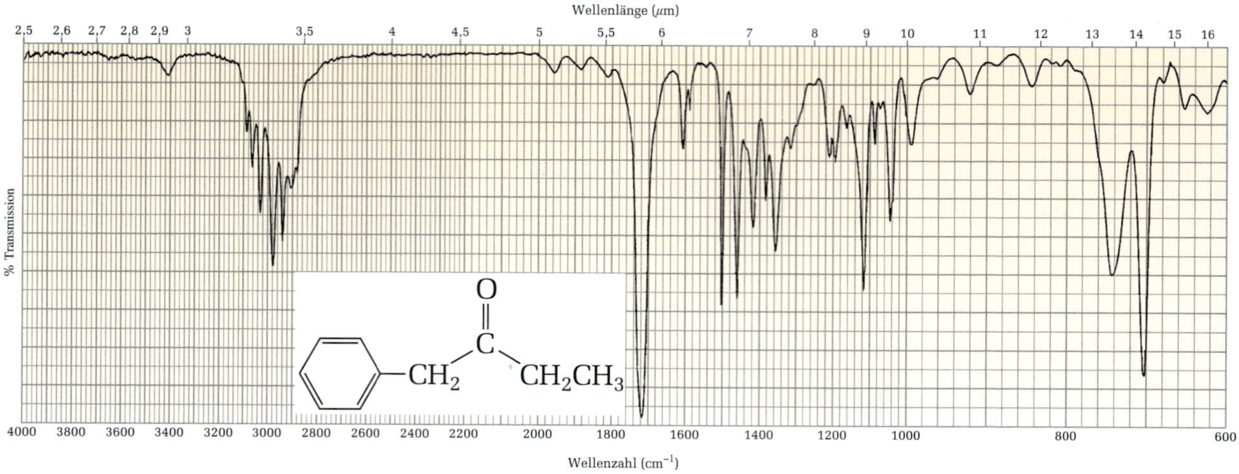

Abbildung 13.28: Das IR-Spektrum von Verbindung 5.

Ü 33* Eine Verbindung mit der Summenformel C_4H_6O ergibt das unten gezeigte Infrarotspektrum. Führen Sie eine Identifikation der Verbindung anhand des Spektrums durch.

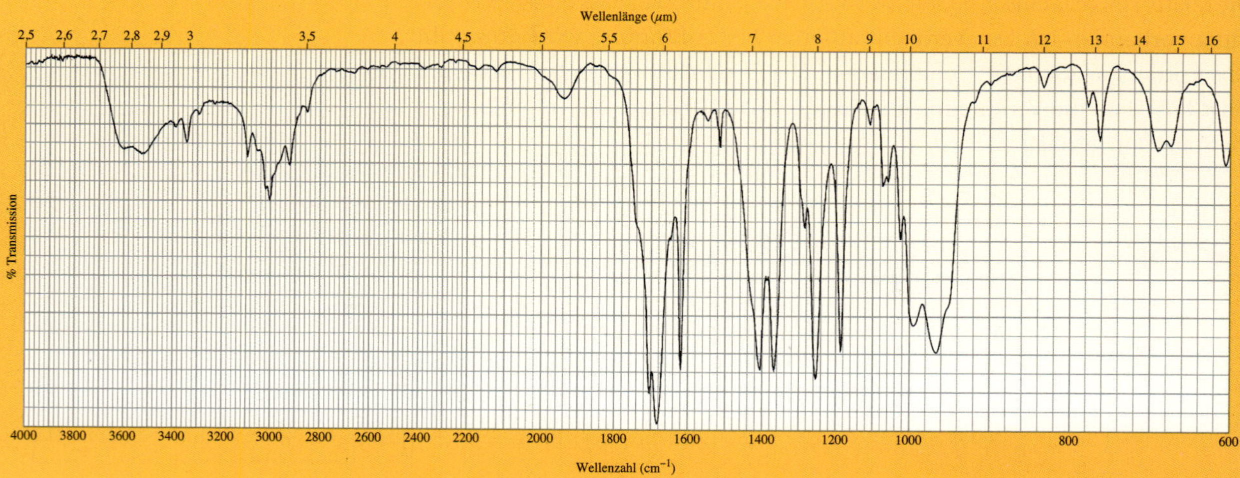

Ultraviolett- und visuelle Spektroskopie 13.19

Die **UV/Vis-Spektroskopie** liefert Informationen über organisch-chemische Verbindungen mit konjugierten Doppelbindungen. Ultraviolette und sichtbare Lichtstrahlung weist einen Energiegehalt auf, der ausreichend ist, um Übergänge zwischen verschiedenen Energieniveaus der Elektronen in einem Molekül anzuregen. Die Absorption von Strahlung in diesem Wellenlängenbereich befördert Elektronen von ihrem ursprünglichen Molekülorbital in eines höherer Energie. In Abhängigkeit von der für einen möglichen Übergang notwendigen Energiemenge kommt es zur Absorption von Photonen ultravioletter oder sichtbarer Wellenlängen (= Energien). Wird Strahlung im **UV-Bereich** absorbiert, erhält man ein UV-Spektrum. Wird **sichtbares Licht** absorbiert, erhält man ein visuelles Spektrum.

- Als Ultraviolettstrahlung wird elektromagnetische Strahlung mit Wellenlängen zwischen 180 und 400 nm bezeichnet.
- Der sichtbare Bereich schließt sich daran an und umfasst Wellenlängen von 400 bis etwa 780 nm.

Wir wissen, dass die **Wellenlänge (λ)** umgekehrt proportional zur Energie der Strahlung ist. Je kürzer die Wellenlänge, desto höher der Energiegehalt. Ultraviolettstrahlung besitzt also eine höhere Energie als das sichtbare Licht.

UV/Vis-Licht führt zu Elektronenanregung

Im Grundzustand eines Moleküls befinden sich alle Elektronen in den verfügbaren Orbitalen mit den niedrigsten potenziellen Energien (Abschnitt 1.2). Wenn ein Molekül Licht mit einer geeigneten Energie (ΔE in ▶ Abbildung 13.29) absorbiert, kann ein Elektron in ein Orbital mit einer höheren potenziellen Energie überführt werden. Dies wird als **elektronischer Übergang** oder **Anregung** bezeichnet; das Molekül befindet sich also nach der Absorption in einem *angeregten Zustand*.

$$E = \frac{hc}{\lambda}$$

MERKE!

Je kürzer die Wellenlänge, desto höher der Energiegehalt.

Ultraviolettes und sichtbares Licht besitzt gerade genug Energie, um ein Elektron aus einem π-bindenden MO in eine π^*-antibindendes MO anzuheben (▶ Abbildung 13.29). Daraus folgt, dass *nur Verbindungen mit π-Bindungen UV/Vis-Spektren produzieren können.*

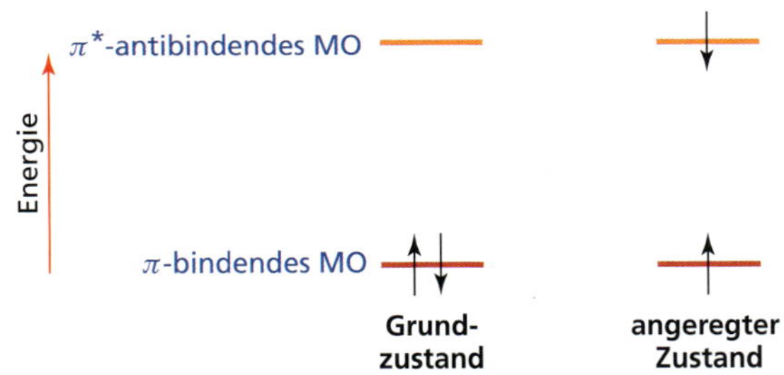

Abbildung 13.29: Ultraviolettes und sichtbares Licht regt ein Elektron aus einem π-bindenden MO in ein π^*-antibindendes MO an. Der Spin des Elektrons ändert sich dabei nicht.

Das UV-Spektrum von Methylvinylketon ist in ▶ Abbildung 13.30 wiedergegeben. (Die Absorption unter 205 nm kommt von der Absorption von UV-Strahlung durch Sauerstoff.) Der Wert λ_{max} bezeichnet diejenige Wellenlänge der Strahlung, bei dem der $\pi \rightarrow \pi^*$-Übergang (gesprochen: π nach π Stern) seine maximale Absorption besitzt. Für Methylvinylketon liegt dieser bei 219 nm.

MERKE!

Nur Verbindungen mit π-Elektronen können UV/Vis-Spektren erzeugen.

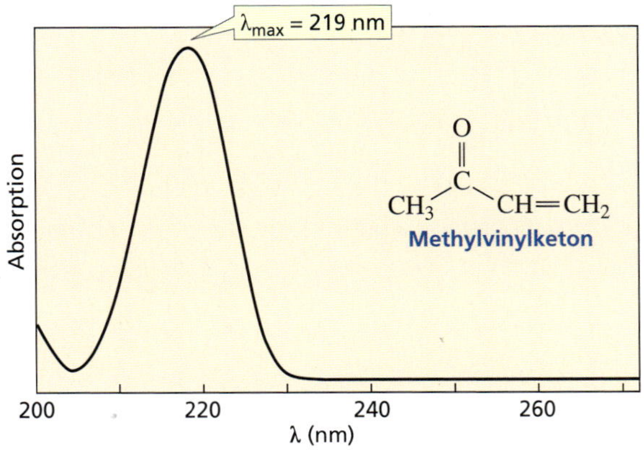

Abbildung 13.30: Das UV-Spektrum von Methylvinylketon.

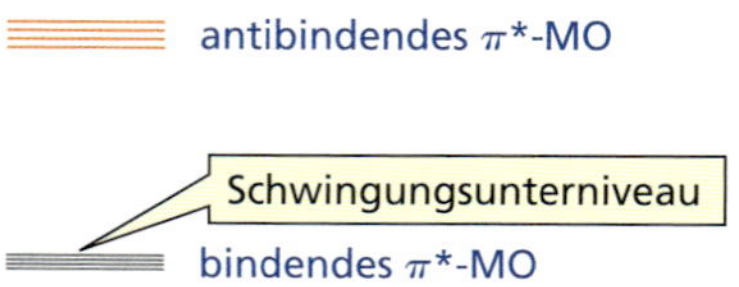

Abbildung 13.31: UV/Vis-Absorptionsbanden sind breit, weil jeder Elektronenzustand Schwingungsunterzustände besitzt.

Die Absorptionsbanden sind stark verbreitert, weil jeder elektronische Zustand Schwingungsunterzustände besitzt (▶ Abbildung 13.31).

Ein **Chromophor** ist ein Molekülteil, der UV-Strahlung oder sichtbares Licht absorbiert. Die folgenden vier Verbindungen verfügen alle über das gleiche Chromophor, sodass sie alle vergleichbare λ_{max}-Werte aufweisen.

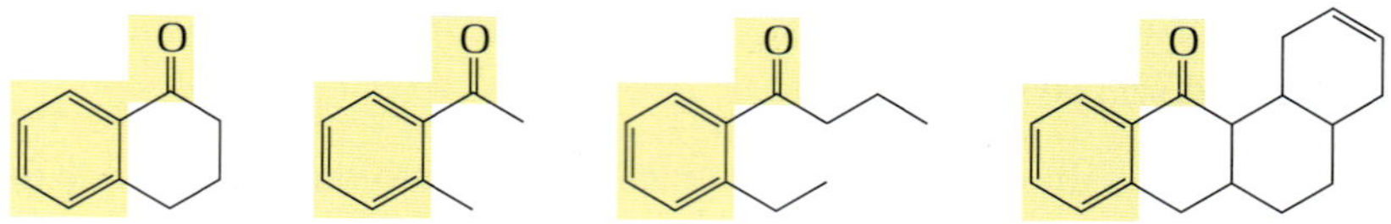

HINTERGRUND

■ Ultraviolette Strahlung und Sonnenschutzmittel

Ist man ultravioletter Strahlung (UV-Licht) ausgesetzt, so stimuliert dies spezialisierte Hautzellen dazu, ein braun-schwarzes Hautpigment zu bilden, das Melanin heißt (Abschnitt 24.8). Die Melaninmoleküle absorbieren UV-Quanten; dadurch werden die Körperzellen vor Schädigungen durch das energiereiche UV-Licht geschützt. Trifft mehr UV-Strahlung die Haut als das Melanin absorbieren kann, kommt es zum Sonnenbrand. Die durch die UV-Wellen ausgelösten photochemischen Reaktionen können unter ungünstigen Umständen die Haut dauerhaft schädigen und im schlimmsten Fall zu Hautkrebs führen (Abschnitt 28.7).

Der Wellenlängenbereich von 315 bis 400 nm wird als UV-A bezeichnet. Es ist der Bereich der UV-Strahlung mit der geringsten Energie. Dieses Licht für zur Faltenbildung der Haut. Glücklicherweise wird ein großer Teil der für Lebewesen schädlicheren, weil kurzwelligeren, UV-B- (290–315 nm) und UV-C- (180–290 nm) Strahlung von der Ozonschicht in der oberen Atmosphäre (Stratosphäre) absorbiert. Dies ist der Grund, warum die Ausdünnung der stratosphärischen Ozonschicht ökologisch besorgniserregend ist (Abschnitt 12.12).

Das Auftragen eines Sonnenschutzmittels schützt die Haut eine gewisse Zeit vor den UV-Strahlen. Der Schutzgrad vor UV-B-Strahlung (also dem Anteil der Strahlung, der zu Sonnebrand führt), der von einem gegebenen Wirkstoff ausgeht, wird durch den so genannten Sonnenschutzfaktor angegeben. Je höher dieser ist, desto größer ist die Schutzwirkung. Einige Sonnenschutzmittel enthalten anorganische Stoffe wie Zinkoxid (ZnO). Dieses wirkt als Pigment, das das Sonnenlicht reflektiert. Andere Mittel enthalten Substanzen, die die Strahlung absorbieren statt sie zurückzuwerfen.

Para-Aminobenzoesäure (PABS) war der erste kommerziell verwertete, UV-absorbierende Schutzstoff. PABS absorbiert UV-B-Strahlung, ist aber in öligen Hautcremes und Sonnenschutzöl nicht gut löslich. Daher enthält die nächste Generation von Sonnencremes Padimat O, eine weniger polare Verbindung. Die weitere Forschung zeigte, dass Sonnencremes sowohl UV-A- als auch UV-B-Strahlung absorbieren müssen, um einen ausreichenden Schutz vor Hautkrebs zu bieten. Daher müssen neue Sonnencremes Inhaltsstoffe wie Giv Tan F enthalten, die gegen diese beiden Strahlungsarten schützen.

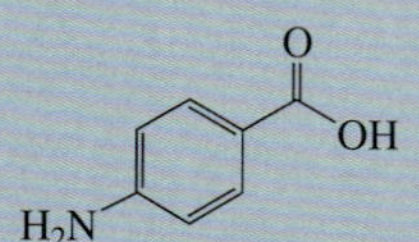

para-Aminobenzoesäure
PABS

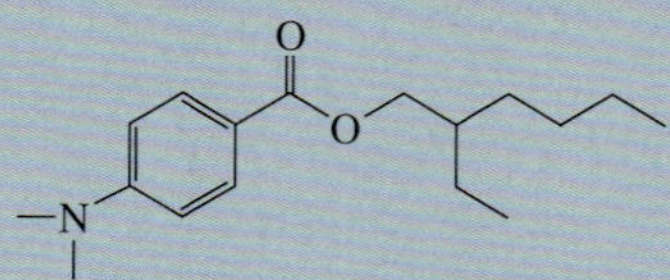

2-Ethylhexyl-4-(dimethylamino)benzoesäureester
Padimat O

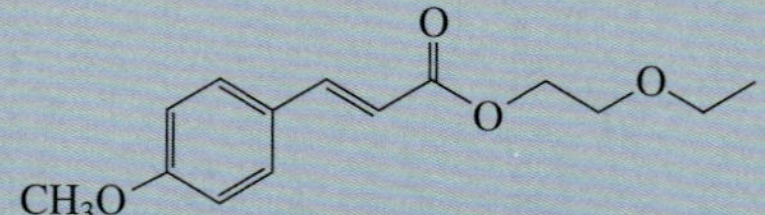

2-Ethoxyethyl (*E*)-3-(4-methoxyphenyl)-2-propenoat
Giv Tan F

Das Lambert-Beer'sche Gesetz 13.20

August Beer und Johann Lambert entdeckten unabhängig voneinander den Zusammenhang zwischen der **Extinktion** („Auslöschung") einer Substanzprobe bei einer gegebenen Lichtwellenlänge und der Menge des absorbierenden Stoffes beim Durchgang des Lichtes. Die Extinktion hängt sowohl von der Lichtwellenlänge, der Konzentration des absorbierenden Stoffes wie von der Schichtdicke, die das Licht durchqueren muss, ab. Die mathematische Beziehung zwischen Extinktion, Konzentration, molarer Extinktion und Lichtweg wird nach ihren Entdeckern als **Lambert-Beer'sches Gesetz** bezeichnet. Als Formel lautet es:

$$E_\lambda = \log\left(\frac{I_0}{I}\right) = e_\lambda cl$$

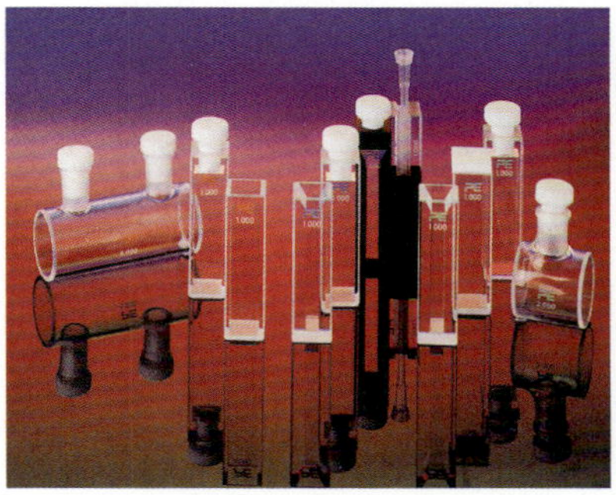

Die Lösung, an der die Messung eines UV/Vis-Spektrums vorgenommen wird, wird zu diesem Zweck in eine wie den hier gezeigten Messküvetten gefüllt. Die meisten dieser Messküvetten weisen eine Weite von 1 cm auf, die den Weg darstellt, den das eingestrahlte Licht durchqueren muss. Für Messungen im sichtbaren Bereich können sowohl Küvetten aus Glas oder Quartz verwendet werden, aber bei UV-Messungen muss Quartz (mit hoher Qualität))verwendet werden, da normales Glas UV-Strahlung absorbiert.

E_λ: Extinktion (molare Absorption bei Licht der Wellenlänge λ)
I_0: Intensität des einfallenden bzw. eingestrahlten Lichtes (W/m^2)
I: Gemessene Lichtintensität hinter der Probe (W/m^2)
c: Konzentration der absorbierenden Substanz in der Flüssigkeit (mol/m^3 oder mol/l),
ε_λ: Dekadischer molarer Extinktionskoeffizient bei der Wellenlänge l (m^3/mol cm oder: l/mol cm)
l: Weglänge des Lichtes in der Flüssigkeit (auch d = Schichtdicke des Behältnisses (m oder cm)).

Die **molare Extinktion** (E_λ) einer chemischen Verbindung ist eine Stoffkonstante, die für eine bestimmte Wellenlänge (λ) einen festen Wert hat, also charakteristisch für den untersuchten Stoff ist. Sie ist als diejenige Extinktion definiert, die an einer Lösung der Konzentration 1,00 mol/Liter in einer Messzelle einer lichten Weite von 1,00 cm gemessen würde.

Die molare Extinktion von Methylvinylketon, gelöst in *n*-Hexan, beträgt beispielsweise bei λ = 219 nm 14.000 $M^{-1}cm^{-1}$. Das Lösungsmittel, das zur Vorbereitung der Messung benutzt wird, ist stets anzugeben, da die Extinktion in unterschiedlichen Lösungsmitteln verschieden sein kann. Das UV-Spektrum von Methylvinylketon in *n*-Hexan würde durch die folgenden Werte charakterisiert werden: λ_{max} 219 nm (ε_{max} 14.000, *n*-Hexan).

Ü 34* Eine Lösung von einer Verbindung in Ethanol zeigt eine Extinktion von 0,52 bei 236 nm in einer Messküvette von 1 cm Lumen. Die molare Extinktion in Ethanol beträgt bei dieser Wellenlänge 12.600 $M^{-1}cm^{-1}$. Wie groß ist die Konzentration der Verbindung in der Probe?

Ü 35* Eine $4{,}0 \times 10^{-5}$ M einer Verbindung in *n*-Hexan zeigt eine Extinktion von 0,40 bei 252 nm in einer Messküvette von 1 cm Lumen. Wie groß ist die molare Extinktion der Verbindung in *n*-Hexan bei 252 nm?

Der Effekt der Konjugation auf λ_{max} 13.21

Die Wellenlänge, bei der der $\pi \rightarrow \pi^*$-Übergang auftritt, nimmt mit der Zahl der konjugierten Doppelbindungen zu. (Erinnern Sie sich daran, dass konjugierte Doppelbindungen durch eine Einfachbindung getrennt werden; Abschnitt 8.7).

Zum Beispiel liegt λ_{max} für 3,5-Hexadien-2-on bei einer größeren Wellenlänge (249 nm) als λ_{max} bei Methylvinylketon (219 nm), da 3,5-Hexadien-2-on drei konjugierte Doppelbindungen aufweist, Methylvinylketon aber nur zwei.

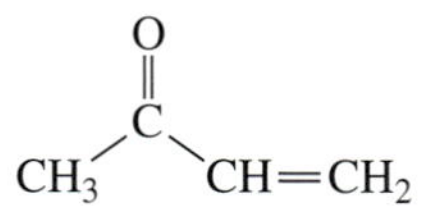

Methylvinylketon
λ_{max} = 219 nm

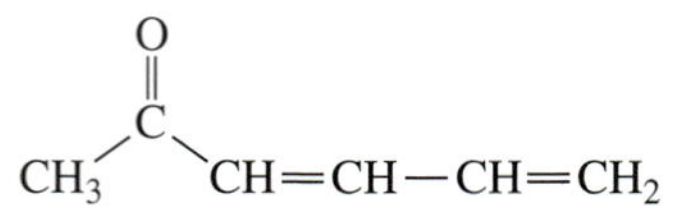

3,5-Hexadien-2-on
λ_{max} = 249 nm

Die λ_{max}-Werte der $\pi \rightarrow \pi^*$-Übergänge einiger konjugierter Polyene sind in ► Tabelle 13.7 zusammengefasst. Der λ_{max}-Wert einer chemischen Verbindung kann unter geeigneten Umständen dazu herangezogen werden, die Zahl der konjugierten Doppelbindungen im Molekül abzuschätzen. Beachten Sie, dass sowohl λ_{max} als auch die molare Extinktion mit der Zahl der konjugierten Doppelbindungen im Molekül zunehmen.

MERKE!

Der λ_{max}-Wert steigt mit der Zahl der konjugierten Doppelbindungen im Molekül an.

Verbindung	λ_{max} (nm)	ε ($M^{-1}cm^{-1}$)
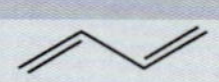	217	21.000
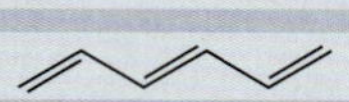	256	50.000
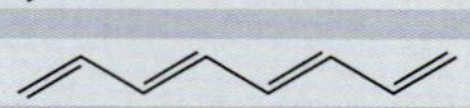	290	85.000
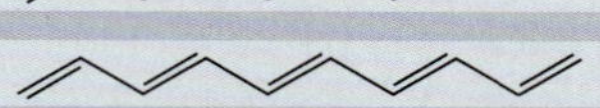	334	125.000
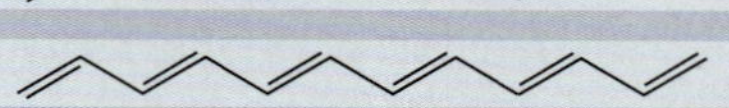	364	138.000

Tabelle 13.7: λ_{max}- und ε-Werte für konjugierte Polyene.

In einem $\pi \rightarrow \pi^*$-Übergang wird ein Elektron aus einem **höchsten besetzten Molekülorbitals** (HOMO für *highest occupied molecular orbital*) in ein **niedrigstes unbesetztes Molekülorbital** (LUMO für *lowest unoccupied molecular orbital*) angeregt. In einem konjugierten Elektronensystem ist also weniger Energie erforderlich als in einem nichtkonjugierten (► Abbildung 13.32). Je mehr konjugierte Doppelbindungen in einem Molekülsystem vorhanden sind, desto weniger Energie ist erforderlich, um die elektronischen Übergänge anzuregen, die deshalb von immer längeren Wellenlängen des Lichtes ausgelöst werden.

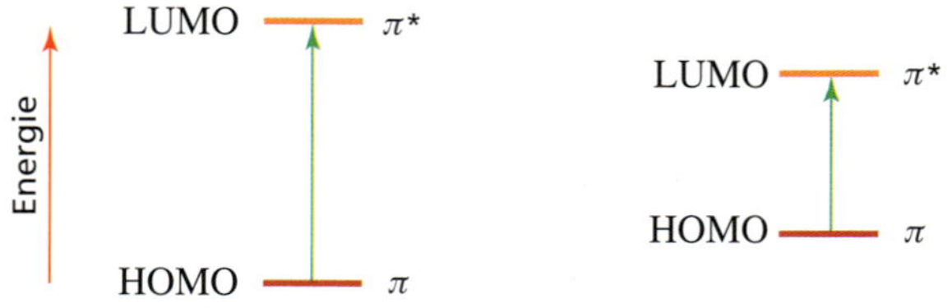

$\pi \rightarrow \pi^*$-Übergang für zwei konjugierte Doppelbindungen

$\pi \rightarrow \pi^*$-Übergang für drei konjugierte Doppelbindungen

Abbildung 13.32: Konjugation erhöht die Energie des HOMOs und vermindert die Energie des LUMOs.

Falls eine chemische Verbindung über genügend konjugierte Doppelbindungen verfügt, absorbiert sie im sichtbaren Bereich des elektromagnetischen Strahlungsspektrums (λ_{max} > 400 nm). Eine solche Verbindung erscheint dann farbig. Aus diesem Grund ist etwa das β-Carotin (die Vorläufersubstanz des Vitamins A mit λ_{max} = 455 nm), das sich in reicher Menge in Möhren, Aprikosen und den Federn von Flamingos findet, orange. Das verwandte Lycopin (λ_{max} = 474 nm) der Tomate, Wassermelone und rosa Pampelmuse erscheint dem Auge (im weißen Tageslicht) rot.

β-Carotin
λ_{max} = 455 nm

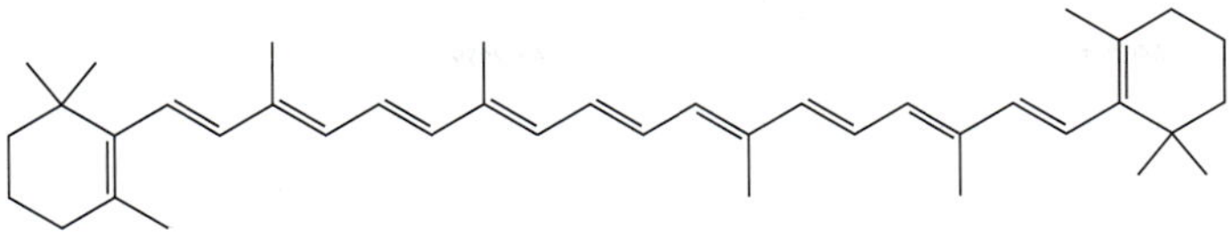

Lycopin
λ_{max} = 474 nm

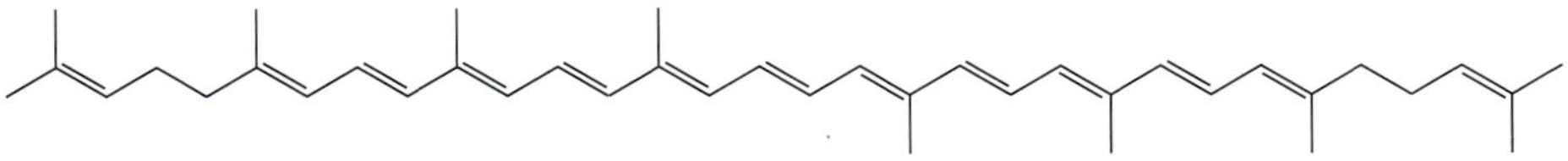

Als **Auxochrom** wird ein Substituent an einem chromophortragenden Molekül bezeichnet, der die Absorptionswellenlängen der Verbindung und/oder deren Intensität beeinflusst. Für gewöhnlich werden beide Parameter gleichzeitig von der Anwesenheit einer auxochromen Gruppe betroffen, also Qualität wie Quantität der Wechselwirkung mit Licht. So sind etwa OH- und NH_2-Gruppen Auxochrome. Bei den hydroxyl- und aminofunktionhaltigen Molekülen, die nachfolgend abgebildet sind, stehen die freien Elektronenpaare an den Sauerstoff- bzw. Stickstoffatomen mit dem π-Elektronensystem des Benzolkerns des Moleküls in Wechselwirkung. Solch eine Wechselwirkung führt zur Anhebung von λ_{max}.

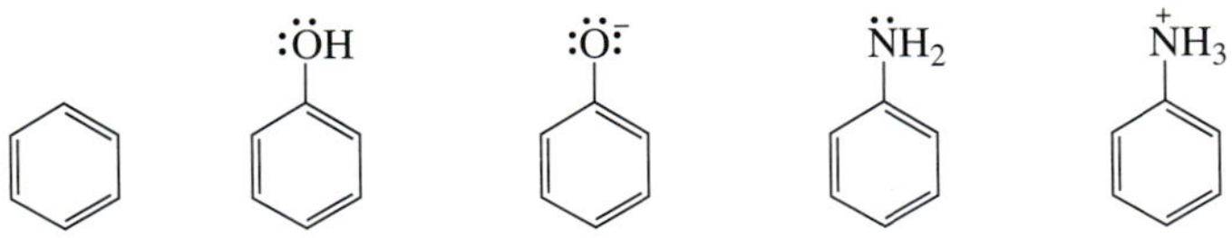

Benzol	Phenol	Phenolation	Anilin	Aniliniumion
λ_{max} = 255 nm	270 nm	287 nm	280 nm	254 nm

Abstraktion eines sauren Wasserstoffatoms als Ion (Proton) vom Phenolmolekül führt zum Phenolatanion. Dieses weist einen höheren λ_{max}-Wert auf, weil es über ein zusätzliches freies Elektronenpaar verfügt, welches das konjugierte Elektronensystem erweitert. Protonierung des Anilinmoleküls führt zu einem niedrigeren λ_{max}-Wert, da das freie Elektronenpaar des N-Atoms nicht mehr für die konjugative Wechselwirkung mit dem π-Elektronensystem zur Verfügung steht, sondern für die Bindung eines H^+-Ions verwendet wird. Da die auxochrome Wirkung im Aniliniumion aufgehoben ist, ist der λ_{max}-Wert dieses Moleküls mit dem des Benzols vergleichbar.

Ü 36* Sagen Sie den λ_{max}-Wert der folgenden Verbindung voraus:

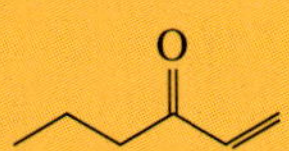

Ü 37* Ordnen Sie folgende Verbindungen in der Reihenfolge abnehmenden λ_{max}-Wertes:

(a) 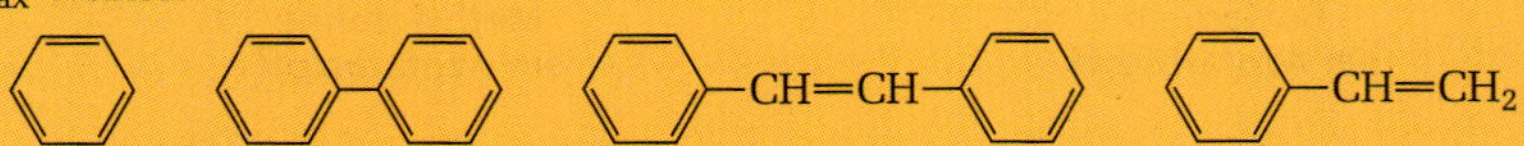

(b) 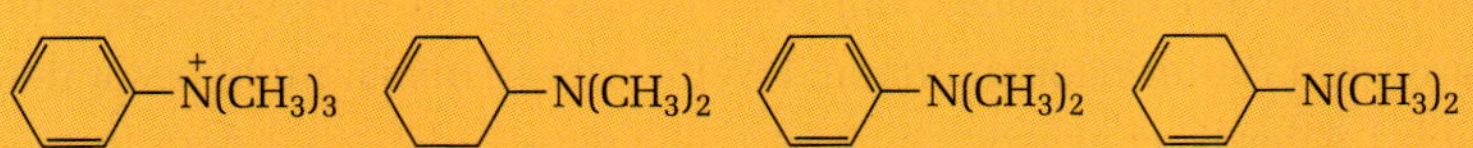

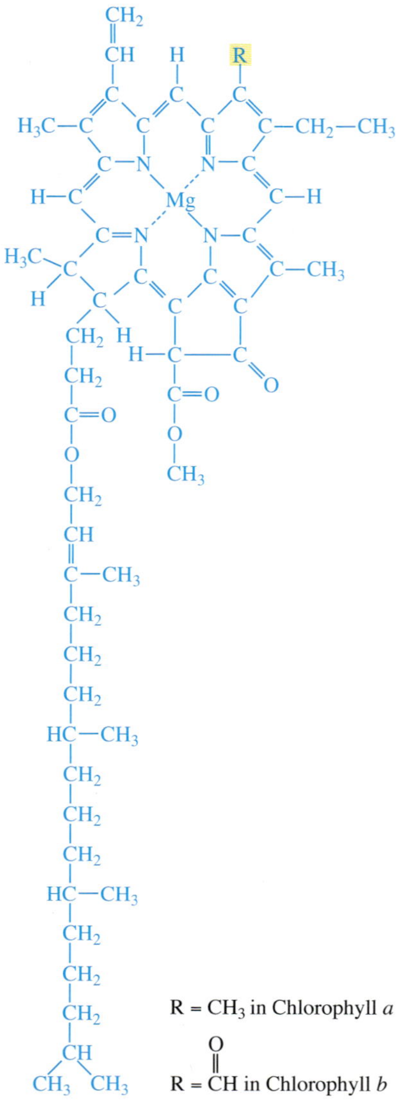

R = CH_3 in Chlorophyll *a*

R = $\overset{O}{\overset{\|}{C}}H$ in Chlorophyll *b*

Chlorophyll *a* und Chlorophyll *b* sind die Farbstoffe, die Pflanzen grün erscheinen lassen. Diese Verbindungen mit hoch konjugierten Elektronensystemen absorbieren „nichtgrünes" Licht. Das von den Pflanzen zurückgeworfene oder durch sie hindurchgehende Licht erscheint aus diesem Grund grün.

13.22 Das sichtbare Spektrum und das Phänomen der Farbigkeit

Weißes Licht ist ein Gemisch aus allen möglichen Wellenlängen des sichtbaren Lichtspektrums. Falls Lichtwellen irgendeiner Wellenlänge aus dem weißen Licht herausgefiltert werden, nimmt das Auge das verbliebene Licht als farbig wahr. Absorbiert also eine chemische Verbindung sichtbares Licht, macht sich das in Form einer Farbigkeit bemerkbar.

Die Beziehung zwischen der Wellenlänge des Lichtes, das von einem Stoff absorbiert wird und der Farbigkeit des betreffenden Stoffes ist im Farbrad unten gezeigt, in dem komplementäre Farben durch eine Linie verbunden sind.

Sobald ein Molekül Licht absorbiert, produziert das nicht absorbierte (reflektierte) Licht die Komplementärfarbe des absorbierten Lichts.

- Absorbiert eine Verbindung rotes Licht, erscheint sie grün (die Komplementärfarbe von Rot). Absorbiert eine Verbindung violettes Licht, erscheint sie gelb.
- Absorbiert eine Substanz zwei verschiedene Farben, nehmen ihre Augen eine Kombination der reflektierten Farben wahr. Zum Beispiel erscheint eine Verbindung gelb-grün, wenn sie rotes und violettes Licht absorbiert.
- Absorbiert eine Verbindung zwei Komplementärfarben (zum Beispiel Rot und Grün), gleichen sich diese Farben aus und die Substanz erscheint grau oder weiß.

Das menschliche Auge ist imstande, mehr als eine Million unterschiedlicher Farbtöne wahrzunehmen.

Azobenzole (Benzolreste, die durch eine N═N-Gruppe miteinander verbrückt sind) besitzen ein ausgedehntes π-Elektronensystem, das dafür verantwortlich ist, dass die Azobenzolmoleküle Strahlung im sichtbaren Bereich des Spektrums absorbieren. Die beiden hier gezeigten Beispiele werden als Farbstoffe verkauft. Durch Variation des Ausmaßes der Konjugation in der Verbindung und der auxochromen Gruppen kann eine praktisch unbegrenzte Zahl unterschiedlicher Farbtöne erzeugt werden. Beachten Sie, dass der einzige Unterschied zwischen dem Buttergelb und dem Methylorange eine SO_3^--Gruppe ist (siehe unten).

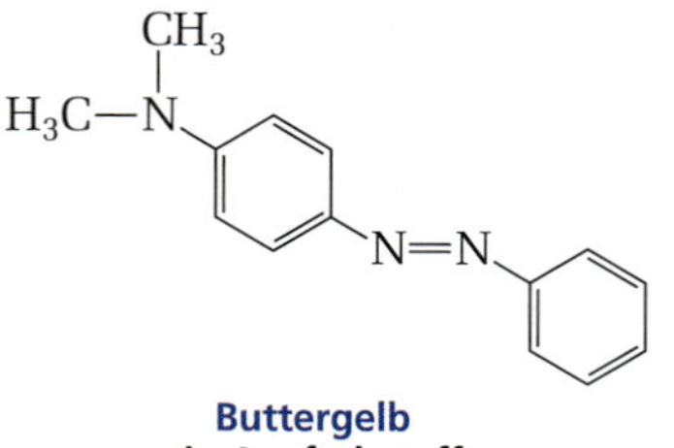

Buttergelb
ein Azofarbstoff

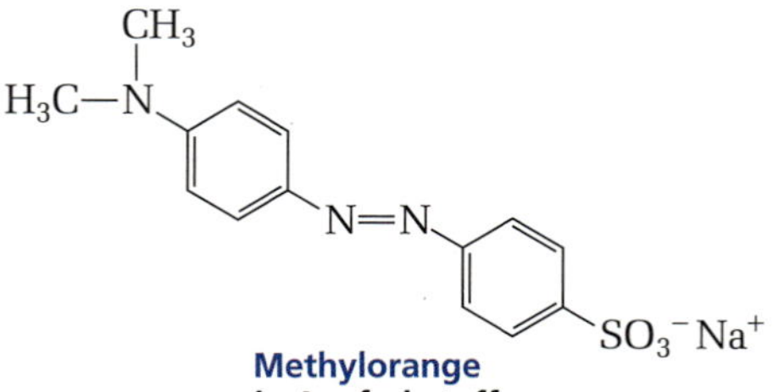

Methylorange
ein Azofarbstoff

Als Margarine auf den Markt kam, wurde sie mit Buttergelb angefärbt, um die Farbe von Butter nachzuahmen. (Weiße Margarine ist nicht besonders appetitlich.) Allerdings wurde es nicht mehr verwendet, nachdem festgestellt wurde, dass Buttergelb krebserregend ist. Für das Färben von Butter wird nun β-Carotin verwendet.

HINTERGRUND

■ Anthocyane: Eine farbenfrohe Verbindungsklasse

Eine als *Anthocyane* (*anthos*, gr. Blüte, Blume; *kyaneos*, gr. dunkelblau) bezeichnete Klasse wasserlöslicher Naturstoffe ist verantwortlich für die roten, purpurnen und bläulichen Farbtöne zahlreicher Blüten (Mohn, Kornblume etc.), Früchte (Heidelbeeren, Brombeeren, Erdbeere, Rhabarber, rote Weintrauben, Kirschen etc.) und anderer Pflanzenteile (Rote Beete, Radieschen, Rotkohl, u. a.). In neutralen Lösungen liegt der monozyklische Anteil der Moleküle (in den nachfolgenden Formeln rechts) konjugativ vom Rest des Moleküls abgekoppelt vor. In diesem Zustand absorbieren die Anthocyane kein sichtbares Licht und erscheinen daher farblos. Im sauren Milieu wird die OH-Gruppe jedoch protoniert und ein Wassermolekül wird eliminiert. Wasser ist, wie wir wissen, aufgrund seiner geringen Basizität eine gute Abgangsgruppe (Abschnitt 10.1). Durch die Abspaltung des Wassermoleküls werden die π-Elektronensysteme der Ringsysteme miteinander konjugiert.

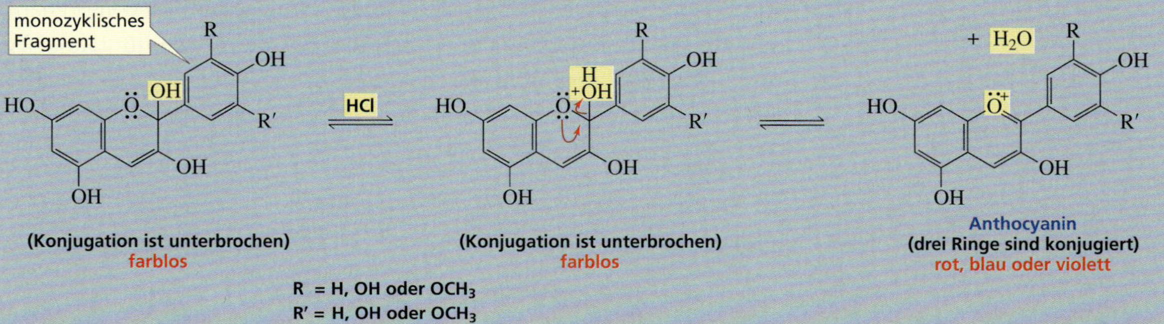

Daraus resultiert eine verstärkte Konjugation, das Anthocyan absorbiert nun zwischen 480 und 550 nm. Die exakte Wellenlänge hängt von den Substituenten (R und R′) am Anthocyan ab. Daher sind Blumen, Früchte und Gemüse rot, violett oder blau, abhängig von R und R′. So können Sie eine Farbänderung beobachten, wenn Sie den pH-Wert von Cranberrysaft verändern.

Anwendungen der UV/Vis-Spektroskopie 13.23

UV/Vis-Spektroskopie ist nicht annähernd so gut wie andere Methoden geeignet, um die Struktur organischer Verbindungen zu bestimmen. Jedoch hat sie viele andere wichtige Aufgaben.

Die UV/Vis-Spektroskopie wird gern eingesetzt, um Reaktionskinetiken zu verfolgen. Die Geschwindigkeit einer chemischen Reaktion kann leicht gemessen werden, solange eines der Reaktanten oder Reaktionsprodukte ultraviolettes oder sichtbares Licht absorbiert, und zwar bei einer Wellenlänge, bei der die anderen Reaktionsteilnehmer nicht oder nur wenig absorbieren.

Beispielsweise absorbiert das Nitroethananion bei 240 nm, aber weder die Reaktanten noch das andere Reaktionsprodukt (Wasser) zeigen bei dieser Wellenlänge irgendwelche relevante Extinktion. Um die Geschwindigkeit zu messen, mit der Hydroxidionen Nitroethan deprotonieren (Bildungsgeschwindigkeit des Nitroehtananions), wird das UV/Vis-Spektrometer auf diese Anregungswellenlänge eingestellt und die Extinktion als Funktion der Zeit aufgezeichnet (► Abbildung 13.33), anstelle einer Messung der Absorption als Funktion der Wellenlänge (► Abbildung 13.30).

Lycopin, β-Carotin und die Anthocyane finden sich in den Blättern von Bäumen, doch wird ihre Farbe zumeist von der grünen Farbe des Chlorophylls überdeckt. Chlorophyll ist jedoch ein instabiles Molekül, daher muss es kontinuierlich von den Pflanzen resynthetisiert werden. Seine Synthese benötigt Sonnenlicht und angenehme Temperaturen. Sobald das Wetter im Herbst kälter wird, können die Pflanzen kein Chlorophyll mehr synthetisieren, also wird dieses abgebaut und andere Farben treten in den Vordergrund.

$$CH_3CH_2NO_2 + OH^- \rightleftharpoons CH_3\bar{C}HNO_2 + H_2O$$

Nitroethan — Nitroethananion $\lambda_{max} = 240$ nm

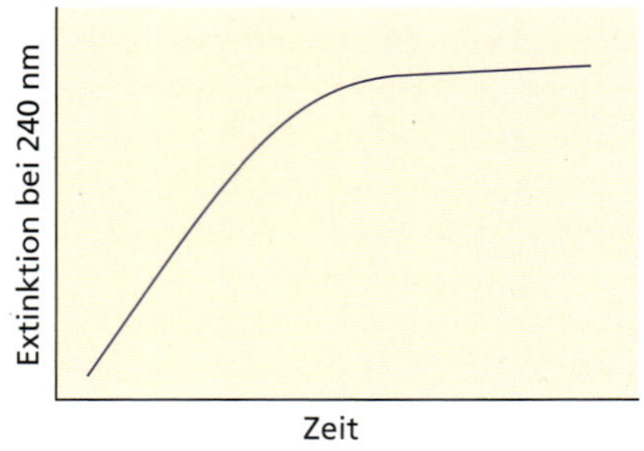

Abbildung 13.33: Die Geschwindigkeit, mit der Nitroethan deprotoniert wird, wird durch das Verfolgen des Extinktionsverlaufs bei 240 nm gemessen.

Das Enzym Lactatdehydrogenase katalysiert die Reduktion von Brenztraubensäure (Pyruvat) mit NADH zu Milchsäure (Lactat; Abschnitt 25.8). NADH ist das einzige Teilchen im Reaktionsansatz, das UV-Licht bei 340 nm absorbiert. Der Reaktionsverlauf kann daher durch Messung der Extinktionsänderung bei 340 nm verfolgt werden (► Abbildung 13.34).

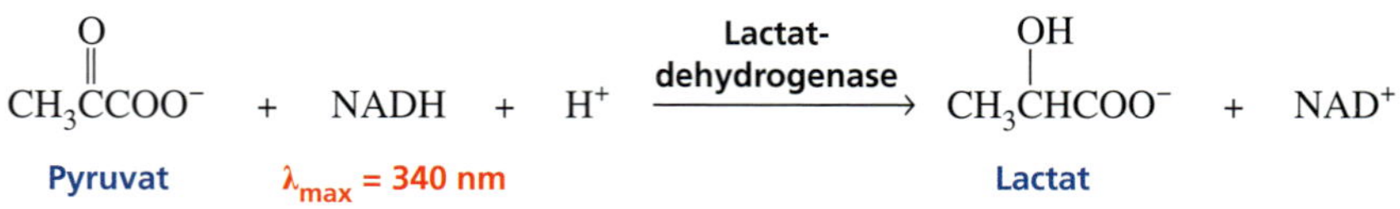

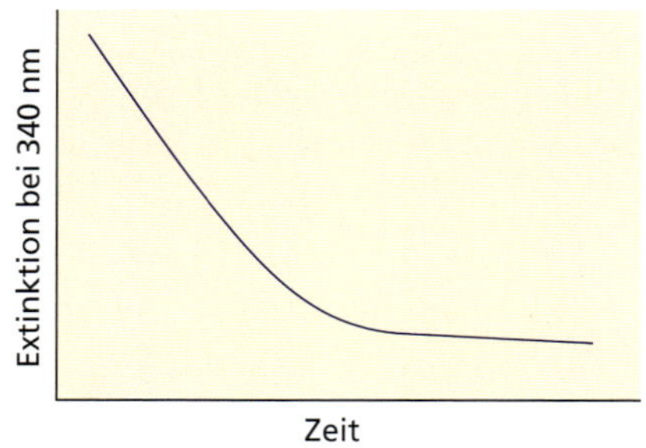

Abbildung 13.34: Die Geschwindigkeit, mit der Pyruvat durch NADH reduziert wird, wird durch das Verfolgen des Extinktionsverlaufs bei 340 nm gemessen.

MERKE!

Erinnern Sie sich daran, dass die Henderson-Hasselbalch Gleichung angibt, dass der pK_S-Wert einer Verbindung gleich dem pH-Wert der Lösung entspricht, indem die Verbindung gelöst ist, wenn die Hälfte der Verbindung einer der sauren Form und die andere Hälfte in der basischen Form vorliegt (Abschnitt 2.10).

Der pK_S- oder der pK_B-Wert einer Verbindung lässt sich mit Hilfe der UV/Vis-Spektroskopie ermitteln, falls entweder die protonierte oder die deprotonierte Form der Verbindung UV- oder sichtbares Licht absorbiert. So zeigt etwa das Phenolation eine Absorptionsspitze (λ_{max}) bei 287 nm. Trägt man die Extinktion bei 287 nm als Funktion des pH-Wertes auf, ergibt sich der pK_S-Wert des Phenols als derjenige pH-Wert, bei dem genau der halbe Maximalwert der Extinktionsänderung gemessen wird (► Abbildung 13.35). Bei diesem pH wurde genau die Hälfte des Phenols in ein Phenolat umgewandelt, also entspricht der pH dem pK_S-Wert der Verbindung.

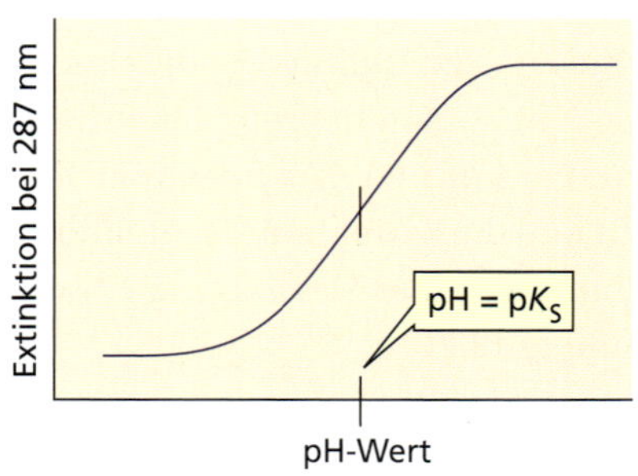

Abbildung 13.35: Die Extinktion einer wässrigen Phenollösung als Funktion des pH-Wertes.

Die UV-Spektroskopie kann außerdem dazu verwendet werden, die angenäherte Nucleotidzusammensetzung einer Nucleinsäure zu ermitteln. Die beiden Stränge eines DNA-Moleküls werden durch Wasserstoffbrückenbindungen zwischen den Nucleobasen der beiden Molekülstränge zusammengehalten (► Abbildung 26.3). Jeder Guaninrest bildet drei H-Brücken mit einem Cytosinrest aus (Guanin und Cytosin bilden ein G—C-Basenpaar); jeder Adeninrest bildet H-Brücken mit einem Thyminrest aus (Adenin und Thymin bilden ein A—T-Basenpaar). Wird die DNA erhitzt, trennen sich die Stränge und die Extinktion steigt an, weil einzelsträngige DNA bei 260 nm eine höhere molare Extinktion aufweist als doppelsträngige. Die Schmelztemperatur (T_m) einer DNA ist definiert als der Umkehrpunkt einer Extinktions/Temperaturkurve des Moleküls (► Abbildung 13.36).

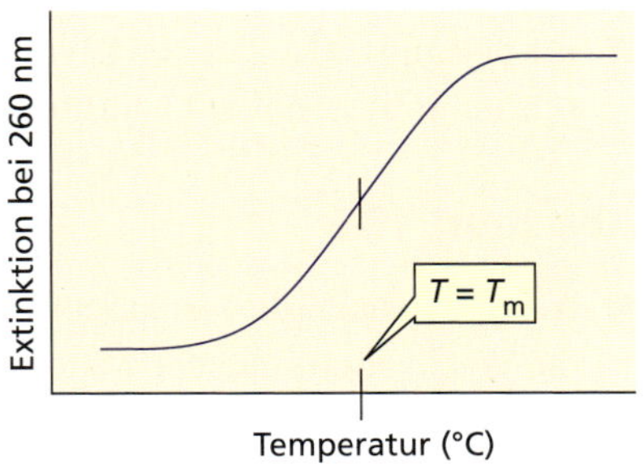

Abbildung 13.36: Extinktion einer DNA-Lösung als Funktion der Temperatur.

Bei doppelsträngiger DNA steigt T_m mit steigendem G—C-Gehalt, da diese Basenpaare durch 3 H-Brücken verbunden sind, A—T-Paare dagegen nur durch 2. T_m kann daher herangezogen werden, um eine grobe Abschätzung des G—C-Gehaltes zu erhalten. Die sind nur einige wenige Beispiele für die vielen Anwendungen der UV/Vis-Spektroskopie, die auch in der klinischen Chemie bei der Krankheitsdiagnose eine bedeutende praktische Rolle spielt.

Ü 38*

(a) Bei pH = 7 erscheint eines der nachfolgend abgebildeten Ionen purpurfarbig, das andere blau. Welches weist welche Farbe auf? (*Hinweis:* Beziehen Sie sich auf das Spektrum in ► Abbildung 13.8.)

(b) Wie wären die vermutlichen Farben bei pH = 3?

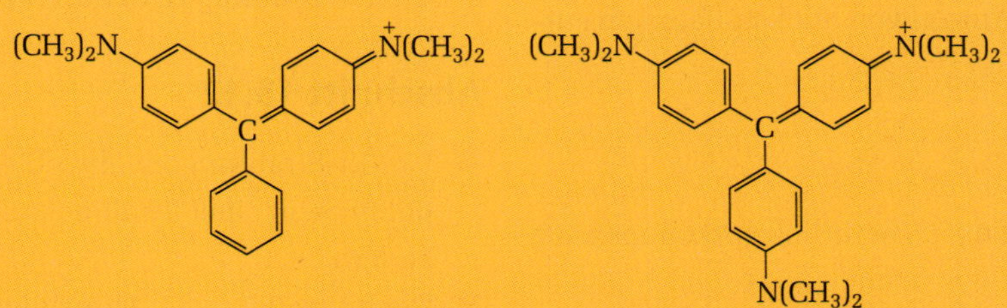

Ü 39* Beschreiben Sie einen experimentellen Weg, um die Geschwindigkeit zu messen, mit der Alkoholdehydrogenase die Oxidation von Ethanol durch NAD^+ katalysiert.

Ü 40* Die Extinktion einer Lösung einer schwachen Säure wurde unter den gleichen Bedingungen gemessen wie eine Folge von pH-Werten. Die deprotonierte Form der Säure ist das einzige Teilchen im Reaktionsansatz, das UV-Strahlung bei der gewählten Wellenlänge absorbiert. Schätzen Sie den pK_S-Wert der schwachen Säure aus den folgenden Daten ab.

pH-Wert:	1,0	2,0	3,0	4,0	5,0	6,0	7,0	8,0	9,0	10,0
Extinktion:	0	0	0,10	0,50	0,80	1,10	1,50	1,60	1,60	1,60

Zusammenfassung

Abschnitt 13.1

- Die **Massenspektrometrie** erlaubt es uns, die Molmasse und die Summenformel einer Verbindung zu ermitteln, sowie bestimmte strukturelle Merkmale.
- Das **Molekülion** (ein **Radikalkation**), das durch die Entfernung eines Elektrons aus einem Molekül gebildet wird, kann zerbrechen. Die am wahrscheinlichsten aufbrechenden Bindungen sind die schwächsten und solche, die zu den stabilsten Folgeprodukten führen.
- Das **Massenspektrum** ist ein Graph, der die relativen Häufigkeiten jedes detektierten positiv geladenen Fragments als Funktion seines m/z-Wertes darstellt. Das m/z-Verhältnis des Molekülions (M) spiegelt die Molmasse der Verbindung wieder.

Abschnitt 13.2

- Signalspitzen (Peaks) mit kleineren m/z-Werten – die sogenannten **Fragmentionenpeaks** – repräsentieren positiv geladene molekulare Bruchstücke der untersuchten Verbindung. Der **Basispeak** ist die Signalspitzte mit der größten Intensität. Er entspricht dem stabilsten Fragment.

Abschnitt 13.3

- Die **Regel der 13** erlaubt es, mögliche Summenformeln aus den m/z-Werten des Molekülions zu extrahieren.
- Die **Stickstoffregel** sagt aus, dass eine Verbindung, dessen Molekülion eine ungeradzahlige Masse aufweist, eine ungeradzahlige Anzahl von Stickstoffatomen enthält.

Abschnitt 13.4

- Der **M+1-Peak** kommt durch natürlich vorkommendes ^{13}C zustande.
- Beträgt die Höhe des **M+2-Peaks** ein Drittel der Höhe des M-Peaks, so enthält die Verbindung ein Chloratom; falls der M- und der M+2-Peak etwa die gleiche Höhe aufweisen, enthält die Verbindung ein Bromatom.

Abschnitt 13.5

- Hochauflösende Massenspektrometrie erlaubt die Bestimmung der exakten Molekülmasse. Durch diese kann die Summenformel einer Verbindung bestimmt werden.

Abschnitt 13.6

- Elektronenbeschuss wird am wahrscheinlichsten ein freies Elektronenpaar verschieben.
- Eine Bindung zwischen Kohlenstoff und einem elektronegativeren Atom spaltet heterolytisch, wobei die Bindungselektronen auf das elektronegativere Atom übergehen. Eine Bindung zwischen Kohlenstoff und einem Atom ähnlicher Elektronegativität spaltet homolytisch.
- **α-Spaltung** tritt auf, wenn das gebildete Fragment ausschließlich Atome mit gefülltem Oktett besitzt.

Abschnitt 13.9

- Als **Spektroskopie** bezeichnet man die Untersuchung der Wechselwirkung von Materie mit **elektromagnetischer Strahlung**.
- Hochenergetische Strahlung ist mit einer hohen Frequenz, großen Wellenzahlen und kurzen Wellenlängen verknüpft.

Abschnitt 13.10

- Die **Infrarotspektroskopie (IR-Spektroskopie)** wird zur Identifizierung funktioneller Gruppen in einer Verbindung genutzt.

Abschnitt 13.11

- Es bedarf einer größeren Energiemenge, um eine chemische Bindung zu dehnen als um sie zu deformieren.

Abschnitt 13.12

- Um IR-Strahlung zu absorbieren, muss sich das Dipolmoment einer Bindung während einer Schwingung ändern.
- Die Intensität eines **Absorbtionsbandes** hängt von der Stärke der Änderung des Dipolmoments (polare Bindungen absorbieren stärker), der Zahl der absorbierenden Bindungen und der Konzentration der Verbindung ab.

Abschnitt 13.13

- Die Frequenz eines Absorbtionsbandes korreliert invers mit der Masse der Atome, die die Bindung bilden. Schwere Atome vibrieren mit niedrigeren Frequenzen.
- Stärkere Bindungen absorbieren bei größeren Wellenzahlen.

Abschnitt 13.14

- Die Frequenz, bei der Absorption eintritt, hängt somit von der Bindungsordnung, dem Hybridisierungszustand der Atome, sowie von elektronischen Effekten und Wasserstoffbrücken ab.
- Die Form eines Absorptionsbandes wird durch Wasserstoffbrücken beeinflusst. Wasserstoffbrücken variieren in ihrer Stärke, also verursachen an Wasserstoffbrücken beteiligte Gruppen breite Absorptionsbanden.

Abschnitt 13.18

- Die **Ultraviolett**- und die **visuelle Spektroskopie** (zusammenfassend als UV/Vis-Spektroskopie bezeichnet) liefern Informationen über chemische Verbindungen mit konjugierten Doppelbindungssystemen.
- UV-Strahlung (180–00 nm) besitzt eine höhere Energie als sichtbares Licht (400–780 nm). Je kürzer die Wellenlänge einer Strahlung, desto höher ist ihr Energiegehalt.
- UV- und sichtbares Licht regen $\pi \rightarrow \pi^*$-**Elektronenübergänge** an.
- Ein **Chromophor** ist ein Molekülteil, der ultraviolettes oder sichtbares Licht absorbiert.

Abschnitt 13.19

- Das **Lambert-Beer'sche Gesetz** beschreibt die quantitative Beziehung zwischen der Extinktion einer Substanz, ihrer Konzentration, der Länge des Lichtweges und ihrem molaren Extinktionskoeffizienten: $E = \varepsilon cl$.

Abschnitt 13.20

- Je mehr konjugierte Doppelbindungen eine Verbindung aufweist, desto höher liegt λ_{max}, bei dem die Absorption stattfindet und desto stärker absorbiert die Verbindung insgesamt.
- Ein **Auxochrom** verändert λ_{max} und die Intensität der Absorption.

Abschnitt 13.21

- Wenn ein Molekül Licht absorbiert, wird das nicht absorbierte (reflektierte) Licht als Komplementärfarbe des absorbierten Lichtes wahrgenommen.

Im MyLab | Organische Chemie finden Sie:

- den praktischen **eText** zum Kapitel mit Notizfunktion
- eine Auswahl verschiedener **3D-Moleküle**
- **Lösungen** zu ausgewählten, mit * versehenen Übungen
- digitale **Lernkarten** und ein umfangreiches **Glossar** zum Nachschlagen und Wiederholen von Definitionen
- digitale Übungsaufgaben in Form von **Kapiteltests** zur eigenen Lernkontrolle

NMR-Spektroskopie

14

14.1	Einführung in die NMR-Spektroskopie	752
14.2	Fourier-Transformations-NMR	756
14.3	Abschirmung führt zur Ausbildung verschiedener Signale	757
14.4	Die Zahl der Signale im ^{1}H-NMR-Spektrum	758
14.5	Chemische Verschiebung	760
14.6	Die relativen Lagen der ^{1}H-NMR-Signale	762
14.7	Charakteristische Werte der chemischen Verschiebung	764
14.8	Diamagnetische Anisotropie	766
14.9	Die Integration von NMR-Signalen	769
14.10	Die *N* + 1-Regel beschreibt die Aufspaltung der Signale	771
14.11	Was verursacht die Aufspaltung der Signale?	774
14.12	Weitere Beispiele für ^{1}H-NMR-Spektren	777
14.13	Kopplungskonstanten	782
14.14	Aufspaltungsdiagramme	786
14.15	Enantiotope und diastereotope Wasserstoffatome	789
14.16	Zeitabhängigkeit der NMR-Spektroskopie	791
14.17	An Sauerstoff und Stickstoff gebundene Protonen	793
14.18	Die Verwendung von Deuterium in der ^{1}H-NMR-Spektroskopie	795
14.19	Die Auflösung von ^{1}H-NMR-Spektren	796
14.20	^{13}C-NMR-Spektroskopie	798
14.21	DEPT-^{13}C-NMR-Spektren	805
14.22	Zweidimensionale NMR-Spektroskopie	805
14.23	Magnetresonanzbildgebung: Der Einsatz der NMR in der Medizin	809
14.24	Röntgenkristallographie	811
Zusammenfassung		814

ÜBERBLICK

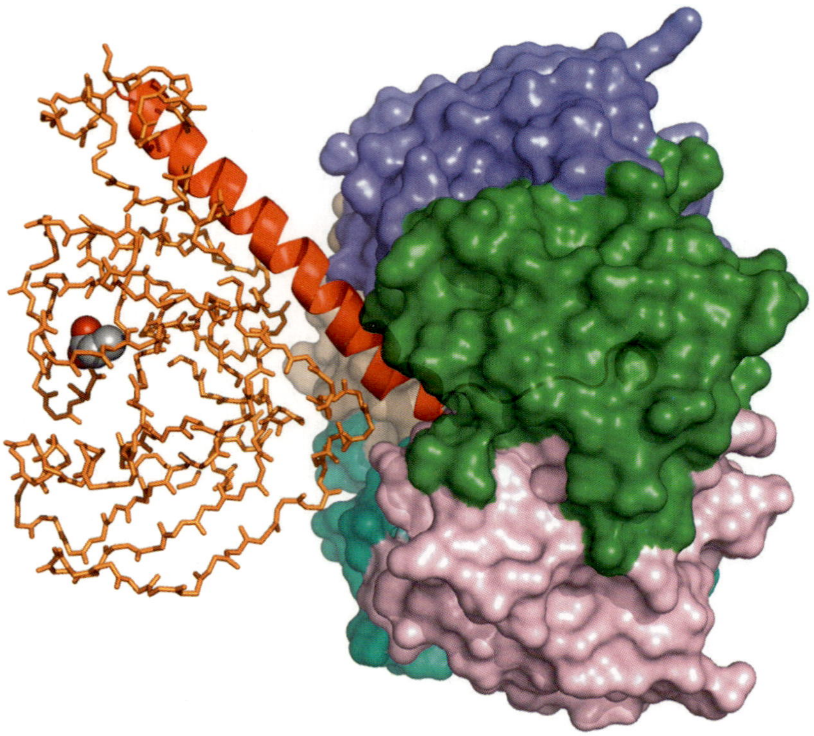

Die Struktur des hitzelabilen *E. coli.* Enterotoxins, bestimmt durch Röntgenkristallographie aus der *Protein Data Bank* (Abschnitt 14.24). Das Protein besitzt sieben Untereinheiten, also sieben Proteinketten (Abschnitt 21.16). Fünf von ihnen (blau, grün, violett, etc.) verankern sich in der Zellmembran. Das Toxin verwendet den roten helikalen Stab, um die katalytische Untereinheit (orange) in die Zelle zu bringen. Das rote und graue Teilstück (als raumfüllendes Modell dargestellt) ist die Seitenkette eines Proteins, die als basischer Katalysator wirkt (Abschnitt 22.8). Dieses Toxin ist für die Reisediarrhoe verantwortlich.

Das Kapitel 13 hat Sie mit drei instrumentellen Techniken vertraut gemacht, die eingesetzt werden, um die molekularen Strukturen organischer Verbindungen zu ermitteln: die Massenspektrometrie, die Infrarotspektroskopie (IR-Spektroskopie) und die UV/Vis-Spektroskopie. Wir werden in diesem Kapitel eine vierte Technik, die *kernmagnetische Resonanzspektroskopie* (NMR-Spektroskopie; von engl: *Nuclear Magnetic Resonance Spectroscopy*), behandeln. Die NMR-Spektroskopie hilft dabei, das Gerüst aus Kohlenstoff-Kohlenstoff- und Kohlenstoff-Wasserstoff-Bindungen einer organischen Verbindung zu identifizieren.

NMR-Spektroskopie besitzt einen Vorteil gegenüber den anderen Methoden, mit denen wir uns bis zu diesem Punkt beschäftigt haben. Sie erlaubt es nicht nur die Funktionalitäten an bestimmten Kohlenstoffatomen zu ermitteln, sondern sie es darüber hinaus auch ermöglicht, die Bindungspartner benachbarter C-Atome zu ermitteln. In vielen Fällen kann man mithilfe der NMR-Spektroskopie die gesamte Struktur eines Moleküls aufklären.

14.1 Einführung in die NMR-Spektroskopie

Die NMR-Spektroskopie ist von den Physikochemiker*innen in den 40er Jahren des letzten Jahrhunderts entwickelt worden, um die Eigenschaften von Atomkernen zu untersuchen. 1951 erkannten die Chemiker*innen, dass die NMR-Spektroskopie auch dazu benutzt werden konnte, um die Strukturen organischer Verbindungen zu entschlüsseln.

Atomkerne mit einer ungeraden Zahl von Protonen oder Neutronen (oder beiden) weisen eine Eigenschaft (der sogenannte Spin) auf, die es den Kernen (^{1}H, ^{13}C, ^{15}N, ^{19}F, ^{31}P usw.) erlaubt, durch NMR-Spektroskopie untersucht zu werden. ^{12}C und ^{16}O besitzen keinen Spin; sie können daher nicht durch NMR-Spektroskopie untersucht werden. Da die Atomkerne des gewöhnlichen

Wasserstoffs (die Protonen) die ersten Atomkerne waren, die mithilfe dieser Technik untersucht wurden, wird die Abkürzung „NMR“ manchmal gleichbedeutend mit **^{1}H-NMR-Spektroskopie** (Protonenmagnetresonanzspektroskopie) verstanden und verwendet.

α- und β-Spins

Durch seine Ladung erzeugt ein Atomkern mit einem Spin ein magnetisches Moment und damit ein Magnetfeld, das ähnlich dem eines kleinen Stabmagneten ist. Ohne ein angelegtes äußeres Magnetfeld sind die magnetischen Momente (die magnetischen Feldvektoren) der Eigendrehimpulse der Atomkerne zufällig im Raum ausgerichtet. Wenn die Atomkerne jedoch in ein starkes Magnetfeld verbracht werden (► Abbildung 14.1), richten sich die Magnetfeldvektoren entweder *parallel* oder *antiparallel* zum angelegten Außenfeld aus.

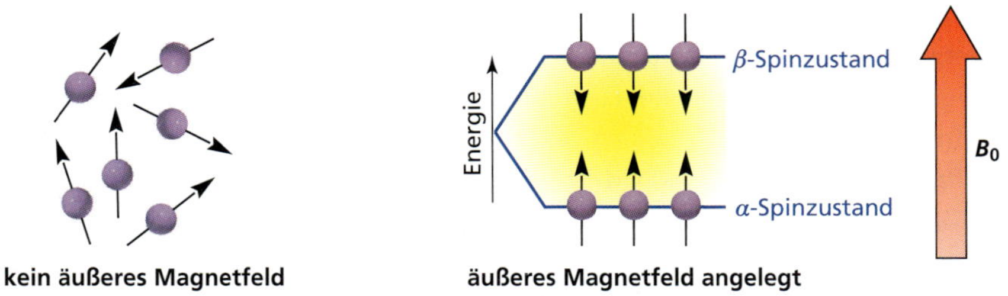

Abbildung 14.1: Ohne äußeres Magnetfeld sind die kernmagnetischen Momente der Atomkerne räumlich zufällig verteilt. Bei angelegtem äußerem Magnetfeld richten sich die magnetischen Vektoren der Atomkerne an dem angelegten Feld aus und zwar parallel α-Spinzustand oder antiparallel β-Spinzustand zu diesem.

Diejenigen, die sich parallel zum äußeren Feld ausrichten, befinden sich im energieärmeren ***α*-Spinzustand**; diejenigen, die sich antiparallel zum äußeren Magnetfeld ausrichten, befinden sich in dem höherenergetischen ***β*-Spinzustand**, weil mehr Energie notwendig ist, um sich antiparallel zu den Feldlinien des Außenfeldes auszurichten als parallel zu diesen. Es befinden sich mehr Atomkerne im α-Spinzustand als im β-Spinzustand. Der Besetzungsunterschied zwischen den beiden Populationen ist sehr gering (ungefähr 20 von 1.000.000 Protonen), doch reicht diese geringfügige Ungleichverteilung aus, um die Grundlage für die NMR-Spektroskopie zu bilden.

Der Energieunterschied (ΔE) zwischen α-Spinzustand und β-Spinzustand hängt von der Stärke des **angelegten Magnetfeldes** (B_0) ab. Je höher die Feldstärke, desto größer wird der energetische Unterschied ΔE zwischen dem α- und dem β-Spinzustand (► Abbildung 14.2).

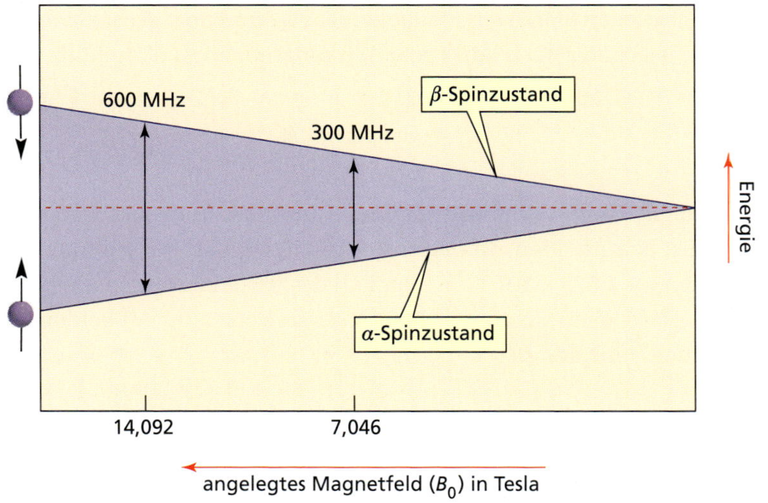

Abbildung 14.2: Je höher die Feldstärke des angelegten Magnetfeldes, desto größer die Differenz zwischen der Energie des α- und der Energie des β-Spinzustandes.

Umklappen des Spins

Wenn eine Substanzprobe einem Strahlungspuls ausgesetzt wird, dessen Energie gerade dem Energieunterschied ΔE zwischen dem α- und dem β-Spinzustand entspricht, werden Atomkerne aus dem α-Spinzustand in den β-Spinzustand emporgehoben.

Dieser Übergang wird als Umklappen („*flipping*") des Kernspins (Eigendrehimpuls des Atomkerns) bezeichnet. Mit den heute erhältlichen Magneten ist die Differenz der potenziellen Energien der beiden Zustände α und β so gering, dass nur wenig Energie notwendig ist, um die Eigendrehimpulsvektoren umschlagen zu lassen. Die Strahlung, die ausreicht, um der Substanz die notwendige Energie zuzuführen, liegt im Radiowellenbereich des elektromagnetischen Spektrums, also in einem sehr langwelligen (energiearmen) Spektralbereich (► Abbildung 13.8). Wenn die Atomkerne die Radiostrahlung absorbieren, klappen ihre Eigendrehimpulsvektoren um. Dabei senden sie Signale aus, deren Frequenz vom Energieunterschied ΔE zwischen dem α- und dem β-Zustand des Kernspins abhängt. Ein NMR-Spektrometer fängt diese Signale auf und stellt sie als graphische Auftragung von Signalfrequenz gegen Signalintensität dar. Diese graphische Auftragung nennt man das NMR-Spektrum der betreffenden Substanz.

Man sagt, die Atomkerne befinden sich in *Resonanz* mit der Radiostrahlung; daher der Begriff „Kernmagnetresonanz". In diesem Zusammenhang bezieht sich der Begriff Resonanz auf das fortwährende Umklappen der Kernspinmomente α und β der Atomkerne als Reaktion auf die Radiostrahlung. Es handelt sich hier um eine echte Resonanz im Sinne der Schwingungsphysik, die nichts mit der manchmal sehr unglücklich auch als „Resonanz" bezeichneten *Mesomerie* zu tun hat (deshalb sollte man in Verbindung mit der Elektronendelokalisation und der damit verbundenen Effekte diesen Begriff tunlichst vermeiden und sich angewöhnen, dafür nur den nicht missverständlichen Begriff „Mesomerie" heranzuziehen).

Die Energiedifferenz der Spinzustände hängt von der Arbeitsfrequenz des Spektrometers ab

Die im Folgenden angegebene mathematische Gleichung beschreibt, wie die Energiedifferenz (ΔE) zwischen den Spinzuständen von der Arbeitsfrequenz des Spektrometers (ν) abhängt. Diese hängt wiederum von der in Tesla-Einheiten (T)* gemessenen Stärke des Magnetfeldes (B_0) und dem *gyromagnetischen Verhältnis* (γ) ab; h ist das Planck'sche Wirkungsquantum (Abschnitt 13.9).

$$\Delta E = h\nu = h\,\frac{\gamma}{2\pi}\,B_0$$

Das **gyromagnetische Verhältnis** ist eine Konstante, die vom magnetischen Moment des betreffenden Atomkerns abhängt. Im Fall des Protons beträgt der Wert von $\gamma = 2{,}675 \times 10^8\ \mathrm{T^{-1}s^{-1}}$. Im Fall des ^{13}C-Atomkerns ist $\gamma = 6{,}688 \times 10^7\ \mathrm{T^{-1}s^{-1}}$. Das Herauskürzen der Planck'schen Konstante auf beiden Seiten der Gleichung führt uns zu

$$\nu = \frac{\gamma}{2\pi}B_0$$

* Früher wurde die Magnetfeldstärke in Gauss-Einheiten (G) angegeben. Es gilt: 1 T = 10.000 G.

Die folgende Rechnung zeigt, dass ein ^1H-NMR-Spektrometer mit einem Magneten, der ein Feld von der Stärke 7,046 T erzeugt, eine Arbeitsfrequenz von 300 Megahertz (MHz) erforderlich macht:

$$\nu = \frac{\gamma}{2\pi} B_0 = \frac{2{,}675 \times 10^8}{2(3{,}1416)} \mathrm{T}^{-1}\,\mathrm{s}^{-1} \times 7{,}046\ \mathrm{T} = 300 \times 10^6\ \mathrm{Hz} = 300\ \mathrm{MHz}$$

Die Gleichung lässt erkennen, dass die Stärke des *Magnetfeldes* (B_0) *proportional zur Arbeitsfrequenz* (ν) des Spektrometers in MHz ist. Falls das Spektrometer einen stärkeren Magneten besitzt, muss es eine höhere **Arbeitsfrequenz** aufweisen. Ein Magnetfeld von 14,092 T erfordert beispielsweise eine Arbeitsfrequenz von 600 MHz.

Die heute üblichen **NMR-Spektrometer** arbeiten bei Frequenzen von 300 Hz bis 1000 MHz. Je höher die Arbeitsfrequenz des Gerätes (und je stärker der Magnet), desto besser ist die Auflösung des NMR-Spektrums.

Da jede Art von Atomkern ihr eigenes gyromagnetisches Verhältnis besitzt, sind unterschiedliche Frequenzen notwendig, um die verschiedenen Atomkerne in Resonanz zu versetzen. Ein NMR-Spektrometer mit einem Magneten, der eine Frequenz von 300 MHz erfordert, um die Eigendrehimpulsvektoren von ^1H-Atomkernen umklappen zu lassen, erfordert eine Einstrahlungsfrequenz von 75 MHz, um die Eigendrehimpulsvektoren von ^{13}C-Atomkernen umklappen zu lassen. NMR-Spektrometer sind mit Sendern (Quellen elektromagnetischer Strahlung) ausgerüstet, die auf die verschiedenen Frequenzen eingestellt werden können, sodass man sie je nach Bedarf einsetzen kann, um die NMR-Spektren der verschiedenen NMR-empfindlichen Atomkerne (^1H, ^{13}C, ^{15}N, ^{19}F, ^{31}P, …) aufzunehmen.

MERKE!

Die Stärke des Magnetfeldes der Erde beträgt am Äquator 5×10^{-5} T. Die maximale Stärke des Erdmagnetfeldes an der Erdoberfläche beträgt am magnetischen Südpol 7×10^{-5} T.

Das Magnetfeld ist proportional zur Arbeitsfrequenz des Spektrometers.

HINTERGRUND

Nikola Tesla (1856–1943)

Die Einheit Tesla, die für die Angabe der magnetischen Feldstärke genutzt wird, ist nach Nikola Tesla bennant. Tesla wurde in Kroatien als Sohn eines Geistlichen geboren. Er wanderte 1884 in die Vereinigten Staaten von Amerika aus und wurde dort 1891 eingebürgert. Er war ein Verfechter des Wechselstroms zur Elektrizitätsübertragung, was ihm eine lang andauernde Auseinandersetzung mit Thomas Edison eintrug.

Tesla erhielt im Jahr 1900 das Patent auf das Radio, aber das Patent für dessen Entwicklung ging 1904 an Guglielmo. Erst 1943 – ein paar Monate nach seinem Tod – wurde Tesla's Patent vom obersten Gerichtshof der USA bestätigt. Tesla besaß über 800 Patente z. B. die Neonröhre und andere Fluoreszenzleuchtkörper, den Kühlschrankmotor und die Teslaspule (ein Transformatortyp, mit dem sich die Voltzahl von Wechselstrom verändern lässt). Die wahrscheinlich wichtigste Erfindung von Tesla war die mehrphasige Elektrizität, die der Prototyp für alle großen Energiesysteme wurde. Er stellte den Großteil seiner Ausrüstung selbst her, einschließlich Isolatoren, eine Technologie, die bis kurzem unter Verschluss stand, da sie von Organisationen der US-Regierung eingesetzt wurde. Tesla gab oft extravagante Vorstellungen seiner Hochspannungsexperimente, was vielleicht erklärt, warum seine Arbeit nie gebührend gewürdigt wurde.

Nicola Tesla in seinem Laboratorium.

Ü 1* Welche Frequenz (in MHz) ist erforderlich, um ein Proton zu veranlassen, seinen Eigendrehimpulsvektor umkippen zu lassen, wenn sich dieses in einem Magnetfeld von der Stärke 1 T befindet ?

Ü 2*

(a) Berechnen Sie die Magnetfeldstärke (in Tesla), die erforderlich ist, um einen ^1H-Atomkern (Proton) in einem NMR-Spektrometer der Arbeitsfrequenz 360 MHz zum Umklappen seines Eigendrehimpulsvektors zu veranlassen.

(b) Welche Magnetfeldstärke ist erforderlich, wenn ein 500 MHz-Instrument für die ^1H-NMR-Spektroskopie eingesetzt wird?

Fourier-Transformations-NMR 14.2

Der gebräuchlichste Weg ein **NMR-Spektrum** aufzunehmen, wird eine kleine Substanzmenge in etwa 0,5 ml Lösungsmittel aufgelöst. Diese Lösung wird in ein langes, dünnes Glasröhrchen gefüllt, das dann in ein starkes Magnetfeld eingebracht wird (► Abbildung 14.3). Die in der NMR-Spektroskopie gebräuchlichen Lösungsmittel werden in Abschnitt 14.17 erörtert. Das Probenröhrchen wird um seine Längsachse gedreht, um die Positionen der Moleküle im Magnetfeld auszumitteln. Diese Maßnahme erhöht die Auflösung des Spektrums beträchtlich.

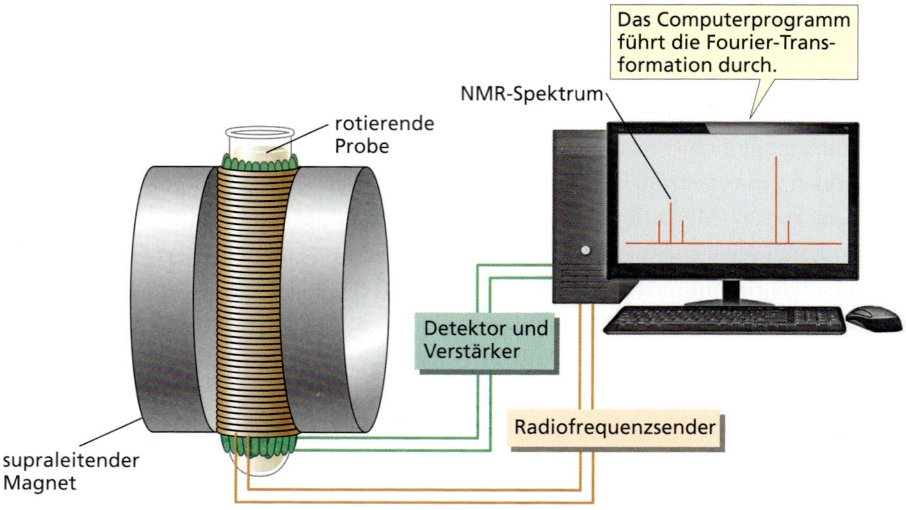

Abbildung 14.3: Schematische Darstellung eines NMR-Spektrometers.

In modernen Instrumenten vom Typ des *gepulsten Fourier-Transformations-NMR-Spektrometers* (FT-NMR-Spektrometer) wird das magnetische Feld konstant gehalten, während man mit kurzen Radiowellenpulsen alle Atomkerne gleichzeitig anregt. Da die kurzen Radiowellenpulse einen größeren Frequenzbereich abdecken, absorbieren die einzelnen Atomkerne (Protonen) die jeweils die Resonanz anregende Frequenz, die für den Orientierungswechsel des Eigendrehimpulsvektors (des Spins) notwendig ist. Dabei entsteht bei der ΔE entsprechenden Frequenz ein komplexes Signal, das als Abfallen der Quermagnetisierung (FID, *free induction decay*) bezeichnet wird. Die Signalintensität klingt in dem Maß ab, in dem die Atomkerne die durch die Radiopulse aufgenommene Energie wieder abstrahlen.

Die Intensitätsänderungen werden vollautomatisch durch einen Computer erfasst und durch das mathematische Verfahren der *Fourier-Transformation* in Intensitäts-Frequenzdaten umgewandelt. Dabei erhält man als Ergebnis ein **fouriertransformiertes NMR-Spektrum** (FT-NMR-Spektrum). Ein FT-NMR-Spektrum benötigt etwa 2 Sekunden Messzeit (eine große Zahl von FIDs kann innerhalb einiger Minuten gemessen und ausgemittelt werden), und das mit weniger als 5 mg der Probensubstanz. Die in diesem Buch abgedruckten NMR-Spektren sind FT-NMR-Spektren, die mit einem Spektrometer der Arbeitsfrequenz 300 MHz aufgenommen wurden.

Abschirmung führt zur Ausbildung verschiedener Signale 14.3

Die Frequenz eines NMR-Signals hängt von der Stärke des Magnetfeldes ab, dem der rotierende Atomkern ausgesetzt ist (der Feldstärke, die der Kern „spürt"; ▶ Abbildung 14.2). Falls also alle Wasserstoffatomkerne in einem organischen Molekül das angelegte äußere Magnetfeld mit der gleichen Stärke „spürten", würden alle das gleiche Signal bei der gleichen Frequenz abgeben. Falls dies zuträfe, bestünden alle NMR-Spektren aus nur einem Signal, das uns über die Struktur der Verbindung nichts mitteilen würde als die Tatsache, dass sie Wasserstoffatome enthält.

Ein Atomkern ist jedoch von einer Elektronenwolke umgeben, die das angelegte **äußere Magnetfeld** teilweise *abschirmt*. Zum Glück für uns Chemiker*innen ist diese **Abschirmung** nicht für alle Wasserstoffatome eines Moleküls gleich, sondern variiert in Abhängigkeit von der genauen Umgebung der einzelnen ^{1}H-Atomkerne. Es „verspüren" also nicht alle Wasserstoffatomkerne eine gleich starke Wirkung des Magnetfeldes.

Was führt nun zu der Abschirmung? Die sich um den Atomkern bewegenden Elektronen erzeugen als bewegte Ladungen ihrerseits ein **lokal wirksames Magnetfeld**, das sich dem äußeren Magnetfeld überlagert und dessen Stärke moduliert. Der Effekt der Elektronen muss von dem äußeren Magnetfeld abgezogen werden, um die *effektive Magnetfeldstärke* am Ort des Atomkerns zu erhalten. Das **effektive Magnetfeld** (genauer: die effektive Magnetfeld*stärke*) ist der Anteil des Magnetfeldes, den die Atomkerne durch ihre elektronische Umgebung hindurch tatsächlich „wahrnehmen". Sie ist deshalb etwas kleiner als das angelegte Feld:

MERKE!

Die Elektronendichte in der Umgebung eines Protons schirmt dieses vom angelegten Magnetfeld ab.

$$B_{\text{effektiv}} = B_{\text{angelegt}} - B_{\text{lokal}}$$

Das bedeutet, dass B_{lokal} umso größer ist und der Kern umso stärker abgeschirmt wird, je höher die Elektronendichte in der Umgebung des Protons* ist. Diese Art der Abschirmung wird als **diamagnetische Abschirmung** bezeichnet.

- Protonen, die sich in einer Umgebung mit größerer Elektronendichte befinden, nehmen daher ein *niedrigeres effektives Magnetfeld* wahr. Man benötigt daher eine *niedrigere Anregungsfrequenz*, um sie in Resonanz zu versetzen – also um sie zur Umorientierung ihrer Eigendrehimpulsvektoren zu veranlassen – weil der ΔE-Betrag kleiner ist (▶ Abbildung 14.2).
- Protonen in elektronenarmen Umgebungen nehmen ein höheres *effektives Magnetfeld* wahr und erfordern daher eine *höhere Anregungsfrequenz*, um den Resonanzzustand zu erreichen, da der Betrag von ΔE in diesem Fall größer ist.

MERKE!

Je stärker das vom Proton „wahrgenommene" Magnetfeld, desto höher ist die Signalfrequenz.

Ein NMR-Spektrum stellt ein Signal für jedes Proton (jeden Atomkern) in einer gegebenen, von anderen unterscheidbaren Umgebung dar.

- Protonen in elektronenreichen Umgebungen sind stärker abgeschirmt und erscheinen bei niedrigeren Frequenzen (rechts im Spektrum; ▶ Abbildung 14.4.)
- Protonen in elektronenarmen Umgebungen sind weniger stark abgeschirmt und erscheinen im Spektrum bei höheren Frequenzen (links im Spektrum).

* In Kontext der NMR-Spektroskopie werden die Bezeichnungen „Proton" und „Wassserstoff" beide für kovalent gebundende Wasserstoffatome verwendet.

Beachten Sie, dass in einem NMR-Spektrum die hohen Frequenzen konventionsgemäß auf der linken Seite stehen, genauso wie in IR-Spektren und UV/Vis-Spektren.

MERKE!

entschirmt = weniger abgeschirmt

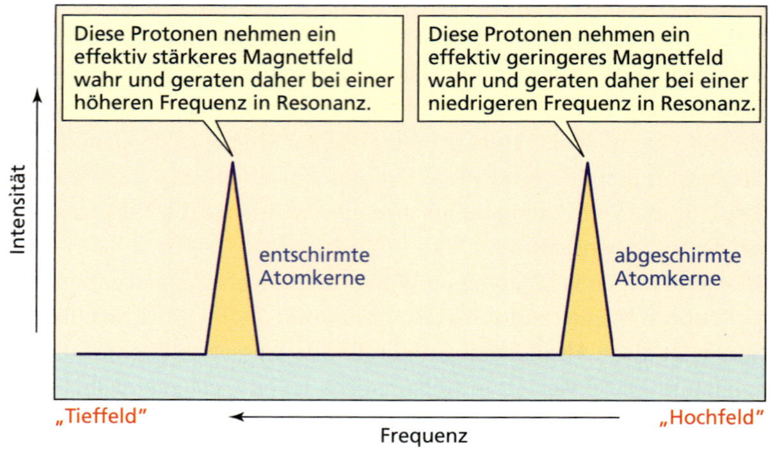

Abbildung 14.4: Abgeschirmte Atomkerne erreichen den Resonanzzustand bei niedrigeren Frequenzen als entschirmte Atomkerne.

Die Zahl der Signale im ^{1}H-NMR-Spektrum 14.4

Protonen in der gleichen elektronischen Umgebung werden **chemisch äquivalente Protonen** genannt. 1-Brompropan besitzt beispielsweise drei unterscheidbare Gruppen von Wasserstoffkernen (Protonen): (1) die drei Methylprotonen, die infolge der freien Drehbarkeit um C—C-Bindungsachsen gleichwertig (äquivalent) sind, (2) die beiden Methylenprotonen (—CH_2—) des mittleren C-Atoms und (3) die beiden Methylenprotonen des C-Atoms, das das Bromatom trägt.

MERKE!

Jede Gruppe chemisch äquivalenter Protonen erzeugt ein NMR-Signal.

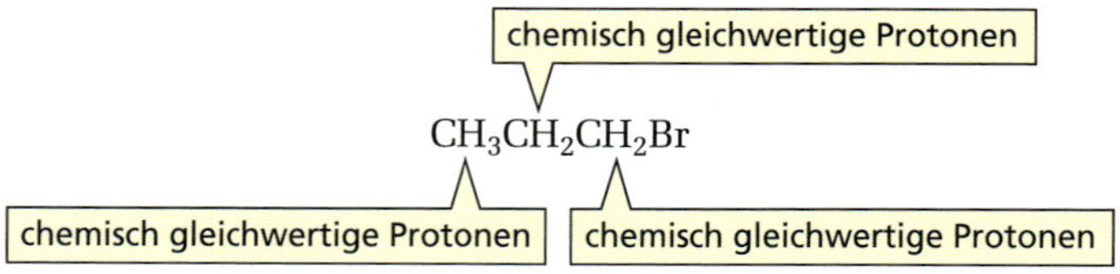

Jede Gruppe chemisch äquivalenter Protonen einer chemischen Verbindung führt im ^{1}H-NMR-Spektrum der Substanz zu einem Signal. So produziert 1-Brompropan drei Signale in seinem ^{1}H-NMR-Spektrum, da es drei Gruppen von äquivalenten Protonen besitzt. Manchmal sind die Signale nicht hinreichend gut aufgetrennt und überlappen sich.

MERKE!

Sie können anhand der Signale in einem ^{1}H-NMR-Spektrum auf die Zahl der chemisch äquivalenten Protonen in einer Verbindung schließen.

2-Brompropan besitzt zwei Gruppen chemisch gleichwertiger Protonen und hat deshalb in einem ^{1}H-NMR-Spektrum zwei Signale. Die 6 Methylprotonen des 2-Brompropanmoleküls sind äquivalent, sie ergeben also nur ein Signal. Das an das mittlere Kohlenstoffatom gebundene H-Atom ist für das zweite Signal verantwortlich. Die chemisch gleichwertigen Protonen sind in den nachfolgenden Formeln durch gleiche Buchstaben kenntlich gemacht:

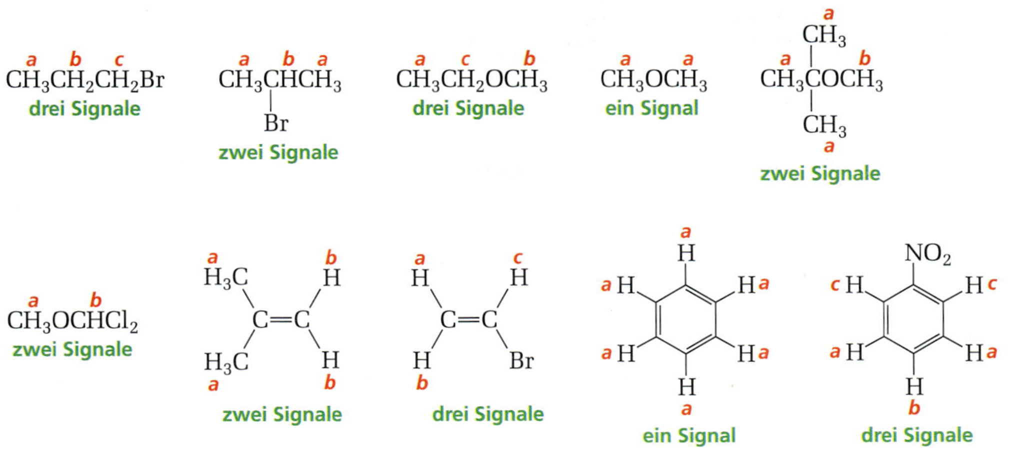

Ethylmethylether beistzt drei Gruppen äquivalenter Protonen: Die Protonen der Methylgruppe am Sauerstoffatom, die Protonen der Methylengruppe und die Protonen der Methylgruppe, die durch die Methylengruppe vom Sauerstoffatom getrennt ist.

Manchmal sind zwei Wasserstoffatome (Protonen), die an dasselbe C-Atom gebunden sind, chemisch nicht äquivalent. (zum Beispiel dann, wenn die Rotation um eine Bindung gehindert ist). Zum Beispiel sind die H_a und H_b Protonen in Bromethen nicht äquivalent, da sie sich nicht in der gleichen Umgebung befinden. H_a steht *trans* zu Br und H_b steht *cis* zu Br. Daher sind im ¹H-NMR-Spektrum von Bromethen drei Signale zu finden.

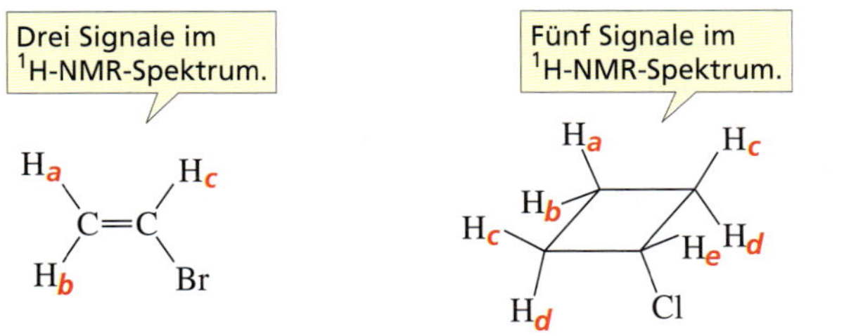

H_a und H_b sind nicht äquivalent.

H_a und H_b sind nicht äquivalent.
H_c und H_d sind nicht äquivalent.

Im ¹H-NMR-Spektrum von Chlorcyclobutan gibt es fünf Signale. H_a und H_b sind nicht äquivalent. H_a steht *trans* zu Cl und H_b steht *cis* zu Cl. Aus dem gleichen Grund sind auch H_c und H_d nicht äquivalent.

STRATEGIEN ZUR PROBLEMLÖSUNG

■ Ermittlung der Zahl der Signale eines ¹H-NMR-Spektrums

Wie viele Signale würden Sie für das ¹H-NMR-Spektrum von Ethylbenzol vorhersagen?

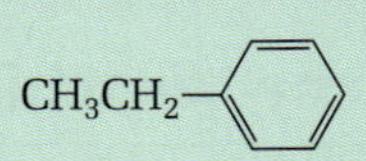

Ersetzen Sie, um die zu erwartende Zahl von Signalen im Spektrum zu bestimmen, jedes H-Atom der Reihe nach durch ein anderes Atom (wir verwenden hier ein Br) und benennen Sie die sich ergebende Verbindung. Die Anzahl der sich dabei ergebenden Namen für die Verbindung entspricht der Zahl der Signale im ¹H-NMR-Spektrum. Wir erhalten für die monobromierten Ethylbenzole fünf unterschiedliche Namen, daher erwarten wir im ¹H-NMR-Spektrum des Ethylbenzols fünf Signale.

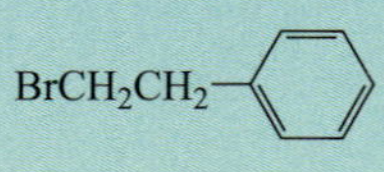
1-Brom-2-phenylethen

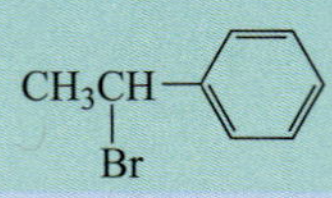
1-Brom-1-phenylethen

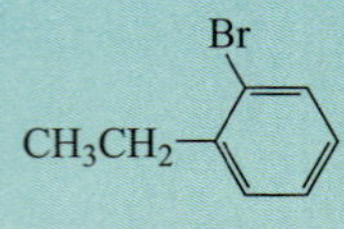
1-Brom-2-ethylbenzol

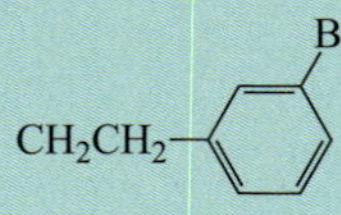
1-Brom-3-ethylbenzol

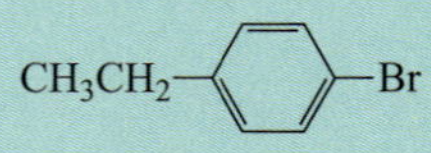
1-Brom-4-ethylbenzol

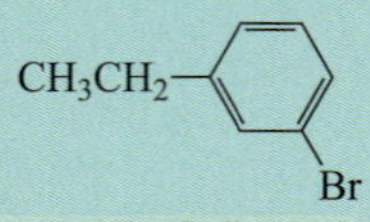
1-Brom-3-ethylbenzol

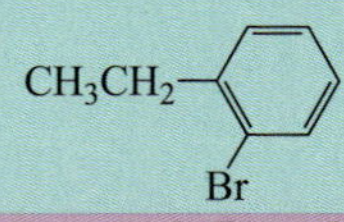
1-Brom-2-ethylbenzol

Fahren Sie nun mit Übung 3 fort.

Ü 3 Wie viele Signale würden Sie im ^{1}H-NMR-Spektrum von jeder der fünf Verbindungen mit der Summenformel C_6H_{14} erhalten?

Ü 4* Wie viele Signale würden Sie für die ^{1}H-NMR-Spektren der folgenden Verbindungen erwarten/vorhersagen?

(a) $CH_3CH_2CH_2CH_3$

(b) $BrCH_2CH_2Br$

(c) $CH_2{=}CHCl$

(d) 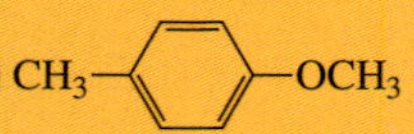

(e) 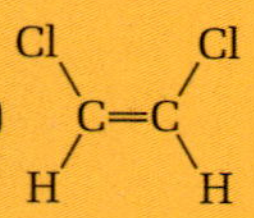

(f) 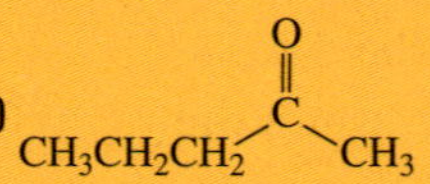

(g) 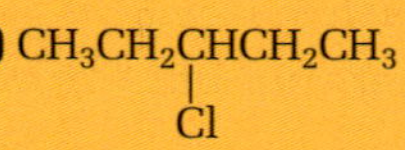

(h) 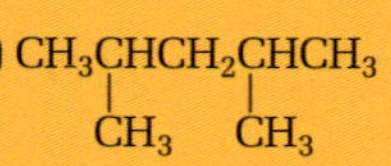

(i) 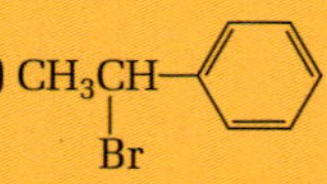

(j) 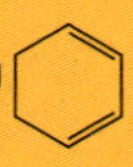

(k) 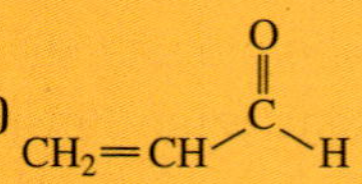

(l) 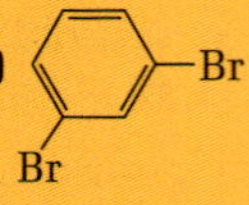

(m) 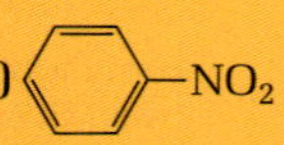

(n) 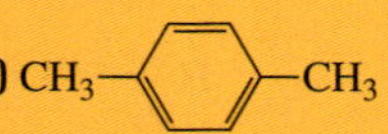

(o) 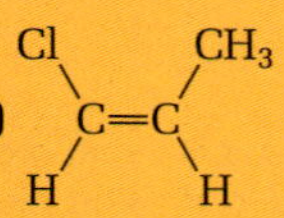

Ü 5 Wie könnten Sie zwischen den ^{1}H-NMR-Spektren der folgenden Verbindungen unterscheiden?

(a) $CH_3OCH_2OCH_3$

(b) CH_3OCH_3

(c) 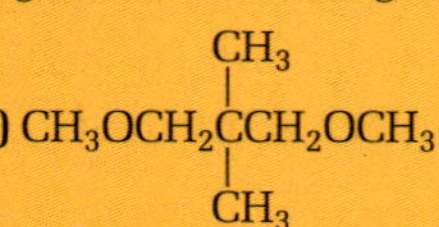

Ü 6 Zeichnen Sie ein Isomer des Dichlorcyclopropans, das ein NMR-Spektrum mit
(a) einem Signal ergibt. **(b)** zwei Signalen ergibt. **(c)** drei Signalen ergibt.

14.5 Chemische Verschiebung

Die Referenzverbindung

Eine kleine Menge einer **Referenzverbindung** (*Bezugsverbindung*) wird mit in das Probenröhrchen gegeben, in das die im NMR-Spektrometer zu vermessende Probe gefüllt wird. Die Lagen der Signale in einem NMR-Spektrum werden danach festgelegt, wie weit sie von dem Signal der Bezugsverbindung entfernt sind. Die am häufigsten verwendete Referenzverbindung ist Tetramethylsilan (TMS). TMS ist eine flüchtige Verbindung (Sdp. = 26,5 °C); sie kann leicht abgedampft werden, nachdem das Spektrum aufgenommen worden ist.

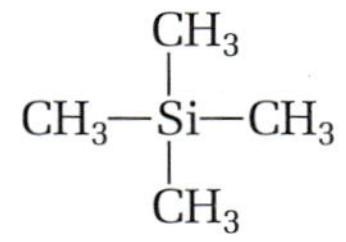

Tetramethylsilan
TMS

Die Methylprotonen von TMS befinden sich in einer Umgebung mit höherer Elektronendichte als die meisten Protonen in anderen organischen Verbindungen, da Silizium weniger elektronegativ ist als Kohlenstoff (ihre Elektronegativitäten betragen 1,8 bzw. 2,5). Als Folge davon hat das Signal der Methylprotonen von TMS eine niedrigere Frequenz als die meisten anderen Signale (d. h., es erscheint im Spektrum rechts von den anderen Signalen).

Die chemische Verschiebung

Die Position (Lage), bei der in einem NMR-Spektrum ein Signal erscheint, wird als dessen *chemische Verschiebung* bezeichnet.

*Die **chemische Verschiebung** ist ein Maß dafür, wie weit das Signal vom Signal der Referenzverbindung entfernt ist.*

Die gebräuchlichste Skala für die Angabe chemischer Verschiebungen ist die Deltaskala (δ-Skala; ► Abbildung 14.5).

Das TMS-Signal legt (willkürlich) die Nullposition dieser Skala fest. Die chemische Verschiebung wird ermittelt, indem man die Entfernung der TMS-Signalspitze (*TMS peak*) in Hertz (Schwingungen pro Sekunde) misst und durch die Arbeitsfrequenz des Spektrometers in Megahertz dividiert. Da die sich ergebende Einheit Hertz/Megahertz (Hz/MHz) ist, ist die chemische Verschiebung eine dimensionslose Größe, die in ppm (Parts per Million; Teile pro eine Million Teile) der Arbeitsfrequenz angegeben wird:

MERKE!

Die meisten Protonen weisen Verschiebungen zwischen 0 und 12 ppm auf.

Je höher der Wert der chemischen Verschiebung (δ), desto höher die Frequenz.

Die chemische Verschiebung ist unabhängig von der Arbeitsfrequenz des Spektrometers.

$$\delta = \textbf{chemische Verschiebung (ppm)} \quad \frac{\textbf{Tieffeldverschiebung, relativ zu TMS (Hz)}}{\textbf{Arbeitsfrequenz des Spektrometers (MHz)}}$$

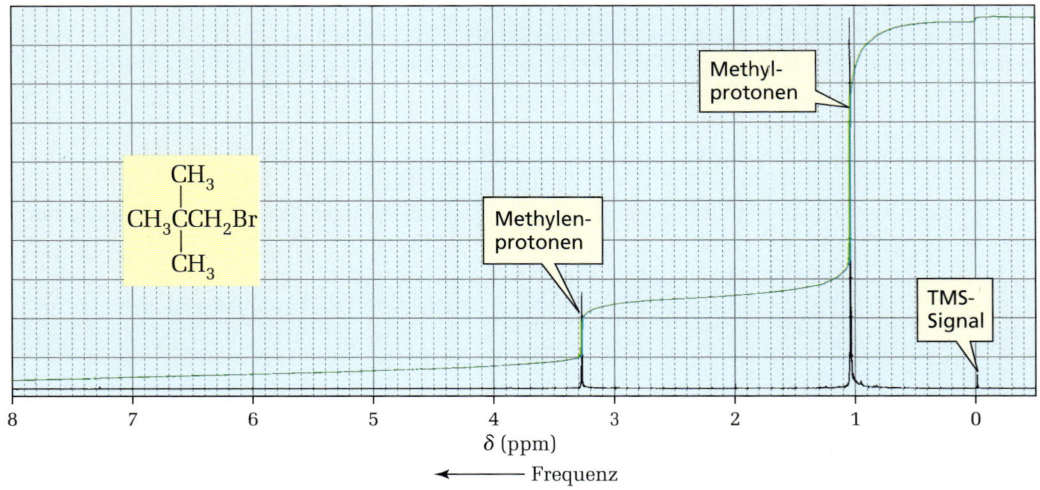

Abbildung 14.5: Das ^{1}H-NMR-Spektrum von 1-Brom-2,2-dimethylpropan. Das TMS-Signal ist das Bezugssignal, relativ zu dem die chemischen Verschiebungen gemessen werden. Es legt den Nullpunkt der Messskala fest.

Das ^{1}H-NMR-Spektrum in ► Abbildung 14.5 zeigt die chemische Verschiebung (δ) der Methylprotonen bei 1,05 ppm, und die chemische Verschiebung der Methylenprotonen, die durch das elektronenziehende Brom weniger abgeschirmt werden, bei 3,28 ppm. *Beachten Sie, dass die niederfrequenten (hochfeldverschobenen, abgeschirmten) Signale kleine δ- (ppm)-Werte haben und die höherfrequenten (tieffeldverschobenen, entschirmten) große δ-Werte.*

> **Hinweis für die Studierenden**
>
> Die Begriffe *Hochfeld* und *Tieffeld* kommen aus der Zeit, in der alte CW-Spektrometer (*continuous wave*) benutzt wurden (bevor Fourier-Transformation-Spektrometer hergestellt wurden). Da diese Begriffe häufig verwendet werden, sollten Sie sich ihrer Bedeutung bewusst sein. *Hochfeld* heißt: weiter auf der rechten Seite der Spektrums. *Tieffeld* hingeben: weiter auf der linken Seite der Spektrums.

δ ist von der Arbeitsfrequenz unabhängig

Der Vorteil der δ-Skala liegt darin, dass die chemische Verschiebung eines gegebenen Atomkerns *unabhängig von der Arbeitsfrequenz des verwendeten NMR-Spektrometers* ist. Die chemische Verschiebung der Methylprotonen des 1-Brom-2,2-dimethylpropans beträgt daher in einem 300-MHz- wie in einem 500-MHz-Gerät 1,05 ppm. Falls man die chemische Verschiebung in Hertz angäbe, betrüge sie in einem 300-MHz-Gerät 315 Hz und in einem 500-MHz-Gerät 525 Hz (315/300 = 1,05; 525/500 = 1,05). Das folgende Diagramm soll Ihnen dabei helfen, die Übersicht über die Fachbegriffe im Zusammenhang mit der NMR-Spektroskopie zu behalten:

Protonen in elektronenarmen Umgebungen	**Protonen in elektronenreichen Umgebungen**
entschirmte Protonen	abgeschirmte Protonen
Tieffeld	Hochfeld
hohe Frequenz	niedrige Frequenz
große δ-Werte	kleine δ-Werte

⟵ δ ppm

⟵ Frequenz

Ü 7* Um wieviel Hertz tiefer, relativ zum TMS-Signal, liegt ein Signal einer chemischen Verschiebung bei 1,0 ppm
(a) in einem 300-MHz-Spektrometer? **(b)** in einem 500-MHz-Spektrometer?

Ü 8* In einem NMR-Spektrometer der Arbeitsfrequenz 300 MHz erscheint ein Signal 600 Hz tieffeldverschoben, bezogen auf TMS.
(a) Wie groß ist die chemische Verschiebung des Signals?
(b) Wie groß wäre seine chemische Verschiebung in einem Instrument, das bei 500 MHz arbeitet?
(c) Um wie viel Hertz tieffeldverschoben wäre das Signal in einem 500-MHz-Spektrometer (wieder bezogen auf TMS)?

Ü 9*
(a) Um wie viel unterscheiden sich zwei Signale in einem 500-MHz-Gerät, falls sie sich in einem 300-MHz-Spektrometer um 1,5 ppm unterscheiden?
(b) Um wie viel unterscheiden sich zwei Signale in einem 500-MHz-Gerät, falls sie sich in einem 300-MHz-Spektrometer um 90 Hz unterscheiden?

Ü 10* Wo würden Sie das ^{1}H-NMR-Signal von $(CH_3)_2Mg$ relativ zu TMS erwarten? (*Hinweis:* Magnesium ist noch weniger elektronegativ als Silizium.)

Die relativen Lagen der ^{1}H-NMR-Signale 14.6

Das ^{1}H-NMR-Spektrum von ► Abbildung 14.5 zeigt zwei Signale, da die Verbindung Protonen in zwei unterschiedlichen Umgebungen enthält. Die Methylenprotonen befinden sich in einer *weniger elektronenreichen Umgebung* als die Methylprotonen, weil sich die Methylenprotonen näher bei den elektronenziehenden Bromatomen befinden. Da sich die Methylenprotonen in einem weniger elektronenreichen Umfeld befinden, sind sie von dem angelegten Magnetfeld *weniger stark abgeschirmt*. Das Signal für diese Protonen erscheint daher bei einer höheren Frequenz als das Signal der stärker abgeschirmten Methylprotonen.

Rufen Sie sich in Erinnerung, dass die rechte Seite des NMR-Spektrums die der niedrigen Frequenzen ist, wo Protonen in stärker abgeschirmten Umgebungen (elektronenreicheren Umgebungen) Signale zeigen.

Die linke Seite ist die Hochfrequenzseite, wo Protonen Signale zeigen, die sich in elektronenärmeren (weniger stark abgeschirmten) Umgebungen befinden (► Abbildung 14.4).

Wir würden erwarten, dass das ^{1}H-NMR-Spektrum von 1-Nitropropan drei Signale haben sollte, da die Verbindung Protonen in drei unterschiedlichen Umgebungen enthält. Je näher die Protonen der elektronenziehenden Nitrogruppe sind, die einen induktiven Elektronenzug ausübt, desto weniger sind sie vom angelegten Magnetfeld abgeschirmt und umso höher sollte die Frequenz sein, bei der ihr Signal erscheint (desto stärker tieffeldverschoben wird es sein). Die Protonen, die der Nitrogruppe am nächsten sind, zeigen daher ein Signal bei der höchsten Frequenz (4,37 ppm), die am weitesten von der Nitrogruppe entfernten das bei der niedrigsten Frequenz (1,04 ppm).

$CH_3CH_2CH_2NO_2$ — CH_3: 1,04 ppm; CH_2: 2,07 ppm; CH_2NO_2: 4,37 ppm

MERKE!

Elektronenzug führt dazu, dass NMR-Signale bei höheren Frequenzen (größeren δ-Werten) erscheinen.

Vergleichen Sie bei den nachfolgend dargestellten Halogenalkanmolekülen die chemischen Verschiebungen der Methylenprotonen an den Kohlenstoffatomen, die dem Halogenatom unmittelbar benachbart sind. Die Lage des Signals hängt von der Elektronegativität des Halogenatoms ab: Je elektronegativer das Halogenatom, desto weniger abgeschirmt sind die Protonen und desto höher ist die Frequenz des Signals. Das Signal der Methylenprotonen in unmittelbarer Nachbarschaft zum Fluoratom (dem elektronegativsten aller Elemente) erscheint bei der höchsten Frequenz, das Signal der Methylenprotonen in Nachbarschaft zum Iodatom (dem am wenigsten elektronegativen der Halogene) erscheint bei den niedrigsten Frequenzen.

$CH_3CH_2CH_2CH_2CH_2F$ (4,50 ppm) $CH_3CH_2CH_2CH_2CH_2Cl$ (3,50 ppm) $CH_3CH_2CH_2CH_2CH_2Br$ (3,40 ppm) $CH_3CH_2CH_2CH_2CH_2I$ (3,20 ppm)

Ü 11*

(a) Welches Proton oder welcher Satz von Protonen ist in den folgenden Verbindungen jeweils der am wenigsten abgeschirmte?

1. $CH_3CH_2CH_2Cl$ **2.** $CH_3CH_2C(=O)OCH_3$ **3.** $CH_3CHBrCHBr_2$ (CH₃CHCHBr mit Br, Br)

(b) Welches Proton oder welche Gruppe von Protonen ist jeweils das/die am stärksten abgeschirmte?

14.7 Charakteristische Werte der chemischen Verschiebung

Angenäherte Werte der chemischen Verschiebungen für Protonen in unterschiedlichen Umgebungen sind in ► Tabelle 14.1 zusammengefasst (eine erweiterte Zusammenstellung findet sich in Anhang F).

Typ des Protons	δ (ppm)*	Typ des Protons	δ (ppm)*
$-CH_3$	0,85	I–C–H	2,5–4
$-CH_2-$	1,20	Br–C–H	2,5–4
–CH–	1,55	Cl–C–H	3–4
$-C=C-CH_3$	1,7	F–C–H	4–4,5
$-C(=O)-CH_3$	2,1	$R-NH_2$	variabel, 1,5–4
$C_6H_5-CH_3$	2,3	R–OH	variabel, 2–5
–C≡C–H	2,4	C_6H_5-OH	variabel, 4–7
$R-O-CH_3$	3,3	C_6H_5-H	6,5–8
$R-C(R)=CH_2$	4,7	–C(=O)–H	9,0–10
R–C(R)=C(R)–H	5,3	–C(=O)–OH	variabel, 10–12
		$-C(=O)-NH_2$	variabel, 5–8

*Die Werte sind Näherungswerte, weil sie von benachbarten Substituenten beeinflusst werden.

Tabelle 14.1: Näherungswerte chemischer Verschiebungen im ^{1}H-NMR-Spektrum.

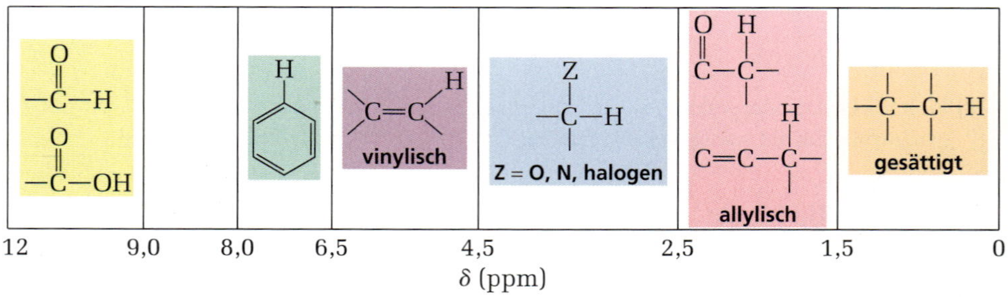

Ein ^{1}H-NMR-Spektrum kann in sieben Bereiche unterteilt werden, von denen einer leer ist. Wenn Sie sich die Protonen„arten" merken, die in jeder der Regionen auftreten, können Sie aus einem NMR-Spektrum ableiten, welche „Art“ von Proton(en) in den Molekülen der vermessenen Substanz vorhanden sind.

Methin-, Methylen- Methylprotonen

Kohlenstoff ist stärker elektronegativ als Wasserstoff (▶ Tabelle 1.3). Daher ist die chemische Verschiebung eines **Methinprotons** (ein H-Atom, welches an ein sp^3-hybridisiertes C-Atom gebunden ist, das an *drei* weitere Kohlenstoffatome gebunden ist) zu höheren Frequenzen hin verschoben, da ein solcher Wasserstoffkern stärker entschirmt ist als ein **Methylenproton** (ein H-Atom, welches an ein sp^3-hybridisiertes C-Atom gebunden ist, das an *zwei* weitere Kohlenstoffatome gebunden ist), dessen übrige chemische Umgebung ähnlich ist. Die chemische Verschiebung eines Methylenprotons ist im Vergleich zu einem **Methylproton** (ein H-Atom, welches an *ein* sp^3-hybridisiertes C-Atom gebunden ist, das an ein weiteres Kohlenstoffatom gebunden ist) ebenfalls zu höheren Frequenzen hin verschoben (ähnliches chemisches Umfeld vorausgesetzt) (▶ Tabelle 14.1).

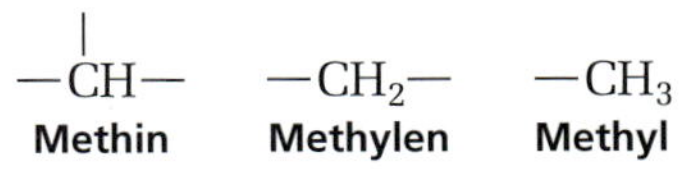

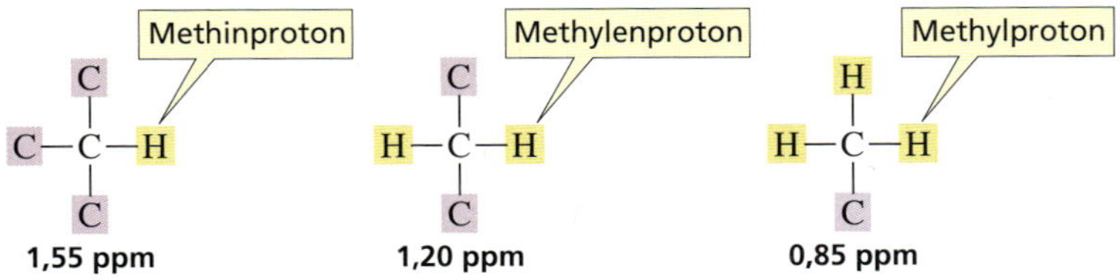

MERKE!

In einer ähnlichen Umgebung erscheint das Signal eines Methinprotons bei einer höheren Frequenz als das Signal eines Methylenprotons, das seinerseits bei einer höheren Frequenz erscheint als das Signal eines Methylprotons.

Beispielsweise zeigt das ^{1}H-NMR-Spektrum des Butanons drei Signale. Das Signal bei der niedrigsten Frequenz ist das Signal der ***a***-Protonen des Butanons (siehe Formel). Diese Protonen befinden sich am weitestens von der elektronenziehenden Carbonylgruppe entfernt. Bei der Zuordnung eines NMR-Spektrums zu einer chemischen Struktur werden die Protonen, die das Signal mit der niedrigsten Frequenz ergeben, mit dem Buchstaben ***a*** gekennzeichnet, die nächsten mit ***b*** und so weiter. Die ***b***- und die ***c***-Protonen befinden sich im gleichen Abstand von der Carbonylgruppe, doch erscheint das Signal der ***b***-Protonen bei einer höheren Frequenz, weil Methylenprotonen bei einer höheren Frequenz erscheinen als Methylprotonen, die sich in einer ähnlichen chemischen Umgebung befinden.

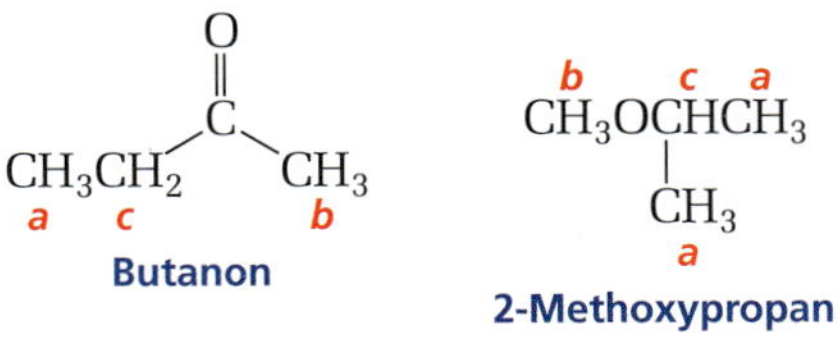

(Bei der Korrelation einer Struktur mit einem NMR-Spektrum weist diese den Protonen mit der niedrigsten Frequenz den Buchstaben ***a*** zu, den Protonen mit der nächst höheren Frequenz ***b***, dann ***c*** usw.)

Das Signal für die ***a***-Protonen des 2-Methoxypropans ist das Signal mit der niedrigsten Frequenz im ^{1}H-NMR-Spektrum der Verbindung, weil diese Protonen am weitesten von dem elektronenziehenden Sauerstoffatom entfernt sind. Die ***b***- und ***c***-Protonen befinden sich in gleicher Entfernung zum Sauerstoffatom, doch erscheint das Signal für die ***b***-Protonen bei einer niedrigeren Frequenz, weil Methylprotonen in einer ähnlichen chemischen Umgebung bei einer niedrigeren Frequenz erscheinen als ein Methinproton.

Ü 12* Geben Sie für jede der folgenden Verbindungen an, welches der unterstrichenen Protonen (oder welcher Protonensatz) eine größere chemische Verschiebung aufweist (also das höherfrequente Signal ergibt).

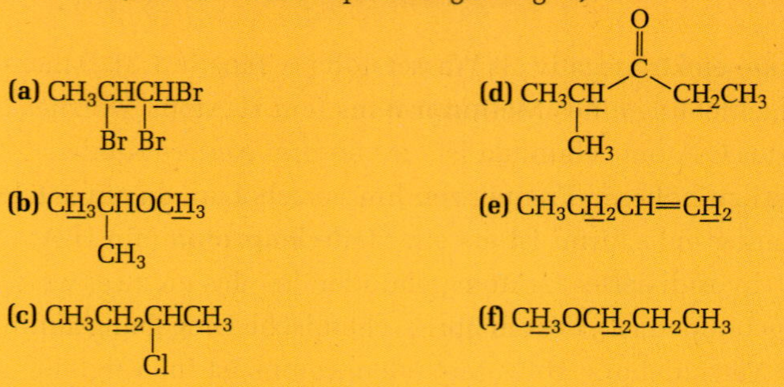

Ü 13* Geben Sie für jedes der folgenden Verbindungspaare an, welches der unterstrichenen Protonen (oder welcher Protonensatz) eine größere chemische Verschiebung aufweist (also das höherfrequente Signal ergibt).

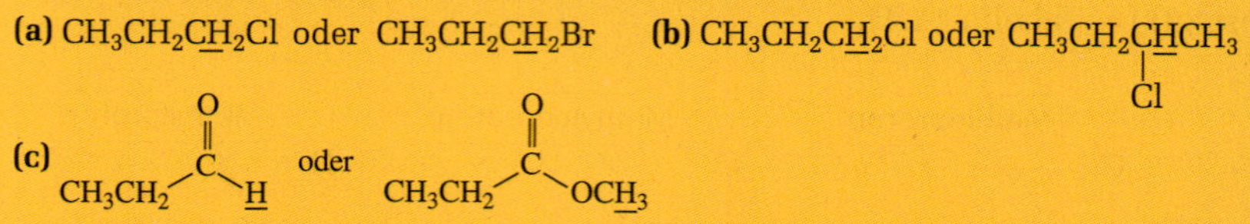

Ü 14 Markieren Sie bei jeder der nachfolgenden Verbindungen (ohne ▶ Tabelle 14.1 zu Hilfe zu nehmen) das Proton oder den Protonensatz, der das Signal mit der niedrigsten Frequenz *a*, der nächstfolgenden Frequenz *b* usw. ergibt (markieren Sie also die Protonen in der Reihenfolge, in der ihre Signale in einem NMR-Spektrum auftreten würden):

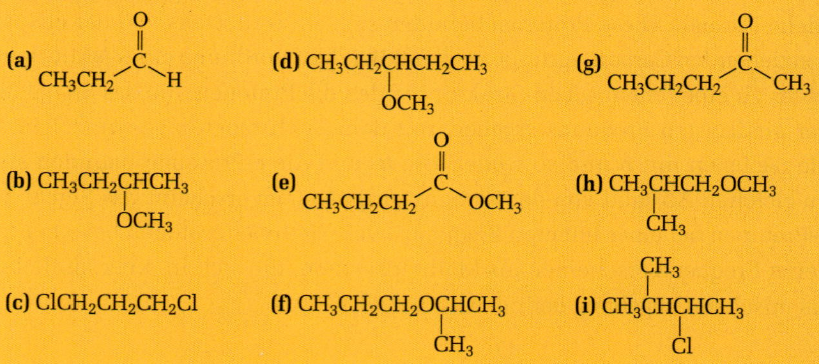

14.8 Diamagnetische Anisotropie

Die chemische Verschiebung eines Wasserstoffkerns, der an ein sp^2-Kohlenstoffatom gebunden ist, erscheint bei höheren Frequenzen, als man aus der Elektronegativität eines sp^2-hybridisierten C-Atoms vorhersagen würde. Ein an einen Benzolring gebundenes H-Atom erscheint beispielsweise bei 6,5 bis 8,0 ppm, ein an ein terminales sp^2-C-Atom eines Alkens gebundenes bei 4,7 bis 5,3 ppm und ein an einen Carbonylkohlenstoff gebundenes bei 9,0 bis 10,0 ppm (▶ Tabelle 14.1).

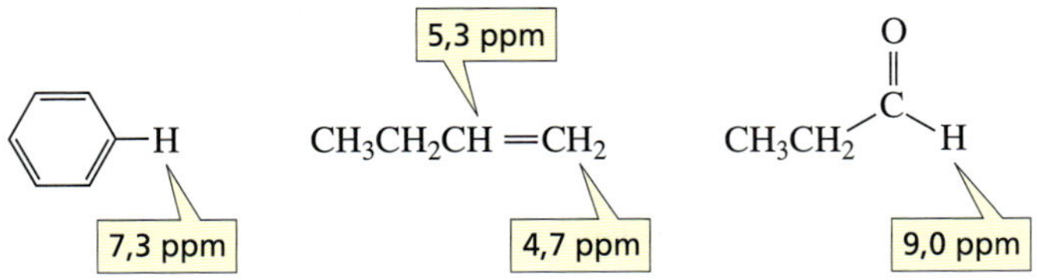

Die ungewöhnlichen chemischen Verschiebungen von Wasserstoffatomkernen, die an Kohlenstoffatome gebunden sind, welche π-Bindungen ausbilden, sind auf die **diamagnetische Anisotropie** zurückzuführen. Dieser Begriff beschreibt eine Umgebung, in der an verschiedenen Punkten des Raumes unterschiedliche magnetische Feldbedingungen herrschen (*anisotrop*, gr. „nichtgleicher Raum"; *Anisotropie* im physikalischen Sinn beschreibt die Tatsache, dass physikalische Eigenschaften raumrichtungsabhängig sind).

Da π-Elektronen weniger stark von den Atomkernen beeinflusst werden als σ-Elektronen, können sich π-Elektronen unter dem Einfluss eines Magnetfeldes freier bewegen, also in stärkerem Ausmaß auf das Feld reagieren (▶ Abbildung 14.6). Wenn ein Magnetfeld auf eine Verbindung mit π-Elektronen einwirkt, bewegen sich die π-Elektronen auf einer Kreisbahn; die sich bewegenden Elektronen erzeugen aufgrund ihrer elektrischen Ladung ihrerseits ein lokales Magnetfeld. Wie dieses induzierte Magnetfeld die chemische Verschiebung eines Protons beeinflusst, hängt von der Richtung des induzierten Feldes im Aufenthaltsbereich des betrachteten Protons ab, relativ zur Richtung des angelegten Magnetfeldes.

Die Protonen am Benzolring

Das von den π-Elektronen eines Benzolringes induzierte Magnetfeld befindet sich in dem Raumbereich, in dem sich die Protonen der gebundenen Wasserstoffatome aufhalten und besitzt dieselbe Orientierung wie das angelegte äußere Magnetfeld (▶ Abbildung 14.6). Als Folge davon „spüren" die Protonen ein stärkeres effektives Magnetfeld, das die Summe aus den Stärken des angelegten äußeren Feldes und des induzierten Feldes ist. Da die Frequenz proportional zur Stärke des von den Protonen „wahrgenommenen" Magnetfeldes ist (▶ Abbildung 14.2), erscheinen diese Protonen bei *höheren Frequenzen* als sie es täten, falls die π-Elektronen kein magnetisches Feld induzierten.

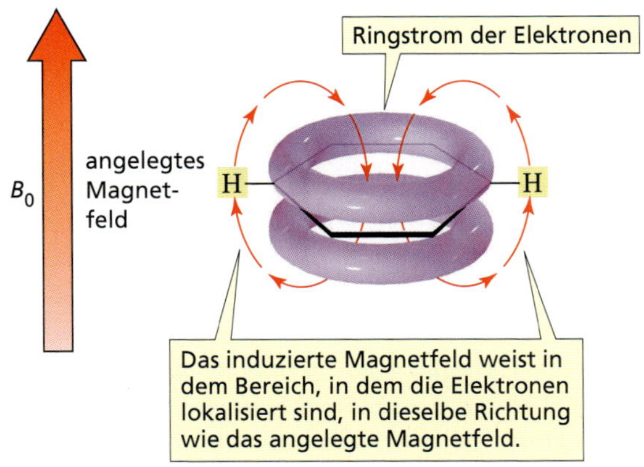

Abbildung 14.6: Das durch die π-Elektronen eines Benzolringes induzierte Magnetfeld in der unmittelbaren Nachbarschaft der an die sp^2-Kohlenstoffatome gebundenen Protonen weist dieselbe Richtung auf wie das angelegte äußere Feld. Da die Protonen so unter dem Einfluss eines stärkeren effektiven Magnetfeldes stehen, liegen ihre Signale bei höheren Frequenzen.

Die Protonen von Alkenen und Aldehyden

Das von den π-Elektronen eines Alkens oder den π-Elektronen eines Aldehyds induzierte Magnetfeld (im Bereich der an die sp^2-Kohlenstoffatome gebundenen Protonen dieser Verbindungen) weist ebenfalls *dieselbe Orientierung* auf wie das angelegte äußere Magnetfeld (► Abbildung 14.7). Diese Protonen zeigen ebenfalls Signale bei höheren Frequenzen als naiverweise erwartet.

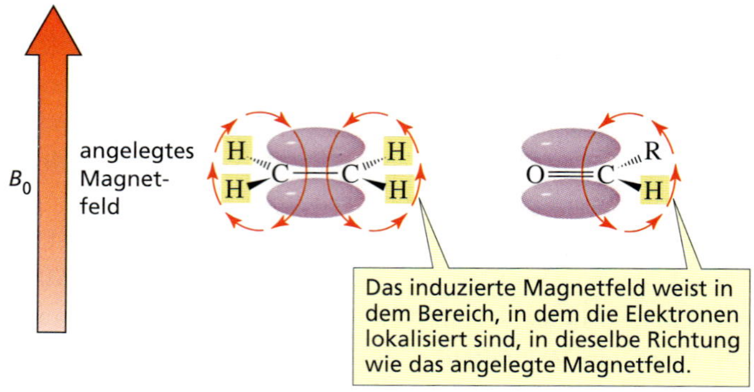

Abbildung 14.7: Das durch die π-Elektronen eines Alkens oder einer Carbonylgruppe erzeugte induzierte Magnetfeld in der Nachbarschaft vinylischer oder aldehydischer Protonen weist in dieselbe Richtung wie das angelegte äußere Feld. Da die Protonen so unter dem Einfluss eines stärkeren effektiven Magnetfeldes stehen, liegen ihre Signale bei höheren Frequenzen.

Das Proton eines Alkins

Im Gegensatz hierzu ist die chemische Verschiebung eines an ein *sp*-hybridisiertes Kohlenstoffatom gebundenen Protons zu einer niedrigeren Frequenz hin verschoben (1,9 ppm), als man es der Elektronegativität eines *sp*-Kohlenstoffatoms nach erwarten würde. Im Aufenthaltsbereich des Protons weist das von den π-Elektronen der zylindrischen π-Elektronenwolke eines Alkins erzeugte induzierte Feld eine Orientierung auf, die der des angelegten äußeren Feldes gerade *entgegengesetzt* ist (► Abbildung 14.8). Das Proton zeigt daher ein Signal bei einer *niedrigeren Frequenz* als es der Fall wäre, falls die π-Elektronen kein induziertes Magnetfeld erzeugten.

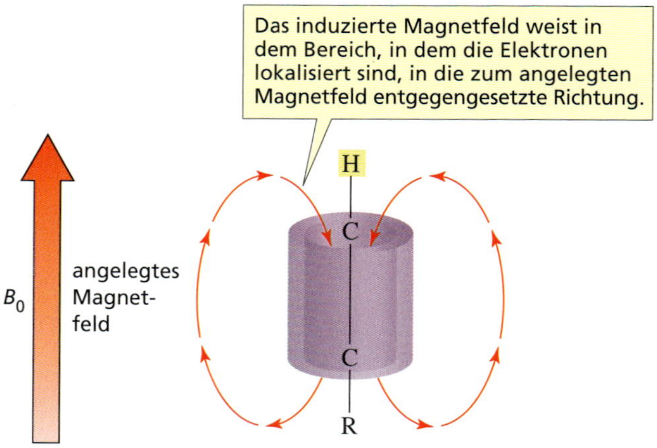

Abbildung 14.8: Das von den π-Elektronen eines Alkins in der unmittelbaren Nachbarschaft eines an das *sp*-hybridisierte C-Atom gebundenen Proton erzeugte induzierte Magnetfeld besitzt eine dem angelegten äußeren Feld entgegengesetzte Feldrichtung. Da die Protonen so unter dem Einfluss eines schwächeren effektiven Magnetfeldes stehen, liegt sein Signal bei einer niedrigeren Frequenz.

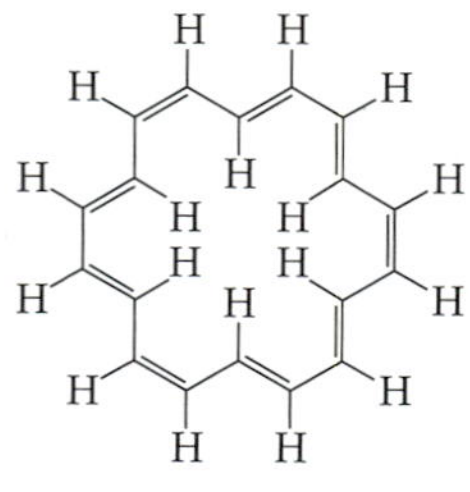

Ü 15* [18]-Annulen zeigt in seinem ^{1}H-NMR-Spektrum zwei Signale: Eines bei 9,25 ppm und das andere stark hochfeldverschoben (rechts vom TMS-Bezugssignal) bei –2,88 ppm. Welche der Wasserstoffatomkerne des Moleküls sind jeweils für diese beiden Signale verantwortlich? (*Hinweis:* Nehmen Sie die Orientierung des induzierten Magnetfeldes außerhalb und innerhalb des Benzolringes von ► Abbildung 14.6.)

Die Integration von NMR-Signalen 14.9

Die beiden Signale im ^{1}H-NMR-Spektrum in ► Abbildung 14.9 besitzen nicht die gleiche Größe, weil *die Fläche unter dem Signal proportional zur Anzahl der Protonen ist, die das Signal verursachen.*

- Das Signal bei niedriger Frequenz ist größer, da es von neun Protonen verursacht wird.
- Das Signal bei höherer Frequenz ist kleiner, da es von zwei Protonen verursacht wird.

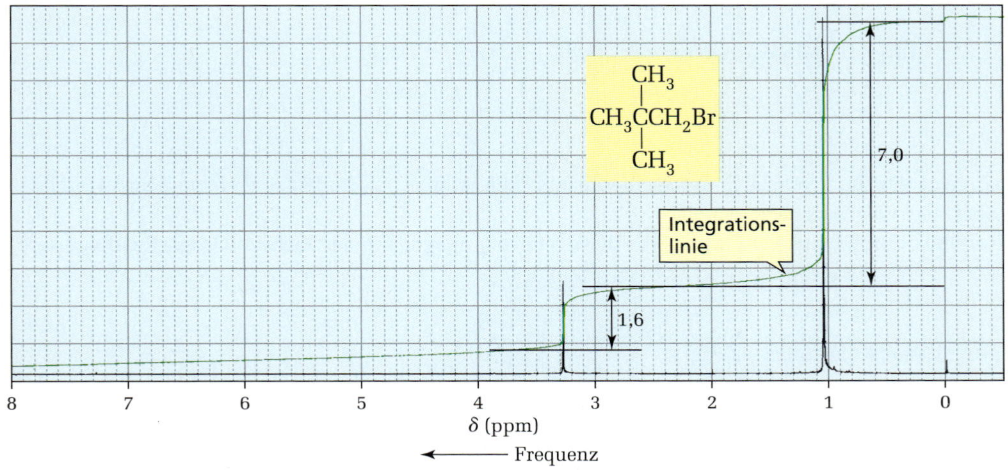

Abbildung 14.9: Analyse der Integrationslinie im ^{1}H-NMR-Spektrum von 1-Brom-2,2-dimethylpropan. Das Signal bei 3,3 ppm besitzt ein kleineres Integral als das Signal bei 1,0 ppm, da das Signal bei 3,3 ppm durch zwei Methylprotonen zustande kommt und das Signal bei 1,0 ppm durch neun Methylprotonen.

Die Integration von Signalen

Sie erinnern sich vielleicht an Ihren Kurs in Analysis, in dem Sie gelernt haben, dass die Fläche unter einer Kurve durch das Verfahren der Integration ermittelt werden kann. Ein NMR-Spektrometer ist mit einem Computer ausgestattet, der es erlaubt, die Integrale elektronisch zu berechnen und sie dann als überlagerte Integralspur in das ursprüngliche Spektrum einzuschreiben (grüne Linie in ► Abbildung 14.9). Die Höhe jeder Stufe der Integralspur ist proportional zur Fläche unter dem entsprechenden Signal, welches wiederum proportional zu der Zahl der Protonen ist, die für das Signal verantwortlich sind.

Die Höhe der Integrationsstufen in ► Abbildung 14.9 verrät uns beispielsweise, dass das Verhältnis der Integrale zueinander 1,6 : 7,0 beträgt. Die Division durch die kleinste Zahl ergibt ein neues Verhältnis (1 : 4,4). Wir multiplizieren die Verhältniszahlen mit einem Faktor, der dazu führt, dass alle Verhältniszahlen nahe bei ganzen Zahlen liegen (in diesem Fall multiplizieren wir mit 2). Das bedeutet, dass die Verhältniszahlen der Protonen 2 : 8,8 betragen, das wir zu 2 : 9 aufrunden, da es nur ganze Protonenzahlen in einem Molekül geben kann. Die errechneten Integrale sind angenähert, weil es unvermeidliche experimentelle Fehler gibt. Moderne Spektrometer drucken die Integrale als Zahlen in das Spektrum ein (siehe beispielsweise ► Abbildung 14.10).

Die **Integration** teilt uns die *relative* Anzahl der Protonen mit, die jedes im Spektrum vorkommende Signal hervorrufen, nicht jedoch die *absolute* Anzahl. Die Integration kann also z. B. nicht zwischen 1,1-Dichlorethan und

1,2-Dichlor-3-methylpropan unterscheiden, da beide Verbindungen ein Integralverhältnis von 1 : 3 aufweisen.

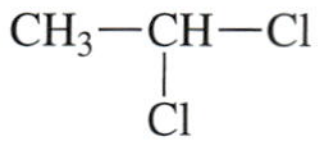

1,1-Dichlorethan
Protonenverhältnis = 1 : 3

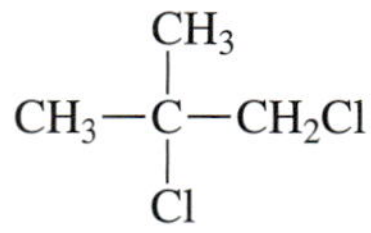

1,2-Dichlor-2-methylpropan
Protonenverhältnis = 2 : 6 = 1 : 3

Ü 16* Wie würde die Integration die ^{1}H-NMR-Spektren der folgenden Verbindungen unterscheiden?

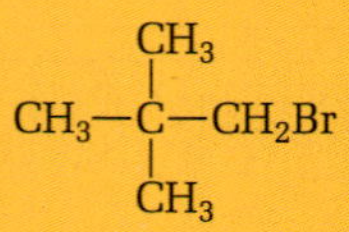

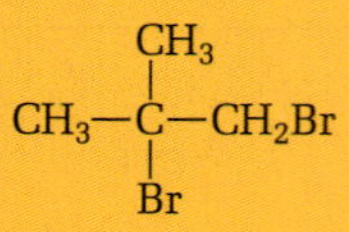

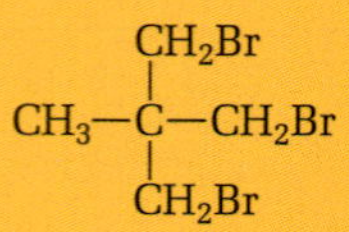

Ü 17 mit Lösung

(a) Berechnen Sie die Verhältniszahlen der Protonen in unterschiedlichen chemischen Umgebungen mit einem Integralverhältnis von 6 : 4 : 18,4 (im Spektrum von links nach rechts).

(b) Ermitteln Sie die Struktur einer chemischen Verbindung, die diese relativen Integrale in der beobachteten Reihenfolge hervorbringen würde.

Lösung

(a) Teilen Sie jede Zahl im Bruch durch die kleinste Zahl:

$$6/4 = 1{,}5 \qquad 4/4 = 1 \qquad 18{,}4/4 = 4{,}6$$

Multiplizieren Sie die Werte mit einer Zahl, die alle errechneten Verhältniszahlen in ganze Zahlen überführt oder nahe bei einer ganzen Zahl liegt.

$$1{,}5 \times 2 = 3 \qquad 1 \times 2 = 2 \qquad 4{,}6 \times 2 = 9$$

Das Verhältnis 3 : 2 : 9 gibt die relativen Zahlen der Protonen in unterschiedlichen elektronischen Umgebungen im Molekül an. Da die Summe der relativen Zahl der Protonen (14) mit der tatsächlichen Zahl der Protonen im Molekül identisch ist, wissen wir, dass das tatsächliche Verhältnis exakt dem relativen Verhältnis und keinem Vielfachen davon entspricht.

(b) Die „3" legt den Schluss nahe, dass eine Methylgruppe anwesend sein könnte, die „2" deutet auf eine Methylengruppierung hin, und die „9" könnte eine tertiäre Butylgruppe repräsentieren. Die Methylgruppe liegt am nächsten zu der Gruppe, die in dem Molekül eine Entschirmung verursacht, und die *tert*-Butylgruppe ist am weitesten von dieser entfernt. Die folgende Verbindung erfüllt die Anforderungen:

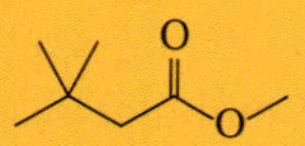

Ü 18* Welche der folgenden Verbindungen ist im NMR-Spektrum unten gezeigt?

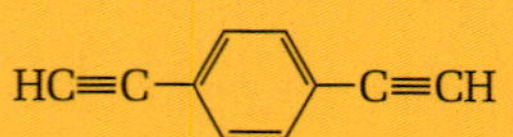

A

B

C

D

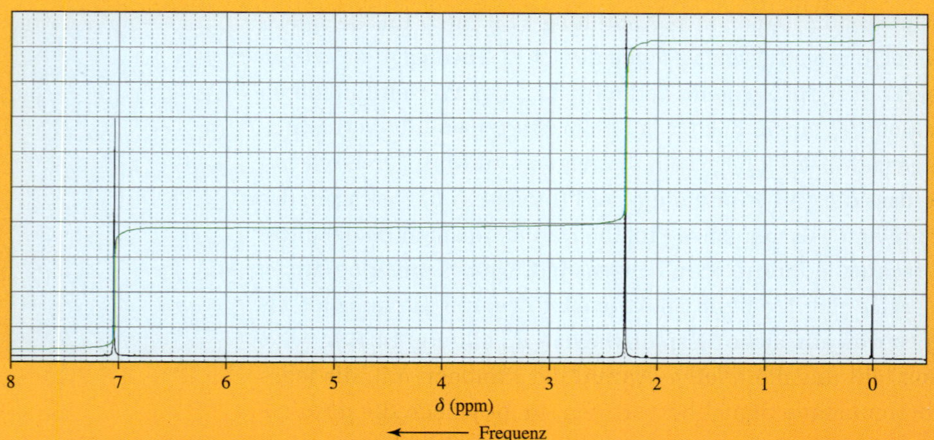

Die *N* + 1-Regel beschreibt die Aufspaltung der Signale 14.10

Beachten Sie, dass die Formen der Signale im ^{1}H-NMR-Spektrum von 1,1-Dichlorethan (► Abbildung 14.10) verschieden von den Formen der Signale des Spektrums in ► Abbildung 14.9 sind. Beide Signale in ► Abbildung 14.9 sind **Singuletts** – bestehen also aus einer einzigen Signalspitze (*peak*). Im Gegensatz dazu ist das Signal in ► Abbildung 14.10 in zwei Signalspitzen (*peaks*) aufgespalten; sie bilden ein **Dublett**. Das Signal des Methinprotons ist gar in vier Spitzen aufgespalten – es ist ein **Quartett**. Vergrößerte Darstellungen mit besserer Auflösung der Frequenzachse für das Dublett und das Quartett sind in die ► Abbildung 14.10 eingefügt; die Integrationswerte sind in grün wiedergegeben.

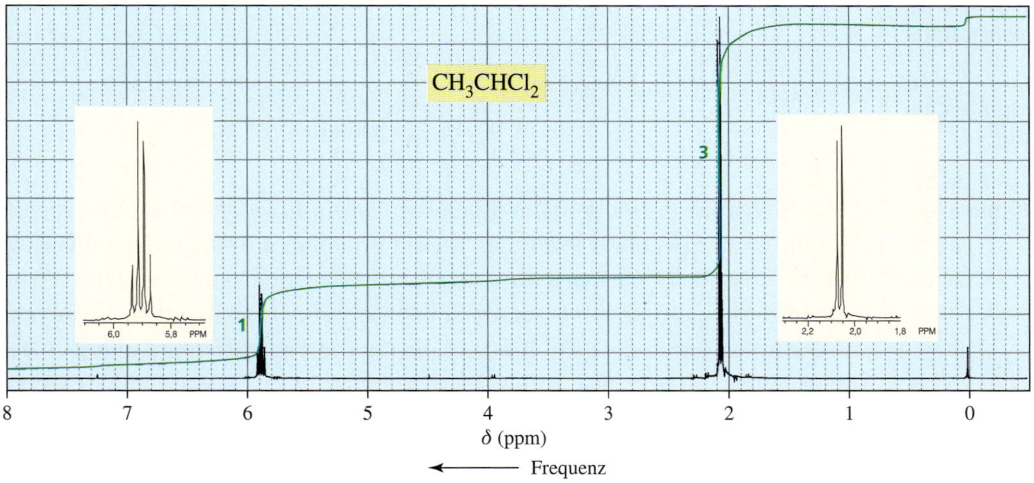

Abbildung 14.10: Das ^{1}H-NMR-Spektrum von 1,1-Dichlorethan. Das höherfrequentere Signal (durch C*H*Cl_2) ist ein Beispiel für ein Quartett; das niederfrequentere Signal (durch CH_3) ist ein Dublett.

Die *N* + 1-Regel

Die Aufspaltung wird von Protonen verursacht, die an *benachbarte* Kohlenstoffatome gebunden sind. Die Aufspaltung eines Signals wird von der ***N* + 1-Regel** beschrieben, in der *N* die Zahl äquivalenter Protonen ist, die an *benachbarte* Kohlenstoffatome gebunden sind. Beide Signale in ► Abbildung 14.9 sind Singuletts; die drei Methylgruppen des Brom-2,2-dimethylpropans ergeben ein nicht aufgespaltenes Signal, weil sie an ein C-Atom gebunden sind, das keine H-Atome gebunden hält. Die Methylengruppe ergibt ebenfalls ein nicht aufgespaltenes Signal, weil sie ebenfalls an ein C-Atom gebunden ist, das keine H-Atome trägt ($N = 0 \Rightarrow N + 1 = 1$).

Im Gegensatz hierzu ist das der Methylgruppe benachbarte Kohlenstoffatom in ► Abbildung 14.10 an ein Proton (C*H*Cl_2) gebunden; das Signal des Protons spaltet sich daher in ein Dublett auf ($N = 1 \Rightarrow N + 1 = 2$). Das Kohlenstoffatom, das dem C-Atom, das an das Methinproton gebunden ist, benachbart ist, hält drei äquivalente Protonen (CH_3) gebunden; das Signal des Methinprotons ist daher in ein Quartett aufgespalten ($N = 3 \Rightarrow N + 1 = 4$).

Die Anzahl der Signalspitzen eines Signals wird als dessen **Multiplizität** bezeichnet. Die Aufspaltung erfolgt immer wechselseitig. Falls die ***a***-Protonen das Signal der ***b***-Protonen aufspalten, dann spalten die ***b***-Protonen ihrerseits das Signal der ***a***-Protonen auf. Die ***a***- und die ***b***-Protonen sind in diesem Fall gekoppelt. **Gekoppelte Protonen** spalten jeweils das Signal der anderen auf. Beachten Sie, dass die gekoppelten Protonen sich an benachbarten Kohlenstoffatomen befinden.

Behalten Sie in Erinnerung, dass es nicht die Zahl der das Signal erzeugenden Protonen ist, die die Multiplizität des Signals bestimmt; es ist die Zahl der Protonen, die an die unmittelbar angrenzenden C-Atome gebunden sind. Beispielsweise wird das Signal der ***a***-Protonen in der folgenden Verbindung in drei Signalspitzen (peaks) (ein **Triplett**) aufgespalten, weil das benachbarte Kohlenstoffatom an zwei H-Atome gebunden ist. Das Signal der ***b***-Protonen erscheint als Quartett, weil das benachbarte Kohlenstoffatom an drei H-Atome gebunden ist. Das Signal für die ***c***-Protonen bildet ein Singulett.

> **MERKE!**
>
> **Ein ^{1}H-NMR-Signal wird in $N + 1$-Signalspitzen aufgespalten, wobei N die Zahl äquivalenter Protonen ist, die an benachbarte Kohlenstoffatome gebunden sind.**
>
> **Gekoppelte Protonen spalten gegenseitig ihre Signale auf.**
>
> **Gekoppelte Protonen sind an benachbarte Kohlenstoffatome gebunden.**

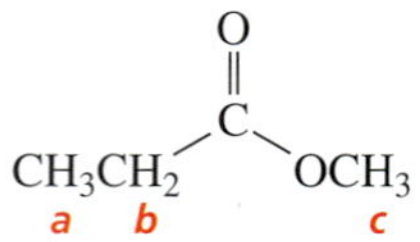

Das Signal für Proton ***a*** in der folgenden Verbindung ist ein Triplett, genauso für das Signal der ***d***-Protonen. Da die Protonen ***a*** und ***c*** nicht äquivalent sind, muss die $N + 1$-Regel für beide Protonengruppen angewendet werden, um die Aufspaltung der ***b***-Protonen zu bestimmen. Daher ist das Signal der ***b***-Protonen durch die ***a***-Protonen in ein Quartett aufgespalten, und jede der vier Signalspitzen wird durch die ***c***-Protonen in ein Triplett aufgespalten: $(N_a + 1)(N_c + 1) = (4)(3) = 12$. Daraus ergibt sich, dass das Signal der ***b***-Protonen ein **Multiplett** ist (Also ein Signal, das komplizieter als ein Triplett, Quartett usw. ist). Das Signal der ***c***-Protonen ist ebenfalls eine Multiplett: $((N_b + 1)(N_d + 1) = (3)(2) = 6)$. Die Zahl der in einem Multiplett sichtbaren Signalspitzen hängt davon ab, wie viele davon sich gegenseitig überlappen (Abschnitt 14.14).

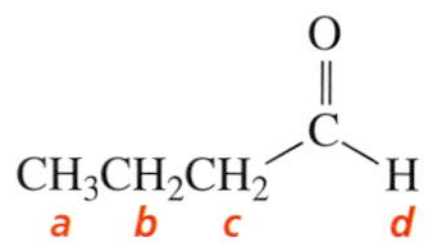

Ein Proton wird nicht durch äquivalente Protonen aufgespalten

Ein Signal für ein Proton wird niemals durch chemisch *äquivalente* Protonen aufgespalten. So zeigt beispielsweise das ^{1}H-NMR-Spektrum des Brommethans nur ein Singulett. Die drei Methylprotonen sind untereinander chemisch gleichwertig, und chemisch äquivalente Protonen spalten ihre Signale nicht wechselseitig auf. Die vier Protonen im 1,2-Dichlorethan sind ebenfalls chemisch äquivalent, sodass auch das ^{1}H-NMR-Spektrum dieser Verbindung nur ein Singulett aufweist.

CH_3Br	$ClCH_2CH_2Cl$
Brommethan	**1,2-Dichlorethan**

Jede dieser Verbindungen besitzt ein NMR-Spektrum, das ein Singulett zeigt, weil gleichwertige Protonen ihre Signale nicht wechselseitig aufspalten.

MERKE!

Äquivalente Protonen spalten ihre Signale nicht wechselseitig auf.

Ü 19* Eines der unten gezeigten Spektren gehört zu 1-Chlorpropan und das andere zu 1-Iodpropan. Ordnen Sie die Spektren richtig zu.

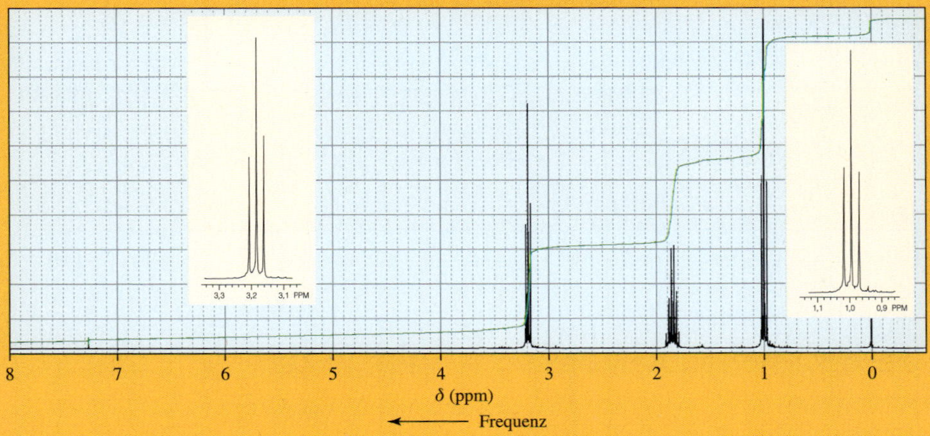

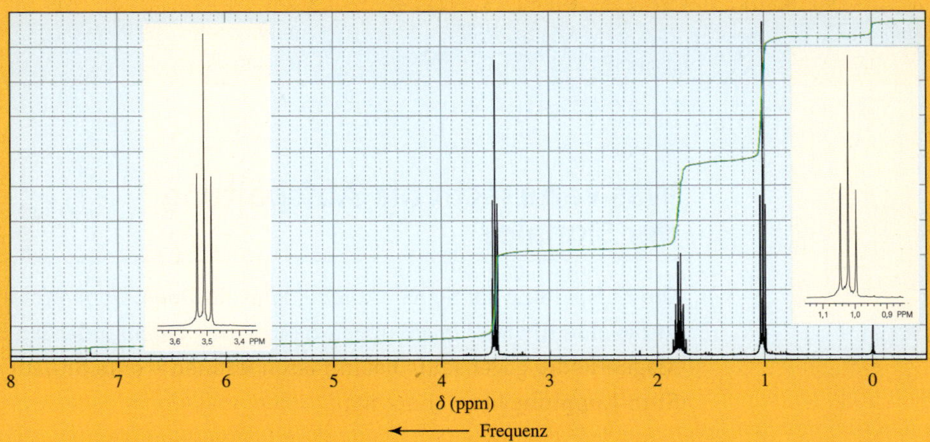

Ü 20 Erklären Sie, wie die folgenden Verbindungen mit identischen Summenformeln durch ^{1}H-NMR-Spektroskopie unterschieden werden können.

$ClCH_2-CH_2-CHCl_2$	$CH_3-CH(Cl)-CHCl_2$	$CH_3-CH_2-CCl_3$
A	B	C

Ü 21* Die ^{1}H-NMR-Spektren von zwei Carbonsäuren mit der Summenformel $C_3H_5O_2Cl$ sind unten gezeigt. (Die „Verschiebung" heißt in diesem Fall, dass das am weitesten links liegende Signal um den angegeben Betrag nach rechts verschoben wurde. Daher hat das bei 9,8 ppm liegende und um 2,4 ppm verschobene Signal eine tatsächliche Verschiebung von 9,8 + 2,4 = 12,2 ppm.)

(a)

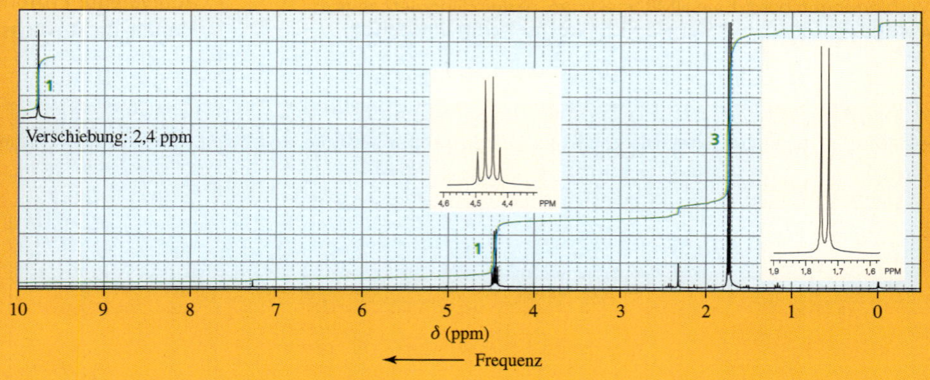

(b)

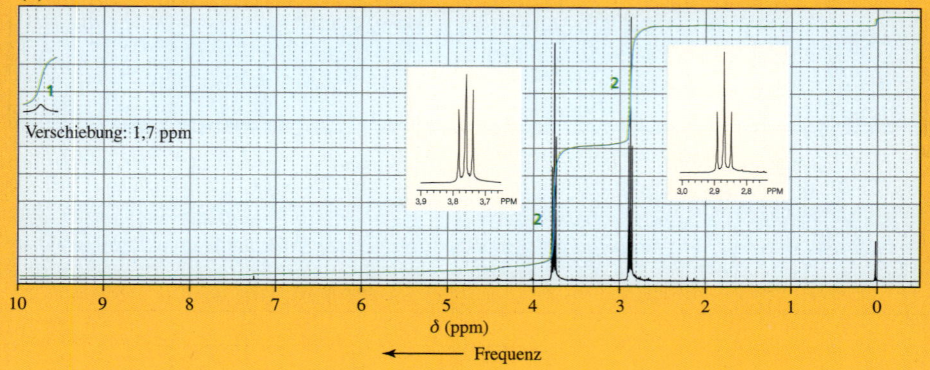

Was verursacht die Aufspaltung der Signale? 14.11

Die Aufspaltung der Signale kommt dann zustande, wenn Protonen in chemisch unterschiedlichen Umgebungen nahe genug beieinander sind, dass sich ihre Magnetfelder gegenseitig beeinflussen können – eine Situation, die als **Spin-Spin-Kopplung** bezeichnet wird.

Die Bildung eines Dubletts

Beispielsweise wird die Frequenz, bei der die Methylprotonen des 1,1-Dichlorethans ein Signal in ► Abbildung (14.11) zeigen, vom Magnetfeld des Methinprotons beeinflusst. Falls das Magnetfeld des Methinprotons sich *parallel* zum angelegten äußeren Feld ausrichtet, wird es dieses additiv überlagern, was dazu führt, dass die Methylprotonen ein Signal bei einer geringfügig höheren Frequenz zeigen. (Beachten Sie, dass die Frequenz proportional zum angelegten Magnetfeld ist.) Falls das Magnetfeld des Methinprotons sich auf der anderen Seite *entgegengesetzt* zum angelegten äußeren Feld ausrichtet, muss die Stärke seines Magnetfeldes von der des äußeren Feldes abgezogen werden (durch den Pfeil nach unten in ► Abbildung 14.11 angedeutet). Die Methylprotonen zeigen dann ein Signal bei einer geringfügig niedrigeren Frequenz. Aus diesem Grund wird das Signal der Methylprotonen in zwei Peaks (Signalspitzen) aufgespalten; eine von ihnen korrespondiert zu der höheren, das andere zu der niedrigeren verschobenen Frequenz. Da der α- und der β-Spinzustand fast die gleiche Besetzungsstärke der Atomkernpopulation besitzt (▶ Abbildung 14.1), richten sich ungefähr die Hälfte der Methinprotonen parallel und die andere Hälfte antiparallel zum äußeren Feld aus. Das Signal erscheint daher als ein *Dublett*, deren Signalspitzen ungefähr die gleiche Höhe und den gleichen Flächeninhalt aufweisen.

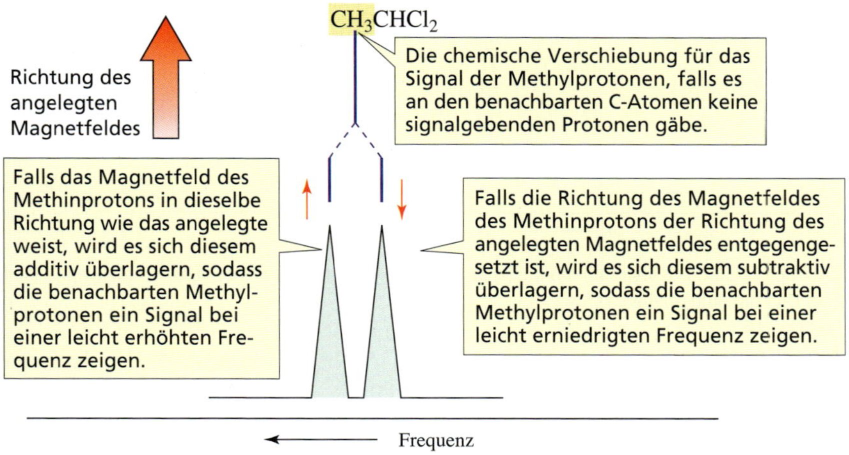

Abbildung 14.11: Das Signal der Methylprotonen des 1,1-Dichlorethans wird durch das Methinproton in ein Dublett aufgespalten.

Die Bildung eines Quartetts

In ähnlicher Weise wird die Frequenz, bei der das Methinproton sein Signal zeigt, vom Magnetfeld der drei Protonen an dem benachbarten C-Atom beeinflusst. Das Magnetfeld aller drei Protonen kann sich parallel zum Außenfeld ausrichten; zwei können sich parallel, das andere antiparallel ausrichten; eines kann sich parallel und die beiden anderen antiparallel ausrichten; schließlich können sich alle drei antiparallel zum Außenfeld ausrichten (▶ Abbildung 14.12). Da das Magnetfeld des Methinprotons auf diese Weise auf vier unterschiedliche Arten und Weisen modifiziert werden kann, erscheint sein Signal als *Quartett* (▶ Abbildung 14.13).

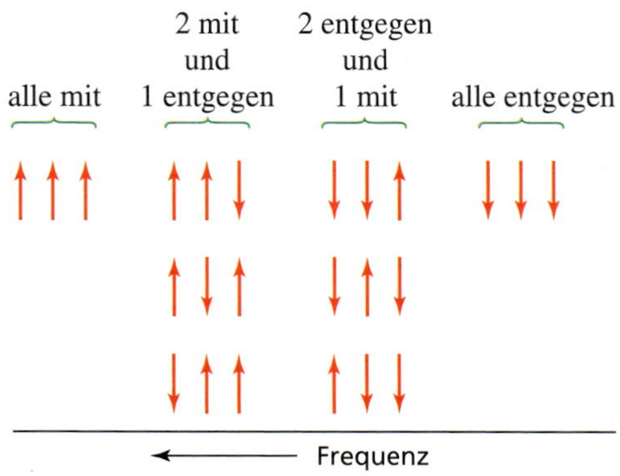

Abbildung 14.12: Verschiedene Möglichkeiten der Anordnung von drei Protonen in einem Magnetfeld.

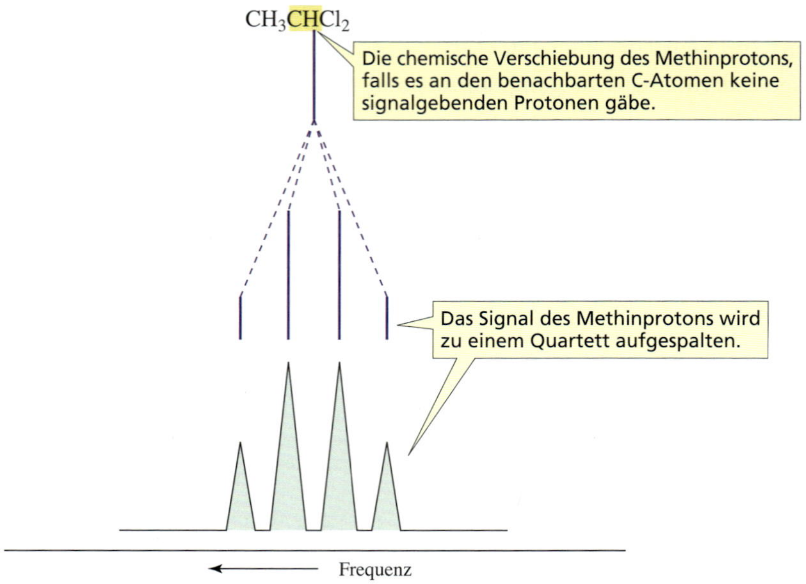

Abbildung 14.13: Das Signal für das Methinproton des 1,1-Dichlorethans wird durch die Methylprotonen in ein Quartett aufgespalten.

Warum hat das Signal eines Methinprotons in ► Abbildung 14.13 Signalspitzen mit unterschiedlicher Intensität? Warum sind die inneren Spitzen intensiver als die äußeren Spitzen?

Die relativen Intensitäten der Peaks (Signalspitzen) eines Signals spiegeln die Zahl der Arten wider, auf die die benachbarten Protonen in Bezug auf ein angelegtes äußeres Magnetfeld ausgerichtet sein können (► Abbildung 14.12). Es gibt nur eine Art, die Magnetfelder von drei Protonen so auszurichten, dass alle parallel zum äußeren Magnetfeld ausgerichtet sind und ebenso nur eine, sodass alle antiparallel zu einem äußeren Feld ausgerichtet sind. Es gibt jedoch drei Arten, die Methylprotonen so auszurichten, dass zwei parallel und eines antiparallel zum Außenfeld orientiert sind, und es gibt drei Arten, die Methylprotonen so auszurichten, dass zwei antiparallel und eines parallel zum Außenfeld orientiert sind. Beispielsweise hat ein Quartett die relativen Signalintensitäten 1 : 3 : 3 : 1.

Fernkopplung

Normalerweise spalten *nichtäquivalente* Protonen ihre Signale nur dann wechselseitig auf, wenn sie an *benachbarten* C-Atomen lokalisiert sind. Die Aufspaltung ist ein sich über die chemische Bindung fortpflanzender Effekt, kein sich durch den Raum fortpflanzender. Man beobachtet ihn selten zwischen Protonen, die mehr als drei σ-Bindungen voneinander entfernt sind. Falls sie jedoch mehr als drei Bindungen auseinanderliegen und eine der Bindungen eine Doppel- oder Dreifachbindung ist, wird manchmal eine geringe Aufspaltung beobachtet. Dieses Phänomen wird **Fernkopplung** genannt.

H_a und H_b spalten wechselseitig ihre Signale auf, weil sie durch drei σ-Bindungen voneinander getrennt sind.

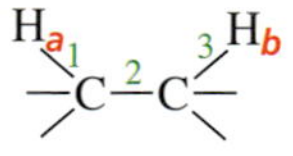

H_a und H_b spalten ihre Signale nicht wechselseitig auf, weil sie durch vier σ-Bindungen voneinander getrennt sind.

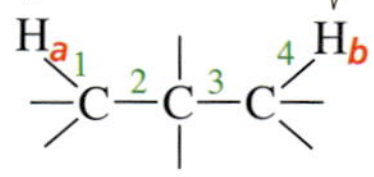

H_a und H_b können wechselseitig ihre Signale aufspalten, weil sie durch vier Bindungen voneinander getrennt sind, von denen eine eine olefinische Doppelbindung ist.

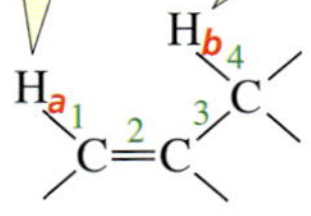

Ü 22 Zeichnen Sie ein Diagramm wie das von ► Abbildung 14.12, um
(a) die relativen Intensitäten der Peaks in einem Triplett oder
(b) die relativen Intensitäten der Peaks in einem Quintett vorherzusagen.

Weitere Beispiele für ^{1}H-NMR-Spektren 14.12

Wir werden nun einige weitere Spektren betrachten, um Ihnen zusätzliche Übung im Umgang mit der Analyse von ^{1}H-NMR-Spektren zu verschaffen.

Beispiel 1

Im ^{1}H-NMR-Spektrum von 1,3-Dibrompropan gibt es zwei Signale (► Abbildung 14.14). Das Signal für die H_b-Protonen ist durch die H_a-Protonen am Nachbarkohlenstoffatom in ein Triplett aufgespalten. Die Protonen der C-Atome, die dem die H_a-Protonen tragenden benachbart sind, sind äquivalent. Da die beiden Protonengruppen äquivalent zueinander sind, gilt die $N+1$-Regel bei der Bestimmung der Aufspaltung der H_a-Protonen für beide Gruppen gleichzeitig. Anders ausgedrückt: N ist gleich der Summe der äquivalenten Protonen an beiden Kohlenstoffatomen. Deshalb ist das Signal der H_a-Protonen in ein Quintett aufgespalten ($4+1=5$). Die Integration bestätigt, dass zwei Methylengruppen zum hochfrequenten Signal beitragen, weil es zeigt, dass doppelt so viele Protonen für das Signal verantwortlich sind wie für das niederfrequente Signal.

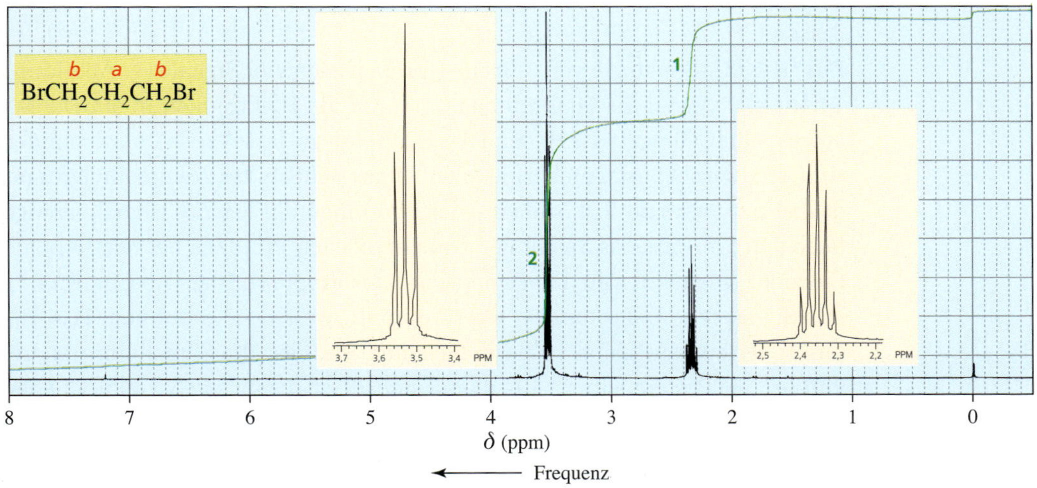

Abbildung 14.14: Das ^{1}H-NMR-Spektrum von 1,3-Dibrompropan. Das Quintett gehört zu H_a und das Triplett zu H_b.

Beispiel 2

Das ^{1}H-NMR-Spektrum in ► Abbildung 14.15 zeigt fünf Signale. Das Signal der H_a-Protonen ist durch die H_c-Protonen zu einem Triplett aufgespalten. Das Signal der H_b-Protonen ist durch die H_e-Protonen zu einem Dublett aufgespalten. Das Signal der H_c-Protonen ist durch die H_a- und H_d-Protonen zu einem Multiplett aufgespalten. (Die $N+1$-Regel wird für H_a und H_d einzelln angewandt.) Das Signal der H_d-Protonen ist durch die H_c-Protonen zu einem Triplett aufgespalten, und das Signal der H_e-Protonen ist durch die H_b-Protonen zu einem Septett aufgespalten. (Die $N+1$-Regel wird für beide H_b-Protonengruppen gleichzeitig angewendet.)

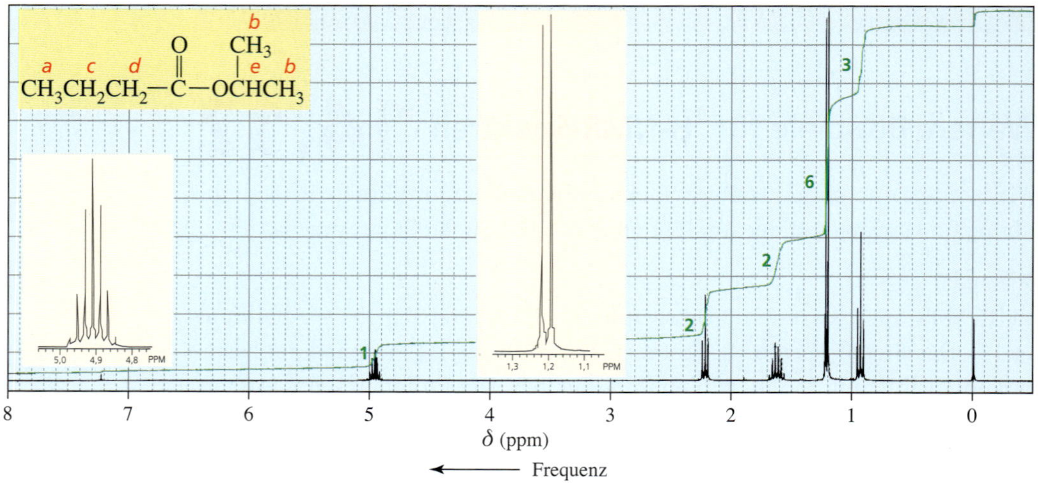

Abbildung 14.15: Das ^{1}H-NMR-Spektrum von Isopropylbutanoat (Buttersäureisopropylester).

Ü 23 Geben Sie die Zahl der Signale und die Multiplizität jedes Signals im ^{1}H-NMR-Spektrum der folgenden Verbindungen an:

(a) $CH_3CH_2CH_2CH_2CH_2CH_3$

(b) $ICH_2CH_2CH_2Br$

(c) $ClCH_2CH_2CH_2Cl$

(d) $ICH_2CH_2CHBr_2$

Beispiel 3

Das ^{1}H-NMR-Spektrum von 3-Brom-1-propen zeigt vier Signale (▶ Abbildung 14.16). Das Signal der H_a-Protonen ist durch die H_d-Protonen in ein Dublett aufgespalten. Obwohl das H_b- und das H_c-Proton an dasselbe C-Atom gebunden sind, sind sie chemisch nicht äquivalent (eines steht *cis* zur Brommethylgruppe, das andere *trans* zu ihr), sodass jedes von ihnen ein eigenes Signal erzeugt. Beachten Sie, dass das Signal der drei vinylischen Protonen bei relativ hoher Frequenz erscheint, weil diamagnetische Anisotropie vorliegt (Abschnitt 14.7). Das Signal des H_d-Protons ist ein Multiplett, weil es getrennt vom H_a-, H_b- und H_c-Proton aufgespalten wird. Beachten Sie, dass die Signale für die drei vinylischen Protonen durch die diamagnetische Anisotropie bei relativ hohen Frequenzen liegen (Abschnitt 14.8).

Da die Protonen H_b und H_c nicht äquivalent sind, spalten sie wechselseitig ihre Signale auf (▶ Abbildung 14.16). Das bedeutet, dass das Signal des Protons H_b durch das H_d-Proton zu einem Dublett aufgespalten wird und jede Signalspitze des Dubletts durch das Proton H_c wiederum zu einem Dublett aufgespalten wird. Das Signal des H_b-Protons sollte daher ein **Dublett von Dubletts** sein. Das Gleiche sollte für das Proton H_c zutreffen. Die wechselseitige Aufspaltung der Signale durch zwei nichtäquivalente Protonen, die an dasselbe Kohlenstoffatom gebunden sind (**geminale Kopplung** genannt), ist oftmals zu gering, um beobachtbar zu sein, falls die Protonen an ein sp^2-Kohlenstoffatom gebunden sind (siehe ▶ Tabelle 14.2). Daher erscheinen die Signale der Protonen H_b und H_c in ▶ Abbildung 14.16 als Dubletts anstatt als Dublett von Dubletts. Falls man die Frequenzachse des Spektrums hinreichend streckte, würden die Dubletts der Dubletts erkennbar.

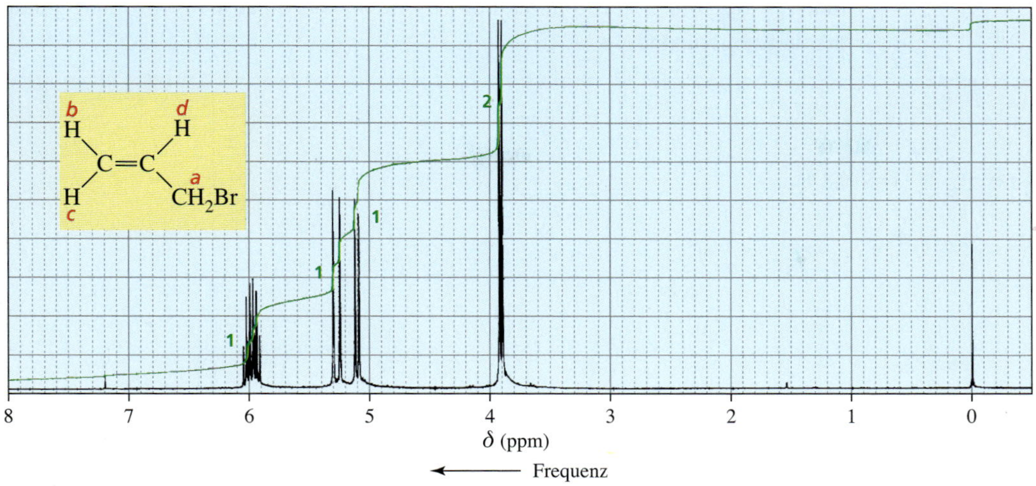

Abbildung 14.16: Das ¹H-NMR-Spektrum von 3-Brom-1-propen.

Ein Quartett oder ein Dublett von Dubletts?

Es gibt einen klaren Unterschied zwischen einem Quartett und einem Dublett von Dubletts, obgleich beide Signalformen je vier Peaks (Signalspitzen) aufweisen. Ein Quartett entsteht durch die Aufspaltung der Signale *dreier äquivalenter Protonen*; es besitzt daher die Peakintensitätenverteilung 1 : 3 : 3 : 1. Die einzelnen Peaks haben gleichmäßige Abstände zueinander (Abschnitt 14.13). Ein Dublett eines Dubletts resultiert auf der anderen Seite aus der Aufspaltung der Signale *zweier nichtäquivalenter* Protonen; sie weisen die Peakintensitätenverteilung 1 : 1 : 1 : 1 auf. Die einzelnen Peaks müssen nicht notwendigerweise gleiche Abstände zueinander haben (► Abbildung 14.21).

Beispiel 4

Ethylbenzol besitzt fünf Gruppen chemisch äquivalenter Protonen (► Abbildung 14.17). Wir sehen das zu erwartende Triplett der H_a-Protonen, und das Quartett der H_b-Protonen. (Dies ist das charakteristische Muster einer Ethylgruppe.) Wir erwarten weiterhin, dass das Signal der H_c-Protonen ein Dublett ist, und das des H_e-Protons ein Triplett.

Da die H_c- und H_e-Protonen nicht äquivalent sind, müssen sie getrennt betrachtet werden, wenn man die Aufspaltung der H_d-Protonen bestimmen will $(N_c + 1)(N_e + 1)$. Daher darf man erwarten, dass das Signal der Protonen durch die H_c-Protonen und jeder Peak des Dubletts durch das H_e-Proton wiederum in ein Dublett aufgespalten ist. Wir sehen jedoch nicht diese drei unterscheidbaren Signale der Protonengruppen H_c, H_d und H_e. Stattdessen zeigt die ► Abbildung 14.17 überlappende Signale. Scheinbar ist der elektronische Effekt einer Ethylgruppe (also deren elektronenziehende oder -schiebende Wirkung) nicht groß genug, um eine Veränderung in den elektronischen Umgebungen der H_c-, H_d- und H_e-Protonen zu bewirken, sodass diese als getrennte Signale erscheinen würden.

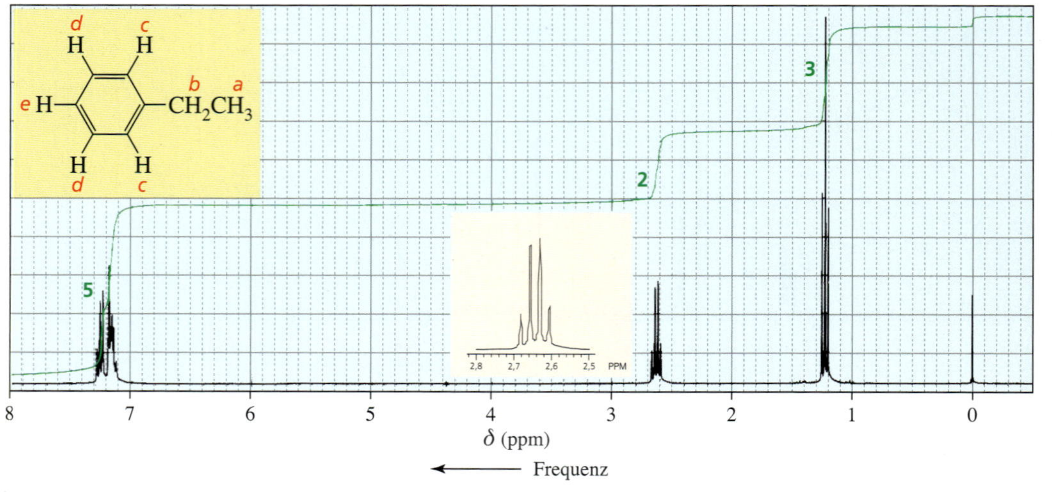

Abbildung 14.17: Das ^{1}H-NMR-Spektrum von Ethylbenzol. Die Signale der H_c-, H_d- und H_e-Protonen überlappen.

Beispiel 5

Im Gegensatz zu den Benzolprotonen des Ethylbenzols (H_c, H_d und H_e) zeigen die Benzolprotonen des Nitrobenzols (H_a, H_b und H_c) drei unterscheidbare Signale (► Abbildung 14.18). Außerdem ist die Multiplizität dieser Signale genauso, wie wir es für die Protonen des Benzolrings für das Ethylbenzol vorausgesagt hatten (H_c ist ein Dublett, H_b ein Triplett und H_a ein Dublett eines Dubletts mit einigen überlappenden Signalen). Die Nitrogruppe übt offensichtlich eine ausreichend starke elektronenziehende Wirkung aus, um die elektronischen Umgebungen der Protonen H_a, H_b und H_c hinreichend zu verändern, sodass ihre Signale sich nicht überlagern.

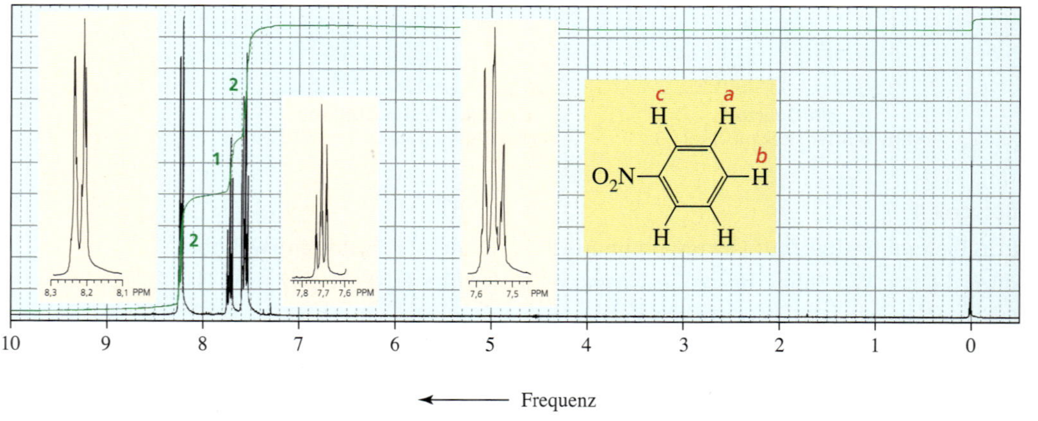

Abbildung 14.18: Das ^{1}H-NMR-Spektrum von Nitrobenzol. Die Signale der Protonengruppen H_a, H_b und H_c überlagern sich nicht. Ihre Mutliplizitäten entsprechen der Erwartung nach der $N + 1$-Regel.

MERKE!

Die Protonen von Benzol zeigen Signale zwischen 7,0 und 8,5 ppm.

Beachten Sie, dass die Signale der Ringprotonen des Benzolkerns in ► Abbildung 14.17 und ► Abbildung 14.18 im Bereich zwischen 7,0 und 8,5 ppm erscheinen. Protonen in anderen elektronischen Umgebungen zeigen normalerweise keine Resonanz in diesem Bereich der chemischen Verschiebung, sodass Signale eines ^{1}H-NMR-Spektrums in diesem Bereich anzeigen, dass die untersuchte Verbindung wahrscheinlich einen aromatischen Ring enthält.

Ü 24 Erklären Sie die relativen Verschiebungen der Protonen des Benzolrings in ► Abbildung 14.18.

Ü 25 Wie ließen sich anhand ihrer ^{1}H-NMR-Spektren die folgenden chemischen Verbindungen unterscheiden?

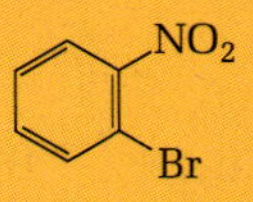

A

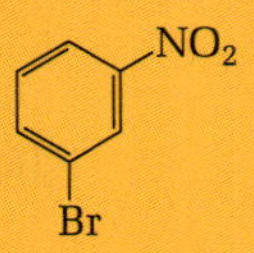

B

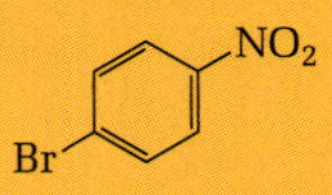

C

Ü 26* Identifizieren Sie alle Verbindungen anhand ihrer ^{1}H-NMR-Spektren:

(a) C_9H_{12}

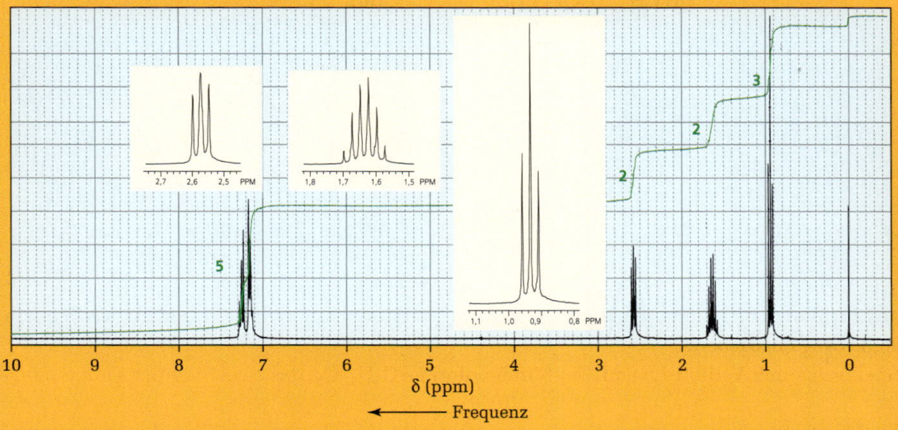

(b) $C_5H_{10}O$

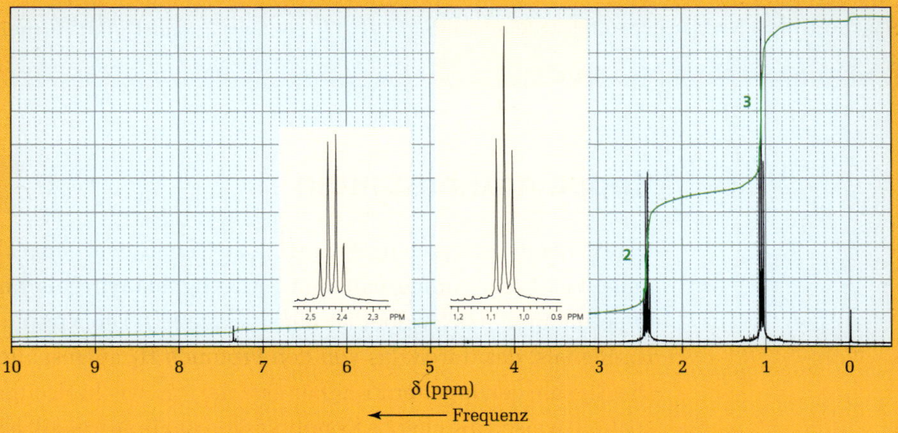

(c) $C_9H_{10}O_2$

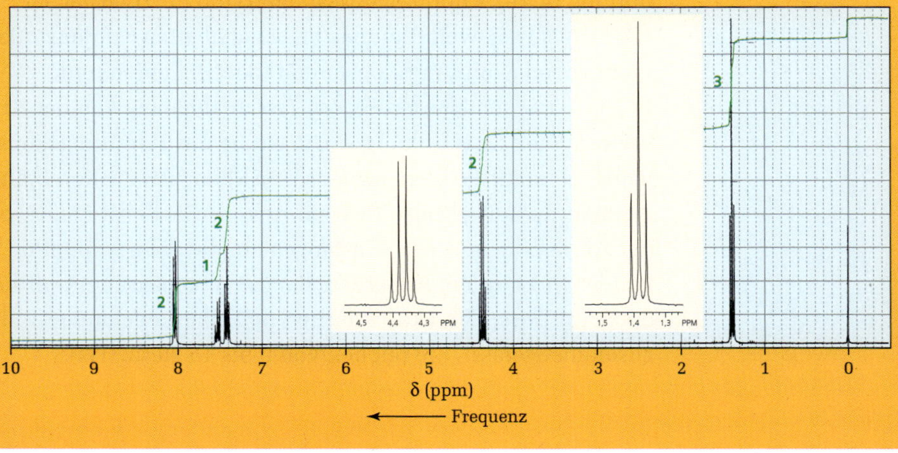

Ü 27 Sagen Sie das Muster der Signalaufspaltungen der Verbindungen von Übung 4 in diesem Kapitel vorher.

Ü 28 Beschreiben Sie das ^{1}H-NMR-Spektrum, dass Sie für die folgenden Verbindungen erwarten würden. Geben Sie auch die relative Position aller Signale an.

(a) $BrCH_2CH_2CH_2CH_2Br$

(b) $CH_3OCH_2CH_2CH_2Br$

(c) 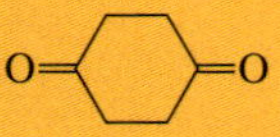

(d) 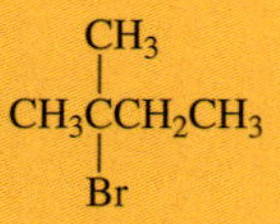

(e) 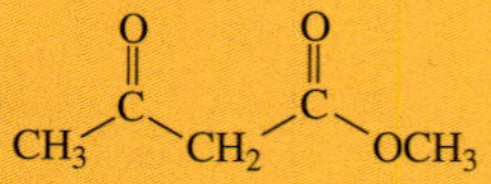

(f) 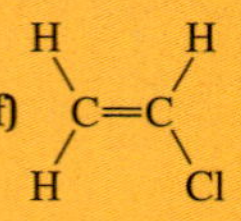

(g) $CH_3CH_2OCH_2CH_3$

(h) $CH_3CH_2OCH_2Cl$

(i) 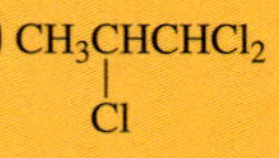

(j) 

(k) 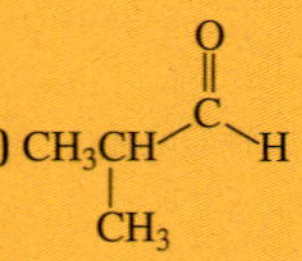

(l) $CH_3OCH_2CH_2CH_2OCH_3$

(m) 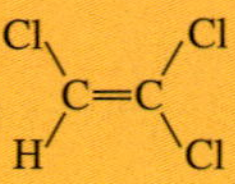

(n) 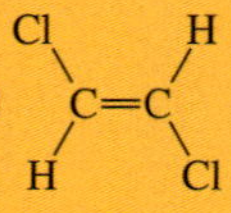

(o) 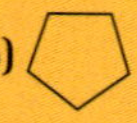

(p) 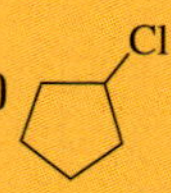

Ü 29 Schlagen Sie mit den folgenden Spektren konsistente Strukturen vor. Relative Integrale werden von links nach rechts über das Spektrum hinweg angegeben.

(a) Das ^{1}H-NMR-Spektrum einer Verbindung mit der Summenformel $C_4H_{10}O_2$, das zwei Singuletts mit einem Flächenverhältnis von 2 : 3 besitzt.

(b) Das ^{1}H-NMR-Spektrum einer Verbindung mit der Summenformel $C_6H_{10}O_2$, das zwei Singuletts mit einem Flächenverhältnis von 2 : 3 besitzt.

(c) Das ^{1}H-NMR-Spektrum einer Verbindung mit der Summenformel $C_8H_6O_2$, das zwei Singuletts mit einem Flächenverhältnis von 1 : 2 besitzt.

Kopplungskonstanten 14.13

Der Abstand, gemessen in Hertz (Hz), zwischen zwei benachbarten Peaks (Signalspitzen) eines aufgespaltenen NMR-Signals wird als **Kopplungskonstante** bezeichnet; das Symbol ist der Buchstabe ***J***. Die Kopplungskonstante des H_a-Signals, das durch das von den Protonen H_b aufgespalten wird, heißt J_{ab}. Die Signale gekoppelter Protonen (solche, die wechselseitig ihre Signale aufspalten) weisen die gleiche Kopplungskonstante auf; es gilt also: $J_{ab} = J_{ba}$ (▶ Abbildung 14.19). Kopplungskonstanten sind nützlich bei der Analyse komplexer NMR-Spektren, weil Protonen an benachbarten Kohlenstoffatomen durch ihre identischen Kopplungskonstanten identifizierbar sind.

Die betragsmäßige Größe von J ist unabhängig von der Arbeitsfrequenz des verwendeten Spektrometers: Die Größe der Kopplungskonstante ist ein Maß dafür, wie stark die kernmagnetischen Momente, die Kernspins, der gekoppelten Atomkerne sich gegenseitig beeinflussen. Sie hängt daher von der Anzahl und der Art der chemischen Bindungen ab, die die gekoppelten Protonen untereinander verknüpfen. Außerdem hat die geometrische Anordnung der Protonen einen Einfluss. Charakteristische Kopplungskonstanten sind in ▶ Tabelle 14.2 zusammengefasst. Sie reichen von 0 bis 15 Hertz (Hz).

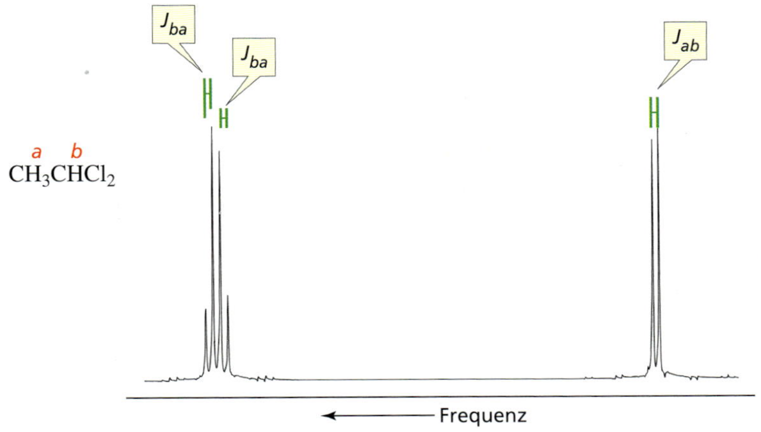

Abbildung 14.19: Die H_a- und die H_b-Protonen des 1,1-Dichlorethans sind gekoppelte Protonen, sodass ihre Signale dieselbe Kopplungskonstante aufweisen. Es gilt: $J_{ab} = J_{ba}$.

	Ungefähre J_{ab} (Hz)		Ungefähre J_{ab} (Hz)
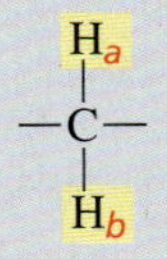	12	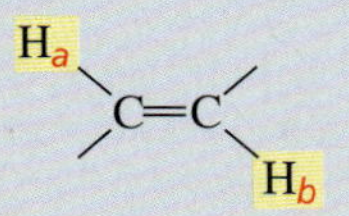	15 (*trans*)
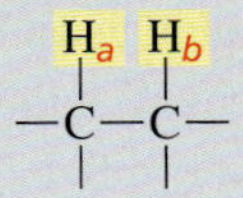	7	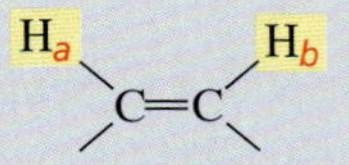	10 (*cis*)
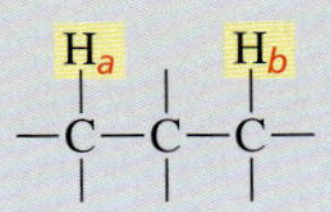	0	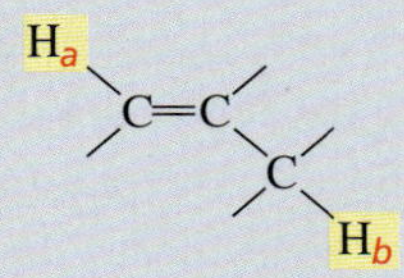	1 (Fernkopplung)
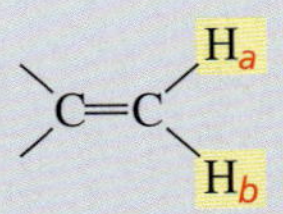	2 (geminale Kopplung)		

Tabelle 14.2: Näherungswerte von Kopplungskonstanten.

Die Kopplungskonstante zweier nichtäquivalenter Wasserstoffatome an *demselben* sp^3-hybridisierten Kohlenstoffatom ist groß (12 Hz). Im Gegensatz dazu ist die Kopplungskonstante zweier nichtäquivalenter Wasserstoffatome an demselben sp^2-hybridisierten C-Atom oft zu klein, um messbar zu sein (2 Hz) (siehe ► Abbildung 14.16), doch ist sie groß, falls die beiden Wasserstoffatome an *benachbarte* sp^2-hybridisierte C-Atome gebunden sind (10–15 Hz). Scheinbar wird die Wechselwirkung zwischen den Wasserstoffatomen stark durch dazwischenliegende π-Elektronen beeinflusst. Wir haben gesehen, dass π-Elektronensysteme außerdem Fernkopplung zeigen, die sich über vier oder noch mehr Bindungen erstreckt (Abschnitt 14.11).

Kopplungskonstanten unterscheiden *cis*- und *trans*-Isomere

Kopplungskonstanten können benutzt werden, um zwischen den ^{1}H-NMR-Spektren von *cis*- und *trans*-Alkenen zu unterscheiden. Die Kopplungskonstante vinylischer Protonen in *trans*-Stellung zueinander ist signifikant größer als die Kopplungskonstante vinylischer Protonen, die *cis*-ständig sind, da die Kopplungskonstante vom Diederwinkel zwischen den beiden C—H-Bindungen in der H—C=C—H-Einheit abhängt (► Abbildung 14.20). Die Kopplungskonstante ist dann am größten, wenn der Winkel zwischen den beiden C—H-Bindungen 180° beträgt (*trans*-Stellung) und kleiner, wenn der Winkel 0° beträgt (*cis*-Stellung).

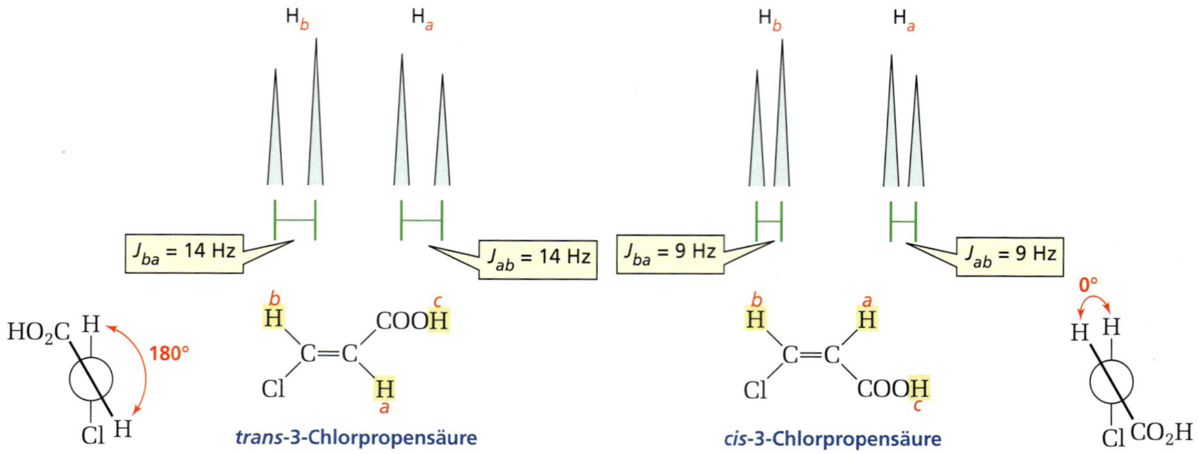

Abbildung 14.20: Die Dubletts der H_a- und H_b-Protonen im ^{1}H-NMR-Spektrum von *trans*-3-Chlorpropensäure und *cis*-3-Chlorpropensäure. Die Kopplungskonstante der *trans*-Protonen (14 Hz) ist größer als die der *cis*-Protonen (9 Hz), da sie vom Diederwinkel (180° für *trans*-Protonen und 0° für *cis*-Protonen) abhängen.

MERKE!

Die Kopplungskonstante der Protonen eines *trans*-Alkens ist größer als die der Protonen eines *cis*-Alkens.

Die Signale in den Dubletts in ► Abbildung 14.20 haben nicht die gleiche Höhe. Dafür ist der **Hausdacheffekt** (im englischen als *leaning* bezeichnet) verantwortlich. Dieser kann mit dem Zeichnen eines Pfeiles, der von der Spitze des kleineren Signals zu der Spitze des größeren Signals eines Dubletts gezeichnet wird, und auf das für die Aufspaltung verantwortliche Proton zeigt, verdeutlicht werden. Daher zeigt diese Abbildung, dass H_a durch H_b aufgespalten wird und H_b durch H_a.

Zusammenfassung

Fassen wir an dieser Stelle zusammen, welche Art chemischer Informationen wir aus einem ^{1}H-NMR-Spektrum entnehmen können:

1. Die Zahl der Signale gibt die Zahl der Protonen in chemisch unterschiedlichen Umgebungen in der untersuchten Verbindung an. (Falls es Überlappungen gibt, könnten es auch mehr sein.)
2. Die Lage der Signale gibt die „Art" des/der Protons/-en an, die für die betreffenden Signale verantwortlich sind (Methyl-, Methylen-, Methin-, Allyl-, Vinyl-, aromatische usw.), sowie die Art der benachbarten Substituenten.
3. Die mathematische Integration des Signals verrät die relative Anzahl der für das betreffende Signal verantwortlichen Protonen.
4. Die Multiplizität des Signals ($N+1$) verrät die Zahl der Protonen (N), die an benachbarte Kohlenstoffatome gebunden sind.
5. Die Kopplungskonstanten lassen die Identifizierung gekoppelter Protonen zu.

Ü 30* Warum existiert keine Kopplungskonstante zwischen H_a und H_c oder zwischen H_b und H_c in den *cis*- und *trans*-Isomeren aus ► Abbildung 14.20?

STRATEGIEN ZUR PROBLEMLÖSUNG

■ Der Einsatz von IR- und ¹H-NMR-Spektren zur Ableitung einer chemischen Struktur

Führen Sie eine Identifizierung der Verbindung mit der Summenformel $C_9H_{10}O$ durch, die die folgenden IR- und ¹H-NMR-Spektren geliefert hat.

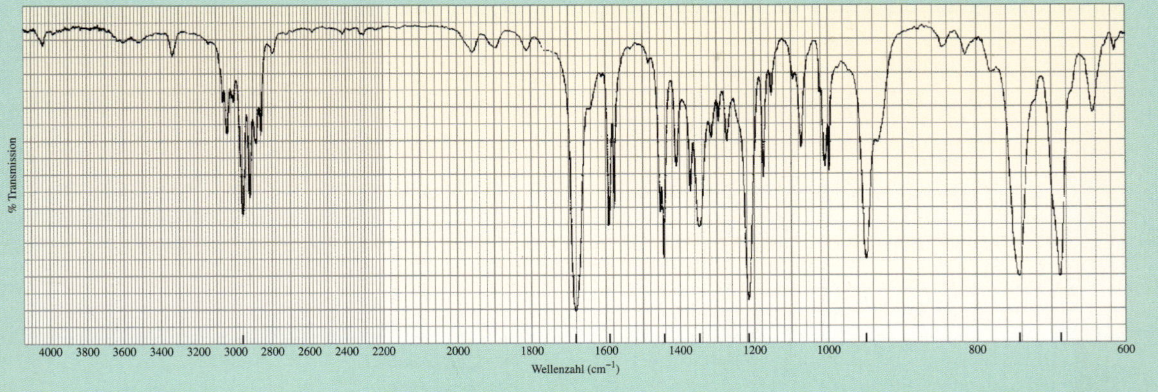

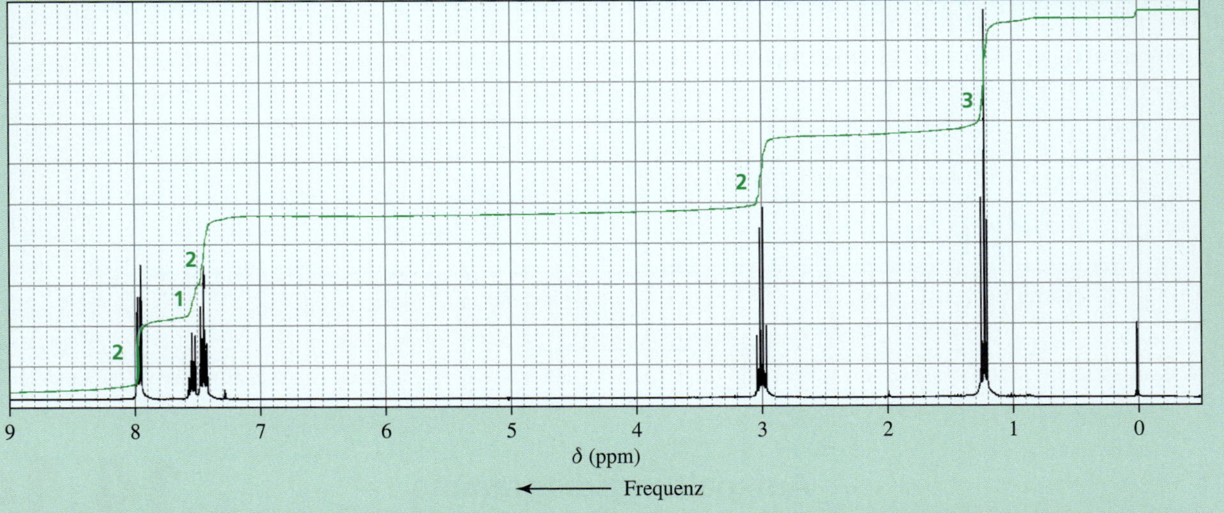

Ein Weg, um sich diesem chemischen Problem zu nähern, besteht darin, die strukturellen Merkmale der Verbindung zu identifizieren, die sich aus der Summenformel in Verbindung mit dem IR-Spektrum ergeben und dann diese Information zu benutzen, um – auf diesem Wissen aufbauend – das ¹H-NMR-Spektrum zu analysieren.

Die Signale in der Region zwischen 7,4 und 8,0 ppm weisen auf einen Benzolring hin. Da sich die Signale auf 5 H integrieren, muss es sich um einen einfachsubstituierten Benzolring handeln. Das Triplett bei 1,2 ppm und das Quartett bei 3,0 ppm weisen auf eine Ethylgruppe hin, die an eine elektronenziehende Gruppe gebunden ist.

Aus der Summenformel in Verbindung mit dem IR-Spektrum entnehmen wir, dass die Verbindung ein Keton ist: Sie zeigt eine Schwingung einer Carbonylgruppe bei ~1680 cm^{-1}, nur ein Sauerstoffatom (Summenformel) und keine Banden bei ~2820 cm^{-1} und 2720 cm^{-1}, die auf einen Aldehyd hinweisen würden. Die Absorptionsbande der Carbonylgruppe erscheint bei einer niedrigeren als der für sie typischen Frequenz, was darauf hindeutet, dass sie einen partiellen Einfachbindungscharakter infolge von Elektronendelokalisation aufweist; dies weist darauf hin, dass sie mit einem sp^2-hybridisierten Kohlenstoffatom verbunden ist. Die Integration der Signalstärkenverhältnisse (5 : 2 : 3) bestätigt dieses Ergebnis ein weiteres Mal.

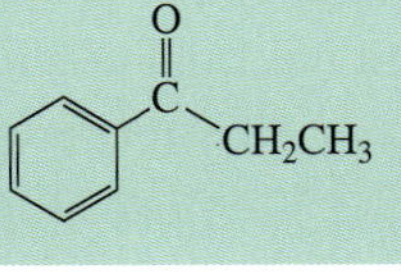

Ü 31* Führen Sie eine Identifizierung der Verbindung mit der Summenformel $C_8H_{10}O$ durch, die die folgenden IR- und ^{1}H-NMR-Spektren ergeben hat:

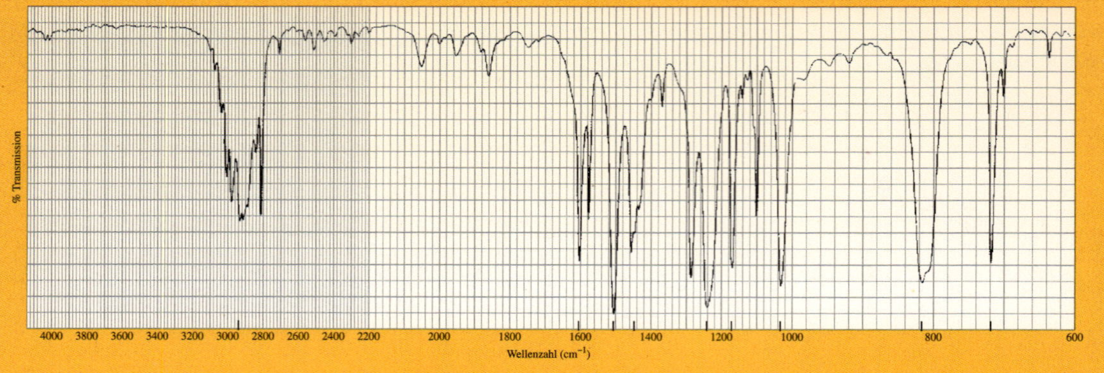

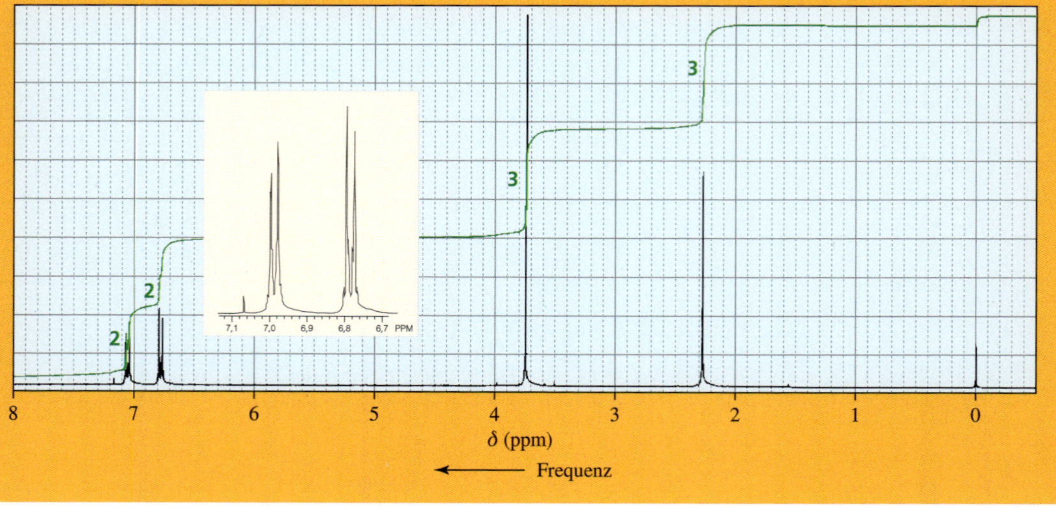

Aufspaltungsdiagramme 14.14

Das Aufspaltungsmuster, das man erhält, wenn ein Signal durch mehr als einen Satz beeinflussender Atomkerne aufgespalten wird, lässt sich am besten mit Hilfe eines Aufspaltungsdiagrammes verstehen. In einem **Aufspaltungsdiagramm**, das auch als **Aufspaltungsbaum** bezeichnet wird, werden die Peaks des NMR-Spektrums als vertikale Linien dargestellt, und die Wirkung jeder der Aufspaltungen wird gleichzeitig abgebildet.

Das Aufspaltungsdiagramm für ein Dublett von Dubletts

Das Aufspaltungsdiagramm von ▶ Abbildung 14.21 stellt beispielsweise bildlich die Aufspaltung des Signals der H_c-Protonen der unten gezeigten Verbindung in ein Dublett eines Dubletts durch die H_b- und H_d-Protonen dar. Beachten Sie, dass der Baum mit der größeren (J_{cb}) der beiden J-Werte anfängt.

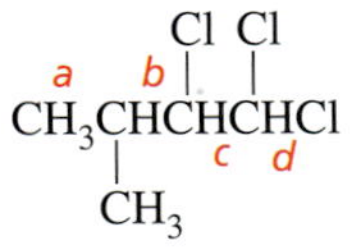

1,1,2-Trichlor-3-methylbutan

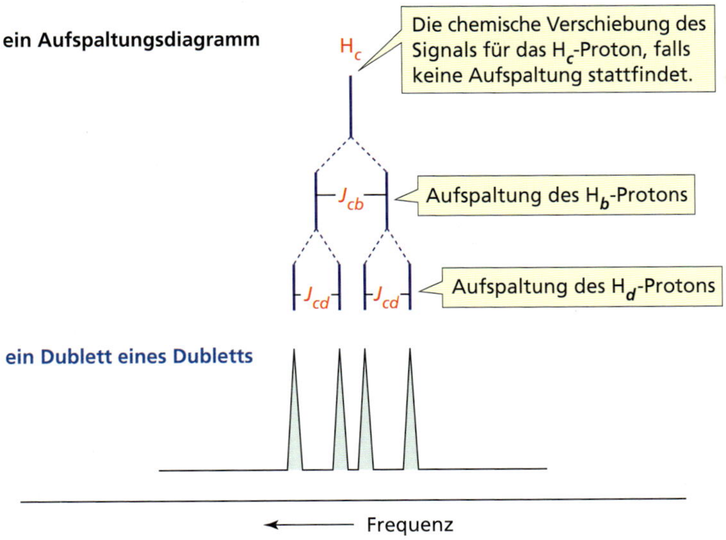

Abbildung 14.21: Ein Aufspaltungsdiagramm für ein Dublett eines Dubletts. Der Baum beginnt mit J_{cb}, da $J_{cb} > J_{ed}$.

Das Aufspaltungsdiagramm für ein Multiplett

Das Aufspaltungsdiagramm in ▶ Abbildung 14.22 bildet die Aufspaltung der H_b-Protonen von 1-Brompropan ab. Wie viele der 12 Peaks man in einem aufgenommenen Spektrum tatsächlich sieht, hängt von den relativen Größen der beiden Kopplungskonstanten J_{ba} und J_{bc} und von eventuellen Überlappungen ab.

Beispielsweise erkennen wir in ▶ Abbildung 14.22, dass 12 Peaks erscheinen, wenn J_{ba} viel größer als J_{bc} ist, 9 Peaks, wenn $J_{ba} = 2J_{bc}$ beträgt, und nur 6 Peaks, wenn $J_{ba} = J_{bc}$. Die Anzahl der beobachteten Peaks hängt davon ab, wie viele mit anderen überlappen. Wenn Peaks überlappen, addieren sich ihre Intensitäten.

$\underset{a}{CH_3}\underset{b}{CH_2}\underset{c}{CH_2}Br$

1-Brompropan

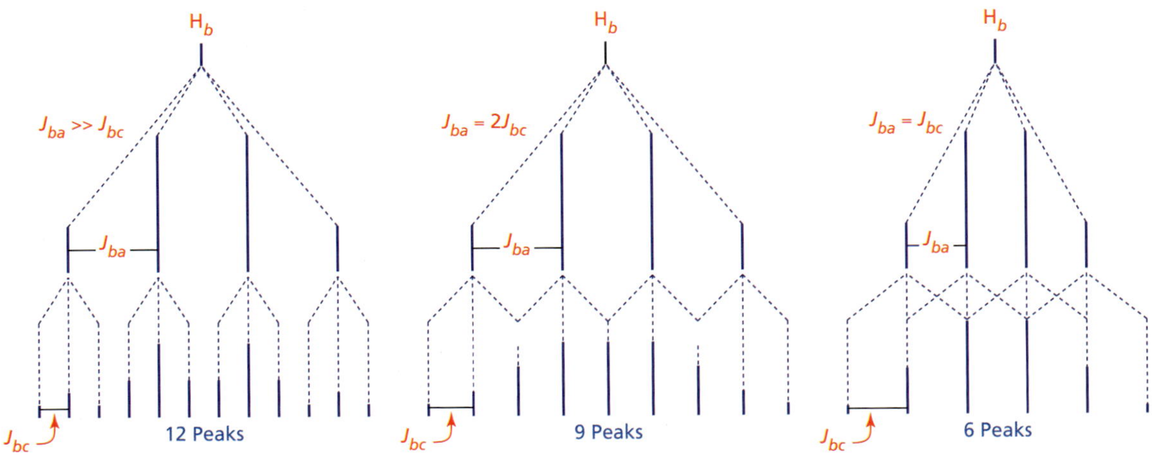

Abbildung 14.22: Ein Aufspaltungsdiagramm für ein Quartett von Tripletts. Die Zahl der tatsächlich beobachtbaren Peaks, wenn ein Signal von zwei Protonengruppen aufgespalten wird, hängt davon ab, wie sich die relativen Größenbeträge der beiden Kopplungskonstanten zueinander verhalten.

$J_{ab} = J_{ac}$

Wir erwarten, dass das Signal der H_a-Protonen von 1-Chlor-3-iodpropan ein Triplett von Tripletts sein wird (also in 9 Peaks aufgespalten), weil das Signal durch die H_b-Protonen in ein Triplett aufgespalten wird und die sich ergebenden Peaks durch die H_c-Protonen wiederum in ein Triplett aufgespalten werden (oder umgekehrt). Das beobachtete Signal ist jedoch ein Quintett (► Abbildung 14.23).

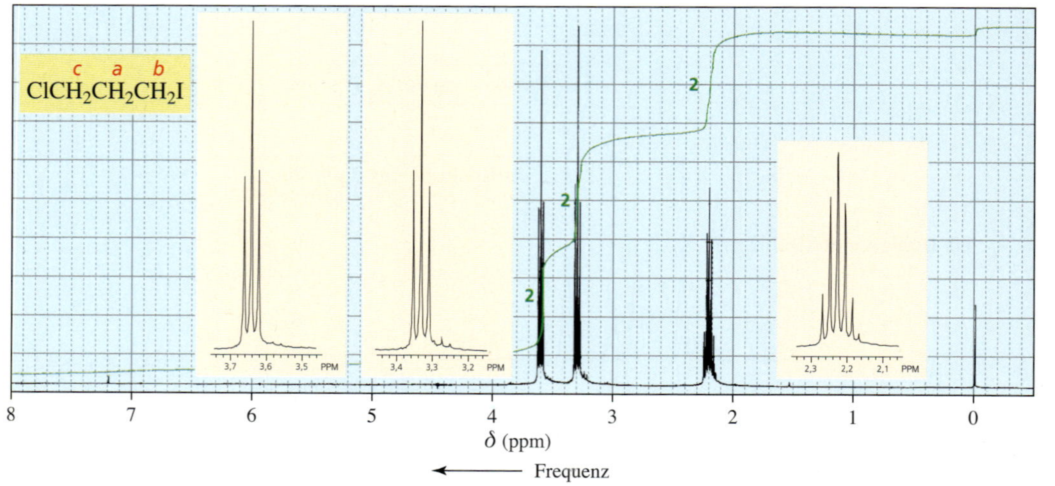

Abbildung 14.23: Das ^{1}H-NMR-Spektrum von 1-Chlor-3-iodpropan. Das Signal bei 2,2 ppm ist ein Quintett anstelle eines Triplett von Tripletts, weil $J_{ab} = J_{ac}$ ist.

Der experimentelle Befund, dass das Signal der H_a-Protonen des 1-Chlor-3-iodpropans tatsächlich ein Quintett ist, deutet darauf hin, dass J_{ab} und J_{ac} ungefähr die gleiche Größe haben. Das Aufspaltungsdiagramm zeigt ein Quintett, das sich ergibt, falls $J_{ab} = J_{ac}$ ist. Daher können wir schließen: Falls die Kopplungskonstanten gleich sind, kann die selbe $N+1$-Regel für zwei Gruppen nichtäquivalenter Protonen gleichzeitig angewandt werden. (Beachten Sie, dass die H_b-Protonen in Abschnitt 14.22 ein Sextett erzeugen wenn $J_{ba} = J_{bc}$ ist.)

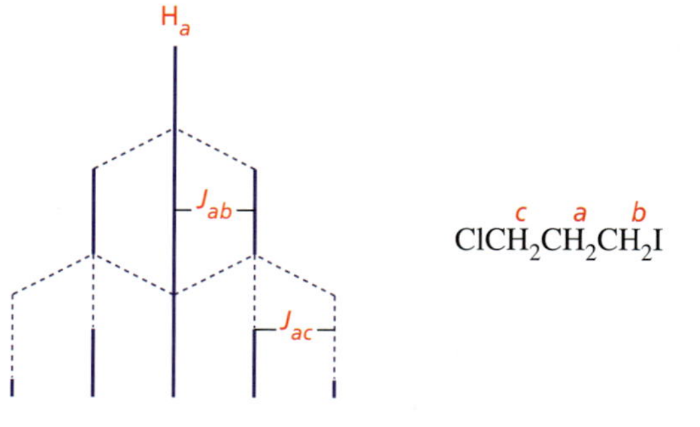

Zusammenfassung

Wir können zudem den folgenden Schluss ziehen: *Wenn zwei unterschiedliche Protonengruppen ein Signal aufspalten, kann die Multiplizität des Signals bestimmten werden durch*

- *die $N+1$-Regel gleichzeitig, wenn die Protonengruppen äquivalent sind und daher die gleichen Kopplungskonstanten aufweisen.*

- *die N + 1-Regel gleichzeitig, wenn die Protonengruppen nicht äquivalent sind, aber ähnliche Kopplungskonstanten aufweisen.*
- *die N + 1-Regel nacheinander für jede Protonengruppe, also $(N_a + 1)(N_b + 1)$, wenn die Protonensätze nicht äquivalent sind und unterschiedliche Kopplungskonstanten aufweisen.*

Ü 32 Zeichnen Sie Aufspaltungsdiagramme für H_b, in denen

(a) $J_{ba} = 12$ Hz und $J_{bc} = 6$ Hz
(b) $J_{ba} = 12$ Hz und $J_{bc} = 12$ Hz

betragen.

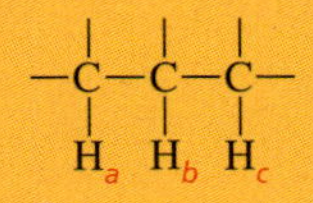

Enantiotope und diastereotope Wasserstoffatome 14.15

Enantiotope Wasserstoffatome

Falls ein C-Atom an zwei H-Atome *und* zwei weitere, unterschiedliche Bindungspartner gebunden ist, werden die beiden Wasserstoffatome als **enantiotope Wasserstoffatome** bezeichnet. Die beiden H-Atome (H_a und H_b) des Ethanolmoleküls sind beispielsweise enantiotop, da die beiden anderen an das C-Atom der CH_2-Gruppe gebundenen Gruppen (—OH und —CH_3) nicht identisch sind. Sie werden als enantiotope Wasserstoffatome bezeichnet, da der Austausch von einem dieser Wasserstoffatome mit Deuterium (oder einer anderen Gruppe) ein Enatiomerenpaar erzeugen würde.

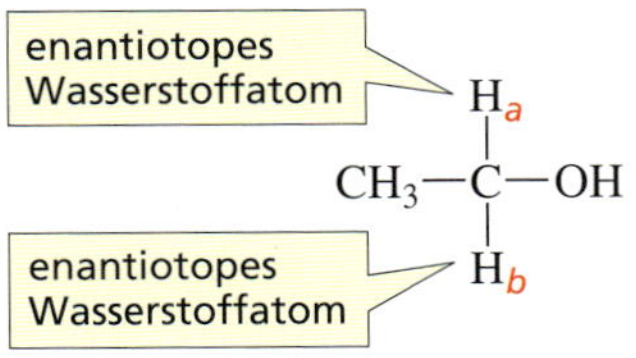

Enantiotope Wasserstoffatome sind chemisch äquivalent, sie erzeugen also nur ein NMR-Signal.

MERKE!

Enantiotope Wasserstoffatome zeigen nur ein NMR-Signal, da sie chemisch äquivalent sind.

Prochirale Wasserstoffatome

Das Kohlenstoffatom, an das die enantiotopen Wasserstoffatome gebunden sind, wird als **prochirales Kohlenstoffatom**. Falls das H_a etwa durch ein Deuteriumatom ersetzt wird (die Zuweisungen H_a und H_b sind selbstverständlich im prochiralen Zustand willkürlich), besitzt in unserem Beispiel das sich ergebende Chiralitätszentrum die *R*-Konfiguration und wird auch **pro-*R*-Wasserstoffatom** genannt. Das H_b-Wasserstoffatom wird daher auch als **pro-*S*-Wasserstoffatom** bezeichnet, da seine Ersetzung mit Deuterium zu einer *S*-Konfiguration am Chiralitätszentrum führen würde (Abschnitt 4.5).

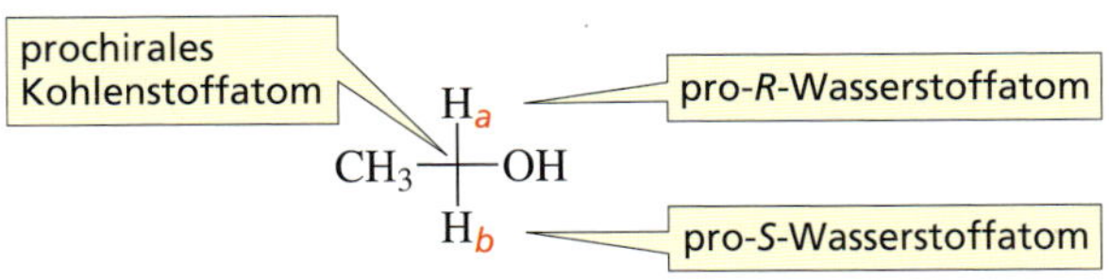

Diastereotope Wasserstoffatome

Diastereotope Wasserstoffatome sind zwei Wasserstoffe am selben Wasserstoffatom. Der Austausch von einem dieser Atome mit Deuterium (oder einer anderen Gruppe) würde zu einem Paar zu Diastereomeren führen.

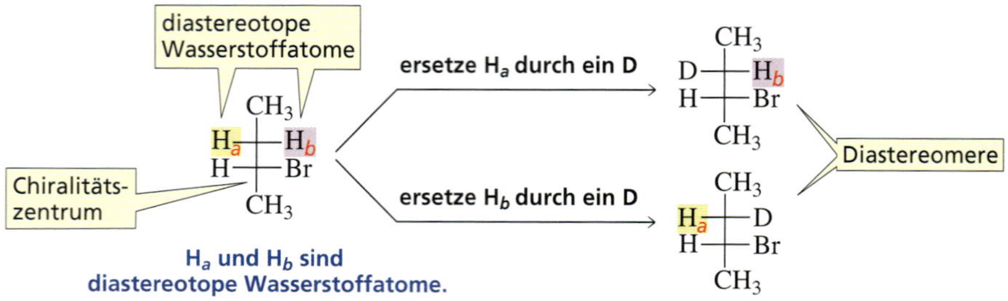

Wir wissen, dass diastereotope Wasserstoffatome nicht äquivalent sind, da sie gegenüber achiralen Reagenzien nicht die gleiche Reaktivität aufweisen. Zum Beispiel geht die Eliminierung von H_b und Br zu (*E*)-2-Buten schneller von statten als die Eliminierung von H_b und Br zu (*Z*)-2-Buten, da (*E*)-2-Buten stabiler als (*Z*)-2-Buten ist (Abschnitt 9.10). Da diastereotope Wasserstoffatome nicht äquivalent sind, muss die $N + 1$-Regel separat für sie angewendet werden.

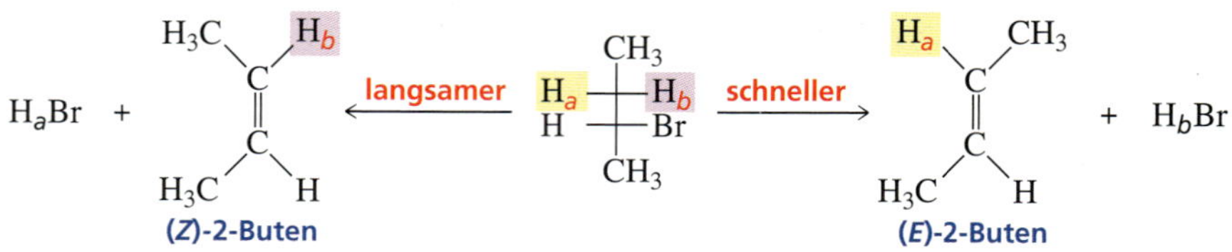

Diasterotope Wasserstoffatome sind chemisch nicht äquivalent, also zeigen sie zwei NMR-Signale.

MERKE!

Diastereotope Wasserstoffatome zeigen zwei NMR-Signale, da sie chemisch nicht äquivalent sind.

Im Regelfall sind die chemischen Verschiebungen von diastereotopen Wasserstoffatomen ähnlich und können, wie bei anderen H-Atomen, sogar zufällig gleich sein. Je weiter die diastereotopen H-Atome vom Chiralitätszentrum entfernt sind, desto ähnlicher sollten ihre chemischen Verschiebungen sein.

Ü 33*

(a) Für welche der folgenden Verbindungen sind H_a und H_b enantiotope Wasserstoffatome?

(b) Welches Paar sind diastereotope Wasserstoffatome?

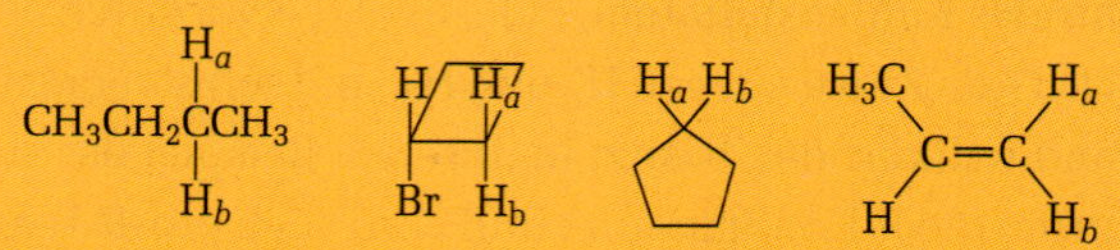

A B C D

Ü 34 mit Lösung

Wie viele Signale erwarten Sie für die gekennzeichneten Wasserstoffatome in den ^{1}H-NMR-Spektren der folgenden Verbindungen?

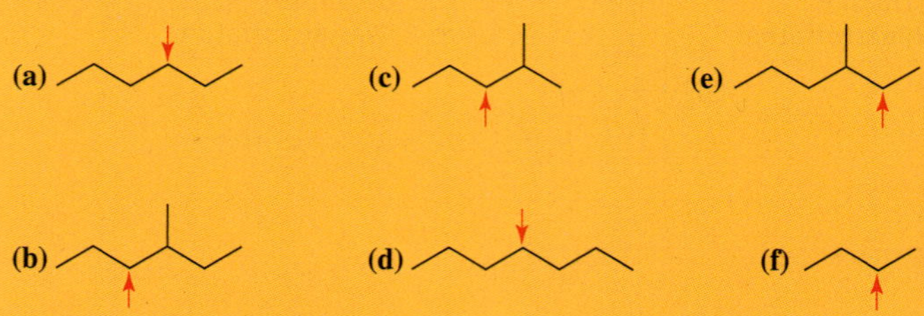

Lösung

Sie wissen, dass zwei Wasserstoffatome (außer wenn sie diastereotop sind), chemisch äquivalent sind und ein Signal erzeugen. Wenn sie aber doch diastereotop sind, dann sind sie chemisch nicht äquivalent und erzeugen zwei Signale.

(a) Die Wasserstoffatome sind enantiotop, also erzeugen sie ein Signal.
(b) Die Wasserstoffatome sind diastereotop, also erzeugen sie zwei Signale.
(c) Die Wasserstoffatome sind enantiotop, also erzeugen sie ein Signal.
(d) Diese Wasserstoffatome sind weder enantiotop noch diastereotop, sie erzeugen also ein Signal.
(e) Die Wasserstoffatome sind diastereotop, also erzeugen sie zwei Signale.
(f) Die Wasserstoffatome sind enantiotop, also erzeugen sie ein Signal.

Ü 35 Inwiefern würden sich die ^{1}H-NMR-Spektren der vier Verbindungen mit der Summenformel $C_3H_6Br_2$ unterscheiden?

Ü 36 mit Lösung

Wir erwarten, dass das Signal der Methylprotonen neben den diastereotopen Wasserstoffatomen von 2-Brombutan durch die die Kopplung mit den nichtäquivalenten diastereotopen Wasserstoffatomen ein Dublett von Dubletts sein sollte. Das Signal ist jedoch ein Triplett. Verwenden Sie ein Aufspaltungsdiagramm, um zu erklären, warum ein Triplett anstelle eines Dubletts eines Dubletts erscheint.

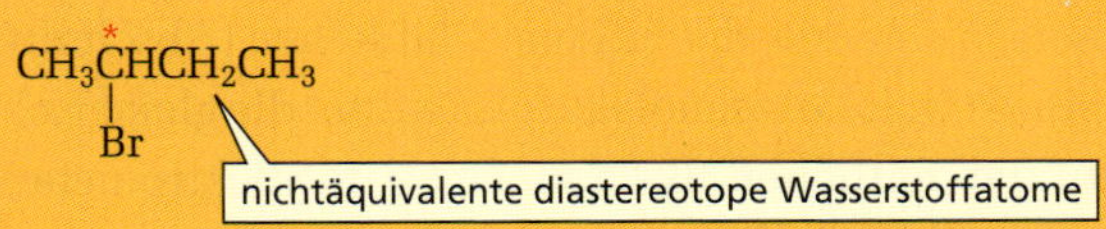

Lösung

Die Beobachtung eines Tripletts bedeutet, dass die $N+1$-Regel nicht getrennt für beide diastereotopen Wasserstoffatome zur Anwendung kommen muss, sondern für die beiden Protonen gemeinschaftlich als Satz angewendet werden kann ($N=2$; $N+1=3$). Das bedeutet, dass die Kopplungskonstante für die Aufspaltung des Methylsignals durch eines der diastereotopen H-Atome ähnlich der Kopplungskonstanten für die Aufspaltung durch das andere diastereotope H-Atom sein muss, also ist $J_{ab} \approx J_{ac}$.

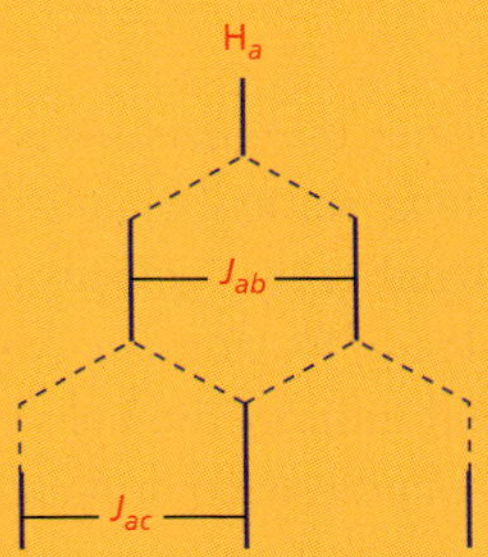

14.16 Zeitabhängigkeit der NMR-Spektroskopie

Wir haben gelernt, dass die drei Methylwasserstoffatome des Brommethans im ^{1}H-NMR-Spektrum nur ein Signal ergeben, weil sie aufgrund der freien Rotation um die C—C-Bindungsachse chemisch äquivalent sind. Dies gilt im zeitlichen Mittel. In jedem gegebenen Augenblick können sich die drei Wasserstoffatome (-atomkerne) jedoch in chemisch recht unterschiedlichen Umgebungen aufhalten: Eines kann sich in *anti*-Stellung zum Bromatom befinden und eines in *gauche*-Stellung dazu.

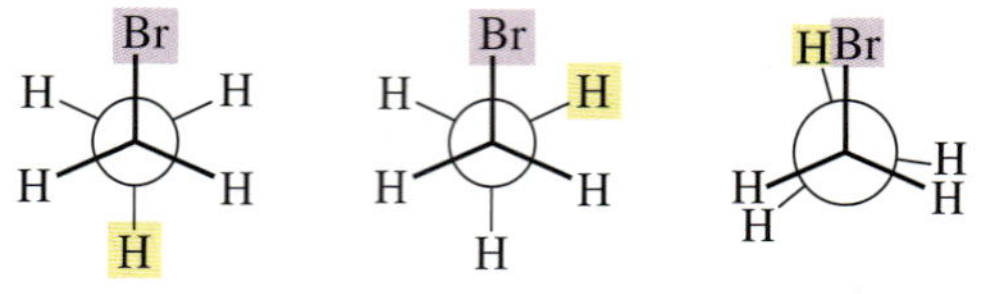

Die durchschnittle Aufnahmezeit für ein NMR-Spektrum liegt bei etwa einer Sekunde. Jeder Prozess (in diesem Fall die Rotation um die C—C-Bindung), der schneller als einmal pro Sekunde abläuft, führt zu einer Mittelung des Signals. Daher gibt es nur ein Signal für die drei Wasserstoffatome einer Methylgruppe von Ethylbromid in einem ^{1}H-NMR-Spektrum. Das Signal entspricht dem Mittelwert ihrer Umgebungen.

In vergleichbarer Weise zeigt das ^{1}H-NMR-Spektrum von Cyclohexan nur ein Signal, obwohl das Cyclohexanmolekül axiale und äquatoriale Wasserstoffatome besitzt. Es gibt nur ein Signal, weil die Sesselkonformeren des Cyclohexans sich zu rasch ineinander umwandeln, um bei Zimmertemperatur für ein NMR-Spektrometer einzeln unterscheidbar zu sein. Da die axialen H-Atome des einen Konformers in einem anderen äquatorial stehen (Abschnitt 3.14), weisen alle H-Atome eines Cyclohexanmoleküls im Mittel die gleiche chemische Umgebung auf (auf der zeitlichen Skala eines NMR-Spektrometers zumindest), sodass sich für das NMR-Spektrum nur ein Signal ergibt.

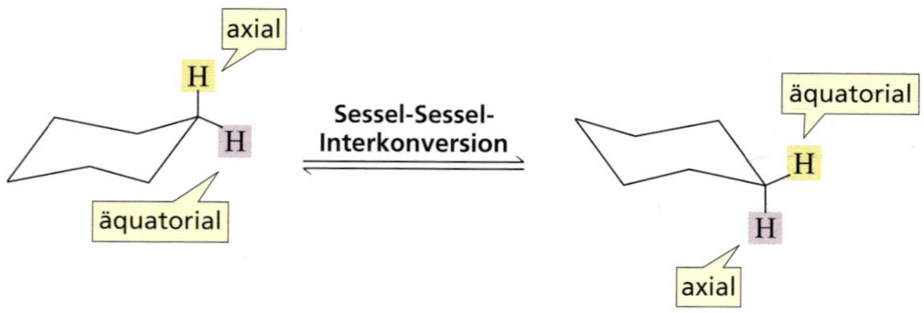

Die Geschwindigkeit, mit der sich die einzelnen möglichen Sesselkonformeren ineinander umwandeln, ist temperaturabhängig: Je niedriger die Temperatur, desto niedriger ist die Geschwindigkeit. Cyclohexan-d_{11} ist eine Verbindung mit 11 Deuteriumatomen (und einem ^{1}H-Atom). ► Abbildung 14.24 zeigt mehrere ^{1}H-NMR-Spektren dieser Verbindung, die bei verschiedenen Temperaturen aufgenommen worden sind. Für diese Experimente wurde ein Cyclohexan mit nur einem NMR-aktiven Wasserstoffkern verwendet, um die Aufspaltung des Signals zu verhindern. Dies würde das Spektrum, und damit seine Analyse, verkompliziert haben. Der Deuteriumkern (^{2}H) ist im NMR-Spektrum nicht erkennbar und sorgt nicht für die Aufspaltung anderer Signale (Abschnitt 14.18).

Bei 30 °C zeigt das Protonen-NMR-Spektrum von Cyclohexan-d_{11} ein scharfes Signal, das ein Mittelwert für das axial stehende H-Atom des einen Konformers und des äquatorial stehenden des anderen Sesselkonformers ist. In dem Maß, in dem die Temperatur herabgesetzt wird, nimmt das Signal an Breite zu, bis es sich schließlich in zwei unterscheidbare Signale aufspaltet, die äquidistant zum ursprünglichen Signal sind. Bei –89 °C schließlich sind scharfe Singuletts erkennbar, weil bei dieser Temperatur die Sessel-Sessel-Umwandlung in ausreichendem Maß abgenommen hat, um auf der Skala der zeitlichen Auflösung eines NMR-Spektrums als getrennte Signale in Erscheinung treten zu können.

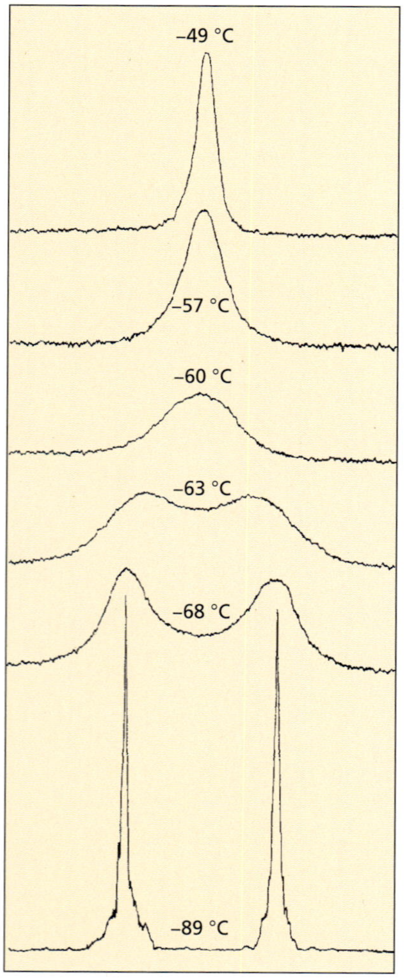

Abbildung 14.24: Eine Abfolge von ^{1}H-NMR-Spektren des Cyclohexans-d_{11} bei verschiedenen Temperaturen von –49 °C bis –89 °C.

An Sauerstoff und Stickstoff gebundene Protonen 14.17

Tabelle 14.1 zeigt, dass sich die chemische Verschiebung eines Protons, das an ein Sauerstoff- oder ein Stickstoffatom gebunden ist, in einem bestimmten Bereich befindet. Zum Beispiel liegt die chemische Verschiebung des OH-Protons eines Alkohols zwischen 2 und 5 ppm. Die chemische Verschiebung ist variabel, da sie vom Ausmaß der Wasserstoffbrücken abhängt, die das Proton erfährt. Die chemische Verschiebung nimmt mit der Stärke der Wasserstoffbrücken zu, da Wasserstoffbrücken die Elektronendichte um das Proton verringern.

Das ^{1}H-NMR-Spektrum von reinem wasserfreien Ethanol ist in Abbildung 14.25a wiedergegeben, das von Ethanol, welches mit Spuren von Säure verunreinigt ist, in Abbildung 14.25b.

Das Spektrum 14.25a entspricht dem, was wir aus dem bisher Gelernten voraussagen würden. Das Signal des mit dem O-Atom verbundenen Proton ist das Signal mit der höchsten Frequenz und durch die benachbarten Methylenprotonen zu einem Triplett aufgespalten. Das Signal der Methylenprotonen ist durch den vereinten Effekt der Protonen der Methylgruppe und dem Proton der OH-Gruppe zu einem Multiplett aufgespalten.

Ü 37 Erklären Sie, warum die chemische Verschiebung der Protonen von OH-Gruppen einer Carbonsäure („Carboxylprotonen") bei höheren Frequenzen als die chemischen Verschiebungen von Protonen alkoholischer OH-Gruppen auftreten.

(a)

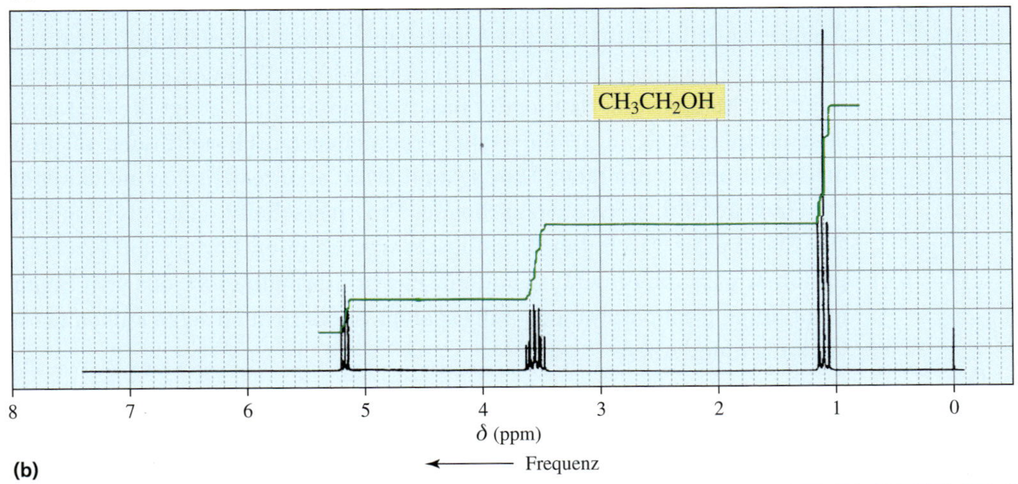

(b)

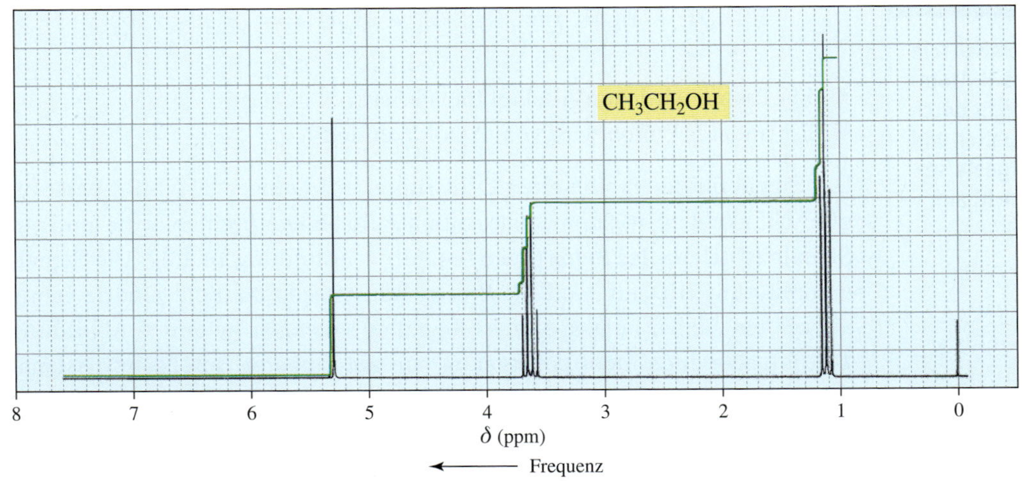

Abbildung 14.25: (a) Das ^{1}H-NMR-Spektrum von reinem Ethanol. (b) Das ^{1}H-NMR-Spektrum von Ethanol, das eine Spur einer Säure enthält.

Das in ▶ Abbildung 14.25b gezeigte Spektrum entspricht dem, was man am häufigsten bei Alkoholen beobachtet. Das Signal des OH-Gruppenprotons ist nicht aufgespalten, und dieses Proton spaltet seinerseits nicht das Signal der benachbarten Methylenprotonen auf. Das Signal des OH-Gruppenprotons erscheint daher als Singulett, und das Signal der drei Methylenprotonen als Quartett, weil es nur durch die drei Protonen der Methylgruppe aufgespalten wird.

Protonenaustausch

Die beiden Spektren in ▶ Abbildung 14.25 unterscheiden sich, weil Protonen (eigentlich natürlich die Wasserstoffatome), die an ein Sauerstoffatom gebunden sind, einem **Protonenaustausch** unterliegen. Das bedeutet, dass sie von einem Molekül zu einem anderen weitergegeben werden. Ob nun das Proton der OH-Gruppe und die Protonen der benachbarten Methylengruppe wechselseitig ihre Signale aufspalten, hängt davon ab, wie lange ein individuelles Proton in seiner OH-Gruppe verbleibt (also mit „seinem" O-Atom verbunden bleibt).

In einer Probe eines reinen Alkohols ist die Protonenaustauschrate sehr niedrig. Dies führt dazu, dass das NMR-Spektrum so aussieht, als ob überhaupt kein Protonenaustausch stattfände.

Brønsted-Säuren und -Basen katalysieren Protonenaustauschvorgänge, der Alkohol und die Säure (oder Base) tauschen Protonen aus. Falls also die untersuchte Alkoholprobe mit einer für die katalytische Wirkung ausreichenden, winzigen Menge einer Säure oder Base kontaminiert ist, steigt die Protonenaustauschrate stark an. Wenn rascher Protonenaustausch stattfindet, zeichnet das Spektrometer nur einen Durchschnittswert aller realisierten molekularen Zustände auf. Ein rasch austauschendes Proton erscheint daher als Singulett. Der Effekt eines rasch den Bindungsort wechselnden Protons auf Nachbarprotonen wird daher herausgemittelt. Es wird deshalb nicht nur sein Signal nicht durch Nachbarprotonen aufgespalten, sondern auch seine aufspaltende Wirkung unterlaufen.

Mechanismus des säurekatalysierten Protonenaustausches

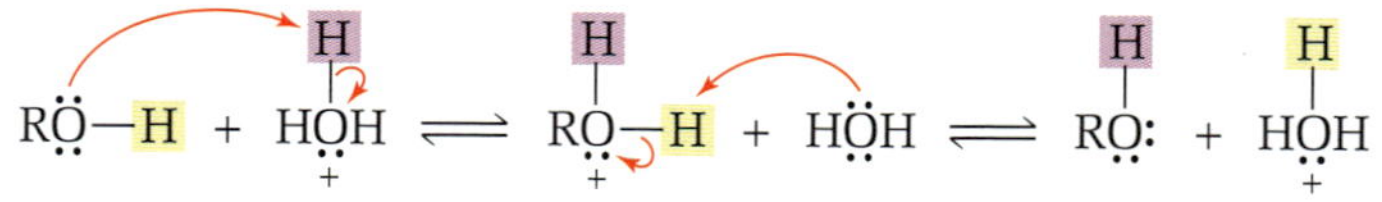

- Ein Proton wird zum Alkohol transferiert.
- Ein anderes Proton wird vom Alkohol entfernt.

Das Signal für das Proton einer OH-Gruppe ist in einem ^{1}H-NMR-Spektrum oft nicht leicht zu erkennen, da es oftmals um einiges breiter als die anderen Signale ist (siehe das Signal bei $\delta = 4{,}9$ in ▶ Abbildung 14.26b). Die Signalverbreiterung tritt auf, weil die Protonenaustauschrate nicht niedrig genug ist, um ein sauber aufgespaltenes Signal zu erzeugen (wie in ▶ Abbildung 14.25a), aber auch nicht hoch genug, um ein sauberes Durchschnittssignal zu erbringen (▶ Abbildung 14.25b). Die Protonen von NH-Gruppen erzeugen auch breite Signale; dies jedoch nicht infolge chemischer Austauschprozesse, die für NH-Gruppen für gewöhnlich sehr langsam verlaufen, sondern aus Gründen, deren Darlegung den Rahmen dieses Buches sprengen würden.

MERKE!

Außer wenn die Probe chemisch rein ist, wird das Signal eines H-Atomkerns einer OH-Gruppe nicht durch Nachbarprotonen aufgespalten und spaltet seinerseits die Signale seiner Nachbaratomkerne nicht auf.

Ü 38* Würde das ^{1}H-NMR-Spektrum reinen Ethanols oder das von Ethanol, der in Dichlormethan gelöst vorliegt, die höhere chemische Verschiebung der Protonen der OH-Gruppen zeigen?

Ü 39 Schlagen Sie einen plausiblen Reaktionsmechanismus für den Protonenaustausch in wässriger Base vor.

Ü 40* Identifizieren Sie die chemische Verbindung mit der Summenformel C_3H_7NO, die für das folgende ^{1}H-NMR-Spektrum verantwortlich ist:

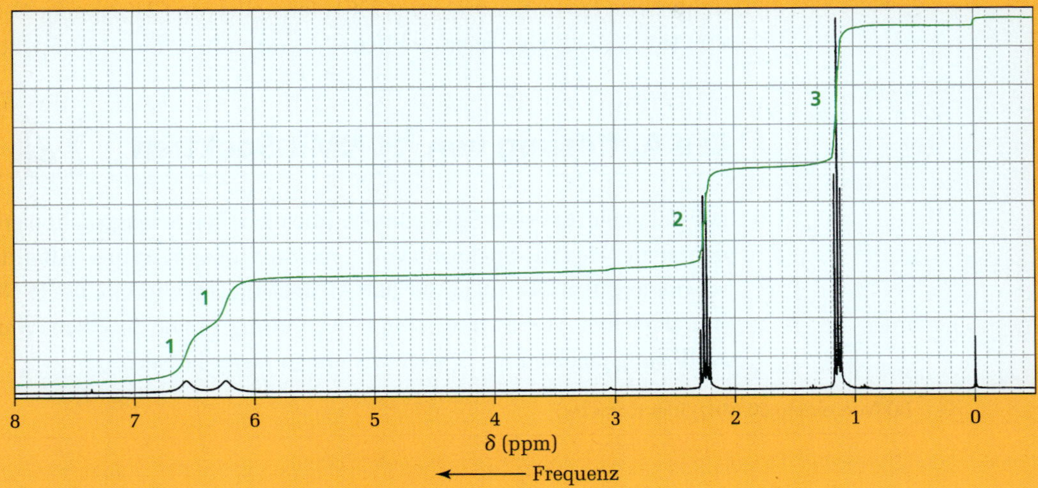

Die Verwendung von Deuterium in der ^{1}H-NMR-Spektroskopie 14.18

Da man die Signale eines Deuteriumkerns im ^{1}H-NMR-Spektrum nicht sehen kann, bietet der Austausch eines (gewöhnlichen) Wasserstoffatoms gegen ein Deuteriumatom (Atom des schweren Wasserstoffs) eine experimentelle Möglichkeit an, Signale in einem ^{1}H-NMR-Spektrum zu identifizieren und ^{1}H-NMR-Spektren zu vereinfachen.

Zum Beispiel würde beim Vergleich der ^{1}H-NMR von $CH_3CH_2OCH_3$ und $CH_3CD_2OCH_3$ auffallen, dass das Signal mit der höchsten Frequenz aus dem ersten Spektrum im zweiten Spektrum fehlt. Dies weist darauf hin, dass dieses Signal von den Methylenprotonen stammt.

Um beispielsweise das Signal des Protons der OH-Gruppe eines Alkohols zu identifizieren, nimmt man das ^{1}H-NMR-Spektrum des Alkohols auf, und danach ein weiteres Spektrum, nachdem man einige Tropfen schweres Wasser (D_2O) zu einer Probe des Alkohols gegeben hat. Das Protonensignal der OH-Gruppe wird dann an Intensität verlieren oder ganz verschwinden, weil der im vorangegangenen Abschnitt erläuterte Austauschprozess stattgefunden hat, der auch mit Atomkernen des schwereren Wasserstoffisotops vonstatten geht. Diese Technik kann bei jedem Wasserstoffkern eingesetzt werden, der einem Austauschprozess unterliegt.

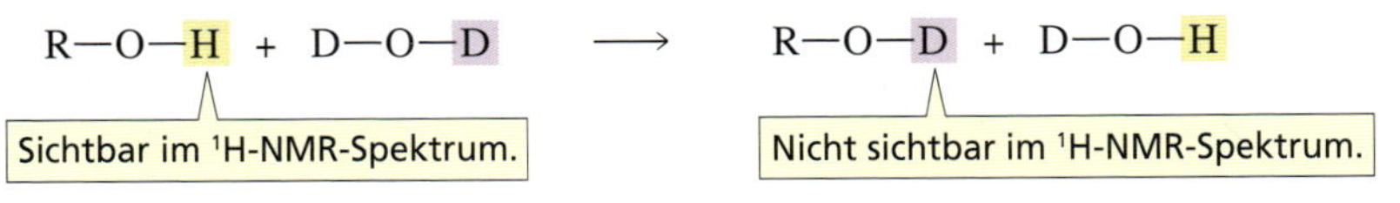

Die Probe, anhand deren ein ^{1}H-NMR-Spektrum aufgenommen werden soll, stellt man her, indem man die zu untersuchende Verbindung in einem geeigneten Lösungsmittel auflöst. Lösungsmittel, die selbst gewöhnliche Wasserstoffatomkerne (1-Protonen-Atomkerne) enthalten, können hierfür nicht eingesetzt werden, da die Signale der Lösungsmittelprotonen sehr intentiv wären, denn in der zu vermessenden Probe findet sich ein höherer molarer Anteil des Lösungsmittels als in der zu untersuchenden Substanz. Stattdessen verwendet man deuterierte Lösungsmittel wie $CDCl_3$ (anstelle von $CHCl_3$) oder D_2O (anstelle von H_2O); diese sind gebräuchliche Lösungsmittel der NMR-Spektroskopie.

Die Auflösung von ^{1}H-NMR-Spektren 14.19

Das mit einem 60-MHz-Spektrometer (die nicht länger hergestellt werden) aufgenommene ^{1}H-NMR-Spektrum von 2-*sek*-Butylphenol ist in ► Abbildung 14.26a wiedergegeben. Das mit einem 300-MHz-Gerät aufgenommene ^{1}H-NMR-Spektrum derselben Verbindung ist in ► Abbildung 14.26b zu sehen. Warum ist die Auflösung des zweiten Spektrums um so vieles besser?

(a) (von einem 60-MHz-Spektrometer)

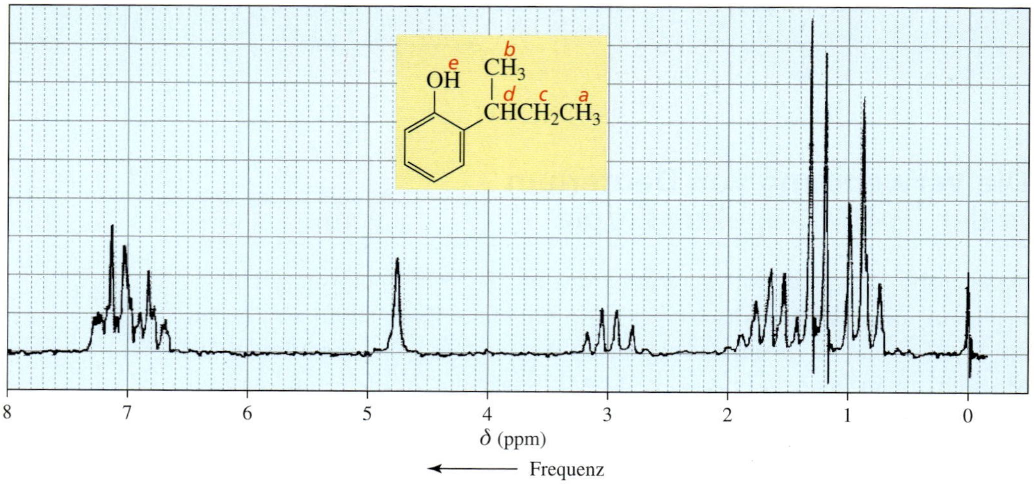

(b) (von einem 300-MHz-Spektrometer)

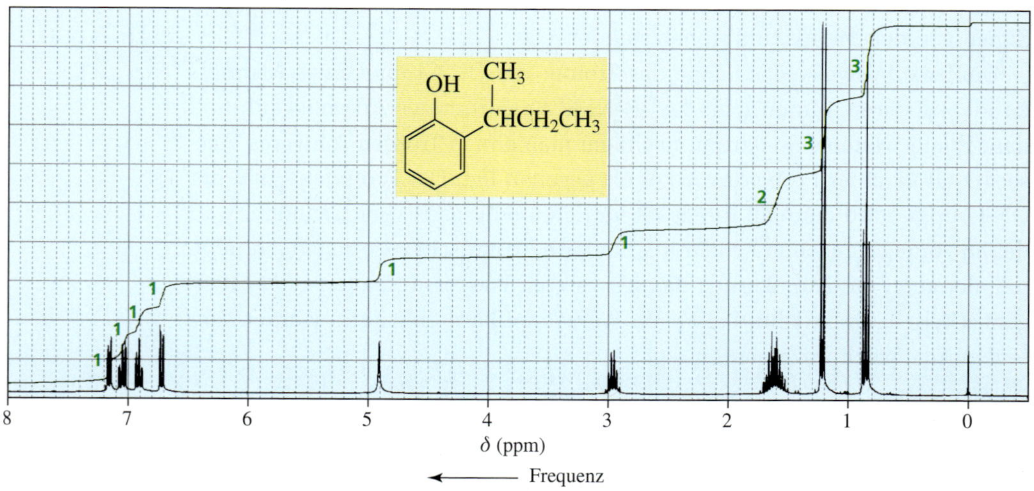

Abbildung 14.26: (a) 60-MHz-^{1}H-NMR-Spektrum von 2-*sek*-Butylphenol. (b) 300-MHz-^{1}H-NMR-Spektrum von 2-*sek*-Butylphenol.

Um voneinander getrennte Signale mit „sauberem" (= erkennbarem und auswertbarem) Aufspaltungsmuster zu erzeugen, muss der Unterschied in den chemischen Verschiebungen ($\Delta\nu$ in Hz) zweier benachbarter, gekoppelter Protonen *mindestens zehn Mal so groß sein* wie der Wert der Kopplungskonstanten (J).

Die Signale der Protonen H_a und H_b der Ethylgruppe in ► Abbildung 14.27 lassen erkennen, dass in dem Maß, in dem der Wert des Quotienten $\Delta\nu/J$ sich verkleinert, die beiden Signale zueinander hinwandern und die äußeren Peaks (Signalspitzen) des Gesamtsignals an Intensität einbüßen, während gleichzeitig die inneren Peaks an Intensität gewinnen. Das Quartett und das Triplett der Ethylgruppe werden nur dann klar erkennbar, wenn $\Delta\nu/J > 10$.

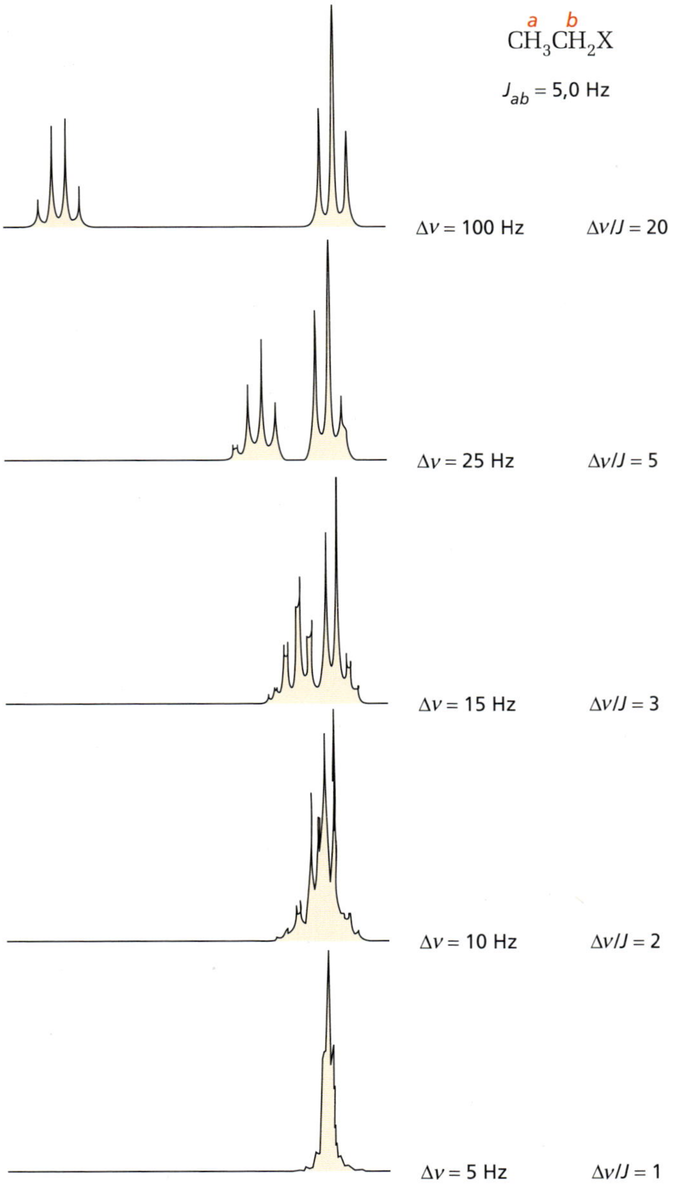

Abbildung 14.27: Das Aufspaltungsmuster einer Ethylgruppe als Funktion des Verhältnisses $\Delta\nu/J$.

Nun können Sie verstehen, warum die Auflösung eines ^{1}H-NMR-Spektrums mit der Arbeitsfrequenz zunimmt. *$\Delta\nu$ hängt von der Arbeitsfrequenz des Spektrometers ab.* Differenz der chemischen Verschiebungen der H_a- und der H_c-Protonen des 2-*sek*-Butylphenols beträgt 0,8 ppm, was in einem 60-MHz-Spektrometer einem Frequenzunterschied von 48 Hz entspricht, in einem 300-MHz-Gerät aber einem Frequenzunterschied ($\Delta\nu$) von 240 Hertz (Hz).

Im Gegensatz dazu sind die *Werte der Kopplungskonstante J unabhängig von der Arbeitsfrequenz*; J_{ac} beträgt daher immer 7 Hz, egal ob das Spektrum mit einem 300-MHz-oder einer 60-MHz-Spektrometer aufgenommen wird. Aber nur im Fall des 300-MHz-Gerätes ist die Differenz der chemischen Verschiebungen mehr als zehnmal größer als der Wert der Kopplungskonstanten, ergo kann nur das (teurere) 300-MHz-Spektrometer ein deutliches Aufspaltungsmuster der Signale liefern (► Abbildung 14.26 b).

mit einem 300-MHz-Spektrometer

$$\frac{\Delta\nu}{J} = \frac{240}{7} = 34$$

mit einem 60-MHz-Spektrometer

$$\frac{\Delta\nu}{J} = \frac{48}{7} = 6{,}9$$

^{13}C-NMR-Spektroskopie 14.20

Die Anzahl der Signale in einem **^{13}C-NMR-Spektrum** verrät uns, wie viele Typen von Kohlenstoffatomkernen es in der Verbindung gibt, genauer, in wie vielen unterschiedlichen elektronischen Umgebungen Kohlenstoffatomkerne in der untersuchten Umgebung vorkommen (die Atomkerne sind natürlich bis auf die Massenunterschiede der Isotope gleich). In dieser Hinsicht gleicht das ^{13}C-NMR-Spektrum dem ^{1}H-NMR-Spektrum, das uns über die Zahl der unterschiedlichen Umgebungen, in denen sich die Wasserstoffatomkerne befinden, Auskunft gibt. Die Prinzipien, die der ^{13}C-NMR-Spektroskopie zugrunde liegen, sind im Wesentlichen dieselben wie die, auf denen die ^{1}H-NMR-Spektroskopie beruht.

Der Einsatz der ^{13}C-NMR-Spektroskopie im analytischen Routinebetrieb wurde erst durch die Erfindung leistungsstarker Computer möglich, die eine automatisierte Durchführung der Fourier-Transformation erlauben. Die ^{13}C-NMR-Spektroskopie erfordert zwingend den Einsatz der Fourier-Transformation, da die mit einer einzelnen Abtastung einer Probe erhaltenen Signale oftmals zu schwach sind, um sie ohne Aufbereitung vom Hintergrundrauschen abtrennen zu können. FT-^{13}C-NMR-spektroskopische Läufe können jedoch in rascher Folge ausgeführt werden, sodass eine Vielzahl einzelner Spektrenaufnahmen aufaddiert (überlagert) werden kann. Wenn man mehrere hundert Durchläufe miteinander kombiniert, heben sich die ^{13}C-Signale heraus, weil das Hintergrundrauschen zufällig ist, und sich schließlich zu (fast) Null addiert.

Die einzelnen ^{13}C-Signale sind aus zwei Gründen schwach. Zum einen weil das signalgebende Isotop ^{13}C nur 1,11 % des natürlichen Kohlenstoffs ausmacht, grob also nur eines von 100 C-Atomen einen Beitrag zum spektroskopischen Signal beisteuert (Abschnitt 14.3). Das häufigste Kohlenstoffisotop, ^{12}C, besitzt keinen Eigendrehimpuls des Atomkerns (Kernspin) und erzeugt folglich kein NMR-Signal. Die geringe Häufigkeit der ^{13}C-Atomkerne führt dazu, dass die Signalintensitäten bei der ^{13}C-NMR-Spektroskopie um einen Faktor von ca. 100 geringer sind als bei der ^{1}H-NMR-Spektroskopie. Darüber hinaus beträgt das gyromagnetische Verhältnis (γ) der ^{13}C-Kerne nur ungefähr ein Viertel der ^{1}H-Atomkerne (der Protonen), und die Signalintensität geht mit der dritten Potenz des gyromagnetischen Verhältnisses ($I \propto \gamma^3$). Aus diesen Gründen ist die Gesamtintensität der ^{1}H-NMR-Signale ungefähr 6400-mal (100 × 4 × 4 × 4) stärker als die Signalstärke, die bei der ^{13}C-NMR-Spektroskopie erreicht wird.

Ein Vorteil der ^{13}C-NMR-Spektroskopie liegt darin, dass die chemischen Verschiebungen der Kohlenstoffatomkerne sich über einen Bereich von 220 ppm erstrecken (▶ Tabelle 14.3); im Vergleich zu ca. 12 ppm für ^{1}H-Kerne (Protonen; ▶ Tabelle 14.1). Das bedeutet, dass sich die Signale für Kohlenstoffatome in ähnlichen Umgebungen einfacher unterscheiden lassen. So lassen die Daten von ▶ Tabelle 14.3 beispielsweise erkennen, dass die Carbonylgruppen von Aldehyden (190–200 ppm) und Ketonen (205–220 ppm) leicht untereinander und von anderen Carbonylgruppen unterscheidbar sind.

Typ des Kohlenstoffs	Chemische Verschiebung (ppm)	Typ des Kohlenstoffs	Chemische Verschiebung (ppm)
$(CH_3)_4Si$	0	C–I	−20–10
R–CH_3	0–35	C–Br	10–40
R–CH_2–R	15–55	C–Cl	25–50
R_2CH–R (R–CH(R)–R)	25–55	C–N	40–60
R–C(R)(R)–R	30–40	C–O	50–90
C≡C	70–90	R–C(=O)–N<	165–175
C≡N	110–120	R–C(=O)–OR	165–175
C=C	100–150	R–C(=O)–OH	175–185
C=N	150–170	R–C(=O)–H	190–200
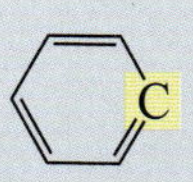	110–170	R–C(=O)–R	205–220

Tabelle 14.3: Näherungswerte der chemischen Verschiebungen in (ppm) in der ^{13}C-NMR.

Die Bezugsverbindung der ^{13}C-NMR-Spektroskopie ist das TMS (Tetramethylsilan), also dieselbe Referenzverbindung, die auch in der ^{1}H-NMR-Spektroskopie zum Einsatz kommt. Sie werden es bei der Analyse von ^{13}C-NMR-Spektren hilfreich finden, diese in fünf Bereiche zu untergliedern und sich zu merken, Kohlenstoffatomkerne welcher elektronischer Umgebungen in diesen fünf Bereichen für gewöhnlich anzutreffen sind.

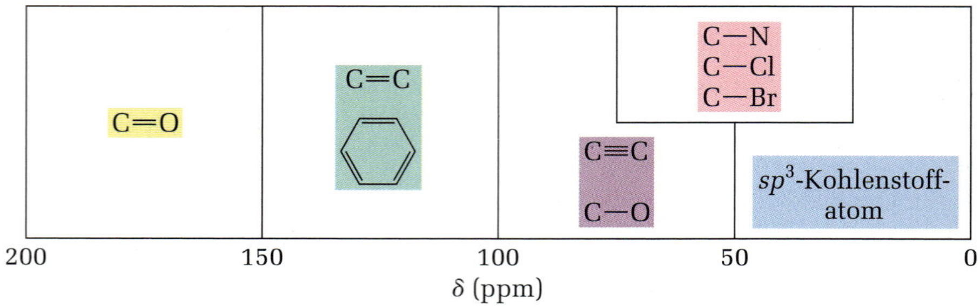

Ein Nachteil der ^{13}C-NMR-Spektroskopie besteht darin, dass der Flächeninhalt unter dem Signal *nicht* proportional zu der Zahl der das Signal bedingenden C-Atome ist, wenn nicht spezielle Techniken zum Einsatz gebracht werden. Die Zahl der Kohlenstoffatome, die ein ^{13}C-NMR-Signal hervorrufen, lässt sich daher nicht ohne weiteres durch mathematische Integration des Signals ermitteln.

Ein ^{13}C-NMR-Spektrum

Das ^{13}C-NMR-Spektrum von 2-Butanol ist in ▶ Abbildung 14.28 wiedergegeben und zeigt vier Signale, also wissen wir, dass es Kohlenstoffatome mit vier unterschiedlichen Umgebungen aufweist. Die relativen Positionen der Signale hängen von den gleichen Faktoren ab wie im Fall der ^{1}H-NMR-Spektroskopie. Kohlenstoffatomkerne in elektronenreichen Umgebungen erzeugen niederfrequente Signale, und Kohlenstoffatomkerne in der Nähe elektronenziehender Gruppen erzeugen hochfrequente. Das bedeutet, dass die Signale der C-Atomkerne des 2-Butanolmoleküls in der gleichen relativen Reihenfolge auftreten wie die der Protonen, die an diese C-Atome gebunden sind, im ^{1}H-NMR-Spektrum.

Das Signal des C-Atoms der Methylgruppe, das am weitesten von der elektronenziehenden OH-Gruppe entfernt ist, gibt das niederfrequenteste Signal. Der andere Methylkohlenstoffatomkern folgt mit der nächsthöheren Frequenz, gefolgt vom Methylenkohlenstoffatomkern; der Kern des C-Atoms, das direkt an die OH-Gruppe gebunden ist, ergibt das höchstfrequente Signal.

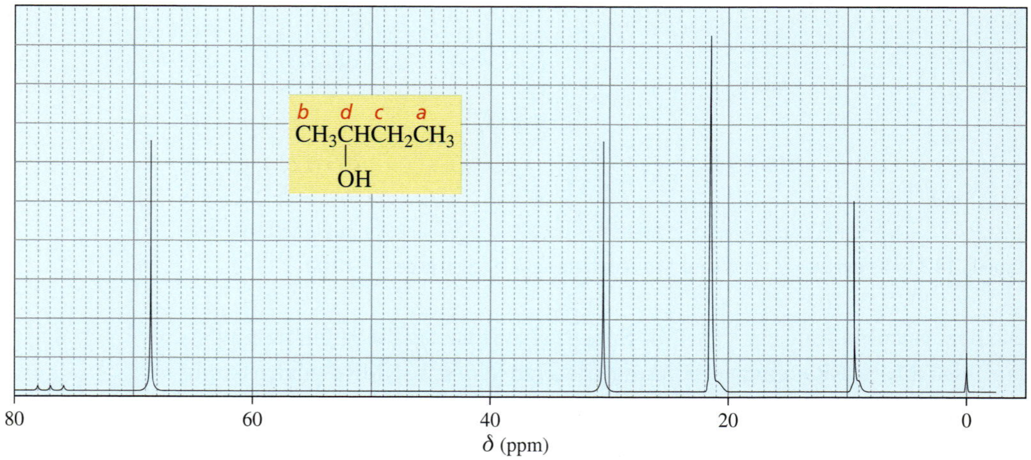

Abbildung 14.28: Ein ^{13}C-NMR-Spektrum des 2-Butanols.

Die Signale der ^{13}C-NMR-Spektren werden unter normalen Umständen nicht von den benachbarten Kohlenstoffatomkernen aufgespalten, da die Wahrscheinlichkeit, dass der Nachbarkohlenstoffkern ebenfalls ein ^{13}C-Kern ist, gering ist (1,11 % × 1,11 %; oder etwa 1 in 10.000). Die Kerne des Kohlenstoffisotops ^{12}C können aufgrund ihres fehlenden magnetischen Momentes die Signale benachbarter Atomkerne nicht aufspalten.

Die Signale eines ^{13}C-NMR-Spektrums können durch benachbarte Wasserstoffatomkerne aufgespalten werden, doch beobachtet man eine solche Kopplung im Regelfall nicht, da die Spektren unter Bedingungen der Spinentkopplung aufgenommen werden. Hierdurch werden die Kohlenstoff-Wasserstoff-Wechselwirkungen aufgehoben. In einem gewöhnlichen ^{13}C-NMR-Spektrum sind darum alle Signale Singuletts (► Abbildung 14.28).

Ein protonengekoppeltes ^{13}C-NMR-Spektrum

Falls das Spektrometer im *protonengekoppelten* Modus eingesetzt wird, wird jedoch jedes Signal eines Kohlenstoffatomkerns durch die benachbarten Atomkerne der *Wasserstoffatome*, die an die C-Atome gebunden sind, aufgespalten. Die Multiplizität des Signals ist nach der $N+1$-Regel bestimmbar.

Die Kopplung zwischen einem ^{13}C und einem benachbarten Wasserstoffatom wird als **heteronukleare Kopplung** bezeichnet, da es sich um die Kopplung verschiedenartiger Atomkerne handelt. Die Kopplung von Atomkernen des gleichen Typus wird als **homonukleare Kopplung** bezeichnet.

Das **protonengekoppelte ^{13}C-NMR-Spektrum** des 2-Butanols ist in ► Abbildung 14.29 wiedergegeben. Die Signale der beiden Methylkohlenstoffatomkerne werden jeweils in ein Quartett aufgespalten, da jedes Methylkohlenstoffatom an drei H-Atome gebunden ist ($3+1=4$). Das Signal des Methylkohlenstoffatomkerns ist zu einem Triplett aufgespalten, da es an zwei Wasserstoffatome gebunden ist ($2+1=3$) und das Signal des an die OH-Gruppe gebundenen Kohlenstoffatomkerns zu einem Dublett ($1+1=2$), da es an nur ein Wasserstoffatom gebunden ist. (Das Triplett bei 77 ppm wird durch das Lösungsmittel $CDCl_3$ hervorgerufen.)

MERKE!

Falls das Spektrometer im protonengekoppelten Modus betrieben wird, werden die Signale im ^{13}C-NMR-Spektrum durch die direkt gebundenen Protonen aufgespalten.

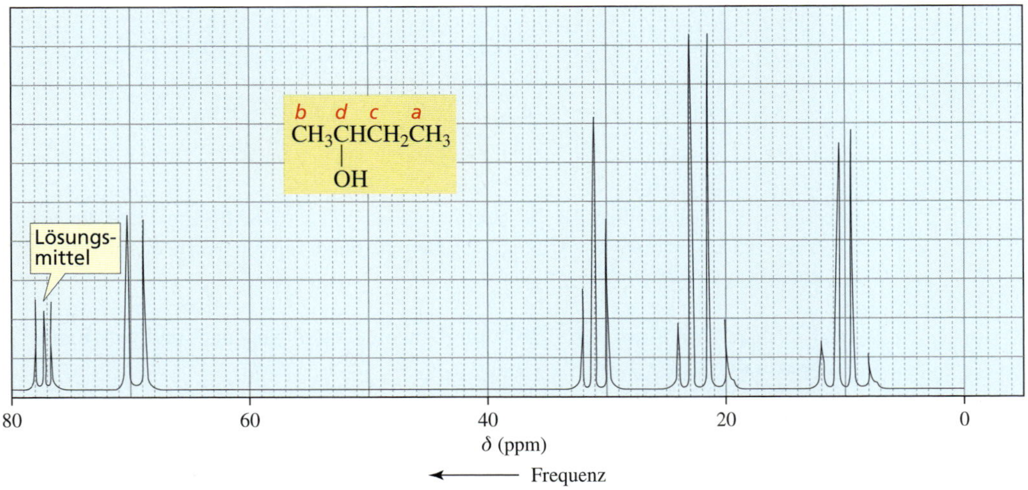

Abbildung 14.29: Ein protonengekoppeltes ^{13}C-NMR-Spektrum des 2-Butanols. Jedes Signal wird nach der $N+1$-Regel durch die Wasserstoffatome aufgespalten, die an die signalerzeugenden Kohlenstoffatome gebunden sind.

Im folgenden ^{13}C-NMR-Spektrum sind drei Methylgruppen an dem einen Ende des Moleküls sind äquivalent, ergeben also nur ein Signal (► Abbildung 14.30). Da die Intensität eines einzelnen Signals etwas mit der Anzahl der es verursachenden C-Atome zusammenhängt (und mit an diesen gebunden Wasserstoffatomen), ist das Signal dieser drei Methylgruppen das intensivste des Spektrums. Das winzige Signal bei ~31 ppm ist das des quaternären Kohlenstoffatoms. Kohlenstoffatomkerne, die nicht mit H-Atomen verbunden sind, ergeben sehr kleine Signale.

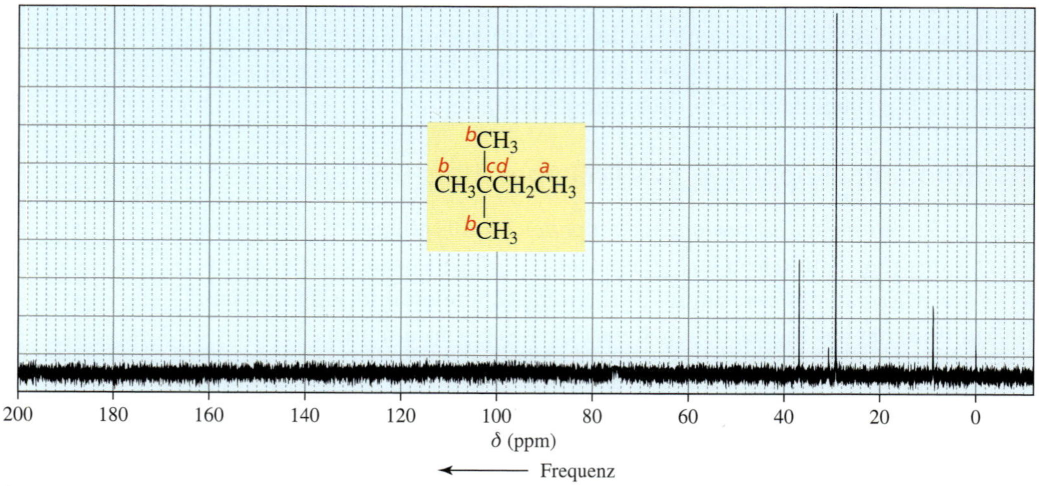

Abbildung 14.30: Ein ^{13}C-NMR-Spektrum des 2,2-Dimethylbutans.

Ü 41 Beantworten Sie die Fragen (a) und (b) für die Verbindungen 1 bis 9.
(a) Wie viele Signale zeigt das ^{13}C-NMR-Spektrum?
(b) Welches der Signale erscheint bei der niedrigsten Frequenz?

1. $CH_3CH_2CH_2Br$

4. 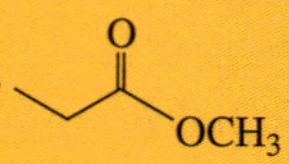

7. 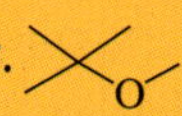

2. $(CH_3)_2C{=}CH_2$

5. 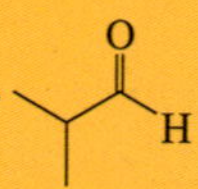

8. 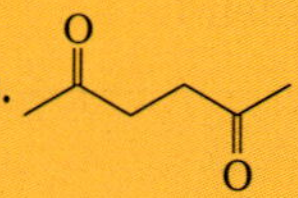

3. CH_3CHCH_3 (Br am mittleren C)

6. 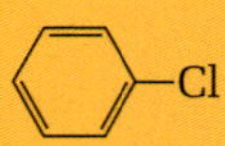

9. $CH_2{=}CHBr$

Ü 42 Beschreiben Sie das protonengekoppelte ^{13}C-NMR-Spektrum der Verbindungen 1, 3 und 5 von Übung 41; geben Sie dabei relative Werte der erwarteten chemischen Verschiebungen an.

Ü 43 Wie lassen sich 1,2-Dinitrobenzol, 1,3-Dinitrobenzol und 1,4-Dinitrobenzol durch
(a) ^{1}H-NMR-Spektroskopie oder
(b) ^{13}C-NMR-Spektroskopie
unterscheiden?

STRATEGIEN ZUR PROBLEMLÖSUNG

■ Die Ableitung chemischer Molekülstrukturen aus einem ^{13}C-NMR-Spektrum

Identifizieren Sie die Verbindung mit der Summenformel $C_9H_{10}O_2$, die das folgende ^{13}C-NMR-Spektrum ergeben hat:

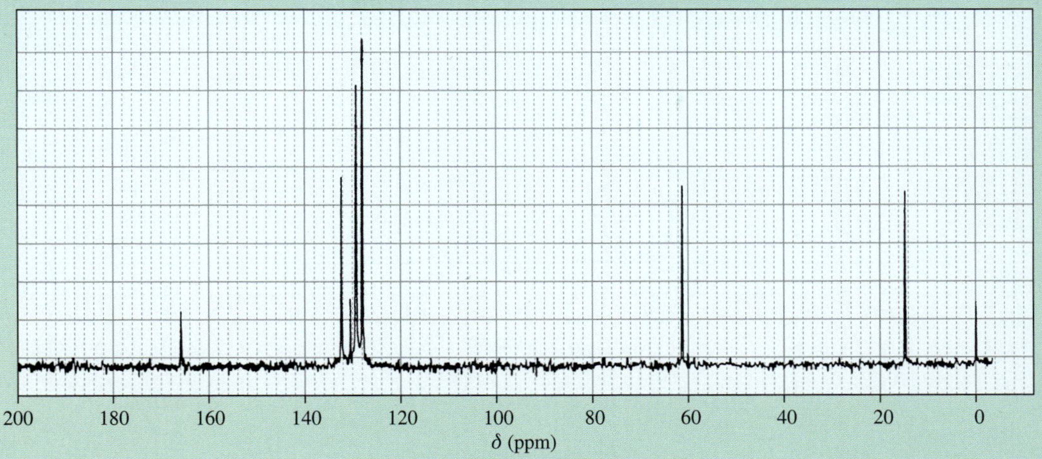

Suchen Sie als Erstes nach einem Signal, das sicher zuzuordnen ist. Beispielsweise die beiden Sauerstoffatome der Summenformel und das Carbonylkohlenstoffsignal bei 166 ppm; dies deutet auf einen Ester hin. Die vier Signale bei etwa 130 ppm legen nahe, dass die Verbindung einen Benzolring mit einem Substituenten enthält. (Ein Signal geht auf das C-Atom zurück, das den Substituenten trägt, eines auf die beiden benachbarten C-Atome usw.) Wenn wir diese identifizierten Molekülteile (C_6H_5 und COO) von der Summenformel abziehen, bleibt C_2H_5 übrig; das ist gerade die Summenformel eines Ethylrestes. Wir kommen also im Gesamtergebnis zu dem Schluss, dass die gesuchte Verbindung eine der beiden Verbindungen sein muss.

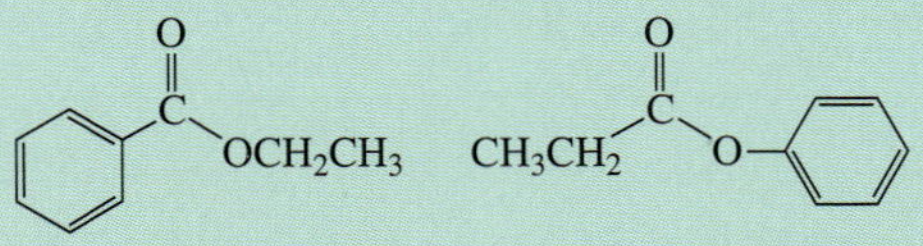

Da das Signal für die Methylengruppe bei circa 60 ppm liegt, können wir weiterhin folgern, dass diese in Nachbarschaft zu einem O-Atom liegt. Die Verbindung ist also die, die sich auf der linken Seite befindet.

Ü 44* Identifizieren Sie die Verbindungen aus den angegebenen Summenformeln und den abgebildeten ^{13}C-NMR-Spektren.

(a) $C_{11}H_{22}O$

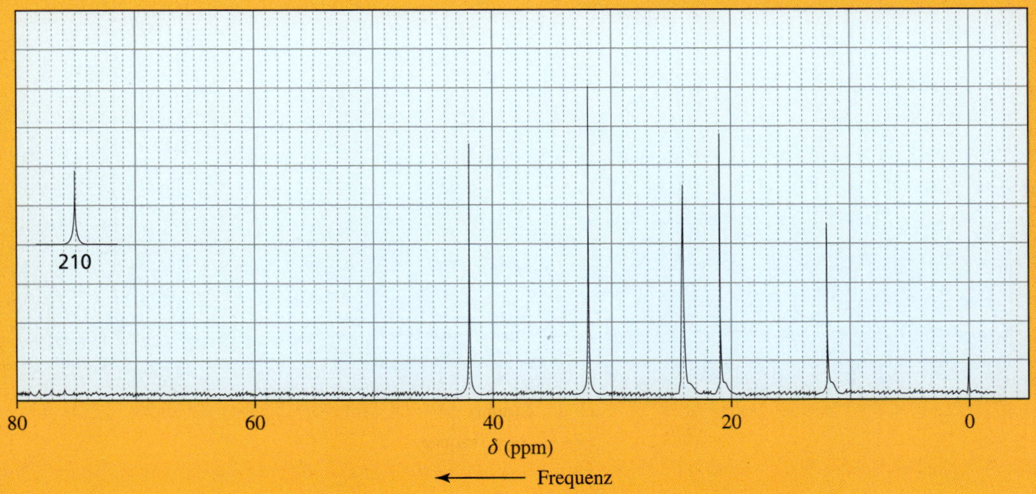

(b) C_8H_9Br

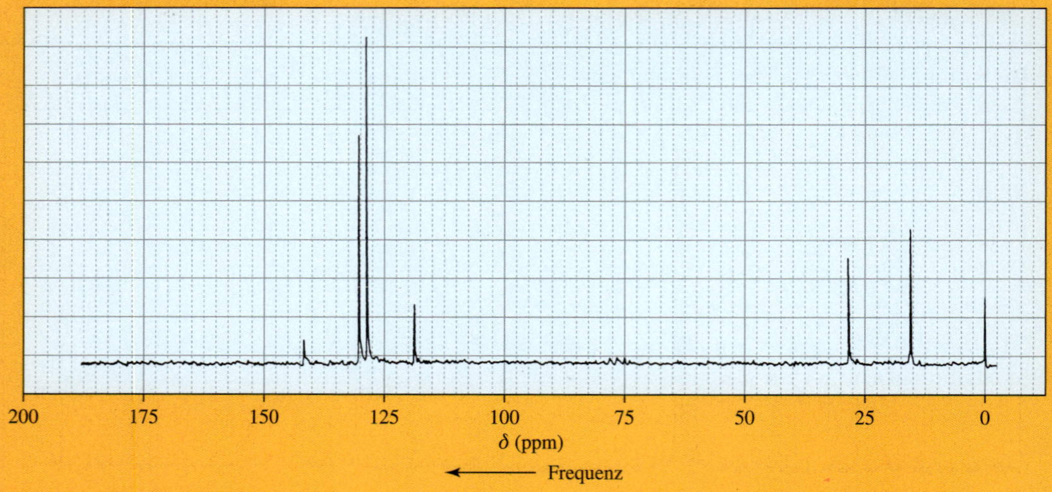

(c) $C_6H_{10}O$

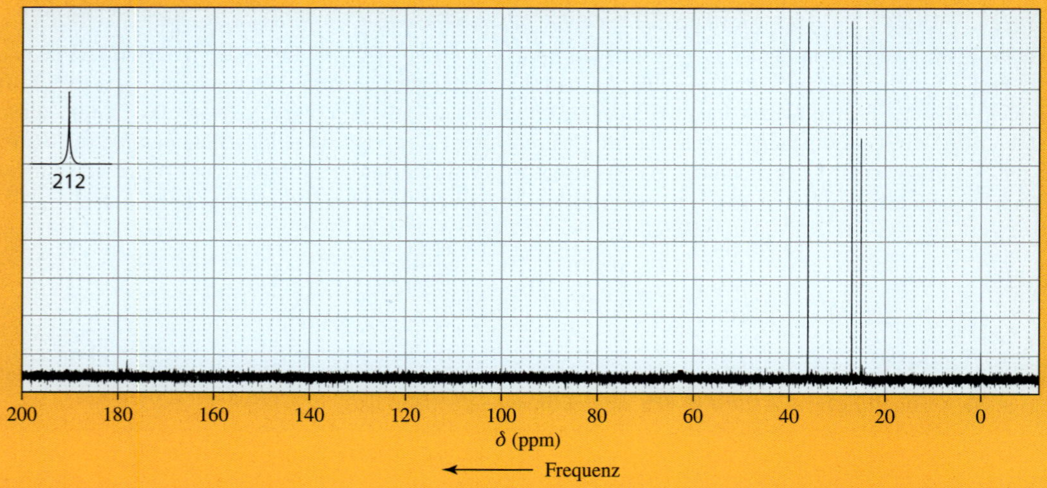

(d) C_6H_{12}

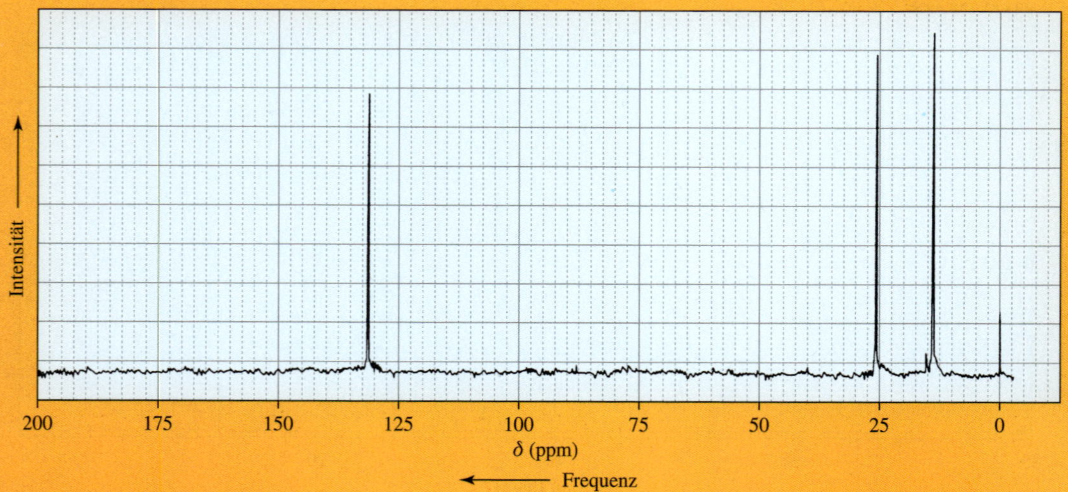

DEPT-^{13}C-NMR-Spektren 14.21

Eine als DEPT-^{13}C-NMR-Spektroskopie bezeichnete Technik (Distortionless Enhancement by Polarization Transfer) wurde entwickelt, um zwischen CH_3-, CH_2- und CH-Gruppierungen unterscheiden zu können. Sie wird heute öfter als die Protonenkoppelung eingesetzt, um die Zahl der an ein C-Atom gebundenen Wasserstoffatome zu ermitteln.

Ein **DEPT-^{13}C-NMR-Spektrum** besteht aus drei Einzelspektren derselben chemischen Verbindung, wie am Beispiel des Citronellals (einer geruchsintensiven Verbindung aus den Schalen von Zitrusfrüchten) in ► Abbildung 14.31 dargelegt wird. Das oberste der Spektren wird unter Bedingungen aufgenommen, die nur Signale zulassen, die von CH_3-Kohlenstoffatomen herrühren. Das nächste der Spektren wird unter Bedingungen aufgenommen, die nur Signale von CH_2-Kohlenstoffatomen zulassen, und das dritte Spektrum unter solchen, die nur die Signale von CH-Kohlenstoffatomen detektieren. Das untere Spektrum wurde so aufgenommen, dass alle Signale aller C-Atome erscheinen und aufgezeichnet werden; damit lassen sich zusätzlich die Kohlenstoffatome detektieren, die nicht an H-Atome gebunden sind. Auf diese Weise gibt ein vollständiges DEPT-^{13}C-NMR-Spektrum in übersichtlicher Form an, ob ein Signal von einem Kohlenstoffatom in der Umgebung CH_3, CH_2, CH oder C herrührt.

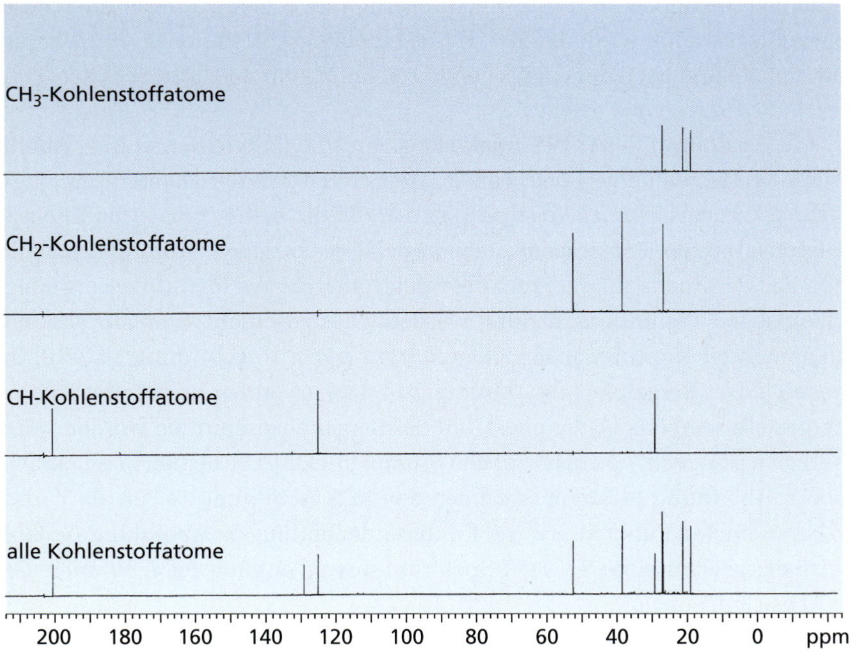

Citronellal

Abbildung 14.31: Das DEPT-^{13}C-NMR-Spektrum von Citronellal. Die Strukturformel des Citronellals ist in die Abbildung eingefügt.

Zweidimensionale NMR-Spektroskopie 14.22

Sehr komplex gebaute Moleküle wie Proteine (Kapitel 22) oder Nucleinsäuren (Kapitel 27) sind mit der NMR-Technik schwierig zu analysieren, weil die zahlreichen Signale ihrer komplizierten Spektren stark überlappen. Solche

Verbindungen werden heutzutage durch **zweidimensionale NMR-Spektroskopie (2D-NMR)** untersucht. Die Techniken der **2D-NMR** erlauben die Strukturermittlung kompliziert gebauter Moleküle in Lösung. Dies ist besonders bei der Untersuchung vieler Verbindungen biologischer Herkunft von großer Bedeutung, da deren physikalische und chemische Eigenschaften von ihrer Faltung (Konformation) in Wasser abhängen.

In noch jüngerer Zeit sind 3D- und 4D-NMR-Techniken entwickelt worden, die ebenfalls eingesetzt werden, um die Strukturen hochkomplexer chemischer Verbindungen zu bestimmen. Eine erschöpfende Diskussion der 2D-NMR-Technik würde über den Rahmen dieses Buches weit hinausgehen, doch wäre dieses Kapitel nicht komplett, wenn wir nicht wenigstens eine knappe Einführung in dieses Gebiet, das immer größere Bedeutung gewinnt, geben.

Die ^{1}H- und ^{13}C-NMR-Spektren, die wir in den vorausgegangenen Abschnitten diskutiert haben, besitzen *eine Frequenz-* und eine Intensitätsachse; ein 2D-NMR-Spektrum besitzt *zwei Frequenz-* und eine Intensitätsachse (ist also streng genommen dreidimensional).

COSY-Spektren

Die am häufigsten anzutreffenden 2D-NMR-Spektren enthalten ^{1}H—^{1}H-Verschiebungskorrelationen, die solche Protonen erkennbar machen, die miteinander gekoppelt sind (die wechselseitig ihre Signale aufspalten). Diese spezielle Variante wird als ^{1}H—^{1}H-Verschiebungskorrelationsspektroskopie bezeichnet und nach der englischen Bezeichnung mit dem Kürzel COSY (*correlated spectroscopy*) belegt.

Ein Ausschnitt des **COSY-Spektrums** von Vinylethylether ist in ▸ Abbildung 14.32a wiedergegeben; es hat Ähnlichkeit mit der Darstellung eines Gebirgskammes aus der Vogelperspektive, da die dritte Achse (die Intensitätsachse) aus der Papierebene herausragt. Diese „bergigen“ Auftragungen mit den Zacken sind nicht die Form des Spektrums, die zur Identifizierung einer chemischen Verbindung benutzt werden. Dies geschieht vielmehr anhand so genannter Konturenausdrucke (*contour plots*; ▸ Abbildung 14.32b), in denen jeder „Berggipfel“ (▸ Abbildung 14.32a) als großer Punkt oder Klecks dargestellt wird (als ob der obere Teil des Berges abgeschnitten worden wäre und man senkrecht von oben auf den Stumpf blickte). Die beiden Bergmassive von ▸ Abbildung 14.32a entsprechen den in ▸ Abbildung 14.32b als Y und Z bezeichneten Punkten. Bei der Konturendarstellung (▸ Abbildung 14.32b) wird das gewöhnliche ^{1}H-NMR-Spektrum sowohl entlang der *x*- als auch der *y*-Achse aufgetragen.

Die Analyse von COSY-Spektren

Um das Spektrum aus ▸ Abbildung 14.32b zu analysieren, zieht man eine Diagonale durch das Spektrum, die dieses in zwei Hälften zerteilt. Punkte, die *nicht* auf der Diagonalen liegen (X, Y und Z in unserem Beispiel) werden als *Crosspeaks* bezeichnet; sie kennzeichnen Protonenpaare, die miteinander gekoppelt sind.

Wenn wir beispielsweise mit dem durch X bezeichneten Crosspeak beginnen und von X aus eine Parallele zur *y*-Achse hin zur Diagonalen zeichnen, schneidet diese Linie die Diagonale bei ~1,1 ppm, an einem Punkt, der von den H_a-Protonen erzeugt wurde. Gehen wir nun zu X zurück und zeichnen von X aus eine Parallele zur *x*-Achse des Diagramms, so schneidet diese die Diagonale bei ~3,8 ppm an einem Punkt, der von den H_b-Protonen herrührt. Dieses Ergebnis – diese Korrelation – sagt uns, dass die H_a- und die H_b-Protonen miteinander gekoppelt sind.

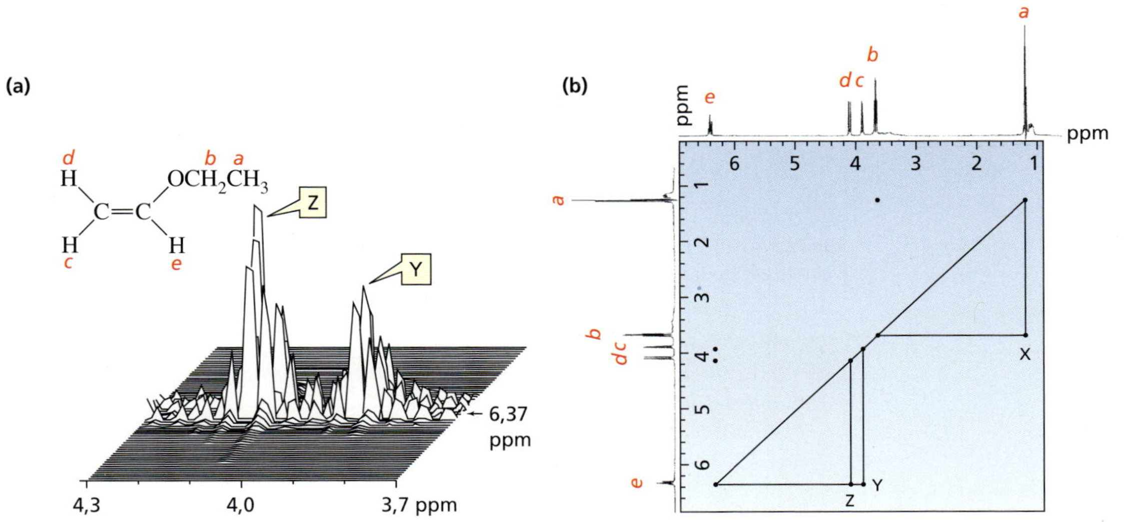

Abbildung 14.32: (a) COSY-Spektrum von Ethylvinylether. (b) COSY-Spektrum von Ethylvinylether (Konturdarstellung). Bei einem COSY-Spektrum wird ein ^{1}H-NMR-Spektrum sowohl entlang der X- wie der Y-Achse aufgetragen. Die sich überkreuzenden Peaks Y und Z entsprechen Zacken („Berggipfeln") in der Darstellung (a).

Falls wir zum Crosspeak Y weitergehen und das Verfahren wiederholen, so erkennen wir, dass die H_c- und die H_e-Protonen ebenfalls miteinander gekoppelt sind. Der Crosspeak Z liefert uns bei neuerlicher Anwendung des geometrischen Verfahrens, das wir gerade gelernt haben, dass die H_d- und die H_e-Protonen miteinander gekoppelt sind.

Obwohl wir in unserem Beispiel nur Crosspeaks unterhalb der Diagonalen zur Verdeutlichung des Verfahrens und der Information, die es liefert, herangezogen haben, funktioniert es genauso mit Punkten (Crosspeaks) oberhalb der Diagonalen, da ein COSY-Spektrum symmetrisch ist. Das Fehlen eines Crosspeaks, der auf eine Kopplung der H_c- und H_d-Protonen zurückgeht, steht im Einklang mit den Erwartungen – zwei nicht identische Protonen, die an ein sp^2-hybridisiertes Kohlenstoffatom gebunden sind. Aus dem eindimensionalen ^{1}H-NMR-Spektrum in ▶ Abbildung 14.19 lässt sich ablesen, dass die Protonen von Ethylvinylther nicht miteinander gekoppelt sind. Der Vorteil von COSY-Experimenten liegt darin, dass keine Analyse der Kopplungskonstanten vorgenommen werden muss, um gekoppelte Protonen zu erkennen.

Das COSY-Spektrum von 1-Nitropropan ist in ▶ Abbildung 14.33 wiedergegeben. Der Crosspeak X zeigt an, dass die H_a- und H_b-Protonen gekoppelt sind, und der Crosspeak Y zeigt an, dass die H_b- und H_c-Protonen ebenfalls gekoppelt sind. Beachten Sie, dass die beiden Dreiecke in der Abbildung einen gemeinsamen Eckpunkt aufweisen, da die H_b-Protonen sowohl mit den H_a- wie den H_c-Protonen gekoppelt sind.

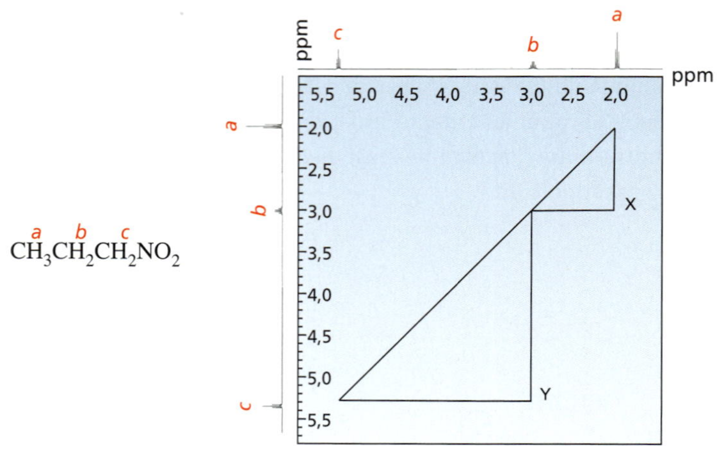

Abbildung 14.33: Das COSY-Spektrum von 1-Nitropropan. Ein COSY-Spektrum identifiziert die gekoppelten Protonen wie H_a/H_b und H_b/H_c in 1-Nitropropan.

Ü 45 Identifizieren Sie Paare gekoppelter Protonengruppen der Verbindung im nachfolgend abgebildeten COSY-Spektrum:

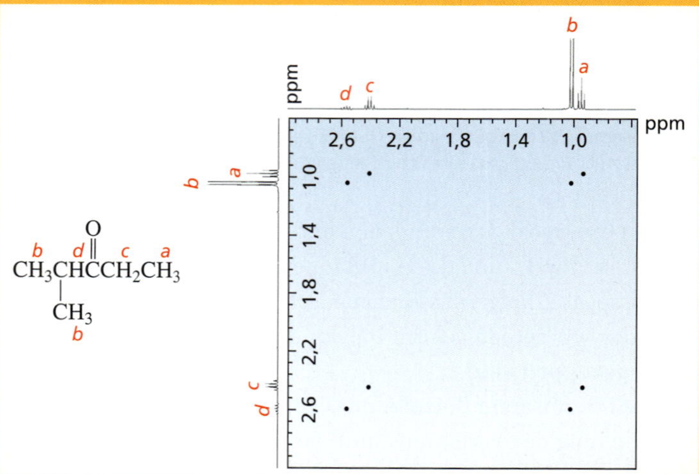

HETCOR-Spektren

HETCOR-Spektren (*HETeronuclear CORrelation spectra*) sind 2D-NMR-Spektren, in denen ^{1}H–^{13}C-Verschiebungskorrelationen ablesbar sind, die also Kopplungen zwischen Protonen und den Kohlenstoffatomkernen, an die diese gebunden sind, erkennen lassen. Bei einem HETCOR-Spektrum wird das ^{13}C-NMR-Spektrum der untersuchten Verbindung auf der *x*-Achse aufgetragen und sein ^{1}H-NMR-Spektrum auf der *y*-Achse. Die Crosspeaks in einem HETCOR-Spektrum geben an, welche Wasserstoffatome an welche C-Atome gebunden sind.

Analyse von HETCOR-Spektren

Der Crosspeak W in ► Abbildung 14.34 gibt beispielsweise an, dass die H-Atome, die das Signal bei ~0,9 ppm erzeugen, an das C-Atom gebunden sind, das im ^{13}C-Spektrum das Signal bei ~8 ppm hervorruft. Der Crosspeak Y zeigt an, dass die H-Atome, die für das Signal bei ~2,5 ppm verantwortlich sind, an das Kohlenstoffatom gebunden sind, dessen Signal bei ~34 ppm liegt.

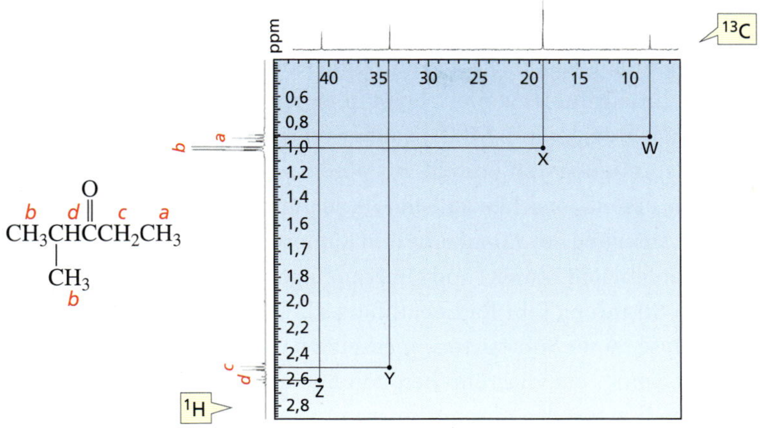

Abbildung 14.34: HETCOR-Spektrum der gezeigten Verbindung. Ein HETCOR-Spektrum zeigt die Kopplung zwischen Protonen und Kohlenstoffatomkernen, an die sie gebunden sind, an.

2D-NMR-Techniken sind natürlich nicht notwendig, um die NMR-Spektren einfacher Verbindungen wie den hier gezeigten Strukturen interpretieren zu können. Ohne die Hilfestellung der 2D-Techniken lassen sich die Signale vieler komplizierter gebauter Moleküle jedoch nicht eindeutig zuordnen. Mittlerweile gibt eine eine Reihe verschiedener 2D-NMR-Experimente. Zu den in diesen Fällen zum Einsatz kommenden Techniken gehört die 2D-^{13}C-INADEQUATE-Technik, die ^{13}C–^{13}C-Verschiebungskorrelationen offenlegt. Mit ihrer Hilfe lassen sich direkt miteinander verbundene C-Atome dingfest machen. Andere Varianten der Technologie tragen auf einer Frequenzachse des Spektrums chemische Verschiebungen auf und auf einer anderen Achse Kopplungskonstanten. Auf dem nuklearen Overhausereffekt* beruhende Techniken (NOESY für sehr große Moleküle, ROESY für Moleküle mittlerer Größe)** erlauben die Lokalisierung von Protonen, die räumlich nah beieinander liegen (Konformationsanalyse).

Ü 46* Was sagen Ihnen die Crosspeaks in ► Abbildung 14.34?

Magnetresonanzbildgebung: Der Einsatz der NMR in der Medizin 14.23

Die kernmagnetische Resonanz (NMR) ist zu einem wichtigen Werkzeug der medizinischen Diagnostik und der biologischen Grundlagenforschung geworden, weil sie es Ärzten erlaubt, innere Organe zu untersuchen, ohne auf chirurgische Eingriffe oder hochenergetische, ionisierende Strahlung zurückgreifen zu müssen. Als NMR-Techniken 1981 erstmals in den klinischen Betrieb eingeführt wurden, war die Diskussion um die Bezeichnung für die neuartige Technik noch im Gange.

Da viele Laien mit dem Begriff „nuklear" Dinge wie Kernkraftwerke, schädliche Strahlung und Ähnliches assoziieren, war man bemüht, einen Ersatz für „nukleare (kern)magnetische Resonanz" zu finden. Man entschied sich

* Für eine Erklärung des nuklearen Overhausereffektes, siehe die einschlägige Literatur zur NMR-Spektroskopie.

** NOESY und ROESY sind Abkürzungen für: *Nuclear Overhauser Effect Spectroscopy* bzw. *Rotation-Frame Overhauser Effect Spectroscopy.*

schließlich für den Begriff magnetische **Resonanzbildgebung** (oder **Magnetresonanzbildgebung**). Dafür hat sich die internationale Abkürzung **MRI** (magnetic resonance imaging) eingebürgert. Im Deutschen spricht man allgemein auch von Kernresonanztomographie, Magnetresonanztomographie oder Kernspintomographie, abgekürzt als **MRT**. Das Großgerät, mit dem diese Untersuchungen durchgeführt werden, heißt demgemäß Kernspintomograph oder Magnetresonanztomograph, **MRT-Scanner** oder englisch **MRI-Scanner**.

Ein Kernspintomograph besteht aus einem gekühlten Magneten, der groß genug ist, um einen Menschen vollständig zu umschließen. Dazu kommen Module für die Anregung der Atomkerne (ein Radiosender), für die Modulation der Magnetfelder (ein Radiotuner) und ein Empfänger für die von den Atomkernen ausgehende Strahlung (ein Radioempfänger). Die von den Chemiker*innen für die Analyse reiner Substanzen eingesetzten Geräte sind im Vergleich dazu gerade groß genug, um Glasröhrchen von 5 mm Durchmesser aufzunehmen. Verschiedene Gewebe des Körpers liefern unterschiedliche (und unterscheidbare) Signale, die durch das uns bekannte mathematische Verfahren der Fourier-Transformation in ihre Komponenten aufgetrennt werden (Abschnitt 14.2).

Jede Komponente kann einem spezifischen Ursprungsort im gescannten Körper zugeordnet werden, sodass ein Bildersatz der betreffenden Körperregion errechnet werden kann. Mit der Kernspintomographie lassen sich fast beliebige Schnittbilder durch den Körper erzeugen und darstellen, und das unabhängig von der Ausrichtung des Körpers des untersuchten Menschen im Tomographen. So erreicht man eine optimale visuelle Darstellung des interessierenden Körperbereichs.

Die meisten Signale einer Kernspintomographie kommen von den Wasserstoffatomen in Wassermolekülen, da Gewebe wesentlich mehr dieser Art von Wasserstoffatomen enthalten als Wasserstoffatome in organischen Molekülen. Der Unterschied in der Art und Weise, mit der Wasser in den verschiedenen Geweben gebunden ist, führt zu unterschiedlichen Signalen aus den Organen; zudem ergeben kranke Gewebe ein anderes Signal als gesunde Gewebe. Daher kann die Kernspintomographie wesentlich mehr Informationen liefern als andere Methoden.

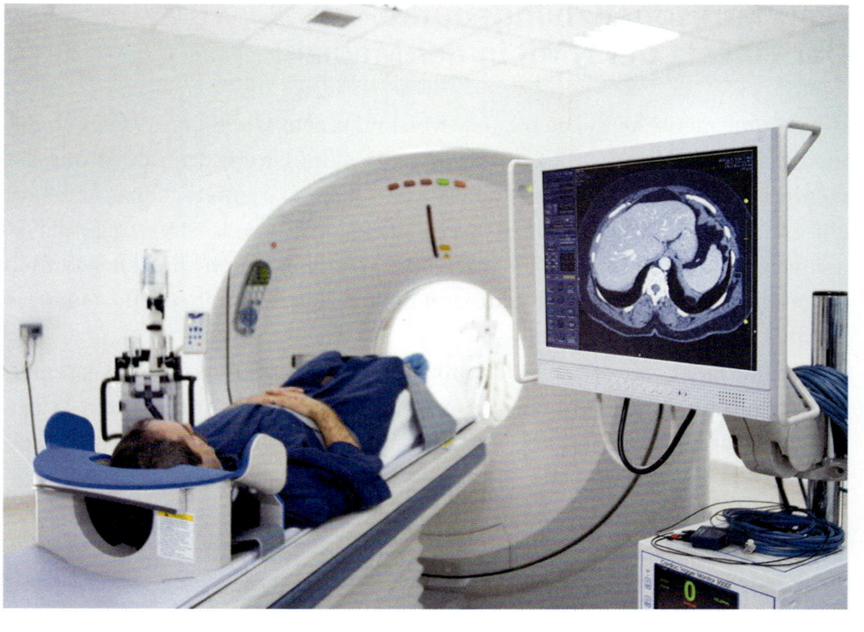

Zum Beispiel kann die Kernspintomographie detaillierte Aufnahmen von Blutgefäßen zur Verfügung stellen. Flüssigkeiten in Bewegung (wie Blut) produzieren ein anderes Signal in der Kernspintomographie als stationäre Gewebe. Eine geeignete Datenauswertung führt dazu, dass nur sich bewegende Flüssigkeiten angezeigt werden können. Die Qualität dieser Bilder ist mittlerweile ausreichend hoch, um oft auf invasive Methoden verzichten zu können.

Die Vielseitigkeit der Kernspintomographie ist durch die Verwendung von Gadolinium (einem 4f-Element der Lanthanoidengruppe) noch gesteigert worden. Gadolinium ist ein paramagnetisches Metall, das die Magnetfelder in seiner unmittelbaren Umgebung modifiziert. Dadurch werden die Signale in der Nähe liegender H-Atomkerne verändert. Die Verteilung des Gadoliniums, das in eine Vene der Patient*innen infundiert („getropft") wird, wird von bestimmten Krankheitszuständen wie Krebs oder Entzündungen auf charakteristische Weise verändert. Ein abnormes Gd-Verteilungsmuster lässt sich auf den MRI-Bildern erkennen und deutet auf einen möglichen Krankheitsprozess hin.

Ein Gehirntumor und ein Gehirnabszess sehen in der Kernspintomographie zwar relativ gleich aus (▶ Abbildung 14.35a), aber die Unterdrückung des Signals von Wasser ermöglicht es, die Signale bestimmter Verbindungen wie Cholin und Acetat zu erfassen. Ein Tumor wird erhöhte Chilonsignale erzeugen, wohingegen ein Abszess eher mehr Acetat produziert (▶ Abbildung 14.35b).

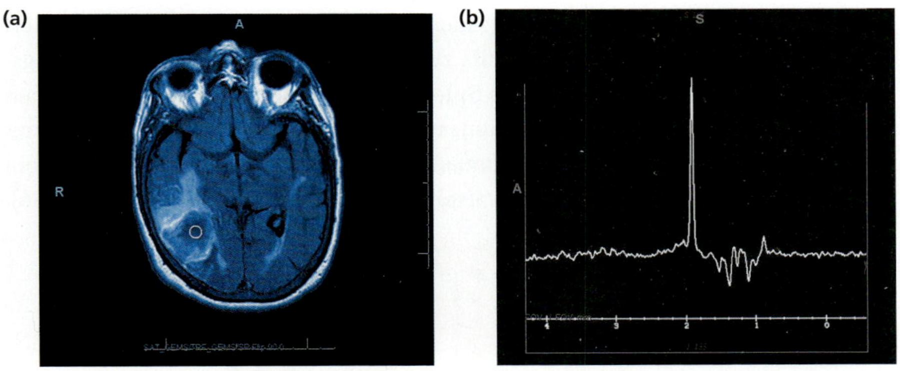

Abbildung 14.35: (a) Der weiße Kreis ist eine Hirnläsion, die entweder auf einen Tumor (erhöhtes Cholin) oder einen Abszess (erhöhtes Acetat) hinweist. (b) Das größte Signal im Spektrum korrespondiert zu Acetat, und stützt damit die Diagnose eines Abszesses.

Röntgenkristallographie 14.24

Die **Röntgenkristallographie** ist eine Methode, die bei der Bestimmung der Anordnung von Atomen in einem Kristall verwendet wird. Mit dieser Technik kann die Struktur jedes Materials, das einen Kristall bilden kann, bestimmt werden. Dorothy Crowfoot Hodgkin war eine Pionierin der Röntgenkristallographie und klärte damit die Strukturen von Cholesterol (1937), Penicillin (1945), Vitamin B_{12} (1954) und Insulin (1969) auf. (Die Strukturen dieser Verbindungen können in den Abschnitten 3.16, 15.12, 23.6 und 21.8 gefunden werden.) 1953 erlaubten die röntgenkristallographisch hergestellten Bilder von Rosalind Franklin die Strukturbestimmung von DNA durch James Watson und Francis Crick (Abschnitt 26.1).

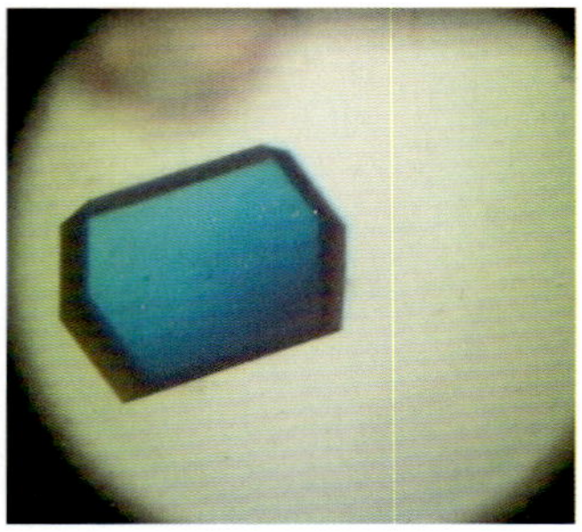

Ein Kristall von Lysozym aus dem Eiweiß eines Hühnereis (Abschnitt 5.14). Der Kristall erscheint blau, da er unter polarisiertem Licht fotografiert wurde.

Ein Kristall ist ein Feststoff, der durch Atome oder Moleküle in einem regelmäßigen dreidimensionalen Muster, das Elementarzelle genannt wird, definiert ist. Diese wiederholt sich durch den gesamten Kristall ständig. Der schwierigste Teil der Strukturbestimmung durch Röntgenkristallographie ist die Beschaffung des Kristalls, der mindestens 0,5 mm in allen drei Raumdimensionen messen sollte, um gute Daten zu liefern. Glücklicherweise können Kristallographen über 14.000 verschiedene Kristallisierungsbedinungen in der *Biological Macromolecule Crystallization* Database (xdpdb.nist.gov:8060/MBCD4) nachschlagen.

Um atomare Distanzen aufzulösen, müssen sich die Wellenlänge des verwendeten Lichtes und der Abstand zwischen den Atomen in der gleichen Größenordnung befinden. Die Länge einer C—C-Bindung ist 1,54 Å. Sichtbares Licht hingegen weist Wellenlängen zwischen 4000–8000 Å auf und kann daher nicht verwendet werden. Die Röntgenstrahlen, die durch den Beschuss einer Cu-Anode mit Elektronen im Vakuum erzeugt werden können, besitzen eine Wellenlänge von 1,542 Å und sind daher gut für die Auflösung der meisten interatomaren Distanzen geeignet. Für Strukturen mit hoher Auflösung benutzen Kristallographen stärkere Quellen von Röntgenstrahlung. Die hohe Intensität zusammen mit der überlegenen Verteilung der Röntgenstrahlen in einem Synchrotron erlaubt es, Bilder mit einer Auflösung von weniger als einem Å aufzunehmen.

Nachdem ein stabiler Kristall herangezüchtet wurde, wird dieser mit Röntgenstrahlung bombardiert, während er sich gleichzeitig in Rotation befindet. Röntgenstrahlung kann allerdings nicht mit herkömmlichen Linsen fokussiert werden, um ein Bild des Moleküls zu erzeugen. Hier kommt das Beugungsmuster der Röntgenstrahlung ins Spiel. Obwohl die meisten Röntgenstrahlen unverändert den Kristall passieren, werden manche an den Elektronenwolken der Atome gestreut und kommen am Detektor an. Dabei erhält man ein Beugungsmuster bestehend aus verschiedenen Punkten (► Abbildung 14.36).

Dorothy Crowfoot Hodgkin (1910–1994) wurde als Tochter englischer Eltern in Ägypten geboren. Sie erhielt einen Abschluss an der Universität Oxford und erhielt ihren Doktortitel an der Universität Cambridge. Sie führte die ersten dreidimensionalen Berechnungen in der Kristallographie durch und war zudem die erste, die Computer für die Strukturberechnung einer Verbindung nutze. 1964 erhielt sie den Nobelpreis für ihre Arbeit an Vitamin B12. Hodkin war eine Professorin für Chemie in Oxford, und eine ihrer Studentinnen war Margaret Thatcher, die spätere Premierministerin Englands. Hodgkin war zudem ein gründendes Mitglied der *Pugwash*, einer Organisation zur Förderung des wissenschaftlichen Austauschs zwischen dem Westen und der Sowjetunion.

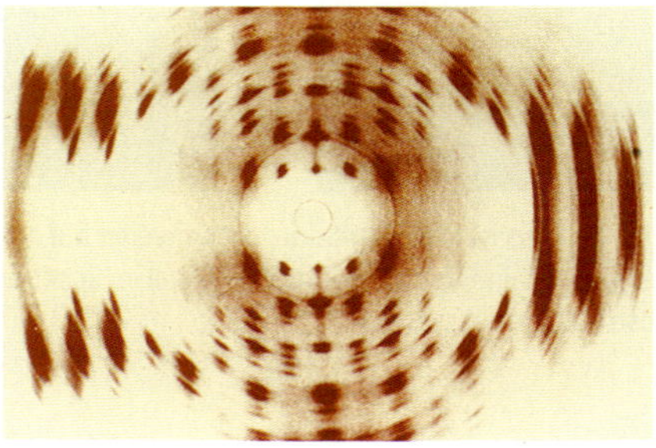

Abbildung 14.36: Ein Beugungsmuster von Röntgenstrahlung.

Durch komplizierte mathematische Methoden, die mittlerweile von Computern durchgeführt werden, kann ein dreidimensionales Bild der Elektronendichte in einem Kristall aus dem zweidimensionalen **Röntgenbeugungsmuster** erzeugt werden. Elektronen finden sich um Atome herum, also können zwei Atome, die sich in einer für Bindungen typische Distanz zueinander befinden, als aneinander gebunden betrachtet werden. Je größer die Dichte der Elektronenwolke um ein Atom ist, desto präziser kann die Position dieses Atoms bestimmt werden. Daher kann die Position der elektronenarmen Wasserstoffatome nicht genau festgelegt werden. Diese können in der endgültigen Struktur durch den Computer hinzugefügt werden.

HINTERGRUND

Strukturdatenbanken

Es gibt eine Vielzahl verschiedener Datenbanken, die Chemiker*innen mit strukturellen Daten versorgen können. Zwei wichtige Beispiele sind die *Chemical Abstract Services Database* (CAS) und die *Research Collaboratory for Structural Bioinformatics Protein Data Bank* (RCSB PDB).

CAS (*http://www.cas.org/*) ist ein abonnementbasierter Service mit Strukturen von über 100 Millionen organischer und anorganischer Verbindungen, Proteinen und Nucleinsäuren. Der Zugriff kann über Scifinder erfolgen; diese Seite erlaubt Wissenschaftlerinnen und Wissenschaftlern das Suchen über ein Zeichenprogramm oder durch Eingabe eines bestimmten Themas, Autors oder des Namens einer Struktur.

Die RCSB Proteindatenbank (*www.pdb.org*) enthält über 57.000 dreidimensionale Strukturen, die durch Röntgenkristallographie (eine davon ist auf der ersten Seite dieses Kapitels gezeigt) oder durch multidimensionales NMR bestimmt wurden (Abschnitt 14.22).

Die Strukturen sind im PDB-Dateiformat öffentlich zugänglich. Die Strukturen können durch Programme wie *Visiual Molecular Dynamics* (*http://www.ks.uiuc.edu/Research/vmd/*) oder *Chimera* (*http://www.cgl.ucsf.edu/chimera*) visualisiert und manipuliert werden.

Zusammenfassung

Abschnitt 14.0

- Die **NMR-Spektroskopie** wird zur Identifizierung des Kohlenstoff-Wasserstoff-Gerüstes organischer Verbindungen eingesetzt.

Abschnitt 14.1

- Je stärker das Magnetfeld des Magneten ist, desto größer ist die Arbeitsfrequenz eines Spektrometers.

Abschnitt 14.3

- Je stärker das von den Protonen „wahrgenommene" Magnetfeld ist, desto höher ist die Frequenz des abgestrahlten Signals.
- Die Elektronendichte der Umgebung, in der sich das Proton aufhält, **schirmt** das Proton vom angelegten Magnetfeld ab. Ein Proton, das sich in einer Umgebung mit hoher Elektronendichte aufhält, zeigt daher ein Signal bei erniedrigter Frequenz gegenüber einem Proton, das sich in der Nähe einer elektronenziehenden Gruppe oder eines elektronenziehenden Atoms aufhält.

Abschnitt 14.4

- Jede Gruppe von chemisch äquivalenten Protonen produziert ein Signal, also gibt die Zahl der Signale in einem ^{1}H-NMR-Spektrum die Anzahl der verschiedenen Protonenarten in einem Molekül wieder.

Abschnitt 14.5

- Die **chemische Verschiebung** (δ), die von der Arbeitsfrequenz unabhängig ist, ist ein Maß für die Entfernung eines Signals von einem anderem NMR-Signal.
- Niederfrequente (Tieffeld-)Signale weisen kleine δ-Werte (in ppm) auf, höherfrequente (Hochfeld-)Signale solche mit großen δ-Werten. Die Lage eines Signals im Spektrum gibt daher an, in welcher Umgebung sich die signalgebenden Protonen (Atomkerne) aufhalten (einschließlich der benachbarten Substituenten).

Abschnitt 14.7

- In chemisch ähnlichen Umgebungen findet sich das Signal von Protonen eines „Methinprotons" bei einer höheren Frequenz als das von Protonen einer Methylengruppierung, deren Signal wiederum bei einer höheren Frequenz erscheint als das Signal einer Methylgruppe.

Abschnitt 14.8

- Die **diamagnetische Anisotropie** führt zu ungewöhnlichen chemischen Verschiebungen bei Wasserstoffatomkernen, die an Kohlenstoffatome gebunden sind, die π-Bindungen ausgebildet haben.

Abschnitt 14.9

- Die **Integration** der Signale verrät etwas über die relative Anzahl von Protonen, die ein gegebenes Signal hervorrufen.

Abschnitt 14.10

- Die **Multiplizität** eines Signals (die Anzahl der Peaks eines zusammengesetzten Signals) gibt die Zahl der Protonen an, die an benachbarte C-Atome gebunden sind. Die Multiplizität wird quantitativ durch die ***N* + 1-Regel** beschrieben, in der N die Zahl äquivalenter Protonen an benachbarten Kohlenstoffatomen bezeichnet.
- Gekoppelte Protonen spalten ihre Signale untereinander auf.

Abschnitt 14.11

- Ein **Aufspaltungsdiagramm** kann uns helfen zu verstehen, wie das Aufspaltungsmuster zustande kommt, wenn ein Signal durch mehr als einen Protonensatz aufgespalten wird.

Abschnitt 14.13

- Die **Kopplungskonstante (*J*)** ist die Entfernung zwischen zwei Peaks eines aufgespaltenen NMR-Signals. Kopplungskonstanten sind unabhängig von der Arbeitsfrequenz des verwendeten Spektrometers. Gekoppelte Protonen weisen dieselbe Kopplungskonstante auf.
- Die Kopplungskonstante für *trans*-ständige Alkenprotonen ist größer als die von *cis*-ständigen.

Abschnitt 14.14

- Wenn zwei unterschiedliche Protonengruppen ein Signal aufspalten, ergibt sich die Gesamtmultiplizität des Signals durch unabhängige Anwendung der ***N* + 1**-Regel auf jede Protonengruppe, wenn die Kopplungskonstanten der Gruppen verschieden sind. Wenn die Kopplungskonstanten gleich oder sehr ähnlich sind, kann die ***N* + 1**-Regel auf beide (alle) Gruppen gleichzeitig angewendet werden.

Abschnitt 14.15

- **Enantiotope Wasserstoffatome** sind chemisch äquivalent und zeigen daher nur ein Signal. **Diastereotope Wasserstoffatome** sind chemisch nicht äquivalent und zeigen zwei Signale.

Abschnitt 14.17

- Der Grad der chemischen Verschiebung eines an ein O- oder ein N-Atom gebundenen Protons ist abhängig vom Ausmaß, in dem das betreffende Proton an der Ausbildung einer Wasserstoffbrückenbindung beteiligt ist.
- In Gegenwart von Spuren einer Säure oder Base unterliegen an Sauerstoffatome gebundene Protonen dem **Protonenaustausch**. In einem solchen Fall ist das Signal des an das O-Atom gebundenen Protons nicht aufgespalten und spaltet auch die Signale benachbarter Protonen seinerseits nicht auf.

Abschnitt 14.20

- Die Zahl der Signale eines ^{13}C-NMR-Spektrums verrät uns, wie viele Sorten von Kohlenstoffatomkernen die betreffende Verbindung in unterschiedlichen chemischen Umgebungen enthält. Kohlenstoffatomkerne in elektronenreichen Umgebungen erzeugen niederfrequente Signale; Kohlenstoffatomkerne in der Nähe elektronenziehender Gruppen oder Atome erzeugen hochfrequente.
- ^{13}C-NMR-Signale werden durch angebundene Protonen nicht aufgespalten, wenn das Spektrometer im protonenentkoppelten Modus betrieben wird.

Abschnitt 14.21

- Ein DEPT-^{13}C-NMR-Spektrum sagt etwas darüber aus, ob ein Signal von CH_3, CH_2, CH oder C produziert wird.

Abschnitt 14.22

- **2D-NMR**-Spektren haben zwei Frequenzachsen und eine Intensitätsachse.

Abschnitt 14.23

- NMR (in medizinischen Anwendungen als **MRT** bekannt) ist ein wichtiges Werkzeug bei der Diagnose von Krankheiten weil es die Untersuchung von internen Strukturen ohne Operationen oder schädigende Röntgenstrahlung erlaubt.

Abschnitt 14.24

- 2D-NMR und **Röntgenkristallographie** sind Methoden, die bei der Bestimmung von Strukturen großer Moleküle eingesetzt werden können.

Im MyLab | Organische Chemie finden Sie:

- den praktischen **eText** zum Kapitel mit Notizfunktion
- eine Auswahl verschiedener **3D-Moleküle**
- **Lösungen** zu ausgewählten, mit * versehenen Übungen
- digitale **Lernkarten** und ein umfangreiches **Glossar** zum Nachschlagen und Wiederholen von Definitionen
- digitale Übungsaufgaben in Form von **Kapiteltests** zur eigenen Lernkontrolle

TEIL V

Carbonylverbindungen

15 **Reaktionen von Carbonsäuren und Carbonsäurederivaten** 821

16 **Reaktionen von Aldehyden und Ketonen • Weitere Reaktionen von Carbonsäurederivaten** 881

17 **Reaktionen am α-Kohlenstoffatom** 949

Die drei Kapitel des V. Buchteils konzentrieren sich auf chemische Verbindungen, die Carbonylgruppen enthalten. Carbonylverbindungen können einer von zwei Verbindungsklassen zugeordnet werden: solche, die eine Gruppe enthalten, die durch eine andere Gruppe ausgetauscht werden kann (Carbonsäuren oder Carbonsäurederivate) und solche, die eine Gruppe enthalten, die nicht durch eine andere ausgetauscht werden kann (Aldehyde und Ketone).

Kapitel 15 Reaktionen von Carbonsäuren und Carbonsäurederivaten

Die Reaktionen von Carbonsäuren und Carbonsäurederivaten werden in **Kapitel 15** diskutiert; in diesem Kapitel werden Sie sehen, dass diese Verbindungen alle mit Nucleophilen auf die gleiche Art und Weise reagieren – sie gehen nucleophile Acylsubstitutionsreaktionen ein. In einer nucleophilen Substitutionsreaktion fügt sich das Nucleophil an das Carbonylkohlenstoffatom an und bildet so ein instabiles tetraedrisches Zwischenprodukt, welches durch die Eliminierung der schwächeren der beiden Basen zusammenbricht. Daher ist alles, was Sie wissen müssen, um das Produkt aus einer dieser Reaktionen zu bestimmen – oder auch, ob die Reaktion überhaupt auftritt – die relative Basizität der beiden Austrittsgruppen des tetraedrischen Zwischenprodukts.

Kapitel 16 Reaktionen von Aldehyden und Ketonen • Weitere Reaktionen von Carbonsäurederivaten

Kapitel 16 beginnt damit, die Reaktionen von Carbonsäuren und Carbonsäurederivaten mit den Reaktionen von Aldehyden und Ketonen zu vergleichen. Dieser Vergleich wird aufgestellt, indem die Reaktionen, die diese Verbindungen mit Nucleophilen und mit Hydridionen eingehen, verglichen werden. Sie werden feststellen, dass Carbonsäuren und Carbonsäureacylderivate *nucleophile Substitutionsreaktionen* mit Kohlenwasserstoff und Hydridionen eingehen. Es handelt sich um die gleichen Reaktionen, die diese Verbindungen auch mit Stickstoff- und Sauerstoffnucleophilen eingehen, was in Kapitel 15 erläutert wurde. Aldehyde und Ketone gehen auf der anderen Seite *nucleophile Additionsreaktionen* mit Kohlenstoffnucleophilen und Hydridionen ein und gehen *nucleophile Additions-Eliminierungsreaktionen* mit Sauerstoff- und Stickstoffnucleophilen ein (die dabei ausgeschiedenen Spezies ist immer Wasser). Was Sie in Kapitel 15 über die Aufteilung des tetraedrischen Zwischenprodukts gelernt heben, wird in diesem Kapitel wiederholt. Die Reaktionen von α, β-ungesättigten Carbonylverbindungen werden ebenfalls diskutiert.

Kapitel 17 Reaktionen am α-Kohlenstoffatom

Viele Carbonylverbindungen haben zwei reaktive Seiten: die Carbonylgruppe *und* ein Wasserstoffatom, welches an ein α-Kohlenstoffatom gebunden ist. Die Kapitel 15 und 16 diskutieren die Reaktion von Carbonylverbindungen, die an der Carbonylgruppe stattfinden, während in **Kapitel 17** die Reaktionen von Carbonylverbindungen, die ein α-Kohlenstoffatom enthalten, untersucht werden.

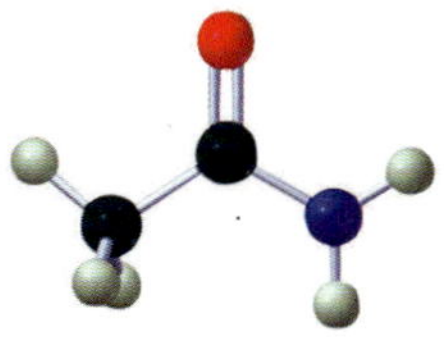

Acetamid

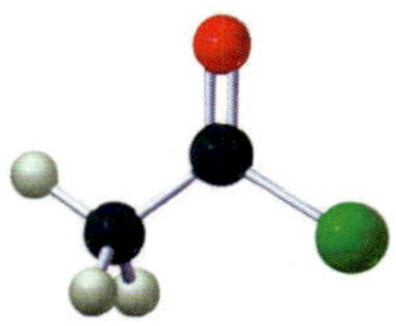

Acetylchlorid

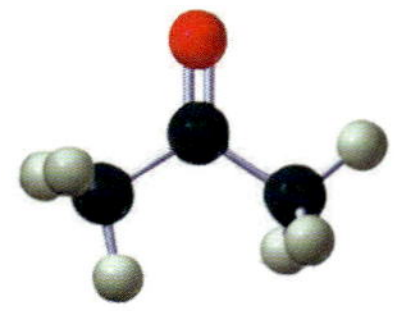

Aceton

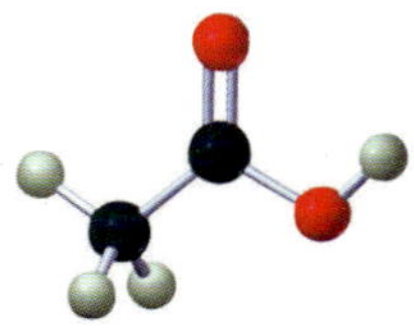

Essigsäure

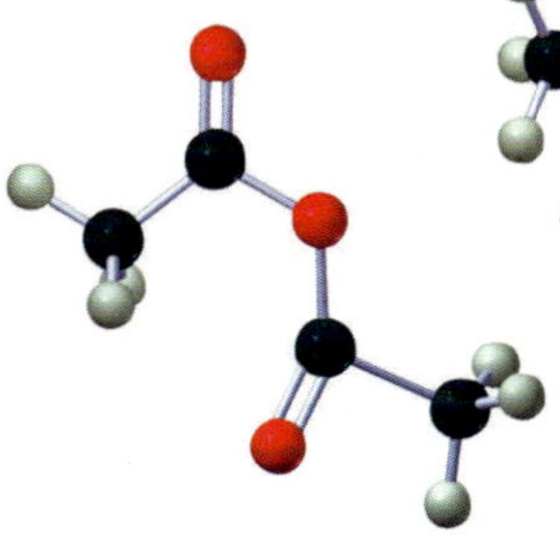

Essigsäureanhydrid

Acetonitril

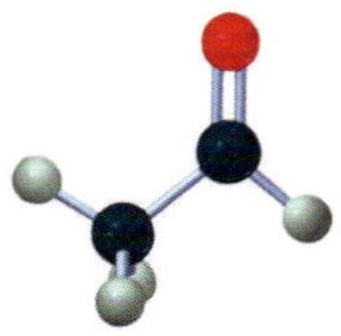

Acetaldehyd

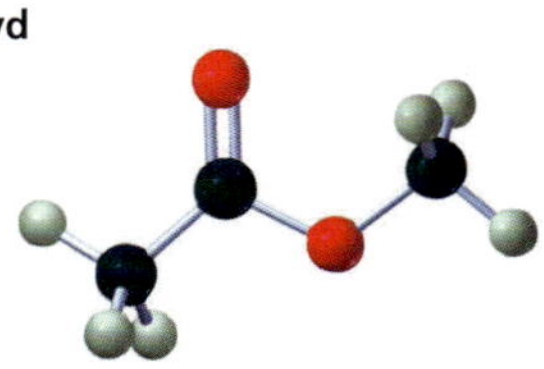

Methylacetat

Reaktionen von Carbonsäuren und Carbonsäurederivaten

15

15.1 Die Nomenklatur der Carbonsäuren und Carbonsäurederivate ... 824
15.2 Strukturen der Carbonsäuren und Carbonsäurederivate ... 830
15.3 Physikalische Eigenschaften von Carbonylverbindungen ... 831
15.4 Wie Carbonsäuren und Carbonsäurederivate reagieren ... 832
15.5 Relative Reaktivitäten der Carbonsäuren und Carbonsäurederivate ... 835
15.6 Reaktionen der Acylchloride ... 838
15.7 Reaktionen der Ester ... 841
15.8 Säurekatalysierte Esterhydrolyse und Umesterung ... 843
15.9 Hydroxidionenvermittelte Esterhydrolyse ... 848
15.10 Reaktionen der Carbonsäuren ... 852
15.11 Reaktionen der Amide ... 854
15.12 Die Hydrolyse von Amiden ... 856
15.13 Durch Hydroxidionen vermittelte Hydrolyse von Amiden ... 860
15.14 Die Hydrolyse eines Imids: Ein Weg zur Synthese primärer Amine ... 861
15.15 Nitrile ... 862
15.16 Säureanhydride ... 865
15.17 Dicarbonsäuren ... 868
15.18 Wie Chemiker*innen Carbonsäuren aktivieren ... 869
15.19 Wie lebende Zellen Carbonsäuren aktivieren ... 871
Zusammenfassung ... 876
Zusammenfassung der Reaktionen ... 877

Einige der Dinge, die Sie in diesem Kapitel lernen werden, sind, wie Aspirin Entzündung und Fieber mindert, warum Dalmatiner die einzigen Hunde sind, die Harnsäure ausscheiden, wie Bakterien Resistenzen gegen Penicillin entwickeln und warum junge Menschen besser schlafen als Erwachsene.

Gruppe III

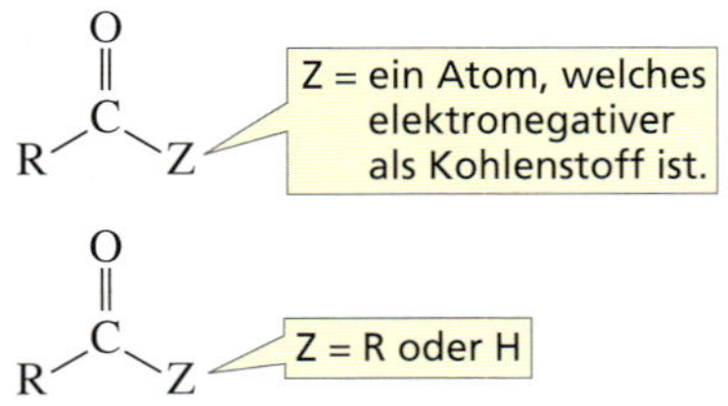

Wir haben gesehen, dass die Familien organischer Verbindungen in eine von vier Gruppen eingeteilt werden können und dass alle dieser Familien innerhalb einer Gruppe auf ähnliche Weise reagieren (Abschnitt 5.4). Dieses Kapitel beginnt die Erläuterung der Familien von Verbindungen in der Gruppe III – dies sind Verbindungen, die eine Carbonylgruppe enthalten.

Die **Carbonylgruppe** – ein Kohlenstoffatom mit einem doppelt gebundenen Sauerstoffatom – ist vermutlich die wichtigste funktionelle Gruppe der Organischen Chemie. Verbindungen mit Carbonylgruppen, die man deshalb global als **Carbonylverbindungen** bezeichnet, sind in der Natur weit verbreitet und häufig. Viele spielen bedeutsame Rollen bei biochemischen Vorgängen. Unter den Naturstoffen mit Carbonylgruppen, denen wir täglich begegnen, finden sich Hormone, Vitamine, Aminosäuren, Proteine, Medikamente, Aromastoffe und andere mehr.

Eine **Acylgruppe** besteht aus einer Carbonylgruppe, die an einen Alkylrest (R) oder einen Arylrest (Ar) gebunden ist.

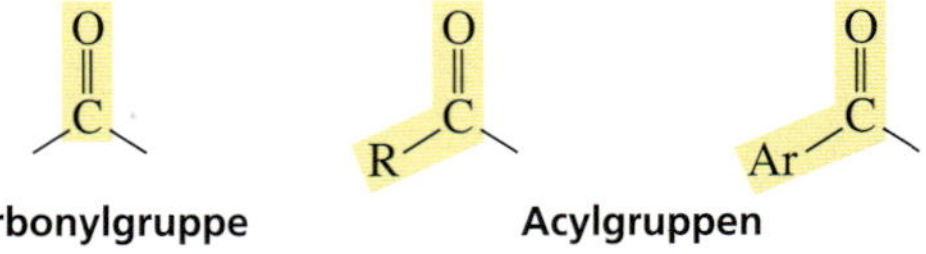

Carbonylgruppe **Acylgruppen**

Die Gruppe oder das Atom, das an die Acylgruppe gebunden ist, beeinflusst stark die Reaktivität der Carbonylverbindung. Tatsächlich können die Carbonylverbindungen in zwei Klassen eingeteilt werden, die durch diese Gruppen festgelegt werden.

Carbonsäuren und Carbonsäurederivate

Die Carbonylverbindungen der Klasse I sind solche, bei denen die Acylgruppe an eine Gruppe oder ein Atom gebunden ist, das durch eine andere Gruppe oder ein anderes Atom ersetzt werden *kann*. Hierzu gehören die Carbonsäuren, die Säurehalogenide, die Säureanhydride, die Ester und die Amide. Alle diese Verbindungen enthalten eine Gruppe bzw. ein Atom (OH, Cl, OR, NH_2, NHR, NR_2), die/das durch ein Nucleophil ersetzbar ist. Säurehalogenide und -anhydride, Ester und Amide werden als **Carbonsäurederivate** bezeichnet, da sie sich von den zugrunde liegenden Carbonsäuren nur durch die chemische Natur der die OH-Gruppe ersetzenden Gruppe bzw. des die OH-Gruppe ersetzenden Atoms unterscheiden.

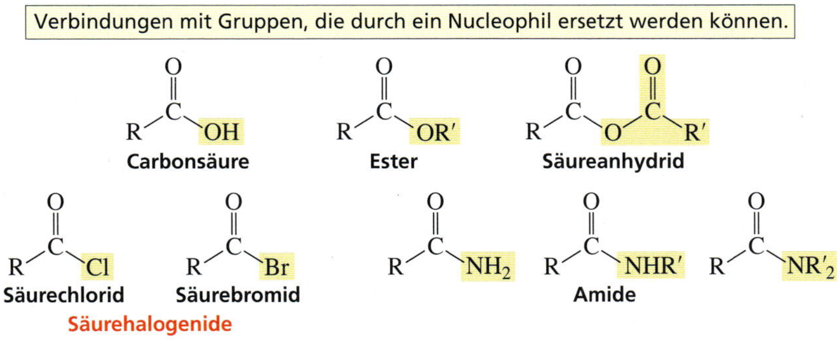

Aldehyde und Ketone

Die Carbonylverbindungen der Klasse II sind solche, bei denen die Acylgruppe an eine Gruppe gebunden ist, die *nicht* durch eine andere ersetzt werden kann. Hierzu gehören die Aldehyde und Ketone, die Oxidationsprodukte von Alkoholen sind. Das an die Acylgruppe gebundene H-Atom der Aldehyde und die R-Gruppe am Acylrest eines Ketons können nicht ohne Weiteres durch ein Nucleophil ersetzt werden.

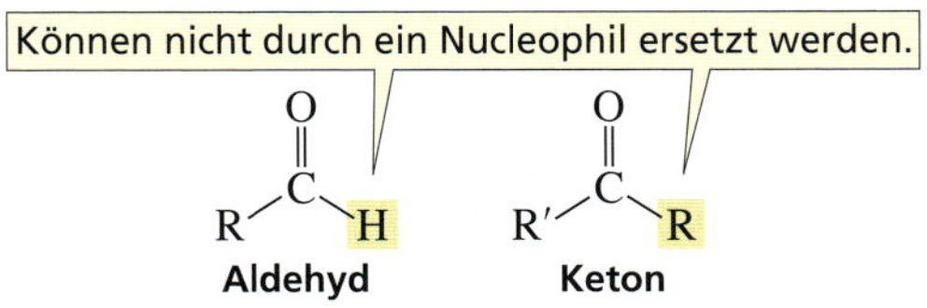

Je schwächer die Base, desto leichter kann diese ersetzt werden

Wir haben gesehen, dass schwache Basen gute Abgangsgruppen sind und starke Basen schlechte, weil schwache Basen ihre Elektronen nicht so gut zu teilen vermögen wie starke (Abschnitt 9.2). Die pK_S-Werte der konjugierten Säuren der Abgangsgruppen verschiedener Carbonylverbindungen sind in ▶ Tabelle 15.1 zusammengefasst. Beachten Sie, dass die Acylgruppen der Klasse I-Verbindungen an schwächere Basen gebunden sind als die Acylgruppen der Klasse II-Verbindungen. Das Wasserstoffatom eines Aldehyds und die Alkylgruppe eines Ketons sind zu basisch, um durch eine andere Gruppe ersetzbar zu sein.

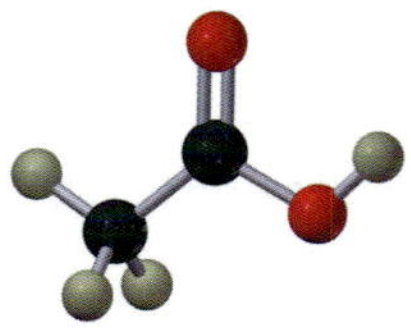

Carbonsäure

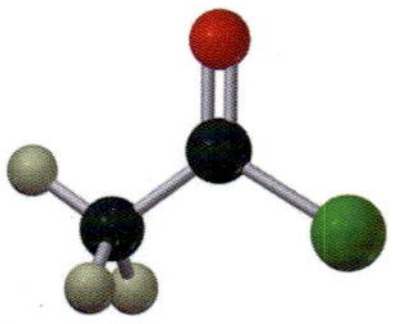

Säurechlorid

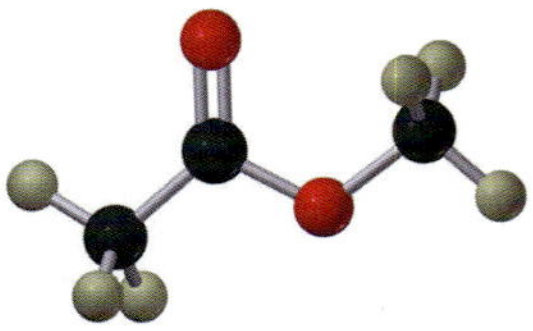

Ester

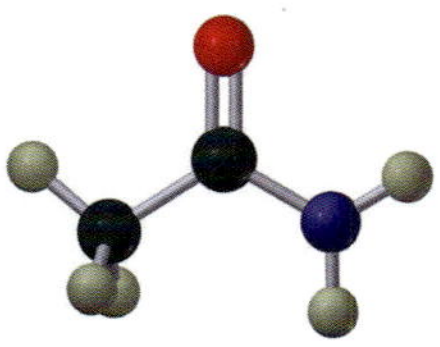

Amid

Carbonylverbindung	Abgangsgruppe	Konjugierte Säure der Abgangsgruppe	pK_S
Carbonsäuren und Carbonsäurederivate			
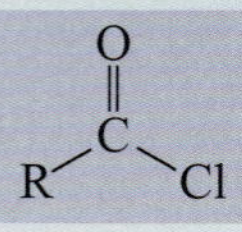	Cl^-	HCl	–7
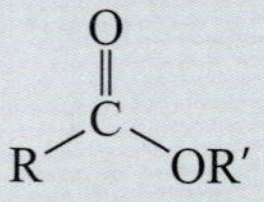	$^-OR'$	R'OH	~15–16
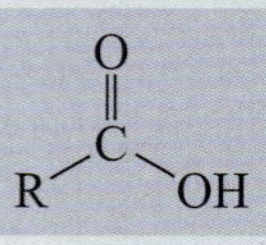	^-OH	H_2O	15,7
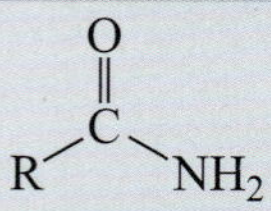	$^-NH_2$	NH_3	36
Aldehyde und Ketone			
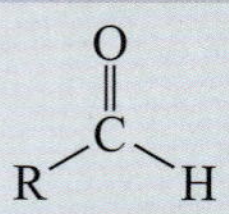	H^-	H_2	~40
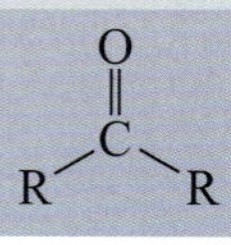	R^-	RH	>60

* Ein Amid kann nur dan Substitutionsreaktionen eingehen, wenn die Abgangsgruppe in NH_3 umgewandelt wird. Die konjugierte Säure (NH_4^+) hat einen pK_S-Wert von 9,4.

Tabelle 15.1: Die pK_S-Werte von konjugierten Säuren der Abgangsgruppen von Carbonylverbindungen.

In diesem Kapitel erörtern wir die Reaktionen der Klasse I-Carbonylverbindungen. Wir werden lernen, dass diese Verbindungen Substitutionsreaktionen eingehen, weil sie eine Acylgruppe besitzen, die an eine Gruppe gebunden ist, die durch ein Nucleophil ersetzt werden kann. Die Reaktionen der Klasse II-Verbindungen (Aldehyde und Ketone) werden wir in Kapitel 16 betrachten, wo wir sehen werden, dass diese Verbindungen *keine* Substitutionen eingehen können, weil ihre Acylgruppen an Gruppen gebunden sind, die *nicht* durch ein Nucleophil ersetzt werden können.

15.1 Die Nomenklatur der Carbonsäuren und Carbonsäurederivate

Wir werden zuerst die Benennung der Carbonsäuren einführen, da ihre Namen die Grundlage für die Benennung der anderen Carbonylverbindungen in diesem Kapitel bilden.

Die Benennung von Carbonsäuren

Die funktionelle Gruppe einer Carbonsäure wird als **Carboxylgruppe** (oder *Carboxylfunktion*) bezeichnet.

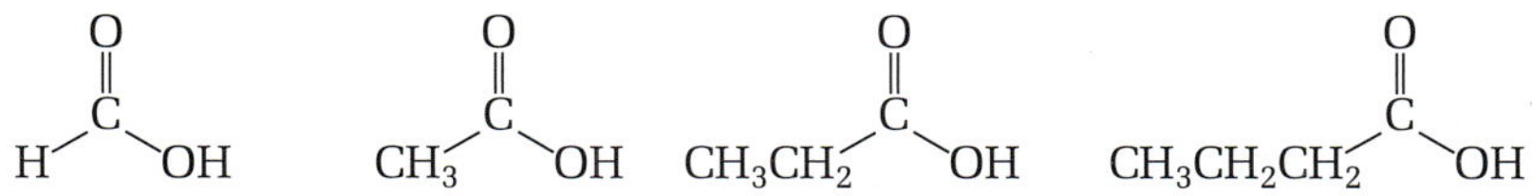

systematischer Name:	Methansäure	Ethansäure	Propansäure	*n*-Butansäure
Trivialname:	Ameisensäure	Essigsäure	Propionsäure	Buttersäure

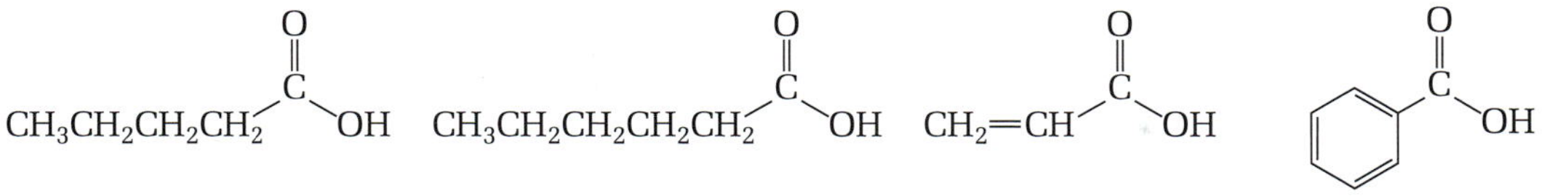

n-Pentansäure	*n*-Hexansäure	Propensäure	Benzolcarbonsäure
Valeriansäure	Capronsäure	Acrylsäure	Benzoesäure

Carbonsäuren mit sechs oder weniger Kohlenstoffatomen tragen außerdem hinlänglich bekannte Trivialnamen, die sehr alt sind und deshalb vielfach weiterhin in Gebrauch sind. Diese Namen beziehen sich in den meisten Fällen auf eine natürliche Quelle, in der diese Säure vorkommt.

Baldrianblüten

- Beispielsweise kommt die Ameisensäure (Methansäure) im Abwehrsekret der Ameisen und anderer Insekten vor. Der Name ihrer Salze, der Formiate, leitet sich vom lateinischen Wort für Ameise, *formica*, ab.
- Die Essigsäure, die – wie der Name klar erkennen lässt – im Essig vorkommt, ist allgemein bekannt. Ihre Salze, die Acetate, haben ihren Namen ebenfalls vom lateinischen Wort für Essig, *acetum*.
- Die Propionsäure (systematisch: Propansäure) ist die niedermolekularste der Carbonsäuren, die Eigenschaften der langkettigen Fettsäuren erkennen lässt, die ebenfalls zu den Carbonsäuren gehören (Abschnitt 25.1). Ihr Name leitet sich von *pro* (der Erste) und *pion* (Fett) ab, also „die erste Fettsäure".
- Buttersäure (*n*-Butansäure) kommt, wie wiederum der Name andeutet, in der Butter vor, in freier Form vermehrt in ranziger Butter. Sie kommt ebenfalls im Magensaft vor und verleiht diesem seinen ekelerregenden Geruch. Der Name ihrer Salze, der Butyrate, leitet sich vom lateinischen Wort *butyrum* für Butter ab.
- Die Valeriansäure (*n*-Pentansäure) hat ihren Namen nach der Baldrianpflanze (*Valeriana officinalis*); ihre Salze heißen naturgemäß Valeriate.
- Die Capronsäure (*n*-Hexansäure) findet man in der Ziegenmilch, der sie – wie auch dem Ziegenkäse – ihren strengen Geruch verleiht. *Caper* ist, wie uns nicht überrascht, das lateinische Wort für Ziege.

Eine glückliche Ziege

Bei der systematischen Benennung wird die Stellung eines Substituenten durch eine Platzziffer angegeben. Das Carbonylkohlenstoffatom ist konventionsgemäß immer das C-1. Bei der Benennung mit Trivialnamen wird die Stellung eines Substituenten durch griechische Kleinbuchstaben angegeben; das Carbonylkohlenstoffatom trägt keine Auszeichnung. Das Kohlenstoffatom, das dem Carbonylkohlenstoffatom benachbart ist, heißt α-Kohlenstoffatom, das dem α-Kohlenstoffatom benachbarte β-Kohlenstoffatom, und so weiter.

systematischer Name | Trivialname

α = alpha
β = beta
γ = gamma
δ = delta
ε = epsilon

Schauen Sie sich die nachfolgenden Beispiele sorgfältig an, um sicherzustellen, dass Sie die Unterschiede zwischen der systematischen (IUPAC)-Nomenklatur und der Trivialnomenklatur verinnerlicht haben, und versuchen Sie, diese nicht zu vermischen.

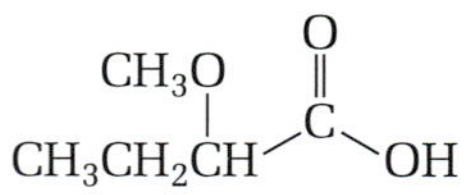
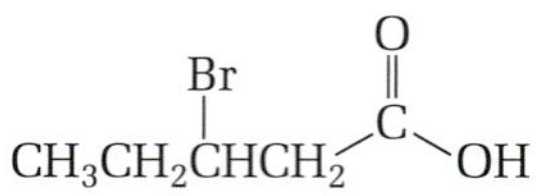
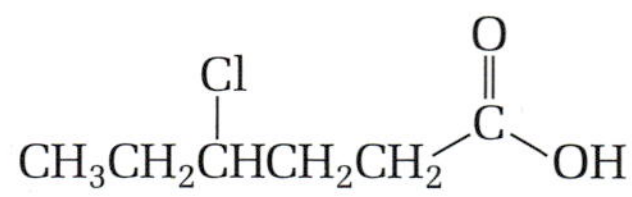

systematischer Name:	**2-Methoxybutansäure**	**3-Brompentansäure**	**4-Chlorhexansäure**
Trivialname:	**α-Methoxybuttersäure**	**β-Bromvaleriansäure**	**γ-Chlorcapronsäure**

α-Hydroxycarbonsäuren werden in faltenreduzierenden Pflegeprodukten für die Haut verwendet. Die faltenreduzierende Wirkung wird erreicht, indem das Produkt in die oberste Schicht der Haut eindringt und dadurch die tiefe der Falten verringert.

Carbonsäuren, bei denen die Carboxylgruppe an einen Molekülring gebunden ist, werden benannt, indem die Endung „-carbonsäure" an den Namen der zyklischen Verbindung angehängt wird.

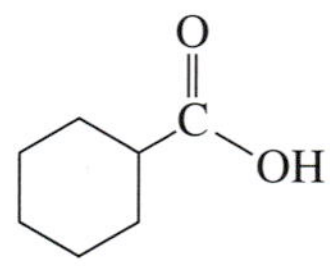

Cyclohexancarbonsäure

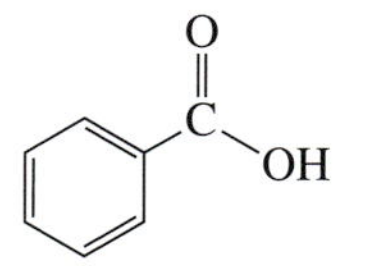

Benzoecarbonsäure
Benzoesäure

Die Benennung von Säurechloriden

Säurechloride weisen ein Cl-Atom anstelle der carboxylischen OH-Gruppe auf. Acylchloride werden benannt, indem man die Endung „-oyl" an den Namen des der Carbonsäure zugrunde liegenden Kohlenwasserstoffs anhängt und die Wortendung des betreffenden „Halogenids" an diesen anhängt. Die Trivialbenennung vollzieht sich dergestalt, dass man den latinisierten Namen des Säurerestes (den Namen des Acylrestes) der Bezeichnung des Halogenids direkt vorausgehen lässt. Bei solchen Säuren, deren Namen den Wortstamm „-carbonsäure" explizit enthalten, wird dieser Wortteil durch „-carbonylhalogenid" ersetzt (Acylbromide existieren auch, sind aber weniger häufig als Acylchloride.).

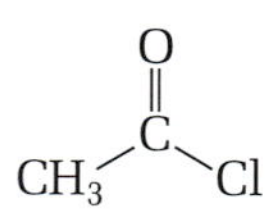
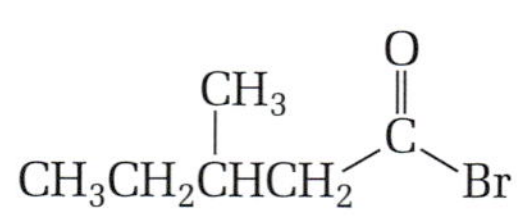
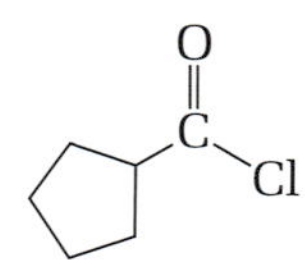

systematischer Name:	**Ethanoylchlorid**	**3-Methylpentanoylbromid**	**Cyclopentancarbonylchlorid**
Trivialname:	**Acetylchlorid**	**β-Methylvalerylbromid**	

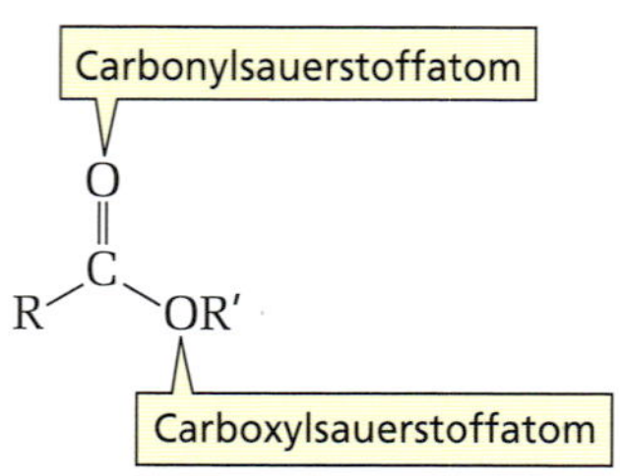

Der doppelt gebundene Sauerstoff ist der Carbonylsauerstoff. Der einzelsträngig gebundene Sauerstoff ist der Carboxylsauerstoff.

Die Benennung von Estern

Ein **Ester** weist anstelle der carboxylischen OH-Funktion eine OR'-Gruppe in Nachbarstellung zur Carboxylfunktion auf. Bei der Benennung eines Esters wird zuerst der Name der Carbonsäure, dann der des Restes R' genannt, dann die Endung „-ester" angefügt. Die Trivialnomenklatur nennt den Rest R' zuerst, danach folgt der Name der Säure in Form des latinisierten Namens ihrer Salze (siehe folgende Beispiele).

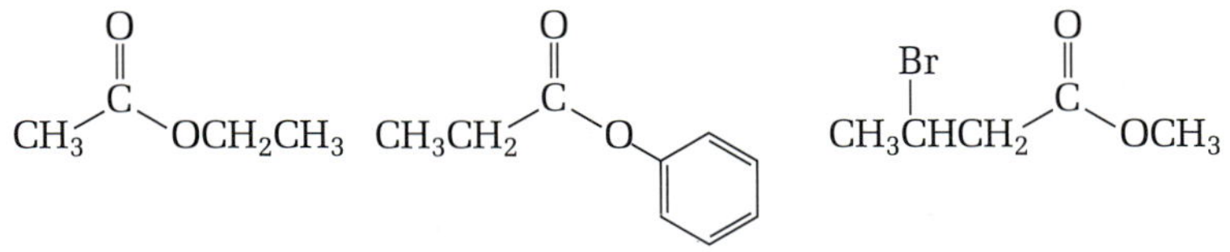

systematischer Name:	**Ethansäureethylester**	**Propansäurephenylester**	**3-Brombutansäuremethylester**
Trivialname:	**Ethylacetat**	**Phenylpropionat**	**Methyl β-brombutyrat**

Ü 1* Die Aromen von Blüten und Früchten werden bestimmt durch viele Ester wie diejenigen, die in diesem Problem gezeigt sind. Wie lauten die Trivialnamen dieser Ester?

(a) 

Jasmin

(b) 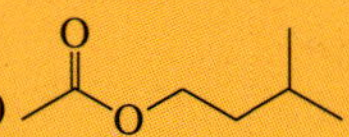

Banane

(c) 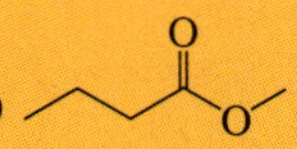

Apfel

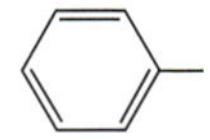

eine Phenylgruppe

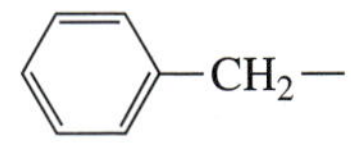

eine Benzylgruppe

Die Salze der Carbonsäuren werden in analoger Weise benannt. Zuerst wird das Kation genannt, dann das Anion; an den Namen des der Carbonsäure zugrunde liegenden Kohlenwasserstoffs wird die Endung „-oat" angefügt.

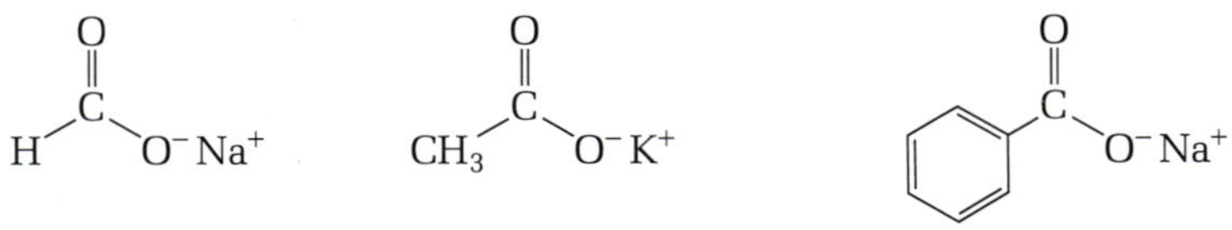

systematischer Name:	**Natriummethanoat**	**Kaliumethanoat**	**Natriumbenzolcarboxylat**
Trivialname:	**Natriumformiat**	**Kaliumacetat**	**Natriumbenzoat**

Häufig wird der Name der Kations ausgelassen.

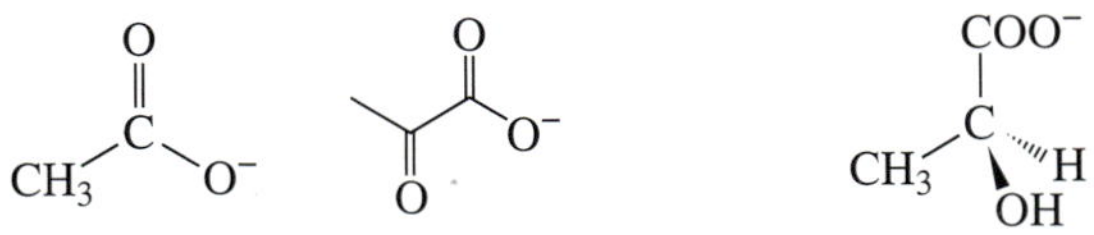

Acetat **Pyruvat** **(*S*)-(+)-Lactat**

Zyklische Ester heißen **Lactone**. In der systematischen Nomenklatur werden sie als 2-Oxacycloalkanone benannt. Ihre Trivialnamen leiten sich vom Trivialnamen der zugrunde liegenden Carbonsäure ab, der die Länge der Kohlenstoffkette angibt, und einem griechischen Buchstaben, der das Kohlenstoffatom angibt, an den der Carboxylsauerstoff gebunden ist (die Oxogruppe des Moleküls). Lactone mit viergliedrigen Ringen heißen daher β-Lactone, solche mit fünfgliedrigen Ringen γ-Lactone und solche mit einem Sechsring δ-Lactone.

2-Oxacyclohexanon	**3-Methyl-2-oxacyclohexanon**	**2-Oxacyclopentanon**	**3-Ethyl-2-oxacyclopentanon**
δ-Valerolacton	**δ-Caprolacton**	**γ-Butyrolacton**	**γ-Caprolacton**
ein δ-Lacton	**ein δ-Lacton**	**ein γ-Lacton**	**ein γ-Lacton**

Die Benennung von Amiden

Ein **Amid** weist anstelle der carboxylischen OH-Funktion eine NH_2-, NHR- oder NR_2-Gruppierung an dieser Stelle auf. Amide sind also Kondensationsprodukte aus Carbonsäuren mit Aminen. Sie werden benannt, indem man die Endung „-amid" an den Namen der zugrunde liegenden Säure anfügt. Die Trivialnamen leiten sich wieder von den latinisierten Namen der Carbonsäuren ab und verwenden griechische Buchstaben anstelle von Platzziffern für etwaige Substituenten.

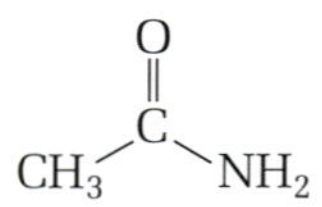

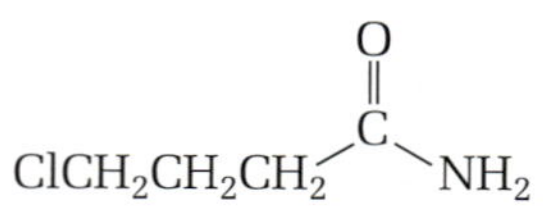

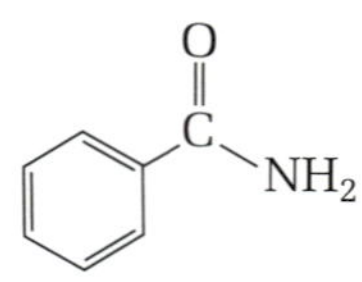

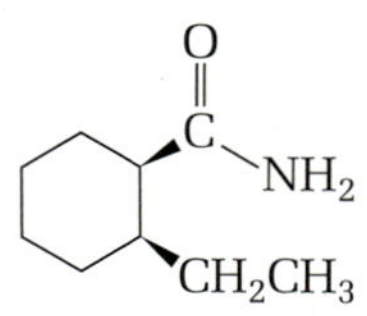

systematischer Name:	**Ethansäureamid**	**4-Chlorbutansäureamid**	**Benzolcarboxamid**	***cis*-2-Ethylcyclohexancarboxamid**
Trivialname:	**Acetamid**	**γ-Chlorbutyramid**	**Benzamid**	

Falls ein Substituent an ein Stickstoffatom gebunden ist, wird der Name des Substituenten zuerst genannt (falls es mehr als einen Substituenten gibt, werden diese in alphabetischer Reihenfolge angegeben), gefolgt vom Namen des Amids. Dem Namen jedes Substituenten geht der kursiv gesetzte Großbuchstabe *N* voraus, um anzuzeigen, dass der betreffende Substituent an das Amidstickstoffatom gebunden ist.

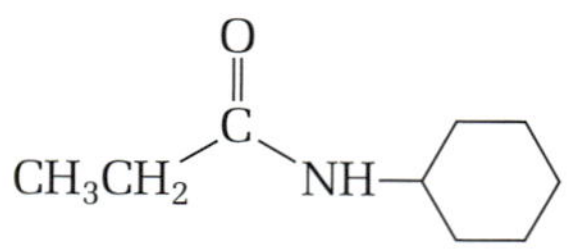

***N*-Cyclohexylpropanamid**

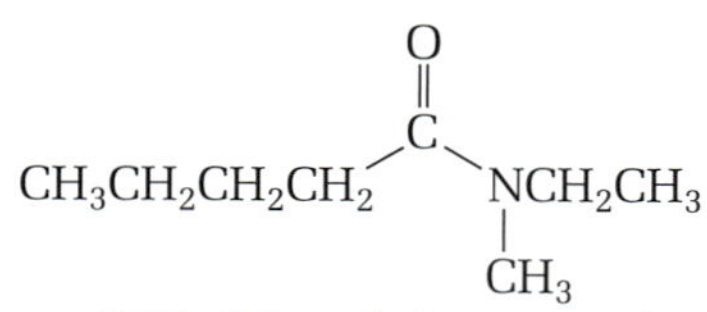

***N*-Ethyl-*N*-methylpentanamid**

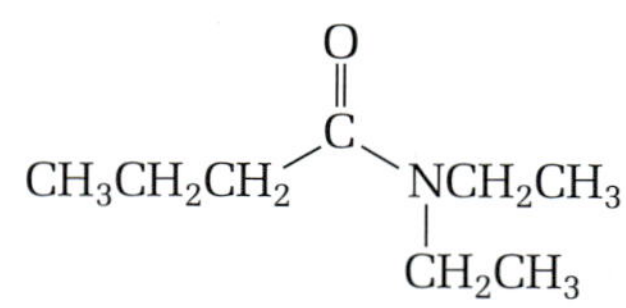

***N*,*N*-Diethylbutanamid**

Zyklische Amide heißen **Lactame**. Ihre Nomenklatur ist der der Lactone ähnlich. Systematisch werden sie als 2-Azacycloalkanone – also als heterozyklische Ketone – angesprochen (die Vorsible „aza" weist auf das Stickstoffatom hin). Bei den Trivialnamen der Lactame wird die Länge der Kohlenstoffkette durch den Trivialnamen der zugrunde liegenden Carbonsäure angegeben; griechische Buchstaben spezifizieren das Kohlenstoffatom, mit welchem das N-Atom verbunden ist.

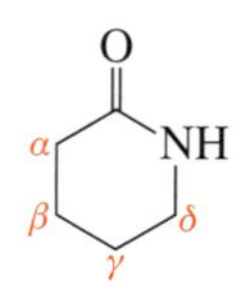

2-Azacyclohexanon
δ-Valerolactam
ein δ-Lactam

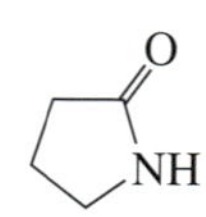

2-Azacyclopentanon
γ-Butyrolactam
ein γ-Lactam

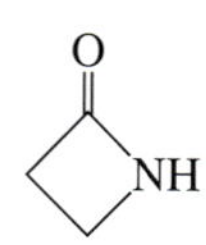

2-Azacyclobutanon
β-Propiolactam
ein β-Lactam

Ü 2* Benennen Sie die folgenden Verbindungen:

(a) 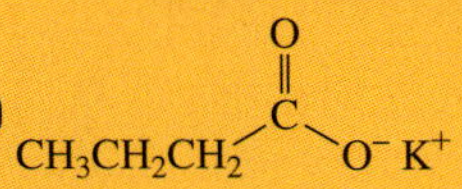

(d) 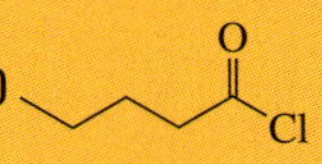

(g) 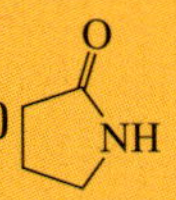

(b) 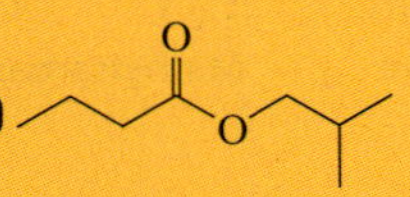

(e) 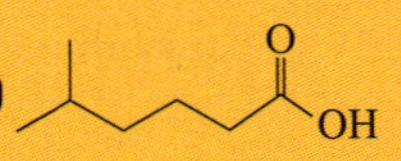

(h) 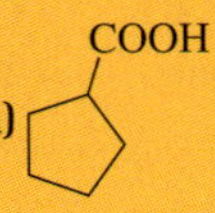

(c) 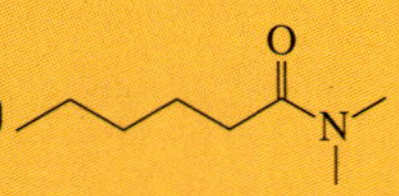

(f) 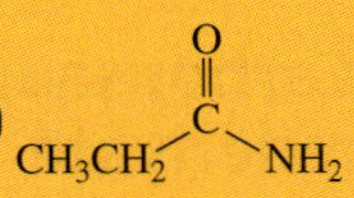

(i) 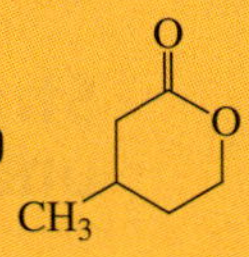

Ü 3 Zeichnen Sie die Strukturformeln der folgenden Verbindungen:

(a) Phenylacetat
(b) γ-Caprolactam
(c) Natriumformat
(d) *N*-Benzylethanamid
(e) γ-Methylcapronsäure
(f) β-Brombutyramid
(g) Ethyl-2-chlorpentanoat
(h) Cyclohexancarbonylchlorid
(i) α-Chlorvalerinsäure

HINTERGRUND

Ein natürliches Schlafmittel

Melatonin, ein natürlich vorkommendes Amid, ist ein Hormon, das von der Hirnanhangsdrüse aus der Aminosäure Tryptophan synthetisiert wird. Melatonin reguliert die circadiane Uhr im Gehirn, die physiologische Zustände wie den Wach-/Schlafzyklus, die Körpertemperatur und die Hormonbildung anderer Drüsen steuert.

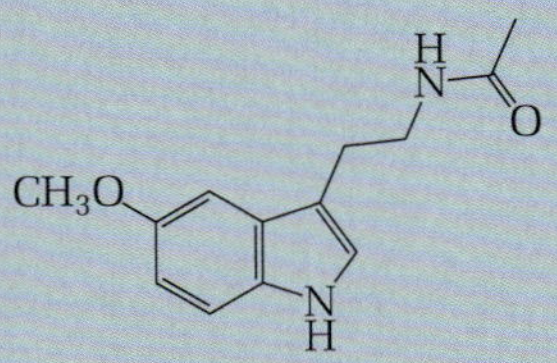

Melatonin

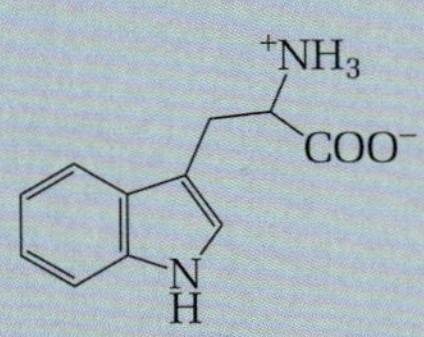

Tryptophan
eine Aminosäure

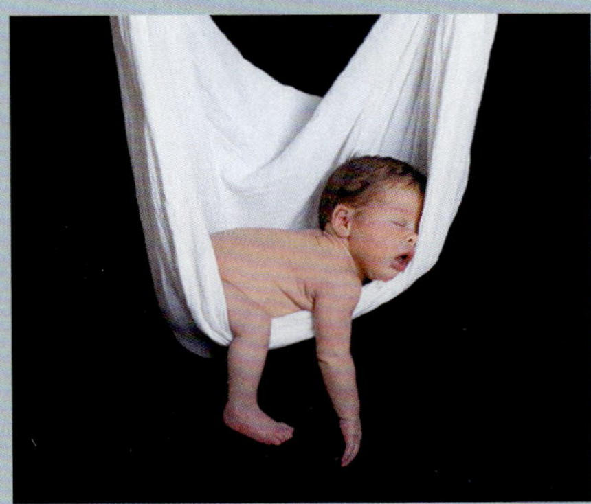

Die Melatoninmenge nimmt am Abend zur Nacht hin zu und nimmt dann zum Morgen hin wieder ab. Menschen mit hohen Melatoninkonzentrationen schlafen länger und tiefer als solche mit niedrigen.

Die Konzentration dieses Hormons schwankt mit dem Alter der Person: Sechsjährige besitzen eine etwa fünfmal höhere Melatoninkonzentration wie Achtzigjährige. Dies ist einer der Gründe, warum junge Menschen im Durchschnitt weniger Schlafprobleme haben als alte Menschen. Melatonin wird in manchen Fällen von Schlafstörung verabreicht, ebenso bei der Zeitzonenverschiebung bei schnellen Reisen („*jet lag*") und bei jahreszeitlich bedingten Gemütskrankheiten.

Carbonsäurederivate

Kohlensäure ist eine Verbindung mit zwei C—OH-Gruppen, die an einen Carbonylkohlenstoff gebunden sind. Diese Verbindung ist instabil, da sich die CO_2-Gruppe bereitwillig in eine H_2O-Gruppe umwandelt. Die Reaktion ist reversibel, sodass Kohlensäure gebildet wird, wenn CO_2 in Wasser gepumpt wird (Abschnitt 2.11).

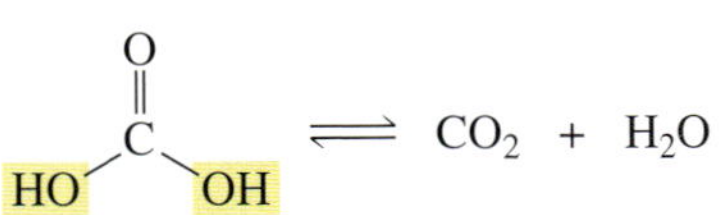

Kohlensäure

Die OH-Gruppen der Kohlensäure können, wie auch die OH-Gruppe einer Carbonsäure, durch andere Gruppen ersetzt werden.

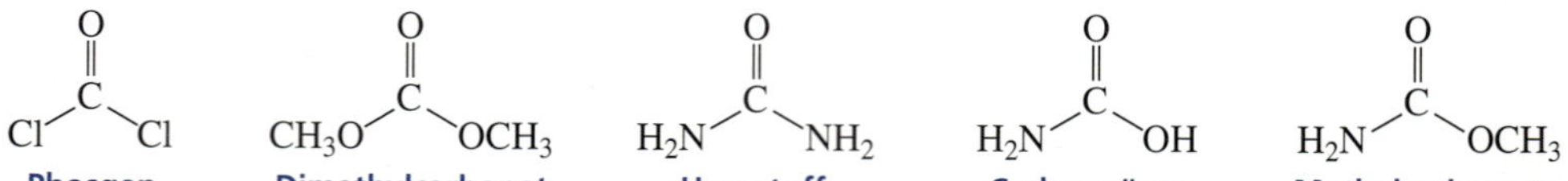

Strukturen der Carbonsäuren und Carbonsäurederivate 15.2

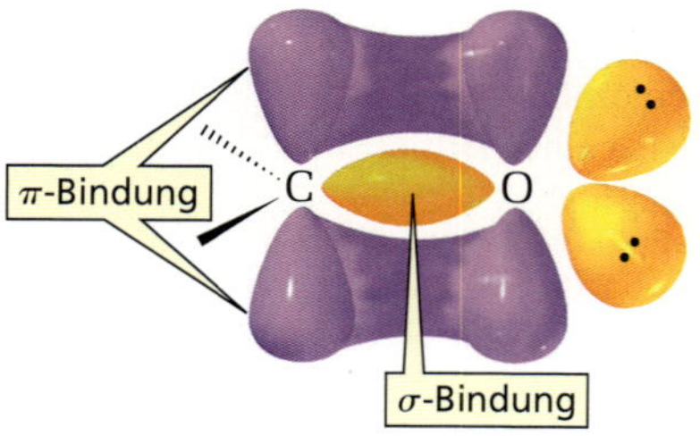

Abbildung 15.1: Die Bindungsverhältnisse in einer Carbonylgruppierung. Die π-Bindung bildet sich durch seitliche Überlappung eines *p*-Orbitals des Kohlenstoffatoms mit einem *p*-Orbital des Sauerstoffatoms.

Das **Carbonylkohlenstoffatom** in Carbonsäuremolekülen und Carbonsäurederivaten ist sp^2-hybridisiert. Es setzt seine drei sp^2-Orbitale ein, um σ-Bindungen zum Carbonylsauerstoffatom, dem α-Kohlenstoffatom und einem Substituenten (Y) auszubilden. Die drei Atome, die an das Carbonylkohlenstoffatom gebunden sind, liegen in derselben Ebene und weisen Bindungswinkel von etwa 120° zueinander auf.

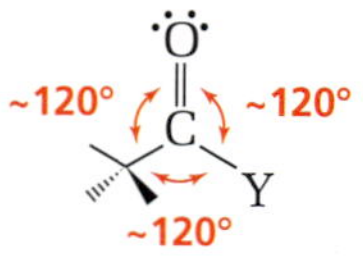

Das **Carbonylsauerstoffatom** ist ebenfalls sp^2-hybridisiert. Eines seiner drei sp^2-Orbitale bildet eine σ-Bindung mit dem Carbonylkohlenstoffatom, und jedes der beiden verbleibenden sp^2-Orbitale enthält ein freies Elektronenpaar. Das verbleibende *p*-Orbital des Carbonylsauerstoffatoms überlappt mit dem verbliebenen *p*-Orbital des Carbonyl-C-Atoms unter Bildung einer π-Bindung (▶ Abbildung 15.1).

Ester, Carbonsäuren und Amide besitzen jeweils zwei wesentliche mesomere Grenzstrukturen. Die mesomere Grenzformel rechts ist die für Säurechloride und Säureanhydride weniger bedeutsame, sodass auf ihre Darstellung hier verzichtet wird.

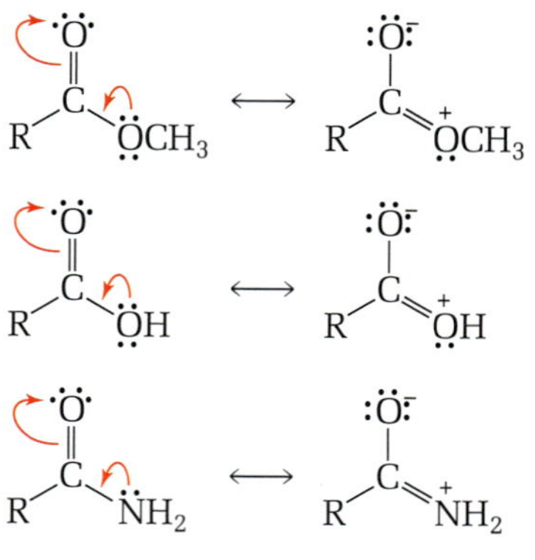

Der Resonanzkontributor auf der rechten Seite leistet nur einen unwesentlichen Beitrag zu einem Acylchlorid (Abschnitt 15.5), sodass keine Notwendigkeit besteht, diesen zu zeigen.

Ü 4* Ist die Kohlenstoff-Sauerstoff-Einfachbindung in einem Carbonsäuremolekül oder in einem Alkoholmolekül länger? Warum?

Ü 5* Im Essigsäuremethylestermolekül gibt es drei Kohlenstoff-Sauerstoff-Bindungen.

(a) Wie verhalten sich deren relative Längen?

(b) Wie verhalten sich die im Infraroten liegenden Streckfrequenzen dieser Bindungen?

Ü 6* Welches Aussage ist korrekt?

A. Die Delokalisierungsenergie eines Esters beträgt in etwa 18 kcal/mol und die Delokalisierungsenergie eines Amids beträgt in etwa 10 kcal/mol.

B. Die Delokalisierungsenergie eines Esters beträgt in etwa 10 kcal/mol und die Delokalisierungsenergie eines Amids beträgt in etwa 18 kcal/mol.

Physikalische Eigenschaften von Carbonylverbindungen **15.3**

Die sauren Eigenschaften der Carbonsäuren waren Gegenstand der Diskussion in den Abschnitten 2.3 und 8.9. Erinnern Sie sich, dass Carbonsäuren pK_S-Werte im Bereich von ungefähr 5 haben.

Siedepunkte

Carbonylverbindungen zeigen die folgende Reihenfolge von Siedepunkten:

Relative Siedepunkte

Amide > Carbonsäuren > Nitrile >> Ester ~ Acylchloride ~ Ketone ~ Aldehyde

Die Siedepunkte von Estern, Säurechloriden, Aldehyden und Ketonen sind (bei vergleichbarer Molmasse) ähnlich und *niedriger* als der Siedepunkt eines ungefähr massegleichen Alkohols, da von den genannten Verbindungsgruppen nur die Alkohole wirkungsvoll Wasserstoffbrückenbindungen auszubilden vermögen. Die Siedepunkte der genannten Carbonylverbindungsklassen liegen wegen der polaren Carbonylgruppe *höher* als die von Ethern vergleichbarer Molmassen.

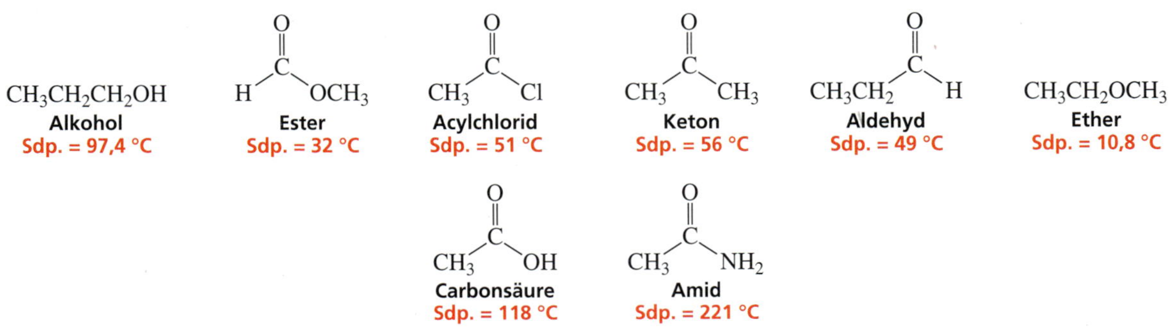

Die Carbonsäuren haben relativ hohe Siedepunkte, weil sie zwischenmolekulare Wasserstoffbrückenbindungen ausbilden, die ihnen größere effektive Molmassen verleihen.

Amide haben die höchsten Siedepunkte, weil sie starke Dipol-Dipol-Wechselwirkungen zeigen, da die mesomere Grenzstruktur mit getrennten Ladungen (Zwitterion) in beträchtlichem Ausmaß zur Gesamtstruktur der Verbindung beiträgt (Abschnitt 15.2). Außerdem bilden sich H-Brücken zwischen den Molekülen aus, falls das N-Atom eines Amids an ein Wasserstoffatom gebunden ist. Die starken Dipol-Dipol-Wechselwirkungen eines Nitrils verleihen ihm einen Siedepunkt, der mit dem eines Alkohols vergleichbar ist.

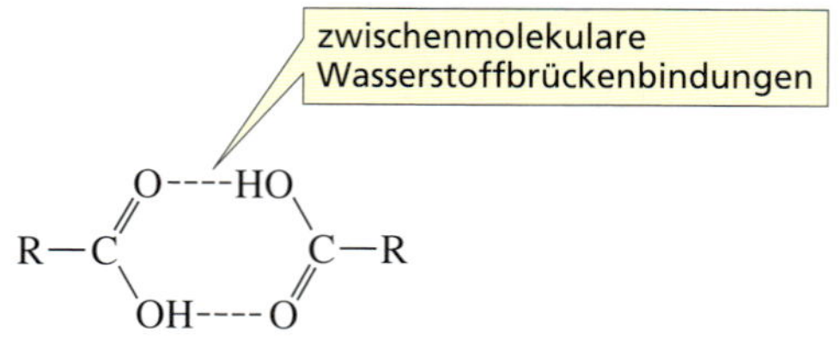

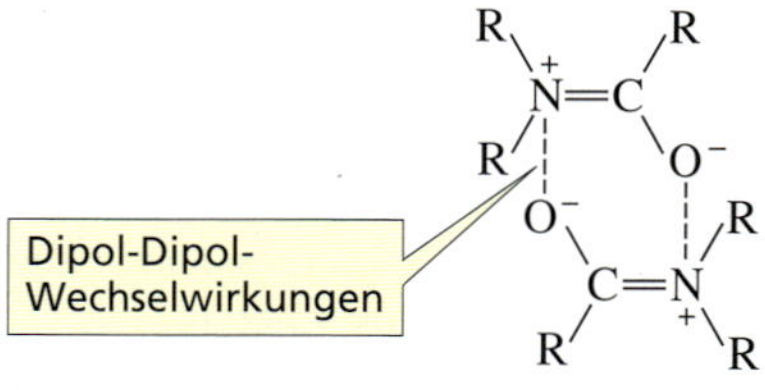

Löslichkeit

Carbonsäurederivate sind in Lösungsmitteln wie Ethern, Chloralkanen und aromatischen Kohlenwasserstoffen löslich. Wie Alkohole und Ether sind Carbonylverbindungen mit weniger als vier C-Atomen in jedem Verhältnis mit Wasser mischbar.

Ester, *N,N*-disubstituierte Amide und Nitrile werden oft als Lösungsmittel eingesetzt, weil sie polar sind, aber keine reaktiven OH- oder NH_2-Gruppen aufweisen. Wir haben gesehen, dass Dimethylformamid (DMF) ein gebräuchliches polares, aprotisches Lösungsmittel ist (Abschnitt 9.2).

Wie Carbonsäuren und Carbonsäurederivate reagieren 15.4

Die Reaktivität der Carbonylverbindungen wird durch die Polarität der Carbonylgruppe bestimmt, die sich daraus ergibt, dass Sauerstoff elektronegativer ist als Kohlenwasserstoff. Der Carbonylkohlenstoff ist daher ein Elektrophil und reagiert mit Nucleophilen.

Bildung einer tetraedrischen Zwischenstufe

Wenn sich ein Nucleophil an den Carbonylkohlenstoff eines Carbonsäurederivats anheftet, bricht die schwächste Bindung des Moleküls auf (dies ist die π-Bindung) und es bildet sich ein Intermediat. Dieses wird als **tetraedrisches Intermediat** bezeichnet, da der sp^2-Kohlenstoff des Reaktanten in der Zwischenstufe zu einem sp^3-Kohlenstoff geworden ist (das heißt, ein tetraedrisches Kohlenstoffatom).

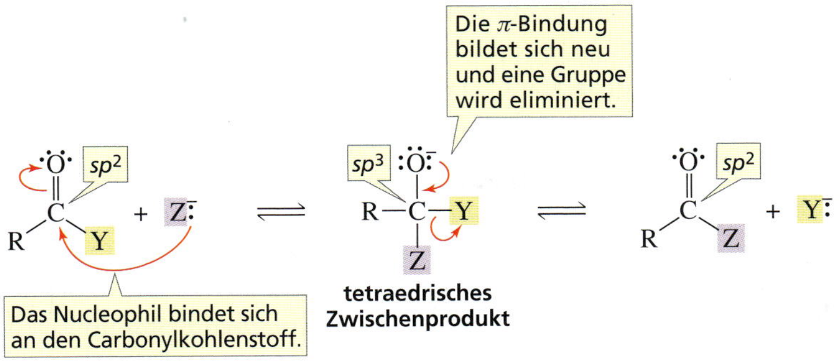

MERKE!

Eine Verbindung, die mit einem *sp*³-Kohlenstoff an ein Sauerstoffatom gebunden ist, ist im Allgemeinen instabil, wenn der *sp*³-Kohlenstoff an ein anderes elektronegatives Atom gebundenen ist.

Die tetraedrische Verbindung ist ein Zwischenprodukt und kein Endprodukt, da diese nicht stabil ist. Im Allgemeinen *ist eine Verbindung, die einen* sp^3*-Kohlenstoff an ein Sauerstoffatom gebunden hat, instabil, wenn der* sp^3*-Kohlenstoff an ein anderes elektronegatives Atom gebunden ist.* Das tetraedrische Zwischenprodukt ist instabil, da sowohl Y als auch Z elektronegative Atome sind. Ein freies Elektronenpaar die π-Bindung bildet am Sauerstoffatom neu aus, und dadurch wird entweder Y^- oder Z^- zusammen mit dessen Bindungselektronen eliminiert. (Hier wird gezeigt, wie Y^- eliminiert wird.)

Die schwächere Base wird aus dem tetraedrischen Zwischenprodukt eliminiert

Ob Y^- oder Z^- aus dem tetraedrischen Zwischenprodukt entfallen, hängt von der relativen Basizität ab. Vorzugsweise wird die schwächere Base eliminiert, sodass dies ein weiteres Beispiel für das Prinzip, welches wir zuerst in Abschnitt 9.2 gelernt haben, ist: wenn man zwei Basen der gleichen Verbindungsart miteinander vergleicht, ist *die schwächere Base eine bessere Abgangsgruppe.* Da eine schwache Base ihre Elektronen nicht so gut wie eine starke Basis teilen kann, bildet eine schwächere Base eine schwächere Bindung, die leichter aufzubrechen ist.

Wenn Z^- eine schwächere Base als Y^- ist, dann wird Z^- aus der Verbindung eliminiert.

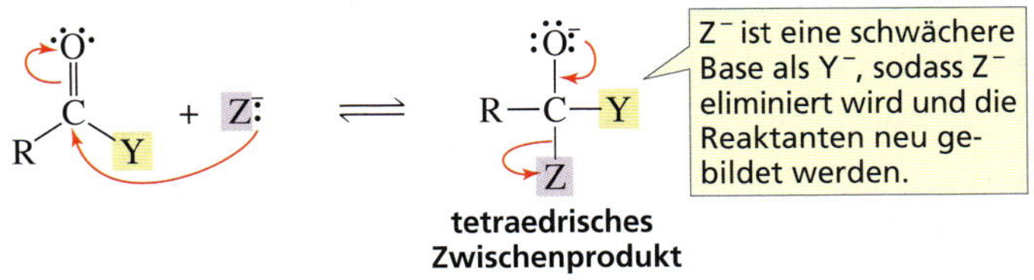

MERKE!

Je schwächer die Base, desto besser eignet sich diese als Abgangsgruppe.

In diesem Fall wird kein neues Produkt gebildet. Das Nucleophil fügt sich an den Carbonylkohlenstoff an, das tetraedrische Zwischenprodukt eliminiert jedoch das Nucleophil und bildet den Reaktanten neu.

Falls jedoch Y^- eine schwächere Base als Z^- ist, dann wird Y^- beseitigt und ein neues Produkt wird gebildet.

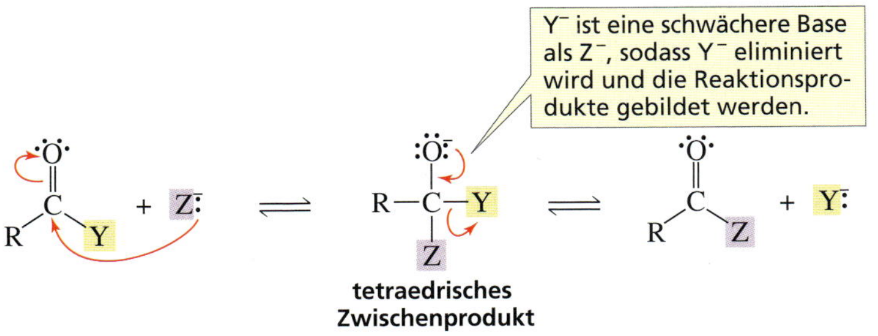

Diese Reaktion ist eine **nucleophile Acylsubstitutionsreaktion**. Ein Nucleophil (Z^-) ersetzt den Substituenten (Y^-), welcher an die Acylgruppe des Reaktanten gebunden war. Diese Reaktion wird auch als **Acyltransferreaktion** bezeichnet, da eine Acylgruppe von einer Gruppe zur anderen übertragen wird. Chemiker*innen nennen diese Reaktion oft auch **nucleophile Additions-Eliminierungsreaktion**, da sich ein Nucleophil an die Carbonylgruppe bindet und so ein tetraedrisches Zwischenprodukt bildet, woraufhin eine Gruppe aus dem tetraedrischen Zwischenprodukt eliminiert wird.

Falls die Basizitäten von Y^- und Z^- ähnlich sind, dann eliminieren einige der Moleküle des tetraedrischen Zwischenprodukts Y^- und andere eliminieren Z^-. Am Ende der Reaktion sind dann sowohl die Reaktanden als auch die Reaktionsprodukte vorhanden.

MERKE!

Carbonsäurederivate gehen nucleophile Substitutionsreaktionen ein, wenn die neu hinzugefügte Gruppe im tetraedrischen Zwischenprodukt nicht eine weniger schwache ist Base als die Gruppe, die an der Acylgruppe des Reaktanten anhaftet.

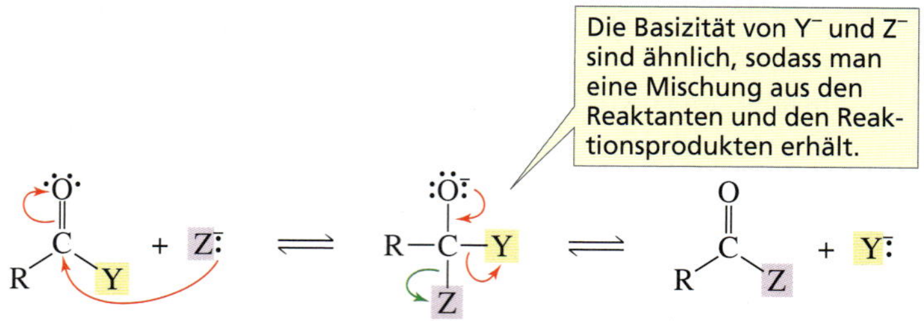

Wir können daher die folgende allgemeine Aussage über Reaktionen von Carbonsäurederivaten formulieren:

Ein Carbonsäurederivat geht eine nucleophile Acylsubstitutionsreaktion ein, wenn die neu hinzugefügte Gruppe im tetraedrischen Zwischenprodukt nicht eine weniger schwache Base ist als die Gruppe, die an der Acylgruppe des Reaktanten anhaftet.

Die restlichen Abschnitte dieses Kapitels zeigen konkrete Beispiele dieses allgemeinen Prinzips. Daher können Sie jederzeit das Ergebnis der Reaktionen von Carbonsäuren und Carbonsäurederivaten bestimmen, indem Sie sich das tetraedrische Zwischenprodukt ansehen und sich in Erinnerung rufen, dass die schwächere Base vorzugsweise eliminiert wird (Abschnitt 15.4).

Vergleich von nucleophilen Acylsubstitutionen mit nucleophilen Substitutionen

Nun vergleichen wir zweistufige nucleophile Substitutionsreaktionen, die in einer einstufigen S_N2-Reaktion ablaufen.Wenn ein elektrophiles Kohlenstoffatom durch eine nucleophile Attacke angegriffen wird, bricht die schwächste Bindung im Molekül auf. Die schwächste Bindung in einer S_N2-Reaktion ist die Bindung der Abgangsgruppe, sodass diese die Bindung ist, welche im ersten und einzigen Reaktionsschritt aufbricht (Abschnitt 9.1). Im Gegensatz dazu ist die schwächste Bindung in einer nucleophilen Acylsubstitution die π-Bindung, sodass diese Bindung im ersten Schritt aufbricht und daraufhin die Abgangsgruppe im nachfolgenden Reaktionsschritt eliminiert wird.

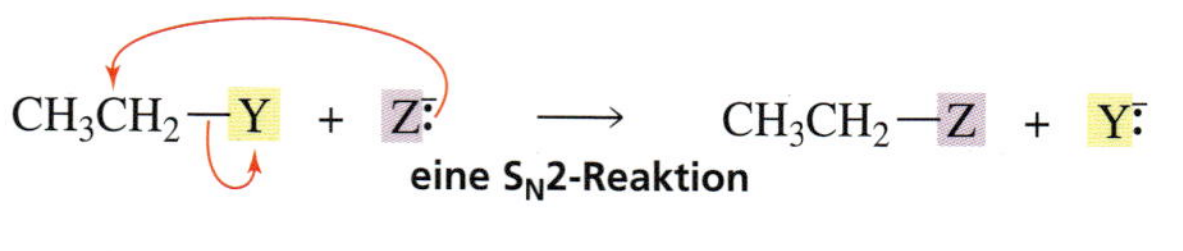

eine S_N2-Reaktion

STRATEGIEN ZUR PROBLEMLÖSUNG

■ Durch die Basizität das Ergebnis einer nucleophilen Substitutionsreaktionen vorhersagen

Was ist das Produkt der Reaktion von Acetylchlorid mit CH_3O^-? Der pK_S-Wert von HCl ist –7; der pK_S-Wert von CH_3OH ist 15.5.

Um das Produkt der Reaktion zu identifizieren, müssen wir die Basizität der beiden Gruppen in der tetraedrischen Zwischenstufe vergleichen. Daraus können wir bestimmen, welche Gruppe in der Reaktion beseitigt wird. Da HCl eine stärkere Säure als CH_3OH ist, ist Cl^- eine schwächere Base als CH_3O^-. Daher wird Cl^- aus dem tetraedrischen Zwischenprodukt eliminiert und das Reaktionsprodukt ist Methylacetat..

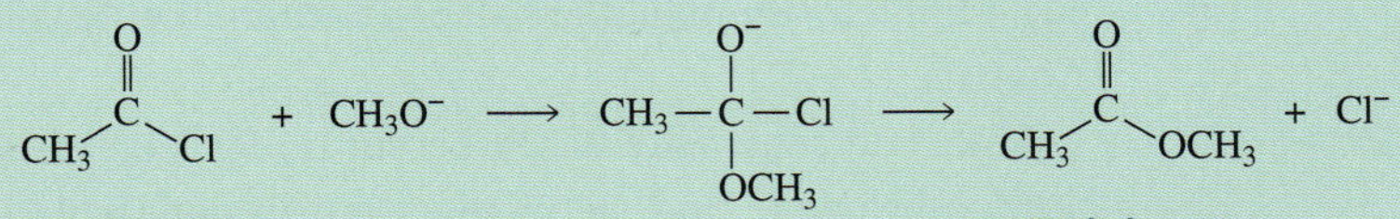

Acetylchlorid Methylacetat

Ü 7*

(a) Was ist das Produkt der Reaktion von Acetylchlorid mit HO^-? Der pK_S-Wert von HCl ist –7; H_2O hat hingegen einen pK_S-Wert von 15,7.

(b) Was ist das Produkt der Reaktion von Acetamid mit HO^-? Der pK_S-Wert von NH_3 beträgt 36; H_2O hat hingegen einen pK_S-Wert von 15,7.

Ü 8* Was ist das Produkt einer Substitutionsreaktion – ein neues Carbonsäurederivat, eine Mischung aus zwei Carbonsäurederivaten oder findet keine Reaktion statt – wenn die neue Gruppe des tetraedrischen Zwischenprodukts die folgende ist?

(a) eine stärkere Base als der an die Acylgruppe gebundene Substituent.

(b) eine schwächere Base als der an die Acylgruppe gebundene Substituent.

(c) eine Gruppe, die in ihrer Basizität dem an die Acylgruppe gebundenen Substituenten ähnelt.

Relative Reaktivitäten der Carbonsäuren und Carbonsäurederivate 15.5

Wir haben soeben gelernt, dass eine nucleophile Acylsubstitution zwei Schritte umfasst: Die *Bildung* einer tetraedrischen Zwischenstufe und der *Zerfall* dieses Zwischenproduktes. Je schwächer die an die Acylgruppe gebundene Base ist, desto leichter können *beide Reaktionsschritte* ablaufen. Die Reaktivität eines Carbonsäurederivates hängt mit anderen Worten vom Ausmaß des basischen Charakters des an die Acylgruppe gebundenen Substituenten ab (▶ Tabelle 15.1): Je weniger basisch der Substituent, desto reaktiver ist das betreffende Carbonsäurederivat.

Relative Basizitäten der Abgangsgruppen

schwächste Base $Cl^- < {}^-OC(=O)R < {}^-OR \sim {}^-OH < {}^-NH_2$ stärkste Base

Daher weisen Carbonsäurederivate die folgenden relativen Reaktivitäten auf.

Relative Reaktivitäten der Carbonsäurederivate

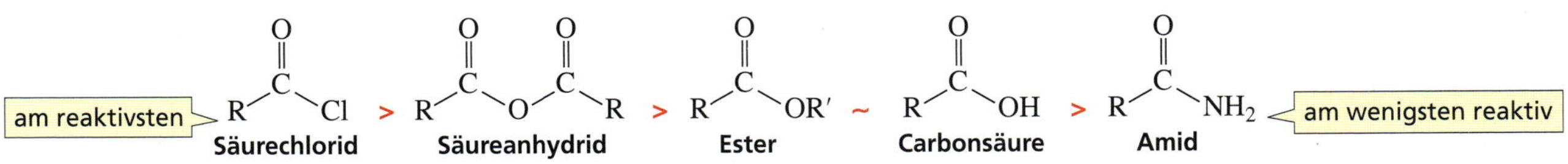

Eine schwache Base, welche den ersten Reaktionsschritt vereinfacht

Wie erleichtert eine schwach basische, an den Acylrest gebundene, Gruppierung den *ersten* Schritt der Reaktion? Zunächst ist eine schwache Base stärker elektronegativ als eine starke, das heißt, sie kann eine negative elektrische Ladung besser unterbringen. Schwächere Basen können daher erfolgreicher Elektronen induktiv vom Carbonylkohlenstoffatom abziehen. Der Elektronenzug erhöht die Empfänglichkeit des Carbonylkohlenstoffatoms für nucleophile Angriffe.

Während schwache Basen besser in der Lage sind, eine negative Ladung unterzubringen, sind sie weniger gut in der Lage, dies mit einer positiven elektrischen Ladung zu tun. Je geringer also der basische Charakter von Y ausgeprägt ist, desto kleiner ist der Beitrag einer mesomeren Grenzstruktur, in der Y eine positive Ladung trägt, und desto weniger wird das Carbonsäurederivat durch Elektronendelokalisation stabilisiert, und desto reaktiver wird es sein.

MERKE!

Relative Reaktivität:

Säurechlorid > Säureanhydrid > Ester > Carbonsäure > Amid

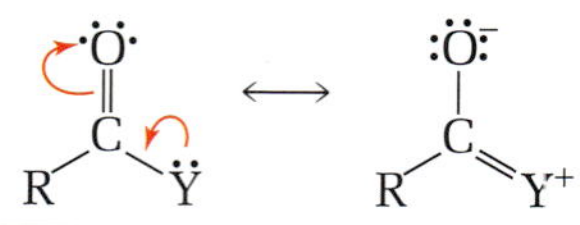

mesomere Grenzformeln eines Carbonsäurederivates

Ü 9*

(a) Bei welcher Verbindung weist die Streckschwingung der Carbonylgruppe die höchste Frequenz auf: Acetylchlorid, Methylacetat oder Acetamid?

(b) Bei welcher dieser Verbindungen weist die Streckschwingung der Carbonylgruppe die niedrigste Frequenz auf?

Eine schwache Base, welche den zweiten Reaktionsschritt vereinfacht

Eine schwache, an eine Acylgruppe gebundene Base erleichtert den *zweiten* Schritt der nucleophilen Acylsubstitution, weil schwache Basen, die schwache Bindungen ausbilden, leichter aus der tetraedrischen Zwischenstufe ausgestoßen werden können.

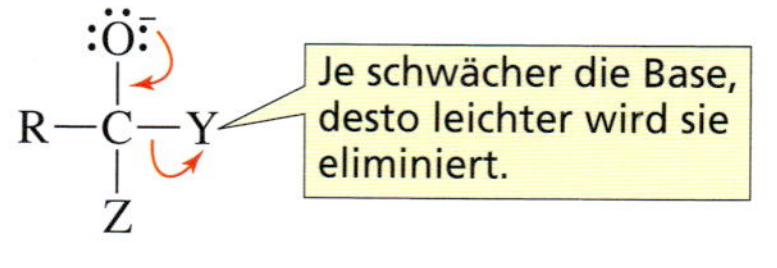

In Abschnitt 15.5 haben wir gelernt, dass bei einer nucleophilen Acylsubstitution das zur Ausbildung der tetraedrischen Zwischenstufe in das Molekül eintretende Nucleophil eine stärkere Base sein muss als die schon anwesende Base.

Das bedeutet, dass ein Carbonsäurederivat in ein weniger reaktives Carbonsäurederivat überführt werden kann, aber nicht in ein reaktiveres.

So kann etwa ein Säurechlorid in einen Ester überführt werden, da ein Alkoxidion (Alkoholation) eine stärkere Base ist als ein Chloridion.

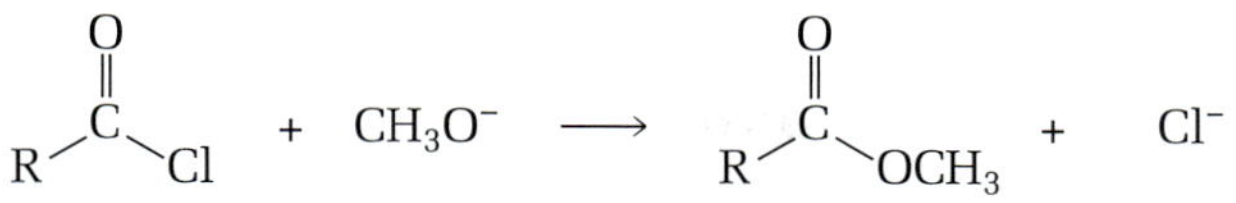

Ein Ester kann aber nicht in ein Acylchlorid umgewandelt werden, weil ein Chloridion eine sehr viel schwächere Base als ein Alkoxidion ist.

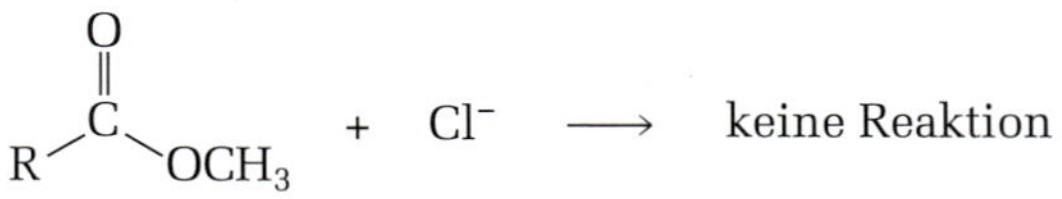

Reaktionskoordinatendiagramme für die nucleophile Substitution

Reaktionskoordinatendiagramme für nucleophile Acylsubstitutionsreaktionen mit nucleophilen von unterschiedlicher Basizität sind in ▶ Abbildung 15.2 unterhalb gezeigt. Hierbei steht TI für das tetraedrische Intermediat (Zwischenprodukt).

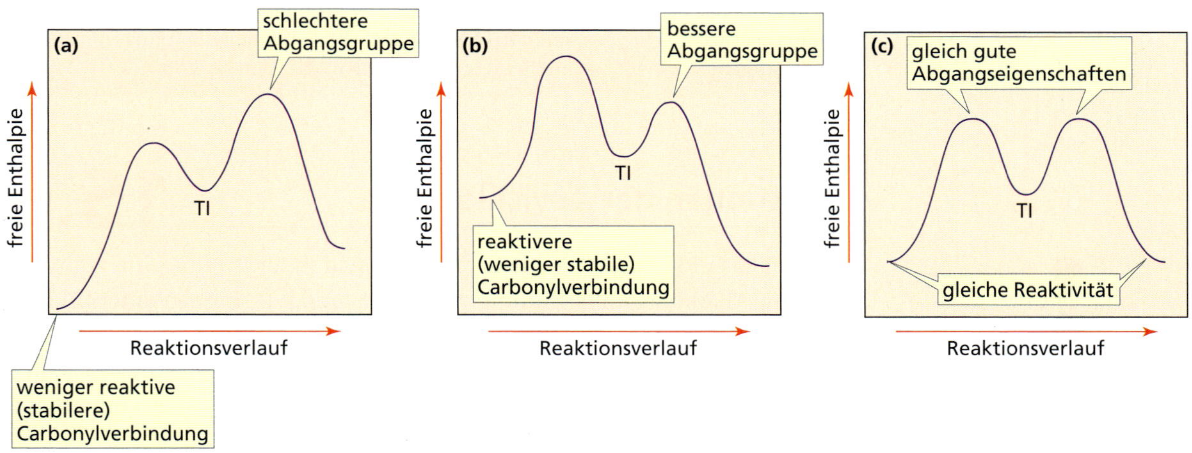

Abbildung 15.2: (a) Das Nucleophil ist eine schwächere Base als die an die Acylgruppe des Reaktanten gebundene Base. (b) Das Nucleophil ist eine stärkere Base als die an die Acylgruppe des Reaktanten gebundene Base. (c) Das Nucleophil und die an die Acylgruppe des Reaktanten gebundene Base weisen eine ähnliche Basizität auf.

- Zur Bildung einer reaktiveren Verbindung aus einer weniger reaktiven Verbindung muss die neue Gruppe im tetraedrischen Zwischenprodukt eine schwächere Base sein als die an die Acylgruppe des Reaktanten gebundene Base. Jedoch bewirkt der geringere Energieweg, dass die neu hinzugefügte Gruppe des tetraedrischen Zwischenprodukts (TI) eliminiert wird und die Reaktanten neu gebildet werden, sodass insgesamt keine Reaktion stattfindet (▶ Abbildung 15.2a).
- Zur Bildung eine weniger reaktiven Verbindung aus einer reaktiven Verbindung muss die neue Gruppe im tetraedrischen Zwischenprodukt eine stärkere Base sein als die an die Acylgruppe des Reaktanten gebundene Base. Der geringere Energieweg bewirkt, dass das tetraedrische Zwischenprodukt

(TI) die neue Gruppe an der Acylgruppe des Reaktanten eliminiert, sodass ein Substitutionsprodukt gebildet wird (► Abbildung 15.2b).

- Wenn der Reaktant und das Reaktionsprodukt ähnliche Reaktivitäten haben, dann weisen beide Gruppen im tetraedrischen Zwischenprodukt eine ähnliche Basizität auf. In diesem Fall kann das tetraedrische Zwischenprodukt jede der beiden Gruppe sehr leicht eliminieren, sodass sich ein Gemisch aus dem Reaktanten und dem Substitutionsprodukt ergibt (► Abbildung 15.2c).

Ü 10* Sagen Sie unter Verwendung der pK_S-Werte in ► Tabelle 15.1 die Produkte der folgenden Reaktionen voraus:

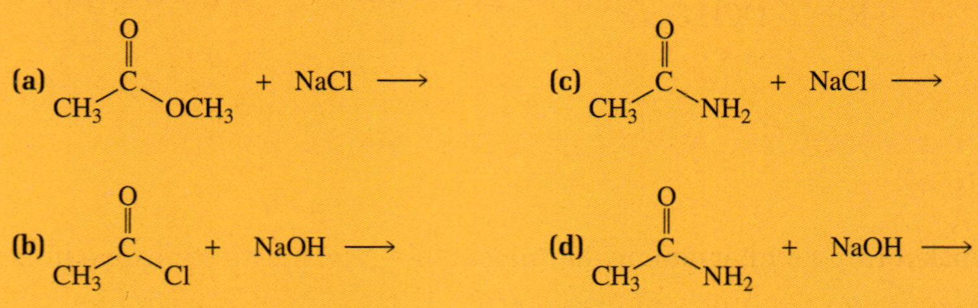

Ü 11* Ist die folgende Aussage wahr oder falsch?
Wenn die neu an das tetraedrische Zwischenprodukt hinzugefügte Gruppe eine stärkere Base ist als die Gruppe, die an der Acylgruppe auf dem Reaktant hängt, dann ist die Bildung des tetraedrischen Zwischenprodukts der geschwindigkeitsbestimmende Schritt in einer nucleophilen Acylsubstitutionsreaktion.

Reaktionen der Acylchloride 15.6

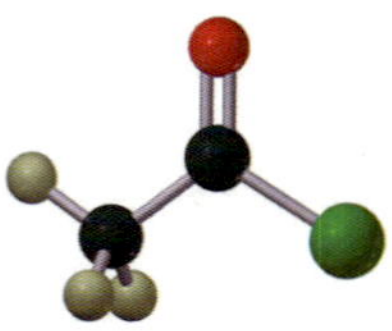

Acetylchlorid

Säurehalogenide reagieren mit Carboxylationen unter Bildung von Anhydriden, mit Alkoholen unter Bildung von Estern, und mit Aminen unter Bildung von Amiden, da in jedem Fall das eintretende Nucleophil eine stärkere Base ist als das das Molekül verlassende Halogenidion (► Tabelle 15.1). Beachten Sie, dass sowohl Alkohole als auch Phenol eingesetzt werden können, um Ester darzustellen.

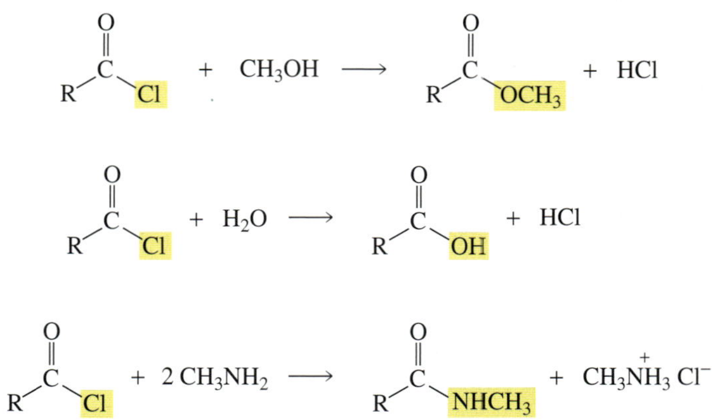

Alle Carbonsäurederivate gehen nucleophile Acylsubstitutionsreaktionen durch einen der beiden folgenden Mechanismen ein. Der nachfolgende Mechanismus hängt davon ab, ob das Nucleophil geladen ist oder ohne Ladung vorliegt.

Mechanismus der Überführung eines Säurechlorids in ein Säureanhydrid mit einem negativ geladenen Nucleophil

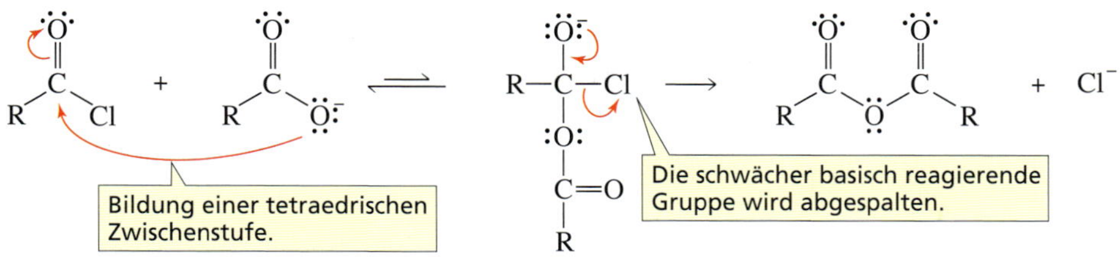

- Das nucleophile Carboxylation greift das Carbonylkohlenstoffatom des Säurechlorids an; dabei wird eine tetraedrische Zwischenstufe gebildet.
- Die tetraedrische Zwischenstufe stößt das Chloratom als Chloridion ab, weil es gegenüber dem Carboxylation die viel schwächere Base ist. Das Reaktionsprodukt ist ein Säureanhydrid.

Der nachfolgende Mechanismus weist einen zusätzlichen Schritt auf, weil das angreifende Nucleophil elektrisch neutral ist. Aus der tetraedrischen Zwischenstufe muss ein Proton abgestoßen werden, bevor sie die Abgangsgruppe eliminieren kann.

Mechanismus der Überführung eines Säurechlorids in ein Säureanhydrid mit einem ungeladenem Nucleophil

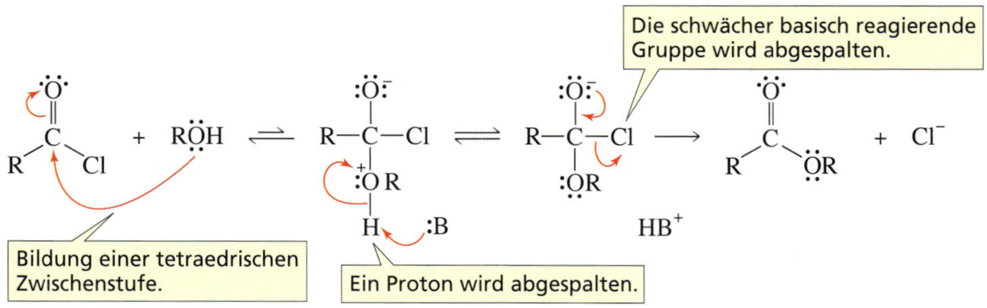

- Der nucleophile Alkohol greift das Carbonylkohlenstoffatom des Säurechlorids an; dabei wird eine tetraedrische Zwischenstufe gebildet.
- Da die protonierte Ethergruppierung eine starke Säure ist, wird von der tetraedrischen Zwischenstufe ein Proton abdissoziiert. Protonentransfer von und zu dem Sauerstoffatom sind diffusionskontrolliert, d. h. sie laufen sehr schnell ab. (:B repräsentiert jede Spezies in Lösung, die ein Proton abstrahieren kann.)
- Aus der deprotonierten tetraedrischen Zwischenstufe wird ein Chloridion ausgestoßen, weil das Chloridion gegenüber dem Alkoxidion eine viel schwächere Base ist.

> **MERKE!**
>
> **Die schwächere Base wird aus dem tetraedrischen Zwischenprodukt eliminiert.**

Die Reaktion eines Säurechlorids mit Ammoniak oder einem primären oder sekundären Amin führt zur Bildung eines Amids und HCl. Die bei dieser Reaktion gebildete starke Säure protoniert freie Ammoniak- und Aminmoleküle in der Reaktionslösung. Da ein protoniertes Amin nicht nucleophil ist, kann es nicht mit einem Säurechloridmolekül reagieren. Die Reaktion muss daher mit der doppelten molaren Menge Ammoniak oder Amin im Vergleich zum Säurechlorid durchgeführt werden, sodass eine genügende Zahl unprotonierter

Aminmoleküle zur Verfügung steht, um mit den Säurehalogenidmolekülen zu reagieren.

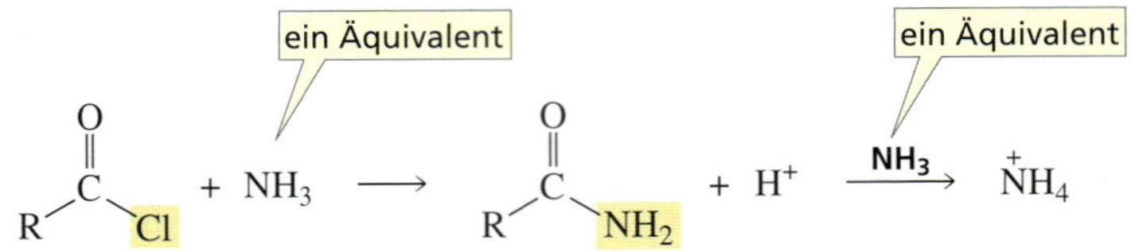

Ü 12 Sagen Sie unter Verwendung der pK_S-Werte in ▸ Tabelle 15.1 die Produkte der folgenden Reaktionen voraus:

(a) 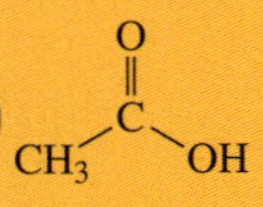

(c) 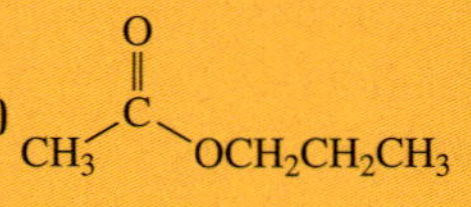

(e) 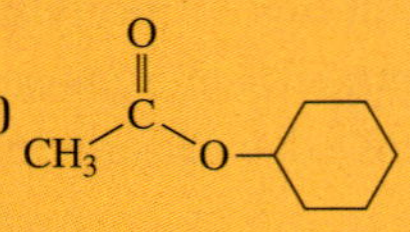

(b) 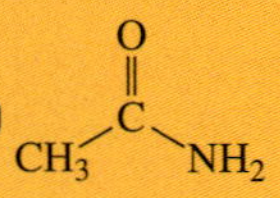

(d) 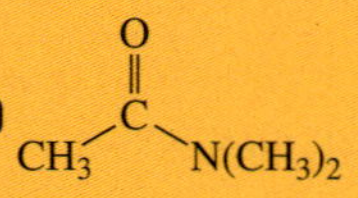

(f) 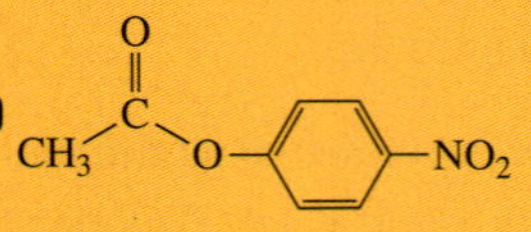

Ü 13 Schreiben Sie plausible Mechanismen für die folgenden Reaktionen nieder:

(a) Reaktion von Acetylchlorid mit Wasser unter Bildung von Essigsäure.

(b) Reaktion von Benzoylchlorid mit überschüssigem Methylamin unter Bildung von *N*-Methylbenzamid.

Ü 14 mit Lösung

(a) Man erhält aus der Reaktion von Acetylchlorid mit einem Gemisch aus Ethylamin und Propylamin zwei Amide. Identifizieren Sie diese Amide.

(b) Warum erhält man aus der Reaktion von Acetylchlorid mit einem Gemisch aus Ethylamin und Triethylamin nur ein Reaktionsprodukt?

Lösung zu 14 (a)

Jedes der beiden Amine kann mit dem Acetylchlorid reagieren, sodass sowohl *N*-Ethylacetamid als auch *N*-Propylacetamid gebildet werden.

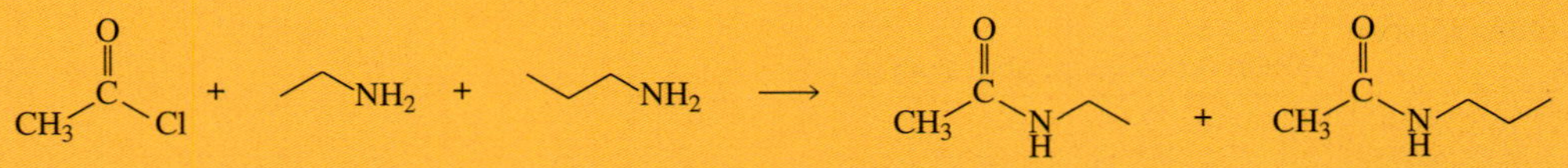

N-Ethylacetamid *N*-Propylacetamid

Lösung zu 14 (b)

Anfänglich werden zwei Amide gebildet. Das durch Triethylamin gebildete Amid ist sehr reaktiv, weil es eine positive Ladung am *N*-Atom trägt, was es zu einer ausgezeichneten Abgangsgruppe macht. Es wird daher unmittelbar mit Ethylamin reagieren, sodass nur *N*-Ethylacetamid als einziges Reaktionsprodukt gebildet wird.

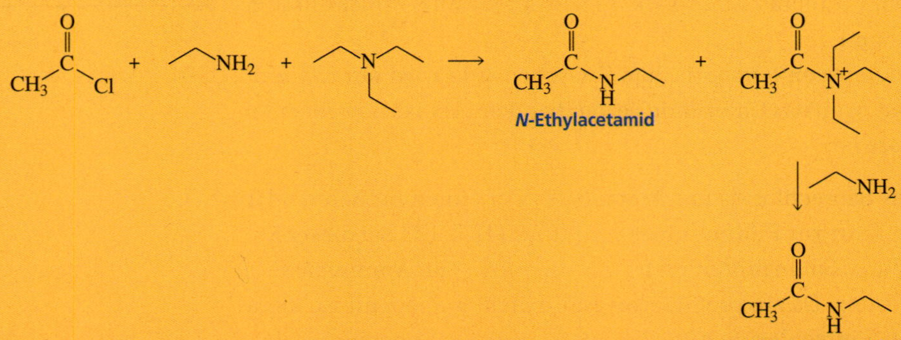

N-Ethylacetamid

N-Ethylacetamid

Reaktionen der Ester 15.7

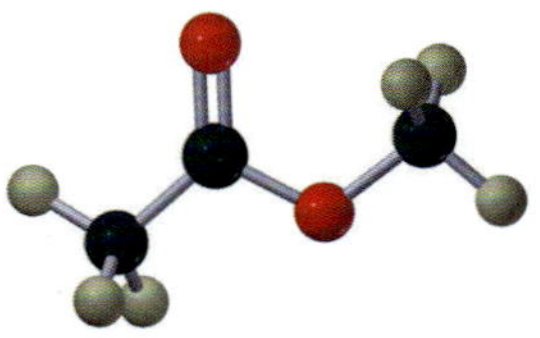

Essigsäuremethylester

Ester reagieren mit Halogenid- oder Carboxylationen nicht, weil diese Nucleophile schwächere Basen sind als die Abgangsgruppe RO^- des Estermoleküls; sie würden daher aus dem tetraedrischen Intermediat wieder ausgestoßen (► Tabelle 15.1).

Ein Ester reagiert mit Wasser unter Bildung einer Carbonsäure und eines Alkohols. Dies ist ein weiteres Beispiel für eine **Hydrolyse**. Eine Hydrolyse ist eine chemische Reaktion, bei der Wasser eine Verbindung in zwei Verbindungen überführt (*lysis*, gr. „Spaltung"/„Auflösung").

eine Hydrolyse

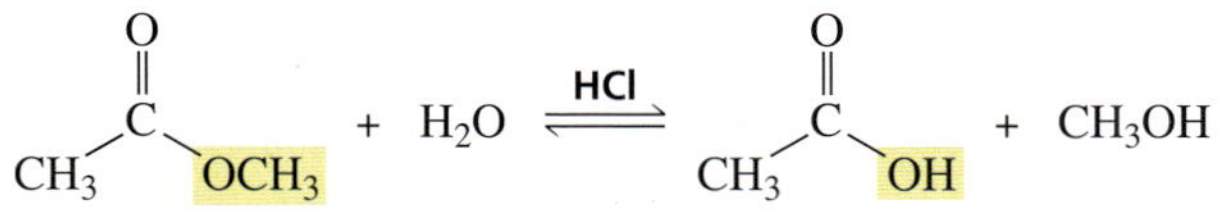

Ein Ester reagiert mit einem Alkohol unter Bildung eines neuen Esters und eines neuen Alkohols. Dies ist ein Beispiel für eine **Alkoholyse**. Diese spezielle Form der Alkoholyse wird auch als **Umesterung** bezeichnet, weil durch sie ein Ester in einen anderen überführt wird.

eine Umesterung

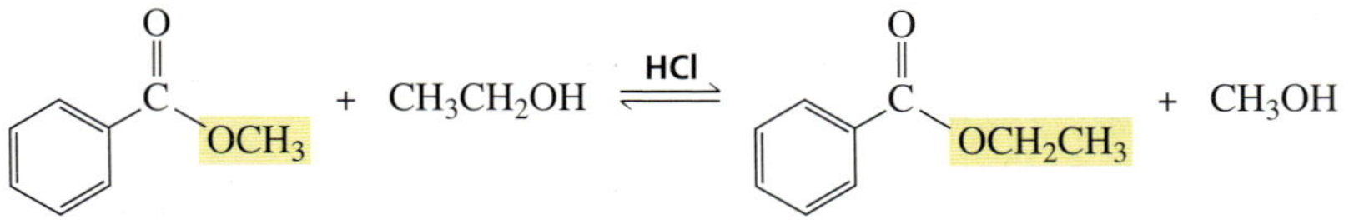

Sowohl die Hydrolyse als auch die Alkoholyse eines Esters sind sehr langsam verlaufende Reaktionen, da Wasser und Alkohole schlechte Nucleophile sind und die Ester basische Abgangsgruppen haben. Diese Reaktionen werden daher immer mit Unterstützung von Katalysatoren durchgeführt. Sowohl die Hydro- als auch die Alkoholyse eines Esters werden durch Brønsted-Säuren katalysiert (Abschnitt 15.10). Die Hydrolysegeschwindigkeit kann auch durch eine Brønsted-Base (Hydroxidionen) erhöht werden (Abschnitt 15.11). Die Geschwindigkeit der Alkoholyse lässt sich durch die konjugierte Base des reagierenden Alkohols (das Alkoholat, RO^-) beschleunigen.

Ester reagieren mit Aminen zu Amiden. Eine Reaktion mit einem Amin, die zum Zerfall der Ausgangsverbindungen in zwei Produkte führt, wird als **Aminolyse** bezeichnet. Beachten Sie, dass die Aminolyse eines Esters nur ein Moläquivalent des Amins erfordert – anders als die Aminolyse eines Säurehalogenids oder eines Säureanhydrids, die je zwei Moläquivalente erfordern (Abschnitt 15.6). Dies ist darauf zurückzuführen, dass die Abgangsgruppe eines Esters (RO^-) basischer ist als die des Amins, sodass das Alkoxidion anstelle des freien Amins in der Lösung das abgespaltene Proton aufnimmt.

eine Aminolyse

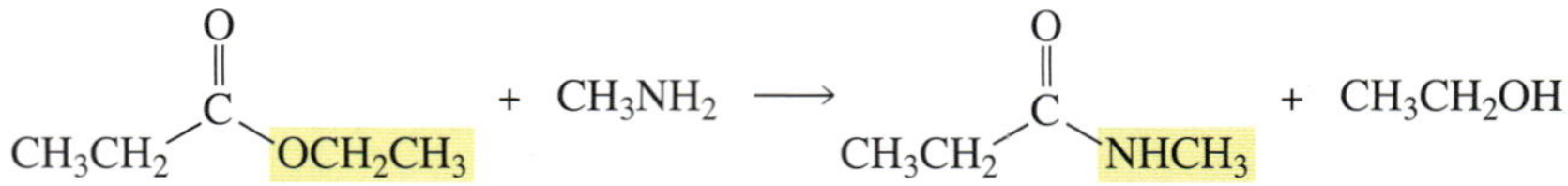

Propansäureethylester — *N*-Methylpropansäureamid

Die Reaktion eines Esters mit einem Amin verläuft nicht so langsam wie die eines Esters mit Wasser oder Alkohol, da ein Amin ein besseres Nucleophil ist. Das ist ein glücklicher Umstand, denn die Reaktion von Ester und Amin kann nicht durch eine Säure katalysiert werden. Die Säure würde das Amin protonieren, und protonierte Amine sind nicht nucleophil. Die Reaktionsgeschwindigkeit kann jedoch durch Hitze erhöht werden.

Ü 15* Beginnend mit Methylacetat, welches neutrale Nucleophil würden Sie jeweils verwenden, um die folgenden Verbindungen zu synthetisieren?
(a) Ethylacetat **(b)** Acetamid **(c)** Phenylacetat **(d)** Benzylacetat

Ü 16* Wir haben gesehen, dass es notwendig ist, überschüssiges Amin in der Reaktion eines Acylchlorids mit einem Amin zu verwenden. Erklären Sie, weshalb es nicht notwendig ist, überschüssigen Alkohol in der Reaktion eines Acylchlorids mit einem Alkohol zu verwenden.

Ü 17 Schreiben Sie einen plausiblen Reaktionsmechanismus für die folgenden Reaktionen nieder:
(a) die nichtkatalysierte Hydrolyse von Propansäuremethylester.
(b) die Aminolyse von Ameisensäurephenylester mit Methylamin.

Ü 18* mit Lösung
Ordnen Sie die folgenden Verbindungen in der Reihenfolge abnehmender Reaktivität gegen Hydrolyse:

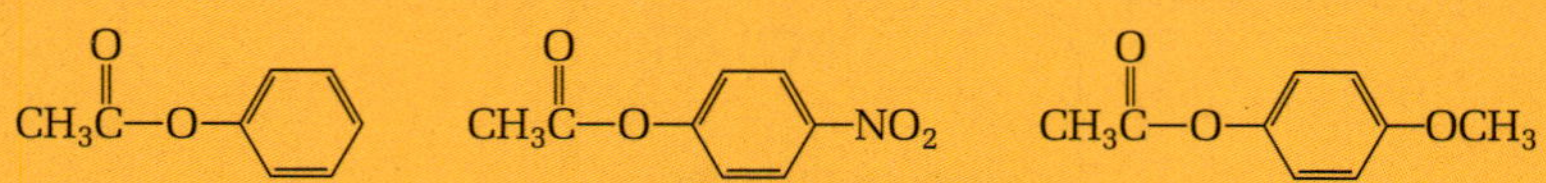

Lösung

Wir wissen, dass die Reaktivität eines Carbonsäurederivats von der Basizität der Gruppe, die an die Acylgruppe gebunden ist, abhängt – je schwächer die Base, desto einfacher können beide Schritte der Reaktion ablaufen (Abschnitt 15.6). Jetzt müssen wir also die Basizität der drei Phenolationen vergleichen.

Das nitrosubstituierte Phenolation ist die schwächste Base, da die Nitrogruppe Elektronen induktiv und durch Resonanz abzieht, was die Konzentration der negativen Ladung auf dem Sauerstoff verringert. Das methoxysubstituierte Phenolation ist die stärkste Base, da die Methoxygruppe Elektronen durch Resonanz stärker spendet als dass sie Elektronen induktiv zurückzieht. Also ist die Konzentration von negativer Ladung auf dem Sauerstoffatom erhöht. Daher haben die drei Ester die folgende relative Reaktivität für eine Hydrolyse:

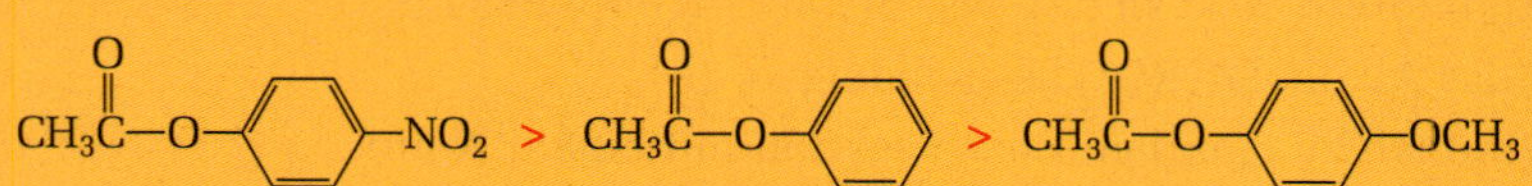

Ü 19* Welcher Ester Hydrolysiert jeweils schneller?
(a) Methylacetat oder Phenylacetat? **(b)** Phenylacetat oder Benzylacetat?

Ü 20*
(a) Benennen Sie drei Faktoren, die dazu beitragen, dass die nichtkatalysierte Esterhydrolyse eine so langsam verlaufende Reaktion ist.
(b) Verläuft die Hydrolyse eines Esters langsamer als die Aminolyse desselben Esters, oder verläuft sie rascher?

Säurekatalysierte Esterhydrolyse und Umesterung 15.8

Wir haben gelernt, dass Ester langsam hydrolysieren, weil Wasser ein schlechtes Nucleophil ist und Ester sehr basische Abgangsgruppen besitzen. Die Hydrolysegeschwindigkeit kann jedoch erhöht werden, indem man Säure (H^+) oder Base (HO^-) zugibt. Wenn man den Mechanismus dieser Reaktion untersucht, kommt man zu zwei allgemeinen Merkmalen, die für alle organischen Reaktionen gelten:

Bei einer säurekatalysierten Reaktion sind alle organischen Intermediate und Reaktionsprodukte positiv geladen oder elektrisch neutral; negativ geladene organische Intermediate und Reaktionsprodukte werden in sauren Lösungen nicht gebildet.

Bei einer basenkatalysierten Reaktion sind alle organischen Intermediate und Reaktionsprodukte negativ geladen oder elektrisch neutral; positiv geladene organische Intermediate und Reaktionsprodukte werden in basischen Lösungen nicht gebildet.

Die Hydrolyse von Estern mit primären oder sekundären Alkylgruppen

Wir haben gelernt, dass bei Zusatz einer Säure dies zur Protonierung eines geeigneten Atoms mit hoher Elektronendichte an den Reaktantmolekülen führt. Eine Säure protoniert daher in unserem jetzigen Fall das Carbonylsauerstoffatom.

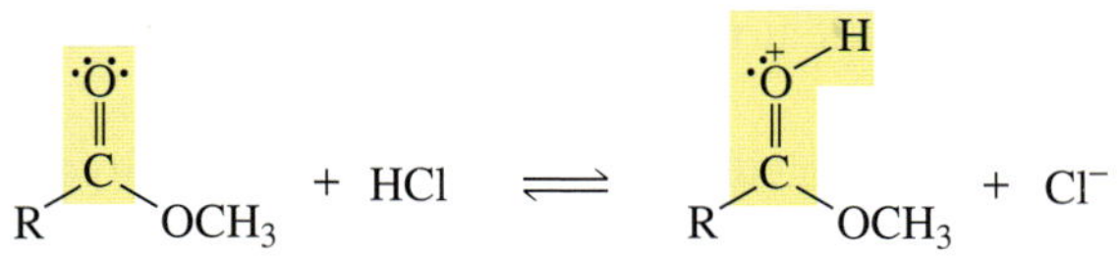

Die mesomeren Grenzformeln des Esters lassen erkennen, warum das Carbonylsauerstoffatom das Atom mit der höchsten Elektronendichte ist.

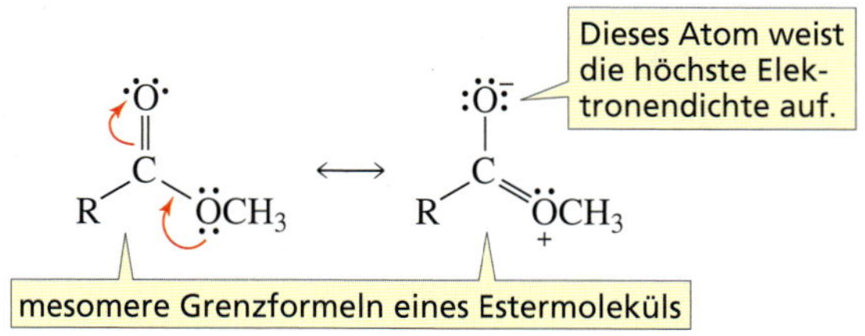

Der Mechanismus der säurekatalysierten Esterhydrolyse ist nachfolgend dargelegt. (HB^+ steht stellvertretend für ein beliebiges Teilchen in der Lösung, das fähig ist, ein Proton abzugeben, und :B steht stellvertretend für ein beliebiges Teilchen in der Lösung, das fähig ist, ein Proton aufzunehmen.)

Mechanismus der säurekatalysierten Esterhydrolyse

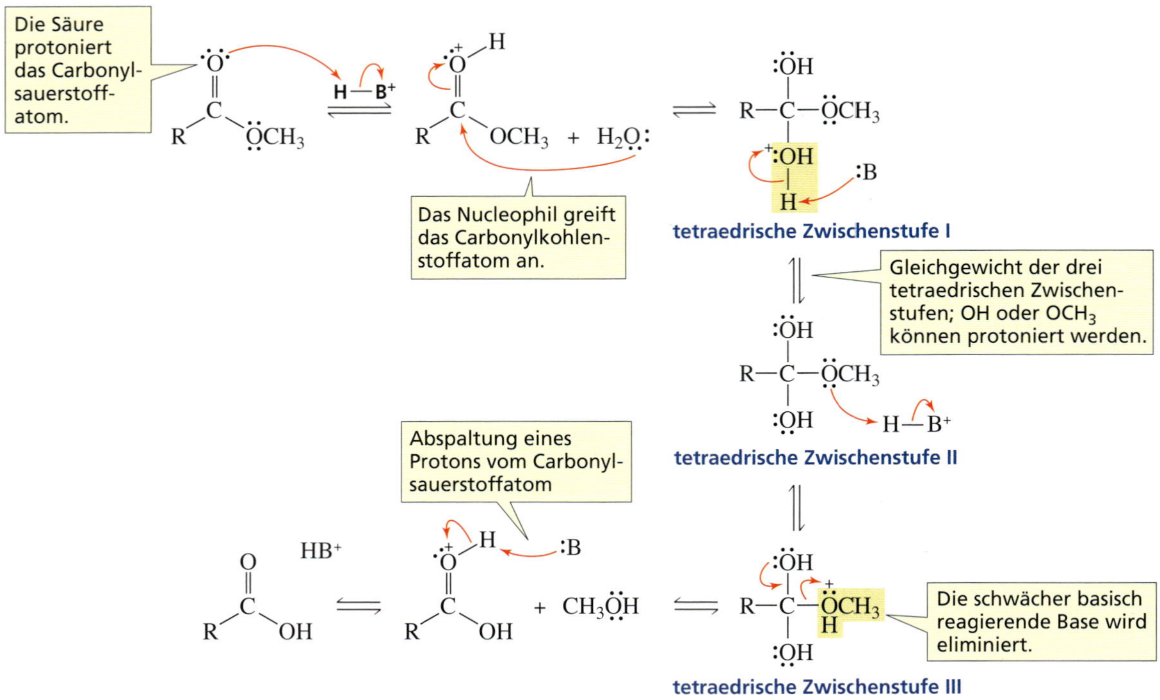

Hinweis für die Studierenden

Achten Sie auf die drei tetraedrischen Zwischenprodukte, die in diesem Mechanismus auftreten:

protoniertes tetraedrisches Zwischenprodukt I $\rightleftharpoons$
neutrales tetraedrisches Zwischenprodukt II $\rightleftharpoons$
protoniertes tetraedrisches Zwischenprodukt III

Dieses Muster wird in vielen weiteren säurekatalysierten Reaktionen wiederholt.

- Die Säure protoniert das Sauerstoffatom der Carbonylgruppe.
- Das Nucleophil (H_2O) greift das Carbonylkohlenstoffatom der protonierten Carbonylgruppe an; dabei wird eine protonierte, tetraedrische Zwischenstufe gebildet.
- Die protonierte, tetraedrische Zwischenstufe (tetraedrische Zwischenstufe I) steht im Gleichgewicht mit der nichtprotonierten Form (tetraedrische Zwischenstufe II).
- Nachdem sich die protonierte tetraedrische Zwischenstufe gebildet hat, kann entweder die HO^- oder die OR-Gruppe dieser Zwischenstufe protoniert werden (OR ist in unserem Beispiel OCH_3). In dem einen Fall wird die tetraedrische Zwischenstufe I zurückgebildet, im anderen die Zwischenstufe III (in der OR protoniert ist) gebildet. (Rufen Sie sich aus Abschnitt 2.10 in Erinnerung, dass die anteiligen Mengen der drei tetraedrischen Zwischenstufen vom pH-Wert der Lösung und den pK_S-Werten der protonierten Formen abhängen.)
- Wenn die tetraedrische Zwischenstufe I zerfällt, wird bevorzugt ein Wassermolekül (H_2O) ausgestoßen anstelle des stark basischen Methanolations (CH_3O^-) und der Ester zurückgebildet. Wenn die tetraedrische Zwischenstufe III zerfällt, wird ein Methanolmolekül (CH_3OH) ausgestoßen anstelle des wieder stark basischen Hydroxidions (HO^-); es wird die Carbonsäure gebildet. Der Ester ist gespalten. Da Wasser und Methanol ungefähr gleiche Basizität aufweisen, ist der Zerfall der tetraedrischen Zwischenstufe I (unter Rückkehr in den Esterzustand; Ausgangszustand) ungefähr genauso wahrscheinlich wie der Zerfall der tetraedrischen Zwischenstufe III in die Carbonsäure und den Alkohol. (Der Zerfall der Zwischenstufe II ist viel weniger wahrscheinlich, weil sowohl HO^- wie CH_3O^- starke Basen sind.)
- Die Abstraktion eines Protons von der protonierten Carbonsäure oder vom protonierten Ester führt zur Bildung einer elektrisch neutralen Carbonylverbindung.

Da die tetraedrischen Zwischenstufen I und III den Zerfall mit gleich großer Wahrscheinlichkeit erleiden, sind im Gleichgewichtszustand der ungespaltene Ester und die aus der Spaltung hervorgegangene Carbonsäure zu etwa gleichen Teilen vorhanden. Ein Überschuss Wasser kann eingesetzt werden, um das Gleichgewicht nach rechts zu verschieben (das ist ein weiteres Beispiel für das Prinzip von Le Châtelier; Abschnitt 5.7). Falls der Siedepunkt des bei der Spaltung entstehenden Alkohols deutlich niedriger liegt als der der anderen Komponenten des Systems, kann das Gleichgewicht auf die Seiten der Reaktionsprodukte verschoben werden, indem man den Alkohol – so er flüchtig ist – kontinuierlich abdestilliert, sowie er sich bildet.

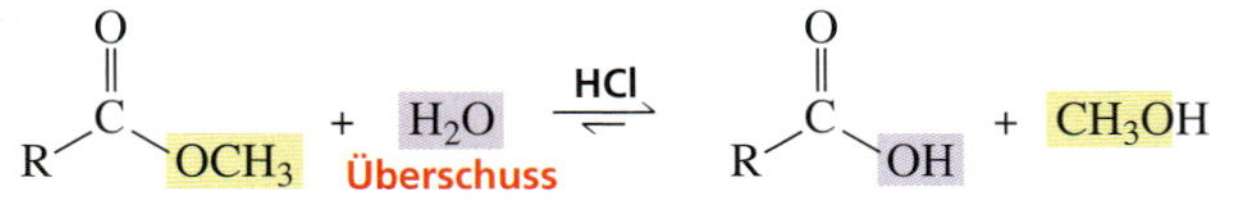

Der Mechanismus der säurekatalysierten Esterbildung durch Reaktion einer Carbonsäure mit einem Alkohol ist die exakte Umkehrung der säurekatalysierten Esterhydrolyse zu Carbonsäure und Alkohol. Falls also der Ester das gewünschte Reaktionsprodukt ist, sollte die Reaktion unter solchen Bedingungen durchgeführt werden, die das Gleichgewicht auf die linke Seite der nachfolgenden Reaktionsgleichung verschiebt, zum Beispiel durch die Verwendung eines Überschusses Alkohol oder Entfernung des sich bei der Reaktion bildenden Wassers (Abschnitt 15.11).

Ü 21* Denken Sie an den säurekatalysierten Mechanismus für die Hydrolyse eines Esters. Welche Spezies, beziehungsweise Atomklasse
(a) könnte durch HB^+ repräsentiert werden?
(b) könnte durch :B repräsentiert werden?
(c) ist höchst wahrscheinlich HB^+ in der Hydrolysereaktion?
(d) ist höchst wahrscheinlich HB^+ in der Gegenreaktion?

Ü 22 Formulieren Sie unter Bezugnahme auf den Reaktionsmechanismus der säurekatalysierten Esterspaltung einen Mechanismus für die säurekatalysierte Reaktion von Essigsäure mit Methanol unter Bildung von Essigsäuremethylester. Verwenden Sie hierzu die Ihnen vertrauten gekrümmten Pfeile und die allgemeinen Symbole HB^+ und :B, um die protonenliefernde Säure und die protonenakzeptierende Base darzustellen.

Wie eine Säure die Geschwindigkeit der Esterhydrolyse erhöht

Schauen wir uns nunmehr an, wie die Säure die Geschwindigkeit der Esterhydrolyse erhöht, wie also ihre katalytische Wirkung sich vollzieht. Die Säure ist ja der **Katalysator** der Reaktion. Ein Katalysator ist ein Stoff, der die Geschwindigkeit einer chemischen Reaktion erhöht, ohne selbst bei der Reaktion verbraucht zu werden oder nach Durchlaufen der Gesamtreaktion chemisch verändert zu sein. Damit ein Katalysator die Geschwindigkeit einer chemischen Reaktion erhöhen kann, muss er die Geschwindigkeit des langsamsten (Teil-)Schrittes der Reaktion erhöhen; er muss diesen Schritt *beschleunigen*. Die Veränderung der Geschwindigkeit des schnellen Schrittes oder der schnellen Schritte einer Reaktion wird deren Gesamtgeschwindigkeit nicht signifikant beeinflussen. Vier der sechs Teilschritte der säurekatalysierten Esterhydrolyse sind Protonenübertragungsreaktionen (Säure-Base-Reaktionen nach Brønsted). Protonenübertragungen auf ein elektronegatives Atom wie ein O- oder ein N-Atom oder die Abstraktion eines Protons von einem solchen, sind immer schnelle Reaktionsschritte. In der Tat gehören solche *Protolysereaktionen* zu den schnellsten bekannten zwischenmolekularen Reaktionen überhaupt. Die beiden anderen Schritte des Mechanismus – die Bildung der tetraedrischen Zwischenstufe und ihr nachfolgender Zerfall – verlaufen im Vergleich ziemlich langsam. Die katalysierende Säure beschleunigt beide langsamen Schritte.

Die Säure erhöht die *Bildungsgeschwindigkeit der tetraedrischen Zwischenstufe* durch Protonierung des Carbonylsauerstoffatoms. Protonierte Carbonylgruppen sind für nucleophile Angriffe natürlich empfänglicher als nichtprotonierte, weil ein positiv geladenes Sauerstoffatom stärker elektrophil als ein elektrisch neutrales O-Atom ist. Der vermehrte Elektronenzug des Sauerstoffatoms führt zu einer Verstärkung des in dieser Verbindung ohnehin positiv polarisierten Kohlenstoffatoms, was dessen „Attraktivität" für Nucleophile weiter erhöht.

Protonierung des Carbonylsauerstoffatoms erhöht die Empfänglichkeit des Carbonylkohlenstoffatoms für nucleophile Angriffe

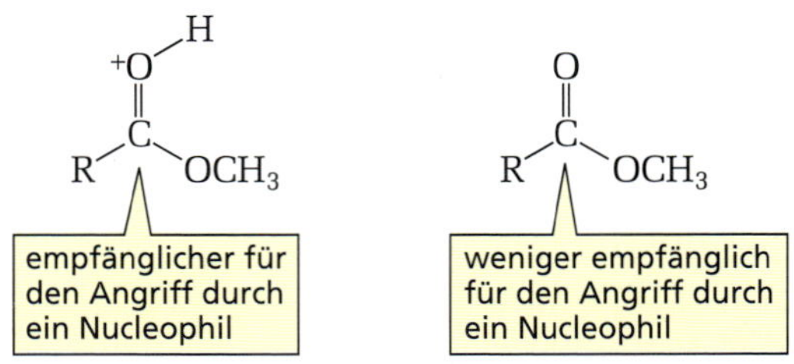

Die Säure erhöht die *Zerfallsgeschwindigkeit der tetraedrischen Zwischenstufe* durch Verminderung der Basizität der Abgangsgruppe, sodass diese leichter aus dem Molekül eliminiert werden kann. Bei der säurekatalysierten Hydrolyse eines Esters ist die Abgangsgruppe der Alkohol (ROH), der natürlich eine viel schwächere Base als das Alkoholation (RO^-) ist, das bei einer unkatalysierten Reaktion die Abgangsgruppe bilden würde.

Durch Protonierung einer Abgangsgruppe entsteht eine bessere Abgangsgruppe

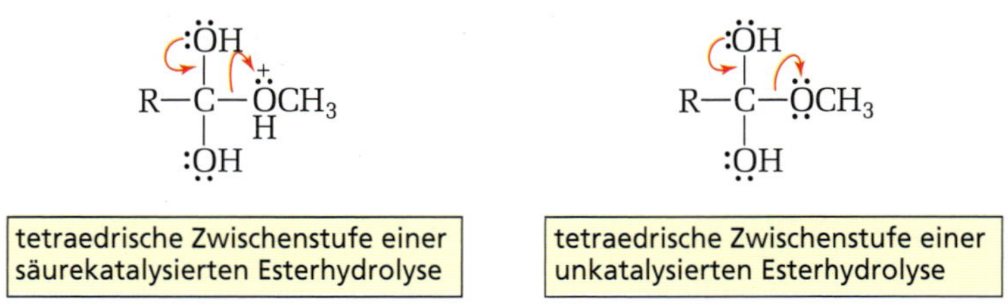

Ü 23* Welche Produkte werden aus der säurekatalysierten Hydrolyse der folgenden Ester gebildet?

(a) 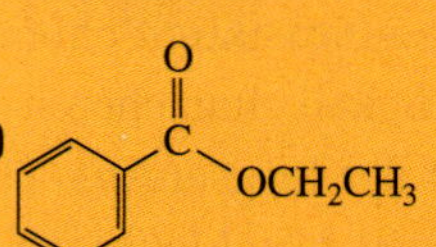 **(b)** 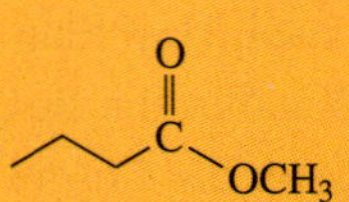 **(c)** 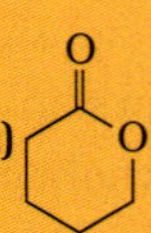

Ü 24 Zeigen Sie den Mechanismus für die säurekatalysierte Bildung von **23c**. Beginnen Sie mit dem Produkt, welches Sie aus der Hydrolyse der Verbindung erhalten.

Die Hydrolyse von Estern mit tertiären Alkylgruppen

Die Hydrolyse eines Esters mit einer *tertiären Alkylgruppe* bildet die gleichen Produkte wie die Hydrolyse eines Esters mit einer *primären* oder *sekundären Alkylgruppe*, nämlich eine Carbonsäure und einen Alkohol, der Mechanismus ist allerdings komplett verschieden. Die Hydrolyse eines Esters mit einer tertiären Alkylgruppe ist eine S_N1-Reaktion, weil die Carbonsäure bei ihrem Abgang aus dem Molekül ein relativ stabiles tertiäres Carbokation zurücklässt.

Mechanismus der säurekatalysierten Esterhydrolyse mit einer tertiären Alkylgruppe

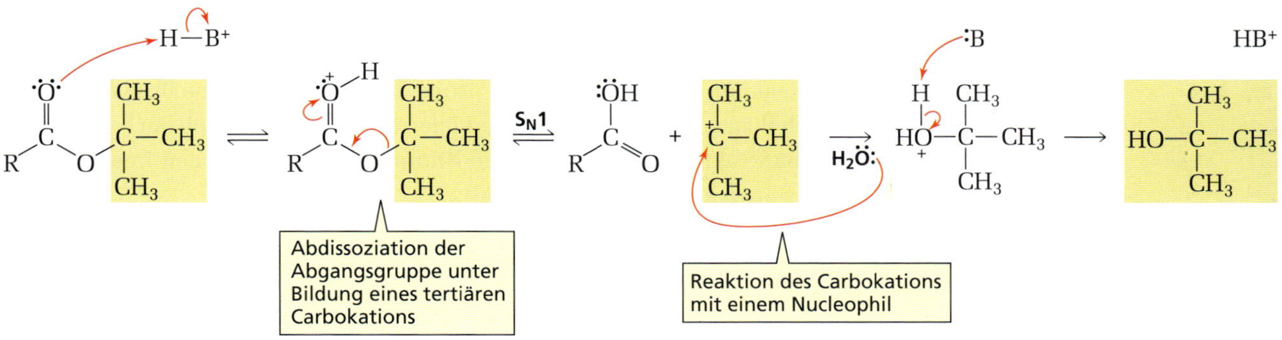

- Eine katalysierende Säure protoniert das Carbonylsauerstoffatom.
- Die Abgangsgruppe verlässt das Molekül unter Bildung eines tertiären Carbokations.
- Ein Nucleophil (H_2O)reagiert mit dem Carbokation.
- Eine Base abstrahiert ein Proton aus dem stark aziden protonierten Alkohol.

Die Umesterung

Eine Umesterung (Transesterifizierung) ist die Reaktion eines Esters mit einem Alkohol. Sie verläuft ebenfalls unter Säurekatalyse. Der Mechanismus der säurekatalysierten Umesterung ist mit dem der säurekatalysierten Hydrolyse eines Esters identisch (für Ester mit primären und sekundären Alkylgruppen). Die einzige Ausnahme ist die Natur des Nucleophils, das hier ROH anstelle von H_2O ist. Erinnern Sie sich, dass wir an früherer Stelle gesagt hatten, dass ein Alkohol formal als „alkyliertes Wasser" betrachtet werden kann. Wie bei der Esterhydrolyse, weisen auch bei der Umesterung die beiden möglichen Abgangsgruppen der tetraedrischen Zwischenstufe vergleichbare Basizität auf. Folglich muss ein Überschuss des in die Reaktion eingehenden Alkohols eingesetzt werden, um eine größtmögliche Produktmenge zu erzeugen.

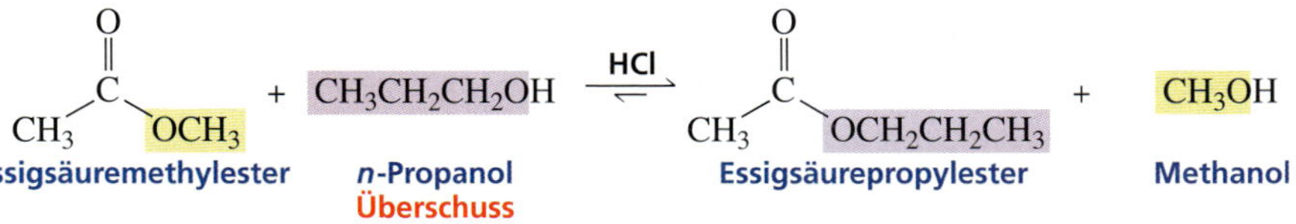

> **Ü 25*** Welche Produkte erhält man aus den folgenden Reaktionen?
> **(a)** Ethylbenzoat + überschüssige Isopropanol + HCl
> **(b)** Phenylacetat + überschüssige Ethanol + HCl

Ü 26 Formulieren Sie den Mechanismus der säurekatalysierten Umesterung von Ethylacetat mit Methanol.

Ü 27 Formulieren Sie den Mechanismus der säurekatalysierten Umesterung von *tert*-Butylacetat mit Methanol.

15.9 Hydroxidionenvermittelte Esterhydrolyse

Die Geschwindigkeit einer Esterhydrolyse lässt sich auch erhöhen, wenn man die Reaktion in einer basischen Lösung durchführt. Wie eine Brønsted-Säure, so erhöhen auch Hydroxidionen erhöhen die Geschwindigkeit der beiden langsamen Reaktionsschritte, also die Bildung des tetraedrischen Intermediates und seinen anschließenden Zerfall.

Mechanismus der hydroxidionenvermittelten Esterhydrolyse

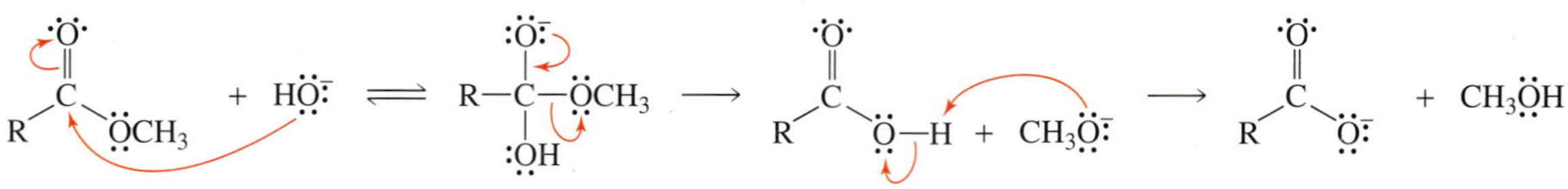

- Ein Hydroxidion fügt sich an den Carbonylkohlenstoff des Esters an.
- Die beiden potenziellen Abgangsgruppen in der tetraedrischen Zwischenstufe (HO^- und CH_3O^-) weisen die gleiche Basizität auf, sodass sie dieselbe Abgangsneigung haben. Die Beseitigung von HO^- bildet den Ester neu, wohingegen die Eliminierung von CH_3O^- eine Carbonsäure neu bildet.
- Die Endprodukte sind nicht die Carbonsäure und das Methoxidion, da, falls nur eine Base protoniert wird, dies die stärkere Base ist. Daher sind die Endprodukte das Carboxylation und Methanol. Denn CH_3O^- ist eine stärkere Base als $RCOO^-$.

Wie Hydroxidionen die Reaktionsgeschwindigkeit des Esterhydrolyse erhöhen

MERKE!

Hydroxidionen sind bessere Nucleophile als Wassermoleküle.

Hydroxidionen (OH^-) erhöhen die Bildungsgeschwindigkeit der Zwischenstufe, weil sie bessere Nucleophile sind als Wassermoleküle. Hydroxidionen erhöhen die Zerfallsgeschwindigkeit der Zwischenstufe, weil ein kleinerer Anteil der negativ geladenen Zwischenstufe in der basischen Lösung protoniert wird. Ein negativ geladenes Sauerstoffatom trägt aber stärker dazu bei, dass eine sehr basische Abgangsgruppe wie RO^- ausgestoßen werden kann, da das O-Atom im Übergangszustand keine positive Ladung übernehmen muss.

Beachten Sie, dass beim Ausstoß von CH_3O^- nicht die Carbonsäure und das Methoxidion (Methanolation) die Endprodukte sind, da das stärker basische Teilchen protoniert werden wird, falls nur eines der Teilchen protoniert werden kann. Es kommt daher zur sofortigen Protolyse unter Bildung des neutralen Alkohols (Methanol) und des Carboxylations, da dieses weniger basisch ist als das Alkoholation. Da Carboxylationen negativ geladen sind, werden sie von Nucleophilen nicht angegriffen.

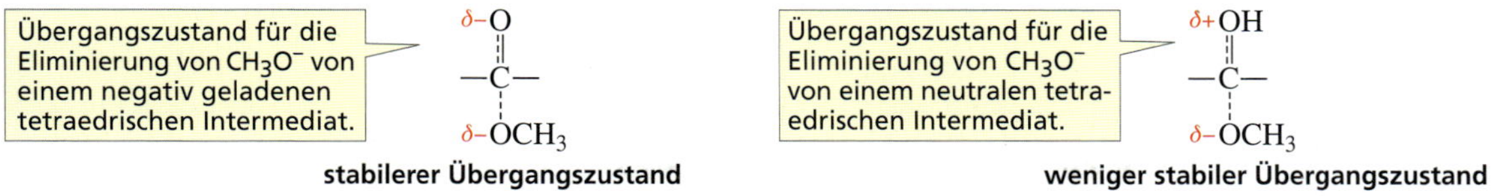

Die basenvermittelte Esterspaltung ist daher, anders als die säurekatalysierte, *keine* reversible Reaktion.

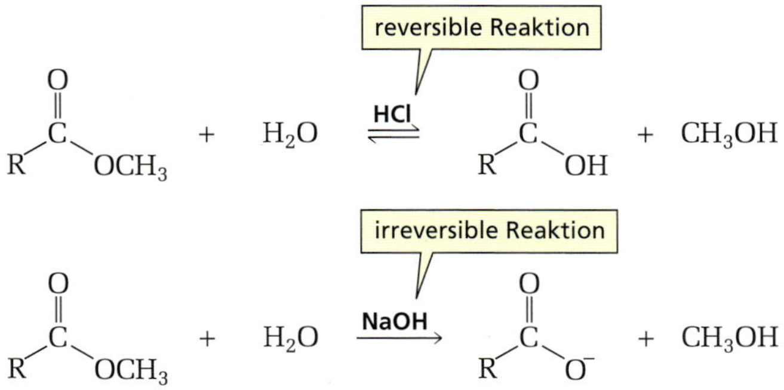

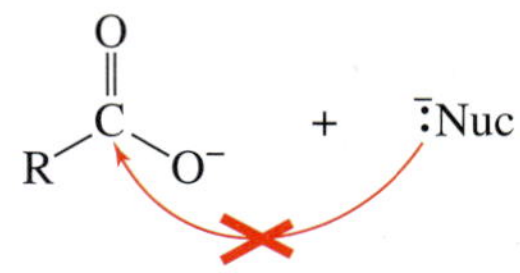

Man spricht in diesem Zusammenhang von einer *basenvermittelten Reaktion* und nicht von einer basenkatalysierten, weil die Hydroxidionen im Verlauf der Reaktion verbraucht werden und nicht wie ein Katalysator aus der Reaktion unverändert hervorgehen. Sie sind *stöchiometrische* Reaktionsteilnehmer. Um als Katalysator gelten zu können, muss ein Stoff chemisch unverändert und in unveränderter Menge aus der Reaktion hervorgehen. Dies bedingt, dass Katalysatoren im Regelfall nur in vergleichsweise geringer Menge in ein Reaktionsgemisch eingehen. Da die Hydroxidionen ein Reaktant und kein Katalysator der Reaktion sind, ist es daher richtig, von der hydroxidionen*vermittelten* Reaktion zu sprechen anstatt von einer hydroxidionen*katalysierten*.

Hydroxidionen fördern nur Hydrolysereaktionen

Hydroxidionen fördern nur die Hydrolyse, sie fördern nicht die Umesterungsreaktion oder die Aminolyse. Hydroxidionen vermögen die Reaktionen von Carbonsäurederivaten mit Alkoholen nicht zu vermitteln, da die Funktion der HO^--Ionen darin besteht, ein starkes Nucleophil für den ersten Schritt der Reaktion bereitzustellen. Wenn das Nucleophil der Reaktion ein Alkohol oder ein Amin sein soll, wird der nucleophile Angriff durch Hydroxidionen zur Bildung eines anderen Produktes führen als durch den Angriff eines Amins oder eines Alkohols. Hydroxidionen können eingesetzt werden, um eine Hydrolyse zu vermitteln, weil dasselbe Endprodukt gebildet wird, ungeachtet der Frage, ob das angreifende Nucleophil H_2O oder HO^- ist.

Reaktionen, bei denen das Nucleophil ein Alkohol ist, können durch die konjugierte Base eines Alkohols (ein Alkoholat) vermittelt werden. Die Funktion des Alkoholat-(= Alkoxid-)ions besteht darin, ein starkes Nucleophil für die Reaktion zu liefern, sodass nur Reaktionen, bei denen das Nucleophil ein Alkohol ist, von ihnen vermittelt werden können.

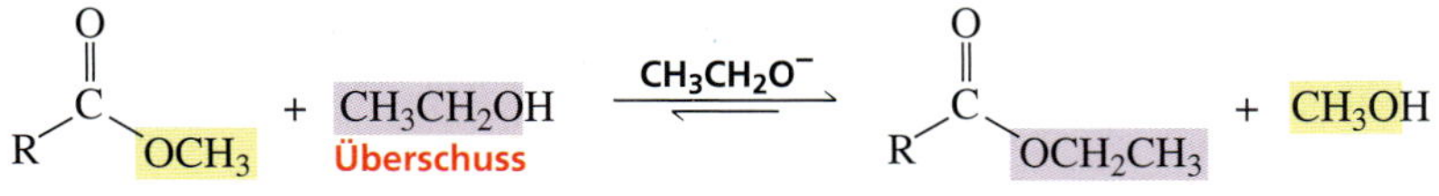

HINTERGRUND

Aspirin, NSAID und COX-2-Hemmer

Weidenbaum

Salicylsäure, welche in Weidenrinde und Myrtenblättern vorkommt, ist der vielleicht älteste bekannte Wirkstoff. Schon im fünften Jahrhundert vor Christus schrieb Hippokrates über die Heilkraft der Weidenrinde. Im Jahr 1897 stellte Felix Hoffmann, ein Wissenschaftler, der bei bei Bayer und Co. in Deutschland arbeitete, fest, dass die Acylierung von Salicylsäure ein wirkvolles Medikament zur Kontrolle von Fieber und Schmerzen ergibt. Man nannte dieses Medikament *Aspirin*; „A" für Acetyl, „Spir" für die Spiraea-Blume, die ebenfalls Salicylsäure enthält, und „in" war zu dieser Zeit eine herkömmliche Endung für Medikamente. Das Medikament wurde bald das meistverkaufte weltweit. Jedoch war die Wirkungsweise der Verbindung bis zum Jahr 1971 nicht bekannt. Denn erst zu dieser Zeit hat man herausgefunden, dass die entzündungshemmende und Fieber senkende Wirkung von Aspirin auf eine Umesterungsreaktion zurückführen ist, welche die Synthese von Prostaglandinen und die damit verbundenen Thromboxane blockiert.

Prostaglandine haben verschiedene physiologische Funktionenen (Abschnitt 25.6). Die eine besteht darin, Entzündungen zu verstärken und eine andere Funktion besteht darin, Fieber hervorzurufen. Das Enzym Prostaglandinsynthase katalysiert die Umwandlung von Arachidonsäure in PGH_2, eine Vorstufe aller Prostaglandine.

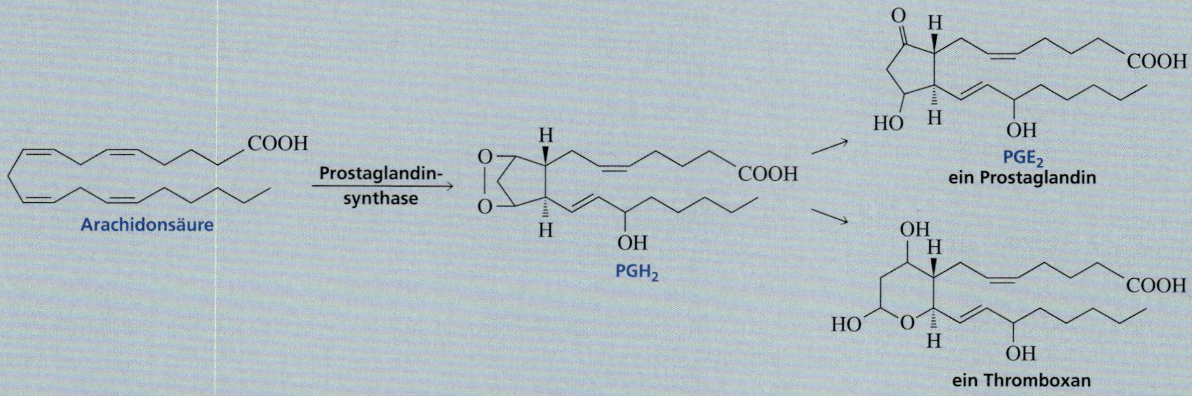

Prostaglandinsynthase ist aus zwei Enzymen zusammengesetzt. Eines von ihnen hat eine Cyclooxygenase-CH_2OH-Gruppe in seinem aktiven Zentrum, die für enzymatische Aktivität notwendig ist. Wenn die CH_2OH-Gruppe mit Aspirin in einer Umesterungsreaktion reagiert, dann ist dieses Enzym nicht aktiv. Daher wird verhindert, dass Prostaglandine synthetisiert werden, sodass die Entzündung unterdrückt und Fieber reduziert wird. Beachten Sie, dass die in Aspirin vorkommende Carboxylgruppe ein basischer Katalysator ist. Dieser entfernt ein Proton von der CH_2OH-Gruppe, wodurch die Verbindung zu einem besseren Nucleophil wird. Aus diesem Grund ist Aspirin maximal aktiv in seiner Grundform. (Der rote Pfeil zeigt die Bildung des tetraedrischen Zwischenprodukts, der blaue Pfeil zeigt dessen Zusammenbruch.).

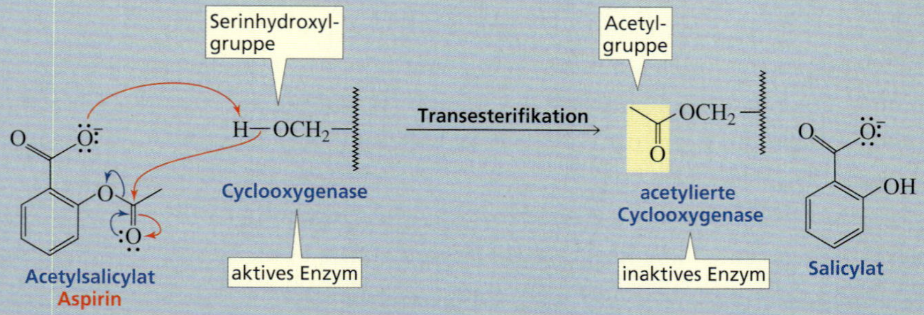

Da Aspirin die Bildung von PGH_2 hemmt, hemmt es auch die Synthese von Thromboxan, einer an der Blutgerinnung beteiligten Verbindung. Vermutlich ist dies der Grund, weshalb geringe Mengen von Aspirin die Häufigkeit von Schlaganfällen und Herzinfarkten zu verringern vermögen, die durch die Bildung von Blutgerinnseln entstehen. Aufgrund der Wirkung von Aspirin als Gerinnungshemmer raten Ärzte ihren Patient*innen, die Einnahme von Aspirin mehrere Tage vor Operationen zu beenden. Andere

NSAIDe (nichtsteroidale Antirheumatika) wie Ibuprofen (der Wirkstoff in Advil, Motrin und Nuprin) und Naproxen (der Wirkstoff in Aleve) wirken ebenfalls hemmend auf die Synthese von Prostaglandinen.

Es existieren zwei Formen der Prostaglandinsynthase: die eine ist die normale Produktion von Prostaglandin, die andere reagiert auf Entzündungen und führt zur zusätzlichen Synthese von Prostaglandinen. NSAIDe hemmen die Synthese aller Prostaglandine. Prostaglandin reguliert die Produktion der Magensäure, sodass die Magensäure über das normale Niveau ansteigen kann, wenn die Prostaglandinsynthese beendet wird. Celebrex, ein relativ neues Medikament, hemmt nur die Prostaglandinsynthase, die als Reaktion auf Entzündungen erfolgt. Somit können Entzündungen mit diesem Medikament auch ohne einige der schädlichen Nebenwirkungen behandelt werden.

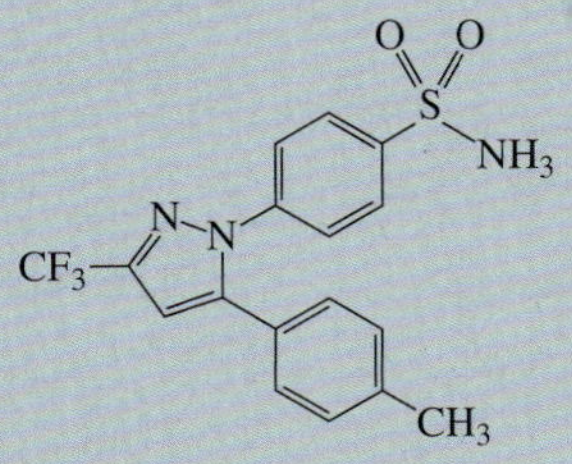

Celebrex®

Ü 28*

(a) Welches chemische Teilchen, das keine Säure ist, kann man einsetzen, um die Geschwindigkeit einer Umesterung von Essigsäuremethylester zu Essigsäurepropylester zu erhöhen?

(b) Erklären Sie, warum die Geschwindigkeit der Aminolyse eines Esters nicht durch H^+, HO^- oder RO^- erhöht werden kann.

Ü 29* D. N. Kursanov, ein russischer Chemiker, hat bewiesen, dass die Bindung, die in der Hydroxidionen geförderten Hydrolyse eines Esters gebrochen wird, die Acyl-C—O-Bindung ist und nicht die Alkyl-C—O-Bindung. Dies hat er herausgefunden, idem er die Hydrolyse des folgenden Esters unter basischen Bedingungen beobachtet hat:

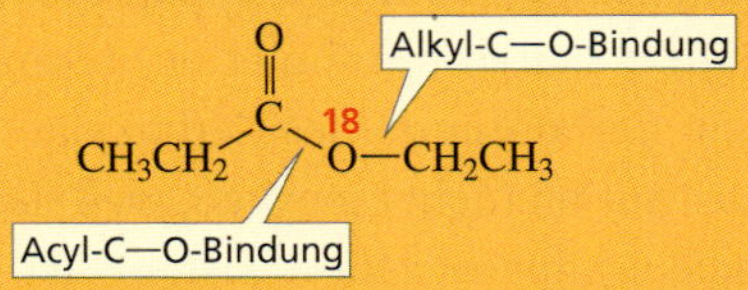

(a) Welche Produkte enthalten die ^{18}O-Markierungen?

(b) Welches Produkt würden die ^{18}O-Markierung enthalten, wenn die Alkyl-C—O- Bindung aufgebrochen würde?

Ü 30 mit Lösung

Frühe Chemiker*innen konnten sich drei mögliche Mechanismen für die durch Hydroxidionen geförderte Esterhydrolyse vorstellen. Ersinnen ein Experiment, das zeigt, welcher der drei der eigentliche Mechanismus ist.

1. eine nucleophile Acylsubstitutionsreaktion

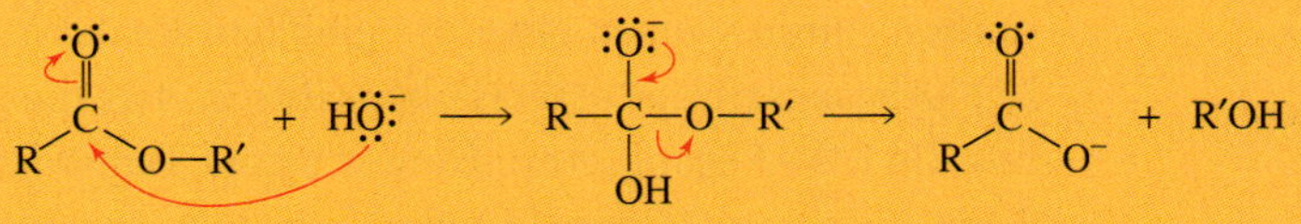

2. eine S_N2-Reaktion

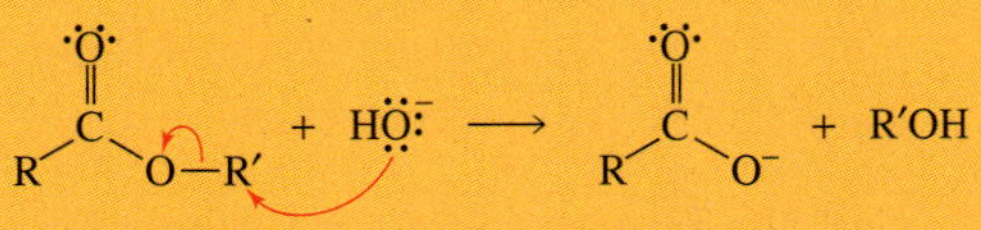

3. an S_N1-Reaktion

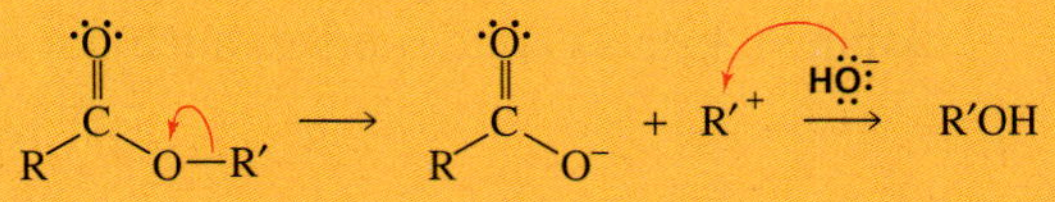

Lösung

Beginnen Sie mit einem einzelnen Stereoisomer einer Alkohollösung, welches mit der OH-Gruppe an ein Chiralitätszentrum gebunden ist und bestimmen Sie dessen spezifischen Rotationswinkel. Überführen Sie daraufhin den Alkohol unter Verwendung eines Acylchlorids, wie beispielsweise Acetylchlorid, in einen Ester. Hydrolisieren Sie als nächstes den Ester unter basischen Bedingungen, isolieren Sie daraufhin den als Produkt erhaltenen Alkohol und bestimmen Sie dessen spezifischen Rotationswinkel.

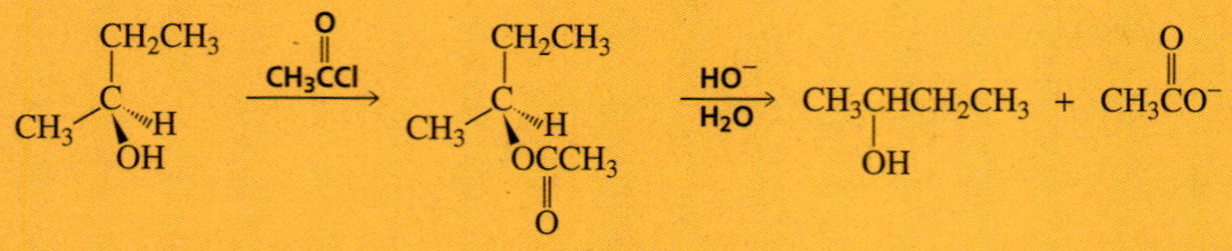

- Falls die Reaktion eine nucleophile Acylsubstitutionsreaktion ist, dann weist der Produkt-Alkohol den gleichen spezifischen Rotationswinkel wie der Reaktant-Alkohol auf, da keine Bindungen des Chiralitätszentrums während der Bildung oder der Hydrolyse des Esters aufgebrochen worden sind.
- Falls die Reaktion eine S_N2-Reaktion ist, dann weisen der Produkt-Alkohol und der Reaktant-Alkohol entgegengesetzte spezifische Rotationswinkel auf, da der Mechanismus einen rückseitigen Angriff von Hydroxidionen auf das Chiralitätszentrum erfordert (Abschnitt 9.1).
- Falls die Reaktion eine S_N1-Reaktion ist, dann weist der Produkt-Alkohol eine sehr geringe (oder Null-) spezifische Drehung auf, da der Mechanismus die Bildung von Carbokationen erfordert, die zur Racemisierung des Alkohols führt (Abschnitt 9.3).

15.10 Reaktionen der Carbonsäuren

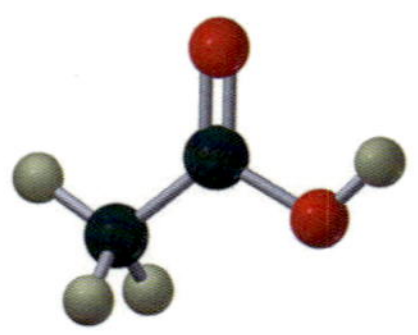

Essigsäure

Carbonsäuren können nucleophile Acylsubstitutionen nur eingehen, wenn sie in ihrer sauren (protonierten) Form vorliegen (R-COOH). Die basische Form einer Carbonsäure (das Carboxylation R-COO$^-$) kann eine nucleophile Acylsubstitution nicht eingehen, weil das negativ geladene Carboxylatanion gegen nucleophile Angriffe „resistent“ ist. Carboxylationen verhalten sich daher bei nulceophilen Acylsubstitutionen noch weniger reaktiv als Amide.

Relative Reaktivitäten gegenüber nucleophiler Acylsubstitution

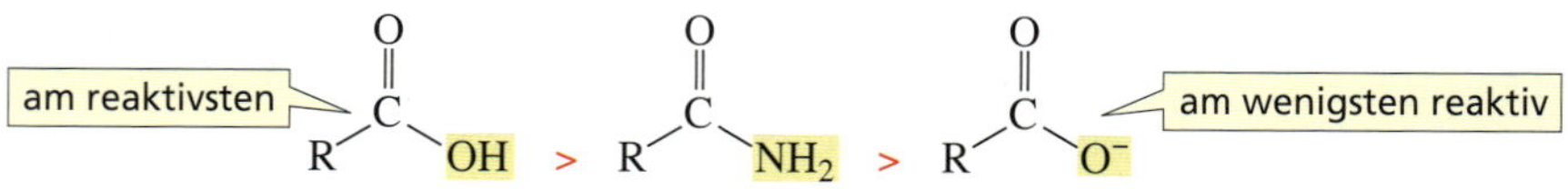

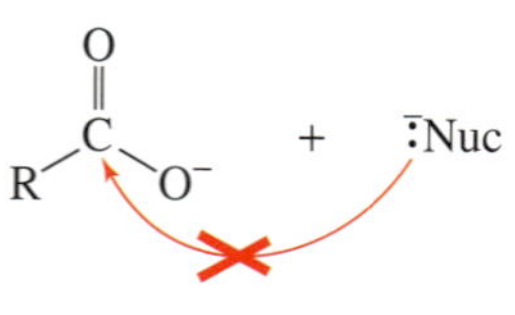

Carbonsäuren weisen etwa die gleichen Reaktivitäten wie Ester auf, da die HO$^-$-Abgangsgruppe einer Carbonsäure in etwa die gleiche Reaktivität aufweist wie die RO$^-$-Abgangsgruppe eines Esters. Daher reagieren Carbonsäuren, wie Ester, nicht mit Halogenid- oder Carboxylationen.

Eine Carbonsäure und ein Alkohol gehen eine nucleophile Acylsubstitutionsreaktion ein

Carbonsäuren reagieren mit Alkoholen zu Estern. Die Reaktion muss unter sauren Bedingungen durchgeführt werden, und das nicht nur, um die Reaktion zu katalysieren, sondern auch um die Carbonsäure in ihrer elektrisch neutralen, protonierten Form zu halten, sodass es zur Reaktion mit einem Nucleophil kommen kann. Da das bei dieser Reaktion gebildete tetraedrische Intermediat zwei mögliche Abgangsgruppen besitzt, die etwa gleiche Basizität aufweisen, muss ein Überschuss des Alkohols verwendet werden, um das Gleichgewicht der Reaktion auf die Seite der Reaktionsprodukte zu drängen (Massenwirkungsgesetz).

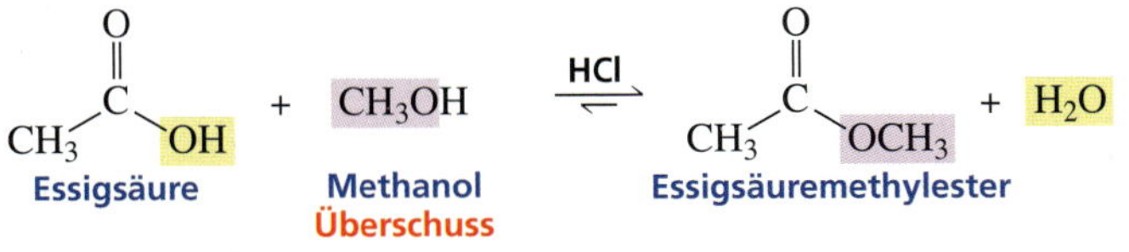

Emil Fischer hat als Erster erkannt, dass man die Esterbildung mit einem Überschuss des Alkohols unter Säurekatalyse durchführen muss; deshalb wird diese Reaktion manchmal auch als **Fischer-Veresterung** bezeichnet. Der Mechanismus der Reaktion ist die genaue Umkehrung des Mechanismus der säurekatalysierten Hydrolyse eines Esters (siehe hierzu auch Übung 22).

Eine Carbonsäure und ein Amin durchlaufen eine Säure-Basen-Reaktion

Carbonsäuren gehen mit Aminen keine nucleophilen Acylsubstitutionen ein. Da eine Carbonsäure eine Säure ist und ein Amin eine Base, überträgt in einer Brønsted'schen Säure-Basen-Reaktion die Säure sofort ein Proton auf einen Teil der Aminmoleküle, wenn die beiden Verbindungen miteinander vermischt werden. Das sich ergebende Ammoniumcarboxylat ist das Endprodukt der Reaktion; das Carboxylation ist unreaktiv, und das protonierte Amin ist nicht mehr nucleophil.

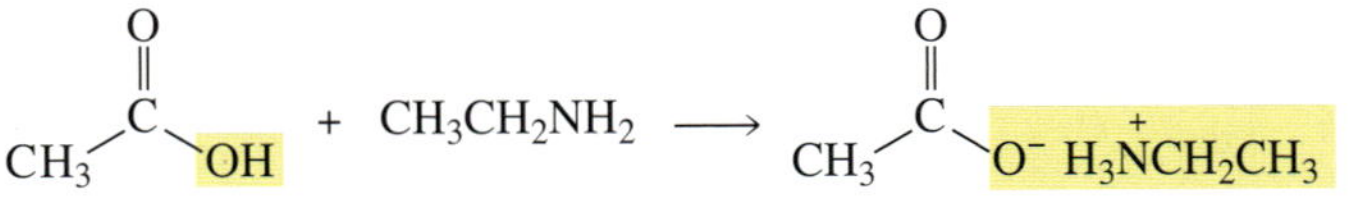

Ein Ammoniumcarboxylatsalz kann durch Erhitzen ein Wassermolekül verlieren und ein Amid bilden.

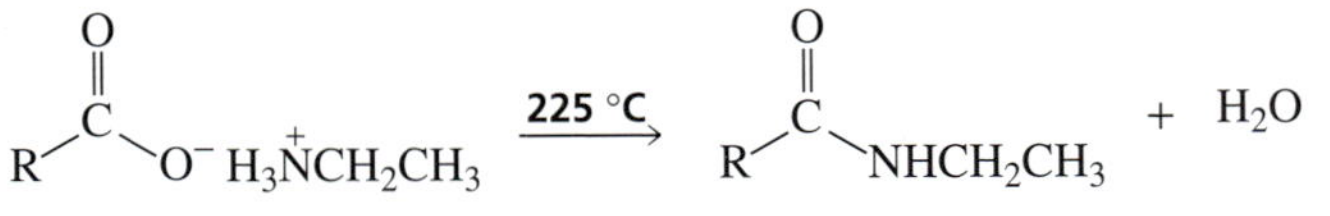

Ü 31* Zeigen Sie auf, wie sich die folgenden Ester aus einer Carbonsäure als Ausgangsverbindung darstellen lassen:
(a) Buttersäuremethylester (Apfelaroma) **(b)** Essigsäureoctylester (Orangenaroma)

STRATEGIEN ZUR PROBLEMLÖSUNG

■ **Vorschlag eines Reaktionsmechanismus**

Schlagen Sie einen Mechanismus für die folgende chemische Reaktion vor:

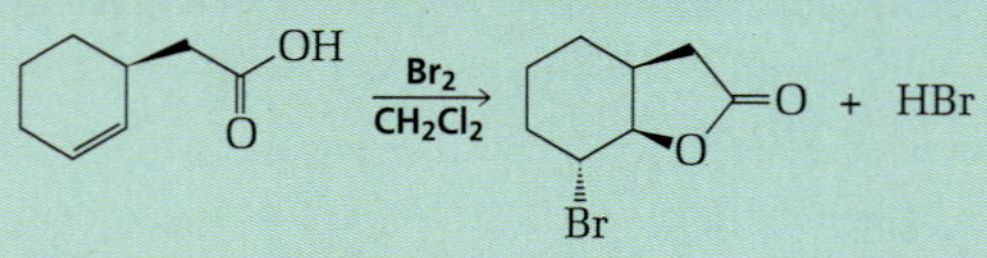

Wenn Sie aufgefordert werden, einen Reaktionsmechanismus vorzuschlagen, müssen Sie sorgfältig die Reagenzien der Reaktion betrachten, um zu erraten, welches der erste Schritt der Reaktion sein wird. Eine der Ausgangsverbindungen besitzt zwei funktionelle Gruppen: Eine Carboxylgruppe und eine olefinische Doppelbindung. Die andere Ausgangsverbindung, das Brom, reagiert mit Carbonsäuren nicht, aber es reagiert mit Alkenen (Abschnitt 6.9). Die Annäherung an eine Seite der Doppelbindung ist sterisch durch die Anwesenheit der Carboxylgruppe gehindert. Das Brommolekül wird sich also von der anderen Seite her der C═C-Doppelbindung nähern, wobei ein Bromoniumion gebildet wird.

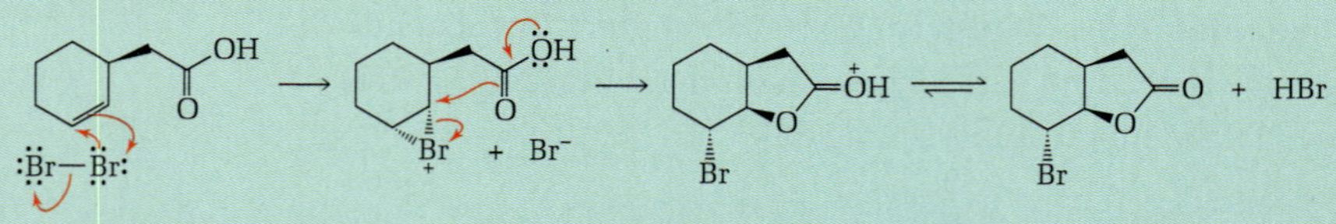

Wir wissen, dass der zweite Schritt dieser Addition aus dem Angriff eines Nucleophils auf das Bromoniumion besteht. Eines der beiden anwesenden Nucleophile, das Carbonylsauerstoffatom ist so positioniert, dass es die Rückseite des Bromoniumions anzugreifen vermag, was zu einer Verbindung mit der beobachteten Konfiguration führt. Die Abspaltung eines Protons ergibt das Endprodukt der Reaktion.

Ü 32 Schlagen Sie einen Mechanismus für die folgende Reaktion vor. (*Hinweis:* Nummerieren Sie die C-Atome; das hilft zu erkennen, in welchen Positionen die Atome der Ausgangsverbindung im Endprodukt endigen.)

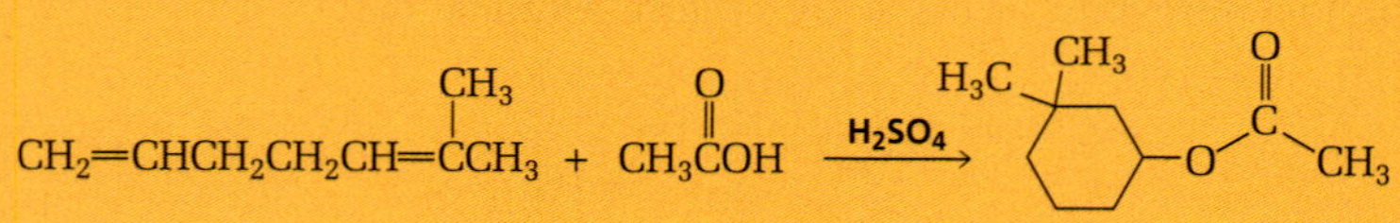

Reaktionen der Amide 15.11

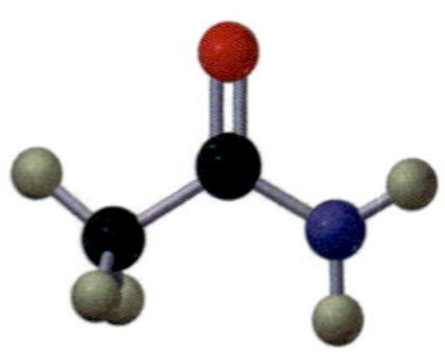

Acetamid

Amide sind sehr wenig reaktive Verbindungen. Dies ist tröstlich, denn Proteine sind aus Aminosäuren aufgebaut, die durch Amidbindungen, die man in diesem Fall Peptidbindungen nennt, zusammengehalten werden (Abschnitt 21.0). Amide reagieren nicht mit Halogenidionen, Carboxylationen, Alkoholen oder Wasser, weil in jedem der Fälle das angreifende Nucleophil eine schwächere Base wäre als die Abgangsgruppe des Amids (▶ Tabelle 15.1).

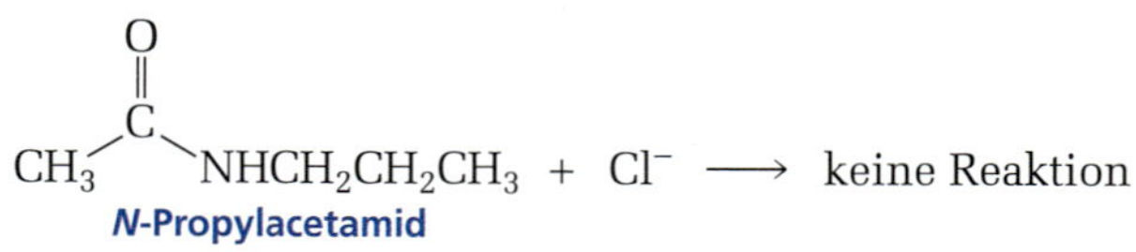

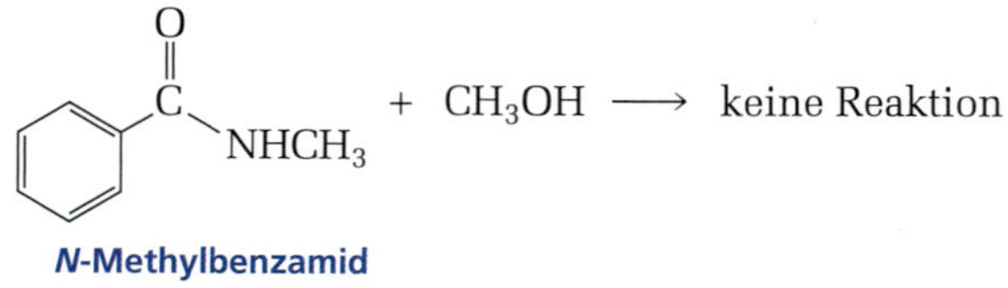

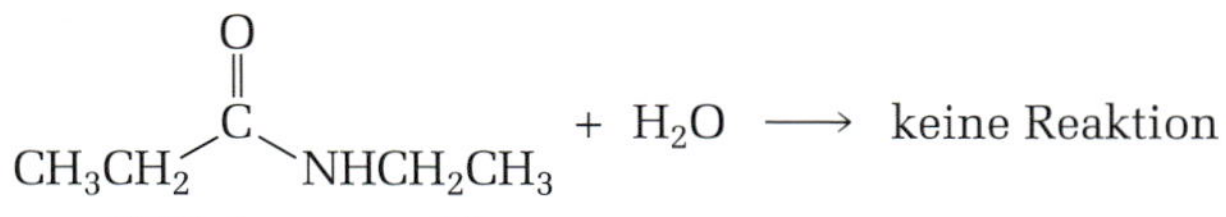

***N*-Ethylpropanamid**

Amide reagieren jedoch dann mit Wasser oder Alkoholen, falls die Reaktionsmischung in Gegenwart einer Säure erhitzt wird. Der Grund dafür wird in Abschnitt 15.12 und 15.13 erläutert.

Ü 33* Welches Säurechlorid und welches Amin sind erforderlich, um die folgenden Amide zu synthetisieren?

(a) *N*-Ethylbutanamid **(b)** *N,N*-Dimethylbenzamid

Ü 34*

(a) Welche der folgenden Reaktionen führen zur Bildung eines Amides?

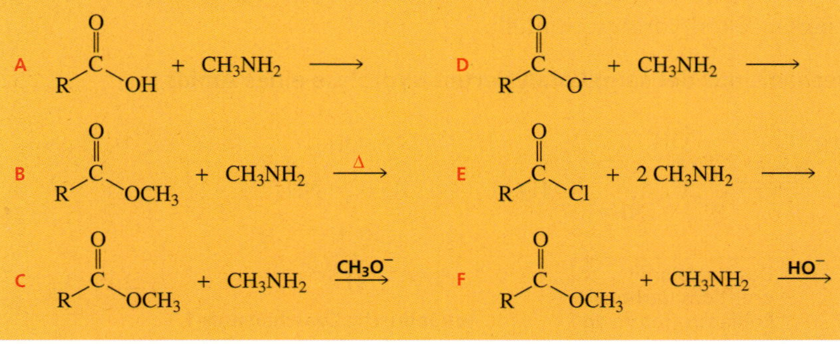

HINTERGRUND

■ Dalmatinerzucht: Machen Sie Mutter Natur nicht zum Narren

Wenn Aminosäuren metabolisiert werden, dann wird der überschüssige Stickstoff in der Harnsäure, einer Verbindung mit fünf Amidbindungen, konzentriert. Eine Reihe von enzymkatalysierten Hydrolysereaktionen bauen die Amidbindungen der Harnsäure nacheinander ab bis nur noch ein Ammoniumion übrig ist. Das Ausmaß, in dem Harnsäure abgebaut wird, hängt von der biologischen Spezies ab. So scheiden Primaten, Vögel, Reptilien und Insekten den überschüssigen Stickstoff als Harnsäure aus. Andere Säugetiere jedoch scheiden den überschüssigen Stickstoff als Allantoin aus. Überschüssiger Stickstoff wird von Wassertieren als Allantoissäure, als Harnstoff oder als Ammoniumsalz ausgeschieden.

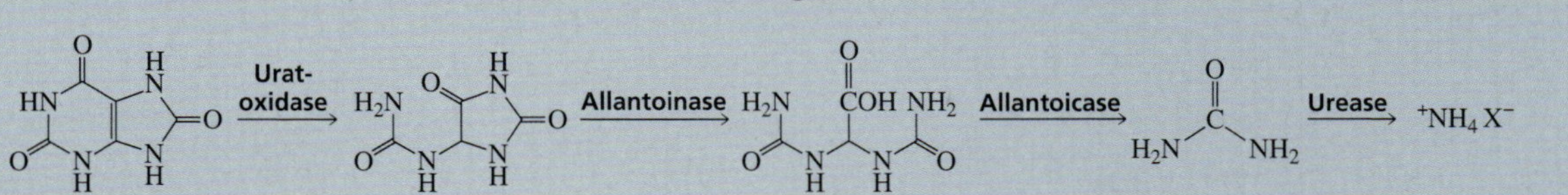

Harnsäure wird ausgeschieden von: Vögeln, Reptilien, Insekten und Primaten

Allantoin Säugetiere (ausgenommen Primaten)

Allantoissäure Meereswirbeltiere

Urea Knorpelfische, Amphibien

Ammoniumsalz wirbellose Meerestiere

Dalmatiner weisen im Gegensatz zu anderen Hunden einen hohen Harnsäurespiegel auf. Dies liegt daran, dass die Züchter von Dalmatinern die Hunde ausgewählt haben, die keine weißen Haare in ihren schwarzen Flecken haben. Das Gen, das die weißen Haare in schwarzen Flecken verursacht, ist jedoch mit dem Gen verbunden, welches die Hydrolyse von Allantonin zu Harnsäure einleitet. Dalmatiner sind daher empfänglich für Gicht, eine schmerzhafte Ansammlung von Harnsäure in den Gelenken.

Die Hydrolyse von Amiden 15.12

Amide reagieren mit Wasser, woraus Carbonsäuren gebildet werden, und sie reagieren mit Alkohol, woraus Ester gebildet werden, falls das Reaktionsgemisch in der Gegenwart einer Säure erhitzt wird.

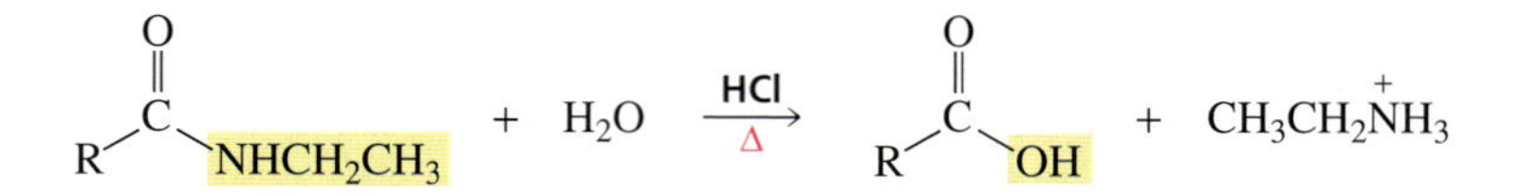

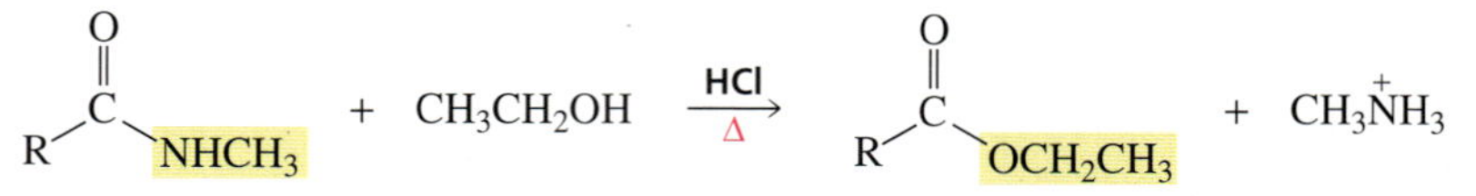

Der Mechanismus der säurekatalysierten Amidspaltung ist dem der säurekatalysierten Esterhydrolyse ähnlich.

Mechanismus der säurekatalysierten Hydrolyse eines Amids

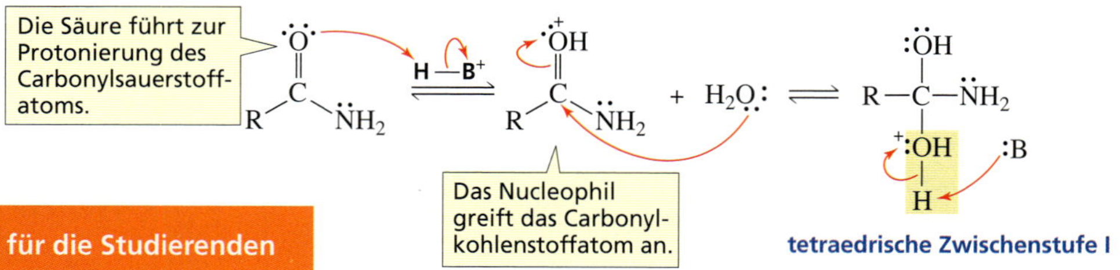

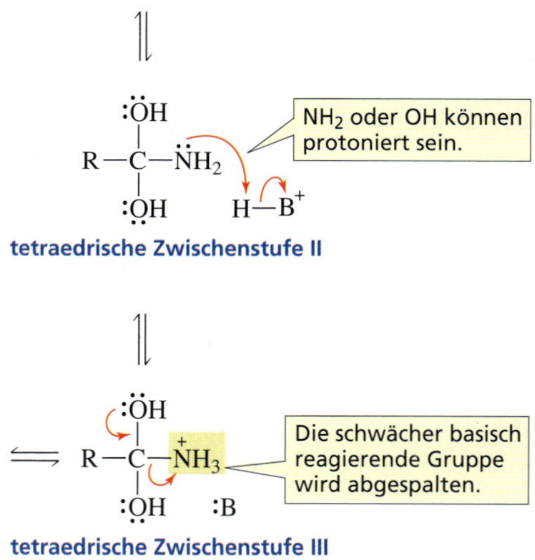

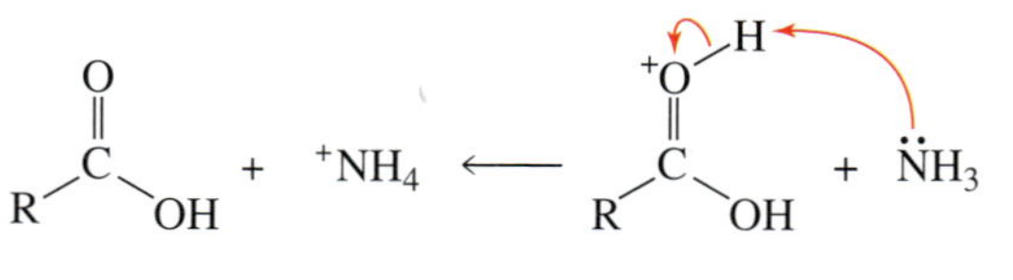

Hinweis für die Studierenden

Achten Sie erneut auf das Muster der drei tetraedrischen Zwischenprodukte, die in diesem Mechanismus auftreten:

protoniertes tetraedrisches Zwischenprodukt I $\rightleftharpoons$
neutrales tetraedrisches Zwischenprodukt II $\rightleftharpoons$
protoniertes tetraedrisches Zwischenprodukt III

- Die Säure protoniert das Sauerstoffatom der Carbonylgruppe, was die Empfänglichkeit der Carbonylgruppe für nucleophile Angriffe erhöht.
- Ein nucleophiler Angriff auf das Carbonylkohlenstoffatom durch ein Wassermolekül führt zu der tetraedrischen Zwischenstufe I, die im Gleichgewicht mit der nichtprotonierten Form, der tetraedrischen Zwischenstufe II steht.
- Eine Reprotonierung kann entweder am O-Atom unter Rückbildung der Zwischenstufe I oder am N-Atom unter Bildung der Zwischenstufe III erfolgen. Die Protonierung des Stickstoffatoms ist bevorzugt, weil die NH_2-Gruppe stärker basisch reagiert als die OH-Gruppe.

- Von den beiden möglichen Abgangsgruppen der Zwischenstufe III, HO^- und NH_3, ist das NH_3-Molekül die schwächere Base; es wird daher ausgestoßen, und es entsteht die freie Carbonsäure als Endprodukt der Reaktion.
- Da die Reaktion in saurer Lösung durchgeführt wird, wird das NH_3-Molekül protoniert, nachdem es aus der tetraedrischen Zwischenstufe ausgestoßen wurde. Dies verhindert das Auftreten der Rückreaktion, da das Ammoniumion $^+NH_4$ nicht nucleophil ist.

Hinweis für die Studierenden

Beachten Sie, dass die säurekatalysierte Hydrolyse eines Esters und eines Amids mit den sechs gleichen Schritten realisiert werden:

- Protonierung
- Zugabe des Nucleophils
- Deprotonierung tetraedrischen Zwischenprodukts I
- Protonierung tetraedrischen Zwischenprodukts II
- Eliminierung
- Deprotonierung

Warum ein Katalysator für die Hydrolyse und Alkoholyse eines Amids erforderlich ist

Nehmen wir uns nun etwas Zeit, um zu ergründen, warum ein Amid nicht ohne die Hilfe eines Katalysators hydrolysierbar ist. Bei einer unkatalysierten Reaktion würde das Amid nicht protoniert werden. Ein Wassermolekül, also ein sehr bescheidenes Nucleophil, müsste in diesem Fall ein elektrisch neutrales Amidmolekül angreifen, das für nucleophile Angriffe viel weniger empfänglich wäre als ein protoniertes Amid es ist. Darüber hinaus wäre die Aminogruppe in der tetraedrischen Zwischenstufe nicht protoniert. Daher würde ein Hydroxidion als Abgangsgruppe aus dem Molekül eliminiert anstelle des noch basischeren Amidions $^-NH_2$. Dies würde zur Rückbildung des Amids führen.

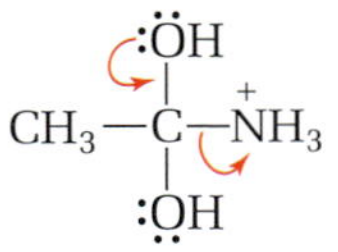

tetraedrische Zwischenstufe einer säurekatalysierten Amidhydrolyse

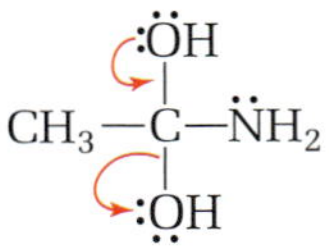

tetraedrische Zwischenstufe einer unkatalysierten Amidhydrolyse

Ein Amid reagiert mit einem Alkohol in Gegenwart einer Säure aus dem gleichen Grund, aus dem es in Gegenwart einer Säure mit Wasser reagiert.

HINTERGRUND

Die Entdeckung des Penicillins

Sir Alexander Fleming (1881–1955) war Professor für Bakteriologie an der University of London. Es wird erzählt, dass er eines Tages eine Kultur von Staphylokokken-Bakterien, die mit einem seltenen Schimmelstamm von *Penicillium notatum* kontaminiert waren, wegwerfen wollte. Er bemerkte jedoch dann, dass die Bakterien überall dort verschwunden waren, wo ein Teilchen des Schimmels war. Dies deutete darauf hin, dass dieser Schimmel eine antibakterielle Substanz produziert hatte. Zehn Jahre später, im Jahr 1938, isolierten Howard Florey und Ernest Chain den Wirkstoff Penicillin G, aber die Verzögerung in der Veröffentlichung dieser Erfindung bewirkte, dass die Sulfonamide die ersten Antibiotika auf dem Markt waren (Abschnitt 18.19). Nachdem man herausgefunden hatte, dass Penicillin G bakterielle Infektionen bei Mäusen heilte, wurde es erfolgreich im Jahr 1941 bei neun Fällen von menschlichen bakteriellen Infektionen angewandt. Bis zum Jahr 1943 wurde es für das Militär produziert und zunächst ausschließlich für Kriegsopfer in Sizilien und Tunesien verwendet. Der Wirkstoff stand der Zivilbevölkerung ab dem Jahr 1944 zur Verfügung. Der Druck, der durch den Kriege ausgeübt wurde, machte die Bestimmung der Struktur von Penicillin G zu einer Priorität, da man es darauf absah, große Mengen des Medikaments zu synthetisieren, wenn die genaue Strukturformel erst einmal gefunden war.

Fleming, Florey und Chain teilten sich die 1945 den Nobelpreis für Physiologie oder Medizin. Chain hat weiterhin entdeckt, dass Penicillinase das Enzym ist, welches Penicillin zerstört. Obwohl Fleming im Allgemeinen für die Entdeckung von Penicillins anerkannt wird, gibt es eindeutige Beweise dafür, dass die keimtötende Aktivität der Schimmelkultur im neunzehnten Jahrhundert von Lord Joseph Lister (1827–1912) entdeckt wurde. Dieser englische Arzt ist bekannt dafür, dass er im Jahr 1865 die aseptische Chirurgie eingeführt hat. Allerdings sind mehrere Jahre verstrichen, bevor andere den chirurgischen Beruf ausübende Ärzte seinem Beispiel folgten.

HINTERGRUND

Penicillin und Wirkstoffresistenz

Penicillinmoleküle enthalten eine Amidgruppe in einem gespannten β-Lactamring. Die Spannung in dem viergliedrigen Molekülring erhöht die Reaktivität der Amidgruppe. Man nimmt an, dass die antibiotische Wirkung des Penicillins aus seiner Fähigkeit hervorgeht, eine CH_2OH-Gruppe eines Enzyms zu acylieren, welches eine wichtige Rolle beim Aufbau der bakteriellen Zellwand einnimmt.Die Acylierung geschieht durch eine nucleophile Acylsubstitutionsreaktion: Die CH_2OH-Gruppe addiert sich an das Carbonylkohlenstoffatom des β-Lactamrings von Penicillin, was zu einer tetraedrischen Zwischenstufe führt (rote Pfeile). Das viergliedrige ringförmige Amid ist reaktiver als das nicht zyklische Amid, da sich die Ringspannung bei Eliminierung der Aminogruppe abbauen kann (blaue Pfeile).

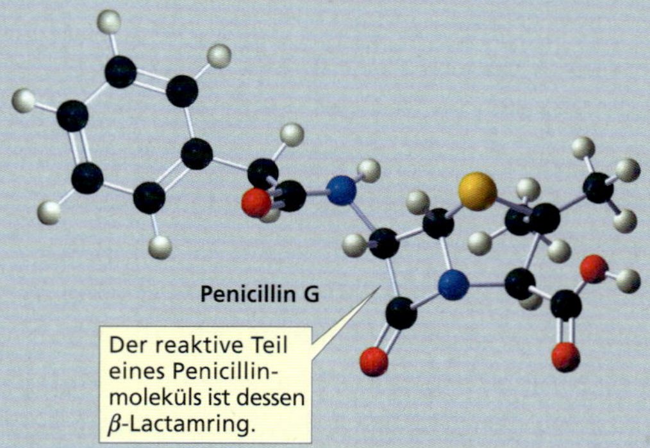

Die Acylierung inaktiviert das Enzym, und wachsende und sich teilende Bakterienzellen sterben ab, weil sie unfähig sind, eine neue Zellwand aufzubauen. Penicillin hat keine Wirkung auf die Zellen von Säugetieren wie dem Menschen, da diese nicht von Zellwänden umgeben sind. Penicilline werden kühl gelagert, um die Hydrolyse der β-Lactamringe zu minimieren.

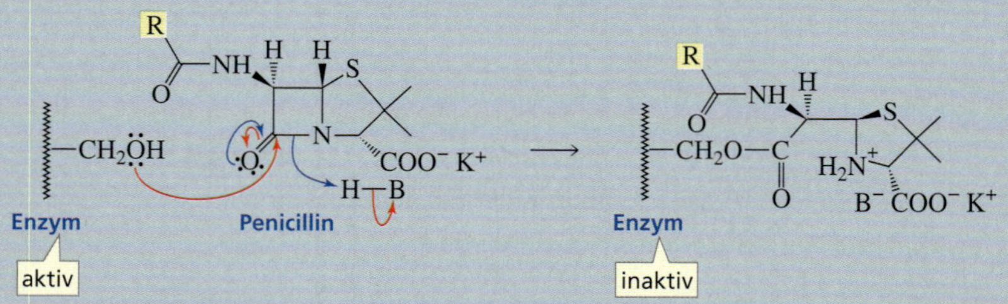

Bakterien, die gegen Penicillin(e) resistent sind, schütten aus den Zellen ein Enzym aus, das Penicillinase heißt. Es katalysiert die Hydrolyse der β-Lactamringe der Penicillinmoleküle. Das Reaktionsprodukt mit dem geöffneten Molekülring hat seine antibakterielle Wirkung verloren.

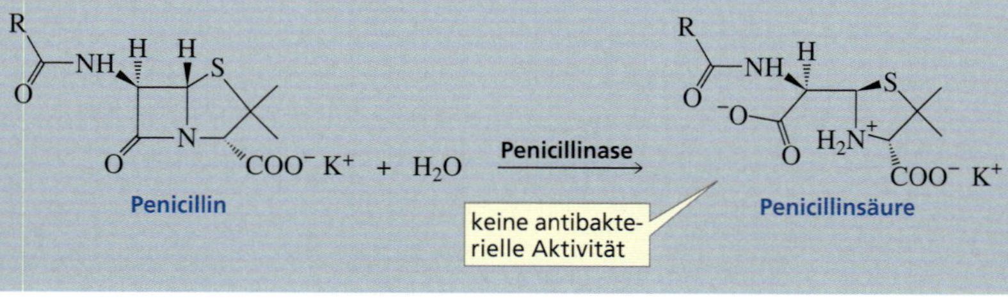

Penicilline im klinischen Einsatz

Mehr als zehn unterschiedliche Penicilline (Penicillinderivate) befinden sich heute im klinischen Einsatz gegen bakterielle Infektionen. Sie unterscheiden sich lediglich in Bezug auf die Molekülgruppe (R), die an die Carbonylgruppe angeheftet ist. Einige dieser Penicilline sind unten abgebildet. Zusätzlich zu diesen strukturellen Unterschieden unterscheiden sich die Penicilline bezüglich der Bakterientypen, gegen die sie am wirksamsten sind. Sie unterscheiden sich weiterhin in ihrer Empfindlichkeit für den Angriff durch die Penicillinasen, die Penicilline unwirksam machenden Abwehrenzyme der Bakterien. Beispielsweise ist Methicillin, ein halbsynthetisches Penicillin, oft noch wirksam gegen Bakterien, die gegen Penicillin G schon resistent sind. Penicillin G ist ein natürlich vorkommendes Penicillin. Fast 19 % der Menschen reagieren allergisch auf Penicillin G. Die zunehmende Resistenz der Erreger gegen Penicilline und andere Antibiotika bis hin zur Totalresistenz einiger Bakterienstämme ist ein großes und rasch weiter anwachsendes medizinisches Problem.

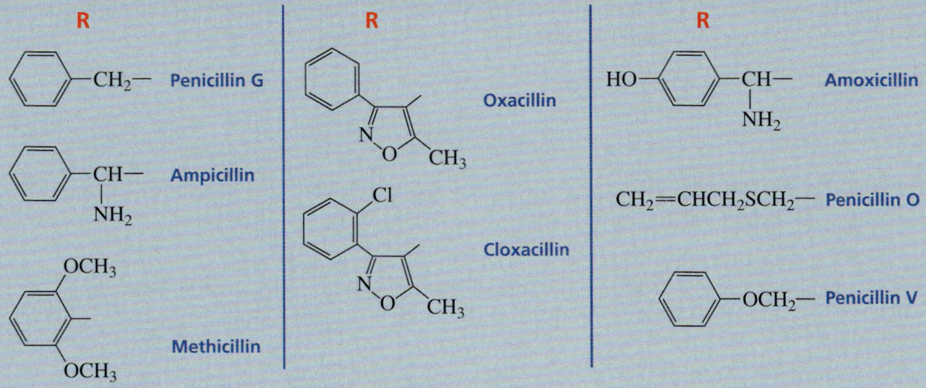

Ein semisynthetisches Penicillin

Penicillin V ist ein halbsynthetisches Penicillin, das sich ebenfalls im klinischen Einsatz befindet. Es ist keine vollsynthetische Verbindung, da es von den pharmazeutischen Chemiker*innen nicht von Grund auf synthetisiert wird. Die Schimmelpilze der Gattung *Penicillium* synthetisieren es, nachdem man ihnen 2-Phenoxyethanol verabreicht hat, das sie benötigen, um die Seitenkette aufzubauen.

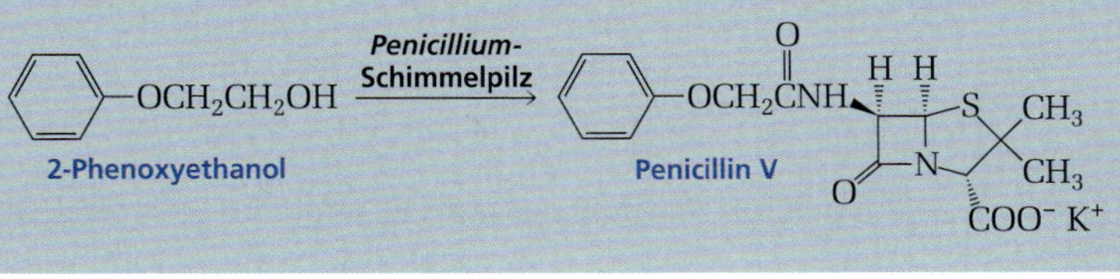

Ü 35 Schreiben der Mechanismus für die säurekatalysierte Reaktion eines Amids mit einem Alkohol unter Bildung eines Esters nieder.

Ü 36* Ordnen Sie die folgenden Amide anhand deren Reaktivität gegenüber einer säurekatalysierten Hydrolyse (von der höchsten zur niedrigsten):

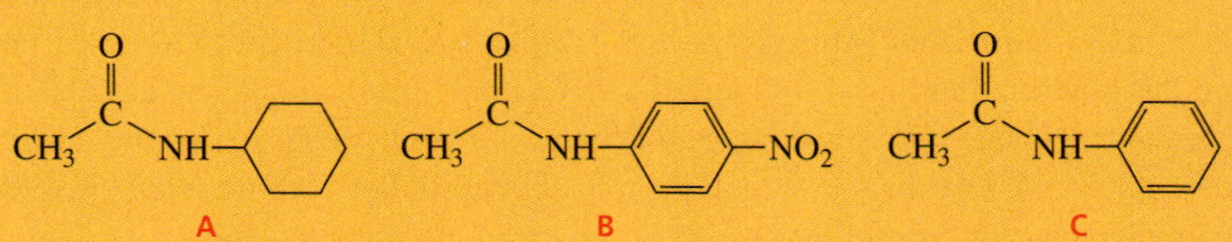

Durch Hydroxidionen vermittelte Hydrolyse von Amiden 15.13

Amiden können auch hydrolisiert werden, wenn sie unter stark basischen Bedingungen erhitzt werden.

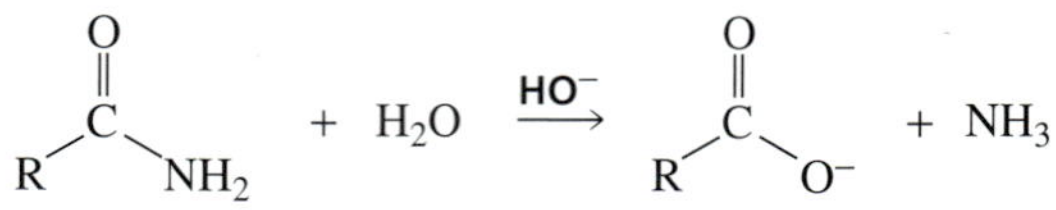

Mechanismus für die durch Hydroxidionen geförderte Hydrolyse eines Amids

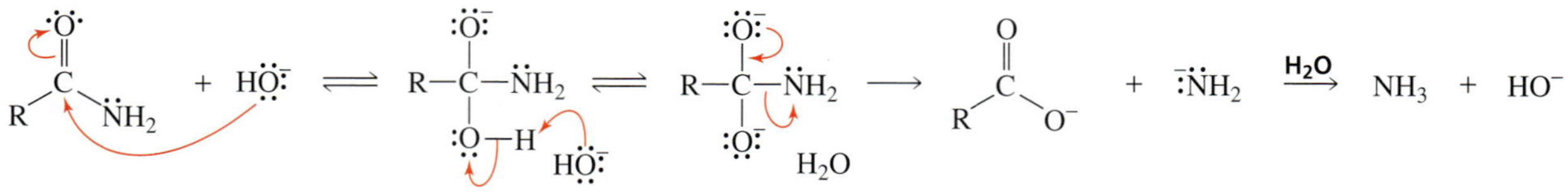

- Ein Hydroxidion übernimmt hier – anstelle von Wasser – die Rolle des Nucleophils. Da es sich um eine besseres Nucleophil als Wasser handelt, bildet es die tetraedrische Zwischenstufe schneller. ^-OH ist die schwächere Base der beiden potenziellen Abgangsgruppen des tetraedrischen Zwischenprodukts, weshalb diese Gruppe mit höherer Wahrscheinlichkeit beseitigt wird und wodurch das Amid neu gebildet wird.
- In stark basischen Lösungen handelt es sich im Fall von Hydroxidionen um eine Reaktion zweiter Ordnung. Das heißt, dass zwei Äquivalente Hydroxidionen an der Reaktion teilnehmen. Das zweite äquivalente Hydroxidion entfernt ein Proton von dem tetraedrischen Zwischenprodukt.
- Nun sind die möglichen Abgangsgruppen $^-NH_2$ und O_2^-. Da NH_2 die schwächere Base ist, wird es entfernt und ein Carboxylation wird gebildet.
- Das Amidion wird protoniert, weil es eine stärkere Base als Hydroxidion ist.

Beachten Sie, dass das eine äquivalente Hydroxidion kein Katalysator ist (nicht regeneriert wird), wohingegen das andere Hydroxidion regeneriert wird, sodass dieses ein Katalysator ist.

HINTERGRUND

Sich auflösendes Nahtmaterial

Sich selbst auflösendes Nahtmaterial wie Dexon und Poly(dioxanon) (PDS) sind Kunststoffe, die heute vielfach in der chirurgischen Routine eingesetzt werden. Die vielen Estergruppen, die in den Molekülen enthalten sind, werden im Körper langsam hydrolytisch gespalten, und das Makromolekül zerfällt in niedermolekulare Bruchstücke, die dann dem Stoffwechsel des Körpers zugeführt werden. Durch ihn werden sie zu Verbindungen abgebaut, die leicht ausgeschieden werden. Patient*innen ersparen sich so das Fädenziehen, das notwendig war, als nichtabbaubares, traditionelles Nahtmaterial Anwendung fand.

Abhängig von ihrer Molekularstruktur, verlieren diese synthetischen Nahtmaterialien im Verlauf von zwei bis drei Wochen 50 % ihrer Stärke und werden innerhalb von drei bis sechs Monaten vollständig abgebaut (resorbiert).

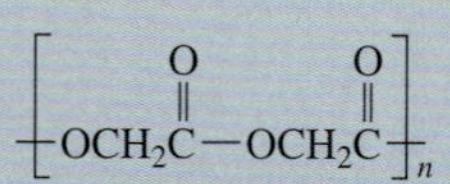

Dexon®

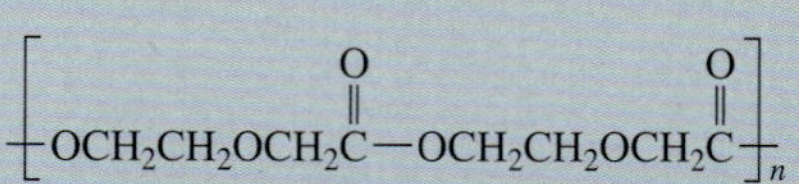

PDS®

HINTERGRUND

■ Synthetische Polymere („Kunststoffe")

Kunststoffe (synthetische Polymere) spielen im täglichen Leben eine bedeutende Rolle. **Polymere** sind chemische Verbindungen, die entstehen, wenn viele kleine Baueinheiten, **Monomere** genannt, miteinander verknüpft werden. Bei vielen synthetischen Polymeren werden die Monomere durch Ester- oder Amidbindungen zusammengehalten. Dacron ist beispielsweise ein Polyester und Nylon ein Polyamid.

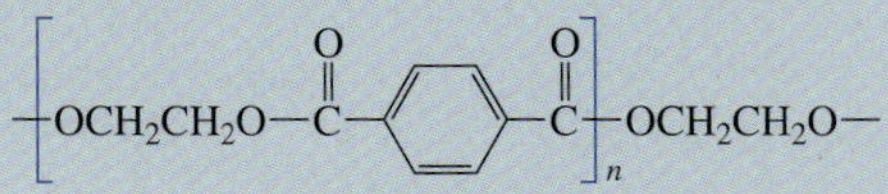

Dacron®

und

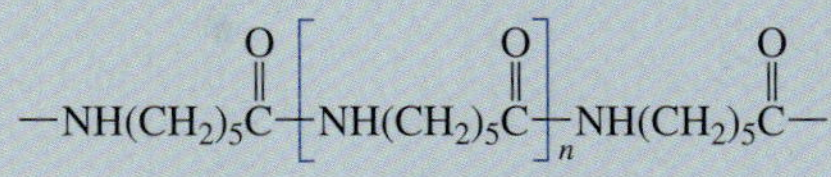

Nylon-6

Kunststoffe haben in vielen Fällen Metalle, Naturfasern, Glas, Holz und Papier ersetzt. Sie liefern uns ein breiteres Spektrum von Werkstoffen als es die Natur früherer Zeiten vermochte. Ständig werden neue und neuartige Kunststoffe entwickelt, um menschliche Bedürfnisse zu befriedigen – manchmal auch solche, die erst geweckt werden müssen, nachdem ein neuer Stoff erfunden worden ist. So hat beispielsweise Kevlar eine Reißfestigkeit, die höher als die des Stahls liegt. Es wird für Hochleistungsskis und für kugelsichere Westen verwendet. Lexan ist ein mechanisch starkes und durchsichtiges Polymer, das für die „Verglasungen" von Ampeln und für CDs Verwendung findet. Diese und andere Kunststoffe werden uns in Kapitel 27 ausführlich beschäftigen.

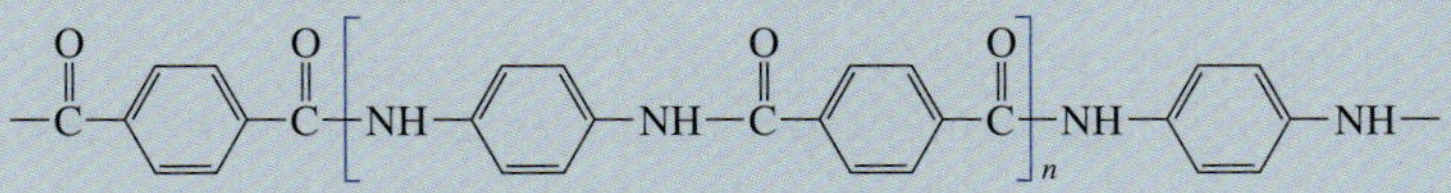

Kevlar®

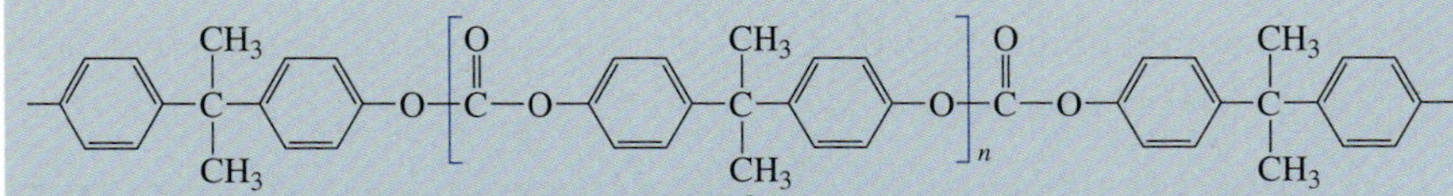

Lexan®

Ü 37* Warum wird im letzten Schritt des Mechanismus der durch das Hydroxidion vermittelten Hydrolyse eines Amids das Amidion protoniert?

Die Hydrolyse eines Imids: Ein Weg zur Synthese primärer Amine 15.14

Obwohl primäre Amine durch S_N2-Rekationen mit Halogenalkanen hergestellt werden können, sind die Ausbeuten schlecht, da sich die Reaktion nicht auf einer Alkylierungsstufe anhalten lässt (siehe Übung 16). Ein besserer Weg zur Synthese eines primären Amins ist die **Gabriel-Synthese**, durch die Halogenalkane in primäre Amine umgewandelt werden. Sie beinhaltet die Hydrolyse eines **Imids**. Ein Imid ist eine Verbindung mit zwei Acylgruppen, die an ein Stickstoffatom gebunden sind.

$$\underset{\textbf{Halogenalkan}}{RCH_2Br} \xrightarrow{\textbf{Gabriel-Synthese}} \underset{\textbf{primäres Amin}}{RCH_2NH_2}$$

Die Schritte der Synthesereaktion sind wie folgt. Beachten Sie, dass die Alkylgruppe des in dem zweiten Schritt der Reaktion verwendet Alkylhalogenids identisch ist mit der Alkylgruppen des gewünschten primären Amins.

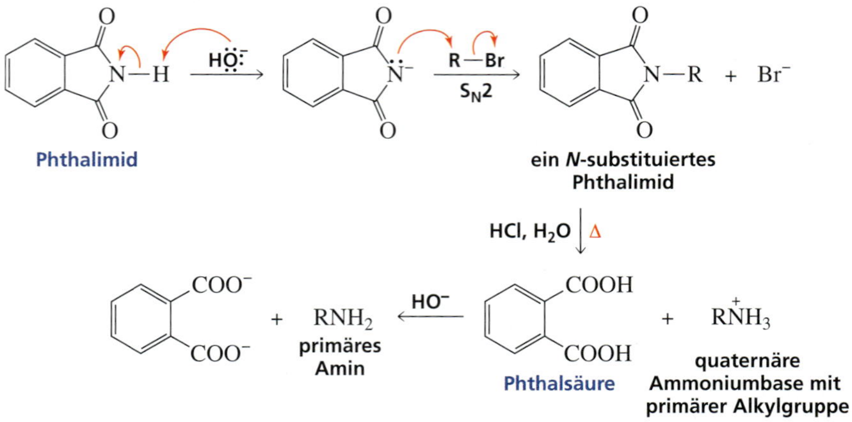

- Eine Base abstrahiert ein Proton vom Stickstoffatom des Phthalimids.
- Das sich ergebende Nucleophil reagiert mit einem Halogenalkan. Da dies über eine S_N2-Reaktion verläuft, funktioniert die Reaktion am besten mit primären Halogenalkanen (Abschnitt 9.1).
- Die Hydrolyse des *N*-substituierten Phthalimids wird durch Säuren katalysiert. Da die Lösung sauer reagiert, sind die Endprodukte eine quaternäre Ammoniumbase mit primärer Alkylgruppe und Phthalsäure.
- Die Neutralisierung der substituierten Ammoniumionen mit einer Base liefert das primäre Amin.

Es kann nur eine Alkylgruppe auf das Stickstoffatom übertragen werden, da nur ein Wasserstoffatom an das N-Atom des Phthalimidmoleküls gebunden ist. Dies hat zur Folge, dass die Gabrielsynthese nur zur Darstellung primärer Amine eingesetzt werden kann. Hier hilft sie jetzt, ein unerwünschtes Fortschreiten der Reaktion durch Wiederholung der Reaktionssequenz zu verhindern.

Ü 38* Welches Bromalkan würden Sie einsetzen, um in einer Gabrielsynthese die folgenden Amine darzustellen?
(a) *n*-Pentylamin **(b)** Isohexylamin **(c)** Benzylamin **(d)** Cyclohexylamin

Ü 39 Primäre Amine lassen sich auch durch die Reaktion eines Halogenalkans mit Azidionen, gefolgt von katalytischer Hydrierung, darstellen. Welche Vorteile besitzen diese Methode und die Gabrielsynthese gegenüber der Darstellung eines primären Amins aus einem Halogenalkan und Ammoniak?

$$CH_3CH_2CH_2Br \xrightarrow{^-N_3} CH_3CH_2CH_2N{=}\overset{+}{N}{=}\overset{-}{N} \xrightarrow[Pd/C]{H_2} CH_3CH_2CH_2NH_2 + N_2$$

Nitrile 15.15

Acetonitril

Nitrile sind Verbindungen, die eine Cyanogruppe (C≡N)enthalten. Nitrile sind noch schwieriger zu hydrolysieren als Amide, doch werden sie langsam aber sicher zu Carbonsäuren hydrolysiert, wenn sie mit Wasser in Gegenwart einer katalytisch wirkenden Säure erhitzt werden.

Die Benennung von Nitrilen

In der systematischen Nomenklatur werden Nitrile durch den Zusatz „Nitril“ an den Namen der Mutterverbindung Alkan benannt. Beachten Sie in den folgenden Beispielen, dass die dreifach gebundenen Kohlenstoffatome der Nitrilgruppe in die Anzahl der Kohlenstoffatome in der längsten durchgehenden Kette mit einfließen.

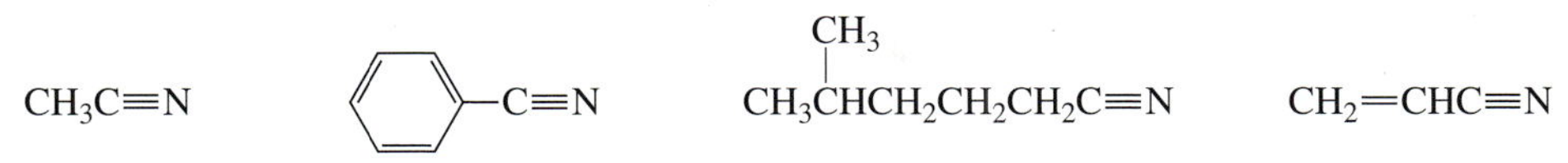

systematischer Name:	**Ethanenitril**	**Benzolcarbonnitril**	**5-Methylhexannitril**	**Propennitril**
Trivialname:	**Acetonitril**	**Benzonitril**	**δ-Methylcapronitril**	**Acrylonitril**
	Methylcyanid	**Phenylcyanid**	**Isohexylcyanid**	

In der allgemeinen Nomenklatur wird Nitril wird durch Ersetzen von „-säure“ der Carbonsäure durch „-nitril“ benannt. Diese Verbindungen können auch als Alkylcyanide bezeichnet werden, wobei der Name der Alkylgruppe, die an den dreifach gebundenen Kohlenstoff gebunden ist, genannt wird.

Ü 40* Geben Sie jeweils zwei Namen für die folgenden Nitrile an:

(a) $CH_3CH_2CH_2C{\equiv}N$ **(b)** 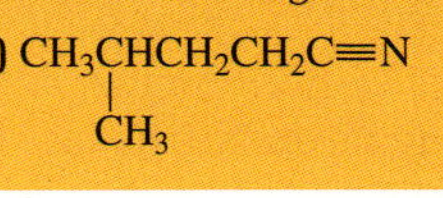

Reaktionen von Nitrilen

Nitrile können noch schwieriger als Amide hydrolisiert werden, aber sie werden langsam zu Carbonsäuren hydrolisiert, wenn sie mit Wasser und einer Säure erhitzt werden.

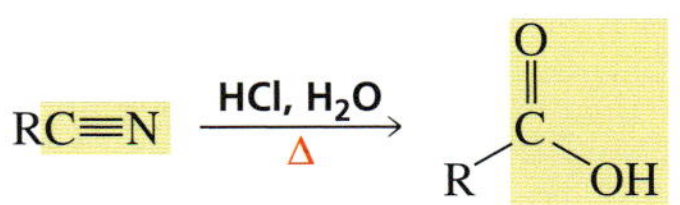

Mechanismus der säurekatalysierten Hydrolyse von Nitrilen

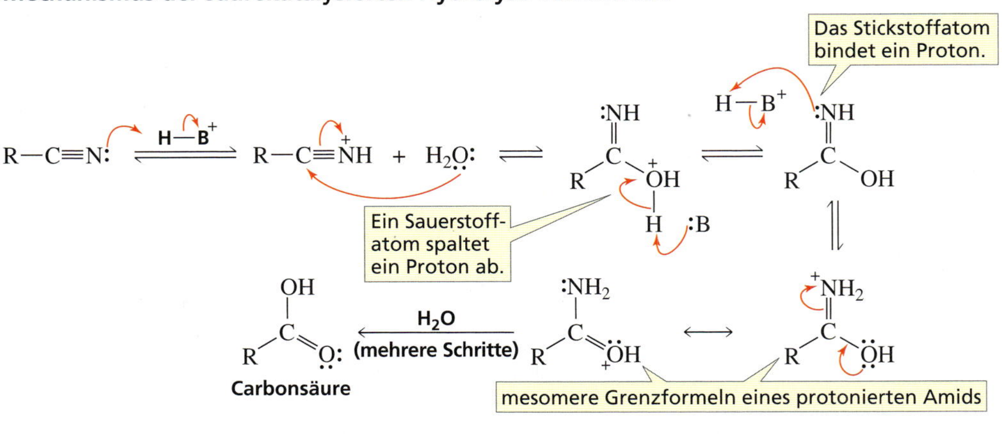

- Die Säure protoniert das Stickstoffatom der Cyanogruppe, was es dem Wasser erleichtert, das C-Atom der Gruppe im nächsten Schritt anzugreifen.
- Der nucleophile Angriff des Wassermoleküls auf die protonierte Cyanogruppe ist analog zum nucleophilen Angriff eines Wassermoleküls auf eine protonierte Carbonylgruppe.

MERKE!

Achten Sie erneut auf das Muster der drei tetraedrischen Zwischenprodukte:

protoniertes Zwischenprodukt ⇌
neutrales Zwischenprodukt ⇌
protoniertes Zwischenprodukt

- Da das Stickstoffatom einen stärkeren basischen Charakter besitzt als das Sauerstoffatom, gibt das O-Atom des Wassermoleküls ein H^+ an das N-Atom ab, was zu einem protonierten Amid führt (dessen beide mesomeren Grenzformeln abgebildet sind).
- Das Amid wird sehr rasch zur Carbonsäure hydrolysiert, da ein Amid leichter zu hydrolysieren ist als ein Nitril; dies geschieht durch den in Abschnitt 15.11 dargelegten säurekatalysierten Mechanismus.

Die Verwendung von Nitrilen in der Synthese

Nitrile lassen sich durch S_N2-Reaktionen aus Halogenalkanen mit Cyanidionen darstellen. Da ein Nitril zur Carbonsäure hydrolysiert werden kann, wissen Sie nun, wie man ein Halogenalkan in eine Carbonsäure überführen kann. Beachten Sie, dass die Carbonsäure ein C-Atom mehr aufweist als das Halogenalkan, von dem man ausgeht.

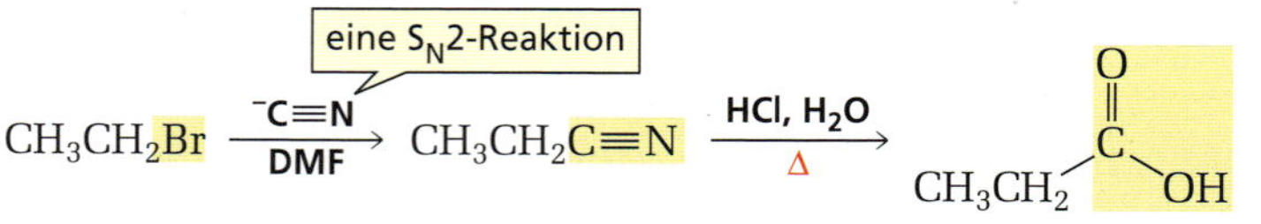

Katalytische Hydrierung eines Nitrils ist ein anderer Weg, um primäre Amine herzustellen. Raney-Nickel ist dafür der bevorzugte Metallkatalysator.

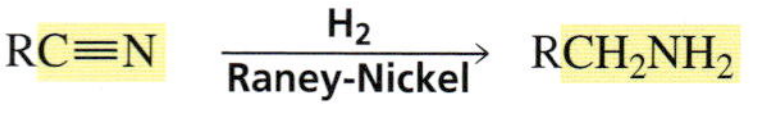

Ü 41* Welche Halogenalkane bilden die nachfolgenden Carbonsäuren, wenn sie mit Natriumcyanid umgesetzt und nachfolgend in sauren Lösung erhitzt werden?

(a) Buttersäure **(b)** Isovaleriansäure (3-Methylbuttersäure) **(c)** Cyclohexancarbonsäure

Ü 42 mit Lösung

Ein Amid mit einer NH_2-Gruppe kann mit Thionylchlorid (SOC_{12}) zu einem Nitril dehydratisiert werden. Schlagen Sie einen Mechanismus für diese Reaktion vor..

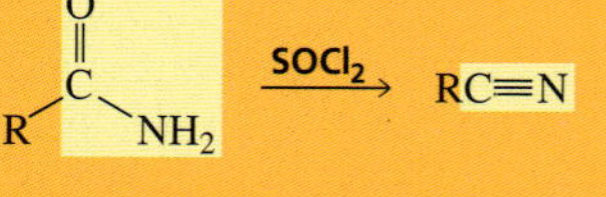

Lösung

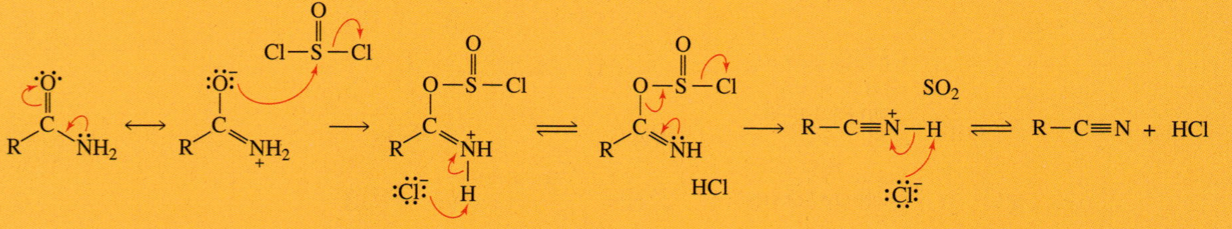

- Thionylchlorid ist ein Elektrophil, sodass wir die Resonanz-Beiträger des Amids zeichnen müssen, um zu sehen, welches Atom das Nucleophil ist.
- Der nucleophile Sauerstoff fügt sich an das elektrophilen Thionylchlorid an, um das Chloridion zu eliminieren.
- Der Verlust eines Protons bildet eine Verbindung, welche die Dreifachbindungen aufgrund seiner sehr guten Abgangsgruppe bilden kann.
- Der Verlust eines anderen Protons bildet das neutrale Nitril.

Säureanhydride 15.16

Der Verlust von Wasser aus zwei Molekülen einer Carbonsäure bildet ein **Säureanhydrid**. „Anhydrid“ bedeutet „ohne Wasser“. Ein Anhydrid ist ein *Carbonsäurederivat*, da die OH-Gruppe in Carbonsäure durch ein Carboxylation ersetzt wurde.

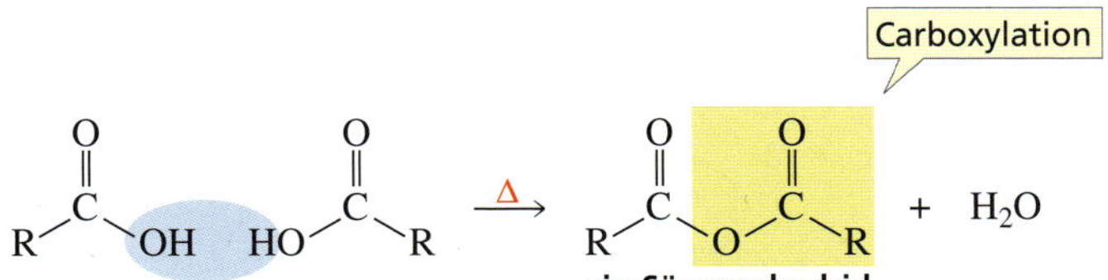

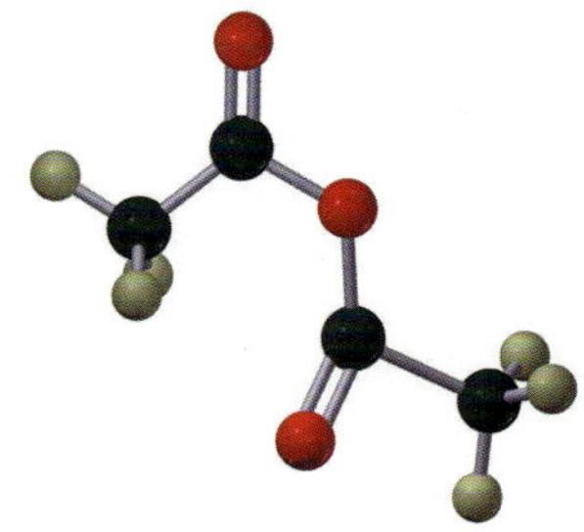

Essigsäureanhydrid

Die Benennung der Anhydride

Wenn die beiden Carbonsäuremoleküle, die das Säureanhydrid bilden, gleich sind, ist das Anhydrid ein **symmetrisches Anhydrid**. Wenn diese Moleküle unterschiedlich sind, ist es ein **gemischtes Anhydrid**. Symmetrische Anhydride werden benannt durch das Ersetzen von „-säure“ durch die Bezeichnung „-anhydrid.“ Gemischte Anhydride benennt man unter Angabe der Namen der beiden Säuren in alphabetischer Reihenfolge, gefolgt von dem Namen „-anhydrid.“

systematischer Name:	Butansäureanhydrid	Butansäuremethananhydrid
Trivialname:	Essigsäureanhydrid	Ameisensäureessigsäureanhydrid
	symmetrisches Anhydrid	Mischanhydrid

Reaktionen von Anhydriden

Die Abgangsgruppe eines Anhydrids ist ein Carboxylation (dessen konjugierte Säure weist einen pK_S-Wert von ~5 auf). Dies bedeutet, dass ein Anhydrid weniger reaktiv als ein Acylchlorid, jedoch reaktiver ist als ein Ester oder eine Carbonsäure ist.

Relative Reaktivitäten von Carbonsäurederivaten

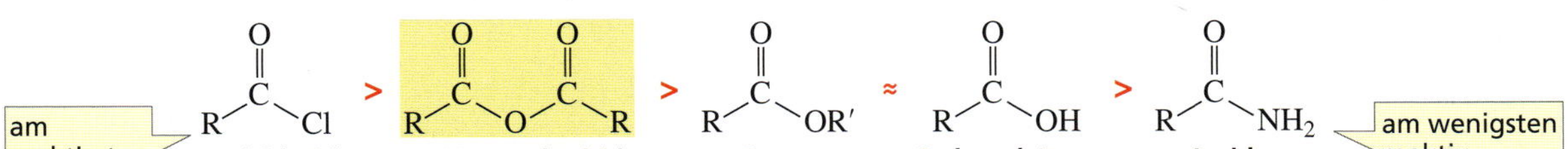

Ein Säureanhydrid reagiert mit einem Alkohol unter Bildung eines Esters und einer Carbonsäure, mit Wasser zu zwei Molekülen Carbonsäure (Hydrolyse) und mit einem Amin zu einem Amid und einem Carboxylation. In allen diesen Fällen ist das eintretende Nucleophil, nachdem es ein Proton abdissoziiert hat, die stärkere Base im Vergleich zum das Molekül verlassenden Carboxylation. Bei der Reaktion eines Amins mit einem Anhydrid müssen zwei Moläquivalente des Amins oder ein Moläquivalent des Amins plus ein Moläquivalent eines tertiären Amins eingesetzt werden, damit eine ausreichende Menge des

Amins zur Verfügung steht, um sowohl mit den Carbonylgruppen als auch mit den freigesetzten Wasserstoffionen reagieren zu können.

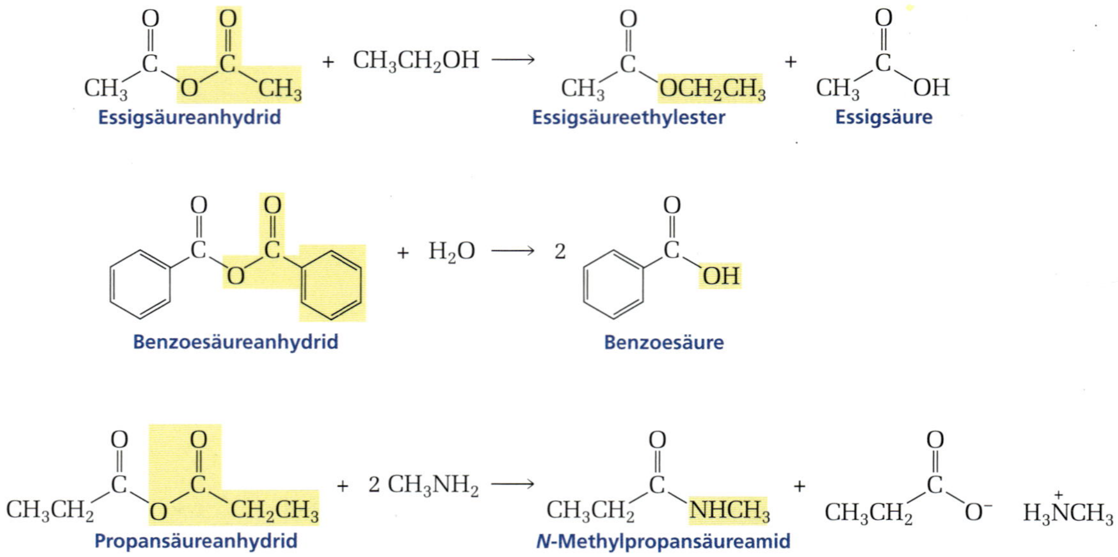

Für die Umsetzung eines Amins mit einem Anhydrid müssen zwei Äquivalente Amin eingesetzt werden, damit ausreichend Amin vorhanden ist, um sowohl mit der Carbonylverbindung als auch mit dem Proton, das hergestellt wird, zu reagieren (Abschnitt 15.6). (Das Amin ist eine stärkere Base als das Carboxylationprodukt, also wird das Amin durch die bei der Reaktion erzeugte Säure protoniert. Wenn ein Anhydrid mit einem Alkohol oder Wasser reagiert, dann ist das Carboxylationprodukt eine stärkere Base als ein Alkohol oder Wasser, sodass das Carboxylation durch die bei der Reaktion erzeugte Säure protoniert wird.)

Die Reaktionen von Säureanhydriden folgen den in Abschnitt 15.6 beschriebenen allgemeinen Mechanismen. Vergleichen Sie beispielsweise den Mechanismus für die Umsetzung eines Säureanhydrids mit einem Alkohol oder den Mechanismus für die Reaktion eines Acylchlorids mit einem Alkohol.

Mechanismus der Überführung eines Säureanhydrids in einen Ester (und eine Carbonsäure)

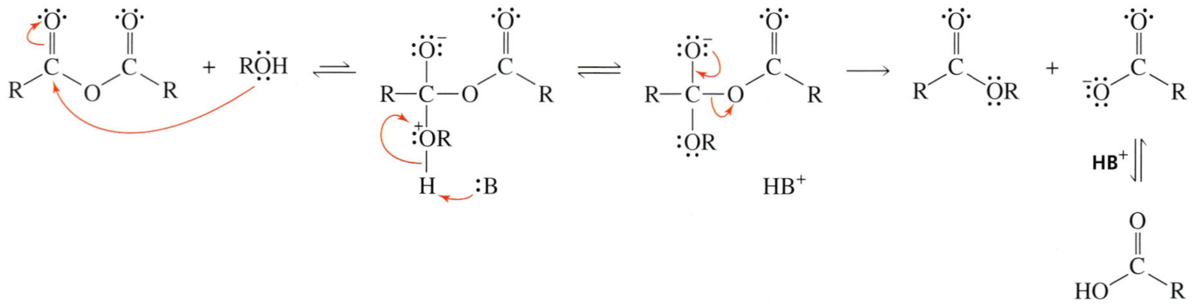

- Das Nucleophil fügt sich an das Carbonylkohlenstoffatom an und bildet ein tetraedrisches Zwischenprodukt.
- Ein Proton wird aus dem tetraedrischen Zwischenprodukt entfernt.
- Das Carboxylation, die schwächere der beiden Basen im tetraedrischen Intermediat, wird eliminiert.

Ü 43

(a) Schlagen Sie einen Mechanismus für die Umsetzung von Essigsäureanhydrid mit Wasser vor.

(b) Wie unterscheidet sich dieser Mechanismus von dem Mechanismus für die Reaktion von Essigsäureanhydrid mit einem Alkohol?

Ü 44 Schlagen Sie einen Mechanismus für die Umsetzung eines Acylchlorids mit einem Acetation unter Bildung eines Säureanhydrids vor.

Ü 45* Wir haben gesehen, dass Säureanhydride mit Alkoholen, Wasser und Aminen reagieren. Bei welcher dieser Reaktionen kann das tetraedrische Zwischenprodukt das Carboxylation eliminieren, selbst wenn es vor der Eliminierung kein Proton verliert? Erklären Sie ihre Antwort.

HINTERGRUND

Was Drogenhunde wirklich riechen

Morphin, das am häufigsten verwendete Schmerzmittel bei starken Schmerzen, ist der Standard, an dem andere Schmerzmittel gemessen werden. Wissenschaftler*innen haben herausgefunden, wie man Morphin synthetisiert. Das am häufigsten im Handel erhältliche Morphin wird aus Opium, einer milchigen Flüssigkeit, gewonnen, die von einer Mohnart ausgesondert wird. Morphin kommt in Konzentrationen von bis zu 10 % im Opium vor. Opium wurde wegen seiner analgetischen Eigenschaften bereits im Jahr 4000 vor Christus verwendet. Bei den Römern war der Opiumkonsum und sogar die Opiumsucht weit verbreitet. Die Methylierung einer der OH-Gruppen von Morphin lässt Codein entstehen, welches ein Zehntel der analgetischen Aktivität von Morphin aufweist. Codein hemmt stark den Hustenreflex.

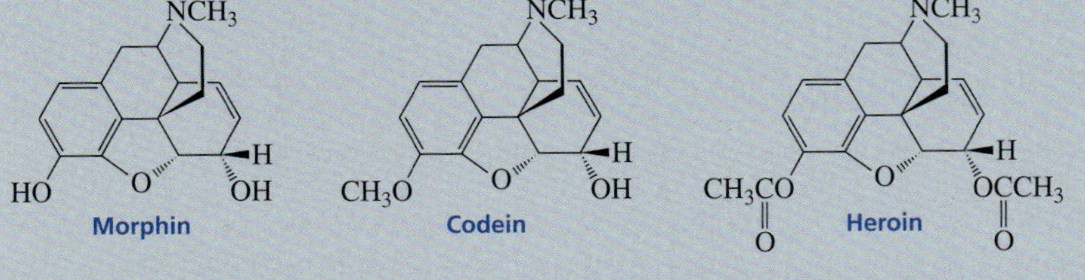

Heroin, das viel stärker ist (und stärker missbraucht wird) als Morphin, wird durch Behandeln von Morphin mit Essigsäureanhydrid synthetisiert. Essigsäureanhydrid setzt eine Acetylgruppe an jede der OH-Gruppen von Morphin. Daher wird auch Essigsäure als Produkt gebildet. Das Heroin erkennen die zur Drogenkontrolle verwendeten Hunde, weil sie darauf trainiert sind, den stechenden Geruch von Essigsäure zu erkennen.

Dicarbonsäuren 15.17

Die Strukturen einiger häufig vorkommender Dicarbonsäuren und ihre pK_S-Werte sind in ► Tabelle 15.2 zusammengefasst.

Dicarbonsäure	Trivialname	pK_{S1}	pK_{S2}
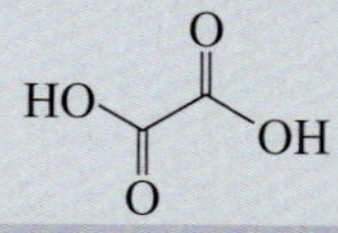	Oxalsäure	1,27	4,27
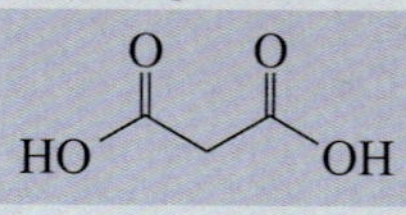	Malonsäure	2,86	5,70
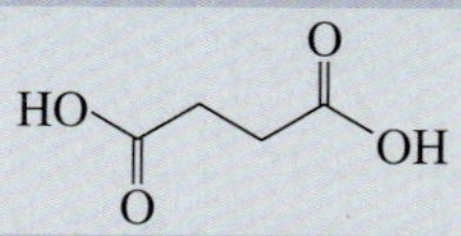	Succinylsäure	4,21	5,64
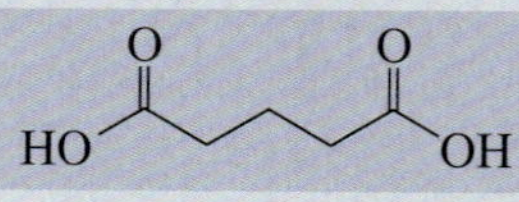	Glutarsäure	4,34	5,27
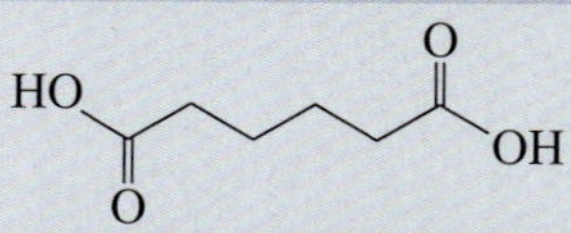	Adipinsäure	4,41	5,28
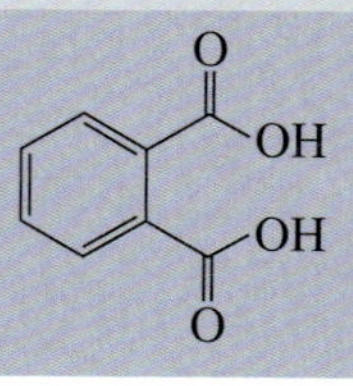	Phthalsäure	2,95	5,41

Tabelle 15.2: Strukturen, Namen und pK_S-Werte einiger einfacher Dicarbonsäuren.

Obwohl die beiden Carboxylgruppen einer Dicarbonsäure gleich sind, unterscheiden sich ihre pK_S-Werte, weil die Protonen, die abgegeben werden, jeweils von einer anderen chemischen Verbindung abgegeben werden. Das erste Proton wird von einem ungeladenen, also neutralen Säuremolekül abgestoßen. Das zweite Proton hingegen wird von einem negativ geladenen Säureanion abgegeben.

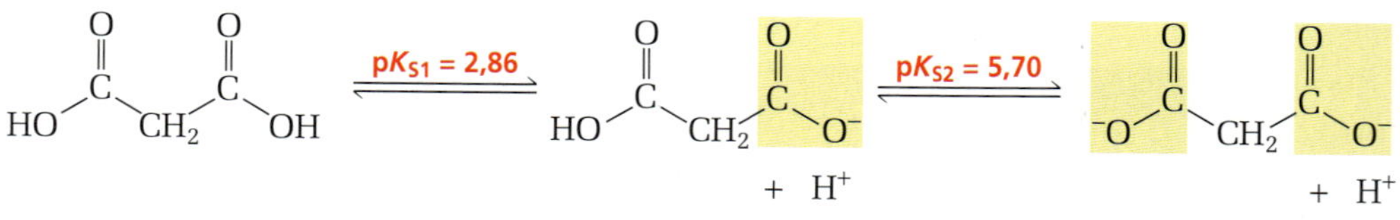

Eine COOH-Gruppe wirkt elektronenziehend und erhöht die Stabilität der konjugierten Base, die gebildet wird, wenn von der ersten COOH-Gruppe ein Proton abgegeben wird. Die pK_S-Werte der in der Tabelle abgebildeten Dicarbonsäuren lassen erkennen, dass die die Azidität steigernde Wirkung einer COOH-Gruppe in dem Maß abnimmt, in dem sich der Abstand der beiden Carboxylfunktionen im Molekül vergrößert.

Dehydratisierung

Dicarbonsäuren spalten beim Erhitzen bereitwillig ein Wassermolekül ab (sie dehydratisieren), wenn sie dabei ein zyklisches Anhydrid mit einem fünf- oder sechsgliedrigen Molekülring ausbilden können.

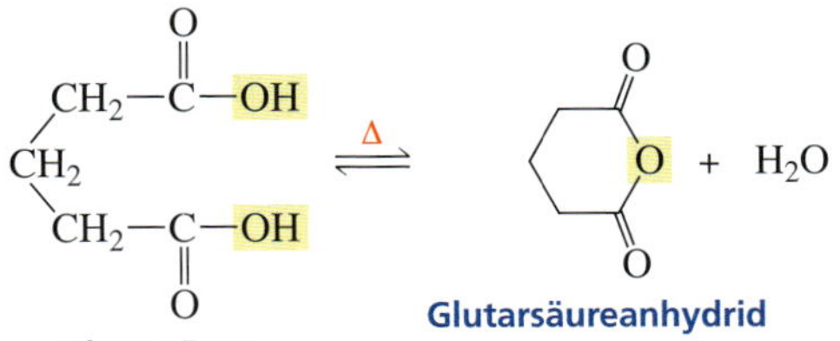

Glutarsäure — Glutarsäureanhydrid

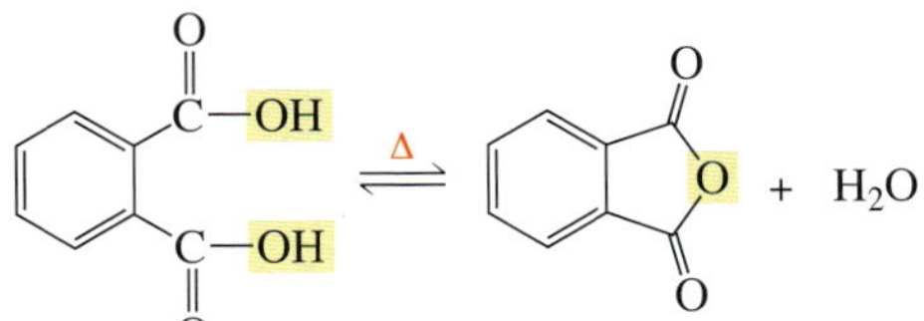

Phthalsäure — Phthalsäureanhydrid

Zyklische Anhydride lassen sich noch leichter darstellen, wenn die Dicarbonsäure in Gegenwart von Acetylchlorid oder Acetanhydrid (Essigsäureanhydrid) oder mit einem stark wasserziehenden (dehydratisierenden) Stoff wie P_2O_5 erhitzt wird.

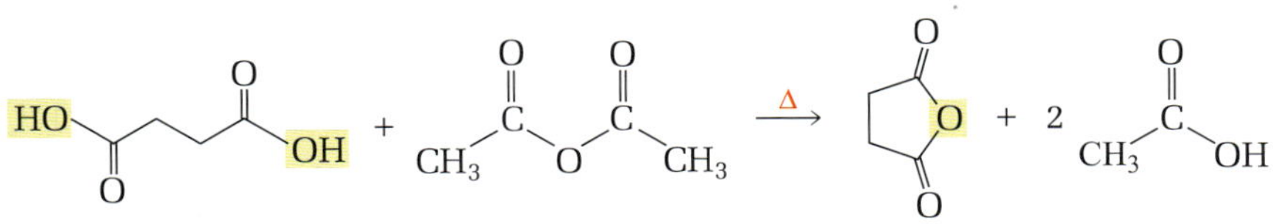

Bernsteinsäure — Essigsäureanhydrid — Bernsteinsäureanhydrid

Ü 46

(a) Schlagen Sie einen Mechanismus für die Bildung von Succinylsäureanhydrid in Gegenwart von Essigsäureanhydrid vor.

(b) Wie hilft das Essigsäureanhydrid bei der Bildung von Succinylsäureanhydrid?

15.18 Wie Chemiker*innen Carbonsäuren aktivieren

Von den verschiedenen Klassen von Carbonylverbindungen, die wir in diesem Kapitel diskutiert haben – den Säurehalogeniden, den Anhydriden, den Estern, Carbonsäuren und Amiden – sind die Carbonsäuren die im Laboratorium wie in Lebewesen am leichtesten verfügbaren. Das bedeutet, dass eine Carbonsäure die am häufigsten herangezogene Verbindung ist, wenn ein*e Chemiker*in oder eine lebende Zelle ein Carbonsäurederivat herstellen müssen.

Wir haben jedoch gelernt, dass Carbonsäuren sich nucleophilen Acylsubstitutionen gegenüber relativ unreaktiv verhalten, weil die OH-Gruppe einer Carboxylgruppe bei der Verdrängung aus dem Molekül eine starke Base bilden würde und aus diesem Grund eine schlechte Abgangsgruppe ist. In neutralen oder beinahe neutralen Lösungen (etwa beim so genannten „physiologischen pH-Wert" von 7,4) ist eine Carbonsäure noch widerstandsfähiger gegen nucleophile Acylsubstitutionen, weil sie vorwiegend in der unreaktiven, negativ geladenen, basischen Form als Anion vorliegt.

Sowohl organische Chemiker*innen als auch die lebende Zelle müssen daher Wege finden, Carbonsäuren so zu aktivieren, dass diese bereitwillig nucleophile Acylsubstitutionen einzugehen vermögen. Zuerst wollen wir uns ansehen, wie die Chemiker*innen Carbonsäuren aktivieren, danach dann, wie das gleiche Ziel von Zellen verwirklicht wird.

Aktivierung von Carbonsäuren im Labor

Eine Carbonsäure kann in ein Säurechlorid überführt werden, indem sie entweder mit Thionylchlorid ($SOCl_2$) oder mit Phosphortrichlorid (PCl_3) erhitzt wird. Säurebromide erhält man, wenn man alternativ Phosphortribromid (PBr_3) für die Reaktion verwendet.

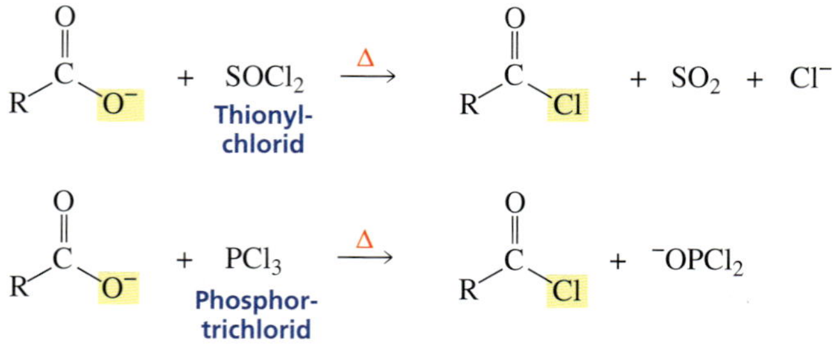

Alle diese Reagenzien ersetzen die OH-Gruppe der Carboxylfunktion durch eine bessere Abgangsgruppe, als ein Halogenatom es ist (das als Halogenid*ion* abgeht).

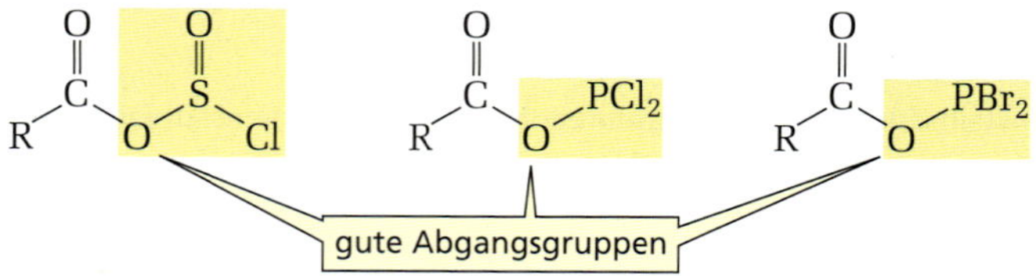

Wenn dann nachfolgend ein Halogenidion das Carbonylkohlenstoffatom angreift und sich dadurch die tetraedrische Zwischenstufe bildet, wird *nicht* dasjenige an das C-Atom gebundene Halogenatom verdrängt, sondern die aus der OH-Gruppe gebildete Abgangsgruppe.

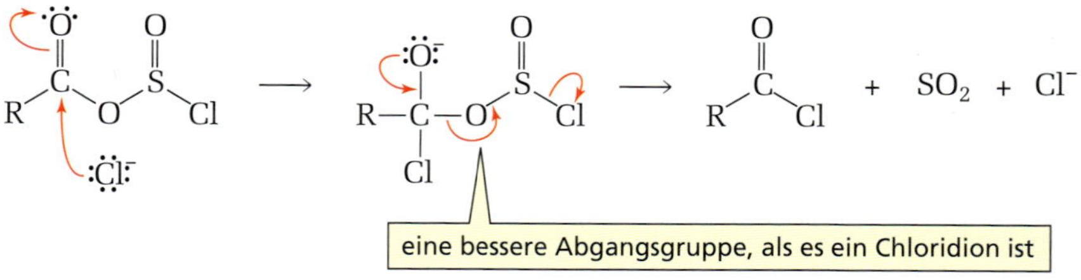

Beachten Sie, dass die Reagenzien, die dazu führen, dass der OH-Anteil einer Carboxylgruppe durch ein Halogenatom ersetzt wird, die gleichen sind, durch die man die OH-Gruppe eines Alkohols mit einem Halogenatom ersetzen kann (Abschnitt 10.2).

Nachdem das Säurehalogenid dargestellt worden ist, kann eine breite Palette anderer Carbonsäurederivate durch Zusetzen eines geeigneten Nucleophils dargestellt werden (Abschnitt 15.6).

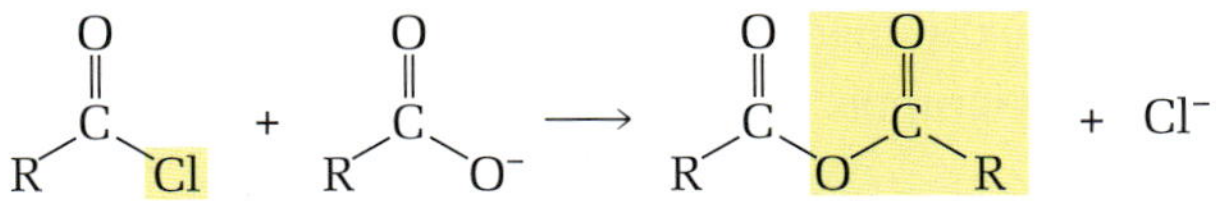

ein Anhydrid

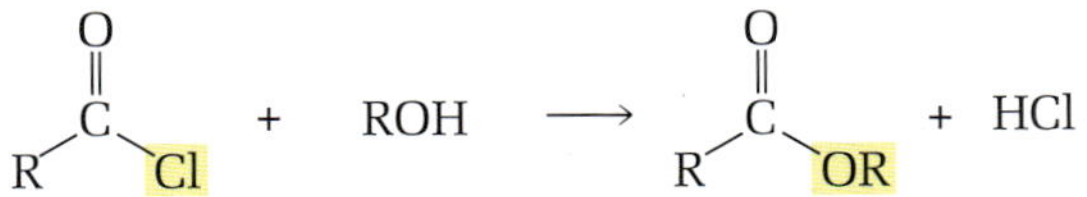

ein Ester

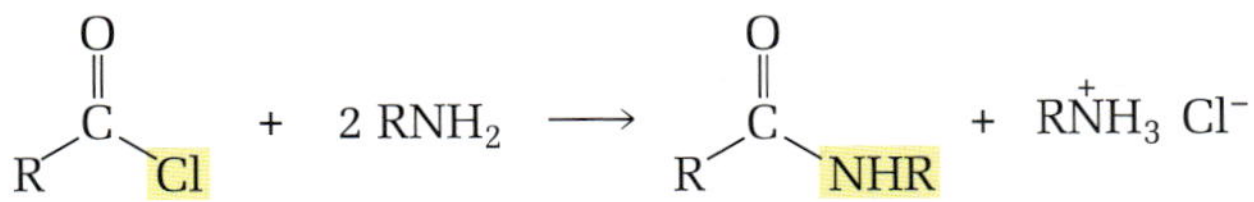

ein Amid

Carbonsäuren lassen sich auch durch die Umwandlung in Anhydride (z. B. durch Dehydratisierungsreagenzien wie P_2O_5) für nucleophile Acylsubstitutionen aktivieren.

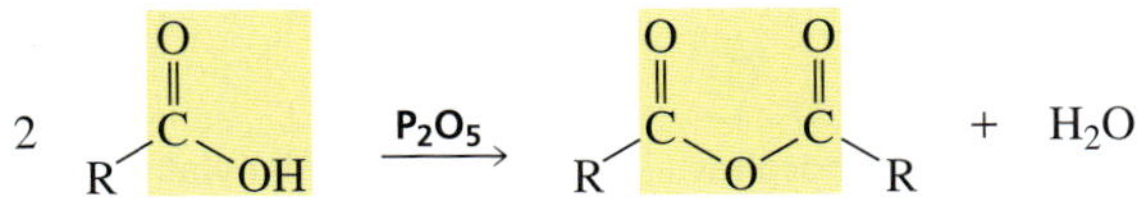

Carbonsäuren und deren Derivate können ebenfalls durch andere Methoden als nucleophile Acylsubstitutionsreaktionen hergestellt werden. Eine Zusammenfassung der zur Synthese dieser Verbindungen verwendeten Methoden ist in Anhang D zu finden.

Ü 47* Wie könnte man die folgenden Verbindungen, ausgehend von einer Carbonsäure, synthetisieren?

(a) 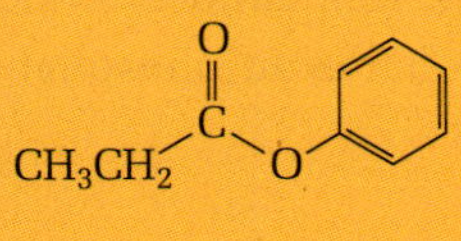

(b) 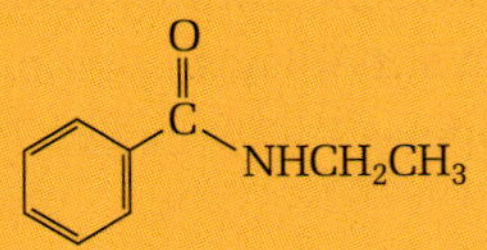

Wie lebende Zellen Carbonsäuren aktivieren 15.19

Die Synthese einer chemischen Verbindung in einem lebenden Organismus wird allgemein als dessen **Biosynthese** bezeichnet. Säurehalogenide und Carbonsäureanhydride sind zu reaktiv, um von Zellen als Reagenzien eingesetzt werden zu können. Alle lebenden Zellen bestehen zu einem großen Teil aus Wasser, und Carbonsäurehalogenide und -anhydride unterliegen in Wasser rascher Hydrolyse. Lebewesen müssen daher Carbonsäuren auf anderem Wege aktivieren.

Zellen verwenden ATP zur Aktivierung von Carbonsäuren

Ein Weg, auf dem Carbonsäuren in Zellen aktiviert werden, besteht darin, sie in **Acylphosphate** oder **Acyladenylate** zu überführen. Beide sind Carbonylverbindungen mit guten Abgangseigenschaften. ATP ist der Ester der Triphos-

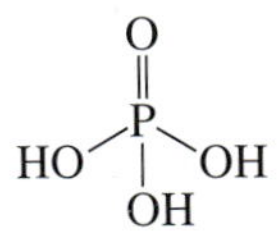

Phosphorsäure

Δ $-H_2O$

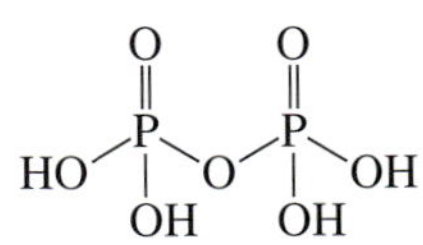

Pyrophosphorsäure

Δ $-H_2O$

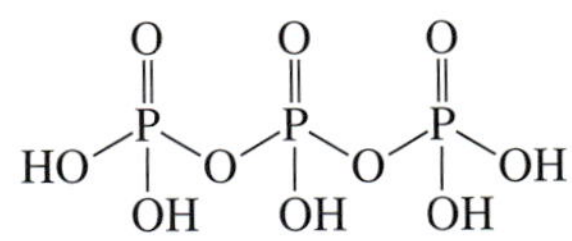

Triphosphorsäure

phorsäure, deren Struktur hier gezeigt ist, sowohl im ganzen als auch mit „Ad" anstelle der Adenosylgruppe.

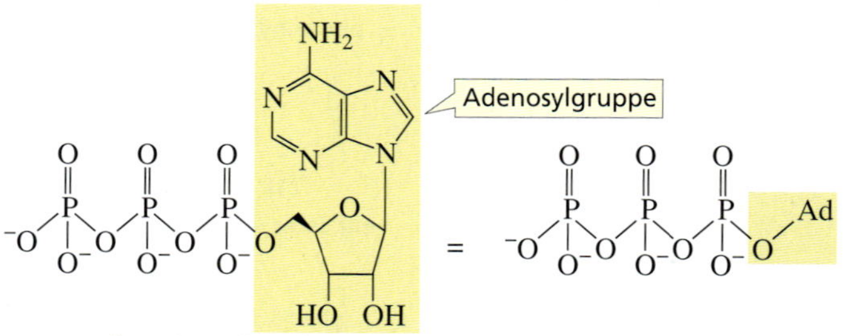

Adenosintriphosphat
ATP

Acylphosphate und Acyladenylate sind gemischte Anhydride einer Carbonsäure und einer Phosphorsäure.

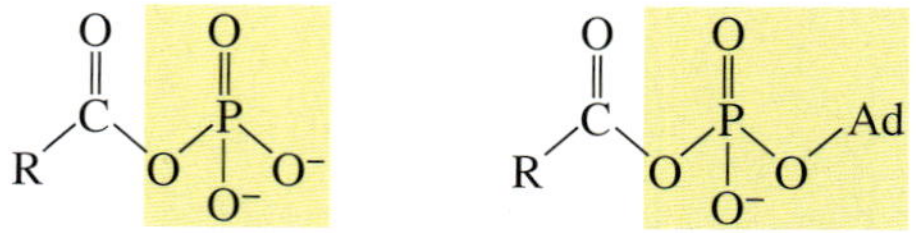

ein Acylphosphat   ein Acyladenylat
gemischte Anhydride

Bildung eines Acylphosphats

Acylphosphate bilden sich durch nucleophilen Angriff eines Carboxylations auf das γ-Phosphoratom (das P-Atom des endständigen Phosphorsäurerestes) eines ATP-Moleküls. Ein Angriff eines Nucleophils auf die P=O-Bindung führt zur Auflösung der **Phosphoanhydridbindung**, sodass keine Reaktionszwischenstufe gebildet wird. Letztlich handelt es sich um eine S_N2-Reaktion mit Adenosin*pyro*phosphat (= Adenosindiphosphat, ADP) als Abgangsgruppe.

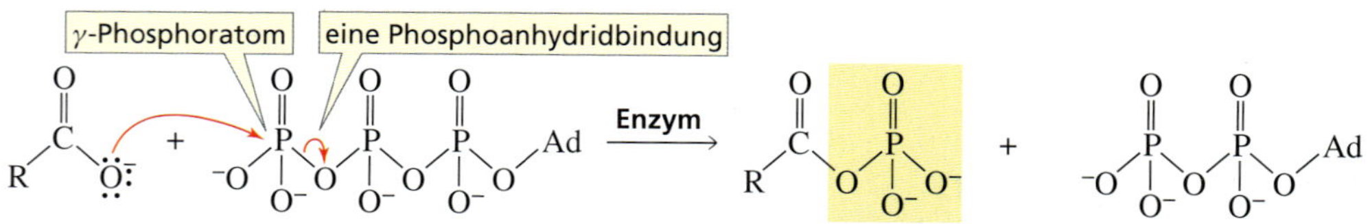

Adenosintriphosphat ATP   Acylphosphat   Adenosindiphosphat ADP

Bildung eines Acyladenylats

Acyladenylate bilden sich durch nucleophilen Angriff eines Carboxylations auf das α-Phosphoratom eines ATP-Moleküls. Das Enzym, das die Reaktion katalysiert, bestimmt, welcher Phosphor vom Nucleophil angegriffen wird, und daher, ob ein Acylphosphat oder ein Acyladenylat gebildet wird. In Abschnitt 25.2 werden wir sehen, wie sich die Reaktionen, die ein Acylphosphat-Intermediat erfordern, von denen, die ein Acyladenylat-Intermediat erfordern, unterscheiden.

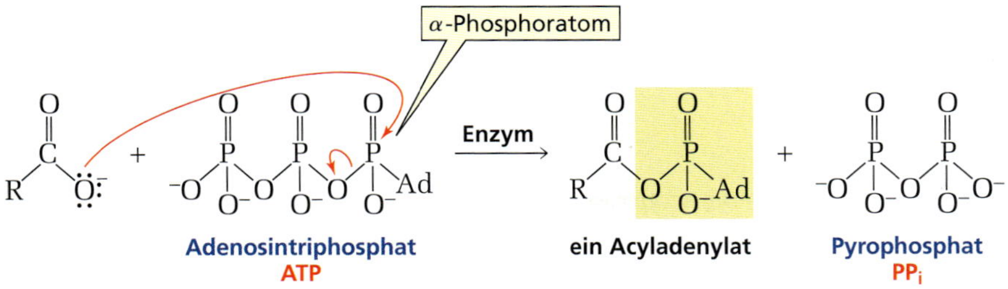

Reaktion mit ATP finden im aktiven Zentrum eines Enzyms statt

Die Reaktion mit ATP tritt an der aktiven Stelle eines Enzyms auf. Da sowohl das Carboxylatanion als auch das ATP negativ geladen sind, können sie nicht miteinander reagieren, es sei denn, sie befinden sich am aktiven Zentrum eines Enzyms. Eine der Funktionen der Enzyme, die diese Reaktionen katalysieren, dienen dazu, die negativen Ladungen von ATP zu neutralisieren, damit es mit einem Nucleophil reagieren kann (▶ Abbildung 15.3). Eine weitere Funktion des Enzyms besteht darin, Wasser von der aktiven Stelle auszuschließen, an der die Reaktion stattfindet. Andernfalls würde die Hydrolyse des gemischten Anhydrids mit der gewünschten nucleophilen Acylsubstitutionsreaktion konkurrieren.

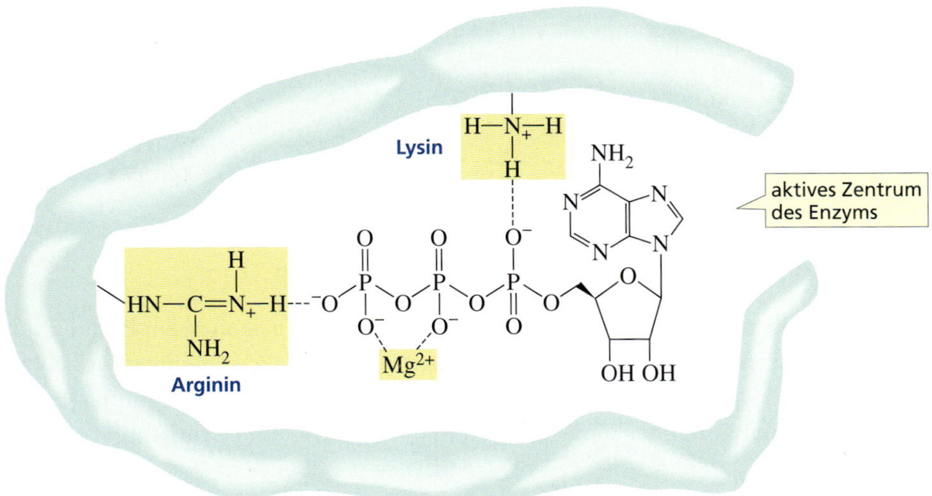

Abbildung 15.3: Die Interaktionen zwischen ATP, Mg^{2+} und positiv geladenen Gruppen im aktiven Zentrum des Enzyms.

Enzymkatalysierte Reaktionen, die ATP als einen der Reaktanten aufweisen, benötigen Mg^{2+}, was zur Verringerung der negativen Ladung von ATP im aktiven Zentrum beiträgt.

Aktivieren einer Carbonsäure durch Umwandlung in ein Thioester

Ein **Thioester** ist ein Ester, der zwischen dem Acylrest R und dem anderen Rest R′ ein Schwefelatom anstelle des Sauerstoffatoms normaler Ester aufweist. Das Carbonylsauerstoffatom ist aber unverändert erhalten.

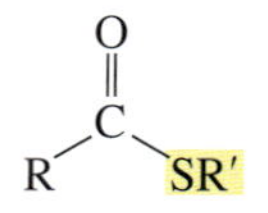

ein Thioester

Thioester sind die am weitesten verbreitete Form aktivierter Carbonsäuren in lebenden Zellen. Obgleich Thioester mit etwa den gleichen Geschwindigkeiten der Hydrolyse unterliegen wie normale Ester, verhalten sie sich einem nucleophilen Angriff durch Stickstoff- und/oder Kohlenstoffnucleophile gegenüber sehr viel reaktiver als O-Ester. Dies erlaubt es den Thioestern, im wässrigen Milieu einer Zelle zu überdauern, ohne hydrolysiert zu werden, bis es als Substrat in eine nucleophile Acylsubstitution eingeht.

Warum Thioester reaktiver sind als andere Ester

Das Carbonylkohlenstoffatom eines Thioesters ist empfänglicher für nucleophile Angriffe als das eines O-Esters, weil die Elektronendelokalisation zum Carbonylsauerstoffatom schwächer ist, wenn Y (in den nachfolgenden Formeln) ein Schwefel- anstelle eines Sauerstoffatoms ist. Die Elektronendelokalisation ist weniger ausgeprägt, weil weniger Überlappung zwischen den 3*p*-Orbitalen des Schwefelatoms und den 2*p*-Orbitalen des Kohlenstoffatoms zustande kommt als durch die 2*p*—2*p*-Überlappung zwischen einem C- und einem O-Atom. Darüber hinaus ist ein Thiolatanion eine schwächere Base und damit eine bessere Abgangsgruppe als ein Alkoholation.

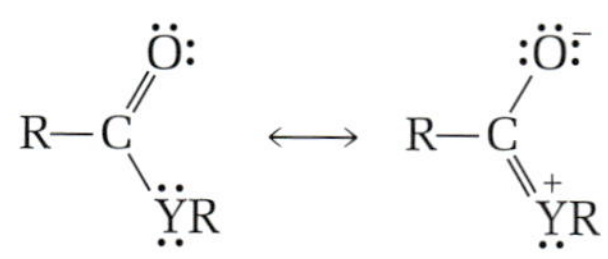

CH_3CH_2SH pK_S = 10,5 CH_3CH_2OH pK_S = 15,9

Coenzym A ist das von Zellen verwendete Thiol

Das in biochemischen Systemen benutzte Thiol (Thioalkohol) zur Bildung von Thioestern ist das Coenzym A (abgekürzt: CoA). Die freie Verbindung wird durch das Kürzel CoA—SH dargestellt, um zu betonen, dass die Thiolgruppe (—SH) der reaktive Teil des Moleküls ist und dieser unverändert vorliegt.

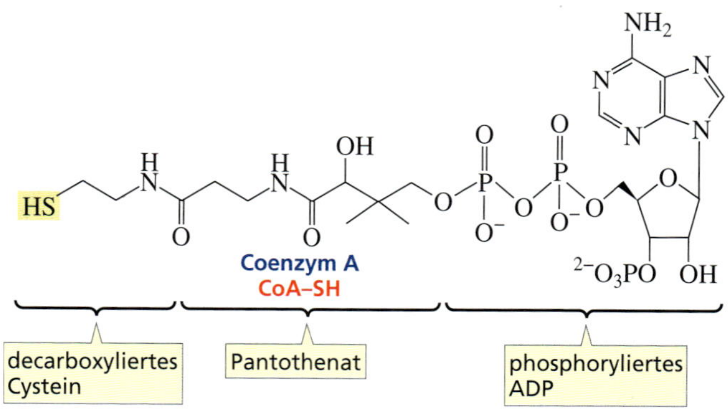

Der erste Reaktionsschritt, durch den eine Zelle eine Carbonsäure in einen Thioester überführt, ist die Umsetzung der Carbonsäure mit ATP zu einem Acyladenylat. Das Acyladenylat reagiert dann mit CoA—SH zu einem Thioester. Der häufigste dieser biochemischen Thioester ist das Acetyl-CoA.

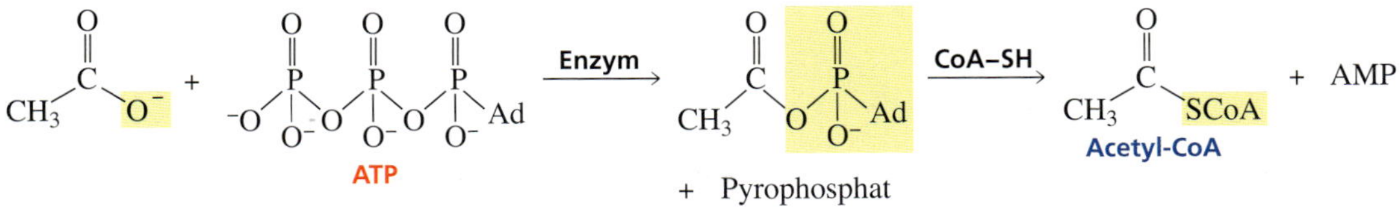

Acetylcholin – ein O-Ester – ist ein Beispiel für ein Carbonsäurederivat, das Zellen mithilfe von Acetyl-CoA herstellen. Das Acetylcholin ist ein Botenstoff des Nervensystems (ein *Neurotransmitter*), der einen Nervenimpuls durch den synaptischen Spalt von einer Nervenzelle zu einer anderen überträgt.

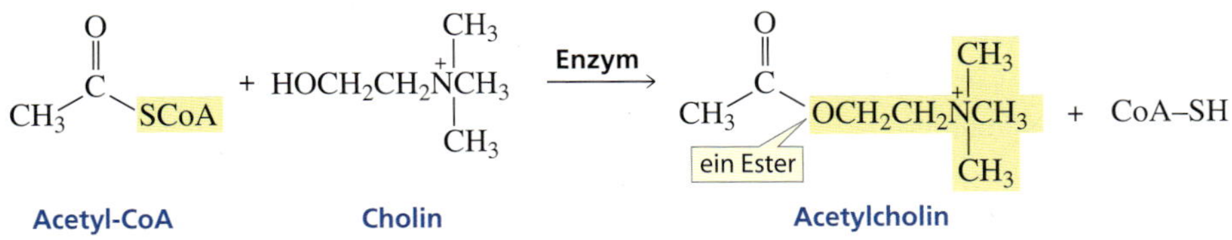

HINTERGRUND

Nervenreize, Lähmung und Insektizide

Nachdem ein Nervenreiz von einer Nervenzelle zur nächsten weitergegeben worden ist, muss das Acetylcholin rasch hydrolysiert werden, damit die Empfängerzelle einen neuerlichen Impuls empfangen kann.

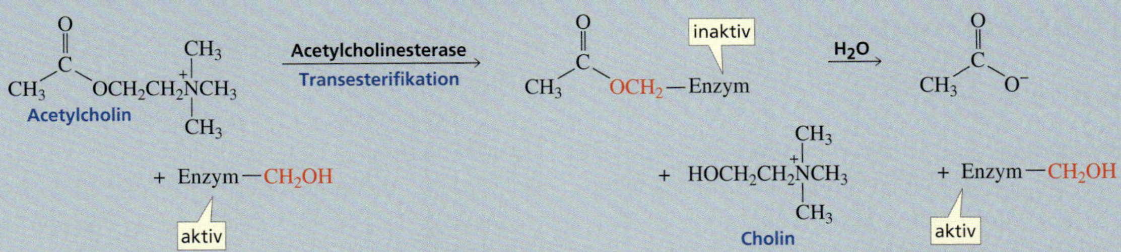

Die Acetylcholinesterase, das diese Hydrolyse katalysierende Enzym, besitzt eine CH_2OH-Gruppe, die für die katalytische Aktivität unabdingbar ist. Diisopropylfluorphosphat (DFP) hemmt die Acetylcholinesterase irreversibel, indem es mit der primären Alkoholfunktion CH_2OH reagiert. DFP wurde im 2. Weltkrieg von Militärs als Nervengas (chemische Kriegsführung) eingesetzt. Wenn das Enzym gehemmt ist, können die Nervenimpulse nicht mehr ordnungsgemäß, das heißt koordiniert, erfolgen und es kommt zu Lähmungen der willkürlichen Muskulatur. DFP ist extrem giftig. Der LD_{50}-Wert liegt bei nur 0,5 mg/kg Körpermasse.

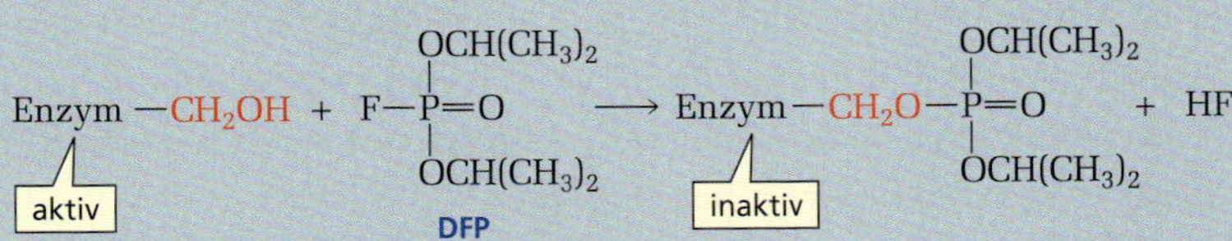

Malathion (Dimethoxyphosphinothioylthiodiethylbutandisäureester; S-[1,2-Bis(ethoxycarbonyl)ethyl]-O,O-dimethyldithiophosphat) und Parathion (O,O-Diethyl-O-(*p*-nitrophenyl)-thionphosphorsäureester; E 605) sind mit DFP verwandte Verbindungen. Beide wurden oder werden als Insektenvernichtungsmittel (Insektizide) und Akarizide (Milbenvernichtungsmittel) eingesetzt. Der LD_{50}-Wert von Malathion liegt bei 2800 mg/kg Körpermasse. Das Parathion ist stärker giftig; sein LD_{50}-Wert liegt bei 2 mg/kg Körpermasse.

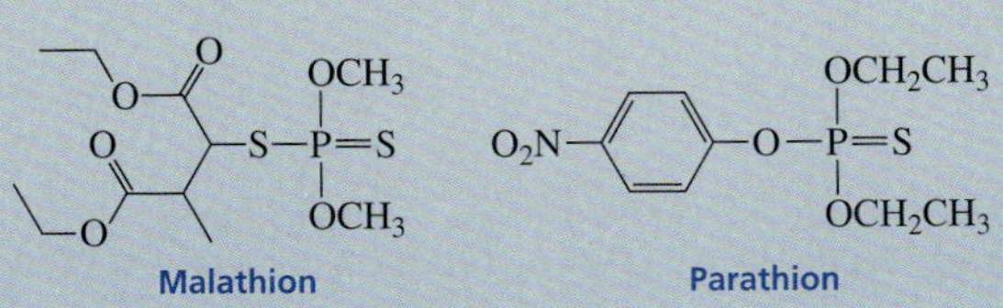

Zusammenfassung

Abschnitt 15.0

- Eine **Carbonylgruppe** ist ein Kohlenstoffatom, das mit einer Doppelbindung an ein Sauerstoffatom gebunden ist. Eine **Acylgruppe** ist eine Carbonylgruppe, die an ein Alkyl (R) oder an eine aromatische (Ar) Gruppe gebunden ist.
- **Acylchloride, Säureanhydride, Ester** und **Amide** werden **Carbonsäurederivate** genannt, weil sie sich nur in der Art der Gruppe, die die OH-Gruppe einer Carbonsäure ersetzt hat, von einer Carbonsäure unterscheiden.

Abschnitt 15.1

- Das funktionelle Gruppen-Ende einer Carbonsäure heißt „-säure“, also ist der Name einer Carbonsäure mit zwei Kohlenstoffatomen Ethansäure. Herkömmliche Namen sind: Ameisensäure, Essigsäure, Propionsäure, Buttersäure, Valeriansäure und Capronsäure.
- Zyklische Ester werden **Lactone** genannt. Zyklische Amide werden **Lactame** genannt.

Abschnitt 15.4

- Die Reaktivität von Carbonylverbindungen beruht auf der Polarität der Carbonylgruppe; der Carbonylkohlenstoff ist teilweise positiv geladen (es ist ein Elektrophil), was für Nucleophile attraktiv ist.
- Carbonsäuren und Carbonsäurederivate gehen nucleophile Acylsubstitutionsreaktionen ein, bei denen ein Nucleophil den an die Acylgruppe gebundenen Substituenten des Reaktanten ersetzt.
- Eine Carbonsäure oder ein Carbonsäurederivat geht eine nucleophile Acylsubstitutionsreaktion ein, vorausgesetzt, dass die in der tetraedrischen Zwischenstufe neu hinzugefügte Gruppe keine schwächere Base als die an die Acylgruppe gebundene Gruppe des Reaktanten.
- Im Allgemeinen ist eine Verbindung, die mit einem sp^3-Kohlenstoff an ein Sauerstoffatom gebunden ist, instabil, wenn das sp^3-Kohlenstoffatom an ein anderes elektronegatives Atom gebunden ist.

Abschnitt 15.5

- Je schwächer die an die Acylgruppe gebundene Base, desto leichter finden die beiden langsamen Schritte der nucleophilen Acylsubstitutionsreaktion statt.
- Die relativen Reaktivitäten gegenüber einer nucleophilen Acylsubstitution sind Acylchloride > Säureanhydride > Ester ~ Carbonsäuren > Amide > Carboxylationen.

Abschnitt 15.6

- Nucleophile Acylsubstitutionsreaktionen vollziehen sich durch einen von zwei Mechanismen, je nachdem, ob das Nucleophil geladen oder neutral ist.

Abschnitt 15.7

- **Hydrolyse, Alkoholyse** und **Aminolyse** sind Reaktionen, bei denen Wasser, Alkohole und Amine eine Verbindung in zwei Verbindungen wandeln.
- Eine **Umesterungsreaktion** (Transesterifizierung) wandelt einen Ester in einen anderen Ester um.

Abschnitt 15.8

- Alle organischen Reaktanten, Zwischenprodukte und Produkte in sauren Lösungen sind positiv geladen oder neutral; in basischen Lösungen sind sie negativ geladen oder neutral.
- Eine Säure erhöht die Bildungsgeschwindigkeit des tetraederischen Zwischenprodukts durch Protonierung des Carbonylsauerstoffs, was die Elektrophilie des Carbonylkohlenstoffs erhöht.
- Eine Säure erhöht die Auflösungsrate des tetraedrischen Intermediats durch Protonierung der Abgangsgruppe, wodurch deren Basizität abnimmt und wodurch diese einfacher eliminiert werden kann.
- Die Hydrolyse eines Esters mit einer tertiären Alkylgruppe erfolgt durch eine S_N1-Reaktion.

Abschnitt 15.9

- Hydroxidionen (oder Alkoxidionen) erhöhen die Bildungsgeschwindigkeit des tetraedrischen Intermediats – es ist ein besseres Nucleophil als Wasser (oder ein Alkohol) – und erhöht die Rate des Zusammenbruchs der tetraederischen Zwischenstufe durch Stabilisierung des Übergangszustands.
- Hydroxidionen fördern nur Hydrolysereaktionen; Alkoxidionen fördern nur Alkoholysereaktionen.

- Die Hydrolysegeschwindigkeit kann durch Säure oder durch HO^- erhöht werden. Die Alkoholyserate kann durch Säure oder durch RO^- erhöht werden.

Abschnitt 15.10

- Die Reaktion einer Carbonsäure mit überschüssigem Alkohol und einem Säurekatalysator wird **Fischer-Veresterung** genannt.

Abschnitte 15.11–15.13

- Amide sind keine reaktiven Verbindungen, reagieren jedoch mit Wasser und Alkohol, wenn das Reaktionsgemisch in einer sauren Lösung erhitzt wird. Amide werden auch in stark basischen Lösungen hydrolisiert.

Abschnitt 15.14

- Die **Gabriel-Synthese**, bei der ein Alkylhalogenid in ein primäres Amin überführt wird, beinhaltet die Hydrolyse eines **Imids**.

Abschnitt 15.15

- Nitrile sind schwererer zu hydrolisieren als Amide.

Abschnitt 15.16

- Säureanhydride sind weniger reaktiv als Acylchloride, aber reaktiver als Ester. Säureanhydride reagieren daher mit Alkoholen, Wasser und Aminen, um Ester, Carbonsäuren und Amide zu bilden.

Abschnitt 15.17

- Dicarbonsäuren verlieren Wasser beim Erhitzen, falls diese ein zyklisches Anhydrid mit einem fünf- oder sechsgliedrigen Ring bilden können.

Abschnitt 15.18

- Organische Chemiker*innen aktivieren Carbonsäuren durch Umwandlung in Acylchloride oder Säureanhydride.

Abschnitt 15.19

- Zellen aktivieren Carbonsäuren durch Umwandlung in ein **Acylphosphat**, ein **Acyladenylat** oder einen **Thioester**.

Zusammenfassung der Reaktionen

Die allgemeinen Mechanismen für nucleophile Acylsubstitutionsreaktionen sind in Abschnitt 15.4 dargestellt.

1 Reaktionen von Acylchloriden (Abschnitt 15.6)

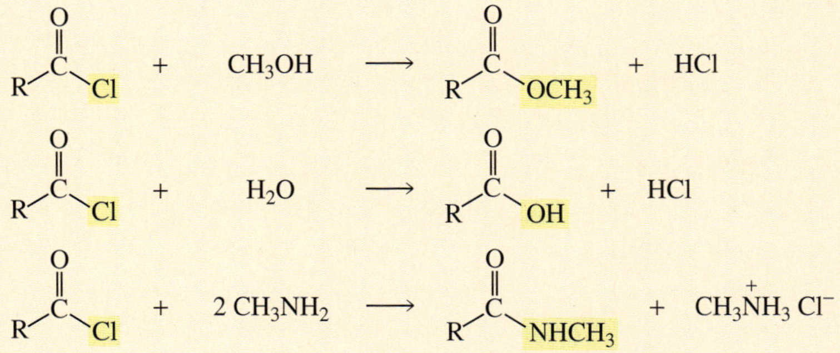

2 Reaktionen von Estern (Abschnitte 15.8–15.9)

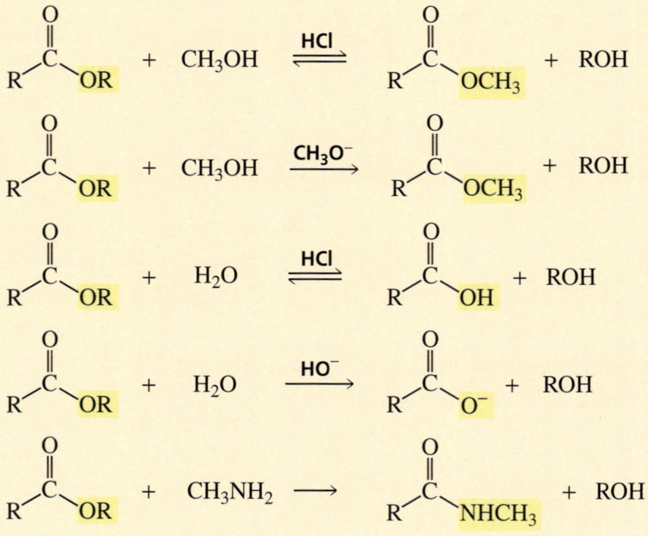

3 Reaktionen von Carbonsäuren (Abschnitt 15.10)

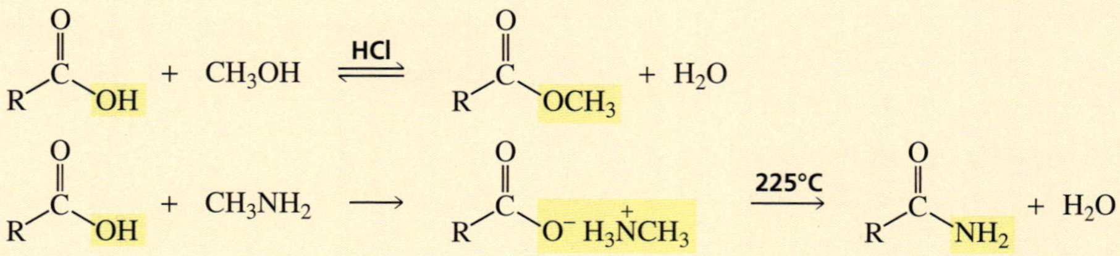

4 Reaktionen von Amiden (Abschnitte 15.11–15.13)

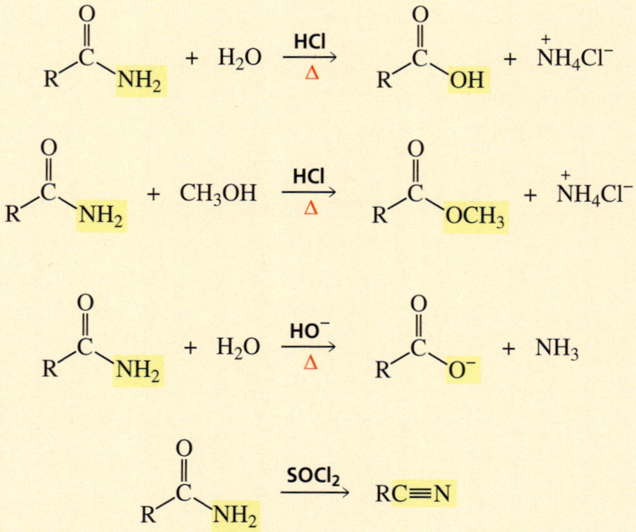

5 Gabriel-Synthese eines primären Amins (Abschnitt 15.14)

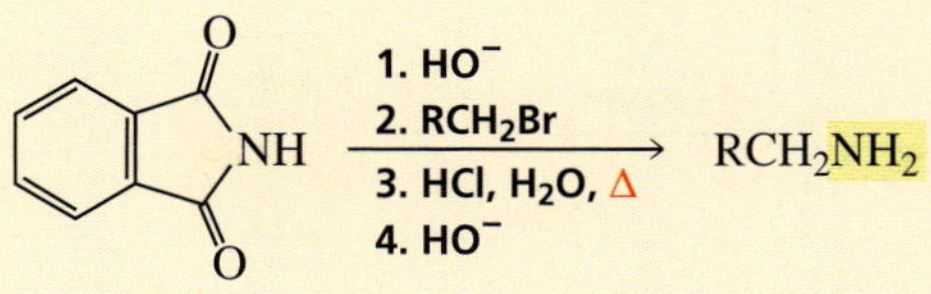

Phthalimid

6 Hydrolyse von Nitrilen (Abschnitt 15.15)

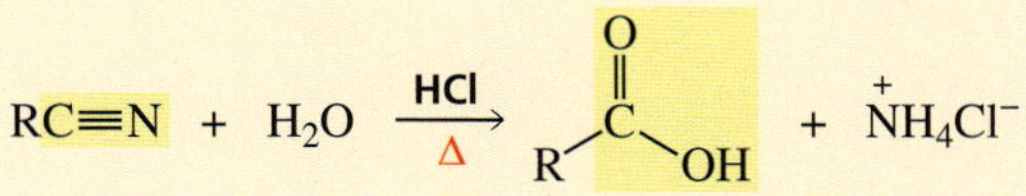

7 Reaktionen von Säureanhydriden (Abschnitt 15.16)

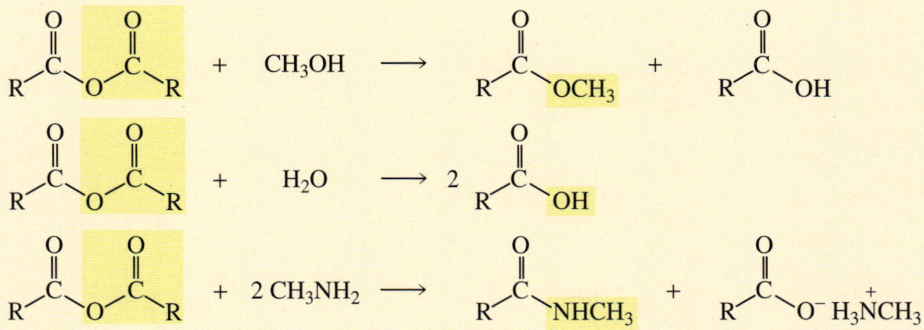

8 Reaktionen von Dicarboxylsäuren (Abschnitt 15.17)

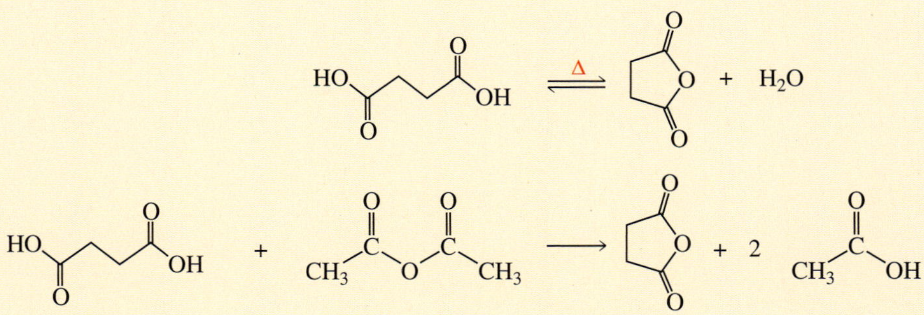

9 Aktivierung von Carboxylsäuren durch Chemiker*innen (Abschnitt 15.18)

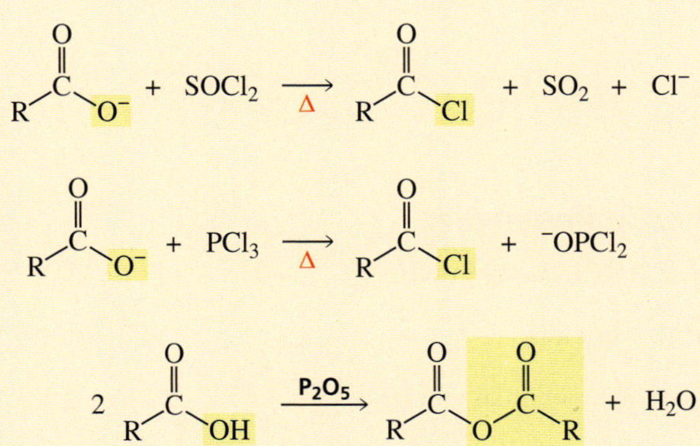

10 Aktivierung von Carboxylsäuren durch lebende Zellen (Abschnitt 15.19)

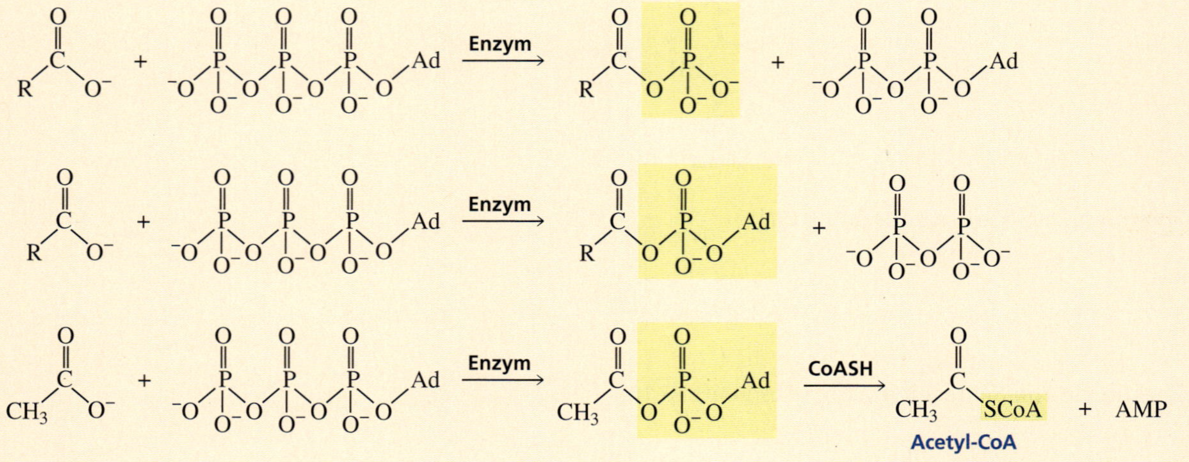

Im MyLab | Organische Chemie finden Sie:

- den praktischen **eText** zum Kapitel mit Notizfunktion
- eine Auswahl verschiedener **3D-Moleküle**
- **Lösungen** zu ausgewählten, mit * versehenen Übungen
- digitale **Lernkarten** und ein umfangreiches **Glossar** zum Nachschlagen und Wiederholen von Definitionen
- digitale Übungsaufgaben in Form von **Kapiteltests** zur eigenen Lernkontrolle

Reaktionen von Aldehyden und Ketonen • Weitere Reaktionen von Carbonsäurederivaten

16

16.1 Nomenklatur der Aldehyde und Ketone ... 883
16.2 Relative Reaktivitäten der Carbonylverbindungen ... 887
16.3 Wie Aldehyde und Ketone reagieren ... 888
16.4 Reaktionen der Carbonylverbindungen mit Carbonylnucleophilen ... 890
16.5 Reaktionen der Carbonylverbindungen mit Hydridionen ... 898
16.6 Mehr zu Reduktionsreaktionen ... 904
16.7 Chemoselektive Reaktionen ... 906
16.8 Reaktionen der Aldehyde und Ketone mit Aminen und Aminderivaten ... 907
16.9 Reaktionen der Aldehyde und Ketone mit Sauerstoffnucleophilen ... 915
16.10 Schutzgruppen ... 922
16.11 Reaktionen auf Aldehyde und Ketone mit Schwefelnucleophilen ... 924
16.12 Reaktionen von Aldehyden und Ketone mit einer Peroxysäure ... 925
16.13 Die Wittig-Reaktion zur Darstellung von Alkenen ... 926
16.14 Syntheseplanung IV: Bindungstrennungen, Synthone und Syntheseäquivalente ... 930
16.15 Nucleophile Addition an α,β-ungesättigte Aldehyde und Ketone ... 933
16.16 Nucleophile Addition an α,β-ungesättigte Carbonsäurederivate ... 937
16.17 Additionsreaktionen in biologischen Systemen konjugieren ... 939
Zusammenfassung ... 941
Zusammenfassung der Reaktionen ... 942

ÜBERBLICK

Ein Eibenwald.

*Taxol, eine Verbindung, die aus der Rinde von Eiben gewonnen wird, hat sich als ein wirksames Medikament gegen mehrere Arten von Krebs erwiesen. Die Bäume wachsen jedoch sehr langsam, die Rinde eines Baumes liefert nur eine geringe Menge des Wirkstoffs und das Entfernen der Rinde tötet den Baum. Eibenwälder sind außerdem die Heimat der Fleckeneule – einer bedrohte Tierart. Als Chemiker*innen die Struktur des Wirkstoffs herausfanden, waren sie enttäuscht darüber, dass es sich dabei um eine sehr schwierige zu synthetisierende Verbindung handelt. Trotzdem reicht das derzeitige Angebot an Taxol aus, um die medizinischen Bedürfnisse zu erfüllen. In diesem Kapitel erfahren Sie, wie man dies erreicht hat.*

Gruppe III

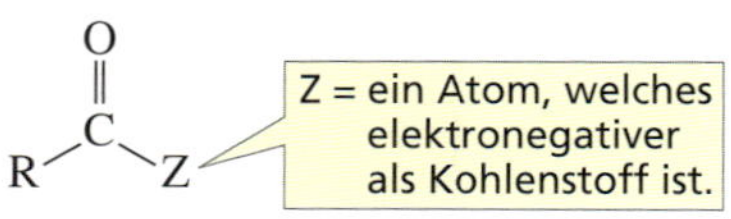

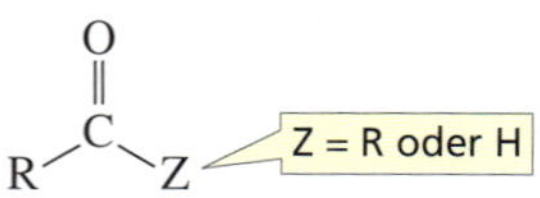

In diesem Kapitel wird die Diskussion von Verbindungen der Stoffklasse III weiter geführt. Wir betrachten hier die Reaktionen der Aldehyde und Ketone. Dies sind Carbonylverbindungen, die keine Gruppe haben, welche durch eine andere Gruppe substituiert werden kann, und wir werden ihre Reaktionen mit denen der Carboxylgruppe von Säurederivaten vergleichen, die Sie in Kapitel 15 untersucht haben.

Das Carbonylkohlenstoffatom des einfachsten Aldehyds, des Formaldehyds, ist an zwei H-Atome gebunden. Das Carbonylkohlenstoffatom aller anderen **Aldehyde** ist an ein H-Atom und an eine Alkyl- oder Arylgruppe gebunden (also an ein C-Atom). Das Carbonylkohlenstoffatom der **Ketone** ist an zwei Alkyl- oder Arylreste gebunden (also an zwei weitere C-Atome). Aldehyde und Ketone besitzen keine Gruppe, die durch eine andere Gruppe ersetzt werden kann, da das Hydridion (H^-) und Carbanionen (R^-) zu basisch sind, um unter normalen chemischen Bedingungen von einem Nucleophil verdrängt werden zu können.

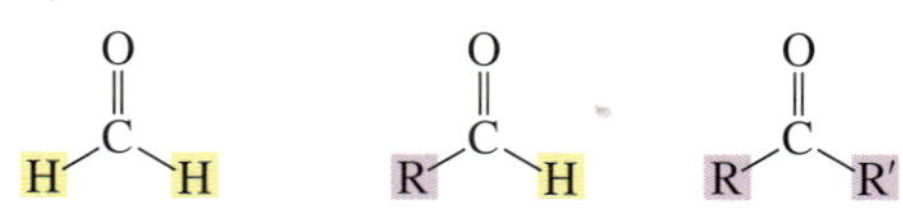

Formaldehyd ein Aldehyd ein Keton

Viele organische Verbindungen, die man in der Natur findet (*Naturstoffe*) weisen die funktionellen Gruppen eines Aldehyds oder Ketons auf. Aldehyde weisen oft einen stechenden Geruch auf, während Ketone eher süßlich riechen (dies gilt natürlich nur für hinreichend flüchtige Aldehyde und Ketone). Vanillin (4-Hydroxy-3-methoxy-benzaldehyd; Aromastoff der Vanillepflanze *Vanilla planifolia*) und Zimtaldehyd (3-Phenylprop-2-en-1-al; Aromastoff des Zimtbaumes *Cinnamomum verum*) sind Beispiele für aldehydische Naturstoffe.

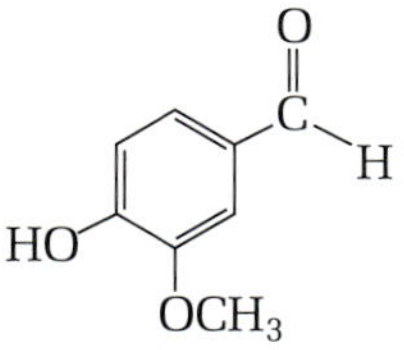

Vanillin
Vanillearoma

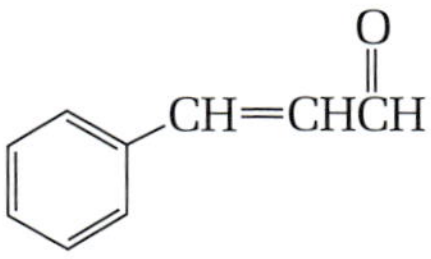

Zimtaldehyd
Zimtaroma

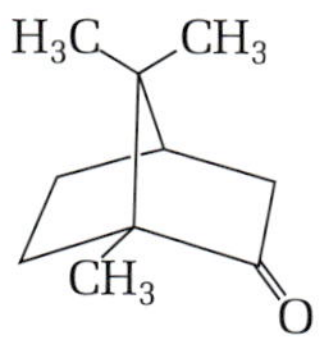

Campher

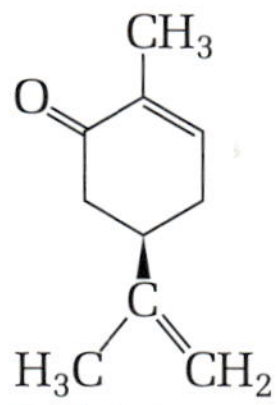

(*R*)-(–)-Carvon
Minze

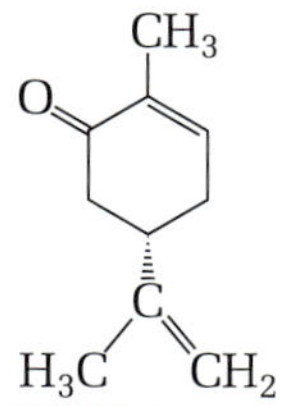

(*S*)-(+)-Carvon
Kümmel, Dill

Das Progesteron ist ein „weibliches" Geschlechtshormon, das in erster Linie in den Eierstöcken (Ovarien) synthetisiert wird; das Testosteron ist ein „männliches" Sexualhormon, das in erster Linie in den Hoden (Testes) produziert wird (die Begriffe männlich und weiblich wurden in Anführungsstriche gesetzt, weil auch das jeweils andere Geschlecht diese Substanzen besitzt, nur unterliegen die jeweiligen Mengen deutlichen, geschlechtsgebundenen Unterschieden).

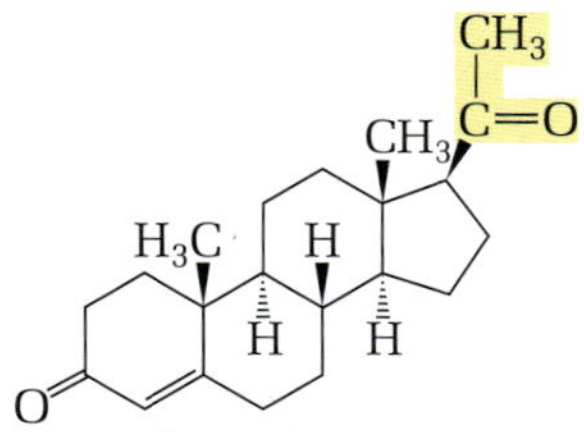

Progesteron
ein „weibliches" Geschlechtshormon

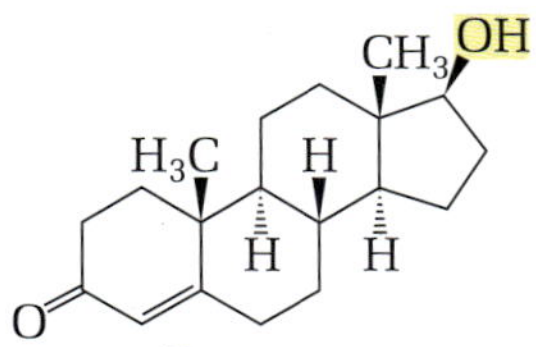

Testosteron
ein „männliches" Geschlechtshormon

Die physikalischen Eigenschaften der Aldehyde und Ketone wurden bereits in Abschnitt 15.3 erörtert (siehe außerdem Anhang A). Die Methoden zur Darstellung von Aldehyden und Ketonen sind in Anhang D zusammengefasst.

Nomenklatur der Aldehyde und Ketone 16.1

Die Benennung von Aldehyden

Die systematischen IUPAC-Bezeichnungen der Aldehyde werden durch Anhängen der Wortendung „-al" an den Namen des Mutterkohlenwasserstoffes gebildet. Ein Aldehyd mit einem C-Atom heißt demnach Methan*al*, einer mit zwei C-Atomen Ethan*al*. Die Stellung der Carbonylgruppe muss nicht angegeben werden, da sie aufgrund ihrer Bindungsverhältnisse bei einem Aldehyd immer endständig, also am Ende der Kohlenstoffkette der Muttersubstanz zu finden ist. Dem Carbonylkohlenstoffatom eines Aldehyds wird daher die Platzziffer 1 zugewiesen.

Die Trivialnamen der Aldehyde leiten sich vom latinisierten Wortstamm der sich bei ihrer Oxidation ergebenden Carbonsäuren ab. An diesem Wortstamm wird die Endung „-aldehyd" angehängt. Bei Trivialnamen wird die Stellung eines eventuell vorhandenen Substitutenten wie üblich durch griechische

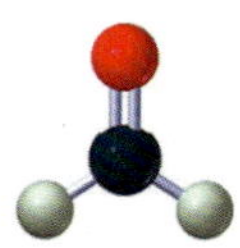

Formaldehyd

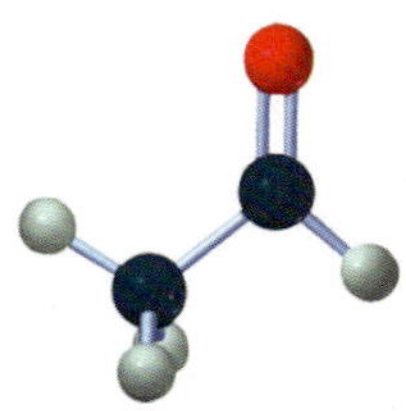

Acetaldehyd

Buchstaben angezeigt. Das Carbonylkohlenstoffatom trägt dabei keine Kennzeichnung, das mit ihm kovalent verbundene C-Atom ist das α-Kohlenstoffatom der Verbindung.

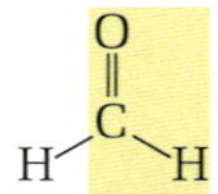
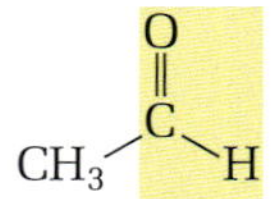
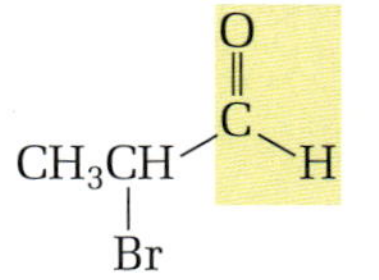

systematischer Name:	**Methanal**	**Ethanal**	**2-Brompropanal**
Trivialname:	**Formaldehyd**	**Acetaldehyd**	**α-Brompropionaldehyd**

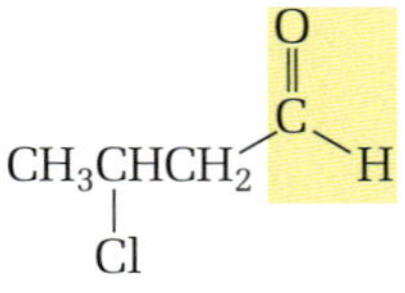
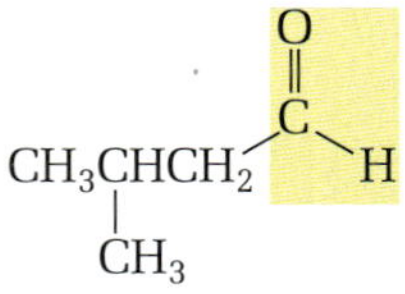
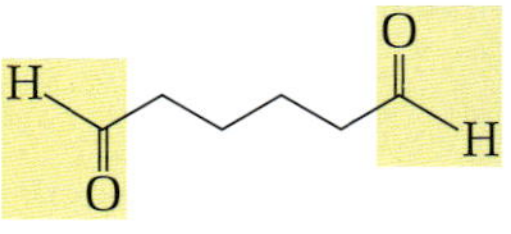

systematischer Name:	**3-Chlorbutanal**	**3-Methylbutanal**	**Hexandial**
Trivialname:	**β-Chlorbutyraldehyd**	**Isovaleraldehyd**	

Falls die Aldehydgruppe mit einem Ring verknüpft ist, wird der Aldehyd durch Anhängen der Endung „-carbaldehyd“ an den Namen der zyklischen Verbindung benannt.

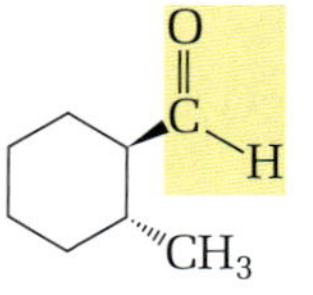
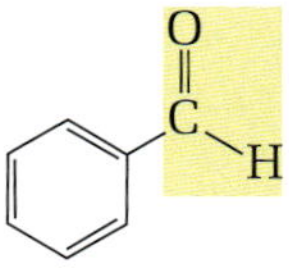

systematischer Name:	***trans*-2-Methylcyclohexanecarbaldehyd**	**Benzolcarbaldehyd**
Trivialname:		**Benzaldehyd**

Die Benennung von Ketonen

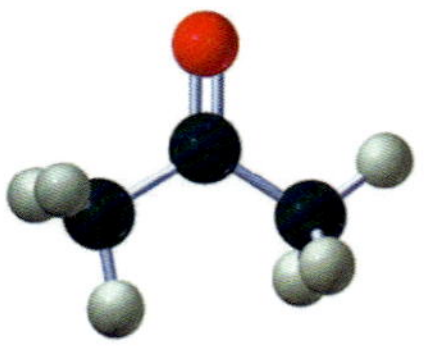

Aceton

Die systematische, IUPAC-konforme Benennung eines Ketons erfolgt durch Anhängen der Wortendung „-on“ an den Namen des zugrundeliegenden Kohlenwasserstoffs. Die Kette der C-Atome wird so nummeriert, dass dem Carbonylkohlenstoffatom die niedrigere/niedrigste Ziffer zufällt. Im Fall der zyklischen Ketone wird jedoch keine Ziffer angegeben, da das Carbonylkohlenstoffatom konventionsgemäß die Platzziffer 1 belegt. Für Ketone werden oft abgleitete Namen verwendet: Die beiden an die Carbonylgruppe geknüpften Substituenten werden in alphabetischer Reihenfolge aufgeführt; ihnen folgt die Endung „-keton“.

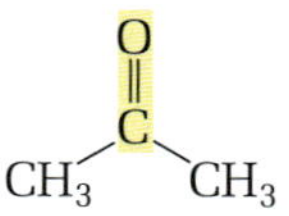
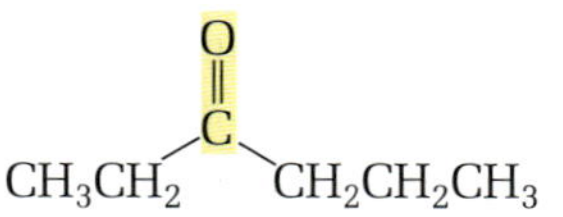
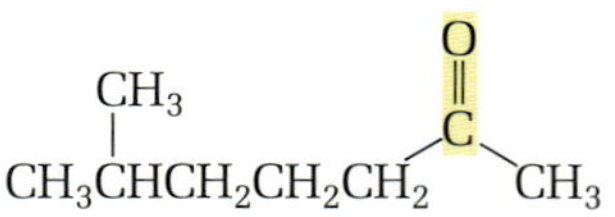

systematischer Name:	**Propanon**	**3-Hexanon**	**6-Methyl-2-heptanon**
Trivialname:	**Aceton**		
abgeleiteter Name:	**Dimethylketon**	**Ethylpropylketon**	**Isohexylmethylketon**

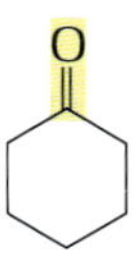
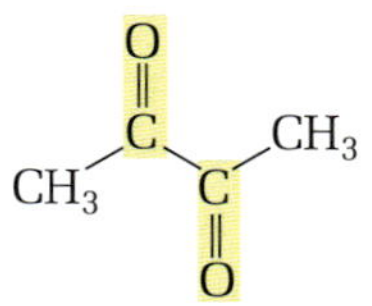
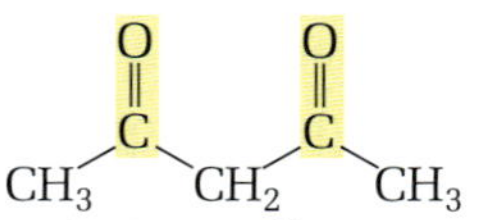
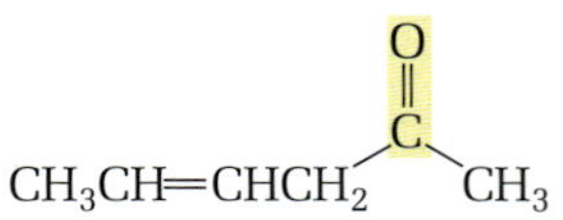

systematischer Name:	**Cyclohexanon**	**Butandion**	**2,4-Pentandion**	**4-Hexen-2-on**
Trivialname:			**Acetylaceton**	

Nur wenige Ketone tragen Trivialnamen. Das kleinstmögliche Keton – das Propanon – wird allgemein mit seinem Trivialnamen Aceton bezeichnet. Aceton ist als Lösungsmittel im Labor und der chemischen Industrie weit verbreitet. Trivialnamen sind auch im Zusammenhang mit phenylsubstituierten Ketonen üblich. Die Zahl der C-Atome (die nicht zum Phenylrest gehören) wird durch den latinisierten Wortstamm des Namens der korrespondierenden Carbonsäure angezeigt; diesem folgt die Endung „-ophenon".

> **MERKE!**
>
> **Aldehyde und Ketone werden benannt, indem ein Suffix verwendet wird, das für eine funktionelle Gruppe steht.**

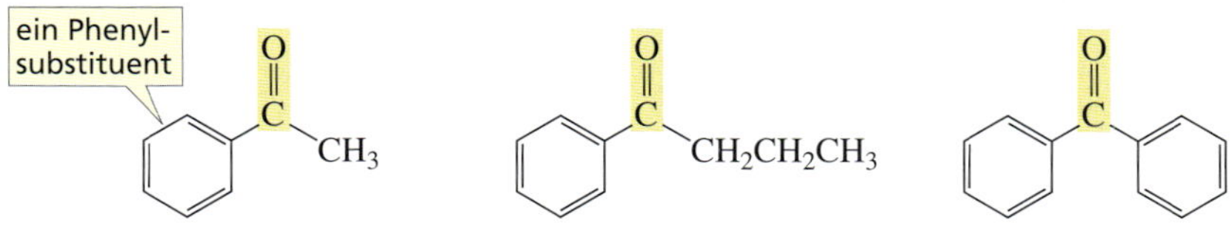

Trivialname:	**Acetophenon**	**Butyrophenon**	**Benzophenon**
abgeleiteter Name:	**Methylphenylketon**	**Phenylpropylketon**	**Diphenylketon**

HINTERGRUND

■ Butandion – eine unangenehme Verbindung

Frisch abgesonderter Hautschweiß ist geruchlos. Den Geruch, den wir mit „schwitzen" in Verbindung bringen, rührt von einer Kette von Ereignissen her, die von Bakterien in Gang gesetzt wird, die wir immer auf unserer Haut tragen. Diese Bakterien produzieren Milchsäure (daher: Milchsäurebakterien), die ein saures Milieu erzeugt. Andere Bakterien, denen dieses Milieu zuträglich ist, zersetzen Bestandteile der Ausscheidungen unserer Hautdrüsen; dabei werden flüchtige chemische Verbindungen gebildet, die für den für viele Menschen der „zivilisierten" Welt unangenehmen Geruch eines längere Zeit nicht gewaschenen Körpers verantwortlich sind. Eine dieser geruchsintensiven Verbindungen ist das Butandion, ein Diketon.

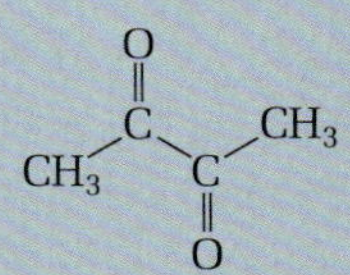

Butandion

Ü 1* Geben Sie jeweils zwei Namen für folgende Verbindungen an:

(a) 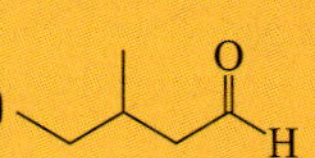

(b) 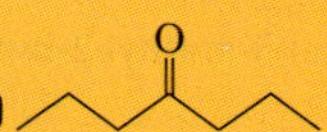

(c) 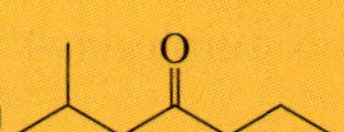

(d) 

(e) 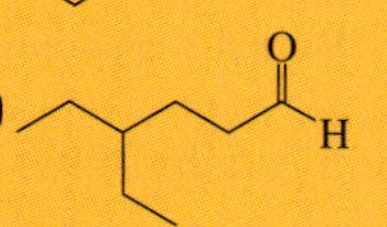

(f) 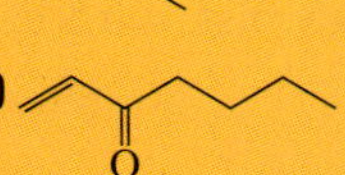

Ü 2* Warum werden Platzziffern eingesetzt, um die Stellung der funktionellen Gruppen von Propanon und Butandion anzugeben?

Verbindungen mit zwei funktionellen Gruppen benennen

Falls die Verbindung sowohl eine olefinische Doppelbindung als auch eine Aldehydfunktion aufweist, wird die Stellung der Doppelbindung zuerst angegeben (Abschnitt 7.2).

Verbindungsklasse	Endung	Vorsilbe
Carbonsäure	-carbonsäure	Carboxy-
Ester	-ester	Alkoxycarbonyl-
Amid	-amid	Amid-
Nitril	-nitril	Cyano-
Aldehyd	-al	Oxo- (=O) Formyl- (CH=O)
Keton	-on	Oxo- (=O)
Alkohol	-ol	Hydroxy-
Amin	-amin	Amino-
Alken	-en	Alkenyl-
Alkin	-in	Alkinyl-
Alkan	-an	Alkyl-
Ether	—	Alkoxy-
Halogenalkan	—	Halo- (Fluoro-, Chloro- Bromo-, Iodo-)

↑ zunehmende Priorität bei der Benennung

Tabelle 16.1: Zusammenfassung der Nomenklatur der funktionellen Gruppen.

Wenn eine Verbindung zwei funktionelle Gruppen aufweist, dann wird die mit der niedrigeren Priorität durch ein Präfix angezeigt und die mit der höheren Priorität durch ein Suffix (es sei denn, eine der funktionellen Gruppen ist ein Alken oder ein Alkin; Abschnitt 7.2). Die übergeordnete Kette ist nummeriert, um die höhere Priorität der Funktionsgruppe der niedrigeren Zahl zuzuordnen.

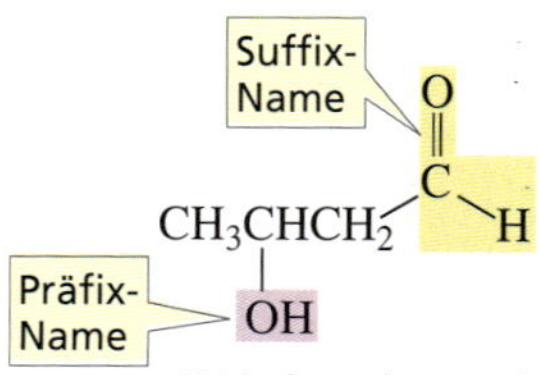

3-Hydroxybutanal

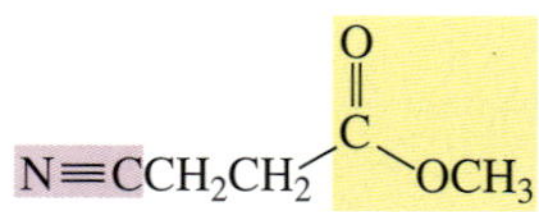

Methyl-3-cyanopropanoat

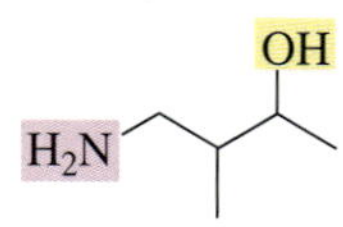

4-Amino-3-methyl-2-butanol

Wenn ein Keton oder ein Aldehyd eine zweite funktionelle Gruppe mit höherer Benennungspriorität aufweist, wird der Carbonylsauerstoff durch das Präfix „Oxo" angezeigt.

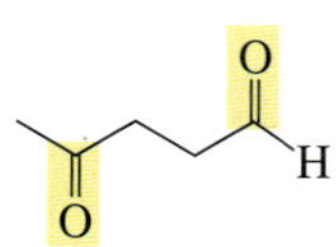

systematischer Name: 4-Oxopentanal

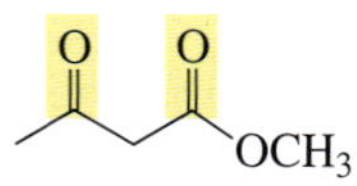

Methyl-3-oxobutanoat

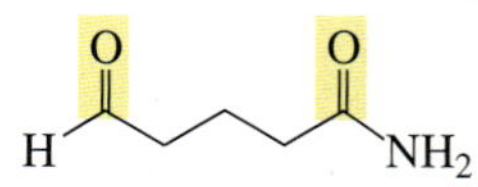

5-Oxopentanamid

Wir haben gesehen, dass Suffix-Endungen für beide funktionelle Gruppen verwendet werden, wenn eine der funktionellen Gruppen ein Alken (oder ein Alkin) ist. Hierbei wird die funktionelle Gruppe des Alkens (oder Alkins) zuerst genannt (Abschnitt 7.2).

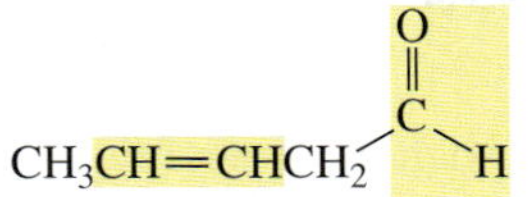

3-Pentenal

Ü 3 Benennen Sie die folgenden Verbindungen:

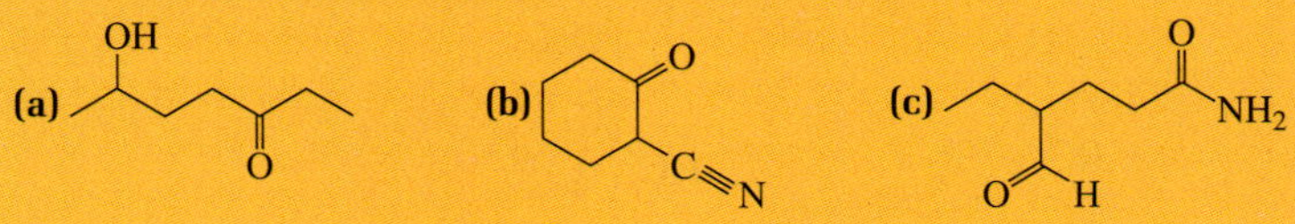

Relative Reaktivitäten der Carbonylverbindungen 16.2

Wir haben gelernt, dass eine Carbonylgruppe polar ist, weil das Sauerstoffatom stärker elektronegativ als das C-Atom ist. Aus diesem Grund zieht es die Bindungselektronen stärker an (zu sich hin) als es das Kohlenstoffatom vermag (Abschnitt 15.5). Die positive Teilladung am Carbonylkohlenstoffatom führt dazu, dass das C-Atom durch Nucleophile angegriffen wird. Der relative Elektronenmangel am Carbonylkohlenstoffatom wird in den elektrostatischen Potenzialkarten durch die blaue Färbung dargestellt.

Formaldehyd

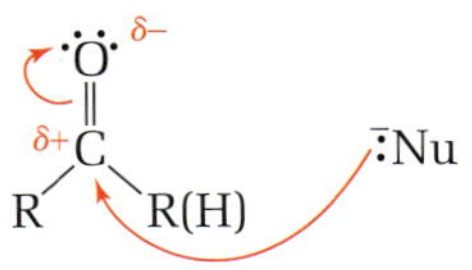

Acetaldehyd

Ein Aldehyd trägt an seinem Carbonylkohlenstoffatom eine größere positive Teilladung als ein Keton, weil die am Keton vorhandene zweite Alkylgruppe elektronenschiebend wirkt (Abschnitt 6.2). Ein Aldehyd verhält sich deshalb nucleophilen Angriffen gegenüber reaktiver als ein Keton. Wir haben bereits gelernt, dass anhängende Alkylgruppen Carbonylfunktionen, Alkene, Alkine, Carbokationen und Radikale stabilisieren.

Relative Reaktivitäten

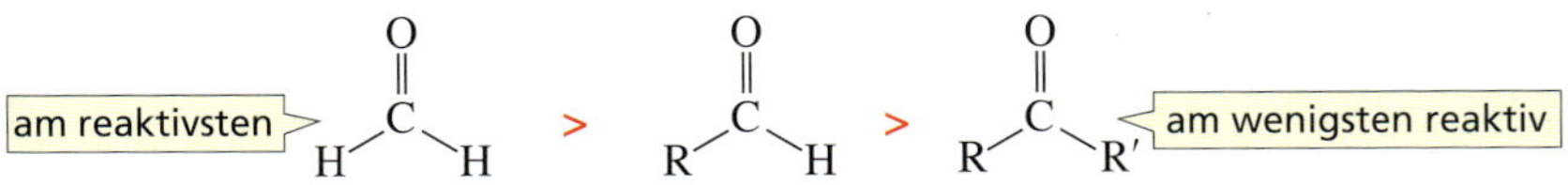

Formaldehyd — ein (weiteres) Aldehyd — ein Keton

Aceton

Sterische Faktoren tragen ebenfalls zur höheren Reaktivität der Aldehyde bei. Das Carbonylkohlenstoffatom eines Aldehydmoleküls ist für ein angreifendes Nucleophil zugänglicher als das eines Ketons, weil das H-Atom eines Aldehyds naturgemäß eine viel geringere sterische Hinderung ausübt als der Alkylrest eines Ketons.

Relative Reaktivitäten

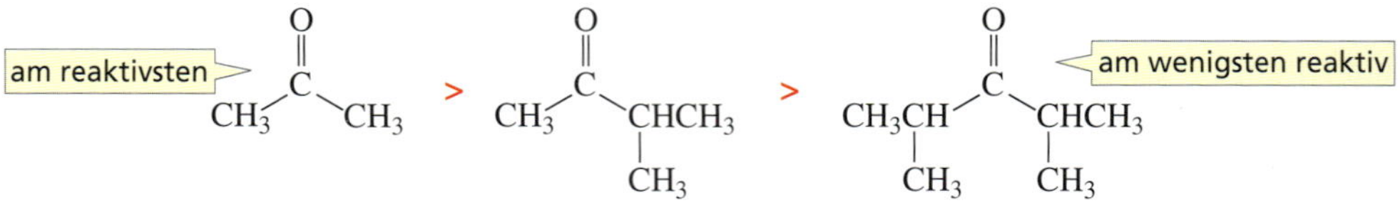

Sterische Faktoren werden auch dann wichtig, wenn ein tetraedrischer Übergangszustand ausgebildet wird, weil die Alkylreste dann näher zusammenrücken (von 120° – trigonal-planar – in der Carbonylverbindung auf ungefähr 109,5°, den Tetraederwinkel).

> **MERKE!**
>
> **Aldehyde verhalten sich reaktiver als Ketone.**

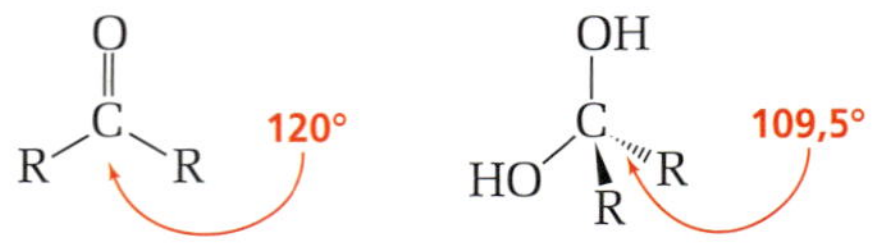

Da Ketone im Übergangszustand unter einer sterischen Gruppenhäufung leiden, sind die von ihnen ausgebildeten Übergangszustände ebenfalls weniger stabil (energiereicher) als die von Aldehyden. Zusammengefasst lässt sich feststellen: Alkylgruppen stabilisieren die Reaktanten und destabilisieren Übergangszustände, was die im Vergleich zu den Aldehyden geringere Reaktivität der Ketone bedingt.

Die sterische Gruppenhäufung bedingt ebenfalls, dass Ketone mit raumfüllenden (großen) Alkylresten sich weniger reaktiv verhalten als solche, deren Carbonylgruppe von kleineren (weniger raumgreifenden) Alkylresten eingerahmt wird.

> **MERKE!**
>
> **Aldehyde und Ketone sind weniger reaktiv als Säurehalogenide und -anhydride, aber reaktiver als Ester, Carbonsäuren und Amide.**

Ü 4* Welches Keton der nachfolgend angegebenen Verbindungspaare ist das jeweils reaktivere?

(a) 2-Heptanon oder 4-Heptanon

(b) Brommethylphenylketon oder Chlormethylphenylketon

Wie stellt sich die Reaktivität eines Aldehyds oder Ketons gegenüber Nucleophilen im Vergleich zur Reaktivität anderer Carbonylverbindungen (denen, die wir in Kapitel 15 untersucht haben) dar? Die Aldehyde und Ketone stehen etwa in der Mitte der Reaktivitätsskala. Sie sind *weniger* reaktiv als Säurehalogenide und -anhydride, aber *reaktiver* als Ester, Carbonsäuren und Amide.

Relative Reaktivitäten der Carbonylverbindungen

Säurehalogenid > Säureanhydrid > Aldehyd > Keton > Ester ~ Carbonsäure > Amid > Carboxylation

am reaktivsten (Säurehalogenid) … am wenigsten reaktiv (Carboxylation)

Wie Aldehyde und Ketone reagieren 16.3

Nucleophile Acylsubstitution

In Abschnitt 15.5 haben wir gelernt, dass die Carbonylgruppe einer Carbonsäure oder eines Carbonsäurederivates an eine Gruppe gebunden ist, die durch eine andere Gruppe ersetzt werden kann. Darum gehen diese Verbindungen **nucleophile Acylsubstitutionen** ein.

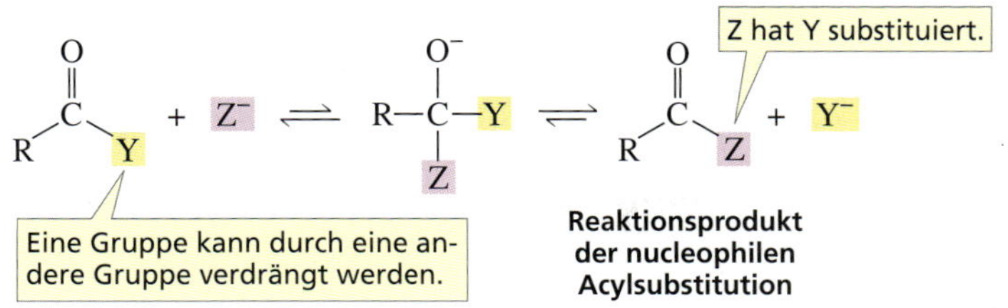

MERKE!

Carbonsäure oder Carbonsäurederivate gehen mit Nucleophilen nucleophile Acylsubstitutionen ein.

Im Gegensatz dazu ist die Carbonylgruppe eines Aldehyds oder eines Ketons an Gruppen gebunden, die bei ihrer Verdrängung aus dem Molekül sehr stark basisch reagieren würden (H^- oder R^-), sodass sie unter normalen Bedingungen nicht eliminiert werden; sie sind nicht durch andere Gruppen ersetzbar. Folglich gehen Aldehyde und Ketone keine Acylsubstitutionen ein.

Nucleophile Addition

Wenn ein Nucleophil sich an die Carbonylgruppe eines Aldehyds oder Ketons addiert, wird eine Verbindung mit tetraedrischer Konfiguration am Carbonylkohlenstoffatom gebildet. Falls das angreifende Nucleophil eine starke Base ist, braucht diese tetraedrische Verbindung keine Gruppe aufzuweisen, die ausgestoßen werden kann. Die tetraedrische Verbindung ist dann das Endprodukt der Reaktion. Diese Reaktion ist eine *irreversible* **nucleophile Addition**.

Falls das Nucleophil eine relativ schwache Base ist, wird das Reaktionsprodukt wiederum eine Verbindung mit tetraedrischer Konfiguration am Carbonylkohlenstoffatom sein. Die Reaktion ist jedoch in diesem Fall eine *reversible* **nucleophile Addition**, weil die tetraedrisch konfigurierte Verbindung die schwache Base wieder abstoßen und in den Ausgangszustand zurückkehren kann (Abschnitt 15.5).

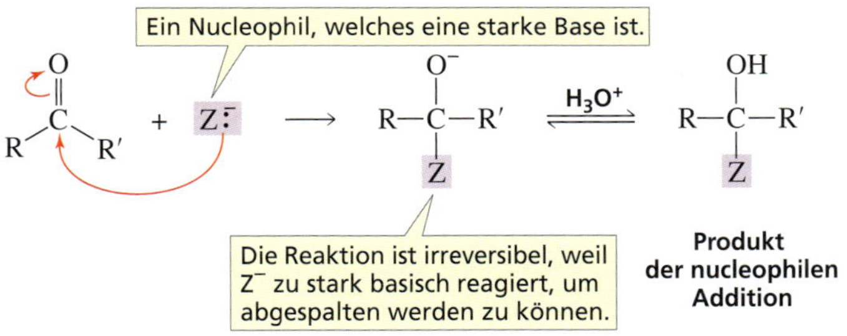

MERKE!

Aldehyde und Ketone gehen mit Nucleophilen, die nicht notwendigerweise über ein freies Elektronenpaar am angreifenden Atom zu verfügen brauchen, nucleophile Additionen ein.

Nucleophile Additions-Eliminierung

Falls das angreifende Atom des Nucleophils ein freies Elektronenpaar besitzt und genügend azide ist, um die OH-Gruppe der tetraedrischen Verbindung zu protonieren, kann aus dem Additionsprodukt Wasser eliminiert werden. Dieser Vorgang wird als **nucleophile Additions-Eliminierung** bezeichnet.

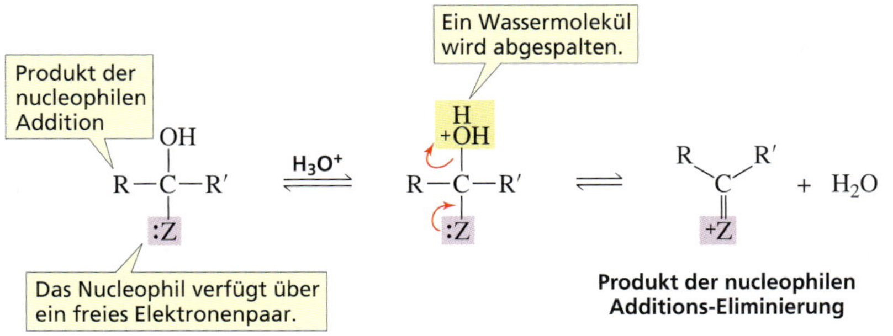

MERKE!

Aldehyde und Ketone gehen mit Nucleophilen, die über ein freies Elektronenpaar am angreifenden Atom verfügen, nucleophile Additions-Eliminierungsreaktionen ein.

Wir werden noch sehen, dass das weitere Schicksal des dehydratisierten Produktes von der Identität des Substituenten Z abhängt. Die nucleophile Additions-Eliminierung ist reversibel, weil es in der tetraedrischen Verbindung zwei Gruppen gibt, von denen jede unter den sauren Reaktionsbedingungen protonierbar ist und somit abgestoßen werden kann.

16.4 Reaktionen der Carbonylverbindungen mit Carbonylnucleophilen

Reaktionen mit Grignard-Reagenzien

Die Addition eines Grignard-Reagenzes an eine Carbonylverbindung ist eine vielseitige Reaktion, die zur Bildung einer neuen Kohlenstoff-Kohlenstoff-Bindung führt. Die Reaktion vermag eine Vielfalt von Strukturtypen hervorzubringen, weil sowohl die Struktur der eingesetzten Carbonylverbindung als auch die des Grignard-Reagenzes variabel ist. Wir haben gelernt, dass eine Grignard-Verbindung hergestellt wird, indem man ein Halogenalkan in Diethylether unter wasserfreien Bedingungen mit Magnesiumspänen umsetzt (Abschnitt 11.1). Wir haben außerdem gelernt, dass ein Grignard-Reagenz so reagiert, als wäre es ein Carbanion. Dieses Nucleophil zeigt daher das Verhalten einer starken Base.

$$CH_3CH_2Br \xrightarrow[Et_2O]{Mg} CH_3CH_2MgBr$$

CH_3CH_2MgBr **reagiert, als wäre es** $CH_3\ddot{C}H_2^{-}\ \overset{+}{Mg}Br$

Folgerichtig gehen Aldehyde und Ketone mit Grignard-Reagenzien nucleophile Additionen ein (Abschnitt 16.3).

Reaktionen von Aldehyden und Ketonen mit Grignard-Reagenzien

Die Reaktion eines Aldehyds oder Ketons mit einem Grignard-Reagenz ist eine nucleophilen Addition, dabei addiert sich das nucleophile Grignard-Reagenz an das Carbonylkohlenstoffatom. Das tetraedrische Alkoxidion ist stabil, da es keine eliminierbare Gruppe trägt. (Rufen Sie sich in Erinnerung, dass eine tetraedrische Verbindung nur instabil ist, wenn das sp^3-Kohlenstoffatom an ein Sauerstoffatom und ein weiteres elektronegatives Atom gebunden ist.

Mechanismus für die Reaktion einer Aldehyds oder eines Ketons mit einem Grignard-Reagenz

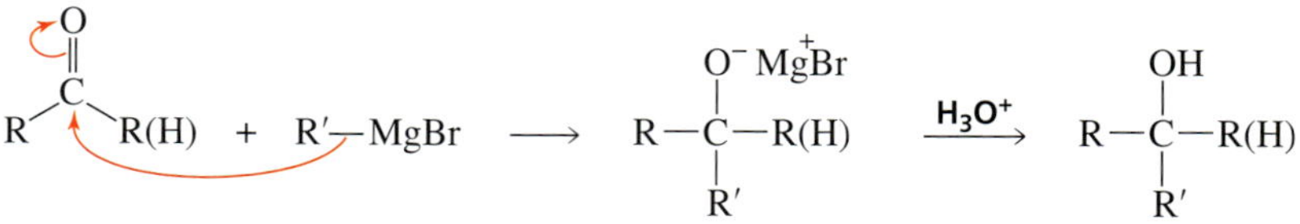

- Die nucleophile Addition des Alkylfragments des Grignard-Reagenzes an das Carbonylkohlenstoffatom führt zu die Bildung eines Alkoxidions, das mit dem Magnesiumion einen Komplex bildet.
- Das hinzugeben von verdünnter Säure führt zur Zerstörung des Komplexes.

Wenn ein Grignard-Reagenz mit Formaldehyd reagiert, ist das Additionsprodukt ein *primärer* Alkohol.

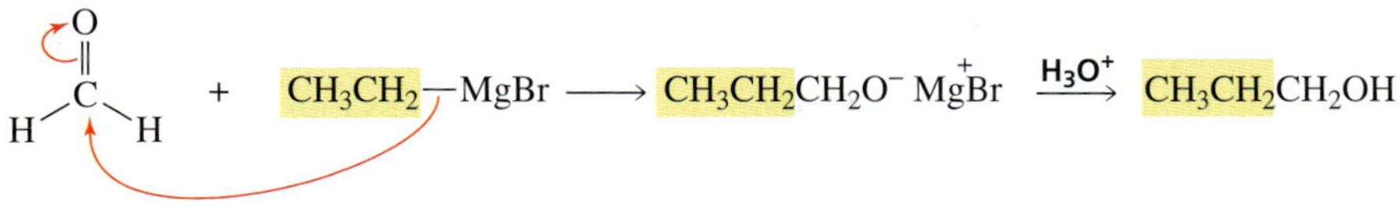

Formaldehyd **Ethylmagnesiumbromid** **1-Propanol primärer Alkohol**

Wenn ein Grignard-Reagenz mit einem anderen Aldehyd als Formaldehyd reagiert, ist das Additionsprodukt ein *sekundärer* Alkohol.

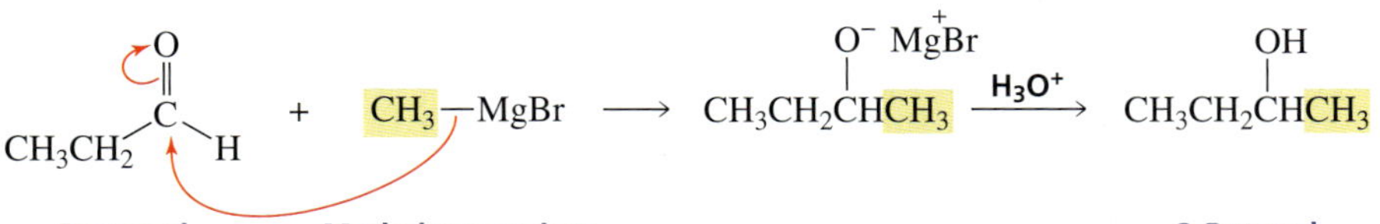

Propanal **Methylmagnesiumbromid** **2-Butanol sekundärer Alkohol**

Wenn ein Grignard-Reagenz mit einem Keton reagiert, ist das Additionsprodukt ein *tertiärer* Alkohol.

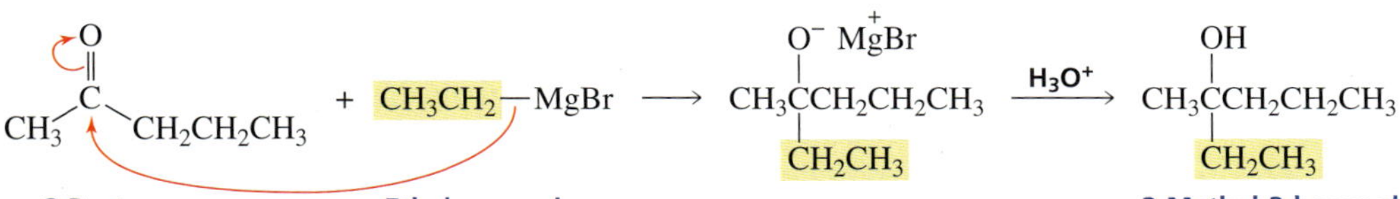

2-Pentanon **Ethylmagnesiumbromid** **3-Methyl-3-hexanol tertiärer Alkohol**

Ein Grignard-Reagenz kann auch mit Kohlendioxid reagieren. Das Produkt der Reaktion ist eine *Carbonsäure*, die einen Kohlenstoff mehr als das Grignard-Reagenz enthält.

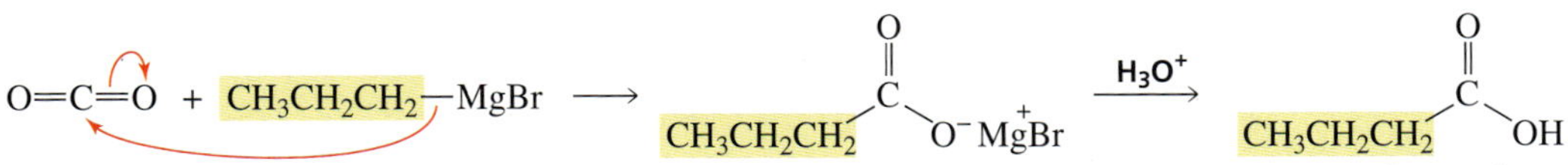

Kohlendioxid **Propylmagnesiumbromid** **Buttersäure**

In den nachfolgenden Reaktionen sind die Reagenzien in der Reihenfolge, in der sie zum Einsatz kommen, nummeriert. Bei der Betrachtung wird deutlich, dass die Säure erst dann zugefügt wird, wenn die Reaktion des Grignard-Reagenzes mit der Carbonylverbindung vonstatten gegangen ist.

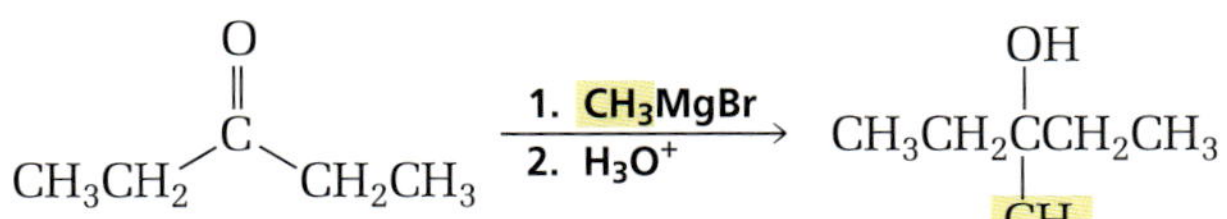

3-Pentanon **3-Methyl-3-pentanon**

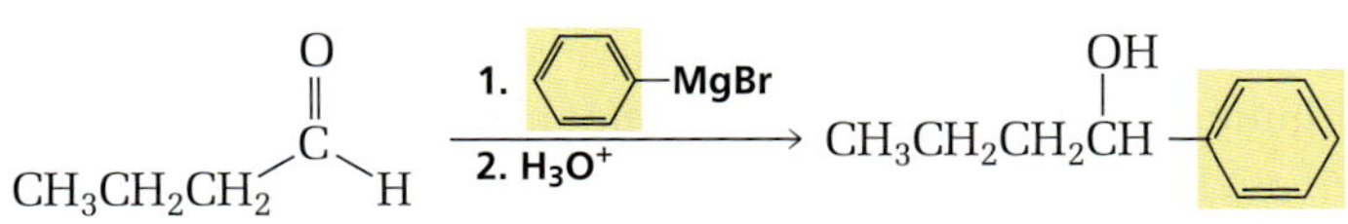

Butanal **1-Phenyl-1-butanol**

Wenn die Reaktion mit der Carbonylverbindung so wie in der vorangegangenen Reaktion ein Produkt mit einem Chiralitätszentrum bildet, handelt es sich bei diesem Produkt um eine racemische Mischung. (Denken Sie daran, dass wenn ein Reaktant ohne ein Chiralitätszentrum eine Reaktion durchläuft, die ein Produkt mit einem Chiralitätszentrum bildet, dieses Produkt eine racemische Mischung ist; Abschnitt 6.13.)

HINTERGRUND

■ Enzymkatalysierte Carbonyladditionen

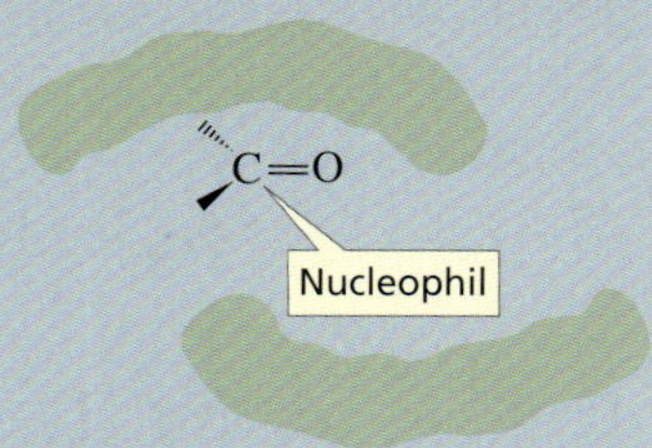

Wenn die Reaktion mit einer Carbonylverbindung, die ein Produkt mit einem Chiralitätszentrum bildet, durch ein Enzym katalysiert wird, dann bildet sich keine racemische Mischung. Stattdessen wird nur eines der Enantiomere gebildet, da das Enzym eine Seite der Carbonylverbindung blockieren kann, sodass diese nicht angegriffen werden kann. Das Enzym kann das Nucleophil auch positionieren, dass es die Carbonylgruppe nur von einer Seite angreifen kann. Erinnern wir uns daran, dass enzymkatalysierte Reaktionen vollständig stereoselektiv sind (Abschnitt 6.14).

Ü 5* Welche Produkte würden sich bilden, wenn die folgenden Verbindungen mit CH_3MgBr zur Reaktion gebracht würden, gefolgt von Zusatz einer Säure? Vernachlässigen Sie mögliche Stereoisomerie.

(a) 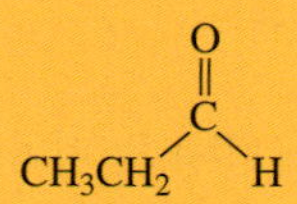

(b) 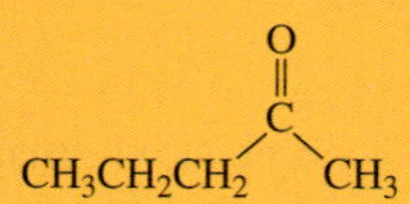

(c) 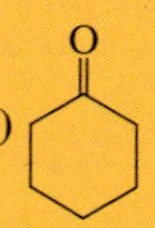

Ü 6* Wir haben gesehen, dass sich 3-Methyl-3-hexanol durch die Reaktion von 2-Pentanon mit Ethylmagnesiumbromid darstellen lässt. Welche beiden anderen Kombinationen eines Ketons mit einem Grignard-Reagenz könnten eingesetzt werden, um diesen tertiären Alkohol zu synthetisieren?

Ü 7*

(a) Wie viele Isomere erhält man aus der Reaktion von 2-Pentanon mit Ethylmagnesiumbromid, gefolgt von einer verdünnten Säure (wässrige Lösung einer Brønsted-Säure)?

(b) Wie viele Isomere erhält man aus der Reaktion von 2-Pentanon mit Methylmagnesiumbromid, gefolgt von einer verdünnten Säure (wässrige Lösung einer Brønsted-Säure)?

Reaktionen von Estern und Acylchloriden mit Grignard-Reagenzien

Klasse I-Carbonylverbindungen durchlaufen mit einer Grignard-Verbindung zwei sukzessive Reaktionen. Wenn beispielsweise ein Ester mit einer Grignard-Verbindung reagiert, ist die erste Reaktion eine *nucleophile Acylsubstitution*, weil ein Ester – anders als ein Aldehyd oder Keton – ja über eine Gruppe verfügt, die durch ein Grignard-Reagenz ersetzt werden kann (Abschnitt 15.5). Die zweite Reaktion ist eine *nucleophile Addition*.

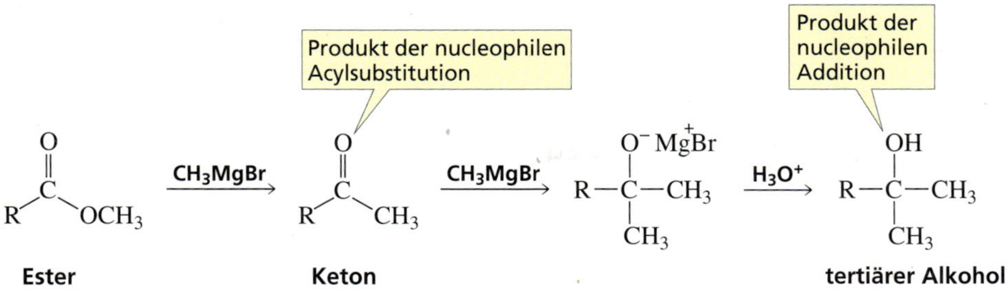

Das Produkt der Reaktion eines Esters mit einem Grignard-Reagenz ist ein tertiärer Alkohol. Da der tertiäre Alkohol aus zwei aufeinanderfolgenden Reaktionen mit dem Grignard-Reagenz entsteht, besitzt der Alkohol mindestens zwei identische Alkylgruppen, die an den tertiären Kohlenstoff gebunden sind.

Mechanismus der Reaktion eines Esters mit einem Grignard-Reagenz

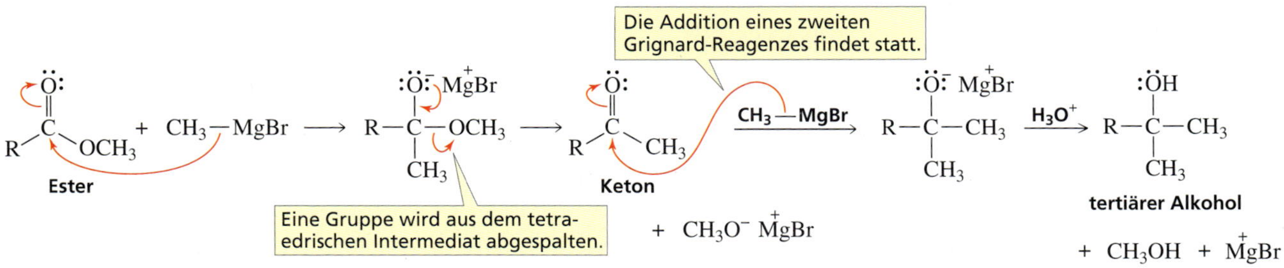

- Der nucleophile Angriff des Grignard-Reagenzes führt zur Bildung einer tetraedrischen Zwischenstufe, die instabil ist, weil sie über eine Gruppe verfügt, die ausgestoßen werden kann.
- Die tetraedrische Zwischenstufe stößt ein Methanolation aus; dabei wird ein Keton gebildet. Die Reaktion hält jedoch nicht auf der Stufe des Ketons an, weil sich Ketone gegenüber nucleophilen Angriffen reaktiver verhalten als Ester.
- Die Reaktion des Ketons mit einem zweiten Molekül der Grignard-Verbindung, gefolgt von der Protonierung des Alkoholations, führt zur Bildung eines tertiären Alkohols.

Tertiäre Alkohole entstehen auch aus der Reaktion zweier Äquivalente eines Grignard-Reagenzes mit einem Acylchlorid (oder mit einem Säureanhydrid). Der Reaktionsmechanismus ist derselbe wie der Mechanismus für die Reaktion eines Grignard-Reagenzes mit einem Ester.

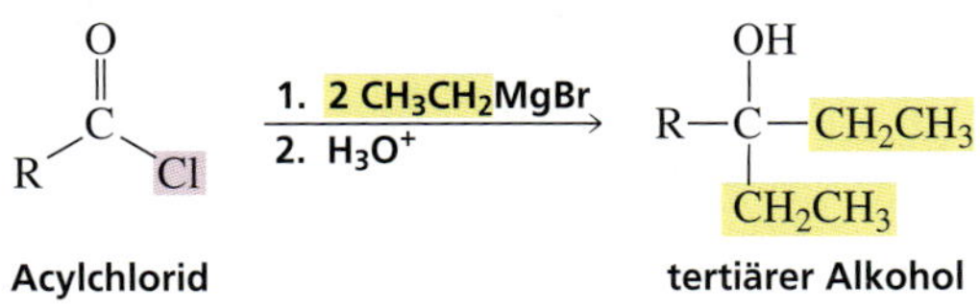

Ein Acylchlorid bildet ein Keton, wenn ein Organocuprat anstelle eines Grignard-Reagenzes verwendet wird. (Erinnern Sie sich daran, dass ein Organocuprat ein Halogen durch eine Alkylgruppe ersetzt.)

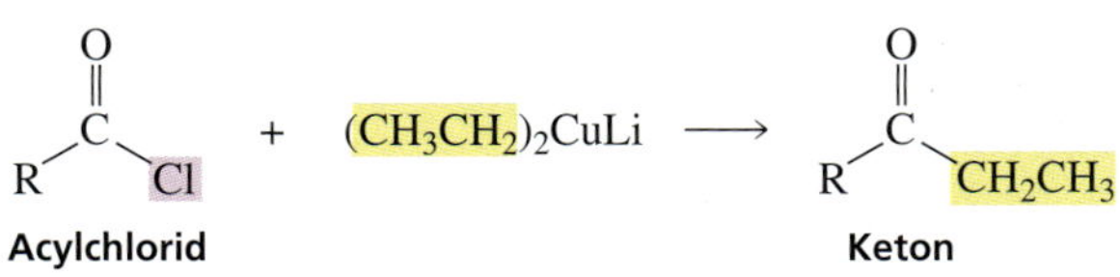

Ü 8 mit Lösung

(a) Welcher der folgenden tertiären Alkohole lässt sich nicht durch die Reaktion eines Ester mit einer Grignard-Verbindung darstellen?

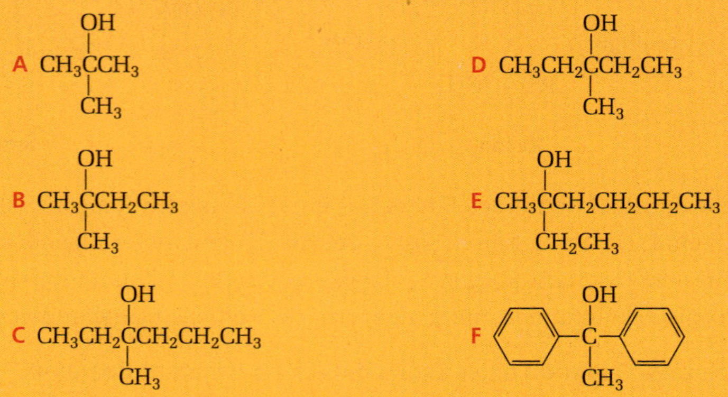

(b) Welches Grignard-Reagenz sollte im Fall der durch die Reaktion eines Esters mit einem Überschuss einer Grignard-Verbindung darstellbaren Alkohole eingesetzt werden?

Lösung zu 8 (a)

Ein tertiärer Alkohol lässt sich durch die Reaktion eines Esters mit zwei Äquivalenten einer Grignard-Verbindung darstellen. Ein auf diese Weise hergestellter tertiärer Alkohol zeichnet sich deshalb dadurch aus, dass er zwei identische organische Reste am die OH-Gruppe tragenden C-Atom aufweist. Die Alkohole C und E in der Aufstellung besitzen jedoch keine zwei gleichen organischen Reste, die von der Grignard-Verbindung herrühren; sie können also nicht auf diese Weise dargestellt worden sein.

Lösung zu 8 (b)

(A) Ein Ester der Propansäure mit einem Überschuss Methylmagnesiumbromid.

Ü 9* Welche der folgenden sekundären Alkohole lassen sich durch die Reaktion von Ameisensäuremethylester mit einem Überschuss einer Grignard-Verbindung darstellen?

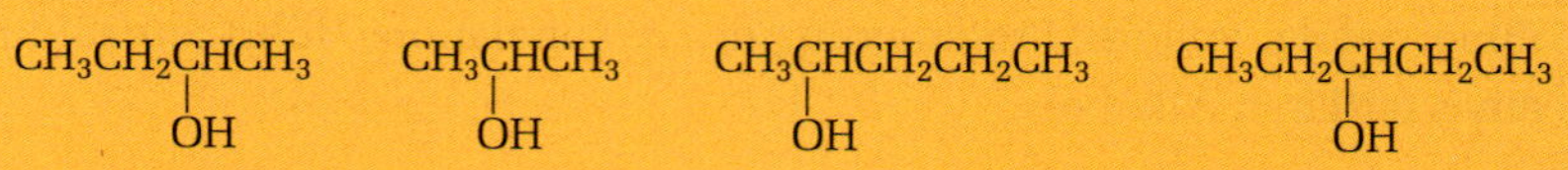

A B C D

Ü 10 Schreiben Sie den Mechanismus für die Reaktion von Acetylchlorid mit zwei Äquivalenten Ethylmagnesiumbromid nieder.

STRATEGIEN ZUR PROBLEMLÖSUNG

■ Vorschlag eines Reaktionsmechanismus

Warum addiert sich eine Grignard-Verbindung nicht an das Carbonylkohlenstoffatom einer Carbonsäure?

Wir wissen, dass Grignard-Reagenzien sich an Carbonylkohlenstoffatome addieren. Wenn wir daher finden, dass ein Grignard-Reagenz sich an das Carbonylkohlenstoffatom einer Carbonsäure nicht anlagert, können wir daraus den Schluss ziehen, dass es mit einem anderen Teil des Carbonsäuremoleküls rascher reagiert. Eine Carbonsäure besitzt ein azides Wasserstoffatom, das rasch mit der Grignard-Verbindung reagiert und diese in ein Alkan umwandelt.

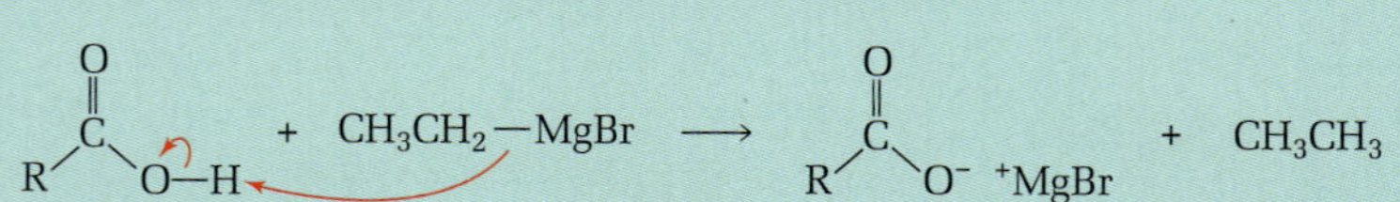

Ü 11* Welche der folgenden Verbindungen wird mit einer Grignard-Verbindung keine nucleophile Addition eingehen?

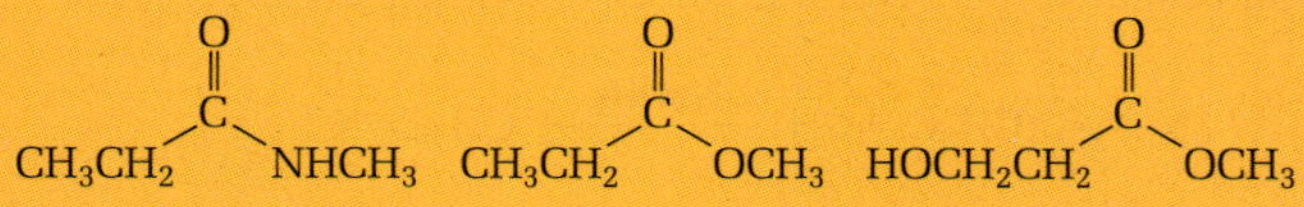

A B C

Retrosynthetische Analyse

Wir haben gesehen, dass ein Grignard-Reagenz mit einer Carbonylverbindung zu einem Alkohol, der mehr Kohlenstoffatome als der Reaktant aufweist, reagiert. Dies ermöglicht uns die retrosynthetische Analyse, durch die wir bestimmen können, wie man einen Alkohol – oder eine Verbindung, die aus einem Alkohol gebildet werden kann, wie ein Keton – synthetisiert. 3-Hexanon kann zum Beispiel nur aus 1-Propanol und keinen anderen kohlenstoffhaltigen Reagenzien synthetisiert werden.

3-Hexanon kann aus 3-Hexanol hergestellt werden, welches aus einem Aldehyd mit drei Kohlenstoffatomen und einen Grignard-Reagenz mit drei Kohlenstoffatomen hergestellt werden kann. Die Oxidation von 1-Propanol bildet das Aldehyd mit drei Kohlenstoffatomen und die Umwandlung von 1-Propanol in ein Propylhalogenid ermöglicht, dass das Drei-Kohlenstoff-Grignard-Reagenz synthetisiert werden kann.

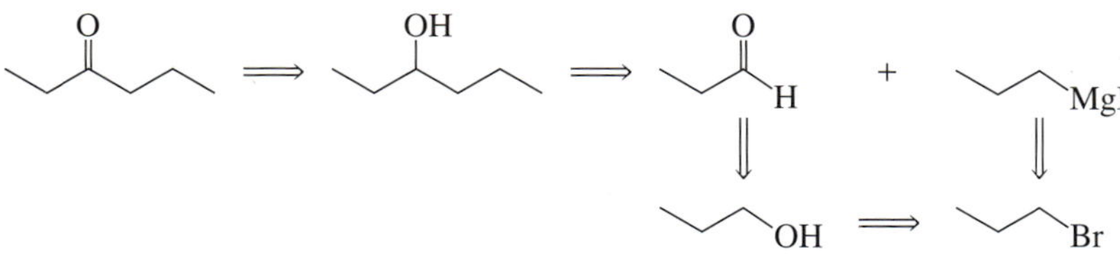

Nun können wir die Reaktion in Vorwärtsrichtung schreiben und die Reagenzien zeigen, die für jeden Schritt der Synthese benötigt werden. Man beachte, dass Essigsäure das Alkoxidion protoniert und dass der resultierende Alkohol zu einem Keton oxidiert wird.

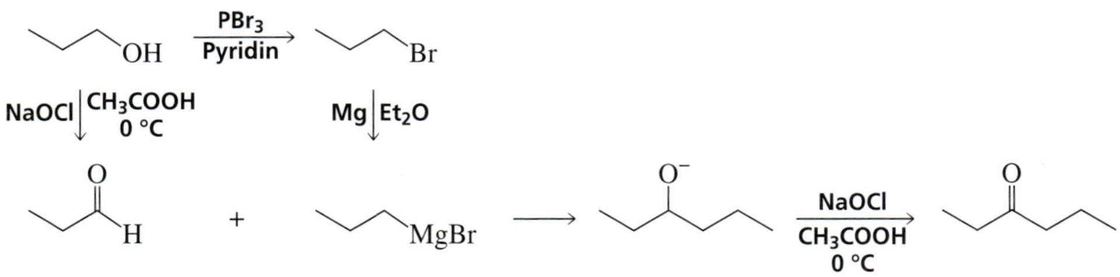

Ü 12 Zeigen Sie, wie die folgen Verbundungen aus Cyclohexanol synthetisiert werden können.

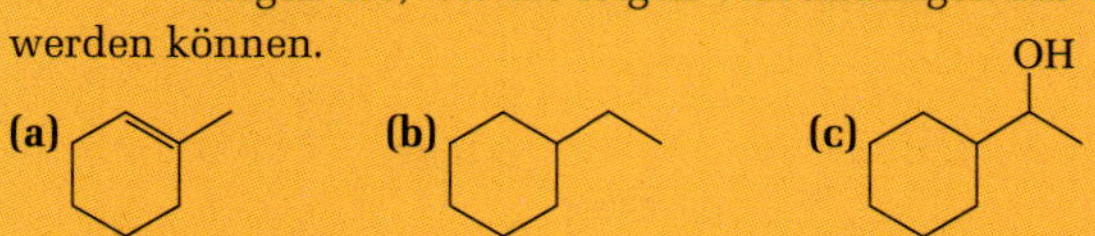

(a) (b) (c)

Reaktion mit Acetylidionen

Wir haben gesehen, dass ein terminales Alkin durch eine starke Base in ein Acetylidion umgewandelt werden kann (Abschnitt 7.11).

$$CH_3C{\equiv}CH \xrightarrow{NaNH_2} CH_3C{\equiv}C\!:^-$$

Ein Acetylidion ist ein weiteres Beispiel für ein Kohlenstoffnucleophil, das mit einem Aldehyd oder einem Aldehydketon unter Bildung eines nucleophilen Additionsprodukts reagiert. Wenn die Reaktion vorüber ist, dann wird eine schwache Säure (eine, die nicht mit der Dreifachbindung reagiert, wie das hier gezeigte Pyridiniumion) zur Reaktionsmischung zur Protonierung des Alkoxidions unter Bildung eines α-Hydroxyalkins hinzugegeben.

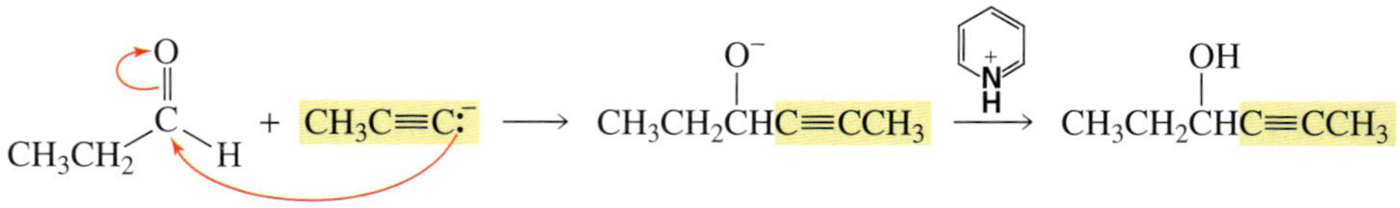

Ü 13

(a) Zeigen Sie, wie die folgenden Verbindungen aus dem Ausgangsmaterial Ethin hergestellt werden können:
1. 1-Pentin-3-ol; **2.** 1-Phenyl-2-butin-1-ol; **3.** 2-Methyl-3-hexin-2-ol.

(b) Erklären Sie, warum Ethin vor und nicht nach einer nucleophilen Addition alkyliert werden sollte.

Ü 14* Was ist das Produkt der Reaktion eines Esters mit einem überschüssigen Acetylidion, gefolgt von der Zugabe von Pyridiniumchlorid?

Reaktion mit Cyanidionen

Das Cyanidion ist ein weiteres Kohlenstoffnucleophil, das sich an ein Aldehyd oder ein Keton anlagern kann. Das Produkt der Reaktion ist ein **Cyanhydrin**. Im Gegensatz zu den Additionsreaktionen anderer Kohlenstoffnucleophile muss der Zusatz des Cyanidions unter sauren Bedingungen durchgeführt werden. (Der Grund wird weiter unten erklärt.) Überschüssiges Cyanidion wird verwendet, um sicherzustellen, dass HCl nicht das gesamte Cyanidion in HCN umwandelt. Daher steht etwas Cyanid als Nucleophil zur Verfügung.

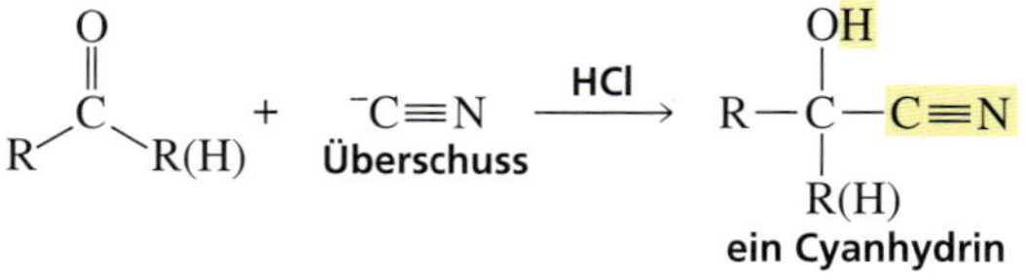

Mechanismus für die Reaktion von Aldehyden oder Ketonen mit Cyanwasserstoff

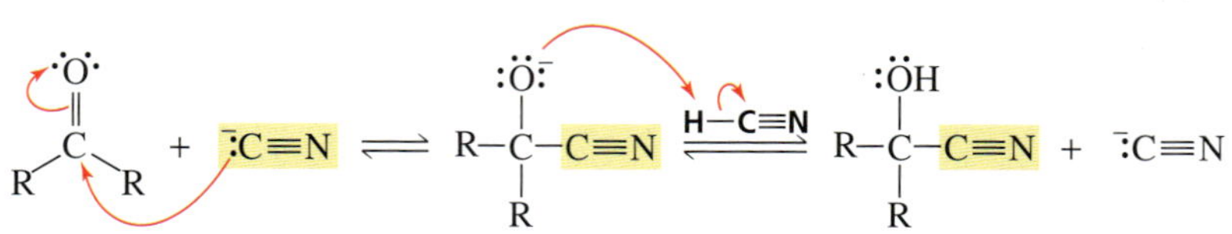

- Das Cyanidion fügt sich an den Carbonylkohlenstoff an.
- Das Alkoxidion wird durch Cyanwasserstoff protoniert.

Im Vergleich zu Grignard-Reagenzien und Acetylidionen ist das Cyanidion eine relativ schwache Base. Der pK_S-Wert von CH_3CH_3 ist > 60 und der pK_S-Wert von RC≡CH ist 25 und der pK_S-Wert von HC≡N ist 9,14. (Erinnern Sie sich daran: Je stärker die Säure, desto schwächer ist die konjugierte Base.) Daher kann die Cyanogruppe, anders als die R^- oder die RC≡C^--Gruppen, aus dem Additionsprodukt entfernt werden.

Cyanhydrine sind hingegen stabil. Die OH-Gruppe wird die Cyanogruppe deshalb nicht eliminieren, da das Grenzmesomer in der Eliminierungsreaktion eine teilweise *positive* Ladung des Sauerstoffs hätte, wodurch der Übergangszustand relativ instabil wäre.

Wenn jedoch die OH-Gruppe ihr Proton verliert, dann wird die Cyanogruppe eliminiert, da das Sauerstoffatom in diesem Fall im Übergangszustand eine teilweise *negative* Ladung aufweisen würde. Deshalb wird in basischen Lösungen ein Cyanhydrin wieder in die Carbonylverbindung umgewandelt.

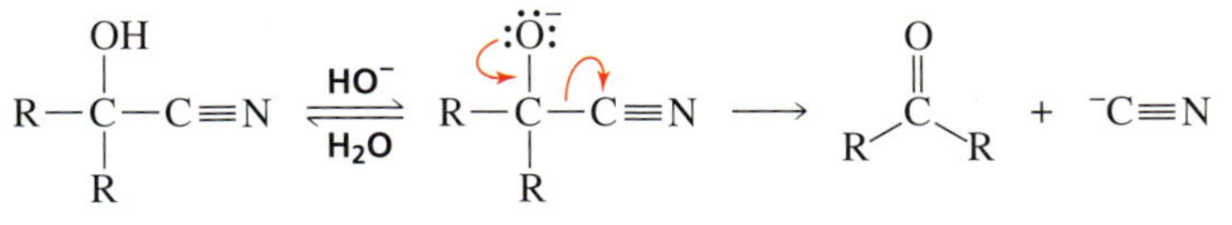

Das Cyanidion reagiert nicht mit Estern, da das Cyanidion eine schwächere Base als ein Alkoxidion ist, was zur Folge hätte, dass das Cyanidion aus dem tetraedrischen Zwischenprodukt eliminiert werden würde. (Erinnern Sie sich daran, dass das ankommende Nucleophil keine schwächere Base als der an die Acylgruppe gebundene Substituent sein kann, siehe Abschnitt 15.5).

Ü 15* Warum ist HCN im Mechanismus der Cyanhydrinbildung die Säure, die anstelle von HCl das Alkoxidion von HCl protoniert?

Ü 16* Kann ein Cyanhydrin durch Behandlung eines Ketons mit Natriumcyanid hergestellt werden?

Ü 17 Erklären Sie, warum Aldehyde und Ketone mit einer schwachen Säure wie Cyanwasserstoff reagieren, nicht aber mit starken Säuren wie HCl oder H_2SO_4 (im Gegensatz dazu, von ihnen protoniert zu werden).

Verwendung von Cyanhydrinen in der Synthese

Die Zugabe von Cyanwasserstoff zu Aldehyden und Ketonen ist eine synthetisch nützliche Reaktion für nachfolgende Reaktionen, die mit Cyanhydrin durchgeführt werden. Zum Beispiel bildet die säurekatalysierte Hydrolyse eines Cyanhydrins eine α-Hydroxycarbonsäure (Abschnitt 15.15).

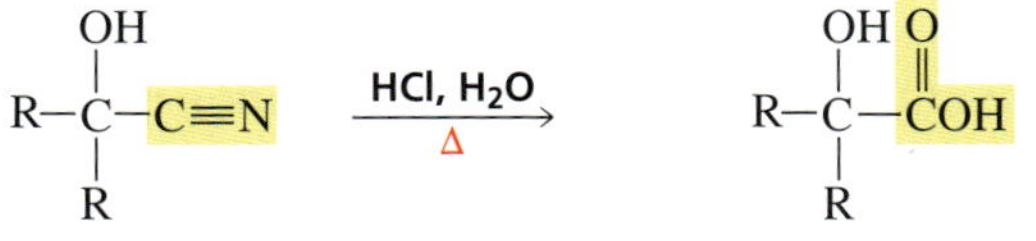

ein Cyanhydrin — eine α-Hydroxycarbonsäure

Die katalytische Addition von zwei Mol Wasserstoff an die Dreifachbindung eines Cyanhydrins ergibt ein primäres Amin mit einer OH-Gruppe am β-Kohlenstoffatom. (Raney-Nickel ist anstatt Palladium der Katalysator zur Reduktion einer Nitrilgruppe).

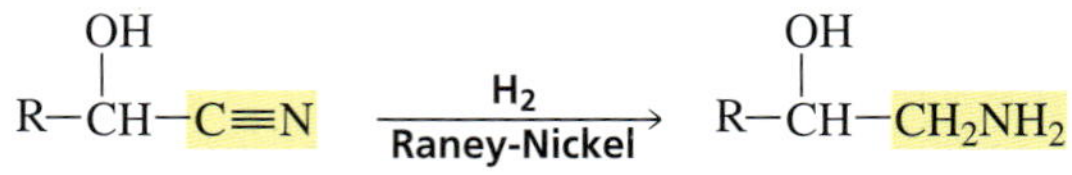

Ü 18 mit Lösung

Wie können die folgenden Verbindungen aus einer Carbonylverbindung hergestellt werden, die einen Kohlenstoff weniger aufweist als das gewünschte Produkt?

(a) $HOCH_2CH_2NH_2$

(b) 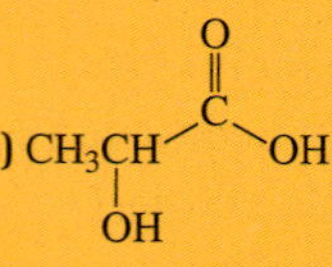

Lösung zu 18 (a)

Das Ausgangsmaterial für die Synthese dieser Zwei-Kohlenstoff-Verbindung muss ein Kohlenstoffatom aufweisen. Daher muss es sich um Formaldehyd handeln. Zugabe von Cyanwasserstoff gefolgt von der Zugabe von H2 zur Dreifachbindung des Cyanhydrins bildet das Zielmolekül.

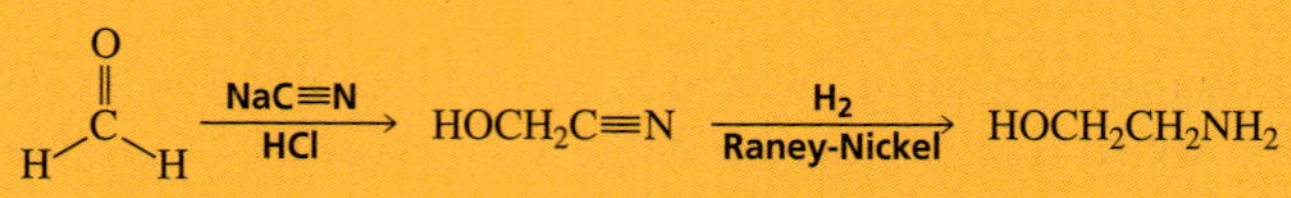

Lösung zu 18 (b)

Das Ausgangsmaterial für die Synthese dieser Drei-Kohlenstoff-Verbindung muss zwei Kohlenstoffatome aufweisen. Daher muss es sich um Acetaldehyd handeln. Zugabe von Cyanwasserstoff, gefolgt von der Hydrolyse des resultierenden Cyanhydrins bildet das Zielmolekül.

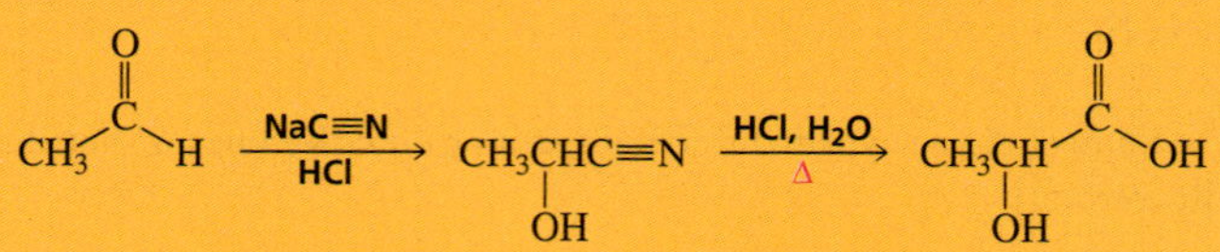

Ü 19 Zeigen Sie zwei Wege auf, um ein Alkylhalogenid in eine Carbonsäure umzuwandeln, die einen Kohlenstoff mehr als das Alkylhalogenid aufweist.

16.5 Reaktionen der Carbonylverbindungen mit Hydridionen

Reaktionen von Aldehyden und Ketonen mit Hydridionen

Ein weiteres stark basisches Nucleophil ist das Hydridion. Es reagiert mit Aldehyden und Ketonen unter Bildung nucleophiler Additionsprodukte. Normalerweise wird Natriumborhydrid ($NaBH_4$) als Hydridion verwendet.

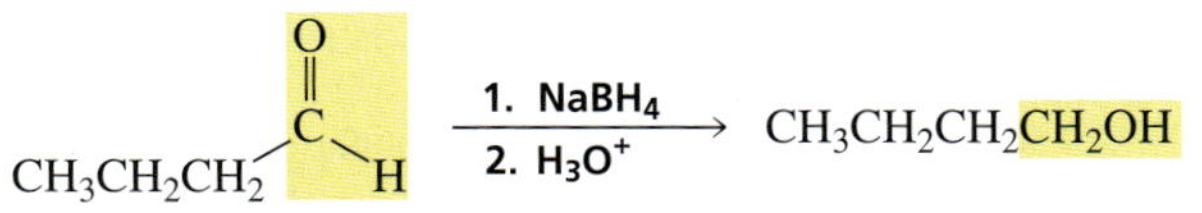

Aldehyd — primärer Alkohol

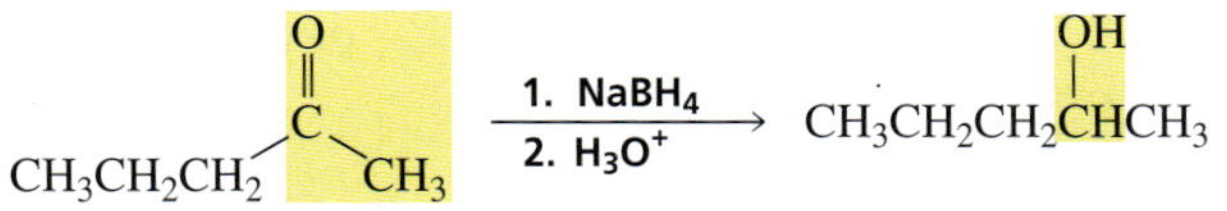

Keton — sekundärer Alkohol

Wie Sie sich erinnern, stellt die Addition von Wasserstoff an eine organische Verbindung eine **Reduktion** dar (Abschnitt 5.9). Aldehyde und Ketone werden im Allgemeinen mit Natriumborhydrid ($NaBH_4$) reduziert, das eine Quelle für Hydridionen ist. Aldehyde werden zu primären Alkoholen reduziert, Ketone zu sekundären. Beachten Sie, dass keine Säure zugefügt wird, bevor das Hydridion mit der Carbonylverbindung reagiert hat.

Mechanismus für die Reaktion eines Aldehyds oder eines Ketons mit einem Hydridion

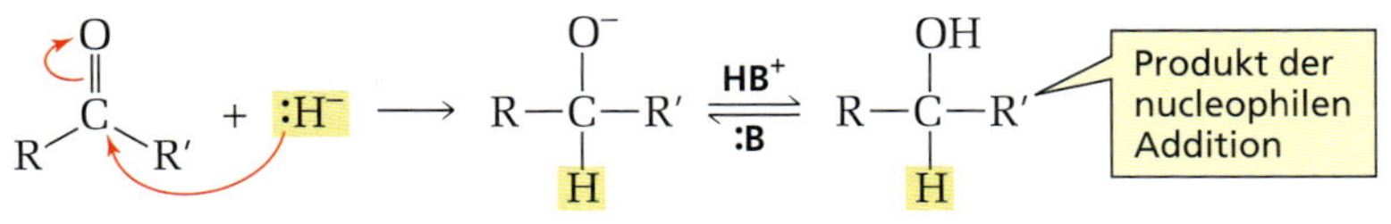

- Die Addition eines Hydridions an einen Aldehyd oder ein Keton führt zur Bildung eines Alkoholations.
- Protonierung durch eine verdünnte Säure führt zum Alkohol. Die Gesamtreaktion ist die Addition eines Wasserstoffmoleküls an die Carbonylgruppe.

Ü 20* Welche Alkohole erhält man bei der Reduktion folgender Verbindungen mit Natriumborhydrid?

(a) 2-Methylpropanal
(b) Cyclohexanon
(c) 4-*tert*-Butylcyclohexanon
(d) Acetophenon

Reaktion eines Acylchlorids mit einem Hydridion

Da Klasse I-Carbonylverbindungen eine austauschbare Gruppe aufweisen, durchlaufen sie bei der Reaktion mit Hydridionen zwei aufeinanderfolgende Reaktionen – genauso wie im Fall der Reaktion mit Grignard-Verbindungen (Abschnitt 16.4). Aus diesem Grund führt die Reaktion eines Acylchlorides mit Natriumborhydrid zur Bildung eines primären Alkohols mit der gleichen Anzahl an Kohlenstoffen wie das Acylchlorid.

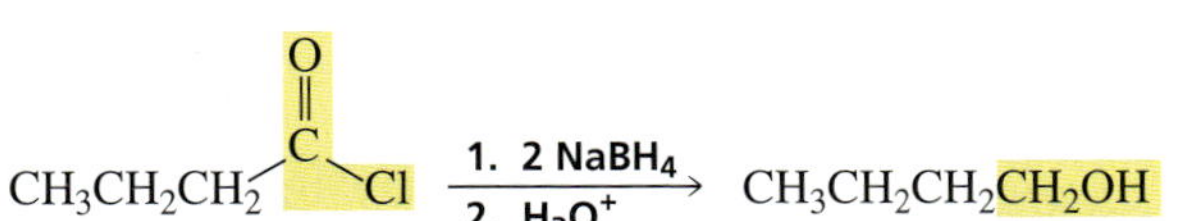

Acylchlorid — primärer Alkohol

Mechanismus für die Reaktion eines Acylchlorids mit einem Hydridion

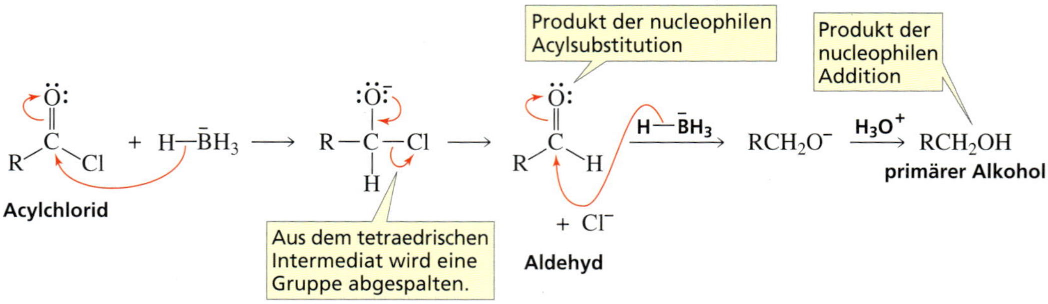

- Das Acylchlorid durchläuft eine nucleophile Acylsubstitution, weil es über einen Substituenten verfügt (Cl^-), der durch das Hydridion (H^-) verdrängt werden kann. Das Produkt der Reaktion ist ein Aldehyd.
- Der Aldehyd durchläuft dann eine nucleophile Addition mit einem zweiten Hydridion. Dabei wird ein Alkoxidion (Alkoholation) gebildet.
- Die Protonierung des Alkoxidions (Alkoholations) führt zu einem primären Alkohol.

$LiAlH_4$ ist ein stärkeres Reduktionsmittel als $NaBH_4$. Ersetzen der Wasserstoffatome von $LiAlH_4$ mit Alkoxy(OR)-Gruppen macht es zu einem schwächeren Reduktionsmittel als $NaBH_4$. Zum Beispiel reduziert Lithium Tri-*tert*-butoxyaluminiumhydrid ein Acylchlorid nur bis zum Aldehyd (rufen Sie sich in Erinnerung, dass ein Acylchlorid reaktiver ist als ein Aldehyd), während NaBH4 das Acylchlorid den ganzen Weg entlang bis hin zu einem Alkohol reduziert.

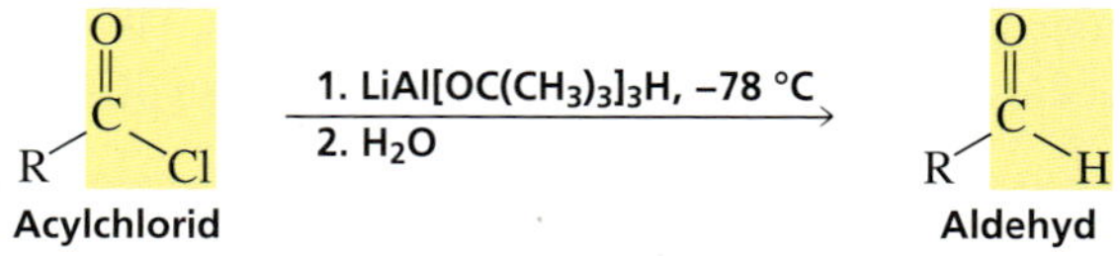

Reaktion eines Esters mit einem Hydridion

Ester, Carbonsäuren und Amide sind weniger reaktiv als Aldehyde und Ketone. Daher müssen Ester, Carbonsäuren und Amide mit Lithiumaluminiumhydrid ($LiAlH_4$), einem stärkeren Reduktionsmittel als $NaBH_4$, reduziert werden. Lithiumaluminiumhydrid (auch als LAH abgekürzt) ist nicht so sicher und einfach zu verwenden wie Natriumborhydrid. Es reagiert heftig mit protischen Lösungsmitteln und muss daher in einem trockenen, aprotischen Lösungsmitteln verwendet werden. Weiterhin wird es niemals verwendet, wenn stattdessen $NaBH_4$ verwendet werden kann.

Die Reaktion eines Esters mit $LiAlH_4$ erzeugt zwei Alkohole, von denen einer der Acylgruppe des Esters entspricht und der andere dem Alkylanteil.

MERKE!

Acylchloride und Ester durchlaufen zwei aufeinanderfolgende Reaktionen mit Hydridionen und mit Grignard-Reagenzien.

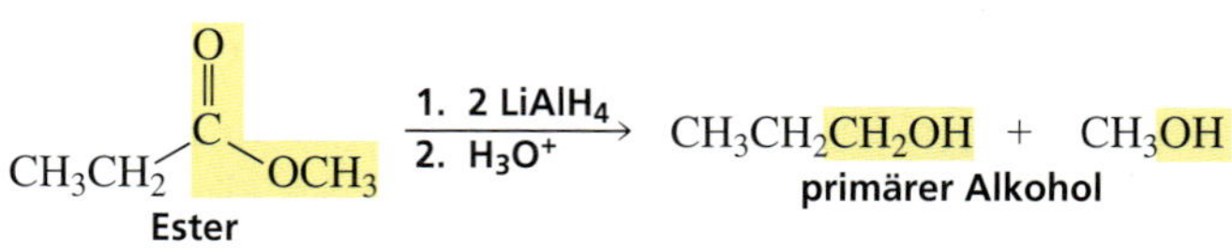

Mechanismus für die Reaktion eines Esters mit einem Hydridion

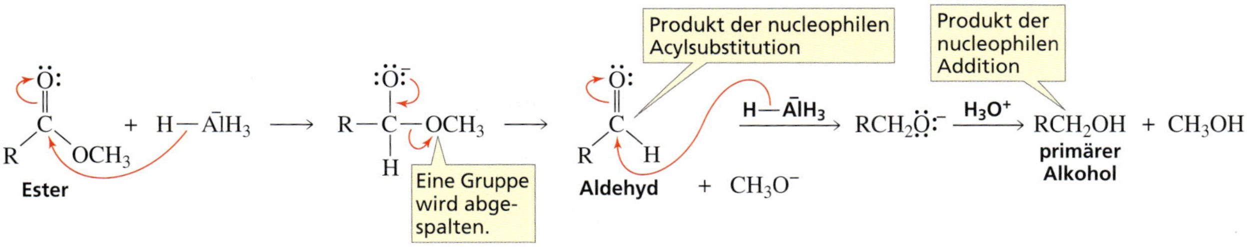

- Das Ester durchläuft eine nucleophile Acylsubstitution, weil es über einen Substituenten verfügt (CH_3O^-), der durch das Hydridion (H^-) verdrängt werden kann. Das Produkt der Reaktion ist ein Aldehyd.
- Der Aldehyd durchläuft dann eine nucleophile Addition mit einem zweiten Hydridion. Dabei wird ein Alkoxidion (Alkoholation) gebildet.
- Die Protonierung der beiden Alkoxidionen (Alkoholationen) bildet zwei Alkohole.

Die Reaktion kann jedoch nicht auf der Stufe des Aldehyds gestoppt werden, weil der Aldehyd sich nucleophilen Angriffen gegenüber reaktiver als ein Ester verhält (Abschnitt 16.2). Man hat herausgefunden, dass die Reaktion nach der Addition des ersten Hydridions angehalten werden kann, wenn man Diisobutylaluminiumhydrid (DIBALH) bei niedriger Temperatur einsetzt. Dieses Reagenz ermöglicht also die Umwandlung von Estern in Aldehyde.

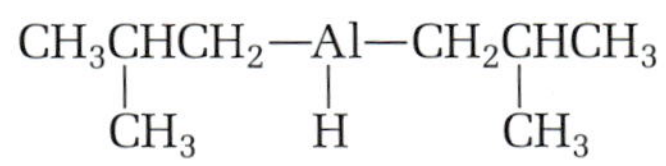

Diisobutylaluminumhydrid
DIBALH

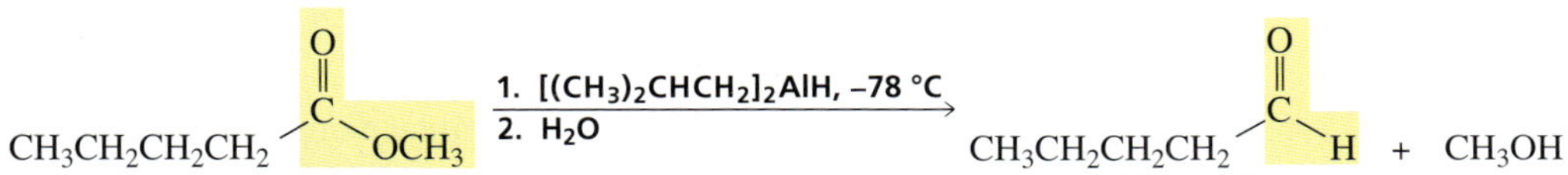

Pentansäuremethylester
Ester

***n*-Pentanal**
Aldehyd

Die Reaktion wird bei –78 °C (der Temperatur eines Aceton/Trockeneisgemisches; Trockeneis ist gefrorenes CO_2) durchgeführt. Bei dieser Temperatur ist die anfänglich gebildete tetraedrische Zwischenstufe so stabil, dass sie kein Alkoholation eliminiert. Falls die gesamte nicht umgesetzte Restmenge des Hydridionendonators entfernt wird, bevor man die Lösung erwärmt, steht dann kein Reduktionsmittel mehr zur Verfügung, das mit dem Aldehyd, der sich bildet, wenn die tetraedrische Zwischenstufe das Alkoholation abstößt, reagieren kann.

Reaktion einer Carbonsäure mit einem Hydridion

Die Reaktion einer Carbonsäure mit $LiAlH_4$ führt zur Bildung eines einzelnen primären Alkohols mit der gleichen Anzahl an Kohlenstoffen wie Carbonsäuren.

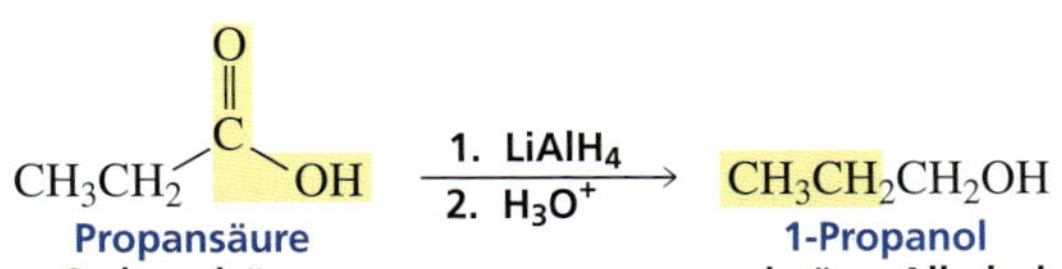

Propansäure
Carboxylsäure

1-Propanol
primärer Alkohol

MERKE!

Die Reaktion einer Carbonsäure mit $LiAlH_4$ führt zur Bildung eines einzelnen primären Alkohols.

Mechanismus für die Reaktion einer Carbonsäure mit einem Hydridion

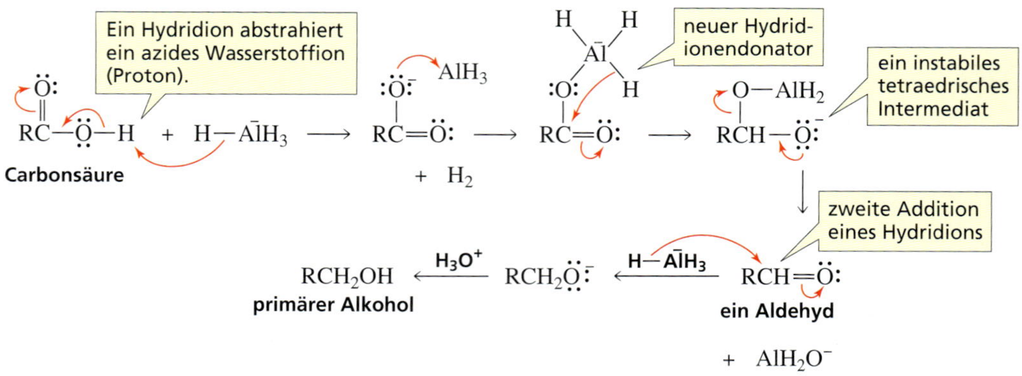

- Im ersten Schritt reagiert ein Hydridion mit dem aziden H-Atom der Carbonsäure, da diese Reaktion schneller ist als die Addition des Hydridions an den Carbonylkohlenstoff. Die Produkte der Reaktion sind ein Carboxylation, AlH_3 und Wasserstoff (H_2) wird freigesetzt.
- Wir haben gelernt, dass Nucleophile nicht mit Carboxylationen reagieren, weil diese eine negative Ladung besitzen (also selbst nucleophil sind). In diesem Fall ist jedoch ein Elektrophil (AlH_3) zugegen, das ein Elektronenpaar des Carboxylations übernehmen und einen neuen Hydridionendonator ausbilden kann.
- Die Addition eines Hydridions an das Carbonylkohlenstoffatom, gefolgt von der Eliminierung aus einem instabilen tetraedrischen Intermediat, führt zur Bildung eines Aldehyds.
- Die Addition von Hydridionen an den Aldehyd bildet den primären Alkohol.

Ü 21* Welche Produkte erhält man aus der Reaktion der folgenden Verbindungen mit $LiAlH_4$, gefolgt von der Behandlung mit verdünnter Säure?

(a) Ethylbutanoat
(b) Benzoesäure
(c) Methylbenzoat
(d) Pentansäure

Reaktion eines Amids mit einem Hydridion

Amide durchlaufen ebenfalls zwei aufeinanderfolgende Hydridionenadditionen, wenn sie mit $LiAlH_4$ reagieren. Insgesamt wird bei diesem Vorgang eine Carbonylgruppe zu einer Methyleneinheit (CH_2) reduziert. Das Reaktionsprodukt ist ein Amin. Es können sich primäre, sekundäre und tertiäre Amine bilden, abhängig von der Zahl der an das Amidstickstoffatom gebundenen organischen Gruppen. (Beachten Sie, dass im zweiten Schritt der Reaktion Wasser anstelle von Hydroniumionen (H_3O^+) zum Einsatz kommt. Falls man protoniertes Wasser einsetzte, würde als Reaktionsprodukt anstelle des Amins ein protoniertes Amin entstehen.)

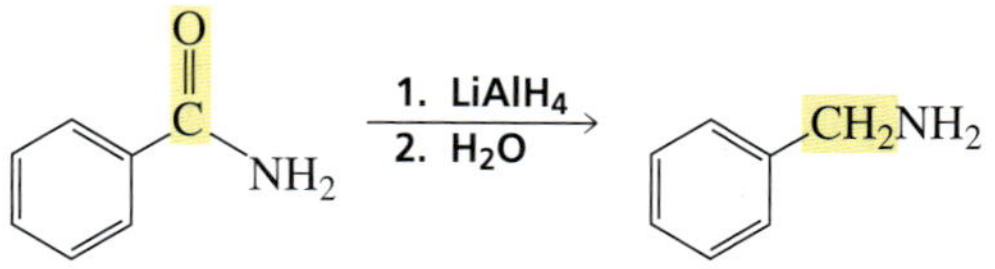

Benzamid **Benzylamin** **primäres Amin**

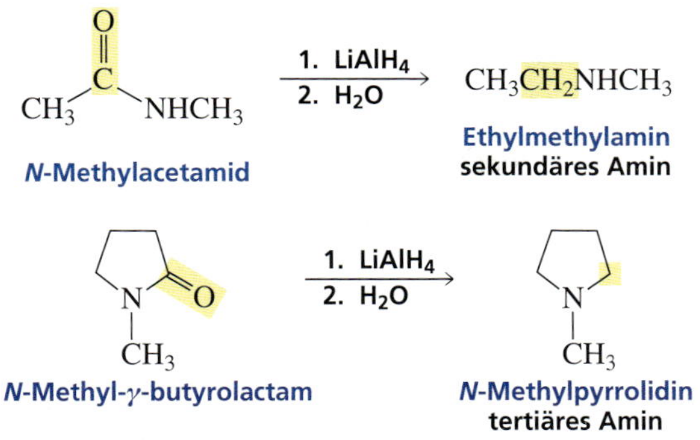

Der Mechanismus der Reaktion lässt erkennen, warum das Reaktionsprodukt ein Amin ist. Nehmen Sie sich etwas Zeit, um die Ähnlichkeiten zwischen dem Mechanismus dieser Reaktion und dem zwischen Carbonsäuren und Hydridionen zu ergründen.

Mechanismus für die Reaktion eines *N*-substituierten Amids mit einem Hydridion

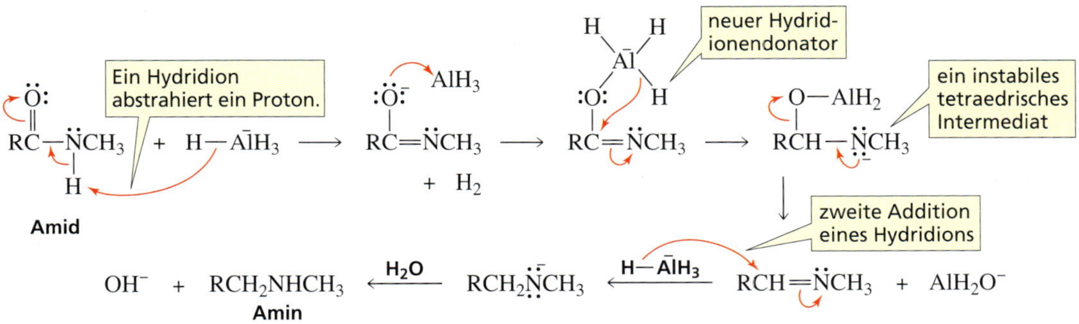

- Ein Hydridion entfernt den sauren Wasserstoff aus dem Stickstoff des Amids, und die zurückgeblieben Elektronen werden an den Sauerstoff delokalisiert.
- Ein Elektrophil (AlH_3) nimmt ein Elektronenpaar aus dem Anion auf und bildet einen neuen Hydriddonator.
- Zugabe von Hydridionen, Eliminierung aus dem instabilen tetraedrischen Zwischenprodukt und Zugabe eines zweiten Hydriddonators, gefolgt von Protonierung, bildet das Amin.

Der Mechanismus für die Reaktion von $LiAlH_4$ mit unsubstituierten und *N,N*-disubstituierten Aminen unterscheidet sich etwas, doch führen sie beide zum gleichen Ergebnis, der Überführung einer Carbonylgruppe in eine Methyleneinheit.

Biologische Reaktionen benötigen auch Reagenzien, die Hydridionen an Carbonylgruppen abgeben können. Ein üblicher Hydridspender in Zellen ist NADPH. (Natriumborhydrid und Lithiumaluminiumhydrid sind zu reaktiv für den Einsatz in Zellen.) Dieser Hydriddonor wird in Abschnitt 24.1 erörtert.

Ü 22* Welche Amide würden Sie mit $LiAlH_4$ behandeln, um die folgenden Amine darzustellen?
(a) Benzylmethylamin **(b)** Ethylamin **(c)** Diethylamin **(d)** Triethylamin

Ü 23 Wie würden Sie, ausgehend von *N*-Benzylamid, die folgenden Verbindungen darstellen?
(a) Dibenzylamin **(b)** Benzoesäure **(c)** Benzylalkohol

Mehr zu Reduktionsreaktionen 16.6

Eine organische Verbindung wird reduziert, wenn Wasserstoff (H_2) an sie addiert wird. Ein Wasserstoffmolekül kann man sich aus verschiedenen Einheiten aufgebaut vorstellen: (1) aus zwei Wasserstoffatomen, (2) aus zwei Elektronen und zwei Protonen, und (3) als ein Hydridion plus ein Proton. In den folgenden Abschnitten werden Sie erkennen, dass die Art und Weise, wie man sich ein H_2-Molekül aus praktischen Gründen vorstellt, von dem Reaktionsmechanismus abhängt, durch den ein H_2-Molekül seinen Weg in eine organische Verbindung findet.

Bausteine von H:H

H· ·H	·⁻ H^+ ·⁻ H^+	H:⁻ H^+
zwei Wasserstoffatome	zwei Elektronen und zwei Protonen	ein Hydridion und ein Proton

Reduktion durch Zugabe eines Hydridions und eines Protons

Wir haben gesehen, dass eine Reduktion als Ergebnis der Zugabe eines Hydridions gefolgt von der Zugabe eines Protons auftritt, wenn Aldehyde und Ketone durch $NaBH_4$ zu Alkoholen reduziert werden.

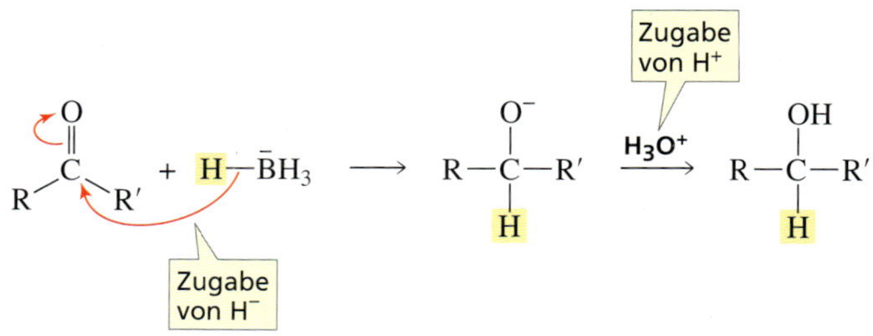

Imine und Nitrile können ebenfalls durch $NaBH_4$ reduziert werden, da der Kohlenstoff, der an den Stickstoff gebunden ist, eine teilweise positive Ladung aufweist.

$$RCH{=}NCH_3 \xrightarrow[\text{2. } H_2O]{\text{1. } NaBH_4} RCH_2NHCH_3$$

$$RC{\equiv}N \xrightarrow[\text{2. } H_2O]{\text{1. } NaBH_4} RCH_2NH_2$$

$NaBH_4$ kann jedoch die Doppel- und Dreifachbindungen von Alkenen und Alkinen nicht reduzieren. Diese Verbindungen sind Nucleophile (sie besitzen keine Teilladung) und reagieren daher nicht mit dem nucleophilen Hydridion.

$$RCH{=}CH_2 \xrightarrow{NaBH_4} \text{keine Reaktion}$$

$$RC{\equiv}CR \xrightarrow{NaBH_4} \text{keine Reaktion}$$

Reduktion durch Zugabe von zwei Wasserstoffatomen

Es sei daran erinnert, dass Wasserstoff an die Kohlenstoff-Kohlenstoff-Doppel- und Dreifachbindungen in Gegenwart eines Metallkatalysators angefügt werden kann (Abschnitte 5.9 und 7.9). Bei diesen Reaktionen, den sogenannten **katalytischen Hydrierungen**, bricht die H-H-Bindung homolytisch auf, daher resultiert die Reduktion in der Addition von zwei Wasserstoffatomen an den Reaktanten.

$$CH_3CH_2CH{=}CH_2 + H_2 \xrightarrow{\text{Pd/C}} CH_3CH_2CH_2CH_3$$

$$CH_3CH_2CH_2C{\equiv}CH + 2\,H_2 \xrightarrow{\text{Pd/C}} CH_3CH_2CH_2CH_2CH_3$$

Die katalytische Hydrierung kann auch zur Reduktion von Kohlenstoff-Stickstoff-Doppel- und Dreifachbindungen eingesetzt werden. Die Reaktionsprodukte sind Amine (Abschnitte 15.15 und 16.6).

$$CH_3CH_2CH{=}NCH_3 + H_2 \xrightarrow{\text{Pd/C}} CH_3CH_2CH_2NHCH_3$$

$$CH_3CH_2CH_2C{\equiv}N + 2\,H_2 \xrightarrow{\text{Raney-Nickel}} CH_3CH_2CH_2CH_2NH_2$$

Die C=O-Gruppe von Ketonen und Aldehyden können auch durch katalytische Hydrierung reduziert werden. Jedoch kann ein Palladiumkatalysator diese Carbonylgruppen nicht sehr effektiv reduzieren (oder beim Reduzieren von Nitril; siehe vorherige Reaktion). Sie können jedoch leicht durch einen Nickelkatalysator reduziert werden. Raney-Nickel ist fein dispergiertes Nickel mit adsorbiertem Wasserstoff, wodurch keine externe H_2-Quelle erforderlich ist. (In den abgebildeten Reaktionen wird H_2 gezeigt, um Sie daran zu erinnern, dass es sich um das Reduktionsmittel handelt.) Aldehyde werden zu primären Alkoholen und Ketone zu sekundären Alkoholen reduziert. (Raney-Nickel reduziert ebenfalls Kohlenstoff-Kohlenstoff-Doppel- und Dreifachbindungen.)

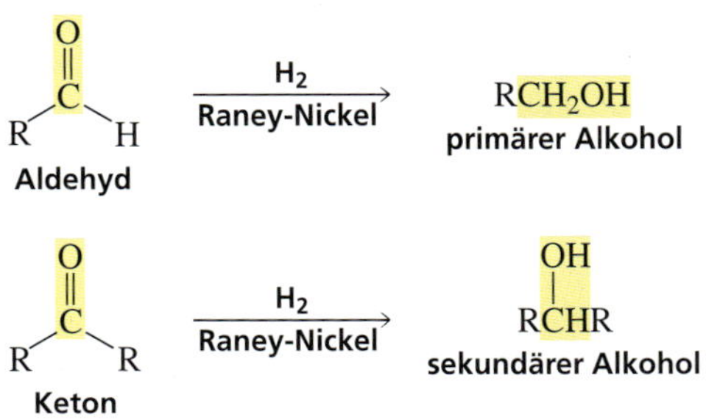

Die C=O-Gruppen von Carbonsäuren, Estern und Amiden sind weniger reaktiv als die C=O-Gruppe von Aldehyden und Ketonen und sind daher schwieriger zu reduzieren (Abschnitt 16.5). Sie können nicht durch katalytische Hydrierung reduziert werden (außer unter extremen Bedingungen).

Ü 24* Was sind die Produkte der folgenden Reaktionen?

(a) 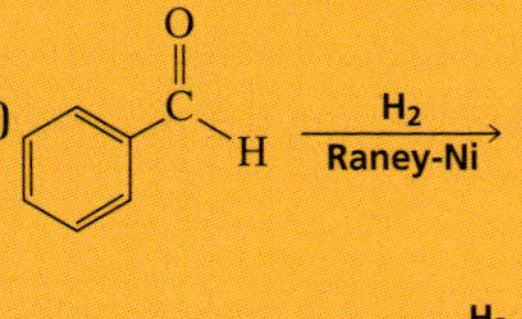

(c) 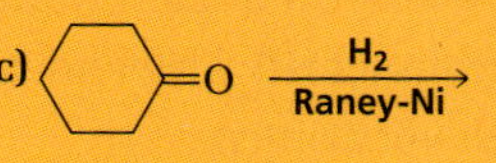

(b) $CH_3CH_2CH_2C{\equiv}N \xrightarrow[\text{Raney-Ni}]{H_2}$

(d) 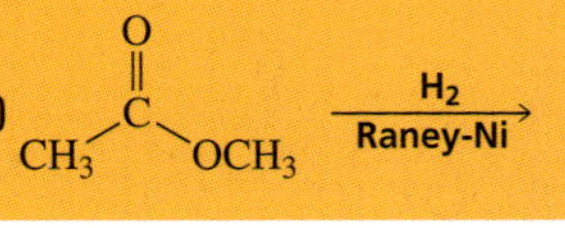

Reduktion durch Zugabe eines Elektrons, eines Protons, eines Elektrons, eines Protons

Wir haben gesehen, dass ein Alkin mit Natrium in flüssigem Ammoniak zu einem trans-Alken reduziert werden kann (Abschnitt 7.9). In dieser Reaktion, die als **auflösende Metallreduktion** bezeichnet wird, gibt Natrium ein Elektron an das Alkin ab, und Ammoniak spendet ein Proton. Diese Sequenz wird dann wiederholt, sodass die Gesamtreaktion ein Elektron, ein Proton, ein Elektron und ein Proton an das Alkin anfügt.

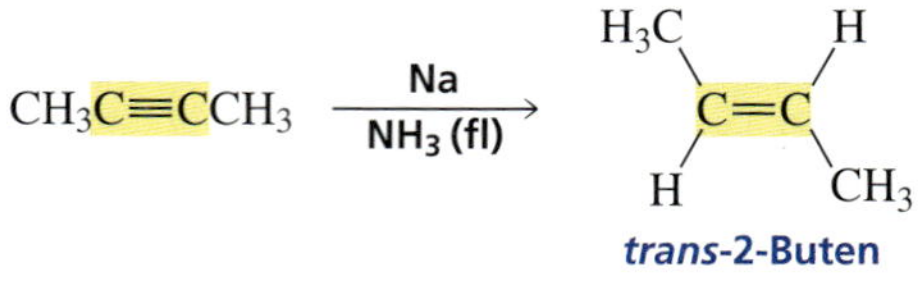

Chemoselektive Reaktionen 16.7

Eine **chemoselektive Reaktion** ist eine Reaktion, bei der ein Reagenz eine Präferenz hat, mit einer funktionellen Gruppe zu reagieren. Weil Natriumborhydrid beispielsweise einen Ester, ein Amid, oder eine Carbonsäure nicht reduzieren kann, kann es verwendet werden, um ein Aldehyd oder ein Keton, welches auch eine wenig reaktive Carbonylgruppe enthält, selektiv zu reduzieren. In der zweiten Stufe wird Wasser und keine wässrige Säure zur Vermeidung der Hydrolyse des Esters verwendet.

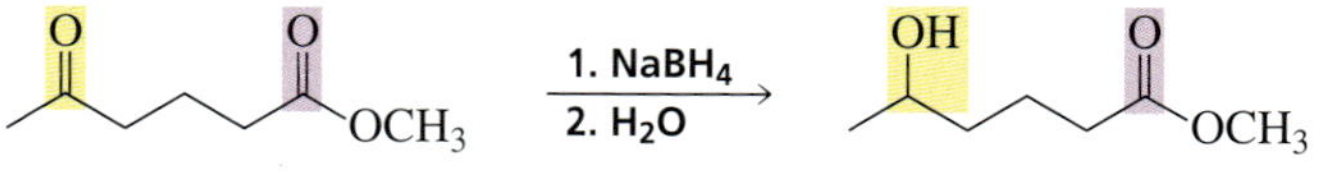

Natrium in flüssigem Ammoniak kann eine Kohlenstoff-Kohlenstoff-Dreifachbindung reduzieren, nicht aber eine Kohlenstoff-Kohlenstoff-Doppelbindung. Dieses Reagenz eignet sich daher zur Reduktion einer Dreifachbindung in einer Verbindung, welche auch eine Doppelbindung enthält.

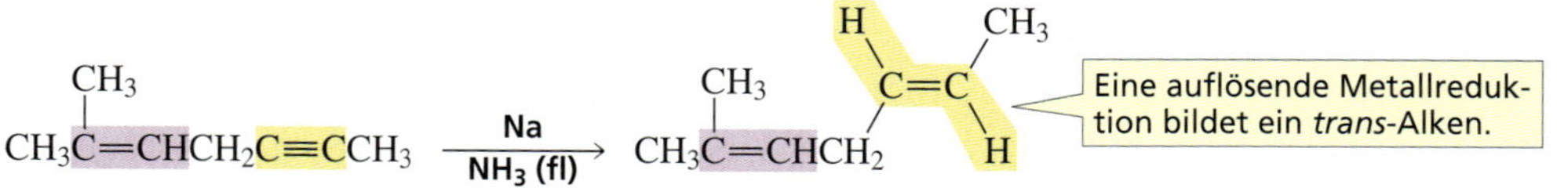

Reduktionsreagenzien, die Hydridionendonatoren sind, wie Natriumborhydrid, können keine Kohlenstoff-Kohlenstoff-Doppelbindungen oder Kohlenstoff-Kohlenstoff-Dreifachbindungen reduzieren, da sowohl das Hydridion als auch die Doppel- oder Dreifachbindung Nucleophile sind. Daher kann eine Carbonylgruppe in einer Verbindung, die auch eine Alken-funktionelle Gruppe aufweist, selektiv reduziert werden. Wasser, keine wässrige Säure, wird im zweiten Reaktionsschritt verwendet, um die Anlagerung der Säure an die Doppelbindung zu vermeiden.

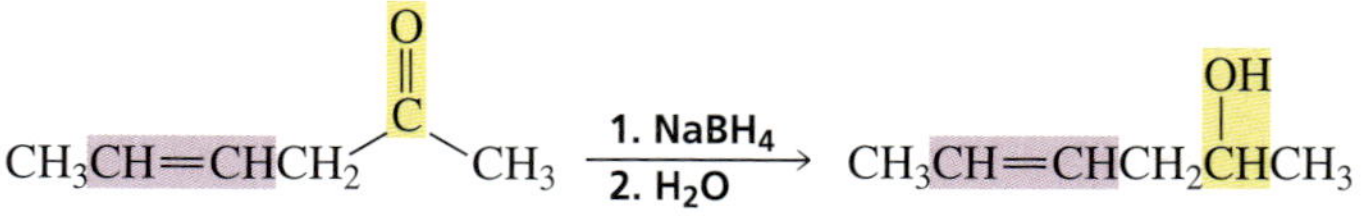

Ü 25 Welche Reduktionsmittel sollten verwendet werden, um die gewünschten Zielmoleküle zu erhalten?

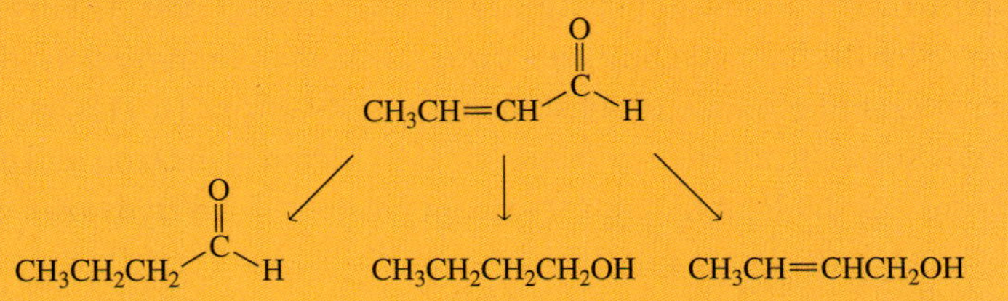

Ü 26 Was sind die Produkte der folgenden Reaktionen?

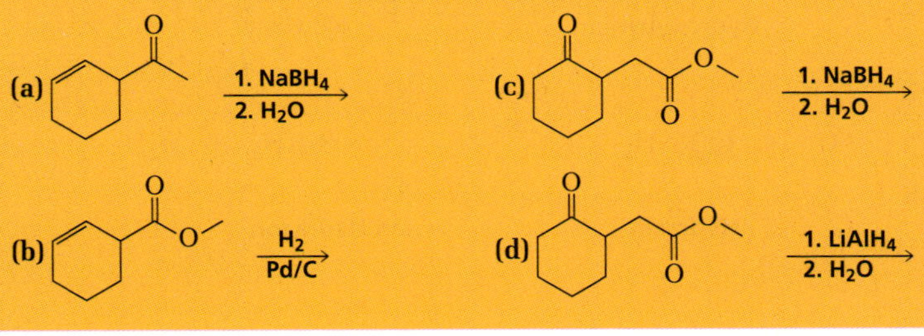

Reaktionen der Aldehyde und Ketone mit Aminen und Aminderivaten 16.8

Reaktionen mit primären Aminen

Ein Aldehyd oder Keton reagiert mit einem *primären* Amin zu einem Imin. Ein **Imin** ist eine chemische Verbindung mit einer Kohlenstoff-Stickstoff-Doppelbindung. Ein Imin, das aus der Reaktion einer Carbonylverbindung mit einem primären Amin hervorgeht, wird gemeinhin als **Schiff'sche Base** (nach ihrem Entdecker) bezeichnet. Die Reaktion erfordert eine Spurmenge an Säure. Beachten Sie, dass die Iminbildung eine C═O- durch ein C═NR-Bindung ersetzt.

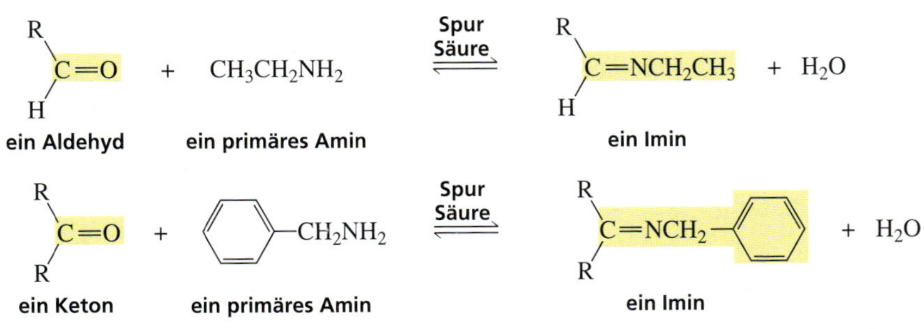

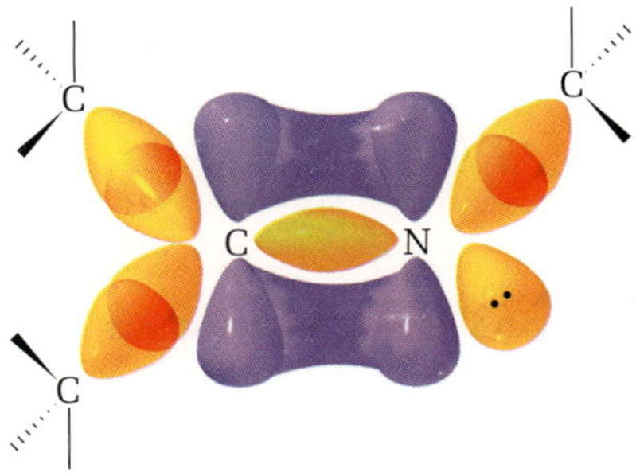

Abbildung 16.1: Bindungsverhältnisse in einem Imin. Die π-Bindung wird gebildet durch Seite-an-Seite-Überlappung eines p-Orbitals von Kohlenstoff mit einem p-Orbital von Stickstoff; es ist senkrecht zu den orangefarbenen Orbitalen.

Eine C═N-Gruppe (▶ Abbildung 16.1) ähnelt einer C═O-Gruppe (▶ Abbildung 15.1). Der Iminstickstoff wird sp^2-hybridisiert. Eines seiner sp^2-Orbitale bildet eine σ-Bindung mit dem Iminkohlenstoff, eines bildet eine σ-Bindung mit einem Substituenten, und das dritte sp^2-Orbital enthält ein freies Paar. Das p-Orbital von Stickstoff und das p-Orbital von Kohlenstoff überlappt, um eine π-Bindung zu bilden.

Herstellung von Iminderivaten

Verbindungen wie Hydroxylamin und Hydrazin haben, wie primäre Amine, eine NH_2-Gruppe. So reagieren sie wie primäre Amine mit Aldehyden und Ketonen unter Bildung von Iminen – diese nennt man *Iminderivate*, da der an den Iminstickstoff gebundene Substituent keine R-Gruppe ist. Das Iminderivat, das aus der Reaktion mit Hydroxylamin entsteht, nennt man **Oxim** und das Iminderivat, das aus der Reaktion mit Hydrazin entsteht, wird **Hydrazon** genannt.

MERKE!

Bei der Iminbildung wird eine C═O- durch eine C═NR-Bindung ersetzt.

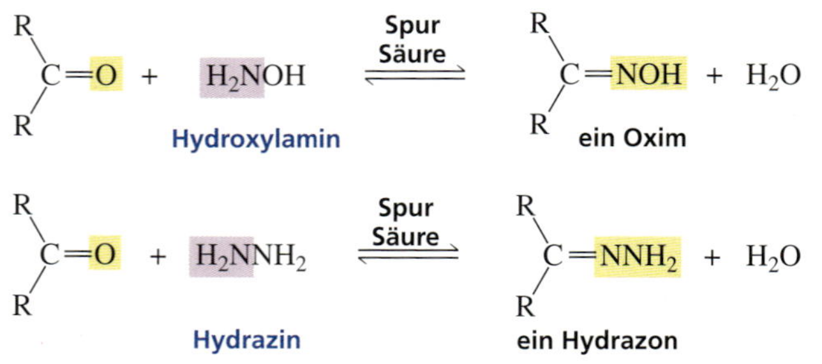

Der Mechanismus

Der Mechanismus für die Iminbildung wird nachfolgend dargestellt. Da nach dem Zusatz von Amin die Wasserabspaltung folgt, ist die Reaktion eine **nucleophile Additions-Eliminierungsreaktion**. Wir werden sehen, dass der pH-Wert der Reaktionsmischung sorgfältig kontrolliert werden muss. (Erinnern Sie sich daran, dass HB^+ für eine Spezies in der Lösung steht, die ein Proton abgeben kann, und dass :B für eine Spezies in der Lösung steht, die ein Proton entfernen kann.)

Mechanismus der Iminbildung

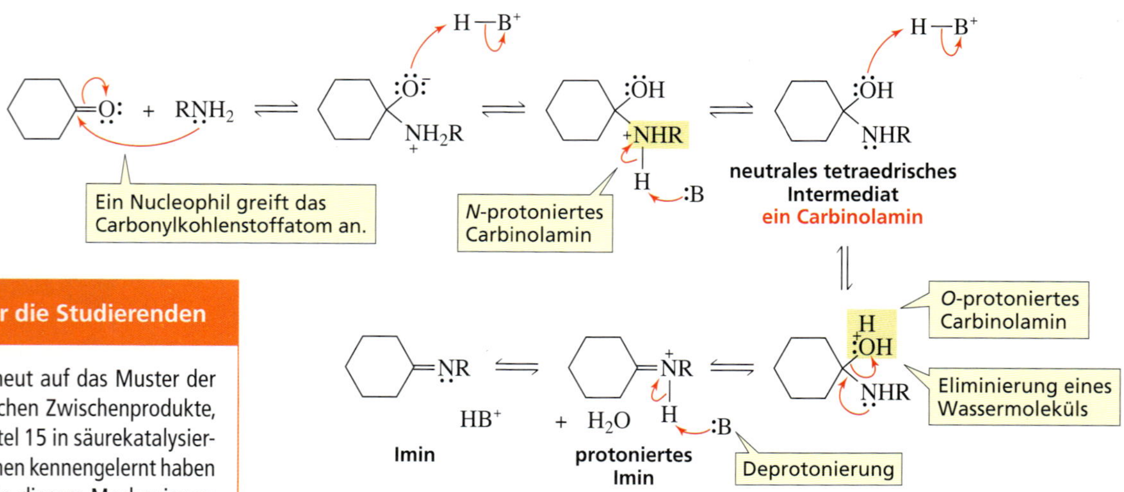

- Das Amin greift das Carbonylkohlenstoffatom an.
- Eine intramolekulare Protolysereaktion zwischen der Alkoholatfunktion und der protonierten Aminogruppe führt zur Bildung eines elektrisch neutralen tetraedrischen Intermediats, das *Carbinolamin* genannt wird.
- Das Carbinolamin steht im Gleichgewicht mit zwei protonierten Formen, weil entweder sein Sauerstoff (Vorwärtsschritt) oder sein Stickstoff (Rückwärtsschritt) protoniert werden kann.

Hinweis für die Studierenden

Achten Sie erneut auf das Muster der drei tetraedrischen Zwischenprodukte, die wir in Kapitel 15 in säurekatalysierten Mechanismen kennengelernt haben und die auch in diesem Mechanismus auftreten:

protoniertes tetraedrisches Zwischenprodukt I ⇌
neutrales tetraedrisches Zwischenprodukt II ⇌
protoniertes tetraedrisches Zwischenprodukt III

- Da das Nucleophil ein freies Elektronenpaar hat, wird Wasser aus dem sauerstoffprotonierten Intermediat eliminiert, wodurch ein protoniertes Imin gebildet wird.
- Dieses geht nach Deprotonierung durch eine Base am Stickstoff in ein Imin über.

MERKE!

Aldehyde und Ketone reagieren mit primären Aminen und es bilden sich Imine.

Es sei daran erinnert, dass eine stabile tetraedrische Verbindung gebildet wird, wenn ein Grignard-Reagenz oder ein Hydridion sich an ein Aldehyd oder an ein Keton anfügt. Dies gilt nicht für die tetraedrische Verbindung, die gebildet wird, wenn sich ein Amin sich ein Aldehyd oder ein Keton anfügt. Dieses tetraedrische Intermediat ist *instabil*, da es eine Gruppe mit einem einzigen Paar enthält, das Wasser entfernen kann, wenn die OH-Gruppe protoniert wird.

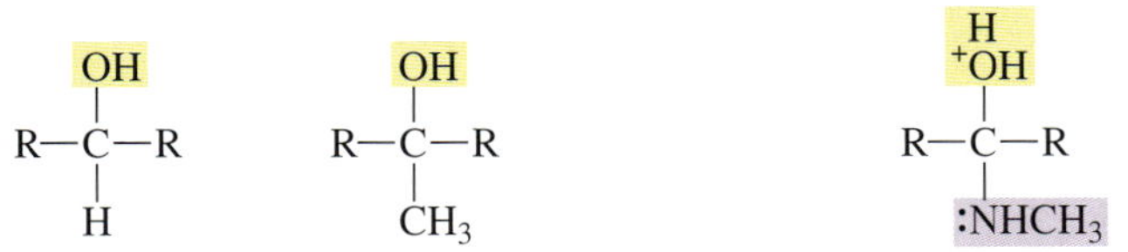

stabile tetraedrische Verbindung **instabile tetraedrische Verbindung**

Die Iminbildung ist ein reversibler Vorgang, weil zwei Gruppen aus dem tetraedrischen Intermediat ausgestoßen werden können. Die Lage des chemischen Gleichgewichts dieser Reaktion begünstigt die tetraedrische Zwischenstufe, bei der das N-Atom protoniert ist, weil das N-Atom stärker basisch reagiert als das O-Atom. Das Gleichgewicht kann jedoch in Richtung des Imins verschoben werden, indem man das Wasser aus der Reaktionsmischung entfernt, oder durch Ausfällung des Imins.

Den pH-Wert kontrollieren

Ein Diagramm der experimentell gemessenen Geschwindigkeitskonstante der Reaktion von Aceton mit Hydroxylamin zur Bildung eines Imins als Funktion des pH-Wertes ist in ► Abbildung 16.2 dargestellt.

Diese graphische Darstellung wird **pH-Geschwindigkeitsprofil** genannt. In diesem Beispiel ist eine glockenförmige Kurve mit dem höchsten Geschwindigkeitswert bei pH = 4,5 – also 1,5 pH-Einheiten unterhalb des pK_S-Wertes des protonierten Hydroxylamins (pK_S = 6,0) dargestellt. In dem Maß, in dem die Azidität der Lösung unterhalb von pH = 4,5 zunimmt, sinkt die Reaktionsgeschwindigkeit, weil ein immer höherer Anteil der Aminmoleküle protoniert vorliegen, also immer weniger der Aminmoleküle in der nucleophilen, elektrisch ungeladenen Form vorliegen. In dem Maß, in dem die Azidizität der Lösung über pH = 4,5 abnimmt, nimmt die Geschwindigkeit ab, weil immer weniger des tetraedrischen Zwischenprodukts in der reaktiven, sauerstoffprotonierten Form vorhanden ist.

Der pH-Wert, bei dem eine Iminbildung durchgeführt wird, muss sorgfältig überwacht werden. Es muss ausreichend Säure vorhanden sein, um die tetraedrischen Zwischenprodukte protonieren zu können, sodass H_2O anstelle des viel stärker basischen OH^- die Abgangsgruppe bildet. Dies ist bei der Reaktion mit „Spuren von Säure" gemeint. Falls keine Säure zugegeben wird, wird der pH-Wert der Lösung größer als der pK_S-Wert des protonierten Amins sein. Daher muss etwas Säure hinzugegeben werden, um die Reaktion bei etwa 1,5 Einheiten weniger als dem pK_S-Wert des protonierten Amins durchzuführen. Dies ist auch die maximale Geschwindigkeit im pH-Profil. Die meisten proto-

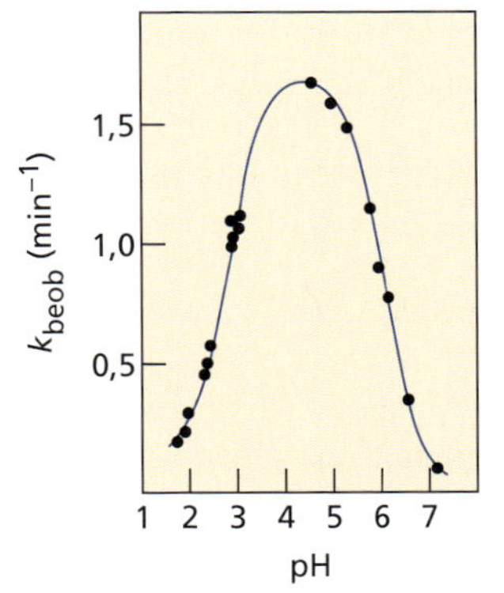

Abbildung 16.2: Ein pH-Wert/Geschwindigkeitsprofil der Reaktion von Aceton mit Hydroxylamin. Es zeigt die Abhängigkeit der Reaktionsgeschwindigkeit vom pH-Wert des Reaktionsansatzes.

nierten Amine weisen einen pK_S-Wert von etwa 10,5 auf, sodass genug Säure hinzugegeben werden muss, um den pH-Wert etwa auf 9 zu senken.

Falls jedoch zu viel Säure vorhanden ist, wird diese die als Reaktanten eingesetzten Amine protonieren. Protonierte Amine sind aber nicht nucleophil, können also nicht mit Carbonylgruppen reagieren. Anders als die säurekatalysierten Reaktionen, die wir zuvor besprochen haben, ist in diesem Fall nicht genügend Säure vorhanden, um im ersten Schritt der Reaktion die Carbonylgruppe protonieren zu können (siehe Übung 30).

Iminhydrolyse

MERKE!

Ein Imin erleidet eine säurekatalysierte Hydrolyse zum primären Amin plus einer Carbonylverbindung.

Die Iminbildung ist reversibel: In einer sauren wässrigen Lösung wird das Imin wieder zum Amin und zur Carbonylverbindung hydrolysiert.

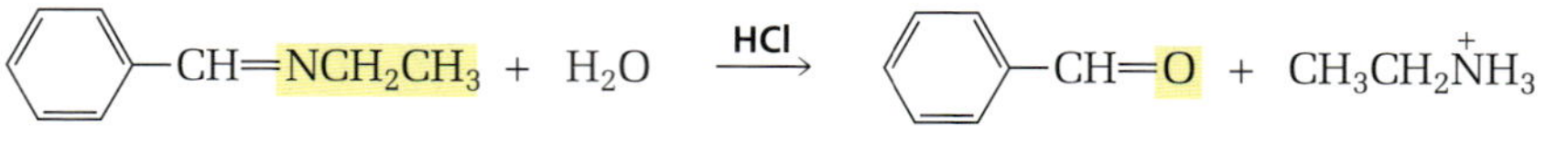

In einer aziden Lösung ist das Amin protoniert und darum unfähig, mit der Carbonylverbindung erneut zum Imin zu reagieren.

Die Iminbildung und -hydrolyse sind wichtige Reaktionen in biochemischen Systemen (Abschnitt 24.5). Wir werden beispielsweise noch sehen, dass die Iminhydrolyse bei allen Reaktionen von Vitamin B_6 vorkommt und der Grund dafür ist, warum die DNA die Nucleotide A, C, G und T enthält, die RNA aber die Nucleotide A, C, G und U. RNA und DNA unterscheiden sich also nur in einer der heterozyklischen Verbindungen in ihren Nucleotidbausteinen (Abschnitt 26.10).

Ü 27 Ein Keton kann aus der Reaktion eines Nitrils mit einem Grignard-Reagenz hergestellt werden. Beschreiben Sie das Zwischenprodukt, welches in dieser Reaktion gebildet wird, und zeigen Sie, wie es in ein Keton umgewandelt werden kann.

Ü 28* Warum ist der pK_S-Wert von protoniertem Hydroxylamin (6,0) so viel niedriger als der pK_S-Wert eines protonierten primären Amins wie beispielsweise von protoniertem Methylamin (10,7)?

Ü 29* Bei welchem pH-Wert sollte die Iminbildung durchgeführt werden, wenn die protonierte Form des Amins einen pK_S-Wert von 9,0 hat?

Ü 30* Der pK_S-Wert von protoniertem Aceton beträgt in etwa –7,5 und der pK_S-Wert von protoniertem Hydroxylamin beträgt 6,0.

(a) Welche Acetonfraktion ist in einer Reaktion mit Hydroxylamin bei einem pH-Wert von 4,5 (► Abbildung 16.2) in ihrer sauren, protonierte Form vorhanden? (*Hinweis:* siehe Abschnitt 2.10.)

(b) Was ist der Anteil des Acetons in seiner sauren, protonierten Form in einer Reaktion mit Hydroxylamin bei einem pH-Wert von 1,5?

(c) Welche Fraktion von Hydroxylamin ist in einer Reaktion mit Aceton bei einem pH-Wert von 1,5 (► Abbildung 16.2) in seiner reaktiven Grundform enthalten?

Ü 31 Imine können als Stereoisomere existieren. Die Benennung der Isomere erfolgt nach dem *E*/*Z*-System der Nomenklatur (Abschnitt 4.2). Das freie Paar hat die niedrigste Priorität.

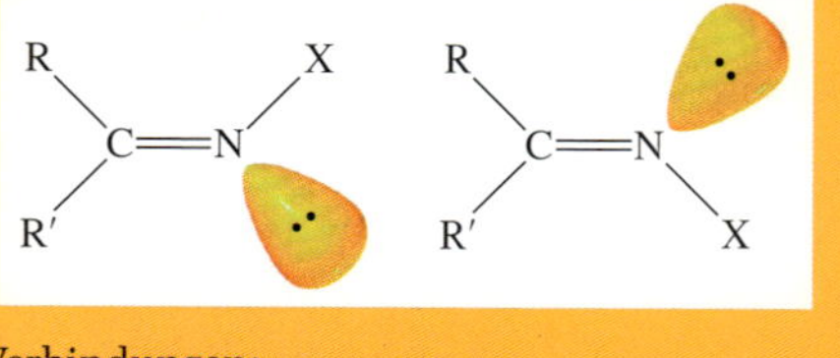

Zeichnen Sie die Struktur der folgenden Verbindungen:

(a) das (*E*)-Hydrazon von Benzaldehyd **(b)** das (*Z*)-Oxim von Propiophenon

Reaktionen mit sekundären Aminen

Aldehyde und Ketone reagieren mit *sekundären* Aminen unter Bildung von Enaminen. Wie die Iminbildung erfordert auch diese Reaktion einen sauren Katalysator.

Ein **Enamin** ist ein α,β-ungesättigtes tertiäres Amin, das heißt, ein tertiäres Amin mit einer Doppelbindung an der α,β-Position relativ zum Stickstoff. Beachten Sie, dass sich die Doppelbindung in dem Molekülteil befindet, welcher vom Aldehyd oder Keton bereitgestellt wird, und nicht in dem Teil, der vom sekundären Amin bereitgestellt wird. Wie bei der Iminbildung erfordert die Reaktion eine Spurmenge eines Säurekatalysators.

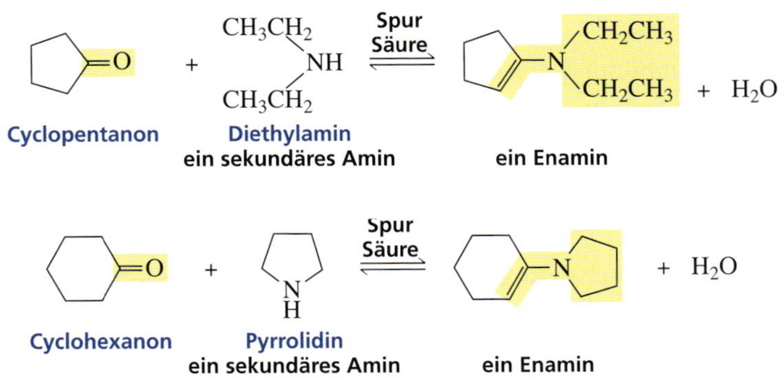

> **MERKE!**
>
> **Aldehyde und Ketone reagieren mit sekundären Aminen unter Bildung von Enaminen.**

Der Mechanismus

Beachten Sie, dass der Mechanismus der Enaminbildung mit Ausnahme des letzten Schrittes genau der gleiche wie im Fall der Iminbildung ist.

Mechanismus der Enaminbildung

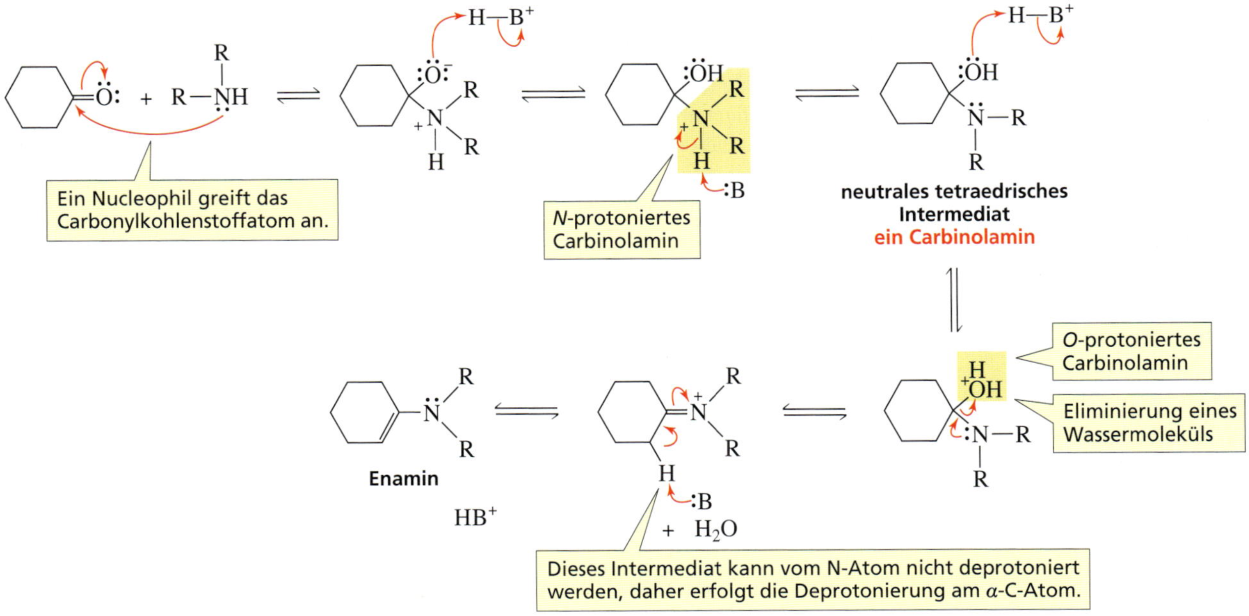

- Das Amin greift das Carbonylkohlenstoffatom an.
- Aufnahme eines Protons durch das Alkoholation und Abgabe eines Protons durch das protonierte Amin führt zur Bildung eines neutralen tetraedrischen Intermediates.

Hinweis für die Studierenden

Achten Sie erneut auf das Muster der drei tetraedrischen Zwischenprodukte, die wir in Kapitel 15 in säurekatalysierten Mechanismen kennengelernt haben und die auch in diesem Mechanismus auftreten:

protoniertes tetraedrisches Zwischenprodukt I $\rightleftharpoons$
neutrales tetraedrisches Zwischenprodukt II $\rightleftharpoons$
protoniertes tetraedrisches Zwischenprodukt III

- Das neutrale Carbinolamin steht im Gleichgewicht mit zwei protonierten Formen, weil entweder das N- oder das O-Atom protoniert werden können.
- Weil das Nucleophil ein freies Elektronenpaar besitzt, wird Wasser aus dem protonierten Carbinolamin eliminiert, was zu der Bildung einer Verbindung mit positiv geladenem Stickstoffatom führt.
- Wenn ein primäres Amin mit einem Aldehyd oder Keton reagiert, dissoziiert das protonierte Amin im letzten Schritt unter Bildung eines neutralen Iminmoleküls ein an das N-Atom gebundenes Proton ab. In einem sekundären Aminmolekül ist das positiv geladene Stickstoffatom nicht an ein Wasserstoffatom gebunden. In diesem Fall bildet sich ein stabiles, neutrales Molekül durch Abdissoziation eines Protons vom von der Carbonylverbindung abgeleiteten α-Kohlenstoffatom. Reaktionsprodukt ist ein Enamin.

Wie bei der Iminbildung, muss bei der Bildung Wasser entfernt werden, um das Gleichgewicht zum Enamin zu drängen, da der Stickstoff des Carbinolamins basischer ist als das Sauerstoffatom

Enaminhydrolyse

In einer angesäuerten wässrigen Lösung hydrolysiert das Enamin zum sekundären Amin und zur Carbonylverbindung zurück, eine Reaktion, die der säurekatalysierten Hydrolyse eines Imins in ein primäres Amin und eine Carbonylverbindung ähnlich ist.

MERKE!

Ein Enamin geht eine säurekatalysierte Hydrolyse zu einem sekundären Amin und einer Carbonylverbindung ein.

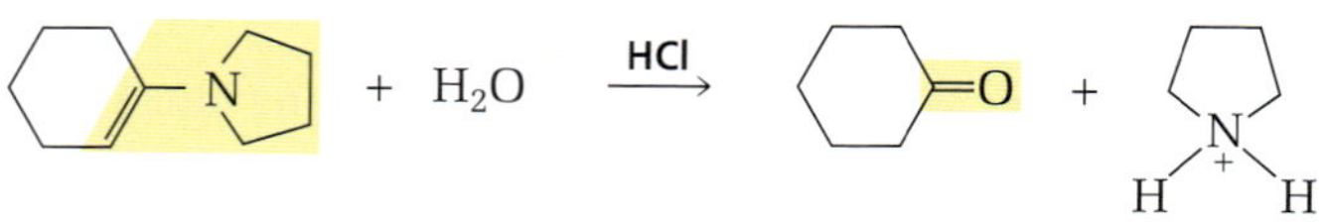

Ü 32
(a) Schreiben Sie den Mechanismus für die folgenden Reaktionen auf:
1. die säurekatalysierte Hydrolyse eines Imins zu einer Carbonylverbindung und einem primären Amin
2. die säurekatalysierte Hydrolyse eines Enamins zu einer Carbonylverbindung und einem sekundären Amin

(b) Wie unterscheiden sich die beiden Mechanismen?

Ü 33 Geben Sie die Produkte der folgenden Reaktionen an. Gehen Sie davon aus, dass in allen Fällen eine katalytische Menge Säure anwesend ist.
(a) Cyclopentanon + Ethylamin
(b) Cyclopentanon + Diethylamin
(c) Acetophenon + Hexylamin;
(d) Acetophenon + Cyclohexylamin.

Die reduktive Aminierung

Die Imine, die bei der Reaktion eines Aldehyds oder Ketons mit Ammoniak gebildet werden, sind relativ instabil, weil sie am N-Atom keinen anderen Substituenten als ein Wasserstoffatom tragen. Nichtsdestotrotz ist ein solches Imin ein nützliches Zwischenprodukt.

Falls beispi}elsweise die Reaktion mit Ammoniak in Gegenwart von H_2 und einem geeigneten metallischen Katalysator durchgeführt wird, addiert sich der Wasserstoff rasch an die neu gebildeten C=N-Bindungen; dabei bildet sich ein primäres Amin. Die Reaktion eines Aldehyds oder Ketons mit einem Überschuss Ammoniak in Gegenwart eines Reduktionsmittels wird als **reduktive Aminierung** bezeichnet.

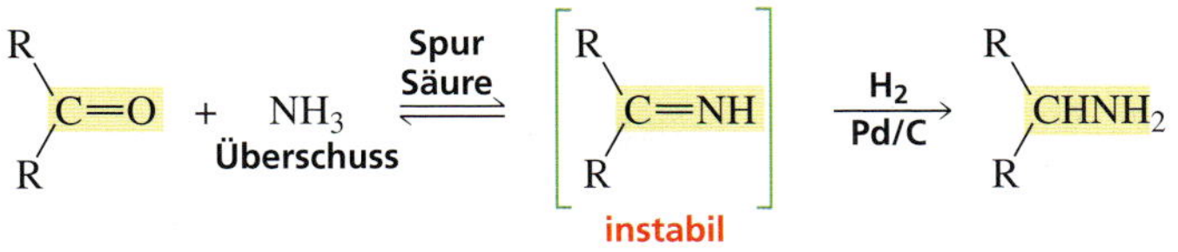

Die Doppelbindung eines Imins oder eines Enamins wird schneller reduziert als eine C=O-Bindung, also konkurriert eine Reduktion der Carbonylgruppe bei diesen Reaktionen nicht mit der Reduktion des Imins. Sekundäre und tertiäre Amine können aus Iminen und Enaminen durch Reduktion des Imins oder des Enamins hergestellt werden. Natriumcyanoborhydrid ($NaBH_3CN$) ist ein häufig verwendetes Reduktionsmittel für diese Reaktionen, da es leicht zu handhaben und selbst in sauren Lösungen stabil ist. (Beachten Sie, dass $NaBH_3CN$ sich von $NaBH_4$ dadurch unterscheidet, dass es anstelle eines der Wasserstoffatome eine CN-Gruppe aufweist.)

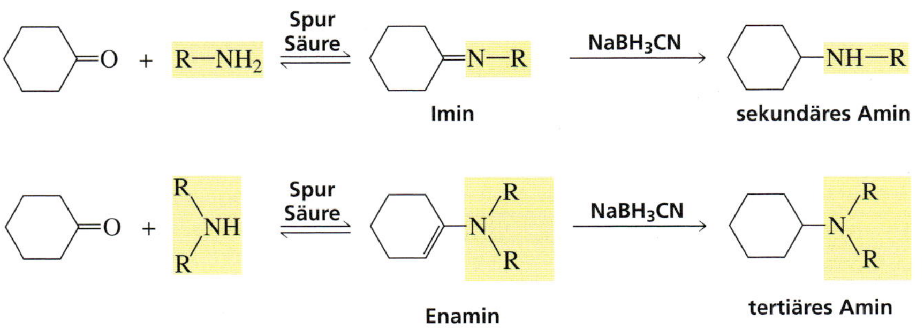

Ü 34* Überschüssiges Ammoniak muss verwendet werden, wenn ein primäres Amin durch reduktive Aminierung synthetisiert wird. Welches Produkt erhält man, wenn die Reaktion mit einer Überschussmenge einer Carbonylverbindung durchgeführt wird?

Ü 35 Die allgemein als „Aminosäuren" bekannten Verbindungen sind eigentlich *α*-Aminocarbonsäuren (Abschnitt 21.0). Welche Carbonylverbindungen sollten zur Synthese der beiden hier gezeigten Aminosäuren verwendet werden?

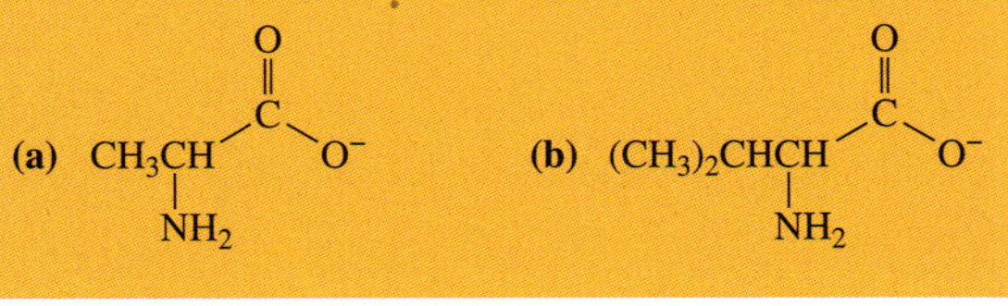

HINTERGRUND

■ Ein glücklicher Zufall in der Wirkstoffentwicklung

Viele Wirkstoffe wurden zufällig entdeckt. Librium, ein Beruhigungsmittel, ist ein Beispiel für ein solches Medikament. Leo Sternbach, Forschungschemiker bei Hoffmann-LaRoche, synthetisierte eine Reihe von Chinazolin-3-oxiden, aber keines von ihnen zeigte irgendeine pharmakologische Aktivität. Eine der Verbindungen wurde nicht zum Testen vorgelegt, denn es war nicht das Chinazolin-3-oxid, das Sternbach zum Synthetisieren aufgelegt hatte. Zwei Jahre, nachdem das Projekt aufgegeben worden war, hat ein neuer Laborant das Labor aufgeräumt und stieß auf die Verbindung, woraufhin Sternbach entschied, dass er diese Verbindung zum Testen einreichen könne, bevor sie wegwirft.

Man hat festgestellt, dass die Verbindung beruhigende Eigenschaften hat, und als deren Struktur untersucht wurde, hat man herausgefunden, dass es sich um ein Benzodiazepin-4-oxid handelt.

Anstatt den Chlorsubstitution in einer S_N2-Reaktion zu ersetzen, um ein Chinazolin-3-oxid zu bilden, hatte sich Methylamin an die Imingruppe des sechsgliedrigen Rings angefügt. Dies führte dazu, dass sich der Ring öffnete und dann wieder geschlossen wurde, um so ein Benzodiazepin zu bilden. Der Verbindung wurde der Markenname Librium gegeben und es wurde ab dem Jahr 1960 klinisch eingesetzt.

Librium wurde strukturell modifiziert, um andere ähnliche Beruhigungsmittel zu finden (Abschnitt 10.9). Eine erfolgreiche Modifikation brachte Valium hervor, ein Beruhigungsmittel, das fast zehnmal so stark ist wie Librium. Derzeit werden in den Vereinigten Staaten acht verschiedene Benzodiazepine klinisch als Beruhigungsmittel verwendet und 15 weitere werden außerhalb der Vereinigten Staaten verwendet. Rohypnol ist eine der sogenannten Vergewaltigungsdrogen.

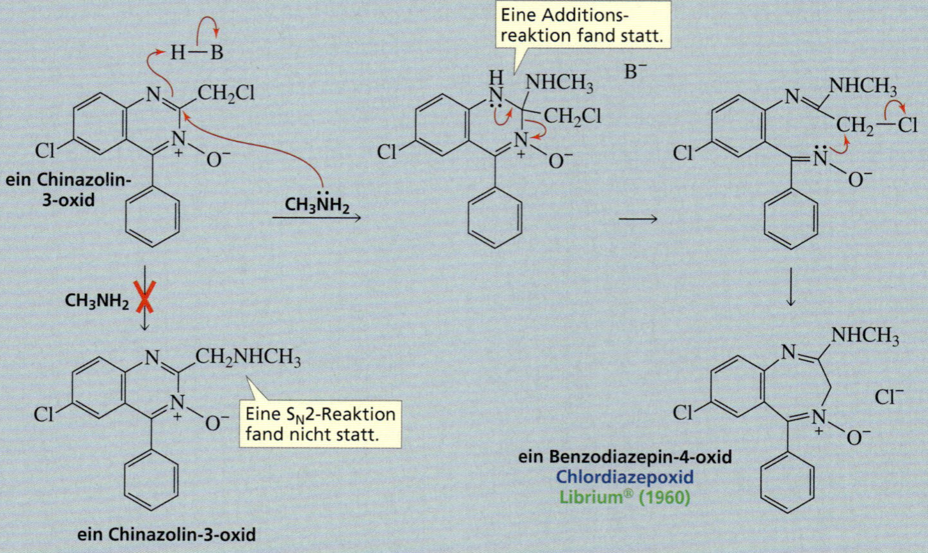

Viagra ist ein aktuelles Beispiel für ein Medikament, das zufällig entdeckt wurde. Viagra befand sich in klinischen Studien als Arzneimittel gegen Herzbeschwerden. Die klinischen Studien wurden abgebrochen, als sich Viagra als Herzmedikamt unwirksam erwies. Die Teilnehmer der Studie lehnten es jedoch ab, die restlichen Tabletten zurückzugeben.

Das Pharmaunternehmen erkannte daraufhin, dass das Medikament andere marktfähige Auswirkungen hatte.

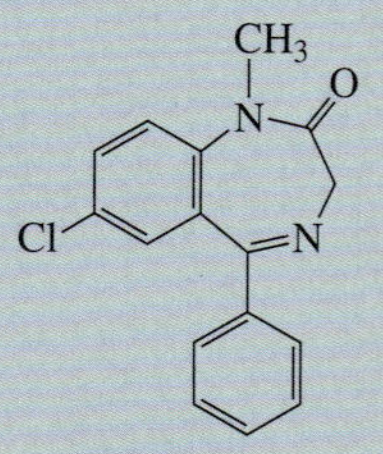

Diazepam
Valium® (1963)

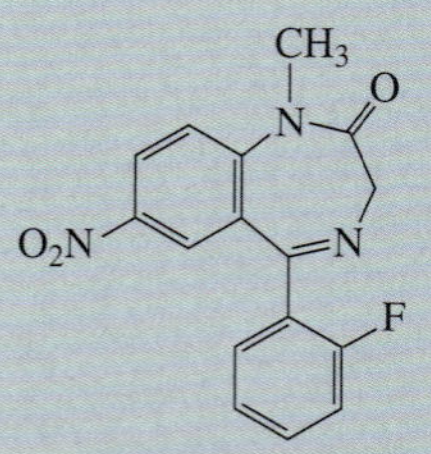

Flunitrazepam
Rohypnol® (1963)

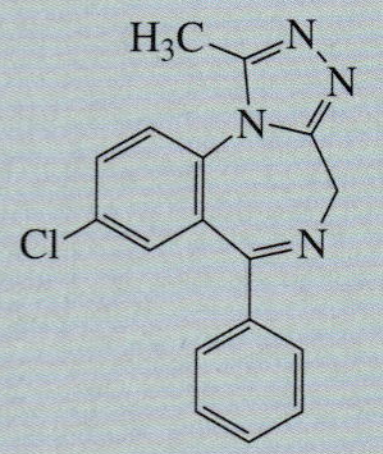

Alprazolam
Xanax® (1970)

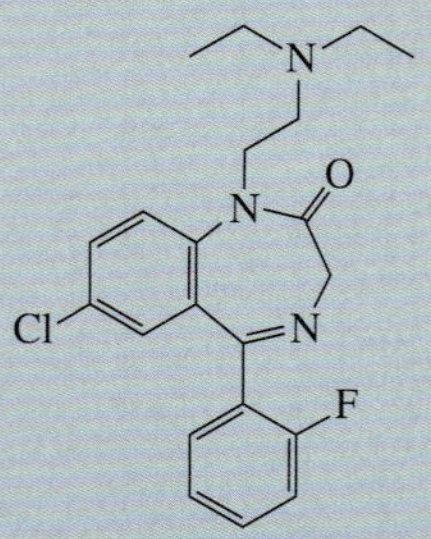

Flurazepam
Dalmane® (1970)

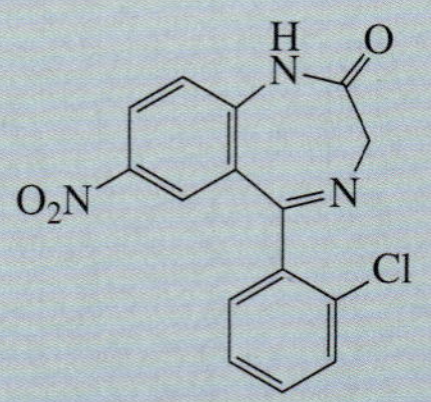

Clonazepam
Klonopin® (1975)

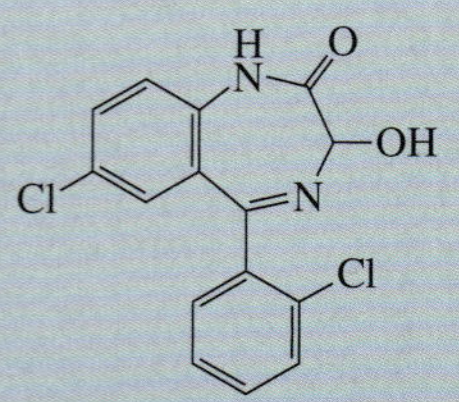

Lorazepam
Ativan® (1977)

Reaktionen der Aldehyde und Ketone mit Sauerstoffnucleophilen 16.9

Reaktionen mit Wasser

Die Addition von Wasser an Aldehyde/Ketone führt zur Bildung eines *geminalen Diols*. Ein **geminales Diol** (*gem.*-Diol) ist ein Molekül mit zwei OH-Gruppen am selben C-Atom (*gemini,* lat. „Zwillinge"). Solche Diole werden manchmal auch als **Hydrate** bezeichnet. Geminale Diole sind im Allgemeinen zu instabil, um isoliert werden zu können.

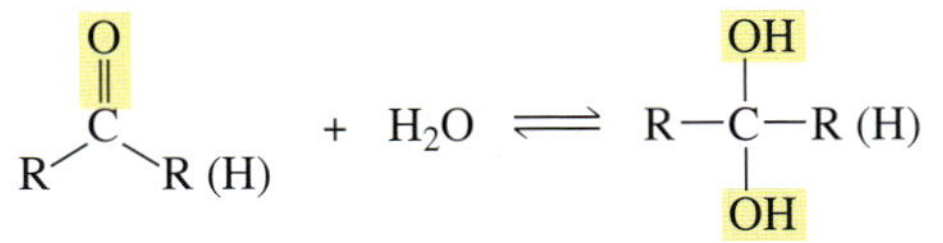

ein Aldehyd oder ein Keton — **ein geminales Diol ein Hydrat**

Wasser ist, wie wir wissen, ein schlechtes Nucleophil und addiert sich aus diesem Grund nur langsam an Carbonylgruppen. Die Reaktionsgeschwindigkeit lässt sich durch katalytisch wirkende Säuren erhöhen (▶ Abbildung 16.3). Behalten Sie stets in Erinnerung, dass ein Katalysator die Lage des chemischen Gleichgewichtes nicht beeinflusst, sondern nur die *Geschwindigkeit*, mit der dieser Zustand erreicht wird, verändert. Ein Katalysator kann also die Geschwindigkeit, mit der ein geminales Diol gebildet wird, erhöhen, hat aber keinen Einfluss auf die *Menge* des dabei gebildeten Diols (bzw. der umgesetzten Carbonylverbindung, Abschnitt 5.13).

Mechanismus der säurekatalysierten Hydratbildung

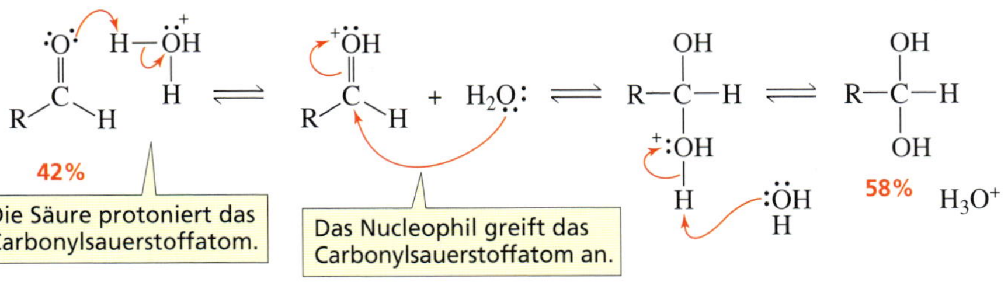

- Die Säure protoniert den Carbonylsauerstoff, wodurch der Carbonylkohlenstoff anfälliger für eine nucleophilen Addition wird (▶ Abbildung 16.3).
- Wasser fügt sich dem Carbonylkohlenstoff hinzu.
- Die Entfernung eines Protons aus dem protonierten tetraedrischen Intermediat bildet das Hydrat.

Ü 36 Die Hydratation eines Aldehyds wird auch durch Hydroxidionen katalysiert. Schlagen Sie einen Mechanismus für die Reaktion vor.

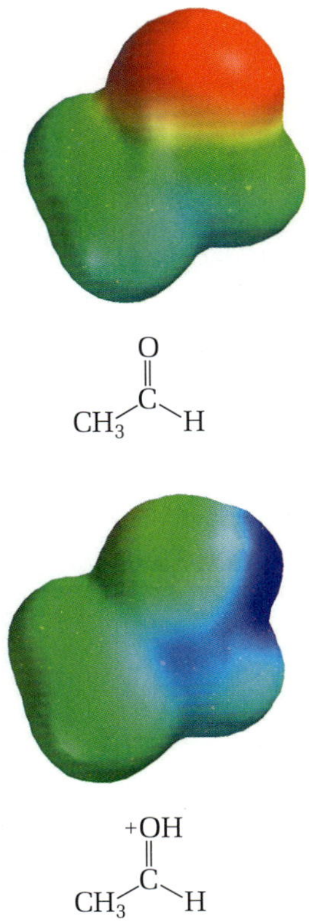

Abbildung 16.3: Die elektrostatischen Potenzialkarten lassen erkennen, dass das Carbonylkohlenstoffatom eines protonierten Aldehyds elektrophiler ist (dargestellt durch die intensivere blaue Farbgebung) als das Carbonylkohlenstoffatom eines unprotonierten Aldehyds.

Wie viel Aldehyd oder Keton wird hydratisiert?

Das Ausmaß, bis zu dem ein Aldehyd/Keton in wässriger Lösung hydratisiert wird, hängt von den Substituenten ab, mit denen die Carbonylgruppe verbunden ist. So liegen im Gleichgewichtszustand nur 0,2 % der Moleküle des

Acetons hydratisiert vor, aber 99,9 % der Moleküle des Formaldehyds. Was ist für diese quantitativen Unterschiede verantwortlich?

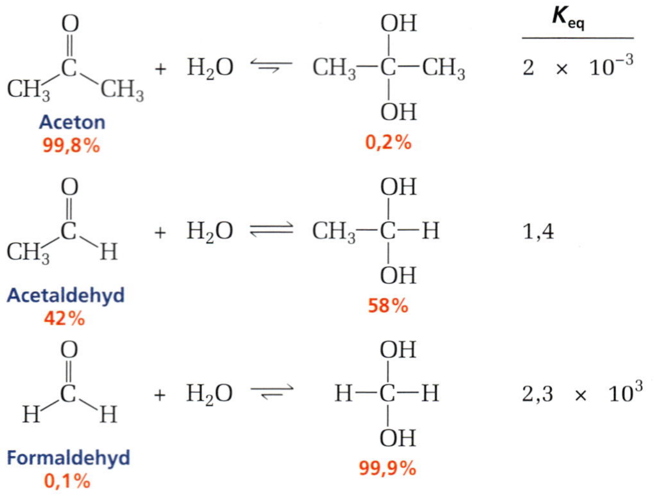

Die Gleichgewichtskonstante einer chemischen Reaktion hängt von den relativen Stabilitäten der Reaktanten und Produkten der Reaktion ab (Abschnitt 5.6). Die Gleichgewichtskonstante der *gem*-Diolbildung hängt daher von den relativen Stabilitäten der Carbonyl(ausgangs)verbindung und des geminalen Diols ab.

$$K_{eq} = \frac{[\textbf{Produkte}]}{[\textbf{Reaktanten}]} = \frac{[\textbf{Hydrat}]}{[\textbf{Carbonylverbindung}][\mathbf{H_2O}]}$$

Wir haben gelernt, dass elektronenschiebende Alkylgruppen eine Carbonylverbindung *stabiler* und damit weniger reaktiv machen (Abschnitt 16.2).

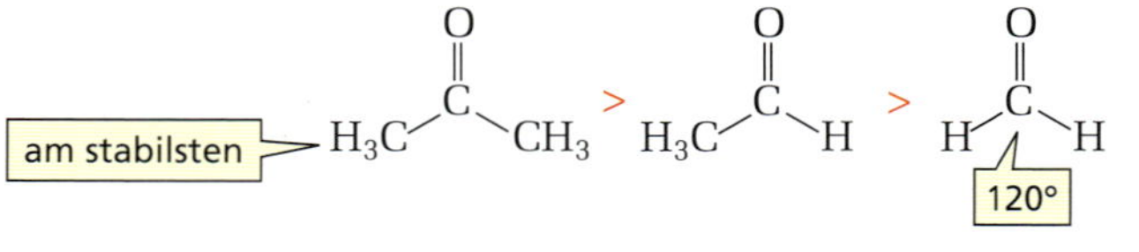

Im Gegensatz dazu machen Alkylgruppen ein geminales Diol *weniger stabil*, weil sterische Wechselwirkungen zwischen den Alkylgruppen auftreten, wenn der Bindungswinkel bei der Umhybridisierung des C-Atoms von 120° auf 109,5° abnimmt (Abschnitt 16.2).

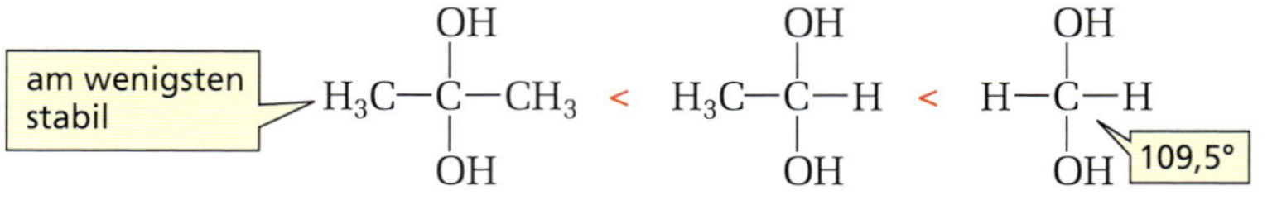

Alkylgruppen verschieben daher das Gleichgewicht nach links (siehe Reaktionsgleichungen Vorseite), hin zu den Reaktanten, weil sie die Carbonylverbindung stabilisieren und das geminale Diol destabilisieren. Daher liegt im Gleichgewichtszustand ein geringerer molarer Anteil der Acetonmoleküls hydratisiert vor als dies beim Formaldehyd der Fall ist. Als Ergebnis wird weniger Aceton als Formaldehyd im Gleichgewicht hydratisiert. Die relative Stabilität der Hydrate von Aldehyden ist der Grund, aus dem man die allgemeine Erklärung verwenden kann:

> „*Im Allgemeinen ist eine Verbindung, die ein sp*^{3}*-Kohlenstoff an Sauerstoffatome oder ein Sauerstoffatom und ein anderes elektronegatives Atom gebunden hat, instabil.*“

Zusammengefasst lässt sich sagen, dass der prozentuale Anteil des im Gleichgewicht in einer Lösung vorliegenden geminalen Diols sowohl auf elektronische wie auf sterische Effekte zurückgeht.

- Elektronenschiebende und raumgreifende Substituenten (wie die Methylgruppen des Acetons) vermindern den Anteil des im Gleichgewicht vorliegenden geminalen Diols,
- wohingegen elektronenziehende und räumlich kleine Substituenten wie die H-Atome des Formaldehyds ihn erhöhen.

Ü 37* Welches Keton bildet in einer wässrigen Lösung das meiste Hydrat?

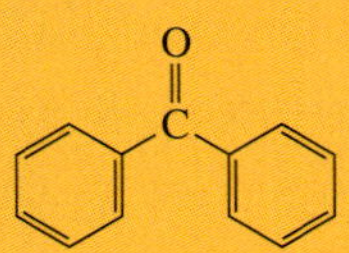

A

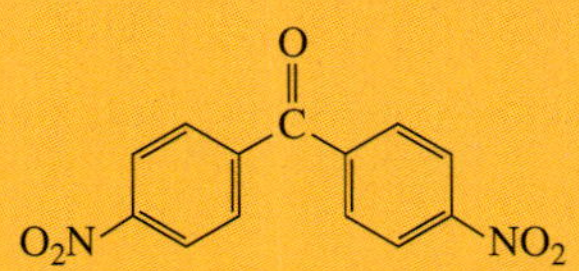

B

Ü 38 Wenn Trichloracetaldehyd in Wasser gelöst wird, wird es fast gesamt in das Hydrat umgewandelt. Das Reaktionsprodukt Chloralhydrat ist ein Beruhigungsmittel, das tödlich sein kann. Ein Cocktail, der Spuren von dieser Verbindung erhält, ist durch Kriminalromane als „Mickey Finn“ bekannt. Erklären Sie, warum eine wässrige Lösung von Trichloracetaldehyd fast ausschließlich aus Hydrat besteht.

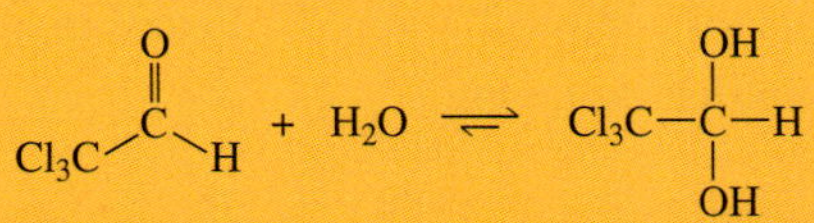

Trichloracetaldehyd   Chloralhydrat

HINTERGRUND

Die Konservierung biologischen Probenmaterials

Eine 37%ige Lösung von Formaldehyd in Wasser wird als *Formalin* bezeichnet. Formalin wurde in der Vergangenheit lange verwendet, um biologisches Probenmaterial (Gewebe, Organe und ganze Organismen) zu konservieren. Formalin reizt jedoch die Augen und die Haut. Deshalb hat man es in den meisten biologischen Laboratorien und Museen mittlerweile durch andere Konservierungsmittel ersetzt. Eine oft eingesetzte Alternative ist eine 2–5%ige Lösung von Phenol in Ethanol, zu welcher außerdem zusätzliche antibakteriell wirkende Stoffe zugesetzt werden.

Beweisen, dass das Hydrat gebildet wird

Woher wissen wir, dass eine Reaktion stattgefunden hat, wenn die bei der Reaktion eines Ketons mit Wasser gebildete stationäre Menge des geminalen Diols zu gering ist, um nachweisbar zu sein? Man kann die Reaktion nachweisen, wenn man das Keton in Wasser gibt, das mit dem Sauerstoffisotop ^{18}O markiert ist. Man reisoliert das Keton, nachdem sich das Gleichgewicht eingestellt hat. Wenn man ^{18}O-Atome in Ketonmoleküle eingebaut findet, ist das ein Hinweis darauf, das eine Hydratisierung stattgefunden haben muss.

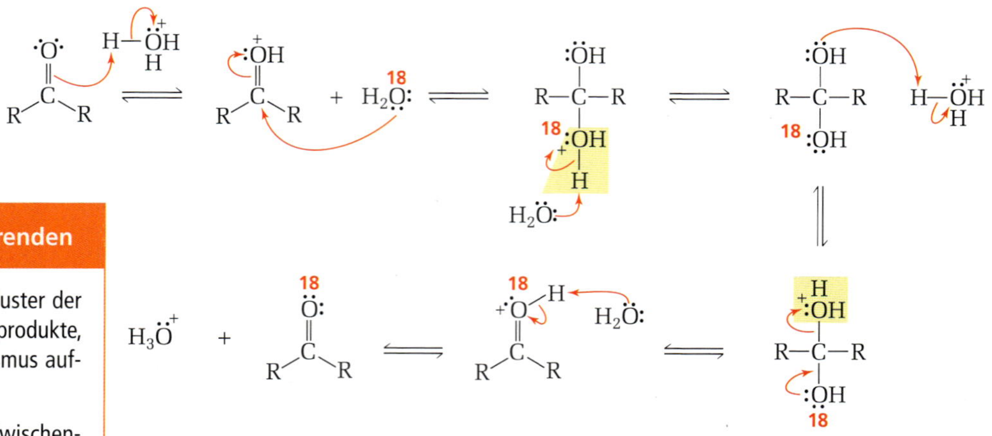

Hinweis für die Studierenden

Achten Sie erneut auf das Muster der drei tetraedrischen Zwischenprodukte, die auch in diesem Mechanismus auftreten:

protoniertes tetraedrisches Zwischenprodukt I ⇌
neutrales tetraedrisches Zwischenprodukt II ⇌
protoniertes tetraedrisches Zwischenprodukt III

Die Reaktion mit Alkoholen

Das Reaktionsprodukt, das sich bildet, wenn sich ein Moläquivalent eines Alkohols an einen *Aldehyd* oder *Keton* anlagert, wird als **Halbacetal** bezeichnet. Das Produkt, das sich bildet, wenn ein zweites Moläquivalent addiert wird, heißt **Acetal**. Wie Wasser sind auch Alkohole schlechte Nucleophile; daher ist ein saurer Katalysator notwendig, um die Reaktion mit einer vernünftigen Geschwindigkeit ablaufen zu lassen.

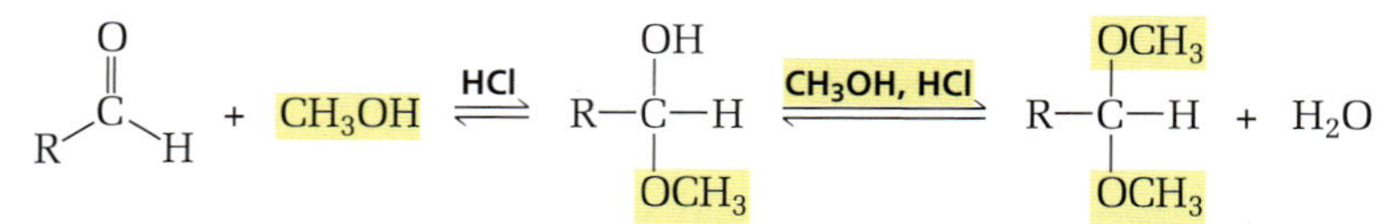

ein Aldehyd **ein Halbacetal** **ein Acetal**

Wenn die Carbonylverbindung ein Keton und kein Aldehyd ist, führen diese Additionen zu einem *Halbketal* bzw. (in der zweiten Stufe) einem *Ketal**.

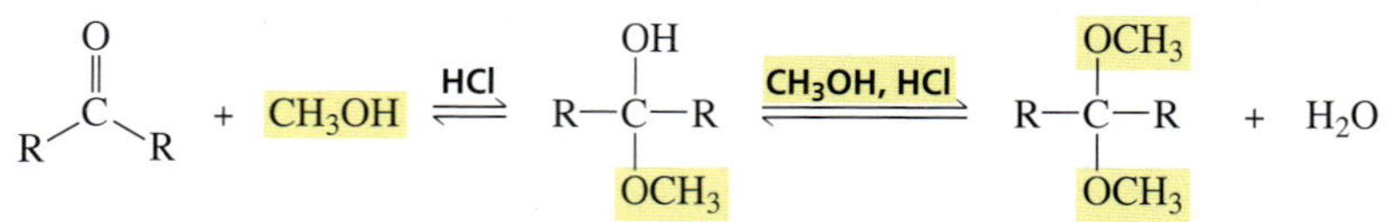

ein Keton **ein Halbketal** **ein Ketal**

Wenn *ein* Moläquivalent eines Alkohols an ein Aldehyd oder Keton addiert wird, befindet sich das Produkt dieser Reaktion gewissermaßen auf „halbem Wege" zum Acetal- oder Ketalzustand – daher die Bezeichnungen *Halb*acetal und *Halb*ketal.

Der Mechanismus der Acetal- bzw. Ketalbildung ist nachfolgend wiedergegeben.

* Manchmal auch als *Vollacetal* bzw. *Vollketal* bezeichnet.

Mechanismus der säurekatalysierten Acetal- bzw. Ketalbildung

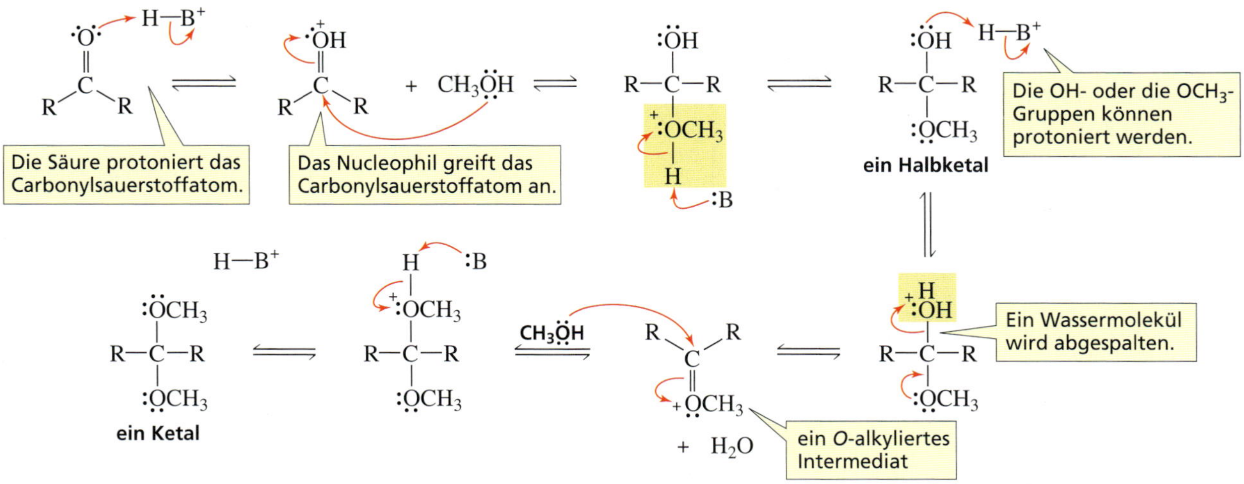

- Die Säure protoniert das Carbonylsauerstoffatom. Dies macht das Carbonylkohlenstoffatom empfänglicher für nucleophile Angriffe (▶ Abbildung 16.3).
- Der Alkohol addiert an das Carbonylkohlenstoffatom.
- Die Abdissoziation eines Protons aus der protonierten tetraedrischen Zwischenstufe ergibt das Halbketal oder Halbacetal.
- Da die Reaktion in saurer Lösung durchgeführt wird, steht das Hemiacetal/Hemiketal im Gleichgewicht mit seiner protonierten Form. Die beiden O-Atome des Halbketals/Halbacetals sind von gleicher Basenstärke, sodass jedes von ihnen der Protonierung unterliegen kann.
- Die Abspaltung eines Wassermoleküls aus der tetraedrischen Zwischenstufe mit einer protonierten OH-Gruppe führt zur Bildung eines *O*-alkylierten Intermediats, das sehr reaktiv ist, weil es ein positiv geladenes Sauerstoffatom enthält.
- Ein nucleophiler Angriff auf dieses Intermediat durch ein zweites Alkoholmolekül führt – gefolgt von der Abspaltung eines Protons – zum Acetal oder Ketal.

Hinweis für die Studierenden

Achten Sie erneut auf das Muster der drei tetraedrischen Zwischenprodukte, die auch in diesem Mechanismus auftreten:

protoniertes tetraedrisches Zwischenprodukt I $\rightleftharpoons$
neutrales tetraedrisches Zwischenprodukt II $\rightleftharpoons$
protoniertes tetraedrisches Zwischenprodukt III

Das Acetal/Ketal kann isoliert werden, falls das aus dem Halbacetal/Halbketal eliminierte Wasser aus dem Reaktionsansatz entfernt wird. Dies ist darauf zurückzuführen, dass nur die einzigen Verbindungen, die ein Acetal/Ketal bilden kann, wenn das Wasser entzogen wird, *O*-alkylierte Teilchen sind, die weniger stabil als Acetale/Ketale sind.

Ein Acetal/Ketal kann bei saurem pH-Wert in wässriger Lösung zum Aldehyd/Keton hydrolysiert werden.

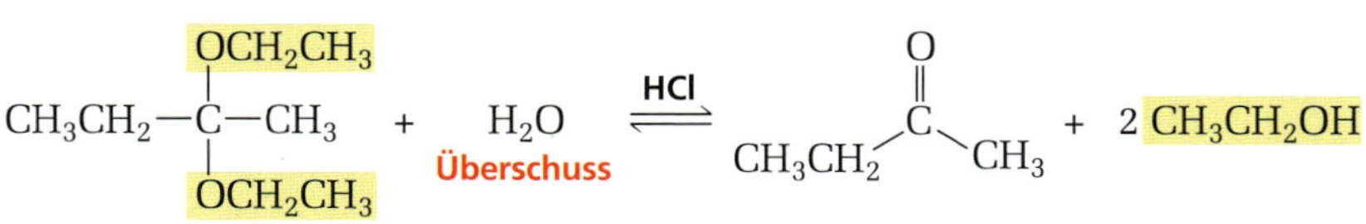

HINTERGRUND

Kohlenhydrate

Wenn Sie in Kapitel 20 die Kohlenhydrate studieren, werden Sie feststellen, dass die einzelnen Zuckereinheiten in einem Kohlenhydrat von Acetalgruppen zusammengehalten werden. Zum Beispiel bildet die Reaktion der Aldehydgruppe und einer Alkoholgruppe von D-Glucose eine zyklische Verbindung, die ein Halbacetal ist. Die Moleküle einer zyklischen Verbindung verbinden sich daraufhin durch die Reaktion der Hemiacetalgruppe eines Moleküls mit einer OH-Gruppe eines anderen Moleküls miteinander, wodurch ein Acetal gebildet wird. Hunderte von zyklischen Glucosemolekülen, die durch Acetalgruppen miteinander verbunden sind, sind der Hauptbestandteil sowohl der Stärke als auch der Cellulose (Abschnitt 20.16).

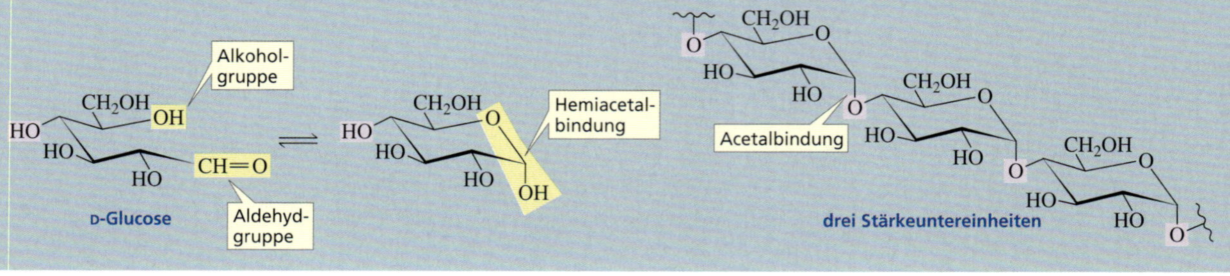

STRATEGIEN ZUR PROBLEMLÖSUNG

Die Analyse des Verhaltens von Acetalen und Ketalen

Erklären Sie, warum Ketale und Acetale in saurer wässriger Lösung wieder zu Ketonen bzw. Aldehyden hydrolysiert werden, in basischer Lösung aber stabil sind.

Die beste Art und Weise, sich dieser Art von Problem anzunähern, besteht darin, die Molekülstrukturen und Reaktionsmechanismen niederzuschreiben, die mit der zu analysierenden Situation im Zusammenhang stehen. Wenn der Reaktionsmechanismus formuliert ist, wird die Antwort vielleicht augenfällig. In saurer Lösung protoniert die Säure das O-Atom des Acetals. Dies führt zu einem Zustand, der es erlaubt, ein Teilchen mit nur sehr schwach ausgeprägtem basischen Charakter (CH_3OH) auszustoßen anstelle eines Teilchens mit stark ausgeprägter Basizität (CH_3O^-). Wenn die Gruppe abdissoziiert ist, kann ein Wassermolekül das reaktive Intermediat angreifen. Damit sind wir auf dem Weg zurück zum Keton oder Aldehyd.

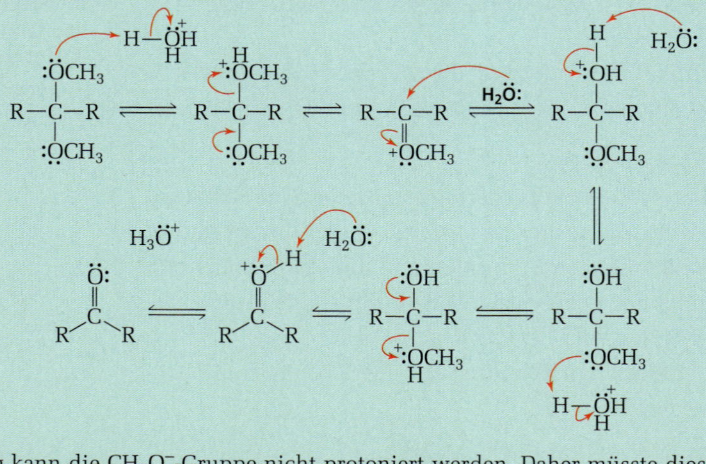

In einer basischen Lösung kann die CH_3O^--Gruppe nicht protoniert werden. Daher müsste diese Gruppe unverändert als Methanolation abdissoziiert werden, um das Keton /Aldehyd zurückzubilden. Das Methanolation ist jedoch zu stark basisch, um als Abgangsform der CH_3O^--Gruppe fungieren zu können. Dafür besteht jedoch nur eine geringe Triebkraft, da beim Ausstoß eines Methanolations eine positive elektrische Ladung am Sauerstoffatom zurückbleiben würde.

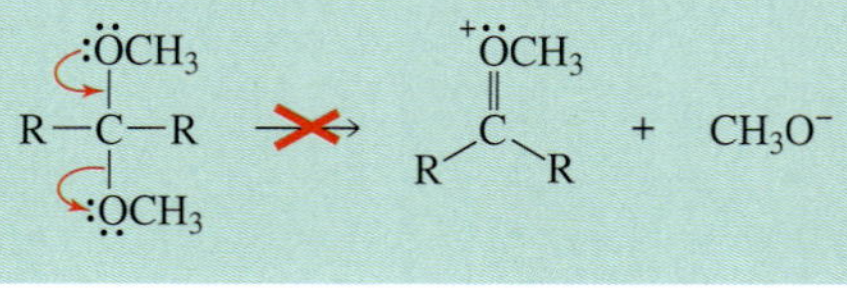

Ü 39 Welche der folgenden Verbindungen sind
(a) Halbacetale; **(b)** Acetale; **(c)** Hydrate?

1.
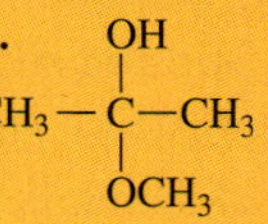
4.
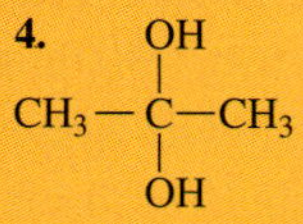
7.
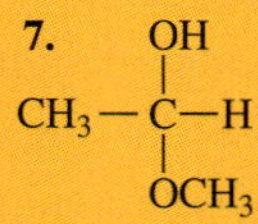
2.
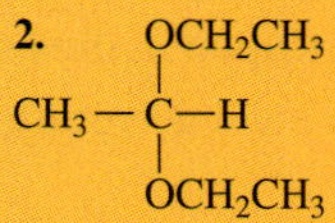
5.
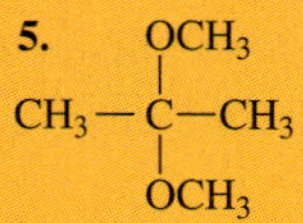
8.
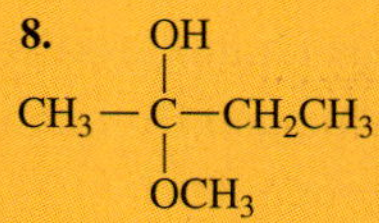
3.
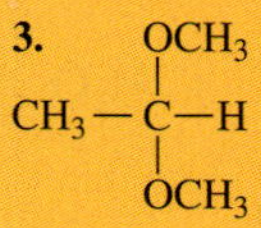
6.
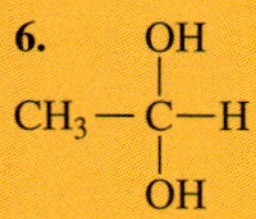

Ü 40

(a) Würden Sie erwarten, dass Halbacetale in basischer Lösung stabil sind? Erläutern Sie Ihre Antwort.
(b) Die Acetalbildung muss durch eine Säure katalysiert werden. Erklären Sie, warum die Reaktion nicht durch Methanolationen katalysiert werden kann.
(c) Kann die Geschwindigkeit der *gem.*-Diolbildung sowohl durch Hydroxidionen wie durch H^+-Ionen gesteigert werden? Erläutern Sie Ihre Antwort.

Ü 41 Erklären Sie, warum ein Acetal oder Ketal isolierbar ist, während die meisten Hydrate dies nicht sind.

Zusammenfassung der Reaktionen von Aldehyden und Ketonen mit Stickstoff- und Sauerstoffnucleophilen

Beachten Sie, dass die molekularen Mechanismen der Imin-, Enamin-, geminalen Diol- und Acetal-/Ketalbildung einander ähnlich sind. Sie sind allesamt Reaktionen mit einem Nucleophil, welches an seinem angreifenden Atom ein freies Elektronenpaar aufweist. Nachdem das Nucleophil (im Fall der Iminbildung ein primäres Amin; im Fall der Enaminbildung ein sekundäres Amin; im Fall der geminalen Diolbildung Wasser; im Fall der Acetal-/Ketalbildung ein Alkohol) sich an die Carbonylgruppe angelagert hat, wird aus der protonierten tetraedrischen Zwischenstufe Wasser eliminiert. Dabei wird ein positiv geladenes Zwischenprodukt gebildet.

- Bei der Imin- und der geminalen Diolbildung bildet sich ein elektrisch neutrales Produkt durch Abdissoziation eines Protons vom N- bzw. O-Atom.
- Bei der Enaminbildung führt die Abstoßung eines Protons vom α-Kohlenstoffatom zu einem elektrisch neutralen Reaktionsprodukt.
- Bei der Acetalbildung führt die Addition eines zweiten Alkoholmoleküls zu einem elektrisch neutralen Produkt und anschließendem Verlust eines Protons.

Schutzgruppen 16.10

Ketone und Aldehyde reagieren mit 1,2-Diolen unter Bildung fünfgliedriger, ringförmiger Ketale oder Acetale, und mit 1,3-Diolen unter Bildung sechsgliedriger. Fünf- und Sechsringe sind, wie wir wissen, vergleichsweise stabil und bilden sich daher entsprechend leicht (Abschnitt 9.16). Der Mechanismus ist der gleiche wie der in Abschnitt 16.9 für die Acetalbildung dargelegte, mit der einzigen Ausnahme, dass die beiden alkoholischen OH-Gruppen in diesem Fall an einem einzigen Diolmolekül beheimatet sind statt an zwei getrennten Monoalkoholmolekülen.

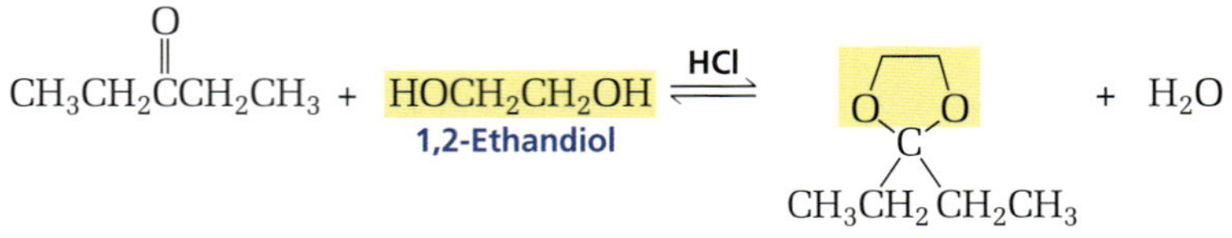

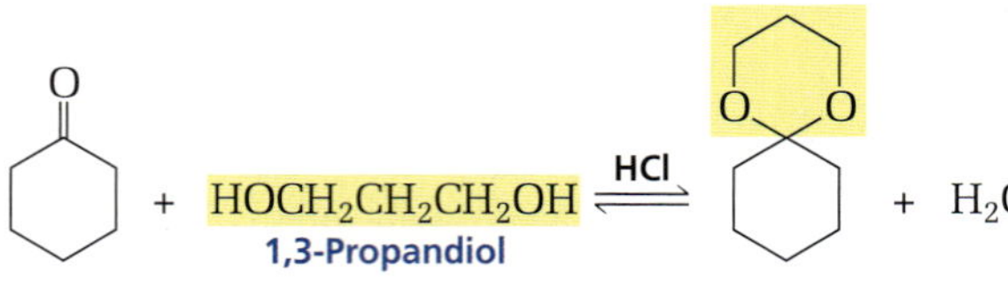

Falls eine Verbindung zwei funktionelle Gruppen besitzt, die beide mit einem gegebenen Reagenz zu reagieren vermögen, man aber nur eine von ihnen zur Reaktion bringen will, muss die andere funktionelle Gruppe vor dem Zugriff des Reagenzes geschützt werden. Eine Gruppe, die eine funktionelle Gruppe vor einer Reaktion schützt, aus der sie unter anderen Umständen nicht unverändert hervorgehen würde, wird als **Schutzgruppe** bezeichnet.

Falls Sie je ein Zimmer oder eine Autokarosserie gestrichen haben, werden Sie vor dem Beginn der Malerarbeit gewisse Teile überklebt haben (Türrahmen, Griffe etc.), an die keine Farbe gelangen sollte. In ähnlicher Weise werden 1,2- und 1,3-Diole eingesetzt, um die Carbonylfunktionen von Aldehyden und Ketonen zu „überkleben" (schützen).

Stellen Sie sich beispielsweise vor, Sie wollten das nachfolgend abgebildete Hydroxyketon aus dem angegebenen Ketoester darstellen. Beide funktionellen Gruppen des β-Ketoesters werden durch $LiAlH_4$ reduziert, und diejenige, die Sie erhalten wollen (die Ketogruppe), ist auch noch die reaktivere der beiden.

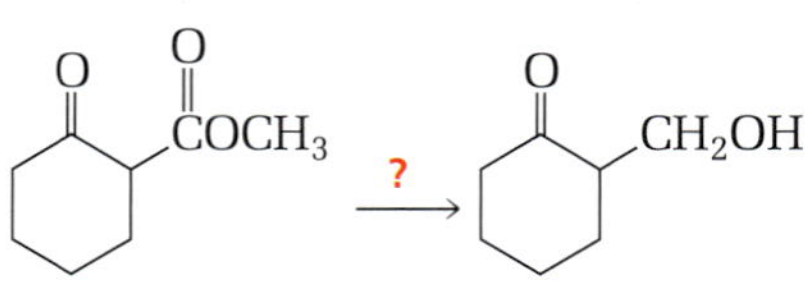

Schutz eines Ketons oder eines Aldehyds

Falls jedoch die Ketogruppe (= Oxogruppe) zuvor in ein Ketal umgewandelt wird, wird nachfolgend nur die Estergruppierung mit dem Lithiumaluminiumhydrid reagieren. Die Schutzgruppe kann durch säurekatalysierte Hydrolyse entfernt werden, nachdem die Esterfunktion reduziert worden ist. Es ist von höchster Bedeutung, dass die Reaktionsbedingungen, unter denen Schutzgruppen abgespalten werden, andere am Molekül vorhandene Gruppen nicht in Mitleidenschaft ziehen. Acetale und Ketale sind gute Schutzgruppen, weil sie als Ether (ROR) nicht mit Basen, Reduktionsmitteln und/oder Oxidationsmitteln reagieren.

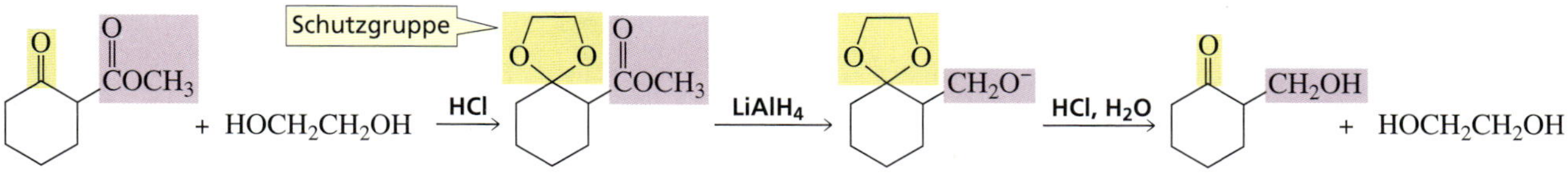

Ü 42*
(a) Welches wäre das Produkt der zuvor diskutierten Reaktion, falls vor der Reduktion mit $LiAlH_4$ die Ketofunktion nicht geschützt worden wäre?
(b) Welches Reagenz könnte eingesetzt werden, um selektiv nur die Ketogruppe zu reduzieren?

Ü 43 Warum reagieren Acetale nicht mit Nucleophilen?

Schutz einer OH-Gruppe

Eine der besten Methoden zum Schutz einer alkoholischen Hydroxylfunktion besteht darin, sie in einen Silylether zu überführen. *tert*-Butyldimethylsilylchlorid wird bei einer solchen Reaktion häufig eingesetzt. Der TBDMS-Ether bildet sich in einer S_N2-Reaktion. Obgleich ein tertiäres Halogenalkan keine S_N2-Reaktionen eingeht, tut das tertiäre Halogensilan dies, weil Si—C-Bindungen länger sind als C—C-Bindungen, was die sterische Hinderung am Reaktionsort herabsetzt. Das zugesetzte Amin verhindert, dass der Reaktionsansatz sich ansäuert, indem es das sich bildende HCl neutralisiert. Der TBDMS-Ether, der in neutraler und basischer Lösung stabil ist, spaltet in einer verdünnten Säure unter milden Bedingungen seine Schutzgruppe ab.

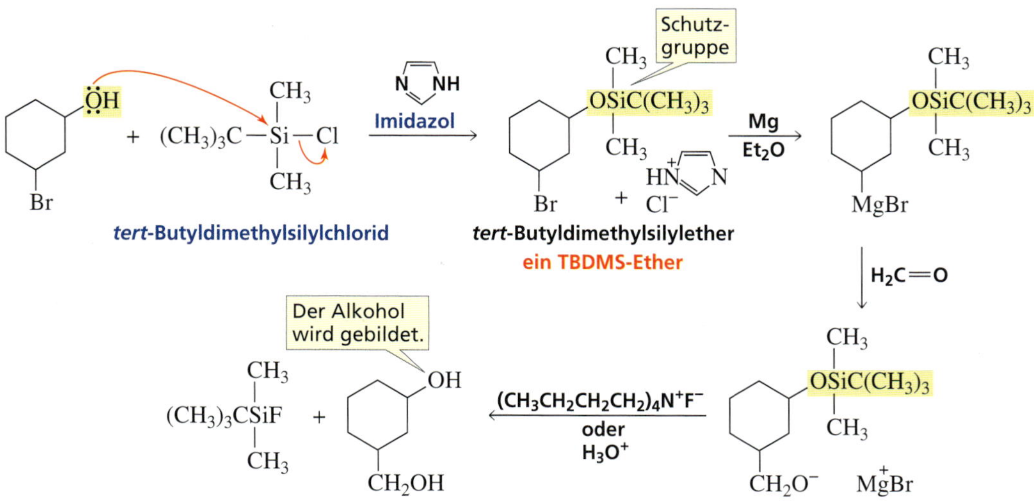

Die OH-Gruppe einer Carbonsäure kann geschützt werden, indem man die Carbonsäure in einen Ester überführt. Der unten gezeigte Ester hat jetzt nur noch eine OH-Gruppe, die mit Thionylchlorid reagiert.

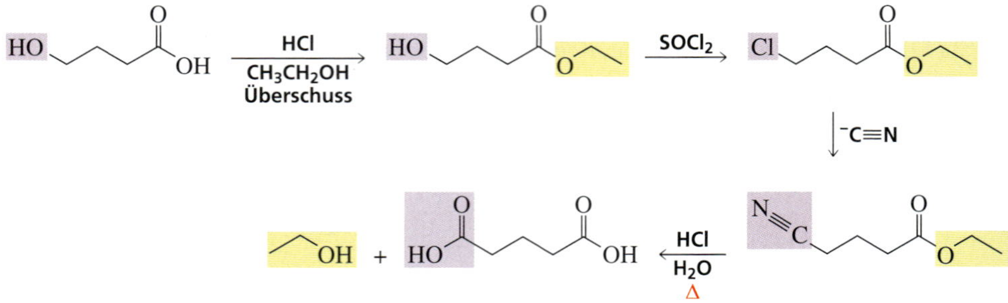

Schutzgruppen sollten aber nur dann eingesetzt werden, wenn ihre Anbringung absolut unumgänglich ist, weil die Anbringung und die spätere Entfernung zwei zusätzliche Reaktionsschritte sind, die den Gang der Darstellung einer Verbindung zeitaufwändiger machen und die Gesamtausbeute der Zielverbindung vermindern, weil immer unvermeidbare Verluste auftreten.

Ü 44 Welche Produkte würden sich bei der zuletzt genannten Reaktion ergeben, würde man die Carbonsäuregruppe nicht schützt?

Ü 45*

(a) Wie groß ist die Ausbeute an der angestrebten Zielverbindung bei einer sechsstufigen Synthese, falls jede Synthesestufe eine 80%ige Ausbeute erbringt (eine 80%ige Ausbeute ist bei einer Laborreaktion ein ziemlich hoher Wert)?

(b) Wie groß wäre die Endausbeute an der Zielverbindung, falls zwei zusätzliche Schritte in die Synthese eingeführt würden?

Ü 46 Zeigen Sie auf, wie sich die folgenden Verbindungen aus den angegebenen Ausgangsverbindungen darstellen lassen. In allen Fällen werden Sie Schutzgruppen einsetzen müssen.

(a)

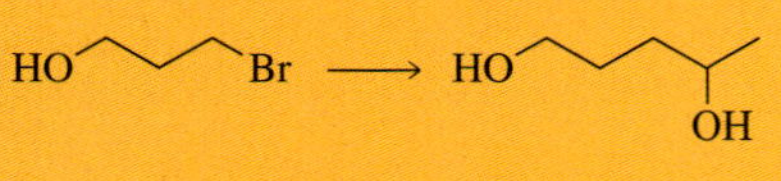

(b)

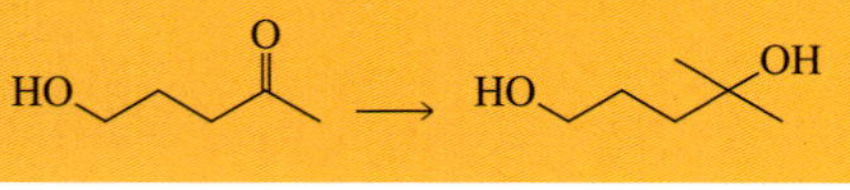

(c)

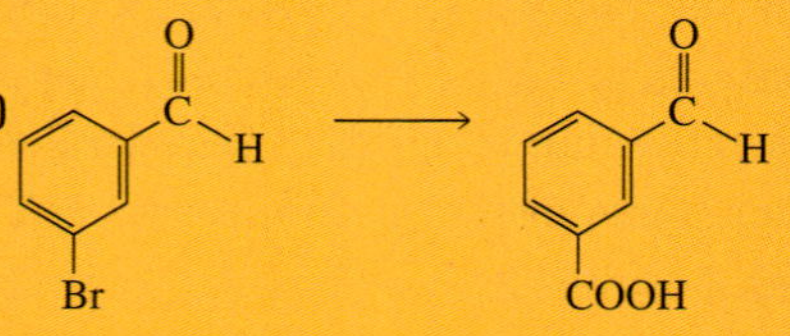

Reaktionen auf Aldehyde und Ketone mit Schwefelnucleophilen 16.11

Aldehyde und Ketone reagieren mit Thiolen (den Schwefelanalogen von Alkoholen; Abschnitt 10.11) unter Bildung von Thioacetalen. Der Mechanismus für die Reaktion mit einem Thiol ist der gleiche wie der Mechanismus für die Reaktion mit einem Alkohol (Abschnitt 16.9).

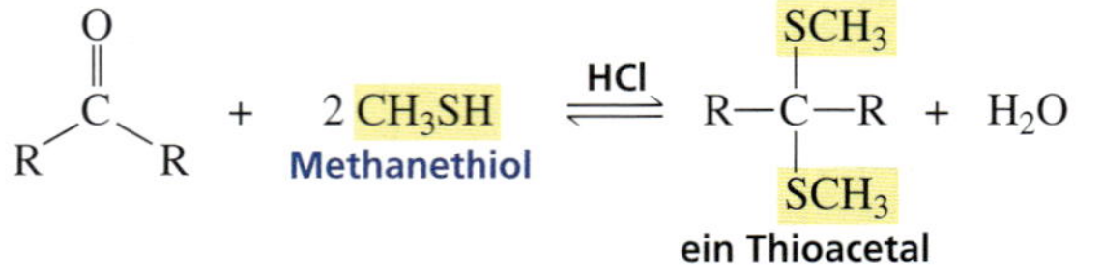

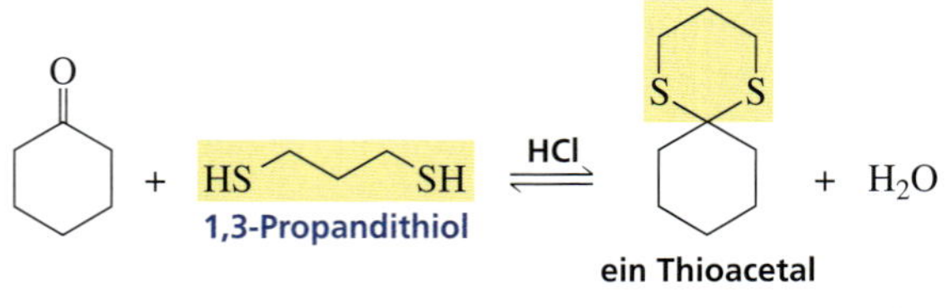

Die Bildung von Thioacetalen ist in der organischen Synthese nützlich, da ein Thioacetal entschwefelt wird, wenn es mit H_2 und Raney-Nickel reagiert. Die **Entschwefelung** ersetzt die C—S-Bindungen durch C—H-Bindungen.

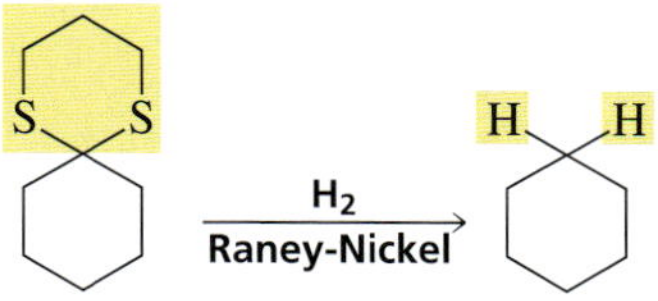

Somit bietet die Thioacetalbildung gefolgt von der Entschwefelung einen Weg zur Umwandlung einer Carbonylgruppe in eine Methylengruppe.

Reaktionen von Aldehyden und Ketone mit einer Peroxysäure 16.12

Aldehyde *und* Ketone reagieren mit der konjugierten Base einer Peroxysäure unter Bildung von Carbonsäuren, beziehungsweise Estern. Erinnern Sie sich daran, dass eine **Peroxysäure** mehr Sauerstoff enthält als eine Carbonsäure (Abschnitt 6.10) und dass dieser Sauerstoff zwischen den Carbonylkohlenstoff und das H eines Aldehyds oder das R eines Ketons eingefügt wird. Diese Reaktion wird als **Baeyer-Villiger-Oxidation** bezeichnet. Es handelt sich um eine Oxidations-Reaktion, da die Anzahl der C—O-Bindungen zunimmt. Ein besonders gutes Reagenz für eine Baeyer-Villiger-Oxidation ist Peroxytrifluoracetation.

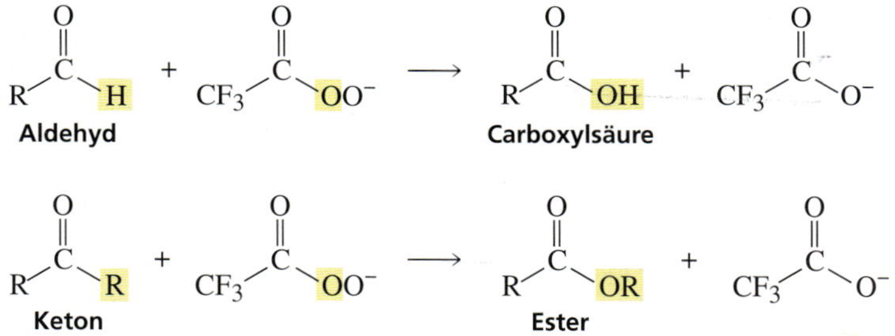

MERKE!

Aldehyde werden durch eine Peroxysäure zu Carbonsäuren oxidiert.

Ketone werden durch eine Peroxysäure zu Estern oxidiert.

Wenn die beiden an die Carbonylgruppe des Ketons gebundenen Alkylsubstituenten verschieden sind, auf welcher Seite des Carbonylkohlenstoffs befindet sich dann der Sauerstoff? Zum Beispiel: Bildet die Oxidation von Cyclohexylmethylketon Methylcyclohexancarboxylat oder Cyclohexylacetat?

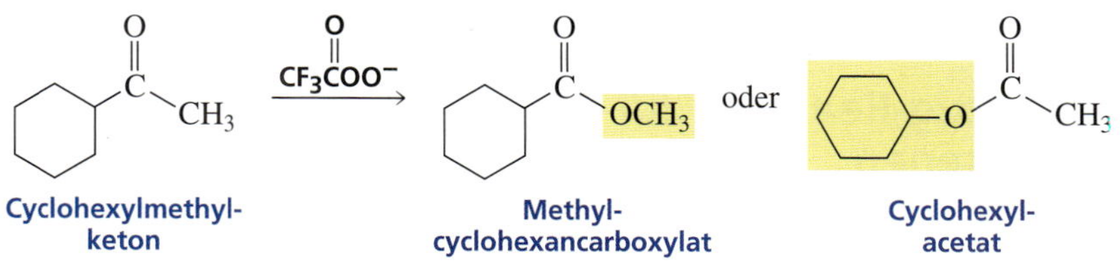

Um diese Frage zu beantworten, müssen wir den Reaktionsmechanismus betrachten.

Mechanismus für die Baeyer-Villiger-Oxidation

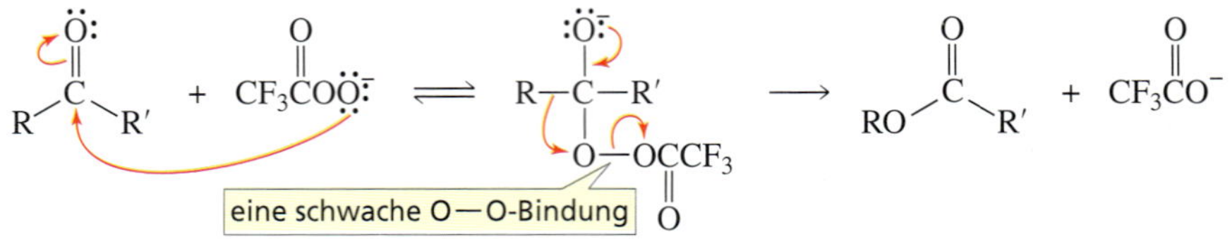

- Der nucleophile Sauerstoff der Peroxysäure addiert sich an den Carbonylkohlenstoff und bildet ein instabiles tetraedrisches Intermediat mit schwacher O—O-Bindung.
- Wenn sich die π-Bindung neu bildet und die schwache O—O-Bindung heterolytisch aufbricht, wandert eine der Alkylrestgruppen zu einem Sauerstoffatom. Diese Migration ähnelt den 1,2-Verschiebungen, die auftreten, wenn sich Carbokationen neu anordnen (Abschnitt 6.7).

Studien über die Migrationstendenzen verschiedener Gruppen haben folgende Reihenfolge ergeben:

Relative Migrationseigenschaften

wandert am wahrscheinlichsten — H > *tert*-Alkyl > *sek*-Alkyl ~ Phenyl > primäres Alkyl > Methyl — wandert am unwahrscheinlichsten

Daher ist das Produkt der Baeyer-Villiger-Oxidation von Cyclohexylmethylketon Cyclohexylacetat, da eine sekundäre Alkylgruppe (die Cyclohexylgruppe) eher wandert als eine Methylgruppe. Aldehyde werden immer zu Carbonsäuren oxidiert, weil H die größere Tendenz zum Migrieren aufweist.

Ü 47* Was ist das jeweilige Produkt der folgenden Reaktionen?

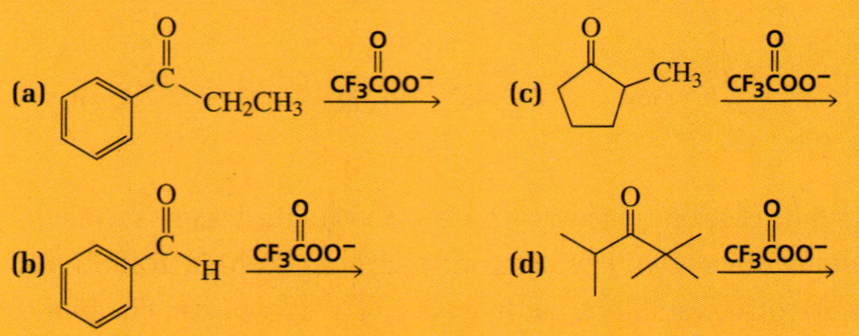

Die Wittig-Reaktion zur Darstellung von Alkenen 16.13

Ein Aldehyd oder Keton reagiert mit *Phosphoniumyliden* unter Bildung eines Alkens. Diese Reaktion heißt **Wittig-Reaktion**. Insgesamt läuft diese Reaktion auf einen Austausch des doppelt gebundenen Carbonylsauerstoffatoms gegen den doppelt gebundenen organischen Rest des Phosphoniumylids hinaus.

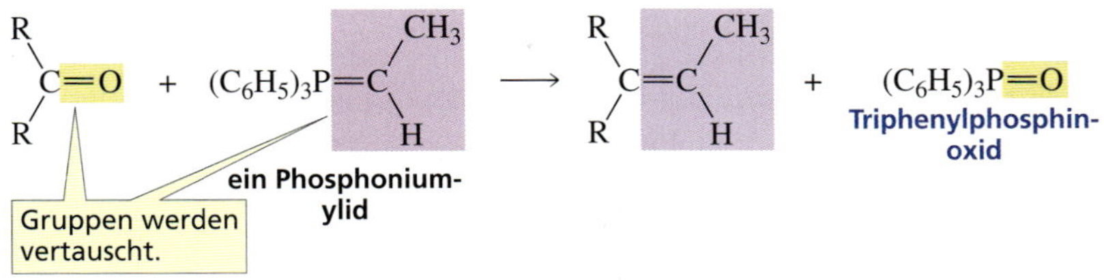

Ein **Ylid** ist eine chemische Verbindung, die entgegengesetzte elektrische Ladungen an benachbarten, kovalent miteinander verbundenen Atomen, die jeweils ein vollständiges Elektronenoktett in ihren Valenzschalen aufweisen, trägt. Das Ylid kann auch in der doppelt gebundenen Form gezeichnet werden, da das Phosphoratom mehr als acht Valenzelektronen beherbergen kann.

$$(C_6H_5)_3\overset{+}{P}-\overset{\cdot\cdot -}{C}HR \quad \text{oder} \quad (C_6H_5)_3P=CHR$$

ein Phosphoniumylid

Es gibt experimentelle Hinweise dafür, dass die Wittig-Reaktion eine konzertierte [2 + 2]-Cycloaddition ist. Cycloadditionen wurden in Abschnitt 8.14 vorgestellt. Diese Reaktion wird deshalb als [2 + 2]-Cycloaddition bezeichnet, weil jeweils zwei Atome jedes Reaktionspartners an der Umsetzung beteiligt sind. Sie ist auch eine [2 + 2]-Cycloaddition, weil von den vier π-Elektonen des zyklischen Übergangszustandes zwei von der Carbonylgruppe und die beiden anderen von dem Ylid beigesteuert werden.

Mechanismus der Wittig-Reaktion

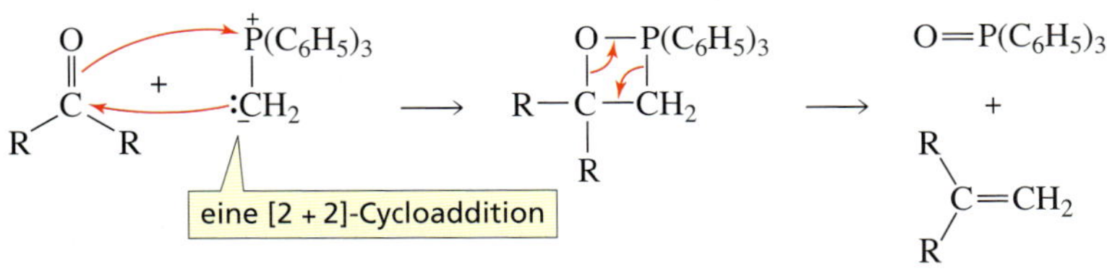

- Das nucleophile Kohlenstoffatom des Ylids greift das Carbonylkohlenstoffatom an, während das Carbonylsauerstoffatom das elektrophile Phosphoratom angreift.
- Die Eliminierung von Triphenylphosphinoxid führt zur Bildung des Alkens.

Vorbereiten des Phosphoniumylides

Das für eine spezielle Syntheseaufgabe benötigte Phosphoniumylid erhält man durch eine S_N2-Reaktion zwischen Triphenylphosphin und einem Halogenalkan mit einer geeigneten Zahl von Kohlenstoffatomen. Ein Wasserstoffatom an dem C-Atom in direkter Nachbarschaft zum positiv geladenen Phosphoratom ist ausreichend azide (pK_S = 35), um als Proton durch eine starke Base wie Butyllithium abstrahiert werden zu können (Abschnitt 11.1).

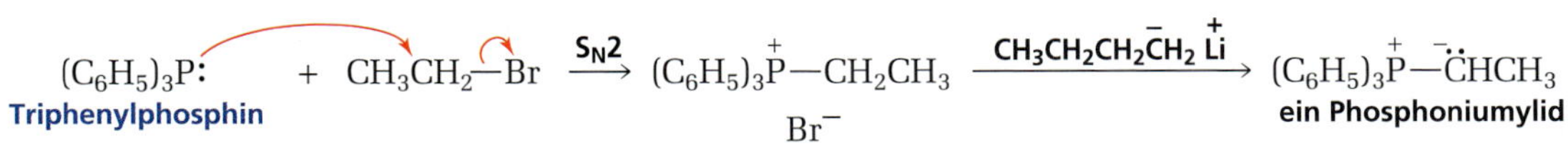

Bedeutung der Wittig-Reaktion

Die Wittig-Reaktion ist eine sehr wirkungsvolle Methode zur Darstellung von definierten Alkenen, weil die Reaktion vollständig regioselektiv verläuft: Die Doppelbindung wird immer nur an ein und derselben, vorbestimmten Position liegen.

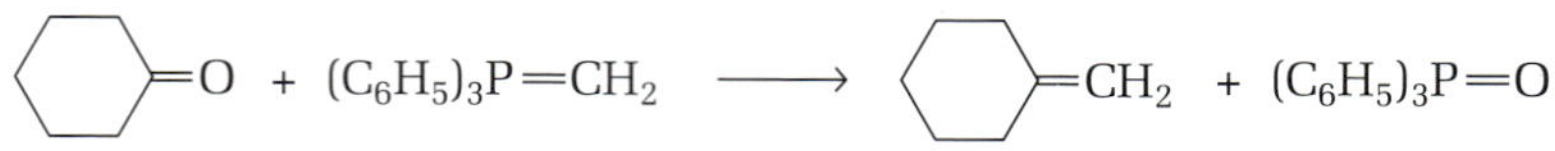

Methylencyclohexan

Die Wittig-Reaktion ist die beste Darstellungsmethode für terminale Alkene wie das oben abgebildete, weil andere Methoden ein terminales Alken, falls überhaupt, nur als Nebenprodukt hervorbringen.

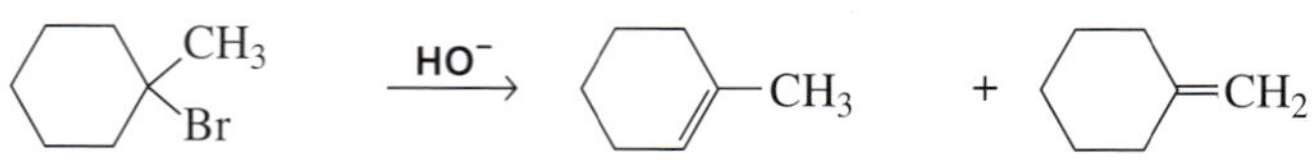

wenig

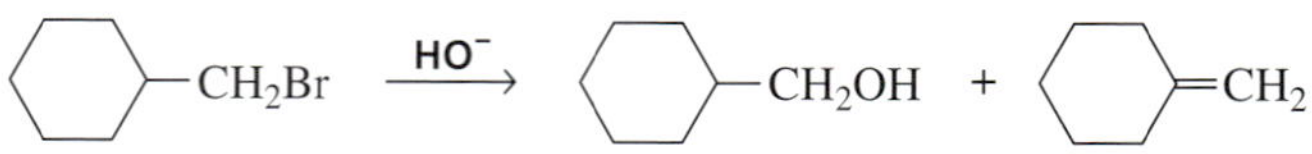

wenig

Eine Einschränkung der Wittig-Reaktion besteht darin, dass sie, wenn sie für die Synthese eines internen Alkens verwendet wird, ein Gemisch aus *E*- und *Z*-Stereoisomeren bildet.

HINTERGRUND

■ β-Carotin

β-Carotin findet sich in Orangen und anderen gelborangenen Früchten und Gemüsen wie Mangos, Aprikosen, Karotten (Name!) und Süßkartoffeln. Die Synthese des β-Carotins aus Vitamin A als Nahrungsmittelzusatz ist ein bedeutendes Beispiel für eine industrielle Anwendung der Wittig-Reaktion. Beachten Sie, dass es sich bei dem zum Einsatz kommenden Ylid um ein stabilisiertes handelt, das heißt, das Produkt am Reaktionsort *E*-Konfiguration aufweist. β-Carotin wird in der Lebensmittelindustrie beispielsweise zur Färbung von Margarine eingesetzt.

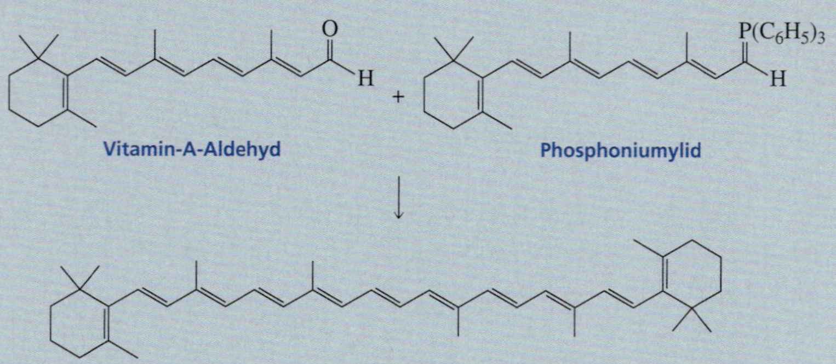

Vitamin-A-Aldehyd + Phosphoniumylid → β-Carotin

Viele Menschen nehmen β-Carotin auch gesondert als „Nahrungsergänzungsmittel" ein, da einige epidemiologische Studien einen hohen β-Carotinspiegel im Körper mit einer verminderten Krebsrate in Verbindung bringen. Jüngere Untersuchungen deuten jedoch darauf hin, dass reines β-Carotin in Tablettenform nicht die vor Krebs schützenden Wirkungen des β-Carotins aus Gemüse zu haben scheint (wofür eine Reihe von Ursachen verantwortlich sein kann, die nichts mit der „natürlichen" Herkunft im Gegensatz zum „synthetischen" β-Carotin zu tun haben).

Retrosynthetische Analyse

Wenn Sie ein Alken mit einer Wittig-Reaktion synthetisieren, müssen Sie zuerst entscheiden, welcher Teil des Alkens aus der Carbonylverbindung stammen soll und welcher Teil aus dem Ylid. Falls beide Sätze von Carbonylverbindung und Ylid verfügbar sind, ist die bessere Wahl der Satz, der das weniger sterisch gehinderte Alkylhalogenid für die Synthese des Ylids über eine S_N2-Reaktion erfordert. (Denken Sie daran, dass das Alkylhalogenid umso weniger reaktiv ist, je sterischer es in einer S_N2-Reaktion ist; Abschnitt 9.1.)

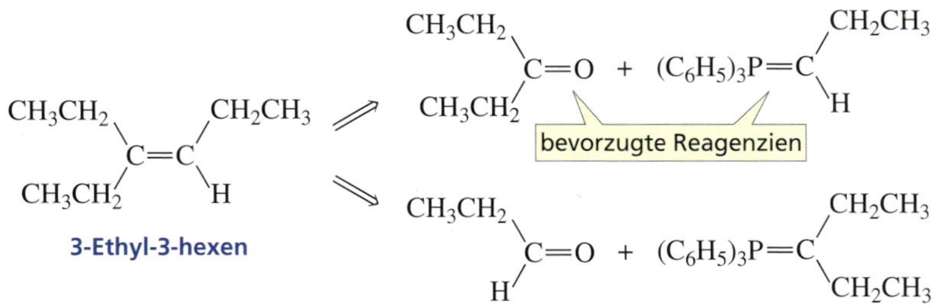

Für die Synthese von 3-Ethyl-3-hexen ist es beispielsweise besser, ein Alkylhalogenid mit drei Kohlenstoffatomen und eine Carbonylverbindung mit fünf Kohlenstoffatomen für das Ylid zu verwenden als ein Alkylhalogenid mit fünf Kohlenstoffatomen und eine Carbonylverbindung mit drei Kohlenstoffatomen. Denn es einfacher, ein Ylid aus einem primären Alkylhalogenid (1-Brompropan) als aus einem sekundären Alkylhalogenid (3-Brompentan) zu bilden.

Ü 48 mit Lösung

(a) Welche beiden Reagenziensätze (jeweils bestehend aus einer Carbonylverbindung und einem Phosphoniumylid) können zur Synthese des folgenden Alkens verwendet werden?

(b) Welches Alkylhalogenid ist erforderlich, um diese Phosphoniumylide herzustellen?

(c) Was sind die besten Reagenzien für die Synthese?

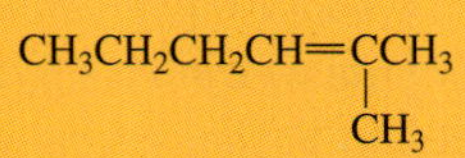

Lösung zu 48 (a)

Die Atome auf beiden Seiten der Doppelbindung können von der Carbonylverbindung stammen, sodass zwei Paare der Verbindung verwendet werden können.

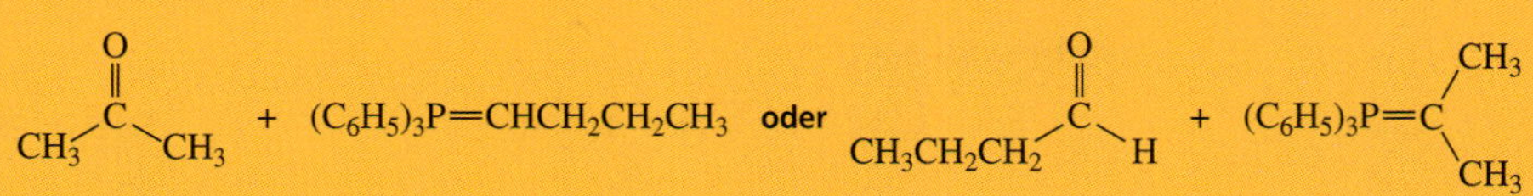

Lösung zu 48 (b)

Das zur Herstellung des Phosphoniumylids erforderliche Alkylhalogenid wäre 1-Brombutan für das erste Paar von Reagenzien oder 2-Brompropan für das zweite Paar.

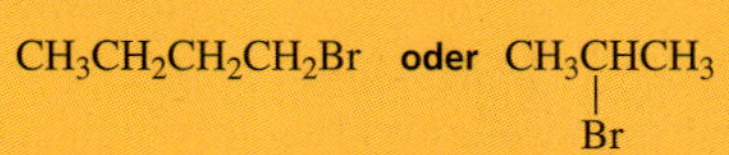

Lösung zu 48 (c)

Das primäre Alkylhalogenid wäre in der erforderlichen S_N2-Reaktion reaktiver. Um das Ylid herzustellen, wäre die beste Methode die Verwendung des ersten Reagenziensatzes (Aceton und das Ylid, das man aus 1-Brombutan erhält).

Ü 49

(a) Welche beiden Reagenziensätze (jeweils bestehend aus einer Carbonylverbindung und Phosphoniumylid) können für die Synthese der folgenden Alkene verwendet werden?

(b) Welches Alkylhalogenid ist jeweils erforderlich, um die Phosphoniumylide herzustellen?

(c) Was sind die besten Reagenzien für die Synthese?

1. 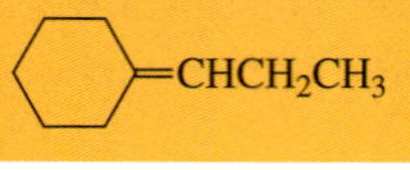

2. $(C_6H_5)_2C{=}CHCH_3$

3. 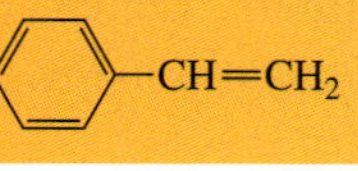

Syntheseplanung IV

Bindungstrennungen, Synthone und Syntheseäquivalente 16.14

Der Syntheseweg eines kompliziert gebauten Moleküls von einfachen Ausgangssubstanzen aus ist nicht immer offensichtlich. Wir haben schon gesehen, dass es oftmals einfacher ist, vom gewünschten Zielmolekül aus rückwärts vorzugehen, ein Vorgang, der – wie wir uns erinnern – als *Retrosynthese* bezeichnet wird (Abschnitt 7.12). Bei einer retrosynthetischen Analyse zerlegt ein*e Chemiker*in ein Molekül in immer kleinere Bruchstücke, bis er zu leicht zugänglichen oder preiswerten (oder sowohl als auch) Ausgangsverbindungen gelangt.

Retrosynthese

Zielmolekül ⟹ **Y** ⟹ **X** ⟹ **W** ⟹ **Ausgangsverbindungen**

Ein nützlicher Schritt bei einer Retrosynthese ist eine **Bindungstrennung** – die gezielte Auflösung einer chemischen Bindung – die zu zwei definierten Fragmenten führt. Im typischen Fall ist eines der Molekülbruchstücke ein Kation und das andere ein Anion. Die bei einer Bindungstrennung entstehenden Fragmente werden als **Synthone** bezeichnet (*Sing.* „Synthon"). Synthone sind in vielen Fällen keine realen Verbindungen. Wenn wir beispielsweise die retrosynthetische Zerlegung von Cyclohexanol betrachten, führt eine Bindungstrennung zu zwei Synthonen: Einem α-Hydroxycarbokation und einem Hydridion.

Retrosynthese

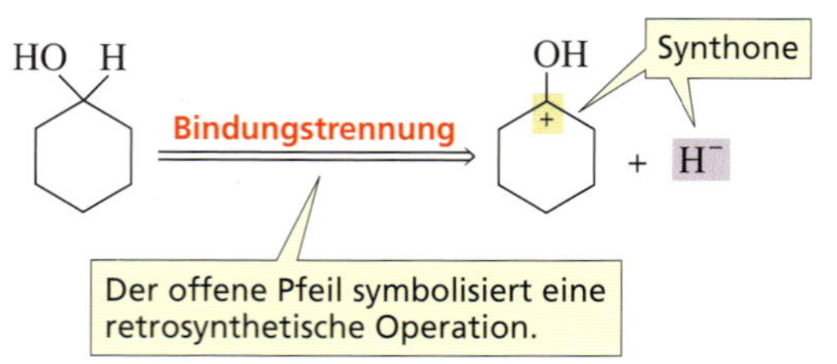

Ein **Syntheseäquivalent** ist ein Reagenz, das bei der tatsächlichen Synthese als Quelle für ein gegebenes Synthon dient. Bei der Darstellung von Cyclohexanol wäre Cyclohexanon das Syntheseäquivalent des α-Hydroxycarbokations und Natriumborhydrid das Syntheseäquivalent des Hydridions. Das Zielmolekül Cyclohexanol kann durch die Behandlung von Cyclohexanon mit Natriumborhydrid dargestellt werden.

Synthese

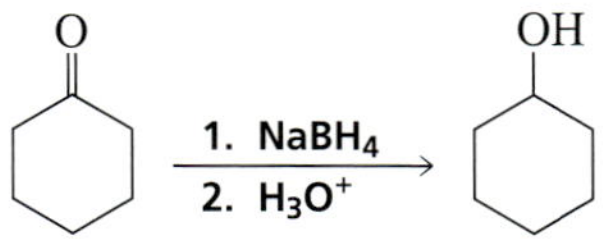

Wenn man eine Bindungstrennung durchführt, muss man entscheiden, welches der Fragmente nach der Bindungstrennung die positive und welches die negative elektrische Ladung tragen wird. Bei der retrosynthetischen „Zerlegung" des Cyclohexanols hätten wir die positive Ladung durch eine geeignete chemische Reaktion dem H-Atom zuweisen können; viele Säuren (zum Beispiel die Halogenwasserstoffe) wären dann als Syntheseäquivalent für H^+ in Frage gekommen. Es wäre dann aber schwierig gewesen, ein Syntheseäquivalent für ein α-Hydroxycarbanion zu finden. Wir haben daher bei der Bindungstrennung die positive Ladung dem C-Atom und die negative dem H-Atom zugewiesen.

Cyclohexanol lässt sich auch durch Auflösung der C—O-Bindung anstelle der C—H-Bindung zerlegen; dabei wird ein Carbokation und ein Hydroxidion gebildet.

Retrosynthese

Das Problem, das es nun zu lösen gilt, besteht darin, ein Syntheseäquivalent für das Carbokation zu finden. Ein Synthesäquivalent für ein positiv geladenes Synthon erfordert die Anwesenheit einer elektronenziehenden Gruppe an der richtigen Stelle. Cyclohexylbromid mit seinem elektronenziehenden Halogenatom ist ein Syntheseäquivalent für das Cyclohexylcarbokation. Cyclohexanol lässt sich also durch die Umsetzung von Cyclohexylbromid mit Hydroxidionen darstellen. Diese Methode ist jedoch nicht so befriedigend wie die erste Darstellungsweise, die wir präsentiert haben (die Reduktion des Cyclohexanons), weil als Konkurrenzreaktion die Eliminierung stattfinden und ein Teil des eingesetzten Halogenalkans in ein Alken übergehen wird, sodass die Ausbeute der Zielverbindung hier geringer ausfallen würde.

Synthese

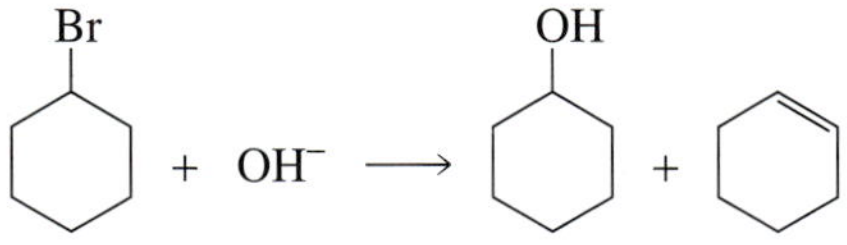

Die Retrosynthese zeigt, dass 1-Methylcyclohexanol durch Reaktion des Cyclohexanons – dem Syntheseäquivalent unseres α-Hydroxycarbokations – und Methylmagnesiumbromid dargestellt werden kann. Die Grignard-Verbindung ist ein Syntheseäquivalent des Methylanions.

Retrosynthese

Synthese

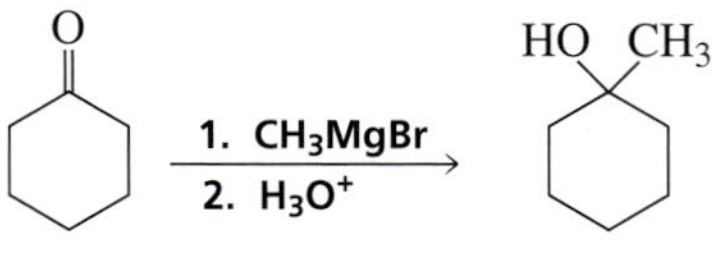

Andere Bindungstrennungen des 1-Methylcyclohexanols sind möglich, weil jede Bindung zu einem C-Atom als Trennungsort dienen kann. Beispielsweise könnte eine der C—C-Bindungen des Molekülrings aufgelöst werden. Dies sind jedoch in diesem Fall keine sehr hilfreichen Bindungstrennungen, da die Syntheseäquivalente, zu denen diese Bindungstrennungsreaktionen führen, nicht leicht zugänglich sind. Ein sinnvoller Retrosyntheseschritt muss zu leicht verfügbaren Ausgangssubstanzen führen.

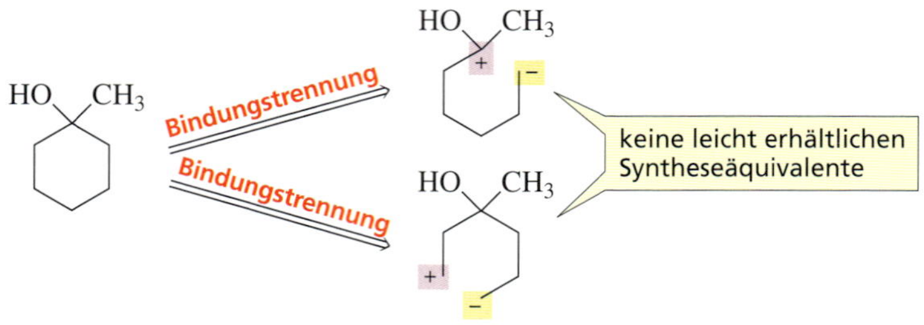

Ü 50 Wie ließen sich, ausgehend von Bromcyclohexan, die folgenden Verbindungen synthetisieren?

(a) 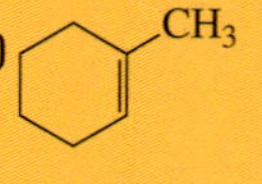

(b) 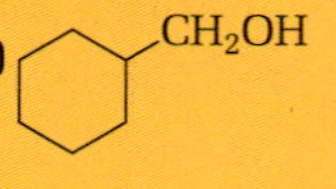

(c) 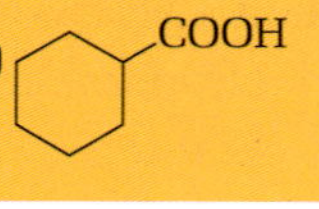

(d) 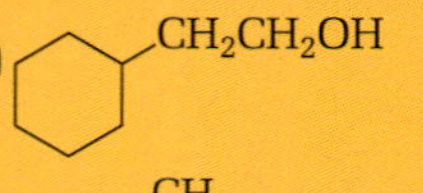

(e) 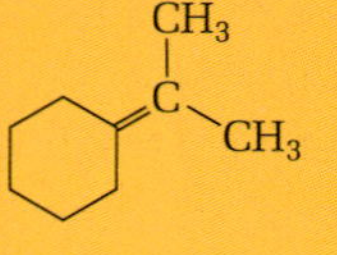

(f) 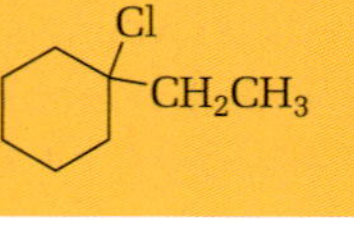

HINTERGRUND

■ Die Synthese organischer Verbindungen

Eine Eule (*Strix occidentalis*), die von einem Falknerhandschuh abhebt.

Chemiker*innen synthetisieren organische Verbindungen aus vielerlei Gründen: Sie untersuchen deren Eigenschaften, sie versuchen diverse chemische Fragestellungen zu beantworten, oder sie tun es, weil die betreffende Verbindung irgendwelche nützliche Eigenschaften aufweist, oder weil es sich um eine Verbindung handelt, mit der sich Geld verdienen lässt. Ein Grund, warum Chemiker*innen Naturstoffe synthetisch nachbauen, besteht darin, eine ergiebigere Quelle als den Ursprungsorganismus aufzutun, denn viele Naturstoffe mit interessanten Eigenschaften kommen nur in geringen Mengen vor. Taxol ist eine solche Verbindung. Taxol hat sich als wirksam bei der Behandlung von Eierstockkrebs, Brustkrebs und bestimmten Formen des Lungenkrebses erwiesen. Die Substanz wird aus der Borke der Pazifischen Eibe (*Taxus brevifolia*) gewonnen, die an der nordwestlichen Pazifikküste Nordamerikas wächst. Der Nachschub an Taxol aus seiner natürlichen Quelle ist sehr begrenzt, da die Baumart nicht sehr häufig und der Taxolgehalt in den Bäumen gering ist. Die mutmaßliche Funktion des Taxols ist die eines Fraßgiftes, der Tiere davon abhält, den Baum anzufressen und so zu schädigen. Außerdem wachsen diese Nadelbäume nur langsam, und das Abschälen der Borke führt zum Tod des betreffenden Baumes. Die Borke eines über 12 m hohen Baumes liefert nur 0,5 g der Substanz. Schließlich sind die Eibenwälder der Lebensraum der stark vom Aussterben gefährten Gefleckten Eule Nordamerikas; eine kommerzielle Nutzung der Wälder würde die Bestände des Vogels weiter dezimieren. Nachdem die Strukturaufklärung des komplizierten Moleküls gelungen war, gingen Chemiker*innen daran, eine Synthese für das Taxol zu entwerfen, um seine medizinische Verwendung sicherzustellen.

Nachdem eine chemische Verbindung erfolgreich hergestellt worden ist, können Chemiker*innen, Physiologinnen und Physiologen ihre Eigenschaften untersuchen und erforschen, wie sie wirkt. Möglicherweise lassen sich dann Analoga oder gänzlich neue Verbindungen mit ähnlicher oder gar verbesserter Wirkung, geringen Nebenwirkungen usw. finden (Abschnitt 10.9). So hat man beispielsweise herausgefunden, dass die antionkogene (krebshemmende) Wirkung des Taxols merklich vermindert wird, wenn seine vier Esterbindungen hydrolysiert werden. Diese sind also für die biologische Wirkung der Substanz von Bedeutung und geben möglicherweise einen Hinweis darauf, wie das Taxol seine Wirkung entfaltet.

Eibenbaumrinde.

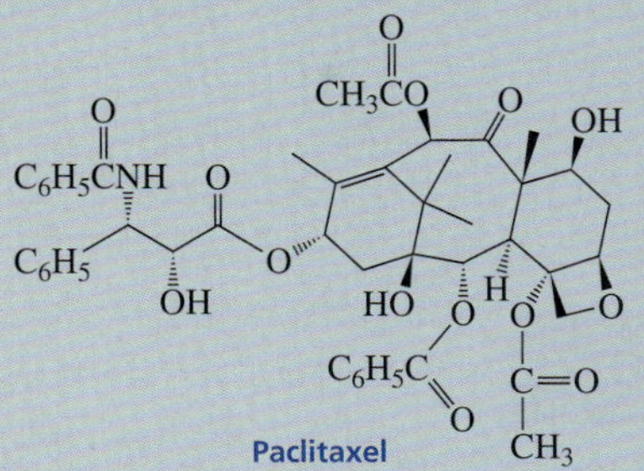

Paclitaxel
Taxol®

■ **Halbsynthetische Wirkstoffe**

Taxol (siehe oben) ist schwierig zu synthetisieren, weil es eine komplizierte Molekülstruktur mit zahlreichen Chiralitätszentren aufweist. Die Chemiker*innen haben sich die synthetische Aufgabe um ein Vielfaches erleichtert, weil sie einen Teil der Synthese von der verbreiteten *Europäischen Eibe* (auch: Gemeine Eibe, *Taxus baccata*) „durchführen lassen". Aus den Nadeln dieses Strauches lässt sich eine Vorläuferform des Taxols isolieren. Diese Vorstufe lässt sich in einer vierschrittigen Laborprozedur in Taxol umwandeln. Die Vorstufe wird also aus einer nachwachsenden Quelle gewonnen, wohingegen die medizinisch wirksame Verbindung nur gewonnen werden kann, indem man die sehr langsam wachsenden (aber sehr alt werdenden) Bäume abholzt. Dies ist ein Beispiel dafür, wie Chemiker*innen sich das synthetische Können von Pflanzen zunutze machen und gleichsam mit der Natur Hand in Hand arbeiten.

Ein Eibenstrauch.

Nucleophile Addition an α,β-ungesättigte Aldehyde und Ketone 16.15

Die mesomeren Grenzformeln einer α,β-ungesättigten Carbonylverbindung lassen erkennen, dass das Molekül zwei elektrophile Stellen besitzt: Das Carbonylkohlenstoffatom und das β-Kohlenstoffatom.

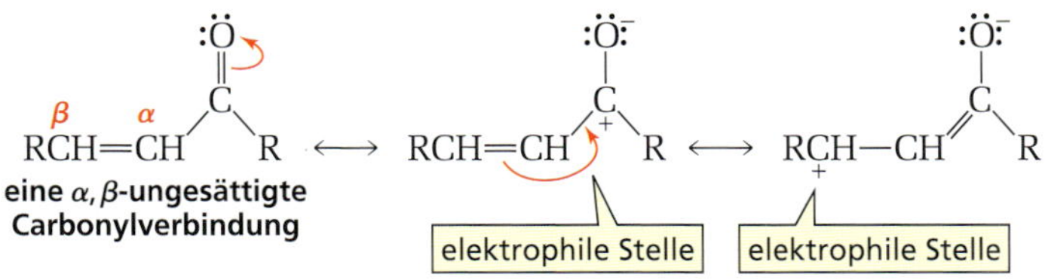

Das bedeutet, dass sich ein angreifendes Nucleophil entweder an das Carbonylkohlenstoffatom oder an das β-Kohlenstoffatom anlagern kann, wenn ein Aldehyd oder Keton eine olefinische Doppelbindung zwischen den C-Atomen α und β aufweist.

Direkte Addition und konjugierte Addition

Die nucleophile Addition an das Carbonylkohlenstoffatom wird als **direkte Addition** oder 1,2-Addition bezeichnet.

Direkte Addition

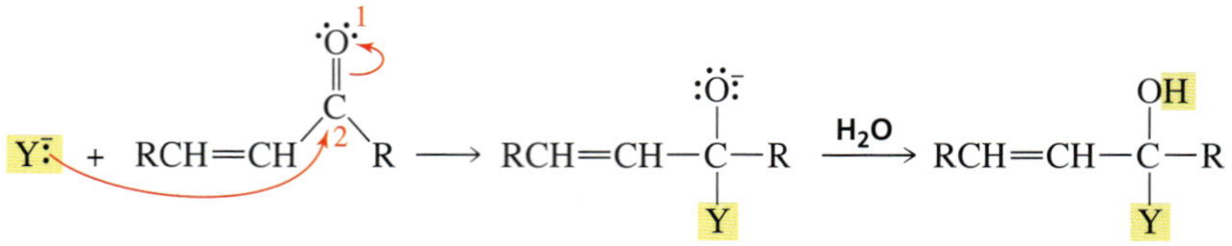

> **MERKE!**
>
> **Starke Basen bilden mit reaktiven Carbonylgruppen direkte Additionsprodukte und bilden mit weniger reaktiven Carbonylgruppen konjugierte 1,4-Additionsprodukte.**

Die nucleophile Addition an das β-Kohlenstoffatom wird **konjugierte Addition** oder 1,4-Addition genannt, weil sie in den Molekülpositionen 1 und 4 stattfindet (das heißt, über das konjugierte Elektronensystem hinweg). Nach einer 1,4-Addition tautomerisiert das Reaktionsprodukt, ein Enol, zum Keton oder Aldehyd (Abschnitt 7.7). Die Gesamtreaktion ist dann eine Addition an die C=C-Doppelbindung, wobei sich das Nucleophil an das β-Kohlenstoffatom anlagert und ein Proton aus dem Reaktionsansatz an das α-Kohlenstoffatom.

Konjugierte Addition

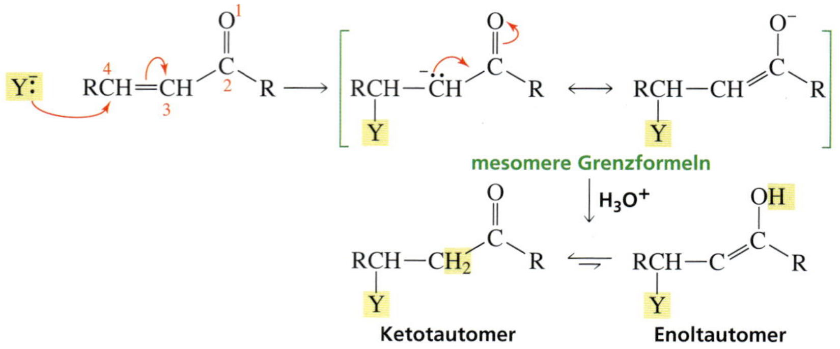

Ob das Reaktionsprodukt einer nucleophilen Addition an eine α,β-ungesättigte Verbindung (Aldehyd/Keton) das direkte oder das konjugierte Additionsprodukt ist, hängt von der Natur des Nucleophils, der Struktur der Carbonylverbindung und den Reaktionsbedingungen ab.

Falls das Nucleophil eine schwache Base ist

Wir haben gelernt, dass eine Reaktion kinetisch kontrolliert verläuft, falls beide konkurrierenden Reaktionen *irreversibel* sind (Abschnitt 8.13). Die Reaktion steht unter thermodynamischer Kontrolle, wenn beide Reaktionen *reversibel* sind. Wir werden noch sehen, dass entweder das Produkt der direkten Addition oder das der konjugierten Addition das kinetische Produkt sein kann.

Die Zugabe zum β-Kohlenstoff (konjugierte Addition) ist im Allgemeinen irreversibel.

Die Zugabe zum Carbonylkohlenstoff (direkte Zugabe) kann reversibel oder irreversibel sein.

Falls das Nucleophil eine *schwache Base* wie ein Halogenidion, das Cyanidion, ein Thiol, Alkohol oder Amin ist, verläuft die Reaktion *reversibel*. Wir haben gelernt, dass die Reaktion *thermodynamisch kontrolliert* ist, falls eine der konkurrierenden Reaktionen reversibel verläuft. Das Produkt der konjugierten Addition ist immer das thermodynamische Reaktionsprodukt; es ist stabiler, weil es die sehr stabile Carbonylgruppe aufrecht erhält.

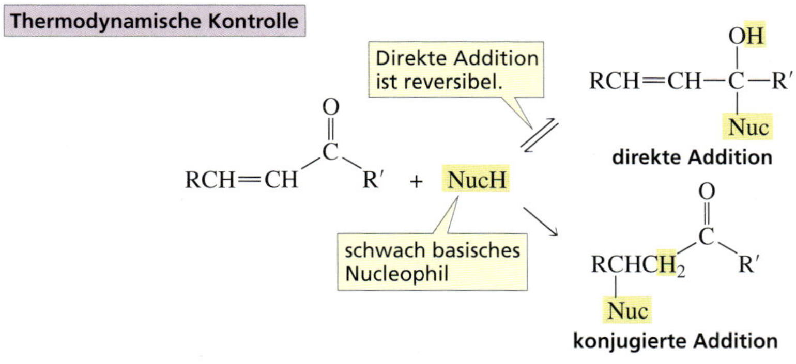

Die Reaktion, die vorherrscht, wenn die Reaktion kinetisch kontrolliert ist, ist diejenige, die das stabilere Produkt bildet (Abschnitt 8.13). Das dabei gebildete Produkt ist immer das stabilere Produkt, da es die sehr stabile Carbonylgruppe behält. Daher bilden schwache Basen Konjugat-Zusatzprodukte.

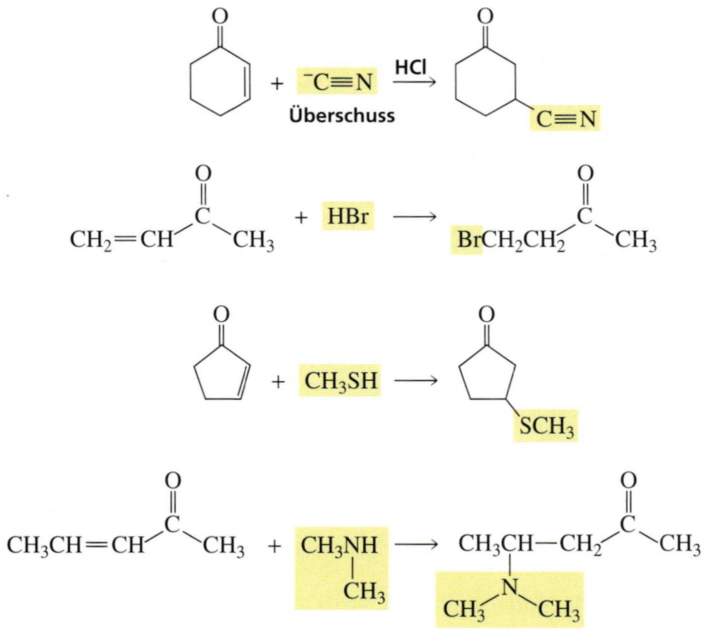

MERKE!

Nucleophile, die schwache Basen sind, bilden konjugierte Additionsprodukte.

Falls das Nucleophil eine starke Base ist

Falls das Nucleophil eine *starke* Base ist, so wie etwa eine Grignard-Verbindung oder ein Hydridion, ist die direkte Addition irreversibel. Da nun die zwei konkurrierenden Reaktionen beide irreversibel sind, ist die Reaktion *kinetisch kontrolliert*.

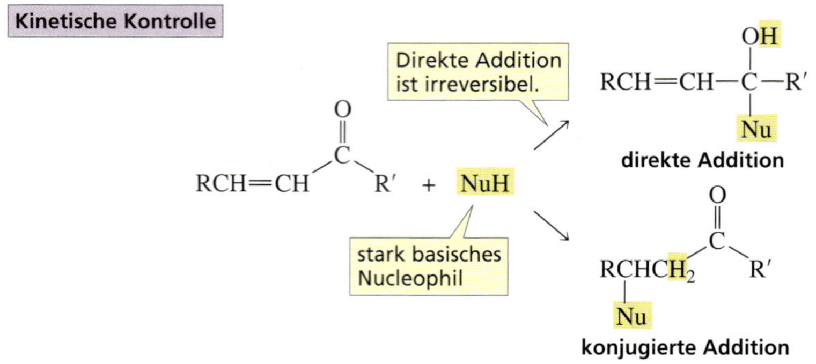

Die Reaktion unter kinetischer Kontrolle ist die schnellere. Daher hängt das Produkt von der Reaktivität der Carbonylgruppe ab. Verbindungen mit reaktiven Carbonylgruppen bilden hauptsächlich direkte Additionsprodukte, weil für *diese* Verbindungen die direkte Addition schneller verläuft. Verbindungen mit weniger reaktiven Carbonylgruppen bilden konjugierte Additionsprodukte, denn für *diese* Verbindungen ist die konjugierte Addition schneller.

Beispielsweise haben Aldehyde mehr reaktive Carbonylgruppen als Ketone, sodass Aldehyde hauptsächlich direkte Additionsprodukte mit Hydridionen und Grignard-Reagenzien bilden. Ethanol (EtOH) wird verwendet, um das Alkoxidion zu protonieren.

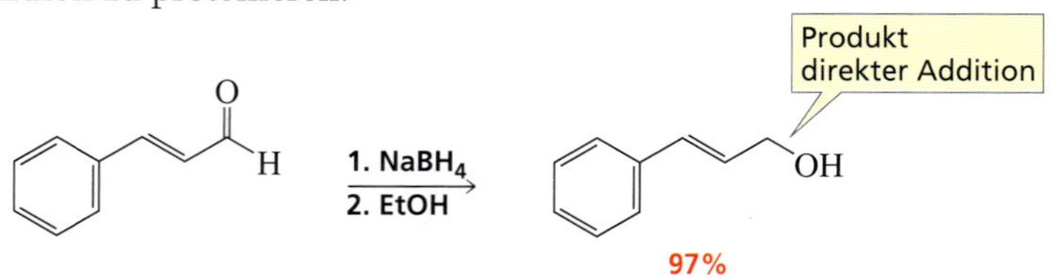

Im Vergleich zu Aldehyden bilden Ketone weniger direkte Additionsprodukte und mehr konjugierte Additionsprodukte, da Ketone sterisch gehindert und daher weniger reaktiv sind als Aldehyde.

MERKE!

Nucleophile, die starke Basen sind, bilden direkte Additionsprodukte mit reaktive Carbonylgruppen und bilden konjugierte Additionsprodukte mit weniger reaktiven Carbonylgruppen.

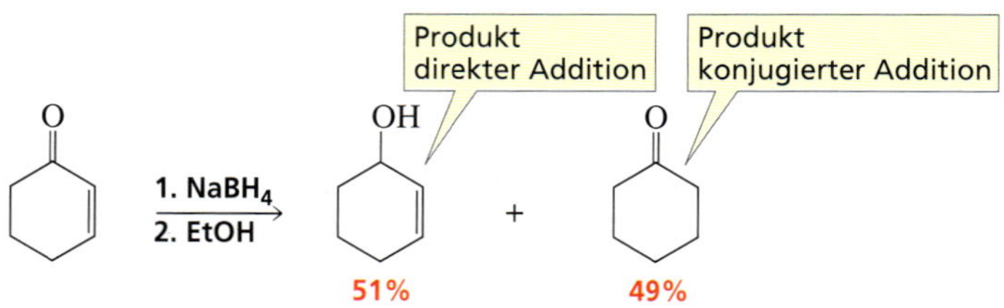

Grignard-Reagenzien und Organocuprate

Wie Hydridionen reagieren auch Grignard-Verbindungen irreversibel mit Carbonylgruppen. Grignard-Reagenzien reagieren daher mit α,β-ungesättigten Aldehyden und sterisch ungehinderten (also reaktiven) α,β-ungesättigten Ketonen zu 1,2-Additionsprodukten.

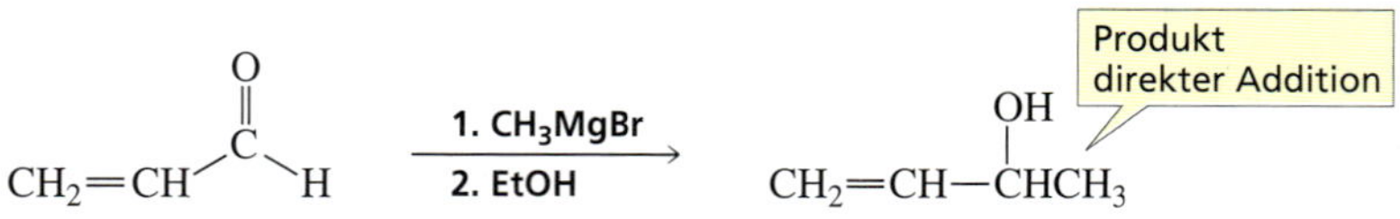

Falls jedoch die Geschwindigkeit der 1,2-Addition durch sterische Hinderung herabgesetzt wird, bildet ein Grignard-Reagenz das 1,4-Additionsprodukt, weil diese dann im Vergleich rascher verläuft.

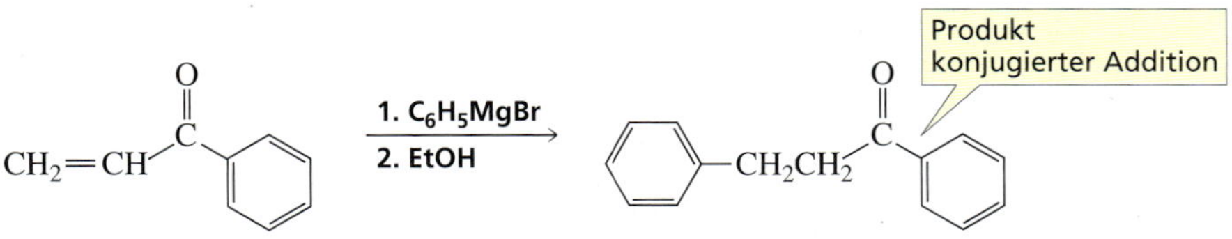

Ausschließlich 1,4-Addition tritt dann auf, wenn man ein Organocuprat (Abschnitt 11.3) mit α,β-ungesättigten Aldehyden/Ketonen zur Reaktion bringt. Grignard-Reagenzien sollte man daher dann einsetzen, wenn man eine Alkylgruppe auf die Carbonylgruppe übertragen will, Gilman-Reagenzien dann, wenn man eine Alkylgruppe auf das β-Kohlenstoffatom übertragen will.

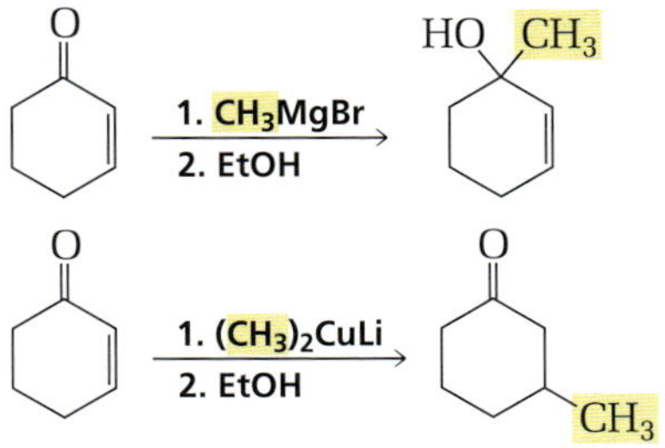

Ü 51 Geben Sie die Hauptprodukte der folgenden Reaktionen an:

(a) 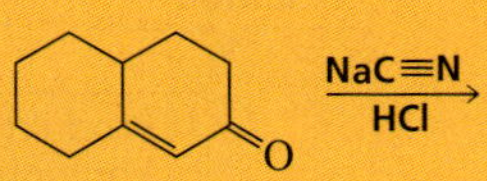

(b) 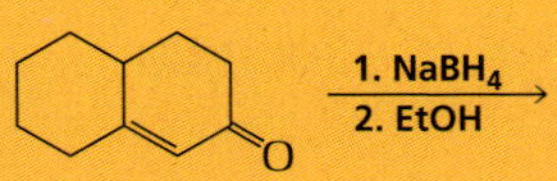

(c) 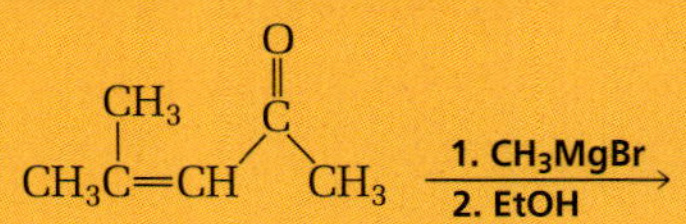

(d) 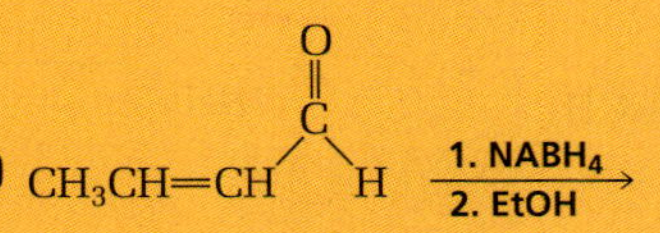

Harte und weiche Elektrophile und Nucleophile

Elektrophile und Nucleophile lassen sich in *harte* und *weiche* Elektro-/Nucleophile einteilen. Harte Elektro-/Nucleophile sind polarisierter als weiche. Harte Nucleophile ziehen es vor, mit harten Elektrophilen zu reagieren, und weiche Nucleophile ziehen es vor, mit weichen Elektrophilen zu reagieren. Darum zieht es ein Grignard-Reagenz mit einer hoch polarisierten C—Mg-Bindung vor, mit der härteren C=O-Bindung zu reagieren, wohingegen ein Gilman-Reagenz mit einer viel weniger polarisierten C—Cu-Bindung es vorzieht, mit der weicheren C=C-Bindung zu reagieren.

16.16 Nucleophile Addition an α,β-ungesättigte Carbonsäurederivate

α,β-ungesättigte Carbonsäurederivate besitzen wie α,β-ungesättigte Aldehyde und Ketone zwei elektrophile Stellen in ihren Molekülen, an denen ein nucleophiler Angriff erfolgen kann. Sie können eine *konjugierte Addition* eingehen oder eine *nucleophile Acylsubstitution*. Beachten Sie, dass diese Verbindungen eher eine *nucleophile Acylsubstitution* eingehen als eine *direkte nucleophile Addition*, weil die α,β-ungesättigte Carbonylverbindung eine Gruppe hat, die durch ein Nucleophil ersetzt werden kann. Mit anderen Worten: Wie bei den nichtkonjugierten Carbonylverbindungen wird die nucleophile Acyladdition zur nucleophilen Acylsubstitution, falls die Carbonylgruppe an eine Gruppe gebunden ist, die durch ein Nucleophil ersetzt werden kann (Abschnitt 16.3).

Nucleophile reagieren mit α,β-ungesättigten Carbonsäurederivaten *mit reaktiven Carbonylgruppen* wie Säurechloriden unter Bildung nucleophiler Acylsubstitutionsprodukte. Konjugierte 1,4-Additionsprodukte werden bei der Reaktion von Nucleophilen *mit weniger reaktiven Carbonylgruppen* wie Estern und Amiden gebildet.

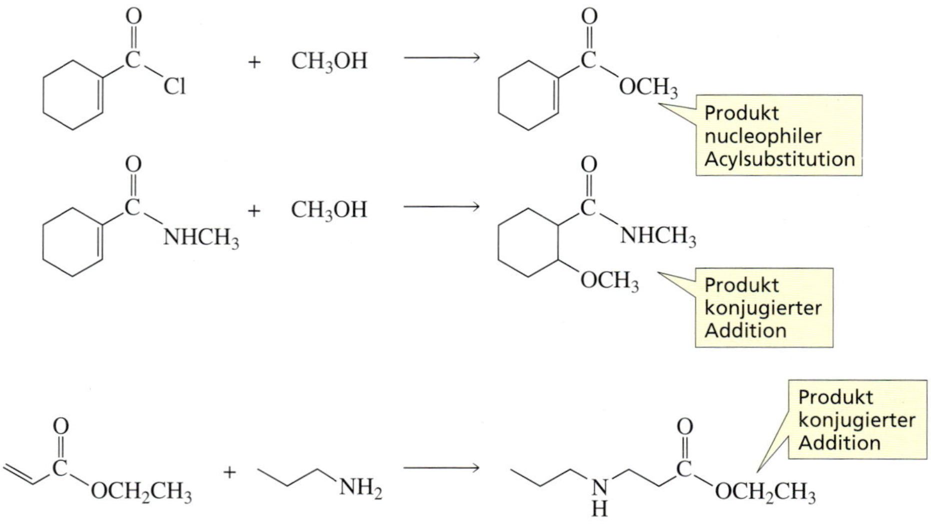

HINTERGRUND

Enzymkatalysierte *Cis-Trans*-Umwandlung

Enzyme, die die Umwandlung von *cis-* und *trans*-Isomere katalysieren, werden *cis-trans*-Isomerasen genannt. Es ist bekannt, dass diese Isomerasen Thiol-(SH)Gruppen enthalten. Thiole sind schwache Basen und addieren sich daher an den β-Kohlenstoff eines α,β-ungesättigten Ketons (konjugierte Addition), wobei eine Kohlenstoff-Kohlenstoff-Einfachbindung gebildet wird, die sich dreht, bevor das Enol zum Keton tautomerisieren kann. Wenn die Tautomerisierung erfolgt, verhindert das Fehlen eines Protons im aktiven Zentrum des Enzyms in der Nähe des α-Kohlenstoffs die Zugabe eines Protons zum α-Kohlenstoff. Daher wird das Thiol eliminiert, wodurch die Verbindung – abgesehen von der Konfiguration der Doppelbindung – in ihrem ursprünglichen Zustand bleibt.

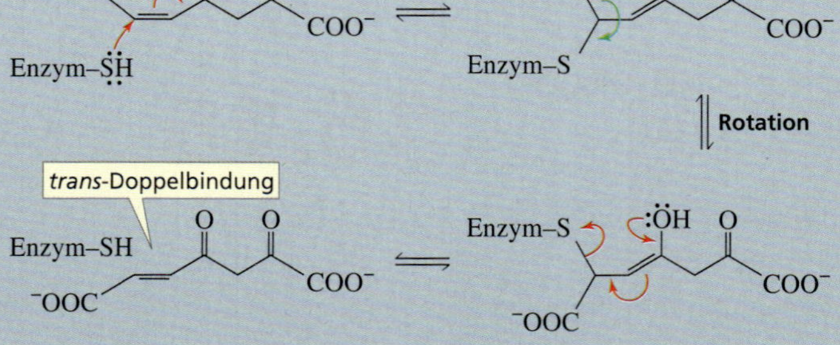

Ü 52 Geben Sie die Hauptprodukte der folgenden Reaktionen an:

(a) 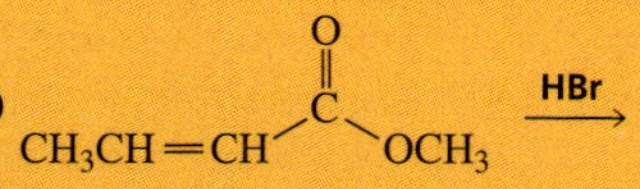

(b) 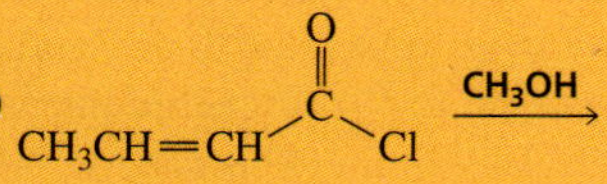

(c) 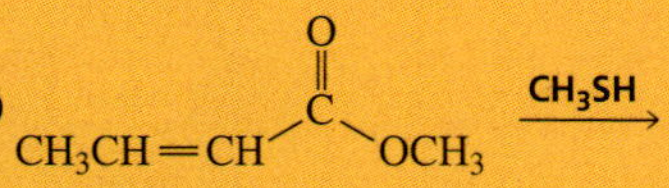

(d) 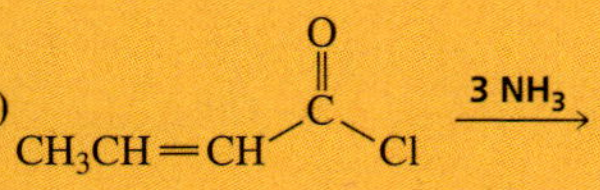

Additionsreaktionen in biologischen Systemen konjugieren **16.17**

Einige Reaktionen in biologischen Systemen beinhalten die konjugierte Addition an α,β-ungesättigten Carbonylverbindungen. Eine Additionsreaktion tritt zum Beispiel in der Gluconeogenese auf – der Synthese von Glucose aus Pyruvat (Abschnitt 24.12). Ein weiteres Beispiel ist die Oxidation von Fettsäuren (Abschnitt 24.5).

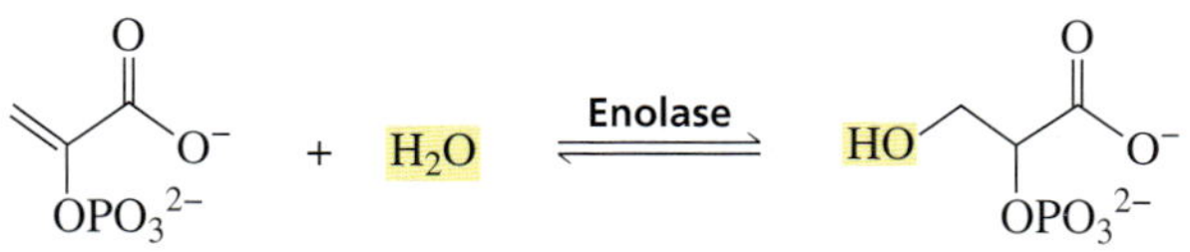

Phosphoenolpyruvat **2-Phosphoglycerat**

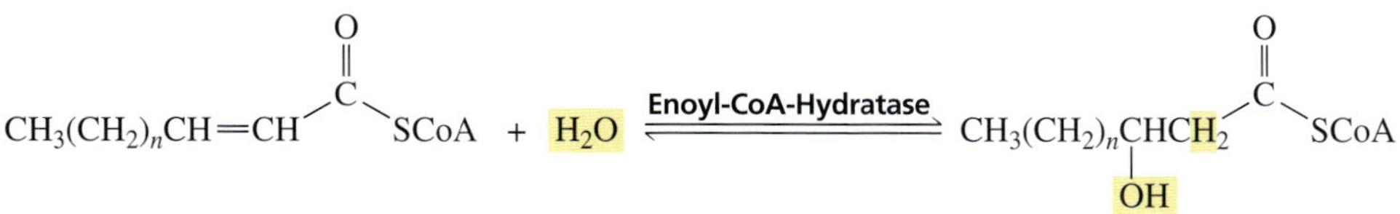

HINTERGRUND

■ Krebs-Chemotherapie

Zwei chemische Verbindungen – Vernolepin und Helenalin – verdanken ihre Wirksamkeit als Antikrebsmittel konjugierten 1,4-Additionen.

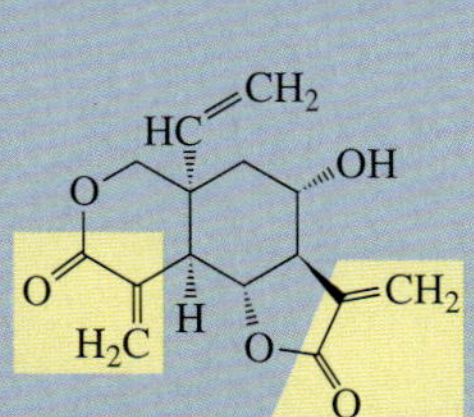

Vernolepin

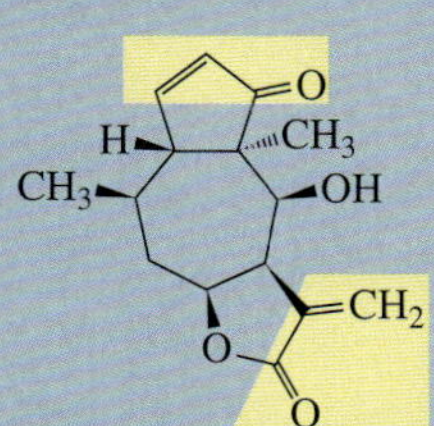

Helenalin

Krebszellen sind Zellen, die die Fähigkeit, ihre Vermehrung zu kontrollieren, verloren haben. Sie teilen sich daher rasch und ungehemmt. Die DNA-Polymerase ist ein Enzym, das alle lebenden Zellen benötigen, um ihr genetisches Material zu verdoppeln, bevor sich die Zelle teilen kann. Die DNA-Polymerase weist in ihrem aktiven Zentrum eine SH–Gruppe auf (Abschnitt 22.8). Jede der beiden oben gezeigten Verbindungen ist eine α,β-ungesättigte Carbonylverbindung (jede besitzt dieses Strukturmerkmal sogar zweimal). Wenn die Sulfhydrylgruppe im aktiven Zentrum der DNA-Polymerase mit einer der in Nachbarschaft zur C=C-Doppelbindung stehenden Carbonylgruppen eines Vernolepin- oder Helenalinmoleküls reagiert, wird das Enzymmolekül inaktiviert.

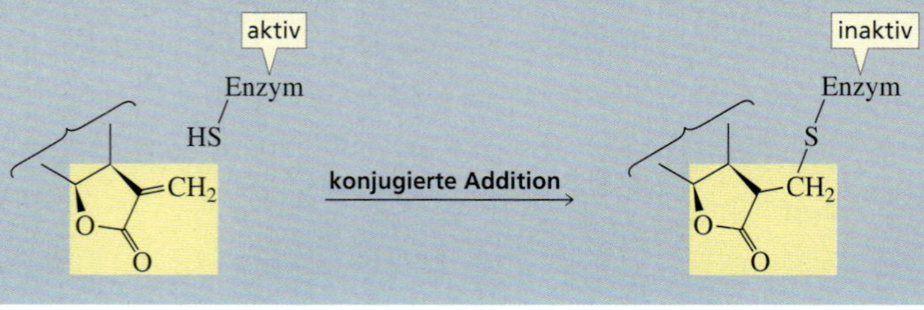

Zusammenfassung

Abschnitte 16.0–16.1

- **Aldehyde** und **Ketone** haben eine Acylgruppe, die jeweils an ein H und ein R gebunden ist. Die Endung für funktionelle Gruppen ist bei Aldehyden „al", die Endung bei Ketonen „on".

Abschnitt 16.2

- Elektronische und sterische Faktoren bewirken, dass ein Aldehyd reaktiver als ein Keton für die nucleophile Addition ist.
- Aldehyde und Ketone sind weniger reaktiv als Säurehalogenide und Säureanhydride und sind reaktiver als Ester, Carbonsäuren und Amide.

Abschnitt 16.3

- Aldehyde und Ketone gehen **nucleophile Additionsreaktionen** mit stark basischen (C und H)-Nucleophilen ein und gehen **nucleophile Additions-Eliminierungs-Reaktionen** mit O- und N-Nucleophilen ein.
- Acylchloride und -ester unterliegen einer nucleophilen Acylsubstitutionsreaktion mit stark basischen (C und H) Nucleophilen unter Bildung eines Ketons oder eines Aldehyds, welches daraufhin eine nucleophile Additionsreaktion mit einem zweiten Äquivalent des Nucleophils eingeht, um einen Alkohol zu bilden.

Abschnitt 16.4

- Grignard-Reagenzien reagieren mit Aldehyden unter Bildung sekundärer Alkohole, mit Ketonen, Estern und Säurehalogeniden unter Bildung von tertiären Alkoholen und mit Kohlendioxid zu Carbonsäuren. (Ein Acylchlorid bildet ein Keton, wenn ein Organocuprat anstelle eines Grignard-Reagenz verwendet wird.) Aldehyde und Ketone reagieren mit einem Acetylidion unter Bildung eines α-Hydroxyalkin und mit einem Cyanidion, um ein Cyanhydrin zu bilden.

Abschnitt 16.5

- Aldehyde, Acylchloride, Ester und Carbonsäuren werden durch Hydridionen zu primären Alkoholen reduziert, Ketone werden zu sekundären Alkoholen reduziert und Amide werden zu Aminen reduziert.

Abschnitt 16.6

- Eine organische Verbindung wird reduziert, wenn H_2 hinzugefügt wird. Die Reduktion kann durch Zugabe eines Hydridions und eines Protons, durch die Addition von zwei Wasserstoffatomen oder Addition eines Elektrons und eines Protons erfolgen.

Abschnitt 16.7

- Bei einer **chemoselektiven Reaktion** reagiert ein Reagenz mit einer Präferenz gegenüber einer funktionellen Gruppe.

Abschnitt 16.8

- Aldehyde und Ketone reagieren mit einem primären Amin zu einem **Imin** und mit einem sekundären Amin zu einem **Enamin**. Die Mechanismen sind die gleichen, mit Ausnahme der Stelle, von der ein Proton ist im letzten Schritt abgegeben wird.
- Imine und Enamine werden unter sauren Bedingungen in die Carbonylverbindung und das Amin zurück hydrolysiert.

Abschnitt 16.9

- Aldehyde und Ketone gehen eine säurekatalysierte Additionsreaktion mit Wasser ein, woraus sie ein Hydrat bilden. Elektronenspendende und sperrige Substituenten verringern den Anteil an Hydrat im Gleichgewicht. Die meisten Hydrate sind zu instabil, um isoliert zu werden.
- Säurekatalysierte Addition eines Alkohols an einen Aldehyd oder ein Keton bildet ein **Halbacetal**; eine zweite Zugabe von Alkohol bildet ein **Acetal**. Die Acetalbildung ist reversibel.

Abschnitt 16.10

- Die Carbonylgruppe eines Aldehyds oder eines Ketons kann durch Umwandlung in ein Acetal geschützt werden, die OH-Gruppe eines Alkohols kann durch Umwandlung in einen TBDMS-Ether geschützt werden und die OH-Gruppe einer Carbonsäure kann durch Umwandlung in ein Ester geschützt werden.

Abschnitt 16.11

- Aldehyde und Ketone reagieren mit einem Thiol und bilden ein **Thioacetal**. Die Entschwefelung ersetzt die C—S-Bindungen durch C—H-Bindungen.

Abschnitt 16.12

- Aldehyde und Ketone werden durch die konjugierte Base von einer Peroxysäure zu Carbonsäuren beziehungsweise Estern oxidiert.

Abschnitt 16.13

- Ein Aldehyd oder ein Keton reagiert mit einem Phosphoniumylid in einer **Wittig-Reaktion**, um ein Alken zu bilden. Eine Wittig-Reaktion ist eine konzertierte [2 + 2]-Cycloadditionsreaktion.

Abschnitt 16.14

- Ein nützlicher Schritt in einer retrosynthetischen Analyse ist die **Bindungstrennung**, um zwei Fragmente zu erzeugen. **Synthone** sind die Fragmente, die durch eine Unterbrechung entstehen. Ein **Syntheseäquivalent** ist das Reagenz, das als Quelle eines Synthons verwendet wird.

Abschnitt 16.15

- Die nucleophile Addition an den Carbonylkohlenstoff eines ***α,β*-ungesättigten Aldehyds** oder **Ketons** wird als **direkte Addition** bezeichnet; Addition an den *β*-Kohlenstoff wird als **konjugierte Addition** bezeichnet.
- Ob eine direkte oder konjugierte Addition erfolgt, hängt von der Stärke des Nucleophils und der Struktur der Carbonylverbindung ab.
- Nucleophile, die schwache Basen sind – nämlich Halogenidionen, Cyanidionen, Wasser, Alkohole, Thiole und Amine – bilden konjugierte Additionsprodukte.
- Nucleophile, die starke Basen sind – nämlich Hydridionen und Grignard-Reagenzien – bilden direkte Additionsprodukte mit reaktiven Carbonylgruppen und konjugierte Additionsprodukte mit weniger Reaktivität (sterisch gehinderte Carbonylgruppen).
- Grignard-Reagenzien bilden direkte Additionsprodukte. Organocuprate bilden konjugierte Additionsprodukte.

Abschnitt 16.16

- ***α,β*-ungesättigte Carbonsäurederivate** mit reaktiven Carbonylgruppen reagieren mit Nucleophilen unter Bildung von nucelophilen Acylsubstitutionsprodukten; solche mit weniger reaktiven Carbonylgruppen reagieren mit Nucleophilen, um konjugierte Additionsprodukte zu bilden.

Zusammenfassung der Reaktionen

Die allgemeinen Mechanismen für nucleophile Acylsubstitutionsreaktionen sind in Abschnitt 15.4 dargestellt.

1 Reaktionen von *Carbonylverbindungen* mit Grignard-Reagenzien (Abschnitt 16.4)

(a) Die Reaktion von *Formaldehyd* mit einem Grignard-Reagenz bildet einen primären Alkohol.

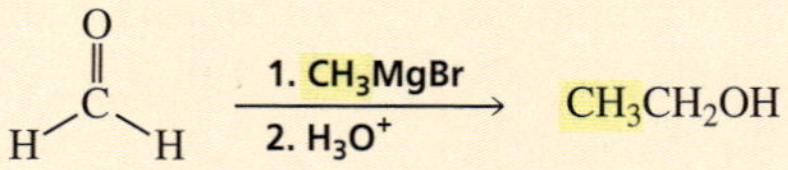

(b) Die Reaktion eines *Aldehyds* (außer Formaldehyd) mit einem Grignard-Reagenz bildet einen sekundären Alkohol.

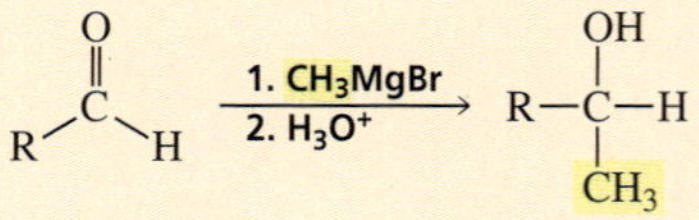

(c) Die Reaktion eines *Ketons* mit einem Grignard-Reagenz bildet einen tertiären Alkohol.

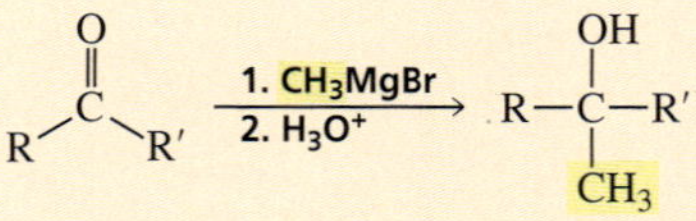

(d) Die Reaktion von CO_2 mit einem Grignard-Reagenz bildet eine Carbonsäure.

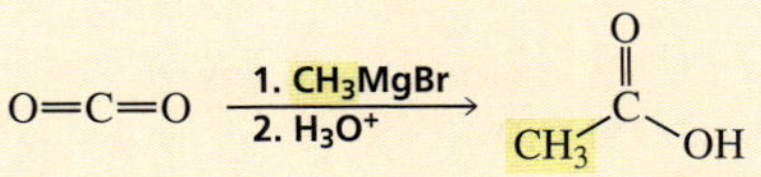

(e) Die Reaktion eines *Esters* mit einem überschüssigen Grignard-Reagenz bildet einen tertiären Alkohol mit zwei identischen Untereinheiten.

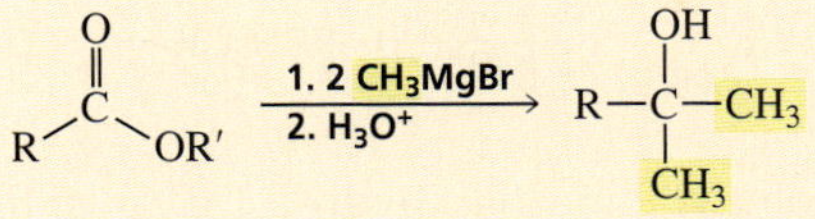

(f) Die Reaktion eines *Acylchlorids* mit einem überschüssigen Grignard-Reagenz bildet einen tertiären Alkohol mit zwei identischen Substituenten.

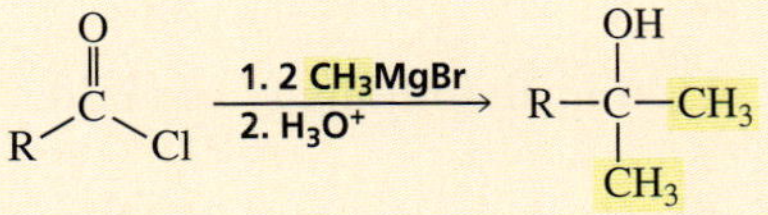

(g) Die Reaktion eines *Acylchlorids* mit einem Organocuprat bildet ein Keton.

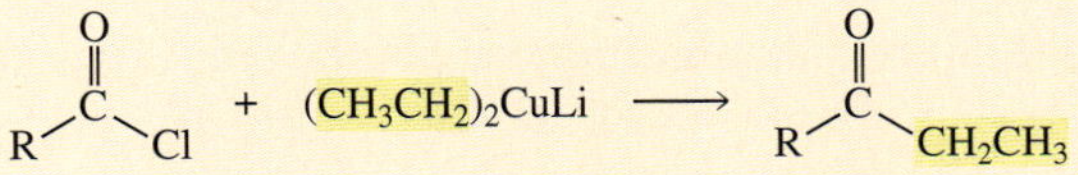

2 Die Reaktion von *Carbonylverbindungen* mit einem Acetylidion bildet ein α-Hydroxyalkin (Abschnitt 16.4).

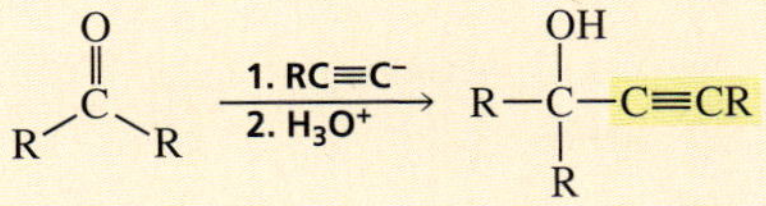

3 Die Reaktion eines *Aldehyds* oder eines *Ketons* mit einem Cyanidion unter sauren Bedingungen bildet ein Cyanhydrin (Abschnitt 16.4).

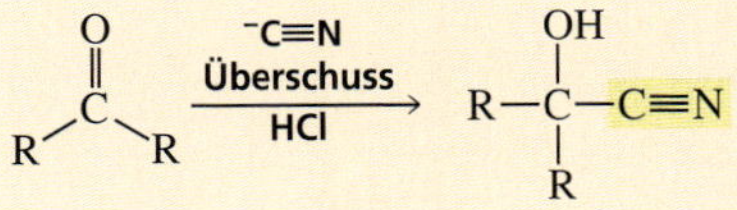

4 Reaktionen von *Carbonylverbindungen* mit Hydridionendonoren (Abschnitt 16.5)

(a) Die Reaktion eines *Aldehyds* mit Natriumborhydrid bildet einen primären Alkohol.

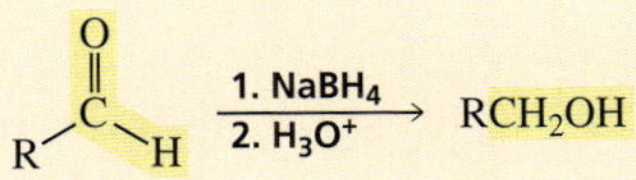

(b) Die Reaktion eines *Ketons* mit Natriumborhydrid bildet einen sekundären Alkohol.

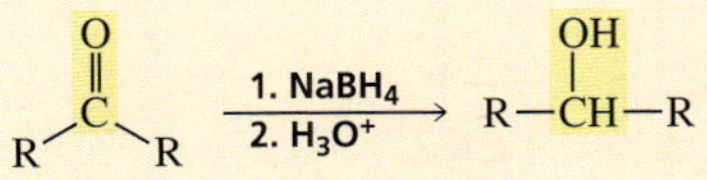

(c) Die Reaktion eines *Acylchlorids* mit Natriumborhydrid bildet einen primären Alkohol.

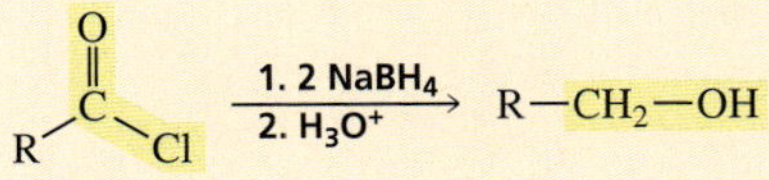

(d) Die Reaktion eines *Acylchlorids* mit Lithium-tri-*tert*-butoxyaluminiumhydrid bildet einen Aldehyd.

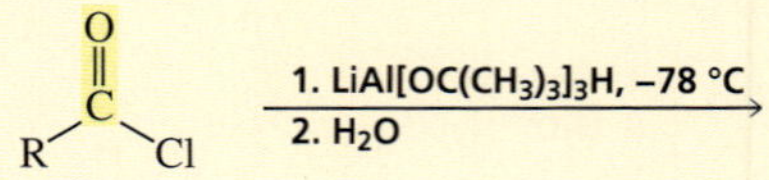

(e) Die Reaktion eines *Esters* mit Lithiumaluminiumhydrid bildet zwei Alkohole.

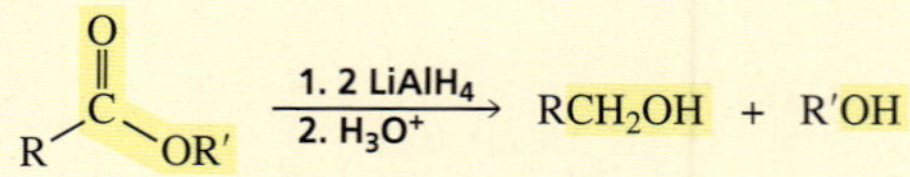

(f) Die Reaktion eines *Esters* mit Diisobutylaluminiumhydrid (DIBALH) bildet einen Aldehyd.

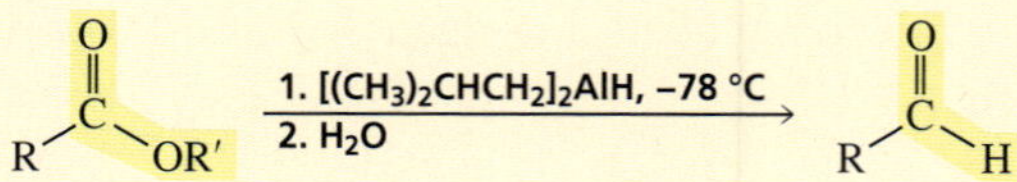

(g) Die Reaktion einer *Carbonsäure* mit Lithiumaluminiumhydrid bildet einen primären Alkohol.

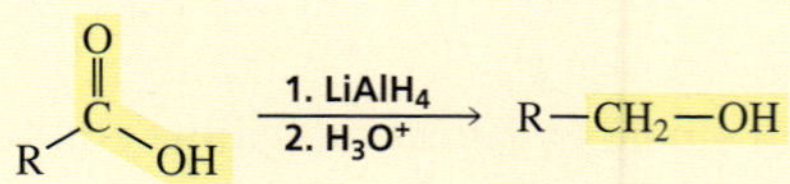

(h) Die Reaktion eines *Amids* mit Lithiumaluminiumhydrid bildet ein Amin.

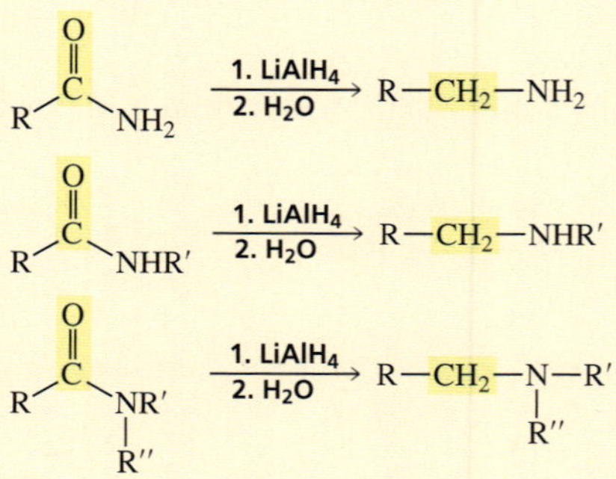

5 Weitere Reduktionsreaktionen (Abschnitt 16.6)

$$RCH{=}NCH_3 \xrightarrow[\text{2. } H_2O]{\text{1. } NaBH_4} RCH_2NHCH_3$$

$$RC{\equiv}N \xrightarrow[\text{2. } H_2O]{\text{1. } NaBH_4} RCH_2NH_2$$

$$RCH{=}NCH_3 \xrightarrow[\text{Pd/C}]{H_2} RCH_2NHCH_3$$

$$RC{\equiv}N \xrightarrow[\text{Raney-Nickel}]{H_2} RCH_2NH_2$$

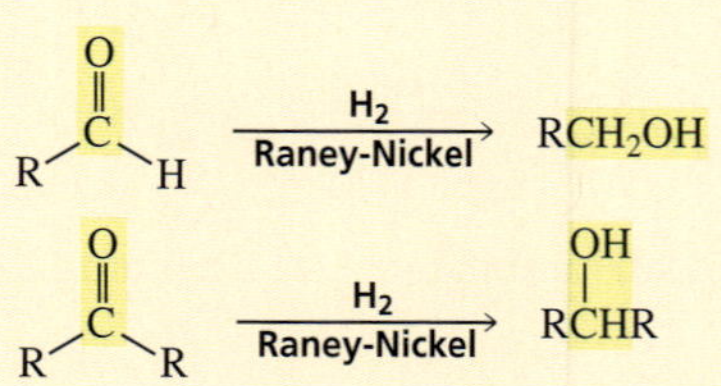

6 Reaktionen von *Aldehyden* und *Ketonen* mit Aminen und Aminderivaten (Abschnitt 16.8)

(a) Die Reaktion mit einem *primären Amin* bildet ein Imin. Hydrazin und Hydroxylamin können ebenfalls verwendet werden; Sie bilden ein Hydrazon beziehungsweise ein Oxim.

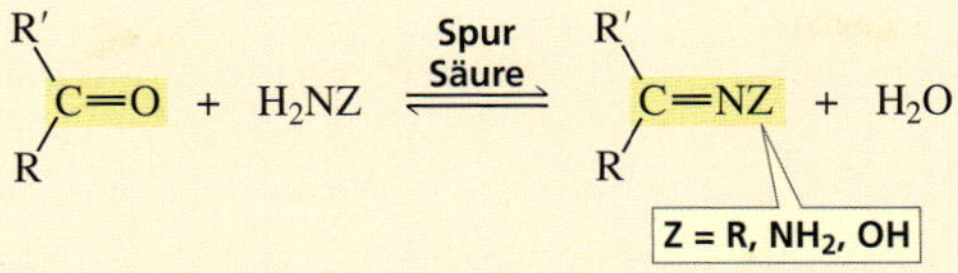

(b) Die Reaktion mit einem *sekundären Amin* bildet ein Enamin.

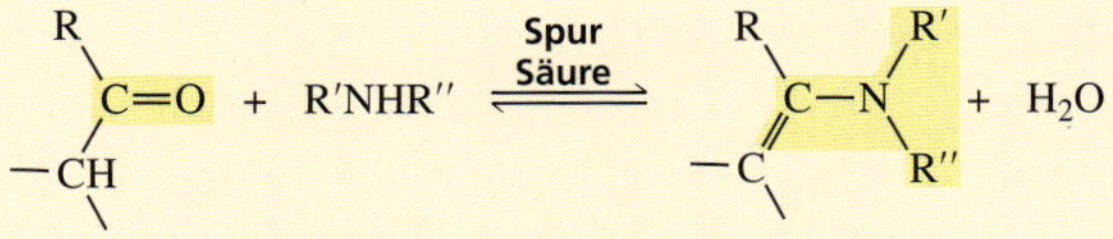

7 *Reduktive Aminierung:* Die Imine und Enamine, die sich aus der Reaktion von Aldehyden und Ketonen mit Ammoniak und primären und sekundären Aminen bilden, sind reduziert auf primäre, sekundäre oder tertiäre Amine (Abschnitt 16.8).

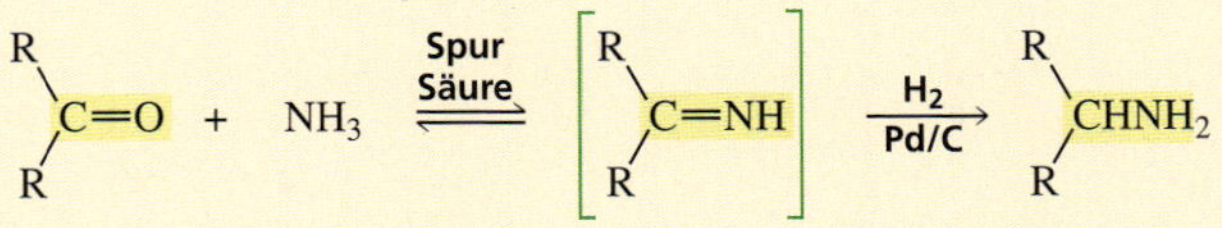

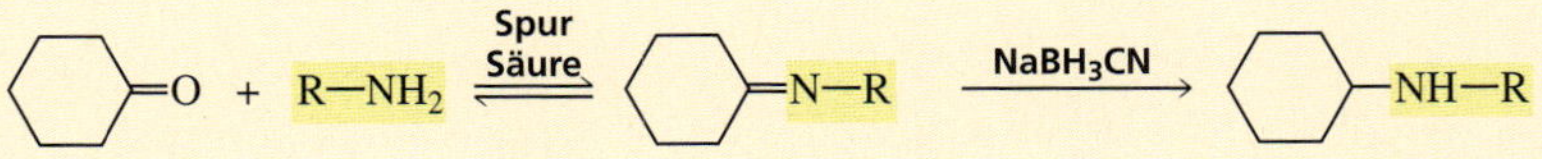

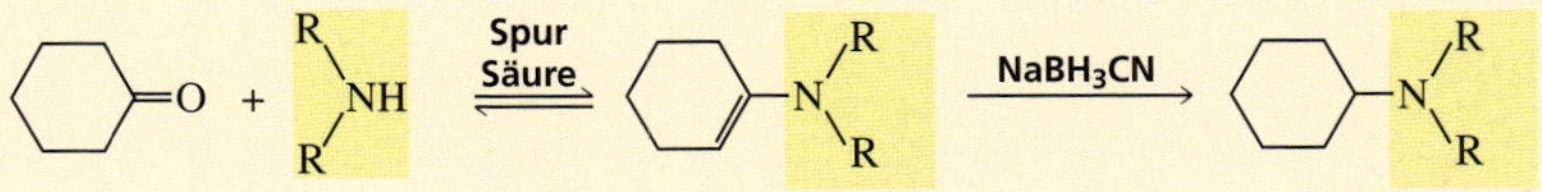

8 Die Reaktion eines *Aldehyds* oder eines *Ketons* mit Wasser bildet ein Hydrat (Abschnitt 16.9).

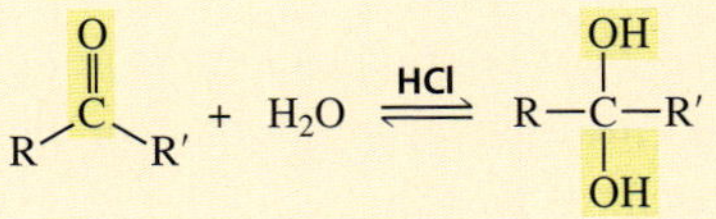

9 Die Reaktion eines *Aldehyds* oder *Ketons* mit überschüssigem Alkohol bildet zunächst ein Halbacetal und dann ein Acetal (Abschnitt 16.9).

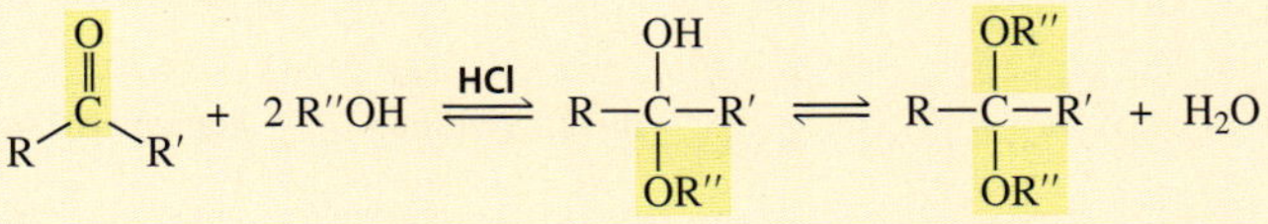

10 Schutz von Gruppen (Abschnitt 16.10).

(a) *Aldehyde* und *Ketone* können durch Umwandlung in Acetale geschützt werden.

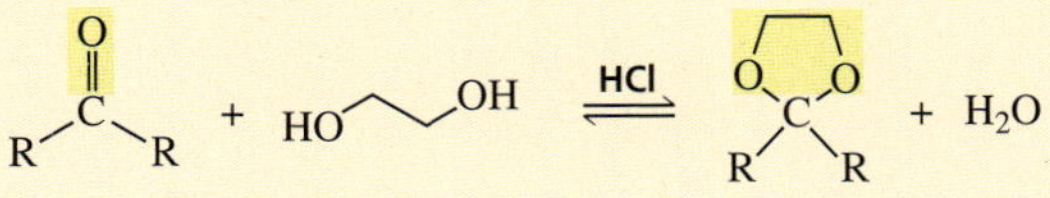

(b) Die OH-Gruppe eines *Alkohols* kann durch Umwandlung in einen Silylether geschützt werden.

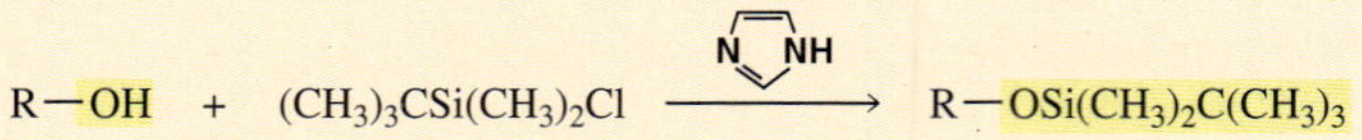

(c) Die OH-Gruppe einer *Carbonsäure* kann durch Umwandlung in einen Ester geschützt werden.

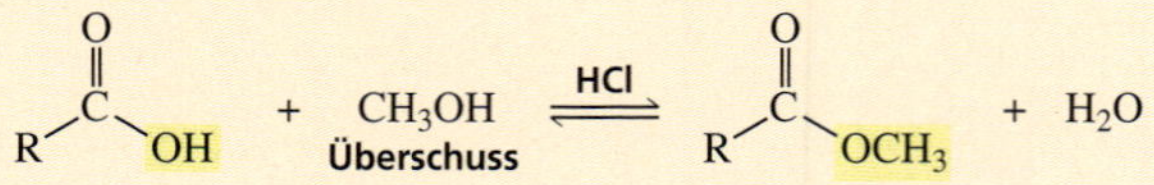

11 Die Reaktion eines *Aldehyds* oder eines *Ketons* mit einem Thiol bildet ein Thioacetal und die Entschwefelung eines Thioacetals bildet ein Alkan (Abschnitt 16.11).

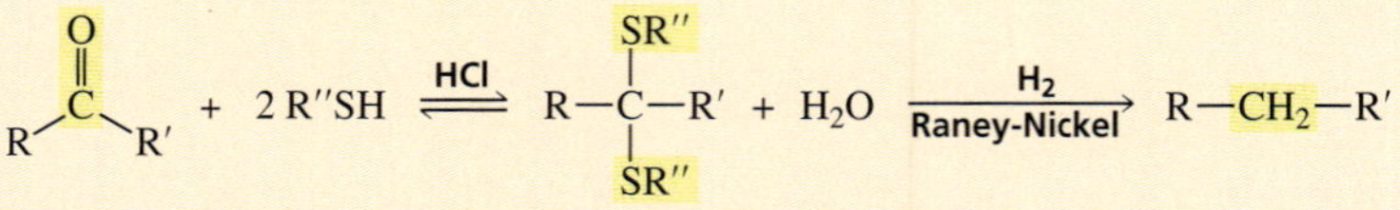

12 *Aldehyde* und *Ketone* werden durch Peroxysäure (Baeyer-Villiger-Oxidation) zu Carbonsäuren bzw. Estern oxidiert (Abschnitt 16.12). Relative Migrationstendenzen: H > tertiär > sekundär ~ Phenyl > primär > Methyl

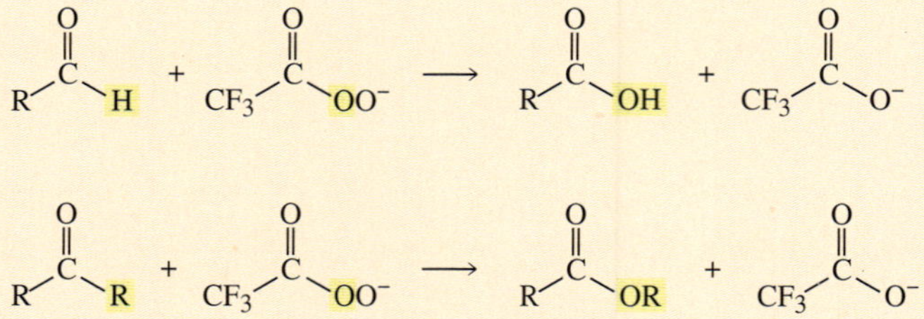

13 Die Reaktion eines *Aldehyds* oder eines *Ketons* mit einem Phosphoniumylid (eine Wittig-Reaktion) bildet ein Alken (Abschnitt 16.13).

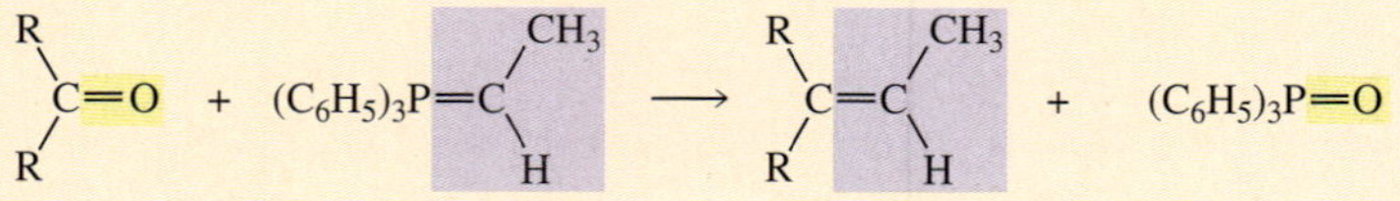

14 Die Reaktion eines *α,β-ungesättigten Aldehyds* oder eines *Ketons* mit einem Nucleophil bildet ein direktes Additionsprodukt und/oder ein konjugiertes Additionsprodukt, das von der Stärke des Nucleophils und der Struktur des Aldehyds oder Ketons abhängt (Abschnitt 16.15).

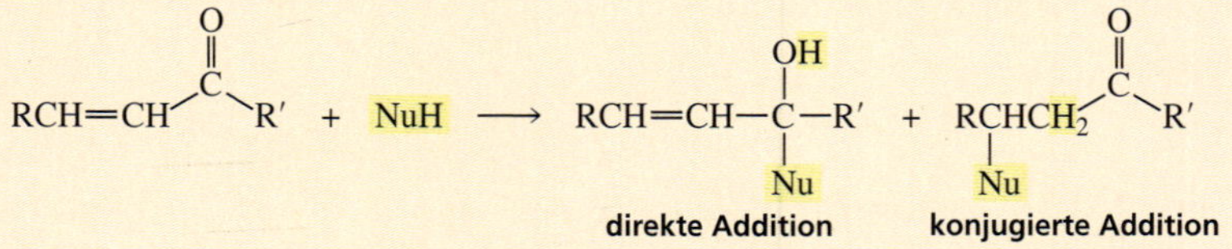

Nucleophile, die schwache Basen sind ($^-C{\equiv}N$, RSH, RNH_2, Br^-), bilden konjugierte Additionsprodukte. Nucleophile, die starke Basen sind (RLi, RMgBr, H^-), bilden direkte Additionsprodukte mit reaktiven Carbonylgruppen und konjugierte Additionsprodukte mit sterisch gehinderten Carbonylgruppen. Organocuprate (R_2CuLi) bilden konjugierte Additionsprodukte.

15 Die Umsetzung eines *α,β-ungesättigten Carbonsäurederivats* mit einem Nucleophil bildet mit einem reaktiven Carbonyl ein nucleophiles Acylsubstitutionsprodukt und bildet mit einer weniger reaktiven Carbonylgruppe ein konjugiertes Additionsprodukt (Abschnitt 16.16).

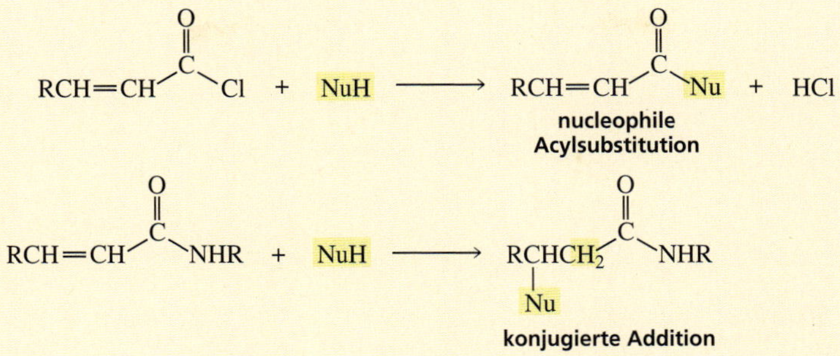

Im MyLab | Organische Chemie finden Sie:

- den praktischen **eText** zum Kapitel mit Notizfunktion
- eine Auswahl verschiedener **3D-Moleküle**
- **Lösungen** zu ausgewählten, mit * versehenen Übungen
- digitale **Lernkarten** und ein umfangreiches **Glossar** zum Nachschlagen und Wiederholen von Definitionen
- digitale Übungsaufgaben in Form von **Kapiteltests** zur eigenen Lernkontrolle

Reaktionen am α-Kohlenstoffatom

17

17.1	Azidität von α-Wasserstoffatomen	951
17.2	Keto-Enol-Tautomerie	955
17.3	Keto-Enol-Umwandlung	956
17.4	Halogenierung des α-Kohlenstoffatoms von Aldehyden und Ketonen	957
17.5	Halogenierung des α-Kohlenstoffs von Carbonsäuren	959
17.6	Bildung des Enolations	960
17.7	Alkylierung des α-Kohlenstoffatoms	961
17.8	Alkylierung und Acylierung des α-Kohlenstoffatoms über Enamin-Zwischenstufen	965
17.9	Alkylierung des β-Kohlenstoffatoms	966
17.10	Eine Aldoladdition bildet ein β-Hydroxyaldehyd oder ein β-Hydroxyketon	968
17.11	Die Hydrierung von Produkten einer Aldoladdition bildet α,β-ungesättigte Aldehyde und Ketone	970
17.12	Die gekreuzte Aldoladdition	972
17.13	Die Claisen-Kondensation bildet β-Ketoester	976
17.14	Andere gekreuzte Kondensationen	979
17.15	Intramolekulare Kondensationsreaktionen und intramolekulare Aldoladditionen	980
17.16	Die Robinson-Annelierung	982
17.17	CO_2 kann von einer Carbonsäure entfernt werden, die eine Carbonylgruppe an der 3-Position trägt	985
17.18	Die Malonestersynthese: Ein Weg zur Synthese von Carbonsäuren	986
17.19	Die Acetessigestersynthese: Ein Weg zur Synthese von Methylketonen	988
17.20	Syntheseplanung V: Die Knüpfung neuer Kohlenstoff-Kohlenstoff-Bindungen	990
17.21	Reaktionen am α-Kohlenstoffatom in biologischen Systemen	992
17.22	Einordnen, was wir über die Reaktionen organischer Verbindungen wissen	996
	Zusammenfassung	998
	Zusammenfassung der Reaktionen	999
	Tutorial Synthese und retrosynthetische Analyse	1003

ÜBERBLICK

Ein Papiermaulbeerbaum

Fünfzehn Aromataseinhibitoren – Verbindungen, die zur Behandlung von Brustkrebs verwendet werden – wurden aus den Blättern des Papiermaulbeerbaums isoliert.

Als wir in den vorangegangenen Kapiteln 15 und 16 Carbonylverbindungen und ihre Reaktionen betrachtet haben, haben wir gelernt, dass ihr reaktives Zentrum das partiell positiv geladene Carbonylkohlenstoffatom ist, das durch Nucleophile angreifbar ist.

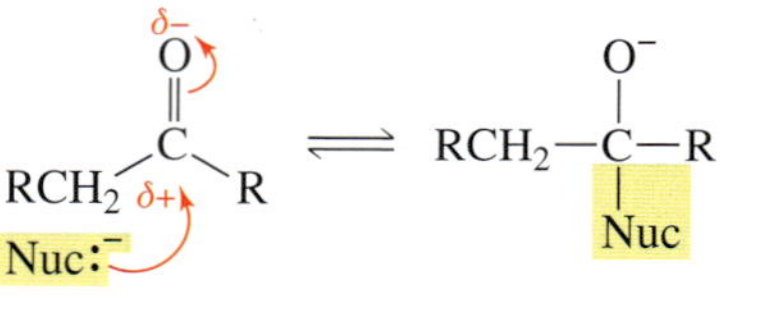

Viele Carbonylverbindungen besitzen ein zweites Reaktivitätszentrum, nämlich ein H-Atom, *das an ein C-Atom gebunden ist, welches an den Carbonylkohlenstoff angrenzt.* Dieser Wasserstoff besitzt eine hinreichend hohe Azidität, um durch eine starke Base entfernt werden zu können. Das einem Carbonylkohlenstoffatom benachbarte C-Atom wird als **α-Kohlenstoffatom** bezeichnet. Ein daran gebundenes Wasserstoffatom heißt daher **α-Wasserstoffatom**.

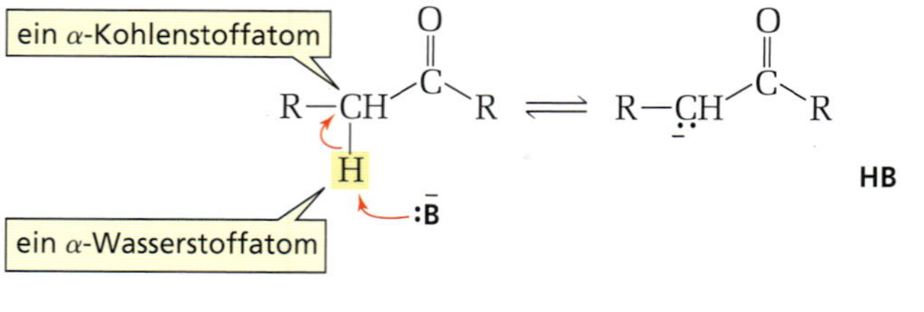

In Abschnitt 17.1 werden wir erörtern, warum ein Wasserstoffatom, das an ein α-Kohlenstoffatom gebunden ist, stärker sauer ist als Wasserstoffatome, die an andere sp^3-hybridisierte Kohlenstoffatome gebunden sind, und wir werden einige Reaktionen kennenlernen, die auf diese erhöhte Azidität zurückzuführen sind. Im weiteren Verlauf dieses Kapitels werden wir erkennen, dass ein Proton (H^+) nicht der einzige Substituent ist, der von dieser Position an einem α-Kohlenstoffatom entferntverdrängt werden kann; eine an ein α-Kohlenstoffatom gebundene Carboxylgruppe kann in Form eines Kohlendioxidmoleküls (CO_2) verdrängt werden. Gegen Ende des Kapitels werden Sie mit einigen wichtigen biologischen Reaktionen vertraut gemacht, die auf der Möglichkeit fußen, Protonen oder Carboxylgruppen von α-Kohlenstoffatomen zu entfernen.

Azidität von α-Wasserstoffatomen 17.1

Wasserstoff- und Kohlenstoffatome weisen ähnliche Elektronegativitätswerte auf, was bedeutet, dass die beiden Atome die Elektronen, die sie zusammenhalten, fast gleichmäßig teilen. Daraus folgt, dass ein an ein Kohlenstoffatom gebundenes Wasserstoffatom normalerweise keine sauren Eigenschaften, keine Azidität, besitzt. Dies gilt in besonderem Maße für H-Atome, die an sp^3-hybridisierte Kohlenstoffatome gebunden sind, da Kohlenstoffatome in diesem elektronischen Zustand in ihrer Elektronegativität den Wasserstoffatomen am ähnlichsten sind (Abschnitt 7.10). Der pK_S-Wert des Ethans ist beispielsweise größer als 60.

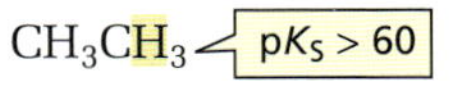

An sp^3-Kohlenstoffe gebundene Wasserstoffe, die neben Carbonylkohlenstoffen liegen, sind relativ sauer

Ein an ein sp^3-Kohlenstoffatom gebundenes Wasserstoffatom, welches einer Carbonylgruppe benachbart ist, ist jedoch deutlich azider als an andere (gewöhnliche) sp^3-hybridisierte C-Atome gebundene Wasserstoffatome.

- So beträgt etwa der pK_S-Wert für die Abdissoziation eines Protons vom α-Kohlenstoffatom eines Aldehyds oder Ketons 16 bis 20.
- Der pK_S-Wert für die Dissoziation eines Protons vom α-Kohlenstoffatom eines Esters liegt bei ca. 25.

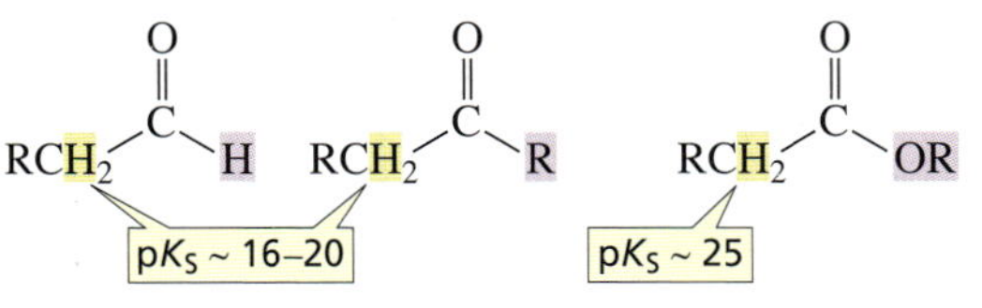

MERKE!

Die α-Wasserstoffatome eines Ketons oder Aldehyds sind stärker sauer als die α-Wasserstoffatome eines Esters.

Eine organische Verbindung, die relativ azide Wasserstoffatome enthält, wird als **C—H-azide Verbindung** bezeichnet (► Tabelle 17.1).

Ein an α-Kohlenstoff gebundener Wasserstoff ist saurer als Wasserstoffatome, die an andere sp^3-Kohlenstoffe gebunden sind, da die entstehende Base, die entsteht, wenn ein Proton von einem α-Kohlenstoffatom entfernt wird, relativ stabil ist. Wie wir gesehen haben, ist die konjugierte Säure umso stärker, je stabiler die Base ist (Abschnitt 2.6).

	pK_S		pK_S		pK_S
$\underline{H}$–$CH_2C(=O)N(CH_3)_2$	30	$\underline{H}$–$CH_2C{\equiv}N$	25	$CH_3CH_2OC(=O)CH(\underline{H})C(=O)OCH_2CH_3$	13,3
$\underline{H}$–$CH_2C(=O)OCH_2CH_3$	25	$N{\equiv}CCH(\underline{H})C{\equiv}N$	11,8	$CH_3C(=O)CH(\underline{H})C(=O)OCH_2CH_3$	10,7
$\underline{H}$–$CH_2C(=O)CH_3$	20	$CH_3CH(\underline{H})NO_2$	8,6	$CH_3C(=O)CH(\underline{H})C(=O)CH_3$	8,9
$\underline{H}$–$CH_2C(=O)H$	17	$O_2NCH(\underline{H})NO_2$	3,6	$CH_3C(=O)CH(\underline{H})C(=O)H$	5,9

Tabelle 17.1: pK_S-Werte einiger C—H-azider Verbindungen.

Warum sind Basen, die durch Entfernen eines Protons von einem α-Kohlenstoffatom gebildet werden, stabiler als Basen, die durch Entfernen eines Protons von anderen sp^3-Kohlenstoffen? Wenn ein Proton von Ethan entfernt wird, halten sich die zurückbleibenden Elektronen ausschließlich bei einem Kohlenstoff auf. Dieses Carbanion mit lokalisierten Elektronen ist instabil, da Kohlenstoff nicht sehr elektronegativ ist. Entsprechend ist der pK_S-Wert seiner konjugierten Säure sehr hoch.

lokalisierte Elektronen

$$CH_3CH_3 \rightleftharpoons CH_3\ddot{C}H_2^- + H^+$$

Elektronendelokalisierung stabilisiert die konjugierte Base

Wenn im Gegensatz dazu ein Proton von einem C-Atom abgespalten wird, das in Nachbarstellung zu einer Carbonylgruppe steht, wirken zwei Faktoren bei der drastischen Erhöhung der Stabilität der gebildeten Base zusammen. Zunächst werden die vormaligen Bindungselektronen, die das Proton bei seiner Abdissoziation zurücklässt, delokalisiert, und Elektronendelokalisation steigert, wie wir wissen (Abschnitt 8.6), die Stabilität eines Teilchens. Wichtiger noch ist die Tatsache, dass an der Elektronendelokalisation ein Sauerstoffatom beteiligt ist, also ein Atom, das weitaus besser befähigt ist, die Elektronen zu beherbergen, weil es deutlich stärker elektronegativ ist als ein C-Atom.

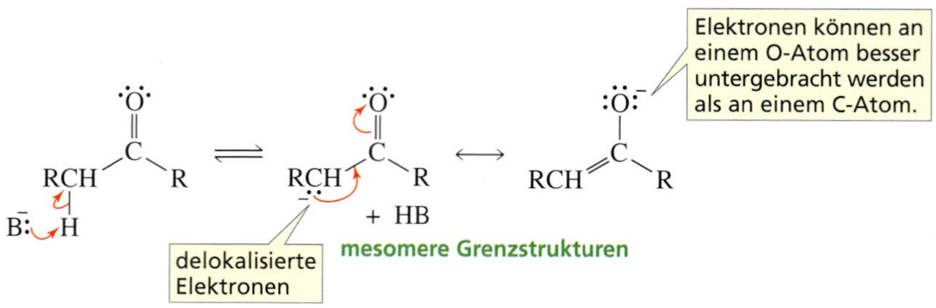

Wir verstehen nunmehr, warum Aldehyde und Ketone ($pK_S \approx 16–20$) azider sind als Ester ($pK_S \approx 25$). Die Elektronen, die das Proton zurücklässt, wenn es von einem α-Kohlenstoffatom eines Estermoleküls abgespalten wird, werden nicht so gut auf das Carbonylsauerstoffatom delokalisiert (wird durch die roten Pfeile veranschaulicht) wie im Fall eines Ketons oder Aldehyds. Dies ist darauf zurückzuführen, dass der Sauerstoff der OR-Gruppe des Esters ebenfalls ein freies Elektronenpaar besitzt, das auf das Carbonylsauerstoffatom delokalisiert werden kann (veranschaulicht durch blaue Pfeile). Die freien Elektronenpaare, das am Kohlenstoff- und das am Wasserstoffatom, liegen also im Wettstreit um die Aufnahmekapazität des Carbonylsauerstoffatoms.

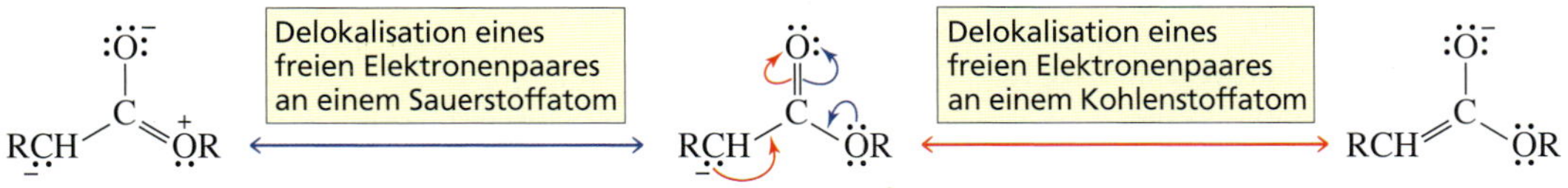

mesomere Grenzstrukturen

Nitroalkane, Nitrile und *N,N*-disubstituierte Amide besitzen ebenfalls relativ azide α-Wasserstoffatome (► Tabelle 17.1), weil auch in diesen Fällen die von dem abdissoziierten Proton zurückgelassenen Bindungselektronen mit Hilfe eines elektronegativeren Atoms delokalisiert werden können.

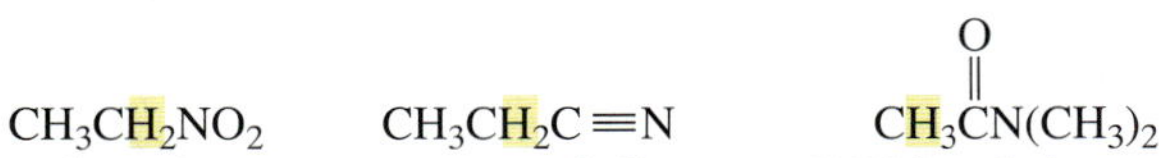

Nitroethan	Propannitril	*N,N*-Dimethylacetamid
$pK_S = 8{,}6$	$pK_S = 26$	$pK_S = 30$

Ü 1* Erklären Sie, weshalb der pK_S eines Wasserstoffatoms, das an den sp^3-Kohlenstoff von Propen gebunden ist, höher liegt ($pK_S = 42$) als die Werte aller in ► Tabelle 17.1 aufgeführten Carbonsäuren, jedoch niedriger als der pK_S eines Alkans ($pK_S > 60$).

Falls das α-Kohlenstoffatom *zwischen zwei* Carbonylgruppen desselben Moleküls angesiedelt ist, ist die Azidität der α-Wasserstoffatome noch höher (► Tabelle 17.1). Beispielsweise beträgt der pK_S-Wert der Dissoziation eines Protons vom α-Kohlenstoffatom des 2,4-Pentandions, einer Verbindung mit einem α-Kohlenstoffatom zwischen zwei Ketoncarbonylgruppen, 8,9. Und der pK_S-Wert für die Dissoziation eines Protons vom α-Kohlenstoffatom des 3-Oxobutansäurethylesters, einer Verbindung mit einem α-Kohlenstoff zwischen einer Keton- und einer Estercarbonylgruppe, beträgt 10,7. 2,4-Pentandion ist ein **β-Diketon**, da das Keton eine zweite Ketogruppe an der β-Position besitzt; 3-Oxobutansäurethylester ist ein **β-Ketoester**.

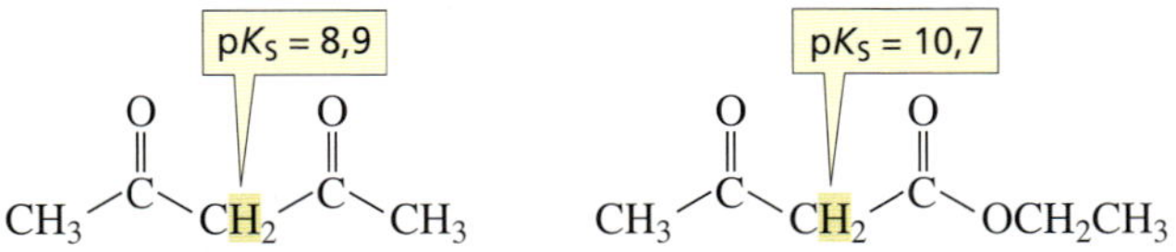

2,4-Pentandion	3-Oxobutansäurethylester
Acetylaceton	Ethylacetoacetat
ein β-Diketon	ein β-Ketoester

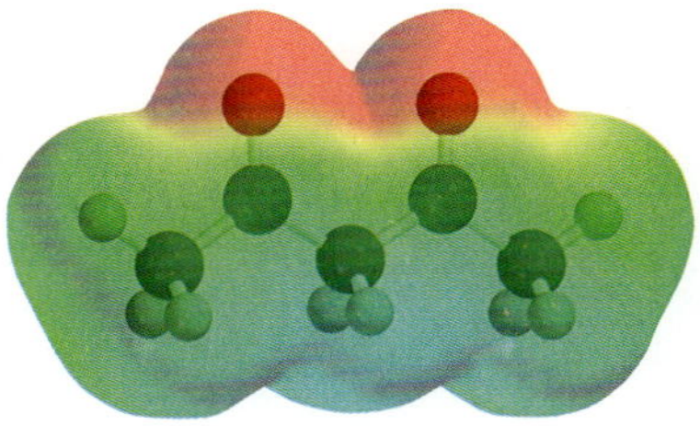

2,4-Pentandion

Die Azidität der α-Wasserstoffatome, die an C-Atome gebunden sind, welche von zwei Carbonylgruppen flankiert werden, ist erhöht, weil die bei der Abdissoziation eines Protons zurückbleibenden Elektronen auf *zwei* O-Atome delokalisiert werden können. β-Diketone besitzen niedrigere pK_S-Werte als β-Ketoester, weil – wie wir gesehen haben – das Sauerstoffatom einer einfachen Carbonylgruppe in stärkerem Maße an der Elektronendelokalisation beteiligt werden kann als die Carbonylgruppe eines Esters.

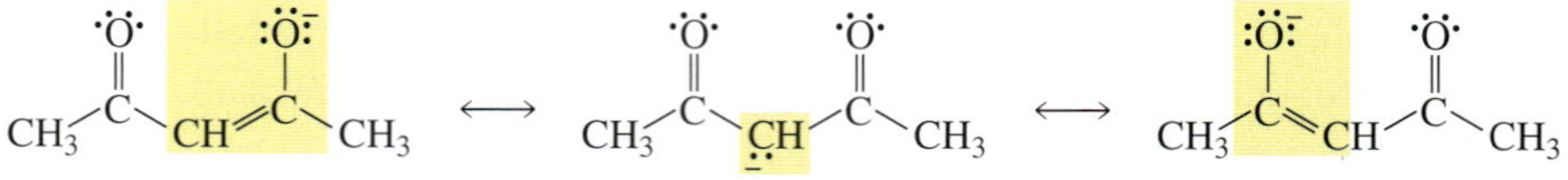

mesomere Grenzstrukturen des 2,4-Pentandionanions

STRATEGIEN ZUR PROBLEMLÖSUNG

Das Säure-/Baseverhalten einer Carbonylverbindung

Erklären Sie, warum eine Base kein Proton vom α-Kohlenstoffatom einer Carbonsäure entfernen kann.

Wenn eine Base kein Proton von einem α-Kohlenstoffatom einer Carbonsäure abspalten kann, muss die Base mit einem anderen Teil des Moleküls schneller reagieren. Da das Proton an der Carboxylgruppe saurer ($pK_S = 5$) als das Proton am α-Kohlenstoffatom ist, können wir daraus schließen, dass die Base ein Proton von der Carboxylgruppe Carbonsäuremoleküle anstelle vom α-Kohlenstoffatom entfernt.

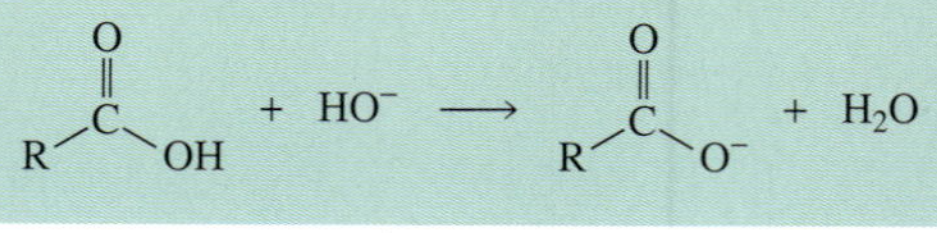

Ü 2* Geben Sie ein Beispiel an für folgende Stoffgruppen:
(a) ein β-Ketonitril **(b)** ein β-Diester **(c)** ein β-Ketoaldehyd

Ü 3* Erklären Sie, warum eine Base ein Proton vom α-Kohlenstoffatom des *N,N*-Dimethylethanamids entfernen kann, aber nicht von den α-Kohlenstoffatomen des *N*-Methylethanamids oder des Ethanamids.

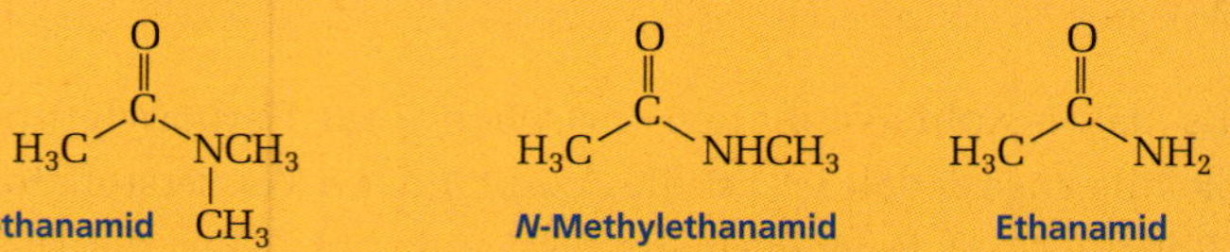

N,N-Dimethylethanamid — *N*-Methylethanamid — Ethanamid

Ü 4* Erklären Sie, weshalb das α-Wasserstoffatom eines *N,N*-Disubstituierten Ammids weniger sauer ($pK_S = 30$) ist als das α-Wasserstoffatom eines Esters ($pK_S = 25$).

Ü 5* Ordnen Sie die nachfolgenden Verbindungen in der Reihenfolge abnehmender Azidität:

(a) 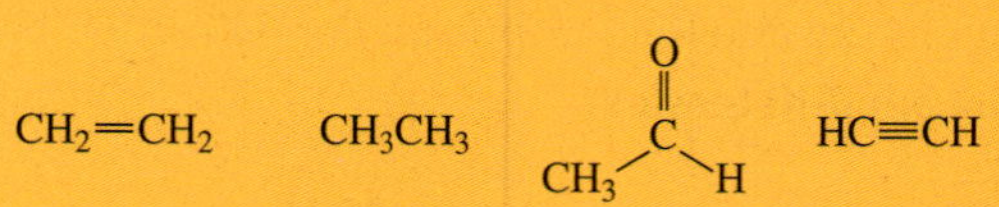

(b) 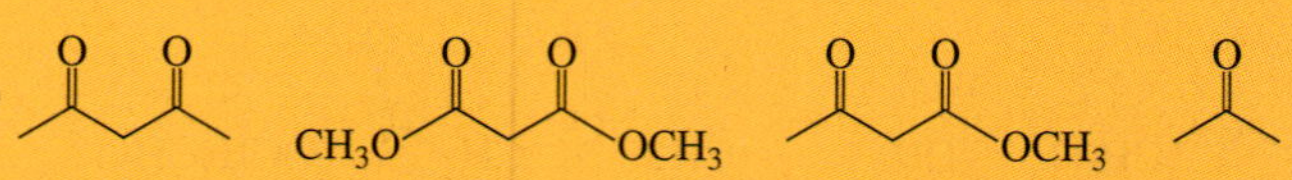

(c) 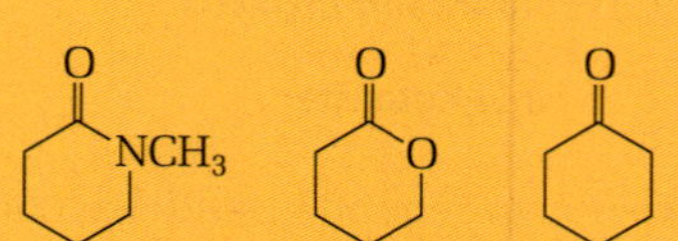

Keto-Enol-Tautomerie 17.2

Ein Keton steht im Gleichgewicht mit seinem Enol-Tautomer. **Tautomere** sind, wie wir gelernt haben (Abschnitt 7.7), Isomere, die in einem sich rasch einstellenden, dynamischen Gleichgewicht miteinander stehen. Keto-Enol-Tautomere unterscheiden sich in der Stellung der Doppelbindung und eines H-Atoms.

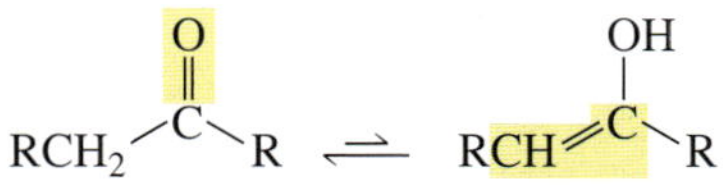

Keto-Tautomer Enol-Tautomer

Im Fall der meisten Ketone ist das **Enol-Tautomer** deutlich weniger stabil als das **Keto-Tautomer**. Beispielsweise besteht eine wässrige Lösung von Aceton als Gleichgewichtsmischung von mehr als 99,9 % Keto-Tautomer und weniger als 0,1 % Enol-Tautomer.

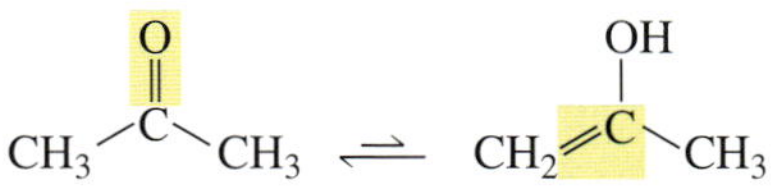

> 99,9% Keto-Tautomer   < 0,1% Enol-Tautomer

Der Anteil des Enol-Tautomers in einer wässrigen Lösung ist im Fall eines *β*-Diketons beträchtlich größer als bei einem einfachen Keton, weil das Enol-Tautomer durch intramolekulare Wasserstoffbrückenbindungen stabilisiert wird sowie durch Konjugation der Kohlenstoff-Kohlenstoff-Doppelbindung mit der zweiten Carbonylgruppe.

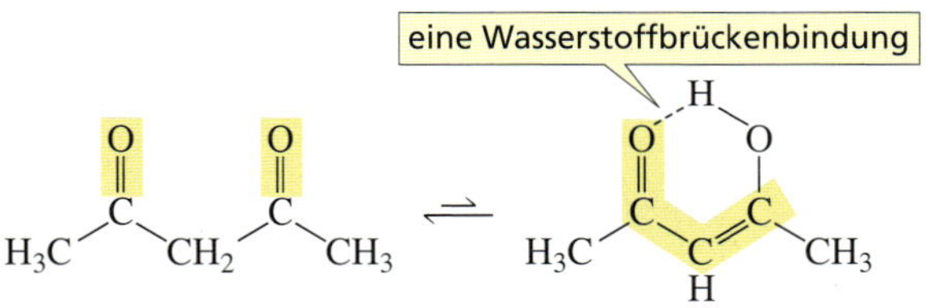

85% Keto-Tautomer   15% Enol-Tautomer

Phenol ist insofern ungewöhnlich als seine Enolform *stabiler* ist als die Ketoform, weil das Enol aromatischen Charakter besitzt, die Ketoform jedoch nicht.

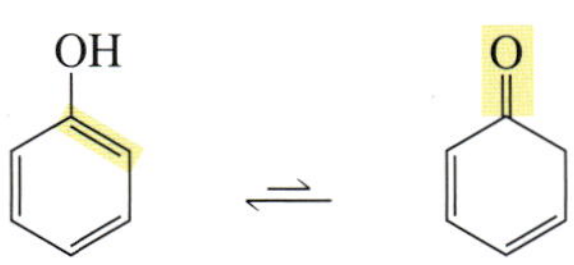

Enol-Tautomer aromatisch   Keto-Tautomer nicht aromatisch

Ü 6 Nur 15 % des 2,4-Pentandions liegen in Wasser in der Enolform vor, in Hexan jedoch zu 92 %. Erklären Sie, warum dies der Fall ist.

Keto-Enol-Umwandlung 17.3

Da wir nun wissen, dass ein α-Wasserstoffatom etwas sauer ist, können wir besser verstehen, weshalb sich Keto- und Enol-Tautomere ineinander umwandeln, wie wir zuerst in Abschnitt 7.7 gesehen haben. Die **Keto-Enol-Umwandlung** (auch **Tautomerie** genannt), kann sowohl durch eine Base als auch eine Säure katalysiert werden.

Basenkatalysierte Keto-Enol-Umwandlung

Der Mechanismus

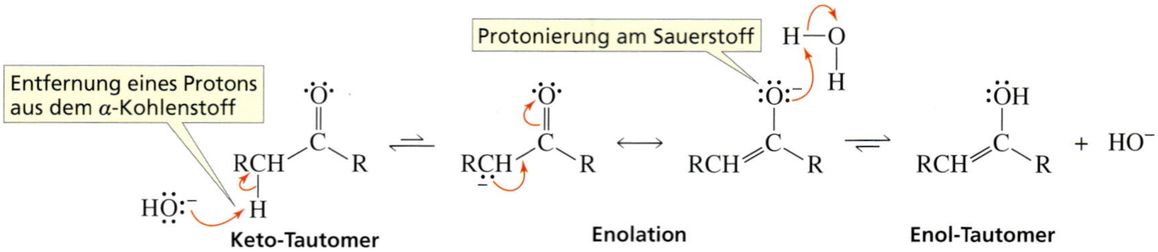

- Das Hydroxidion entfernt ein Proton vom α-Kohlenstoff des Keto-Tautomers, wodurch ein Anion entsteht, das **Enolation**. Das Enolation besitzt zwei Resonanzbeiträger.
- Durch Protonierung des Sauerstoffs bildet sich das Enol-Tautomer, während Protonierung des α-Kohlenstoffs wieder das Keto-Tautomer bildet.

Säurekatalysierte Keto-Enol-Umwandlung

Der Mechanismus

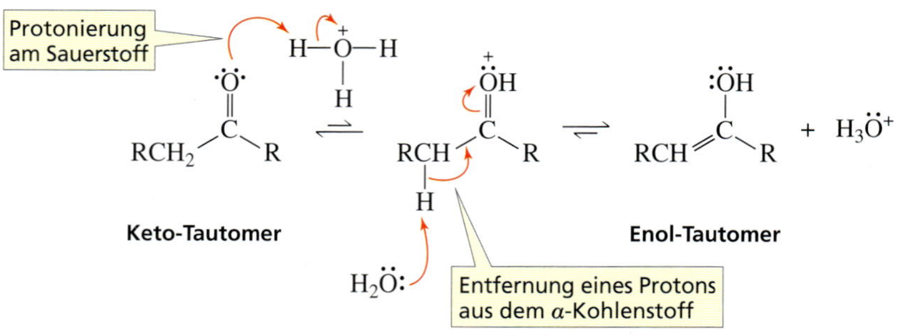

- Die Säure protoniert den Carbonylsauerstoff des Keto-Tautomers.
- Wasser entfernt ein Proton vom α-Kohlenstoff, wodurch das Enol-Tautomer gebildet wird.

Beachten Sie, dass die Schritte bei der basen- und säurekatalysierten Umwandlung umgekehrt sind. Bei der basenkatalysierten Reaktion entfernt die Base ein Proton vom α-Kohlenstoff im ersten Schritt, und der Sauerstoff wird im zweiten Schritt protoniert. Bei der säurekatalysierten Reaktion wird der Sauerstoff im ersten Schritt protoniert, und im zweiten Schritt wird das Proton vom α-Kohlenstoff entfernt. Beachten Sie auch, dass der Katalysator erwartungsgemäß sowohl bei den säure- als auch bei den basenkatalysierten Reaktionen regeneriert wird.

Ü 7* Zeichen Sie das Enol-Tautomer für jede der folgenden Verbindungen. Bei Verbindungen, die mehr als ein Enol-Tautomer besitzen, kennzeichnen Sie das stabilere.

(a) 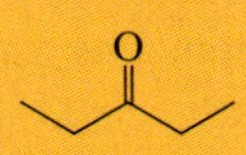
(c) 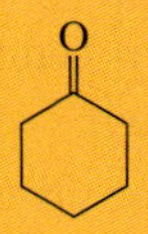
(e) 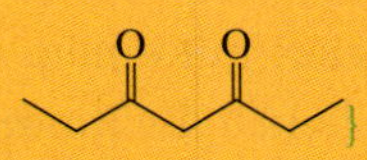
(b) 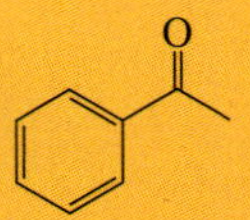
(d) 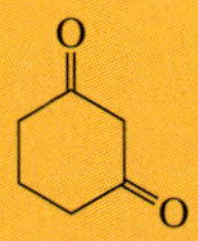
(f) 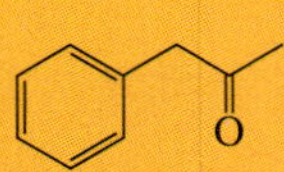

Ü 8 Es wird eine verdünnte Lösung von Acetaldehyd in D_2O, das NaOD enthält, geschüttelt. Erklären Sie, weshalb die Methyl-Wasserstoffatome mit Deuterium ausgetauscht werden, jedoch nicht das am Carbonylkohlenstoff gebundene Wasserstoffatom.

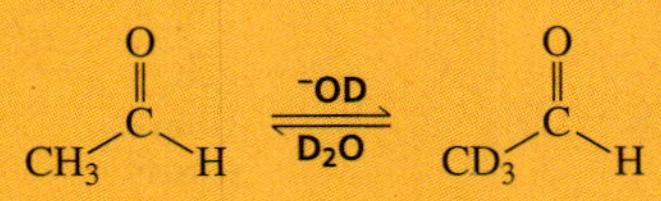

Halogenierung des α-Kohlenstoffatoms von Aldehyden und Ketonen 17.4

Wenn Br_2, Cl_2 oder I_2 der Lösung eines Aldehyds oder Ketons zugesetzt werden, ersetzt ein Halogenatom *eines* oder *mehrere* α-Wasserstoffatome der Carbonylverbindung. Die Reaktion kann entweder durch eine Säure oder eine Base katalysiert werden. Dies ist eine **α-Substitutionsreaktion**, da ein Elektrophil (Br^+) durch ein anderes (H^+) am α-Kohlenstoff ersetzt wird.

Säurekatalysierte Halogenierung

Bei der säurekatalysierten Reaktion ersetzt ein Halogenatom eines der α-Wasserstoffatome:

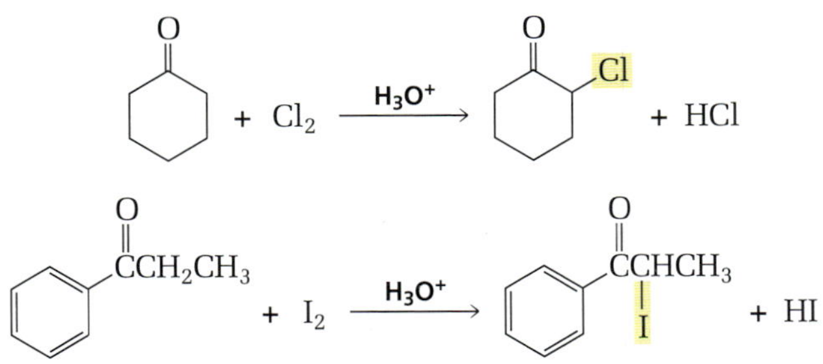

MERKE!

Unter sauren Bedingungen wird ein α-Wasserstoffatom gegen ein Halogenatom ausgetauscht.

Der Mechanismus

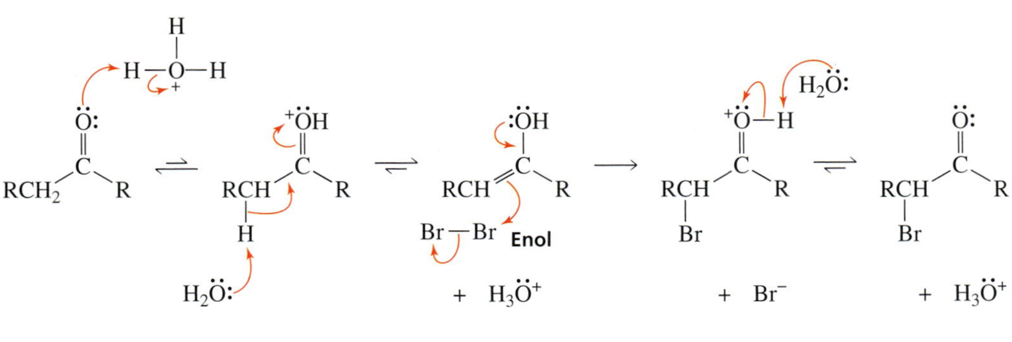

- Das Carbonylsauerstoffatom wird protoniert.
- Ein Wassermolekül abstrahiert ein Proton vom α-Kohlenstoffatom; dabei wird ein Enol gebildet.
- Das Enol reagiert mit einem elektrophilen Halogenteilchen. Das andere Halogenatom behält die Bindungselektronen.
- Die sehr saure protonierte Carbonylgruppe verliert ein Proton.

Basenvermittelte Halogenierung

MERKE!

Unter basischen Bedingungen werden *alle* α-Wasserstoffatome gegen Halogenatome ausgetauscht.

Wenn ein Überschuss Br_2, Cl_2 oder I_2 zu einer *basischen* Lösung eines Aldehyds oder Ketons gegeben wird, ersetzt das Halogen *alle* α-Wasserstoffatome.

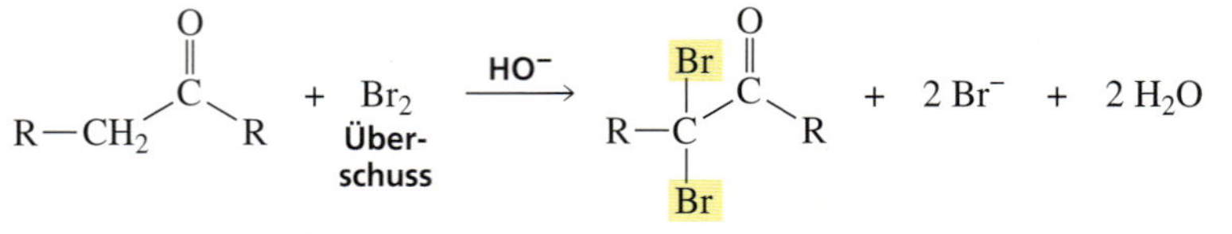

Der Mechanismus

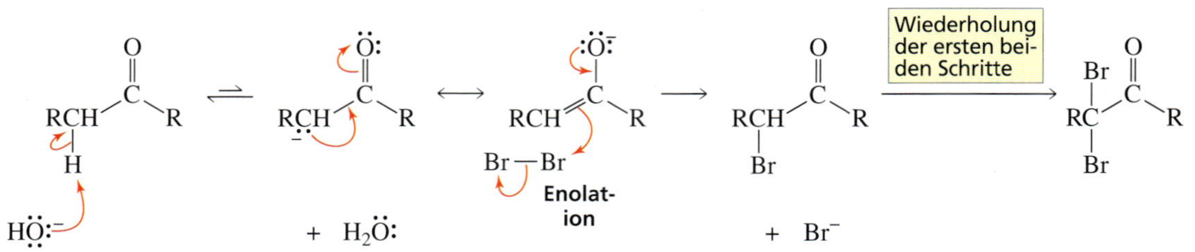

- Ein Hydroxidion abstrahiert ein Proton vom α-Kohlenstoffatom, wodurch ein Enolation gebildet wird.
- Das Enolation reagiert mit einem elektrophilen Halogenteilchen. Das andere Halogenatom behält die Bindungselektronen. Beachten Sie, dass das Hydroxidion nicht regeneriert wird; es fördert daher die Reaktion, katalysiert sie aber nicht.

Die beiden Schritte werden wiederholt, bis beide α-Wasserstoffatome durch Halogenatome ersetzt sind. Jede nachfolgende Halogenierung erfolgt *schneller* als die vorhergegangene, weil das schon eingebaute elektronenziehende Halogenatom die Azidität des verbliebenen α-H-Atoms bzw. der Atome erhöht. Dies ist der Grund, warum *alle* α-Wasserstoffatome durch Halogenatome ersetzt werden.

Unter sauren Bedingungen läuft dagegen jede nachfolgende Halogenierung *langsamer* ab als die erste, weil das elektronenziehende Halogenatom die Basizität des Carbonylsauerstoffatoms vermindert, wodurch die Protonierung dieses Atoms energetisch weniger günstig wird.

Vergleich der Keto-Enol-Umwandlung und α-Substitution

Beachten Sie die Gemeinsamkeit der Keto-Enol-Umwandlung und der α-Substitution. Tatsächlich ist die Keto-Enol-Umwandlung eine α-Substitutionsreaktion, in welcher der Wasserstoff gleichzeitig als Elektrophil, das vom α-Atom entfernt wird fungiert und als Elektrophil, das zum α-Kohlenstoff addiert wird, wenn sich das Enol oder Enolation zum Keto-Tautomer zurückbildet.

Ü 9 Erklären Sie, weshalb sich ein razemisches Gemisch bildet, wenn (*R*)-2-Methylpentanal in saurer oder basischer Lösung gelöst wird.

Ü 10* Ein Keton geht säurekatalysierte Bromierung, säurekatalysierte Chlorierung, Razemisierung und säurekatalysierten Deuteriumaustausch am α-Kohlenstoffatom ein. Alle Reaktionen laufen mit vergleichbaren Geschwindigkeiten ab. Was sagt uns dies über die Mechanismen dieser Reaktionen?

17.5 Halogenierung des α-Kohlenstoffs von Carbonsäuren

Carbonsäuren vermögen keine Substitutionen am α-Kohlenstoffatom einzugehen, weil eine Base ein Proton vom OH-Anteil der Carboxylgruppe abstrahiert anstatt vom α-C-Atom, da die carboxylische OH-Funktion viel azider ist. Falls jedoch die Carbonsäure mit PBr_3 und Br_2 umgesetzt wird, kann das α-Kohlenstoffatom bromiert werden. Diese Halogenierungsreaktion wird als **Hell-Volhard-Zelinsky-Reaktion** (kurz **HVZ-Reaktion**) bezeichnet.

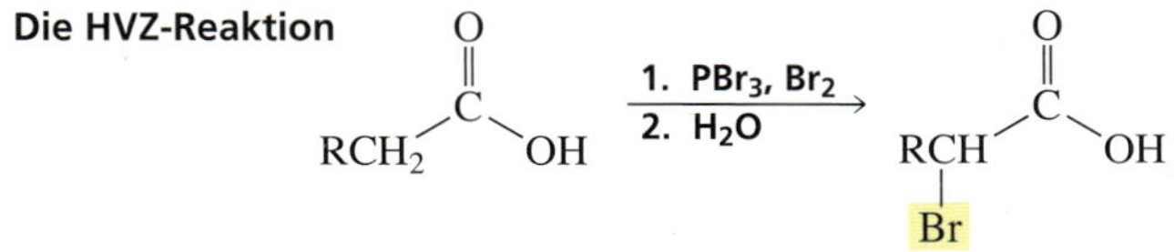

Sie werden erkennen, dass eine α-Substitution stattfindet, weil ein Acylbromid anstelle einer Carbonsäure die Verbindung ist, die die Substitution eingeht, wenn Sie den Mechanismus der Reaktion analysieren.

Schritte der Hell-Volhard-Zelinsky-Reaktion

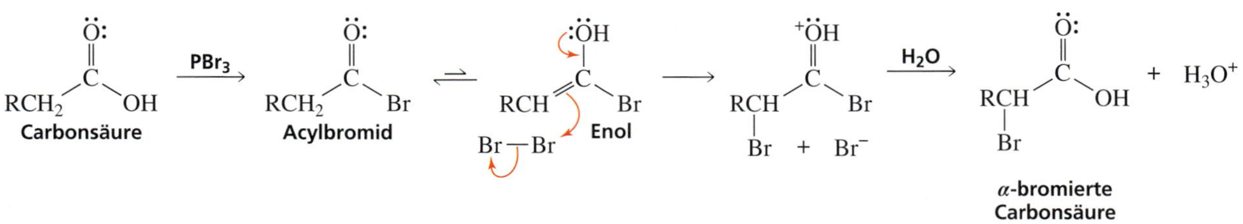

- PBr_3 überführt die Carbonsäure in ein Acylbromid (Abschnitt 15.18), das im Gleichgewicht mit seinem Enol steht.
- Die Bromierung des Enols führt zur Bildung des α-bromierten Acylbromids, das zur α-bromierten Carbonsäure hydrolysiert (Abschnitt 15.6).

Austausch des α-Halogens einer Carbonylverbindung

Ein an den α-Kohlenstoff einer Carbonylverbindung gebundenes Halogen kann nur mit einem schwachen Nucleophil (einer schwachen Base) ersetzt werden. Eine starke Base wird eine α,β-ungesättigte Carbonylverbindung bilden durch Entfernung eines Protons vom β-Kohlenstoff und Eliminierung des Bromidions.

Erinnern Sie sich, dass eine schwache Base die Substitution und eine starke Base die Eliminierung begünstigt (Abschnitt 9.12).

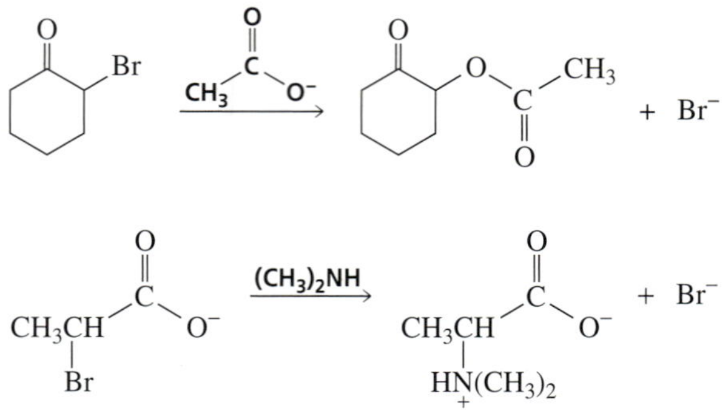

Ü 11 Zeigen Sie, wie folgende Verbindungen aus dem gegebenen Ausgangsmaterial hergestellt werden können:

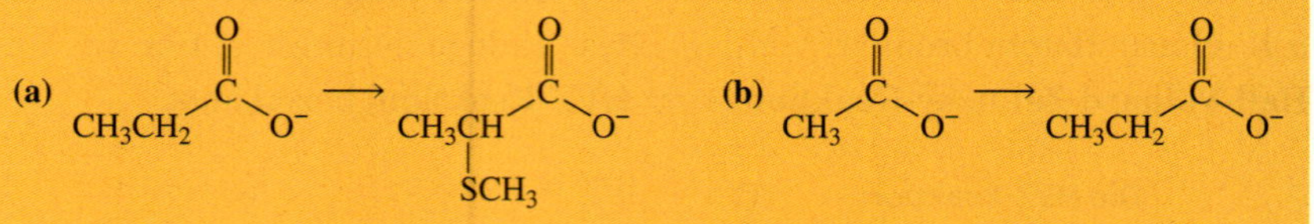

Bildung des Enolations 17.6

Die Menge an Carbonylverbindung, die zu einem Enolation umgewandelt wird, hängt vom pK_S-Wert der Carbonylverbindung und von der konkreten Base ab, die verwendet wird, um den α-Wasserstoff zu entfernen.

Wenn beispielsweise Hydroxidionen oder Alkoxidionen verwendet werden, um α-Wasserstoff von Cyclohexanon zu entfernen, wird nur eine geringe Menge der Carbonylverbindung in Enolationen umgewandelt, da die entstehende Säure (H_2O) eine *stärkere Säure* als die Reaktantensäure (das Keton) ist. (Erinnern Sie sich, dass das Gleichgewicht einer Säure-Base-Reaktion die Dissoziation der starken Säure und Bildung der schwachen Säure begünstigt; Abschnitt 2.5.)

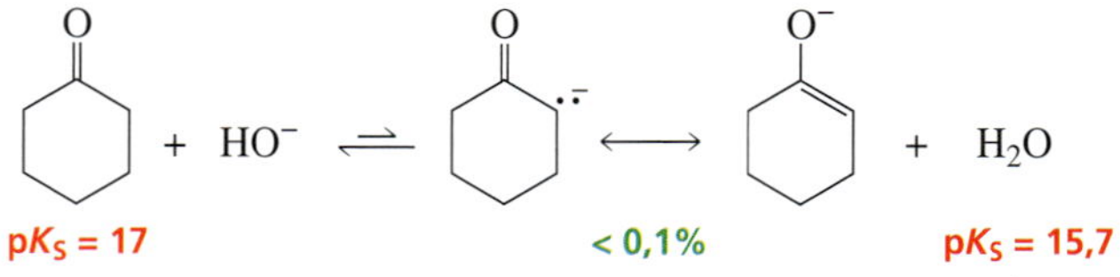

Wenn dagegen LDA (Lithium-Diisopropylamid) zum Entfernen des α-Wasserstoffs verwendet wird, wandelt sich die Carbonylverbindung fast vollständig in Enolationen um, da die entstehende Säure (Diisopropylamin, DIA) eine deutlich *schwächere Säure* als die Reaktantensäure (das Keton) ist. Daher ist LDA die Base der Wahl für Reaktionen, die erfordern, dass die Carbonylverbindung vollständig zu Enolationen umgewandelt wird, bevor sie mit einem Elektrophil reagiert (Abschnitt 17.7).

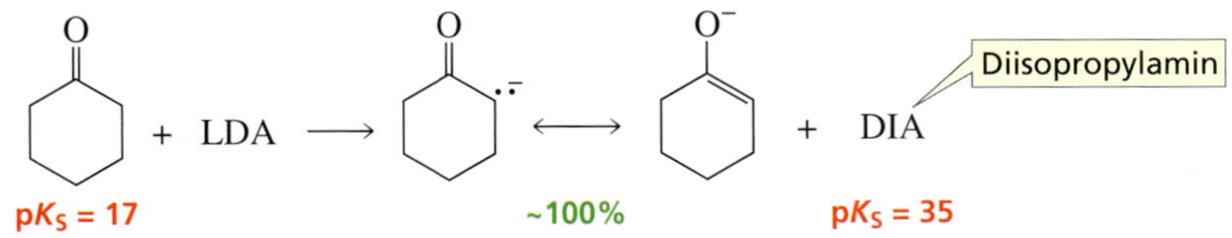

LDA kann leicht hergestellt werden, indem Butyllithium zu Diisopropylamin in THF bei –78 °C (der Temperatur eines Trockeneis-Aceton-Bades) gegeben wird.

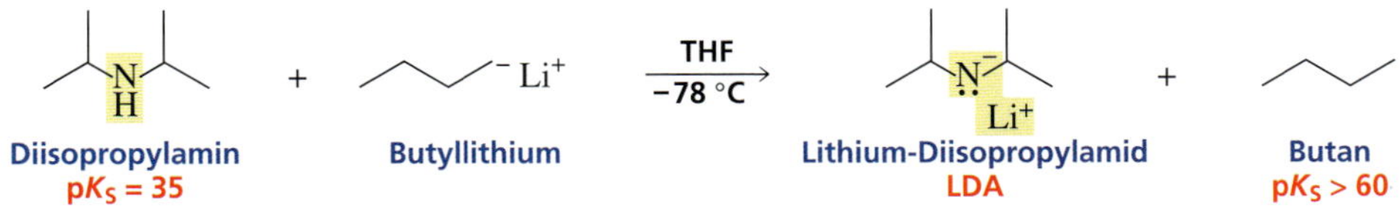

Die Verwendung einer Stickstoffbase zur Bildung von Enolationen kann problematisch sein, da eine Stickstoffbase auch als Nucleophil reagieren und an den Carbonylkohlenstoff addieren kann (Abschnitt 16.8). Die beiden am Stickstoff des LDA gebundenen sperrigen Isopropylreste machen es dem Stickstoff jedoch schwer, nah genug an das Carbonylkohlenstoffatom zu gelangen, um mit ihm zu reagieren. LDA ist daher eine starke Base, aber ein schwaches Nucleophil – es entfernt ein α-Wasserstoffatom also viel schneller als es an einen Carbonylkohlenstoff addiert.

Ü 12* Welche Verbindung entsteht, wenn eine wässrige Lösung von Cyclohexanon mit NaOD in D_2O mehrere Stunden geschüttelt wird?

Alkylierung des α-Kohlenstoffatoms 17.7

Die Alkylierung des α-Kohlenstoffatoms einer Carbonylverbindung ist eine äußerst wichtige Reaktion, weil sie uns einen weiteren Weg eröffnet, Kohlenstoff-Kohlenstoff-Bindungen herzustellen. Die Alkylierung wird erreicht, indem zuerst mit einer starken Base wie LDA ein Proton vom α-C-Atom abgespalten wird, um ein Enolation zu bilden, und dann ein geeignetes Halogenalkan zugesetzt wird. Da die Alkylierung eine S_N2-Reaktion ist, funktioniert sie am am besten mit Halogenmethanen und primären Halogenalkanen (Abschnitt 9.2).

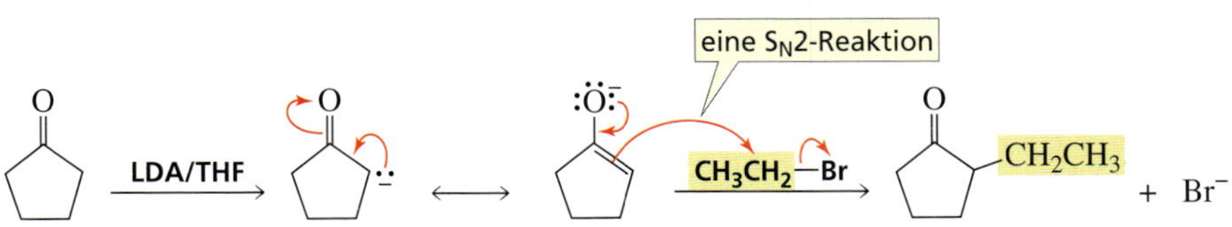

Obwohl ein Enolation zwei Resonanzteilnehmer hat, ist aus Gründen der Vereinfachung in vielen Reaktionen dieses Kapitels nur der Resonanzteilnehmer mit negativer Ladung am Kohlenstoff dargestellt. Vergleichen Sie beispielsweise die folgende Darstellung mit der vorhergehenden.

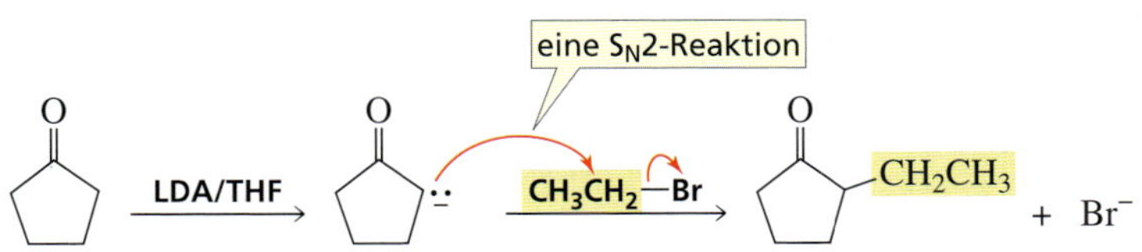

Es ist wichtig, dass eine starke Base wie LDA zur Bildung des Enolations verwendet wird. Wenn eine schwache Base wie Hydroxidionen oder Alkoxidionen verwendet wird, erhält man sehr wenig des gewünschten monoalkylierten Produkts. Wir haben gesehen, dass solch schwache Basen nur eine geringe Menge Enolationen im Gleichgewicht bilden (Abschnitt 17.6). Das meiste Hydroxid liegt daher vor, wenn das Halogenalkan zur Reaktionsmischung gegeben wird. Das Hauptprodukt der Reaktion wird folglich ein Alkohol sein, der aus einer S_N2-Reaktion zwischen Hydroxidionen mit dem Halogenalkan gebildet wird. Das alkylierte Keton entsteht als Nebenprodukt.

Ester und Nitrile können ebenfalls am α-Kohlenstoffatom alkyliert werden.

MERKE!

Ketone, Aldehyde, Ester und Nitrile können am α-Kohlenstoffatom alkyliert werden.

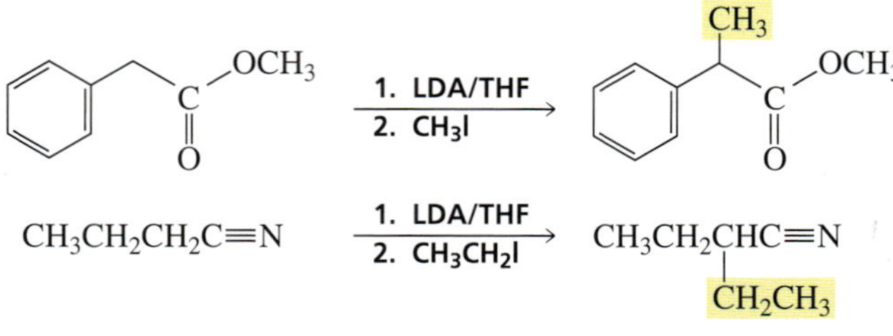

Ü 13 Erklären Sie, weshalb die Alkylierung eines α-Kohlenstoffatoms am besten funktioniert, wenn das in der Reaktion verwendete Halogenalkan ein primäres Halogenalkan ist und weshalb die Alkylierung gar nicht stattfindet, wenn ein tertiäres Halogenalkan verwendet wird.

Alkylierung unsymmetrischer Ketone

Wenn das Keton unsymmetrisch ist und zwei Wasserstoffatome an beiden α-Kohlenstoffen besitzt, können zwei monoalkylierte Produkte gebildet werden, da jedes der beiden α-C-Atome alkyliert werden kann. Beispielsweise wird bei der Methylierung von 2-Methylcyclohexanon mit einem Moläquivalent Iodmethan sowohl 2,6-Dimethylcyclohexanon wie 2,2-Dimethylcyclohexanon gebildet. Die relativen Mengen der beiden Reaktionsprodukte hängen von den Reaktionsbedingungen ab.

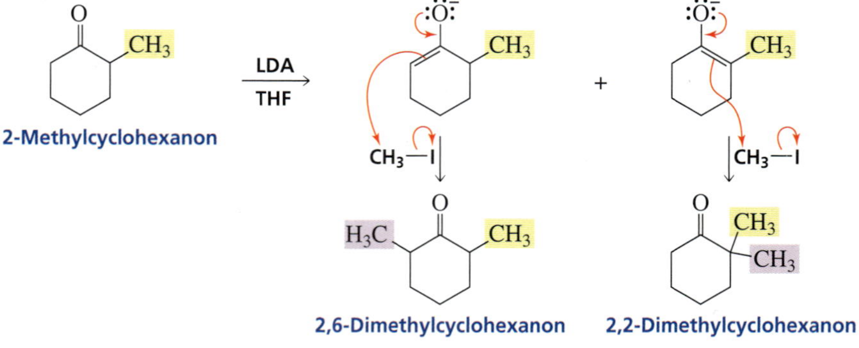

Das kinetische Enolation

Das zum 2,6-Dimethylcyclohexanon führende Enolation ist das *kinetische* Enolation, da es schneller gebildet wird. Das abstrahierte α-H-Atom dieses Enolations ist für die Base leichter zugänglich und etwas stärker sauer. Da sich 2,6-Dimethylcyclohexanon rascher bildet, ist es das Hauptprodukt, falls die Reaktion unter solchen Bedingungen ausgeführt wird (LDA bei –78 °C), die einen irreversiblen Verlauf bedingen (Abschnitt 8.13).

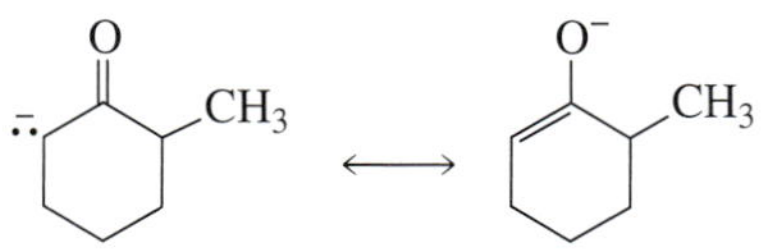

kinetisches Enolation

> **MERKE!**
>
> **Das kinetische Enolation wird gebildet, indem ein Proton von dem am geringsten substituierten Kohlenstoffatom entfernt wird.**
>
> **LDA bei –78 °C bildet das kinetische Enolation.**

Das thermodynamische Enolation

Das zum 2,2-Dimethylcyclohexanon führende Enolat ist das *thermodynamische* Enolation, weil es aufgrund der höher substituierten Doppelbindung das stabilere der beiden ist. (Alkylsubstituenten erhöhen die Stabilität eines Enolations aus den gleichen Gründen, aus denen sie Alkene stabilisieren; Abschnitt 5.9.) Daher ist das 2,2-Dimethylcyclohexanon das Hauptprodukt, falls die Reaktion unter solchen Bedingungen durchgeführt wird, unter denen die Enolatbildung reversibel ist (LDA bei 0 °C).

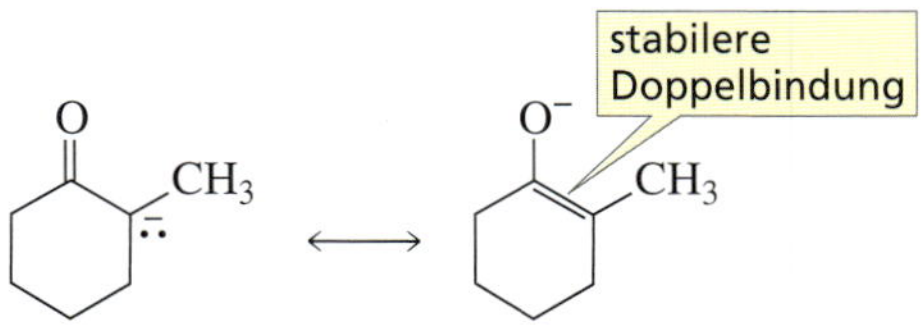

thermodynamisches Enolation

> **MERKE!**
>
> **Das thermodynamische Enolation wird gebildet, indem ein Proton von dem am stärksten substituierten Kohlenstoffatom entfernt wird.**
>
> **LDA bei 0 °C bildet das thermodynamische Enolation.**

HINTERGRUND

■ Die Synthese von Aspirin

Die industrielle Synthese von Aspirin beginnt mit einer sogenannten **Kolbe-Schmitt-Carboxylierungsreaktion**. Bei dieser Reaktion reagiert ein Phenolation mit Kohlendioxid unter Druck zu Salicylsäure. Die Reaktion der Salicylsäure mit Essigsäureanhydrid bildet Acetylsalicylsäure (Aspirin).

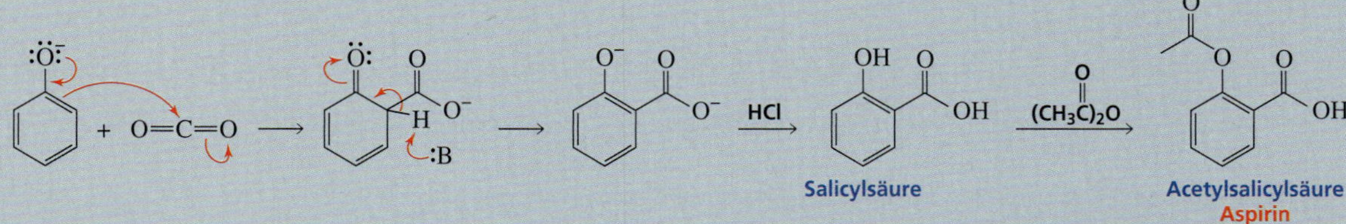

Im ersten Weltkrieg kaufte die Firma Bayer in Deutschland so viel Phenol auf wie sie auf dem internationalen Markt erhalten konnte – in dem Wissen, dass alles davon zur Herstellung von Aspirin verwendet werden kann. Dies lies anderen Ländern nur noch geringe Mengen an Phenol zum Kauf zur Synthese von 2,4,6-Trinitrophenol (Pikrinsäure) übrig, einem damals gebräuchlichen Sprengstoff.

STRATEGIEN ZUR PROBLEMLÖSUNG

■ Alkylierung einer Carbonylverbindung

Wie kann 4-Methyl-3-hexanon aus einem Keton, das nicht mehr als sechs Kohlenstoffatome enthält, hergestellt werden?

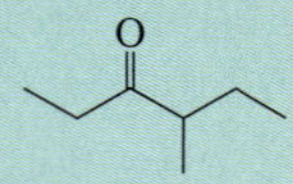

4-Methyl-3-hexanon

Beider der folgenden Keton- und Halogenalkan-Paare können für die Synthese verwendet werden: 3-Hexanon und ein Methylhalogenid oder 3-Pentanon und ein Ethylhalogenid.

3-Pentanon und ein Ethylhalogenid sind die bevorzugten Ausgangssubstanzen, denn 3-Pentanon ist symmetrisch; daher wird nur ein α-substituiertes Keton gebildet.

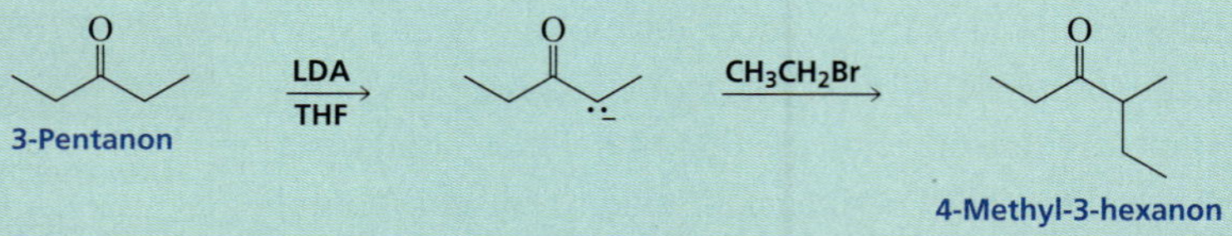

3-Hexanon kann dagegen zwei verschiedene Enolationen bilden; entsprechend bilden sich zwei α-substituierte Ketone, was die Ausbeute des Zielmoleküls erniedrigt.

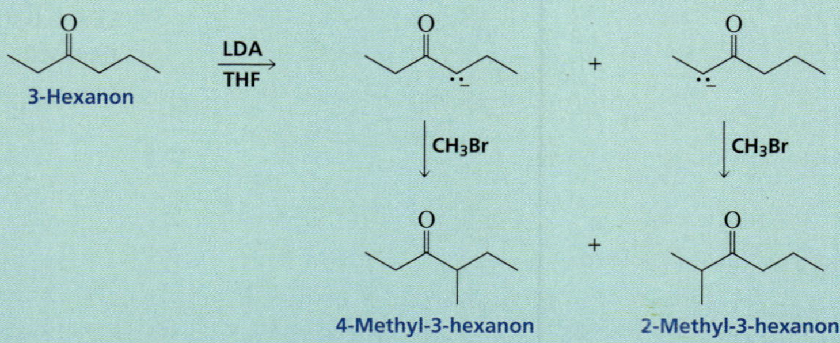

Ü 14 Wie könnte jede der folgenden Verbindungen aus einem Keton und einem halogenierten Kohlenwasserstoff hergestellt werden?

(a) 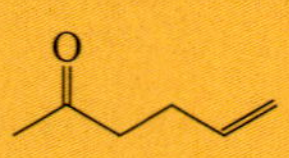 (b) 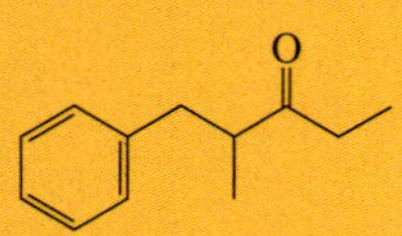

Ü 15* Wie viele Stereoisomere erhält man aus jeder in Problem 14 beschriebenen Synthesen?

Ü 16 Wie könnte jede der folgenden Verbindungen aus Cyclohexanon hergestellt werden?

(a) 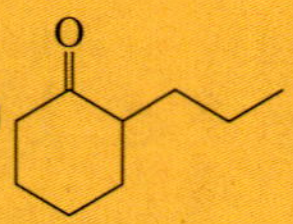 (b) 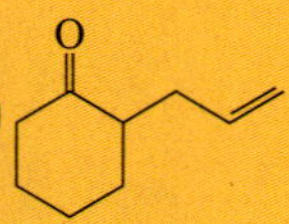 (c) 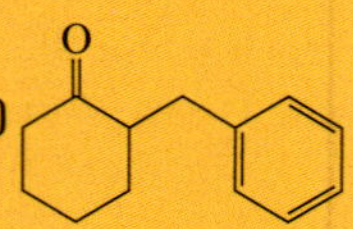

Alkylierung und Acylierung des α-Kohlenstoffatoms über Enamin-Zwischenstufen 17.8

Wir haben gelernt, dass ein Enamin gebildet wird, wenn ein Aldehyd oder Keton mit einem sekundären Amin reagiert (Abschnitt 16.8).

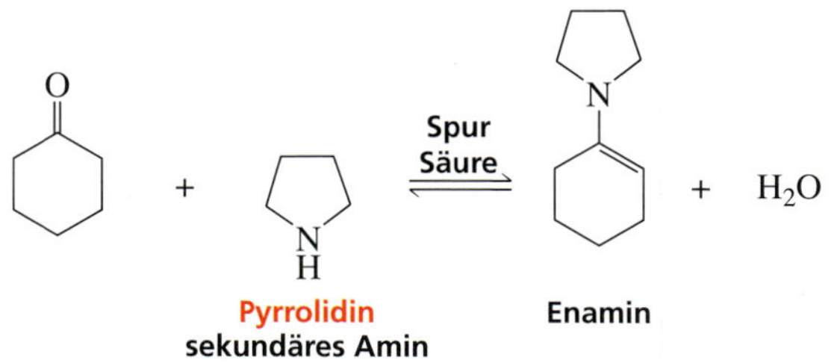

Enamine reagieren mit Elektrophilen auf die gleiche Weise wie Enolationen.

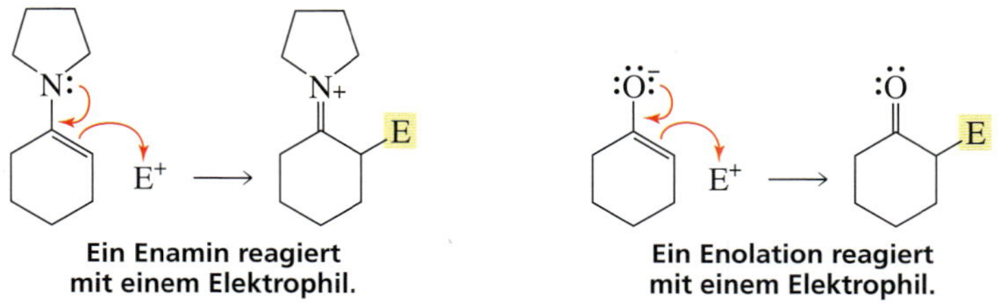

Aldehyde und Ketone können entsprechend am α-Kohlenstoff alkyliert werden, indem sie zunächst ein Enamin der Carbonylverbindung bilden.

Schritte der Alkylierung eines α-Kohlenstoffs über ein Enamin

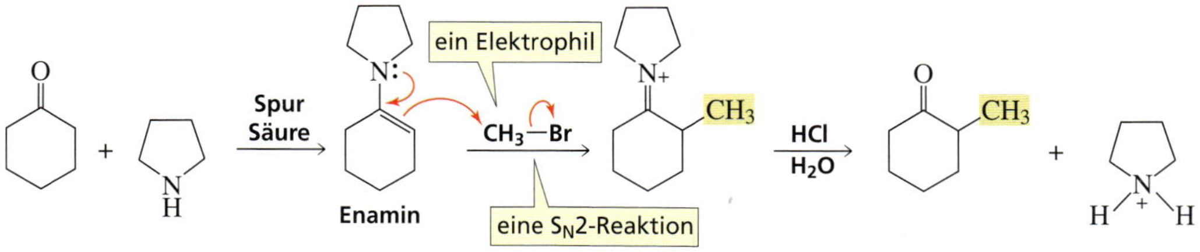

- Zunächst wird die Carbonylverbindung in ein Enamin überführt (durch Umsetzung mit einem sekundären Amin in Gegenwart von Spuren einer Säure).
- Das Enamin reagiert mit dem halogenierten Kohlenwasserstoff in einer S_N2-Reaktion.
- Das Imin wird unter sauren Bedingungen zu einem α-alkylierten Keton und dem sekundären Amin (jetzt protoniert) hydrolysiert, das zur Bildung des Enamins verwendet wurde.

Da die Alkylierung eine S_N2-Reaktion ist, sollten nur primäre Halogenalkane inklusive der Halogenmethane eingesetzt werden (Abschnitt 9.2).

Ein Vorteil der Verwendung eines Enamin-Intermediates bei der Alkylierung von Aldehyden/Ketonen besteht darin, dass nur monoalkylierte Produkte gebildet werden und keine starke Base (LDA) verwendet werden muss.

Schritte der Acylierung eines α-Kohlenstoffs über ein Enamin

Neben dem Einsatz eines Enamins zur Alkylierung des α-Kohlenstoffs eines Aldehyds oder Ketons können Enamine auch zur Acylierung des α-Kohlenstoffs verwendet werden.

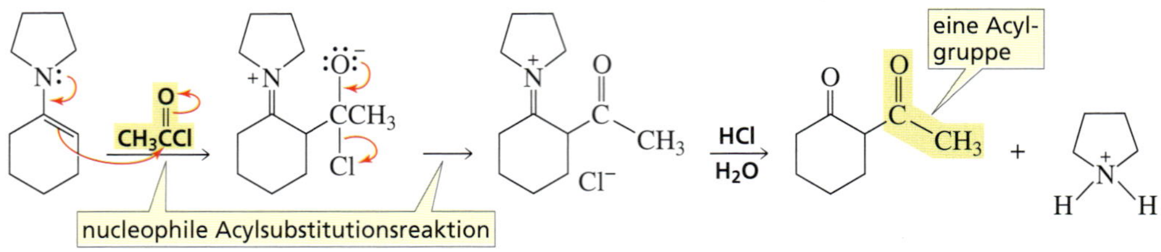

Ü 17 Beschreiben Sie, wie die folgenden Verbindungen aus Cyclohexanon unter Verwendung eines Enamin-Intermediats hergestellt werden können:

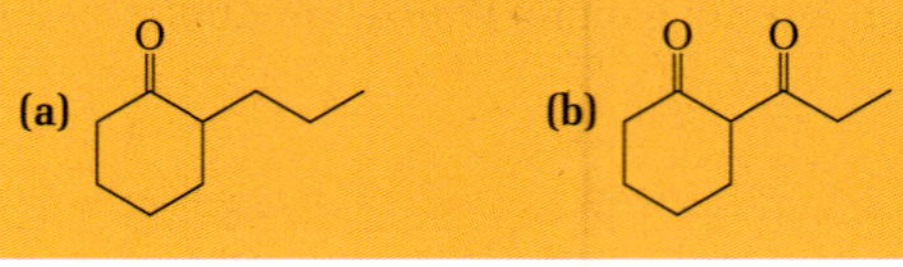

Alkylierung des β-Kohlenstoffatoms **17.9**

In Abschnitt 16.15 haben wir gelernt, dass Nucleophile mit α,β-ungesättigten Aldehyden und Ketonen reagieren, wobei direkte und/oder konjugierte Additionsprodukte entstehen.

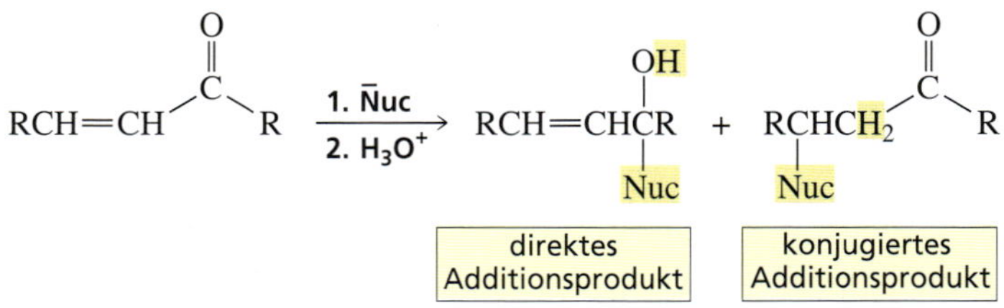

Erinnern Sie sich, dass die konjugierte Addition (Addition des Nucleophils zum β-Kohlenstoff) überwiegt, wenn das Nucleophil (Nuc) eine relativ schwache Base ist (Abschnitt 16.15).

Alkylierung des β-Kohlenstoffs über ein Enamin

Enamine, die relativ schwache Basen sind, verbinden das α-Kohlenstoffatom eines Aldehyds oder Ketons mit dem β-Kohlenstoffatom einer α,β-ungesättigten Carbonylverbindung über eine konjugierte Addition. Das Produkt ist eine *1,5-Dicarbonylverbindung.*

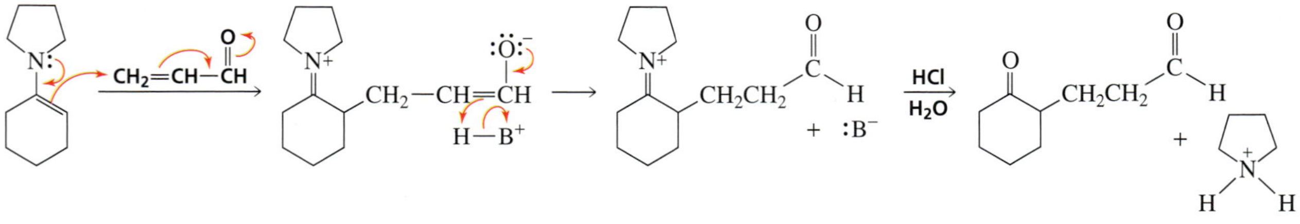

Alkylierung des β-Kohlenstoffs über eine Michael-Reaktion

Wenn das Nucleophil, das in diese Reaktionen eingeht, ein Enolation ist, spricht man von einer **Michael-Reaktion**. Die Enolationen, die bei einer Michael-Reaktion am besten funktionieren, sind solche, die von zwei elektronenziehenden Gruppen oder Atomen flankiert werden, zum Beispiel die Enolationen von β-Diketonen, β-Diestern, β-Ketoestern und β-Ketonitrilen.

Da diese Enolationen relativ schwache Basen sind, erfolgt die Addition am β-Kohlenstoffatom der α,β-ungesättigten Carbonylverbindung. Das Enolation lagert sich auch an die β-Kohlenstoffatome von α,β-ungesättigten Estern und Amiden an, weil diese eine geringe Reaktivität der Carbonylgruppe aufweisen. *Beachten Sie, dass die Michael-Reaktion zu 1,5-Dicarbonylverbindungen führt.*

MERKE!

Eine Michael-Addition bildet eine 1,5-Dicarbonylverbindung.

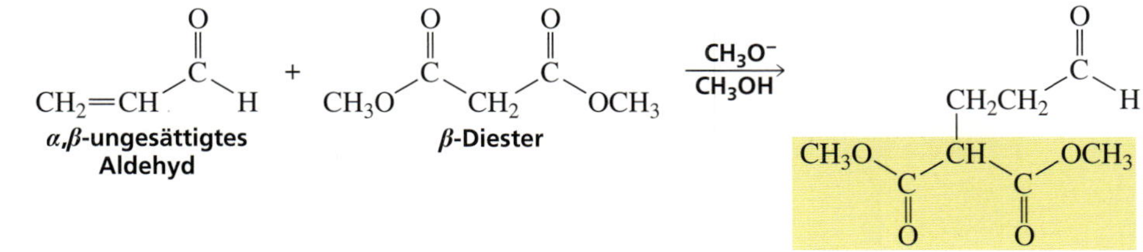

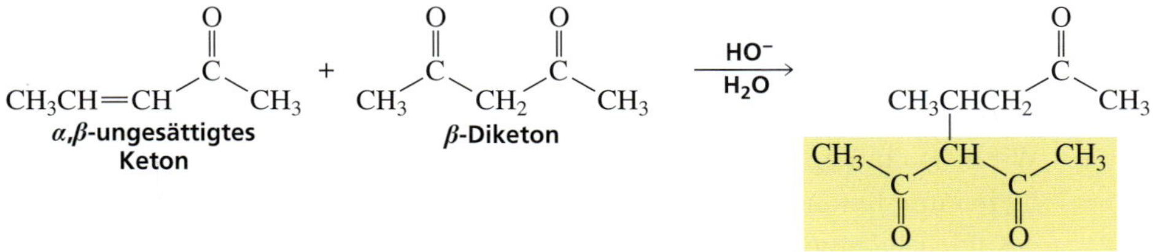

Mechanismus einer Michael-Reaktion

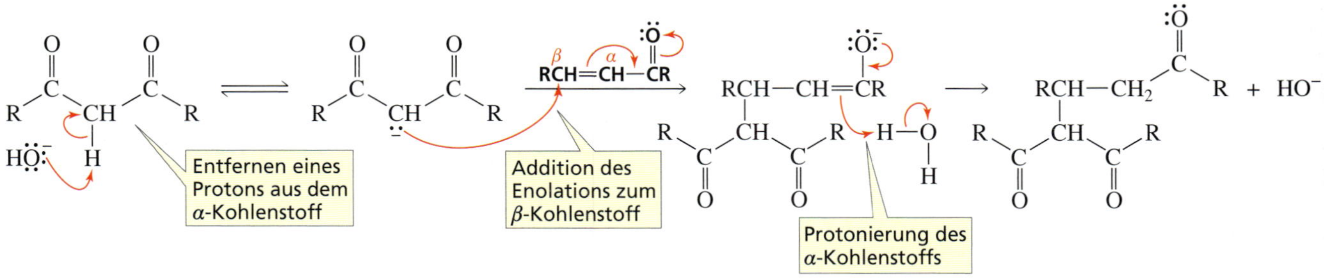

- Eine Base abstrahiert ein Proton vom α-Kohlenstoffatom der Carbonsäure.
- Das Enolation addiert sich an das β-Kohlenstoffatom der α,β-ungesättigten Carbonylverbindung.
- Das α-Kohlenstoffatom wird reprotoniert.

Wenn einer der Reaktanten einer Michael-Reaktion eine Estergruppe aufweist, muss die Base, die verwendet wird, um das α-Proton zu entfernen, die gleiche sein wie die Abgangsgruppe des Esters (Abschnitt 17.13).

Ü 18 Zeichnen Sie die Produkte der folgenden Reaktionen:

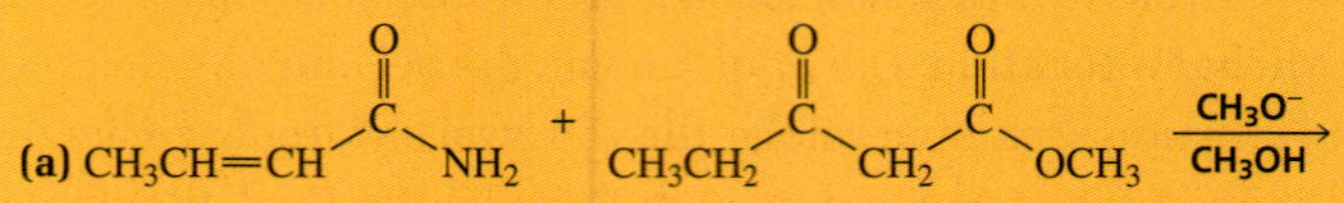

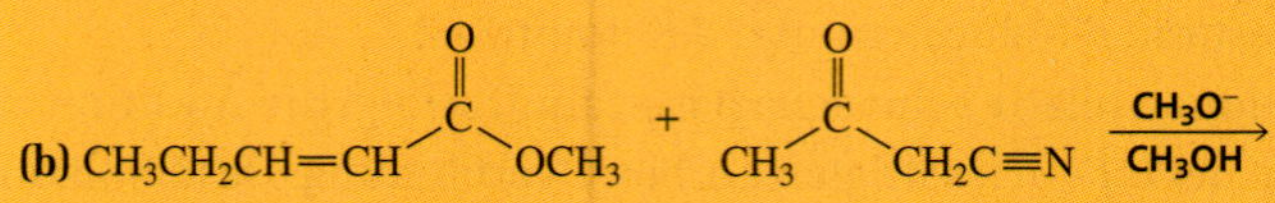

Ü 19* Welche Reagenzien sollten verwendet werden, um die folgenden Verbindungen herzustellen?

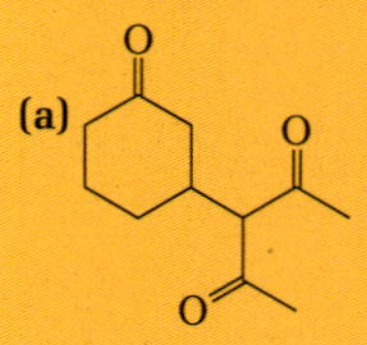

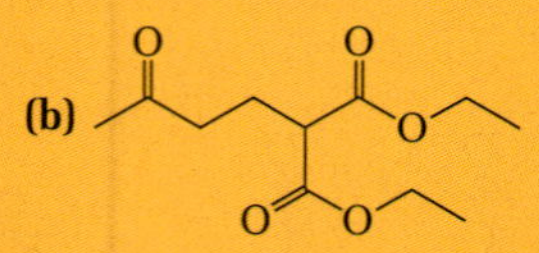

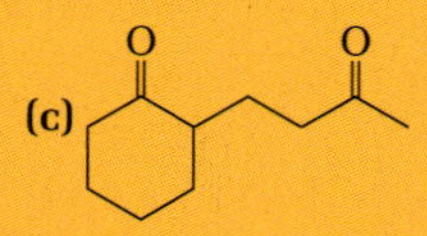

Eine Aldoladdition bildet ein β-Hydroxyaldehyd oder ein β-Hydroxyketon

17.10

Wir haben in Kapitel 16 gelernt, dass das Carbonylkohlenstoffatom von Aldehyden und Ketonen ein Elektrophil ist. Wir haben soeben erfahren, dass vom α-Kohlenstoffatom eines Aldehyds/Ketons ein Proton abgespalten werden kann, wodurch das α-C-Atom zu einem Nucleophil wird.

Eine **Aldoladdition** ist eine Reaktion, bei der diese *beiden* Eigenschaften zusammen zum Zuge kommen: Ein Molekül einer Carbonylverbindung reagiert als *Nucleophil*, nachdem ein Proton vom α-C-Atom abgespalten worden ist, und greift das *elektrophile* Carbonylkohlenstoffatom eines zweiten Moleküls mit einer Carbonylgruppe an.

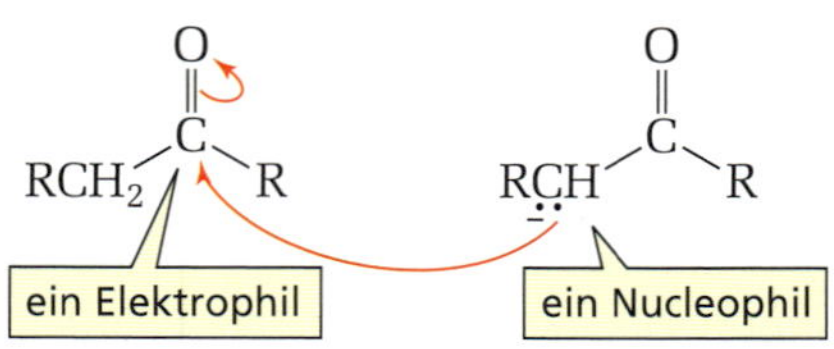

Die Aldoladdition

Eine Aldoladdition ist eine Reaktion zwischen zwei *Aldehyd-* oder zwei *Keton*molekülen. Beachten Sie, dass die Reaktion eine neue C—C-Doppelbindung bildet, die ein α-Kohlenstoffatom des einen Moleküls (des Nucleophils) mit dem Kohlenstoffatom verbindet, das ursprünglich der Carbonylkohlenstoff des anderen Moleküls (des Elektrophils) war. Das an die OH-Gruppe gebundene Kohlenstoffatom befindet sich als neben dem Kohlenstoff, der an die CH=O-Gruppe gebunden ist.

Aldoladditionen

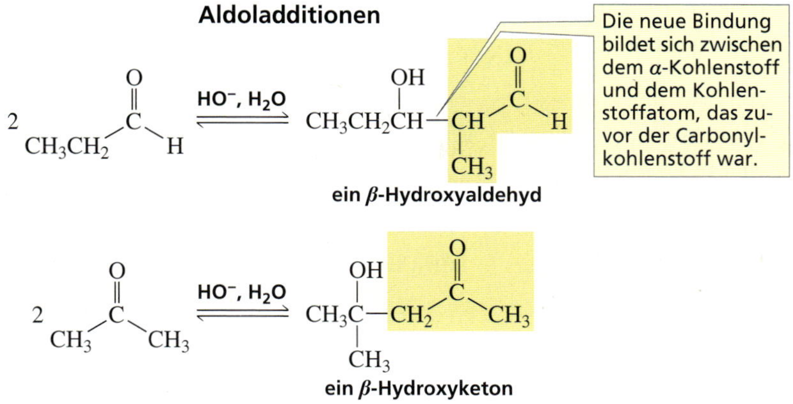

Wenn die Ausgangssubstanz ein Aldehyd ist, ist das Reaktionsprodukt ein **β-Hydroxyaldehyd**, daher wird die Reaktion Aldoladdition genannt („ald" für *Aldehyd*, „ol" für *Alkohol*). Wenn die Ausgangssubstanz ein Keton ist, bildet sich ganz entsprechend ein **β-Hydroxyketon**. Da die Addition reversibel ist, stellen sich bei der Reaktion nur dann gute Ausbeuten ein, wenn man das Reaktionsprodukt kontinuierlich aus dem Ansatz entfernt.

Mechanismus der Aldoladdition

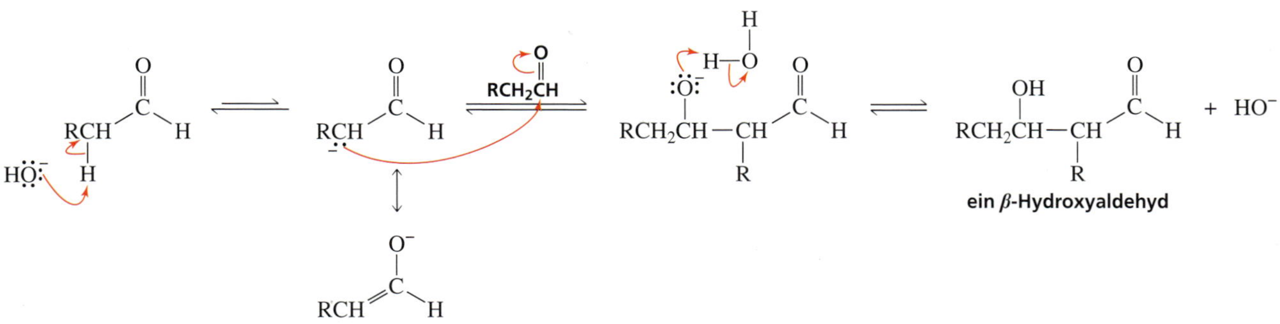

- Eine Base spaltet ein Proton vom α-Kohlenstoffatom ab; dabei wird ein Enolation gebildet.
- Das Enolation greift das Carbonylkohlenstoffatom eines zweiten Moleküls der Carbonylverbindung an.
- Das negativ geladene O-Atom wird protoniert.

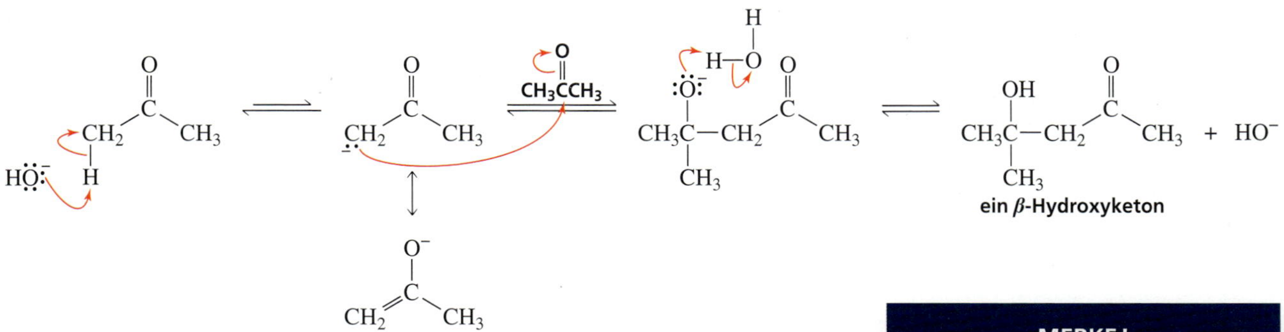

Beachten Sie, dass die Aldoladdition eine nucleophile Additionsreaktion ist, vergleichbar mit den nucleophilen Additionsreaktionen, die Aldehyde und Ketone mit anderen Kohlenstoff-Nucleophilen eingehen (Abschnitt 16.4). Da zwischen zwei Molekülen derselben Carbonylverbindung eine Aldoladdition

> **MERKE!**
>
> **Eine Aldolreaktion bildet ein β-Hydroxyaldehyd oder ein β-Hydroxyketon.**

stattfindet, hat das Produkt doppelt so viele Kohlenstoffe wie das reagierende Aldehyd oder Keton.

Ü 20 Welches Produkt der Aldoladdition wird aus jeder der folgenden Verbindungen gebildet?

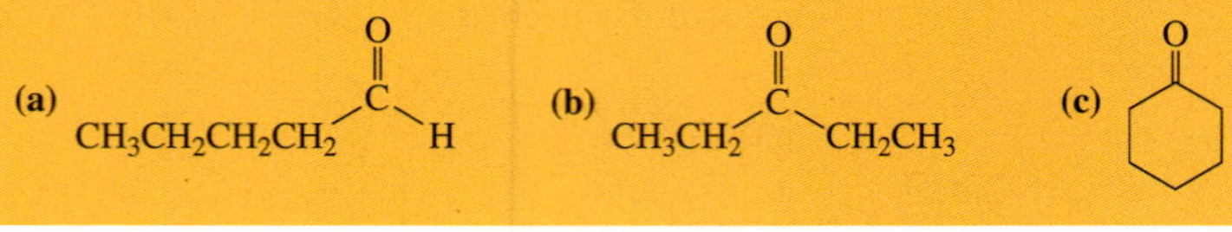

Die Retro-Aldoladdition

Da eine Aldoladdition reversibel ist, kann das Aldehyd oder Keton, welches das Produkt der Aldoladdition gebildet hat, regeneriert werden, wenn das Produkt einer Aldoladdition (das β-Hydroxyaldehyd oder β-Hydroxyketon) mit Hydroxydionen und Wasser erhitzt wird. In Abschnitt 17.21 werden wir sehen, dass eine Retro-Aldoladdition eine wichtige Reaktion bei der Glykolyse ist.

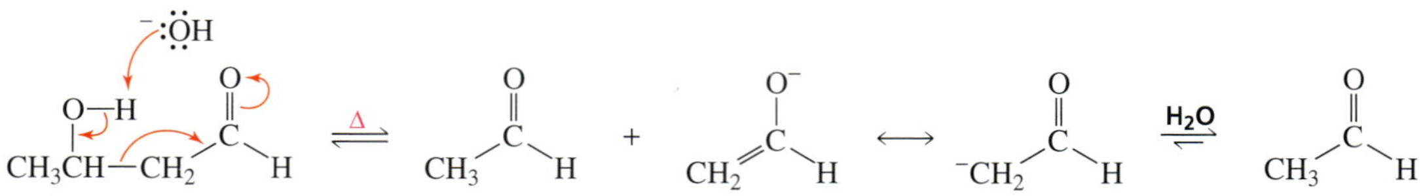

Ü 21* Welcher Aldehyd oder Keton würde entstehen, wenn jeder der folgenden Verbindungen in einer basischen wässrigen Lösung erhitzt würde?

(a) 2-Ethyl-3-hydroxyhexanal
(b) 4-Hydroxy-4-methyl-2-pentanon
(c) 2,4,-Dicyclohexyl-3-hydroxybutanal
(d) 5-Ethyl-5-hydroxy-4-methyl-3-heptanon

Die Hydrierung von Produkten einer Aldoladdition bildet α,β-ungesättigte Aldehyde und Ketone 17.11

Dehydratisierung unter sauren Bedingungen

Wir haben gesehen, dass Alkohole dehydratisiert werden, wenn sie in Säuren erhitzt werden (Abschnitt 10.4). Die β-Hydroxyaldehyde und -ketone, die aus Aldoladditionen hervorgehen, sind leichter zu dehydratisieren als viele andere Alkohole, weil die sich bei der Wasserabspaltung bildende Doppelbindung mit einer Carbonylgruppe konjugiert ist. Die Konjugation erhöht, wie wir wissen, die Stabilität einer organischen Verbindung (Abschnitt 8.7); das bedeutet, dass ihre Bildung einfacher verläuft.

Wenn das Produkt einer Aldoladdition dehydratisiert wird, nennt man das eine **Aldolkondensation**. Eine **Kondensation** ist eine chemische Reaktion, bei der zwei Moleküle unter Abspaltung eines kleinen Moleküls (zum Beispiel Wasser o. Ä.) zusammentreten. Beachten Sie, dass bei der Aldolkondensation ein ***α,β*-ungesättigter Aldehyd** oder ein ***α,β*-ungesättigtes Keton** gebildet wird.

MERKE!

Ein Produkt einer Aldoladdition verliert Wasser und bildet ein Aldolkondensationsprodukt.

MERKE!

Eine Aldolkondensation bildet ein α,β-ungesättigtes Aldehyd oder ein α,β-ungesättigtes Keton.

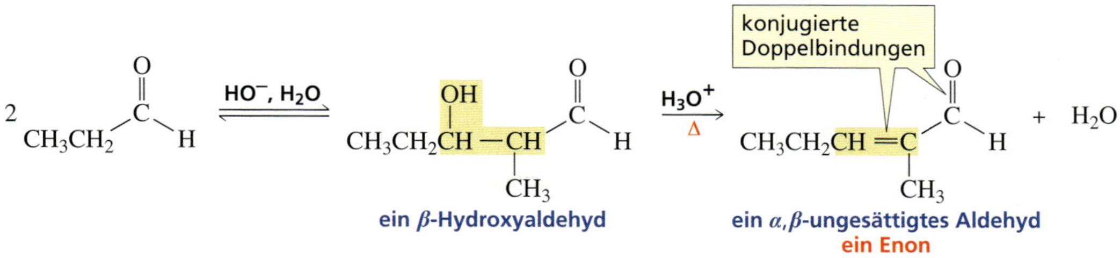

Im Gegensatz zu Alkoholen, die nur unter sauren Bedingungen dehydratisiert werden können, lassen sich β-Hydroxyaldehyde und -ketone auch unter basischen Bedingungen dehydratisieren.

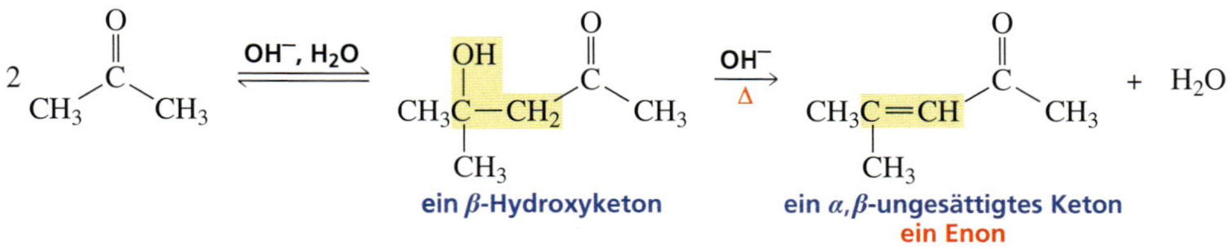

Dehydratisierung unter basischen Bedingungen

In Kapitel 9 haben wir E1-Reaktionen (zweistufige Eliminierungsreaktionen, die ein Carbokation-Intermediat bilden) und E2-Reaktionen (konzertierter Eliminierungsprozess) betrachtet. Die vorhergehende basenkatalysierte Dehydratisierung repräsentiert eine dritte Art von Eliminierungsreaktionen – eine **E1cB-Reaktion** (Elimierung unimolekularer konjugierter Base), eine zweistufige Eliminierungsreaktion, die ein Carbanion-Intermediat bildet. E1cB-Reaktionen treten nur auf, wenn das Carbanion durch Elektronendelokalisierung stabilisiert werden kann.

Mechanismus der E1cB-Reaktion

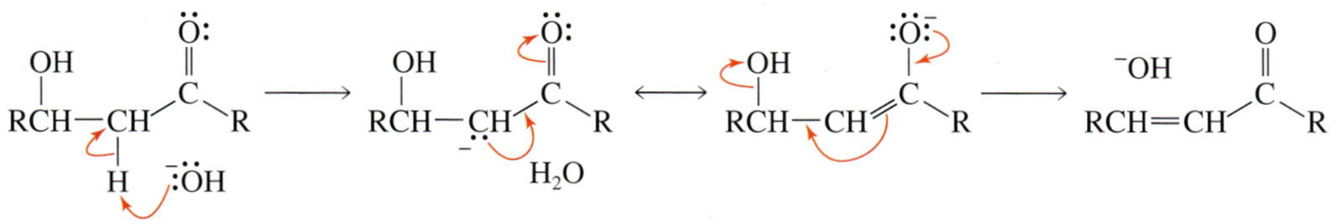

- Das Hydroxidion entfernt ein Proton vom α-Kohlenstoff, wodurch sich ein Enolation bildet.
- Das Enolation eliminiert die OH-Gruppe.

Dehydratisierung tritt manchmal unter den Bedingungen auf, unter denen eine Aldoladdition durchgeführt wird, ohne dass zusätzlich erhitzt werden muss. In der folgenden Reaktion verliert das Aldolreaktionsprodukt beispielsweise Wasser sobald es gebildet wird, da die neue Doppelbindung nicht nur mit der Carbonylgruppe sondern auch mit dem Benzolring konjugiert ist. (Erinnern Sie sich, dass ein Alken umso leichter gebildet wird, je stabiler es ist.)

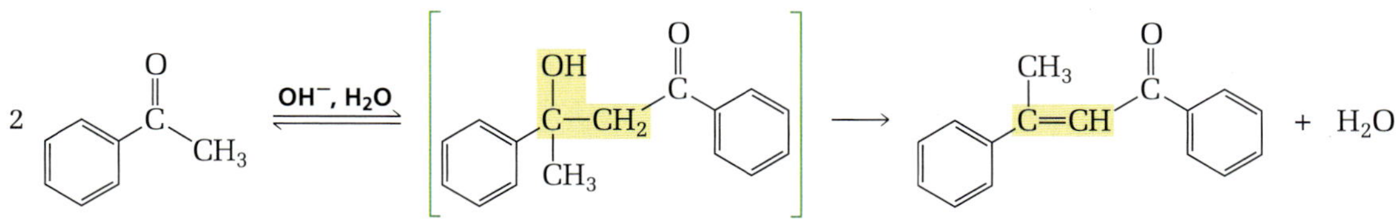

Ü 22* Welches Produkt erhält man aus der Aldolkondensation von Cyclohexanon?

Ü 23 mit Lösung

Wie könnten Sie die folgende Verbindung aus Ausgangssubstanzen mit nicht mehr als drei Kohlenstoffatomen herstellen?

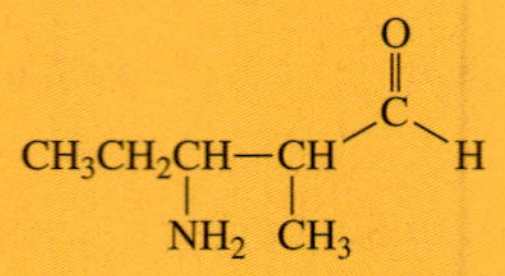

Lösung

Eine Verbindung mit dem richtigen Gerüst aus sechs Kohlenstoffatomen erhält man, wenn man ein Aldehyd mit drei Kohlenstoffatomen einer Aldoladdition unterzieht. Die Dehydratisierung des Additionsproduktes führt zur Bildung eines α,β-ungesättigten Aldehyds. Die konjugierte Addition von NH_3 (Abschnitt 16.15) führt zur Zielverbindung.

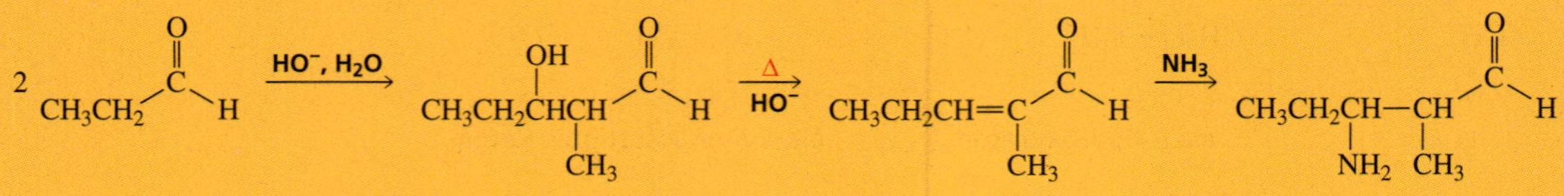

Ü 24 Wie könnten Sie die folgende Verbindung aus Ausgangssubstanzen mit nicht mehr als drei Kohlenstoffatomen herstellen?

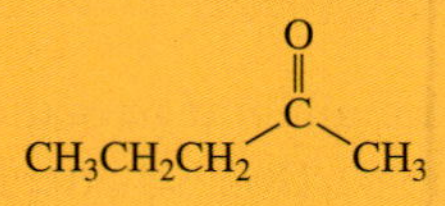

Die gekreuzte Aldoladdition 17.12

Falls zwei unterschiedliche Carbonylverbindungen in einer Aldoladdition eingesetzt werden – was als **gekreuzte Aldoladdition** bezeichnet wird –, können sich vier verschiedene Reaktionsprodukte bilden, weil die Reaktion mit

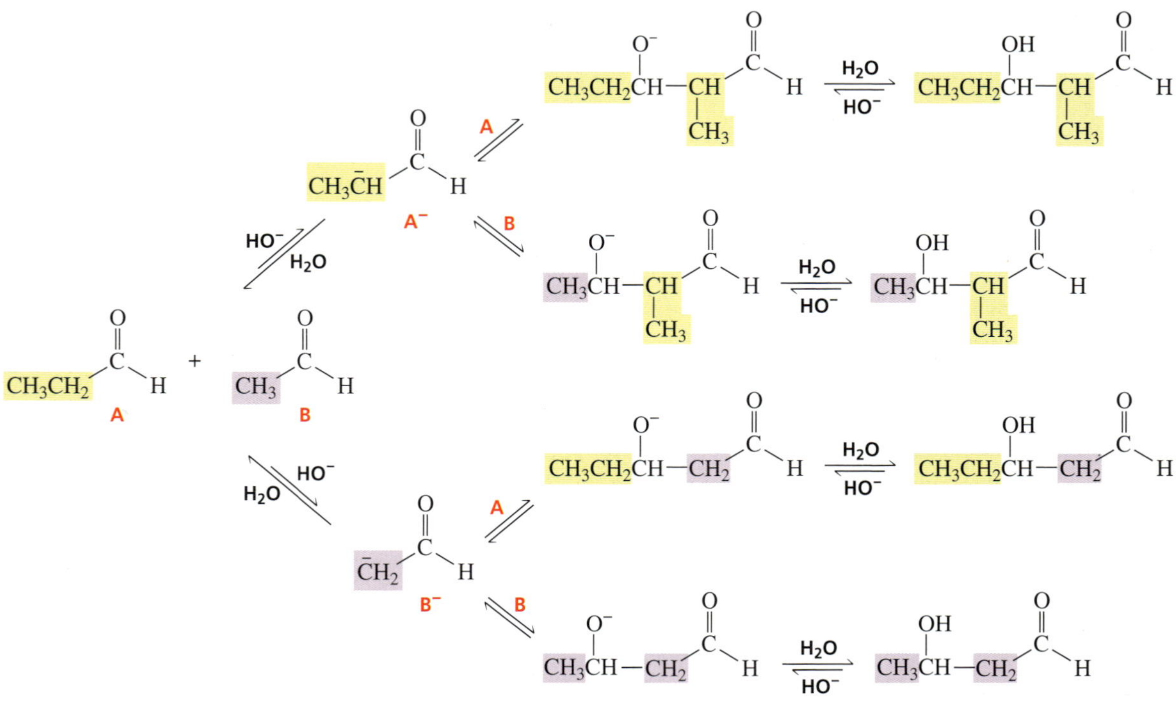

Hydroxydionen zwei verschiedene Enolationen (**A**⁻ und **A**⁺) bilden kann und jedes Enolation mit beiden Carbonylverbindungen (**A** und **A**) reagieren kann. Eine Reaktion, die vier Produkte bildet, ist daher keine synthetisch nützliche Reaktion.

Es entsteht bevorzugt ein Produkt, wenn eine Carbonylverbindung keine α-Wasserstoffatome trägt

Unter bestimmten Bedingungen kann jedoch eine gemischte Aldoladdition bevorzugt zu einem einzigen Produkt führen. Falls eine der eingesetzten Carbonylverbindungen keine α-Wasserstoffatome besitzt, kann sie kein Enolation bilden. Das vermindert die Zahl der möglichen Reaktionsprodukte von vier auf zwei.

Wenn dann die Carbonylkomponente mit α-Wasserstoffen langsam zu einer Lösung der Carbonylkomponente ohne α-Wasserstoffe und einer Base gegeben wird, minimiert sich die Wahrscheinlichkeit, dass die Carbonylkomponente mit α-Wasserstoffen nach Bildung des Enolations mit einem weiteren Molekül Carbonylkomponente mit α-Wasserstoffen reagiert, da eine viel höhere Konzentration der Carbonylkomponente ohne α-Wasserstoffe vorliegt. Daher werden die möglichen Produkte praktisch zu einem einzigen reduziert.

MERKE!

Wenn eine der Carbonylverbindungen keine α-Wasserstoffatome trägt, wird die Verbindung mit α-Wasserstoffatomen langsam zu einer Lösung der Carbonylkomponente ohne α-Wasserstoffatome und einer Base gegeben.

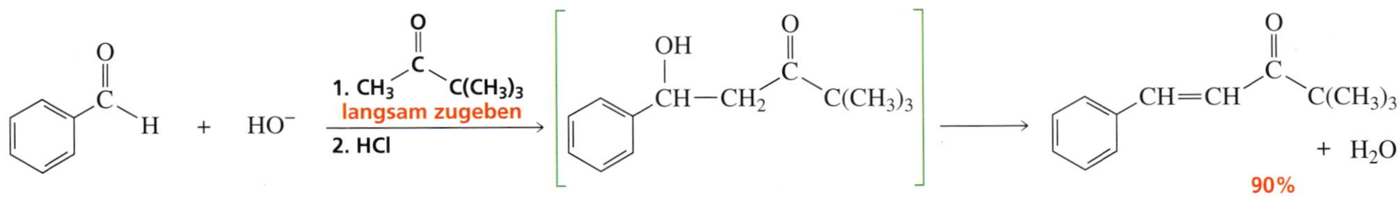

Das in dieser Reaktion gebildete Aldoladditionsprodukt verliert Wasser, sobald es gebildet wird, da die neue Doppelbindung mit der Carbonylgruppe und dem Benzolring konjugiert ist. Diese gekreuzte Aldolkondensation ist hinreichend wichtig, dass sie ihren eigenen Namen erhalten hat – die **Claisen-Schmid-Kondensation**.

Falls beide Carbonylverbindungen α-Wasserstoffatome besitzen, ergibt sich in erster Linie nur ein Reaktionsprodukt

Falls beide Carbonylverbindungen α-Wasserstoffatome besitzen, erhält man in erster Linie nur ein Reaktionsprodukt der Aldoladdition, wenn man LDA einsetzt, um die das Enolation erzeugenden α-Protonen abzuspalten. Da das LDA eine starke Base ist, wird die Carbonylverbindung quantitativ zum Enolat umgesetzt, sodass keine Moleküle der Carbonylverbindung im Reaktionsansatz vorhanden sind, mit denen die Enolationen in eine Aldoladdition eintreten könnten. Eine Aldoladdition ist so nicht möglich, bevor die zweite Carbonylverbindung zugesetzt wird. Falls die zweite Carbonylverbindung nach und nach zugefügt wird, minimiert man die Wahrscheinlichkeit, dass sie selbst ein Enolat bildet und dann mit einem nicht ionisierten Molekül ihrer selbst reagiert.

MERKE!

Falls beide Reaktanten, die eine Kondensationsreaktion eingehen, α-Wasserstoffatome besitzen, wird LDA verwendet, um das Enolation zu bilden, und der andere Carbonylkohlenstoff wird langsam zugesetzt.

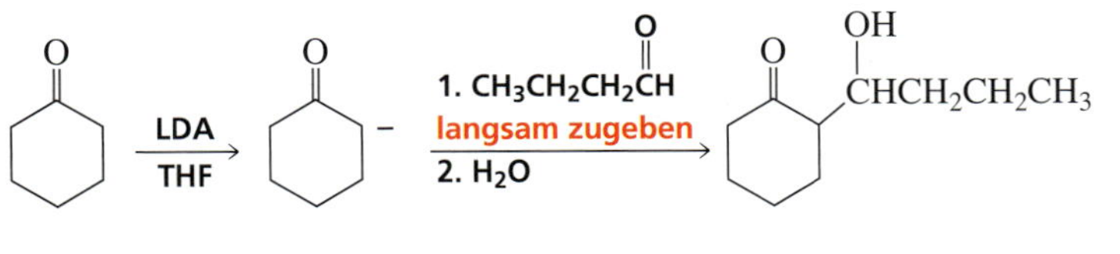

Retrosynthetische Analyse

Sie können die folgende Strategie verwenden, um die Ausgangsmaterialien für die Synthese einer durch **Aldoladdition** gebildeten Verbindung zu bestimmen.

Retrosynthetische Analyse

- Lokalisieren Sie die neue Kohlenstoff-Kohlenstoff-Bindung, die zwischen einem α-Kohlenstoff eines Moleküls einer Carbonylverbindung und dem Carbonylkohlenstoff einer anderen Verbindung gebildet wurde.
- Zeichnen Sie die beiden Carbonylverbindungen, die bei der Aldoladdition die Reaktanten waren.

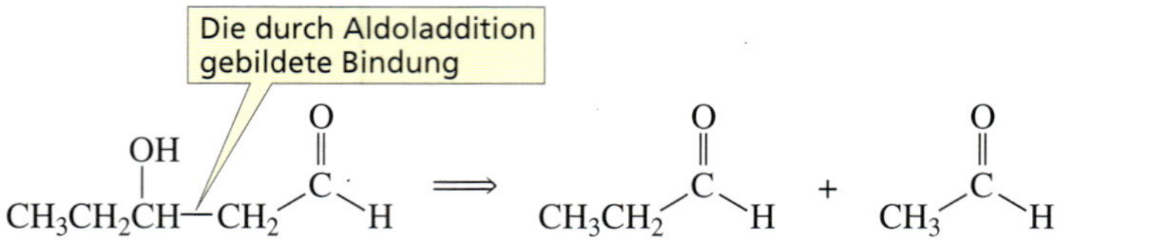

Synthese

- Geben Sie LDA zu der Carbonylverbindung, deren α-Kohlenstoff das Enolation sein wird.
- Geben Sie die andere Carbonylverbindung langsam zum Enolation.

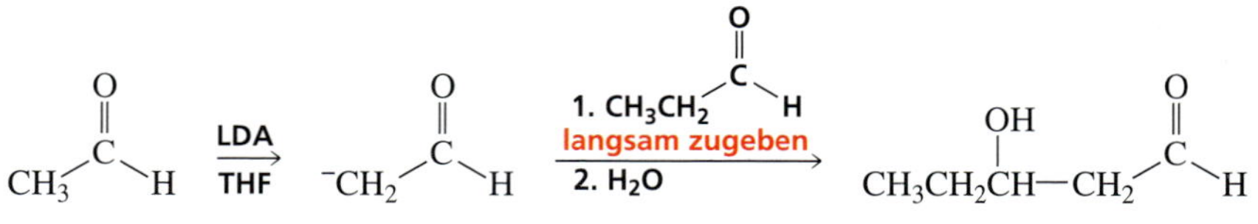

Eine ähnliche Strategie kann verwendet werden, um die Ausgangsstoffe zur Synthese einer durch *Aldolkondensation* gebildeten Verbindung zu bestimmen.

Retrosynthetische Analyse

- Wandeln Sie die α,β-ungesättigte Carbonylverbindung in eine β-Hydroxycarbonylverbindung um.
- Gehen Sie weiter vor wie oben beschrieben.

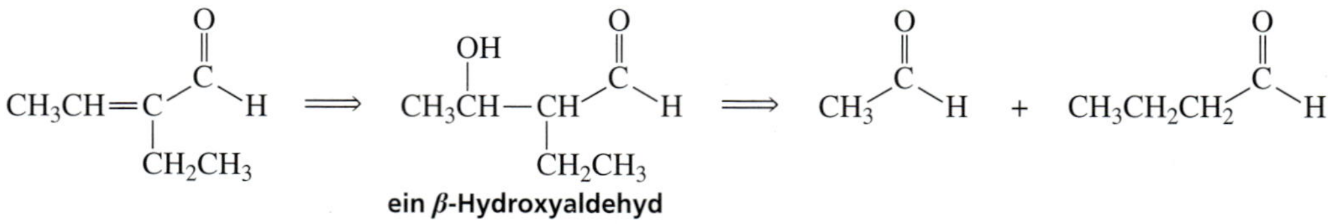

Synthese

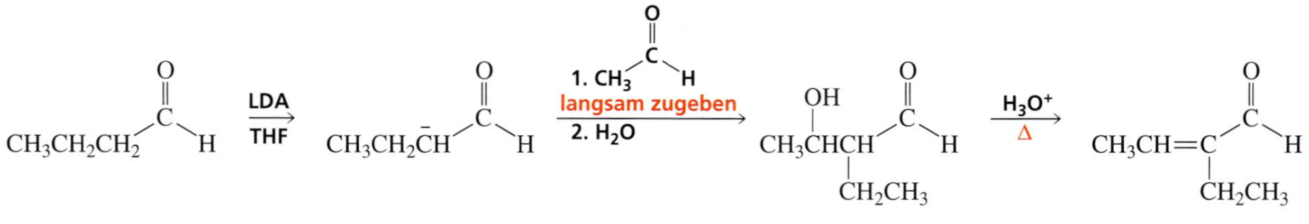

Ü 25 Beschreiben Sie, wie die folgenden Verbindungen mit einer Aldoladdition im ersten Schritt der Synthese hergestellt werden können:

(a) 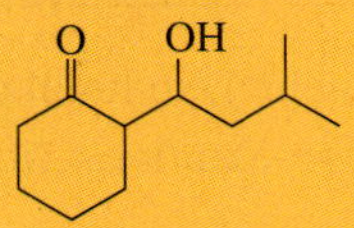

(c) 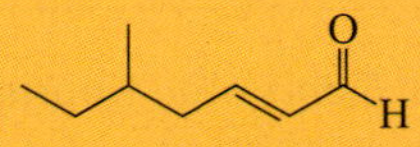

(b) 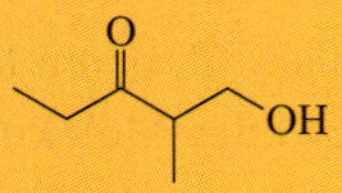

(d) 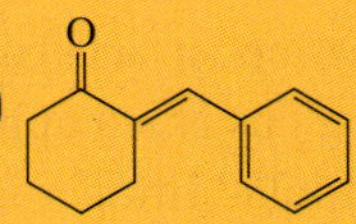

Ü 26 Welche beiden Carbonylverbindungen werden zur Synthese von Morachalcon A (der im untenstehenden Kasten diskutierte Aromataseinhibitor) mittels einer Claisen-Schmidt-Kondensation benötigt?

Ü 27 Schlagen Sie einen Mechanismus für die folgende Reaktion vor:

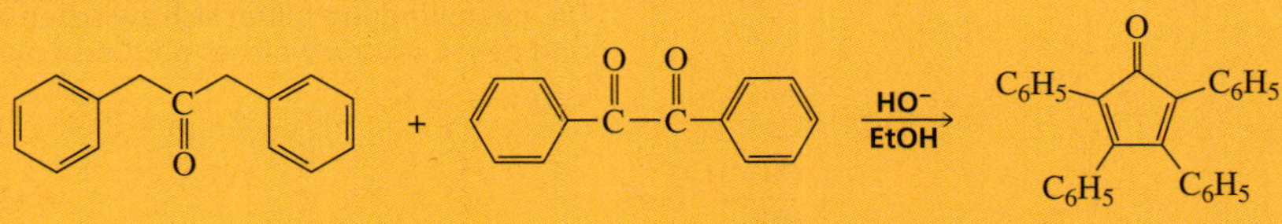

HINTERGRUND

Brustkrebs und Aromataseinhibitoren

Aktuelle Statistiken zeigen, dass eine von acht Frauen an Brustkrebs erkrankt. Auch Männer sind von Brustkrebs betroffen, jedoch 100 Mal weniger als Frauen. Es existieren verschiedene Tumortypen, die Brustkrebs verursachen, einige davon sind abhängig von Östrogen. Ein östrogenabhängiger Tumor weist Rezeptoren auf, die Östrogen binden. Ohne Östrogen kann der Tumor nicht wachsen. Der A-Ring von Östrogenhormonen (Estron und Estradiol) ist ein aromatisches Phenol (Abschnitt 3.16). Einer der letzten Schritte der Biosynthese von Östrogenhormonen aus Cholesterol wird durch ein Enzym namens Aromatase katalysiert. Aromatase katalysiert die Reaktion, die den A-Ring aromatisch werden lässt.

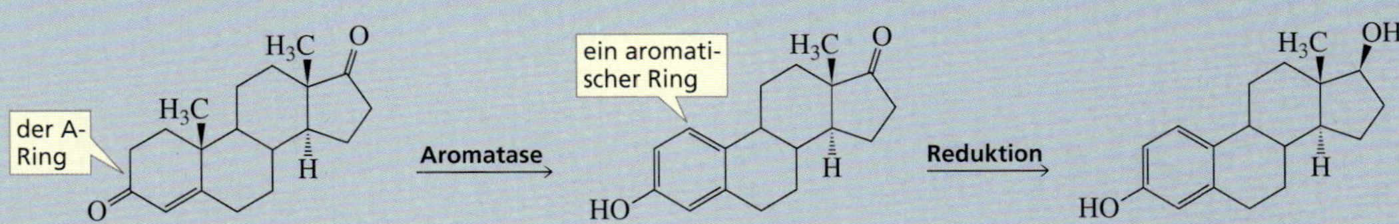

Ein Ansatz zur Behandlung von Brustkrebs ist daher die Gabe von Medikamenten, die Aromatase inhibieren. Wenn Aromatase inhibiert ist, können die Östrogenhormone nicht synthetisiert werden, aber die Biosynthese anderer wichtiger Hormone aus Cholesterol wird nicht beeinträchtigt. Es sind verschiedene Aromataseinhibitoren auf dem Markt, und Wissenschaftler*innen suchen weiter nach stärkeren Verbindungen. Fünfzehn verschiedene Aromataseinhibitoren wurden aus den Blättern des Papiermaulbeerbaums (*Broussonetia papyifera*) isoliert, einer davon ist Morachalcone A.

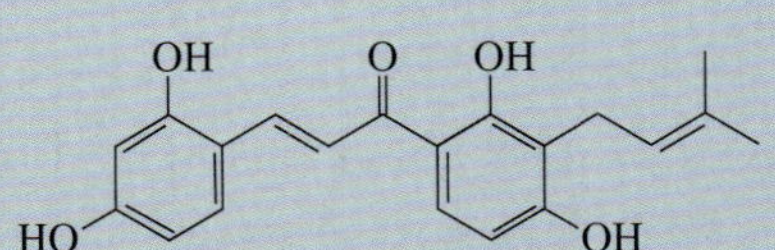

Morachalcone A

Die Claisen-Kondensation bildet β-Ketoester 17.13

Wenn zwei Moleküle eines *Esters* eine Kondensation eingehen, so heißt diese Reaktion **Claisen-Kondensation**. Das Produkt einer Claisen-Kondensation ist ein **β-Ketoester**.

Bei einer Claisen-Kondensation ist, wie bei einer Aldoladdition, ein Molekül einer Carbonylverbindung das Nucleophil und ein zweites Molekül das Elektrophil. Wie bei einer Aldoladdition verbindet die neue C—C-Bindung das α-Kohlenstoffatom eines Moleküls Ester mit dem Carbonylkohlenstoff des anderen. Das kleine Molekül, das bei einer Claisen-Kondensation entfernt wird, ist ein Alkohol.

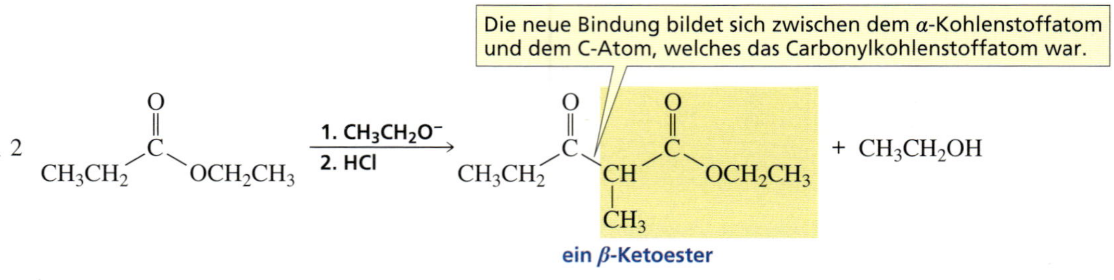

Mechanismus der Claisen-Kondensation

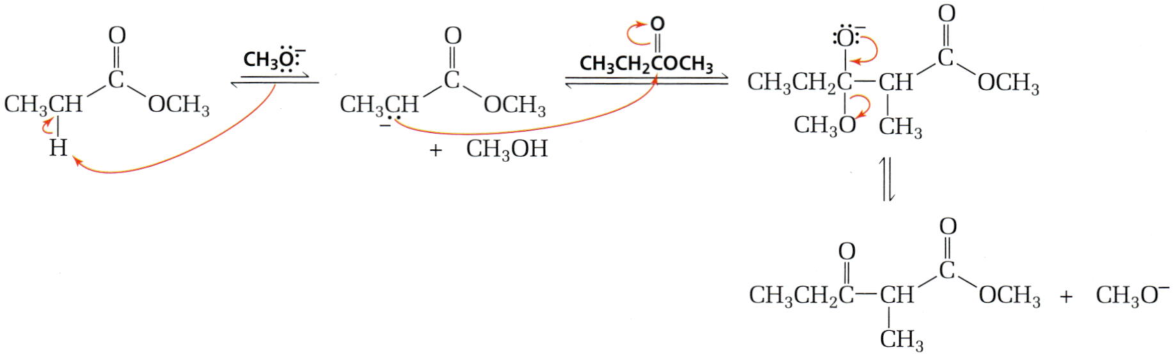

- Eine Base entfernt ein Proton vom α-Kohlenstoff, wodurch ein Enolation entsteht. Die eingesetzte Base entspricht der Abgangsgruppe des Esters.
- Das Enolation wird an den Carbonylkohlenstoff eines zweiten Estermoleküls addiert, wodurch ein tetraedrisches Intermediat entsteht.
- Die Kohlenstoff-Sauerstoff-π-Bindung bildet sich wieder aus und eliminiert ein Alkoxidion.

Somit ist die Claisen-Kondensation, wie auch die Reaktion von Estern mit anderen Nucleophilen, eine nucleophile Acylsubstitutionsreaktion (Abschnitt 15.9).

Die in einer Claisen-Kondensation zur Entfernung des Protons vom α-Kohlenstoff verwendete Base sollte die gleiche sein wie die Abgangsgruppe des Esters, damit sich der Reaktant nicht ändert, wenn sich die Base an die Carbonylgruppe anlagert.

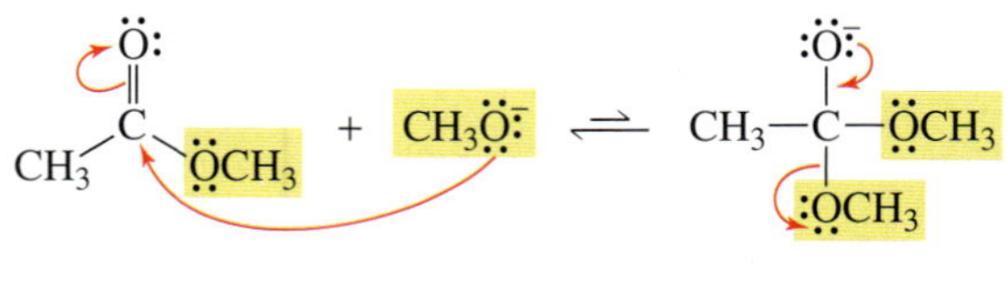

Vergleich einer Claisen-Kondensation mit einer Aldoladdition

Nach dem nucleophilen Angriff unterscheiden sich Claisen-Kondensation und Aldoladdition. Bei der Claisen-Kondensation bildet das negativ geladene O-Atom die Kohlenstoff-Sauerstoff-π-Bindung zurück und führt damit den Ausstoß der RO^--Gruppe herbei. Bei der Aldoladdition wird das negativ geladene O-Atom vom Lösungsmittel protoniert.

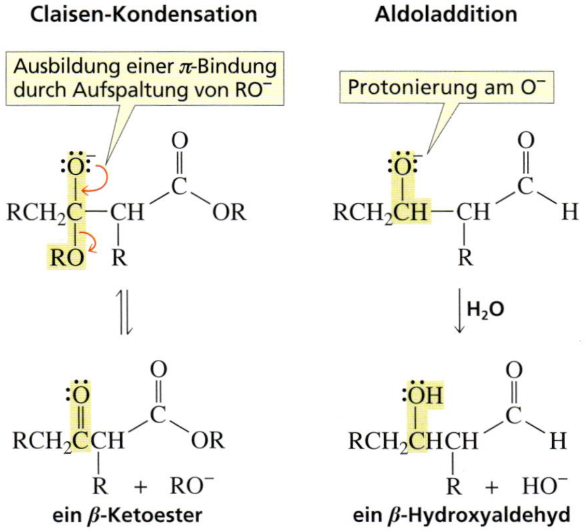

Der Unterschied zwischen dem letzten Schritt der Claisen-Kondensation und dem der Aldoladdtion ergibt sich aus dem Unterschied zwischen Estern auf der einen und Ketonen/Aldehyden auf der anderen Seite. Bei Estern (Carbonylverbindungen der Klasse I) ist das C-Atom, das an das negativ geladene Sauerstoffatom gebunden ist, auch an die Abgangsgruppe gebunden. Bei Aldehyden und Ketonen ist das C-Atom, das an das negativ geladene Sauerstoffatom gebunden ist, nicht an die Abgangsgruppe gebunden. Die Claisen-Kondensation ist somit als eine nucleophile Acylsubstitution anzusehen, wohingegen die Aldoladdition eine nucleophile Addition ist.

Die Claisen-Kondensation benötigt einen Ester mit zwei α-Wasserstoffatomen

Die Claisen-Kondensation ist reversibel und begünstigt den Reaktanten, da sie stabiler ist als der β-Ketoester. Die Kondensation kann jedoch bis zur vollständigen Umsetzung des Reaktanten getrieben werden, wenn man dem β-Ketoester ein Proton entzieht (Prinzip von Le Châtelier, Abschnitt 5.7). Ein Proton lässt sich leicht vom zentralen α-Kohlenstoffatom des β-Ketoesters abspalten, weil dieses von zwei Carbonylgruppen eingerahmt wird. Dadurch werden die α-Wasserstoffatome sehr viel azider als die α-Wasserstoffatome des Esters, von dem aus wir gestartet sind.

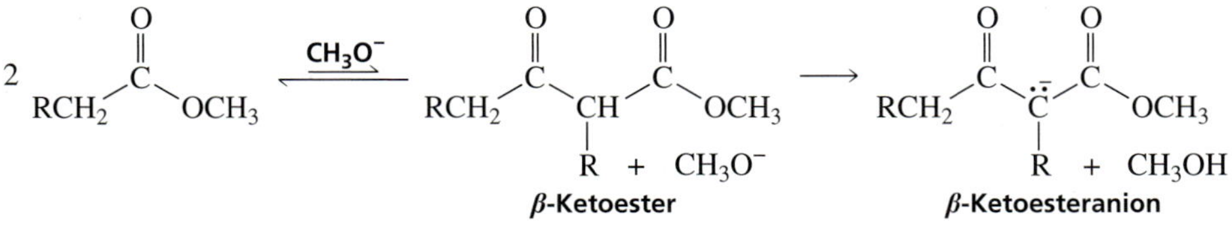

Eine erfolgreich verlaufende Claisen-Kondensation erfordert daher einen Ester mit zwei α-Wasserstoffatomen und anstelle einer katalytischen Menge eine stöchiometrische Menge Base. Wenn die Reaktion abgeschlossen ist, setzt man dem Ansatz Säure zu, um das β-Ketoesteranion zu neutralisieren. Alle verbliebenen Alkoholationen werden dabei natürlich ebenfalls protoniert; so ist die Rückreaktion ausgeschlossen.

Ü 28* Geben Sie die Produkte der folgenden Reaktionen an:

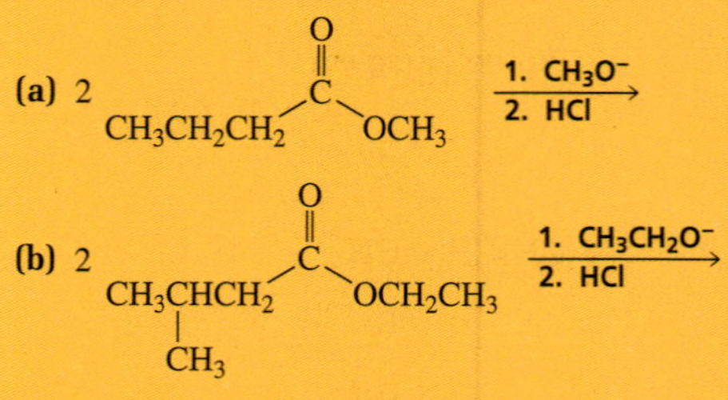

Ü 29* Welcher der folgenden Ester ist nicht in der Lage, eine Claisen-Kondensation einzugehen?

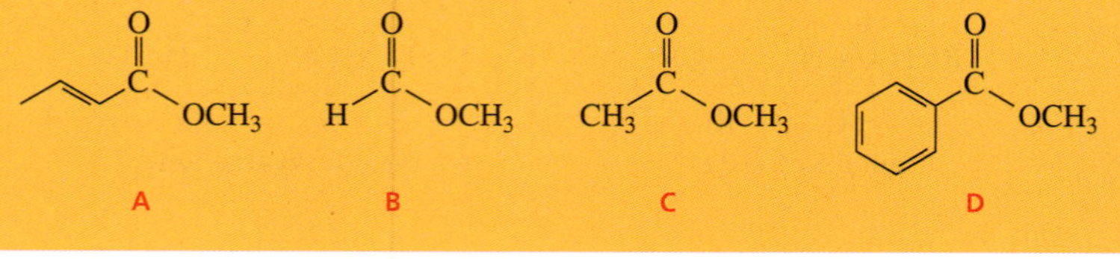

Eine gekreuzte Claisen-Kondensation

MERKE!

Wenn eine der Carbonylverbindungen keine α-Wasserstoffatome trägt, wird die Verbindung mit α-Wasserstoffatomen langsam zu einer Lösung der Carbonylkomponente ohne α-Wasserstoffatome und einer Base gegeben.

Eine **gekreuzte Claisen-Kondensation** ist eine Kondensationsreaktion zwischen zwei verschiedenen Estern. Genau wie eine gekreuzte Aldolreaktion ist eine gekreuzte Claisen-Kondensation nur nützlich, wenn sie unter Bedingungen ausgeführt wird, die überwiegend die Bildung eines einzigen Produkts begünstigt. Andernfalls produziert die Reaktion eine Mischung von Produkten, die sich schwer voneinander trennen lassen.

Es wird überwiegend nur ein einziges Produkt in einer gekreuzten Claisen-Kondensation gebildet, wenn einer der Ester keine α-Wasserstoffatome besitzt (und entsprechend kein Enolation bilden kann) und der Ester mit α-Wasserstoffatomen langsam zu einer Lösung des Esters ohne α-Wasserstoffatome und dem Alkoxidion gegeben wird.

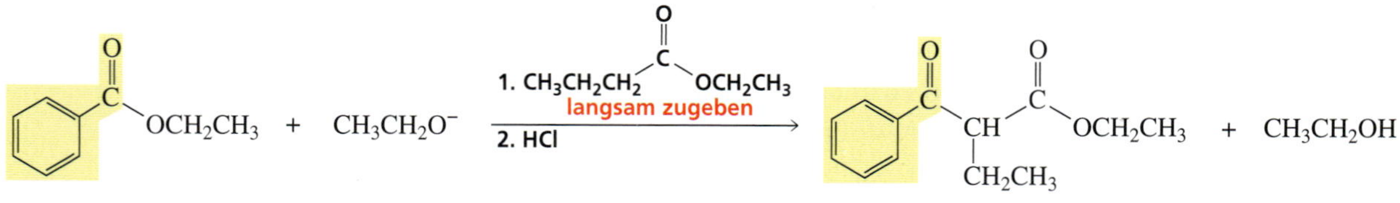

MERKE!

Wenn beide Carbonylverbindungen α-Wasserstoffatome tragen, wird LDA zur Bildung des Enolations verwendet, und die andere Carbonylkomponente wird langsam zugegeben.

Wenn beide Ester α-Wasserstoffatome tragen, kann überwiegend ein Produkt gebildet werden, wenn LDA zur Entfernung des α-Wasserstoffatoms verwendet wird, um das Ester-Enolation zu bilden. Der andere Ester wird dann langsam zugegeben, um die Wahrscheinlichkeit zu maximieren, dass dieser mit dem Enolation reagiert und die Wahrscheinlichkeit zu minimieren, dass dieser ein Enolation bildet und mit einem anderen Molekül seines Stammesters reagiert.

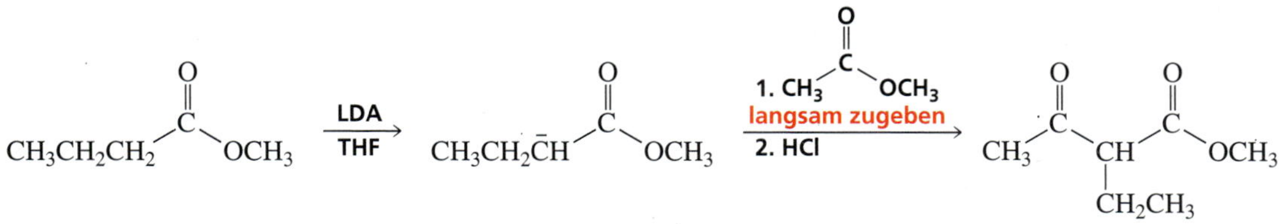

Ü 30 Was ist das Produkt der folgenden Reaktionen?

(a)

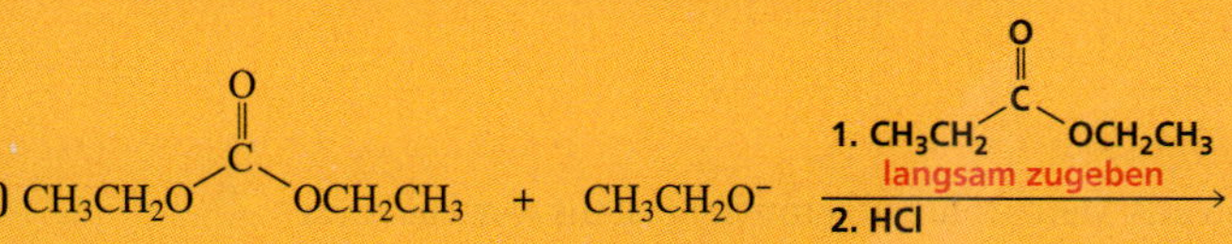

(b)

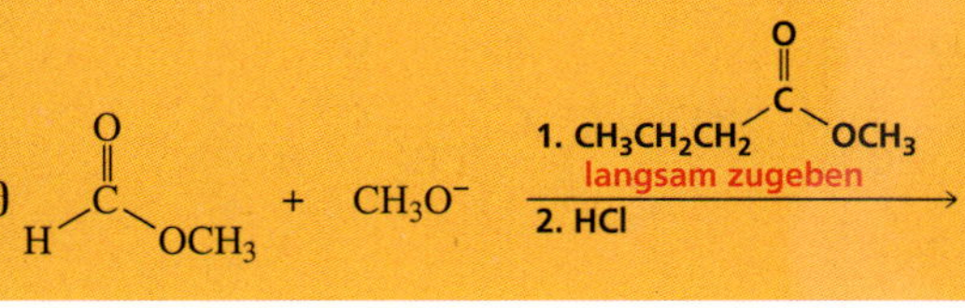

Andere gekreuzte Kondensationen 17.14

Neben gekreuzten Aldoladditionen und gekreuzten Claisen-Kondensationen kann ein Keton eine gekreuzte Kondensation mit einem Ester eingehen. Das Produkt ist eine *1,3-Dicarbonylverbindung*.

Wenn eine der Carbonylverbindungen keine α-Wasserstoffatome trägt, wird die Verbindung mit den α-Wasserstoffatomen langsam zu einer Lösung der Carbonylverbindung ohne α-Wasserstoffatome und einer Base gegeben. Ein *β-Ketoaldehyd* wird gebildet, wenn ein Keton mit einem *Formiatester* kondensiert.

MERKE!

Eine Kondensation zwischen einem Keton und einem Ester bildet eine 1,3-Dicarbonylverbindung.

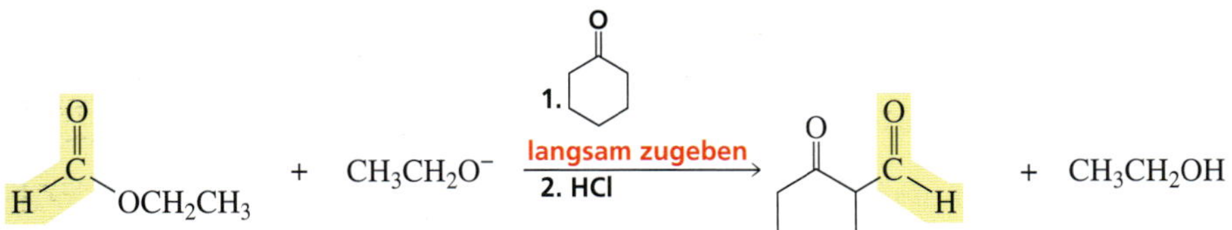

Ethylformiat

ein β-Ketoaldehyd

Ein *β-Ketoester* bildet sich, wenn ein Keton mit *Diethylcarbonat* kondensiert.

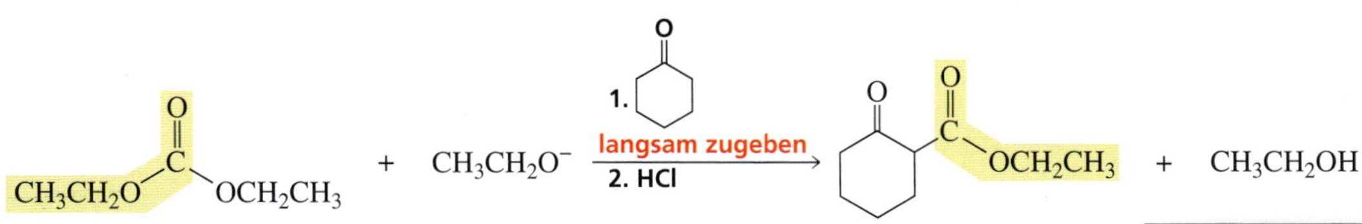

Diethylcarbonat

ein β-Ketoester

Wenn sowohl Keton als auch Ester α-Wasserstoffatome besitzen, wird LDA zur Bildung des benötigten Enolations verwendet. Die andere Carbonylkomponente wird dann langsam zum Enolation gegeben, um die Wahrscheinlichkeit zu minimieren, dass diese ebenfalls ein Enolation bildet und mit einem weiteren Molekül ihres Stammesters reagiert. Ein *β-Diketon* wird gebildet, wenn ein Keton mit einem *Ester* kondensiert.

MERKE!

Wenn eine der Carbonylverbindungen keine α-Wasserstoffatome besitzt, wird die Verbindung mit α-Wasserstoffatomen langsam zu einer Lösung der Verbindung ohne α-Wasserstoffatome und einer Base gegeben.

> **MERKE!**
>
> Wenn beide Reaktanten, die eine Kondensationsreaktion eingehen, ein *α*-Wasserstoffatom besitzen, wird LDA zur Bildung des benötigten Enolations verwendet, und die andere Carbonylkomponente wird langsam zugegeben.

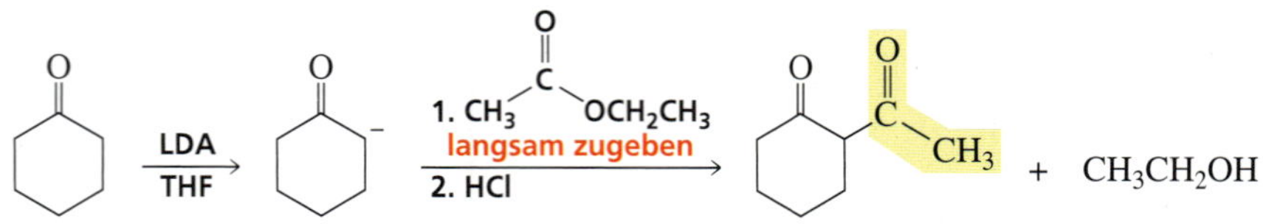

ein *β*-Diketon

Ü 31 Zeigen Sie, wie jede der folgenden Verbindungen aus Methylphenylketon hergestellt werden kann.

(a) 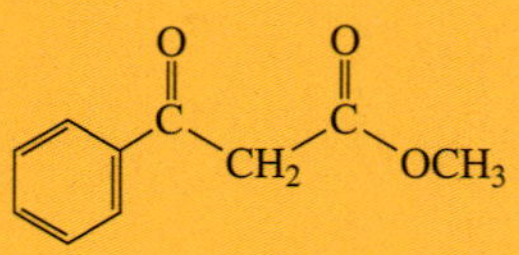

(b) 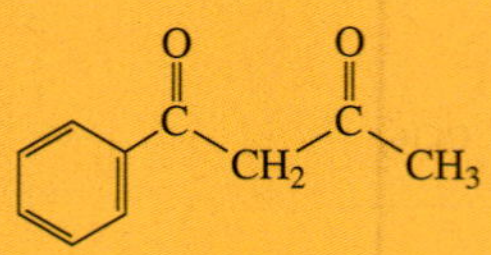

(c) 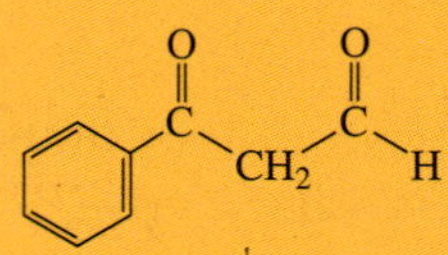

17.15 Intramolekulare Kondensationsreaktionen und intramolekulare Aldoladditionen

Wir haben gelernt, dass leicht intramolekulare Reaktionen eintreten, falls eine chemische Verbindung über zwei funktionelle Gruppen verfügt, die miteinander reagieren können und einen ausreichenden Abstand voneinander aufweisen. Dies gilt insbesondere für fünf- und sechsgliedrige Molekülringe (Abschnitt 9.16). Entsprechend können Verbindungen mit zwei Ester-, Aldehyd- oder Ketongruppen eine intramolekulare Reaktion eingehen, wenn ein Produkt mit einem fünf- oder sechsgliedrigen Ring entsteht.

Intramolekulare Claisen-Kondensationen

Die Addition einer Base an einen 1,6-Diester veranlasst diesen, eine intramolekulare Claisen-Kondensation einzugehen. Dabei wird ein fünfgliedriger zyklischer *β*-Ketoester gebildet. Eine intramolekulare Claisen-Kondensation wird als **Dieckmann-Kondensation** bezeichnet.

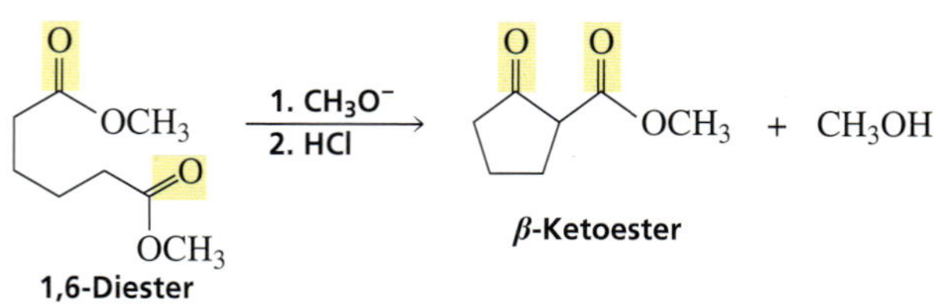

Ein sechsgliedriger zyklischer *β*-Ketoester bildet sich durch Dieckmann-Kondensation eines 1,7-Diesters.

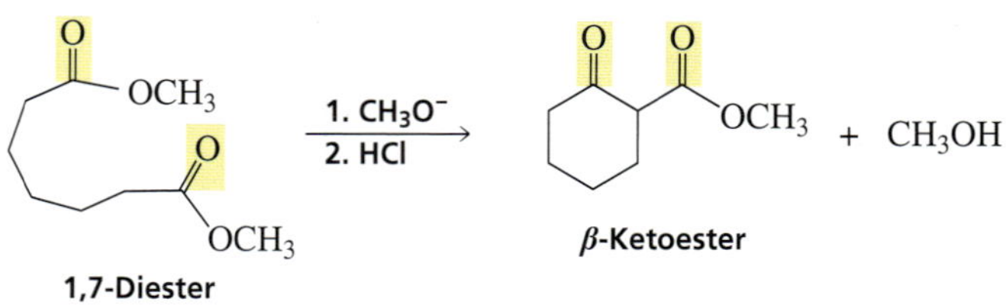

Die Dieckmann-Kondensation lässt sich – wie die Claisen-Kondensation – quantitativ durchführen, wenn genügend Base eingesetzt wird, um ein Proton vom α-Kohlenstoffatom des β-Ketoesters abzuspalten. Wenn die Reaktion beendet ist, wird Säure zugegeben, um das Kondensationsprodukt zu reprotonieren und jegliche verbliebene Base zu neutralisieren.

Der Mechanismus der Dieckmann-Kondensation ist der gleiche wie der der Claisen-Kondensation. Der einzige Unterschied besteht darin, dass das angreifende Enolation und die den nucleophilen Angriff erleidende Carbonylgruppe bei einer Claisen-Kondensation auf unterschiedlichen Molekülen angesiedelt sind und bei einer Dieckmann-Kondensation auf demselben.

Mechanismus der Dieckmann-Kondensation

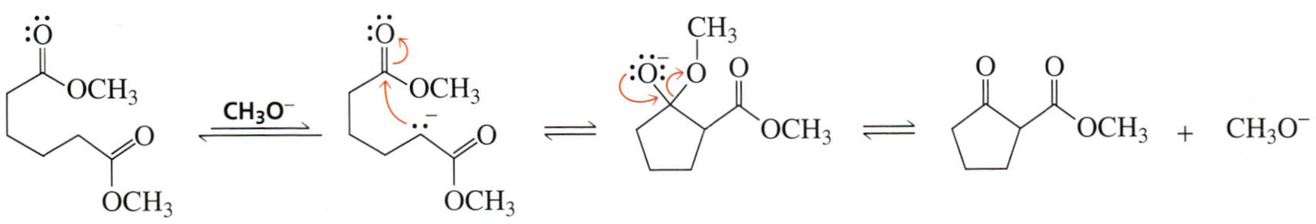

- Eine Base entfernt ein Proton von einem α-Kohlenstoff, wodurch ein Enolation entsteht. Die eingesetzte Base korrespondiert mit der Abgangsgruppe des Esters.
- Das Enolation addiert an einen Carbonylkohlenstoff.
- Die π-Bindung bildet sich wieder, wodurch ein Alkoxidion eliminiert wird.

Ü 32 Schreiben Sie den Mechanismus der Reaktion eines 1,7-Diesters mit einem Alkoxidion, um einen zyklischen β-Ketoester zu bilden.

Intramolekulare Aldoladditionen

Da ein 1,4-Diketonmolekül über zwei Sätze von α-Wasserstoffatomen verfügt, können sich im Prinzip zwei verschiedene intramolekulare Additionsprodukte ausbilden – eines mit einem fünf-, das andere mit einem dreigliedrigen Ring. Die höhere Stabilität des Fünfrings zieht das Gleichgewicht zu dessen bevorzugter Bildung (Abschnitt 3.12). Tatsächlich ist der fünfgliedrige Ring das einzige Reaktionsprodukt, das bei der intramolekularen Aldoladdition eines 1,4-Diketons gebildet wird.

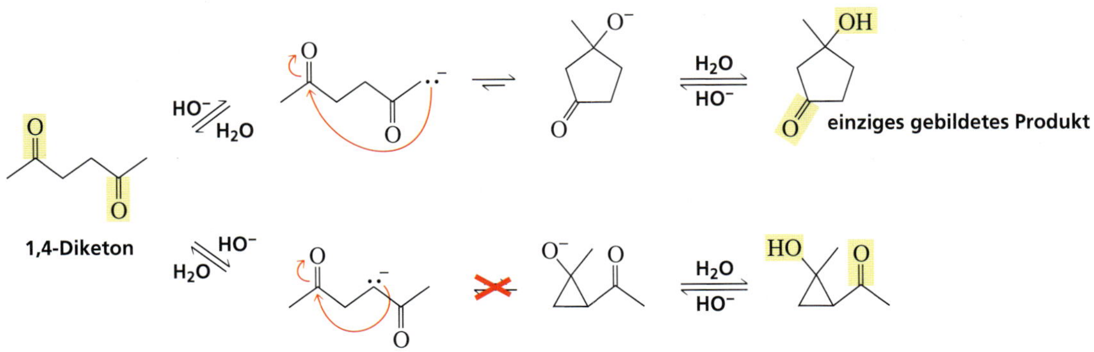

Die intramolekulare Aldoladdition eines 1,6-Diketons kann prinzipiell zu einem sieben- oder einem fünfgliedrigen Ringmolekül führen. Wieder ist das stabilere Produkt – der fünfgliedrige Molekülring – das einzige Reaktionsprodukt.

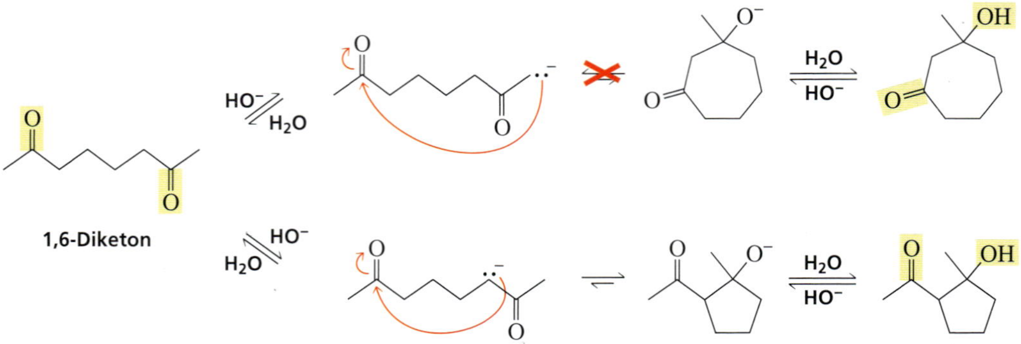

einziges gebildetes Produkt

1,5- und 1,7-Diketone gehen intramolekulare Aldoladditionen ein, bei denen sechsgliedrige Molekülringe als Reaktionsprodukte gebildet werden.

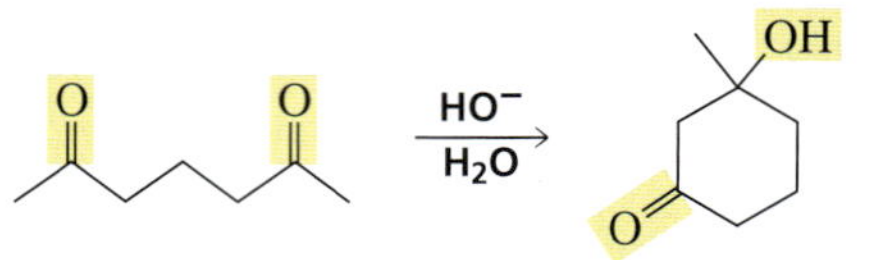

1,5-Diketon β-Hydroxyketon

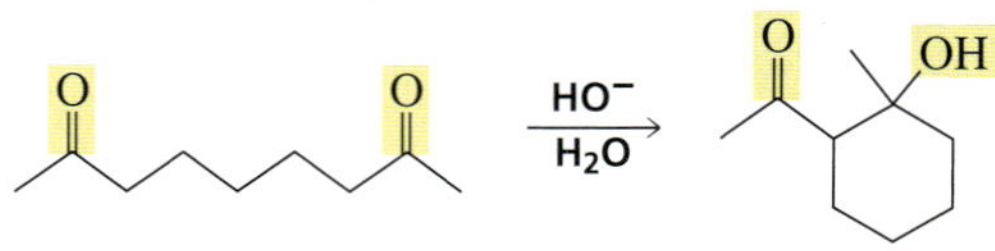

1,7-Diketon β-Hydroxyketon

Ü 33* Welche anderen zyklischen Produkte könnten durch die intramolekularen Aldoladditionen von
(a) 2,6-Heptandion **(b)** 2,8-Nonandion
gebildet werden, wäre die Begünstigung für die Bildung von Sechsringen nicht derartig ausgeprägt?

Ü 34 Kann 2,4-Pentandion eine intramolekulare Aldoladdition eingehen? Falls ja, weshalb? Falls nein, warum nicht?

Ü 35* Zeichen Sie das Produkt der Reaktion jeder der folgenden Verbindungen mit einer Base:

(a) 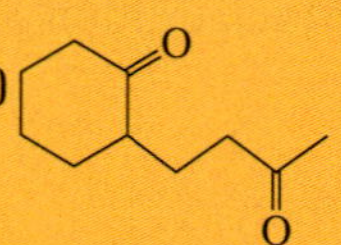

(c) 

(b) 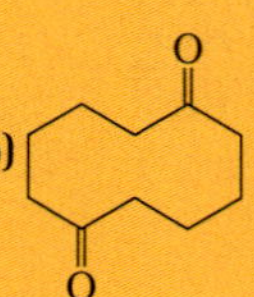

(d) 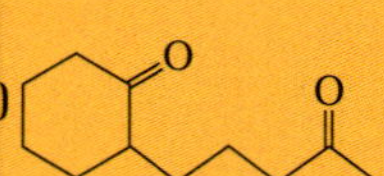

Die Robinson-Annelierung 17.16

Wir haben gelernt, dass sowohl Michael-Reaktionen als auch Aldoladditionen zur Knüpfung neuer C—C-Bindungen führen. Die **Robinson-Annelierung** ist nun eine Reaktion, die diese beiden bindungsbildenden Reaktionen kombiniert, um ein α,β-ungesättigtes zyklisches Keton zu bilden. Der Begriff „Annelierung“ leitet sich vom lateinischen *annulus*, „Ring“ ab. Eine **Annelierung** ist daher in der Chemie eine zu Molekülringen führende Reaktion. Die Robinson-Annelierung ermöglicht die Synthese vieler kompliziert gebauter organischer Moleküle.

Schritte der Robinson-Annelierung

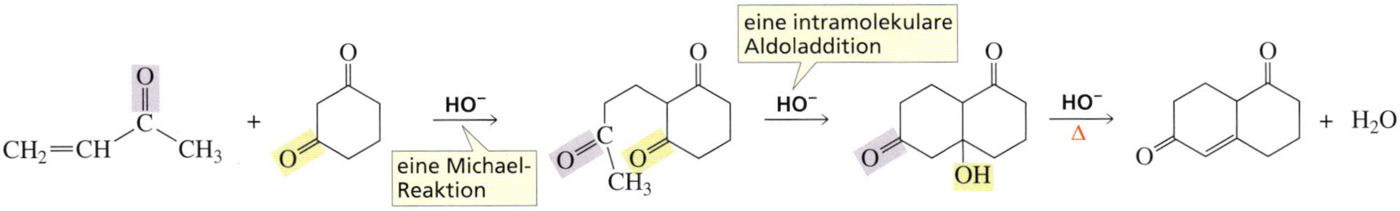

- Der erste Schritt einer Robinson-Annelierung ist eine Michael-Reaktion, die zur Bildung eines 1,5-Diketons führt.
- Der zweite Schritt ist eine intramolekulare Aldoladdition.
- Das Erhitzen der basischen Lösung führt zur Dehydratisierung des Alkohols.

Beachten Sie, dass eine Robinson-Annelierung zu einem Produkt mit einem 2-Cyclohexenonring führt.

> **MERKE!**
>
> **Eine Robinson-Annelierung bildet α,β-ungesättigte zyklische Ketone.**

STRATEGIEN ZUR PROBLEMLÖSUNG

Bestimmung der Produkte einer Robinson-Annelierung

Zeichnen Sie die Produkte, die beim Erhitzen der folgenden Keton-Paare in basischer Lösung entstehen.

(a) 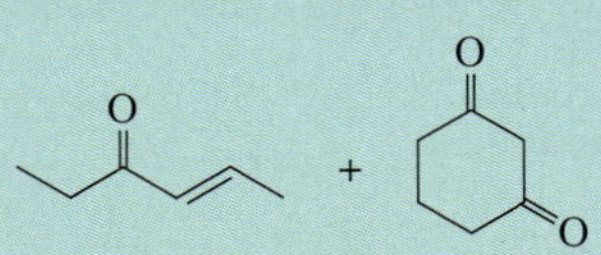 (b) 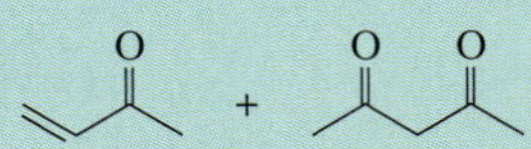

(a) Richten Sie zunächst die α,β-ungesättigte Carbonylverbindung aus, sodass der Carbonylsauerstoff auf 7 Uhr zeigt und die Doppelbindung in der Struktur oben steht. Zeichnen Sie die Dicarbonylverbindung zur rechten der ersten mit einem Ketoncarbonylsauerstoff ebenfalls auf 7 Uhr zeigend und dem anderen auf 12 Uhr. Verbinden Sie die beiden Kohlenstoffpaare und zeichnen Sie die Doppelbindung, die sich infolge der Dehydrierung bildet.

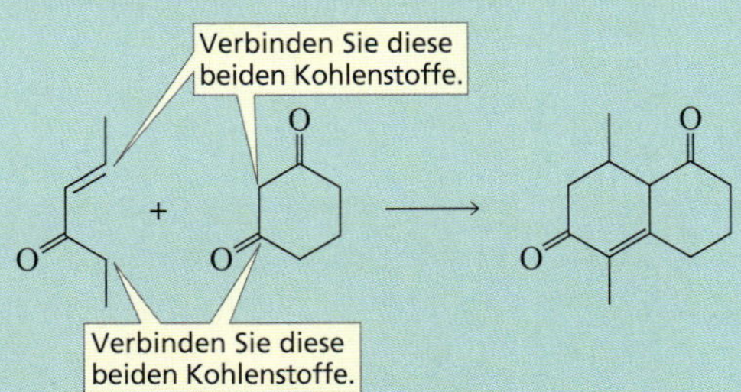

(b) Richten Sie die Carbonylverbindungen wie in Teil **(a)** gezeigt aus. Die rechte Carbonylverbindung hat zwei verschiedene α-Kohlenstoffe, stellen Sie also sicher, dass der α-Kohlenstoff mit dem sauersten α-Wasserstoff auf den β-Kohlenstoff der α,β-ungesättigten Carbonylverbindung zeigt, denn dies wird der α-Wasserstoff sein, der durch das Hydroxidion entfernt wird.

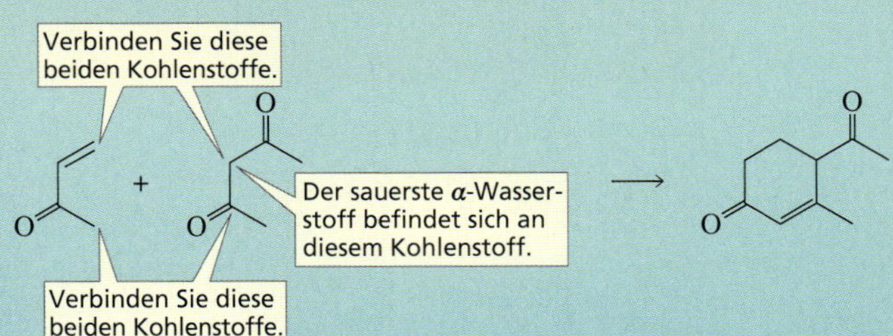

Ü 36 Zeichnen Sie das durch Erhitzen der Ketonpaare in basischer Lösung erhaltene Produkt.

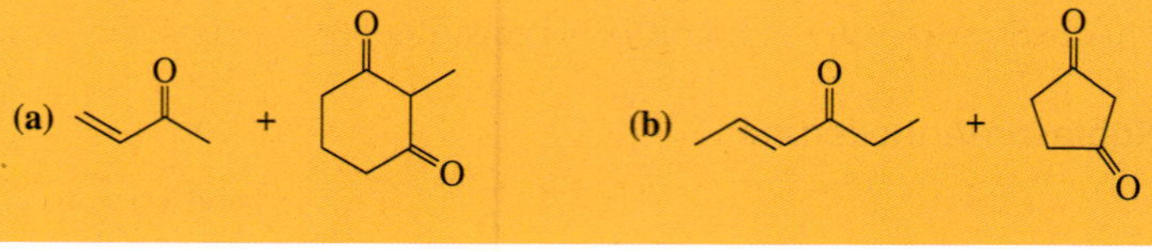

Retrosynthetische Analyse

Zur Bestimmung des benötigten Ausgangsmaterials für die Synthese von 2-Cyclohexenon durch eine Robinson-Annelierung zeichnen Sie eine Linie, die sowohl die Doppelbindung als auch die Bindung zwischen den β- und γ-Kohlenstoffatomen auf der anderen Seite des Moleküls halbiert.

- Der β-Kohlenstoff stammt aus der α,β-ungesättigten Carbonylverbindung
- Der γ-Kohlenstoff ist das α-Kohlenstoffatom des Enolations der Carbonylverbindung, die in der Michaelreaktion an den β-Kohlenstoff addiert.
- Der sp^2-Kohlenstoff der durchtrennten Doppelbindung, die dem γ-Kohlenstoff am nähesten steht, war eine Carbonylverbindung, der andere sp^2-Kohlenstoff war eine Alkylgruppe.

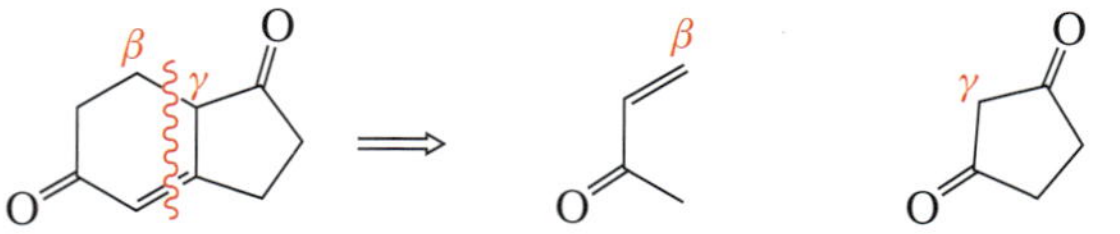

α,β-ungesättigte Carbonylverbindung

Indem wir die folgende Verbindung in gleicher Weise zerteilen, können wir die benötigten Reaktanten für ihre Syntheses ermitteln.

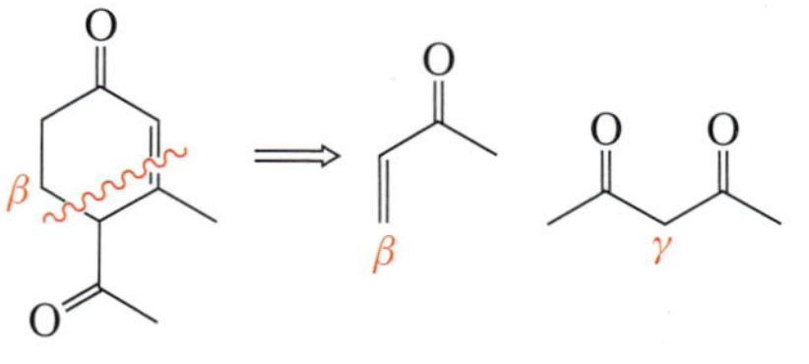

Ü 37 Welche beiden Carbonylverbindungen werden benötigt, um jeder der folgenden Verbindungen unter Verwendung einer Robinson-Annelierung zu synthetisieren?

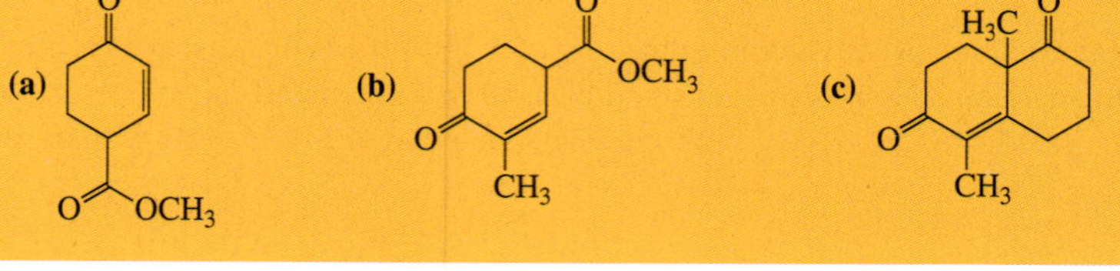

CO_2 kann von einer Carbonsäure entfernt werden, die eine Carbonylgruppe an der 3-Position trägt 17.17

Carboxylationen verlieren kein CO_2 aus dem gleichen Grund, weshalb Alkane wie Ethan kein Proton verlieren – die Abgangsgruppe wäre nämlich ein Carbanion mit lokalisierten Elektronen. Solche Carbanionen sind sehr starke Basen, weshalb sie sehr schlechte Abgangsgruppen sind.

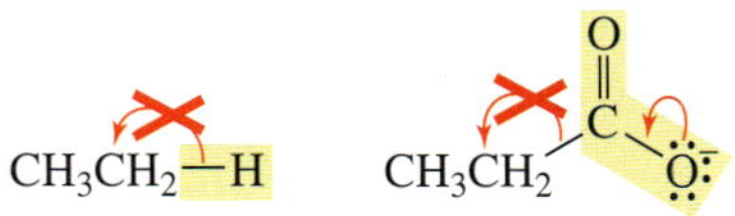

Wenn die CO_2-Gruppe jedoch an ein Kohlenstoffatom gebunden ist, das an einen Carbonylkohlenstoff grenzt, kann die CO_2-Gruppe entfernt werden, da das zurückbleibende Elektron an den Carbonylsauerstoff delokalisiert werden kann. Entsprechend verlieren Carboxylationen mit einer Carbonylgruppe an der 3-Position CO_2, wenn sie erhitzt werden. Wenn ein Molekül CO_2 verliert, wird dies als **Decarboxylierung** bezeichnet.

Entfernen von CO_2 von einem α-Kohlenstoff

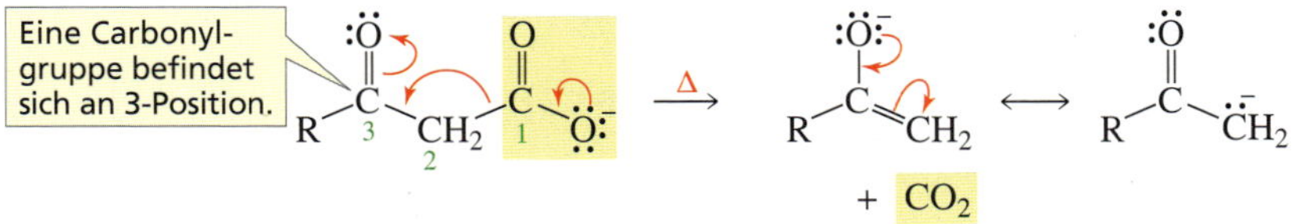

MERKE!

Eine Carbonsäure mit einer Carbonylgruppe an 3-Position decarboxyliert, wenn sie erhitzt wird.

Beachten Sie die Gemeinsamkeiten des Entfernens von CO_2 von einem α-Kohlenstoffatom und des Entfernens eines Protons von einem α-Kohlenstoffatom. In beiden Reaktionen werden die zurückbleibenden Elektronen an ein Sauerstoffatom delokalisiert, wenn der Substitutent – im einen Fall CO_2, im anderen Fall H^+ – entfernt wird.

Entfernen eines Protons von einem α-Kohlenstoff

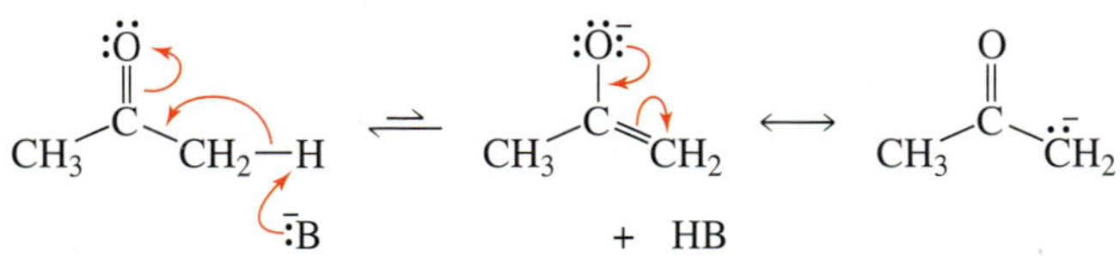

Decarboxylierung findet noch einfacher unter sauren Bedingungen statt, da die Reaktion durch einen intramolekularen Protonentransfer von der Carboxyl- zur Carbonylgruppe katalysiert wird. Das sich bildende Enol tautomerisiert sofort zu einem Keton.

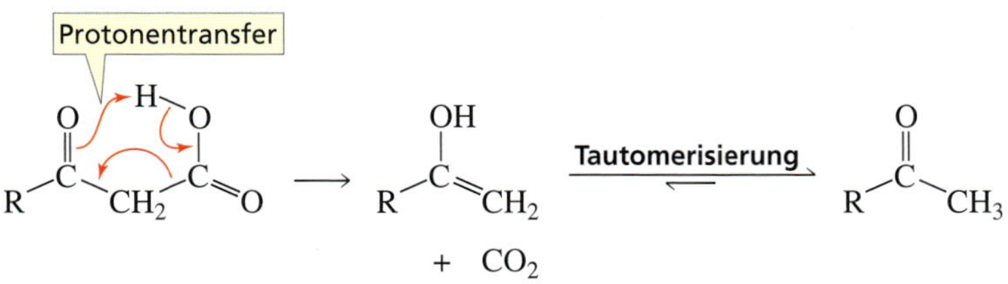

In Abschnitt 17.1 haben wir gesehen, dass es schwerer ist, ein Proton von einem α-Kohlenstoffatom zu entfernen, wenn die Elektronen auf die Carbonylgruppe eines Esters statt der Carbonylgruppe eines Ketons delokalisiert sind. Aus demselben Grund wird eine höhere Temperatur (~135 °C) benötigt, um eine β-Dicarbonsäure wie Malonsäure zu decarboxylieren als eine β-Ketosäure.

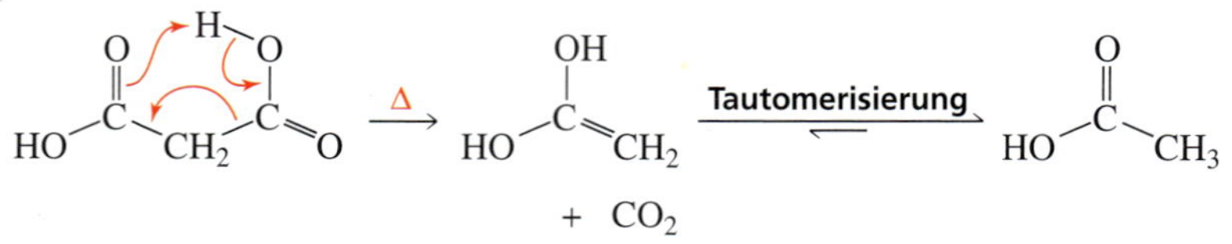

Zusammengefasst verlieren Carbonsäuren mit einer Carbonylgruppe an 3-Position CO_2, wenn sie erhitzt werden.

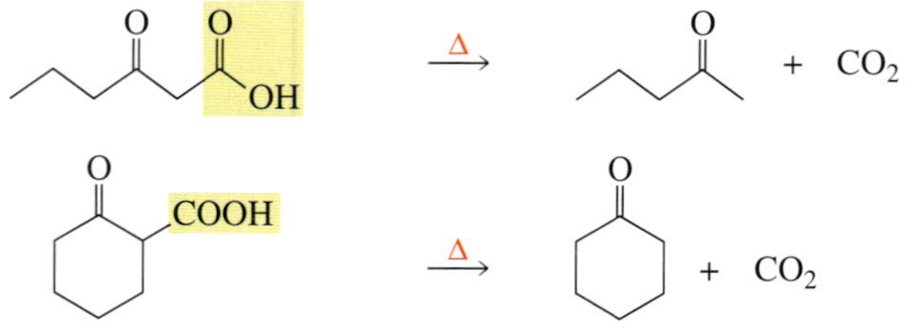

Ü 38* Welche der folgenden Verbindungen werden beim Erhitzen decarboxyliert?

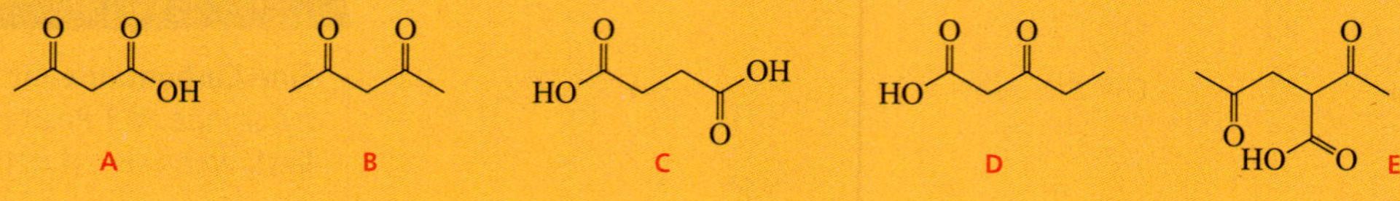

Die Malonestersynthese: Ein Weg zur Synthese von Carbonsäuren 17.18

Eine Kombination von zwei der in diesem Kapitel diskutierten Reaktionen – der Alkylierung eines α-Kohlenstoffatoms und die Decarboxylierung einer β-Dicarbonsäure – kann eingesetzt werden, um Carbonsäuren beliebiger Länge der Kohlenstoffkette zu synthetisieren. Die Prozedur wird als **Malonestersynthese**, auch als Malonsäureestersynthese, bezeichnet, weil die Ausgangssubstanz für die Synthese der Diester der Malonsäure (Dicarbonsäure) ist.

Die Carboxylgruppe und das α-Kohlenstoffatom der neu synthetisierten Carbonsäure entstammen dem Malonsäuremolekül. Der Rest der Carbonsäure stammt aus einem Halogenalkan, das im zweiten Schritt der Reaktion zum Einsatz kommt. Eine Malonestersynthese bildet also eine Carbonsäure mit zwei Kohlenstoffen mehr als das Halogenalkan.

Malonestersynthese

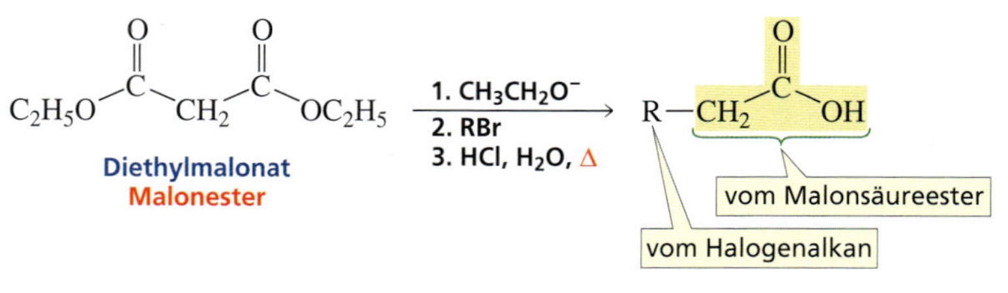

Schritte der Malonestersynthese

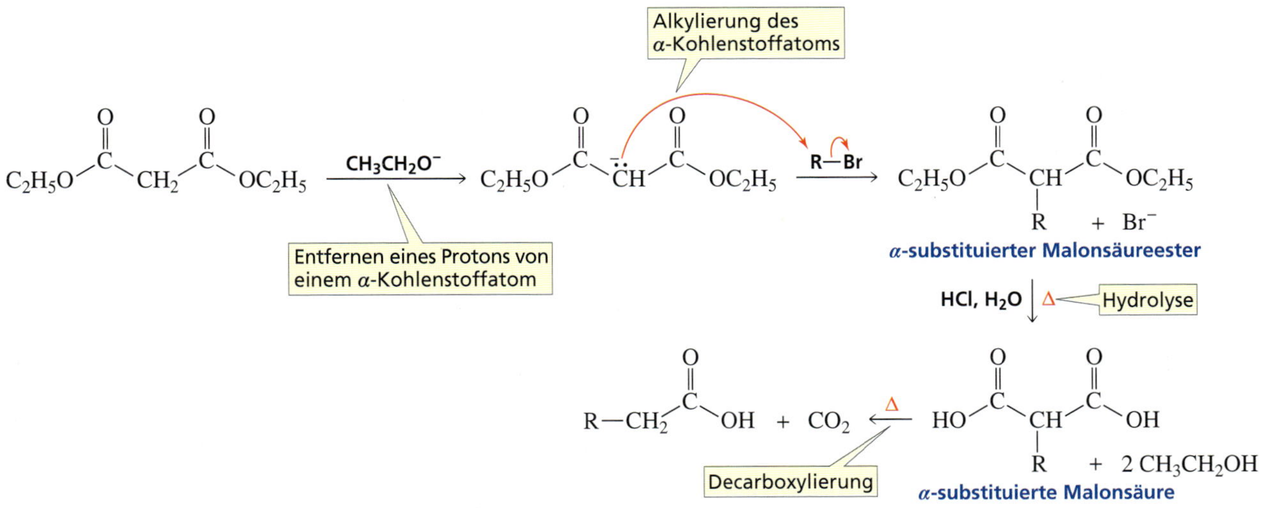

- Ein Proton wird leicht vom α-Kohlenstoffatom abgespalten, weil dieses von zwei Carbonylgruppen eingerahmt wird.
- Das resultierende α-Carbanion reagiert mit einem Halogenalkan unter Bildung eines α-substituierten Malonesters. Da die Alkylierung eine S_N2-Reaktion ist, funktioniert sie am besten mit primären Halogenalkanen und Halogenmethanen (Abschnitt 9.2).
- Das Erhitzen des α-substituierten Malonesters in angesäuerter wässriger Lösung hydrolysiert beide Estergruppen zu Carbonsäuren. Es entsteht eine α-substituierte Malonsäure.
- Weiteres Erhitzen führt zur Decarboxylierung der 3-Oxocarbonsäure.

Carbonsäuren mit zwei Substituenten am α-Kohlenstoffatom lassen sich durch zwei sukzessive α-Alkylierungen darstellen.

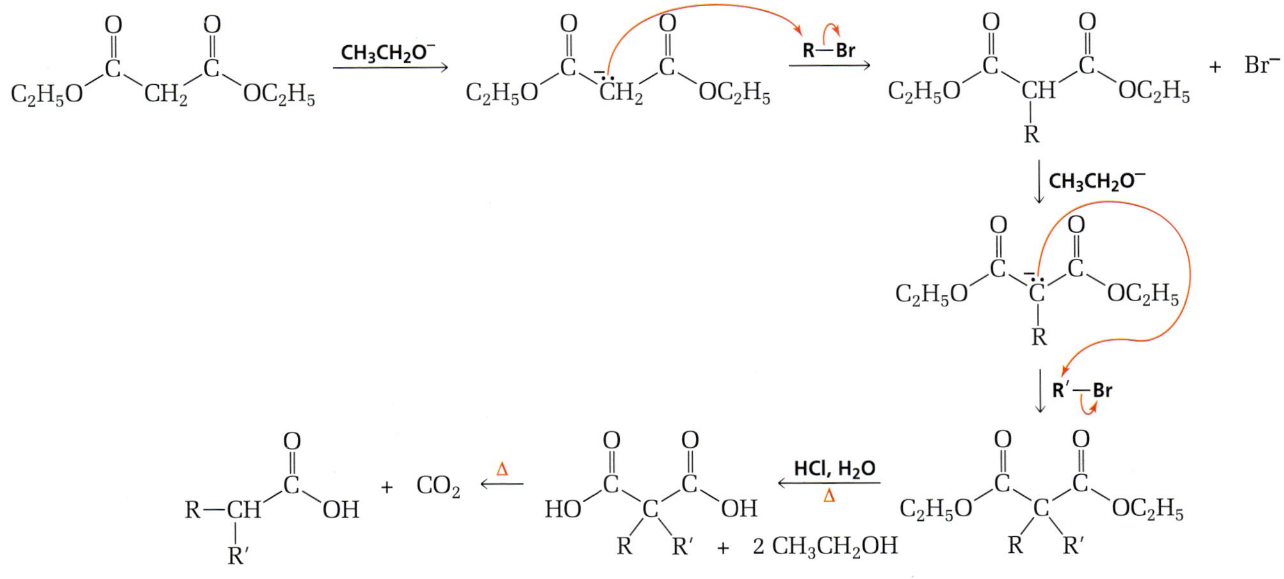

Retrosynthetische Analyse

Wenn eine Carbonsäure durch Malonestersynthese hergestellt wird, stammen die Carboxylgruppe und das α-Kohlenstoffatom vom Malonester, wie wir gesehen haben. Jeder am α-Kohlenstoff hängende Substituent stammt vom Halogenalkan, das im zweiten Schritt der Synthese verwendet wurde. Wenn der α-Kohlenstoff zwei Substituenten hat, bilden zwei sukzessive Alkylierungen des α-Kohlenstoffs die gewünschte Carbonsäure.

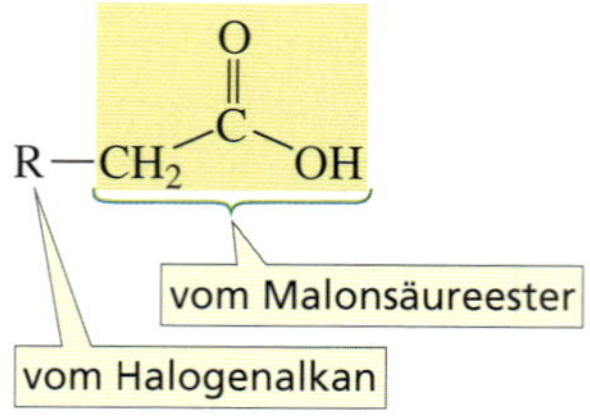

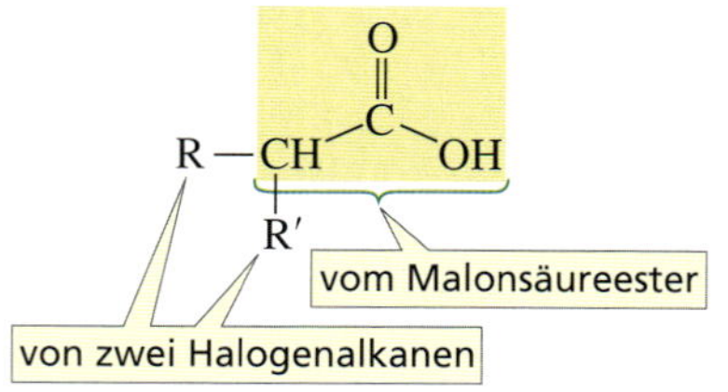

Ü 39* Welche(s) Alkylbromid(e) sollte in der der Malonsäureestersynthese jeder der folgenden Carbonsäuren verwendet werden?

(a) Propansäure
(b) 2-Methylpropansäure
(c) 3-Phenylpropansäure
(d) 4-Methylpentansäure

Ü 40 Erklären Sie, weshalb die folgenden Carbonsäuren nicht durch eine Malonsäureestersynthese hergestellt werden können.

(a) 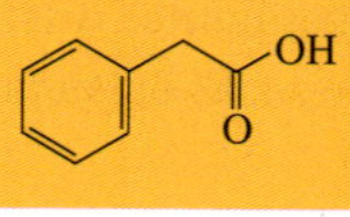

(b) 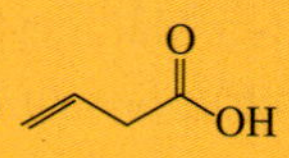

(c) 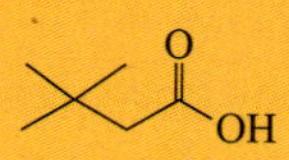

Die Acetessigestersynthese: Ein Weg zur Synthese von Methylketonen 17.19

Der einzige Unterschied zwischen der Acetessigestersynthese und der Malonestersynthese ist die Verwendung von Acetessigester anstelle von Malonester als Ausgangsmaterial. Dieser Unterschied hinsichtlich der Ausgangsverbindung führt dazu, dass das Produkt der **Acetessigestersynthese** (= Acetessigsäureestersynthese) ein *Methylketon* anstelle einer *Carbonsäure* ist. Die Carbonylgruppe des Methylketons und die Kohlenstoffatome zu beiden Seiten der C=O-Gruppe stammen aus dem Acetessigestermolekül, der Rest des Ketons entstammt dem Halogenalkan, das im zweiten Schritt zugesetzt wird.

MERKE!

Die Acetessigestersynthese bildet ein Methylketon mit drei weiteren Kohlenstoffatomen als das Halogenalkan.

Acetessigestersynthese

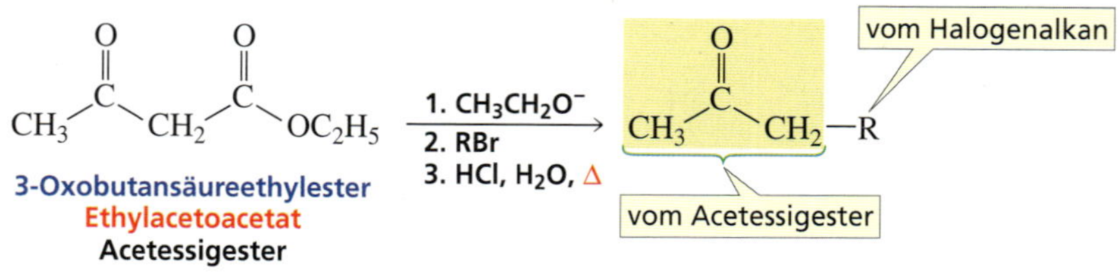

Die Schritte der Acetessigestersynthese und der Malonestersynthese sind gleich.

Schritte der Acetessigestersynthese

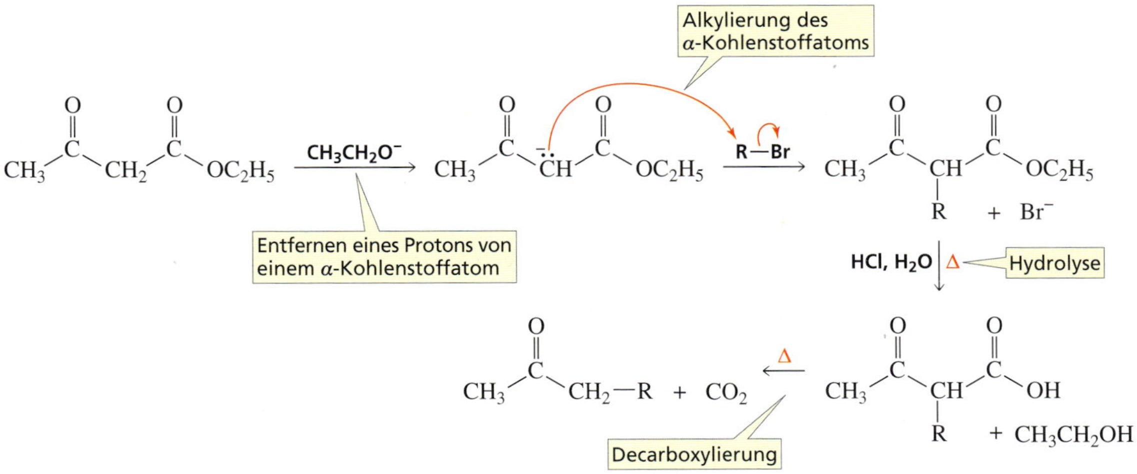

- Ein Proton wird vom α-Kohlenstoffatom entfernt, das von zwei Carbonylgruppen flankiert ist.
- Das α-Carbanion geht eine S_N2-Reaktion mit dem Halogenalkan ein.
- Durch Hydrolyse und Decarboxylierung entsteht das Methylketon.

Retrosynthetische Analyse

Wenn ein Methylketon durch Acetessigestersynthese hergestellt wird, stammen die Carboxylgruppe und die flankierenden Kohlenstoffatome auf beiden Seiten vom Acetessigester. Jeder am α-Kohlenstoff hängende Substituent stammt vom Halogenalkan, das im zweiten Schritt der Synthese verwendet wurde.

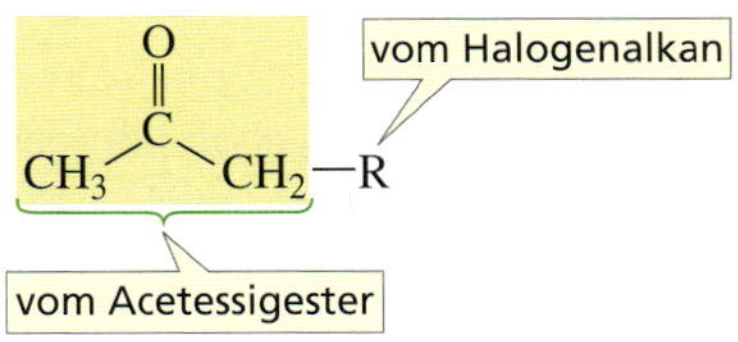

Ü 41* Welche Bromalkane sollten für die Acetessigestersynthesen der folgenden Methylketone eingesetzt werden?

(a) 2-Pentanon
(b) 2-Octanon
(c) 4-Phenyl-2-butanon

Ü 42 mit Lösung
Wie könnten Sie 4-Methyl-3-heptanon ausgehend von Propionsäuremethylester herstellen?

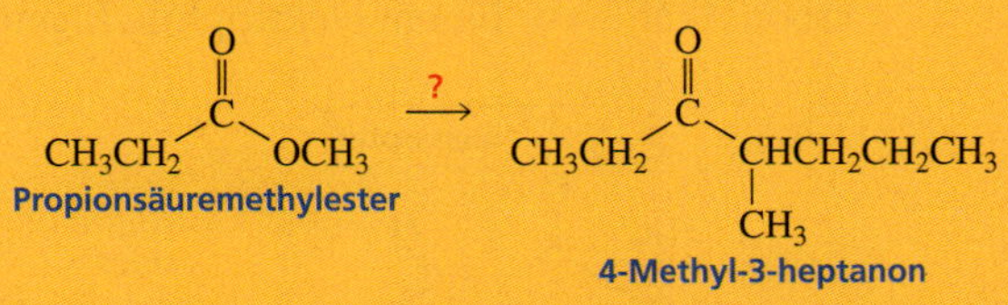

Da das Ausgangsmaterial ein Ester ist und das Zielmolekül mehr Kohlenstoffatome als das Ausgangsmaterial besitzt, erscheint eine Claisen-Kondensation ein guter Weg zu sein, die Synthese zu beginnen. Die Claisen-Kondensation bildet einen β-Ketoester, der leicht am gewünschten Kohlenstoffatom alkyliert werden kann, da er von zwei Carbonylgruppen flankiert ist. Säurekatalysierte Hydrolyse bildet eine 3-Oxocarboxylsäure, die beim Erhitzen decarboxyliert.

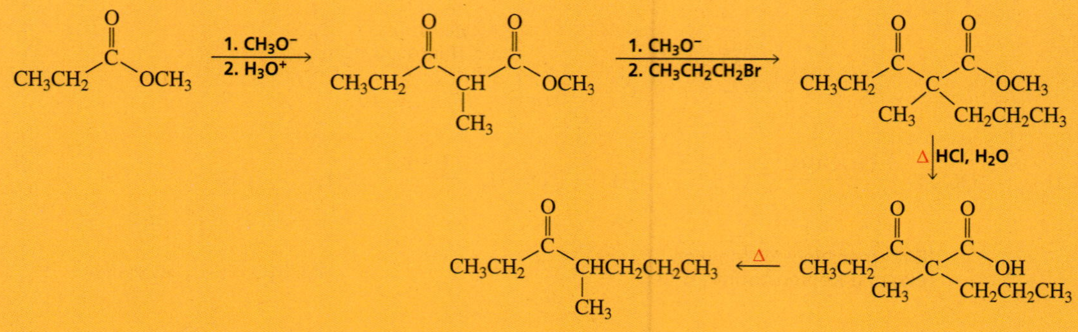

Syntheseplanung V

17.20 Die Knüpfung neuer Kohlenstoff-Kohlenstoff-Bindungen

Wenn Sie die Darstellung einer Verbindung planen, in deren Verlauf neue C—C-Bindungen geknüpft werden müssen:

- Stellen Sie fest, an welcher Stelle des Moleküls die neue Bindung entstehen soll, und brechen Sie die Bindung, um zwei Fragmente zu erhalten (Abschnitt 16.14).
- Stellen Sie fest, welche der Atome, die die neue Bindung bilden, als Elektrophil und als Nucleophil dienen sollen.
- Wählen Sie eine Verbindung mit den gewünschten elektrophilen und nucleophilen Gruppen.

Beispiel 1

Bei der Synthese des folgenden β-Diketons etwa schließt die neu zu knüpfende C—C-Bindung den zweiten Fünfring.

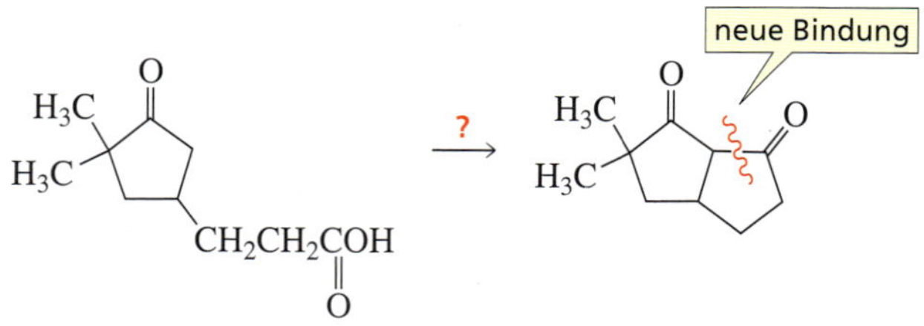

In unserem Beispiel ist es leicht, die Wahl zwischen den beiden Möglichkeiten für das Elektrophil und Nucleophil zu treffen, weil wir bereits wissen, dass ein Carbonylkohlenstoffatom elektrophile Eigenschaften besitzt.

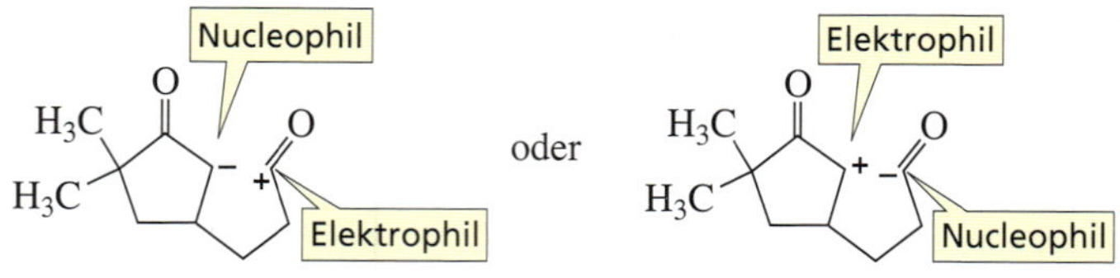

Falls eine Ausgangsverbindung vorgegeben ist, nutzen Sie diese als Ausgangspunkt für Ihre Planung. Die Carbonylfunktion eines Esters könnte beispielsweise ein gutes Elektrophil für diese Synthese sein, da sie eine Gruppe besitzt, die eliminierbar ist. Darüber hinaus sind die α-Wasserstoffatome eines Ketons azider als die eines Esters, sodass das angestrebte Nucleophil leicht zugänglich wäre. Durch Umwandlung der Ausgangssubstanz in einen Ester (Abschnitt 15.18) gefolgt von einer intramolekularen Kondensation wird das Zielmolekül gebildet.

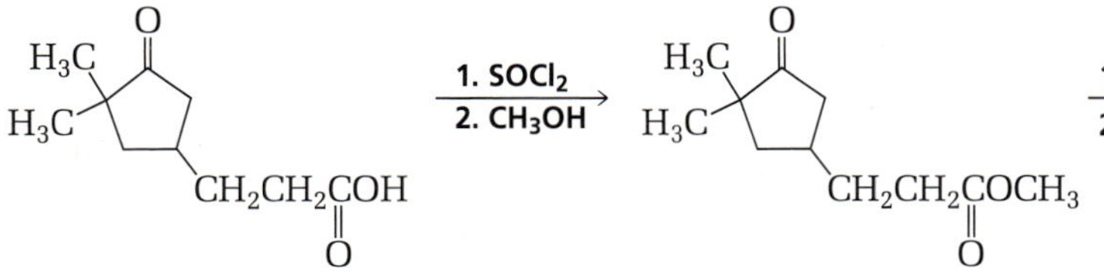

Beispiel 2

Bei der nächsten Synthese müssen zwei neue C—C-Bindungen geknüpft werden.

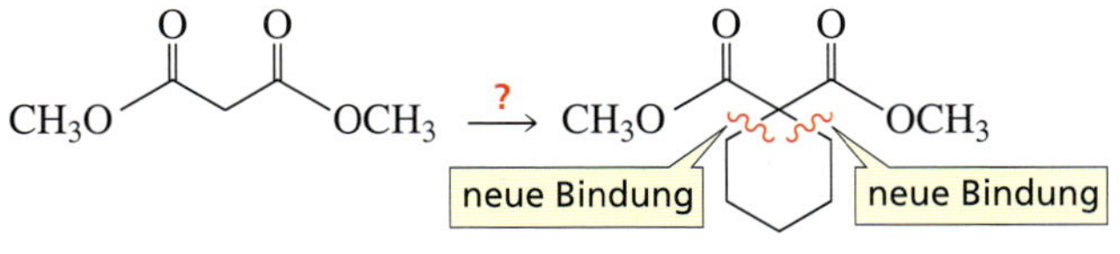

Nach der Identifizierung der elektrophilen und der nucleophilen Reaktionsorte an den Molekülen können Sie erkennen, dass zwei aufeinanderfolgende Alkylierungen eines Malonsäurediesters mit einem 1,5-Dibrompentan als Alkylierungsmittel das gewünschte Zielmolekül liefern.

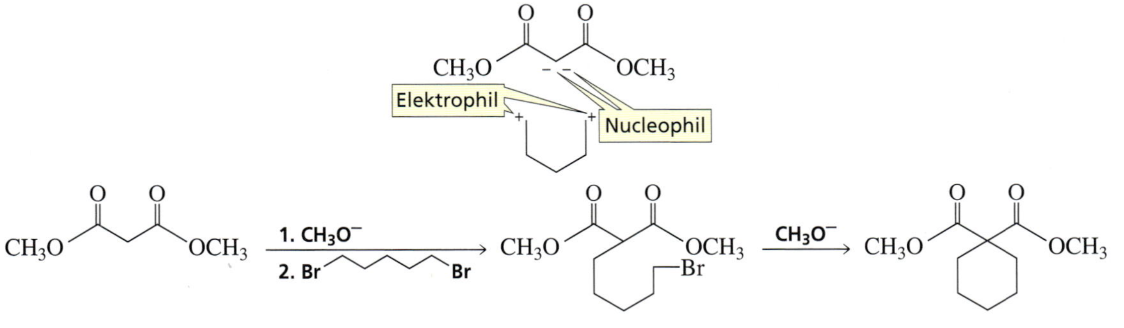

Beispiel 3

Bei der Planung der folgenden Synthese legt der als Ausgangssubstanz angegebene Diester den Schluss nahe, dass man eine Dieckmann-Kondensation durchführen sollte, um die zyklische Verbindung zu erhalten.

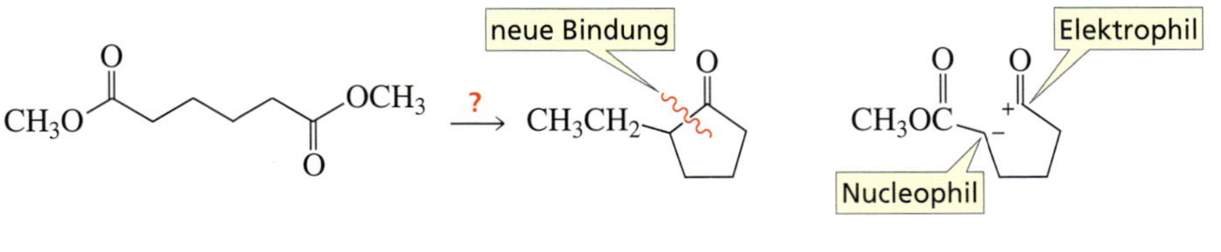

Auf die Dieckmann-Kondensation folgt eine Alkylierung des (von zwei Carbonylgruppen flankierten) α-Kohlenstoffatoms des Cyclopentanonrings. Hydrolyse des β-Ketoesters und Decarboxylierung führen zum Zielmolekül.

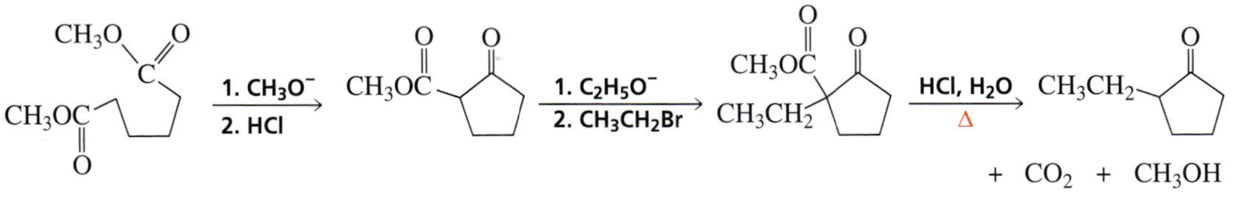

Ü 43 Entwerfen Sie jeweils eine Synthese für die Darstellung folgender Verbindungen aus den angegebenen Ausgangsstoffen:

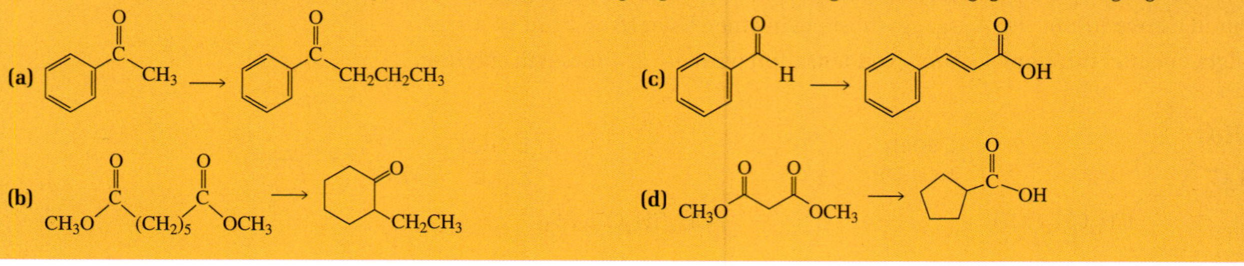

Reaktionen am α-Kohlenstoffatom in biologischen Systemen 17.21

Viele Reaktionen, die in Zellen ablaufen, schließen Reaktionen am α-Kohlenstoffatom – die Reaktionen, die wir in diesem Kapitel betrachtet haben – ein. Im Folgenden werden wir uns einige Beispiele anschauen.

Eine biologische Aldoladdition

Glucose (Traubenzucker) ist der häufigste in der belebten Natur angetroffene Zucker. Sie wird von lebenden Zellen aus zwei Molekülen Brenztraubensäure (Pyruvat) synthetisiert. Die Reaktionsfolge, die die beiden Pyruvatmoleküle in ein Molekül Glucose überführt, heißt **Gluconeogenese** (Abschnitt 24.12). Der umgekehrte Vorgang – der Abbau der Glucose zu Pyruvat – heißt **Glycolyse** (Abschnitt 24.6).

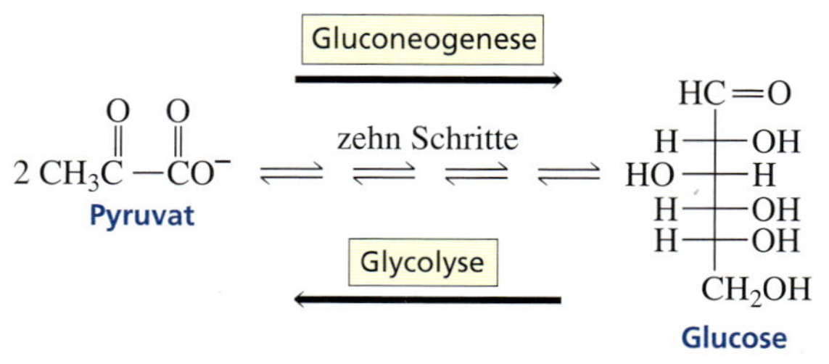

Da das Glucosemolekül doppelt so viele Kohlenstoffatome aufweist wie das der Brenztraubensäure, sollte es uns nicht überraschen zu erfahren, dass einer der Schritte bei der Biosynthese der Glucose eine Aldoladdition ist. Ein Enzym namens Aldolase katalyisert eine gekreuzte Aldoladdition von Dihydroxyacetonphosphat und Glycerinaldehyd-3-phosphat. Das Produkt der Reaktion ist Fructose-1,6-diphosphat (Fructose = Fruchtzucker), das nachfolgend in Glucose umgewandelt wird.

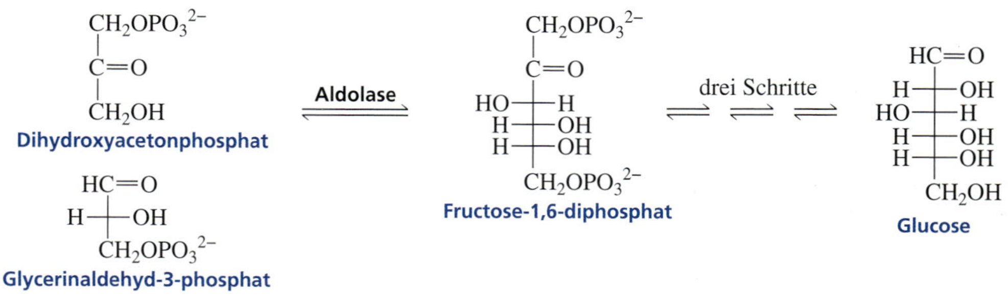

Die durch Aldolase katalysierte Reaktion ist reversibel. Die umgekehrte Reaktion – die Spaltung von Fructose-1,6-diphosphat in Dihydroxyacetonphosphat und Glycerinaldehyd-3-phosphat – ist eine Retro-Aldoladdition. Der Mechanismus dieser Reaktion wird uns in Abschnitt 22.12 beschäftigen.

Ü 44 Schlagen Sie einen Mechanismus für die Bildung von Fructose-1,6-diphosphat aus Dihydroxyacetonphosphat und Glycerinaldehyd-3-phosphat vor. Setzen Sie dabei Hydroxidionen (HO^-) als Katalysatoren ein.

Eine biologische Aldolkondensation

Collagen ist in vielen Säugetieren das häufigste Protein, das bis zu einem Viertel des Gesamtproteins ausmacht. Es ist das Hauptfaserprotein der Knochen, der Zähne, des Knorpels und der Sehnen. Einzelne Collagenmoleküle heißen Tropocollagen und lassen sich nur aus den Geweben junger Tiere isolieren. In dem Maß, in dem ein Tier altert, werden die einzelnen Collagenmoleküle miteinander vernetzt. Das ist der Grund, warum das Fleisch alter Tiere zäher als das junger ist. Die Quervernetzung des Collagens ist ein Beispiel für eine Aldolkondensation.

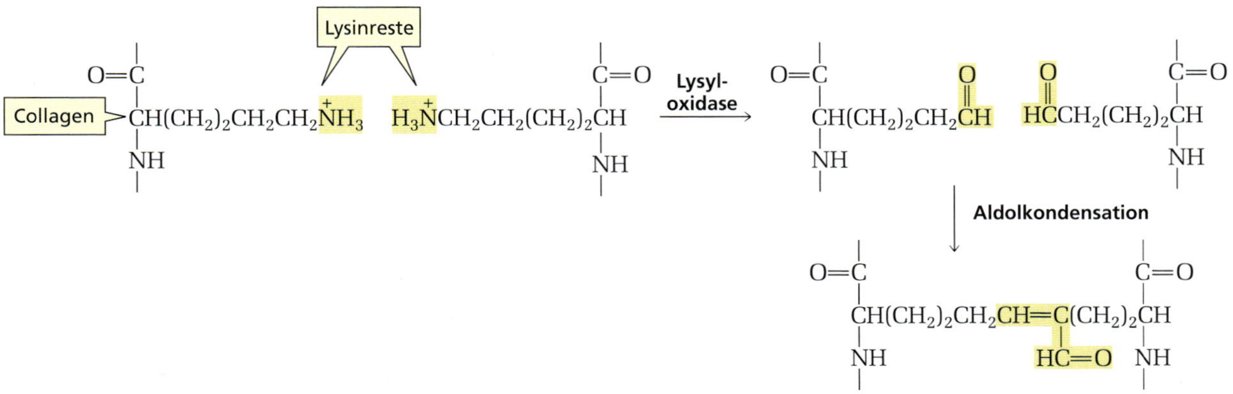

vernetzte Collagenstränge

Bevor die Moleküle des Collagens vernetzt werden können, müssen die primären Aminogruppen in den Seitenketten der Aminosäure Lysin entlang des Collagenmoleküls in Aldehydgruppen überführt werden. Das diese Reaktion vermittelnde Enzym heißt Lysyloxidase. Eine Aldolkondensation zwischen zwei Aldehydgruppen führt zur Quervernetzung der Proteinmoleküle.

Eine biologische Claisen-Kondensation

Fettsäuren sind langkettige, unverzweigte Carbonsäuren (Abschnitt 25.1). Natürlich auftretende Fettsäuren sind unverzweigt und enthalten eine gerade Anzahl von Kohlenstoffatomen, weil sie aus Acetat synthetisiert werden, einer Verbindung mit zwei Kohlenstoffatomen.

In Abschnitt 15.19 haben wir gelernt, dass Carbonsäuren in Zellen durch Überführung in die Thioester des Coenzyms A (CoA) aktiviert werden können.

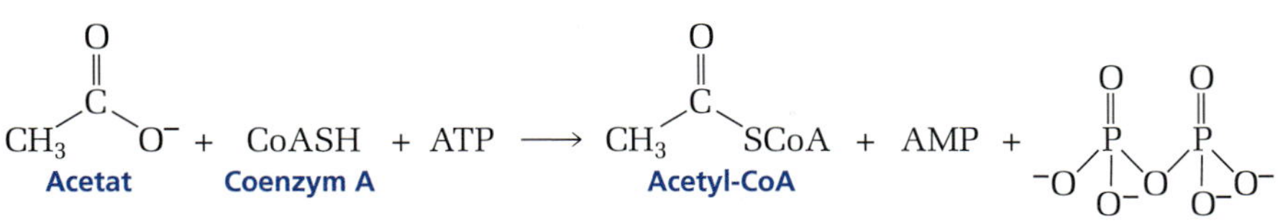

Eine der für die Fettsäurebiosynthese notwendigen Substanzen ist das Malonyl-CoA, das bei der Carboxylierung des Acetyl-CoA entsteht. Der Mechanismus dieser Reaktion wird in Abschnitt 24.4 vorgestellt.

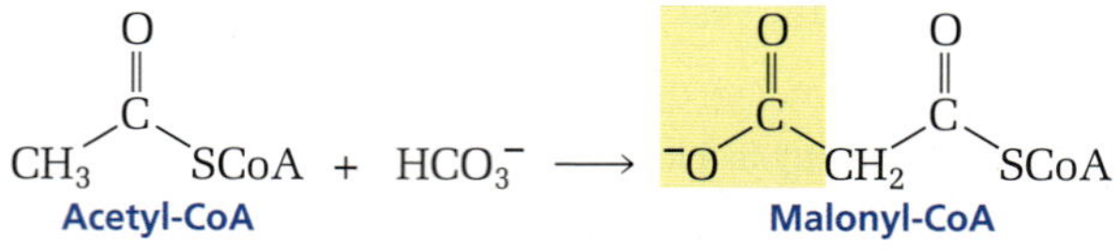

Bevor die Fettsäurebiosynthese vonstatten gehen kann, werden die Acylgruppen des Acetyl-CoA und des Malonyl-CoA durch Umesterung auf andere Thioalkohole übertragen.

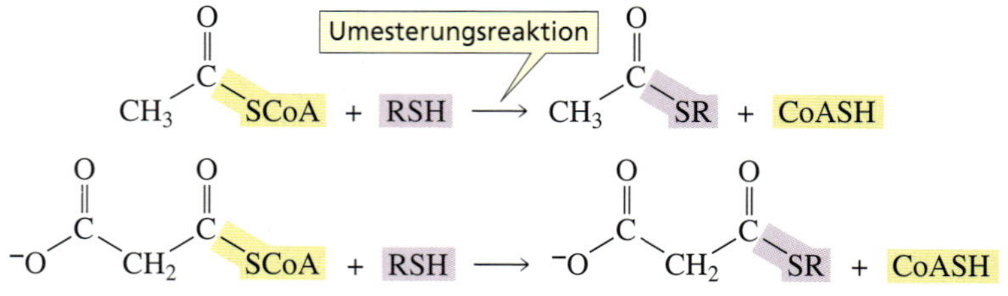

Ein Molekül Acetylthioester und ein Molekül Malonylthioester sind die Reaktanten für die *erste Runde* der Fettsäurebiosynthese.

Schritte der Fettsäurebiosynthese

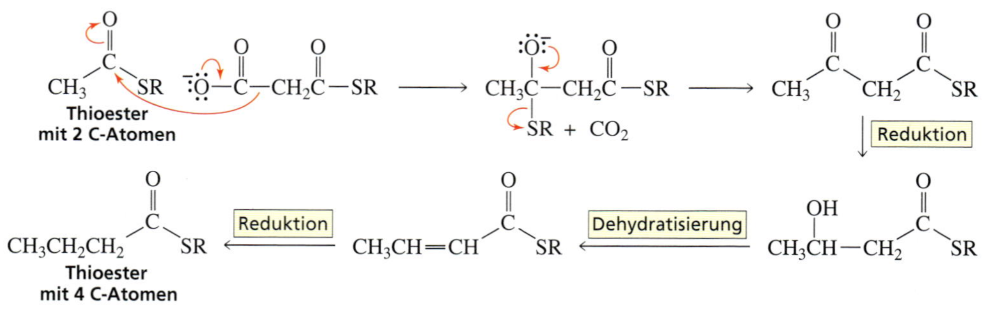

- Der erste Schritt ist eine Claisen-Kondensation. Das für eine Claisen-Kondensation erforderliche Nucleophil wird durch Decarboxylierung am α-Kohlenstoffatom des Malonylthioesters erzeugt statt durch Deprotonierung. (Wir erinnern uns: 3-Oxocarbonsäuren decarboxylieren leicht; Abschnitt 17.17.) Die Decarboxylierung dient außerdem dazu, die Kondensation quantitativ ablaufen zu lassen.
- Das Produkt der Kondensation unterzieht sich dann einer Reduktion (erinnern Sie sich, dass ein Keton leichter reduziert werden kann als sein Ester; Abschnitt 16.2), einer Dehydratisierung und einer zweiten Reduktion. Dabei wird ein C_4-Thioester gebildet. Jede Reaktion wird durch ein unterschiedliches Enzym katalysiert.

Der C_4-Thioester und ein weiteres Molekül Malonylthioester (Malonyl-CoA) sind die Reaktanten der *zweiten Reaktionsrunde* der Biosynthese.

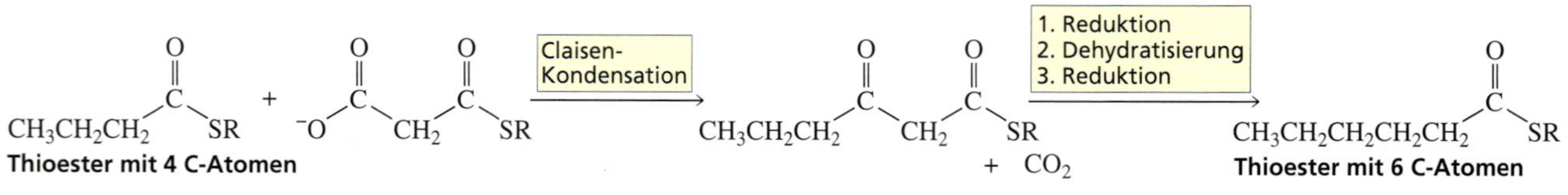

- Wieder durchläuft das Produkt der Claisen-Kondensation eine Reduktion, eine Dehydratisierung und eine zweite Reduktion. Dabei wird ein C_6-Thioester gebildet.
- Die Reaktionsfolge wird wiederholt; dabei werden jedesmal zwei weitere Kohlenstoffatome an die Kette angefügt.

Dieser Mechanismus erklärt, warum natürlich vorkommende Fettsäuren unverzweigt sind und im Allgemeinen eine gerade Zahl von Kohlenstoffatomen enthalten. Nachdem ein Thioester mit der gewünschten Zahl von Kohlenstoffatomen entstanden ist, wird dieser einer Umesterung mit Glycerol-3-phosphat unterworfen. Dabei werden zelluläre Lipide wie Fette, Öle und Phospholipide gebildet (Abschnitt 24.11).

Ü 45* Palmitinsäure ist eine geradkettige, gesättigte C_{16}-Fettsäure. Wie viel Mol Malonyl-CoA sind notwendig, um 1 Mol Palmitinsäure zu synthetisieren?

Ü 46*

(a) Wie viele Deuteriumatome würden in das Palmitinsäuremolekül inkorporiert, falls die Biosynthese der Palmitinsäure mit CD_3COS-R und nichtdeuteriertem Malonyl-CoA durchgeführt würde?

(b) Wie viele Deuteriumatome würden in das Palmitinsäuremolekül inkorporiert, falls die Biosynthese der Palmitinsäure mit $^-OOCCD_2COS$-R und nichtdeuteriertem Acetylthioester durchgeführt würde?

Eine biologische Decarboxylierung

Ein Beispiel für eine in biologischen Systemen auftretende Decarboxylierung ist die Decarboxylierungsreaktion des Acetoacetats.

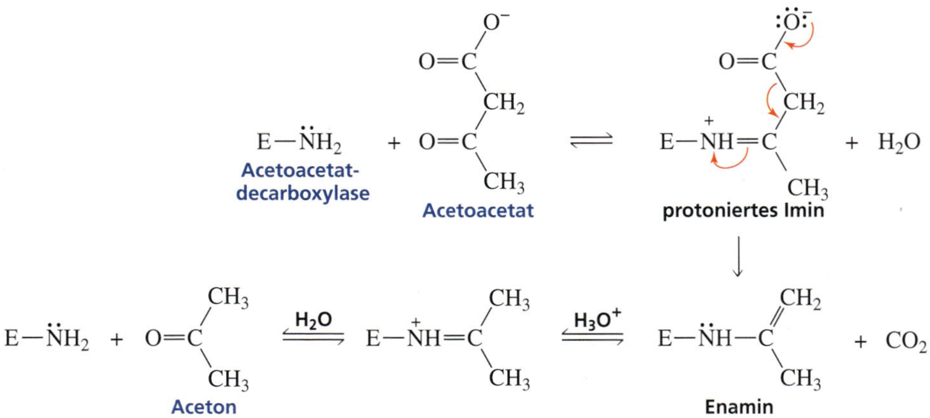

- Die Aminogruppe der Acetoacetatdecarboxylase, das die Reaktion katalysierende Enzym, bildet mit der Ketogruppe des Acetoacetats ein Imin.
- Das positiv geladene Stickstoffatom nimmt bereitwillig das Elektronenpaar auf, das zurückbleibt, wenn das Substrat CO_2 abspaltet und ein Enamin gebildet wird.
- Tautomerisierung und Protonierung der CH_2-Gruppe bildet ein Imin.
- Die Hydrolyse des Imins führt zum decarboxylierten Produkt (Aceton) und regeneriert das Enzym (Abschnitt 16.8).

In Ketose, einem pathologischen Zustand, der bei Menschen mit Diabetes auftreten kann, produziert der Körper mehr Acetoacetat als metabolisiert werden kann. Das überschüssige Acetoacetat wird decarboxyliert, die Ketose kann daher durch den Geruch von Aceton im Atem einer betroffenen Person erkannt werden.

Ü 47 Wenn die enzymatische Decarboxylierung von Acetoacetat in $H_2{}^{18}O$ durchgeführt wird, enthält das gebildete Aceton ^{18}O. Was sagt uns dieser Befund über den Mechanismus der Reaktion?

Einordnen, was wir über die Reaktionen organischer Verbindungen wissen 17.22

Wir haben gesehen, dass die Familien organischer Verbindungen in eine von vier Gruppen eingeordnet werden können und dass alle Familien einer Gruppe in ähnlicher Weise reagieren. Lassen Sie uns nun, da wir das Studium der Familien in Gruppe III abgeschlossen haben, diese Gruppe noch einmal betrachten.

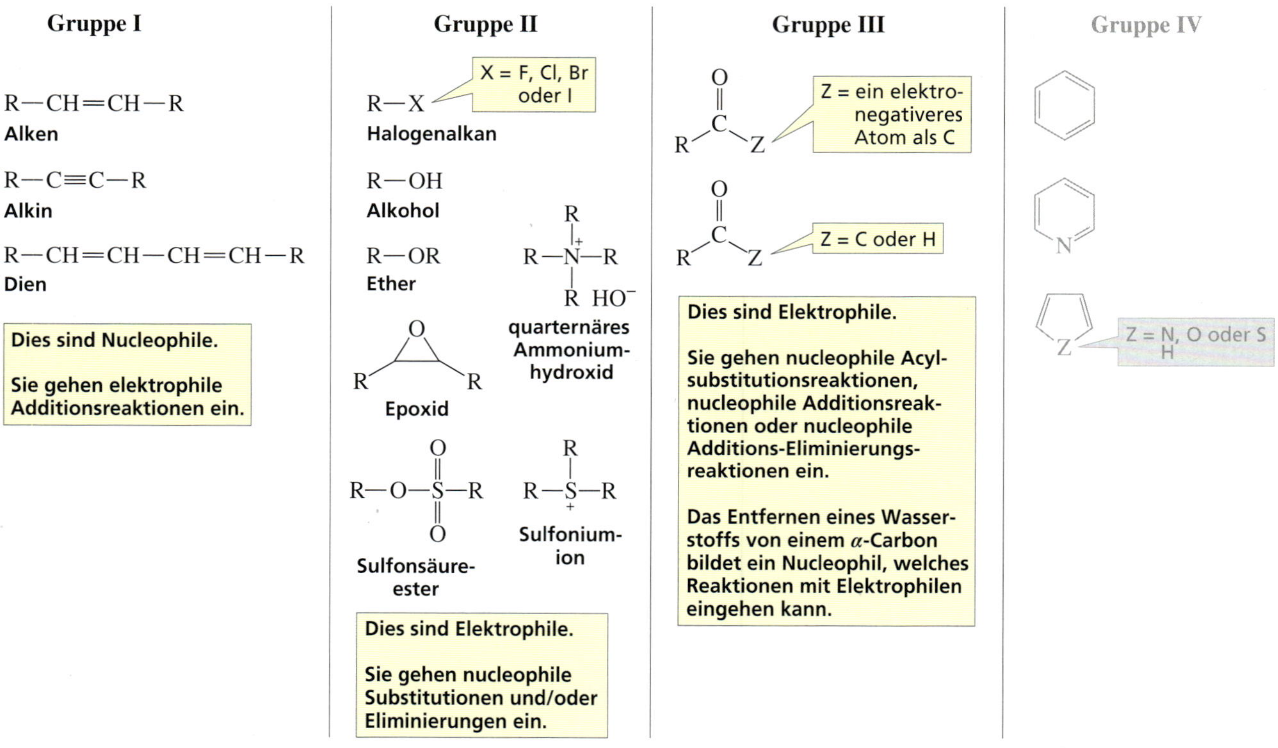

Beide Familien in Gruppe III tragen Carbonylgruppen. Da die Carbonylgruppe ein *Elektrophil* ist, reagieren beide Familien mit *Nucleophilen.*

- Die erste Familie (Carbonsäuren und Carbonsäurederivate) besitzt eine Gruppe, die an das Carbonylkohlenstoffatom gebunden ist und durch eine andere Gruppe ersetzt werden kann. Daher geht diese Gruppe nucleophile Acylsubsitutionsreaktionen ein.

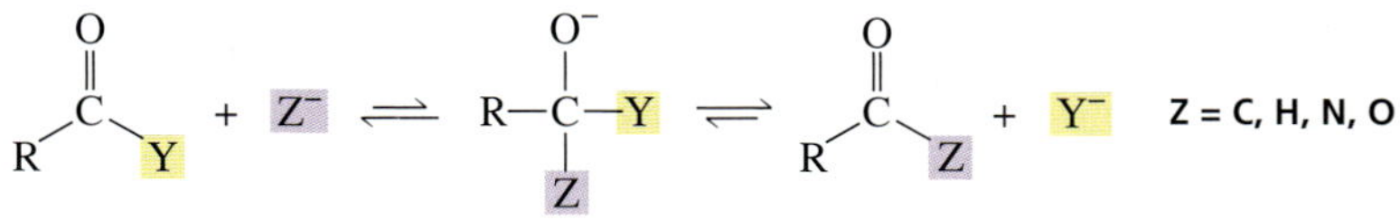

Produkt der nucleophilen Acylsubstitution

- Die zweite Familie (Aldehyde und Ketone) haben keine Gruppe am Carbonylkohlenstoffatom, die durch eine andere Gruppe ersetzt werden könnte. Daher geht diese Gruppe nucleophile Additionsreaktionen mit stark basischen Nucleophilen wie R^- oder H^- ein.

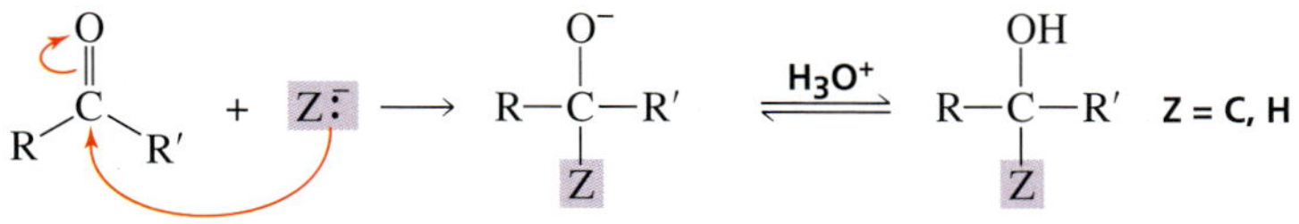

Produkt der nucleophilen Addition

- Falls das angreifende Atom des Nucleophils ein Sauerstoff- oder Stickstoffatom ist und es genug Säure zum Protonieren der OH-Gruppe der tetraedrischen Zwischenstufe gibt, die durch die nucleophile Addition gebildet wird, wird Wasser aus der Zwischenstufe abgespalten. Das Schicksal des dehydratisierten Produkt hängt von Z ab.

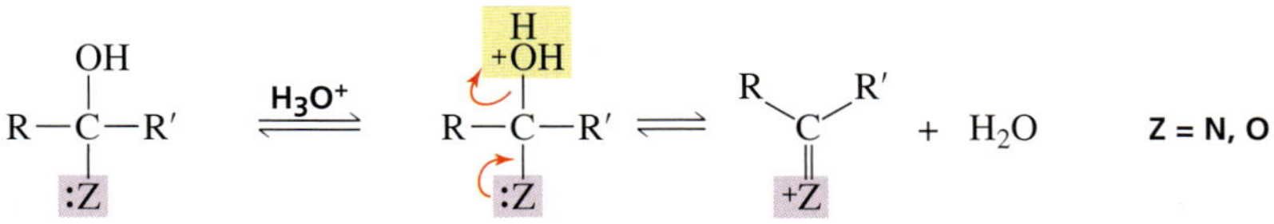

Produkt der nucleophilen Additions-Eliminierung

- Aldehyde, Ketone, Ester und *N,N*-disubstituierte Amide tragen ein Wasserstoffatom am α-Kohlenstoffatom, das von einer starken Base entfernt werden kann. Dies sorgt für die Entstehung eines Nucleophils (einem Enolation), das mit Elektrophilen reagieren kann.

Zusammenfassung

Abschnitt 17.1

- Ein an das **α-Kohlenstoffatom** eines Aldehdyds, Ketons, Esters oder *N,N*-disubstituierten Amids gebundenes H-Atom ist ausreichend azide, um durch eine starke Base abgespalten zu werden.
- Eine **Carbonsäure** ist eine chemische Verbindung mit einem relativ deutlich sauer reagierenden H-Atom, gebunden an ein sp^3-hybridisiertes Kohlenstoffatom.
- Aldehyde und Ketone ($pK_S \sim 16–20$) sind stärker sauer als Ester ($pK_S \sim 25$). **β-Diketone** ($pK_S \sim 9$) und **β-Ketoester** ($pK_S \sim 11$) reagieren sogar noch stärker sauer.

Abschnitt 17.2–17.3

- Die **Keto-Enol-Umwandlung** kann durch Säuren oder Basen katalysiert werden. Im Allgemeinen ist das **Keto-Tautomer** das stabilere.

Abschnitt 17.4

- Aldehyde und Ketone reagieren mit Chlor, Brom und Iod: Unter sauren Bedingungen ersetzt ein Halogenatom eines der α-Wasserstoffatome. Unter basischen Bedingungen ersetzen die Halogenatome alle **α-Wasserstoffatome**.

Abschnitt 17.5

- Die **HVZ-Reaktion** führt zur Bromierung des α-Kohlenstoffatoms von Carbonsäuren.

- Der α-Bromsubstituent von Carbonylverbindungen kann nur durch schwache Nucleophile (schwache Basen) ersetzt werden.

Abschnitt 17.6

- LDA (eine starke, sperrige Base, aber ein schwaches Nucleophil) wird bei der Erzeugung von **Enolationen** bei solchen Reaktionen eingesetzt, die eine vollständige Umsetzung der Carbonylverbindung erfordern, bevor eine Reaktion mit einem Elektrophil erfolgt.

Abschnitt 17.7

- LDA ist die Base, die zur Monoalkylierung eines α-Kohlenstoffatoms verwendet wird. Das weniger substituierte α-Kohlenstoffatom wird alkyliert, wenn die Reaktion kinetisch kontrolliert ist (LDA, −78 °C), während das höher substituierte α-Kohlenstoffatom alkyliert wird, wenn die Reaktion thermodynamisch kontrolliert ist (LDA, 0 °C).

Abschnitt 17.8

- Aldehyde und Ketone können am α-Kohlenstoffatom alkyliert oder acyliert werden, indem zunächst ein Enamin mit einem sekundären Amin gebildet wird.

Abschnitt 17.9

- α,β-ungesättigte Aldehyde und Ketone können am β-Kohlenstoff durch ein Enamin oder eine **Michael-Reaktion** unter Verwendung von Enolationen alkyliert werden – bevorzugt solche von β-Diketonen, β-Diestern, β-Ketoestern und β-Ketonitrilen. Diese Reaktionen bilden 1,5-Dicarbonylverbindungen.

Abschnitt 17.10

- Bei einer **Aldoladdition** reagiert das Enolation eines Aldehyds oder Ketons mit dem Carbonylkohlenstoffatom eines zweiten Moleküls Aldehyd/Keton unter Bildung eines β-Hydroxyaldehyds oder -ketons. Die neugeknüpfte Kohlenstoff-Kohlenstoff-Bindung entsteht zwischen dem α-Kohlenstoffatom des einen Moleküls (dem Nucleophil) und dem vormaligen Carbonylkohlenstoffatom des anderen (dem Elektrophil). Das an die OH-Gruppe gebundene Kohlenstoffatom grenzt daher an das an die Carbonylgruppe gebundene Kohlenstoffatom an.

Abschnitt 17.11

- Das Produkt einer Aldoladdition kann durch Wasserabspaltung unter sauren oder basischen Bedingungen zu einem **Aldolkondensationsprodukt** weiterreagieren. Die basenkatalysierte Dehydrierung ist eine **E1cB-Reaktion**.

Abschnitt 17.12

- Aus einer gekreuzten Aldoladdition kann überwiegend ein einziges Produkt erhalten werden, wenn eine Carbonylverbindung mit α-Wasserstoffatomen langsam zu einer Lösung einer Carbonylverbindung ohne α-Wasserstoffatome und einer Base gegeben wird. Wenn beide Carbonylverbindungen α-Wasserstoffatome tragen, kann überwiegend ein Produkt erhalten werden, wenn LDA zur Bildung des Enolations verwendet wird und die andere Carbonylverbindung langsam zugegeben wird.

Abschnitt 17.13

- Bei einer **Claisen-Kondensation** reagiert das Enolation eines Esters mit einem weiteren Estermolekül. Dabei wird RO^- eliminiert und ein β-Ketoester gebildet.

Abschnitt 17.15

- Eine intramolekulare Kondensation läuft leicht ab, wenn die Reaktion ein Produkt ist mit einem fünf- oder sechsgliedrigen Ring. Eine **Dieckmann-Kondensation** ist eine intramolekulare Claisen-Kondensation.

Abschnitt 17.16

- Eine **Robinson-Annelierung** ist eine Zyklisierungsreaktion, in deren Verlauf nacheinander eine Michael-Addition und eine intramolekulare Aldoladdition stattfinden, um eine Verbindung mit einem 2-Cyclohexenonring zu bilden.

Abschnitt 17.17

- Carbonsäuren mit einer Carbonylgruppe in 3-Position werden beim Erhitzen spontan **decarboxyliert**.

Abschnitt 17.18

- Carbonsäuren können durch **Malonestersynthese** (= Malonsäureestersynthese) dargestellt werden. Die resultierende Carbonsäure besitzt zwei Kohlenstoffatome mehr (die Carboxylgruppe und der α-Kohlenstoff) als das eingesetzte Halogenalkan.

Abschnitt 17.19

- Methylketone können durch **Acetessigestersynthese** (= Acetessigsäureestersynthese) dargestellt werden. Das resultierende Methylketon besitzt drei Kohlenstoffe mehr (die Carbonylgruppe und die flankierenden Kohlenstoffe) als das Halogenalkan.

Zusammenfassung der Reaktionen

1 Keto-Enol-Umwandlung (Abschnitt 17.3)

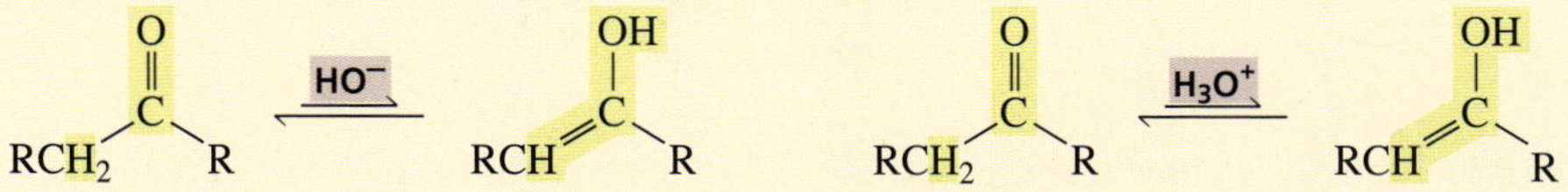

2 Halogenierung des α-Kohlenstoffatoms von Aldehyden und Ketonen (Abschnitt 17.4)

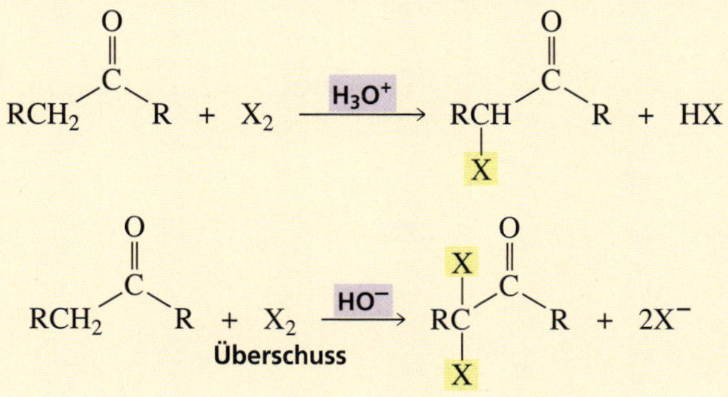

$X_2 = Cl_2, Br_2,$ oder I_2

3 Halogenierung des α-Kohlenstoffatoms von Carbonsäuren: Hell-Volhard-Zelinsky-Reaktion (HVZ-Reaktion) (Abschnitt 17.5)

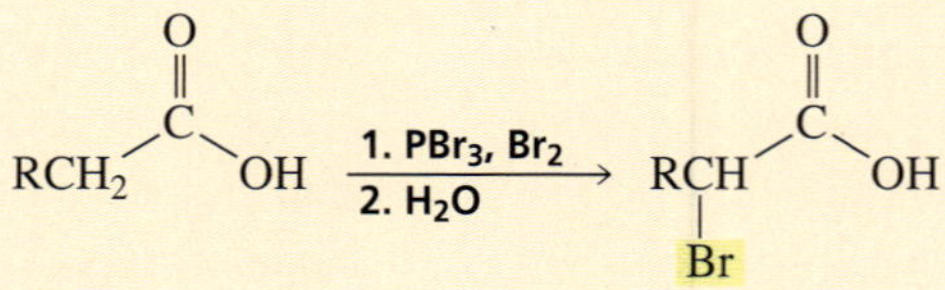

4 Alkylierung des α-Kohlenstoffatoms (Abschnitt 17.7)

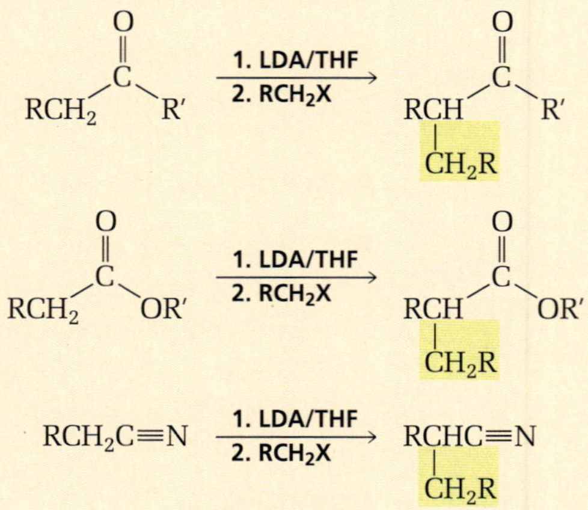

X = Halogen

5 Alkylierung und Acylierung des α-Kohlenstoffatoms von Aldehyden und Ketonen über Enamin-Zwischenstufen (Abschnitt 17.8)

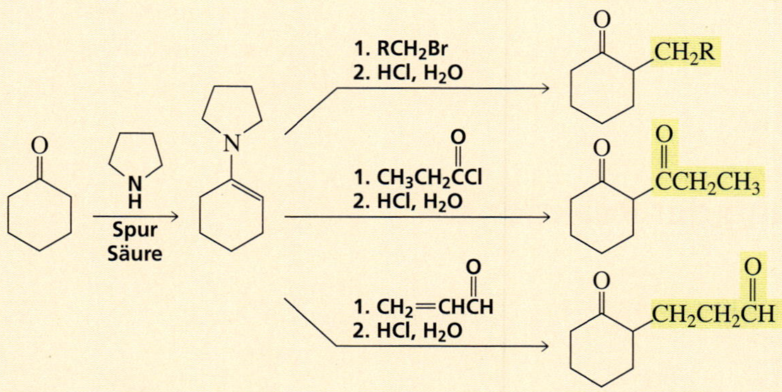

6 Alkylierung des β-Kohlenstoffs einer α,β-ungesättigten Carbonylverbindung (Abschnitt 17.9).

(a) über ein Enamin

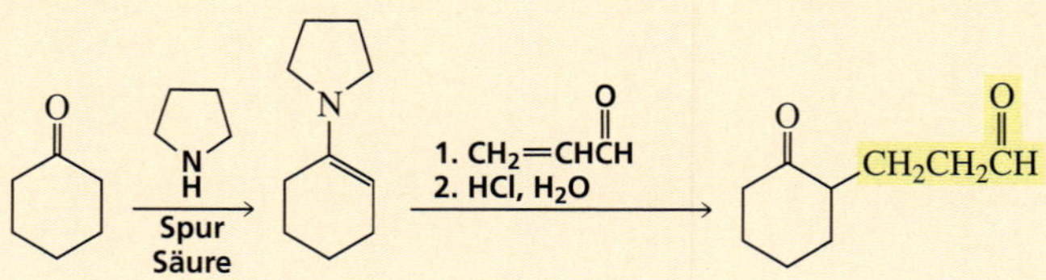

(b) über eine Michael-Reaktion

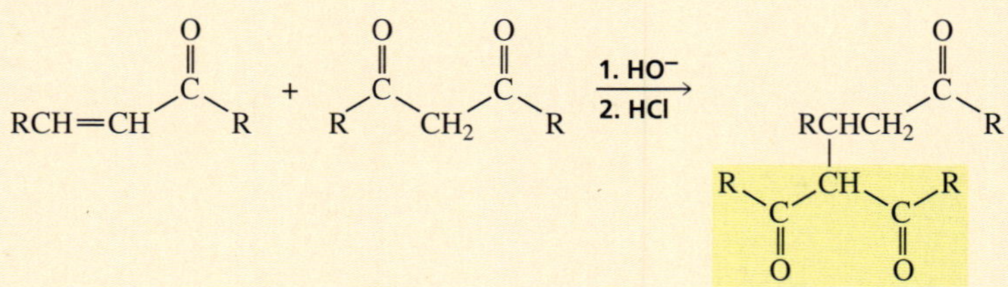

7 Aldoladdition von zwei Aldehydmolekülen, zwei Ketonmolekülen oder von einem Aldehyd- mit einem Ketonmolekül (Abschnitt 17.10)

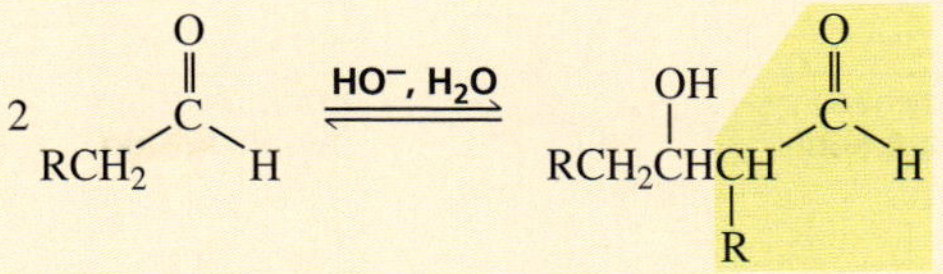

8 Eine Aldolkondensation ist eine Aldoladdition gefolgt von einer säurekatalysierten oder basenkatalysierten Dehydration (Abschnitt 17.11).

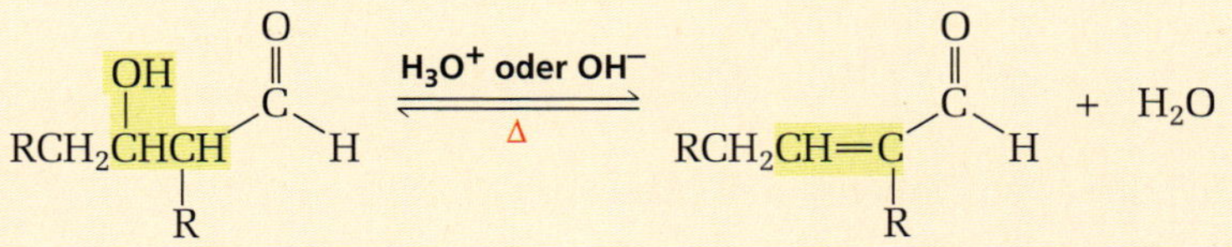

9 Claisen-Kondensation zweier Ester (Abschnitt 17.13)

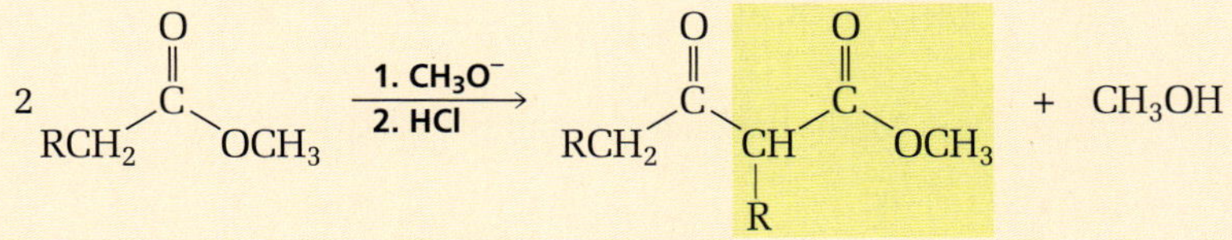

10 Gekreuzte Additions- und gekreuzte Kondensationsreaktionen

(a) wenn eine der Carbonylverbindungen kein α-Wasserstoffatom trägt (Abschnitte 17.12 und 17.14)

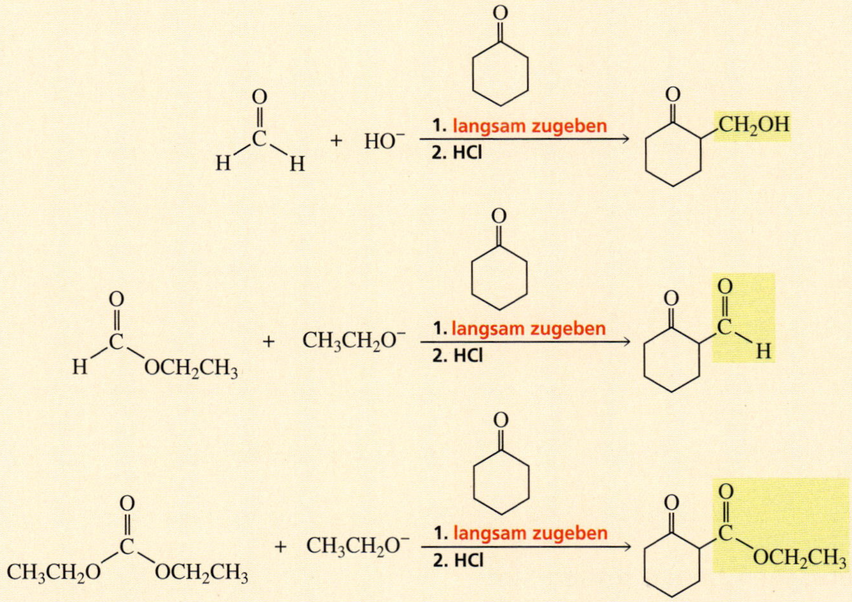

(b) wenn beide Carbonylverbindungen α-Wasserstoffatome tragen (Abschnitte 17.12 und 17.14)

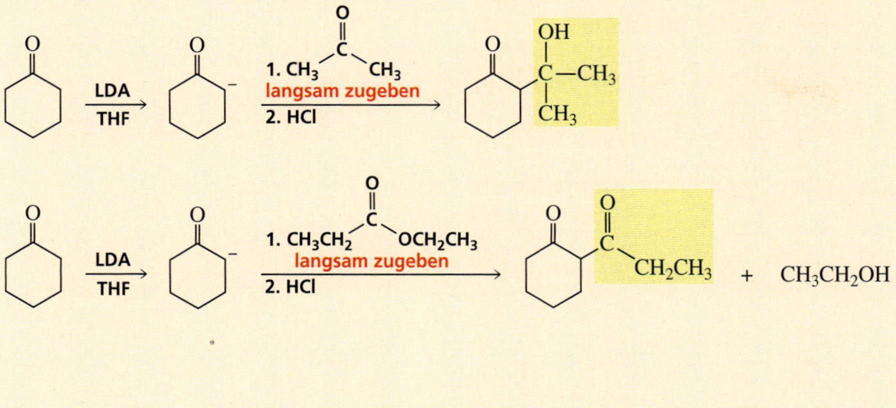

11 Robinson-Annelierung (Abschnitt 17.16)

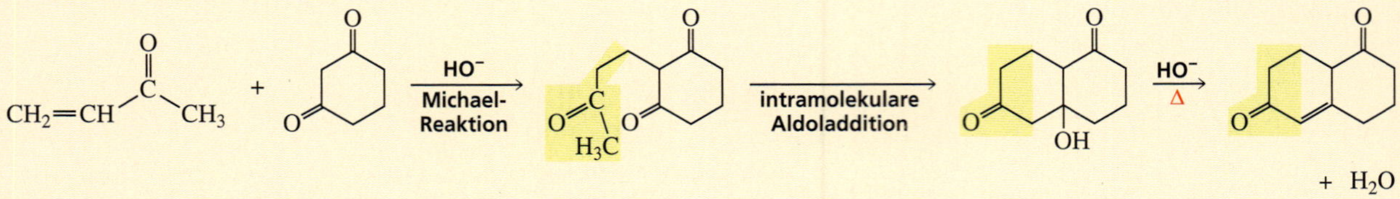

12 Decarboxylierung von 3-Oxocarbonsäuren und 3-Oxocarboxylationen (Abschnitt 17.17)

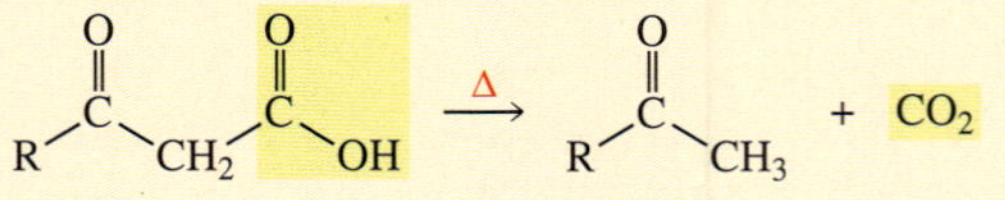

13 Malonestersynthese: Synthese von Carbonsäuren (Abschnitt 17.18)

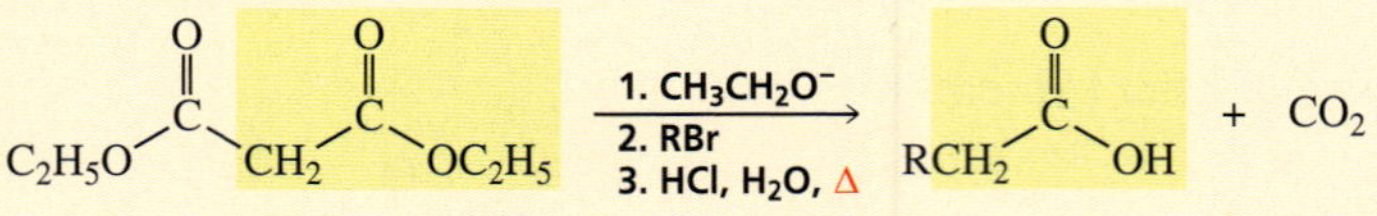

14 Acetessigestersynthese: Synthese von Methylketonen (Abschnitt 17.19)

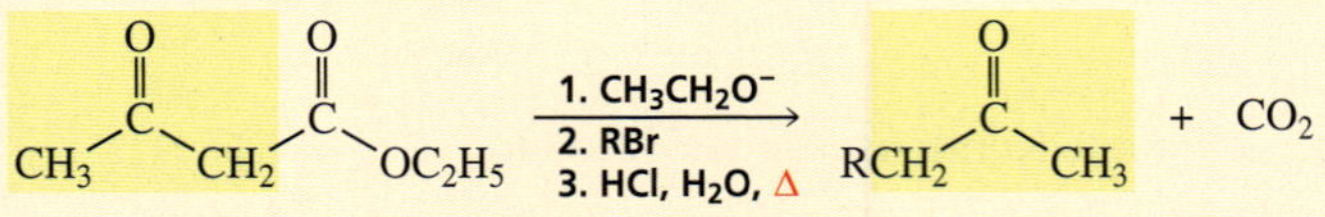

Im MyLab | Organische Chemie finden Sie:

- den praktischen **eText** zum Kapitel mit Notizfunktion
- eine Auswahl verschiedener **3D-Moleküle**
- **Lösungen** zu ausgewählten, mit * versehenen Übungen
- digitale **Lernkarten** und ein umfangreiches **Glossar** zum Nachschlagen und Wiederholen von Definitionen
- digitale Übungsaufgaben in Form von **Kapiteltests** zur eigenen Lernkontrolle

Tutorial
Synthese und retrosynthetische Analyse

Als organische Synthese bezeichnet man die Herstellung einer organischen Verbindung aus anderen organischen Verbindungen. Der Begriff *Synthese* stammt vom griechischen Wort Synthesis ab, was „zusammen machen" bedeutet. Sie haben bereits einige Aspekte der organischen Synthese gesehen und haben darüber hinaus die Synthesen verschiedener organischer Verbindungen konzipiert. In diesem Tutorial werden wir einige der Strategien, die man für die Konzeption von Synthesen verwenden kann, näher betrachten.

Der wichtigste Aspekt bei der Planung einer Synthese ist, dass man auf eine große Anzahl organischer Reaktionen zurückgreifen kann. Je mehr Reaktionen Sie beherrschen, desto höher ist die Erfolgsrate Ihrer Synthese. Zudem ist die Erfolgschance höher, je einfacher das Konzept zur Synthetisierung gehalten ist.

Die funktionelle Gruppe verändern

In der Planung einer Synthese muss man im ersten Schritt das Kohlenstoffskelett und die Positionen der funktionellen Gruppen des jeweiligen Reaktanten und des gewünschten Reaktionsprodukts miteinander vergleichen. Für den Fall, dass diese übereinstimmen, dann muss nur bestimmt werden, wie die funktionelle Gruppe des Reaktanten in die funktionelle Gruppe des Reaktionsprodukts überführt werden soll.

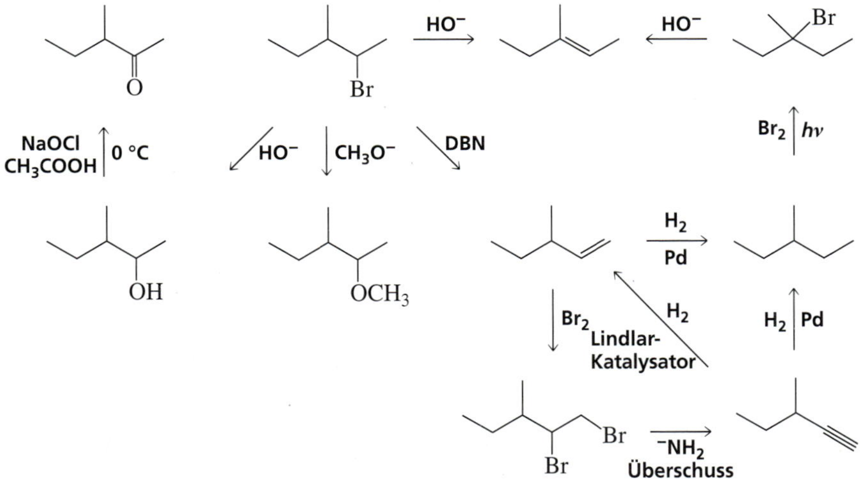

Beachten Sie, dass HO^- als bindende Base für die Doppelbindung zwischen C-2 und C-3 dient, wohingegen eine massige Base (DBN) für die Doppelbindung zwischen C-1 und C-2 benötigt wird. An dieser Stelle werden nur zwei S_N2-Reaktionen gezeigt (mit CH_3O^- und HO^-), jedoch kann eine Vielzahl an weiteren Produkten durch Veränderung des Nucleophils synthetisiert werden. Achten Sie darauf, wie Einzel-, Doppel- und Dreifachverbindungen ineinander umgewandelt werden können.

Die Funktionalisierung eines Kohlenstoffatoms

Rufen Sie sich in Erinnerung, dass Carbon durch eine radikale Reaktion funktionalisiert werden kann.

Die Position einer funktionellen Gruppe verändern

Für den Fall, dass sich nur die Position der funktionellen Gruppe, aber nicht das Kohlenstoffskelett an sich verändert hat, dann müssen Reaktionen, welche die Position der funktionellen Gruppe verändern können, in Betracht gezogen werden. In der nachfolgenden Reaktion sind ·Br und R_2BH (welches durch OH ersetzt wird) die Elektrophile. Deswegen lagern sie sich an das sp^2-Kohlenstoffatom mit den meisten Hydrogenverbindungen an.

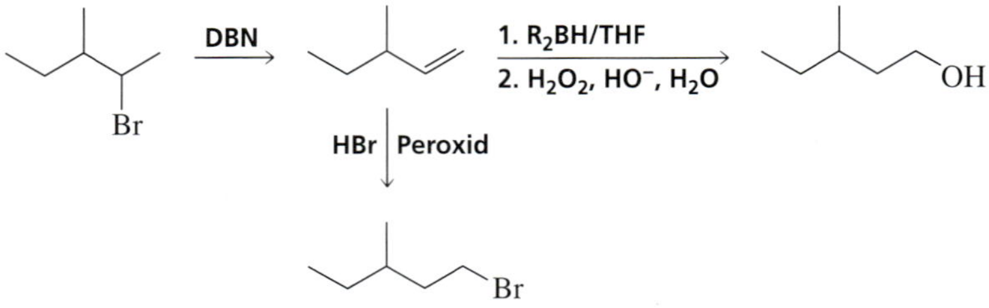

Das Kohlenstoffskelett verändern

Falls sich das Kohlenstoffskelett verändert hat, aber die Anzahl der C-Atome gleichgeblieben ist, müssen Reaktionen in Betracht gezogen werden, innerhalb derer ein intermediäres Carbokation während der Reaktion gebildet wird, denn dieses neu gebildete intermediäre Carbokation strukturiert sich neu aus einem stabileren Carbokation, wenn es die Möglichkeit dazu hat.

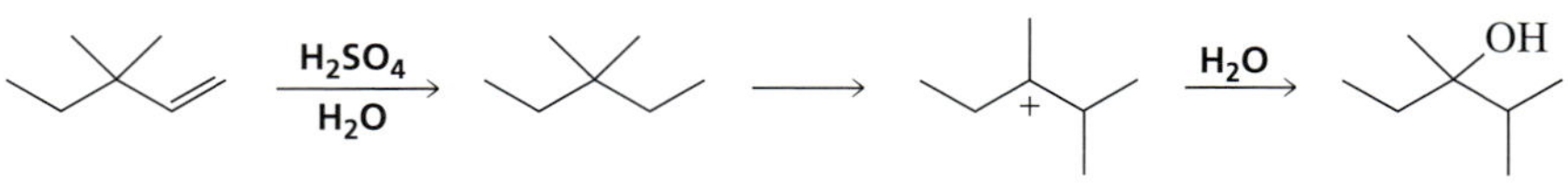

Ü 1 Welche Reagenzien benötigt man, um die reagierende Verbindung in das Produkt zu überführen?

(a) 

(b) 

(c) 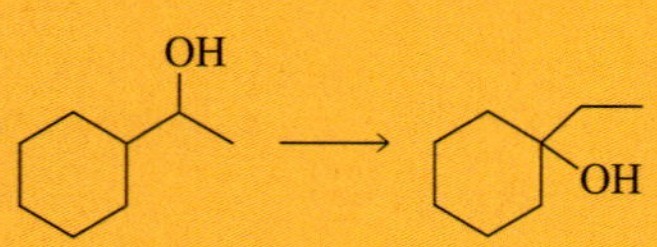

(d) 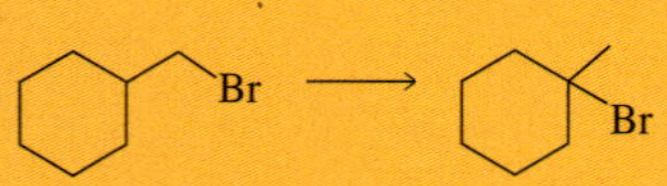

(e) 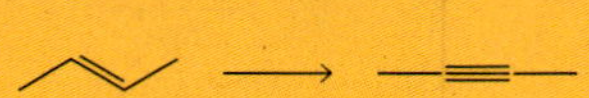

(f) 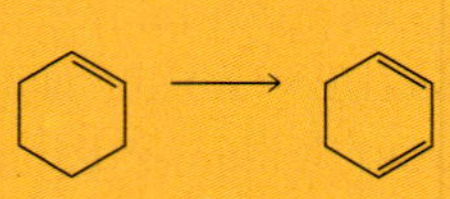

(g) 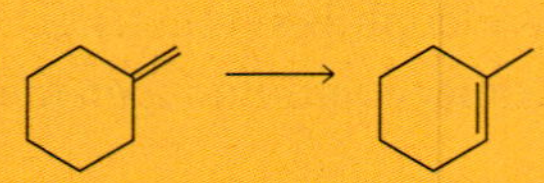

(h) 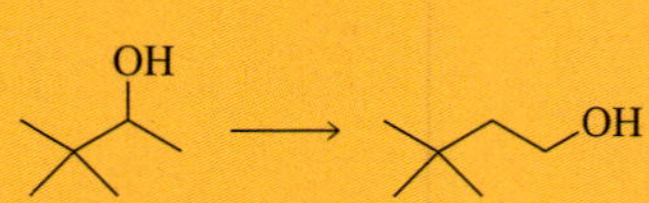

Ein Kohlenstoffatom in das Kohlenstoffskelett integrieren

Es gibt mehrere Vorgehensweisen, um ein Produkt, das ein Kohlenstoffatom mehr als die reagierende Verbindung hat, herzustellen. Die Methode, die Sie auswählen, hängt von der funktionellen Gruppe ab, die Sie in Ihrem fertigen Produkt haben möchten.

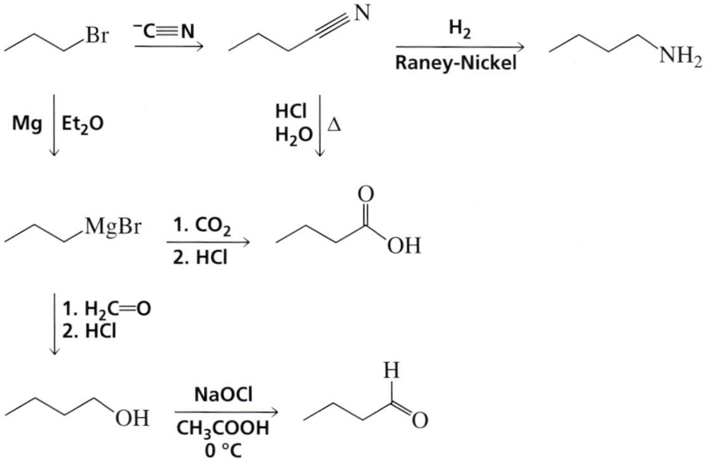

Mehr als ein Kohlenstoffatom in das Kohlenstoffskelett integrieren

Es gibt mehrere Vorgehensweisen, um ein Produkt, das mehr als ein weiteres Kohlenstoffatom als Reaktant aufweist, herzustellen. Acetylidionen, Epoxide, Grignard-Reagenzien, Aloladditionen, Witting-Reaktionen und Kupplungsreaktionen sind nur einige Beispiele für verwendbare Methoden. Gebräuchliche Methoden für die Bildung einer neuen C—C-Verbindung werden in Anhang E zusammengefasst.

Ü 2 Wie kann man die folgenden Verbindungen jeweils aus Bromcyclohexan herstellen?

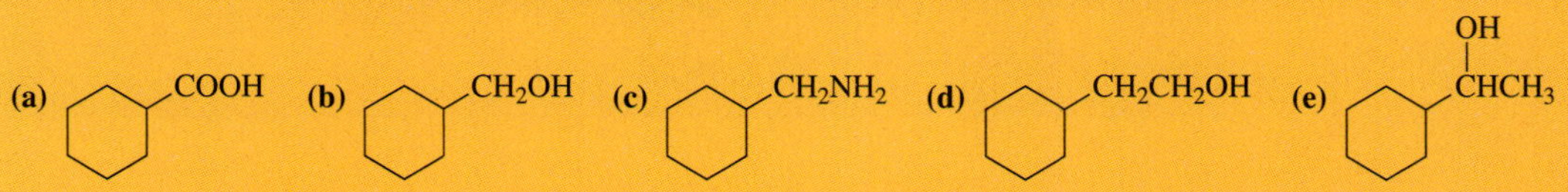

Ü 3 Beschreiben Sie, wie man die folgenden Verbindungen aus Verbindungen, die mehr als sechs Kohlenstoffatome aufweisen, herstellen kann. (Sie können auch Triphenylphosphan verwenden.)

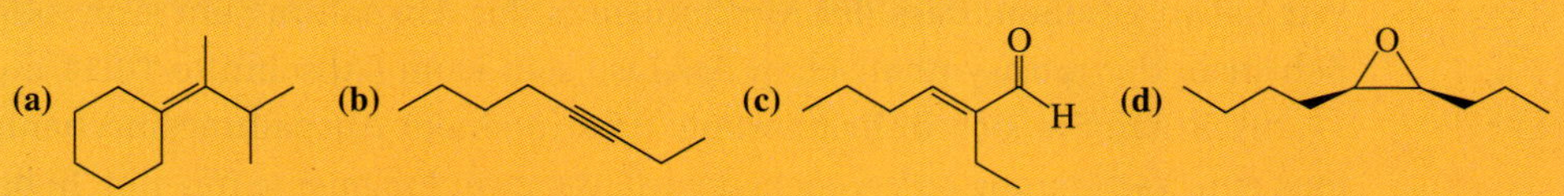

Die Verwendung einer retrosynthetischen Analyse zur Bildung einer funktionellen Gruppe

Wenn Sie sich auf eine zu bildende funktionelle Gruppe festgelegt haben, dann gibt es viele mögliche Vorgehensweisen, wie Sie diese funktionelle Gruppe synthetisieren können. Zum Beispiel kann man ein Keton durch eine säurekatalysierte Addition von Wasser und einem Alkin, durch Hydroborierung-Oxidation eines Alkins, Oxidation eines sekundären Alkohols und durch Ozonolyse eines Alkens herstellen. Achten Sie darauf, dass Ozonolyse die Anzahl der Kohlenstoffatome eines Moleküls *verringert*.

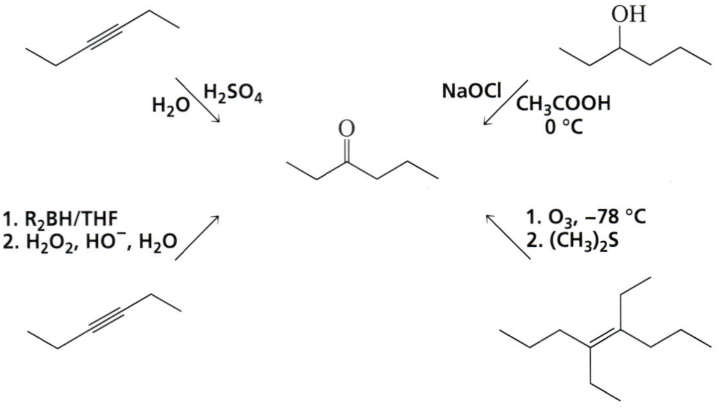

Zudem können Methylketone durch eine acetoacetische Estersynthese synthetisieren werden, aromatische Ketone können durch eine Friedel-Crafts-Acylierung synthetisiert werden, und das jeweils nächstgrößere zyklische Keton kann durch die Behandlung des nächstkleineren zyklischen Ketons mit Diazomethan synthetisiert werden. Falls Sie über kein außergewöhnliches Erinnerungsvermögen verfügen, wird Ihnen bekannt sein, dass es eine Herausforderung darstellt, all die Methoden für die Synthese einer funktionellen Gruppe auswendig zu kennen. Daher sind diese in Anhang D aufgelistet.

Ü 4 Wie viele Vorgehensweisen für die Synthese einer der folgenden Verbindungen können Sie aus Ihrem Gedächtnis wiedergeben?
(a) ein Ether **(b)** ein Aldehyd **(c)** ein Alken **(d)** ein Amin

Ü 5 Beschreiben Sie drei Vorgehensweise für die Synthese der folgenden Verbindung:

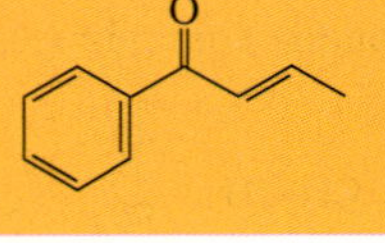

Die Verwendung der Abspaltung in retrosynthetischen Analysen

Wir haben gesehen, dass der Mechanismus der Abspaltung ein sinnvoller Schritt in der retrosynthetischen Analyse sein kann (Abschnitte 16.14 und 17.20). Rufen Sie sich in Erinnerung, dass in einem Abspaltungsmechanismus eine Verbindung aufgebrochen wird, die zwei Fragmente frei gibt. In das freie Ende des einen Fragments geht daraufhin eine positive und in das freie Ende des anderen Fragments geht daraufhin eine negative Ladung ein. Falls die folgende Verbindung an Verbindungsstelle **a** abgetrennt wird, können wir beobachten, dass das Zielmolekül aus der Reaktion von Cyclohexanon mit einem Grignard-Reagenz hergestellt werden kann.

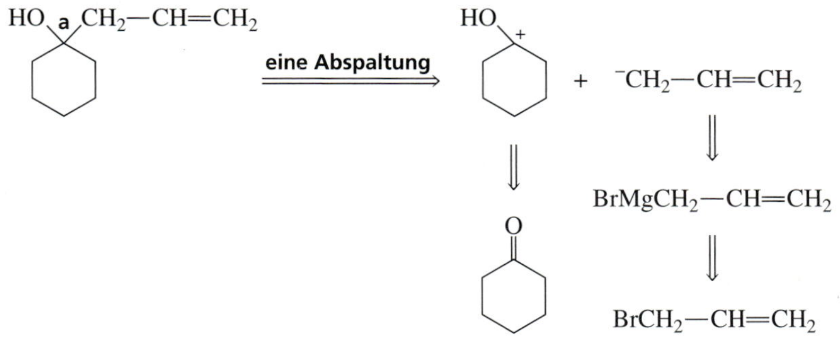

Zum einen sehen wir, dass, wenn die Verbindung an Verbindungsstelle **b** abgespalten wird, ein Epoxid das synthetische Äquivalent für das Elektrophil ist und dass eine kupferorganische Verbindung das synthetische Äquivalent für das Nucleophil ist.

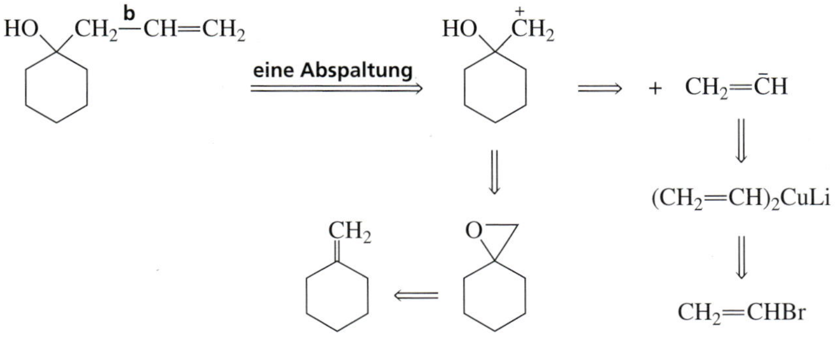

Ü 6 Führen Sie eine retrosynthetische Analyse für jede der folgenden Verbindungen durch, die mit den angegebenen Ausgangsmaterialien endet:

(a) 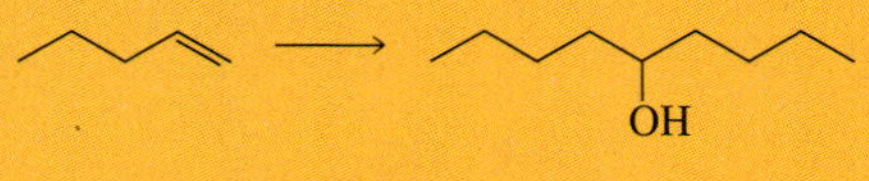

(b) 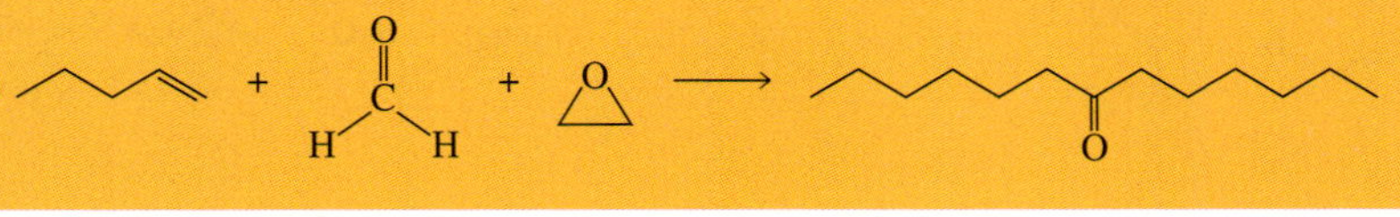

Die Positionen zweier funktionellen Gruppen in der Syntheseplanung verwenden

Falls eine Verbindung zwei funktionelle Gruppen besitzt, dann gibt deren relative Position zueinander einen wertvollen Hinweis auf die Vorgehensweise bei der Synthese dieser Verbindung. Zum Beispiel bildet die folgende Synthese eine **1,2-dioxygenierte** Verbindung.

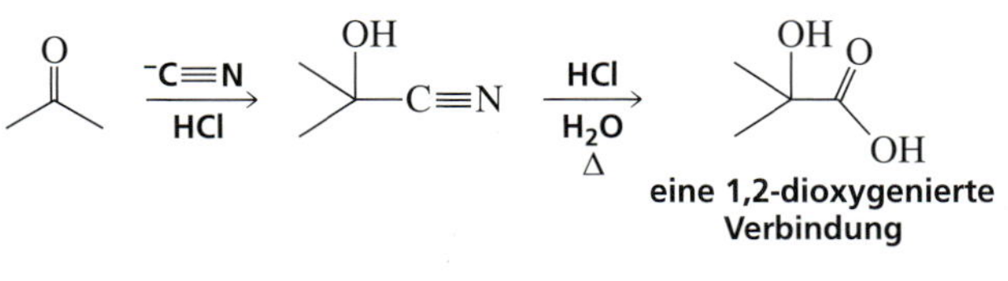

Die retrosynthetische Analyse zeigt, dass eine **1,3-dioxygenierte** Verbindung durch eine Aldoladdition gebildet werden kann.

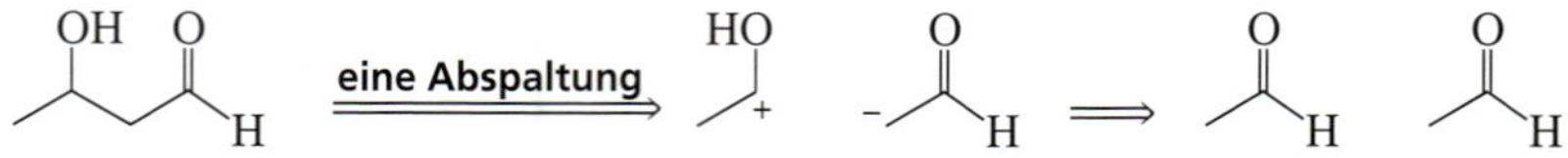

eine 1,3-dioxygenierte Verbindung

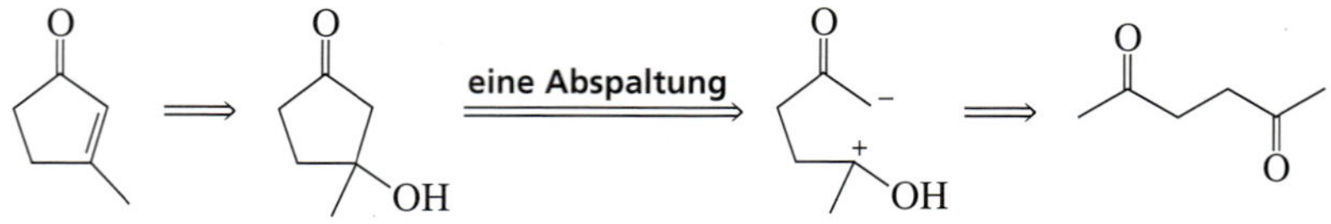

eine 1,3-dioxygenierte Verbindung

Durch die Abspaltung einer **1,4-dioxygenierten** Verbindung wird deutlich, dass diese Verbindung durch den nucleophilen Angriff eines negativ geladenen α-Kohlenstoffatoms (ein enolisiertes Ion) an einer Verbindung mit einem positiv geladenen α-Kohlenstoffatoms entstehen kann.

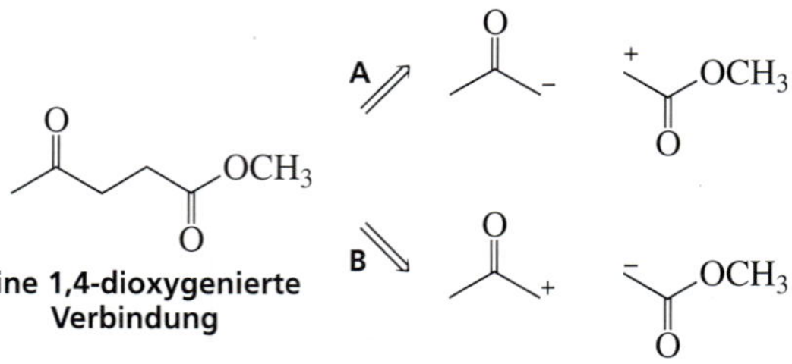

eine 1,4-dioxygenierte Verbindung

Eine α-bromierte Carbonylverbindung ist das synthetische Äquivalent eines positiv geladenen α-Kohlenstoffatoms, Enamin hingehen ist das synthetische Äquivalent eines negativ geladenen α-Kohlenstoffatoms. Pfad A ist die präferierte Möglichkeit für die Abspaltung, da Ester keine Enamine bilden können. Glücklicherweise geht das Iminiumion die Hydrolyse schneller ein als der Ester.

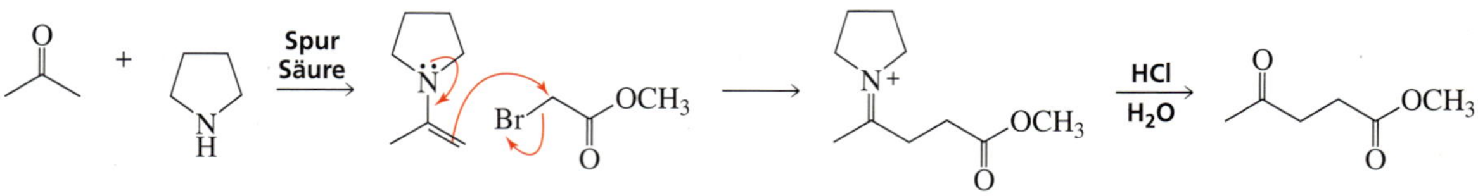

Die Abspaltung einer **1,5-dioxygenierten** Verbindung zeigt, dass diese Verbindung durch den nucleophilen Angriff eines negativ geladenen α-Kohlenstoffatoms an einer Carbonylverbindung mit einem positiv geladenen β-Kohlenstoffatoms synthetisiert werden kann.

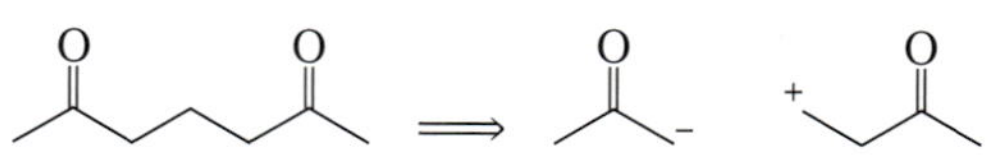

eine 1,5-dioxygenierte Verbindung

Eine α,β-ungesättigte Carbonylverbindung ist das synthetische Äquivalent einer Verbindung mit einem positiv geladenen β-Kohlenstoffatom. Zudem haben wir gesehen, dass ein Enamin das synthetische Äquivalent für das negativ geladene α-Kohlenstoffatom ist.

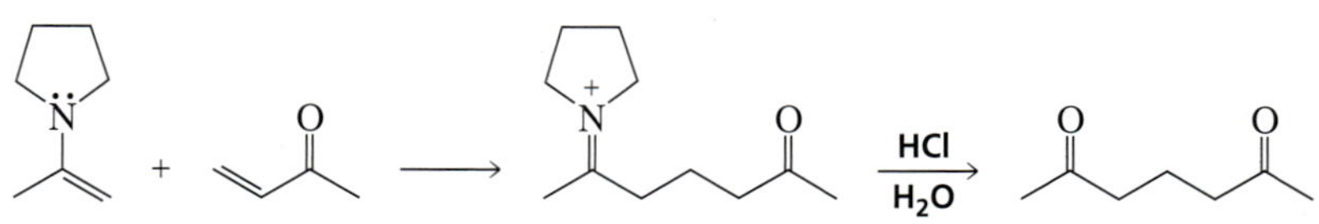

Ü 7 Beschreiben Sie, wie die folgende Verbindung aus Verbindungen synthetisiert werden kann, die nicht mehr als sechs Kohlenstoffatome enthalten.

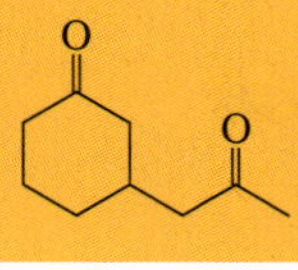

Die Abspaltung einer **1,6-dioxygenierten** Verbindung zeigt, dass diese Verbindung durch den nucleophilen Angriff eines negativ geladenen α-Kohlenstoffatoms an einer Carbonylverbindung mit einem positiv geladenen γ-Kohlenstoffatom synthetisiert werden kann.

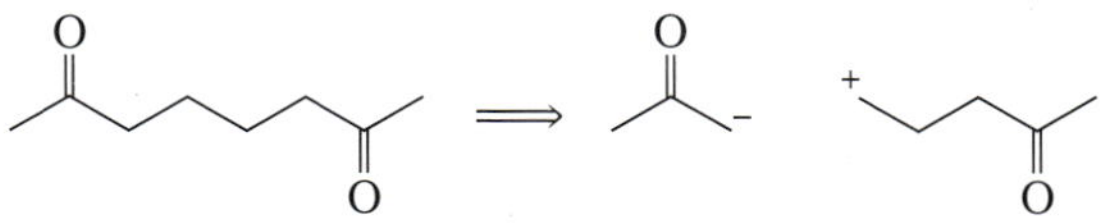

eine 1,6-dioxygenierte Verbindung

Es gibt kein synthetisches Äquivalent für eine Carbonylverbindung mit einem positiv geladenen γ-Kohlenstoffatom. Deshalb muss bei der Synthese dieser Verbindung eine andere Vorgehensweise herangezogen werden. Eine 1,6-dioxygenierte Verbindung kann durch die oxidative Spaltung eines Cyclohexans hergestellt werden. Dadurch ermöglicht es eine einfache Vorgehensweise zur Herstellung des Zielmoleküls, da man eine solche Verbindung mit sechs Bestandteilen schnell mit Hilfe einer Diels-Alder-Reaktion herstellen kann.

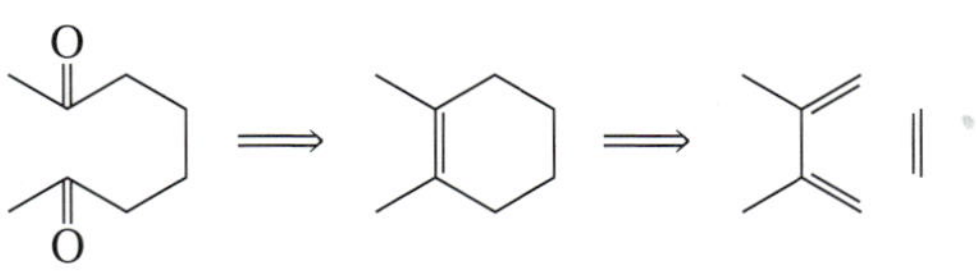

Ü 8 Führen Sie eine retrosynthetische Analyse für jede der folgenden Verbindungen durch, die mit den angegebenen Ausgangsmaterialien endet:

(a) 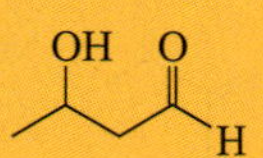

(c) 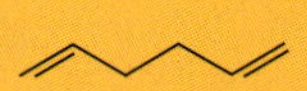

(e) 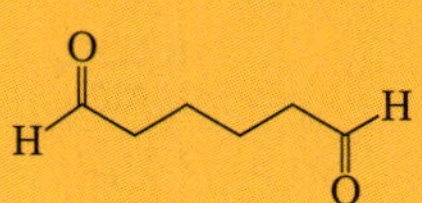

(b) 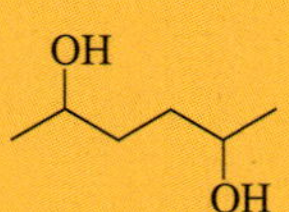

(d) 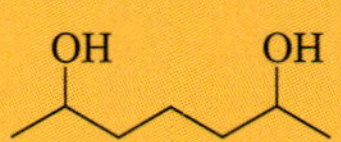

Ü 9 Planen Sie eine retrosynthetische Analyse für die Synthese der folgenden Zielmoleküle. Die einzigen Kohlenstoffverbindungen, die Ihnen für diese Synthese zur Verfügung stehen, sind Cyclohexanol, Ethanol und Kohlendioxid.

(a) 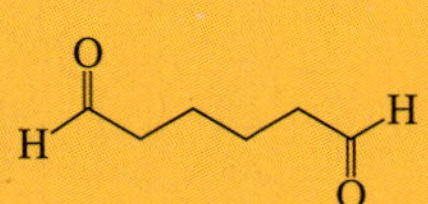

(b) 

(c) 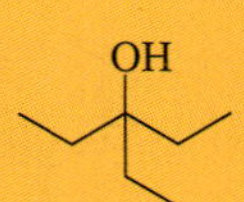

(d) 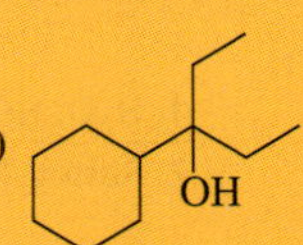

Ü 10 Wie kann man die folgenden Verbindungen aus Materialien, die nicht mehr als vier Kohlenstoffatome enthalten, herstellen?

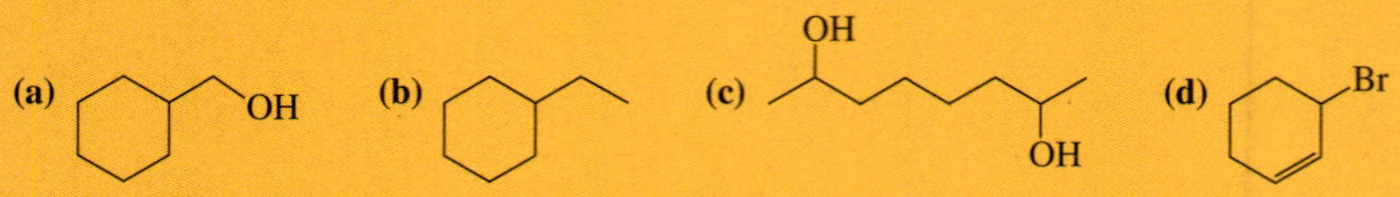

Ü 11 Zeigen Sie, wie man die folgenden Verbindungen aus den angegebenen Materialien herstellen kann:

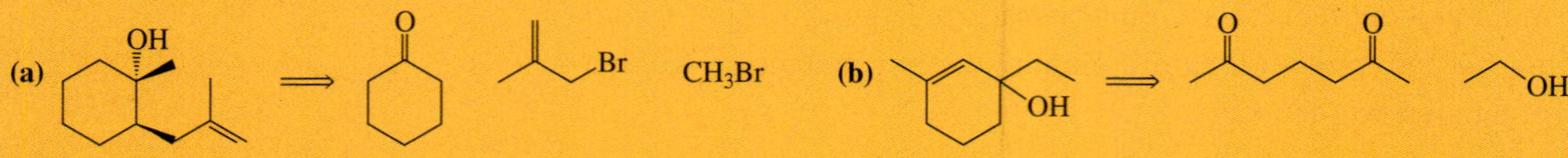

Beispiele für mehrschrittige organische Synthesen

Um komplexere Moleküle zu synthetisieren, muss man bestimmte Denkmuster anwenden. Wir werden hierzu die Synthese von Lysergsäure, die von R. B. Woodward entdeckt wurde, und die Synthese von Caryophyllen, eine Verbindung, die erstmals von E. J. Corey durchgeführt wurde, betrachten. Woodward (im Jahr 1965) und Corey (im Jahr 1990) haben beide den Nobelpreis für deren Beitrag zur organischen Chemie erhalten.

Lysergsäure wurde von Woodward erstmalig im Jahr 1954 synthetisiert. Das aus Lysergsäure hergestellte Derivat Diethylamid (LSD) ist wegen seiner halluzinogenen Eigenschaften die bekanntere Verbindung. Die nächste Synthese von Lysergsäure wurde erst im Jahr 1969 vollbracht. Dies zeigt, dass Woodwards Arbeit eine besondere Errungenschaft für die organische Chemie war. Lysergsäure besitzt einen Indolring. Indol ist jedoch sehr instabil in einer säurehaltigen Umgebung (Abschnitt 20.5). Um den Zerfall des Indolrings zu vermeiden, hat Woodward seine Synthese so geplant, dass der Indolring erst im letzten Reaktionsschritt gebildet wird.

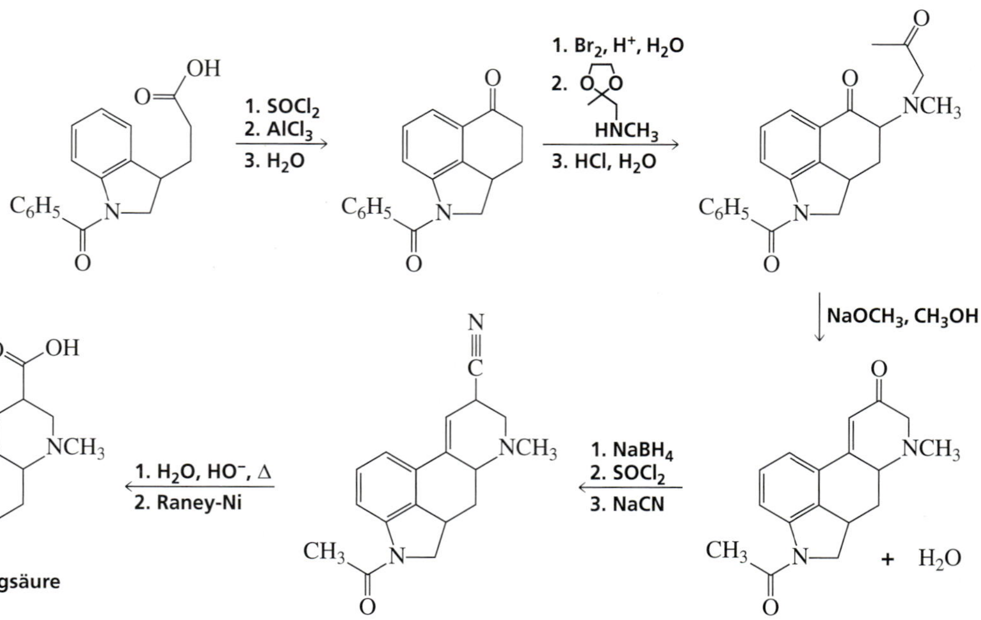

- Das Ausgangsmaterial ist ein Dihydroindolcarboxylsäuremolekül, dessen Stickstoffatom geschützt ist, weil es in ein Amid umgewandelt wurde.
- Eine intermolekulare Friedel-Crafts-Acylierung bildet den dritten Ring (Abschnitt 18.6).
- Auf eine säurekatalysierte Bromierung des α-Kohlenstoffatoms folgt eine S_N2-Substitution des Broms durch ein Amin. Außerdem wird die Gruppe, die das Keton schützt, abgespalten.
- Kondensation eines Aldols bildet den vierten Ring.
- Die Ketocarbonylgruppe wird zu einer OH-Gruppe reduziert, die durch ein Cl ersetzt wird, welches wiederum durch eine Cyanogruppe ersetzt wird.
- Sowohl die Cyanogruppe als auch das schützende Amid wird hydrolisiert.
- Der letzte Schritt läuft andersherum ab als die Hydrierung der Doppelbindung. Dieser Schritt wird durch einen typischen Hydrierungskatalysator in der Abwesenheit von Wasserstoff durchgeführt.

Caryophyllen ist ein Öl, das in Gewürznelken enthalten ist. Zur erfolgreichen Synthese dieser Verbindung hat ein strategisches Element maßgeblich beitragen: der neungliedrige Ring kann aus einem fragmentierten sechsgliedrigen Ring, der mit einem fünfgliedrigen Ring fusioniert wird, hergestellt werden. Als nächste Schwierigkeit in der Synthese hat sich dann jedoch herausgestellt, wie die zu fragmentierende Verbindung synthetisiert werden soll.

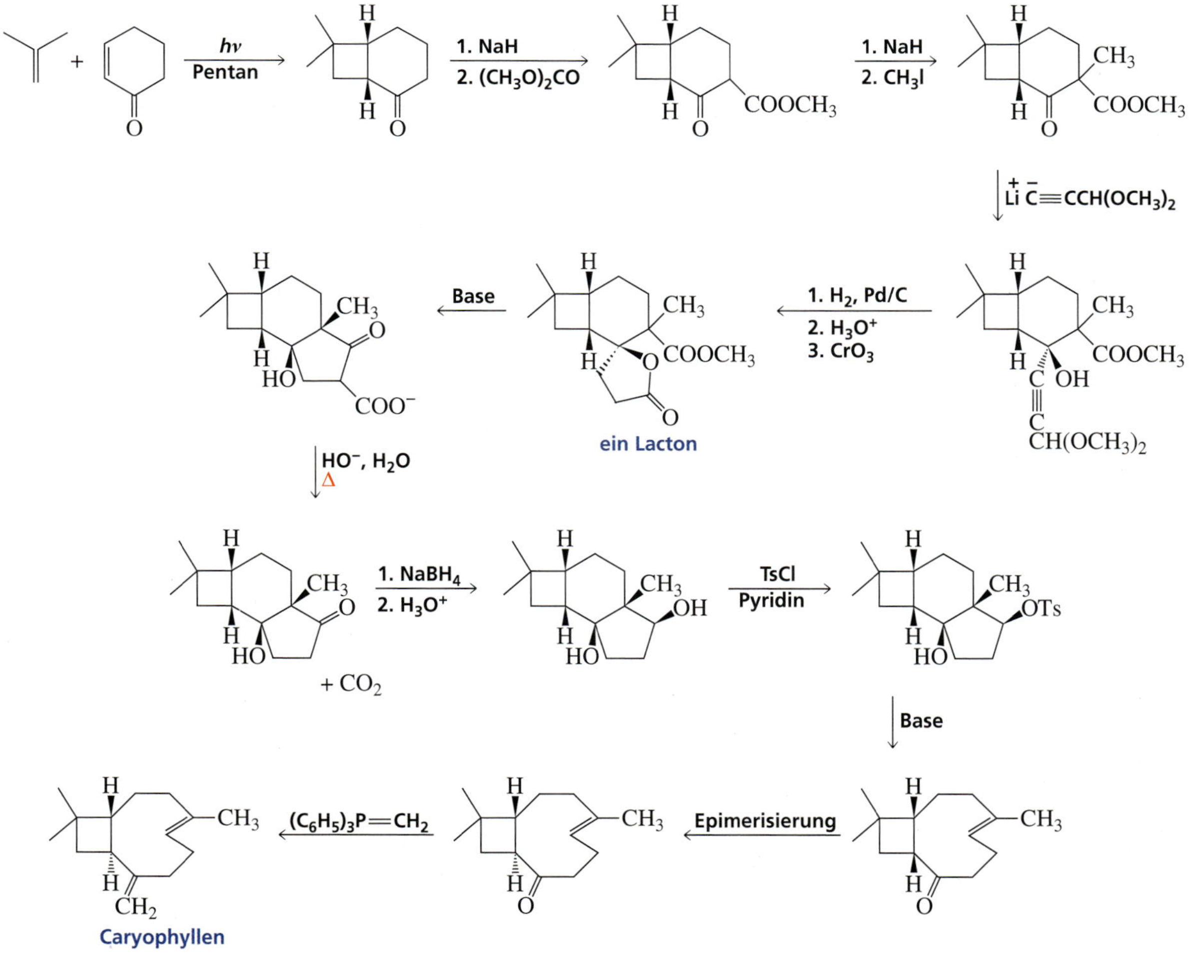

- Der erste Schritt ist eine photochemische [2 + 2]-Cycloaddition (Abschnitt 28.4).
- Das eine α-Wasserstoffatom des entstandenen Ketons wird durch eine Methoxycarbonylgruppe ersetzt, und das andere α-Wasserstoffatom wird durch eine Methylgruppe ersetzt. (Heutzutage benutzen wir LDA und nicht mehr NaH).
- Durch ein Acetylidion wird ein Kohlenstoffrest mit einer Dreifachbindung in die Carbonylgruppe des Ketons eingebunden.
- Die Dreifachbindung wird reduziert, das Acetal wird hydrolisiert und das daraus resultierende Aldehyd wird zu Carboxylsäure oxidiert, die ein Lacton bildet.
- Durch Claisen-Kondensation und Hydrolyse des Lactons entsteht 3-Oxocarbonsäure, die decarboxyliert wird und dadurch das Keton abgibt.
- Die Reduktion des Ketons bildet ein Alkoholmolekül.
- Das gewünschte Tosylat wird gebildet, da der sekundäre Alkohol reaktiver als der sterisch gehinderte tertiäre Alkohol ist.
- An dieser Stelle sind die Voraussetzungen für die gewünschte Fragmentierungsreaktion gegeben. In dieser Reaktion wird ein Proton von der OH-Gruppe abgespalten, sodass der Sauerstoff eine Carbonylgruppe bilden und die Tosylgruppe eliminieren kann.
- Nachdem sich das Keton gebildet hat, epimerisiert das Chiralitätszentrum neben der Carbonylgruppe.
- Durch eine Witting-Reaktion wird die exozyklische Doppelbindung gebildet.

Lösungen zu den Übungen „Synthese und retrosynthetische Analyse"

Lösung zu Übung 1

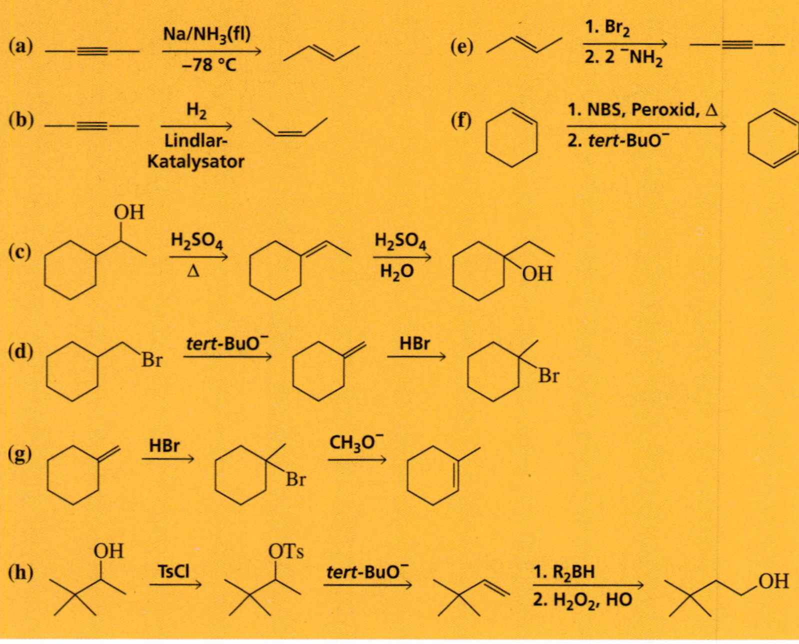

Lösung zu Übung 2

(a)

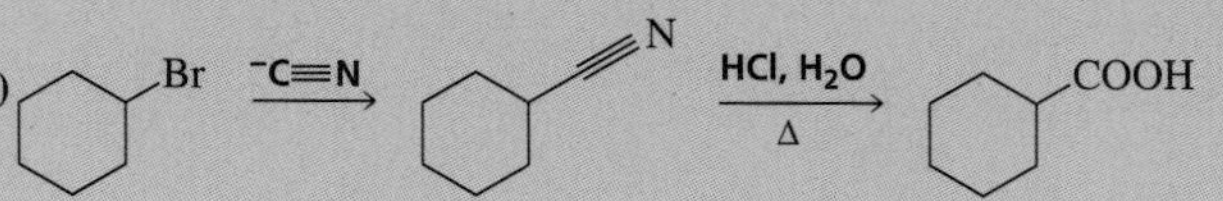

(b)

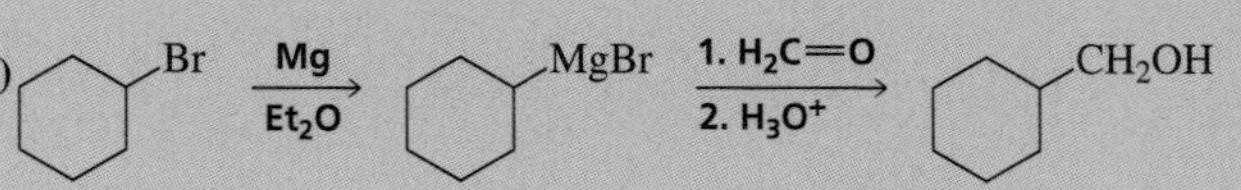

(c)

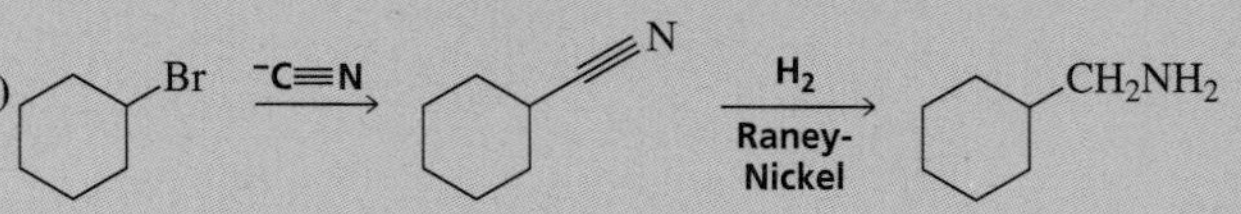

(d)

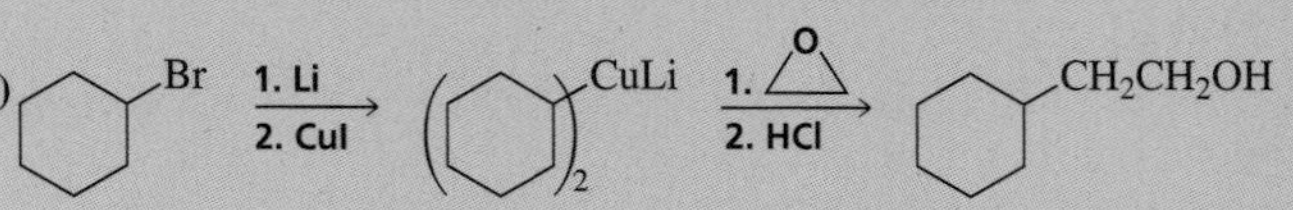

(e)

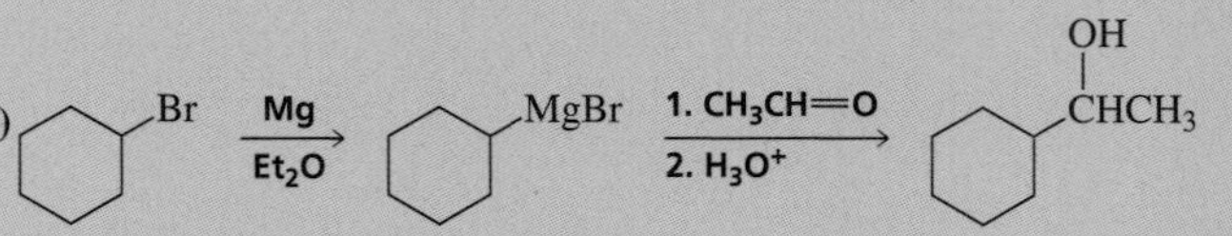

Lösung zu Übung 3

(a) Ein Alken kann in einem einzigen Schritt durch eine Witting-Reaktion hergestellt werden.

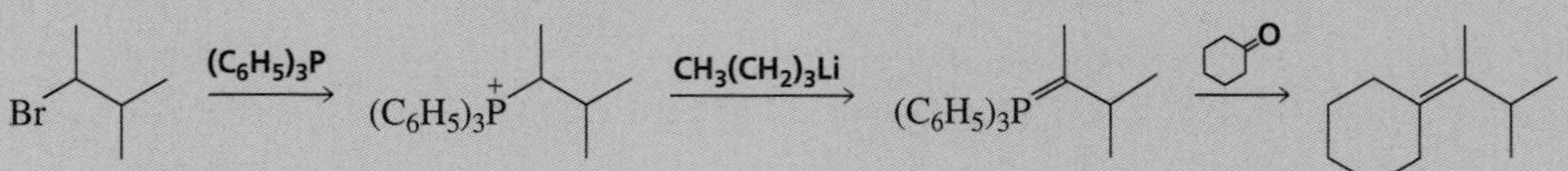

(b) Das Alken kann, wie in der Abbildung gezeigt, aus 1-Hexin und Ethylbromid oder aus 1-Butin und Butylbromid hergestellt werden.

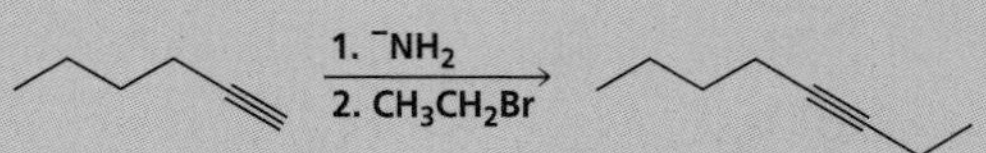

(c) Das gewünschte Aldehyd hat acht Kohlenstoffatome und eine Struktur, die darauf hindeutet, dass man es aus der Kondensation von Aldol, das vier Kohlenstoffatome enthält, herstellen kann.

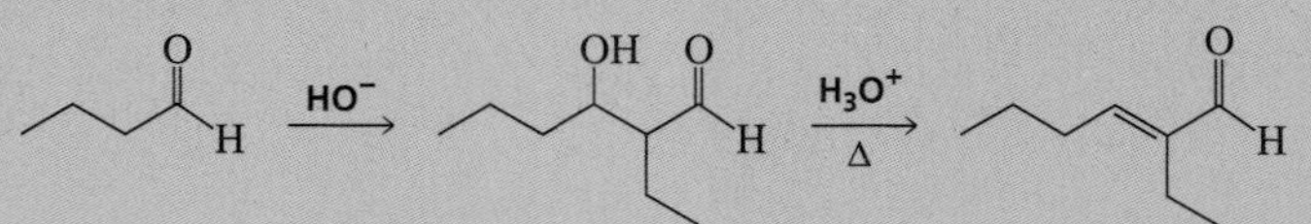

(d)

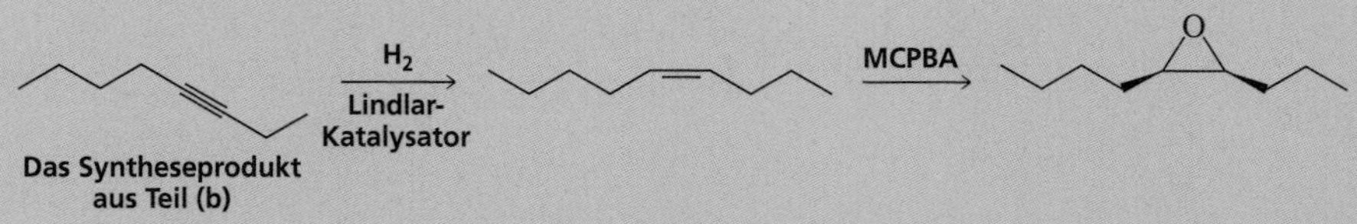

Lösung zu Übung 4

siehe Anhang D.

Lösung zu Übung 5

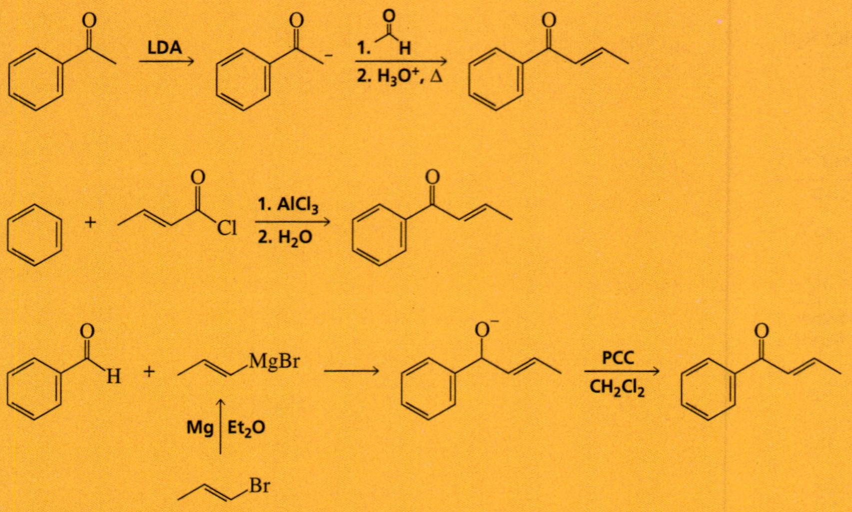

Lösung zu Übung 6

(a)

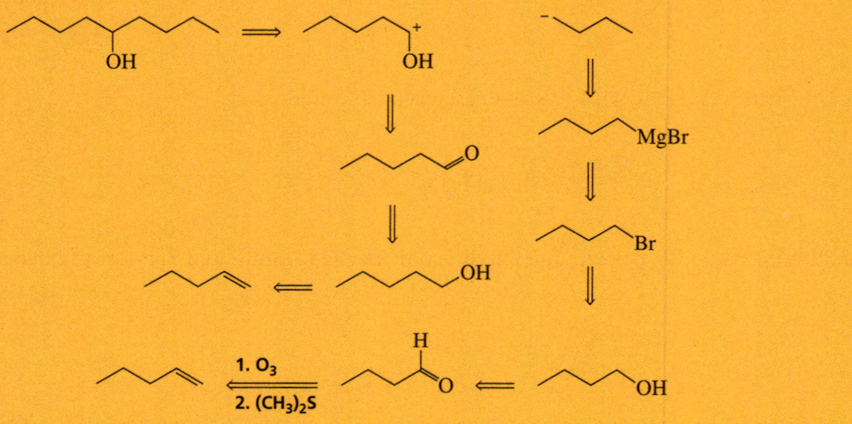

(b)

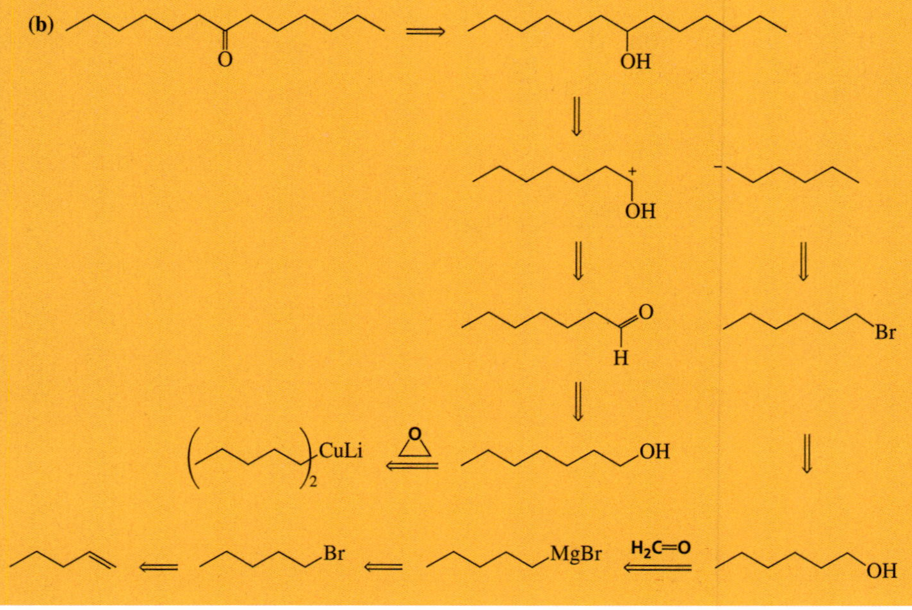

Lösung zu Übung 7

Da das Zielmolekül eine 1,5-dioxygenierte Verbindung ist, kann diese aus einem negativ geladenen α-Kohlenstoffatom (unter Verwendung von Enamin als synthetisches Äquivalent) und einem ungesättigten α,β-Keton synthetisiert werden.

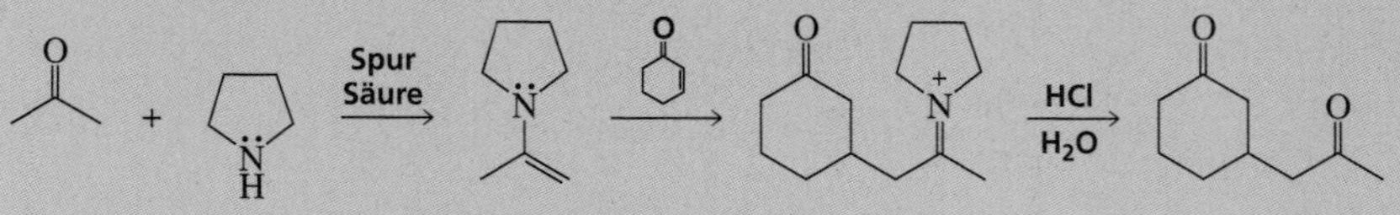

Lösung zu Übung 8

(a) 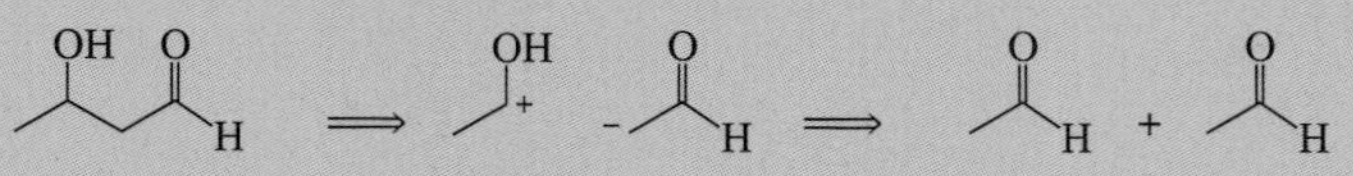

(b) 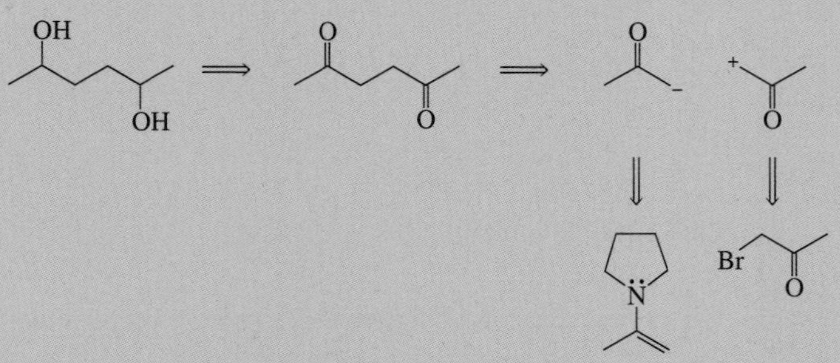

(c) 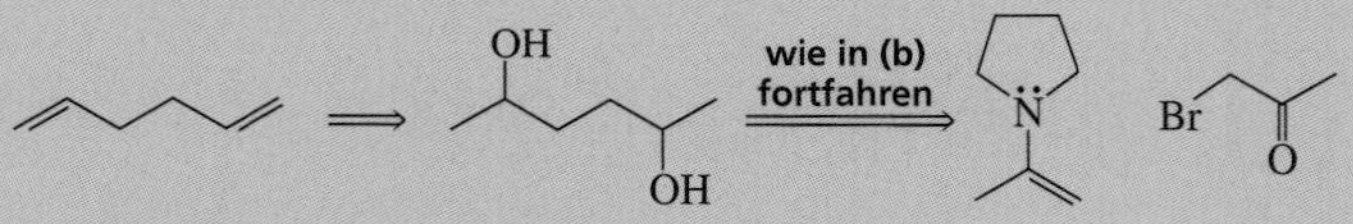

(d) 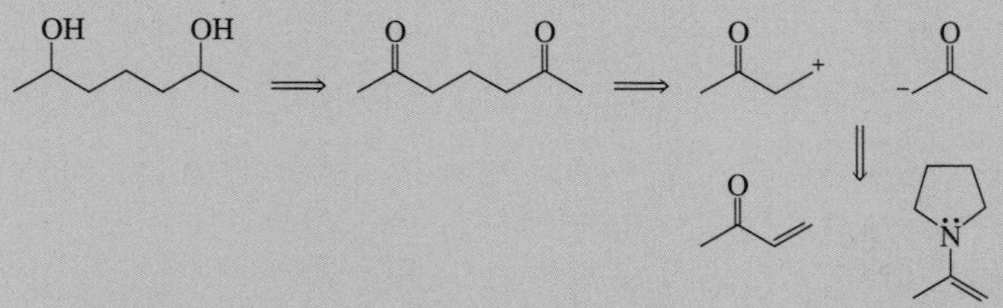

(e) 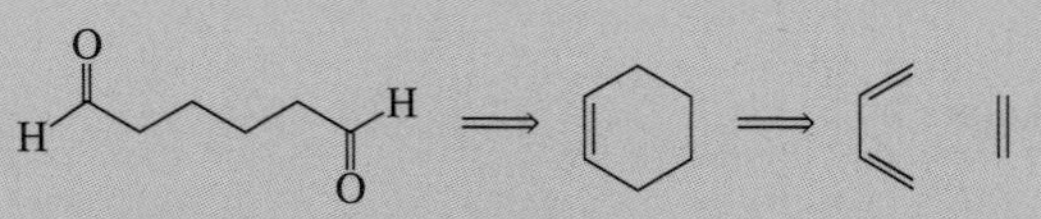

Lösung zu Übung 9

(a) 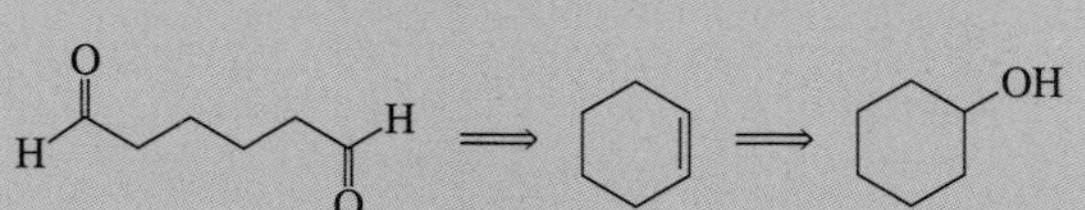

(b) 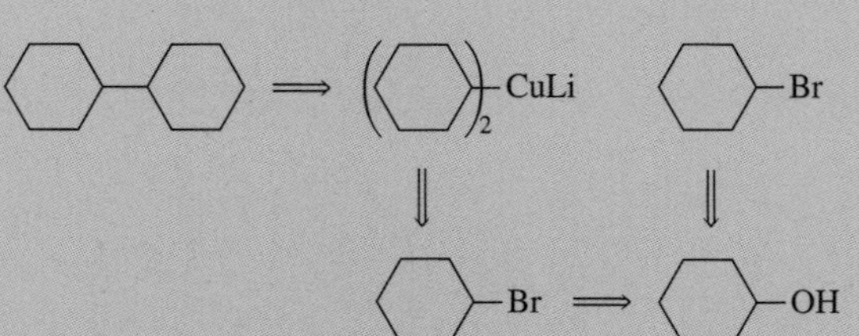

(c) 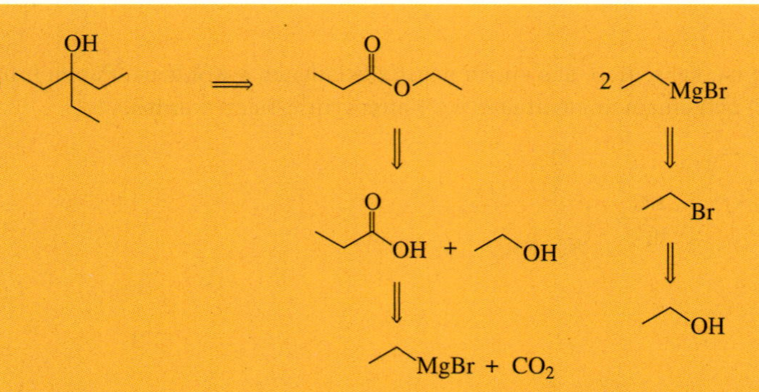

(d) 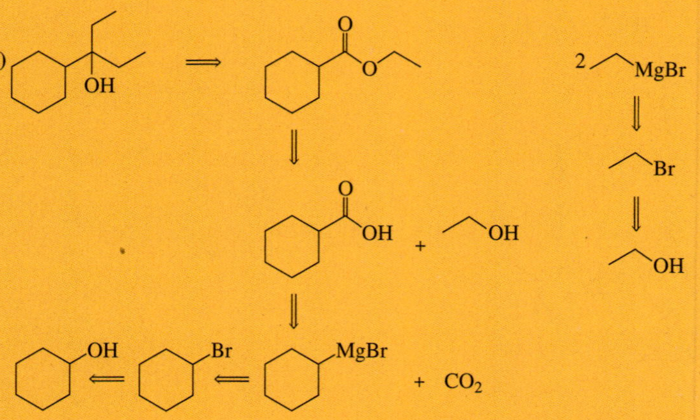

Lösung zu Übung 10

(a) 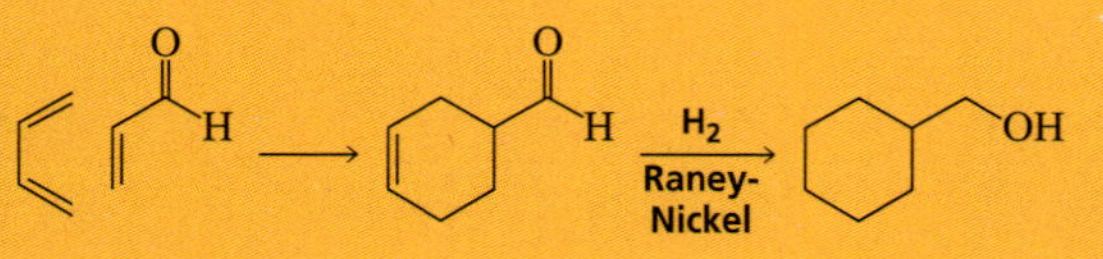

(b) 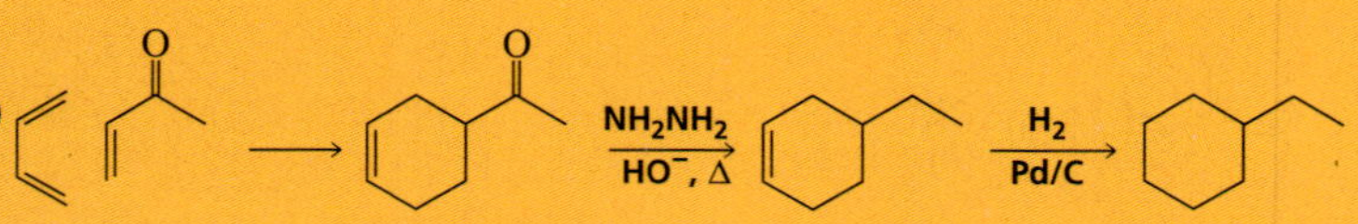

(c) 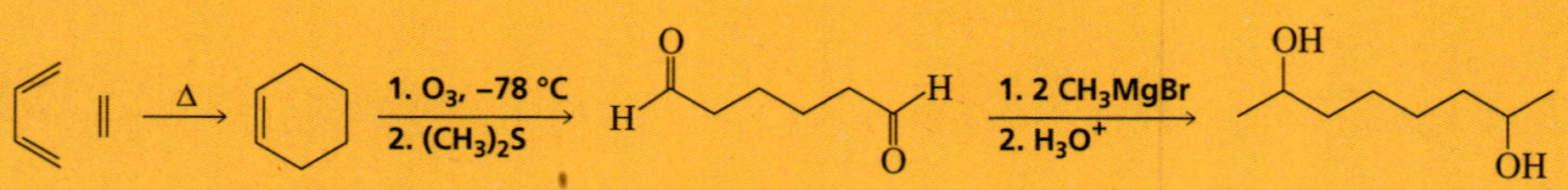

(d) 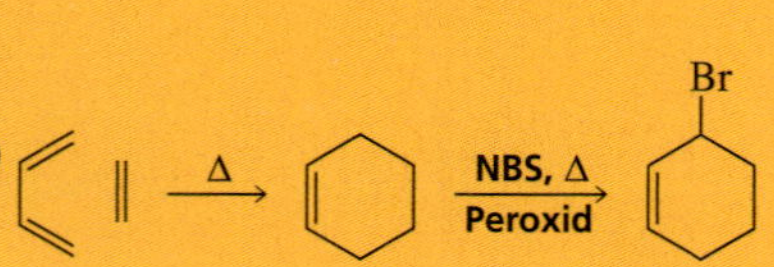

Lösung zu Übung 11

(a)

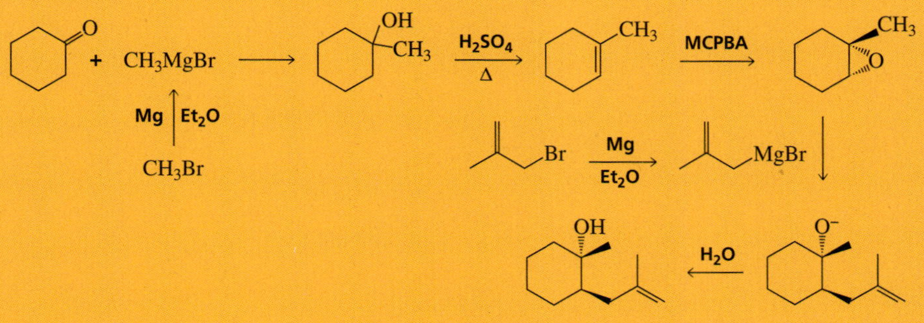

(b)

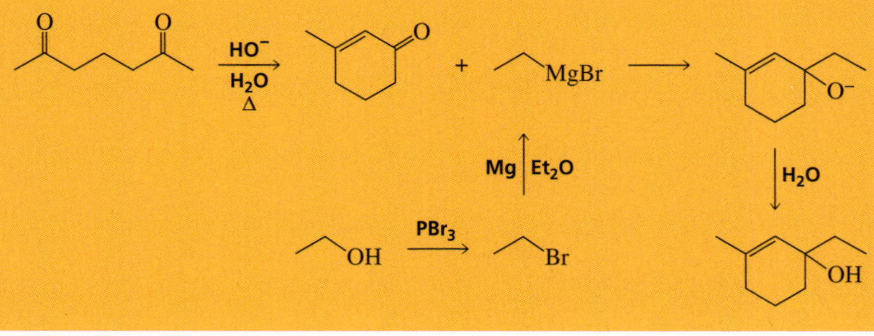

TEIL VI

Aromatische Verbindungen

18	Reaktionen von Benzolen und substituierten Benzolen	1021
19	Weiteres zu den Aminen • Reaktionen heterozyklischer Verbindungen	1079

In den beiden Kapiteln von Teil VI wurden die Reaktionen aromatischer Verbindungen diskutiert. In Kapitel 8 haben Sie die Struktur von Benzol, der verbreitetsten aromatischen Verbindung, die Klassifizierung der Verbindung als aromatisch und die Reaktionen, die diese Verbindung eingehen kann, kennen gelernt. Im folgenden Kapitel werden Sie nun einen detaillierteren Einblick in die Reaktionen aromatischer Verbindungen bekommen.

Kapitel 18 Reaktionen von Benzolen und substituierten Benzolen

Kapitel 18 konzentriert sich auf die Reaktionen von Benzol und substituierten Benzolen. Obwohl Benzole, Alkene, und Diene nucleophile Verbindungen sind (da all diese Verbindung C—C-π-Verbindungen aufweisen), rufen die aromatischen Eigenschaften von Benzol Reaktionseigenschaften hervor, die sich von den Reaktionseigenschaften der Alkene und Diene unterscheiden. Sie werden sehen, wie ein Substituent in einen Benzolring eingeführt werden kann, Sie werden die Arten der Substituenten, die sich an einem Benzolring befinden können, kennenlernen, und Sie werden einige Reaktionen sehen, durch die ein schon vorhandener Substituent ersetzt werden kann. Darüber hinaus werden Sie erfahren, inwiefern Substituenten sowohl die Reaktivität der Verbindung als auch die Positionierung ankommender Substituenten beeinflussen. In Kapitel 18 werden zudem zwei zusätzliche Reaktionstypen beschrieben, durch die substituierte Benzole synthetisiert werden können: Die Reaktionen von Arendiazoniumsalzen und nucleophile aromatische Substitutionsreaktionen.

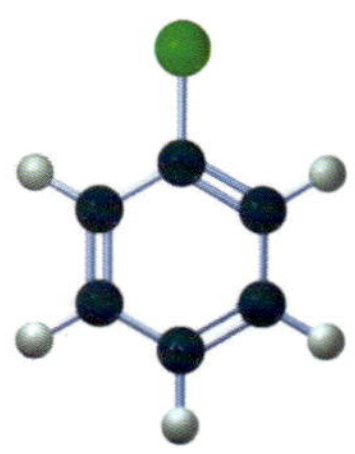

Chlorbenzol

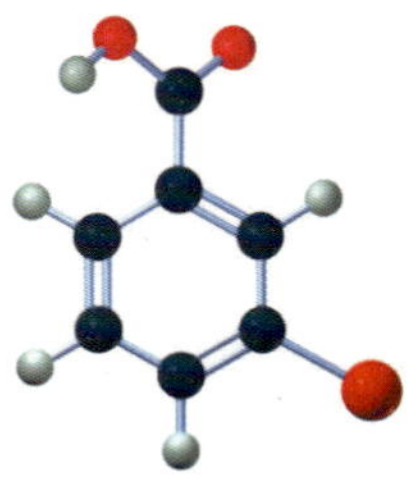

meta-Brombenzoesäure

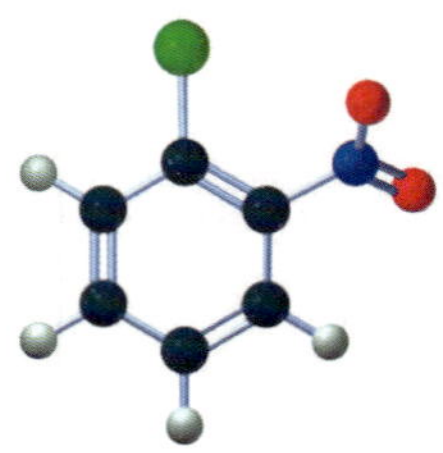

ortho-Chlornitrobenzol

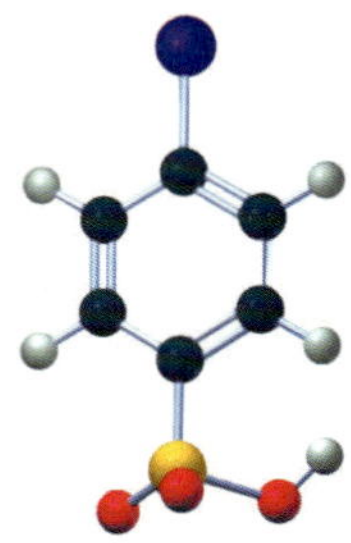

para-Iodbenzolsulfonsäure

Kapitel 19 Weiteres zu den Aminen • Reaktionen heterozyklischer Verbindungen

Ihre erste Begegnung mit den Aminen fand in Kapitel 2 statt und seitdem haben Sie die Amine in fast jedem Kapitel wieder angetroffen. Zu Beginn von **Kapitel 19** wird die Gruppe der Amine erweitert. Bisher haben Sie gelernt, dass Amine keiner Additions-, Substitutions- oder Eliminierungsreaktion unterzogen werden können; Deren Wichtigkeit liegt vielmehr in deren Reaktionseigenschaften als Basen und Nucleophile mit andern organischen Verbindungen. Kapitel 19 deckt auch die Reaktionen aromatischer heterozyklischer Verbindungen ab. Sie werden sehen, dass diese dieselben Reaktionen wie Benzol und substituierte Benzole eingehen können.

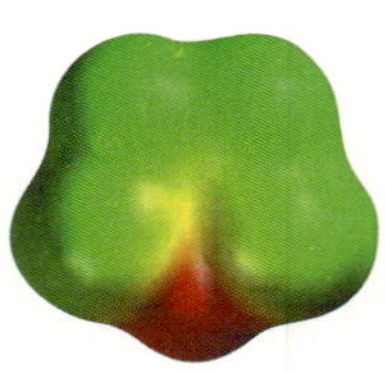

Pyrrolidin

Thiophen

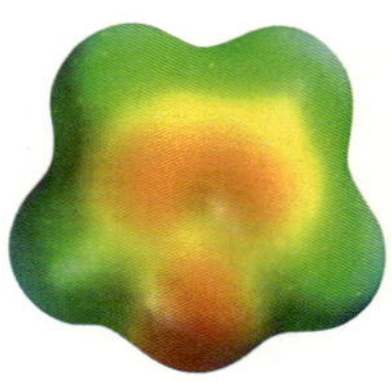

Furan

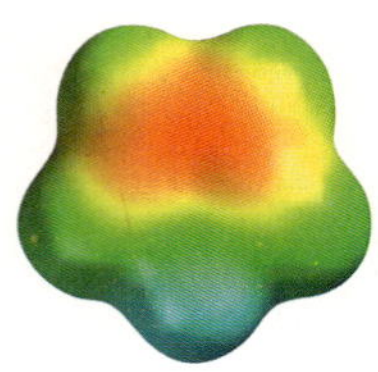

Pyrrol

Reaktionen von Benzolen und substituierten Benzolen

18

18.1	Nomenklatur der monosubstituierten Benzole	1024
18.2	Der allgemeine Mechanismus der elektrophilen aromatischen Substitution	1026
18.3	Halogenierung des Benzols	1028
18.4	Nitrierung des Benzols	1030
18.5	Sulfonierung des Benzols	1031
18.6	Friedel-Crafts-Acylierung des Benzols	1032
18.7	Friedel-Crafts-Alkylierung des Benzols	1034
18.8	Alkylierung des Benzols durch Acylierung–Reduktion	1037
18.9	Der Einsatz von Kupplungsreaktionen zur Alkylierung von Benzol	1038
18.10	Wie man die Substituenten eines Benzolrings chemisch verändern kann	1039
18.11	Die Nomenklatur di- und polysubstituierter Benzole	1041
18.12	Reaktivität eines Benzolrings	1043
18.13	Der Effekt von Substituenten auf die Orientierung	1048
18.14	Das *ortho/para*-Verhältnis	1052
18.15	Weitere Betrachtungen zu den Substituenteneffekten	1053
18.16	Syntheseplanung VI: Die Synthese mono- und disubstituierter Benzolderivate	1056
18.17	Die Synthese trisubstituierter Benzole	1059
18.18	Die Synthese substituierter Benzole mit Arendiazoniumsalzen	1061
18.19	Azobenzole	1064
18.20	Der Mechanismus zur Bildung eines Diazoniumions	1067
18.21	Nucleophile aromatische Substitution	1069
18.22	Syntheseplanung VII: Die Synthese zyklischer Verbindungen	1072
Zusammenfassung		1075
Zusammenfassung der Reaktionen		1076

Gaslampen entlang einer Straße.

Die chemische Verbindung, die uns als Benzol bekannt ist, wurde erstmals im Jahr 1825 von Michael Faraday isoliert. Er hat diese Verbindung aus dem flüssigen Überbleibsel, das man bei der druckvollen Erhitzung von Walöl in der Herstellung von Lampengas erhält, synthetisiert. Im Jahr 1834 hat Eilhard Mitscherlich die korrekte Molekülformel (C_6H_6) von Farady's Verbindung aufgestellt und diese wegen ihrer Ähnlichkeit zur Benzoesäure, die eine bekannte substituierte Form von Benzol ist, Benzin genannt. Später wurde der Name dann in Benzol umgeändert.

Wir haben gesehen, dass man jede von organischen Verbindungen gebildete Stofffamilie in jeweils eine von vier übergeordneten Gruppen einordnen kann. Alle Verbindungen innerhalb einer Stofffamilie und alle Stofffamilien innerhalb einer Gruppe haben dieselben reaktiven Eigenschaften (Abschnitt 5.4). Mit diesem Kapitel beginnt unsere Erörterung der aromatischen Verbindungen – das sind die Stofffamilien, die Gruppe IV angehören. Sie haben in Kapitel 8 gelernt, dass Benzol eine aromatische Verbindung mit zwei mesomeren Grenzformeln ist.

Gruppe IV

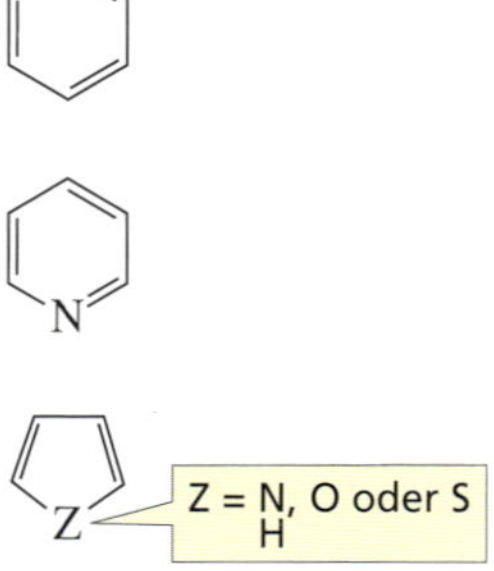

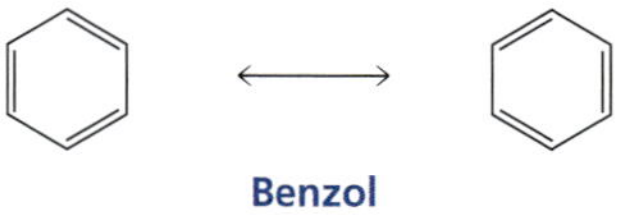

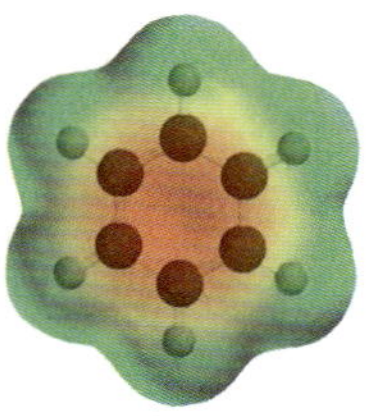

elektrostatische Potenzialkarte des Benzols

Sie haben weiterhin gelernt, dass aromatische Verbindungen ungewöhnlich stabil sind (Abschnitt 8.16). Hierzu haben wir gelernt, dass eine Verbindung die folgenden Voraussetzungen erfüllen muss, um als aromatisch klassifiziert zu werden:

- Eine Verbindung muss zyklisch und planar angeordnet sein und muss eine kontinuierliche Wolke von π-Elektronen (π-Elektronenwolke) sowohl über als auch unter der Moleküloberfläche aufweisen (Abschnitt 8.17).
- Die π-Elektronenwolke muss eine ungerade Anzahl an π-Elektronenpaaren aufweisen.

In der Natur findet man eine große Anzahl an substituierten Benzolen. Ein paar davon, die physiologisch aktiv sind, werden im Folgenden gezeigt.

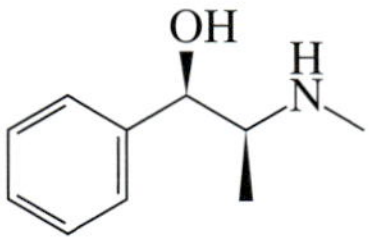

Ephedrin
ein Bronchodilator

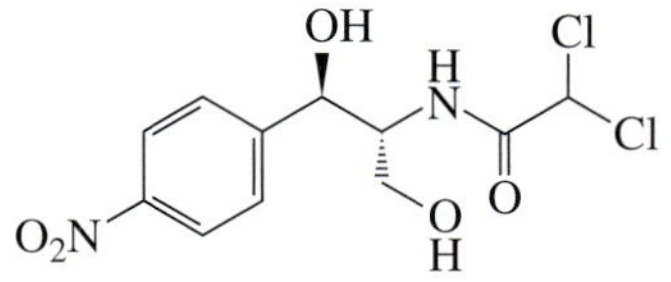

Chloramphenicol
Ein Antibiotikum, das besonders effektiv gegen Typhusfieber wirkt.

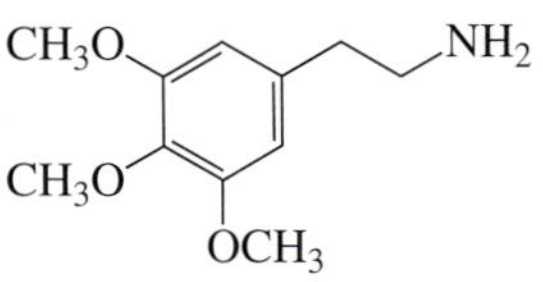

Mescalin
aktiver Stoff des Peyote-Kaktus

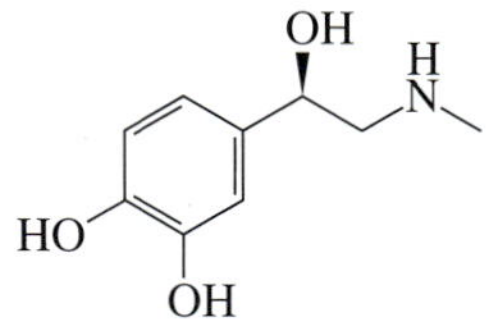

Adrenalin
Epinephrin
Ein Hormon, das der Körper als Reaktion auf Stress freisetzt.

Viele weitere physiologisch aktive substituierte Benzole haben kein natürliches Vorkommen, sondern wurden ausschließlich von Chemiker*innen synthetisiert. Sogar zwei Drittel der 400 bekanntesten Markenpräparate und Generika enthalten einen Benzolring. Drei häufig verschriebene Präparate sind unten abgebildet.

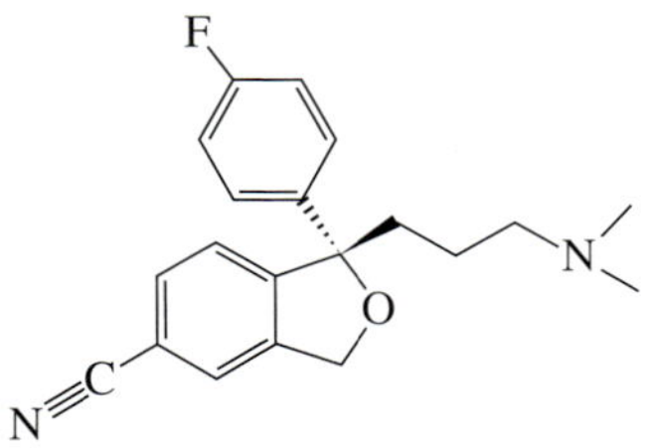

Lexapro®
Antidepressivum

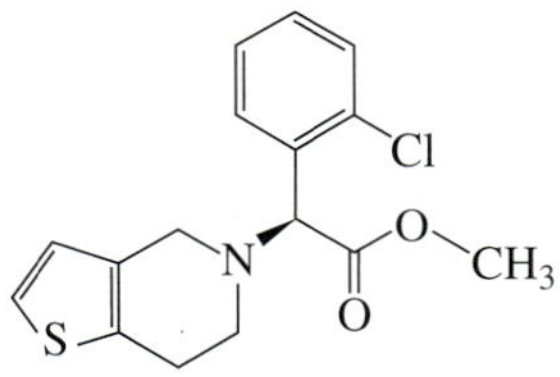

Plavix®
Thrombozytenaggregationshemmer

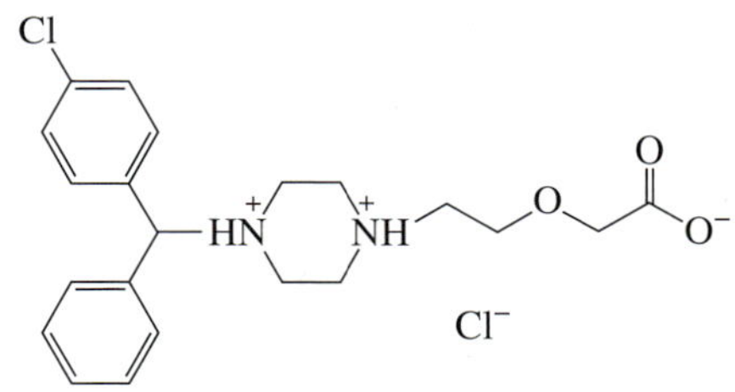

Zyrtec®
Antihistamin

Wir haben gesehen, dass Chemiker*innen versuchen, den natürlich vorkommenden Verbindungen strukturell ähnliche Verbindungen herzustellen mit dem Ziel, gewünschte Eigenschaften der natürlichen Verbindungen nachzuahmen und daraus nützliche Produkte herzustellen (Abschnitt 10.9). Zum Beispiel hat man Amphetamin, ein Stimulans des zentralen Nervensystems, und das eng verwandte Metamphetamin (Methylamphetamin), erfolgreich produziert. Die Struktur beider Verbindungen ähnelt der von natürlich vorkommendem Adrenalin. Diese Verbindungen werden klinisch als Appetitzügler eingesetzt. Methamphetamin, auch bekannt als „Meth“, wird auch illegal hergestellt und verkauft. Die Verbindungen, die im Folgenden gezeigt werden, repräsentieren nur einige der vielen substituierten Benzole, die für den kommerziellen Gebrauch synthetisiert wurden.

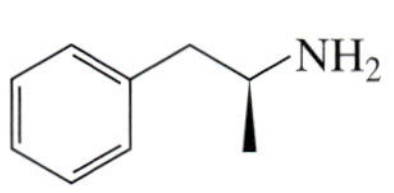

Amphetamin
Appetitzügler

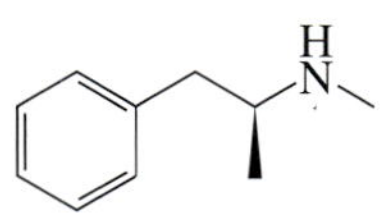

Methamphetamin
„Meth“

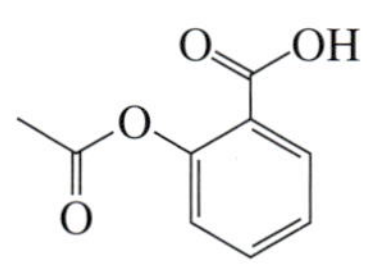

Acetylsalicylsäure
Aspirin

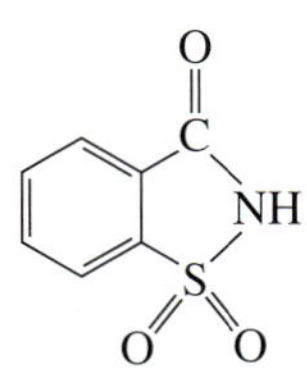

Saccharin
künstliches Süßungsmittel

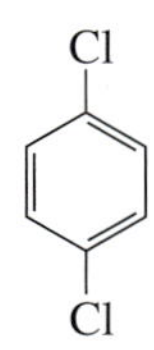

***p*-Dichlorbenzol**
in Mottenkugeln und Lufterfrischern

HINTERGRUND

■ Die Toxizität messen

„Agent Orange" ist ein Entlaubungsmittel, das großflächig im Vietnamkrieg eingesetzt wurde. Es ist eine Mischung aus zwei synthetischen substituierten Benzolen: 2,4-D und 2,4,5-T. Dioxin (TCDD) ist ein Kontaminationsstoff, der bei der Produktion von Agent Orange entsteht. Diese Verbindung wurde als Auslöser für die vielfältigen Symptome identifiziert, unter denen Menschen leiden, die während des Kriegs mit dem Entlaubungsmittel in Berührung gekommen sind.

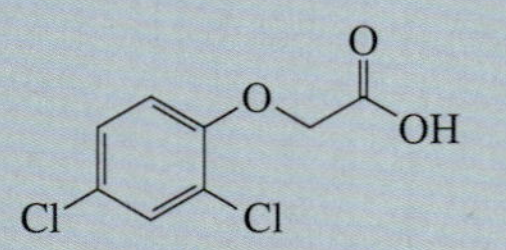

2,4-Dichlorphenoxyessigsäure
2,4-D

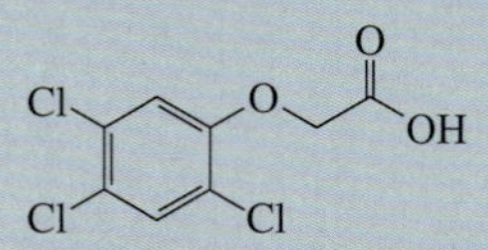

2,4,5-Trichlorphenoxyessigsäure
2,4,5-T

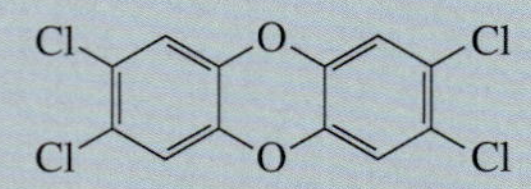

2,3,7,8-Tetrachlordibenzo[*b*,*e*][1,4]dioxin
TCDD

Die Toxizität einer Verbindung wird durch seinen LD_{50}-Wert angezeigt – die Dosis, die in Versuchen 50 % der Versuchstiere, die dieser Verbindung ausgesetzt sind, tötet. Dioxin ist sehr toxisch, denn es weist in Versuchen mit Meerschweinchen einen LD_{50}-Wert von 0,0006 mg/kg auf. Zum Vergleich sind die Werte von anderen Toxinen 0,96 mg/kg (Strychnin) und 15 mg/kg (Arsen und Natriumcyanid), die zwar bekanntere, aber weniger toxische Verbindungen sind. Eine der toxischsten bekannten Verbindungen ist das Toxin, das den bekannten Botulismus, eine schwere Lebensmittelvergiftung, verursacht; es hat einen LD_{50}-Wert von 1×10^{-7} mg/kg.

Entlaubungsmission im Vietnamkrieg.

Nomenklatur der monosubstituierten Benzole 18.1

MERKE!

Tabellen mit physikalischen Eigenschaften befinden sich im Anhang.

Einige monosubstituierte Benzole werden benannt, indem einfach die Endung „-benzol" an den Namen des Substituenten angehängt wird.

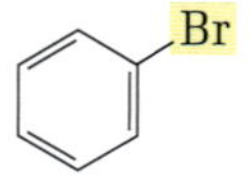

Brombenzol

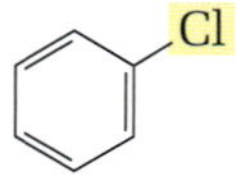

Chlorbenzol

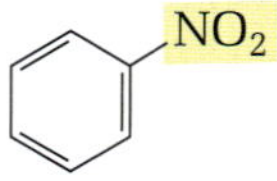

Nitrobenzol
(findet als Lösungsmittel in Schuhcreme Verwendung)

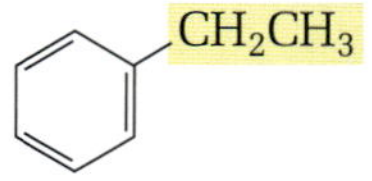

Ethylbenzol

Einige monosubstituierte Benzole besitzen Namen, die den Substituenten miteinbeziehen. Solche Namen muss man sich einprägen, da sie nicht abgeleitet werden können.

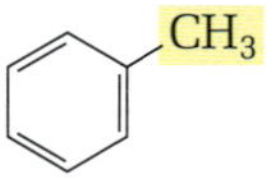

Toluol

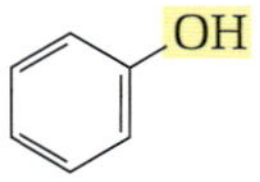

Phenol

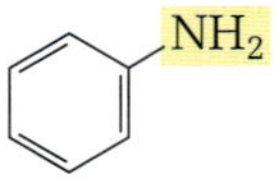

Anilin

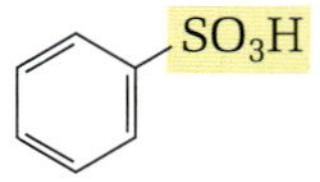

Benzolsulfonsäure

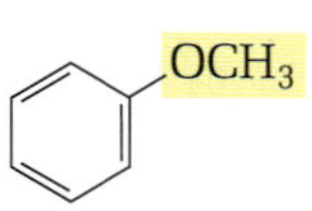

Anisol

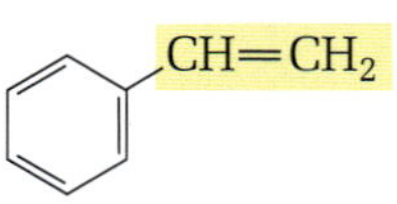

Styrol

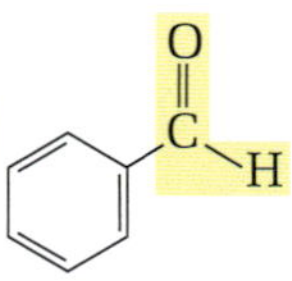

Benzaldehyd

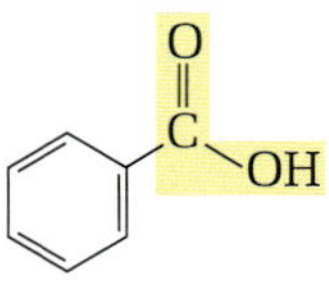

Benzoesäure

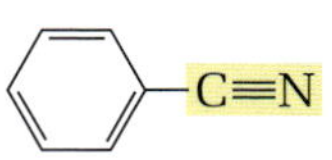

Benzonitril

Wenn der Benzolring selbst Substituent ist, wird er als **Phenylgruppe** bzw. **Phenylrest** bezeichnet ($—C_6H_5$). Ein Benzolring mit einer Methylengruppe als Seitenkette heißt **Benzylgruppe** (Abschnitt 9.13) oder **Benzylrest** ($—CH_2—C_6H_5$).

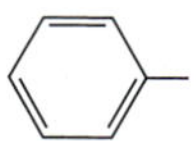

ein Phenylrest

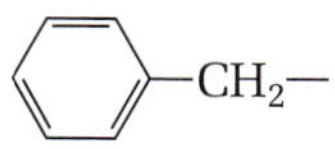

ein Benzylrest

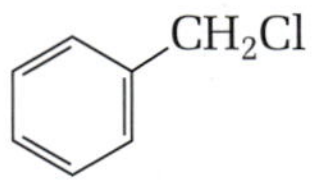

Chlormethylbenzol
„Benzylchlorid“

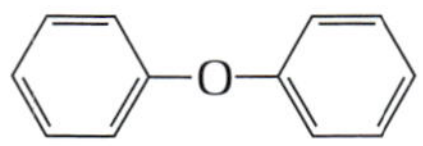

Diphenylether

Dibenzylether

Mit Ausnahme des Toluols (Methylbenzol) werden Alkylgruppen tragende Benzolringe als alkylsubstituierte Benzole oder als phenylsubstituierte Alkane angesprochen. Zum Beispiel kann *sek*-Pentyl nicht als Name eines Substituenten benutzt werden, da dann die beiden Verbindungen, die in der Reihe unterhalb auf der rechten Seite zu sehen sind, *sek*-Pentylbenzol heißen würden. Jedoch darf eine Bezeichnung nur für eine einzige Verbindung verwendet werden.

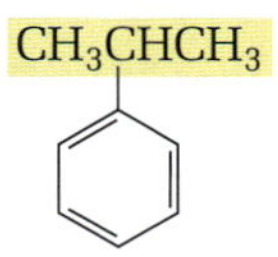

Isopropylbenzol
Cumen

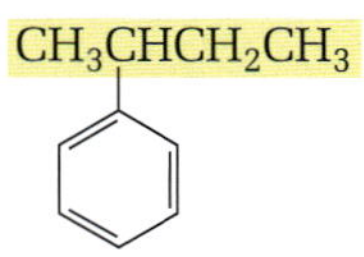

***sek*-Butylbenzol**

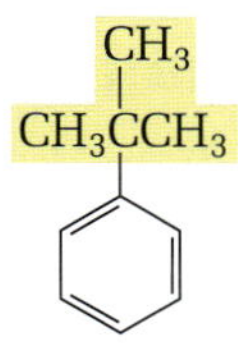

***tert*-Butylbenzol**

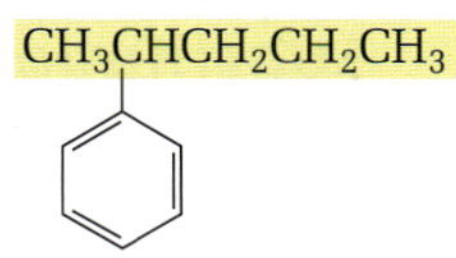

2-Phenylpentan

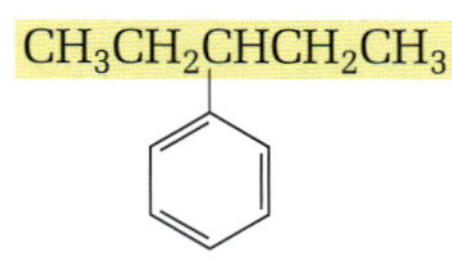

3-Phenylpentan

Die Bezeichnung Arylgruppe (Arylrest; Abkürzung: „Ar“) ist der allgemeine Ausdruck für eine Phenyl- oder eine substituierte Phenylgruppe, genauso wie Alkylgruppe (R) die allgemeine Bezeichnung für eine von einem Alkan abgeleitete Gruppierung ist. Die allgemeine Kurzschreibweise ArOH könnte für jedes der folgenden Phenole Anwendung finden:

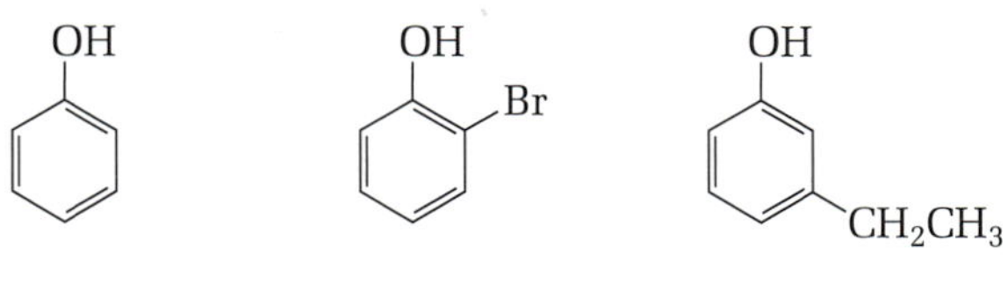

Ü 1* Zeichnen Sie die Strukturformeln der folgenden Verbindungen:

(a) 2-Phenylhexan
(b) Benzylalkohol
(c) 3-Benzylpentan
(d) Brommethylbenzol

HINTERGRUND

■ Die Giftigkeit des Benzols

Benzol, das verbreitet für chemische Synthesen ist und häufig auch als Lösungsmittel Verwendung findet, ist eine giftige Verbindung. Die Hauptgiftwirkung bei chronischer Exposition betrifft das Nervensystem und das Knochenmark. Benzol verursacht als Langzeitschäden Leukämie (Krebs der weißen Blutkörperchen) und aplastische Anämie (eine Form der Blutarmut).

Unter Industriearbeitern, die für lange Zeiträume Benzolkonzentrationen von 1 ppm (*parts per million*; Teil auf eine Million) in der Atemluft ausgesetzt waren, fand sich eine erhöhte Fallzahl von Leukämieerkrankungen. Toluol hat das Benzol als Lösungsmittel weitgehend abgelöst, da es – obwohl es ebenfalls schädlich für das Nervensystem ist – keine nachteiligen Wirkungen auf das blutbildende System hat und keine Leukämien und Anämien auslöst. Das sehr gefährliche „Klebstoffschnüffeln" führt im zentralen Nervensystem zu narkotischen Wirkungen, weil die Klebstoffe Toluol als Lösungsmittel enthalten.

Der allgemeine Mechanismus der elektrophilen aromatischen Substitution 18.2

Wir haben gesehen, dass aromatische Komponenten wie Benzol **elektrophile aromatische Substitutionen** eingehen können. In einer elektrophilen aromatischen Substitution wird ein Wasserstoffatom, das an einen Ringkohlenstoffatom gebunden ist, durch ein Elektrophil ersetzt.

Eine elektrophile aromatische Substitution

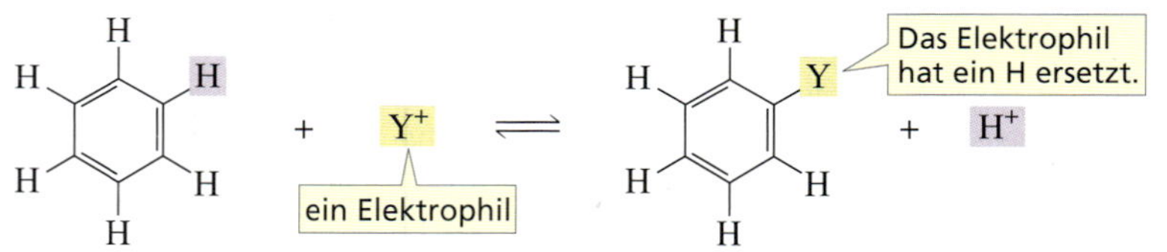

Die folgenden fünf Reaktionen sind die häufigsten elektrophilen aromatischen Substitutionen:

1. **Halogenierung:** Ein Brom (Br), Chlor (Cl) oder Iod (I) ersetzt ein Wasserstoff.
2. **Nitrierung:** Eine Nitrogruppe (NO_2) ersetzt ein Wasserstoff.
3. **Sulfonierung:** Eine Sulfonsäuregruppe (SO_3H) ersetzt ein Wasserstoff.
4. **Friedel-Crafts-Acylierung:** Eine Acylgruppe (RC=O) ersetzt ein Wasserstoff.
5. **Friedel-Crafts-Alkylierung:** Eine Alkylgruppe (R) ersetzt ein Wasserstoff.

Alle diese Reaktionen laufen nach dem gleichen zweischrittigen Mechanismus ab.

Allgemeiner Mechanismus der elektrophilen aromatischen Substitution

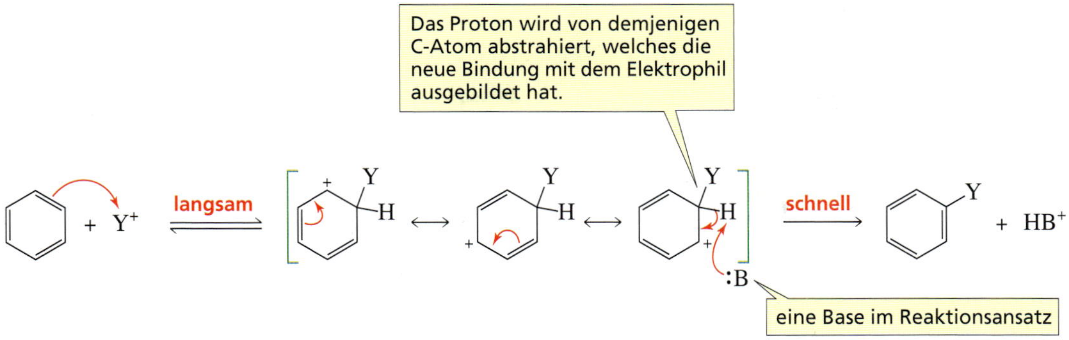

- Benzol reagiert mit einem Elektrophil (Y^+) unter Bildung einer carbokationischen Zwischenstufe. Die Struktur des Carbokations kann durch drei mesomere Grenzformeln näherungsweise beschrieben werden.
- Eine Base in der Reaktionsmischung (:B) entzieht dem Carbokation ein Proton. Die Elektronen, die zur Ausbildung der kovalenten Bindung an das Proton gedient hatten, wandern in den Ring, wobei der aromatische Zustand rückgebildet wird. Beachten Sie, dass *das Proton immer von dem C-Atom abgestreift wird, das die neue Bindung zu dem angreifenden Elektrophil ausgebildet hat.*

Der erste Schritt der Reaktion verläuft relativ langsam und ist endergonisch, da eine aromatische Verbindung in ein viel weniger stabiles nichtaromatisches Intermediat umgewandelt wird (▶ Abbildung 18.1). Der zweite Schritt verläuft rasch und ist stark exergonisch, weil er den die Stabilität erhöhenden aromatischen Zustand wiederherstellt.

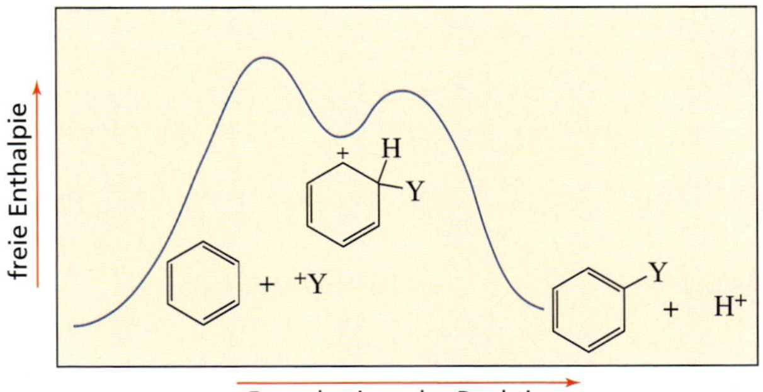

Abbildung 18.1: Reaktionskoordinatendiagramm für eine elektrophile aromatische Substitutionsreaktion.

Wir werden uns die fünf Varianten der elektrophilen aromatischen Substitution im Einzelnen ansehen. Beachten Sie, wenn wir sie im Folgenden erörtern, dass sie sich nur hinsichtlich der Frage unterscheiden, wie das die Reaktion einleitende Elektrophil (Y^+) erzeugt wird. Nachdem das Elektrophil einmal erzeugt ist, folgen alle fünf Varianten der Reaktion dem gleichen zweischrittigen Reaktionsmechanismus der elektrophilen aromatischen Substitution.

Halogenierung des Benzols 18.3

Bromierung und Chlorierung von Benzol

Die Bromierung oder Chlorierung von Benzol erfordert den Einsatz eines Lewis-Säurekatalysators wie Eisenbromid oder Eisenchlorid. Erinnern Sie sich: Eine Lewis-Säure ist eine Verbindung, die ein Elektronen(paar)akzeptor ist (Abschnitt 2.12).

Bromierung

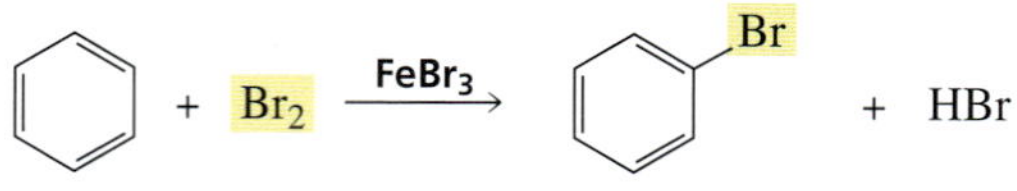

Brombenzol

Chlorierung

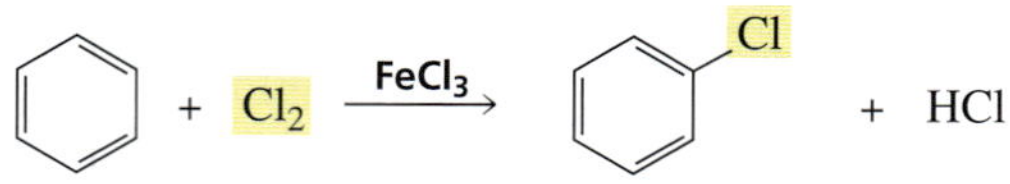

Chlorbenzol

Warum ist für die Reaktion von Benzol mit elementarem Brom oder Chlor ein Katalysator erforderlich, wo doch die Reaktionen dieser Reagenzien mit einem Alken ohne Katalysator vonstatten gehen? Der aromatische Charakter des Benzols verleiht diesem eine viel größere Stabilität und macht es viel weniger reaktiv als ein Alken. Darum ist für den Angriff auf das Benzol ein besseres Elektrophil erforderlich. Die Übertragung eines freien Elektronenpaares auf die Lewis-Säure schwächt die X—X- (Br—Br- oder Cl—Cl-) Bindung und macht so das Brom- bzw. Chlormolekül (Br_2/Cl_2) zu einem besseren Elektrophil.

Bildung des Elektrophils

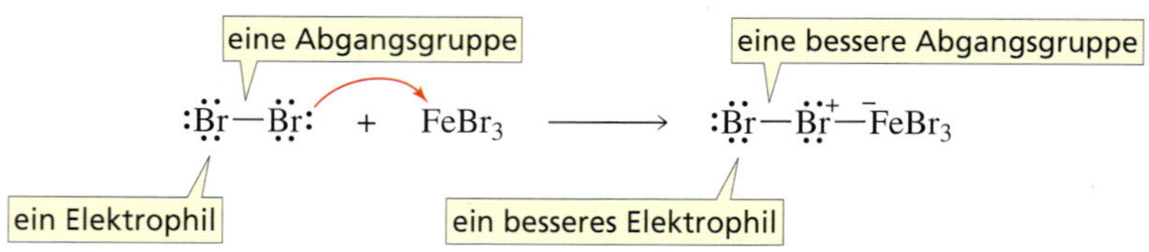

Mechanismus der Bromierung

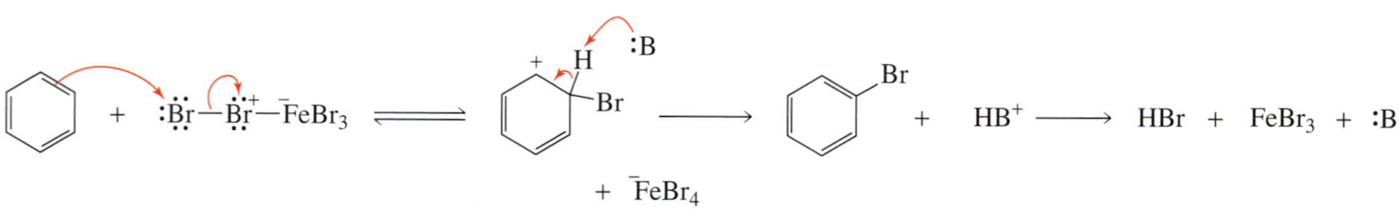

- Das Elektrophil lagert sich an den Benzolring an.
- Eine Base (:B) aus der Reaktionsmischung (wie $FeBr_4^-$ oder ein Lösungsmittelmolekül) entzieht dem intermediären Carbokation ein Proton. Es ist zur Kenntnis zu nehmen, dass der Katalysator regeneriert wird.

Aus Gründen der Übersichtlichkeit wird in den nachfolgend dargestellten Reaktionsmechanismen stellvertretend immer nur eine mesomere Grenzstruktur angegeben. Behalten Sie jedoch stets im Bewusstsein, dass jedes carbokationische Intermediat tatsächlich drei gleichwertige mesomere Grenzformeln besitzt, wie in Abschnitt 18.2 aufgezeigt wurde.

Wie Sie nachfolgend sehen können, ist der Mechanismus der Chlorierung von Benzol der gleiche wie der der Bromierung.

Mechanismus der Chlorierung

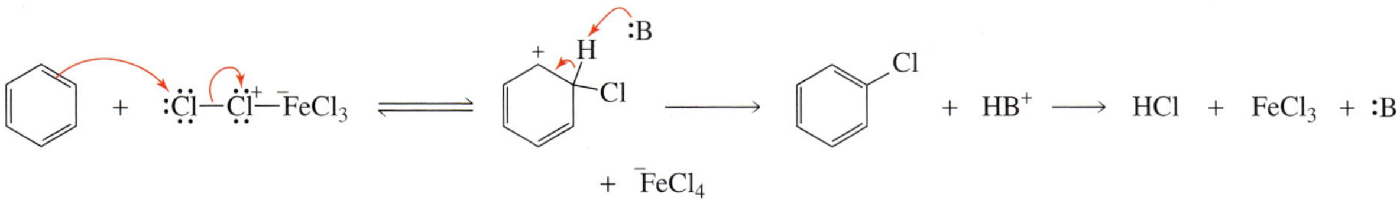

Eisenbromid oder Eisenchlorid sind feuchtigkeitsempfindlich (hygroskopisch) und reagieren bereitwillig mit Spuren von Luftfeuchtigkeit, was zur Inaktivierung der katalytischen Wirkung führt. Man verwendet daher nicht die fertigen Salze. Das Eisenbromid oder Eisenchlorid wird vielmehr in situ (vor Ort, in der Reaktionsmischung) aus den Elementen hergestellt, indem man Eisenfeilspäne und das elementare Halogen zusammengibt. Die Halogenatome des Katalysators und die mit dem Aromaten reagierenden Halogenatome entstammen somit demselben Aliquot des Elementes (Br_2 und $FeBr_3$ oder Cl_2 und $FeCl_3$).

$$2\,Fe + 3\,Br_2 \longrightarrow 2\,FeBr_3$$

$$2\,Fe + 3\,Cl_2 \longrightarrow 2\,FeCl_3$$

Ü 2* Warum inaktiviert die Hydratisierung das $FeBr_3$? Was passiert chemisch mit dem Eisensalz?

Iodierung des Benzols

Elektrophiles Iod (I^+) erhält man, wenn man elementares Iod (I_2) mit einem sauren Oxidationsmittel behandelt. Ein weit verbreitetes Oxidationsmittel ist Wasserstoffperoxid.

Iodierung

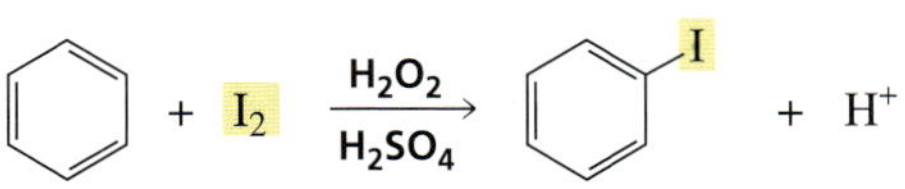

Das Oxidationsmittel wandelt elementares Iod (I_2) in das elektrophile Iodonium (I^+) um.

Bildung des Elektrophils

$$I_2 + H_2O_2 + 2\,H_2SO_4 \longrightarrow 2\,I^+ + 2\,H_2O + 2\,HSO_4^-$$

Nachdem das Elektrophil sich gebildet hat, vollzieht sich die Iodierung des Benzols über den gleichen Mechanismus wie die Bromierung oder Chlorierung.

Mechanismus der Iodierung

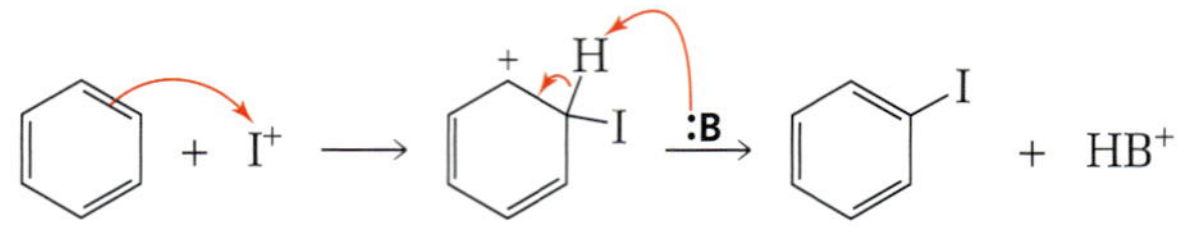

- Das Elektrophil wird in den Benzolring aufgenommen.
- Eine in der Reaktionsmischung anwesende Base (:B) abstrahiert das Proton von dem Carbokation, welches die Verbindung mit dem Elektrophil eingegangen ist.

HINTERGRUND

■ Thyroxin

Das Thyroxin ist ein Hormon der Schilddrüse, das die Stoffwechselrate des Körpers zu regulieren hilft. Es führt zu einem erhöhten Umsatz der Nährstoffe Fett, Kohlenhydrate und Eiweiß (Protein).

Im Körper wird das Thyroxin aus der Aminosäure Tyrosin und Iod aufgebaut. Die Schilddrüse ist das einzige Organ des Körpers, in dem Iod verstoffwechselt wird. Das für die Hormonsynthese erforderliche Iod beziehen wir aus der Nahrung, in erster Linie aus Meeresfrüchten und iodiertem Kochsalz. Ein Enzym namens Iodoperoxidase überführt das Iodid (I^-), das wir mit der Nahrung aufnehmen, in I^+-Ionen, die das Elektrophil sind, das notwendig ist, um einen Iodsubstituenten in einen Benzolring einzuführen. Iodmangel ist der häufigste Grund für eine vermeidbare intellektuelle Unterentwicklung von Kindern.

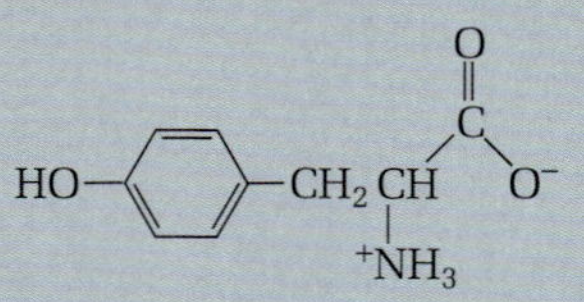

Tyrosin

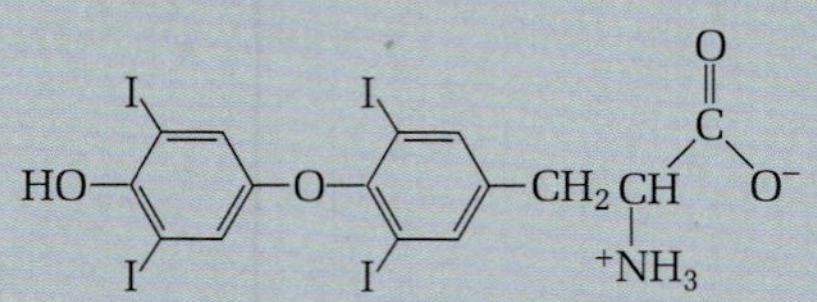

Thyroxin

Eine chronische Mangelversorgung mit Thyroxin führt zur Vergrößerung der Schilddrüse – ein Zustand, der als Kropf (bildung) bezeichnet wird. Niedrige Thyroxinmengen können ausgeglichen werden, indem man das Thyroxin peroral („über den Mund", also mit der Nahrung) verabreicht. In den USA ist synthetisches Thyroxin das fünfthäufigst verschriebene Medikament.

Nitrierung des Benzols 18.4

Die Nitrierung des Benzols erfolgt mit Salpetersäure und erfordert den Zusatz von Schwefelsäure als Katalysator.

Nitrierung

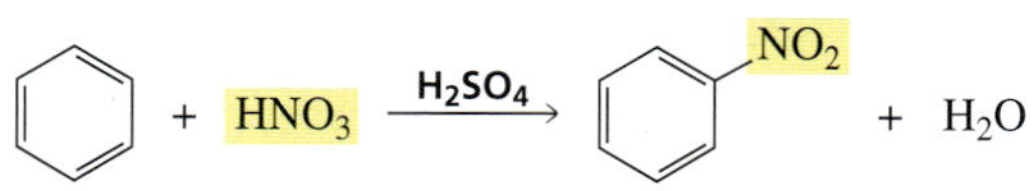

Nitrobenzol

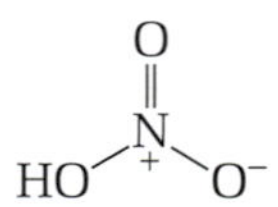

Salpetersäure

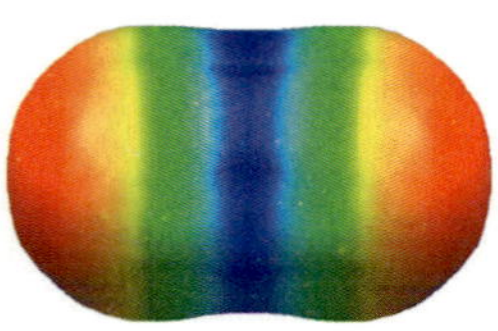

$O{=}\overset{+}{N}{=}O$

Nitroniumion

Um das für die Reaktion notwendige Elektrophil zu erzeugen, wird die Salpetersäure mit Hilfe der Schwefelsäure protoniert. Die protonierte Salpetersäure spaltet ein Wassermolekül ab und bildet dabei ein Nitroniumion, das als Elektrophil den Benzolring angreifen kann.

Bildung des Elektrophils

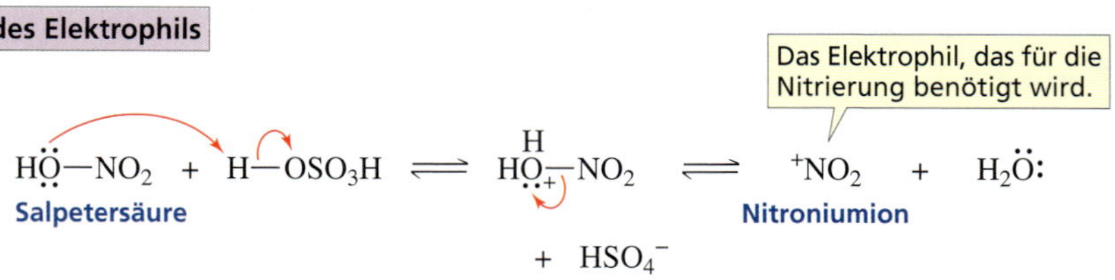

Der Mechanismus der elektrophilen aromatischen Substitution ist wieder der gleiche wie der in Abschnitt 18.3 beschriebene.

Mechanismus der Nitrierung

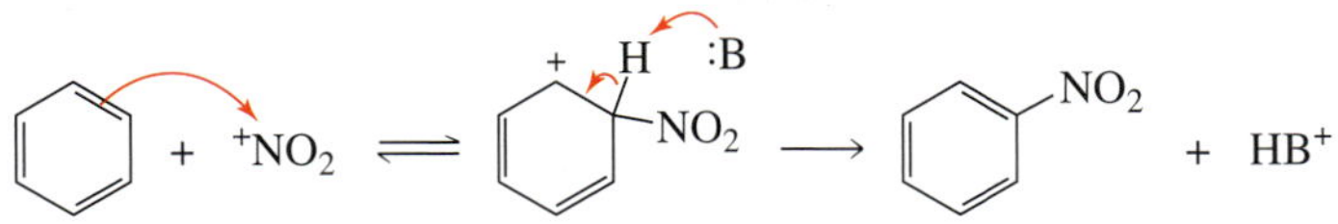

- Das Elektrophil lagert sich an den Benzolring an.
- Irgendeine in der Reaktionsmischung anwesende Base :B (zum Beispiel H_2O, HSO_4^- oder das Lösungsmittel) abstrahiert das Proton des Carbokations, welches die Verbindung mit dem Elektrophil eingegangen ist.

Ü 3 mit Lösung

Schlagen Sie einen Mechanismus für die folgende Reaktion vor:

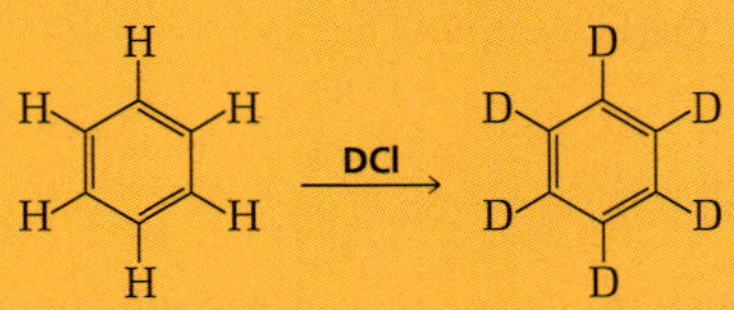

Lösung

Das einzige verfügbare Elektrophil ist D^+. Ein D^+-Ion lagert sich daher an ein Ringkohlenstoffatom an und ein H^+ verlässt dasselbe C-Atom. Die Reaktion kann an jedem der anderen C-Atome erneut vollzogen werden.

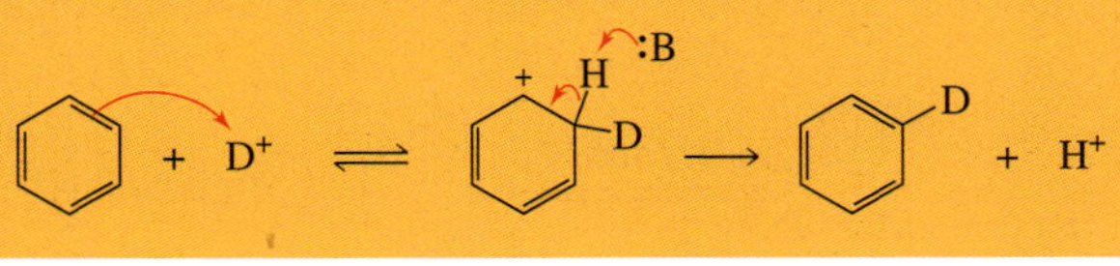

Sulfonierung des Benzols 18.5

Rauchende Schwefelsäure (eine Lösung von Schwefeltrioxid, SO_3) oder konzentrierte Schwefelsäure wird eingesetzt, um aromatische Ringsysteme zu sulfonieren.

Sulfonierung

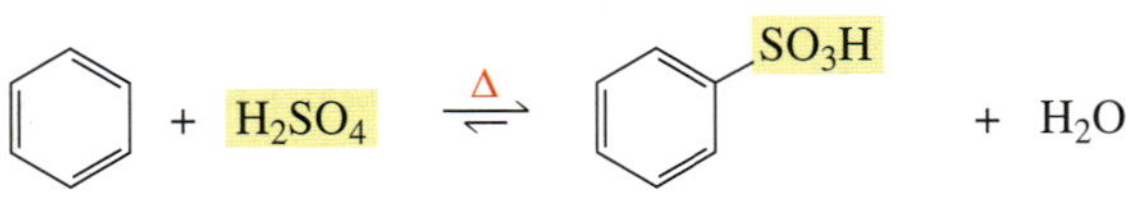

Benzolsulfonsäure

Nehmen Sie sich einige Minuten Zeit, um die mechanistischen Ähnlichkeiten bei der Bildung der Elektrophile HSO_3^+ und NO_2^+ zu erkennen.

Bildung des Elektrophils

Das Elektrophil, das für die Sulfonierung benötigt wird.

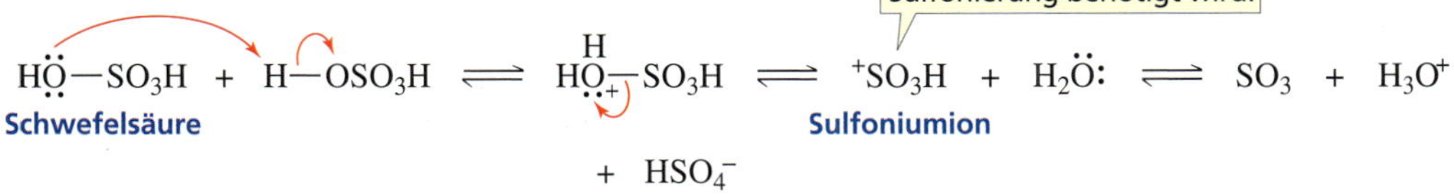

Schwefelsäure

Sulfoniumion

Mechanismus der Sulfonierung

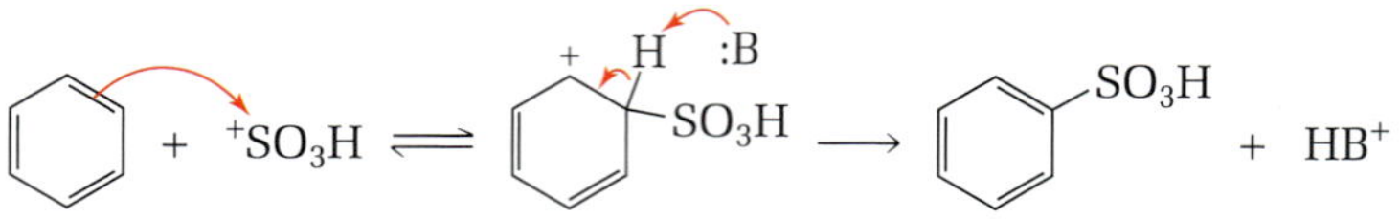

- Das Elektrophil wird in den Benzolring aufgenommen.
- Eine in der Reaktionsmischung anwesende Base (:B, zum Beispiel H_2O, HSO_4^- oder das Lösungsmittel) abstrahiert das Proton von dem Carbokation, welches die Verbindung mit dem Elektrophil eingegangen ist.

Eine Sulfonsäure ist eine starke Säure, weil sie drei elektronenziehende Sauerstoffatome besitzt und die konjugierte Base mesomeriestabilisiert ist – die von dem abdissoziierenden Proton zurückgelassenen Bindungselektronen werden auf die drei O-Atome verteilt (Abschnitt 10.3).

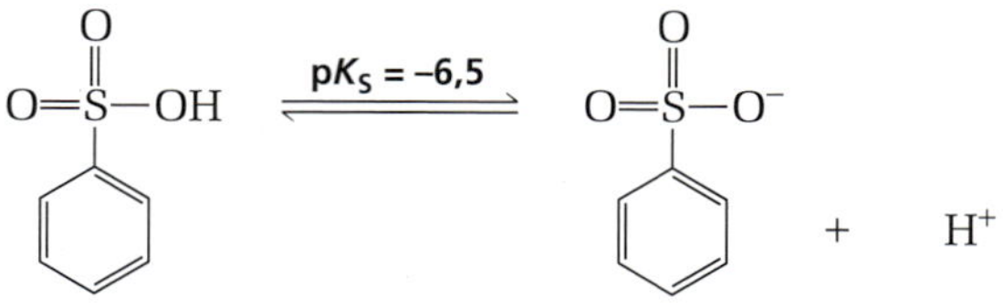

Die Sulfonierung ist die einzige elektrophile aromatische Substitution, die reversibel ist. Falls Benzolsulfonsäure in verdünnten Säuren erhitzt wird, addiert sich ein H^+ an den Kohlenstoffring und die Sulfonsäuregruppe wird abgespalten.

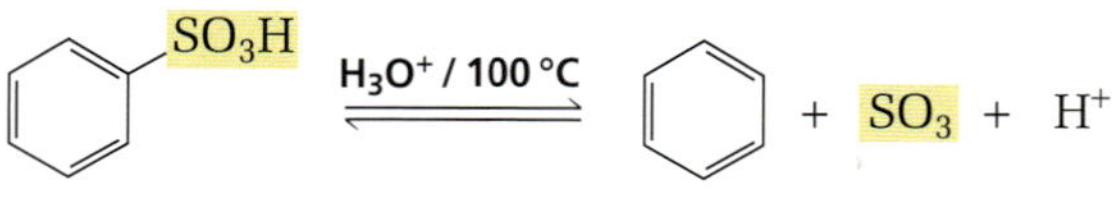

Mechanismus der Desulfonierung

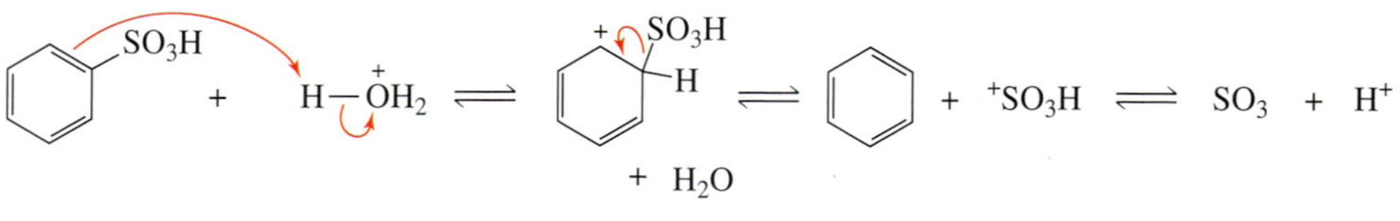

Friedel-Crafts-Acylierung des Benzols 18.6

Zwei elektrophile Substitutionen sind mit den Namen der Chemiker Charles Friedel und James Crafts verknüpft. Die *Friedel-Crafts-Acylierung* führt eine Acylgruppe in den Benzolring ein, die *Friedel-Crafts-Alkylierung* führt eine Alkylgruppe in den Ring ein.

Für die Friedel-Crafts-Acylierung kann entweder ein Acylchlorid (Säurechlorid) oder ein Säureanhydrid eingesetzt werden.

Friedel-Crafts-Acylierung

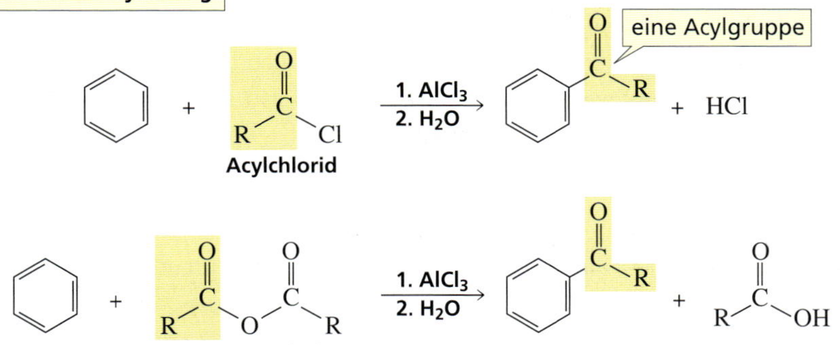

Das für die Friedel-Crafts-Acylierung erforderliche Elektrophil (ein Acyliumion) erhält man durch die Umsetzung eines Acylchlorids oder eines Säureanhydrids mit Aluminiumtrichlorid ($AlCl_3$), einer Lewis-Säure.

Bildung des Elektrophils

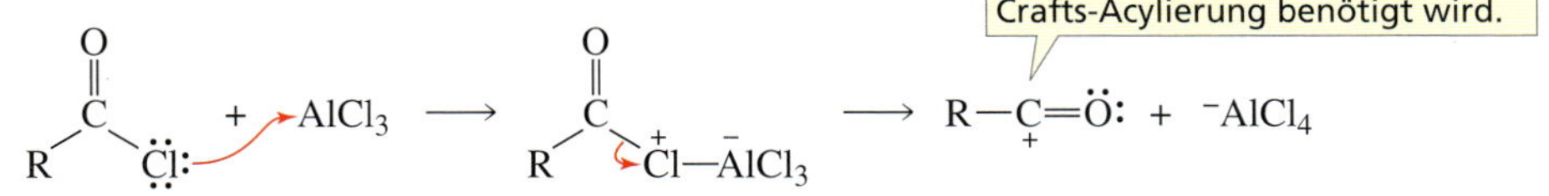

Mechanismus der Friedel-Crafts-Acylierung

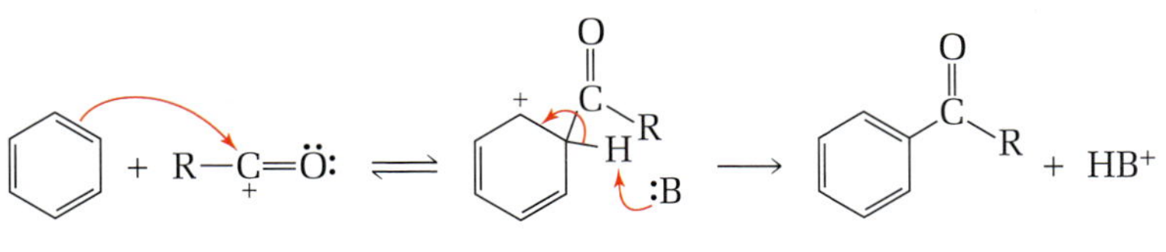

- Das Elektrophil (in diesem Fall das Acyliumion) wird in den Benzolring aufgenommen.
- Eine in der Reaktionsmischung anwesende Base (:B) abstrahiert das Proton von dem Carbokation, welches die Verbindung mit dem Elektrophil eingegangen ist.

Da das Reaktionsprodukt einer Friedel-Crafts-Acylierung eine Carbonylgruppe enthält, die mit $AlCl_3$ einen Komplex bilden kann, muss die Friedel-Crafts-Acylierung mit mehr als einem Moläquivalent Aluminiumchlorid durchgeführt werden. Wenn die Reaktion vorüber ist, gibt man dem Ansatz Wasser zu, um das Endprodukt aus dem Komplex zu verdrängen.

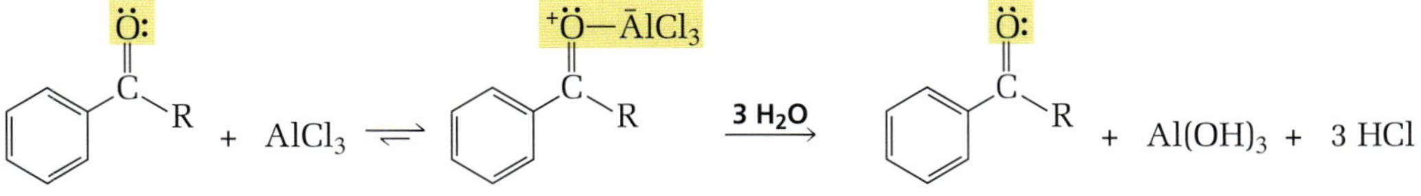

Die Synthese von Benzaldehyd aus Benzol stellt uns vor ein Problem, da Formylchlorid – das für die Reaktion notwendige Säurechlorid – instabil und deshalb direkt vor dem Verbrauch hergestellt werden muss. Man kann Formylchlorid (das Säurechlorid der Ameisensäure) jedoch durch die **Gattermann-**

Koch-Reaktion darstellen. Bei dieser Reaktion kommt ein Gemisch aus Kohlenstoffmonoxid und Chlorwasserstoff unter hohem Druck zum Einsatz; bei dieser Hochdrucksynthese wird Formylchlorid gebildet. Für die nachfolgende Acylierung kommt weiterhin ein Aluminiumchlorid/Kupferchlorid-Katalysator zum Einsatz.

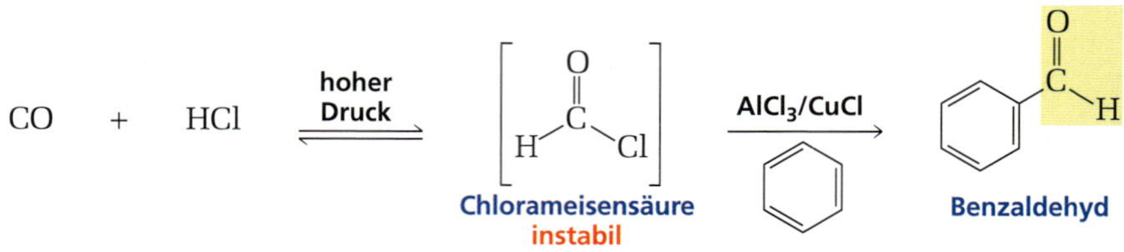

Ü 4 Schreiben Sie den Mechanismus für die Erzeugung des Acyliumions nieder, falls anstelle des Säurechlorids ein Säureanhydrid für die Friedel-Crafts-Acylierung eingesetzt wird.

Friedel-Crafts-Alkylierung des Benzols 18.7

Die Friedel-Crafts-Alkylierung führt zur Substitution eines Wasserstoffatoms gegen eine Alkylgruppe.

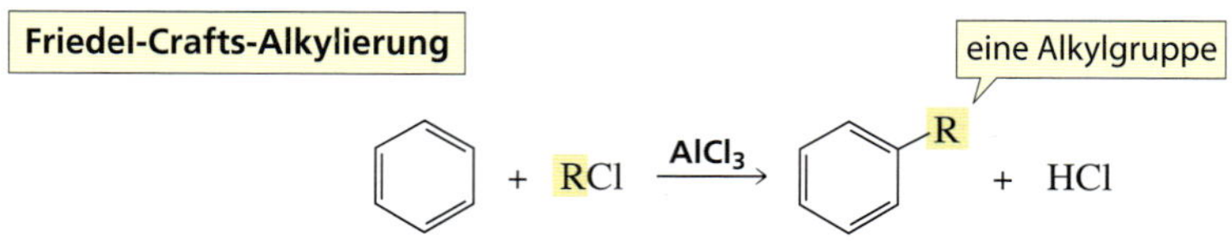

Das Elektrophil, welches für die Reaktion benötigt wird (ein Carbokation), wird durch die Reaktion eines Halogenalkans mit Aluminiumtrichlorid gebildet. Alle Halogenalkane, Halogenbromide und Halogeniodide können hierfür Verwendung finden. Vinylhalogenide und Arylhalogenide können nicht eingesetzt werden, da ihre Carbokationen für eine Elektrophilbildung zu instabil sind (Abschnitt 9.13).

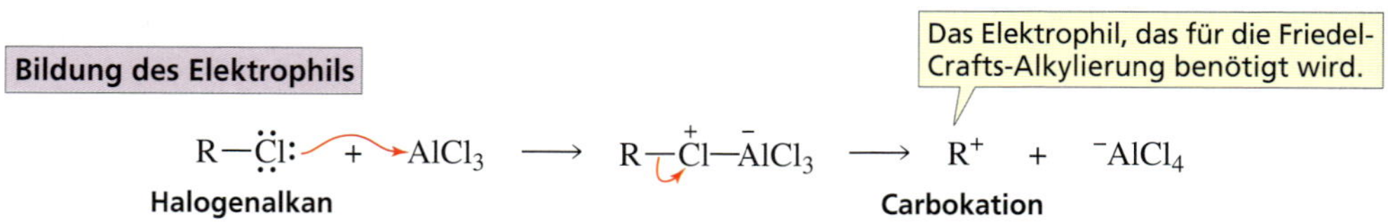

Mechanismus der Friedel-Crafts-Alkylierung

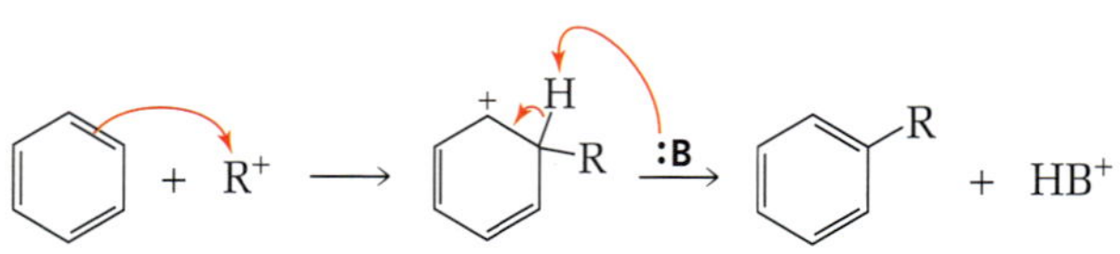

- Das Elektrophil wird in den Benzolring aufgenommen.
- Eine in der Reaktionsmischung anwesende Base (:B) abstrahiert das Proton von dem Carbokation, welches die Verbindung mit dem Elektrophil eingegangen ist.

Ein alkylsubstituiertes Benzol ist reaktiver als das Benzol selbst. Um eine weitergehende Alkylierung des Benzolkerns zu verhindern, muss für die Friedel-Crafts-Alkylierung ein großer Überschuss Benzol eingesetzt werden. Wenn das Benzol im Überschuss vorliegt, ist die Wahrscheinlichkeit größer, dass ein angreifendes Elektrophil mit einem unsubstituierten Benzolmolekül zusammenstößt als mit einem bereits alkylsubstituierten.

Umlagerung von Carbokationen

Erinnern Sie sich daran, dass ein Carbokation sich umlagern wird, falls die Umlagerung zu einem stabileren Carbokation führt (Abschnitt 6.7). Wenn sich das im Verlauf einer Friedel-Crafts-Alkylierung herausgebildete Carbokation umlagert, wird das Reaktionsprodukt mit der umgelagerten Alkylkette das Hauptprodukt der Reaktion werden. Wenn beispielsweise Benzol mit 1-Chlorbutan reagiert, bestehen 60–80 % der Produktmenge (die tatsächliche Prozentzahl hängt von den genauen Reaktionsbedingungen ab) aus Molekülen mit umgelagerten Alkylsubstituenten.

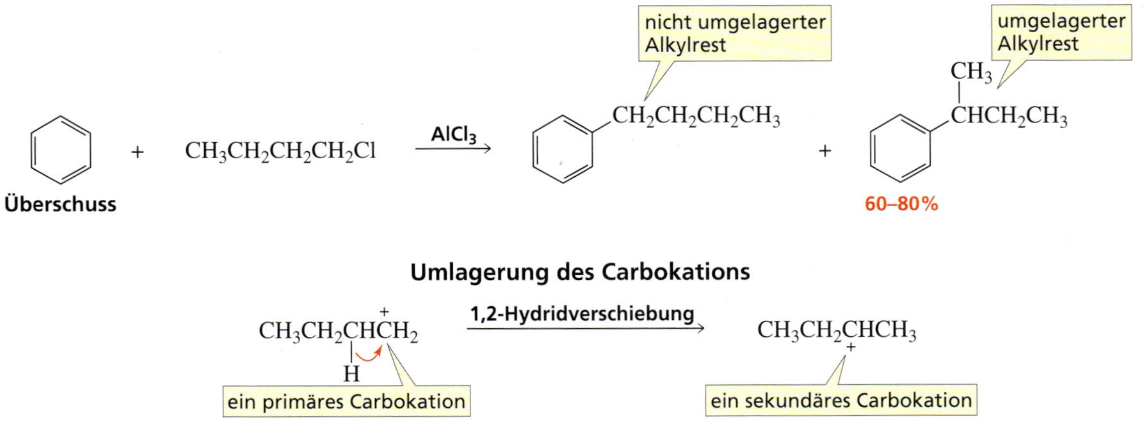

Wenn Benzol mit 1-Chlor-2,2-dimethylpropan reagiert, bestehen 100 % der Produktmenge (unter allen Reaktionsbedingungen) aus Molekülen mit umgelagertem Alkylsubstituenten.

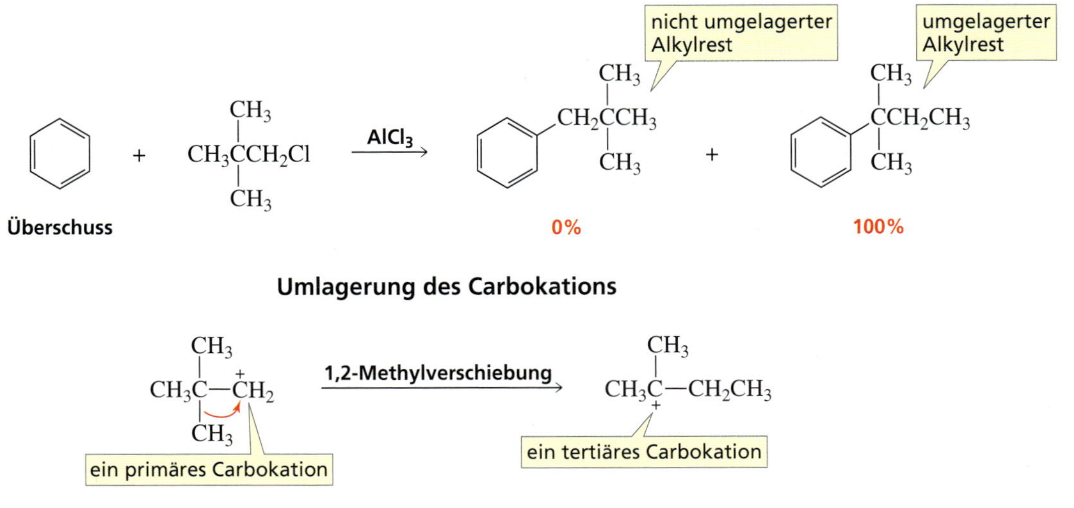

HINTERGRUND

Carbokationen in statu nascendi

Aus Gründen der Vereinfachung wurden die Reaktionen auf den vorausgegangenen Seiten, die mit einer Carbokationenumlagerung einhergingen, unter Bildung eines primären Carbokations dargestellt. Wir haben jedoch gelernt, dass primäre Carbokationen zu instabil sind, um gebildet werden zu können. Die Wahrheit ist, dass im Verlauf einer Friedel-Crafts-Alkylierung niemals ein primäres Carbokation gebildet wird. Vielmehr bleibt das Carbokation mit der Lewis-Säure komplexiert. Es wird als Carbokation in statu nascendi bezeichnet. Eine Carbokationenumlagerung tritt auf, weil das Carbokation, das angefangen hat, sich auszubilden, über ausreichend Carbokationencharakter verfügt, um eine Umlagerung zu ermöglichen.

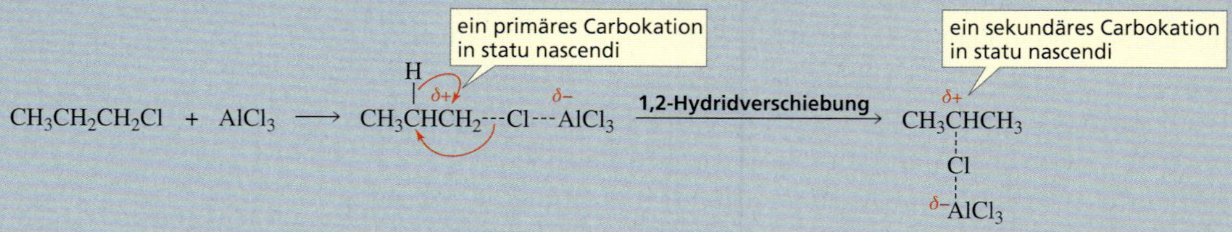

Eine biologische Friedel-Crafts-Alkylierung

Eine Friedel-Crafts-Alkylierung ist einer der Reaktionsschritte, die in der Biosynthese von Vitamin KH_2 durchlaufen werden. Das Vitamin ist das Koenzym, das benötigt wird, um Blutgerinnsel zu bilden. Die Phosphatgruppe der Verbindung, die sich hervorragend zur Abspaltung eignet, wird in einer S_N1-Reaktion abgetrennt und bildet ein Allylkation. In einer Friedel-Crafts-Alkylierung wird die langkettige Alkylgruppe an den Benzolring angeheftet. Es werden weitere Schritte benötigt, um die Carboxylgruppe in eine Methylgruppe umzuwandeln, sodass als Endprodukt der Reaktionsabfolge Vitamin KH_2 entsteht.

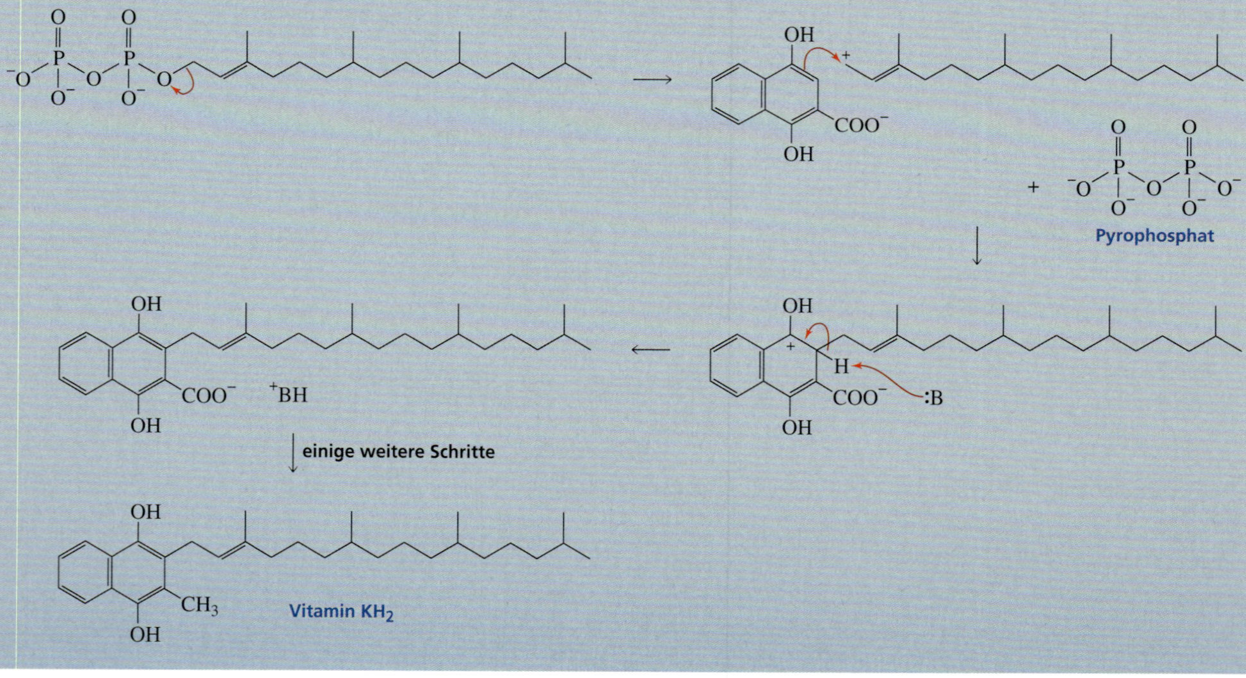

Ü 5* Welches wären die Hauptprodukte einer Friedel-Crafts-Alkylierung mit den folgenden Chloralkanen bzw. Chloralkenen?

(a) CH_3CH_2Cl
(b) $CH_3CH_2CH_2Cl$
(c) $CH_3CH_2CH(Cl)CH_3$
(d) $(CH_3)_3CCl$
(e) $(CH_3)_2CHCH_2Cl$
(f) $CH_2{=}CHCH_2Cl$

18.8 Alkylierung des Benzols durch Acylierung–Reduktion

Eine Friedel-Crafts-Alkylierung ist nicht in der Lage, eine hohe Ausbeute eines Alkylbenzols mit einer geradkettigen Alkylgruppe zu erbringen, da das sich bildende primäre Carbokation sich in ein stabileres Carbokation umlagern würde.

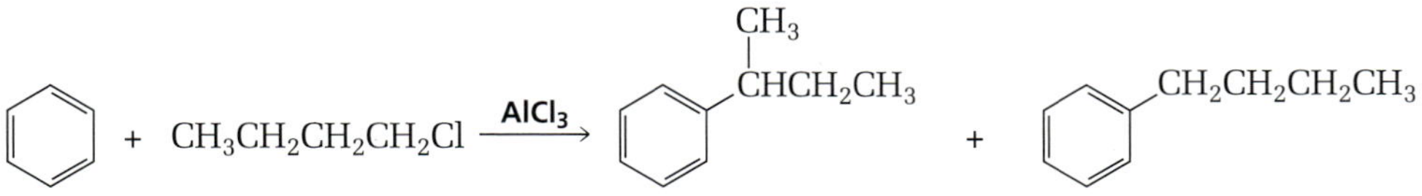

Acyliumionen lagern sich nicht um. Folglich kann man eine geradkettige Alkylgruppe mittels einer Friedel-Crafts-Acylierung in einen Benzolring einführen und die Carbonylgruppe anschließend zur Methylengruppe reduzieren. Es handelt sich um eine Reduktion, weil die beiden C—O-Bindungen durch zwei C—H-Bindungen ersetzt werden. Durch katalytische Hydrierung (H_2 + Pd/C) kann nur eine sekundäre ketonische Carbonylfunktion in Nachbarstellung zu einem Benzolring zu einer Methylengruppe reduziert werden.

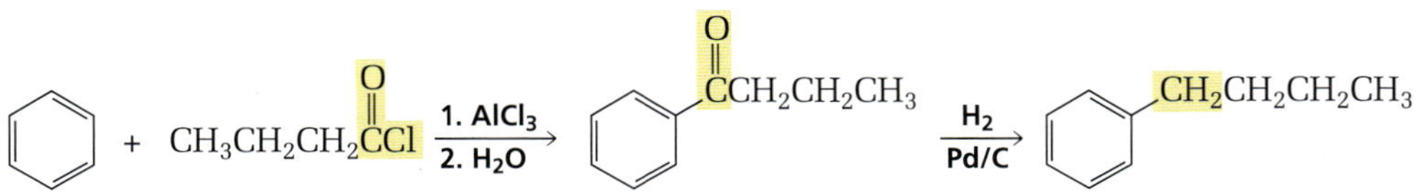

Neben der Vermeidung von Carbokationenumlagerungen ist mit der Acylierung–Reduktion bei der Darstellung alkylsubstituierter Benzole noch ein weiterer Vorteil verbunden. Im Gegensatz zur direkten Alkylierung ist hierbei kein Überschuss an Benzol vonnöten (Abschnitt 18.7). Anders als alkylsubstituierte Benzole, die reaktiver als Benzol sind, sind die acylsubstituierten Benzole weniger reaktiv als Benzol, so dass keine weiteren Friedel-Crafts-Reaktionen an ihnen stattfinden (Abschnitt 18.12).

Die **Wolff-Kishner-Reduktion** wandelt auch die Carbonylgruppe eines Ketons in eine Methylengruppe um. Diese Methode reduziert so alle Ketoncarbonylgruppen und nicht nur diejenigen, die Teil des Benzolrings sind.

Wolff-Kishner-Reduktion

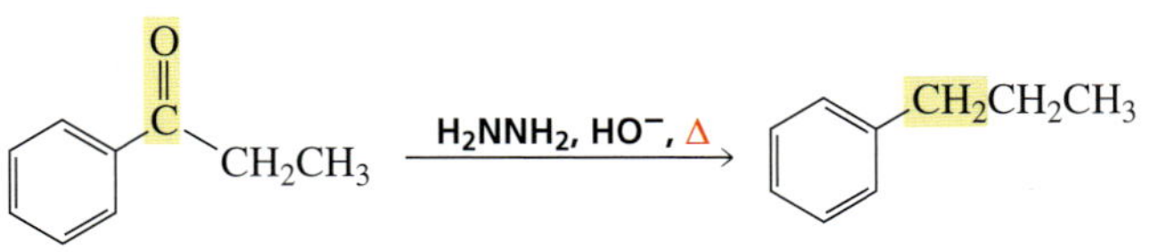

Wir haben gelernt, dass bei der Reaktion von Hydrazin mit einem Keton Hydrazon entsteht (Abschnitt 16.8). Eine Wolff-Kishner-Reduktion unterscheidet sich von einer gewöhnlichen Reaktion mit Hydrazon als Reaktionsprodukt in zwei Dingen. Diese sind zum einen das Vorhandensein eines Hydroxidions und zum anderen die während der Reaktion vorhandene Hitze.

Mechanismus der Wolff-Kishner-Reduktion

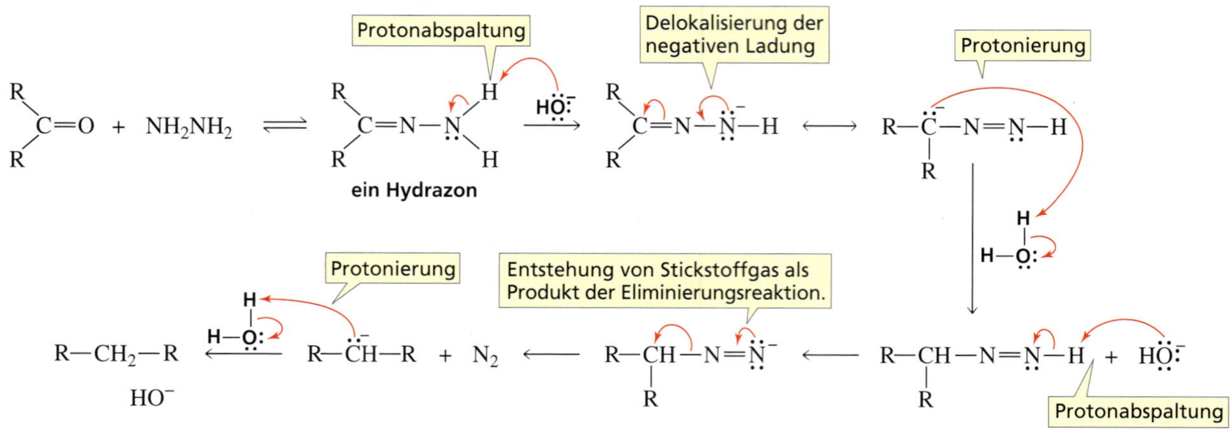

- Das Keton reagiert mit dem Hydrazin und bildet daraus ein Hydrazon. Der Mechanismus ähnelt dem Entstehungsmechanismus von Iminen.
- Das Hydroxidion spaltet das Proton von der NH_2-Gruppe des Hydrazons ab. Die Reaktion benötigt Hitze, da das Proton nur schwach sauer ist.
- Die negative Ladung des Ions wird delokalisiert und bindet an das Kohlenstoffatom, welches dem Wasseratom ein Proton entzieht.
- Die letzten beiden Schritte werden wiederholt, um das deoxygenierte Produkt und Stickstoffgas zu bilden.

18.9 Der Einsatz von Kupplungsreaktionen zur Alkylierung von Benzol

Alkylbenzole mit geradkettigen Alkylgruppen können auch aus Brombenzol oder Chlorbenzol hergestellt werden, indem man entweder eine Suzuki-Reaktion oder ein Kupferorganyl verwendet (Abschnitte 11.3 und 11.4)..

Suzuki-Reaktion

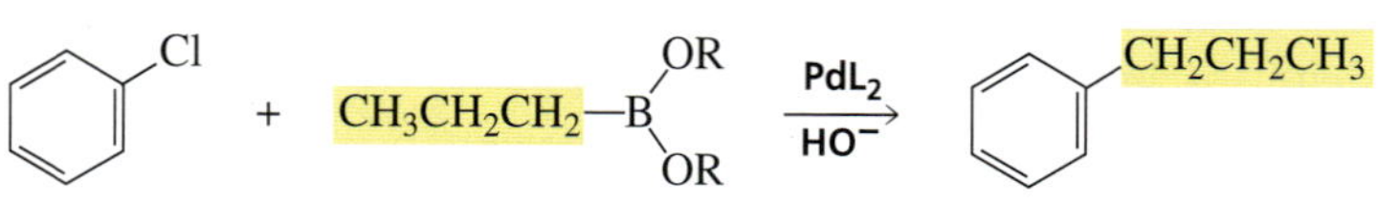

Reaktion mit einem Kupferorganyl

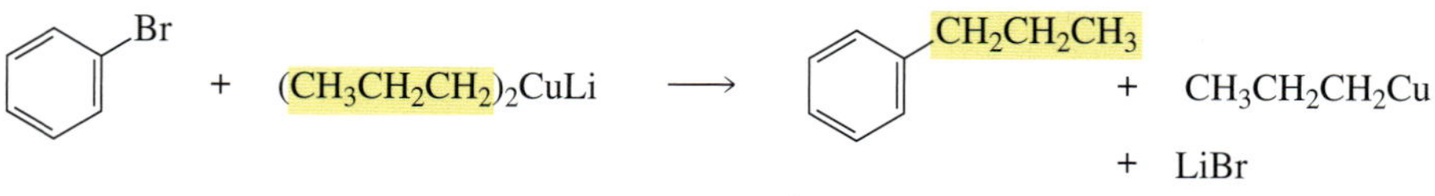

Ü 6 Beschreiben Sie jeweils zwei Möglichkeiten, wie sich die folgenden Verbindungen aus Benzol darstellen lassen:

(a) 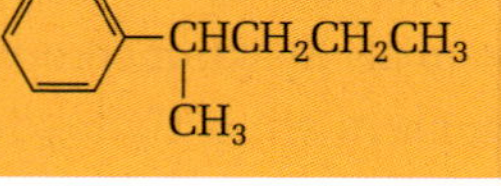

(b) 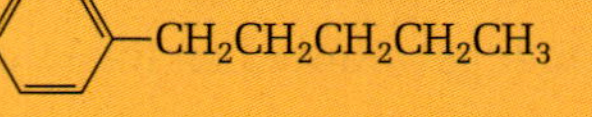

Wie man die Substituenten eines Benzolrings chemisch verändern kann 18.10

Benzolringe, die mit anderen Substituenten als denen in Abschnitt 18.2 fünf aufgeführten Reaktionen an einen Benzolring platziert wurden, können hergestellt werden, indem zuerst eines dieser substituierten Benzole synthetisiert und dann der Substituent chemisch verändert wird. Einige dieser Reaktionen werden Ihnen aus vorherigen Kapiteln bekannt sein.

Substitutions- und Eliminierungsreaktionen

Wir haben gesehen, dass man mit einer radikalen Substitutionsreaktion benzylischen Wasserstoff durch Brom ersetzen kann (Abschnitt 12.9).

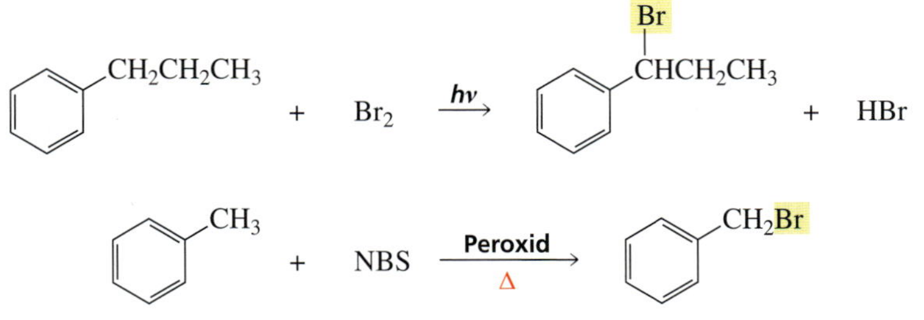

Sobald ein Halogen in die benzylische Position gebracht wurde, kann es durch ein Nucleophil ersetzt werden, indem man es einer S_N2- oder einer S_N1-Reaktion unterzieht (Abschnitt 9.13). Mit dieser Methode kann eine große Anzahl an substituierten Benzolen hergestellt werden.

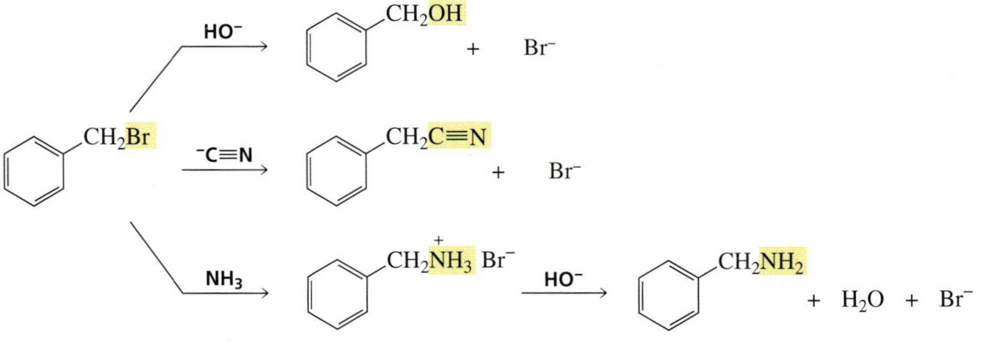

Behalten Sie in Erinnerung, dass Halogenalkane auch Eliminierungsreaktionen durchlaufen können (Abschnitte 9.8 und 9.7). In der folgenden Reaktion bleibt das Eliminierungsprodukt jedoch erhalten, da die Doppelverbindung durch eine Verbindung mit dem Benzolring stabilisiert wird.

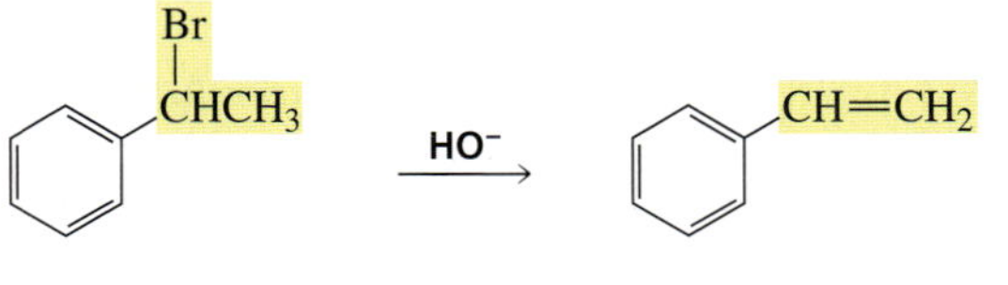

Oxidations- und Reduktionsreaktionen

Substituenten mit Doppel- und Dreifachverbindungen können durch eine katalytische Hydrierung reduziert werden.

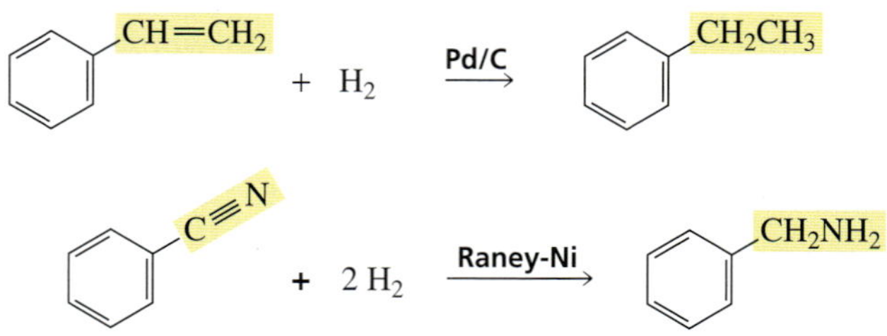

Da Benzol eine ungewöhnlich stabile Verbindung ist, kann es nur unter Druck und unter hohen Temperaturen reduziert werden (Abschnitt 8.1). Deshalb wurden in den vorangehenden Reaktionen nur die Substituenten reduziert.

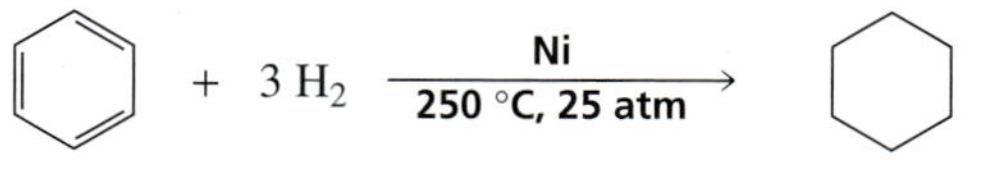

Eine Alkylgruppe, die an einen Benzolring anhaftet, kann unter der Verwendung eines Oxidationsmittels wie beispielsweise Chromsäure zu einer Carboxylgruppe oxidiert werden.

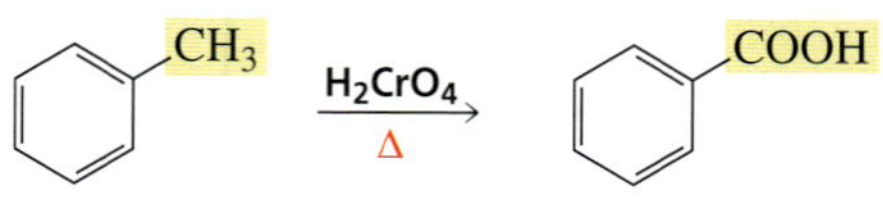

Wenn die Voraussetzung erfüllt ist, dass sich ein Wasserstoffatom an das benzylische Kohlenstoffatom anhaftet, wird der Alkylsubstituent ungeachtet seiner Länge zu einer COOH-Gruppe oxidiert.

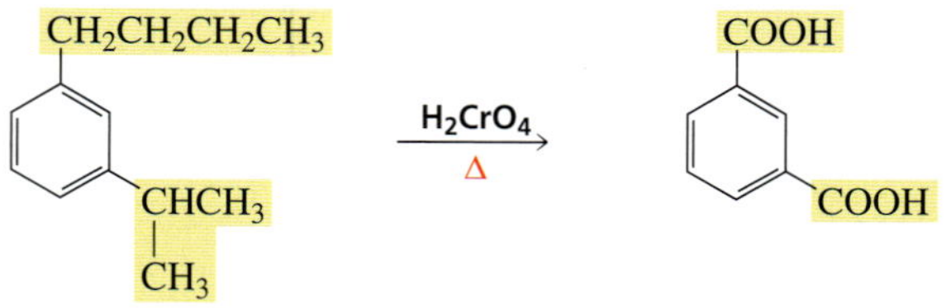

Falls die Alkylgruppe keinen benzylischen Wasserstoff enthält, kann die Oxidationsreaktion nicht stattfinden. Denn der erste Schritt in der Oxidationsreaktion ist es, den Wasserstoff vom benzylischen Kohlenstoff abzuspalten.

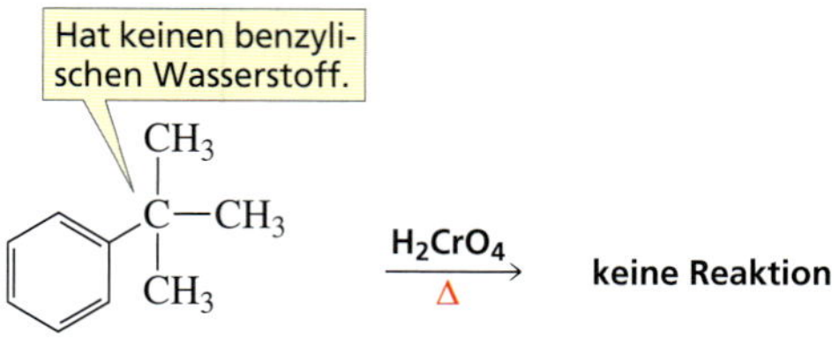

Ein Nitrosubstituent kann zu einem Aminosubstituenten reduziert werden. Diese Reaktion wird oft mit Hilfe einer katalytischen Hydrierung durchgeführt.

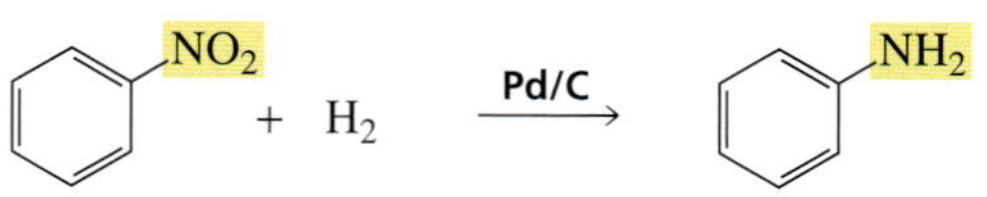

Ü 7* Was sind die Produkte der folgenden Reaktionen?

(a) 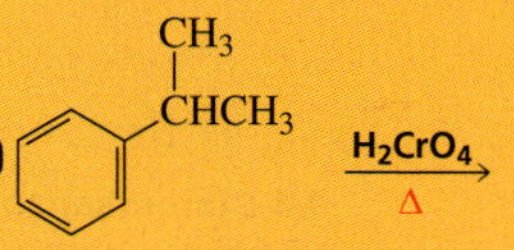

(c) 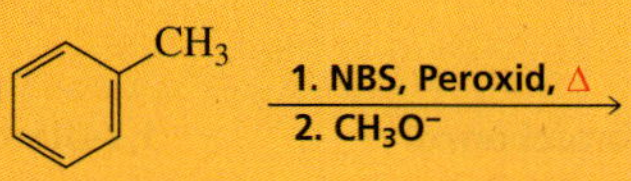

(b) 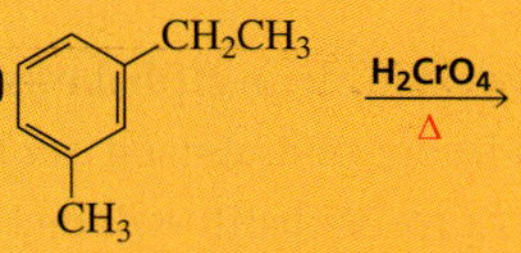

(d) 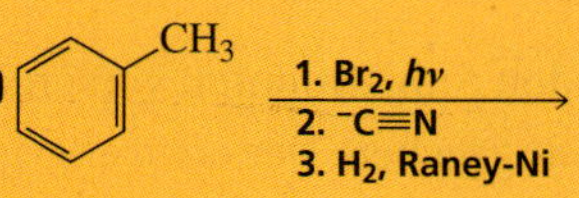

Ü 8 mit Lösung

Zeigen Sie, wie die folgenden Verbindungen aus Benzol hergestellt werden können:

(a) Benzaldehyd
(b) Styrol
(c) 1-Brom-2-phenylethan
(d) 2-Phenylethanol
(e) Anilin
(f) Benzoesäure

Lösung zu 8 (a)

Benzaldehyd kann durch eine Gatterman-Koch-Reaktion oder durch die folgende Reaktionskette hergestellt werden:

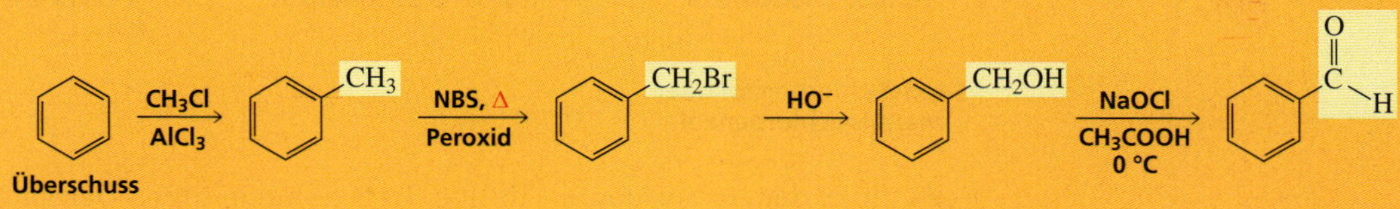

Die Nomenklatur di- und polysubstituierter Benzole 18.11

In Abschnitt 18.1 haben wir beschrieben, wie monosubstituierte Benzole benannt werden. Nun werden wir lernen, wie Benzolringe benannt werden, die mehr als einen Substituenten tragen.

Die Benennung zweifach substituierter Benzole

Die relativen Positionen zweier Substituenten an einem Benzolring kann entweder durch Ziffern oder durch die Vorsilben *ortho, meta* und *para* angegeben werden.

- Substituenten an benachbarten Kohlenstoffatomen stehen in *ortho*-Stellung zueinander.
- Substituenten, die durch ein dazwischenliegendes Kohlenstoffatom voneinander getrennt sind, stehen in *meta*-Stellung zueinander.
- Substituenten, die sich auf gegenüberliegenden Seiten des Ringes gegenüberstehen, stehen in *para*-Stellung zueinander.

Oft werden die Vorsilben abgekürzt und nur durch ihre nicht verwechselbaren Anfangsbuchstaben (*o, m, p*) angezeigt.

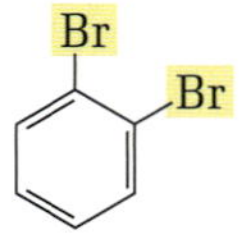

1,2-Dibrombenzol
***ortho*-Dibrombenzol**
***o*-Dibrombenzol**

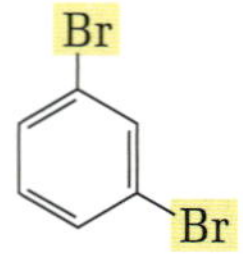

1,3-Dibrombenzol
***meta*-Dibrombenzol**
***m*-Dibrombenzol**

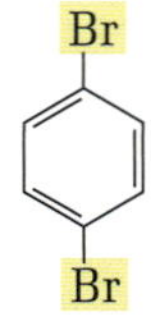

1,4-Dibrombenzol
***para*-Dibrombenzol**
***p*-Dibrombenzol**

Falls die beiden Substituenten verschieden sind, werden sie in alphabetischer Reihenfolge angegeben. Der erste angegebene Substituent nimmt nach der Konvention die 1-Position ein, und die Bezifferung des Zweitsubstituenten erfolgt so, dass diesem die kleinstmögliche Platzziffer zufällt.

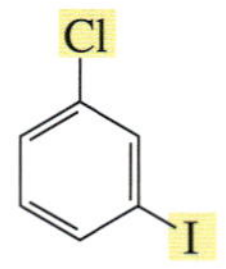

1-Chlor-3-iodbenzol
***meta*-Chloriodbenzol**
nicht
1-Iod-3-chlorbenzol oder
***meta*-Iodchlorbenzol**

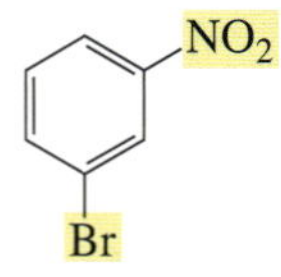

1-Brom-3-nitrobenzol
***meta*-Bromnitrobenzol**

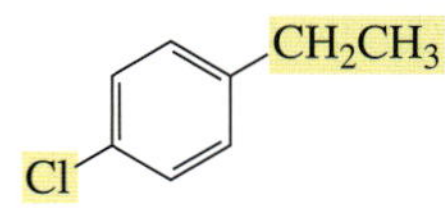

1-Chlor-4-ethylbenzol
***para*-Chlorethylbenzol**

Falls einer der Substituenten in den Trivialnamen eines Derivates eingeht, so kann der Trivialname verwendet werden; der in den Namen einfließende Substituent steht in der 1-Position. Es gibt jedoch eine Außnahme: Für die Verbindung, die eine Methylgruppe und einen zweiten Substituenten am Ring aufweist, wird der Name Methylbenzol und nicht Toluol verwendet. Ein Benzolring mit zwei Methylsubstituten wird oft Xylen genannt.

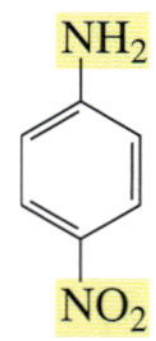

4-Nitroanilin
***para*-Nitroanilin**

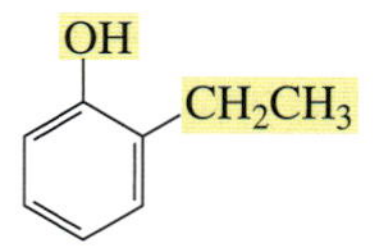

2-Ethylphenol
***ortho*-Ethylphenol**

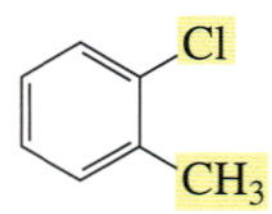

1-Chlor-2-methylbenzol
***ortho*-Chlormethylbenzol**

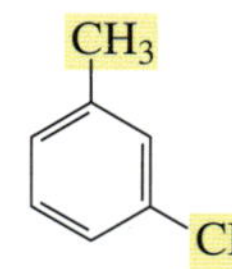

1,3-Dimethylbenzol
***meta*-Xylen**

Ü 9* Benennen Sie die folgenden Verbindungen:

(a) 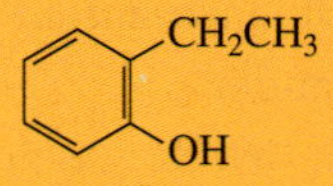

(c) 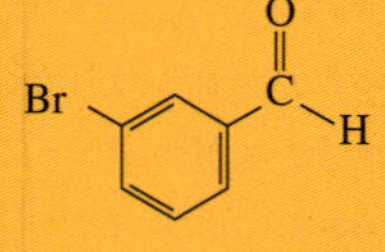

(b) 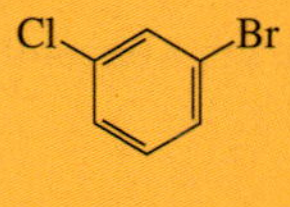

(d) 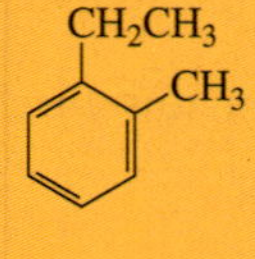

Ü 10 Zeichnen Sie die Strukturformeln der folgenden Verbindungen:

(a) *m*-Chlormethylbenzol
(b) *p*-Bromphenol
(c) *o*-Nitroanilin
(d) *m*-Chlorbenzonitril
(e) *m*-Dichlorbenzol
(f) *o*-Xylen

Die Benennung mehrfach substituierter Benzole

Falls der Benzolring mehr als zwei Substituenten trägt, werden den Substituenten dergestalt Platzziffern zugewiesen, dass sich die niedrigstmögliche Bezifferung ergibt. Die Substituenten werden in alphabetischer Reihenfolge genannt; dabei geht jedem Substituenten seine Platzziffer voran.

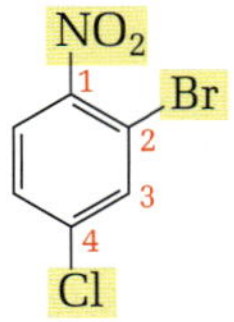

2-Brom-4-chlor-1-nitrobenzol

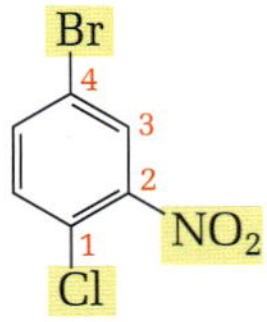

4-Brom-1-chlor-2-nitrobenzol

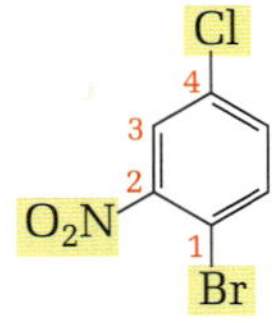

1-Brom-4-chlor-2-nitrobenzol

Wie im Fall der disubstituierten Benzole kann wieder ein Trivialname, der einen oder mehrere Substituenten impliziert, verwendet werden. Der namensgebende Substituent erhält wie üblich die Platzziffer 1. Der Ring wird dann so nummeriert, dass die niedrigstmögliche Bezifferung resultiert.

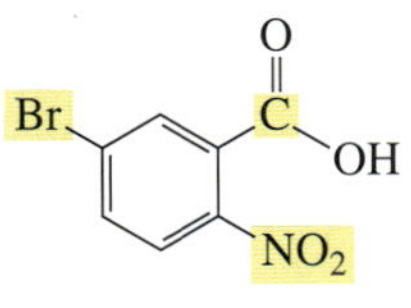

5-Brom-2-nitrobenzoesäure

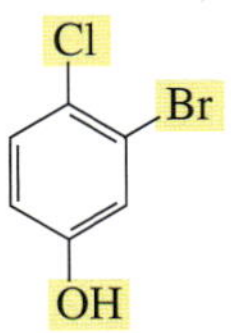

3-Brom-4-chlorphenol

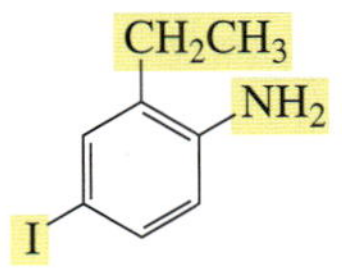

2-Ethyl-4-iodanilin

Ü 11 Zeichnen Sie die Strukturformeln der folgenden Verbindungen:
(a) 2-Brom-4-iodphenol **(b)** 2,5-Dinitrobenzaldehyd **(c)** 4-Brom-3-chloranilin

Ü 12* Korrigieren Sie die folgenden Benennungen:
(a) 2,4,6-Tribrombenzol **(c)** *para*-Methylbrombenzol **(e)** *meta*-Bromtoluol
(b) 3-Hydroxynitrobenzol **(d)** 1,6-Dichlorbenzol **(f)** 6-Ethyl-4-Iodanilin

Reaktivität eines Benzolrings 18.12

Wie Benzol gehen substituierte Benzole die fünf in Kapitel 18.2 vorgestellten Varianten der elektrophilen aromatischen Substitution ein: Halogenierung, Nitrierung, Sulfonierung und Friedel-Crafts-Acylierung und -Alkylierung.

Nun müssen wir herausfinden, ob ein substituiertes Benzol reaktiver oder weniger reaktiv als das Benzol selbst ist. Die Antwort darauf hängt von der Art des Substituenten ab. Einige Substituenten machen den Ring hinsichtlich elektrophiler aromatischer Substitution reaktiver als Benzol, andere machen ihn weniger reaktiv.

Elektronenschub steigert die Reaktivität
Elektronenentzug reduziert die Reaktivität

Der langsame Schritt einer elektrophilen aromatischen Substitution ist die Anlagerung des Elektrophils an den nucleophilen aromatischen Ring unter Bildung einer carbokationischen Zwischenstufe (▶ Abbildung 18.1). Substituenten, die Benzol in ein besseres Nucleophil umwandeln, sorgen für eine stärkere Anziehung von Elektrophilen. Dementsprechend machen Substituenten, die Benzol in ein schlechteres Nucleophil umwandeln, es weniger anziehend gegenüber Elektrophilen.

Ebenso ist der Übergangszustand des langsameren Schritts näher an der Energie des positiv geladenen Intermediats als an der des Benzols. Also ähnelt der Übergangszustand dem Intermediat (Abschnitt 6.3). Daher hat der Übergangszustand eine signifikante positive Partialladung.

Infolgedessen erhöhen elektronenschiebende Substituenten nicht nur die Nucleophilität des Benzols (machen es reaktiver und damit instabiler), sondern stabilisieren auch den positiv geladenen Übergangszustand. Dadurch erhöht sich die Geschwindigkeit der elektrophilen aromatischen Substitution. Diese Substituenten werden **aktivierende Substituenten** genannt. Substituenten, die im Gegensatz dazu Elektronen aus dem Ring abziehen, destabilisieren das Carbokation und den zu seiner Bildung führenden Übergangszustand. Dadurch vermindert sich die Geschwindigkeit der elektrophilen aromatischen Substitution. Diese Substituenten werden als **desaktivierende Substituenten** bezeichnet.

Relative Geschwindigkeit der elektrophilen aromatischen Substitution

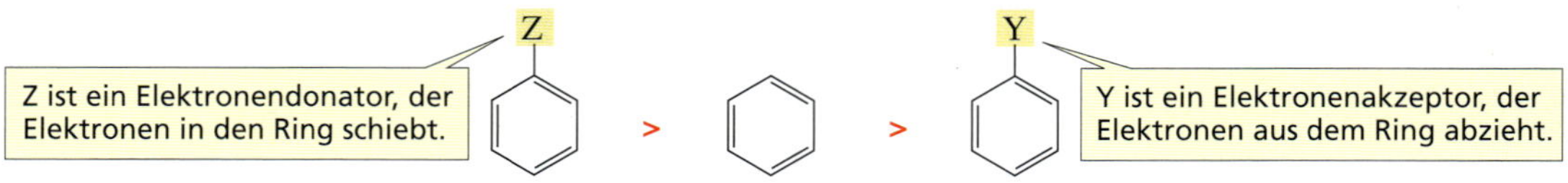

Die relative Reaktivität substituierter Benzole

Die in ► Tabelle 18.1 dargestellten Substituenten sind danach aufgelistet, wie sie die Reaktivität eines Benzolrings gegenüber der elektrophilen aromatischen Substitution beeinflussen – im Vergleich zu Benzol, bei welchem der Substituent ein Wasserstoff ist.

Die aktivierenden Substituenten machen den Benzolring für elektrophile aromatische Substitutionen reaktiver; die desaktivierenden machen ihn weniger reaktiv.

Erinnern Sie sich daran, dass aktivierende Substituenten Elektronen an den Ring abgeben und desaktivierende dem Ring Elektronen entziehen.

In Abschnitt 8.10 haben Sie gelernt, dass Substituenten:

- Elektronen durch Mesomerie und durch Hyperkonjugation abgeben können.
- Elektronen induktiv und durch Mesomerie entziehen können.

Stark aktivierende substituierte Benzole

Alle *stark aktivierenden Substituenten* in ► Tabelle 18.1 drücken sowohl durch Mesomerie Elektronen in den Ring und ziehen gleichzeitig Elektronen induktiv aus diesem ab. Die experimentelle Tatsache, dass diese Substituenten den Benzolring reaktiver machen, deutet darauf hin, dass ihr Elektronenschub durch Mesomerie bedeutungsvoller ist als ihr induktiver Elektronenzug.

stark aktivierende Substituenten

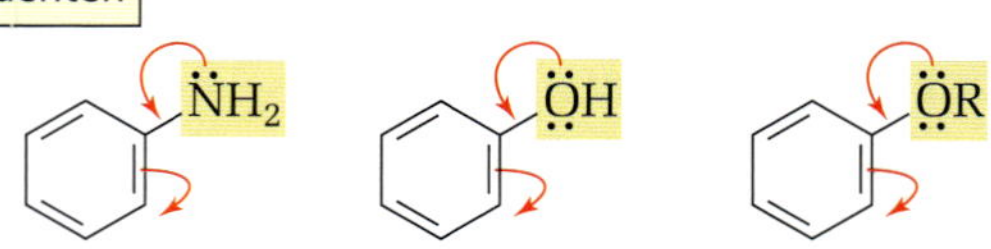

aktivierende Substituenten ↑ — **am stärksten aktivierend**

Substituent	Wirkung	Dirigierung
$-NH_2$, $-NHR$, $-NR_2$, $-OH$, $-OR$	stark aktivierend	*ortho/para*-dirigierend
$-NHC(=O)R$, $-OC(=O)R$	mäßig aktivierend	*ortho/para*-dirigierend
$-R$, $-Ar$, $-CH{=}CHR$	schwach aktivierend	*ortho/para*-dirigierend
Vergleichsstandard → $-H$		
$-F$, $-Cl$, $-Br$, $-I$	schwach desaktivierend	*ortho/para*-dirigierend
$-C(=O)H$, $-C(=O)R$, $-C(=O)OR$, $-C(=O)OH$, $-C(=O)Cl$	mäßig desaktivierend	*meta*-dirigierend
$-C{\equiv}N$, $-SO_3H$, $-\overset{+}{N}H_3$, $-\overset{+}{N}HR_2$, $-\overset{+}{N}H_2R$, $-\overset{+}{N}R_3$, $-NO_2$	stark desaktivierend	*meta*-dirigierend

desaktivierende Substituenten ↓ — **am stärksten desaktivierend**

Tabelle 18.1: Die Effekte von Substituenten auf die Reaktivität eines Benzolrings gegenüber elektrophiler Substitution.

MERKE!

Elektronenschiebende Substituenten erhöhen die Reaktivität des Benzolrings für elektrophile aromatische Substitutionen.

MERKE!

Elektronenziehende Substituenten vermindern die Reaktivität des Benzolrings für elektrophile aromatische Substitutionen.

Mäßig aktivierende Substituenten

Die *mäßig aktivierenden Substituenten* schieben ebenfalls Elektronen durch Mesomerie in den Ring und entziehen diesem Elektronen induktiv. Da sie nur mäßig aktivierend wirken, können wir schließen, dass sie weniger wirkungsvoll Elektronen durch Mesomerie bereitstellen als es die stark aktivierenden Substituenten tun.

mäßig aktivierende Substituenten

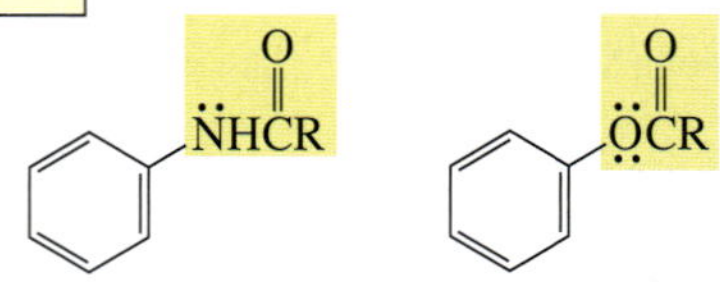

Diese Substituenten sind weniger effektive mesomere Elektronendonatoren, weil sie – anders als die stark aktivierenden Substituenten, die durch Mesomerie nur Elektronen in den Ring schieben – durch den mesomeren Effekt Elektronen sowohl an den Ring abgeben (schieben) oder von diesem abziehen können. Die Tatsache, dass diese Substituenten die Reaktivität des Benzolringes erhöhen, deutet darauf hin, dass sie ungeachtet ihrer verminderten mesomeren Elektronendonation insgesamt stärker Elektronen durch den mesomeren Effekt beisteuern als sie durch den induktiven Effekt abziehen.

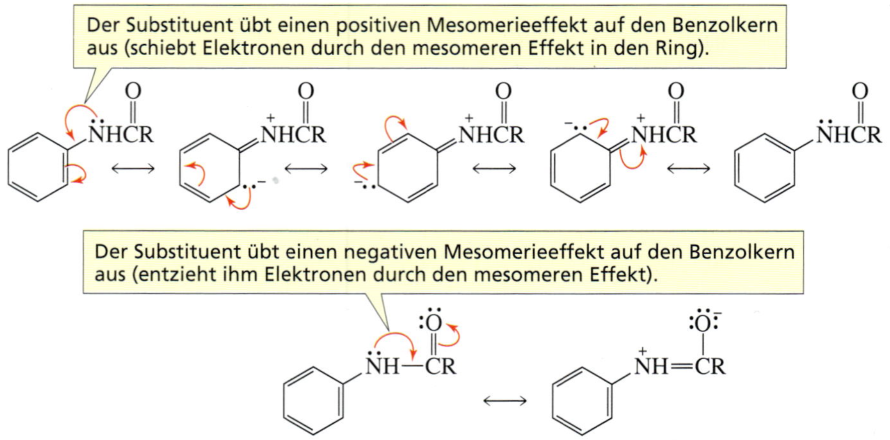

Schwach aktivierende Substituenten

Alkyl-, Aryl- und CH═CHR-Gruppen sind *schwach aktivierende Substituenten*. Ein Alkylsubstituent gibt durch Hyperkonjugation Elektronen an den Ring ab. Aryl- und CH═CHR-Gruppen können Elektronen über den mesomeren Effekt beisteuern und auch über diesen Elektronen entziehen. Die Tatsache, dass sie schwach aktivierend wirken, deutet an, dass sie etwas mehr elektronenschiebend als elektronenziehend sind.

schwach aktivierende Substituenten

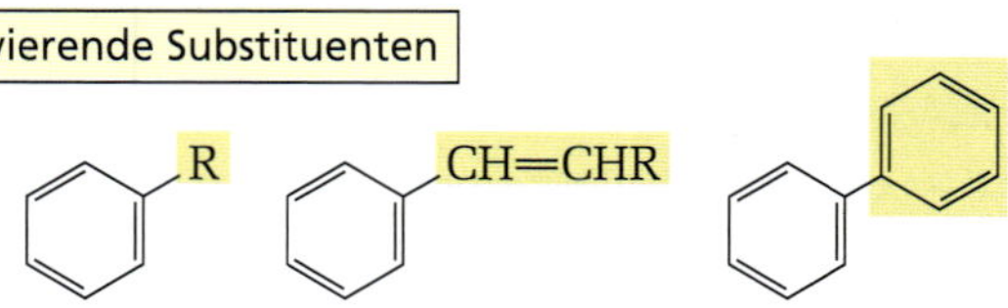

Schwach desaktivierende Substituenten

Die Halogene sind *schwach desaktivierende Substituenten*. Wie die stark und die mäßig aktivierenden Substituenten, geben die Halogenatome sowohl durch Mesomerie Elektronen an den Ring ab und entziehen sie ihm induktiv. Da das Experiment zeigt, dass ein Halogenatom einen Benzolring weniger reaktiv macht, können wir folgern, dass der induktive Elektronenzug stärker ist als der mesomere Elektronenschub.

schwach desaktivierende Substituenten

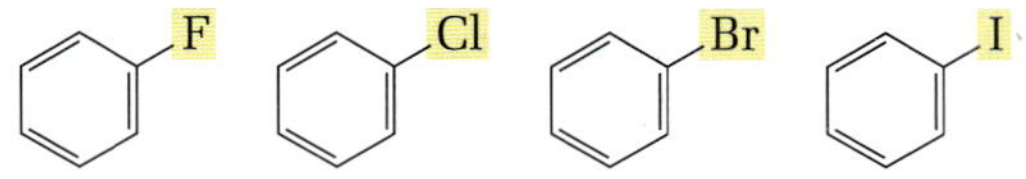

Schauen wir nach, warum Halogene schwach desaktivierend sind und warum OH und OCH_3 im Gegensatz dazu stark aktivierend sind. Die Elektronegativitätswerte von Chlor und Sauerstoff sind ähnlich, sie besitzen also auch ähnliche elektronenziehende Eigenschaften. Ein Chloratom gibt jedoch Elektronen durch den mesomeren Effekt nicht so wirkungsvoll ab wie ein Sauerstoffatom, da ein Cl-Atom bei der Bindungsbildung ein $3p$-Orbital zur Überlappung mit einem $2p$-Orbital eines C-Atoms benutzt. Eine $3p$–$2p$-Überlappung ist viel weniger wirkungsvoll als eine $2p$–$2p$-Überlappung, wie sie zwischen einem O- und einem C-Atom auftritt.

Fluor, das zur Bindungsbildung mit Kohlenstoff ein $2p$-Orbital benutzt, gibt durch Mesomerie Elektronen besser als Chlor ab, doch wird dies von der höheren Elektronegativität des Fluoratoms wieder ausgeglichen, die dazu führt, dass Fluor Elektronen sehr stark durch den induktiven Effekt an sich zieht. Brom- und Iodatome sind hinsichtlich des induktiven Elektronenzugs weniger effektiv als Chlor- oder gar Fluoratome, doch sind sie auch weniger effektiv beim mesomeren Elektronenschub, weil sie $4p$- bzw. $5p$-Orbitale zur Bindungsbildung mit dem Kohlenstoff einsetzen müssen. Alle Halogenatome üben aber einen stärkeren induktiven Elektronenzug als einen mesomeren Elektronenschub aus (Übung 13).

Mäßig desaktivierende Substituenten

Die *mäßig desaktivierenden Substituenten* weisen alle eine unmittelbar an den Benzolring gebundene Carbonylgruppierung auf. Eine Carbonylgruppe entzieht dem Benzolring Elektronen sowohl induktiv wie mesomer.

mäßig desaktivierende Substituenten

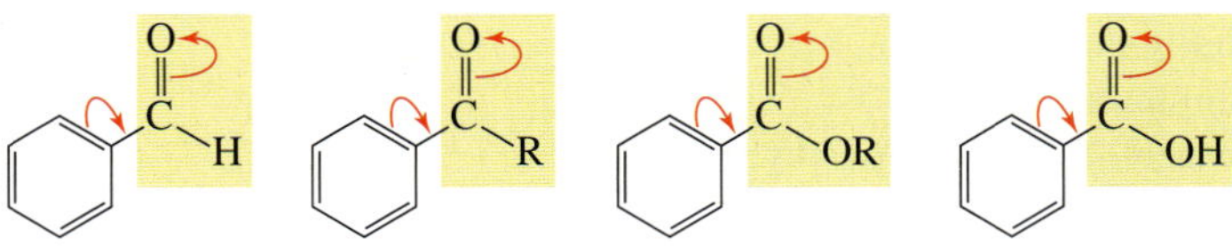

Stark desaktivierende Substituenten

Die *stark desaktivierenden Substituenten* sind starke „Elektronenzieher“. Mit Ausnahme der Ammoniumionen ($^+NH_3$, $^+NH_2R$, $^+NHR_2$, $^+NR_3$) ziehen diese Substituenten Elektronen sowohl induktiv wie durch Mesomerie. Die Ammoniumionen zeigen keinen mesomeren Effekt, aber die positive Ladung am Stickstoffatom führt dazu, dass sie Elektronen kräftig induktiv anziehen.

stark desaktivierende Substituenten

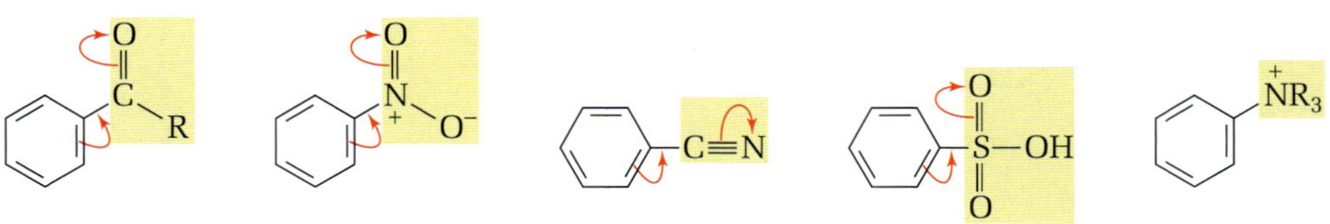

Nehmen Sie sich eine Minute Zeit, um die elektrostatischen Potenzialkarten des Anisols, des Benzols und des Nitrobenzols anzusehen. Beachten Sie dabei, dass eine elektronenschiebende Gruppierung (OCH_3) den Ring „röter" (mit stärker ausgeprägter negativer elektrischer Teilladung) macht, wohingegen ein elektronenziehender Substituent (NO_2) den Ring „weniger rot" macht (die negative elektrische Teilladung vermindert).

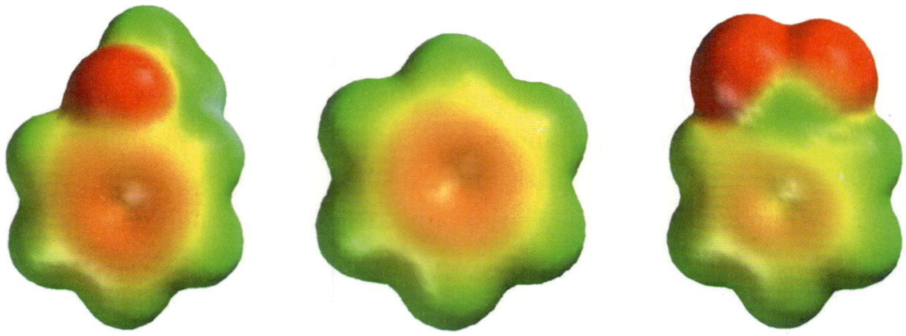

Anisol Benzol Nitrobenzol

Ü 13 mit Lösung

Erklären Sie, warum halogensubstituierte Benzole die in ► Tabelle 18.1 wiedergegebenen Reaktivitäten aufweisen.

Lösung

► Tabelle 18.1 zeigt, dass Fluor das am wenigsten desaktivierende Halogen ist und Iod das am stärksten desaktivierende. Wir wissen, dass Fluor das elektronegativste Halogen ist, was bedeutet, dass es das Halogen ist, welches Elektronen am wirkungsvollsten induktiv entzieht. Fluor besitzt außerdem die beste mesomere elektronenschiebende Wirkung, weil sein 2*p*-Orbital – verglichen mit dem 3*p*-Orbital des Chlors, dem 4*p*-Orbital des Broms und dem 5*p*-Orbital des Iods – besser mit einem 2*p*-Orbital eines Kohlenstoffatoms überlappen kann, wenn es eine π-Bindung bildet. Ein Fluorsubstituent ist somit am wirkungsvollsten sowohl beim induktiven Elektronenzug als auch beim mesomeren Elektronenschub. Da ► Tabelle 18.1 erkennen lässt, dass Fluor das am schwächsten deaktivierende Halogen ist, können wir folgern, dass der Elektronenschub durch Mesomerie der bedeutsamere Faktor bei der Festlegung der relativen Reaktivitäten der halogensubstituierten Benzole ist.

Ü 14 Erklären Sie, warum Fluorbenzol in elektrophilen aromatischen Substitutionsreaktionen reaktiver ist als Chlorbenzol und warum Chlormethylbenzol reaktiver ist als Fluormethylbenzol.

Ü 15* Listen Sie die nachfolgenden Verbindungen jeweils anhand deren Reaktivität (am meisten reaktiv zu am wenigsten reaktiv) in elektrophilen aromatischen Substitutionsreaktionen:

(a) Benzol, Phenol, Toluol, Nitrobenzol, Brombenzol

(b) Dichlormethylbenzol, Difluormethylbenzol, Toluol, Chlormethylbenzol

Der Effekt von Substituenten auf die Orientierung 18.13

Wo heftet sich der neu eintretende Substituent an, wenn ein substituiertes Benzol eine elektrophile Substitution eingeht? Ist das Reaktionsprodukt das *ortho*-, das *meta*- oder das *para*-Isomer?

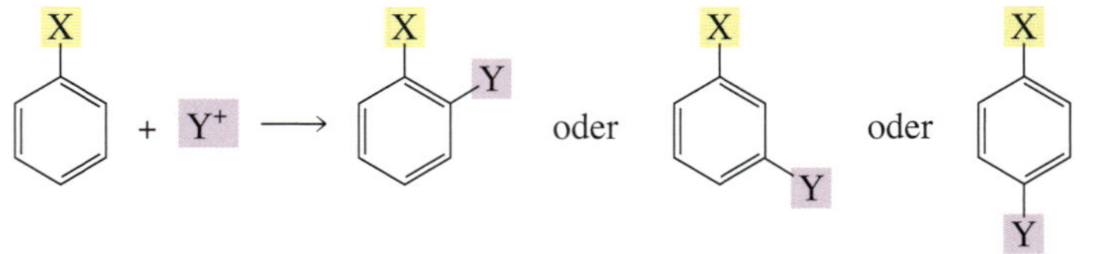

ortho-Isomer *meta*-Isomer *para*-Isomer

Der bereits am Benzolring befindliche Erstsubstituent legt den Bindungsort des Zweitsubstituenten fest. Der bereits gebundene Substituent kann einen von zwei Effekten haben: Er wird einen neu hinzutretenden Substituenten entweder in die *ortho- und* die *para*-Stellung dirigieren, oder aber in die *meta*-Stellung.

Alle aktivierenden Substituenten und die schwach desaktivierenden Halogene wirken ***ortho/para*-dirigierend**. Alle Substituenten, die stärker desaktivierend wirken als die Halogene sind ***meta*-dirigierend**. Die Substituenten lassen sich somit in drei Klassen untergliedern:

- Alle *aktivierenden Substituenten* dirigieren ein angreifendes Elektrophil in die *ortho-* und die *para*-Stellungen.

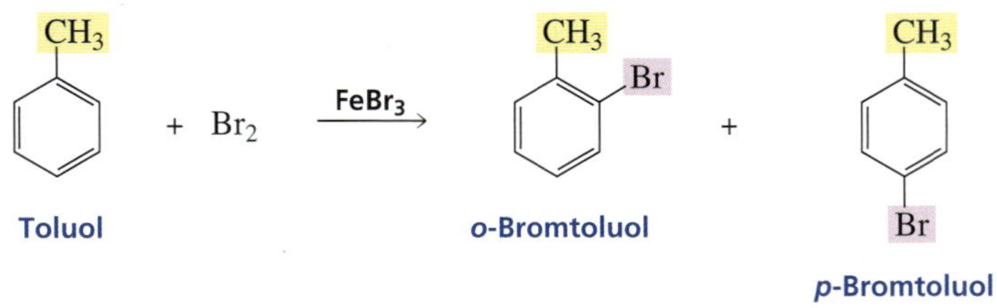

MERKE!

Alle aktivierenden Substituenten sind *ortho/para*-dirigierende Substituenten.

- Auch die *schwach desaktivierenden* Halogene dirigieren ein angreifendes Elektrophil in die *ortho-* und die *para*-Stellungen.

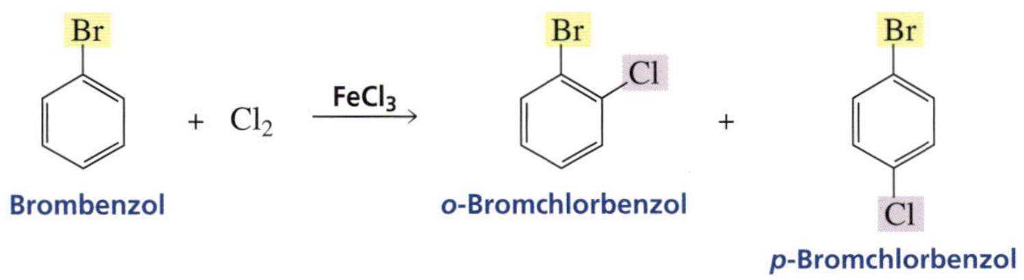

MERKE!

Schwach desaktivierende Halogene sind *ortho/para*-dirigierende Substituenten.

- Alle *mäßig und alle stark desaktivierenden* Substituenten dirigieren ein angreifendes Elektrophil in die *meta*-Stellung.

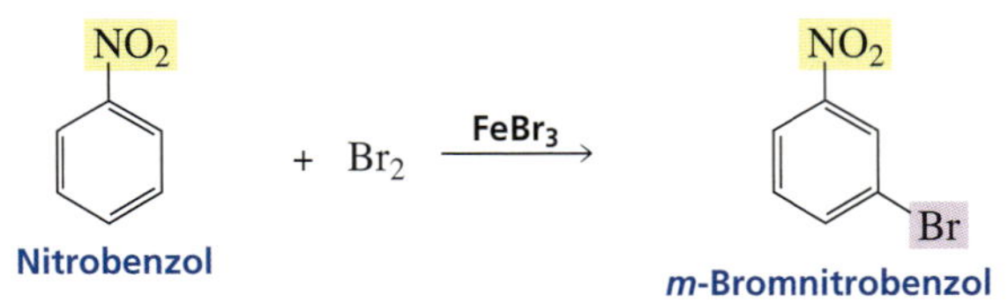

MERKE!

Alle desaktivierenden Substituenten (mit Ausnahme der Halogene) sind *meta*-dirigierende Substituenten.

Um zu verstehen, warum ein Substituent ein angreifendes Elektrophil in eine bestimmte Position am Ring drängt, müssen wir die Stabilität der intermediären Carbokationen betrachten, da der zur Bildung des Carbokations führende Schritt der geschwindigkeitsbestimmende ist (► Abbildung 18.2).

Wenn ein substituiertes Benzol eine elektrophile Substitution durchmacht, können drei verschiedene carbokationische Zwischenstufen ausgebildet werden: Ein *ortho*-substituiertes Carbokation, ein *meta*-substituiertes und ein *para*-substituiertes. Die relativen Stabilitäten dieser drei Carbokationen ermöglichen es uns, den bevorzugten Reaktionsverlauf vorherzusagen, da das stabilste Carbokation am raschesten gebildet wird, sodass die Reaktion über diese Zwischenstufe vonstatten gehen wird (Abschnitt 6.3).

Substituenten, die Elektronen durch Resozanz abgeben, dirigieren in *ortho*- und *para*-Stellung

Falls ein Substituent seine Elektronen durch *Resonanz* abgeben kann, haben die Carbokationen, die durch Angriff eines Elektrophils in *ortho*- oder *para*-Stellung gebildet werden, eine vierte mesomere Grenzstruktur (▶ Abbildung 18.2) Diese ist sogar besonders stabil, da alle Atome in dieser Grenzstruktur ein vollständiges Oktett besitzen (mit natürlicher Ausnahme der Wasserstoffatome). Die Grenzstruktur kann nur bei Angriff in *ortho*- oder *para*-Stellung gebildet werden. Daher gilt: *Alle Substituenten, die Elektronen durch Resonanz abgeben können,* ortho- *und* para-*dirigierend.*

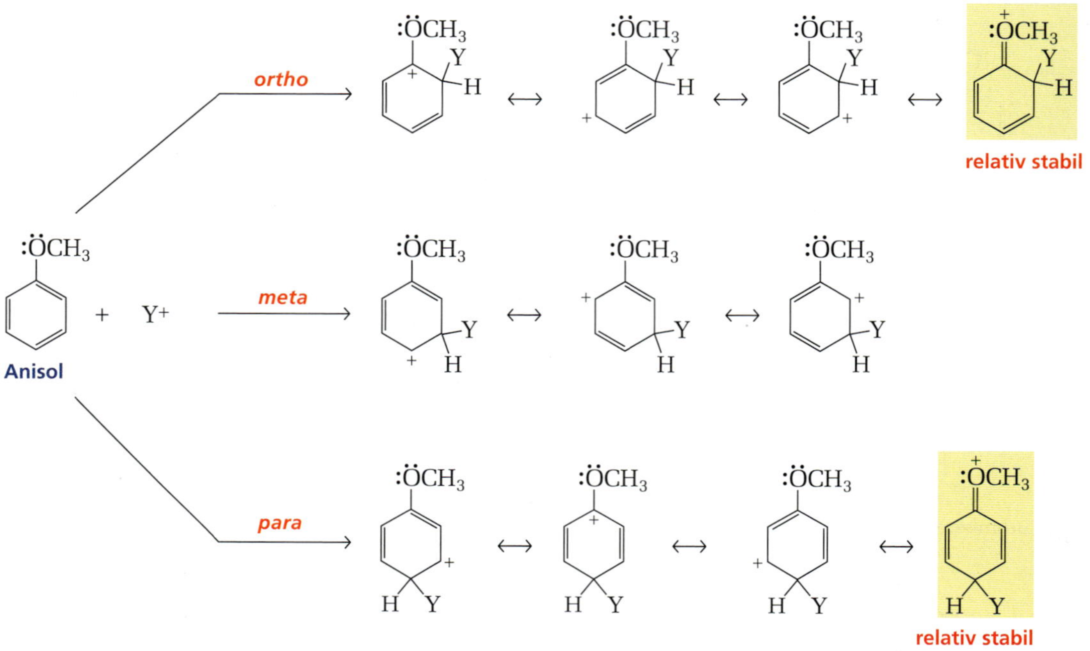

Abbildung 18.2: Die Strukturen der carbokationischen Zwischenstufen, die bei der Reaktion eines Elektrophils mit Anisol in *ortho*-, in *meta*- und in *para*-Stellung entstehen.

Substituenten, die Elektronen durch Hyperkonjugation abgeben, dirigieren in *ortho*- und *para*-Stellung

Wenn der Substituent eine Alkylgruppe ist, dann ist die beitragende Grenzstruktur am stabilsten (▶ Abbildung 18.3).

Wenn der Substituent eine Alkylgruppe ist, sind die mesomeren Grenzstrukturen die stabilsten. In diesen Grenzformeln sind die Alkylgruppen direkt an das die positive Ladung tragende Kohlenstoffatom gebunden und stabilisieren es durch Hyperkonjugation. Eine relativ stabile mesomere Grenzstruktur ensteht nur dann, wenn die eintretende Gruppe dies in *ortho*- oder in *para*-Stellung tut. Daher erhält man die stabilsten Carbokationen, wenn die eintretenden Gruppen in die *ortho*- und die *para*-Stellungen des Ringes „dirigiert" werden. Denn bei *meta*-substituierten Grenzstrukturen liegt kein positiv geladenes Carbokation direkt an der Alkylgruppe an.

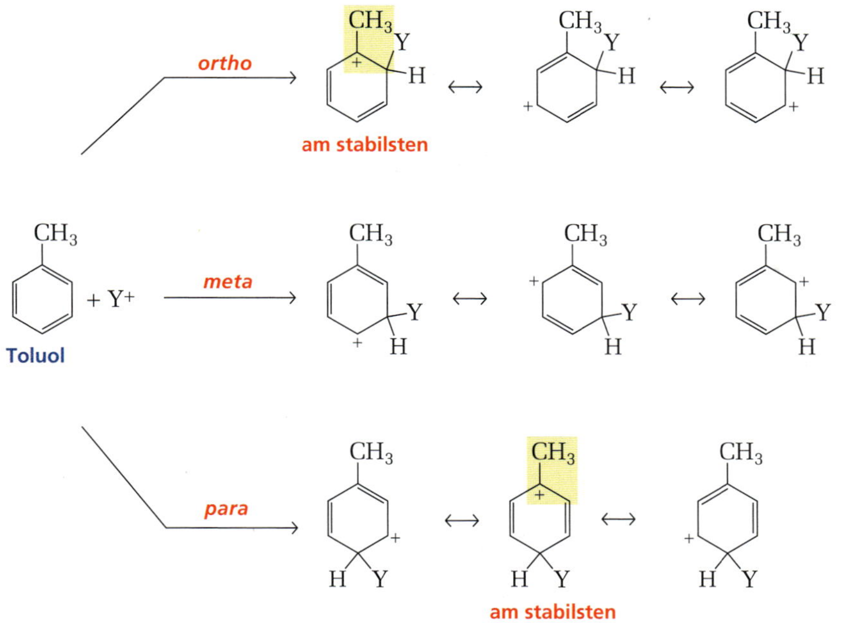

Abbildung 18.3: Die Strukturen der carbokationischen Zwischenstufen im Verlauf der Reaktion eines Elektrophils mit Toluol in *ortho*-, in *meta*- und in *para*-Stellung.

MERKE!

Alle Substituenten, die ihre Elektronen durch Mesomerie oder Hyperkonjugation abgeben, sind *ortho/ para*-dirigierende Substituenten.

Substituenten, die keine Elektronen durch Resonanz oder Hyperkonjugation abgeben können, dirigieren in *meta*-Stellung

Substituenten mit einer positiven Ladung oder Teilladung an dem Atom, das direkt mit dem Benzolkern verbunden ist, entziehen diesem induktiv Elektronen; die meisten werden außerdem gleichzeitig Elektronen auch vermittels des mesomeren Effektes abziehen. Für alle diese Substituenten sind die in ► Abbildung 18.4 hervorgehobenen mesomeren Grenzstrukturen die am wenigsten stabilen, weil bei ihnen zwei nebeneinander liegende Atome jeweils eine positive Ladung tragen. Das stabilste Carbokation bildet sich dann, wenn ein angreifendes Elektrophil dies in der *meta*-Stellung tut (in die *meta*-Stellung „dirigiert" wird). Daher gilt: *Alle Substituenten, die elektronenziehend wirken (mit Ausnahme der Halogene, die* ortho/para-*dirigierend sind, weil sie Elektronen vermittels des mesomeren Effektes beisteuern) sind* meta-dirigierend.

Beachten Sie, dass die drei möglichen carbokationischen Intermediate in den ► Abbildungen 18.3 und 18.4 mit Ausnahme des beteiligten Substituenten gleich sind. Die Natur des Substituenten legt fest, ob die mesomere Grenzstruktur, bei der der Substituent direkt mit dem die positive Ladung tragenden Kohlenstoffatom verbunden ist, die stabilste ist (wie im Fall der elektronenschiebenden Substituenten) oder die am wenigsten stabile (wie im Fall der elektronenziehenden Substituenten).

Fassen wir die Aussage von ► Tabelle 18.1 zusammen:

Alle aktivierenden Substituenten und die schwach desaktivierenden Halogene wirken ortho/para-*dirigierend.*

Alle stärker desaktivierenden Substituenten wirken meta-*dirigierend.*

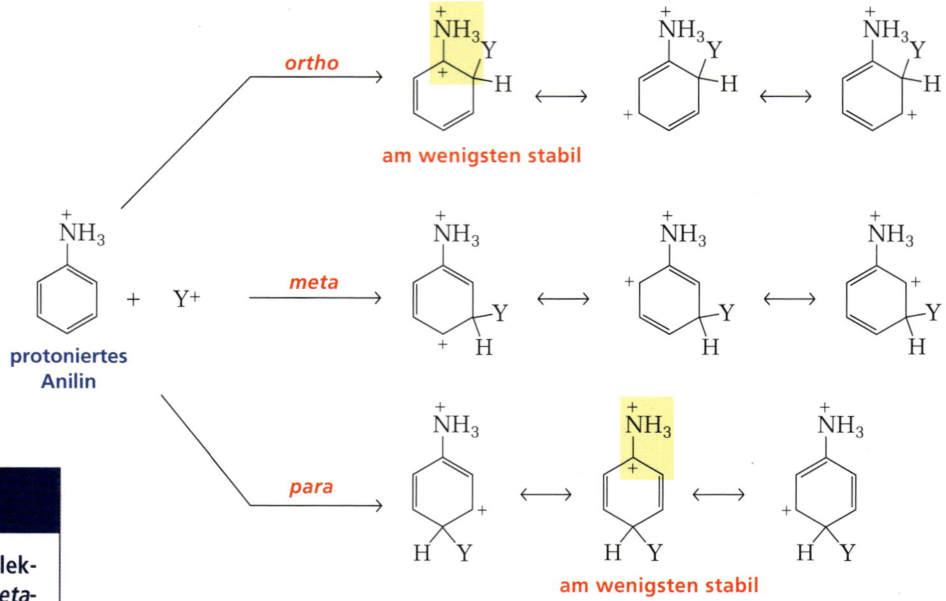

MERKE!

Alle Substituenten, die keine Elektronen abgeben können, sind *meta*-dirigierende Substituenten.

Abbildung 18.4: Die Strukturen der carbokationischen Zwischenstufen im Verlauf der Reaktion eines Elektrophils mit protoniertem Anilin in *ortho*-, in *meta*- und in *para*-Stellung.

Anders herum formuliert: Alle Substituenten, die entweder durch Hyperkonjugation oder Mesomerie elektronenschiebend wirken, wirken *ortho/para*-dirigierend, und alle Substituenten, die keine Elektronen beisteuern können, wirken *meta*-dirigierend.

Nehmen Sie sich einige Minuten Zeit, um die in ► Tabelle 18.1 aufgelisteten Substituenten zu untersuchen und zu bestätigen, dass diese Behauptung zutrifft.

Ü 16 Zeichnen Sie mesomeren Grenzstrukturen für:
(a) Benzaldehyd **(b)** Chlorbenzol

Ü 17* Welches Produkt resultiert (welche Produkte resultieren) aus der Nitrierung der folgenden Verbindungen?
(a) Propylbenzol **(c)** Benzaldehyd **(e)** Benzolsulfonsäure
(b) Brombenzol **(d)** Benzonitril **(f)** Cyclohexylbenzol

Ü 18* Sind die folgenden Substituenten *ortho/para*- oder *meta*-dirigierend?
(a) CH=CHC≡N **(c)** CH_2OH **(e)** CF_3
(b) NO_2 **(d)** COOH **(f)** N=O

Das *ortho/para*-Verhältnis 18.14

Welcher prozentuale Anteil der Reaktionsprodukte besteht aus dem *ortho*-Isomer und welcher aus dem *para*-Isomer, wenn ein Benzolderivat mit einem *ortho/para*-dirigierenden Substituenten eine elektrophile aromatische Substitution eingeht?

Auf der Grundlage der Wahrscheinlichkeit für einen Angriff auf diese Positionen würden wir einen höheren Anteil *ortho*-substituierter Moleküle erwarten, da dem eintretenden Elektrophil zwei *ortho*-Stellungen zur Verfügung stehen, aber nur eine *para*-Stellung. Die *ortho*-Stellungen sind jedoch sterisch etwas gehindert, wohingegen die *para*-Stellung frei zugänglich ist. Folglich bildet sich das *para*-Isomer bevorzugt, falls entweder der dirigierende Erstsubstituent oder das angreifende Elektrophil – oder beide – groß (räumlich ausgedehnt) ist/sind. Die nachfolgend dargestellte Nitrierungsreaktion illustriert die Abnahme im *ortho/para*-Verhältnis mit zunehmender Größe der Alkylgruppierung.

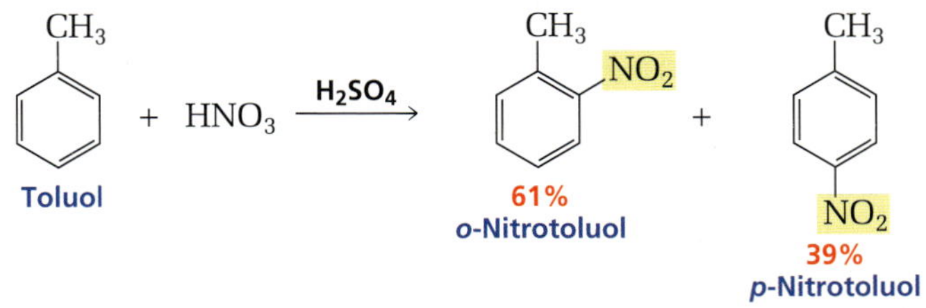

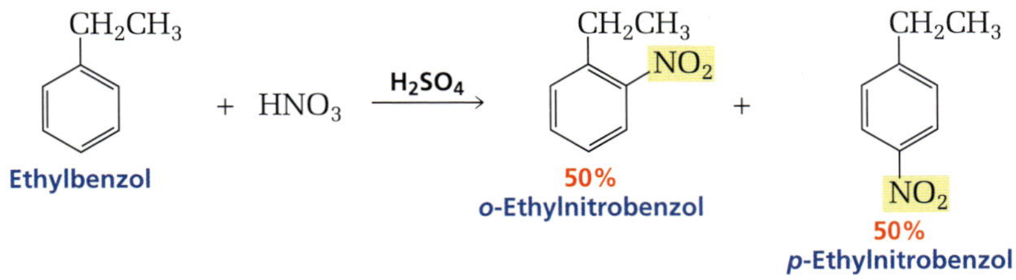

Ein Substituent mit viel Masse erhöht den Prozentsatz für ein *para*-Isomer.

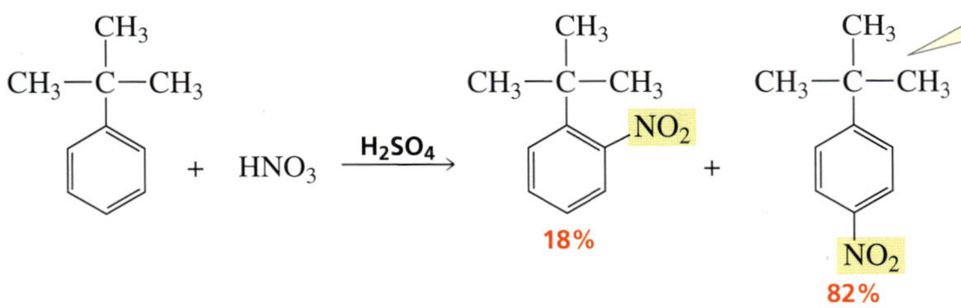

Glücklicherweise sind die Unterschiede in den physikalischen Eigenschaften von *ortho*- und *para*-Isomeren ausreichend groß, um sie relativ leicht voneinander trennen zu können. Folglich sind elektrophile aromatische Substitutionen, die *ortho*- und *para*-Isomere ergeben, synthetisch nützlich, weil das gewünschte Reaktionsprodukt sich in vielen Fällen leicht aus der Reaktionsmischung abtrennen lässt.

18.15 Weitere Betrachtungen zu den Substituenteneffekten

Es ist wichtig zu wissen, ob ein Substituent aktivierend oder desaktivierend wirkt, um ermitteln zu können, welche Reaktionsbedingungen notwendig sind, um die Reaktion in gewünschter Weise durchführen zu können.

Halogenierung

Da die Halogenierung die *schnellste* der aromatischen elektrophilen Reaktionen ist, kann sie ohne die katalytische Unterstützung einer Lewis-Säure wie $FeBr_3$ oder $FeCl_3$ durchgeführt werden.

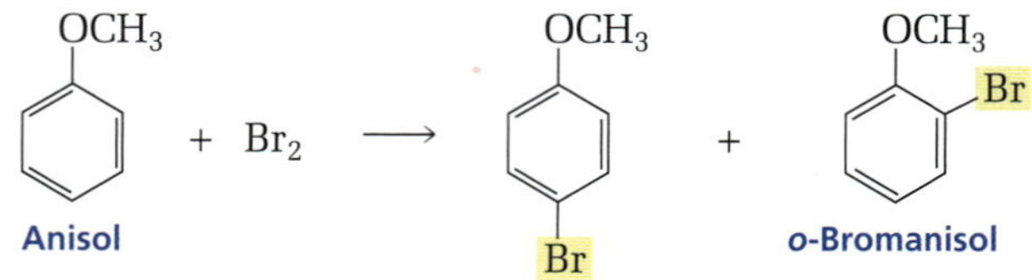

Anisol p-Bromanisol o-Bromanisol

Falls der Lewis-Säurekatalysator und ein Überschuss Brom eingesetzt werden, erhält man das *o*/*p*-substituierte Tribromid.

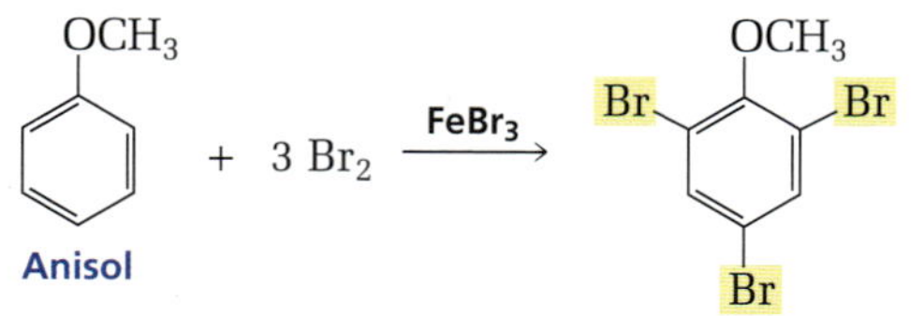

Anisol 2,4,6-Tribromanisol

Friedel-Crafts-Acylierung und -Alkylierung

Friedel-Crafts-Reaktionen sind die am *langsamsten* verlaufenden elektrophilen aromatischen Substitutionen. Falls also ein Benzolderivat durch den Erstsubstituenten mäßig bis stark desaktiviert wird (erinnern Sie sich daran, dass alle *meta*-dirigierenden Substituenten moderat oder stark desaktivierend wirken), wird es zu unreaktiv sein, um eine Friedel-Crafts-Acylierung oder -Alkylierung einzugehen. Tatsächlich ist Nitrobenzol so unreaktiv, dass es oftmals als Lösungsmittel bei Friedel-Crafts-Reaktionen Verwendung findet.

MERKE!

Ein Benzolring mit einem *meta*-dirigierenden Substituenten kann keine Friedel-Crafts-Reaktion eingehen.

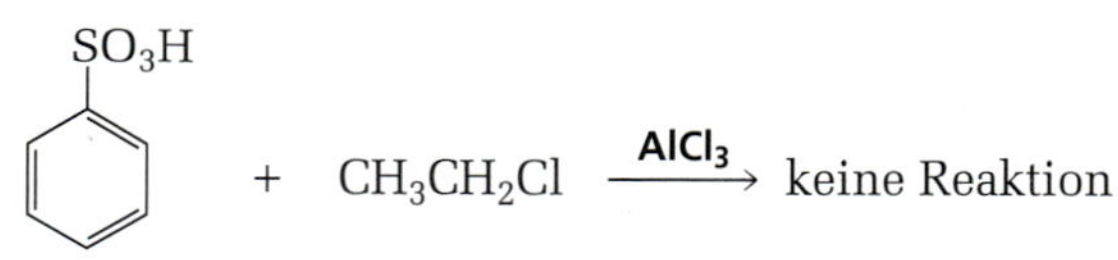

Benzolsulfonsäure

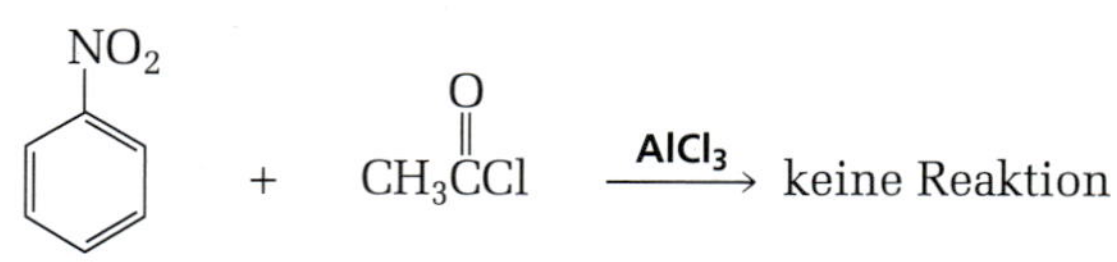

Nitrobenzol

Aniline und *N*-substituierte Aniline gehen ebenfalls keine Friedel-Crafts-Reaktionen ein. Das freie Elektronenpaar der Aminogruppe führt zur Komplexbildung mit dem Lewis-sauren Katalysator (erinnern Sie sich daran, dass eine Lewis-Säure ein Elektronenpaarakzeptor ist), der notwendig ist, um diese Reaktion auszuführen. Diese chemische Reaktion überführt die Aminogruppe in einen desaktivierenden, *meta*-dirigierenden Substituenten. Wie wir bereits gesehen haben, kommt es bei Benzolderivaten, die desaktivierende, *meta*-dirigierende Substituenten tragen, nicht zu Friedel-Crafts-Reaktionen.

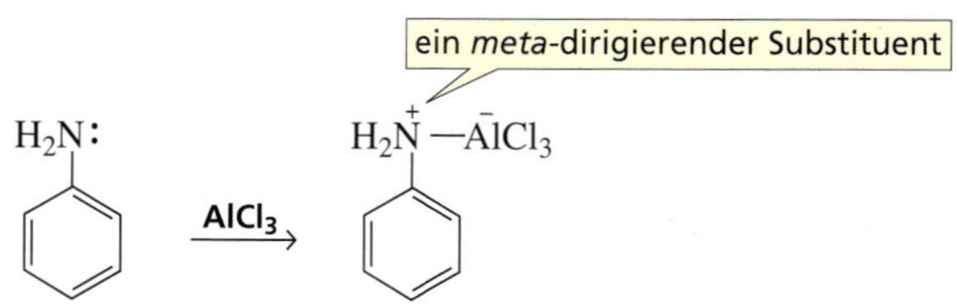

Anilin

Phenol und Anisol gehen Friedel-Crafts-Reaktionen ein (in *ortho*- und in *para*-Stellung), da das in ihnen vorhandene Sauerstoffatom nicht zur Komplexbildung mit der Lewis-Säure neigt, weil es schwächer basisch reagiert als das Stickstoffatom der vorgenannten Verbindungen. (Die Lewis-Säure geht eine Verbindung mit einem Carbonylsauerstoffatom ein, da Carbonylsauerstoff eine teilweise negative Ladung aufweist. Im Gegensatz zu einem Sauerstoffatom hängt es nicht direkt an einem Benzolring und hat auch keine teilweise positive Ladung).

Anilin kann nicht nitriert werden, da die Nitriersäure stark oxidierend wirkt und eine NH_2-Gruppe einfach oxidiert. (Nitriersäure und Anilin können eine explosive Kombination sein). Wenn jedoch die NH_2-Gruppe in eine *N*-Actyl Gruppe umgewandelt wird, dann kann der Ring nitriert werden. Die Acetylgruppe kann dann im nächsten Schritt einfach durch einen Säurekatalysator abgetrennt werden (Abschnitt 15.12). Die Base, die im letzten Schritt hinzugefügt wird, deprotoniert die Produkte der säurekatalysierten Hydrolyse. Diese bestehen aus dem Anilinion und Carbonsäure.

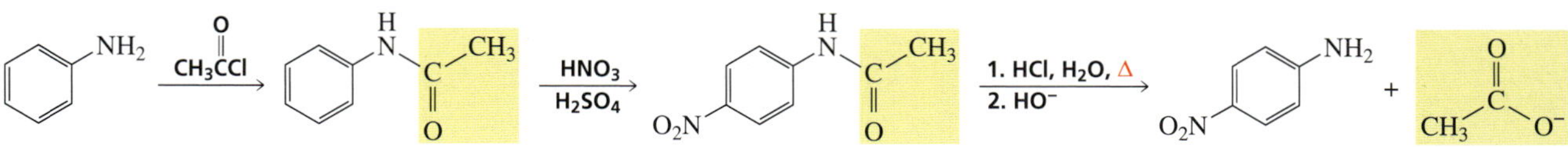

Ü 19 mit Lösung

Welche Produkte erhält man aus der Reaktion der folgenden Verbindung mit einem Br_2-Äquivalent, wenn als Katalysator $FeBr_3$ benutzt wird?

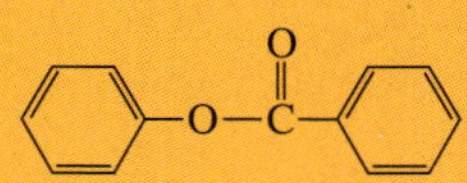

Lösung

Der Ring auf der linken Seite weist einen anliegenden Substituenten auf, der diesen Ring durch mesomeren Elektronenschub aktiviert. Im Gegensatz dazu hat der Ring auf der rechten Seite einen anliegenden Substituenten, der den Ring durch mesomeren Elektronenentzug desaktiviert.

Dadurch ist der Ring auf der linken Seite reaktiver für eine elektrophile aromatische Substitution. Der aktivierende Substituent dirigiert das Brom in eine *ortho*- und *para*-Stellung.

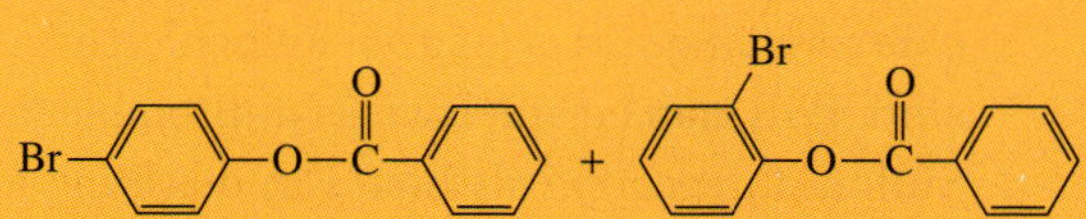

Ü 20 Welche Produkte erhält man aus der Reaktion der folgenden Verbindung mit einem Br_2-Äquivalent, wenn als Katalysator $FeBr_3$ benutzt wird?

(a) 

(c) 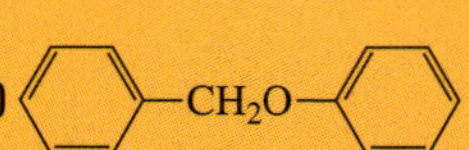

(b) 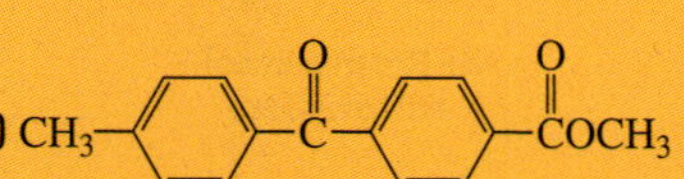

(d) 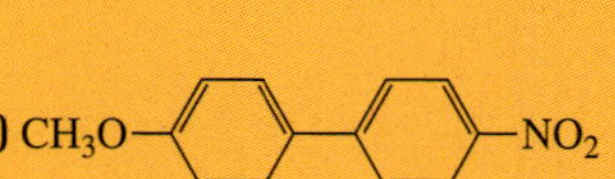

Ü 21* Geben Sie die möglichen Reaktionsprodukte der folgenden Reaktionen an:

(a) Benzonitril + Methylchlorid + $AlCl_3$

(b) Phenol + Br_2

(c) Benzoesäure + CH_3CH_2Cl + $AlCl_3$

(d) Benzol + 2 CH_3Cl + $AlCl_3$

Syntheseplanung VI

Die Synthese mono- und disubstituierter Benzolderivate 18.16

In dem Maß, in dem die Zahl der uns vertrauten organisch-chemischen Reaktionen zunimmt, wächst die Zahl der Möglichkeiten, aus denen wir bei der Planung einer Synthese schöpfen können. Zum Beispiel können wir nunmehr zwei sehr unterschiedliche Routen für die Synthese von 2-Phenylethanol aus Benzol angeben.

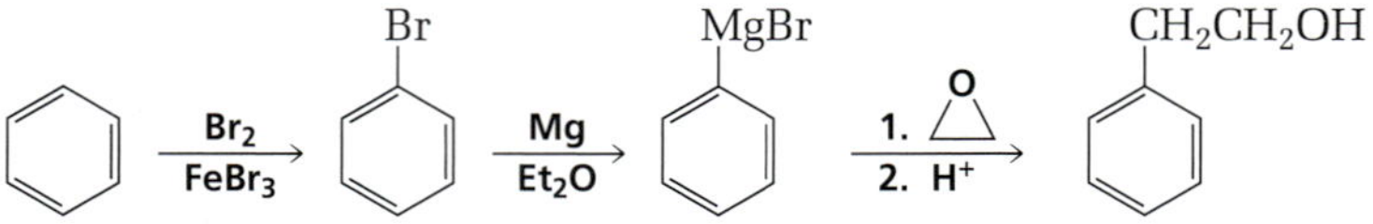

2-Phenylethanol

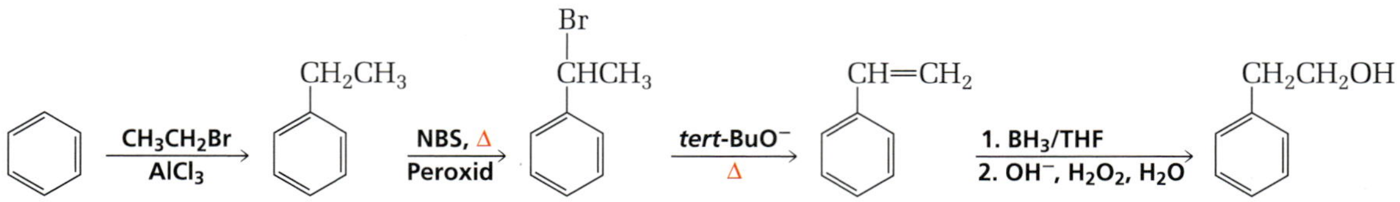

Überschuss

2-Phenylethanol

Für welchen Syntheseweg wir uns entscheiden, hängt davon ab, wie hoch die zu erwartende Ausbeute des Zielmoleküls sein wird, von den Kosten der einzusetzenden Reagenzien, vom Zeitaufwand und anderem mehr. Von den beiden oben dargelegten Synthesewegen des 2-Phenylethanols ist der erste Weg der bessere. Der zweite Syntheseweg umfasst eine größere Anzahl von Reaktionsschritten, erfordert einen Überschuss an Benzol, um eine Mehrfachalkylierung zu unterdrücken und beinhaltet eine schlecht kontrollierbare radikalische Reaktion, die zu unerwünschten Nebenprodukten führen kann.

Beispiel 1

Die Planung einer Synthese eines disubstituierten Benzolderivates erfordert eine sorgfältige Erwägung der Reihenfolge, in der die Substituenten einzuführen sind. Will man beispielsweise *m*-Brombenzolsulfonsäure darstellen, muss die Sulfonsäuregruppe als Erstes in den Ring eingeführt werden, da die Gruppe das Bromatom in die gewünschte *meta*-Stellung dirigieren wird.

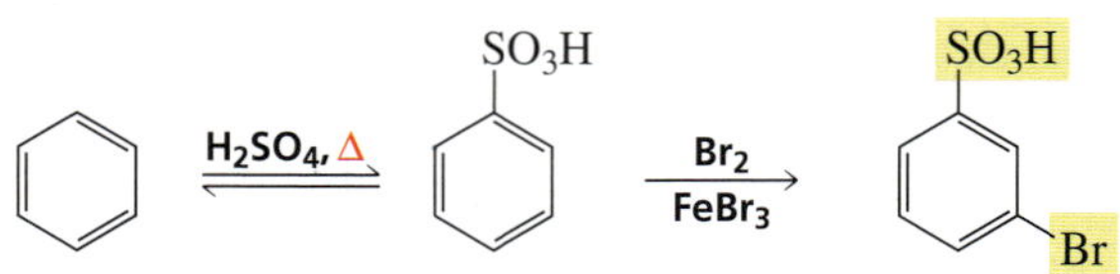

m-Brombenzolsulfonsäure

Beispiel 2

Falls es sich bei dem gewünschten Zielprodukt aber um *p*-Brombenzolsulfonsäure handelt, muss die Reihenfolge der beiden Substitutionsreaktionen aus Beispiel 1 vertauscht werden, weil nur Brom als Erstsubstituent *ortho/para*-dirigierend wirkt.

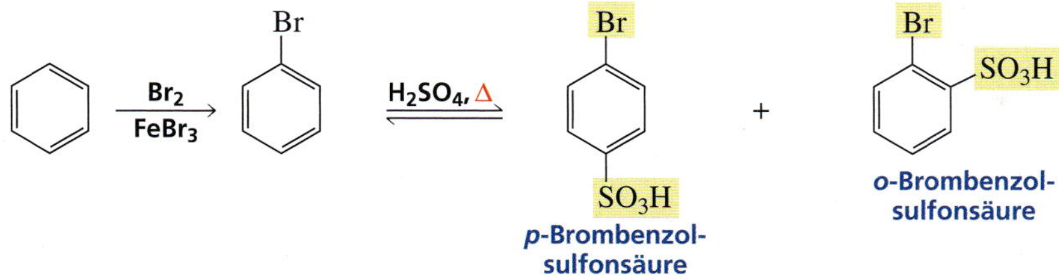

Beispiel 3

Beide Substituenten des *m*-Nitroacetophenonmoleküls sind *meta*-dirigierend. Die Friedel-Crafts-Reaktion muss aber als erste ausgeführt werden, weil der Benzolkern des Nitrobenzols für eine Friedel-Crafts-Reaktion zu unreaktiv ist (Abschnitt 18.15).

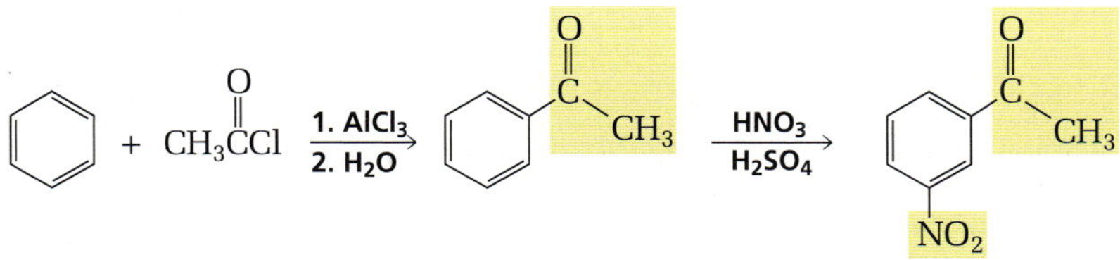

m-Nitroacetophenon

Beispiel 4

Eine weitere Frage ist, an welchem Punkt einer Reaktionsfolge ein Substituent gegebenenfalls chemisch modifiziert werden soll. Bei der Synthese von *p*-Chlorbenzoesäure aus Toluol wird die Methylgruppe *erst dann* oxidiert, nachdem sie das Chloratom in die *para*-Stellung dirigiert hat (bei dieser Reaktion wird außerdem *o*-Chlorbenzoesäure gebildet).

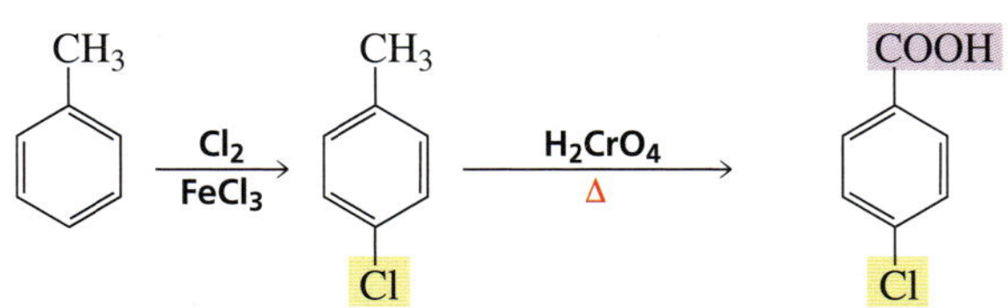

p-Chlorbenzoesäure

Beispiel 5

In der nächsten Reaktion wird die Methylgruppe *vor* der Chlorierung oxidiert, weil ein *meta*-dirigierender Substituent benötigt wird, um das gewünschte Zielprodukt zu erreichen.

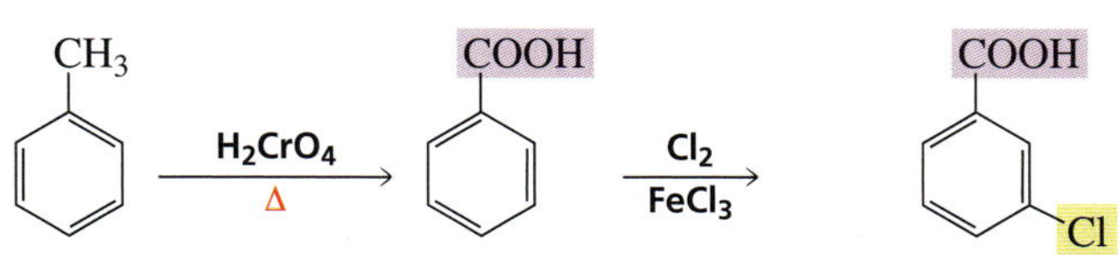

m-Chlorbenzoesäure

Beispiel 6

Obwohl Chemiker*innen öfters mehr als eine Möglichkeit haben, um eine bestimmte Reaktion durchzuführen, kann es Faktoren geben, die die Auswahl auf eine bestimmte Methode eingrenzen. Zum Beispiel haben wir gesehen, dass es mehr als eine Möglichkeit gibt, eine geradkettige Alkylgruppe in einen Benzolring zu integrieren (Abschnitte 18.8 und 18.9). In der nächsten Synthese kann eine Friedel-Crafts-Alkylierung/-Reduktion benutzt werden, um die erste, aber nicht die zweite Alkylgruppe in den Ring einzugliedern.

Es wird eine *meta*-dirigierende Gruppe benötigt, um den zweiten Alkylsubstituenten in den Ring einzugliedern, denn eine Friedel-Crafts-Reaktion kann mit einem *meta*-dirigierten Ring nicht durchgeführt werden. Stattdessen muss das gewünschte Molekül durch eine Kupplungsreaktion hergestellt werden.

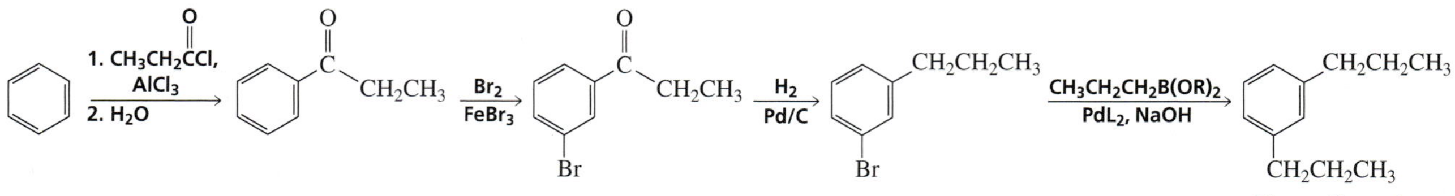

m-Dipropylbenzol

Ü 22*

(a) Muss für die Herstellung von *p*-Dipropylbenzol eine Kupplungsreaktion verwendet werden?

(b) Kann für die Herstellung von *p*-Dipropylbenzol eine Kupplungsreaktion verwendet werden?

Ü 23 Zeigen Sie, wie die folgenden Verbindungen aus Benzol synthetisiert werden können:

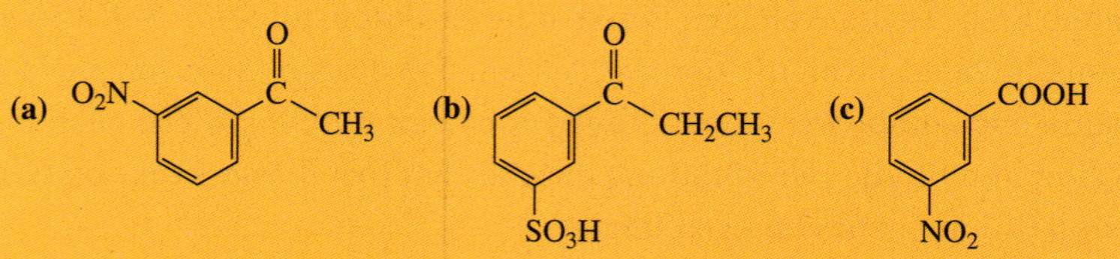

Beispiel 7

Bei der nächsten Synthese müssen sowohl die angewandte Art der Reaktion, die Reihenfolge, in der die Substituenten in den Ring eingeführt werden, wie auch die Punkte, an denen Substituenten modifiziert werden sollen, in die Betrachtung aufgenommen werden. Der geradkettige Propylsubstituent muss durch eine Friedel-Crafts-Acylierung anstelle einer -Alkylierung eingeführt werden, um eine Carbokationenumlagerung zu verhindern, die bei einer Alkylierungsreaktion eintreten würde. Die Friedel-Crafts-Acylierung muss vor der Sulfonierung durchgeführt werden, da eine Acylierung an einem Ring mit einer stark desaktivierenden Sulfonsäuregruppe nicht gelingen würde und die Sulfonsäuregruppe darüber hinaus *meta*-dirigierend wirkt. Schließlich muss die Sulfonsäuregruppe in den Ring eingeführt werden, nachdem die Carbonylgruppe zur Methylengruppe reduziert worden ist, sodass die Sulfonsäuregruppe durch die Alkylgruppe in die *para*-Stellung gelenkt wird.

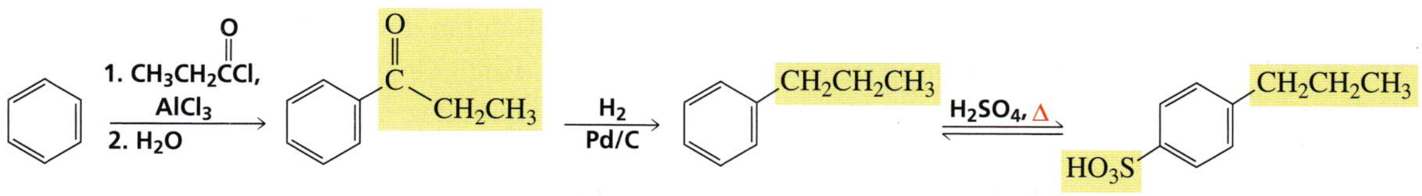

p-Propylbenzolsulfonsäure

Alternativ kann das Zwischenprodukt Propylbenzol auch durch die Verwendung von Brombenzol in einer Kupplungsreaktion hergestellt werden.

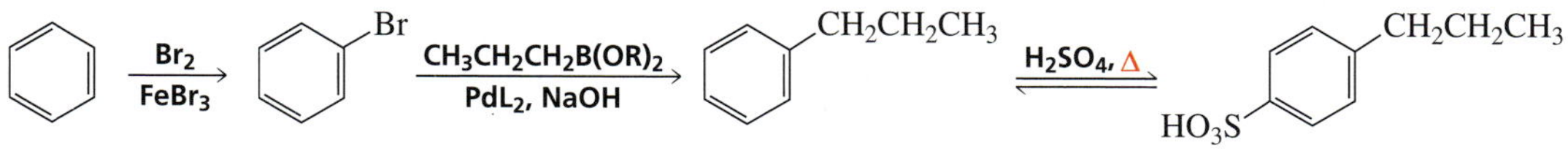

p-Propylbenzolsulfonsäure

Ü 24 Zeigen Sie auf, wie man die folgenden Verbindungen aus Benzol synthetisieren kann:

(a) *o*-Brompropylbenzol
(b) *m*-Nitrobenzoesäure
(c) *p*-Nitrobenzoesäure
(d) *p*-Chloranilin
(e) *m*-Chloranilin
(f) *m*-Xylen
(g) 2-Phenylpropen
(h) *m*-Brompropylbenzol
(i) 1-Phenyl-2-propanol

Die Synthese trisubstituierter Benzole 18.17

Wenn ein zweifach substituiertes Benzolderivat eine elektrophile aromatische Substitution eingeht, müssen die dirigierenden Effekte beider vorhandener Substituenten in Betracht gezogen werden. Falls beide Substituenten den eintretenden Substituenten in die gleiche Position dirigieren, ist das Reaktionsprodukt leicht vorherzusagen.

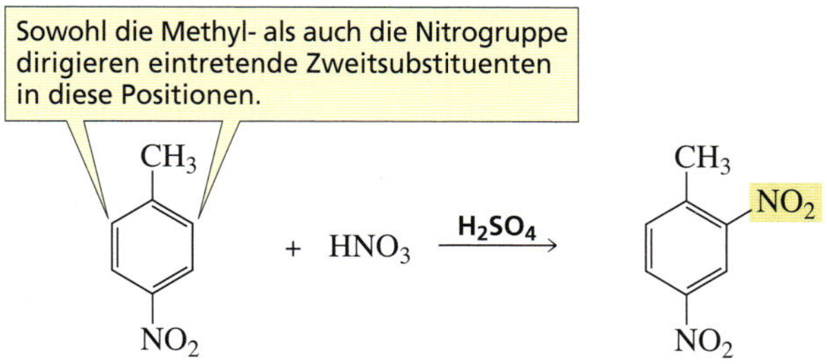

p-Nitrotoluol
2,4-Dinitrotoluol

Beachten Sie, dass bei der folgenden Reaktion drei Positionen aktiviert werden, der neu hinzutretende Substituent aber nur in zweien davon tatsächlich zu finden ist. Die sterische Hinderung lässt die Position zwischen den Substituenten weniger zugänglich werden.

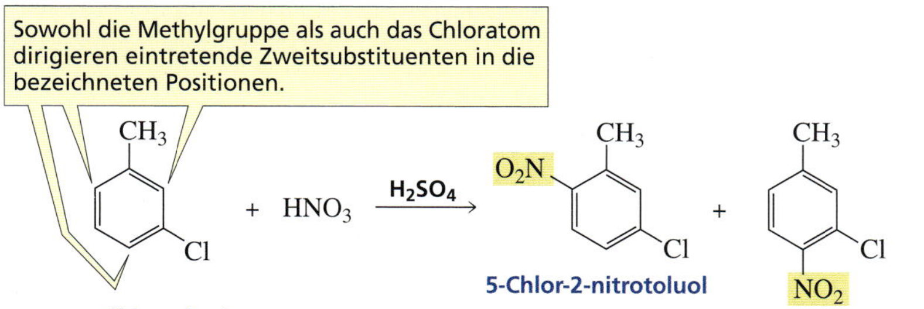

m-Chlortoluol
5-Chlor-2-nitrotoluol
3-Chlor-4-nitrotoluol
Hauptprodukte

Falls die beiden vorhandenen Substituenten den neu hinzutretenden Substituenten in verschiedene Positionen dirigieren, wird ein stark aktivierender Substituent über einen schwach aktivierenden oder einen desaktivierenden obsiegen.

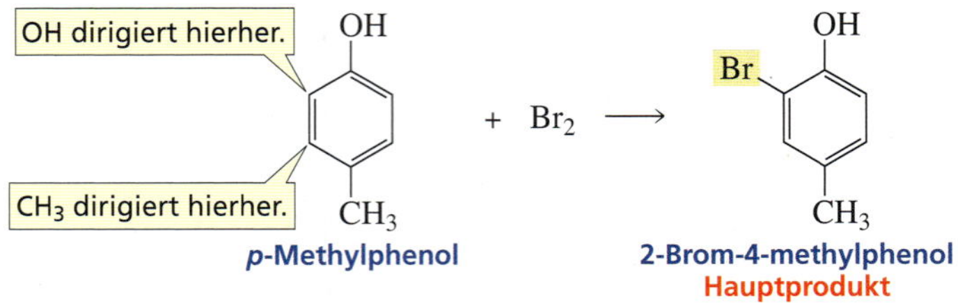

Falls die beiden Substituenten ähnliche aktivierende Eigenschaften aufweisen, wird keiner die Oberhand gewinnen und man erhält ein Produktgemisch.

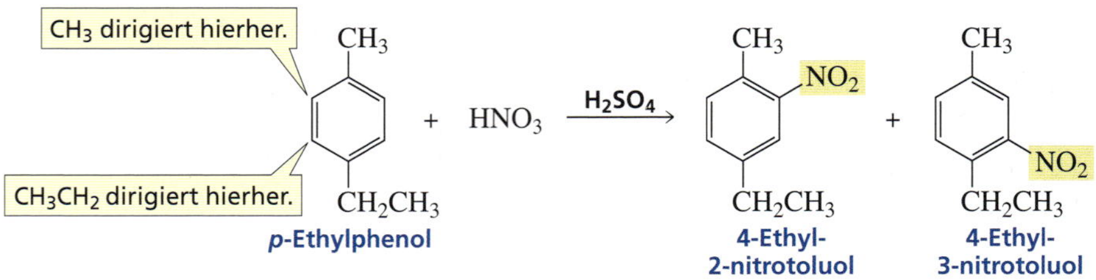

Ü 25* Geben Sie das Hauptprodukt (die Hauptprodukte) der folgenden Reaktionen an:

(a) Bromierung von *p*-Methylbenzoesäure
(b) Chlorierung von *o*-Benzoldicarbonsäure
(c) Bromierung von *p*-Chlorbenzoesäure
(d) Nitrierung von *p*-Fluoranisol
(e) Nitrierung von *p*-Methoxybenzaldehyd
(f) Nitrierung von *p-tert*-Butyltoluol

Ü 26* Ein Student hat drei ethylsubstituierte Benzaldehyde hergestellt, aber vergessen, diese mit Beschriftungen zu versehen. Sein Nachbar behauptet, dass man die Verbindungen durch Bromierung bestimmen kann. Ist dieser Rat korrekt?

Ü 27 mit Lösung

Wenn man Phenol mit Brom (Br_2) reagieren lässt, erhält man ein Gemisch aus *ortho*- und *para*-Bromphenolen. Entwerfen Sie eine Synthese, die Phenol primär in *ortho*-Bromphenol überführt.

Lösung

In der unten abgebildeten Synthese tritt die anwesende Sulfonsäuregruppe vorzugsweise in *para*-Stellung in das vorhandene Molekül ein. Sowohl die OH- wie auch die SO_3H-Gruppe dirigieren das Brom in *ortho*-Stellung relativ zur Hydroxyfunktion. Nachfolgendes Erhitzen mit verdünnter Säure führt zur Abspaltung der Sulfonsäuregruppe (Abschnitt 18.5).

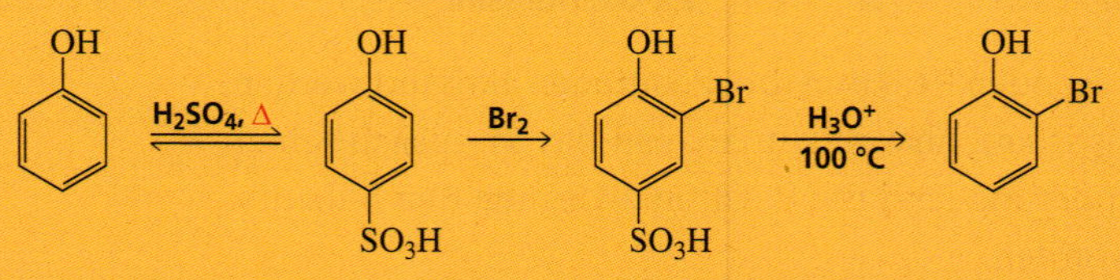

Der Einsatz einer Sulfonsäuregruppe zur Blockierung der *para*-Stellung ist eine gebräuchliche Methode bei der Synthese *ortho*-substituierter Verbindungen.

Die Synthese substituierter Benzole mit Arendiazoniumsalzen 18.18

Bislang haben wir gelernt, wie man eine begrenzte Anzahl unterschiedlicher Substituenten in einen Benzolring einführt – die in Abschnitt 18.12 aufgeführten Substituenten und die aus diesen durch chemische Umwandlung zugänglichen (Abschnitt 18.10). Die Liste in einen Benzolring einführbarer Substituenten lässt sich jedoch durch die Nutzung von **Arendiazoniumsalzen** beträchtlich erweitern.

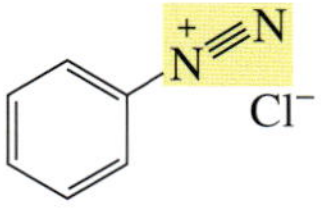

ein Arendiazoniumsalz

Die Verdrängung der Abgangsgruppe eines Diazoniumions durch eine große Vielzahl von Nucleophilen geht bereitwillig vonstatten, weil sie zur Bildung eines Moleküls Stickstoff (einer, wie wir wissen, thermodynamisch höchst stabilen Verbindung) führt. Der Mechanismus, durch den ein Nucleophil die Diazogruppe verdrängt, hängt von dem verwendeten Nucleophil ab: Einige Verdrängungsreaktionen gehen über Phenylkationen vonstatten, andere über Radikale.

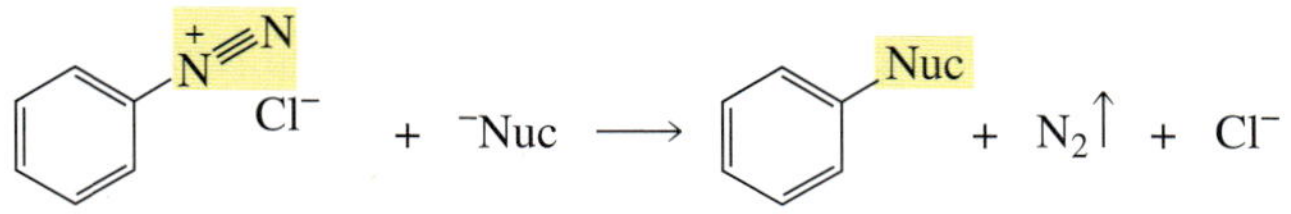

Benzoldiazonium-chlorid

Anilin kann durch Behandlung mit salpetriger Säure (HNO_2) in ein Arendiazoniumsalz überführt werden. Da die salpetrige Säure nicht sehr stabil ist, muss sie vor Ort durch die Reaktion einer wässrigen Lösung von Natriumnitrit mit Chlorwasserstoff oder Bromwasserstoff hergestellt werden. Das N_2-Molekül ist in der Tat eine solch gute Abgangsgruppe, dass Diazoniumsalze bei 0 °C dargestellt und umgehend und ohne Isolierung weiterverarbeitet werden müssen. (Der Mechanismus der Umwandlung einer primären Aminogruppe, NH_2, in eine Diazoniumgruppe $N\equiv N^+$ wird in Abschnitt 18.19 erklärt.)

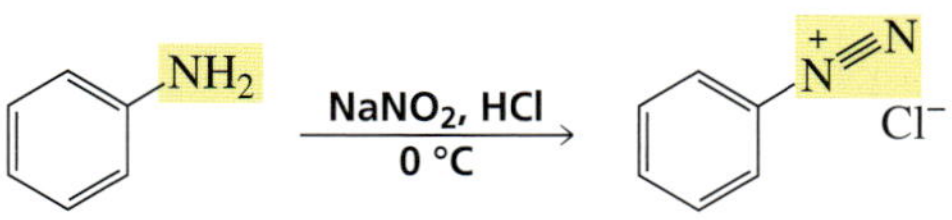

Sandmeyer-Reaktionen

Die Nucleophile $^-C\equiv N$, Cl^- und Br^- ersetzen die Diazoniumgruppe, falls ein geeignetes Kupfer(I)-Salz zu der das Arendiazoniumsalz enthaltenden Lösung gegeben wird. Die Reaktion eines Arendiazoniumsalzes mit Kupfer(I)-Salzen ist als **Sandmeyer-Reaktion** bekannt.

Sandmeyer-Reaktionen

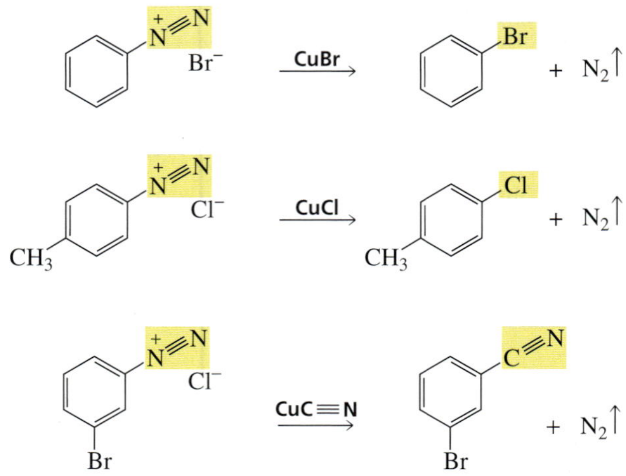

KCl und KBr können das CuCl und CuBr in der Sandmeyer-Reaktion nicht ersetzen; die Kupfersalze sind zwingend notwendig. Dies deutet darauf hin, dass das Kupfer(I)-Ion eine Rolle bei der Reaktion spielt. Obwohl der genaue Reaktionsmechanismus bis heute nicht bekannt ist, wird angenommen, dass das Kupfer(I)-Ion ein Elektron an das Diazoniumion abgibt (dieses also reduziert), wobei ein Arylradikal und ein Molekül Stickstoff gebildet werden.

Obgleich Chlor- und Bromatome als Substituenten durch Halogenierung direkt in einen Benzolring eingeführt werden können, kann die Sandmeyer-Reaktion eine nützliche Alternative darstellen. Falls man beispielsweise *para*-Chlorethylbenzol darzustellen wünschte, würde die direkte Chlorierung des Ethylbenzols zu einem Gemisch der *ortho*- und *para*-Isomere führen.

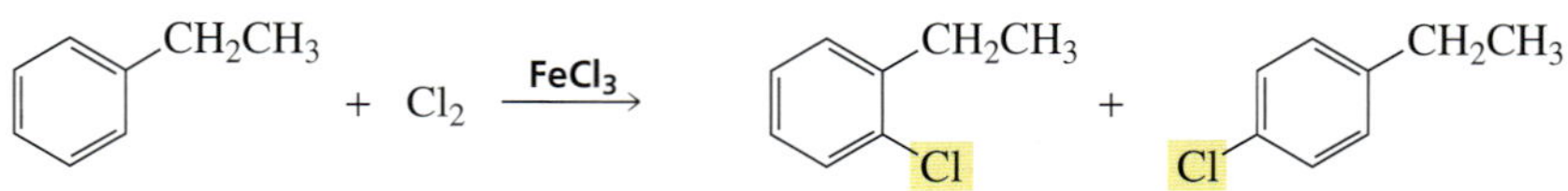

Falls man jedoch mit *para*-Ethylanilin beginnen und eine Sandmeyer-Reaktion zur Chlorierung einsetzen würde, erhielte man nur das gewünschte Reaktionsprodukt.

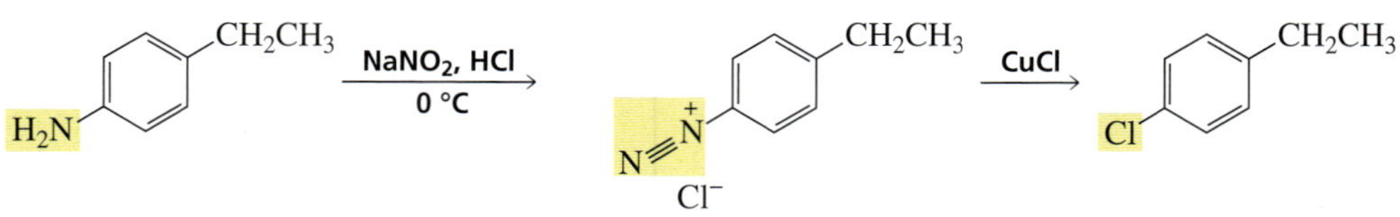

Verdrängung einer Diazoniumgruppe mit einem Iodsubstituenten

Ein Iodsubstituent wird die Diazoniumgruppierung verdrängen, falls Kaliumiodid zu der das Diazoniumion enthaltenden Lösung zugesetzt wird.

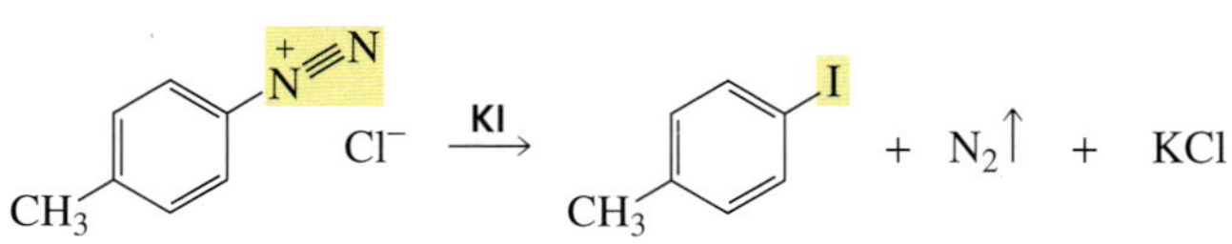

Die Schiemann-Reaktion

Eine Fluorsubstitution tritt auf, falls das Arendiazoniumsalz mit Fluorborsäure ($HBF_4 = BF_3 \times HF$) umgesetzt wird. Diese Reaktion ist als **Schiemann-Reaktion** bekannt.

Schiemann-Reaktion

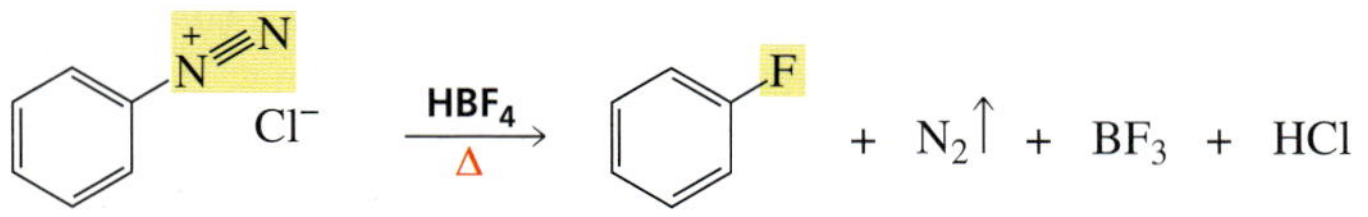

Ein Phenol synthetisieren

Falls eine wässrige Lösung, in der ein Diazoniumsalz präpariert worden ist, angesäuert und erhitzt wird, ersetzt eine OH-Gruppe die Diazoniumgruppierung. Wasser ist hierbei das Nucleophil.

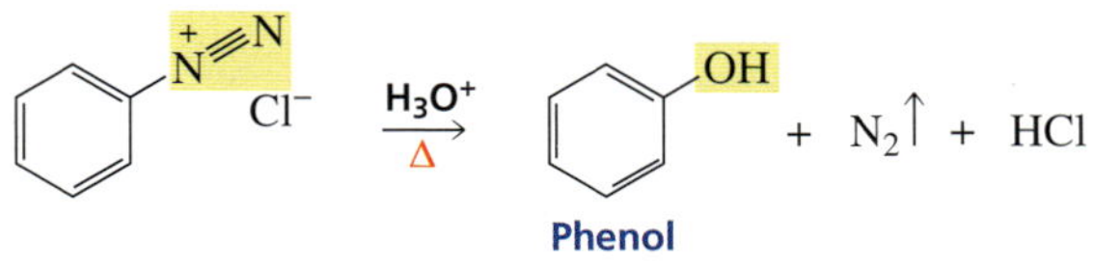

Der Zusatz von Kupfer(I)-oxid und wässrigem Kupfer(II)-nitrat zu der Lösung ist ein schnellerer Weg zur Darstellung von Phenol.

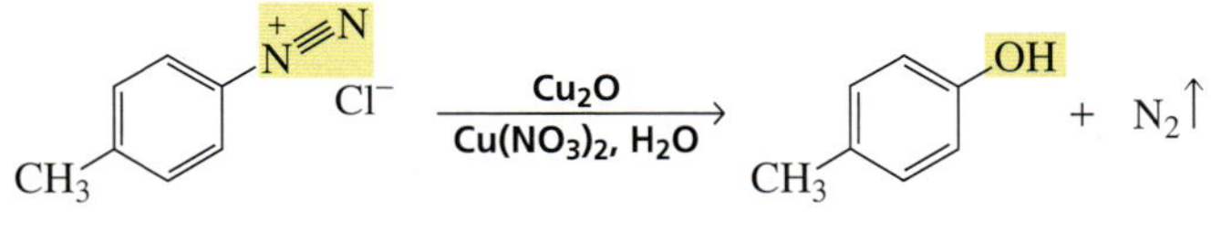

Ersetzen einer Diazoniumgruppe durch ein Wasserstoffatom

Ein Wasserstoffatom ersetzt die Diazoniumgruppe, falls das Arendiazoniumion mit unterphosphoriger Säure (H_3PO_2) behandelt wird. Dies ist eine nützliche Reaktion, falls die dirigierende Wirkung einer Amino- oder einer Nitrogruppe benötigt wird und diese nachfolgend entfernt werden muss. Es ist schwierig, sich vorzustellen, wie 1,3,5-Tribrombenzol ohne die vermittelnde Hilfe einer solchen Reaktion dargestellt werden sollte.

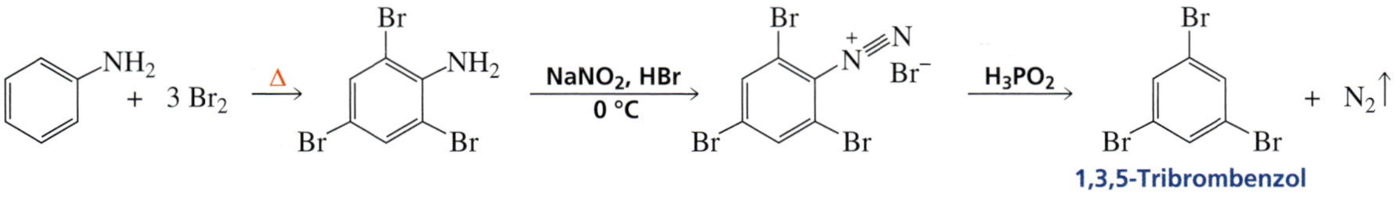

Erinnern Sie sich daran, dass Reaktionen, die Arendiazoniumionen enthalten, bei 0 °C ausgeführt werden müssen, da diese bei höheren Temperaturen nicht stabil sind.

Retrosynthetische Analyse

Wir haben gesehen, dass es beim Planen komplexer Synthesen oft ratsam ist, den Reaktionsablauf von hinten nach vorne zu durchzuplanen. Wenn zum

Beispiel eine Reaktionsabfolge für die Synthese von *meta*-Dibrombenzol geplant werden soll, dann fällt auf, dass es nicht möglich ist, eine Halogenierung durchzuführen, um die Bromsubstituenten in den Ring einzuführen, da Bromsubstituenten *ortho*/*para*-dirigierend sind. Wir wissen aber, dass ein Bromsubstituent mit Hilfe einer Sandmeyer-Reaktion in den Benzolring eingeführt werden kann. Der Bromsubstituent ersetzt dann den ursprünglich vorhandenen *meta*-dirigierenden Nitrosubstituenten. So haben wir einen Weg gefunden, um das gewünschte Molekül zu synthetisieren.

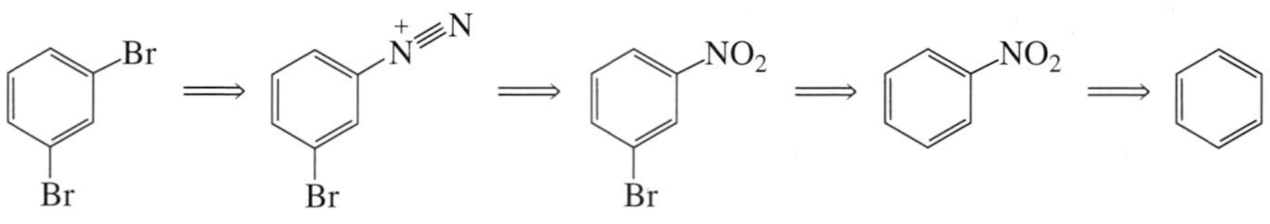

Jetzt ist es möglich, die Reaktion und alle zur Reaktion benötigten Verbindungen in der richtigen Reihenfolge aufzuschreiben.

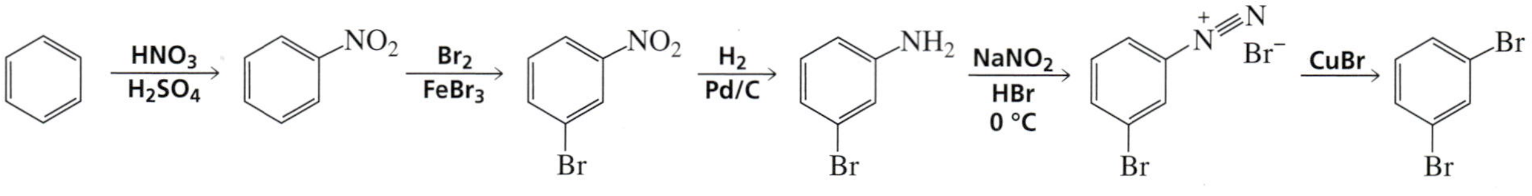

Ü 28* Warum wird im ersten Schritt der Synthese von 1,3,5-Tribrombenzol $FeBr_3$ als Katalysator verwendet?

Ü 29 Erklären Sie, warum eine Diazoniumgruppe eines Benzolrings nicht verwendet werden kann, um einen ankommenden Substituenten in die *meta*-Stellung zu dirigieren.

Ü 30 Schreiben Sie die Reaktionsschritte, die für die Überführung von Benzol in Benzoldiazoniumchlorid erforderlich sind, in der richtigen Reihenfolge auf.

Ü 31 Zeigen Sie auf, wie man die folgenden Verbindungen aus Benzol synthetisieren kann:

(a) *p*-Nitrobenzoesäure
(b) *m*-Bromphenol
(c) *o*-Chlorphenol
(d) *m*-Methylnitrobenzol
(e) *p*-Methylbenzonitril
(f) *m*-Chlorbenzaldehyd

Azobenzole 18.19

Arendiazoniumionen werden nicht nur dazu verwendet, substituierte Benzole zu synthetisieren, sondern sie werden auch als Elektrophile in elektrophilen aromatischen Substitutionsreaktionen verwendet. Arendiazoniumionen sind bei Raumtemperatur instabil, weswegen sie nur in Reaktionen, die man gut unterhalb der Raumtemperatur durchführen kann, als Elektrophil verwendet werden. Anders formuliert: Nur sehr stark aktivierte Benzolringe (Phenole, Anilin und *N*-Alkylanilin) können eine elektrophile aromatische Substitutionsreaktion mit Arendiazoniumionen als Elektrophilen eingehen. Das Reaktionsprodukt ist **Azobenzol**. Die N=N-Verbindung nennt man **Azoverbindung**.

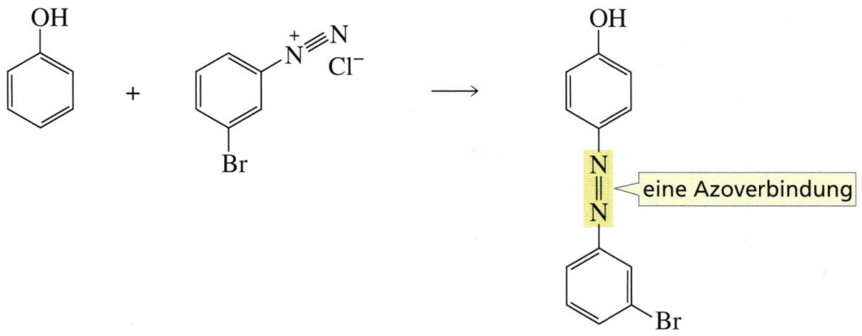

ein Azobenzol

Da das Elektrophil so groß ist, findet die Substitutionsreaktion vorzugsweise an der am wenigsten sterisch beeinträchtigten *para*-Stellung statt. Falls die *para*-Stellung jedoch bereits einen Substituenten aufweist, dann findet die Substitution an einer *ortho*-Stellung statt.

Der Mechanismus einer elektrophilen aromatischen Substitutionsreaktion mit einem Arendiazoniumion als Elektrophil ist derselbe wie bei einer solchen Reaktion mit jedem anderen Elektrophil.

Mechanismus für die elektrophile aromatische Substitutionsreaktion mit einem Arendiazoniumionelektrophil

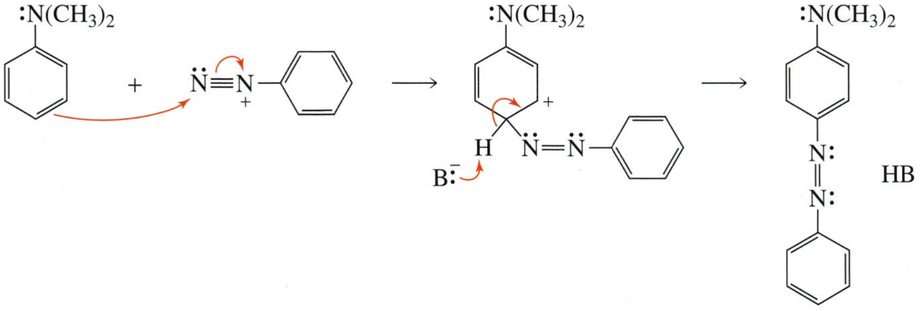

- Das Elektrophil lagert sich an den Benzolring an.
- Eine in der Lösung vorhandene Base spaltet ein Proton von dem Carbokation ab, das die Verbindung mit dem Elektrophil eingeht.

Azobenzole können wie Alkane in der *cis*- und in der *trans*-Form existieren. Das *trans*-Isomer ist stabiler als das *cis*-Isomer, da das *cis*-Isomer eine sterische Spannung trägt (Abschnitt 5.9).

trans-Azobenzol

cis-Azobenzol

Azobenzole sind aufgrund ihrer erweiterten Konjugation (Abschnitt 13.22) färbende Verbindungen und werden oft im kommerziellen Gebrauch zum Färben eingesetzt.

HINTERGRUND

Die Entdeckung des ersten Antibiotikums

Man kann beobachten, dass man durch die Verwendung von Azoverbindungen effektiv Wollfasern (tierische Proteine) einfärben kann. Dies legt die Vermutung nahe, dass sich solche Farbstoffe unter Umständen auch an bakterielle Proteine anheften können und so hemmend auf Bakterien wirken können. Aufgrund dieser Vermutung hat man über 10.000 Färbemittel in Reagenzglasversuchen untersucht, aber keines hat eine antibiotische Aktivität gezeigt. Daraufhin wurden Lebendstudien mit Mäusen durchgeführt, die zuvor mit einer bakteriellen Kultur infiziert worden waren. Diese Versuche führten dazu, dass einige der Farbstoffe als Wirkstoff gegen grampositive Infektionen identifiziert werden konnten. Im Jahr 1935 wurde Prontosil als erstes Medikament zur Behandlung von bakteriellen Infektionen hergestellt. Prontosil ist ein hellrotes Färbemittel und die am wenigsten toxische Azoverbindung.

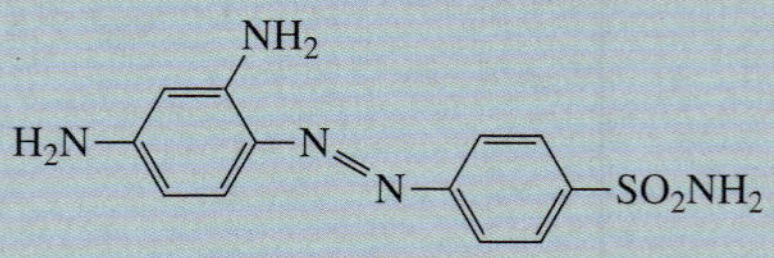

Prontosil®

Gerhard Domagk war ein Wissenschaftler bei einem deutschen Farbenhersteller, der I. G. Farbindustrie und führte als einer der ersten Wissenschaftler Studien mit Prontosil durch. In seinen Studien hat er erfolgreich nachgewiesen, dass Prontosil ein effektives Antibiotikum ist. Seine Tochter, die wegen einer Streptokokkeninfektion aufgrund eines Schnitts in ihren Finger im Sterben lag, war eine der ersten Personen, die das Medikament erhalten hat und dadurch geheilt werden konnte (1935). Das Medikament Prontosil hat große Bekanntheit erlangt, als es im Jahr 1936 das Leben von Franklin D. Roosevelt Jr., einem Sohn des damaligen US-amerikanischen Präsidenten, gerettet hat.

Domagk hat daraufhin im Jahr 1939 den Nobelpreis in Medizin erhalten. Jedoch hat Adolf Hitler, der zu dieser Zeit regierte, nicht zugelassen, dass deutsche Staatsbürger den Nobelpreis erhalten. Der Grund dafür war, dass Carl von Osdietsky, der zu dieser Zeit Insasse in einem Konzentrationslager war, im Jahr 1935 den Friedensnobelpreis erhalten hatte. Später, im Jahr 1947, konnte Domagk den Nobelpreis schließlich entgegennehmen, er erhielt jedoch aufgrund der inzwischen vergangenen Zeit keine finanzielle Dotierung mehr, die Preisträgern normalerweise überreicht wird.

Es hätte damals schon auffallen müssen, dass Prontosil nur dann aktiv war, wenn es in vivo, also bei Lebendversuchen mit Mäusen eingesetzt wurde, aber nicht in Reagenzglasversuchen. Denn dies war ein Zeichen dafür, dass der Farbstoff erst im Organismus der Maus aktiviert wurde. Die Wissenschaftler*innen gaben sich damit zufrieden, ein wirksames Antibiotikum gefunden zu haben und stellten zunächst keine weitern Forschungen zur Aktivierung von Prontosil an.

Später wurde Prontosil von Wissenschaftler*innen am Pasteur Institut untersucht, und es wurde beobachtet, dass diejenigen Mäuse, denen das Medikament verabreicht wurde, keinerlei rot eingefärbten Ausscheidungen hatten. Die Analyse des Urins der Mäuse zeigte, dass diese anstatt der erwarteten Verbindung *para*-Acetamidobenzolsulfonamid, eine farblose Verbindung ausschieden. Da die Chemiker*innen zu diesem Zeitpunkt schon wussten, dass Anilin in vivo acetyliert werden, haben sie die nicht-acetylierte Verbindung (Sulfanilamid) synthetisiert. Sulfanilamid wurde daraufhin mit Streptokokken infizierten Mäusen verabreicht. Alle mit Sulfanilamid behandelten Mäuse haben den Versuch überlebt, wohingegen alle nicht-behandelten Mäuse verstorben sind.

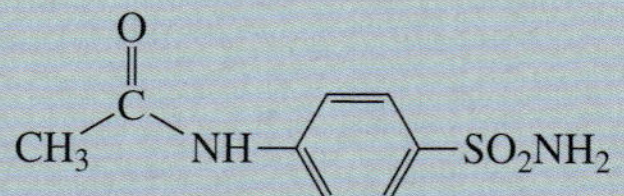

para-Acetamidobenzolsulfonamid

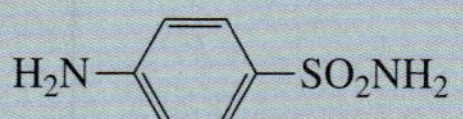

para-Aminobenzolsulfonamid
Sulfanilamid

Prontosil ist ein Beispiel für ein **Pro-Pharmakon**, also eine Verbindung, die erst zu einem effektiven Medikament wird, nachdem sie eine Reaktion im Körper durchlaufen hat. Sulfa-Medikamente sind die ersten antibiotischen Medikamente, unter welchen Sulfanilamid das erste Sulfa-Medikament war. Sulfanilamid wirkt als Hemmer des folsäureproduzierenden bakteriellen Enzyms, sodass die im Körper vorhandenen Bakterien sich nicht mehr weiterentwickeln können, da diese Folsäure für ihre Entwicklung benötigen (Abschnitt 23.7).

HINTERGRUND

■ **Arzneimittelüberwachung**

Im Oktober 1937 trat der Fall auf, dass Patient*innen, die mit Sulfanilamid von einer Firma aus Tennessee behandelt wurden, sehr starke Unterleibschmerzen erlitten und danach in ein tödliches Koma fielen. Die US-amerikanische Arzneimittelbehörde hat daraufhin einen Pharmazeuten der Universität Chicago namens Eugene Geiling und einen seiner graduierten Studenten namens Frances Kelsey zur Untersuchung des Falls hinzugezogen. Die beiden Wissenschaftler haben herausgefunden, dass der Arzneimittelhersteller das Sulfanilamid in Diethylenglycol, einer süßlich schmeckenden Flüssigkeit, aufgelöst hatte. Diese Flüssigkeit wurde verwendet, um das Medikament geschmacklich ansprechender zu machen und dadurch das Schlucken des Medikaments zu erleichtern. Jedoch war die Verträglichkeit von Diethylenglycol zuvor nie an Menschen getestet worden, und es stellte sich heraus, dass es ein für Menschen tödlich wirkender Giftstoff ist. Interessanterweise hat Frances Kelsey in seiner späteren Karriere die Markteinführung von Thalidomid verhindert.

Zur Zeit der Forschung an Sulfanilamid gab es noch keinerlei Gesetze, die verhinderten, dass tödlich wirkende Medikamente verkauft wurden. Im Juni 1938 wurde in den Vereinigten Staaten die Überwachungsbehörde für Lebensmittel, Arzneimittel und Kosmetika gegründet. Diese Behörde hat verordnet, dass alle Lebensmittel, Arzneimittel und Medikamente vor deren Markteinführung umfassenden Sicherheitstest unterzogen werden. Bis zum heutigen Tag werden die Gesetze immer wieder angepasst, um den veränderlichen Lebensumständen gerecht zu werden.

Ü 32 Welches Produkt entsteht bei der Reaktion von *p*-Methylphenol mit Benzoldiazoniumchlorid?

Ü 33 Denken Sie an den Mechanismus für die elektrophile aromatische Substitution mit einem Diazoniumion. Warum findet die nucleophile Reaktion an dem terminalen Stickstoffatom des Diazoniumions statt und nicht an dem Stickstoffatom, das die formal positive Ladung trägt?

Ü 34 Zeichnen Sie die Struktur des aktivierten Benzolrings und des Diazoniumions, die jeweils in der Synthese der folgenden Verbindungen vorhanden sind.
(a) Buttergelb **(b)** Methylorange

Der Mechanismus zur Bildung eines Diazoniumions **18.20**

Für die Umwandlung einer NH_2-Gruppe zu einer Diazoniumgruppe benötigt man ein *Nitrosylkation*. Ein Nitrosylkation wird durch die Entnahme von Wasser aus einer protonierten salpetrigen Säure hergestellt. Der Herstellungsprozess ähnelt dem Herstellungsprozess von Nitrylkationen aus salpetriger Säure (Abschnitt 18.5), und das Sulfoniumion wird aus Sulfonsäure hergestellt (Abschnitt 18.6).

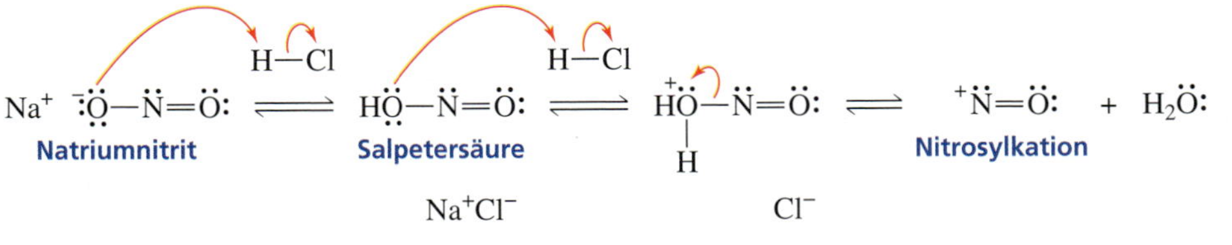

Mechanismus zur Bildung eines Diazoniumions aus Anilin

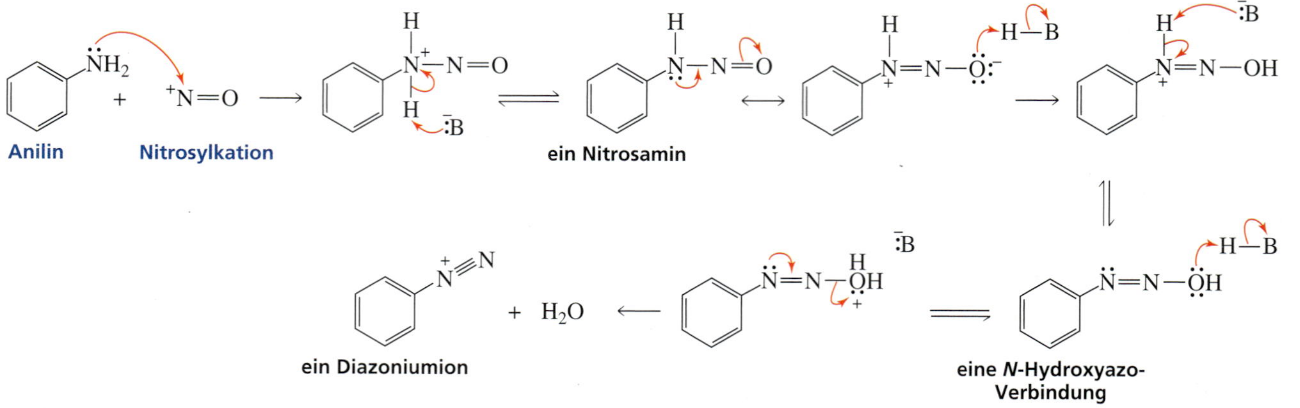

- Anilin teilt sich ein Elektronenpaar mit dem Nitrosylkation.
- Ein Proton wird von dem Stickstoffatom entfernt und bildet ein **Nitrosamin**.
- Das freie Elektronenpaar, das von dem Stickstoff abgespalten wurde, wird delokalisiert und die Protonierung eines Sauerstoffatoms findet statt durch eine protonierte *N*-Hydroxyazo-Verbindung.
- Die protonierte *N*-Hydroxyazo-Verbindung ist im Gleichgewicht mit ihrer nicht-protonierten Form.
- Die protonierte *N*-Hydroxyazo-Verbindung kann an einem Stickstoffatom reprotoniert werden (die rückwärsgerichtete Reaktion) oder kann an einem Sauerstoffatom protoniert werden (die vorwärtsgerichtete Reaktion).
- Wasser wird entzogen und so das Diazoniumion gebildet.

MERKE!

Beachten Sie das Muster der drei Intermediate, die Sie in einigen anderen Mechanismen gesehen haben:

protoniertes Intermediat ⇌
neutrales Intermediat ⇌
protoniertes Intermediat

HINTERGRUND

Ein neues Medikament gegen Krebs

Temozolomid ist ein relativ neues Medikament zur Krebsbekämpfung. Es wurde eingesetzt zur Behandlung des Hirntumors von Senator Ted Kennedy während dessen späteren Amtszeit. Das Medikament wird oral verabreicht und wird erst im Kreislaufsystem des menschlichen Körpers aktiviert, indem es mit Wasser reagiert und CO_2 abgibt. Wenn das Medikament in einer Zelle des menschlichen Köpers angekommen ist, gibt es ein Methyldiazoniumion ab, das eine sehr reaktive methylierende Verbindung ist und den Tod von Krebszellen herbeiführt (Abschnitt 10.11). Temozolomid ist ein weiteres Beispiel für ein Pro-Pharmakon (Abschnitt 18.19).

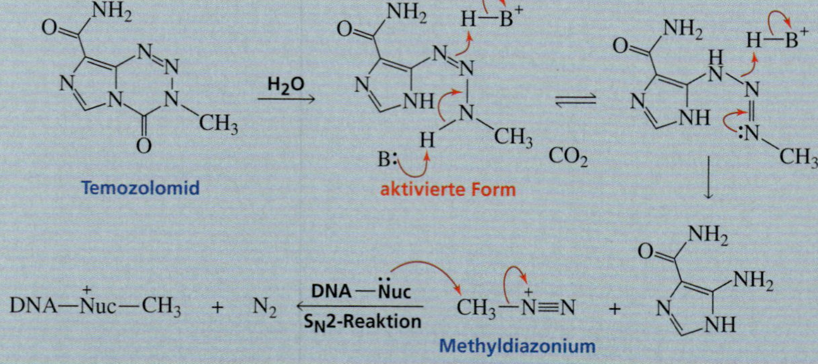

Ü 35* Welche Amidverbindung wird im ersten Schritt bei der Umwandlung von Temozolomid zu Methyldiazonium hydrolisiert?

Ü 36 Erklären Sie, warum ein sekundäres Amin bei der Reaktion mit einem Nitrosylkation ein Nitrosamin und kein Diazoniumion bildet.

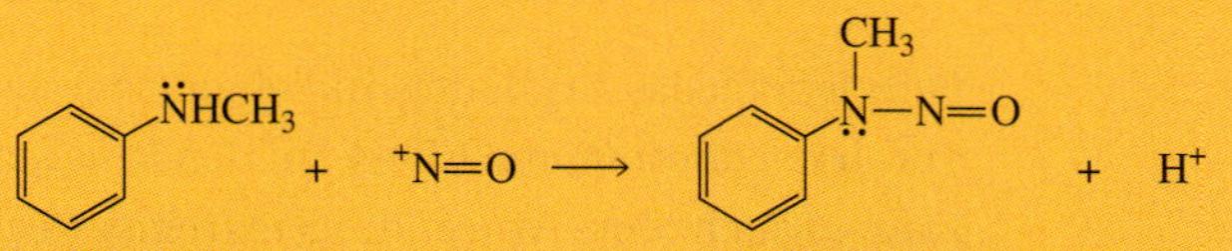

Ü 37 Diazomethane können für die Umwandlung von Carbonsäure in Methylester verwendet werden. Schlagen Sie einen Mechanismus für diese Reaktion vor.

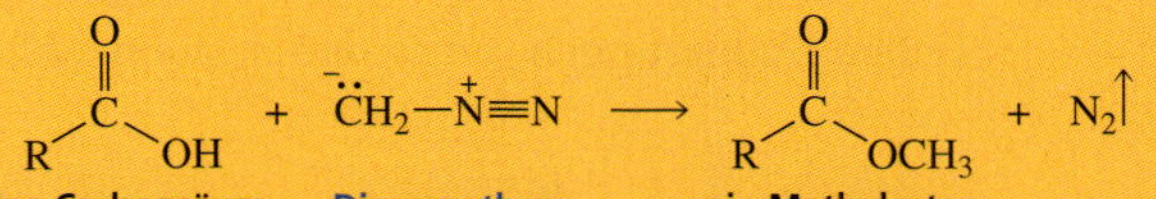

HINTERGRUND

Nitrosamine und Krebs

In Norwegen wurde der Ausbruch einer Nahrungsmittelvergiftung in einer Schafherbe beobachtet. Die Ursache wurde auf die Aufnahme von mit Nitrit behandeltem Fischmehl als Nahrungsmittel zurückgeführt. Aufgrund dieser Tatsache kamen Zweifel über die Konsumierbarkeit von mit Nitrit behandelten Lebensmitteln auf, da Natriumnitrit weitläufig als Konservierungsmittel in der Lebensmittelindustrie eingesetzt wird. Natriumnitrit kann mit den in den Lebensmitteln vorhandenen sekundären Nitrosaminen reagieren, welche als krebserregend bekannt sind. Nitrosamin ist in Räucherfisch und Räucherfleisch, sowie allen Arten von Bier enthalten. Es kann teilweise auch in Käse nachgewiesen werden, da manche Käsesorten mit Natriumnitrit haltbar gemacht werden und da Käse reich an sekundären Aminen ist. Verbraucherschutzgruppen in den Vereinigten Staaten wollten damals mit Hilfe der Behörde für Lebensmittel- und Arzneimittelüberwachung ein Verbot von Natriumnitrit als Konservierungsstoff einführen, jedoch wurde das Verfahren energisch von der Fleischverarbeitungsindustrie abgewandt.

Trotz umfassenden Untersuchungen wurde bislang noch nicht eindeutig nachgewiesen, ob die geringen Mengen an Nitrosamin, die in unseren Lebensmitteln enthalten sind, eine Bedrohung für unsere Gesundheit darstellen. Bis diese Frage geklärt ist, wird es schwierig sein, die Aufnahme von Natriumnitrit über unsere Nahrungsmittel zu vermeiden. Eine besorgniserregende Tatsache ist, dass in Japan die weltweit meisten Fälle von Magenkrebs auftreten und dass Japan gleichzeitig die höchste mittlere Rate von Natriumnitritaufnahme über die Nahrung hat. Positiv anzumerken ist jedoch, dass die Konzentration von Nitrosamin in Speck durch die Zugabe von Ascorbinsäure – einem Nitrosaminhemmer – in den letzten Jahren deutlich abgenommen hat. Zudem haben Verbesserungen im Maltierungsprozess bei der Herstellung von Bier dazu geführt, dass die Konzentration von Nitrosamin im fertigen Bier deutlich geringer ist als zuvor. Diätetisches Natriumnitrit hingegen hat eine guttuende Eigenschaft: Es ist wirksam gegen Botulismus, eine schwere Form der Nahrungsmittelvergiftung.

Nucleophile aromatische Substitution 18.21

Wir haben gelernt, dass Arylhalogenide unter Standardreaktionsbedingungen nicht mit Nucleophilen reagieren, weil die π-Elektronenwolke die Annäherung eines Nucleophils verhindert.

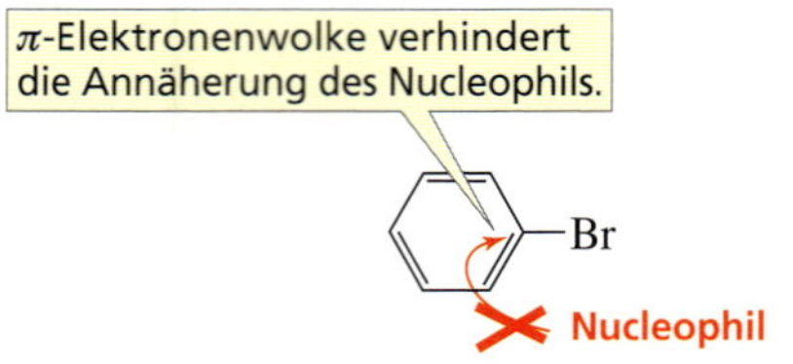

Falls jedoch das Arylhalogenid einen oder mehrere Substituenten aufweist, die durch den mesomeren Effekt auf den Ring stark elektronenziehend einwirken, kann es auch ohne Anwendung extremer Reaktionsbedingungen zu **nucleophilen aromatischen Substitutionen** kommen. Die elektronenziehenden Gruppen müssen sich in *ortho*- oder *para*-Stellung zum Halogen befinden. Je größer die Zahl der elektronenziehenden Gruppen ist, desto bereitwilliger kommt es zu einer nucleophilen aromatischen Substitution. Beachten Sie die unterschiedlichen Bedingungen, unter denen die nachfolgenden Reaktionen ablaufen:

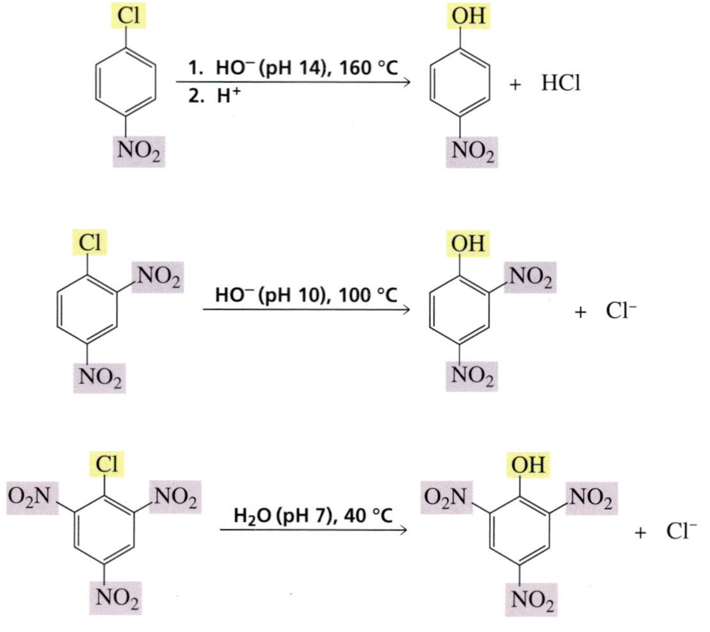

Der Mechanismus einer nucleophilen aromatischen Substitution

Die nucleophile aromatische Substitution läuft nach einem zweischrittigen Mechanismus ab: einer nucleophilen Addition, gefolgt von einer Eliminierung. Die Reaktion wird auch SNAr-Reaktion genannt (Subsitution nucleophil aromatisch).

Allgemeiner Mechanismus der nucleophilen aromatischen Substitution

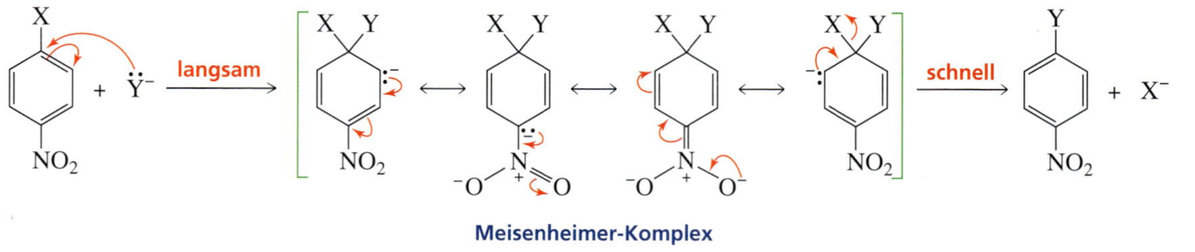

- Das Nucleophil greift das Kohlenstoffatom an, das die Abgangsgruppe trägt. Es tut dies aus einer Richtung, die beinahe senkrecht auf der Ringebene steht. Rufen Sie sich aus Abschnitt 9.13 in Erinnerung, dass an sp^2-Kohlenstoffatome gebundene Gruppen nicht durch Rückseitenangriff verdrängbar sind. Der nucleophile Angriff führt zur Bildung eines mesomeriestabilisierten Carbanions, das als *Meisenheimer-Komplex* bezeichnet wird.
- Die Abgangsgruppe verlässt das Molekülion, wobei der aromatische Zustand rückgebildet wird.

Bei einer nucleophilen aromatischen Substitution muss das eintretende Nucleophil stärker basisch sein als der Substituent, der von ihm verdrängt wird, da es die schwächere der beiden Basen ist, die aus der Reaktionszwischenstufe eliminiert wird.

Der elektronenziehende Substituent muss in *ortho*- oder *para*-Stellung zum Ort des nucleophilen Angriffs stehen, weil die Delokalisation der Elektronen des angreifenden Nucleophils sich nur dann wirkungsvoll auf diesen Substituenten ausdehnen kann.

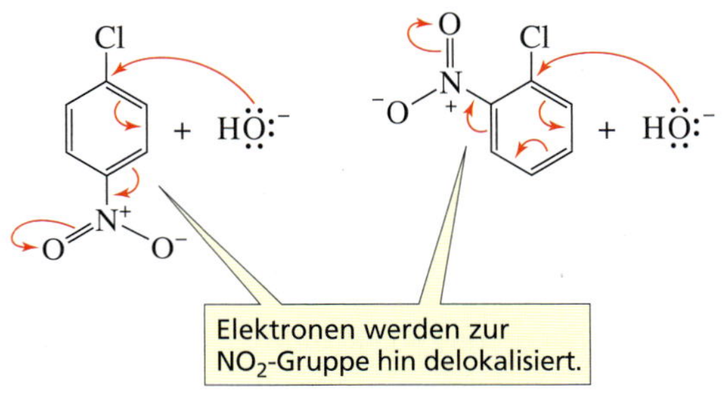

Beispiele für nucleophile aromatische Substitutionsreaktionen

Eine Vielzahl von Substituenten kann durch nucleophile aromatische Substitutionen in einen Benzolring eingeführt werden. Die einzige Voraussetzung ist, dass die angreifende Gruppe eine stärkere Base sein muss als die zu ersetzende Gruppe.

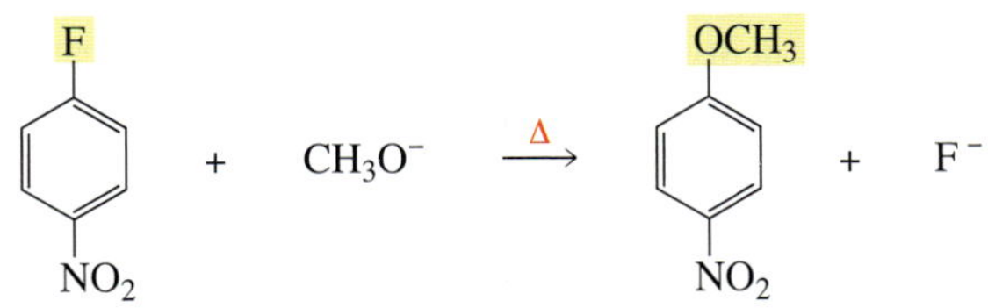

***p*-Fluornitrobenzol** **p-Nitroanisol**

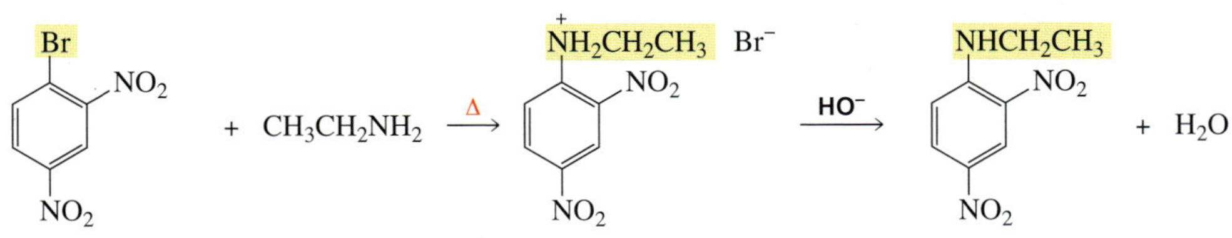

1-Brom-2,4-dinitrobenzol ***N*-Ethyl-2,4-dinitroanilin**

Beachten Sie, dass der Nitrosubstituent stark elektronenentziehend ist und dadurch den Benzolring für die *nucleophile aromatische Substitution aktiviert* und *deaktiviert* den Ring für die *elektrophile aromatische Substitution* (► Tabelle 18.1). Dies bedeutet: Je weniger reich an Elektronen ein Ring ist, desto reaktiver ist er mit einem Nucleophil, aber desto weniger reaktiv mit einem Elektrophil.

Ü 38 Zeichnen Sie die mesomeren Grenzformeln der Verbindungen, die entstehen, wenn *meta*-Chlornitrobenzol mit einem Hydroxidion reagiert. Warum findet keine Reaktion statt?

Ü 39*

(a) Ordnen Sie die folgenden Verbindungen an anhand ihrer Tendenz, eine nucleophile aromatische Substitutionsreaktion einzugehen (von der höchsten zur niedrigsten Tendenz):

Chlorbenzol 1-Chlor-2,4-dinitrobenzol *p*-Chlornitrobenzol

(b) Ordnen Sie dieselben Verbindungen anhand ihrer Tendenz, eine elektrophile aromatische Substitutionsreaktion einzugehen (von der höchsten zur niedrigsten Tendenz) an.

Ü 40 Zeigen Sie, wie die folgenden Verbindungen jeweils aus Benzol synthetisiert werden können:

(a) *o*-Nitrophenol **(b)** *p*-Nitroanilin **(c)** *p*-Bromanisol **(d)** Anisol

Syntheseplanung VII

Die Synthese zyklischer Verbindungen 18.22

Die meisten Reaktionen, die wir bisher untersucht haben, sind intermolekulare Reaktionen, also Reaktionen, die zwischen Molekülen stattfinden. Die reagierenden Atome befinden sich also auf verschiedenen Molekülen. *Zyklische Verbindungen bilden sich durch eine intramolekulare Reaktionen*: Die beiden reagierenden Gruppen/Atome sind Teile desselben Moleküls. Wir haben gesehen, dass intramolekulare Reaktionen dann besonders bevorzugt sind, wenn die Reaktion zu einem Reaktionsprodukt mit einem fünf- oder sechsgliedrigen Molekülring führt (Abschnitt 9.16).

Beim Entwurf einer Synthese einer zyklischen Verbindung müssen wir das Zielmolekül daraufhin untersuchen, welche Sorten von reaktiven Gruppen notwendig sind, um die Zielverbindung herstellen zu können. Wir wissen beispielsweise, dass sich ein Keton durch eine Friedel-Crafts-Acylierung eines Benzolrings mit einem Säurechlorid bildet (Abschnitt 18.7). Wenn Lewis-Säure ($AlCl_3$) zu der Verbindung, die sowohl den Benzolring als auch das Säurechlorid enthält, hinzugegeben wird, dann enthält man ein zyklisches Keton. Die Größe des Rings ergibt sich aus der Zahl der C-Atome zwischen den beiden funktionellen Gruppen, die miteinander reagieren.

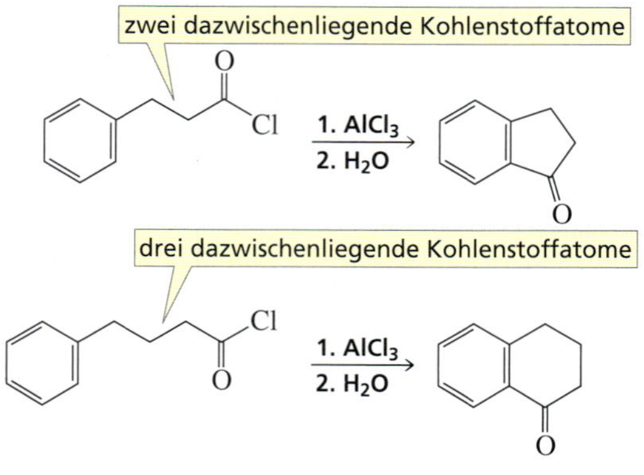

Wir wissen, dass sich ein Ester durch eine säurekatalysierte Reaktion eines Alkohols mit einer Carbonsäure bildet. Ein zyklischer Ester, ein Lacton, lässt sich also aus einem Edukt darstellen, das eine Carbonsäuregruppe und eine alkoholische OH-Gruppe im selben Molekül trägt. Die Größe des Lactonringes ergibt sich aus der Zahl der C-Atome zwischen den beiden funktionellen Gruppen, die zur Esterbindung reagieren.

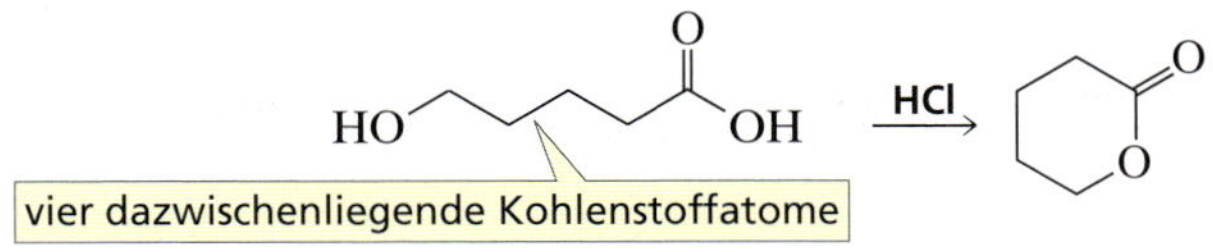

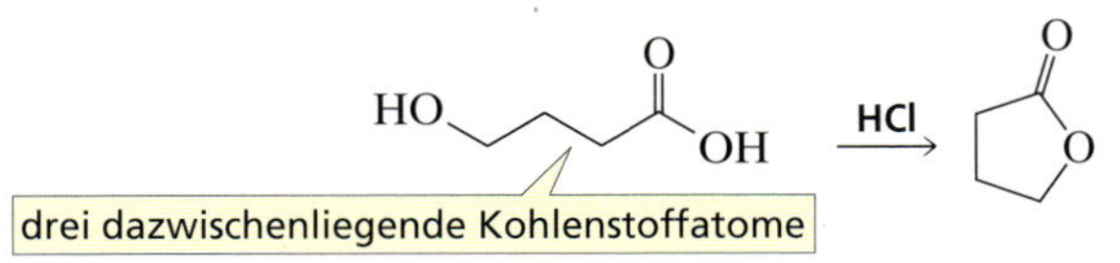

Ein zyklischer Ether lässt sich durch eine intramolekulare Williamson-Synthese (Abschnitt 9.16) darstellen.

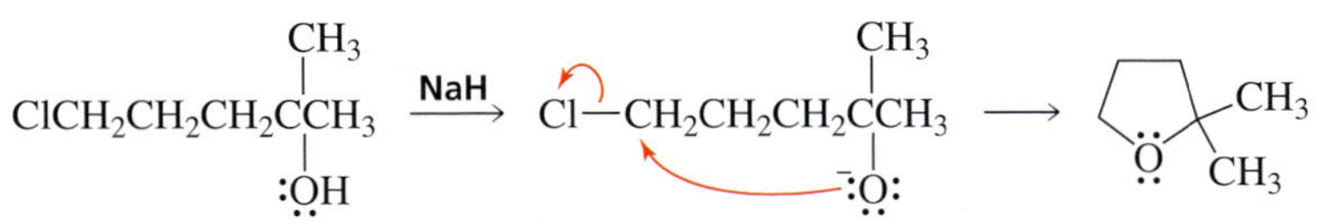

Ein zyklischer Ether lässt sich außerdem durch eine intramolekulare elektrophile Addition (Abschnitt 6.6) darstellen.

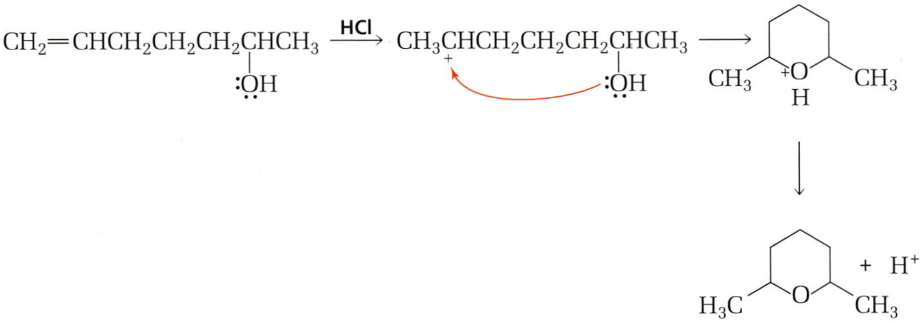

Das Produkt, das man durch eine intramolekulare Reaktion erhält, kann weitere Reaktionen eingehen, die die Synthese einer Vielzahl von Folgeprodukten ermöglichen. Zum Beispiel kann das bei der folgenden Reaktion gebildete Bromalkan eine Eliminierung durchlaufen oder eine Substitution mit einer Vielfalt von Nucleophilen. Oder es könnte in eine Grignard-Verbindung überführt werden, die mit vielen Elektrophilen zur Reaktion gebracht werden kann.

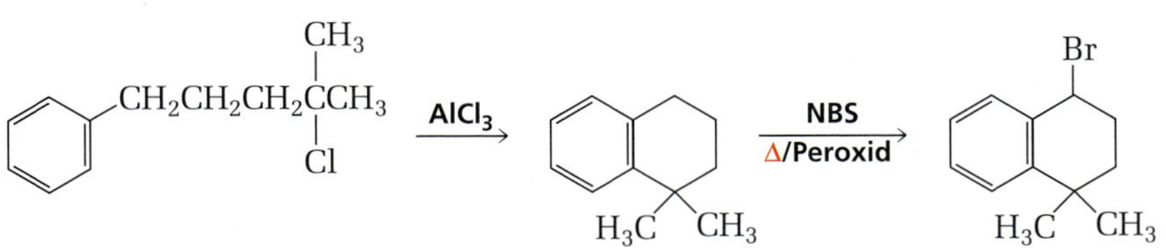

Ü 41 Entwerfen Sie einen Syntheseweg für jede der nachfolgend abgebildeten Verbindungen; lassen Sie dabei eine intramolekulare Reaktion zum Einsatz kommen:

(a) 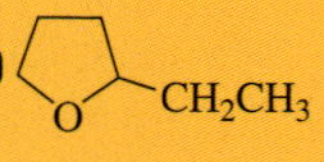

(d) 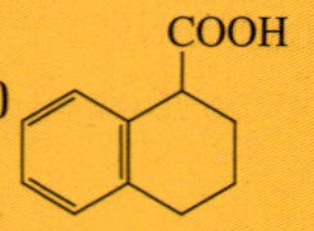

(b) 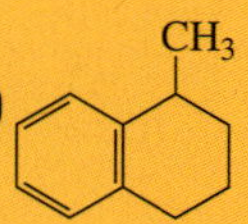

(e) 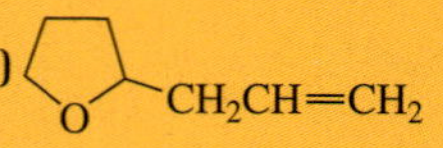

(c) 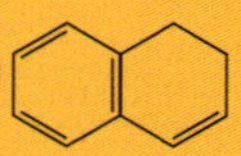

(f) 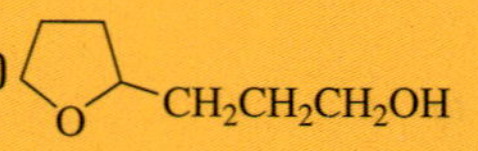

Im MyLab | Organische Chemie finden Sie:

- den praktischen **eText** zum Kapitel mit Notizfunktion
- eine Auswahl verschiedener **3D-Moleküle**
- **Lösungen** zu ausgewählten, mit * versehenen Übungen
- digitale **Lernkarten** und ein umfangreiches **Glossar** zum Nachschlagen und Wiederholen von Definitionen
- digitale Übungsaufgaben in Form von **Kapiteltests** zur eigenen Lernkontrolle

Zusammenfassung

Abschnitt 18.1

- Manche monosubstituierten Benzole werden wie substituierte Benzole benannt (zum Beispiel: Brombenzol, Nitrobenzol); andere Benennungen basieren auf Trivialnamen (zum Beispiel Toluol, Phenol, Anilin).

Abschnitt 18.2

- Benzol ist eine aromatische Verbindung, welche **elektrophile aromatische Substitutionsreaktionen** eingehen kann.
- Die am häufigsten verwendeten elektrophilen aromatischen Substitutionsreaktion sind **Halogenierung**, **Nitrierung**, **Sulfonierung** und **Friedel-Crafts-Acylierung** und **-Alkylierung**.

Abschnitt 18.3–18.6

- Wenn ein Elektrophil vorhanden ist, dann laufen alle elektrophilen aromatischen Substitutionsreaktionen nach demselben Mechanismus mit den folgen zwei Schritten ab: (1) Das Benzol geht eine Verbindung mit dem Elektrophil ein, wodurch ein Carbokation gebildet wird. (2) Eine in der Lösung vorhandene Base spaltet ein Proton von dem Carbokation ab, das die Verbindung mit dem Elektrophil eingeht.

Abschnitt 18.7

- Das Carbokation, das aus dem Alkylhalogen entstanden ist und in der **Friedel-Crafts-Alkylierung** reagiert, kann in manchen Fällen umgelagert werden. Falls dem so ist, dann ist das Produkt, in dem die umgelagerte Alkylgruppe enthalten ist, das Hauptprodukt der Reaktion.

Abschnitt 18.8

- Eine geradkettige Alkylgruppe kann durch eine **Friedel-Crafts-Acylierung** an einen Benzolring angeheftet werden. Danach kann man die Carbonylgruppe durch eine katalytische Hydrierung oder durch eine **Wolff-Kishner-Reduktion** reduzieren.

Abschnitt 18.9

- Alkylbenzole mit geradkettigen Alkylgruppen können durch eine Kupplungsreaktion aus Brombenzol synthetisiert werden.

Abschnitt 18.11

- Die relative Position zweier Substituenten an einem Benzolring werden im Namen der Verbindung entweder durch Zahlen oder durch die Präfixe *ortho*, *meta* und *para* angezeigt.

Abschnitt 18.12

- Substituenten an einem Benzolring nehmen Einfluss auf die Reaktivität des Rings: Durch Substituenten, die Elektronen abgeben, erhöht sich die Reaktionsrate für elektrophile aromatische Substitutionen, wohingegen sie sich durch Substituenten, die dem Ring Elektronen entziehen, verringert.

Abschnitt 18.13

- Substituenten beeinflussen die Positionierung ankommender Substituenten. Alle aktivierenden Substituenten und schwach desaktivierenden Halogene sind ***ortho/para*-dirigierend**; alle Substituenten, die desaktivierender sind als Halogene, sind ***meta*-dirigierend**.
- *Ortho*/*para*-dirigierende Substituenten, mit Ausnahme von Alkyl, Aryl und CH=CHR, haben ein freies Elektronenpaar an ihrem Ring; *meta*-dirigierende Substituenten haben eine positive oder teilweise positive Ladung an einem Atom an ihrem Ring.

Abschnitt 18.14

- *Ortho*/*para*-dirigierende Substituenten bilden, wenn entweder der Substituent oder das ankommende Elektrophil groß ist, vorzugsweise das *para*-Isomer.

Abschnitt 18.15

- Benzolringe mit *meta*-dirigierenden Substituenten können keine Friedel-Crafts-Reaktion eingehen.

Abschnitt 18.16

- Wenn man die Synthese eines disubstituierten Benzols durchführen möchte, dann müssen die folgenden beiden Faktoren in die Planung mit einbezogen werden: Zum einen muss man die Reihenfolge, in der die Substituenten in den Ring eingeführt werden, berücksichtigen. Zum anderen muss man sich überlegen, in welchem Schritt der Reaktion der Substituent chemisch modifiziert werden soll.

Abschnitt 18.17

- Wenn ein disubstituiertes Benzol eine elektrophile aromatische Reaktion eingeht, dann muss der dirigierende Effekt beider Substituenten in Betracht gezogen werden.

Abschnitt 18.18

- Die Auswahl der Substituenten, die in einen Benzolring eindringen können, werden durch die Reaktionen mit Arendiazoniumsalzen und durch nucleophile aromatische Substitutionsreaktionen erweitert.
- Aus der Reaktion von Anilin mit salpetriger Säure entsteht **Arendiazoniumsalz**; eine Diazoniumgruppe kann durch ein Nucleophil ersetzt werden.

Abschnitt 18.19

- Bei sehr aktiven Benzolringen können als Elektrophil Arendiazoniumionen verwendet werden. Daraus entstehen **Azobenzole**, die in *cis*- und *trans*-Form auftauchen können.

Abschnitt 18.21

- Ein Arylhalogenid mit ein oder zwei stark Elektronen ziehend wirkenden Gruppen, die sich in *ortho*- oder *para*-Stellung zu der abzuspaltenden Gruppe des Halogens befinden, kann eine **nucleophile aromatische Substitutionsreaktion (SNAr)** eingehen. Das ankommende Nucleophil muss hierbei eine stärkere Base sein als das Halogenid, das ersetzt werden soll.

Zusammenfassung der Reaktionen

1 Elektrophile aromatische Substitutionsreaktionen

(a) Halogenierung (Abschnitt 18.3)

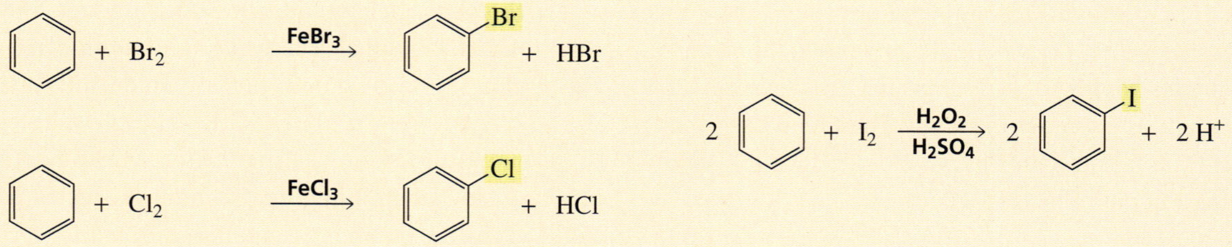

(b) Nitrierung, Sulfonierung und Desulfonierung (Abschnitte 18.4 und 18.5)

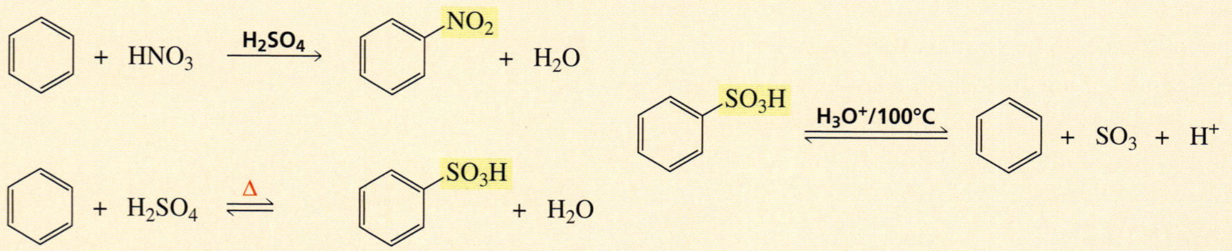

(c) Friedel-Crafts-Acylierung und -Alkylierung (Abschnitte 18.6 und 18.7)

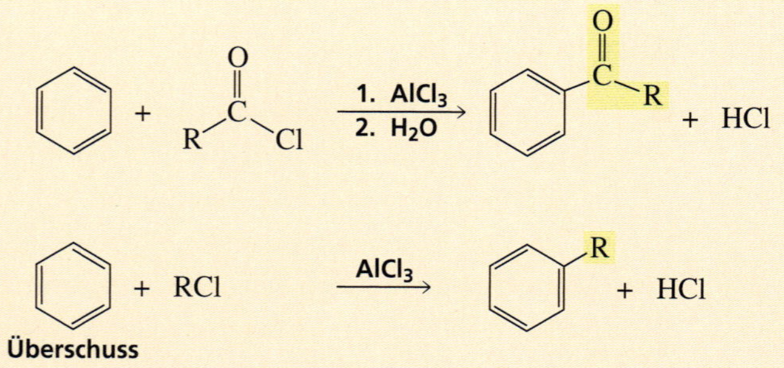

(d) Die Bildung von Benzaldehyd durch eine Gattermann-Koch-Reaktion (Abschnitt 18.6)

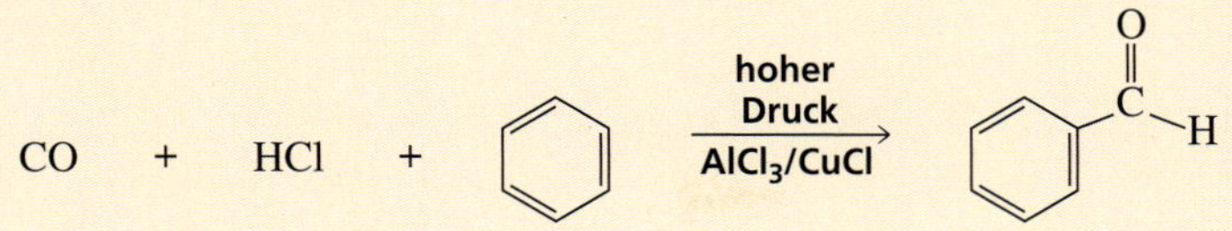

2 Reduktion einer Carbonylgruppe zu einer Methylengruppe (Abschnitt 18.8)

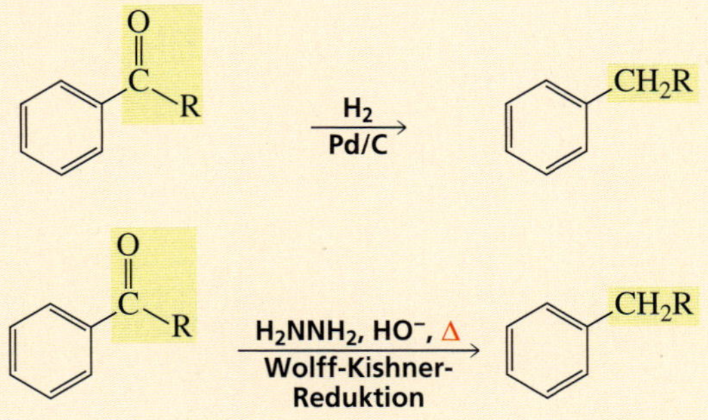

3 Alkylierung durch eine Kupplungsreaktion (Abschnitt 18.9)

(a) Alkylierung durch eine Suzuki-Reaktion

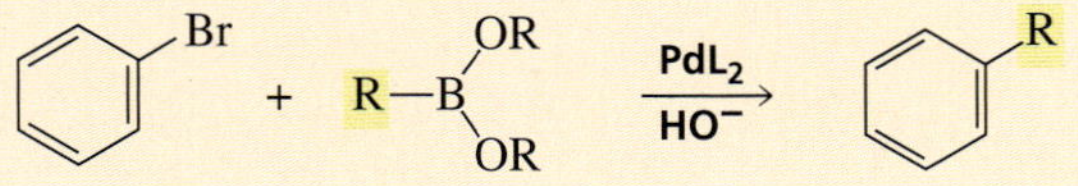

(b) Alkylierung durch eine kupferorganische Verbindung

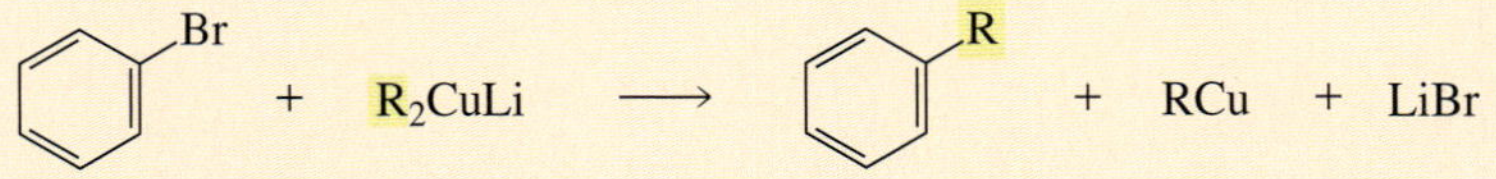

4 Reaktionen der Substituenten eines Benzolrings (Abschnitt 18.10)

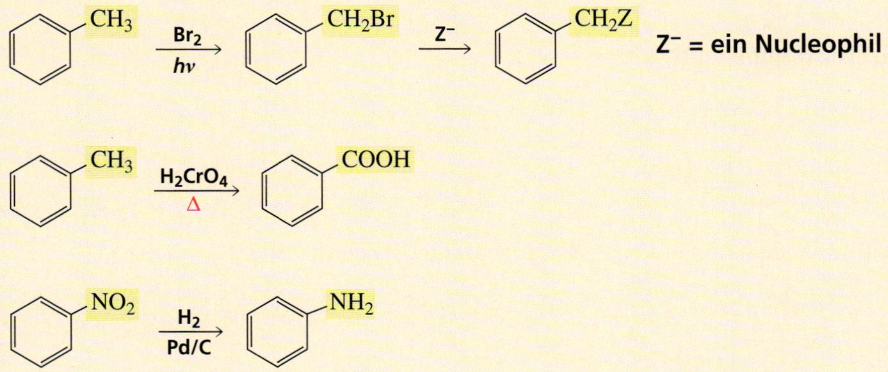

5 Reaktionen von Anilin mit salpetriger Säure (Abschnitt 18.20)

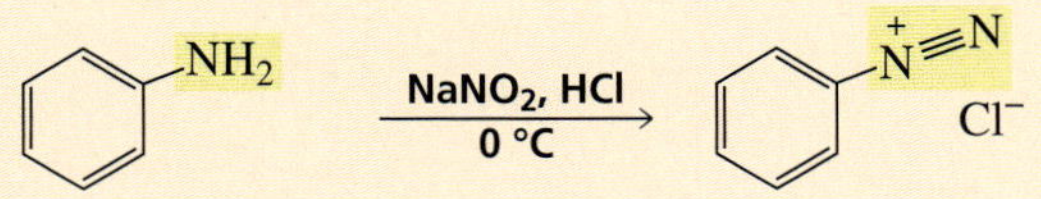

6 Das Ersetzen einer Diazoniumgruppe (Abschnitt 18.18)

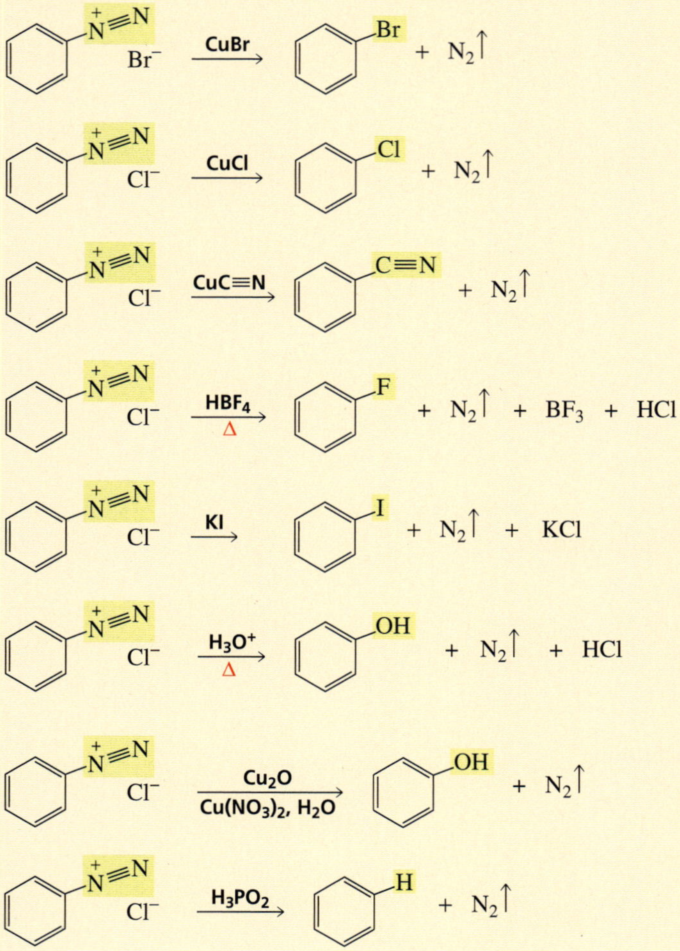

7 Die Herstellung eines Azobenzols (Abschnitt 18.19)

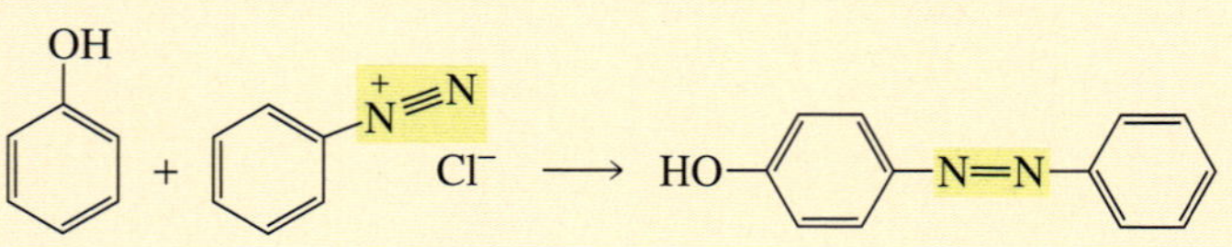

8 Nucleophile aromatische Substitutionsreaktionen von Arylhalogeniden (Abschnitt 18.21)

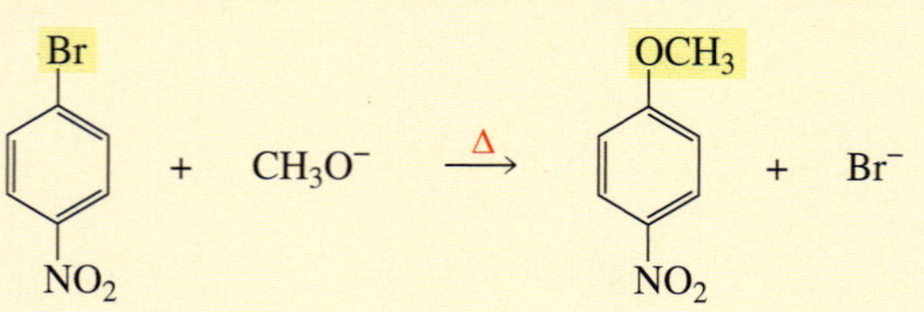

Weiteres zu den Aminen • Reaktionen heterozyklischer Verbindungen

19.1 Weiteres zur Nomenklatur 1081
19.2 Mehr über die Säure-Base-Eigenschaften von Aminen 1083
19.3 Amine reagieren als Basen und als Nucleophile 1084
19.4 Die Synthese von Aminen 1086
19.5 Aromatische fünfgliedrige Heterozyklen 1086
19.6 Aromatische sechsgliedrige Heterozyklen 1092
19.7 Biologisch bedeutsame Heterozyklen 1098
19.8 Unser Wissen über die Reaktionen organischer Verbindungen ordnen (Gruppe IV) 1103
Zusammenfassung 1105
Zusammenfassung der Reaktionen 1105

Der orangefarbene Meeresschwamm Auletta.

*Im Jahr 1994 hat ein Team der Universität Santa Cruz die Strukturen Milnamid A und B im Meeresschwamm Auletta nachgewiesen. Daraufhin haben Wissenschaftler*innen in vielen Ländern diese Verbindungen aus in Korallenriffen vorkommenden Schwämmen isoliert. Es wurde eine wissenschaftliche Kollaboration zwischen Forschenden der University of British Columbia und Wyeth Pharmaceuticals begonnen, um die Eigenschaften der Verbindung Milnamid weiter zu untersuchen. Das Team hat die Frage geklärt, wie und warum man den gesättigten heterozyklischen Ring von Milnamid aufspalten kann, sodass die daraus entstehende Verbindung Milnamid B eine höhere Wirksamkeit in der Bekämpfung von Krebszellen aufweist. Chemiker*innen der Firma Eisai Inc. haben daraufhin E7974 mit Milnamid B als Ausgangsstoff synthetisiert. Diese Verbindung weist eine umfassendere Wirkung gegen eine Vielzahl an Tumoren, die Menschen befallen, auf und ist daher effizienter als das klassische Krebsbekämpfungsmittel, 5-Fluorouracil (auch 5-Fluoruracil).*

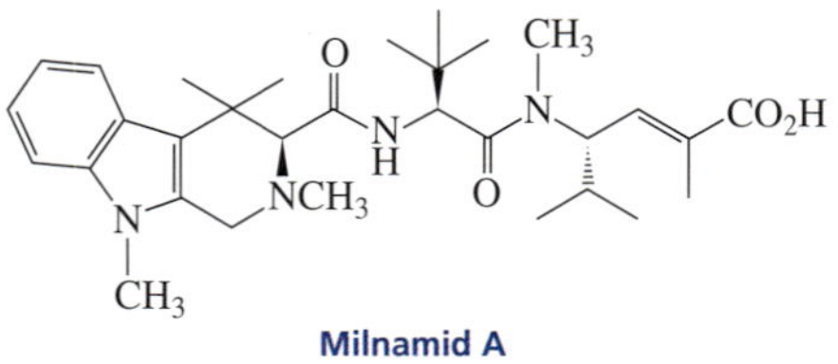

Amine sind alkylierte oder arylierte Derivate des Ammoniaks, also organische Verbindungen, in denen formal eines oder mehrere der Wasserstoffatome des Ammoniaks NH_3 durch organische Reste ersetzt sind. Zur Gruppe der Amine gehören einige der häufigsten chemischen Verbindungen von Lebewesen. Wir werden die Bedeutung der Amine für biochemische Systeme erkennen und einschätzen lernen. Hierzu werden wir die folgenden Themenkomplexe betrachten:

- die Strukturen und Eigenschaften der Aminosäuren und Proteine in Kapitel 21,
- die Strukturen und die enzymatische Katalyse in Kapitel 22,

- die Verwendung von Coenzymen – Verbindungen, die aus Vitaminen abgeleitet sind – als Katalysatoren von Enzymreaktionen in Kapitel 23,
- die Nucleinsäuren DNA und RNA in Kapitel 26.

Amine sind aber auch von außerordentlicher Bedeutung für Chemiker*innen – viel zu wichtig, um ihre Behandlung bis zum Ende des Buchs aufzuschieben. Wir haben daher viele Aspekte der Aminchemie bereits besprochen. Beispielsweise haben wir die Eigenschaften zur Wasserstoffbrückenbildung, Siedepunkte und die Löslichkeit (Abschnitt 3.9) und die Nomenklatur der Amine (Abschnitt 3.7) betrachtet. Außerdem haben wir gelernt, dass

- das Stickstoffatom eines Amins sp^3-hybridisiert ist, wobei das freie Elektronenpaar eines der sp^3-Hybridorbitale besetzt (Abschnitt 3.8).
- sich Amine bei Zimmertemperatur rasch einer als Inversion bezeichneten Konfigurationsumkehr unterziehen, die über einen Übergangszustand verläuft, in dem das Stickstoffatom seinen Hybridisierungszustand von sp^3 nach sp^2 vorübergehend ändert (Abschnitt 4.16).
- die freien Elektronenpaare des Stickstoffatoms bewirken, dass Amine als Basen reagieren (das heißt, dass sie ihr freies Elektronenpaar zur Bindung mit einem Proton einsetzen können) und gleichzeitig als Nucleophile (das heißt, dass sie ihr freies Elektronenpaar zur Bindung mit einem Atom, das kein Elektron ist, einsetzen können).

Ein Amin ist eine Base.

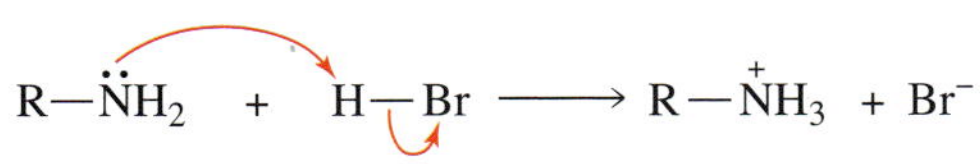

Ein Amin ist ein Nucleophil.

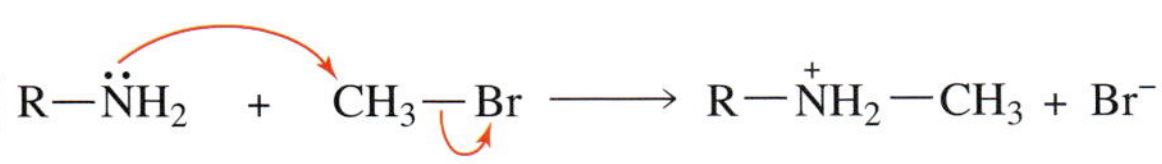

In diesem Kapitel nehmen wir diesen Faden wieder auf und wiederholen einige dieser Themenkreise und betrachten danach andere Aspekte der Aminchemie, die wir zuvor noch nicht behandelt haben.

Eine Untergruppe der Amine sind die **heterozyklischen Verbindungen**. **Heterozyklische Verbindungen** oder kurz **Heterozyklen** sind zyklische organische Verbindungen, bei denen eines oder mehrere der Ringatome **Heteroatome** sind (also beliebige andere Atome außer Kohlenstoff; Abschnitt 8.20). Eine Auswahl der am häufigsten angetroffenen Heteroatome ist N, O, S, Se, P, Si, B und As; sie alle können in organische Ringmoleküle integriert werden.

Die Heterozyklen sind eine außerordentlich wichtige und vielgestaltige Verbindungsklasse, die mehr als die Hälfte aller bekannten organischen Verbindungen stellt. In diesem Kapitel werden wir uns den häufigsten Heterozyklen zuwenden – denen mit den Heteroatomen N, O und S.

19.1 Weiteres zur Nomenklatur

In Abschnitt 3.7 haben wir gelernt, dass die Amine in primäre, sekundäre und tertiäre (und quaternäre Ammoniumsalze) eingeteilt werden, je nach der Zahl der durch organische Gruppen ersetzten Wasserstoffatome des Ammoniaks. Wir wissen auch, dass manche Amine sowohl systematische wie Trivialnamen besitzen. Die Trivialnamen leitet man ab, indem man die organischen Gruppen in alphabetischer Reihenfolge auflistet. Die systemtischen Namen verwenden die Endung „-amin“ um anzuzeigen, dass es sich um ein solches handelt.

	$CH_3CH_2CH_2CH_2CH_2NH_2$	$CH_3CH_2CH_2CH_2NHCH_2CH_3$	$CH_3CH_2CH_2N(CH_3)CH_2CH_3$
	ein primäres Amin	**ein sekundäres Amin**	**ein tertiäres Amin**
systematischer Name:	**1-Pentanamin**	***N*-Ethyl-1-butanamin**	***N*-Ethyl-*N*-methyl-1-propanamin**
Trivialname:	***n*-Pentylamin**	***n*-Butylethylamin**	**Ethylmethylpropylamin**

Die Benennung von stickstoffhaltigen gesättigten Heterozyklen

Ein gesättigtes zyklisches Amin (ein zyklisches Amin ohne Doppelbindungen) kann als Cycloalkan mit der Vorsilbe *Aza-*, die das Stickstoffatom anzeigt, benannt werden. Es gibt jedoch andere zulässige Benennungen. Einige der häufigeren Namen für Verbindungen dieses Typs sind nachfolgend angegeben. Beachten Sie, dass heterozyklische Ringsysteme so nummeriert werden, dass dem Heteroatom die niedrigste Platzziffer zufällt.

Azacyclopropan
Aziridin

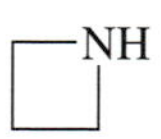

Azacyclobutan
Azetidin

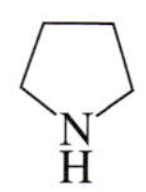

Azacyclopentan
Pyrrolidin

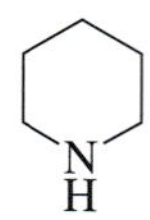

Azacyclohexan
Piperidin

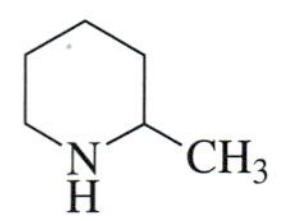

2-Methylazacyclohexan
2-Methylpiperidin

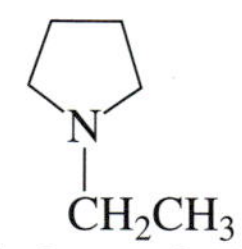

***N*-Ethylazacyclopentan**
***N*-Ethylpyrrolidin**

Die Benennung von sauerstoff- und schwefelhaltigen gesättigten Heterozyklen

Heterozyklen, die Sauerstoff- oder Schwefelatome enthalten, werden in ähnlicher Weise benannt. Die Vorsilben sind in diesen Fällen *Oxa-* beziehungsweise *Thia-*.

Oxacyclopropan
Oxiran
Ethylenoxid

Thiacyclopropan
Thiiran

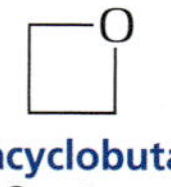

Oxacyclobutan
Oxetan

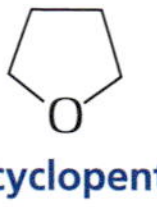

Oxacyclopentan
Tetrahydrofuran

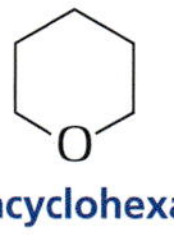

Oxacyclohexan
Tetrahydropyran

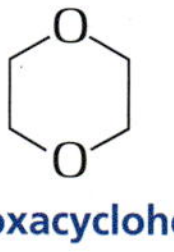

1,4-Dioxacyclohexan
1,4-Dioxan

Ü 1* Benennen Sie die folgenden Verbindungen:

(a) 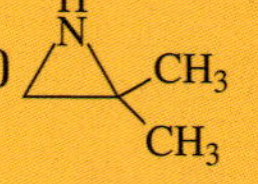

(c) 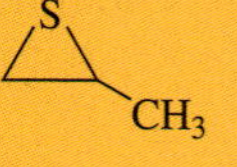

(e) 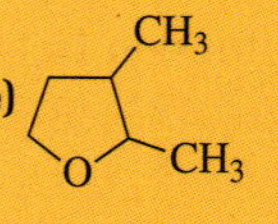

(b) 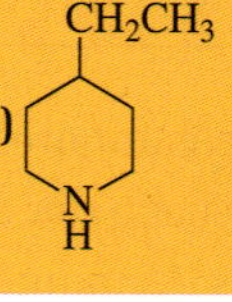

(d) 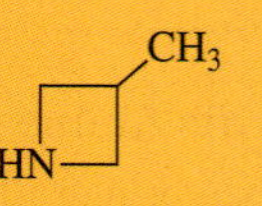

(f) 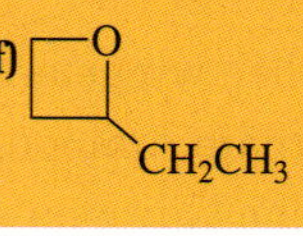

Mehr über die Säure-Base-Eigenschaften von Aminen 19.2

Amine sind die häufigsten organischen Basen. Wir haben schon erfahren, dass Ammoniumverbindungen pK_S-Werte im Bereich von 10 haben (Abschnitt 2.3). Aniliniumionen besitzen pK_S-Werte um 5 (Abschnitte 8.9 und 8.10). Die deutlich höhere Azidität der Aniliniumionen im Vergleich zu den Ammoniumverbindungen geht auf die höhere Stabilität der konjugierten Basen zurück; diese ist bei den Aniliniumionen infolge der Elektronendelokalisation größer. Amine haben sehr hohe pK_S-Werte. Der pK_S-Wert von Methylamin ist beispielsweise 40.

$CH_3CH_2CH_2\overset{+}{N}H_3$

ein Ammoniumion
pK_S = 10,8

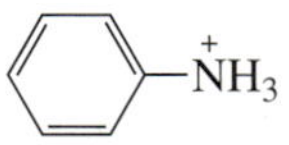

ein Aniliniumion
pK_S = 4,58

CH_3NH_2

ein Amin
pK_S = 40

> **Hinweis für die Studierenden**
>
> Im bisherigen Verlauf dieses Buches haben wir die Stärken der Basen miteinander verglichen, indem wir die pK_S-Werte der konjugierten Basen betrachtet haben. Allgemein gilt: je stärker die Base, desto schwächer ist deren konjugierte Säure.

Gesättigte Stickstoffheterozyklen mit fünf oder mehr Atomen zeigen die typischen physikalischen und chemischen Eigenschaften, die man auch bei azyklischen Aminen antrifft. So sind etwa Pyrrolidin, Piperidin und Morpholin typische sekundäre Amine; *N*-Methylpyrrolidin und Chinuclidin sind typische tertiäre Amine. Die konjugierten Säuren dieser Amine weisen pK_S-Werte auf, die man von Ammoniumverbindungen erwarten würde.

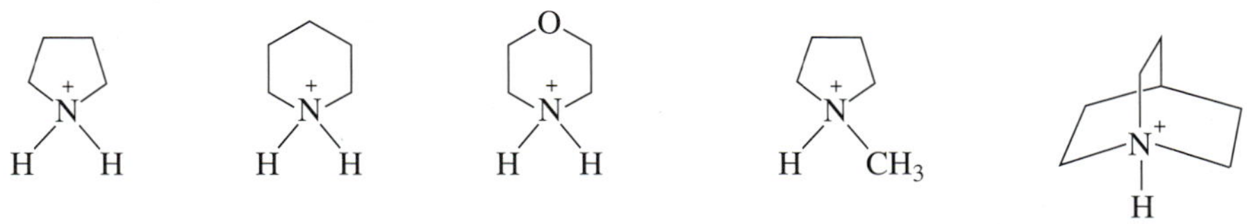

Ammoniumionen von:

Pyrrolidin	Piperidin	Morpholin	*N*-Methylpyrrolidin	Chinuclidin
pK_S = 11,27	pK_S = 11,12	pK_S = 9,28	pK_S = 10,32	pK_S = 11,38

HINTERGRUND

Atropin

Atropin ist eine natürlich vorkommende gesättigte heterozyklische Verbindung, die im gemeinen Stechapfel und im Nachtschatten (*Atropa belladona*) vorhanden ist. Das *R*-Isomer wird in der Natur synthetisiert, aber es racemisiert in Isolation. Atropin kann vielfältig in der Medizin eingesetzt werden, sodass es auf der Liste der am meisten benötigten Medikamente für die medizinische Basisversorgung der WHO (World Healthcare Organization) geführt wird.

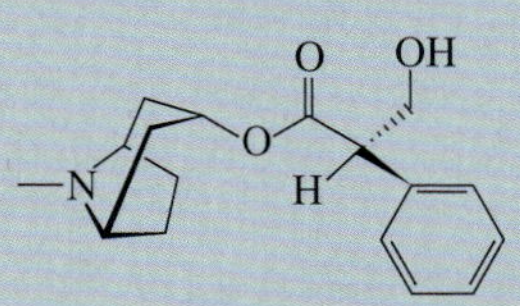

Atropin

Atropa belladonna

Atropin blockiert die Acetylcholinrezeptoren, was zu einer verminderten Aktivität aller vom parasympathetischen Nervensystem gesteuerten Muskeln führt. Es findet Verwendung in der Behandlung von zu niedriger Herzfrequenz, von Krämpfen im Magen-Darm-Trakt und von durch die Parkinson'sche Krankheit verursachtem Tremor. Atropin reduziert zudem Organausscheidungen, sodass es als Gegengift für eine Phosphatvergiftung der Organe eingesetzt werden kann. Weiterhin wirkt die Substanz pupillenerweiternd. Die Römer haben Atropin in Kombination mit Opium als Anästhetikum verwendet. Während der Renaissance war die Einnahme von Beeren des Nachschattengewächses aufgrund deren pupillenerweiternden Wirkung bei Frauen ein gängiges Verschönerungsmittel zur Steigerung der Attraktivität. Es existieren Aufzeichnungen darüber, dass Kleopatra diese Praktik auch angewandt hat. Beachten Sie hierzu, dass das Wort „belladonna" auf Italienisch „schöne Frau" bedeutet.

Ü 2 mit Lösung

Erklären Sie die Unterschiede in den pK_S-Werten von Piperidin- und Aziridinionen:

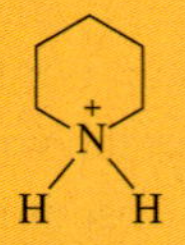

Piperidinion
$pK_S = 11{,}1$

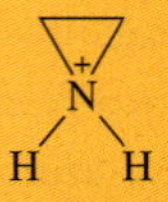

Aziridinion
$pK_S = 8{,}0$

Lösung

Das Piperidinion hat einen pK_S-Wert, den man bei einem Ammoniumion erwartet, wohingegen der pK_S-Wert des Aziridinions sehr viel niedriger ist. Der innere Winkel des dreigliedrigen Rings ist geringer als normalerweise, wodurch die äußeren Winkel größer sind. Durch die größeren Winkel hat das Orbital des Stickstoffatoms, welches die Bindung mit dem Wasserstoff eingeht, mehr Säurecharakter als ein typisches sp^3-Stickstoffatom (Abschnitt 11.1). Dadurch ist das Stickstoffatom im Arizidinion elektroktronegativer, was wiederum zu einer Verminderung des pK_S-Wertes führt.

Ü 3* Warum ist konjugierte Morpholinsäure saurer als konjugierte Piperidinsäure?

Ü 4*

(a) Zeichnen Sie die Struktur von 3-Chinuclidinon.

(b) Was ist der angenäherte pK_S-Wert der konjugierten Säure dieser Verbindung?

(c) Welche Verbindung hat den geringeren pK_S-Wert, konjugierte 3-Bromchinuclidinsäure oder konjugierte 3-Chlorchinuclidinsäure?

Amine reagieren als Basen und als Nucleophile **19.3**

Amine sind Basen

Wir haben gelernt, dass die Abgangsgruppe eines Amins (das Amidion $^-NH_2$) eine so starke Base ist, dass Amine keine Substitutionen und Eliminierungen mit Halogenalkanen, Alkoholen und Ethern eingehen (Abschnitt 10.9). Die relativen Reaktivitäten dieser Verbindungen – eine jede mit einer elektronenziehenden Gruppe an einem sp^3-Kohlenstoffatom – lässt sich durch den Vergleich der pK_S-Werte der konjugierten Säuren ihrer Abgangsgruppen abschätzen. Dabei behalten wir im Hinterkopf, dass die konjugierte Säure umso stärker ist, je schwächer die Base ist (und umgekehrt), und dass die Abgangsneigung umgekehrt proportional zur Basizität des potenziell abgehenden Restes ist (Abschnitt 9.2).

Relative Reaktivitäten

am reaktivsten → RCH_2F > RCH_2OH ~ RCH_2OCH_3 > RCH_2NH_2 ← am wenigsten reaktiv

stärkste Säure, schwächste konjugierte Base				schwächste Säure, stärkste konjugierte Base
	HF	H_2O	RCH_2OH	NH_3
	$pK_S = 3{,}2$	$pK_S = 15{,}7$	$pK_S = 15{,}5$	$pK_S = 36$

Wir haben gelernt, dass Amine bei Protolysereaktionen und Eliminierungen basisch reagieren (Abschnitte 2.3 und 9.12).

Amine sind Nucleophile

Das freie Elektronenpaar am Stickstoffatom eines Amins macht es sowohl zu einem Nucleophil als auch zu einer Base. Wir haben bereits gesehen, dass Amine als Nucleophile in einer Reihe von Reaktionen reagieren, zum Beispiel in nucleophilen Substitutionen, die zu einer Alkylierung des Amins führen (Abschnitt 9.2),

$$CH_3CH_2Br + \underset{\substack{\text{primäres Amin}\\ \text{Methylamin}}}{CH_3NH_2} \longrightarrow \underset{Br^-}{CH_3CH_2\overset{+}{N}H_2CH_3} \rightleftharpoons \underset{\substack{\text{sekundäres Amin}\\ \text{Ethylmethylamin}}}{CH_3CH_2NHCH_3} + HBr$$

sowie bei nucleophilen Acylsubstitutionen, die das Amin *acylieren* (Abschnitte 15.6 und 15.10),

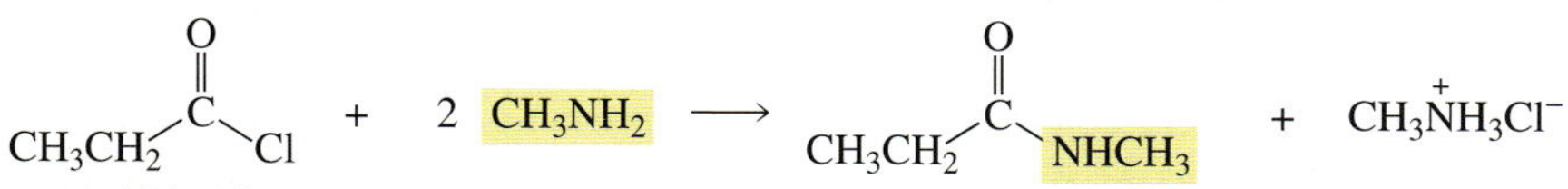

Acylchlorid **Amid**

und bei nucleophilen Additions-Eliminierungsreaktionen (den Reaktionen von Aldehyden und Ketonen mit primären Aminen unter Bildung von Iminen und sekundären Aminen) unter Enaminbildung (Abschnitt 16.8),

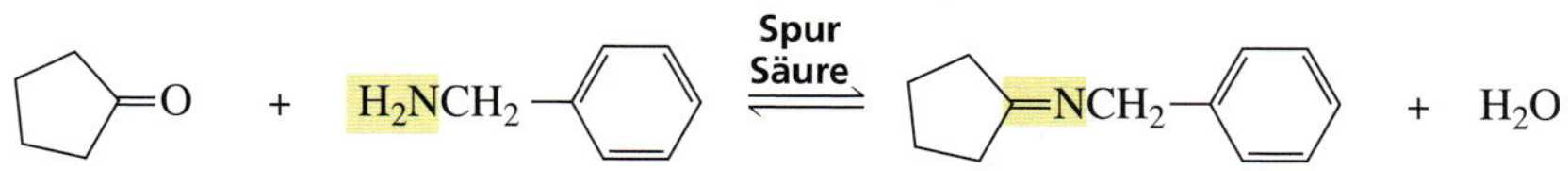

primäres Amin **Benzylamin** **ein Imin**

sekundäres Amin **Pyrrolidin** **ein Enamin**

sowie bei konjugierten Additionen (Abschnitt 16.16).

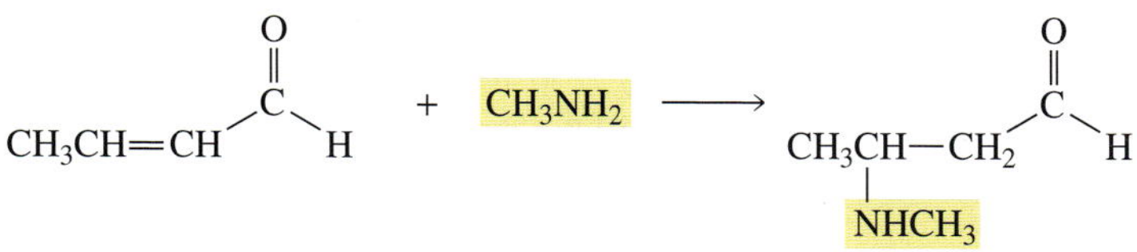

Wir haben gelernt, dass primäre Arylamine mit salpetriger Säure zu stabilen Arendiazoniumsalzen reagieren (Abschnitt 18.17). Arendiazoniumsalze sind synthetisch nützlich, weil die Diazoniumgruppierung durch eine Vielzahl von Nucleophilen ersetzbar ist.

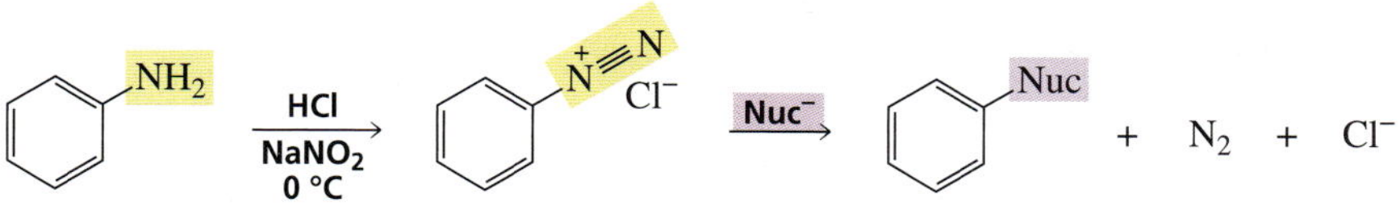

ein Arendiazoniumsalz

Ü 5 Geben Sie die Produkte der folgenden Reaktionen an:

(a) 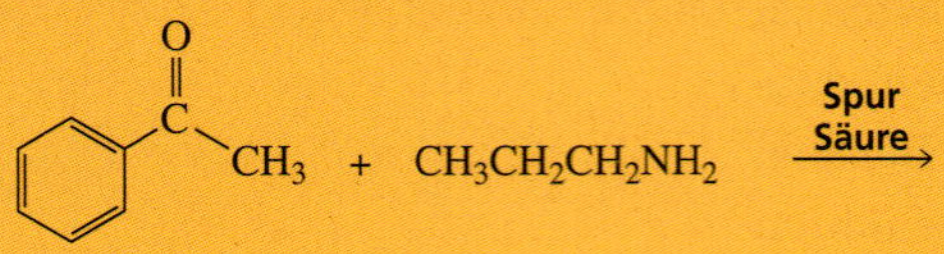

(b) 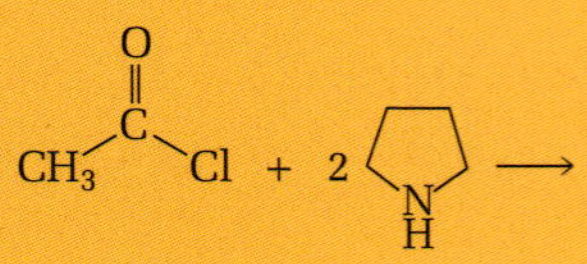

(c) 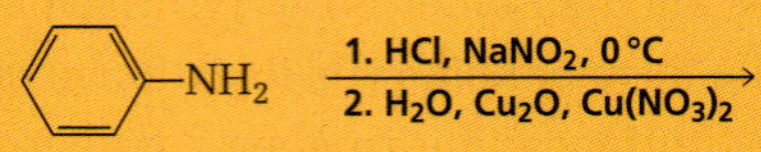

(d) 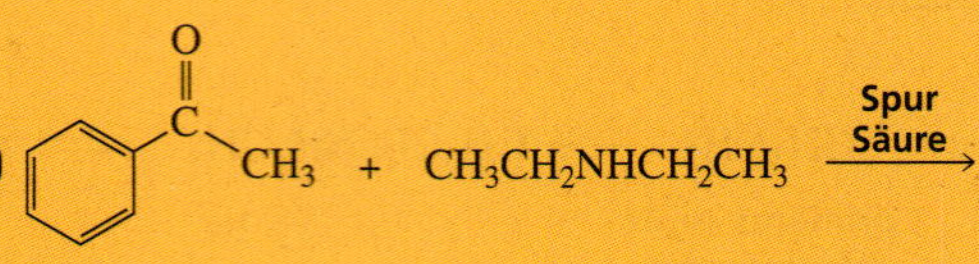

Die Synthese von Aminen 19.4

Es gibt eine Vielzahl von Vorgehensweisen für die Synthese von Aminen. Wir haben die Mechanismen dieser Reaktionen an vielen Stellen in diesem Buch erläutert. Diese Reaktion und die Referenzen zu den jeweiligen Abschnitten, in denen diese behandelt werden, finden Sie in Anhang D.

Aromatische fünfgliedrige Heterozyklen 19.5

Nun betrachten wir Heterozyklen, die einen fünfgliedrigen aromatischen Ring enthalten.

Die Aromatizität von Pyrrol, Furan und Thiophen

Pyrrol, **Furan** und **Thiophen** sind fünfgliedrige Heterozyklen. Wir haben gesehen, dass diese Verbindungen aufgrund der zyklischen und planaren Anordnung ihrer Moleküle aromatisch sind. Jedes Atom im Ring hat ein *p*-Orbital und die π-Wolke weist *drei* π-Elektronenpaare auf (Abschnitt 8.20).

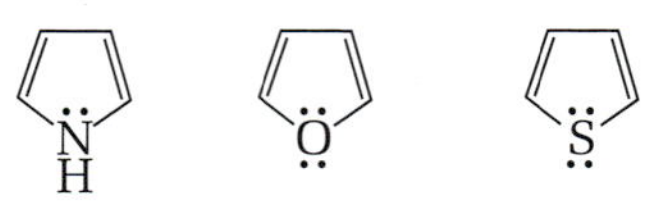

Pyrrol Furan Thiophen

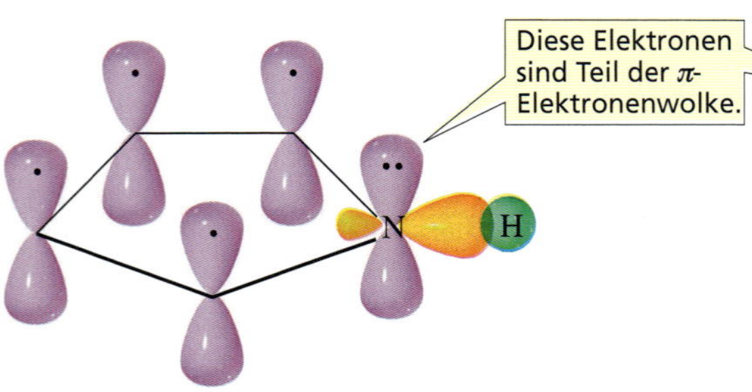

Orbitalstruktur von Pyrrol

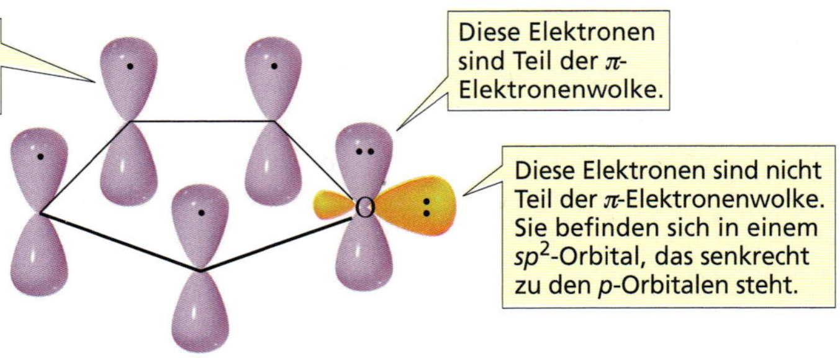

Orbitalstruktur von Furan

Unten sehen Sie die mesomeren Grenzformeln von Pyrrol und dessen mesomeren Zustand.

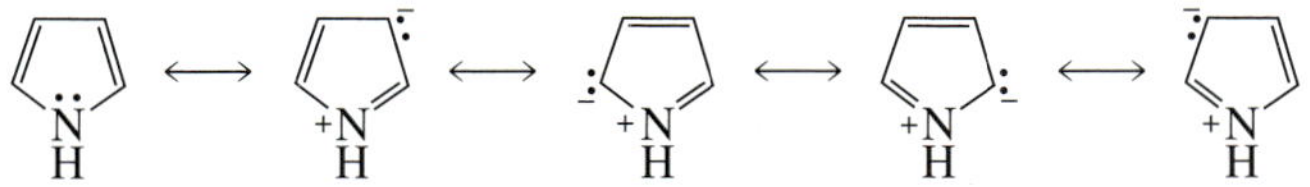

mesomere Grenzformeln von Pyrrol

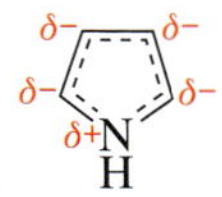

mesomerer Zustand

Ü 6 Zeichnen Sie Pfeile in die obigen Formeln des Pyrrols, die die Verschiebung der Elektronen von einer mesomeren Grenzformel zur nächsten verdeutlichen.

Pyrrol – ein ungesättigtes sekundäres Amin mit fünfgliedriger Ringstruktur – weist ein Dipolmoment von 1,80 D auf (Abschnitt 1.16). Pyrrolidin – ein gesättigtes sekundäres Amin mit fünfgliedriger Ringstruktur – weist ein geringfügig kleineres Dipolmoment von 1,57 D auf, aber wie wir aus den nachfolgend dargestellten Potenzialkarten entnehmen können, weisen die Vektoren der Dipolmomente in entgegengesetzte Richtungen (die roten Bereiche in der Farbdarstellung der elektrischen Ladungsverteilung). Das Dipolmoment des Pyrrolidins erwächst aus dem induktiven Elektronenzug des Stickstoffatoms. Offenbar macht der mesomere Elektronenschub, durch den das Stickstoffatom Elektronen zum aromatischen System beisteuert, den induktiven Elektronenzug wett (Abschnitt 8.10).

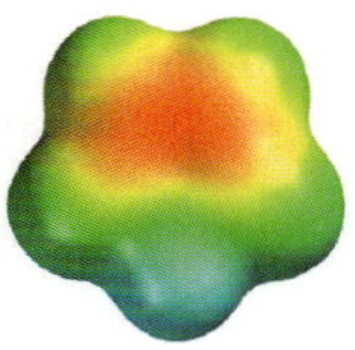

Pyrrol

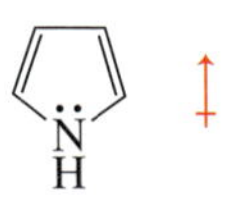

μ = 1,80 D

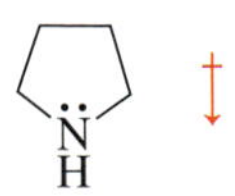

μ = 1,57 D

Pyrrolidin

In Abschnitt 8.6 haben wir gelernt, dass die Delokalisierungsenergie einer Verbindung umso größer ist, je stabiler und je ähnlicher sich die mesomeren Grenzformeln des Moleküls sind.

Relative Delokalisierungsenergien einiger aromatischer Verbindungen

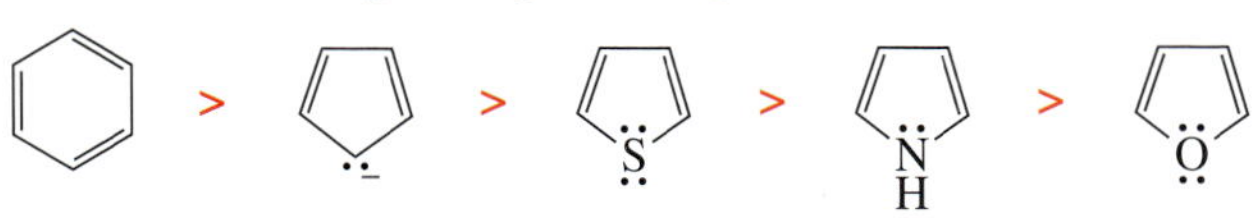

Thiophen besitzt das am wenigsten elektronegative Heteroatom, welches die größte Delokalisierungsenergie der drei Verbindungen hat, und Furan besitzt das elektronegativste Heteroatom mit der kleinsten Delokalisierungsenergie. Die mesomeren Grenzformeln mit einer positiven elektrischen Ladung am Heteroatom sind nämlich gegenüber der Verbindung mit dem elektronegativsten Atom am wenigsten stabil, und die Grenzformeln mit den elektronegativsten Heteroatomen sind am stabilsten. Rufen Sie sich in Erinnerung, dass im Allgemeinen gilt: Je stabiler die mesomere Grenzformel, desto größer die Delokalisierungsenergie (Abschnitt 8.6).

Die Säure-Base-Eigenschaften von Pyrrol

Pyrrol ist eine extrem schwache Base, da das freie Elektronenpaar des Stickstoffatoms Teil der aromatischen π-Elektronenwolke ist. Bei einer Protonierung von Pyrrol wird daher der aromatische Zustand aufgehoben. Aus diesem Grund ist protoniertes Pyrrol eine starke Säure ($pK_S = -3{,}8$).

Der mesomere Zustand von Pyrrol zeigt, dass es eine teilweise positive Ladung an seinem Stickstoffatom und eine teilweise negative Ladung an jedem seiner Kohlenstoffatome aufweist. Als Resultat dessen ist Pyrrol an den Kohlenstoffatomen anstatt an seinem Stickstoffatom protoniert. Da ein Proton ein Elektrophil ist und Elektrophile sich bevorzugt an das C-2-Atom anlagern, werden wir sehen, dass auch im Fall von Pyrrol die Elektrophile vorzugsweise ihre Bindung an der C-2-Position eingehen.

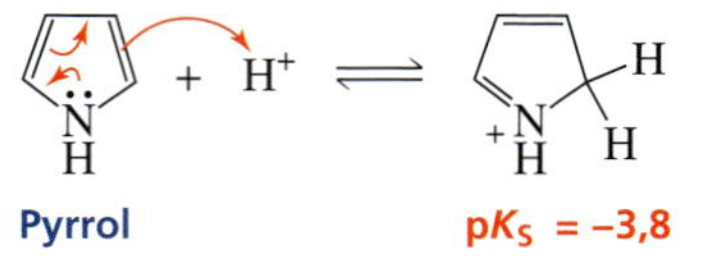

Pyrrol ist in starken Säurelösungen instabil, da es im protonierten Zustand direkt polymerisiert.

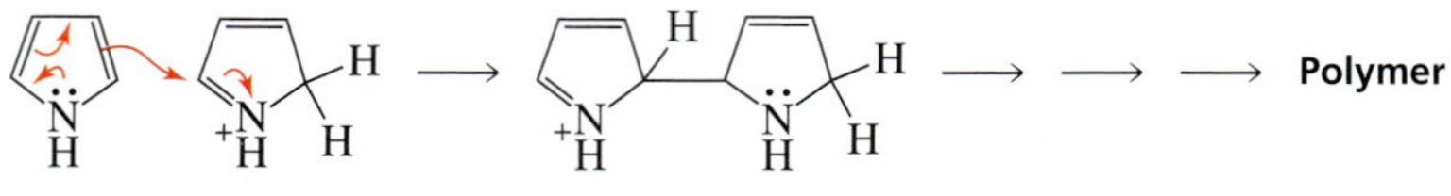

Die teilweise positive Ladung am Stickstoffatom dieser Verbindung (die in der Resonanzhybridstruktur zu sehen ist) bewirkt, dass Pyrrol ($pK_S \sim 17$) saurer ist als das analoge gesättigte Amin ($pK_S \sim 36$). Zudem ist der sp^2-Stickstoff des Pyrrols elektronegativer als der sp^3-Stickstoff des gesättigten Amins, was zudem zu der gesteigerten Säureeigenschaft von Pyrrol beiträgt (Abschnitt 2.6).

Indol enthält einen Pyrrolring, der zu einem Benzolring zusammengeführt ist. Indol ist deshalb aromatisch, weil es zyklisch und planar ist und die π-Elektronenwolke fünf Elektronenpaare enthält. Indol ist an seinem C-3-Atom protoniert, weil die Protonierung am C-2-Atom die Aromatizität des Benzolrings stören würde.

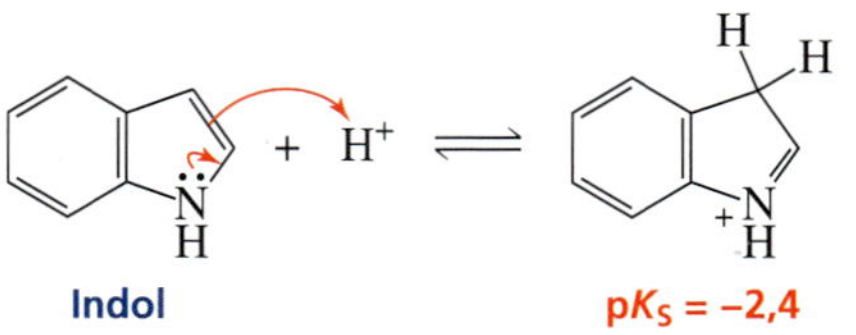

Die pK_S-Werte einiger stickstoffenthaltender Heterozyklen sind in ► Tabelle 19.1 aufgelistet.

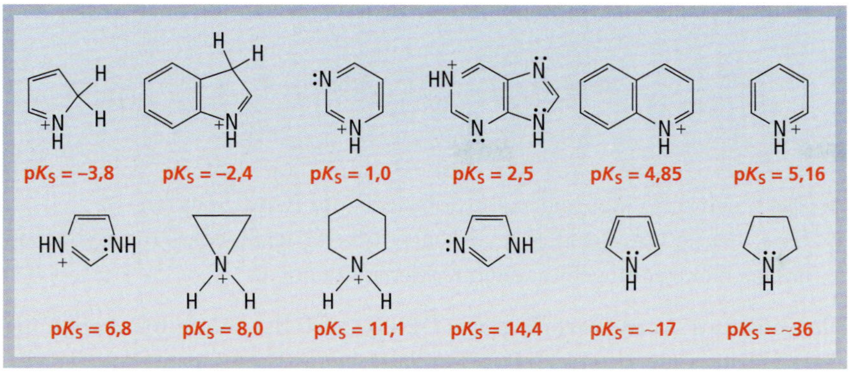

Tabelle 19.1: Die pK_S-Werte einiger stickstoffhaltiger Heterozyklen.

STRATEGIEN ZUR PROBLEMLÖSUNG

■ Bestimmung der relativen Basizität

Ordnen Sie die folgenden Verbindungen von der am schwächsten basischen zur basischsten Verbindung:

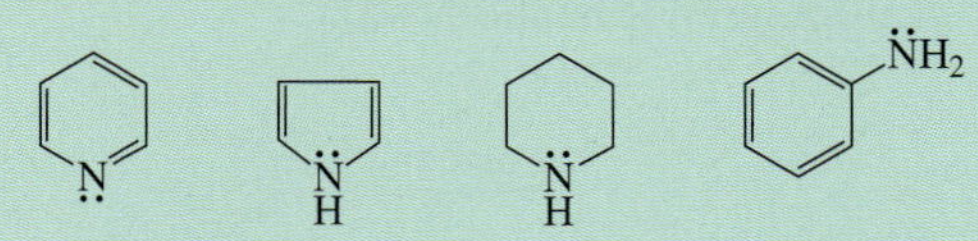

Zuerst müssen wir uns ansehen, ob die Verbindungen jeweils ihre Aromatizität verringern, wenn sie protoniert werden. Da solche Verbindungen sehr schwierig zu protonieren sind, bilden sie sehr schwache Basen. Ein Beispiel für eine solche Verbindung ist Pyrrol. Als nächstes müssen wir abklären, ob eine dieser Verbindungen ein freies Elektronenpaar hat, welches delokalisiert werden kann, denn ein delokalisiertes freies Elektronenpaar ist schwieriger zu protonieren als ein lokalisiertes Elektronenpaar. Ein Beispiel für eine solche Verbindung ist Anilin. Zuletzt müssen wir uns die Hybridisierung des Stickstoffatoms näher ansehen. Das Stickstoffatom des ungesättigten sechsgliedrigen Rings ist sp^2-hybridisiert, wohingegen das Stickstoffatom des gesättigten sechsgliedrigen Rings sp^3-hybridisiert ist. Wir wissen, dass ein sp^2-Stickstoffatom elektronegativer ist und dadurch schwerer als ein sp^3-Stickstoffatom protoniert werden kann. Dadurch ist die Anordnung der Verbindungen anhand ihrer Basizität folgendermaßen:

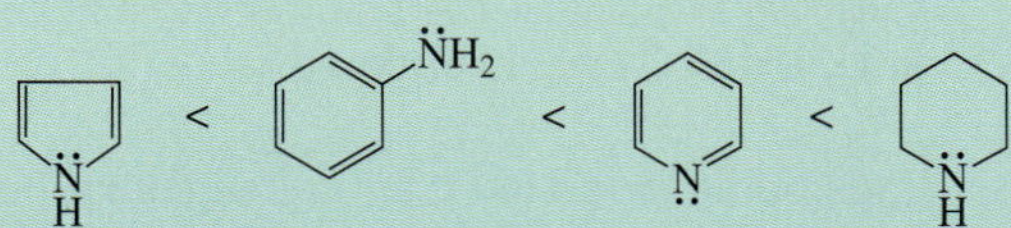

Ü 7 Erklären Sie, warum Cyclopentadien (pK_S = 15) saurer ist als Pyrrol (pK_S = 17), obwohl Stickstoff elektronegativer als Kohlenstoff ist.

Elektrophile aromatische Substitutionsreaktionen

Da Pyrrol, Furan und Thiophen aromatische Verbindungen sind, gehen sie elektrophile aromatische Substitutionsreaktionen ein.

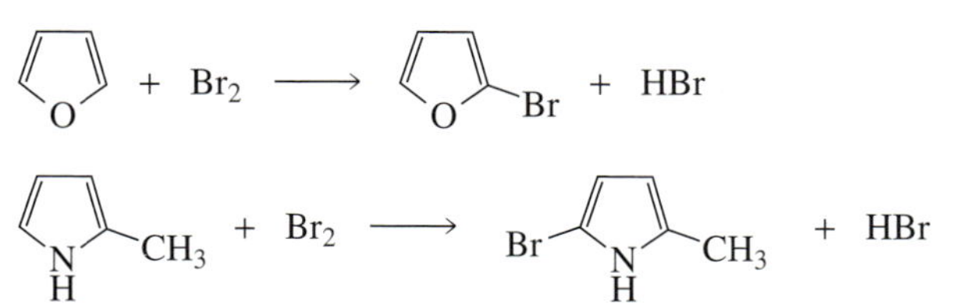

Beachten Sie, dass der Reaktionsmechanismus derselbe ist wie der Mechanismus der elektrophilen aromatischen Substitution von Benzol (Abschnitt 18.2).

MERKE!

Pyrrol, Furan und Thiophen gehen elektrophile aromatische Substitutionsreaktionen ein, vorzugsweise am C-2-Atom.

Mechanismus der elektrophilen aromatischen Substitution am Pyrrol

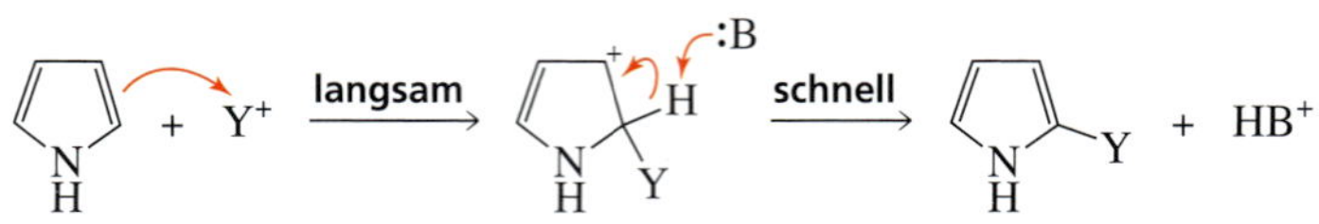

- Das Elektrophil fügt sich in die 2-Position des Pyrrolrings ein.
- Eine während der Reaktion anwesende Base (:B) spaltet das Proton von dem an das Elektrophil gebundenen Kohlenstoffatom ab.

Die Substitution tritt bevorzugt am C-2 ein, weil das durch die Anheftung eines Substituenten in dieser Position entstehende Reaktionsintermediat stabiler ist als das bei einer Anheftung am C-3 entstehende (▶ Abbildung 19.1). Beide Reaktionszwischenstufen besitzen relativ stabile mesomere Zustände, in denen alle Atome (außer H) vollständige Elektronenoktette aufweisen. Die aus der Substitution am C-2 des Pyrrols resultierende Zwischenstufe besitzt *zwei* zusätzliche mesomere Zustände, während die Zwischenstufe, die aus der Substituentenanheftung am C-3 resultiert, dagegen nur *einen* zusätzlichen mesomeren Zustand besitzt.

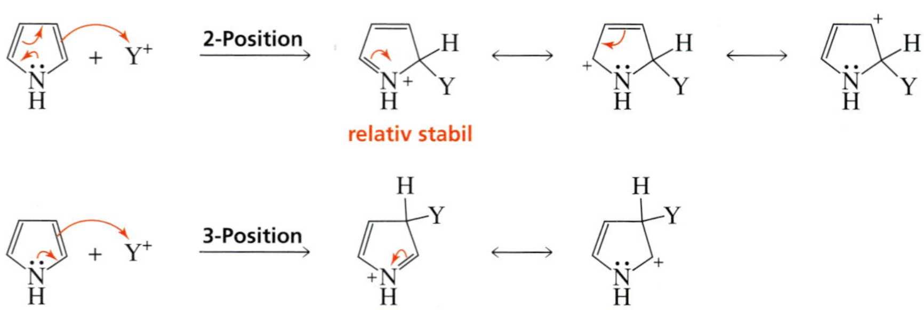

Abbildung 19.1: Strukturen der Reaktionszwischenstufen, die bei der Reaktion eines Elektrophils mit Pyrrol am C-2 und am C-3 gebildet werden können.

Falls beide dem Heteroatom benachbarten Positionen belegt sind, findet die elektrophile Substitution am C-3 statt.

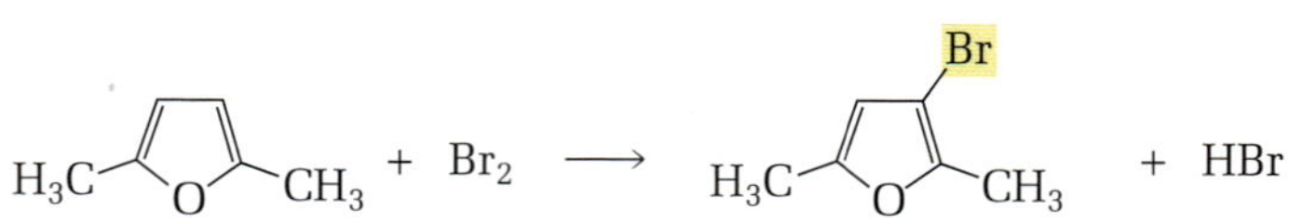

Relative Reaktivität

Pyrrol, Furan und Thiophen sind gegen elektrophile Substitutionen sämtlich reaktiver als Benzol, weil sie besser in der Lage sind, die positive elektrische Ladung der carbokationischen Zwischenstufe zu stabilisieren, da das freie Elektronenpaar des jeweiligen Heteroatoms durch den Delokalisierungseffekt Elektronen an den Ring abgeben kann. Daher

- sind diese Verbindungen nucleophiler als Benzol.
- sind sie besser in der Lage, das positiv geladene Intermediär zu stabilisieren (▶ Abbildung 19.1).

Furan verhält sich bei elektrophilen aromatischen Substitutionen nicht so reaktiv wie Pyrrol. Das Sauerstoffatom des Furans ist elektronegativer als das Stickstoffatom des Pyrrols; das O-Atom ist nicht so wirksam bei der Stabilisierung eines Kations. Thiophen ist noch weniger reaktiv als Furan, weil die π-Elektronen des Schwefelatoms einem $3p$-Orbital entstammen, das weniger gut mit den $2p$-Orbitalen der Kohlenstoffatome überlappt als dies die $2p$-Orbitale des N- oder des O-Atoms vermögen. Die elektrostatischen Potenzialkarten illustrieren die unterschiedlichen Elektronendichteverteilungen in den drei Molekülringsystemen.

Relative Reaktivität bei der elektrophilen aromatischen Substitution

Pyrrol **Furan** **Thiophen** **Benzol**

Die relativen Reaktivitäten der vorgestellten fünfgliedrigen Heterozyklen spiegeln sich in den Lewis-Säuren wieder, die als Katalysatoren einer Friedel-Crafts-Acylierung dieser Systeme notwendig sind (Abschnitt 18.6).

- Benzol erfordert den Einsatz von $AlCl_3$, eine relativ starke Lewis-Säure.

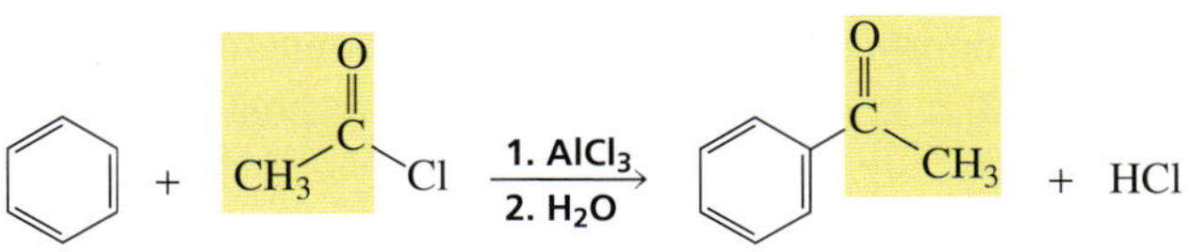

- Thiophen, das reaktiver als Benzol ist, kann mit $SnCl_4$, einer schwächeren Lewis-Säure, eine Friedel-Crafts-Reaktion eingehen.

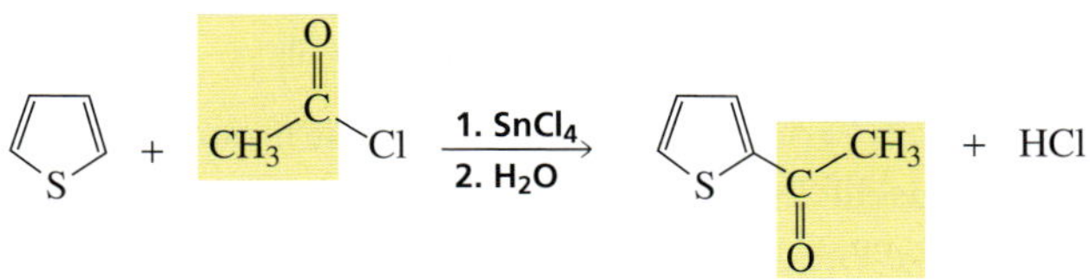

- BF_3, eine noch schwächere Lewis-Säure, kann für die Reaktion mit Furan eingesetzt werden.

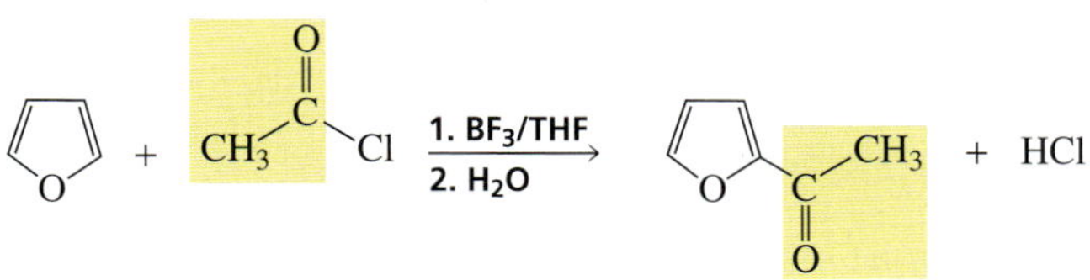

- Pyrrol ist so reaktiv, dass ein Säureanhydrid anstelle des sonst üblichen Säurechlorids für eine Acylierung eingesetzt wird; ein Katalysator ist nicht erforderlich.

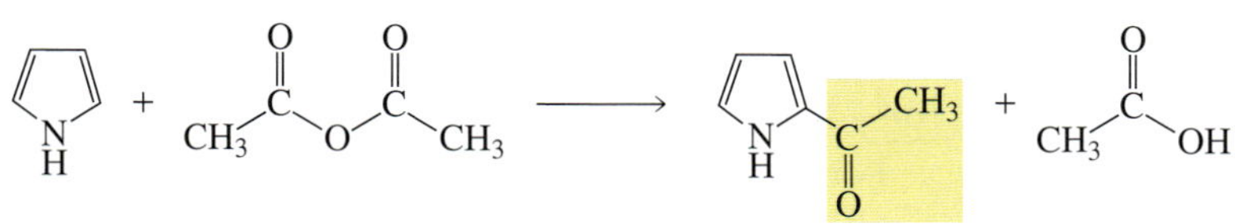

Pyrrol

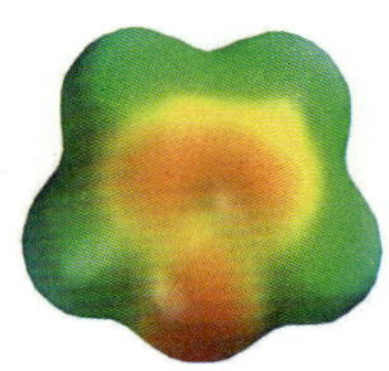

Furan

Thiophen

Ü 8* Wenn man Pyrrol zu einer verdünnten Lösung aus D_2SO_4 in D_2O hinzugibt, entsteht 2-Deuteriopyrrol. Schlagen Sie einen Mechanismus für die Bildung dieser Verbindung vor.

Aromatische sechsgliedrige Heterozyklen 19.6

Als Nächstes werden wir heterozyklische Verbindungen mit sechsgliedrigen aromatischen Ringsystemen betrachten.

Aromatizität von Pyridin

Ersetzt man eines der Kohlenstoffatome des Benzols (Abschnitt 8.20) durch ein Stickstoffatom, so gelangt man zum **Pyridin**.

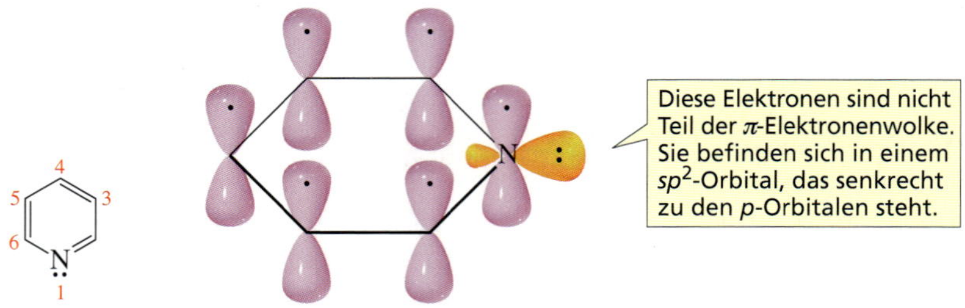

Pyridin   Orbitalstruktur von Pyridin

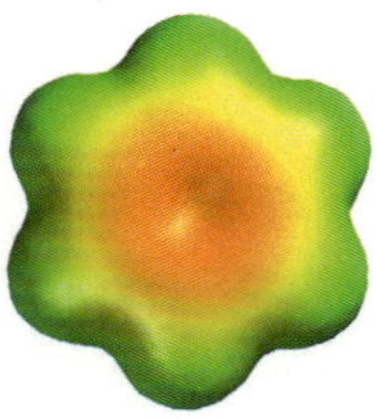

Benzol

Pyridin

Pyridin besitzt aromatischen Charakter. Wie Benzol besitzt es zwei ladungslose mesomere Grenzformeln. Aufgrund der elektronenziehenden Wirkung des Stickstoffatoms besitzt es weiterhin drei mesomere Zustände, die bei Benzol nicht auftreten.

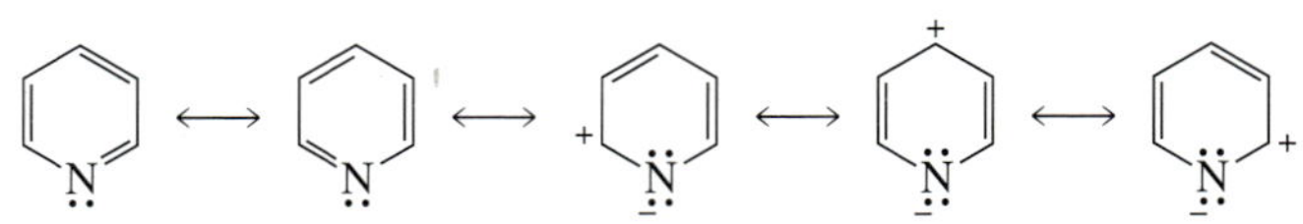

mesomere Grenzformeln von Pyridin

Das Dipolmoment von Pyridin beträgt 1,57 D. Wie die mesomeren Grenzformeln und die elektrostatische Potenzialkarte anzeigen, ist das elektronenziehende N-Atom der negative Pol des Dipols.

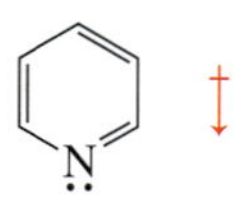

μ = 1,57 D

Die Säure-Base-Eigenschaften von Pyridin

Das Pyridiniumion ist eine stärkere Säure als ein typisches organisches Ammoniumderivat, weil das azide Wasserstoffatom des Pyridiniumions an ein sp^2-hybridisiertes N-Atom gebunden ist, welches sich elektronegativer verhält als ein sp^3-hybridisiertes Stickstoffatom (Abschnitt 2.6).

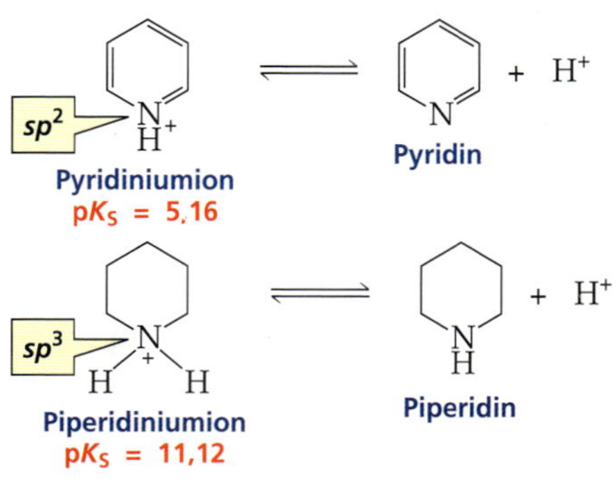

Pyridin reagiert als ein Nucleophil

Pyridin geht Reaktionen ein, wie sie für ein tertiäres Amin typisch sind. Beispielsweise geht Pyridin mit Halogenalkanen S_N2-Reaktionen ein (Abschnitt 9.2).

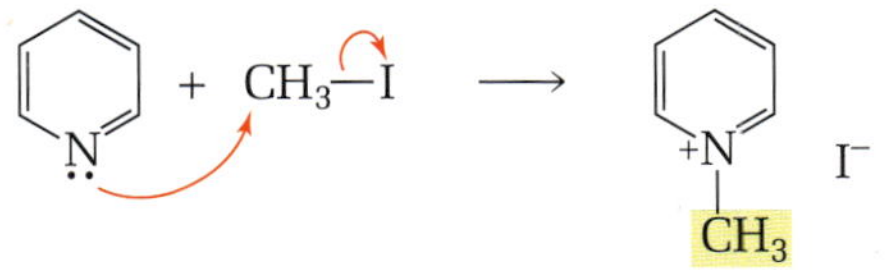

Ü 9 mit Lösung

Kommt es zur Bildung eines Amids, wenn ein Säurechlorid in wässriger Lösung mit Pyridin reagiert? Erläutern Sie Ihre Antwort.

Lösung

Das positiv geladene Stickstoffatom macht den Pyridinrest zu einer ausgezeichneten Abgangsgruppe. Als Folge davon ist das Endprodukt der Reaktion eine Carbonsäure. (Falls der pH-Wert am Ende höher ist als der pK_S-Wert der Carbonsäure, liegt die Carbonsäure vorzugsweise ionisiert vor.)

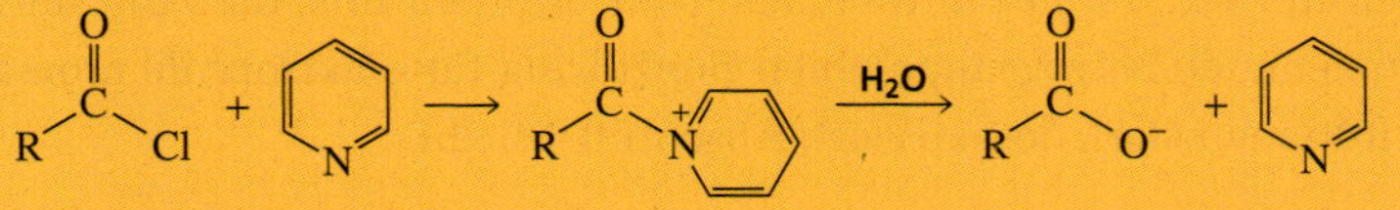

Ü 10* Zeichnen Sie das Produkt, das man aus der Reaktion von Pyridin mit Ethylbromid erhält.

Elektrophile aromatische Substitutionsreaktionen

Da es aromatischen Charakter besitzt, geht Pyridin wie Benzol elektrophile aromatische Substitutionen ein.

Mechanismus der elektrophilen aromatischen Substitution am Pyridin

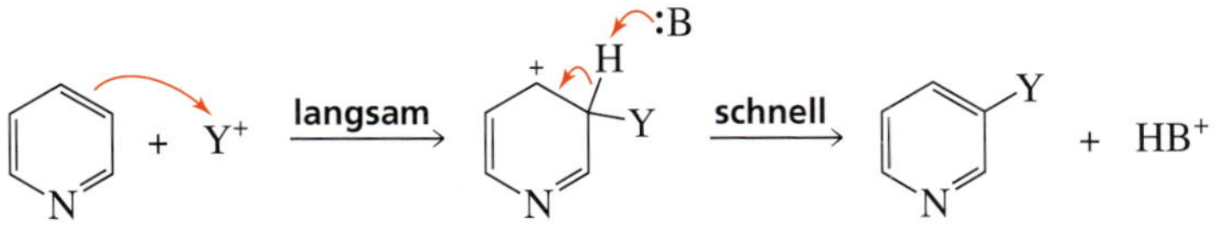

- Das Elektrophil fügt sich an der 3-Position des Pyridinrings ein.
- Eine während der Reaktion anwesende Base (:B) spaltet das Proton von dem an das Elektrophil gebundenen Kohlenstoffatom ab.

Die elektrophile aromatische Substitution findet am Pyridinmolekül am C-3 statt, weil sich die stabilste Reaktionszwischenstufe ergibt, wenn der eintretende Substituent in diese Position gebracht wird (► Abbildung 19.2). Wenn der Substituent am C-2 oder am C-4 platziert wird, ist einer der sich ergebenden mesomeren Grenzformeln besonders instabil, weil das Stickstoffatom in diesem ein unvollständiges Elektronenoketett *und* eine positive elektrische Ladung aufweist.

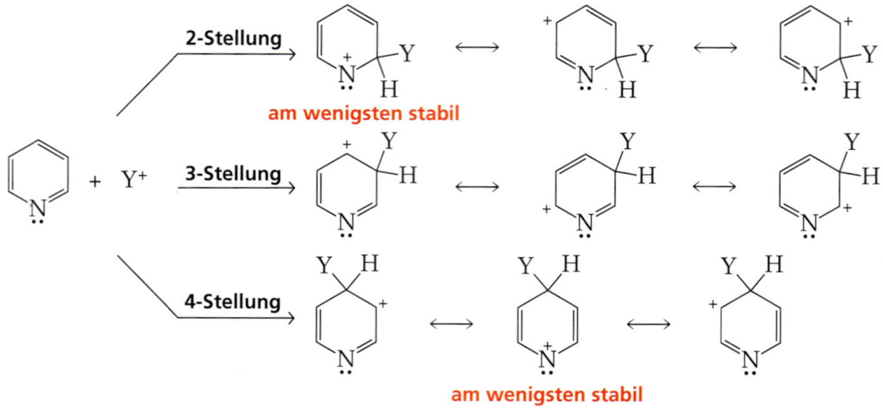

Abbildung 19.2: Strukturen der Reaktionszwischenstufen bei der Reaktion von Pyridin mit einem Elektrophil.

Das elektronenziehende Stickstoffatom verleiht den bei einer elektrophilen aromatischen Substitution am Pyridin gebildeten carbokationischen Intermediaten eine im Vergleich zum Benzol geringere Stabilität. Pyridin verhält sich bei diesen Reaktionen deshalb weniger reaktiv als Benzol. Tatsächlich ist es noch unreaktiver als Nitrobenzol. (Wir erinnern uns, dass die stark elektronenziehende Nitrogruppe einen Benzolring für elektrophile aromatische Substitutionen stark desaktiviert; Abschnitt 18.12.)

Relative Reaktivitäten bei der elektrophilen aromatischen Substitution

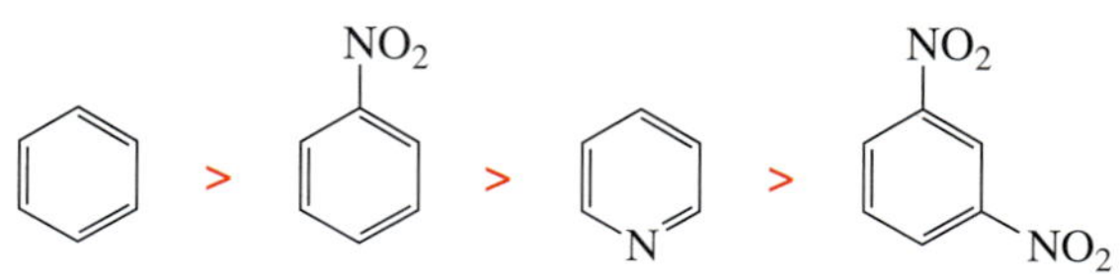

Pyridin geht aus diesem Grund elektrophile aromatische Substitutionen nur unter harschen Reaktionsbedingungen ein, und die Ausbeuten dieser Reaktionen sind oftmals ziemlich gering. Falls unter den gewählten Reaktionsbedingungen das N-Atom des Pyridins protoniert wird, vermindert sich die Reaktivität nochmals, weil ein positiv geladenes Stickstoffatom die carbokationischen Zwischenzustände noch mehr destabilisiert.

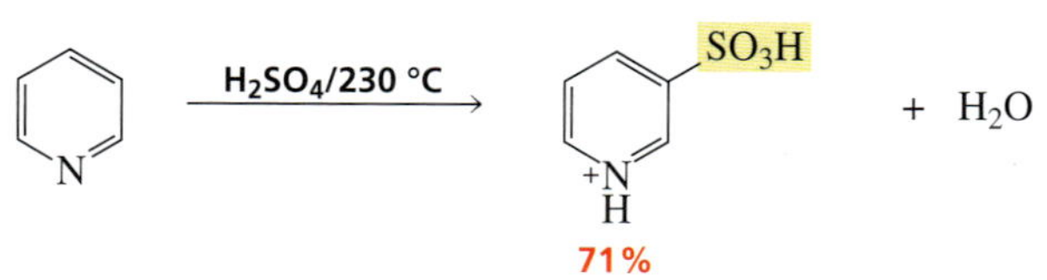

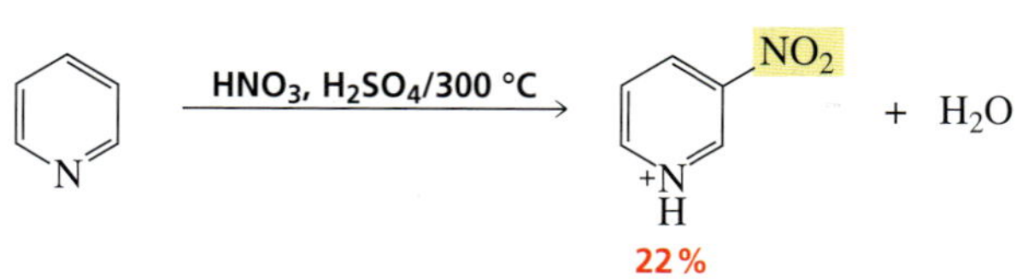

MERKE!

Pyridin geht eine elektrophile aromatische Substitution am C-3-Atom ein.

Wir haben gelernt, dass stark desaktivierte Benzolringe keine Friedel-Crafts-Reaktionen (Alkylierungen bzw. Acylierungen) eingehen (Abschnitt 18.15). Pyridin, das sich wie ein stark desaktiviertes Benzolderivat verhält, geht daher diese Reaktionen ebenfalls nicht ein.

Nucleophile aromatische Substitutionsreaktionen

Da Pyridin sich bei *elektrophilen* aromatischen Substitutionen *weniger reaktiv* verhält als Benzol, überrascht es nicht, dass Pyridin sich bei *nucleophilen* aromatischen Substitutionen *reaktiver* verhält als Benzol. Das elektronenziehende Stickstoffatom, welches die Zwischenstufen bei der elektrophilen Substitution destabilisiert, stabilisiert die Zwischenzustände der nucleophilen Substitution.

MERKE!

Pyridin verhält sich bei der elektrophilen aromatischen Substitution *weniger reaktiv* als Benzol, bei nucleophilen aromatischen Substitutionen aber *reaktiver* als Benzol.

Mechanismus der nucleophilen aromatischen Substitution am Pyridin

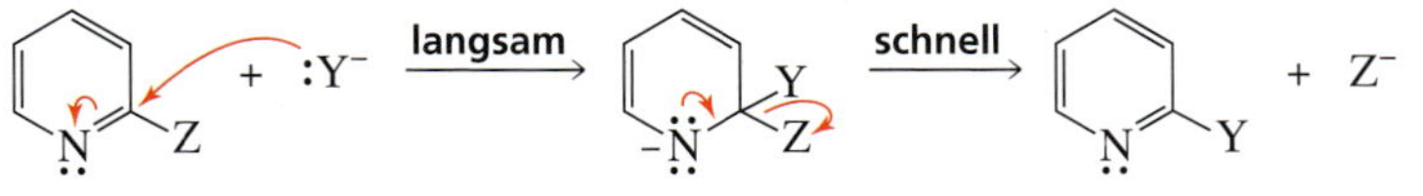

- Das Nucleophil fügt sich an das Atom an, an dem die abgehende Gruppe angefügt war.
- Die abgehende Gruppe wird eliminiert.

Beachten Sie, dass bei nucleophilen aromatischen Substitutionsreaktionen der Ring eine Abgangsgruppe trägt, die durch ein Nucleophil ersetzt wird.

Die nucleophile aromatische Substitution des Pyridins ereignet sich am C-2 und am C-4, weil ein Angriff in diesen Positionen zu den stabilsten Intermediaten führt. Nur wenn der nucleophile Angriff an diesen Stellen geschieht, ergibt sich eine mesomere Grenzstruktur mit der höchsten Elektronendichte am Stickstoffatom – dem elektronegativsten Ringatom der Verbindung (► Abbildung 19.3).

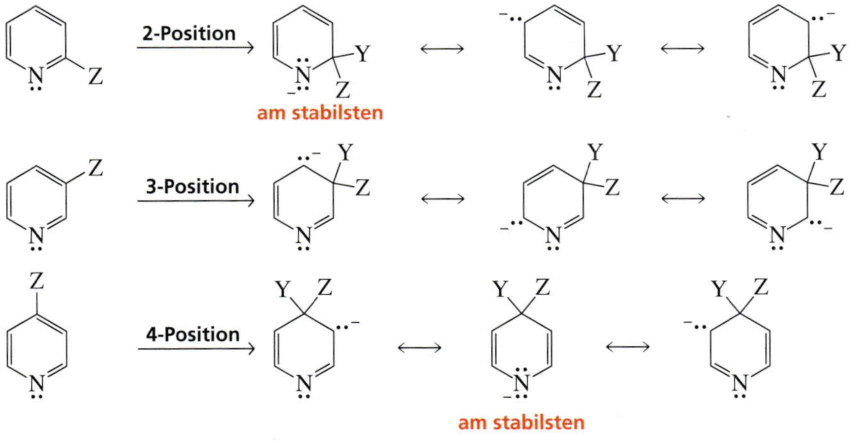

Abbildung 19.3: Strukturen der Reaktionszwischenstufen, die sich bei der Reaktion des Pyridins mit einem Nucleophil bilden können.

Falls die Abgangsgruppen am C-2 und am C-4 verschieden sind, erfolgt der Angriff des Nucleophils bevorzugt am Bindungsort der schwächer basisch reagierenden Abgangsgruppe (welche die bessere Abgangsgruppe ist).

MERKE!

Pyridin geht nucleophile aromatische Substitutionen am C-2 oder am C-4 ein.

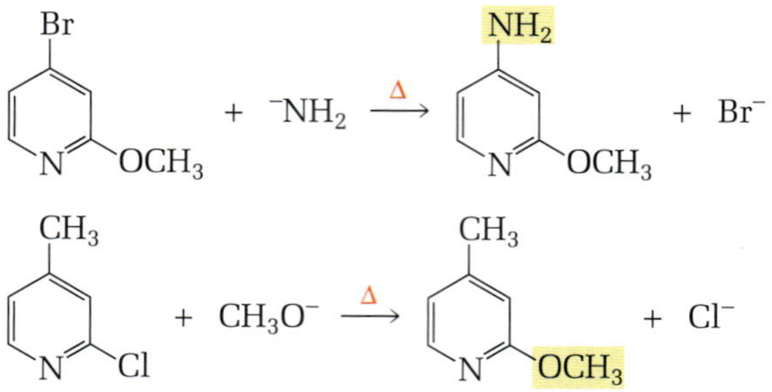

Ü 11 Inwiefern unterscheiden sich die beiden gezeigten Reaktionen?

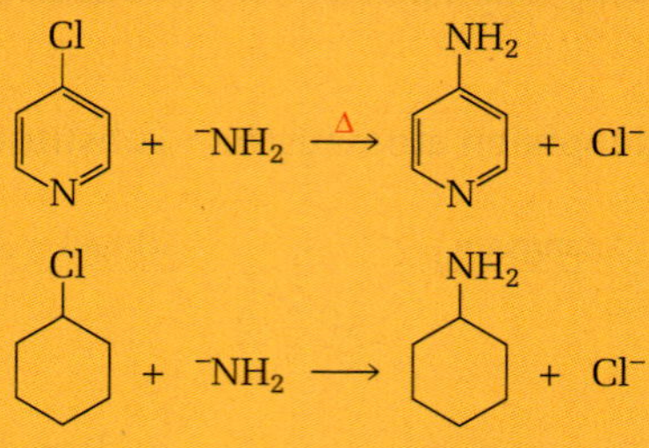

Ü 12

(a) Schlagen Sie einen Reaktionsmechanismus für die folgende Reaktion vor:

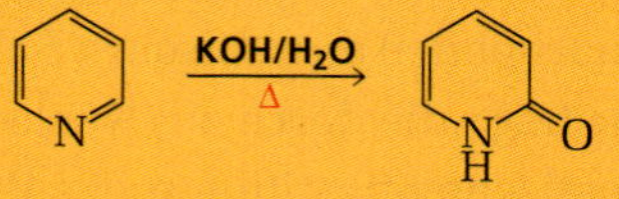

(b) Welches andere Reaktionsprodukt wird gebildet?

Die Reaktionen substituierter Pyridine

Substituierte Pyridine gehen viele der Reaktionen an den Seitenketten ein, die auch Benzolderivate eingehen. So können beispielsweise alkylierte Pyridine bromiert und oxidiert werden.

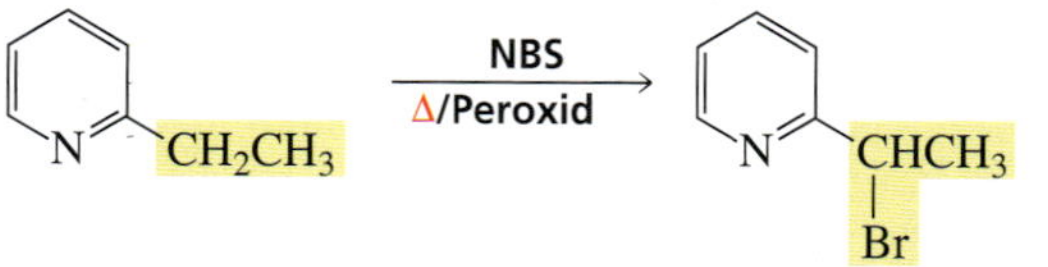

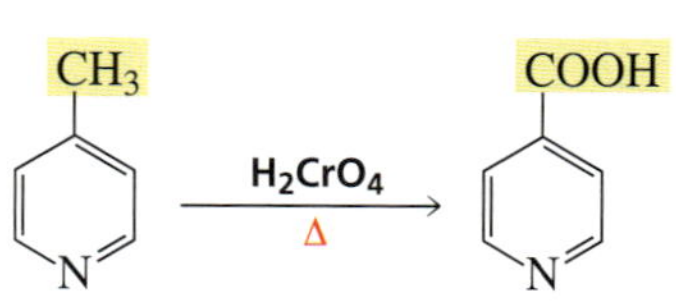

Wenn 2-Aminopyridin oder 4-Aminopyridin diazotiert werden, bildet sich ein Pyridon. Offenbar reagiert das Diazoniumion augenblicklich mit Wasser unter Bildung eines Hydroxypyridins, welches gleich stabil ist wie die Ketoform der Verbindung (Abschnitt 18.17). (Der Mechanismus für den Übergang einer primären Aminogruppe in eine Diazoniumgruppe ist in Abschnitt 18.20 aufgeführt).

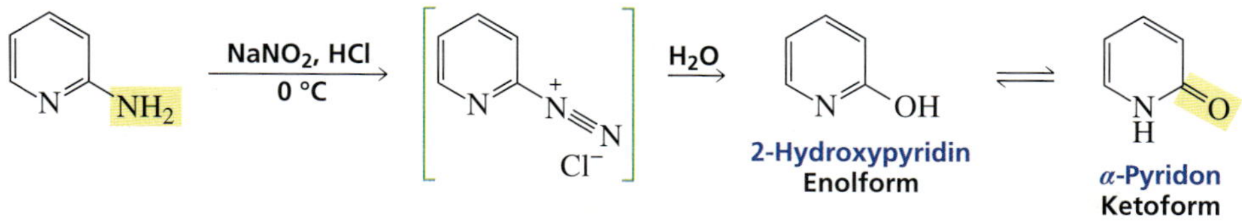

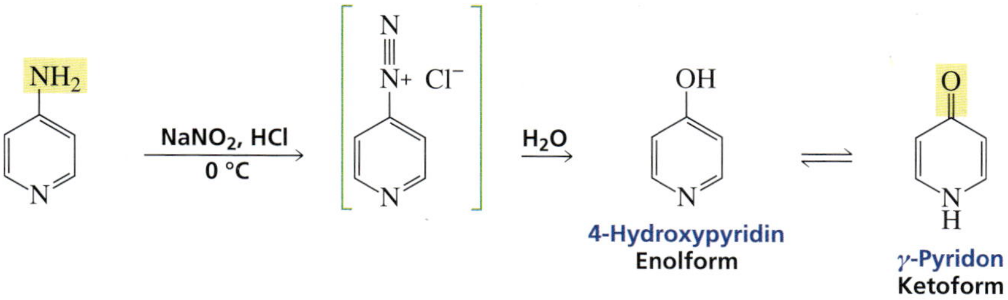

Das elektronenziehende Stickstoffatom führt dazu, dass die α-Wasserstoffatome der in 2- bzw. 4-Position befindlichen Alkylgruppen in etwa den gleichen Aziditätsgrad aufweisen wie die α-H-Atome von Ketonen (Abschnitt 17.1).

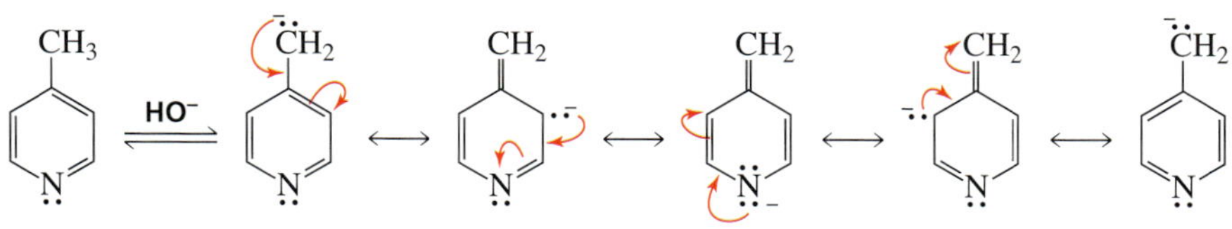

Folglich lassen sich die α-Wasserstoffatome der Alkylseitengruppen durch eine Base ionisch abspalten, und die zurückbleibenden Carbanionen können als Nucleophil wirken.

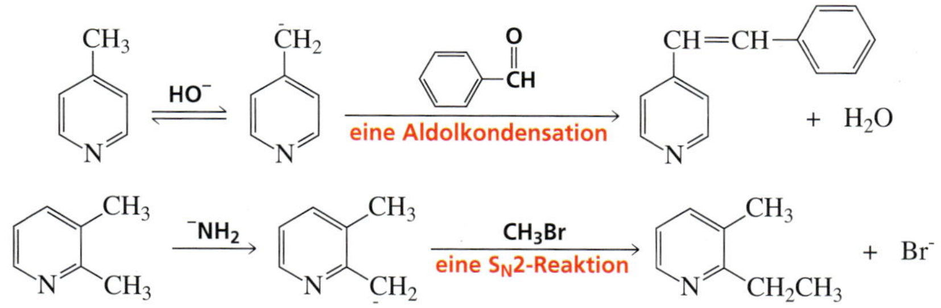

Ü 13* Ordnen Sie die nachfolgenden Verbindungen in der Reihenfolge abnehmender Tendenz zur Abdissoziation eines Protons von der Methylgruppe:

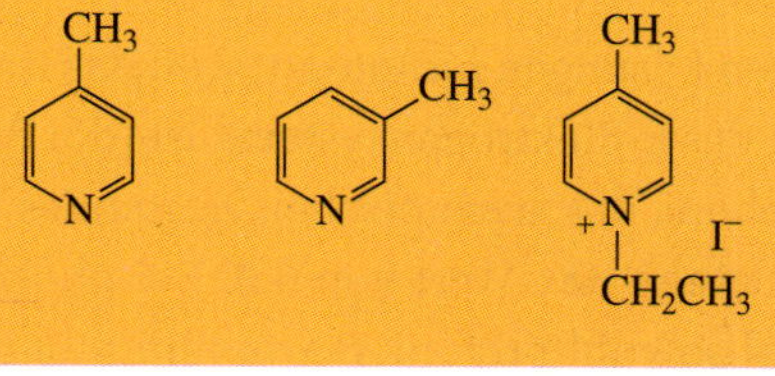

Biologisch bedeutsame Heterozyklen 19.7

Proteine sind natürlich vorkommende Polymere der α-Aminocarbonsäuren (Kapitel 21). Drei der 20 proteinogenen Aminosäuren enthalten in ihren Strukturen heterozyklische Ringe:

- Prolin besitzt einen Pyrrolidinring (Abschnitt 19.2).
- Tryptophan besitzt einen Indolring (Abschnitt 19.5).
- Histidin besitzt einen Imidazolring.

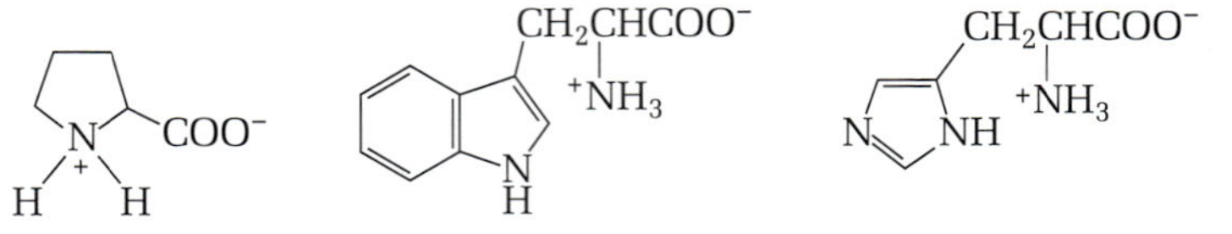

Prolin Tryptophan Histidin

Imidazol

Das **Imidazol**, der heterozyklische Ring von Histidin, ist eine aromatische Verbindung, denn das Molekül ist zyklisch und planar, jedes C- und N-Atom des Ringes verfügt über ein unhybridisiertes p-Orbital und die π-Elektronenwolke des Molekülringes drei π-Elektronenpaare (Abschnitt 8.17). Die freien Elektronenpaare auf den Stickstoffmolekülen N-1 sind Teil der π-Elektronenwolke, weil sie sich in einem p-Orbital befinden, während die freien Elektronenpaare auf den Stickstoffmolekülen N-3 nicht Teil der π-Elektronenwolke sind, weil sie sich in einem sp^2-Orbital befinden, das senkrecht zu den p-Orbitalen steht.

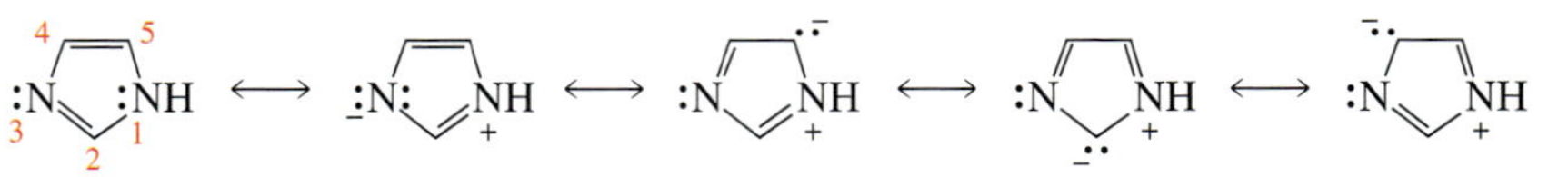

mesomere Grenzformeln von Imidazol

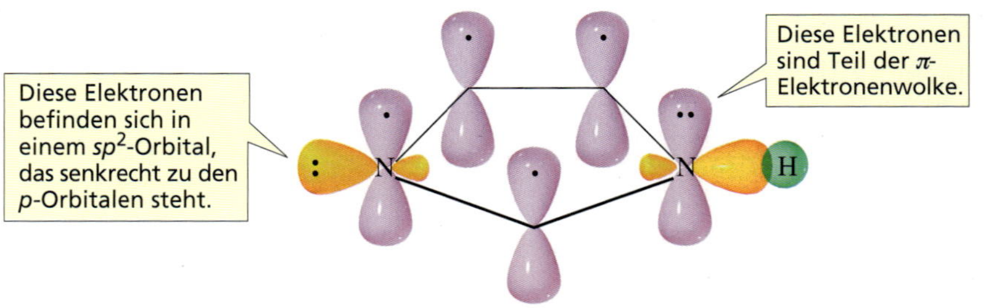

Orbitalstruktur von Imidazol

Imidazol wird in sauren Lösungen protoniert, weil das freie Elektronenpaar im sp^2-Orbital nicht Teil des π-Elektronensystems ist (die Protonierung ist daher nicht mit einer Aufhebung des aromatischen Zustandes verbunden). Das protonierte Imidazol hat einen pK_S-Wert von 6,8. Bei physiologischem pH-Wert (ca. 7,3) liegt Imidazol sowohl protoniert wie unprotoniert vor. Dies ist einer der Gründe, warum die imidazolhaltige Aminosäure Histidin ein katalytisch wichtiger Bestandteil der aktiven Zentren vieler Enzyme ist.

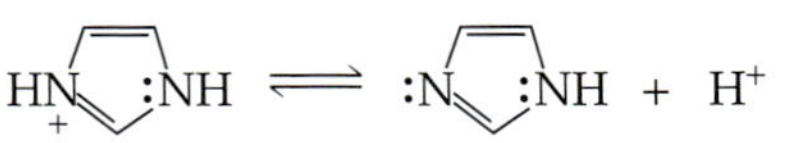

$pK_S = 6{,}8$

Beachten Sie, dass sowohl das protonierte Imidazol wie das Imidazolation gleichwertige mesomere Grenzstrukturen aufweisen. Wenn ein Imidazolmolekül protoniert oder deprotoniert wird, werden die beiden Stickstoffatome des Moleküls chemisch identisch.

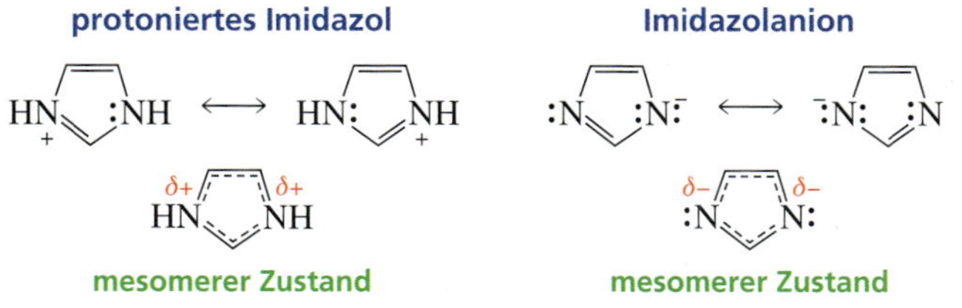

HINTERGRUND

Medikamente finden: Ein Antihistamin, ein nicht-sedierendes Antihistamin und ein Medikament gegen Geschwüre

Wissenschaftler*innen müssen zuerst die molekulare Basis, welche die Wirkungsweise eines bestimmten Medikaments – wie beispielsweise die Interaktion eines Medikaments mit einem Rezeptor im Körper – bestimmen und verstehen, um das Medikament synthetisieren zu können und dessen gewünschte physiologische Eigenschaften hervorrufen zu können. Zum Beispiel kann man Histidin durch eine enzymkatalysierte Reaktion aus Histamin herstellen. Wenn der Körper überschüssiges Histamin produziert, können dadurch Erkältungs- und Allergiesymptome ausgelöst werden. Amin ist positiv aufgeladen in einer Umgebung mit einem physiologischen pH-Wert. Diese Tatsache gab Wissenschaftlerinnen und Wissenschaftlern einen entscheidenden Hinweis auf die Interaktionsweise dieser Verbindung mit ihrem Rezeptor.

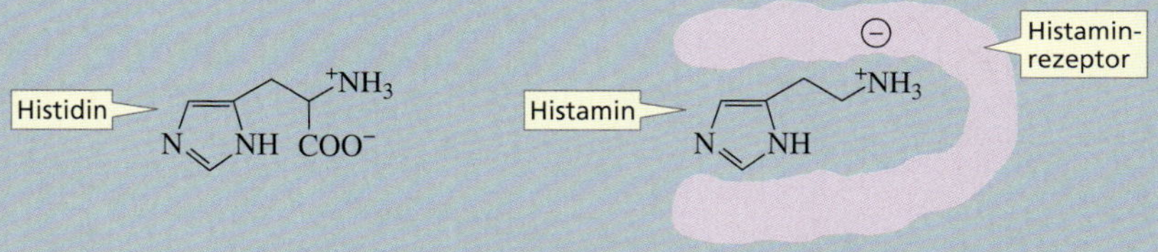

Durch intensive Untersuchungen hat man herausgefunden, dass die Antihistaminverbindungen, die hier gezeigt werden, an den Histaminrezeptor binden können, dabei aber nicht dieselben Reaktionen wie Histamin hervorrufen. So wie Histamin weisen diese Medikamente eine protonierte Aminogruppe auf. Sie haben außerdem sperrige Gruppen, welche die Annäherung von Histaminen an den Rezeptor verhindern.

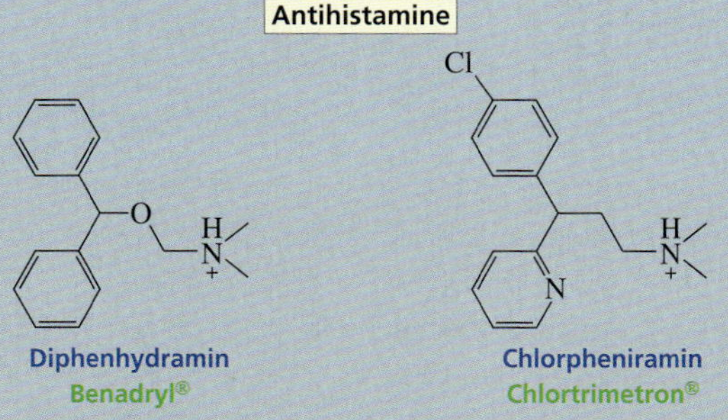

Diese Verbindungen sind in der Lage, die Blut-Hirn-Schranke zu durchdringen und an die Rezeptoren des Zentralen Nervensystems zu binden. Wenn dies geschieht, kann ein Gefühl der Benommenheit auftreten, was auch die allgemein bekannte Nebenwirkung dieses Medikaments ist. Sobald dies bekannt war, hat die Suche nach einer Verbindung, die sich an den Histaminrezeptor binden kann, aber nicht in der Lage ist, die Blut-Hirn-Schranke zu überwinden, begonnen. Da die Blut-Hirn-Schranke keine Polarität aufweist, hat man polare Gruppen an die Antihistaminverbindungen angebracht, um den gewünschten Effekt zu erreichen, dass diese die Blut-Hirn-Schranke nicht mehr passieren können. Allegra, Claritin, und Zyrtec sind solche Antihistamine, bei welchen die Nebenwirkung des Benommenheitsgefühls nicht mehr auftritt.

nicht-sedierende Antihistamine

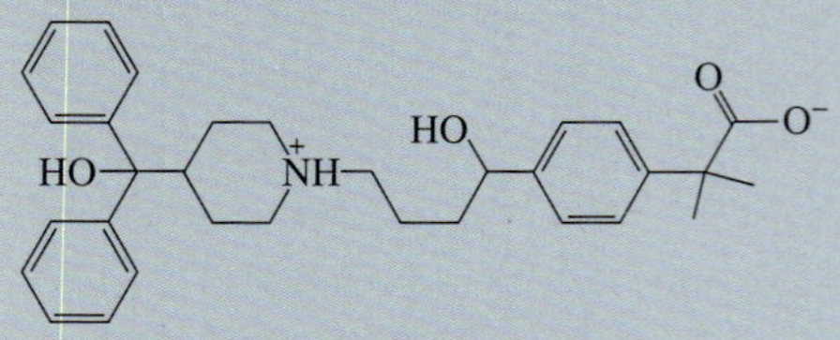

Fexofenadin
Allegra®

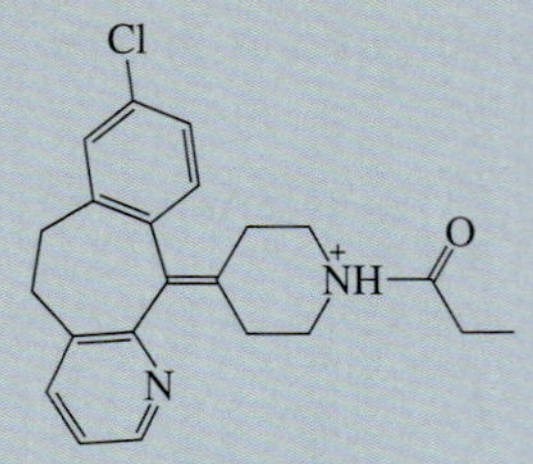

Loratadin
Claritin®

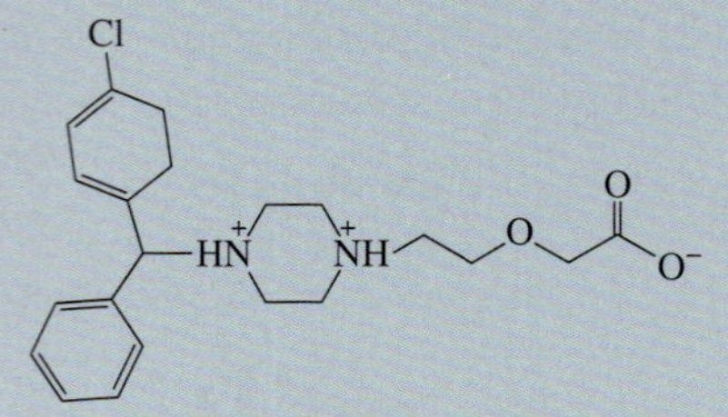

Cetirizin
Zyrtec®

Ein Überschuss in der Histaminproduktion kann im menschlichen Körper neben allergischen Reaktionen auch eine Hypersekretion von HCl durch die Magenschleimhaut auslösen, was zur Bildung von Geschwüren führt. Allergieverhindernde Antihistamine haben jedoch keinerlei Auswirkung auf die HCl-Produktion. Diese Tatsache zeigt auf, dass eine zweite Art von Histaminrezeptor existiert, der die Sekretion von HCl verursacht: Der Histamin-H_2-Rezeptor.

Man hat herausgefunden, dass 4-Methylhistamin sich schwach inhibitorisch auf die Sekretion von HCl auswirkt, sodass man es als Hauptverbindung für die Untersuchung der Verbindungen, die sich potenziell an den Histamin H_2-Rezeptor binden können, definiert hat (Abschnitt 10.9). Über 500 molekulare Modifikationen waren über eine Periode von über 10 Jahren hinweg untersucht worden, bevor man eine Verbindung entdeckt hat, die an den Histamin-H_2-Rezeptor bindet.

Im Jahr 1976 wurde Tagamet auf den Markt gebracht. Dies war das erste Medikament, das erfolgreich zur Behandlung von Magengeschwüren eingesetzt wurde. Zuvor hatte die einzige Behandlungsmöglichkeit von Magengeschwüren aus extensiver Bettruhe, einer faden Diät und Substanzen gegen vermehrte Magensäurebildung bestanden. Im Jahr 1981 folgte das Präparat Zantac, was im Jahr 1988 das weltweit meistverkaufte verschreibungspflichtige Medikament war. Protonix wurde im Jahr 1994 auf den Markt gebracht.

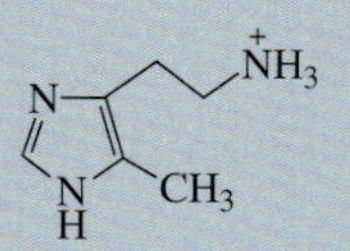

4-Methylhistamin

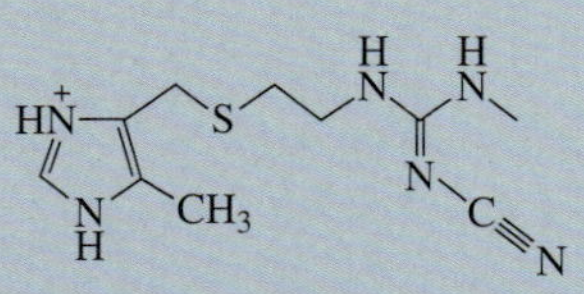

Cimetidin
Tagamet®

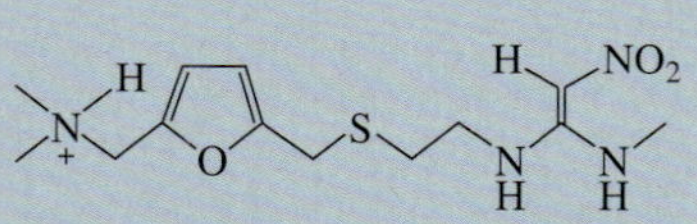

Ranitidin
Zantac®

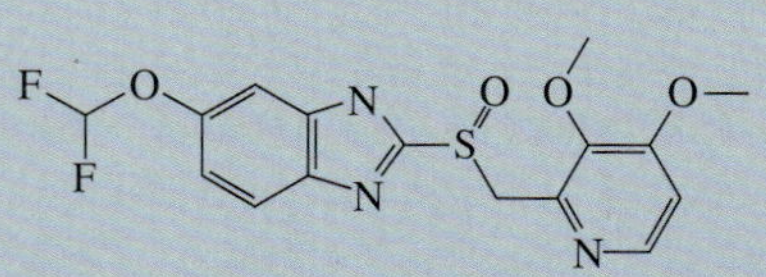

Pantoprazol
Protonix®

Ü 14* Geben Sie die Hauptprodukte der folgenden Reaktion an:

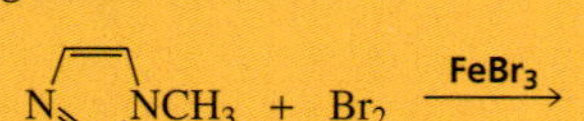

Ü 15* Ordnen Sie Imidazol, Pyrrol und Benzol in der Reihenfolge aufsteigender Reaktivität bei der elektrophilen aromatischen Substitution.

Ü 16* Der Siedepunkt von Imidazol liegt bei 257 °C, während *N*-Methylimidazol seinen Siedepunkt bei 199 °C hat. Erklären Sie den deutlichen Unterschied in den Siedepunkten der beiden Verbindungen.

Ü 17* Warum ist Imidazol eine stärkere Säure (pK_S = 14,4) als Pyrrol (pK_S ~ 17)?

Ü 18* Zu welchem Prozentsatz liegt Imidazol in einer Umgebung mit einem physiologischen pH-Wert (7,4) protoniert vor?

Purin und Pyrimidin

Nucleinsäuren (DNA und die RNAs) enthalten **Purin-** und **Pyrimidin**derivate (Abschnitt 26.1). Die DNA enthält Adenin, Guanin, Cytosin und Thymin, die mit den Großbuchstaben A, G, C und T abgekürzt werden; die RNA enthält neben Adenin, Guanin und Cytosin, die sie mit der DNA gemeinsam hat, Uracil (A, C, G und U). Warum in der DNA Thymin anstelle von Uracil vorkommt, ist Gegenstand der Diskussion in Abschnitt 26.10.

Hydroxypurine und -pyrimidine sind in der Ketoform stabiler. Wir werden noch sehen, dass das Vorliegen der Ketoform von Bedeutung für die korrekte Basenpaarung in der DNA-Doppelhelix ist (Abschnitt 26.3).

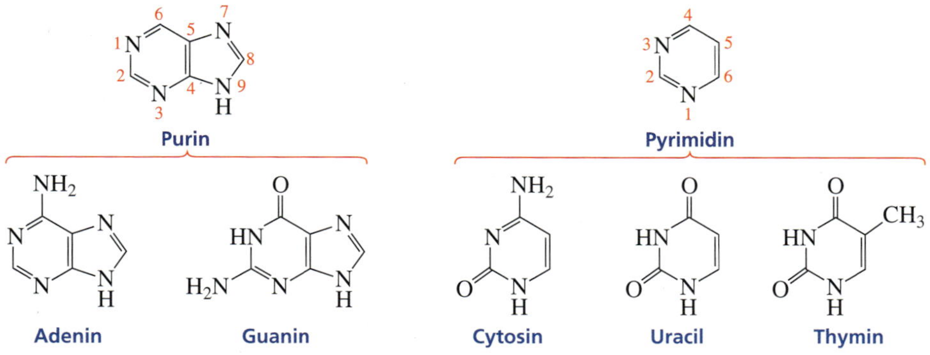

Ü 19* Zeichnen Sie Guanin und Cytosin in ihrer Enolform.

Ü 20* Warum ist protoniertes Pyrimidin ($pK_S = 1{,}0$) saurer als protoniertes Pyridin ($pK_S = 5{,}2$)?

Porphyrin

Substituierte *Porphyrine* sind eine weitere Gruppe natürlich vorkommender heterozyklischer Verbindungen mit großer Bedeutung für die belebte Welt. Ein **Porphyrinringsystem** besteht aus vier Pyrrolringen, die durch Einkohlenstoffbrücken untereinander verbunden sind. Das Häm, das sich im Hämoglobin (roter Blutfarbstoff) und im Myoglobin (ein Muskelprotein) findet, enthält ein Eisenion (Fe^{2+}), das durch die vier N-Atome der Pyrrolringe des Porphyrinsystems koordinativ gebunden wird.

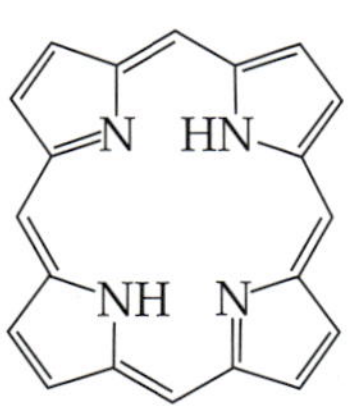

ein Porphyrinringsystem

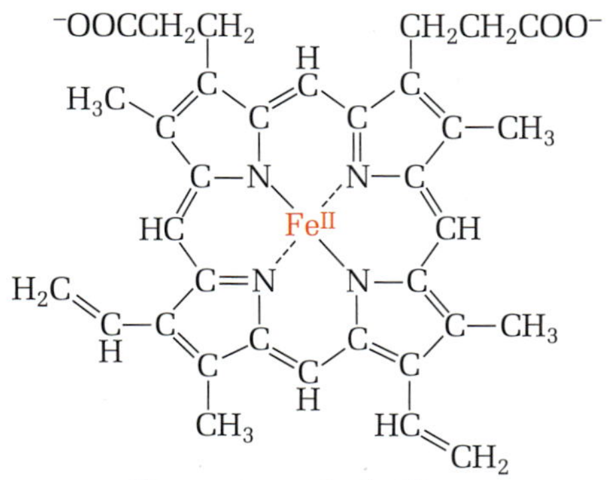

Eisenprotoporphyrin IX
Häm

Das Hämoglobin ist verantwortlich für den Sauerstofftransport zu den Zellen und den Abtransport des Kohlendioxids weg von den Zellen. Myoglobin ist verantwortlich für die Speicherung von Sauerstoff in den Zellen. Ein Hämoglobinmolekül besteht aus vier Polypeptidketten und vier Hämeinheiten (eine pro Polypeptidkette). Myoglobin besitzt eine Polypeptidkette und eine Hämeinheit.

Die Eisenionen im Hämoglobin und Myoglobin sind neben der kovalenten Bindung an die vier Stickstoffatome noch mit einem Histidinrest der Polypeptidkette koordiniert; die sechste Koordinationsstelle wird von einem Sauerstoff- oder einem Kohlendioxidmolekül besetzt.

Kohlenmonoxid (CO) besitzt etwa die gleiche Größe wie ein Sauerstoffmolekül, bindet aber fester als O_2 an das Fe^{2+}-Ion. Das Einatmen schon geringer Kohlenmonoxidmengen (1 Vol-% CO in der Atemluft führt innerhalb von fünf Minuten zum Tod) kann daher zu schweren und sogar tödlichen Vergiftungen führen; durch die festere Bindung an das Hämoglobin verhindert es die Beladung mit Sauerstoff und somit die Sauerstoffzufuhr zu den Organen des Körpers über den Blutstrom.

Das ausgedehnte konjugierte Elektronensytem des Porphyrins im Verbund mit dem Eisenion verleiht dem Blut seine charakteristische rote Farbe. Infolge seiner hohen molaren Absorptionsrate (ca. 160.000 $M^{-1}cm^{-1}$) lassen sich Konzentrationen von 10^{-8} M UV-spektrometrisch nachweisen (Abschnitt 13.20).

Das Ringsystem der Chlorophylle – der Substanzen, die für die grüne Farbe der Pflanzen verantwortlich sind (Abschnitt 12.19) – ist dem Porphyrin ähnlich, enthält aber einen Cyclopentanonring, und einer der Pyrrolringe ist partiell reduziert. Das Metallion im Chlorophyll *a* ist ein zweiwertiges Magnesiumion (Mg^{2+}).

Das Vitamin B_{12} (Cobalamin) enthält ebenfalls ein Ringsystem, das dem Prophyrin ähnlich ist. In diesem Fall ist das zentrale Metallion ein dreiwertiges Cobaltion (Co^{3+}). Andere Aspekte der Molekülstruktur und der Chemie des Vitamins B_{12} werden in Abschnitt 23.6 besprochen.

HINTERGRUND

Porphyrin, Bilirubin und Gelbsucht

Der menschliche Körper baut im Durchschnitt täglich 6 g Hämoglobin ab. Der Proteinanteil (die Globinketten) und das Eisen werden wiederverwertet. Das Porphyrinringsystem wird jedoch zwischen dem A- und dem B-Ring zerlegt, indem es zunächst zu Biliverdin, einer grün gefärbten Verbindung, reduziert wird. Dann wird die Brücke zwischen dem C- und dem D-Ring reduziert, woraus Bilirubin, eine rot-orangefarbene Verbindung, entsteht. Man kann die Zersetzung des Häms beobachten, indem man sich die Färbungen der Haut bei einer Prellung ansieht.

Enzyme im Dickdarm reduzieren Bilirubin zu Urobilinogen (eine farblose Verbindung). Ein Teil der Verbindung Urobilinogen wird dann zu den Nieren transportiert, um dort zu Urobilin (eine gelb gefärbte Verbindung) oxidiert zu werden. Diese Verbindung ist verantwortlich für die charakteristische gelbe Färbung von Urin.

Falls mehr Bilirubin gebildet wird als ausgeschieden werden kann, akkumuliert es im Blut. Wenn die Bilirubinkonzentration einen kritischen Wert überschreitet, sickert es durch Diffusion in die Gewebe des Körpers, wodurch diese eine gelbliche Färbung annehmen – ein Zustand, der als Gelbsucht bezeichnet wird.

19.8 Unser Wissen über die Reaktionen organischer Verbindungen ordnen (Gruppe IV)

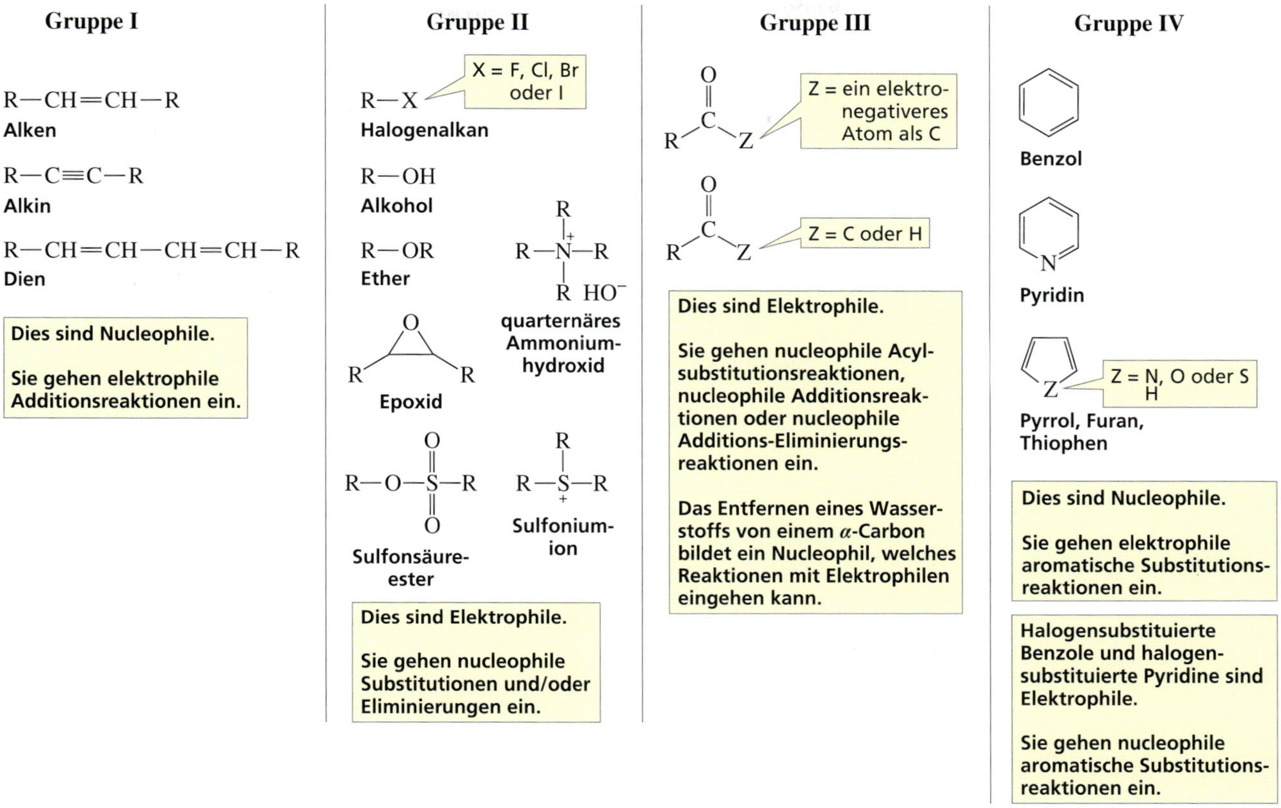

Wir haben gesehen, dass die Familie organischer Verbindungen in eine von vier Gruppen eingeordnet werden kann und dass alle Familien in einer Gruppe ähnliche Reaktionseigenschaften aufweisen. Nun, da wir am Ende der Diskussion über die Familien in Gruppe IV angelangt sind, fassen wir noch einmal zusammen, wie diese Verbindungen Reaktionen eingehen.

Alle Verbindungen in Gruppe IV sind aromatisch. Um die Aromatizität der Ringe zu erhalten, gehen diese Verbindungen elektrophile aromatische Substitutionsreaktionen und/oder nucleophile aromatische Substitutionsreaktionen ein.

- Benzol und substituiertes Benzol sind Nucleophile; sie reagieren mit Elektrophilen in elektrophilen aromatischen Substitutionsreaktionen.

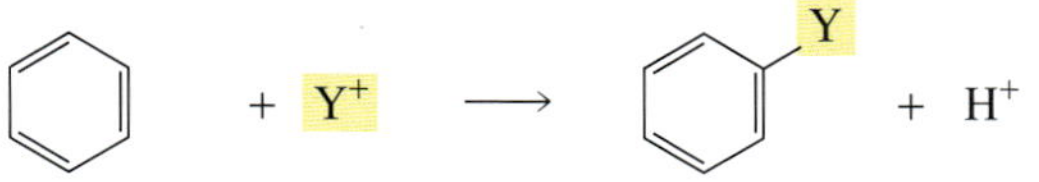

- Wenn die Elektronendichte des Benzolringes durch stark elektronenentziehende Gruppen verringert wird, kann halogensubstituiertes Benzol eine nucleophile aromatische Substitutionsreaktion eingehen.

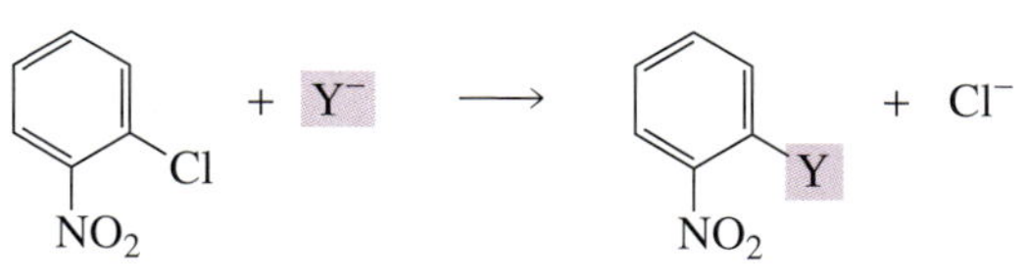

- Pyrrol, Furan und Thiophen sind *nucleophiler* als Benzol; Diese sind aufgrund dessen auch reaktiver als Benzol in elektrophilen aromatischen Substitutionsreaktionen.

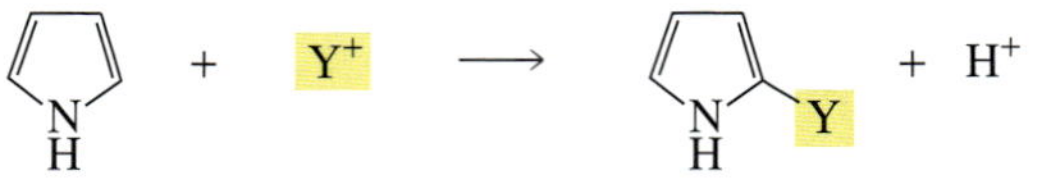

- Pyridin ist *weniger nucleophil* als Benzol; es geht elektrophile aromatische Substitutionsreaktionen nur unter harschen Reaktionsbedingungen ein.

- 2- und 4-halogensubstituierte Pyridine gehen bereitwillig nucleophile aromatische Substitutionsreaktionen ein.

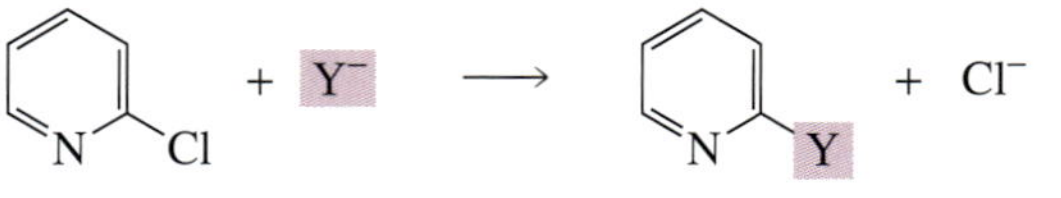

Zusammenfassung

Abschnitt 19.0

- Einige Amine sind **heterozyklische Verbindungen** – das sind zyklische Verbindungen mit mindestens einem Atom am Ring, welches an ein Atom gebunden ist, das kein Kohlenstoffatom ist.
- Das freie Elektronenpaar am Stickstoffatom bewirkt, dass Amine sowohl basisch als auch nucleophil sind.

Abschnitt 19.1

- Amine werden anhand der Anzahl ihrer Wasserstoffatome (eins, zwei oder drei) des Ammoniaks in die Kategorien primär, sekundär und tertiär eingeordnet.
- Heterozyklische Ringe werden so numeriert, dass das **Heteroatom** die kleinstmögliche Nummer erhält.

Abschnitt 19.2

- Gesättigte Heterozyklen haben physische und chemische Eigenschaften, die denen von sauren Verbindungen mit dem gleichen Heteroatom ähneln.

Abschnitt 19.3

- Amine reagieren als **Basen** in Protontransferierungsreaktionen und in Eliminierungsreaktionen.
- Amine reagieren als **Nucleophile** in nucleophilen Substitutionsreaktionen und in säuresubstituierten nucleophilen Substitutionsreaktionen, in nucleophilen Additionsreaktionen und in konjugierten Additionsreaktionen.

Abschnitt 19.5

- **Pyrrol**, **Furan** und **Thiophen** sind heterozyklische aromatische Verbindungen, die nucleophile aromatische Substitutionsreaktionen vorzugsweise an ihrem C-2-Atom eingehen. Diese Verbindungen sind in einer elektrophilen aromatischen Substitutionsreaktion reaktiver als Benzol.
- Protonierung von Pyrrol zerstört dessen Aromatizität.
- Pyrrol polymerisiert in starken Säurelösungen.

Abschnitt 19.6

- Wenn man eines der Kohlenstoffatome eines Benzolrings durch ein Stickstoffatom ersetzt, dann erhält man **Pyridin**, eine heterozyklische aromatische Verbindung, die elektrophile aromatische Substitutionsreaktionen an ihrem C-3-Atom unter harschen Bedingungen eingeht.
- 2- und 4-Halogen-substitutierte Pyridine gehen nucleophile aromatische Substitutionsreaktionen an ihrem C-2- oder C-4-Atom ein.
- Pyridin ist in elektrophilen aromatischen Substitutionsreaktionen *weniger reaktiv* und in nucleophilen aromatischen Substitutionsreaktionen *reaktiver* als Benzol.

Abschnitt 19.7

- Es existieren drei Aminosäuren mit heterozyklischen Ringen: Prolin hat einen **Pyrrolidin**ring, Tryptophan hat einen **Indol**ring und Histidin einen Imidazolring.
- Nucleinsäuren (DNS und RNS) enthalten substituierte **Purine** und substituierte **Pyrimidine**. Hydroxypurine und Hydroxypyrimidine sind stabiler, wenn sie in der Ketoform vorliegen als wenn sie in der Enolform vorliegen.
- Ein **Porphyrinringsystem** besteht aus vier Pyrrolringen, die von zwei Kohlenstoffbrücken zusammengehalten werden; in Hämoglobin und Myoglobin sind die vier Stickstoffatome zu Eisen (Fe^{2+}) legiert. Das Metallion, das in Chlorophyll enthalten ist, ist ein Magnesiumion (Mg^{2+}), und das Metallion, das in Vitamin B12 enthalten ist, ein Cobaltion (Co^{3+}).

Zusammenfassung der Reaktionen

1 Reaktionen von Aminen als Nucleophile (Abschnitt 19.3)
(a) In Alkylierungsreaktionen (Abschnitt 9.2)
(b) In Reaktionen mit einer Carbonylgruppe, die eine abgehende Gruppe besitzt (Abschnitte 15.6, 15.7 und 15.16)
(c) In Reaktionen mit einem Aldehyd oder einem Keton zur Bildung eines Imins oder eines Enamins (Abschnitt 16.8)

(d) In konjugierten Additionsreaktionen (Abschnitte 16.15 und 16.16)

(e) In Reaktionen mit salpetriger Säure: Primäre Arylamine bilden Arendiazoniumionsalze (Abschnitt 18.17)

2 Elektrophile aromatische Substitutionsreaktionen

(a) Pyrrol, Furan und Thiophen (Abschnitt 19.5)

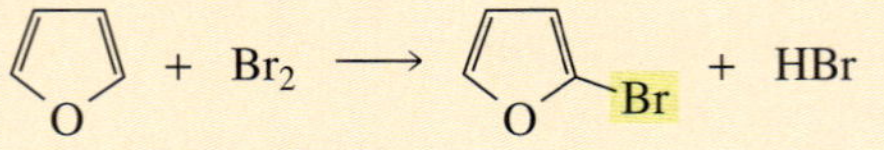

(b) Pyridin (Abschnitt 19.6)

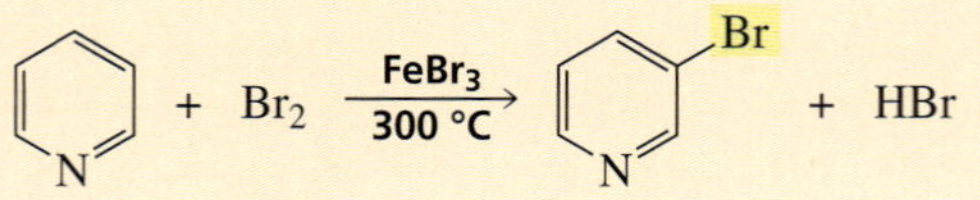

3 Nucleophile aromatische Substitutionsreaktionen von 2- und 4-halogensubstituierten Pyridinen (Abschnitt 19.6)

4 Reaktionen von Pyridinsubstituenten (Abschnitt 19.6)

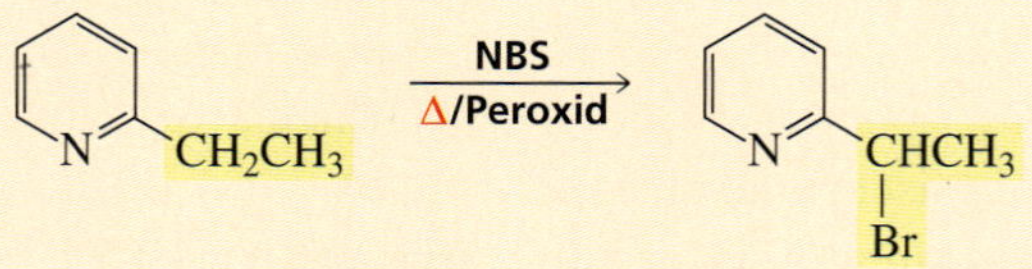

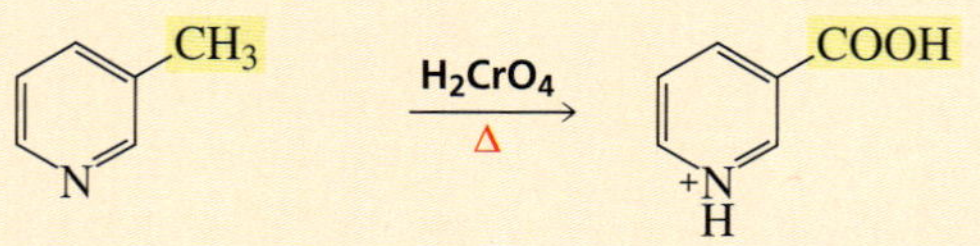

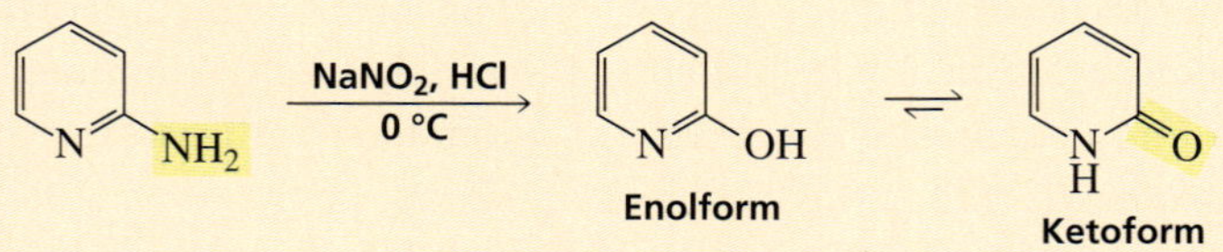

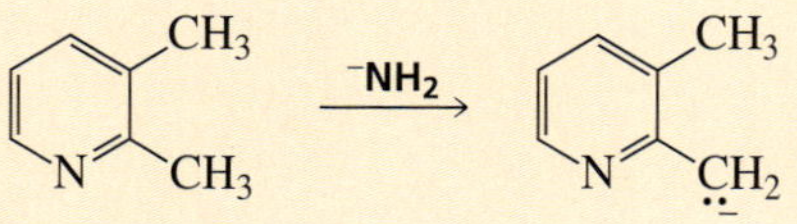

Im MyLab | Organische Chemie finden Sie:

- den praktischen **eText** zum Kapitel mit Notizfunktion
- eine Auswahl verschiedener **3D-Moleküle**
- **Lösungen** zu ausgewählten, mit * versehenen Übungen
- digitale **Lernkarten** und ein umfangreiches **Glossar** zum Nachschlagen und Wiederholen von Definitionen
- digitale Übungsaufgaben in Form von **Kapiteltests** zur eigenen Lernkontrolle

TEIL VII

Bioorganische Verbindungen

20 Die Organische Chemie der Kohlenhydrate 1111

21 Aminosäuren, Peptide und Proteine 1157

22 Katalyse in organischen Reaktionen und in enzymatischen Reaktionen 1211

23 Die Organische Chemie der Coenzyme, von Vitaminen abgeleitete Verbindungen 1251

24 Die Organische Chemie der Stoffwechselwege 1295

25 Die Organische Chemie der Lipide 1331

26 Die Chemie der Nucleinsäuren 1365

In den Kapiteln 20 bis 26 wird die Chemie bioorganischer Verbindungen diskutiert – diese sind organische Verbindungen, die in lebenden Systemen vorkommen. Viele dieser Verbindungen sind größer als die organischen Verbindungen, die Sie bisher in den vorherigen Kapiteln gesehen haben. Zudem besitzen diese Verbindungen oftmals mehr als eine funktionelle Gruppe, doch sind die Prinzipien, die deren Strukturen und Reaktivitätsmustern zu Grunde liegen, im Großen und Ganzen dieselben wie die der Verbindungen, die wir bisher untersucht haben. In den folgenden Kapiteln werden Sie deshalb die Möglichkeit haben, die bereits gelernten Aspekte der Organischen Chemie in weiten Teilen zu wiederholen. Denn wir werden die bereits gelernten chemischen Prinzipien auf biologische Verbindung anwenden.

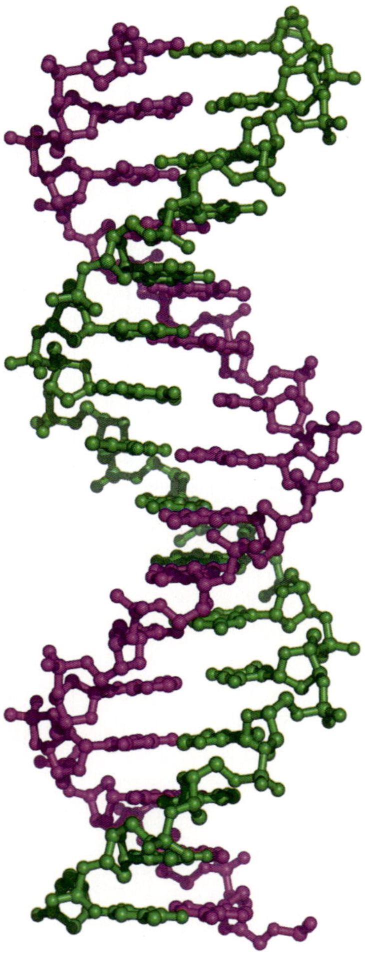

DNS

Kapitel 20 Die Organische Chemie der Kohlenhydrate

Kapitel 20 führt Sie in die Organische Chemie der Kohlenhydrate ein. Kohlenhydrate sind die stoffreichste Klasse von Verbindungen der biologischen Welt. Als erstes werden Sie die Strukturen der Monosaccharide kennenlernen. Dann werden Sie lernen, wie Monosaccharide zusammengesetzt werden, sodass aus ihnen Disaccharide und Polysaccharide entstehen. Viele Beispiele für Kohlenhydrate mit natürlichem Vorkommen werden in diesem Kapitel behandelt.

Kapitel 21 Aminosäuren, Peptide und Proteine

Kapitel 21 beginnt mit der Betrachtung physiologischer Eigenschaften von Aminosäuren. Sie werden sehen, wie Aminosäuren zusammengesetzt werden, sodass aus ihnen Peptide und Proteine entstehen können. Zudem werden Sie lernen, wie Proteine im Labor synthetisiert werden. Später, wenn Sie in Kapitel 26 angelangt sein werden, werden Sie dann in der Lage sein, die Synthesewege von Proteinen im Labor mit denen in der Natur zu vergleichen. Das Gelernte über die Proteinstruktur aus Kapitel 21 wird Sie darauf vorbereiten, die Katalysatoreigenschaften der Enzyme nachvollziehen zu können, die in Kapitel 22 diskutiert werden.

Kapitel 22 Katalyse in organischen Reaktionen und in enzymatischen Reaktionen

In **Kapitel 22** wird zunächst die Vielzahl an Möglichkeiten zur Katalyse organischer Reaktionen beschrieben. Nachfolgend wird darauf eingegangen, wie Enzyme diese Methoden anwenden, um die in Zellen stattfindenden Reaktionen zu katalysieren. Zudem betrachten wir, warum sich Enzyme besonders gut als Katalysatoren eignen.

Kapitel 23 Die Organische Chemie der Coenzyme, von Vitaminen abgeleitete Verbindungen

In **Kapitel 23** wird auf die Chemie der Coenzyme eingegangen – diese sind organische Verbindungen, die von manchen Enzymen benötigt werden, um Reaktionen katalysieren zu können. Coenzyme nehmen eine Vielzahl an Rollen in der Chemie ein: Manche wirken als Oxidations- beziehungsweise Reduktionsmittel, andere bewirken die Delokalisierung von Elektronen, wiederum andere aktivieren funktionelle Gruppen für weitere Reaktionen, und manche wirken als Nucleophile oder starke Basen und leiten weitere Reaktionsschritte ein. Da Coenzyme aus Vitaminen entstehen, werden wir darauf eingehen, warum Vitamine für viele in der Zelle stattfindende Reaktionen wichtig sind.

Kapitel 24 Die Organische Chemie der Stoffwechselwege

Kapitel 24 befasst sich mit den Zellreaktionen, die zur Energiebeschaffung für die Synthese von für die Zelle wichtigen Verbindungen stattfinden. Sie werden sehen, dass diese Reaktionen ähnlich ablaufen wie die Reaktionen, die sie in den vorhergegangenen Kapiteln bereits gesehen haben. Sie werden zudem lernen, warum viele Zellreaktionen nicht ohne Adenosintriphosphat (ATP) stattfinden können.

Kapitel 25 Die Organische Chemie der Lipide

In **Kapitel 25** wird die Chemie der Lipide betrachtet. Lipide sind wasserlösliche Verbindungen, die in Tieren und Pflanzen zu finden sind. Zuerst wird auf die Struktur und Funktion verschiedener Arten von Lipiden eingegangen. Mit diesem Wissen werden Sie Zusammenhänge verstehen lernen wie zum Beispiel warum Aspirin Entzündungen vorbeugt und warum Cholesterin und andere Terpene in der Natur synthetisiert werden.

Kapitel 26 Die Chemie der Nucleinsäuren

Kapitel 26 umfasst die Struktur und die Chemie von Nucleosiden, Nucleotiden und Nucleinsäuren (RNS und DNS). Sie werden sehen, wie Nucleotide zusammengesetzt werden, sodass daraus Nucleinsäuren gebildet werden, warum die DNS Thymin und kein Uracil enthält, warum die DNS die 2′-OH-Gruppe, welche die RNS aufweist, nicht besitzt, wie genetische Informationen, die in der DNS verschlüsselt sind, in mRNS übersetzt und dann in eine Proteinstruktur umgewandelt werden, und sie werden sehen, wie man die Basenabfolge der DNS bestimmen kann.

Die Organische Chemie der Kohlenhydrate

20

20.1	Klassifizierung der Kohlenhydrate	1114
20.2	Die D-/L-Nomenklatur der Kohlenhydrate	1114
20.3	Die Konfigurationen der Aldosen	1116
20.4	Die Konfigurationen der Ketosen	1118
20.5	Reaktionen der Monosaccharide in basischen Lösungen	1119
20.6	Redoxreaktionen der Monosaccharide	1120
20.7	Kettenverlängerung: Die Kiliani-Fischer-Synthese	1122
20.8	Kettenverkürzung: Der Wohl-Abbau	1123
20.9	Die Stereochemie der Glucose: Der Konfigurationsbeweis von Fischer	1124
20.10	Monosaccharide aus zyklischen Halbacetalen bilden	1127
20.11	Glucose ist die stabilste Aldohexose	1131
20.12	Glycosidbildung	1133
20.13	Der anomere Effekt	1135
20.14	Reduzierende und nichtreduzierende Zucker	1136
20.15	Disaccharide	1136
20.16	Polysaccharide	1141
20.17	Einige von Kohlenhydraten abgeleitete Naturstoffe	1145
20.18	Kohlenhydrate an Zelloberflächen	1148
20.19	Synthetische Süßstoffe	1150
	Zusammenfassung	1153
	Zusammenfassung der Reaktionen	1155

ÜBERBLICK

Ein Zuckerrohrfeld.

Bioorganische Verbindungen sind organische Verbindungen, die man in lebenden Systemen vorfindet. Die erste Gruppe bioorganischer Verbindungen, die wir untersuchen wollen, sind die Kohlenhydrate – die mengenmäßig häufigste Verbindungsklasse der belebten Welt, die mehr als 50 % der Trockenmasse der auf der Erde vorhandenen Biomasse ausmacht. Kohlenhydrate sind wichtige Konstituenten aller lebenden Organismen und erfüllen eine Vielzahl unterschiedlicher Funktionen. Einige sind wichtige strukturelle Komponenten von Zellen; andere agieren als Erkennungsstellen an der Oberfläche von Zellen. Das erste Ereignis in unser aller Leben war beispielsweise die Erkennung von Kohlenhydraten auf der Oberfläche einer Eizelle durch eine Spermienzelle. Andere Kohlenhydrate dienen als Hauptspeicher von Stoffwechselenergie. Die Blätter, Früchte, Samen, Sprossachsen und Wurzeln von Pflanzen beispielsweise enthalten Kohlenhydrate, die die Pflanzen für ihre eigenen metabolischen Bedürfnisse benötigen, und die in der Folge den Stoffwechselerfordernissen von Tieren dienlich sind, die diese Pflanzen fressen.

Bioorganische Verbindungen sind organische Verbindungen, die in biologischen Systemen angetroffen werden. Bioorganische Verbindungen folgen denselben Prinzipien von Struktur und Reaktivität wie die organischen Moleküle, die wir bisher diskutiert haben. Es gibt eine große Ähnlichkeit zwischen den organisch-chemischen Reaktionen, die Chemiker*innen im Labor durchführen und denen, die natürlicherweise in lebenden Zellen ablaufen. Man kann sich mit anderen Worten bioorganische Reaktionen als organisch-chemische Reaktionen vorstellen, die in winzig kleinen Reaktionsgefäßen – den lebenden Zellen – vonstatten gehen.

Die meisten bioorganischen Verbindungen haben kompliziertere Strukturen als die Moleküle, an die wir bis jetzt gewöhnt sind, aber diese Strukturen dürfen uns nicht dazu verleiten zu glauben, dass ihre Chemie ebenso kompliziert ist. Ein Grund dafür, warum die Strukturen bioorganischer Verbindungen komplizierter sind, ist in der Tatsache zu suchen, dass bioorganische Verbindungen in der Lage sein müssen, sich gegenseitig zu erkennen, und vieles in ihren Strukturen dient diesem Zweck – eine Funktion, die **molekulare Erkennung** genannt wird.

Die frühen Chemiker*innen bemerkten, dass Kohlenhydrate Summenformeln aufweisen, die sie als Hydrate des Kohlenstoffs – $C_n(H_2O)_n$ – erscheinen lassen; daher der Name Kohlen(stoff)hydrat. Später durchgeführte Strukturuntersuchungen zeigten, dass diese Verbindungen *keine* Hydrate waren, da sie keine unveränderten Wassermoleküle enthalten; der Begriff *Kohlenhydrat(e)* blieb jedoch erhalten.

Kohlenhydrate sind Polyhydroxyaldehyde (wie im Fall der D-Glucose), Polyhydroxyketone (wie die D-Fructose), oder Verbindungen, die sich zu Polyhydroxyaldehyden oder Polyhydroxyketonen hydrolysieren lassen (wie z. B. die Saccharose; Abschnitt 20.15). Die chemischen Strukturen der Kohlenhydrate werden für gewöhnlich durch Keil-Strich-Formeln oder durch die so genannte Fischer-Projektion dargestellt. Es ist zu beachten, dass sowohl D-Glucose als auch D-Fructose die Summenformel $C_6H_{12}O_6$ aufweisen, im Einklang mit der allgemeinen Formel $C_6(H_2O)_6$, die die Chemiker*innen früherer Epochen dazu verleitete anzunehmen, dass die Verbindungen Hydrate des Elements Kohlenstoff seien. Beachten Sie weiterhin, dass sich die Strukturen von Glucose und Fructose nur durch die beiden oberen Kohlenstoffatome unterscheiden.

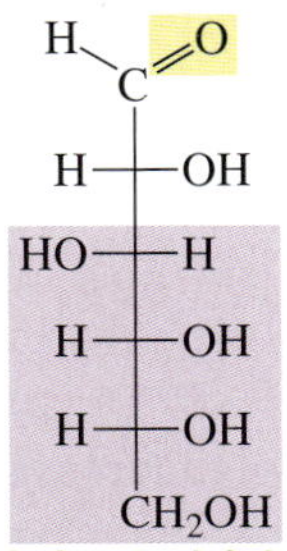

Fischer-Projektion
D-Glucose
ein Polyhydroxyaldehyd

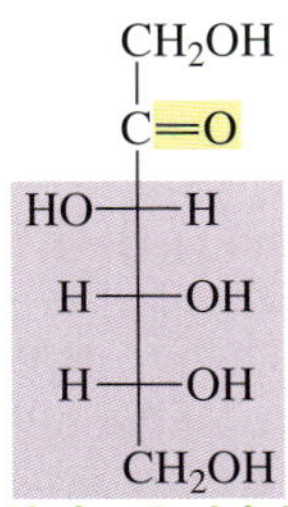

Fischer-Projektion
D-Fructose
ein Polyhydroxyketon

MERKE!

Erinnern Sie sich an Abschnitt 4.7. Dort haben wir gelernt, dass in der Fischer-Projektion horizontal gezeichnete Bindungen auf den Betrachter zuweisen und vertikal gezeichnete vom Betrachter weg.

Die Photosynthese

Das in der Natur am häufigsten vorkommende Kohlenhydrat ist die D-Glucose. Tiere beziehen Glucose aus der Nahrung (z. B. aus Pflanzen). Pflanzen produzieren Glucose durch *Photosynthese*. Sie nehmen über ihre Wurzeln Wasser auf und verwenden Kohlendioxid aus der Luft, um durch Photosynthese Glucose und Sauerstoff zu erzeugen.

D-Glucose

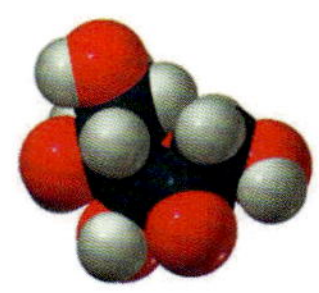

D-Fructose

$$\underset{\text{Glucose}}{C_6H_{12}O_6} + 6\,O_2 \underset{\text{Photosynthese}}{\overset{\text{Oxidation}}{\rightleftharpoons}} 6\,CO_2 + 6\,H_2O + \text{Energie}$$

Da die Photosynthese die Umkehrung desjenigen Prozesses ist, durch den Organismen Energie freisetzen (die Oxidation von Glucose zu Kohlendioxid und Wasser), benötigen Pflanzen zur Durchführung der Photosynthese eine Zufuhr von Energie. Pflanzen erhalten die zur Durchführung der Photosynthese notwendige Energie aus dem Sonnenlicht, das in grünen Pflanzen von Chlorophyllmolekülen (einer weiteren bioorganischen Verbindung) eingefangen wird. Die Photosynthse nutzt das Kohlenstoffdioxid, das von Tieren als Abfallprodukt ausgeatmet wird, und generiert den Sauerstoff, den die Tiere einatmen, um am Leben zu bleiben. Fast der gesamte Sauerstoff in der Atmosphäre der Erde wurde durch photosynthetische Prozesse freigesetzt.

Klassifizierung der Kohlenhydrate 20.1

Die Begriffe *Kohlenhydrat, Saccharid* und *Zucker* werden oft alternativ benutzt. *Saccharid* leitet sich von dem Wort für Zucker in verschiedenen alten Sprachen ab (*sarkara* in Sanskrit; *sakcharon* im Altgriechischen; und *saccharum* im Lateinischen).

Es gibt zwei Klassen von Kohlenhydraten: *einfache Kohlenhydrate* und *komplexe (zusammengesetzte) Kohlenhydrate.* **Einfache Kohlenhydrate** sind die **Monosaccharide** (Einfachzucker), wohingegen **komplexe Kohlenhydrate** zwei oder mehr Zuckereinheiten enthalten, die miteinander verknüpft sind. **Disaccharide** bestehen aus zwei miteinander verknüpften Monosaccharideinheiten, **Oligosaccharide** bestehen aus 3 bis 10 Zuckereinheiten (*oligo*, griechisch „einige"), und **Polysaccharide** bestehen aus mehr als 10 miteinander verknüpften Zuckereinheiten. Disaccharide, Oligosaccharide und Polysaccharide können durch Hydrolyse zu Monosacchariduntereinheiten zerlegt werden.

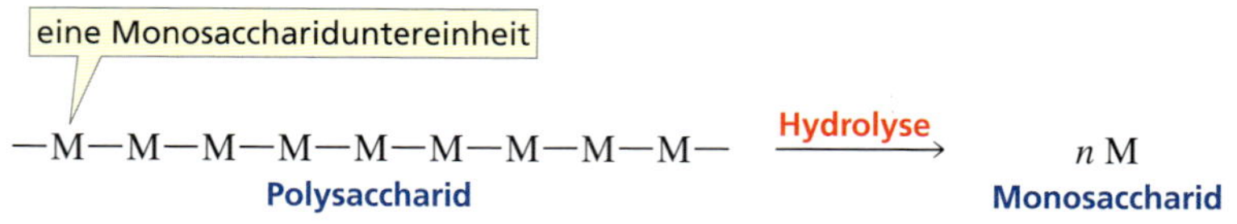

Monosaccharide sind entweder Aldosen oder Ketone

Ein *Monosaccharid* kann – wie im Fall der D-Glucose – ein Polyhydroxyaldehyd, oder – wie im Fall der D-Fructose – ein Polyhydroxyketon sein. Polyhydroxyaldehyde werden auch als **Aldosen** („ald-„ für Aldehyd; „-ose" ist der allgemeine Suffix für Kohlenhydrate) bezeichnet; Polyhydroxyketone heißen entsprechend **Ketosen**. Monosaccharide werden auch nach der Anzahl ihrer Kohlenstoffatome klassifiziert: Monosaccharide mit drei Kohlenstoffatomen heißen **Triosen**, solche mit vier Kohlenstoffatomen **Tetrosen**, solche mit fünf Kohlenstoffatomen **Pentosen**, und solche mit sechs bzw. sieben Kohlenstoffatomen **Hexosen** bzw. **Heptosen**. Ein C_6-Polyhydroxyaldehyd wie die D-Glucose ist eine Aldohexose, wohingegen ein C_6-Polyhydroxyketon wie die D-Fructose eine Ketohexose ist.

Ü 1* Klassifizieren Sie die folgenden Monosaccharide:

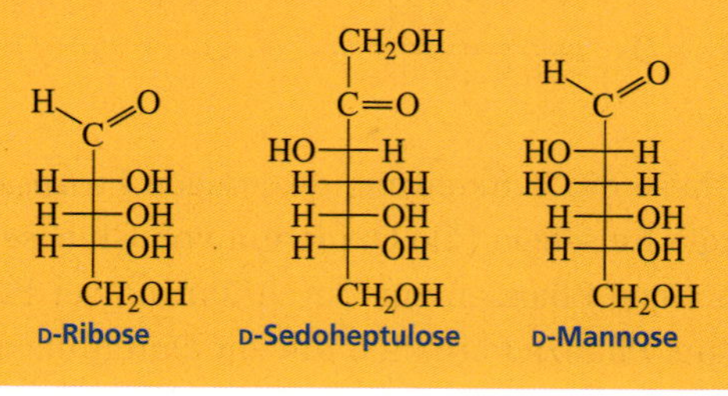

Die D-/L-Nomenklatur der Kohlenhydrate 20.2

Die kleinste Aldose, und die einzige, deren Name nicht auf „-ose" endet, ist der Glycerinaldehyd – eine Aldotriose.

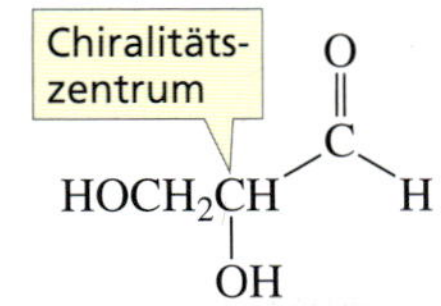

Glycerinaldehyd (Glyceral)

> **MERKE!**
>
> **Ein Kohlenstoffatom mit vier unterschiedlichen Liganden wird als Chiralitätszentrum bezeichnet.**

Da das Glycerinaldehyd ein Chiralitätszentrum enthält, kann es in Form eines Enantiomerenpaares vorliegen. Wir wissen, dass das Isomer, welches in der Abbildung unten ganz links gezeigt wird, die *R*-Konfiguration hat. Denn der Pfeil, der vom am meisten priorisierten Substituenten (OH) zum nächst höher priorisierten Substituenten (HC=O) gezeichnet ist, verläuft im Uhrzeigersinn und die am wenigsten priorisierte Gruppe wird mit einem schraffierten Keil dargestellt (Abschnitt 4.8). Die *R*- und *S*-Enantiomere werden auf der rechten Seite als Fischer-Projektionen dargestellt.

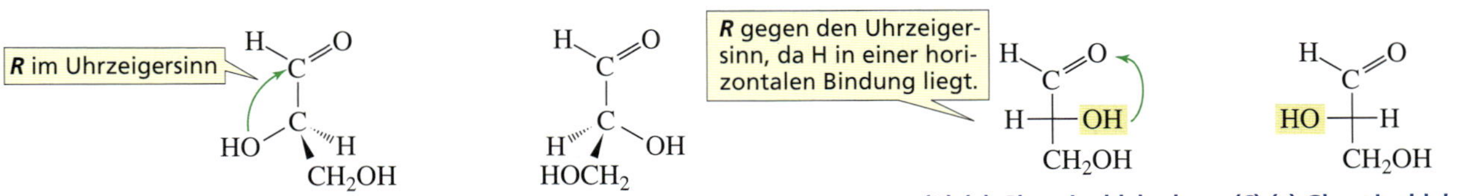

(*R*)-(+)-Glycerinaldehyd (*S*)-(−)-Glycerinaldehyd
perspektivische Strukturformeln

(*R*)-(+)-Glycerinaldehyd (*S*)-(−)-Glycerinaldehyd
Fischer-Projektionen

Die D-/L-Notation wird verwendet, um die Konfiguration von Kohlenhydraten zu beschreiben. In den Fischer-Projektionen der Monosaccharide wird die Carbonylgruppe immer am oberen Ende platziert (im Fall von Aldosen) oder so weit oben wie möglich (im Fall von Ketosen). Aus ihrer Struktur ersehen wir, dass Galactose vier Chiralitätszentren (C-2, C-3, C-4 und C-5) besitzt.

Falls die OH-Gruppe des am weitesten unten stehenden chiral substituierten Kohlenstoffatoms (dem zweituntersten) in der Projektion auf der rechten Seite liegt, handelt es sich um einen D-Zucker.

Falls diese OH-Gruppe auf der linken Seite liegt, handelt es sich um einen L-Zucker.

Fast alle Zucker, die man in der Natur findet, sind D-Zucker. Beachten Sie, dass das Spiegelbild eines D-Zuckers ein L-Zucker ist.

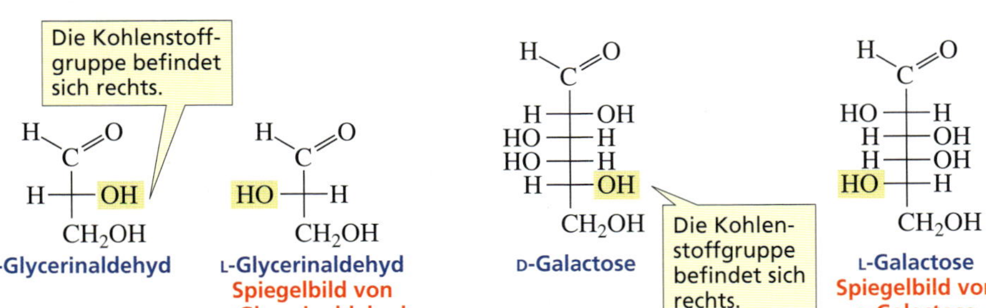

D-Glycerinaldehyd

L-Glycerinaldehyd
Spiegelbild von D-Glycerinaldehyd

D-Galactose

L-Galactose
Spiegelbild von D-Galactose

Der Trivialname eines Monosaccharids definiert zusammen mit der D-/L-Designation vollständig dessen Struktur, da die relativen Konfigurationen an allen chiral substituierten Kohlenstoffatomen durch den Trivialnamen des Zuckers implizit festgelegt sind. Deshalb erhält man die Struktur der L-Galactose, wenn man die Konfigurationen *aller* Chiralitätszentren der D-Galactose verändert.

Emil Fischer und seine Kollegen haben im ausgehenden 19. Jahrhundert die Chemie der Kohlenhydrate intensiv untersucht; zu einer Zeit also, als Methoden zur Bestimmung der Konfiguration chemischer Verbindungen noch nicht zur Verfügung standen. Fischer wies daher den rechtsdrehenden Isomeren des Glycerinaldehyds, das wir D-Glycerinaldehyd nennen, willkürlich die *R*-Konfiguration zu. Es sollte sich zeigen, dass er Recht gehabt hat (richtig geraten hatte!): D-Glycerinaldehyd ist (*R*)-(+)-Glycerinaldehyd, und L-Glycerinaldehyd ist (*S*)-(–)-Glycerinaldehyd.

Wie die Symbole *R*- und *S*-, bezeichnen auch die Präfixe D- und L- die Konfiguration an einem chiral substituierten Kohlenstoffatom, sie geben jedoch nicht an, ob die Verbindung polarisiertes Licht nach rechts (+) oder nach links (–) dreht (Abschnitt 4.9). D-Glycerinaldehyd ist beispielsweise rechtsdrehend, während D-Milchsäure linksdrehend ist. Anders ausgedrückt, ist die optische Drehung, wie der Schmelz- und der Siedepunkt, eine physikalische Eigenschaft der Verbindung, wohingegen „*R*, *S*, D und L" durch menschliche Konvention festgelegte Bezeichnungen sind, die die räumliche Konfiguration eines Moleküls anzeigen.

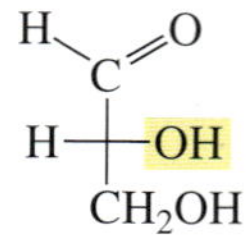

D-(+)-Glycerinaldehyd

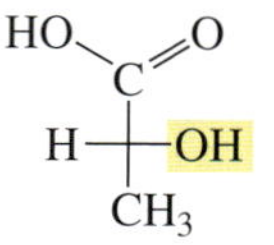

D-(–)-Milchsäure

Ü 2 Zeichnen Sie die Fischer-Projektionen der L-Glucose und der L-Fructose.

Ü 3* Bestimmen Sie, welche der folgenden Formeln D-Glycerinaldehyd oder L-Glycerinaldehyd wiedergibt. Stützen Sie sich dabei auf die Annahme, dass horizontal verlaufende Bindungen aus der Papierebene auf Sie zu zeigen, und dass vertikal verlaufende Bindungen von Ihnen weg nach hinten aus der Papierebene hinaus gerichtet sind (Abschnitt 4.7):

(a) 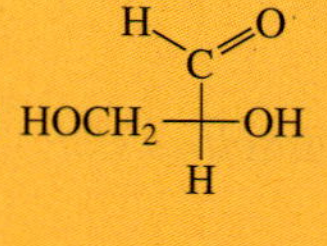

(b) 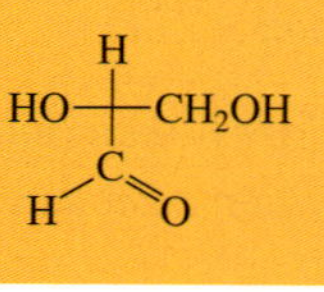

(c) 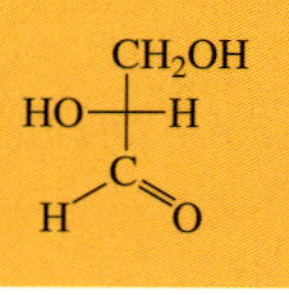

Die Konfigurationen der Aldosen 20.3

Aldotetrosen weisen zwei chiral substituierte Kohlenstoffatome auf und bilden daher vier Stereoisomere. Die Namen der Aldotetrosen – Erythrose und Threose – wurden eingeführt, um die in Abschnitt 4.12 beschriebenen Erythro- und Threo-Enantiomerenpaare zu kennzeichnen.

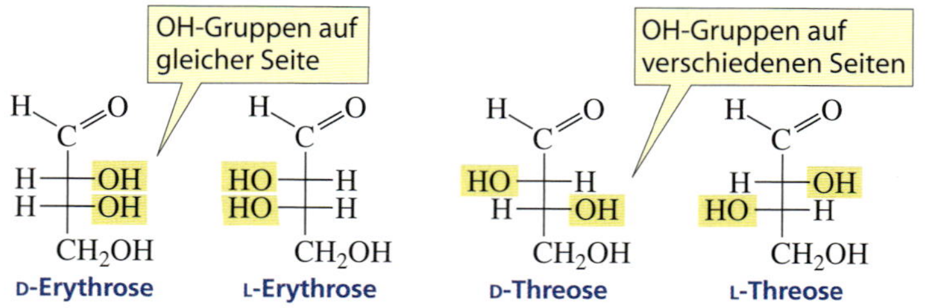

D-Erythrose **L-Erythrose** **D-Threose** **L-Threose**

Aldopentosen weisen drei chiral substituierte Kohlenstoffatome auf und bilden daher acht Stereoisomere (vier Enantiomerenpaare), wohingegen *Aldohexosen* vier chiral substituierte Kohlenstoffatome enthalten und somit 16 Stereoisomere (8 Enantiomerenpaare) bilden. Die vier D-Aldopentosen und die acht D-Aldohexosen sind in ► Tabelle 20.1 abgebildet.

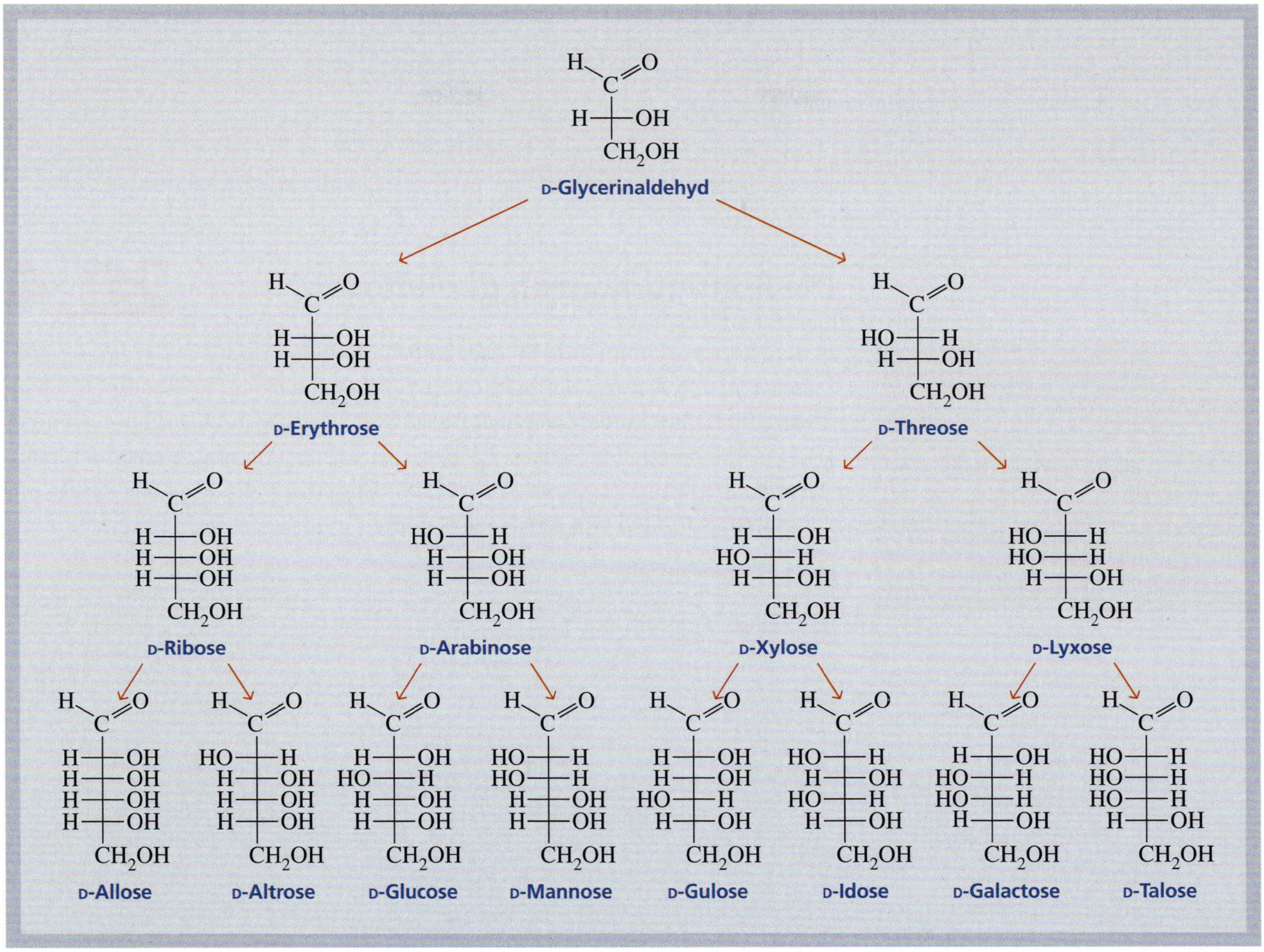

Tabelle 20.1: Die Konfigurationen der D-Aldosen.

Monosaccharide, die sich in der Konfiguration an nur einem chiral substituierten Kohlenstoffatom unterscheiden, werden **Epimere** genannt. Zum Beispiel sind D-Ribose und D-Arabinose C-2-Epimere (sie unterscheiden sich in der Konfiguration am C-2); D-Idose und D-Talose sind C-3-Epimere. Ein Epimer ist also eine besondere Art von Diastereomer (Abschnitt 4.12).

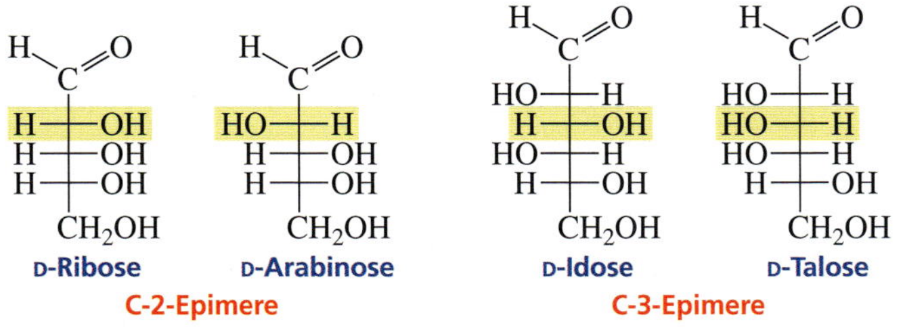

MERKE!

Diastereomere sind Konfigurationsisomere, welche nicht enantiomer zueinander sind.

D-Mannose ist das C-2-Epimer der D-Glucose.

D-Galactose ist das C-4-Epimer der D-Glucose.

Ü 4*

(a) Sind D-Erythrose und L-Erythrose Enantiomere oder Diastereomere?

(b) Sind L-Erythrose und L-Threose Enantiomere oder Diastereomere?

Ü 5*

(a) Welcher Zucker ist das C-3-Epimer von D-Xylose?

(b) Welcher Zucker ist das C-5-Epimer von D-Allose?

(c) Welcher Zucker ist das C-4-Epimer von L-Gulose?

(d) Welcher Zucker ist das C-4-Epimer von D-Lyxose?

Ü 6* Geben Sie die systematischen Namen der folgenden Verbindungen an. Bestimmen Sie die Konfiguration (*R* oder *S*) an jedem chiral substituierten Kohlenstoffatom.

(a) D-Glucose

(b) D-Mannose

(c) D-Galactose

(d) L-Glucose

Die Konfigurationen der Ketosen 20.4

Ü 7* Welcher Zucker ist das C-3-Epimer der D-Fructose?

Ü 8* Wie viele mögliche Stereoisomere hat

(a) eine 2-Ketoheptose?

(b) eine Aldoheptose?

(c) eine Ketotriose?

In der Natur vorkommende Ketosen haben die Ketogruppe (Oxogruppe) in der 2-Position. Die Konfigurationen der D-2-Ketosen sind in ► Tabelle 20.2 wiedergegeben. Eine Ketose hat ein chiral substituiertes Kohlenstoffatom weniger als eine entsprechende Aldose mit derselben Anzahl von Kohlenstoffatomen. Darum bildet eine Ketose nur halb so viele Stereoisomere wie eine Aldose mit der gleichen Anzahl von Kohlenstoffatomen.

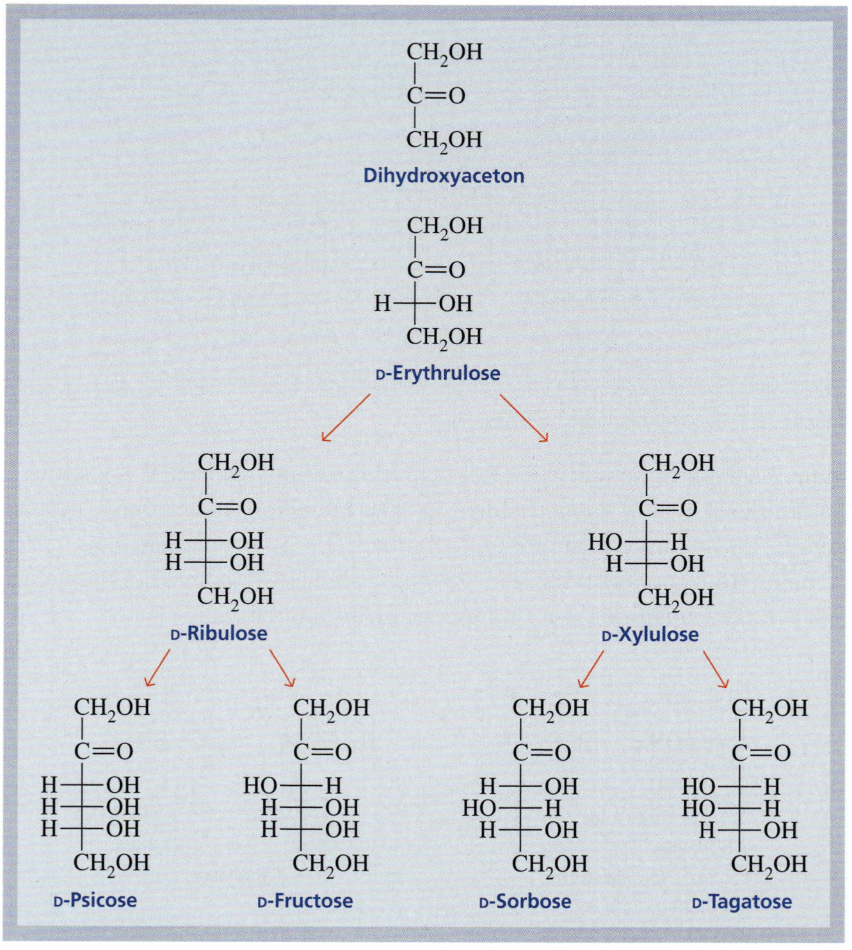

Tabelle 20.2: Die Konfigurationen der D-Ketosen.

Reaktionen der Monosaccharide in basischen Lösungen 20.5

Epimerisierung

Monosaccharide werden in basischen Lösungen zu komplexen Mischungen aus Polyhydroxyaldehyden und Polyhydroxyketonen umgeformt. Schauen wir uns zunächst einmal an, was mit D-Glucose in einer basischen Lösung geschieht. Wir beginnen mit der Umwandlung in ihr C-2-Epimer:

Mechanismus für die basisch katalysierte Epimerisierung eines Monosaccharids

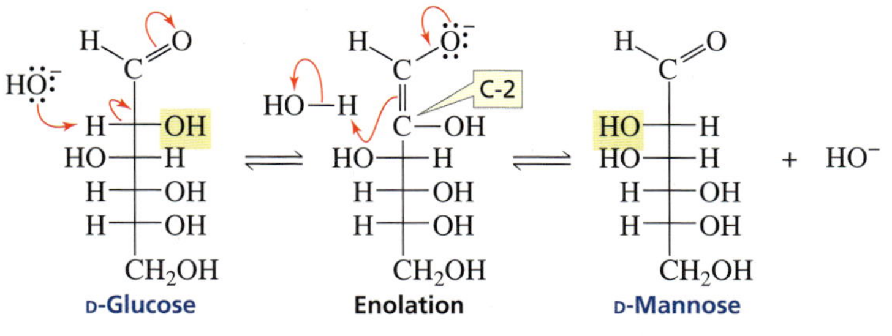

- Die Base zieht ein Proton vom α-Kohlenstoffatom ab, wodurch ein Enolation entsteht (Abschnitt 17.3). Im Enolation ist das C-2-Atom kein Chiralitätszentrum mehr.
- Wenn das C-2-Atom reprotoniert wird, kann das Proton von der oberen oder unteren Seite des planaren sp^2-Kohlenstoffatoms kommen und somit sowohl D-Glucose als auch D-Mannose bilden (C-2-Epimere).

Weil bei der Reaktion ein Paar C-2-Epimere gebildet wird, nennt man sie Epimerisierung. **Epimerisierung** verändert die Stereochemie eines Kohlenstoffatoms, indem sie ein Proton abzieht und es anschließend reprotoniert.

Die Endiolumlagerung

In basischer Lösung kann D-Glucose zusätzlich zur Bildung ihres C-2-Epimers eine Reaktion erfahren, die **Endiolumlagerung** genannt wird und die die Bildung von D-Fructose und anderen Ketohexosen zur Folge hat.

Mechanismus für die basisch katalysierte Endiolumlagerung eines Monosaccharids

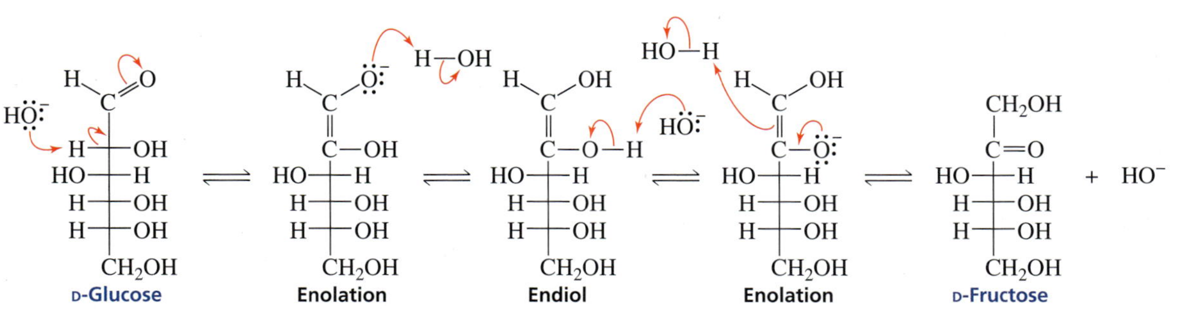

- Die Base zieht ein Proton vom α-Kohlenstoffatom ab, wodurch ein Enolation entsteht.
- Entweder wird das C-2 protoniert (so wie in dem Epimerisierungsmechanismus, der oben dargestellt ist) oder das Sauerstoffatom des Enolations wird zu einem Endiol protoniert (wie hier gezeigt).
- Das Endiol hat 2 OH-Gruppen, die eine Carbonylgruppe bilden könnten. Die Entfernung eines Proton an C-1, gefolgt von einer Tautomerisierung (wie in der basenkatalysierten Epimerisierung oben gezeigt), bildet D-Glucose erneut oder bildet D-Mannose. Die Entfernung des Proton an der OH-Gruppe an C-2, gefolgt von einer Tautomerisierung, bildet D-Fructose.

MERKE!

In einer basischen Lösung bildet eine Aldose ein C-2-Epimer und eine oder mehrere Ketosen.

Eine weitere Form der Endiolumlagerung wird von einer Base initiiert, die ein Proton vom C-3-Atom der D-Fructose abzieht, wodurch eine Ketose mit einer Carbonylgruppe am C-2 oder C-3-Atom entsteht. Auf diese Weise kann die Carbonylgruppe entlang der Kette auf und ab wandern.

Ü 9 Zeigen Sie, wie das Carbonylkohlenstoffatom der Fructose durch Endiolumlagerung vom C-2- zum C-3-Atom verschoben werden kann.

Ü 10 Schreiben Sie den Mechanismus der basenkatalysierten Umwandlung von D-Fructose in D-Glucose und D-Mannose nieder.

Ü 11* Wenn D-Tagatose in eine basische wässrige Lösung gegeben wird, bildet sich im Gleichgewicht eine Mischung aus einer Aldohexose und zwei Ketohexosen. Identifizieren Sie die Aldohexose und Ketohexosen.

20.6 Redoxreaktionen der Monosaccharide

Hinweis für die Studierenden

Wenn Sie die Abschnitte über die Reaktionen der Monosaccharide lesen, finden Sie dort Querverweise zu den Abschnitten, in denen dieselben Reaktivitäten für einfacher gebaute organische Verbindungen diskutiert wurden. Nehmen Sie, während Sie lernen, Bezug auf diese früheren Abschnitte. Sie werden das Lernen der Kohlenhydratchemie bedeutend vereinfachen und Ihnen einen guten Rückblick auf Aspekte der Chemie geben, die Sie schon gelernt haben.

Da Monosaccharide die funktionellen Gruppen von *Alkoholen* und von *Aldehyden* oder *Ketonen* tragen, sind ihre chemischen Reaktionen eine Erweiterung dessen, was wir über die Reaktionen der Alkohole, Aldehyde und Ketone gelernt haben. Zum Beispiel kann eine Aldehydgruppe eines Monosaccharids oxidiert oder reduziert werden. Auch kann sie mit Nucleophilen unter Bildung von Iminen, Halbacetalen oder Acetalen reagieren.

Reduktion

Die Carbonylgruppe von Aldosen und Ketosen kann mittels üblicher Reduktionsmittel für Carbonylgruppen (z. B. $NaBH_4$, Abschnitt 16.5) reduziert werden. Das Produkt einer solchen Reaktion ist ein Polyalkohol, der als **Alditol** (Zuckeralkohol) bezeichnet wird.

Die Reduktion einer Aldose ergibt ein Alditol. D-Mannitol, das Alditol, welches sich bei der Reduktion von D-Mannose bildet, findet sich in Pilzen, Oliven und Zwiebeln.

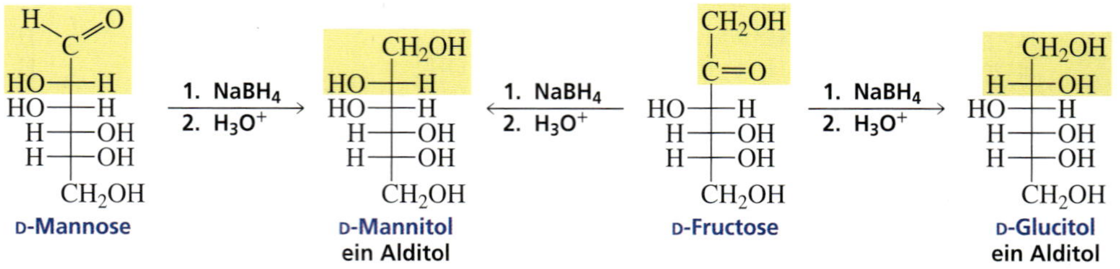

Die Reduktion einer Ketose führt zu zwei Alditolen, da diese Reaktion ein neues chiral substituiertes Kohlenstoffatom erzeugt. Zum Beispiel führt die Reduktion von D-Fructose führt zu D-Mannitol und D-Glucitol, dem C-2-Epimer von D-Mannitol. D-Glucitol, das auch als Sorbitol bezeichnet wird, besitzt etwa 60 % der Süße von Rohrzucker (Saccharose). Man findet es in Pflaumen, Birnen, Kirschen und Beeren, und es wird als Zuckerersatz bei der Herstellung von Süßigkeiten eingesetzt.

Ü 12* Welche Reaktionsprodukte erhält man bei der Reduktion von
(a) D-Idose? **(b)** D-Sorbose?

Ü 13*
(a) Welcher andere Einfachzucker liefert bei der Reduktion dasselbe Alditol wie die Reduktion von
1. D-Talose? **2.** D-Glucose? **3.** D-Galactose?
(b) Welcher Einfachzucker liefert bei der Reduktion zwei Alditole, von denen einer gewonnen wurde aus der Reduktion von
1. D-Talose? **2.** D-Allose?

Oxidation

Br_2 ist ein mildes Oxidationsmittel, das leicht Aldehyde zu oxidieren vermag, nicht jedoch Ketone oder Alkohole. Falls man also eine kleine Menge einer wässrigen Bromlösung zu einem unbekannten Zucker gibt, wird die bräunlich-rote Färbung des Broms verschwinden, wenn es sich bei dem Monosaccharid um eine Aldose handelt. Denn wenn Br_2 das Aldehyd oxidiert, dann wird es zu Br^- reduziert, einer farblosen Verbindung. Falls das Monosaccharid jedoch eine Ketose ist, wird die Färbung erhalten bleiben. Das Reaktionsprodukt der Oxidation ist eine **Aldonsäure**.

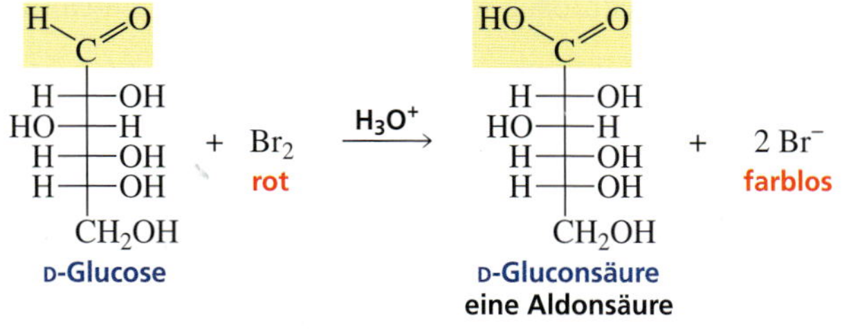

Sowohl Aldosen als auch Ketosen werden vom Tollens-Reagenz (Ag^+, NH_3, OH^-) zu Aldonsäuren oxidiert. Die oxidierende Verbindung der Tollens-Reagenzien ist Ag^+. Diese Verbindung wird zu metallischem Silber reduziert, das eine silbrig scheinende, spiegelnde Schicht im Teströhrchen bildet. Obwohl Tollens-Reagenzien nur auf Aldehyde als Oxidationsmittel wirken, kann man diese nicht verwenden, um Aldosen und Ketosen voneinander zu unterscheiden. Denn die Oxidationsreaktion wird in einer basischen Lösung durchgeführt, in der durch Reorganisierung eine Ketose in eine Aldose umgewandelt wird (Abschnitt 20.5) und daraufhin durch das Tollens-Reagenz oxidiert wird.

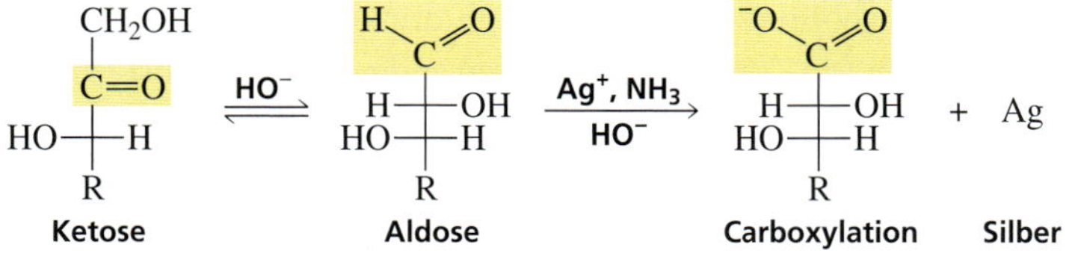

Verdünnte Schwefelsäure ist ein stärkeres Oxidationsmittel als die oben genannten. Sie ist in der Lage, Aldehyde *und* primäre Alkohole zu oxidieren, jedoch vermag sie nicht, sekundäre Alkohole zu oxidieren. Das Reaktionsprodukt, das man erhält, wenn sowohl die Aldehydgruppe als auch die (endständige) primäre OH-Gruppe einer Aldose oxidiert werden, nennt man **Aldarsäure**.

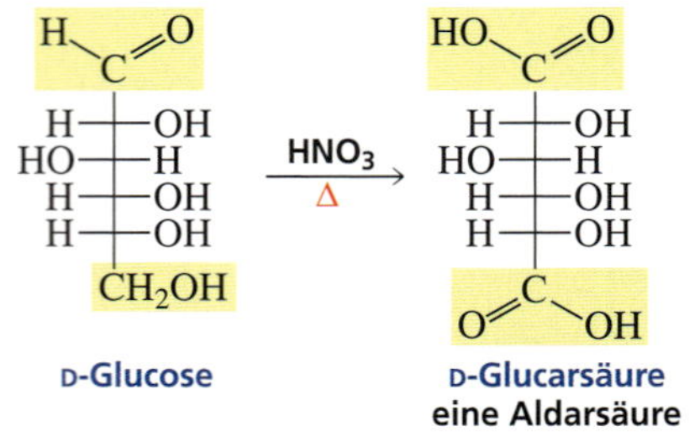

Ü 14*

(a) Nennen Sie eine andere Aldohexose außer D-Glucose, die durch Salpetersäure zu D-Glucarsäure oxidiert wird.

(b) Wie wird D-Glucarsäure noch genannt?

(c) Nennen Sie ein anderes Paar von Aldohexosen, die zu identischen Aldarsäuren oxidiert wird.

Kettenverlängerung: Die Kiliani-Fischer-Synthese 20.7

Die Kohlenstoffkette einer Aldose kann durch eine **Kiliani-Fischer-Synthese** um ein Kohlenstoffatom erweitert werden. Tetrosen können also zu Pentosen verlängert werden, und Pentosen können in Hexosen umgewandelt werden.

Schritte in der modifizierten Kiliani-Fischer-Synthese

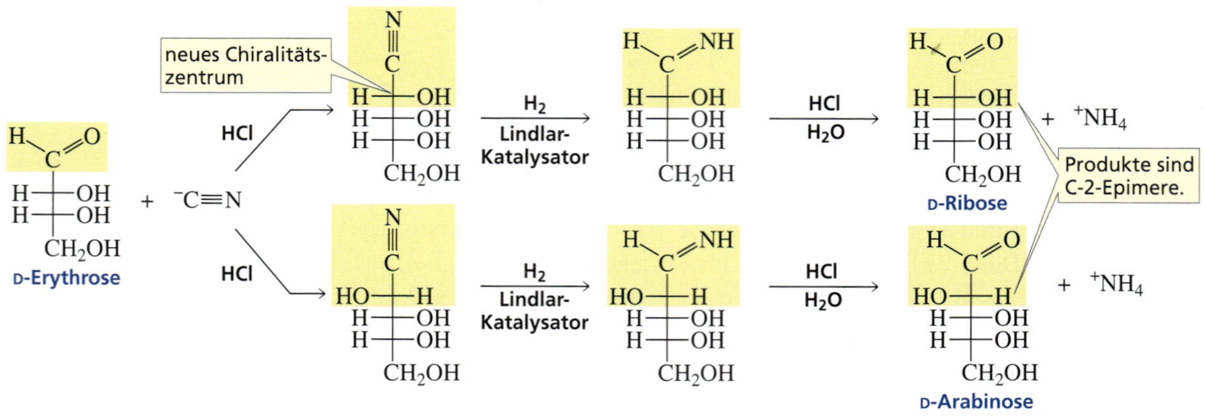

MERKE!

Die Kiliani-Fischer-Synthese führt zu einem Paar von C-2-Epimeren.

- Im ersten Schritt der Synthese addiert sich das Cyanidion an die Carbonylgruppe (Abschnitt 16.4). Demgemäß können zwei unterschiedliche Cyanhydrine gebildet werden, die sich nur in der Konfiguration am C-2 unterscheiden. Die Konfiguration an den anderen chiral substituierten Kohlenstoffatomen ändert sich nicht, weil im Verlauf dieser Reaktion keine Bindungen an irgendeinem der Chiralitätszentren gespalten wird.

- Die C≡N-Bindung wird zum Imin reduziert, wobei partiell deaktiviertes Palladium als Katalysator verwendet wird, sodass das Imin nicht weiter bis zum Amin reduziert wird (Abschnitt 7.9).
- Die beiden Imine können dann zur Aldose hydrolysiert werden (Abschnitt 16.8).

Man beachte, dass die modifizierte Kilian-Fischer-Synthese zu einem Paar von C-2-Epimeren führt. Die beiden Epimere werden jedoch nicht in äquimolaren Mengen erhalten, weil der erste Reaktionsschritt zu einem Paar Diastereomeren führt, und Diastereomere im Allgemeinen nicht in äquimolaren Mengen gebildet werden (Abschnitt 6.13).

Ü 15* Welche Monosaccharide würden bei einer Kiliani-Fischer-Synthese aus den folgenden Ausgangssubstanzen gebildet werden?
(a) D-Xylose **(b)** L-Threose

Kettenverkürzung: Der Wohl-Abbau 20.8

Der **Wohl-Abbau** ist die Umkehrung der Kiliani-Fischer-Synthese. Der Wohl-Abbau verkürzt somit eine Aldose um ein Kohlenstoffatom: Hexosen werden zu Pentosen konvertiert und Pentosen zu Tetrosen.

Schritte des Wohl-Abbaus

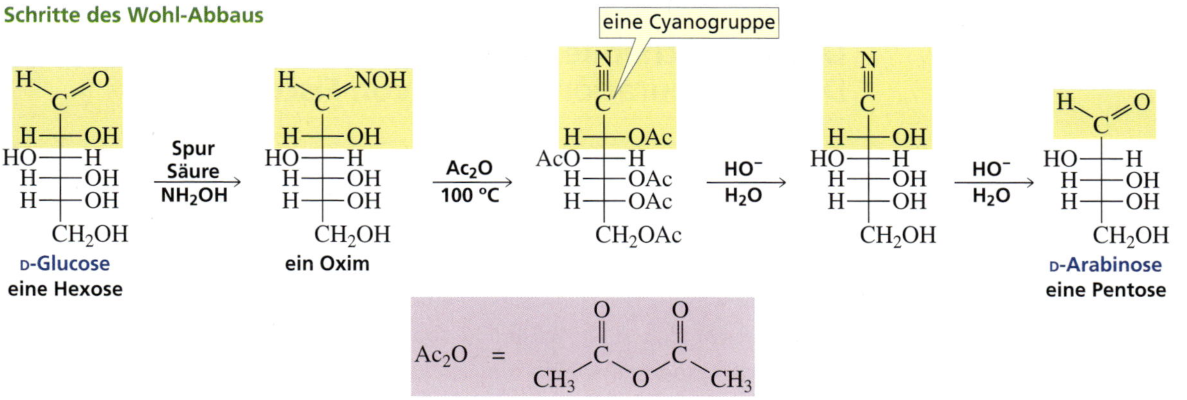

- Im ersten Schritt wird die Aldose durch Behandlung mit Hydroxylamin zu einem Oxim überführt (Abschnitt 16.8)
- Bei Erhitzung mit Essigsäureanhydrid wird die Oximgruppe zu einer Cyanogruppe dehydriert; alle OH-Gruppen werden zu Estern umgeformt (Abschnitt 15.16).
- In einer basischen wässrigen Lösung werden alle Estergruppen hydrolysiert und zugleich wird die Cyanogruppe eliminiert (Abschnitte 15.9 und 16.4).

Ü 16* Welche beiden Monosaccharide lassen sich zu
(a) D-Ribose; **(b)** D-Arabinose; **(c)** L-Ribose
abbauen?

HINTERGRUND

■ Den Blutglucosegehalt bei Diabetikern messen

Die im Blutkreislauf vorhandene Glucose reagiert mit einer NH_2-Gruppe des Hämoglobins, woraus ein Imin gebildet wird (Abschnitt 16.8), das sich daraufhin zu einer stabileren Verbindung neu anordnet. Diese neue Verbindung ist das α-Aminoketon, welches uns als Hämoglobin A1C bekannt ist. Die Reorganisierung der Verbindung kann nicht rückgängig gemacht werden.

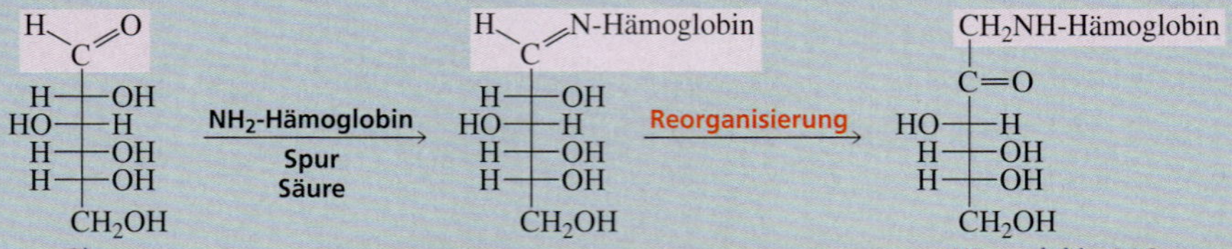

D-Glucose — Hämoglobin A1C

Insulin ist das Hormon im Körper, das den Glucosespiegel und somit auch den Gehalt von Hämoglobin A1C im Blut steuert. Eine nicht ausreichende Insulinproduktion oder eine Funktionsstörung des Insulins bezeichnet man als Diabetes. Da Menschen mit unbehandeltem Diabetes einen erhöhten Glucosespiegel im Blut haben, weist deren Blut auch eine erhöhte Konzentration von Hämoglobin A1C im Vergleich zu Nicht-Diabetikern auf. Daher ist die Messung des A1C-Spiegels im Blut eine Vorgehensweise zur Kontrolle des Blutzuckerspiegels von Diabetespatient*innen.

Eine häufige Nebenerscheinung, unter der Diabetespatient*innen leiden, ist eine Linsentrübung, die auch als grauer Star bezeichnet wird. Diese wird verursacht durch die Reaktion von Glucose mit der NH_2-Gruppe der Proteine, die sich in der Linse der Augen befinden. Es wird sogar vermutet, dass die allgemein zu beobachtende Steifheit des ganzen Körpers von älteren Menschen auch durch eine solche Reaktion von Glucose mit der NH_2-Gruppe der Proteine im Körper verursacht sein könnte.

20.9 Die Stereochemie der Glucose: Der Konfigurationsbeweis von Fischer

Im Jahr 1891 gelang Emil Fischer die vollständige Aufklärung der Stereochemie der Glucose – eines der brillantesten Beispiele für logisch-wissenschaftliches Denken in der Geschichte der Chemie. Er wählte die (+)-Glucose als Studienobjekt, weil sie das häufigste Monosaccharid in der Natur ist.

Fischer wusste, dass (+)-Glucose eine Aldohexose war; aber für eine Aldohexose lassen sich 16 verschiedene theoretische Möglichkeiten formulieren. Welche von ihnen entsprach der Struktur der (+)-Glucose? Die 16 stereoisomeren Aldohexosen gliedern sich in 8 Enantiomerenpaare; wenn man also die Strukturen der einen Hälfte kannte, ließen sich daraus automatisch die Strukturen der verbleibenden acht Verbindungen ableiten. Fischer musste sich daher nur mit einem Satz von acht Zuckern auseinandersetzen. Er befasste sich mit der Gruppe der acht Stereoisomere, bei denen die OH-Gruppe am C-5 in der Fischer-Projektion auf der rechten Seite steht (den unten abgebildeten Stereoisomeren, die wir heute D-Zucker nennen).

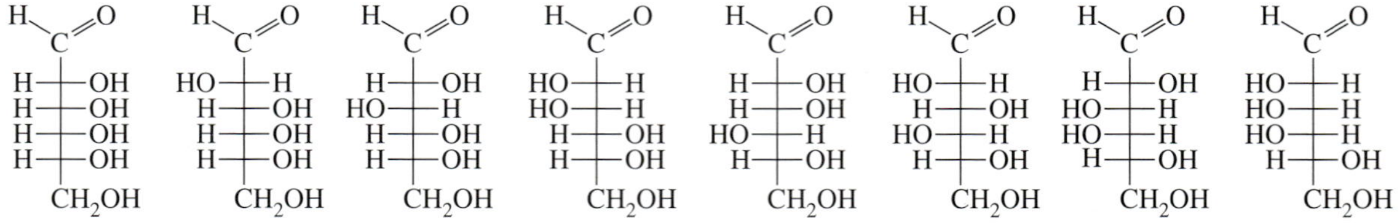

D-Allose 1 — D-Altrose 2 — D-Glucose 3 — D-Mannose 4 — D-Gulose 5 — D-Idose 6 — D-Galactose 7 — D-Talose 8

Eine dieser Verbindungen musste das eine Enantiomer der Glucose sein, sein Spiegelbild musste das andere Enantiomer sein. Noch bis 1951 sollte es unmöglich bleiben zu bestimmen, ob die D-Glucose oder die L-Glucose der (+)-Glucose entsprach! Fischer bediente sich der folgenden Informationen, um die relative Stereochemie der Glucose (also die Konfiguration an jedem ihrer Chiralitätszentren) zu bestimmen, ohne sich jedoch ganz sicher sein zu können, ob es sich um D- oder L-Glucose handelt:

1. Wenn man die Kiliani-Fischer-Synthese mit dem Zucker durchführt, den man (–)-Arabinose nennt, erhält man (+)-Glucose und (+)-Mannose als Produkte. Das bedeutet, dass (+)-Glucose und (+)-Mannose C-2-Epimere sind; sie haben – anders ausgedrückt – identische Konfigurationen an den Kohlenstoffatomen 3, 4 und 5. (+)-Glucose und (+)-Mannose müssen daher eines der folgenden Paare sein: 1 und 2; 3 und 4; 5 und 6; oder 7 und 8.
2. (+)-Glucose und (+)-Mannose werden beide durch Salpetersäure zu optisch aktiven Aldarsäuren (Uronsäuren) oxidiert. Die Aldarsäuren der Zucker 1 und 7 sind nicht optisch aktiv, weil die Moleküle eine Symmetrieebene besitzen. Eine Verbindung mit einer Symmetrieebene ist achiral, denn es existiert ein Spiegelbild, mit dem es zur Deckung gebracht werden kann; siehe Abschnitt 5.10. Da die Zucker 1 und 7 ausgeschlossen werden konnten, mussten (+)-Glucose und (+)-Mannose eines der verbleibenden Paare 3 und 4, oder 5 und 6 sein.
3. Da (+)-Glucose und (+)-Mannose die Produkte einer Kiliani-Fischer-Synthese an (–)-Arabinose waren, gab es für (–)-Arabinose nur zwei mögliche Strukturen. Das heißt: Wenn (+)-Glucose und (+)-Mannose die Zucker mit den Strukturen 3 und 4 waren, hätte (–)-Arabinose die Struktur links in der nachfolgenden Formelbildern; wenn aber (+)-Glucose und (+)-Mannose die Zucker mit den Strukturen 5 und 6 waren, dann hätte (–)-Arabinose die Struktur im rechten Formelbild:

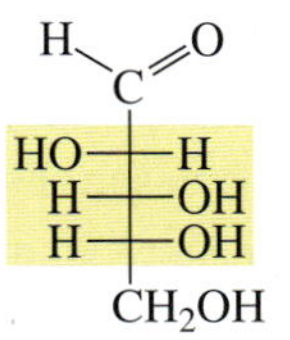

Die Struktur von (–)-Arabinose, falls (+)-Glucose und (+)-Mannose die Zucker 3 und 4 wären.

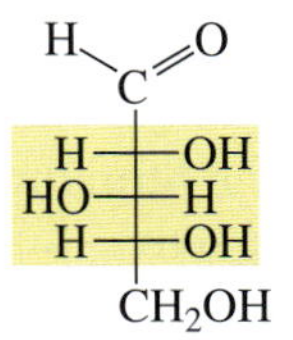

Die Struktur von (–)-Arabinose, falls (+)-Glucose und (+)-Mannose die Zucker 5 und 6 wären.

   Wenn (–)-Arabinose mit Salpetersäure oxidiert wird, ist die Aldarsäure, die man erhält, optisch aktiv. Das bedeutet, dass die Aldarsäure *keine* Symmetrieebene haben kann. Darum muss (–)-Arabinose die Struktur auf der linken Seite der Formelbilder aufweisen, weil die Aldarsäure des Zuckers auf der rechten Seite eine solche Symmetrieebene besitzt. Darum werden (+)-Glucose und (+)-Mannose durch die Zucker mit den Formelbildern 3 und 4 wiedergegeben.
4. Im letzten Schritt seines Konfigurationsbeweises musste Fischer noch feststellen, ob (+)-Glucose dem Zucker 3 oder dem Zucker 4 entspricht. Um diese Frage beantworten zu können, musste Emil Fischer eine chemische Methode ersinnen, mit der sich die Aldehydfunktion und die primäre Alkoholfunktion einer Aldohexose vertauschen ließen. Wenn er chemisch

BIOGRAPHIE

Emil Fischer (1852–1919) wurde in einem Dorf in der Nähe von Köln in Deutschland geboren. Gegen den Willen seines Vaters, der ein erfolgreicher Händler war und seinen Sohn als Nachfolger für das Familienunternehmen vorgesehen hatte, studiere Fischer Chemie. Er war daraufhin an Universitäten in Erlangen, Würzburg und Berlin als Chemieprofessor tätig. Im Jahr 1902 erhielt er den Nobelpreis für Chemie für seine Errungenschaften in der Erforschung von Zuckern. Während des Zweiten Weltkriegs leitete Fischer die Produktion chemischer Substanzen deutschlandweit. In diesem Krieg hat er jedoch zwei seiner drei Söhne verloren.

die Aldehydfunktion und die primäre Alkoholfunktion der (+)-Glucose vertauschte, erhielt er eine Aldohexose, die von (+)-Glucose verschieden war. Als er die gleiche Operation mit (+)-Mannose durchführte, erhielt er wieder (+)-Mannose. Daraus schloss er, dass der Zucker 3 (+)-Glucose sein müsse, da die Vertauschung der Aldehydfunktion mit der terminalen primären OH-Gruppe in diesem Fall zu einem anderen Zucker (L-Gulose) führt.

Wenn (+)-Glucose der Zucker mit dem Formelbild 3 war, musste die Struktur der (+)-Mannose dem Formelbild 4 entsprechen. Wie vorausgesagt, erhält man bei der Vertauschung der Aldehydfunktion mit der primären Alkoholfunktion denselben Zucker wie vorher.

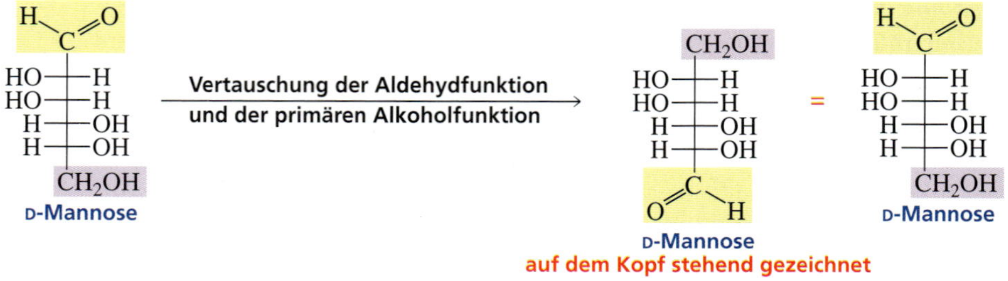

Unter Anwendung analoger Beweisführungen gelang es Fischer, die Stereochemie der anderen Aldohexosen aufzuklären. Für seine Leistungen bekam er den Nobelpreis für Chemie des Jahres 1902. Seine ursprüngliche Annahme, dass (+)-Glucose ein D-Zucker ist, wurde später bestätigt. Dies hatte zur Folge, dass sich alle seine Strukturvorhersagen richtig erwiesen. Falls er sich geirrt hätte, wären seine wissenschaftlichen Beiträge zur Stereochemie der Aldosen genauso bedeutsam geblieben; lediglich die Zuweisungen der stereochemischen Symbole hätten vertauscht werden müssen.

HINTERGRUND

■ Glucose/Dextrose

Der Begriff „Glucose" geht auf André Dumas zurück, der ihn im Jahr 1838 einführte, um damit die süße Verbindung im Honig und in Weintrauben zu benennen. Auf diese verbreiteten Quellen geht auch der deutsche Name Traubenzucker zurück. Später entschied Kekulé (Abschnitt 7.1), dass man den Stoff Dextrose nennen sollte, da er die Ebene des polarisierten Lichts nach rechts (*dexter* = lat. rechts) dreht. Als Fischer die Zucker untersuchte, nannte er diese Verbindung Glucose. Die Chemiker*innen sind in der Folgezeit bei Fischers Namensgebung geblieben; der Name Dextrose findet sich jedoch noch oft in den Zutatenlisten von Lebensmitteln.

Ü 17 mit Lösung

Die Aldohexosen **A** und **B** werden aus Aldopentose **C** durch eine Kiliani-Fischer-Synthese hergestellt. **A** wird von Salpetersäure zu einer optisch aktiven Aldarsäure oxidiert, **B** zu einer optisch inaktiven, und **C** wird zu einer optisch aktiven Aldarsäure oxidiert. Der Wohl-Abbau von **C** führt zu **D**, die von Salpetersäure ebenfalls zu einer optisch aktiven Aldarsäure oxidiert wird. Der Wohl-Abbau von **D** führt zu (+)-Glycerinaldehyd. Führen Sie eine chemische Identifizierung von **A**, **B**, **C** und **D** durch.

Lösung

Um diese Übung zu lösen, sollte man vom Endprodukt der Reaktion (+)-Glycerinaldehyd beginnen. Das unterste chiral substituierte Kohlenstoffatom in der unbekannten Verbindung **D** muss die OH-Gruppe auf der rechten Seite (in der Fischer-Projektion) tragen, da **D** beim Abbau zu (+)-Glycerinaldehyd führt. **D** muss D-Threose sein, da **D** zu einer optisch aktiven Aldarsäure wird. Die beiden untersten chiral substituierten Kohlenstoffatome in **C** und **D** müssen dieselbe Konfiguration aufweisen, da **C** zu **D** abgebaut wird. **C** muss somit D-Lyxose sein, da diese zu einer optisch aktiven Aldarsäure oxidiert wird. **A** und **B** müssen folglich D-Galactose und D-Talose sein. Da **A** zu einer optisch aktiven Aldarsäure oxidiert wird, muss es sich um D-Talose handeln. Dann muss **B** D-Galactose sein.

Ü 18* Bestimmen Sie die Kohlenhydrate **A**, **B**, **C** und **D** wie im vorhergehenden Beispiel, wenn **D** zu einer optisch *inaktiven*, **A**, **B** und **C** zu optisch aktiven Aldarsäuren oxidiert werden, und die Vertauschung der Aldehyd- und Alkoholgruppen von **A** zu einem anderen Zucker führt.

Monosaccharide aus zyklischen Halbacetalen bilden 20.10

D-Glucose existiert in drei unterschiedlichen Formen: der offenkettigen Form, die wir bis hierher diskutiert haben, und in zwei zyklischen Formen – α-D-Glucose und β-D-Glucose. Wir wissen, dass die beiden zyklischen Formen verschieden sind, weil sie unterschiedliche Siedepunkte und spezifische Rotationen aufweisen.

Die Strukturen von α-D-Glucose und β-D-Glucose

Wie kann D-Glucose in einer zyklischen Form vorkommen? In Abschnitt 16.9 haben wir gesehen, dass ein Aldehyd mit einem Alkohol unter Bildung eines Halbacetals reagiert. Ein Monosaccharid wie die D-Glucose hat sowohl eine Aldehydfunktion als auch mehrere alkoholische OH-Gruppen. Die OH-Funktion am C-5 der D-Glucose reagiert intramolekular mit der Aldehydgruppe unter Bildung eines sechsgliedrigen Halbacetalrings.

Um nachzuvollziehen, dass die OH-Gruppe am C-5 Atom die richtige Position für den Angriff der Aldehydgruppe ist, müssen wir die Fischer-Projektion der D-Glucose in eine flache Ringstruktur überführen. Dazu müssen wir die Alkoholgruppe auf der linken Seite oben auf die Ebene zeichnen. Denn allgemein gilt: Die Gruppen auf der *rechten* Seite einer Fischer-Projektion (blau) werden in der zyklischen Struktur *unterhalb* der Ebene gezeichnet, und die Gruppen auf der *linken* Seite der Fischer-Projektion (rot) werden in der zyklischen Struktur *oberhalb* der Ebene gezeichnet.

MERKE!

Gruppen *rechts* in einer Fischer-Projektion sind in einer Haworth-Projektion *unten*.

Gruppen *links* in einer Fischer-Projektion sind in einer Haworth-Projektion *oben*.

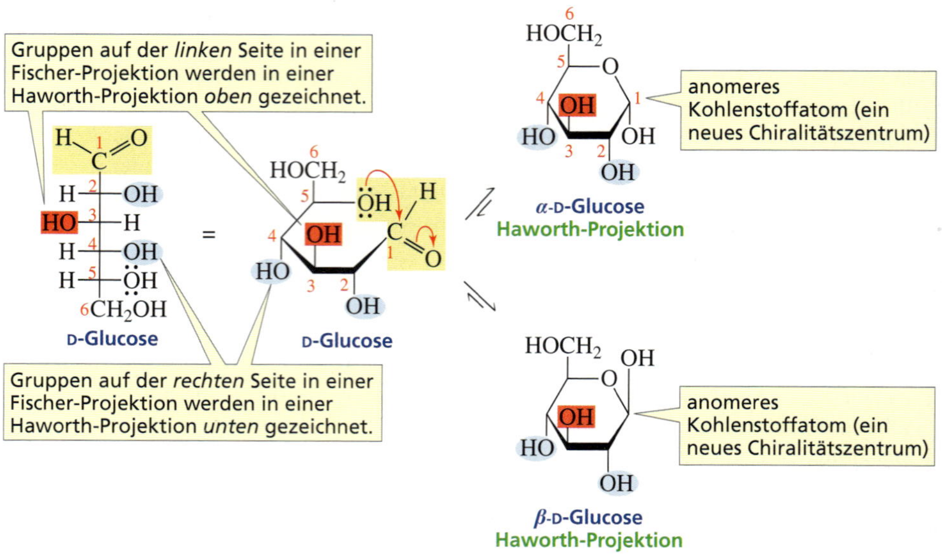

Die zyklischen Halbacetale in diesen Darstellungen sind als Haworth-Projektionen gezeichnet. Bei der **Haworth-Projektion** wird der sechsgliedrige Ring flach und in Seitenansicht abgebildet. Der Ringsauerstoff wird konventionsgemäß immer in der hinteren rechten Ecke platziert, mit dem anomeren Kohlenstoffatom (C-1) auf der rechten Seite und der primären Alkoholfunktion nach oben weisend, ausgehend von der hinteren linken Ecke (C-5).

Es bilden sich zwei verschiedene Halbacetale, weil der Carbonylkohlenstoff der offenkettigen Form zu einem neuen Chiralitätszentrum im Halbacetal wird. Falls die OH-Gruppe, die an das neue Chiralitätszentrum (C-1) gebunden ist, im Formelbild rechts steht, so handelt es sich bei dem Halbacetal um *α*-D-Glucose; falls die OH-Gruppe im Formelbild links steht, handelt es sich bei dem Halbacetal um *β*-D-Glucose. Der Mechanismus, nach dem die Bildung dieser zyklischen Halbacetale verläuft, ist der gleiche wie der für die Bildung von Halbacetalen aus unabhängigen Aldehyden und Alkoholen (Abschnitt 16.9).

Anomere

α-D-Glucose und *β*-D-Glucose werden als anomer zueinander bezeichnet. **Anomere** sind zwei Zucker, die sich nur in der Konfiguration an dem Kohlenstoffatom unterscheiden, welches in der offenkettigen Form der Carbonylkohlenstoff gewesen ist. Dieses Kohlenstoffatom wird **anomeres Kohlenstoffatom** genannt. Die griechische Vorsilbe *ano-* bedeutet „über" bzw. „oberst"; Anomere unterscheiden sich also in der Konfiguration am „obersten" chiral substituierten Kohlenstoffatom. Das anomere Kohlenstoffatom ist das einzige Kohlenstoffatom des Moleküls, das an zwei Sauerstoffatome gebunden ist. Die Präfixe *α*- und *β*- bezeichnen die Konfiguration an dem anomeren Kohlenstoffatom. Anomere unterscheiden sich wie Epimere in der Konfiguration an nur einem Kohlenstoffatom des Moleküls. Anomere sind eine spezielle Klasse von Diastereomeren. Beachten Sie, dass das anomerische Kohlenstoffatom das einzige Kohlenstoffatom im Molekül ist, das an zwei Sauerstoffatome gebunden ist.

Zyklische Verbindungen sind im Equilibrium mit offenkettigen Verbindungen

In einer wässrigen Lösung befindet sich die offenkettige Form im Gleichgewicht mit den beiden zyklischen Halbacetalen. Die Bildung der zyklischen Halbacetale verläuft praktisch vollständig (anders als bei der Bildung azyklischer Halbacetale), sodass nur sehr wenig Glucose in der offenkettigen Form vorliegt (ca. 0,02 %). Der Zucker zeigt immer noch dasselbe chemische Verhalten und zeigt die Reaktionen, die in vorangegangenen Abschnitten diskutiert worden sind (Oxidation, Reduktion, Iminbildung, und weitere), weil die Reagenzien mit der vorhandenen kleinen Menge des offenkettigen Aldehyds reagieren. In dem Maße, in dem der Aldehyd reagiert, verschiebt sich das Gleichgewicht durch Rückbildung der verbrauchten offenkettigen Form in Richtung des freien Aldehyds, der dann wiederum reagieren kann. Letztlich reagieren alle Glucosemoleküle über den Umweg des offenkettigen Aldehyds.

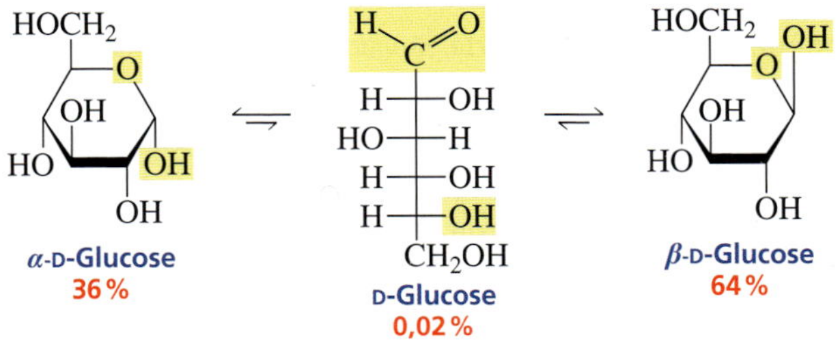

Aldosen kommen primär als zyklische Verbindungen vor

Falls eine Aldose einen fünf- oder sechsgliedrigen Ring zu bilden vermag, wird sie in Lösung vorzugsweise in Form eines zyklischen Halbacetals vorliegen. Ob ein fünf- oder sechsgliedriger Ring gebildet wird, hängt von deren relativen Stabilitäten ab. D-Ribose beispielsweise ist eine Aldose, die fünfgliedrige Halbacetale bildet: α-D-Ribose und β-D-Ribose.

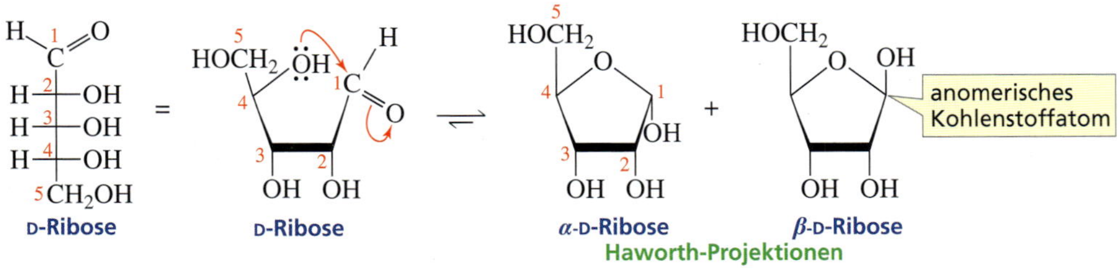

Die Haworth-Projektion eines fünfgliedrigen Zuckers zeigt die Seitenansicht, wobei der Ringsauerstoff vom Betrachter wegweist. Das anomere Kohlenstoffatom befindet sich auf der rechten Seite des Moleküls, und die primäre Alkoholfunktion weist aufwärts, ausgehend von der linken hinteren Ecke.

Pyranosen und Furanosen

Zucker mit sechsgliedrigen Ringen heißen **Pyranosen**, solche mit fünfgliedrigen Ringen **Furanosen**. Diese Namen leiten sich von *Pyran* und *Furan* ab, den Namen zweier fünf- bzw. sechsgliedriger zyklischer Ether, die unterhalb abgebildet sind. Daraus ergibt sich, dass z. B. α-D-Glucose auch als α-D-Glucopyranose bezeichnet werden kann. Das Präfix α- gibt die Konfiguration am anomeren Kohlenstoffatom an und die Begriffe *Pyranose* oder *Furanose* geben die Größe des Rings an.

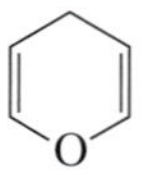

Pyran

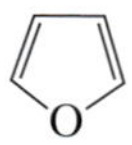

Furan

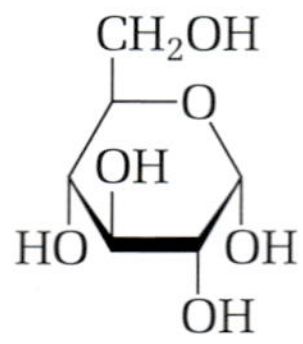

α-D-Glucose
α-D-Glucopyranose

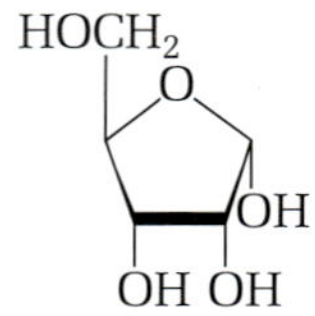

α-D-Ribose
α-D-Ribofuranose

Ketosen existieren vorzugsweise in zyklischen Formen

Ketosen existieren ebenfalls vorzugsweise in zyklischen Formen. D-Fructose bildet ein Hemiketal mit einem fünfgliedrigen Ring als Folge einer Reaktion der C-5 OH-Gruppe mit der ketonischen Carbonylfunktion. Falls das dabei neu entstandene, chiral substituierte Stereozentrum eine OH-Gruppe besitzt, die *trans* zur Alkoholgruppe steht, handelt es sich um *α*-D-Fructose; falls die OH-Gruppe *cis* zur Alkoholgruppe steht, handelt es sich bei der Verbindung um *β*-D-Fructose. Man beachte, dass bei der Fructose C-2 das anomere Kohlenstoffatom ist, nicht C-1 wie im Fall der Aldosen.

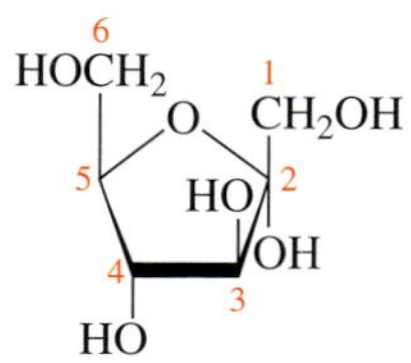

-D-Fructofuranose

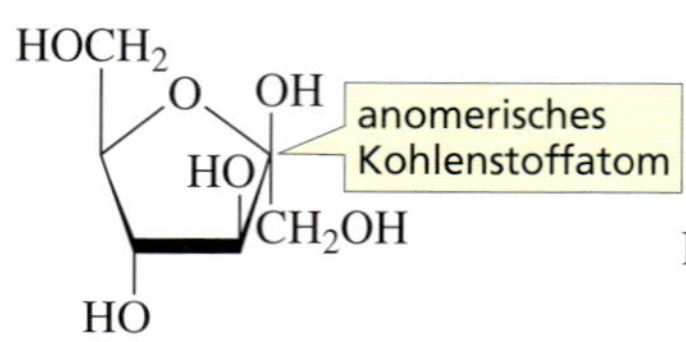

-D-Fructofuranose

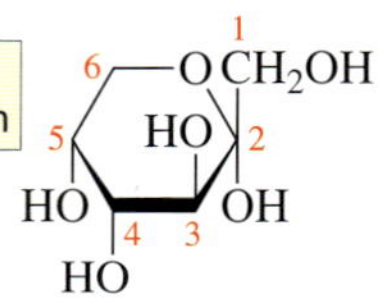

-D-Fructopyranose

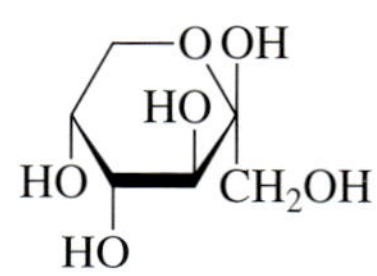

-D-Fructopyranose

D-Fructose kann auch unter Heranziehung der OH-Gruppe am C-6 einen sechsgliedrigen Ring bilden. Die Pyranoseform dominiert bei Monosacchariden, während die Furanoseform bevorzugt wird, wenn die Fructose Teil eines Disaccharids ist (siehe beispielsweise die Struktur der Saccharose in Abschnitt 20.15).

Haworth-Projektionen sind nützlich, weil sich durch diese leicht erkennen lässt, ob die OH-Gruppen des Rings in *cis*- oder in *trans*-Stellung stehen. Da fünfgliedrige Ringe annähernd planar sind, können Furanosen durch die Haworth-Projektion treffend dargestellt werden. Im Fall der Pyranosen sind die Haworth-Projektionen jedoch irreführend, da sechsgliedrige Ringe nicht flach sind, sondern vorzugsweise in der Sesselkonformation vorliegen (Abschnitt 3.13).

Mutarotation

Wenn Kristalle aus reiner *α*-D-Glucose in Wasser gelöst werden, ändert sich die spezifische Rotation langsam von +112,2 zu +52,7. Wenn Kristalle aus reiner *β*-D-Glucose in Wasser gelöst werden, ändert sich die spezifische Rotation von +18,7 zu +52,7.

Diese Rotationsänderung geschieht weil sich Halbacetalgruppen in Wasser öffnen, um ein Aldehyd zu bilden. Sowohl *α*-D-Glucose als auch *β*-D-Glucose bilden sich, wenn sich das Aldehyd wieder schließt. Schließlich befinden sich alle drei Formen im Gleichgewicht. Die spezifische Rotation dieser Mischung am Gleichgewicht beträgt +52,7. Dies erklärt, warum sich dieser Wert einstellt, unabhängig davon, ob α-D-Glucose oder β-D-Glucose, oder eine Mischung aus diesen eingesetzt wurde. Eine langsame Änderung der optischen Drehung zu einer Gleichgewichtswert, wird als **Mutarotation** bezeichnet. Beachten Sie, dass im Gleichgewicht fast doppelt so viel β-D-Glucose (64 %) im Vergleich zur α-D-Glucose (36 %) vorliegt.

Ü 19 mit Lösung

4-Hydroxy- und 5-Hydroxyaldehyde existieren primär in der zyklischen Halbacetalform. Geben Sie die Strukturen der zyklischen Halbacetale, die von jeder der folgenden Verbindungen gebildet werden, an:
(a) 4-Hydroxybutanal **(b)** 4-Hydroxypentanal **(c)** 5-Hydroxypentanal **(d)** 4-Hydroxyheptanal.

Lösung zu 19 (a)

Zeichnen Sie den Reaktanten mit seinen Alkohol- und Carbonylgruppen auf der gleichen Seite des Moleküls. Stellen Sie anschließend fest, welche Größe der Ring haben wird. Man erhält zwei zyklische Produkte, da das Carbonylkohlenstoffatom des Reaktanten im Produkt zu einem neuen Chiralitätszentrum geworden ist.

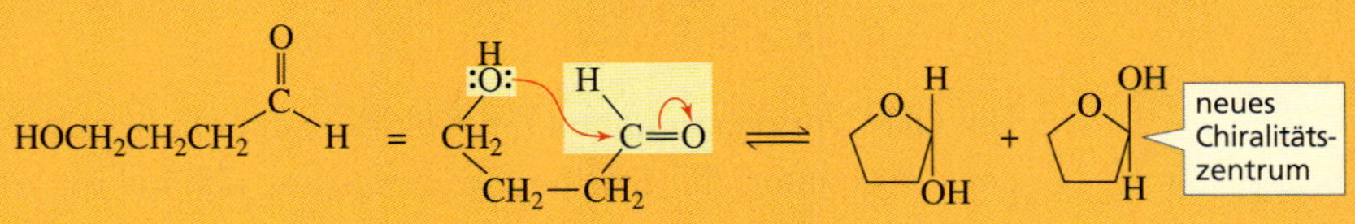

Ü 20 Zeichnen Sie die folgenden Zucker in der Haworth-Projektion:
(a) β-D-Galactopyranose **(b)** α-D-Tagatopyranose **(c)** α-L-Glucopyranose

Ü 21 D-Glucose liegt meistens als Pyranose vor, ist aber auch als Furanose existenzfähig. Zeichnen Sie die Haworth-Projektion der α-D-Glucofuranose.

Ü 22* Zeichen Sie die Anomere von D-Erythrofuranose.

Glucose ist die stabilste Aldohexose 20.11

Die Sesselkonformation der D-Glucose zeichnen

Wenn man die D-Glucose in ihrer Sesselkonformation zeichnet, lässt sich erkennen, warum sie die häufigste D-Aldohexose in der Natur ist. Um die Haworth-Projektion in die Sesselkonformation umzuwandeln, beginnt man damit, den Sessel derart zu zeichnen, dass seine „Rückenlehne" links und seine „Fußstütze" rechts erscheint. Dann setzt man den Ringsauerstoff an der hinteren rechten Ecke und den primären Alkohol in äquatorialer Stellung ein. Der den primären Alkohol tragende Substituent ist der größte des Moleküls, und voluminöse Substituenten sind in der äquatorialen Position stabiler, weil in dieser Anordnung weniger sterische Spannung auftritt (Abschnitt 3.14).

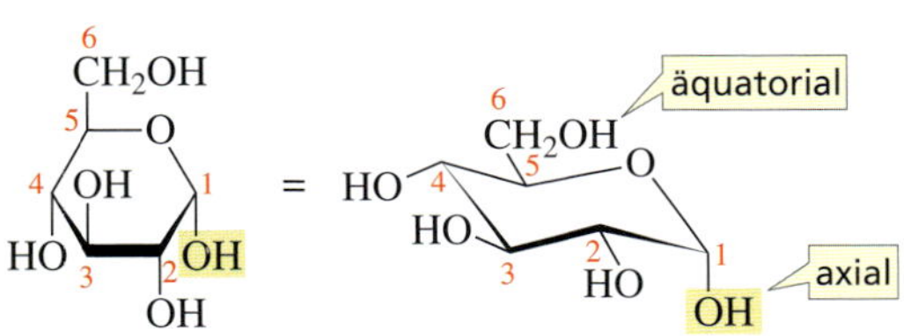

α-D-Glucose
Sesselkonformation

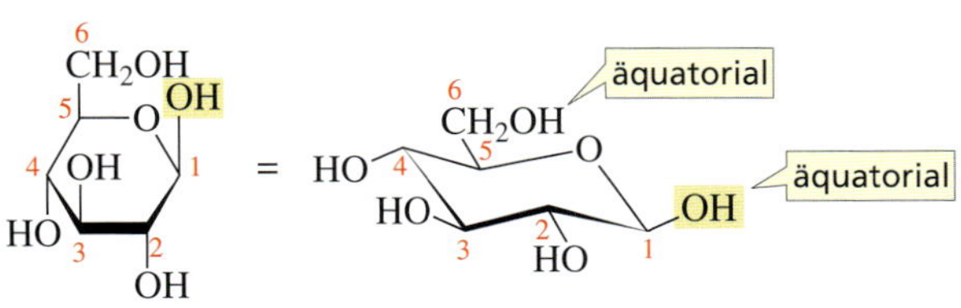

β-D-Glucose
Sesselkonformation

MERKE!

Die α-Stellung befindet sich in der Haworth-Projektion unten und in der Sesselkonformation in axialer Stellung.

Die β-Stellung befindet sich in der Haworth-Projektion oben, und in der Sesselkonformation in äquatorialer Stellung.

- Da die OH-Gruppe am C-4 *trans* zu dem primären Alkohol steht (dies lässt sich in der Haworth-Projektion leicht erkennen), nimmt diese OH-Gruppe am C-4 ebenfalls eine äquatoriale Position ein. (In Abschnitt 3.15 haben wir gesehen, dass 1,2-diäquatoriale Substituenten *trans*-ständig zueinander sind.)
- Die OH-Gruppe am C-3 ist *trans*-ständig zur OH-Gruppe am C-4, sodass sich die OH-Gruppe an C-3 ebenfalls in einer äquatorialen Stellung befindet.
- Wenn man den Ring entlanggeht, erkennt man, dass sich alle OH-Substituenten der β-D-Glucose in äquatorialen Positionen aufhalten.
- Die axialen Positionen werden sämtlich von Wasserstoffatomen besetzt, die weniger Raum beanspruchen und somit einer geringeren sterischen Spannung unterliegen. Keine andere Aldohexose liegt in einer vergleichbar spannungsfreien Konformation vor. Das bedeutet, dass die β-D-Glucose die stabilste aller Aldohexosen ist, sodass es nicht verwundert, dass sie die häufigste Aldohexose in der Natur ist.

Die OH-Gruppe am anomeren Kohlenstoffatom befindet sich in der β-D-Glucose in äquatorialer Stellung, während sie sich bei der α-D-Glucose in axialer Stellung befindet. Deshalb ist die β-D-Glucose stabiler als α-D-Glucose, sodass β-D-Glucose im wässrigen Milieu im Gleichgewicht überwiegt.

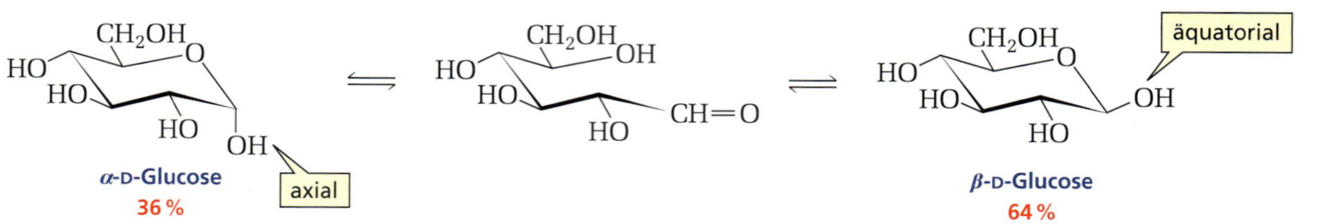

Die Sesselkonformationen anderer Pyranosen zeichnen

Wenn man sich daran erinnert, dass sich alle OH-Gruppen der β-D-Glucose in äquatorialer Stellung befinden, ist es leicht, die Sesselkonformation jeder anderen Pyranose zu zeichnen. Will man zum Beispiel α-D-Galactose zeichnen, würde man alle OH-Gruppen in äquatorialer Stellung zeichnen, mit Ausnahme der OH-Gruppen am C-4 (weil Galactose das C-4-Epimer der Glucose ist) und am C-1 (weil es sich um das α-Anomer handelt). Man würde einfach diese beiden OH-Gruppen in axialer Stellung einzeichnen.

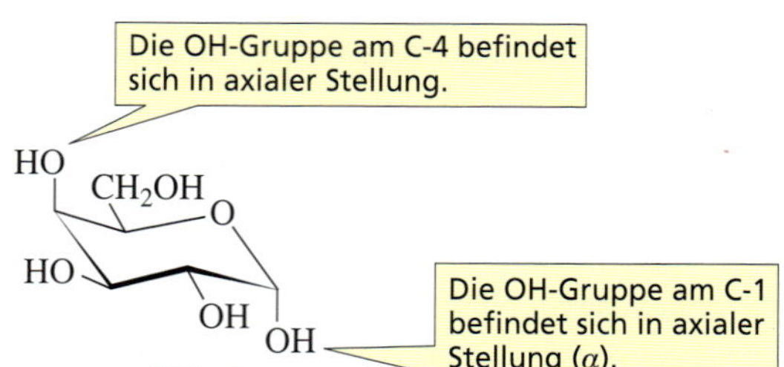

α-D-Galactose

Die Sesselkonformation einer L-Pyranose zeichnen

Um eine L-Pyranose zu zeichnen, zeichnet man zuerst die D-Pyranose und dann ihr Spiegelbild. Um zum Beispiel β-L-Gulose zu zeichnen, zeichnet man zunächst die Formel für β-D-Gulose. (Gulose unterscheidet sich von Glucose durch die Substitution an den Kohlenstoffatomen C-3 und C-4, sodass die OH-Gruppen an diesen Positionen sich in axialer Stellung befinden.)

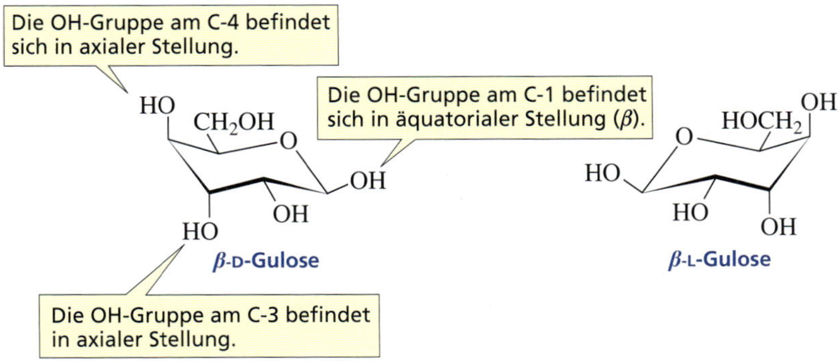

β-D-Gulose $\quad$ β-L-Gulose

> **Ü 23*** Welche OH-Gruppen befinden sich bei β-D-Mannopyranose in axialer Stellung?
>
> **Ü 24*** Welche OH-Gruppen befinden sich in den folgenden Zuckern in axialer Stellung?
> **(a)** β-D-Idopyranose **(b)** α-D-Allopyranose

Glycosidbildung 20.12

In Abschnitt 16.9 haben wir gelernt, dass ein Alkohol mit einem Halbacetal zu einem Acetal reagieren kann, das zyklische Halbacetal eines Monosaccharids kann mit einem Alkohol reagieren und dabei zwei unterschiedliche Acetale bilden.

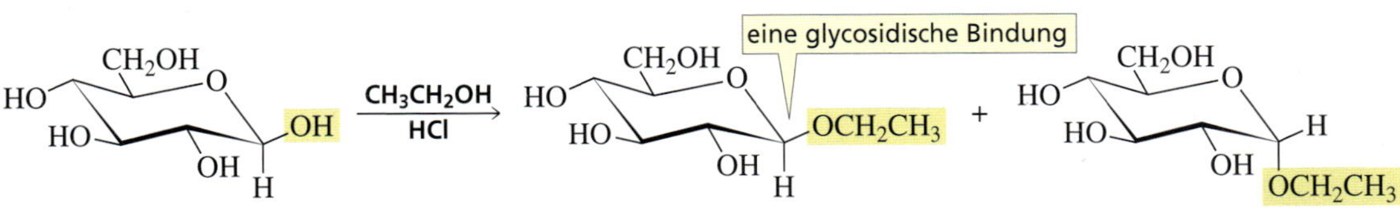

β-D-Glucose
β-D-Glucopyranose
Halbacetal

Ethyl-β-D-Glucosid
Ethyl-β-D-Glucopyranosid
Acetal

Ethyl-α-D-Glucosid
Ethyl-α-D-Glucopyranosid
Acetal

Das Acetal eines Zuckers wird als **Glycosid** bezeichnet und die Bindung zwischen dem anomeren Kohlenstoffatom und dem Sauerstoff der Alkoxygruppe als **glycosidische Bindung**. Glycoside werden benannt, indem man das „-e" am Ende des Namens des Ausgangszuckers durch die Endung „-id" ersetzt. Ein Glycosid der Glucose ist also ein Glucosid, ein Glycosid der Galactose ein Galactosid usw. Wenn man die Pyranose-/Furanose-Nomenklatur benutzt, wird das Acetal Pyranosid bzw. Furanosid genannt.

Mechanismus der Glycosidbildung

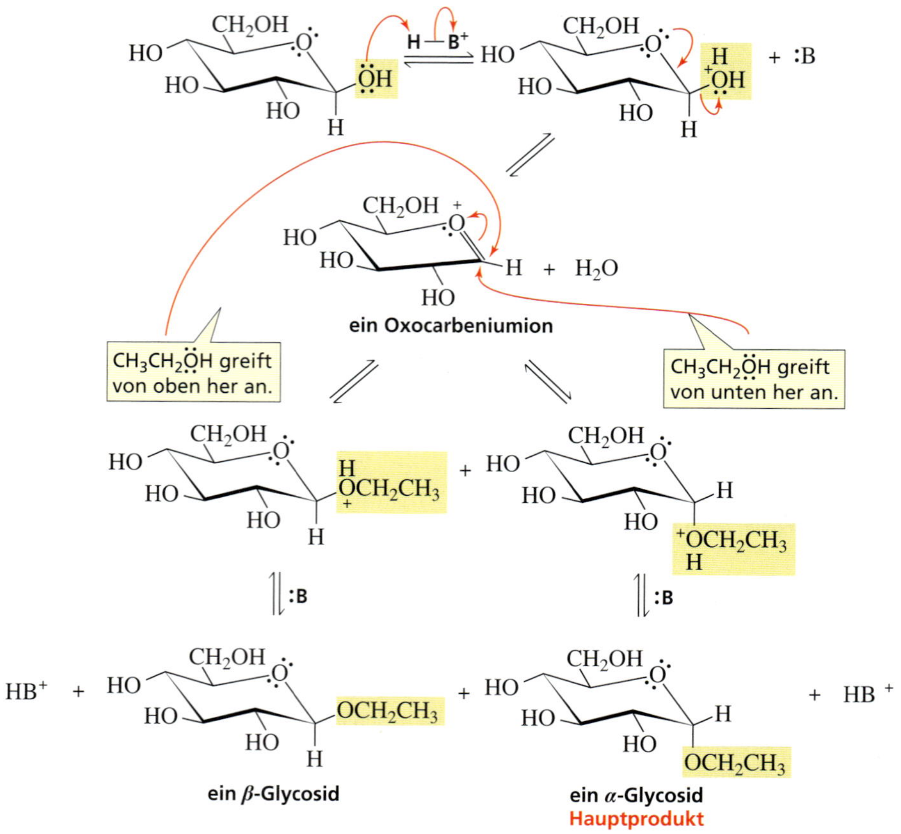

- Die OH-Gruppe am anomeren Kohlenstoffatom wird in saurer Lösung protoniert.
- Ein freies Elektronenpaar des Ringsauerstoffs ist dabei behilflich, ein Molekül Wasser abzuspalten. Das anomere Kohlenstoffatom des resultierenden Oxocarbeniumions ist sp^2-hybridisiert, sodass dieser Teil des Moleküls planar wird. Ein **Oxocarbeniumion** besitzt eine positive Ladung, die von einem Sauerstoff- und einem Kohlenstoffatom geteilt wird.
- Wenn der Alkohol von oberhalb der Molekülebene angreift, wird das β-Glycosid gebildet; greift der Alkohol von der Unterseite her an, kommt es zur Bildung des α-Glycosids.

Ü 25* Zeichnen Sie die Produkte, die aus der Reaktion von β-D-Galactose mit Ethanol und HCl entstehen. (Zeichnen Sie alle Strukturen als Sesselkonformationen.)

Man beachte, dass dieser Mechanismus identisch ist mit dem, der in Abschnitt 16.9 für die Acetalbildung besprochen wurde. Überraschenderweise bildet D-Glucose mehr α-Glycosid als β-Glycosid. Die Gründe dafür werden im nächsten Abschnitt erläutert.

N-Glycoside

Analog zu der Reaktion eines Monosaccharids mit einem Alkohol verläuft die Reaktion eines Monosaccharids mit einem Amin jeweils in Gegenwart einer katalytischen Menge Säure. Das Produkt dieser Reaktion ist ein *N*-Glycosid. Ein ***N*-Glycosid** enthält anstelle des Sauerstoffatoms ein Stickstoffatom mit einer glycosidischen Bindung. Die Untereinheiten der Makromoleküle DNA und RNA sind β-*N*-Glycoside (Abschnitt 26.1).

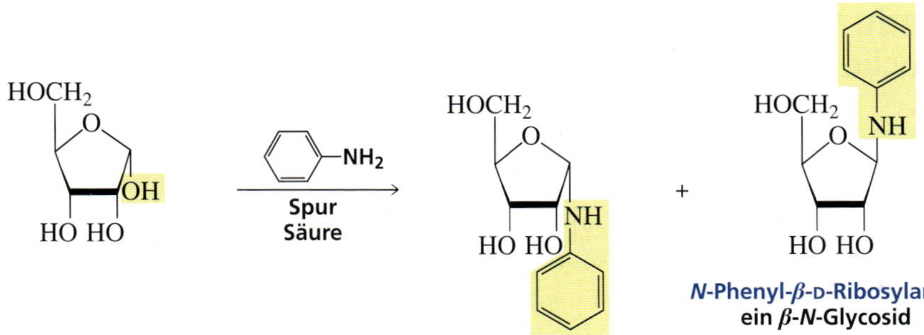

N-Phenyl-β-D-Ribosylamin
ein β-N-Glycosid

N-Phenyl-α-D-Ribosylamin
ein α-N-Glycosid

Ü 26* Warum wird nur die Spur einer Säure in der Entstehungsreaktion von *N*-Glycosid verwendet?

Der anomere Effekt 20.13

Wir haben gesehen, dass β-D-Glucose stabiler ist als α-D-Glucose, weil es mehr Platz für einen Substituenten in der äquatorialen Stellung gibt. Die relativen Anteile von β-D-Glucose und α-D-Glucose betragen aber nur 2 : 1 (Abschnitt 20.10). Vergleichen Sie dies z. B. mit der Präferenz für die äquatoriale Stellung einer OH-Gruppe beim Cyclohexan, die 5,4 : 1 beträgt (siehe ► Tabelle 3.9). Daher muss es einen Faktor geben, der die α-Position stabilisiert.

Wenn Glucose mit einem Alkohol zu einem Glucosid reagiert, so findet man als Hauptprodukt das α-Glucosid. Da die Acetalbildung reversibel ist, muss das α-Glucosid stabiler sein als das β-Glucosid. Die Bevorzugung der axialen Stellung durch bestimmte, an den anomeren Kohlenstoff gebundene Substituenten, wird **anomerer Effekt** genannt.

Welche Faktoren sind für den anomeren Effekt verantwortlich? Die C—Z-Bindung weist ein energetisch tief liegendes, antibindendes σ^*-Orbital auf. Falls eines der freien Elektronenpaare am Ringsauerstoff sich in einem Orbital befindet, das parallel zu dem antibindenden σ^*-Orbital ausgerichtet ist, kann das Molekül stabilisiert werden, indem Elektronendichte vom Sauerstoffatom in das σ^*-Orbital übertritt. Das Orbital, das das axial ausgerichtete freie Elektronenpaar des Ringsauerstoffs beherbergt, kann nur mit dem σ^*-Orbital überlappen, wenn sich der Substituent in axialer Stellung befindet. Falls der Substituent äquatorial angeordnet ist, ist keines der beiden Orbitale, die freie Elektronenpaare enthalten, in einer für eine Überlappung geeigneten Weise orientiert.

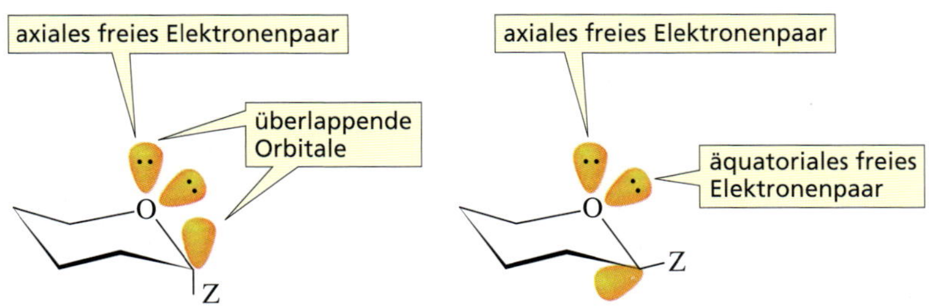

Reduzierende und nichtreduzierende Zucker 20.14

Da Glycoside Acetale oder Ketale sind, befinden sie sich in neutralen oder basischen wässrigen Lösungen nicht im Gleichgewicht mit der offenkettigen Aldehyd- oder Ketonform. Da sie sich nicht im Gleichgewicht mit einer Verbindung befinden, die eine Carbonylgruppe besitzt, können sie folglich auch nicht von Tollens-Reagenzen oxidiert werden. Glycoside sind deshalb nichtreduzierende Zucker – sie sind nicht imstande, Ag^+ oder Br_2 zu reduzieren.

Halbacetale oder Halbketale stehen in wässrigen Lösungen im Gleichgewicht mit den offenkettigen Zuckern. Solange ein Zucker eine Aldehyd- oder eine Ketofunktion, oder eine Halbacetal- oder Halbketalgruppierung aufweist, kann er ein Oxidationsmittel reduzieren und wird deshalb als **reduzierender Zucker** klassifiziert. Ohne eine dieser vorgenannten Gruppen handelt es sich um einen **nichtreduzierenden Zucker**.

MERKE!

Ein Zucker mit einer Aldehyd-, einer Keton-, einer Halbacetal- oder einer Halbketalfunktion ist ein reduzierender Zucker. Ein Zucker ohne eine dieser funktionellen Gruppen ist ein nichtreduzierender Zucker.

Ü 27 mit Lösung

Benennen Sie die folgende Verbindung und geben Sie an, ob es sich um einen reduzierenden oder einen nichtreduzierenden Zucker handelt:

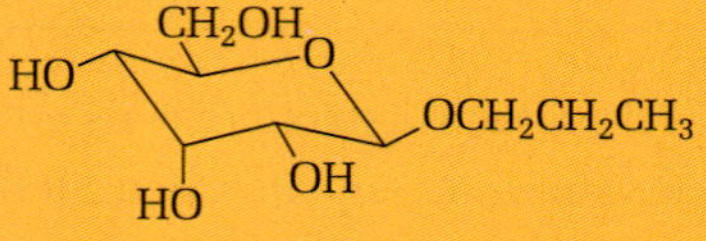

Lösung

Die einzige OH-Gruppe in axialer Stellung ist diejenige am C-3. Deshalb ist dieser Zucker das C-3-Epimer der D-Glucose; er heißt D-Allose. Der Substituent am anomeren Kohlenstoffatom befindet sich in der β-Stellung. Der Name dieses Zuckers ist dann Propyl-β-D-Allosid oder Propyl-β-D-Allopyranosid. Da es sich bei diesem Zucker um ein Acetal handelt, ist er nichtreduzierend.

Ü 28* Benennen Sie die folgenden Verbindungen und geben Sie an, ob es sich um einen reduzierenden oder einen nichtreduzierenden Zucker handelt:

(a) 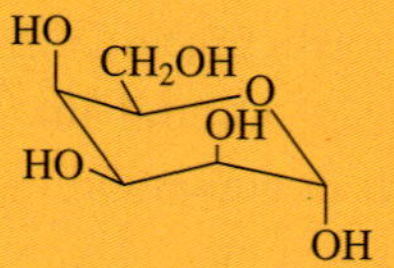

(b) 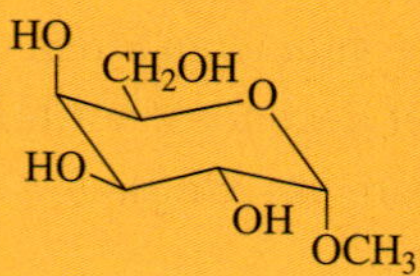

(c) 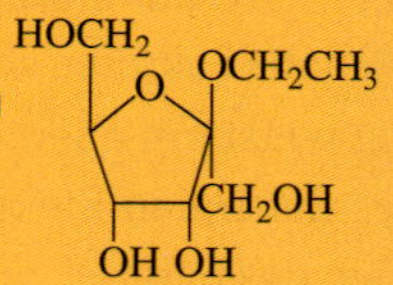

Disaccharide 20.15

Falls sich die Halbacetalgruppe eines Monosaccharids durch Reaktion mit einer Alkoholgruppe eines weiteren Monosaccharids bildet, handelt es sich bei dem resultierenden Glycosid um ein Disaccharid. **Disaccharide** sind Verbindungen aus zwei Monosacchariduntereinheiten, die durch eine **glycosidische Bindung** miteinander verknüpft sind.

Maltose

Maltose ist ein Disaccharid, das bei der Hydrolyse von Stärke freigesetzt wird. Maltose besteht aus zwei D-Glucoseuntereinheiten, die über eine Acetalbrücke miteinander verknüpft sind. Diese spezielle Acetalbindung wird ***α*-1,4′-glycosidische Bindung** genannt. Die Bindung erfolgt zwischen dem C-1 der einen Zuckereinheit und dem C-4 der anderen und der an dem anomeren Kohlenstoff in der glycosidischen Bindung gebundene Sauerstoff ist in der *α*-Position. Der „Strich" (′) zeigt an, dass das Kohlenstoffatom Nr. 4 (C-4) nicht zum selben Ring gehört wie das an der Bindung beteiligte C-1.

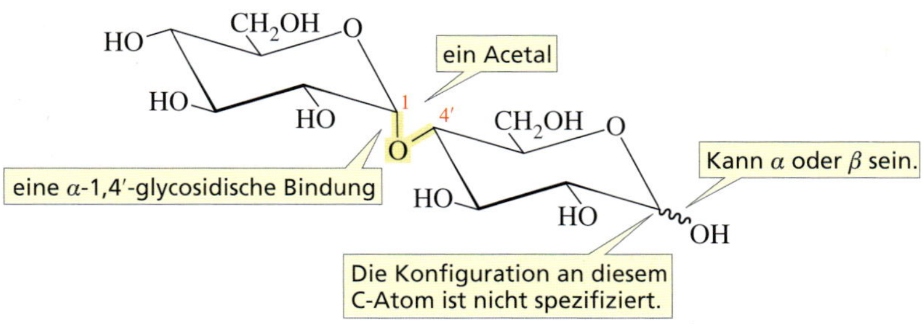

Maltose

> **MERKE!**
>
> **Rufen Sie sich ins Gedächtnis, dass die *α*-Stellung axial ausgerichtet ist, wenn der Zucker in der Sesselkonformation gezeichnet wird bzw. in der Haworth-Projektion nach unten weist; die *β*-Stellung ist äquatorial ausgerichtet, wenn der Zucker in der Sesselkonformation gezeichnet wird, bzw. weist in der Haworth-Projektion nach oben.**

Beachten Sie, dass in der abgebildeten Struktur der Maltose die Konfiguration des anomeren Kohlenstoffatoms, das nicht an der Acetalbildung beteiligt ist (das anomere Kohlenstoffatom im rechten Teil der Formel, dessen Bindung durch eine Schlangenlinie dargestellt ist), nicht spezifiziert ist, weil Maltose sowohl in der *α*- als auch in der *β*-Form vorliegen kann. Im Fall der *α*-Maltose befindet sich die OH-Gruppe an diesem anomeren Kohlenstoffatom in axialer Stellung, im Fall der *β*-Form der Maltose befindet sie sich in äquatorialer Stellung.

Da Maltose in der *α*- und in der *β*-Form vorkommt, tritt Mutarotation auf, wenn Kristalle dieses Zweifachzuckers in Wasser aufgelöst werden. Maltose ist ein reduzierender Zucker, weil die Untereinheit rechts in der Formel ein Halbacetal ist und somit im Gleichgewicht mit dem offenkettigen Aldehyd steht, der leicht oxidiert wird.

Cellobiose

Cellobiose ist ein Disaccharid, das bei der Hydrolyse von Cellulose entsteht, und das auch aus zwei Untereinheiten D-Glucose aufgebaut ist. Cellobiose unterscheidet sich von der Maltose dadurch, dass die beiden Glucoseeinheiten durch eine ***β*-1,4′-glycosidische Bindung** verknüpft sind. Der einzige strukturelle Unterschied zwischen Maltose und Cellobiose ist daher die Konfiguration im Bereich der Glycosidbindung. Wie Maltose, existiert auch Cellobiose in einer *α*- und einer *β*-Form, da die OH-Gruppe des nicht an der Acetalbildung beteiligten anomeren Kohlenstoffatoms sich entweder in axialer Stellung (*α*-Cellobiose) oder in äquatorialer Stellung (*β*-Cellobiose) befinden kann. Cellobiose ist ebenfalls ein reduzierender Zucker, weil die Untereinheit im rechten Teil der Formel ein Halbacetal ist.

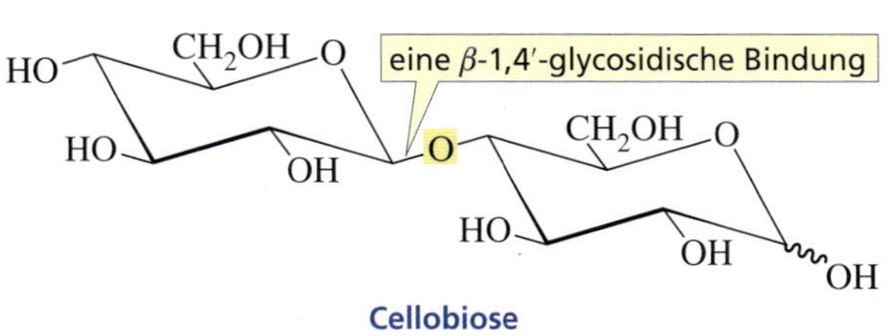

Cellobiose

Lactose

Lactose ist ein Disaccharid, das man in der Milch findet. Die Lactose macht 4,5 % der Kuhmilch und 6,5 % der menschlichen Milch aus. Die eine Untereinheit der Lactose ist D-Galactose, die andere ist D-Glucose. Die D-Galactoseuntereinheit ist ein Acetal, die D-Glucoseuntereinheit ein Halbacetal. Die beiden Bausteine des Milchzuckers sind β-1,4′-glycosidisch miteinander verknüpft. Da eine der beiden Untereinheiten ein Halbacetal ist, ist Lactose ein reduzierender Zucker und zeigt Mutarotation.

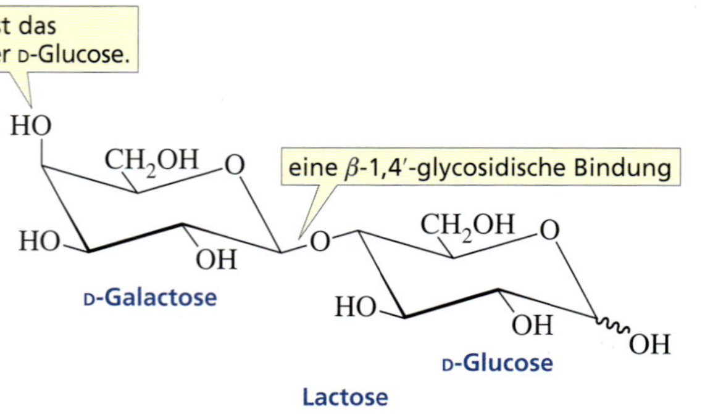

Den Zucker mit der Halbacetalgruppe in der Lactose bestimmen

Ein einfaches Experiment beweist, dass die Halbacetalfunktion der Lactose sich im Glucoseteil des Moleküls befindet und nicht im Galactoseteil. Das Disaccharid wird mit einem Überschuss Iodmethan in Gegenwart von Ag_2O umgesetzt, welche Reagenzen sind, die alle OH-Gruppen *durch* S_N2-Reaktionen methylieren. Da die OH-Gruppe ein relativ schwaches Nucleophil ist, wird Silberoxid benötigt, damit das Iodidion die Verbindung verlässt. Das Produkt wird im Folgenden in einer sauren Lösung hydrolisiert.

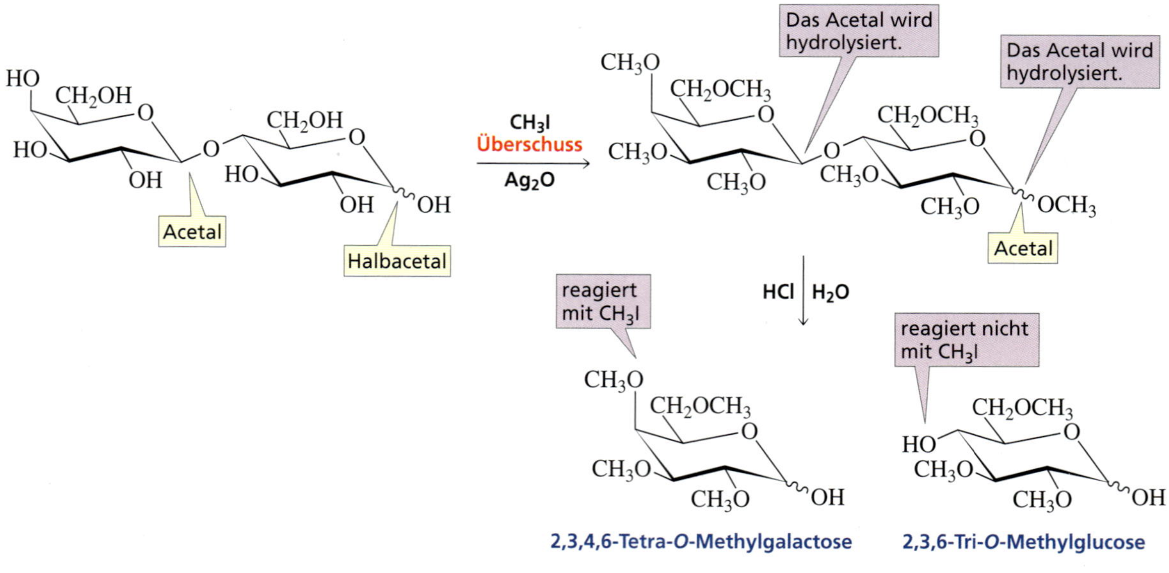

Die beiden Acetalbindungen werden hydrolysiert, alle Etherbindungen, die durch Methylierung der OH-Gruppen gebildet wurden, bleiben aber davon unbeeinflusst. Die chemische Identifizierung der Reaktionsprodukte zeigt, dass der Glucoserest nicht fähig war, an seinem C-4 mit Iodmethan zu reagieren, weil die OH-Gruppe am C-4 der Glucose an der Acetalbildung mit der Galactose beteiligt war und somit für eine weitere Reaktion nicht zur Verfügung stand. Das C-4 der Galactose war hingegen fähig, mit dem Iodmethan zu reagieren.

HINTERGRUND

■ Lactoseintoleranz

Lactase ist ein Enzym, das spezifisch die β-1,4′-Glycosidbindung des Milchzuckers spaltet. Katzen und Hunde verlieren die Fähigkeit zur Produktion von Lactase, wenn sie erwachsen werden. Sie sind dann nicht länger in der Lage, Milchzucker zu verdauen. Wenn man Hunde oder Katzen mit Milch füttert (wie es besonders bei Katzen leider noch oft geschieht), führt dies zu Verdauungsproblemen wie Blähungen, Unterleibsschmerzen und Durchfall. Zu diesen Problemen kommt es, weil nur Monosaccharide in den Blutstrom übertreten können; Lactose durchläuft unverdaut den Dünndarm. Wenn Menschen an einer Magengrippe oder einer anderen Störung des Darmtraktes leiden, kann zu einem zeitweiligen Verlust der Lactaseaktivität kommen, sodass vorübergehend eine Milchzuckerunverträglichkeit auftritt. Manche Menschen verlieren die Lactase vollständig und für immer, wenn sie erwachsen werden.

Ungefähr 75 % der erwachsenen Menschen zeigen diesen permanenten Lactaseverlust. In Europa ist dieses Phänomen in südlichen Ländern verbreitet, nicht jedoch in Nordeuropa. So sind beispielsweise nur 3 % der Dänen lactoseintolerant, 90 % der Chinesen und Japaner und 97 % der Thailänder. Deshalb ist es nicht verwunderlich, dass Milchprodukte nicht zur täglichen Ernährung der Menschen in diesen Ländern gehören und dass man dadurch kaum Milchprodukte auf der Speisekarte von chinesischen, japanischen und thailändischen Restaurants findet.

■ Galactosämie

Nachdem Lactose zu Glucose und Galactose abgebaut worden ist, muss die Galactose in Glucose umgewandelt werden, bevor sie von den Zellen des Körpers verwertet werden kann. Individuen, denen das Enzym fehlt, das die Umlagerung von Galactose in Glucose katalysiert, leiden unter einer erblichen Krankheit mit dem Namen Galactosämie. Ohne dieses Enzym akkumuliert sich Galactose im Blut. Dies kann zu mentaler Retardierung und bei Kleinkindern gar zum Tod führen. Galactosämie wird durch eine galactosefreie Diät behandelt.

Saccharose

Das häufigste Disaccharid ist die Saccharose (der Rohrzucker). Saccharose wird industriell aus Zuckerrüben und Zuckerrohr gewonnen. Jedes Jahr werden weltweit ca. 90 Millionen Tonnen Rohrzucker produziert. Saccharose besteht aus einer Einheit D-Glucose und einer Einheit D-Fructose, die durch eine glycosidische Bindung zwischen dem C-1 der Glucose (in α-Stellung) und dem C-2 der Fructose (in β-Stellung) verbunden sind.

Anders als die bisher diskutierten Zweifachzucker, ist der Rohrzucker kein reduzierender Zucker und zeigt auch keine Mutarotation, weil die glycosidische Bindung zwischen dem anomeren Kohlenstoffatom der Glucose und dem anomeren Kohlenstoffatom der Fructose geknüpft wird. Saccharose besitzt daher keine Halbacetalgruppierung, sodass sie auch in Lösung nicht im Gleichgewicht mit einer oxidierbaren offenkettigen Ketoverbindung (Aldehyd/Keton) steht.

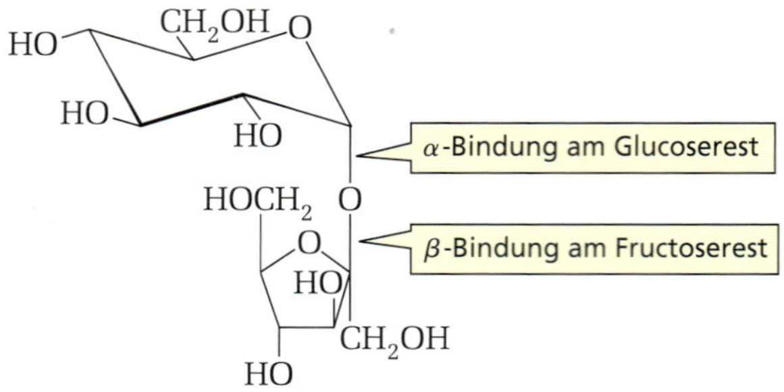

Saccharose (Rohrzucker)

Die Saccharose besitzt eine spezifische optische Drehung von +66,5°. Nach der Hydrolyse zeigt die resultierende äquimolare Mischung von Glucose und Fructose eine spezifische optische Drehung von –22,0°. Da sich das Vorzeichen der optischen Drehung während der Hydrolyse umkehrt, wird eine 1 : 1-Mischung von Fructose und Glucose auch *Invertzucker* genannt, und ist unter dieser Bezeichnung im Handel erhältlich. Das Enzym, das die hydrolytische Spaltung von Saccharose katalysiert, heißt *Invertase*. Honigbienen besitzen Invertase, sodass der Honig, den sie produzieren, aus einer Mischung von Saccharose, Glucose und Fructose besteht.

Da Fructose süßer schmeckt als Rohrzucker, ist Invertzucker süßer als Saccharose. Einige Lebensmittel werden mit dem Hinweis vermarktet, dass sie Fructose anstelle von Saccharose enthalten, was bedeutet, dass sie den gleichen Süßegrad mit einer geringeren Zuckermenge erreichen.

Eine Mischung aus Saccharose, Glucose und Fructose.

Ü 29* Was ist die spezifische optische Drehung einer äquimolaren Fructosemischung? (*Hinweis:* Rufen Sie sich in Erinnerung, dass die spezifische optische Drehung einer äquimolaren Glucosemischung +52,7 ist.)

HINTERGRUND

Ein giftiges Disaccharid

Amygdalin ist ein Disaccharid, das in Aprikosen- und Pfirsichkernen enthalten ist. Zu früheren Zeiten wurde Amygdalin und eine modifizierte Form dieser Verbindung namens Lätril in der Behandlung von Krebs eingesetzt. Jedoch haben Studien gezeigt, dass diese beiden Verbindungen ineffektiv für die klinische Behandlung von Krebs und zudem toxisch sind. Amygdalin kann zu Mandelnitril hydrolisiert werden, wodurch der Cyanwasserstoff in einer enzymkatalysierten Reaktion eliminiert wird (Abschnitt 16.4). Cyanwasserstoff wiederum ist der Grund, weshalb Amygdalin und Lätril toxische Verbindungen sind.

Apheloria corrugata.

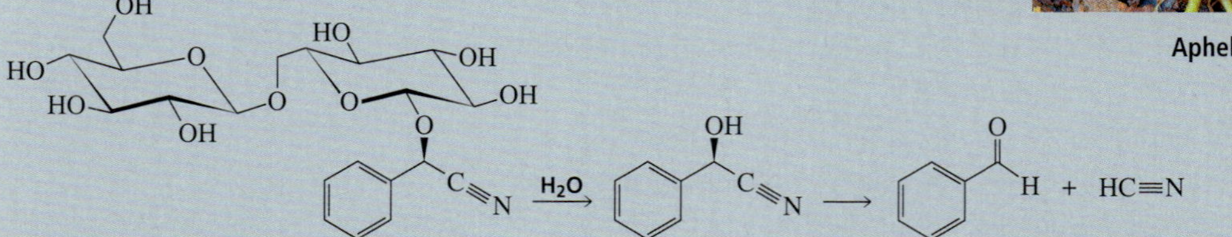

Amygdalin — Mandelnitril — Benzaldehyd — Cyanwasserstoff

Apheloria-Tausendfüßler speichern Mandelnitril zur Abwehr von Fressfeinden. Wenn der Angriff eines Feindes droht, pumpt der Tausendfüßler das Mandelnitril in einen Teil seines Körpers, in dem das Katalysierungsenzym vorhanden ist, das die Eliminierungsreaktion von Benzaldehyd und Cyanwasserstoffgas verursacht. Das toxische Gas wird daraufhin freigesetzt, um den Fressfeind abwehren.

Ü 30*

(a) Identifizieren Sie die Zucker in Amygdalin.

(b) Identifizieren Sie die glycoside Verbindung, die diese Zuckermoleküle zusammenhält.

Polysaccharide 20.16

Polysaccharide können nur zehn oder auch tausende von Monosaccharideinheiten enthalten, die durch glycosidische Bindungen miteinander verknüpft sind. Die Molmassen individueller Molekülketten von Polysacchariden sind variabel. Die am weitesten verbreiteten Polysaccharide sind Stärke und Cellulose.

Stärke

Stärke ist die Hauptkomponente des Getreidemehls und das Hauptpolysaccharid in Kartoffeln, Reis, Bohnen, Mais, und Erbsen. Stärke ist ein Gemisch zweier verschiedener Polysaccharide: der Amylose (ungefähr 20 %) und dem Amylopectin (ungefähr 80 %). Amylose setzt sich aus unverzweigten Ketten von D-Glucoseeinheiten, die durch α-1,4′-glycosidische Bindungen verknüpft sind, zusammen.

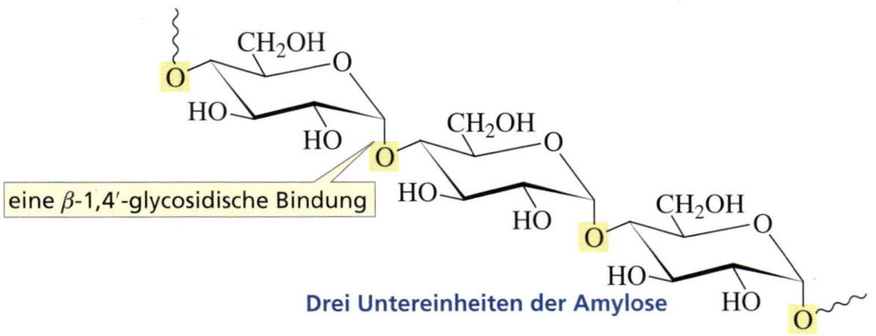

Drei Untereinheiten der Amylose

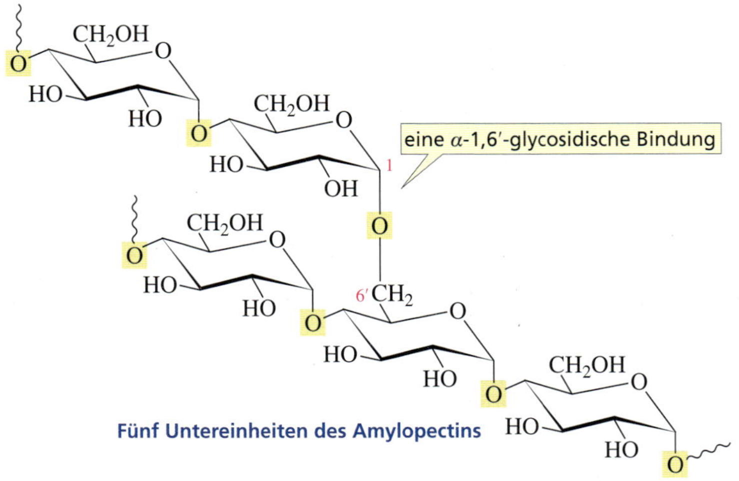

Fünf Untereinheiten des Amylopectins

Amylopectin ist ein verzweigtes Polysaccharid. Wie die Amylose ist das Amylopectin aus D-Glucoseketten aufgebaut, die durch α-1,4′-glycosidische Bindungen verknüpft sind. Anders als Amylose, enthalten die Amylopectinmoleküle aber auch **α-1,6′-glycosidische Bindungen**. Die Bindungen erzeugen Verzweigungen in der Molekülkette des Amylopectins (► Abbildung 20.1). Amylopectin kann bis zu eine Million (10^6) Glucoseeinheiten pro Molekül enthalten, was es zu einem der größten in der Natur vorkommenden Moleküle macht.

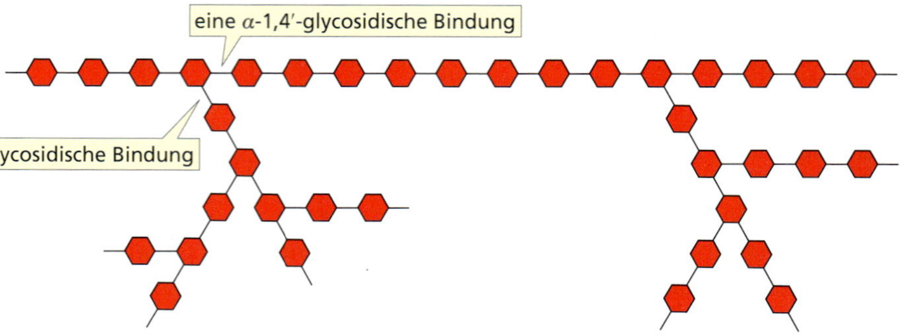

Abbildung 20.1: Verzweigung eines Amylopectinmoleküls. Die Sechsecke stellen Glucoseeinheiten dar. Diese sind durch α-1,4′- und α-1,6′-glycosidische Bindungen miteinander verknüpft.

Die Oxidierung von D-Glucose ist in lebenden Zellen der erste einer Reihe von Schritten, die diese mit Energie versorgen. Tiere speichern überschüssige Glucose in einem weiteren Polysaccharid namens Glycogen. Glycogen hat eine dem Amylopectin ähnliche Molekülstruktur; das Glycogen weist jedoch mehr Verzweigungen auf (► Abbildung 20.2). Die Verzweigungspunkte treten beim Glycogen etwa alle 10 Untereinheiten auf, wohingegen die des Amylopectins etwa alle 25 Untereinheiten auftreten. Der hohe Verzweigungsgrad des Glycogens hat wichtige physiologische Konsequenzen: Wenn der Organismus (rasch) Energie benötigt, können zahlreiche einzelne Glucoseeinheiten gleichzeitig von den vielen Verzweigungen enzymatisch abgelöst werden. Pflanzen wandeln überschüssige Glucose in Stärke um.

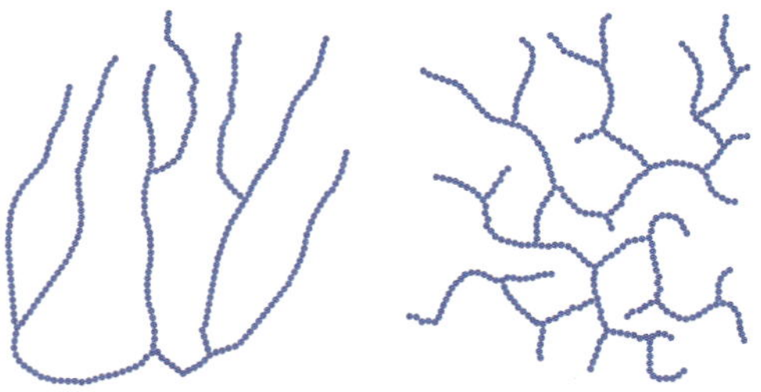

Abbildung 20.2: Ein Vergleich der Verzweigungsmuster von Amylopectin und Glycogen.

HINTERGRUND

Warum der Zahnarzt Recht hat

Bakterien, die sich in der Mundhöhle finden, besitzen ein Enzym, mit dem sie Saccharose (Rohrzucker) in ein Polysaccharid namens Dextran überführen können. Dextran ist aus Glucoseeinheiten aufgebaut, die α-1,3′- und α-1,6′-glycosidisch verknüpft sind. Ungefähr 10 % des Zahnbelages besteht aus Dextran. Dies ist die chemische Grundlage dafür, dass die Zahnärzte raten, nicht zu viele Süßigkeiten zu essen. Aus diesem Grund werden „zuckerfreien" Kaugummis Sorbitol und Mannitol zugesetzt – diese beiden Verbindungen können nicht in Dextran umgewandelt werden.

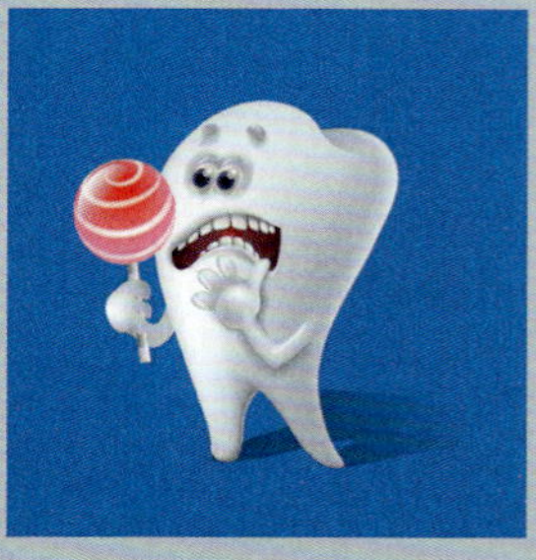

Cellulose

Cellulose ist der wichtigste Strukturbestandteil aller höheren Pflanzen (und mancher Algen). Baumwollfasern zum Beispiel bestehen zu etwa 90 % aus Cellulose, Holz immerhin noch zu 50 %. Wie die Amylose der Stärke besteht die Cellulose aus unverzweigten Ketten von D-Glucoseeinheiten. Anders als bei der Amylose sind jedoch die Untereinheiten bei der Cellulose durch β-1,4′-glycosidische Bindungen verknüpft und nicht durch α-1,4′-glycosidische.

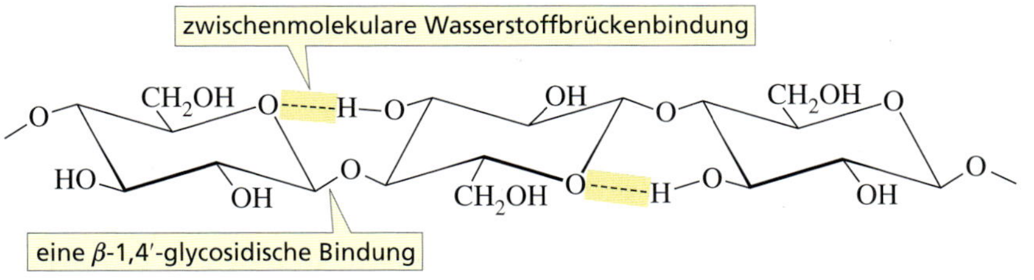

Drei Untereinheiten der Cellulose

Die physikalischen Eigenschaften von Stärke und Cellulose

Die unterschiedlichen glycosidischen Bindungen, die man in der Stärke und in der Cellulose findet, verleihen diesen Verbindungen sehr unterschiedliche physikalische Eigenschaften. Die α-glycosidischen Bindungen der Stärke führen dazu, dass Amylose eine helikale Molekülform ausbildet, die die Ausbildung von Wasserstoffbrückenbindungen zwischen den zahlreichen OH-Gruppen des Moleküls mit Wassermolekülen begünstigt (▶ Abbildung 20.3). Aufgrund dieser Eigenschaft ist Stärke wasserlöslich.

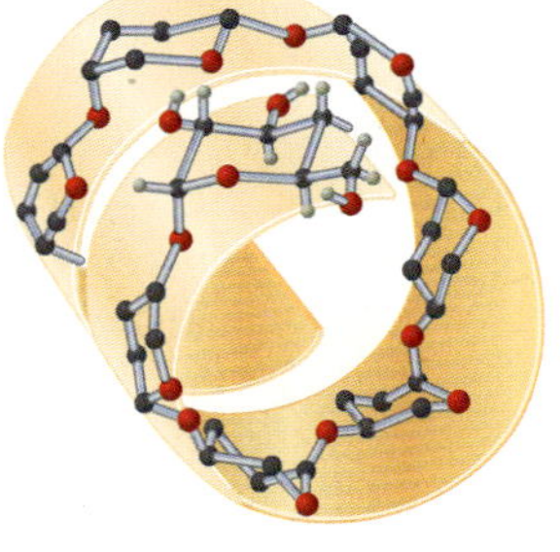

Abbildung 20.3: Die α-1,4′-glycosidischen Bindungen in einem Amylosemolekül führen dazu, dass dieses einen linksgängigen Helix ausbildet. Viele der OH-Gruppen des Moleküls bilden in Lösung Wasserstoffbrückenbindungen mit Wassermolekülen aus.

Die β-glycosidischen Bindungen der Cellulose sind andererseits der Ausbildung intramolekularer Wasserstoffbrückenbindungen förderlich. Folglich richten sich diese Moleküle zu linearen Verbänden aus (▶ Abbildung 20.4). Zwischen benachbarten Ketten solcher Aggregate bilden sich intermolekulare Wasserstoffbrückenbindungen; diese Zusammenlagerungen aus Makromolekülen machen die Cellulose wasserunlöslich. Diese Bündel aus Polymerketten verleihen der Cellulose strukturelle Stärke, was sie zu einem wirkungsvollen Strukturwerkstoff macht. Prozessierte Cellulose dient außerdem zur Herstellung von Papier und Cellophan.

Alle Säugetiere haben Enzyme (α-Glucosidasen), die α-1,4′-glycosidische Bindungen spalten, ihnen fehlen aber Enzyme, die in der Lage sind, β-1,4′-glycosidische Bindungen zu spalten (β-Glucosidasen). Deshalb können Säugetiere ihren Bedarf an Traubenzucker nicht durch den Verzehr von Cellulose decken; sie können Cellulose also nicht verdauen. Bakterien, die β-Glucosidasen herstellen, sind in der Lage, Cellulose aufzuspalten und so für sich nutzbar zu machen. Sie bewohnen den Verdauungstrakt von Weidetieren, sodass Kühe Gras und Pferde Heu fressen können, um ihren Nährstoffbedarf an Glucose zu decken. Termiten beherbergen auch Bakterien, die die Cellulose im Holz, das sie fressen, abbauen.

Cellulosestränge in der Wand einer Pflanzenzelle.

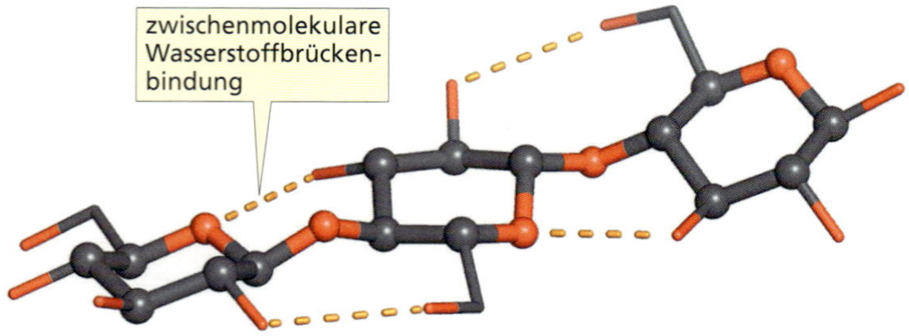

Abbildung 20.4: Die β-1,4′-glycosidischen Bindungen in einem Cellulosemolekül bilden intramolekulare Wasserstoffbrücken aus, die bewirken, dass das Molekül eine lineare Konformation einnimmt. (Beachten Sie, dass Wasserstoffatome hier nicht gezeigt sind.)

Chitin

Chitin ist ein Polysaccharid, das der Cellulose strukturell nahesteht. Es ist die Hauptstrukturkomponente der Außenskelette von Gliederfüßlern (den Schalen von Krustentieren wie Krebsen, Garnelen und Krabben sowie der Körperaußenhülle von Insekten). Wie in der Cellulose finden sich im Chitinmolekül β-1,4′-glycosidische Bindungen. Chitin unterscheidet sich von der Cellulose durch den Besitz von *N*-Acetylglucosaminuntereinheiten (*N*-Acetylaminogruppen anstelle der OH-Gruppen an den C-2-Positionen der Monosaccharideinheiten). Die β-1,4′-glycosidischen Bindungen verleihen dem Chitin seine strukturelle Steifigkeit.

Der Panzer dieser leuchtend orange gefärbten australischen Krabbe besteht zum großen Teil aus Chitin.

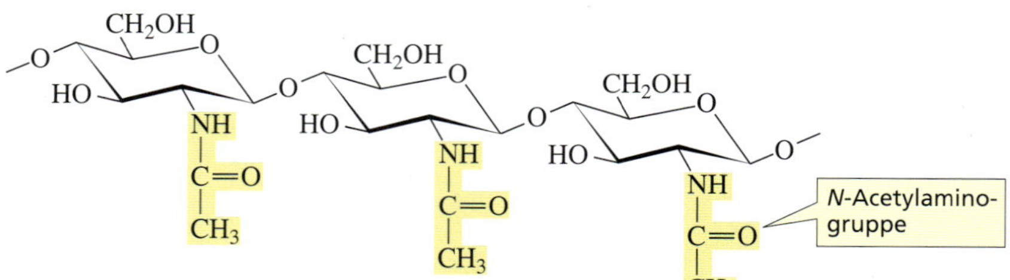

Drei Untereinheiten des Chitins

HINTERGRUND

■ Flohbekämpfung

Mehrere unterschiedliche Wirkstoffe sind entwickelt worden, um den Besitzern von Haustieren dabei zu helfen, die Flöhe ihrer Lieblinge in Schach zu halten. Einer dieser Wirkstoffe ist Lufenuron. Lufenuron stört die Chitinproduktion. Da das Exoskelett von Flöhen in erster Linie aus Chitin besteht, kann ein Floh nicht überleben, wenn er nicht mehr in der Lage ist, Chitin herzustellen.

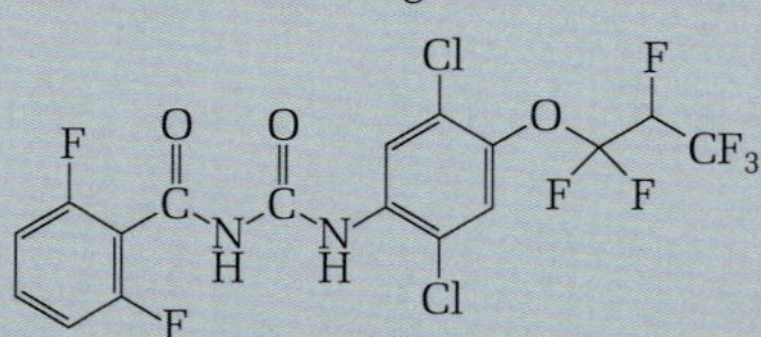

Lufenuron

Ü 31* Was sind die hauptsächlichen strukturellen Unterschiede zwischen
(a) Amylose und Cellulose; **(c)** Amylopectin und Glycogen;
(b) Amylose und Amylopectin; **(d)** Cellulose und Chitin?

Einige von Kohlenhydraten abgeleitete Naturstoffe 20.17

Desoxyzucker

Desoxyzucker sind Zucker, bei denen eine der OH-Gruppen durch ein H-Atom ersetzt ist (*desoxy* = des-Oxygen; ohne Sauerstoff). 2-Desoxyribose – Ribose, der das Sauerstoffatom am C-2 fehlt – ist ein wichtiger Vertreter der Desoxyzucker. β-D-Ribose ist die Zuckerkomponente der Ribonucleinsäure (RNS), und β-D-2-Desoxyribose ist die Zuckerkomponente von Desoxyribonucleinsäure (DNS) (Abschnitt 26.1).

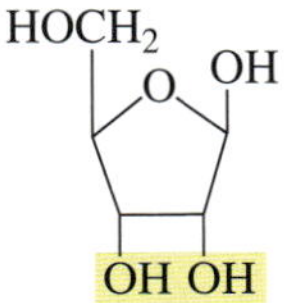

β-D-Ribose

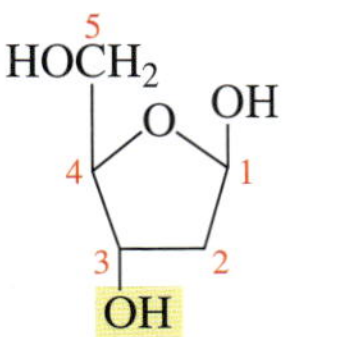

β-D-2-Desoxyribose

Aminozucker

In **Aminozuckern** ist eine der OH-Gruppen durch eine Aminogruppe ersetzt. *N*-Acetylglucosamin – die Untereinheit des Chitins und die Untereinheit der Zellwände einiger Typen von Bakterien – ist ein Beispiel für solch einen Aminozucker (Abschnitt 22.10).

Einige wichtige Antibiotika enthalten Aminozucker. Die drei Untereinheiten des Antibiotikums Gentamicin sind zum Beispiel Desoxyaminozucker. Man beachte, dass der mittleren Untereinheit der Ringsauerstoff fehlt: Es handelt sich also nicht wirklich um einen Zucker.

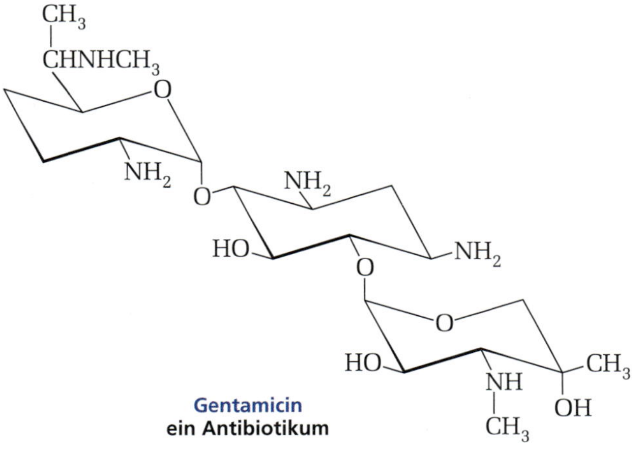

Gentamicin
ein Antibiotikum

Gentamicin ist ein Amionoglycosidantibiotikum; weitere Aminoglycosidantibiotika sind Streptomycin und Neomycin. Diese Antibiotika binden an ein bakterielles Ribosom, wo eine Proteinsynthese statt findet (Abschnitt 26.8). Infolgedessen ist das Bakterium nicht in der Lage, Proteine zu synthetisieren.

HINTERGRUND

Antibiotikaresistenzen

Ein Bakterienstamm benötigt im Schnitt 15 bis 20 Jahre, um eine Resistenz gegen ein Antibiotikum zu entwickeln. Penicillin ist zum Beispiel im Jahr 1944 weitläufig verfügbar geworden. Im Jahr 1952 waren dann bereits 60 % des infektiösen Bakterienstamms *Staphylococcus aureus* resistent gegen Penicillin, denn infolge des weit ausgedehnten Einsatzes von Aminoglycosidantibiotika haben manche Bakterienstämme Enzyme entwickelt, mit deren Hilfe sie die OH- oder die NH_2-Gruppen des Antibiotikums acetylieren oder phosphorisieren können. Wenn dies geschieht, kann sich das Antibiotikum nicht mehr an das bakterielle Ribosom binden, sodass es keinen Effekt mehr auf das Bakterium hat.

Von den 1970er Jahren an bis vor kurzem wurden keine neuen Klassen von Antibiotika mehr entdeckt, wodurch **Medikamentenresistenzen** ein zunehmend wichtiges Thema in der medizinischen Chemie wurden. Vancomycin war zu dieser Zeit das Antibiotikum der Wahl, wenn andere Antibiotika schon keine Wirkung mehr zeigten, da es bis zum Jahr 1989 keine Fälle von Bakterienresistenzen gegen dieses Antibiotikum gab, obwohl immer mehr Bakterienstämme resistent wurden.

Die Genehmigung des Antibiotikums Zyvox, die im April 2000 von der Arzneimittelbehörde der Vereinigten Staaten (FDA) erteilt wurde, hat große Erleichterung in die medizinische Gemeinde gebracht. Denn dieses Antibiotikum war das erste seiner Art – ein Mitglied der Stofffamilie der Oxazolidinone. In klinischen Studien hat sich gezeigt, dass Zyvox wirksam war bei immerhin 75 % der Patient*innen, bei denen andere Antibiotika aufgrund von Resistenzen nicht mehr wirksam waren. Eine weitere neue Klasse von Antibiotika wurde im Jahr 2005 verfügbar, als die FDA Cubicin einführte, die erste Verbindung der Lipopeptidantibiotika.

Antibiotikaresistenzen breiten sich immer noch schneller aus als die Entwicklung neuer Antibiotika vonstatten geht. Jedoch wurde im Jahr 2015 ein neuer Wirkstoff namens Teixobactin entdeckt, welcher die Synthese von Zellwänden verhindert. Es besteht die Hoffnung, dass Patient*innen weniger Resistenzen gegen dieses Medikament entwickeln, da es sich an weniger fetthaltige Säuremoleküle bindet, welche weniger oft mutieren als andere Proteine. Für diesen Wirkstoff wurden die ersten Versuche an Menschen für das Jahr 2017 geplant.

Heparin

Heparin ist ein Polysaccharid, das primär in Zellen der Arterienwände vorkommt. Einige der Alkohol- und Aminogruppen dieser Verbindung liegen sulfoniert vor, einige der Alkoholgruppen sind oxidiert, und einige der Aminogruppen der Verbindung sind acetyliert. Heparin wird freigesetzt, um im Fall einer Verletzung eine übermäßige Blutgerinnung zu verhindern. Heparin wird vorwiegend nach Operationen eingesetzt, um die Verklumpung des Blutes zu verhindern.

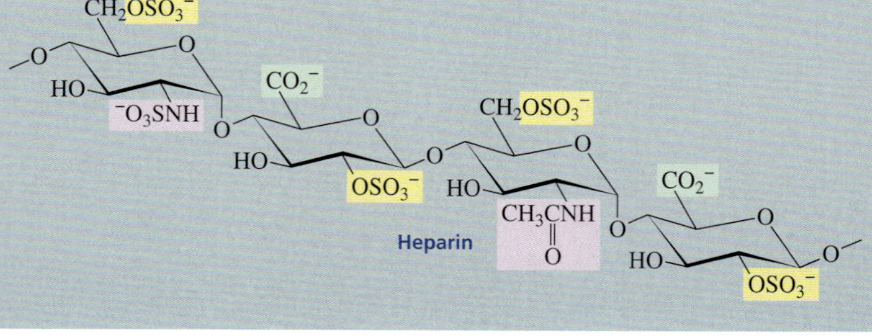

Heparin

Vitamin C

L-Ascorbinsäure (Vitamin C) wird von Pflanzen und in den Lebern der meisten Säugetiere aus D-Glucose synthetisiert. Menschen, Affen und Meerschweinchen fehlt jedoch ein Enzym, das für die Herstellung von L-Ascorbinsäure notwendig ist, sodass diese Verbindung ein Vitamin ist, das über die Nahrung aufgenommen werden muss.

Schritte bei der Synthese von L-Ascorbinsäure

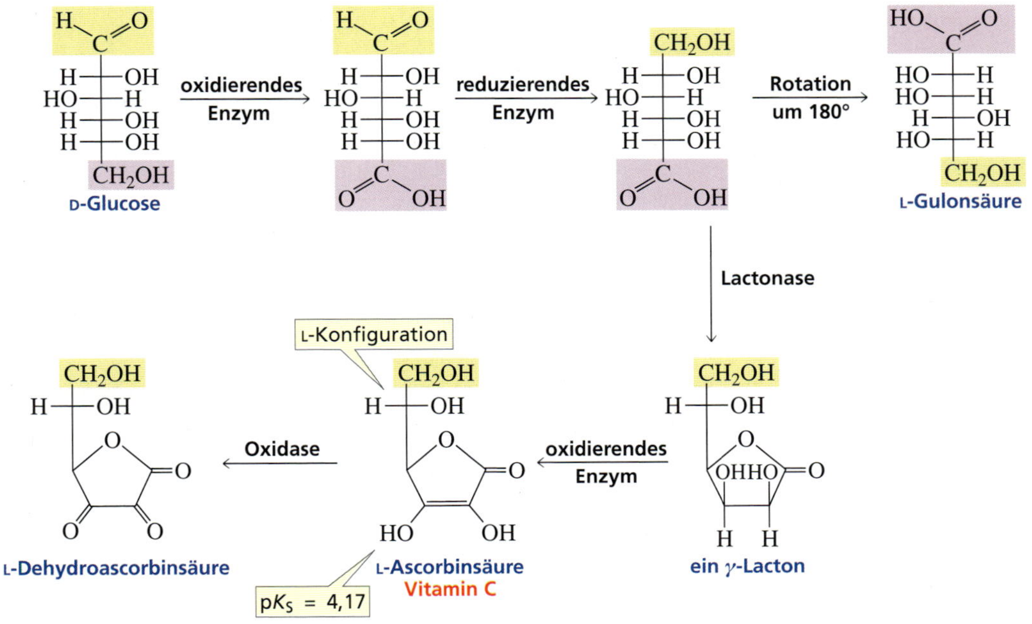

- Die Biosynthese des Vitamin C beinhaltet die enzymatische Umwandlung von D-Glucose zu L-Gulonsäure, eine Reaktion, die an den letzten Schritt des Konfigurationsbeweises durch Emil Fischer erinnert.
- L-Gulonsäure wird durch das Enzym Lactonase in ein γ-Lacton umgewandelt, welches dann durch eine Oxidase zur L-Ascorbinsäure oxidiert wird.
- Die L-Konfiguration der Ascorbinsäure bezieht sich auf das C-5, welches das C-2 der Ausgangssubstanz D-Glucose gewesen ist.

Obwohl die L-Ascorbinsäure keine Carboxylgruppe trägt, ist sie eine Verbindung mit Säureeigenschaften, da der pK_S-Wert der OH-Gruppe am C-3 4,17 beträgt. L-Ascorbinsäure wird leicht zu L-Dehydroascorbinsäure oxidiert, welche ebenfalls physiologisch aktiv ist. Falls der Lactonring durch Hydrolyse geöffnet wird, geht jedoch jegliche Vitamin-C-Wirkung verloren. Aus diesem Grund bleibt in ausgiebig gekochten Nahrungsmitteln nur wenig intaktes Vitamin C erhalten. Was die Sache noch schlimmer macht: Wenn das betreffende Nahrungsmittel in Wasser gekocht, und das Wasser schließlich abgeschüttet wird, verwirft man das wasserlösliche Vitamin zusammen mit dem Kochwasser!

HINTERGRUND

■ **Vitamin C**

Vitamin C ist ein Antioxidant. Denn es fängt Radikale ab, die im wässrigen Milieu gebildet wurden (Abschnitt 12.11). Nicht alle physiologischen Funktionen des Vitamins C sind bekannt. Was man jedoch weiß ist z. B., dass Vitamin C zur Biosynthese des Collagens notwendig ist. Collagen ist ein Strukturprotein der Haut, der Sehnen, des Bindegewebes und der Knochen.

Falls Vitamin C in der Nahrung nicht vorhanden ist (es kommt in reichlichen Mengen in Citrusfrüchten und Tomaten vor), treten Läsionen der Haut auf. Außerdem kann es zu schweren Blutungen am Gaumen, in den Gelenken und unter der Haut kommen; Wunden heilen ebenfalls langsamer. Die Krankheit, die durch den Mangel an Vitamin C verursacht wird, ist bekannt als Skorbut. Britische Seeleute, die im späten 18. Jahrhundert die Weltmeere befuhren, bekamen den Verzehr von Zitronen bzw. Limonen (engl. *limes*) verordnet, um der gefürchteten Krankheit vorzubeugen. So entstand der abfällige Begriff „limeys“ für britische Bürger. Skorbut war somit die erste Krankheit, die durch Veränderung der Ernährung behandelt wurde. Das Wort *Skorbut* leitet sich vom lateinischen *scorbutas* ab; *a-scorbin-* bedeutet daher „ohne Skorbut“.

Ein englischer Seemann um 1829.

Ü 32* Erklären Sie, warum die OH-Gruppe am C-3 des Vitamins C azider reagiert als die OH-Gruppe am benachbarten C-2.

Kohlenhydrate an Zelloberflächen 20.18

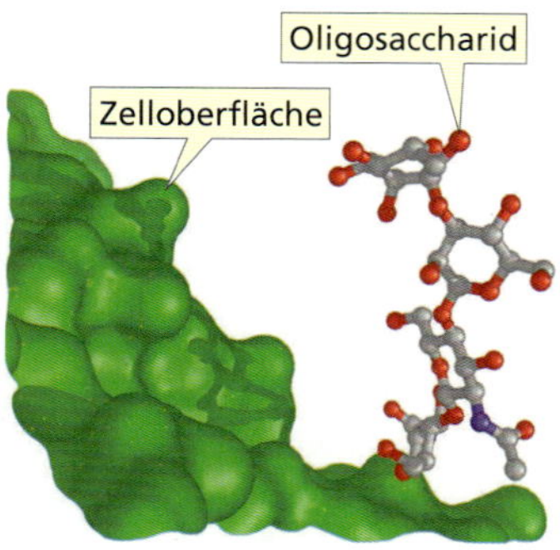

An der Oberfläche vieler Zellen findet man kurze Polysaccharidketten, die es den Zellen erlauben, miteinander in Wechselwirkung zu treten. Die Interaktion einfallender Viren und Bakterien mit den Körperzellen verläuft ebenfalls oft über diese Kohlenhydratstrukturen. Diese Polysaccharide sind durch die Reaktion mit OH- oder NH_2-Funktionen von Proteinen mit den anomeren Kohlenstoffatomen zyklischer Zucker kovalent an die Zelloberfläche gebunden. Proteine, an die Kohlenhydrate gebunden sind, heißen allgemein **Glycoproteine**. Der prozentuale Anteil von Kohlenhydraten an Glycoproteinen ist sehr variabel: Manche Glycoproteine enthalten gerade 1 % Kohlenhydrat, bezogen auf ihre Masse, andere bis zu 80 %.

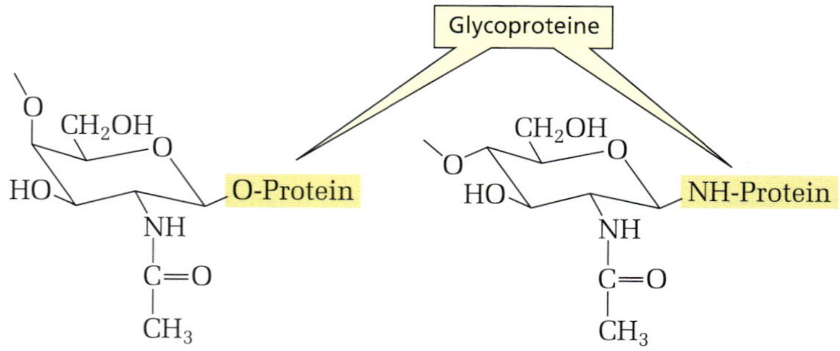

Mittels der Kohlenhydrate an ihren Oberflächen vermögen Zellen einander zu erkennen. Es hat sich gezeigt, dass die Wechselwirkung zwischen Oberflächenkohlenhydraten bei vielen zwischenzellulären Aktivitäten eine Rolle spielt, so bei Infektionsprozessen wie auch bei der Infektionsprävention, bei der Befruchtung (Erkennung der Eizelle durch die Spermienzelle), bei entzündlichen Prozessen wie Rheuma, beim septischen Schock und bei der Blutgerinnung. Die Tatsache, dass verschiedene im Einsatz befindliche Antibiotika Aminozucker enthalten (Abschnitt 20.17), zeigt, wie vielgestaltig die Wechselwirkungen zwischen „Zuckern und Zellen" sein können. Kohlenhydratwechselwirkungen spielen weiterhin eine Rolle bei der Regulation des Zellwachstums.

Blutgruppen

Blutgruppen sind ebenfalls in der Mehrzahl Kohlenhydratstrukturen an Zelloberflächen, die von Mensch zu Mensch variabel sind. Die bekanntesten Blutgruppen (= auf Blutzelloberflächen anzutreffende Antigene) sind die Gruppen A, B und 0 (Null), die Varianten eines einzigen Biomoleküls sind. Die ► Abbildung 20.5 zeigt die chemischen Unterschiede der Blutgruppenantigene A, B und 0. Menschen mit der Blutgruppe AB haben sowohl Moleküle vom Typ A als auch solche vom Typ B auf ihren Zellen.

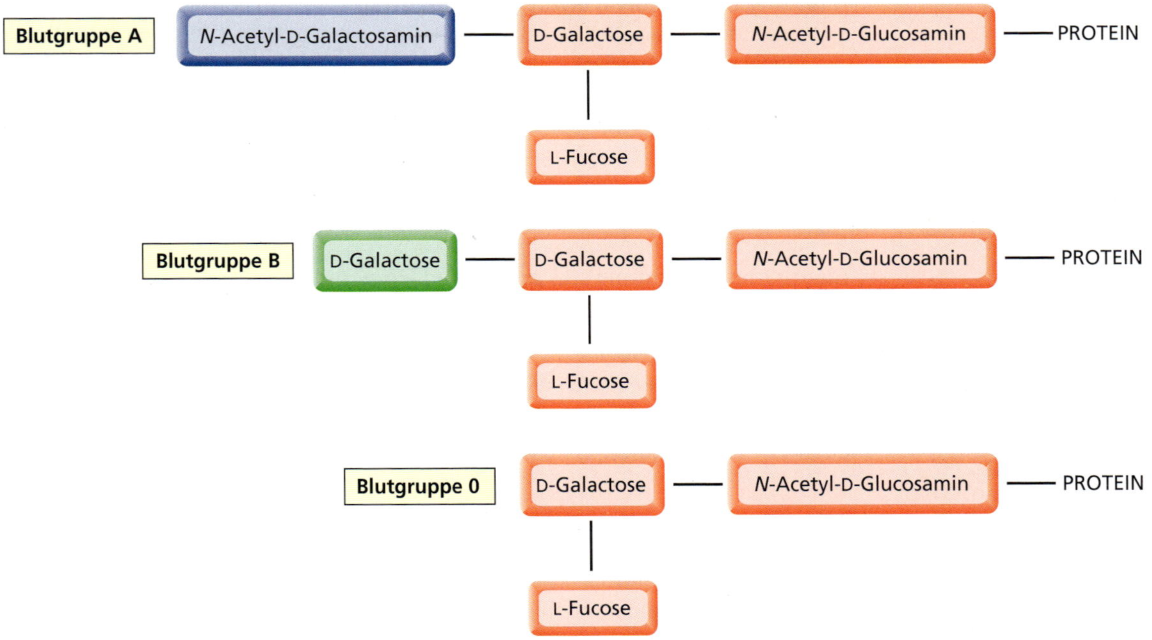

Abbildung 20.5: Die Blutgruppen eines Menschen werden von der chemischen Natur der Zuckerreste auf der Außenfläche der Zellmembranen der roten Blutkörperchen bestimmt. Fucose ist 6-Desoxygalactose.

Antikörper sind Proteine, die der Körper als Antwort auf eine Fremdsubstanz (meist einen Krankheitserreger) herstellt. Die die Antikörperproduktion auslösende Substanz heißt *Antigen*. Durch Wechselwirkung mit dem Antikörper kommt es zu einer festen Bindung des Antigens, was zur Ausfällung des Antigens (Agglomeration durch Quervernetzung mit mehreren Antikörpern, die gleichzeitig mehrere Antigene binden) oder zur Markierung des Antigens (das eine ganze Zelle sein kann) für die nachfolgende Zerstörung durch Zellen des Immunsystems. Das Vorhandensein von Antikörpern, die an Blutgruppensubstanzen binden, ist der Grund dafür, dass Blut mit nicht kompatiblen Blutgruppen nicht übertragen werden darf. Das Immunsystem des Empfängers würde die Kohlenhydratstrukturen als fremd erkennen und eine zerstörerische Immunantwort auf die fremden Blutzellen in Gang setzen.

Betrachten wir ► Abbildung 20.5, so sehen wir, warum das Immunsystem von Menschen mit Blutgruppe A Blut vom Typ B als fremd erkennt und umgekehrt. Die Immunsysteme von Menschen mit den Blutgruppen B, A oder AB erkennt jedoch Blut vom Typ 0 nicht als fremd, da die Kohlenhydratstruktur vom Typ 0 auch integraler Bestandteil der Blutgruppen A und B ist. Menschen mit Blutgruppe 0 sind somit so genannte Universalspender, deren Blut auf jedermann übertragen werden kann. Umgekehrt vertragen Menschen mit Blutgruppe 0 selbst aber auch nur Fremdblut dieser Blutgruppe, da ihr Blut Antikörper gegen die Antigene A und B enthält. Menschen mit der Blutgruppe AB andererseits vertragen problemlos Blut der Blutgruppen AB, A, B und 0; sie sind Universalempfänger.

Ü 33* Beantworten Sie mit Bezug auf ► Abbildung 20.5 folgende Fragen:
(a) Menschen mit der Blutgruppe 0 können als Spender für beliebige andere Personen eingesetzt werden, sie selbst können aber nicht jedes Blut vertragen. Von wem dürfen Menschen mit Blutgruppe 0 *kein* Fremdblut erhalten?
(b) Menschen mit der Blutgruppe AB können als Empfänger beliebigen Blutes dienen, ihr eigenes Blut ist jedoch nicht für jeden verträglich. Wem darf ihr Blut *nicht* gegeben werden?

Synthetische Süßstoffe 20.19

Damit eine Verbindung süß schmecken kann, müssen ihre Moleküle an einen Rezeptor auf den Geschmacksknospen der Zunge binden. Die Bindung der „süßen" Verbindung an den Rezeptor löst einen Nervenreiz aus, der sich von der Geschmacksknospe aus bis in das Gehirn fortpflanzt, wo er als Geschmacksreiz „süß" interpretiert wird. Zucker unterscheiden sich in ihrem Süßegrad (siehe ► Tabelle 20.3).

Saccharin

Glucose	1,00
Sucrose	1,45
Fructose	1,65
Aspartam	200
Acesulfam-K	200
Saccharin	300
Sucralose	600
Advantam	20.000

Tabelle 20.3: Die relativen Süßegrade.

Die Entwickler künstlicher Süßstoffe müssen bei ihrer Arbeit neben dem Süßegrad der Verbindungen noch diverse andere Faktoren in Betracht ziehen, z. B. die mögliche Giftigkeit, die Stabilität des Stoffes, und die Kosten. Saccharin, der erste synthetische Süßstoff, wurde 1878 an der Johns-Hopkins-Universität in Baltimore (USA) von Ira Remsen und seinem Studenten Constantine Fahlberg entdeckt. Fahlberg untersuchte in Remsens Laboratorium die Oxidation ortho-substituierter Toluole, als er unter den von ihm neusynthetisierten Verbindungen eine fand, die einen extrem süßen Geschmack hatte. Was heute befremdlich anmutet, war zu dieser Zeit gängige Praxis: Chemiker*innen setzten ihren Geschmackssinn als analytische Methode zur umfassenden Charakterisierung eines Stoffes ein. Fahlberg nannte die neue Substanz Saccharin. Die Süßkraft von Saccharin, so stellte sich heraus, war etwa dreihundertmal stärker als die von Glucose. Man darf jedoch nicht vergessen, dass Saccharin ungeachtet seines Namens *kein* Saccharid ist.

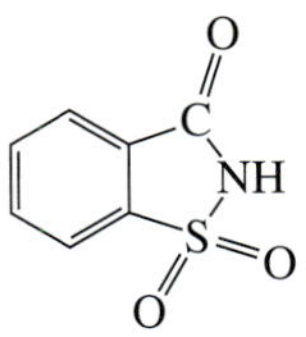

Saccharin

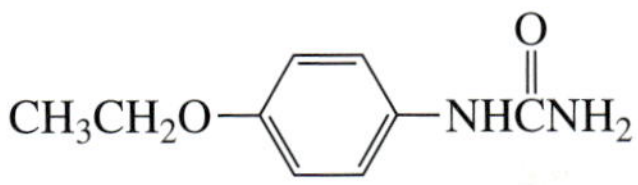

Dulcin

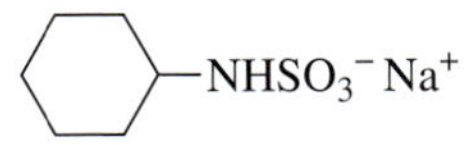

Natriumcyclamat

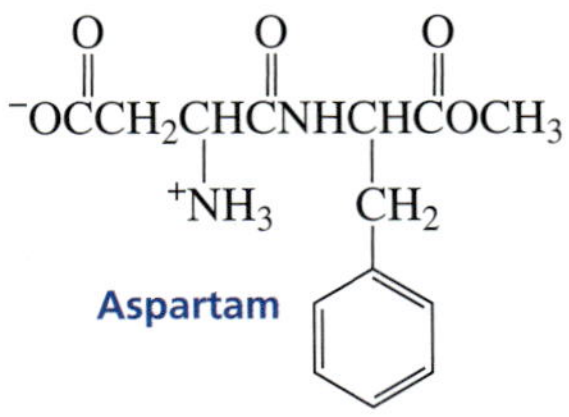

Aspartam

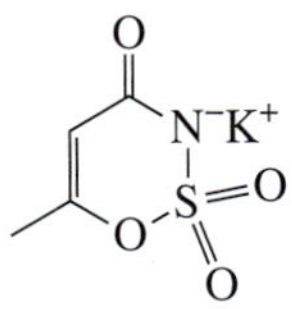

Acesulfam-K

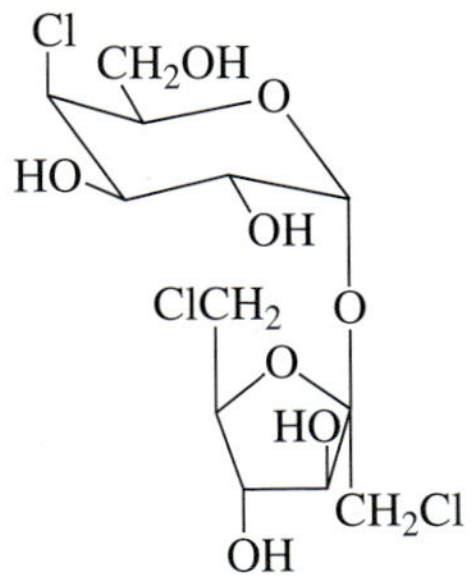

Sucralose

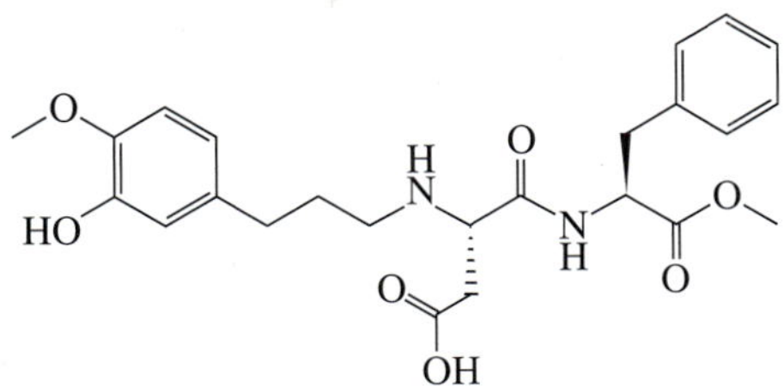

Advantam

Da Saccharin keinen kalorischen Wert hat (also nicht verdaut werden kann und somit keine Energie für den Körper liefert), war es ab 1885 im Handel erhältlich und wurde ein wichtiger Ersatz für Rohrzucker. Das Haupternährungsproblem in den Industriestaaten war – und ist bis heute – eine zu reichliche Versorgung mit Kohlenhydraten (Zucker) inklusive ihrer gesundheitlichen Konsequenzen: Fettleibigkeit (Obesitas), Zuckerkrankheit (Diabetes mellitus), Herz- und Gefäßkrankheiten und Zahnkaries. Saccharin ist für Diabetiker, die ihren Zuckerkonsum streng limitieren müssen, von Interesse. Obwohl die mögliche Giftigkeit des Saccharins nie sorgfältig untersucht worden war, als es auf den Markt kam (unsere heutige große Besorgtheit um die mögliche Toxizität von chemischen Verbindungen aller Art ist eine recht neuzeitliche Erscheinung), haben in der Zwischenzeit durchgeführte umfangreiche Untersuchungen gezeigt, dass Saccharin ein sicherer Zuckerersatz ist. Im Jahr 1912 wurde Saccharin in den Vereinigten Staaten von Amerika zeitweilig vom Markt genommen – nicht etwa, weil es Bedenken hinsichtlich einer möglichen Giftwirkung der Substanz gegeben hätte, sondern weil befürchtet worden war, dass Menschen, die es benutzten, durch den dadurch verursachten Zuckermangel Schaden nehmen könnten.

Dulcin und Natriumcyclamat

Das *p*-Phenetolcarbamid (Handelsnamen Dulcin, Sucrol, Valzin) war der zweite synthetische Süßstoff, der entdeckt wurde (im Jahr 1884). Und obgleich es nicht den bitteren, metallischen Nachgeschmack hat wie Saccharin, erfreute sich das Dulcin niemals großer Popularität. Dulcin wurde 1951 vom Markt genommen, nachdem Zweifel an seiner gesundheitlichen Unbedenklichkeit aufgetaucht waren.

Natriumcyclamat stieg in den 50er Jahren des 20. Jahrhunderts zu einem viel verwendeten Süßstoff ohne Nährwert auf, wurde aber rund 20 Jahre später in den USA verboten, nachdem zwei Studien gefunden haben wollten, dass große Mengen Natriumcyclamat bei Mäusen im Laborversuch zu Leberkrebs geführt hatten.

Aspartam

Aspartam wurde in den USA von der *Food and Drug Administration* (FDA; die zuständige Zulassungs- und Lebensmittelüberwachungsbehörde) 1981 zugelassen. Da das Aspartammolekül einen Phenylalaninrest enthält, sollte dieser Süßstoff nicht von Menschen verwendet werden, die an der erblichen Stoffwechselkrankheit Phenylketonurie (PKU) leiden.

Acesulfam-Kalium und Sucralose

Acesulfam-Kalium wurde 1988 zugelassen. Acesulfam-K schmeckt etwa 200-mal so süß wie Rohrzucker. Es hat weniger Nachgeschmack als Saccharin und ist bei hohen Temperaturen stabiler als Aspartam.

Sucralose (Splenda), das etwa 600-mal so süß wie Glucose schmeckt, wurde im Jahr 1991 für den Markt zugelassen. Es erhält die Süße in Lebensmitteln, die über lange Zeit gelagert oder bei sehr hohen Temperaturen verarbeitet werden. In einer Chlorinierungsreaktion wird die Position 4 des Glucoserings invertiert, sodass Sucralose ein Galactopyranosid und kein Glucopyranosid ist. Sucralose ist das einzige künstliche Süßungsmittel, welches eine Kohlenhydrat-ähnliche Struktur aufweist. Es wird jedoch aufgrund seiner Chlorinatome von Körper nicht als Kohlenhydrat erkannt; es geht also nicht in den Stoffwechsel ein, sondern wird unverändert ausgeschieden.

Advantam

Advantam ist das jüngste zugelassene Süßungsmittel (2014). Es hat einen klaren, zuckergleichen Geschmack. Das es zwanzigtausendmal süßer schmeckt als Sucrose (siehe ► Tabelle 20.3), werden nur sehr geringe Mengen benötigt, um einen süßen Geschmack zu erreichen. Die Tatsache, dass diese synthetischen Süßstoffe so verschiedene chemische Strukturen haben, die alle stark von der Struktur von Monosacchariden abweichen, deutet darauf hin, dass die Geschmacksempfindung „süß“ nicht durch eine einzige oder eine ganz bestimmte Molekülstruktur ausgelöst wird.

HINTERGRUND

■ Der ADI-Wert (*acceptable daily intake*)

Die FDA hat für viele Lebensmittelingredienzien einen ADI-Index veröffentlicht, der die Menge der entsprechenden Substanz angibt, die ein Mensch täglich ohne Gesundheitsgefährdungen aufnehmen kann. So beträgt etwa der ADI-Wert für Acesulfam-K 15 mg je kg je Tag. Dies bedeutet, dass ein 60 kg schwerer Mensch pro Tag die Menge von Acesulfam-K aufnehmen kann, die in ungefähr 800 Millilitern eines künstlich gesüßten Getränks enthalten sind. Der ADI-Wert für Sucralose beträgt hingegen nur 5 mg je kg je Tag.

Zusammenfassung

Abschnitt 20.0

- **Bioorganische Verbindungen** sind Verbindungen, die in lebenden Systemen vorkommen. Diese Verbindungen folgen denselben chemischen Prinzipien wie kleinere organische Moleküle.
- Viele dieser bioorganischen Strukturen existieren zum Zweck der **molekularen Erkennung**.
- **Kohlenhydrate** bestehen aus Polyhydroxyaldehyden (**Aldosen**), aus Polyhydroxyketonen (**Ketosen**) oder einer Verbindung von Aldosen und Ketosen.

Abschnitt 20.2

- Die Notationen D und L beschreiben die Konfiguration des untersten Chiralitätszentrums eines **Monosaccharids** in einer Fischer-Projektion. Die meisten natürlich vorkommenden Zucker sind D-Zucker.

Abschnitt 20.3

- Natürlich vorkommende Ketosen haben ihre Ketogruppe in der 2-Position.

Abschnitt 20.4

- **Epimere** unterscheiden sich in ihrer Konfiguration nur in einem Chiralitätszentrum: D-Mannose ist das C-2-Epimer von D-Glucose und D-Galactose ist das C-4-Epimer von D-Glucose.

Abschnitt 20.5

- In einer basischen Lösung wird ein Monosaccharid in eine Mischung aus Polyhydroxyaldehyden und Polyhydroxyketonen umgewandelt.

Abschnitt 20.6

- Durch die Reduktion einer Aldose erhält man ein **Alditol**; durch die Reduktion einer Ketose erhält man zwei Alditole.
- Br_2 oxidiert Aldosen, aber es vermag nicht, Ketosen zu oxidieren; Tollens-Reagenzen jedoch oxidieren beide Stoffklassen.
- Aldosen können durch **Aldonsäuren**, aber nicht durch **Aldarsäuren** oxidiert werden.

Abschnitt 20.7

- Die **Kiliani-Fischer-Synthese** verlängert die Kohlenhydratkette einer Aldose um ein Kohlenhydrat; ein C-2-Epimer bildet sich.

Abschnitt 20.8

- Durch **Wohl-Abbau** wird die Kohlenhydratkette einer Aldose um ein Kohlenstoffatom verringert.

Abschnitt 20.10

- Die Aldehyd- oder Ketogruppe eines **Monosaccharids** reagiert mit einer der OH-Gruppen zyklischer Halbacetale; Glucose bildet α-L-Glucose und β-D-Glucose; in einer ausgeglichenen wässrigen Lösung ist mehr β-D-Glucose als α-D-Glucose vorhanden.
- α-D-Glucose und β-D-Glucose sind **Anomere** – sie unterscheiden sich in ihrer Konfiguration nur durch ihr **anomerisches Kohlenstoffatom**, welches das Kohlenstoffatom ist, das in der offenkettigen Form der Carbonylkohlenstoff war.
- Eine langsame Veränderung der optischen Rotation bis hin zu einem festen Wert nennt man **Mutarotation**.
- Die α-Position ist axial, wenn ein Zuckermolekül in einer Sesselkonformation gezeigt wird und nach unten gerichtet, wenn der Zucker in einer Haworth-Projektion gezeigt wird; die β-Position ist äquatorial in einer Darstellung in Sesselkonformation und nach oben gerichtet in einer Haworth-Projektion.
- Zucker mit sechsgliedrigen Ringen nennt man **Pyranosen**; Zucker mit fünf-gliedrigen Ringen nennt man **Furanosen**.

Abschnitt 20.11

- Das am meisten natürlich vorkommende Monosaccharid ist D-Glucose. Alle OH-Gruppen in β-D-Glucose befinden sich in äquaritorialer Position.

Abschnitt 20.12

- Ein zyklisches Halbacetal kann mit einem Alkohol reagieren und daraus ein Acetal bilden, das man **Glycosid** nennt. Falls man die Benennungen Pyranose oder Furanose verwendet, dann nennt man das Acetal **Pyranosid** oder **Furanosid**.

- Man bezeichnet die Verbindung zwischen einem anomerischen Kohlenstoffatom und einem Alkoxysauerstoff als eine **glycosidische Bindung**.

Abschnitt 20.13

- Man bezeichnet die Vorliebe für die axiale Position mancher an das anomerische Kohlenstoffatom bindender Substituenten als **anomerischen Effekt**.

Abschnitt 20.14

- Falls ein Zucker eine Aldehyd-, Keto- oder Halbacetalgurppe aufweist, handelt es sich um einen **reduzierenden Zucker**. Acetale sind nichtreduzierende Zucker.

Abschnitt 20.15

- **Disaccharide** bestehen aus zwei Monosacchariden, die durch eine glycosidische Bindung miteinander verbunden sind. Maltose hat eine **α-1,4'-glycosidische Bindung** zwischen zwei Glucoseuntereinheiten, und Cellobiose hat eine **β-1,4'-glycosidische Bindung** zwischen zwei Glucoseuntereinheiten.
- Das Disaccharid mit dem meisten Vorkommen ist Sucrose; diese Verbindung hat eine D-Glucoseuntereinheit und eine D-Fructoseuntereinheit, die durch deren anomerische Kohlenstoffatome miteinander verbunden sind.

Abschnitt 20.16

- **Polysaccharide** können von lediglich zehn bis zu tausende zusammengesetzte Monosaccharide enthalten, die durch glycosidische Bindungen miteinander verbunden sind.
- Stärke wird aus Amylose und Amylopektin gewonnen. Amylose hat unverzweigte Ketten aus D-Glucoseeinheiten, die durch **α-1,4'-glycosidische Bindungen** miteinander verbunden sind.
- Amylopektin weist auch Ketten aus D-Glucoseeinheiten, die durch α-1,4'-glycosidische Bindungen miteinander verbunden sind, auf. Es weist jedoch auch **α-1,6'-glycosidische Bindungen**, die Verzweigungen bilden, auf. Glycogen ist ähnlich aufgebaut wie Amylopectin, es hat jedoch mehr Verzweigungen.
- Cellulose hat unverzweigte Ketten aus D-Glucoseeinheiten, die durch **β-1,4'-glycosidische Bindungen** miteinander verbunden sind.
- Die α-Verbindungen führen dazu, dass Amylose eine Helix formt und wasserlöslich ist; die β-Verbindungen jedoch führen dazu, dass Cellulose linear angeordnet ist und nicht wasserlöslich ist.

Abschnitt 20.18

- Die Oberflächen vieler Zellen enthalten kurze **Oligosaccharide**, die den Zellen ermöglichen, miteinander zu interagieren. Die Oligosaccharide sind durch Proteingruppen mit der Zelloberfläche verbunden.
- Proteine, die an Oligosaccharide gebunden sind, nennt man **Glycoproteine**.

Zusammenfassung der Reaktionen

1 Epimerisierung (Abschnitt 20.5)

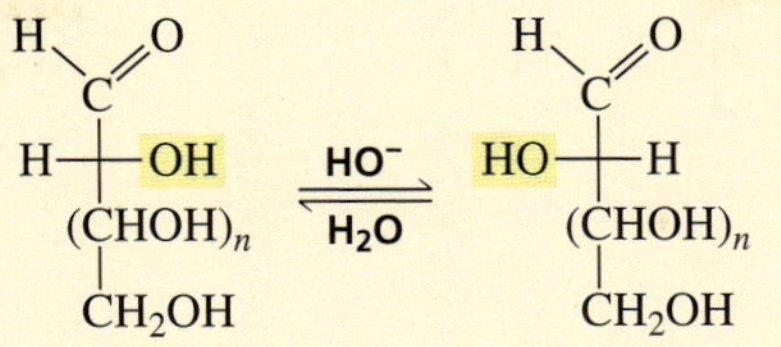

2 Endiol-Neuanordnung (Abschnitt 20.5)

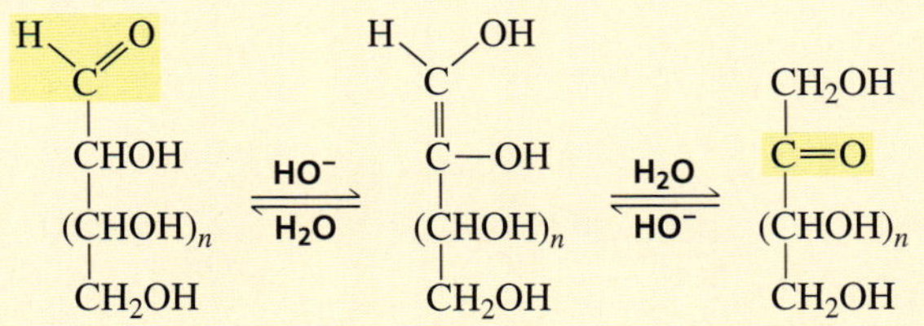

3 Reduktion (Abschnitt 20.6)

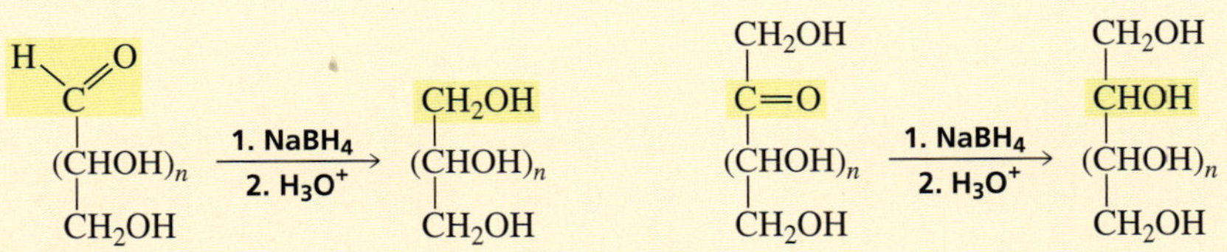

4 Oxidation (Abschnitt 20.6)

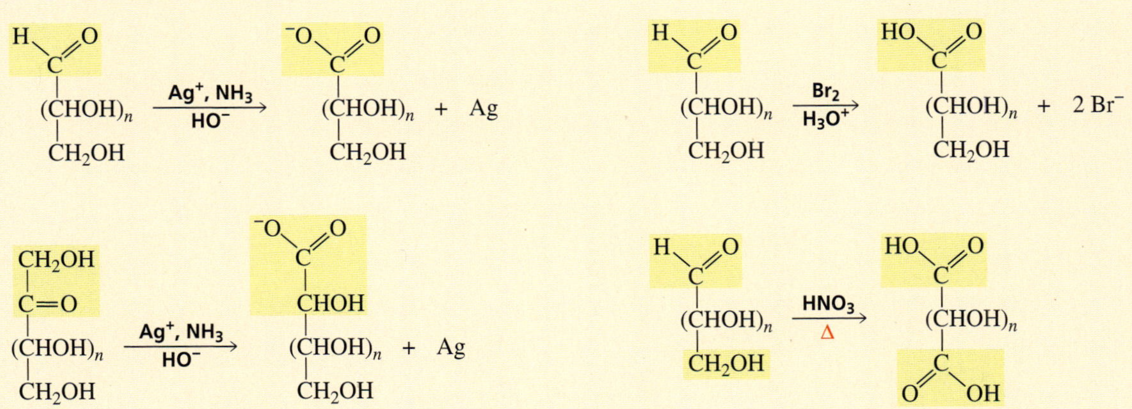

5 Kettenverlängerung: die Kiliani-Fischer-Synthese (Abschnitt 20.7)

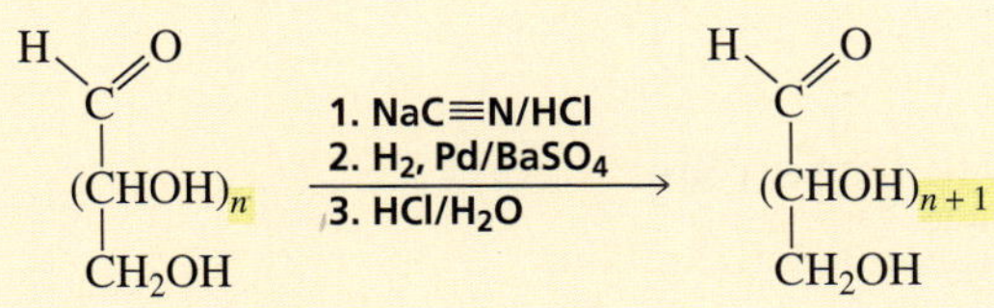

6 Kettenverkürzung: der Wohl-Abbau (Abschnitt 20.8)

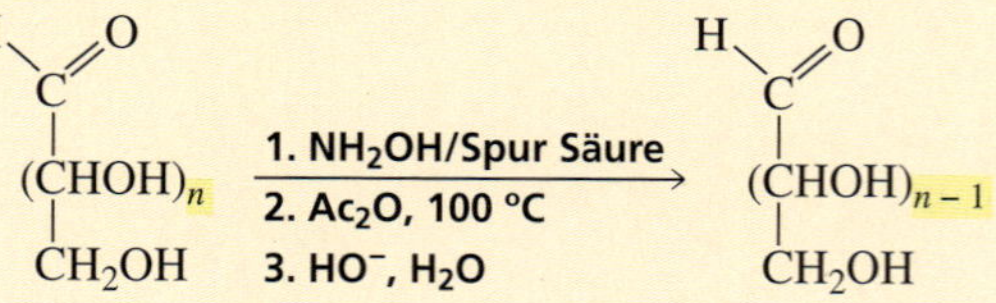

7 Halbacetalbildung (Abschnitt 20.10)

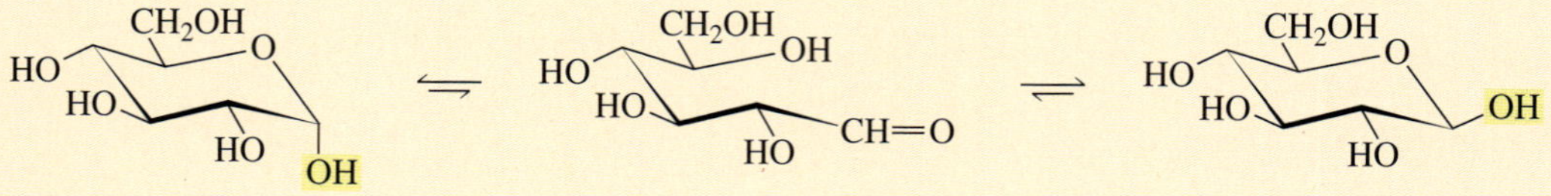

8 Glycosidbildung (Abschnitt 20.12)

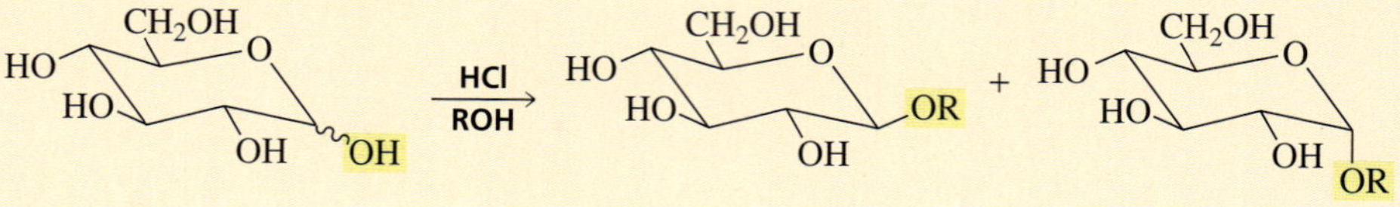

Im MyLab | Organische Chemie finden Sie:

- den praktischen **eText** zum Kapitel mit Notizfunktion
- eine Auswahl verschiedener **3D-Moleküle**
- **Lösungen** zu ausgewählten, mit * versehenen Übungen
- digitale **Lernkarten** und ein umfangreiches **Glossar** zum Nachschlagen und Wiederholen von Definitionen
- digitale Übungsaufgaben in Form von **Kapiteltests** zur eigenen Lernkontrolle

Aminosäuren, Peptide und Proteine

21

21.1 Die Nomenklatur der Aminosäuren 1159
21.2 Konfiguration der Aminosäuren 1164
21.3 Säure-Base-Eigenschaften der Aminosäuren 1166
21.4 Der isoelektrische Punkt 1169
21.5 Trennung von Aminosäuren 1170
21.6 Synthese von Aminosäuren 1176
21.7 Racematspaltung von Aminosäuregemischen 1178
21.8 Peptidbindungen und Disulfidbindungen 1179
21.9 Einige interessante Peptide 1184
21.10 Strategie der Peptidsynthese: N-Schutz und C-Aktivierung 1186
21.11 Automatisierte Peptidsynthese 1189
21.12 Proteinstruktur – Eine Einführung 1192
21.13 Bestimmung der Primärstruktur eines Polypeptids oder eines Proteins 1193
21.14 Sekundärstruktur von Proteinen 1200
21.15 Tertiärstruktur von Proteinen 1204
21.16 Quartärstruktur von Proteinen 1206
21.17 Proteindenaturierung 1207
Zusammenfassung 1209

ÜBERBLICK

Spinnennetze, Seide, Muskeln und Wolle bestehen aus Proteinen. In diesem Kapitel werden Sie herausfinden, warum sich Muskeln und Wolle dehnen können, Spinnennetze und Seide dies aber nicht vermögen. Sie werden zudem lernen, wie eine Reduktionsreaktion gefolgt von einer Oxidationsreaktion die Struktur von Haaren (die ein weiteres Protein sind) beeinflussen können. So ist es möglich, Haaren eine glatte oder eine lockige Struktur zu geben.

Die drei in der belebten Natur vorherrschenden Makromolekültypen sind die Polysaccharide, die Proteine und die Nucleinsäuren. Die Polysaccharide, die aus Monosaccharideinheiten aufgebaut sind, haben wir schon kennengelernt (Abschnitt 20.16); die Nucleinsäuren werden uns in Kapitel 26 beschäftigen. In diesem Kapitel werden wir die Proteine untersuchen, deren kürzere Vertreter als Peptide bezeichnet werden.

Peptide und **Proteine** sind polymere Verbindungen aus Aminosäuren. Die Aminosäuren werden in ihnen durch Amidbindungen untereinander verknüpft. Eine **Aminosäure** ist eine Carbonsäure mit einer Aminogruppe am α-Kohlenstoffatom.

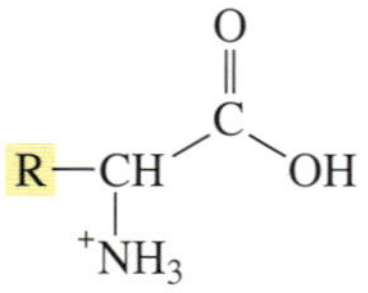

eine protonierte α-Aminocarbonsäure
eine Aminosäure

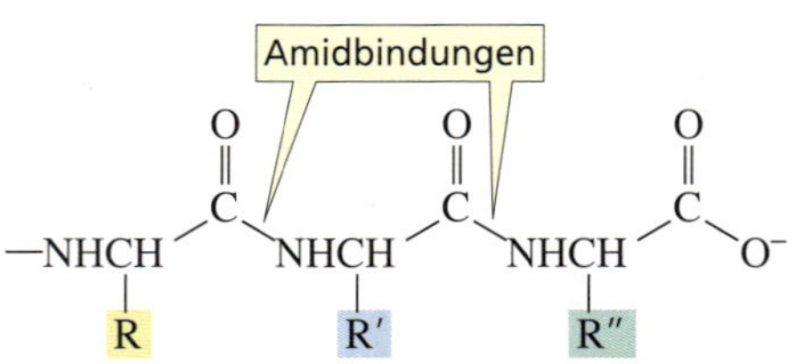

Aminosäuren sind durch Amidbindungen miteinander verknüpft.
ein Tripeptid

Ein Aminosäurepolymer kann sich aus einer beliebigen Anzahl von Aminosäureresten zusammensetzen. Ein **Dipeptid** enthält 2 Aminosäurereste, ein **Tripeptid** 3, ein **Tetrapeptid** 4, ein **Pentapeptid** 5 usw. Ein **Oligopeptid** enthält 4 bis 10 Aminosäureresten und ein **Polypeptid** viele.

Proteine sind Polypeptide aus 40 bis 4000 Aminosäureresten. Proteine und Peptide erfüllen in biologischen Systemen (Lebewesen) eine Unzahl von Funktionen als Baustoffe und Funktionsträger (siehe ► Tabelle 21.1). Mehr als 28 Millionen Proteine sind bekannt.

Strukturproteine	Diese Teile verleihen biologischen Bildungen ihre Form, Festigkeit und viele physikalische Eigenschaften oder/und schützen sie vor Einflüssen der Umwelt. Beispiele sind das Collagen der Knochen und des Knorpels, das Myosin der Muskeln, das Keratin von Haaren, Federn, Hufen, Haut usw.
Schutzproteine	Schlangengifte und Pflanzengifte schützen ihre Besitzer vor Fressfeinden. Blutgerinnungsproteine schützen das Gefäßsystem, wenn es mechanisch verletzt wird. Antikörper und Peptidantibiotika schützen vor Infektionskrankheiten.
Enzyme	Enzyme sind Proteine, die chemische Reaktionen katalysieren, die in Lebewesen ablaufen.
Hormone	Manche Hormone (z. B. Insulin), die Vorgänge im Körper regulieren, sind Proteine.
Proteine mit anderen physiologischen Funktionen	Zu den weiteren physiologischen Funktionen, die von Proteinen erfüllt werden, dienen Transport- und Speicherprozesse (z. B. für Sauerstoff), die Muskelkontraktion sowie die Reizleitung in Nervenzellen.

Tabelle 21.1: Beispiele für die Funktionen von Proteinen in biologischen Systemen.

Proteine können als entweder faserförmig oder als globulär bezeichnet werden. **Faserförmige Proteine** weisen lange Polypeptidketten auf, die in fadenförmigen Bündeln angeordnet sind; diese Proteine sind nicht wasserlöslich. **Globuläre Proteine** haben oft annähernd kugelförmige Formen und die meisten sind wasserlöslich. Alle strukturellen Proteine sind faserförmige Proteine; die meisten Enzyme sind globuläre Proteine.

Die Nomenklatur der Aminosäuren 21.1

Die häufigsten natürlich vorkommenden Aminosäuren

Die Strukturen der 20 häufigsten in der Natur vorkommenden Aminosäuren und die Häufigkeit, mit der jede von ihnen in Proteinen aufzutreten neigt, sind in ► Tabelle 21.2 zusammengefasst. Andere Aminosäuren finden sich ebenfalls in der belebten Natur. Beachten Sie hierzu die folgenden Tatsachen:

- Aminosäuren unterscheiden sich nur in Bezug auf die **Seitenkette** (R) am α-Kohlenstoffatom. Die große chemische Variationsbreite dieser von Aminosäure zu Aminosäure unterschiedlichen Seitenkette oder Seitengruppe ist der Faktor, der die strukturelle und funktionelle Diversität der Peptide und Proteine bedingt.
- Alle Aminosäuren, außer Prolin, enthalten eine primäre Aminogruppe (NH_2).
- Prolin enthält eine sekundäre Aminogruppe, die Bestandteil eines fünfgliedrigen Ringes ist.

	Formel	Name	Abkürzung	Abkürzung II	Durchschnittliche relative Häufigkeit in Proteinen
Aminosäuren mit aliphatischen Seitenketten	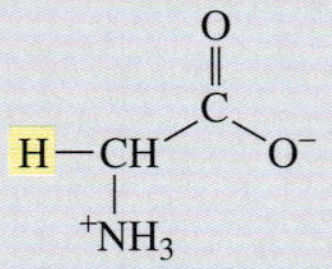	Glycin	Gly	G	7,5 %
	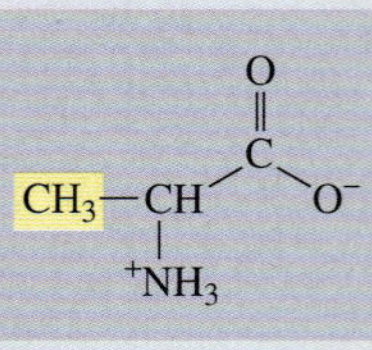	Alanin	Ala	A	9,0 %
	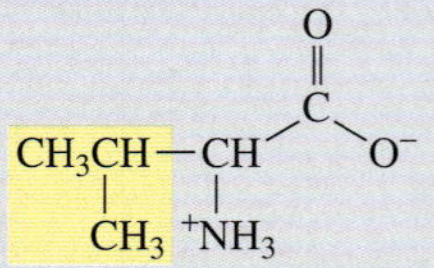	Valin*	Val	V	6,9 %
	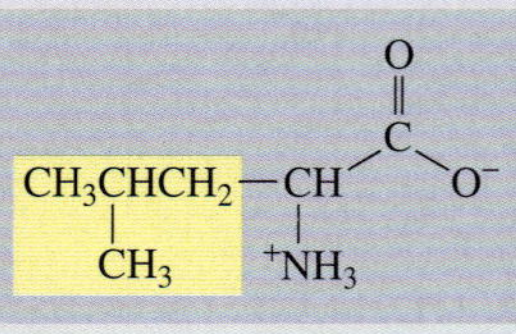	Leucin*	Leu	L	7,5 %
	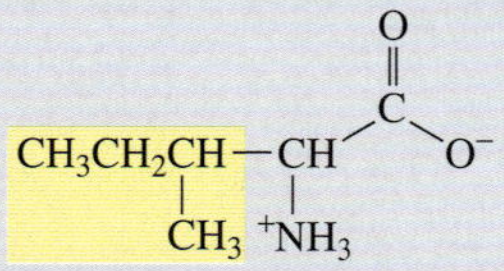	Isoleucin*	Ile	I	4,6 %
Aminosäuren mit Hydroxygruppen in der Seitenkette	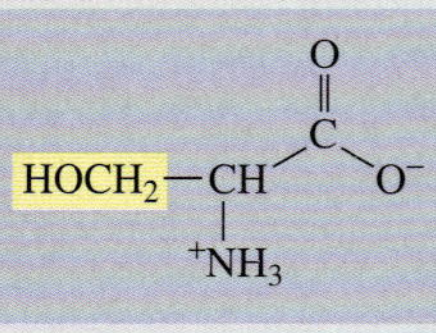	Serin	Ser	S	7,1 %
	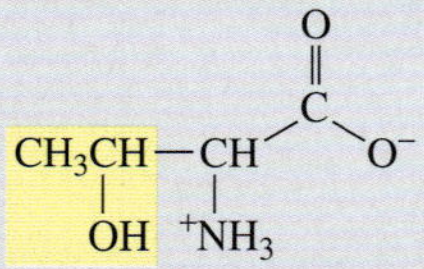	Threonin*	Thr	T	6,0 %
Schwefelhaltige Aminosäuren	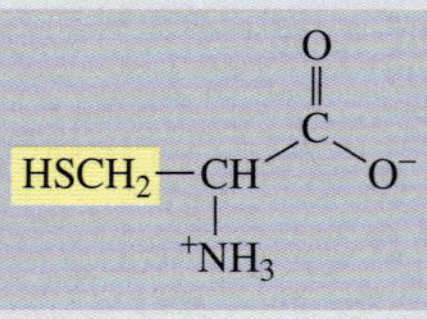	Cystein	Cys	C	2,8 %
	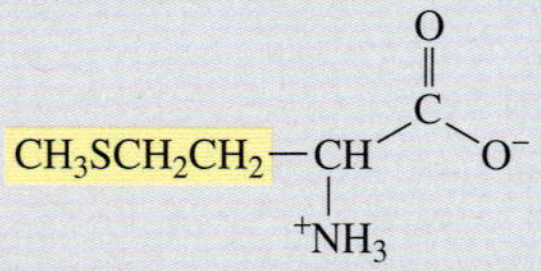	Methionin*	Met	M	1,7 %
„Saure" Aminosäuren	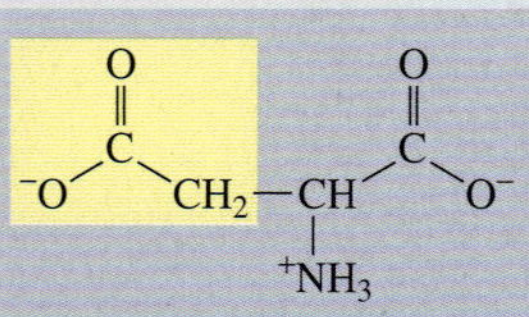	Asparaginsäure (Aspartat)	Asp	D	5,5 %

* Für den Menschen essenzielle Aminosäuren.

Tabelle 21.2: Die häufigsten in der Natur vorkommenden Aminosäuren. (Die Aminosäuren sind in der beim so genannten „physiologischen pH-Wert" von ca. 7,4 vorherrschenden Form abgebildet.)

	Formel	Name	Abkürzung	Abkürzung II	Durchschnittliche relative Häufigkeit in Proteinen
	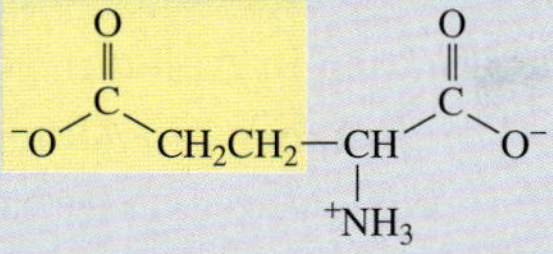	Glutaminsäure (Glutamat)	Glu	E	6,2 %
Säureamide	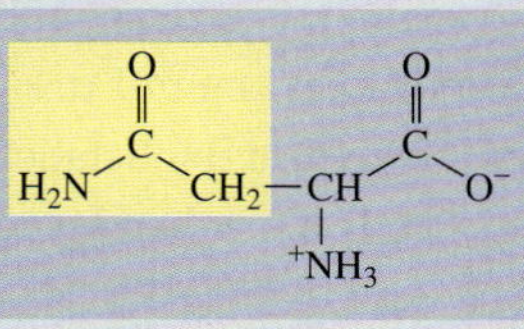	Asparagin	Asn	N	4,4 %
	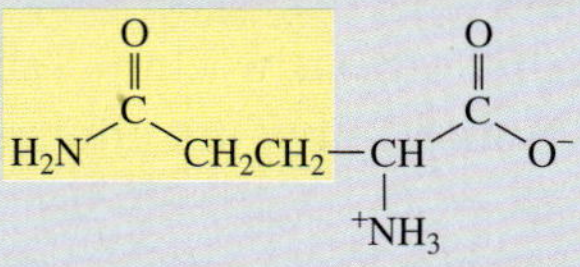	Glutamin	Gln	Q	3,9 %
„Basische" Aminosäuren	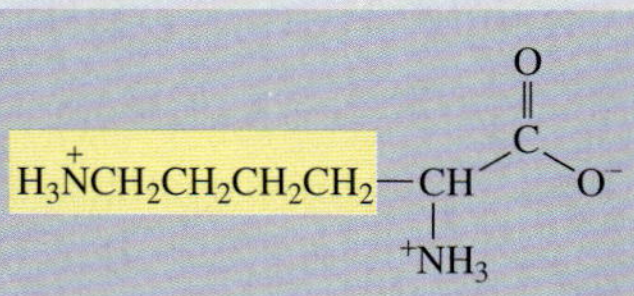	Lysin*	Lys	K	7,0 %
	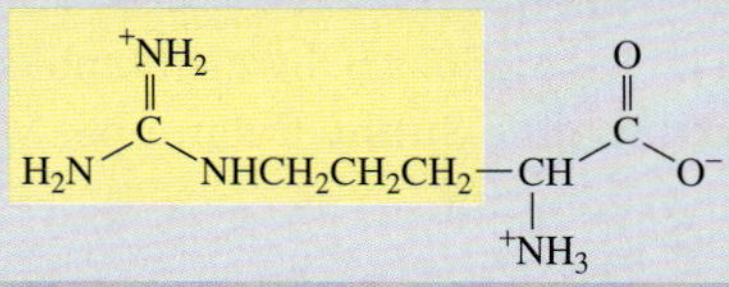	Arginin*	Arg	R	4,7 %
Aminosäuren mit Benzolringen	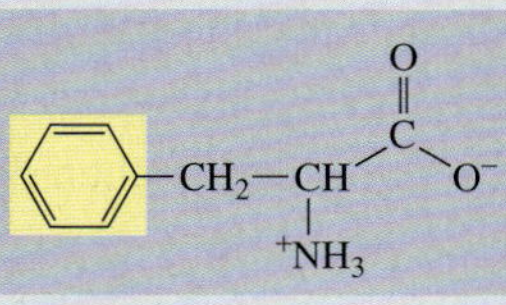	Phenylalanin*	Phe	F	3,5 %
	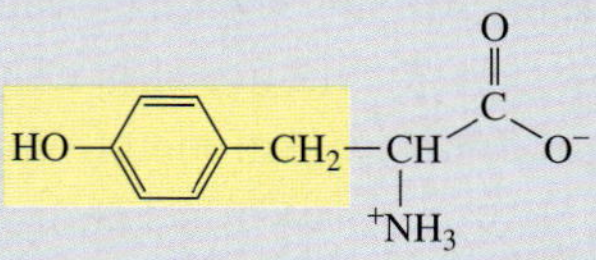	Tyrosin	Tyr	Y	3,5 %
Aminosäuren mit heterozyklischen Seitengruppen	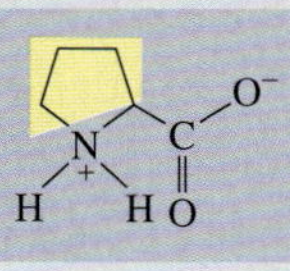	Prolin	Pro	P	4,6 %
	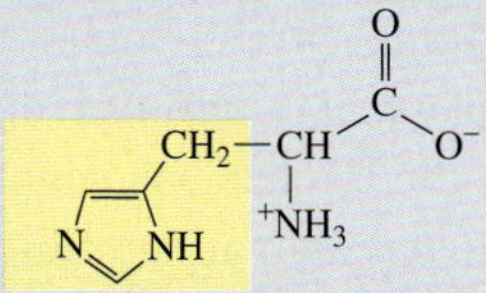	Histidin*	His	H	2,1 %
	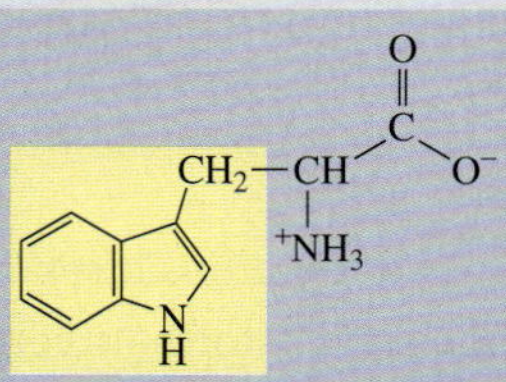	Tryptophan*	Trp	W	1,1 %

* Für den Menschen essenzielle Aminosäuren.

Tabelle 21.2: Die häufigsten in der Natur vorkommenden Aminosäuren (Fortsetzung).

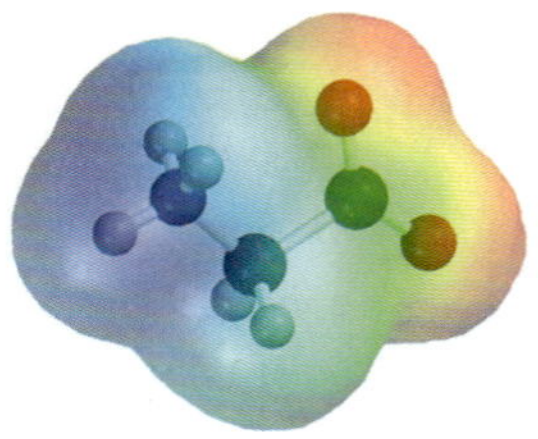

Glycin

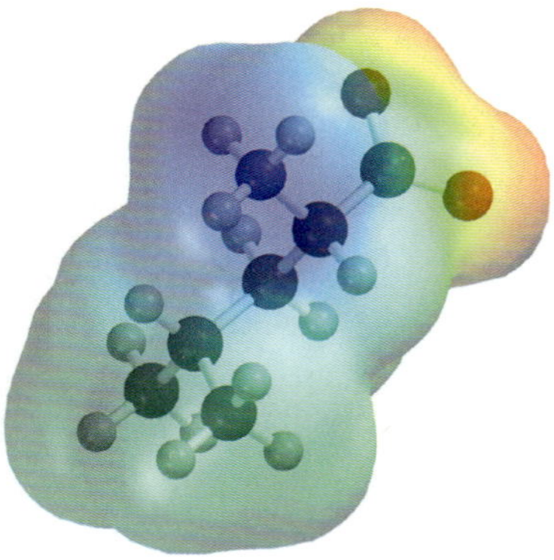

Leucin

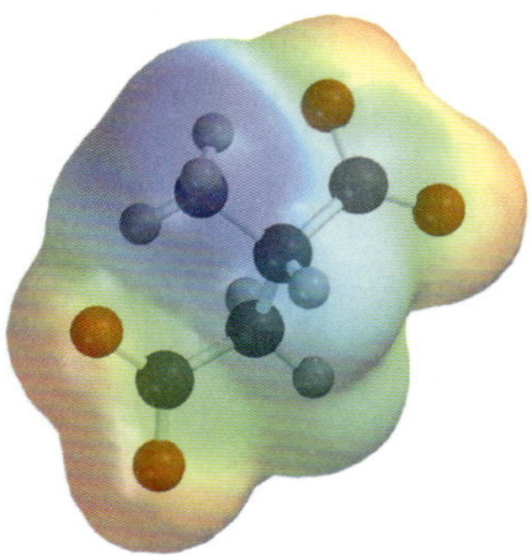

Aspartat

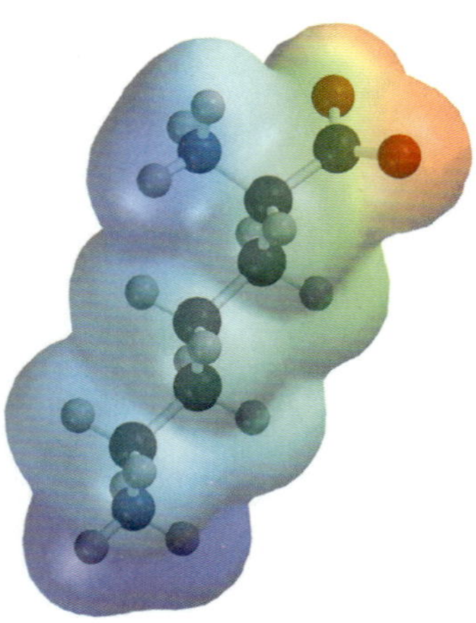

Lysin

Die proteinogenen Aminosäuren werden fast immer mit ihren Trivialnamen bezeichnet. In vielen Fällen verrät dieser Name etwas über die Aminosäure (so wie wir es bei den einfachen Carbonsäuren schon kennen gelernt haben): Das Glycin etwa hat seinen Namen aufgrund seines süßlichen Geschmacks (*glyco-*, gr. „süß"); Valin hat seinen Namen in Anlehung an die Valeriansäure enthalten, von der es sich ableitet (beide haben 5 C-Atome). Asparagin wurde zuerst im Spargel (*Asparagus officinalis*) entdeckt, Tyrosin in Käse (*tyros*, gr. „Käse").

Jede Aminosäure hat sowohl eine Abkürzung mit drei Buchstaben (in den meisten Fällen besteht diese aus den ersten drei Buchstaben des Trivialnamens) und eine Abkürzung, die nur aus einem Buchstaben besteht.

Aminosäuren mit aliphatischen Seitenketten

Die Einteilung der Aminosäuren in Gruppen, wie in ► Tabelle 21.2 geschehen, erleichtert das Lernen. Zu den Aminosäuren mit aliphatischen Seitenketten gehören Glycin (R = H), Alanin (R = CH_3), Valin (R = Isopropyl-), Leucin (R = Isobutyl-) und Isoleucin (R = *sek*-Butyl-).

Aminosäuren mit alkohol- und schwefelhaltigen Seitenketten

Zwei Aminosäuren – Serin und Threonin – besitzen alkoholische Seitenketten. Serin ist ein hydroxyliertes Derivat des Alanins. Threonin besitzt einen verzweigten Ethanolsubstituenten. Zwei andere Aminosäuren enthalten je ein Schwefelatom: Cystein ist das Schwefelhomolog des Serins; anstelle der OH-Funktion besitzt es eine Sulfhydrylgruppe. Methionin weist eine 2-(Methylthio)-ethylseitengruppe auf.

Proteinogene Aminosäuren und Amide proteinogener Aminosäuren

Zwei der proteinogenen Aminosäuren werden als saure Aminosäuren bezeichnet: Asparaginsäure und Glutaminsäure besitzen neben der Carboxylfunktion am α-Kohlenstoffatom eine weitere Carboxylgruppe in der Seitenkette. Asparaginsäure ist ein carboxyliertes Derivat des Alanins. Glutaminsäure ist gegenüber der Asparaginsäure in der Seitenkette um eine CH_2-Einheit verlängert. Oft werden die Namen der deprotonierten Anionen (Aspartat bzw. Glutamat) synonym mit den Namen der Säuren verwendet, da unter physiologischen Bedingungen ohnehin beide Formen in variablen Anteilen vorliegen. Zwei weitere Aminosäuren sind Säureamide, die sich von den vorgenannten sauren Aminosäuren ableiten. Asparagin ist das Seitenkettenamid der Asparaginsäure, Glutamin das Amid der Glutaminsäure (wieder ist die Carboxylfunktion der Seitenkette amidiert). Bei diesen Aminosäuren können die sich anbietenden Einbuchstabenabkürzungen, die den ersten Buchstaben des Namens benutzen, nicht zur Anwendung kommen, da die Buchstaben schon vergeben sind (für Alanin bzw. Glycin). An ihrer Stelle hat man andere Buchstaben willkürlich zugeordnet (Asparaginsäure = D; Glutaminsäure = E; Asparagin = N; Glutamin = Q; siehe auch ► Tabelle 21.2).

Basische Aminosäuren

Zwei Aminosäuren werden als basische Aminosäuren bezeichnet (Aminosäuren mit zwei basisch reagierenden stickstoffhaltigen Gruppen): Es sind dies Lysin und Arginin. Lysin besitzt eine ε-Aminogruppe am Ende ihrer Seitenkette, Arginin eine δ-Guanidinogruppe. Bei physiologischen pH-Werten wenig über 7 sind diese Gruppen protoniert. Die griechischen Buchstaben ε

und δ geben an, wie viele Kohlenstoffatome die jeweilige Aminosäure in ihrer Seitenkette trägt.

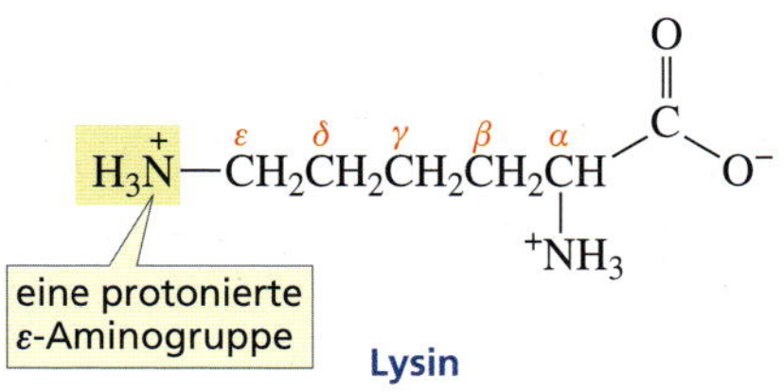

Lysin

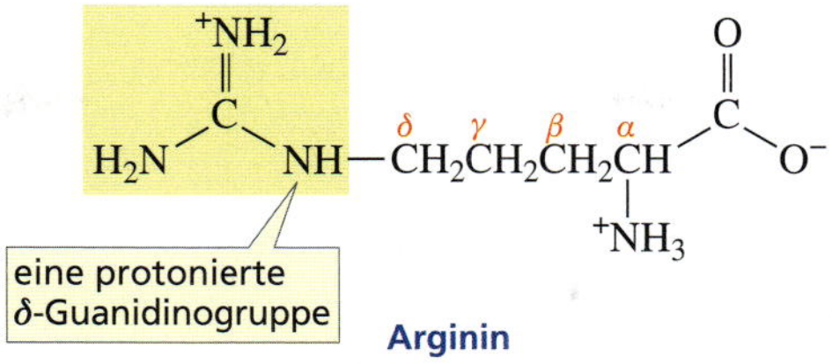

Arginin

Aminosäuren mit Benzolringen

Zwei Aminosäuren – Phenylalanin und Tyrosin – enthalten einen Benzolring. Wie der Name andeutet, ist das Phenylalanin das Phenylderivat des Alanins. Tyrosin ist *para*-Hydroxyphenylalanin.

Aminosäuren mit heterozyklischen Seitengruppen

Prolin, Histidin und Tryptophan sind Aminosäuren mit heterozyklischen Anteilen. Wir haben bereits bemerkt, dass das Prolin, dessen Stickstoffatom Bestandteil eines Fünfrings ist, die einzige Aminosäure ist, die eine sekundäre Aminogruppe aufweist. Histidin ist das Imidazolderivat des Alanins. Imidazol ist eine heterozyklische Verbindung mit aromatischem Charakter: Der Molekülring ist planar, jedes seiner Ringatome hat ein *p*-Orbital und es weist drei delokalisierte π-Elektronenpaare auf (Abschnitt 20.7).

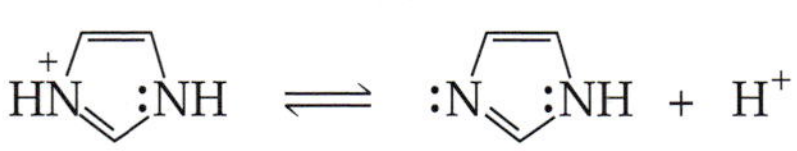

protoniertes Imidazol — Imidazol

Tryptophan ist ein Indolderivat des Alanins. Wie Imidazol ist auch Indol ein Aromat. Da das freie Elektronenpaar des Stickstoffatoms Teil des aromatischen π-Elektronensystems ist, ist das Indol eine sehr schwache Base (pK_S-Wert des protonierten Indols: −2,4). Unter physiologischen Bedingungen ist der Indolring des Tryptophans daher niemals protoniert.

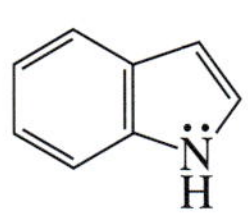

Indol

Essenzielle Aminosäuren

Zehn der zwanzig hier vorgestellten Aminosäuren sind *für den Menschen* **essenzielle Aminosäuren**. In ▶ Tabelle 21.2 ist dieser Umstand durch Sternchen (*) sichtbar gemacht. Der Mensch muss diese zehn essenziellen Aminosäuren mit der Nahrung zuführen, da er sie nicht selbst oder in nur unzureichender Menge synthetisieren kann. Die aromatische Aminosäure Phenylalanin muss mit der Nahrung aufgenommen werden, da der menschliche Körper nicht in der Lage ist, Benzolringe aufzubauen. Tyrosin muss nicht zwangsläufig in der Nahrung enthalten sein, weil diese Aminosäure aus dem Phenylalanin der Nahrung zugänglich ist (Abschnitt 24.8). Der Mensch vermag Arginin zu synthetisieren, doch bedarf er für das Wachstum größerer Mengen, als er selbst zu bilden imstande ist. Arginin ist daher für im Wachstum befindliche Kinder und Jugendliche eine essenzielle Aminosäure, für den Erwachsenen nicht mehr.

HINTERGRUND

■ **Proteine und Ernährung**

Protein (Eiweiß) ist ein wichtiger Bestandteil unserer Nahrung. Nahrungsproteine werden im Körper bis zur Stufe der freien Aminosäuren hydrolysiert (Verdauung). Einige der freigesetzten und im Dünndarm aufgenommenen Aminosäuren werden zur Synthese körpereigener Proteine verwendet, andere werden weiter abgebaut, um Energie für die Körperfunktionen zu gewinnen. Einige werden gar als Ausgangssubstanzen für die Synthese von Nichtproteinverbindungen des Körpers wie zum Beispiel das Schilddrüsenhormon Thyroxin (Abschnitt 18.3), das Nebennierenrindenhormon Adrenalin und das Melanin (Abschnitt 24.8) verwendet.

Vollständige Proteine (Fleisch, Fisch, Eier und Milch) enthalten alle zehn essenziellen Aminosäuren, die der Körper benötigt. Viele pflanzliche Proteine sind jedoch *„unvollständige"* Proteine: Sie enthalten zu wenig von der einen oder anderen essenziellen Aminosäure, sodass bei ausschließlicher Ernährung mit Proteinen aus solchen Quellen Mangelzustände eintreten können. Beispielsweise enthalten Bohnen und Erbsen wenig Methionin, Weizen enthält wenig Lysin, Mais wenig Lysin und Tryptophan und Reis wenig Lysin und Threonin. Eine ausgeglichene Ernährung muss daher Proteine aus unterschiedlichen Quellen enthalten.

Ü 1

(a) Erklären Sie, warum bei der Protonierung des Imidazolrings der Aminosäure Histidin die Aufnahme des Protons am doppelt gebundenen Stickstoffatom erfolgt.

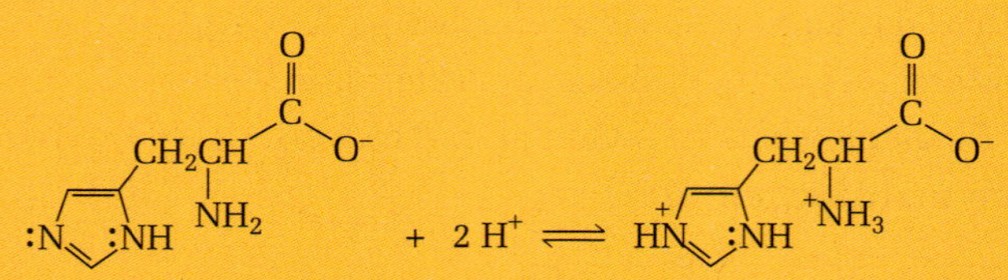

(b) Erklären Sie, warum bei der Protonierung des Arginins das doppelt gebundene Stickstoffatom der Guanidinogruppe das Proton aufnimmt.

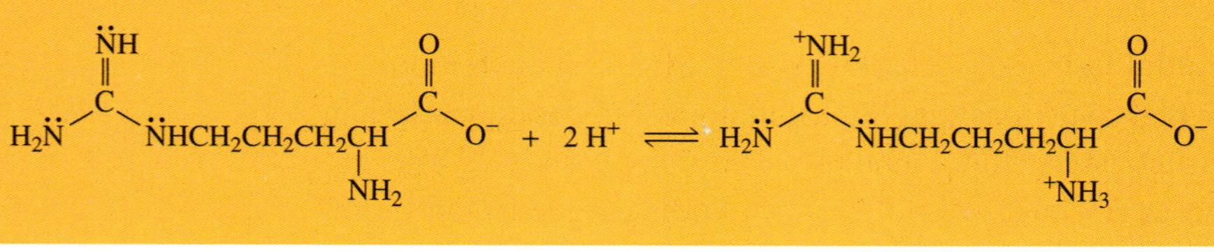

Konfiguration der Aminosäuren 21.2

Das α-Kohlenstoffatom aller natürlichen, proteinogenen Aminosäuren, außer dem des Glycins, wird chiral substituiert. Neunzehn der zwanzig Aminosäuren von ► Tabelle 21.2 bilden daher Enantiomere. Die uns von den Kohlenhydraten her bekannte D- und- L-Notation (Abschnitt 20.2) wird auch für Aminosäuren verwendet.

Bei einer **D-Aminosäure** steht in der Fischer-Projektion die Aminogruppe an der horizontalen Achse rechts, das Wasserstoffatom links. Bei einer **L-Aminosäure** ist es gerade umgekehrt: Die Aminogruppe steht links, das H-Atom rechts. Anders als bei den Monosacchariden, die in der Natur als D-Isomere vorkommen, sind die proteinogenen Aminosäuren alle vom L-Typ.

D-Aminosäurereste hat man in einigen Peptidantibiotika und in den Zellwänden von Bakterien gefunden, wo sie Teil eines komplizierten Makromolekülverbandes namens Proteoglycan sind. (In Abschnitt 23.5 werden Sie lernen, wie eine L-Aminosäure in eine D-Aminosäure umgewandelt werden kann.)

MERKE!

Natürlich vorkommende Monosaccharide besitzen D-Konfiguration.

Die meisten natürlich vorkommenden Aminosäuren besitzen L-Konfiguration.

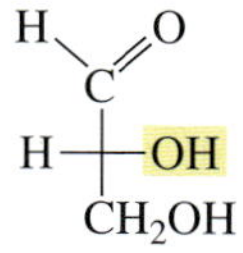

D-Glycerinaldehyd

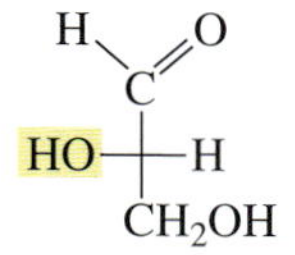

L-Glycerinaldehyd

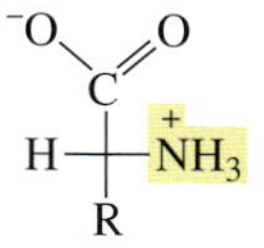

D-Aminosäure

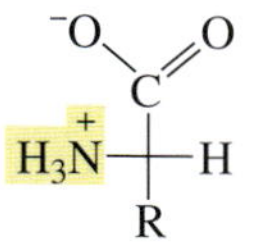

L-Aminosäure

Warum D-Zucker und L-Aminosäuren? Obwohl es vermutlich keinen (chemischen) Unterschied macht, welche Isomere bei der natürlichen Selektion erfolgreich waren, ist es wichtig, dass sich überhaupt einige Isomere durchgesetzt haben. Zum Beispiel können sich Proteine, die sowohl D- als auch L-Aminosäuren enthalten, nicht korrekt zusammenfalten und daher nicht als Katalysatoren eingesetzt werden (Abschnitt 21.15). Zudem ist es von Wichtigkeit, dass dasselbe Isomer von allen Organismen synthetisiert werden kann. Da Säugetiere zum Beispiel L-Aminosäuren aufweisen, müssen diese L-Aminosäuren die Isomere sein, die auch von den Organismen, aus denen sich diese Tiere ernähren, produziert werden.

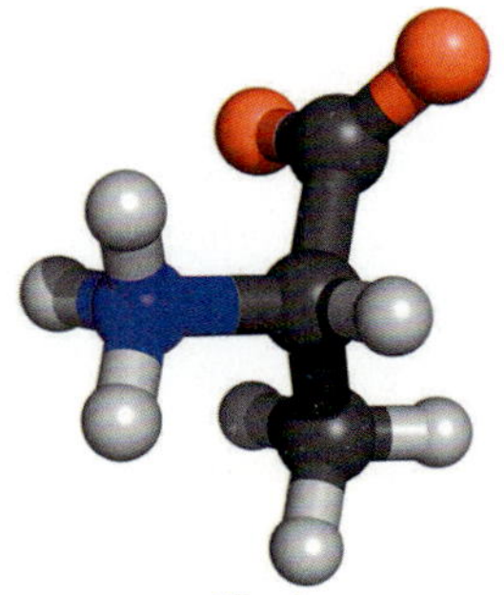

L-Alanin
eine Aminosäure

Ü 2*

(a) Bei welchem Isomer – (*R*)-Alanin oder (*S*)-Alanin – handelt es sich um das D-Alanin?

(b) Bei welchem Isomer – (*R*)-Asparaginsäure oder (*S*)-Asparaginsäure – handelt es sich um die D-Asparaginsäure?

(c) Lässt sich eine allgemeine Aussage bezüglich einer Beziehung zwischen *R*/*S*-Konfiguration und der D/L-Isomerie treffen?

HINTERGRUND

■ Aminosäuren und Krankheit

Das Volk der Chamorro auf der Insel Guam im Pazifik zeichnet sich durch eine hohe Fallhäufigkeit eines Krankheitsbildes aus, das der amyotrophen Lateralsklerose (ALS) mit gewissen Elementen der Parkinson-Krankheit und einer Demenz ähnelt. Dieses Krankheitsbild entwickelte sich im Verlauf des 2. Weltkrieges, als infolge Nahrungsmangels nach der Besetzung und militärischen Nutzung der Insel als Stützpunkt des US-Militärs die Ureinwohner große Mengen Samen der Pflanze *Cycas circinalis* („falscher Sago", eine tropische Palmfarnart mit stärkehaltigen Samenkörnern) konsumierten. Neben großen Mengen Stärke enthalten die Samen dieser Pflanze β-Methylamino-L-alanin – eine Aminosäure, die an Glutamatrezeptoren des Gehirns bindet.

Wenn man Affen β-Methylamino-L-alanin füttert, entwickeln diese Symptome des genannten Syndroms. Es besteht die Hoffnung, dass man durch die Untersuchung der genauen Wirkungsweise des β-Methylamino-L-alanins neurologische Krankheiten wie ALS und die Parkinson-Krankheit besser verstehen wird.

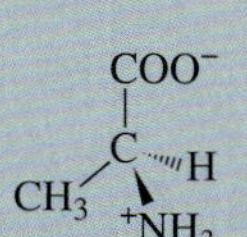

L-Alanin

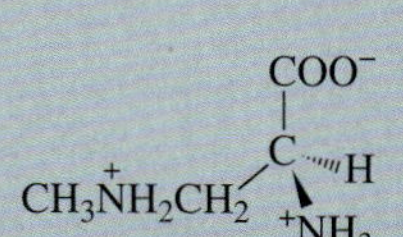

β-Methylamino-L-alanin

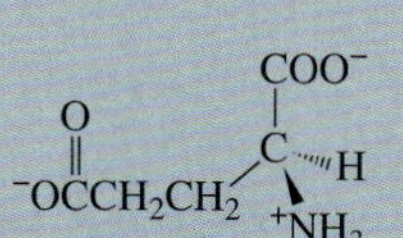

L-Glutamat

HINTERGRUND

Ein Peptidantibiotikum

Gramicidin S, ein von Bakterien produziertes Antibiotikum, ist ein zyklisches Dekapeptid. Beachten Sie, dass einer der Aminosäurebausteine des Gramicidins Ornithin ist. Ornithin findet sich nicht in der ▶ Tabelle 21.2, weil es keine Aminosäure ist, die am Aufbau von Proteinen beteiligt ist. Ornithin (2,5-Diaminovaleriansäure) ähnelt dem Lysin, doch besitzt es gegenüber diesem eine Methylengruppe weniger in seiner Seitenkette. Beachten Sie außerdem, dass das Antibiotikum zwei D-Aminosäuren enthält.

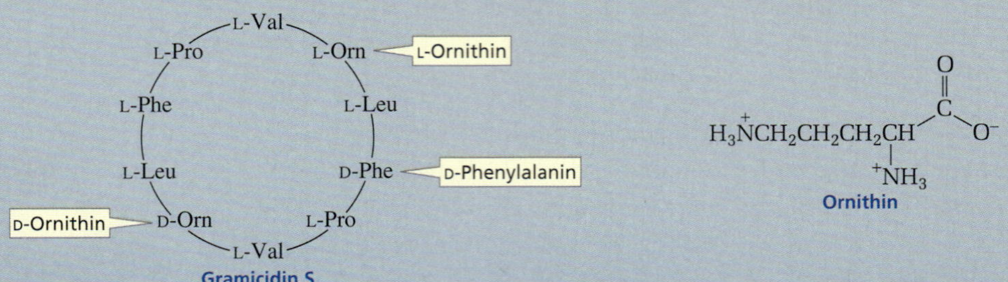

Gramicidin S

Ornithin

Ü 3 mit Lösung

Threonin – eine der proteinogenen Aminosäuren – besitzt zwei Chiralitätszentren, kann somit in vier stereoisomeren Formen vorkommen. Natürliches Threonin besteht nur aus (2*S*,3*R*)-Threonin (= L-Threonin). Welches der vier abgebildeten Stereoisomere ist L-Threonin?

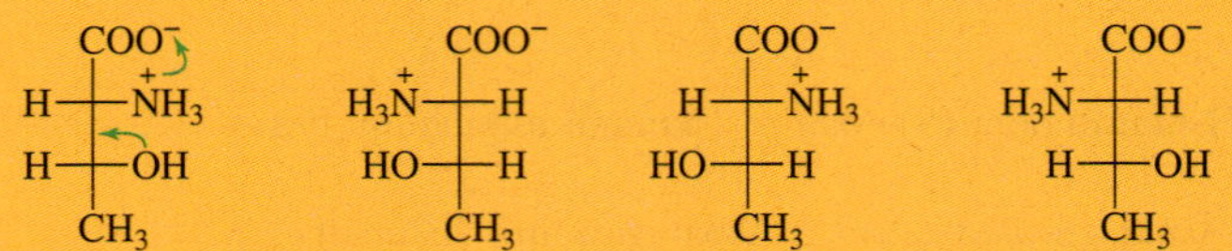

Lösung

Das Stereoisomer **A** besitzt sowohl an C-2 wie an C-3 *R*-Konfiguration, da in beiden Fällen der Pfeil von dem Substituenten höchster Priorität zum nachfolgenden Substitutenten zweithöchster Priorität in Gegenuhrzeigersinn weist. In beiden Fällen bedeutet *R*-Konfiguration, dass der Substituent mit der niedrigsten Priorität (H) sich an einer horizontal verlaufenden – also nach vorn zeigenden – Bindung in der Fischer-Projektion befindet (Abschnitt 4.7). Die Konfiguration (2*S*,3*R*) ist daher diejenige, die am C-2 der von **A** entgegengesetzt und am C-3 identisch mit der von **A** ist. L-Threonin ist daher das Isomer **D**. Beachten Sie, dass die $^+NH_3$-Gruppe sich links befindet, gerade so, wie wir es für L-Aminosäuren in der Fischer-Projektion erwarten würden.

Ü 4* Besitzen irgendwelche der anderen in ▶ Tabelle 21.2 aufgeführten Aminosäuren mehr als ein Chiralitätszentrum?

21.3 Säure-Base-Eigenschaften der Aminosäuren

Jede Aminosäure besitzt eine Carboxylgruppe und eine Aminogruppe, und jede dieser Gruppen kann protoniert (in der aziden Form) oder deprotoniert (in der basischen Form) vorliegen – abhängig vom pH-Wert der Lösung der betreffenden Aminosäure.

Wir haben gelernt, dass Verbindungen vorrangig in ihrer protonierten (aziden) Form vorliegen, wenn der pH-Wert der Lösung unterhalb des pK_S-Wertes der Verbindung liegt, und vorzugsweise in der deprotonierten (basischen) Form, wenn der pH-Wert der Lösung über dem pK_S-Wert der Verbindung liegt (Abschnitt 2.10).

Die Carboxylgruppen der Aminosäuren weisen pK_S-Werte im Bereich von 2 auf, die protonierten Aminogruppen solche im Bereich von 9 (siehe ► Tabelle 21.3). In sehr stark sauren Lösungen (pH ~ 0) liegen daher beide Gruppen protoniert vor. Bei pH = 7 ist der pH-Wert der Lösung deutlich oberhalb des pK_S-Wertes der Carboxylfunktionen von Aminosäuren, aber unterhalb der pK_S-Werte der Aminofunktionen. Die Carboxylgruppe ist bei diesem pH-Wert daher deprotoniert, die Aminogruppe liegt weiterhin protoniert vor. In stark basischer Lösung (pH ~ 12) liegen beide dissoziierbaren Gruppen unprotoniert vor.

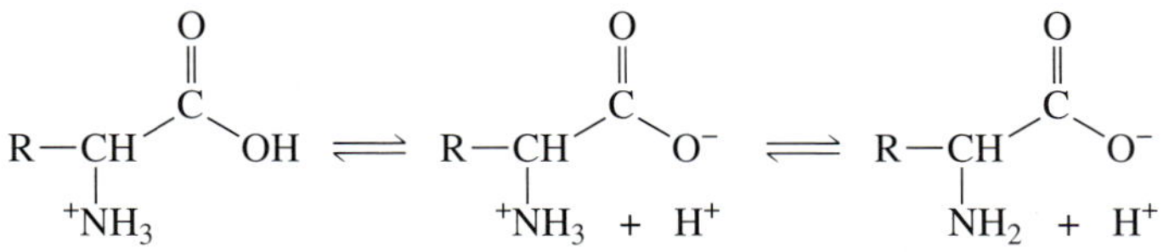

pH = 0 ein Zwitterion pH = 7 pH = 12

Aminosäure	pK_S α-COOH	pK_S α-$\overset{+}{N}H_3$	pK_S Seitenkette
Alanin	2,34	9,69	–
Arginin	2,17	9,04	12,48
Asparagin	2,02	8,84	–
Asparaginsäure	2,09	9,82	3,86
Cystein	1,92	10,46	8,35
Glutaminsäure	2,19	9,67	4,25
Glutamin	2,17	9,13	–
Glycin	2,34	9,60	–
Histidin	1,82	9,17	6,04
Isoleucin	2,36	9,68	–
Leucin	2,36	9,60	–
Lysin	2,18	8,95	10,79
Methionin	2,28	9,21	–
Phenylalanin	2,16	9,18	–
Prolin	1,99	10,60	–
Serin	2,21	9,15	–
Threonin	2,63	9,10	–
Tryptophan	2,38	9,39	–
Tyrosin	2,20	9,11	10,07
Valin	2,32	9,62	–

Tabelle 21.3: Die pK_S-Werte von Aminosäuren.

Beachten Sie, dass eine Aminosäure nie als ungeladenes Teilchen existiert – ungeachtet des pH-Wertes der Lösung. Um jede elektrische Ladung zu verlieren, müsste eine Aminosäure ein Proton von einer protonierten Aminogruppe mit einem pK_S-Wert um 9 abdissoziieren, bevor sie ein Proton von einer Carboxylgruppe mit einem pK_S-Wert um 2 abstoßen könnte. Dies ist, wie man leicht einsieht, unmöglich: Eine schwache Säure (p$K_S \approx 9$) kann nicht azider sein als eine starke Säure (p$K_S \approx 2$). Bei physiologischen pH-Werten um 7 liegt eine

MERKE!

Rufen Sie sich in Erinnerung, dass die protonierte Form dominiert, wenn der pH-Wert der Lösung kleiner ist als der pK_S-Wert der ionisierbaren Gruppe, und die basische Form dominiert, wenn der pH-Wert der Lösung größer ist als der pK_S-Wert der ionisierbaren Gruppe.

Rufen Sie sich die Henderson-Hasselbalch-Gleichung in Erinnerung (Abschnitt 2.10), die besagt, dass bei einem pH-Wert gleich dem pK_S-Wert der Lösung die Hälfte der Gruppe in basischer Form und die andere Hälfte in der protonierten Form vorliegt.

Aminosäure wie Alanin daher als doppelt geladenes Zwitterion vor (streng genommen gilt dies für Alanin und andere Aminosäuren mit 1 Carboxyl- und einer Aminogruppe nur am isoelektrischen Punkt). Ein **Zwitterion** ist eine Verbindung, die eine negative elektrische Ladung an einem ihrer Atome und eine positive an einem anderen ihrer Atome trägt.

Ü 5* Alanin hat die pK_S-Werte 2,34 und 9,69. Daher liegt Alanin vorwiegend als Zwitterion in einer wässrigen Lösung mit einem pH-Wert > ________ und einem pH-Wert < ________ vor.

Einige Aminosäuren besitzen Seitenketten mit dissoziierbaren H-Atomen (► Tabelle 21.3). Der protonierte Imidazolring in der Seitenkette des Histidins besitzt, wie bereits erwähnt, einen pK_S-Wert von 6,04. Das Histidin kann daher in vier unterschiedlichen Formen vorkommen. Die vorherrschende Form hängt vom pH-Wert der Lösung ab.

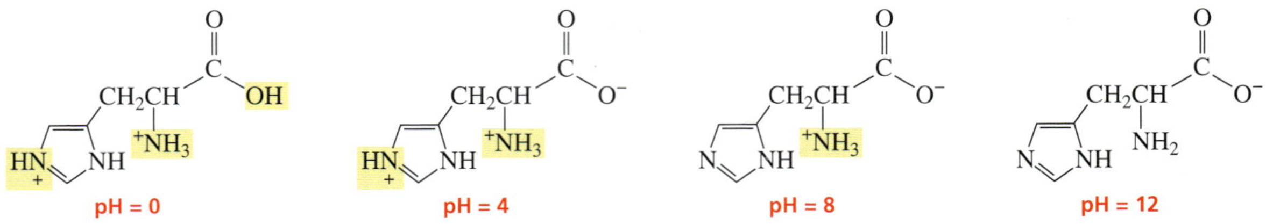

Histidin

Ü 6* Warum sind die Carboxylgruppen der Aminosäuren so viel stärkere Säuren (pK_S ~ 2) als die Carboxylfunktionen einfacher Carbonsäuren wie Essigsäure (pK_S = 4,76)?

Ü 7 mit Lösung

Zeichnen Sie die vorherrschende Molekülform der folgenden Aminosäuren bei einem physiologischem pH-Wert (7,4):

(a) Asparaginsäure **(c)** Glutamin **(e)** Arginin
(b) Histidin **(d)** Lysin **(f)** Tyrosin

Lösung zu 7 (a)

Beide Carboxylgruppen liegen deprotoniert vor, da der pH-Wert der Lösung höher ist als die pK_S-Werte der Gruppen. Die Aminogruppe ist protoniert, weil der pH-Wert der Lösung unterhalb des pK_S-Wertes dieser Gruppe liegt.

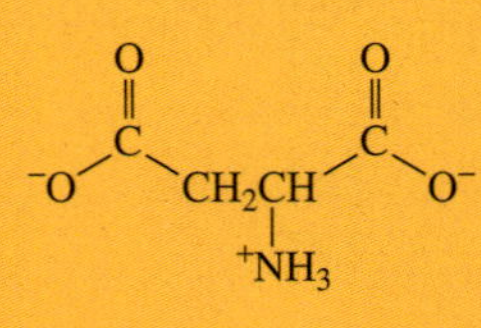

Ü 8* Zeichnen Sie die vorherrschende Molekülform von Glutamat in einer Lösung mit den folgenden pH-Werten:

(a) 0 **(b)** 3 **(c)** 6 **(d)** 11

Ü 9

(a) Warum ist der pK_S-Wert der Glutaminsäureseitenkette größer als der pK_S-Wert der Asparaginsäureseitenkette?

(b) Warum ist der pK_S-Wert der Argininseitenkette größer als der pK_S-Wert der Lysinseitenkette?

Der isoelektrische Punkt 21.4

Der **isoelektrische Punkt** (pI) einer Aminosäure ist derjenige pH-Wert, bei dem sie keine Nettoladung trägt, die Summe ihrer elektrischen Ladungen also Null ist. Es ist dies, anders formuliert, also der pH-Wert, bei dem die positive(n) Ladung(en) einer Aminosäure die negative(n) gerade ausgleicht (ausgleichen).

pI = pH-Wert, bei dem das Teilchen keine Nettoladung besitzt.

Bestimmung des pI-Wertes einer Aminosäure ohne einer ionisierbaren Seitenkette

Der pI-Wert einer Aminosäure *ohne eine ionisierbare Seitenkette* (z. B. Alanin) liegt in der Mitte zwischen den beiden pK_S-Werten der beiden vorhandenen dissoziierbaren Gruppen. Dies ist darauf zurückzuführen, dass bei pH = 2,34 die Hälfte der Moleküle eine negativ geladene Carboxylgruppe tragen und die andere Hälfte eine ungeladene. Bei pH = 9,69 weist die Hälfte der Moleküle eine positiv geladene Aminogruppe auf, die andere Hälfte nicht. Lässt man den pH-Wert von 2,34 aus ansteigen, so erlangen immer mehr Carboxylgruppen eine negative Ladung; lässt man den pH-Wert von 9,69 aus absinken, erlangen immer mehr Aminogruppen eine positive elektrische Ladung. Beim Mittelwert der beiden pK_S-Werte ist die Zahl der negativ geladenen Gruppen gerade gleich der Anzahl der positiv geladenen.

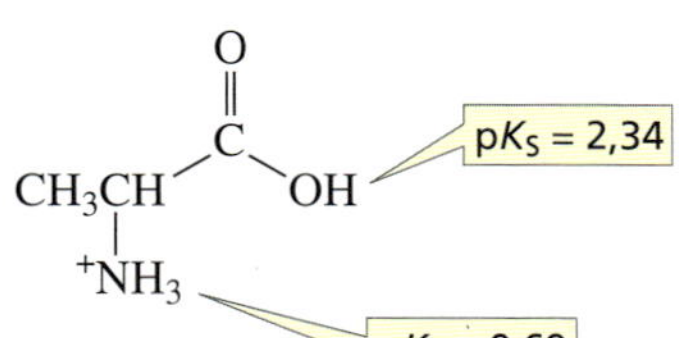

Alanin

$$pI = \frac{2{,}34 + 9{,}69}{2} = \frac{12{,}03}{2} = 6{,}02$$

Bestimmung des pI-Wertes einer Aminosäure mit einer ionisierbaren Seitenkette

Der pI-Wert der meisten Aminosäuren *mit einer ionisierbaren Seitenkette* (siehe Übung 12) ist der Mittelwert der pK_S-Werte ähnlich ionisierender Gruppen (positiv geladene zu ungeladenen, oder ungeladene zu negativ geladenen). So ist etwa der pI-Wert des Lysins der Mittelwert der pK_S-Werte der beiden Gruppen, die unter sauren Bedingungen positiv geladen und unter basischen ungeladen sind. Der pI-Wert der Glutaminsäure ist der Mittelwert der pK_S-Werte der beiden Gruppen, die unter sauren Bedingungen ungeladen und unter basischen negativ geladen sind.

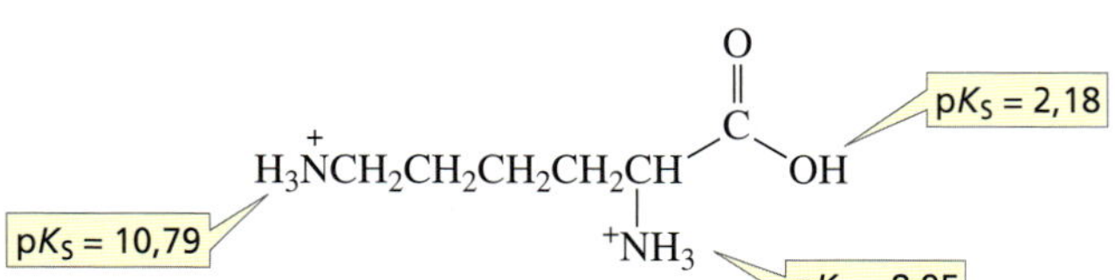

Lysin

$$pI = \frac{8{,}95 + 10{,}79}{2} = \frac{19{,}74}{2} = 9{,}87$$

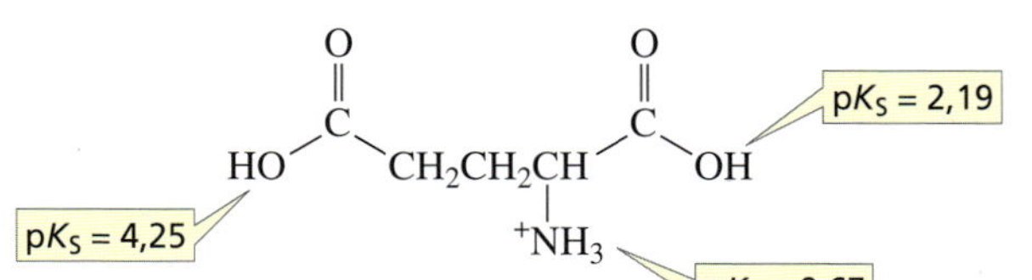

Glutaminsäure

$$pI = \frac{2{,}19 + 4{,}25}{2} = \frac{6{,}44}{2} = 3{,}22$$

Ü 10* Berechnen Sie die pI-Werte der folgenden Aminosäuren:
(a) Asparagin **(b)** Arginin **(c)** Serin **(d)** Asparaginsäure

Ü 11*
(a) Welche Aminosäure besitzt den niedrigsten pI-Wert?
(b) Welche Aminosäure besitzt den höchsten pI-Wert?
(c) Welche Aminosäure besitzt bei pH = 6,20 die größte Menge an negativer elektrischer Ladung?
(d) Welche Aminosäure besitzt bei pH = 6,20 die größere Menge an negativer Ladung: Glycin oder Methionin?

Ü 12 Erklären Sie, warum die pI-Werte von Tyrosin und Cystein nicht durch die vorgenannte Methode ermittelt werden können.

Ü 13*
(a) Zu welchem Prozentsatz liegt die α-Aminogruppe von Lysin bei ihrem pI-Wert protoniert vor?
<25% 50% >75%
(b) Beantworten Sie die selbe Frage für die ε-Aminogruppe von Lysin.

Ü 14 Erklären Sie, warum der pI-Wert von Lysin gleich dem Mittelwert der pK_S-Werte der beiden protonierten Aminogruppen dieser Verbindung ist.

Trennung von Aminosäuren 21.5

Ein Gemisch aus verschiedenen Aminosäuren kann mit unterschiedlichen Techniken aufgetrennt werden. Elektrophorese und Ionenaustauschchromatographie sind zwei solcher Techniken.

MERKE!

Eine Aminosäure hat eine positive Nettoladung, wenn der pH-Wert der Lösung geringer ist als der pI-Wert der Aminosäure, und sie hat eine negative Nettoladung, wenn der pH-Wert der Lösung höher ist als der pI-Wert der Aminosäure.

Elektrophorese

Das Verfahren der **Elektrophorese** trennt Aminosäuren *auf der Grundlage ihrer unterschiedlichen pI-Werte* voneinander. Einige Tropfen einer Lösung eines Aminosäuregemisches werden in die Mitte eines Stücks Filterpapier oder eines Gels getropft. Wenn das Filterpapier oder das Gel in eine Pufferlösung gelegt wird, an die über zwei Elektroden an gegenüberliegenden Seiten eine elektrische Spannung angelegt wird (► Abbildung 21.1), wird eine Aminosäure, deren pI über dem pH-Wert der Lösung liegt, wie beispielsweise Arginin eine *positive Nettoladung* tragen und zum *negativen Spannungspol (Kathode)* wandern.

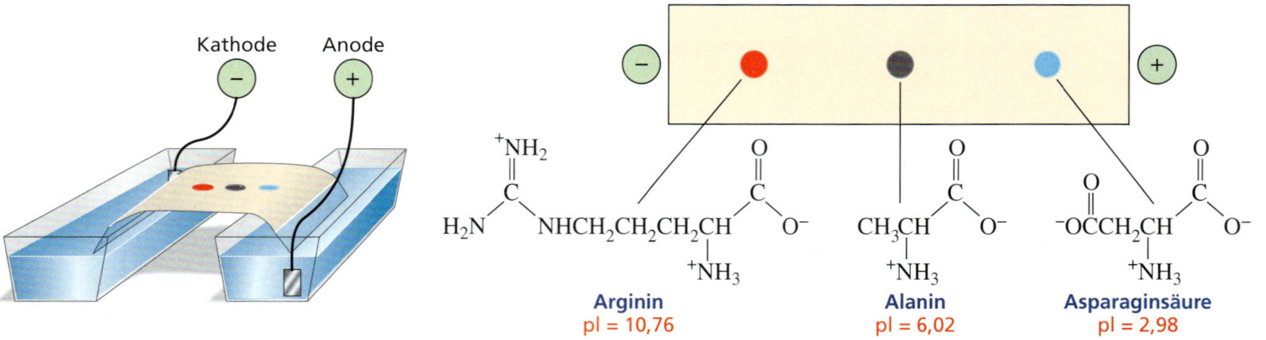

Abbildung 21.1: Elektrophoretische Trennung von Arginin, Alanin und Asparaginsäure bei pH = 5.

Je weiter der pI-Wert der Aminosäure vom pH-Wert des verwendeten Puffers entfernt ist, desto mehr positive Ladungen befinden sich an den Aminosäuremolekülen und desto weiter in Richtung Kathode werden die Moleküle in einer bestimmten Zeit wandern. Eine Aminosäure, deren pI-Wert unter dem pH-Wert des Puffers liegt (zum Beispiel Asparaginsäure), weist eine negative Nettoladung auf und wandert zum entgegengesetzten Spannungspol, der Anode. Falls zwei Moleküle die gleiche Nettoladung aufweisen, wandert das größere von beiden langsamer durch das Elektrophoresemedium, da der gleiche Ladungsbetrag eine größere Masse zu beschleunigen hat.

Die Bildung eines farbigen Produkts

Wie lassen sich die Aminosäuren nun in Anbetracht der Tatsache, dass sie farblos sind und farblose Lösungen ergeben, nachweisen? Nach der elektro-phoretischen Trennung der Aminosäuren besprüht man das Filterpapier mit einer Ninhydrinlösung und trocknet das so behandelte Filterpapier in einem Ofen. Die meisten Aminosäuren ergeben mit Ninhydrin ein purpurfarbenes Reaktionsprodukt. Die Anzahl der verschiedenen Aminosäuren in dem untersuchten Gemisch ergibt sich aus der Anzahl farbiger Flecken auf dem Filterpapier. Die einzelnen Aminosäuren lassen sich auf dem Filterpapier anhand eines Vergleichs mit einem Standard ermitteln.

Der Mechanismus der beschriebenen Ninhydrinfärbung unter Bildung farbiger Reaktionsprodukte ist nachfolgend dargelegt. Dabei sind die Schritte der Dehydratisierung, der Iminbildung und der Iminhydrolyse weggelassen worden. (Die Mechanismen dieser Reaktionen sind in den Abschnitten 16.8 und 16.9 beschrieben.)

Schritte bei der Umsetzung einer Aminosäure mit Ninhydrin unter Bildung eines farbigen Produkts

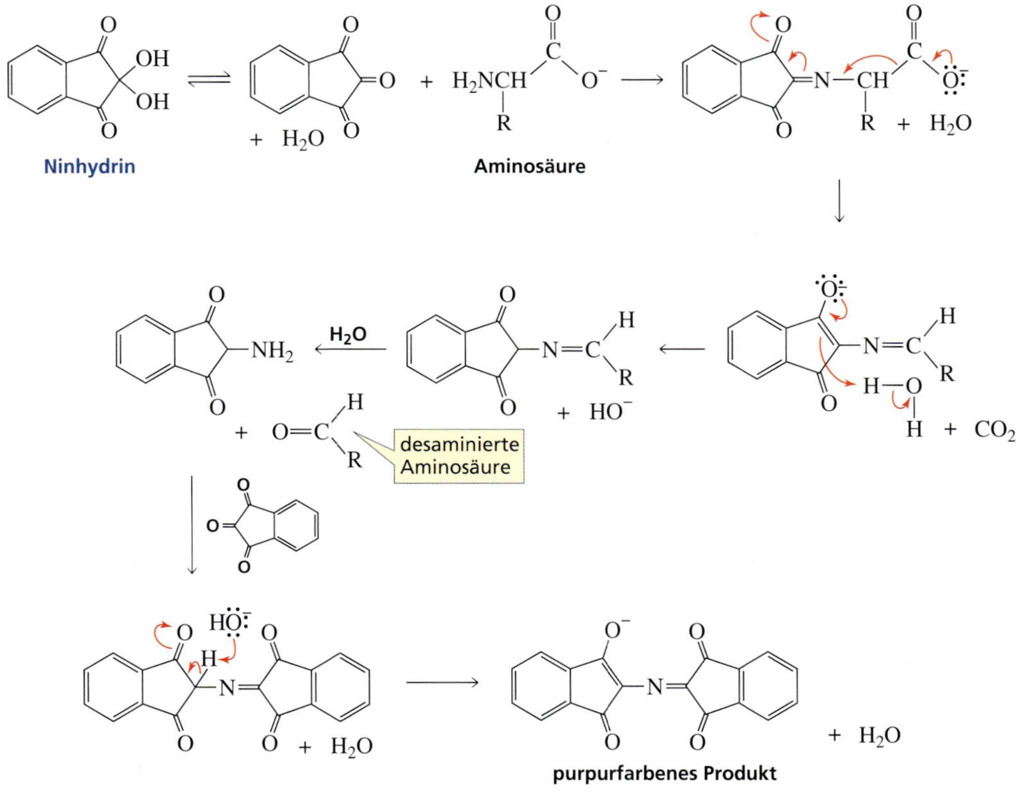

Wenn man Papier mit einer Ninhydrinlösung einsprüht, werden verborgene Fingerabdrücke sichtbar. Denn durch das Ninhydrin werden die von den Fingern zurückgelassenen Aminosäurereste eingefärbt.

- Die Abspaltung eines Wassermoleküls von dem Hydrat bildet ein Keton, das mit der Aminogruppe der Aminosäure reagiert und daraus ein Imin bildet.
- Eine Decarboxylierung findet statt, da die überbleibenden Elektronen zu einem Sauerstoffatom hin delokalisiert werden können.
- Durch die Tautomerisierung des Imins gefolgt von einer Hydrolyse entsteht eine desaminierte Aminosäure und ein Ninhydrinamin.
- Aus der Reaktion dieses Amins mit einem anderen Molekül des deshydrierten Ninhydrins bildet sich ein Imin. Durch die Abspaltung eines Protons von dem α-Kohlenstoffatom bildet sich ein hochkunjugiertes (farbiges) Produkt (Abschnitt 13.22).

Ü 15* Welches Aldehyd bildet sich, wenn man Valin mit Ninhydrin reagieren lässt?

Papier- und Dünnschichtchromatographie

Die **Papierchromatographie** hat einst eine bedeutende Rolle in der biochemischen Analytik gespielt, da sie die Auftrennung von Aminosäuren mit sehr einfachen Mitteln erlaubte. Teure Geräte waren hier nicht vonnöten. Obwohl heute in aller Regel moderne Methoden zur Anwendung kommen, werden wir die der Papierchromatographie zugrundeliegenden Prinzipien an dieser Stelle erläutern, weil viele dieser physikalischen Prinzipien auch den instrumentellen Trenntechniken der jüngeren Zeit zugrundeliegen.

Bei der Papierchromatographie werden die Aminosäuren *aufgrund ihrer unterschiedlichen Polaritäten* aufgetrennt. Einige Tropfen einer Lösung eines Aminosäuregemisches werden auf den unteren Rand eines Filterpapiers gegeben. Das Endstück des Papiers – und nur dieses – wird nach dem Trocknen der aufgebrachten Probe in einen Behälter gestellt, der mit einem Lösungsmittelgemisch soweit gefüllt ist, dass das Filterpapier etwas darin eintaucht. Das Lösungsmittel kriecht durch den Kapillareffekt das Papier hinauf. Dabei werden die aufgebrachten Aminosäuren mitgeschleppt. In Abhängigkeit von der Polarität ihrer Moleküle besitzen die Aminosäuren unterschiedliche Affinitäten für die *mobile Phase* (das Lösungsmittel) im Verhältnis zur *stationären Phase* (dem Filterpapier) und wandern demgemäß in dem Papier unterschiedlich weit.

Je polarer die Aminosäure, desto stärker wird sie von den relativ polaren Molekülen des Papiers adsorbiert. Je weniger polar die Aminosäure, desto weiter wandert sie mit dem Lösungsmittelstrom durch das Papier. Wenn das Papier nach Beendigung der Trennung mit Ninhydrin „entwickelt" wird, repräsentiert der Farbfleck, der dem Auftragspunkt des Gemisches am nächsten ist, die am stärksten polare Aminosäuresorte und der am weitesten vom Auftragungsort entfernte die am wenigsten polare (▶ Abbildung 21.2).

MERKE!

Weniger polare Aminosäuren wandern rascher das Papier hinauf.

- Die am stärksten polaren Aminosäuren sind die mit geladenen Seitenketten.
- Es folgen die, die Seitenketten besitzen, welche Wasserstoffbrückenbindungen ausbilden können.
- Die am wenigsten polaren sind diejenigen, die Kohlenwasserstoffseitenketten besitzen.

- Für Aminosäuren mit Kohlenwasserstoffseitenketten gilt: Je größer die Alkylgruppe, desto geringer die Polarität der Aminosäuremoleküle. Leucin [R = —$CH_2CH(CH_3)_2$] ist mithin weniger polar als Valin [R = —$CH(CH_3)_2$].

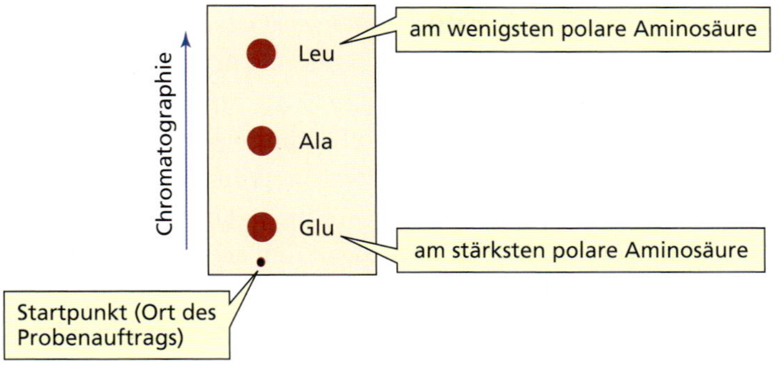

Abbildung 21.2: Trennung von Glutaminsäure, Alanin und Leucin durch Papierchromatographie.

Die Papierchromatographie ist weitgehend durch die **Dünnschichtchromatographie** (TLC, *Thin Layer Chromatography*) verdrängt worden, die sich von der Papierchromatographie dadurch unterscheidet, dass anstelle eines – mechanisch wenig stabilen – Blattes Filterpapier eine Glasscheibe mit einer aufgebrachten porösen Schicht als stationäre Phase zum Einsatz kommt. Die Glasscheibe dient dabei nur als fester Untergrund, die Trennung erfolgt in dem dünn auf der Scheibe ausgestrichenen Material. Die physikalischen Moleküleigenschaften, auf denen die Trennung beruht, hängen von dem gewählten Trägermaterial, mit dem der Untergrund beschichtet wird, sowie von dem als mobile Phase eingesetzten Lösungsmittel ab.

Wir haben gelernt, dass die Chromatographie Aminosäuren aufgrund deren Polarität voneinander trennt und dass Elektrophorese diese Aufgrund deren Ladung voneinander trennt. Diese beiden Techniken können auf ein und dem selben Stück Filterpapier durchgeführt werden. Diese Technik resultiert in einer zweidimensionalen Trennung der Aminosäuren und wird als **Fingerabdruckerzeugung** bezeichnet. Denn die Aminosäuren werden hier sowohl anhand deren Polarität als auch anhand deren Ladung voneinander getrennt.

Ü 16* Ein Gemisch aus sieben Aminosäuren (Glycin, Glutaminsäure, Leucin, Lysin, Alanin, Isoleucin und Asparaginsäure) wird durch Dünnschichtchromatographie aufgetrennt. Erklären Sie, warum nur sechs Flecke sichtbar werden, wenn die Chromatographieplatte mit Ninhydrin besprüht und in der Hitze getrocknet wird.

Ionenaustauschchromatographie

Wir betrachten nun eine Technik, die man als **Ionenaustauschchromatographie** bezeichnet. Durch diese Vorgehensweise werden Aminosäuren anhand deren *Nettoladung* voneinander getrennt und die relative Menge jeder in der Mischung anwesenden Aminosäure kann so bestimmt werden. Bei dieser Technik verwendet man eine Chromatographiesäule, die mit einem unlöslichen Material – meist einem Harz – befüllt ist. Ein als Lösung vorliegendes Aminosäuregemisch wird auf die Oberseite des Säulenmaterials gegeben, und eine Abfolge von Pufferlösungen mit zunehmendem pH-Wert wird über die Säule gegossen. Die Aminosäuren trennen sich auf, weil sie mit unterschiedlichen Geschwindigkeiten durch das Säulenmaterial (die stationäre Phase) wandern.

Das für diese Trennung eingesetzte Harz ist ein chemisch inertes Material mit elektrisch geladenen Seitenketten. Die Struktur eines vielfach eingesetzten Harzes ist in ▶ Abbildung 21.3 ausschnittsweise wiedergegeben.

Falls ein Gemisch von Lysin und Glutaminsäure in einer Lösung von pH = 6 auf die Säule geladen würde, würden die Glutaminsäuremoleküle rascher durch das Säulenmaterial wandern, weil sich die negativen Ladungen der Aminosäureseitenketten und die der Sulfonsäuregruppen des Harzes abstoßen. Die positiv geladenen Seitenketten der Lysinmoleküle würden andererseits von dem negativ geladenen Harz angezogen und so in ihrer Wanderung beeinträchtigt.

Diese spezielle Art von Harz wird als **Kationenaustauscher** bezeichnet, weil es die Na^+-Gegenionen der Sulfonsäuregruppen (SO_3^-) gegen die positiven Ionen der durch das Material wandernde Probe vertauscht. Darüberhinaus führt das ansonsten unpolare Säulenmaterial dazu, dass unpolare Aminosäuren länger zurückgehalten werden als polare.

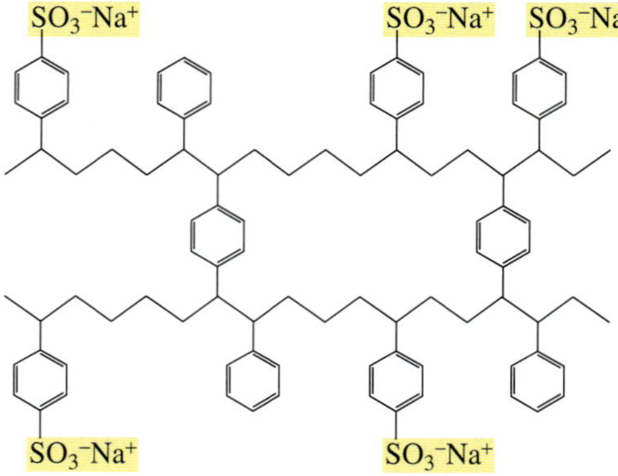

Abbildung 21.3: Ausschnitt aus der Molekülstruktur eines Kationenaustauscherharzes. Dieses spezielle Harz heißt Dowex-50.

MERKE!

Kationen binden am stärksten an Kationenaustauscher.

Anionen binden am stärksten an Anionenaustauscher.

Harze mit positiv geladenen Gruppen werden als **Anionenaustauscher** bezeichnet, weil sie den Durchfluss von Anionen behindern, indem sie diese gegen die ebenfalls negativ geladenen, aber kleineren und damit mobileren Gegenionen austauschen. Ein gebräuchliches Anionenaustauscherharz ist Dowex-1, welches $CH_2N^+(CH_3)_3$-Cl-Gruppen anstatt der $SO_3^-Na^+$-Gruppen, die in ▶ Abbildung 21.3. zu sehen sind, aufweist.

Ein Aminosäureanalysator

Ein **Aminosäureanalysator** ist ein teures Gerät, das eine automatisierte Ionenaustauschchromatographie einsetzt. Wenn eine Lösung eines Aminosäuregemisches durch die Trennsäule eines Aminosäureanalysators mit einem Kationenaustauscher läuft, wandern die Aminosäuren wie gehabt mit unterschiedlichen Geschwindigkeiten, die von ihren Nettoladungen abhängen. Die durch die Säule rinnende Flüssigkeit – das Eluat – wird in kleinen Portionen – den Fraktionen – aufgefangen. Bei ausreichender Anpassung der Fraktionsgröße lassen sich so die einzelnen Aminosäuren Fraktion für Fraktion gewinnen (▶ Abbildung 21.4).

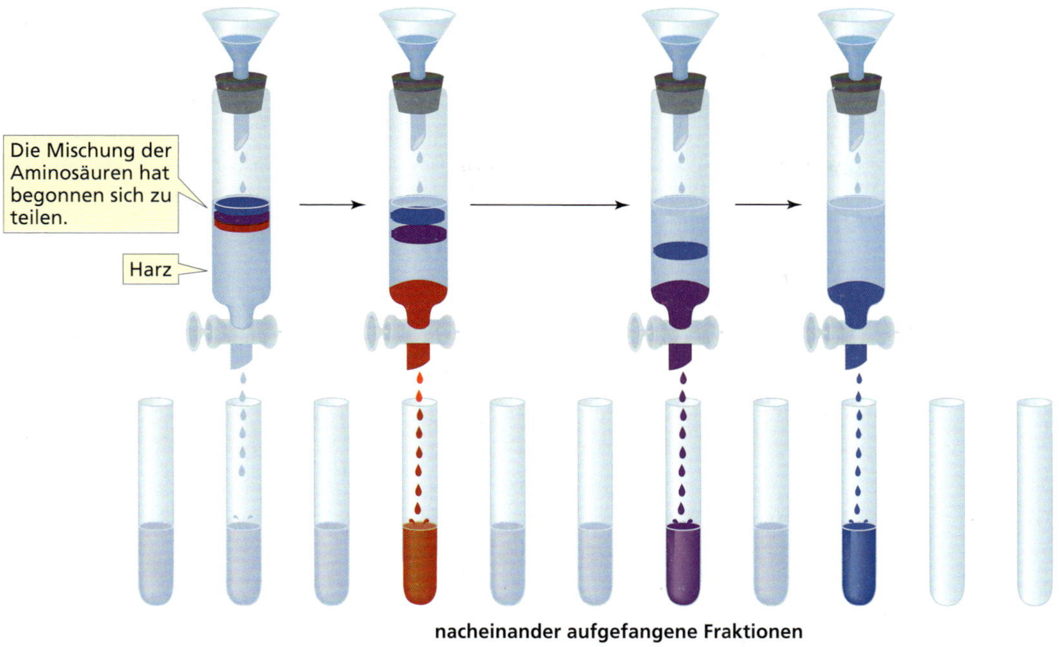

Abbildung 21.4: Trennung von Aminosäuren durch Ionenaustauschchromatographie.

Falls jeder der Fraktionen eine bekannte Menge Ninhydrin zugesetzt wird, lässt sich die Menge der aufgefangenen Aminosäure photometrisch durch Messung der Lichtabsorption bei 570 nm messen, da das farbige Reaktionsprodukt von Ninhydrin mit Aminosäuren bei 570 nm gerade sein Absorptionsmaximum λ_{max} hat (Abschnitt 13.20). Diese Information in Kombination mit der Durchflussgeschwindigkeit jeder Fraktion durch die Säule erlaubt die Identifizierung und die mengenmäßige Erfassung jeder Aminosäure in dem untersuchten Substanzgemisch (▶ Abbildung 21.5).

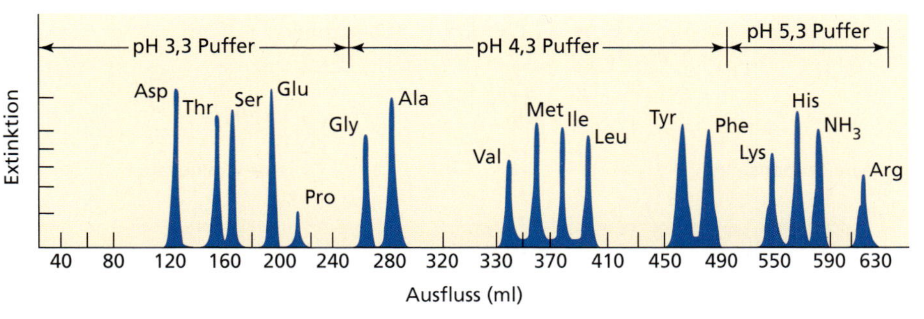

Abbildung 21.5: Ein typisches Chromatogramm, wie man es durch Auftrennung eines Aminosäuregemisches mit einem automatisierten Aminosäureanalysator erhält.

HINTERGRUND

■ Wasserenthärter: Ein Beispiel für Kationenaustauschchromatographie

Wasserenthärtungssysteme enthalten eine Säule, die mit einem Kationenaustauscher befüllt ist, der vor dem Einsatz mit einer konzentrierten Kochsalzlösung gespült worden ist. Wenn hartes Wasser (Wasser mit hohen Konzentrationen gelöster Calcium- und Magnesiumionen; Abschnitt 25.3) durch die Säule läuft, bindet das Austauscherharz die Ca^{2+}- und die Mg^{2+}-Ionen, und es tut dies fester, als es die vorher vorhandenen Na^{+}-Ionen bindet. Das Säulenmaterial entzieht auf diese Weise dem Wasser die Calcium- und Magnesiumionen und gibt dafür Natriumionen an das Wasser ab. Das Harz muss von Zeit zu Zeit ersetzt und mit Kochsalzlösung regeneriert werden, da irgendwann natürlich die Bindungskapazität für die Erdalkaliionen erschöpft und alle Natriumionen freigesetzt sind.

Ü 17 Warum werden Puffer zunehmend höheren pH-Wertes zur Elution der Chromatographiesäule von ► Abbildung 21.5 eingesetzt? (Elution bedeutet Herauswaschung des Trenngutes.)

Ü 18 Erklären Sie die unten angegebenen Reihenfolgen der Elution mit einem Puffer von pH = 4 von Aminosäuren, die auf einer Dowex-50-Säule getrennt worden sind (► Abbildung 21.3):

(a) Asparaginsäure vor Serin
(b) Serin vor Alanin
(c) Valin vor Leucin
(d) Tyrosin vor Phenylalanin

Ü 19* Geben Sie die Reihenfolge an, in der die folgenden Aminosäuren mit einem Puffer von pH = 4 aus einer mit dem Anionenaustauscher Dowex-1 befüllten Chromatographiesäule eluiert werden würden: Histidin, Serin, Asparaginsäure, Valin.

Synthese von Aminosäuren 21.6

Chemiker*innen sind heutzutage bei der Synthese von Aminosäuren nicht mehr auf die Natur angewiesen. Sie vermögen Aminosäuren im Labor zu synthetisieren, und das mit einer ganzen Auswahl an Methoden.

HVZ-Reaktion, gefolgt von einer Reaktion mit Ammoniak

Eine der ältesten Methode beruht auf dem Austausch eines α-Wasserstoffatoms einer Carbonsäure durch ein Bromatom mittels einer Hell-Volhard-Zelinski-Reaktion (HVZ-Reaktion, Abschnitt 17.5). Die sich ergebende α-Bromcarbonsäure kann dann in einer S_N2-Reaktion mit Ammoniak zu einer Aminosäure umgesetzt werden (Abschnitt 9.2).

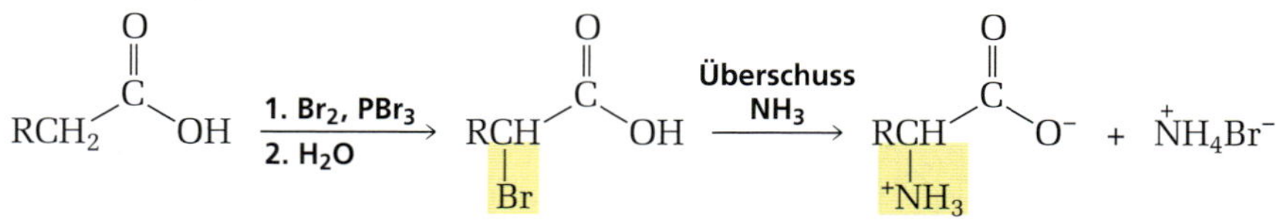

eine Carbonsäure eine Aminosäure

Ü 20* Warum wird ein Überschuss Ammoniak für die zuvor beschriebene Reaktion eingesetzt?

Reduktive Aminierung

Aminosäuren lassen sich auch durch reduktive Aminierung von α-Ketosäuren darstellen (Abschnitt 16.4).

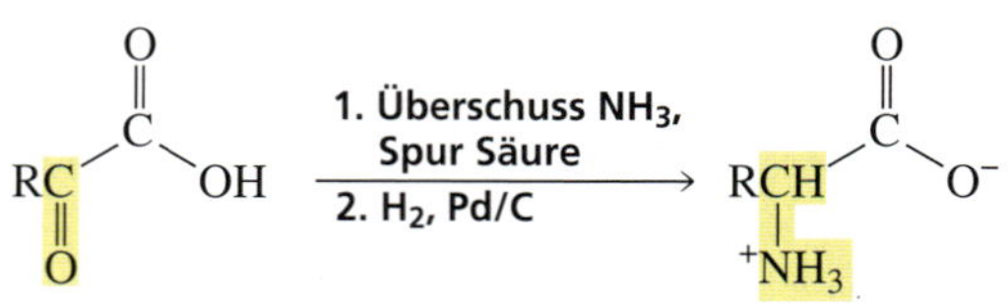

Ü 21* Lebewesen wandeln ebenfalls α-Ketosäuren in Aminosäuren um. Da aber die von Chemiker*innen eingesetzten Reagenzien lebenden Zellen nicht zur Verfügung stehen, führen die Zellen diese Reaktion auf einem anderen Weg durch (Abschnitt 24.14).

(a) Welche Aminosäuren erhält man durch reduktive Aminierung der folgenden Stoffwechselintermediate einer Zelle?

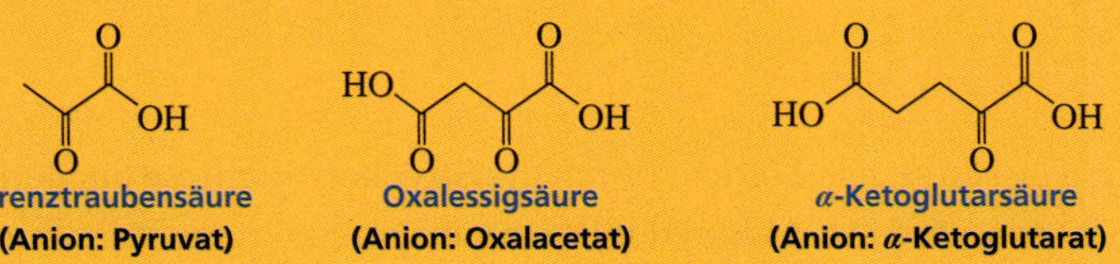

(b) Welche Aminosäuren erhält man aus denselben Stoffwechselprodukten, wenn man Aminosäuren in vitro (im Labor) darstellt?

N-Phthalimidmalonestersynthese

Aminosäuren lassen sich mit deutlich besserer Ausbeute, als es durch die beiden vorangegangenen Methoden möglich ist, durch *N*-Phthalimidmalonestersynthese darstellen – einer Methode, die die Malonestersynthese (Abschnitt 17.17) mit der Gabriel-Synthese (Abschnitt 15.14) kombiniert. Der Mechanismus dieser Reaktion ist nachfolgend dargestellt.

Mechanismus der *N*-Phthalimidmalonestersynthese

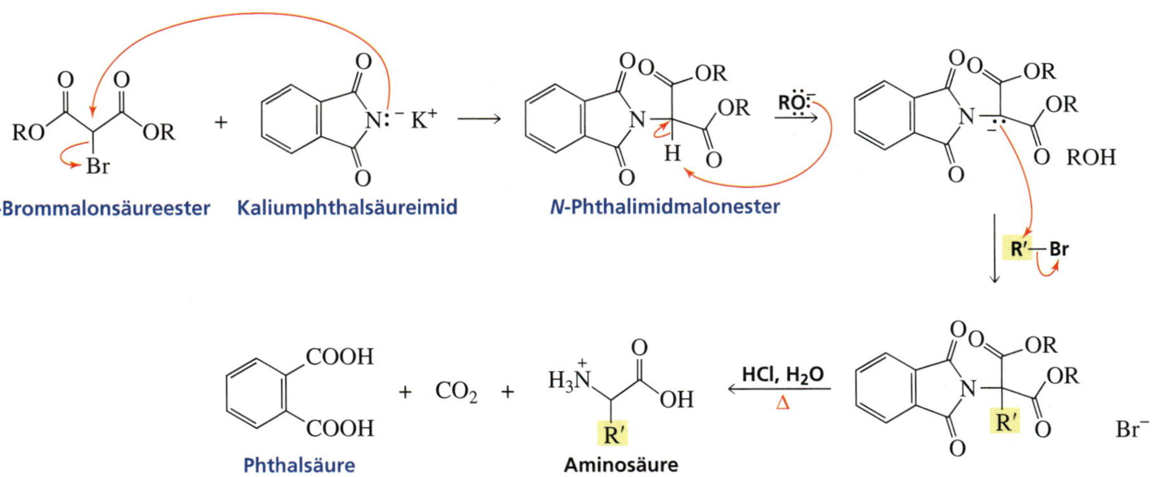

- α-Brommalonsäureester und Kaliumphthalsäureimid durchlaufen eine S_N2-Reaktion.
- Vom α-Kohlenstoffatom des *N*-Phthalimidmalonesters spaltet sich leicht ein Proton ab, da es von zwei Estergruppen flankiert wird (Abschnitt 17.1).
- Das sich ergebende Carbanion geht eine S_N2-Reaktion mit einem Halogenalkan ein.
- Erhitzen in angesäuerter wässriger Lösung führt zur Hydrolyse beider Ester- und beider Amidgruppen sowie zur Decarboxylierung der 3-Oxocarbonsäure.

Eine Variante der *N*-Phthalimidmalonestersynthese verwendet anstelle des *N*-Phthalimidmalonesters Acetamidmalonester.

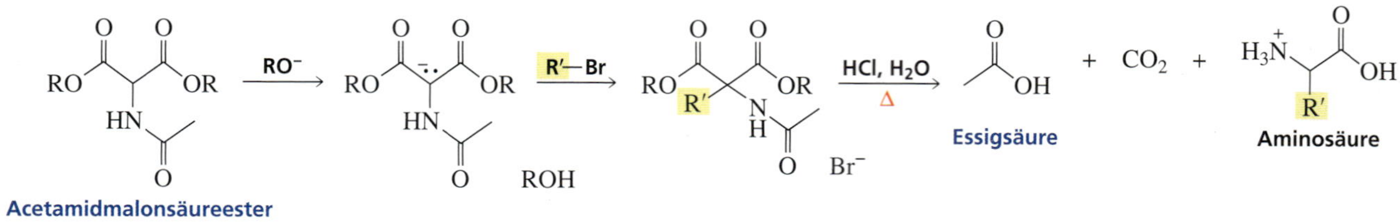

Die Strecker-Synthese

Aminosäuren lassen sich außerdem durch die **Strecker-Synthese** darstellen. Bei diesem Verfahren wird ein Aldehyd mit Ammoniak zu einem Imin umgesetzt. Eine Cyanidaddition führt zu einer Zwischenstufe, die bei der Hydrolyse die Aminosäure ergibt (Abschnitt 15.15).

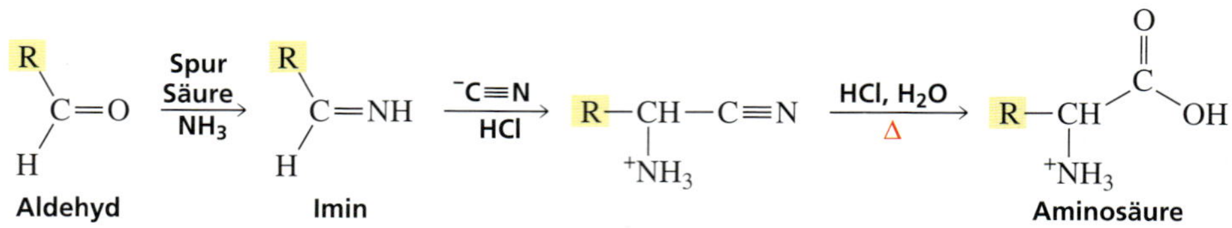

Ü 22* Welche Aminosäure würde sich bei der *N*-Phthalimidmalonestersynthese bilden, wenn die folgenden Verbindungen im dritten Schritt eingesetzt werden?

(a) CH_3CHCH_2Br (mit CH_3 am zweiten C-Atom) **(b)** $CH_3SCH_2CH_2Br$

Ü 23* Welches Halogenalkan würden Sie für eine Acetamidmalonestersynthese zur Darstellung von
(a) Lysin, **(b)** Phenylalanin
einsetzen?

Ü 24* Welche Aminosäure würde sich bilden, wenn der in die Strecker-Synthese eingesetzte Aldehyd
(a) Acetaldehyd, **(b)** 2-Methylbutanal, **(c)** 3-Methylbutanal
wäre?

Racematspaltung von Aminosäuregemischen 21.7

Wenn Aminosäuren mit der katalytischen Unterstützung von Enzymen von Zellen gebildet werden, entstehen nur die L-Enantiomere (Abschnitt 6.14). Wenn Aminosäuren im Labor synthetisiert werden, ist das Produkt für gewöhnlich ein Racemat aus D- und L-Aminosäuren. Wird nur eines der Isomere gewünscht, so müssen die Enantiomere voneinander getrennt werden, was wiederum durch enzymatische Unterstützung erreicht werden kann.

Weil Enzyme selbst chiral sind, reagieren sie mit Enantiomeren mit unterschiedlichen Geschwindigkeiten, oder überhaupt nur mit einem Enantiomer eines Paares (Abschnitt 6.14).

Beispielsweise katalysiert die Aminoacylase in einer nucleophilen Acylsubstitutionsreaktion die Hydrolyse von *N*-Acetyl-L-Aminosäuren, aber nicht die Hydrolyse von *N*-Acetyl-D-Aminosäuren. Überführt man ein racemisches Gemisch von Aminosäuren in ihre *N*-Acetylderivate und unterwirft die Reaktionsprodukte aminoacylasekatalysierter Hydrolyse, bekommt man als Reaktionsprodukte die freigesetzten L-Aminosäuren und die *N*-acetylierten D-Aminosäuren. Die L-Aminosäuren und die D-Aminosäurederivate lassen sich nun leicht trennen.

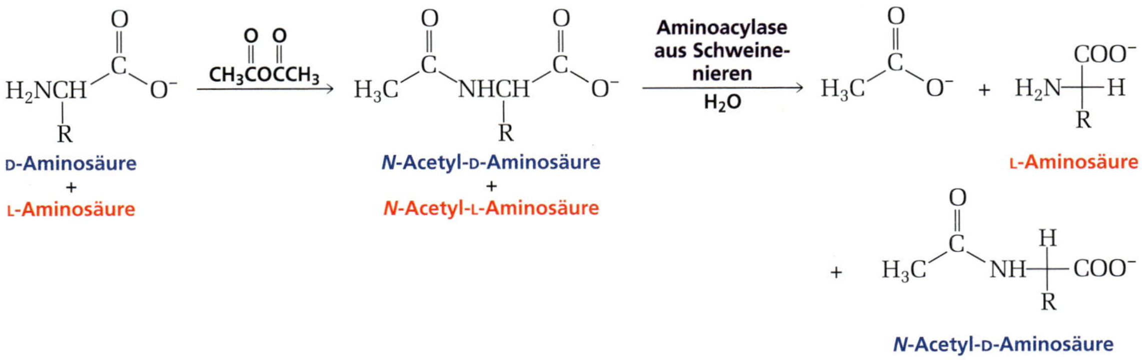

Da die Enantiomerentrennung (Racematspaltung) von den Geschwindigkeiten abhängt, mit der die *N*-Acetylderivate von dem Enzym umgesetzt werden, wird diese Methode auch als **kinetische Racematspaltung** bezeichnet. In Abschnitt 6.14 haben wir gesehen, dass das racemische Gemisch aus Aminosäuren auch durch das Enzym D-Aminosäureoxidase getrennt werden kann.

Ü 25 Schweineleberesterase ist ein tierisches Enzym, das, wie der Name sagt, Ester hydrolysiert. Es hydrolysiert Ester von L-Aminosäuren rascher als die von D-Aminosäuren. Wie lässt sich dieses Enyzm zur Racematspaltung von Aminosäuren einsetzen?

Peptidbindungen und Disulfidbindungen 21.8

Peptidbindungen und Disulfidbindungen sind die einzigen kovalenten Bindungen, die Aminosäuren in Peptiden und Proteinen miteinander verknüpfen.

Peptidbindungen

Die Amidbindungen, die Aminosäurereste in Peptiden oder Proteinen verknüpfen, werden als **Peptidbindungen** bezeichnet. Man ist übereingekommen, dass Peptide und Proteine stets so gezeichnet werden sollen, dass die freie Aminogruppe der **N-terminalen Aminosäure**, mit der in Zellen die Synthese immer beginnt, in einer Formel an das linke Ende, und die freie Carboxylgruppe der **C-terminalen Aminosäure** an das rechte Ende gezeichnet werden.

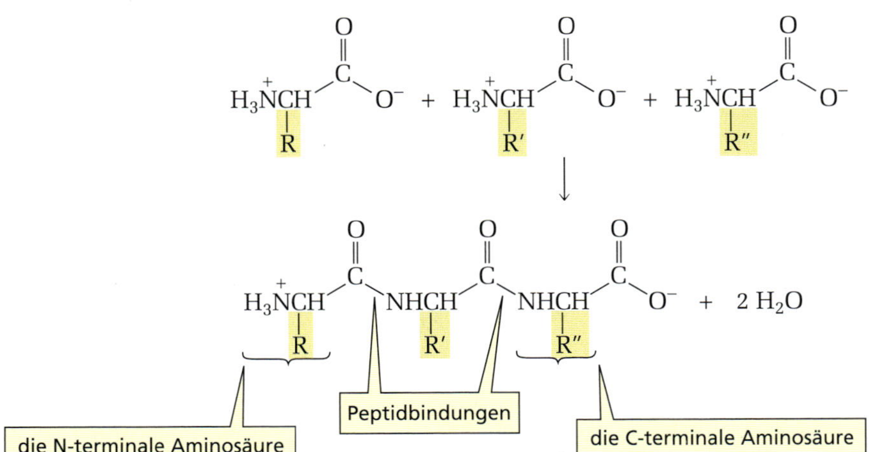

ein Tripeptid

- Wenn man die einzelnen Aminosäuren eines Peptids kennt, aber nicht ihre Abfolge in dem Peptid, werden die Aminosäuren einzeln aufgelistet und durch Kommata voneinander getrennt.
- Wenn die Abfolge der Aminosäuren im Peptid/Protein bekannt ist, so schreibt man diese mit Trennstrichen auf.

In dem nachfolgend rechts wiedergegebenen Peptid ist Valin die *aminoterminale* (N-terminale) Aminosäure und Histidin die *carboxyterminale* (C-terminale). Man nummeriert die Aminosäure, beginnend mit der N-terminalen (Aminosäure Nr. 1).

Glu, Cys, His, Val, Ala

Dieses Pentapeptid enthält die bezeichneten Aminosäuren, doch ist ihre Abfolge in dem Peptid unbekannt.

Val-Cys-Ala-Glu-His

Die Aminosäuren in diesem Pentapeptid weisen die hier angegebene Abfolge (Sequenz) auf.

Glutaminsäurerest im rechten Peptid ist somit die Aminosäure (der Aminosäurerest) Nr. 4. Beim Bezug auf Aminosäurereste eines Peptids/Proteins oder eines Peptidrestes, verwendet man bei der Benennung die Endung „-yl", außer bei der C-terminalen Aminosäure. Das Pentapeptid zur Rechten heißt daher Valylcysteinylalanylglutaminylhistidin. Sofern nicht ausdrücklich anders angegeben, geht man davon aus, dass es sich um L-Aminosäuren handelt. Eine Peptidbindung besitzt ungefähr 40 % Doppelbindungscharakter infolge der Delokalisation der Elektronen (Abschnitt 15.2). Eine sterische Hinderung in der *cis*-Konfiguration führt dazu, dass die *trans*-Konfiguration der Amidbindung stabiler ist. Deshalb sind die α-Kohlenstoffatome benachbarter Aminosäuren *trans*-ständig.

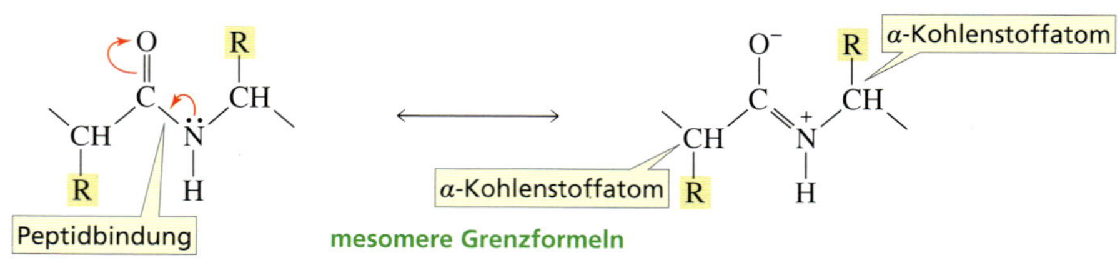

Der partielle Doppelbindungscharakter schränkt die freie Drehbarkeit um die Peptidbindung ein, sodass das Kohlenstoff- und das Stickstoffatom der Peptidgruppe und die beiden mit ihnen verbundenen Atome relativ starr in einer Ebene liegen (▶ Abbildung 21.6). Die örtliche Planarität beeinflusst die Art und Weise, in der sich eine Molekülkette aus Aminosäuremonomeren zu falten vermag. Die Elektronendelokalisation hat daher bedeutende Folgewirkungen bezüglich der dreidimensionalen Struktur von Peptiden und Proteinen (Abschnitt 21.14).

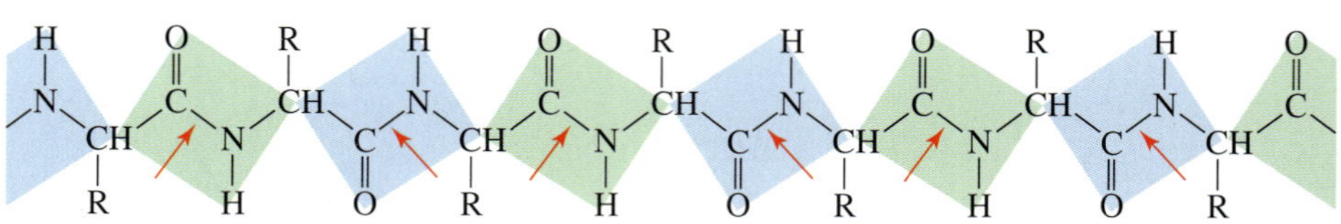

Abbildung 21.6: Ein Ausschnitt aus einer Polypeptidkette. Die farblich unterlegten Rechtecke verdeutlichen die Ebene, die durch die betreffende Peptidbindung festgelegt ist. Beachten Sie, dass die Seitenketten (R) der einzelnen Aminosäuren abwechselnd auf gegenüberliegenden Seiten des Peptidgerüstes liegen.

Ü 26 Zeichnen Sie das Tetrapeptid Ala-Thr-Asp-Asn und markieren Sie die Peptidbindungen.

Ü 27 Zeichnen Sie die mesomeren Grenzstrukturen der Peptidbindungen in ihrer weniger stabilen Konfiguration.

Ü 28 Welche Bindungen des Peptidgrundgerüstes können frei rotieren?

Disulfidbindungen

Wenn Thioalkohole unter milden Bedingungen oxidiert werden, bilden sie **Disulfide**. Ein Disulfid ist eine Verbindung mit einer Schwefel-Schwefel-Einfachbindung (S—S). (Wie Sie wissen, nimmt die Zahl der S—H-Bindungen bei einer Oxidation ab; bei einer Reduktion nimmt sie zu. Man kann alternativ, aber allgemeiner auch sagen, dass bei einer Oxidation die Oxidationszahl des Schwefelatoms ansteigt und bei einer Reduktion abnimmt.)

$$\underset{\text{Thiol}}{2\,R{-}SH} \xrightarrow{\text{milde Oxidation}} \underset{\text{Disulfid}}{RS{-}SR}$$

Ein gebräuchliches Oxidationsmittel für diese Reaktion ist elementares Brom oder elementares Iod in basischer Lösung.

Mechanismus der Oxidation eines Thioalkohols zum Disulfid

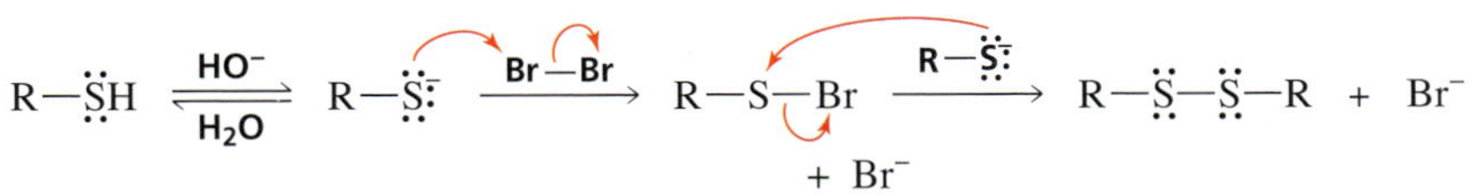

- Ein Thiolation greift das elektrophile Bromatom des Br_2 an.
- Ein zweites Thiolation greift das Schwefelatom an und eliminiert Br^-.

Da Thiole (Thioalkohole) zu Disulfiden oxidierbar sind, können Disulfide folglich auch zu Thiolen reduziert werden.

$$\underset{\text{Disulfid}}{RS{-}SR} \xrightarrow{\text{Reduktion}} \underset{\text{Thiol}}{2\,R{-}SH}$$

MERKE!

Disulfide werden zu Thiolen reduziert.

Cystein ist eine Aminosäure mit einer Thiolgruppe in der Seitenkette. Zwei Cysteinmoleküle können daher oxidativ zu einem Disulfid zusammentreten. Ein solches Disulfid wird als Cystin bezeichnet.

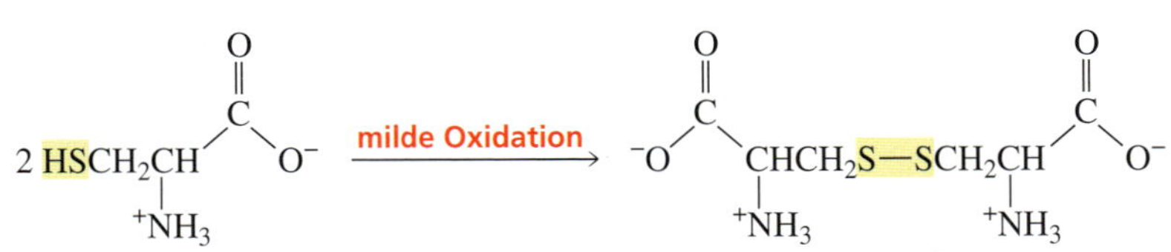

Cystein — Cystin

MERKE!

Thiole werden zu Disulfiden oxidiert.

Zwei Cysteinreste eines Peptids/Proteins können zu einem Disulfid (Cystin) oxidiert werden; die so entstehende kovalente Bindung wird **Disulfidbrücke** genannt. Disulfidbrücken sind die einzigen kovalenten Bindungen zwischen nichtbenachbarten Aminosäuren, die man in Peptiden/Proteinen findet. Sie tragen zur Gesamtstruktur und zur Stabilität des Polypeptids bei, indem sie Cysteinreste miteinander verbinden, die manchmal entlang der linearen Peptidkette weit voneinander entfernt sind (► Abbildung 21.7).

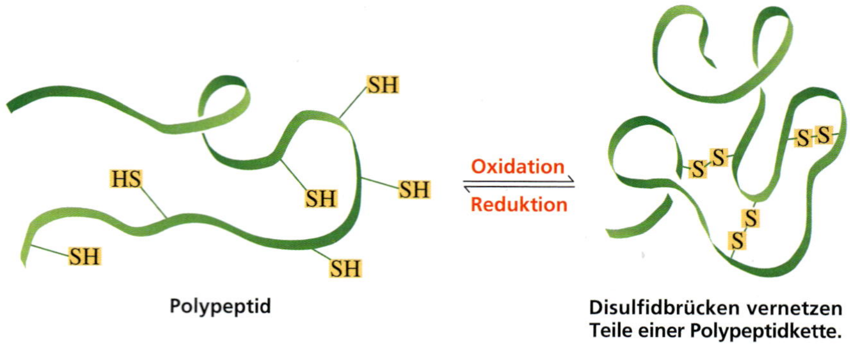

Abbildung 21.7: Disulfidbrücken vernetzen Teile einer Polypeptidkette miteinander.

Das Hormon Insulin, das in den Langerhans-Inseln der Bauchspeicheldrüse ausgeschüttet wird, und welches die Blutzuckermenge durch Einflussnahme auf den Glucosestoffwechsel reguliert, besteht aus zwei Polypeptidketten. Die kürzere der beiden Ketten – die A-Kette – umfasst 21 Aminosäurereste, die längere – die B-Kette – 30. A- und B-Kette sind durch zwei Disulfidbrücken miteinander kovalent verbunden. Hierbei handelt es sich um **Zwischenkettendisulfidbrücken** (Interpeptiddisulfidbrücken). Innerhalb der A-Kette besitzt das Insulin eine dritte, **Innerkettendisulfidbrücke** (Intrapeptiddisulfidbrücke).

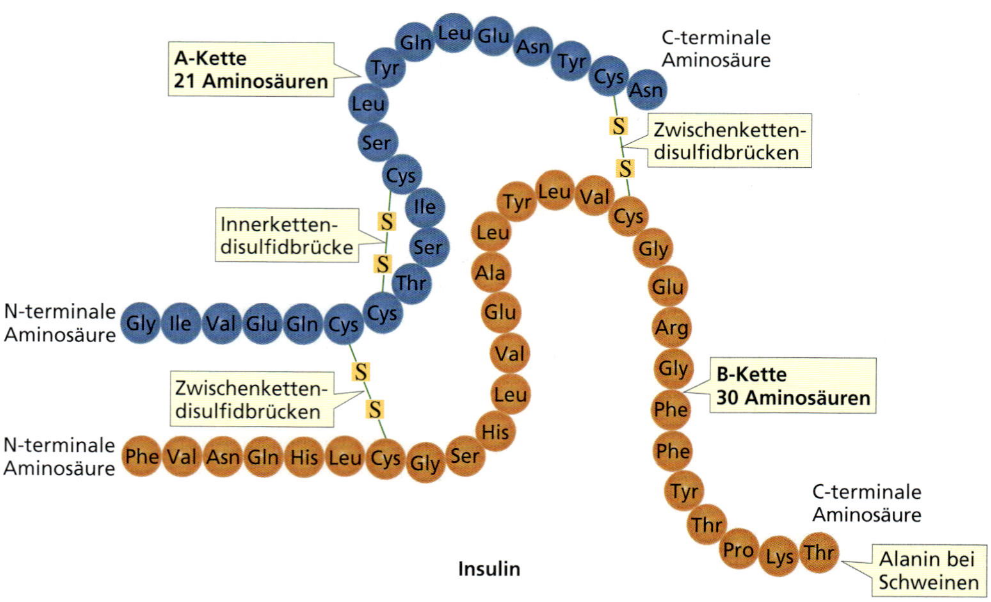

HINTERGRUND

Diabetes

Diabetes ist die dritthäufigste Todesursache in den Vereinigten Staaten nach Erkrankungen des Herzens und Krebs. Als Diabetes wird entweder die nicht hinreichende Sekretion von Insulin (Typ 1 Diabetes) oder dessen Unfähigkeit, die Zielrezeptoren zu stimulieren (Typ 2 Diabetes), bezeichnet. Durch gezielte Insulininjektionen ist es möglich, einigen der mit Diabetes einhergehenden Symptome entgegenzuwirken.

Bevor man künstliche Herstellungsmöglichkeiten für Insulin herausgefunden hatte (Abschnitt 21.11), waren Schweine die hauptsächliche Insulinquelle für Diabetiker gewesen. Das Schweineinsulin hatte zwar den gewünschten Effekt erreicht, man war jedoch besorgt darüber, ob man aus dieser Quelle genug Insulin für die wachsende Population der Diabetiker gewinnen könne. Zusätzlich unterscheidet sich die C-terminale Aminosäure in den B-Ketten von Schweine- und Menscheninsulin. Denn bei Schweinen ist die Aminosäure in dieser Position Alanin und bei Menschen besteht diese aus Threonin. Diese Tatsache kann allergische Reaktionen auf Schweineinsulin hervorrufen. Heutzutage ist es jedoch möglich, sehr große Mengen an synthetischem Insulin aus genetisch veränderten Wirtszellen herzustellen (Abschnitt 26.13).

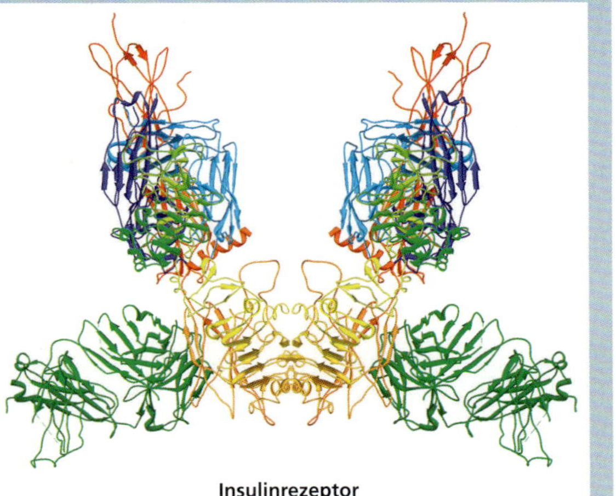

Insulin bindet sich an den Insulinrezeptor der Zelloberfläche, um der Zelle mitzuteilen, dass diese Glucose aus dem Blut in die Zelle transportieren soll.

Haare: Glatt oder gelockt?

Haare bestehen aus dem Protein Keratin, das eine ungewöhnlich hohe Anzahl Cysteinreste enthält (ca. 8 % der Aminosäuren – also etwa jede zwölfte – gegenüber einem über eine große Zahl von verschiedenen Proteinen gemittelten Durchschnittswert von 2,8 %). Diese statten Keratinmoleküle mit vielen Disulfidbrücken aus, die die dreidimensionale Struktur des Proteins stabilisieren.

lockiges Haar

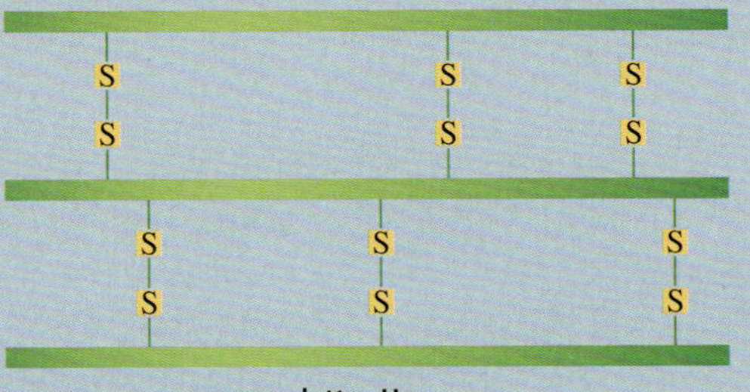

glattes Haar

Man kann die Struktur der Haare verändern, wenn man der Meinung ist, dass diese zu glatt oder zu stark gelockt sind, indem man das Muster der Disulfidbrücken ändert. Dies geschieht durch die Anwendung eines Reduktionsmittels, mit dem die Haare behandelt werden. Das Reduktionsmittel reduziert die Disulfidgruppen reversibel zu Thiolgruppen. Nachdem man die Haare in die gewünschte Form gebracht hat (durch Lockenwickler, um glatte Haare lockig zu machen, oder durch das Glattkämmen gelockter Haare), kommt ein Oxidationsmittel zur Anwendung, das wieder Disulfidbrücken aus den reduzierten Thiolen herstellt. Die neu gebildeten Disulfidbrücken halten die Haare in der neu arrangierten Form. Wenn diese Behandlung an glatten Haaren vollzogen wird, spricht man von „Dauerwelle“. Wenn diese Behandlung an lockigen Haaren vollzogen wird, dann spricht man von „Glättung“.

Einige interessante Peptide 21.9

Einige Peptidhormone werden im Körper zur Kontrolle des Schmerzempfindens synthetisiert. Beispielsweise weist β-Endorphin eine Kette von 31 Aminosäuren auf, wohingegen Leucin, Enkephalin und Methenkephalin Pentapeptide sind. Die fünf Aminosäuren am N-terminalen Ende von β-Endorphin sind dieselben wie die von Methenkephalin. Diese Peptidhormone sind Neuromodulatoren, die die Empfindlichkeit für Schmerzreize vermindern, indem sie sich an bestimmte Rezeptormoleküle der Hirnzellen anbinden. Ein Teil der Raumstruktur der Enkephaline muss daher eine Ähnlichkeit zu den Molekülstrukturen von Morphin aufweisen. Sowohl das Phänomen, welches als „Sportler-Hoch" bekannt ist und das nach exzessivem Training eintritt, als auch das Nachlassen von Schmerzen durch Akupunktur sind auf die Ausschüttung dieser Peptide zurückzuführen.

Tyr-Gly-Gly-Phe-Leu
Leucin-Enkephalin

Tyr-Gly-Gly-Phe-Met
Methionin-Enkephalin

Bradykinin, Vasopressin und Oxytocin sind *Peptidhormone*. Alle drei sind Nonapeptide (9 Aminosäurereste). Bradykinin hemmt Entzündungsreaktionen in den Geweben des Körpers. Vasopressin reguliert den Blutdruck, indem es den Spannungszustand der glatten Muskulatur der Gefäßwände beeinflusst. Es wirkt außerdem antidiuretisch (= es wirkt der Harnbildung entgegen). Oxytocin löst bei schwangeren Frauen die Wehentätigkeit aus, indem es die Gebärmuttermuskulatur zur Kontraktion veranlasst. Bei stillenden Müttern regt es die Milchproduktion an. Vasopressin und Oxytocin haben darüberhinaus auch Wirkungen auf das Gehirn. Vasopressin ist an der akuten Stressreaktion *fight-or-flight* („kämpfen oder flüchten") beteiligt (an der auch das Adrenalin als Nichtpeptidhormon beteiligt ist). Oxytocin hat den gegenteiligen Effekt: Es hat eine beruhigende Wirkung und fördert soziale Bindungen zwischen Individuen (wichtig für die Mutter-Kind-Beziehung nach der Geburt; siehe weiter oben). Ungeachtet ihrer sehr unterschiedlichen physiologischen Wirkungen, unterscheiden sich Vasopressin und Oxytocin nur in zwei der neun Aminosäuren.

Bradykinin Arg-Pro-Pro-Gly-Phe-Ser-Pro-Phe-Arg

Vasopressin Cys-Tyr-Phe-Gln-Asn-Cys-Pro-Arg-Gly-NH_2
S——————————S

Oxytocin Cys-Tyr-Ile-Gln-Asn-Cys-Pro-Leu-Gly-NH_2
S——————————S

Vasopressin und Oxytocin besitzen beide Disulfidbrücken innerhalb ihrer kurzen Peptidketten. Außerdem weisen ihre C-terminalen Aminosäurereste Amid- anstelle der sonst üblichen Carboxylgruppen auf. Man gibt diesen Umstand an, indem man das Formelkürzel NH_2 an den Namen der C-terminalen Aminosäure anfügt.

Der künstliche Süßstoff Aspartam (Lebensmittelzusatzstoff E 951; Abschnitt 20.19) ist der Methylester eines Dipeptids aus L-Asparaginsäure und L-Phenylalanin. Aspartam ist zweihundertmal süßer als Rohrzucker (Saccharose). Der

Ethylester desselben Peptids schmeckt dagegen nicht süß! Falls anstelle einer der L-Aminosäuren des Aspartams eine D-Aminosäure in das Molekül eingebaut wird, schmeckt das resultierende Peptid bitter statt süß.

Da Aspartam Phenylalanin enthält, können Menschen mit der genetischen Krankheit PKU diese nicht zu sich nehmen (Abschnitt 24.8).

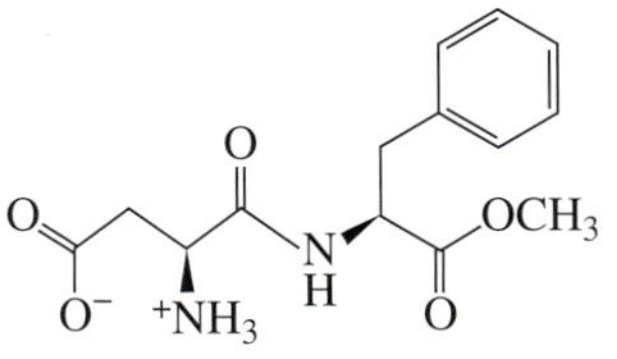

Aspartam
(künstlicher Süßstoff)

Ü 29

(a) Zeichnen Sie die Struktur des Pentapeptids mit allen Seitenketten.

(b) Zeichnen Sie die Struktur des Moleküls, das durch eine milde Oxidation des Peptids entstehen würde.

Ü 30* Was sind die jeweiligen Konfigurationen eines jeden Chiralitätszentrums in Aspartam?

Ü 31 Glutathion ist ein Tripeptid, das im menschlichen Körper vorkommt. Die Funktion des Glutathions besteht darin, den Organismus schädigende Oxidationsmittel „abzufangen" und zu „entschärfen"; es ist also ein biogenes Reduktionsmittel. Man nimmt heute weithin an, dass oxidierende Substanzen an einer Reihe unerwünschter biologischer Prozesse von der (unvermeidlichen) Alterung bis hin zur Krebsentstehung beteiligt sind. Glutathion schützt das es erzeugende Lebewesen, indem es Redoxreaktionen mit diesen Oxidationsmitteln eingeht; die Oxidationsmittel werden dabei natürlich vom Glutathion reduziert. Ein Enzym (Glutathionreduktase) reduziert nachfolgend die Disulfidbrücke wieder, wobei zwei reduzierte Glutathionmoleküle in Freiheit gesetzt werden. Diese sind zu einer neuerlichen Reaktion mit einem Oxidationsmittel befähigt.

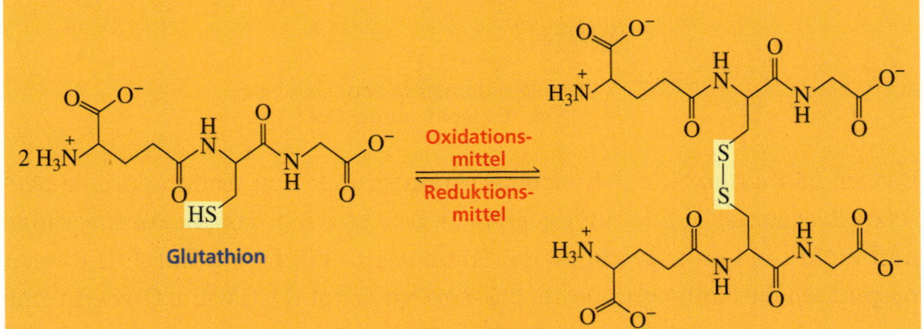

Glutathion **oxidiertes Glutathion**

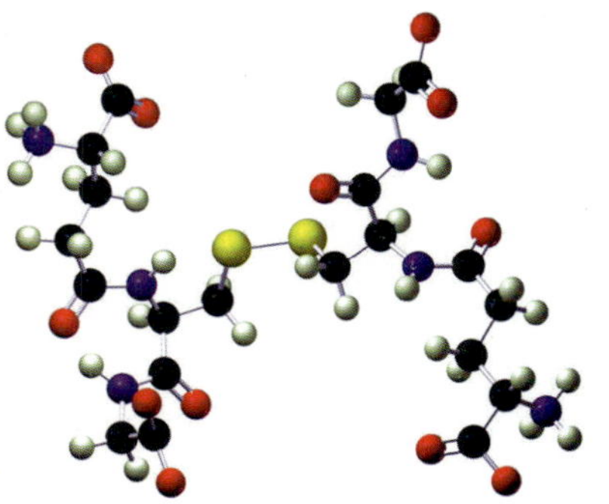

oxidiertes Glutathion

(a) Aus welchen Aminosäuren besteht Glutathion?

(b) Was ist ungewöhnlich an der Struktur des Glutathions? (Falls Sie Probleme haben, die Frage anhand der vorausgehend abgebildeten Molekülstruktur zu beantworten, zeichnen Sie das Tripeptid, so wie Sie es erwarten würden, und vergleichen diese von Ihnen abgeleitete Struktur mit der oben wiedergegebenen tatsächlichen Struktur.)

Strategie der Peptidsynthese: N-Schutz und C-Aktivierung 21.10

Eine Schwierigkeit, die sich bei der Synthese von Polypeptiden ergibt, wenn man ihre Primärstruktur kennt, resuliert aus der Tatsache, dass Aminosäuren mindestens zwei funktionelle Gruppen besitzen. Dies führt dazu, dass sie sich auf verschiedene Art und Weise miteinander verbinden können. Nehmen wir an, wir wollen das Dipeptid H_2N-Gly-Ala-COOH darstellen. Dieses Peptid ist nur eines von vier möglichen Dipeptiden, die man durch Erhitzen aus der Kombination von Alanin und Glycin erzeugen könnte.

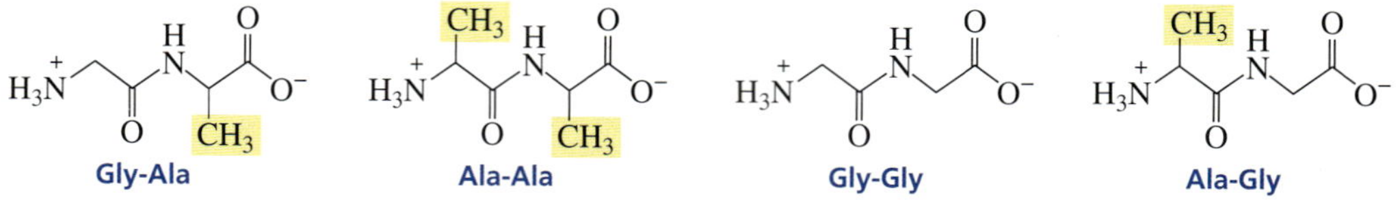

Schutz der Aminogruppe

Falls die Aminogruppe der *N*-terminalen Aminosäure (in unserem Beispiel Glycin) durch eine Schutzgruppe maskiert wird, steht sie für die Ausbildung einer Peptidbindung nicht zur Verfügung. Falls die Carboxylgruppe derselben Aminosäure aktiviert wird, bevor die zweite Aminosäure zugesetzt wird, wird die Aminfunktion der zweiten Aminosäure (in unserem Beispiel Alanin) bevorzugt mit der aktivierten Carboxylgruppe der ersten (Glycin) reagieren, anstatt mit der nichtaktivierten Carboxylgruppe eines zweiten Alaninmoleküls.

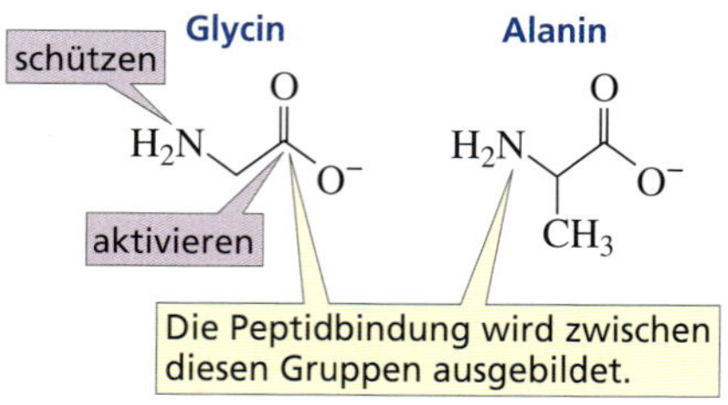

Das am häufigsten zum Schutz einer Aminogruppe von Aminosäuren eingesetzte Reagenz ist Di-*tert*-butyldicarbonat. Beachten Sie, dass die Aminogruppe und nicht die Carboxylgruppe der Aminosäure mit Di-*tert*-butyldicarbonat reagiert, da die Aminogruppe ein besseres Nucleophil ist. Wenn Glycerin eine nucleophile säuresubstituierte Reaktion mit Di-*tert*-butyldicarbonat eingeht, dann bricht die anhydride Bindung auf und es entstehen Kohlenstoffdioxid und *tert*-Butylalkohol.

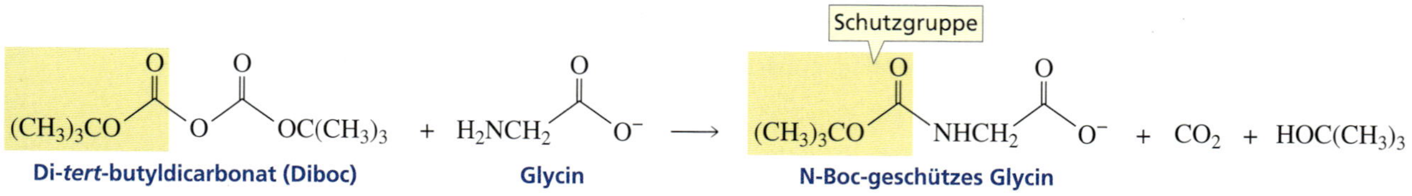

Aktivierung der Carboxylgruppe

Die bevorzugte Methode zur Aktivierung von Carboxylgruppen aminogeschützter Aminosäuren ist die Überführung in ein Imidat mit Hilfe von Dicyclohexylcarbodiimid (DCCD). DCCD aktiviert Carboxylgruppen durch die Anbringung einer guten Abgangsgruppe am Carbonylkohlenstoffatom. Beachten Sie, dass im ersten Schritt der Reaktion die Säure das am meisten basische Atom der Reagenzien protoniert (ein N des DCCD).

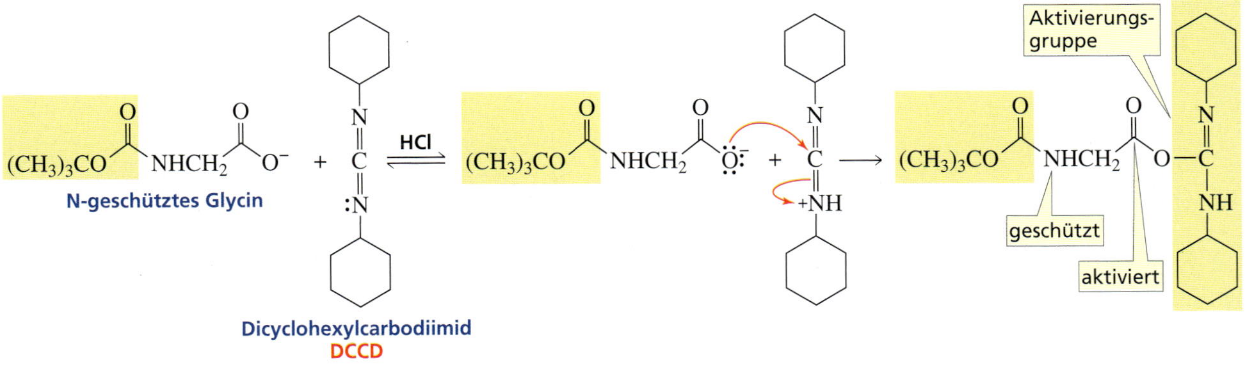

Hinzufügen einer zweiten Aminosäure

Nach dem Anbringen einer Schutzgruppe an die N-terminale Gruppe und der Aktivierung der C-terminalen Gruppe einer Aminosäure, kann die zweite Aminosäure zugesetzt werden. Die ungeschützte α-Aminogruppe der zweiten Aminosäure greift die aktivierte Carboxylgruppe der ersten Aminosäure an. Dabei wird eine tetraedrische Reaktionszwischenstufe gebildet. Die C—O-Bindung der tetraedrischen Zwischenstufe löst sich leicht auf, weil die Bindungselektronen delokalisiert sind. Die Auflösung dieser Bindung führt zum Dicyclohexylharnstoff – einem stabilen Diamid.

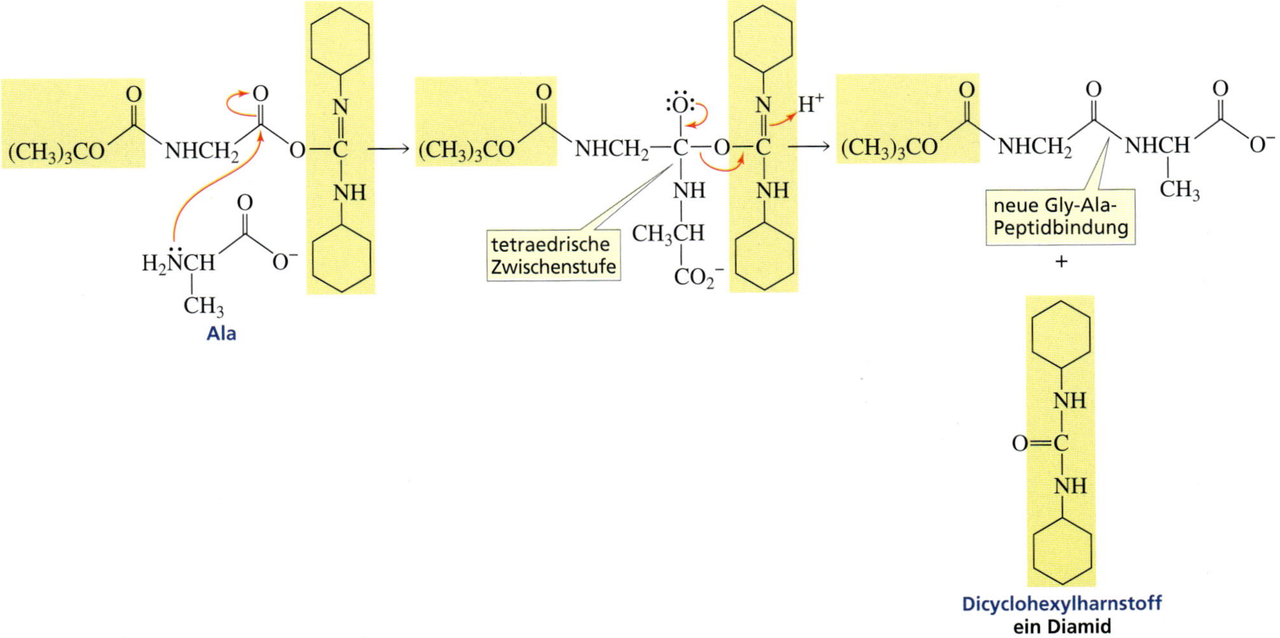

Hinzufügen weiterer Aminosäuren

Aminosäuren können das wachsende C-terminale Ende einer Peptidkette angeknüpft werden, indem man die beiden Schritte immer wieder wiederholt: Aktivierung der Carboxylgruppe der C-terminalen Aminosäure des Peptids mit DCCD und Anknüpfung der neuen Aminosäure.

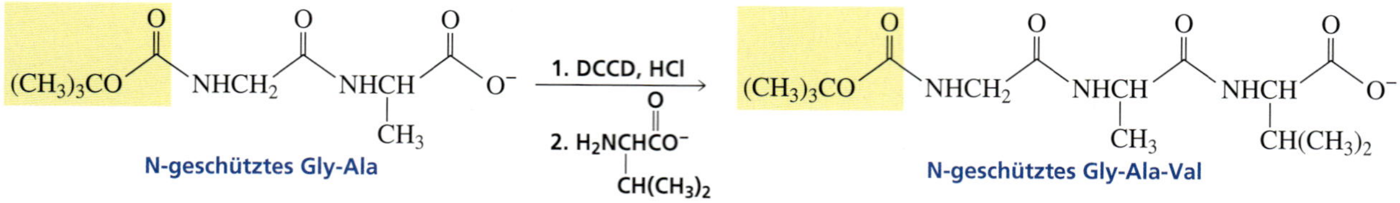

Entfernen der Schutzgruppe am N-terminalen Ende

Wenn die gewünschte Anzahl von Aminosäuren an die Peptidkette angefügt worden ist, wird die Schutzgruppe der N-terminalen Aminosäure abgespalten. Hierfür eignet sich *t*-Boc (*tert*-Butyloxycarbonyl), weil sie durch Trifluoressigsäure (eine sehr starke Säure) und Dichlormethan abgespalten und „weggewaschen" werden kann. Durch diese Reagenzien werden die anderen Bindungen des Peptids nicht in Mitleidenschaft gezogen. Die Schutzgruppe wird über eine Eliminierungsreaktion entfernt. Dabei bilden sich Isobuten und Kohlendioxid. Da diese Reaktionsprodukte gasförmig sind, entweichen sie aus dem Reaktionsansatz und erlauben es dadurch, die Reaktion quantitativ ablaufen zu lassen.

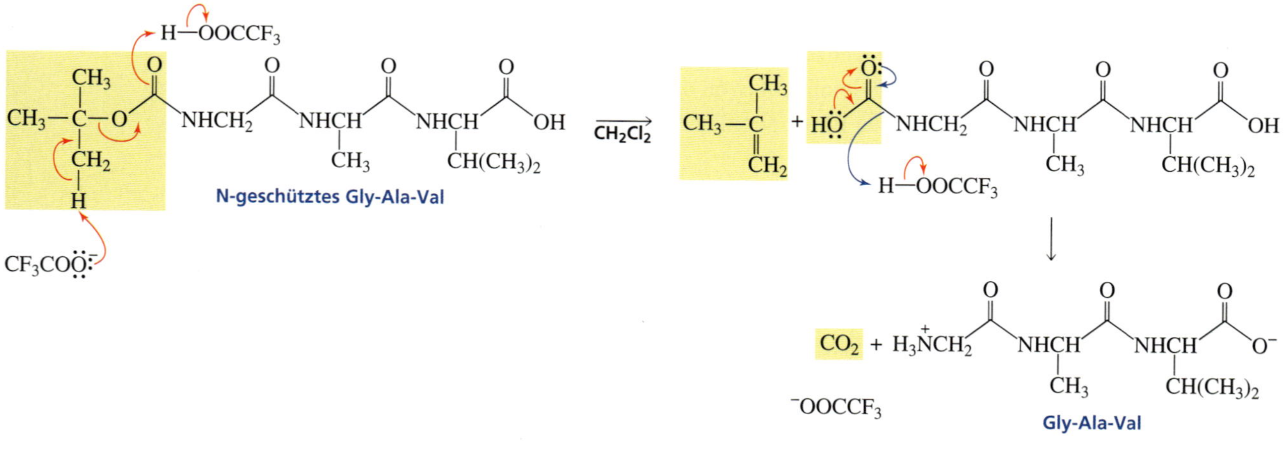

Limitierung der Ausbeute

Theoretisch ist es möglich, durch Einsatz dieser experimentellen Vorgehensweise ein Polypeptid beliebiger Länge zu synthetisieren. Chemische Reaktionen erbringen jedoch nie eine hundertprozentige Ausbeute, und die erreichten anfänglichen Ausbeuten werden durch Verluste durch Aufreinigungsschritte weiter vermindert. Nach jedem Verlängerungsschritt der Synthese muss das erhaltene Peptid gereinigt werden, um in der Folge unerwünschte Nebenreaktionen mit nicht umgesetzten Reagenzien zu vermeiden. Diese würden die Ausbeuten weiter drücken und die Aufarbeitung später noch aufwändiger gestalten.

Wenn wir annehmen, dass jede Aminosäureaddition am Ende der Peptidkette mit achtzigprozentiger Ausbeute verläuft (eine ziemlich gute Ausbeute, wie Sie vielleicht aus Ihrer eigenen Laborerfahrung bereits wissen), beläuft sich die Gesamtausbeute eines Nonapeptids wie Bradykinin am Ende auf nur 17 %. Dadurch wird ersichtlich, dass große (= lange) Polypeptide sich in effizienter Weise auf diesem Weg nicht herstellen lassen.

	Anzahl der Aminosäuren							
	2	3	4	5	6	7	8	9
Gesamtausbeute (%)	80	64	51	41	33	26	21	17

Ü 32* Welche Dipeptide würden sich aus einem Gemisch aus Valin und N-geschütztem Leucin unter Hitze bilden?

Ü 33 Nehmen Sie an, Sie würden das Dipeptid Val-Ser synthetisieren. Vergleichen Sie das Produkt, das Sie erhielten, wenn Sie zur Aktivierung der Carboxylfunktion N-geschützten Valins Thionylchlorid verwendeten mit dem, welches Sie erhielten, falls Sie die Carboxylfunktion mit DCCD aktivierten.

Ü 34 Zeigen Sie die Schritte bei der Synthese des Tetrapeptids Leu-Phe-Ala-Val auf.

Ü 35*

(a) Berechnen Sie die Gesamtausbeute an Bradykinin, wenn die Ausbeute für die Addition jeder einzelnen Aminosäure 70 % beträgt.

(b) Wie groß wäre die Gesamtausbeute eines Peptids mit 15 Aminosäureresten, wenn Sie für die Ausbeute des Einbaus jeder einzelnen 80 % veranschlagen?

Automatisierte Peptidsynthese 21.11

Über die sehr niedrigen Gesamtausbeuten hinaus, ist die in Abschnitt 21.10 dargestellte Methode zur Peptidsynthese auch noch sehr zeitraubend, weil das Reaktionsprodukt nach jedem Verlängerungsschritt einer Reinigung unterzogen werden muss. Im Jahr 1969 veröffentlichte der Chemiker Bruce Merrifield eine neue Methode, die die Laborsynthese von Peptiden revolutionierte, weil sie höhere Peptidausbeuten in kürzerer Zeit erlaubte. Darüberhinaus ließ sich die Merrifield-Methode auch automatisieren, sodass sich die Chemiker*innen nebenbei anderen Aufgaben widmen können. Mit dieser neuartigen Synthesemethode ließ sich das Bradykinin in 27 Stunden mit 85 %-iger Ausbeute darstellen. In der Folgezeit entwickelte Verfeinerungen der Technik erlauben heute die Synthese von Polypeptiden mit 60 Aminosäurebausteinen im Verlauf von etwa vier Tagen.

Bei der Merrifield-Methode wird die zukünftige C-terminale Aminosäure des Peptids kovalent an ein festes Trägermaterial gebunden, das man zweckmäßigerweise in eine Säule füllt. Dieses Material ähnelt dem Feststoff, der beim Ionenaustausch mit Chromatographie verwendet wird (Abschnitt 21.5). Der einzige Unterschied ist, dass Benzolringe Chlormethansubstituenten anstelle von Schwefelsäuresubstituenten aufweisen.

Hinzufügen der C-terminalen Aminosäure zum Trägermaterial

Bevor die C-terminale Aminosäure zum Trägermaterial hinzugefügt werden kann, muss deren Aminogruppe mit Hilfe von *t*-Boc geschützt werden, damit diese nicht mit dem Trägermaterial reagiert. Das C-Terminal der Aminosäure wird an das Trägermaterial mittels einer S_N2-Reaktion angehängt – die Carboxylgruppe greift das benzylische Kohlenstoffatom an und ersetzt das Chloridion (Abschnitt 9.2).

Hinzufügen weiterer Aminosäuren

Nachdem sich die C-terminale Aminosäure an das Harz angefügt hat, wird die *t*-Boc-Schutzgruppe wieder entfernt (Abschnitt 21.10). Die nächste Aminosäure, deren Aminogruppe mit *t*-Boc geschützt und deren Carboxylgruppe mit DCCD aktiviert ist, wird der Säule zugefügt, woraufhin auch deren Schutzgruppe entfernt wird. Dann wird die nächste N-terminal geschützte und C-aktivierte Aminosäure zur der Säule hinzugefügt. Die Peptidsynthese vollzieht sich hier also vom C-terminalen Ende zum N-terminalen Ende. (In lebenden Zellen werden Peptide/Proteine in umgekehrter Reihenfolge – beginnend mit der N-terminalen Aminosäure – synthetisiert; Abschnitt 26.9). Da seine Methode ein festes Trägermaterial einsetzt und weitgehend automatisiert abläuft, wird die Merrifield-Methode auch als **automatisierte Festphasensynthese von Peptiden** oder als **Festphasenpeptidsynthese** bezeichnet.

Schritte in der automatisierten Merrifield-Festphasensynthese eines Tripeptids

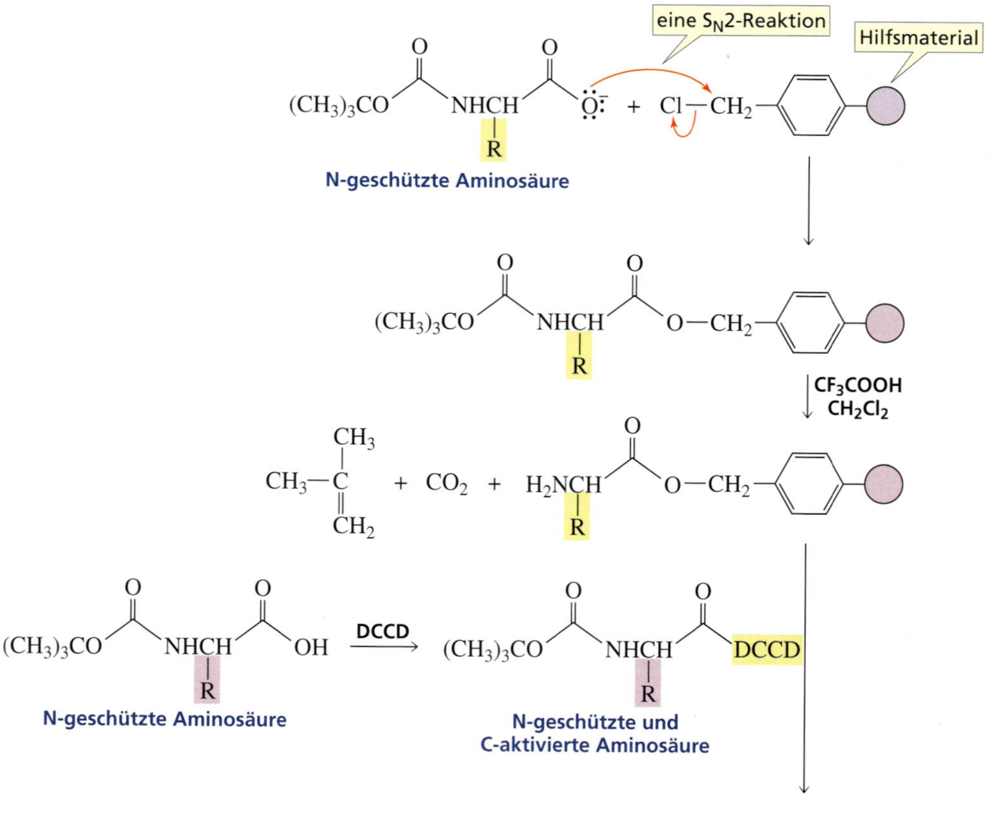

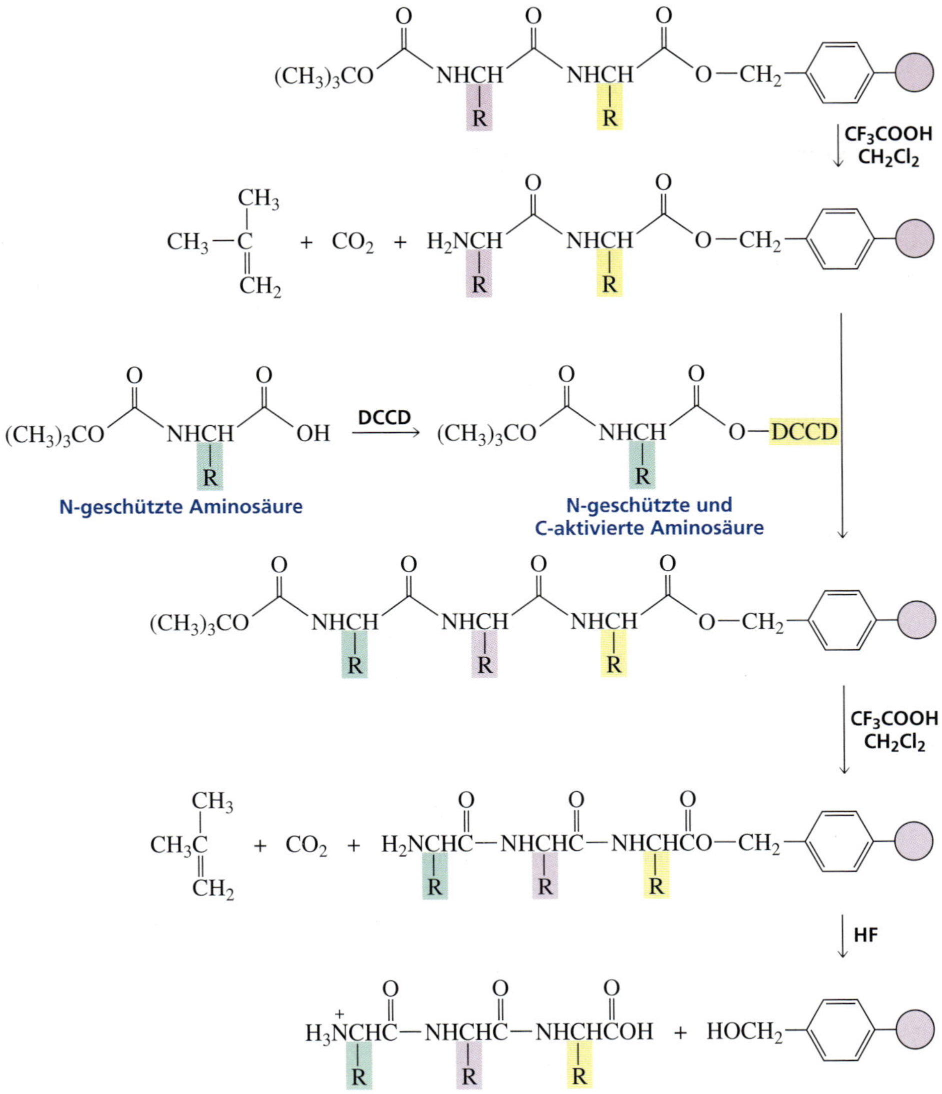

Der Vorteil der Merrifield-Methode

Ein großer Vorteil der Merrifield-Methode zur Peptidsynthese besteht darin, dass das Säulenmaterial (das Trägerharz mit der damit verbundenen neuen Peptidkette) nach jedem Umsetzungsschritt gewaschen werden kann. Verunreinigungen werden fortgeschwemmt, da sie nicht mit dem Trägermaterial fest verbunden sind. Da das in der Synthese befindliche Peptid kovalent mit dem Trägerharz verknüpft ist, geht es bei den Waschschritten nicht verloren. Dies führt zu hohen Ausbeuten des gereinigten Endproduktes.

Nachdem alle erforderlichen Aminosäuren eine nach der anderen angeknüpft worden sind, kann das fertige Peptid durch Umsetzung mit Flusssäure (HF) unter milden Bedingungen, die die Peptidbindungen nicht angreifen, vom Trägermaterial abgespalten werden.

Die Merrifield-Methode wird ständig weiterentwickelt, um Peptide immer rascher und effizienter herstellen zu können. Nichtsdestotrotz kann diese Labormethode immer noch nicht im Entferntesten mit der Natur – also der Peptidsynthese in lebenden Zellen – konkurrieren. Eine Bakterienzelle ist in der Lage, ein Protein aus hunderten, ja tausenden von Aminosäureresten innerhalb von Sekunden zu synthetisieren. Außerdem vermag die bescheidenste Bakterienzelle Hunderte von Proteinen gleichzeitig herzustellen, und das praktisch fehlerfrei.

Gentechnische Methoden

Seit etwa 1980 ist es möglich, Proteine durch **gentechnische Methoden** von lebenden Zellen synthetisieren zu lassen. DNA-Moleküle mit der genetischen Information für ein Polypeptid werden in lebende Zellen (sehr oft Mikroorganismen wie Bakterien) eingeschleust. Diese Erbinformation veranlasst die Zellen dazu, große Mengen des gewünschten Proteins herzustellen (Abschnitt 26.13). Gentechnische Methoden sind auch nützlich bei der gezielten Synthese von Mutantenproteinen, die sich in einer oder mehreren Aminosäurepositionen von einem „natürlichen" Protein unterscheiden. Derartige Mutantenproteine sind sehr nützlich in der biochemischen Grundlagenforschung, weil sie das detaillierte Untersuchen von Proteineigenschaften bis auf den Einfluss einer einzelnen Aminosäure erlauben (Abschnitt 22.9).

Ü 36 Zeigen Sie die Schritte der Synthese des Tetrapeptids von Übung 34 bei der Peptidsynthese nach Merrifield auf.

Proteinstruktur – Eine Einführung 21.12

Bei Proteinen unterscheidet man bis zu vier Ebenen der Molekülstruktur.

- Die **Primärstruktur** eines Proteins ist die Abfolge der Aminosäuren entlang der Molekülkette inklusive der Disulfidbrücken.
- Die **Sekundärstruktur** beschreibt die regelmäßige Konformationen von Teilen des Peptidgerüstes, die bei der Faltung der linearen Molekülkette entstehen.
- Die **Tertiärstruktur** ist die dreidimensionale Struktur des gesamten Proteins.
- Besteht ein Protein aus mehr als einer nicht durch Disulfidbrücken verknüpften Polypeptidkette, so besitzt es eine **Quartärstruktur**. Diese beschreibt die Art und Weise, in der sich die einzelnen Polypeptidketten, die das native Protein konstituieren, zusammenlagern.

HINTERGRUND

Primärstruktur und taxonomische Beziehungen

Wenn man die Primärstrukturen (Aminosäureabfolgen) von Proteinen aus unterschiedlichen Organismen, die jeweils dieselbe Funktion erfüllen, vergleichend untersucht, so kann man – mit aller Vorsicht – die Anzahl der Unterschiede in den Aminosäuren als ein grobes Maß für die phylogenetische (stammesgeschichtliche) Verwandtschaft der betreffenden Lebewesen ansehen. Das Protein Cytochrom *c* etwa ist ein Redoxprotein, das bei biologischen Oxidationen Elektronen überträgt. Die Cytochrom *c*-Moleküle bestehen aus etwa einhundert Aminosäureresten. Das Cytochrom *c* (Cyt *c*) der Bäckerhefe unterscheidet sich in 48 Positionen vom Cyt *c* des Pferdes, wohingegen das Cyt *c* einer Entenart sich nur in zwei Positionen vom Cyt *c* des Haushuhns unterscheidet. Obwohl man für diese Feststellung nicht unbedingt aufwendige molekularbiologische Untersuchungen braucht, kann man aus diesen Daten den Schluss ziehen, dass Hühner und Enten näher miteinander verwandt sind als Pferde und Hefepilze. Das Cytochrom *c* von Haushühnern und Truthühnern (Puten) schließlich erweist sich als identisch. Menschen und Schimpansen besitzen ebenfalls identische Cyt *c*-Moleküle, die sich nur in einer Position vom Cyt *c* eines Rhesusaffen unterscheiden.

Bestimmung der Primärstruktur eines Polypeptids oder eines Proteins 21.13

Disulfidbindungen aufbrechen

Der erste Schritt bei der Bestimmung der Aminosäureabfolge (Aminosäuresequenz) eines Polypeptids (oder eines Proteins) ist die Reduktion möglicher Disulfidbrücken in dem betreffenden Molekül. Ein vielfach hierfür verwendetes Reduktionsmittel ist das giftige und übelriechende 2-Mercaptoethanol, welches bei der Reduktion von proteinogenen Disulfidbrücken selbst zum Disulfid oxidiert wird (Abschnitt 21.8). Die Reaktion der Thiolgruppen des Proteins mit Iodessigsäure verhindert, dass sich die Disulfidbrücken als Folge einer Oxidation durch elementaren Sauerstoff wieder zurückbilden können.

Disulfidbrückenspaltung

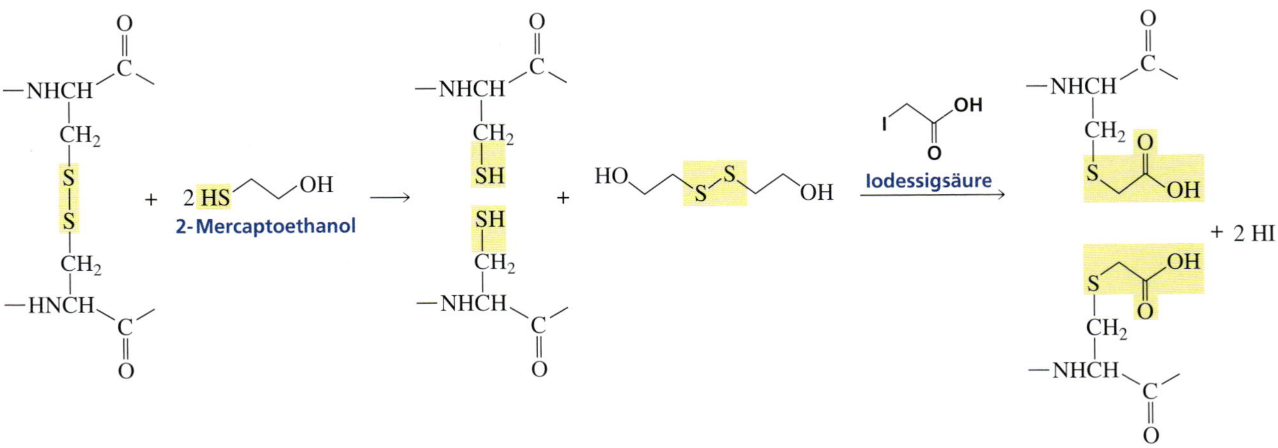

Ü 37 Schreiben Sie den Mechanismus der Reaktion eines Cysteinrestes mit Iodessigsäure nieder.

Bestimmung der Anzahl und Art der Aminosäuren

Der nächste Schritt besteht darin, die Anzahl und die Art der Aminosäuren in dem untersuchten Polypeptid (oder Protein) zu ermitteln. Um das zu bewerkstelligen, wird eine Probe des Polypeptids in 6 M Salzsäure gelöst und 24 Stunden bei 100 °C gekocht. Diese Behandlung führt zur Hydrolyse aller Amidbindungen des Polypeptids, einschließlich der Amidbindungen in den Seitenketten der Aminosäuren Asparagin und Glutamin.

$$\text{Polypeptid} \xrightarrow[\substack{100\,^\circ\text{C} \\ 24\ \text{h}}]{6\ \text{M HCl}} \text{Aminosäure}$$

Das Aminosäuregemisch wird dann einem Aminosäureanalysator überantwortet, der die Anzahl und die chemische Natur der Aminosäuren des Polypeptids ermittelt (Abschnitt 21.5).

Da alle Asparagin- und Glutaminreste zu Asparaginsäure- bzw. Glutaminsäureresten hydrolysiert worden sind, ist die Anzahl der Asp- + Glu-Reste im Hydrolysat gleich der Anzahl der ursprünglichen Asp- + Glu- + Asn- + Gln-Reste. Es muss also ein gesonderter Test durchgeführt werden, um im ursprünglichen Polypeptid zwischen Asparagin/Glutamin und Asparaginsäure/Glutaminsäure zu unterscheiden.

Die stark sauren Bedingungen, unter denen die Hydrolyse durchgeführt wurde, führen zur Zerstörung aller Tryptophanreste (Trp-), da der Indolring in der Seitenkette des Tryptophans in Säuren nicht stabil ist (Abschnitt 19.5). Der Tryptophangehalt kann jedoch durch eine von Hydroxidionen vermittelte Hydrolyse des Proteins ermittelt werden. Das ist keine allgemein gebräuchliche Methode zur Hydrolyse von Peptidbindungen, da die stark basischen Bedingungen zur Zerstörung diverser anderer Aminosäurereste führen.

Bestimmung der N-terminalen Aminosäure

Eine der am weitesten verbreiteten Methoden zur Identifizierung der N-terminalen Aminosäure eines Polypeptids ist die Umsetzung mit Phenylisothiocyanat (PITC), das auch als **Edman-Reagenz** bekannt ist. Diese Verbindung reagiert mit der N-terminalen Aminogruppe, und das sich dabei bildende Thiazolinonderivat lässt sich unter schwach sauren Bedingungen abspalten. Dabei bleibt ein um eine Aminosäure verkürztes Polypeptid zurück.

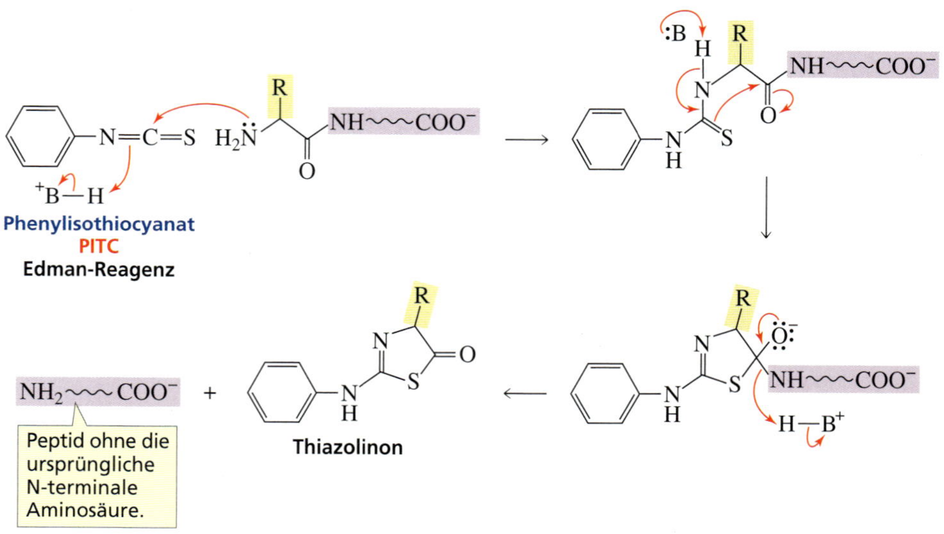

Das Thiazolinonderivat wird mit einem organischen Lösungsmittel extrahiert; es lagert sich in Gegenwart einer Säure zu einem stabileren Phenylthiohydantoinderivat (PTH) um. Diese Reaktion wird als Edman-Abbau bezeichnet.

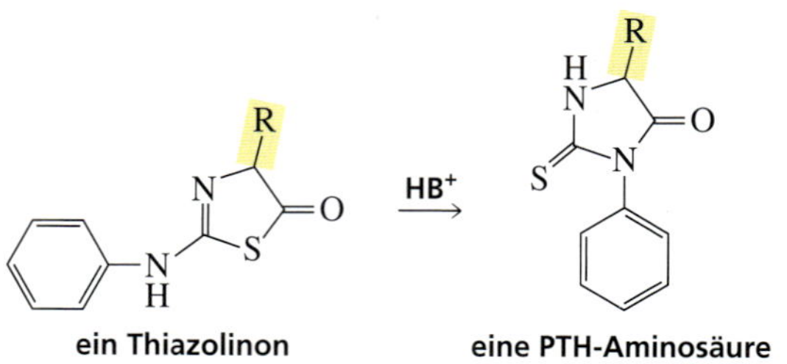

Da jede Aminosäure einen verschiedenen Rest (R) besitzt, bildet jede ein unterschiedliches PTH-Derivat. Die spezielle PTH-Aminosäure kann chromatographisch durch Vergleich mit einem Standard ermittelt werden. Mehrere aufeinanderfolgende Edman-Abbauzyklen können an ein und demselben Protein durchgeführt werden.

Ein automatisiertes Gerät, das als *Sequenator* bezeichnet wird, erlaubt die unbeaufsichtigte Durchführung von 50 Abbauzyklen. Die gesamte Primärsequenz lässt sich auf diesem Weg nicht ermitteln, da sich Nebenprodukte ansammeln, die die Auswertung stören.

Ü 38* Stellen Sie sich vor, dass Sie die Primärstruktur von Insulin bestimmen wollen. Was würde Sie zu der Annahme führen, dass Insulin mehr als eine Polypeptidkette aufweist?

Bestimmung der C-terminalen Aminosäure

Die C-terminale Aminosäure eines Polypeptids kann durch Umsetzung mit dem Enzym Carboxypeptidase A ermittelt werden. Eine Peptidase ist ein hydrolytisches Enzym (Hydrolase), das die Spaltung von Peptidbindungen katalysiert. Es gibt zahlreiche Peptidasen mit unterschiedlichen Spezifitäten.

- Carboxypeptidase A katalysiert die hydrolytische Abspaltung des C-terminalen Aminosäurerestes, außer wenn dieser ein *Arginin*- oder ein *Lysin*rest ist.
- Carboxypeptidase B andererseits spaltet die C-terminale Aminosäure nur dann ab, wenn es sich um einen *Arginin*- oder einen *Lysin*rest handelt.

Die Carboxypeptidasen A und B sind Beispiele für **Exopeptidasen**. Eine Exopeptidase ist ein Enzym, das die Hydrolyse einer endständigen Peptidbindung einer Peptidkette katalysiert.

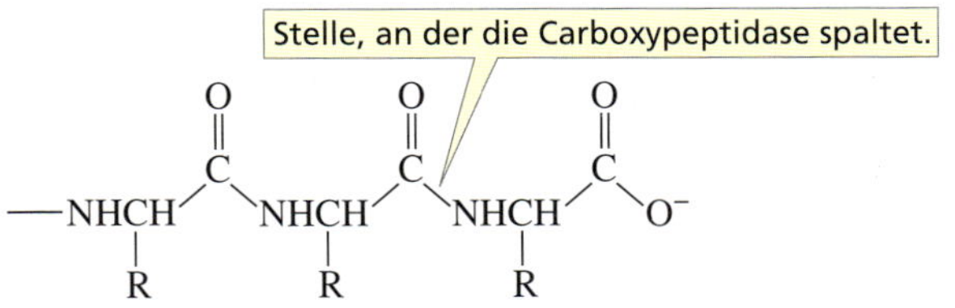

Carboxypeptidasen können nicht verwendet werden, um die Aminosäuren am C-terminalen Ende eines Peptids durch sequentielle Abtrennung zu bestimmen, da die Peptidbindungen in verschiedenen Geschwindigkeiten hydrolysiert werden. Falls beispielsweise die C-terminale Aminosäure langsam hydrolysiert wird und die nachfolgende schnell, dann würde es so scheinen, als wären die beiden mit der selben Geschwindigkeit abgespalten worden.

Partielle Hydrolyse

Nachdem die Natur der N- und der C-terminalen Aminosäure bestimmt worden sind, wird ein Aliquot des Polypeptids mit verdünnter Säure hydrolysiert. Diese als **partielle Hydrolyse** bezeichnete Behandlung führt zur Hydrolyse nur einiger der Peptidbindungen. Die sich dabei ergebenden Bruchstücke werden getrennt und die Aminosäurezusammensetzung jedes einzelnen Bruchstücks durch Elektrophorese an einem Aminosäureanalysator bestimmt. Die Aminosäuresequenz des ursprünglichen Peptids/Proteins lässt sich dann ableiten, wenn man die Peptidsequenzen so anordnet, dass sich Überlappungen ergeben. (Falls nötig, lassen sich die N- und die C-terminale Aminosäure jedes der Fragmente gesondert analytisch erfassen.)

STRATEGIEN ZUR PROBLEMLÖSUNG

■ Oligopeptidsequenzierung

Ein Nonapeptid durchläuft eine partielle Hydrolyse. Dabei ergeben sich kleinere Peptide, deren Aminosäurezusammensetzung nachfolgend angegeben ist. Die Reaktion des intakten Nonapeptids mit dem Edman-Reagenz führt zur Freisetzung von PTH-Leucin. Wie lautet die Sequenz des Nonapeptids?

1. Pro, Ser	**3.** Met, Ala, Leu	**5.** Glu, Ser, Val, Pro	**7.** Met, Leu
2. Gly, Glu	**4.** Gly, Ala	**6.** Glu, Pro, Gly	**8.** His, Val

- Da wir wissen, dass die N-terminale Aminosäure Leucin ist, müssen wir nach Fragmenten Ausschau halten, die einen Leucinrest enthalten. Fragment (**7**) verrät uns, dass dem Leucinrest ein Methioninrest benachbart ist. Fragment (**3**) verrät uns, dass dem Methionin ein Alanin benachbart ist.
- Nun suchen wir nach einem Fragment, in dem Alanin enthalten ist. Fragment (**4**) enthält Alanin und verrät uns, dass dem Alanin ein Glycinrest benachbart ist.
- Aus Fragment (**2**) wissen wir, dass als nächstes ein Glutaminsäurerest folgt; Glutaminsäure ist in den Fragmenten (**5**) und (**6**) enthalten.
- Fragment (**5**) hat drei Aminosäuren, die wir noch in dem Peptid unterbringen müssen (Val, Ser, Pro), Fragment (**6**) aber nur eine, und so können wir schließen, dass Prolin die nächste Aminosäure ist.
- Fragment (**1**) verrät uns, dass die nächste Aminosäure Serin ist. Wir können nunmehr Fragment (**5**) auswerten. Fragment (**5**) sagt uns, dass die nächste Aminosäure Valin ist; Fragment (**8**), dass Histidin die letzte – die C-terminale – Aminosäure unseres Peptids ist.
- Die Aminosäuresequenz unseres Nonapeptids ist somit: Leu-Met-Ala-Gly-Glu-Pro-Ser-Val-His.

Ü 39* Ein Dekapeptid durchläuft eine partielle Hydrolyse. Dabei ergeben sich kleinere Peptide, deren Aminosäurezusammensetzung nachfolgend angegeben ist. Die Reaktion des intakten Nonapeptids mit dem Edman-Reagenz führt zur Freisetzung von PTH-Glycin. Wie lautet die Sequenz des Dekapeptids?

1. Ala, Trp	**3.** Pro, Val	**5.** Trp, Ala, Arg	**7.** Glu, Ala, Leu
2. Val, Pro, Asp	**4.** Ala, Glu	**6.** Arg, Gly	**8.** Met, Pro, Leu, Glu

Hydrolyse mit Hilfe von Endopeptidasen

Ein Polypeptid kann auch mit Hilfe von **Endopeptidasen** einer partiellen Hydrolyse unterzogen werden. Eine Endopeptidase ist ein Enzym, dass die hydrolytische Spaltung einer Peptidbindung katalysiert, die *nicht* endständig ist. Eine Endopeptidase „schneidet" also ein Peptid im Inneren. Trypsin, Chymotrypsin und Elastase sind Beispiels für Endopeptidasen. Sie spalten nur die in ▶ Tabelle 21.4 angegebenen Peptidbindungen zwischen spezifischen Aminosäurefolgen. Trypsin beispielsweise katalysiert die Hydrolyse der Peptidbindung auf der Carboxylseite von Arginin- und Lysinresten; man sagt auch „*stromabwärts*" (bezogen auf die Biosyntheserichtung von N- nach C-terminal) von Arginin bzw. Lysin. Diese Enzyme gehören zu der Gruppe der **Verdauungsenzyme**.

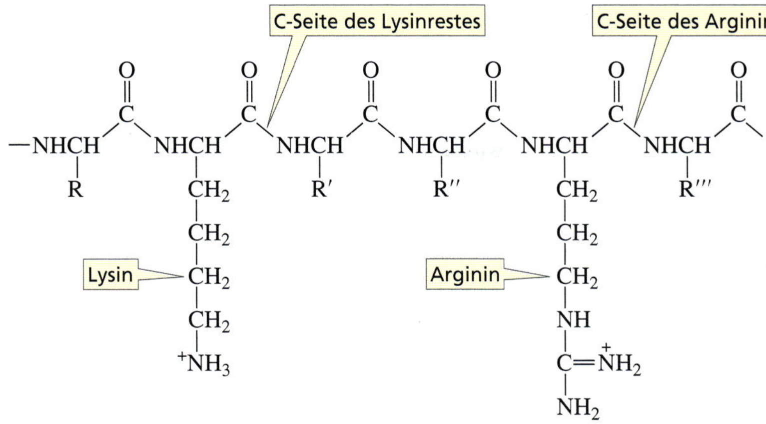

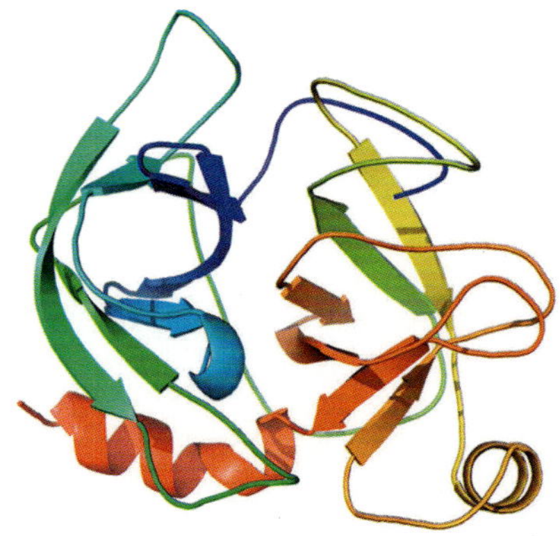

Trypsin

Daher katalysiert Trypsin die Hydrolyse der drei Peptidbindungen des folgenden Polypeptids, wobei ein Hexapeptid, ein Dipeptid und zwei Tripeptide entstehen.

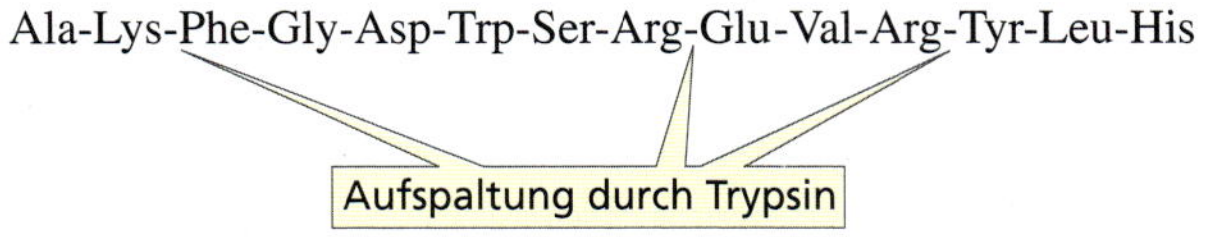

Reagenz	Spezifität
Chemische Reagenzien	
Edman-Reagenz	spaltet die N-terminale Aminosäure ab.
Bromcyan	hydrolysiert auf der Carboxylseite von Methioninresten.
*Exopeptidasen**	
Carboxypeptidase A	spaltet die C-terminale Aminosäure ab (außer Arg und Lys).
Carboxypeptidase B	spaltet die C-terminale Aminosäure ab, wenn diese Arg oder Lys ist.
*Endopeptidasen**	
Trypsin	hydrolysiert auf der Carboxylseite von Arginin- und Lysinresten.
Chymotrypsin	hydrolysiert auf der Carboxylseite von Aminosäuren, die aromatische Sechsringe enthalten (Phe, Tyr, Trp).
Elastase	hydrolysiert auf der Carboxylseite kleiner Aminosäuren (Gly, Ala).
Thermolysin	hydrolysiert auf der Carboxylseite von Ile, Met, Phe, Trp, Tyr und Val.

* Die Spaltung unterbleibt, falls auf einer Seite der zu spaltenden Bindung ein Prolinrest steht.

Tabelle 21.4: Spezifität der Peptid-/Proteinspaltung.

Chymotrypsin spaltet Peptidbindungen auf der Carboxylseite von Aminosäuren, welche einen aromatischen Sechsring in ihrer Molekülstruktur enthalten (also Phe, Tyr, Trp).

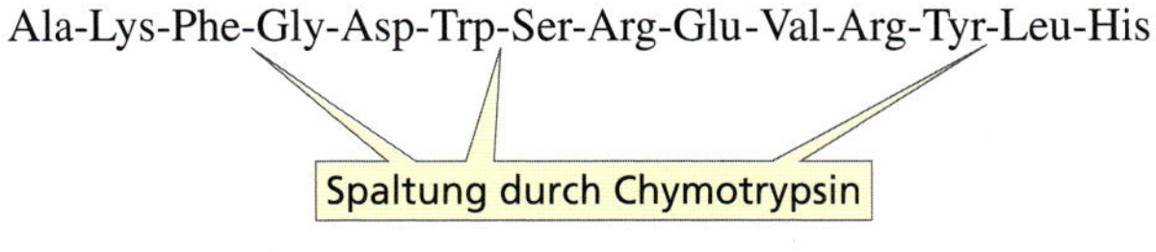

Elastase katalysiert die Spaltung von Peptidbindungen auf der Carboxylseite der vier kleinsten Aminosäuren (Gly, Ala, Ser und Val). (Eine Erklärung für die Spezifität(en) dieser Enzyme wird in Abschnitt 23.9 gegeben.)

Ala-Lys-Phe-Gly-Asp-Trp-Ser-Arg-Glu-Val-Arg-Tyr-Leu-His

Spaltung durch Elastase

Keine der erwähnten Exo- oder Endopeptidasen vermag eine Amidbindung zu hydrolysieren, falls einer der beteiligten Aminosäurereste ein Prolinrest ist. Enzyme erkennen einen geeigneten Hydrolyseort anhand seiner Form und elektrischen Ladungsverteilung. Die besondere zyklische Form des Prolins bedingt, dass die Konformation einer Peptidkette in der Nachbarschaft eines Prolinrestes von der einer gewöhnlichen Peptidkette abweicht.

Ala-Lys-Pro	Leu-Phe-Pro	Pro-Phe-Val
Trypsin wird nicht gespalten.	Chymotrypsin wird nicht gespalten.	Chymotrypsin wird gespalten, weil sich Prolin nicht an der Hydrolysestelle befindet.

Hydrolyse mit Hilfe von Bromcyan

Bromcyan (BrC≡N) verursacht die Hydrolyse von Peptidbindungen auf der Carboxylseite von Methioninresten. Bromcyan ist hinsichtlich der von ihm gespaltenen Bindungen spezifischer als manche Endopeptidasen. Es ist daher in der Lage, wertvolle Informationen über die Primärstruktur eines Peptids/Proteins zu liefern. Bromcyan ist ein einfaches Molekül; es kann also keinen ausgefeilten Erkennungsmechanismus wie bei einem Enzym geben, daher wird auch eine Peptidbindung mit einem Prolinrest an der Hydrolyseseite aufspalten.

Ala-Lys-Phe-Gly-Met-Pro-Ser-Arg-Met-Val-Arg-Tyr-Leu-His

Spaltung durch Bromcyan

Mechanismus für die Spaltung einer Peptidbindung durch Bromcyan

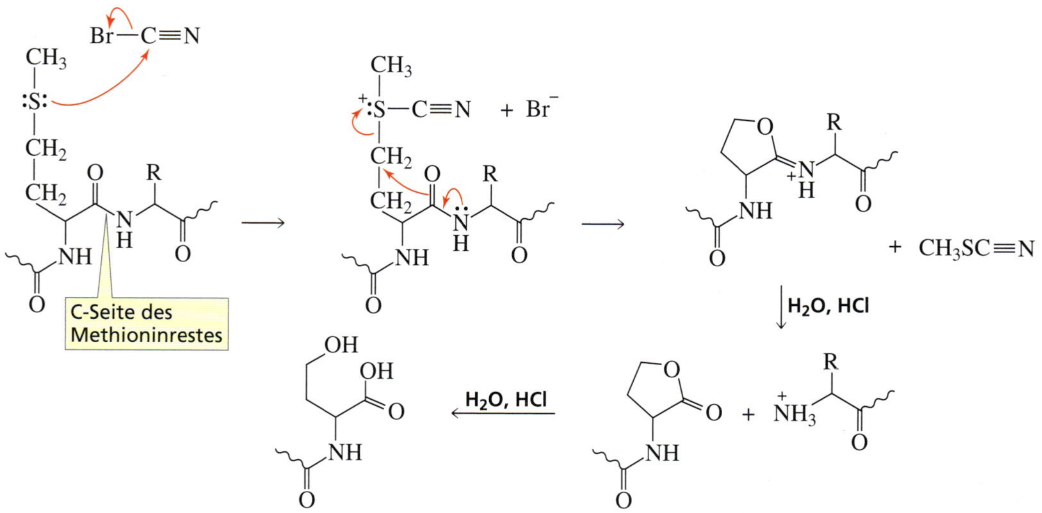

- Das hochgradig nucleophile Schwefelatom des Methionins greift das C-Atom des Bromcyans an.
- Der nucleophile Angriff durch das Sauerstoffatom auf die Methylengruppe verdrängt die schwach basische Abgangsgruppe. Dabei wird ein fünfgliedriger Ring gebildet (Abschnitt 9.2).

- Säurekatalysierte Hydrolyse des Imins führt zur Spaltung des Proteins (Abschnitt 16.8).
- Weitergehende Hydrolyse führt zur Öffnung des Lactons unter Ausbildung einer Carboxyl- und einer Alkoholfunktion (Abschnitt 15.8).

Der letzte Schritt bei der Ermittlung der Primärstruktur eines Polypeptids besteht darin, die Positionen möglicher Disulfidbrücken zu bestimmen. Dies wird erreicht, indem man das Polypeptid ohne vorherige Reduktion der Disulfidbindungen hydrolysiert. Durch Bestimmung der Aminosäurezusammensetzung der cystinhaltigen Fragmente kann auf die Orte der Disulfidbindungen geschlossen werden.

Ü 40 Erklären Sie, warum Bromcyan die C-Seite von Cystein nicht spaltet.

Ü 41* Geben Sie die Peptide an, die sich bei der Spaltung der folgenden Peptide mit den angegebenen Regenzien bilden würden:

(a) His-Lys-Leu-Val-Glu-Pro-Arg-Ala-Gly-Ala mit Trypsin

(b) Leu-Gly-Ser-Met-Phe-Pro-Tyr-Gly-Val mit Chymotrypsin

Ü 42 mit Lösung

Bestimmen Sie die Aminosäuresequenz eines Polypeptids aus den folgenden experimentellen Daten:

Die saure Hydrolyse liefert: Ala, Arg, His, Leu, 2 Lys, 2 Met, Pro, 2 Ser, Thr und Val.
Carboxypeptidase A setzt Valin frei.
Das Edman-Reagenz ergibt PTH-Leu.

Die Spaltung mit Bromcyan führt zu drei Peptiden der folgenden Aminosäurezusammensetzungen:

1. His, Lys, Met, Pro, Ser **2.** Thr, Val **3.** Ala, Arg, Leu, Lys, Met, Ser

Die Hydrolyse mit Trypsin führt zu drei Peptiden und einer einzelnen Aminosäure:

1. Arg, Leu, Ser **2.** Met, Pro, Ser, Thr, Val **3.** Lys **4.** Ala, His, Lys, Met

Lösung

Die saure Hydrolyse sagt uns, dass das Polypeptid aus 13 Aminosäureresten besteht. Die N-terminale Aminosäure ist Leucin (nachgewiesen durch das Edman-Reagenz), die C-terminale Valin (nachgewiesen durch Carboxypeptidase A).

Leu __ __ __ __ __ __ __ __ __ __ __ Val

- Da Bromcyan auf der Carboxylseite von Methioninresten spaltet, muss jedes Spaltpeptid einen Methioninrest als C-terminale Aminosäure beinhalten. Das Peptid ohne Methioninrest muss das C-terminale Peptid des Gesamtpeptids sein. Wir wissen bereits, dass das Peptid Nr. 3 das N-terminale Peptid des Gesamtpeptids ist, da es den Leucinrest enthält. Da es sich um ein Hexapeptid handelt, wissen wir automatisch, dass die sechste Aminosäure unseres Tridekapeptids ein Methioninrest ist. Wir wissen außerdem, dass die elfte Aminosäure ebenfalls ein Methioninrest ist, weil die Bromcyanspaltung das Dipeptid Thr, Val ergibt. Die Bromcyandaten verraten uns außerdem, dass Threonin die zwölfte Aminosäure sein muss, da der Valinrest der dreizehnte ist, wie wir aus der Carboxypeptidase A-Reaktion wissen.

  Ala, Arg, Lys, Ser — His, Lys, Pro, Ser

  Leu __ __ __ __ Met __ __ __ __ Met Thr Val

- Da Trypsin auf der Carboxylseite von Arginin und Lysin spaltet, muss jedwedes Peptid, das einen Arginin- oder Lysinrest enthält, diesen bei der Trypsinspaltung als carboxylendigen Aminosäurerest des Spaltpeptids zeigen. Arginin ist der C-terminale Rest von Peptid 1, also wissen wir, dass die ersten drei Aminosäuren Leucin, Serin und Arginin sind. Wir können weiterhin schließen, dass die nächsten beiden Aminosäuren Lysin und Alanin sein müssen, denn wäre die Reihenfolge umgekehrt (Alanin-Lysin), würde die Trypsinspaltung zu einem Ala, Lys-Dipeptid führen. Die Trypsindaten legen darüberhinaus die Positionen für His und Lys fest.

  Pro, Ser

  Leu Ser Arg Lys Ala Met His Lys __ __ Met Thr Val

- Da Trypsin auf der Carboxylseite von Lysin spaltet, kann schließlich der Prolinrest dem Lysinrest nicht benachbart sein. Die Aminosäuresequenz des Polypeptids ist somit:

  Leu Ser Arg Lys Ala Met His Lys Ser Pro Met Thr Val

Ü 43* Bestimmen Sie die Primärstruktur (Aminosäuresequenz) eines Octapeptids aus den folgenden Daten:

Die saure Hydrolyse liefert: 2 Arg, Leu, Lys, Met, Phe, Ser, Tyr.
Carboxypeptidase A setzt Serin frei.
Das Edman-Reagenz ergibt PTH-Leu.

Die Spaltung mit Bromcyan führt zu drei Peptiden der folgenden Aminosäurezusammensetzungen:

1. Arg, Phe, Ser **2.** Arg, Leu, Lys, Met, Tyr

Die Hydrolyse mit Trypsin führt zu drei Peptiden und einer einzelnen Aminosäure:

1. Arg **2.** Ser **3.** Arg, Met, Phe **4.** Leu, Lys, Tyr

Ü 44 Aus einer Aufspaltung durch Trypsin hat man zwei verschiedene Polypeptide erhalten. Geben Sie in jedem der Fälle die Aminosequenzen an, die Sie aus den angegebenen Daten ableiten können und schlagen Sie vor, welche weiteren Experimente durchgeführt werden sollten, um die Primärstruktur der Polypeptide zu bestimmen.

(a) Polypeptid I: **1.** Val-Gly-Asp-Lys **2.** Leu-Glu-Pro-Ala-Arg **3.** Ala-Leu-Gly-Asp
(b) Polypeptid II: **1.** Val-Leu-Gly-Glu **2.** Ala-Glu-Pro-Arg **3.** Ala-Met-Gly-Lys

Sekundärstruktur von Proteinen 21.14

Die *Sekundärstruktur* eines Peptids beschreibt regelmäßige, meist wiederholt auftretende konformative Strukturelemente, die aus Teilen des Peptidgrundgerüstes gebildet werden. Die Sekundärstruktur ist, anders ausgedrückt, die Art und Weise, wie sich abgrenzbare Teile des Peptidgerüstes falten. Drei Faktoren sind es, die die Sekundärstruktur eines Proteinausschnitts bestimmen:

- Die örtliche flache Struktur im Bereich jeder einzelnen Peptidbindung als Folge des partiellen Doppelbindungscharakters der Amidbindung, welche die möglichen konformativen Zustände der Peptidkette einschränken (Abschnitt 21.8).
- Die maximale Anzahl Peptidgruppen, die an der Ausbildung von Wasserstoffbrückenbindungen teilnehmen können, um die potenzielle Energie des Arrangements zu verkleinern (H-Brücken zwischen den Carbonylsauerstoffatomen eines Aminosäurerestes und den Amidwasserstoffatomen eines anderen).

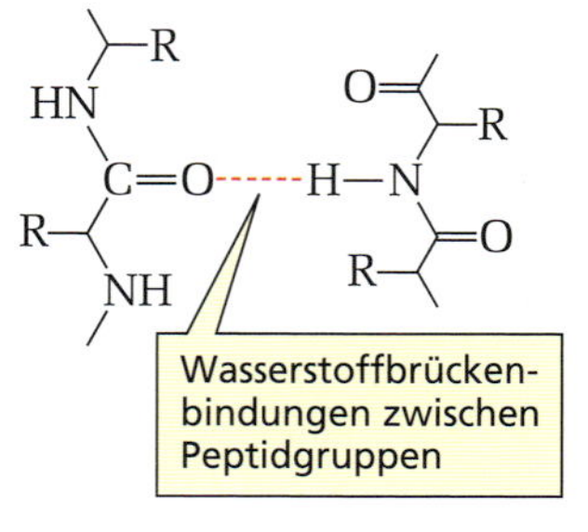

- Die Notwendigkeit, benachbarte Seitenketten „R" ausreichend voneinander zu separieren, um sterische Spannungen und die Abstoßung gleichnamiger elektrischer Ladungen zu verhindern oder zu minimieren.

α-Helix

Ein häufig wiederkehrendes Strukturelement der sekundären Ebene ist die **α-Helix.** Im Bereich einer α-Helix windet sich die Polypeptidkette (definiert durch die Lage der α-Kohlenstoffatome der durchgehenden Atomkette des Moleküls) um eine gedachte Längsachse in Form einer Wendel (lat. *helix*). Die Seitengruppen der Aminosäuren an den α-C-Atomen weisen von der Wendel nach außen. Dadurch wird die sterische Beanspruchung minimal (▸ Abbildung 21.8 a). Die Helix wird durch Wasserstoffbrücken stabilisiert – jedes Wasserstoffatom, das an ein Amidstickstoffatom gebunden ist, ist an ein Carbonylsauerstoffatom einer vier Aminosäuren entfernten Aminosäure über Wasserstoffbrücken gebunden (▸ Abbildung 21.8 b).

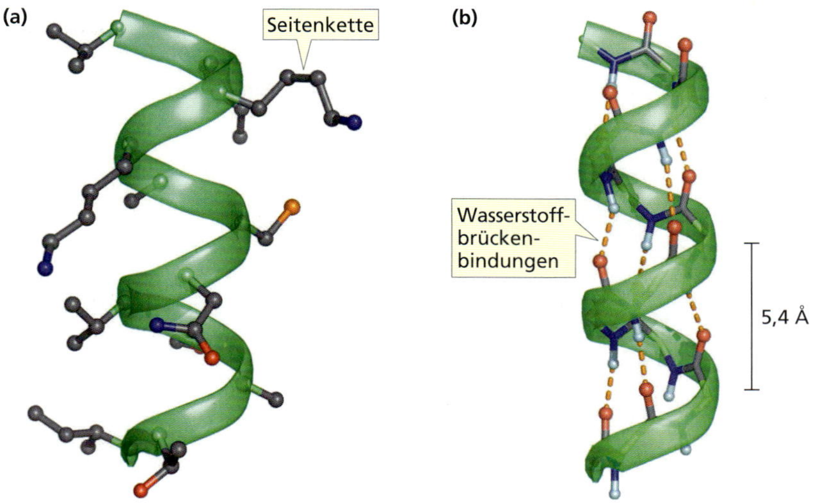

Abbildung 21.8: (a) Ein Ausschnitt aus einer Polypeptidkette mit α-Helixkonformation. (b) Die α-Helix wird durch Wasserstoffbrückenbindungen zwischen den Peptidgruppen stabilisiert. (c) Schrägeinblick in Richtung der Längsachse einer α-Helix.

Da die Aminosäuren L-Konformation besitzen, ist die α-Helix rechtsgewunden (blickt man von der N-terminalen zur C-terminalen Aminosäure entlang der Helixachse, verläuft der Drehsinn im Uhrzeigersinn). Jede Umdrehung der Wendel beinhaltet 3,6 Aminosäurereste, die Ganghöhe beträgt 0,54 nm (= 5,4 Å).

Nicht alle Aminosäuren fügen sich problemlos in eine α-Helix ein. Ein Prolinrest führt zu einem Knick in der Peptidkette, da die Bindung zwischen dem N-Atom des Prolins und dem α-Kohlenstoffatom nicht rotieren kann und daher nicht in die helikale Struktur integrierbar ist. Gleichfalls vermögen zwei in der Sequenz benachbarte Aminosäurebausteine mit mehr als einem Substituenten am β-Kohlenstoffatom (Valin, Isoleucin, Threonin) sich nicht in eine α-Helix einzufügen, da es zu einer sterischen Gruppenhäufung käme. Schließlich vertragen sich zwei nebeneinander liegende Aminosäurereste mit gleichnamiger elektrischer Ladung in einer α-Helix nicht, weil es zu einer elektrostatischen Abstoßung zwischen den Seitenketten R kommt. Der Anteil der α-helikal arrangierten Aminosäurereste in einem Protein schwankt von Proteinsorte zu Proteinsorte. Als grober Mittelwert kann man sich merken, dass etwa ein Viertel der Aminosäurereste eines globulären Proteins sich am Aufbau von α-Helices beteiligen.

HINTERGRUND

■ Rechtsdrehende und linksdrehende Helices

Die α-Helix besteht aus einer Kette von L-Aminosäuren und ist eine rechtsdrehende Helix. Als Wissenschaftler*innen die α-Kette von D-Aminosäuren synthetisiert haben, fanden Sie heraus, dass diese sich in eine linksdrehende Helix einfaltet und daher spiegelbildlich zu einer rechtsdrehenden Helix ist. Als man dann eine Peptidase synthetisiert hat, die ausschließlich D-Aminosäuren enthielt, hat man entdeckt, dass das Enzym genau die selbe katalytische Wirkung auf L-Aminosäuren hat wie die natürlich vorkommende Peptidase. Jedoch hat die Peptidase aus D-Aminosäuren auch nur aus D-Aminosäuren bestehenden Peptidbindungen aufgespalten.

β-Faltblatt

Der zweite Sekundärstrukturtyp, dem wir in Proteinen regelmäßig begegnen, ist das **β-Faltblatt**. In einem β-Faltblattbereich verläuft das Polypeptidgerüst zickzackartig und ähnelt dadurch einem gefalteten Papierbogen (▶ Abbildung 21.9). Ein β-Faltblatt ist beinahe vollständig ausgestreckt. Die durchschnittliche Entfernung zwischen zwei Aminosäureresten beträgt 0,70 nm (7,0 Å).

Im Fall eines **parallelen β-Faltblattes** weisen die nebeneinanderliegenden Teile der Molekülkette die gleiche Orientierung auf (N- → C-terminal/N- → C-terminal). Im Fall eines **antiparallelen β-Faltblattes** weisen die nebeneinanderliegenden Teile der Molekülkette entgegengesetzte Orientierung auf (N- → C-terminal/C- → N-terminal; siehe ▶ Abbildung 21.9).

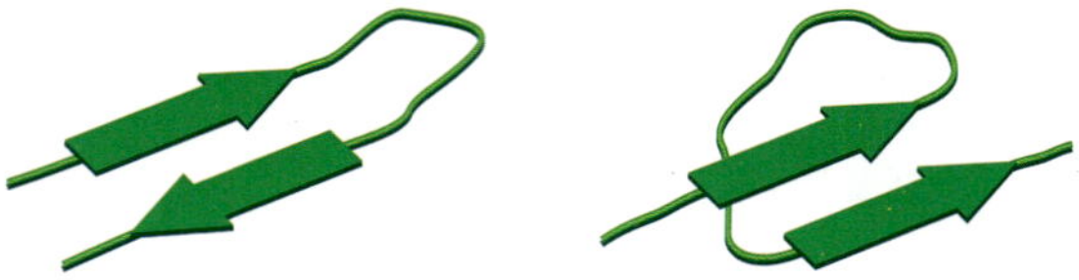

Da die Seitenketten (R) an den α-Kohlenstoffatomen der Aminosäuren benachbarter Kettenabschnitte nah beieinanderliegen, müssen die Substituenten ausreichend klein sein, damit sich die Peptidketten einander nah genug annähern können, um ein Höchstmaß an Wasserstoffbrückenbindungsaktivität entfalten zu können. Das Protein der Seide enthält beispielsweise einen hohen molaren Anteil an kleinen Aminosäuren (Glycin und Alanin). Entsprechend nehmen große Bereiche des Seidenproteins β-Faltblattstruktur ein. Die Zahl der Seite an Seite liegenden Molekülstränge in einem β-Faltblatt liegt bei globulären Proteinen zwischen 2 und 15. Die durchschnittliche Anzahl von Aminosäureresten in einem Strang eines β-Faltblattes wurde für globuläre Proteine zu 6 ausgezählt.

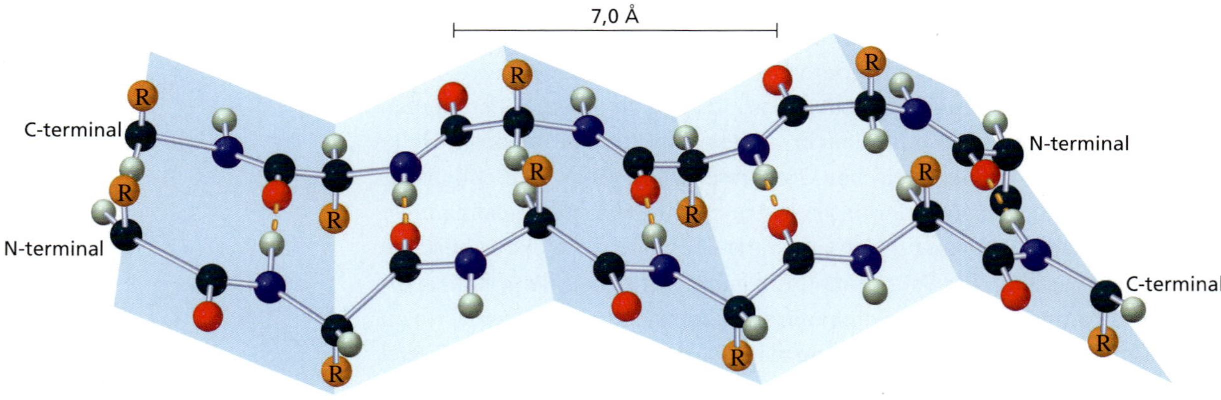

Abbildung 21.9: Segmente eines antiparallelen β-Faltblatts. Die ausgedehnten Ketten werden durch Wasserstoffbrückenbindungen (orange gestrichelte Linien) zusammengehalten. Die Peptidgruppen liegen in der Ebene des Faltblatts; Die Seitenketten (R) sind abwechselnd über und unter der Ebene angeordnet.

Das Wollprotein Keratin und die Faserproteine von Muskelzellen sind Beispiele für Proteine, deren Sekundärstruktur fast nur α-Helices aufweist. Diese Proteine lassen sich daher relativ gut strecken. Im Gegensatz dazu können Proteine, deren Sekundärstruktur einen hohen Anteil β-Faltblätter enthält (z. B. die Seidenproteine von Insekten und Spinnen), nicht gestreckt werden, da die β-Faltblattbereiche bereits beinahe völlig gestreckt sind.

Spiralisierte Bereiche

Im Allgemeinen liegt weniger als die Hälfte des Peptidgerüstes eines globulären Proteins mit definierter Sekundärstruktur (α-Helices oder β-Faltblätter) vor. Der größte Teil des Restes des Proteinmoleküls ist strukturell schwieriger zu beschreiben, obwohl auch in diesen Bereichen eine geordnete Faltung vorliegt. Viele dieser strukturell vielgestaltigen Polypeptidfragmente bilden **Schlaufen** oder **spiralige Strukturen** (▶ Abbildung 21.10).

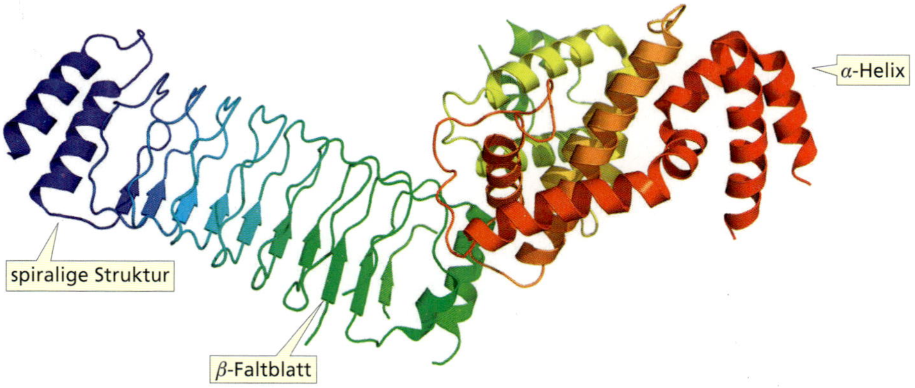

Abbildung 21.10: Die Gerüststruktur des Enzyms Ligase (Abschnitt 26.5): Ein β-Faltblatt wird durch einen flachen Pfeil angezeigt, der in die N ⟶ C-Richtung zeigt, eine α-Helix wird duch ein spiralenförmiges farbiges Band angezeigt und eine Windung oder Schlaufe wird durch ein dünnes Röhrchen angezeigt.

Ü 45*

(a) Wie lang ist eine α-Helix mit 74 Aminosäureresten?

(b) Vergleichen Sie die Länge dieser α-Helix mit der Länge einer vollständig ausgestreckten Polypeptidkette, die dieselbe Anzahl Aminosäurereste enthält. (Der Abstand zwischen aufeinanderfolgenden Aminosäureresten beträgt bei einer vollständig gestreckten Peptidkette 0,35 nm (3,5 Å), der Wiederholungsabstand einer α-Helix beträgt 5,4 Å.)

HINTERGRUND

■ β-Peptide: Ein Versuch, die Natur zu verbessern

β-Peptide erfreuen sich gegenwärtig großer Aufmerksamkeit unter den Strukturchemiker*innen. β-Peptide sind Polymere aus β-Aminosäuren. Diese Peptide besitzen Gerüststrukturen, die pro Rest um ein Kohlenstoffatom länger sind als die Gerüste der von Lebewesen erzeugten Proteine/Peptide aus α-Aminosäuren. Jede β-Aminosäure besitzt also zwei Kohlenstoffatome, an denen Seitenketten angeheftet sein können.

Wie die α-Polypeptide, bilden auch β-Polypeptide recht stabile helikale und Faltblattstrukturen. Dies hat auf die Frage geführt, ob β-Peptide auch biologische Wirkungen zu entfalten imstande sein könnten. Vor kurzem konnte ein β-Peptid mit biologischer Aktivität synthetisiert werden. Seine physiologische Wirkung ähnelt der des Hormons Somatostatin. Somatostatin ist ein Peptidhormon aus 14 Aminosäureresten, das u.a. in der Bauchspeicheldrüse gebildet wird, wo es die Ausschüttung von Insulin und Glucagon überwacht. Insulin und Glucagon sind ihrerseits Hormone, die den Energiestoffwechsel steuern. Es gibt Hoffnungen darauf, dass sich β-Polypeptide als Grundlage für neue und vielleicht neuartige Medikamentenwirkstoffe und Katalysatoren erweisen könnten. Es ist nicht überraschend, dass die Peptidbindungen der β-Polypeptide gegen enzymatische Angriffe der Enzyme, die Peptidbindungen der gewöhnlichen biogenen α-Polypeptide spalten, weitgehend resistent sind, da Enzyme in der Regel ein hohes Maß an Substratspezifität an den Tag legen. Die Widerstandsfähigkeit gegen enzymatische Hydrolyse bedeutet, dass die künstlichen β-Polypeptide eine längere Verweilzeit im Körper zeigen als natürliche Peptide. Dies kann unter Umständen von Vorteil sein, es kann aber auch zu unerwünschten Nebenwirkungen führen.

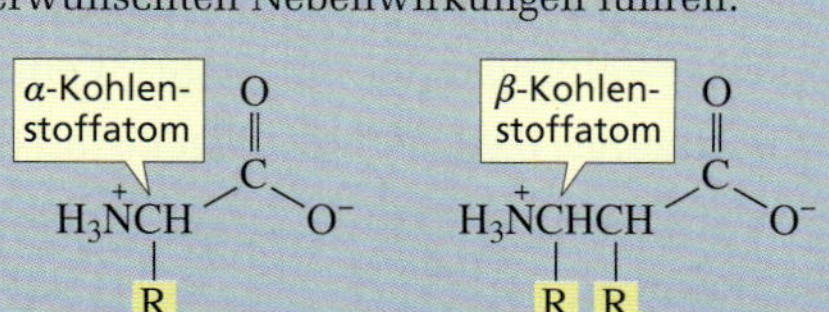

Tertiärstruktur von Proteinen 21.15

Die *Tertiärstruktur* eines Proteins ist die Beschreibung der räumlichen Anordnung aller Atome des Proteinmoleküls. In der Tertiärstruktur sind also die Ebenen der Primär- und der Sekundärstruktur implizit enthalten. Proteine falten sich in Lösung in der Regel in der Weise, dass ihre Stabilität maximal ist. Bei jeder stabilisierenden Wechselwirkung zwischen zwei Atomen ist die Änderung der freien Enthalpie negativ. Je größer der Enthalpiebetrag ist, desto stabiler ist das Protein. Folglich neigt ein Protein dazu, sich so zu falten, dass die Zahl der stabilisierenden Wechselwirkungen maximiert wird (▶ Abbildung 21.11).

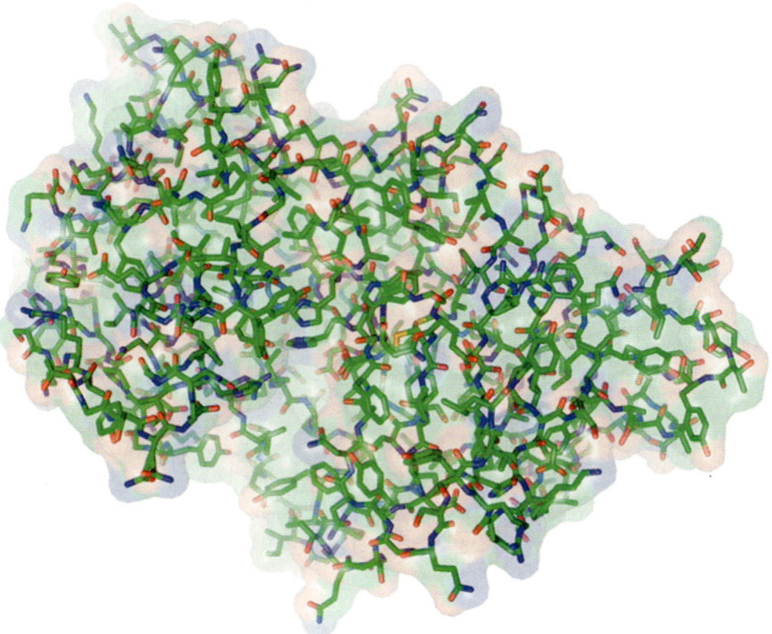

Abbildung 21.11: Die dreidimensionale Struktur von Thermolysin (eine Endopeptidase).

Stabilisierende Wechselwirkungen

Die stabilisierenden Wechselwirkungen an einem Proteinmolekül umfassen Disulfidbrücken, Wasserstoffbrückenbindungen, elektrostatische Wechselwirkungen (Anziehung zwischen Kationen und Anionen) und hydrophobe Wechselwirkungen (van der Waals'sche Wechselwirkungen) (▶ Abbildung 21.12). Stabilisierende Wechselwirkungen können sich zwischen Peptidgruppen (Atome des durchgehenden Molekülgerüstes), zwischen Seitenketten (α-Substituenten) sowie zwischen Seitengruppen und dem Peptidrückgrat ausbilden. Da die Seitenketten maßgeblich mitbestimmen, wie sich eine Polypeptidkette faltet, wird die native Tertiärstruktur eines Proteins von seiner Primärstruktur vorausbestimmt.

Disulfidbrücken sind die einzigen kovalenten Bindungen, die sich im Verlauf der Faltung einer Polypeptidkette ausbilden. Die anderen bei der Faltung auftretenden Wechselwirkungen sind einzeln betrachtet viel schwächer; Jedoch sind dies aufgrund ihrer hohen Anzahl von großer Bedeutung für den Verlauf der Faltung.

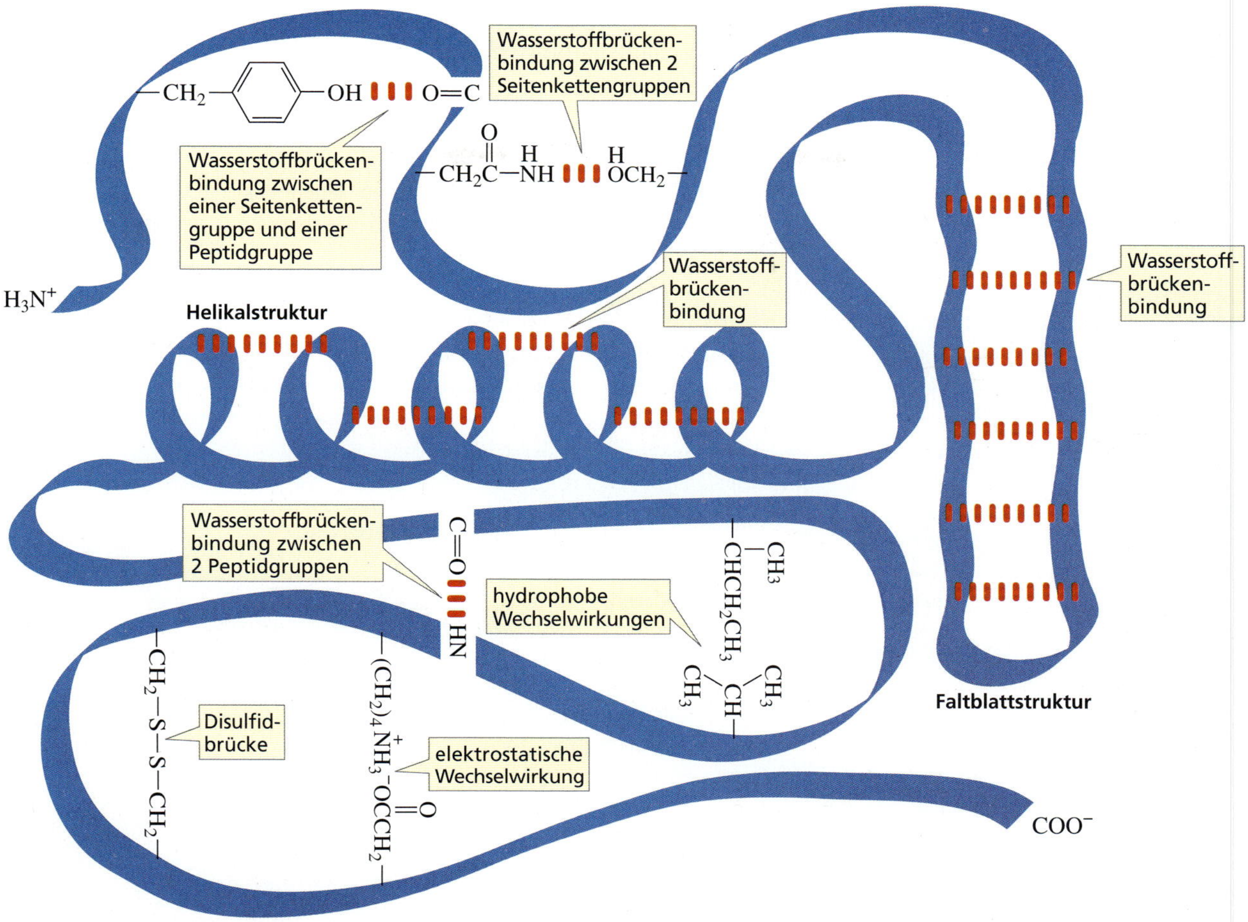

Abbildung 21.12: Stabilisierende Wechselwirkungen bei der Ausbildung der Tertiärstruktur eines Proteins.

Die Mehrzahl der Zellproteine liegt in einem wässrigen Milieu, dem Zellplasma, vor. Diese Proteine falten sich daher auf eine solche Weise, dass eine größtmögliche Anzahl an polaren Gruppen an der Oberfläche des Proteins anliegt und so mit den Wassermolekülen (dem Lösungsmittel) in Kontakt kommt. Dadurch verschwindet die größtmögliche Zahl an nicht polaren Gruppen im Inneren des Proteins.

Hydrophobe Wechselwirkungen

Die **hydrophoben Wechselwirkungen** zwischen nicht polaren Gruppen in einem Protein erhöhen dessen Stabilität durch Vergrößerung der Entropie des Systems (der Lösung, in der das Protein vorliegt). Wassermoleküle, die nicht polare Gruppen umgeben, weisen als Ensemble einen höheren Ordnungsgrad (geringe Entropie) auf. Wenn zwei nicht polare Gruppen in Kontakt miteinander kommen, verringert sich die Kontaktfläche für das umgebende Wasser. Dadurch wiederum gewinnen die Wassermoleküle Bewegungsfreiheitsgrade, die sich in einer Entropiezunahme niederschlägt. Dies zieht eine Verminderung des Betragswertes der Änderung der freien Enthalpie nach sich, was die Stabilität des Proteins erhöht. (Rufen Sie sich die Gibbs-Helmholtz-Gleichung in Erinnerung: $\Delta G° = \Delta H° - T\Delta S°$).

Der genaue Mechanismus der Proteinfaltung ist immer noch eine ungelöste Frage. Die fehlerhafte Faltung von Proteinen wird jedoch mit Krankheiten wie Alzheimer und dem Huntington Syndrom in Verbindung gebracht.

Ü 46* Wie wird sich Ihrer Meinung nach im Vergleich zu dem gerade besprochenen wasserlöslichen Protein ein Protein falten, das sich im Inneren einer biologischen Membran aufhält?

HINTERGRUND

Durch fehlgefaltete Proteine verursachte Krankheiten

Die Bovine spongiforme Enzephalopathie (BSE), auch bekannt als *Rinderwahnsinn*, wird im Gegensatz zu den meisten Krankheiten nicht durch Mikroorganismen verursacht. Vielmehr wird die Krankheit durch ein fehlgefaltetes Protein, ein Prion, im Gehirn hervorgerufen. Bislang konnte noch nicht geklärt werden, warum das Prion diese fehlerhafte Faltung aufweist. Man hat jedoch bereits herausgefunden, dass dieses fehlgefaltete Protein den Zerfall des Gehirns verursacht, wodurch dieses eine schwammartige Struktur aufweist. Dieser strukturelle Zerfall geht mit einer Verringerung der kognitiven Kapazität einher. Kühe, die unter dieser Krankheit leiden, verhalten sich daher seltsam, was die Bezeichnung Rinderwahnsinn erklärt. Diese Erkrankung kann nicht geheilt werden und die Folgen sind verheerend, jedoch besteht keine Ansteckungsgefahr. Die Erkrankung ist erstmal im Jahr 1985 im Vereinigten Königreich aufgetreten, nachdem Kühe die Knochen von mit der Traberkrankheit infizierten Schafen gefressen hatten. Zwischen der ersten Berührung mit der Krankheit und ersten beobachten Symptomen können Jahre vergehen. Wenn die Symptome jedoch schließlich ausbrechen, dann ist der Krankheitsverlauf rapide.

Es gibt weitere Erkrankungen, die durch fehlerhaft gefaltete Proteine verursacht werden. Beispielsweise ist bei Menschen des Fore-Stamms in Papua Neu Guinea – eine Krankheit, die durch Kannibalismus verursacht wird – aufgetreten (das Wort *kuru* bedeutet „zittern"). Schafe und Ziegen werden von der Traberkrankheit befallen, die auch Wetzkrankheit genannt wird und ihren Namen von dem Verhalten der Schafe hat, sich ihr Fell an Zäunen abzustreifen.

Das Menschen betreffende Variante dieser Erkrankung wird als Creutzfeld-Jakob-Syndrom bezeichnet, welches sehr selten und unheilbar ist. Denn die Anzahl an jährlichen Neuerkrankungen beträgt nur 64. Im Jahr 1996 sind jedoch einige Fälle einer abgewandelten Variante dieser Krankheit im Vereinigten Königreich aufgetreten. Bis zum heutigen Tag wurden 229 Fälle beobachtet, 177 davon im Vereinigten Königreich. Es wird vermutet, dass der Ausbruch dieser neuen Variante des Creutzfeld-Jakob-Syndroms durch den Verzehr des Fleisches infizierter Tiere verursacht wurde.

21.16 Quartärstruktur von Proteinen

Proteine, die aus mehr als einer Polypeptidkette bestehen, bilden funktionelle Oligomere. Die einzelne Polypeptidkette wird dann eine **Untereinheit** des Proteins genannt. Proteine mit einer einzigen Untereinheit sind *Monomere*, Proteine aus zwei Untereinheiten sind *Dimere*, solche aus drei Untereinheiten *Trimere*, und so weiter. Die *Quartärstruktur* eines Proteins beschreibt die Art und Weise, wie sich diese einzelnen Untereinheiten gruppieren und miteinander in Wechselwirkung treten, um das Gesamtprotein zu bilden.

Der Blutfarbstoff Hämoglobin ist ein Tetramer. Es besteht aus zwei unterschiedlichen Untereinheiten, die jeweils doppelt vorhanden sind. Die Quartärstruktur des Hämoglobins ist in ► Abbildung 21.13 wiedergegeben.

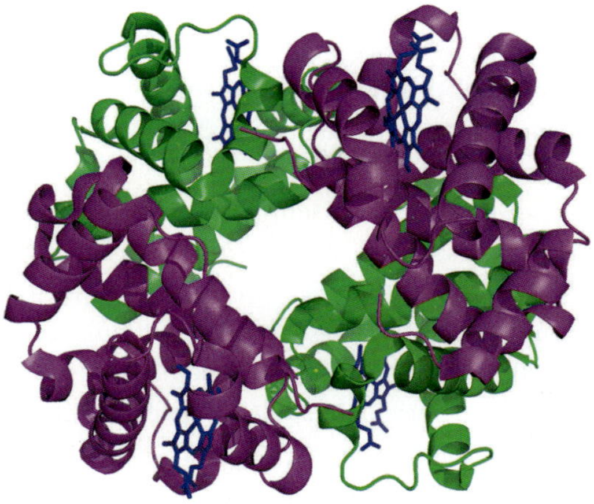

Abbildung 21.13: Die quartäre Struktur des Hämoglobins. Die beiden α-Untereinheiten werden in grüner Farbe dargestellt und die beiden β-Untereinheiten in lilaner Farbe. Die Prophyrinringe werden blau dargestellt (Abschnitt 19.7).

Die Untereinheiten werden durch die gleichen Wechselwirkungen zusammengehalten, die auch die einzelne Polypeptidkette zu ihrer Tertiärstruktur führen: Hydrophobe Wechselwirkungen, Wasserstoffbrückenbindungen und elektrostatische Wechselwirkungen.

Ü 47*

(a) Welches Protein oder welche Proteinuntereinheit würde vermutlich den höchsten prozentualen Anteil an polaren Aminosäuren aufweisen: Ein sphärisches Protein, ein zigarrenförmiges Protein oder eine Untereinheit eines Hexamers?

(b) Welches würde vermutlich den geringsten prozentualen Anteil polarer Aminosäuren aufweisen?

Proteindenaturierung 21.17

Die Zerstörung der hoch geordneten Tertiärstruktur eines Proteins wird als **Denaturierung** bezeichnet. Jede chemische oder physikalische Einwirkung, die die Bindungen, die die dreidimensionale Struktur eines Proteins aufrechterhalten, auflöst, führt zur Denaturierung des Proteins. Da diese Bindungen schwache Bindungen sind, werden Proteine leicht denaturiert. Die teilweise oder gänzlich zufällige Konformation eines denaturierten Proteins wird als **Zufallsknäuel** bezeichnet. Eine Denaturierung ist in den meisten Fällen (es gibt einige wenige Ausnahmen) ein irreversibler Vorgang. Oft kommt es bei der Denaturierung zur Koagulation (Gerinnung) der Proteine, also zur Ausbildung einer isotrop-kolloidalen Phase sehr hoher Viskosität bis zur gummielastischen Verfestigung. Es folgt eine Auflistung von Wegen, wie eine Proteindenaturierung zustande gebracht werden kann:

- Starke Änderung des pH-Wertes führt zur Denaturierung, weil die elektrischen Ladungsverhältnisse an vielen Seitenketten schlagartig verändert werden. Dies führt zu einer Störung der elektrostatischen Wechselwirkungen und des Musters der Wasserstoffbrückenbindungen.
- Bestimmte chemische Reagenzien wie Harnstoff oder Guanidinhydrochlorid führen durch die Ausbildung von Wasserstoffbrückenbindungen, die stärker sind als die intrinsischen H-Brücken der Polypeptidkette, zur Denaturierung.

- Detergenzien wie Natriumdodecylsulfat führen zur Denaturierung durch Assoziation mit unpolaren Gruppen des Proteins. Dies stört die normalen hydrophoben Wechselwirkungen.
- Organische Lösungsmittel denaturieren Proteine durch Störung der hydrophoben Wechselwirkungen.
- Proteine werden durch physikalische Einwirkungen wie Wärme oder mechanische Beanspruchung (Scherung) denaturiert. Beide Einwirkungen, die sich auf der Ebene der Moleküle als Bewegung (mechanische Kraft) bemerkbar machen, können zur Störung der anziehenden Wechselwirkungen in einer Polypeptidkette führen. Allgemein bekannte Beispiele hierfür sind die Gerinnung von Eiweiß, wenn ein Hühnerei gebraten (Hitzedenaturierung) oder wenn Eiweiß geschlagen wird.

Ü 48 Wenn aufgeschnittene Äpfel an der Luft liegen, dann verursacht eine enzymkatalysierte Reaktion, dass diese eine braune Färbung an der Oberfläche aufweisen. Erklären Sie, warum diese Farbveränderung verhindert werden kann, wenn man einen frisch aufgeschnittenen Apfel mit Zitronensaft (pH-Wert = 3,5) bestreicht.

Zusammenfassung

Abschnitt 21.0

- **Peptide** und **Proteine** sind Polymere aus **Aminosäuren**, die durch **Peptid-(Amid-)verbindungen** zusammengehalten werden.

Abschnitt 21.1

- Aminosäuren unterscheiden sich ausschließlich durch die Seitengruppen, die sich am α-Kohlenstoffatom befinden.

Abschnitt 21.2

- Fast alle natürlich vorkommenden Aminosäuren weisen die L-Konfiguration auf.

Abschnitt 21.3

- Die Carboxylgruppen der Aminosäuren haben pK_S-Werte von ~2 und die protonierten Aminogruppen haben pK_S-Werte von ~9. Bei einem physiologischen pH-Wert (7,4) liegen Aminosäuren als **Zwitterion** vor.

Abschnitt 21.4

- Der **isoelektrische Punkt** (pI) einer Aminosäure ist der Punkt, an dem die Gesamtladung der Aminosäure ausgeglichen ist.

Abschnitt 21.5

- Eine Mischung aus verschiedenen Aminosäuren kann anhand deren jeweiligen pI-Werte in die einzelnen vorhandenen Aminosäuren aufgesplittet werden. Dies kann durch **Elektrophorese** oder durch **Papier-** oder **Dünnschichtchromatographie** erfolgen. Bei diesen Methoden wird die Polarität der Aminosäuren genutzt.
- Die Trennung der Aminosäuren in einer gemischten Lösung kann auch anhand deren Nettoladung durch **Ionenaustauschchromatographie** erfolgen, wobei entweder ein **Kationharz** oder ein **Anionharz** verwendet wird. Ein Analysiergerät für Aminosäuren ist ein Gerät, durch welches die Ionenaustauschchromatographie automatisiert erfolgen kann.

Abschnitt 21.6

- Aminosäuren können durch eine Hell-Volhard-Zelinski-Reaktion (gefolgt von einer Reaktion mit Überschuss NH_3), durch eine Strecker-Synthese, durch reduktive Aminierung, durch eine *N*-Phthalimidmalonestersynthese oder durch eine Acetamidomalonestersynthese synthetisiert werden.

Abschnitt 21.7

- Eine racemisierte Mischung von Aminosäuren kann in einer **kinetischen Lösung** mit Hilfe einer enzymkatalysierten Reaktion getrennt werden.

Abschnitt 21.8

- Die Rotation um Peptidbindungen kann nur in einem begrenzten Maß stattfinden, da diese Bindungen teilweise den Charakter einer Doppelbindung aufweisen.
- Konventionell wird bei Peptiden und Proteinen die freie Aminogruppe der **N-terminalen Aminosäure** an der linken Seite dargestellt und die freie Carboxylgruppe der **C-terminalen Aminosäure** auf der rechten Seite.
- Zwei Cysteinseitenketten können zu einer **Disulfidbindung** oxidiert werden, was die einzige Möglichkeit ist, um eine kovalente Bindung zwischen nicht aneinander liegenden Aminosäuren herzustellen.

Abschnitt 21.10

- Damit eine Peptidbindung synthetisiert werden kann, muss die Aminogruppe der N-terminalen Aminosäure durch *t*-Boc geschützt und deren Carboxylgruppe mit DCCD aktiviert werden. Daraufhin wird eine zweite Aminosäure hinzugegeben, woraus sich ein Dipeptid bildet. Weitere Aminosäuren können an das wachsende C-terminale Ende angegliedert werden, indem man diese beiden Schritte wiederholt: Die Aktivierung der Carboxylgruppe der C-terminalen Aminosäure mit DCCD und die Zugabe einer weiteren Aminosäure.

Abschnitt 21.11

- Durch die **automatisierte Festphasenpeptidsynthese** können Peptide schneller und mit einer höheren Ausbeute synthetisiert werden.

Abschnitt 21.13

- Die **Primärstruktur** eines Proteins wird durch die Abfolge der vorhandenen Aminosäuren und durch die Stellen, an denen sich die vorhandenen Disulfidbrücken befinden, beschrieben.
- N-terminale Aminosäuren können mit einem **Edman-Reagenz** bestimmt werden. C-terminale Aminosäuren wiederum kann man durch Carboxypeptidase bestimmen.
- **Exopeptidasen** katalysieren die Hydrolyse von Peptidbindungen, die sich am Ende einer Polypeptid- oder Proteinkette befinden. **Endopeptidasen** katalysieren die Hydrolyse von Peptidbindungen, die sich nicht am Kettenende befinden.

Abschnitt 21.14

- Die **Sekundärstruktur** eines Proteins beschreibt, wie sich die lokalen Segmente der Proteinskelettstruktur falten. Zwei Typen dieser Sekundärstruktur sind die ***α*-Helix** und das ***β*-Faltblatt**.
- Proteine falten sich derart, dass die Anzahl der stabilisierenden zwischenliegenden Bindungen maximal ist. Diese sind **Disulfidbrücken**, **Wasserstoffbrücken**, **elektrostatische Anziehung** und **hydrophobe Anziehung**.

Abschnitt 21.15

- Die **Tertiärstruktur** eines Proteins zeigt die dreidimensionale Anordnung aller Atome des Proteins.

Abschnitt 21.16

- Die **Quartärstruktur** eines Proteins veranschaulicht, wie die Peptidketten (Untereinheiten) eines Proteins mit mehr als einer Peptidkette angeordnet sind.

Abschnitt 21.17

- Proteine können durch eine Veränderung des pH-Wertes, durch ein organisches Lösungsmittel, durch Hitze, durch Schütteln oder durch ausgewählte Reagenzen **denaturiert** werden.

Im MyLab | Organische Chemie finden Sie:

- den praktischen **eText** zum Kapitel mit Notizfunktion
- eine Auswahl verschiedener **3D-Moleküle**
- **Lösungen** zu ausgewählten, mit * versehenen Übungen
- digitale **Lernkarten** und ein umfangreiches **Glossar** zum Nachschlagen und Wiederholen von Definitionen
- digitale Übungsaufgaben in Form von **Kapiteltests** zur eigenen Lernkontrolle

Katalyse in organischen Reaktionen und in enzymatischen Reaktionen

22

22.1 Katalyse in der Organischen Chemie 1214
22.2 Saure Katalyse 1215
22.3 Basenkatalyse 1219
22.4 Nucleophile Katalyse 1221
22.5 Katalyse durch Metallionen 1222
22.6 Intramolekulare Reaktionen 1224
22.7 Intramolekulare Katalyse 1227
22.8 Katalyse biochemischer Reaktionen 1230
22.9 Eine enzymkatalysierte Reaktion, die an eine säurekatalysierte Amidhydrolyse erinnert 1232
22.10 Eine weitere enzymkatalysierte Reaktion, die an eine säurekatalysierte Amidhydrolyse erinnert 1235
22.11 Eine enzymkatalysierte Reaktion, die aus zwei aufeinanderfolgenden S_N2-Reaktionen besteht 1239
22.12 Eine enzymkatalysierte Reaktion, die an eine basenkatalysierte Endiolumlagerung erinnert 1244
22.13 Eine enzymkatalysierte Reaktion, die an eine Retro-Aldoladdition erinnert 1245
Zusammenfassung 1248

ÜBERBLICK

Lysozym.

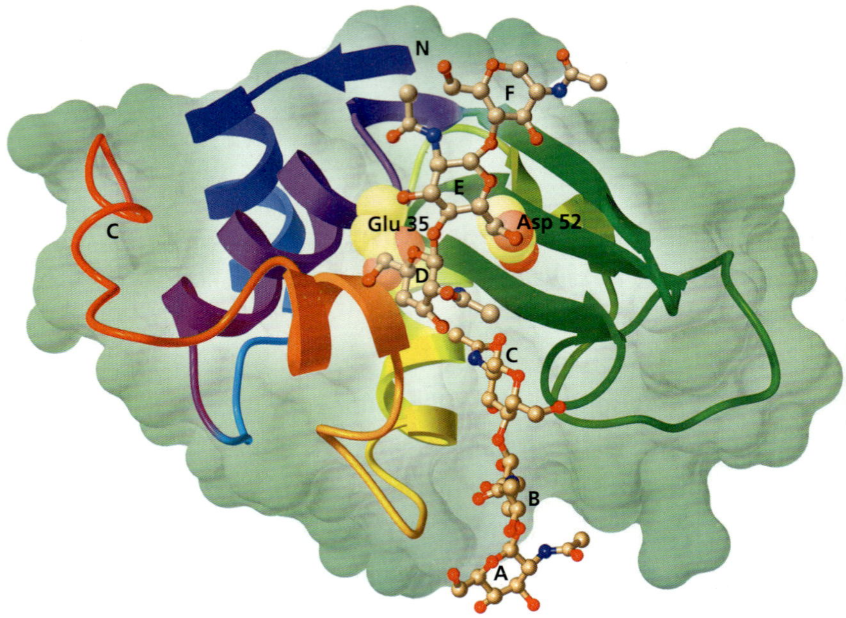

Lysozym ist ein Enzym, das die Hydrolyse bakterieller Zellwände katalysiert. Der Buchstabe C, der links in der Abbildung zu sehen ist, zeigt das C-terminale Ende, der Buchstabe N zeigt das N-terminale Ende und die Zellwand ist mit A–F angegeben. Die katalytischen Gruppen von Lysozym (Glu 35 und Asp 52) sind ebenfalls dargestellt (Abschnitt 22.11).

Ein **Katalysator** ist ein chemischer Stoff, der die Geschwindigkeit einer chemischen Reaktion durch Teilnahme an der Reaktion erhöht, ohne selbst im Reaktionsverlauf verbraucht oder bleibend chemisch verändert zu werden. In diesem Kapitel betrachten wir die Katalysatortypen, die in organischen Reaktionen verwendet werden. Weiterhin betrachten wir, wie diese einen energetisch günstigeren Reaktionsweg bieten. Wir werden sehen, wie die gleichen Katalysatoren in Reaktionen verwendet werden, die in Zellen ablaufen. Diese bezeichnet man als enzymkatalysierte Reaktionen. Weiterhin wird in diesem Kapitel dargestellt, warum Enzyme außergewöhnlich gute Katalysatoren sind. Sie vermögen, die Geschwindigkeit einer intermolekularen Reaktion um bis zu 10^{16} zu erhöhen. Im Gegensatz dazu sind nichtbiologische Katalysatoren selten in der Lage, die Geschwindigkeit einer intermolekularen Reaktion um mehr als 10^4 zu erhöhen. Wir haben gelernt, dass die Geschwindigkeit, mit der eine chemische Reaktion abläuft, von der Energieschwelle abhängt, die überwunden werden muss, damit die Ausgangsstoffe in die Reaktionsprodukte überführt werden können (Abschnitt 3.7). Die Höhe dieser Energieschwelle wird durch die freie Aktivierungsenthalpie ($\Delta G^{\ddagger}$) angegeben. Ein Katalysator beschleunigt eine Reaktion durch Eröffnung eines alternativen Reaktionsweges mit einem niedrigeren $\Delta G^{\ddagger}$-Wert (Abschnitt 5.13).

Ein Katalysator vermindert den $\Delta G^{\ddagger}$-Wert auf eine von drei Weisen:

1. Die katalysierten und die unkatalysierten Reaktionen verlaufen nach ähnlichen Mechanismen, doch wandelt der Katalysator den/die Reaktanten in eine *reaktivere (weniger stabile) Verbindung* um (► Abbildung 22.1 a).

2 Die katalysierten und die unkatalysierten Reaktionen verlaufen nach ähnlichen Mechanismen, doch trägt der Katalysator beträchtlich *zur Stabilität des Übergangszustandes* der Reaktion (dem Zustand höchster potenzieller Energie) bei (► Abbildung 22.1 b).

3 Der Katalysator kann dazu führen, dass die Reaktion nach einem gänzlich *anderen Mechanismus* abläuft, der einen niedrigeren $\Delta G^{\ddagger}$-Wert als die unkatalysierte Reaktion aufweist (► Abbildung 22.2).

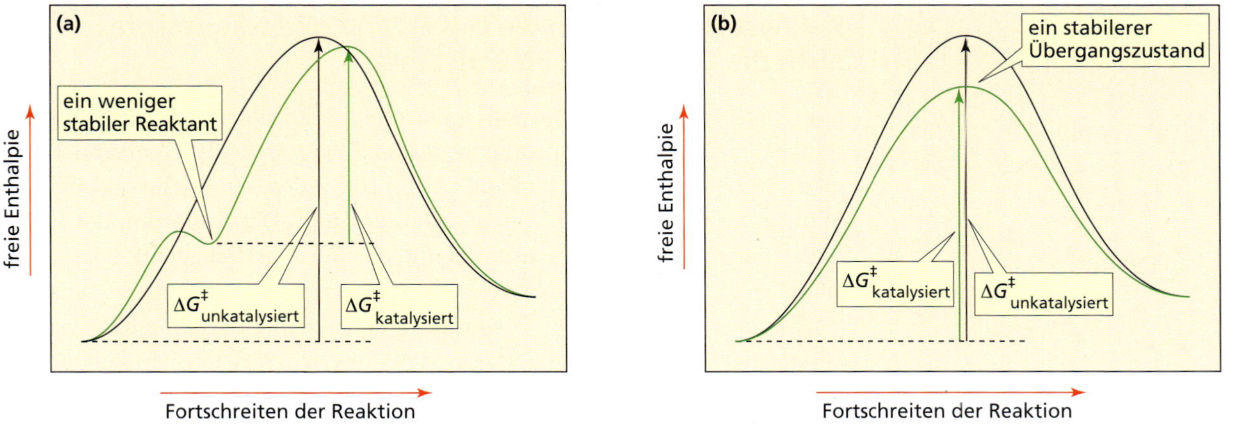

Abbildung 22.1: Reaktionskoordinatendiagramm einer unkatalysierten Reaktion (schwarz) und einer katalysierten Reaktion (grün) im Vergleich. (a) Der Katalysator wandelt den Reaktanten in eine reaktivere Verbindung um. (b) Der Katalysator stabilisiert den Übergangszustand.

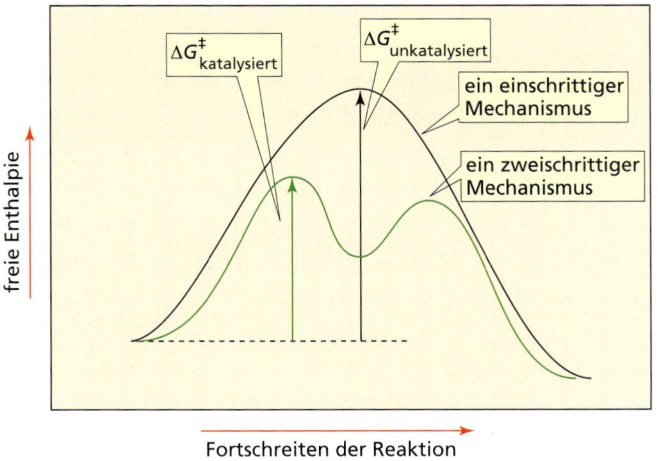

Abbildung 22.2: Reaktionskoordinatendiagramm einer unkatalysierten Reaktion (schwarz) und einer katalysierten Reaktion (grün) im Vergleich. Die katalysierte Reaktion verläuft gegenüber der unkatalysierten nach einem alternativen und energetisch begünstigten Mechanismus (Reaktionsweg).

Katalysatoren werden durch eine Reaktion nicht verändert oder verbraucht

Wenn wir sagen, dass ein Katalysator im Verlauf der Reaktion nicht verbraucht oder verändert wird, so bedeutet das natürlich nicht, dass er nicht an der Reaktion teilnimmt. Ein Katalysator *muss* ja zwingend an der katalysierten Reaktion beteiligt sein; wie sonst sollte die Beschleunigung vonstatten gehen? Was wir sagen wollen ist, dass der Katalysator nach der Reaktion im selben Zustand wie zu Beginn der Reaktion vorliegt. Da der Katalysator im Verlauf der Reaktion nicht verbraucht wird, genügt eine kleine Menge der katalytisch wirksamen Substanz, um den Effekt zu erreichen. Falls der Katalysator stöchiometrisch in einen Reaktionsschritt eingeht, muss er in einem Folgeschritt regeneriert werden. Es ist daher ein Kennzeichen eines Katalysators, dass er in einer wesentlich geringeren, als *katalytisch* bezeichneten Menge, als die eigentlichen Reaktanten einem Reaktionsansatz zugegeben wird (im Regelfall 0,1–10 % der molaren Menge eines Hauptreaktanten).

Katalysatoren ändern die Geschwindigkeitskonstante, nicht die Gleichgewichtskonstante

Man beachte, dass die thermodynamischen Stabilitäten der Ausgangssubstanzen und der Reaktionsprodukte von der Frage, ob Katalyse stattfindet oder nicht, gänzlich unberührt bleiben. Der Einsatz eines Katalysators beeinflusst die Lage des chemischen Gleichgewichtes nicht. Die Änderung der freien Enthalpie ΔG, die darüber Auskunft gibt, ob eine Reaktion abläuft oder nicht, ist daher für die unkatalysierte Reaktion ebenso groß wie für die katalysierte (► Abbildungen 22.1–22.2). Dies verwundert uns nicht, da die Katalyse ein kinetischer Effekt ist, der den thermodynamischen Verlauf nicht tangiert. Da ein Katalysator die Gleichgewichtslage nicht berührt, wird auch bei einer katalysierten Reaktion die gleiche *Produktmenge* gebildet wie bei einer unkatalysierten. Nur die *Geschwindigkeit* der Gleichgewichtseinstellung wird verändert.

Ü 1* Welche der folgenden Parameter sind bei einer chemischen Reaktion, die in Gegenwart eines Katalysators abläuft, verschieden von denen der gleichen Reaktion ohne katalytische Unterstützung? (*Hinweis:* siehe Abschnitt 5.13.)

$$\Delta G°, \Delta H^{\ddagger}, E_a, \Delta S^{\ddagger}, \Delta H°, K_{eq}, \Delta G^{\ddagger}, \Delta S°, k_{\text{Geschwindigkeit}}$$

22.1 Katalyse in der Organischen Chemie

Es gibt mehrere Arten und Weisen, wie ein Katalysator bei einer organisch-chemischen Reaktion einen günstigeren Reaktionsverlauf herbeiführen kann:

- Er kann die Empfänglichkeit eines Elektrophils für einen nucleophilen Angriff erhöhen.
- Er kann die Reaktivität eines Nucleophils erhöhen.
- Er kann die Abgangseigenschaften einer Gruppe verbessern, indem er ihre Basizität vermindert.
- Er kann die Stabilität eines Übergangszustands erhöhen.

In diesem Kapitel werden wir einige der am häufigsten eingesetzten Katalysatortypen (saure Katalysatoren, basische Katalysatoren, nucleophile Katalysatoren und Metallionen als Katalysatoren) sowie die Wirkungsweisen, durch die sie einer organisch-chemischen Reaktion zu einem energetisch günstigeren Verlauf verhelfen, untersuchen.

Saure Katalyse 22.2

Ein **saurer Katalysator** oder **Säurekatalysator** ist einer, der eine Reaktion durch Protonenübertragung auf einen Reaktanten beschleunigt. In den vorangegangenen Kapiteln haben wir viele Beispiele für saure Katalysen kennen gelernt. So haben wir etwa gelernt, dass eine Brønsted-Säure das für die Addition von Wasser an Alkohole oder Alkene notwendige sehr stark elektrophile Proton liefert (Abschnitte 6.5 und 6.6). Wir haben weiterhin gelernt, dass ein Alkohol nur dann Substitutionen und Eliminierungen eingeht, wenn die OH-Funktion zuvor protoniert und so die Basenstärke der Abgangsgruppe stark herabgesetzt wird, so dass ihr Austritt möglich wird (Abschnitt 10.1).

Die erneute Betrachtung der säurekatalysierten Hydrolyse eines Esters

Um einige der wichtigen Prinzipien der Säurekatalyse zu wiederholen, wollen wir die säurekatalysierte Esterhydrolyse erneut betrachten, die uns in Abschnitt 15.8 bereits beschäftigt hat. Die Reaktion weist zwei langsame Schritte auf: die Bildung der tetraedrischen Zwischenstufe und ihr nachfolgender Zerfall in die Produkte. Die Übertragung eines Protons auf ein elektronegatives Atom wie Sauerstoff und die spätere Wiederabspaltung sind dagegen die schnellen Reaktionsschritte.

Mechanismus der säurekatalysierten Esterhydrolyse

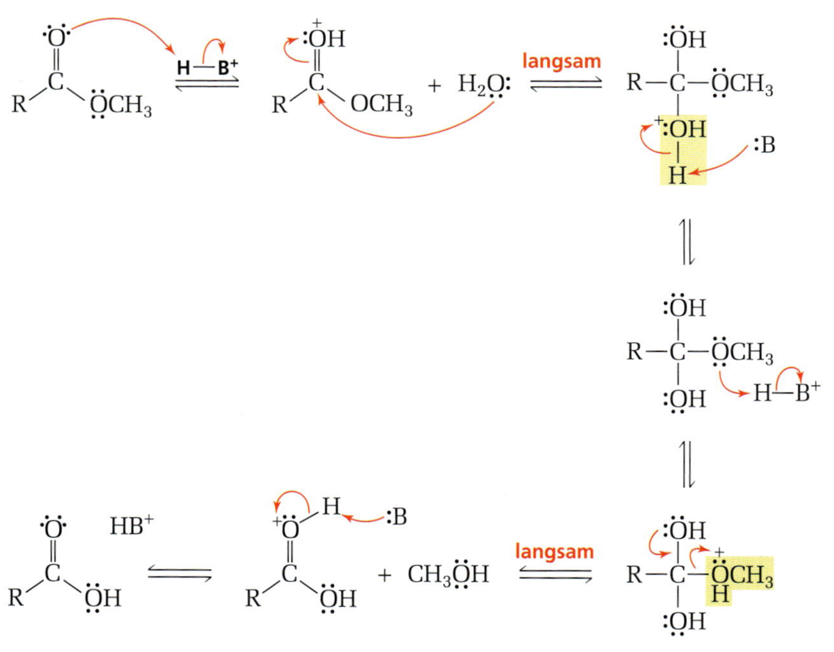

Der Mechanismus der säurekatalysierten Esterhydrolyse zeigt uns, dass die Reaktion in zwei unterscheidbare Phasen unterteilt werden kann: die Bildung der tetraedrischen Zwischenstufe und den Zerfall dieser Zwischenstufe. In jedem der beiden Teile vollziehen sich drei Schritte. Beachten Sie, dass in jeder Phase der Reaktion der erste Schritt eine sehr rasch verlaufende Protolysereaktion ist, der zweite Schritt ist ein langsamer, katalysierter Schritt, der entweder die

Auflösung einer π-Bindung oder die Bildung einer solchen beinhaltet, und der letzte Schritt ist erneut eine rasch verlaufende Protolysereaktion (Deprotonierung des Produktes bei gleichzeitiger Regeneration des Katalysators).

Ü 2 Vergleichen Sie die nachfolgend angegebenen Reaktionsmechanismen mit dem der säurekatalysierten Esterspaltung. Geben Sie dabei
(a) Gemeinsamkeiten oder
(b) Unterschiede an.

1. Die säurekatalysierte Bildung eines geminalen Hydrats (Abschnitt 16.9).
2. Die säurekatalysierte Umwandlung eines Aldehyds in ein Halbacetal (Abschnitt 16.9).
3. Die säurekatalysierte Umwandlung eines Halbacetals in ein Acetal (Abschnitt 16.9).
4. Die säurekatalysierte Hydrolyse eines Amids (Abschnitt 15.12.)

Wie eine Säure die Geschwindigkeit der Hydrolyse erhöht

Ein Katalysator muss die Geschwindigkeit eines langsamen Reaktionsschritts erhöhen, da die Beschleunigung eines schnellen Schrittes nicht signifikant zur Erhöhung der Gesamtgeschwindigkeit der Reaktion beiträgt. Die Säure erhöht die Geschwindigkeiten beider langsamer Schritte der der Hydrolysereaktion.

- Sie erhöht die Bildungsgeschwindigkeit der tetraedrischen Zwischenstufe durch Protonierung des Carbonylsauerstoffatoms, wodurch das Carbonylkohlenstoffatom empfänglicher für nucleophile Angriffe wird als die unprotonierte Carbonylgruppe. Die Steigerung der Reaktivität der Carbonylgruppe durch Protonierung ist ein Beispiel für die Umwandlung eines Reaktanten in ein höher energetisches und folglich reaktiveres Teilchen (► Abbildung 22.1 a).

MERKE!

Ein Katalysator muss die Geschwindigkeit einer Reaktion erhöhen. Die Beschleunigung eines schnellen Reaktionsschrittes erhöht die Gesamtreaktionsgeschwindigkeit nicht in signifikanter Weise.

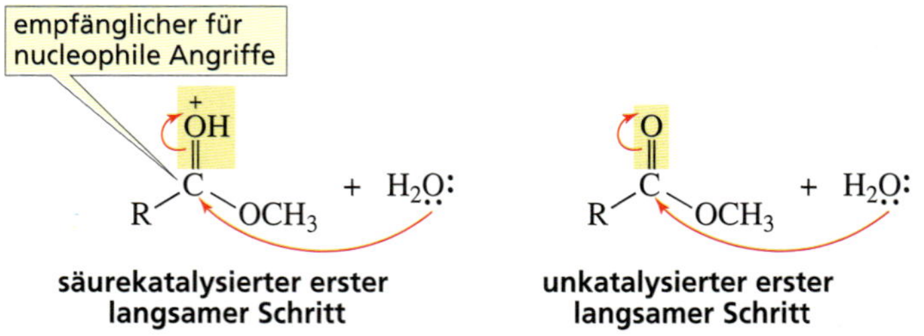

- Die Säure erhöht die Geschwindigkeit des zweiten langsamen Schritts, indem sie die prospektive Basizität einer aus dem tetraedrischen Zwischenprodukt abzustoßenden Gruppe vermindert. In Gegenwart einer Säure wird Methanol abgespalten. Methanol ist eine schwächere Base als das Methanolation, deshalb wird es leichter eliminiert.

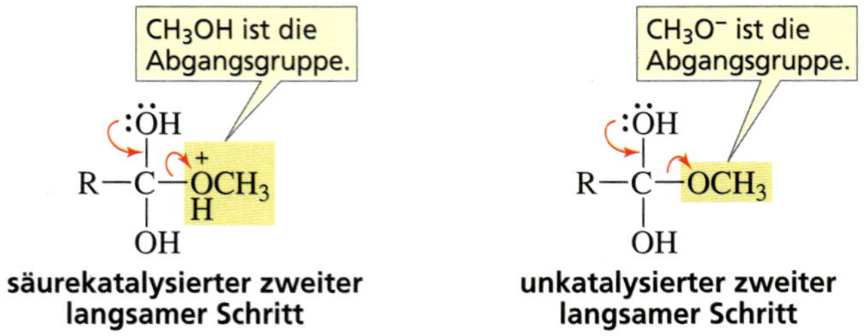

Spezifische Säurekatalyse und allgemeine Säurekatalyse

Man unterscheidet zwei Arten von Säurekatalysatoren: Spezifische Säurekatalysatoren und allgemeine Säurekatalysatoren.

- Bei einer **spezifischen Säurekatalyse** wird das Proton vor dem Einsetzen des langsamen Reaktionsschritts vollständig von der katalysierenden Säure auf den Reaktionsteilnehmer übertragen (► Abbildung 22.3 a).
- Bei einer **allgemeinen Säurekatalyse** wird das Proton während des langsamen Reaktionsschritts auf den Reaktanten übertragen (► Abbildung 22.3 b).

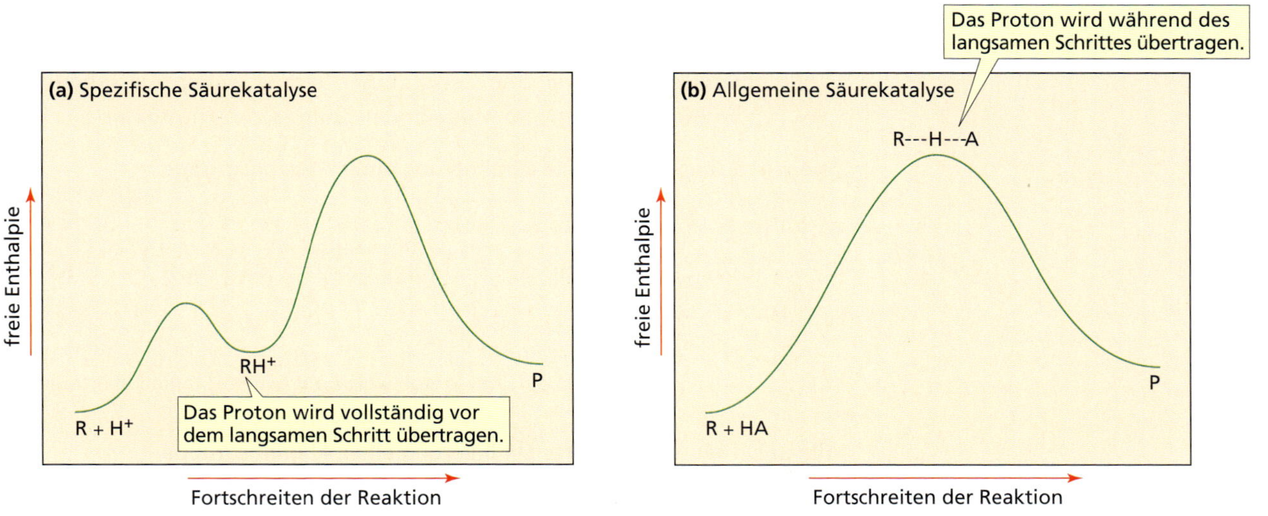

Abbildung 22.3: (a) Ein Reaktionskoordinatendiagramm für eine spezifisch säurekatalysierte Reaktion. Das Proton wird vor dem langsamen Reaktionsschritt vollständig auf den Reaktionsteilnehmer übertragen (R = Reaktant, P = Produkt). (b) Ein Reaktionskoordinatendiagramm für eine allgemein säurekatalysierte Reaktion. Das Proton wird im Verlauf des langsamen Reaktionsschrittes nur partiell auf den Reaktionsteilnehmer übertragen.

Spezifische und allgemeine Säurekatalyse erhöhen die Reaktionsgeschwindigkeit auf die gleiche Weise – durch Übertragung eines Protons, um entweder die Auflösung oder die Bildung einer chemischen Bindung zu erleichtern. Die beiden Unterarten der Säurekatalyse unterscheiden sich nur hinsichtlich des Ausmaßes des Übergangszustands, der im langsamen Schritt der Protonenübertragung stattgefunden hat.

Beachten Sie in den Beispielen, die folgen, die Unterschiede im Ausmaß, zu dem das Proton im Moment des Angriffs des Nucleophils übertragen worden ist.

- Beim spezifisch säurekatalysierten Angriff eines Wassermoleküls auf eine Carbonylgruppe greift das Nucleophil eine vollständig protonierte Carbonylgruppe an. Beim allgemein säurekatalysierten Angriff eines Wassermoleküls auf eine Carbonylgruppe wird die Carbonylgruppe erst im Moment des Nucleophilangriffs protoniert.

Spezifisch säurekatalysierter Angriff eines Wassermoleküls

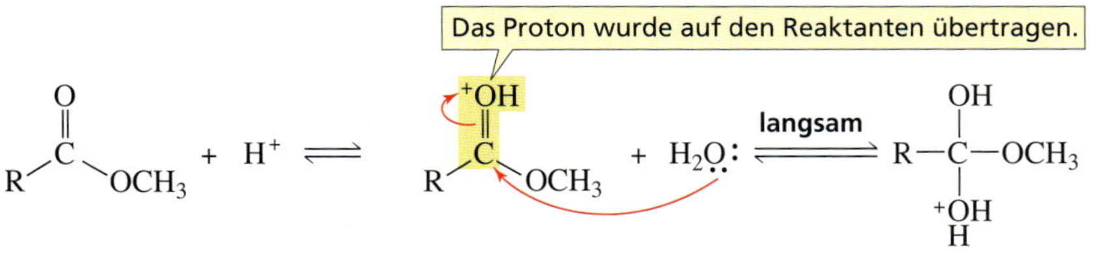

MERKE!

Das Proton wird dem Reaktionspartner *vor* dem langsamen Schritt einer spezifischen säurekatalysierten Reaktion gespendet und *während* des langsamen Schrittes in einer allgemeinen säurekatalysierten Reaktion.

Allgemein säurekatalysierter Angriff eines Wassermoleküls

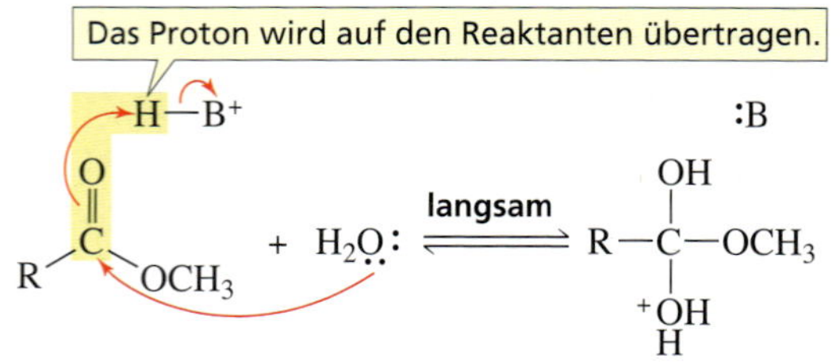

- Beim spezifisch säurekatalysierten Zerfall einer tetraedrischen Zwischenstufe wird eine vollständig protonierte Abgangsgruppe ausgestoßen. Beim allgemein säurekatalysierten Zerfall einer tetraedrischen Zwischenstufe wird die Abgangsgruppe im Moment der Eliminierung protoniert.

Spezifisch säurekatalysierte Eliminierung einer Abgangsgruppe

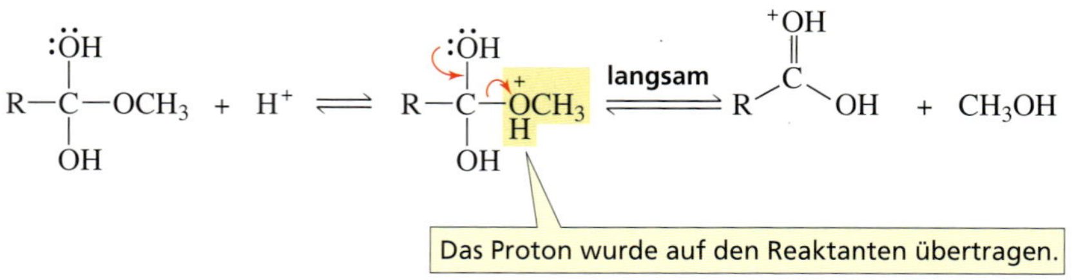

Allgemein säurekatalysierte Eliminierung einer Abgangsgruppe

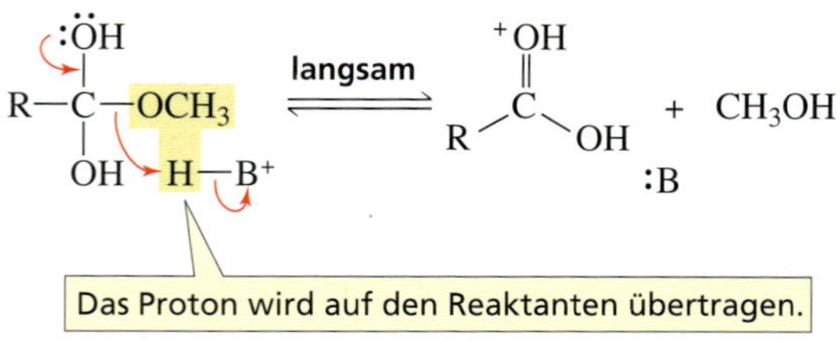

Ein spezifischer Säurekatalysator muss eine ausreichend starke Säure (wie HCL, H_3O^+) sein, um den Reaktanten vor dem Einsetzen des langsamen Schrittes vollständig zu protonieren. Ein allgemeiner Säurekatalysator kann eine schwächere Säure sein, da es ein Proton nur teilweise auf den Übergangszustand des langsamen Schrittes überträgt.

In den Mechanismen, die in den vorherigen Kapiteln gezeigt wurden, haben wir starke Säuren als Katalysatoren verwendet, also wurden alle Mechanismen als spezifisch säurekatalysierte Reaktionen geschrieben. Auch schwächere Säuren hätten dort verwendet werden können. In diesem Fall wäre die Protonierung und der anschließende langsame Schritt als ein einziger Schritt gezeigt worden. Eine Liste von Säuren und ihren pK_S-Werten ist in Anhang B zusammengestellt.

Ü 3* Verlaufen die langsamen Schritte der auf den Vorseiten diskutierten säurekatalysierten Esterspaltung allgemein oder spezifisch säurekatalysiert?

Ü 4

(a) Zeichnen Sie den Mechanismus für die folgende Reaktion, wenn es sich dabei um eine spezifische Säurekatalyse handelt.

(b) Zeichnen Sie den Mechanismus, wenn es sich um eine allgemeine Säurekatalyse handelt.

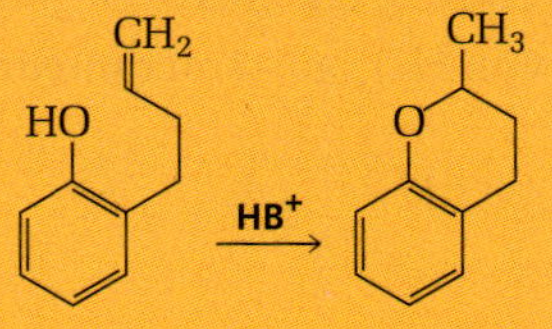

Ü 5 mit Lösung

Ein Alkohol reagiert mit Aziridin nicht, wenn keine Säure zugegen ist. Warum ist die Säure notwendig?

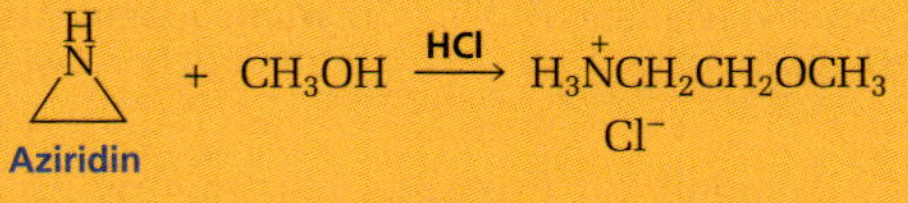

Lösung

Obwohl die Aufhebung der Ringspannung für sich allein ausreichend ist, um ein Epoxid zu einer Ringöffnungsreaktion zu veranlassen (Abschnitt 10.7), reicht sie nicht aus, um Aziridin zu einer solchen Reaktion zu veranlassen. Ein negativ geladenes Stickstoffatom reagiert stärker basisch und ist deshalb eine schlechtere Abgangsgruppe als ein negativ geladenes Sauerstoffatom. Die Säure ist daher notwendig, um das Stickstoffatom des Dreirings durch Protonierung zu einer besseren Abgangsgruppe zu machen.

Basenkatalyse 22.3

Wir haben bereits mehrere basenkatalysierte Reaktionen, wie beispielsweise die Umwandlung von Keto- und Enol-Tautomeren (Abschnitt 17.3), die Claisen-Kondensation (Abschnitt 17.13) und die Endiolumlagerung (Abschnitt 20.5) beobachtet. Ein **basischer Katalysator** oder **Basenkatalysator** erhöht die Geschwindigkeit einer chemischen Reaktion durch Abstraktion eines Protons von einem Reaktanten.

Spezifische und allgemeine Basenkatalyse

Analog zur Säurekatalyse gibt es zwei Arten der Basenkatalyse:

- Bei der **spezifischen Basenkatalyse** wird das Proton vollständig von dem Reaktanten entfernt bevor der langsame Schritt der Reaktion beginnt.
- Bei der **allgemeinen Basenkatalyse** wird das Proton während des langsamen Schritts von dem Reaktanten entfernt.

MERKE!

Bei einer basenkatalysierten Reaktion wird von einem Reaktionsteilnehmer ein azides Wasserstoffatom als Proton abgespalten.

Spezifisch basenkatalysierte Dehydratisierung

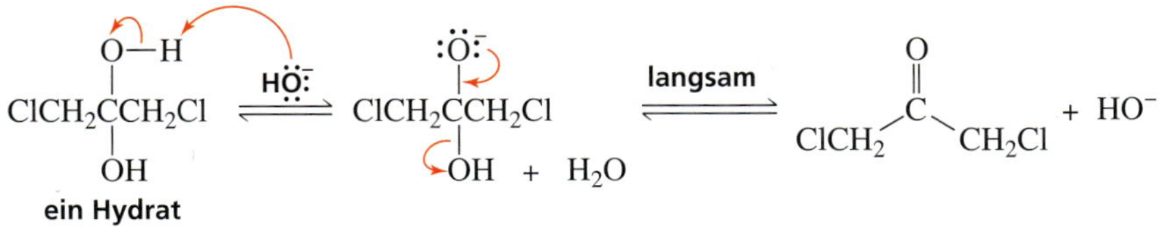

Die Abspaltung eines Protons von dem Hydrat erhöht die Geschwindigkeit der Dehydratisierung durch Eröffnung eines alternativen Reaktionsweges, der über einen stabileren Übergangszustand verläuft. Der Übergangszustand für die Eliminierung eines Hydroxidions aus einem negativ geladenen tetraedrischen Zwischenprodukt ist stabiler, weil sich im Verlauf der Reaktion keine positive elektrische Ladung am elektronegativen Sauerstoffatom ergibt wie bei der Eliminierung von HO^- aus einer elektrisch neutralen Reaktionszwischenstufe.

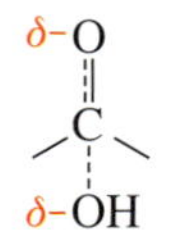

Übergangszustand einer OH^--Eliminierung aus einem negativ geladenen tetraedrischen Zwischenprodukt.

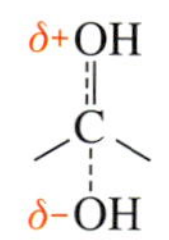

Übergangszustand einer OH^--Eliminierung aus einem elektrisch neutralen tetraedrischen Zwischenprodukt.

Vergleichen Sie das Ausmaß der Protonenübertragung im langsamen Schritt der vorausgegangenen spezifisch basenkatalysierten Dehydratisierung mit dem der allgemeinen Basenkatalyse:

MERKE!

Das Proton wird bei einer spezifischen Basenkatalyse *vor* dem langsamen Reaktionsschritt, bei einer allgemeinen Basenkatalyse *während* des langsamen Reaktionsschrittes abstrahiert.

Allgemein basenkatalysierte Dehydratisierung

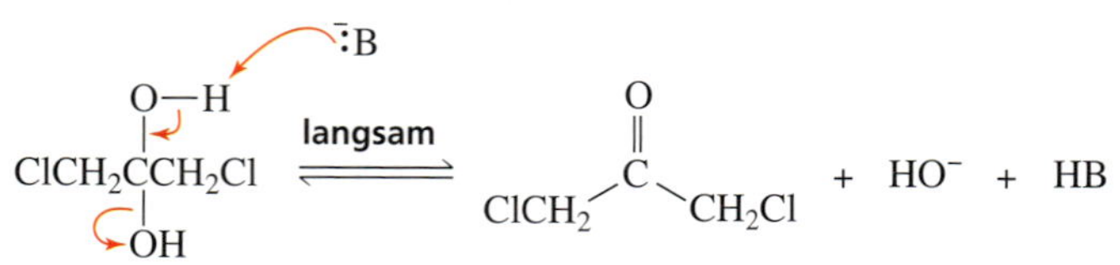

ein Hydrat

Im Fall der spezifischen Basenkatalyse muss die Base stark genug sein, das Proton vollständig vom Reaktanten abzuspalten, bevor der langsame Reaktionsschritt einsetzt. Bei der allgemeinen Basenkatalyse kann die Base schwächer sein, weil das Proton im Übergangszustand des langsamen Reaktionsschrittes nur partiell von seinem ursprünglichen Bindungsort abgelöst ist.

Wir werden weiter unten sehen, dass Enzyme Reaktionen unter Einsatz allgemeiner Säure- und Basenkatalyse beschleunigen, da bei physiologischen pH-Werten knapp über 7 eine zu kleine freie H^+-Konzentration im Cytoplasma vorliegt ($c = 10^{-7}$ M), um eine spezifische Säurekatalyse zuzulassen. Das Gleiche gilt für die praktisch genauso große Konzentration an OH^--Ionen.

Ü 6

(a) Zeichnen Sie den Mechanismus für die folgende Reaktion, wenn es sich um eine spezifische Basenkatalyse handelt.

(b) Zeichnen Sie den Mechanismus, wenn es sich um eine allgemeine Basenkatalyse handelt.

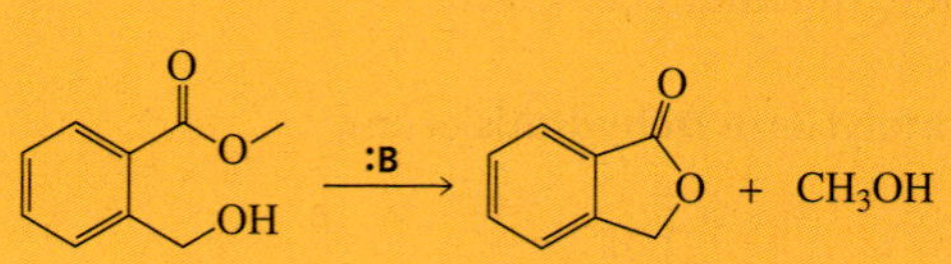

Nucleophile Katalyse 22.4

Ein **nucleophiler Katalysator** ist einer, der die Geschwindigkeit einer Reaktion erhöht, indem er als Nucleophil wirkt. Er bildet eine Reaktionszwischenstufe durch Ausbildung einer kovalenten Bindung mit einem Reaktanten. Die **nucleophile Katalyse** wird daher auch als **kovalente Katalyse** bezeichnet. Ein nucleophiler Katalysator beschleunigt eine Reaktion, indem er einen Reaktionsverlauf nach einem völlig anderen Reaktionsmechanismus erzwingt.

Reaktionen unter Verwendung eines nucleophilen Katalysators

Beispiel 1

Bei der folgenden Reaktion erhöhen Iodidionen die Reaktionsgeschwindigkeit durch Überführung des Chlorethans in Ethanol, indem sie als nucleophiler Katalysator fungieren.

ein nucleophiler Katalysator

$$CH_3CH_2Cl + OH^- \xrightarrow[H_2O]{I^-} CH_3CH_2OH + Cl^-$$

> **MERKE!**
>
> **Ein nucleophiler Katalysator bildet eine kovalente Bindung mit dem Reaktanten aus.**

Um zu verstehen, wie die Iodionen diese Reaktion katalysieren, müssen wir den Mechanismus der Reaktion mit und ohne die katalytische Unterstützung durch I^- betrachten. Fehlen die Iodidionen, wird das Chlorethan in einer, wie wir wissen, einschrittigen S_N2-Reaktion in Ethanol umgewandelt. Hierbei ist das Nucleophil HO^- und die Abgangsgruppe Cl^-.

Mechanismus der unkatalysierten Reaktion

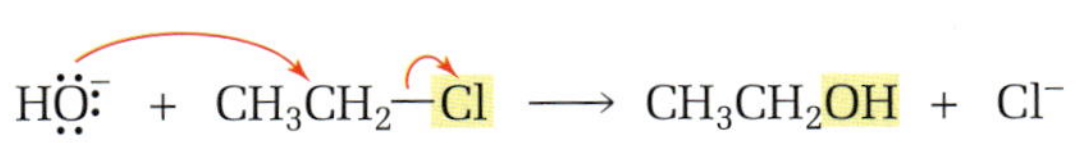

Falls Iodidionen im Reaktionsansatz vorliegen, vollzieht sich die Gesamtreaktion durch zwei nacheinander erfolgende S_N2-Reaktionen.

Mechanismus der iodidionenkatalysierten Reaktion

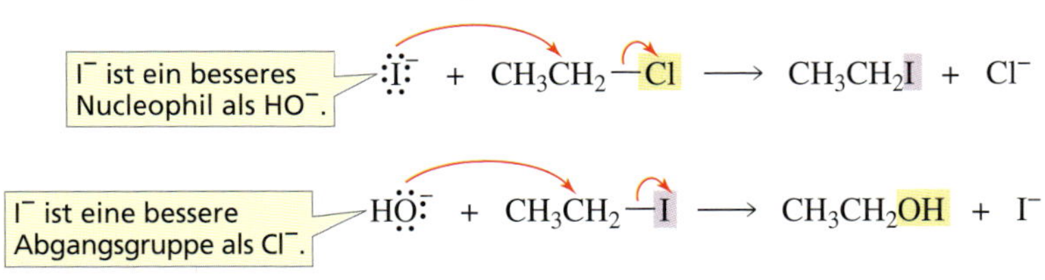

- Die erste S_N2-Reaktion verläuft in der katalysierten Variante in einem protischen Lösungsmittel rascher ab, da die Iodidionen bessere Nucleophile als Hydroxidionen sind (Abschnitt 9.2).
- Die zweite S_N2-Reaktion im katalysierten Reaktionsverlauf läuft rascher ab, weil Iodidionen schwächer basisch reagieren als Chloridionen und daher die besseren Abgangsgruppen sind.

Iodidionen erhöhen die Geschwindigkeit der Ethanolbildung durch Ersatz eines relativ langsamen Reaktionsschrittes durch zwei relativ schnell verlaufende Reaktionen (▶ Abbildung 22.2).

Iodidionen sind nucleophile Katalysatoren, weil sie als Nucleophile reagieren. Sie bilden eine kovalente Bindung mit dem Reaktanten aus. Das in der ersten Reaktion verbrauchte Iodidion wird durch die zweite wieder in Freiheit gesetzt.

Beispiel 2

Eine weitere Reaktion, bei der ein nucleophiler Katalysator einen günstigeren Reaktionsverlauf bedingt, indem er den Mechanismus der Reaktion verändert, ist die imidazolkatalysierte Esterhydrolyse.

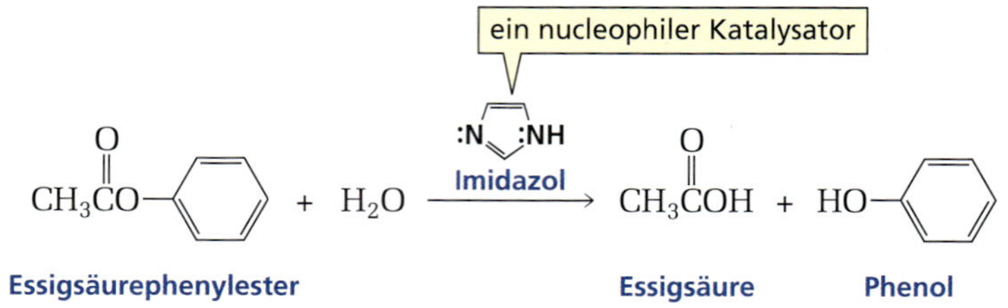

- Imidazol ist ein besseres Nucleophil als Wasser, deshalb reagiert es rascher mit dem Ester als Wasser dies tut.
- Das Acylimidazol wird schneller hydrolisiert als ein Ester, weil das positiv geladene Stickstoffatom den Imidazolrest zu einer sehr guten Abgangsgruppe macht.

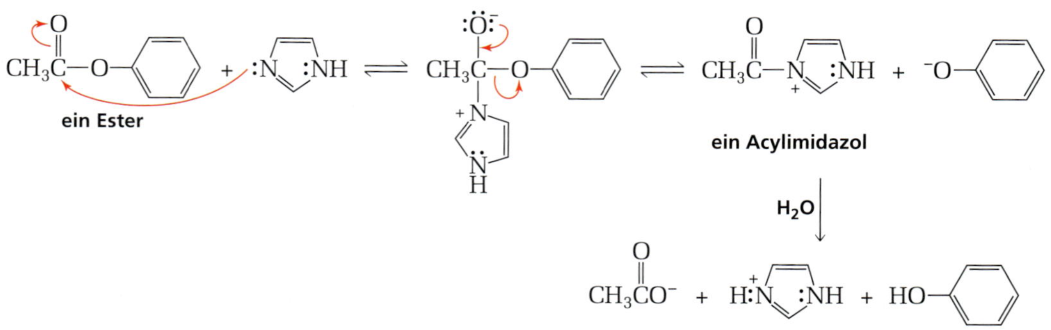

Da sowohl die Bildung des Acylimidazols als auch die nachfolgende Hydrolyse schneller vonstatten gehen als eine unkatalysierte Esterhydrolyse, führt die Reaktion, bei der das Imidazol anwesend ist, zu einer Beschleunigung der Esterhydrolyse.

Katalyse durch Metallionen 22.5

Metallionen entfalten ihre katalytische Wirkung durch Koordination (Komplexbildung) mit Atomen, die über freie Elektronenpaare verfügen. Solche **Metallionen** sind also Lewis-Säuren (Abschnitt 2.12). Ein *Metallion* kann die Geschwindigkeit einer chemischen Reaktion auf verschiedenerlei Weise erhöhen:

- Es kann das reagierende Zentrum empfänglicher für Elektronen (elektrophiler) machen, so wie in Beispiel A des nachfolgenden Schemas.
- Es kann die Basizität einer Abgangsgruppe vermindern und dadurch ihre Abgangseigenschaften verbessern wie in B.

- Es kann die Geschwindigkeit einer Hydrolysereaktion erhöhen, indem es die Nucleophilie des Wassers erhöht wie in C.

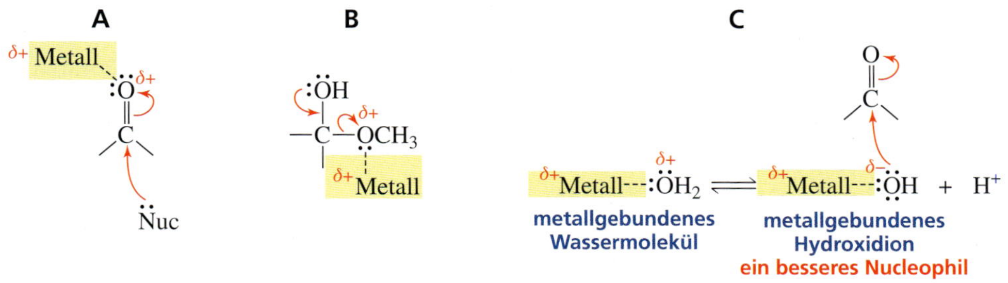

In den Fällen **A** und **B** übt das Metallion die gleiche Art von katalytischem Effekt aus wie ein Proton es tut, da Metallionen bei einem neutralen pH-Wert eine Ladung, die größer als +1 ist, haben können und da zudem eine höhere Konzentration von Metallionen bei diesem pH-Wert vorliegen kann.

Im Fall **C** führt die Komplexierung des Metallions zu einer Erhöhung der nucleophilen Eigenschaften des Wassers durch dessen Umwandlung in ein metallgebundenes Hydroxidion. Das Metallion erhöht dabei die Tendenz des Wassers ein Proton abzugeben, wie durch die pK_S-Werte in ► Tabelle 22.1 deutlich wird. (Der pK_S-Wert von Wasser beträgt 15,7.)

Obwohl sie keine so guten Nucleophile sind wie freie Hydroxidionen, sind metallgebundene Hydroxidionen immer noch bessere Nucleophile als Wassermoleküle. Die Metallionenkatalyse ist in biochemischen Systemen von Bedeutung, da bei den physiologischen pH-Werten freie Hydroxidionen nicht in signifikanter Menge vorhanden sind.

M^{2+}	pK_S	M^{2+}	pK_S
Ca^{2+}	12,7	Co^{2+}	8,9
Cd^{2+}	11,6	Zn^{2+}	8,7
Mg^{2+}	11,4	Fe^{2+}	7,2
Mn^{2+}	10,6	Cu^{2+}	6,8
Ni^{2+}	9,4	Be^{2+}	5,7

Tabelle 22.1: Die pK_S-Werte metallgebundener Wassermoleküle.

Reaktionen unter Verwendung eines Metallionenkatalysators

Beispiel 1

Die Decarboxylierung von Dimethyloxalacetat kann entweder durch Cu^{2+} oder durch Al^{3+} katalysiert werden.

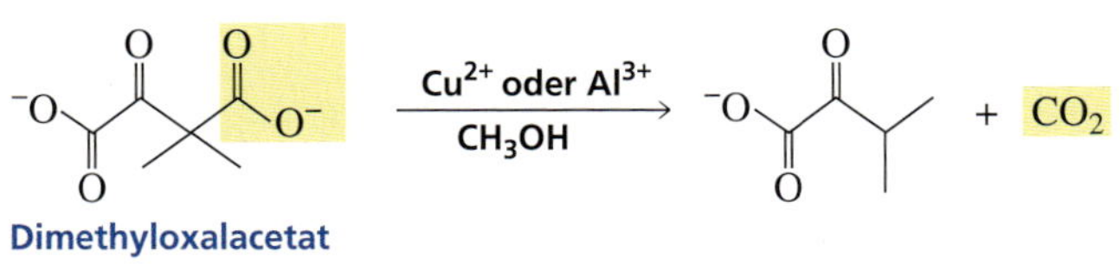

Bei dieser Reaktion wird das Metallion koordinativ von zwei O-Atomen des Reaktanten gebunden. Die Komplexbildung erhöht die Geschwindigkeit der Reaktion, indem sie die Carbonylgruppe empfänglicher für die Übernahme der Elektronen macht, die bei der Eliminierung des Kohlendioxidmoleküls zurückbleiben.

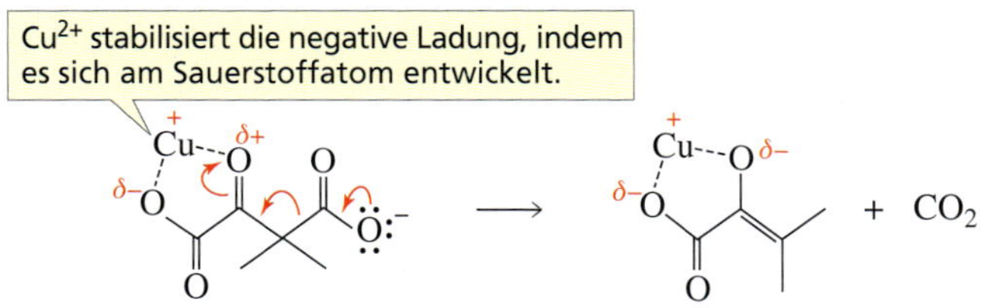

Beispiel 2

Die Hydrolyse von dem unten gezeignet Ester weist zwei langsame Schritte auf. Zweiwertige Zinkionen (Zn^{2+}) erhöhen die Geschwindigkeit des ersten langsamen Schrittes durch Bereitstellung eines metallgebundenen Hydroxidions, das ein besseres Nucleophil als Wasser ist. Zn^{2+}-Ionen erhöhen die Geschwindigkeit des zweiten langsamen Schrittes durch Herabsetzung der prospektiven Basizität der aus der tetraedrischen Zwischenstufe eliminierten Gruppe.

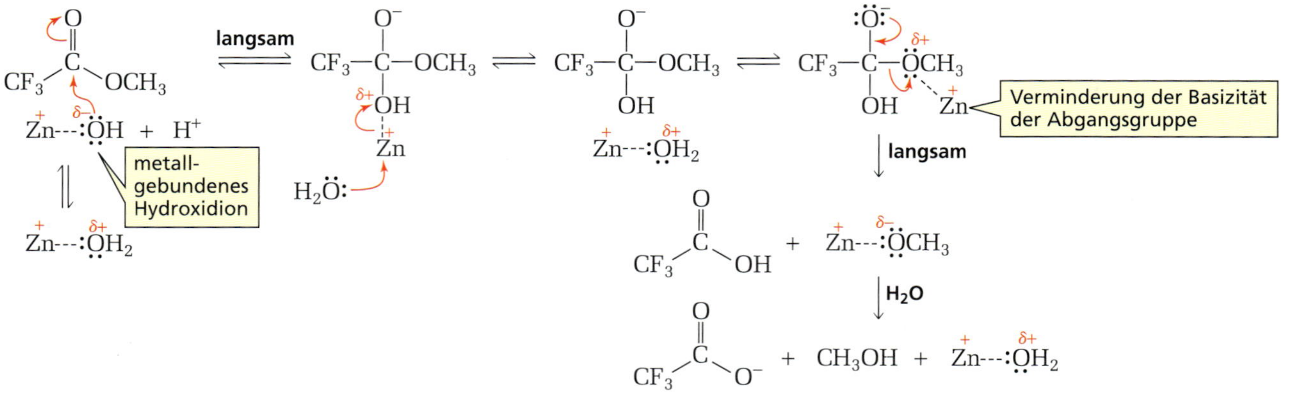

Ü 7* Obwohl Metallionen die Decarboxylierungsgeschwindigkeit des Dimethyloxalacetats erhöhen, haben sie keinen Effekt auf die Decarboxylierungsgeschwindigkeit des Monoethylesters von Dimethyloxalacetat oder Acetacetat. Geben Sie eine Erklärung dafür, warum dies so ist.

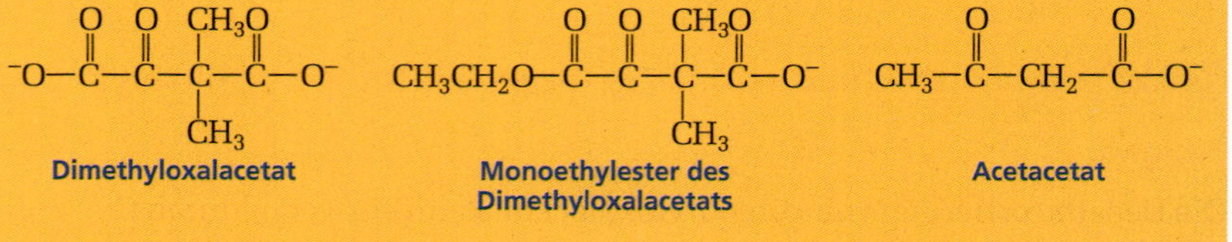

Ü 8 Die Hydrolyse von Glycinamid wird durch Co^{2+} katalysiert. Schlagen Sie einen Mechanismus für diese Reaktion vor.

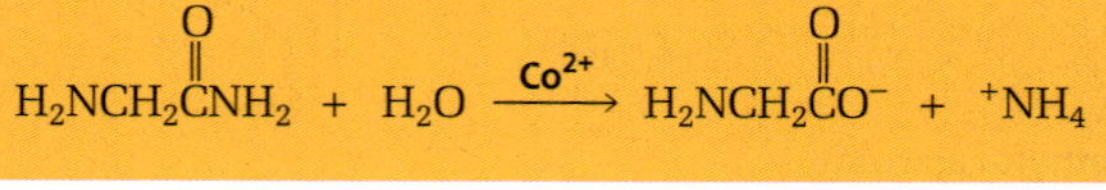

Intramolekulare Reaktionen 22.6

Die Geschwindigkeit einer chemischen Reaktion wird von der Zahl der molekularen Zusammenstöße mit ausreichender Energie *und* der richtigen Orientierung in einer bestimmten Zeitspanne bestimmt (Abschnitt 5.11):

$$\textbf{Reaktionsgeschwindigkeit} = \frac{\textbf{Stoßhäufigkeit}}{\textbf{Zeiteinheit}} \times \textbf{Anteil mit ausreichender Energie} \times \textbf{Anteil mit der richtigen Orientierung}$$

Da ein Katalysator die Energieschwelle einer Reaktion verkleinert, erhöht er molekular gesehen den Anteil der Zusammenstöße, die mit ausreichender Energie erfolgen, um die Energieschwelle zu überwinden.

Die Geschwindigkeit einer Reaktion lässt sich aber auch erhöhen, wenn die Frequenz der Zusammenstöße vergrößert wird (wenn der Anteil der produktiven Zusammenstöße gleich bleibt). Eine Erhöhung der Konzentration des Reaktionsteilnehmers erhöht die Wahrscheinlichkeit für Zusammenstöße. Darüberhinaus läuft, wie wir gesehen haben, eine *intramolekulare Reaktion*, die zur Bildung eines Fünf- oder eines Sechsrings führt, bereitwilliger ab als eine analoge *intermolekulare Reaktion*. Dies ist darauf zurückzuführen, dass die miteinander reagierenden Gruppen bei einer intramolekularen Reaktion im selben Molekül „zusammengebunden" sind, was bei gleichen Konzentrationen die Wahrscheinlichkeit, dass sie miteinander in Kontakt kommen, gegenüber zwei getrennten Molekülen erhöht (Abschnitt 9.16). Als Folge der erzwungenen räumlichen Nähe der reaktiven Gruppen erhöht sich die Wahrscheinlichkeit eines produktiven Zusammenstoßes geeigneter Orientierung und ausreichenden Impulses.

Falls die Gruppen über die Tatsache hinaus, dass sie demselben Molekül angehören, auch noch so angeordnet sind, dass die Kollisionswahrscheinlichkeit hoch ist, erhöht das die Reaktionsgeschwindigkeit weiter. Die in ► Tabelle 22.2 angegebenen relativen Geschwindigkeiten belegen die enorme Steigerung der Reaktionsgeschwindigkeiten, die sich ergeben, wenn die reagierenden Gruppen in einer für eine Reaktion günstigen Anordnung vorliegen.

Relative Reaktionsgeschwindigkeiten

Geschwindigkeitskonstanten einer Reihe chemischer Reaktionen werden für gewöhnlich auf der Grundlage aufeinander bezogener (relativer) Geschwindigkeiten betrachtet, weil dieses Vorgehen es erlaubt, rasch zu erfassen, um welchen Faktor eine Reaktion schneller verläuft als eine andere. **Relative Reaktionsgeschwindigkeiten** erhält man, wenn man die Geschwindigkeitskonstante jeder der betrachteten Reaktionen durch die Geschwindigkeitskonstante der langsamsten Reaktion dividiert. Die langsamste Reaktion in ► Tabelle 22.2 ist eine *intermolekulare Reaktion*, alle anderen sind *intramolekulare Reaktionen*. Da eine intramolekulare Reaktion eine Reaktion 1. Ordnung ist (sie besitzt die Einheit Zeit^{-1}) und intermolekulare Reaktionen Reaktionen 2. Ordnung sind (sie besitzen die Einheit $\text{Zeit}^{-1}\,\text{M}^{-1}$), sind die relativen Geschwindigkeiten in ► Tabelle 22.2 mit Ausnahme des zu 1 definierten Bezugswertes in der Einheit der Molarität (M) angegeben.

$$\textbf{Relativgeschwindigkeit} = \frac{\textbf{Geschwindigkeitskonstante 1. Ordnung}}{\textbf{Geschwindigkeitskonstante 2. Ordnung}} = \frac{\textbf{Zeit}^{-1}}{\textbf{Zeit}^{-1}\,\textbf{M}^{-1}} = \text{M}$$

Die Relativgeschwindigkeiten in ► Tabelle 22.2 sind also *effektive Molaritäten*. Die **effektive Molarität** ist diejenige Konzentration eines Reaktionsteilnehmers, die bei einer *intermolekularen Reaktion* erforderlich wäre, um die gleiche Geschwindigkeit wie bei einer *intramolekularen Reaktion* zu erreichen. Die effektive Molarität beschreibt also, vereinfacht ausgedrückt, den Vorteil, den eine Reaktion dadurch genießt, dass die reagierenden Gruppen im selben Molekül angesiedelt sind. In einigen Fällen bringt die gegenüberliegende Positionierung der reagierenden Gruppen eine solch enorme Erhöhung der Reaktionsgeschwindigkeit mit sich, dass die (rechnerische!) effektive Molarität größer ist als die Konzentration des Stoffes im festen Zustand.

	Reaktion	Relative Reaktionsgeschwindigkeit
A	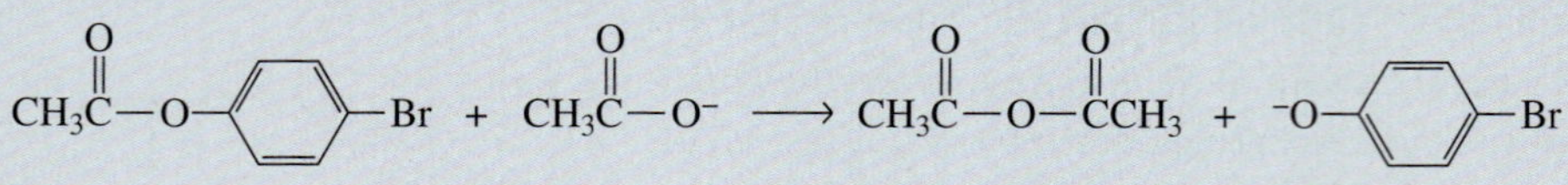	1,0
B	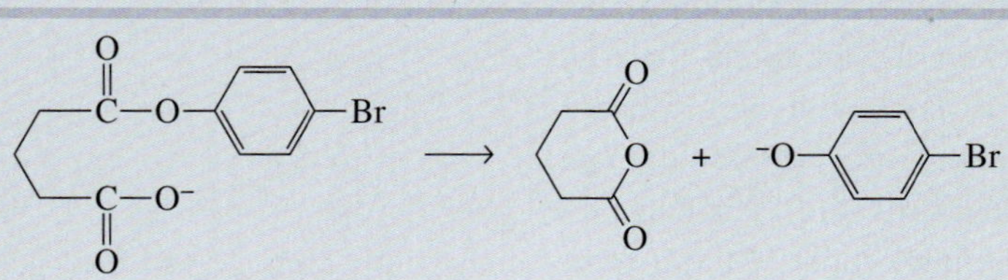	1×10^3 M
C	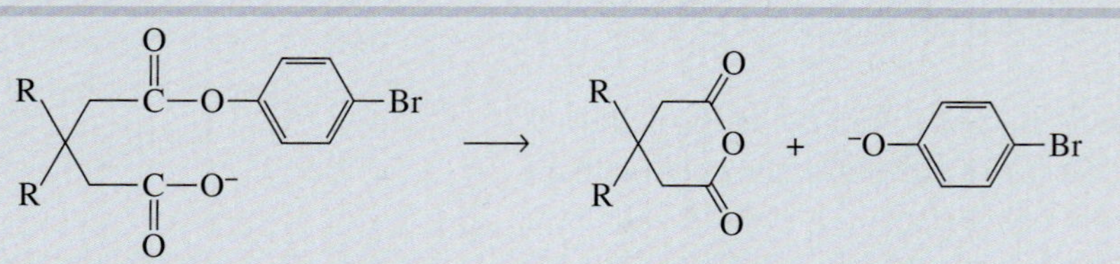	$R = CH_3$ $2{,}3 \times 10^4$ M $R = (CH_3)CH$ $1{,}3 \times 10^6$ M
D	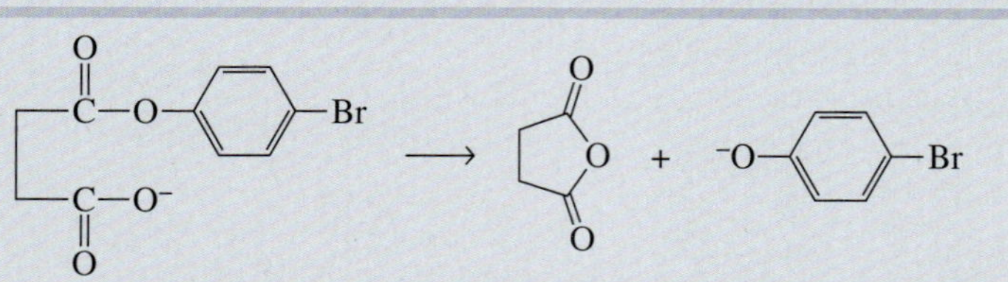	$2{,}2 \times 10^5$ M
E	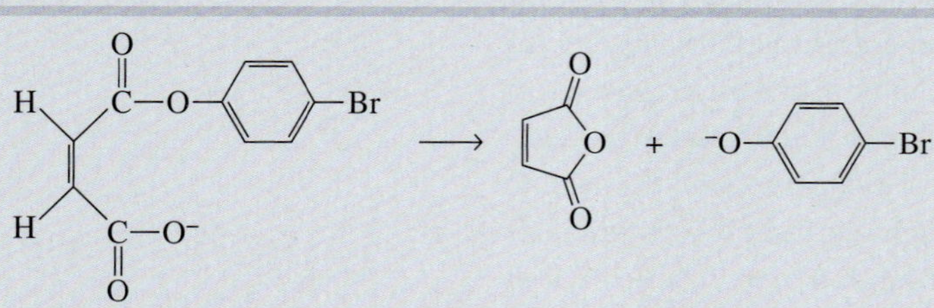	1×10^7 M
F	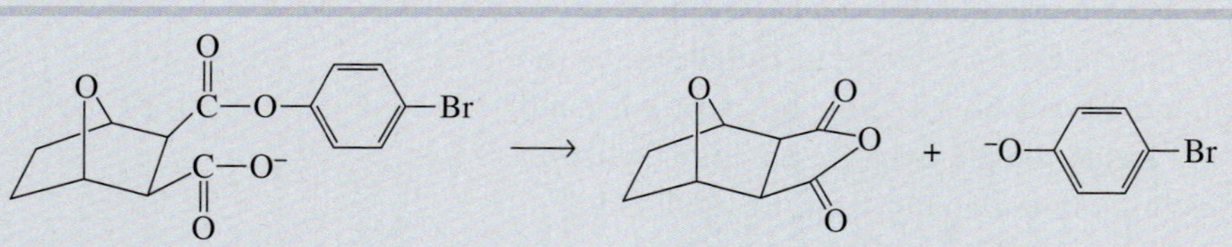	5×10^7 M

Tabelle 22.2: Relative Reaktionsgeschwindigkeiten einer intermolekularen und fünf intramolekularer Reaktionen.

- Die erste Reaktion **A** von ► Tabelle 22.2 ist eine intermolekulare Reaktion eines Esters mit einem Carboxylation. Die zweite **B** ist eine analoge Reaktion, bei der die beiden reagierenden Gruppen Teile desselben Moleküls sind. Die Geschwindigkeit der zweiten Reaktion ist tausendmal höher als die der intermolekularen.
- Der Reaktant **B** besitzt vier Kohlenstoff-Kohlenstoff-Bindungen, für die freie Drehbarkeit gegeben ist. Der Reaktant **D** besitzt nur drei solcher Bindungen. Konformere, in denen die großen Gruppen voneinander weg zeigen, sind die stabileren. Wenn sie auf diese Weise vorliegen, sind sie jedoch für eine Reaktion ungünstig angeordnet. Da **D** weniger frei drehbare Bindungen enthält, weist diese Verbindung weniger für die Reaktion ungünstigen Konformationen auf. Daher läuft Reaktion **D** rascher ab als Reaktion **B**.

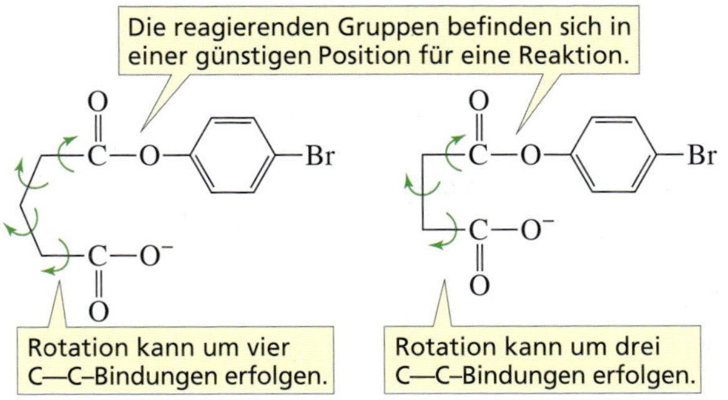

- Reaktion **C** verläuft schneller als **B**, weil die Alkylgruppen des Reaktanten **C** aufgrund der sterischen Abstoßung untereinander die reagierenden Gruppen näher zusammenbringen. Es liegt also eine höhere Wahrscheinlichkeit vor, dass das Molekül in einer Konformation vorliegt, die die reagierenden Gruppen in eine für eine Reaktion günstige Lage zueinander bringt. Dies wird als *geminaler Dialkyleffekt* (Thorpe-Ingold-Effekt) bezeichnet, da die den Einfluss ausübenden Alkylgruppen am selben Kohlenstoffatom (also *geminal*) stehen. Ein Vergleich der Geschwindigkeiten mit unterschiedlichen Alkylgruppen (Methyl- vs. Isopropyl-) lässt erkennen, dass sich die Geschwindigkeit weiter erhöht, wenn das Volumen der Alkylgruppen ansteigt, sich der geminale Dialkyleffekt also verstärkt auswirken kann.
- Die nochmals höhere Geschwindigkeit von Reaktion **E** geht auf die olefinische Doppelbindung zurück, die die Rotation um diese C—C-Achse vollständig unterbindet. Die bizyklische Verbindung **F** reagiert noch rascher, weil die reagierenden Gruppen in einer für die Reaktion geeigneten Orientierung angeordnet sind.

Ü 9* Die relative Reaktionsgeschwindigkeit des *cis*-Alkens (**E**) in ► Tabelle 22.2 ist dort ablesbar. Wie sollte sich Ihrer Meinung nach die Reaktionsgeschwindigkeit des zugehörigen *trans*-Alkens im Vergleich dazu darstellen?

Intramolekulare Katalyse 22.7

Genauso wie die Anwesenheit zweier reagierender Gruppen im selben Molekül die Reaktionsgeschwindigkeit im Vergleich zu deren getrennter Lage in unterschiedlichen Molekülen erhöht, erhöht auch die Anwesenheit einer *reagierenden* und einer *katalysierenden* Gruppe im selben Molekül die Reaktionsgeschwindigkeit.

Wenn ein katalytisch wirksames Prinzip Teil des reagierenden Moleküls ist, spricht man von **intramolekularer Katalyse**. Alle Spielarten (intramolekulare nucleophile Katalyse, intramolekulare allgemeine Säurekatalyse, intramolekulare allgemeine Basenkatalyse, intramolekulare Metallionenkatalyse) sind möglich.

Intramolekulare nucleophile Katalyse

Wenn Chlorcyclohexan in einer wässrigen Lösung mit Ethanol zur Reaktion gebracht wird, bilden sich ein neuer Alkohol und ein Ether. Die beiden Reaktionsprodukte bilden sich, weil zwei nucleophile Teilchen in der Lösung vorhanden sind (Wasser und Ethanol).

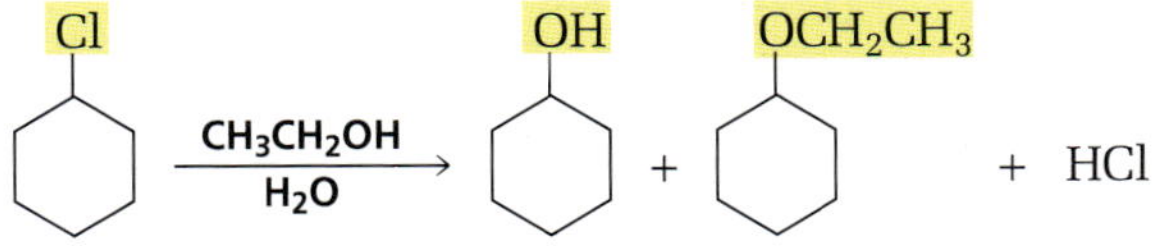

Ein 2-thiosubstituiertes Chlorcyclohexanderivat geht die gleiche Reaktion ein. Die Reaktionsgeschwindigkeit hängt jedoch davon ab, ob der Thiosubstituent *cis*- oder *trans*-ständig zum Chloratom steht. Steht er in *trans*, reagiert das Thioderivat ca. 70.000-mal schneller als die unsubstituierte Verbindung. Steht er in *cis*, reagiert das Thioderivat etwas langsamer als die unsubstituierte Verbindung.

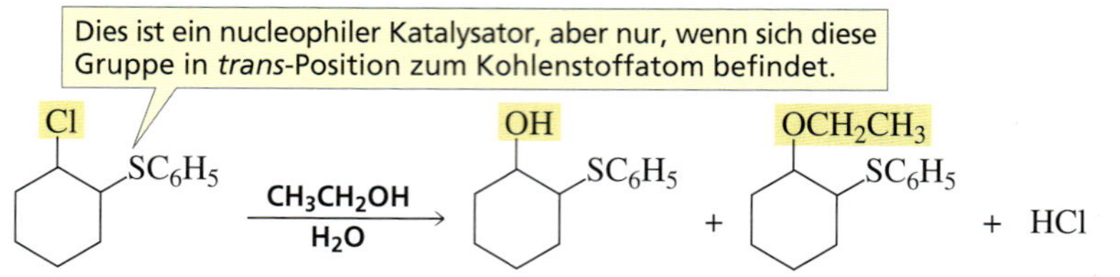

Was führt zu der viel rascheren Reaktion des *trans*-Derivates? Sie haben schon erraten, dass in diesem Fall die Thiogruppe als intramolekularer (nucleophiler) Katalysator fungiert. Sie verdrängt das Chloratom durch Angriff auf die Rückseite des C-Atoms, an das das Cl-Atom gebunden ist. Der Rückseitenangriff macht es erforderlich, dass beide Substituenten axial angeordnet sind; dies ist nur beim *trans*-Isomer möglich (Abschnitt 3.15). Ein nachfolgender Angriff eines Wasser- oder Ethanolmoleküls auf das Sulfoniumion verläuft rasch, weil das positiv geladene S-Atom sehr gute Abgangseigenschaften besitzt und die Auflösung des Dreirings Spannungsenergie des Moleküls abbaut.

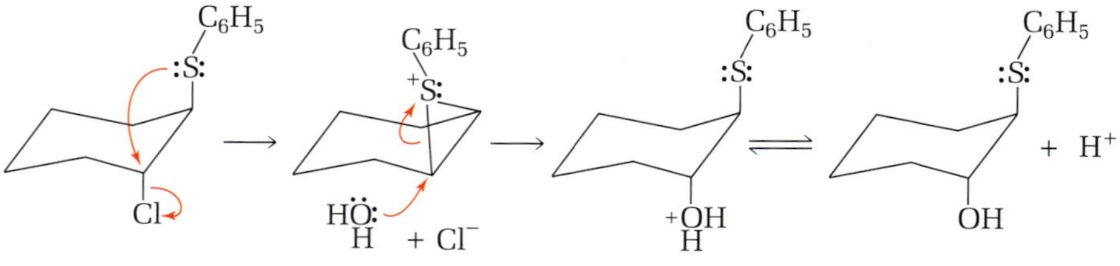

Ü 10* Zeigen Sie alle Reaktionsprodukte und deren Konfigurationen auf, die aus der Solvolyse der *trans*-substituierten Verbindung des vorausgegangenen Schemas hervorgehen würden.

Intramolekulare allgemeine Basenkatalyse

Die Hydrolysegeschwindigkeit von Essigsäurephenylester wird bei neutralem pH-Wert einhundertfünfzigfach erhöht, wenn am Phenylrest in *ortho*-Stellung eine Carboxylatgruppe vorhanden ist. Das *ortho*-Carboxylderivat des Esters ist das bekannte Medikament Aspirin (Abschnitt 15.9). Bei den folgenden Reaktionen sind alle Reaktanten und Produkte in der bei physiologischem pH-Wert (ca. 7,4) vorherrschenden Form wiedergegeben.

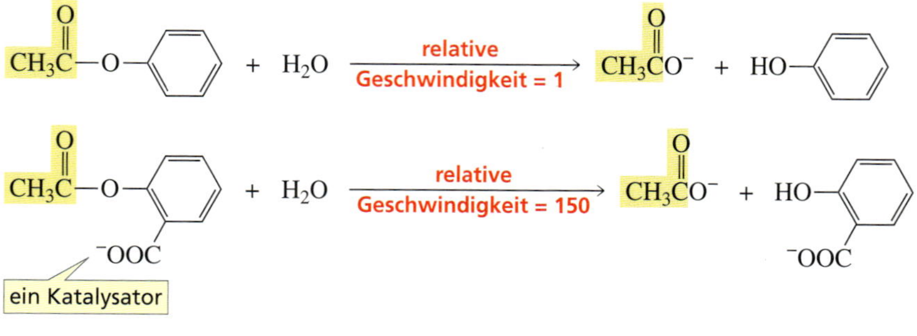

Die *ortho*-Carboxylgruppe des Phenylrestes ist in der ionisierten Form ein intramolekularer allgemeiner Basenkatalysator, der die Nucleophilie von Wassermolekülen zu erhöhen vermag. Dadurch wird die Bildungsgeschwindigkeit der tetraedrischen Zwischenstufe vergrößert.

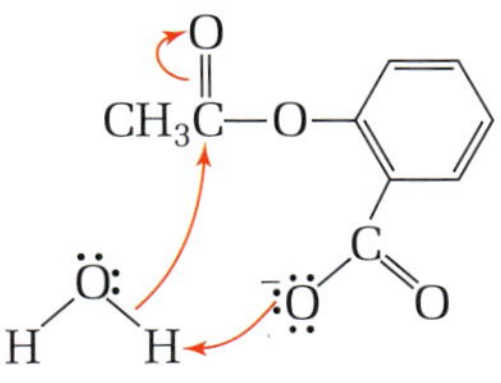

Falls zusätzlich Nitrogruppen in den Phenylrest eingeführt werden, fungiert die *ortho*-ständige Carboxylgruppe als intramolekularer nucleophiler Katalysator anstatt ein intramolekularer allgemeiner Basenkatalysator zu sein. Sie erhöht die Geschwindigkeit der Hydrolyse durch Umwandlung der Estergruppierung in ein Anhydrid, das rascher hydrolysiert als ein Ester (Abschnitt 15.16).

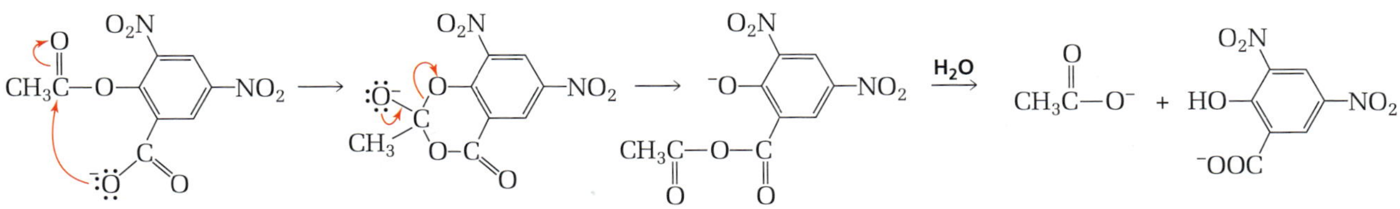

ein Ester **ein Anhydrid**

Ü 11 mit Lösung

Welche Faktoren führen dazu, dass der Katalysemodus bei der Hydrolyse des *ortho*-Carboxylderivates des Essigsäurephenylesters von der allgemeinen Basenkatalyse zur nucleophilen Katalyse umschwenkt?

Lösung

Die *ortho*-ständige Carboxylfunktion befindet sich in einer Stellung, die die Bildung einer tetraedrischen Reaktionszwischenstufe erlaubt. Falls die Carboxylfunktion des tetraedrischen Zwischenprodukts bessere Abgangseigenschaften besitzt als die Phenoxygruppe, wird die Carboxylgruppe präferentiell aus dem Molekül (der Zwischenstufe) eliminiert. Dies führt zur Rückbildung des Ausgangsstoffes, der unter Vermittlung einer allgemeinen Basenkatalyse hydrolysiert (Weg **A**). Ist aber die Phenoxygruppe die im Vergleich zur Carboxylgruppe bessere Abgangsgruppe, wird die Phenoxygruppe eliminiert. Dabei wird ein Anhydrid gebildet, und die Reaktion verläuft unter nucleophiler Katalyse (Weg **B**).

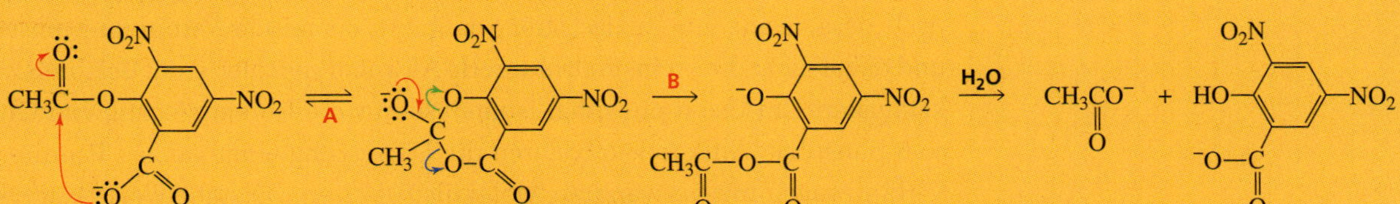

tetraedrische Zwischenstufe

Ü 12 Warum führen die Nitrogruppen zur Änderung der relativen Abgangstendenzen der Carboxylgruppe und des Phenylrestes im tetraedrischen Zwischenprodukt von Übung 11?

Ü 13* Ob die *ortho*-ständige Carboxylgruppe als allgemeiner Basenkatalysator oder als nucleophiler Katalysator der intramolekularen Reaktion auftritt, lässt sich ermitteln, indem man die Hydrolyse der Acetylsalicylsäure mit ^{18}O-markiertem Wasser durchführt und misst, ob das ^{18}O-Atom in das Salicylsäuremolekül eingebaut wird oder nicht. Erläutern Sie die Ergebnisse, auf deren Grundlage Sie die Entscheidung bezüglich der beiden oben genannten Katalysetypen treffen würden.

Katalyse biochemischer Reaktionen 22.8

Praktisch alle organisch-chemischen Reaktionen, die in lebenden Zellen ablaufen, erfordern die Tätigkeit eines Katalysators. Die überwältigende Mehrheit der biochemischen Katalysatoren sind **Enzyme**, die globuläre Proteine sind (Abschnitt 21.0). Jede biologische Reaktion wird von einem anderen Enzym katalysiert.

Das Substrat binden

Der Reaktant einer enzymkatalysierten Reaktion wird als das **Substrat** des Enzyms bezeichnet.

$$\text{SUBSTRAT} \xrightarrow{\text{Enzym}} \text{PRODUKT}$$

Das Enzym enthält einen Bereich, der durch Faltung der Polypeptidkette entsteht, in dem die katalytisch aktiven Aminosäurereste angeordnet sind. Dieser Bereich ist meist in Form einer Tasche oder Furche ausgebildet und wird als **aktives Zentrum** bezeichnet. Das oder die von dem Enzym akzeptierten und umgesetzten Substrate passen in diese Tasche oder Furche und binden in spezifischer Weise an die katalytisch aktiven Bereiche.

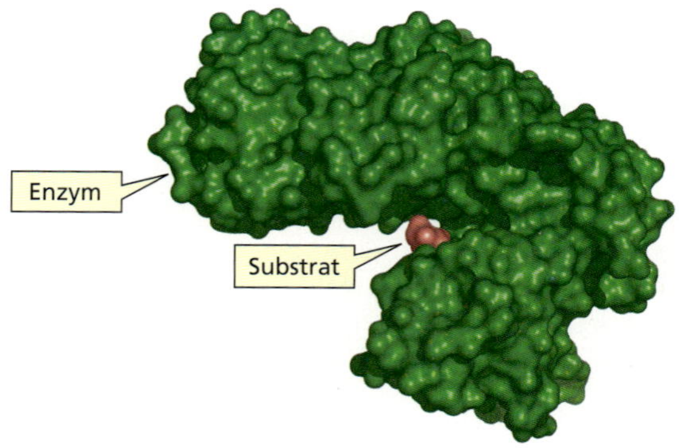

Enzyme unterscheiden sich von nichtbiochemischen Katalysatoren darin, dass sie ein hohes Maß an Spezifität für das Substrat/die Substrate aufweisen, deren chemische Umsetzung sie katalytisch unterstützen (Abschnitt 6.15). Nicht alle Enzyme weisen jedoch den gleichen Grad an Spezifität auf. Einige sind so spezifisch, dass sie nur eine einzige, streng definierte chemische Verbindung umsetzen und dabei nicht die kleinste strukturelle Abweichung tolerieren. Beispielsweise katalysiert Glucose-6-phosphat-Isomerase nur die Isomerisierung von Glucose-6-phosphat. Andere katalysieren die Umsetzung einer ganzen Familie von Verbindungen mit verwandten Molekülstrukturen. Beispielsweise katalysiert Hexokinase die Phosphorylierung von D-Hexose. Die Spezifität eines Enzyms für sein Substrat ist ein weiteres Beispiel für **molekulare Erkennung** – die Fähigkeit eines Moleküls, ein anderes Molekül zu erkennen (Abschnitt 20.0).

Die Spezifität eines Enzyms wird durch dessen Konformation und dessen besondere **Aminosäureseitenketten** (α-Substituenten) im aktiven Zentrum bestimmt. Eine dort vorhandene Aminosäure mit einer negativen Ladung in ihrer Seitenkette (versuchen Sie sich zu erinnern, welche Aminosäuren dies sind) kann mit einer positiven elektrischen Ladung am Substratmolekül in Wechselwirkung treten (elektrostatische Wechselwirkung), eine Aminosäure mit einem polar gebundenen H-Atom in der Seitenkette kann als Wasserstoffbrückendonator auftreten, der mit einer geeigneten Akzeptorstelle des Substrates eine H-Brücke ausbilden kann. Eine Aminosäure mit einer hydrophoben Seitenkette kann selbstverständlich mit hydrophoben Gruppen am Substrat schwach wechselwirken.

Im Jahr 1894 hat Emil Fischer das so genannte **Schlüssel-Schloss-Modell** vorgeschlagen, um die Spezifität eines Enzyms für sein Substrat und umgekehrt die Spezifität von Substraten für bestimmte Enzyme zu erklären: Das Enzym wird in dieser modellhaften Vorstellung durch ein Schloss versinnbildlicht, in das das Substrat mit seiner komplementären Passform hineinpasst wie ein Schlüssel.

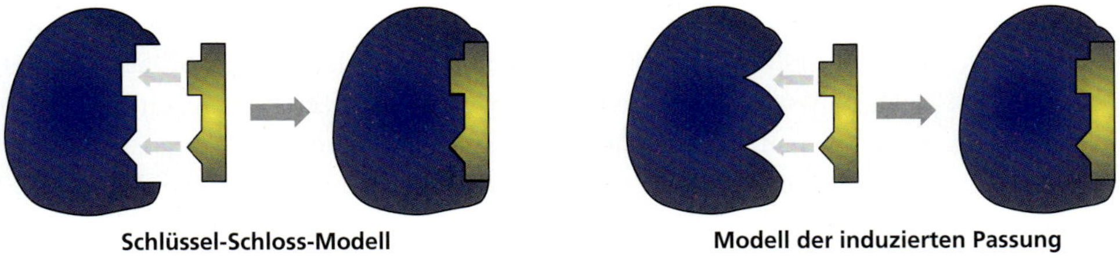

Im Jahr 1984 hat Daniel Koshland das Modell der **induzierten Passung** für die Substratbindung vorgeschlagen. Bei dem Modell der induzierten Passung nimmt das aktive Zentrum eines Enzyms erst dann die zum Substrat völlig komplementäre Konformation ein, wenn eine geeignete bindende Wechselwirkung mit dem Substrat erfolgt. Ein Beispiel für eine induzierte Passung (engl. *induced fit*) ist in ► Abbildung 22.4 schematisch wiedergegeben.

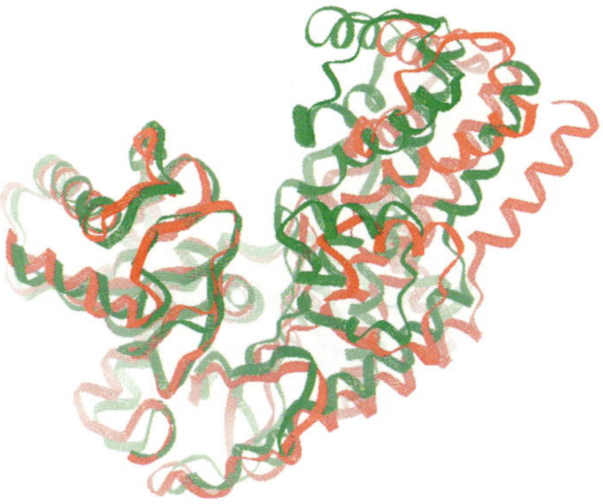

Abbildung 22.4: Die Struktur der Hexokinase vor (rot) und nach der Bindung (grün) eines Substratmoleküls.

Katalysieren der Reaktion

Verschiedene Faktoren tragen zu den bemerkenswerten katalytischen Eigenschaften von Enzymen bei. Die wichtigsten sind:

- Reagierende Gruppen werden in einer für die Reaktion günstigen Orientierung im aktiven Zentrum zusammengeführt. Dies ist analog zu der Art und Weise, wie reagierende Gruppen durch eine geeignete Ausrichtung bei einer intramolekularen Reaktion deren Geschwindigkeit erhöhen (Abschnitt 22.6).
- Einige der Aminosäureseitenketten des Enzyms entfalten die eigentliche katalytische Wirkung, und viele Enzyme enthalten darüberhinaus in ihren aktiven Zentren Metallionen, die die katalytische Wirkung unterstützen. Diese chemischen Konstituenten sind durch die evolutive Entwicklung der Enzymform so positioniert, dass sie in Bezug auf das Substrat genauso ausgerichtet sind, wie es zur Ausübung der katalytischen Wirkung notwendig ist. Dieser Faktor ist analog zur intramolekularen Säure-, Basen- und Metallionenkatalyse (Abschnitt 22.7).

Ein Säurekatalysator erhöht die Reaktionsgeschwindigkeit durch Abgabe eines Protons an das Substrat.

Ein Basenkatalysator erhöht die Reaktionsgeschwindigkeit durch das Entfernen eines Protons vom Substrat.

Ein nucleophiler Katalysator erhöht die Reaktionsgeschwindigkeit durch die Bildung einer neuen kovalenten Bindung mit dem Substrat.

- Aminosäureseitenketten können Übergangszustände durch London-Dispersionskräfte, elektrostatisch Wechselwirkungen und Wasserstoffbrückenbindung stabilisieren. Es sei daran erinnert, dass die Stabilisierung des Übergangszustands die freie Aktivierungsenergie ($\Delta G^{\ddagger}$) verringert (Abschnitt 5.10). Die benötigten Seitenketten sind relativ zu dem Übergangszustand genau dort positioniert, wo sie zur Stabilisierung benötigt werden.
- Die bemerkenswerte katalytische Fähigkeit von Enzymen beruht zum Teil auf ihrer Fähigkeit, mehrere zu Katalysemodi in derselben Reaktion zu verwenden.

Im Folgenden werden wir die katalytischen Mechanismen von fünf Enzymen im Einzelnen besprechen, um ein besseres Verständnis dafür zu entwickeln, wie die Seitengruppen von Aminosäuren ihre katalytischen Fähigkeiten in aktiven Zentren entfalten. Beachten Sie bei der Untersuchung dieser Reaktionen, dass sie denen ähnlich sind, die wir bei anderen organischen Verbindungen schon zuvor kennen gelernt haben. Falls Sie zu den Abschnitten zurückblättern, auf die in diesem Kapitel verwiesen wird, so werden Sie erkennen, dass vieles von der Organischen Chemie, was Sie bislang gelernt haben, auf die biochemischen Reaktionen in lebenden Organismen übertragbar ist.

Eine enzymkatalysierte Reaktion, die an eine säurekatalysierte Amidhydrolyse erinnert 22.9

Die Namen von Enzymen enden zumeist auf der Silbe „-ase“ (sofern sie nicht tradierte Namen tragen, die historisch einer systematisierenden Nomenklatur vorausgegangen sind), und der Name eines Enzyms verrät in der Regel (aber beileibe nicht immer), welche Reaktion es katalysiert. Die uns schon bekannte Carboxypeptidase A katalysiert die hydrolytische Abtrennung C-terminaler Aminosäuren von Peptiden/Proteinen (Abschnitt 21.13).

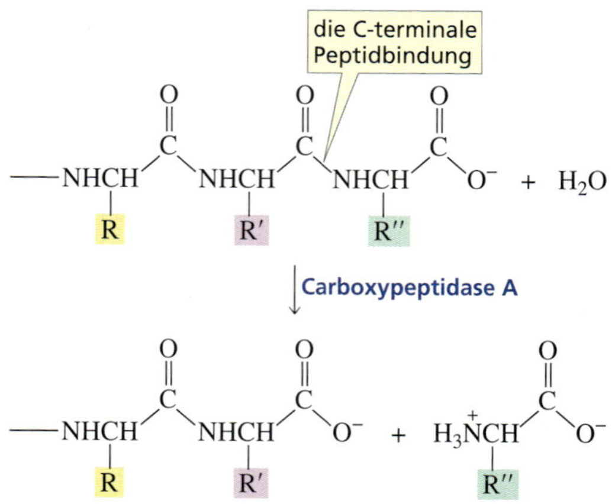

Carboxypeptidase A ist ein *Metalloenzym*, also eines, das ein oder mehrere Metallionen, die für die Funktion des Proteins von Wichtigkeit sind, fest gebunden hält. Das Metallion der Carboxypeptidase A ist ein zweiwertiges Zinkion (Zn^{2+}). Die Carboxypeptidase A ist nur eines von mehreren hundert bekannten Zinkenzymen. In der Carboxypeptidase A aus der Bauchspeicheldrüse des Rindes liegt das Zn^{2+}-Ion in Form eines Komplexes mit den Aminosäuren Histidin 69, Glutaminsäure 72 und Histidin 196 vor. (Glu 72 bedeutet, dass, ausgehend vom N-terminalen Ende des Enzyms, Glu die zweiundsiebzigste Aminosäure ist.)

Vorgeschlagener Mechanismus für die Reaktion, die durch Carboxypeptidase A katalysiert wird

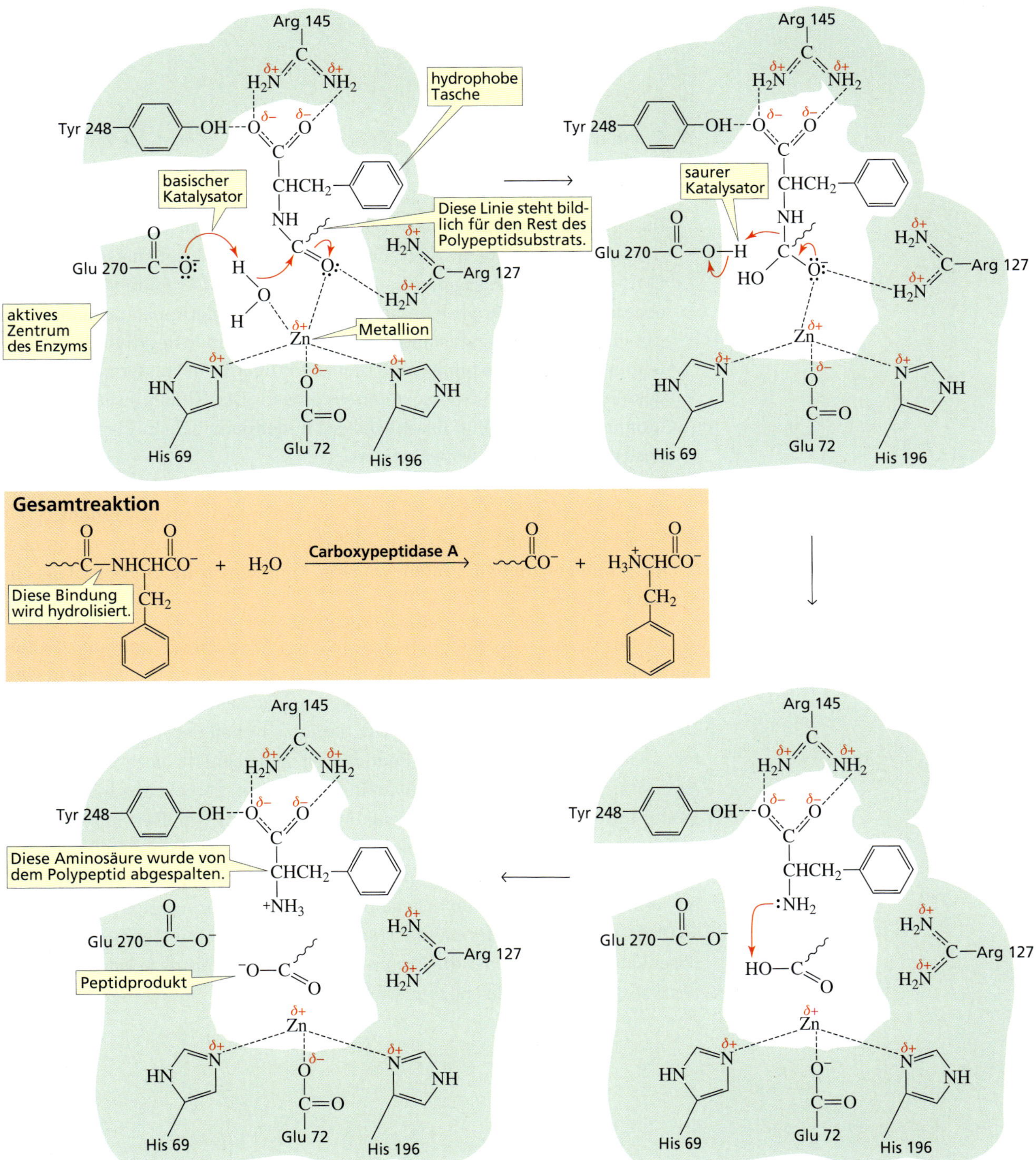

Das Substrat binden

Mehrere Gruppen im aktiven Zentrum der Carboxypeptidase A sind an der Substratbindung beteiligt. Der Argininrest 145 bildet zwei Wasserstoffbrückenbindungen aus, und der Tyrosinrest 248 eine mit der C-terminalen Carboxylgruppe des Substrates (in unserem Beispiel ist dies ein Phenylalaninrest). Die Seitenkette der carboxyterminalen Aminosäure des Substrates ist in einer hydrophoben Tasche untergebracht. Dies ist der Grund dafür, dass die Carboxypeptidase A keine Aktivität zeigt, wenn der C-terminale Rest ein Arginin- oder ein Lysinrest ist. Offenbar passt die langgestreckte, positiv geladene Seitengruppe dieser Aminosäuren (▶ Tabelle 21.2) nicht in die unpolare Einbuchtung des Enzyms.

Katalyse der Reaktion

- Wenn das Substrat an das aktive Zentrum bindet, bindet das Zn^{2+}-Ion das Sauerstoffatom der Carbonylgruppe des zu hydrolysierenden Amids partiell koordinativ. Das Zn^{2+}-Ion polarisiert die C=O-Doppelbindung, was das C-Atom empfänglicher für nucleophile Angriffe macht und die sich in dem zur tetraedrischen Zwischenstufe führenden Übergangszustand am O-Atom sammelnde negative Ladung stabilisiert. Der Argininrest 127 erhöht ebenfalls den elektrophilen Charakter der Carbonylgruppe und stabilisiert die sich im Übergangszustand am O-Atom sammelnde negative elektrische Ladung. Das Zinkion bindet außerdem koordinativ ein Wassermolekül, was dessen nucleophile Eigenschaften verbessert. Der Glutaminsäurerest 270 fungiert als allgemeiner Basenkatalysator, der den nucleophilen Charakter des Wassermoleküls weiter steigert.
- Im zweiten Schritt der Reaktion fungiert der Glutaminsäurerest 270 als Säurekatalysator, der die Abgangsneigung der Aminogruppe erhöht.
- Im letzten Schritt der Reaktion gibt die Carbonsäure ein Proton ab und das Amin gewinnt ein Proton, weil ein Amin eine stärkere Base ist als ein Carboxylation.

Wenn die Reaktion vorüber ist, spalten sich die freigesetzte Aminosäure (in diesem Beispiel Phenylalanin) und das um diese Aminosäure verkürzte Peptid vom Enzym ab. Ein neues Substratmolekül kann sich an das aktive Zentrum binden. Die abstoßende elektrische Wechselwirkung zwischen der negativ geladenen terminalen Carboxylgruppe des Peptids und dem ebenfalls negativ geladenen Aminosäurerest Glutaminsäure (Glutamat) 270 kann hierbei ein erleichternder Faktor für die Freisetzung (Absprengung) des Peptids vom Enzym sein.

Man beachte, dass die bei diesen enzymatischen Reaktionen auftretende Säure- und Basenkatalyse eine allgemeine ist (Abschnitte 22.2 und 22.3). Bei physiologischen pH-Werten liegen im Zellplasma zu geringe Konzentrationen an Hydronium- und Hydroxidionen (jeweils 10^{-7} M) für eine spezifische Säure-/Basenkatalyse vor, bei der die Protonierung/Deprotonierung vor der Bindung des Substrates durch das Enzym erfolgen würde.

Ü 14 mit Lösung
Welche der folgenden Aminosäureseitenketten kann durch Protonenübertragung die Abdissoziation einer Abgangsgruppe befördern?

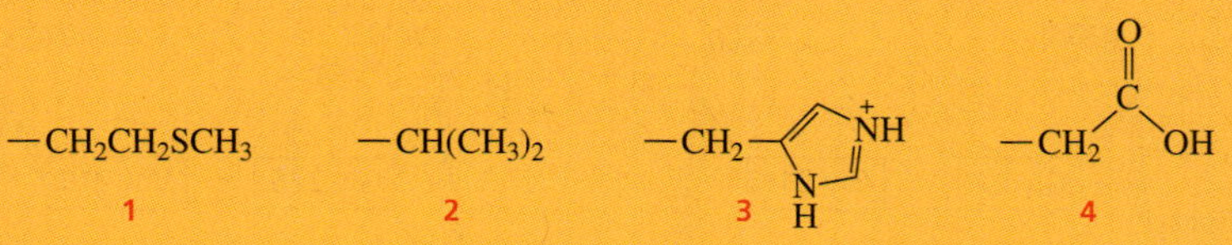

1 2 3 4

Lösung

Die Seitenketten **1** und **2** besitzen keine aziden Wasserstoffatome; sie können daher einer Abgangsgruppe nicht auf diese Art behilflich sein. Die Seitenketten **3** und **4** verfügen jeweils über ein azides Wasserstoffatom und können einer Abgangsgruppe durch Protonierung beistehen.

Ü 15* Welche der folgenden Aminosäureseitenketten kann bei der Abstraktion eines Protons vom α-Kohlenstoffatom eines Aldehyds unterstützend wirken?

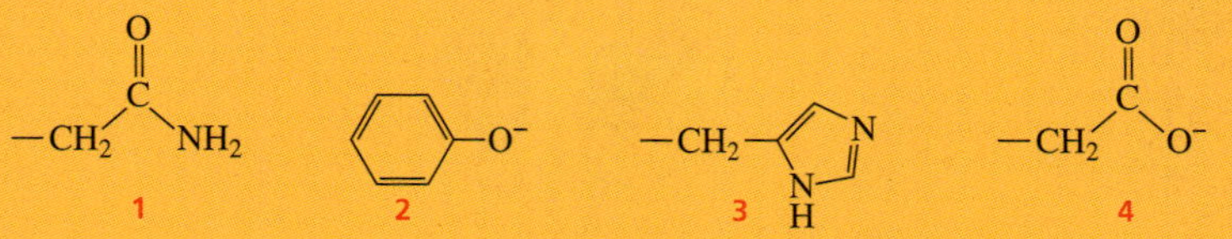

1 2 3 4

Ü 16* Welche der nachfolgenden C-terminalen Peptidbindungen würden durch Carboxypeptidase A leichter gespalten?

Ser-Ala-Phe oder Ser-Ala-Asp

Ü 17 Carboxypeptidase A besitzt neben ihrer Peptidaseaktivität (Amidasewirkung) auch eine gewisse Esteraseaktivität (also geringe Substratspezifität). Sie vermag also neben Peptid- auch Esterbindungen hydrolytisch aufzulösen. Bei der Esterhydrolyse wirkt der Glutaminsäurerest 270 als nucleophiler Katalysator statt als allgemeiner Basenkatalysator. Schlagen Sie einen Reaktionsmechanismus für die von Carboxypeptidase A katalysierte Spaltung eines Esters vor.

22.10 Eine weitere enzymkatalysierte Reaktion, die an eine säurekatalysierte Amidhydrolyse erinnert

Trypsin, Chymotrypsin und Elastase gehören zu einer großen Gruppe von *Endopeptidasen*, die kollektiv als Serinproteasen bezeichnet werden. (Es sei daran erinnert, dass eine Endopeptidase eine Peptidbindung spaltet, die sich nicht am Ende einer Peptidkette befindet; Abschnitt 21.13.) Sie werden als *Proteasen* bezeichnet, weil sie die Hydrolyse (den Verdau) von Proteinen betreiben. Sie heißen *Serinproteasen*, weil ihnen ein Serinrest mit katalytisch wichtiger Funktion in den aktiven Zentren gemeinsam ist.

Die Spezifität der Serinproteasen

Die verschiedenen Serinproteasen besitzen ähnliche Primärstrukturen, was auf einen gemeinsamen stammesgeschichtlichen Ursprung hindeutet. Alle weisen die gleichen drei katalytisch relevanten Aminosäurereste in den aktiven Zentren auf: einen Asparaginsäurerest, einen Histidinrest und den namensgebenden Serinrest. Sie unterscheiden sich jedoch in einem wichtigen Punkt: der chemischen Zusammensetzung der das aktive Zentrum umgebenden Substratbindungsregion, die die Aminosäurereste des zu spaltenden Peptids/Proteins

„erkennen“ und binden muss (► Abbildung 22.5). Diese unterschiedlichen „Bindungstaschen“ verleihen den verschiedenen Vertretern der Serinprotease-familie ihre Substratspezifitäten (Abschnitt 21.13).

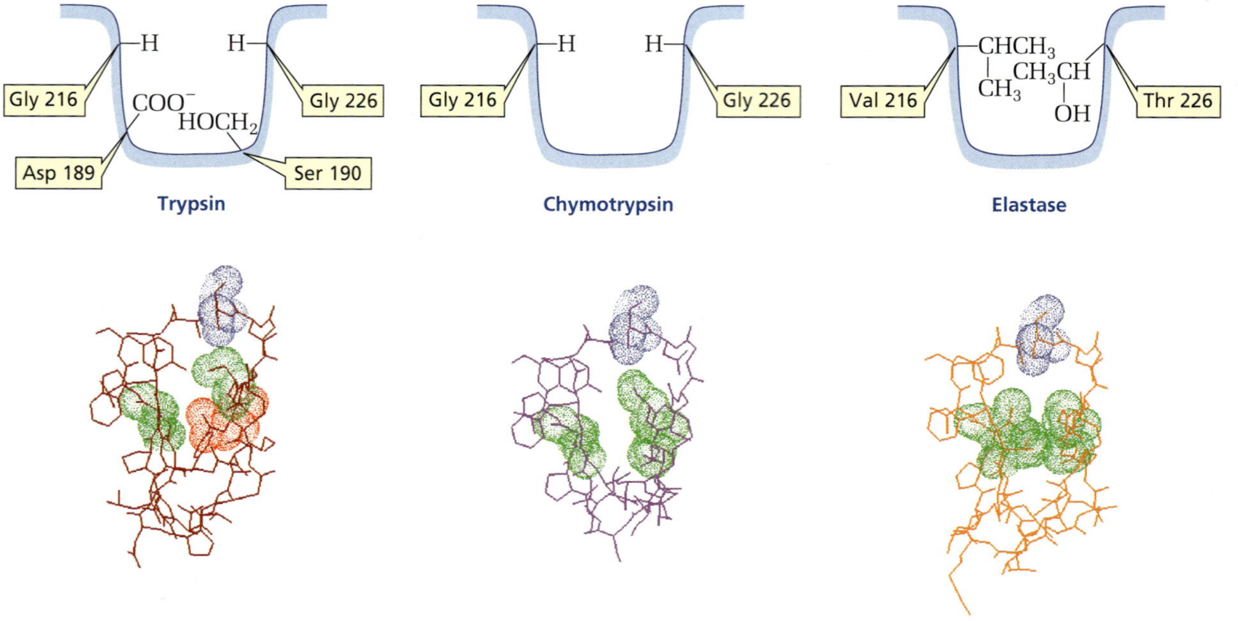

Abbildung 22.5: Die Substratbindungstaschen von Trypsin, Chymotrypsin und Elastase. Die negativ geladenen Asparaginsäurereste (Aspartatreste) sind in rot dargestellt, die relativ unpolaren Aminosäuren in grün. Die Struktur der Bindungstaschen vermag zu erklären, warum das Trypsin lange Aminosäurereste mit positiven Ladungen zu binden vermag, das Chymotrypsin flache, unpolare und die Elastase nur kleine (niedervoluminöse) Aminosäurereste.

- Die Tasche oder Furche im Trypsinmolekül ist eng und weist an ihrem Grund einen Serinrest und einen negativ geladenen Aspartatrest auf. Die Form und die elektrischen Ladungsverhältnisse in der Bindungstasche bedingen, dass Trypsin langgestreckte Aminosäureseitengruppen mit positiver elektrischer Ladung (Lys, Arg) zu binden vermag. Das ist der Grund, warum Trypsin die Peptidbindungen, die sich stromabwärts entlang dieser Reste befinden, abspaltet.
- Die Bindungsfurche des Chymotrypsins ist ebenfalls eng und mit unpolaren Resten ausgekleidet; Chymotrypsin spaltet deshalb stromabwärts entlang der Aminosäurereste, die komplementäre, flache, unpolare Seitengruppen (Phe, Tyr, Trp) aufweisen.
- Im Bindungsbereich der Elastase sind zwei Glycinreste in der homologen Region des Trypsins bzw. Chymotrypsins durch relativ raumfüllende Reste des Valins bzw. Threonins ersetzt. Als Folge können nur kleine Aminosäuren in dieser Bindungsfurche Platz finden. Elastase hydrolysiert Peptidbindungen stromabwärts (auf der Carboxylseite) solcher Aminosäuren (Gly, Ala, Ser und Val).

Der Mechanismus

Der vorgeschlagene Mechanismus für die chymotrypsinkatalysierte Hydrolyse einer Peptidbindung wird unten gezeigt. Beachten Sie, dass es zwei aufeinanderfolgende nucleophile Acylsubstitutionsreaktionen gibt: erstens die nucleophile

Zugabe zu einem Amid zur Bildung eines tetraedrischen Zwischenprodukts, gefolgt von der Eliminierung aus dem tetraedrischen Zwischenprodukt. Darauf folgt die nucleophile Addition an einen Ester zur Bildung eines tetraedrischen Zwischenprodukts, gefolgt von der Eliminierung von diesem tetraedrischen Zwischenprodukt (Abschnitt 15.4). Die anderen Serinproteasen folgen dem gleichen Mechanismus.

Vorgeschlagener Mechanismus für die Reaktion, die durch Serinproteine katalysiert wird

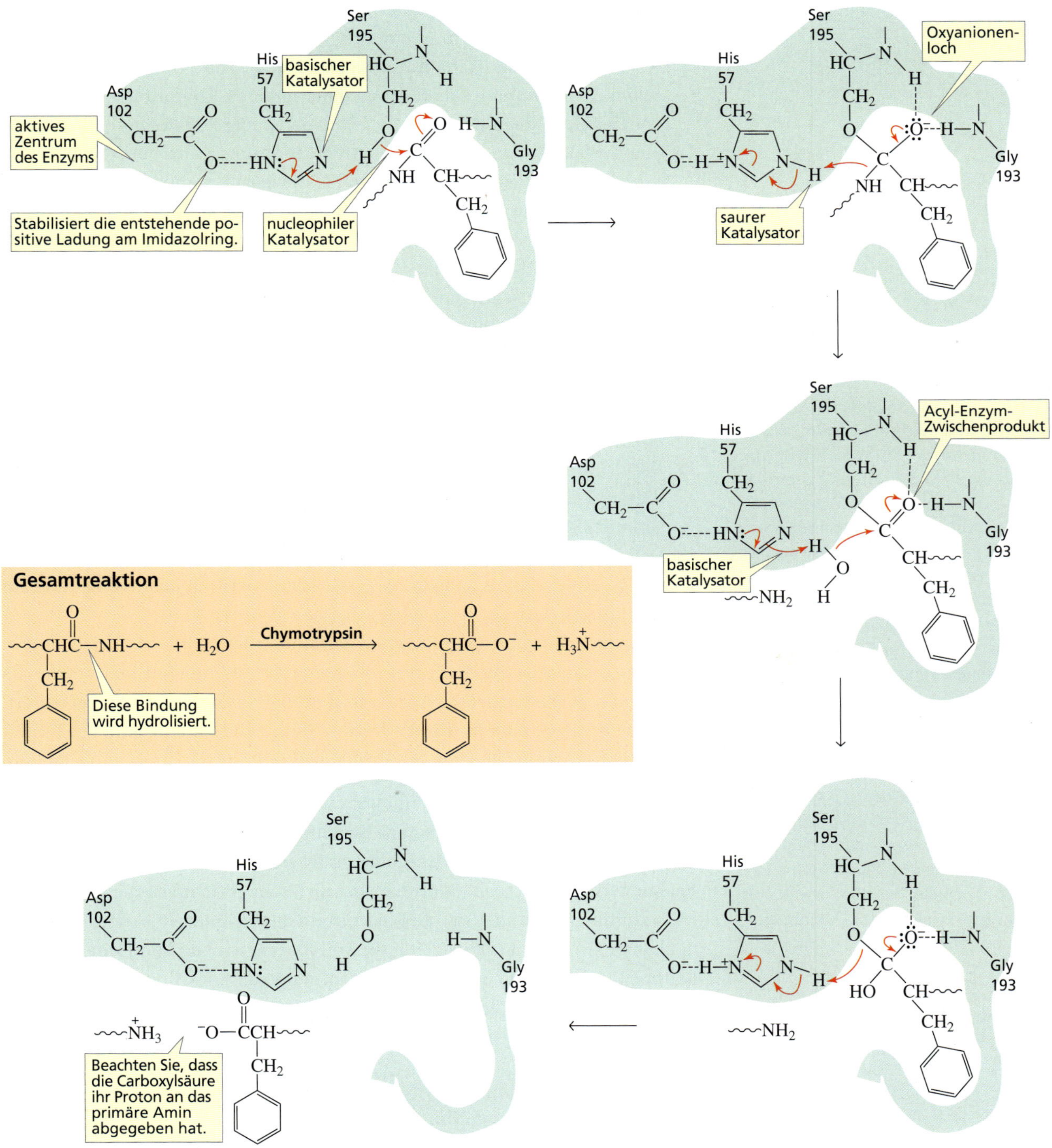

- Als Folgewirkung der Bindung der abgeflachten, unpolaren Seitenketten in der Bindungstasche kommt die zu hydrolysierende Amidbindung in der Nähe des Serinrestes 195 zu liegen. Der Histidinrest 57 fungiert als Basenkatalysator, der die Nucleophilie des Serinrestes, der die Carbonylgruppe der Amidbindung angreift, erhöht. Dieser Vorgang wird von dem Asparaginsäurerest 102 unterstützt, dessen negative Ladung (Aspartation) die sich ergebende positive Ladung am His 57 stabilisiert. Der Fünfring des Histidins wird so ausgerichtet, dass das basisch wirkende Stickstoffatom der OH-Gruppe des Serinrestes nahekommt. Die stabilisierende Wirkung einer elektrischen Ladung auf eine ungleichnamige elektrische Ladung wird als **elektrostatische Katalyse** bezeichnet. Die Bildung des tetraedrischen Zwischenprodukts führt zu einer leichten Konformationsänderung des Proteins, die es dem negativ geladenen Sauerstoffatom erlaubt, sich in einen relativ leeren Bereich des aktiven Zentrums zu drehen, der als *Oxyanionenloch* bezeichnet wird. Einmal in diesem Oxyanionenloch, kann das negativ geladene O-Atom eine Wasserstoffbrücke mit zwei Peptidgruppen (Gly 193 und Ser 195) ausbilden, wodurch die tetraedrische Zwischenstufe stabilisiert wird.
- Im nächsten Teilschritt der Reaktion zerfällt die tetraedrische Zwischenstufe. Dabei wird die Aminogruppe ausgestoßen. Diese reagiert stark basisch und kann nicht ohne die Hilfe des Histidin 57-Restes eliminiert werden. His 57 wirkt hier als saurer Katalysator. Das Reaktionsprodukt des zweiten Schrittes ist ein **Acyl-Enzym-Zwischenprodukt**, da der Serinrest des Enzyms nun acyliert vorliegt.
- Der dritte Teilschritt verläuft praktisch genauso wie der erste, nur dass in diesem Fall ein Wassermolekül das angreifende Nucleophil ist. Das Wassermolekül greift die Acylgruppe des Acyl-Enzym-Zwischenprodukts an. Dabei fungiert His 57 als Basenkatalysator, der den nucleophilen Charakter des Wassermoleküls steigert. Asp 102 stabilisiert die positive Ladung am Histidinrest.
- Im letzten Teilschritt der Reaktion zerfällt das tetraedrische Zwischenprodukt. Dabei wird der Serinrest freigesetzt. His 57 fungiert hier wieder als saurer Katalysator, der die Abgangseigenschaften des Serinrestes verbessert. (Beachten Sie, dass in diesem letzten Schritt die Carbonsäure ein Proton abgibt und dass das Amin ein Proton gewinnt, da das Amin eine stärkere Base als das Carboxylation ist.)

Beachten Sie, dass die ersten beiden Schritte die Alkoholyse eines Amids und die nächsten Schritte die Hydrolyse eines Esters sind. Jede dieser zweistufigen Reaktionen erfordert sechs Schritte in der nicht-enzymkatalysierten Reaktionen (Abschnitte 15.12 und 15.8). Bei der enzymkatalysierten Reaktion laufen jedoch mehrere Schritte gleichzeitig ab, weil die reagierenden und katalytischen Gruppen, die an der Reaktion teilnehmen, genau dort positioniert sind, wo sie sein müssen. Als Ergebnis wird jede dieser nucleophilen Acylsubstitutionsreaktionen zu einer zweistufigen Reaktion.

Ü 18* Die Seitenketten des Arginins und des Lysins passen in die Bindungstasche des Trypsins (► Abbildung 22.5). Eine dieser Seitenketten bildet eine direkte Wasserstoffbrückenbindung mit einem Serinrest und eine indirekte (mit einem dazwischengeschalteten Wassermolekül) mit einem Aspartatrest (ionisierte Asparaginsäure). Die andere Seitenkette bildet direkte Wasserstoffbrückenbindungen sowohl mit dem Serin- wie dem Aspartatrest aus. Welche Aminosäure bildet welche H-Brücken?

Ü 19 Serinproteasen katalysieren nicht die Hydrolyse von Peptiden, falls die Aminosäure am Hydrolyseort eine D-Aminosäure ist. Trypsin spaltet beispielsweise auf der Carboxylseite von L-Arginin und L-Lysin, aber nicht auf der Carboxylseite (stromabwärts) von D-Arginin oder D-Lysin. Erklären Sie diesen Sachverhalt.

Ortsspezifische Mutagenese

Eine große Menge an Informationen über den Mechanismus enzymkatalysierter Reaktionen hat man durch **ortsspezifische Mutagenese** (man spricht auch von **gerichteter Mutagenese**) gewonnen.

Führt man auf diese Weise beispielsweise den Ersatz des Asparaginsäurerestes 102 im Chymotrypsin gegen einen Asparaginrest durch, so bleiben die Substratbindungseigenschaften des Enzyms vollständig erhalten, die katalytische Wirkung fällt, bezogen auf das Wildtypenzym, aber auf 0,05 % zurück (geht also praktisch vollständig verloren). Dieses Ergebnis belegt, dass der Asp 102-Rest an der Katalyse beteiligt sein muss. Wir haben ja schon vorher erfahren, dass dieser Aminosäurerest bei der Positionierung des Histidins eine Rolle spielt und die negative Ladung der Carboxylatgruppe die positive elektrische Ladung am Histidin kompensiert.

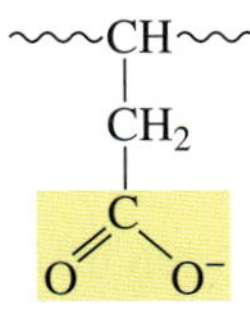

Seitenkette eines Asparaginsäurerestes (Asp)

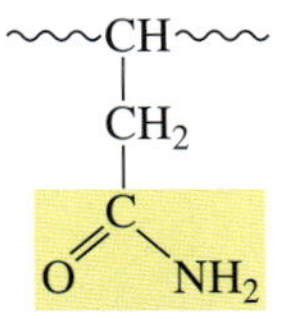

Seitenkette eines Asparaginrestes (Asn)

Eine enzymkatalysierte Reaktion, die aus zwei aufeinanderfolgenden S_N2-Reaktionen besteht 22.11

Lysozym ist ein Abwehrenzym, das Zellwände von Bakterien zerstört. Die bakteriellen Zellwände bestehen aus Polysacchariden, die aus sich abwechselnden *N*-Acetylmuraminsäureresten (NAM) und *N*-Acetylglucosaminresten (NAG) bestehen, die durch β-1,4'-Glycosidbindungen zusammengehalten werden (Abschnitt 20.15). Lysozym zerstört die Zellwände durch die Katalyse der Hydrolyse der NAM-NAG-Bindungen.

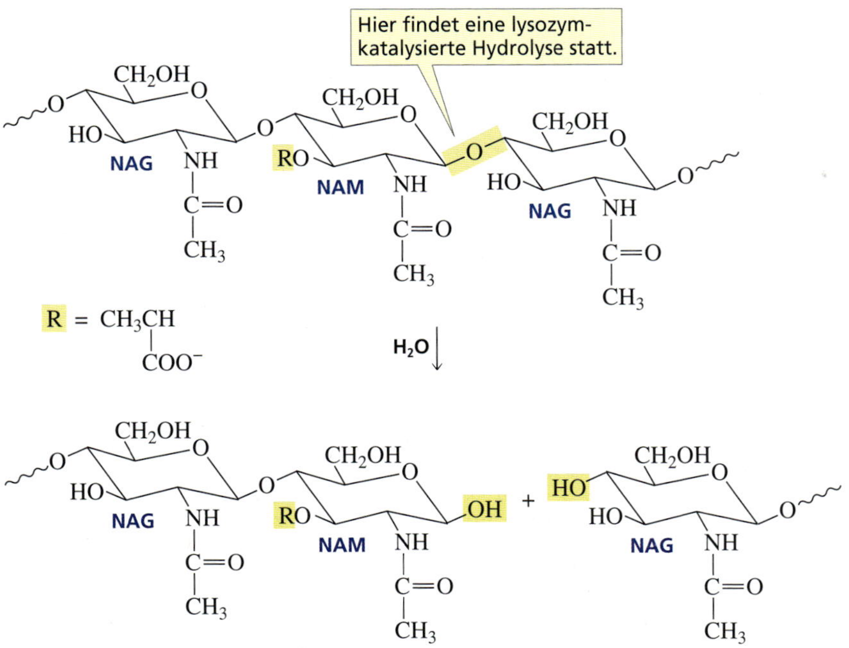

Das Substrat binden

Das aktive Zentrum des Lysozyms aus Hühnereiweiß bindet an sechs Zuckerreste des Substrates. Die zahlreichen an der Bindung des Oligosaccharidabschnittes beteiligten Aminosäurereste sind mit den Buchstaben A, B, C, D, E und F in ► Abbildung 22.6 gekennzeichnet. Die Acylgruppen an den NAM-Resten passen nicht an die Stellen C und E der Bindungsfurche. Das bedeutet, dass die NAM-Reste die Bindungsorte B, D und F besetzen müssen. Die Hydrolyse vollzieht sich zwischen den Resten D und E.

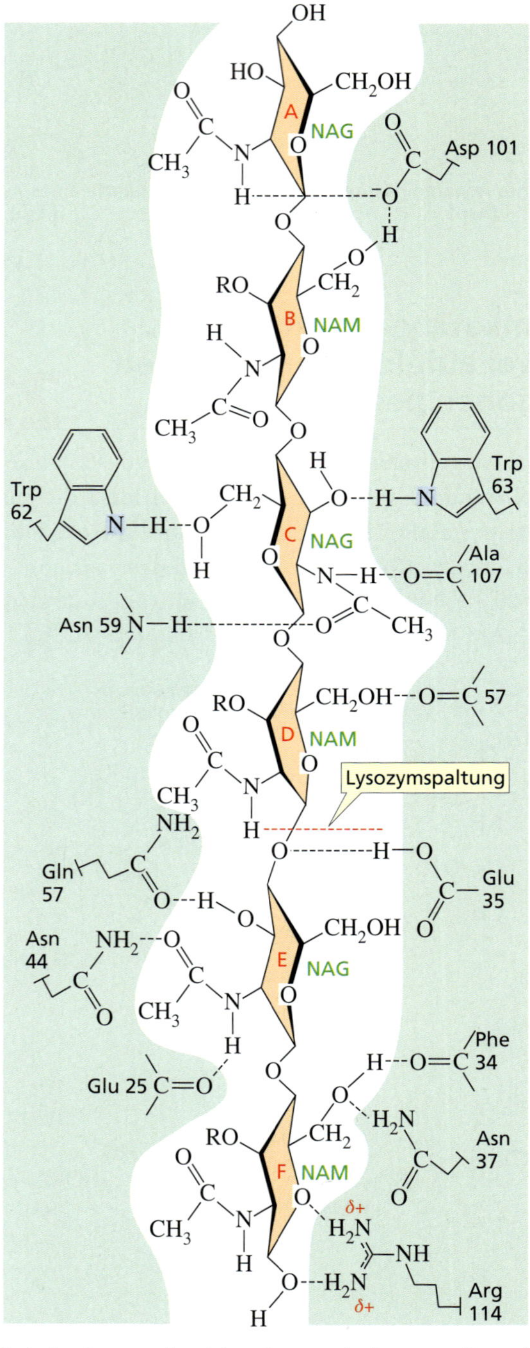

Abbildung 22.6: Die Aminosäurereste im aktiven Zentrum des Lysozyms, die an der Substratbindung teilnehmen.

Die Katalyse der Reaktion

Das Lysozym enthält in seinem aktiven Zentrum zwei katalytisch wirksame Gruppen: Den Glutaminsäurerest 35 und den Asparaginsäurerest 52. Die Beobachtung, dass die enzymkatalysierte Reaktion unter Konfigurationserhalt am anomeren C-Atom abläuft, hat zu dem Schluss geführt, dass es keine S_N2-Reaktion sein kann. (Es sei daran erinnert, dass eine S_N2-Reaktion mit der Inversion der Konfiguration einhergeht; Abschnitt 9.1.) Die Reaktion muss entweder aus zwei aufeinanderfolgenden S_N2-Reaktionen bestehen oder einer S_N1-Reaktion, bei der das Enzym eine Seite des Oxocarbeniumion-Zwischenprodukts vor nucleophilem Angriff schützt.

Obwohl Lysozym das erste Enzym war, dessen Reaktionsmechanismus aufgeklärt werden konnte (es wurde mehr als 40 Jahre lang intensiv untersucht), konnten erst in jüngerer Zeit experimentelle Daten erhalten werden, die einen Reaktionsverlauf mit zwei aufeinanderfolgenden S_N2-Reaktionen wahrscheinlich machen.

Vorgeschlagener Mechanismus für die Reaktion, die durch Lysozym katalysiert wird

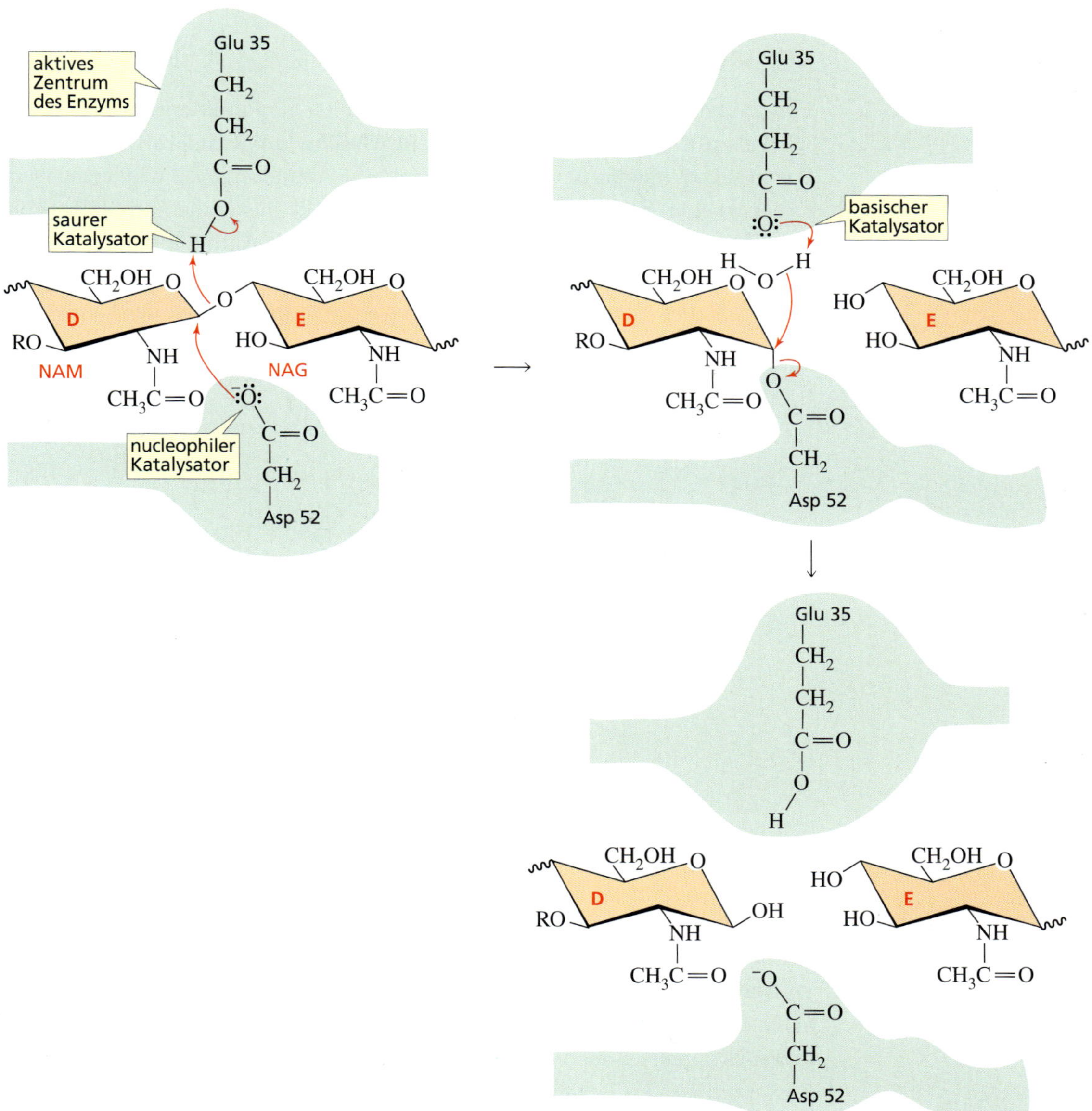

- Im ersten S_N2-Reaktionsschritt wirkt Asp 52 als nucleophiler Katalysator, der das anomere Kohlenstoffatom (C-1) eines NAM-Restes angreift. Dabei wird die Abgangsgruppe verdrängt. Glu 35 wirkt als allgemein saurer Katalysator, der die Abgangsgruppe protoniert und sie zu einer schwächeren Base macht und dadurch ihre Abgangseigenschaften verbessert. Beachten Sie, dass die beiden katalytischen Gruppen so positioniert sind, dass der nucleophile Angriff und die Protonierung der Abgangsgruppe im selben Schritt erfolgen.

  Ortsspezifische Mutagenesestudien haben gezeigt, dass bei einem Ersatz von Glutaminsäure 35 durch einen Asparaginsäurerest nur noch eine schwache enzymatische Aktivität zurückbleibt. Offensichtlich ist die kürzere Seitenkette des Asparaginsäurerestes nicht in der richtigen Position, um das O-Atom zu protonieren. Wird Glu 35 durch einen Alaninrest ersetzt, geht die enzymatische Aktivität vollständig verloren, denn Alanin kann nicht als saurer Katalysator wirken.
- Im zweiten S_N2-Reaktionsschritt wirkt der ionisierte Glutaminsäurerest 35 als allgemein basischer Katalysator, der die nucleophilen Eigenschaften eines Wassermoleküls verbessert.

Ü 20* Welcher Monosaccharidrest würde das Sondenisotop enthalten, falls bei einer durch Lysozym katalysierten Reaktion ^{18}O-markiertes Wasser eingesetzt wird – NAM oder NAG?

pH/Aktivitätsprofile

Eine graphische Auftragung der Enzymaktivität als Funktion des pH-Wertes wird als **pH/Aktivitätsprofil** oder als **pH/Geschwindigkeitsprofil** bezeichnet. Das pH/Aktivitätsprofil von Lysozym ist in ► Abbildung 22.7 wiedergegeben. Es besitzt eine Glockenform mit einem Gipfelpunkt (maximale Aktivität) bei pH = 5,3. Der pH-Wert, bei dem das Enzym 50 % seiner Aktivität (halbmaximale Aktivität) zeigt, beträgt 3,8 auf dem aufsteigenden und 6,7 auf dem absteigenden Ast der Kurve. Diese pH-Werte entsprechen den pK_S-Werten der katalytisch wirksamen Gruppen des Enzyms.

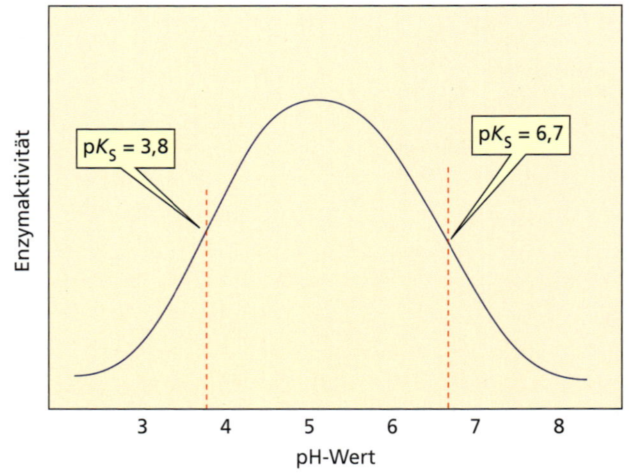

Abbildung 22.7: Abhängigkeit der Lysozymaktivität vom pH-Wert des Reaktionsansatzes.

Der auf dem aufsteigenden Ast ablesbare pK_S-Wert gilt für die katalytisch aktive Gruppe in ihrer basischen (deprotonierten) Form. Wenn die betreffende Gruppe vollständig protoniert vorliegt (bei einem pH=Wert von 2), ist das Enzym nicht aktiv. Mit ansteigendem pH-Wert geht ein immer größerer prozentualer Anteil dieser Gruppen an den vorhandenen Enzymmolekülen in den deprotonierten Zustand über. Als Folge davon steigt die Aktivität des Enzyms an. Auf dem absteigenden Ast gilt nämliches für eine Gruppe, die in ihrer protonierten (aziden) Form katalytisch aktiv ist. Die maximale katalytische Aktivität wird erreicht, wenn die Gruppe vollständig protoniert vorliegt. Die Aktivität nimmt mit ansteigendem pH-Wert ab, da ein immer größer werdender Anteil dieser Gruppen deprotoniert vorliegt.

Aus dem in ► Abbildung 22.7 dargestellten Reaktionsmechanismus des Lysozyms vermögen wir den Schluss zu ziehen, dass der Asparaginsäurerest 52 die Gruppe mit dem pK_S-Wert von 3,8 ist, und der Glutaminsäurerest 35 die Gruppe mit dem pK_S-Wert von 6,7. Das pH/Aktivitätsprofil gibt an, dass das Lysozym seine maximale Aktivität dann erreicht, wenn Asp 52 deprotoniert und Glu 35 protoniert vorliegen.

Aus ► Tabelle 21.3 lesen wir ab, dass der pK_S-Wert von Asparaginsäure 3,86 beträgt und der von Glutaminsäure 4,25. Der pK_S-Wert von Asp 52 stimmt gut mit dem pK_S-Wert der Asparaginsäure überein; der pK_S-Wert von Glu 35 ist jedoch wesentlich größer als der von freier Glutaminsäure.

Warum nun ist der pK_S-Wert des Glutaminsäurerestes im aktiven Zentrum dieses Enzyms um so vieles höher als der pK_S-Wert der freien Aminosäure? Die pK_S-Werte der Aminosäuren werden mit den reinen Substanzen in verdünnter wässriger Lösung gemessen. Im Lysozym ist der Asp 52-Rest von polaren Gruppen umgeben, was zur Folge hat, dass der pK_S-Wert seiner Seitengruppe nahe dem der freien Aminosäure in einem polaren Lösungsmittel liegen sollte – was ja tatsächlich zutrifft. Der Glu 35-Rest befindet sich jedoch in einer vorherrschend unpolaren Umgebung; sein pK_S-Wert sollte daher der Erwartung nach höher als der der freien Aminosäure in Wasser sein. Wir haben gelernt, dass der pK_S-Wert einer Carbonsäure in einem unpolaren Lösungsmittel größer ist (die Säurestärke also *abnimmt*), da die Möglichkeit, ein geladenes Teilchen zu bilden (das saure Wasserstoffatom als Proton abzudissoziieren) weniger gut oder gar nicht gegeben ist (Abschnitt 9.14).

Ein Teil der katalytischen Effizienz des Lysozyms resultiert aus der Fähigkeit des Enyzms, in seinem aktiven Zentrum unterschiedliche Mikromilieus zu erschaffen. Dadurch kann eine katalytisch aktive Gruppierung in protonierter Form vorliegen, eine zweite aber in deprotonierter Form. Diese Eigenschaft ist nur den Enzymen zueigen. Chemiker*innen sind bis heute nicht in der Lage, mikroskopisch unterschiedliche Umgebungen an unterschiedlichen Teilen eines nichtenzymatischen Systems einzustellen.

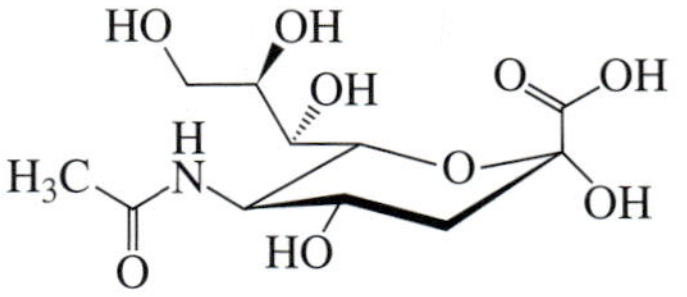

***N*-Acetylneuraminsäure**

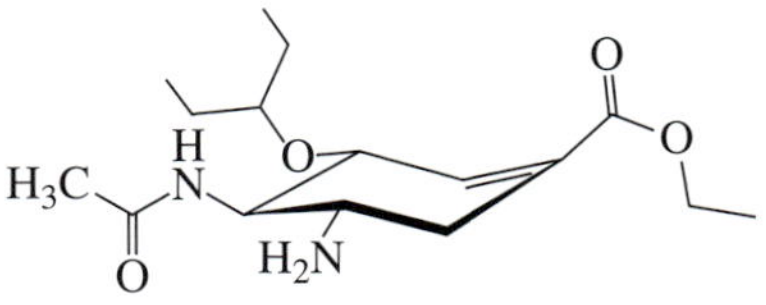

Tamiflu®

Ü 21 Zeichnen Sie das pH/Aktivitätsprofil für ein Enzym mit einer katalytischen Gruppe im aktiven Zentrum:

(a) Die katalytische Gruppe ist ein allgemein saurer Katalysator mit dem pK_S-Wert 5,6.

(b) Die katalytische Gruppe ist ein allgemein basischer Katalysator mit dem pK_S-Wert 7,2.

HINTERGRUND

■ Wie funktioniert Tamiflu?

Tamiflu ist eines der wenigen derzeit verfügbaren antiviralen Medikamente. Es dient zur Vorbeugung und Behandlung von Influenza A und B. Bevor das Viruspartikel aus seiner Wirtszelle freigesetzt werden kann, muss ein Enzym namens Neuraminidase einen Zuckerrest (*N*-Acetylneuraminsäure) von einem Glycoprotein auf der Zelloberfläche abspalten (Abschnitt 20.18). Da *N*-Acetylneuraminsäure und Tamiflu ähnliche Formen haben, kann das Enzym nicht zwischen ihnen unterscheiden. Daher kann es beide an seinem aktiven Zentrum binden. Wenn das Enzym Tamiflu bindet, kann es keine *N*-Acetylneuraminsäure binden. So werden die Viruspartikel daran gehindert, von ihren Wirtszellen freigesetzt zu werden und können so keine neuen Zellen infizieren. Eine frühe Behandlung mit Tamiflu ist deshalb wichtig, da es weniger effektiv ist, je mehr Zellen bereits infiziert wurden.

Eine enzymkatalysierte Reaktion, die an eine basenkatalysierte Endiolumlagerung erinnert 22.12

Als *Glycolyse* bezeichnet man eine Folge enzymkatalysierter Reaktionen, die ein Traubenzuckermolekül (Glucose) in zwei Moleküle Brenztraubensäure (Pyruvat) überführen (Abschnitt 24.6). Die zweite Reaktion der Glycolyse ist eine Isomerisierung, die Glucose-6-phosphat in Fructose-6-phosphat umwandelt. Rufen Sie sich in Erinnerung, das Glucose eine Aldohexose ist, wohingegen die offenkettige Form der Fructose eine Ketohexose ist (Abschnitt 20.0). Das Enzym, dass diese Reaktion katalysiert – die Glucose-6-phosphat-Isomerase – wandelt also eine Aldose in eine Ketose um.

Beachten Sie, dass die Schritte 2 und 3 des Mechanismus mit dem Mechanismus für die Endiolumlagerung identisch sind, mit der Ausnahme, dass die enzymkatalysierte Reaktion in zwei Schritten statt in vier Schritten erfolgt (Abschnitt 20.5). Die Reaktion erfordert weniger Schritte, da sich der Reaktant und die Katalysatoren an der Stelle befinden, wo sie für die Reaktion benötigt werden. Daher kann die Säure- und Basenkatalyse im selben Schritt erfolgen und findet nicht in einem separaten Schritt statt. Dadurch wird die Bildung relativ instabiler, negativ geladener Zwischenprodukte vermieden (Abschnitt 20.5).

Vorgeschlagener Mechanismus für die Reaktion, die durch Glucose-6-Phosphat-Isomerase katalysiert wird

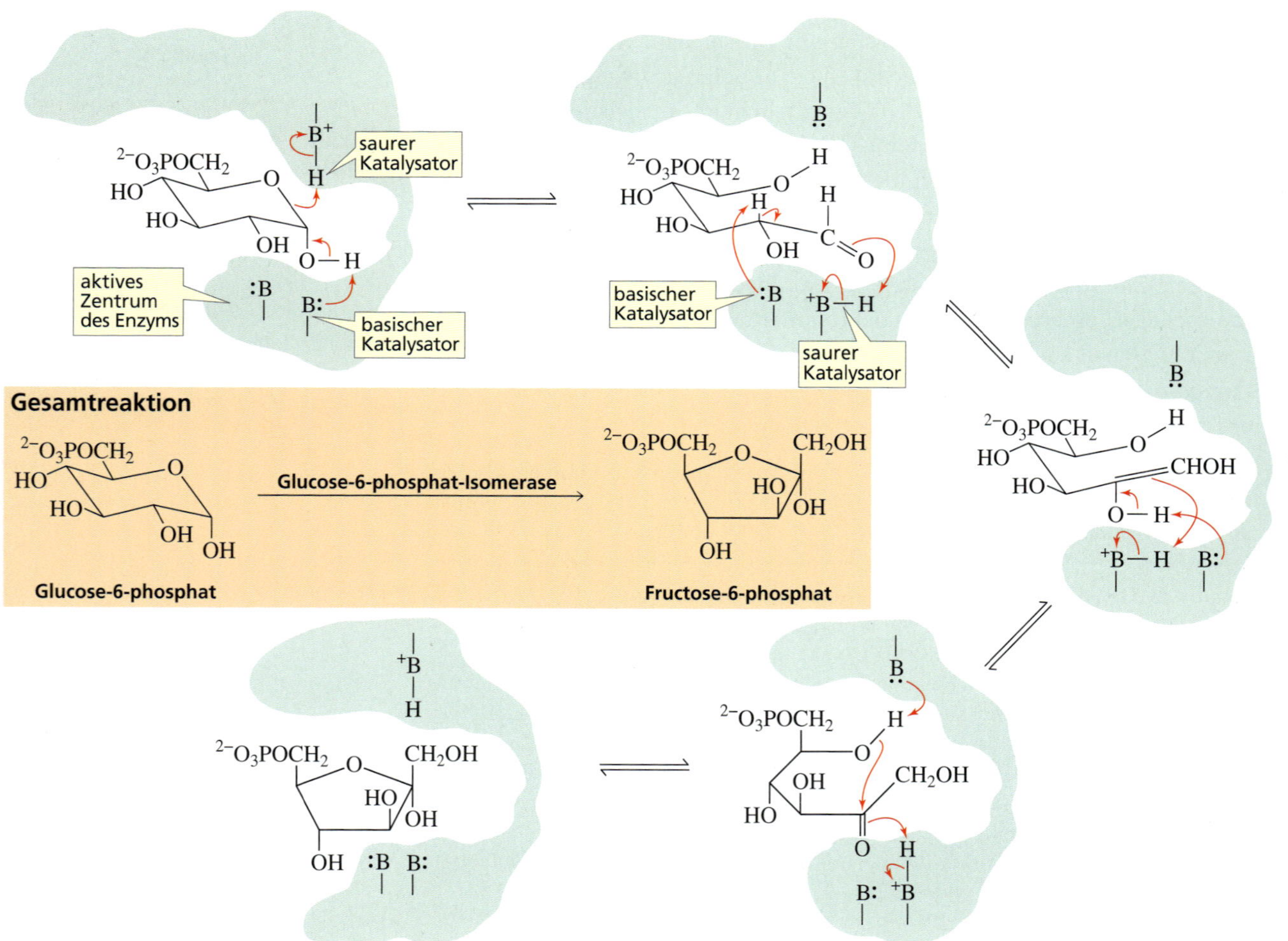

- Der erste Schritt ist eine Ringöffnung (Abschnitt 20.6). Ein Basenkatalysator (vermutlich ein Histidinrest) entzieht einer OH-Gruppe ein Proton, und ein Säurekatalysator (ein protonierter Lysinrest) fördert die Eliminierung der Abgangsgruppe durch Protonierung.
- Im zweiten Schritt entzieht ein Basenkatalysator (ein Glutamatrest) dem α-Kohlenstoffatom des Aldehyds ein Proton. Rufen Sie sich ins Gedächtnis, dass α-Wasserstoffatome relativ sauer reagieren (Abschnitt 17.11).
- Im nächsten Schritt wandelt sich ein Enol in ein Keton um.
- Im letzten Schritt katalysieren die deprotonierte Form des sauren Katalysators aus dem ersten Schritt und die protonierte Form des Basenkatalysators aus dem ersten Schritt den Ringschluss.

Ü 22 Das pH/Aktivitätsprofil für Glucose-6-phosphat-Isomerase zeigt die Beteiligung einer Gruppe mit einem pK_S-Wert von 6,7 als basischer Katalysator und einer Gruppe mit einem pK_S-Wert von 9,3 als Säurekatalysator. Zeichnen Sie das pH/Aktivitätsprofil und identifizieren Sie die Aminosäuren, die an der Katalyse beteiligt sind.

Ü 23* Wenn Glucose in Abwesenheit des Enzyms eine basenkatalysierte Isomerisierung eingeht, ist Mannose eines der gebildeten Produkte (Abschnitt 20.5). Warum wird Mannose nicht durch eine enzymkatalysierte Reaktion gebildet?.

Eine enzymkatalysierte Reaktion, die an eine Retro-Aldoladdition erinnert 22.13

Das erste Substrat des Kohlenhydratabbaus zur Energiegewinnung in lebenden Zellen ist die Phosphorylierung von D-Glucose (einer C_6-Verbindung). Die Endprodukte der Glycolyse sind zwei C_3-Moleküle (Brenztraubensäure = Pyruvat). An irgendeinem Punkt der Reaktionsfolge muss eine Verbindung mit sechs Kohlenstoffatomen enzymatisch in zwei Moleküle mit je drei Kohlenstoffatomen gespalten werden. Diese Molekülzerlegung wird von dem Enzym *Aldolase* katalysiert.

Die Aldolase spaltet Fructose-1,6-bisphosphat in Glycerinaldehyd-3-phosphat und Dihydroxyacetonphosphat.

Das Enzym wird Aldolase genannt, weil die Umkehrung der von ihm katalysierten Reaktion eine Aldoladdition ist (Abschnitt 17.10).

- Im ersten Schritt bildet Fructose-1,6-bisphosphat ein Imin mit einem Lysinrest des aktiven Zentrums (Abschnitt 16.8).
- Im zweiten Schritt fungiert ein Tyrosinrest als Basenkatalysator, der die Bindung zwischen dem C-3 und dem C-4 des Substrates spaltet. Der positiv geladene Stickstoff zieht mehr Elektronen ab als der Carbonylsauerstoff, der ansonsten, wenn das Imin nicht gebildet worden wäre, die elektronenziehende Gruppe gewesen wäre. Hierbei bildet sich das Glycerinaldehyd-3-phosphat. Es dissoziiert von dem Enzym ab.
- Die Enamin-Zwischenstufe lagert sich zum Imin um. Der Tyrosinrest am Enzym wirkt hierbei als Säurekatalysator.
- Die Hydrolyse des Imins führt zur Freisetzung von Dihydroxyacetonphosphat, dem anderen C-3-Produkt der Reaktion.

Vorgeschlagener Mechanismus für die Reaktion, die durch Aldolase katalysiert wird

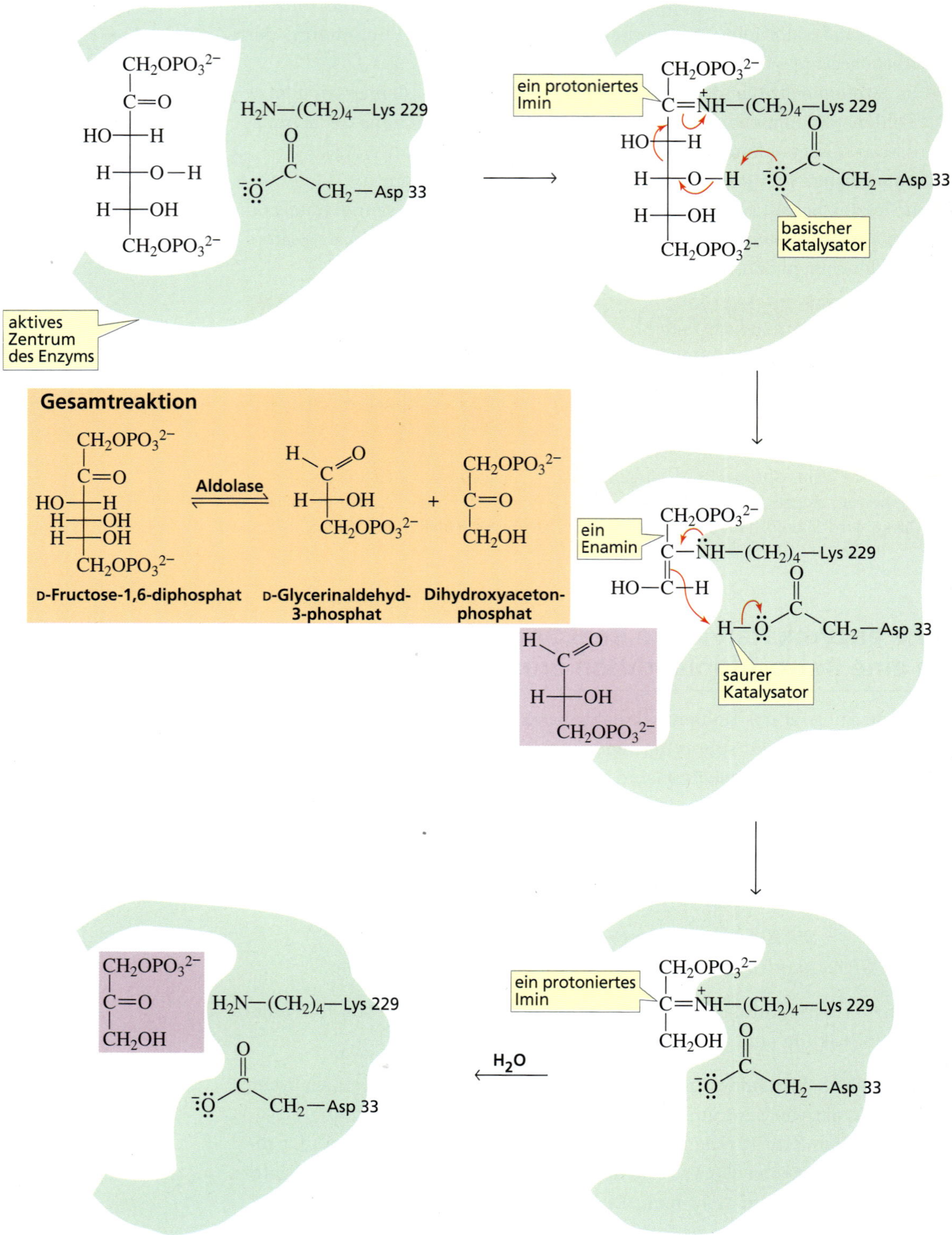

Ü 24 Zeichnen Sie den Mechanismus für die hydroxidkatalysierte Spaltung von Fructose-1,6-bisphosphat.

Ü 25 Welchen Vorteil hat ein Enzym durch die Bildung eines Imins?

Ü 26* Welche der folgenden Aminosäureseitenketten kann mit einem Substrat ein Imin bilden?

$-CH_2C(=O)NH_2$

1

$-(CH_2)_4NH_2$

2

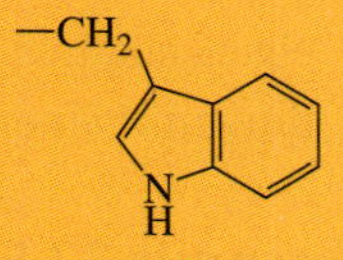

3

$-CH_2OH$

4

Ü 27 Warum muss Glucose-6-phosphat zu Fructose-6-phosphat (Abschnitt 22.12) im Prozess der Glycolyse isomerisiert werden, bevor die Spaltungsreaktion mit Aldolase eintreten kann?

Ü 28* Aldolase zeigt keine Aktivität, wenn sie mit Iodessigsäure inkubiert wird, bevor Fructose-1,6-bisphosphat zur Reaktionsmischung zugegeben wird. Was verursacht diesen Aktivitätsverlust?

Zusammenfassung

Abschnitt 22.0

- Ein **Katalysator** erhöht die Reaktionsgeschwindigkeit einer chemischen Reaktion. Dieser wird in der Reaktion jedoch weder verbraucht noch verändert.
- Ein Katalysator verändert die Geschwindigkeit, mit der ein Produkt gebildet wird, verändert jedoch nicht das Gleichgewicht im gebildeten Reaktionsprodukt.
- Ein Katalysator ändert die Reaktionsgeschwindigkeit, indem er einen Weg mit einem kleineren $\Delta G^{\ddagger}$ bereitstellt. Dies erfolgt entweder durch Umwandlung des Reaktanten in eine reaktivere Spezies, indem der Übergangszustand stabiler gemacht wird oder durch die vollständige Veränderung des Reaktionsmechanismus.

Abschnitt 22.1

- Katalysatoren bieten günstigere Reaktionswege für Erhöhung der Anfälligkeit eines Elektrophils, eine Reaktion mit ein Nucleophil einzugehen, indem sie die Reaktivität eines Nucleophils erhöhen, durch Erhöhung der Abgangsneigung einer Gruppe, oder durch Stabilisierung eines Übergangszustands.

Abschnitt 22.2

- Ein **Säurekatalysator** erhöht die Reaktionsgeschwindigkeit durch Abgabe eines Protons an einen Reaktanten. In der **spezifischen Säurekatalyse** wird das Proton vor dem langsamen Reaktionsschritt vollständig an den Reaktanten abgegeben; In der **allgemeinen Säurekatalyse** wird das Proton in einem langsamen Schritt übertragen.
- Ein Katalysator muss die Geschwindigkeit eines langsamen Reaktionsschrittes erhöhen.

Abschnitt 22.3

- Ein **Basenkatalysator** erhöht die Reaktionsgeschwindigkeit, indem er ein Proton von einem Reaktanten entfernt. In der **spezifischen Basenkatalyse** wird das Proton vor dem langsamen Reaktionsschritt vollständig aus dem Reaktanten entfernt; In der **allgemeinen Basenkatalyse** wird das Proton während des langsamen Reaktionsschritts entfernt.

Abschnitt 22.4

- Ein **nucleophiler Katalysator** erhöht die Reaktionsgeschwindigkeit durch seine nucleophilen Reaktionseigenschaften: durch die Bildung einer kovalenten Bindung mit einem Reaktanten bildet es ein Intermediär.

Abschnitt 22.5

- Ein **Metallion** kann die Reaktionsgeschwindigkeit erhöhen, indem es das Reaktionszentrum elektrophiler macht, indem es eine Abgangsgruppe zu einer schwächeren Base macht oder indem es die Nucleophilie von Wasser erhöht.

Abschnitt 22.6

- Die Geschwindigkeit einer chemischen Reaktion wird durch die Anzahl molekularer Stöße bestimmt, die mit ausreichend Energie und mit der richtigen Orientierung in einem bestimmten Zeitraum stattfinden.
- Eine **intramolekulare Reaktion**, die einen fünf- oder sechsgliedrig Ring formt, tritt leichter auf als eine analoge intermolekulare Reaktion. Denn sowohl die Häufigkeit der Kollisionen als auch die Wahrscheinlichkeit, dass diese in der richtigen Orientierung auftreten, ist bei intramolekularen Reaktionen erhöht.
- Die **effektive Molarität** ist die Konzentration des Reaktionspartners, welche in einer intermolekularen Reaktion erforderlich ist, damit diese Reaktion in derselben Geschwindigkeit wie die intramolekulare Reaktion ablaufen kann.

Abschnitt 22.7

- Wenn ein Katalysator ein Teil des reagierenden Moleküls ist, bezeichnet man diese Katalyse als **intramolekulare Katalyse**.

Abschnitt 22.8

- Die meisten biologischen Katalysatoren sind **Enzyme**. Der Reaktant einer enzymkatalysierten Reaktion bezeichnet man als **Substrat**. Das Enzym bindet das Substrat an sein aktives Zentrum. Bindende und bindungsaufbrechende Schritte der Reaktion finden im **aktiven Zentrum** des Enzyms statt.
- Die Spezifität eines Enzyms für sein Substrat ist ein Beispiel für **molekulare Erkennung**.

- Als **induzierte Passung** bezeichnet man die Änderung der Konformation des Enzyms bei der Bindung eines Substrats.
- Zwei wichtige Faktoren tragen zur den bemerkenswerten katalytischen Eigenschaften von Enzymen bei: 1. Die reagierenden Gruppen werden im aktiven Zentrum in der richtigen Orientierung für die Reaktion zusammengebracht, und 2. die Aminosäureseitenketten (und bei einigen ein Metallion Enzym) werden relativ zum Substrat positioniert, wo sie sowohl für die Katalyse als auch für die Stabilisierung des Übergangszustands erforderlich sind.

Abschnitt 22.9

- Die Stabilisierung einer Ladung durch eine entgegengesetzte Ladung wird als **elektrostatische Katalyse** bezeichnet.

Abschnitt 22.10

- Das **pH/Aktivitätsprofil** ist eine Darstellung der Aktivität eines Enzyms als Funktion des pH-Wertes der Reaktionsmischung.

Im MyLab | Organische Chemie finden Sie:

- den praktischen **eText** zum Kapitel mit Notizfunktion
- eine Auswahl verschiedener **3D-Moleküle**
- **Lösungen** zu ausgewählten, mit * versehenen Übungen
- digitale **Lernkarten** und ein umfangreiches **Glossar** zum Nachschlagen und Wiederholen von Definitionen
- digitale Übungsaufgaben in Form von **Kapiteltests** zur eigenen Lernkontrolle

Die Organische Chemie der Coenzyme, von Vitaminen abgeleitete Verbindungen

23

23.1 Niacin: Das für viele Redoxreaktionen notwendige Vitamin 1255

23.2 Riboflavin: Ein weiteres Vitamin, das in Redoxreaktionen verwendet wird 1262

23.3 Vitamin B_1: Das für den Acylgruppentransfer benötigte Vitamin 1266

23.4 Biotin: Das notwendige Vitamin für die Carboxylierung eines α-Kohlenstoffs 1272

23.5 Vitamin B_6: Das notwendige Vitamin für Aminosäureumwandlungen 1274

23.6 Vitamin B_{12}: Das notwendige Vitamin für bestimmte Isomerisierungen 1280

23.7 Folsäure: Das notwendige Vitamin für die Kohlenstoffübertragung 1283

23.8 Vitamin K: Das Vitamin, welches für die Carboxylierung von Glutamat benötigt wird 1288

Zusammenfassung 1292

ÜBERBLICK

Limetten: Vitamin A, C, K und Folsäure.

Grüne Bohnen: Vitamin A, B_1, B_6, C, K, Folsäure und Riboflavin.

Äpfel: Vitamin A, C, K und Folsäure.

Gurken: Vitamin A, C, K und Pantothenat.

Spargel: Vitamin A, B_1, B_6, C, E, K, Folsäure, Niacin und Riboflavin.

Eine ausgewogene Ernährung.

In diesem Kapitel wird erläutert, warum Vitamine für eine normale Körperfunktion erforderlich sind. Weiterhin werden wir auf einige der vielen organischen Reaktionen, welche in Zellen auftreten und die Beteiligung eines Vitamins erfordern, eingehen.

Viele Enzyme können eine Reaktion nicht ohne die Hilfe eines **Cofaktors** katalysieren. Einige Cofaktoren sind *Metallionen* und einige sind organische Moleküle.

Metallionen-Cofaktoren

Ein Metallionen-Cofaktor wirkt in einer Vielzahl von Reaktionen als Lewis-Säure, um ein Enzym dabei zu unterstützen, eine Reaktion zu katalysieren.

- Der Cofaktor kann sich mit den Gruppen des Enzyms koordinieren, sodass diese sich so anordnen, dass die Reaktion einfacher wird.
- Er kann dabei helfen, das Substrat an das aktive Zentrum des Enzyms zu binden.
- Er kann die Elektrophilie des Substrats erhöhen.
- Und er kann die Nucleophilie des Wassermoleküls im aktiven Zentrum erhöhen (Abschnitt 22.5).

Wir haben gesehen, dass Zn^{2+} eine wichtige Rolle in der durch Carboxypeptidase A katalysierten Hydrolysereaktion spielt (Abschnitt 22.9).

Ü 1* Wie erhöht das Metallion in Carboxypeptidase A die katalytische Aktivität des Enzyms?

Coenzyme

Cofaktoren, bei denen es sich um organische Moleküle handelt, bezeichnet man als **Coenzyme**. Coenzyme werden aus organischen Verbindungen abgeleitet, die allgemein als *Vitamine* bekannt sind. Ein **Vitamin** ist eine Substanz, die in einer kleinen Menge für das Funktionieren normale Körperfunktionen benötigt wird. Der Körper kann die benötigten Vitamine überhaupt nicht oder nur in einer nicht ausreichenden Menge synthetisieren. Es gibt jedoch zwei Ausnahmen: Vitamin D (Abschnitt 28.6) und Vitamin K (Abschnitt 18.7). Diese beiden Vitamine kann der Körper selbst synthetisieren. Frühe Lebensformen waren in der Lage, Vitamine zu synthetisieren, aber irgendwo entlang der evolutionären Entwicklung verloren viele Spezies – einschließlich unserer eigenen – diese Fähigkeit. Daher sind verschiedene Spezies nun voneinander abhängig, wenn es darum geht, Vitamine zu synthetisieren.

Die erste dieser Verbindungen, die als essenziell für die Ernährung erkannt wurde, war ein Amin (Vitamin B_1). Daraus haben Wissenschaftler*innen fälschlicherweise den Schluss gezogen, dass alle diese Verbindungen Amine seien. Dieser Irrtum hatte zur Folge, dass diese Verbindungen ursprünglich Vitamine genannt („für das Leben erforderliche Amine“) wurden. In ► Tabelle 23.1 sind die Vitamine und ihre chemisch aktiven Coenzymformen aufgelistet.

Wir haben gesehen, dass Säuren, Basen und Nucleophile organische Reaktionen im Labor katalysieren und dass saure, basische und nucleophile Seitenketten, die Enzyme zur Katalyse verwenden, ähnliche organische Reaktionen in den Zellen hervorrufen (Abschnitte 22.9–22.11). In diesem Kapitel werden wir die Coenzyme betrachten. Diese Verbindungen können eine Vielzahl von chemischen Rollen einnehmen, welche die Aminosäureseitenketten von Enzymen nicht einnehmen können. Einige Coenzyme fungieren als Oxidations- und Reduktionsmittel, andere ermöglichen die Delokalisierung von Elektronen. Einige wiederum aktivieren Gruppen für weitere Reaktionen, und einige stellen gute Nucleophile oder starke Basen bereit, die für bestimmte Reaktionen benötigt werden.

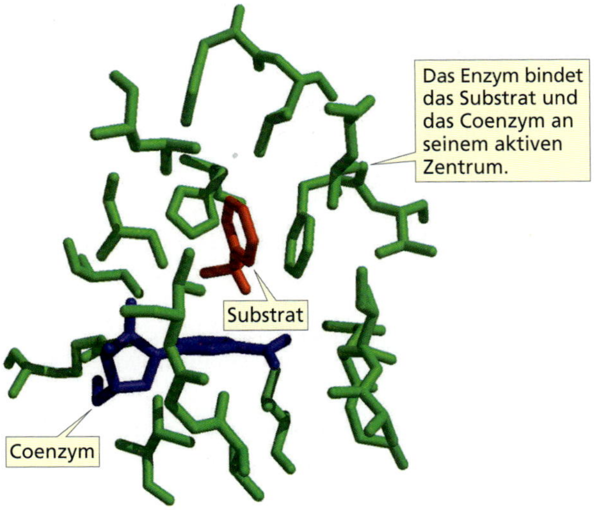

Da es höchst ineffizient für den Körper wäre, eine Verbindung nur einmal zu verwenden und anschließend zu verwerfen, werden Coenzyme recycelt. Daher werden wir sehen, dass jedes Coenzym, das sich während einer Reaktion verändert, anschließend wieder in seine ursprüngliche Form gebracht wird.

Wasserlösliche und wasserunlösliche Vitamine

In frühen Ernährungsstudien wurden Vitamine in zwei Klassen eingeteilt: wasserlösliche Vitamine und *wasserunlösliche Vitamine* (► Tabelle 23.1). Vitamin K ist das einzige derzeitig bekannte wasserunlösliche Vitamin, das ein Vorläufer eines Coenzyms ist. Vitamin A ist für das richtige Sehen erforderlich, Vitamin D reguliert den Calcium- und Phosphatstoffwechsel, und Vitamin E ist ein Antioxidans. Da sie keine Vorläufer von Coenzymen sind, werden diese Vitamine in diesem Kapitel nicht behandelt. (Die Vitamine A und E werden in Abschnitt 4.1 und 12.11 besprochen, und Vitamin D wird in Abschnitt 28.6 behandelt.)

Alle *wasserlöslichen Vitamine* außer Vitamin C sind Vorläufer von Coenzymen. Trotz seines Namens ist Vitamin C eigentlich kein Vitamin, da es in relativ hohen Mengen benötigt wird und die meisten Säugetiere diese Verbindung synthetisieren können (Abschnitt 20.17). Primaten und Meerschweinchen können es jedoch nicht synthetisieren, weswegen sie es mit der Ernährung aufnehmen müssen. Wir haben gesehen, dass die Vitamine C und E Radikalinhibitoren sind und daher Antioxidantien sind: Vitamin C fängt Radikale ein, die in wässriger Umgebung gebildet werden, während Vitamin E Radikale einfängt, die in unpolaren Umgebungen gebildet werden (Abschnitt 12.11).

Vitamin	Coenzym	Katalysierte Reaktion	Mangelerkrankung
wasserlösliche Vitamine			
Niacin (Vitamin B_3)	NAD^+, $NADP^+$ NADH, NADPH	Oxidation Reduktion	Pellagra
Riboflavin (Vitamin B_2)	FAD $FADH_2$	Oxidation Reduktion	Entzündung der Haut
Thiamin (Vitamin B_1)	Thiaminpyrophosphat (TPP)	Acylgruppentransfer	Beriberi
Liponsäure (Lipoat)	Lipoat Dihydrolipoat	Oxidation Reduktion	–
Pantothensäure (Pantothenat; Vitamin B_5)	Coenzym A (CoASH)	Acylgruppentransfer	–
Biotin (Vitamin H; Vitamin B_7)	Biotin	Carboxylierung	–
Pyridoxin (Vitamin B_6)	Pyridoxalphosphat (PLP)	Decarboxylierung Transaminierung Racemisierung C_α—C_β-Bindungsspaltung α,β-Eliminierung β-Substitution	Anämie
Vitamin B_{12}	Coenzym B_{12}	Isomerisierung	Perniziöse Anämie
Folsäure (Folat)	Tetrahydrofolat (THF)	Transfer mit einem Kohlenstoff	Megaloblastische Anämie
Ascorbinsäure (Vitamin C)	–	–	Skorbut
wasserunlösliche Vitamine			
Vitamin A	–	–	–
Vitamin D	–	–	Rachitis
Vitamin E	–	–	–
Vitamin K	Vitamin KH_2	Carboxylierung	–

Tabelle 23.1: Die Vitamine, die Coenzyme, für die sie Vorläufer sind, und die chemischen Funktionen der Coenzyme.

Es ist schwierig, wasserlösliche Vitamine zu überdosieren, da der Körper eine solche Überdosierung normalerweise verhindern kann. Man kann jedoch wasserunlösliche Vitamine überdosieren, weil der Körper diese *nicht* ohne Weiteres eliminieren kann und sich diese in Zellmembranen und in anderen unpolaren Strukturen im Körper anreichern können.

Ein Überschuss an Vitamin D verursacht beispielsweise eine Verkalkung der Weichteile. Die Nieren sind besonders anfällig für eine solche Verkalkung. Diese kann sogar zu Nierenversagen führen. Vitamin D wird in der Haut infolge einer photochemischen Reaktion gebildet, die durch ultraviolette Strahlung der Sonne verursacht wird (Abschnitt 28.6). Aufgrund der aktuellen, weit verbreiteten Verwendung von Sonnenschutzmitteln leidet eine beträchtliche Anzahl von Kindern unter Vitamin-D-Mangel.

HINTERGRUND

■ **Vitamin B_1**

Christiaan Eijkman (1858–1930) war Mitglied eines Ärzteteams, das im Jahr 1886 nach Ostindien geschickt wurde, um einen Ausbruch von Beriberi näher zu untersuchen. Zu dieser Zeit hat man angenommen, dass alle Krankheiten durch Mikroorganismen verursacht werden. Als der Mikroorganismus, der Beriberi verursachte, nicht identifiziert werden konnte, reiste das Team wieder ab. Eijkman aber blieb zurück und wurde Direktor eines neuen bakteriologischen Labors. Dort entdeckte Eijkman im Jahr 1896 durch Zufall die Ursache der Krankheit, als er feststellte, dass Laborküken die für Beriberi charakteristischen Symptome entwickelt hatten. Die Symptome waren aufgetaucht, als ein Koch polierten (weißen) Reis, der für Krankenhauspatient*innen gedacht war, an die Hühner verfütterte. Die Symptome waren wieder verschwunden, als ein neuer Koch den Hühnern wieder braunen Reis zu fressen gab. Später hat man herausgefunden, dass Thiamin (Vitamin B_1) in Reishülsen vorhanden ist, welches entfernt wird, wenn man den Reis schält.

23.1 Niacin: Das für viele Redoxreaktionen notwendige Vitamin

Jedes Enzym, das eine Oxidations- oder Reduktionsreaktion katalysiert, erfordert ein Coenzym, da Aminosäureseitenketten weder Oxidations- noch Reduktionsmittel sind. Das Coenzym übernimmt daher die Funktion eines Oxidations- oder Reduktionsmittels. Die Aufgabe des Enzyms ist es, das Substrat und das Coenzym zusammenzuhalten, damit eine Oxidations- oder Reduktionsreaktion stattfinden kann.

Pyridinnucleotid-Coenzyme

Enzyme verwenden üblicherweise zwei Coenzyme, um Oxidations- und Reduktionsreaktionen zu katalysieren. **Nicotinamid-Adenin-Dinucleotid (NAD^+)** katalysiert Oxidationsreaktionen. **Nicotinamidadenindinucleotidphosphat (NADPH)** katalysiert Reduktionsreaktionen. Da jedes dieser Coenzyme einen Pyridinring hat, sind diese als **Pyridinnucleotid-Coenzyme** bekannt. Wir werden sehen, warum **NAD^+** das häufigste Oxidationsmittel und **NADPH** das häufigste Reduktionsmittel Agenz ist.

MERKE!

NAD^+ ist ein Oxidationsmittel.

NADPH ist ein Reduktionsmittel.

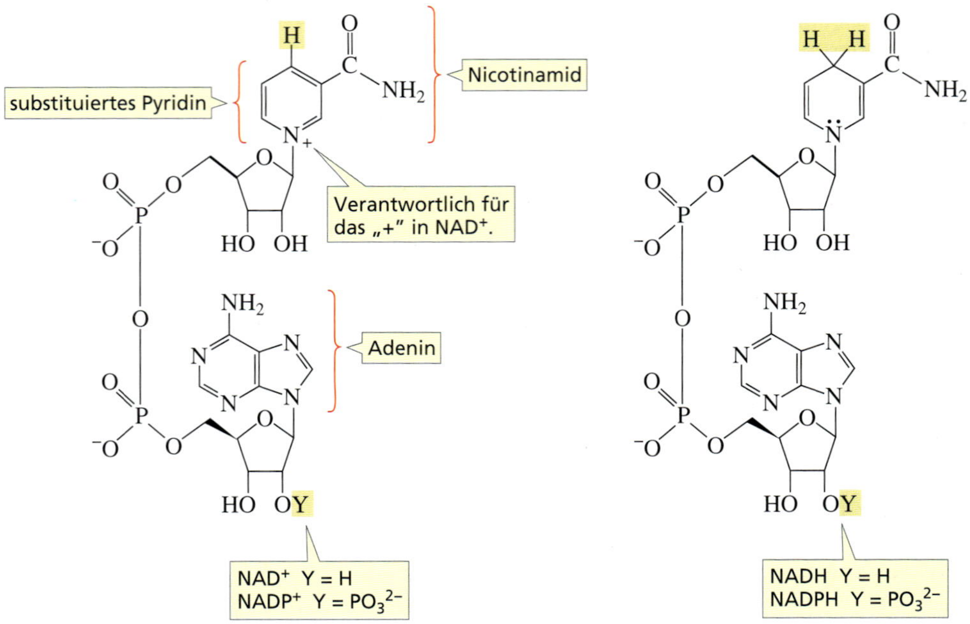

Wenn NAD^+ ein Substrat oxidiert, wird das Coenzym zu NADH reduziert. Weil Enzyme, die Oxidationsreaktionen katalysieren, nach der Oxidation NAD^+ fester als NADH binden, löst sich das relativ lose gebundene NADH nach der Reaktion wieder von dem Enzym ab.

$$\text{Substrat}_{\text{reduziert}} + NAD^+ \xrightleftharpoons{\text{Enzym}} \text{Substrat}_{\text{oxidiert}} + NADH + H^+$$

Wenn NADPH ein Substrat reduziert, wird es zu $NADP^+$ oxidiert. Die Enzyme, die die Reduktion katalysieren, binden NADPH fester als $NADP^+$. Sobald die Reduktionsreaktion vorüber ist, löst sich das relativ locker angebundene $NADP^+$ wieder vom Enzym ab.

$$\text{Substrat}_{\text{oxidiert}} + NADPH + H^+ \xrightleftharpoons{\text{Enzym}} \text{Substrat}_{\text{reduziert}} + NADP^+$$

Viele katabolische Reaktionen sind Oxidationen, viele anabole Reaktionen sind Reduktionen

NAD^+ und NADH sind die mit **katabolischen Reaktionen** assoziierten Coenzyme – biologische Reaktionen, durch die komplexe Biomoleküle abgebaut werden, um die Zelle mit Energie zu versorgen. Viele katabolische Reaktionen sind Oxidationsreaktionen. Das Verhältnis von [NAD^+] und [NADH] wird in der Zelle erhalten, was annähernd 1000 beträgt, und das [$NADP^+$] / [NADPH-Verhältnis bleibt bei etwa 0,01. Daher binden Enzyme, das Oxidationsreaktionen katalysieren, NAD^+ viel leichter als $NADP^+$, denn NAD^+ ist in der Zelle leichter verfügbar.

Struktur eines Pyridinnucleotid-Coenzyms

NAD^+ besteht aus zwei Nucleotiden, die über ihre Phosphatgruppen miteinander verbunden sind. Ein **Nucleotid** besteht aus einer heterozyklischen Verbindung, die durch eine β-Verknüpfung an das C-1-Atom einer phosphorylierten Ribose gebunden ist (Abschnitt 26.1). Wir haben gesehen, dass eine **heterozyklische Verbindung** mindestens ein Ringatom aufweist, welches kein Kohlenstoff ist (Abschnitt 8.20).

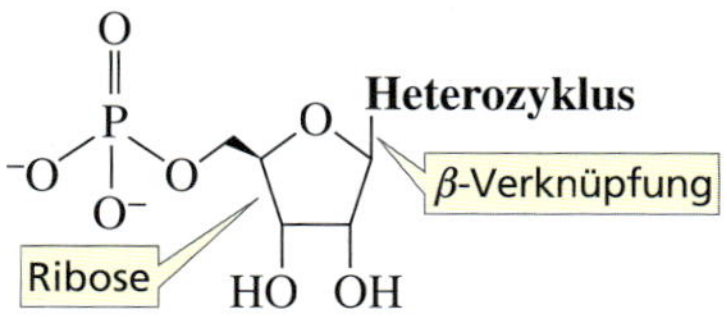

ein Nucleotid

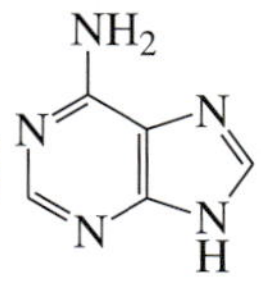

Adenin

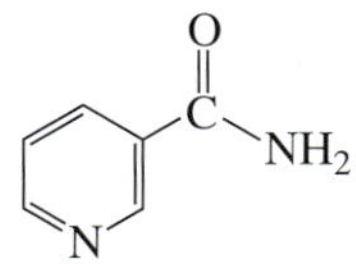

Niacinamid
Nicotinamid

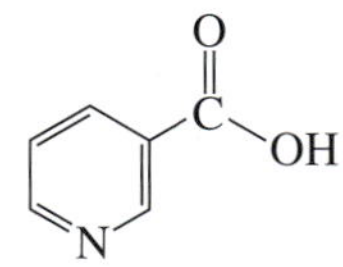

Niacin
Nicotinsäure
Vitamin B_3

Die heterozyklische Komponente eines der Nucleotide von NAD^+ ist Nicotinamid, der hereterocyclische Bestandteil des anderen ist Adenin. Dies erklärt den Namen des Coenzyms (**N**icotinamid-**A**denin-**D**inucleotid). Die positive Ladung in der Abkürzung NAD^+ verweist auf das positive geladene Stickstoffatom des Pyridinrings. $NADP^+$ unterscheidet sich von NAD^+ nur durch die Phosphatgruppe, die an die 2′-OH-Gruppe der Ribose des Adeninnucleotids gebunden ist; daher hat es den Zusatz „P" im Namen.

Adeninnucleotid wird von ATP für die Coenzyme bereitgestellt. Niacin (auch bekannt als Vitamin B_3) ist der Teil des Coenzyms, den der Körper nicht synthetisieren kann und den er durch die Nahrung aufnehmen muss. (Menschen können eine kleine Menge Vitamin B_3 aus der Aminosäure Tryptophan synthetisieren, jedoch nicht genug, um die metabolischen Bedürfnisse des Körpers zu decken.)

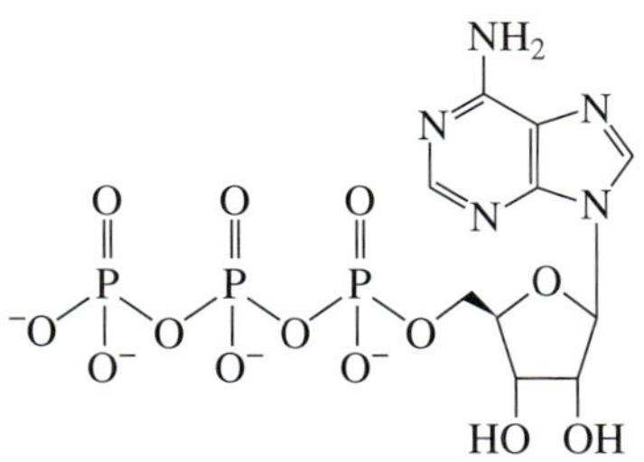

Adenosintriphosphat
ATP

HINTERGRUND

■ Niacinmangel

Ein Mangel an Niacin verursacht Pellagra, eine Krankheit, deren Krankheitsverlauf mit Dermatitis beginnt und im Endstadium Wahnsinn verursacht und zum Tod führt. In den Vereinigten Staaten wurden im Jahr 1927 mehr als 120.000 Fälle von Pellagra gemeldet, vor allem in ärmeren Bevölkerungsschichten mit einseitiger Ernährung. Eine in Vitamin B_3-Präparaten enthaltene Komponente verhindert jedoch Pellagra. Diese wurde erst im Jahr 1937 entdeckt und als Nicotinsäure identifiziert. Leichte Defizite verlangsamen den Stoffwechsel und verstärken daher die Disposition für Fettleibigkeit.

Als Brotfabriken damit begannen, ihrem Brot Nicotinsäure zuzusetzen, bestanden sie darauf, dass der Name in Niacin geändert wurde, da der Begriff Nicotinsäure zu stark nach Nicotin klang. Es sollte vermieden werden, dass das mit Vitamin angereicherte Brot mit einem Schadstoff in Verbindung gebracht wird.

Beispiele für enzymkatalysierte Reaktionen, die ein Pyridinnucleotid-Coenzym erfordern

Malatdehydrogenase ist das Enzym, das die Oxidation der *sekundären Alkoholgruppe* von Malat zu einem *Keton* katalysiert. (Wir werden sehen, dass dies eine der Reaktionen auf dem katabolischen Weg ist, welcher als Zitronensäurezyklus bezeichnet wird; Abschnitt 24.9.) Das Oxidationsmittel in dieser Reaktion ist NAD^+. Die meisten Enzyme, die Oxidationsreaktionen katalysieren, nennt man Dehydrogenasen. Denken Sie daran, dass die Anzahl der C—H-Bindungen in einer Oxidationsreaktion abnimmt (Abschnitt 10.5). Mit anderen Worten ausgedrückt: Dehydrogenasen entfernen Wasserstoffatome.

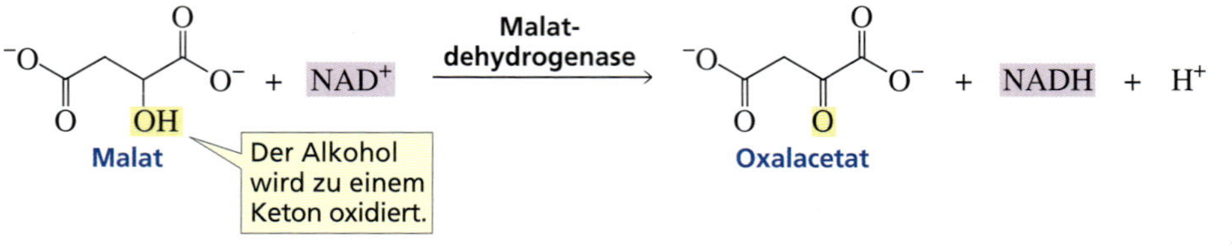

β-Aspartat-Semialdehyd wird auf anabolem Weg zu Homoserin reduziert. NADPH ist das reduzierende Agenz.

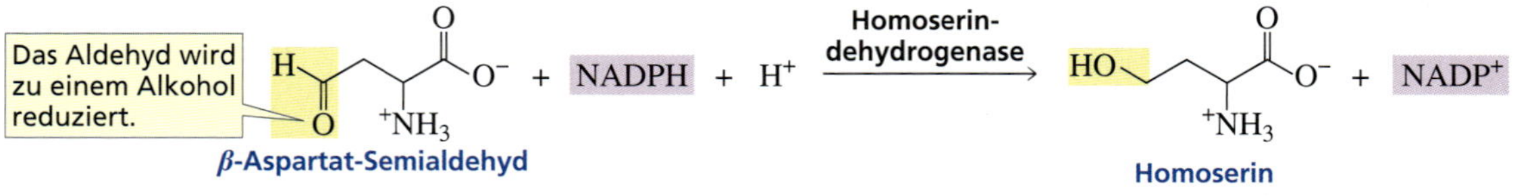

Wie oxidiert NAD^+ ein Substrat?

Die gesamte Chemie der Pyridinnucleotid-Coenzyme findet an der Position 4 des Pyridinrings statt. Der Rest des Moleküls dient der Elektronendelokalisierung und befähigt das Enzym, den Ring zu erkennen, sodass es sich an das aktive Zentrum binden kann.

Ein Substrat, das *oxidiert* wird, gibt ein Hydridion (H^-) an die Position 4 des Pyridinrings ab. In der folgenden Reaktion wird beispielsweise der sekundäre Alkohol zu einem Keton oxidiert. Eine grundlegende Aminosäureseitenkette des Enzyms kann die Reaktion unterstützen, indem diese ein Proton aus dem Sauerstoffatom des Substrats entfernt. (In den in diesem Kapitel gezeigten Mechanismen stehen HB und $:B^-$ für Aminosäureseitenketten, die sich im aktiven Zentrum des Enzyms befinden und die ein Proton abgeben oder ein Proton entfernen können.)

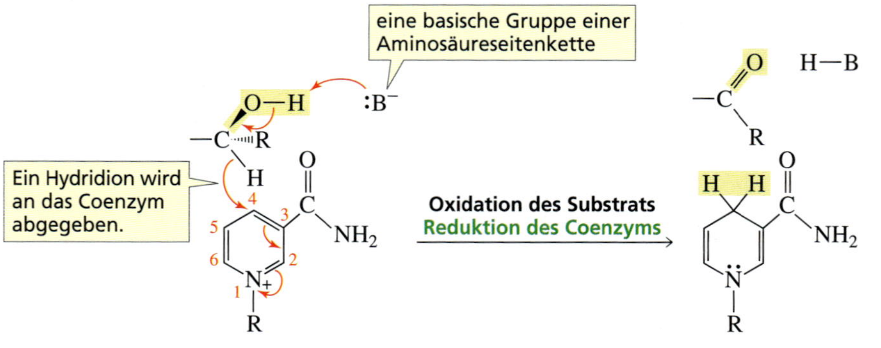

Glycerinaldehyd-3-phosphatdehydrogenase (GAPDH) ist ein weiteres Enzym, das NAD^+ verwendet, um ein Substrat zu oxidieren. Das Enzym katalysiert die Oxidation der Aldehydgruppe von Glycerinaldehyd-3-phosphat zu einem gemischten Anhydrid aus Carbonsäure und Phosphorsäure.

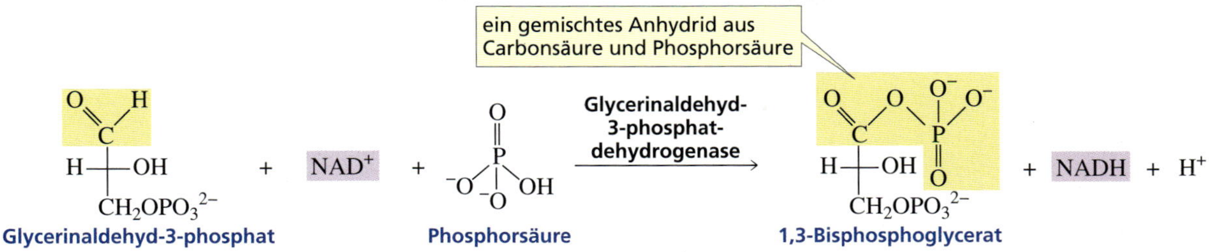

Mechanismus für die Reaktion, die durch Glycerinaldehyd-3-phosphatdehydrogenase (GAPDH) katalysiert wird

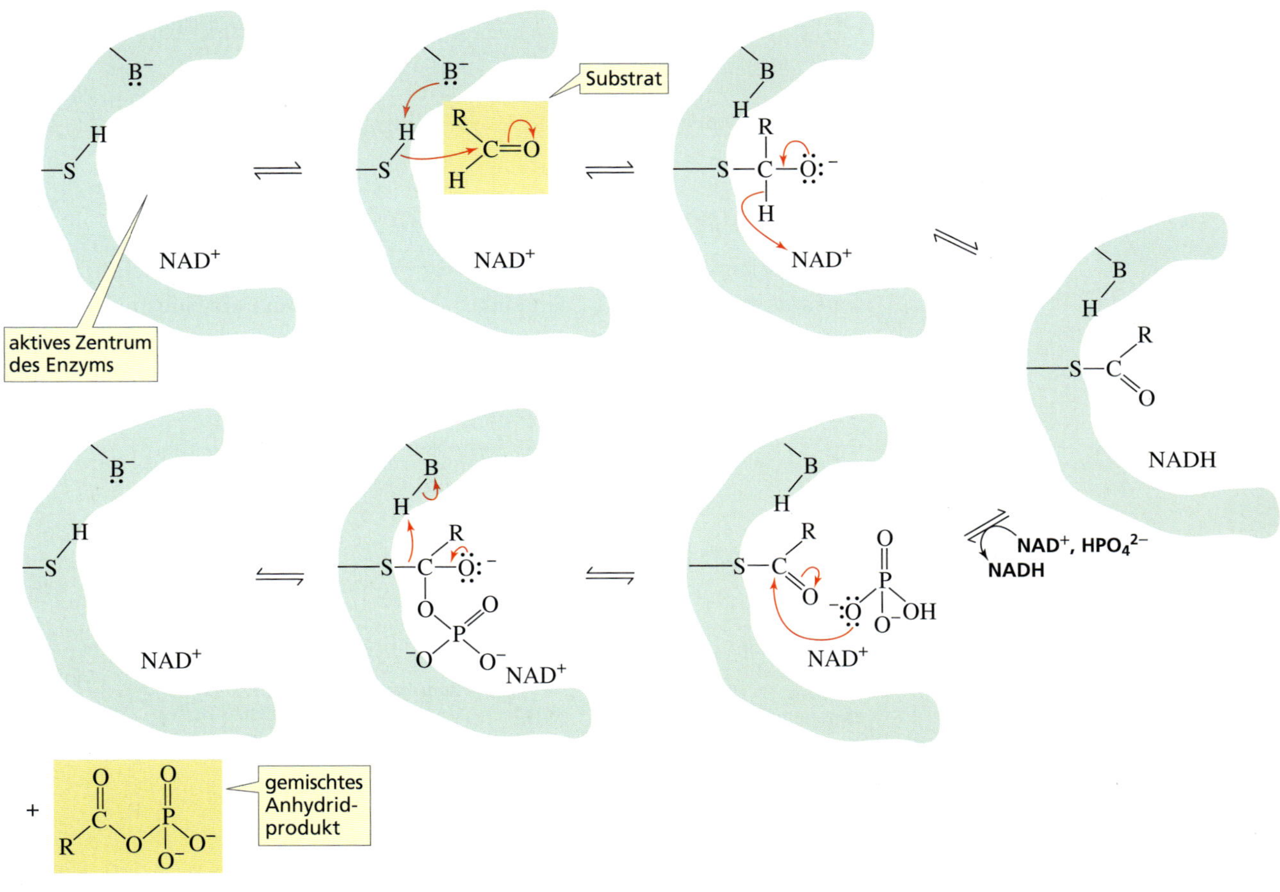

- Das Enzym bindet Glycerinaldehyd-3-phosphat (das Substrat) an sein aktives Zentrum.
- Eine SH-Gruppe (ein Nucleophil) einer Cysteinseitenkette fügt sich an den Carbonylkohlenstoff des Glycerinaldehyd-3-phosphats zur Bildung eines tetraedrischen Zwischenprodukts. Eine basische Enzymseitenkette steigert durch Entfernung eines Protons die Nucleophilie des Cysteins (Abschnitt 22.3).
- Das tetraedrische Zwischenprodukt eliminiert ein Hydridion und überträgt es in die Position 4 des Pyridinring von NAD^+, der sich ebenfalls im aktiven Zentrum befindet und NADH bildet.

- NADH löst sich vom Enzym und das Enzym bindet ein neues NAD^+.
- Phosphat addiert sich zum Thioester und bildet ein tetraedrisches Zwischenprodukt, welches das Thiolation eliminiert, um so das gemischte Anhydridprodukt zu bilden (Abschnitt 15.16). Die Neigung des Thiolations, die Verbindung zu verlassen, wird durch Protonierung erhöht, wodurch es zu einer schwächeren Base wird. (Phosphorsäure hat pK_S-Werte von 1,9, 6,7 und 12,4, sodass bei physiologischem pH-Wert zwei der Gruppen hauptsächlich in ihren Grundformen vorliegen.)

Beachten Sie, dass das Enzym nach Beendigung der Reaktion genau so vorliegt wie zu Beginn der Reaktion. Daher kann ein weiteres Glycerinaldehyd-3-phosphatmolekül in 1,3-Bisphosphoglycerat umgewandelt werden.

Ü 2* Was sind die Reaktionsprodukte der folgenden Reaktion?

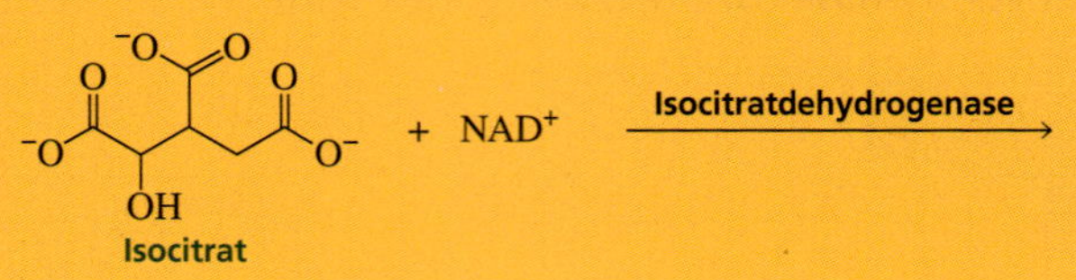

Wie reduziert NADPH ein Substrat?

Der Mechanismus für die Reduktion durch NADPH ist der umgekehrte Mechanismus wie der für die Oxidation durch NAD^+. Wenn ein Substrat *reduziert* wird, gibt der Dihydropyridinring ein Hydridion aus seiner 4-Position an das Substrat ab. Eine saure Aminosäureseitenkette des Enzyms kann die Reaktion durch Protonierung des Substrats unterstützen.

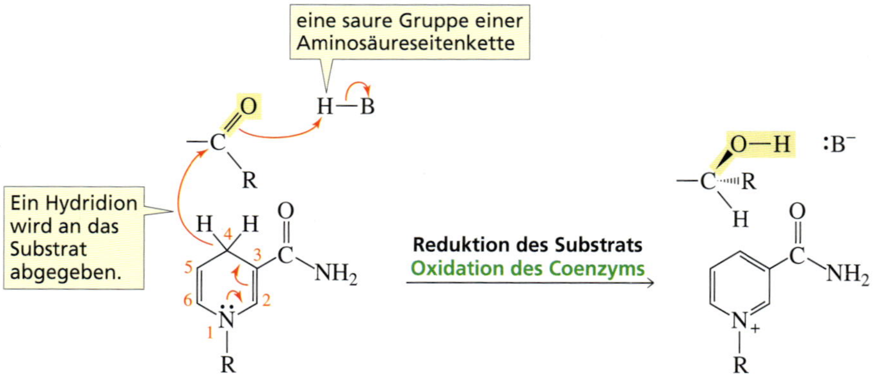

Da NADPH Verbindungen durch Abgabe eines Hydridions reduziert, kann es als biologisches Äquivalent von $NaBH_4$ oder $LiAlH_4$ betrachtet werden. Diese sind die Hydriddonoren, die wir als reduzierende Reagenzien in nichtbiologische Reaktionen kennen gelernt haben (Abschnitt 16.5).

Ein biologisches Reduktionsmittel muss recycelt werden (und nicht in seiner oxidierten Form verworfen werden, wie es bei Reduktionsmitteln, die in Laboren verwendeten werden, der Fall ist). Daher ist die Gleichgewichtskonstante der oxidierten und reduzierten Konfiguration in der Regel nahezu ausgeglichen. Folglich sind biologische Redoxreaktionen nicht sehr exergonisch. Sie sind vielmehr Gleichgewichtsreaktionen, die durch die Entfernung der Reaktionsprodukte in die entsprechende Richtung gelenkt werden, um an nachfolgenden Reaktionen teilnehmen zu können (Abschnitte 5.7 und 24.6).

Molekulare Erkennung und Selektivität

Warum sind die Strukturen biologischer Oxidations- und Reduktionsreagenzien so viel komplexer als die Strukturen der Reagenzien, mit denen die gleichen Reaktionen im Labor durchgeführt werden? NADPH ist komplexer als $NaBH_4$, obwohl beide Reagenzien Verbindungen durch die Abgabe eines Hydridions reduzieren. Ein Großteil der strukturellen Komplexität eines Coenzyms dient der **molekularen Erkennung** und befähigt das Enzym dazu, das Coenzym zu erkennen und daraufhin zu binden. Wenn Sie die Coenzyme in diesem Kapitel kennenlernen, lassen Sie sich nicht von deren Komplexität einschüchtern. Beachten Sie, dass nur ein kleiner Teil des Coenzyms tatsächlich an der chemischen Reaktion beteiligt ist.

Ein weiterer Grund für den Unterschied in der Komplexität ist, dass die in Zellen verwendeten Reagenzien hochselektiv sein müssen und daher weniger reaktiv als ein Laborreagenz sind. Zum Beispiel vermag ein biologisch reduzierendes Reagenz nicht jede beliebige reduzierbare Verbindung zu reduzieren, mit der es in Kontakt kommt. Biologische Reaktionen müssen viel sorgfältiger kontrolliert werden als Reaktionen, die im Labor stattfinden. Da Coenzyme im Vergleich zu nichtbiologischen Reagenzien relativ unreaktiv sind, erfolgt die Reaktion zwischen dem Substrat und dem Coenzym in Abwesenheit des Enzyms sehr langsam oder tritt überhaupt nicht auf.

Zum Beispiel reduziert NADPH Aldehyde oder Ketone nicht, wenn kein Enzym vorhanden ist. $NaBH_4$ und $LiAlH_4$ sind sehr reaktive Hydriddonoren. Diese sind daher viel zu reaktiv, um in der wässrigen Umgebung einer Zelle zu existieren. NAD^+ hingegen ist ein viel weniger reaktives Oxidationsmittel als das herkömmlich im Labor verwendete Oxidationsmittel; NAD^+ oxidiert einen Alkohol nur in Gegenwart eines Enzyms. Im Gegensatz zu einem Laborreagenz kann ein Enzym, das eine Oxidationsreaktion katalysiert, zwischen den beiden Wasserstoffatomen des Kohlenstoffs unterscheiden, wovon ausgehend es die Entfernung eines Hydridions katalysiert. Zum Beispiel entfernt Alkoholdehydrogenase nur den pro-*R*-Wasserstoff (H_a) von Ethanol. Dieses Atom wird als pro-*R*-Wasserstoff bezeichnet, da es, wenn es durch Deuterium ersetzt würde, sowohl dessen Chiralitätszentrum als auch die *R*-Konfiguration aufweisen würde; H_b hingegen ist ein pro-*S*-Wasserstoff (Abschnitt 14.15).

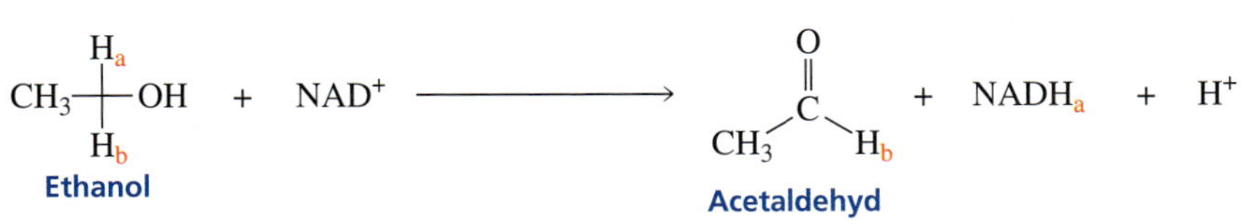

Auf ähnliche Weise kann ein Enzym, das eine Reduktionsreaktion katalysiert, zwischen den beiden Wasserstoffatomen, die sich an der Position 4 des Nicotinamidrings von NADPH befinden, unterscheiden. Ein Enzym hat eine spezifische Bindungsstelle für das Coenzym. Wenn das Enzym das Coenzym bindet, blockiert es dieses auf einer von dessen Seiten. Wenn das Enzym die B-Seite von NADPH blockiert, bindet sich das Substrat an die A-Seite und das H_a-Hydridion wird auf das Substrat übertragen. Wenn das Enzym die A-Seite des Coenzyms blockiert, muss sich das Substrat an die B-Seite binden, und das H_b-Hydridion wird auf das Substrat übertragen.

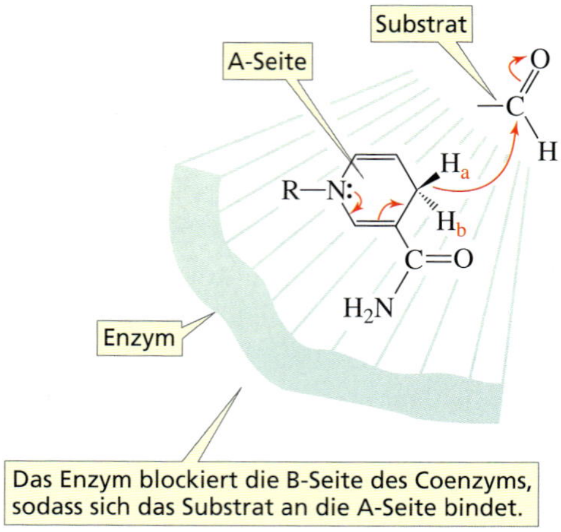

Ü 3 Was ist das Reaktionsprodukt der folgenden Reaktion?

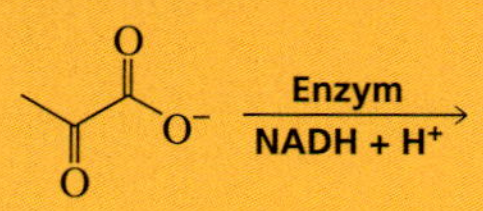

Riboflavin: Ein weiteres Vitamin, das in Redoxreaktionen verwendet wird 23.2

Flavin-Adenin-Dinucleotid (FAD) ist wie NAD^+ ein Coenzym, das zum Oxidieren eines Substrats verwendet wird. Wie der Name zeigt, ist FAD ein Dinucleotid, bei dem eine der heterozyklischen Komponenten Flavin und die andere Komponente Adenin ist. Beachten Sie, dass FAD anstelle von Ribose eine reduzierte Ribose (eine Ribitolgruppe) hat. Flavin bildet in Verbindung mit Ribitol das Vitamin, das als *Riboflavin* oder Vitamin B_2 bekannt ist. Flavin ist eine hell-gelbe Verbindung; Der Name dieser Verbindung ergibt sich daraus, dass der Begriff flavus im lateinischen „gelb“ bedeutet. Ein Mangel an Vitamin B_2 verursacht eine Entzündung der Haut.

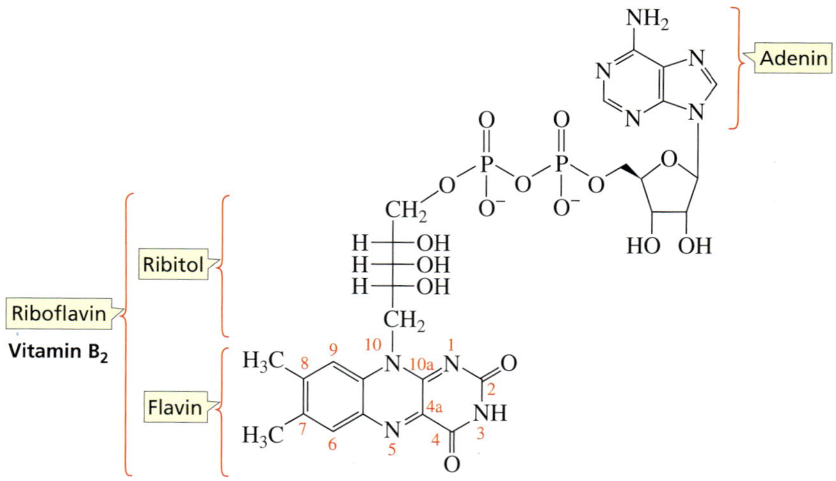

FAD

Ein *Flavoprotein* ist ein Enzym, das FAD enthält. In den meisten Flavoproteinen ist FAD ziemlich eng am Molekül gebunden. Durch die enge Bindung kann das Enzym das Oxidationspotenzial des Coenzyms steuern. (Je positiver das Oxidationspotenzial ist, desto stärker ist das Oxidationsmittel.) Folglich sind einige Flavoproteine stärkere Oxidationsmittel als andere.

Beispiele für enzymkatalysierte Reaktionen, die FAD erfordern

Wie können wir feststellen, welche Enzyme FAD und welche NAD^+ als oxidierendes Coenzym verwenden? Eine grobe Orientierung ist, dass NAD^+ das Coenzym ist, das in enzymkatalysierten Oxidationsreaktionen mit Carbonylverbindungen verwendet wird (zum Beispiel bei Oxidationsreaktionen von Alkoholen, die zu Ketonen, Aldehyden oder Carbonsäuren oxidiert werden), während FAD das bei anderen Oxidationsarten verwendete Coenzym ist. In den folgenden Reaktionen oxidiert FAD ein Dithiol zu einem Disulfid, eine gesättigte Alkylgruppe zu einem Alken und ein Amin zu einem Imin. (Dies ist jedoch nur eine ungefähre Richtlinie, da bei einigen Oxidationen, bei denen es sich um Carbonylverbindungen handelt, FAD verwendet wird. Auf der anderen Seite wird NAD^+ bei einigen Oxidationen verwendet, die keine Carbonylverbindungen enthalten.)

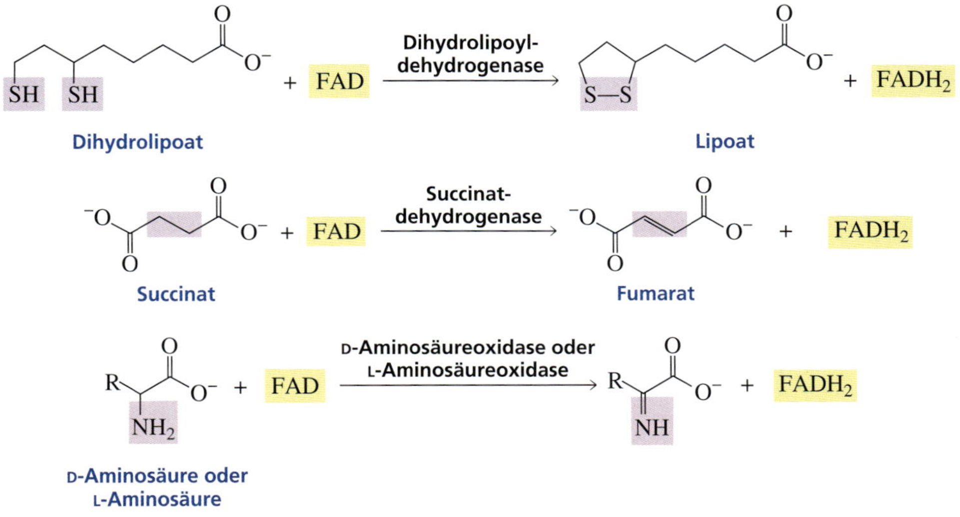

Wenn FAD ein Substrat oxidiert, wird das Coenzym zu $FADH_2$ reduziert. $FADH_2$ ist wie NADPH ein Reduktionsmittel. Die gesamte Oxidations-Reduktions-Chemie findet auf dem gelb eingefärbten Teil des Flavinrings statt. Die Reduktion des Flavinrings stört das konjugierte System, sodass die reduzierten Coenzyme weniger stark eingefärbt sind als wenn sie in ihrer oxidierten Form vorliegen (Abschnitt 13.22).

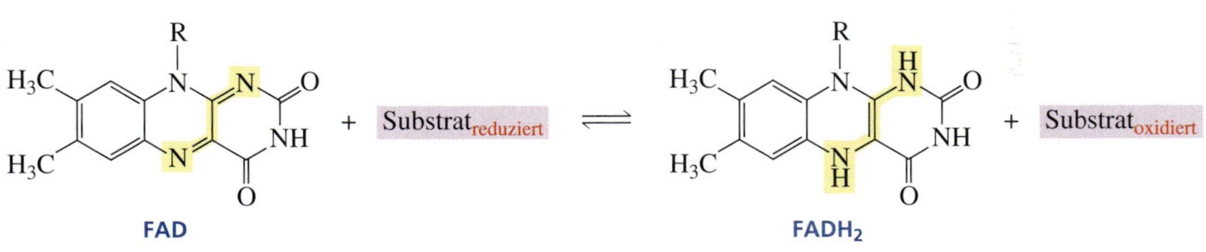

Ü 4* Wie viele Doppelbindung sind in den folgenden Verbindungen vorhanden?
(a) FAD? **(b)** $FADH_2$?

Mechanismen zur Oxidation durch FAD

Der vorgeschlagene Mechanismus für die FAD-katalysierte Oxidation von Dihydrolipoat zu Lipoat wird im Folgenden gezeigt.

Vorgeschlagener Mechanismus für die Reaktion, die durch Dihydrolipoyldehydrogenase katalysiert wird

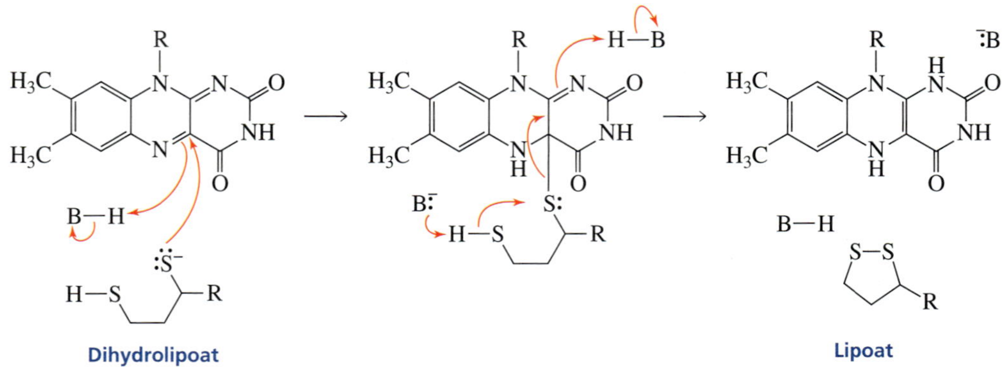

- Das Thiolation bindet sich an die Position 4a des Flavinrings. Eine saure Aminosäureseitenkette, die sich in der Nähe des N-5-Stickstoffs befindet, spendet diesem ein Proton.
- Ein zweites Thiolation greift das durch eine kovalente Bindung an das Coenzym gebundenen Schwefelatom an und bildet das oxidierte Produkt und $FADH_2$. Eine basische Seitenkette entfernt ein Proton aus dem Schwefelatom, sodass dieses zu einem besseren Nucleophil wird, und eine saure Seitenkette protoniert den Stickstoff.

Ü 5* Anstatt sich an die Position 4a zu binden und das N-5-Atom zu protonieren, könnte sich das Thiolation an die Position 10a gebunden haben und das N-1-Atom protonieren. Warum bevorzugt es jedoch die Position 4a? (*Hinweis:* Welcher Stickstoff ist eine stärkere Base?)

Der vorgeschlagene Mechanismus für die FAD-katalysierte Oxidation von Succinat zu Fumarat ähnelt dem Mechanismus, den Sie gerade für die FAD-katalysierte Oxidation von Dihydrolipoat zu Lipoat gesehen haben.

Vorgeschlagener Mechanismus für die Reaktion, die durch Succinatdehydrogenase katalysiert wird

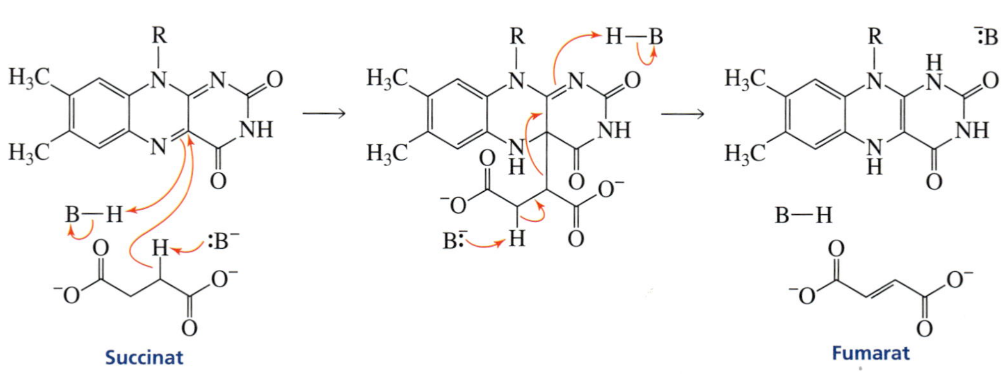

- Eine Base entfernt ein Proton von dem α-Kohlenstoffatom, wodurch ein Nucleophil entsteht, das sich an die Position 4a des Flavinrings anheftet. Ein Proton wird gleichzeitig an den N-5-Stickstoff abgegeben.
- Eine Base entfernt ein Proton von dem anderen vorhandenen α-Kohlenstoffatom und bildet so das oxidierte Produkt und $FADH_2$.

Der vorgeschlagene Mechanismus für die FAD-katalysierte Oxidation einer Aminosäure zu einer Iminosäure wird im Folgenden gezeigt. Diese unterscheidet sich sehr von den beiden vorangehenden FAD-katalysierten Reaktionen. Beachten Sie, dass es sich um eine abgestimmte Reaktion handelt, das heißt, dass alle Bindungen in demselben Reaktionsschritt sowohl aufgebrochen als auch neu gebildet werden.

Vorgeschlagener Mechanismus für die Reaktion, die durch D- oder L-Aminosäureoxidase katalysiert wird

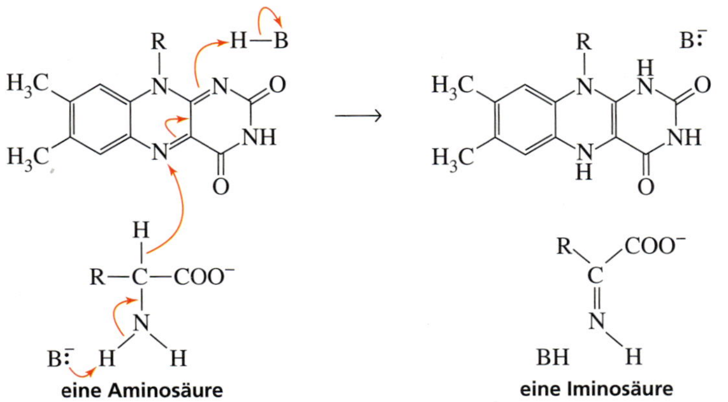

- Die basische Aminosäureseitenkette entfernt ein Proton aus dem Stickstoff der Aminosäure, dem Hydrid. Das Ion schließt sich an die Position N-5 des Flavinrings an und eine saure Aminosäureseitenkette protoniert das N-1-Atom.

Vergleich von FAD und NAD^+

Diese Mechanismen zeigen, dass FAD ein vielseitigeres Coenzym als NAD^+ ist. Im Gegensatz zu NAD^+, welches immer den gleichen Mechanismus verwendet, verwenden Flavin-Coenzyme viele verschiedene Mechanismen, um Oxidationsreaktionen auszuführen.

Zellen enthalten sehr geringe Konzentrationen an FAD und viel höhere Konzentrationen an NAD^+. NAD^+ ist nur lose an sein Enzym gebunden und dissoziiert, nachdem es zu NADH reduziert worden ist, vom Enzym. Im Gegensatz dazu ist FAD fest an sein Enzym (**E**) gebunden. Wenn es nach der Reduktion an $FADH_2$ gebunden bleibt, muss es erneut zu FAD oxidiert werden, bevor das Enzym eine weitere Katalyserunde beginnen kann. Das Oxidationsmittel, welches für diese Reaktion verwendet wird, ist NAD^+ oder O_2. Daher kann es der Fall sein, dass ein Enzym, welches FAD anstelle von NAD^+ als Oxidationsmittel verwendet, dennoch NAD^+ benötigt, um das reduzierte Coenzym zu oxidieren.

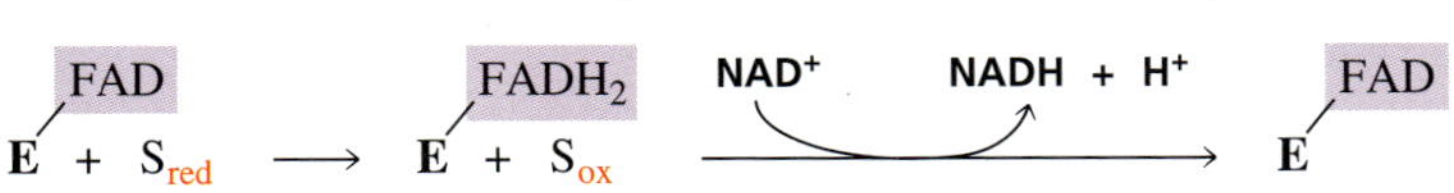

Ü 6 mit Lösung

FAD wird kovalent an Succinatdehydrogenase (das Enzym, dessen Mechanismus weiter oben dargestellt wurde) gebunden. Diese Bindung resultiert daraus, dass eine Base ein Proton von der C-8-Methylgruppe entfernt und dass eine Säure ein Proton an das N-1-Atom abgibt. Dann fügt eine Histidinseitenkette des Enzyms den Methylenkohlenstoff an das C-8 an, und ein Proton fügt N-5 hinzu. Zeichnen Sie den Mechanismus für diese beiden Schritte mit B:⁻ für die Base bzw. HB für die Säure.

Lösung

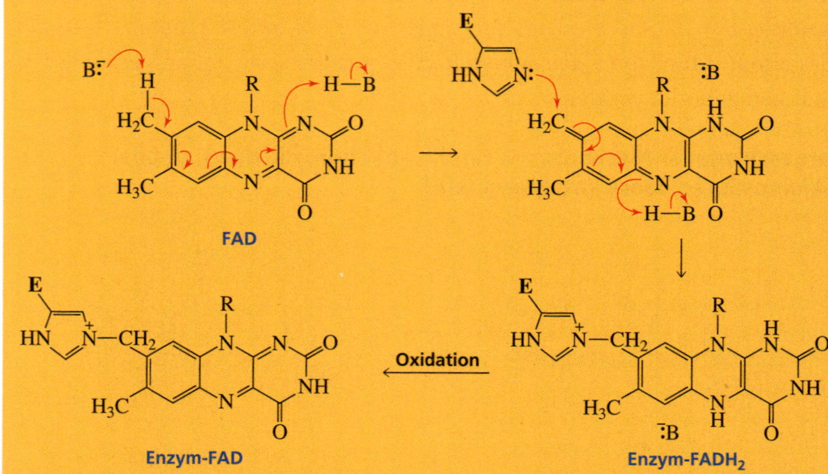

Beachten Sie, dass FAD zu $FADH_2$ reduziert wird, während es sich an das Enzym anheftet. Es wird anschließend wieder zu FAD oxidiert. Sobald das Coenzym kovalent an das Enzym gebunden ist, spaltet dieses sich nicht mehr ab.

Ü 7 Erklären Sie, warum die Wasserstoffatome der C-8-Methylgruppe saurer sind als die der C-7-Methylgruppe.

Vitamin B_1: Das für den Acylgruppentransfer benötigte Vitamin 23.3

Thiamin ist das erste B-Vitamin, welches entdeckt wurde, wodurch es als Vitamin B_1 bekannt wurde. Das Fehlen von Thiamin in der Ernährung verursacht eine Krankheit namens Beriberi, die das Herz schädigt, die Nervenreflexe beeinträchtigt und im Extremfall zu Lähmungen führt.

Vitamin B_1 wird zur Bildung des Coenzyms **Thiaminpyrophosphat (TPP)** gebraucht. *TPP ist das Coenzym, das von Enzymen benötigt wird, die den Transfer einer Acylgruppe von einer Spezies zur anderen katalysieren.*

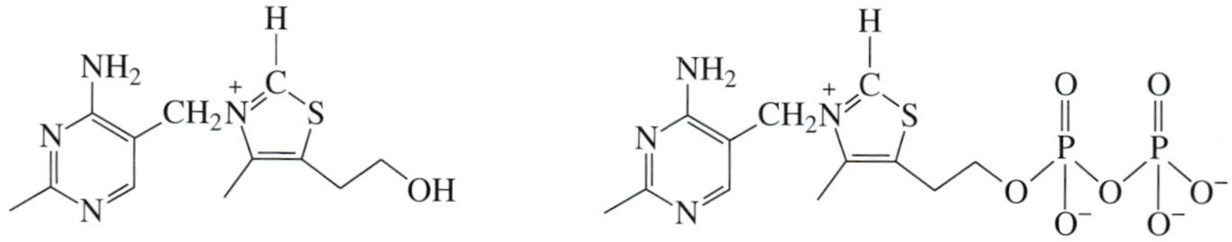

Thiamin
Vitamin B_1

Thiaminpyrophosphat
TPP

Pyruvatdecarboxylase überträgt eine Acylgruppe an ein H^+

Pyruvatdecarboxylase ist ein Enzym, das Thiaminpyrophosphat benötigt. Dieses Enzym überträgt die Acylgruppe von Pyruvat zu einem Proton, was zur Bildung von Acetaldehyd führt. Eine *Decarboxylase* ist ein Enzym, das die Entfernung von CO_2 aus seinem Substrat katalysiert.

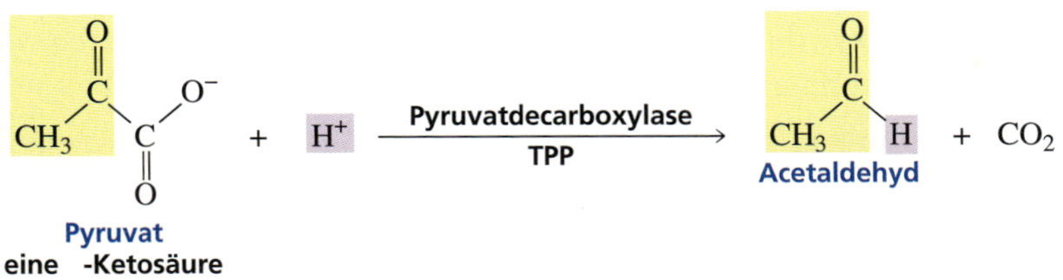

> **MERKE!**
>
> **Thiaminpyrophosphat (TPP) ist erforderlich für Enzyme, die die Übertragung einer Acylgruppe von der einen Gruppe zur anderen katalysieren.**

Sie fragen sich vielleicht, wie eine α-Ketosäure wie Pyruvat decarboxyliert werden kann, da die Elektronen bei der Entfernung von CO_2 nicht an den Carbonylsauerstoff delokalisiert werden. Wir werden sehen, dass das Coenzym die Angriffsstelle bietet, an die die Elektronen delokalisiert werden können.

Der an den Iminkohlenstoff von TPP gebundene Wasserstoff ist im Vergleich zu Wasserstoff, der an andere sp^2-Kohlenstoffatome gebunden ist, relativ sauer ($pK_S = 12{,}7$), denn das bei der Entfernung des Protons gebildete Carbanion wird durch den benachbarten positiv geladenen Stickstoff stabilisiert. Das TPP-Ylid ist wiederum ist gutes Nucleophil. (Es sei daran erinnert, dass ein Ylid eine Spezies mit entgegengesetzten Ladungen an benachbarten Atomen mit vollständigen Oktetten ist.)

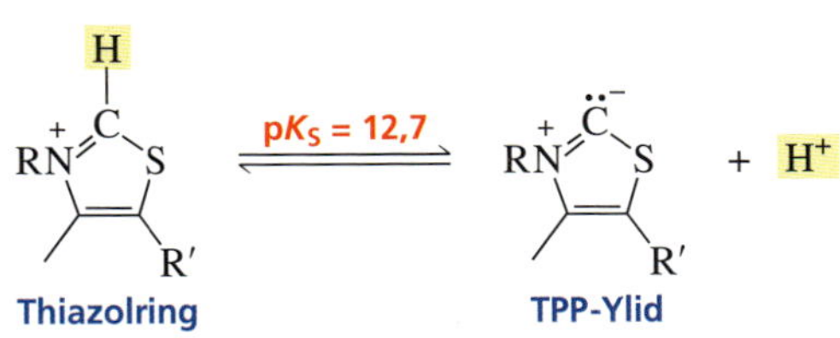

Mechanismus für die Reaktion, die durch Pyruvatdecarboxylase katalysiert wird

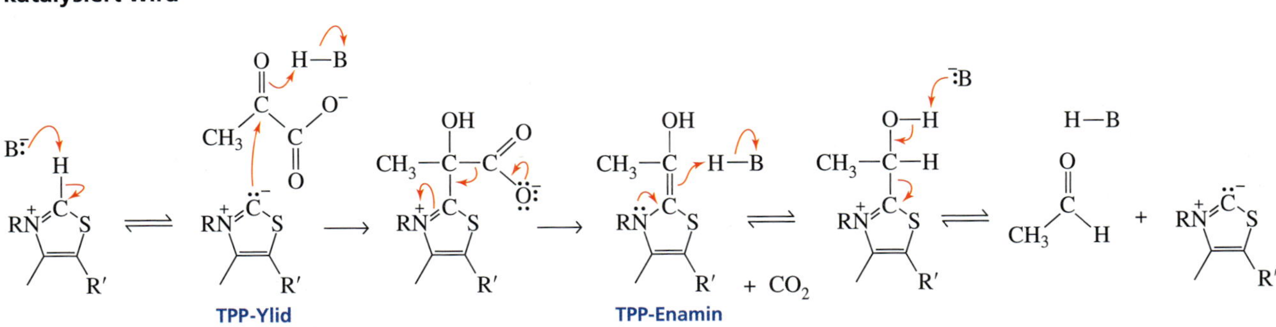

- Nachdem das Proton entfernt wurde, fügt sich das TPP-Ylid an den Carbonylkohlenstoff der α-Ketosäure an. Eine Säureseitenkette des Enzyms erhöht die Elektrophilie des Carbonylkohlenstoffs.
- Das so gebildete tetraedrische Zwischenprodukt kann leicht decarboxyliert werden, da die Elektronen, die bei der Entfernung von CO_2 zurückbleiben, an das positiv geladene Stickstoffatom angelagert werden können. Das decarboxylierte Produkt ist ein TPP-Enamin.

- Protonierung des TPP-Enamins am Kohlenstoffatom und anschließende Eliminierung des tetraedrischen Zwischenprodukts Acetaldehyd bildet Acetaldehyd und regeneriert das TPP-Ylid.

Eine Stelle, an die Elektronen delokalisiert werden können, nennt man **Elektronensenke**. Die positiv geladen Stickstoffatome von TPP stellen eine effektivere Elektronensenke dar als die β-Ketogruppe einer β-Ketosäure. Dies ist eine Verbindungsklasse, die, wie wir gesehen haben, ziemlich leicht decarboxyliert werden kann (Abschnitt 17.16).

Ü 8 Zeichnen Sie Strukturen, die die Ähnlichkeit zwischen der Decarboxylierung des Pyruvat-TPP-Zwischenprodukts und der Decarboxylierung einer β-Ketosäure aufzeigen.

Ü 9 Acetolactatsynthase ist ein weiteres TPP-benötigendes Enzym. Es überträgt die Acylgruppe von Pyruvat auf andere Pyruvatmoleküle unter Bildung von Acetolactat. Dies ist der erste Schritt in der Biosynthese der Aminosäuren Valin und Leucin. Schlagen Sie einen Mechanismus für diese Reaktion vor.

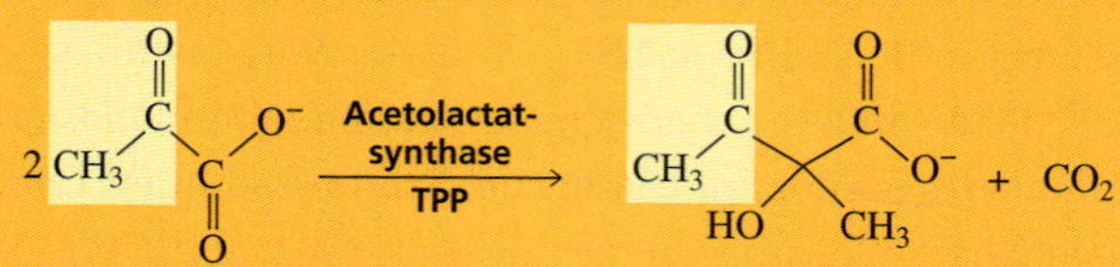

Pyruvat — Acetolactat

Ü 10 Durch Acetolactatsynthase wird die Acylgruppe von Pyruvat an ein α-Ketobutyrat übertragen. Dies ist der erste Schritt in der Biosynthese der Aminosäure Isoleucin. Schlagen Sie einen Mechanismus für diese Reaktion vor.

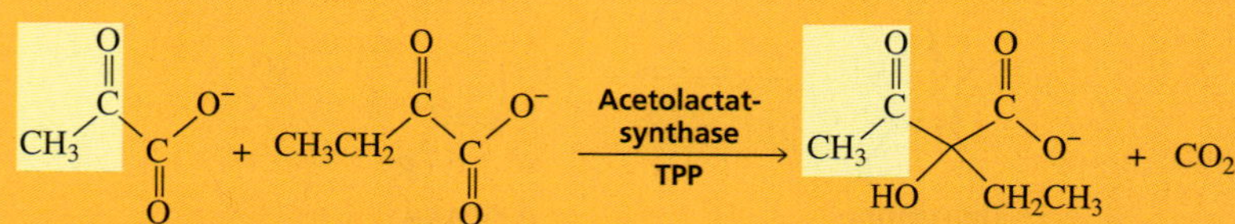

α-Ketobutyrat — α-Aceto-α-hydroxybutyrat

Der Pyruvatdehydrogenasekomplex überträgt eine Acylgruppe an CoASH

In Kapitel 24 werden wir sehen, dass das Endprodukt des Kohlenhydratstoffwechsels Pyruvat ist. Damit Pyruvat weiter metabolisiert werden kann, muss es in Acetyl-CoA umgewandelt werden. Der *Pyruvatdehydrogenasekomplex* setzt die Acylgruppe von Pyruvat zu Acetyl-CoA um.

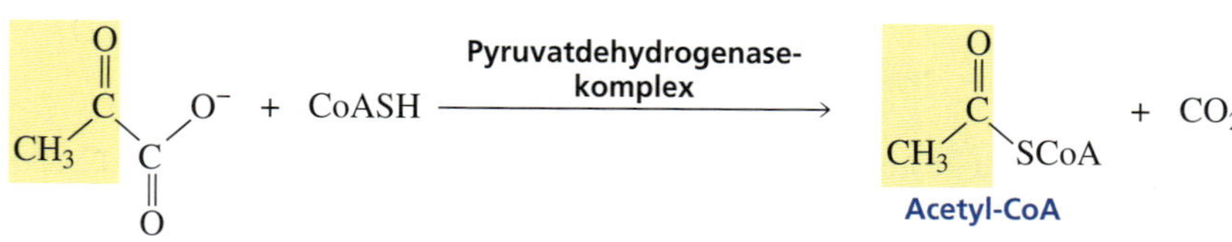

Pyruvat — Acetyl-CoA

Der Pyruvatdehydrogenasekomplex besteht aus drei Enzymen und fünf Coenzymen: TPP, Lipoat, Coenzym A, FAD und NAD^+.

Mechanismus für die Reaktion, die durch den Pyruvatdehydrogenase-komplex katalysiert wird

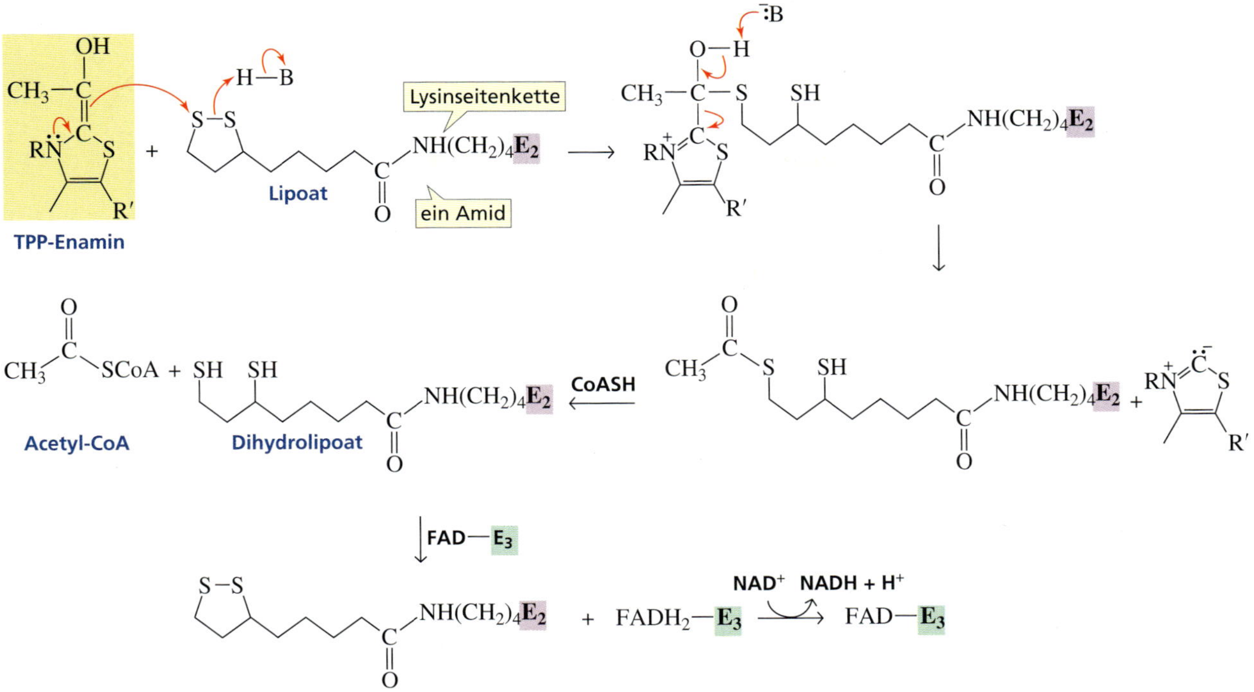

- Das erste Enzym im Pyruvatdehydrogenasekomplex katalysiert die Reaktion des TPP-Ylids mit Pyruvat, um das gleiche TPP-Enamin zu bilden, das von Pyruvatdecarboxylase und von den Enzymen in Übung 9 und 10 gebildet wird.
- Das zweite Enzym des Komplexes (**E_2**) ist über ein Amid durch eine Bindung mit einer Lysinseitenkette an sein Coenzym (**Lipoat**) gebunden. Die Disulfidbindung von Lipoat wird aufgebrochen, wenn es einem nucleophilen Angriff durch das TPP-Enamin unterzogen wird.
- Das TPP-Ylid wird aus dem tetraedrischen Zwischenprodukt eliminiert.
- **Coenzym A (CoASH)** reagiert mit dem Thioester in einer Transthioveresterungsreaktion (ein Thioester wird in einen anderen umgewandelt), wobei Dihydrolipoat durch Coenzym A ersetzt wird (Abschnitt 15.8). Zu diesem Zeitpunkt wurde das Endprodukt (Acetyl-CoA) gebildet.
- Bevor ein weiterer Katalysezyklus stattfinden kann, muss Dihydrolipoat wieder zu Lipoat oxidiert werden. Dies erfolgt durch das dritte Enzym (**E_3**), ein FAD-haltiges Enzym. Wir haben den Mechanismus für diese Reaktion in Abschnitt 23.2 gesehen. Wenn Dihydrolipoat durch FAD oxidiert wird, wird das Coenzym zu $FADH_2$ reduziert.
- NAD^+ oxidiert $FADH_2$ zurück zu FAD.

Coenzym A

Coenzym A ist ein Thiol. Es wird schriftlich als CoASH dargestellt, um zu betonen, dass es bei chemischen Reaktionen als Thiol wirkt. Wir haben zum Beispiel gesehen, dass CoASH in Zellen zur Aktivierung von Carbonsäuren verwendet wird, indem es diese in Thioester umwandelt (Abschnitt 15.19).

Das zur Herstellung von Coenzym A benötigte Vitamin ist Pantothenat (siehe ► Tabelle 23.1). In Coenzym A ist Pantothenat an ein decarboxyliertes Cystein und ein phosphoryliertes ADP gebunden.

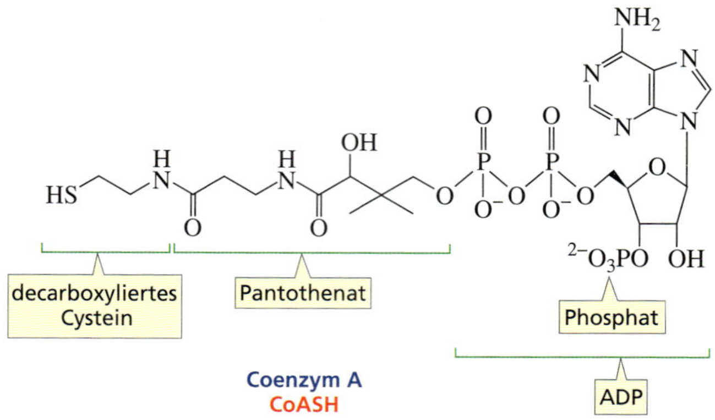

HINTERGRUND

■ Einen Kater mit Vitamin B_1 kurieren

Ein auftretendes Unwohlsein nach dem Konsum von zu viel Alkohol wird als Kater bezeichnet und ist auf das Acetaldehyd zurückzuführen, welches entsteht, wenn Ethanol oxidiert wird (Abschnitt 10.5). Vitamin B_1 kann durch den Abbau von Acetaldehyd dabei helfen, den Kater zu kurieren. Wir sehen uns nun an, wie das Vitamin dies bewerkstelligt.

Das TPP-Ylid lagert sich an den Carbonylkohlenstoff des Acetaldehyds an. Entfernung eines Protons bildet das gleiche TPP-Enamin, das sowohl von Pyruvatdecarboxylase- als auch von Pyruvatdehydrogenasekomplexen gebildet wird. Der einzige Unterschied in den Reaktionen ist, dass ein Proton anstelle einer Carboxylgruppe vom Substrat entfernt wird. Das TPP-Enamin reagiert dann mit dem Lipoat genau wie in einem Pyruvatdehydrogenasekomplex. Das Ergebnis ist, dass der unerwünschte Acetaldehyd in Acetyl-CoA umgewandelt wird.

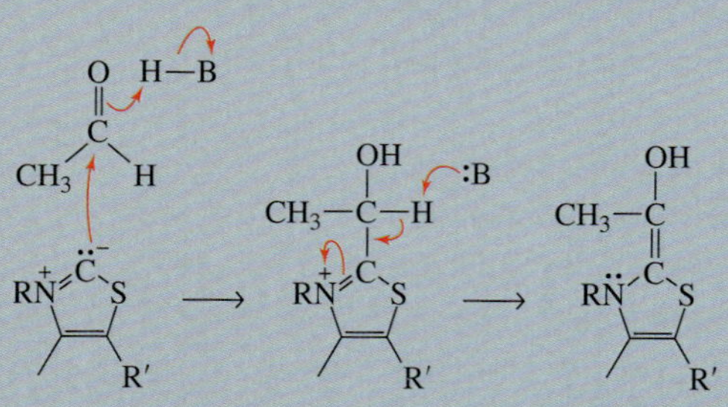

Es kann jedoch nicht unendlich viel Acetaldehyd in Acetyl-CoA umgewandelt werden, sodass das Vitamin nur bei einem Kater hilft, der durch mäßigen Alkoholkonsum verursacht wurde.

Mechanistische Ähnlichkeiten

Beachten Sie die ähnliche Funktionsweise von TPP bei allen TPP-fordernden Enzymen. In jeder Reaktion fügt sich das TPP-Ylid an einen Carbonylkohlenstoff des Substrats an und ermöglicht dadurch, dass eine Bindung an diesem Kohlenstoff gebrochen wird, denn die zurückgelassenen Elektronen können an den Stickstoff des Thiazolrings delokalisiert werden. Die Acylgruppe wird dann – im Fall der Pyruvatdecarboxylase – auf ein Proton übertragen, wird im Pyruvatdehydrogenasesystem auf Coenzym A (über Lipoat) übertragen und auf eine Carbonylgruppe in den Übungen 9, 10 und 11.

Ü 11 mit Lösung

TPP ist ein Coenzym für Transketolase, welches das Enzym ist, das die Umwandlung einer Ketopentose (Xylulose-5-phosphat) und einer Aldopentose (Ribose-5-phosphat) in eine Aldotriose (Glycerinaldehyd-3-phosphat) und eine Ketoheptose (Sedoheptulose-7-phosphat) katalysiert. Beachten Sie, dass die Gesamtzahl der Kohlenstoffatome in den Reaktanten und in den Reaktionsprodukten gleich ist (5 + 5 = 3 + 7). Schlagen Sie einen Mechanismus für diese Reaktion vor.

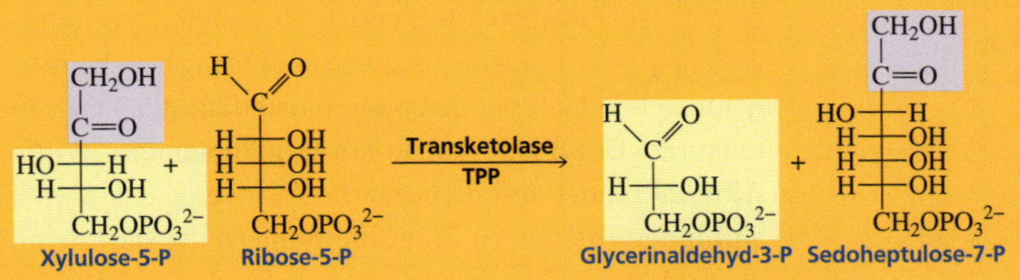

Lösung

Die Reaktion zeigt, dass eine Acylgruppe (die violette Box) von Xylulose-5-phosphat zu Ribose-5-phosphat umgelagert wird. Wie wir wissen, erfordert dies das Enzym TTP, denn TPP ist die Verbindung, welche die Acylgruppe entfernt und überträgt. Daher muss die Reaktion mit der Anbindung des TPP-Ylids an die Carbonylgruppe von Xylulose-5-phosphat beginnen. Wir können eine Säuregruppe hinzufügen, damit die Elektronen von der Carbonylgruppe akzeptiert werden und wir können eine basische Gruppe zur Bildung des TPP-Enamins hinzufügen. Beachten Sie, dass – wie bei anderen TPP-katalysierten Reaktionen – die von der Acylgruppe zurückgelassen Elektronen an das Stickstoffatom des Thiazolrings gebunden werden. Das Enamin überträgt dann die Acylgruppe an den Carbonylkohlenstoff von Ribose-5-phosphat. Eine Säuregruppe übernimmt die Elektronen aus der Carbonylgruppe und eine basische Gruppe hilft bei der Eliminierung des TPP-Ylids.

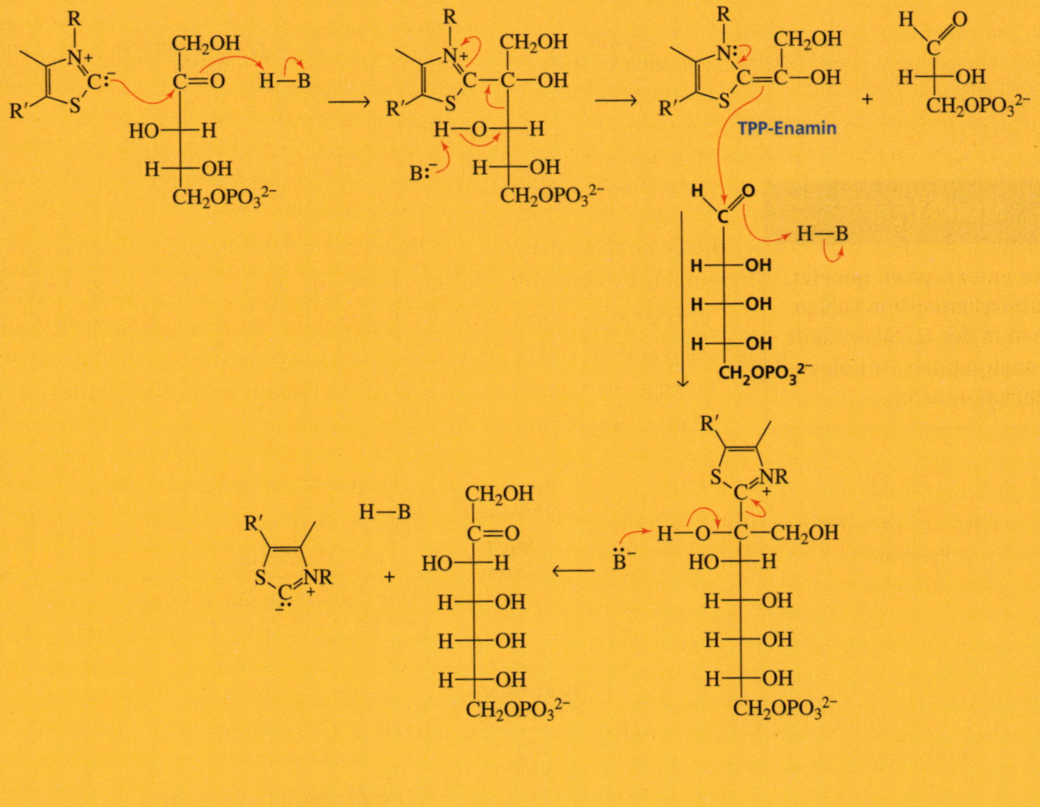

Ü 12

(a) Welche Acylgruppe überträgt Pyruvatdecarboxylase auf ein Proton?

(b) Welche Acylgruppe überträgt der Pyruvatdehydrogenasekomplex auf Coenzym A?

(b) Welche Acylgruppe überträgt Transketolase auf Ribose-5-P?

23.4 Biotin: Das notwendige Vitamin für die Carboxylierung eines α-Kohlenstoffs

Das **Biotin** (auch bekannt als Vitamin B_7 oder Vitamin H) ist unter den Vitaminen insofern ungewöhnlich, als es von Bakterien synthetisiert wird, die im Darm des Menschen leben. Biotin muss also nicht notwendigerweise in der Nahrung enthalten sein. Dementsprechend sind Mangelzustände selten. Ein Biotinmangel kann sich jedoch bei Personen einstellen, die sich vermehrt durch rohe Eier ernähren. Das Eiklar enthält ein Protein namens Avidin, das Biotin mit hoher Affinität bindet und dadurch die Aufnahme des Biotins aus dem Darmlumen verhindert (die Avidin-Biotinbindung ist die stärkste nichtkovalente Bindung, die man bislang bei einem Protein gefunden hat). Werden Eier gekocht, werden die Proteine darin denaturiert. Dadurch verliert auch das Avidin seine Bindungsfähigkeit für Biotin. Biotin wird wie Liponsäure an sein Enzym (E) gebunden, indem es mit der Aminogruppe einer Lysinseitenkette ein Amid bildet.

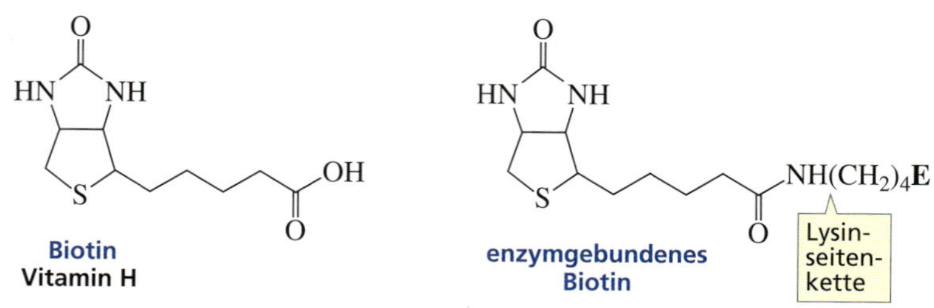

Beispiele für enzymkatalysierte Reaktionen, die Biotin erfordern

> **MERKE!**
>
> **Biotin wird von Enzymen genutzt, die die Carboxylierung von Kohlenstoffatomen in der Nachbarschaft von Carbonylgruppen (α-Kohlenstoffatome) katalysieren.**

Biotin ist das Coenzym von Enzymen, die Carboxylierungen an α-Kohlenstoffatomen katalysieren. Carboxylasen nutzen also das Biotin als Coenzym. Die Pyruvatcarboxylase überführt Pyruvat in Oxalacetat. Die Acetyl-CoA-Carboxylase wandelt Acetyl-CoA in Malonyl-CoA um. Biotinabhängige Enzyme setzen Hydrogencarbonationen (HCO_3^-) als Quelle für Carboxylgruppen, die in das Substrat eingeführt werden, ein.

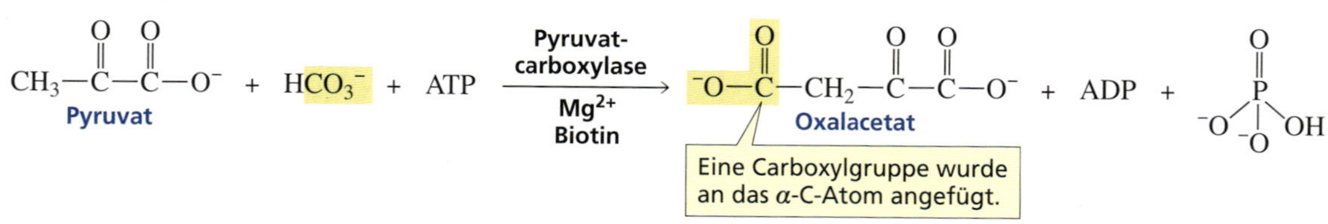

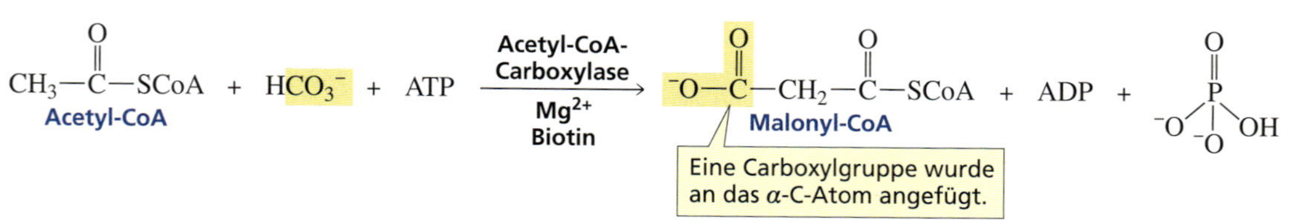

Neben dem Hydrogencarbonat sind biotinabhängige Enzyme auch obligat auf Magnesiumionen (Mg^{2+}) und ATP angewiesen. Die Funktion des Mg^{2+}-Ions besteht darin, die negativen Ladungen in den Phosphorsäureresten des ATP-Moleküls teilweise zu neutralisieren. Sie tun dies durch Komplexierung mit den negative Ladungen tragenden Sauerstoffatomen. Werden die negativen

Ladungen nicht kompensiert, ist es für ein Nucleophil sehr schwierig, sich einem ATP-Molekül anzunähern (► Abbildung 15.3).

Die Bildung von aktiviertem Bicarbonat

Die Funktion des ATPs besteht hierbei darin, Hydrogencarbonat zu aktivieren. Dies geschieht durch Phosphorylierung des Hydrogencarbonations (Abschnitt 15.19). In dieser Form trägt es eine gute Abgangsgruppe. Das „aktivierte Hydrogencarbonat" ist ein gemischtes Anhydrid der Kohlensäure (H_2CO_3) und der Orthophosphorsäure (H_3PO_4) (Abschnitt 15.16).

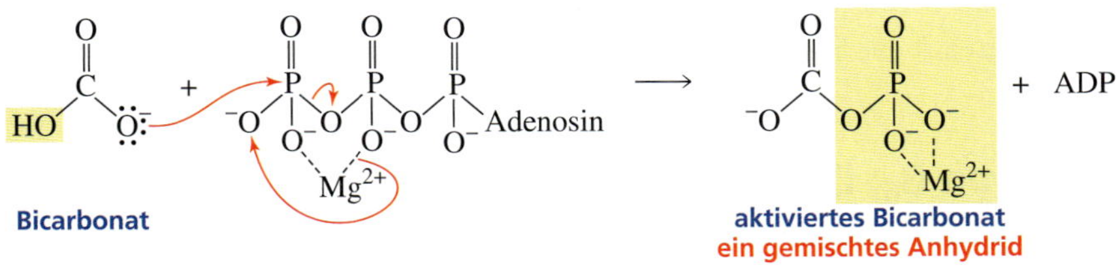

Der Mechanismus der Carboxylierung

Nachdem das Hydrogencarbonat einmal aktiviert ist, kann die katalytische Reaktion ablaufen. Der Mechanismus der Carboxylierung des Acetyl-Coenzyms A durch die Acetyl-CoA-Carboxylase ist nachfolgend ausgeführt.

Mechanismus für die Reaktion, die durch Acetyl-CoA-Carboxylase katalysiert wird

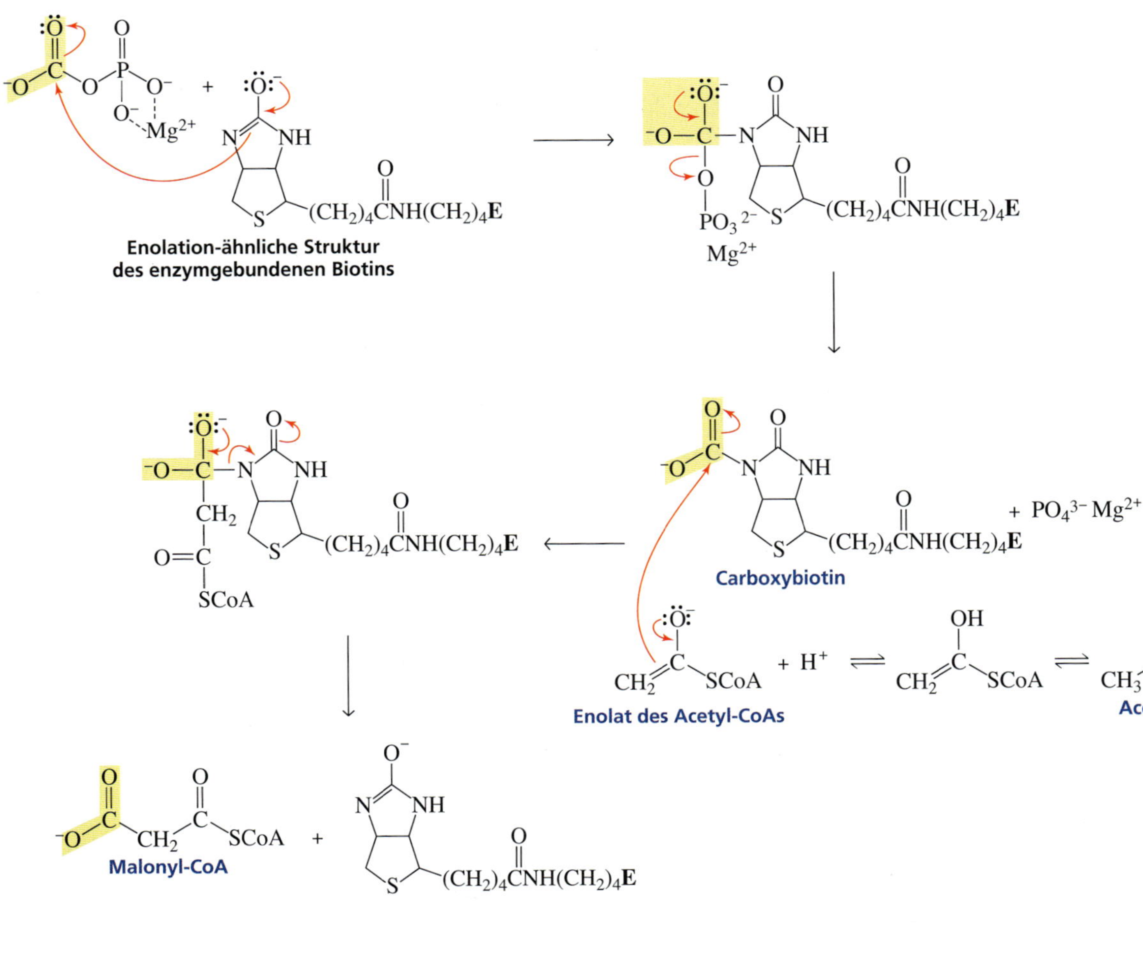

- Der nucleophile Angriff des Biotins auf das aktivierte Hydrogencarbonat führt zur Bildung von Carboxybiotin. Da das Stickstoffatom eines Amids nicht nucleophil reagiert, ist es wahrscheinlich, dass die aktive Form des Biotins eine Enolation-ähnliche Struktur aufweist.
- Der nucleophile Angriff des Substratmoleküls (in unserem Beispiel das Enolat des Acetyl-Coenzyms A) auf das Carboxybiotin überträgt die Carboxylgruppe vom Biotin auf das Substrat und bildet das Enolat zurück.

Alle biotinabhängigen Enzyme folgen demselben dreischritten Reaktionsverlauf: Aktivierung des Hydrogencarbonats mit ATP, Reaktion des aktivierten Biotins zu Carboxybiotin und Übertragung der Carboxylfunktion vom Carboxybiotin auf das Substrat.

Vitamin B_6: Das notwendige Vitamin für Aminosäureumwandlungen 23.5

Das Coenzym **Pyridoxalphosphat (PLP)** leitet sich von einem Vitamin ab, das Pyridoxin heißt. Es gehört zur Gruppe der B-Vitamine und trägt die Nummer 6 (Vitamin B_6). Die Wortendung „-al" des Pyridoxalphosphats gibt an, dass es sich um einen Aldehyd handelt. Ein Vitamin-B_6-Mangel führt zur Blutarmut (Anämie). Schwere Fälle von B_6-Mangel können zu Schlaganfällen und sogar zum Tod führen.

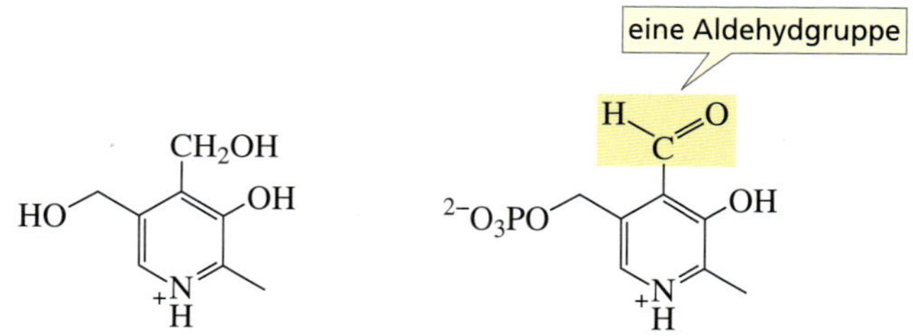

Pyridoxin
Vitamin B_6

Pyridoxalphosphat
PLP

Beispiele für enzymkatalysierte Reaktionen, die PLP erfordern

PLP wird von solchen Enzymen benutzt, die bestimmte Transformationen an Aminosäuren vornehmen. Die gebräuchlisten dieser Reaktionen sind die Decarboxylierung, die Transaminierung, die Racemisierung (Umwandlung von L- in D-Aminosäuren und umgekehrt), C_α—C_β-Bindungsspaltungen und α,β-Eliminierungen.

Decarboxylierung

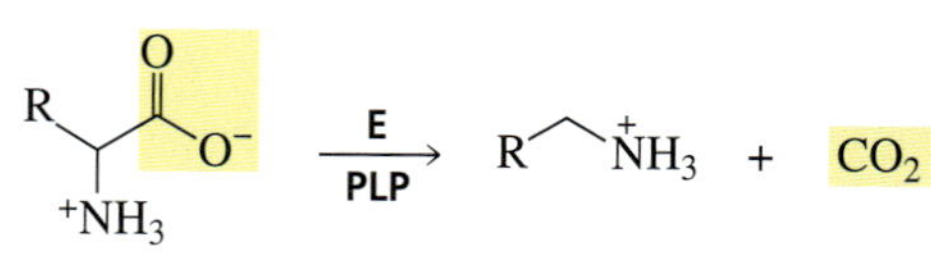

Transaminierung

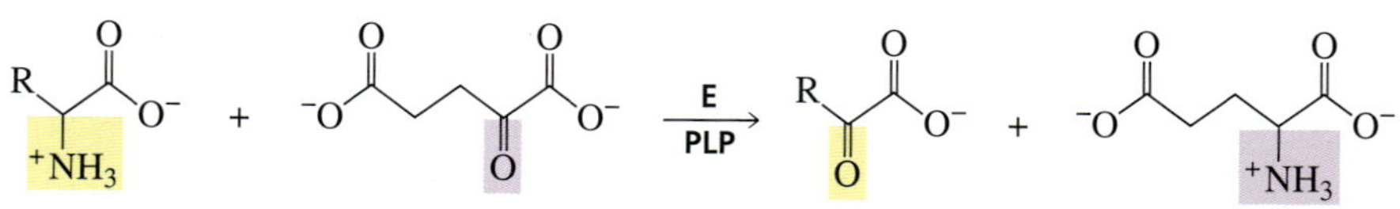

α-Ketoglutarat

Glutamat

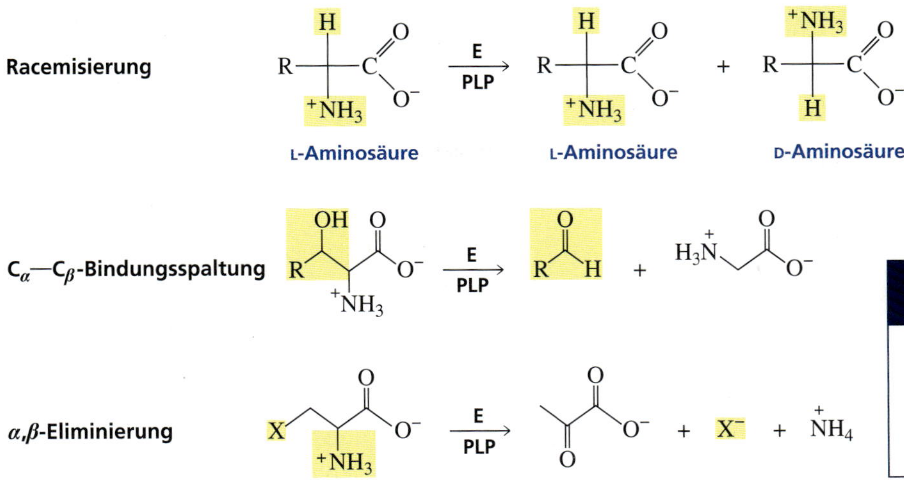

> **MERKE!**
>
> **Pyridoxalphosphat (PLP) wird von Enzymen benötigt, die bestimmte Umwandlungen an Aminosäuren vornehmen.**

Transiminierung

PLP wird an sein Enzym gebunden, indem es mit der Aminogruppe einer Lysinseitenkette ein Imin bildet.

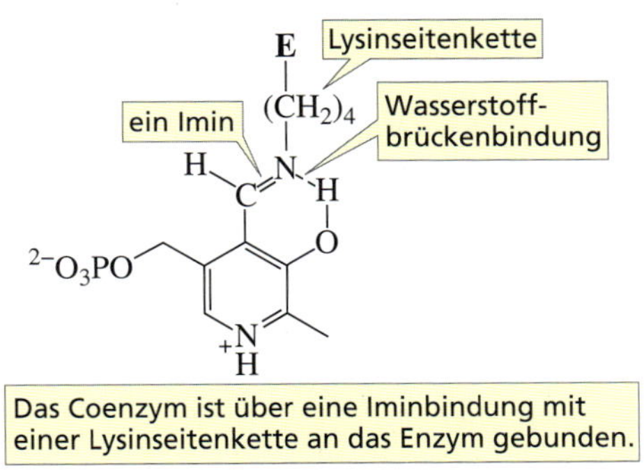

Der erste Reaktionsschritt aller PLP-abhängigen Enzyme ist eine Transiminierung. Eine **Transiminierung** überführt ein Imin in ein anderes. Der Lysinrest des Enzyms wird abgestoßen; dabei bildet sich eine neue Iminbindung zwischen dem PLP-Rest und der Substrataminosäure.

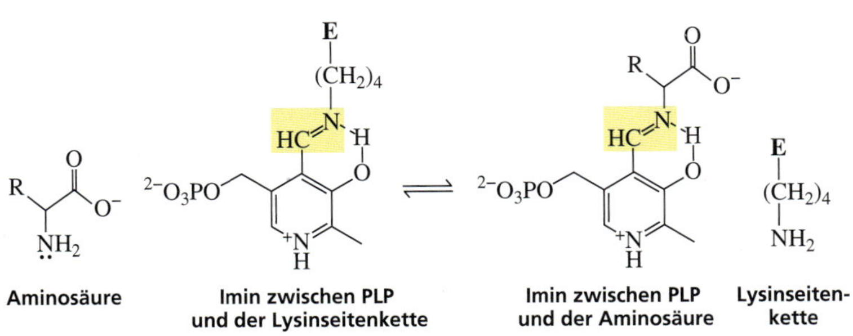

Nachdem die umzusetzende Substrataminosäure mit dem PLP ein Imin gebildet hat, kann die Bindung zum α-Kohlenstoffatom aufgelöst werden, da die dabei zurückbleibenden Elektronen, bis auf das positiv geladene protonierte N-Atom des Pyridinrings, delokalisiert werden können. Bei der Decarboxylierung wird die Bindung aufgelöst, die die Carboxylgruppe mit dem α-Kohlenstoffatom verbindet; bei der Transaminierung, der Racemisierung und der α,β-Eliminierung wird die Bindung zwischen dem α-Kohlenstoffatom und dem daran gebundenen Wasserstoffatom aufgelöst; bei der C_α—C_β-Bindungsspaltung wird die Bindung zwischen dem α-Kohlenstoffatom und der aminosäurespezifischen Seitenkette R aufgelöst.

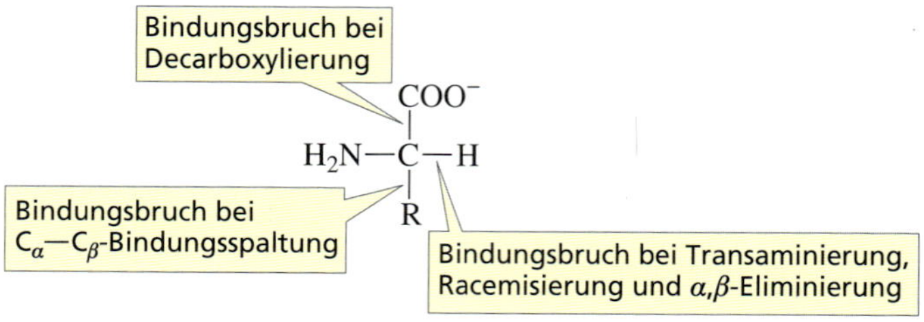

Eine Bindung am α-Kohlenstoffatom kann aufgebrochen werden, denn die Elektronen, die beim Bruch der Bindung zurückbleiben, können an den positiv geladenen protonierten Stickstoff des Pyridinrings delokalisiert werden. Daher ist der protonierte Stickstoff eine Elektronensenke.

Das Coenzym verliert viel an Aktivität, falls die OH-Gruppe vom Pyridinring entfernt wird. Offensichtlich trägt die durch die OH-Gruppe gebildete Wasserstoffbrücke dazu bei, die Bindung am α-Kohlenstoffatom zu schwächen.

Decarboxylierung

Alle Enzyme, die die Decarboxylierung einer Aminosäure katalysieren, tun dies durch den unten gezeigten Mechanismus.

Mechanismus der PLP-katalysierten Decarboxylierung einer Aminosäure

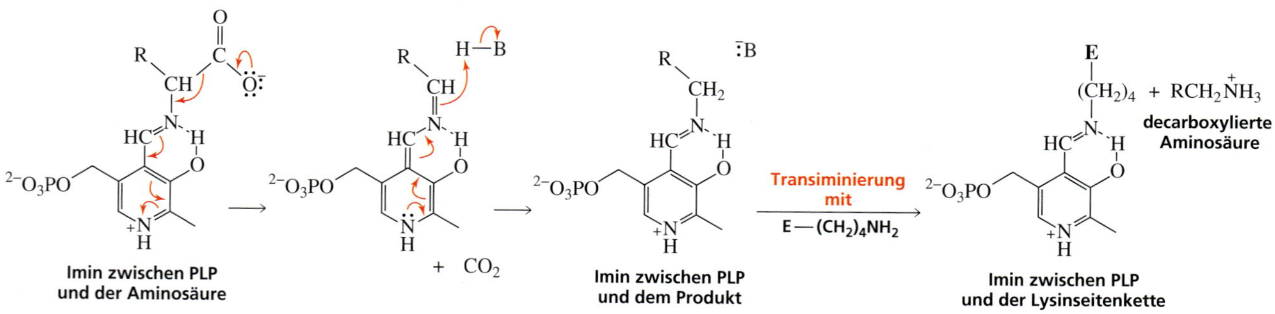

- Die Carboxylgruppe wird vom α-Kohlenstoff der Aminosäure entfernt, und die verbleibenden Elektronen werden an den positiv geladenen Stickstoff delokalisiert.
- Die Aromatizität des Pyridinrings wird durch Elektronenumlagerung wiederhergestellt, und das ursprüngliche α-Kohlenstoffatom der Aminosäure wird protoniert.
- Der letzte Schritt aller PLP-vermittelten enzymatischen Reaktionen ist eine Transiminierung, an der die Seitengruppe eines Lysinrestes beteiligt ist. Dabei wird das Produkt der enzymatischen Reaktion freigesetzt und das enzymgebundene PLP regeneriert.

Racemisierung

Der Mechanismus der PLP-katalysierten Racemisierung einer L-Aminosäure ist nachfolgend dargelegt. Beachten Sie, dass der Mechanismus derselbe ist wie der Mechanismus für die Decarboxylierung, mit Ausnahme der Gruppe, die von dem α-Kohlenstoffatom der Aminosäure im ersten Reaktionsschritt abgespalten wird.

Mechanismus der Racemisierung einer L-Aminosäure

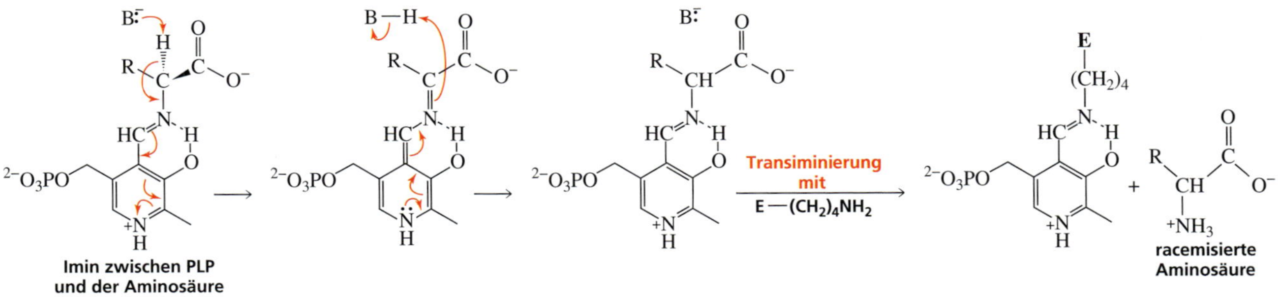

- Ein Proton wird aus dem α-Kohlenstoff der Aminosäure entfernt, und die verbleibenden Elektronen werden an den positiv geladenen Stickstoff delokalisiert.
- Die Aromatizität des Pyridinrings wird durch Elektronenumlagerung wiederhergestellt, und das ursprünglich α-Kohlenstoffatom der Aminosäure wird protoniert.
- Bei einer Transiminierungsreaktion mit einer Lysinseitenkette wird das Reaktionsprodukt freigesetzt (die racemisierte Aminosäure) und regeneriert das Imin zwischen dem Enzym und PLP.

Die Protonierung kann im zweiten Schritt der Reaktion an dem sp^2-hybridisierten α -Kohlenstoffatom von beiden Seiten der Doppelbindungsebene aus erfolgen. Folglich kann sowohl eine L- wie auch eine D-Aminosäure als Produkt gebildet werden. Die L-Aminosäure wird daher im Laufe der Reaktion racemisiert (in ein Racemat aus L- und D-Isomeren umgewandelt).

Transaminierung

Die erste Reaktion im Katabolismus der Aminosäuren (Abbau von Aminosäuren im Stoffwechsel) ist der Austausch der Aminogruppe der Aminosäure gegen eine Ketogruppe. Es handelt sich um eine **Transaminierung**, weil die von der Aminosäure abgespaltene Aminofunktion nicht verlorengeht, sondern auf die Ketofunktion des α-Ketoglutarates *übertragen* wird. Dabei bildet sich die Aminosäure Glutaminsäure (Glutamat).

Die diese Reaktion katalysierenden Enzyme heißen *Aminotransferasen*. Jede Aminosäure hat ihre eigene Aminotransferase. Durch diese Transaminierungen werden die Aminogruppen aller abzubauenden Aminosäuren in einer Aminosäure, der Glutaminsäure, gesammelt. Dies erlaubt es dem Körper, auf einfache Weise überschüssigen Stickstoff aus der sich anstauenden Glutaminsäure auszuscheiden.

Hinweis für die Studierenden

Verwechseln Sie die Transaminierung nicht mit der zuvor besprochenen Transiminierung.

Mechanismus der PLP-katalysierten Transaminierung einer Aminosäure

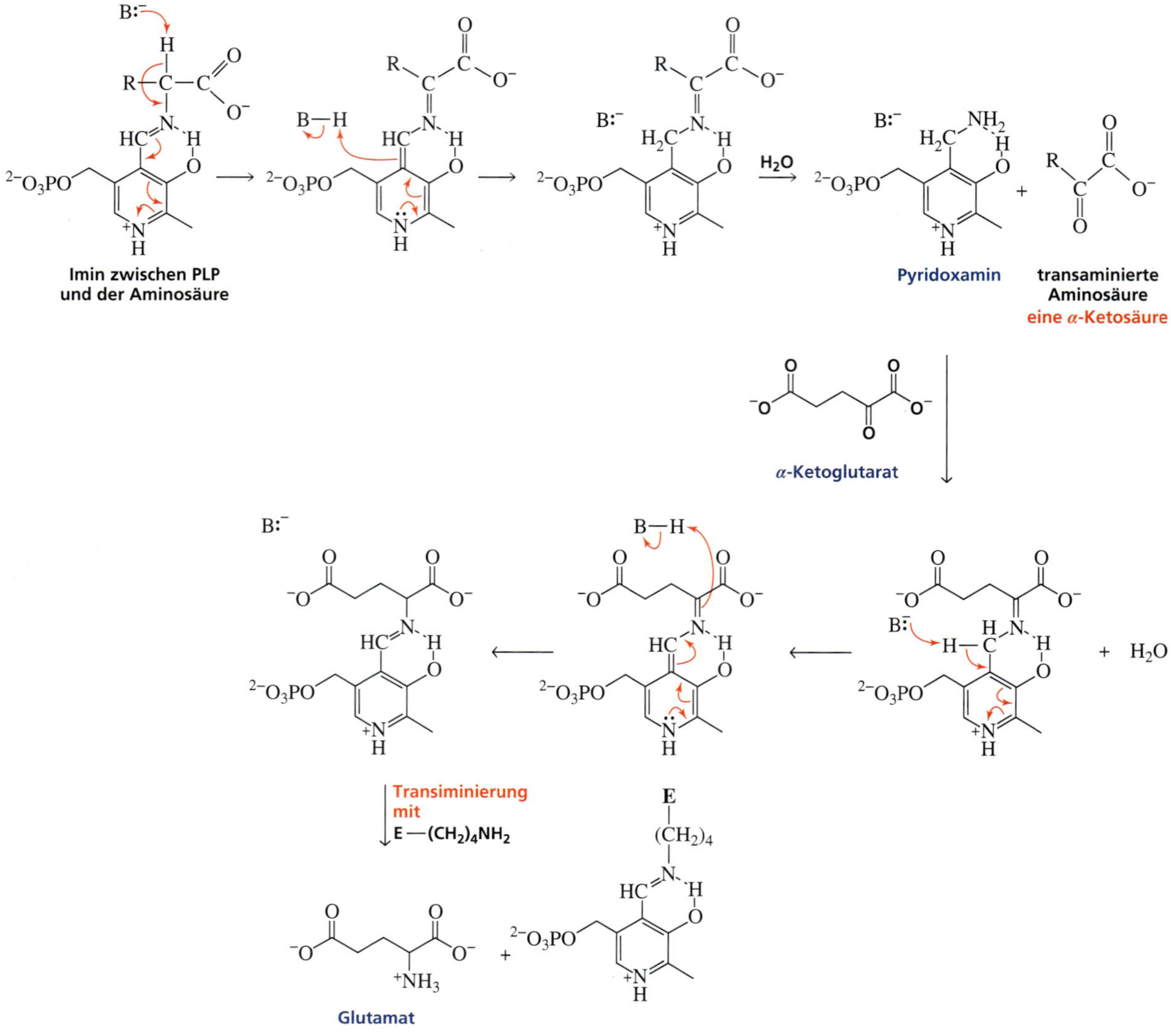

- Im ersten Schritt der Transaminierung wird ein Wasserstoffion vom α-Kohlenstoffatom der Aminosäure abgespalten und die zurückgelassenen Elektronen werden an das positiv geladenene Stickstoffatom delokalisiert.
- Die Aromatizität des Pyridinrings wird durch Elektronenumlagerung wiederhergestellt, und der an den Pyridinring gebundene Kohlenstoff wird protoniert.
- Die Hydrolyse des Imins führt zur Bildung einer α-Ketosäure und eines Pyridoxamins (ein primäres Amin).

An diesem Punkt des Geschehens ist die Aminogruppe von der Aminosäure, zu der sie ursprünglich gehörte, abgespalten, doch muss das Pyridoxamin noch in das PLP rücküberführt werden, bevor ein neuer Katalysezyklus beginnen kann.

- Pyridoxamin bildet mit α-Ketoglutarat ein Imin; dies ist das zweite Substrat der Reaktion.
- Ein Proton wird aus dem an den Pyridinring gebundenen Kohlenstoff entfernt, und die verbleibenden Elektronen werden an den positiv geladenen Stickstoff delokalisiert.

- Die Aromatizität des Pyridinrings wird durch Elektronenumlagerung wiederhergestellt, und das α-Kohlenstoffatom wird protoniert.
- Eine Transiminierungsreaktion mit einer Lysinseitenkette setzt das Reaktionsprodukt (Glutamat) frei und regeneriert das Imin zwischen PLP und der Lysinseitenkette des Enzyms.

Beachten Sie, dass die Protonenübertragungsschritte in den beiden Phasen der Reaktion umgekehrt verlaufen. Die Übertragung der Aminosäure an den Pyridoxalrest erfordert Deprotonierung des α-Kohlenstoffatoms der Aminosäure und Protonierung des an den Pyridinring gebundenen Kohlenstoffatoms. Die Übertragung der Aminogruppe des Pyridoxamins an das α-Ketoglutarat erfordert die Deprotonierung des an den Pyridinring gebundenen Kohlenstoffatoms und die Protonierung des α-Kohlenstoffatoms des α-Ketoglutarats.

Vergleichen Sie den zweiten Schritt einer PLP-katalysierten Transaminierung mit dem zweiten Schritt in einer PLP-katalysierten Decarboxylierung oder Racemisierung. In einem Enzym, das die Transaminierung katalysiert, ist eine saure Gruppe im aktiven Zentrum in der Lage, ein Proton an das Pyridinring-gebundene Kohlenstoffatom zu spenden. Das Enzym, das die Decarboxylierung oder Racemisierung katalysiert, weist diese saure Gruppe jedoch nicht auf. Deswegen wird das Substrat am α-Kohlenstoff reprotoniert. Mit anderen Worten: Das *Coenzym* führt die Reaktion aus, aber das *Enzym* bestimmt den Reaktionsverlauf.

HINTERGRUND

■ Abschätzung der Gewebeschädigung nach einem Herzinfarkt

Nach einem Herzinfarkt treten aus den geschädigten Zellen des Herzmuskels Aminotransferasen und andere Enzyme aus und gelangen so in den Blutstrom. Den Schweregrad der Schädigung, den das Herz bei dem Anfall erlitten hat, kann man anhand der im Blut nachweisbaren Konzentrationen von Alaninaminotransferase und Aspartataminotransferase ermitteln.

Ü 13* Welche Verbindung lässt sich leichter decarboxylieren?

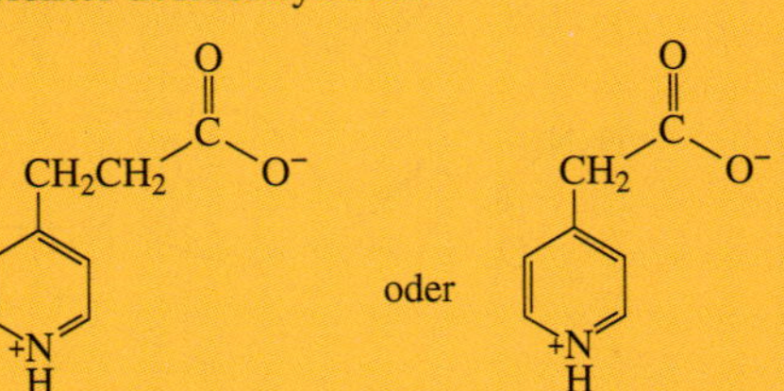

Ü 14* Es gibt weitere α-Ketosäuren als α-Ketoglutarsäure (α-Ketoglutarat), welche die Aminogruppen von Pyridoxaminresten in enzymatischen Transaminierungen übernehmen. Neben Glutaminsäure können also auch andere Aminosäuren gebildet werden. Welche Aminosäuren entstehen aus den folgenden α-Ketosäuren?

(a)

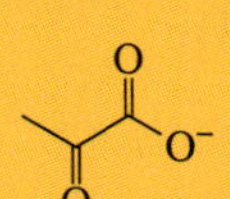

Pyruvat

(b)

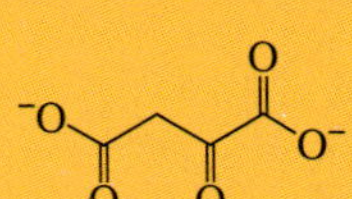

Oxalacetat

Ü 15* Erläutern Sie, warum die Fähigkeit des Pyridoxalphosphats, eine Aminosäuretransformation katalytisch zu unterstützen, stark herabgesetzt wird, wenn eine PLP-abhängige Enzymreaktion bei einem pH-Wert durchgeführt wird, bei dem das pyridinische N-Atom nicht protoniert ist.

Ü 16* Erläutern Sie, warum die Fähigkeit des Pyridoxalphosphats, eine Aminosäuretransformation katalytisch zu unterstützen, stark herabgesetzt wird, wenn dessen OH-Gruppe durch eine Methoxygruppe (OCH_3) ersetzt wird.

Ü 17 Das Enzym, das die C_α—C_β-Bindungsspaltungsreaktion katalysiert, welche Serin in Glycin umwandelt, entfernt im ersten Reaktionsschritt den an das α-Kohlenstoffatom gebundenen Substituenten (R). Schlagen Sie einen Mechanismus für diese Reaktion vor. Beginnen Sie mit dem durch eine Iminverbindung an Serin gebundenem PLP. (*Hinweis:* Der erste Schritt beinhaltet das Entfernen des Protons aus der OH-Gruppe von Serin.)

Ü 18 Schlagen Sie einen Mechanismus für die α,β-Eliminierungsreaktion vor, die zu Beginn des Abschnitts gezeigt wurde.

Vitamin B$_{12}$: Das notwendige Vitamin für bestimmte Isomerisierungen 23.6

Einige Enzyme, die bestimmte Umlagerungen katalysieren, benötigen das **Coenzym B$_{12}$**, das sich vom Vitamin B_{12} ableitet. Die Struktur des Vitamins B_{12} wurde von Dorothy Hodgkin mit Hilfe der Röntgenkristallographie aufgeklärt. Das Vitamin besitzt eine Cyanogruppe (bzw. alternativ eine OH- oder eine H_2O-Gruppe), die als Ligand mit dem zentralen Cobaltion verbunden ist (Abschnitt 14.24). Im Coenzym B_{12} wird dieser Ligand von einer 5′-Desoxyadenosyleinheit ersetzt.

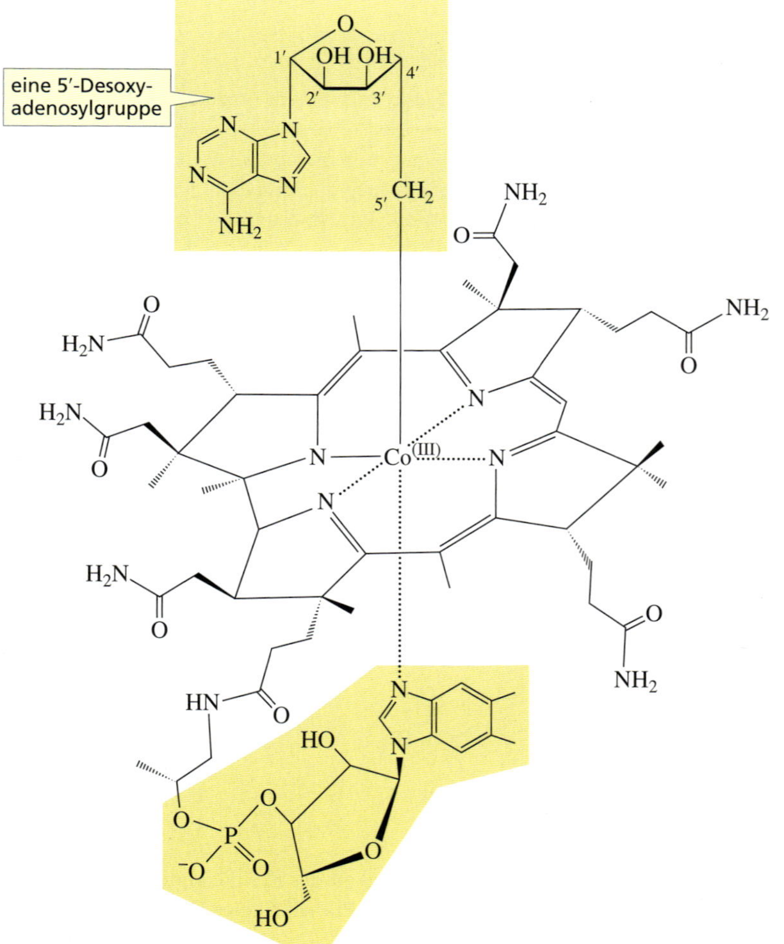

Coenzym B$_{12}$

Tiere und Pflanzen vermögen Vitamin B_{12} nicht selbst zu synthetisieren. Tatsächlich vermögen dies nur einige Bakterien, welche in den Mägen von Kühen und anderen Säugetieren vorkommen. Menschen müssen daher das Vitamin B_{12} mit der Nahrung aufnehmen. Es ist insbesondere in Fleisch enthalten. Ein Vitamin-B_{12}-Mangel führt zur so genannten „perniziösen Anämie“ (die Zahl der roten Blutkörperchen nimmt ab; die vorhandenen roten Blutkörperchen sind aber vergrößert und enthalten eine abnorme Menge an rotem Blutfarbstoff). Da das Vitamin nur in sehr kleinen Mengen benötigt wird, sind B_{12}-Mangelkrankheiten selten, doch können sie bei strengen Vegetariern, die keinerlei tierische Nahrungsmittel zu sich nehmen, durchaus auftreten. Die meisten pathologischen Zustände durch Vitamin-B_{12}-Mangel kommen durch eine gestörte Aufnahmefähigkeit des Vitamins im Darm zustande.

Beispiele für enzymkatalysierte Reaktionen, die Coenzym B_{12} erfordern

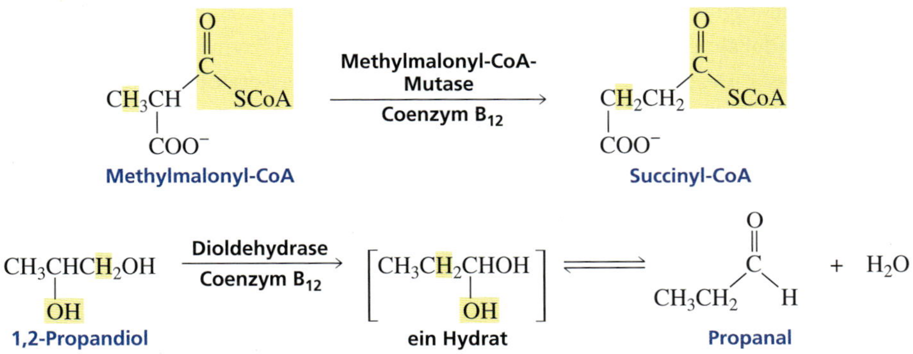

Bei jeder dieser Coenzym B_{12}-abhängigen Reaktionen tauscht eine Gruppe Y, die an ein Kohlenstoffatom gebunden ist, den Platz mit einem Wasserstoffatom, das an ein Nachbarkohlenstoffatom gebunden ist.

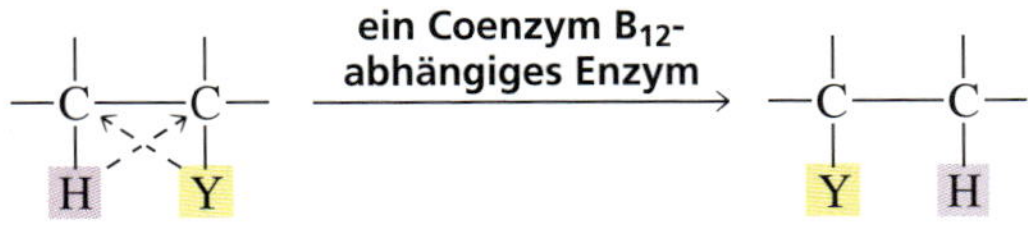

MERKE!

Coenzym B_{12} wird von solchen Enzymen benötigt, die Austauschreaktionen zwischen einem Wasserstoffatom, das an ein Kohlenstoffatom gebunden ist, und einer an ein benachbartes Kohlenstoffatom gebundenen Gruppe katalysieren.

Das Enzym Methylmalonyl-CoA-Mutase katalysiert eine Reaktion, bei der eine C(=O)SCoA-Gruppe den Platz mit einem Wasserstoffatom einer benachbarten Methylgruppe tauscht. (Eine Mutase ist ein Enzym, das ein Atom oder eine Gruppe von einer Position auf eine andere überträgt.) Bei der von Dioldehydratase tauscht eine OH-Gruppe ihren Platz mit einem Methylenwasserstoffatom. Das sich dabei ergebende Reaktionsprodukt ist ein geminales Diol, das unter Bildung von Propanal Wasser eliminiert.

Der Mechanismus eines Enzyms, das B_{12} benötigt

Die chemischen Umsetzungen des Coenzyms B_{12} finden an der Bindung statt, die das Cobaltatom mit der 5'-Desoxyadenosylgruppe verbindet. Diese ist meist eine sehr schwache Bindung (26 kcal/mol verglichen mit 99 kcal/mol für eine C—H-Bindung).

Mechanismus für die Reaktion, die durch Dioldehydrase katalysiert wird

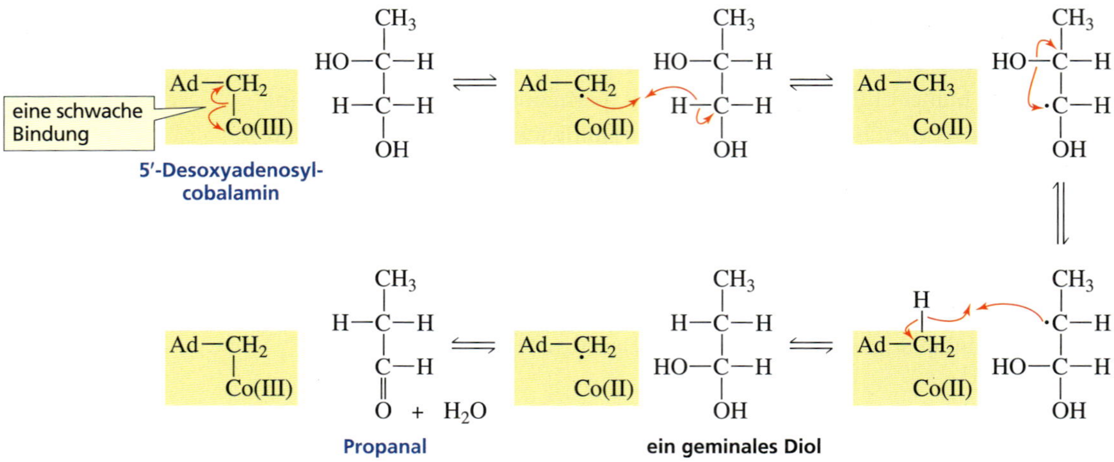

- Die ungewöhnlich schwache Co—C-Bindung löst sich homolytisch. Dabei bildet sich ein 5′-Desoxyadenosylradikal und Co^{+III} wird zu Co^{+II} reduziert.
- Das 5′-Desoxyadenosylradikal abstrahiert ein Wasserstoffatom vom C-1 des Substrates; dabei geht es in 5′-Desoxyadenosin über.
- Ein Hydroxylradikal (•OH) wandert vom C-2 zum C-1. Am C-2 bleibt ein ungepaartes Elektron zurück. Dadurch entsteht am C-2 ein radikalischer Zustand.
- Das C-2-Radikal abstrahiert ein Wasserstoffatom vom 5′-Desoxyadenosin. Dabei wird ein umgelagertes Reaktionsprodukt gebildet und das 5′-Desoxyadenosylradikal regeneriert.
- Das 5′-Deoxyadenosylradikal rekombiniert mit Co^{+II}, um das Coenzym zu regenerieren. Das instabile Hydrat spaltet Wasser ab und bildet einen Aldehyd. Der Enzym-Coenzymverbund ist bereit für einen neuen Katalysezyklus.

Es ist wahrscheinlich, dass alle Coenzym B_{12}-abhängigen Enzyme ihre Katalyse nach demselben allgemeinen Reaktionsmechanismus durchführen. Die Rolle des Coenzyms besteht darin, die Abspaltung eines H-Atoms aus dem Subtratmolekül zu ermöglichen. Nachdem das H-Atom abgespalten ist, kann eine benachbarte Gruppe an die freigewordene Stelle übertreten. Das Coenzym gibt dann das H-Atom an das umgewandelte Substratmolekül zurück, wo es sich an das C-Atom anlagert, an dem vorher die Gruppe gebunden war, die ihren Bindungsort verändert hat.

Ü 19 Ethanolaminammoniaklyase ist ein B_{12}-abhängiges Enzym, das folgende Reaktion katalysiert:

$$HOCH_2CH_2NH_2 \xrightarrow{\text{Ethanolamin-ammoniaklyase}} CH_3\overset{\overset{\displaystyle O}{\|}}{C}H + NH_3$$

Schlagen Sie einen Mechanismus für diese Reaktion vor.

Ü 20* Eine Fettsäure mit einer geraden Anzahl von Kohlenstoffatomen wird vollständig zu Acetyl-CoA abgebaut. Das Acetyl-CoA wird in den Zitronensäurezyklus eingeschleust (Abschnitt 24.9). Eine Fettsäure mit einer ungeraden Anzahl von C-Atomen wird, soweit es geht, zu Acetyl-CoA abgebaut. Zurück bleibt ein Propionyl-CoA-Molekül. Zwei coenzymabhängige Enzyme sind vonnöten, um das Propionyl-CoA in Succinyl-CoA umzuwandeln, das wiederum ein Zwischenprodukt des Zitronensäurezyklus ist. Formulieren Sie die beiden enzymatisch katalysierten Reaktionen und nennen Sie die dafür erforderlichen Coenzyme.

Folsäure: Das notwendige Vitamin für die Kohlenstoffübertragung 23.7

Das **Tetrahydrofolat (THF)** ist ein Coenzym, das von Enzymen verwendet wird, die C_1-Einheiten übertragen. Diese Einkohlenstofffragmente können Methylgruppen (CH_3), Methylengruppen (CH_2) oder Formylreste (HC=O) sein. Tetrahydrofolat entsteht durch die Reduktion zweier Doppelbindungen aus der Folsäure (Folat), die somit die Vitaminvorstufe dieses Coenzyms ist. Bakterien vermögen Folsäure zu synthetisieren, Säugetieren ist diese Fähigkeit verloren gegangen.

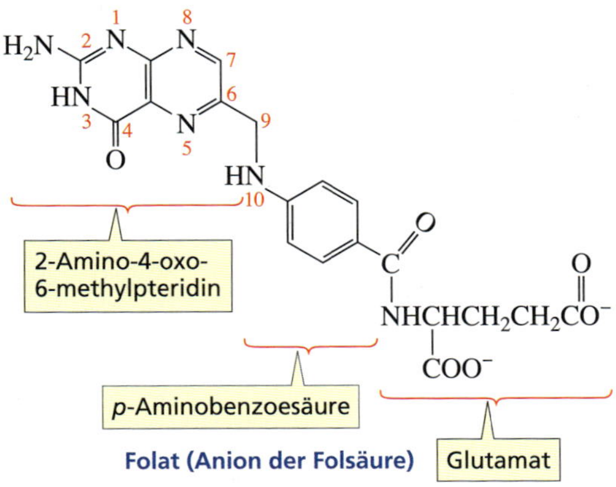

Folat (Anion der Folsäure)

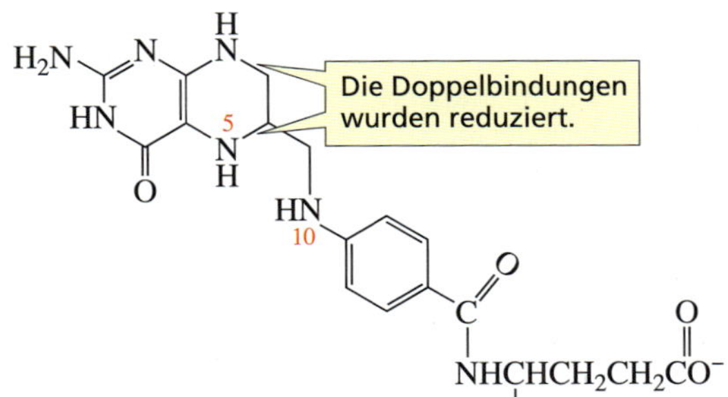

Tetrahydrofolat THF

Drei THF-Coenzyme sind unten gezeigt. R steht für die Gruppe, die an das N^{10}-Atom in der obigen Struktur angehängt ist.

- N^{10}-Formyl-THF überträgt eine Formylgruppe.
- N^5-Methyl-THF überträgt eine Methylgruppe.
- N^5,N^{10}-Methylen-THF überträgt eine Methylengruppe.

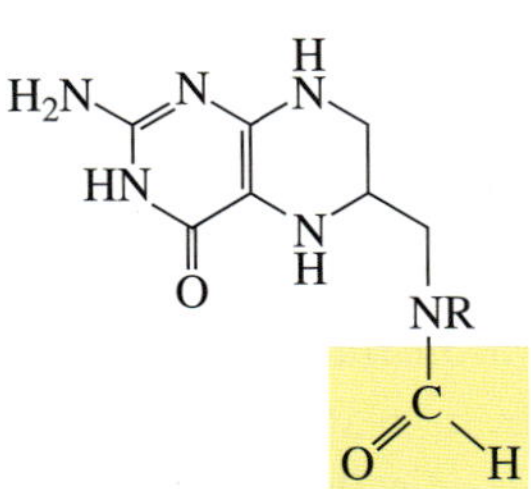

N^{10}-Formyl-THF

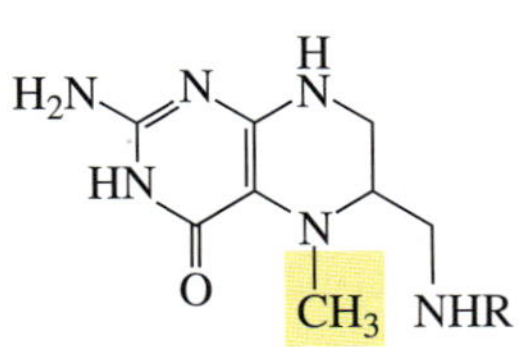

N^5-Methyl-THF

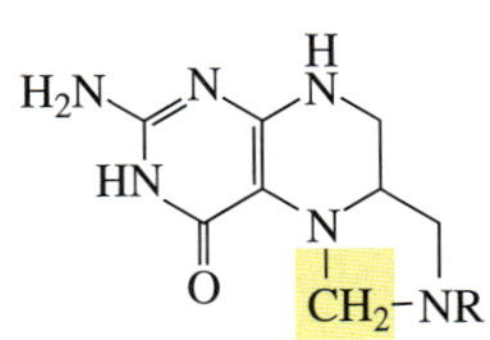

N^5,N^{10}-Methylen-THF

Beispiele für enzymkatalysierte Reaktionen, die ein THF-Coenzym benötigen

Glycinamid-Ribonucleotid (GAR)-Transformylase ist ein Enzym, welches das Coenzym N^{10}-Formyl-THF benötigt. Die Formylgruppe, die dem Substrat zugegeben wird, wird schließlich in den C-8-Kohlenstoff von zwei der vier in DNS und RNS gefundenen heterozyklischen Basen überführt (Abschnitt 26.1).

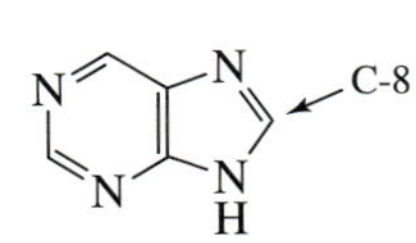

Purin

Homocysteinmethyltransferase, ein Enzym, das für die Synthese von Methionin (eine Aminosäure) benötigt wird, erfordert ebenfalls N^5-Methyl-THF.

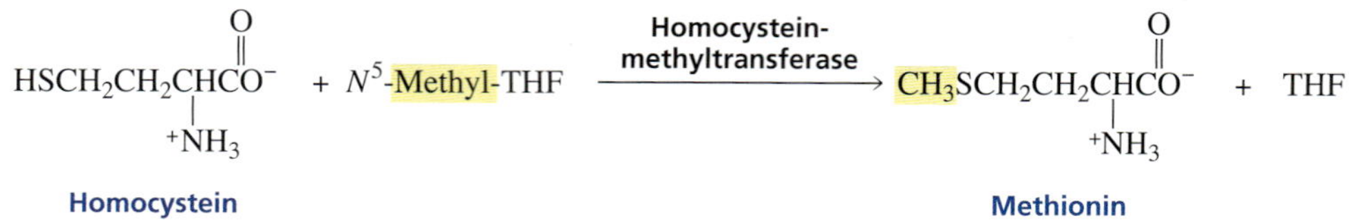

HINTERGRUND

■ **Die ersten Antibiotika**

Sulfonamid – allgemein als Sulfamittel bekannt – wurden im Jahr 1934 als erstes wirksames Antibiotikum klinisch eingeführt (Abschnitt 18.19). Donald Woods, ein britischer Bakteriologe, stellte fest, dass Sulfanilamid, das ursprünglich am häufigsten verwendete Sulfonamid, strukturell ähnlich zu *p*-Aminobenzoesäure ist. Aminobenzoesäure ist eine Verbindung, die für das Bakterienwachstum notwendig ist.

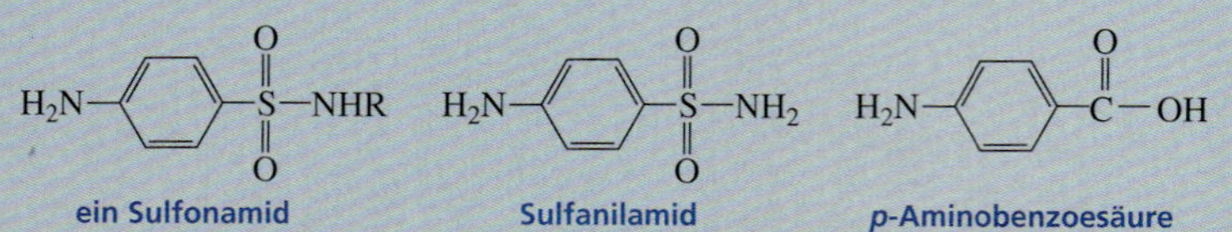

Dies legt nahe, dass Sulfanilamid wirkt, indem es das Enzym hemmt, das *p*-Aminobenzoesäure in Folsäure eingebaut hat. Da das Enzym nicht in der Lage ist, den Unterschied zwischen Sulfanilamid und *p*-Aminobenzoesäure zu erkennen, konkurrieren die beiden Verbindungen darum, an das aktive Zentrum des Enzyms heranzukommen. Ohne ausreichend Folsäure sterben die Bakterien ab. Menschen werden durch dieses Medikament allerdings nicht beeinträchtigt, da sie ohnehin keine Folsäure synthetisieren können; Stattdessen nehmen sie das benötigte Folat durch die Nahrung auf.

Thymidylatsynthase: Das Enzym, das U in T verwandelt

Die heterozyklischen Nucleobasen der Ribonucleinsäure (RNS oder RNA) sind das Adenin (A), das Guanin (G), das Cystosin (C) und das Uracil (U). Die heterozyklischen Nucleobasen der Desoxyribonucleinsäure (DNS oder DNA) sind das Adenin, das Cysotin, das Guanin und das Thymin (T). Diese Verbindungen werden im Einzelnen in Abschnitt 26.1 besprochen. Die anderen drei Basen (A, G und C) sind in beiden Nucleinsäuretypen identisch. Warum die DNA Thyminreste enthält und keine Uracilreste, wird uns in Abschnitt 26.10 beschäftigen.

Die bei der Biosynthese der DNA zum Einsatz kommenden T-Basen werden aus Uracil synthetisiert. Diese Umwandlung wird von der Thymidylatsynthase katalysiert. Dieses Enzym verwendet N^5,N^{10}-Methylen-THF als Coenzym.

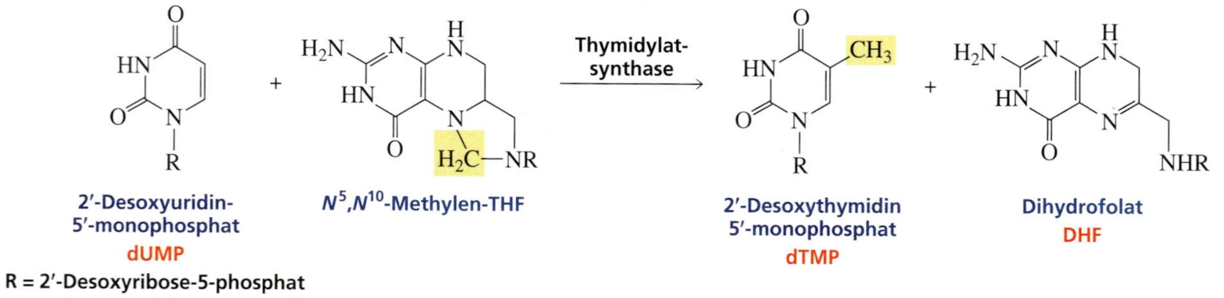

Obgleich der einzige strukturelle Unterschied zwischen Uracil und Thymin eine *Methylgruppe* ist, vollzieht sich die Thyminsynthese durch die Übertragung einer *Methyleneinheit* auf ein Uracilmolekül. Diese wird dann zur Methylgruppe reduziert.

Mechanismus für eine Reaktion, die durch Thymidylatsynthase katalysiert wird

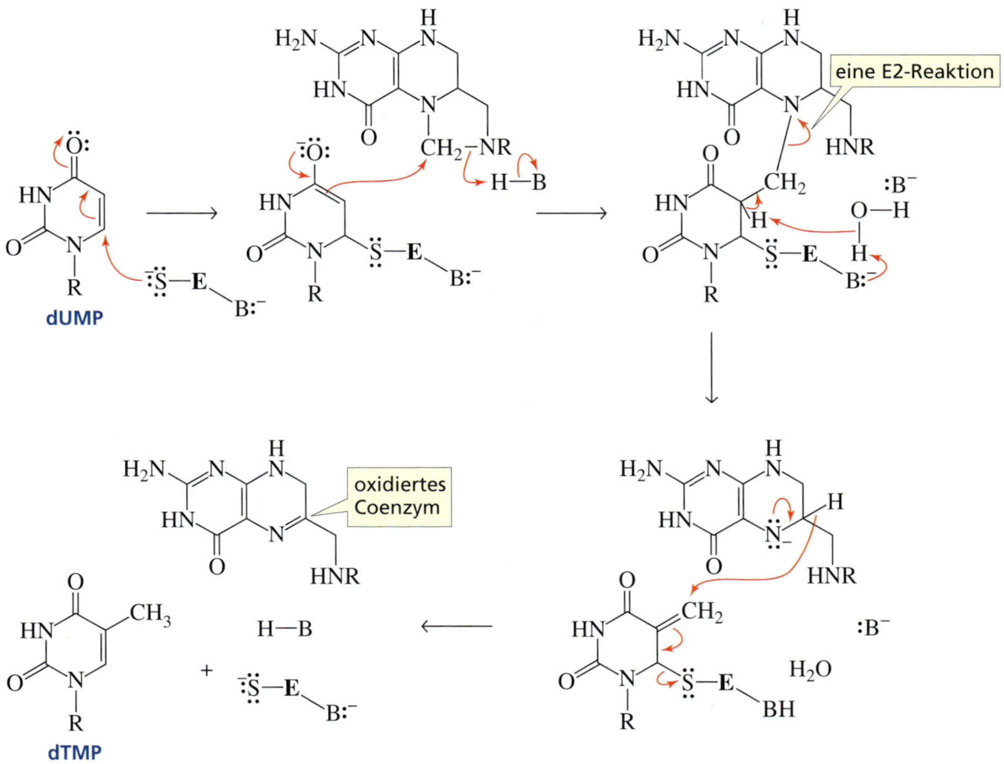

- Eine nucleophile Cysteingruppe im aktiven Zentrum des Enzyms greift das β-Kohlenstoffatom eines dUMP-Moleküls an. dUMP ist ein glycosidiertes Derivat des Uracils. (Es handelt sich um eine konjugierte Addition; Abschnitt 16.5.)
- Der nucleophile Angriff des α-Kohlenstoffatoms des dUMP auf die Methylengruppe von N^5,N^{10}-Methylen-Tetrahydrofolat führt zur Ausbildung einer kovalenten Bindung zwischen dem dUMP und dem Coenzym. Dies ist ein S_N2-Reaktion. Die Abgangsgruppe muss protoniert werden, um die Abgangseigenschaft zu verbessern.
- Durch eine basische Aminosäureseitenkette des Enzyms wird am α-C-Atom des Uridins deprotoniert. Dies führt zur Eliminierung des Coenzyms.
- Übertragung eines Hydridions vom Coenzym auf die Methylengruppe, gefolgt von der Eliminierung aus dem Enzym, ergibt die Endprodukte dTMP und Dihydrofolat (DHF; eine oxidierte Form des Coenzyms THF).

Beachten Sie, dass das Coenzym, das die Methylengruppe auf das Substratmolekül überträgt, gleichzeitig das Reduktionsmittel ist, welches die Methylengruppe anschließend zur Methylgruppe reduziert. Da das Coenzym das Reduktionsmittel ist, wird es natürlich bei dieser Redoxreaktion oxidiert. Die oxidierte Form heißt Dihydrofolat. (Bedenken Sie, dass eine Oxidation die Zahl der C—H-Bindungen verringert.)

Ist die Reaktion abgeschlossen, muss das DHF wieder in N^5,N^{10}-Methylen-THF überführt werden, um einen neuen katalytischen Reaktionszyklus durchlaufen zu können. Das Dihydrofolat wird zunächst zu Tetrahydrofolat reduziert. Dies geschieht durch eine NADPH-abhängige Reduktase.

$$\text{Dihydrofolat} + \text{NADPH} + H^+ \xrightarrow{\text{Dihydrofolat-reduktase}} \text{Tetrahydrofolat} + \text{NADP}^+$$

Krebs-Chemotherapie

Als Krebs bezeichnet man das Wuchern eines Gewebes durch unkontrollierte Zellteilungen. Da sich Zellen nicht vermehren können, ohne vorher neues Erbmaterial (DNA) zu synthetisieren, sind verschiedene chemotherapeutische Wirkstoffe entwickelt worden, um die Enzyme Thymidylatsynthase und Dihydrofolatreduktase zu hemmen. Kann eine Zelle kein Thymidin (T) mehr synthetisieren, können keine neuen DNA-Moleküle aufgebaut werden. Eine Hemmung der Dihydrofolatreduktase verhindert indirekt ebenfalls die Thymidinsynthese, da die Zellen dann nur über einen begrenzten Vorrat an Tetrahydrofolat verfügen. Wenn sie das anfallende Dihydrofolat nicht wieder in Tetrahydrofolat überführen können, kann kein neues Thymidin gebildet werden.

Ein gebräuchliches Medikament zur Behandlung bösartiger Tumore und bestimmter Virusinfektionen ist 5-Fluoruracil, das die Thymidylatsynthase hemmt. 5-Fluoruracil und dUMP reagieren auf die gleiche Weise mit der Thymidylatsynthase. Allerdings kann im dritten Schritt der Reaktion das Fluoratom des 5-Fluoruracils nicht von der Base abgespalten werden, weil es viel zu elektronegativ ist, um als F^+ eliminierbar zu sein.

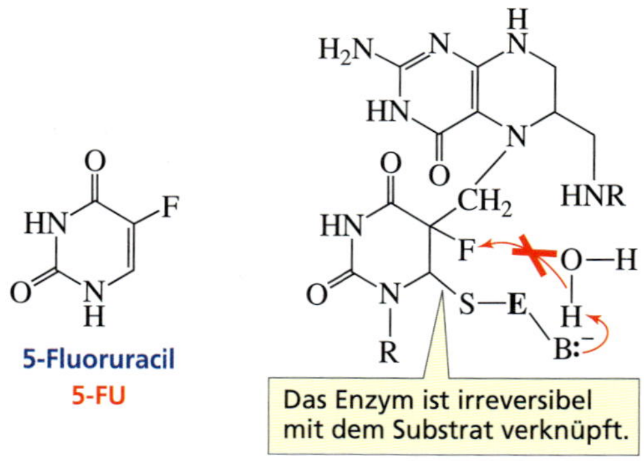

Als Folge davon bricht die Reaktion an dieser Stelle ab; das Enzym bleibt permanent mit dem Substratanalogon verbunden. Man spricht von einer so genannten Suizidhemmung des Enzyms. Das aktive Zentrum des Enzyms ist von dem 5-Fluoruracilrest blockiert und kann kein dUMP (siehe oben) mehr binden. Es kommt daher nicht zur Synthese von dTMP, und ohne dTMP fehlt ein entscheidender Baustein für die DNA. Daher sterben die Zellen aufgrund von Thyminmangel ab.

Die meisten heutzutage eingesetzten Antikrebswirkstoffe können nicht zwischen normalen Zellen und Krebszellen unterscheiden, deshalb ist die Chemotherapie bösartiger Tumoren mit schweren Nebenwirkungen verbunden. Krebszellen teilen sich jedoch vielfach rascher als die unter Kontrolle stehenden normalen Körperzellen. Daher leiden sie stärker unter den Verbindungen, die in der Chemotherapie verwendet werden, um der Zellwucherung entgegenzuwirken.

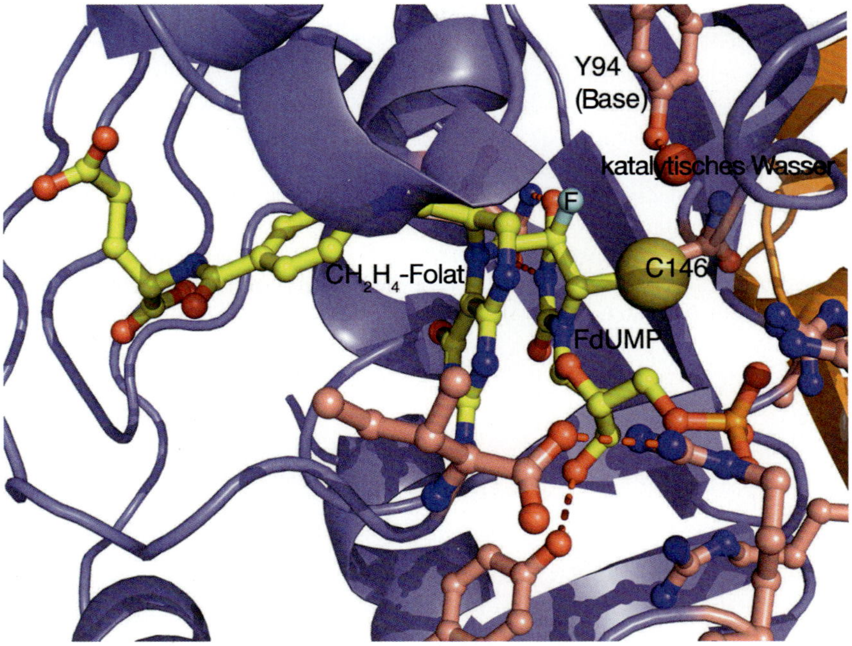

HINTERGRUND

■ Krebsmedikamente und Nebenwirkungen

Wissenschaftler*innen suchen nach Medikamenten, die zwischen erkrankten und normalen Zellen unterscheiden können, sodass eine Chemotherapie nicht von schwächenden Nebenwirkungen begleitet wird. Ein neues Medikament, das sich derzeit in klinischen Studien befindet, kann ausschließlich Krebszellen und nicht den gesunden Zellen einen sehr toxischen Wirkstoff zuführen.

Herceptin wird seit dem Jahr 1998 zur Behandlung bestimmter Arten von Brustkrebs eingesetzt. Vor kurzem konnten Wissenschaftler*innen es mit einem anderen Krebsmedikament verbinden, das so giftig ist, dass es nicht allein verwendet werden kann. Sobald sich Herceptin an eine Brustkrebszelle gebunden hat, setzt es das giftige Agens frei, um die Zelle abzutöten. Die Überlebenszeit der Frauen mit fortgeschrittenem Brustkrebs, die in die klinischen Studien für dieses kombinierte Medikament aufgenommen wurden, war fast ein Jahr länger als die der Frauen, die nicht dieses Medikament erhielten. Zudem litten diese viel weniger unter Nebenwirkungen, als die Frauen, die nur mit Herceptin oder anderen Krebsmedikamenten behandelt werden.

Hemmstoffe (Inhibitoren)

5-Fluorouracil (5-FU) ist ein **mechanistischer Enzymhemmstoff**. Es inaktiviert ein Enzym, indem es an dem normalen katalytischen Zyklus teilnimmt. Man nennt auf diese Weise wirkende Stoffe auch **Suizidhemmstoffe (Suizidinbitoren)**, da das betroffene Enzym durch die (Fehl)reaktion mit dieser Verbindung regelrecht „Selbstmord“ begeht. Der therapeutische Nutzen, der vom 5-FU ausgeht, belegt die Bedeutung, die die Kenntnis enzymatischer Mechanismen für die pharmazeutische Praxis besitzt. Kennt man den Mechanismus, nach dem eine chemische Reaktion abläuft, kann man unter Umständen einen Hemmstoff entwickeln, der die betreffende Reaktion an einem bestimmten Punkt zum Erliegen bringt.

HINTERGRUND

Kompetitive Hemmstoffe

Aminopterin und Methotrexat sind Antikrebsmittel, die die Dihydrofolatreduktase hemmen. Da ihre Molekülstrukturen der des Dihydrofolats ähnlich sind, konkurrieren sie mit diesem um den Zugang zum und die Bindung an das aktive Zentrum der DHF-Reduktase. Da die Wirkstoffe etwa tausend Mal stärker an das Enzym binden als das natürliche Substrat DHF, kommt es zur Hemmung der enzymatischen Aktivität. Diese beiden Verbindungen sind Beispiele für sogenannte **kompetitive Hemmstoffe (Inhibitoren)**.

Aminopterin $R = H$
Methotrexat $R = CH_3$

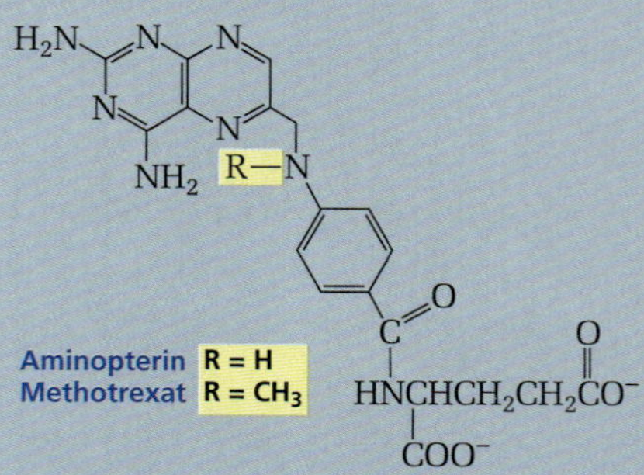

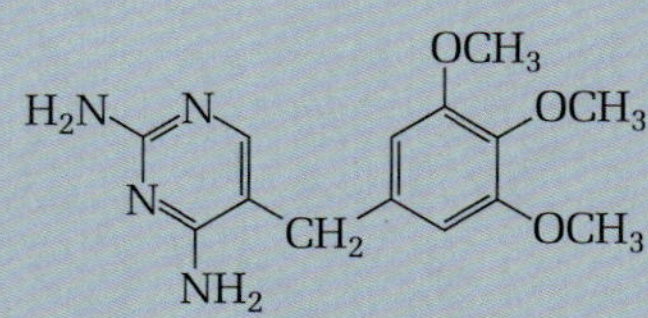

Trimethoprim

Da Aminopterin und Methotrexat die THF-Synthese hemmen, stören sie die Synthese einer jeden Verbindung, an der eines der THF-Coenzyme beteiligt ist. Sie verhindern dadurch nicht nur die Synthese von Thymin, sondern auch die von Adenin und Guanin, die ebenfalls Bausteine der DNA sind. An ihrer Synthese sind ebenfalls Coenzyme der THF-Gruppe beteiligt. Guanin- und Adeninderivate erfüllen darüberhinaus in allen Zellen noch eine Vielzahl weiterer Aufgaben als Energieträger, Signalmolekül etc. Ein klinisches Verfahren bei der Krebs-Chemotherapie besteht darin, einer Patientin oder einem Patienten eine tödliche Dosis Methotrexat zu verabreichen, um die Krebszellen abzutöten, und die Patientin oder den Patienten durch Verabreichung von N^5-Formyl-Tetrahydrofolat zu retten. Trimethorpim wird als Antibiotikum eingesetzt, weil es an die bakterielle Dihydrofolatreduktase stärker bindet als an die Dihydrofolatreduktase von Säugetierzellen.

Ü 21* Wie unterscheiden sich die Strukturen von Tetrahydrofolat und Aminopterin?

Ü 22 Welches ist der Ursprung der Methylgruppe im Thymidin?

23.8 Vitamin K: Das Vitamin, welches für die Carboxylierung von Glutamat benötigt wird

Das fettlösliche Vitamin K ist von Bedeutung für die Blutgerinnung. Die Zuweisung des Buchstabens „K“ für dieses Vitamin soll sich von *Koagulation* (Gerinnung) ableiten. Vitamin K findet sich in den Blättern von Pflanzen. Ein

Vitamin-K-Mangel ist selten, da dieses Vitamin auch von Darmbakterien synthetisiert wird (Abschnitt 18.7). Das reduzierte **Vitamin KH_2** (die Hydrochinonform des Vitamins K) ist die coenzymatisch wirksame Form des Vitamins.

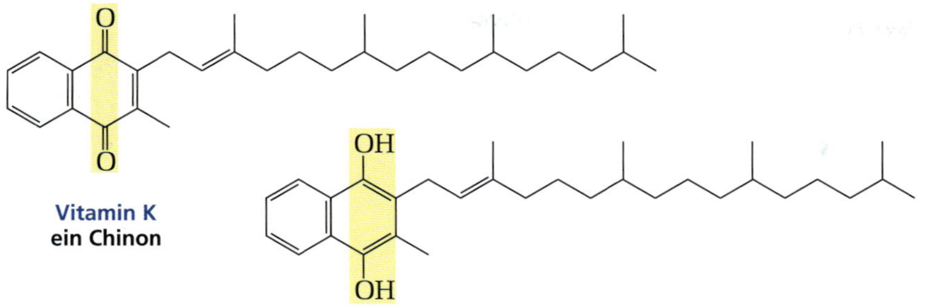

Vitamin K
ein Chinon

Vitamin KH_2
ein Hydrochinon

Der Blutgerinnungsprozess läuft in einer Reihe aufeinander folgender Reaktionen ab, an denen sechs Proteine beteiligt sind. Der Prozess erfordert diese sechs Proteine zur Bindung von Ca^{2+}. γ-Carboxyglutamat bindet Ca^{2+} viel effektiver als Glutamat. Daher muss Glutamat in γ-Glutamat umgewandelt werden, damit das Blut gerinnen kann.

Vitamin KH_2 ist das Coenzym von Enzymen, die die γ-Carboxylierung von Glutamatseitenketten in Proteinen katalysieren. Das Enzym setzt Kohlendioxid ein, um an den Glutamatseitenketten die neue Carboxylfunktion einzuführen.

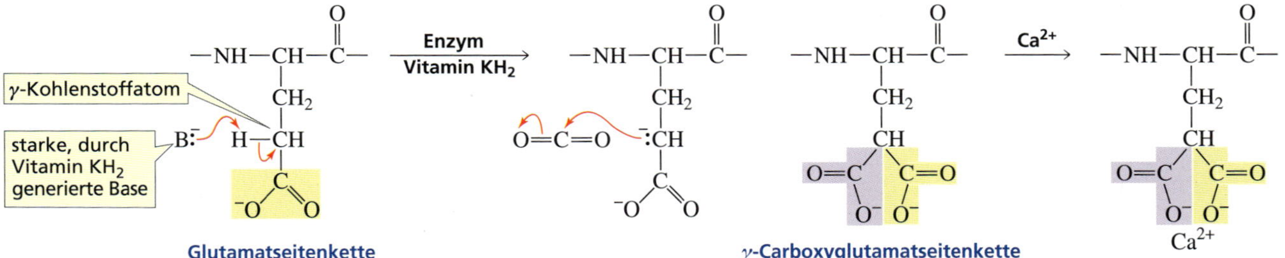

Die an der Blutgerinnungskaskade beteiligten Proteine besitzen sämtlich mehrere Glutamatreste in der Nähe ihrer N-Termini. Prothrombin (eine inaktive Vorstufe einer an der Blutgerinnung beteiligten Protease) besitzt etwa Glutamatreste in den Positionen 7, 8, 15, 17, 20, 21, 26, 27, 30 und 33. (Erinnern Sie sich: Eine Polypeptidkette wird vom Aminoterminus aus gezählt; die aminoterminale Aminosäure ist die Nr. 1.)

> **MERKE!**
>
> **Vitamin KH_2 wird von solchen Enzymen benötigt, die die Carboxylierung an γ-Kohlenstoffatomen von Glutaminsäureseitenketten an Proteinen katalysieren.**

Der Mechanismus

Der Mechanismus der Vitamin-KH_2-katalysierten Glutamatcarboxylierung hat den Chemiker*innen Rätsel aufgegeben, da das γ-Wasserstoffatom, das ionisch abgespalten werden muss, bevor ein Glutamatrest von einem unreaktiven CO_2-Molekül angegriffen werden kann, nicht sehr azide reagiert. Der Mechanismus muss daher die Bildung einer starken Base beinhalten. Ein vorgeschlagener Reaktionsmechanismus ist nachfolgend dargelegt.

Mechanismus der Glutamatcarboxylierung

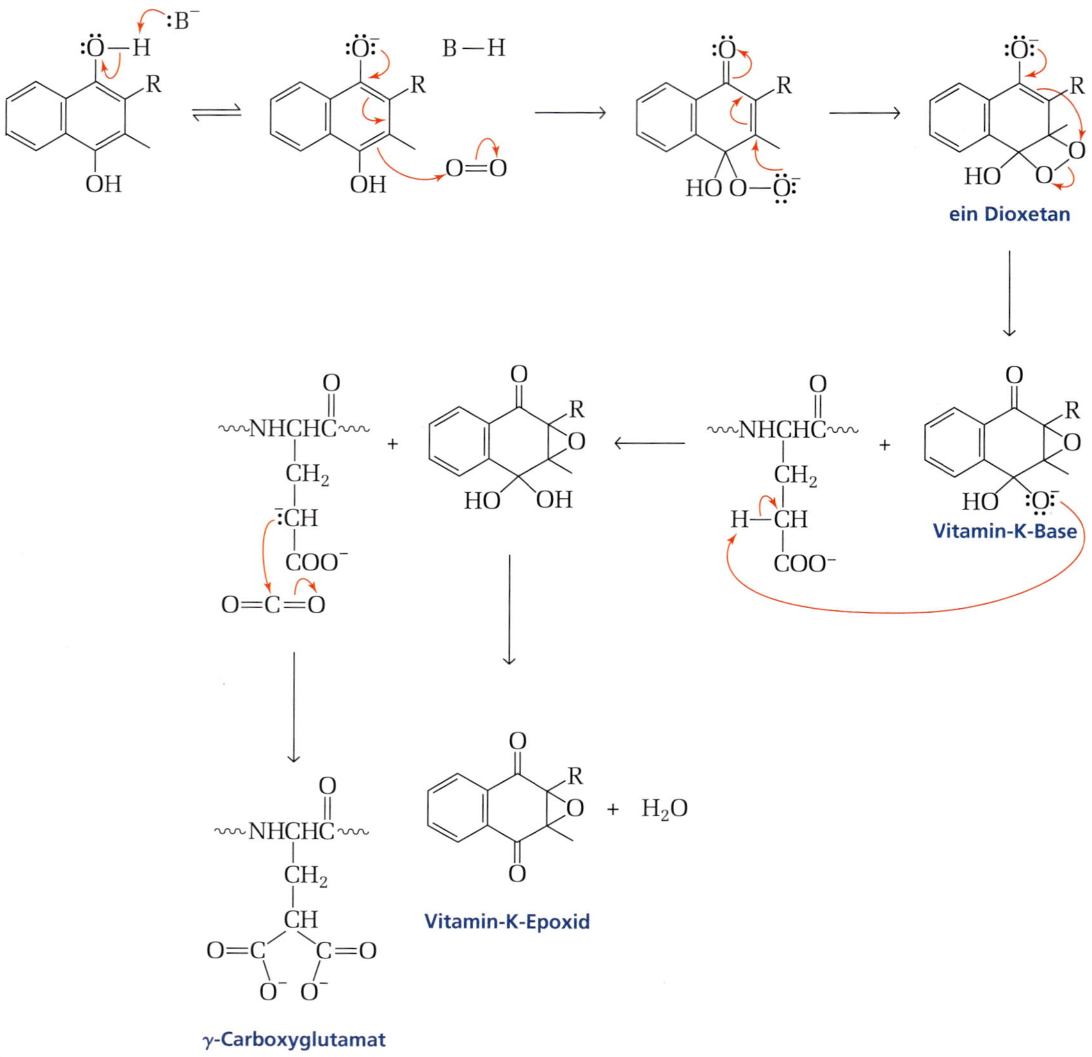

- Das Vitamin dissoziiert ein Proton von einer phenolischen OH-Gruppe des Coenzyms ab.
- Das so gebildete Nucleophil greift ein Sauerstoffmolekül (O_2) an.
- Eine konjugierte Additionsreaktion (Abschnitt 16.15) bildet ein Dioxetan. Dies ist eine heterozyklische Verbindung mit viergliedrigem Ring aus zwei Kohlenstoffatomen mit zwei benachbarten Sauerstoffatomen.
- Das Dioxetan lagert sich in ein Epoxid um, das ebenfalls ein stark basisches Alkoxidion trägt. Dies bezeichnet man auch als Vitamin-K-Base.
- Die Vitamin-K-Base ist von ausreichender Stärke, um vom γ-Kohlenstoffatom eines Glutamatrestes ein H^+ abzudissoziieren.
- Das Glutamatcarbanion greift ein CO_2-Molekül an. Dabei wird γ-Carboxyglutamat gebildet. Die protonierte Vitamin-K-Base (ein geminales Diol) spaltet Wasser ab. Dabei wird Vitamin-K-Epoxid gebildet.

Das Vitamin-K-Epoxid wird von einem Enzym zu Vitamin KH_2 reduziert. Dihydrolipoat ist dabei das Reduktionsmittel. Das Epoxid wird zunächst zum Vitamin K reduziert, das dann weiter zum Vitamin KH_2 reduziert wird.

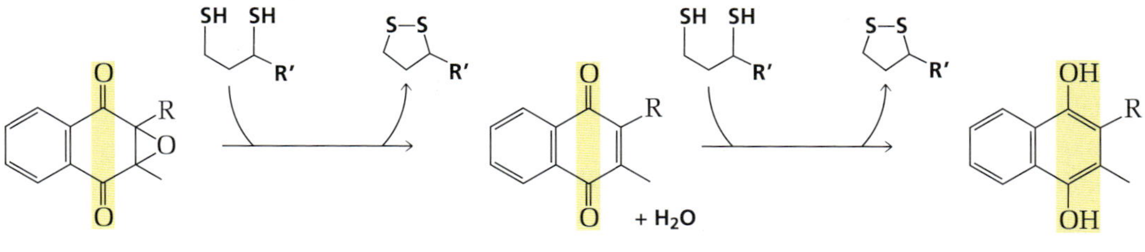

Ü 23* Thioalkohole wie Ethanthiol (Thioethanol) und Propanthiol (Thiopropanol) können eingesetzt werden, um in vitro Vitamin-K-Epoxid in Vitamin KH_2 zu verwandeln, doch reagieren sie viel langsamer als das Dihydrolipoat. Versuchen Sie zu erklären, warum das so ist.

HINTERGRUND

Antikoagulanzien

Warfarin und Dicoumarol werden klinisch als Antikoagulanzien verwendet. Diese Verbindungen verhindern die Blutgerinnung, indem sie das Enzym hemmen, welches Vitamin-K-Epoxid zu Vitamin KH_2 umwandelt. Dies erfolgt durch Bindung an das aktive Zentrum des Enzyms. Da das Enzym den Unterschied zwischen diesen beiden Verbindungen und Vitamin-K-Epoxid nicht erkennen kann, sind die Verbindungen *kompetitive Hemmstoffe (Inhibitoren)*. Warfarin wird auch häufig als Rattengift verwendet, welches durch innere Blutung zum Tod führt.

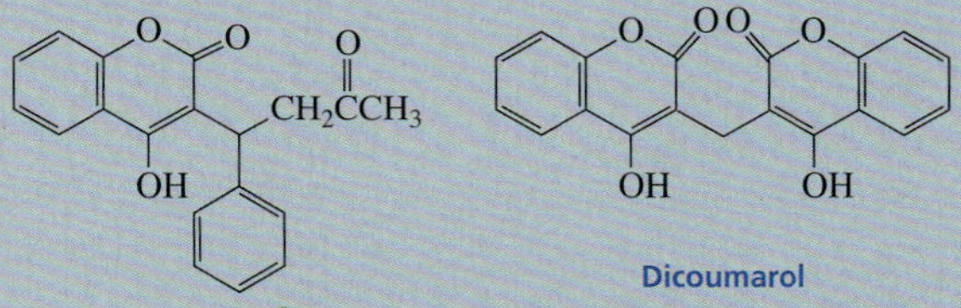

Coumadin®
Warfarin

Dicoumarol

Vitamin E hat sich auch als Antikoagulans erwiesen. Es hemmt das Enzym, das Glutamatreste carboxyliert.

Zu viel Broccoli

Ein Artikel in einer medizinischen Zeitschrift beschrieb eine Fallstudie, bei der eine pathologisch gesteigerte Gerinnungsneigung des Blutes zweier Patientinnen auch durch Warfaringabe nicht gebessert werden konnte. Als man die Betroffenen zu ihrer Ernährung befragte, gab eine der Patientinnen an, dass sie mindestens ein Pfund Broccoli pro Tag esse, die andere, dass sie jeden Tag Broccolisuppe oder Broccolisalat esse. Als man sie anwies, den Broccoli wegzulassen, erlangte das Warfarin seine Wirksamkeit zurück. Da Broccoli sehr reich an Vitamin K ist, war in der Nahrung dieser Patientinnen genug davon enthalten, um die Konkurrenz um die aktiven Zentren der Enzymmoleküle gegenüber dem Medikament für sich zu entscheiden. Durch die hohe Konzentration an Vitamin K im Blut dieser Patientinnen konnte der Wirkstoff sein therapeutisches Ziel nicht erreichen.

Zusammenfassung

Abschnitt 23.0

- **Cofaktoren** unterstützen Enzyme dabei, eine Vielzahl von Reaktionen zu katalysieren, die nicht allein durch die Aminosäureseitenketten der Enzyme katalysiert werden können. Cofaktoren können Metallionen oder organische Moleküle sein.
- Cofaktoren, bei denen es sich um organische Moleküle handelt, werden **Coenzyme** genannt. Coenzyme werden aus **Vitaminen**, Substanzen die in kleinen Mengen für eine normale Körperfunktion benötigt werden, abgeleitet. Diese kann der Körper gar nicht oder nicht in ausreichenden Mengen synthetisieren.
- Alle wasserlöslichen Vitamine außer Vitamin C sind Vorläufer von Coenzymen. Vitamin K ist das einzige wasserunlösliche Vitamin, das ein Vorläufer eines Coenzyms ist.
- Coenzyme spielen eine Vielzahl von chemischen Rollen, welche die Aminosäureseitenketten von Enzymen nicht einnehmen können. Einige dienen als Oxidations- und Reduktionsmittel; einige bewirken die Delokalisierung von Elektronen; einige bieten Aktivierungsgruppen für die weiteren Reaktionen, und einige liefern gute Nucleophile oder starke Basen, die für eine Reaktion benötigt werden.

Abschnitt 23.1

- **NAD^+** und **NADH** sind die mit **katabolischen Reaktionen** assoziierten Coenzyme. Dies sind biologische Reaktionen, die komplexe Biomoleküle abbauen können, um die Zelle mit Energie zu versorgen. Katabolische Reaktionen sind überwiegend Oxidationsreaktionen. NAD^+ ist das am meisten verwendete Oxidationsmittel in Zellen.
- **$NADP^+$** und **NADPH** sind die mit **anabolischen Reaktionen** assoziierten Coenzyme. Dies sind biologische Reaktionen, die an der Synthese komplexer Biomoleküle beteiligt sind. Anabole Reaktionen sind überwiegend Reduktionsreaktionen. NADPH ist das häufigste Reduktionsmittel in Zellen.

Abschnitt 23.2

- **FAD** katalysiert Oxidationsreaktionen; es wird zu **$FADH_2$** reduziert.

Abschnitt 23.3

- **Thiaminpyrophosphat (TPP)** ist das benötigte Coenzym für Enzyme, die den Transfer einer Acylgruppe katalysieren.

Abschnitt 23.4

- **Biotin (Vitamin H)** ist das Enzyme, das die Carboxylierung eines Kohlenstoffs, der sich neben einer Carbonylgruppe befindet, katalysiert.

Abschnitt 23.5

- **Pyridoxalphosphat (PLP)** ist das benötigte Coenzym, welches Enzyme benötigen, die Reaktionen von Aminosäuren katalysieren. Solche Reaktionen sind: Decarboxylierung, Transaminierung, Racemisierung, C_α—C_β-Bindungsspaltung und α,β-Eliminierung.
- In einer **Transiminierungsreaktion** wird ein Imin in ein anderes Imin umgewandelt; In einer **Transaminierungsreaktion** wird die Aminogruppe von einer Aminosäure entfernt und in ein anderes Molekül überführt, wobei eine Ketogruppe an ihre Stelle tritt.

Abschnitt 23.6

- In einer enzymkatalysierten Reaktion, die **Coenzym B_{12}** erfordert, tauscht eine Gruppe, die an eine Kohlenstoffatom gebunden ist, ihre Position mit einem Wasserstoffatom, das an einen benachbarten Kohlenstoff gebunden ist.

Abschnitt 23.7

- **Tetrahydrofolat (THF)** ist das von Enzymen verwendete Coenzym, um Reaktionen zu katalysieren, die Gruppen, welche einen einzelnen Kohlenstoff – Formyl, Methyl oder Methylen – enthalten, an deren Substrat übertragen.

Abschnitt 23.8

- **Vitamin KH_2** ist das Coenzym für das Enzym, welches die Carboxylierung des γ-Kohlenstoffs von Glutamatseitenketten katalysiert. Dies ist eine Reaktion, die für die Blutgerinnung erforderlich ist.
- Ein **Suizidhemmstoff (Suizidinhibitor)** deaktiviert ein Enzym, indem er in dessen katalytischen Mechanismus eingreift.
- Ein **kompetitiver Hemmstoff (Inhibitor)** deaktiviert ein Enzym, indem er mit dem Substrat zur Bindung im aktiven Zentrum des Enzyms konkurriert.

Im MyLab | Organische Chemie finden Sie:

- den praktischen **eText** zum Kapitel mit Notizfunktion
- eine Auswahl verschiedener **3D-Moleküle**
- **Lösungen** zu ausgewählten, mit * versehenen Übungen
- digitale **Lernkarten** und ein umfangreiches **Glossar** zum Nachschlagen und Wiederholen von Definitionen
- digitale Übungsaufgaben in Form von **Kapiteltests** zur eigenen Lernkontrolle

Die Organische Chemie der Stoffwechselwege

24

24.1	ATP: Der Überträger der chemischen Energie	1297
24.2	Warum ATP in lebenden Zellen kinetisch stabil ist	1300
24.3	Der „energiereiche Charakter“ der Phosphoanhydridbindungen	1301
24.4	Die vier Stufen des Katabolismus	1303
24.5	Der Katabolismus der Fette: Stufe 1 und 2	1304
24.6	Der Katabolismus der Kohlenhydrate: Stufe 1 und 2	1308
24.7	Die verschiedenen Schicksale des Pyruvats	1313
24.8	Der Katabolismus der Proteine: Stufe 1 und 2	1315
24.9	Der Zitronensäurezyklus: Stufe 3	1317
24.10	Die oxidative Phosphorylierung: Stufe 4	1320
24.11	Anabolismus	1322
24.12	Gluconeogenese	1322
24.13	Regulierende Stoffwechselwege	1324
24.14	Die Biosynthese der Aminosäuren	1326
Zusammenfassung		1328

ÜBERBLICK

Du bist, was du isst.

Die Reaktionen, die lebende Organismen durchführen, um die für die Körperfunktionen benötigte Energie zu gewinnen und um für die Prozesse des Körpers benötigte Verbindungen zu synthetisieren, werden als **Metabolismus** *oder Stoffwechsel bezeichnet. Der Metabolismus kann in zwei Kategorien unterteilt werden: Katabolismus und Anabolismus. Katabolische Reaktionen wandeln komplexe Nährstoffmoleküle in einfache Moleküle, die zur Synthese verwendet werden können, um. Anabole Reaktionen synthetisieren komplexe Biomoleküle aus einfacheren Vorläufermolekülen. Katabolismus kommt vom griechischen Wort katabol, was „herunterschlucken" bedeutet.*

Ein kataboler Stoffwechselweg ist eine Reihe aufeinanderfolgender Reaktionen, die ein komplexes Molekül in einfache Moleküle umwandeln. Katabole Wege beinhalten Oxidationsreaktionen und produzieren Energie.

Katabolismus: komplexes Molekül $\longrightarrow$ einfache Moleküle + Energie

Ein anaboler Stoffwechselweg ist eine Reihe aufeinanderfolgender Reaktionen, die einfache Moleküle in ein komplexes Molekül umwandeln. Anabole Wege beinhalten Reduktionsreaktionen und benötigen Energie.

Anabolismus: einfache Moleküle + Energie $\longrightarrow$ komplexes Molekül

Es ist wichtig im Gedächtnis zu behalten, dass fast alle chemischen Reaktionen von speziellen Enzymen katalysiert werden. Das Enzym hält das Substrat und gegebenenfalls ein notwendiges Coenzym am Reaktionsort, richtet die zur Reaktion bestimmten funktionellen Gruppen und die katalytisch aktiven Aminosäureseitengruppen aufeinander aus, sodass sich die katalytische Wirkung entfalten kann (Abschnitt 22.8).

Die meisten Reaktionen, denen wir in diesem Kapitel begegnen werden, wurden bereits im vorangegangenen Kapitel beschrieben und analysiert. Falls Sie sich die Zeit nehmen und zu den angegebenen Abschnitten zurückblättern und den dort behandelten Stoff wiederholen, werden Sie feststellen, dass viele der organisch-chemischen Reaktionen in lebenden Zellen die gleichen sind wie die, die der/die Chemiker*in im Labor ausführt.

HINTERGRUND

■ Unterschiede im Stoffwechsel

Der Mensch verstoffwechselt chemische Verbindungen nicht notwendigerweise in allen Fällen so, wie es andere Tierarten tun. Dies kann zu einem beträchtlichen Problem werden, wenn Medikamentenwirkstoffe in Tierversuchen getestet werden. So werden etwa manche Inhaltsstoffe der Schokolade vom Menschen und seinem „besten Freund", dem Hund, ganz unterschiedlich katabolisiert. Die Metaboliten (Stoffwechselprodukte) sind für den Menschen ungiftig, können aber für Hunde sogar stark giftig sein. Unterschiede im Stoffwechsel lassen sich sogar innerhalb einer Art finden. Beispielsweise wird der Antituberkulosewirkstoff Isoniazid von Eskimos viel schneller im Stoffwechsel umgesetzt als von Ägyptern. Neuere Forschungen haben auch gezeigt, dass Männer und Frauen manche Medikamentenwirkstoffe unterschiedlich schnell umsetzen.

So sind etwa die Kappa-Opioide – eine Gruppe von Analgetika (schmerzlindernde Arzneimittel) bei Frauen ungefähr zweimal so wirksam wie bei Männern. Schließlich kennt man seit langem die so genannte Milchzuckerunverträglichkeit (Lactoseintoleranz), die bei Völkern im Mittelmeerraum angeboren ist und dazu führt, dass im Erwachsenenalter keine unvergorene Milch mehr vertragen wird, weil der darin enthaltene Milchzucker (Lactose) nicht mehr verstoffwechselt werden kann.

24.1 ATP: Der Überträger der chemischen Energie

Alle lebenden Zellen benötigen Energie, um zu überleben und sich fortzupflanzen. Sie bekommen die Energie, die sie benötigen aus chemischen Verbindungen, die sie in eine chemisch nützliche Form überführen oder aus Lichtstrahlung. Die für Zellen wichtigste Form der chemischen Energie ist das **Adenosin-5'-triphosphat** (ATP). Die Bedeutung von **ATP** für biochemische Reaktionen spiegelt sich in seiner Umsatzrate wieder: Jeder Mensch setzt pro Tag eine ATP-Menge um, die seiner Körpermasse entspricht!

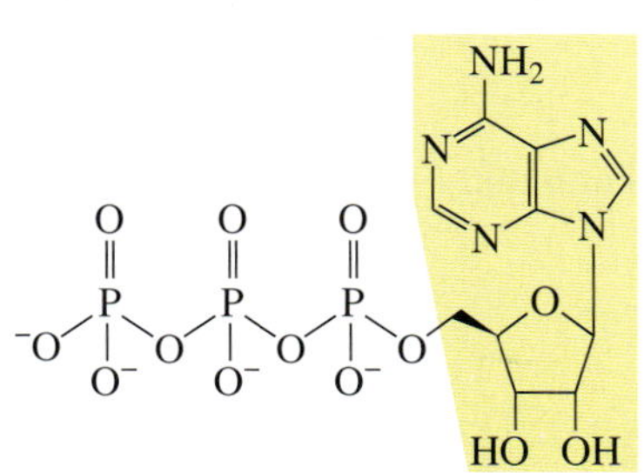

Adenosintriphosphat
ATP

ATP reagiert mit Nucleophilen

Durch eine **Phosphoryltransferreaktion** wird eine Phosphatgruppe an ein Nucleophil übertragen. Wir haben gesehen, dass man Phosphoryltransferreaktionen verwenden kann, um eine Verbindung für eine Reaktion zu aktivieren, denn durch die Reaktion kann eine gute Abgangsgruppe an eine Verbindung gebunden werden (Abschnitt 15.19). Beispielsweise reagiert ein Carboxylation nicht mit einem Nucleophil, da es negativ geladen und seine Abgangsgruppe eine starke Base ist (Abschnitt 15.10).

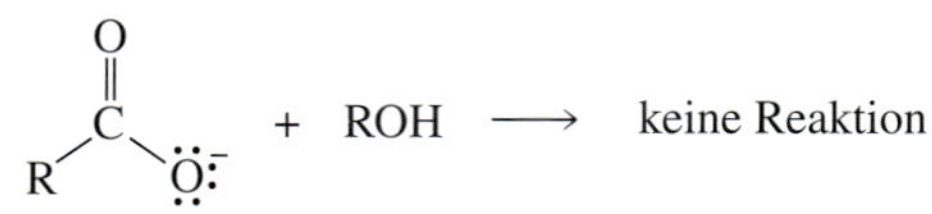

ATP vermag jedoch, ein Carboxylation für die Reaktion mit einem Nucleophil auf drei verschiedene Arten zu aktivieren. Bei diesen Reaktionen handelt es sich jeweils um eine S_N2-Reaktion des Carboxylations mit ATP, durch welche sich eine Phosphoanhydridbindung aufspaltet (die Phosphoanhydridbindung ist schwächer als die π-Bindung). Zudem wird in der Reaktion ein gemischtes Anhydrid, das aus einer Carbonsäure und einer Phosphorsäure besteht, gebildet. Dem Carboxylation wurde somit eine gute Abgangsgruppe zugeordnet, die leicht durch ein Nucleophil ersetzt werden kann.

- Das Carboxylation kann den γ-Phosphor (den terminalen Phosphor) von ATP angreifen und dabei ein Acylphosphat bilden.

Nucleophiler Angriff am γ-Phosphor

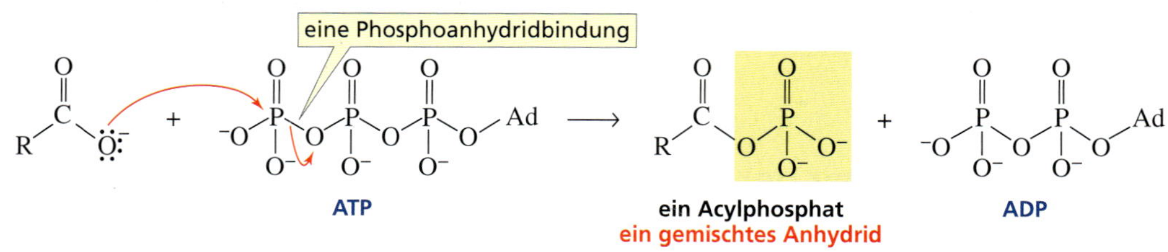

- Das Carboxylation kann den β-Phosphor von ATP angreifen und ein Acylpyrophosphat bilden.

Nucleophiler Angriff am β-Phosphor

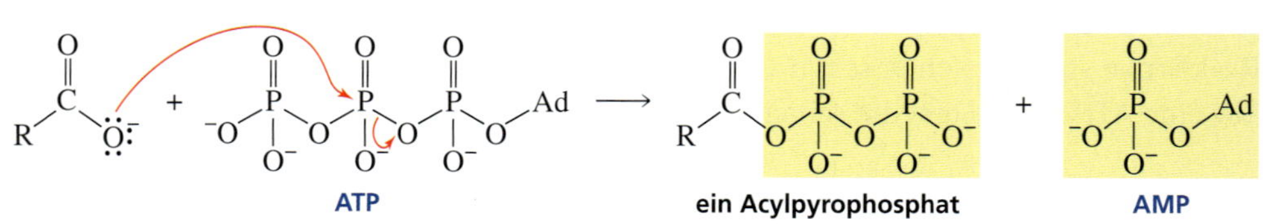

- Das Carboxylation kann den α-Phosphor von ATP angreifen und ein Acyladenylat bilden.

Nucleophiler Angriff am α-Phosphor

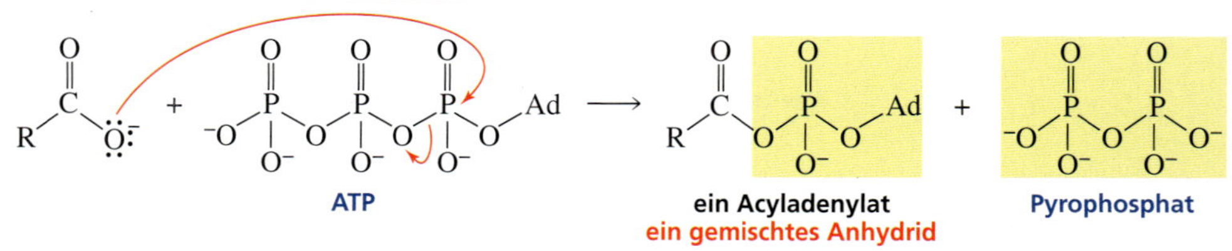

Andere Nucleophile als Carboxylationen können mit Hilfe von ATP in Zellen aktiviert werden.

Das Enzym bestimmt, welcher Phosphor angegriffen wird

Ob ein Nucleophil den γ-Phosphor, den β-Phosphor (was selten vorkommt) oder den α-Phosphor angreift, hängt von dem Enzym ab, das die Reaktion katalysiert. Beachten Sie, dass das Nebenprodukt ADP ist, wenn ein Nucleophil den γ-Phosphor angreift. Wenn es jedoch den α-Phosphor angreift, ist das Nebenprodukt ein Pyrophosphat. Wenn ein Pyrophosphat gebildet wird, wird dieses anschließend zu zwei äquivalenten Hydrogenphosphaten hydrolysiert. Wir haben gesehen, dass das Entfernen eines Reaktionsprodukts aus der Reaktionsmischung die Reaktion nach rechts verschiebt (siehe das Prinzip von Le Châtelier in Abschnitt 5.7).

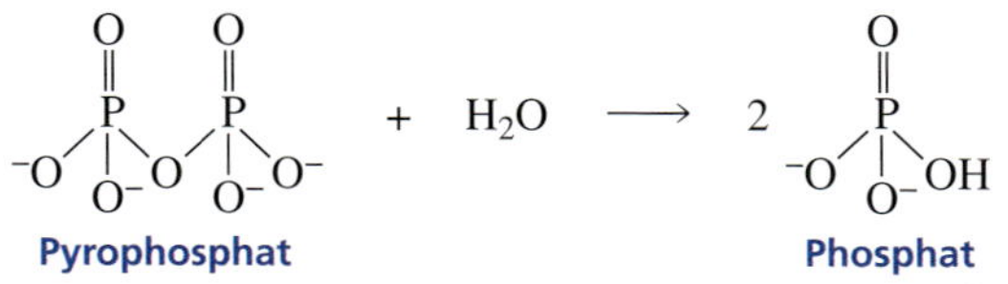

Daher greift in einer enzymkatalysierten Reaktion, bei der die Irreversibilität essenziell ist, das Nucleophil den α-Phosphor von ATP an. Beispielsweise beinhalten sowohl die Reaktion, die Nucleotiduntereinheiten zur Bildung von DNA und RNA verbinden, und die Reaktion, die eine Aminosäure an eine tRNA bindet (der erste Schritt bei der Umsetzung von RNA in ein Protein), einen nucleophilen Angriff auf den α-Phosphor von ATP (Abschnitte 26.2 und 26.8). Wenn diese Reaktionen reversibel wären, würde die genetische Information in der DNA nicht konserviert, und Proteine würden synthetisiert werden, die nicht die richtige Sequenz von Aminosäuren aufweisen.

Eine weitere Möglichkeit, ein Carboxylation zu aktivieren

Wir haben gesehen, dass ein Carboxylation auch aktiviert werden kann, indem es in einen Thioester umgewandelt wird (Abschnitt 15.19). Für eine solche Reaktion wird ebenfalls ATP benötigt. Das Carboxylation reagiert mit ATP und bildet ein Acyladenylat, wodurch das Carboxylation eine gute Abgangsgruppe erhält und daher leicht eine nucleophile Acylsubstitutionsreaktion mit dem Thiol eingehen kann.

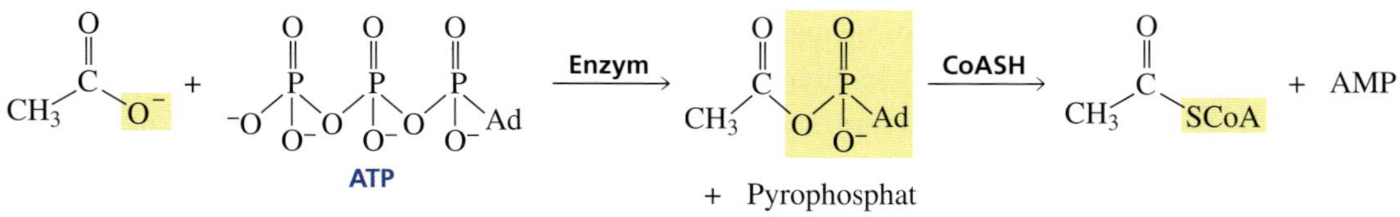

Die hier diskutierten Phosphoryltransferreaktionen zeigen die tatsächliche chemische Funktion von ATP:

ATP ermöglicht einen Reaktionsverlauf mit einer guten Abgangsgruppe bei Reaktionen, die andernfalls infolge des Fehlens einer solchen nicht ablaufen könnten (oder nur sehr langsam ablaufen würden).

HINTERGRUND

■ Warum hat die Natur Phosphate gewählt?

Phosphoanhydride und Phosphorsäureester dominieren die Organische Chemie der biologischen Welt. ATP ist ein Monoester der Triphosphorsäure. (Eine der OH-Gruppen der Triphosphorsäure wurde in eine OR-Gruppe umgewandelt.) Zellmembranen sind Monoester oder Diester der Phosphorsäure (Abschnitt 25.5), und viele der Coenzyme sind Mono- oder Diester von entweder Phosphorsäure oder Pyrophosphorsäure (Kapitel 23). Darüber hinaus sind die DNA und die RNA Phosphorsäurediester (Abschnitt 26.2).

Phosphate werden in der organischen Chemie im Labor jedoch selten eingesetzt. Stattdessen haben wir gesehen, dass Halogenidionen und Sulfonationen die bevorzugten Abgangsgruppen von nichtbiologische Reaktionen sind (Abschnitte 9.1 und 10.3).

Warum hat sich die Natur für Phosphate entschieden? Es gibt verschiedene Gründe. Moleküle sollen nicht ohne Weiteres aus Membranen austreten können – dafür werden diese aufgeladen; um reaktive Nucleophile daran zu hindern, sich einem Molekül zu nähern, sollte dieses ebenso negativ geladen sein; und um die Basen in RNA und der DNA zu verbinden, benötigt das verbindende Molekül zwei funktionale Gruppen (Abschnitt 26.1). Phosphorsäure mit ihren drei OH-Gruppen erfüllt alle diese Anforderungen. Zwei ihrer OH-Gruppen können dazu verwendet werden, Basen miteinander zu verbinden, und die dritte OH-Gruppe ist bei physiologischem pH negativ geladen. Darüber hinaus können die Reaktionen von Nucleophilen mit Phosphoanhydriden irreversibel sein, was ein wichtiges Merkmal vieler biologischer Reaktionen ist.

Warum ATP in lebenden Zellen kinetisch stabil ist 24.2

Obgleich ATP bei von Enzymen katalysierten Reaktionen rasch reagiert, tut es dieses in Abwesenheit eines geeigneten Enzyms nur langsam. Ein Carbonsäureanhydrid hydrolysiert beispielsweise im Verlaufe von Minuten, ATP benötigt dafür mehrere Wochen. Die niedrige Hydrolysegeschwindigkeit des ATPs ist wichtig, da das ATP so in der Zelle zur Verfügung steht, bis es für eine enzymatische Reaktion benötigt wird.

Die negativen Ladungen des ATP-Moleküls sind für die relativ geringe Reaktivität verantwortlich. Die negativen Ladungen wirken der Annäherung von Nucleophilen entgegen. Wenn ein ATP-Molekül im aktiven Zentrum eines Enzyms gebunden wird, wird es dort koordinativ an Magnesiumionen (Mg^{2+}) gebunden, was die negative Nettoladung kompensativ vermindert. Das ist der Grund, warum ATP-umsetzende Enzyme magnesiumabhängig sind (Abschnitt 23.4). Die beiden anderen negativen Ladungen können durch positiv geladene Seitengruppen von Aminosäuren wie Arginin und Lysin ausgeglichen werden (► Abbildung 15.3). In dieser Form kann das ATP-Molekül von Nucleophilen angegriffen werden. Unter diesen Bedingungen kann das ATP (unter katalytischer Vermittlung des Enzyms) rasch reagieren.

Aus dem gleichen Grund sind Acylphosphate und Acyladenylate nicht reaktiv, es sei denn, sie sind an das aktive Zentrum eines Enzyms gebunden. Die Abgangsgruppen von Acylphosphaten und Acylgruppen, die aus Adenylat bestehen, sind schwächere Basen als ihre pK_S-Werte vermuten lassen, da diese mit einem Magnesiumion koordiniert sind. Die Koordinierung mit dem Metall verringert so die Basizität dieser Verbindungen und erhöht deren Abgangsneigung.

Der „energiereiche Charakter" der Phosphoanhydridbindungen 24.3

Da die Hydrolyse einer Phosphoanhydridbindung eine stark exergonische Reaktion ist, werden Phosphoanhydridbindungen auch als **Bindungen mit hohem Gruppenübertragungspotenzial** bezeichnet. Der Begriff *hohes Übertragungspotenzial* bedeutet in diesem Zusammenhang, dass viel Energie freigesetzt wird, wenn es zum Bindungsbruch kommt. Man darf dies nicht mit dem Begriff der Bindungsenergie verwechseln, den Chemiker*innen benutzen, um zu beschreiben, wie leicht oder schwierig eine chemische Bindung aufzulösen ist. Eine chemische Bindung mit einer *hohen Bindungsenergie* ist schwierig aufzulösen (erfordert viel Energie), wohingegen eine Bindung mit hohem Gruppenübertragungspotenzial leicht aufzulösen ist, also wenig Energie erfordert, da das System eine hohe potenzielle Energie besitzt (Abschnitt 5.7).

Warum ist die Hydrolyse einer Phosphoanhydridbindung exergonisch? Warum ist also der $\Delta G^{\circ\prime}$-Wert der Reaktion betragsmäßig groß und negativ?* Ein hoher negativer $\Delta G^{\circ\prime}$-Wert bedeutet, dass die Reaktionsprodukte viel stabiler als die Reaktanten sind. Betrachten wir das ATP und seine Hydrolyseprodukte ADP und (Hydrogen-)Phosphat, um zu ergründen, warum das so ist.

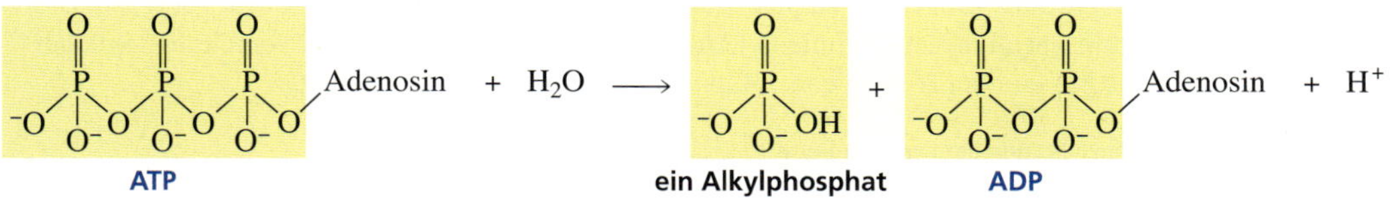

Drei Faktoren tragen zur größeren Stabilität der Produkte bei (ADP und das Alkylphosphat) im Vergleich zu den Reaktanten (ATP und der Alkohol):

- **Größere elektrostatische Abstoßung im ATP-Molekül.** Bei physiologischen pH-Werten um 7,4 besitzt ein ATP-Molekül im Durchschnitt 3,3 negative elektrische Ladungen. ADP hat 2,8 negative Ladungen und Alkylphosphat hat 1,8 negative Ladungen. (siehe Übung 1 und 2). Aufgrund der größeren negativen Ladung von ATP ist die elektrostatische Abstoßung in ATP größer als in den Produkten. Die elektrostatische Abstoßung wirkt destabilisierend auf das Molekül.
- **Größere Stabilisierung durch Solvatation bei den Produkten.** Negativ geladene Ionen werden in wässriger Lösung stabilisiert (Abschnitt 3.10). Da der Reaktant 3,3 negative Ladungen aufweist, während die Summe der negativen Ladungen bei den Produkten 4,6 beträgt (2,8 + 1,8), gibt es bei den Produkten ein höheres Maß an Solvatisierungsstabilisierung als bei den Reaktanten.
- **Größere Elektronendelokalisation bei den Produkten.** Ein freies Elektronenpaar an einem Sauerstoffatom, das zwei P-Atome miteinander verbindet, wird nicht wirkungsvoll delokalisiert, da dies zu einer positiven Teilladung an einem O-Atom führen würde, die sich in unmittelbarer Nachbarschaft zu einem positiv polarisierten P-Atom befinden. Wenn sich die Phosphoan-

* Der Strich (′) zeigt an, dass zusätzlich zu den in Abschnitt 5.6 definierten Bedingungen für den ΔG°-Wert zwei weitere Parameter Berücksichtigung finden: Die Reaktion läuft bei pH = 7 in wässriger Lösung ab, und die Konzentration des Wassers im System wird als konstant betrachtet (sogenannte „biochemische Standardbedingungen").

hydridbindung auflöst, kann ein zusätzliches freies Elektronenpaar wirkungsvoll delokalisiert werden. Die Elektronendelokalisation stabilisiert ein Molekül (Abschnitt 8.6).

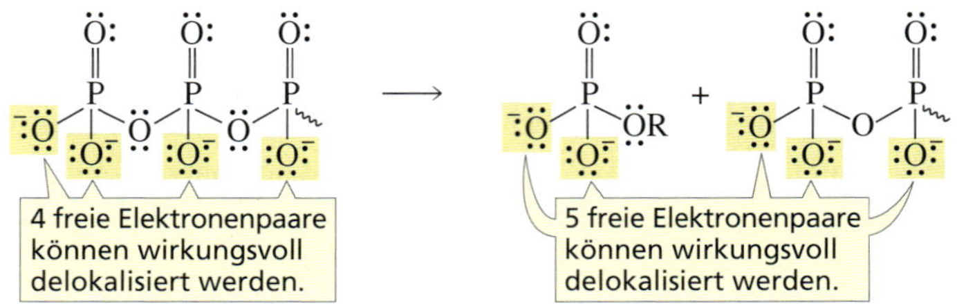

Ähnliche Faktoren erklären den stark negativen $\Delta G^{\circ\prime}$-Wert der Hydrolyse von ATP zu AMP und Pyrophosphat, sowie bei der Hydrolyse des Pyrophosphats zu zwei zu Phosphat äquivalenten Molekülen.

Ü 1 mit Lösung

ATP besitzt pK_S-Werte von 0,9/1,5/2,3 und 7,7. ADP besitzt pK_S-Werte von 0,9/2,8 und 6,8. Das Alkylphosphat besitzt die pK_S-Werte 1,9 und 6,7. Zeigen Sie rechnerisch, dass bei pH = 7,4 die durchschnittliche elektrische Ladung von ATP –3,3 beträgt.

Lösung

Der pH-Wert von 7,4 liegt deutlich höher als die pK_S-Werte (0,9/1,5/2,3) der ersten drei Ionisierungen eines ATP-Moleküls. Wir wissen daher, dass bei dem gegebenen pH-Wert diese drei Gruppen praktisch vollständig in ihrer basischen Form vorliegen. Das ATP-Molekül trägt aus diesem Grund also drei negative Nettoladungen (Abschnitt 2.10). Wir müssen nun berechnen, welcher Anteil der Gruppe mit einem pK_S-Wertes 7,7 bei einem pH-Wert von 7,4 in seiner basischen Form vorliegt.

$$\frac{\text{Konzentration der basische Form}}{\text{Gesamtkonzentration}} = \frac{[A^-]}{[A^-] + [HA]}$$

$[A^-]$ = Konzentration der basischen Form

$[HA]$ = Konzentration der sauren Form

Da diese Gleichung zwei Unbekannte aufweist, muss eine dieser Unbekannten als Funktion der anderen ausgedrückt werden, um die Berechnung durchführen zu können. Unter Heranziehung der Definition der Säuredissoziationskonstanten K_S können wir [HA] durch die Größen $[A^-]$, K_S und $[H^+]$ beschreiben:

$$K_S = \frac{[A^-][H^+]}{[HA]}$$

$$[HA] = \frac{[A^-][H^+]}{K_S}$$

$$\frac{[A^-]}{[A^-] + [HA]} = \frac{[A^-]}{[A^-] + \frac{[A^-][H^+]}{K_S}} = \frac{K_S}{K_S + [H^+]}$$

Wir können nun den Anteil der $pK_S = 7{,}7$-Gruppen berechnen, die in der deprotonierten Form vorliegen. (Beachten Sie, dass K_S aus dem pK_S und $[H^+]$ aus dem pH-Wert durch einfaches Delogarithmieren berechnet werden.)

$$\frac{K_S}{K_S + [H^+]} = \frac{2{,}0 \times 10^{-8}}{2{,}0 \times 10^{-8} + 4{,}0 \times 10^{-8}} = 0{,}3$$

Die negative Gesamtladung am ATP beträgt somit 3,0 + 0,3 = 3,3.

Ü 2 Zeigen Sie rechnerisch, dass bei pH = 7,4

(a) die durchschnittliche elektrische Ladung von ADP –2,8 beträgt.

(b) die durchschnittliche elektrische Ladung von Alkylphosphat –1,8 beträgt.

Die vier Stufen des Katabolismus 24.4

Die chemischen Stoffe, die wir für alle Lebensvorgänge benötigen, stammen letztendlich aus der Nahrung. In diesem Sinne sind wir tatsächlich das, was wir essen. Die Ernährung von Säugetieren erfordert neben Fett, Kohlenhydraten und Proteinen auch Vitamine und Mineralien, die in Kapitel 23 erörtert wurden.

Der abbauende Stoffwechsel – der Katabolismus – lässt sich in vier Abschnitte oder Stufen unterteilen (► Abbildung 24.1).

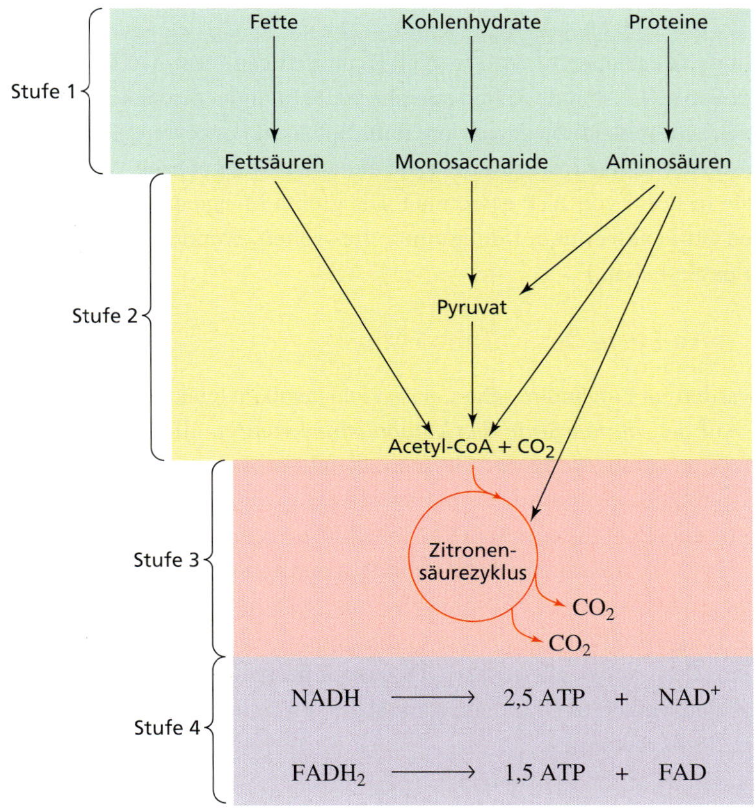

Abbildung 24.1: Die vier Stufen des katabolen Stoffwechsels: 1. Die Verdauung. 2. Die Umwandlung von Fettsäuren, Einfachzuckern und Aminosäuren in Verbindungen, die in den Zitronensäurezyklus eingespeist werden können. 3. Der Zitronensäurezyklus. 4. Die oxidative Phosphorylierung (Zellatmung).

MERKE!

In der ersten Stufe des Katabolismus werden Fette, Kohlenhydrate und Proteine zu Fettsäuren, Monosacchariden und Aminosäuren hydrolysiert.

MERKE!

In der zweiten Stufe des Katabolismus werden die Produkte, die in der ersten Stufe erhalten wurden, in Verbindungen umgewandelt, die in den Zitronensäurezyklus eintreten können.

Die erste Stufe des Katabolismus

Die *erste Stufe des Katabolismus* wird Verdauung genannt. Auf dieser Stufe werden die Fette, Kohlenhydrate und Proteine der Nahrung zu Fettsäuren, Monosacchariden und Aminosäuren hydrolysiert. Die chemischen Reaktionen dieser katabolen Prozesse vollziehen sich im Verdauungstrakt (Mundhöhle, Magen und Dünndarm).

Die zweite Stufe des Katabolismus

In der *zweiten Stufe des Katabolismus* werden die Produkte der ersten Stufe (Fettsäuren, Einfachzucker, Aminosäuren) in Verbindungen überführt, die in den Zitronensäurezyklus eingeschleust werden können.

Um in den Zitronensäurezyklus eingespeist werden zu können, muss die betreffende Verbindung irgendein regulärer Bestandteil des Zyklus oder Brenztraubensäure (Pyruvat) oder Acetyl-Coenzym A (Ac-CoA) sein.

Die dritte Stufe des Katabolismus

Die *dritte Stufe des Katabolismus* ist dann der Zitronensäurezyklus (der auch als Citratzyklus, Tricarbonsäurezyklus oder Krebszyklus bezeichnet wird). In diesem Stoffwechselweg wird der Acetylrest eines jeden Acetyl-CoA-Moleküls in zwei Moleküle Kohlendioxid überführt.

MERKE!

Der Zitronensäurezyklus ist die dritte Stufe des katabolen Stoffwechsels.

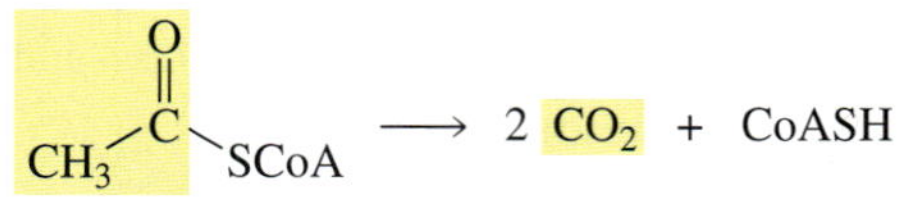

Acetyl-CoA

Die Stoffwechselenergie wird in ATP-Einheiten gemessen (ATP = Adenosin-5′-triphosphat). Lebende Zellen speichern die Energie, die sie aus dem Abbau von Nährstoffmolekülen gewinnen, unmittelbar in Form von ATP-Molekülen. Während der ersten drei Stufen des abbauenden Stoffwechsels wird nur wenig Energie in Form von ATP gewonnen. Die größte Menge an ATP wird auf der vierten Stufe gewonnen. (Sie können dies sehen, wenn Sie das Kapitel abgeschlossen haben.)

MERKE!

Die Zellen wandeln Nährstoffe in Adenosintriphosphat (ATP) um.

Die vierte Stufe des Katabolismus

Wir werden im Folgenden sehen, dass viele katabole Reaktionen Oxidationen sind. Auf der *vierten Stufe des Katabolismus* werden alle NADH-Moleküle, die auf den vorangegangenen Stufen angefallen sind, und die natürlich aus NAD^+ hervorgegangen sind, das reduziert wurde, wieder oxidiert und die dabei freiwerdende Energie jedes NADH-Moleküls in Form von drei ATP-Molekülen gespeichert. Diese Reaktionskette heißt in ihrer Gesamtheit *oxidative Phosphorylierung*. Die oxidative Phosphorylierung führt außerdem zur Reoxidation aller $FADH_2$-Moleküle, bei deren Oxidation zwei Mol ATP pro Mol $FADH_2$ anfallen. Der größte Teil der als ATP gespeicherten chemischen Energie, der beim Abbau von Fetten, Kohlenhydraten und Proteinen anfällt, wird auf dieser vierten Stufe gewonnen.

MERKE!

Die oxidative Phosphorylierung ist die vierte Stufe des Katabolismus.

24.5 Der Katabolismus der Fette: Stufe 1 und 2

Fette werden zu Glycerin und Fettsäuren hydrolysiert

In der *ersten Stufe des Fettkatabolismus* werden die drei Estergruppen des Fetts durch eine enzymkatalysierte Reaktion zu Glycerin und drei Fettsäuremoleküle hydrolysiert. Eine Fettsäure ist eine unverzweigte, langkettige Carbonsäure, die eine gerade Anzahl von Kohlenstoffatomen enthält (Abschnitt 25.1).

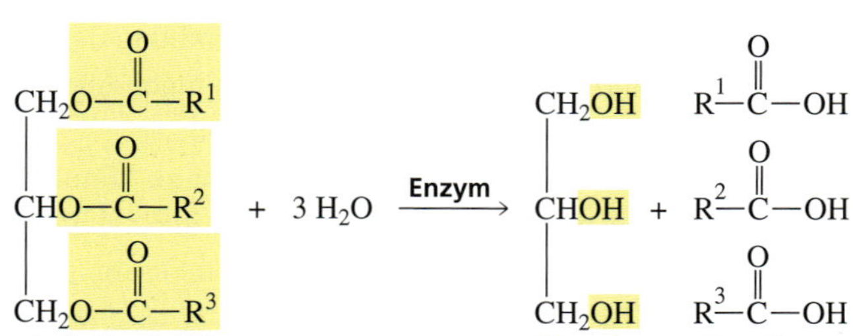

ein Fettmolekül — Glycerin — Fettsäuren

Glycerin wird in Dihydroxyacetonphosphat umgewandelt

Die folgende Reaktionssequenz zeigt, was mit Glycerin, einem der Produkte der vorangehenden Reaktion, in der *zweiten Stufe des Fettkatabolismus* geschieht.

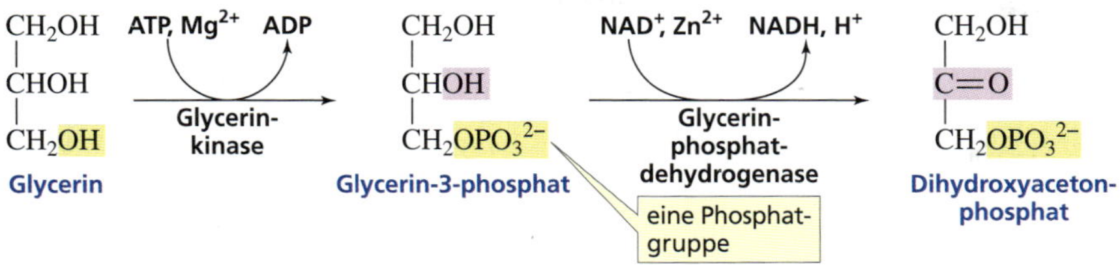

Hinweis für die Studierenden

Beachten Sie, dass, wenn biochemische Reaktionen niedergeschrieben werden, die einzigen Strukturen, die gezeigt werden, die des primären Reaktanten und des Primärprodukts sind. Die Namen anderer Reaktanten und Produkte werden abgekürzt und auf einem gekrümmten Pfeil platziert, der den Reaktionspfeil schneidet.

- Im ersten Schritt reagiert eine OH-Gruppe des Glycerins mit dem γ-Phosphor von ATP. Das Enzym, welches diese Reaktion katalysiert, wird als Glycerinkinase bezeichnet. Eine *Kinase* ist ein Enzym, das die Übertragung einer Phosphorylgruppe auf ihr Substrat katalysiert; Glycerinkinase setzt also eine Phosphorylgruppe auf dem Glycerin ab. Beachten Sie, dass dieses ATP-benötigende Enzym auch Mg^{2+} benötigt (Abschnitt 23.4).

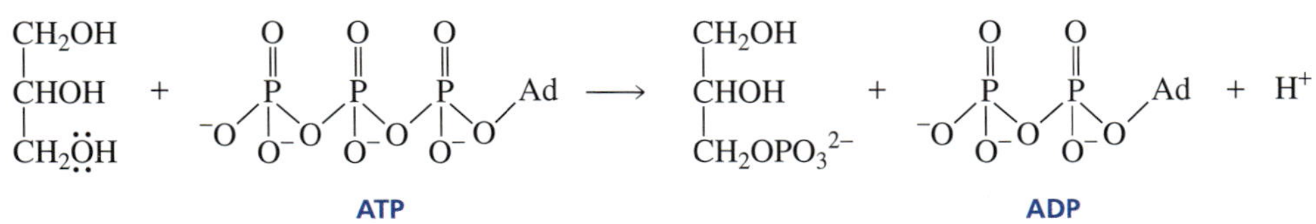

- Im zweiten Schritt wird die sekundäre Alkoholgruppe von Glycerin-3-phosphat durch NAD^+ zu einem Keton oxidiert. Das Enzym, das diese Reaktion katalysiert, wird als Glycerinphosphatdehydrogenase bezeichnet. Eine *Dehydrogenase* ist ein Enzym, das sein Substrat oxidiert. Wenn ein Substrat durch NAD^+ oxidiert wird, gibt das Substrat ein Hydridion an die Position 4 des Pyridinrings von NAD^+ ab (Abschnitt 23.1). Zn^{2+} ist ein Cofaktor für diese Reaktion; es erhöht die Acidität des Protons des sekundären Alkohols durch Koordination mit dem Sauerstoffatom (Abschnitt 22.5).

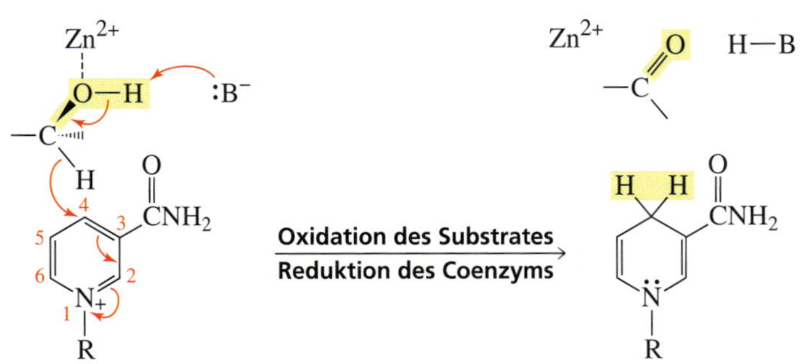

Das Produkt der zweistufigen Reaktion, Dihydroxyacetonphosphat, ist Bestandteil des Stoffwechselwegs der Glycolyse; es kann daher weiter verstoffwechselt werden (Abschnitt 24.6).

Ü 3 Versuchen Sie den Reaktionsmechanismus der Reaktion von Glycerin mit ATP zu Glycerin-3-phosphat zu formulieren.

Ü 4 Das Chiralitätszentrum des Glycerin-3-phosphats besitzt *R*-Konfiguration. Zeichnen Sie eine entsprechende Strukturformel von (*R*)-Glycerin-3-phosphat.

Eine Fettsäure wird zu einem Fettsäureacyl-CoA aktiviert

Im Folgenden werden wir sehen, wie Fettsäuren metabolisiert werden. Fettsäuren sind weitere Produkte, die durch die Hydrolyse von Fetten gebildet werden. Bevor eine Fettsäure metabolisiert werden kann, muss sie jedoch aktiviert werden. Sie haben bereits gelernt, dass eine Carbonsäure in einer Zelle aktiviert werden kann, indem diese zuerst in ein Acyladenylat umgewandelt wird. Diese Umwandlung geschieht, wenn das Carboxylation den α-Phosphor von ATP angreift. Das Acyladenylat reagiert daraufhin in einer nucleophilen Acylsubstitutionsreaktion mit Coenzym A, wobei ein Thioester gebildet wird (Abschnitt 24.1).

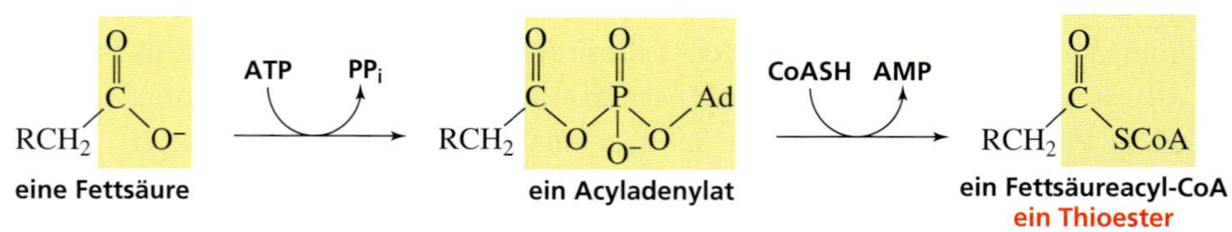

Ein Fettsäureacyl-CoA wird in Acetyl-CoA-Moleküle umgewandelt

Das Acyl-CoA wird durch wiederholtes Durchlaufen eines ***β*-Oxidation** genannten Stoffwechselwegs mit vier Stufen schrittweise in Acetyl-CoA umgewandelt. Jeder Durchgang verkürzt die Fettsäure um zwei Kohlenstoffatome. Diese stehen in Form von Acetyl-CoA dem weiteren Stoffwechsel zur Verfügung (► Abbildung 24.2). Jede der vier Reaktionen der β-Oxidation wird von einem anderen Enzym katalysiert.

Die vier Schritte in der *β*-Oxidation

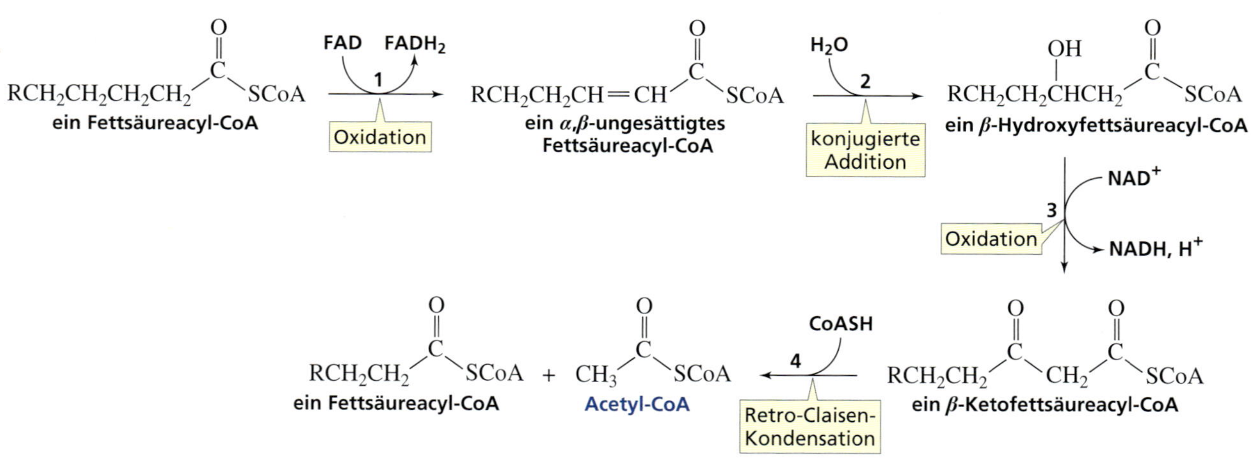

Abbildung 24.2: Bei der β-Oxidation wird eine Abfolge von vier enzymatischen Reaktionen wiederholt, bis das gesamte Fettsäureacyl-Coenzym A-Molekül in Acetyl-CoA-Derivate umgewandelt ist. Die die Reaktionen katalysierenden Enzyme sind: 1) Acyl-CoA-Dehydrogenase, 2) Enoyl-CoA-Hydratase, 3) 3-L-Hydroxyacyl-CoA-Dehydrogenase, 4) β-Ketoacyl-CoA-Thiolase.

1 Die erste Reaktion ist eine Oxidation, die H-Atome vom α- und vom β-Kohlenstoffatom abspaltet. Dabei bildet sich ein α,β-gesättigtes Acyl-Coenzym A-Molekül. Oxidationsmittel ist FAD – das Oxidationsmittel für Nichtcarbonyloxidationen (Abschnitt 23.2). Man hat herausgefunden, dass das diese Reaktion katalysierende Enzym bei 10 % der Säuglinge, die einen plötzlichen Kindstod erleiden, erblich bedingt fehlt. Der plötzliche Kindstod ist ein Phänomen, bei dem ein scheinbar gesunder Säugling plötzlich stirbt, meist im Schlaf. Glucose ist nach einer Mahlzeit der Haupttreibstoff der Zelle, danach schaltet diese auf eine Mischung aus Fettsäuren und Glucose um. Das Unvermögen des Säuglings, Fettsäuren zu oxidieren, löst möglicherweise das Phänomen aus.

2 Die zweite Reaktion ist die konjugierte Addition von Wasser an das *α,β*-ungesättigte Acyl-CoA (Abschnitt 16.15). Eine (deprotonierte) Glutaminsäureseitengruppe wirkt als Basenkatalysator. Das Enolation wird durch eine weitere – protonierte – Glutaminsäureseitenkette protoniert.

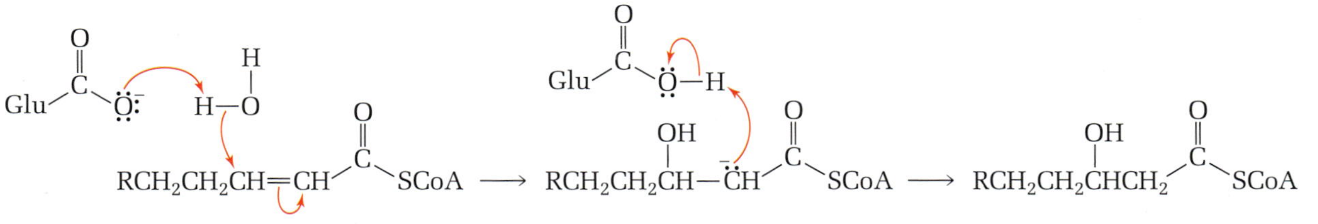

3 Die dritte Reaktion ist eine weitere Oxidation: NAD^+ oxidiert den sekundären Alkohol zum Keton. Es sei daran erinnert, dass der Mechanismus für alle NAD^+-Oxidationen die Abgabe eines Hydridions beinhaltet, welches vom Substrat an die 4-Positon des Pyridinrings von NAD^+ abgegeben wird.

4 Die vierte Reaktion ist eine umgekehrte Claisen-Kondensation (Abschnitt 17.13), gefolgt von einer Keto-Enol-Tautomerisierung (Abschnitt 17.3). Das Endprodukt ist Acetyl-CoA und ein Acyl-CoA, der um *zwei Kohlenstoffatome verkürzten* Fettsäure. Der Mechanismus der Reaktion ist nachfolgend dargelegt.

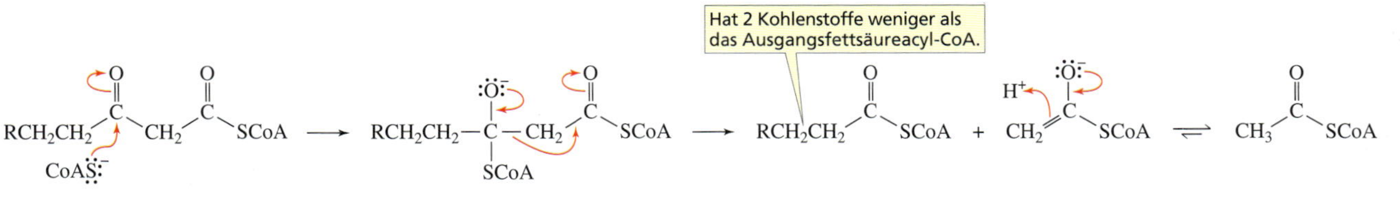

Die vier Reaktionen werden wiederholt, wobei sich jedesmal ein Molekül Acetyl-CoA und ein wiederum um 2 Kohlenstoffatome verkürztes Acyl-CoA bilden. Bei jedem Durchlauf der vier Reaktionen der *β*-Oxidation verkürzt sich der Acylrest um weitere 2 Kohlenstoffatome (die als Acetylrest an Coenzym A gebunden weiterexistieren). Dieser Vorgang wiederholt sich solange, bis die gesamte Fettsäure in Acetyl-CoA-Einheiten umgewandelt ist.

Das Acetyl-Coenzym A tritt über die Reaktion mit Oxalacetat unter Bildung von Zitronensäure (Citrat) in den Zitronensäurezyklus ein (Oxalessigsäure und Zitronensäure sind beides Komponenten des Zitronensäurezyklus; Abschnitt 24.9).

Ü 5* Warum lagert sich im zweiten Schritt der *β*-Oxidation die OH-Gruppe an das *α*-Kohlenstoffatom? (*Hinweis:* Abschnitt 16.15.)

Ü 6* Palmitinsäure ist eine gesättigte Fettsäure mit 16 Kohlenstoffatomen. Wie viele Mole Acetyl-CoA werden aus 1 Mol Palmitinsäure gebildet?

Ü 7* Wie viele Mole NADH werden bei der *β*-Oxidation von 1 Mol Palmitinsäure gebildet?

Der Katabolismus der Kohlenhydrate: Stufe 1 und 2 24.6

Die erste Stufe des Abbaus multimerer Kohlenhydrate besteht in der Hydrolyse der glycosidischen Bindungen, die die Glycosideinheiten miteinander verbinden (Abschnitt 20.16).

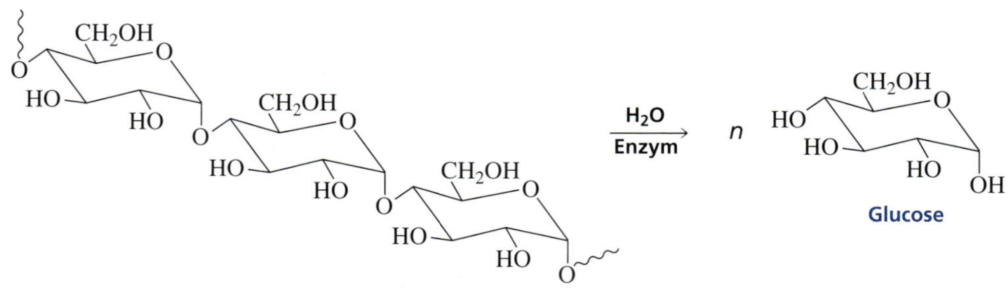

Glucose wird in Pyruvat umgewandelt

In der zweiten Stufe des Kohlenhydratabbaus wird jedes Glucosemolekül in einer Abfolge von zehn Reaktionen in zwei Moleküle Pyruvat umgewandelt. Dieser Stoffwechselweg heißt **Glycolyse** oder *glycotischer Weg* (▶ Abbildung 24.3).

1. In der ersten Reaktion wird Glucose durch Angriff am γ-Phosphoratom von ATP in Glucose-6-phosphat überführt. Diese Reaktion haben wir in Abschnitt 24.1 besprochen.

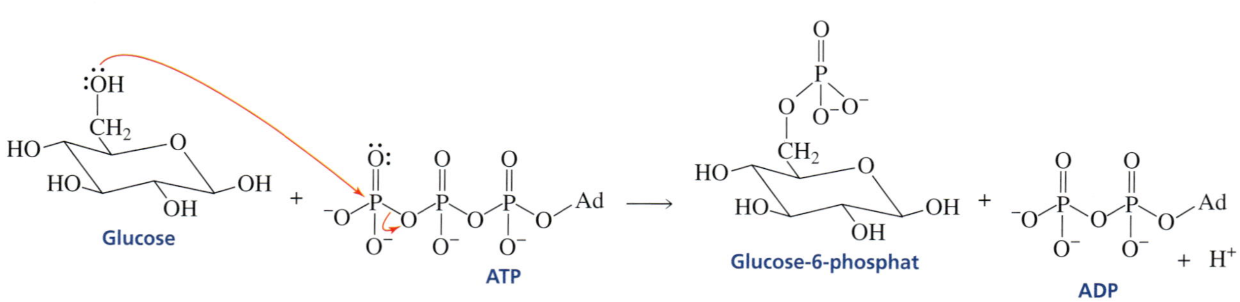

2. Glucose-6-phosphat wird in das isomere Fructose-6-phosphat umgewandelt. Wir haben den Mechanismus dieser Reaktion in Abschnitt 22.12 behandelt.
3. In der dritten Reaktion wird durch Reaktion mit ATP ein zweiter Phosphorylrest an das Fructose-6-phosphat angeknüpft. Dabei wird Fructose-1,6-bisphosphat gebildet. Der Mechanismus dieser Reaktion ist identisch mit dem der Umwandlung von Glucose und Glucose-6-phosphat.
4. Die vierte Reaktion ist eine umgekehrte Aldoladdition. Wir haben den Mechanismus dieser Reaktion in Abschnitt 22.13 erörtert.

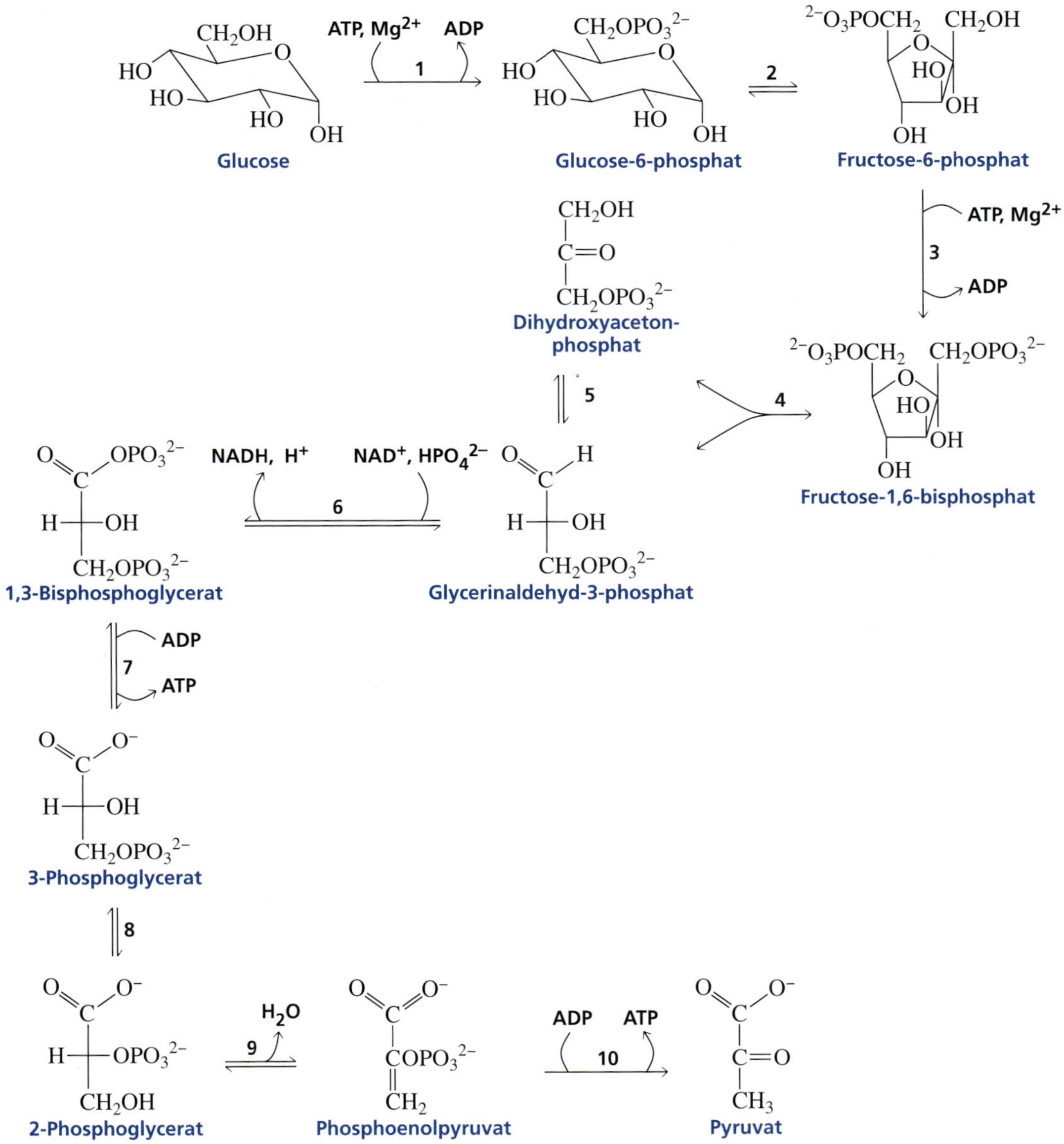

Abbildung 24.3: Die Glycolyse – eine Abfolge enzymkatalysierter Reaktionen, durch die 1 Mol Glucose in 2 Mol Brenztraubensäure (Pyruvat) umgewandelt wird. Die glycolytischen Enzyme sind:

1) Hexokinase

2) Phosphoglucoseisomerase

3) Phosphofructokinase

4) Aldolase

5) Triosephosphatisomerase

6) Glycerinaldehyd-3-phosphatdehydrogenase

7) Phosphoglyceratkinase

8) Phosphoglyceratmutase

9) Enolase

10) Pyruvatkinase

5 Das in der vierten Reaktion gebildete Dihydroxyacetonphosphat wird über ein Endiol in Glycerinaldehyd-3-phosphat umgewandelt. Falls sich auf der Stufe des Endiols die OH-Gruppe am C-1 ketonisiert, bildet sich der Aldehyd; ketonisiert die OH-Gruppe am C-2 des Endiols, bildet sich die Ausgangsverbindung zurück. Über das Ganze gesehen, wird also ein Molekül Glucose in zwei Moleküle Glycerinaldehyd-3-phosphat überführt (Abschnitt 20.5).

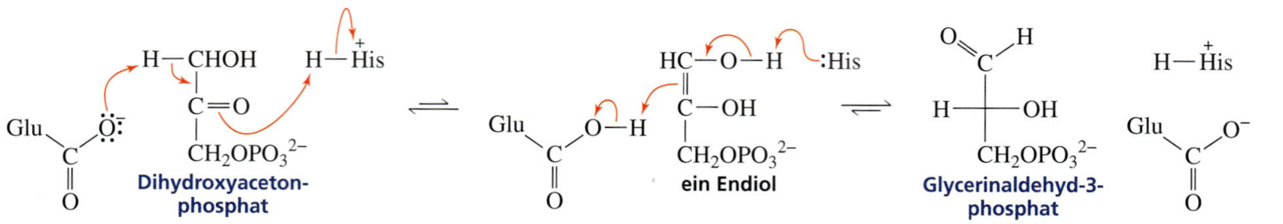

Eine Glutaminsäureseitenkette ist die Base, welche das Proton (H^+) vom α-Kohlenstoffatom abstrahiert; ein protonierter Histidinrest protoniert das Carbonylsauerstoffatom. Im zweiten Schritt der Reaktion deprotoniert ein weiterer Histidinrest die OH-Gruppe am C-1, ein Glutaminsäurerest protoniert das C-2-Atom. Vergleichen Sie diesen Reaktionsmechanismus mit der Endiolumlagerung, die wir in Abschnitt 20.5 kennengelernt haben.

Da jedes Glucosemolekül in ein Molekül Glycerinaldehyd-3-phosphat und ein Molekül Dihydroxyacetonphosphat umgewandelt wird und jedes Molekül Dihydroxyacetonphosphat in Glycerinaldehyd-3-phosphat umgewandelt wird, ist am Ende der Reaktion jedes Glucosemolekül in zwei Moleküle Glycerinaldehyd-3-phosphat umgewandelt worden.

6 Die Aldehydgruppe des Glycerinaldehyd-3-phosphats wird durch NAD^+ oxidiert. Dabei bildet sich 1,3-Bisphosphoglycerat. Bei dieser Reaktion wird der Aldehyd zur Carbonsäure oxidiert, die dann einen Ester mit Orthophosphorsäure bildet. Wir haben den Mechanismus dieser Reaktion in Abschnitt 23.1 abgehandelt.

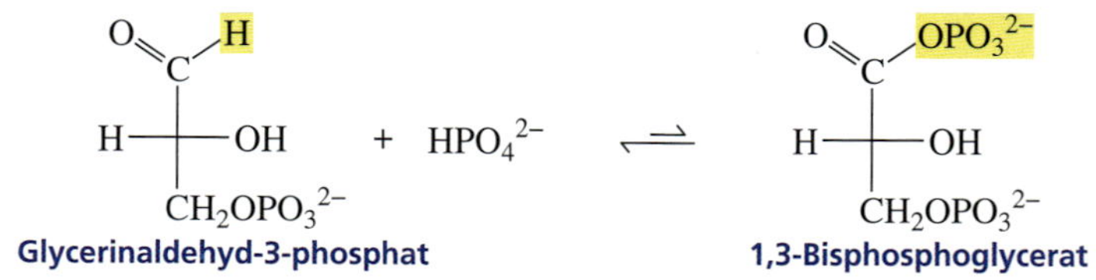

7 In der siebten Reaktion reagiert 1,3-Bisphosphoglycerat mit ADP. Dabei wird ein Phosphorsäurerest übergeben; es bilden sich ATP und 3-Phosphoglycerat. 1,3-Bisphosphoglycerat wird als „energiereiches" Intermediat bezeichnet, denn der Transfer seiner Phosphorylgruppe hin zu einem Nucleophil ist exergonischer als der Transfer einer Phosphorylgruppe von ATP zu einem Nucleophil hin.

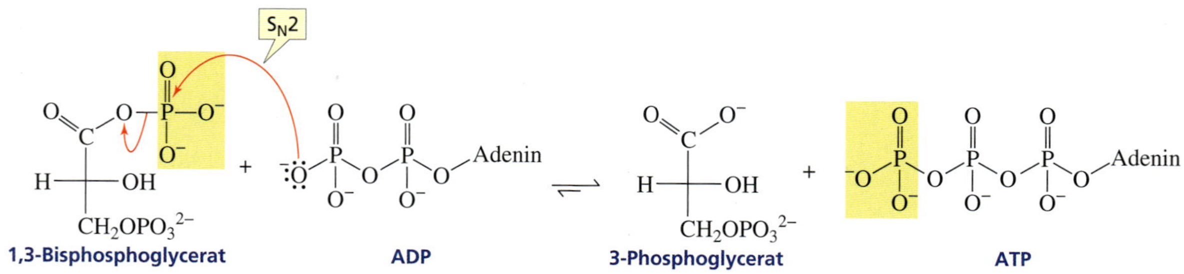

8 Die achte Reaktion ist die Isomerisierung von 3-Phosphoglycerat zu 2-Phosphoglycerat. Das diese Reaktion katalysierende Enzym trägt einen Phosphorsäurerest an einer seiner Aminosäuren, den es auf die 2-Stellung des 3-Phosphoglycerats überträgt. Es bildet sich als Intermediat 2,3-Bisphosphoglycerat. Dieses gibt den Phosphorsäurerest in der 3-Stellung an das Enzym ab.

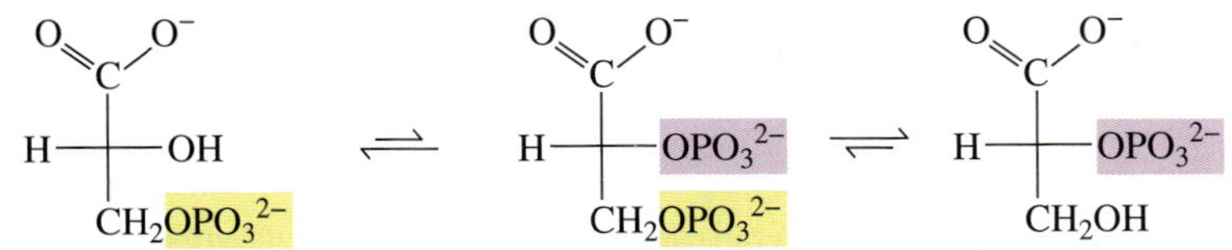

9 Die neunte Reaktion ist eine Dehydratisierung (eine E2-Eliminierung), durch welche Phosphoenolpyruvat gebildet wird. Ein Lysinrest der Enolase ist die Base, welche ein Proton vom α-Kohlenstoffatom in einer E1cB-Reaktion abspaltet und so ein delokalisiertes Kohlenstoffanion-Intermediat bildet (Abschnitt 17.11). Das Proton ist nicht sehr sauer, da es sich auf dem α-Kohlenstoffatom eines Carboxylations befindet (Abschnitt 17.5). Zwei Magnesiumionen erhöhen den Säuregehalt durch Stabilisierung der konjugierten Base. Die OH-Gruppe des Zwischenprodukts wird durch eine Glutaminsäureseitenkette protoniert, was OH zu einer besseren Abgangsgruppe macht (Abschnitt 10.1).

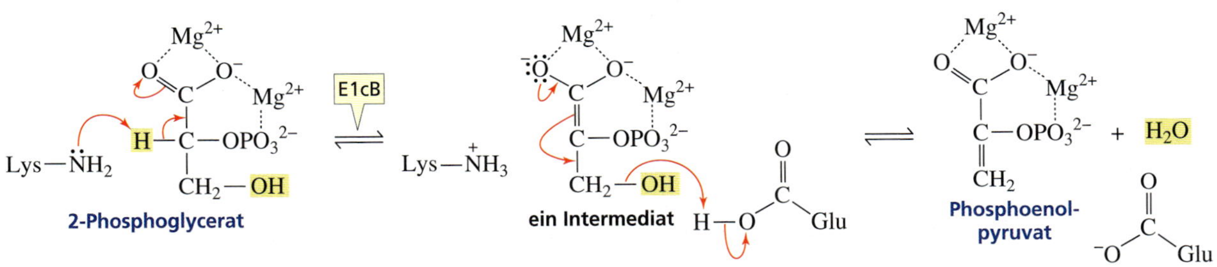

10 In der zehnten und abschließenden Reaktion der Glycolyse übergibt das Phosphoenolpyruvat seine Phosphorylgruppe an ADP. ATP und Pyruvat sind die Reaktionsprodukte.

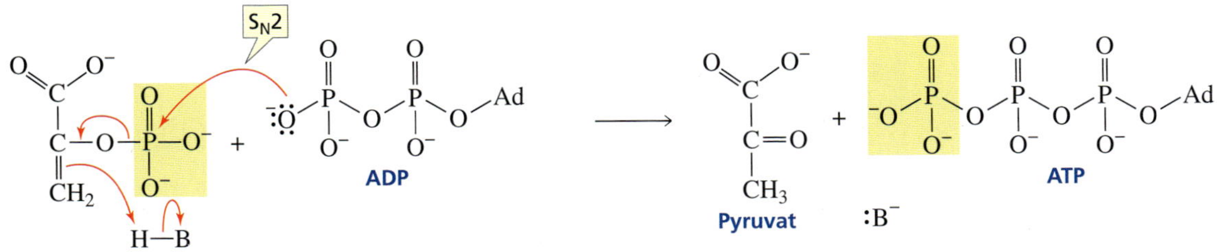

ATP wird für die molekulare Erkennung verwendet

Die Phosphorylierung von Glucose in der ersten Reaktion der Glycolyse und Phosphorylierung von Fructose-6-Phosphat in der dritten Reaktion bewirken keine höhere Reaktivität von Glucose oder Fructose-6-phosphat. Der Sinn der Phosphorylierung besteht vielmehr darin, jede dieser Verbindungen mit einer

Gruppe zu versehen, die die Erkennung von Enzymen ermöglicht (und die Erkennung der nachfolgenden Zwischenprodukte, die in der Glycolyse gebildet werden), damit diese an das aktive Zentrum der jeweiligen Verbindung gebunden werden können. Die beiden ATP-Moleküle, die verwendet werden, um diese Zuckermoleküle zu „handhaben“, werden im letzten Schritt der Glycolyse neu gebildet – nämlich bei der Umwandlung zweier Moleküle von Phosphoenolpyruvat in zwei Moleküle Pyruvat und zwei Moleküle ATP.

Gekoppelte Reaktionen

Die Glycolyse ist insgesamt exergonisch, jedoch sind nicht alle Reaktionen auf dem Reaktionsweg der Glycolyse exergonisch. Beispielsweise ist die Umwandlung von Glycerinaldehyd-3-phosphat in 1,3-Bisphosphoglycerat (die sechste Reaktion; A zu B, siehe unten) eine endergonische Reaktion. Die anschließende Reaktion jedoch (die Umwandlung von 1,3-Bisphosphoglycerat zu 3-Phosphoglycerat; B zu C wie nachstehend gezeigt) ist sehr exergonisch. Wenn also die zweite Reaktion B zu C umwandelt, sorgt die erste Reaktion dafür, dass B wieder in die Gleichgewichtskonzentration gebracht wird. Die exergonische Reaktion *steuert* somit die vorangehende endergonische Reaktion. Es sei daran erinnert, dass diese beiden aufeinanderfolgenden Reaktionen (eine endergonische Reaktion gefolgt von einer exergonischen Reaktion) **gekoppelte Reaktionen** genannt werden (Abschnitt 5.7). Gekoppelte Reaktionen sind die thermodynamische Grundlage für die Stoffwechselwege.

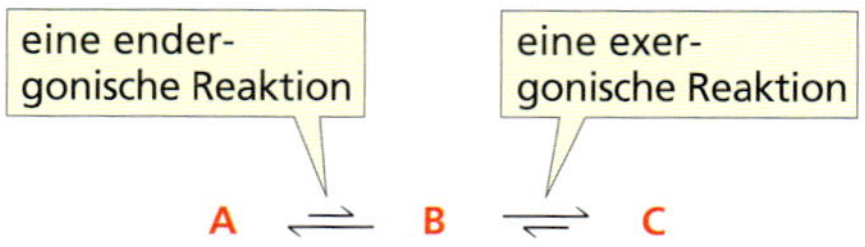

Ü 8 Zeichnen Sie den Mechanismus für die dritte Reaktion in der Glycolyse – die Reaktion von Fructose-6-phosphat mit ATP, in welcher Fructose-1,6-bisphosphat gebildet wird.

Ü 9 Die Oxidation von Glycerinaldehyd-3-phosphat zu 1,3-Bisphosphoglycerat ist eine endergonische Reaktion. Dennoch verläuft die Reaktion an dieser Stelle in der Glycolyse reibungslos. Wie wird die ungünstige Gleichgewichtskonstante überwunden?

STRATEGIEN ZUR PROBLEMLÖSUNG

■ Berechnung der ATP-Produktion

Wie viele ATP-Moleküle erhält man aus einem Glucosemolekül, das zu Pyruvat metabolisiert wird?

Zuerst müssen wir die Anzahl der ATPs berechnen, die zur Umwandlung von Glucose in Pyruvat verwendet werden. Wir sehen, dass es sich um zwei ATPs handelt: da eine wird dafür verwendet, Glucose-6-phosphat zu bilden, und das andere wird dafür verwendet, Fructose-1,6-bisphosphat zu bilden. Als nächstes müssen wir wissen, wie viele ATP-Moleküle gebildet werden. Jedes Glycerinaldehyd-3-phosphat, das zu Pyruvat metabolisiert wird, bildet zwei ATP-Moleküle. Da jedes Glucosemolekül zwei Moleküle Glycerinaldehyd-3-phosphat bildet, werden insgesamt vier Moleküle ATP aus jedem Glucosemolekül gebildet. Nach Abzug der beiden für die Reaktion verwendeten Moleküle sehen wir, dass die Glucose-Moleküle, die zu Pyruvat metabolisiert werden, je zwei Moleküle ATP bilden.

Ü 10* Wie viele NAD^+-Moleküle sind erforderlich, um ein Glucosemolekül in Pyruvat umzuwandeln?

HINTERGRUND

■ Fette – verglichen mit Kohlenhydraten – als Energiequelle

Tiere haben eine Unterhautschicht aus Fettzellen, die sowohl als Energiequelle als auch als Isolator dient. Der Fettgehalt eines durchschnittlichen Mannes liegt bei ungefähr 21 %, während der Fettgehalt der durchschnittlichen Frau etwa 25 % beträgt. Fett liefert etwa sechsmal so viel Stoffwechselenergie die (am Gewicht bemessene) selbe Menge an hydriertem Glycogen, denn Fette werden in geringerem Maß oxidiert als Kohlenhydrate und binden kein Wasser, da sie unpolar sind. Im Gegensatz dazu macht Wasser zwei Drittel des Gewichts des gelagerten Glycogens aus (Abschnitt 20.16). Menschen können ausreichend Fett speichern, um die Stoffwechselbedürfnisse des Körpers für zwei bis drei Monate zu decken. Sie können jedoch nur so viel an Kohlenhydraten speichern, um den Stoffwechselbedürfnissen für einen Zeitraum von maximal 24 Stunden nachzukommen. Kohlenhydrate dienen daher in erster Linie als schnelle, kurzfristige Energiequelle.

Die verschiedenen Schicksale des Pyruvats 24.7

Wir haben weiter oben gelernt, dass NAD^+ bei der Glycolyse als Oxidationsmittel dient. Das im Rahmen der Glycolyse gebildete NADH wird an anderer Stelle wieder zu NAD^+ oxidiert. Das „regenerierte" NAD^+ steht dann wieder für Redoxreaktionen als Oxidationsmittel zur Verfügung.

Unter aeroben Bedingungen

Manche Lebewesen – zum Beispiel alle Tiere – benutzen elementaren Sauerstoff als Oxidationsmittel, um NADH wieder zu NAD^+ zu oxidieren. Dies geschieht auf der *vierten Ebene des katabolen Stoffwechsels.*

Die Umwandlung von Pyruvat zu Acetyl-CoA erfolgt über eine Reihe von Reaktionen, die von einem Komplex katalysiert werden, der aus drei Enzymen und fünf Coenzymen besteht und als Pyruvatdehydrogenasekomplex bekannt ist. Das Gesamtergebnis dieser Reaktionen ist die Übertragung der Acetylgruppe von Pyruvat auf Coenzym A. Wir haben uns die Mechanismen dieser Reaktionen in Abschnitt 23.3 angesehen.

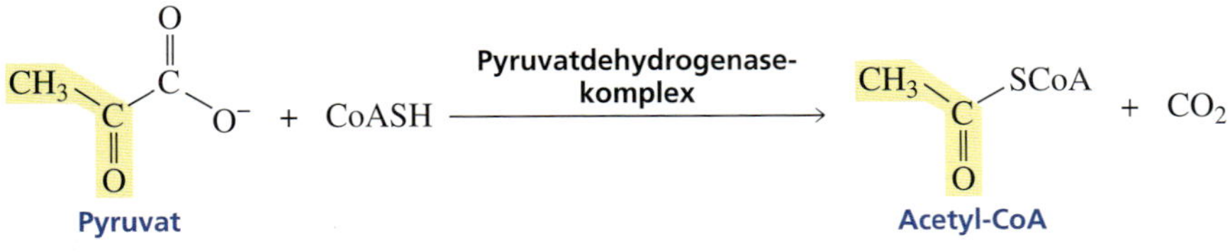

Unter anaeroben Bedingungen

Falls ein Sauerstoffmangel eintritt (zum Beispiel durch die Überbeanspruchung von Muskeln bei manchen Tieren sowie Menschen), wird von den an

Sauerstoff verarmten Zellen das in der Glycolyse gebildete Pyruvat benutzt, um NADH zu NAD^+ zu reoxidieren. Dabei wird die Brenztraubensäure (Pyruvat) zu Milchsäure (Lactat) reduziert. Der Mangel an Sauerstoff ist der Grund, warum Sportler schwer atmen.

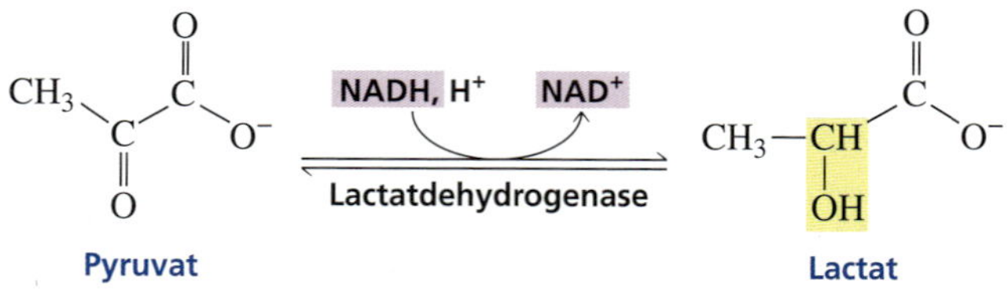

Das Schicksal von Pyruvat in Hefe

Pyruvat wird zwar bei Säugetieren unter anaeroben Bedingungen zu Lactat reduziert, hat jedoch ein anderes Schicksal in der Hefe – es wird nämlich zu Acetaldehyd durch Pyruvatdecarboxylase decarboxyliert (ein Enzym, das ist bei Säugetieren nicht vorhanden ist). Wir haben uns den Mechanismus dieser Reaktion in Abschnitt 23.3 angesehen.

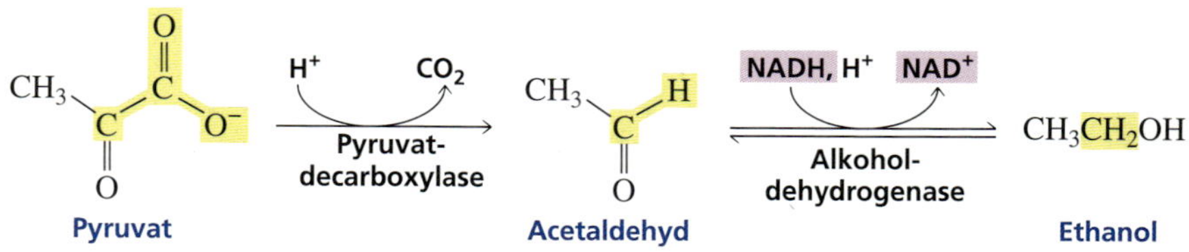

Wir haben soeben gelernt, dass unter anaeroben (genauer gesagt anoxischen, also sauerstofffreien) Bedingungen Pyruvat zu Lactat reduziert wird. Unter den gleichen Bedingungen der Anaerobiose erleidet das Pyruvat jedoch in manchen Mikroorganismen – zum Beispiel der Brau- oder Weinhefe – ein anderes Schicksal: Es wird durch Pyruvatdecarboxylase zu Acetaldehyd decarboxyliert. Die Pyruvatdecarboxylase ist ebenfalls von Thiaminpyrophosphat abhängig. Wir haben auch diesen Reaktionsmechanismus in Abschnitt 24.4 behandelt. In diesem Fall ist dann der Acetaldehyd das Oxidationsmittel für NADH. Bei der Bildung von NAD^+ wird der Acetaldehyd zu Ethanol reduziert. Sie haben erraten, dass dies die alkoholische Gärung ist – ein biochemischer Vorgang, der von den Menschen seit Tausenden von Jahren zur Produktion von Getränken genutzt wird.

Ü 11* Schlagen Sie einen Namen für die Alkoholdehydrogenase vor, die sich auf die Vorwärtsreaktion bezieht, das heißt, die sich auf die Umwandlung von Acetaldehyd in Ethanol beziehen würde.

Ü 12* Welche funktionelle Gruppe des Pyruvats wird reduziert, wenn Pyruvat zu Lactat wird?

Ü 13* Welches Coenzym ist für die Umwandlung von Pyruvat in Acetaldehyd notwendig?

Ü 14 Schlagen Sie einen Reaktionsmechanismus für die Reduktion von Acetaldehyd zu Ethanol durch NADH vor. (*Hinweis:* Abschnitt 23.1.)

Der Katabolismus der Proteine: Stufe 1 und 2 24.8

Proteine werden zu Aminosäuren hydrolysiert

In der ersten Stufe des Proteinabbaus werden Proteine in einer enzymkatalysierten Reaktion zu Aminosäuren hydrolisiert.

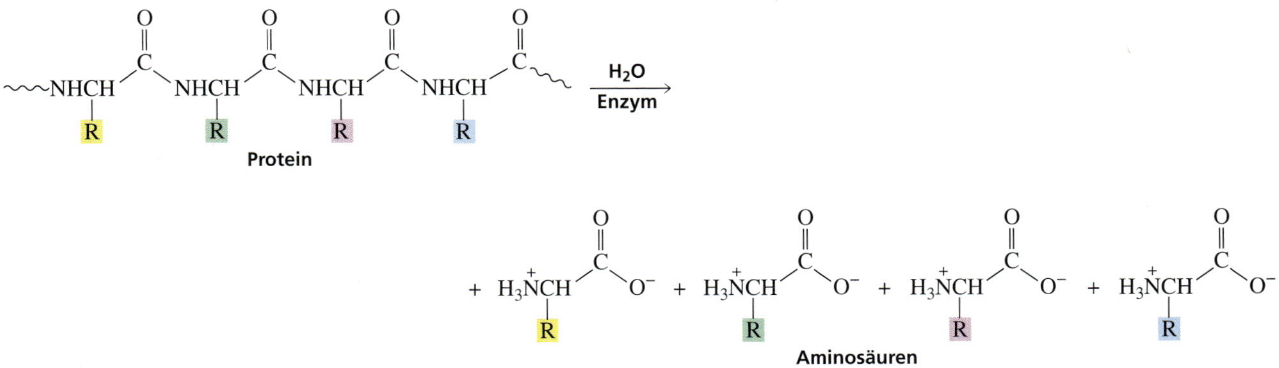

Aminosäuren werden in Verbindungen umgewandelt, die in den Zitronensäurezyklus gelangen können

In der zweiten Stufe werden die Aminosäuren zu Acetyl-CoA, Pyruvat oder Intermediaten des Zitronensäurezyklus abgebaut. Der genaue Stoffwechselweg ist von der Aminosäure abhängig – unterscheidet sich also von Fall zu Fall. Die Produkte dieser zweiten Stufe des Proteinabbaus gehen letztlich alle in den Zitronensäurezyklus ein, der die dritte Abbaustufe darstellt.

> **MERKE!**
>
> **Aminosäuren werden zu Acetyl-CoA, Pyruvat oder Intermediaten des Zitronensäurezyklus abgebaut.**

Wir werden an dieser Stelle stellvertretend den Katabolismus des Phenylalanins betrachten (▶ Abbildung 24.4). Phenylalanin ist eine essenzielle Aminosäure, muss also in der Nahrung enthalten sein (Abschnitt 21.1). Phenylalaninhydroxylase überführt Phenylalanin in Tyrosin. Tyrosin ist also keine essenzielle Aminosäure im strengen Sinn; fehlt aber Phenylalanin in der Nahrung, kommt es auch zu einem Tyrosinmangel.

Die erste Reaktion des Aminosäureabbaus ist in vielen Fällen eine Transaminierung, die PLP-abhängig verläuft (Abschnitt 23.5). Durch die Wirkung des Pyridoxalphosphates geht die Aminofunktion in eine Ketofunktion über. *Para*-Hydroxyphenylpyruvat, das bei der Transaminierung des Tyrosins entsteht, wird durch eine Reaktionsfolge in Fumarsäure (Salze: Fumarate) und Acetyl-CoA überführt.

Die Fumarsäure ist ein weiteres Intermediat des Zitronensäurezyklus, kann also direkt in diesen einmünden. Das Acetyl-CoA geht durch Reaktion mit Oxalessigsäure (Oxalacetat) unter Bildung von Zitronensäure in diesen ein (Abschnitt 24.9). Jede der Reaktionen dieses Stoffwechselwegs wird, wie üblich, von einem anderen Enzym katalytisch begleitet.

Außer für die Gewinnung von Stoffwechselenergie werden die Aminosäuren der Nahrungsproteine auch für die Synthese körpereigener Proteine und anderer Verbindungen verwendet. Tyrosin ist beispielsweise die Grundlage für die Synthese von Neurotransmittern (Botenstoffen des Nervensystems) wie Dopamin, dem Hormon Adrenalin und dem Hautfarbstoff Melanin. In Abschnitt 10.12

haben wir erfahren, dass *S*-Adenosylmethionin (SAM) das biochemische Methylierungsmittel ist, mit dessen Hilfe Noradrenalin in Adrenalin überführt wird.

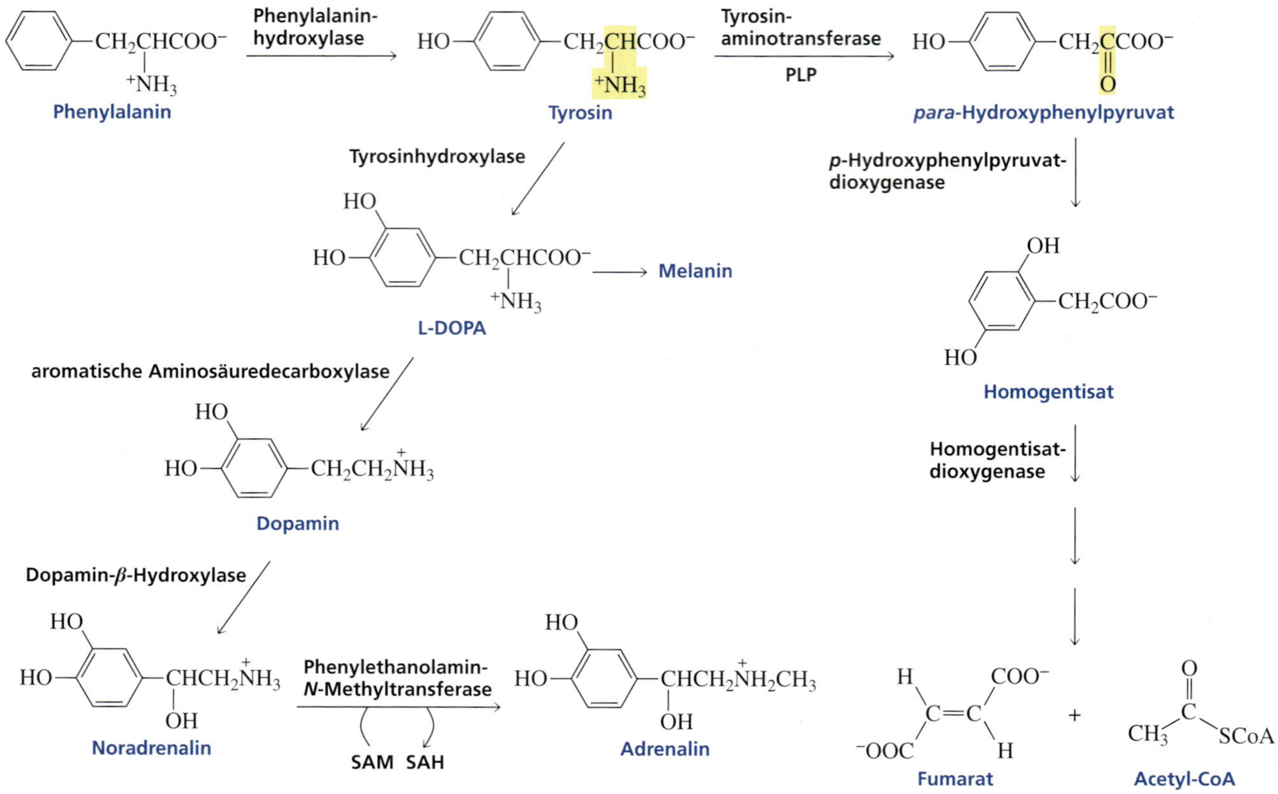

Abbildung 24.4: Der Katabolismus der Aminosäure Phenylalanin.

HINTERGRUND

Phenylketonurie: Ein angeborener Stoffwechseldefekt

Etwa eines von 20.000 Neugeborenen weist einen Enzymdefekt der Phenylalaninhydroxylase auf. Die Betroffenen können Phenylalanin also nicht in Tyrosin umsetzen. Diese erbliche Krankheit heißt Phenylketonurie. Ohne die Phenylalaninhydroxylase staut sich Phenylalanin an. Erreicht der Spiegel einen kritischen Wert, kommt es zur Bildung von Phenylpyruvat. Die hohen Konzentrationen an Phenylpyruvat (einem Phenylketon) haben der Krankheit ihren Namen gegeben.

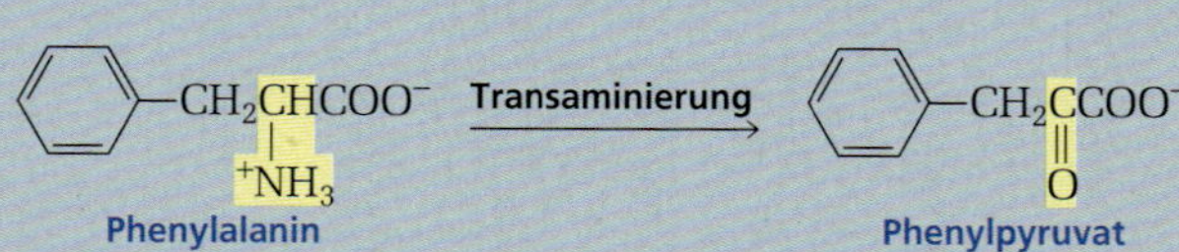

Innerhalb von 24 Stunden nach der Geburt wird bei allen Neugeborenen die Menge von Phenylalanin im Blutserum bestimmt. Ist dieser Wert stark erhöht, weist dies auf einen Defekt der Phenylalaninhydroxylase hin. Säuglinge mit einer Phenylketonurie werden unmittelbar auf Diät gesetzt, die nur wenig Phenylalanin (immerhin eine essenzielle Aminosäure) und reichlich Tyrosin enthält. Solange im Verlauf der ersten fünf bis zehn Lebensjahre die aufgenommene Phenylalaninmenge streng reglementiert wird, stellen sich keine nachteiligen Wirkungen ein. Auf einigen künstlichen Süßstoffen, die aus Peptiden mit Phenylalanin als Baustein bestehen, finden sich deshalb Warnhinweise.

Wird der Proteinanteil der Nahrung der betroffenen Patient*innen nicht einer rigiden Kontrolle unterworfen, kann es zu einer Retardierung der kognitiven Entwicklung (geistige Behinderung) kommen. Dies passiert bereits im Alter von wenigen Monaten und ist später nicht umkehrbar. Unbehandelte Kinder zeichnen sich durch eine blässlichere Haut- und Haarfarbe aus als in der Familie üblich, da ohne das Phenylalaninfolgeprodukt Tyrosin auch nicht das Hauptpigment Melanin gebildet werden kann. Die Hälfte der unbehandelten Phenylketonuriepatient*innen stirbt vor dem Erreichen des 20. Lebensjahrs. Wird eine an Phenylketonurie leidende Frau schwanger, muss sie die phenylalaninarme Diät ihrer Kindertage vorübergehend wieder aufnehmen, da eine pathologisch erhöhte Phenylalaninmenge zu Entwicklungsstörungen des Embryos führen kann.

HINTERGRUND

■ Alkaptonurie

Eine weitere Erbkrankheit, die aus einem Enzymdefekt des Phenylalaninstoffwechsels erwächst, ist die Alkaptonurie, die auf einen Mangel an Homogentisatdioxygenase zurückzuführen ist. Das einzige Krankheitszeichen ist bei dieser Krankheit schwarz gefärbter Harn. Der Grund für die Schwärzung des Harns bei Alkaptonuriepatient*innen ist die rasche Oxidation des ausgeschiedenen Homogentisates (Anion der Homogentisinsäure), da das Oxidationsprodukt sichtbares Licht im gesamten Wellenlängenbereich absorbiert.

Ü 15* Welche Verbindung bildet sich bei der Transaminierung von Alanin?

Der Zitronensäurezyklus: Stufe 3 24.9

Der **Zitronensäurezyklus** ist die dritte Stufe des abbauenden Stoffwechsels. In einer Abfolge von acht Reaktionen wird der Acetylrest eines Acetyl-CoA-Moleküls, der dem Katabolismus der Fette, Kohlenhydrate oder Aminosäuren entstammt, in zwei Moleküle Kohlendioxid umgewandelt (▶ Abbildung 24.5).

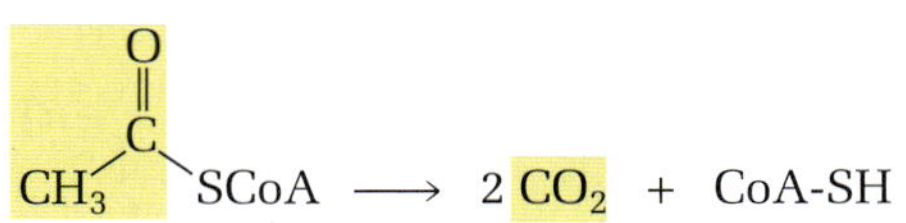

MERKE!

Der Acetylanteil von Acetyl-CoA geht in den Zitronensäurezyklus ein und wird in diesem zu zwei Molekülen CO_2 oxidiert.

Dieser Stoffwechselweg wird als „Zyklus" bezeichnet, weil er eine geschlossene Reaktionsfolge umfasst, bei der das Produkt der achten und letzten Reaktion (Oxalacetat) der Reaktant für die erste Reaktion ist.

1 In der ersten Reaktion des Zitronensäurezyklus reagiert Acetyl-CoA mit Oxalacetat unter Bildung von Citrat. In der Reaktion entfernt eine Aspartatseitenkette des Enzyms ein Proton aus dem α-Kohlenstoffatom von Acetyl-CoA, wodurch ein Enolation entsteht. Dieses Enolation fügt sich an den Ketocarbonylkohlenstoff des Oxalacetats an, und der Carbonylsauerstoff nimmt ein Proton von einer Histidinseitenkette auf. Diese Reaktion ähnelt einer Aldoladdition, bei der das α-Carbanion (Enolation) eines Moleküls das Nucleophil und der Carbonylkohlenstoff eines weiteren Moleküls das Elektrophil ist (Abschnitt 17.10). Das resultierende Intermediat (ein Thioester) wird in einer nucleophilen Acylsubstitutionsreaktion zu Citrat hydrolysiert (Abschnitt 15.7).

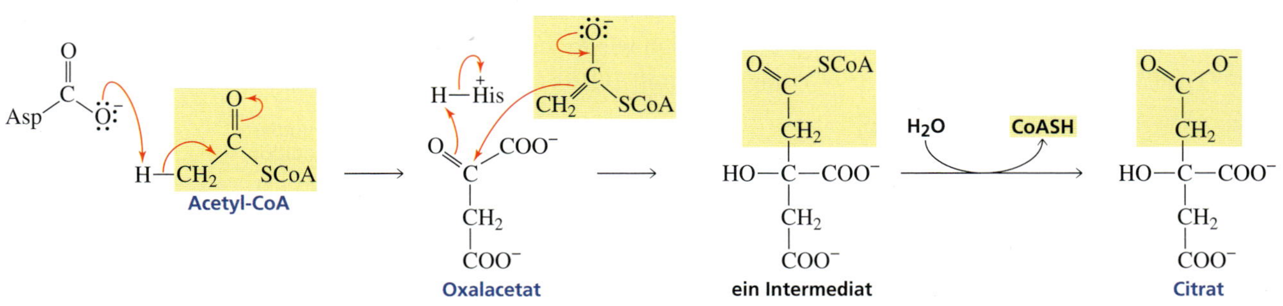

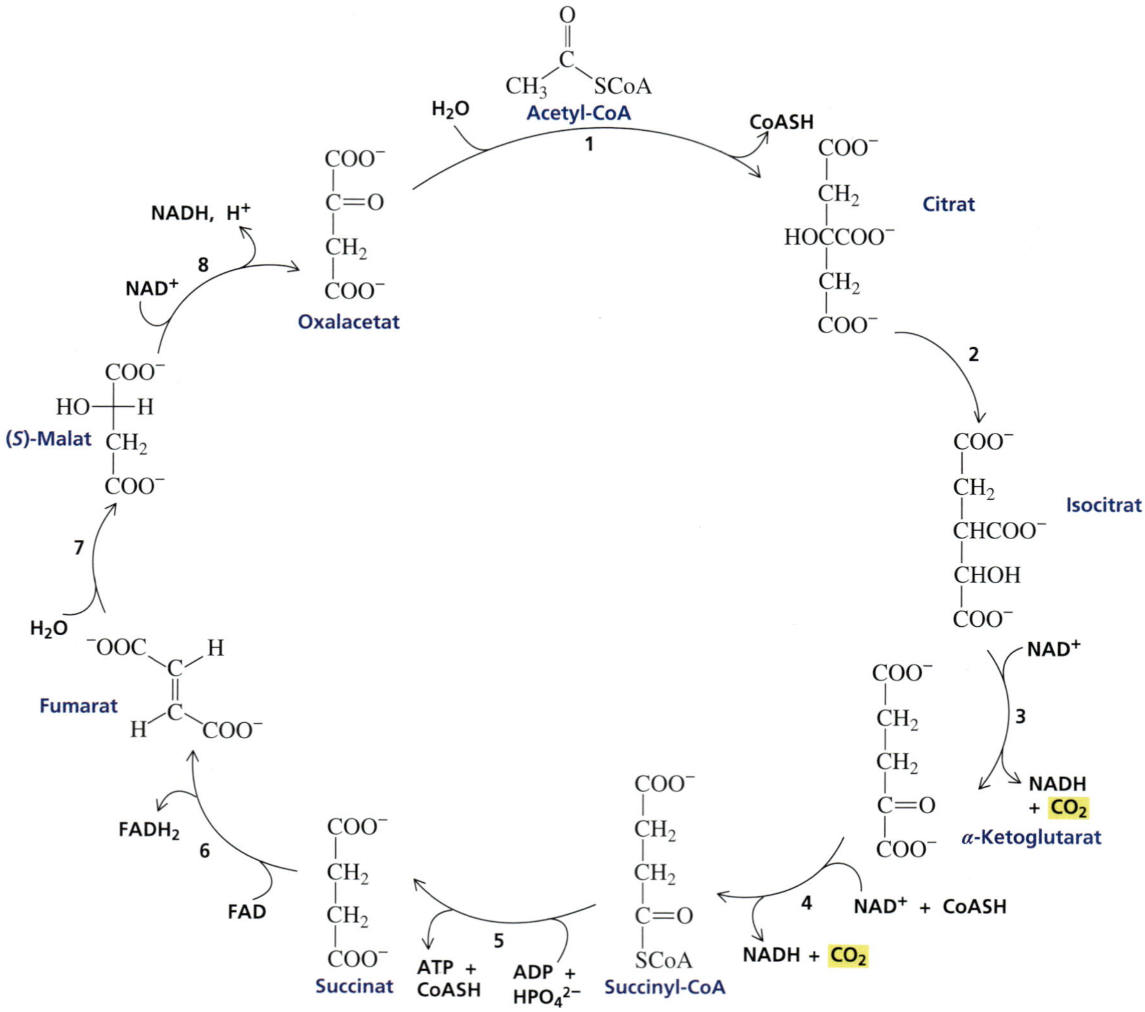

Abbildung 24.5: Der Zitronensäurezyklus – eine Folge enzymatischer Reaktionen, durch die die Acetylgruppe von Acetyl-CoA vollständig zu Kohlendioxid oxidiert wird. Die die Reaktionen katalysierenden Enzyme sind:

1) Citratsynthase
2) Aconitase
3) Isocitratdehydrogenase
4) α-Ketoglutaratdehydrogenase
5) Succinyl-CoA-Synthetase
6) Succinatdehydrogenase
7) Fumarase
8) Malatdehydrogenase

2 In der zweiten Reaktion wird das Citrat zu Isocitrat isomerisiert. Die Reaktion verläuft in zwei Schritten: Der erste Schritt ist eine *E2-Dehydratisierung* (Abschnitt 10.4). Ein Serinrest des Enzyms abstrahiert ein H^+, und die Abgangsgruppe OH^- wird durch einen Histidinrest protoniert. Das Molekül spaltet H_2O ab. Im zweiten Schritt wird ein *Wassermolekül durch konjugierte Addition* wieder in das Molekül eingefügt. Es bildet sich dabei Isocitrat (Abschnitt 16.16).

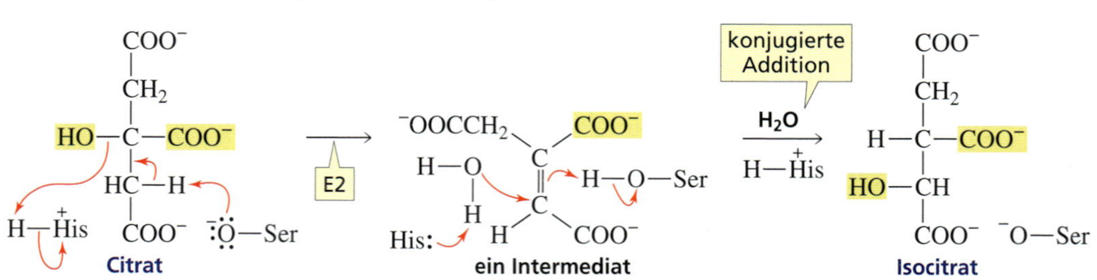

3 Die dritte Reaktion setzt das erste CO_2-Molekül frei und umfasst ebenfalls zwei Schritte. Im ersten Schritt wird die sekundäre Alkoholgruppe des Isocitrats durch NAD^+ zu einem Keton *oxidiert* (Abschnitt 23.1). Im zweiten verliert das Keton CO_2, wobei Mg^{2+} als Katalysator wirkt. Wir haben gesehen, dass eine CO_2-Gruppe, die an einen Kohlenstoff neben einem Carbonylkohlenstoff gebunden ist, entfernt werden kann, weil die zurückbleibenden Elektronen auf den Carbonylsauerstoff delokalisiert werden können (Abschnitt 17.17). Das Enolation tautomerisiert zu einem Keton (Abschnitt 17.3).

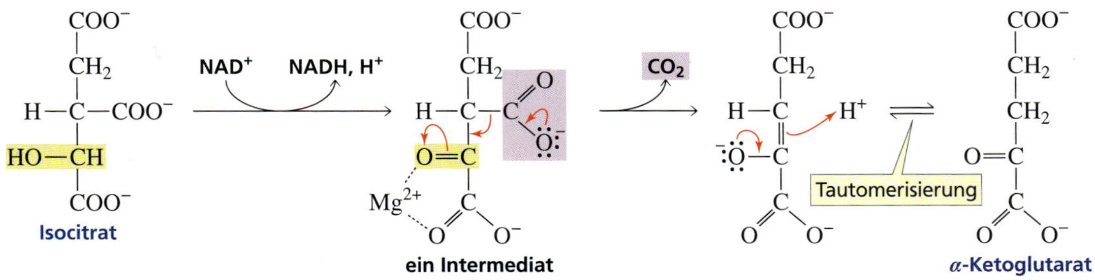

4 Die vierte Reaktion ist die, bei der das zweite CO_2-Molekül freigesetzt wird. Die Reaktion erfordert eine Gruppe von Enzymen und die gleichen fünf Coenzyme (mit den gleichen Mechanismen), die vom Pyruvatdehydrogenasekomplex benötigt werden, welcher Pyruvat in Acetyl-CoA umwandelt. Wie in der durch die Pyruvatdehydrogenase katalysierten Reaktion, ist das Gesamtergebnis dieser Reaktion die *Übertragung einer Acylgruppe an CoASH*. Das Produkt der Reaktion ist somit Succinyl-CoA.

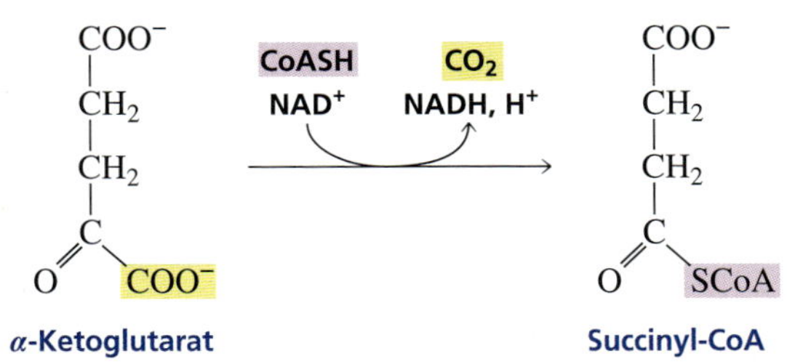

5 Die fünfte Reaktion verläuft wiederum in zwei Schritten. Ein Hydrogenphosphation reagiert in einer *nucleophilen Acylsubstitution* mit Succinyl-CoA zu Succinylphosphat. CoA wird frei. Das Succinylphosphat überträgt seinen Phosphorsäurerest auf ein Enzym, das diesen seinerseits unter Bildung von ATP (Adenosintriphosphat) auf ADP (Adenosindiphosphat) überträgt.

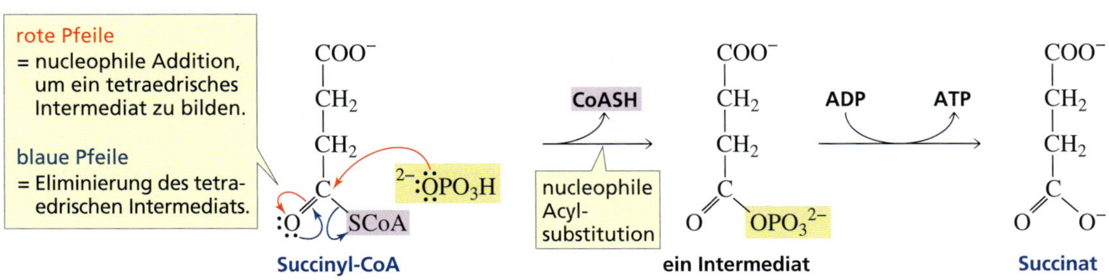

Das Intermediat überträgt seine Phosphatgruppe nicht direkt an das ADP-Molekül. Stattdessen wird die Phosphatgruppe an eine Histidinseitenkette des Enzyms übertragen, wobei 3-Phospho-His gebildet wird, welches daraufhin von der Phosphatgruppe an das ADP übertragen wird.

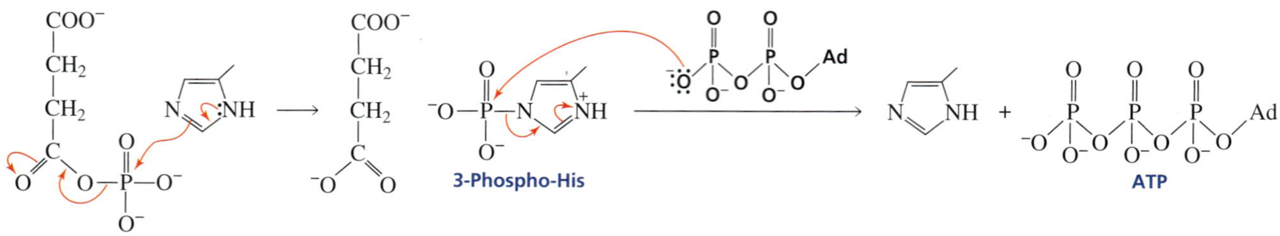

Ü 16 Säurekatalysierte Dehydratisierungsreaktionen sind normalerweise E1-Reaktionen. Warum findet die säurekatalysierte Dehydratisierung statt? Ist die zweite Reaktion des Zitronensäurezyklus eine E2-Reaktion?

Ü 17* Welche funktionelle Gruppe der Isocitrat wird in der dritten Reaktion des Zitronensäurezyklus oxidiert?

Ü 18* Der Zitronensäurezyklus wird auch als Tricarbonsäurezyklus bezeichnet. Welche Intermediate sind Tricarbonsäuren?

Ü 19* Welche Acylgruppe wird in der vierten Reaktion des Zitronensäurezyklus durch Thiaminpyrophosphat übertragen?

Ü 20 Zeichnen Sie die Schritte für die Umwandlung von α-Ketoglutarat in Succinyl-CoA.

Ü 21*

(a) Welches der acht Enzyme im Zitronensäurezyklus hat einen Namen, der auf dessen rückwärtigen Reaktionsmechanismus verweist?

(b) Welches der zehn Enzyme in der Glycolyse hat einen Namen, der auf dessen rückwärtigen Reaktionsmechanismus verweist?

Zu diesem Zeitpunkt hat der Zitronensäurezyklus die erforderliche Umwandlung vollzogen, was bedeutet, dass das Acetyl-CoA in CoASH und zwei Moleküle CO_2 umgewandelt worden ist. Nun muss das Succinat noch in Oxalacetat umgewandelt werden, damit das Oxalacetat den Zyklus erneut beginnen kann, indem es mit einem weiteren Molekül Acetyl-CoA reagiert.

6 In der sechsten Reaktion *oxidiert* FAD das Succinat zu Fumarat. Wir haben den Mechanismus dieser Umsetzung in Abschnitt 23.2 erörtert.

7 Die *konjugierte Addition von Wasser* an die olefinische Doppelbindung des Fumarats führt zur Bildung von (*S*)-Malat (Malate: Salze der Apfelsäure). In Abschnitt 6.14 haben wir gelernt, warum dabei nur ein Enantiomer gebildet wird.

8 Die *Oxidation der sekundären Alkoholgruppe* des (*S*)-Malats durch NAD^+ führt zur Bildung von Oxalacetat. Der Kreis ist geschlossen; der Zitronensäurezyklus hat einen vollen Umlauf durchgeführt und ist an seinen Ausgangspunkt zurückgekehrt. Das Oxalacetat kann durch Reaktion mit einem weiteren Molekül Acetyl-CoA den Zyklus erneut beginnen, wodurch auch dieses Acetyl-CoA-Molekül der Endoxidation zu zwei Molekülen CO_2 zugeführt wird.

Beachten Sie, dass die Reaktionen 6–8 des Zitronensäurezyklus den Reaktionen 1–3 der β-Oxidation ähnlich sind (Abschnitt 24.5).

Die oxidative Phosphorylierung: Stufe 4 24.10

Jeder Umlauf des Zitronensäurezyklus führt zur Bildung von drei Molekülen NADH, einem Molekül $FADH_2$ und einem Molekül ATP. Das NADH und das $FADH_2$ durchlaufen nachfolgend die **oxidative Phosphorylierung**, die die vierte Stufe des abbauenden Stoffwechsels darstellt. Diese Substanzen werden im Verlauf dieser Reaktionskette zu NAD^+ und FAD reoxidiert.

Die Elektronen, die bei der Oxidation von NADH und $FADH_2$ verlorengehen, werden oxidiert und in ein System von verknüpften Elektronenakzeptoren überführt. Einer der ersten Elektronenakzeptoren ist das Coenzym Q_{10}, ein Chinon. Wie wir gesehen haben, bildet ein Chinon ein Hydrochinon, wenn Elektronen zugegeben werden, d. h., wenn es reduziert wird (Abschnitt 12.11). Wenn das Hydrochinon die Elektronen zum nächsten Elektronenakzeptor weiterleitet, wird das Hydrochinon zu einem Chinon zurückoxidiert. Der letzte Elektronenakzeptor ist O_2. Wenn O_2 Elektronen aufnimmt, dann wird es zu Wasser reduziert. Diese Kette von Oxidations-Reduktions-Reaktionen liefert die für die Umwandlung von ADP in ATP benötigte Energie.

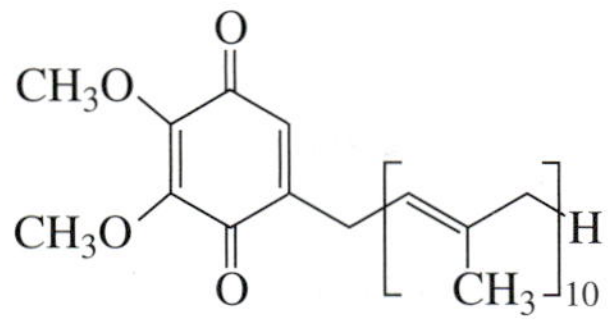

Coenzym Q_{10}

Jedes NADH-Molekül, das die oxidative Phosphorylierung durchläuft, führt zur Bildung von zweieinhalb Molekülen ATP, jedes Molekül $FADH_2$ zur Bildung von eineinhalb Molekülen ATP. Die oxidative Phosphorylierung wird auch als **Atmungskette** bezeichnet und spielt sich in eukaryontischen Zellen in den Mitochondrien ab.

$$\begin{aligned} \text{NADH} &\longrightarrow \text{NAD}^+ + 2{,}5\ \text{ATP} \\ \text{FADH}_2 &\longrightarrow \text{FAD} + 1{,}5\ \text{ATP} \end{aligned}$$

MERKE!

Bei der oxidativen Phosphorylierung liefert jedes NADH-Molekül 2,5 Moleküle ATP und jedes $FADH_2$-Molekül bildet 1,5.

In jeder Runde des Zitronensäurezyklus werden drei Moleküle NADH, ein Molekül $FADH_2$, und ein Molekül ATP gebildet. Daher werden innerhalb des Zitronensäurezyklus für jedes Molekül Acetyl-CoA 7,5 Moleküle ATP aus den drei Molekülen NADH gebildet und 1,5 Moleküle ATP werden aus einem Molekül $FADH_2$ gebildet. Weitehin wird im Zyklus ein Molekül ATP gebildet, sodass insgesamt 10 Moleküle ATP vorhanden sind.

$$3\ \text{NADH} + \text{FADH}_2 + \text{ATP} \longrightarrow 3\ \text{NAD}^+ + \text{FAD} + 10\ \text{ATP}$$

HINTERGRUND

■ Der Grundumsatz

Der Grundumsatz gibt die Energiemenge (in Joule oder Kalorien) an, die vom Körper umgesetzt würden, falls man den „ganzen Tag im Bett" bliebe, also keine Muskelarbeit verrichtete. Der Grundumsatz eines Menschen wird vom Geschlecht, dem Alter und der genetischen Disposition beeinflusst.

Im Allgemeinen ist er bei Männern höher als bei Frauen, bei Jüngeren höher als bei Älteren. Einige Menschen sind von Natur aus mit einem schnelleren Stoffwechsel ausgestattet als andere. Der Grundumsatz wird außerdem vom Anteil des Fettgewebes des Körpers beeinflusst: Je höher der Fettanteil, desto niedriger der Grundumsatz. Beim Menschen liegt der mittlere Grundumsatz bei ca. 6700 kJ/Tag (= ca. 1600 kcal/Tag).

Zusätzlich zu der Energiemenge, die für den Grundstoffwechsel notwendig ist, muss genügend Energie erzeugt werden, um andere physikalische Aktivitäten ausführen zu können. Je aktiver man ist, desto mehr Energie muss in Form von Nahrung zugeführt werden, um die aktuelle Körpermasse aufrechtzuerhalten. Menschen, die mit der Nahrung mehr Energieeinheiten zu sich nehmen, als sie verbrauchen, nehmen zu. Nehmen sie weniger Energieeinheiten auf, als sie verbrauchen, nehmen sie ab.

Ü 22* Wie viele ATP-Moleküle erhält man aus der Umwandlung eines Moleküls Glycerin in Pyruvat?
(a) ohne die vierte Stufe des Katabolismus?
(b) einschließlich der vierten Stufe des Katabolismus?

Anabolismus 24.11

Anabolismus ist das Gegenteil von Katabolismus. Im Prozess des Anabolismus bilden Acetyl-CoA, Pyruvat, Zitronensäurezwischenprodukte und Zwischenprodukte, die bei der Glycolyse gebildet werden, die Ausgangsmaterialien für die Synthese von Fetten, Säuren, Kohlenhydraten und Proteinen.

Beispielsweise haben wir gesehen, wie Zellen Acetyl-CoA verwenden, um Fettsäureacyl-CoAs zu synthetisieren (Abschnitt 17.20). Wenn die Fettsäureacyl-CoAs synthetisiert worden sind, dann können diese durch Veresterung von Glycerin-3-phosphat Fette oder Öle bilden. Glycerin-3-phosphat erhält man durch die Reduktion von Dihydroxyacetonphosphat, einem bei der Glycolyse gebildeten Zwischenprodukt.

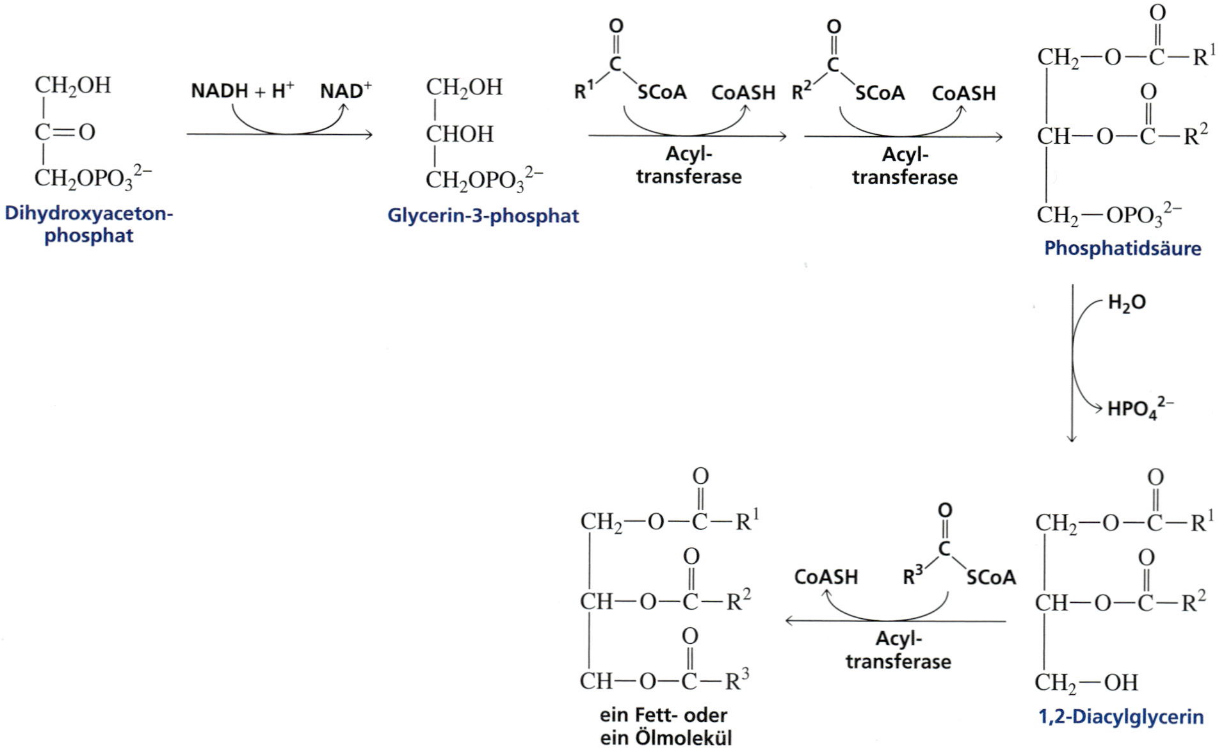

Gluconeogenese 24.12

Die **Gluconeogenese** – die Synthese von Glucose aus Pyruvat – ist ein anabolischer Reaktionsweg. Glucose ist der Hauptbrennstoff für den Körper. Bei längeren Sportaktivitäten oder beim Fasten jedoch greift der Körper auf Fett als Brennstoff zurück. Da das Gehirn aber kein Fett verstoffwechseln kann, muss eine kontinuierliche Versorgung mit Glucose gewährleistet sein. Daher muss der Körper eine Möglichkeit haben, Glucose zu synthetisieren, wenn kein ausreichender Vorrat vorhanden ist.

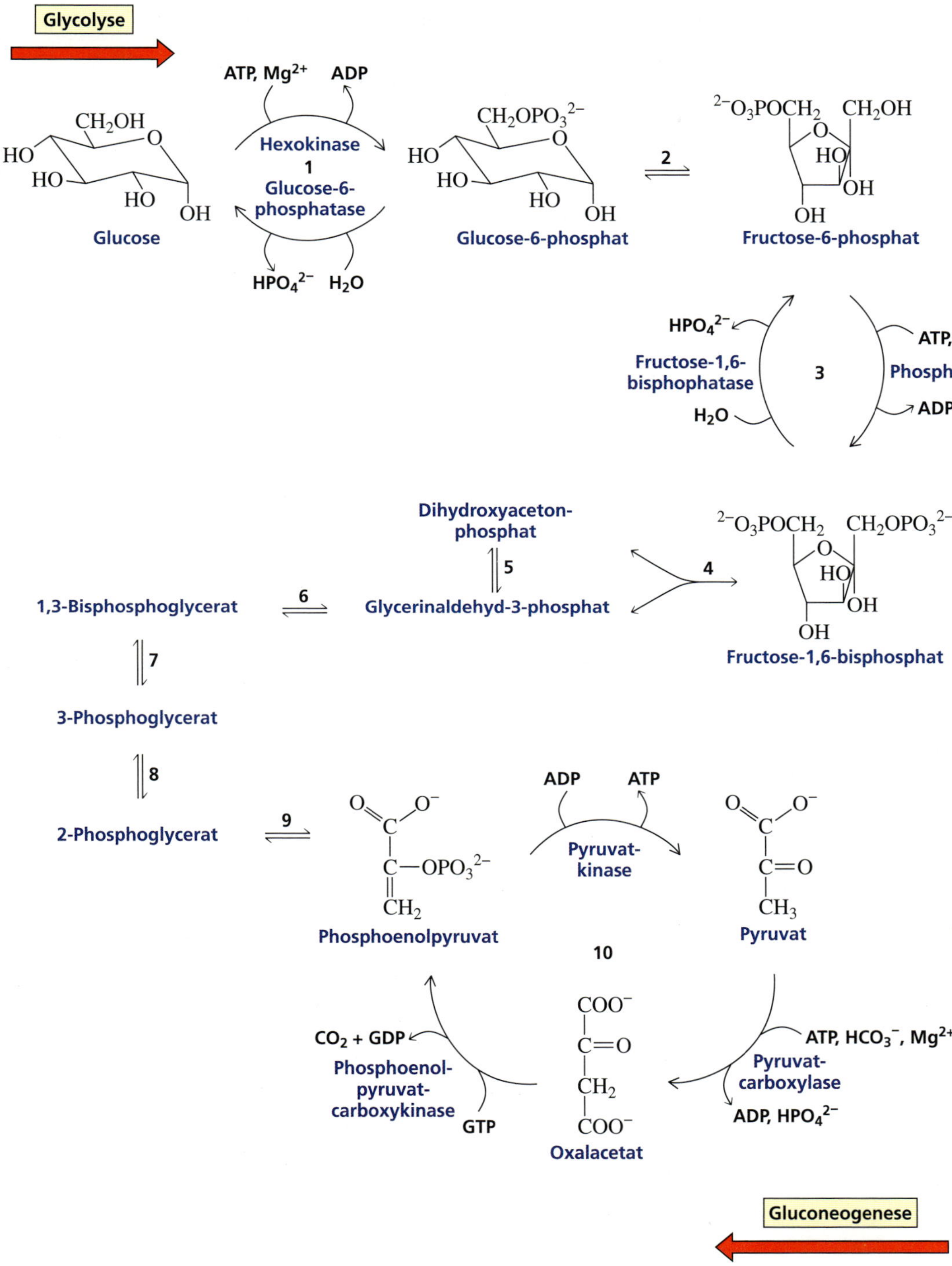

Abbildung 24.6: Glycolyse (Umwandlung von Glucose in Pyruvat) und Gluconeogenese (Biosynthese von Glucose aus Pyruvat).

Wie Sie durch einen Vergleich von Gluconeogenese und Glycolyse in ► Abbildung 24.6 sehen können, sind viele Reaktionen an der Synthese von Glucose beteiligt. Diese werden von denselben Enzymen durchgeführt, die den Abbau von Glucose in der Glycolyse katalysieren – sie führen die Reaktion allerdings in der umgekehrten Reihenfolge aus. Es können aber nicht alle Reaktionen der Gluconeogenese in der zur Glycolyse umgekehrten Richtung ablaufen, da einige der Enzyme irreversible Reaktionen katalysieren. Daher müssen in den Rückreaktionen Umwege um diese Reaktionsschritte gemacht werden, damit die Reaktionen in die andere Richtung funktionieren können. Durch die Verwendung von verschiedenen Enzymen, die sowohl in die Vorwärts- als auch in die Rückwärtsrichtung irreversible Reaktionen katalysieren, kann gewährleistet werden, dass thermodynamisch günstige Reaktionen in beide Richtungen ablaufen.

Die Reaktionen 1, 3 und 10 der Glycolyse sind irreversibel (► Abbildung 24.6). Daher ist ein weiteres Enzym erforderlich, um die Umkehrung dieser Reaktionen in der Gluconeogenese zu katalysieren. Die Umkehrung der letzten irreversiblen Reaktion (10) bei der Glycolyse besteht eigentlich aus zwei aufeinanderfolgenden enzymkatalysierten Reaktionen. Zuerst wird Pyruvat durch Pyruvatcarboxylase, ein biotinabhängiges Enzym, in dessen Oxalacetat umgewandelt. Dies erfolgt durch einen Mechanismus, den wir in Abschnitt 23.4 betrachtet haben. Oxalacetat wird daraufhin in Phosphoenolpyruvat umgewandelt. Bei dieser Reaktion wird Oxalacetat decarboxyliert (Abschnitt 17.17) und der Sauerstoff des Enolations greift den γ-Phosphor von GTP an.

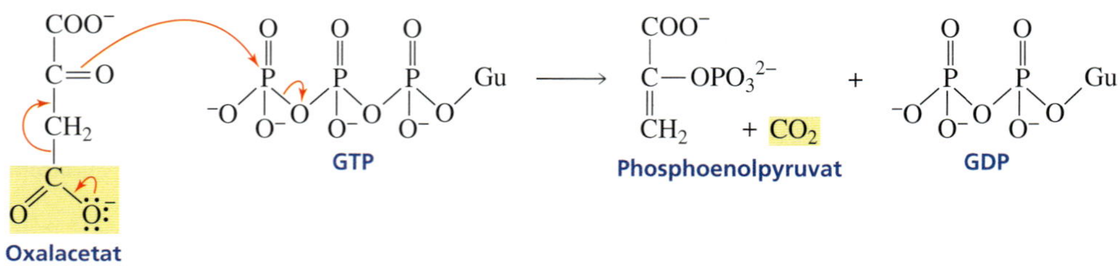

Die Hydrolyse von Fructose-1,6-bisphosphat zu Fructose-6-phosphat ist die nächste Reaktion in der Gluconeogenese, die ein Enzym benötigt (3). Da die Reaktion in die andere Richtung irreversibel ist, wird diese Reaktion durch Fructose-1,6-bisphosphatase katalysiert. Eine **Phosphatase** ist ein Enzym, welches die Entfernung eine Phosphorylgruppe von ihrem Substrat katalysiert. Schließlich hydrolisiert Glucose-6-Phosphatase (1) Glucose-6-Phosphat irreversibel zu Glucose. Beachten Sie, dass diese beiden irreversiblen Enzyme die Entfernung des „Griffs“, der zur molekularen Erkennung auf die Moleküle aufgetragen wurde, katalysieren.

Ü 23*

(a) Wie heißt das Enzym, das Glycerin in Glycerin-3-phosphat umwandelt?

(b) Wie heißt das Enzym, das Phosphatidsäure zu 1,2-Diacylglycerin umwandelt?

Regulierende Stoffwechselwege 24.13

Regulierungsenzyme

Die gleichzeitige Synthese und der Abbau von Glucose wären kontraproduktiv. Deshalb müssen die beiden Pfade so gesteuert werden, dass Glucose synthetisiert und gespeichert wird, wenn die Zelle keine Energie benötigt, und dass die Glucose abgebaut wird, wenn sie für den Energieumsatz benötigt wird. Um dies zu bewerkstelligen, wird ein Enzym benötigt, welches eine irreversible Reaktion in der Nähe eines beginnenden Reaktionswegs katalysiert und welches ein- und ausgeschaltet werden kann. Ein solches Enzym wird als **regulatorisches Enzym** bezeichnet.

Regulatorische Enzyme ermöglichen somit eine unabhängige Kontrolle von Abbau- und Synthesereaktionen, die auf die Bedürfnisse der Zelle angepasst sind. Einige der Möglichkeiten, drei irreversiblen Enzyme der Glycolyse und die drei irreversiblen Enzyme in der Gluconeogenese zu kontrollieren, sind ziemlich kompliziert. Deshalb werden hier nur einige der Kontrollmechanismen berücksichtigt.

Rückkopplungshemmer

Hexokinase

Hexokinase ist das erste Enzym, das eine irreversible Reaktion in der Glycolyse katalysiert (1), und ist ein regulatorisches Enzym. Es wird durch Glucose-6-phosphat, sein eigenes Reaktionsprodukt, gehemmt. Wenn also die Konzentration an Glucose-6-Phosphat über die normalen Werte ansteigt, dann gibt es keinen Grund, es weiter zu synthetisieren, sodass das Enzym ausgeschaltet wird. Glucose-6-phosphat ist somit ein **Rückkopplungshemmer** – das heißt, dass es das Enzym, das seine Biosynthese katalysiert, hemmt.

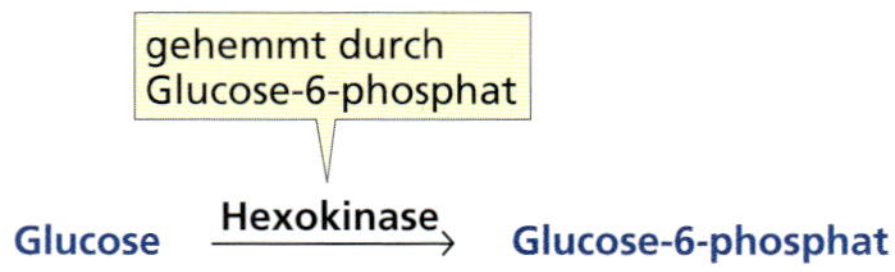

Allosterische Inhibitoren und Aktivatoren

Phosphofructokinase

Phosphofructokinase, das Enzym, das Fructose-6-phosphat in Fructose-1,6-bisphosphat umwandelt, ist das nächste Enzym (3), das eine irreversible Reaktion in der Glycolyse katalysiert. Es ist ein weiteres regulatorisches Enzym. Eine hohe Konzentration von ATP in der Zelle ist ein Signal dafür, dass ATP schneller produziert wird als es verbraucht wird, sodass es keinen Grund gibt, Glucose weiter abzubauen. Folglich ist ATP ein Inhibitor der Phosphofructokinase. Es hemmt das Enzym, indem sich an dieses bindet und eine Konformation des Enzyms bewirkt, die seine Affinität für sein Substrat verringert. ATP ist ein Beispiel für einen **allosterischen Inhibitor**. Ein allosterischer Inhibitor hemmt ein Enzym, indem er sich an eine andere Stelle des Enzyms als an das aktive Zentrum bindet (die Begriffe *allos* und *stereos* sind griechisch und bedeuten „andere" und „Weltraum"). Dadurch beeinflusst er die Form des aktiven Zentrums, was wiederum die Fähigkeit des Enzyms beeinträchtigt, sein Substrat zu binden.

Wenn dagegen die Konzentration von ADP und AMP in der Zelle hoch ist, deutet dies darauf hin, dass ATP schneller verbraucht wird als es produziert wird. Daher sind ADP und AMP **allosterische Aktivatoren** der Phosphofructokinase. Sie binden sich an das Enzym und kehren die Hemmung, die durch Bindung von ATP hervorgerufen wurde, um.

Citrat ist ein weiterer allosterischer Inhibitor der Phosphofructokinase. Eine hohe Konzentration von Citrat (ein Zitronensäurezwischenprodukt) in einer Zelle signalisiert, dass die Zelle gerade ihre benötigte Energie durch die Oxidation von Fetten und Proteinen deckt, damit die Oxidation von Kohlenhydraten vorübergehend gestoppt werden kann.

Pyruvatcarboxylase

Pyruvatcarboxylase ist das erste Enzym, das eine irreversible Reaktion in der Gluconeogenese katalysiert. Es ist ein weiteres regulatorisches Enzym. Pyruvat hat zwei Schicksale. Es kann in Oxalacetat umgewandelt werden (durch Pyruvatcarboxylase), welches dann Glucose zur Energiespeicherung produziert, oder es kann in Acetyl-CoA (durch den Pyruvatdehydrogenasekomplex) umgewandelt werden, welches dann in den Zitronensäurezyklus eintritt, um zur Energiegewinnung abgebaut zu werden. Acetyl-CoA ist ein allosterischer Aktivator der Pyruvatcarboxylase und ein Rückkopplungshemmer des Pyruvatdehydrogenasekomplexes. Eine hohe Konzentration von Acetyl-CoA weist darauf hin, dass derzeit kein Energiebedarf erforderlich ist, da Pyruvat in Glucose umgewandelt wird und nicht zum Eintritt in den Zitronensäurezyklus vorbereitet wird.

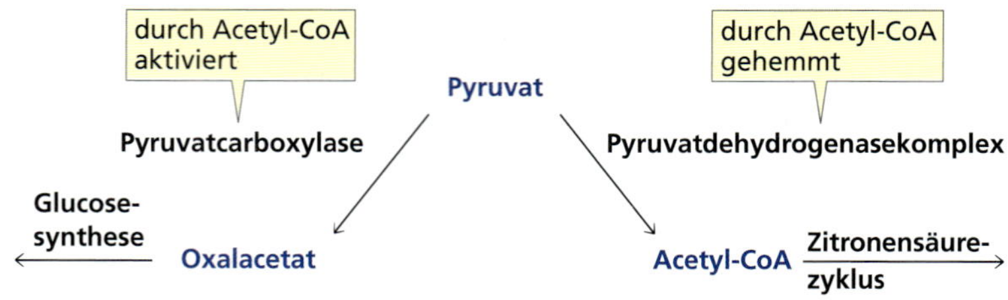

Die Biosynthese der Aminosäuren 24.14

Die einzigen vom Körper synthetisierten Aminosäuren sind die 10 nichtessenziellen Aminosäuren – die anderen müssen mit der Nahrung aufgenommen werden. Die nichtessenziellen Aminosäuren werden jeweils aus einem von vier intermediären Stoffwechselprodukten biosynthetisiert. Diese sind: α-Ketoglutarat, Pyruvat, Oxalacetat oder 3-Phosphoglycerat. Jede Aminosäure hat einen eigenen Weg für ihre Biosynthese.

Beispielsweise haben wir gesehen, dass Glutamat durch eine Transaminierungsreaktion unter Verwendung von α-Ketoglutarat als Stickstoffakzeptor und einer Aminosäure als Stickstoffdonator synthetisiert wird (Abschnitt 23.5). Auch Alanin und Aspartat werden durch eine Transaminierungsreaktion unter Verwendung von Pyruvat und Oxalacetat als Stickstoffakzeptor und einer Aminosäure als Stickstoffdonator synthetisiert.

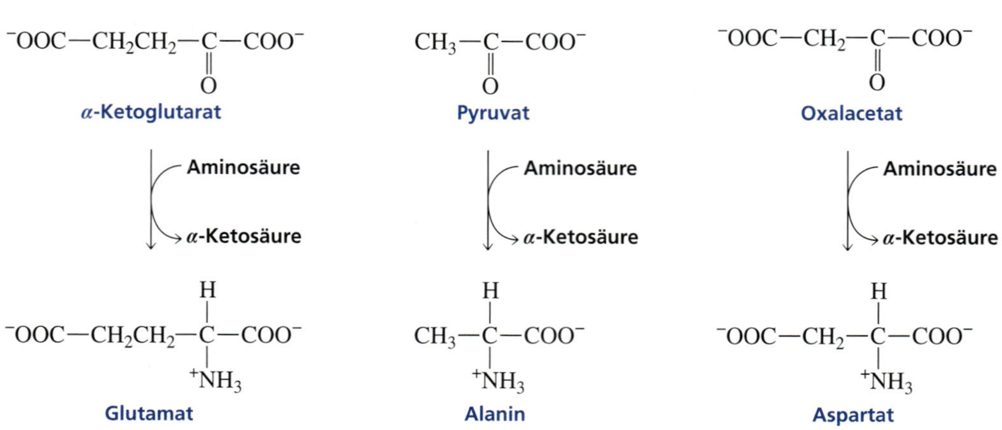

Serin wird aus 3-Phosphoglycerat (ein Zwischenprodukt in der Glycolyse) biosynthetisiert. Diese Synthese erfolgt durch Oxidation, Transaminierung des Produkts mit Glutamat und anschließender Abtrennung der Phosphatgruppe durch Hydrolyse.

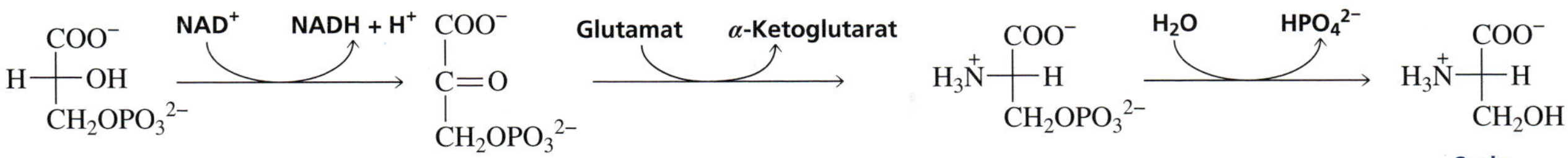

3-Phosphoglycerat

Serin

In Abschnitt 26.9 werden wir sehen, wie Proteine aus Aminosäuren biosynthetisiert werden.

Ü 24 Glutamin wird aus Glutamat in zwei Schritten durch ATP und Ammoniak biosynthetisiert. Schlagen Sie einen Mechanismus für diese Biosynthese vor.

Zusammenfassung

Abschnitt 24.0

- **Metabolismus** ist die Menge von Reaktionen, die lebende Organismen ausführen, um Energie zu gewinnen und für den Körper benötigte Verbindungen zu synthetisieren. Der Stoffwechsel kann in **Katabolismus** und **Anabolismus** unterteilt werden.
- Ein **kataboler Weg** besteht aus einer Reihe von Reaktionen, die Verbindungen abbauen, um Energie und einfachere Verbindungen bereitzustellen.
- Ein **anaboler Weg** ist eine Reihe von Reaktionen, die durch anabole Synthese eine komplexere Verbindung aus einfacheren Verbindungen synthetisieren.

Abschnitt 24.1

- **ATP** ist die wichtigste chemische Energiequelle für Zellen. ATP bietet einen Reaktionsweg, indem es eine gute Abgangsgruppe für eine Reaktion bereitstellt, die sonst aufgrund des Mangels an einer Abgangsgruppe nicht stattfinden würde. Dies geschieht über eine Phosphoryltransferreaktion.
- Eine **Phosphoryltransferreaktion** beinhaltet die Übertragung einer Phosphorylgruppe von ATP zu einem Nucleophil, was durch einen Bruch einer **Phosphoanhydridbindung** bewerkstelligt wird.
- Eine Phosphoryltransferreaktion bildet eine von drei Zwischenstufen – ein **Acyl- (oder Alkyl-)phosphat**, ein **Acyl- (oder Alkyl-)pyrophosphat** oder ein **Acyl- (oder Alkyl-)adenylat**.

Abschnitt 24.2

- ATP ist aufgrund seiner negativen Ladungen in einer Zelle kinetisch stabil. ATP ist im aktiven Zentrum eines Enzyms reaktiv, wo Mg^{2+} und Aminosäureseitenketten die negative Gesamtladung reduzieren.

Abschnitt 24.3

- Die Reaktion eines Nucleophils mit einer Phosphoanhydridbindung erfolgt stark exergonisch durch elektrostatische Abstoßung, elektrostatische Solvatation und durch Elektronendelokalisierung.

Abschnitt 24.4

- Der Katabolismus kann in vier Stufen unterteilt werden. In der *ersten Stufe* werden Fette, Kohlenhydrate und Proteine zu Fettsäuren, Monosacchariden und Aminosäuren hydrolisiert.
- In der *zweiten Stufe* werden die Produkte, die in der ersten Stufe erhalten wurden, in Verbindungen umgewandelt, die in den Zitronensäurezyklus eintreten können. Um in den Zitronensäurezyklus einzutreten, muss es sich bei einer Verbindung entweder um ein Zitronensäurezwischenprodukt, um Acetyl-CoA oder um Pyruvat handeln (da Pyruvat in Acetyl-CoA umgewandelt werden kann).
- Die *dritte Stufe* ist der **Zitronensäurezyklus** und die *vierte Stufe* ist die **oxidative Phosphorylierung**.
- **Kinase** ist ein Enzym, das eine Phosphorylgruppe in deren Substrat überführt.
- Eine **Dehydrogenase** ist ein Enzym, welches ein Substrat oxidiert.

Abschnitt 24.5

- In der ersten Stufe des Fettabbaus werden Fettmoleküle zu Fettsäuren hydrolisiert.
- In der zweiten Stufe wird jede Fettsäure in ein Fettsäureacyl-CoA umgewandelt, welches wiederum in ein anderes Fettsäureacyl-CoA, das zwei Kohlenstoffatome weniger aufweist, und in Acetyl-CoA umgewandelt wird. Dieser Vierreaktionsweg wird **β-Oxidation** genannt. Die Serie dieser vier Reaktionen wird wiederholt, bis das gesamte Fettsäureacyl-CoA in Acetyl-CoA-Moleküle umgewandelt ist.

Abschnitt 24.6

- In der ersten Stufe des Kohlenhydratkatabolismus werden Kohlenhydrate zu Glucosemolekülen hydrolisiert.
- In der zweiten Stufe wird Glucose in einer Reihe von 10 Reaktionen, die als **Glycolyse** bekannt sind, in zwei Moleküle Pyruvat umgewandelt.
- **Gekoppelte Reaktionen** bestehen aus einer endergonischen Reaktion und einer exergonischen Reaktion, die die endergonische Reaktion dazu antreibt, die Reaktionsprodukte zu synthetisieren.

Abschnitt 24.7

- Unter aeroben Bedingungen wird Pyruvat in Acetyl-CoA umgewandelt, welches dann in den Zitronensäurezyklus eintritt.
- Unter anaeroben Bedingungen wird Pyruvat zu Lactat reduziert.
- Unter den anaeroben Bedingungen, die in Hefe herrschen, wird Pyruvat zu Acetaldehyd decarboxyliert, um daraufhin zu Ethanol reduziert zu werden.

Abschnitt 24.8

- In der ersten Stufe des Proteinkatabolismus werden Proteine zu Aminosäuren hydrolysiert.
- In der zweiten Stufe werden Aminosäuren zu Pyruvat, Acetyl-CoA und/oder Zitronensäurezwischenprodukten metabolisiert.

Abschnitt 24.9

- Der Zitronensäurezyklus, die dritte Stufe des Katabolismus, ist eine Abfolge von 8 Reaktionen. Beim Durchlaufen des Zyklus werden die Acetylgruppe von allen anwesenden Acetyl-CoA-Molekülen, die in den Zyklus eintreten, zu zwei Molekülen CO_2 metabolisiert.

Abschnitt 24.10

- In der oxidativen Phosphorylierung, der vierten Stufe des Katabolismus, werden alle Molekül NADH und $FADH_2$, die in der zweiten und dritten Stufe des Katabolismus gebildet wurden, zu 2,5, beziehungsweise zu 1,5 Molekülen ATP oxidiert.

Abschnitt 24.11

- Anabolismus ist das Gegenteil von Katabolismus. Im Anabolismus sind Acetyl-CoA, Pyruvat, glycolytische Zwischenprodukte und Intermediate des Zitronensäurezyklus die Ausgangsstoffe für die Biosynthese von Fettsäuren, Kohlenhydraten und Proteinen. Zum Beispiel ist Acetyl-CoA das Ausgangsmaterial für die Biosynthese von Fetten.

Abschnitt 24.12

- Viele der Reaktionen, die an der Biosynthese von Glucose aus Pyruvat, der **Gluconeogenese**, beteiligt sind, werden von denselben Enzymen durchgeführt, welche die Reaktionen in der Glycolyse katalysieren – sie laufen jedoch umgekehrt ab.

Abschnitt 24.13

- Einige der Enzyme, die am Anfang eines jeden Reaktionswegs stehen, katalysieren irreversible Reaktionen. Diese Reaktionen müssen umgangen werden, wenn der Reaktionsweg in die andere Richtung ablaufen soll.
- Das Enzym, das eine irreversible Reaktion in der Nähe des Anfangs eines Reaktionswegs katalysiert, ist ein **regulatorisches Enzym** – dieses kann sich sowohl in einem aktiven Zustand befinden als auch gehemmt sein.
- Ein **Rückkopplungshemmer** hemmt das Enzym, welches die Biosynthese katalysiert.
- Ein **allosterischer Inhibitor** oder **Aktivator** hemmt oder aktiviert ein Enzym, indem es sich an eine andere Stelle des Enzyms als das aktive Zentrum bindet und dadurch Einfluss auf das aktive Zentrum nimmt.
- **Phosphatase** ist ein Enzym, das die Entfernung einer Phosphorylgruppe von seinem Substrat katalysiert.

Abschnitt 24.14

- Alle nichtessenziellen Aminosäuren werden aus einer einzigen Biosynthese von vier Stoffwechselintermediaten hergestellt: α-Ketoglutarat, Pyruvat, Oxalacetat oder 3-Phosphoglycerat.

Im MyLab | Organische Chemie finden Sie:

- den praktischen **eText** zum Kapitel mit Notizfunktion
- eine Auswahl verschiedener **3D-Moleküle**
- **Lösungen** zu ausgewählten, mit * versehenen Übungen
- digitale **Lernkarten** und ein umfangreiches **Glossar** zum Nachschlagen und Wiederholen von Definitionen
- digitale Übungsaufgaben in Form von **Kapiteltests** zur eigenen Lernkontrolle

Die Organische Chemie der Lipide

25

25.1	Fettsäuren sind langkettige Carbonsäuren	1333
25.2	Wachse sind hochmolekulare Ester	1335
25.3	Fette und Öle sind Triglyceride	1336
25.4	Seifen und Mizellen	1339
25.5	Phospholipide sind Bestandteile biologischer Membranen	1341
25.6	Prostaglandine regulieren physiologische Reaktionen	1345
25.7	Terpene enthalten fünfgliedgrige Kohlenstoffatomgruppen	1348
25.8	Die Biosynthese der Terpene	1350
25.9	Die Biosynthese des Cholesterols	1356
25.10	Steroide	1358
25.11	Synthetische Steroide	1361
Zusammenfassung		1363

ÜBERBLICK

Einige der Dinge, die Sie in diesem Kapitel lernen werden, befassen sich mit den großen Fettablagerungen im Kopf eines Wals, mit dem Unterschied zwischen Fett und Öl und damit, weshalb einige Schlangen giftig sind und andere Schlangen es nicht ist. Wir werden auch sehen, was Zitronenöl, Geraniumöl und Pfefferminzöl gemeinsam haben und wie diese biosynthetisiert (in der Natur synthetisiert) werden.

Lipide sind organische Verbindungen, die löslich in unpolaren Solventien sind. Sie sind Bestandteile aller lebenden Zellen und mancher Viren. Da Verbindungen aufgrund physikalischer Eigenschaften (Löslichkeitsverhalten) als Lipide eingestuft werden und nicht aufgrund ihrer chemischen Konstitution oder Struktur, weisen die Lipide eine Vielfalt chemischer Strukturen und Funktionen auf, wie folgende Beispiele belegen:

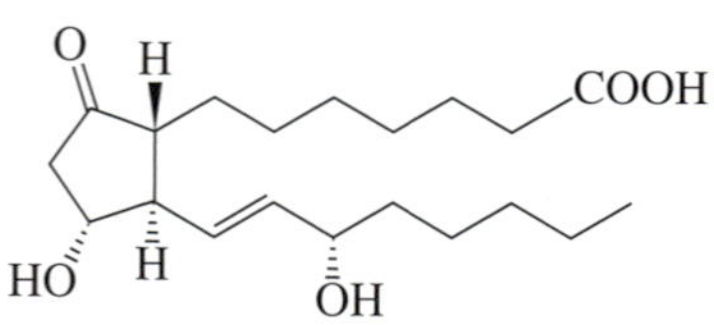

PGE_1
ein gefäßerweiternder Signalstoff

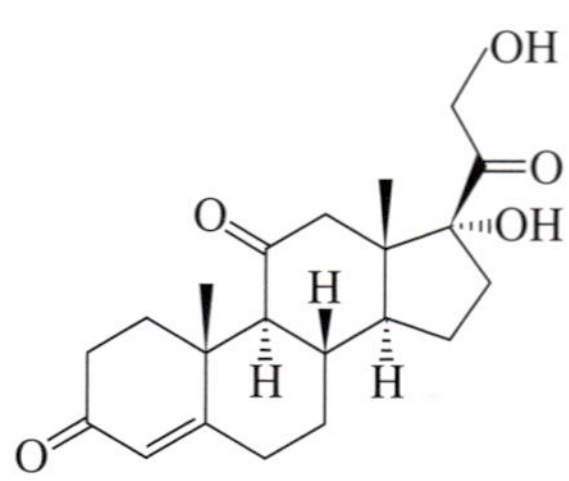

Cortison
ein Hormon

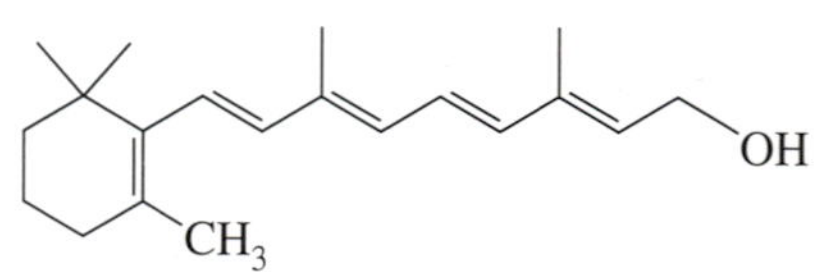

Vitamin A
ein Vitamin

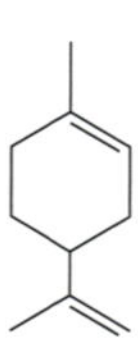

Limonen
in Orangen- und Zitronenöl

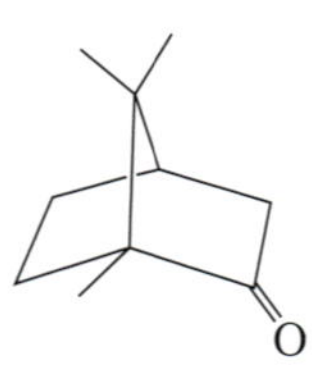

Campher
kommt in Kampferbäumen vor

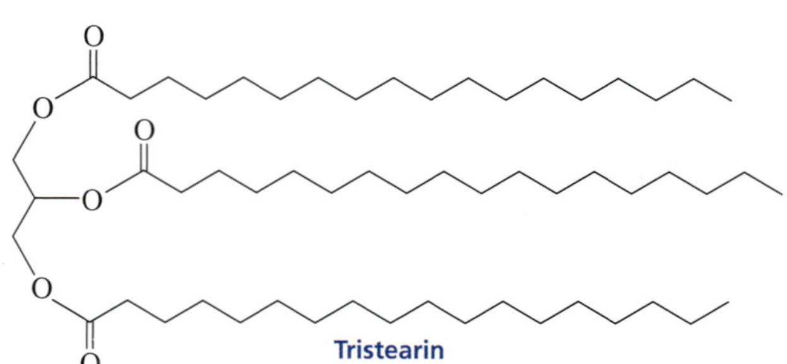

Tristearin
ein Fettmolekül

Die Fähigkeit der Lipide, sich in unpolaren organischen Lösungsmitteln zu lösen, geht auf ihre ausgedehnten Kohlenwasserstoffanteile zurück, dem Teil des Moleküls, der für die „Öligkeit“ bzw. „Fettigkeit“ der Verbindung verantwortlich ist. Das Wort *Lipid* leitet sich vom griechischen *lipos*, „Fett“ ab.

Fettsäuren sind langkettige Carbonsäuren 25.1

Die **Fettsäuren**, die eine Hauptgruppe der Lipide stellen, sind Carbonsäuren mit langen Kohlenwasserstoff „schwänzen“. Die in der Natur am häufigsten vorkommenden Fettsäuren sind in ▶ Tabelle 25.1 zusammengefasst. Die meisten natürlich auftretenden Fettsäuren weisen eine gerade Anzahl von Kohlenstoffatomen auf und sind unverzweigt, da sie in lebenden Zellen aus Acetatresten, die – wie wir wissen – 2 Kohlenstoffatome enthalten, aufgebaut werden. Der Mechanismus ihrer Synthese wurde in Abschnitt 17.20 besprochen.

Anzahl der Kohlenstoffatome	Trivialname	Systematischer Name	Struktur	Schmelzpunkt (°C)
gesättigt				
12	Laurinsäure	Dodecansäure	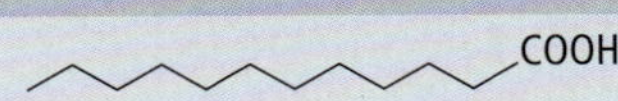	44
14	Myristinsäure	Tetradecansäure	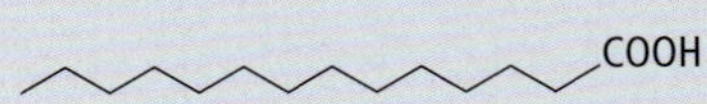	58
16	Palmitinsäure	Hexadecansäure	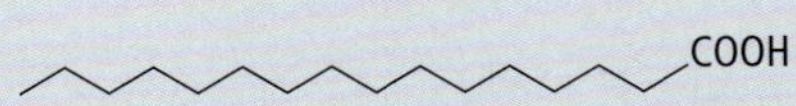	63
18	Stearinsäure	Octadecansäure	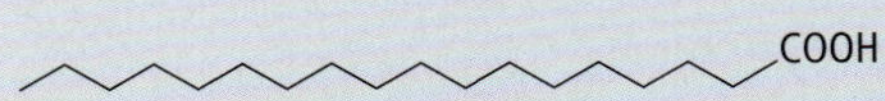	69
20	Arachinsäure	Eicosansäure	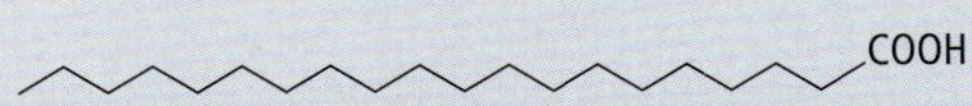	77
ungesättigt				
16	Palmitoleinsäure	(9*Z*)-Hexadecansäure	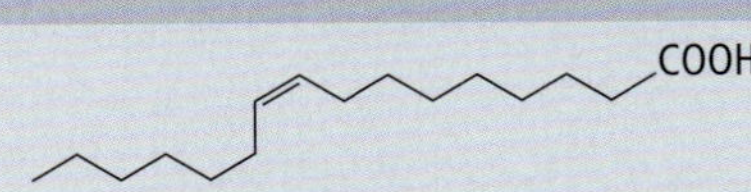	0
18	Ölsäure	(9*Z*)-Octadecansäure	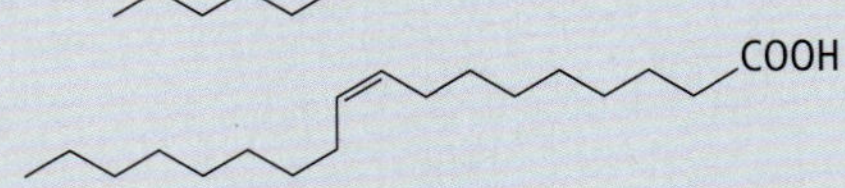	13
18	Linolsäure	(9*Z*,12*Z*)-Octadecadiensäure	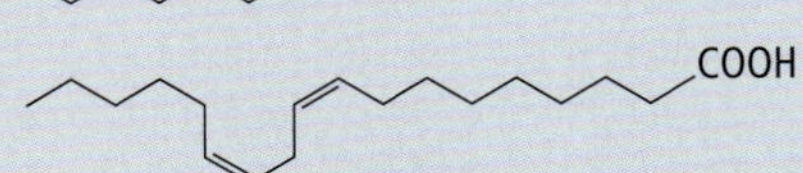	−5
18	Linolensäure	(9*Z*,12*Z*,15*Z*)-Octadecatriensäure	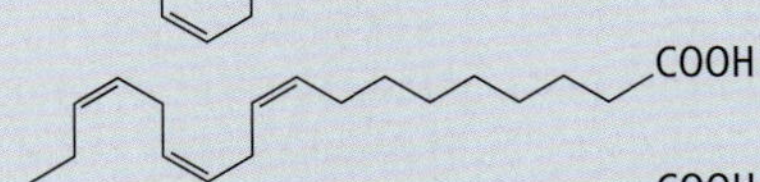	−11
20	Arachidonsäure	(5*Z*,8*Z*,11*Z*,14*Z*)-Eicosatetraensäure	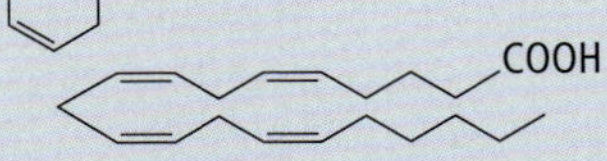	−50
20	EPA	(5*Z*,8*Z*,11*Z*,14*Z*,17*Z*)-Eicosanpentaensäure	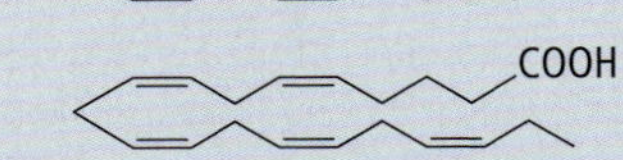	−50

Tabelle 25.1: Trivialnamen natürlicher Fettsäuren.

- Fettsäuren können mit Wasserstoffatomen gesättigt sein; dann enthalten sie keine Kohlenstoff-Kohlenstoff-Doppelbindungen.
- Fettsäuren können auch ungesättigt sein; dann enthalten sie C=C-Doppelbindungen.

- Fettsäuren mit mehr als einer olefinischen Doppelbindung heißen **mehrfach ungesättigte Fettsäuren**.
- Die olefinischen Doppelbindungen der natürlich auftretenden Fettsäuren sind *cis*-konfiguriert und immer durch eine CH_2-Gruppe voneinander getrennt.

Die Schmelzpunkte der gesättigten Fettsäuren steigen aufgrund der van der Waals'schen Wechselwirkungen zwischen den Molekülen mit der Molmasse an (Abschnitt 3.9). Die Schmelzpunkte der ungesättigten Fettsäuren nehmen ebenfalls mit der Molmasse der Verbindung zu, doch liegen sie niedriger als bei den gesättigten Fettsäuren mit vergleichbaren Molmassen (► Tabelle 25.1).

Die *cis*-Konfiguration führt zu einem Knick im Molekül, der verhindert, dass sich ungesättigte Fettsäuren so dicht packen lassen wie gesättigte. Als Folge kommt es bei den ungesättigten Fettsäuren zu einer geringeren Zahl zwischenmolekularer Wechselwirkungen. Die Schmelzpunkte liegen deshalb niedriger als bei den gesättigten Fettsäuren (► Tabelle 25.1).

MERKE!

Ungesättigte Fettsäuren besitzen niedrigere Schmelzpunkte als gesättigte.

Stearinsäure

eine C18-Carbonsäure ohne Doppelbindungen

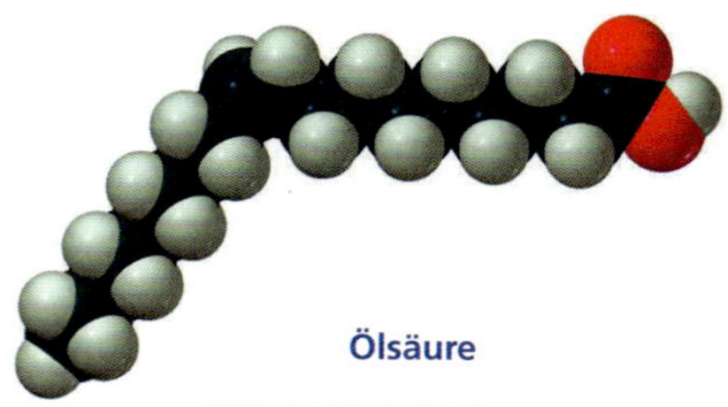

Ölsäure

eine C18-Carbonsäure mit einer Doppelbindung

HINTERGRUND

Omega-Fettsäuren

Omega (Ω) ist der letzte Buchstabe des griechischen Alphabets und das Symbol, mit dem angezeigt wird, wo bei einer Fettsäure die erste olefinische Doppelbindung liegt, ausgehend vom Methylende des Moleküls (also nicht von der Carboxylgruppe aus gezählt). So ist etwa Linolsäure eine Omega-6-Fettsäure, weil die erste C═C-Doppelbindung zwischen dem sechsten und siebten C-Atom vom Methylterminus aus liegt. Linolensäure ist eine Omega-3-Fettsäure, da die erste C═C-Bindung zwischen dem dritten und vierten C-Atom liegt. Säugetieren fehlt ein Enzym, das eine Doppelbindung jenseits von C-9 einzuführen vermag. Achtung: C-1 ist das Carboxylkohlenstoffatom; gezählt wird die Kohlenstoffkette also von der COOH-Gruppe aus. Linolsäure und Linolensäure sind daher für Säugetiere essenzielle Fettsäuren. Da sie für die ordnungsgemäße Funktion des Körpers notwendig sind, aber nicht selbst hergestellt werden können, müssen sie in der Nahrung enthalten sein. Omega-3-Fettsäuren verringern das Risiko an einem Herzinfarkt zu sterben. Unter Stress kann das Herz tödliche Rhythmusstörungen entwickeln. Omega-3-Fettsäuren werden in die Zellmembranen der Herzzellen eingebaut und haben anscheinend einen stabilisierenden Effekt auf den Rhythmus. Diese Fettsäuren finden sich in fetthaltigen Fischen wie Hering, Makrele und Lachs.

Linolsäure und Linolensäure sind essenzielle Fettsäuren für Säugetiere.

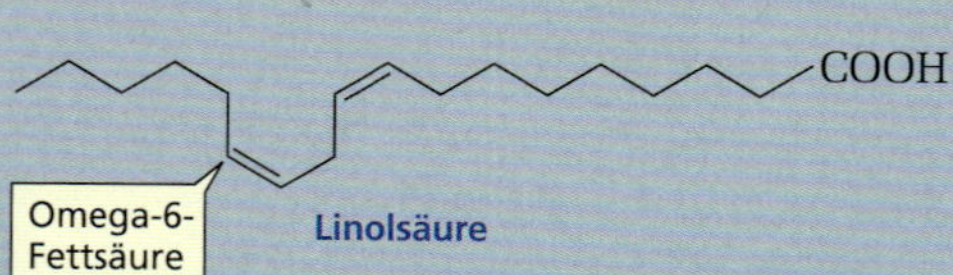

Linolsäure

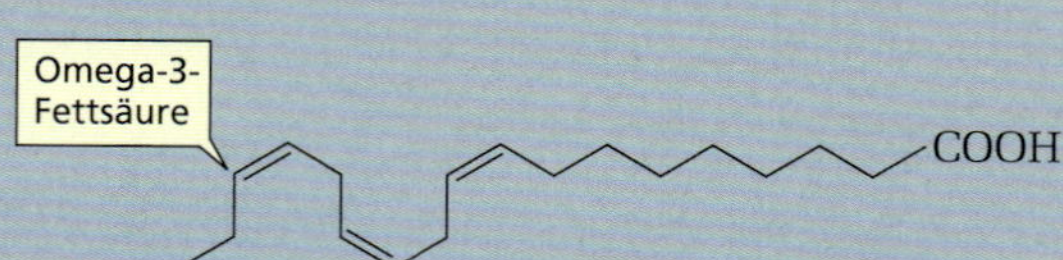

Linolensäure

Ü 1 Erklären Sie den Unterschied in den Schmelzpunkten der folgenden Fettsäuren:

(a) Palmitinsäure und Stearinsäure
(b) Stearinsäure und Ölsäure
(c) Palmitoleinsäure und Ölsäure
(d) Ölsäure und Linolsäure

Wachse sind hochmolekulare Ester 25.2

Als **Wachs** bezeichnet man einen bei Zimmertemperatur festen Ester einer langkettigen Carbonsäure mit einem langkettigen Alkohol. So besteht zum Beispiel das bekannte Bienenwachs, aus dem die Bienenwaben bestehen, aus einer C26-Carbonsäure und einem C30-Alkohol. Das Wort *Wachs* leitet sich vom altenglischen *weax* ab, das „Stoff der Bienenwabe" bedeutet. Carnaubawachs ist besonders hart, weil es eine vergleichsweise hohe Molmasse aufweist: Es besteht aus einer C32-Carbonsäure und einem C34-Alkohol. Carnaubawachs wird technisch in Autowachs und Bohnerwachs für Fußböden verwendet.

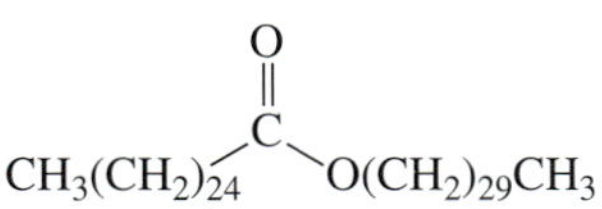

Hauptkomponente des Bienenwachses
Baumaterial der Bienenwaben

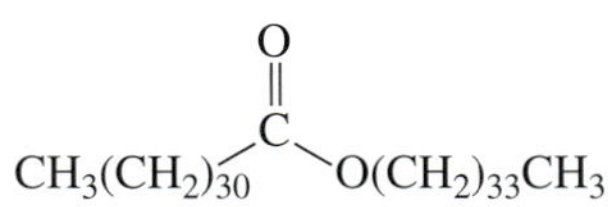

Hauptkomponente des Carnaubawachses
Schutzschicht auf den Blättern einer brasilianischen Palmenart

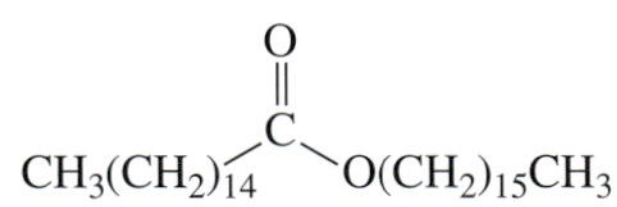

Hauptkomponente des Walrat- bzw. Spermacetiwachses
Speicherstoff aus dem Kopf von Buckelwalen

Wachse sind bei vielzelligen Lebewesen verbreitet. Die Federn eines Vogels sind mit einer Wachsschicht überzogen, um sie wasserabweisend zu machen. Einige Wirbeltiere scheiden Wachs aus, um ihr Fell geschmeidig und wasserabweisend zu halten. Insekten scheiden eine wasserfeste Wachsschicht auf der äußeren Oberfläche ihrer Exoskelette ab, die Kutikula. Wachse finden sich auch auf den Oberflächen bestimmter Blätter und Früchte (zum Beispiel bei Zitrusfrüchten wie Orangen und Zitronen), wo sie als Schutzschicht gegen Parasiten wie Insekten und Pilze dienen und die Verdunstung von Wasser verhindern.

Anordnung von Bienenwaben in einem Bienenstock.

Wassertropfen auf einer Vogelfeder.

Fette und Öle sind Triglyceride 25.3

Triacylglycerole, auch Triglyceride genannt, sind Verbindungen, bei denen alle drei OH-Gruppen des dreiwertigen Alkohols Glycerol mit Fettsäuren Ester gebildet haben. Man spricht seltener auch von Neutralfetten.

Falls die drei mit dem Glycerol veresterten Fettsäuren chemisch identisch sind, spricht man von einem **einfachen Triacylglycerol**. **Gemischte Triacylglycerole** enthalten zwei oder drei unterschiedliche Fettsäurekomponenten. Sie sind verbreiteter als die Einfachfette. Nicht alle Triacylglycerole aus einer bestimmten Quelle (einer Pflanzenart zum Beispiel) sind notwendigerweise chemisch identisch. Stoffe wie Tran und Olivenöl beispielsweise sind jeweils Gemische aus verschiedenen Triacylglycerolen.

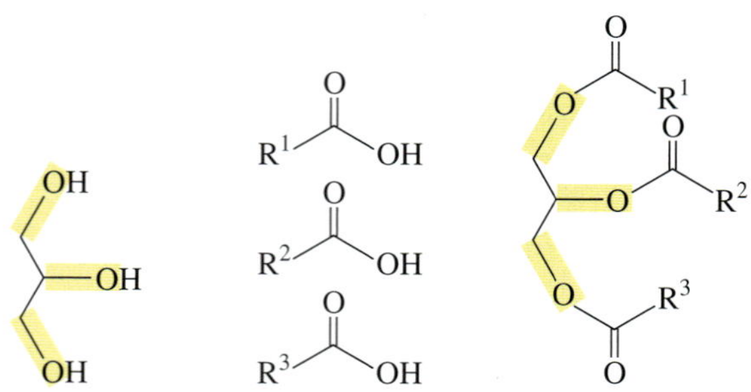

Fette und Öle

Triacylglycerole, die bei Zimmertemperatur fest oder halbfest (streichfähig) sind, nennt man **Fette**. Die meisten Fette stammen aus tierischen Quellen und setzen sich zumeist aus Triacylglycerolen zusammen, deren Fettsäureanteile entweder gesättigt sind oder nur eine Doppelbindung enthalten. Die gesättigten Fettsäureschwänze lassen sich dicht packen, was diesen Triacylglycerolen relativ hohe Schmelzpunkte verleiht, sodass sie bei Zimmertemperatur fest sind.

ein Fettmolekül

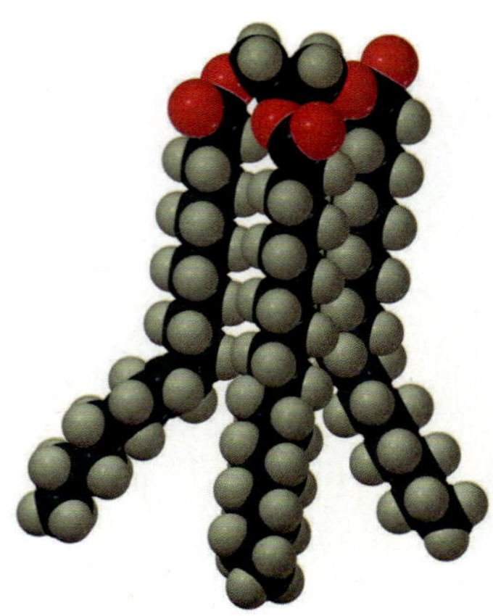
ein Ölmolekül

Triacylglycerole, die bei Zimmertemperatur flüssig vorliegen, heißen **Öle**. Öle sind im Regelfall pflanzlichen Ursprungs. Bekannte Ölpflanzen bzw. Ölpflanzenfrüchte sind Mais, Sojabohnen, Lein, Oliven und Erdnüsse. Sie bestehen in erster Linie aus Triacylglycerolen, deren Fettsäuren ungesättigt sind und sich daher nicht sehr dicht packen lassen. Folglich sind ihre Schmelzpunkte niedrig, sodass sie bei Zimmertemperatur flüssig vorliegen. Die Triacylglycerolmoleküle, die aus ein und derselben Quelle stammen, sind nicht unbedingt identisch; Stoffe wie Schmalz und Olivenöl sind beispielsweise Gemische aus mehreren verschiedenen Triaclyglycerolen.

Die Umwandlung von Ölen in Fette

Einige oder alle olefinischen Doppelbindungen mehrfach ungesättigter Fettsäuren von Ölen können mittels katalytischer Hydrierungen reduziert werden (Abschnitt 5.9). Dieser technische Prozess heißt *Fetthärtung*. Margarine wird auf diesem Weg aus pflanzlichen Ölen hergestellt. Man hydriert die Ausgangsverbindungen so lange, bis die gewünschte Konsistenz erreicht ist. Die Hydrierungsbedingungen müssen sorgfältig kontrolliert werden, weil eine vollständige Reduzierung aller C═C-Doppelbindungen zu einem harten Fett von der Konsistenz des Rindertalgs führen würde. Wir haben gesehen, dass Transfette während der Hydrierung gebildet werden können (Abschnitt 5.9).

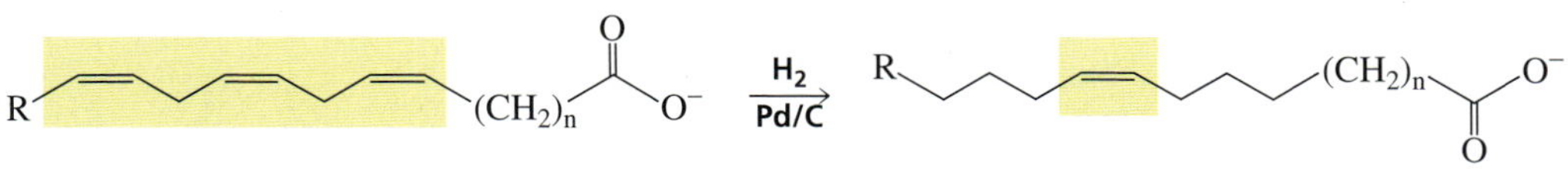

Pflanzliche Öle haben bei der Herstellung von Speisen Beliebtheit erlangt, da einige statistische Untersuchungen zu Ernährung und Krankheiten eine Korrelation zwischen dem Konsum gesättigter Fett und Herz-Kreislauf-Erkrankungen gefunden haben. Neuere Studien wollen gefunden haben, dass auch *un*gesättigte Fette bei der Verursachung von Herz-Kreislauf-Krankheiten eine Rolle spielen können. Eine hoch ungesättigte C20-Fettsäure mit fünf olefinischen Doppelbindungen, die als EPA bekannt ist (► Tabelle 25.1) und die in hoher Konzentration in Fischöl enthalten ist, soll jedoch bestimmten Erkrankungen der Herzgefäße vorbeugen.

Mit der Nahrung aufgenommene Triacylglycerole werden im Dünndarm hydrolytisch zerlegt. Glycerol und Fettsäuren werden resorbiert (Abschnitt 24.5). Wir haben gelernt, dass die Hydrolyse von Fetten unter basischen Bedingungen zu Glycerol und Salzen von Fettsäuren führt. Diese sind verantwortlich für den unangnehmen Geruch von saurer Milch und ranziger Butter (Abschnitt 12.11).

Die Nahrung des Papageientauchers ist reich an Fischöl.

Ü 2* Welche Verbindung wird den höheren Schmelzpunkt besitzen: Tripalmitinsäureglycerolester oder Tripalmitoleinsäureglycerolester?

Ü 3 Zeichnen Sie die Strukturformel eines optisch inaktiven Fettmoleküls, das bei der Hydrolyse Glycerin, ein Molekül Laurinsäure und zwei Moleküle Stearinsäure ergibt.

Ü 4 Zeichnen Sie die Strukturformel eines optisch aktiven Fettmoleküls, das bei der Hydrolyse die gleichen Produkte wie das Fettmolekül von Übung 3 ergibt.

HINTERGRUND

■ Olestra: Fettfreies „Fett" mit Geschmack

Chemiker*innen haben nach Wegen gesucht, den kalorischen Gehalt von Nahrungsmitteln zu senken, ohne den Geschmack zu beeinträchtigen. Viele Menschen, die der Meinung sind, dass „fettfrei" gleichbedeutend mit „geschmacksfrei" sei, halten das für ein lohnenswertes Unterfangen. Die Firma *Procter & Gamble* hat 30 Jahre Zeit und 2 Milliarden US-Dollar in die Entwicklung des Fettersatzstoffes Olestra investiert. Nach der Prüfung von 150 Untersuchungen hat die US-amerikanische Genehmigungsbehörde FDA (*Food and Drug Administration*) eine begrenzte Zulassung für die Verwendung von Olestra in Zwischenmahlzeiten erteilt.

Olestra ist ein halbsynthetischer Stoff. Er selbst kommt in der Natur nicht vor, aber die Bestandteile, aus denen er sich zusammensetzt, tun es. Man war der Ansicht, dass eine Verbindung, die sich aus Teilen zusammensetzt, die normale Bestandteile der menschlichen Ernährung sind, die Wahrscheinlichkeit herabsetzen, dass sich das neue Produkt als toxisch erweisen könnte. Olestra wird durch Veresterung der OH-Funktionen des Rohrzuckermoleküls (Saccharose) mit Fettsäuren aus Baumwollsamen- und Sojabohnenöl hergestellt. Die neue Verbindung setzt sich also aus pflanzlichen Fettsäuren und Rohrzucker zusammen. Da die Estergruppen sterisch stark gehindert sind, können sie von den Hydrolasen des Verdauungsapparates nicht erreicht und darum nicht hydrolysiert werden. Olestra schmeckt wie Fett, kann aber nicht verdaut werden. Es besitzt daher keinen Nährwert. Bei der Veresterung kommt es jedoch durch Nebenreaktionen auch zur Bildung von Hepta-, Hexa- und niederen Saccharosefettsäureestern, die aufgrund geringerer sterischer Hemmung teilweise einem enzymatischen Angriff zugänglich sind und somit dann auch kalorisch ins Gewicht fallen. Das unverdaute Olestra passiert den Verdauungstrakt und wird unverändert ausgeschieden. Aufgrund seiner physikalischen Eigenschaften – der für fettige Substanzen typischen „Schmierigkeit" – kommt es beim Verzehr größerer Mengen Olestra, infolge tüchtiger „Schmierung" des Dickdarms, zu unkontrollierten Durchfällen. Wir erinnern uns an den Fundamentalsatz der Pharmakologie: Keine Wirkung ohne Nebenwirkungen!

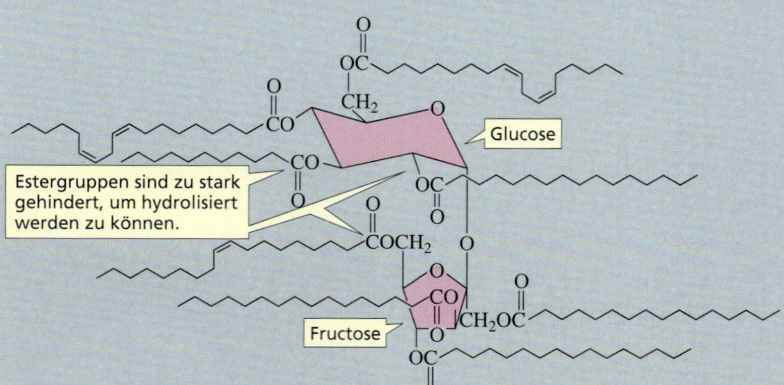

Olestra

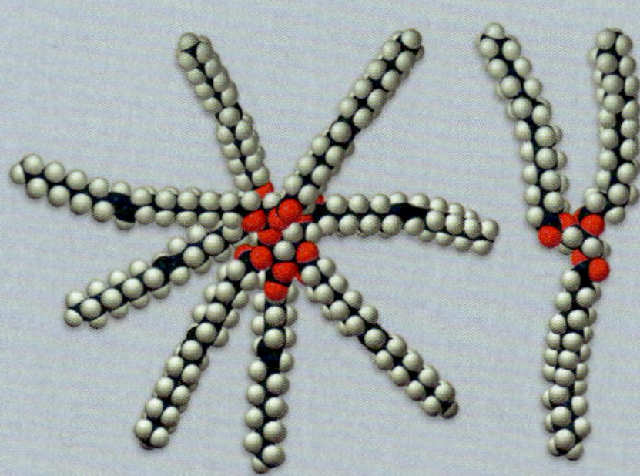

Olestra   ein Fettmolekül

■ Wale und Echoortung

Wale besitzen enorm dicke Köpfe, die bei einigen Arten bis zu einem Drittel der Körpermasse ausmachen. Im Schädel und im Unterkiefer weisen diese Tiere riesige Fettspeicher auf. Dieses Schädelfett ist von deutlich anderer chemischer Beschaffenheit als das normale Körperfett und das Fett in der Nahrung, die die Wale zu sich nehmen. Da wesentliche anatomische Änderungen notwendig waren, um diese Fettspeicher anzulegen, müssen sie irgendeine wichtige Funktion für das Tier erfüllen. Man nimmt heute an, dass dieses Fettgewebe von Bedeutung für die Echoortung der Wale ist. Wale senden pulsförmige Schallsignale aus, um aus den zu ihnen zurücklaufenden Echos Informationen über die Umgebung zu gewinnen. Das Fett in den Walköpfen fokussiert die ausgesandten Signale zu einem gerichteten „Schallstrahl"; die von Objekten reflektierten Schallwellen werden mittels des Unterkiefers aufgefangen. Diese Kiefer„antenne" übermittelt die empfangenen Signale als Nervensignale an das Gehirn, wo sie verarbeitet und interpretiert werden. Dies vermittelt dem Wal Informationen über die Beschaffenheit des Wasserkörpers, Änderungen am Untergrund (so dieser in erreichbarer Nähe ist), den Verlauf von Küstenlinien und den Standort von Beutetieren. Das Speicherfett in Schädel und Kiefer stattet die Wale mit einem einzigartigen akustosensorischen System aus, das es ihnen erlaubt, den Kampf um das Überleben gegen Haie zu gewinnen, welche ebenfalls ein ausgezeichnetes Echoortungssystem besitzen.

Seifen und Mizellen 25.4

Wenn die Estergruppen eines Fettes oder eines Öls in einer basischen Lösung hydrolysiert werden, werden Glycerol und Fettsäuren gebildet. Da die Lösung basisch ist, liegen die Fettsäuren in ihren Grundformen vor. Diese ist RCO_2^-.

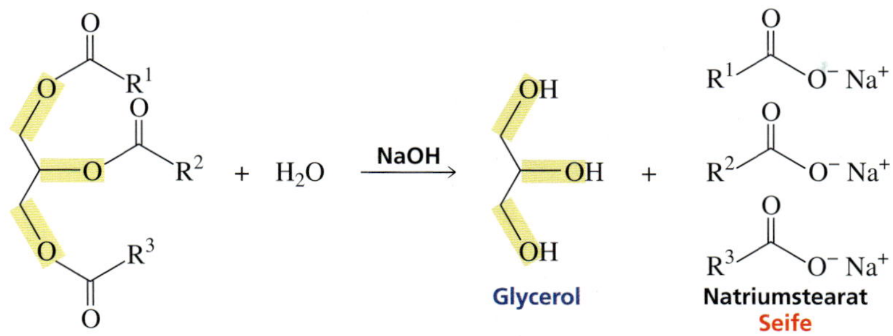

Seife

Die Natrium- oder Kaliumsalze von Fettsäuren sind das, was wir als **Seife** kennen. Folglich wird die Hydrolyse eines Esters in einer basischen Lösung **Verseifung** beziehungsweise **Saponifikation**, genannt (das lateinische Wort für „Seife" ist *Sapo*). Nach der Hydrolyse wird Natriumchlorid zugesetzt, um die pure Seife zu erhalten, welche daraufhin getrocknet und zu Riegeln gepresst wird. Um duftende Seifen herzustellen, kann der Seife Parfüm hinzugefügt werden. Farbstoffe können für gefärbte Seifen hinzugefügt werden, Sand kann hinzugefügt werden, wenn die Seife auch große Verschmutzungen reinigen soll, und die Seife kann mit Luft versetzt werden, damit sie im Wasser oben schwimmt. Drei der am häufigsten verwendeten Seifen werden unten gezeigt:

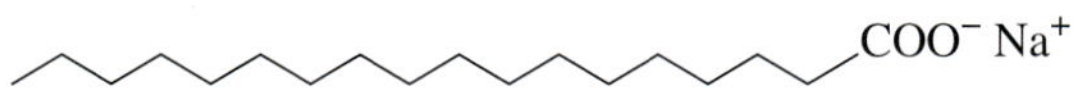

Natriumstearat

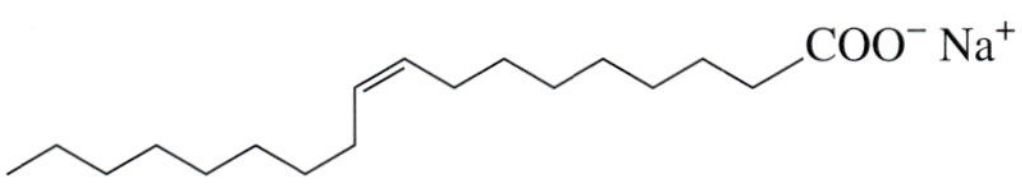

Natriumoleat

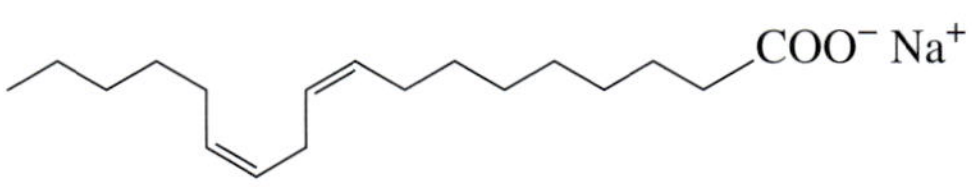

Natriumlinoleat

Mizellen

Langkettige Carboxylationen liegen in wässriger Lösung nicht als Einzelionen vor. Stattdessen ordnen diese sich in sphärischen Clustern, den sogenannten **Mizellen**, an. Jede Mizelle enthält 50–100 lange Ketten an Carboxylationen und ähnelt einer großen Kugel. Die Polköpfe der Carboxylationen, die jeweils von einem Gegenion begleitet werden, sind aufgrund ihrer Anziehungskraft gegenüber Wasser auf der Außenseite des Balls angeordnet. Die unpolaren Schwänze wiederum sind im Inneren des Balls eingegraben, um deren Kontakt mit dem Wasser zu minimieren. Die hydrophoben Wechselwirkungen zwischen den unpolaren Schwänzen erhöhen die Stabilität der Mizelle (Abschnitt 21.15).

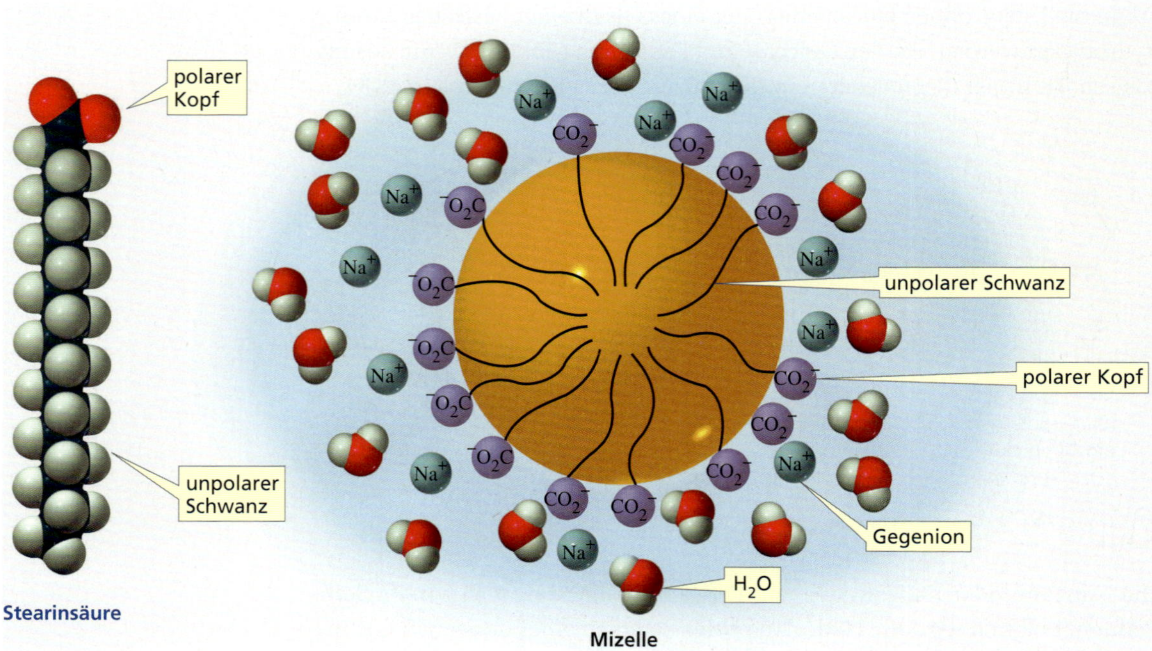

Stearinsäure

Mizelle

Wasser an sich ist kein sehr wirksames Reinigungsmittel, da Schmutz von unpolaren Ölmolekülen getragen wird. Seife hat folglich deshalb eine Reinigungsfähigkeit, weil sich die unpolaren Ölmoleküle im unpolaren Inneren der Mizelle auflösen und beim Spülen zusammen mit der Mizelle von ihrem Trägerstoff weggespült werden. Da die Oberfläche der Mizelle geladen ist, stoßen sich die einzelnen Mizellen voneinander ab, anstatt sich zu größeren Molekülverbunden zusammenzufügen. Allerdings formen sich die Mizellen zu Aggregaten in „hartem“ Wasser – Wasser mit hohem Gehalt Konzentrationen von Calcium- und Magnesiumionen –, die wir als die Rückstände, die als „Badewannenring“ oder „Seifenschaum“ bezeichnet werden, kennen.

Reinigungsmittel

Die Bildung von Seifenschaum in hartem Wasser hat dazu geführt, dass man nach synthetischen Materialien gesucht hat, welche die reinigenden Eigenschaften von Seife bilden, jedoch keinen Schaum bilden, wenn sie auf Calcium- und Magnesiumionen treffen. Die synthetischen „Seifen“, die entwickelt wurden, sind als **Detergenzien** bekannt (aus dem Lateinischen) *detergere*, was „Abwischen“ bedeutet) und sind Salze von Benzolsulfonsäuren. Die Calcium- und Magnesiumsalze von Benzolsulfonsäuren bilden keine Aggregate.

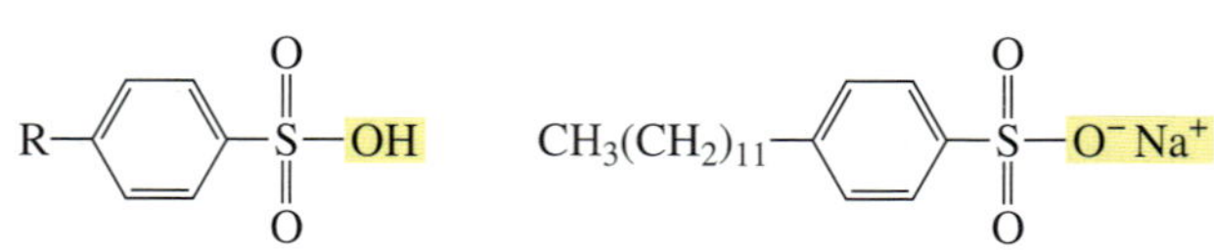

eine Benzolsulfonsäure ein Detergens

Nach der erstmaligen Einführung von Waschmitteln auf dem Markt hat man festgestellt, dass die Waschmittel mit geradkettigen Alkylgruppen biologisch abbaubar sind, während solche mit verzweigtkettigen Alkylgruppen dies nicht sind. Um zu verhindern, dass Reinigungsmittel Flüsse und Seen verschmutzen, werden ausschließlich Reinigungsmittel mit geradkettigen Alkylgruppen hergestellt.

Ü 5 mit Lösung

Das aus Kokosnüssen gewonnene Öl ist insofern ungewöhnlich als alle drei Fettsäurekomponenten identisch sind. Die molekulare Formel des Öls ist $C_{45}H_{86}O_6$. Wie lautet die Molekularformel des Carboxylations, das man erhält, wenn man das Öl verseift?

Lösung

Wenn das Öl verseift ist, bildet es Glycerol und drei äquivalente Carboxylationen. Indem das Fett Glycerol abgibt, verliert es drei Kohlenstoffe und fünf Wasserstoffatome. Somit haben die drei Äquivalente des Carboxylations eine kombinierte Molekülformel von $C_{42}H_{81}O_6$. Eine Division durch drei ergibt eine Molekülformel von $C_{14}H_{27}O_2$ für das Carboxylation.

Phospholipide sind Bestandteile biologischer Membranen 25.5

Ein Lebewesen muss sich von seiner Umwelt abgrenzen, um als Organismus Bestand zu haben. Dies gilt schon auf der Ebene der Zelle. Das Zellinnere muss von der Zellumgebung dauerhaft und stabil getrennt werden. Als Grenzfläche zwischen einer Zelle und der Umwelt dient eine „fettige" **Lipidmembran**. Über ihre abgrenzende Funktion hinaus erlauben Membranen den gezielten und regulierten Transport von Ionen und organischen Molekülen in die Zelle hinein und aus dieser heraus. Diese Transportprozesse werden von Proteinen ausgeführt.

Phosphoglyceride

Phosphoglyceride (= Phosphoacylglycerole) sind die Hauptlipidkomponenten von Zellmembranen. Sie gehören zu einer Verbindungsklasse, die als **Phospholipide** bezeichnet werden, also Lipide, die Phosphorsäurereste tragen. Die Phosphoacylglycerole ähneln den Triacylglycerolen (den Neutralfetten) mit Ausnahme des dritten Säurerestes, der hier keine Fettsäure, sondern Orthophosphorsäure – also eine mehrbasige Säure – ist. Dadurch entsteht eine **Phosphatidsäure**. Das C-2 des Glycerolrestes besitzt in Phosphoacylglycerolen *R*-Konfiguration.

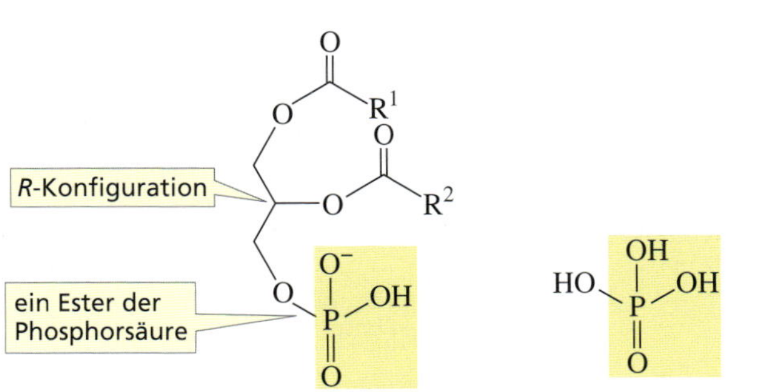

eine Phosphatidsäure   Orthophosphorsäure

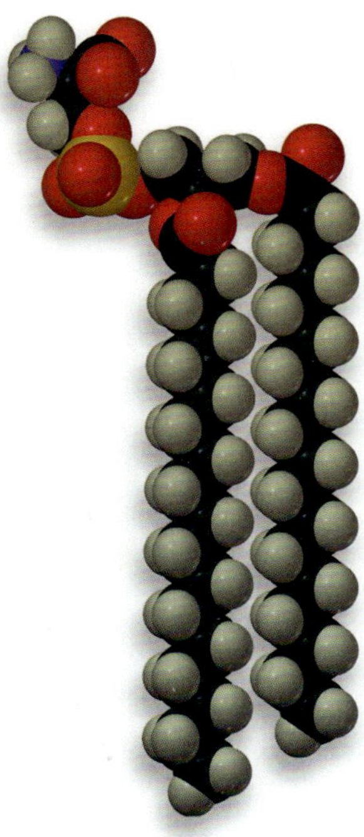

Phosphatidylserin
ein Phosphoacylglycerol

Phosphatidsäuren sind die einfachsten Phosphoacylglycerole und nur in geringer Menge in biologischen Membranen vorhanden. Die häufigsten Phosphoa-

MERKE!

Die häufigsten Phosphoacylglycerole in Zellmembranen sind Phosphodiester.

cylglycerole in Zellmembranen weisen eine zweite Phosphoesterbindung auf, sind also Phosphodiester.

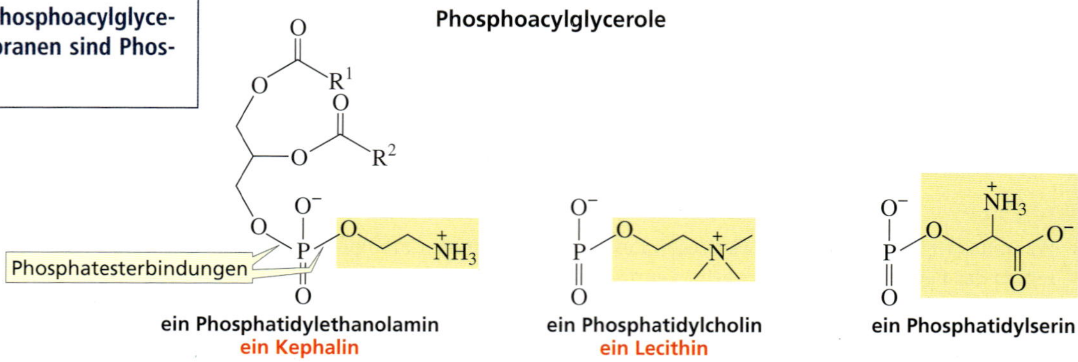

Ü 6* Ändert die chemische Natur der Reste R^1 und R^2 etwas an der Konfiguration des Chiralitätszentrums der Phosphatidsäure?

Die Alkohole, die am häufigsten den zweiten Ester mit dem Phosphorsäurerest eines Phospholipids bilden, sind die Aminoalkohole Ethanolamin, Cholin und Serin (eine proteinogene Aminosäure). Phosphatidylethanolamine werden auch als *Kephaline* bezeichnet, Phosphatidylcholine als *Lecithine*. Lecithine werden als Emulgatoren bei der Herstellung von Lebensmitteln wie Mayonnaise eingesetzt, um zu verhindern, dass sich die wässrige und die nichtwässrige (lipophile) Phase voneinander trennen.

Membrane

Phosphoacylglycerole bilden **Membranen**, indem sie sich zu **Lipiddoppelschichten** zusammenlagern. Die polaren Kopfgruppen der Phospholipide befinden sich auf den in das umgebende Medium weisenden Außenseiten der Doppelschichtmembran, die Kohlenwasserstoffketten der Fettsäurereste sind im Inneren der Membran einander zugewandt. Cholesterol, ein Membranlipid, das wir in Abschnitt 3.16 kennengelernt haben und das uns in Abschnitt 25.10 beschäftigen wird, findet man ebenfalls im Inneren (der unpolaren Phase) der Membran (▶ Abbildung 25.1). (Man vergleiche die Doppelschichtmembranen mit der Struktur der Mizellen, die Seifen in wässriger Lösung ausbilden, siehe Abschnitt 25.4).

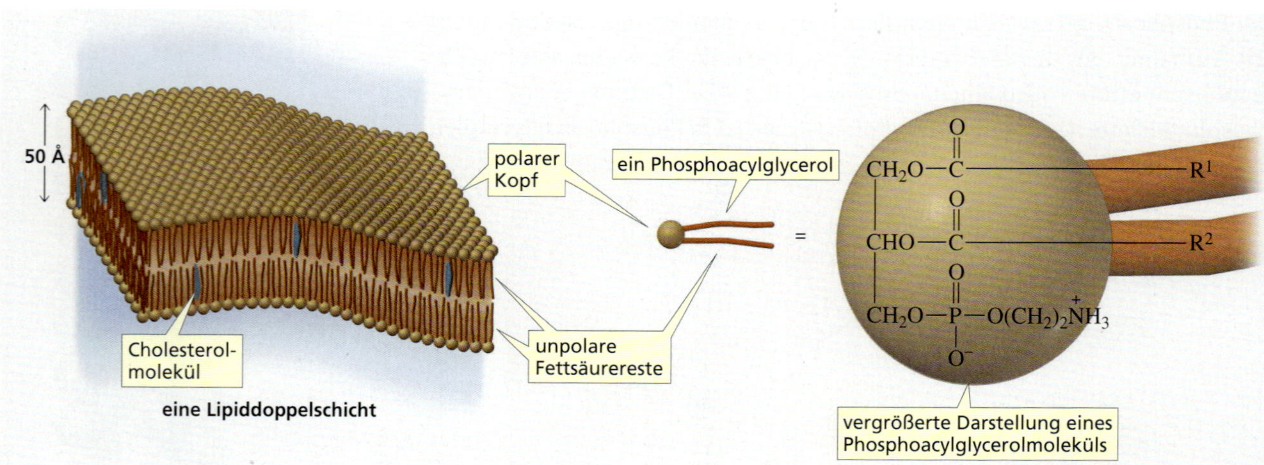

Abbildung 25.1: Aufbau einer Lipiddoppelschichtmembran.

Die Fluidität einer Membran – also die Beweglichkeit der Membranmoleküle innerhalb der Membranebene durch laterale Translationsbewegungen – wird von den Fettsäureanteilen der Phosphoacylglycerole mitbestimmt. Gesättigte Fettsäurereste vermindern die Fluidität, weil sich ihre Kohlenwasserstoffketten dichter packen lassen und so mehr schwache Wechselwirkungen ausbilden. Ungesättigte Fettsäurereste erhöhen dagegen die Fluidität, weil sie sich weniger dicht packen lassen, die Molekülwechselwirkungen also weniger sind. Cholesterol setzt ebenfalls die Fluidität einer Membran herab (Abschnitt 25.9). Nur die Membranen tierischer Zellen enthalten Cholesterol. Pflanzliche Zellmembranen enthalten kein Cholesterol und sind daher generell weniger starr als die tierischer Zellen. Die Zellmembranen von Pilzen enthalten dem Cholesterol ähnliche Steroide, die vergleichbare physikalische Wirkungen besitzen.

Die ungesättigten Fettsäurereste von Phosphoacylglycerolen sind empfindlich gegenüber molekularem Sauerstoff, mit dem sie leicht reagieren. Die Reaktion ist der einige Seiten zuvor für das Ranzigwerden von Fett beschriebenen ähnlich. Solche Oxidationen führen zur Schädigung der betroffenen Membran. Das Vitamin E (α-Tocopherol) ist ein wichtiges Antioxidans (protektives Reduktionsmittel); es ist ein Lipid, weil es in unpolaren Lösungsmitteln löslich ist. Aufgrund dieser Eigenschaft kann es sich in Zellmembranen einlagern. Dort reagiert es rascher mit Sauerstoffmolekülen als die Phospholipide der Membran dies vermögen. Es verhindert so die Schädigung funktioneller Membrankomponenten durch O_2 (Abschnitt 12.11).

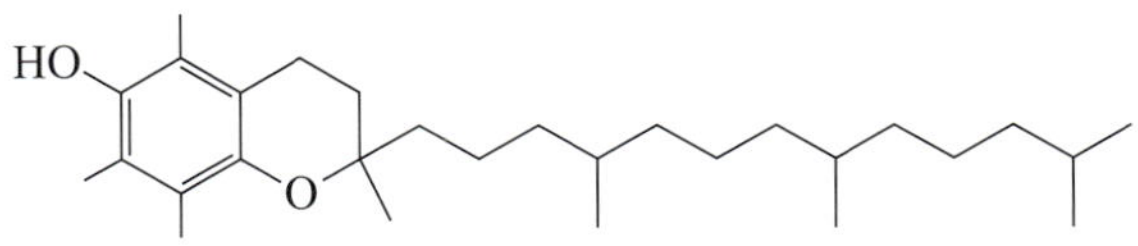

α-Tocopherol
Vitamin E

Aufgrund dieser Wirkungen wird Vitamin E (neben vielen anderen Stoffen) verschiedentlich als vermeintliches „Anti-aging-Mittel" angepriesen. Die Fähigkeit des Vitamins E, mit Sauerstoff rascher zu reagieren als Fette, ist der Grund, warum Vitamin E als unbedenkliches Konservierungsmittel vielen Lebensmitteln zugesetzt wird.

HINTERGRUND

■ Schlangengift

Das Gift einiger Schlangen enthält Phospholipasen – Enzyme, die selektiv bestimmte Esterbindungen von Phospholipiden spalten. So enthält etwa das Gift der Östlichen Diamantklapperschlange (USA) und das der Kobra (Südasien) Phospholipasen, die Esterbindungen von Phosphatidylethanolaminen spalten. Dadurch kommt es zur Zerstörung von Zellmembranen. Besonders empfindlich sind die an diesem Lipid reichen Membranen der roten Blutkörperchen. Infolge der Giftwirkung kommt es daher zu einer massiven Hämolyse (Zerfall der Blutkörperchen) sowie einer allgemeinen Gewebsnekrose (Absterben von Gewebe).

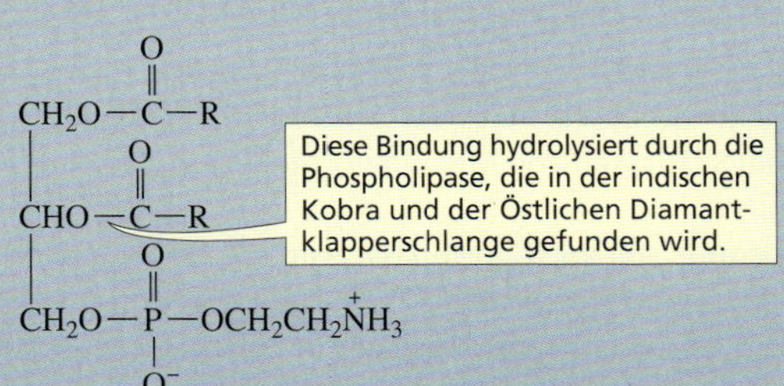

Eine Östliche Diamantklapperschlange.

Sphingolipide

Sphingolipide sind ein weiterer Typus von Membranlipiden. Sie sind die Hauptbestandteile der Myelinscheiden von Nervenfasern. Nervenfasern sind die Ausläufer von Nervenzellen, durch die Nervensignale laufen. Spingholipide enthalten den Aminoalkohol Sphingosin, der die Stelle des Glycerols einnimmt. Bei den Sphingolipiden ist die Aminogruppe des Sphingosins an die Acylgruppe einer Fettsäure gebunden. Beide Chiralitätszentren im Sphingosin besitzen *S*-Konfiguration.

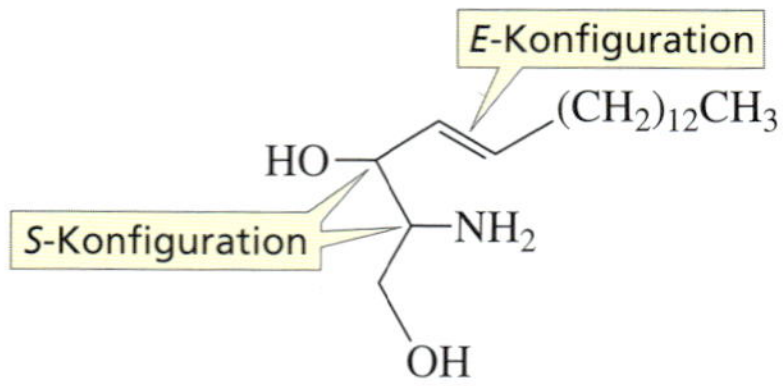

Sphingosin

Sphingomyeline sind die am häufigsten vorkommenden Spingholipide. In den Sphingomyelinen ist die primäre OH-Funktion des Sphingosins an Phosphocholin oder Phosphoethanolamin gebunden. Das Bindungsmuster ist dem der Lecithine und Kephaline ähnlich.

Sphingomyeline

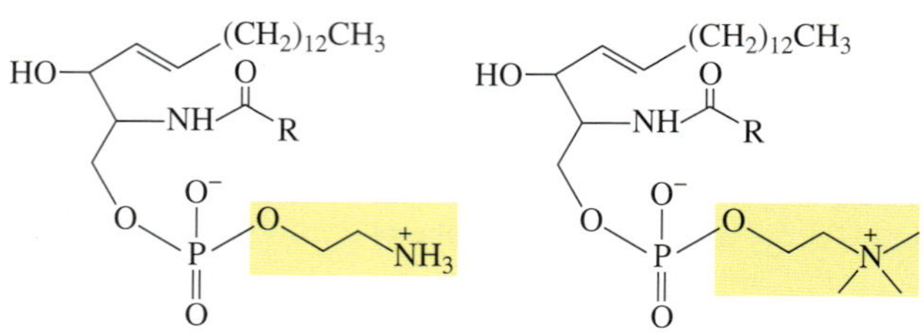

HINTERGRUND

■ Multiple Sklerose und die Myelinscheiden von Nervenzellen

Die Myelinhülle ist eine lipidreiche Schicht, die Nervenfasern (Axone) umgibt. Sie besteht zum großen Teil aus Sphingomyelinen und Cerebrosiden. Die Myelinschicht erhöht die Übertragungsgeschwindigkeit der nervösen Reizleitung, indem sie die elektrischen Vorgänge an der Nervenzellmembran isoliert. Sie wirkt also wie die Ummantelung eines Stromkabels. Die multiple Sklerose ist eine chronische Krankheit, die mit dem Verlust der Myelinscheiden einhergeht. Die Nervenleitung verlangsamt sich und wird schließlich ganz gestört. Es kommt zu fortschreitender Lähmung des Körpers.

ADL (Adrenoleukodystrophie) ist eine genetisch bedingte Erkrankung, die Myelin zerstört und die Gehirnfunktion durch den Abbau der Myelinscheiden beeinträchtigt. Der Defekt liegt im X-Chromosom, also betrifft die Krankheit nur Männer. Da Frauen zwei X-Chromosome haben, können diese zwar auch ein abnormales X-Chromosom erben; allerdings haben sie immer noch das andere, normale X- Chromosom, welches die Wirkung der Mutation ausgleichen kann.

Ü 7* Biologische Membranen enthalten ebenfalls Proteine. Integrale Membranproteine sind solche Proteine, die in der Lipidphase der Membran stecken. Sie sind teilweise in diese eingebettet oder durchziehen sie vollständig (sind dann also mit dem Zellinneren und gleichzeitig mit der Peripherie der Zelle in Kontakt). Periphere Membranproteine liegen an einer Membranoberfläche an. Dies kann an der Zellinnenseite wie der Zellaußenseite der Fall sein. Stellen Sie Überlegungen zu möglichen Unterschieden in der Aminosäurezusammensetzung dieser beiden Klassen von Membranproteinen an.

Ü 8* Eine Bakterienkolonie, die an eine Umgebungstemperatur von 25 °C angepasst war, wurde in eine neue Umgebung mit einer Temperatur von 35 °C gebracht. Die restlichen Bedingungen waren unverändert. Die höhere Temperatur führte zu einer Erhöhung der Membranfluidität der Bakterien. Was könnten die Bakterien tun, um den ursprünglichen Fluiditätsgrad wiederherzustellen?

Ü 9 Die Membranphospholipide von Hirschen wie dem Elch weisen in den Geweben in der Nähe der Hufe einen höheren Anteil an ungesättigten Fettsäuren auf als in denen des Rumpfes. Versuchen Sie zu erklären, wie dieses biochemische Merkmal einen Vorteil für das Überleben des Tieres darzustellen vermag.

Prostaglandine regulieren physiologische Reaktionen 25.6

Prostaglandine finden sich in allen Geweben des Körpers. Dort sind sie verantwortlich für die Regulierung einer Vielzahl physiologischer Vorgänge wie Entzündungen, Blutdruck, Blutgerinnung, Fieber, Schmerzreiz, Wehen, sowie für den Schlaf-/Wach-Rhythmus. Alle Prostaglandine enthalten einen Fünfring, der mit einem C7-Carbonsäure- und einem C8-Kohlenwasserstoffrest verknüpft ist. Die beiden Substituenten sind *trans*-ständig.

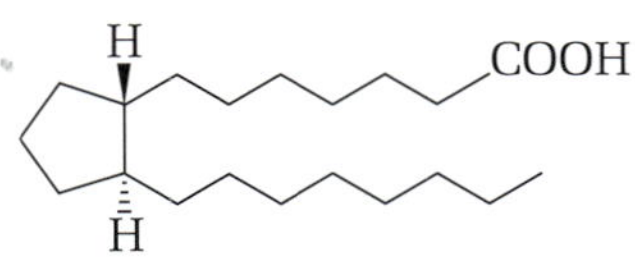

das Molekülgerüst der Prostaglandine

Die Prostaglandine werden mit Abkürzungen vom Typ PGX bezeichnet, worin X die funktionellen Gruppen am Fünfring der Verbindung symbolisiert.

- Prostaglandine der Typen A, B und C (PGA, PGB, PGC) enthalten alle eine Carbonylfunktion und eine olefinische Doppelbindung am Cyclopentanring. Die Lage der C=C-Doppelbindung gibt an, ob es sich um ein PG der Gruppe A, B oder C handelt.

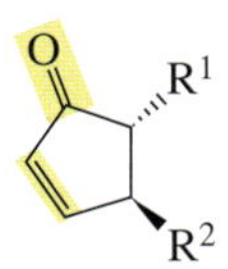

PGA

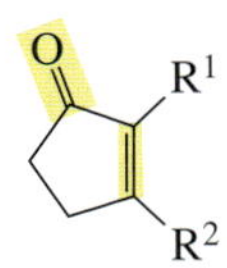

PGB

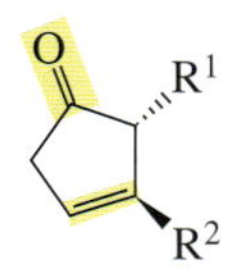

PGC

- Die Prostaglandine der Gruppen D und E (PGD, PGE) sind β-Hydroxyketone. Eine tiefer gestellte Indizierung gibt die Gesamtzahl an Doppelbindungen in den Seitenketten des Moleküls an.

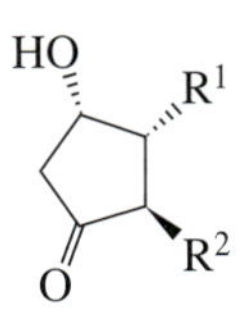

PGD

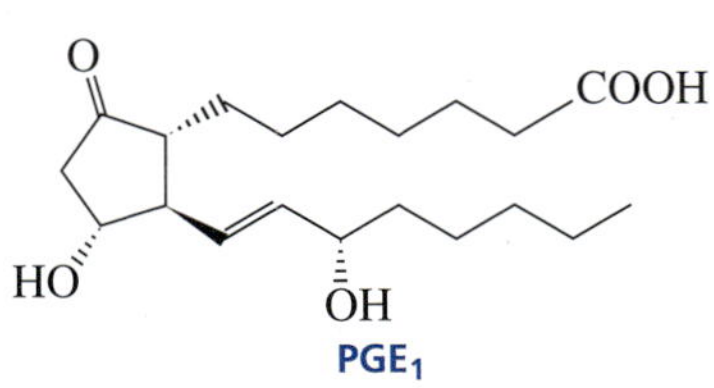

PGE_1

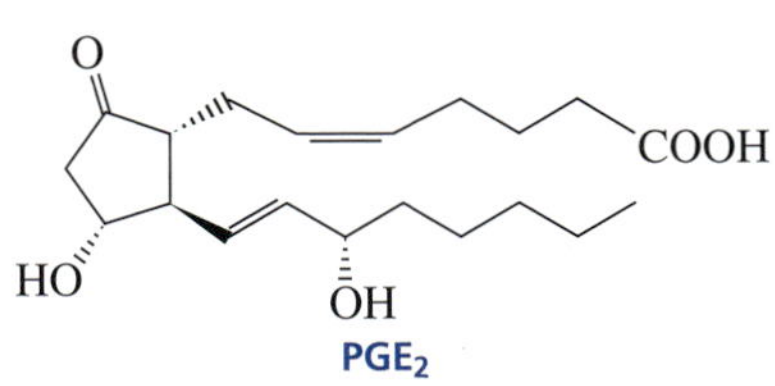

PGE_2

- PGFs sind 1,3-Diole: α und β spezifizieren die Konfiguration der beiden OH-Gruppen eines Prostaglandins vom F-Typ. Dabei symbolisiert α ein *cis*-Diol, β ein *trans*-Diol.

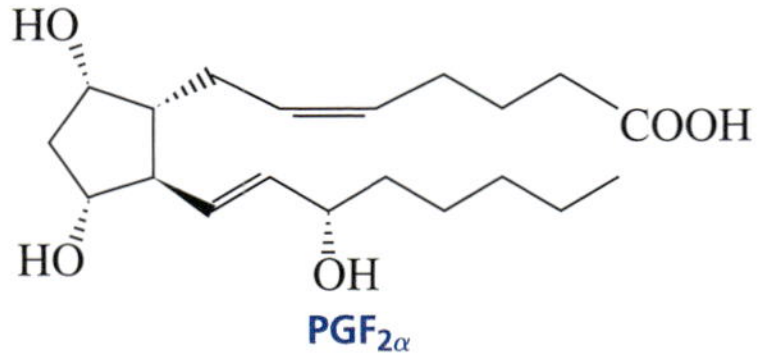

$PGF_{2\alpha}$

Ü 10 Die Umsetzung von PGA_2 mit einer starken Base wie *tert*-Butanolat, gefolgt von Zusatz einer Säure, führt zur Bildung von PGC_2. Schlagen Sie einen Reaktionsmechanismus vor.

Biosynthese der Prostaglandine

Prostaglandine werden im Körper aus Arachidonsäure hergestellt. Die Arachidonsäure ist eine C20-Omega-6-Carbonsäure mit vier *cis*-ständigen Doppelbindungen (► Tabelle 25.1). In den Zellen liegt die Arachidonsäure verestert mit dem C-2 des Glycerols in zahlreichen Phospholipiden vor. Die Arachidonsäure wird aus Linolensäure dargestellt. Da Linolensäure für Säugetiere essenziell ist, muss sie mit der Nahrung zugeführt werden (Abschnitt 25.1).

Ein Enzym namens Prostaglandinendoperoxidsynthase katalysiert die Umwandlung von Arachidonsäure in Prostaglandin PGH_2, der gemeinsamen Vorstufe aller anderen Prostaglandine. Das Enzym existiert in zwei Isoformen. Die eine weist *Cyclooxygenaseaktivität* auf und die andere *Hydroperoxidaseaktivität*. Die Cyclooxygenaseaktivität wird verwendet, um fünfgliedrige Ringe zu bilden.

Biosynthese der Prostaglandine, Thromboxane und Prostacycline

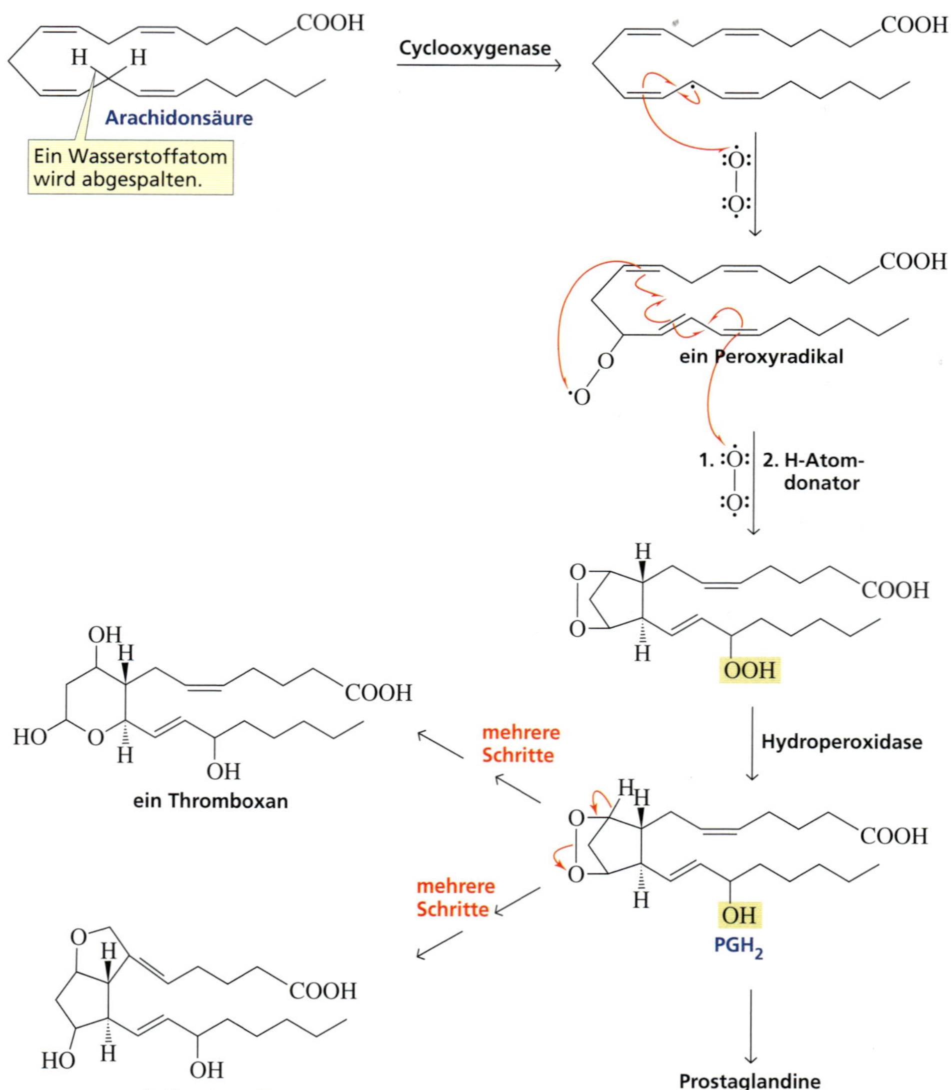

- Im ersten Schritt wird ein H-Atom von einem C-Atom abstrahiert, das von zwei olefinischen Doppelbindungen eingerahmt wird.
- Das Radikal reagiert mit Sauerstoff unter Bildung eines Peroxyradikals. Diese beiden Reaktionsschritte sind die gleichen wie beim Ranzigwerden von Fett (Abschnitt 12.11).
- Das Peroxyradikal lagert sich um und reagiert mit einem weiteren Molekül Sauerstoff und die OO-Gruppe entfernt ein weiteres H-Atom von einem Wasserstoffdonator.
- Das Enzym wandelt dann mit Hilfe seiner Hydroperoxidaseaktivität die OOH-Gruppe in eine OH-Gruppe um. Dabei wird PGH_2 gebildet, das sich zu Prostaglandinen, Thromboxanen und Prostacyclinen umwandeln lässt.

Der Medikamentenwirkstoff Acetylsalicylsäure (ASS; Wirkstoff des bekannten Schmerzmittels Aspirin) hemmt die Cyclooxygenaseaktivität der Prostaglandinendoperoxidsynthase. Nichtsteroidale Antirheumatika (NSARs) inhibieren die Synthese der Prostaglandine entweder durch Konkurrenz mit Arachidonsäure oder Interferenz mit dem Peroxyradikal im aktiven Zentrum des Enzyms.

Thromboxane und Prostacycline

PGH_2 ist das Ausgangsmaterial nicht nur für die Synthese von Prostaglandinen, sondern auch für die Synthese von Thromboxanen und Prostacyclinen. Thromboxane sind Vasokonstriktoren und stimulieren die Thrombozytenaggregation. Prostacycline sind Vasodilatatoren und hemmen die Thrombozytenaggregation. Die gegenteiligen Effekte der Verbindungen ermöglicht es, ein Gleichgewicht im Herz-Kreislauf-System aufrechtzuerhalten.

Leukotriene

Arachidonsäure kann auch in ein *Leukotrien* überführt werden. Da sie zur Kontraktion der Bronchialmuskeln führen, spielen die Leukotriene eine Rolle bei allergischen Reaktionen, Entzündungen und Herzinfarkten. Sie verursachen außerdem Symptome des Asthmas und sind am anaphylaktischen Schock – einer lebensbedrohlichen allergischen Reaktion – beteiligt. Für die Behandlung von Asthma bronchiale stehen mehrere Antileukotrienwirkstoffe zur Verfügung.

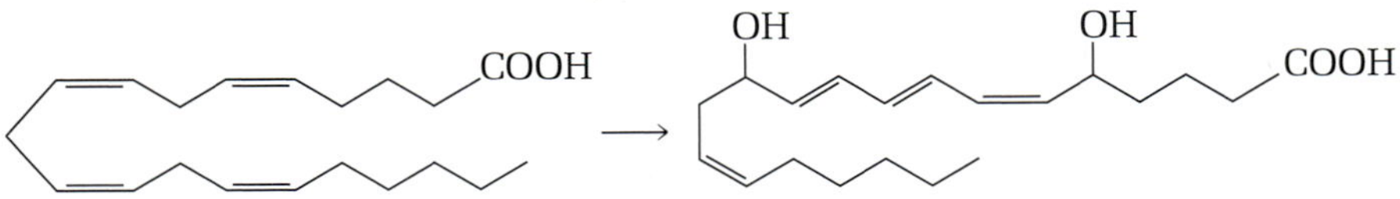

Arachidonsäure — ein Leukotrien

Die aus Arachidonsäure gebildeten Verbindungen (Prostaglandine, Prostacycline, Thromboxane und Leukotriene) sind als *Eicosanoide* bekannt, da sie 20 Kohlenstoffatome und mindestens ein Sauerstoffatom enthalten. (Ein geradkettiges Alkan mit 20 Kohlenstoffatomen wird Eicosan genannt; siehe ▶ Tabelle 3.1.)

25.7 Terpene enthalten fünfgliedgrige Kohlenstoffatomgruppen

Die **Terpene** sind eine vielfältige Verbindungsklasse, welche 10, 15, 20, 25, 30 oder 40 Kohlenstoffatome enthalten. Man kennt bislang mehr als 20.000 Terpene. Viele davon entstammen den ätherischen Ölen von Pflanzen. Diese zeichnen sich in vielen Fällen durch charakteristische, angenehme Gerüche aus. Es kann sich um reine Kohlenwasserstoffe handeln, aber auch um sauerstoffhaltige Derivate wie Alkohole, Ketone oder Aldehyde. Sauerstoffhaltige Terpene werden auch als **Terpenoide** bezeichnet. Manche Terpene bzw. Terpenoide werden seit Alters her als Aromen, Parfüm oder Medizin eingesetzt.

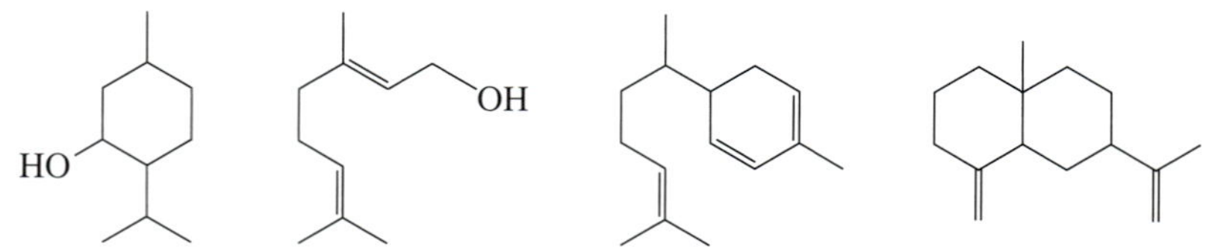

Menthol – Pfefferminzöl; Geraniol – Geraniumöl; Zingiberen – Ingweröl; *β*-Selinen – Sellerieöl

Nach der Analyse einer großen Zahl von Terpenen fiel den Chemiker*innen auf, dass diese ein Vielfaches von fünf Kohlenstoffatomen enthielten. Die Verknüpfung erfolgt für gewöhnlich Kopf-an-Schwanz. (Das verzweigte Ende des Isoprenmoleküls wird dabei als „Kopf" bezeichnet, das unverzweigte als „Schwanz".) **Isopren** ist der Trivialname für 2-Methyl-1,3-butadien – eine Verbindung mit fünf Kohlenstoffatomen.

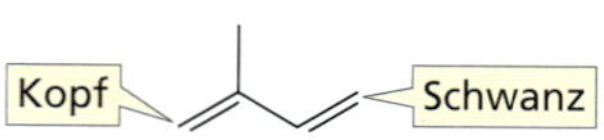

2-Methyl-1,3-butadien
Isopren

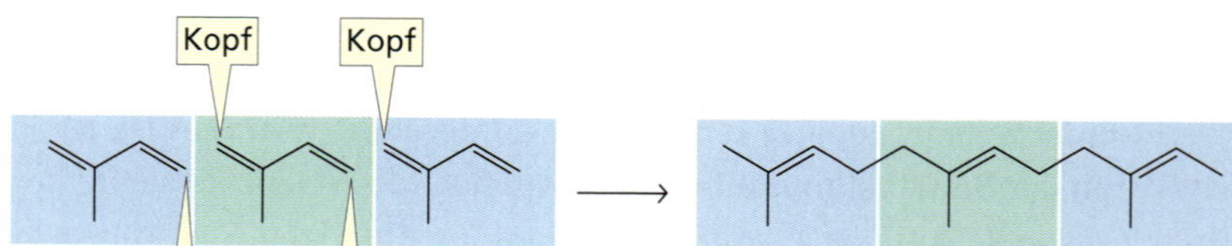

α-Farnesen

Im Fall zyklischer Verbindungen erfolgt über die Kopf-an-Schwanz-Verknüpfung des einen Isoprenmoleküls mit einem zweiten eine weitere Verknüpfung der beiden freien Enden des Additionsproduktes zum Molekülring. Die zweite Verknüpfung muss nicht nowendigerweise Kopf-an-Schwanz erfolgen, sondern erfolgt so, wie es notwendig ist, um einen stabilen fünf- oder sechsgliedrigen Molekülring zu erzeugen.

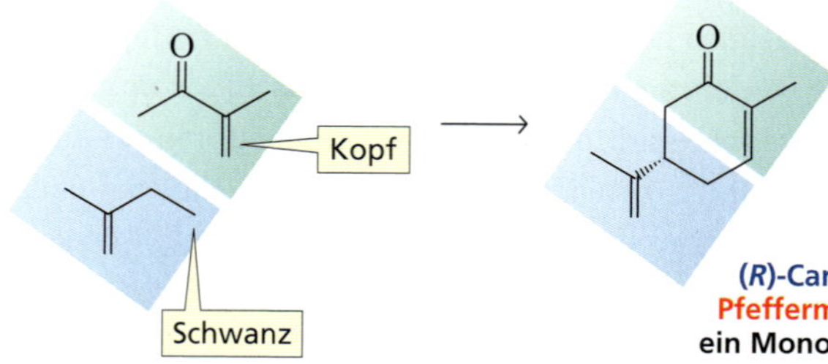

(*R*)-Carvon
Pfefferminzöl
ein Monoterpen

In Abschnitt 25.8 werden wir lernen, dass die von Zellen bei der Biosynthese der Terpene genutzte Verbindung nicht das Isopren selbst, sondern **Isopentenylpyrophosphat** – eine aktivierte Verbindung mit dem gleichen Kohlenstoffgerüst wie Isopren – ist. Wir werden dort auch den Reaktionsmechanismus untersuchen, nach dem Isopentenylpyrophosphatmoleküle Kopf-an-Schwanz verknüpft werden.

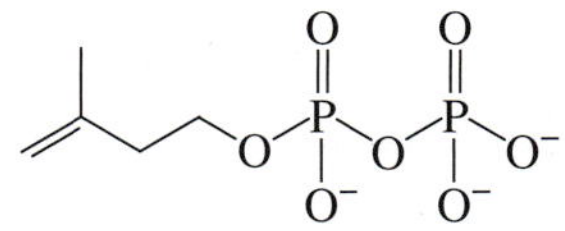

3-Methyl-3-butenylpyrophosphat
Isopentenylpyrophosphat

Klassen von Terpenen

Terpene haben viele wichtige biologische Rollen. Sie werden anhand der Anzahl der in ihnen enthaltenen Kohlenstoffe klassifiziert.

MERKE!

Ein Monoterpen enthält zehn Kohlenstoffatome.

- Monoterpene setzen sich aus zwei Isopreneinheiten zusammen und haben daher 10 Kohlenstoffatome.
- Sesquiterpene mit 15 Kohlenstoffatomen bestehen aus drei Isopreneinheiten. Viele Geruchs- und Aromastoffe in Pflanzen sind Monoterpene und Sesquiterpene (*sesqui* kommt aus dem Lateinischen und bedeutet „eineinhalb"). Diese Verbindungen sind Bestandteile der **essenziellen Öle**.
- Diterpene (20 Kohlenstoffatome) bestehen aus vier Isopreneinheiten. Cafestol und Kahweol (beide sind in Kaffeebohnen enthalten) und Vitamin A sind Beispiele für Diterpene.
- Squalen ist ein Triterpen (30 Kohlenstoffatome); es ist die Vorstufe des Cholesterols, welches die Vorstufe aller anderen Steroidhormone ist (Abschnitt 25.9).

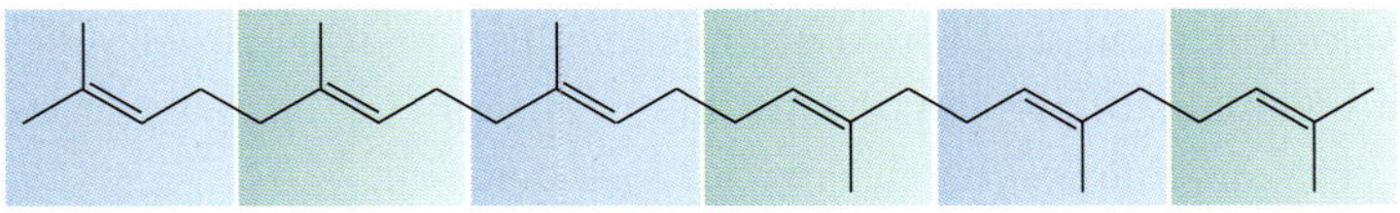

Squalen

- **Carotinoide** sind Tetraterpene (40 Kohlenstoffatome). Lycopin ist der rote Farbstoff der Tomaten und der Wassermelonen; β-Carotin ist der Farbgeber, der Karotten (Name!) und Aprikosen orange erscheinen lässt.

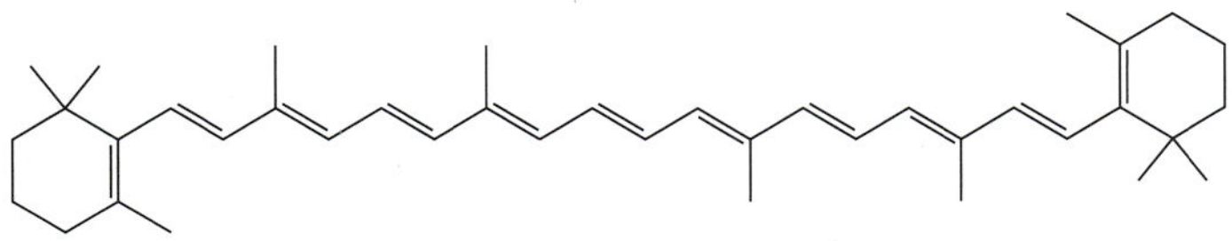

β-Carotin

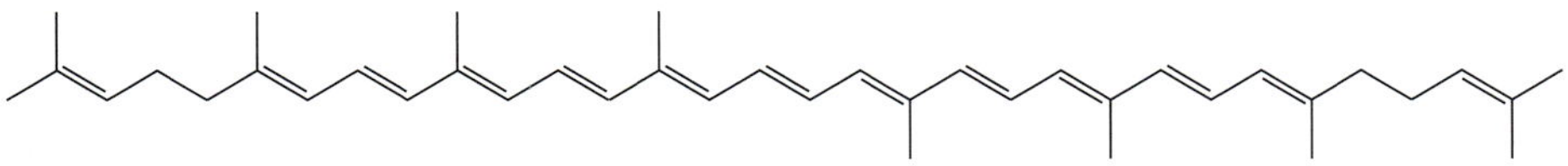

Lycopin

Warum Carotinoide farbige Verbindungen sind, wurde in Abschnitt 13.20 diskutiert. Die Spaltung von β-Carotin bildet zwei Moleküle Vitamin A (Retinol), das zu Retinal oxidiert wird – eine Verbindung, die eine wichtige Rolle für die Sehkraft spielt (Abschnitt 4.1).

Ü 11 mit Lösung

Markieren Sie die Isopreneinheiten in Zingiberen.

Lösung

Um eine Isopreneinheit zu finden, beginnen Sie an einem Ende der Verbindung und zählen Sie fünf Kohlenstoffe ab.

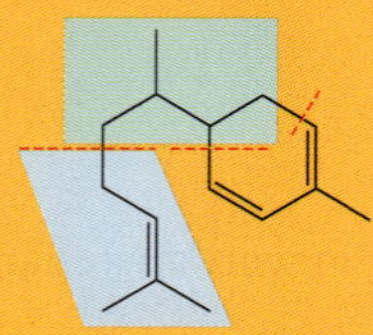

Ü 12 Markieren Sie die Isopreneinheiten in Menthol, β-Selinen und Campher.

Ü 13* Eine der in Squalen vorkommenden Verbindungen ist eine Schwanz-Schwanz- und nicht eine Kopf-Schwanz-Verknüpfung. Was sagt das über die natürliche Synthese von Squalen aus? (*Hinweis:* Lokalisieren Sie die Position der Schwanz-Schwanz-Verknüpfung.)

Ü 14 Markieren Sie die Isopreneinheiten in Lycopin und β-Carotin. Können Sie daraus eine Ähnlichkeit in der Biosynthese von Squalen, Lycopin und β-Carotin erkennen?

Die Biosynthese der Terpene 25.8

Biosynthese des Isopentenylpyrophosphats

Jeder Schritt in der Biosynthese des Isopentenylpyrophosphats, der Verbindung mit fünf Kohlenstoffatomen, der für die Synthese von Terpenen verwendet wird, wird von einem anderen Enzym katalysiert.

Schritte in der Biosynthese von Isopentenylpyrophosphat

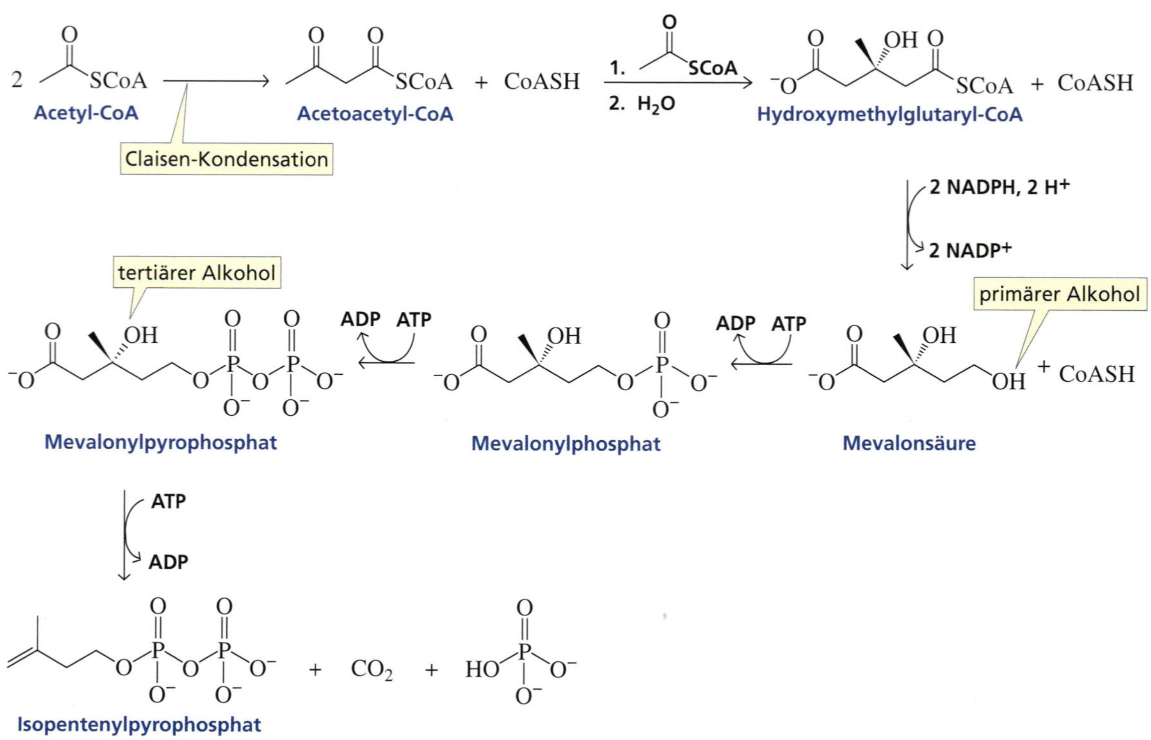

- Der erste Schritt ist eine Claisen-Kondensation (Abschnitt 17.13).
- Der zweite Schritt ist eine Aldoladdition mit einem dritten Molekül Acyl-CoA, dem die Hydrolyse einer der Thioesterbindungen sowie Decarboxylierung folgt (siehe Übung 15).
- Der Thioester wird mit zwei NADPH-Äquivalenten zur Mevalonsäure reduziert (siehe Übung 16).
- Durch zwei aufeinanderfolgende Phosphorylierungen des primären Alkohols mit ATP wird der Pyrophosphatrest angebracht (siehe Übung 17).
- Der tertiäre Alkohol wird mit ATP phosphoryliert. Die nachfolgende Decarboxylierung und Verlust der Phosphatgruppe bilden Isopentenylpyrophosphat (siehe Übung 18).

Ü 15 Geben Sie den Reaktionsmechanismus der Claisen-Kondensation und der Aldoladdition an, die in den ersten beiden Schritten der Isopentenylpyrophosphatbiosynthese auftreten.

Ü 16* Warum sind zwei Äquivalente NADPH erforderlich, um Hydroxymethylglutaryl-CoA zu Mevalonsäure zu reduzieren?

Ü 17 Schlagen Sie einen Mechanismus für die Umwandlung von Mevalonsäure in Mevalonylpyrophosphat vor.

Ü 18 mit Lösung

Geben Sie den mutmaßlichen Mechanismus des letzten Schrittes der Isopentenylpyrophosphatbiosynthese an. Zeigen Sie dabei auf, warum ATP erforderlich ist.

Lösung

Im letzten Schritt der Isopentenylpyrophosphatbiosynthese wird die Decarboxylierung von der Eliminierung einer OH-Gruppe begleitet. Als Hydroxidion (OH^-) abgespalten, wäre sie stark basisch und deshalb eine schlechte Abgangsgruppe. Durch die Reaktion mit ATP kann sie als Hydrogenphosphation abgespalten werden, das leicht abdissoziieren kann, weil es schwach basisch reagiert. Beachten Sie, dass in der Literatur oftmals vereinfachend von „Phosphat" die Rede ist. Ein „echtes" Phosphation (PO_4^{3-}) wäre aber genau wie das OH^--Ion stark basisch. Die Basizität ist deshalb viel geringer, weil in einer wässrigen Lösung die Orthophosphorsäure aus einem Gemisch von Dihydrogenphosphat- und Hydrogenphosphationen besteht. Die Phosphatkonzentration ist unter den nahezu neutralen Bedingungen im Cytoplasma vernachlässigbar.

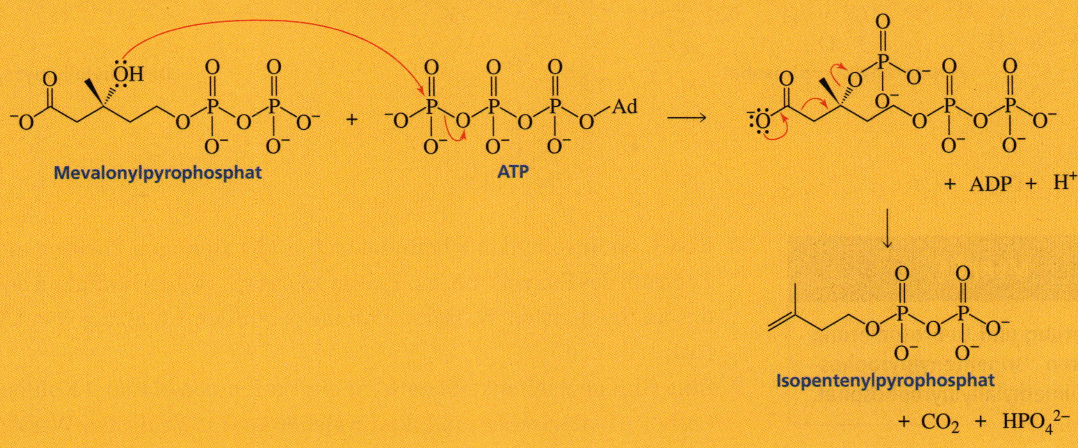

HINTERGRUND

■ Wie Statine den Cholesterolspiegel senken

In Abschnitt 3.16 haben wir erfahren, dass Statine (Lipitor, Zocor, Mevacor) den Cholesterolspiegel senken. Diese Medikamente sind kompetitive Inhibitoren für das Enzym, das Hydroxymethylglutaryl-CoA zu Mevalonsäure reduziert. Rufen Sie sich in Erinnerung, dass ein kompetitiver Inhibitor mit dem Substrat um die Bindung an das aktiven Zentrum des Enzyms konkurriert (Abschnitt 23.7).

Eine Reduzierung der Konzentration von Mevalonsäure verringert die Konzentration von Isopentenylpyrophosphat, sodass die Synthese aller Terpene, einschließlich Cholesterol, abnimmt. Als Folge einer verringerten Cholesterolsynthese bildet die Leber mehr LDL-Rezeptoren – das sind die Rezeptoren, die helfen, LDL aus dem Blutkreislauf zu entfernen. LDL (englisch für *low-density lipoprotein*, „Lipoprotein niedriger Dichte") ist das sogenannte *schlechte* Cholesterol (Abschnitt 3.16).

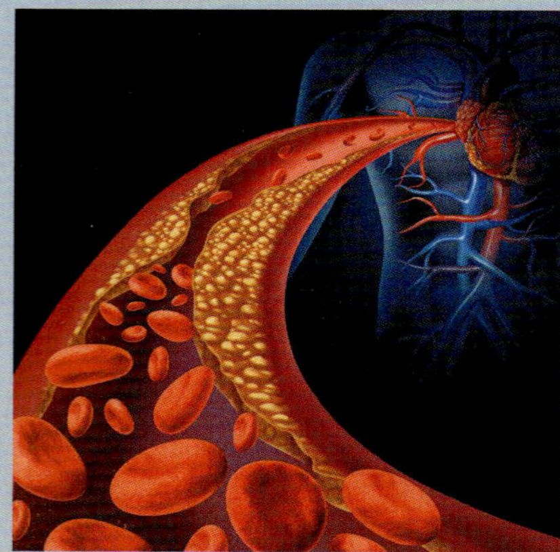

Durch Cholesterol verstopfte Arterie.

Biosynthese von Dimethylallylpyrophosphat

Sowohl **Isopentenylpyrophosphat** als auch **Dimethylallylpyrophosphat** sind für die Biosynthese der Terpene notwendig. Ein Teil des Isopentenylpyrophosphats wird deshalb enzymatisch in Dimethylallylpyrophosphat überführt. Diese enzymkatalysierte Isomerisierungsreaktion läuft in zwei Schritten ab.

Mechanismus für die Überführung von Isopentylpyrophosphat in Dimethylallylpyrophosphat

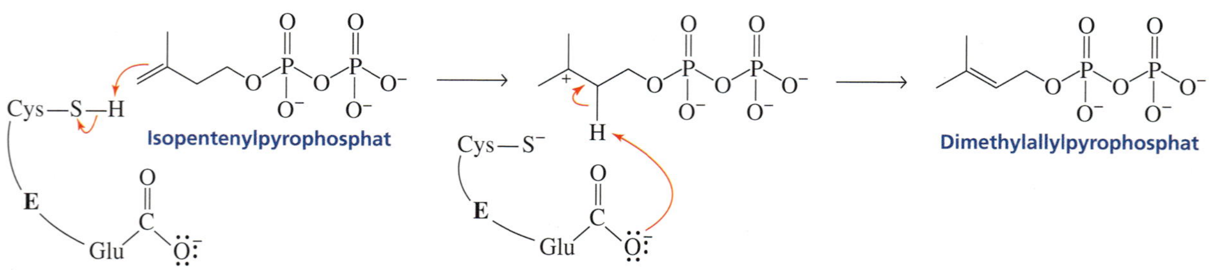

MERKE!

Protonierung und Deprotonierung überführen Isopentenylpyrophosphat in Dimethylallylpyrophosphat.

- Eine Cysteinseitenkette befindet sich in der richtigen Position am aktiven Zentrum des Enzyms, um ein Proton an das sp^2-Kohlenstoffatom des Alkens, das an die meisten Wasserstoffatome gebunden ist, abzugeben (Abschnitt 6.4).
- Eine Glutamatseitenkette entfernt ein Proton von einem β-Kohlenstoff des Carbokationzwischenprodukts, welcher an die wenigsten Wasserstoffatome gebunden ist (dieser Mechanismus erfolgt gemäß der Zaitsev-Regel; Abschnitt 9.7).

Die Reaktion von Isopentenylpyrophosphat mit Dimethylallylpyrophosphat

Die enzymkatalysierte Reaktion von Isopentenylpyrophosphat mit Dimethylallylpyrophosphat führt zur Bildung von Geranylpyrophosphat – einer Verbindung mit 10 Kohlenstoffatomen.

Mechanismus für die Biosynthese von Terpenen

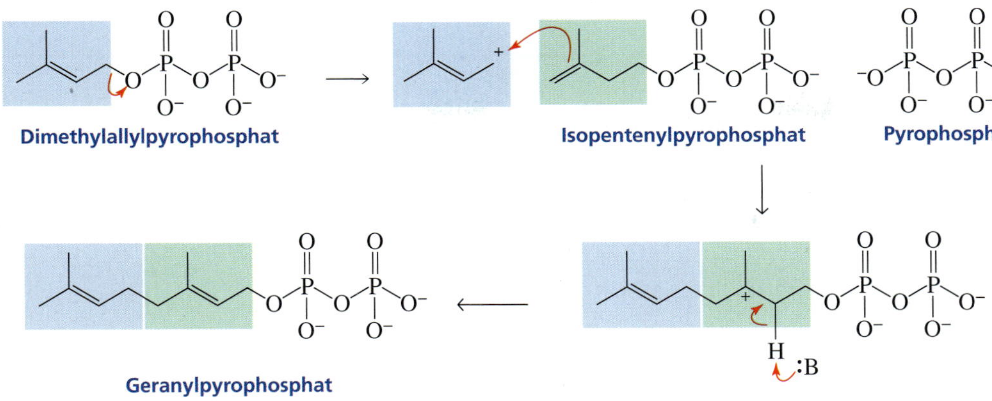

- Experimentelle Beweise legen nahe, dass es sich hierbei um eine S_N1-Reaktion handelt (siehe Übung 21). Daher wandert die austretende Gruppe von Dimethylallylpyrophosphat ab und bildet ein Allylkation.
- Isopentenylpyrophosphat ist das Nucleophil, das sich an das Allylkation bindet.
- Eine Base entfernt ein Proton und bildet Geranylpyrophosphat.

Die Synthese von Monoterpenen

Das hier gezeigte Schema zeigt, wie einige der vielen Monoterpene aus Geranylpyrophosphat synthetisiert werden können:

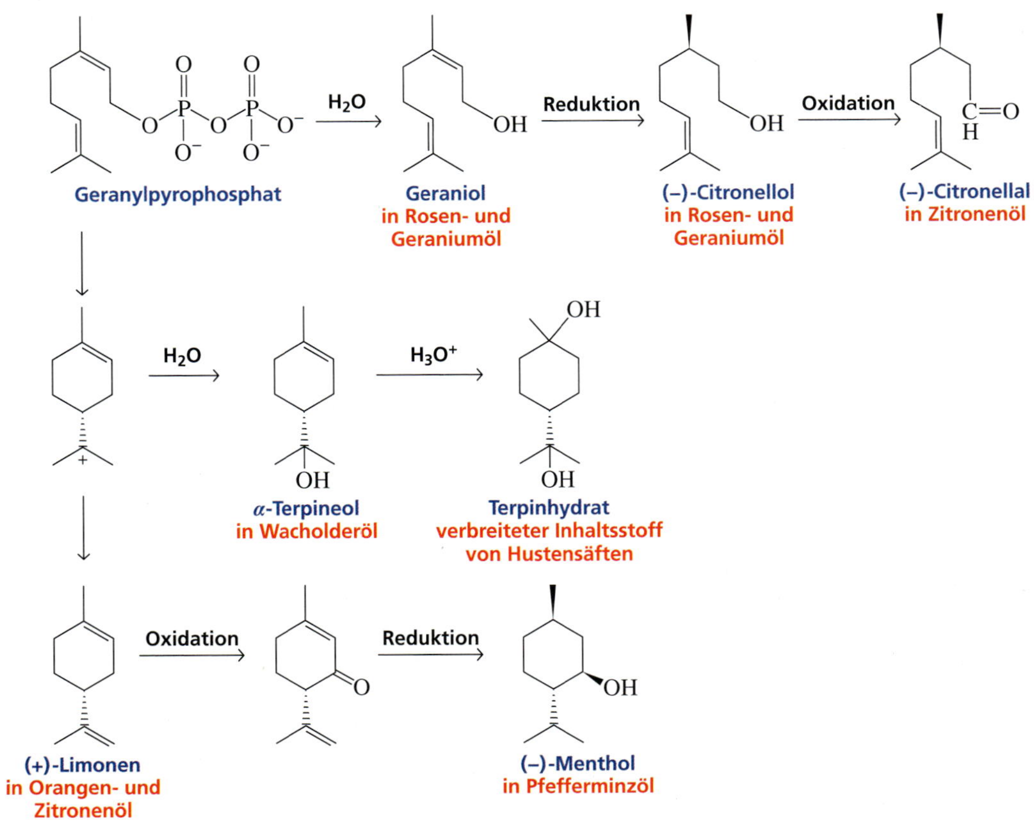

STRATEGIEN ZUR PROBLEMLÖSUNG

■ **Einen Mechanismus für die Biosynthese vorschlagen**

Schlagen Sie einen Mechanismus für die Biosynthese von Limonen aus Geranylpyrophosphat vor.

Unter der Annahme, dass Geranylpyrophosphat wie Dimethylallylpyrophosphat reagiert, wandert die Abgangsgruppe in einer S_N1-Reaktion ab. Die Elektronen der π-Bindung addieren sich zum Allylkation und bilden den sechsgliedrigen Ring. Eine Base entfernt ein Proton aus dem Carbokation, um die erforderliche Doppelbindung zu bilden.

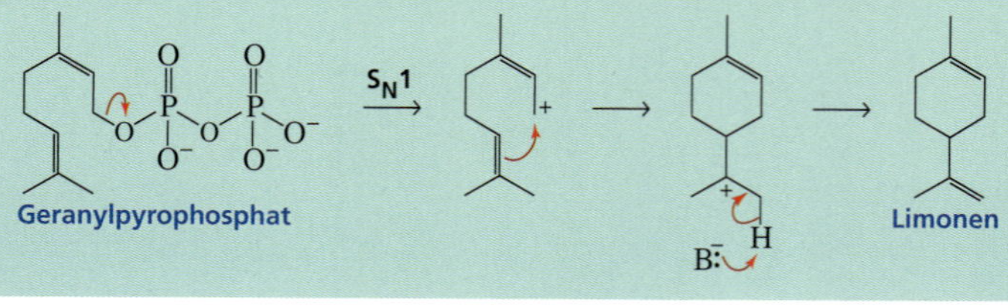

Ü 19 Schlagen Sie einen Mechanismus für die Biosynthese von α-Terpineol aus Geranylpyrophosphat vor.

Ü 20 Schlagen Sie einen Mechanismus für die Umwandlung des *E*-Isomers von Geranylpyrophosphat in dessen *Z*-Isomer vor.

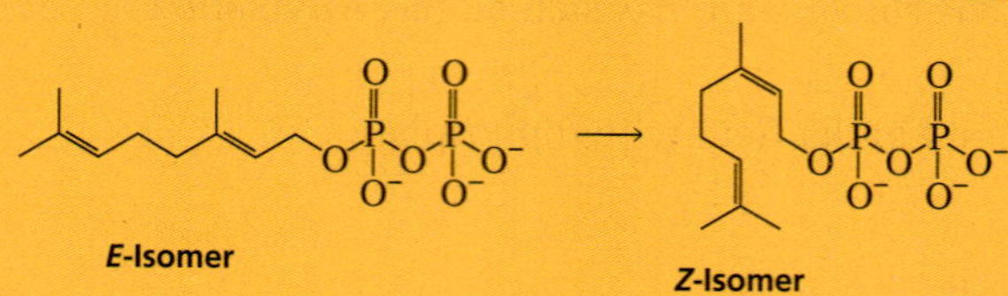

Die Reaktion von Geranylpyrophosphat mit Isopentenylpyrophosphat

Geranylpyrophosphat kann mit einem Molekül Isopentenylpyrophosphat reagieren und daraus Farnesylpyrophosphat, eine Verbindung mit 15 Kohlenstoffatomen, bilden.

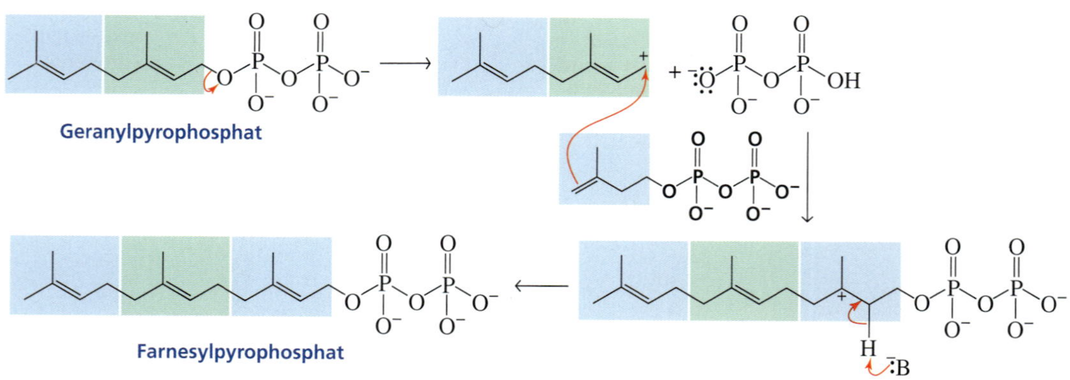

MERKE!

Dimethyallyl = 5 Kohlenstoffe
Isopentenyl = 5 Kohlenstoffe
Geranyl = 10 Kohlenstoffe
Farnesyl = 15 Kohlenstoffe
Geranylgeranyl = 20 Kohlenstoffe.

Ü 21* Das hier gezeigte fluorsubstituierte Geranylpyrophosphat reagiert mit Isopentenylpyrophosphat. Daraus bildet sich fluorsubstituiertes Farnesylpyrophosphat. Die Reaktionsgeschwindigkeit beträgt weniger als 1 % der Reaktionsgeschwindigkeit, wenn unsubstituiertes Geranylpyrophosphat verwendet wird. Was sagt das über den Mechanismus der Reaktion aus?

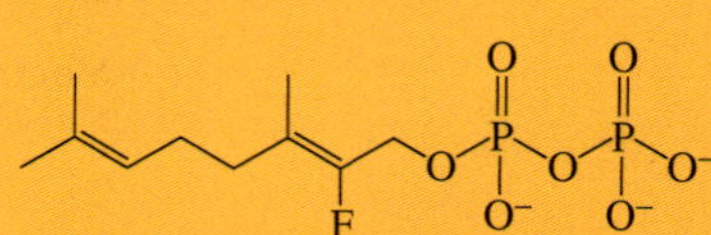

Zwei Moleküle Farnesylpyrophosphat verbinden

Zwei Moleküle Farnesylpyrophosphat bilden Squalen, eine Verbindung mit 30 Kohlenstoffatomen. Die Reaktion ist katalysiert durch das Enzym Squalensynthase, das die beiden Moleküle in einer Schwanz-Schwanz-Verknüpfung verbindet. Wie bereits erwähnt, ist Squalen die Vorstufe von Cholesterol und Cholesterol wiederum ist die Vorstufe aller Steroidhormonen.

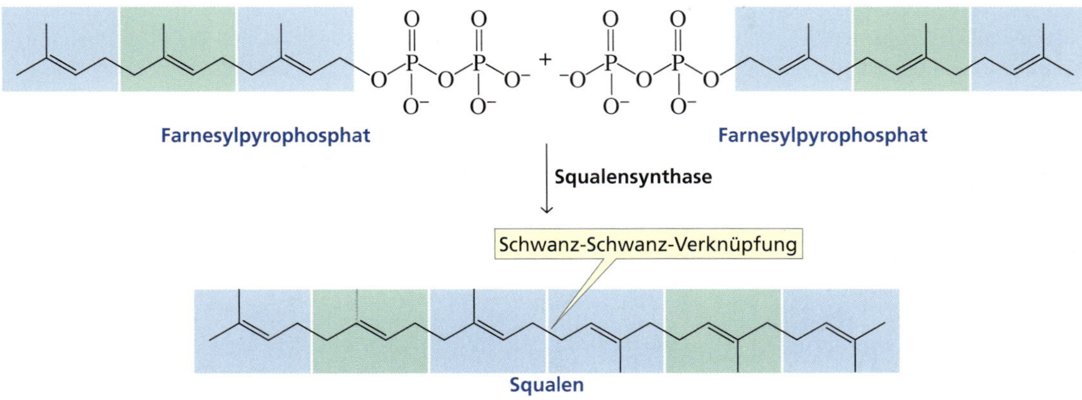

Die Reaktion von Farnesylpyrophosphat mit Isopentenylpyrophosphat

Farnesylpyrophosphat kann mit einem Isopentenylpyrophosphatmolekül reagieren, woraus sich Geranylgeranylpyrophosphat, eine Verbindung mit 20 Kohlenstoffatomen, bildet. Der Mechanismus der Reaktion ist weiter oben abgebildet. Zwei Geranylgeranylpyrophosphate können durch eine Schwanz-Schwanz-Verknüpfung zu Phytoen kombiniert werden, der Vorstufe der Carotinoide (eine Verbindung mit 40 Kohlenstoffatomen).

HINTERGRUND

■ Proteinprenylierung

Farnesyl- und Geranylgeranylgruppen werden mit Proteinen versehen, damit sie sich in Membranen verankern können (Abschnitt 20.18). Da man „Isopentenyl“ auch „Prenyl“ nennt, wird das Anhängen der Polymere von Isopentenyleinheiten an Proteine auch als **Proteinprenylierung** bezeichnet. Die übliche Prenylierungsstelle an einem Protein ist das Tetrapeptid CaaX, wobei „C“ ein Cystein ist, „a“ eine aliphatische Aminosäure und „X“ für eine weitere Aminosäure steht. Eine Farnesylgruppe wird auf das Protein gesetzt, wenn es sich bei X um Gln, Met oder Ser handelt, während eine Geranylgeranylgruppe angelagert wird, wenn X Leu ist.

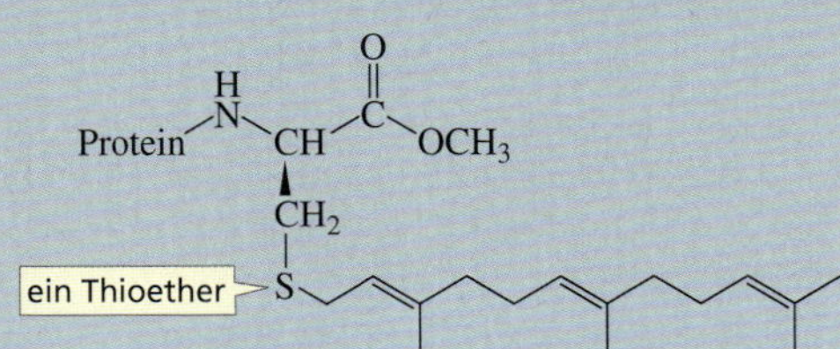

S-Farnesylcysteinmethylester

Die Cysteinseitenkette von CaaX ist das Nucleophil, das mit Farnesylpyrophosphat oder Geranylgeranylpyrophosphat reagiert, wobei ein Thioether gebildet wird und Pyrophosphat entfernt wird. Wenn das Protein einmal prenyliert wurde, wird die CaaX-Amidbindung hydrolysiert, wodurch Cystein zur C-terminalen Aminosäure wird. Die Cysteincarboxylgruppe wird daraufhin mit einer Methylgruppe verestert.

Ü 22 Farnesylpyrophosphat bildet das hier gezeigte Sesquiterpen. Schlagen Sie einen Mechanismus für seine Bildung vor.

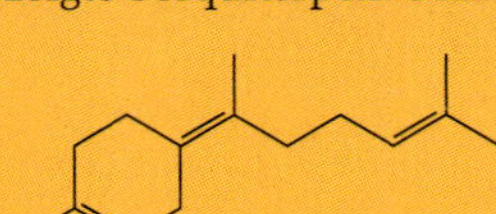

Ü 23 mit Lösung

Welche Kohlenstoffatome eines Squalenmoleküls enthielten die radioaktiven Kerne, falls Squalen in einem Medium synthetisiert würde, welches radioaktives ^{14}C-markiertes Acetat enthielte?

Lösung

Acetat reagiert mit ATP zu Acetyladenylat, das dann mit reduziertem Coenzym A (CoA-SH) zu Acetyl-CoA reagiert. Zwei Äquivalente von Acetyl-CoA bilden Acetoacetyl-CoA durch eine Claisen-Kondensation. Die Untersuchung jedes Schritts des Mechanismus für die Biosynthese von Isopentenylpyrophosphat aus Acetyl-CoA ermöglicht es, die Standorte der radioaktiv markierten Kohlenstoffatome in Isopentenylpyrophosphat zu bestimmen. In gleicher Weise lassen sich die Positionen der radioaktiven Atomkerne im Geranylpyrophosphat aus dem Mechanismus seiner Biosynthese aus Isopentenylpyrophosphat ermitteln. Die Positionen der radioaktiven Markierungen im Farnesylrest lassen sich ihrerseits aus der biosynthetischen Reaktion des Geranylpyrophosphats ermitteln. Da wir wissen, dass sich Squalen durch eine Schwanz-an-Schwanz-Verknüpfung zweier Farnesylpyrophosphatmoleküle bildet, können wir schließlich angeben, welche Kohlenstoffatome des Squalens radioaktive Atomkerne (Markierungen) tragen.

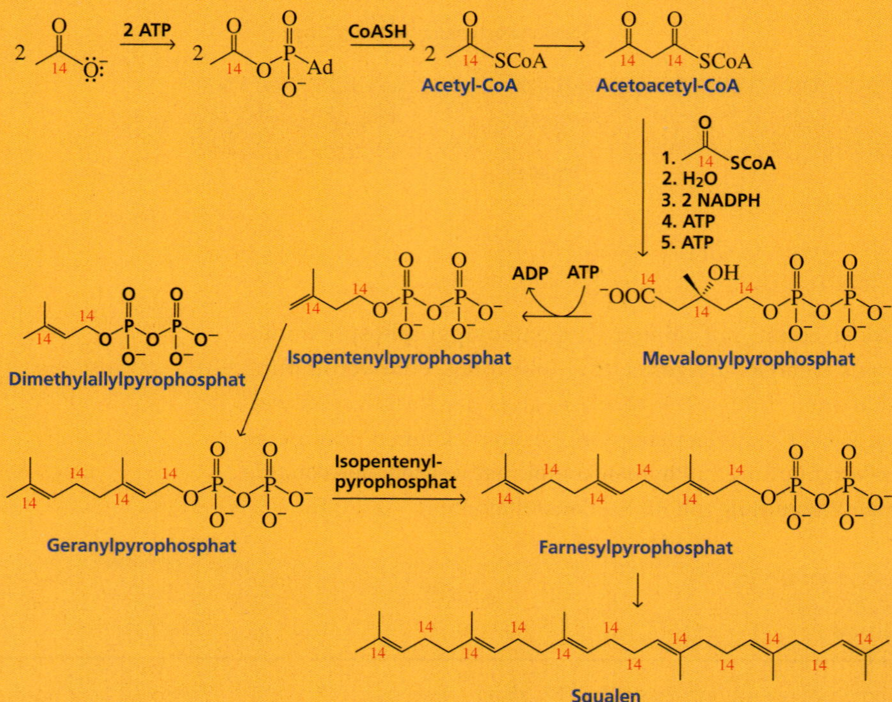

Ü 24 Welche Kohlenstoffatome des α-Terpineols werden markiert, wenn man Wacholder in einem Medium wachsen lässt, das Acetat mit einem ^{14}C-markierten Methylkohlenstoff enthält?

Die Biosynthese des Cholesterols 25.9

Wie wird das Cholesterol – die Vorstufe der Steroidhormone – biosynthetisch erzeugt? Das Ausgangsmaterial für die Biosynthese ist das Triterpen Squalen, das zunächst in Lanosterol überführt werden muss. Lanosterol wird über eine Abfolge von 19 Schritten in Cholesterol überführt.

Schritte in der Biosynthese von Lanosterol und Cholesterol

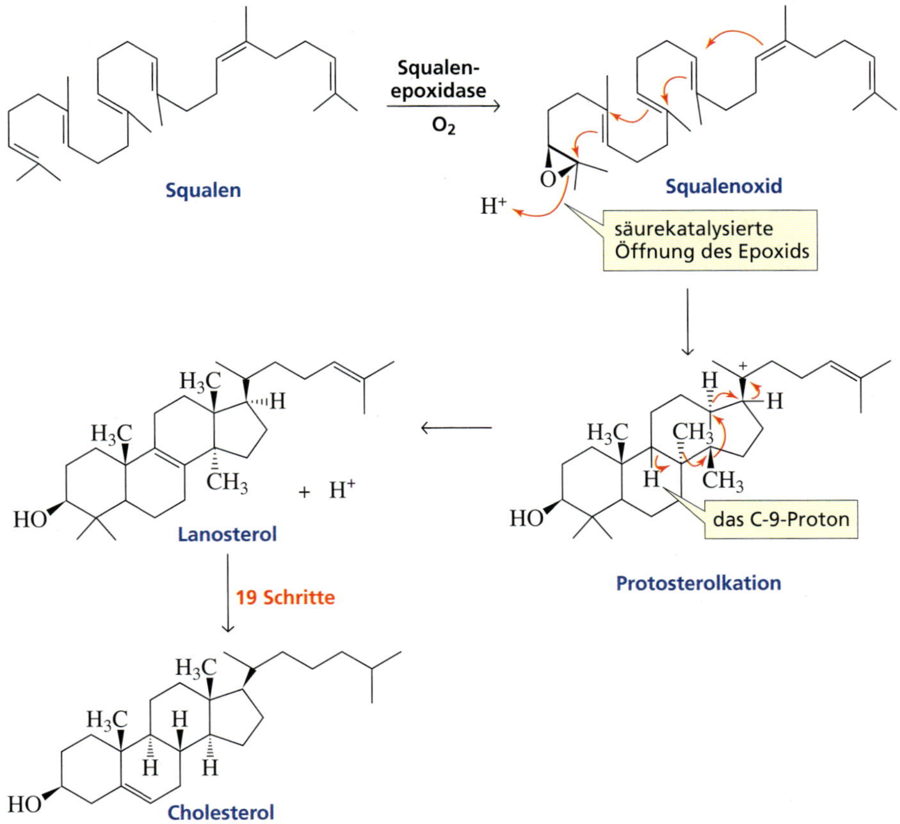

- Der erste Schritt ist die Epoxidierung der 2,3-Doppelbindung des Squalens.
- Die säurekatalysierte Öffnung des Epoxids leitet eine Serie von Zyklisierungen ein, die zum Protosterolkation führen.
- Deprotonierung am C-9 des Kations leitet eine Serie von 1,2-Hydrid- und 1,2-Methylverschiebungen ein, die zum Lanosterol führen.

Die Umwandlung von Lanosterol in Cholesterol erfordert die Entfernung von drei Methylgruppen aus dem Lanosterolmolekül, zusätzlich zur Reduktion zweier Doppelbindungen und der Erzeugung einer neuen Doppelbindung. Die Entfernung von Methylgruppen von Kohlenstoffatomen ist nicht leicht, und viele verschiedene Enzyme sind notwendig, um die 19 Schritte zu vollziehen. Warum macht sich die Natur diese Mühe? Warum wird nicht einfach Lanosterol anstelle von Cholesterol verwendet?

Konrad Bloch hat die Antwort auf diese Frage gefunden, als er zeigen konnte, dass Membranen, die Lanosterol anstelle von Cholesterol enthalten, sehr viel durchlässiger (besser permeabel) sind. Niedermolekulare Stoffe können leicht durch lanosterolhaltige Membranen durchtreten. Mit jeder Methylgruppe, die vom Lanosterol abgespalten wird, wird die Membran weniger permeabel.

Ü 25* Zeichnen Sie die einzelnen 1,2-Hydrid- und -methylverschiebungen für die Umwandlung des Protosterolkations in Lanosterol. Wie viele Hydridverschiebungen treten dabei auf? Wie viele Methylverschiebungen?

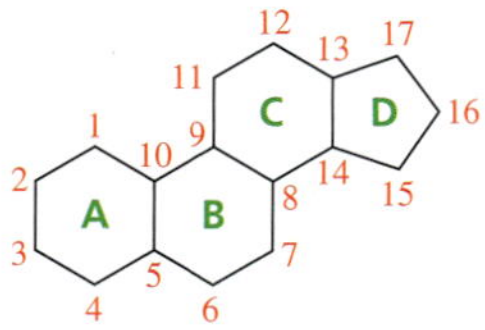

das Steroidringsystem

Steroide 25.10

Hormone sind chemische Botenstoffe. Sie sind organische Verbindungen, die in Drüsen hergestellt und gelagert werden und auf einen Reiz hin in den Blutstrom ausgeschüttet werden, um an einem Zielorgan oder Zielorganen eine Reaktion auszulösen. Eine große Zahl von Hormonen gehört chemisch zur Gruppe der **Steroide**. Da Steroide unpolare Verbindungen sind, sind sie Lipide. Ihr unpolares Wesen erlaubt ihnen die Durchquerung von Zellmembranen. Sie können daher ihre Bildungszellen verlassen und in Zielzellen eindringen.

Bei den Steroiden sind die Ringe B, C und D sämtlich *trans*-verknüpft. Bei den meisten natürlich vorkommenden Steroiden sind die Ringe A und B ebenfalls *trans*-verknüpft.

Viele Steroide weisen Methylgruppen in der 10- und der 13-Stellung auf. Diese Methylreste werden **anguläre Methylgruppen** genannt. Zeichnet man die Strukturformel eines Steroidmoleküls, befinden sich beide angulären Methylgruppen oberhalb der Ebene des Ringsystems. Substituenten auf der gleichen Seite des Ringsystems wie die angulären Methylgruppen werden als β-Substituenten oder β-ständig bezeichnet. In der Formel wird dies durch einen ausgefüllten Keil symbolisiert. Substituenten auf der gegenüberliegenden Seite des Ringsystems werden als α-Substituenten oder α-ständig bezeichnet und durch einen gestrichelten Keil symbolisiert.

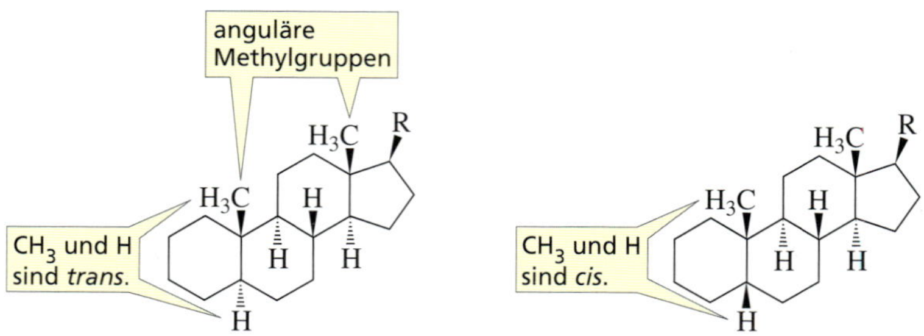

Ü 26* Ein β-Wasserstoffatom am C-5 bedeutet, dass die Ringe A und B ______-verknüpft sind; ein α-Wasserstoffatom am C-5 bedeutet, dass sie _______-verknüpft sind.

Cholesterol

Das mengenmäßig häufigste Mitglied der Steroidfamilie ist in tierischen Lebewesen das **Cholesterol**, das dort die Vorstufensubstanz für alle anderen Steroide ist. Cholesterol entsteht biosynthetisch aus Squalen, einem Triterpen (Abschnitt 25.8). Es ist ein wichtiger Bestandteil tierischer Cytoplasmamembranen (siehe ► Abbildung 25.1). Seine Ringstruktur verleiht ihm eine größere Steifigkeit als sie bei anderen Membranlipiden üblich ist. Da das Cholesterol acht Chiralitätszentren besitzt, gibt es 256 (2^8) mögliche Stereoisomere. Von diesen existiert nur eines in der belebten Natur (Kapitel 4, Übung 40).

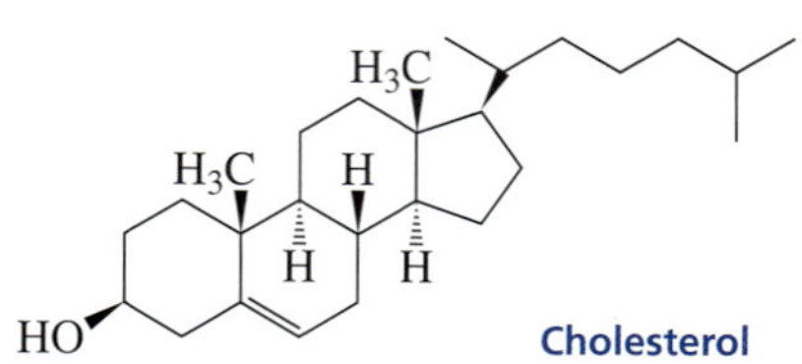

Cholesterol

Ü 27* Ist die OH-Gruppe am A-Ring des Cholesterols ein α- oder ein β-Substituent?

Ü 28 Der Fettsäurebestandteil eines Cholesterolesters ist eine Fettsäure wie Linolsäure. Zeichnen Sie die Struktur eines Cholesterolester..

Steroidhormone

Die Steroidhormone lassen sich aufgrund ihrer Wirkungen in fünf Klassen einteilen: Die Glucocorticoide, die Mineralocorticoide, die Androgene, die Estrogene und die Gestagene. Die Glucocorticoide und die Mineralocorticoide werden in der Nebennierenrinde synthetisiert und werden auf Grund dessen zusammen mit einigen anderen Hormonen wie Adrenalin als *Nebennierenhormone* bezeichnet. Alle aus der Nebenniere stammenden Steroide tragen am C-11 ein Sauerstoffatom als Hydroxyl- oder Ketofunktion.

Glucocorticoide und Mineralocorticoide

Die Glucocorticoide sind, wie der Name andeutet, am Glucosestoffwechsel beteiligt. Sie greifen aber auch in den Stoffwechsel der Proteine und der Fettsäuren ein, sind also allgemeine Stoffwechselregulatoren. Cortison ist ein Beispiel für ein Glucocorticoid. Aufgrund seiner starken entzündungshemmenden Wirkung wird Cortison klinisch zur Behandlung chronischer Erkrankungen wie Gelenkrheuma (Arthritis) und anderer chronischer Entzündungszustände eingesetzt.

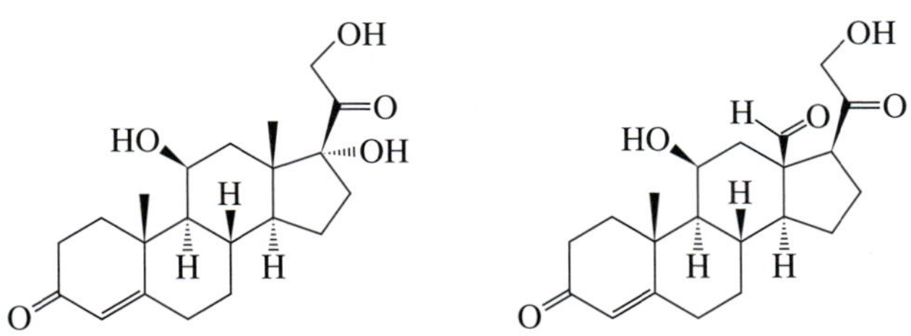

Hydrocortison　　Aldosteron

MERKE!

Cholesterol ist die Vorstufensubstanz aller Steroide.

Mineralocorticoide regulieren die Rückabsorption (Resorption) von Ionen (Na^+, Cl^-, HCO_3^-) aus der Niere, was zu einer Erhöhung des Blutdrucks führt. Sie regulieren allgemein den Elektrolythaushalt und das Säure-Base-Geschehen des Körpers. Aldosteron ist ein Beispiel für ein Mineralocorticoid.

Ü 29 Aldosteron steht mit seinem zyklischen Halbacetal im Gleichgewicht. Zeichnen Sie die Hemiacetalform von Aldosteron.

Androgene

Die „männlichen“ Geschlechtshormone (*Androgene*) werden hauptsächlich von den Hoden (Testes) männlicher Säugetiere produziert und ausgeschüttet, kommen in geringerer Menge aber auch bei weiblichen Tieren vor. Sie sind bei ausreichend hoher Konzentration die chemischen Auslöser der Entwicklung der sekundären männlichen Geschlechtsmerkmale und des männlichen Sexualverhaltens. Sie fördern in diesem Zusammenhang auch das Muskelwachstum, was ihren missbräuchlichen Einsatz als Dopingmittel im Leistungssport erklärt. Testosteron und 5α-Dihydrotestosteron (DHT) sind Androgene.

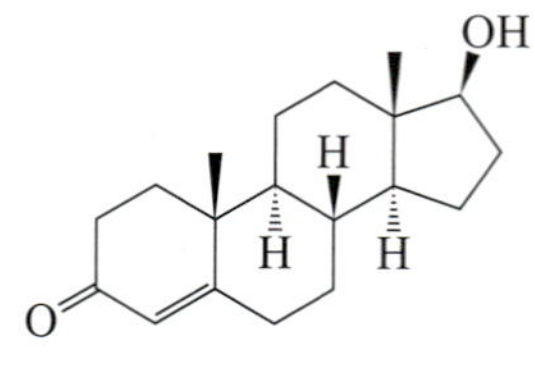

Testosteron

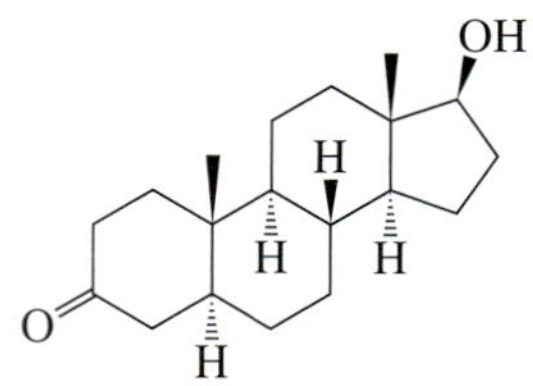

5α-Dihydrotestosteron

HINTERGRUND

■ **Ein Wirkstoff – zwei Effekte**

Finasterid ist ein Medikament, das zur Behandlung der gutartigen Prostatahyperplasie (BPH) und der Glatzenbildung bei Männern (MPB) angewendet wird.

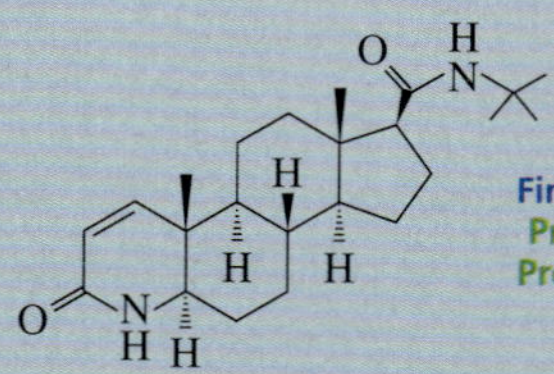

Finasterid
Proscar®
Propecia®

Finasterid ist ein kompetitiver Inhibitor der 5α-Reduktase, dem Enzym, das Testosteron zu Dihydrotestosteron reduziert.

Testosteron $\xrightarrow{\text{5α-Reduktase}}$ Dihydrotestosteron

Die Blockierung der Dihydrotestosteronbildung verringert das Prostatavolumen, wodurch das Risiko für Prostatakrebs verringert wird. Blockierung der Bildung von Dihydrotestosteron reduziert weiterhin die Aktivität von Androgenen in der Kopfhaut, wodurch das Haarwachstum gefördert wird. Wenn es gegen BPH verschrieben wird, dann nennt man das Medikament Proscar; Wenn es hingegen gegen MPB verschrieben wird, dann nennt man es Propecia.

Estrogene (Östrogene)

Estradiol (Östradiol) und Estron (Östron (*Östrus* = Brunst/Brunft)) sind „weibliche" Sexualhormone, die zusammenfassend als *Estrogene* bezeichnet werden. Sie sind verantwortlich für die Entwicklung der sekundären weiblichen Geschlechtsmerkmale. Sie regulieren weiterhin den Menstruationszyklus. Das Progesteron ist der wichtigste Vertreter der als *Gestagene* bezeichneten Hormongruppe. Diese Hormone sind am Schwangerschaftsgeschehen beteiligt und bereiten etwa die Gebärmutter für die Einnistung des Embryos nach der Befruchtung vor. Sie sind für die Aufrechterhaltung des Trächtigkeitszustandes von Bedeutung. Die Gestagene verhindern während der Trächtigkeit weitere Eisprünge.

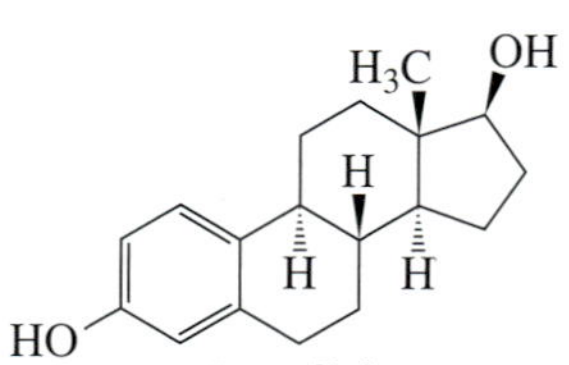

Estradiol

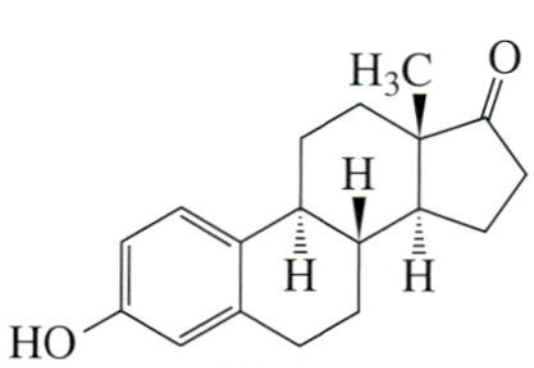

Estron

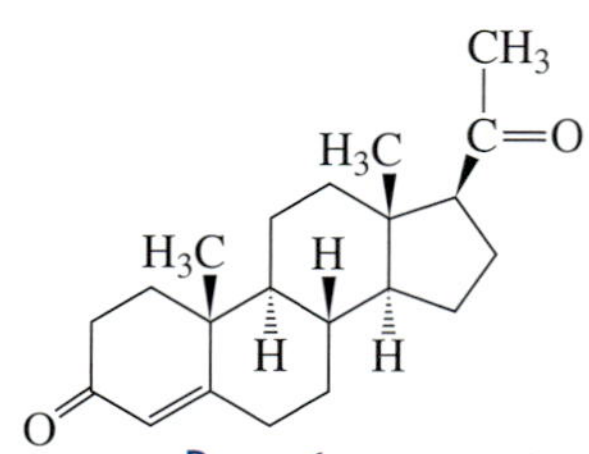

Progesteron

Obwohl die verschiedenen Steroidhormone erstaunlich vielfältige und unterschiedliche körperliche Wirkungen haben, sind ihre Molekülstrukturen einander recht ähnlich. So besteht zum Beispiel der einzige Unterschied zwischen Testosteron und Progesteron in dem Substituenten am C-17. Der einzige Unterschied zwischen 5α-Dihydrotestosteron (DHT) und Estradiol besteht in einer Methylgruppe und drei Wasserstoffatomen am A-Ring, und doch bedingen diese Stoffe einen Großteil des Unterschiedes zwischen Mann und Frau. Diese Beispiele belegen die ungeheure Spezifität biochemischer Reaktionen.

Gallensäuren

Neben seiner Funktion als „Muttersubstanz" aller Steroidhormone ist das Cholesterol auch Ausgangsstoff für die *Gallensäuren*. Das Wort Cholesterol leitet sich von den griechischen Wörtern *chole* („Galle") und *stereos* („fest/starr") ab. Die Gallensäuren Cholsäure und Chenodesoxycholsäure werden in der Leber synthetisiert und in der Gallenblase gespeichert. Während der Verdauung wird der Inhalt der Gallenblase, das Gallensekret oder einfach die Galle, in den Dünndarm abgegeben, wo die Galle als Emulgator wirkt, der lipophile Nahrungsbestandteile solubilisiert und so den Verdauungsenzymen und/oder für die Resorption zugänglich macht. Das Cholesterol ist weiterhin der Ausgangsstoff für die Vitamin-D-Synthese (Abschnitt 28.6).

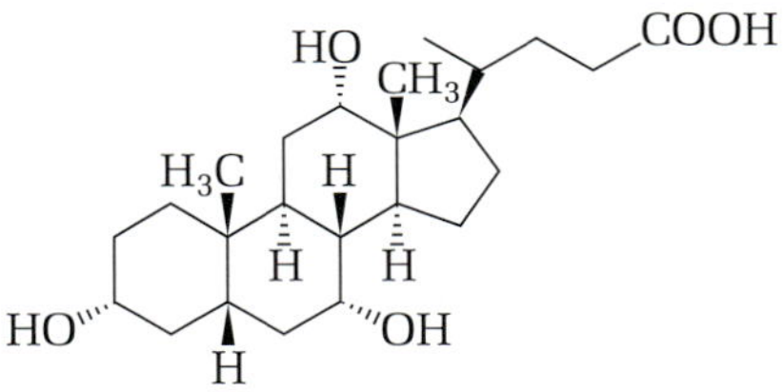

Cholsäure

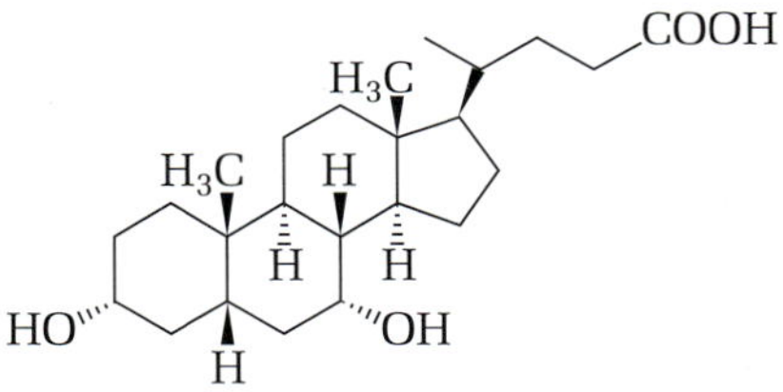

Chenodesoxycholsäure

Ü 30*

(a) Wie unterscheiden sich die Strukturen von Cholsäure und Chenodesoxycholsäure?

(b) Sind die drei OH-Gruppen von Cholsäure axial oder äquatorial?

Synthetische Steroide 25.11

Die starken physiologischen Wirkungen der Steroide haben Wissenschaftler*innen bei ihrer Suche nach neuen pharmazeutischen Wirkstoffen darauf gebracht, neue, in der Natur nicht vorkommende Steroide zu entwickeln und ihre Effekte zu untersuchen. Stanozolol und Methandrostenolon (1982 vom Originalhersteller vom Markt genommen, aber aus zweifelhaften Quellen illegal weiter erhältlich) sind zwei halbsynthetische Steroide, die ähnliche muskelbildende Effekte zeigen wie das Testosteron. Aufgrund dieser Wirkung gehören sie zu den *anabolen Steroiden*. Ursprünglich als Medikamente für Patient*innen gedacht, die nach langer Bettlägerigkeit unter umkehrbarem Muskelschwund leiden, sind sie heute vor allem als Dopingmittel bei Leistungssportler*innen aller Disziplinen sowie zum Einsatz bei Rennpferden beliebt. Bei den Olympischen Spielen 1988 in Seoul wurde Stanozolol bekannt durch den positiven

Dopingfall des Leichtathleten Ben Johnson. In hoher Dosierung und über einen längeren Zeitraum eingenommen können anabole Steroide (kurz „Anabolika“) zu Leberkrebs, Verhaltensänderungen bis zur Persönlichkeitsveränderung sowie zur testikulären Atrophie (Hodenschrumpfung mit einhergehender Unfruchtbarkeit) führen.

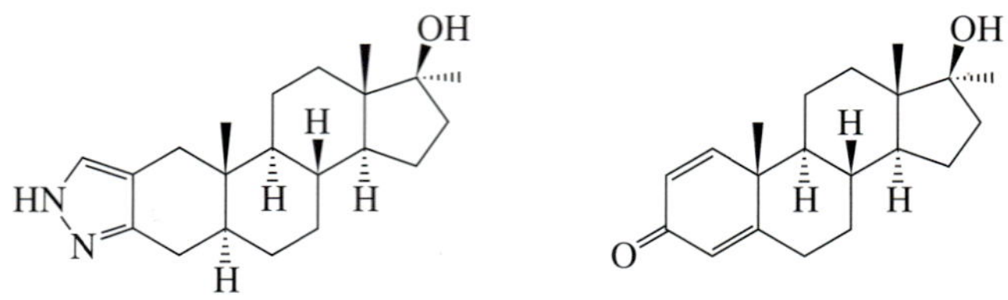

Stanozolol Dianabol®

Viele synthetische Steroide besitzen Wirkungen, die stärker sind als die vergleichbarer natürlicher Steroide. Norethindron ist etwa ein wirksameres Kontrazeptivum (Verhütungsmittel) als Progesteron. Norethindron war der Inhaltsstoff der ersten Antibabypille. Das synthetische Steroid Mifepriston (RU 468) führt zusammen mit Prostaglandinen zu einer Verhinderung der Einnistung der befruchteten Eizelle in die Gebärmutterwand oder zu einer Abstoßung des Embryos (so genannte „Abtreibungspille“). Beachten Sie, dass diese oralen Kontrazeptiva Molekülstrukturen besitzen, die denen der Progesterone ähnlich sind.

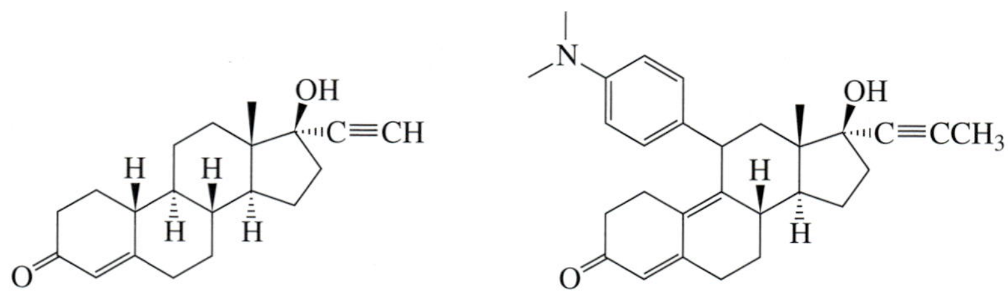

Norethindron Mifepriston RU 486

Zusammenfassung

Abschnitt 25.0

- **Lipide** sind organische Verbindungen, die in lebenden Organismen vorkommen und löslich in unpolaren Lösungsmitteln sind.

Abschnitt 25.1

- **Fettsäuren** sind Carbonsäuren mit langen, unverzweigten Kohlenwasserstoffketten.
- **Gesättigte Fettsäuren** haben keine Doppelbindungen; **ungesättigte Fettsäuren** hingegen haben Doppelbindungen.
- Die *cis*-Doppelbindungen in natürlich vorkommenden **mehrfach ungesättigten Fettsäuren** sind durch eine CH_2-Gruppe voneinander getrennt.

Abschnitt 25.2

- **Wachse** sind Ester, die aus langkettigen Carbonsäuren und langkettigen Alkoholen bestehen.

Abschnitt 25.3

- **Triglyceride (Triacylglycerole)** sind Verbindungen, bei denen die drei OH-Gruppen von **Glycerol** mit Fettsäuren verestert sind.
- Triglyceride, die bei Raumtemperatur Feststoffe oder Halbfeststoffe sind, sind **Fette**; flüssige Triglyceride sind **Öle**.

Abschnitt 25.4

- Die Hydrolyse eines Fettes oder Öls in einer Grundlösung bildet **Seife**.

Abschnitt 25.5

- **Phospholipide** sind Lipide, die eine Phosphatgruppe enthalten.
- **Phosphoglyceride (Phosphoacylglycerole)** unterscheiden sich von Triglyceriden dadurch, dass die terminale OH-Gruppe von Glycerin mit Phosphorsäure anstatt einer Fettsäure verestert wird.
- Phosphoglyceride bilden **Membranen**, indem sie sich in einer **Lipiddoppelschicht** anordnen.
- **Sphingolipide** sind, abgesehen davon, dass sie **Sphingosin** anstatt Glycerin enthalten, wie Phosphoglyceride.

Abschnitt 25.6

- **Prostaglandine** sind verantwortlich für die Regulierung einer Vielzahl physiologischer Reaktionen. Diese werden aus Arachidonsäure synthetisiert, einer Fettsäure mit 20 Kohlenstoffatomen.

Abschnitt 25.7

- **Terpene** werden hergestellt, indem Einheiten mit fünf Kohlenstoffatomen verbunden werden, normalerweise mit Kopf-Schwanz-Verknüpfungen.
- **Monoterpene** – Terpene mit zwei **Isopreneinheiten** – haben 10 Kohlenstoffatome, **Sesquiterpene** haben 15, **Diterpene** haben 20, **Triterpene** haben 30 und **Tetraterpene** haben 40 Kohlenstoffatome.
- **Isopentenylpyrophosphat** ist die Verbindung mit fünf Kohlenstoffatomen, die für die Biosynthese von Terpenen verwendet wird.

Abschnitt 25.8

- Die Reaktion von **Dimethylallylpyrophosphat** (gebildet aus Isopentenylpyrophosphat) mit Isopentenylpyrophosphat bildet **Geranylpyrophosphat**, eine Verbindung aus 10 Kohlenstoffatomen.
- Die Reaktion von Geranylpyrophosphat mit einem weiteren Molekül Isopentenylpyrophosphat bildet **Farnesylpyrophosphat**, eine Verbindung aus 15 Kohlenstoffatomen.
- Die Reaktion von Farnesylpyrophosphat mit einem weiteren Molekül Isopentenylpyrophosphat bildet **Geranylgeranylpyrophosphat**, eine Verbindung mit 20 Kohlenstoffatomen.
- Zwei Moleküle Farnesylpyrophosphat bilden **Squalen**, eine Verbindung aus 30 Kohlenstoffatomen.
- Zwei Moleküle Geranylgeranylpyrophosphat bilden **Phytoen**, eine Verbindung aus 40 Kohlenstoffatomen.

Abschnitt 25.9

- Squalen ist die Vorstufe von **Lanosterol**, der Vorstufe von **Cholesterol**.

Abschnitt 25.10

- **Hormone** sind chemische Botenstoffe. Viele Hormone sind Steroide.
- Alle Steroide enthalten ein tetrazyklisches Ringsystem; β-Substituenten befinden sich auf der gleichen Seite des Ringsystems wie die **angulären Methylgruppen**; α-Substituenten befinden sich auf der gegenüberliegenden Seite.
- Cholesterol ist die Vorstufe aller **Steroidhormone**.

Im MyLab | Organische Chemie finden Sie:

- den praktischen **eText** zum Kapitel mit Notizfunktion
- eine Auswahl verschiedener **3D-Moleküle**
- **Lösungen** zu ausgewählten, mit * versehenen Übungen
- digitale **Lernkarten** und ein umfangreiches **Glossar** zum Nachschlagen und Wiederholen von Definitionen
- digitale Übungsaufgaben in Form von **Kapiteltests** zur eigenen Lernkontrolle

Die Chemie der Nucleinsäuren

26

26.1	Nucleoside und Nucleotide	1366
26.2	Nucleinsäuren bestehen aus Nucleotiduntereinheiten	1371
26.3	Die Sekundärstruktur der DNA	1372
26.4	Warum DNA keine 2'-OH-Gruppe besitzt	1375
26.5	Die Biosynthese der DNA nennt man Replikation	1376
26.6	DNA und Vererbung	1377
26.7	Die Biosynthese der RNA heißt Transkription	1378
26.8	Die für die Biosynthese von Proteinen verwendeteten RNAs	1380
26.9	Die Biosynthese der Proteine nennt man Translation	1383
26.10	Warum die DNA Thymin anstelle von Uracil enthält	1388
26.11	Antivirale Wirkstoffe	1390
26.12	Wie die Basensequenz eines DNA-Moleküls bestimmt wird	1392
26.13	Gentechnik	1394
Zusammenfassung		1396

ÜBERBLICK

Eine Doppelhelix.

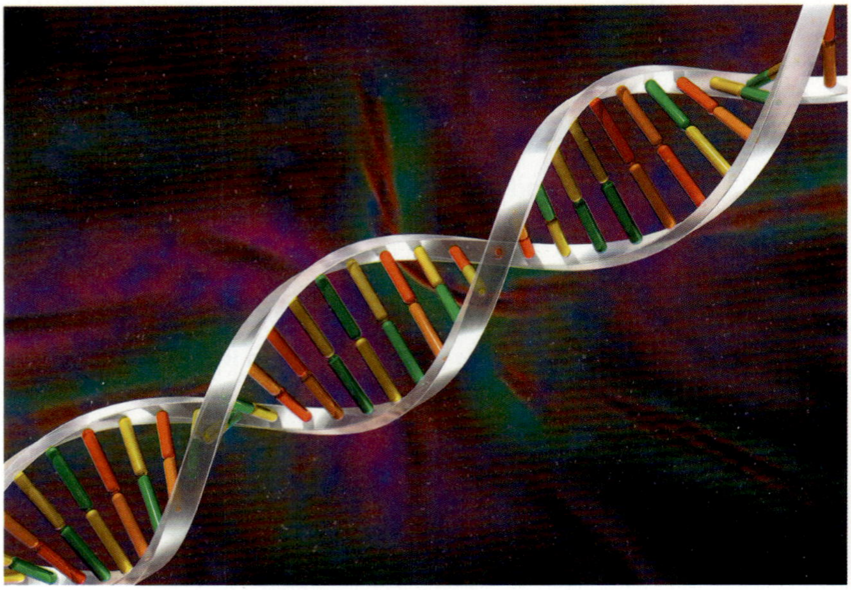

Wir haben zwei der drei Hauptarten von Biopolymeren untersucht: Die Polysaccharide in Kapitel 20 und die Proteine in Kapitel 21. Nun wollen wir uns die dritte Art der Biopolymere ansehen – die Nucleinsäuren. Es gibt zwei Arten von Nucleinsäuren: Desoxyribonucleinsäure (DNA, von englisch deoxyribonucleic acid) und Ribonucleinsäure (RNA, von englisch ribonucleic acid). DNA codiert die gesamte Erbinformation eines Organismus und kontrolliert das Wachstum und die Teilung von Zellen. Die gesamten in der DNA gespeicherten genetischen Informationen aller Organismen (mit Ausnahme bestimmter Viren) werden in RNA transkribiert. Diese Informationen können dann für die Synthese aller benötigten Proteine übersetzt werden, welche die Struktur und Funktion der Zellen steuern.

Die Desoxyribonucleinsäure wurde zuerst 1869 in den Zellkernen weißer Blutkörperchen entdeckt. Da sie in den Kernen von Zellen anwesend war und chemisch eine Säure darstellt, nannte ihr Entdecker, der Schweizer Friedrich Miescher, sie *Kernsäure* (= *Nucleinsäure*). Nach und nach fand man heraus, dass diese DNA in allen Zellkernen vorhanden ist. Der Verdacht, dass es sich dabei um die Erbsubstanz handeln könnte, wurde 1944 mit letzter Sicherheit durch Transfektionsexperimente bestätigt, bei denen mit der Übertragung von DNA-Molekülen erbliche Merkmale übertragen wurden. 1953 gelang den Forschern James Watson und Francis Crick die Aufklärung der Raumstruktur des DNA-Moleküls – die berühmte Doppelhelix.

26.1 Nucleoside und Nucleotide

Nucleinsäuren sind Ketten aus fünfgliedrigen Monosacchariden, die durch Phosphordiester miteinander verknüpft sind (► Abbildung 26.1).

- In der RNA ist der fünfgliedrige Ringzucker D-Ribose.
- In der DNA ist der fünfgliedrige Ringzucker 2-Desoxy-D-ribose (D-Ribose ohne OH-Gruppe in der 2′-Position).

Die Basen in DNA und RNA

Das anomere C-Atom jedes Zuckermoleküls ist mit einem N-Atom einer heterozyklischen Verbindung kovalent β-glycosidisch verknüpft. Wie Sie aus Abschnitt 20.10 wissen, ist eine β-Glycosidbindung eine, bei der die Substituenten am C-1 und C-4 auf der gleichen Seite des Furanrings stehen. Da die Heterozyklen in den Nucleinsäuren Amine sind, werden sie gemeinschaftlich als Nucleobasen oder kurz **Basen** bezeichnet.

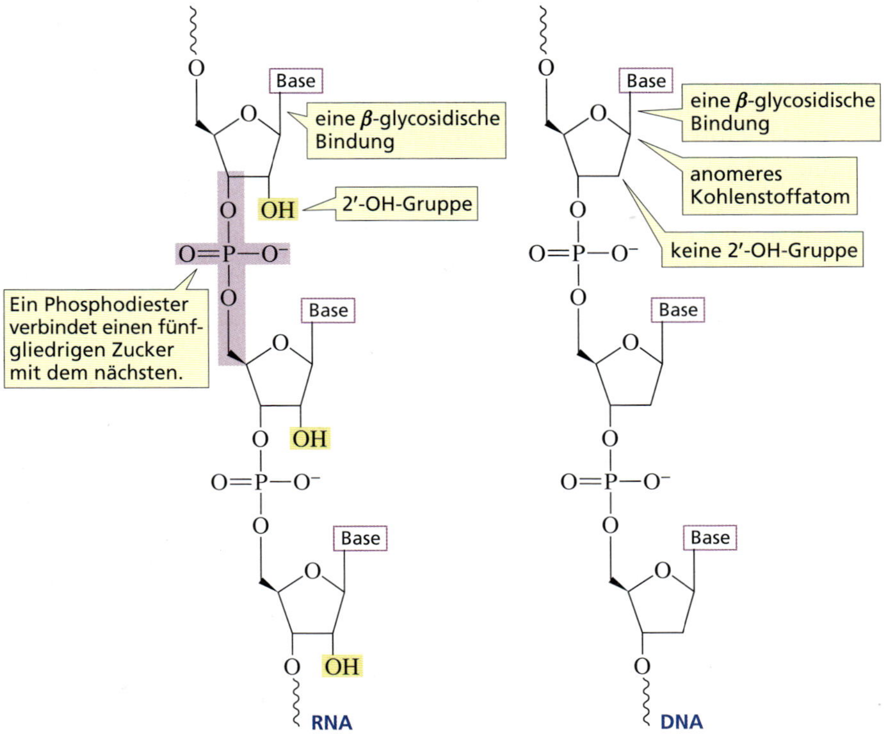

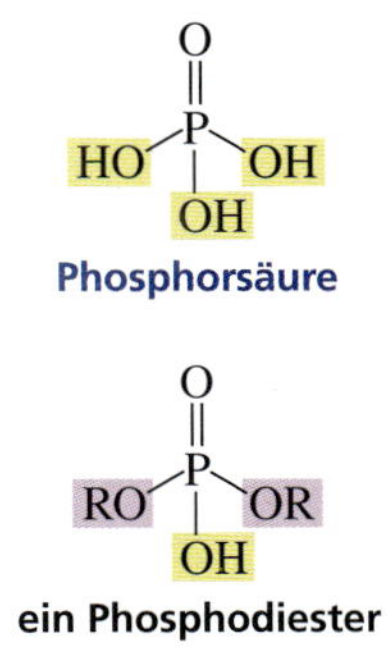

Abbildung 26.1: Nucleinsäuren bestehen aus Ketten fünfgliedriger Ringe von Zuckern, die durch Phosphatgruppen verbunden sind. Das anomere Kohlenstoffatom jedes Zuckers (D-Ribose in RNA und 2′-Desoxy-D-ribose in DNA) bindet an ein heterozyklisches Amin (eine Base) mit einer β-glycosidischen Bindung.

Die gewaltigen Unterschiede im Erbgut der verschiedenen Arten und die weniger großen Unterschiede zwischen den einzelnen Mitgliedern einer Art werden von der Abfolge, der Sequenz und durch die heterozyklischen Basen in der DNA bestimmt. In den Nucleinsäuren gibt es vier unterschiedliche Basen: Zwei sind Purinderivate (Adenin und Guanin), die beiden anderen Pyrimidinderivate (Cytosin und Thymin).

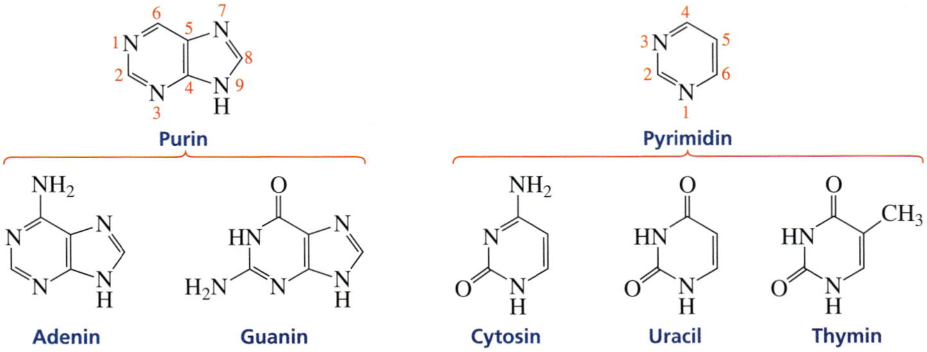

Die vier Basen der RNA sind Adenin, Guanin, Cytosin und Uracil. Die ersten drei sind die gleichen wie in der DNA; Uracil ersetzt das Thymin, welches sich vom Uracil nur durch den Besitz einer Methylgruppe unterscheidet (Thymin: 5-Methyluracil). Der mutmaßliche Grund, warum die DNA Thymin anstelle von Uracil enthält, wird uns in Abschnitt 26.10 beschäftigen.

Nucleoside

Die Purine und Pyrimidine sind an das anomere Kohlenstoffatom (C-1) des Furanoserings der Zuckerreste gebunden – Purine am N-9 und Pyrimidine am N-1. Diese Bindungen sind, wie wiederholt erwähnt wurde, β-glycosidischer Natur. Eine Verbindung aus einer heterozyklischen Nucleobase und einem Zucker (D-Ribose oder 2′-Desoxy-D-ribose) wird als **Nucleosid** bezeichnet. Die Ringatome des Zuckeranteils werden mit „gestrichenen" Zahlen versehen, um sie von den Ringatomen der Basen unterscheiden zu können. Darum heißt der Zuckerrest des DNA-Moleküls 2′-Desoxy-D-ribose (2-„Strich"-Desoxy-D-ribose).

Nucleoside in RNA

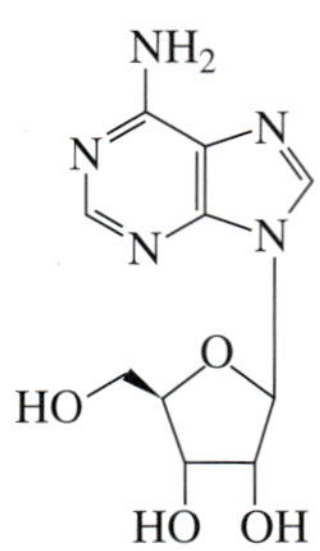

Adenosin

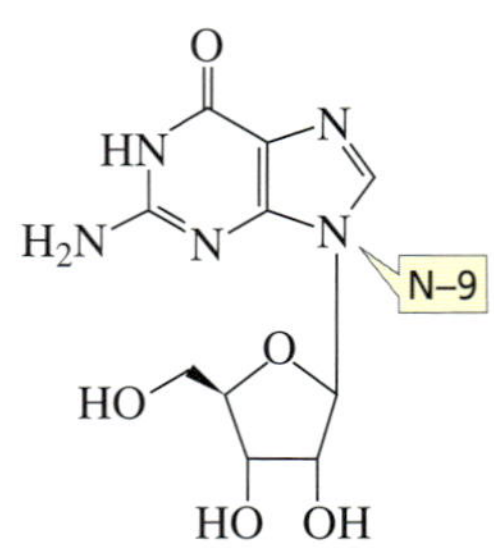

Guanosin

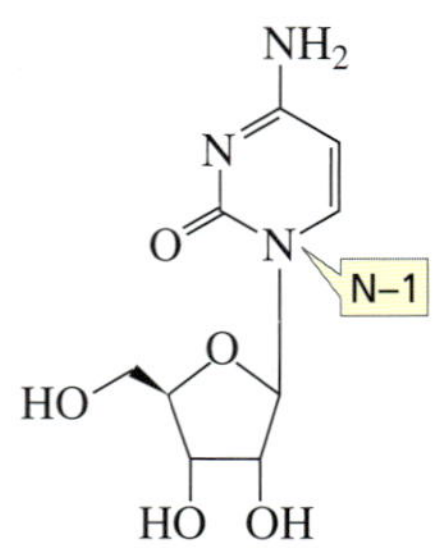

Cytidin

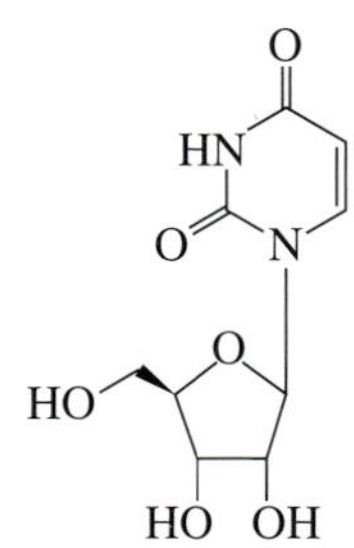

Uridin

Nucleoside in DNA

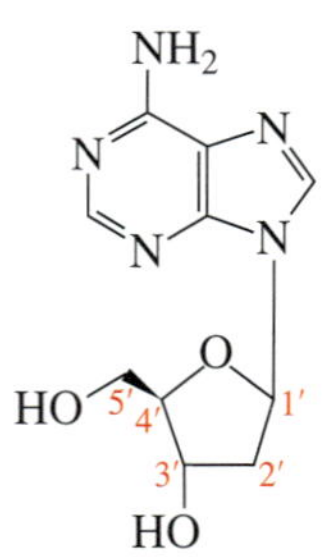

2′-Desoxyadenosin

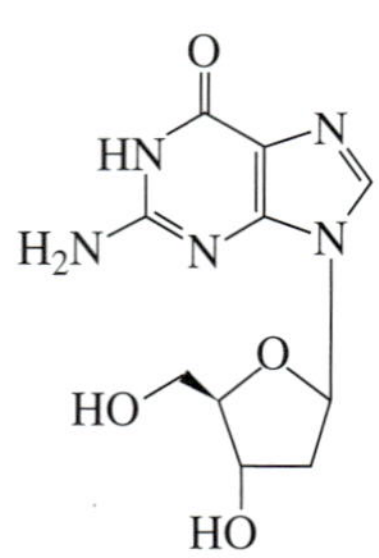

2′-Desoxyguanosin

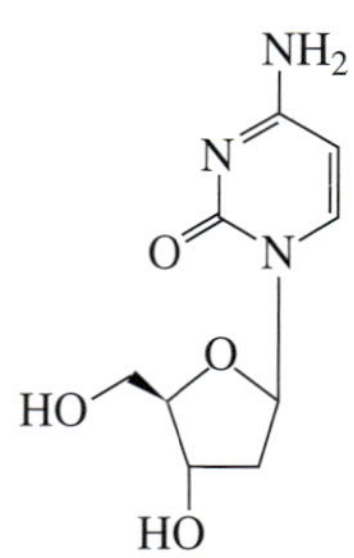

2′-Desoxycytidin

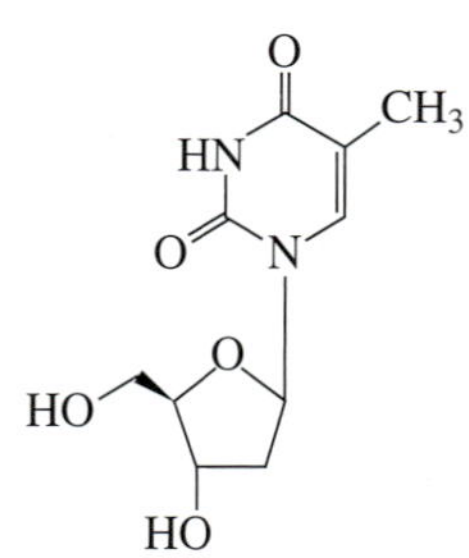

Thymidin

Beachten Sie den Unterschied zwischen den Basennamen und den entsprechenden Nucleosidnamen, die in ► Tabelle 26.1 aufgelistet sind. Beispielsweise ist Adenin die Base, während Adenosin das Nucleosid ist. Ähnlich ist Cytosin eine Base, während Cytidin ein Nucleosid ist, und so weiter. Da Uracil nur in RNA enthalten ist, ist es an D-Ribose und nicht an 2′-Desoxy-D-ribose gebunden; da Thymin nur in der DNA vorkommt, ist es an 2′-Desoxy-D-ribose und nicht an D-Ribose gebunden.

Base	Ribonucleosid	Desoxyribonucleosid	Ribonucleotid	Desoxyribonucleotid
Adenin	Adenosin	2'-Desoxyadenosin	Adenosin-5'-monophosphat	2'-Desoxyadenosin-5'-monophosphat
Guanin	Guanosin	2'-Desoxyguanosin	Guanosin-5'-monophosphat	2'-Desoxyguanosin-5'-monophosphat
Cytosin	Cytidin	2'-Desoxycytidin	Cytidin-5'-monophosphat	2'-Desoxycytidin-5'-monophosphat
Thymin	–	Thymidin	–	Thymidin-5'-monophosphat
Uracil	Uridin	–	Uridin-5'-monophosphat	–

Tabelle 26.1: Die Namen der Basen, der Nucleoside und der Nucleotide.

Nucleotide

Ein **Nucleotid** ist ein phosphoryliertes Nucleosid. In biologischen Systemen findet man Phosphorsäureester der 5'- und/oder der 3'-OH-Gruppe des Zuckeranteils. Die Nucleotide der RNA heißen genauer **Ribonucleotide** (die Nucleoside entsprechend Ribonucleoside), die der DNA **Desoxyribonucleotide** (respektive Desoxyribonucleoside).

Da Orthophosphorsäure ein intermolekulares Anhydrid bilden kann (Abschnitt 24.1), können Nucloside mehrfachphosphoryliert vorkommen. In Zellen findet man Nucleosidmono-, di- und triphosphate. Zur Benennung hängt man die Endung *-monophosphat*, *-diphosphat* bzw. *-triphosphat* an den Namen des Nucleosids.

> **MERKE!**
>
> **Nucleosid = Zucker + Base**
>
> **Nucleotid = Zucker + Base + Phosphat (= Nucleosid + Phosphat)**

Nucleotide von Adenosin

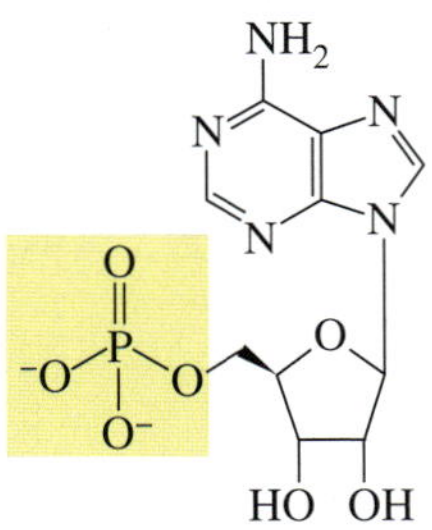

Adenosin-5'-monophosphat AMP

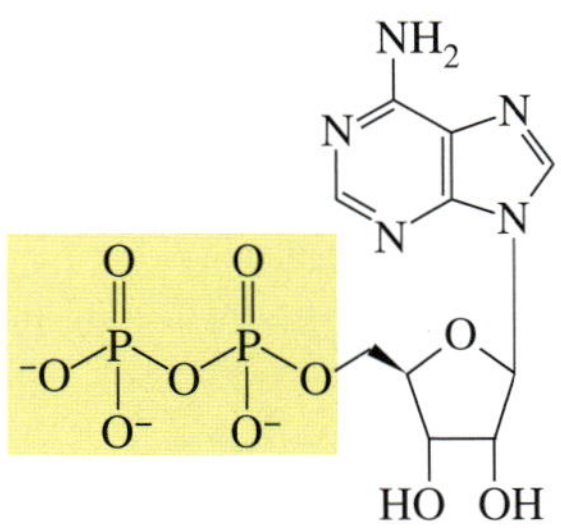

Adenosin-5'-diphosphat ADP

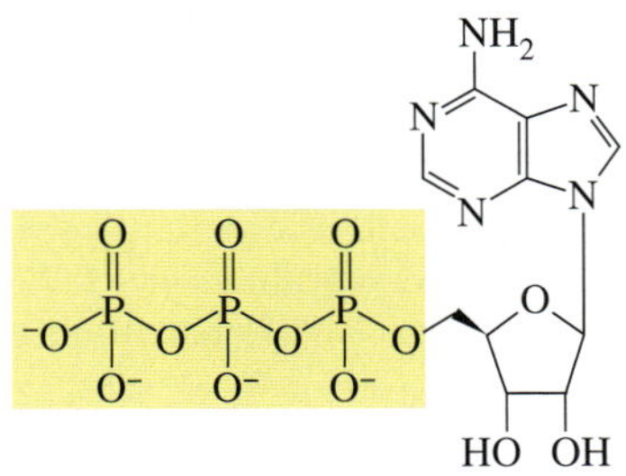

Adenosin-5'-triphosphat ATP

Nucleotide von 2'-Deoxyadenosin

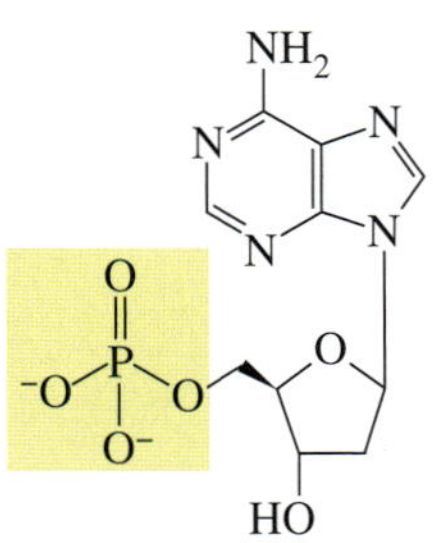

2'-Deoxyadenosin-5'-monophosphat dAMP

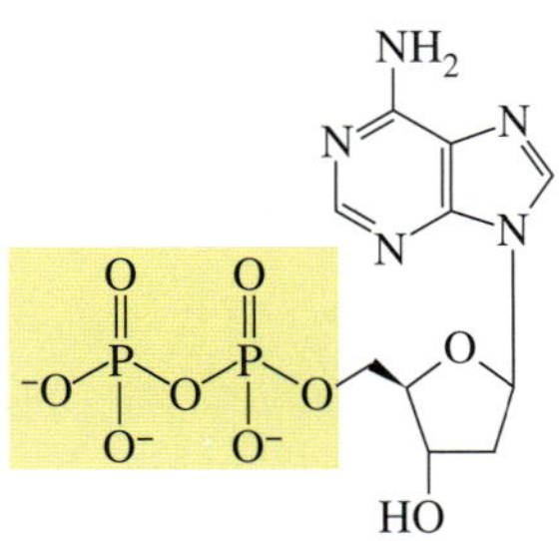

2'-Deoxyadenosin-5'-diphosphat dADP

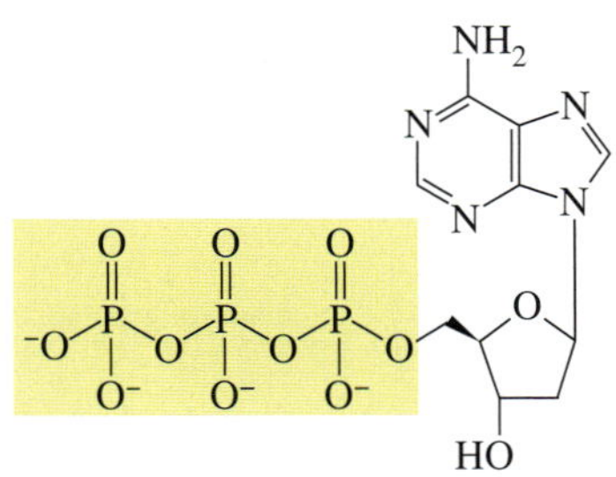

2'-Deoxyadenosin-5'-triphosphat dATP

Die Namen der Nucleotide sind abgekürzt (A, G, C, T, U, gefolgt von MP, DP oder PT, je nachdem, ob es sich um ein Guanosinmonophosphat, um ein Diphosphat oder um ein Triphosphat handelt). Wenn es ein D am Anfang des Namens hat, enthält es 2'-Desoxy-D-ribose anstatt D-Ribose. Vergleichen Sie zum Beispiel die Namen der Verbindungen ATP und dATP).

HINTERGRUND

Die Struktur der DNA: Watson, Crick, Franklin und Wilkins

James Watson wurde 1928 in Chicago geboren. Seinen ersten Studienabschluss (B. Sc. in Zoologie) erlangte er an der Universität von Chicago im Alter von 19, den Doktorgrad der Universität von Indiana (USA) mit einer Arbeit über Bakteriophagen mit 23 Jahren. Bei einer Tagung im Jahr 1951 begegnete er Maurice Wilkins. Durch Wilkinsens Arbeiten über die DNA-Struktur angeregt, wechselte er nach einer Anfangszeit 1950–1951 in Kopenhagen nach Cambridge, wo er ebenfalls am Problem der Molekülstruktur der Desoxyribonucleinsäure zu arbeiten begann.

Francis Crick (links) und James Watson (rechts).

Francis Crick (1916–2004) wurde in Northampton (GB) geboren. Er studierte Physik in London und arbeitete während des 2. Weltkrieges an der Entwicklung des Radars mit. Nach Ende des Krieges schrieb er sich erneut an der Universität ein, um Biologie zu studieren. Ab 1949 war er Mitglied der Forschungsgruppe von Max Perutz. Sein Forschungsfeld war die Strukturaufklärung von Biomolekülen durch Röntgenbeugung. Eine Schrift mit dem Titel „Röntgenstreuung: Polypeptide und Proteine" reichte er als Dissertation ein; mit dieser Leistung wurde er 1953 im Alter von 38 Jahren promoviert.

Rosalind Franklin.

Rosalind Franklin (1920–1958) wurde in London geboren. Ihren akademischen Abschluss machte sie an der Universität Cambridge und nahm danach eine Stelle beim Britischen Forschungsinstitut für Kohleverwertung an. Nach dem 2. Weltkrieg lernte sie in Paris Röntgenbeugung. 1951 kehrte sie nach England zurück und erhielt eine Stelle im Labor für Röntgenstrukturuntersuchungen am King's College der Universität London. Ihre Röntgenuntersuchungen an Desoxyribonucleinsäuremolekülen waren die Grundlage für die nachfolgende Strukturaufklärung. Sie zeigten, dass die DNA eine Doppelwendel bildet, bei der die Phosphorsäuregruppen auf der Außenseite angeordnet sind. Rosalind Franklin starb früh, da sie sich nicht vor den Röntgenstrahlen geschützt hatte, sodass ihre Beiträge zu dieser wichtigen Entdeckung nicht mehr durch Auszeichnungen gewürdigt werden konnten.

Der Nobelpreis im Fach Physiologie/Medizin des Jahres 1962 wurde J. Watson, F. Crick und Maurice Wilkins, der Franklins Vorgesetzter am King's College gewesen war, verliehen. **Maurice Wilkins** (1916–2004) wurde in Neuseeland geboren und übersiedelte im Alter von sechs Jahren mit seiner Familie nach Großbritannien. Während des 2. Weltkrieges war er Mitglied einer britischen Physikergruppe an der Universität Berkeley in Kalifornien, die an der Entwicklung der Atombombe beteiligt war. Nach dem Krieg wandte er sich der Biophysik zu.

Zyklisches AMP

Zyklisches AMP (cAMP) findet sich in allen Lebensformen und kontrolliert eine Reihe biologischer Prozesse. Das zyklische Nucleotid ist ein „second messenger", weil es als Bindeglied bei mindestens 20 verschiedenen Hormonen (dem „first messenger") und Enzymen, die die Zellfunktion regulieren, dient.

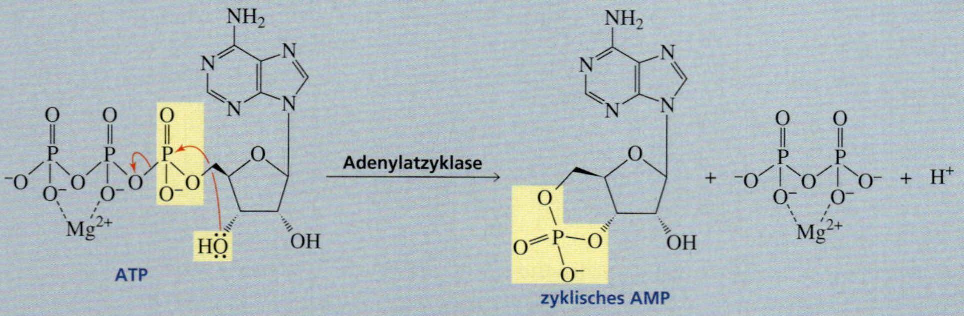

Die Ausschüttung mancher Hormone wie Adrenalin bewirkt an den Zielzellen die Aktivierung des Enzyms Adenylatzyklase, das cAMP aus ATP bildet. Das zyklische AMP aktiviert dann andere Enzyme (Abschnitt 24.13), im Regelfall durch Phosphorylierung.

Nucleinsäuren bestehen aus Nucleotiduntereinheiten 26.2

Wir haben gelernt, dass **Nucleinsäuren** aus langen Strängen von Nucleotiden, die durch Phosphodiesterbindungen verknüpft sind, bestehen (► Abbildung 26.1).

- Ein **Dinucleotid** enthält zwei Nucleotiduntereinheiten.
- Ein **Oligonucleotid** enthält drei bis zehn Nucleotiduntereinheiten.
- Ein **Polynucleotid** enthält viele Nucleotiduntereinheiten.

DNA und RNA sind Polynucleotide.

Ü 1 In saurer Lösung werden Nucleoside zu Monosacchariden und den heterozyklischen Basen hydrolysiert. Schlagen Sie einen Reaktionsmechanismus für diese Reaktion vor.

Ü 2 Zeichnen Sie die Strukturformeln folgender Verbindungen:
(a) dCDP
(b) dTTP
(c) dUMP
(d) UDP
(e) Guanosintriphosphat
(f) Adenosin-3′-monophosphat

Biosynthese von Nucleinsäuren

Nucleosidtriphosphate sind die Ausgangsverbindungen für die Biosynthese von Nucleinsäuren. DNA wird von Enzymen gebildet, die *DNA-Polymerasen* heißen, RNA entsprechend von *RNA-Polymerasen*. Die Nucleotide werden durch einen nucleophilen Angriff einer 3′-OH-Gruppe der schon bestehenden Nucleinsäure auf das α-P-Atom am 3′-Ende eines Nucleosidtriphosphatmoleküls gebildet. Dabei wird eine Phosphoanhyridbindung des Triphosphats gespalten und Pyrophosphat eliminiert (► Abbildung 26.2).Das bedeutet, dass sich das Makromolekül in 5′⟶3′-Richtung verlängert. Bei enzymatischen Biosynthesen erfolgt die Addition neuer Nucleotide also stets am 3′-Ende. Die Nucleinsäuren sind aber durch andere Enzyme (Nucleasen) hydrolytisch abbaubar. Beide Nucleinsäuretypen entstehen auf die gleiche Weise, nur werden bei der RNA-Synthese von den Polymerasen Ribonucleosidtriphosphate als Substrate verwendet und von den DNA-Polymerasen Desoxyribonucleosidtriphosphate.

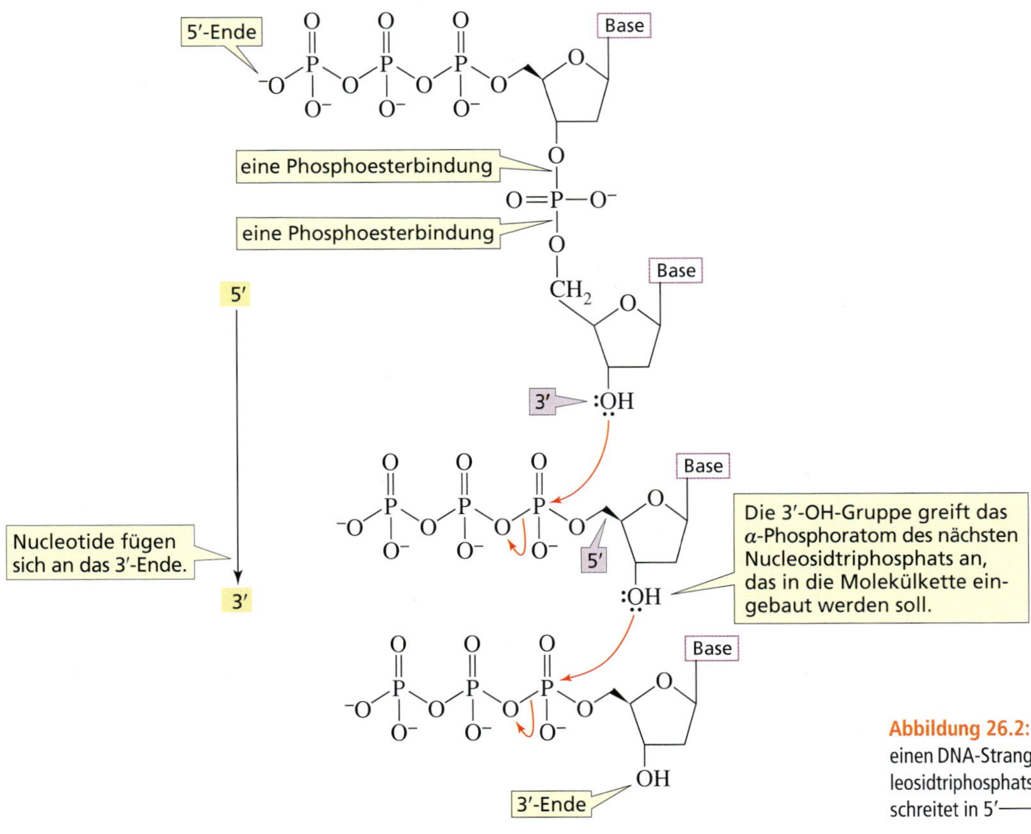

Abbildung 26.2: Anfügung eines Nucleotids an einen DNA-Strang durch Kondensation eines Nucleosidtriphosphats an das 3′-Ende. Die Biosynthese schreitet in 5′⟶3′-Richtung fort.

Das Pyrophosphat wird anschließend hydrolysiert. Diese Reaktion ist irreversibel. Irreversibilität ist wichtig, wenn die genetische Information in der DNA konserviert werden soll (Abschnitt 24.1).

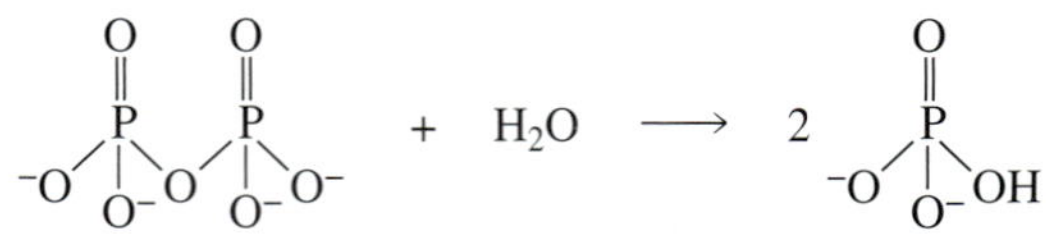

RNA-Stränge werden auf die gleiche Art und Weise biosynthetisiert. Hier wird allerdings 2′-Ribonucleosidtriphosphat anstelle von Desoxyribonucleosidtriphosphat verwendet.

Die Primärstruktur einer Nucleinsäure

Die **Primärstruktur** einer Nucleinsäure ist die Abfolge der Nucleobasen in dem Strang/den Strängen des Moleküls. Konventionell werden Basensequenzen in 5′⟶3′-Richtung geschrieben (das 5′-Ende ist links). Denken Sie daran, dass das Nucleotid am 5′-Ende des Strangs eine freie 5-Triphosphatgruppe und das Nucleotid am 3′-Ende eine freie 3-Hydroxylgruppe aufweist.

5′-Ende ⟶ ATGAGCCATGTAGCCTAATCGGC ⟵ 3′-Ende

MERKE!

DNA wird in 5′⟶3′-Richtung synthetisiert.

Die Sekundärstruktur der DNA 26.3

Watson und Crick haben aus Rosalind Franklins Röntgendaten geschlussfolgert:

- DNA besteht aus zwei Nucleotidsträngen mit dem Zucker-Phosphat-Rückgrat an der Außenseite und den Basen auf der Innenseite.
- Die Stränge der DNA sind antiparallel (sie laufen in entgegengesetzte Richtungen).
- Die Stränge werden durch Wasserstoffbrücken zwischen den Basen der beiden Stränge zusammengehalten (► Abbildung 26.3).

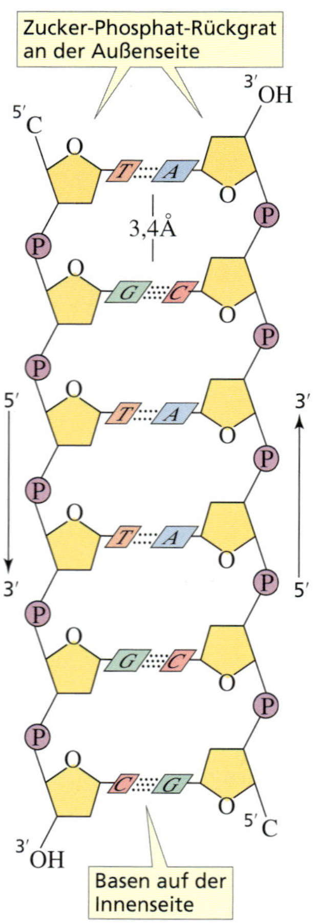

Abbildung 26.3: Das Zucker-Phosphat-Rückgrat der DNA ist auf der Außenseite und die Basen sind auf der Innenseite der Helix. A paart mit T und G mit C. Die beiden Stränge sind antiparallel – das heißt, sie laufen in entgegengesetzte Richtungen.

Die DNA-Stränge sind komplementär

Nasschemische Experimente von Erwin Chargaff haben gezeigt, dass die Gesamtzahl der Purine eines DNA-Moleküls gleich der Gesamtzahl der Pyrimidine war (ein DNA-Molekül also äquimolare Mengen Purin- und Pyrimidinderivate enthält). Genauere Analysen ergaben, dass die Mengen der Adeninreste gleich der der Thyminreste, und die Zahl der Guaninreste gleich der der Cytosinreste war. Beachten Sie, dass dies nur für die DNA, aber nicht für die RNA-Moleküle gilt. Bei diesen Analysen ergab sich weiterhin, dass die Summe der Adenine plus der Thymine (A + T) im Verhältnis zur Summe der Guanine plus der Cytosine (G + C) für eine gegebene biologische Art praktisch konstant ist. Man spricht in diesem Zusammenhang allgemein vom GC-Gehalt des Genoms; dieser hat – insbesondere bei Mikroorganismen – diagnostischen Wert für die Eingruppierung der Organismen. GC-Gehalt + AT-Gehalt ergeben natürlich 100 %. Alternativ zum GC-Gehalt kann also auch der AT-Gehalt angegeben werden. Dieser beträgt beim Menschen durchschnittlich 60,4 %; bei Bakterien des Typs *Sarcina lutea* liegt der AT-Gehalt bei ca. 74 % (die AT- bzw. GC-Gehalte schwanken bei Mikroorganismen im Allgemeinen um bis zu einige Prozent innerhalb einer Art).

Chargaffs Befund, dass A + T = konstant und G + C = konstant, kann erklärt werden, wenn man annimmt, dass ein A-Rest stets mit einem T-Rest, und ein G-Rest stets mit einem C-Rest verpaart sind. Diese Einsicht entging Chargaff jedoch und gelang erst Watson und Crick beim Zusammenbringen der chemischen mit den kristallographischen Erkenntnissen. Aus all dem ergibt sich, dass die beiden Stränge eines DNA-Moleküls zueinander *komplementär* sind: Wo in dem einen Strang ein A ist, muss in dem komplementären Strang ein T sein; wo ein G ist, weist der *Gegenstrang* ein C auf (► Abbildung 26.3).

Kennt man daher die Basenfolge des einen Strangs, kann man sofort auf die des zweiten Strangs – des Gegenstrangs – schließen.

Wasserstoffbrücken geben die Basenpaarung vor

Wir haben erwähnt, dass die Basenpaare durch Wasserstoffbrückenbindungen zusammengehalten werden. Wie kommt nun die Spezifität von Adenin für Thymin zustande? Warum paart es sich nicht mit dem anderen Pyrimidinderivat, dem Cytosin? Als sie herausfanden, dass die Basen in der Zelle bevorzugt in der Ketoform vorliegen (Abschnitt 17.2), erlaubte dies Watson & Crick, die Molekülpaarung zu erklären und modellhaft darzustellen.* Adenin bildet zwei H-Brücken mit Thymin und Guanin drei mit Cytosin. Mit Cytosin vermöchte das Adenin nur eine H-Brücke auszubilden; ebenso könnte Guanin nur eine mit Thymin ausbilden (► Abbildung 26.4).

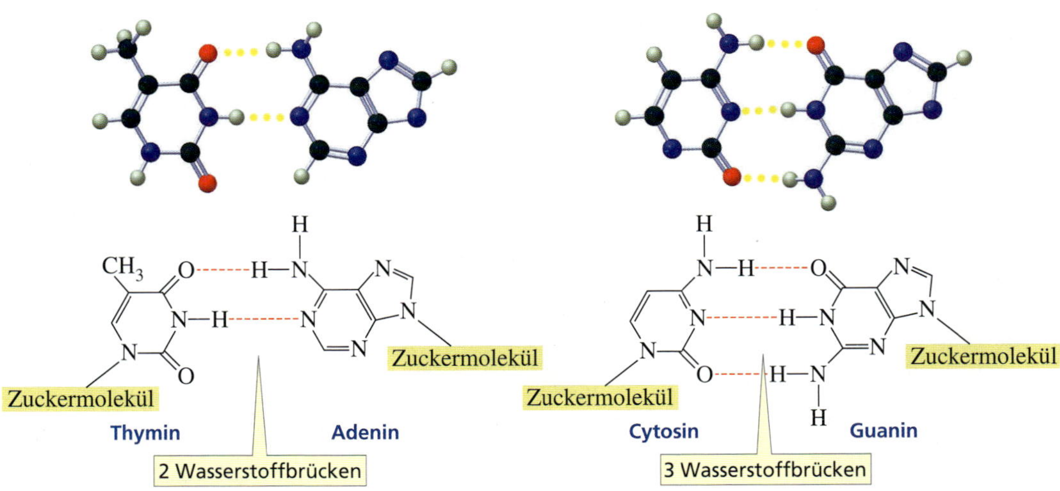

Abbildung 26.4: Basenpaarung in der DNA: Adenin und Thymin bilden zwei Wasserstoffbrückenbindungen aus; Cytosin und Guanin bilden drei Wasserstoffbrückenbindungen aus.

> **Ü 3** Geben Sie an, ob jede funktionelle Gruppe der fünf heterozyklischen Nucleobasen der Nucleinsäuren als Wasserstoffbrückenakzeptor (A), Wasserstoffbrückendonator (D) oder beides (D/A) wirken kann.

* Watson hatte Schwierigkeiten, die Basenpaarung in der DNA zu verstehen, weil er dachte, dass die Basen in der Enolform existierten (siehe Übung 4). Als Jerry Donohue, ein amerikanischer Kristallograph, ihm mitteilte, dass die Basen eher in der Ketoform existierten, konnten Chargaff's Daten leicht durch Wasserstoffbrückenbindung zwischen Adenin und Thymin und zwischen Guanin und Cytosin erklärt werden.

Ü 4 Geben Sie unter Verwendung der D/A-Symbolik von Übung 3 an, wie die Basenpaarung beeinflusst würde, falls die Nucleobasen in der Enolform vorlägen.

Ü 5* Nehmen Sie an, dass einer der Stränge der DNA die Laufrichtung 5′⟶3′ aufweist und dass die Basensequenz die folgende ist:

5′—G—G—A—C—A—A—T—C—T—G—C—3′

(a) Wie lautet die Abfolge der Basen im komplementären Strang?

(b) Welche Base ist dem 5′-Ende im komplementären Strang am nächsten?

Die Doppelhelix

Die **Doppelhelix** ähnelt einer (gedrehten) Leiter oder besser einer Wendeltreppe. Das Zucker-Phosphat-Gerüst hüllt die „Basensprossen" ein. Zwei komplementäre Stränge lagern sich durch die beschriebenen H-Brücken antiparallel zueinander (► Abbildung 26.5 a). Das Gesamtmolekül windet sich in Form einer Wendel (Helix) dann um eine gedachte Mittelachse (► Abbildung 26.5 c). Die Basenpaare sind beinahe planar und beinahe rechtwinklig zur Längsachse des Moleküls ausgerichtet. Sie befinden sich, wie wir wissen, im Inneren des Moleküls. Das äußere „Rückgrat" bildet der alternierende Zucker-Phosphat-Strang. Diese Form der Sekundärstruktur der DNA wird Doppelhelix genannt. Je nach Wassergehalt werden verschiedene Konformationen unterschieden. Die freie OH-Gruppe der Phosphorsäurereste besitzt einen pK_S-Wert von ca. 2. Bei physiologischen pH-Werten liegt sie daher in der ionisierten (anionischen) Form vor. Die negativen elektrischen Ladungen am Molekülaußengerüst stoßen (elektronenreiche) Nucleophile ab. Dadurch wird die Spaltung der Phosphodiesterbindungen weitgehend verhindert.

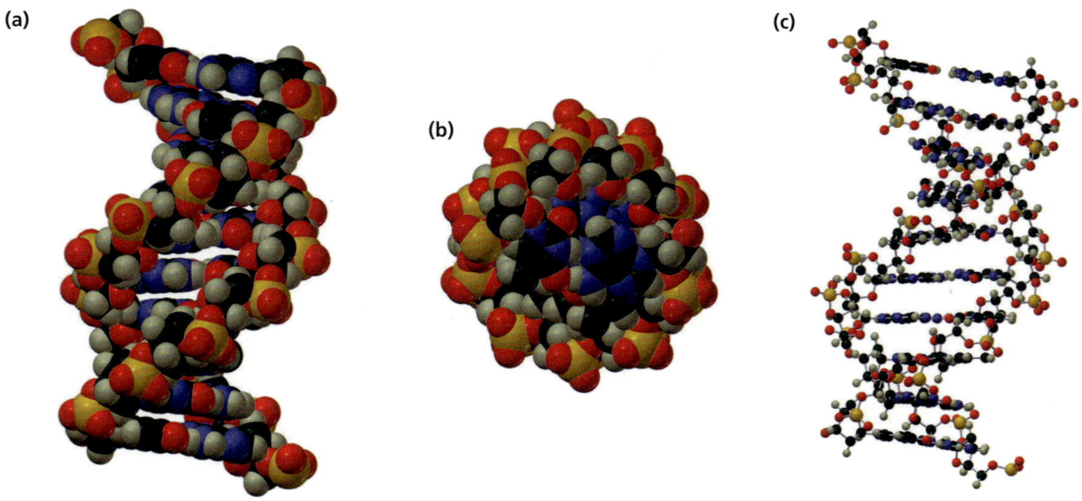

Abbildung 26.5: (a) Die DNA-Doppelhelix. (b) Aufsicht auf eine DNA-Doppelhelix entlang der Längsachse. (Die blauen Stickstoffatome der Basen sind innen, die gelben Phosphoratome außen.) (c) Die Basen sind auf der Innenseite der Helix planar und parallel angeordnet.

Wasserstoffbrückenbindungen zwischen den Basenpaaren sind aber nur eine der Wechselwirkungen, die die beiden Stränge der DNA zusammenhalten. Die Basen sind aromatische – also planare – Moleküle, die übereinandergestapelt sind. Dabei ist jedes durch H-Brücken verbundene Basenpaar gegenüber dem nächsten (oben oder unten) ganz leicht geneigt, wie ein leicht aufgefächertes Kartenspiel. Bei dieser Anordnung gibt es nur wenige günstige van der

Waals'sche Wechselwirkungen zwischen den wechselseitig induzierten Dipolmomenten benachbarter Basenpaare. Die Wechselwirkungen, die **Stapelwechselwirkungen** genannt werden, sind schwache anziehende Kräfte. Über das Gesamtmolekül aufaddiert, tragen sie jedoch in signifikanter Weise zur Stabilität der Doppelhelix bei.

Die Stapelwechselwirkung ist am stärksten zwischen zwei Purinen (also in Basenfolgen wie AA, GG, AG bzw. GA) und am schwächsten zwischen zwei Pyrimidinen (CC, TT, CT, TC). Beachten Sie aber, dass einem Pyrimidinrest stets ein Purinrest gegenüberliegt. Zwei übereinanderliegenden Pyrimidinen liegen also zwei übereinanderliegende Purine gegenüber. Der Einschluss der Basen innerhalb des Moleküls hat einen weiteren stabilisierenden Effekt: Er vermindert die Oberfläche der relativ unpolaren Reste, die dem wässrigen Milieu innerhalb der Zellkerne bzw. im Cytoplasma ausgesetzt ist. Dies führt zu einem Entropiegewinn des Systems (Abschnitt 21.15).

Entlang der Doppelhelix finden sich in regelmäßigen Abständen „Einkerbungen“ oder „Furchen“. Dabei wechseln sich die so genannte **große Furche** und die **kleine Furche** in regelmäßiger Weise ab. Querschnitte der DNA-Doppelhelix lassen erkennen, dass eine Seite eines jeden Basenpaares in die große Furche und die andere Seite in die danebenliegende kleine Furche weist. Proteine und andere Moleküle können in diesen Furchen an das DNA-Molekül binden. Die Wasserstoffbrückenbindungseigenschaften der in die Furche ragenden funktionellen Gruppen legen fest, welche Sorte von Molekül an der bezeichneten Stelle zu binden vermag. Das Antibiotikum Netropsin entfaltet beispielsweise seine Wirkung, indem es in der kleinen Furche die DNA bindet (siehe ► Abbildung 26.6).

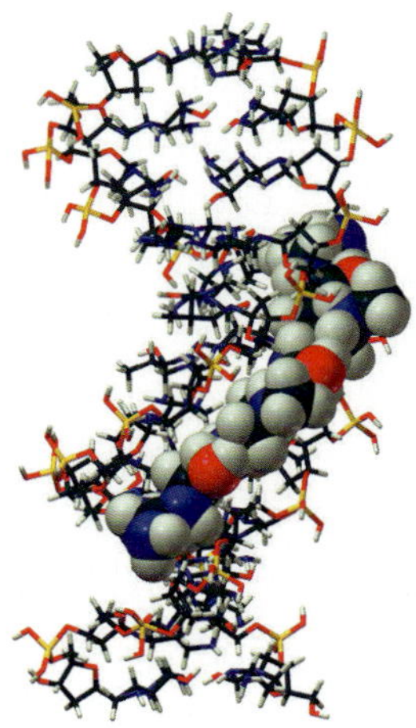

Abbildung 26.6: Das Antibiotikum Netropsin, welches an die kleine Furche der DNA gebunden ist.

Warum DNA keine 2′-OH-Gruppe besitzt 26.4

Anders als die DNA wird die RNA leicht hydrolytisch gespalten, weil die 2′-OH-Gruppe der Ribose als das den Strang spaltende Nucleophil wirken kann (► Abbildung 26.7). Dies erklärt, warum die 2′-OH-Gruppe der DNA fehlt.

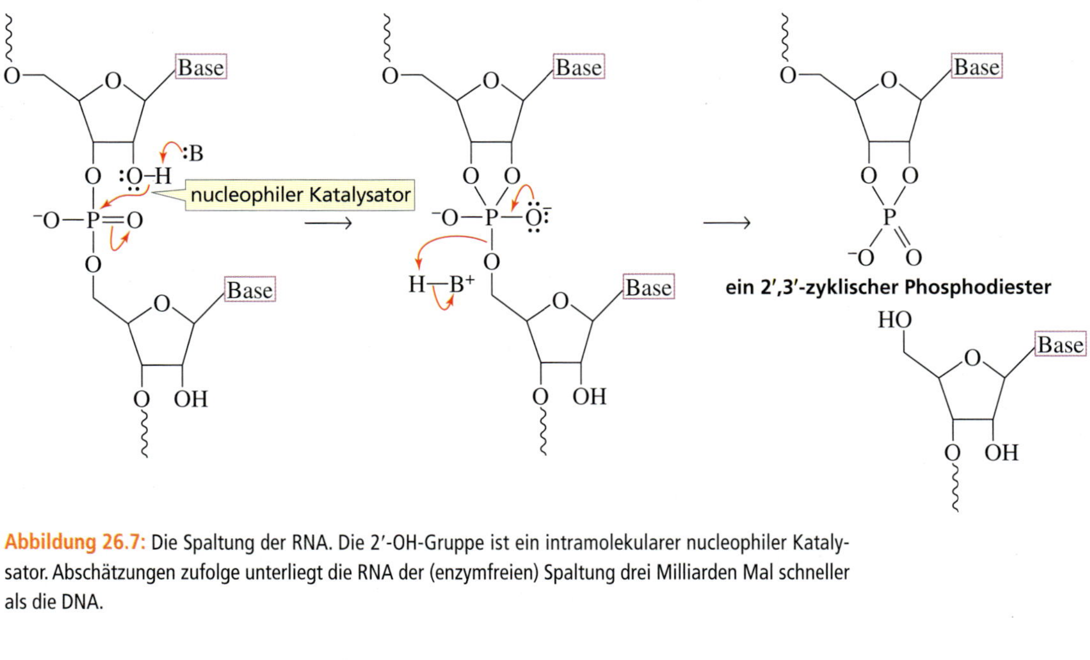

Abbildung 26.7: Die Spaltung der RNA. Die 2′-OH-Gruppe ist ein intramolekularer nucleophiler Katalysator. Abschätzungen zufolge unterliegt die RNA der (enzymfreien) Spaltung drei Milliarden Mal schneller als die DNA.

Die DNA muss über die gesamte Lebenszeit eines Lebewesens intakt bleiben, um die Erbinformation zu erhalten. Eine leichte Spaltbarkeit der DNA hätte katastrophale Folgen für die Zelle und für das Leben an sich. RNA wird demgegenüber synthetisiert, wenn sie benötigt wird, und abgebaut, nachdem sie ihre Funktion erfüllt hat.

Ü 6 Der 2′,3′-zyklische Phosphodiester, der gebildet wird (► Abbildung 26.7), wenn die RNA abgespalten wird, bildet eine Mischung aus Nucleotid-2′- und 3′-Phosphat, wenn es mit Wasser reagiert. Schlagen Sie einen Mechanismus für diese Reaktion vor.

Die Biosynthese der DNA nennt man Replikation 26.5

Die Erbinformation einer menschlichen Zelle ist auf 23 Chromosomenpaare verteilt. Jedes Chromosom (mit Ausnahme des männlichen Geschlechtschromosoms Y) enthält mehrere tausend **Gene** (DNA-Abschnitte). Die gesamte DNA einer menschlichen Zelle – das **menschliche Genom** – umfasst 3,1 Milliarden Basenpaare.

Ein Teil der Aufregung, die das von Watson und Crick vorgestellte Strukturmodell der DNA auslöste, war darauf zurückzuführen, dass sich aus der Struktur der Doppelhelix unmittelbar ein Mechanismus ableiten ließ, durch den die Erbinformation an nachfolgende Generationen weitergegeben werden konnte. Darauf wiesen Watson und Crick in ihrer Publikation der Struktur hin, obgleich zu der Frage der Verdoppelung der DNA zu der Zeit noch keine experimentellen Erkenntnisse vorlagen. Da die beiden Stränge komplementär zueinander sind, enthalten sie beide im Prinzip die gleiche genetische Information. Beide Stränge dienen bei der Verdoppelung als Vorlagen für die Synthese neuer DNA-Stränge (► Abbildung 26.8). Das neue (Tochter) DNA-Molekül ist dem ursprünglichen (Eltern) Molekül gleich. Die genetische Information des Ausgangsmoleküls ist jedoch vollständig erhalten geblieben. Die Synthese identischer Kopien von DNA-Molekülen wird als **Replikation** oder *Reduplikation* bezeichnet.

Alle Reaktionen bei der Nucleinsäuresynthese sind enzymatisch katalysiert. Die DNA-Synthese findet an einem Bereich des Moleküls statt, in dem sich die beiden in der Doppelhelix umeinandergeschlungenen Stränge entwunden haben. Auch dieser Vorgang erfordert die Hilfe eines speziellen Enzyms. Dieser Bereich der Neusynthese heißt **Replikationsgabel**.

Da Nucleinsäuren nur in 5′⟶3′-Richtung synthetisiert werden können, wird nur der Tochterstrang auf der linken Seite von ► Abbildung 26.8 kontinuierlich – also ohne Unterbrechungen – synthetisiert. Der andere Tochterstrang verläuft in 3′⟶5′-Richtung; dort kann die Synthese nur in kleineren Abschnitten in der notwendigen 5′⟶3′-Richtung erfolgen.

Jeder der Abschnitte wird daher in 5′⟶3′-Richtung synthetisiert. Die so entstehenden Fragmente werden durch ein spezielles Enzym, die DNA-Ligase (siehe ► Abbildung 21.10), miteinander verknüpft (*ligare*, lat. verbinden). Jedes der beiden bei der Replikation neu gebildeten DNA-Moleküle (Tochtermoleküle) enthält einen der ursprünglichen Elternstränge (blauer Strang in ► Abbildung 26.8) und einen neu synthetisierten Strang (grüner Strang in

► Abbildung 26.8). Dieser Vorgang wird als **semikonservative Replikation** bezeichnet.

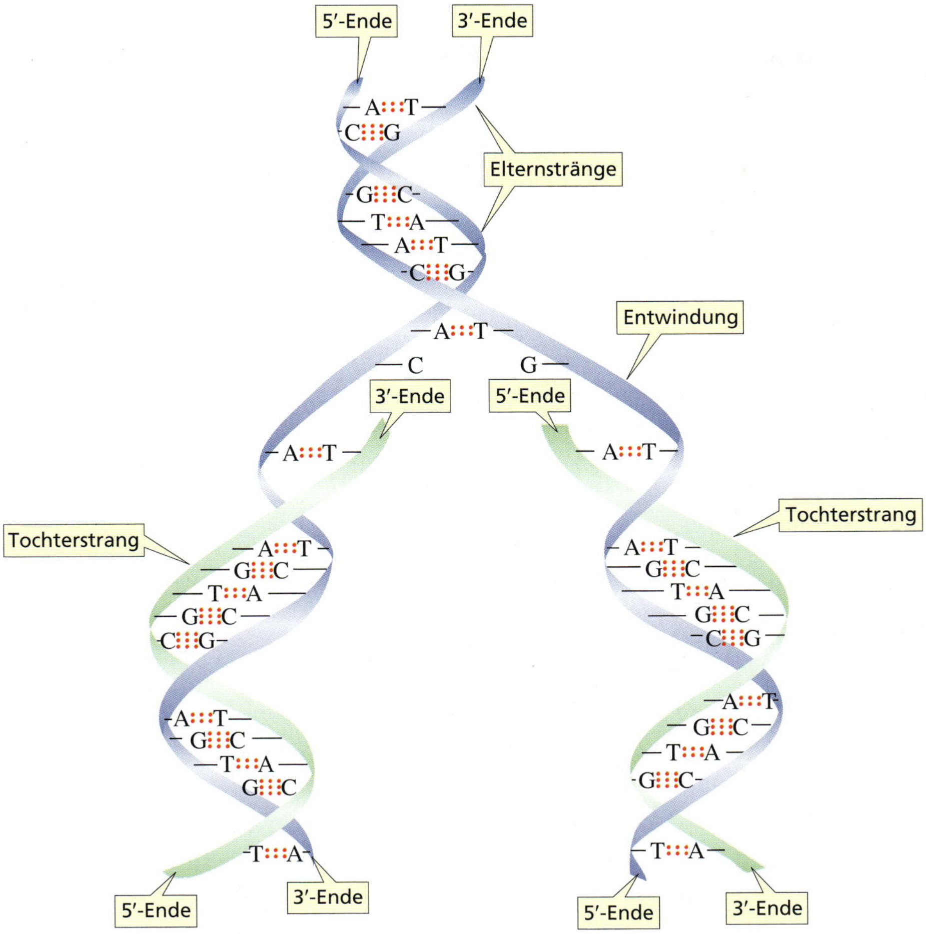

Abbildung 26.8: Replikation der DNA. Der grüne Tochterstrang auf der linken Seite wird fortlaufend in 5'⟶3'-Richtung synthetisiert. Der grüne Tochterstrang auf der rechten Seite der Abbildung wird diskontinuierlich in 5'⟶3'-Richtung synthetisiert. Die entstehenden Lücken werden durch DNA-Ligase geschlossen.

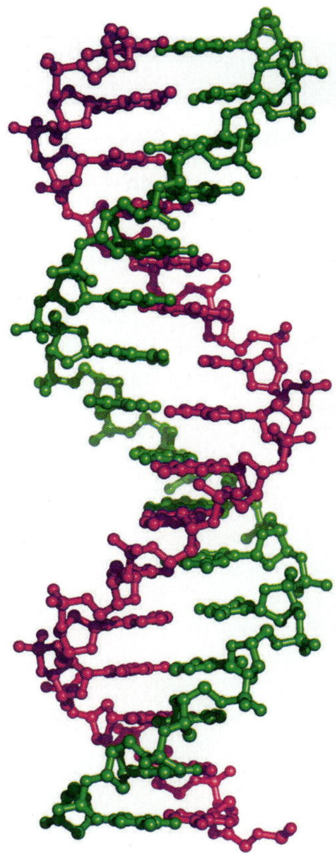

DNA

Ü 7 Zeigen Sie unter Zuhilfenahme verschiedener Darstellungsweisen (z. B. eine dicke Linie für den ursprünglichen „Eltern"strang und eine geschlängelte Linie für den neu synthetisierten), wie eine Population aus DNA-Molekülen nach vier Replikationsrunden aussehen würde. (Eltern-DNA ist die erste Generation.)

DNA und Vererbung 26.6

Da die DNA die Erbinformation von Lebewesen gespeichert hält, muss es eine Methode geben, die darin codierte Information zu decodieren. Diese Decodierung erfolgt in zwei Stufen:

1 Die Sequenz der Basen in der DNA ist die Kopiervorlage für die Herstellung von RNA. Die Herstellung einer RNA anhand einer DNA-Vorlage wird **Transkription** (*Umschreiben*) genannt (Abschnitt 26.7).

2 Die Basensequenz der DNA und damit die ihr komplementäre Basenfolge in der RNA legt die Sequenz der Aminosäuren in den Proteinen fest. Die Synthese eines Proteins anhand einer RNA-Vorlage heißt **Translation** (*Übersetzung*) (Abschnitt 26.9).

MERKE!

Transkription: DNA ⟶ RNA

Translation: mRNA ⟶ Protein

Verwechseln Sie nicht Transkription mit Translation. Diese Begriffe werden auf die gleiche Weise verwendet wie in der Domäne der Sprachen. Transkription (DNA zu RNA) ist das Kopieren *in derselben Sprache* – in diesem Fall ist die Sprache die des Nucleotids. Translation (die Übersetzung in ein RNA-Protein) bedeutet, dass von der einen *in eine andere Sprache* übersetzt wird. In diesem Fall wird die Sprache der Aminosäuren verwendet. Zuerst werden wir uns die Transkription ansehen.

HINTERGRUND

■ Natürliche Produkte, welche die DNA modifizieren

Mehr als drei Viertel der klinisch zugelassenen Krebsmedikamente sind Naturprodukte – Verbindungen aus Pflanzen, Meeresorganismen oder Mikroben, welche mit der DNA interagieren. Krebs wird durch unkontrolliertes Wachstum und die unkontrollierte Vermehrung von Zellen verursacht. Daher können Verbindungen, die mit der Replikation oder der Transkription von DNA interferieren, das Wachstum von Krebszellen aufhalten. Diese Medikamente können durch Bindung zwischen den Basenpaaren mit der DNA interagieren (dies nennt man Interkalation) oder können sich entweder an die große oder an die kleine Furche des DNA-Stranges binden. Die drei Krebsmedikamente, die hier vorgestellt werden, wurden aus *Streptomycen* isoliert. Dies sind Bakterien, welche in Erde vorkommen.

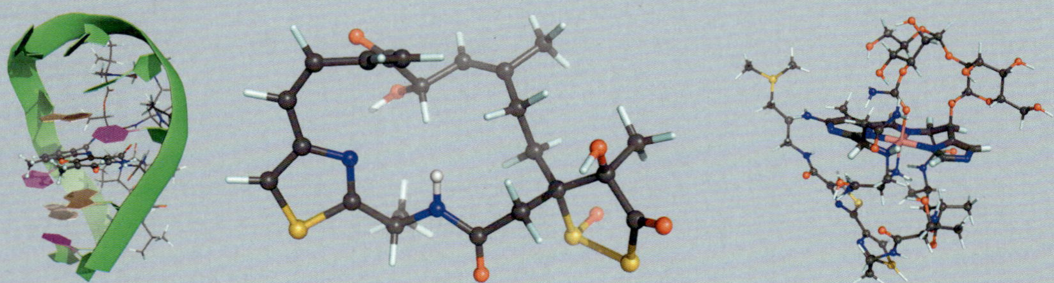

Actinomycin D — Leinamycin — Bleomycin

Da sich die interkalierenden Verbindungen zwischen den gestapelten Basen der DNA befinden, sind sie oft planar und aromatisch. Ihre Bindung an die DNA wird durch Wechselwirkungen mit benachbarten Basenpaaren stabilisiert. Actinomycin D ist ein Beispiel für einen Interkalator. Wenn sich dieses Medikament an die DNA anbindet, verzerrt es die Doppelhelix, um sowohl die Replikation als auch die Transkription von DNA zu hemmen. Actinomycin D kommt daher im Kampf gegen eine Vielzahl von Krebserkrankungen zum Einsatz.

Wirkstoffe, die sich an die große und an die kleine Furche der DNA binden, tun dies durch eine Kombination aus Wasserstoffbrückenbindungen, welche London-Dispersionskräfte binden und die gleichen elektrostatischen Kräfte verwenden, die Proteine zur Bindung ihrer Substrate benutzen. Leinamycin ist ein Beispiel für ein Antikrebsmedikament, das sich an die große Furche bindet. Sobald Leinamycin gebunden ist, alkyliert es die N-7-Position des Purinrings.

Bleomycin bindet sich an die kleine Furche der DNA. Sobald es sich dort befindet, verwendet es ein gebundenes Eisenatom, um ein Wasserstoffatom von der DNA zu entfernen, was wiederum der erste Schritt der DNA-Spaltung ist. Dieses Medikament ist zur Behandlung von Hodgkin-Lymphomen zugelassen worden.

26.7 Die Biosynthese der RNA heißt Transkription

In der DNA finden sich bestimmte Basenfolgen, die als **Promotoren** (Plural von *Promotor*) bezeichnet werden. Sie markieren die Startpunkte der RNA-Synthese. Ein Enzymkomplex erkennt einen solchen Promotorbereich und bindet an diesen. Dadurch wird die RNA-Synthese in Gang gesetzt. Die DNA an der Promotorstelle wird von Proteinen lokal zu Einzelsträngen entwunden. Einer der DNA-Stränge, derjenige, der vom Promotor aus in 5′⟶3′-Richtung verläuft, wird als **Sinnstrang** (manchmal auch als *codierter Strang*) bezeichnet. Der dazu komplementäre Strang wird als **Matrizenstrang** oder **Gegensinnstrang** bezeichnet.

Zur Synthese eines RNA-Moleküls wird der Matrizenstrang in 3′⟶5′-Richtung abgelesen; dabei wird die (m)RNA in 5′⟶3′-Richtung synthetisiert (► Abbildung 26.9). Die Basen des Matrizenstranges legen die Basen fest, die in die RNA eingebaut werden (die RNA ist komplementär zum Matrizenstrang). Dabei liegen dieselben Prinzipien der Basenpaarung wie bei der Replikation der DNA zugrunde. Ein Guaninrest auf dem Matrizenstrang induziert also den Einbau eines Cytosinrestes an dieser Stelle der RNA. Jeder Adeninrest der DNA induziert in gleicher Weise den Einbau eines Uracilrestes, da in der RNA ja Uracil anstelle von Thymin Verwendung findet.

Da sowohl die neue RNA als auch der Sinnstrang der DNA komplementär zum Matrizenstrang sind, besitzen die RNA und der Sinnstrang die gleiche Basensequenz, nur dass in der RNA U-Reste an den Stellen sitzen, an denen im DNA-Strang Ts sitzen. Genauso wie es „stromaufwärts“ die Promotoren gibt, die als Ausgangspunkte der RNA-Synthese dienen, gibt es „stromabwärts“ der codierenden Bereiche der Gene **Terminatoren**, die das Ende der RNA-Synthese signalisieren.

MERKE!

RNA wird in 5′ ⟶ 3′-Richtung synthetisiert.

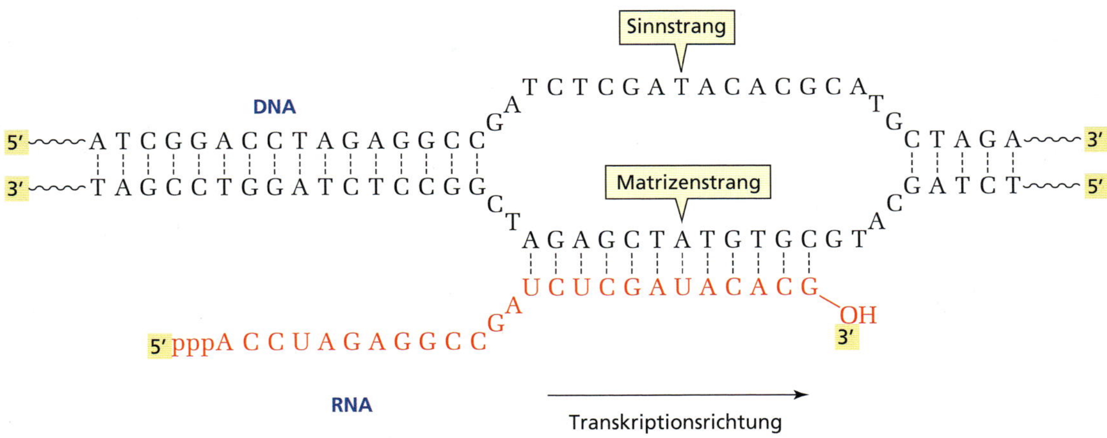

Abbildung 26.9: Transkription: DNA dient als Vorlage für die Synthese von RNA (ppp steht für die Triphosphatgruppe am 5′-Ende der RNA).

Bis vor kurzem hat man angenommen, dass nur etwa 2 % der DNA in unseren Zellen für die Bildung von Proteinen verwendet werden und dass der Rest keinerlei Informationsgehalt aufweist. Doch nachdem das erste Genom eines Menschen sequenziert werden konnte (Abschnitt 26.12), haben mehr als 400 Wissenschaftler*innen eine Enzyklopädie über die DNA-Elemente produziert (ENCODE), welche das Ergebnis von rund 1600 Experimenten ist. Diese Informationen haben unser Wissen über die DNA stark erweitert. Der biologische Zweck von etwa 80 % der DNA des menschlichen Genoms konnte bereits identifiziert werden, und man erwartet, dass es mit zukünftigen Experimenten gelingen wird, die Funktion der restlichen DNA zu identifizieren.

Offenbar ist eine große Menge der DNA für die Steuerung des Körpers verantwortlich. Es gibt etwa 150 Arten menschlicher Zellen, von welchen jede genug DNA für die Synthese von 21.000 Proteinen trägt. Aber nur eine Teilmenge davon wird jeweils in einer bestimmten Zelle aktiviert, zum Beispiel wird das Gen, welches für die Haare zuständig ist, nicht in einer Zelle aktiviert, die für Insulin zuständig ist, und umgekehrt.

Man hat weiterhin herausgefunden, dass es etwa 30.000 zusätzliche Gene gibt, die ein Entwurf für die DNA sind, aber anschließend nicht in Proteine übersetzt werden. Stattdessen wird in diesem Fall die RNA für die Steuerung verwendet. Mit anderen Worten handelt es sich bei diesen DNA-Strängen um eine Art Schalter, welcher verwendet wird, um die Gene ein- und auszuschalten. Das enorme Vorhandensein solcher steuernden Schalter hat die Wissenschaftler*innen überrascht. Daher stellt sich für zukünftige Forschungsprojekte nun die Aufgabe, herauszufinden, wie diese Schalter arbeiten.

HINTERGRUND

■ Es gibt mehr als vier Basen in der DNA

Seit einiger Zeit ist bekannt, dass eine fünfte Base in der DNA existiert, nämlich 5-Methylcytosin. Diese Base schaltet die Gene still, sodass diese nicht mehr transkribiert werden können. Vor kurzem wurde ein Enzym entdeckt, das 5-Methylcytosin in 5-Hydroxymethylcytosin umwandelt. Zudem scheint 5-Hydroxymethylcytosin eine Rolle im An- und Ausschalten der Gene zu einzunehmen.

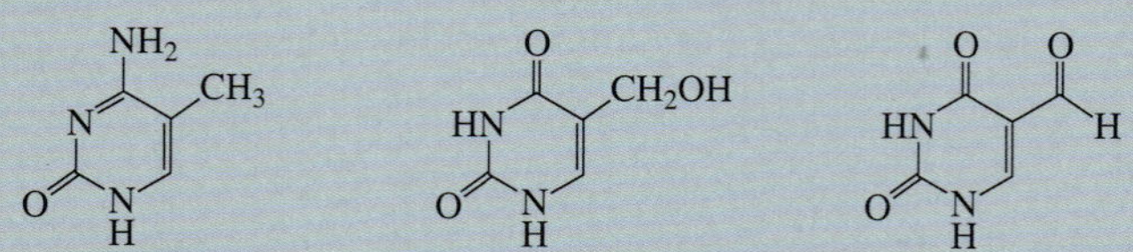

5-Methylcytosin 5-Hydroxymethylcytosin 5-Formylcystein

Darüber hinaus ist noch eine weitere Base in der DNA entdeckt worden. Es handelt sich abermals um eine 5-substituiertes-Cystein, nämlich 5-Formylcystein. 5-Formylcystein wurde in embryonalen Stammzellen der DNA gefunden. Die Aufgabe dieser Base konnte noch nicht bestimmt werden, allerdings erwartet man, dass es eine Rolle dabei spielt, eine befruchtete Eizelle in eine embryonale Stammzelle zu überführen.

Ü 8* Warum spezifiziert sowohl Thymin als auch Uracil den Einbau von Adenin?

26.8 Die für die Biosynthese von Proteinen verwendeteten RNAs

RNA-Moleküle sind in den meisten Fällen wesentlich kürzer als DNA-Moleküle und im Allgemeinen nur einzelsträngig (für beides gibt es Ausnahmen). Obwohl DNA-Moleküle aus vielen Millionen von Basenpaaren bestehen können, weisen RNA-Moleküle nur selten mehr als zehntausend auf. Man unterscheidet drei Hauptklassen von Ribonucleinsäuren; daneben gibt es eine Reihe deutlich kleinerer RNA-Typen mit biologischen Funktionen in allen Zellen:

- **Boten-Ribonucleinsäure** (engl. *messenger RNA;* mRNA), die die genetische Information von der DNA zu den Translationsorten bringt und dort die Aminosäuresequenzen festlegt. Die Zahl der mRNAs einer Zelle ist in erster Näherung gleich jener der Gene; jede mRNA trägt die Information für die Synthese eines bestimmten Proteintyps in sich.

- **Ribosomale Ribonucleinsäure** (rRNA), die struktureller und funktioneller Bestandteil von Ribosomen ist. Ribosomen sind aus zwei Untereinheiten bestehende supramolekulare Komplexe aus zahlreichen Proteinen und RNA-Molekülen. Sie vermitteln die Translation der in den Nucleinsäuren niedergelegten Erbinformation in die Aminosäuresequenzen von Proteinen. Jede Zelle enthält drei verschiedene rRNA-Typen.
- **Transfer-Ribonucleinsäure** (tRNA), die die Aminosäuren während der Translation zu den Ribosomen bringt und dort die spezifische Übersetzung des Nucleinsäurecodes in den Aminosäurecode vermittelt. Jede Zelle enthält einige Dutzend verschiedene tRNAs (eine für jedes eine Aminosäure spezifizierende Codon).

Die tRNA-Moleküle sind wesentlich kleiner als die mRNAs oder die rRNAs. Eine tRNA besteht aus 70 bis 90 Nucleotiden. Der einzige Strang der tRNA ist in sich zu einer charakteristischen Kleeblattstruktur zurückgefaltet. Dabei entstehen drei Schlaufen und eine kleine Ausbuchtung in einer der Schlaufen (rechts in der ► Abbildung 26.10 a). In einer tRNA existieren mindestens vier Bereiche mit komplementärer Basenpaarung. (Beachten Sie, dass diese komplementären Strangabschnitte zu ein und demselben RNA-Strang gehören.) Alle tRNAs weisen an ihren 3′-Enden die Basenfolge CCA auf. Die drei Basen an der den Molekülenden gegenüberliegenden Schlaufe bilden ein informatives Basentriplett, das als **Anticodon** bezeichnet wird und für die betreffende tRNA und die kovalent an diese gebundene Aminosäure kennzeichnend ist (► Abbildung 26.10 a und b).

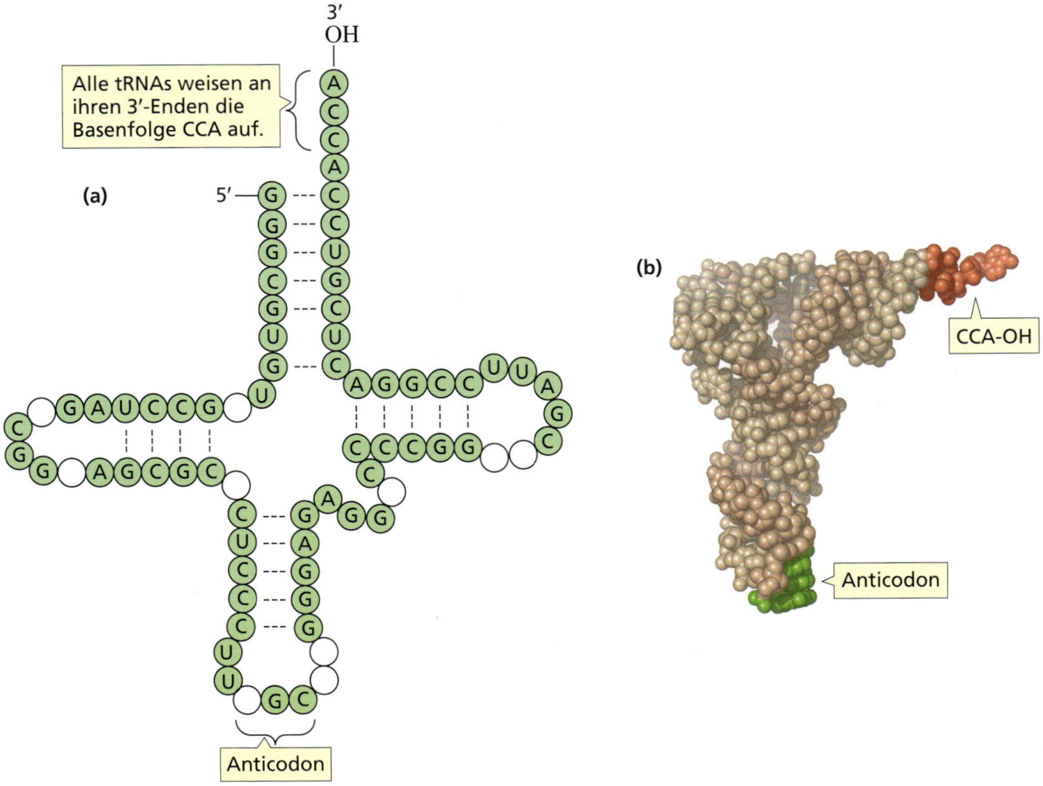

Abbildung 26.10: (a) tRNA^{Ala}, eine Transferribonucleinsäure, die einen Alaninrest überträgt. Verglichen mit anderen RNA-Typen enthalten Transfer-RNAs eine große Zahl ungewöhnlicher Nucleobasen (hier als weiße Kreise dargestellt). Diese Basen entstehen durch enzymatische Modifizierung der vier gewöhnlichen Basen der RNA (A, C, G und U). (b) Raummodell von tRNA^{Phe}. Das Anticodon ist grün, die Basenfolge CCA am 3′-Ende ist rot.

Eine Aminosäure wird am 3′-Ende auf der RNA befestigt

Jede tRNA kann eine Aminosäure kovalent binden, die mit der freien 3′-OH-Gruppe des letzten Riboserestes einen Ester bildet. Im Verlauf der Proteinbiosynthese am Ribosom wird diese Aminosäure in ein Protein eingebaut. Jeder tRNA-Typ vermag nur einen bestimmten Typ von Aminosäure zu binden und zu überbringen. Eine tRNA, die Alanin bindet und an das Ribosom bringt, heißt Alanyltransferribonucleinsäure und wird $tRNA^{Ala}$ abgekürzt.

Die kovalente Verknüpfung von tRNA und Aminosäure wird von Enzymen bewerkstelligt, die Aminoacyl-tRNA-Synthetasen heißen. Sie sind für einen bestimmten Typ von Aminosäure und tRNA spezifisch; es gibt also in einer Zelle so viele Aminoacyl-tRNA-Synthetasen wie es Aminoacyl-tRNAs gibt.

Mechanismus zur Befestigung einer Aminosäure an einer tRNA

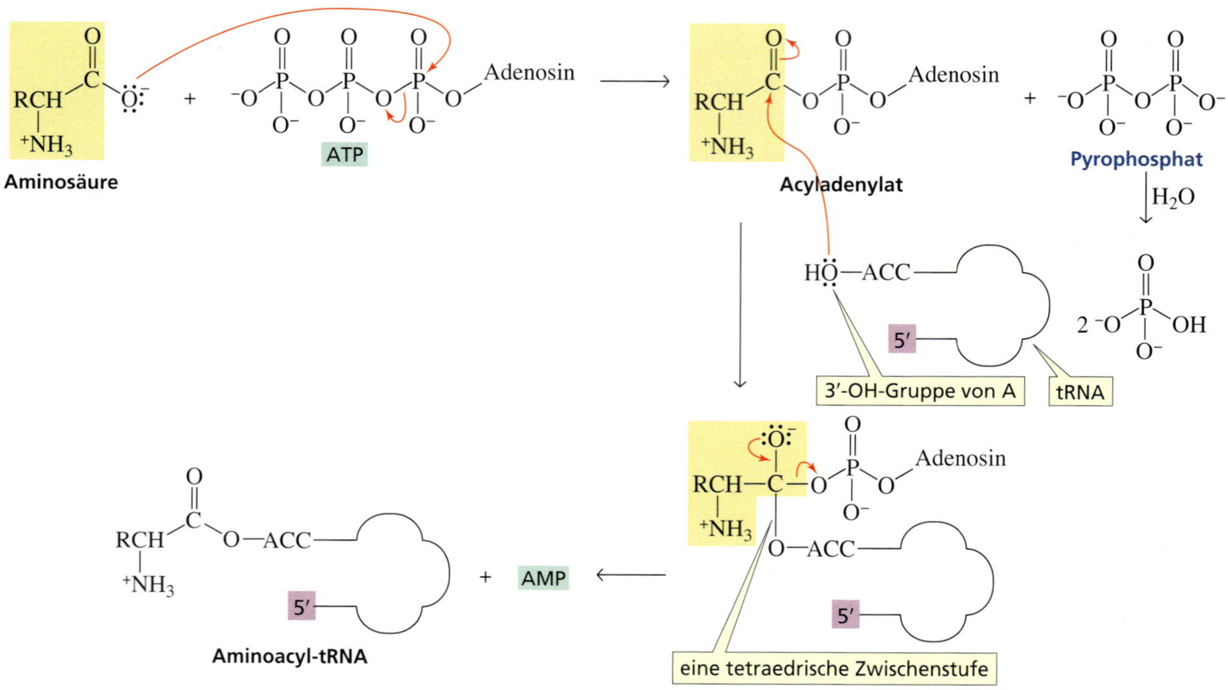

- Die Carboxylgruppe der Aminosäure wird durch die Bildung eines Acyladenylats aktiviert. Nun ist die Aminosäure eine gute Abgangsgruppe.
- Das Pyrophosphation wird nach der Freisetzung hydrolysiert. Der Phosphoryltransfer ist irreversibel (Abschnitt 24.1).
- Es kommt zu einer nucleophilen Acylsubstitution, bei der die 3′-OH-Gruppe der tRNA das Carbonylkohlenstoffatom des Acyladenylats angreift; dabei wird eine tetraedrische Zwischenstufe gebildet.
- Die Aminoacyl-tRNA wird gebildet, wenn AMP aus der tetraedrischen Zwischenstufe abdissoziiert wird.

Beachten Sie, dass der zweite und dritte Schritt die beiden Schritte einer nucleophilen Acylsubstitutionsreaktion sind.

Alle vorgenannten Schritte spielen sich im aktiven Zentrum des Enzyms ab. Jede Aminoacyl-tRNA-Synthetase (AA-tRNA-Synthetase) besitzt zwei unterschiedliche Bindungsstellen – eine für die Aminosäure und die zweite für die korrespondierende tRNA (▶ Abbildung 26.11).

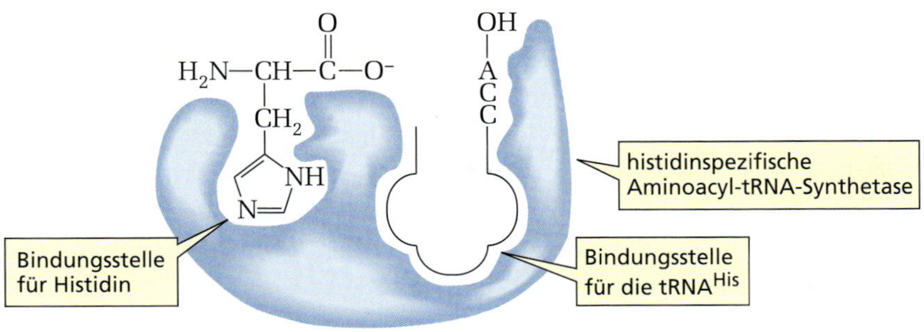

Abbildung 26.11: Eine Aminoacyl-tRNA-Synthetase besitzt eine Bindungsstelle für ein tRNA-Molekül und eine weitere für ein Aminosäuremolekül. Beide sind spezifisch. In diesem Beispiel ist Histidin die Aminosäure und $tRNA^{His}$ ist die tRNA (stark schematisch dargestellt).

Die Synthetasen korrigieren ihre Fehler

Es ist entscheidend, dass die richtige Aminosäure mit der passenden tRNA verknüpft wird. Sonst wird das von der genetischen Information geforderte Protein nicht korrekt hergestellt. Glücklicherweise sind die AA-tRNA-Synthetasen mit einem Korrekturlesemechanismus ausgestattet, der es ihnen erlaubt, Fehlverknüpfungen zu erkennen und zu berichtigen. So haben etwa Valin und Threonin ähnliche Größe, doch trägt das Threonin eine OH-Gruppe in der Seitenkette, das Valin an dieser Stelle eine Methylgruppe. Beide Aminosäuren können von der Valinyl-AA-tRNA-Synthetase gebunden werden, und beide können dort auch durch Reaktion mit ATP zum Acyladenylat umgesetzt („aktiviert") werden. Die Valinyl-AA-tRNA-Synthetase besitzt zwei katalytische Zentren – eines für die Übertragung des Aminosäurerestes von AS-AMP auf die tRNA, ein zweites für die Hydrolyse des Acyladenylates (Valinyl-AMP).

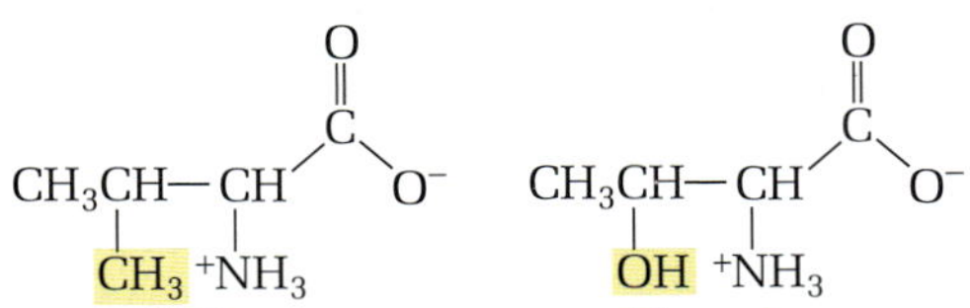

Valin Threonin

Der Acylierungsort ist hydrophob; die Bindung von Valin (einer hydrophoben Aminosäure) ist also gegenüber der polaren Aminosäure Threonin begünstigt. Der Hydrolyseort ist polar; hier ist also die Bindung von Threonin begünstigt. Falls also Threonin versehentlich von der Valinyl-AA-tRNA-Synthetase gebunden wird, wird das AMP-Konjugat nach seiner Bildung wieder hydrolysiert und nicht auf die Transfer-Ribonucleinsäure übertragen.

Die Biosynthese der Proteine nennt man Translation 26.9

Codons

Ein Protein wird in der Zelle von seinem N-Terminus aus zum C-Terminus hin synthetisiert. Dies geschieht durch einen verwickelten Prozess, bei dem die Basenfolge der mRNA in $5' \longrightarrow 3'$-Richtung abgelesen wird. Jede Aminosäure, die in ein Protein eingebaut werden kann wird von einer Basenfolge von drei Basen der mRNA spezifiziert. Für manche Aminosäuren gibt es mehr als eine Basenfolge, die – wie man sagt – die betreffende Aminosäure *codiert.* Diese dreiteiligen Basenfolgen werden Basentripletts oder **Codons** genannt. Die Basenfolge wird nacheinander in Dreierpäckchen abgetastet. Dabei kommt es weder zu Auslassungen noch zu Überlappungen. Die Gesamtheit der Zuordnungen der Basentripletts zu ihren entsprechenden Aminosäuren wird als der **genetische Code** bezeichnet (▶ Tabelle 26.2). Die Codons werden konventionsgemäß wie üblich in 5′⟶3′-Richtung geschrieben. Aus ▶ Tabelle 26.2 können wir ablesen, dass beispielsweise das Codon UCA für Serin codiert, CAG für Glutamin und so weiter.

Der genetische Code ist universell, also für alle Lebewesen auf der Erde gleich. In der Laienpresse werden oft Formulierungen wie „*Der genetische Code des Menschen wurde entschlüsselt ...*" gebraucht; beachten Sie, dass diese Aussage in dieser Form trivial und in den regelmäßig gemeinten Zusammenhängen sogar falsch ist. Der genetische Code des Menschen ist der gleiche wie für Stiefmütterchen oder Waschbären. Die genetische *Information* des Menschen ist durch die Sequenzierung des Genoms erst seit einigen Jahren bekannt, der *Code* (= der Schlüssel für die Übersetzung) ist es schon seit rund 40 Jahren.

5′-Position	Mittlere Position				3′-Position
	U	C	A	G	
U	Phe	Ser	Tyr	Cys	U
	Phe	Ser	Tyr	Cys	C
	Leu	Ser	Stop	Stop	A
	Leu	Ser	Stop	Trp	G
C	Leu	Pro	His	Arg	U
	Leu	Pro	His	Arg	C
	Leu	Pro	Gln	Arg	A
	Leu	Pro	Gln	Arg	G
A	Ile	Thr	Asn	Ser	U
	Ile	Thr	Asn	Ser	C
	Ile	Thr	Lys	Arg	A
	Met	Thr	Lys	Arg	G
G	Val	Ala	Asp	Gly	U
	Val	Ala	Asp	Gly	C
	Val	Ala	Glu	Gly	A
	Val	Ala	Glu	Gly	G

Tabelle 26.2: Der genetische Code.
Gelb: unpolare Seitenkette
Grün: ABT ist ein Teil des Initiationssignals (siehe Übung 26) und codiert die internen Methioninreste
Rosa: neutrale polare Seitenkette
Violett: geladene polare Seitenkette

Da es vier unterschiedliche Basen in der DNA gibt und die Codierungseinheiten, die Codons, Tripletts aus solchen Basen sind, gibt es insgesamt $4^3 = 64$ verschiedene mögliche Codons. Es gibt also deutlich mehr Codierungsmöglichkeiten als für die 20 proteinogenen Aminosäuren benötigt werden. Aus diesem Grund existieren für fast alle Aminosäuren – mit Ausnahme von Methionin (mit dem eine Proteinbiosynthese *immer* beginnt) und Tryptophan – mehrere Codons. Tryptophan und Methionin kommen in Proteinen relativ selten vor. Aus genetischen Gründen, deren Erörterung den Rahmen sprengen würde, ist es daher für die Zellen ökonomisch, für diese Fälle keine Redundanz „einzuplanen". Von den 64 möglichen Codons codieren 61 tatsächlich Aminosäuren. Die restlichen drei sind so genannte Stoppcodons, die den Abbruch der Proteinbiosynthese signalisieren. Für die **Stoppcodons** existieren keine korrespondierenden Aminoacyl-tRNAs, deshalb kann am Ribosom keine Verlängerung der naszierenden Polypeptidkette erfolgen.

Wie die Translation abläuft

Wie die Information der mRNA in ein Polypeptid umgewandelt wird, zeigt ► Abbildung 26.12. In der Abbildung ist ein Serin die letzte in das Polypeptid eingebaute Aminosäure.

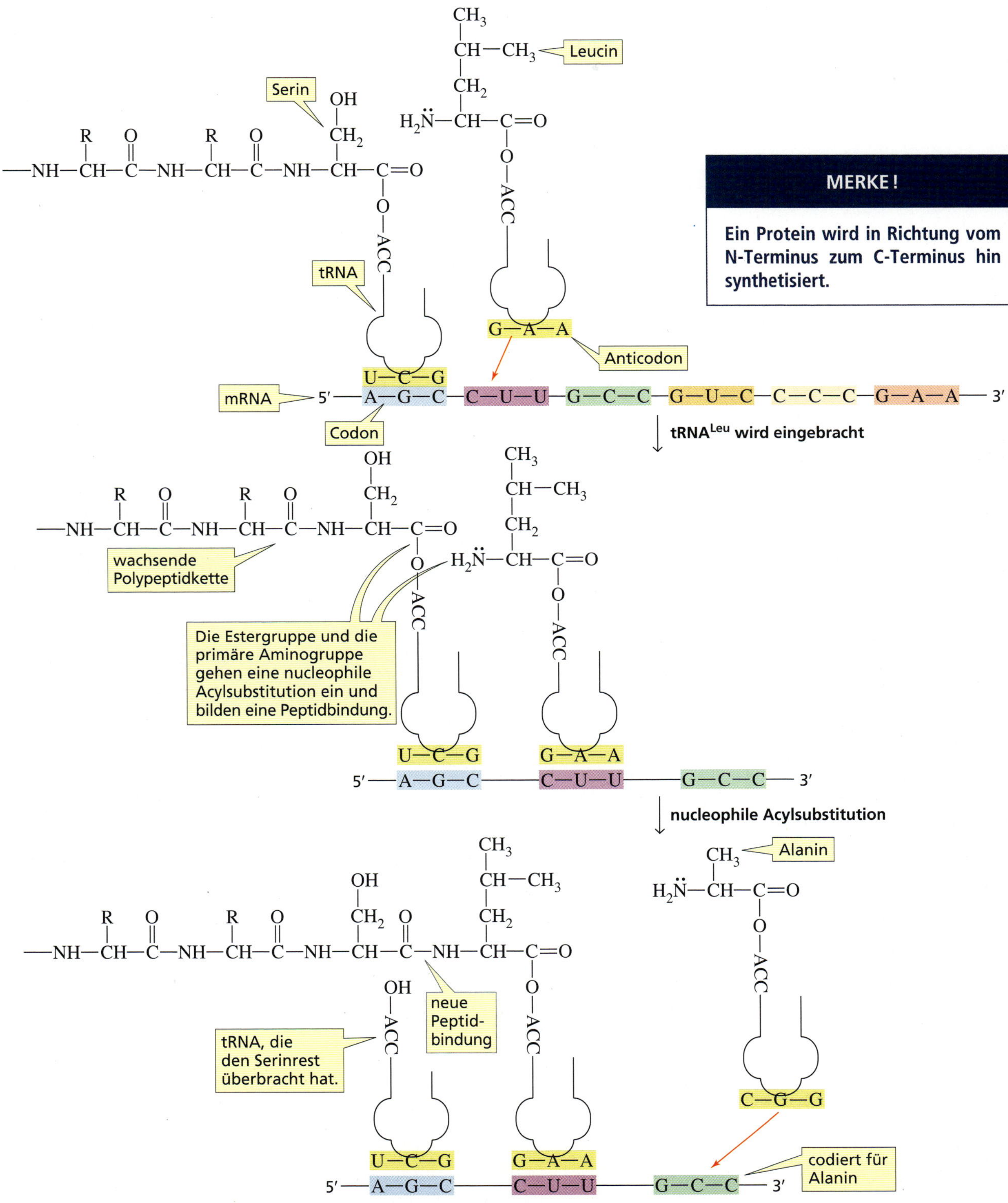

MERKE!

Ein Protein wird in Richtung vom N-Terminus zum C-Terminus hin synthetisiert.

Abbildung 26.12: Translation. Die Basenfolge der mRNA bestimmt die Aminosäurefolge in einem Protein.

- Die Position des Serins wurde von einem AGC-Codon der mRNA festgelegt. Die das Serin überbringende AA-tNRA trägt ein GCU-Anticodon (3′-UCG-5′). Die Basensequenz der mRNA wird wie üblich in 5′⟶3′-Richtung gelesen, deshalb muss man die Basenfolge des Anticodons in der Gegenrichtung lesen, da die Paarung der Nucleinsäurestränge ja antiparallel erfolgt.
- Das nächste Codon – CUU – ist ein Bindungssignal für eine AA-tRNA mit einem AAG-Anticodon, was bei der antiparallelen Paarung 3′-GAA-5′ ergibt. Diese AA-tRNA überbringt einen Leucinrest. Die Aminosäure des Leucinrestes reagiert in einer katalytisch unterstützten nucleophilen Acylsubstitution mit dem Ester der vorausgegangenen AA-tRNA, an welche das naszierende Peptid kovalent gebunden ist. Dabei wird diese tRNA freigesetzt, die neu hinzugekommene tritt an ihre Stelle.
- Das folgende Codon (GCC) codiert ein Alanin – bindet also eine Alanyl-tRNA. Die Aminogruppe des Alanins verdrängt in einer weiteren Substitutionsreaktion die Leucyl-tRNA.

Weitere Aminosäuren werden eine nach der anderen auf die gleiche Weise angeliefert und angeknüpft. Das Codon der mRNA legt das Anticodon der dazu passenden tRNA fest. Die tRNA überbringt die für sie spezifische Aminosäure.

HINTERGRUND

Sichelzellenanämie

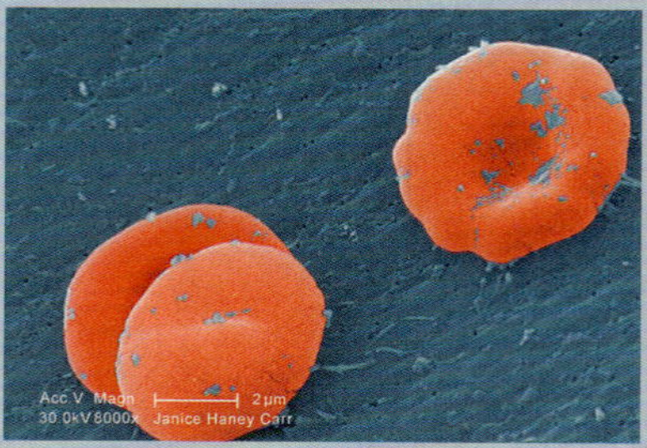

Normale rote Blutkörperchen.

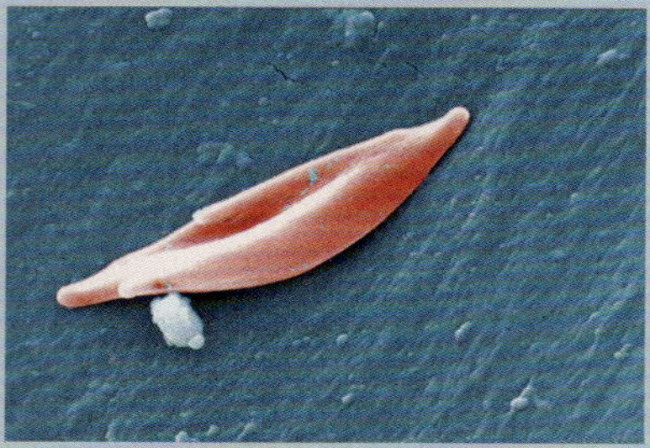

Sichelzellen.

Die Sichelzellenanämie ist ein Beispiel für einen Schaden, der entstehen kann, wenn man eine einzige Base der DNA verändert. Es handelt sich um eine Erbkrankheit, die ausgelöst wird, wenn ein GAG-Basentriplett (Codon Nr. 6) auf dem Sinnstrang des Gens für β-Globin (einer der Untereinheiten des Hämoglobins; Abschnitt 21.16) in ein GTG-Codon mutiert. Als Folge weist die zugehörige β-Globin-mRNA dann ein GUG-Codon auf. Dies ist ein Valin-codierendes Codon, während das ursprüngliche GAG für Glutaminsäure codiert. Der Austausch des betreffenden polaren und ionisierbaren Glutaminsäurerestes gegen einen unpolaren Valinrest ist ausreichend, um die Molekülform des Desoxyhämoglobins nachhaltig zu verändern. Die Strukturänderung ist derart gravierend, dass es zur Aggregation (Verklumpung) der Hämoglobinmoleküle in den roten Blutkörperchen (Erythrozyten) kommt. Das versteift die Zellen und verändert die Zellgestalt in charakteristischer Weise („Sichelzellen"). Dadurch wird der Blutfluss in kleinen Gefäßen (Kapillaren) erschwert. Die missgebildeten Zellen können in kleinen Gefäßen hängenbleiben und diese verstopfen (Thrombose). Die Sichelzellen werden in der Milz abgebaut, wodurch es zu einer Blutarmut (Anämie) kommt. Die resultierende Mangeldurchblutung führt zu Organschädigungen wie Milzschwellung, Lungenentzündung und Herz- und Nierenversagen. Früher Tod ist die Folge. Gleichzeitig verleiht der Sichelzellenphänotyp den Betroffenen ein gewisses Maß an Resistenz gegen Malaria, weswegen sie in manchen Gebieten Äquatorialafrikas trotz der negativen Konsequenzen durch den Selektionsdruck der Parasiten verbreitet ist. Dieses schwere Krankheitsbild tritt jedoch nur bei reinerbigen (homozygoten) Trägern des Merkmals auf.

Ü 9* Wenn Methionin immer die erste Aminosäure ist, die in ein Oligopeptid eingebaut ist, welches Oligopeptid wird von dem folgenden Abschnitt der mRNA codiert?

5′—G—C—A—U—G—G—A—C—C—C—C—G—U—U—A—U—U—A—A—A—C—A—C—3′

Ü 10* Vier Cs treten hintereinander in dem in Übung 9 gezeigten Segment der mRNA auf. Welches Oligopeptid würde aus der mRNA gebildet, wenn eines der vier Cs aus dem Strang herausgeschnitten wird?

Ü 11 UAA ist ein Stoppcodon. Warum führt die Basenfolge UAA in der (m)RNA-Sequenzausschnitt von Übung 9 nicht zum Abbruch der Proteinbiosynthese?

Wo Transkription und Translation stattfinden

Die Proteinbiosynthese findet in den Zellen an den Ribosomen statt (► Abbildung 26.13). Die kleinere der ribosomalen Untereinheiten besitzt drei Bindungsstellen für RNA-Moleküle. Sie bindet die zu translatierende mRNA, die die Peptidkette tragende tRNA und die die neueste Aminosäure anliefernde tRNA.

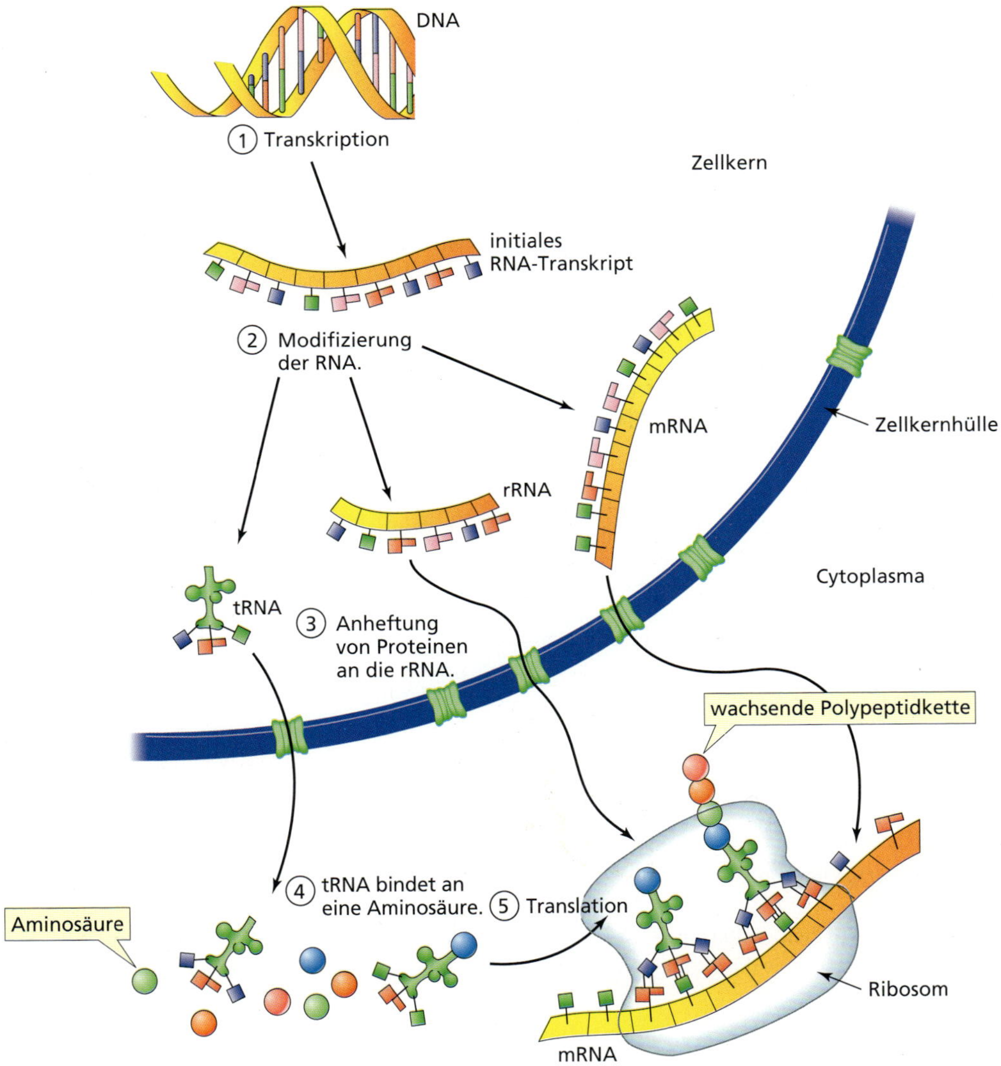

Abbildung 26.13: Transkription und Translation.

1 Die Transkription der DNA erfolgt in eukaryontischen Zellen (Zellen mit einem Zellkern) im Zellkern. Es entsteht ein Primärtranskript. Die RNA-Typen mRNA, rRNA und tRNA entstehen durch Transkription von Genen.

2 Das Primärtranskript (Prä-mRNA; Prä-rRNA; Prä-tRNA) wird in vielen Fällen chemisch modifiziert, bevor es für seine biologische Rolle bereit ist. Die Modifizierung kann die Veränderung von Basen (spezielle Basen der tRNAs), das Entfernen von Basen („Editierung" der RNA; selten) oder Basenfolgen („Trimmung" der RNA), das Zufügen von Nucleotiden an einem oder beiden Enden des Moleküls (z. B. Poly-A-Schwanz aller mRNAs) sein.

3 Die ribosomalen Ribonucleinsäuren assoziieren sich mit einer Vielzahl unterschiedlicher Proteine zu den ribosomalen Untereinheiten. In eukaryontischen Zellen werden die verschiedenen RNA-Sorten bzw. die ribosomalen Untereinheiten aktiv und kontrolliert aus dem Zellkern heraustransportiert.

4 Jede tRNA-Sorte bindet ihre zugehörige Aminosäure.

5 Ribosom, mRNA und tRNAs wirken bei der Translation der genetischen Information in ein Protein zusammen.

HINTERGRUND

■ Antibiotika, die die Translation hemmen

Puromycin ist ein in der Natur vorkommendes Antibiotikum – eines von mehreren, die ihre Wirkung durch Hemmung der Translation entfalten. Puromycin tut dies, indem es den 3′-CCA-Aminoacylanteil einer tRNA nachahmt. Das Antibiotikum wird fälschlicherweise vom Ribosom über seine primäre Aminofunktion mit der naszierenden Polypeptidkette verknüpft. Dadurch bricht die Proteinbiosynthese ab. Es entstehen funktionslose Proteinfragmente, die abgebaut werden. Da das Puromycin die Proteinbiosynthese sowohl in Eukaryonten (Zellen mit Zellkern) als auch in Prokaryonten (Bakterien) blockiert, ist es für Tiere giftig; sein Einsatz in der Medizin ist daher nicht angezeigt. Um klinisch nützlich zu sein, muss sich die Hemmwirkung gezielt gegen prokaryontische Ribosomen richten, die bei gleicher Funktion gegenüber eukaryontischen eine leicht veränderte chemische Zusammensetzung aufweisen.

Klinisch nutzbare Antibiotika	Wirkungsweise
Tetracyclin	verhindert die Bindung der AA-tRNA an das Ribosom.
Erythromycin	verhindert den Einbau neuer Aminosäuren in Proteine.
Streptomycin	hemmt die Initiation der Proteinbiosynthese.
Chloramphenicol	verhindert die Bildung neuer Peptidbindungen.

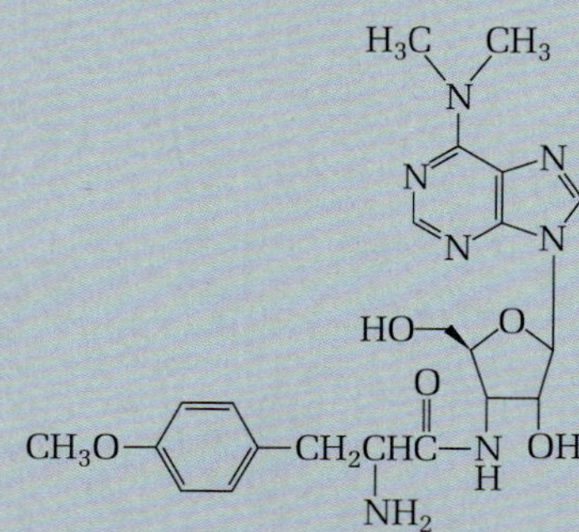

Puromycin

Ü 12* Eine Änderung von welcher Base eines Codons bewirkt mit der geringsten Wahrscheinlichkeit eine Änderung in einem Protein?

Ü 13* Schreiben Sie die Basensequenz des Sinnstranges der DNA, die mit der RNA-Sequenz von Übung 9 korrespondiert.

Ü 14 Erstellen Sie eine Liste aller möglichen Codons im RNA-Code, der die Aminosäuren zu spezifizieren vermag, die Sie bei der Lösung von Übung 9 erhalten haben, sowie die Anticodons der tRNA-Moleküle, die diese Aminosäuren überbringen.

26.10 Warum die DNA Thymin anstelle von Uracil enthält

In Abschnitt 23.7 haben wir gelernt, dass dTMP (Desoxythymidinmonophosphat) gebildet wird, wenn dUMP (Desoxyuridinmonophosphat) methyliert wird. Coenzym N^5,N^{10}-Methylentetrahydrofolat ist dabei der Überträger der Methylgruppe.

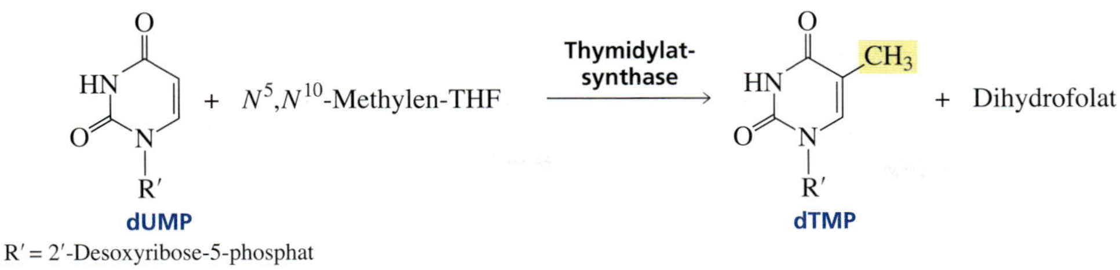

$$\text{Dihydrofolat} + \text{NADPH} + H^+ \xrightarrow{\text{Dihydrofolat-reduktase}} \text{Tetrahydrofolat} + \text{NADP}^+$$

Da der Einbau der Methylgruppe in den Uracilrest zur Oxidation des Tetrahydrofolats zu Dihydrofolat führt, muss Dihydrofolat erst in einer weiteren enzymatisch katalysierten Reaktion wieder zu Tetrahydrofolat reduziert werden, bevor ein neuer katalytischer Zyklus beginnen kann. Das Reduktionsmittel ist NADPH.

Jedes NADPH kann beim Durchlauf durch die Atmungskette zur Bildung von 2,5 Molekülen ATP Anlass geben (Abschnitt 24.10). Die Reduktion von Dihydrofolat mit NADPH geht also zu Lasten der ATP-Produktion. Das bedeutet, dass die Thyminsynthese energieraubend ist. Man kann daher die Hypothese aufstellen, dass es einen guten Grund gibt, aus dem die DNA Thyminreste enthält.

Die Anwesenheit von Thymin anstelle von Uracil in DNA-Molekülen verhindert Mutationen mit möglicherweise negativen Folgen für das Lebewesen. Cytosinreste können durch Tautomerie in die Iminform übergehen (Abschnitt 17.2), welche zu Uracil hydrolysieren kann (Abschnitt 16.8). Die Gesamtreaktion ist eine **Desaminierung** (Entzug einer Aminfunktion).

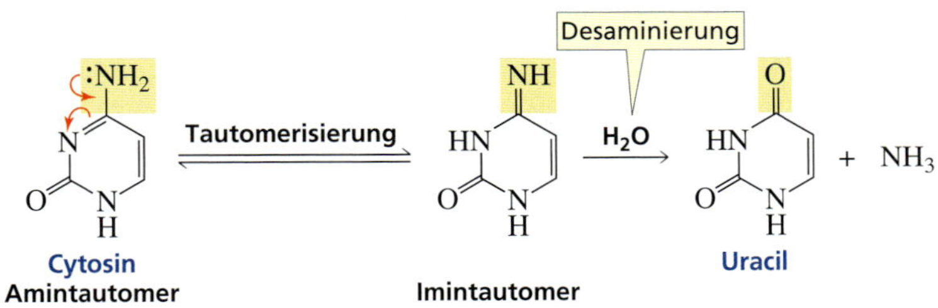

Falls ein Cytosinrest in einem DNA-Molekül in einen Uracilrest umgewandelt wird, würde der Uracilrest bei der Replikation auf dem zu synthetisierenden Gegenstrang den Einbau eines Nucleotids mit Adeninrest veranlassen anstelle des vom Cytosin bedingten Guaninrestes. Es läge eine sich fortpflanzende Mutation vor. Die DNA-Polymerasen besitzen jedoch die Fähigkeit, U-Reste in DNA-Molekülen als Fehler zu erkennen. Einige Formen der DNA-Polymerase besitzen eine zusätzliche Nucleaseaktivität, mit deren Hilfe sie fehlgepaarte Basen heraustrennen und durch eine korrekte Base (hier ein C) zu ersetzen vermögen. Kämen Uracilreste von Natur aus in DNA-Molekülen vor, könnten die Enzyme nicht zwischen den normalen und den durch Desaminierung von Cytosinresten entstandenen unterscheiden. Durch die Einbeziehung von Thyminresten in den Aufbau der DNA ist es möglich, Desaminierungsmutationen aufzuspüren und auszugleichen.

Anders als bei der durch Replikation an Folgegenerationen weitergegebenen DNA sind Fehler in RNA-Molekülen vergleichsweise kurzlebig, da die meisten RNA-Moleküle – insbesondere Boten-Ribonucleinsäuren – einem raschen Umsatz unterliegen, also abgebaut werden. Bei Bedarf erfolgt dann eine Neusynthese anhand der DNA-Matrize. Aufgrund der begrenzten Existenzdauer der

RNA-Moleküle (wodurch sich die Wahrscheinlichkeit, dass es überhaupt zur Desaminierung kommt, erheblich vermindert) ist es nicht notwendig, Energie in die Thyminsynthese zu investieren, um dieses in RNA einzubauen. Darüberhinaus liegen RNA-Moleküle in der Zelle praktisch immer in vielen Kopien vor, sodass ein gewisser Ausfall durch unfunktionelle Moleküle verkraftbar ist. Von DNA-Material des Genoms existiert in den allermeisten Zellen dagegen nur eine bis maxmial zwei Kopien pro Zelle.

HINTERGRUND

■ Antibiotika haben einen gemeinsamen Wirkungsmechanismus

Vor kurzem hat man festgestellt, dass drei verschiedene Klassen von Antibiotika (ein β-Lactam-Antibiotikum, ein Chinolon und ein Aminoglycosid) die zu bekämpfenden Bakterien auf dieselbe Art und Weise töten. Das Antibiotikum löst die Produktion von Hydroxidradikalen aus, die Guanin zu 8-Oxoguaninen oxidieren. Die betroffene Zelle ist in der Lage 8-Oxoguanin als fehlerhaft zu erkennen und dieses durch Guanin zu ersetzen. Wenn allerdings zu viele 8-Oxoguanine in der DNA vorhanden sind, kann die Reparatur des Zellmechanismus nicht mehr stattfinden. Dann wiederum wird der DNA-Strang unterbrochen, anstatt die 8-Oxoguanine auszuschneiden. Dies führt zum Tod der Zelle.

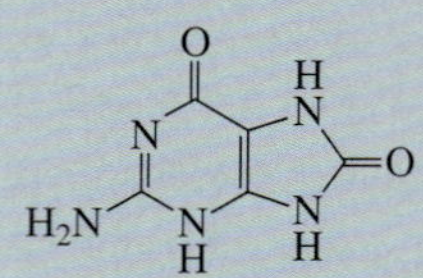

8-Oxoguanin

Ü 15* Adenin kann zu Hypoxanthin desaminiert werden, Guanin zu Xanthin. Zeichnen Sie die Molekülstrukturen von Xanthin und Hypoxanthin.

Ü 16 Versuchen Sie zu erklären, warum Thymin nicht desaminiert werden kann.

26.11 Antivirale Wirkstoffe

Virusinfektionen stellen für die Medizin weiterhin eine große Herausforderung dar. Nur für wenige Virustypen konnten bislang therapeutisch nützliche Medikamente entwickelt werden. Die nur langsamen Fortschritte, die auf diesem Gebiet erzielt werden, hängen mit der Natur der Viren und der Wirkungsweise dieser nichtlebenden Krankheitserreger zusammen. Viren sind in aller Regel sehr viel kleiner als die kleinsten Lebewesen, die Bakterien. Viren enthalten entweder DNA oder RNA als Erbmaterial (wir erinnern uns, dass bei Lebewesen ausnahmslos DNA das eigentliche Erbmaterial ist). Die virale Nucleinsäure ist in eine Hülle aus Proteinen eingeschlossen, die wiederum bei manchen Viren von einer Membran umgeben sein kann. Viren, die Menschen und andere Tiere befallen, dringen in die Zellen des Wirtes ein – werden also gewissermaßen zu Bestandteilen des Körpers. Dort wird in allen Fällen das genetische Material des Virus entweder direkt oder indirekt zur Transkription und Replikation gebracht.

Die meisten heute verfügbaren **antiviralen Wirkstoffe** sind Nucleosidanaloga, die die zellulären Nucleinsäuresynthese stören. Da Viren sich in der Regel rasch vermehren und oft den gesamten Zellstoffwechsel stören und umleiten, ist die Synthese viraler Nucleinsäuren (DNA/RNA) davon stärker betroffen als der normale Nucleinsäurestoffwechsel des Wirtes.

Acyclovir

Acyclovir (auch: Aciclovir) besitzt beispielsweise eine Molekülform, die der des Guanins ähnlich ist. Acyclovir kann daher fälschlich in die Nucleinsäuren eingebaut werden. Bei dieser Form der Therapie macht man sich die Tatsache zunutze, dass viele viruseigene Nucleinsäurepolymerasen promisker sind als die zellulären und oft über keine Korrekturlesefähigkeit verfügen. Acyclovir fehlt die 3′-OH-Gruppe, daher kommt es nach dem Einbau eines Acyclovirmoleküls zum Kettenabbruch. Das terminierte DNA-Molekül bindet weiterhin an die DNA-Polymerase und inaktiviert es irreversibel (Abschnitt 26.2).

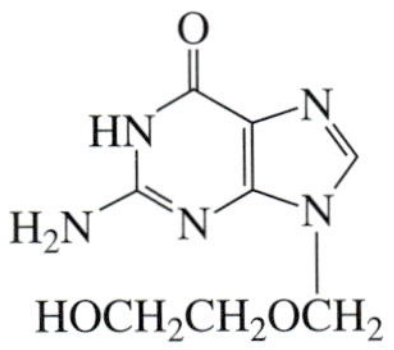

Acyclovir
Aclovir®
Anwendung bei Herpes-Simplex-Infektionen

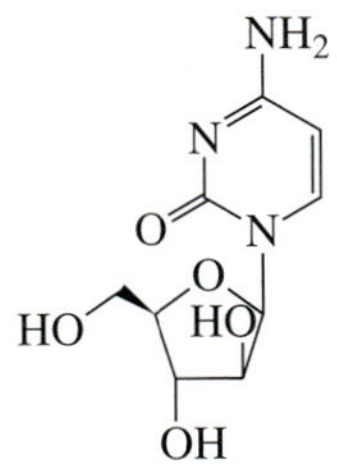

Cytarabin
Cytosar®
Anwendung bei akuter myeloischer Leukämie

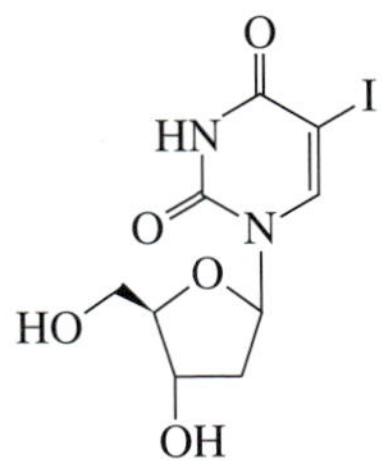

Idoxuridin
Herplex®
zugelassen für die topische ophthalmologische Anwendung

Cytarabin

Cytarabin, das für die Behandlung akuter myeloischer Leukämie (Krebs der weißen Blutkörperchen) eingesetzt wird, konkurriert in phosphorylierter Form mit cytosinhaltigen Nucleosidtriphosphaten um den Einbau in DNA-Moleküle.

Cytarabin enthält als Zuckerkomponente Arabinose anstelle von Ribose (siehe ► Tabelle 20.1). Da die 2′-OH-Gruppe in β-Stellung befindet (die 2′-OH-Gruppe eines Ribonucleosids befindet sich normalerweise in α-Stellung), sind die Basen nach Einbau eines Cytarabinrestes nicht in der Lage, sich im Nucleinsäurestrang ordnungsgemäß zu stapeln (Abschnitt 26.2).

Idoxuridin

Idoxuridin ist in den USA für die örtliche Behandlung von Augeninfektionen zugelassen. In anderen Ländern wird es auch zur Behandlung von Herpesvirusinfektionen eingesetzt. Idoxuridin ist ein Thymidinanalogon, das ein Iodatom anstelle der Methylgruppe des Thyminrestes enthält. Es wird anstelle von Thymidin in DNA eingebaut. Die Elongation der Nucleinsäurekette kann stattfinden, weil das Idoxuridin eine 3′-OH-Gruppe aufweist, doch wird der entstehende DNA-Strang leicht gespalten und nicht ordnungsgemäß transkribiert.

HINTERGRUND

■ Influenzapandemie

Jedes Jahr stehen wir einem Ausbruch der Influenza (Grippe) gegenüber. Meistens handelt es sich um ein Virus, das sich bereits in der Bevölkerung befindet und daher durch Grippeschutzimpfungen kontrolliert werden kann. Hin und wieder taucht jedoch eine neue Variante des Grippevirus auf, sodass das Virus prinzipiell eine weltweite Pandemie verursachen könnte, denn ein neues, verändertes Virus kann nicht von Immunisierungen, die gegenüber älterer Varianten der Grippe existieren, aufgehalten werden und ist daher in der Lage, eine sehr große Anzahl von Menschen zu infizieren. Bislang stehen so gut wie keine wirksamen antiviralen Medikamente für die Grippe zur Verfügung (siehe Tamiflu; Abschnitt 22.11).

Die erste Grippepandemie wurde als russische Grippe bezeichnet und fand in den Jahren 1889–1890 statt. Durch diese Pandemie wurden etwa eine Million Menschen getötet. Die spanische Grippepandemie hat 1918–1919 mehr als 50 Millionen Menschen weltweit getötet. Die asiatische Grippepandemie hat in den Jahren 1956–1958 etwa 2 Millionen Menschen getötet, bevor ein Impfstoff im Jahr 1957 entwickelt werden konnte. Die Hongkong-Grippepandemie (1968–1969) hat ihren Namen daher, dass etwa 15 % der Bevölkerung von Hongkong betroffen waren. Die Todesrate war bei dieser Pandemie jedoch nicht sehr hoch – nur etwa 750.000 Menschen sind gestorben, da die Menschen, die bereits die asiatische Grippe hatten, eine gewisse Immunität aufwiesen. Da dies die letzte weltweite Pandemie war, befürchten Behörden des öffentlichen Gesundheitswesens, dass bald eine weitere Pandemie auftreten könne.

Aktuelle Grippewellen, die Anlass zur Sorge gaben, sind die im Jahr 1997 aufgetretene Vogelgrippe und die im Jahr 2009 entdeckte Schweinegrippe.

Die Vogelgrippe brach zunächst bei Hühnern aus, wurde jedoch anschließend auf Hunderte von Menschen übertragen, von denen etwa 60 % starben. Die Schweinegrippe ist eine Atemwegserkrankung von Schweinen, springt jedoch auch auf den Menschen über. Es herrschen Bedenken darüber, dass eine dieser Grippen eine weltweite Pandemie auslösen könnte. Die Kohlenhydrate, welche auf die Oberfläche des viralen Proteins gebunden sind, machen den größten Unterschied in den Virusstämmen aus. Die durch Viren, welche sich in erster Linie auf Zuckermoleküle in der Nase und im Rachen binden, verursachten Symptome sind nicht so verheerend wie die durch Viren verursachten Symptome, die sich an die Zuckermoleküle tief in der Lunge binden..

Wie die Basensequenz eines DNA-Moleküls bestimmt wird 26.12

Im Juni 2000 traten zwei Wissenschaftler*innengruppen (eine des multinationalen, durch öffentliche Gelder finanzierten Humangenomprojektes der *Human Genome Project Organisation HUGO* und eine zweite einer privaten Biotechnologiefirma) an die Öffentlichkeit, um bekanntzugeben, dass ein erster Abriss der 3,1 Milliarden Basenpaare umfassenden Sequenz des menschlichen Erbgutes erstellt sei. Dies wurde als große Errungenschaft gefeiert. Bis heute gibt es aber noch immer unausgefüllte Lücken. Das Genom des Menschen ist also immer noch nicht *vollständig* bekannt. Man mache sich deutlich, dass bei einer Sequenzierungsleistung von einer Million Basen pro Tag für die drei Milliarden Basen des *Homo sapiens* mehr als zehn Jahre Sequenzierungszeit zu veranschlagen sind (ohne Wiederholungen, um Fehler auszumerzen, und ohne besondere Schwierigkeiten wie die, die die noch heute bestehenden Lücken bedingen).

Restriktionsendonucleasen

Restriktionsenzym	Erkennungs-/Schnittsequenz
*Alu*I	AGCT TCGA
*Fnu*DI	GGCC CCGG
*Pst*I	CTGCAG GACGTC

DNA-Moleküle sind in den meisten Fällen zu groß, um sie als Ganzes zu sequenzieren. Deshalb werden die DNA-Moleküle zumeist durch spezifische, DNA schneidende Enzyme (**Restriktionsendonucleasen**) in kleinere Stücke zerlegt, und die dabei entstehenden **Restriktionsfragmente** anschließend einzeln der Sequenzierung unterworfen. Man kennt heute mehrere hundert solcher Restriktionsenzyme, allerdings ist die Anzahl der von ihnen erkannten Basenmotive geringer, da gleiche Spezifitäten in unterschiedlichen Organismen zu finden sind.

Die von den Typ II-Restriktionsenzymen erkannten Basenfolgen sind *Palindrome.* (Beachten Sie, dass dies für den *doppelsträngigen* Zustand gilt.) Ein Palindrom ist ein Wort (Otto, Elle, Rentner, Rotor ...) oder andere Zeichen- oder Zahlenfolgen, die vorwärts wie rückwärts gelesen gleich sind (224422, ...). Typ II-Endonucleasen erkennen Abfolgen von 4–8 Basen, deren Komplement auf dem Gegenstrang in 5′⟶3′-Richtung mit der Sequenz des anderen Stranges identisch ist. Man kann diesen (doppelsträngigen) Sequenzabschnitt als Ganzes in der DNA herumdrehen, ohne dass sich eine Änderung ergibt.

Ü 17* Welche der folgenden Basensequenzen würde möglicherweise von einer Restriktionsendonuclease gespalten – vorausgesetzt es gibt ein passendes Enzym, das die betreffende Sequenz erkennt? (*Hinweis*: Ergänzen Sie den Gegenstrang.)

A ACGGGT C ACGGCA E ACATCGT
B ACGCGT D ACACGT F CCAACC

Pyrosequenzierung

Frederick Sanger und Walter Gilbert wurden in Anerkennung ihrer unabhängigen Entwicklung von Methoden zur DNA-Sequenzierung gemeinsam der Nobelpreis für Chemie des Jahres 1980 zuerkannt. Im Laufe der Jahre wurde ihr Verfahren jedoch durch andere Methoden ersetzt. Eine Technik, die zurzeit verwendet wird, ist ein automatisiertes Verfahren namens **Pyrosequenzierung**. Bei diesem Verfahren wird ein kleines Stück des DNA-Primers an das zu bestimmende Restriktionsfragment angefügt. Die Nucleotide werden dann durch Basenpaarung mit dem Restriktionsfragment hinzugegeben. Diese Methode ist bekannt als *Sequenzierung-durch-Synthese* und bestimmt die Identität jeder Basis, die an den Primer angefügt wird.

Pyrosequenzierung erfordert DNA-Polymerase – ein Enzym, das sich an einen Strang der DNA anfügt – und zwei zusätzliche Enzyme, die Lichtsignale aussenden, wenn Pyrophosphat entdeckt wird.

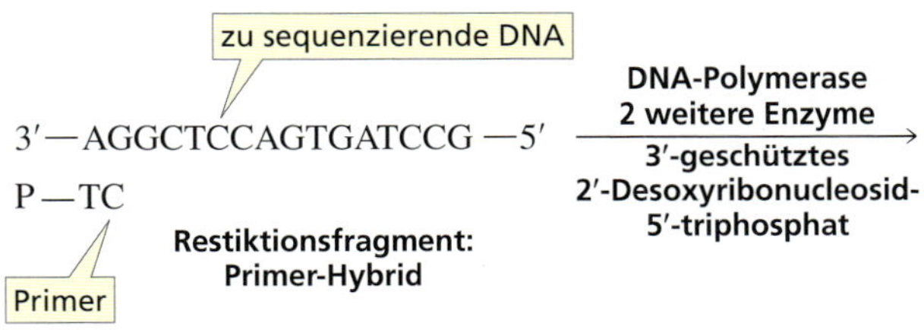

Die Pyrosequenzierung erfordert weiterhin vier 2′-Desoxyribonucleosid-5′-triphosphate, die jeweils durch eine 3′-OH-Gruppe geschützt sind.

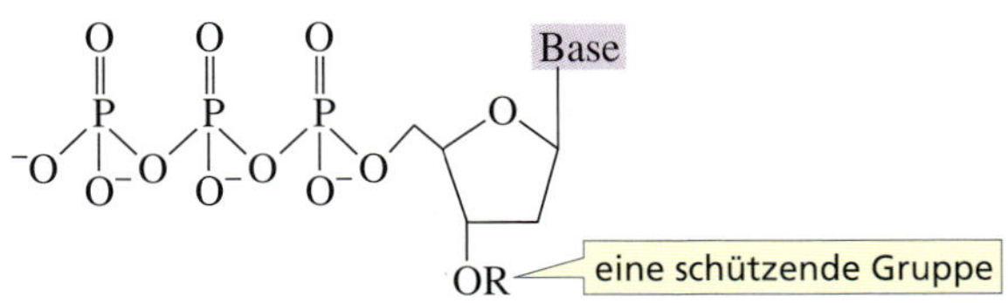

ein 3′-geschütztes 2′-Desoxyribonucleosidtriphosphat

Das Restriktionsfragment Primer-Hybrid ist an einem festen Trägerstoff befestigt. Dieser ähnelt dem festen Trägerstoff, der bei der automatisierten Synthese von Polypeptiden verwendet wird (Abschnitt 21.11). Die Schritte der Pyrosequenzierung sind die Folgenden:

- Die Enzyme und eines der vier 3′-geschützten 2′-Desoxyribonucleosid-5′-triphosphate (zum Beispiel 3′-geschütztes dATP) werden der Säule hinzugefügt.
- Die Reagenzien werden von dem festen Trägerstoff abgewaschen.
- Der Prozess wird mit einem anderen 3′-geschützten 2′-Desoxyribonucleosid-5′-triphosphat wiederholt (zum Beispiel: 3′-geschütztes dGTP).

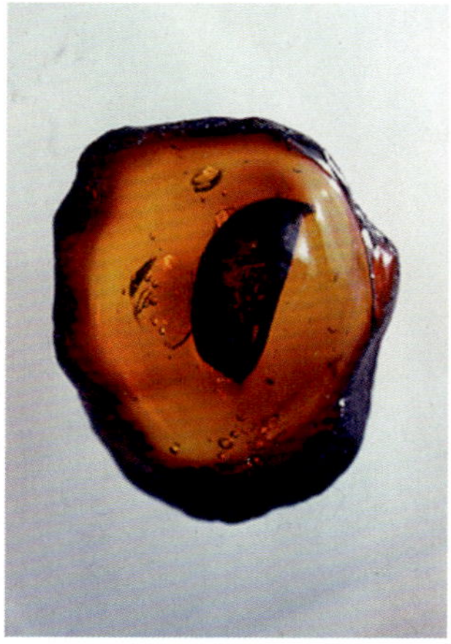

Die DNA eines 40 Millionen Jahre alten Blatts, welches in Bernstein konserviert ist.

- Der Prozess wird mit 3′-geschütztem dCTP wiederholt, und daraufhin noch einmal mit 3′-geschütztem dTTP.
- Man beobachtet, welche der vier Nucleotide Lichtsignale aussenden – mit anderen Worten, welches Nucleotid das Pyrophosphat durch Anheftung an den Primer gelöst hat.
- Die Schutzgruppe des 3′-OH wird entfernt.

Diese Schritte werden wiederholt, um die Identität des nächsten Nucleotids zu bestimmen, welches zu dem Primer hinzufügt worden ist. Durch Pyrosequenzierung kann die Basensequenz eines Restriktionsfragments mit bis zu 500 Nucleotiden bestimmt werden.

Sobald die Sequenz der Basen in einem Restriktionsfragment bestimmt worden sind, können die Ergebnisse überprüft werden, indem das gleiche Verfahren auf die Basensequenz des Fragments des komplementären Stranges angewandt wird. Die Basensequenz des ursprünglichen DNA-Stücks kann bestimmt werden, indem man das gesamte Verfahren mit einer anderen Restriktionsendonuclease wiederholt und die überlappenden Fragmente notiert.

Gentechnik 26.13

Gentechnik ist das Einfügen eines DNA-Segments in die DNA einer Wirtszelle, sodass der DNA-Abschnitt von der DNA-Synthesemaschinerie der Wirtszelle repliziert wird. Die Gentechnik hat viele praktische Anwendungen. Zum Beispiel ermöglicht die Replikation der DNA, die für menschliches Insulin kodiert, die Synthese großer Mengen des Proteins, wodurch die Abhängigkeit von Schweinen für Insulin beseitigt und denjenigen, die allergisch auf Schweineinsulin reagieren, geholfen wird. Es sei daran erinnert, dass sich Schweineinsulin von Humaninsulin nur in einer Aminosäure unterscheidet (Abschnitt 21.8).

Die Landwirtschaft profitiert von der Gentechnik. Nutzpflanzen werden jetzt mit neuen Genen produziert, die ihre Widerstandsfähigkeit gegen Trockenheit und Insekten erhöhen. Zum Beispiel sind gentechnisch veränderte Baumwollpflanzen resistent gegen den Baumwollkapselwurm, und gentechnisch veränderter Mais ist resistent gegen den Maiswurzelbohrer. Gentechnisch veränderte Organismen (GVO) sind für eine fast 50%ige Reduzierung des Einsatzes von Chemikalien für landwirtschaftliche Zwecke in den Vereinigten Staaten verantwortlich. Vor kurzem wurde Mais gentechnisch verändert, um die Ethanolproduktion zu erhöhen, Äpfel wurden gentechnisch verändert, um zu verhindern, dass sie beim Schneiden braun werden, und Sojabohnen wurden gentechnisch verändert, um zu verhindern, dass Transfette gebildet werden, wenn Sojabohnenöl hydriert wird (Abschnitt 5.9).

HINTERGRUND

Herbizidresistenz

Glyphosat, ein verbreitetes Herbizid (Unkrautvernichtungsmittel), tötet Pflanzen ab, indem es ein Enzym hemmt, das die Pflanzen benötigen, um die Aminosäuren Phenylalanin und Tryptophan aufzubauen. Es sind Untersuchungen mit rekombinanten Mais- und Baumwollsorten im Gange, die gentechnisch eine Verträglichkeit für Glyphosat erworben haben. Die Nutzpflanzen enthalten ein zusätzliches Gen für ein Enzym, welches das Glyphosat entgiftet, wenn es in die Pflanze gelangt, indem es durch Acetyl-CoA acetyliert wird. Werden Felder, die mit diesen Neuzüchtungen bepflanzt sind, mit Glyphosat besprüht, sterben die unerwünschten Unkräuter ab, die Nutzpflanzen bleiben von der Giftwirkung unberührt.

Gentechnisch gezüchtete Maispflanzen, die resistent gegen das Herbizid Glyphosat sind, weil sie dieses acetylieren.

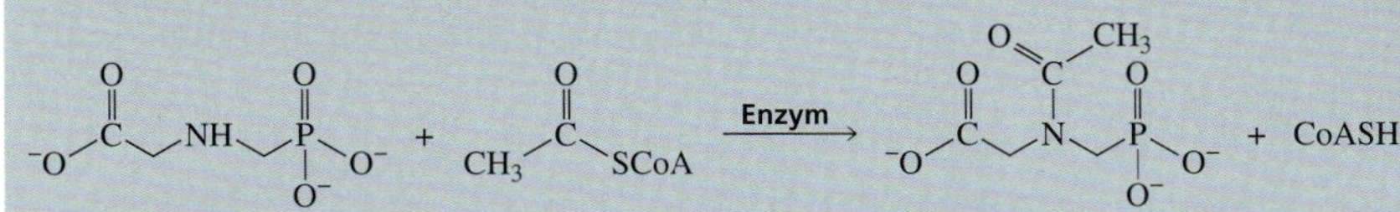

Glyphosat ein Herbizid — Acetyl-CoA — *N*-Acetylglyphosat für Pflanzen unschädlich

Gentechnik wird zur Behandlung des Ebolavirus verwendet

Pflanzen sind bereits vor längerer Zeit als natürliche Quelle für diverse Wirkstoffe identifiziert worden. Beispiele dafür sind Morphin, Ephedrin und Codein (Abschnitt 10.9). Derzeit versuchen Wissenschaftler*innen, auch Medikamente aus genetisch veränderten Pflanzen zu synthetisieren. Man verwendet daher Gentechnik, um Wirkstoffe in Kulturen wie Mais, Reis, Tomaten und Tabak zu produzieren. Bisher ist ein einziges solches Medikament durch die Lebensmittelbehörde der Vereinigten Staaten (FDA) zugelassen worden. Hierbei handelt es sich um einen Wirkstoff, der zur Behandlung der Gauchenschen Krankheit in Karotten hergestellt wird.

Tabakpflanze.

Es existiert ein weiteres Medikament, das in gentechnisch veränderten Tabakpflanzen hergestellt wird und das experimentell verwendet wurde, um eine Handvoll mit Ebola infizierte Patient*innen zu behandeln. Ebola ist das tödliche Virus, das in ganz Westafrika verbreitet war. Die Tabakpflanzen sind mit drei gentechnisch veränderten Pflanzenviren infiziert worden, die für Menschen und Tiere harmlos sind, aber eine ähnliche Struktur wie das Ebolavirus aufweisen. Als Folge der Ansteckung erzeugen die Pflanzen Antikörper gegen das Virus. Die Antikörper wurden aus den Pflanzen entnommen, gereinigt, isoliert und dann die zur Behandlung von Patient*innen mit Ebola verwendet.

Das Medikament wurde experimentell an 18 Affen getestet, die einer tödlichen Dosis von Ebola ausgesetzt worden waren. Alle 18 Affen überlebten, während die drei Affen in der Kontrollgruppe starben. Normalerweise werden neue Wirkstoffe ausführlich an gesunden Menschen getestet, bevor diese den infizierten Patient*innen verabreicht werden. Im Fall von Ebola hat die FDA jedoch eine Ausnahme gemacht, da die Hoffnung bestand, dass das Medikament die Patient*innen retten könne, die ansonsten mit einer an Sicherheit grenzenden Wahrscheinlichkeit verstorben wären. Fünf der sieben Personen, denen der Wirkstoff verabreicht wurden, haben überlebt. Derzeit werden etwa 50 Kilogramm Tabakblätter benötigt, um innerhalb eines Zeitraums von vier bis sechs Monaten genug von dem Wirkstoff zu produzieren, um eine Patientin oder einen Patienten zu behandeln.

Zusammenfassung

Abschnitt 26.1

- **Nucleinsäuren** (DNA und RNA) sind aus langen Strängen von Nucleotid-Untereinheiten zusammengesetzt, die durch Phosphodiester-Bindungen miteinander verbunden sind.
- Ein **Nucleosid** enthält eine Base, die an ein Zuckermolekül gebunden ist. Ein **Nucleotid** ist ein Nucleosid, das durch eine OH-Gruppe des Zuckers über eine Esterbindung an Phosphorsäure gebunden ist.
- Der Zucker in RNA ist D-Ribose; der Zucker in DNA ist 2′-Desoxy-D-ribose.
- Die Basen in der DNA sind A, G, C und T; die Basen in der RNA sind A, G, C und U. Jede Base ist mit einer β-Glycosidbindung an ein anomeres Kohlenstoffatom des Zuckermoleküls gebunden.

Abschnitt 26.2

- Nucleinsäuren werden aus Nucleosidtriphosphatsubstraten synthetisiert. Die Nucleotide werden als Folge des nucleophilen Angriffs durch eine 3′-OH-Gruppe von einem Nucleotid auf den α-Phosphor eines anderen Nucleotids miteinander verknüpft.
- Die **Primärstruktur** einer Nucleinsäure ist die Sequenz der Basen in deren Strang.

Abschnitt 26.3

- Die DNA ist doppelsträngig. Die Stränge verlaufen in entgegengesetzte Richtungen und sind zu einer **Doppelhelix** miteinander verdrillt, wodurch die DNA jeweils eine große und eine kleine Furche aufweist.
- Die Basen sind an der Innenseite der Spirale beschränkt, und die Zuckermoleküle der Phosphatgruppen an der Außenseite. Die Stränge werden durch Wasserstoffbrücken zwischen den Basen von gegenüberliegenden Strängen und durch **Stapelwechselwirkungen** zusammengehalten.
- Diese Basen in DNA-Strängen sind **komplementär** zu einander: A-Paare mit T und G-Paare mit C.

Abschnitt 26.4

- Der Unterschied in deren Zuckermolekülen bewirkt, dass DNA stabil ist und dass RNA leicht aufgespalten werden kann.

Abschnitt 26.5

- DNA wird in den 5′⟶3′-Richtung durch einen Prozess namens **semikonservative Replikation** synthetisiert.

Abschnitt 26.6

- Die Basensequenz in der DNA liefert die Vorgabe für die Synthese (**Transkription**) von RNA.
- Die Basensequenz in der DNA bestimmt die Reihenfolge der Aminosäuren in einem Protein. Die Synthese eines Proteins aus einer RNA durch mRNA wird **Translation** genannt.

Abschnitt 26.7

- Einer der DNA-Stränge wird **Sinnstrang** genannt; der komplementäre Strang wird der **Matrizenstrang** genannt.
- RNA wird in 5′⟶3′-Richtung durch das Lesen der Basenstränge des DNA-Matrizenstranges in 3′⟶5′-Richtung synthetisiert. Der neu synthetisierte RNA-Strang und der DNA-Strang haben die gleiche Basensequenz (mit einem U in der RNA, wo ein T in der DNA auftaucht).

Abschnitt 26.8

- Die Arten der RNA, die bei der Proteinbiosynthese verwendet werden, sind Boten-RNA, ribosomale RNA und Transfer-RNA.
- Die tRNA trägt eine als Ester gebundene Aminosäure an deren 3′-Position.

Abschnitt 26.9

- Jede Dreibasensequenz der mRNA– ein Codon – spezifiziert die Aminosäure, welche in ein Protein eingebaut werden. Die Codons und deren spezifizierte Aminosäuren sind als genetischer Code bekannt.
- Die Proteinsynthese beginnt am N-terminalen Ende und bewegt sich in 5′⟶3′-Richtung entlang des mRNA-Strangs zum C-terminalen Ende hin.

Abschnitt 26.10

- Das Vorhandensein von T anstelle von U in der DNA verhindert die Mutationen, die durch Tautomerisierung und Iminhydrolyse (Desaminierung) von C zu U verursacht wird. **Desaminierung** ist eine Reaktion, die eine Aminogruppe entfernt.

Abschnitt 26.12

- Das **menschliche Genom** enthält 3,1 Milliarden Basenpaaren.
- **Restriktionsendonucleasen** spalten die DNA an spezifischen Palindromen auf, wobei sich **Restriktionsfragmente** bilden.
- **Pyrosequenzierung** ist eine Methode, die man verwendet, um die Folge von Basen entlang der Restriktionsfragmente zu bestimmen.

Abschnitt 26.13

- Eine große Menge eines bestimmten Proteins kann durch **Gentechnik** synthetisiert werden.

Im MyLab | Organische Chemie finden Sie:

- den praktischen **eText** zum Kapitel mit Notizfunktion
- eine Auswahl verschiedener **3D-Moleküle**
- **Lösungen** zu ausgewählten, mit * versehenen Übungen
- digitale **Lernkarten** und ein umfangreiches **Glossar** zum Nachschlagen und Wiederholen von Definitionen
- digitale Übungsaufgaben in Form von **Kapiteltests** zur eigenen Lernkontrolle

TEIL VIII

Spezielle Themen in der Organischen Chemie

27 Synthetische Polymere 1401

28 Perizyklische Reaktionen 1437

Kapitel 27 Synthetische Polymere

In früheren Kapiteln wurden Polymere erörtert, die durch Zellproteine, Kohlenhydrate und Nucleinsäuren synthetisiert werden. **Kapitel 27** behandelt die von Chemiker*innen synthetisierten Polymere. Diese synthetischen Polymere weisen physikalische Eigenschaften auf, die sie zu nützlichen Komponenten für eine Vielzahl von Materialien machen, um den Alltag zu erleichtern.

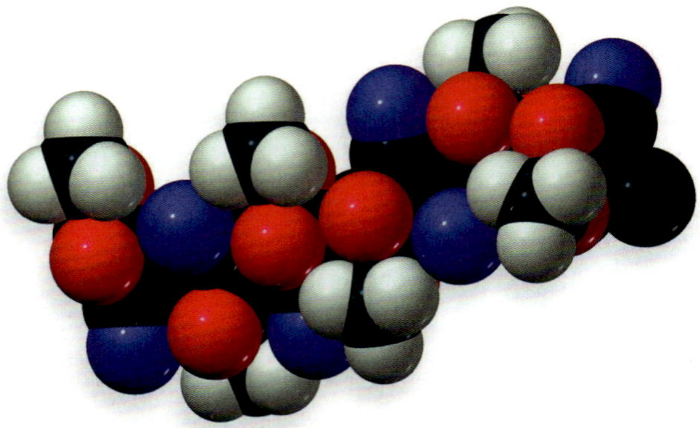

einige Segmente eines Sekundenklebers

Kapitel 28 Perizyklische Reaktionen

Kapitel 28 behandelt perizyklische Reaktionen. Dies sind Reaktionen, die als Folge eines Reorganisationszyklus von Elektronen auftreten. In diesem Kapitel erfahren Sie, wie die Orbitalsymmetrie-Konservierungstheorie die Beziehungen zwischen dem Reaktanten, dem Produkt und den Reaktionsbedingungen in einer perizyklischen Reaktion erklären kann. Weiterhin werden Sie lernen, dass die Biosynthese von Vitamin D zwei aufeinanderfolgende perizyklische Reaktionen umfasst.

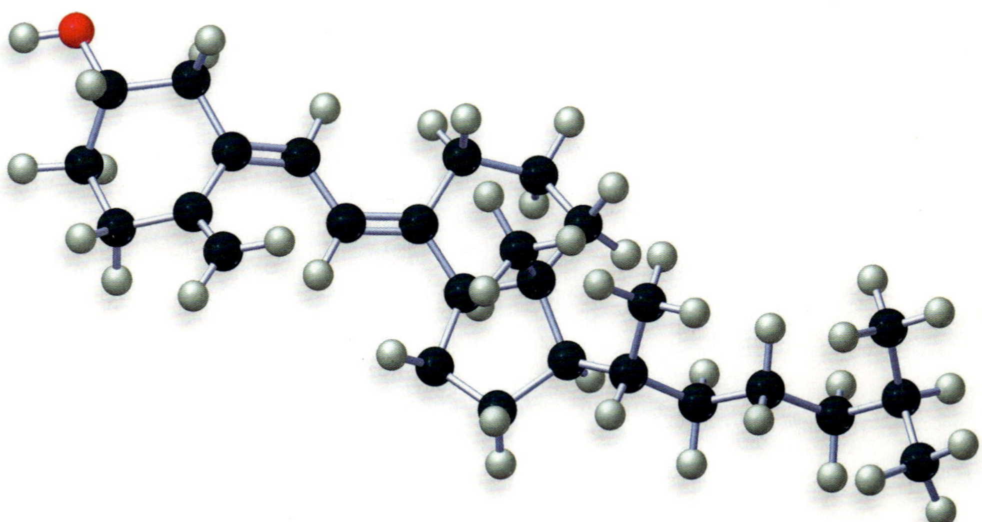

Vitamin D_3

Synthetische Polymere

27

27.1 Zwei Hauptklassen synthetischer Polymere 1404
27.2 Eine Einführung in die Kettenwachstumspolymere 1405
27.3 Radikalische Polymerisation 1406
27.4 Kationische Polymerisation 1412
27.5 Anionische Polymerisation 1414
27.6 Ringöffnungspolymerisationen 1416
27.7 Stereochemie der Polymerisation • Ziegler-Natta-Katalysatoren 1417
27.8 Die Polymerisation von Dienen 1419
27.9 Copolymere 1422
27.10 Eine Einführung in die Stufenwachstumspolymere 1423
27.11 Stufenwachstumspolymerklassen 1424
27.12 Physikalische Eigenschaften von Polymeren 1430
27.13 Recycling von Polymeren 1432
27.14 Biologisch abbaubare Polymere 1433
Zusammenfassung 1435

ÜBERBLICK

Stiefel aus synthetischem Gummi.

*Vermutlich ist keine Klasse synthetischer chemischer Verbindungen für das moderne Leben in der Zivilisation von größerer Bedeutung als die synthetischen Polymere. Anders als niedermolekulare organische Moleküle, die aufgrund ihrer chemischen Eigenschaften von Interesse für Chemiker*innen sind, richtet sich das Interesse auf diese Riesenmoleküle, mit ihren Molmassen im Bereich von einigen Tausend bis viele Millionen, vor allem aufgrund ihrer physikalischen Eigenschaften. Die variablen physikalischen Eigenschaften bedingen ihre Nützlichkeit im täglichen Leben der Menschen. Einige synthetische Polymere – die auch als Kunststoffe bezeichnet werden – ähneln Naturstoffen, die meisten jedoch unterscheiden sich deutlich von allen in der Natur vorkommenden Werkstoffen. Eine so breite Palette von Produkten wie Plastikflaschen, DVDs, Lebensmittelfolien, künstliche Gelenke, Sekundenkleber, Spielzeuge, Wetterschutzfolien, Autokarosserieteile und Schuhsohlen bestehen aus Kunststoffen – synthetischen Polymeren.*

Ein **Polymer (= Makromolekül)** ist eine Verbindung, deren sich aus wiederholenden Baueinheiten zusammengesetzte Moleküle sehr groß sind. Die repetitiven Bausteine werden **Monomere** genannt. Der Vorgang der Verknüpfung der Monomere heißt **Polymerisierung** oder auch **Polymerisation**.

$$\underset{\text{Monomer}}{n\,\mathrm{M}} \xrightarrow{\text{Polymerisation}} \underset{\text{Polymer}}{-\mathrm{M}-\mathrm{M}-\mathrm{M}-\mathrm{M}-\mathrm{M}-\mathrm{M}-\mathrm{M}-\mathrm{M}-\mathrm{M}-}$$

Die Polymere oder Makromoleküle lassen sich grob in zwei Klassen einteilen, die aber weder im Hinblick auf die chemischen noch die physikalischen Eigenschaften Rückschlüsse zulassen: **Biopolymere** („natürliche" Makromoleküle) und **synthetische Polymere** (*Kunststoffe*).

- Biopolymere ursprünglich in Lebewesen. Beispiele für Biopolymere sind DNA (das Speichermedium für genetische Information in Lebewesen), RNA (eine der DNA ähnliche Makromolekülform) und Proteine (Polypeptide, Eiweiße, die in allen lebenden Zellen eine Vielzahl von Aufgaben erfüllen) sowie Polysaccharide (die als Speicher chemischer Energie sowie als Strukturkomponenten vielfältig zum Einsatz kommen). Die Strukturen und Eigenschaften dieser Biopolymere werden in anderen Kapiteln dieses Buches vorgestellt.

- Synthetische Polymere werden im Labor oder der Fabrik hergestellt. Dieses Kapitel ist den Kunststoffen gewidmet.

Ursprünglich haben die Menschen *Biopolymere* als Bekleidung verwendet, indem sie sich in Felle und andere Tierhäute gehüllt haben. Später lernten sie, Naturfasern zu verspinnen und daraus Kleidungsstücke zu weben. Heute besteht ein Großteil der menschlichen Kleidung aus *synthetischen Polymeren* („Kunstfasern") wie Polyamid (Nylon), Polyester und Polyacrylnitril. Viele Menschen bevorzugen jedoch noch immer Kleidung aus Naturfasern wie Baumwolle (Polysaccharid), Wolle (Protein) oder Seide (Protein). Es wird geschätzt, dass die gesamte landwirtschaftlich nutzbare Fläche der USA für die Produktion von Wolle und Baumwolle herangezogen werden müsste, gäbe es keine Kunststoffe.

Die erste Synthesefaser war das Rayon (Kunstseide). 1865 war die französische Seidenindustrie von einer Epidemie bedroht, die die Seidenraupen stark dezimierte. Der Bedarf für ein synthetisches Ersatzprodukt wurde damit schlagartig erkennbar. Louis Chardonnet entdeckte das Ausgangsmaterial für eine Kunstfaser zufällig, als er etwas verschüttete Nitrocellulose von einem Tisch aufzuwischen versuchte und dabei seidenähnliche Fäden bemerkte, die sowohl am Tisch als auch an dem Wischtuch klebten. Die „Chardonnet-Seide" wurde auf der Weltausstellung in Paris im Jahr 1891 der Öffentlichkeit vorgeführt. Sie wurde *Rayon* genannt, weil sie so sehr glänzte, als würde sie Licht abstrahlen. Die „Rayon" von heute enthält keine Nitrogruppen mehr in den Molekülen.

Das erste synthetische Gummiprodukt wurde 1917 von deutschen Chemikern hergestellt. Ihre Anstrengungen rührten von einer argen Verknappung an Rohstoffen durch Blockaden der Kriegsgegner während des von 1914 bis 1918 anhaltenden 1. Weltkrieges her.

Billardkugeln.

Als **Plastik** werden Kunststoffe bezeichnet, die unter bestimmten Bedingungen plastisch verformbar sind. Das erste kommerziell verwertete Plastikmaterial war das Zelluloid (Celluloid). Es wurde 1856 von Alexander Parke erfunden und war eine Mischung aus Nitrocellulose und Campher. Zelluloid wurde bei der Herstellung von Billiardkugeln und Klaviertasten eingesetzt, Produkte, für die zuvor das seltene Elfenbein (Stoßzähne von Elefanten, Walrossen u. Ä.) verwendet worden war. Aus Zelluloid wurde auch fotografisches Filmmaterial hergestellt, bis für diesen Zweck das stabilere und weit weniger feuergefährliche Celluloseacetat die gefährlichere Nitrocellulose ablöste.

Die **Polymerchemie**, die oftmals auch als **makromolekulare Chemie** bezeichnet wird, ist heute gemeinsames Teilgebiet der **Werkstoffkunde**, der Chemie und der Physik, die sich der Erschaffung neuer Werkstoffe widmet, die in zunehmendem Maß Metalle, Gläser, Fasern, Holz, Pappe und Papier ersetzen. Die Polymerchemie ist ein wichtiger Wirtschaftszweig mit sehr hohen weltweiten Umsätzen. Allein in den USA werden jährlich mehr als $2{,}5 \times 10^{13}$ Kilogramm ($2{,}5 \times 10^{10}$ = 25 Milliarden Tonnen) synthetische Polymere hergestellt. Geschätzte 30.000 neue Patente, die sich auf polymere Stoffe beziehen, sind gegenwärtig wirksam. In den vor uns liegenden Jahren und Jahrzehnten ist mit vielen weiteren neuen und neuartigen Stoffen zu rechnen, die von den Wissenschaftler*innen heute entwickelt werden. Hier seien beispielhaft nur elektrisch leitende organische Polymere und biologisch abbaubare Kunststoffe als aktive Forschungs- und Entwicklungsfelder genannt.

Zwei Hauptklassen synthetischer Polymere 27.1

Die synthetischen Polymere lassen sich in zwei Hauptklassen unterteilen, die vom Darstellungsmodus abhängen.

Kettenwachstumspolymere

> **MERKE!**
>
> **Kettenwachstumspolymere werden auch als Additionspolymere bezeichnet.**
>
> **Sie werden durch Kettenreaktionen hergestellt.**

Kettenwachstumspolymere, die auch als **Additionspolymere** bezeichnet werden, entstehen durch **Kettenreaktionen**. Die Monomere werden additiv an das Ende einer wachsenden Molekülkette angelagert. Das Kettenende ist reaktiv, weil es entweder ein Radikal, ein Kation oder ein Anion ist. Polystyrol, das unter anderem für die Herstellung von Lebensmittelverpackungen, als Isoliermaterial und für Griffe von Zahnbürsten Verwendung findet, ist ein Beispiel für ein Kettenwachstumspolymer. Polystyrol, in das während der Aushärtung des Materials Luft eingeblasen wird, ist unter dem Namen Styropor bekannt und wird als Verpackungsmaterial für Kühlware sowie zur Wärmedämmung von Gebäuden eingesetzt.

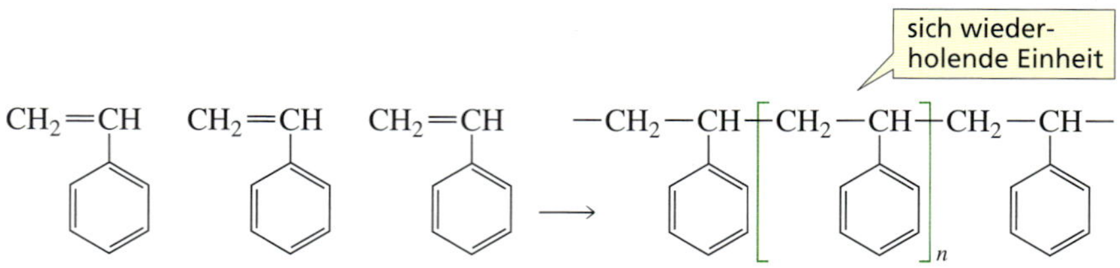

Styrol

Polystyrol
ein Kettenwachstumspolymer

Stufenwachstumspolymere

> **MERKE!**
>
> **Stufenwachstumspolymere werden auch als Kondensationspolymere bezeichnet.**
>
> **Sie werden hergestellt, indem Moleküle mit reaktiven funktionellen Gruppen an ihren Enden verbunden werden.**

Stufenwachstumspolymere werden auch **Kondensationspolymere** genannt. Sie entstehen durch die Verbindung von kleineren Molekülen, bei deren Zusammentritt ein noch kleineres Molekül – oftmals Wasser, ein Alkohol o. Ä. – eliminiert wird. Die reagierenden Moleküle weisen an ihren Enden reaktive funktionelle Gruppen auf. Anders als die Kettenwachstumspolymerisation, die erfordert, dass einzelne niedermolekulare Bausteine sich an das Ende einer Molekülkette anlagern, erlaubt der Vorgang der Stufenwachstumspolymerisation, dass zwei beliebige Moleküle sich verbinden, auch wenn diese bereits Oligomergröße besitzen. Dacron ist ein Beispiel für ein Stufenwachstumspolymer.

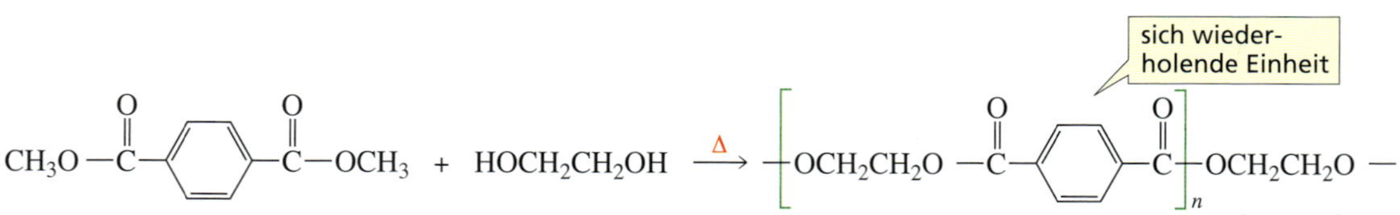

Dimethylterephthalat

1,2-Ethandiol

Poly(ethylenterephthalat)
Dacron®
ein Stufenwachstumspolymer

27.2 Eine Einführung in die Kettenwachstumspolymere

Die am häufigsten für die Herstellung von Kettenwachstumspolymeren eingesetzten Monomere sind Ethen (Ethylen) sowie substituierte Ethene (Chlorethen u. Ä.). In der chemischen Industrie werden monosubstituierte Ethene als alpha-Olefine bezeichnet. Polymere aus Ethen oder substituierten Ethenen werden als **Vinylpolymere** bezeichnet. Einige der vielen Vinylpolymere, die durch Kettenwachstumspolymerisation hergestellt werden, sind in ▶ Tabelle 27.1 zusammengefasst.

Monomer	Sich wiederholende Baueinheit	Name des Polymers	Verwendung
$CH_2{=}CH_2$	$-CH_2-C_2H-$	Polyethylen, PE	Folien, Spielzeug, Flaschen, Plastiktragetaschen
$CH_2{=}CH$ (mit Cl am CH)	$-CH_2-CH-$ (mit Cl am CH)	Poly(vinylchlorid), PVC	Seifenspender, Schläuche, Bodenbelege, Haus verkleidungen
$CH_2{=}CH-CH_3$	$-CH_2-CH-$ (mit CH_3 am CH)	Polypropylen, PP	Verschlussdeckel, Margarinetöpfe, Joghurtbecher, Bodenbeläge für innen und außen, Polstermaterial
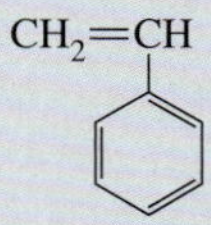	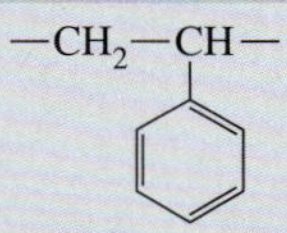	Polystyrol, PS, Styropor	Verpackungen, Spielzeug, Trinkgefäße, Eierkartons, Gefäße für heiße Getränke
$CF_2{=}CF_2$	$-CF_2-C_2F-$	Poly(tetrafluorethylen), PTFE, Teflon	Antihaftoberflächen (zum Beispiel in Bratpfannen), Auskleidungen, Kabelisolierungen
$CH_2{=}CH$ (mit $C{\equiv}N$ am CH)	$-CH_2-CH-$ (mit $C{\equiv}N$ am CH)	Poly(acrylnitril), Orlon, Acrilan	Läufer, Teppiche, Decken, Garn, Kunstpelze, Bekleidung
$CH_2{=}C-CH_3$ (mit $COCH_3$, $C{=}O$, am C)	$-CH_2-C-$ (mit CH_3 und $COCH_3$, $C{=}O$, am C)	Poly(methylmethacrylat), Plexiglas, Lucit	Plexiglas, durchsichtige Abdeckungen, Fensterscheiben, Brillengläser, CD-Hüllen
$CH_2{=}CH$ (mit $OCCH_3$, $C{=}O$, am CH)	$-CH_2-CH-$ (mit $OCCH_3$, $C{=}O$, am CH)	Poly(vinylacetat), PVAC, Latex	Latexfarben, Klebstoffe (zum Beispiel Holzleim), Einweghandschuhe, Kondome, Babysauger

Tabelle 27.1: Kettenwachstumspolymere und ihre Verwendung.

Die Kettenwachstumspolymerisation vollzieht sich nach einem von drei Mechanismen: Der **radikalischen Polymerisation**, der **kationischen Polymerisation** oder der **anionischen Polymerisation**. Die beiden letzten Reaktionen werden gemeinsam als **ionische Polymerisation** bezeichnet. Jeder Reaktionsverlauf weist drei abgegrenzte Phasen aus: einen *Initiationsschritt*, der die Polymerisation in Gang setzt; *Kettenfortpflanzungsschritte (Propagationsschritte)*, die das Anwachsen der Molekülketten erlauben; und *Kettenabbruchschritte (Terminationsschritte)*, die das Wachstum der Molekülketten beenden. Wir werden im Weiteren sehen, dass der Reaktionsmechanismus, nach dem eine Makromolekülbildung vonstatten geht, von der Struktur der Monomere und dem eingesetzten Initiator, der die Monomere aktiviert, abhängt.

Radikalische Polymerisation 27.3

Die Ketteninitiations-, Kettenfortpflanzungs- und Kettenabbruchschritte, die bei der *radikalischen Polymerisation* auftreten, sind den Schritten ähnlich, die in den in Abschnitt 12.2 diskutierten Radikalreaktionen ablaufen.

Damit eine Kettenwachstumspolymerisation nach einem radikalischen Mechanismus verlaufen kann, muss ein Radikalketteninitiator den Monomeren zugesetzt werden. Mit Hilfe des Initiators werden einige der Moleküle in Radikale umgewandelt, die die Kettenreaktion beginnen.

Mechanismus für die radikalische Polymerisation

Ketteninitiationsschritte

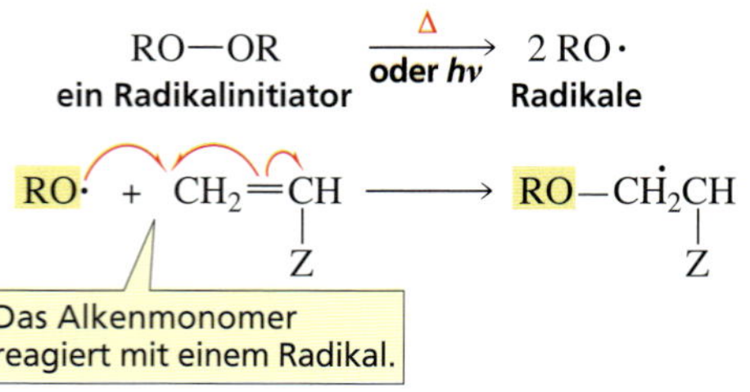

Kettenfortpflanzungsschritte

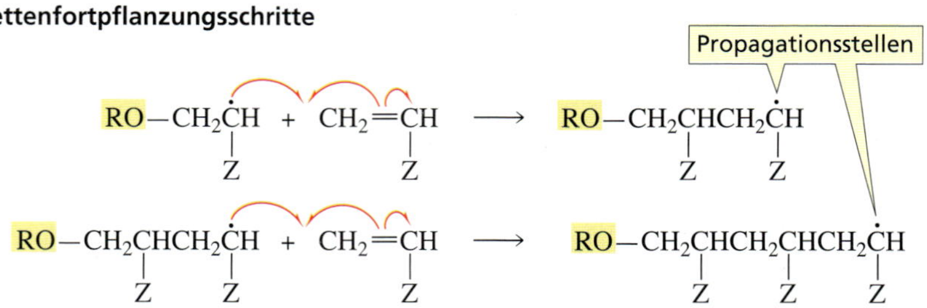

- Der Initiator (Radikalkettenstarter) zerfällt homolytisch in Radikale. Jedes Radikal lagert sich an Alken(monomer) an, wodurch dieses in ein Radikal übergeht.
- Dieses neue Radikal reagiert mit einem weiteren Monomermolekül. Dadurch wird an die wachsende Molekülkette eine weitere Baueinheit angelagert.
- Das Radikal befindet sich dabei immer an der zuletzt an die Molekülkette addierten Einheit. Diese Stelle wird als **Kettenfortpflanzungsstelle** oder **Propagationsstelle** bezeichnet.

Dieser Vorgang wiederholt sich wieder und wieder. Hunderte oder gar Tausende von Monomeren können sich im Laufe der Zeit an die wachsende Molekülkette anlagern. Schließlich kommt die Kettenreaktion zum Erliegen, weil die Propagationsstelle zerstört wird. Die Propagationsstelle kann seine Funktion verlieren, wenn

- sich zwei Molekülketten an ihren Propagationsstellen zusammenlagern (Kettenkombination).
- zwei Molekülketten *disproportionieren*, das heißt, eines der Moleküle als Folge einer Wasserstoffatomübertragung zum Alken oxidiert und das andere zum Alkan reduziert wird.
- eine Molekülkette einer Kettenübertragung unterzogen wird.

Kettenabbruchsschritte

Kettenkombination

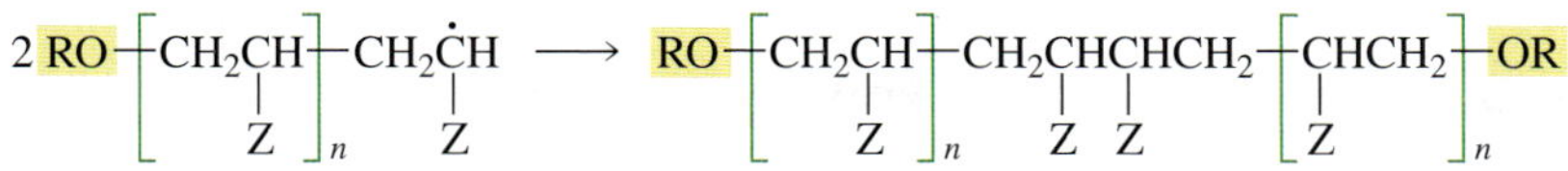

Disproportionierung

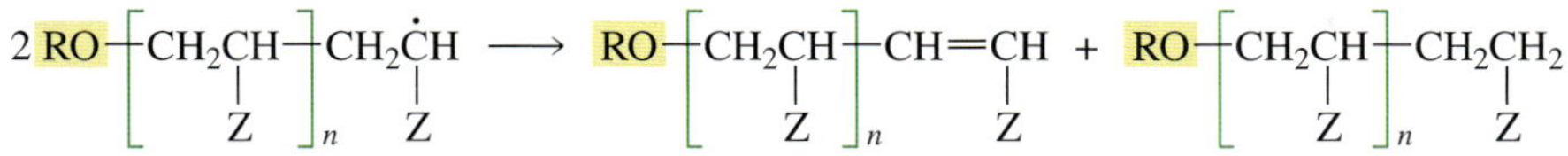

Kettenübertragung

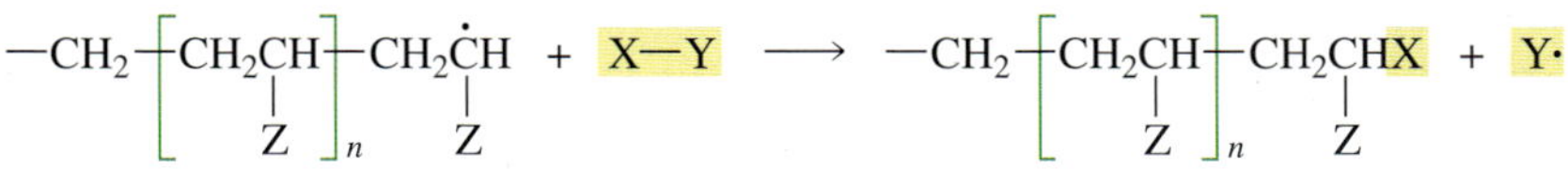

Die Molmassen der entstandenen Makromoleküle lassen sich durch einen als **Kettenübertragung** bezeichneten Vorgang kontrollieren. Bei einer Kettenübertragung reagiert eine wachsende Molekülkette mit einem Molekül XY auf eine Weise, die es X∞ erlaubt, die Reaktionskette zu beenden. Dabei bleibt Y∞, das befähigt ist, eine neue Kettenreaktion in Gang zu setzen, zurück. XY kann ein Lösungsmittelmolekül, ein Radikalinitiator oder jedwedes Molekül mit einer Bindung, die homolytisch spaltbar ist, sein.

Solange das Polymer ein hohes Molekulargewicht aufweist, sind die Gruppen (RO) an den Enden der Polymerketten, die durch Initiation und Kettenübertragung entstehen, für die Bestimmung der physikalische Eigenschaften relativ unwichtig und werden im Allgemeinen noch nicht einmal spezifiziert; Denn der Rest des Moleküls bestimmt die Eigenschaften des Polymers.

Kopf-Schwanz-Addition

Die Kettenwachstumspolymerisation substituierter Ethene zeigt eine bemerkenswerte Tendenz zur **Kopf-Schwanz-Addition**, wobei sich – wie der Begriff nahelegt – die Kopfseite eines Monomers an die Schwanzseite eines anderen Monomers anlagert, ähnlich wie wir es bei der Biosynthese von Terpenen gesehen haben (Abschnitt 25.7). Beachten Sie, dass die Kopf-Schwanz-Addition eines substituierten Ethens zu einem Polymer führt, in dem jeder zweite Kohlenstoff einen Substituenten trägt.

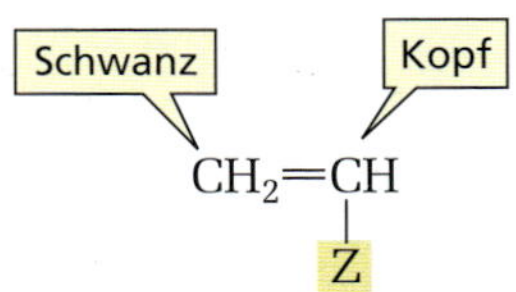

Kopf-an-Schwanz Kopf-an-Kopf Schwanz-an-Schwanz

Zwei Faktoren begünstigen die Kopf-Schwanz-Addition. Erstens werden die unsubstituierten sp^2-Kohlenstoffatome des Alkens in einem geringeren Ausmaß sterisch gehindert; Daher werden sie bevorzugt angegriffen.

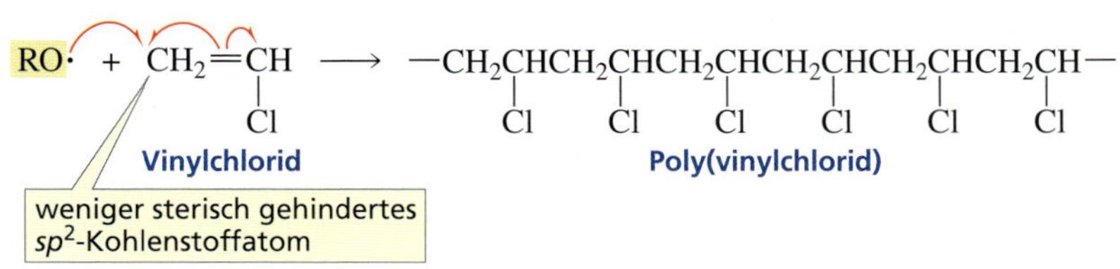

Zweitens unterliegt die Propagationsstelle am unsubstituierten sp^2-Kohlenstoffatom des Alkenmoleküls einer geringeren sterischen Hinderung und greift daher bevorzugt dort an. Gruppen, die Radikale stabilisieren, fördern ebenfalls die Kopf-Schwanz-Addition. Wenn beispielsweise Z (im allgemeinen Beispiel weiter vorne) ein Phenylrest ist, stabilisiert der Benzolring das Radikal durch Elektronendelokalisation; die Propagationsstelle ist daher das Kohlenstoffatom, das den Phenylrest trägt.

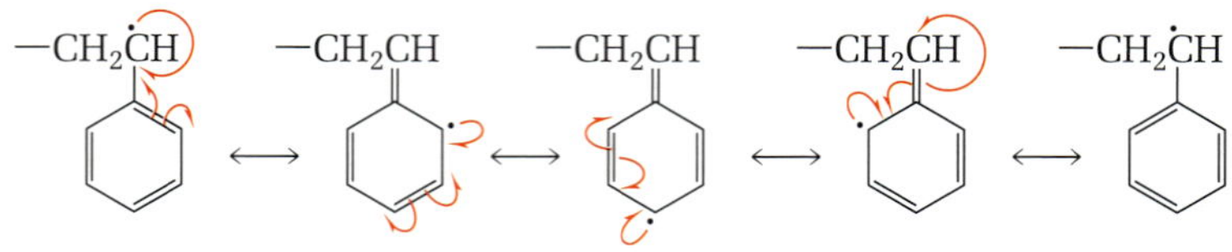

In Fällen, in denen Z klein ist, sodass die sterische Hinderung weniger ins Gewicht fällt, und weniger gut in der Lage ist, das wachsende Ende der Molekülkette durch Elektronendelokalisation zu stabilisieren, kommt es zum Teil zur Kopf-Kopf-Verknüpfung und zum Teil zur Schwanz-Schwanz-Verknüpfung. Dies wird besonders in solchen Fällen beobachtet, in denen Z = F (Fluoratom) ist. Die anormale Addition betrifft jedoch in keinem experimentell untersuchten Fall mehr als 10 % der Gesamtmolekülkette (d. h., nicht mehr als jeden zehnten Monomerrest, der in eine Kette eingebaut wird).

Monomere, die eine radikalische Polymerisation eingehen

Diejenigen Monomere, die am bereitwilligsten eine Kettenwachstumspolymerisation nach einem radikalischen Mechanismus eingehen, sind solche, bei denen der Substituent Z eine elektronenziehende Gruppe ist, oder eine, die ein Radikal durch Elektronendelokalisation zu stabilisieren vermag. Beispiele für Monomere, die sich einer radikalischen Polymerisation unterziehen, sind in ► Tabelle 27.2 gegeben.

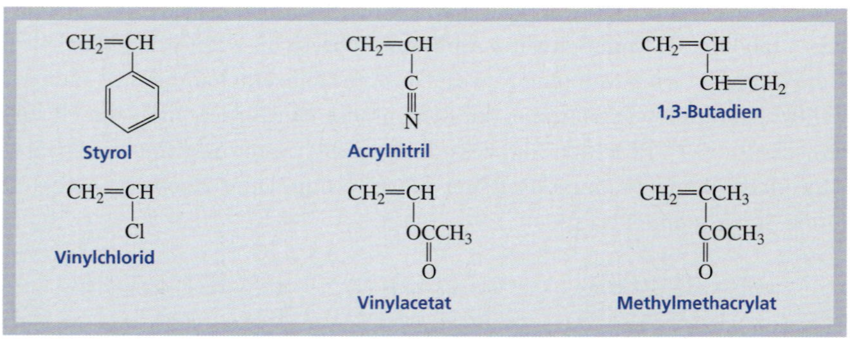

Tabelle 27.2: Beispiele für Alkene, die radikalische Polymerisationen eingehen.

Plexiglasfenster.

Die radikalische Polymerisation von Methylmethacrylat bildet einen klaren Kunststoff, der als Plexiglas bekannt ist. Das größte Fenster weltweit, das aus einem einzigen Stück Plexiglas besteht (16,5 m lang, 5,5 m hoch, 33 cm dick), beherbergt die Haie und Barrakudas im Monterey Bay Aquarium.

Radikalinitiatoren

Der Initiator für die radikalische Polymerisation kann jede Verbindung mit einer schwachen Bindung sein, die durch Wärme oder ultraviolettes Licht leicht homolytisch gespalten wird, um Radikale zu bilden, die ausreichend energiereich sind, um ein Alken in ein Radikal umzuwandeln. Einige Radikalinitiatoren sind in ▶ Tabelle 27.3 gezeigt. In fast allen Beispielen ist die schwache Bindung eine Sauerstoff-Sauerstoff-Bindung.

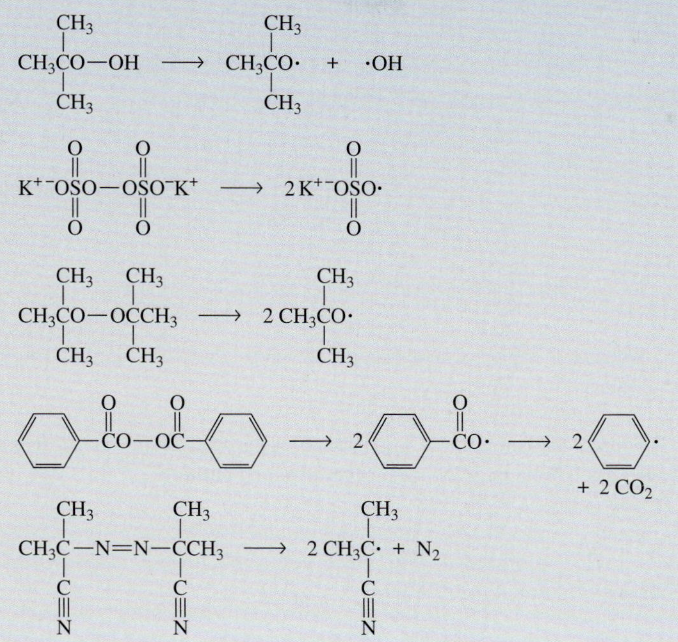

Tabelle 27.3: Eine Auswahl von Radikalinitiatoren.

Zwei Faktoren gehen in die Auswahl eines Radikalinitiators für eine bestimmte, ins Auge gefasste Kettenwachstumspolymerisation ein. Die erste richtet sich auf die Löslichkeit des Initiators in dem verwendeten Lösungsmittel. Kaliumpersulfat wird gern genommen, wenn ein wasserlöslicher Initiator notwendig ist; in unpolaren Lösungsmitteln fällt die Wahl auf einen Initiator, der mehrere Kohlenstoffatome enthält. Der zweite Faktor ist die Temperatur, bei der die Polymerisation ausgeführt werden soll. So ist etwa das *tert*-Butoxyradikal relativ stabil, sodass ein Initiator, der ein *tert*-Butoxyradikal erzeugt, für Polymerisationen bei vergleichsweise hohen Temperaturen einsetzbar ist.

HINTERGRUND

■ Teflon: Eine zufällige Entdeckung

Teflon ist ein Polymer aus Tetrafluorethylen (▶ Tabelle 27.1). Im Jahr 1938 verwendete ein Wissenschaftler etwas Tetrafluorethylen für die Synthese einer Verbindung, die er für ein neues Kältemittel hielt. Als er die Flasche Tetrafluorethylen öffnete, entwich ein Gas. Er hat den Zylinder gewogen und stellte fest, dass das Gewicht größer war als das Gewicht eines identischen leeren Zylinders. Tatsächlich wog das Gefäß gleich viel wie ein mit Tetrafluorethylen gefüllter Zylinder. Weil er herausfinden wollte, welche Verbindung das Gefäß enthielt, schnitt er dieses auf und fand darin ein glattes Polymer. Als er das Polymer weiter untersuchte, stellte er fest, dass es nahezu chemisch inert war gegenüber fast allen Verbindungen und dass man es darüber hinaus nicht schmelzen konnte. Im Jahr 1961 wurde die erste Bratpfanne mit Antihaft-Teflonbeschichtung – „The Happy Pan“ – der Öffentlichkeit vorgestellt. Teflon wird auch als Schmiermittel zur Verringerung der Reibung und in Rohrleitungen, die korrosive Chemikalien leiten, verwendet.

Ü 1* Welches Monomer würden Sie jeweils einsetzen, um die folgenden Polymere zu erzeugen?

(a) 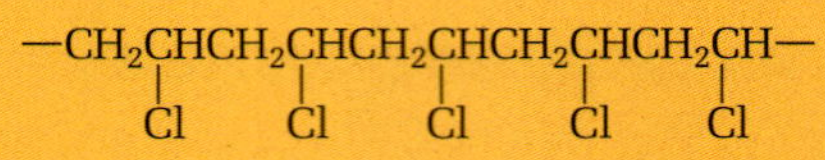

(b) 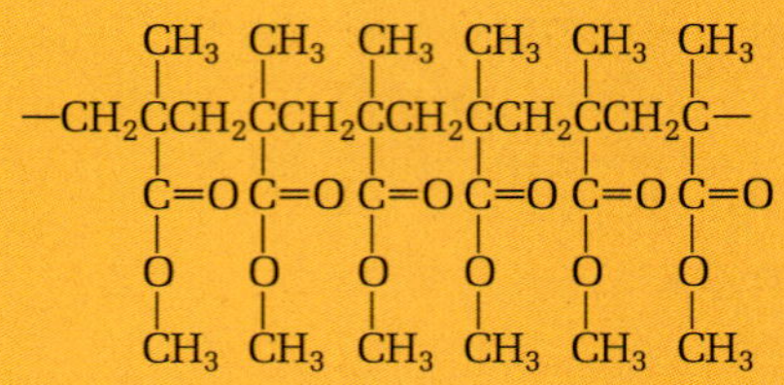

(c) $—CF_2CF_2CF_2CF_2CF_2CF_2CF_2CF_2CF_2CF_2—$

Ü 2* Welches Polymer wäre anfälliger für anormale Kopf-Kopf-Verknüpfungen: Poly(vinylchlorid) oder Polystyrol?

Ü 3 Zeichnen Sie einen Ausschnitt eines Polystyrolmoleküls, der auch anormale Kopf-Kopf- und Schwanz-Schwanz-Verknüpfungen enthält.

Ü 4 Zeigen Sie den Reaktionsmechanismus für die Bildung eines Ausschnitts eines Polyvinylchloridmoleküls auf, das drei Einheiten Vinylchlorid enthält und durch Wasserstoffperoxid initiiert wird.

Verzweigung der Polymerkette

Falls die Propagationsstelle ein Wasserstoffatom aus einer Kette entfernt, kann sich an diesem Punkt eine Verzweigung bilden, an der eine Seitenkette des Moleküls heranwächst. Die Propagationsstelle kann ein Wasserstoffatom aus einer anderen Polymerkette oder aus derselben Polymerkette entfernen.

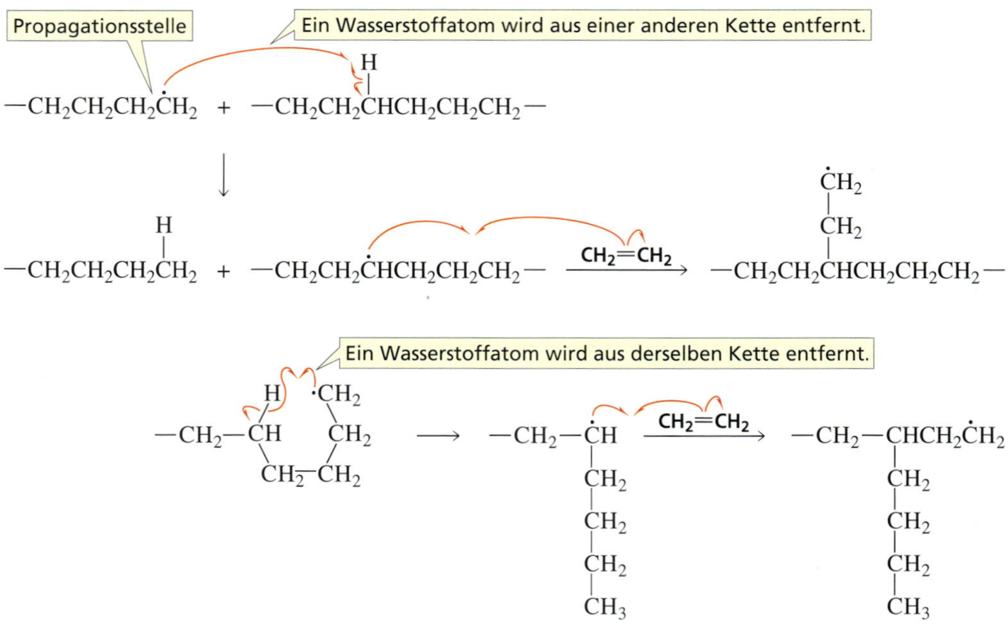

Das Entfernen eines Wasserstoffatoms von einem Kohlenstoffatom in der Nähe des Kettenendes führt zu kurzkettigen Verzweigungen, wohingegen das Entfernen von einem Kohlenstoffatom in der Kettenmitte zu einer langkettigen Verzweigung führt.

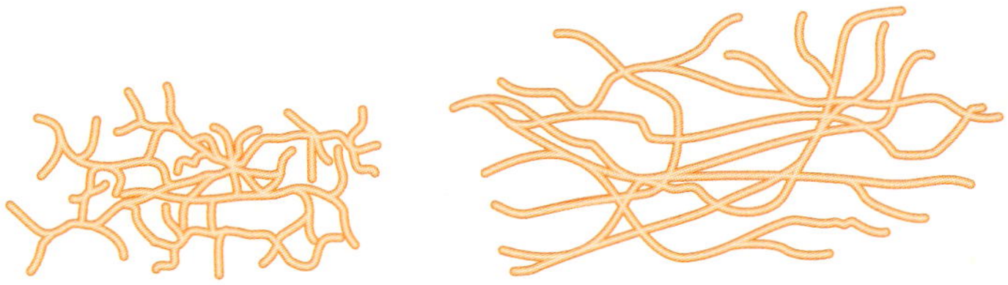

Kette mit kurzen Verzweigungen Kette mit langen Verzweigungen

MERKE!

Verzweigte Polymere sind mechanisch flexibler.

Der Verzweigungsgrad beeinflusst merklich die physikalischen Eigenschaften des Polymers. Unverzweigte Molekülketten lassen sich dichter packen als verzweigte. Folglich ist lineares (unverzweigtes) Polyethylen ein relativ harter Plastikwerkstoff. Da die Dichte des Materials umgekehrt proportional zum Verzweigungsgrad ist, spricht man hier von hochdichtem PE (Polyethylen hoher Dichte). Man verwendet es zur Herstellung künstlicher Hüftgelenke. Verzweigtes PE (Polyethylen niedriger Dichte) ist dagegen ein weitaus flexibleres Material, das für Tragetaschen, Müllbeutel u. Ä. verwendet wird.

HINTERGRUND

■ Recyclingsymbole

Wenn Plastik – chemisch uneinheitliche Stoffe – in den Produktionskreislauf zurückgeführt („recycled") wird, müssen die verschiedenen Sorten voneinander getrennt werden, sofern sie nicht zur Energiegewinnung verbrannt werden. Um die Trennung zu erleichtern, verlangen viele Länder die Kennzeichnung solcher Werkstoffe mit speziellen Recyclinghinweisen in Form standardisierter Symbole, der den verwendeten Kunststoff kennzeichnet. Vielen von Ihnen sind diese Symbole sicherlich schon aufgefallen, vielleicht ohne ihre genaue Bedeutung zu kennen. Sie sind oftmals auf der Unterseite von Behältern aufgedruckt oder eingeprägt. Die Symbole bestehen aus drei abgeknickten Pfeilen, die eine Ziffer einrahmen. Ein Akronym unter dem Symbol gibt die chemische Natur des Materials an. Je niedriger die Zahl ist, die in das Dreieck eingeschrieben ist, desto leichter ist die Wiederverwertung des Stoffes: 1: PET (Polyethylenterephthalat); 2: HDPE (Polyethylen hoher Dichte); 3: V/PVC (Polyvinylchlorid); 4: LDPE (Polyethylen niedriger Dichte); 5: PP (Polypropylen); 6: PS (Polystyrol); 7: Alle anderen Kunststoffe.

Aufgedruckte Recyclinghinweise.

Ü 5* Polyethylen wird sowohl für die Herstellung von Strandkörben als auch von Spielbällen verwendet. Welcher dieser beiden Artikel wird aus höher verzweigtem Polyethylen hergestellt?

Ü 6 Zeichnen Sie ein kurzes Stück verzweigtes Polystyrol.

Weichmacher

Ein Weichmacher kann in einem Polymer gelöst werden, um es flexibler zu machen. Der **Weichmacher** verringert die Anziehungskraft zwischen den Polymerketten, sodass sie aneinander vorbeigleiten können. Der am häufigsten verwendete Weichmacher, Di-2-ethylhexylphthalat, wird normalerweise zu Polyvinylchlorid zugegeben. Dies ist ein sprödes Polymer, aus dem Produkte wie Vinyl-Regenmäntel, Duschvorhänge und Gartenschläuche hergestellt werden.

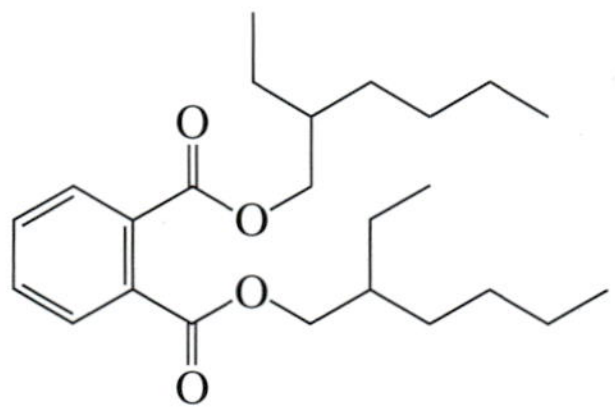

Di-2-ethylhexylphthalat
ein Weichmacher

Eine wichtige Eigenschaft, die bei der Auswahl eines Weichmachers zu berücksichtigen ist, ist seine Beständigkeit – also wie gut der Weichmacher im Polymer bleibt. Der von Autoinhabern geschätzte „Neuwagengeruch" ist der Geruch des aus der Vinylpolsterung verdampften Weichmachers. Wenn eine beträchtliche Menge des Weichmachers verdampft ist, wird die Polsterung spröde und bricht.

27.4 Kationische Polymerisation

Bei der kationischen Polymerisation ist der Initiator ein Elektrophil (im Allgemeinen ein Proton), das sich an das Alkenmonomer anlagert, wodurch dies in ein Kation überführt wird. Der Initiator kann nicht sauer sein, wie beispielsweise HCl, da dessen konjugierte Base (Cl^-) mit dem Carbokation reagieren kann. Der am häufigsten für kationische Polymerisationen eingesetzte Initiator ist daher eine Lewissäure wie beispielsweise Bortrifluorid (BF_3) im Verbund mit einer protonenliefernden Lewis-Base wie beispielsweise Wasser. Beachten Sie, dass die Reaktion der allgemeinen Regel für elektrophile Additionen folgt: Das Elektrophil (Initiator) addiert sich an das sp^2-Kohlenstoffatom mit der größeren Zahl gebundener Wasserstoffatome (Abschnitt 6.4).

Mechanismus für die kationische Polymerisation

Ketteninitiationsschritte

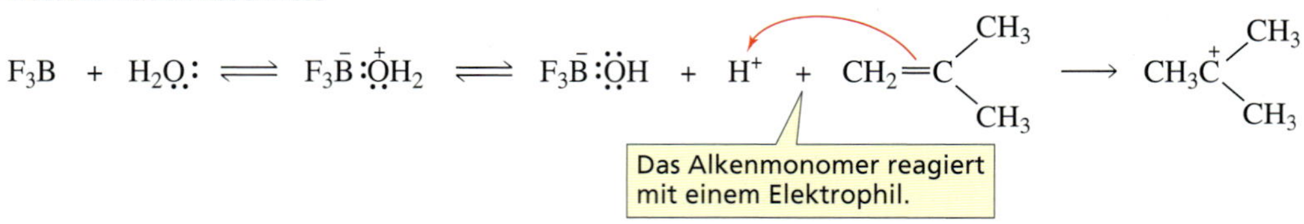

Kettenfortpflanzungsschritte

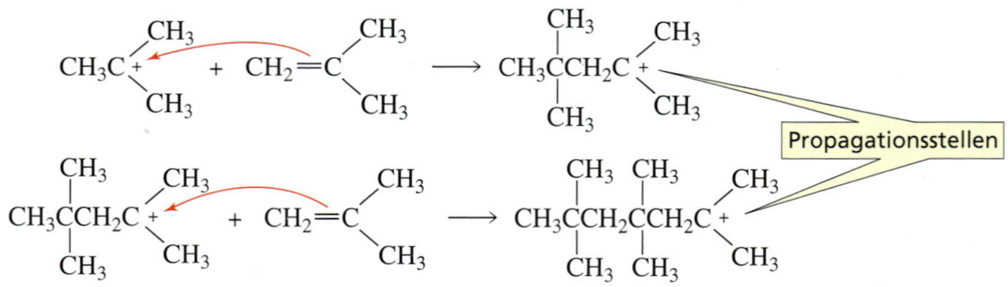

- Das im Initiationsschritt gebildete Kation reagiert mit einem zweiten Monomermolekül. Dabei bildet sich ein neues Kation, das wiederum mit einem dritten Monomermolekül reagiert usw. Bei jedem nachfolgenden Additionsschritt wandert die positiv geladene Propagationsstelle an das Ende der Molekülkette (dem zuletzt hinzugefügten Monomerbaustein).

Die kationische Polymerisation kann beendet (terminiert) werden durch

- Deprotonierung;
- Addition eines Nucleophils an der Propagationsstelle der Molekülkette; oder
- eine Kettenübertragungsreaktion mit einem Lösungsmittelmolekül (XY).

Kettenabbruchsschritte

Deprotonierung

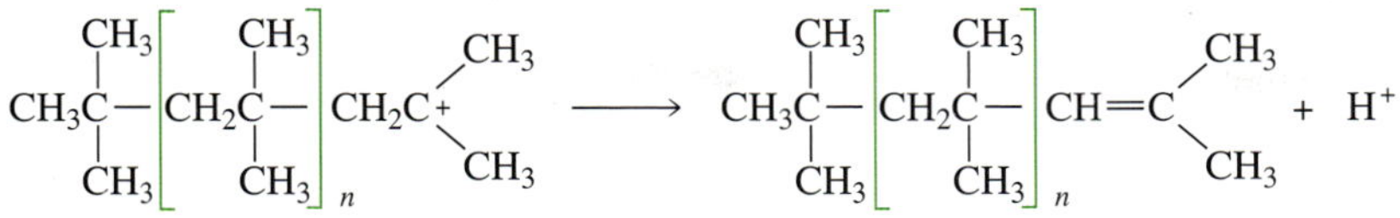

Reaktion mit einem Nucleophil

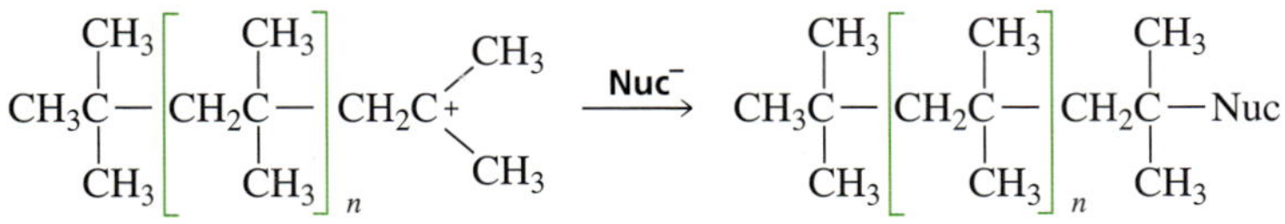

Kettenübertragungsreaktion mit einem Lösungsmittelmolekül

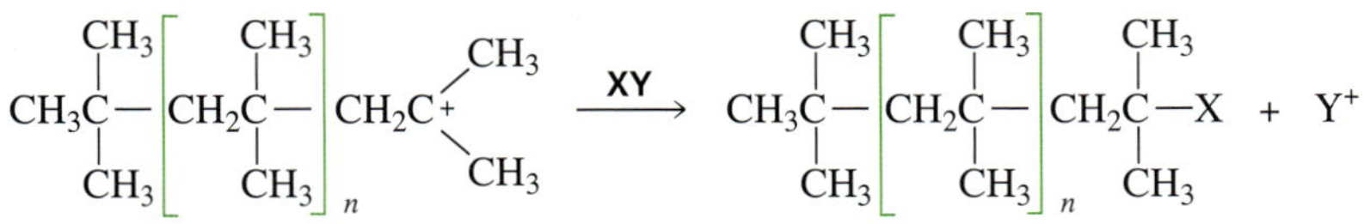

Neuanordnung der Carbokationen

Die carbokationische Zwischenstufe, die sich bei der kationischen Polymerisation bildet, kann sich wie jedes andere Carbokation umlagern. Dies geschieht durch 1,2-Hydridverschiebung oder 1,2-Methylverschiebung, falls die Umlagerung zu einem stabileren Kation führt (Abschnitt 6.7). So enthält etwa das Polymer, das sich bei der kationischen Polymerisation von 3-Methyl-1-buten bildet, sowohl umgelagerte als auch nicht umgelagerte Monomereinheiten.

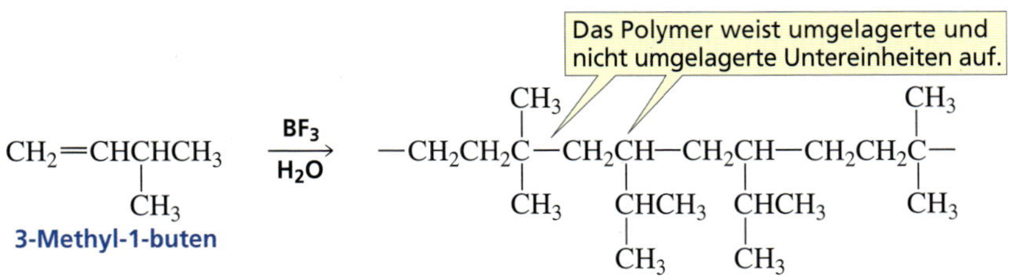

Die nicht umgelagerte Propagationsstelle ist ein sekundäres Carbokation, während die durch 1,2-Hydridverschiebung entstehende umgelagerte Propagationsstelle ein tertiäres Carbokation ist. Das Ausmaß der Umlagerung hängt von der Reaktionstemperatur ab.

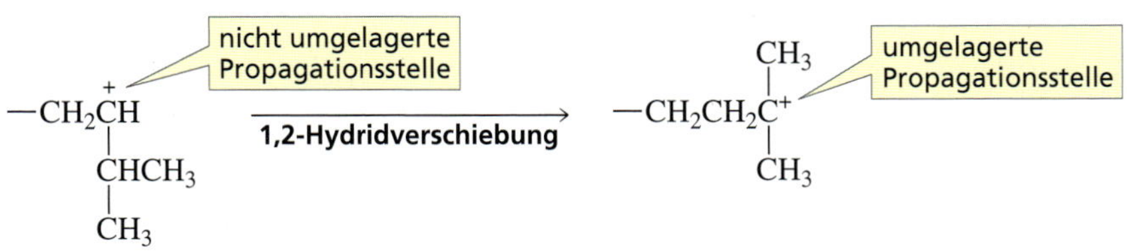

Für eine kationische Polymerisation am besten geeignete Monomere sind solche Moleküle, die eine positive elektrische Ladung an der Propagationsstelle durch Hyperkonjugation (siehe die erste Verbindung in ▶ Tabelle 27.4; Abschnitt 6.2) oder Mesomerie zu stabilisieren vermögen (Abschnitt 8.10).

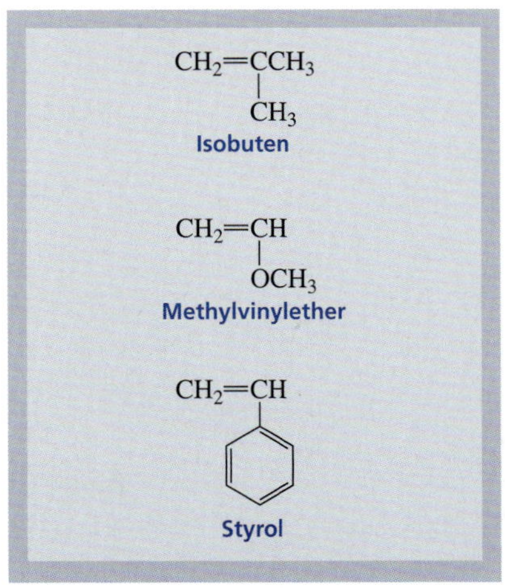

Tabelle 27.4: Beispiele für Alkene, die kationische Polymerisationen eingehen.

Ü 7* Ordnen Sie die folgenden Monomergruppen in der Reihenfolge abnehmender Fähigkeit, eine kationische Polymerisation einzugehen:

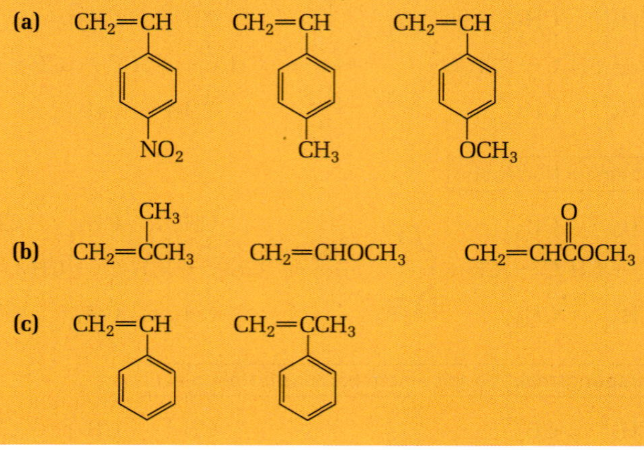

Anionische Polymerisation 27.5

Bei der anionischen Polymerisation ist der Initiator ein Nucleophil (im Allgemeinen eine starke Base), die mit einem Alkenmonomer eine anionische Propagationsstelle bildet. Nucleophile Angriffe auf Alkene sind keine bereitwillig eintretenden Reaktionen, da die olefinische Doppelbindung eines Alkens selbst ein elektronenreiches Gebiet ist. Der Initiator muss daher ein sehr gutes Nucleophil sein, beispielsweise Natriumamid oder Butyllithium, und das Alken muss elektronenziehende Substituenten tragen, um die Elektronendichte der Doppelbindung herabzusetzen.

Mechanismus für die anionische Polymerisation

Ketteninitiationsschritt

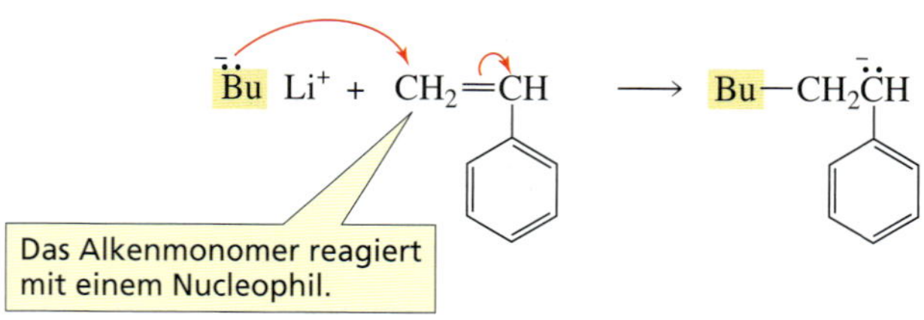

Kettenfortpflanzungsschritte

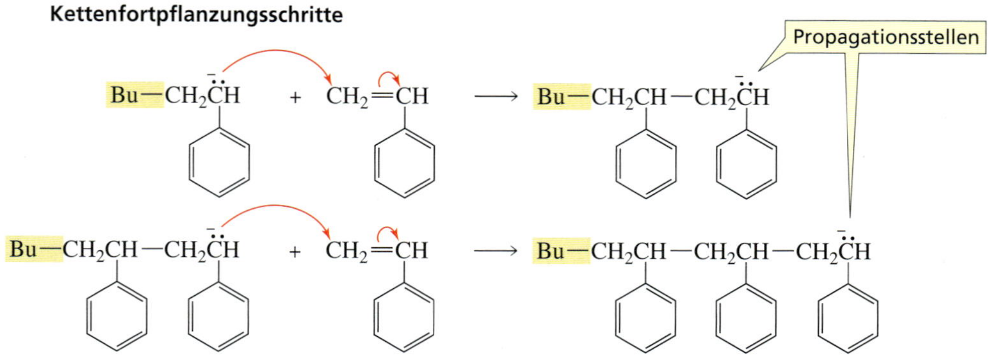

Der Kettenabbruch erfolgt durch eine Kettenübertragungsreaktion mit dem Lösungsmittel oder durch Reaktion mit einer Verunreinigung im Reaktionsansatz. Falls das Lösungsmittel nicht in der Lage ist, ein Proton abzugeben, um das Kettenwachstum zu beenden, und alle Kontaminationen, die zur Reaktion mit einem Carbanion befähigt sein könnten, rigoros ausgeschlossen werden, setzt sich das Kettenwachstum fort, bis alle Monomere aufgebraucht sind (quantitative Reaktion). Zu diesem Zeitpunkt ist die Propagationsstelle des Makromoleküls noch aktiv; wird weiteres Monomer zugesetzt, kommt die Polymerisation wieder in Gang und die Moleküle verlängern sich weiter. Solche nichtterminierten Moleküle werden als **„lebende Polymere"** bezeichnet, weil die Molekülketten aktiv bleiben, bis sie „abgetötet" (inaktiviert) werden.

„Lebende" Polymere ergeben sich zumeist aus anionischer Polymerisation, weil das Kettenwachstum nicht wie im Fall der kationischen Polymerisation durch die leicht vollziehbare Abdissoziation eines Protons beendet werden kann bzw. durch Disproportionierung oder Radikalrekombination, wie im Fall der radikalischen Polymerisation.

Einige Alkene, die befähigt sind, anionische Polymerisationen einzugehen, sind in ► Tabelle 27.5 zusammengefasst.

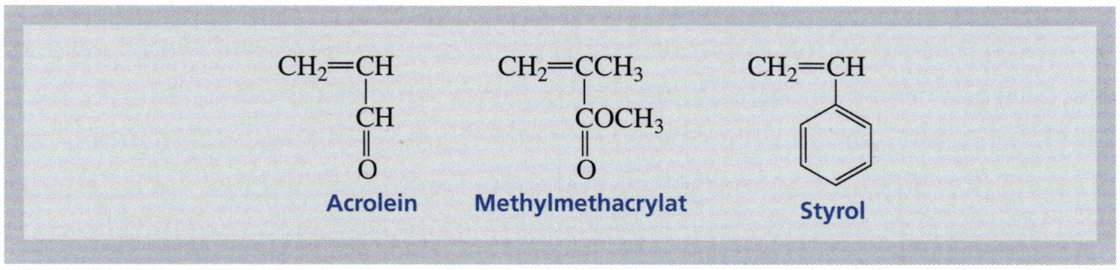

Tabelle 27.5: Beispiele für Alkene, die anionische Polymerisationen eingehen.

Der sogenannte Sekundenkleber ist ein Polymerisat des α-Nitrilacrylsäuremethylesters. Da das Monomer zwei elektronenziehende Gruppen besitzt, ist nur ein mäßig gutes Nucleophil nötig, um die anionische Polymerisation in Gang zu setzen. Es genügt oberflächenadsorbiertes Wasser. Sie haben vielleicht Bekanntschaft mit dieser Reaktion gemacht, als Sie versehentlich einen Tropfen Sekundenkleber auf einen Ihrer Finger getropft haben. Eine nucleophile Gruppe auf der Hautoberfläche reicht aus, um die Polymerisation zu initiieren, was dazu führen kann, dass Finger – oder schlimmer: Augenlider – fest zusammenkleben.

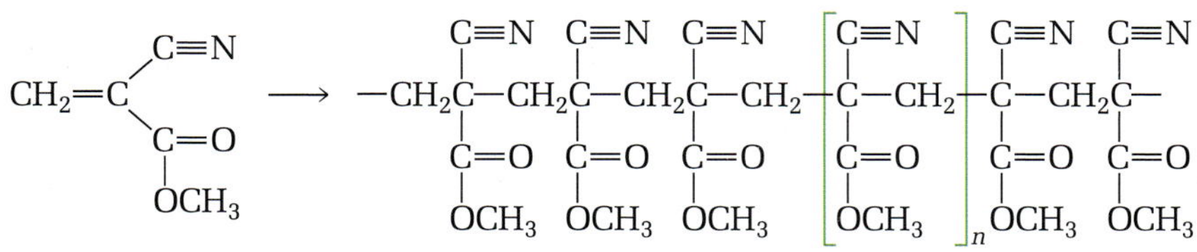

α-Nitrilacrylsäuremethylester **Sekundenkleber**

Die Fähigkeit, kovalente Bindungen mit Gruppen an der Oberfläche von festen Gegenständen auszubilden ist es, die dem Sekundenkleber seine verblüffende Festigkeit verleiht. Polymere, die dem Sekundenkleber ähnlich sind (es handelt sich dabei um Butyl-, Isobutyl- oder Octylester anstelle des Methylesters), werden in der Chirurgie eingesetzt, um kleinere Wunden zu verkleben statt sie zu vernähen. Dies hat den Vorteil, dass dann oftmals keine Narbenbildung erfolgt.

Ü 8* Ordnen Sie die folgenden Monomergruppen in der Reihenfolge abnehmender Fähigkeit, anionische Polymerisationen einzugehen:

(a) 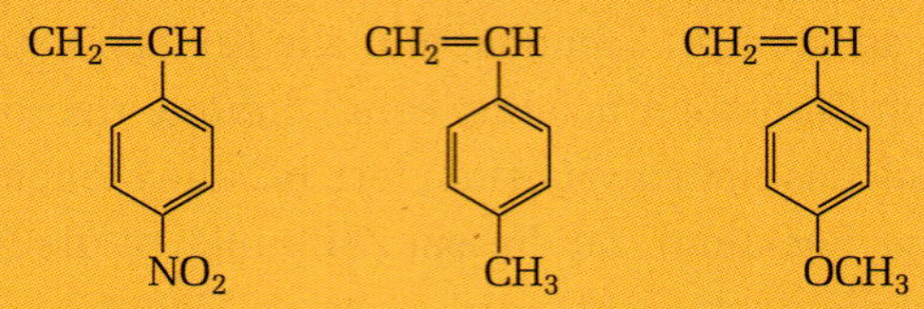

(b) $CH_2{=}CHCH_3$ $\quad$ $CH_2{=}CHCl$ $\quad$ $CH_2{=}CHC{\equiv}N$

Welche Faktoren legen den Mechanismus fest?

Wir haben gelernt, dass die Substituenten eines Alkens den besten Mechanismus einer Kettenwachstumspolymerisation bestimmen. Alkene mit Substituenten, die Radikale stabilisieren, gehen radikalische Polymerisationen ein; Alkene mit elektronenschiebenden Substituenten, die Kationen stabilisieren können, kationische Polymerisationen; und Alkene mit elektronenziehenden Gruppen, die Anionen stabilisieren, anionische Polymerisationen.

Einige Alkene gehen Polymerisationen nach mehr als einem Mechanismus ein. Styrol vermag beispielsweise radikalisch, anionisch oder kationisch zu polymerisieren, weil der Phenylrest Benzylradikale ebenso zu stabilisieren vermag wie Benzylkationen und Benzylanionen. Der Mechanismus, nach dem die Reaktion abläuft, hängt von der chemischen Natur des eingesetzen Initiators ab.

Ü 9* Warum wird Methylmethacrylat nicht kationisch polymerisiert?

Ringöffnungspolymerisationen 27.6

Obwohl Ethen und seine substituierten Derivate die am häufigsten in Kettenwachstumspolymerisationen eingesetzten Monomere sind, vermögen auch andere Verbindungen zu polymerisieren. Epoxide beispielsweise sind ebenfalls in der Lage, Kettenwachstumspolymerisationen zu durchlaufen. Polymerisationen, die Ringöffnungsreaktionen beinhalten, werden **Ringöffnungspolymerisationen** genannt.

Falls der Initiator ein gutes Nucleophil ist, wie zum Beispiel HO^- oder RO^-, vollzieht sich die Polymerisation anionisch. Beachten Sie, dass das Nucleophil das sterisch weniger gehinderte Kohlenstoffatom des Epoxids angreift (Abschnitt 10.7).

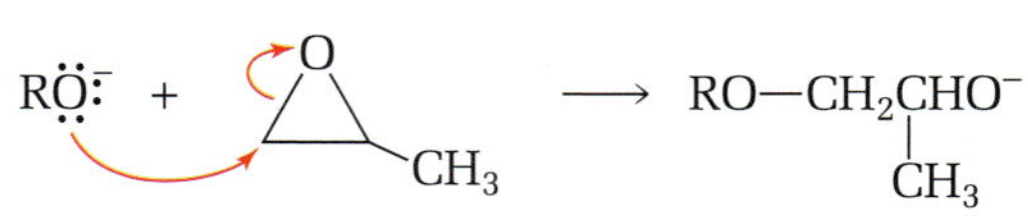

Propylenoxid

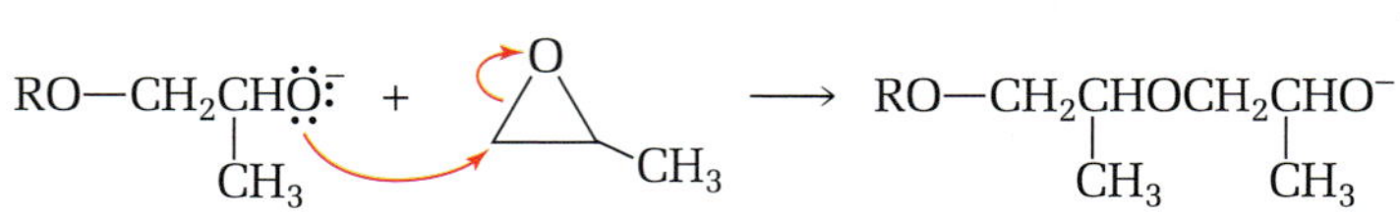

Wenn der Initiator eine Säure ist, werden Epoxide durch einen kationischen Mechanismus polymerisiert. Beachten Sie, dass unter sauren Bedingungen das Nucleophil das höher substituierte Kohlenstoffatom des Epoxids angreift (Abschnitt 10.7).

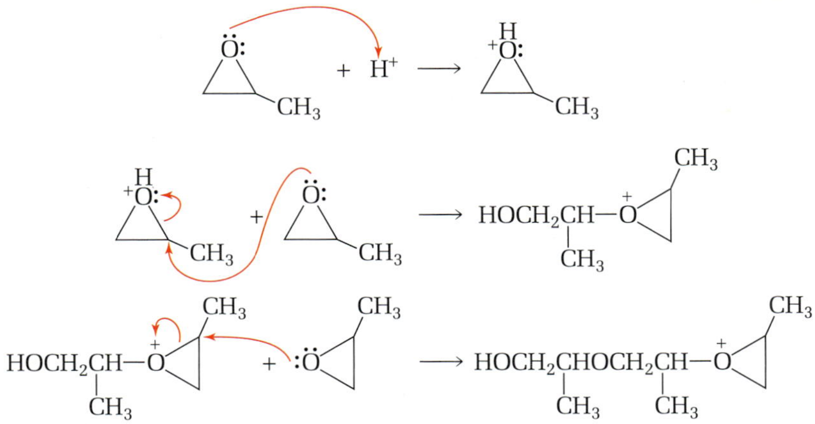

Ü 10 Beschreiben Sie die Polymerisation von 2,2-Diemthyloxiran durch
(a) anionische; **(b)** kationische Polymerisation.

Ü 11 Erklären Sie, warum bei der anionischen Polymerisation des Propylenoxids der nucleophile Angriff bevorzugt am weniger hoch substituierten C-Atom des Epoxids erfolgt, bei der kationischen Polymerisation jedoch am höher substituierten.

Ü 12* Welches Monomer und welcher Typ von Initiator sollte eingesetzt werden, um die folgenden Polymere zu synthetisieren?

(a) 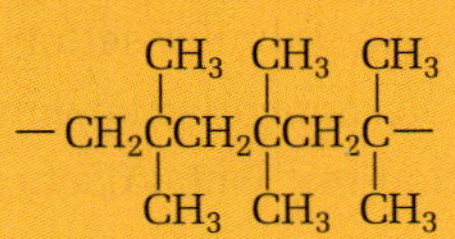

(c) $-CH_2CH_2OCH_2CH_2O-$

(b) 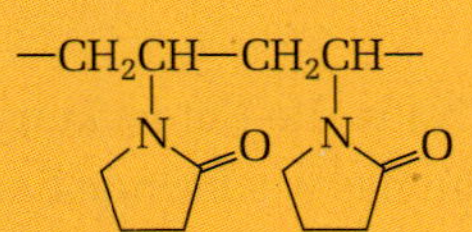

(d) 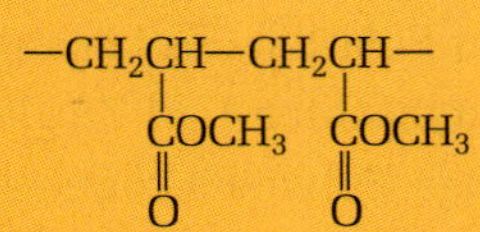

Ü 13* Zeichnen Sie einen kurzen Ausschnitt aus dem Polymer, das sich bildet, wenn 3,3-Dimethyloxacyclobutan einer kationischen Polymerisation unterworfen wird.

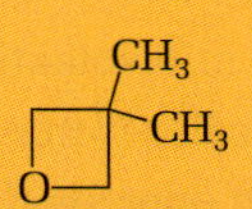

3,3-Dimethyloxacyclobutan

Stereochemie der Polymerisation • Ziegler-Natta-Katalysatoren 27.7

Aus monosubstituierten Ethenen gebildete Polymere können in drei Konfigurationen vorliegen: Isotaktisch, syndiotaktisch und ataktisch.

- Ein **isotaktisches Polymer** trägt alle Substituenten auf der gleichen Seite der vollständig gestreckten Kohlenstoffkette des Moleküls. (*iso*, gr. „gleich“; *taxis*, gr. „Ordnung“).

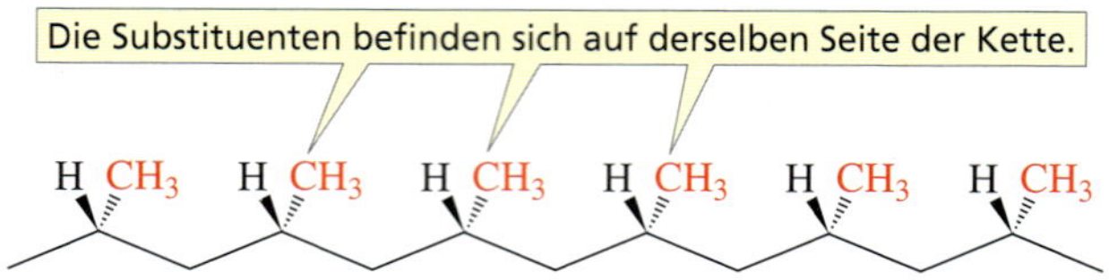

- Bei einem **syndiotaktischen Polymer** (*syndio*, gr. „abwechselnd") stehen die Substituenten abwechselnd auf beiden Seiten der Kohlenstoffkette.

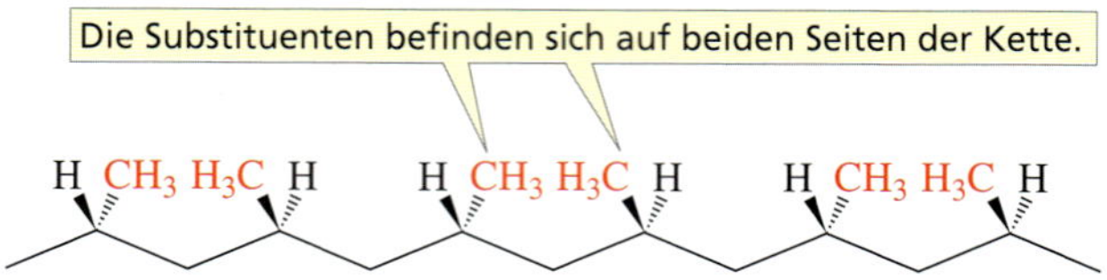

- Die Substituenten eines **ataktischen Polymers** sind zufällig verteilt (*a*-, gr. „nicht, ohne, keine").

Die Konfiguration eines Polymers beeinflusst dessen physikalische Eigenschaften. Polymere mit isotaktischer oder syndiotaktischer Konfiguration besitzen eine höhere Wahrscheinlichkeit, in kristalliner Form (Abschnitt 27.12) vorzuliegen, da die Anordnung der Substituenten in einer regelmäßigen Abfolge eine regelmäßigere Packung der Moleküle erlaubt. Ataktische Polymere sind weniger geordnet und lassen sich nicht so gut packen. Sie sind daher weniger starr und weicher.

Kontrolle der Konfiguration

Die Konfiguration eines Makromoleküls hängt vom Polymerisationsmechanismus ab. Im Allgemeinen führt eine radikalische Polymerisation in erster Linie zu verzweigten, ataktischen Polymeren. Die anionische Polymerisation ist am besten geeignet, Moleküle mit einem hohen Maß an Stereoregularität entstehen zu lassen. Der prozentuale Anteil der Molekülketten mit isotaktischer bzw. syndiotaktischer Konfiguration ist umgekehrt proportional zur Reaktionstemperatur und zur Polarität des Lösungsmittels.

Im Jahr 1953 machten Karl Ziegler und Giulio Natta die Entdeckung, dass die Struktur eines Polymers kontrollierbar ist, wenn das wachsende Ende der Molekülkette und das hinzutretende Monomer durch einen Aluminium-Titan-initiator koodinativ gebunden sind. Diese Initiatoren werden als **Ziegler-Natta-Katalysatoren** bezeichnet.

Lange, unverzweigte Polymere mit isotaktischer oder syndiotaktischer Konfiguration können mit Hilfe der Ziegler-Natta-Katalysatoren hergestellt werden. Ob die Molekülkette isotaktischen oder syndiotaktischen Charakter hat, hängt von dem speziellen Ziegler-Natta-Katalysator, der zum Einsatz kommt, ab. Diese Katalysatoren haben die Polymerchemie revolutioniert, weil sie die gezielte Synthese festerer und steiferer Makromoleküle, die eine erhöhte Widerstandskraft gegen Hitzeeinwirkung und mechanisches Zerbrechen aufweisen, erlauben. Polyethylene mit hoher Dichte werden unter Verwendung von Ziegler-Natta-Katalysatoren hergestellt.

Der Mechanismus

Ein Reaktionsmechanismus, der für die Ziegler-Natta-katalysierte Polymerisation eines substituierten Ethens vorgeschlagen worden ist, ist unterhalb wiedergegeben.

Mechanismus für die Ziegler-Natta-katalysierte Polymerisation eines substutierten Ethens

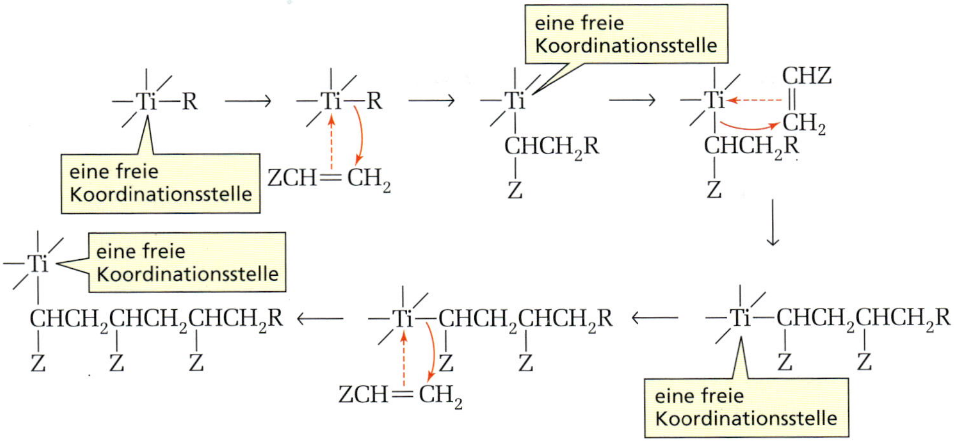

- Das Monomer bildet mit dem Titanatom an einer von dessen unbesetzten Koodinationsstellen einen π-Komplex.
- Das koordinierte Alken wird an die Stelle zwischen dem Ti-Atom und der Makromolekülkette insertiert (Abschnitt 6.6).
- Die Molekülkette wird dadurch verlängert. Da sich bei der Insertion des Monomers eine neue Koordinationsstelle öffnet, kann sich der Vorgang immer wiederholen.

Polyethin (Polyacetylen) ist ein weiteres Polymer, das durch einen Ziegler-Natta-Prozess hergestellt wird. Es lässt sich in ein **leitfähiges Polymer** umwandeln, weil die konjugierten Doppelbindungen des Polyethins den Fluss eines elektrischen Stroms entlang des Moleküls erlauben, wenn einige Elektronen vom Molekülgerüst abgespalten oder hinzugefügt worden sind („Dotierung").

$$\underset{\textbf{Ethin (Acetylen)}}{HC{\equiv}CH} \xrightarrow{\text{Ziegler–Natta-Katalysator}} \underset{\textbf{Polyethin (Polyacetylen)}}{-CH{=}CH{-}\left[CH{=}CH\right]_n{-}CH{=}CH{-}}$$

Die Polymerisation von Dienen 27.8

Schneidet man die Rinde eines Gummibaumes an, so tropft eine klebrige weiße Flüssigkeit aus der Schnittstelle. Die gleiche Flüssigkeit findet man auch in den Stängeln des Löwenzahns (*Leontodon* sp.) und der Seidenpflanzen (*Asclepias* sp.). Tatsächlich produzieren mehr als 400 Pflanzen diese Substanz. Das klebrige Material ist *Latex* (Kautschuksaft), eine Emulsion oder Dispersion von Kautschuk in Wasser. Die biologische Funktion des Pflanzensaftes ist der Schutz gegen Fraßfeinde, sowie der Verschluss verletzter Stellen am Pflanzenkörper.

Latexsammelstelle an einem Gummibaum (*Ficus elastica*).

Naturgummi

Naturgummi (Kautschuk) ist ein Polymer des 2-Methyl-1,3-butadiens (*Isopren*). Durchschnittlich enthält ein Naturgummimolekül etwa 5000 Isopreneinheiten (5000 verknüpfte Monomere). Wie im Fall der Terpene ist die biosynthetische Vorstufe des Naturgummis die C5-Verbindung Isopentenylpyrophosphat (Abschnitt 25.8).

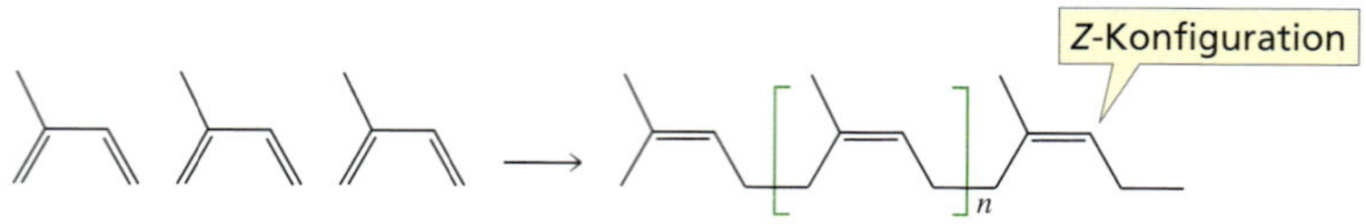

Isopreneinheiten

(*Z*)-Poly(2-Methyl-1,3-butadien)
Naturgummi

Alle Doppelbindungen des Naturgummis sind *Z*-konfiguriert. Gummi ist ein wasserbeständiges Material, da die verdrillten Kohlenwasserstoffketten keine Affinität für Wasser besitzen; sie sind hydrophob. Charles Macintosh, ein schottischer Geschäftsmann, war der Erste, der Naturgummi als wasserundurchlässigen Schutzüberzug für Regenmäntel verwendete.

Guttapercha (*getah*, malaysisch „Gummi", *percha*, „Baum") ist ein natürlich auftretendes Isomer des Gummis, in dem alle Doppelbindungen *E*-konfiguriert sind. Wie Gummi, wird Guttapercha von bestimmten Bäumen abgesondert; es ist jedoch viel seltener als der Gummi. Das Guttapercha ist außerdem härter und brüchiger. Guttapercha wird als Füllmaterial für Zahnwurzelhälse von Zahnärzten verwendet. Früher wurde es auch als Ummantelung von Golfbällen verwendet (die heute aus Kunststoff gefertigt werden), wird aber bei kaltem Wetter spröde und neigt dazu, beim Aufprall zu splittern.

Ü 14* Zeichnen Sie einen kurzen Ausschnitt aus einem Guttaperchamolekül.

Synthetischer Gummi

Durch die Nachahmung der Natur haben Wissenschaftler*innen gelernt, synthetisches Gummi herzustellen, dessen Eigenschaften an den jeweiligen Einsatzzweck angepasst werden können. Diese Werkstoffe besitzen einige der Eigenschaften des Naturgummis einschließlich seiner Wasserfestigkeit und Elastizität. Darüberhinaus verfügen sie im Vergleich zum Naturgummi über verbesserte Eigenschaften wie größere Zähigkeit, größere Flexibilität und größere Haltbarkeit.

Eine Form des synthetischen Gummis ist ein Polymer, das durch 1,4-Polymerisation von 1,3-Butadien, bei dem alle Doppelbindungen *Z*-konfiguriert sind, entsteht.

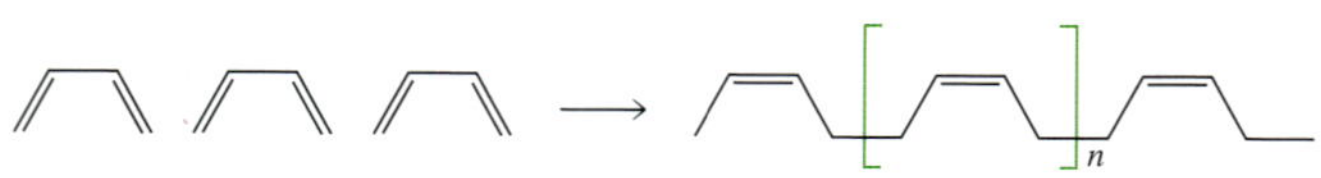

1,3-Butadienmonomere

(*Z*)-Poly(1,3-Butadien)
ein synthetischer Gummi

Neopren ist ein synthetischer Gummi, der durch Polymerisation von 2-Chlor-1,3-butadien entsteht. Es wird verwendet, um Taucheranzüge, Schuhsohlen, Autoreifen, Schläuche und beschichtete Gewebe herzustellen.

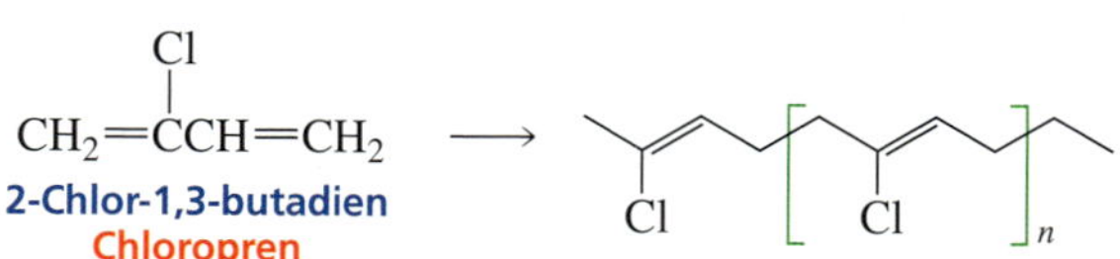

2-Chlor-1,3-butadien
Chloropren

Neopren

Vulkanisierung

Ein Problem, das sich sowohl bei natürlichem wie synthetischem Gummi stellt, ist die Weichheit und die Klebrigkeit des Materials. Gummi (Kautschuk) lässt sich durch den Vorgang der *Vulkanisierung* härten. Der US-Amerikaner Charles Goodyear stieß auf dieses Verfahren, als er versuchte, Verfahren zur Verbesserung der Eigenschaften von Gummi zu entwickeln. Durch ein Missgeschick verschüttete er ein Gemisch aus Gummi und Schwefel auf einen heißen Ofen. Zu seiner Überraschung wurde die Mischung hart, blieb aber flexibel. Er nannte den Vorgang des Erhitzens von Gummi mit Schwefel nach dem römischen Gott des Feuers **Vulkanisierung** (= Vulkanisation).

Das Erhitzen des Gummis mit Schwefel führt zur **Quervernetzung** der einzelnen Polymermolekülketten durch Disulfidbrücken (▶ Abbildung 27.1). Statt nur miteinander verwoben zu sein, sind die vulkanisierten Molekülketten kovalent zu einem einzigen gigantischen Riesenmolekül miteinander verknüpft. Da das Polymer Doppelbindungen besitzt, weisen die Molekülketten Knicke und Kurven auf, die verhindern, dass sie sich zu einer kristallinen Anordnung packen lassen. Wird der Gummi gedehnt, ziehen sich die Molekülketten durch die Zugspannung in die Länge. Die Quervernetzung verhindert, dass das Gummi zerreißt, wenn es gedehnt wird. Das Muster der Quervernetzung bildet darüberhinaus einen Bezugsrahmen für das Material, sodass es nach der Dehnung in seine ursprüngliche Form zurückkehren kann.

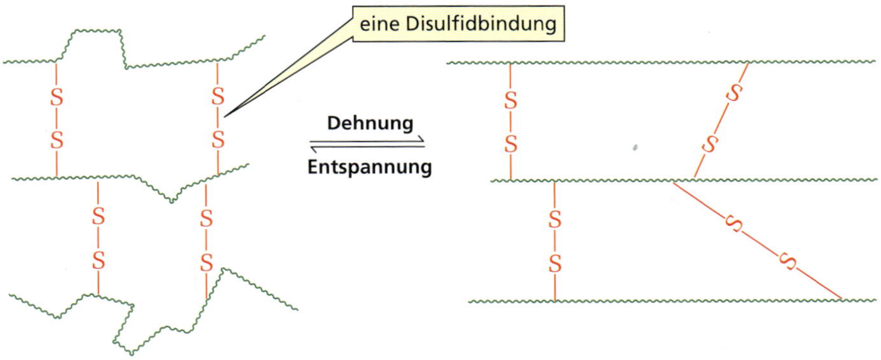

Abbildung 27.1: Die Starrheit des Gummis wird durch Quervernetzung der Makromolekülketten durch Disulfidbindungen erhöht. Wenn Gummi gedehnt wird, ziehen sich die zufällig angeordneten Molekülketten in die Länge und richten sich entlang des einwirkenden Kraftvektors aus.

Die physikalischen Eigenschaften von Gummi lassen sich durch die bei der Vulkanisierung eingesetzte Menge Schwefel einstellen. Gummi mit 1–3 % Schwefel ist weich und dehnbar und wird zur Herstellung von Gummibändern verwendet. Gummi mit 3–10 % Schwefel ist härter und wird zur Herstellung von Fahrzeugreifen verwendet. Der Name Goodyear ist bis heute damit verknüpft, obgleich infolge des längst erloschenen Patentschutzes zahllose Firmen in aller Welt das Vulkanisierungsverfahren einsetzen. Die Geschichte des Gummis ist ein Beispiel dafür, wie Wissenschaftler*innen einen Naturstoff als Ausgangspunkt nehmen und dann nach Wegen suchen, dessen Eigenschaften zu verändern, um die Zahl der möglichen Nutzanwendungen zu vergrößern.

MERKE!

Je stärker die Quervernetzung, desto starrer ist das Polymer.

Ü 15

(a) Zeichnen Sie drei Segmente des Polymers, das durch 1,4-Polymerisation von 1,3-Butadien gebildet wird und in welchen alle Doppelbindungen in *E*-Konfiguration vorliegen.

(b) Zeichnen Sie einen Ausschnitt aus dem Polymer, das bei der 1,2-Polymerisation von 1,3-Butadien entsteht.

Copolymere 27.9

Die Polymere, die wir bislang in diesem Kapitel betrachtet haben, entstehen aus nur einer Sorte von Monomeren. Man spricht deshalb von **Homopolymeren** (*homo*, gr. „gleich“). Oft werden aber zwei oder noch mehr unterschiedliche Monomere bei der Bildung eines Polymerstoffes eingesetzt. Dann entstehen **Copolymere**. Die Erhöhung der Zahl unterschiedlicher Monomere erhöht die Zahl der verschiedenen Copolymere, die entstehen können, explosionsartig. Selbst bei nur zwei Monomersorten können Copolymere mit sehr unterschiedlichen Eigenschaften entstehen, wenn die relativen Mengen der Monomere variiert werden. Sowohl Kettenwachstumspolymere wie Stufenwachstumspolymere können Copolymere sein. Viele der heute in Gebrauch befindlichen Kunststoffe sind Copolymere. ► Tabelle 27.6 fasst einige gebräuchliche Copolymere und die Monomere, aus denen sie hervorgehen, zusammen.

Monomer	Name des Copolymers	Anwendungsgebiet
 Vinylchlorid (Chlorethen) + Vinylidenchlorid (1,1-Dichlorethen)	Saran	Verpackungsfolie (für Lebensmittel)
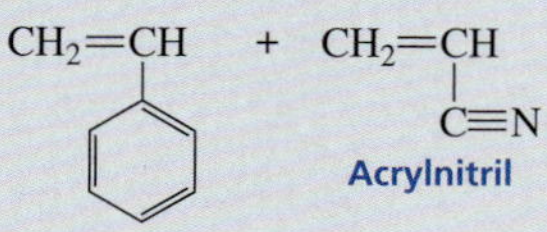 Styrol + Acrylnitril	SAN (Styrol-Acryl-Nitril-Copolymerisat)	spülmaschinenfeste Gebrauchsgegenstände; Staubsaugerteile
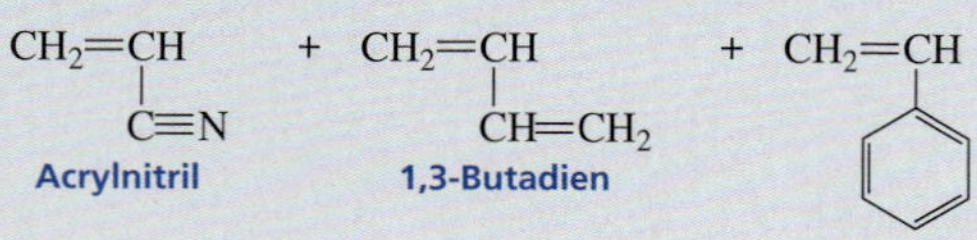 Acrylnitril + 1,3-Butadien + Styrol	ABS (Acrylnitril-Butadien-Styrol-Copolymerisat)	Stoßstangen, Sturzhelme, Telefone, Koffer
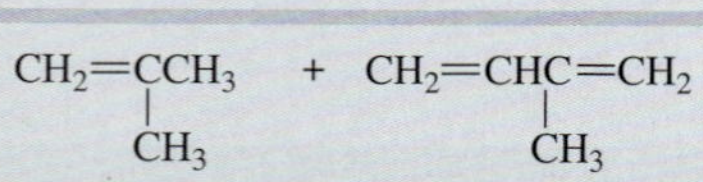 Isobuten + Isopren	Butylkautschuk	Reifenschläuche, Bälle, aufblasbare Sportgeräte

Tabelle 27.6: Copolymere und ihre Anwendungsgebiete.

HINTERGRUND

■ **Nanocontainer**

Wissenschaftler*innen haben Blockcopolymere synthetisiert, welche Mizellen bilden (Abschnitt 25.4). Diese kugelförmigen Copolymere werden derzeit auf ihre mögliche Verwendung als Nanocontainer (10–100 Nanometer Durchmesser) für die Abgabe von nicht wasserlöslichen Medikamenten an Zielzellen untersucht. Denn die Medikamentenabgabe durch Nanocontainer würde es erlauben, eine höhere Konzentration eines Wirkstoffs an die Zelle abzugeben als dies im natürlichen wässrigen Milieu der Fall ist. Darüber hinaus wäre das Medikament in der Lage, auf bestimmte Zellen abzuzielen und würde so die erforderliche Dosierung des Wirkstoffs senken.

Man unterscheidet vier Typen von Copolymeren. Bei einem **alternierenden Copolymer** wechseln sich die Monomereinheiten in strenger Reihenfolge ab. Ein **Blockcopolymer** besteht aus „Blöcken“ mit homogener Monomerzusammensetzung, die sich mit Blöcken aus dem/den anderen Monomer/en zusammensetzen. Bei einem **Zufallscopolymer** ist die Reihenfolge der Monomereinheiten, wie der Name sagt, rein zufällig. Ein **Pfropfcopolymer** ist ein Copolymer, das Verzweigungen trägt. Die Seitenzweige bestehen aus homogenen Monomerfolgen, die an ein „Rückgrat" aus einem anderen Homopolymer gebunden sind. Diese strukturellen Unterschiede erweitern den Bereich der physikalischen Eigenschaften, der Polymerchemiker*innen beim Entwurf neuer Kunststoffe zur Verfügung steht.

ein alternierendes Copolymer	ABABABABABABABABABABABA
ein Blockcopolymer	AAAAABBBBBAAAAABBBBBAAA
ein Zufallscopolymer	AABABABBABAABBABABBAAAB

ein Pfropfcopolymer	AAAAAAAAAAAAAAAAAAAAAAAA
	   B B B
	   B B B
	   B B B
	   B B B
	   B B B
	   B B B

Eine Einführung in die Stufenwachstumspolymere 27.10

Stufenwachstumspolymere bilden sich bei der intermolekularen Reaktion bifunktioneller Moleküle. Bei der Reaktion der funktionellen Gruppen wird in den meisten Fällen ein kleineres Molekül wie Wasser, ein Alkoholmolekül, HCl o. Ä. abgespalten. Deshalb werden diese Polymere auch *Kondensationspolymere* genannt (Abschnitt 17.11).

Es gibt zwei Typen von Stufenwachstumspolymeren. Der eine Typus bildet sich bei der Reaktion einer einzelnen Verbindung, welche über zwei verschiedene funktionelle Gruppen verfügt, die wir stellvertretend A und B nennen wollen. Die funktionelle Gruppe A der Verbindung reagiert mit Gruppe B eines anderen Moleküls der gleichen Art unter Bildung der Verbindung A—X—B, die dann als Monomer für die Polymerisation dient.

$$\text{A—B} \quad \text{A—B} \longrightarrow \text{A—X—B}$$

Der andere Typ von Stufenwachstumspolymer bildet sich durch die Reaktion zweier unterschiedlicher bifunktioneller Verbindungen. Eine der Verbindungen enthält zwei A-Gruppen, die andere zwei B-Gruppen. Die funktionelle Gruppe A der einen Verbindung reagiert mit der funktionellen Gruppe B der anderen zu einer Verbindung A—X—B, die wiederum als Monomerbaustein bei der nachfolgenden Polymerisation dient.

$$\text{A—A} \quad \text{B—B} \longrightarrow \text{A—X—B}$$

Das wachsende Polymer weist die Struktur A—[Polymer]—B auf. Es kann zyklisieren (intramolekulare Reaktion) statt ein neues Monomer zuzusetzen (eine intermolekulare Reaktion), wodurch die Polymerisation beendet wird. Wir haben gesehen, dass eine intramolekulare Reaktion durch Verwendung einer hohen Konzentration des Monomers minimiert werden kann (Abschnitt 9.16). Da große Ringe schwerer zu bilden sind als kleinere, weist die Polymerkette

MERKE!

Stufenwachstumspolymere entstehen durch die Kombination von Molekülen mit reaktiven Gruppen an beiden Enden der Moleküle.

ab einer Anzahl von mehr als etwa 15 Atomen eine abnehmende Tendenz zur Zyklisierung auf.

Die Bildung von Stufenwachstumspolymeren läuft, anders als die Bildung von Kettenwachstumspolymeren, nicht als Kettenreaktion ab. Zwei beliebige Monomermoleküle oder kurze Oligomere können miteinander reagieren. Das Fortschreiten einer typischen Stufenwachstumspolymerisation ist schematisch in ► Abbildung 27.2 dargestellt.

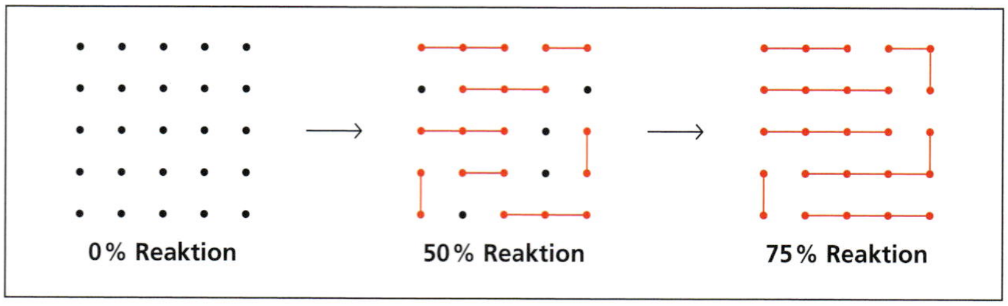

Abbildung 27.2: Das Fortschreiten einer Stufenwachstumspolymerisation.

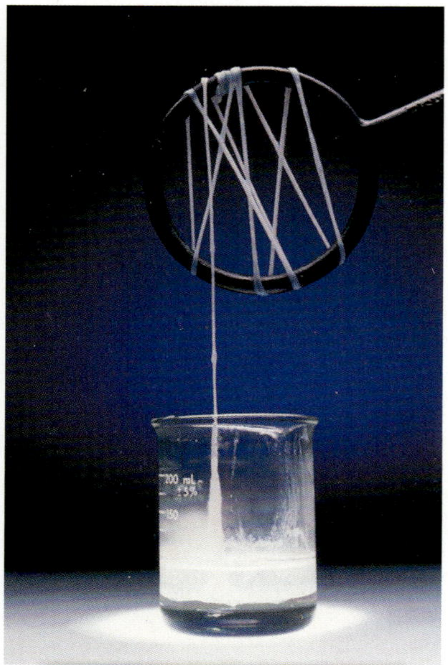

Nylon wird aus einem Becher mit Adipoylchlorid und 1,6-Hexandiamin herausgezogen.

Wenn die Reaktion zur Hälfte abgelaufen ist (zwischen den 25 Monomeren haben sich 12 Bindungen ausgebildet), sind die Reaktionsprodukte in erster Linie Dimere und Trimere. Wenn die Reaktion zu drei Vierteln abgelaufen ist, liegen noch immer keine sehr langen Molekülketten vor. Dies hat zur Folge, dass man sehr hohe Ausbeuten erzielen muss, wenn man durch eine Stufenwachstumspolymerisation zu langkettigen Polymeren gelangen will.

Stufenwachstumspolymerklassen 27.11

Nylonseil.

Polyamide

Nylon ist ein Beispiel für ein stufenweise wachsendes Polymer, das aus einem *Monomer mit zwei verschiedenen funktionellen Gruppen* entsteht. Die Acylchloridgruppe eines Monomers reagiert mit der Aminogruppe eines anderen Monomers zu einem Amid (Abschnitt 15.6). Somit ist Nylon ein **Polyamid**. Dieses besondere Nylon wird Nylon 6 genannt, weil es aus der Polymerisation von 6-Aminohexanoylchlorid entsteht, einer Verbindung, die sechs Kohlenstoffe enthält.

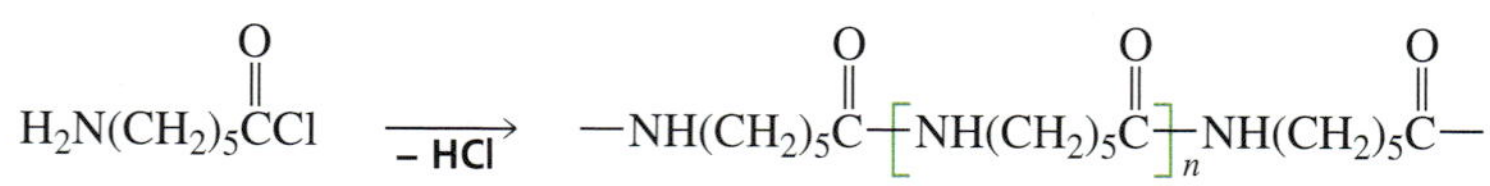

6-Aminohexanoylchlorid — Nylon 6, ein Polyamid

Ein mit Nylon 6 verwandtes Polyamid, das Nylon 66, ist ein Beispiel für ein Stufenwachstumspolymer, das durch Reaktion von *zwei unterschiedlichen bifunktionellen Monomeren* entsteht. Die Monomere sind Adipinsäurechlorid (Hexandicarbonsäuredichlorid) und 1,6-Hexandiamin. Das Polymer wird Nylon 66 genannt, weil es aus zwei C6-Verbindungen zusammengesetzt ist.

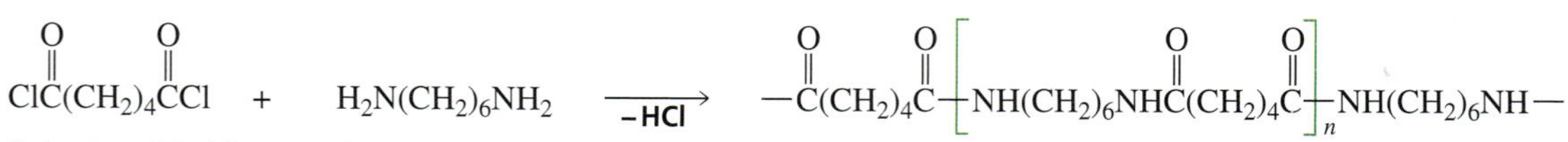

Adipinsäurechlorid — 1,6-Hexandiamin — Nylon 66

Nylon wird zu Kunstfasern verarbeitet und wurde zuerst für Textilien und Teppiche verwendet. Da es ziemlich widerstandsfähig ist, wird es heute auch für Bergsteigerseile, Abschleppseile, Angelschnüre und in Lagern und Getrieben eingesetzt. Die hohe Nützlichkeit des Nylons hat eine Suche nach neuen und noch belastbareren „Superfasern" ausgelöst, die eine noch höhere mechanische Beanspruchung erdulden und noch wärmebeständiger sind.

Ü 16*
(a) Zeichnen Sie einen Ausschnitt von Nylon 4.
(b) Zeichnen Sie einen Ausschnitt von Nylon 44.

Ü 17 Schreiben Sie eine Gleichung nieder, die erklärt, was passiert, wenn ein*e Wissenschaftler*in versehentlich im Labor Schwefelsäure auf einen Schlauch aus Nylon 66 tropfen lässt.

Aramide

Eine mechanisch sehr starke Kunstfaser ist das Kevlar (eingetragenes Warenzeichen der US-Firma *DuPont*) – ein Polymer aus 1,4-Benzoldicarbonsäure und 1,4-Diaminobenzol (also ebenfalls ein Polyamid). Aromatische Polyamide werden auch als **Aramide** bezeichnet.

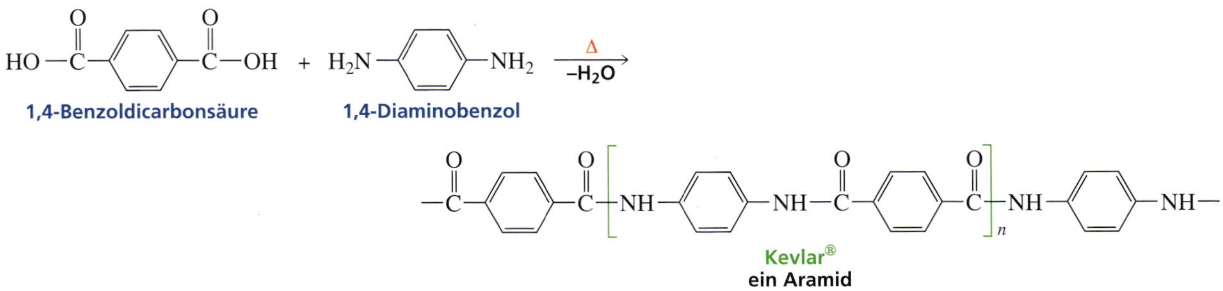

Die Einbeziehung aromatischer Ringe in die Struktur von Makromolekülen führt zu polymeren Stoffen mit hoher physikalischer Festigkeit. So ist etwa das Kevlar fünf Mal reißfester als ein Stahlfaden (bezogen auf gleiche Massen). Soldatenhelme werden aus Kevlar produziert, ebenso leichte kugelsichere Westen, Karosserieteile für Automobile, Hochleistungsskier, die Seile der Planetensonde Mars Pathfinder und die Taue der bei den an der America's Cup-Regatta teilnehmenden Rennyachten. Da es noch bei sehr hohen Temperaturen stabil ist, wird es außerdem für Schutzkleidung für Feuerwehrleute eingesetzt.

Kevlar verdankt seine strukturelle Stärke der Art und Weise, wie die einzelnen Polymermolekülketten miteinander wechselwirken. Die Molekülketten sind miteinander durch Wasserstoffbrückenbindungen verknüpft. Dadurch entsteht eine blattartige Struktur.

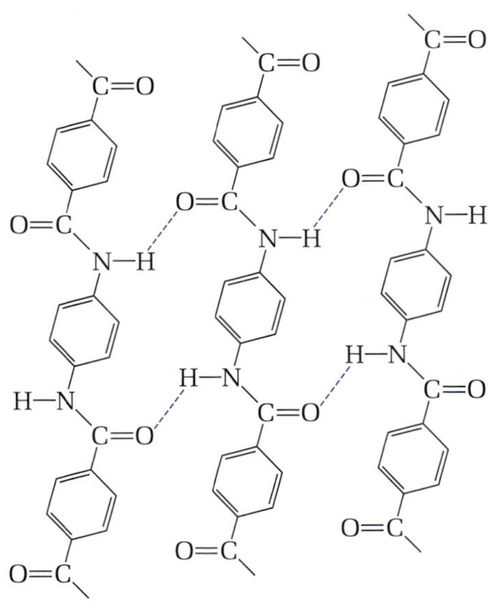

Mylar-Ballone.

Polyester

Als **Polyester** bezeichnet man Stufenwachstumspolymere, in denen die konstituierenden Monomereinheiten durch Esterbindungen(-gruppen) zusammengehalten werden. Polyester sind in Form von Fasern, Plastikmaterialien und Beschichtungen von großer wirtschaftlicher Bedeutung. Der bekannteste Polyester ist das Polyethylenterephthalat (PET), das von diversen Firmen unter verschiedenen Handelsnamen (Arnite, Impet, Rynite, Ertalyte, Hostaphan, Melinex, Mylar, Dacron, Terylene, Trevira) vertrieben wird. Es wird durch Umesterung (Transesterifizierung; Abschnitt 15.7) von Dimethylterephthalat (Terephthalsäurediemthylester) mit Ethylenglycol hergestellt. Ein hohes Maß an Rückprallelastizität, Haltbarkeit und Feuchtigkeitsresistenz sind die Eigenschaften dieses Kunststoffs, die zu seinem Image der „Unverwüstlichkeit" beitragen.

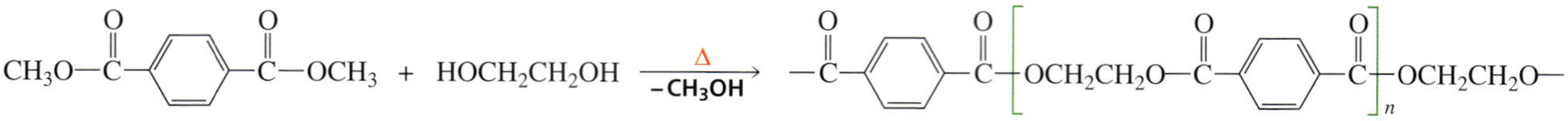

Dimethylterephthalat

1,2-Ethandiol
Ethylenglycol

Poly(ethylenterephthalat)
PET
Dacron®
ein Polyester

Polyethylenterephthalat kann auch zu einem als Mylar bekannten Film verarbeitet werden. Mylar ist reißwiderstandsfähig und hat bei der Verarbeitung eine Zugfestigkeit, die der von Stahl entspricht. Es wird in der Herstellung von Magnetband und Segeln verwendet. Aluminisiertes Mylar wurde zudem verwendet, um den Satelliten Echo herzustellen, der als riesiger Reflektor von Mikrowellensignalen in die Erdumlaufbahn gebracht wurde.

Der Polyester Kodel wird durch Umesterung von Dimethylterephthalat mit 1,4-Di-(hydroxymethyl)-cyclohexan hergestellt. Die steife Polyesterkette führt dazu, dass sich diese Kunstfaser hart („borstig") anfühlt; diese unerwünschte Eigenschaft lässt sich durch Mischen mit anderen Fasern wie Wolle oder Baumwolle abschwächen.

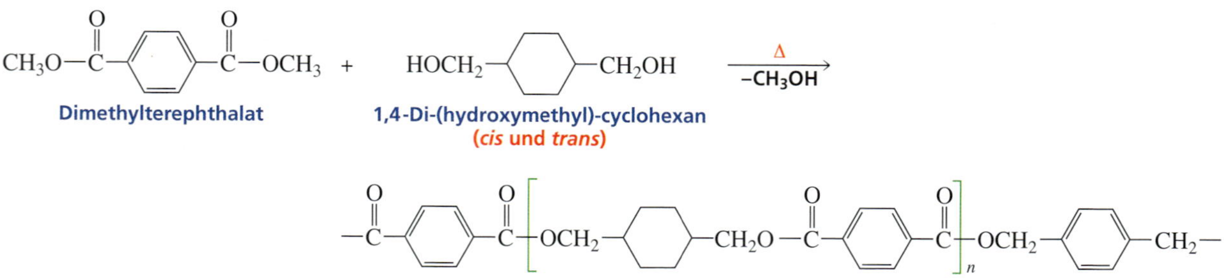

Dimethylterephthalat

1,4-Di-(hydroxymethyl)-cyclohexan
(*cis* und *trans*)

Kodel®

Ü 18 Was passiert mit einem Textilgegenstand aus Polyester, falls Natronlauge daraufspritzt?

Polycarbonate

Lexan-Linse in einem Auto.

Polyester mit zwei Esterfunktionen am selben Kohlenstoffatom werden **Polycarbonate** genannt. Lexan (eingetragenes Warenzeichen der Firma *General Electric*, USA) ist ein Polycarbonat, das durch Umesterung von Diphenylcarbonat mit Bisphenol A (2,2-Bis-(4-hydroxyphenyl)-propan) gebildet wird. Es ist ein fester, durchsichtiger Kunststoff, der für kugelsichere Scheiben und die Verglasungen von Verkehrsampeln verwendet wird. In jüngerer Zeit haben Polycarbonate bedeutsame Anwendungen in der Automobilindustrie gefunden.

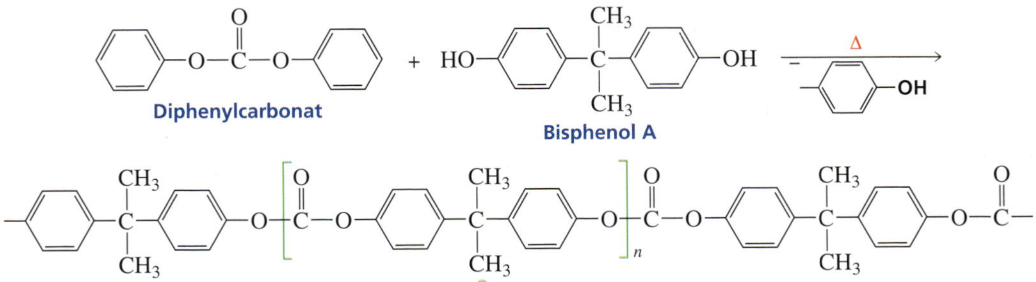

HINTERGRUND

Gesundheitsbedenken: Bisphenol A und Phthalat

Tierversuche haben Bedenken hinsichtlich der Verträglichkeit von Bisphenol A und Phthalaten für Menschen ausgelöst. Denn Experimente haben gezeigt, dass schwangere Ratten, die Bisphenol A ausgesetzt waren, ein drei- bis vierfach erhöhtes Risiko für präkanzerös Läsionen in ihren Milchdrüsengängen aufwiesen. Bisphenol A (BPA) wird bei der Herstellung von Polycarbonaten und Epoxidharzen verwendet (Abschnitt 27.11). Obwohl es keinen Hinweis darauf gibt, dass Bisphenol A negative Wirkungen auf den Menschen ausübt, verwenden die meisten Hersteller von Polycarbonaten diese Verbindung nicht mehr, und BPA-freie Wasserflaschen sind bereits im Handel erhältlich.

Phthalate haben sich als endokrine Disruptoren erwiesen, das heißt, sie können das Gleichgewicht des Hormonhaushalts verändern. Daher stellen sie ein sehr großes Risiko für sich in der Entwicklung befindende Föten dar. Es ist schwierig, Phthalate aufgrund der zahlreichen Gegenstände, in denen sie verwendet werden (beispielsweise in den Auskleidungen der meisten Aluminiumgefäße für Nahrungsmittel und von Getränkedosen), zu meiden.

Epoxidharze

Die **Epoxidharze** sind die stärksten bekannten Klebstoffe. Sie sind in der Lage, an beinahe jeder Oberfläche zu haften, und sie widerstehen den meisten Lösungsmitteln sowie extremen Temperaturen. Expoxidzement wird als Baukasten verkauft, der aus einem niedermolekularen *Präpolymer* (die gebräuchlichste Formulierung besteht aus einem Polymer aus Bisphenol A und Epichlorhydrin) und einem *Härter* besteht, die beim Vermischen zu einem quervernetzten, dreidimensionalen Superpolymer reagieren.

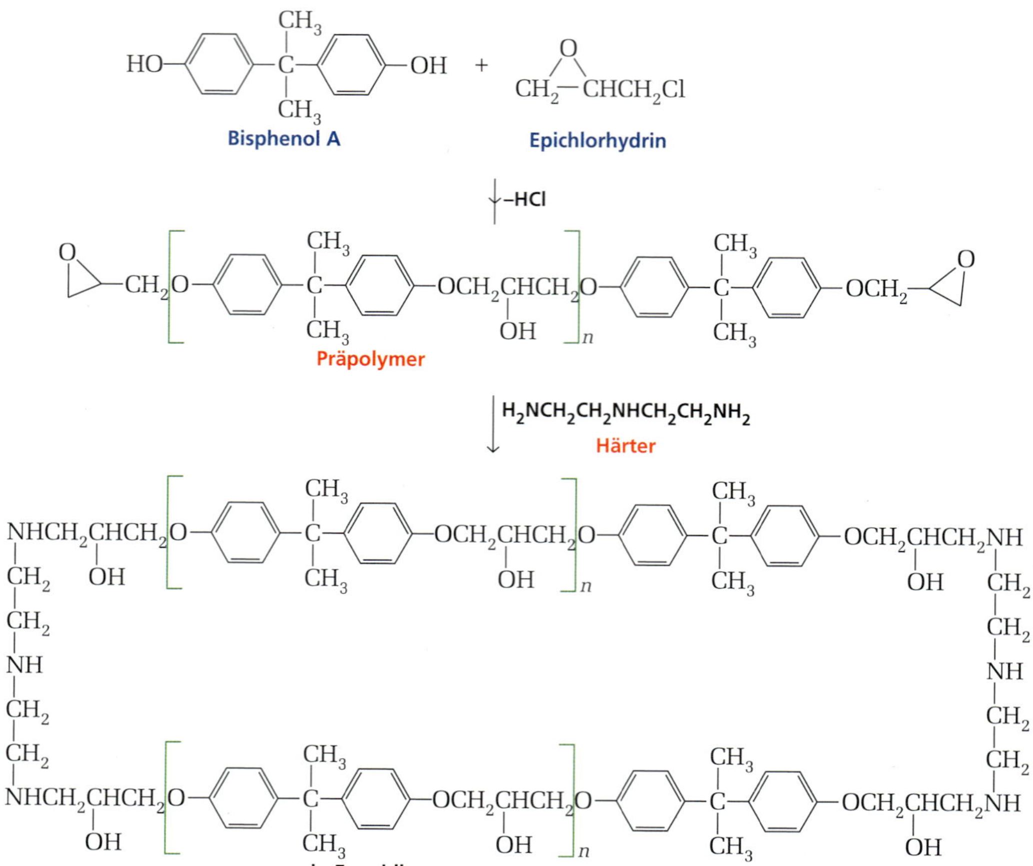

ein Epoxidharz

Ü 19

(a) Schlagen Sie einen Reaktionsmechanismus für die Bildung des Präpolymers aus Bisphenol A und Epichlorhydrin vor.
(b) Schlagen Sie einen Mechanismus für die Reaktion des Präpolymers mit dem Härter vor.

HINTERGRUND

Polymerdesign

In der heutigen Zeit werden Kunststoffe nicht mehr zufällig entdeckt, sondern gezielt nach immer genaueren und anspruchsvolleren Zielvorgaben entworfen. Ein Kunststoff zum Abnehmen von Zahnabdrücken muss beispielsweise weich genug sein, um sich lückenlos um die Zähne zu legen, aber fest genug, um danach die angenommene Form zu behalten.

Das für gewöhnlich für diesen Zweck verwendete Polymermaterial enthält in der Molekülstruktur dreigliedrige Aziridinringe, sodass die zu vernetzenden Querbrücken zwischen den Molekülketten miteinander reagieren. Da Aziridinringe nicht sehr reaktiv sind, vollzieht sich die Vernetzung recht langsam, sodass sich die Verhärtung des Materials zum größten Teil erst dann vollzieht, wenn die Abdrucksform schon aus dem Mund der Patientin oder des Patienten entnommen worden ist.

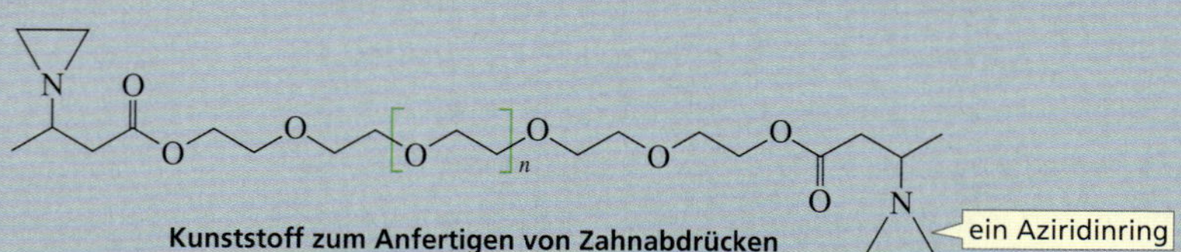

Kunststoff zum Anfertigen von Zahnabdrücken

Polyurethane

Ein **Urethan** (= Carbamat) ist eine chemische Verbindung, die eine OR-Gruppe und eine NHR-Gruppe trägt, die beide an dasselbe Carbonylkohlenstoffatom gebunden sind. Urethane lassen sich durch Umsetzung von Isocyanaten mit Alkoholen darstellen; die Reaktion wird in Gegenwart eines tertiären Amins als Katalysator durchgeführt.

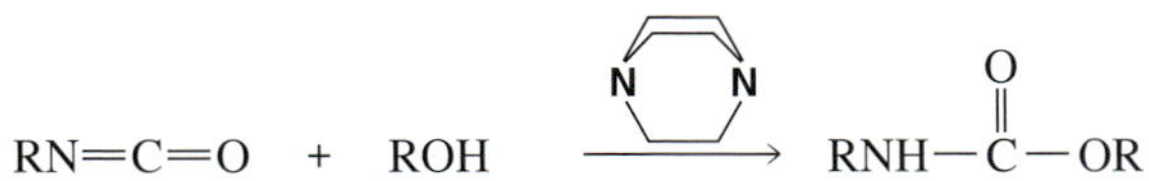

ein Isocyanat   ein Alkohol   ein Urethan

Polyurethane sind Polymere, die Urethangruppen enthalten. Eines der am häufigsten vorkommenden Polyurethane wird durch die Polymerisation von Toluol-2,6-diisocyanat und 1,2-Ethandiol hergestellt. Falls während der Reaktion im Reaktionsansatz Blasen erzeugt werden, entsteht ein *Polyurethanschaum*. Blasen erzeugt man durch Einblasen von Stickstoff oder Kohlendioxid, die durch das Reaktionsmedium perlen. In der Vergangenheit hat man hierzu auch Fluorchlorkohlenwasserstoffe verwendet, die niedrige Siedepunkte besitzen und entsprechend leicht verdampfen, doch sind diese aufgrund ihrer Schadwirkung auf die Ozonschicht der Atmosphäre aus solchen Produktionsprozessen entfernt worden (Abschnitt 12.12). Stickstoff ist inert, billig und umweltneutral. Polyurethanschäume werden für Füllungen von Sitzmöbeln, als Untergrund für Teppiche und als Isoliermaterial eingesetzt. Man beachte, dass die aus der Umsetzung von Diisocyanaten und Diolen in einer Einschrittreaktion erzeugten Polyurethane die einzigen Polymere dieser Art sind, bei deren Bildung keine kleinmolekularen Verbindungen abgesondert werden. Es liegt also *keine* Kondensationsreaktion vor.

Polyurethanschaum.

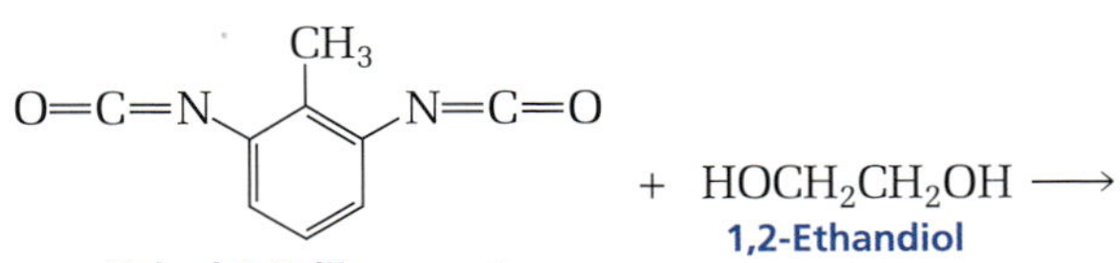

Toluol-2,6-diisocyanat   1,2-Ethandiol

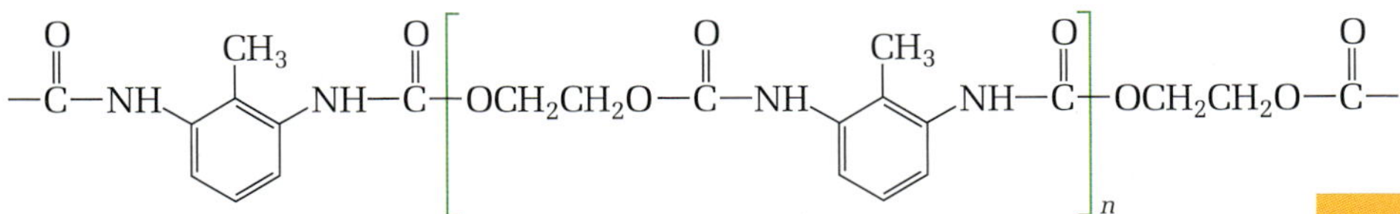

ein Polyurethan

Eines der wichtigsten Anwendungsgebiete für Polyurethane besteht in elastischen Geweben wie Spandex (weitere Handelsnamen: Lycra, Elastan, Elaspan, Dorlastan). Diese Stoffe sind Blockcopolymere, in denen einige der Polymersegmente Polyurethane sind, andere Polyester und wieder andere Polyether. Die Polyurethanblöcke sind starr und kurz, die Polyester- und Polyetherblöcke lang und biegsam. Wenn sie gedehnt werden, gehen die weichen Blöcke, die durch die harten Blöcke untereinander vernetzt sind, in den kristallinen Zustand über (Phasenübergang). Wenn die Spannung nachlässt, erfolgt die Rückkehr in den ursprünglichen Zustand.

Ü 20 Wenn einem Reaktionsansatz von Toluol-2,6-diisocyanat und 1,2-Ethandiol eine kleine Menge Glycerol zugesetzt wird, entsteht ein viel steiferer Polyurethanschaum. Erklären Sie das Phänomen.

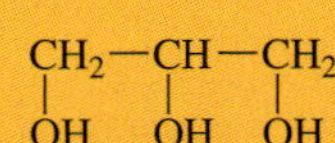

Glycerol
Propan-1,2,3-triol

Physikalische Eigenschaften von Polymeren 27.12

Polymere können nach den physikalischen Eigenschaften klassifiziert werden, die sie durch die Anordnung ihrer einzelnen Ketten erhalten. Die einzelnen Molekülketten eines Kunststoffs wie Polyethylen (PE) werden durch London Dispersionskräfte zusammengehalten. Da diese schwachen Kräfte nur über sehr kurze Abstände wirksam sind, kommen sie am besten zum Zuge, wenn die Molekülketten in einer geordneten, dicht gepackten Anordnung parallel zueinander liegen.

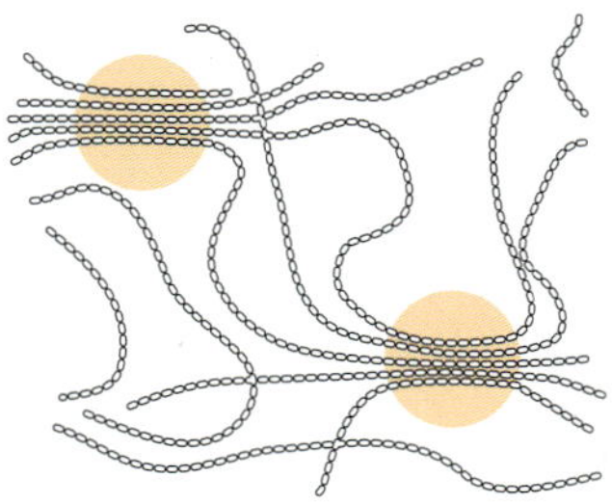

Abbildung 27.3: In den als Kristallite bezeichneten Bereichen (als Kreise markiert) sind die Polymermolekülketten hochgradig geordnet – in einer Weise, die dem Aufbau von Kristallen ähnelt. Zwischen den Kristalliten befinden sich nichtkristalline amorphe Bereiche, in denen die Polymermolekülketten zufällig angeordnet sind.

Bereiche eines polymeren Stoffes, in denen die Molekülketten relativ zueinander geordnet vorliegen, nennt man **Kristallite** (► Abbildung 27.3). Zwischen den Kristalliten liegen amorphe Bereiche ohne kristalline Ordnung, in denen die Molekülketten regellos verteilt vorliegen. Je höher der kristalline Anteil (je höher geordnet) eines polymeren Werktstoffs ist, desto härter ist er, desto größer ist seine Dichte, und desto höher liegt sein Erweichungspunkt (► Tabelle 27.7). Falls die Molekülketten Substituenten (wie beispielsweise im Polymethylmethacrylat) oder Verzweigungen aufweisen, die eine dichte Packung verhindern, verringert dies die Dichte des Stoffes.

kristalliner Anteil (%)	55	62	70	77	85
Dichte (g/cm^3)	0,92	0,93	0,94	0,95	0,96
Schmelzpunkt (°C)	109	116	125	130	133

Tabelle 27.7: Eigenschaften des Polyethylens als Funktion des Kristallitanteils.

Thermoplastische Kunststoffe

Kunststoffe lassen sich auf der Grundlage physikalischer Eigenschaften, die sie durch die Anordnung der Molekülketten besitzen, klassifizieren. **Thermoplastische Kunststoffe** (kurz **Thermoplasten**) besitzen sowohl kristalline als auch amorphe, nichtkristalline Bereiche. Diese Kunststoffe sind bei Zimmertemperatur hart, werden aber beim Erwärmen weich genug, um verformbar zu sein, da die einzelnen Molekülketten bei höheren Temperaturen aneinander vorbeigleiten können. Thermoplasten sind die Kunststoffe, mit denen wir im täglichen Leben am häufigsten in Berührung kommen, zum Beispiel in Form von Kämmen, Zahnbürsten, Schaltern, Telefongehäusen, Fernbedienungen usw. Sie sind auch die Kunststoffe, die am leichtesten zerbrechen.

Duroplastische Kunststoffe

Sehr starre Werkstoffe lassen sich gewinnen, wenn die Polymermoleküle miteinander vernetzt werden. Je höher der Vernetzungsgrad, desto starrer (spröder) wird das Material. Solche quervernetzten Kunststoffe bezeichnet man als **duroplastische Kunststoffe** oder kurz **Duroplasten**. Nach der Aushärtung können sie durch Wiedererwärmen nicht wieder aufgeschmolzen werden, weil die Quervernetzung durch kovalente Bindungen erfolgt und nicht durch leicht aufhebbare London-Dispersionskräfte. Die Vernetzung vermindert die Beweglichkeit der Molekülketten erheblich, was sich makroskopisch in Sprödigkeit des Materials äußert. Da die Duroplasten nicht die in weiten Grenzen variierbaren Eigenschaften der Thermoplasten besitzen, sind ihre Anwendungsgebiete begrenzter.

Aus Melamin (1,3,5-Triamino-triazin) und Formaldehyd entsteht ein stark quervernetzter Duroplast, der als Werkstoff hart und feuchtigkeitsresistent ist und unter dem Handelsnamen Melmac vertrieben wurde. Da das Material farblos ist, kann es mit Pastellfarben eingefärbt werden. Man verwendet es, um durchscheinende Oberflächenplatten von Verkaufstischen und Geschirr geringen Gewichts herzustellen.

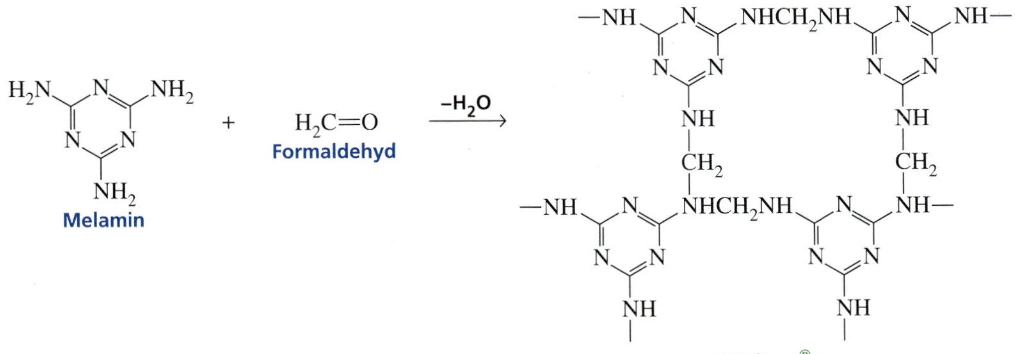

Ü 21 Schlagen Sie einen Reaktionsmechanismus für die Bildung von Melmac vor.

Ü 22 Bakelit, ein Duroplast, der in der Anfangszeit sowohl der Kunststoff- wie der Rundfunktechnolgie für Gehäuse von Radios und Fernsehgeräten verwendet worden ist, war der erste duroplastische Kunststoff. Es handelt sich beim Bakelit um ein stark quervernetztes Polymermaterial aus der säurekatalysierten Polymerisation von Phenol mit Formaldehyd. Da es von Natur aus viel dunkler als Melmac ist, war die Bandbreite der Farben, in denen Bakelit geliefert werden konnte, begrenzt. Schlagen Sie eine Struktur des Bakelits vor.

HINTERGRUND

■ Melaminvergiftung

Vor einigen Jahren hat man festgestellt, dass chinesische Milchprodukte absichtlich mit Melamin versetzt waren. Obwohl Melamin nie als Lebensmittelzusatzstoff zugelassen wurde, haben Milchhändler diese Verbindung zu verdünnter Milch hinzugefügt, um die Eiweißkonzentration scheinbar zu erhöhen. Diese Milch wurde dann verwendet, um Produkte wie beispielsweise Milchpulver, Säuglingsnahrung, Kekse und andere Lebensmittel herzustellen. Die kontaminierte Milch führte zur Erkrankung von 300.000 chinesischen Kindern und tötete mindestens 6 Babys. Im vergangenen Jahr starben in den Vereinigten Staaten etwa 1000 Hunde und Katzen an Nahrungsmitteln mit melaminhaltigen Inhaltsstoffen, die von chinesischen Lieferanten stammten. Als Folge dieser Tragödien haben die chinesischen Gesetzgeber ein Gesetz zur Lebensmittelsicherheit eingeführt, sodass nun die Hersteller alle in ihren Lebensmitteln enthaltenen Zusatzstoffe durch Lebensmitteletiketten kennzeichnen müssen.

Elastomere

Ein **Elastomer** ist ein Kunststoff, der sich dehnen lässt und nach der Entspannung wieder in seinen ursprünglichen Zustand zurückkehrt. Es handelt sich um amorphe makromolekulare Verbindungen, die jedoch einen gewissen Anteil an Quervernetzung enthalten müssen, damit die Molekülketten nicht völlig aneinander vorbeigleiten. Wenn Elastomere unter Zugspannung gesetzt werden, richten sich die zufällig verteilten Molekülketten aus und „kristallisieren". Die van der Waals-Kräfte sind jedoch nicht stark genug, sie in dieser Anordnung „einzufrieren". Wenn die einwirkende Kraft wegfällt, fällt auch der geordnete

Zustand in sich zusammen und die Moleküle kehren in den ungeordneten Zustand der zufälligen Molekülanordnung zurück. Gummi/Kautschuk ist ein Beispiel für ein Elastomer.

Ausgerichtete Polymere

Polymerketten, die durch konventionelle Polymerisation hergestellt worden sind, lassen sich dehnen und dann in einer geordneteren als der ursprünglichen Weise mit parallel liegenden Molekülketten „einfrieren". Dies führt zu Kunststoffen, die härter als Stahl sind oder solchen, die die Elektrizität beinahe so gut leiten wie ein Kupferdraht. Solche Kunststoffe bezeichnet man als **ausgerichtete Polymere**. Die Umwandlung konventioneller Kunststoffe in ausgerichtete ist mit dem „Entkochen" von Spaghetti verglichen worden: Das konventionelle Polymer ist analog zu dem ungeordneten, verflochtenen Haufen der gekochten Spaghetti. Dagegen kann man sich das ausgerichtete Polymer wie rohe Spaghetti vorstellen, also so, wie sie in der Packung liegen.

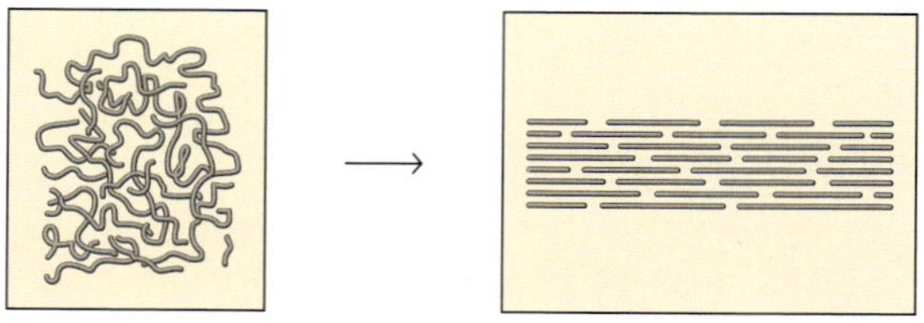

konventionelles Polymer „gekochte Spaghetti"

ausgerichtetes Polymer „Spaghetti in der Packung"

Dyneema (eingetragenes Warenzeichen der niederländischen Firma DSM, Niederlande) ist die Kunstfaser mit der zur Zeit höchsten Festigkeit. Es handelt sich um ein ausgerichtetes Polyethylen (PE) hoher Dichte, die – massennormalisiert – bis zu fünfzehnmal zugfester als Stahl ist. Damit liegt ihre mechanische Festigkeit um 40 % höher als die von Kevlar (Aramide, Abschnitt 27.10). Mit einer Dichte von knapp unter 1 g/cm^3 ist der Stoff in Wasser schwimmfähig. Infolge der kovalenten Verbindungen zwischen den Atomen kann eine Kette aus Kohlenstoffatomen einen molekularen Werkstoff hervorbringen, der zugfester ist als ein gleichdicker Stahldraht mit seinen durch Metallbindungen zusammengehaltenen atomaren Bausteinen. Aus Dyneema werden Sturzhelme, Fechtmasken und -anzüge sowie Fluggeräte für Drachenflieger gefertigt.

Recycling von Polymeren 27.13

Komprimierte Plastikflaschen warten darauf, recycelt zu werden.

In Abschnitt 27.3 haben wir gesehen, dass Polymere der Zahl 1 bis 6 zugeordnet werden, wodurch leicht erkennbar ist, welche Art von Polymer auf welche Weise recycelt werden kann – je niedriger die Zahl, desto einfacher kann es recycelt werden. Leider können nur Polymere mit den beiden niedrigsten Zahlen, welche PET (1) – das verwendete Polymer für Getränkeflaschen (Softdrinks) – und HDPE (2) – das dichte Polymer für Saft- und Milchflaschen – in einem ausreichenden Umfang recycelt werden. Diese machen allerdings weniger als 25 % aller Polymere aus. Die anderen Polymere landen daher auf Mülldeponien.

PET wird recycelt, indem das Polymer in einer sauren Methanollösung erhitzt wird. Die ablaufende Umesterungsreaktion (Abschnitt 15.7) ist die Umkehrung der Umesterungsreaktion, die das Polymer gebildet hat. Da die Produkte des Recycling-PETs genau die Monomere sind, aus denen es hegestellt wurde, kann man sie verwenden, um daraus mehr PET herzustellen.

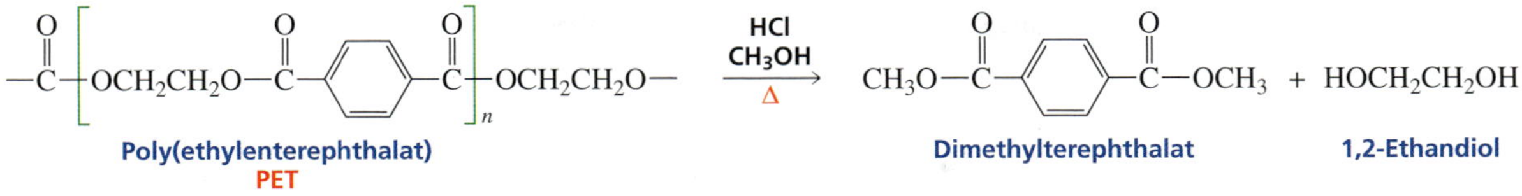

Biologisch abbaubare Polymere 27.14

Biologisch abbaubare Polymere sind Polymere, die durch Mikroorganismen wie Bakterien, Pilze oder Algen abgebaut werden können. Polylactid (PLA), ein biologisch abbaubares Polymer der Milchsäure, wird für den Abbau vieler Polymere verwendet. Wenn Milchsäure polymerisiert wird, spaltet sich ein Wassermolekül ab, welches die neue Esterbindung hydrolisieren kann und die Milchsäure neu bildet.

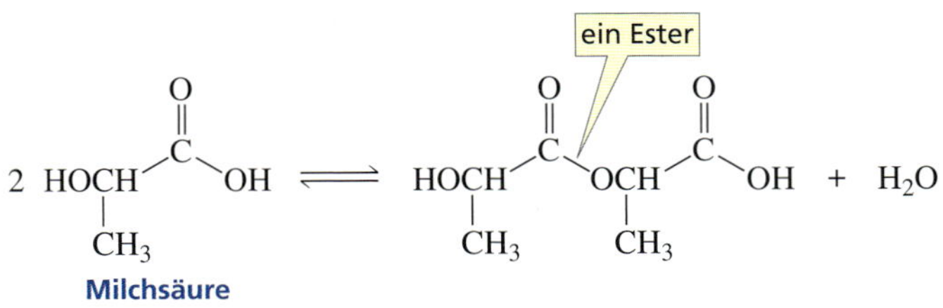

Wenn jedoch Milchsäure in ein zyklisches Dimer umgewandelt wird, kann das Dimer ein Polymer bilden, ohne dass es dabei den Verlust eines Wassermoleküls verzeichnet. Dies erfolgt durch eine Ringöffnungspolymerisation. (Die roten Pfeile zeigen die Bildung der tetraedrischen Zwischenstufe; Die blauen Pfeile zeigen die anschließende Eliminierung aus der tetraedrischen Zwischenstufe.)

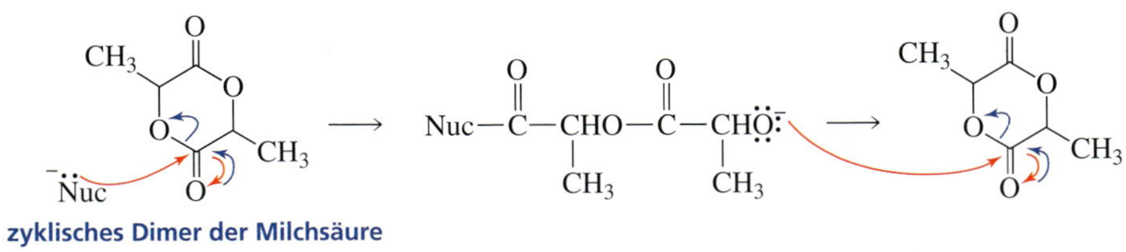

Da Milchsäure ein Chiralitätszentrum hat, existieren verschiedene Formen des Polymers. Deren physikalische Eigenschaften hängen vom Verhältnis der bei der Synthese verwendeten *R*- und *S*-Enantiomere ab. Polylactide werden derzeit in glatten Stoffen, mikrowellenfähigen Tabletts, in Lebensmittelverpackungen und in mehreren medizinischen Produkten wie Nahtmaterial, Stents und Vorrichtungen zur Abgabe von Medikamenten verwendet. Sie finden außerdem Verwendung in der Herstellung von Getränkegläsern für Kaltgetränke. Leider können sie nicht in der Herstellung für Heißgetränkebehältnisse verwendet werden, da heiße Getränke bewirken, dass sich die Polymere verflüssigen. Obwohl Polylactide teurer als nicht biologisch abbaubare Polymere sind, sinkt deren Marktpreis mit steigender Produktion.

Gläser aus PLA.

Polyhydroxyalkanoate (PHAs) sind weitere biologisch abbaubare Polymere. Sie sind Stufenwachstumspolymere aus 3-Hydroxycarbonsäuren und sind – wie PLA – Polyester. Das häufigste PHA ist PHB, ein Polymer aus 3-Hydroxybuttersäure; Es kann das derzeit verwendete Polypropylen in vielen Anwendungsbereichen ersetzen. Im Gegensatz zu Polypropylen, welches oben schwimmt, weist PHB keine Schwimmfähigkeit auf. PHBV, ein PHA, das unter dem Namen Biopol im Handel vertreten ist, ist ein Copolymer aus 3-Hydroxybuttersäure und 3-Hydroxyvaleriansäure. Es wird in der Herstellung von Gebrauchsgegenständen wie Papierkörben, Zahnbürstenhalterungen und Seifenspendern verwendet. PHAs werden durch Bakterien zu CO_2 und H_2O abgebaut.

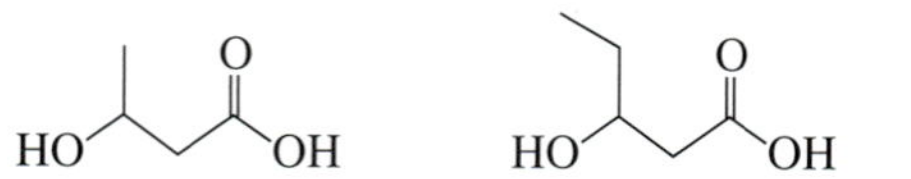

3-Hydroxybuttersäure **3-Hydroxyvaleriansäure**

Ü 23*

(a) Zeichnen Sie die Struktur eines kurzen Abschnitts von PHB.

(b) Zeichnen Sie die Struktur eines kurzen Abschnitts von PHBV mit alternierenden Monomeren.

Zusammenfassung

Abschnitt 27.0

- Ein **Polymer** ist ein sehr großes Molekül, das durch kovalente Verknüpfungen aus sich wiederholenden Einheiten von kleineren Molekülen, die **Monomere** genannt werden, hergestellt wird. Der Verknüpfungsprozess wird als **Polymerisation** bezeichnet.
- Polymere lassen sich in zwei Gruppen einteilen: Von Zellen synthetisierte **Biopolymere** und von Wissenschaftler*innen synthetisierte **synthetische Polymere**.

Abschnitt 27.1

- Synthetische Polymere lassen sich in zwei Klassen einteilen: **Kettenwachstumspolymere**, auch **Additionspolymere** genannt; und **Schrittwachstumspolymere**, auch als **Kondensationspolymere** bekannt.

Abschnitt 27.2

- **Kettenwachstumspolymere** werden durch **Kettenreaktionen** hergestellt, in der sich die Monomere in einer wachsenden Kette nacheinander aneinander anfügen.
- Die Kettenreaktionen erfolgen nach einem von drei Mechanismen: **radikalische Polymerisation**, **kationische Polymerisation** oder **anionische Polymerisation**.
- Jeder dieser Mechanismen hat einen Initiationsschritt, der die Polymerisation beginnt, Ausbreitungsschritte, während derer die Kette an ihrer **Fortpflanzungsstelle** wachsen kann und einen Beendigungsschritt, der das Wachstum der Kette beendet.
- Die Wahl des Mechanismus hängt von der Struktur des Systems, des Monomers und des zur Aktivierung des Monomers verwendeten Initiators.

Abschnitte 27.3–27.6

- Bei einer radikalischen Polymerisation ist der Initiator ein Radikal; bei einer kationischen Polymerisation ist dieser ein Elektrophil; und bei einer anionischen Polymerisation ist er ein Nucleophil.
- Die Kettenwachstumspolymerisation hat eine Präferenz für **Kopf-an-Schwanz-Verknüpfungen**.
- Verzweigungen beeinflussen die physikalischen Eigenschaften des Polymers, da unverzweigte Ketten enger zusammengefasst werden können als verzweigte Ketten.
- Ein **Weichmacher** ist eine organische Verbindung, die sich in einem Polymer löst und dadurch bewirkt, dass die Ketten des Polymers aneinander vorbeigleiten.
- Nichtterminierte Polymerketten werden als **lebende Polymere** bezeichnet.
- Epoxide können **Ringöffnungspolymerisationen** durchlaufen.

Abschnitt 27.7

- Die Substituenten befinden sich in einem **isotaktischen Polymer** auf derselben Seite der Kohlenstoffkette und alternieren auf beiden Seiten der Kette in einem **syndiotaktischen Polymer**. In einem **ataktischen Polymer** wieder sind sie statistisch orientiert.
- Die Struktur eines Polymers kann durch **Ziegler-Natta-Katalysatoren** beeinflusst werden.

Abschnitt 27.8

- **Naturkautschuk** ist ein Polymer aus 2-Methyl-1,3-butadien. **Synthetischer Gummi** hingegen wird durch Polymerisieren anderer Diene als 2-Methyl-1,3-butadien hergestellt.
- Das Erwärmen von Gummi mit Schwefel zur Vernetzung der Ketten heißt **Vulkanisation**.

Abschnitt 27.9

- **Homopolymere** bestehen nur aus einer Art eines Monomers. **Copolymere** bestehen aus mehr als einer Art von Monomeren.

Abschnitt 27.10

- **Stufenwachstumspolymere** werden durch die Reaktion von zwei Molekülen mit reaktiven funktionellen Gruppen an jedem Ende gebildet.

Abschnitt 27.11

- Nylon ist ein **Polyamid**, **Aramide** sind aromatische Polyamide, Dacron ist ein **Polyester**.
- **Polycarbonate** haben zwei an denselben Carbonylkohlenstoff gebundene Alkoxygruppen.
- **Epoxidharze** sind weitgehend vernetzte Polymere, aus denen extrem starke Klebstoffe hergestellt werden können.
- Ein **Urethan** ist eine Verbindung mit einer OR- und einer NHR-Gruppe, die an denselben Carbonylkohlenstoff gebunden sind.

Abschnitt 27.12

- **Kristallite** sind stark oriente Regionen eines Polymers. Je kristalliner ein Polymer ist, desto dichter, härter und widerstandsfähiger gegen Hitze ist es.
- **Thermoplastische Polymere** weisen kristalline und nicht kristalline Regionen auf.
- **Duroplastische Polymere** haben vernetzte Polymerketten. Je höher der Vernetzungsgrad ist, desto starrer ist das Polymer.
- Ein **Elastomer** ist ein Kunststoff, der sich ausdehnen und wieder in seine ursprüngliche Form zurückkehren kann.

Abschnitt 27.13

- PET kann recycelt werden, indem man es in Methanol erhitzt, wodurch es in das Material, aus dem es synthetisiert wurde, überführt wird.

Abschnitt 27.14

- **Biologisch abbaubare Polymere** können durch Mikroorganismen abgebaut werden.

Im MyLab | Organische Chemie finden Sie:

- den praktischen **eText** zum Kapitel mit Notizfunktion
- eine Auswahl verschiedener **3D-Moleküle**
- **Lösungen** zu ausgewählten, mit * versehenen Übungen
- digitale **Lernkarten** und ein umfangreiches **Glossar** zum Nachschlagen und Wiederholen von Definitionen
- digitale Übungsaufgaben in Form von **Kapiteltests** zur eigenen Lernkontrolle

Perizyklische Reaktionen

28

28.1 Die drei Arten perizyklischer Reaktionen 1438
28.2 Molekülorbitale und Orbitalsymmetrie 1442
28.3 Elektrozyklische Reaktionen 1447
28.4 Cycloadditionen 1455
28.5 Sigmatrope Umlagerungen 1459
28.6 Perizyklische Reaktionen in biologischen Systemen 1465
28.7 Zusammenfassung der Auswahlregeln für perizyklische Reaktionen 1469
Zusammenfassung 1470

ÜBERBLICK

In diesem Kapitel werden wir sehen, warum Vitamin D als Sonnenschein-Vitamin bezeichnet wird, wie Tiere, die nicht dem Sonnenlicht ausgesetzt sind, dennoch an Vitamin D herankommen und warum die Reaktion, die Hautkrebs verursacht, Sonnenlicht erfordert. Wir werden weiterhin die Reaktion betrachten, die für das Leuchten von Glühwürmchen verantwortlich ist.

Die Reaktionen, mit denen wir es in der Organischen Chemie zu tun haben, lassen sich drei grundlegenden Klassen zuordnen: polare Reaktionen, radikalische Reaktionen und perizyklische Reaktionen. Die häufigsten, und die, mit denen wir bisher am besten vertraut sind, sind die polaren Reaktionen.

- Eine **polare Reaktion** ist eine, in der ein Nucleophil mit einem Elektrophil reagiert. Beide Elektronen der neu gebildeten chemischen Bindung stammen vom Nucleophil.

Eine polare Reaktion

- Eine **radikalische Reaktion** ist eine, in der eine neue chemische Bindung gebildet wird, zu der jeder der beiden beteiligten Reaktionspartner jeweils ein Elektron beisteuert.

Eine radikalische Reaktion

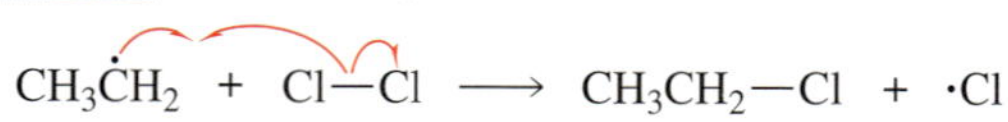

- Eine **perizyklische Reaktion** ist das Resultat einer Umordnung von Elektronen in dem oder den Reaktanten. Die einzige perizyklische Reaktion, die wir bisher gesehen haben, ist die Diels-Alder-Reaktion.

Die drei Arten perizyklischer Reaktionen 28.1

In diesem Kapitel werden wir die drei am weitesten verbreiteten Typen perizyklischer Reaktionen betrachten: *elektrozyklische Reaktionen*, *Cycloadditionen* und *sigmatrope Umlagerungen*.

Elektrozyklische Reaktionen

Eine **elektrozyklische Reaktion** ist eine intramolekulare Reaktion, bei der eine neue σ-(Sigma-)Bindung zwischen den Enden eines konjugierten π-Elektronensystems ausgebildet wird. Dieser Reaktionstyp ist leicht zu erkennen: Das Reaktionsprodukt ist immer eine zyklische Verbindung, die *einen Ring mehr* und *eine π-Bindung* weniger hat als die Ausgangssubstanz.

Eine elektrozyklische Reaktion

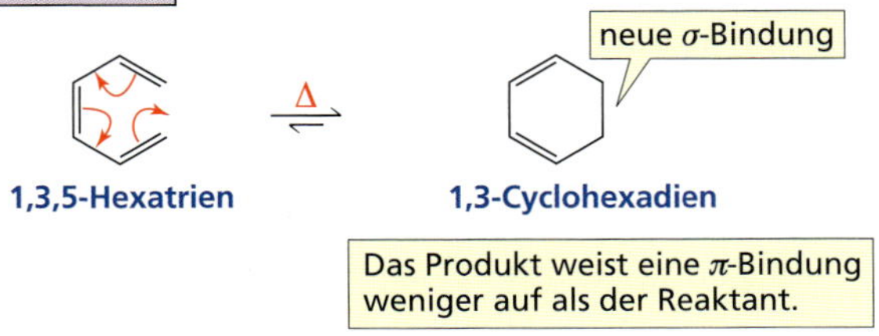

Elektrozyklische Reaktionen verlaufen reversibel. In der Rückreaktion wird bei einer elektrozyklischen Reaktion in einem zyklischen Reaktanten unter Bildung einer konjugierten π-Bindung eine σ-Bindung aufgebrochen. Das Reaktionsprodukt hat *einen Ring weniger* und *eine π-Bindung mehr* als die Ausgangssubstanz.

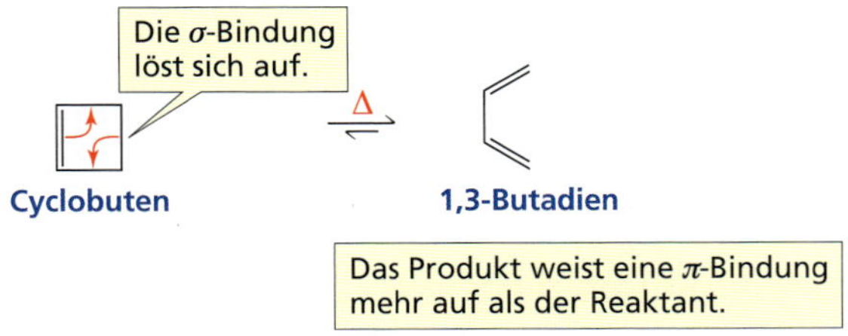

Cycloadditionen

Bei einer **Cycloaddition** reagieren zwei unterschiedliche Moleküle, die beide π-Bindungen enthalten, unter Bildung eines zyklischen Produktes. Jeder der Reaktanten verliert eine π-Bindung; das entstehende zyklische Reaktionsprodukt besitzt zwei neue σ-Bindungen. Die Diels-Alder-Reaktion ist ein bekanntes Beispiel einer Cycloaddition (Abschnitt 8.14).

Eine Cycloaddition

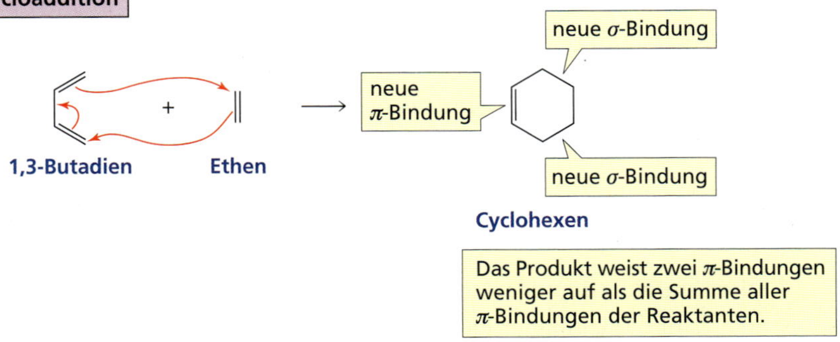

Sigmatrope Umlagerungen

Bei einer **sigmatropen Umlagerung** wird eine σ-Bindung des Reaktanten gespalten, eine neue σ-Bindung ausgebildet und das System der π-Elektronenbindungen umgeordnet. Die Zahl der π-Bindungen ändert sich nicht (Reaktant und Produkt der Reaktion weisen dieselbe Anzahl π-Bindungen auf). Die σ-Bindung, die gespalten wird, kann sich in der Mitte des π-Bindungssystems befinden oder an dessen Ende. Das π-Bindungssystem besteht aus den die Doppelbindung tragenden Kohlenstoffatomen sowie den unmittelbar benachbarten Kohlenstoffatomen.

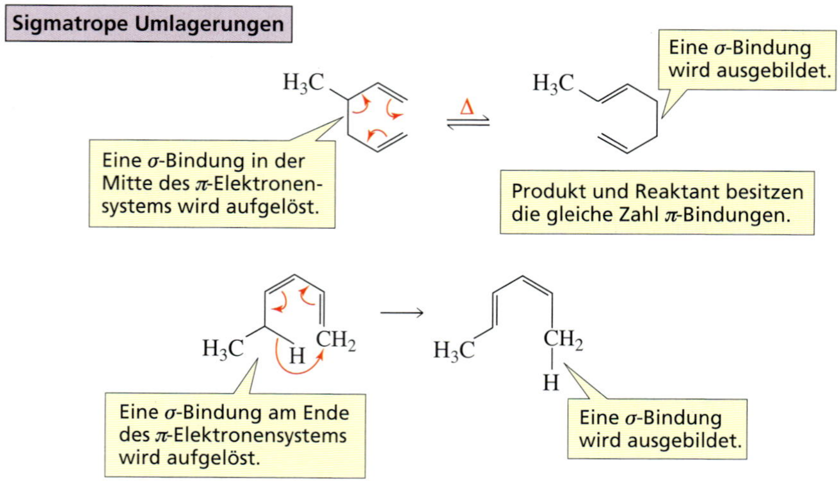

Gemeinsame Merkmale perizyklischer Reaktionen

Man beachte, dass sich elektrozyklische Reaktionen und sigmatrope Umlagerungen innerhalb eines einzelnen π-Bindungssystems abspielen – es handelt sich um *intra*molekulare Reaktionen. Im Gegensatz dazu sind an einer Cycloaddition zwei verschiedene π-Systeme beteiligt – es handelt sich im Allgemeinen um *inter*molekulare Reaktionen. Die drei Typen perizyklischer Reaktionen teilen sich die folgenden gemeinsamen Merkmale:

- Alle sind konzertierte Reaktionen. Das bedeutet, dass alle Elektronenverschiebungen in einem Reaktionsschritt erfolgen. Daher gibt es einen Übergangszustand und keine Zwischenstufen der Reaktion.
- Da die Reaktionen konzertiert verlaufen, sind sie im hohen Maße stereoselektiv.
- Katalysatoren oder Änderungen des Lösungsmittels haben im Allgemeinen keine Auswirkungen auf die Reaktionen.

Wir werden sehen, dass das im Verlauf einer perizyklischen Reaktion gebildete Produkt abhängt von

- der Konfiguration des Reaktanten,
- der Zahl der konjugierten Doppelbindungen oder Elektronenpaare in dem reagierenden System und davon,
- ob es sich um eine thermische oder eine photochemische Reaktion handelt.

*Eine **photochemische Reaktion** ist eine, die dadurch ausgelöst wird, dass einer der Reaktanten Licht absorbiert.*

*Eine **thermische Reaktion** findet ohne die Absorption von Licht statt.*

Ungeachtet ihres Namens erfordert eine thermische Reaktion nicht unbedingt mehr Wärme als schon bei Raumtemperatur zur Verfügung steht. Einige thermische Reaktionen erfordern jedoch eine größere Wärmezufuhr, um mit einer annehmbaren Geschwindigkeit abzulaufen, andere laufen jedoch bereitwillig schon bei Raumtemperatur oder sogar darunter.

Für viele Jahre stellten die perizyklischen Reaktionen Chemiker*innen vor Rätsel. Warum verliefen manche perizyklischen Reaktionen nur unter thermischen Bedingungen, während andere nur unter photochemischen Bedingungen stattfanden und wieder andere sowohl unter thermischen als auch unter photochemischen Bedingungen erfolgreich durchgeführt werden konnten?

Ein weiteres rätselhaftes Merkmal der perizyklischen Reaktionen waren die Konfigurationen der Reaktionsprodukte, die man fand. Nachdem man viele perizyklische Reaktionen untersucht hatte, wurde offenbar, dass – wenn eine perizyklische Reaktion sowohl unter thermischen wie unter photochemischen Bedingungen ablaufen konnte – die Konfiguration des Reaktionsproduktes, das unter der einen Bedingung gebildet wurde, verschieden von demjenigen war, das unter den anderen Reaktionsbedingungen gebildet wurde. Wenn man z. B. unter thermischen Bedingungen das *cis*-Isomer erhielt, so erhielt man unter photochemischen Bedingungen das *trans*-Isomer und umgekehrt.

Erhaltung der Orbitalsymmetrie

Es bedurfte zweier junger, talentierter Chemiker, die beide ihr jeweiliges Spezialwissen einbringen konnten, um das Kopfzerbrechen zu beenden und das seltsame Verhalten der perizyklischen Reaktionen zu erklären. Im Jahr 1965 entwickelten Robert Woodward, ein experimentell arbeitender Synthesechemiker und Roald Hoffmann, ein Theoretiker, die **Theorie der Erhaltung der Orbitalsymmetrie**, um die Beziehungen zwischen der Struktur und der Konfiguration des Reaktanten, den Reaktionsbedingungen (thermisch, photochemisch oder beides) und der Konfiguration des Produktes zu erklären. Weil das Verhalten bei perizyklischen Reaktionen so präzise vorhersagbar ist, überrascht es nicht, dass alles durch eine einzige simple Theorie erklärt werden kann. Der schwierige Teil der Arbeit bestand darin, die tiefe Einsicht zu erlangen, um die Theorie aufstellen zu können.

Die Theorie von der Erhaltung der Orbitalsymmetrie besagt, dass *Orbitale, die dieselbe Phase besitzen, im Verlauf einer perizyklischen Reaktion miteinander überlappen.* Die Theorie von der Erhaltung der Orbitalsymmetrie fußte auf der **Grenzorbitaltheorie**, die Kenichi Fukui 1954 aufgestellt hatte. Obwohl Fukuis Theorie zu der Zeit bereits über 10 Jahre alt war, war sie aufgrund ihrer mathematischen Komplexität und anderer damit einhergehender Schwierigkeiten, sie auf Probleme der Stereoselektivität anzuwenden, weitgehend übersehen worden.

Ü 1* Untersuchen Sie die folgenden perizyklischen Reaktionen. Geben Sie für jede Reaktion an, ob es sich um eine elektrozyklische Reaktion, eine Cycloaddition, oder um eine sigmatrope Umlagerung handelt.

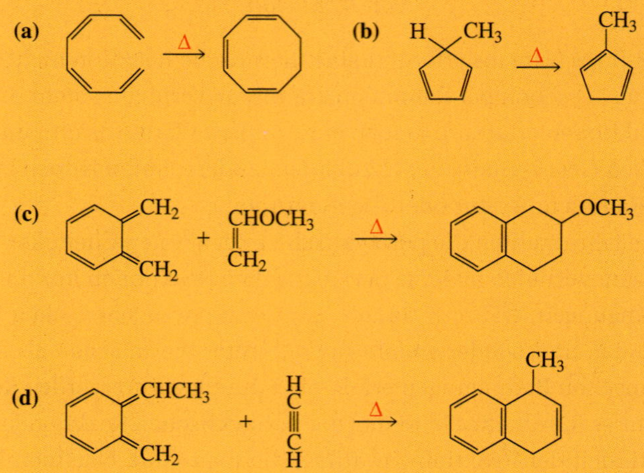

Molekülorbitale und Orbitalsymmetrie 28.2

Gemäß der Theorie der Erhaltung der Orbitalsymmetrie bestimmt die Symmetrie eines Molekülorbitals sowohl die Bedingungen, unter denen eine perizyklische Reaktion abläuft, als auch die Konfiguration des gebildeten Produkts. Um perizyklische Reaktionen zu verstehen, müssen wir uns jetzt auch die Molekülorbitaltheorie anschauen.

Die Überlappung von *p*-Atomorbitalen und die Bildung von π-Molekülorbitalen wird durch die Quantenmechanik mathematisch beschrieben. Das Ergebnis der mathematischen Behandlung des Problems kann durch die **Molekülorbitaltheorie (MO-Theorie)** auf einfache und nichtmathematische Weise dargestellt werden. Wir sind der Molekülorbitaltheorie schon in den Abschnitten 1.6 und 8.8 begegnet. Wir wollen uns etwas Zeit nehmen und die wesentlichen Aussagen der Theorie an dieser Stelle rekapitulieren.

- Die beiden Lappen eines *p*-Orbitals haben entgegengesetzte Phasen. Wenn zwei gleichphasige *p*-Atomorbitale wechselwirken, wird eine kovalente Bindung gebildet. Wenn zwei gegenphasige Atomorbitale wechselwirken, resultiert aus der Linearkombination ihrer Wellenfunktionen eine Knotenebene zwischen den Atomkernen; es herrscht ein antibindender Zustand.
- Elektronen besetzen Molekülorbitale nach genau denselben Regeln (Aufbauprinzip, Pauli'sches Ausschließungsprinzip, Hund'sche Regel), die auch die Besetzung der Atomorbitale bestimmen: Ein Elektron besetzt das freie Molekülorbital mit der geringstmöglichen Energie. Nur zwei Elektronen können sich in jedem einzelnen Molekülorbital aufhalten (Abschnitt 1.2).
- Jedes Kohlenstoffatom, das eine π-Bindung ausbildet, hat ein nichthybridisiertes *p*-Orbital, und die *p*-Orbitale von Kohlenstoffatomen können linearkombiniert werden, um π-Molekülorbitale zu bilden. Ein solches Molekülorbital kann daher mit Hilfe der Theorie der **Linearkombination von Atomorbitalen** (*linear combination of atomic orbitals*, **LCAO)** beschrieben

werden. In einem π-Molekülorbital umgibt ein Elektron, das sich vorher in einem p-Atomorbital eines einzelnen Kohlenstoffatomkerns aufgehalten hat, nunmehr den gesamten Molekülbereich, der von den wechselwirkenden p-Orbitalen eingeschlossen wird.

Molekülorbitalbeschreibung von Ethen

► Abbildung 28.1 zeigt eine Beschreibung des Ethenmoleküls mit Hilfe von Molekülorbitalen. (Um die verschiedenen Phasen der beiden Lappen eines p-Orbitals zu kennzeichnen, wird die eine Phase durch die Farbe blau, die andere mit entgegengesetztem Vorzeichen durch Farbe grün illustriert.)* Weil das Ethen eine π-Bindung besitzt, sind zwei p-Orbitale nötig, die miteinander kombiniert werden, um zwei π-Molekülorbitale zu kreieren (Abschnitt 1.6). Die gleichphasige Kombination der beiden p-Atomorbitale führt zu einem **bindenden π-Molekülorbital** mit der Bezeichnung ψ_1 (ψ, griechischer Buchstabe „psi"). Das bindende Molekülorbital besitzt eine *geringere* Energie als die isolierten p-Atomorbitale. Die beiden p-Atomorbitale der Kohlenstoffatome im Ethenmolekül können aber auch gegenphasig miteinander in Wechselwirkung treten. Gegenphasige Linearkombination der Atomorbitale führt zu einem **antibindenden π^*-Molekülorbital**, ψ_2, welches eine höhere potenzielle Energie aufweist als die p-Atomorbitale.

MERKE!

Die Orbitale werden konserviert: zwei Atomorbitale verbinden sich zu zwei MOs, vier Atomorbitale verbinden sich zu vier MOs , sechs Atomorbitale bilden zusammen sechs MOs und so weiter.

Das bindende Molekülorbital resultiert aus einer additiven Linearkombination der Atomorbitale, während das antibindende Molekülorbital das Ergebnis einer subtraktiven Linearkombination von Atomorbitalen ist. Anders ausgedrückt: die gleichphasige Wechselwirkung führt zu einer chemischen Bindung, die die Atome zusammenhält, wohingegen die gegenphasige Wechselwirkung zu einer Abstoßung der Atome führt. Somit erzeugt eine gleichphasige Überlappung eine Bindungswechselwirkung und eine außer Phase liegende Überlappung erzeugt einen Knoten. Es sei daran erinnert, dass ein Knoten ein Ort ist, an dem die Wahrscheinlichkeit, ein Elektron zu finden, gleich null ist (Abschnitt 1.5).

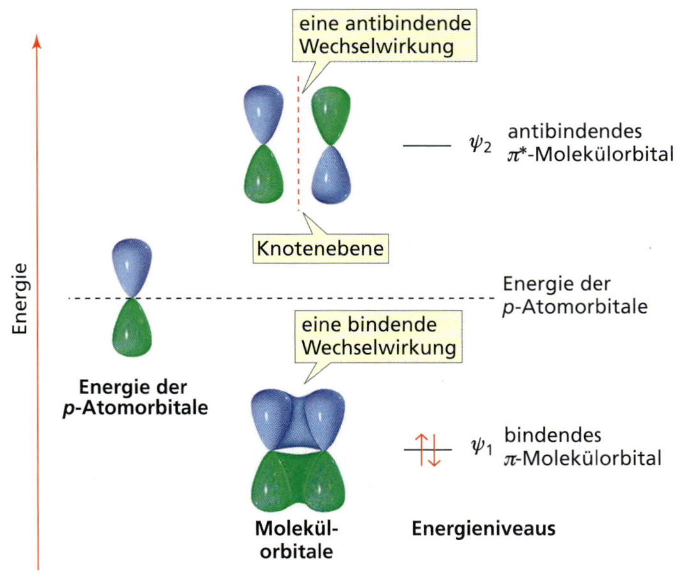

Abbildung 28.1: Die beiden p-Atomorbitale des Ethens kombinieren miteinander und bilden zwei MOs.

* Da die unterschiedlichen Phasen eines p-Orbitals auf unterschiedliche mathematische Vorzeichen (+ bzw. –) der Wellenfunktion des betreffenden Elektrons zurückgehen, werden die Phasen vielfach auch durch die mathematischen Symbole + und – dargestellt.

Da sich Elektronen in den verfügbaren Molekülorbitalen mit der geringstmöglichen Energie aufhalten und nur zwei Elektronen ein jedes Orbital besetzen können, halten sich die beiden π-Elektronen des Ethens in dem bindenden π-Molekülorbital auf. Dieses Molekülorbitalbild (► Abbildung 28.1) ist auf alle Moleküle mit einer einzelnen Kohlenstoff-Kohlenstoff-Doppelbindung anwendbar.

Molekülorbitalbeschreibung von 1,3-Butadien

1,3-Butadien besitzt zwei konjugierte π-Bindungen, die aus vier p-Atomorbitalen hervorgegangen sind (► Abbildung 28.2). Vier Atomorbitale lassen sich auf vier verschiedene Weisen miteinander linearkombinieren. Als Folge davon gibt es vier π-Molekülorbitale: ψ_1, ψ_2, ψ_3 und ψ_4. Man beachte, dass die Anzahl der Orbitale erhalten bleibt: Vier Atomorbitale liefern bei der Linearkombination vier Molekülorbitale. Die Hälfte davon sind bindende Molekülorbitale (ψ_1 und ψ_2), die andere Hälfte antibindende (ψ_3 und ψ_4). Man beachte ebenfalls, dass die bindenden MOs von niedrigerer Energie sind als die p-Orbitale, aus denen sie hervorgegangen sind, die antibindenden MOs jedoch von höherer Energie als die p-Orbitale. Weil die vier π-Elektronen die verfügbaren Molekülorbitale mit den niedrigsten Energien besetzen, halten sich zwei in ψ_1 und die verbleibenden zwei in ψ_2 auf. Erinnern Sie sich daran, dass alle Molekülorbitale, obwohl sie unterschiedlicher Energie sind, koexistieren. Dieses Molekülorbitalbild beschreibt alle Moleküle mit zwei konjugierten Kohlenstoff-Kohlenstoff-Doppelbindungen.

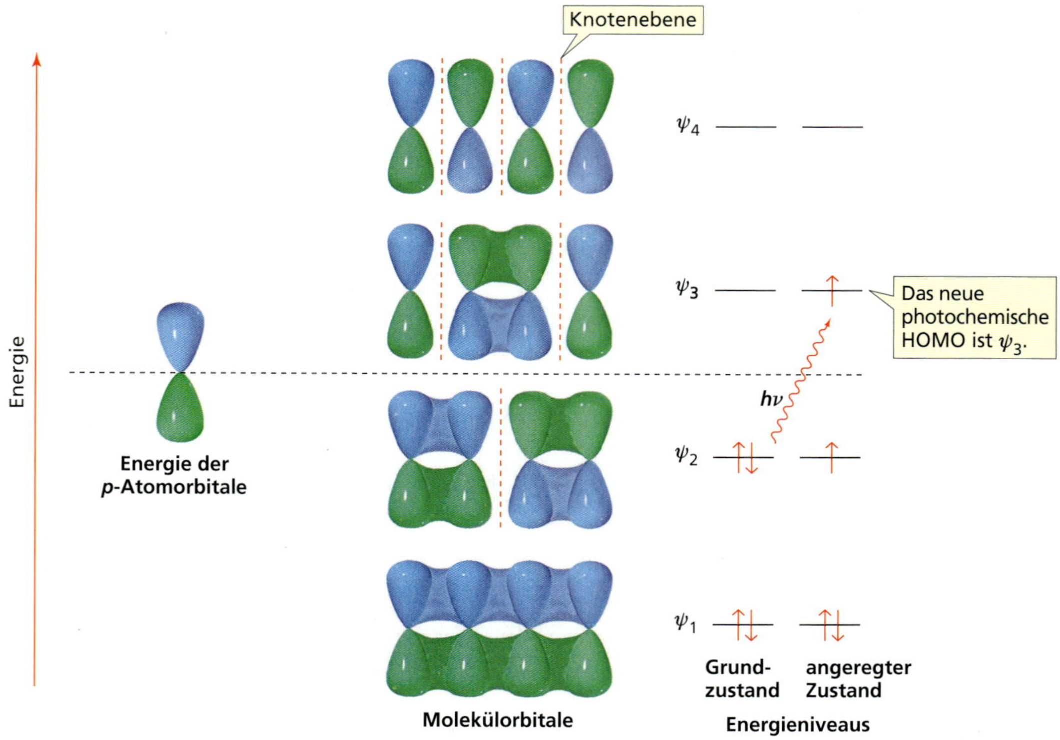

Abbildung 28.2: Vier p-Atomorbitale wechselwirken bei der Bildung von vier π-Molekülorbitalen des 1,3-Butadiens.

Analyse von Molekülorbitalen

Wenn man die wechselwirkenden Orbitale aus ► Abbildung 28.2 untersucht, so stellt man fest, dass gleichphasige Wechselwirkung zu einer Bindung führt und gegenphasige Wechselwirkung zu einer Knotenfläche. Man sieht, dass mit steigender Energie der Molekülorbitale die Zahl der bindenden Wechselwirkungen abnimmt und die Zahl der Knotenflächen *zwischen* den Atomkernen zunimmt. Das Orbital ψ_1 beispielsweise weist drei bindende Wechselwirkungen auf und enthält keine Knotenebene zwischen den Atomkernen. ψ_2 lässt zwei bindende Wechselwirkungen erkennen und besitzt eine Knotenebene zwischen den Atomkernen, ψ_3 hat eine bindende Wechselwirkung und zwei Knotenebenen zwischen den Atomkernen. ψ_4 schließlich besitzt keine bindenden Wechselwirkungen und drei Knotenebenen zwischen den Atomkernen. *Man beachte, dass ein Molekülorbital bindend ist, falls die Zahl der bindenden Wechselwirkungen größer ist als die Zahl der Knotenflächen zwischen den Atomkernen; ein Molekülorbital ist antibindend, falls die Zahl der bindenden Wechselwirkungen kleiner ist als die Zahl der Knotenflächen zwischen den Atomkernen.*

Die normale Elektronenkonfiguration eines Moleküls wird **Grundzustand** genannt. Im Grundzustand des 1,3-Butadiens ist das **höchste besetzte Molekülorbital (HOMO,** *Highest Occupied Molecular Orbital***)** das ψ_2, und das **niedrigste unbesetzte Molekülorbital (LUMO,** *Lowest Unoccupied Molecular Orbital***)** das ψ_3. Falls ein solches 1,3-Butadienmolekül Licht der passenden Wellenlänge absorbiert, wird die Energie des Lichtes ein Elektron aus dem HOMO des Grundzustands in das LUMO (von ψ_2 nach ψ_3) überführen. Das Molekül befindet sich dann in einem **angeregten Zustand**. Im angeregten Zustand ist ψ_3 das HOMO und ψ_4 das LUMO.

Bei einer thermischen Reaktion befindet sich der Reaktant in seinem Grundzustand; bei einer photochemischen Reaktion befindet sich der Reaktant in einem angeregten Zustand.

Einige Molekülorbitale sind *symmetrisch* und andere *dissymmetrisch* (oder *asymmetrisch*), und man kann sie leicht unterscheiden. Falls die *p*-Orbitale an den Enden eines Molekülorbitals gleichphasig sind (die beiden, die die blauen Lappen in unserer Symbolik oben und die grünen unten haben), ist das Molekülorbital symmetrisch. Falls die beiden endständigen *p*-Orbitale gegenphasig sind, ist das Molekülorbital dissymmetrisch. In ► Abbildung 28.2 sind ψ_1 und ψ_3 **symmetrische Molekülorbitale**, ψ_2 und ψ_4 sind **dissymmetrische Molekülorbitale**.

MERKE!

Ein Molekül reagiert aus seinem Grundzustand heraus in einer thermischen Reaktion und aus seinem angeregten Zustand heraus in einer photochemischen Reaktion.

Man beachte, dass sich bei der Zunahme der Energie der Orbitale symmetrische und dissymmetrische Orbitale abwechseln. Daher

weisen das HOMO des Grundzustands und das HOMO des angeregten Zustands stets entgegengesetzte Symmetrien auf – eines ist symmetrisch und das andere dissymmetrisch.

Molekülorbitalbeschreibung von 1,3,5-Hexatrien

Eine Molekülorbitalbeschreibung des 1,3,5-Hexatriens mit konjugierten Doppelbindungen ist in ► Abbildung 28.3 dargestellt. Untersuchen Sie als theoretische Übung diese Abbildung und lenken Sie dabei Ihre Aufmerksamkeit auf

MERKE!

Das HOMO des Grundzustands und das HOMO des angeregten Zustands besitzen entgegengesetzte Symmetrien.

- die Verteilung der Elektronen im Grundzustand und in den angeregten Zuständen;
- die Abnahme der Zahl der bindenden Wechselwirkungen bzw. die Zunahme der Zahl der Knotenflächen in dem Maß, in dem die Energie der Molekülorbitale ansteigt;
- den Wechsel bei den Molekülorbitalen zwischen symmetrisch und dissymmetrisch, wenn die Orbitalenergie ansteigt;
- das neue HOMO und LUMO, über das der Grundzustand im Vergleich mit dem angeregten Zustand verfügt.

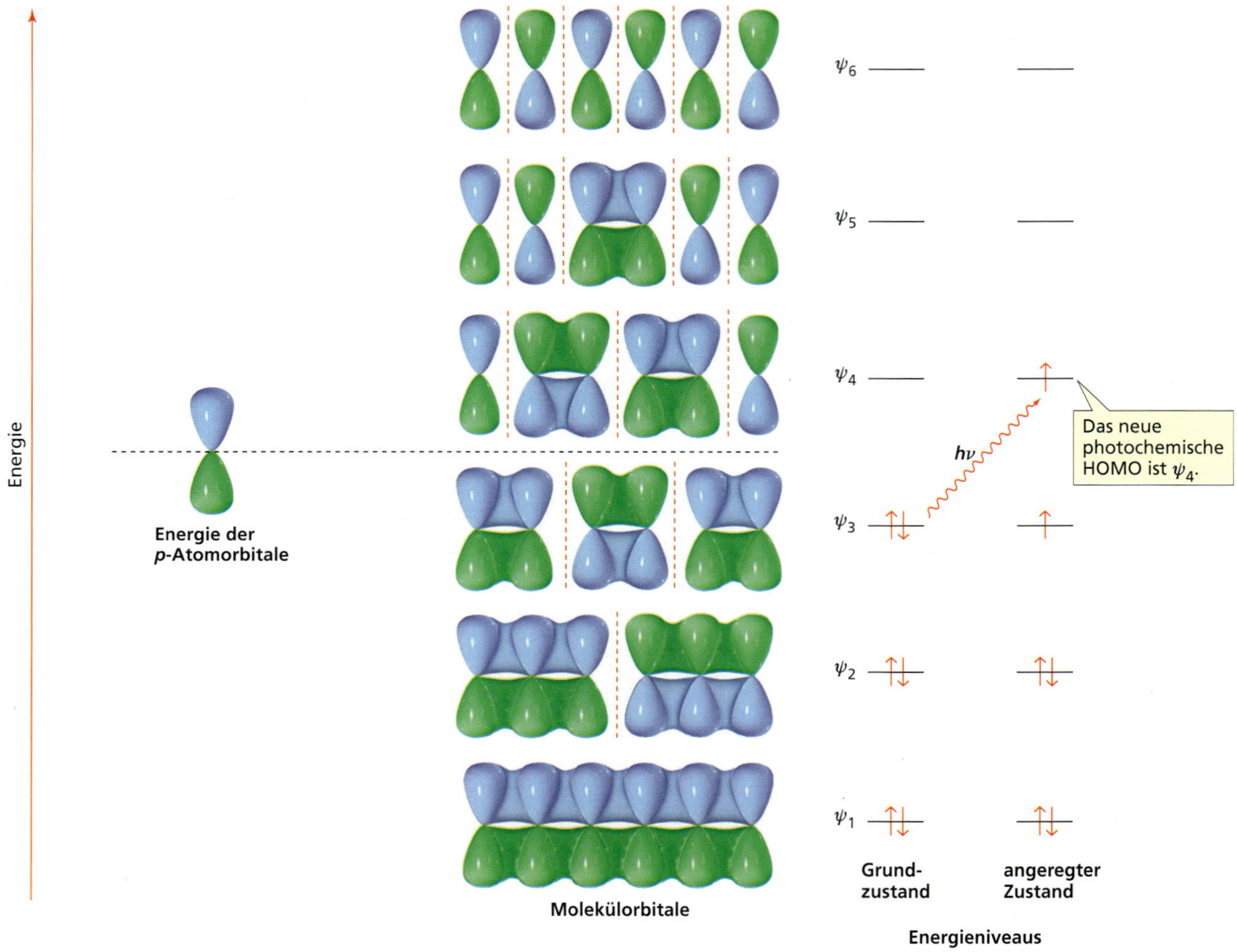

Abbildung 28.3: Sechs *p*-Orbitale wechselwirken bei der Bildung von sechs π-Molekülorbitalen des 1,3,5-Hexatriens.

Obwohl die Chemie einer Verbindung von allen ihren Molekülorbitalen bestimmt wird, können wir eine Menge über die Chemie einer Verbindung lernen, wenn wir nur deren **höchstes besetztes Molekülorbital (HOMO)** und ihr **niedrigstes unbesetztes Molekülorbital (LUMO)** betrachten. Diese beiden Molekülorbitale werden als **Grenzorbitale** bezeichnet. Wir werden im Folgenden sehen, dass wir nur durch die Betrachtung von *einem* der Grenzorbitale des oder der Reaktanten einer perizyklischen Reaktion die Bedingungen vorhersagen können, unter denen die Reaktion stattfinden wird (thermisch oder photochemisch oder beides), sowie die Reaktionsprodukte, die sich bilden werden.

Ü 2* Beantworten Sie die folgenden Fragen für die π-Molekülorbitale des 1,3,5-Hexatriens:
(a) Welches sind die bindenden Orbitale, und welches sind die antibindenden Orbitale?
(b) Welche Orbitale sind das HOMO und welche das LUMO des Grundzustands?
(c) Welche Orbitale sind das HOMO und welche das LUMO des angeregten Zustands?
(d) Welche Orbitale sind symmetrisch, und welche sind dissymmetrisch?
(e) Wie ist die Beziehung zwischen HOMO und LUMO und symmetrischen und dissymmetrischen Orbitalen?

Ü 3*
(a) Wie viele π-Molekülorbitale besitzt 1,3,5,7-Octatetraen?
(b) Wie lautet die Bezeichnung für das HOMO des 1,3,5,7-Octatetraens (ψ_1, ψ_2, ...)?
(c) Wie viele Knotenflächen zwischen den Atomkernen besitzt das π-Molekülorbital mit der höchsten Energie?

Ü 4 Fertigen Sie eine Molekülorbitalbeschreibung für die folgenden Verbindungen an:
(a) 1,3-Pentadien **(c)** 1,3,5-Heptatrien
(b) 1,4-Pentadien **(d)** 1,3,5,8-Nonatetraen

Elektrozyklische Reaktionen 28.3

Eine *elektrozyklische Reaktion* ist eine intramolekulare Reaktion, bei der die Bildung einer σ-Bindung zwischen den Enden des π-Systems und die Umlagerung von π-Elektronen zu einem zyklischen Reaktionsprodukt führt, das eine π-Bindung weniger besitzt als der Reaktant. Eine elektrozyklische Reaktion ist vollständig stereoselektiv – es wird nur ein Stereoisomer gebildet; eine elektrozyklische Reaktion ist also stereospezifisch.

Beispiel 1

Wenn beispielsweise (2*E*,4*Z*,6*E*)-Octatrien unter thermischen Bedingungen eine elektrozyklische Reaktion durchläuft, wird nur das *cis*-Produkt gebildet. Wenn (2*E*,4*Z*,6*Z*)-Octatrien unter thermischen Bedingungen eine elektrozyklische Reaktion durchläuft, wird nur das *trans*-Produkt gebildet. Erinnern Sie sich daran, dass *E* bedeutet, dass die Gruppen mit der höchsten Priorität auf entgegengesetzten Seiten der Doppelbindung stehen, und dass *Z* bedeutet, dass die Gruppen mit der höchsten Priorität auf derselben Seite der Doppelbindung stehen (Abschnitt 4.13).

Hinweis für die Studierenden

Rufen Sie sich in Erinnerung, dass *E* bedeutet, dass sich die Gruppen mit höchster Priorität auf gegenüberliegenden Seiten der Doppelbindung befinden, und *Z* bedeutet, dass sich die Gruppen mit höchster Priorität auf derselben Seite der Doppelbindung befinden (Abschnitt 4.2).

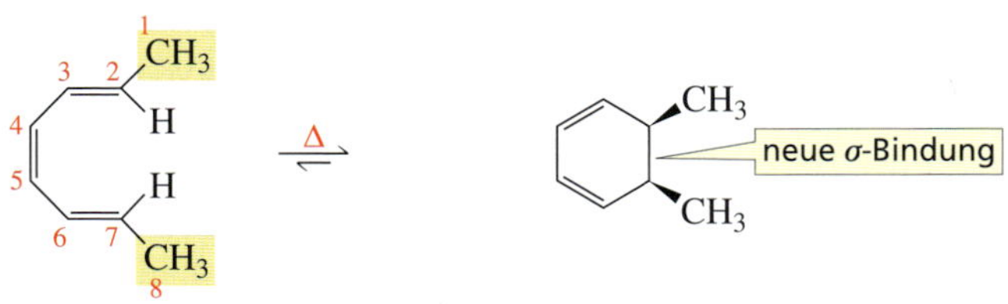

(2*E*,4*Z*,6*E*)-Octatrien *cis*-5,6-Dimethyl-1,3-cyclohexadien

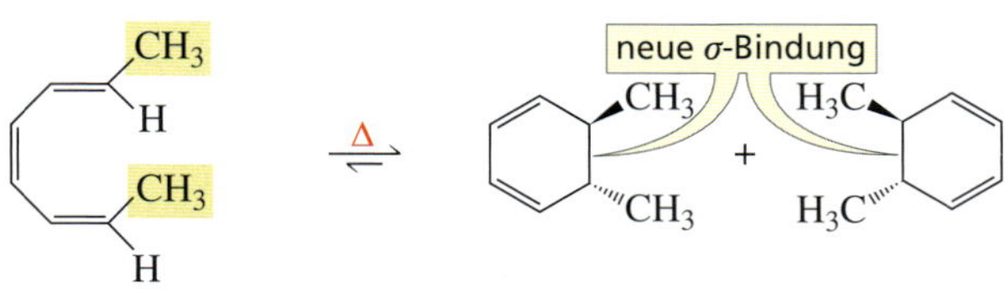

(2*E*,4*Z*,6*Z*)-Octatrien *trans*-5,6-Dimethyl-1,3-cyclohexadien

Wenn diese Reaktionen jedoch unter photochemischen Bedingungen durchgeführt werden, weisen die Produkte entgegengesetzte Konfigurationen auf: Die Verbindung, die unter thermischen Bedingungen das *cis*-Isomer bildet, bildet unter photochemischen Bedingungen das *trans*-Isomer, und die Verbindung, die unter thermischen Bedingungen das *trans*-Isomer bildet, bildet unter photochemischen Bedingungen das *cis*-Isomer.

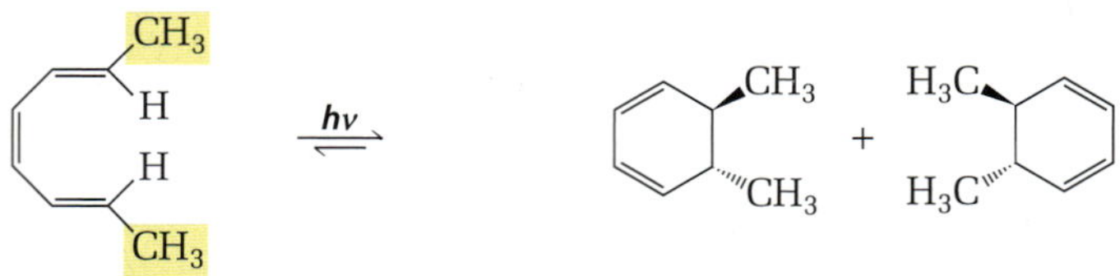

(2*E*,4*Z*,6*E*)-Octatrien **trans-5,6-Dimethyl-1,3-cyclohexadien**

MERKE!

Δ = thermische Bedingungen
***hν* = photochemische Bedingungen**

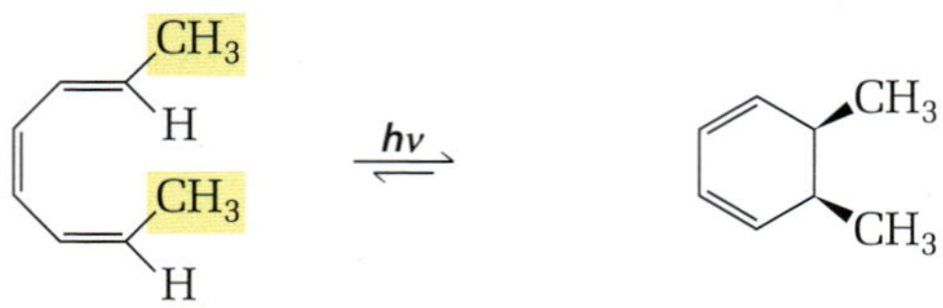

(2*E*,4*Z*,6*Z*)-Octatrien ***cis*-5,6-Dimethyl-1,3-cyclohexadien**

Beispiel 2

Unter thermischen Bedingungen zyklisiert (2*E*,4*Z*)-Hexadien zu *cis*-3,4-Dimethylcyclobuten, (2*E*,4*E*)-Hexadien zyklisiert zu *trans*-3,4-Dimethylcyclobuten.

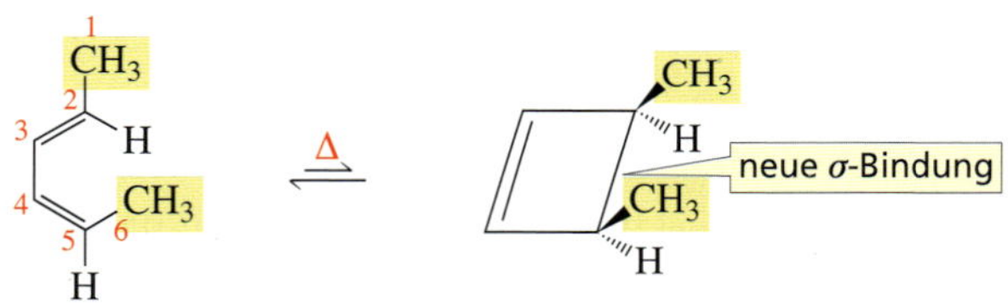

(2*E*,4*Z*)-Hexadien ***cis*-3,4-Dimethylcyclobuten**

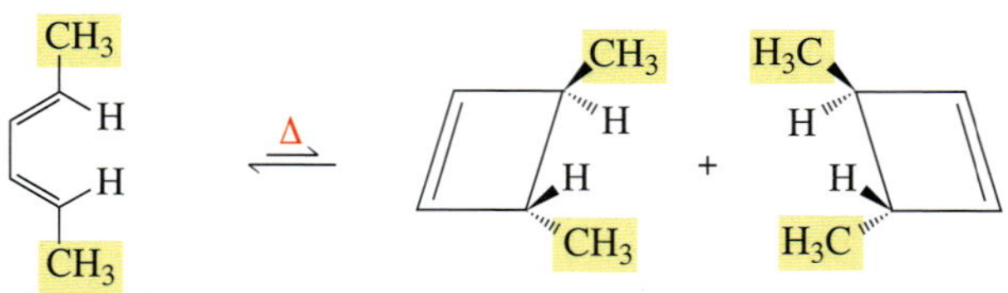

(2*E*,4*E*)-Hexadien ***trans*-3,4-Dimethylcyclobuten**

Wie wir bei den Octatrienen bereits gesehen haben, ändert sich auch hier die Konfiguration der Produkte, falls die Reaktionen unter photochemischen Bedingungen ausgeführt werden: Das *trans*-Isomer erhält man anstelle des *cis*-Isomers aus (2*E*,4*Z*)-Hexadien; das *cis*-Isomer erhält man aus (2*E*,4*E*)-Hexadien anstelle des *trans*-Isomers.

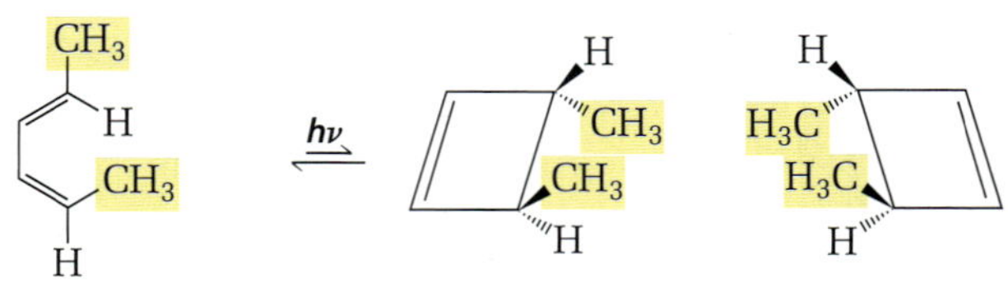

(2*E*,4*Z*)-Hexadien ***trans*-3,4-Dimethylcyclobuten**

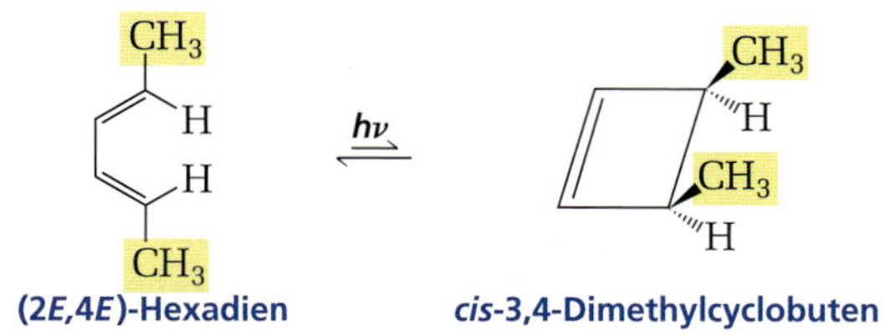

Elektrozyklische Reaktionen sind reversibel. Das zyklische Reaktionsprodukt wird bei elektrozyklischen Reaktionen, bei denen sich sechsgliedrige Ringe bilden, bevorzugt, wohingegen die offenkettige Verbindung bei solchen elektrozyklischen Reaktionen bevorzugt ist, bei denen sich viergliedrige Ringe gebildet haben, da mit der Bildung solcher Ringe Winkelspannung und Torsionsspannung einhergeht (Abschnitt 3.12).

Wir werden nunmehr das, was wir über Molekülorbitale gelernt haben, benutzen, um die Konfigurationen der vorhergehenden Reaktionen zu erklären. Wir werden dann in der Lage sein, die Konfiguration der Produkte jeder elektrozyklischen Reaktion vorherzusagen.

Konrotatorischer und disrotatorischer Ringschluss

Das Produkt einer elektrozyklischen Reaktion ergibt sich aus der Bildung einer neuen σ-Bindung. Damit sich diese Bindung bilden kann, müssen die p-Orbitale an den Enden eines konjugierten Systems so rotieren, dass sie Kopf-an-Kopf überlappen (und von sp^2 zu sp^3 rehybridisieren). Die Rotation kann auf zwei Weisen erfolgen. Falls beide Orbitale in der gleichen Richtung rotieren (beide im oder beide gegen den Uhrzeigersinn), erfolgt der Ringschluss **konrotatorisch**.

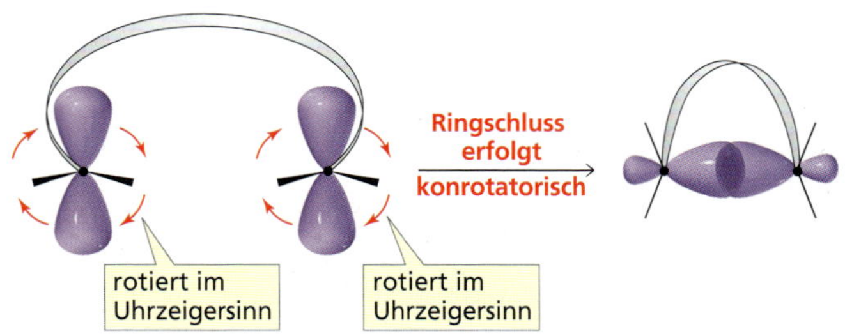

Falls die Orbitale in entgegengesetzten Richtungen rotieren (eine im und die andere gegen den Uhrzeigersinn), erfolgt der Ringschluss **disrotatorisch**.

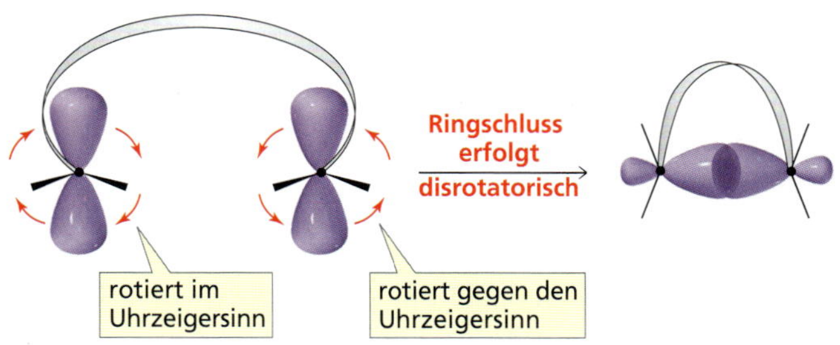

Der Modus des Ringschlusses hängt von der Symmetrie des HOMOs der Verbindung ab, die den Ringschluss vollzieht. Lediglich die Symmetrie des HOMOs ist von Bedeutung für die Festlegung des Reaktionsverlaufs, weil es der Ort ist, an dem sich die Elektronen mit der höchsten Energie aufhalten. Sie sind die am wenigsten fest gebundenen Elektronen und infolgedessen diejenigen, die im Verlauf einer Reaktion am leichtesten verschoben werden können.

Symmetrieerlaubte und symmetrieverbotene Reaktionswege

Um die neue σ-Bindung bilden zu können, müssen die Orbitale so rotieren, dass die gleichphasigen p-Orbitale überlappen, da die gleichphasige Überlappung eine bindende Wechselwirkung darstellt. Die gegenphasige Überlappung wäre eine antibindende Wechselwirkung. Falls das HOMO symmetrisch ist (identische Endorbitale aufweist), muss die Rotation disrotatorisch erfolgen, um eine gleichphasige Überlappung zu erzeugen. Der disrotatorische Ringschluss ist, anders gesagt, symmetrieerlaubt, wohingegen der konrotatorische Ringschluss symmetrieverboten ist.

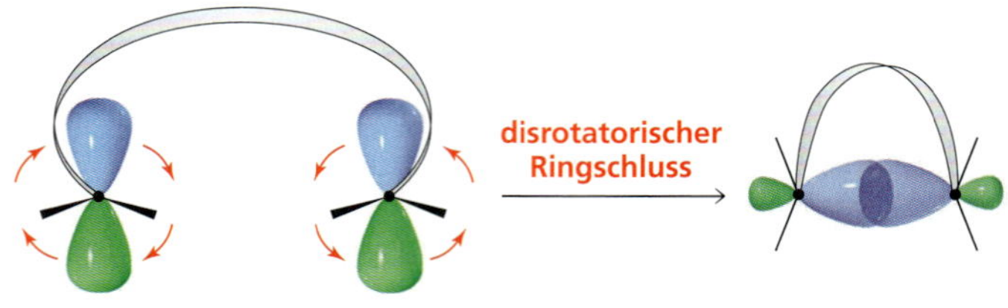

HOMO ist symmetrisch

Falls das HOMO dissymmetrisch ist, muss die Rotation konrotatorisch erfolgen, um eine gleichphasige Überlappung zuwege zu bringen. Mit anderen Worten: Der konrotatorische Ringschluss ist symmetrieerlaubt, während der disrotatorische Ringschluss symmetrieverboten ist.

HOMO ist dissymmetrisch

Man beachte, dass ein **symmetrieerlaubter Reaktionsweg** einer ist, bei dem gleichphasige Orbitale überlappen; ein **symmetrieverbotener Reaktionsweg** ist einer, bei dem gegenphasige Orbitale überlappen.

> **MERKE!**
>
> **Ein symmetrieerlaubter Reaktionsweg erfordert die gleichphasige Überlappung von Orbitalen.**

- Eine symmetrieerlaubte Reaktion kann unter relativ milden Bedingungen ablaufen.
- Eine symmetrieverbotene Reaktion kann nicht über einen konzertierten Mechanismus ablaufen.

Erläutern der Konfiguration der Produkte einer elektrozyklischen Reaktion

Nun sind wir in der Lage zu verstehen, warum die zu Beginn dieses Abschnitts diskutierten elektrozyklischen Reaktionen die angegebenen Produkte liefern und warum die Konfiguration des Produktes sich ändert, falls die Reaktion unter photochemischen Bedingungen durchgeführt wird.

Beispiel 1

Das HOMO des Grundzustands (ψ_3) einer Verbindung mit drei konjugierten π-Bindungen wie z. B. (2*E*,4*Z*,6*E*)-Octatrien ist symmetrisch (► Abbildung 28.3). Dies bedeutet, dass der Ringschluss unter *thermischen Bedingungen* disrotatorisch verläuft. Beim disrotatorischen Ringschluss des (2*E*,4*Z*,6*E*)-Octatriens werden die Methylgruppen beide nach oben (oder unten) gedrückt, was zur Bildung des *cis*-Produkts führt.

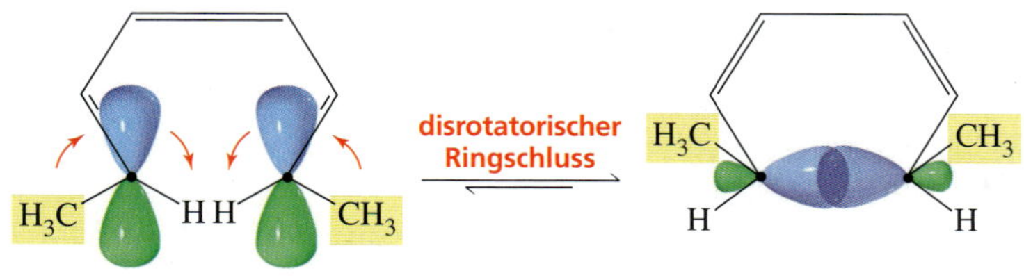

Beispiel 2

Betrachten wir nun die elektrozyklische Reaktion von (2*E*,4*Z*,6*Z*)-Octatrien. Da sein HOMO des Grundzustands ebenfalls symmetrisch ist, unterliegt auch er einem disrotatorischen Ringschluss. Beim disrotatorischen Ringschluss wird eine der Methylgruppen nach oben und die andere nach unten gedrückt, was zur Bildung des *trans*-Produkts führt. Durch Vertauschen der nach oben und unten geschobenen Gruppen erhält man das Enantiomer.

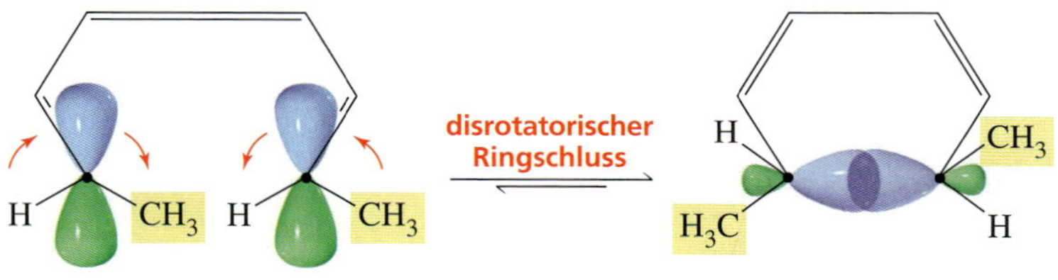

Beispiel 3

Falls die Reaktion unter *photochemischen Bedingungen* stattfindet, müssen wir das HOMO des angeregten Zustands betrachten statt dasjenige des Grundzustands. Das HOMO des angeregten Zustands (ψ_4) einer Verbindung mit drei konjugierten π-Bindungen ist dissymmetrisch (▶ Abbildung 28.3). Unter *photochemischen Bedingungen* unterzieht sich das (2*E*,4*Z*,6*Z*)-Octatrien einem konrotatorischen Ringschluss, sodass beide Methylgruppen zu einer Seite (oben bzw. unten) gedrückt werden und sich das *cis*-Produkt bildet.

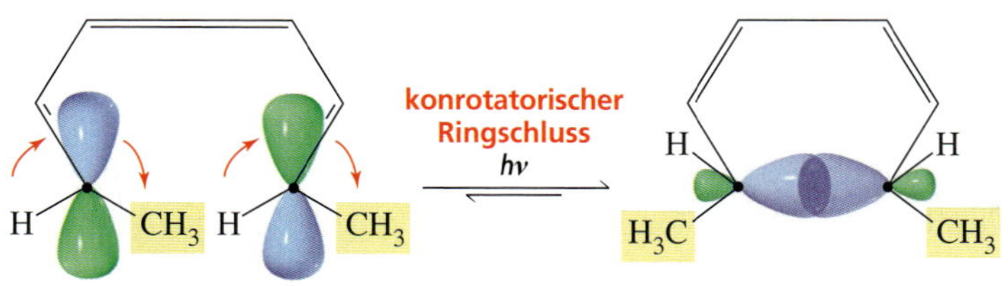

In ähnlicher Weise bildet (2*E*,4*Z*,6*Z*)-Octatrien, die Verbindung in Beispiel 1, die unter thermischen Bedingungen das *cis*-Isomer bildet, unter photochemischen Bedingungen die *trans*-Enantiomere.

Nun können wir verstehen, warum die Konfiguration des unter photochemischen Bedingungen gebildeten Produktes der Konfiguration des unter thermischen Bedingungen gebildeteten gerade entgegengesetzt ist: Das HOMO des Grundzustands ist symmetrisch – es resultiert ein disrotatorischer Ringschluss;

MERKE!

Die Symmetrie des HOMOs einer Verbindung, die eine Ringschlussreaktion durchläuft, kontrolliert das stereochemische Endergebnis einer elektrozyklischen Reaktion.

wohingegen das HOMO des angeregten Zustands dissymmetrisch ist – sodass ein konrotatorischer Ringschluss resultiert. Das stereochemische Endergebnis einer elektrozyklischen Reaktion hängt also von der Symmetrie des höchsten besetzten Molekülorbitals (HOMO) der Verbindung ab, die die Reaktion vollzieht.

Beispiel 4

Schauen wir uns nunmehr an, warum der Ringschluss des (2*E*,4*Z*)-Hexadiens zur Bildung von *cis*-3,4-Dimethylcyclobuten führt. Die den Ringschluss durchlaufende Verbindung besitzt zwei konjugierte π-Bindungen. Das HOMO des Grundzustands einer Verbindung mit zwei konjugierten π-Bindungen ist dissymmetrisch (► Abbildung 28.2), der Ringschluss verläuft also konrotatorisch. Der konrotatorische Ringschluss von (2*E*,4*Z*)-Hexadien führt zum *cis*-Produkt.

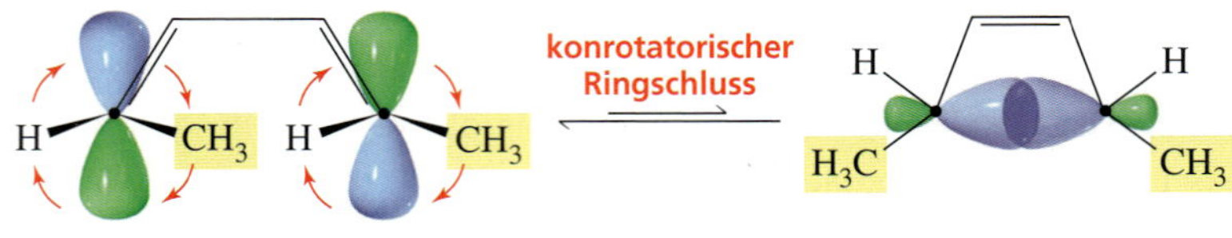

In gleicher Weise führt der konrotatorische Ringschluss von (2*E*,4*E*)-Hexadien zum *trans*-Produkt.

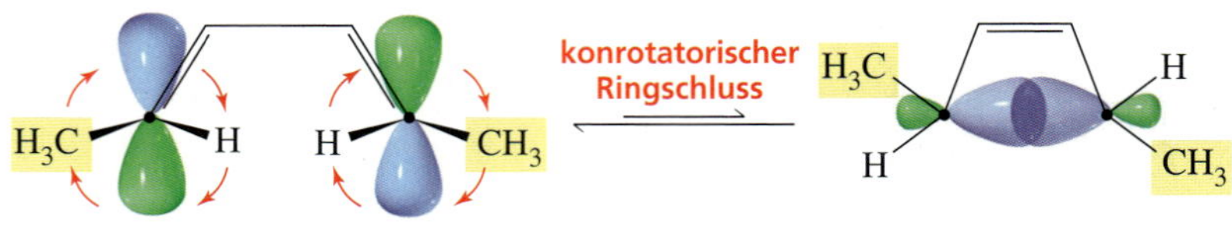

Falls die Reaktion unter photochemischen Bedingungen durchgeführt wird, ist das HOMO des angeregten Zustands (ψ_3) einer Verbindung mit zwei konjugierten π-Bindungen symmetrisch. Erinnern Sie sich daran, dass das HOMO des Grundzustands und des angeregten Zustands entgegengesetzte Symmetrie aufweisen. (2*E*,4*Z*)-Hexadien wird also einen disrotatorischen Ringschluss ausführen, was zum *trans*-Produkt führt, während (2*E*,4*E*)-Hexadien einen disrotatorischen Ringschluss vollzieht und das *cis*-Produkt bildet.

Woodward-Hoffmann-Regeln für elektrozyklische Reaktionen

Wir haben gesehen, dass das HOMO des Grundzustands einer Verbindung mit zwei konjugierten Doppelbindungen dissymmetrisch ist, wohingegen das HOMO des Grundzustands einer Verbindung mit drei konjugierten Doppelbindungen symmetrisch ist. Wenn wir Molekülorbitaldiagramme von Verbindungen mit vier, fünf, sechs oder mehr konjugierten Doppelbindungen untersuchen, kommen wir zu dem Schluss,

dass das HOMO des Grundzustands einer Verbindung mit einer geraden Zahl konjugierter Doppelbindungen dissymmetrisch ist, wohingegen das HOMO des Grundzustands einer Verbindung mit einer ungeraden Zahl konjugierter Doppelbindungen symmetrisch ist.

MERKE!

Das HOMO des Grundzustands einer Verbindung mit einer geraden Anzahl konjugierter Doppelbindungen ist dissymmetrisch.

Das HOMO des Grundzustands einer Verbindung mit einer ungeraden Anzahl konjugierter Doppelbindungen ist symmetrisch.

Wir können somit aus der Zahl der konjugierten Doppelbindungen einer Verbindung unmittelbar ableiten, ob der Ringschluss unter thermischen Bedingungen konrotatorisch (gerade Anzahl konjugierter Doppelbindungen) oder disrotatorisch (ungerade Anzahl konjugierter Doppelbindungen) verlaufen wird. Falls die Reaktion unter photochemischen Bedingungen stattfindet, sind die Verhältnisse umgekehrt, da die HOMOs des Grundzustands und des angeregten Zustands entgegengesetzte Symmetrien aufweisen. Falls das HOMO des Grundzustands symmetrisch ist, ist das HOMO des angeregten Zustands dissymmetrisch und umgekehrt.

Wir haben gesehen, dass die Stereochemie einer elektrozyklischen Reaktion von der Art und Weise, auf die der Ringschluss erfolgt, abhängt. Die Art, auf die sich der Ringschluss vollzieht, hängt von der Zahl der konjugierten π-Bindungen des Reaktanten ab, sowie davon, ob die Reaktion unter thermischen oder photochemischen Bedingungen durchgeführt wird. Was wir über elektrozyklische Reaktionen gelernt haben, lässt sich in Form von **Auswahlregeln** zusammenfassen, die in ► Tabelle 28.1 zusammengestellt sind. Diese werden auch als die **Woodward-Hoffmann-Regeln** für elektrozyklische Reaktionen bezeichnet.

Die in ► Tabelle 28.1 zusammengefassten Regeln dienen zur Vorhersage, ob eine gegebene elektrozyklische Reaktion durch die Orbitalsymmetrie „zugelassen" (erlaubt) wird. Es gibt auch Auswahlregeln, die festlegen, ob Cycloadditionen (► Tabelle 28.3) und sigmatrope Umlagerungen (► Tabelle 28.4) „(orbital)symmetrieerlaubt" sind. Es kann etwas mühsam sein, diese Regeln in Erinnerung zu behalten (und beunruhigend, wenn man während einer Prüfung feststellt, dass man sie vergessen hat). Alle Regeln lassen sich aber mit Hilfe der „TE-AC"-Eselsbrücke zusammenfassen. Wie die „TE-AC"-Eselsbrücke verwendet wird, wird in Abschnitt 28.7 erklärt.

Anzahl der konjugierten π-Bindungen	Reaktionsbedingungen	Erlaubter Modus der Ringschlussreaktion
gerade Anzahl	thermisch photochemisch	konrotatorisch disrotatorisch
ungerade Anzahl	thermisch photochemisch	disrotatorisch konrotatorisch

Tabelle 28.1: Die Woodward-Hoffmann-Regeln für elektrozyklische Reaktionen mit konjugierten π-Bindungen.

Ü 5

(a) Konstruieren Sie – indem Sie nur die *p*-Orbitale an den Enden der konjugierten Systeme zeichnen, wie wir es auf den vorhergehenden Seiten mehrfach verdeutlicht haben – „schnelle" Molekülorbitale für konjugierte Systeme mit zwei, drei, vier, fünf, sechs und sieben konjugierten π-Bindungen, um aufzuzeigen, ob das HOMO symmetrisch oder dissymmetrisch ist.

(b) Überzeugen Sie sich unter Zuhilfenahme dieser von Ihnen angefertigten Zeichnungen davon, dass die in ► Tabelle 28.1 angegebenen Woodward-Hoffmann-Regeln zutreffend sind.

Ü 6*

(a) Wird der Ringschluss von (2*E*,4*Z*,6*Z*,8*E*)-Dekatetraen unter thermischen Bedingungen kon- oder disrotatorisch verlaufen?

(b) Wird das (thermische) Reaktionsprodukt *cis*- oder *trans*-Konfiguration besitzen?

(c) Wird der Ringschluss unter photochemischen Bedingungen kon- oder disrotatorisch verlaufen?

(d) Wird das (photochemische) Reaktionsprodukt *cis*- oder *trans*-Konfiguration besitzen?

Anwendung der Woodward-Hoffmann-Regeln für elektrozyklische Reaktionen

Die in ► Abbildung 28.4 dargestellte Abfolge von Reaktionen illustriert, wie einfach es ist, den Reaktionsverlauf von Ringschlussreaktionen und damit das Produkt einer elektrozyklischen Reaktion vorherzusagen.

Der Reaktant der ersten Reaktion hat drei konjugierte Doppelbindungen und durchläuft einen Ringschluss under thermischen Bedingungen. Der Ringschluss erfolgt daher disrotatorisch (► Tabelle 28.1). Der disrotatorische Ringschluss dieses Reaktanten führt dazu, dass die Wasserstoffatome im Reaktionsprodukt *cis*-ständig angeordnet sind. Zeichnen Sie, um die relativen Positionen der Wasserstoffatome zu bestimmen, diese in die Ausgangsverbindung ein und zeichnen Sie dann Pfeile, die den disrotatorischen Ringschluss nachvollziehen (A in ► Abbildung 28.4).

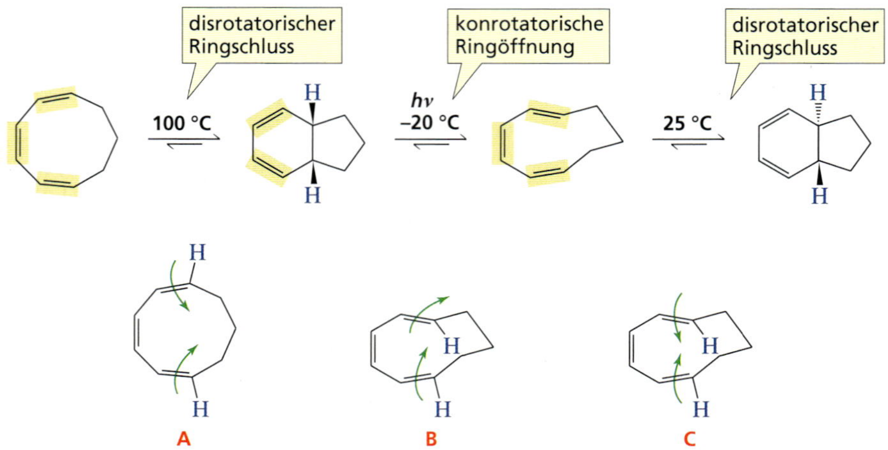

Abbildung 28.4: Ermittlung der stereochemischen Verhältnisse bei den Produkten einer elektrozyklischen Reaktion.

Der zweite Schritt ist eine ringöffnende elektrozyklische Reaktion, die unter photochemischen Bedingungen stattfindet. Da das Prinzip der mikroskopischen Reversibilität greift, sind die Regeln der Orbitalsymmetrie auf eine Ringöffnungsreaktion genauso anwendbar wie auf eine Ringschlussreaktion. Die den reversiblen Ringschluss durchlaufende Verbindung besitzt drei konjugierte Doppelbindungen. Da die Reaktion unter photochemischen Bedingungen durchgeführt wird, erfolgt die Ringöffnung (der Ringschluss) konrotatorisch. Man beachte, dass die Zahl der konjugierten Doppelbindungen, die zur Bestimmung des Ringöffnungsverhaltens bei einer elektrozyklischen Reaktion dieselbe Zahl ist wie bei einer Verbindung, die einen Ringschluss vollzieht. Falls die konrotatorische Orbitalverdrehung zu einem Produkt mit *cis*-ständigen Wasserstoffatomen führt, müssen die Wasserstoffatome der Verbindung, die den Ringschluss vollführt, in die gleiche Richtung zeigen (B in ► Abbildung 28.4).

Der dritte Schritt ist ein thermischer Ringschluss einer Verbindung mit drei konjugierten Doppelbindungen; der Ringschluss verläuft also disrotatorisch. Das Einzeichnen der Wasserstoffatome und von Reaktionspfeilen (C in ► Abbildung 28.4) erlaubt die Bestimmung der relativen Positionen der Wasserstoffatome bei der Ringschlussreaktion und im Reaktionsprodukt.

Man beachte, dass bei all diesen elektrozyklischen Reaktionen die Substituenten – falls die Bindungen zu den Substituenten in der Ausgangsverbindung in *entgegengesetzte Richtungen* weisen (wie A in ► Abbildung 28.4) – im Produkt *cis*-ständig sein werden, falls der Ringschluss disrotatorisch verläuft, und *trans*-ständig, falls die Ringschlussreaktion konrotatorisch verläuft. Falls sie jedoch in die *gleiche Richtung* weisen (wie B oder C in ► Abbildung 28.4), werden sie im Produkt *trans*-ständig sein, falls der Ringschluss disrotatorisch verläuft und *cis*-ständig, falls der Ringschluss konrotatorisch verläuft (► Tabelle 28.2).

Substituenten in der Ausgangsverbindung	Modus der Ringschlussreaktion	Konfiguration des Reaktionsprodukts
weisen in entgegengesetzte Richtungen	disrotatorisch konrotatorisch	*cis* *trans*
weisen in dieselbe Richtung	disrotatorisch konrotatorisch	*trans* *cis*

Tabelle 28.2: Konfiguration des Produkts einer elektrozyklischen Reaktion.

Ü 7* Welche der folgenden Aussagen ist richtig? Korrigieren Sie alle falschen Aussagen.

(a) Ein konjugiertes Dien mit einer geraden Zahl von Doppelbindungen durchläuft unter thermischen Bedingungen einen konrotatorischen Ringschluss.

(b) Ein konjugiertes Dien mit einem dissymmetrischen HOMO vollzieht unter thermischen Bedingungen einen konrotatorischen Ringschluss.

(c) Ein konjugiertes Dien mit einer ungeraden Anzahl von Doppelbindungen besitzt ein symmetrisches HOMO.

Ü 8*

(a) Nennen Sie den Modus der Ringschlussreaktion für jede der nachfolgend dargestellten elektrozyklischen Reaktionen.

(b) Befinden sich die eingezeichneten Wasserstoffatome in *cis* oder in *trans*?

1.

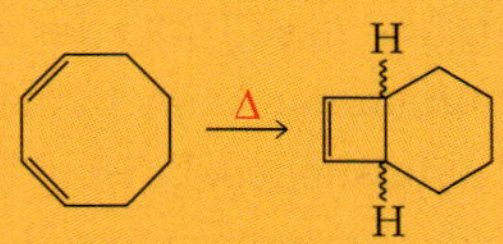

2.

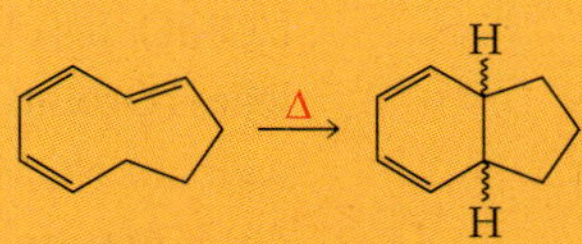

Cycloadditionen 28.4

Bei einer *Cycloaddition* reagieren zwei verschiedene, π-Bindungen enthaltende, Moleküle durch Umlagerung der π-Elektronen unter Ausbildung zweier neuer σ-Bindungen zu einem zyklischen (Produkt)molekül. Die Diels-Alder-Reaktion ist wohl das bestuntersuchte Beispiel einer Cycloaddition (Abschnitt 8.14).

Klassifizierung von Cycloadditionen

Cycloadditionen werden nach der Zahl der an der Reaktion beteiligten π-Elektronen klassifiziert. Die Diels-Alder-Reaktion ist eine [4 π + 2 π]-Cycloaddition, da einer der Reaktanten vier wechselwirkende π-Elektronen besitzt und der andere zwei. Nur diejenigen π-Elektronen, die an der Elektronenumlagerung im Verlauf der Reaktion teilnehmen, werden hierbei mitgezählt. Die Diels-Alder-Reaktion wird auch als [4 π + 2 π]-Cycloaddition bezeichnet, weil 4 Atome eines Diens mit 2 Atomen eines Alkens (= Dienophil) wechselwirken. Die

Zahl der Atome und die Zahl der π-Elektronen ist hier, wie auch bei den im Folgenden gezeigten [2 + 2]- und [8 + 2]-Cycloaddition gleich, doch ist dies nicht immer der Fall.

[4 + 2]-Cycloaddition (eine Diels-Alder-Reaktion)

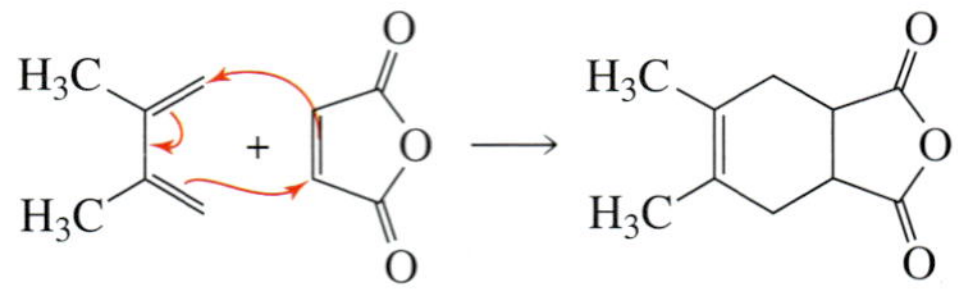

[2 + 2]-Cycloaddition

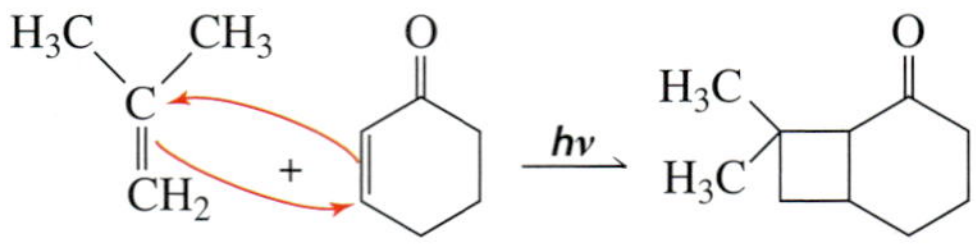

[8 + 2]-Cycloaddition

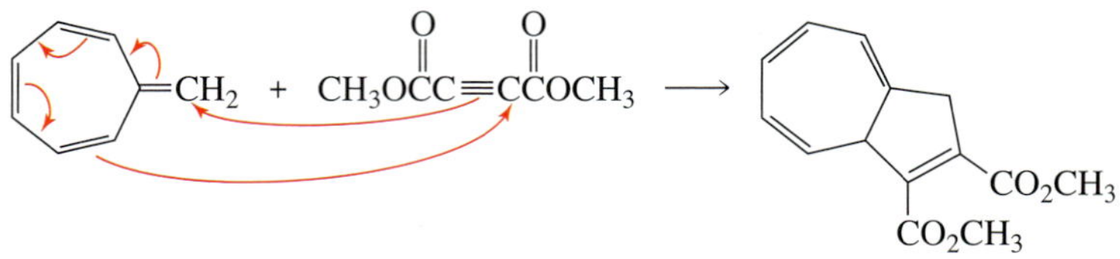

Suprafaciale und antarafaciale Bildung von Bindungen

Bei einer Cycloaddition müssen die Orbitale eines Moleküls mit denen des zweiten überlappen. Man muss daher die Grenzorbitale der beiden Reaktionspartner untersuchen, um das Ergebnis der Reaktion vorhersagen zu können. Da die σ-Bindungen des Reaktionsproduktes durch Übertragung von Elektronendichte von einem Reaktanten auf den anderen gebildet werden, müssen wir das HOMO des einen Moleküls und das LUMO des anderen betrachten, da nur ein leeres Orbital Elektronen aufnehmen kann. Es macht dabei keinen Unterschied, welches HOMO wir dabei untersuchen. Es ist lediglich erforderlich, das HOMO des einen und das LUMO des anderen in die Betrachtung einzubeziehen.

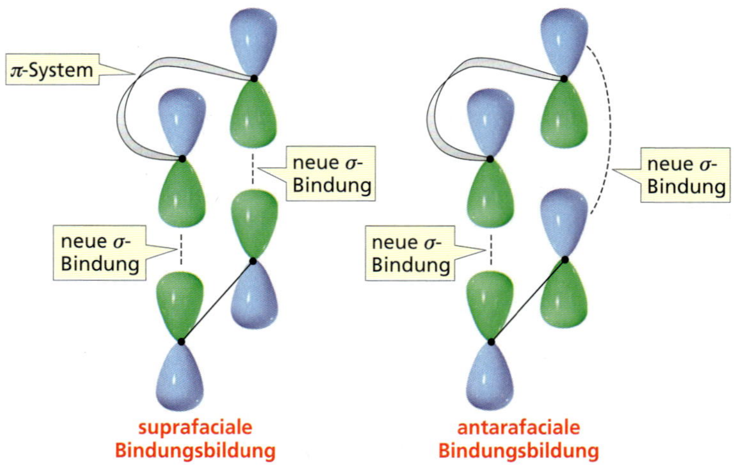

Es gibt zwei Arten der Orbitalüberlappung für die gleichzeitige Bildung von zwei σ-Bindungen – *suprafacial* und *antarafacial*. Die Bindungsbildung verläuft **suprafacial**, falls beide σ-Bindungen sich auf derselben Seite des π-Systems ausbilden. Man sagt, die Bindungsbildung verlaufe **antarafacial**, falls sich die beiden σ-Bindungen auf entgegengesetzten Seiten des π-Systems ausbilden. Die suprafaciale Bindungsbildung ist der *syn*-Addition ähnlich, während die antarafaciale Bindungsbildung der *anti*-Addition ähnelt (Abschnitt 6.13).

Eine Cycloaddition, die zur Bildung eines vier-, fünf- oder sechsgliedrigen Ringes führt, *muss* über suprafaciale Bindungsbildungen verlaufen. Die geometrischen Beschränkungen dieser kleinen Molekülringe machen eine antarafaciale Annäherung höchst unwahrscheinlich, selbst wenn diese symmetrieerlaubt ist. (Rufen Sie sich in Erinnerung, dass symmetrieerlaubt bedeutet, dass die überlappenden Orbitale gleichphasig sind.) Die antarafaciale Bindungsbildung ist bei Cycloadditionen, in deren Verlauf sich größere Ringe bilden, häufiger anzutreffen.

[4 + 2]-Cycloadditionen

Die **Grenzorbitalanalyse** einer [4 + 2]-Cycloaddition zeigt, dass die Überlappung gleichphasiger Orbitale zur Bildung der beiden neuen σ-Bindungen eine suprafaciale Orbitalüberlappung erfordert (▶ Abbildung 28.5). Dies ist für den Fall, in dem wir das LUMO des Dienophils (ein System mit einer π-Bindung; ▶ Abbildung 28.5) und das HOMO des Diens (ein System mit zwei π-Bindungen; ▶ Abbildung 28.5) heranziehen, genauso zutreffend wie für den Fall, in dem wir das HOMO des Dienophils und das LUMO des Diens zur Analyse benutzen.

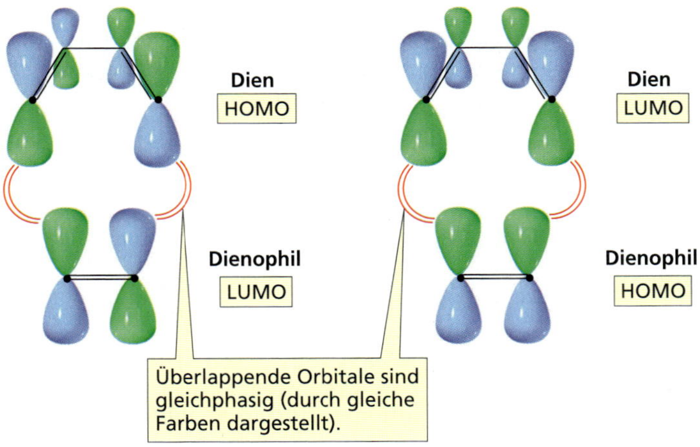

Abbildung 28.5: Grenzorbitalanalyse einer [4 + 2]-Cycloadditon. Das HOMO einer der Reaktanten kann zusammen mit dem LUMO des anderen Reaktanten herangezogen werden. Beide möglichen Situationen erfordern zur Bindungsbildung eine suprafaciale Überlappung der Orbitale.

[2 + 2]-Cycloadditionen

Eine [2 + 2]-Cycloaddition läuft unter thermischen Bedingungen nicht ab, kommt aber unter photochemischen Bedingungen zustande.

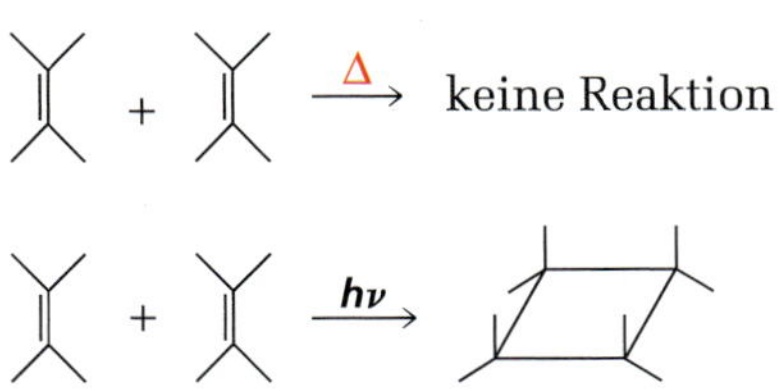

Die in ► Abbildung 28.6 dargestellten Grenzmolekülorbitale verdeutlichen, warum das so ist. Unter thermischen Bedingungen ist die suprafaciale Überlappung nicht symmetrieerlaubt (die überlappenden Orbitale sind gegenphasig). Die antarafaciale Überlappung ist symmetrieerlaubt, aber aufgrund der geringen Größe des Molekülringes nicht möglich.

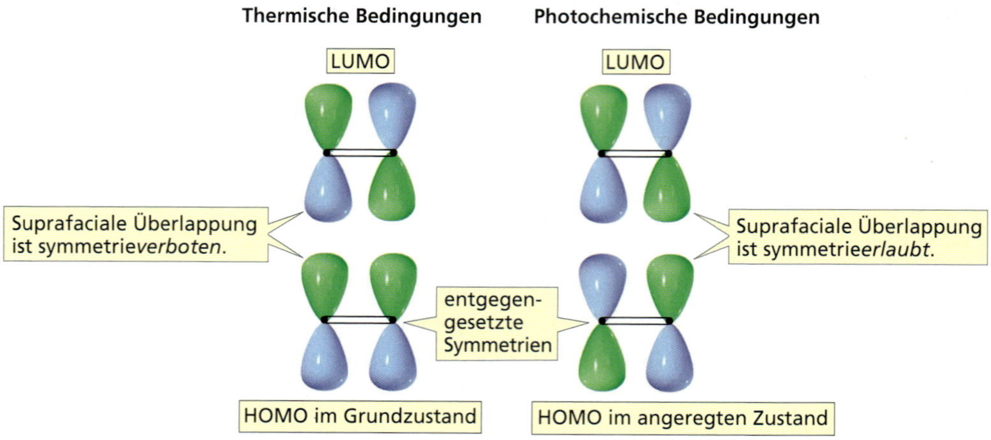

Abbildung 28.6: Molekülorbitalanalyse einer [2 + 2]-Cycloaddition unter thermischen und photochemischen Bedingungen.

Unter photochemischen Bedingungen kann jedoch die Reaktion erfolgen, da die Symmetrieverhältnisse des HOMOs des angeregten Zustands denen des HOMOs des Grundzustands gerade entgegengesetzt sind. Die Überlappung des HOMOs des Grundzustands des einen Alkens mit dem LUMO des zweiten Alkens verläuft in diesem Fall symmetrieerlaubt und führt zur suprafacialen Bindungsbildung. Man beachte, dass bei der photochemischen Reaktion sich nur einer der Reaktionspartner im angeregten Zustand befindet. Infolge der sehr kurzen Lebensdauer angeregter Zustände ist es unwahrscheinlich, dass zwei Reaktanten, die sich beide in angeregten Zuständen befinden, zusammenstoßen.

Woodward-Hoffmann-Regeln für Cycloadditionen

Die Auswahlregeln für Cycloadditionen sind in ► Tabelle 28.3 zusammengefasst.

Summe der Anzahl der π-Bindungen in den reagierenden Systemen beider Reagenzien	Reaktionsbedingungen	Erlaubter Modus der Ringschlussreaktion
gerade Anzahl	thermisch photochemisch	antarafacial* suprafacial
ungerade Anzahl	thermisch photochemisch	suprafacial antarafacial*

* Obwohl der antarafaciale Ringschluss symmetrieerlaubt ist, kann er nur bei großen Ringen vonstatten gehen.

Tabelle 28.3: Die Woodward-Hoffmann-Regeln für Cycloadditionen.

Ü 9 mit Lösung

Vergleichen Sie die Reaktionen von 2,4,6-Cycloheptatrienon mit Cyclopentadien und mit Ethen. Warum benutzt das 2,4,6-Cycloheptatrienon in der einen Reaktion zwei π-Elektronen und in der anderen vier π-Elektronen?

(a) 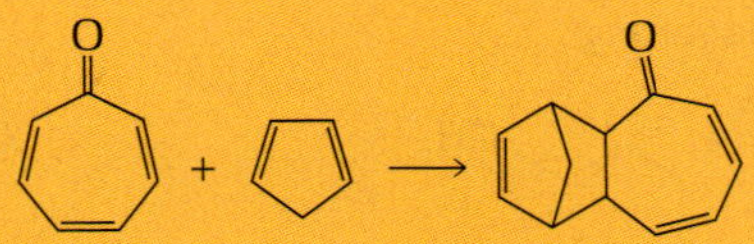 **(b)** 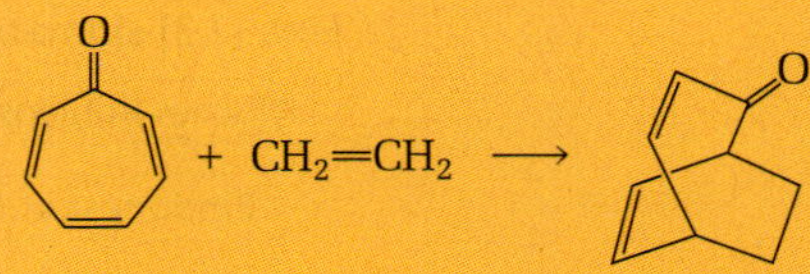

Lösung

Beide Reaktionen sind [4 + 2]-Cycloadditionen. Wenn 2,4,6-Cycloheptatrienon mit Cyclopentadien reagiert, setzt es zwei seiner π-Elektronen ein, weil das Cyclopentadien in dieser Reaktion der Vier-π-Elektronenreaktant ist. Wenn 2,4,6-Cycloheptatrienon mit Ethen reagiert, setzt es vier π-Elektronen ein, weil Ethen der Zwei-π-Elektronenreaktant ist.

(a) 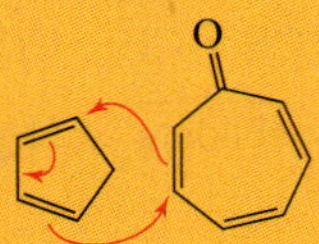 **(b)** 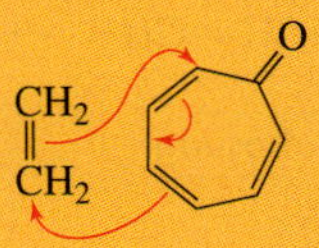

Ü 10 Erklären Sie, warum Maleinsäureanhydrid unter thermischen Bedingungen rasch mit 1,3-Butadien, jedoch nicht mit Ethen reagiert.

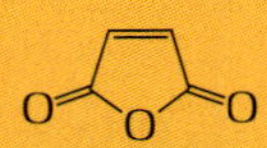

Maleinsäureanhydrid

Ü 11* Wird es bei Bestrahlung mit ultraviolettem Licht zu einer konzertierten Reaktion zwischen 1,3-Butadien und 2-Cyclohexenon kommen?

Sigmatrope Umlagerungen 28.5

Die letzte Klasse von konzertierten perizyklischen Reaktionen, die wir betrachten wollen, ist eine Gruppe von Reaktionen, die als *sigmatrope Umlagerungen* bezeichnet werden. Bei einer **sigmatropen Umlagerung** wird eine σ-Bindung im Reaktanten aufgebrochen, eine neue σ-Bindung gebildet, und die π-Elektronen umgeordnet (umgelagert).

Beschreibung sigmatroper Umlagerungen

Die σ-Bindung, die sich auflöst, ist eine Bindung an einem allylischen Kohlenstoffatom. Dies kann eine σ-Bindung zwischen einem Kohlenstoff- und einem Wasserstoffatom sein, eine zwischen zwei Kohlenstoffatomen oder eine zwischen einem Kohlenstoffatom und einem Stickstoff-, Sauerstoff- oder Schwefelatom. Das Wort „sigmatrop" leitet sich vom griechischen *tropos* ab, das „Veränderung" bedeutet; sigmatrop bedeutet also „sigma-verändernd".

Das zur Beschreibung sigmatroper Umlagerungen verwendete Bezifferungssystem unterscheidet sich von allen anderen Bezifferungssystemen, die wir bisher kennen gelernt haben. Zunächst löst man im Geiste die reaktive σ-Bindung in der Ausgangsverbindung und weist beiden Atomen, die diese Bindung ausgebildet hatten, die Ziffer 1 zu. Dann sieht man sich die neu gebildete σ-Bindung im Reaktionsprodukt an. Man zählt die Zahl der Atome in jedem der Fragmente, die die aufgelöste und die neu geknüpfte σ-Bindung miteinander verbinden. Die beiden Ziffern werden in eckige Klammern gesetzt und die niedrigere Ziffer zuerst genannt. Im folgenden Beispiel einer [2,3]-sigmatropen Umlagerung verbinden zwei Atome (N═N) die alte und die neue σ-Bindung in einem der Fragmente und drei Atome (C—C═C) in dem anderen Fragment.

Eine [2,3]-sigmatrope Umlagerung

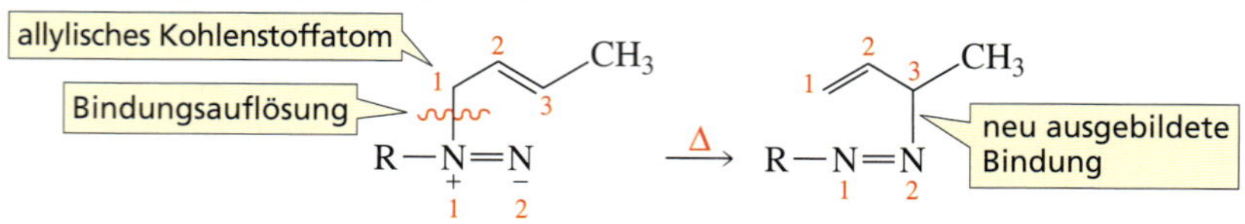

Eine [1,5]-sigmatrope Umlagerung

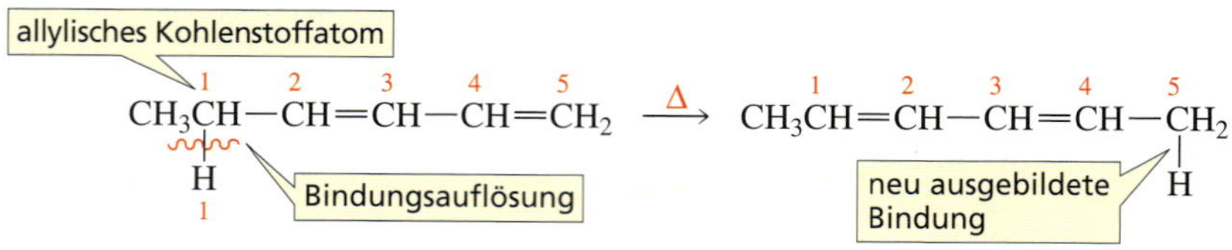

Eine [1,3]-sigmatrope Umlagerung

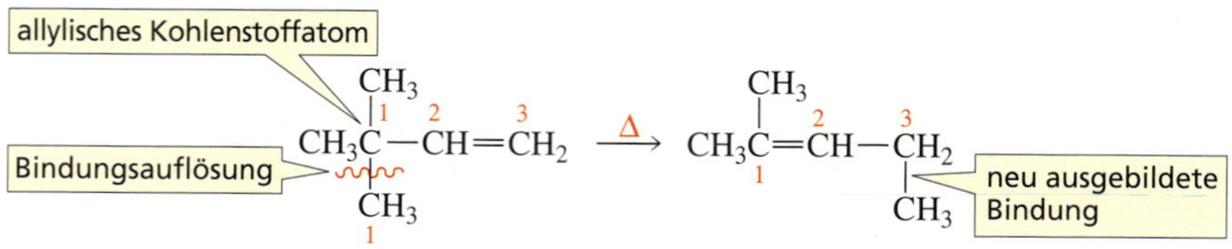

Eine [3,3]-sigmatrope Umlagerung

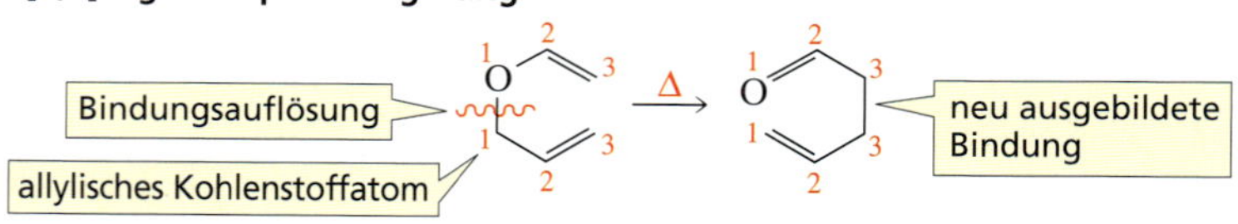

Beachten Sie, dass in den Referenzbeispielen jede Reaktion mit dem Aufbrechen einer Bindung zu einem Allylkohlenstoff beginnt.

Ü 12

(a) Benennen Sie die Art der sigmatropen Umlagerung, die bei jeder der im Folgenden dargestellten Reaktionen auftritt.

(b) Zeigen Sie mit Hilfe von Pfeilen die Elektronenumlagerungen auf, die bei jeder der Reaktionen auftreten.

1. 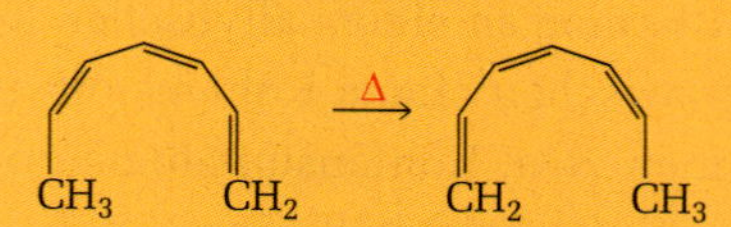

3. 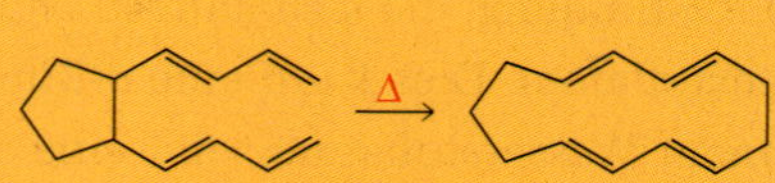

2. 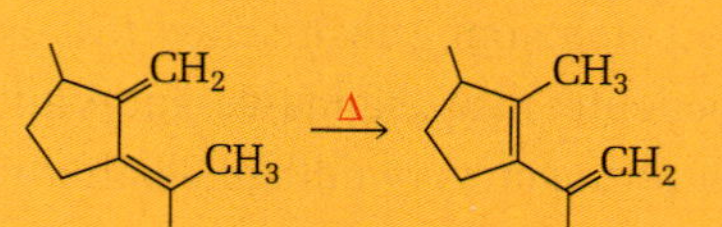

4. 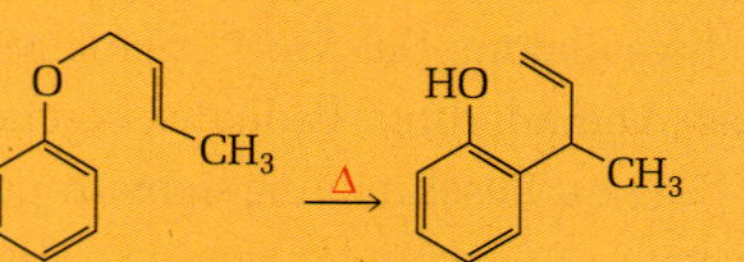

Suprafaciale und antarafaciale Umlagerung

Im Übergangszustand einer sigmatropen Umlagerung ist die Gruppe, die wandert (die umgelagert wird) partiell an ihren ursprünglichen Bindungsort und partiell an den neuen Bindungsort gebunden. Es gibt zwei unterschiedliche

Abläufe für die Umlagerung. Falls die wandernde Gruppe auf derselben Seite des π-Elektronensystems verbleibt, heißt die Umlagerung **suprafacial**. Falls die wandernde Gruppe auf die gegenüberliegende Seite des π-Elektronensystems wandert, spricht man von einer **antarafacialen** Umlagerung.

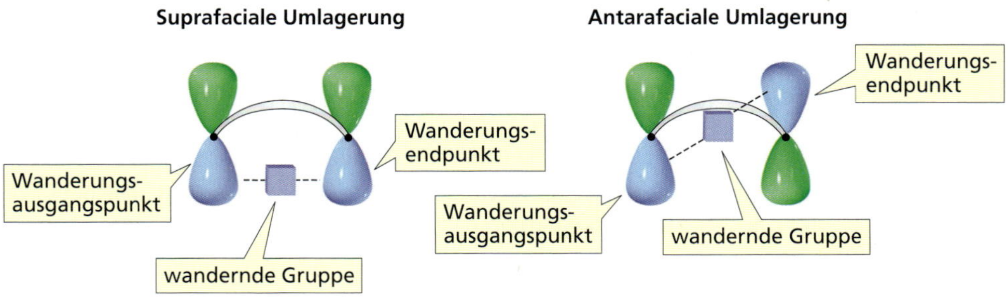

Sigmatrope Umlagerungen haben zyklische Übergangszustände. Falls der Übergangszustand sechs oder weniger Atome in seinem Ring enthält, muss die Umlagerung suprafacial verlaufen, da die geometrischen Beschränkungen kleiner Molekülringe dies erzwingen.

Woodward-Hoffmann-Regeln für sigmatrope Umlagerungen

An einer [1,3]-sigmatropen Umlagerung sind eine π-Bindung und ein Paar σ-Elektronen beteiligt. Genausogut können wir sagen, das zwei Elektronenpaare beteiligt sind. An einer [1,5]-sigmatropen Umlagerung sind zwei π-Bindungen und ein Paar σ-Elektronen beteiligt (drei Elektronenpaare), und an einer [1,7]-sigmatropen Umlagerung sind vier Elektronenpaare beteiligt. Die Symmetrieregeln für sigmatrope Umlagerungen sind beinahe die gleichen wie im Fall der Cycloadditionen – der einzige Unterschied besteht darin, dass wir die Anzahl der Elektronenpaare abzählen anstelle der Anzahl der π-Bindungen (► Tabelle 28.3 und ► Tabelle 28.4).

Anzahl der Elektronenpaare des reagierenden Systems	Reaktionsbedingungen	Erlaubter Modus der Ringschlussreaktion
gerade Anzahl	thermisch photochemisch	antarafacial* suprafacial
ungerade Anzahl	thermisch photochemisch	suprafacial antarafacial*

*Obwohl der antarafaciale Ringschluss symmetrieerlaubt ist, kann er nur bei großen Ringen vonstatten gehen.

Tabelle 28.4: Die Woodward-Hoffmann-Regeln für sigmatrope Umlagerungen.

Cope- und Claisen-Umlagerungen

Eine **Cope-Umlagerung** ist eine [3,3]-sigmatrope Umlagerung eines 1,5-Diens. Eine **Claisen-Umlagerung** ist eine [3,3]-sigmatrope Umlagerung eines Allylvinylethers. Beide Umlagerungen verlaufen über sechsgliedrige zyklische Übergangszustände. Die Reaktionen müssen daher in der Lage sein, einen suprafacialen Weg zu nehmen. Ob ein suprafacialer Reaktionsverlauf symmetrieerlaubt ist, hängt von der Zahl der an der Umlagerung beteiligten Elektronenpaare ab (► Tabelle 28.4). Da [3,3]-sigmatrope Umlagerungen drei Elektronenpaare umfassen, verlaufen sie unter thermischen Bedingungen über einen suprafacialen Weg. Daher laufen sowohl die Cope- wie die Claisen-Umlagerung unter thermischen Bedingungen ohne Schwierigkeiten ab.

eine Cope-Umlagerung **eine Claisen-Umlagerung**

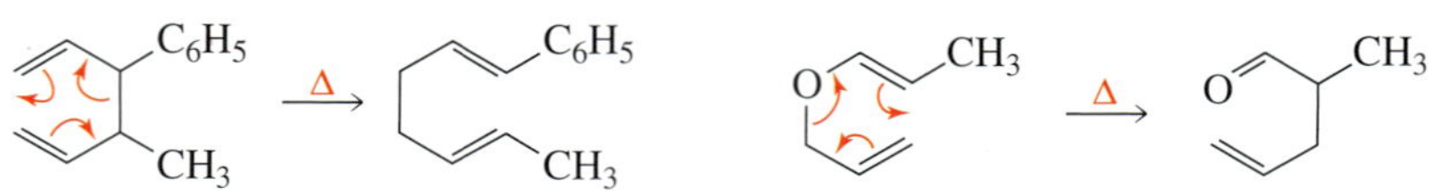

ein 1,5-Dien **ein Allylvinylether**

Die Ireland-Claisen-Umlagerung verwendet einen Allylester anstelle des Allylethers, der bei der Claisen-Umlagerung zum Einsatz kommt. Eine Base bewirkt, dass das α-Kohlenstoffatom des Esters ein Proton abgibt und das Enolation wird als ein Trimethylsilylether gefangen (Abschnitt 16.10). Wärmezufuhr führt zu einer Ireland-Claisen-Umlagerung.

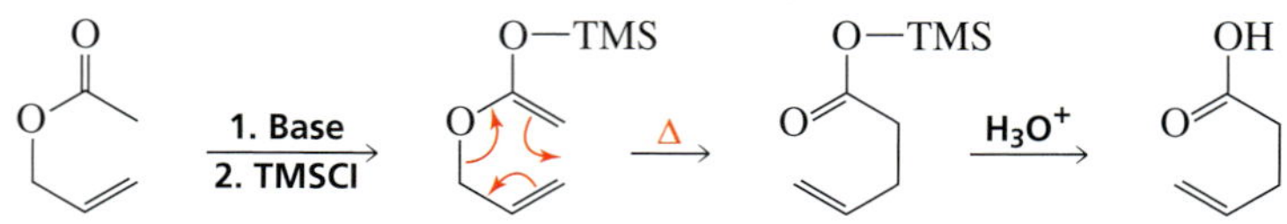

ein Allylester

Ü 13*

(a) Geben Sie das Produkt der folgenden Reaktion an:

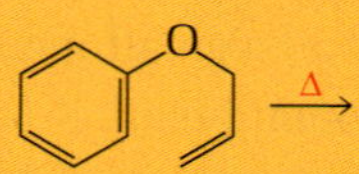

(b) Falls das terminale sp^2-hybridisierte Kohlenstoffatom des an den Benzolring gebundenen Substituenten mit ^{14}C markiert wird, wo wird man es im Reaktionsprodukt finden?

Wanderung von Wasserstoffatomen

Wenn im Verlauf einer sigmatropen Umlagerung ein Wasserstoffatom wandert (umgelagert wird), ist das *s*-Orbital des Wasserstoffatoms im Übergangszustand partiell an seinen ursprünglichen Bindungsort und partiell an seinen neuen Bindungsort (den Endpunkt der Wanderung) gebunden.

Wanderung von Wasserstoffatomen

suprafaciale Umlagerung antarafaciale Umlagerung

Eine [1,3]-sigmatrope Wanderung eines Wasserstoffatoms verläuft daher über einen viergliedrigen zyklischen Übergangszustand. Da zwei Elektronenpaare beteiligt sind, ist das HOMO dissymmetrisch. Die Auswahlregeln erfordern daher, dass eine 1,3-Wasserstoffverschiebung unter thermischen Bedingungen in Form einer antarafacialen Umlagerung verläuft (▶ Tabelle 28.4). Folglich treten 1,3-Wasserstoffverschiebungen unter thermischen Bedingungen nicht auf, weil der viergliedrige zyklische Übergangszustand die erforderliche antarafaciale Umlagerung nicht zulässt.

1,3-Wasserstoffverschiebungen können stattfinden, wenn die Reaktion unter photochemischen Bedingungen durchgeführt wird, da das HOMO unter photochemischen Bedingungen symmetrisch ist, was bedeutet, dass der Wasserstoff über einen suprafacialen Weg umgelagert werden kann (▶ Tabelle 28.4).

1,3-Wasserstoffverschiebung

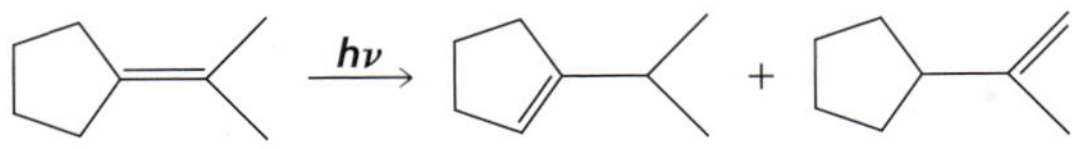

Aus der vorgenannten Reaktion erhält man zwei Produkte, da zwei unterschiedliche Allylwasserstoffatome eine 1,3-Verschiebung vollziehen können.

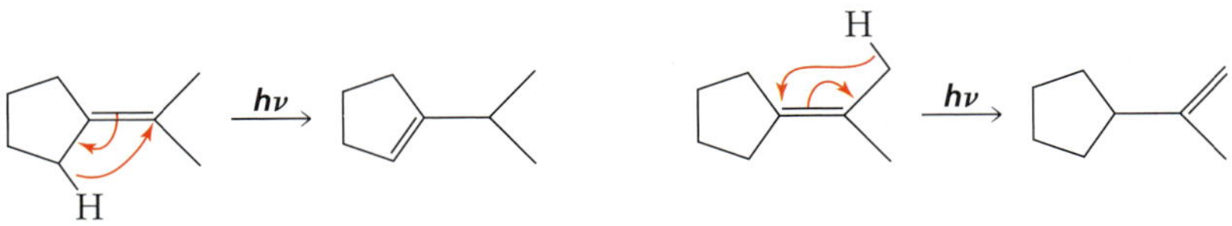

[1,5]-sigmatrope Wanderungen von Wasserstoffatomen sind gut bekannt. An ihnen sind drei Elektronenpaare beteiligt; sie verlaufen unter thermischen Bedingungen also über einen suprafacialen Weg.

1,5-Wasserstoffverschiebung

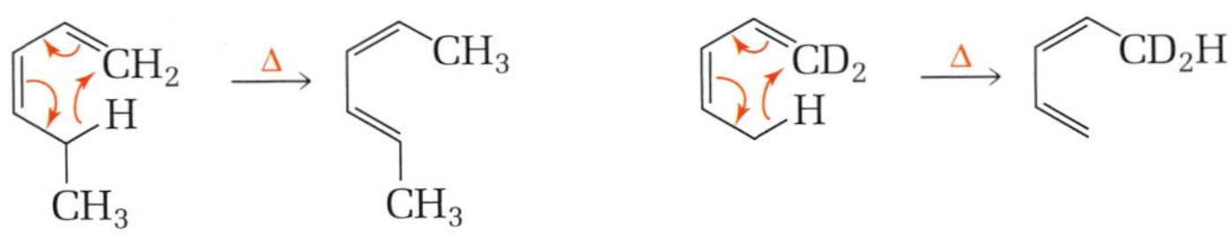

An [1,7]-sigmatropen Wanderungen von Wasserstoffatomen sind vier Elektronenpaare beteiligt. Sie können unter thermischen Bedingungen stattfinden, weil der achtgliedrige zyklische Übergangszustand die erforderliche antarafaciale Umlagerung zulässt.

1,7-Wasserstoffverschiebung

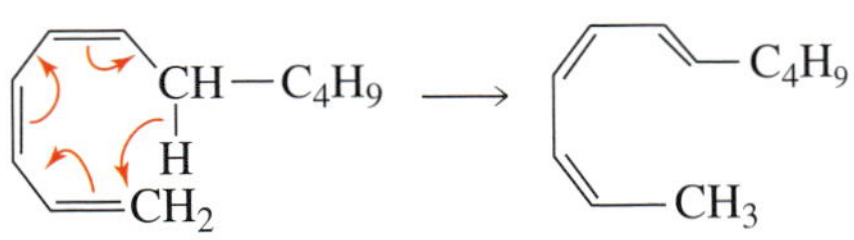

Ü 14* Warum wurde im vorangegangenen Beispiel eine deuterierte Verbindung eingesetzt?

Ü 15 Geben Sie eine Erklärung für die Unterschiede in den Produkten, die man unter photochemischen bzw. thermischen Bedingungen erhält:

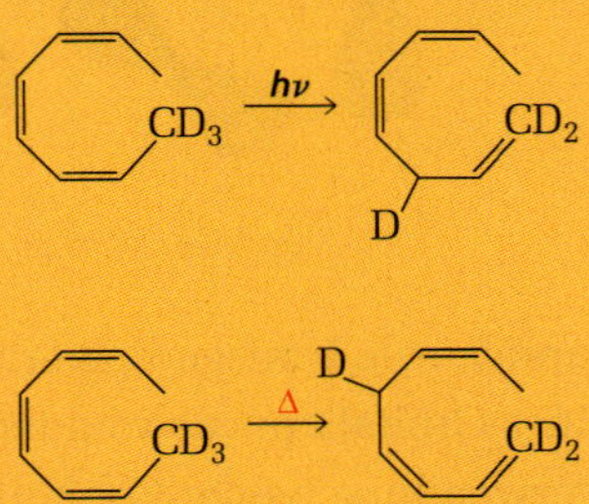

Ü 16 mit Lösung

5-Methyl-1,3-cyclopentadien lagert sich zu einer Mischung aus 5-Methyl-1,3-Cyclopentadien, 1-Methyl-1,3-cyclopentadien und 2-Methyl-1,3-cyclopentadien um. Zeigen Sie auf, wie diese Reaktionsprodukte gebildet werden.

Lösung

Man beachte, dass an beiden sich einstellenden Gleichgewichten [1,5]-sigmatrope Umlagerungen beteiligt sind. Obgleich ein Wasserstoff von einem Kohlenstoffatom zu einem benachbarten wandert, werden die Umlagerungen nicht als 1,2-Verschiebungen angesprochen, weil dies nicht alle an der Umordnung des π-Elektronensystems beteiligten Atome in die Betrachtung mit einbezöge.

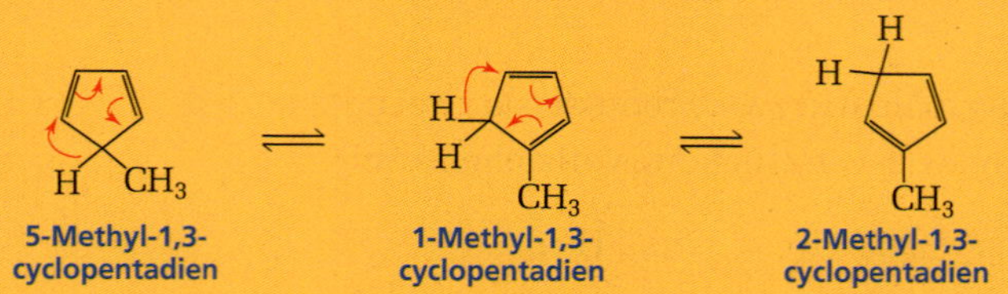

Wanderung von Kohlenstoffatomen

Anders als Wasserstoffatome, die aufgrund des kugelsymmetrischen *s*-Orbitals nur in einer Richtung wandern können, besitzt der Kohlenstoff zwei Wanderrichtungen, da ihm ein zweilappiges *p*-Orbital zur Verfügung steht. Kohlenstoffatome können *mit einem Orbitallappen* gleichzeitig mit dem Ausgangspunkt der Umlagerung und mit dem Endpunkt der Wanderbewegung in Wechselwirkung treten.

Wanderung von Kohlenstoffatomen, wobei ein Lappen ihrer *p*-Orbitale wechselwirken

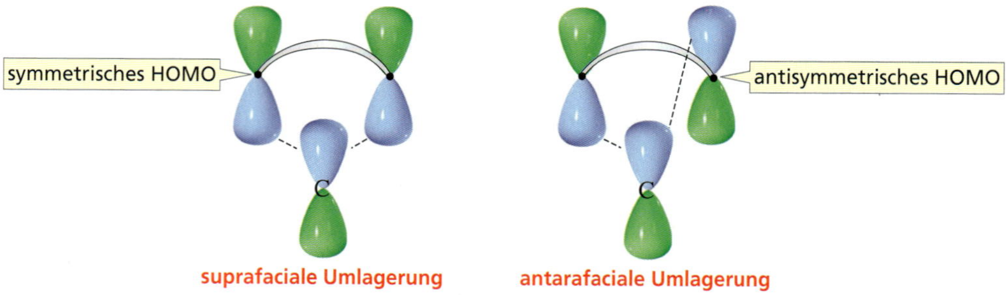

Kohlenstoffatome können außerdem unter Benutzung *beider Orbitallappen* des *p*-Orbitals gleichzeitig mit dem Ausgangspunkt der Umlagerung und mit dem Endpunkt der Wanderbewegung in Wechselwirkung treten.

Wanderung von Kohlenstoffatomen, wobei beide Lappen ihrer *p*-Orbitale wechselwirken

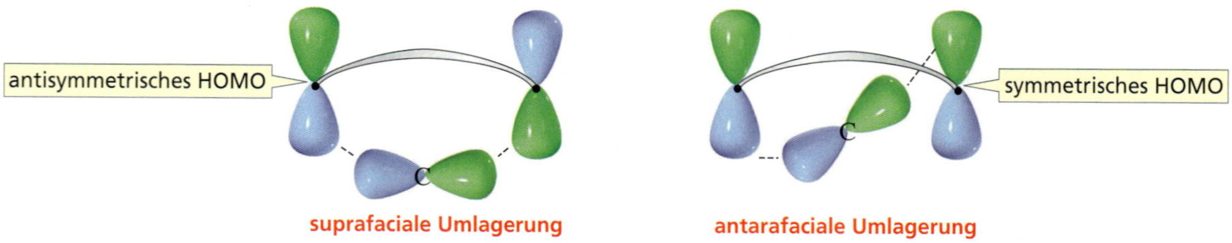

Falls die Reaktion eine suprafaciale Umlagerung erfordert, wird der Kohlenstoff unter Verwendung eines Orbitallappens wandern, falls das HOMO symmetrisch ist, und unter Verwendung beider Orbitallappen, falls das HOMO dissymmetrisch ist.

Wenn das Kohlenstoffatom unter Einsatz ein und desselben Orbitallappens, der gleichzeitig mit dem Ausgangs- und dem Endpunkt der Wanderung wechselwirkt, wandert, bleibt die Konfiguration der wandernden Gruppe erhalten, weil die Bindung immer über denselben Orbitallappen vonstatten geht. Wenn bei der Wanderung des Kohlenstoffatoms beide Orbitallappen in Wechselwirkungen treten, erfolgt die Bindung in der Ausgangssubstanz und im Reaktionsprodukt über unterschiedliche Lappen des Orbitals. In diesem Fall ist die Wanderung mit einer Konfigurationsumkehr verbunden.

Die folgende [1,3]-sigmatrope Umlagerung verläuft über einen viergliedrigen zyklischen Übergangszustand, der einen suprafacialen Reaktionsverlauf erzwingt. Das reagierende System besitzt zwei Elektronenpaare, sein HOMO ist also dissymmetrisch. Das wandernde Kohlenstoffatom wechselwirkt also mit dem Wanderungsursprung und mit dem Wanderungsziel unter Zuhilfenahme beider Orbitallappen, sodass Umkehrung der Konfiguration eintritt.

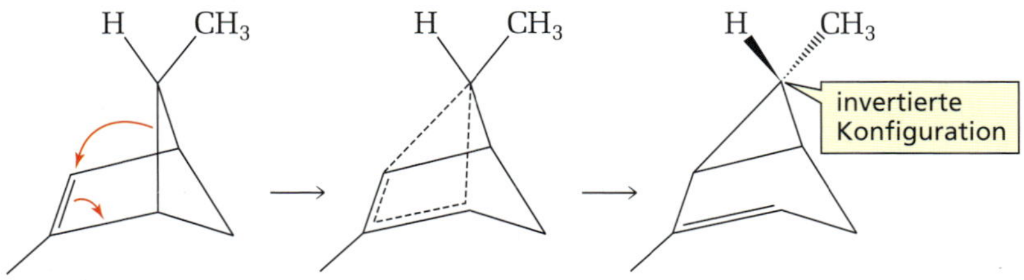

Ü 17 [1,3]-sigmatrope Wanderungen von Wasserstoffatomen können unter thermischen Bedingungen nicht stattfinden, während [1,3]-sigmatrope Umlagerungen von Kohlenstoffatomen unter thermischen Bedingungen stattfinden können. Erklären Sie diese Beobachtung.

Ü 18*

(a) Werden thermische 1,3-Wanderungen von Kohlenstoffatomen unter Retention oder unter Inversion der Konfiguration ablaufen?

(b) Werden thermische 1,5-Wanderungen von Kohlenstoffatomen unter Retention oder unter Inversion der Konfiguration ablaufen?

Perizyklische Reaktionen in biologischen Systemen 28.6

Im Folgenden betrachten wir einige perizyklische Reaktionen, die in Zellen auftreten.

Biologische Cycloadditionen

Eine Bestrahlung mit ultraviolettem Licht kann Hautkrebs verursachen. Dies ist einer der Gründe, warum viele Wissenschaftler*innen über die Ausdünnung der atmosphärischen Ozonschicht besorgt sind. Die Ozonschicht in der hohen Atmosphäre absorbiert ultraviolette Strahlung und schützt dadurch die Lebewesen auf der Erdoberfläche (Abschnitt 12.12).

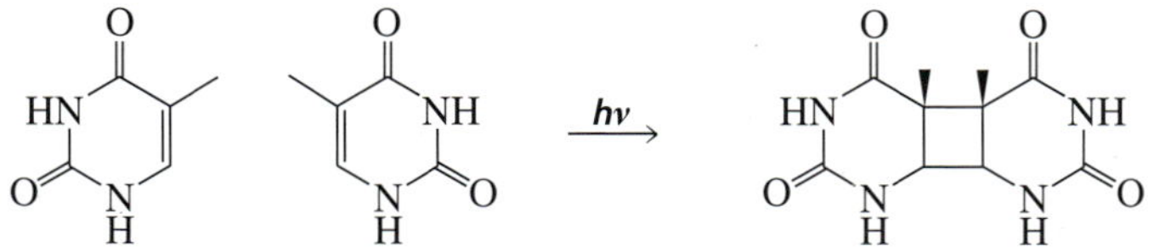

zwei benachbarte Thyminreste in der DNA **mutationsverursachendes Thymindimer**

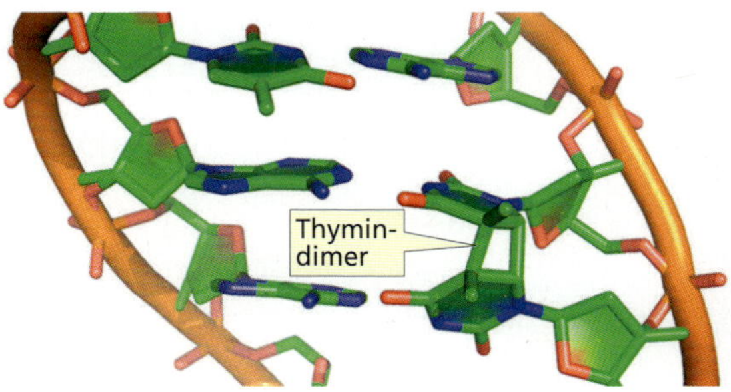

ein DNA-Segment

Eine Ursache für die Entstehung von Hautkrebs ist die Bildung von *Thymindimeren*. An jeder Stelle der DNA, an der zwei benachbarte Thyminreste auftreten (Abschnitt 26.1), kann es zu einer [2 + 2]-Cycloaddition kommen, die zur Bildung eines Thymindimers führt. Da [2 + 2]-Cycloadditionen nur unter photochemischen Bedingungen ablaufen, findet diese Reaktion nur unter der Einwirkung ultravioletter Strahlung statt. Thymindimere können bei der Entstehung von Tumoren beteiligt sein, weil sie die strukturelle Unversehrtheit der DNA beeinträchtigen. Jede Modifikation der DNA-Struktur kann zu Mutationen führen und möglicherweise zur Krebsentstehung.

Glücklicherweise existieren Enzyme, die geschädigte DNA reparieren. Wenn ein Reparaturenzym ein Thymindimer detektiert, kehrt es die [2 + 2]-Cycloaddition unter Wiederherstellung des ursprünglichen TT-Basenpaares um. Reparaturenzyme sind jedoch nicht perfekt, sodass einige Schäden für immer unbehoben bleiben. Menschen, die nicht über das entsprechende Reparaturenzym namens DNA-Photolyase, das Thymindimere entfernt, verfügen, werden nur selten älter als 20 Jahre. Zum Glück ist dieser erbliche Defekt selten.

HINTERGRUND

Biolumineszenz

Glühwürmchen sind eine von mehreren Tierarten, die befähigt sind, als Resultat einer Retro-[2 + 2]-Cycloaddition Licht zu emittieren. Die Reaktion ist jener ähnlich, die in Leuchtstäben das kalte Licht erzeugt (Abschnitt 24.1). Die Glühwürmchen verfügen über ein Enzym (die Luziferase), das die Reaktion zwischen Luziferin, ATP und molekularem Sauerstoff, die zur Bildung eines instabilen viergliedrigen Rings führt, katalysiert. Wenn der viergliedrige Ring zerfällt, wird ein Elektron des Oxyluziferins in einen angeregten Zustand überführt, da eine suprafaciale Überlappung nur unter photochemischen Bedingungen stattfinden kann. Wenn das angeregte Elektron in seinen Grundzustand zurückkehrt, wird die Energie als Photon emittiert. In diesem Fall fungiert das Luziferinmolekül sowohl als Ursprungsort des instabilen viergliedrigen Ringes als auch als das Farbstoffmolekül, das bei der Kaltlichtreaktion des Leuchtstabes zugegeben werden musste. Andere Arten (Quallen, einige Arten von Bakterien und Pilzen) lumineszieren durch einen ähnlichen Mechanismus.

Glühwürmchen.

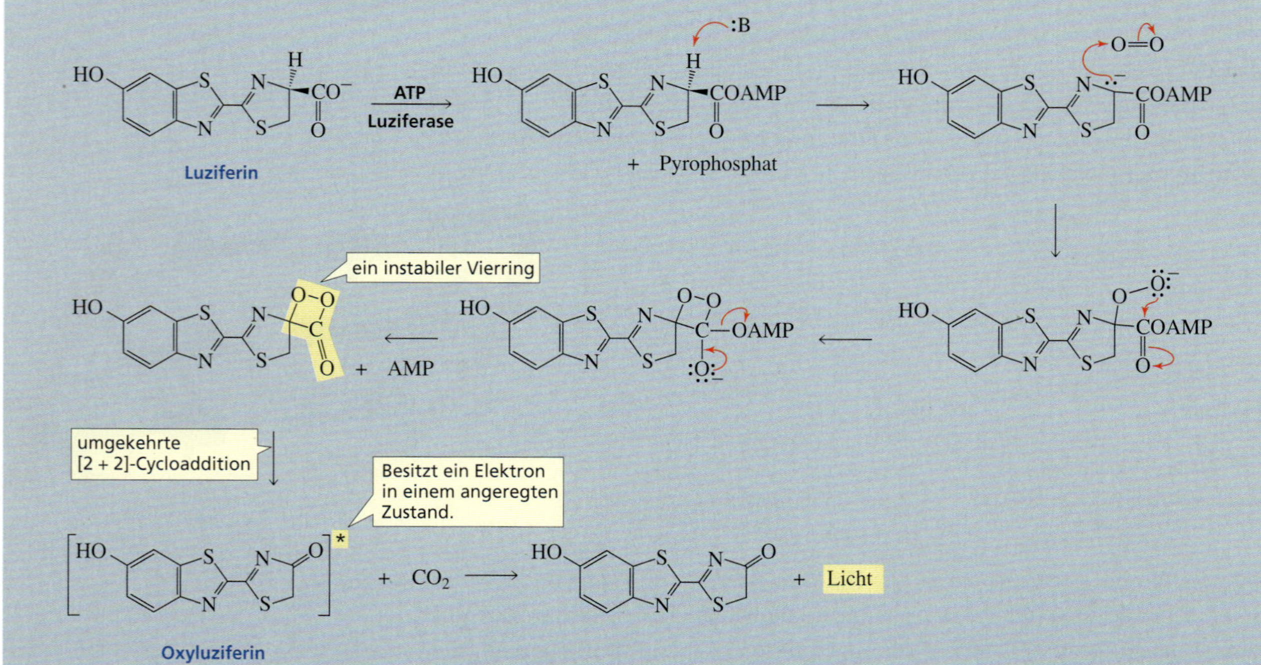

Eine biologische elektrozyklische Reaktion und sigmatrope Umlagerung

Vitamin D ist eine übergreifende Bezeichnung für die Vitamine D_3 und D_2. Ihr einziger Strukturunterschied besteht darin, dass Vitamin D_2 im Gegensatz zu Vitamin D_3 über eine Doppelbindung an jener Kohlenwasserstoffkette verfügt, die an dem Fünfring hängt.

7-Dehydrocholesterol – ein Steroid, das sich in der Haut findet – wird durch zwei perizyklische Reaktionen in Vitamin D_3 umgewandelt. Die erste ist eine elektrozyklische Reaktion, die einen der sechsgliedrigen Ringe der Ausgangssubstanz öffnet; dabei wird Provitamin D_3 (oder Provitamin D_2) gebildet. Diese Reaktion verläuft unter photochemischen Bedingungen.

Die zweite perizyklische Reaktion ist eine [1,7]-sigmatrope Umlagerung unter Bildung von Vitamin D_3. Die sigmatrope Umlagerung vollzieht sich unter thermischen Bedingungen und verläuft langsamer als die elektrozyklische Reaktion, sodass die Synthese des Vitamins D_3 sich nach Bestrahlung mit Sonnenlicht noch für einige Tage fortsetzt. Das Vitamin D_3 ist jedoch nicht die aktive Form des Vitamins. Die Überführung in die aktive Form erfordert zwei sukzessive Hydroxylierungen des Vitamins D_3 – die erste geht in der Leber vonstatten, die zweite in den Nieren.

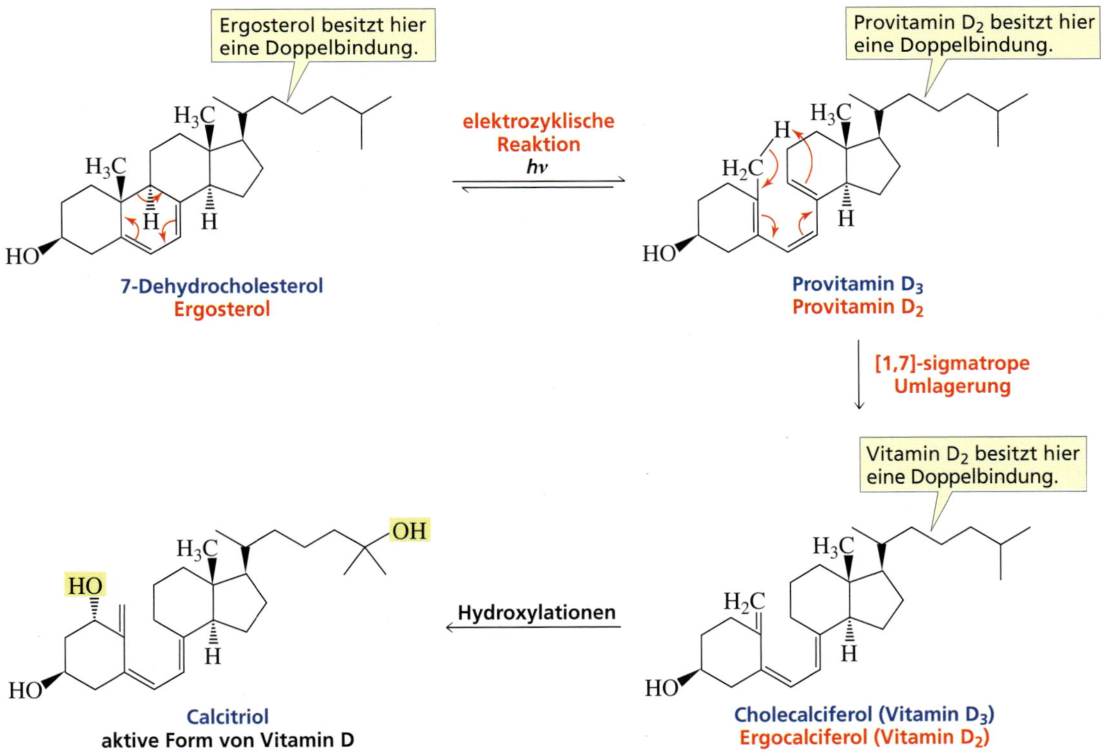

HINTERGRUND

Das Sonnenlicht-Vitamin

Vitamin D kommt nicht in Lebensmitteln vor, aber einige Lebensmittel enthalten dessen Vorläufermoleküle. Zum Beispiel kommt 7-Dehydrocholesterol in Milchprodukten und fettem Fisch vor und Ergosterol findet sich in einigen Gemüsesorten. Aus diesem Grund ist die gesamte in den USA verkaufte Milch mit Vitamin D_3 angereichert, das durch UV-Bestrahlung der Milch produziert wird, um 7-Dehydrocholesterol in Vitamin D_3 umzuwandeln.

Wir haben erfahren, dass Sonnenlicht Vorläufermoleküle in der Haut in die Vitamine D_3 und D_2 umwandelt, aber viele Menschen tragen Sonnenschutzmittel auf, die das zur Synthese des Vitamins notwendige UV-Licht blockieren. Schätzungen zufolge haben 50 bis 75 % der Bevölkerung einen suboptimalen Vitamin-D-Spiegel aufgrund von der breiten Verwendung von Sonnenschutzmitteln.

Es ist seit langem bekannt, dass Vitamin D die Calciumaufnahme im Darm verbessert. Ein Mangel an Vitamin D verursacht Rachitis – eine Krankheit, die durch deformierte Knochen und verkümmertes Wachstum gekennzeichnet ist. Jüngste Untersuchungen legen nahe, dass ein Mangel an Vitamin D das Risiko für Herz-Kreislauf-Erkrankungen, Bluthochdruck und Diabetes erhöhen kann.

Zu viel Vitamin D ist jedoch schädlich, da es zu einer Verkalkung der Weichteile führt. Es wird vermutet, dass sich die Hautpigmentierung entwickelt hat, um die Haut vor den UV-Strahlen der Sonne zu schützen, was die Synthese von zu viel Vitamin D verhindert. Dies steht im Einklang mit der Beobachtung, dass Völker, die in Ländern in der Nähe des Äquators beheimatet sind, eine stärkere Hautpigmentierung aufweisen.

Tiere, Vögel, Fische und Vitamin D

Tiere, die mit Fell bedeckt sind, und Vögel, die mit Federn bedeckt sind, können Vitamin D nicht durch das Sonnenlicht erhalten, da deren Haut nicht der Sonne ausgesetzt ist. Sie erhalten das benötigte Vitamin D, indem sie Vorläufermoleküle der Verbindung in deren Fell oder Federn ausscheiden, welche durch das Sonnenlicht in Vitamin D umgewandelt werden. Es handelt sich um dieselben Vorläufermoleküle, aus denen auch Menschen Vitamin D synthetisieren. Das Vitamin D bleibt bei den Tieren auf dem Fell oder auf den Federn. Dadurch nehmen die Tiere bei der Fellpflege, die sie durch Lecken des Fells oder Zupfen der Federn durchführen, das Vitamin D auf.

Fische erhalten ebenfalls kein natürliches Vitamin D durch das Sonnenlicht. Sie nehmen ihr gesamtes Vitamin D mit ihrer Ernährung auf (zum Beispiel durch Plankton) und speichern das Vitamin in ihrer Leber speichern. Daher ist der Verzehr von Fischen eine gute Vitamin-D-Quelle.

Eine Katze, die sich ihre Pfote ableckt.

Ü 19* Verläuft die [1,7]-sigmatrope Umlagerung, die das Provitamin D_3 in das aktive Vitamin D_3 überführt, über einen suprafacialen oder einen antarafacialen Weg?

Ü 20 Erklären Sie, warum der photochemische Ringschluss des Provitamins D_3 zur Bildung von 7-Dehydrocholesterol zur *trans*-Ständigkeit des Wasserstoffatoms und der Methylgruppe führt.

Ü 21* Die Chorismatmutase ist ein Enzym, das eine perizyklische Reaktion katalysiert, indem es das Substrat dazu zwingt, die für die Reaktion notwendige Konformation einzunehmen. Das Produkt der perizyklischen Reaktion ist Prephenat, das nachfolgend in die Aminosäuren Phenylalanin und Tyrosin umgewandelt wird. Welche Art von perizyklischer Reaktion katalysiert die Chorismatmutase?

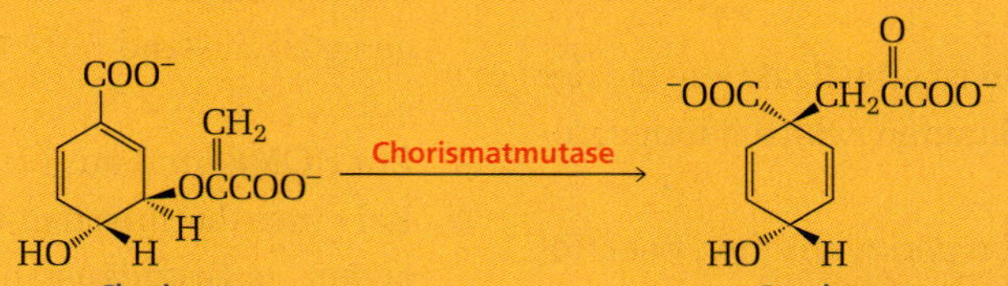

Zusammenfassung der Auswahlregeln für perizyklische Reaktionen 28.7

Die Auswahlregeln, die den Ausgang von elektrozyklischen Reaktionen, von Cycloadditionen und von sigmatropen Umlagerungen festlegen, sind in den ► Tabellen 28.1, 28.3 bzw. 28.4 zusammengefasst. Das ist immer noch eine Menge Wissen, das gelernt und behalten werden muss. Es gibt eine Eselsbrücke, mit deren Hilfe sich die Auswahlregeln für alle perizyklischen Reaktionen in einem Wort zusammenfassen lassen. Das Wort ist „TE-AC" und funktioniert aber leider nur im Englischen.

- Falls TE (*thermal/even*) die Reaktion beschreibt, wird der Ausgang der Reaktion durch AC (*anatarafacial* oder *conrotatory*) beschrieben.
- Falls beide Buchstaben TE nicht zutreffen (*photochemical/odd*), wird der Ausgang der Reaktion durch AC (antarafacial oder konrotatorisch) beschrieben, weil „Minus mal Minus Plus ergibt".
- Falls einer der Buchstaben TE vertauscht ist (die Reaktion also nicht *thermal/even*, sondern *thermal/odd* oder *photochemical/even*) ist, wird der Ausgang der Reaktion nicht durch AC beschrieben (der Ausgang ist dann suprafacial oder disrotatorisch).

Ü 22 Überzeugen Sie sich, dass das „TE-AC"-Kürzel als Eselsbrücke für die Informationen der ► Tabellen 28.1, 28.3 und 28.4 zutreffend ist.

Zusammenfassung

Abschnitt 28.1

- Eine **perizyklische Reaktion** ist eine Reaktion, bei der die Elektronen des/der Reaktanten zyklisch umgeordnet werden.
- Die drei häufigsten Arten von perizyklischen Reaktionen sind *elektrozyklische Reaktionen*, *Cycloadditionen* und *sigmatropische Umlagerungen*.
- Perizyklische Reaktionen sind aufeinander abgestimmte, stark stereoselektive Reaktionen, die im Allgemeinen nicht durch Katalysatoren oder durch eine Änderung des Lösungsmittels beeinflusst werden.
- Die Konfiguration des Produkts einer perizyklischen Reaktion hängt ab von der Konfiguration des Reaktanten, der Anzahl der konjugierten Doppelbindungen oder Elektronenpaare im reagierenden System und davon, ob die Reaktion **thermisch** oder **photochemisch** ist.
- Die **Theorie der Erhaltung der Orbitalsymmetrie** besagt, dass die Phasen der Orbitale sich im Verlauf einer perizyklischen Reaktion überlappen.

Abschnitt 28.2

- Die beiden Lappen eines *p*-Orbitals haben entgegengesetzte Phasen. Wenn zwei Orbitale, deren Phasen aufeinander liegen, miteinander interagieren, entsteht eine kovalente Bindung; zwei phasenverschobene Orbitale interagieren hingegen miteinander, um einen Knoten zu erstellen.
- Wenn die Lappen an den Enden der MOs in Phase sind, dann sind die MOs **symmetrisch**; wenn sie nicht in Phase sind, dann sind die MOs **antisymmetrisch**.
- Das **HOMO des Grundzustands** einer Verbindung mit einer geraden Anzahl konjugierter Doppelbindungen oder einer geraden Anzahl an Elektronenpaaren ist antisymmetrisch; das HOMO des Grundzustands einer Verbindung mit einer ungeraden Anzahl konjugierter Doppelbindungen oder einer ungeraden Anzahl an Elektronenpaaren ist symmetrisch.
- Wenn ein Molekül Licht einer geeigneten Wellenlänge absorbiert, wird das Licht ein Elektron aus dem **HOMO** des Grundzustands in dessen **LUMO**-Zustand befördern. Das Molekül befindet sich dann in einem angeregten Zustand.
- Das HOMO des Grundzustands und das HOMO im angeregten Zustand weisen entgegengesetzte Symmetrien auf.
- Ein HOMO und ein LUMO sind **Grenzorbitale**.
- Bei einer thermischen Reaktion befindet sich der Reaktant im Grundzustand; bei einer photochemischen Reaktion befindet sich der Reaktant in einem angeregten Zustand.

Abschnitt 28.3

- Eine **elektrozyklische Reaktion** ist eine intramolekulare Reaktion, bei der eine neue σ-Bindung zwischen den Enden eines konjugierten π-Systems entsteht.
- Um die neue σ-Bindung zu bilden, werden die Orbitale an den Enden des konjugierten Systems gedreht, sodass sie eine gleichphasige Überlappung eingehen können.
- Wenn sich beide Orbitale in dieselbe Richtung drehen, erfolgt der Ringschluss **konrotatorisch**; Wenn sie sich in entgegengesetzte Richtungen drehen, dann erfolgt dieser **disrotatorisch**.
- Ein **symmetrieerlaubter Reaktionsweg** ist ein Weg, in dem gleichphasige Orbitale überlappen.
- Wenn das HOMO antisymmetrisch ist, tritt ein konrotatorischer Ringschluss auf. Wenn es hingegen symmetrisch ist, dann erfolgt ein disrotatorischer Ringschluss.

Abschnitt 28.4

- In einer **Cycloadditionsreaktion** reagieren zwei verschiedene π-Bindungen enthaltende Moleküle unter Bildung einer zyklischen Verbindung durch Umlagerung der π-Elektronen und bilden zwei neue σ-Bindungen.
- Die Bildung von Bindungen ist **suprafacial**, wenn sich beide Bindungen auf derselben Seite des π-Systems befinden; es ist **antarafacial**, wenn sich die beiden Bindungen an gegenüberliegenden Seiten des π-Systems bilden.
- Die Bildung von Ringen mit weniger als sieben Ringatomen erfordert eine suprafaciale Überlappung.

Abschnitt 28.5

- Bei einer **sigmatropen Umlagerung** bricht im Reaktanten eine σ-Bindung an einem Allylkohlenstoff auf, eine neue σ-Bindung bildet das Produkt und die π-Bindungen werden umgelagert.
- Wenn sich die migrierende Gruppe auf derselben Seite des π-Systems befindet, dann ist die Neuordnung **suprafacial**; wenn sich die Gruppe zur gegenüberliegenden Seite des π-Systems bewegt, dann ist die Neuordnung **antarafacial**.

Abschnitt 28.6

- Eine [2 + 2]-Cycloaddition zwischen zwei benachbarten Thyminen in der DNA bildet ein mutationsverursachendes **Thymindimer**, welches zu Hautkrebs führen kann.
- Vitamin D wird hergestellt, wenn die Haut dem Sonnenlicht ausgesetzt ist. Die Vorläufermoleküle in der Haut gehen eine elektrozyklische Reaktion unter photochemischen Bedingungen ein, gefolgt von einer sigmatropen Umlagerung unter thermischen Bedingungen und zwei Hydroxylierungen.

Abschnitt 28.7

- Das Ergebnis perizyklischer Reaktionen wird durch eine Reihe von **Auswahlregeln** angegeben, die durch **TE-AC** zusammengefasst werden können.

Im MyLab | Organische Chemie finden Sie:

- den praktischen **eText** zum Kapitel mit Notizfunktion
- eine Auswahl verschiedener **3D-Moleküle**
- **Lösungen** zu ausgewählten, mit * versehenen Übungen
- digitale **Lernkarten** und ein umfangreiches **Glossar** zum Nachschlagen und Wiederholen von Definitionen
- digitale Übungsaufgaben in Form von **Kapiteltests** zur eigenen Lernkontrolle

Anhang

ANHANG A: Physikalische Eigenschaften organischer Verbindungen ... 1474
ANHANG B: pK_S-Werte ... 1481
ANHANG C: Kinetik ... 1483
ANHANG D: Zusammenfassung der Methoden, die benötigt werden, um eine bestimmte funktionelle Gruppe zu synthetisieren ... 1486
ANHANG E: Zusammenfassung der Methoden zur Bildung von Kohlenstoff-Kohlenstoff-Bindungen ... 1489
ANHANG F: Spektroskopie-Tabellen ... 1490
ANHANG G: Bildnachweis ... 1496

ÜBERBLICK

ANHANG A: Physikalische Eigenschaften organischer Verbindungen

Name	Schmelzpunkt (°C)	Siedepunkt (°C)	Dichte (g/cm^3)
Ethen	−169	−104	
Propen	−185	−47	
1-Buten	−185	−6,3	
1-Penten		30	0,641
1-Hexen	−138	64	0,673
1-Hepten	−119	94	0,697
1-Octen	−101	122	0,715
1-Nonen	−81	146	0,730
1-Decen	−66	171	0,741
cis-2-Buten	−180	37	0,650
trans-2-Buten	−140	37	0,649
Methylpropen	−140	− 6,9	0,594
cis-2-Penten	−180	37	0,650
trans-2-Penten	−140	37	0,649
Cyclohexen	−104	83	0,811

Tabelle A.1: Physikalische Eigenschaften von Alkenen.

Name	Schmelzpunkt (°C)	Siedepunkt (°C)	Dichte (g/cm^3)
Ethin	−82	−84	
Propin	−101,5	−23,2	
1-Butin	−122	8,1	
2-Butin	−24	27	0,694
1-Pentin	−98	39,3	0,695
2-Pentin	−101	55,5	0,714
3-Methyl-1-butin		29	0,665
1-Hexin	−132	71	0,715
2-Hexin	−92	84	0,731
3-Hexin	−101	81	0,725
1-Heptin	−81	100	0,733
1-Octin	−80	127	0,747
1-Nonin	−50	151	0,757
1-Decin	−44	174	0,766

Tabelle A.2: Physikalische Eigenschaften von Alkinen.

Name	Schmelzpunkt (°C)	Siedepunkt (°C)	Dichte (g/cm^3)
Cyclopropan	−128	−33	
Cyclobutan	−80	−12	
Cyclopentan	−94	50	0,751
Cyclohexan	6,5	81	0,779
Cycloheptan	−12	118	0,811
Cyclooctan	14	149	0,834
Methylcyclopentan	−142	72	0,749
Methylcyclohexan	−126	100	0,769
cis-1,2-Dimethyl-cyclopentan	−62	99	0,772
trans-1,2-Dimethyl-cyclopentan	−120	92	0,750

Tabelle A.3: Physikalische Eigenschaften gesättigter Cycloalkane.

Name	Schmelzpunkt (°C)	Siedepunkt (°C)	Dichte (g/cm^3)
Dimethylether	−141	−24,8	
Diethylether	−116	34,6	0,706
Dipropylether	−123	88	0,736
Diisopropylether	−86	69	0,725
Dibutylether	−98	142	0,764
Divinylether		35	
Diallylether		94	0,830
Tetrahydrofuran	−108	66	0,889
Dioxan	12	101	1,034

Tabelle A.4: Physikalische Eigenschaften von Ethern.

Name	Schmelzpunkt (°C)	Siedepunkt (°C)	Löslichkeit (g/100 g H_2O bei 25 °C)
Methanol	–97,8	64	∞
Ethanol	–114,7	78	∞
1-Propanol	–127	97,4	∞
1-Butanol	–90	118	7,9
1-Pentanol	–78	138	2,3
1-Hexanol	–52	157	0,6
1-Heptanol	–36	176	0,2
1-Octanol	–15	196	0,05
2-Propanol	–89,5	82	∞
2-Butanol	–15	99,5	12,5
2-Methyl-1-propanol	–108	108	10,0
2-Methyl-2-propanol	25,5	83	∞
3-Methyl-1-butanol	–117	130	2
2-Methyl-2-butanol	–12	102	12,5
2,2-Dimethyl-1-propanol	55	114	∞
Allylalkohol	–129	97	∞
Cyclopentanol	–19	140	gering löslich
Cyclohexanol	24	161	gering löslich
Benzylalkohol	–15	205	4

Tabelle A.5: Physikalische Eigenschaften von Alkoholen.

	Siedepunkt (°C)			
Name	*Fluorid*	*Chlorid*	*Bromid*	*Iodid*
Methyl-	–78,4	–24,2	3,6	42,4
Ethyl-	–37,7	12,3	38,4	72,3
Propyl-	–2,5	46,6	71,0	102,5
Isopropyl-	–9,4	34,8	59,4	89,5
n-Butyl-	32,5	78,4	100	130,5
Isobutyl-		68,8	90	120
sek-Butyl-		68,3	91,2	120
tert-Butyl-		50,2	73,1	zersetzt sich
n-Pentyl-	62,8	108	130	157,0
n-Hexyl-	92	133	154	179

Tabelle A.6: Physikalische Eigenschaften von Alkylhalogeniden.

Name	Schmelzpunkt (°C)	Siedepunkt (°C)	Löslichkeit ($g/100\ g\ H_2O$ bei 25 °C)
primäre Amine			
Methylamin	–93	–6,3	gut löslich
Ethylamin	–81	17	∞
Propylamin	–83	48	∞
Isopropylamin	–95	33	∞
Butylamin	–49	78	gut löslich
Isobutylamin	–85	68	∞
sek.-Butylamin	–72	63	∞
tert.-Butylamin	–67	46	∞
Cyclohexylamin	–18	134	gering löslich
sekundäre Amine			
Dimethylamin	–93	7,4	gut löslich
Diethylamin	–50	55	10
Dipropylamin	–63	110	10
Dibutylamin	–62	159	gering löslich
tertiäre Amine			
Trimethylamin	–115	2,9	91
Triethylamin	–114	89	14
Tripropylamin	–93	157	gering löslich

Tabelle A.7: Physikalische Eigenschaften von Aminen.

Name	Schmelzpunkt (°C)	Siedepunkt (°C)	Löslichkeit ($g/100\ g\ H_2O$ bei 25 °C)
Anilin	–6	184	3,7
Benzol	5,5	80,1	gering löslich
Benzaldehyd	–26	178	gering löslich
Benzamid	132	290	gering löslich
Benzoesäure	122	249	0,34
Brombenzol	–30,8	156	unlöslich
Chlorbenzol	–45,6	132	unlöslich
Nitrobenzol	5,7	210,8	gering löslich
Phenol	43	182	gering löslich
Styrol	–30,6	145,2	unlöslich
Toluol	–95	110,6	unlöslich

Tabelle A.8: Physikalische Eigenschaften von Benzol und substituierten Benzolen.

Name	Schmelzpunkt (°C)	Siedepunkt (°C)	Löslichkeit ($g/100\ g\ H_2O$ bei 25 °C)
Ameisensäure	8,4	101	∞
Essigsäure	16,6	118	∞
Propansäure	−21	141	∞
Butansäure	−5	162	∞
Pentansäure	−34	186	4,97
Hexansäure	−4	202	0,97
Heptansäure	−8	223	0,24
Octansäure	17	237	0,068
Nonansäure	15	255	0,026
Decansäure	32	270	0,015

Tabelle A.9: Physikalische Eigenschaften von Carbonsäuren.

Name	Schmelzpunkt (°C)	Löslichkeit ($g/100\ g\ H_2O$ bei 25 °C)
Oxalsäure	189	löslich
Malonsäure	136	gut löslich
Bernsteinsäure	185	gering löslich
Glutarsäure	98	gut löslich
Adipinsäure	151	gering löslich
Pimelinsäure	106	gering löslich
Phthalsäure	231	gering löslich
Maleinsäure	130,5	gut löslich
Fumarsäure	302	gering löslich

Tabelle A.10: Physikalische Eigenschaften von Dicarbonsäuren.

Name	Schmelzpunkt (°C)	Siedepunkt (°C)
Acetylchlorid	−112	51
Propionylchlorid	−94	80
Butyrylchlorid	−89	102
Valerylchlorid	−110	128
Essigsäureanhydrid	−73	140
Bernsteinsäureanhydrid		120

Tabelle A.11: Physikalische Eigenschaften von Acylchloriden und Säureanhydriden.

Name	Schmelzpunkt (°C)	Siedepunkt (°C)
Methylformiat	–100	32
Ethylformiat	–80	54
Methylacetat	–98	57,5
Ethylacetat	–84	77
Propylacetat	–92	102
Methylpropionat	–87,5	80
Ethylpropionat	–74	99
Methylbutyrat	–84,8	102,3
Ethylbutyrat	–93	121

Tabelle A.12: Physikalische Eigenschaften von Estern.

Name	Schmelzpunkt (°C)	Siedepunkt (°C)
Formamid	3	200 z.*
Acetamid	82	221
Propanamid	80	213
Butanamid	116	216
Pentanamid	106	232

* z. = Substanz zersetzt sich bei dieser Temperatur

Tabelle A.13: Physikalische Eigenschaften von Amiden.

Name	Schmelzpunkt (°C)	Siedepunkt (°C)	Löslichkeit (g/100 g H_2O bei 25 °C)
Formaldehyd (Methanal)	–92	221	gut löslich
Acetaldehyd (Ethanal)	–121	21	∞
Propanal	–81	49	16
Butanal	–96	75	7
Pentanal	–92	103	wenig löslich
Hexanal	–56	131	wenig löslich
Heptanal	–43	153	0,1
Octanal		171	unlöslich
Nonanal		192	unlöslich
Decanal	–5	209	unlöslich
Benzaldehyd	–26	178	0,3

Tabelle A.14: Physikalische Eigenschaften von Aldehyden.

Name	Schmelzpunkt (°C)	Siedepunkt (°C)	Löslichkeit ($g/100\ g\ H_2O$ bei 25 °C)
Aceton	−95	56	∞
2-Butanon	−86	80	25,6
2-Pentanon	−78	102	5,5
2-Hexanon	−57	127	1,6
2-Heptanon	−36	151	0,4
2-Octanon	−16	173	unlöslich
2-Nonanon	−7	195	unlöslich
2-Decanon	14	210	unlöslich
3-Pentanon	−40	102	4,8
3-Hexanon		123	1,5
3-Heptanon	−39	149	0,3
Acetophenon	19	202	unlöslich
Propiophenon	18	218	unlöslich

Tabelle A.15: Physikalische Eigenschaften von Ketonen.

ANHANG B: pK_S-Werte

Verbindung	pK_S
$CH_3C{\equiv}\overset{+}{N}H$	–10,1
HI	–10
HBr	–9
$CH_3CH{=}\overset{+}{O}H$	–8
$CH_3C({=}\overset{+}{O}H)CH_3$	–7,3
HCl	–7
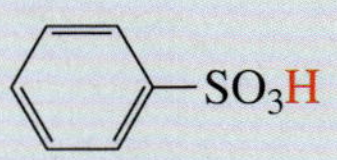	–6,5
$CH_3C({=}\overset{+}{O}H)OCH_3$	–6,5
$CH_3C({=}\overset{+}{O}H)OH$	–6,1
H_2SO_4	–5
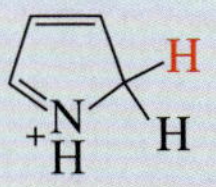	–3,8
$CH_3CH_2\overset{+}{O}(H)CH_2CH_3$	–3,6
$CH_3CH_2\overset{+}{O}H_2$	–2,4
$CH_3\overset{+}{O}H_2$	–2,5
H_3O^+	–1,7
HNO_3	–1,3
CH_3SO_3H	–1,2
$CH_3C({=}\overset{+}{O}H)NH_2$	0,0
F_3CCOH (C=O)	0,2
Cl_3CCOH (C=O)	0,64
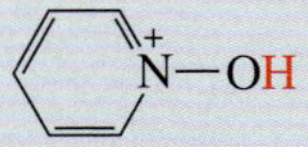	0,79
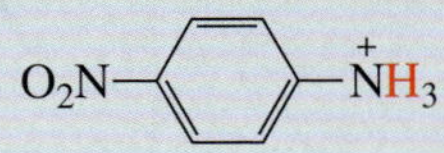	1,0
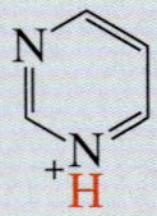	1,0
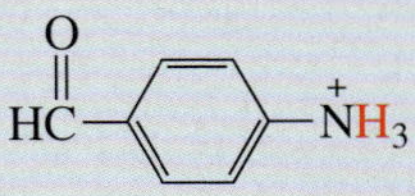	1,2
Cl_2CHCOH (C=O)	1,3
H_3PO_4	1,9
HSO_4^-	2,0
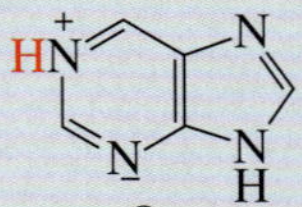	2,5
FCH_2COH (C=O)	2,7
$ClCH_2COH$ (C=O)	2,8
$BrCH_2COH$ (C=O)	2,9
ICH_2COH (C=O)	3,2
HF	3,2
HNO_2	3,4
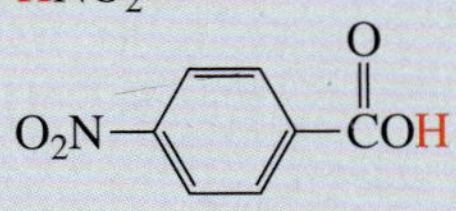	3,4
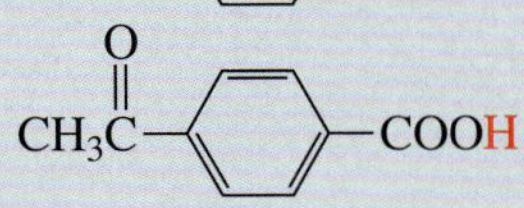	3,7
$HCOH$ (C=O)	3,8
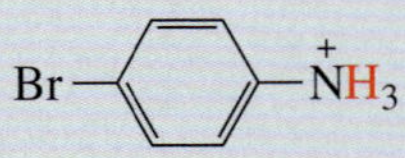	3,9
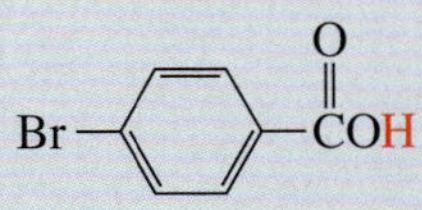	4,0
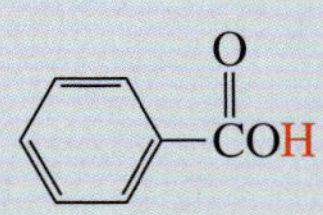	4,2
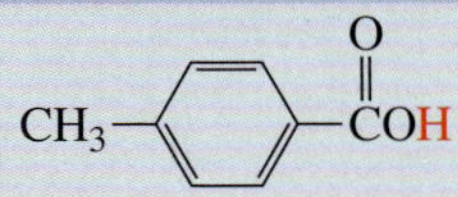	4,3
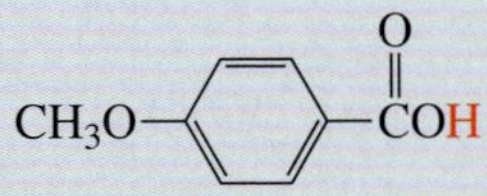	4,5
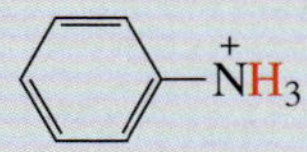	4,6
CH_3COH (C=O)	4,8
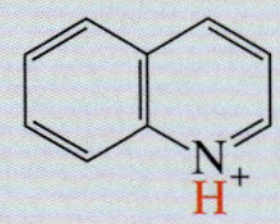	4,9
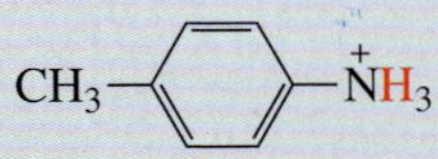	5,1
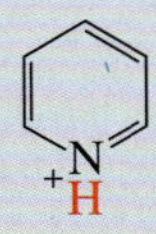	5,2
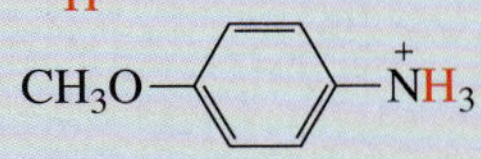	5,3
$CH_3C(CH_3){=}\overset{+}{N}HCH_3$	5,5
$CH_3C(O)CH_2CH(O)$	5,9
$HO\overset{+}{N}H_3$	6,0
H_2CO_3	6,4
$H_2PO_4^-$	6,7
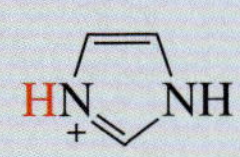	6,8
H_2S	7,0
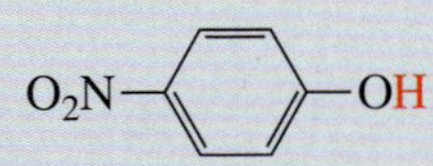	7,1
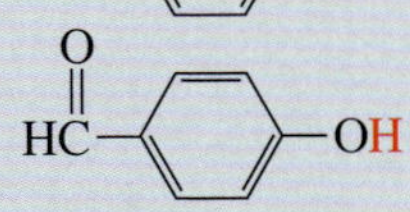	7,7
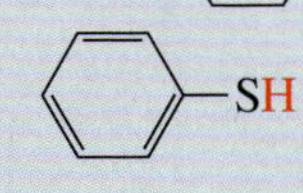	7,8

* pK_S-Werte beziehen sich jeweils auf das rote Wasserstoffatom in den gezeigten Verbindungen.

Tabelle B.1: pK_S-Werte*.

Verbindung	pK_S
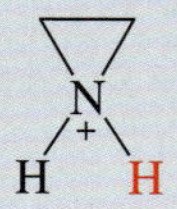	8,0
$H_2N\overset{+}{N}H_3$	8,1
$CH_3\overset{O}{\overset{\|}{C}}OOH$	8,2
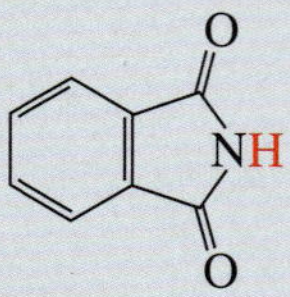	8,3
$CH_3CH_2NO_2$	8,6
$CH_3\overset{O}{\overset{\|}{C}}CH_2\overset{O}{\overset{\|}{C}}CH_3$	8,9
$HC{\equiv}N$	9,1
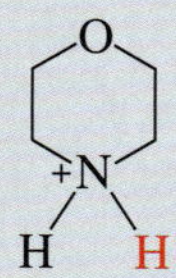	9,3
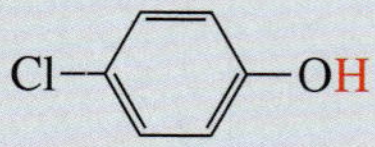	9,4
$\overset{+}{N}H_4$	9,4
$HOCH_2CH_2\overset{+}{N}H_3$	9,5
$H_3\overset{+}{N}CH_2\overset{O}{\overset{\|}{C}}O^-$	9,8
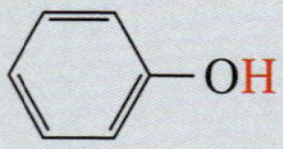	10,0
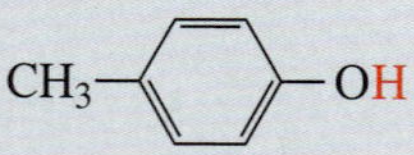	10,1
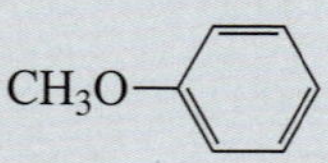	10,2
HCO_3^-	10,2
CH_3NO_2	10,2
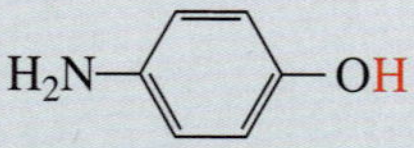	10,3
CH_3CH_2SH	10,5
$(CH_3)_3\overset{+}{N}H$	10,6
$CH_3\overset{O}{\overset{\|}{C}}CH_2\overset{O}{\overset{\|}{C}}OCH_2CH_3$	10,7
$CH_3\overset{+}{N}H_3$	10,7
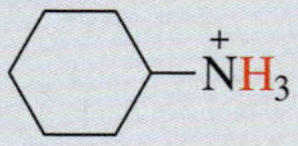	10,7
$(CH_3)_2\overset{+}{N}H_2$	10,7
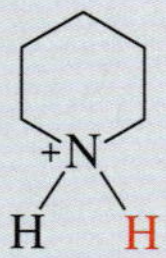	11,1
$CH_3CH_2\overset{+}{N}H_3$	11,0
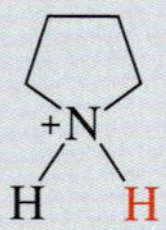	11,3
$HOOH$	11,6
HPO_4^{2-}	12,4
CF_3CH_2OH	12,4
$CH_3CH_2O\overset{O}{\overset{\|}{C}}CH_2\overset{O}{\overset{\|}{C}}OCH_2CH_3$	13,3
$HC{\equiv}CCH_2OH$	13,5
$H_2N\overset{O}{\overset{\|}{C}}NH_2$	13,7
$CH_3\overset{+}{N}(CH_3)_2CH_2CH_2OH$	13,9
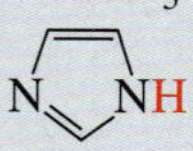	14,4
CH_3OH	15,5
H_2O	15,7
CH_3CH_2OH	16,0
$CH_3\overset{O}{\overset{\|}{C}}NH_2$	16
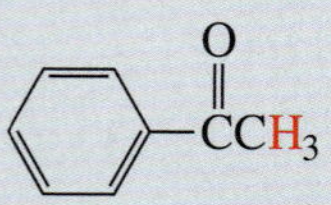	16,0
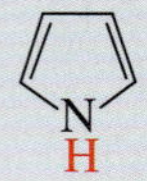	~17
$CH_3\overset{O}{\overset{\|}{C}}H$	17
$(CH_3)_3COH$	18
$CH_3\overset{O}{\overset{\|}{C}}CH_3$	20
$CH_3\overset{O}{\overset{\|}{C}}OCH_2CH_3$	24,5
$HC{\equiv}CH$	25
$CH_3C{\equiv}N$	25
$CH_3\overset{O}{\overset{\|}{C}}N(CH_3)_2$	30
H_2	35
NH_3	36
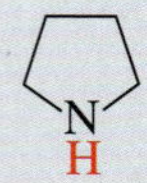	36
CH_3NH_2	40
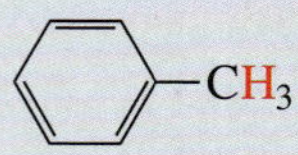	41
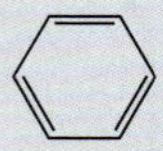	43
$CH_2{=}CHCH_3$	43
$CH_2{=}CH_2$	44
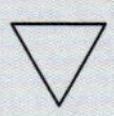	46
CH_4	60
CH_3CH_3	> 60

Tabelle B.1: pK_S-Werte* (*Fortsetzung*).

ANHANG C: Kinetik

Wie man Geschwindigkeitskonstanten bestimmt

Ein **Reaktionsmechanismus** ist eine detaillierte Analyse dessen, wie sich die chemischen Bindungen (oder die Elektronen) in den Reaktanten neu anordnen, um die Reaktionsprodukte zu bilden. Der Mechanismus für eine gegebene Reaktion muss dem Geschwindigkeitsgesetz für diese Reaktion gehorchen. Ein **Geschwindigkeitsgesetz** besagt, wie die Geschwindigkeit der Reaktion von der Konzentration der an der Reaktion beteiligten Verbindungsart abhängt.

Reaktionen erster Ordnung

Die Geschwindigkeit proportional zu der Konzentration des Reaktanten:

$$\mathrm{A} \xrightarrow{k_1} \text{Produkte}$$

Geschwindigkeitsrate: Geschwindigkeit $= k_1$ [A]

Die erste Ordnung – Geschwindigkeitskonstante bestimmen (k_1):
Änderung in der Konzentration von A über die Zeit:

$$\frac{-d[\mathrm{A}]}{dt} = k_1[\mathrm{A}]$$

a = die Anfangskonzentration von A,
x = die Konzentration von A, nachdem es bis zum Zeitpunkt t reagiert hat.
Daher ist die Konzentration von A, die zum Zeitpunkt t noch vorhanden ist, $(a - x)$. Einsetzen in die vorherige Gleichung ergibt:

$$\frac{-d(a-x)}{dt} = k_1(a-x)$$

$$\frac{-da}{dt} + \frac{dx}{dt} = k_1(a-x)$$

$$0 + \frac{dx}{dt} = k_1(a-x)$$

$$\frac{dx}{(a-x)} = k_1 dt$$

Aus Einsetzen der ursprünglichen Gleichung folgt:

$$-\ln(a-x) = k_1 t + \text{Konstante}$$

Für $t = 0$ und $x = 0$ folgt somit:

$$\text{Konstante} = -\ln a$$

$$-\ln(a-x) = k_1 t - \ln a$$

$$\ln\frac{a}{a-x} = k_1 t$$

$$\ln\frac{a-x}{a} = k_1 t$$

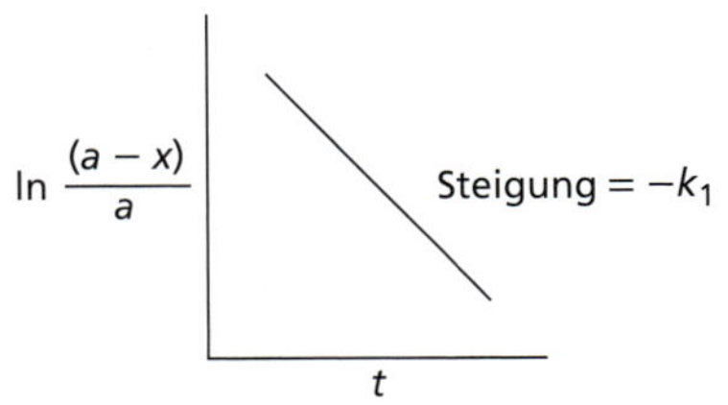

Die Halbwertszeit einer Reaktion erster Ordnung

Die **Halbwertszeit** ($t_{1/2}$): Eine Reaktion ist die Zeit, die verstreicht, bis die Hälfte der Reaktanten reagiert haben (oder für die Hälfte des Produkts gebildet haben). Um die Halbwertszeit eines Reaktanten in einer Reaktion erster Ordnung herzuleiten, beginnen wir mit der Gleichung am Boden von Säule 1:

$$\ln\frac{a}{(a-x)} = k_1 t$$

Zum Zeitpunkt $t_{1/2}$ gilt: $x = \frac{a}{2}$. Daraus folgt:

$$\ln\frac{a}{\left(a-\frac{a}{2}\right)} = k_1 t_{1/2}$$

$$\ln\frac{a}{\frac{a}{2}} = k_1 t_{1/2}$$

$$\ln 2 = k_1 t_{1/2}$$

$$0{,}693 = k_1 t_{1/2}$$

$$t_{1/2} = \frac{0{,}693}{k_1}$$

Beachten Sie, dass die Halbwertszeit einer Reaktion erster Ordnung unabhängig von der Konzentration des Reaktanten ist.

Reaktionen zweiter Ordnung

Die Geschwindigkeit verhält sich proportional zur Konzentration der beiden Reaktanten:

$$\mathrm{A} + \mathrm{B} \xrightarrow{k_2} \text{Produkte}$$

Geschwindigkeitsrate: Geschwindigkeit = $k_2\,[\mathrm{A}]\,[\mathrm{B}]$

Die zweite Ordnung – Geschwindigkeitskonstante bestimmen (k_2):
Änderung in der Konzentration von A über die Zeit:

$$\frac{-d[\mathrm{A}]}{dt} = k_2[\mathrm{A}][\mathrm{B}]$$

a = die Anfangskonzentration von A,
b = die Anfangskonzentration von B,
x = die Konzentration von A, nachdem es bis zum Zeitpunkt t reagiert hat.

Daher ist die Konzentration von A, die zum Zeitpunkt t noch vorhanden ist $a - x$, und die Konzentration von B, die zum Zeitpunkt t noch vorhanden ist, ist $b - x$. Substitution ergibt:

$$\frac{dx}{dt} = k_2(a-x)(b-x)$$

Für den Fall, dass $a = b$ (diese Konzentration kann experimentell hervorgerufen werden):

$$\frac{dx}{dt} = k_2(a-x)^2$$

$$\frac{dx}{(a-x)^2} = k_2 dt$$

Einsetzen der Gleichung ergibt

$$\frac{1}{(a-x)} = k_2 t + \text{Konstante}$$

Für $t = 0$ und $x = 0$ ergibt sich:

$$\text{Konstante} = \frac{1}{a}$$

$$\frac{1}{(a-x)} - \frac{1}{a} = k_2 t$$

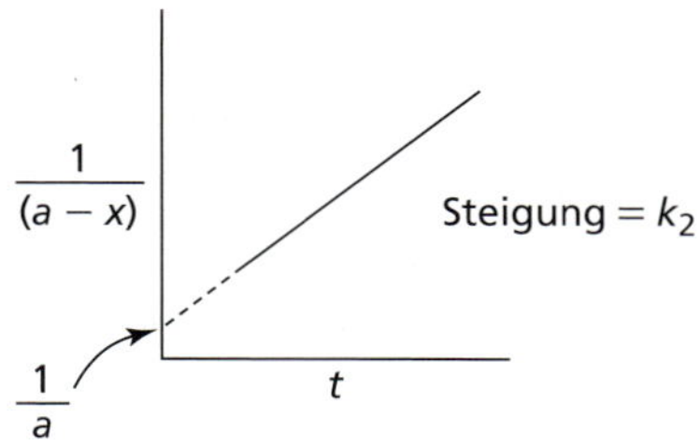

Die Halbwertszeit einer Reaktion zweiter Ordnung

$$\frac{1}{(a-x)} - \frac{1}{a} = k_2 t$$

Zum Zeitpunkt $t_{1/2}$ gilt: $x = \frac{a}{2}$. Daraus folgt:

$$\frac{1}{a} = k_2 t_{1/2}$$

$$t_{1/2} = \frac{1}{k_2 a}$$

Reaktionen pseudo-erster Ordnung

Es ist einfacher, eine Geschwindigkeitskonstante für eine Reaktion erster Ordnung als für eine Reaktion zweiter Ordnung zu bestimmen, da das kinetische Verhalten einer Reaktion erster Ordnung unabhängig von der Ausgangskonzentration des Reaktanten ist. Daher kann eine Geschwindigkeitskonstante erster Ordnung ohne Kenntnis der anfänglichen Konzentration des Reaktanten bestimmt werden. Die Bestimmung der Geschwindigkeitskonstante einer Reaktion zweiter Ordnung erfordert nicht nur, dass die anfängliche Konzentration der Reaktanten bekannt ist, sondern auch, dass die anfängliche Konzentration der beiden Reaktanten identisch ist, um die kinetische Gleichung zu vereinfachen.

Wenn jedoch die Konzentration eines der Reaktanten in der Reaktion zweiter Ordnung viel größer ist als die Konzentration des anderen, dann kann die Reaktion als eine Reaktion erster Ordnung behandelt werden. Eine solche Reaktion bezeichnet man als eine **Reaktion pseudo-erster Ordnung** und ist gegeben durch

$$\frac{-d[\mathrm{A}]}{dt} = k[\mathrm{A}][\mathrm{B}]$$

Falls [B] >> [A] ist, vereinfacht sich der Ausdruck zu:

$$\frac{-d[\mathrm{A}]}{dt} = k'[\mathrm{A}]$$

Die so ermittelte Geschwindigkeitskonstante für eine Reaktion pseudo-erster Ordnung (k', oft als $k_{\mathrm{beob.}}$ bezeichnet) schließt die Konzentration von B mit ein. k lässt sich bestimmen, wenn man die Reaktion mit unterschiedlichen Konzentrationen von B durchführt und die Steigung der Geraden einer Auftragung der gemessenen Reaktionsgeschwindigkeit gegen [B] ermittelt.

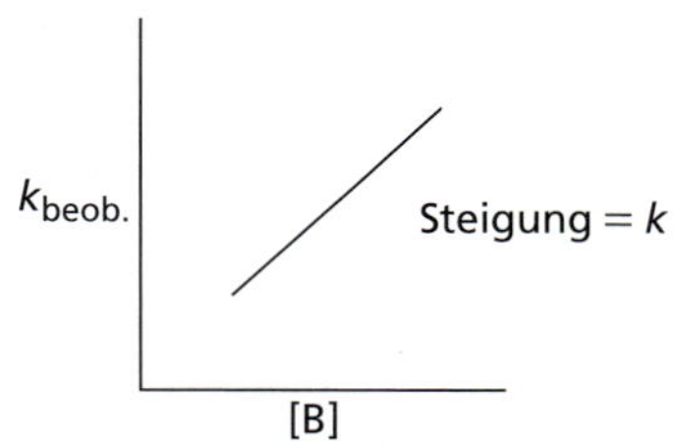

ANHANG D: Zusammenfassung der Methoden, die benötigt werden, um eine bestimmte funktionelle Gruppe zu synthetisieren

DIE SYNTHESE VON ACETALEN

1. Säurekatalysierte Reaktion eines Aldehyds oder eines Ketons mit zwei Äquivalenten eines Alkohols (16.9).

DIE SYNTHESE VON SÄUREANHYDRIDEN

1. Reaktion eines Acylhalogenids mit einem Carboxylation (15.16).
2. Erhitzen einer Dicarbonsäure (15.16).
3. Erhitzen einer Dicarbonsäure in Gegenwart von Essigsäureanhydrid (15.16).

DIE SYNTHESE VON ACYLCHLORIDEN ODER ACYLBROMIDEN

1. Reaktion einer Carbonsäure mit SOC_{l2}, PC_{l3} oder PBr_3 (15.18).

DIE SYNTHESE VON ALKOHOL

1. Säurekatalysierte Hydratisierung eines Alkens (6.5).
2. Hydroborierung-Oxidation eines Alkens (6.8).
3. Reaktion eines Halogenalkans mit HO^- (9.1, 9.3).
4. Reaktion eines Organocuprats mit einem Epoxid (11.3).
5. Epoxidierung eines Alkens gefolgt von der Reaktion mit NaH (10.7).
6. Reduktion eines Aldehyds, ein Ketons, eines Acylchlorids, eines Anhydrids, eines Esters oder einer Carbonsäure (16.5, 16.6).
7. Reaktion eines Grignard-Reagens mit einem Aldehyd, einem Keton, einem Acylchlorid oder einem Ester (16.4).
8. Die Spaltung eines Ethers mit Hl oder HBr (10.6).

DIE SYNTHESE VON ALDEHYDEN

1. Hydroborierung-Oxidation eines terminalen Alkins (7.8).
2. Oxidation eines primären Alkohols mit Pyridiniumchlorchromat oder hypochlorige Säure (10.5).
3. Swern-Oxidation eines primären Alkohols mit Dimethylsulfoxid, Oxalylchlorid und Triethylamin (10.5).
4. Reaktion eines Acylchlorids mit Lithium-tri-*tert*-butoxyaluminiumhydrid (16.5).
5. Reaktion eines Esters mit Diisobutylaluminiumhydrid (DIBALH) (16.5).
6. Ozonolyse eines Alkens, gefolgt von der Reaktion mit Dimethylsulfid oder Zink und Essigsäure (6.11).

DIE SYNTHESE VON ALKANEN

1. Katalytische Hydrierung eines Alkens oder eines Alkins (5.9, 7.9, 16.7).
2. Reaktion eines Grignard-Reagenz mit einer Protonenquelle (11.1).
3. Wolff-Kishner-Reduktion eines Aldehyds oder eines Ketons (18.8).
4. Reduktion eines Phenons mit H_2/Pd (18.8).
5. Reduktion eines Thioacetals oder Thioketals mit H_2 und Raney-Nickel (16.11).
6. Reaktion eines Organocuprats mit einem Halogenalkan (11.3).

DIE SYNTHESE VON ALKENEN

1. Eliminierung von Halogenwasserstoff aus einem Halogenalkan (9.6, 9.7, 9.8).
2. Säurekatalysierte Dehydratation eines Alkohols (10.4).
3. Hofmann-Eliminierungsreaktion: Abspaltung eines Protons und eines tertiären Amins aus einem quaternären Ammoniumhydroxid (10.10).
4. Erschöpfende Methylierung eines Amins, gefolgt von einer Hofmann-Eliminierungsreaktion (10.10).
5. Hydrierung eines Alkins mit einem Lindlar-Katalysator, um ein *cis*-Alken zu bilden (7.6, 16.6).
6. Reduktion eines Alkins mit Na (oder Li) und flüssigem Ammoniak, um ein *trans*-Alken zu bilden (7.9, 16.7).
7. Bildung eines zyklischen Alkens unter Verwendung einer Diels-Alder-Reaktion (8.14, 28.4).
8. Wittig-Reaktion: Reaktion eines Aldehyds oder eines Ketons mit einem Phosphoniumylid (16.13).
9. Reaktion eines Organocuprats mit einem halogenierten Alken (11.3).
10. Eine Heck-Reaktion koppelt ein Vinylhalogenid mit einem Alken in einer basischen Lösung in Anwesenheit von PdL_2 (11.4).
11. Eine Suzuki-Reaktion koppelt ein Vinylhalogenid mit einer bororganischen Verbindung in Gegenwart von PdL_2 (11.4).
12. Alkenmetathese (11.5).

DIE SYNTHESE VON HALOGENALKANEN

1. Addition von Halogenwasserstoff (HX) zu einem Alken (6.1).
2. Zugabe von HBr + Peroxid zu einem Alken (12.7).
3. Zugabe von Halogenwasserstoff zu einem Alkin (7.6).
4. Radikale Halogenierung eines Alkans, eines Alkens oder eines Alkylbenzols (12.2, 12.9).
5. Reaktion eines Alkohols mit einem Halogenwasserstoff, $SOCl_2$, PCl_3 oder PBr_3 (10.1, 10.2).
6. Reaktion eines Sulfonatesters mit einem Halogenidion (10.3).
7. Spaltung eines Ethers mit einem Halogenwasserstoff (10.6).
8. Halogenierung eines α-Kohlenstoffatoms eines Aldehyds, eines Ketons oder einer Carbonsäure (17.4, 17.5).

DIE SYNTHESE VON ALKINEN

1. Eliminierung von Halogenwasserstoff aus einem Vinylhalogenid (9.15).
2. Zwei aufeinanderfolgende Eliminierungsreaktionen von Halogenwasserstoff aus einem vicinalen Dihalogenid oder einem geminalen Dihalogenid (9.15).
3. Reaktion eines Acetylidions (gebildet durch Entfernen eines Protons von einem terminalen Alkin) mit einem Halogenalkan (7.11).
4. Alkinmetathese (12.5).

DIE SYNTHESE VON AMIDEN

1. Reaktion eines Acylchlorids, eines Säureanhydrids oder eines Esters mit Ammoniak oder mit einem Amin (15.6, 15.7, 15.16).
2. Erhitzen eines Ammoniumcarboxylatsalzes (15.10).
3. Reaktion einer Carbonsäure mit Dicyclohexylcarbodiimid gefolgt von der Reaktion mit einem Amin (21.10).

DIE SYNTHESE VON AMINEN

1. Reaktion eines Halogenalkans mit NH_3, RNH_2 oder R_2NH (9.2).
2. Reaktion eines Halogenalkans mit einem Azidion, gefolgt von einer Reduktion der Alkylazids (9.2).
3. Reduktion eines Imins, eines Nitrils oder eines Amids (15.15, 16.5, 16.8).
4. Reduktive Aminierung eines Aldehyds oder eines Ketons (16.8).
5. Gabriel-Synthese von primären Aminen: Reaktion eines primären Halogenalkans mit einem Kaliumphthalsäureimid (15.14).
6. Reduktion einer Nitroverbindung (18.10).

DIE SYNTHESE VON AMINOSÄUREN

1. Hell-Volhard-Zelinsky-Reaktion: Halogenierung einer Carbonsäure gefolgt von einer Behandlung mit überschüssigem NH_3 (17.5).
2. Reduktive Aminierung einer α-Ketosäure (21.6).
3. *N*-Phthalimidmalonestersynthese (21.6).
4. Acetamidmalonester (21.6).
5. Strecker-Synthese: Reaktion eines Aldehyds mit Ammoniak, gefolgt von der Zugabe von Cyanidionen und Hydrolyse (21.6).

DIE SYNTHESE VON CARBONSÄUREN

1. Oxidation eines primären Alkohols (10.5).
2. Oxidation eines Aldehyds (10.5, 16.12).
3. Oxidation eines Alkylbenzols (18.10).
4. Hydrolyse eines Acylhalogenid, eines Säureanhydrids, eines Esters, eines Amids oder eines Nitrils (15.6, 15.7, 15.11, 15.12, 15.15, 15.16).
5. Reaktion eines Grignard-Reagenz mit CO_2 (16.4).
6. Malonestersynthese (17.17).

DIE SYNTHESE VON CYANHYDRIN

1. Reaktion eines Aldehyds oder eines Ketons mit Natriumcyanid und HCl (16.4).

DIE SYNTHESE VON DIHALOGENIDEN

1. Zugabe von Cl_2 oder Br_2 zu einem Alken (6.9).
2. Zugabe von Cl_2 oder Br_2 zu einem Alken (7.6).

DIE SYNTHESE VON 1,2-DIOL

1. Reaktion eines Epoxids mit Hydroxidionen bildet ein *trans*-1,2-Diol (10.7).
2. Reaktion eines Alkens mit Osmiumtetroxid, gefolgt von Hydrolyse mit Wasserstoffperoxid bildet ein *cis*-1,2-Diol (10.7).

DIE SYNTHESE VON DISULFIDEN

1. Milde Oxidation eines Thiols (21.8).

DIE SYNTHESE VON ENAMINEN

1. Reaktion eines Aldehyds oder eines Ketons mit einem sekundären Amin (16.8).

DIE SYNTHESE VON EPOXIDEN

1. Reaktion eines Alkens mit einer Peroxysäure (6.10).

DIE SYNTHESE VON ESTERN

1. Reaktion eines Acylhalogenids oder eines Säureanhydrids mit einem Alkohol, (15.6, 15.16).
2. Säurekatalysierte Reaktion eines Esters oder einer Carbonsäure mit einem Alkohol (15.8, 15.10).
3. Reaktion eines Halogenalkans mit einem Carboxylation (9.15).
4. Reaktion eines Sulfonatesters mit einem Carboxylation (10.3).
5. Oxidation eines Ketons (16.12).
6. Herstellung eines Methylesters durch die Reaktion eines Carboxylations mit Diazomethan (18.20).

DIE SYNTHESE VON ETHERN

1. Säurekatalysierte Addition eines Alkohols zu einem Alken (6.6).
2. Williamsonsche Ethersynthese: Reaktion eines Alkoxidions mit einem Halogenalkan (9.15).
3. Bildung von symmetrischen Ethern durch Erwärmung eines primären Alkohols in einer sauren Lösung (10.4).

DIE SYNTHESE VON HALOHYDRINEN

1. Reaktion eines Alkens mit Br_2 (oder Cl_2) und H_2O (6.9).
2. Reaktion eines Epoxids mit einem Halogenwasserstoff (10.7).

DIE SYNTHESE VON IMINEN

1. Reaktion eines Aldehyds oder eines Ketons mit einem primären Amin (16.8).

DIE SYNTHESE VON KETONEN

1. Zugabe von Wasser zu einem Alkin (7.7).
2. Hydroborierung-Oxidation eines internen Alkins (7.8).
3. Oxidation eines sekundären Alkohols (10.5).
4. Ozonolyse eines Alkens, gefolgt von der Reaktion mit Dimethylsulfid oder Zink und Essigsäure (6.11).
5. Friedel-Crafts-Acylierung eines aromatischen Rings (18.6).
6. Herstellung eines Methylketons durch Acetessigestersynthese (17.19).

DIE SYNTHESE VON NITRIL

1. Reaktion eines Halogenalkans mit Cyanidionen (9.2).
2. Reaktion eines Amids (mit einer NH_2-Gruppe) mit $SOCl_2$ (15.15).

DIE SYNTHESE VON SUBSTITUIERTEM BENZOL

1. Halogenierung mit Br_2 oder Cl_2 und einer Lewis-Säure (18.3).
2. Nitrierung mit $HNO_3 + H_2SO_4$ (18.4).
3. Sulfonierung, Erhitzen mit H_2SO_4 (18.5).
4. Friedel-Crafts-Acylierung (18.6).
5. Friedel-Crafts-Alkylierung (18.7, 18.8).
6. Sandmeyer-Reaktion: Reaktion eines Arendiazoniumsalzes mit CuBr, CuCl oder CuCN (18.18).
7. Bildung eines Phenols durch Reaktion eines Arendiazoniumsalzes mit Wasser (18.18).
8. Reaktion eines Arylhalogenids mit einem Organocuprat (11.3).
9. Heck-Reaktion: Koppelt ein Arylhalogenid mit einem Alken in einer basischen Lösung in der Anwesenheit von PdL_2 (11.4).
10. Suzuki-Reaktion: Koppelt ein Arylhalogenid mit einem Organoboran in der Anwesenheit von PdL_2 und Triethylamin (11.4).

DIE SYNTHESE VON SULFIDEN

1. Reaktion eines Thiols mit einem Halogenalkan (10.11).
2. Reaktion eines Thiols mit einem Sulfonatester (10.3).

DIE SYNTHESE VON THIOL

1. Reaktion eines Halogenalkans mit Schwefelwasserstoff (9.2).
2. Katalytische Hydrierung eines Disulfids (21.8).

ANHANG E: Zusammenfassung der Methoden zur Bildung von Kohlenstoff-Kohlenstoff-Bindungen

1 Alken- oder Alkinmetathese (11.5).
2 Umsetzung eines Acetylidions mit einem Halogenalkan oder einem Sulfonatester (7.11, 9.2, 10.3).
3 Diels-Alder- und andere Cycloadditionsreaktionen (8.14, 28.4).
4 Reaktion eines Organocuprats mit einem Epoxid (11.3).
5 Friedel-Crafts-Alkylierung und -acylierung (18.6, 18.7, 18.8).
6 Umsetzung eines Cyanidions mit einem Halogenalkan oder einem Sulfonatester (9.2, 10.3).
7 Reaktion eines Cyanidions mit einem Aldehyd oder einem Keton (16.4).
8 Reaktion eines Grignard-Reagenz mit einem Aldehyd, einem Keton, einem Ester, einem Amid oder CO_2 (16.4).
9 Reaktion eines Organocuprats mit einem α,β-ungesättigten Keton oder einem α,β-ungesättigten Aldehyd (16.15).
10 Aldoladdition (17.10, 17.12, 17.15).
11 Claisen-Kondensation (17.13, 17.14).
12 Malonsäureestersynthese und Acetessigestersynthese (7.17, 17.18).
13 Michael-Additionsreaktion (17.9).
14 Alkylierung eines Enamins (17.8).
15 Alkylierung des α-Kohlenstoffs einer Carbonylverbindung (17.7).
16 Reaktion eines Organocuprats mit einem Arylhalogenid oder einem Vinylhalogenid (11.3).
17 Heck-Reaktion: Koppelt ein Vinyl- oder ein Arylhalogenid mit einem Alken in einer basischen Lösung in Gegenwart von PdL_2 (11.4).
18 Suzuki-Reaktion: Koppelt ein Vinyl- oder Arylhalogenid an ein Organoboran in Gegenwart von PdL_2 (11.4).

ANHANG F: Spektroskopie-Tabellen

Häufige Fragmentionen*

m/z	Ion
14	CH_2
15	CH_3
16	O
17	OH
18	H_2O, NH_4
19	F, H_3O
26	$C{\equiv}N$
27	C_2H_3
28	C_2H_4, CO, N_2, $CH{=}H$
29	C_2H_5, CHO
30	CH_2NH_2, NO
31	CH_2OH, OCH_3
32	O_2 (Luft)
33	SH, CH_2F
34	H_2S
35	Cl
36	HCl
39	C_3H_3
40	$CH_2C{=}N$
41	C_3H_5, $CH_2C{\equiv}N + H$, C_2H_2NH
42	C_3H_6
43	C_3H_7, $CH_3C{=}O$, C_2H_5N
44	$CH_2CH{=}O + H$, CH_3CHNH_2, CO_2, $NH_2C{=}O$, $(CH_3)_2N$
45	CH_3CHOH, CH_2CH_2OH, CH_2OCH_3, COOH, $CH_3CHO + H$
46	NO_2
47	CH_2SH, CH_3S
48	$CH_3S + H$
49	CH_2Cl
51	CHF_2
53	C_4H_5
54	$CH_2CH_2C{\equiv}N$
55	C_4H_7, $CH_2{=}CHC{=}O$
56	C_4H_8
57	C_4H_9, $C_2H_5C{=}O$
58	$CH_3\overset{\overset{O}{\|}}{C}CH_2 + H$, $C_2H_5CHNH_2$, $(CH_3)_2NCH_2$, $C_2H_5NHCH_2$, C_2H_2S
59	$(CH_3)_2COH$, $CH_2OC_2H_5$, $\overset{\overset{O}{\|}}{C}OCH_3$, $CH_2\underset{\underset{NH_2}{\vert}}{C}{=}O + H$, CH_3OCHCH_3,
60	CH_3CHCH_2OH, $CH_2COOH + H$, CH_2ONO

* Alle diese Ionen haben eine einzige positive Ladung.

Tabelle F.1: Massenspektrometrie.

Häufig verlorene Fragmente			
Molekularionen-Minus	**verlorenes Fragment**	**Molekularionen-Minus**	**verlorenes Fragment**
1	H	43	C_3H_7, $CH_3\overset{O}{\overset{\Vert}{C}}$, $CH_2{=}CHO$, HCNO, $CH_3 + CH_2{=}CH_2$
15	CH_3	44	$CH_2{=}CHOH$, CO_2, N_2O, $CONH_2$, $NHCH_2CH_3$
17	HO	45	CH_3CHOH, CH_3CH_2O, CO_2H, $CH_3CH_2NH_2$
18	H_2O	46	$H_2O + CH_2{=}CH_2$, CH_3CH_2OH, NO_2
19	F	47	CH_3S
20	HF	48	CH_3SH, SO, O_3
26	$CH{\equiv}CH$, $C{\equiv}N$	49	CH_2Cl
27	$CH_2{=}CH$, $HC{\equiv}N$	51	CHF_2
28	$CH_2{=}CH_2$, CO, (HCN + H)	52	C_4H_4, C_2N_2
29	CH_3CH_2, CHO	53	C_4H_5
30	NH_2CH_2, CH_2O, NO	54	$CH_2{=}CHCH{=}CH_2$
31	OCH_3, CH_2OH, CH_3NH_2	55	$CH_2{=}CHCHCH_3$
32	CH_3OH, S	56	$CH_2{=}CHCH_2CH_3$, $CH_3CH{=}CHCH_3$
33	HS, (CH_3 und H_2O)	57	C_4H_9
34	H_2S	58	NCS, NO + CO, CH_3COCH_3
35	Cl	59	$CH_3O\overset{O}{\overset{\Vert}{C}}$, $CH_3\overset{O}{\overset{\Vert}{C}}NH_2$
36	HCl, 2 H_2O	60	C_3H_7OH
37	HCl + H		
38	C_3H_2, C_2N, F_2		
39	C_3H_3, HC_2N		
40	$CH_3C{\equiv}CH$		
41	$CH_2{=}CHCH_2$		
42	$CH_2{=}CHCH_3$, $CH_2{=}C{=}O$, 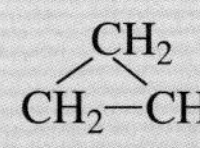, NCO		

Tabelle F.2: Massenspektrometrie.

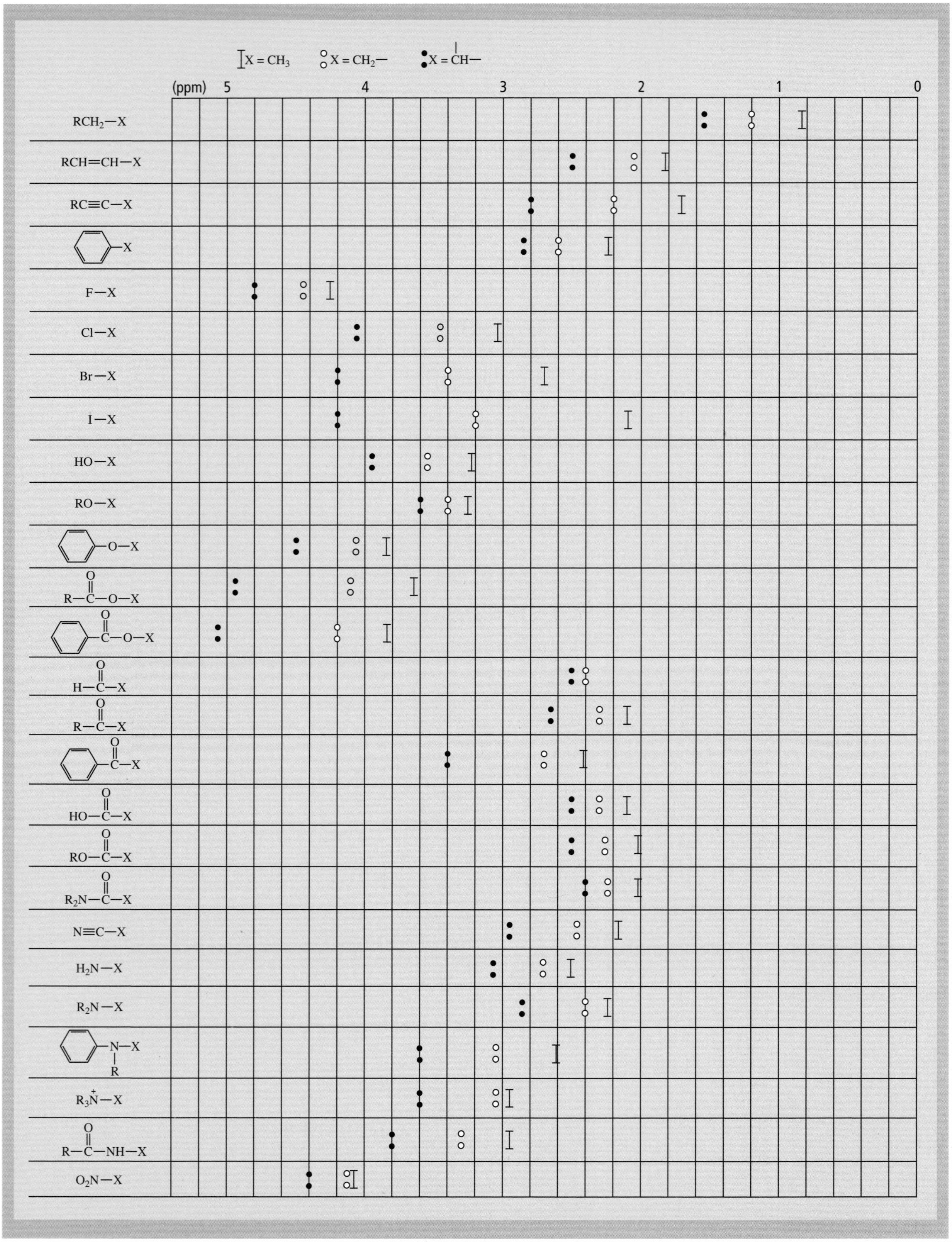

Tabelle F.3: Chemische Verschiebungen: 1H-NMR-Spektroskopie.

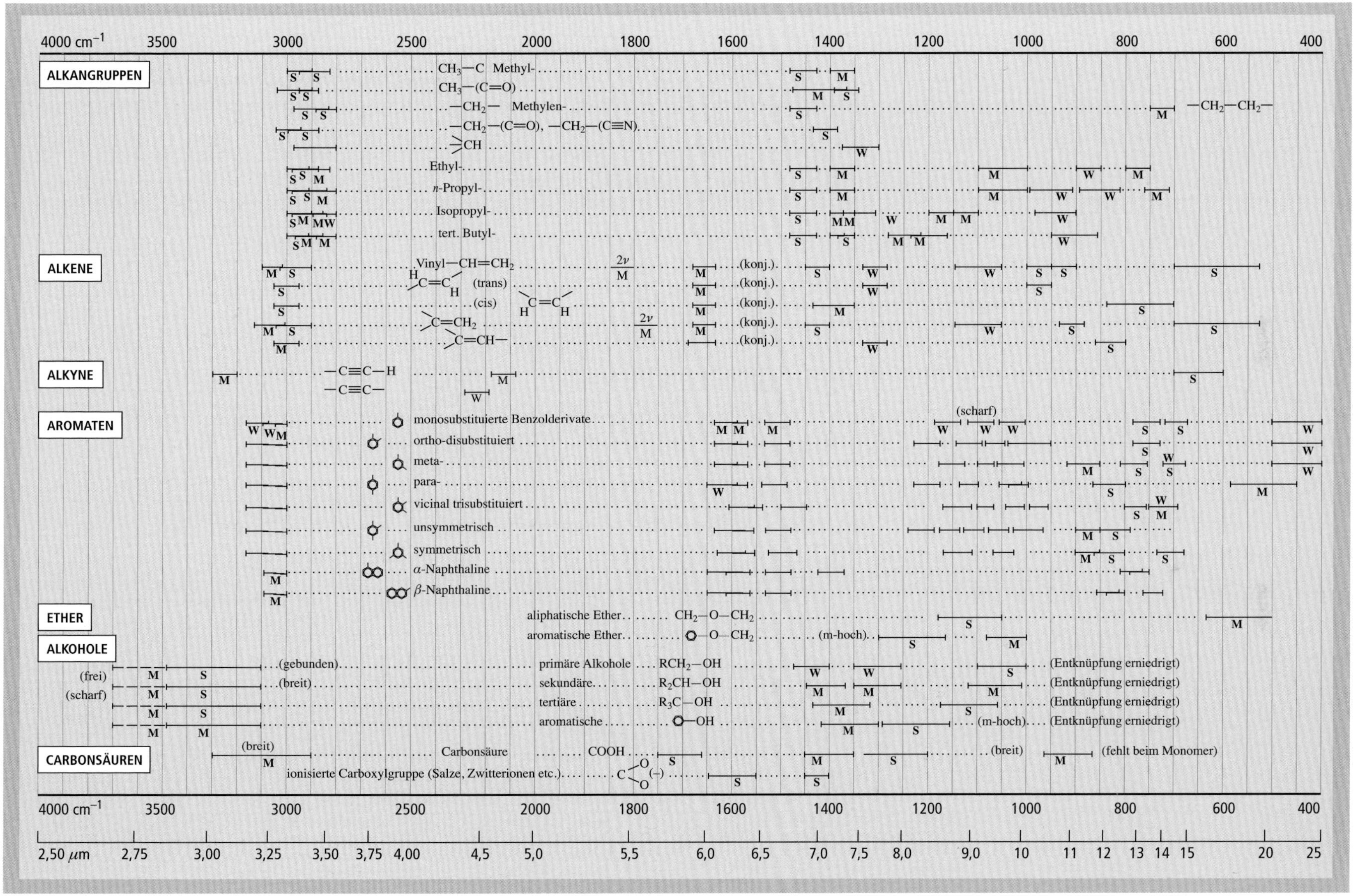

Tabelle F.4: Charakteristische IR-Gruppenwellenzahlen (S = stark, M = mittelstark, W= schwach; nach N. B. Clothup, Stamford Research Laboratories). Obertonbanden sind mit 2ν kenntlich gemacht.

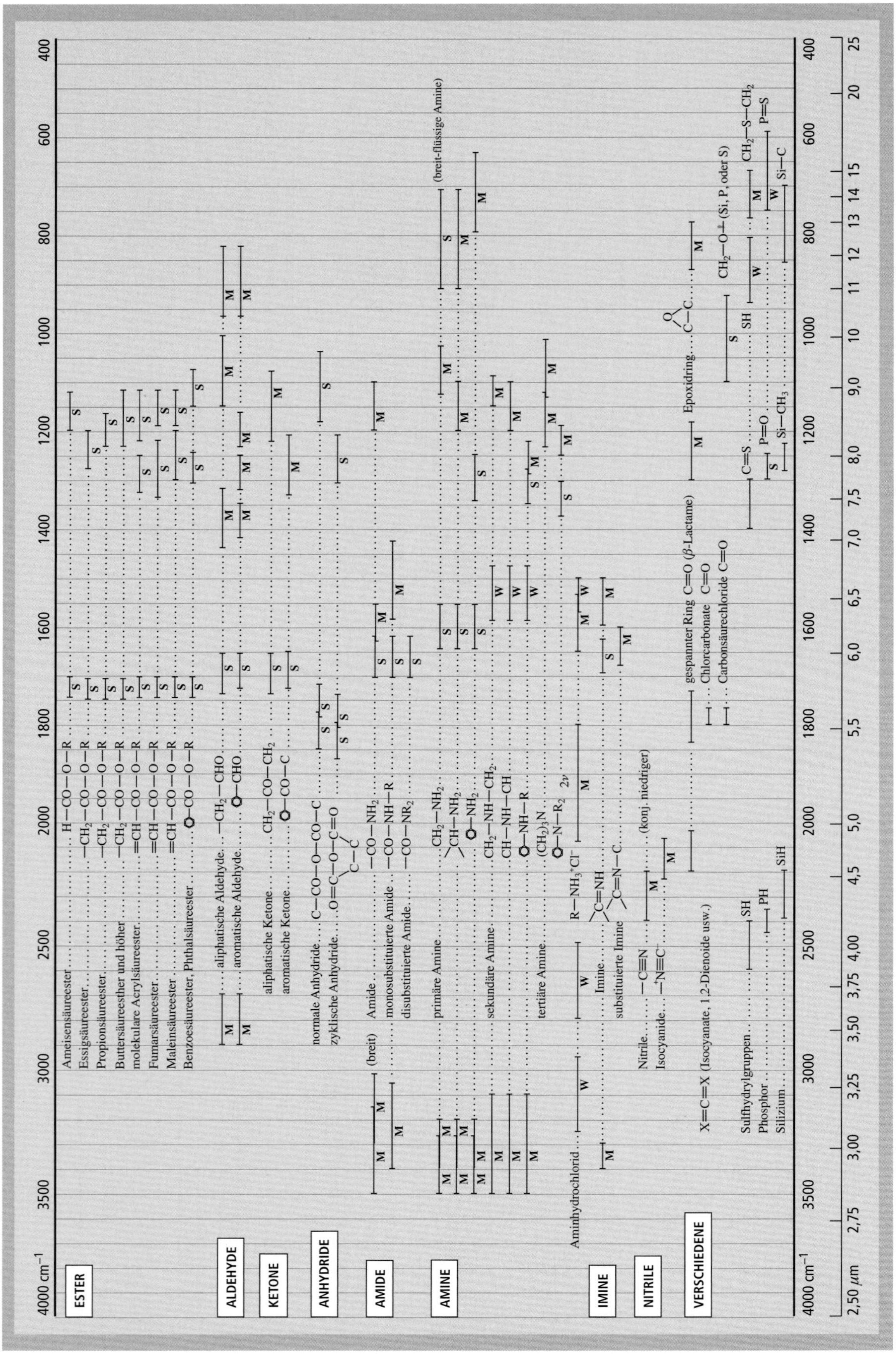

Tabelle F.4: Charakteristische IR-Gruppenwellenzahlen *(Fortsetzung)*.

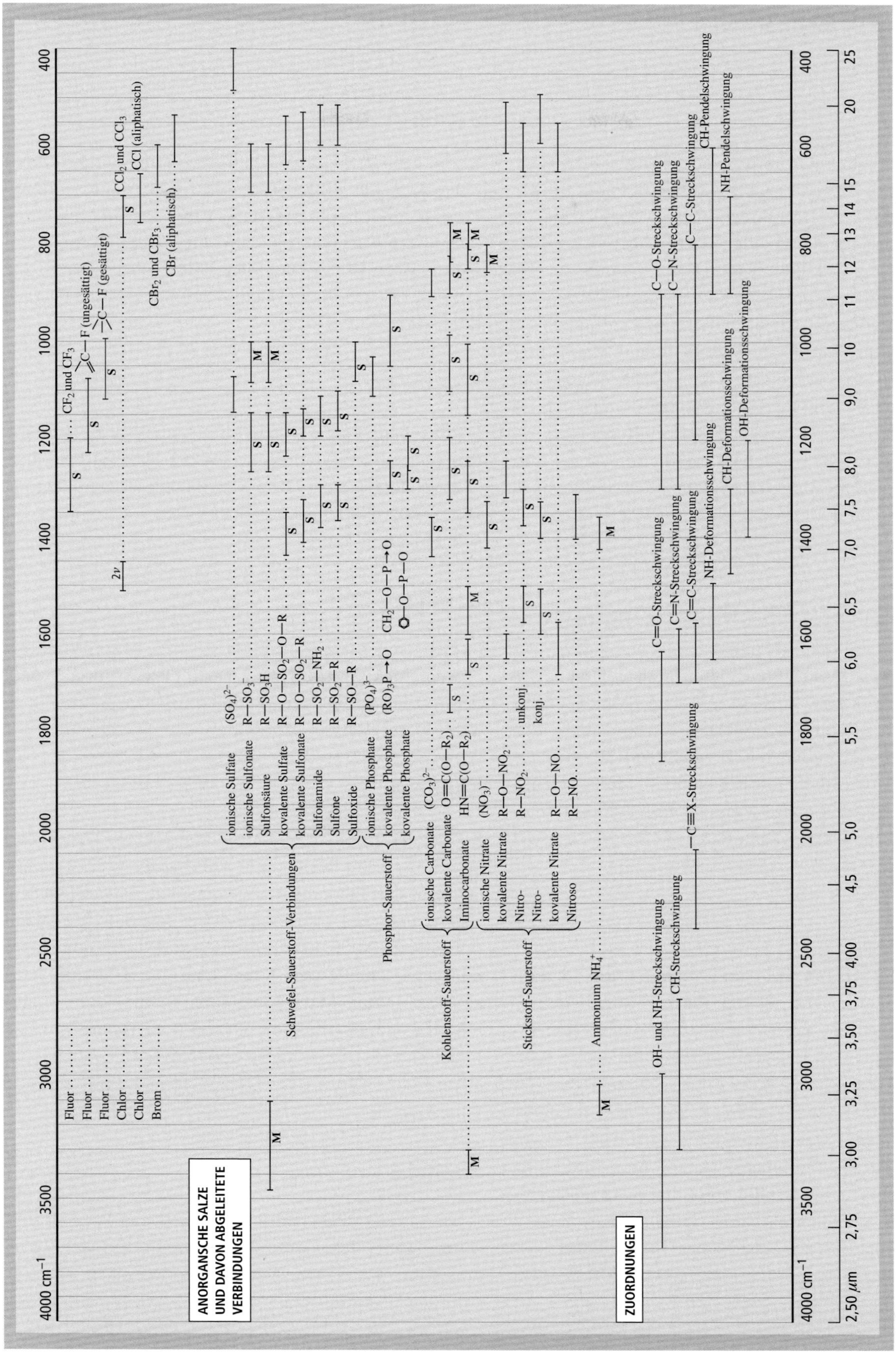

Tabelle F.4: Charakteristische IR-Gruppenwellenzahlen *(Fortsetzung)*.

ANHANG G: Bildnachweis

Kapitel 1

S. 38: Sebastian Duda/Shutterstock; **S. 40:** USDA (U.S. Department of Agriculture); **S. 42 (oben):** Paula Bruice; **S. 42 (unten):** Pearson Education, Inc.; **S. 43:** Pearson Education, Inc.; **S. 48:** Quelle: Electronegativity values are relative, not absolute. As a result, there are several scales of electronegativities. The electronegativities listed here are from the scale devised by Linus Pauling.; **S. 49: (oben):** Blaz Kure/Shutterstock; **S. 49 (unten):** Modestlife/Fotolia; **S. 50:** Pearson Education, Inc.; **S. 58:** Pearson Education, Inc.; **S. 68:** JPL/NASA; **S. 75 (oben):** An Post; **S. 75 (unten):** An Post; **S. 76:** Terekhov Igor/Shutterstock; **S. 82:** Kathryn Hansen/NASA; **S. 84:** Pearson Education, Inc.; **S. 88:** Pearson Education, Inc.; **S. 90:** Feliks/Shutterstock S. Multi Pearson Education, Inc.

Kapitel 2

S. 96: Michael Fernahl/Getty Images; **S. 101 (links):** © NYC Parks Photo Archive/Fundamental Photograhs, NYC; **S. 101 (rechts):** © Kristen Brochmann/Fundamental Photographs, NYC; **S. 103:** William & Wilma Follette/USDA NRCS PLANTS Database; **S. 105:** Pearson Education, Inc.; **S. 111:** Pearson Education, Inc.; **S. 116 (links):** SPL/Science Source; **S. 116 (rechts):** Professor Pietro M. Motta/Science Source; **S. 123:** © Richard Megna/Fundamental Photographs, NYC; **S. 124:** Ravl/Shutterstock; **S. 126:** Sashkin/Shutterstock S. Multi Pearson Education, Inc.

Kapitel 3

S. 140: NASA; **S. 141:** Pearson Education, Inc.; **S. 148:** Pearson Education, Inc.; **S. 152:** Karin Hildebrand Lau/Shutterstock; **S. 164:** Pearson Education, Inc.; **S. 165:** VadiCo/Shutterstock; **S. 169:** Pearson Education, Inc.; **S. 170:** Pearson Education, Inc.; **S. 172:** Eric Schrader/Pearson Education, Inc.; **S. 175:** Reuters; **S. 176:** Pearson Education, Inc.; **S. 184:** Hakbong Kwon/Alamy; **S. 184:** Pearson Education, Inc.; **S. 190 (oben):** Pearson Education, Inc.; **S. 190 (unten):** Karen Struthers/Fotolia; **S. 191:** Hagehige/Fotolia; **S. 197 (oben):** Charles Gellis/Science Source; **S. 197 (unten):** CMSP Custom Medical Stock Photo/Newscom; **S. 198:** Joy Brown/Shutterstock S. Multi Pearson Education, Inc.

Kapitel 4

S. 208: Dimos/Shutterstock; **S. 212:** Tim Mainiero/Shutterstock; **S. 224:** Bizoo N/Fotolia; **S. 228:** Diane Schiumo/Fundamental Photographs; **S. 232:** Pearson Education, Inc.; **S. 246:** Pearson Education, Inc.; **S. 250:** National Institutes of Health; **S. 252 (oben):** Science Source; **S. 252 (unten):** Erica Guilane Nachez/Fotolia S. Multi Pearson Education, Inc.

Kapitel 5

S. 260 (oben): David Woods/Shutterstock; **S. 260 (unten):** Ruslan Semichev/Shutterstock; **S. 262:** Peter Zijlstra/Shutterstock; **S. 276:** Paula Bruice; **S. 281:** Pearson Education, Inc.; **S. 287:** © pia-pictures; **S. 291:** Daderot S. Multi Pearson Education, Inc.

Kapitel 6

S. 314: Elena Elisseeva/Shutterstock; **S. 342:** GWImages/Shutterstock; **S. 344:** NASA Earth Observatory; **S. 359:** Pearson Education, Inc.; **S. 366:** B. Brown/Shutterstock S. Multi Pearson Education, Inc.

Kapitel 7

S. 372 (oben): Franck Boston/Shutterstock; **S. 372 (unten):** Dirk Ercken/Shutterstock; **S. 373:** Marios Politis/American Association for the Advancement of Science (AAAS); **S. 376:** Barbara J. Johnson/Shutterstock; **S. 377:** Pearson Education, Inc.; **S. 378:** Jupiterimager/Photos.com/Getty Images; **S. 380:** Pearson Education, Inc.; **S. 389:** Richard Megna/Fundamental Photographs; **S. 401:** Cover image reproduced by permission of Peter R. Schreiner and The Royal Society of Chemistry from Green Chem., 2012, 7, 1812–1849, DOI: 10.1039/ C2GC35160A S. Multi Pearson Education, Inc.

Kapitel 8

S. 409: Interfoto/Personalities/Alamy; **S. 424:** Pearson Education, Inc.; **S. 425:** Oleksiy Mark/Fotolia; **S. 435:** Pearson Education, Inc.; **S. 444:** Tomboy2290/Fotolia; **S. 464:** Xuanlu Wang/Shutterstock S. Multi Pearson Education, Inc.

Kapitel 9

S. 493: Handout/MCT/Newscom; **S. 503:** Pearson Education, Inc.; **S. 506:** Pearson Education, Inc.; **S. 509:** Bill Frische/Shutterstock; **S. 515:** Pearson Education, Inc.; **S. 517:** Sean Lema/Shutterstock; **S. 522:** Pearson Education, Inc.; **S. 524:** Pearson Education, Inc.; **S. 534:** Pearson Education, Inc.; **S. 537:** Paula Bruice; **S. 542:** Pearson Education, Inc.; **S. 549:** Massimiliano Gallo/Fotolia; **S. 552:** Pearson Education, Inc. S. Multi Pearson Education, Inc.

Kapitel 10

S. 568: Ildi Papp/Shutterstock; **S. 573:** Stanislavglushko/Fotolia; **S. 576:** Pearson Education, Inc.; **S. 589 (oben):** Brian Jackson/Fotolia; **S. 589 (mittig):** Casfotoarda/Fotolia; **S. 592:** Pearson Education, Inc.; **S. 593 (links):** Corbis; **S. 593 (rechts):** Boston Medical Library in the Francis A. Countway Library of Medicine; **S. 605 (links):** National Library of Medicine; **S. 605 (rechts):** John Thomson/Getty Images; **S. 607:** Andy Dean/Fotolia; **S. 611:** Holly Kuchera/Shutterstock; **S. 615:** Mezzotint/Shutterstock; **S. 616:** Marcos Mesa Sam Wordley/Shutterstock S. Multi Pearson Education, Inc.

Kapitel 11

S. 624: Paula Bruice; **S. 625:** Pearson Education, Inc.; **S. 645 (oben):** Alexandra Mudrats/TASS/Newscom; **S. 645 (unten):** Mary Evans Picture Library/Alamy; **S. 646:** Rolf Adlercreutz/Alamy S. Multi Pearson Education, Inc.

Kapitel 12

S. 652: Minogindmitriy/Shutterstock; **S. 654:** Colin Anderson/Getty Images; **S. 679:** Maslov Dmitry/Shutterstock; **S. 681 (oben):** PRNewsFoto/POM Wonderful/Associated Press; **S. 681 (unten):** Yingko/Shutterstock; **S. 682:** M. Unal Ozmen/Shutterstock; **S. 683:** Philippe Plailly/Science Source; **S. 684:** NASA S. Multi Pearson Education, Inc.

Kapitel 13

S. 694: Pearson Education, Inc.; **S. 696:** djgis/Shutterstock; **S. 697:** Pearson Education, Inc.; **S. 704–705:** Pearson Education, Inc.; **S. 714:** Dominique LUZY/Fotolia; **S. 719–727:** Pearson Education, Inc.; **S. 729–738:** Pearson Education, Inc.; **S. 740:** Vimarovi/Fotolia; **S. 741:** © 2008 2015 Perkin Elmer, Inc. All rights reserved. Printed with permission.; **S. 742:** Pearson Education, Inc.; **S. 744:** Pearson Education, Inc.; **S. 745:** Elena Elisseeva/Shutterstock.

Kapitel 14

S. 755: Library of Congress; **S. 764:** Pearson Education, Inc.; **S. 783:** Pearson Education, Inc.; **S. 785–786:** Pearson Education, Inc.; **S. 799:** Pearson Education, Inc.; **S. 810:** Shutterstock, **S. 811 (links):** Paula Bruice; **S. 811 (rechts):** Paula Bruice; **S. 812 (oben):** Paula Bruice; **S. 812 (unten links):** Science and Society/SuperStock; **S. 812 (unten rechts):** Science Source.

Kapitel 15

S. 822: Uwe Bumann/Getty Images; **S. 824:** Pearson Education, Inc.; **S. 825 (oben):** Aleksandra Duda/Shutterstock; **S. 825 (unten):** Dudarev Mikhail/Shutterstock; **S. 826:** Eric Schrader/Pearson Education; **S. 829:** Shutterstock; **S. 850:** Pablo77/Shutterstock; **S. 855:** Dora Zett/Shutterstock; **S. 861:** Mountainpix/Shutterstock; **S. 867:** Alamy; **S. 868:** Pearson Education, Inc.

Kapitel 16

S. 882: Symbiot/Shutterstock; **S. 886:** Pearson Education, Inc.; **S. 917:** Ableimages/Alamy; **S. 928:** T. Karanitsch/Shutterstock; **S. 932:** Mountainpix/Shutterstock; **S. 933 (oben):** Alessandro Zocc/Shutterstock; **S. 933 (unten):** Kefca/Shutterstock.

Kapitel 17

S. 950: Jasminka Keres/Shutterstock; **S. 952:** Pearson Education, Inc.; **S. 963:** ChiccoDodiFC/Fotolia S. Multi Pearson Education, Inc.

Kapitel 18

S. 1022: Col/Shutterstock; **S. 1024:** Everett Historical/Shutterstock; **S. 1026:** Chromatos/Shutterstock; **S. 1045:** Pearson Education, Inc.; **S. 1066:** Pressmaster/Fotolia; **S. 1069:** Baronb/Fotolia S. Multi Pearson Education, Inc.

Kapitel 19

S. 1080: Paula Bruice; **S. 1083:** Kanusommer/Shutterstock; **S. 1089:** Pearson Education, Inc.; **S. 1102:** VaLiza/Shutterstock S. Multi Pearson Education, Inc.

Kapitel 20

S. 1112: lzf/Fotolia; **S. 1117–1118:** Pearson Education, Inc.; **S. 1125:** Mary Evans Picture Library/Alamy; **S. 1139:** Paula Bruice; **S. 1140 (oben):** Dream79/Shutterstock; **S. 1140 (mittig):** Volff/Fotolia; **S. 1140 (unten):** tcareob72/Shutterstock; **S. 1142:** SeneGal/Shutterstock; **S. 1144 (oben):** Biophoto Associates/Science Source; **S. 1144 (mittig):** Justin Black/Shutterstock; **S. 1144 (unten):** Willee Cole/Fotolia; **S. 1148:** Mary Evans Picture Library/The Image Works; **S. 1150:** GIPhotoStock X/Alamy; **S. 1152 (oben):** Pearson Education, Inc.; **S. 1152 (mittig):** GIPhotoStock X/Alamy; **S. 1152 (unten):** Julien Tromeur/Shutterstock S. Multi Pearson Education, Inc.

Kapitel 21

S. 1158: Alamy; **S. 1159–1160:** Pearson Education, Inc.; **S. 1167:** Pearson Education, Inc.; **S. 1172:** Kateryna Larina/Shutterstock; **S. 1192:** Jens Ottoson/Shutterstock; **S. 1197:** Pearson Education, Inc.; **S. 1206:** by studio/Fotolia S. Multi Pearson Education, Inc.

Kapitel 22

S. 1223: Pearson Education, Inc.; **S. 1226:** Pearson Education, Inc. S. Multi Pearson Education, Inc.

Kapitel 23

S. 1252: Image Source/Alamy; **S. 1254:** Pearson Education, Inc.; **S. 1255:** kneiane/Fotolia; **S. 1257:** Dan Kaplan/Shutterstock; **S. 1270:** liveostockimages/Shutterstock; **S. 1291:** Eric L. Heyer/Grant Heilman Photography, Inc.

Kapitel 24

S. 1296: Erich Lessing/Art Resource; **S. 1314:** Anthony Stanley/Actionplus/Newscom; **S. 1321 (oben):** Tsurukame Design/Shutterstock; **S. 1321 (unten):** designer491/Fotolia S. Multi Pearson Education, Inc.

Kapitel 25

S. 1332: rm/Shutterstock; **S. 1333:** Pearson Education, Inc.; **S. 1334:** Paula Bruice; **S. 1335 (links):** Scott Camazine/PhotoResearchers, Inc.; **S. 1335 (rechts):** David Cavagnaro; **S. 1337:** Richard Loader/Getty Images; **S. 1343:** Age fotostock/Superstock; **S. 1352:** Lightspring/Shutterstock S. Multi Pearson Education, Inc.

Kapitel 26

S. 1366: Shutterstock; **S. 1369:** Pearson Education, Inc.; **S. 1370 (oben):** A. Barrington Brown/Science Source; **S. 1370 (mittig):** National Library of Medicine; **S. 1384:** Pearson Education, Inc.; **S. 1386:** CDC; **S. 1394:** Oregon State University; **S. 1395 (oben):** Pioneer Hi Bred International; **S. 1395 (unten):** Bestimagesever/Fotolia S. Multi Pearson Education, Inc.

Kapitel 27

S. 1402: Emar/Fotolia; **S. 1403:** Dimitar Marinov/Fotolia; **S. 1405:** Pearson Education, Inc.; **S. 1408 (links):** Pedro Nogueira/Fotolia; **S. 1408 (rechts):** Pearson Education, Inc.; **S. 1409:** Pearson Education, Inc.; **S. 1411:** Richard Megna, Fundamental Photographs; **S. 1413:** Pearson Education, Inc.; **S. 1415:** Pearson Education, Inc.; **S. 1419:** Billy Hustace/Getty Images Inc./Stone Allstock; **S. 1422:** Pearson Education, Inc.; **S. 1424 (oben):** Charles D. Winters/Science Source; **S. 1424 (unten):** Palo_ok/Shutterstock; **S. 1426:** South12th/Fotolia; **S. 1427:** Jeremy Smith/Shutterstock; **S. 1429:** Angelo Giampiccolo/Fotolia; **S. 1430:** Pearson Education, Inc.; **S. 1432:** Gavran333/Fotolia; **S. 1433:** Pearson Education S. Multi Pearson Education, Inc.

Kapitel 28

S. 1438: Vibrant Image Studio/Shutterstock; **S. 1453:** Pearson Education, Inc.; **S. 1455:** Pearson Education, Inc.; **S. 1458:** Pearson Education, Inc.; **S. 1461:** Pearson Education, Inc.; **S. 1466:** Fer Gregory/Shutterstock; **S. 1468 (oben):** HitToon.Com/Shutterstock; **S. 1468 (unten):** Turlakova/Shutterstock S. Multi Pearson Education, Inc.

Index

Symbole

1,2-Addition 442, 934
1,2-Additionsprodukt 442
1,2-Eliminierung 519
1,2-Hydridverschiebung 330
1,2-Methylverschiebung 330
1,3,5-Hexatrien
– Molekülorbital-beschreibung 1445
1,3,5-Triaminotriazin 1431
1,3-Butadien 429
– Elektronenverteilung 429
– elektrophile Addition 445
– Molekülorbital-beschreibung 1444
1,4-Addition 442, 934
– Tautorisierung 934
1,4-Additionsprodukt 442
1,4-Pentadien 422, 429, 431
[2 + 2]-Cycloadditionen 1457
2D-^{13}C-INADEQUATE 809
2-Desoxy-D-ribose 1368
2D-NMR 806
2-Methyl-1,3-butadien 1348, 1419
3-Hydroxybuttersäure 1434
3-Hydroxycarbonsäure 1434
3-Hydroxyvaleriansäure 1434
[4 + 2]-Cycloadditionen 452, 1457
(4 n + 2)π-Elektronenregel 461
5α-Dihydrotestosteron (DHT) 1360
5-Fluoruracil 1286
5-Methyluracil 1368
7-Dehydrocholesterol 1467
^{18}O 918
^{18}O-Markierung 918
–M-Effekt 455
+M-Effekt 455

A

α-1,4′-glycosidische Bindung 1137
α-1,6′-glycosidische Bindung 1141
α-D-Glucose 1127
– Strukturen 1127
α-Helix 1200
α-Ketoglutaratdehydrogenase 1318
α-Kohlenstoffatom 519, 950
– Acylierung Enaminzwischenstufen 965
– Alkylierung 961
– Alkylierung Enaminzwischenstufen 965
– biologische Systeme 992
– Halogenierung 957
– Halogenierung Aldehyde, Ketone 957
– Halogenierung Carbonsäuren 959
α-Spaltung 710
α-Spin 753
α-Spinzustand 753
α-Stellung 1137
α-Substitutionsreaktion 957
α-Tocopherol 1343
α-Wasserstoffatom 950
– Azidität 951
α,β-ungesättigte Carbonsäurederivate 937
– nucleophile Addition 937
α,β-ungesättigte Verbindungen 934
– nucleophile Addition 934
α,β-ungesättigter Aldehyd 970
α,β-ungesättigtes Keton 970
AA-tRNA 1386
Abgangsgruppe 492, 568
– E2- und E1-Reaktionen 528
Abschirmung 757
Absorptionsbanden 719
– Abwesenheit 733
– C–H-Bindungen 729
– Elektronendelokalisation 724
– Intensität 721
– Lage 722
– Position und Form 724
– Wasserstoffbrücken 724
Abspaltung von Wasser 710
Acesulfam-Kalium 1152
Acetal 918
– Bildung 918
Acetaldehyd 883
Acetanhydrid 869
Acetessigestersynthese 988, 1002
– retrosynthetische Analyse 989
Acetessigsäureestersynthese 988
Acetoacetat 995
Aceton 885, 916
– Hydratisierung 916
Acetylaceton 885, 953
Acetyl-Coenzym A 994, 1306
Acetylidionen 392
– Reaktion 896
– Synthese 394
Acetylsalicylsäure (ASS) 963, 1347
achiral 218
Acyclovir 1391
Acyladenylate 871, 1298
– Bildung 872
Acylchloride
– Reaktionen 838
– Reaktion mit Grignard-Reagenz 892
– Reaktion mit Hydridionen 899
Acyl-Enzym-Zwischenprodukt 1238
Acylgruppen 822, 1268
Acylgruppentransfer 1266
Acylierung 1000
– α-Kohlenstoffatom 1000
– α-Kohlenstoff über Enamin 965
Acyliumion 1037

Acylphosphate 871, 1298
- Bildung 872
Acylpyrophosphat 1298
Acyltransferreaktion 834
Addition 272, 351
- elektrophil 272
- HBr an Ethen 281
- mit einer carbokationischen oder einer radikalischen Zwischenstufe 351
- radikalische 668
Addition vom Brom 359
- stereochemischer Verlauf 359
Addition vom Bromwasserstoff 560
Addition von Alkoholen 327
Addition von Boran 359
- stereochemischer Verlauf 359
Addition von Borwasserstoff
- Alkine 388
Addition von H_2 353
Addition von Halogenen 336
- Alkine 382
Addition von Halogenwasserstoffen 315
- Alkine 382
Addition von Wasser 326, 386
- Alkine 385
Addition von Wasserstoff 359
- Alkine 389
- stereochemischer Verlauf 359
Additionspolymere 1404
Additionsreaktionen 272, 314, 359
- biologische Systeme 939
- elektrophile 314
- Gluconeogenese 939
- stereochemischer Verlauf 359
Adenin 1369
Adenosin 1369
Adenosin-5′-triphosphat (ATP) 1297, 1304
Adenosindiphosphat (ADP) 872
Adenylatzyklase 1370
ADI-Wert 1152
ADP 872, 1299
Adrenalin 615, 1164, 1315, 1359
Advantam 1152
Aktivator, allosterischer 1325
aktives Zentrum 297, 298, 1230
- eines Enzyms 1230
aktivierende Substituenten 1044
aktiviertes Bicarbonat
- Bildung 1273
aktiviertes Hydrogencarbonat 1273
Alanin 1162
- elektrophoretische Trennung 1170
Aldarsäure 1122
Aldehyde 344, 823, 882, 915, 918, 926
- Azidität 953
- Benennung 883
- Halogenierung am α-Kohlenstoffatom 957
- Hydratisierung 915
- Nomenklatur 883
- Protonen 768
- Reaktion 888
- Reaktion mit Alkohol 918
- Reaktion mit Amin und Aminderivat 907
- Reaktion mit Grignard-Reagenz 890
- Reaktion mit Peroxysäure 925
- Reaktion mit Phosphoniumyliden 926
- Reaktion mit Sauerstoffnucleophilen 915, 921
- Reaktion mit Schwefelnucleophilen 924
- Reaktion mit Stickstoffnucleophilen 921
- Schutz 922
- Wittig-Reaktion 926
Alder, Kurt 451
Alditol 1120
Aldohexosen 1117
Aldoladdition 968, 981
- biologische 992
- gekreuzte 972
- Hydrierung 970
- intramolekulare 980
- retrosynthetische Analyse 974
- Vergleich Claisen-Kondensation 977
Aldolase 992
Aldolkondensation 970, 1001
- α,β-ungesättigter Aldehyd 970
- α,β-ungesättigtes Keton 970
- biologische 993
Aldonsäure 1121
Aldopentosen 1117
Aldosen 1114
- Konfigurationen 1116
- zyklische Verbindungen 1129
Aldotetrosen 1116
Alkaloide 607
Alkane 140, 261, 652
- Bromierung 654
- Chlorierung 654
- Einfachbromierung 657
- Einfachchlorierung 655
- Summenformel 261
- zyklisch 261
Alkaptonurie 1317
Alkene 260, 261, 314, 926
- Addition von Alkohol 327
- Addition von Boran 332
- Addition von Halogen 336
- Addition von Halogenwasserstoff 315
- Addition von Ozon 343
- Addition von Peroxycarbonsäure 341
- Addition von Wasser 326
- azyklisch 261
- Darstellung 926
- HBr-Addition in Gegenwart von Peroxidionen 667
- Hydroborierung-Oxidation 332
- Nomenklatur 263
- Protonen 768
- Radikaladdition 667
- Reaktionen 269, 365
- relative Stabilität 282
- Struktur 267

- Summenformel 261
- Synthesen 365
- Umwandlung in einen Alkohol 597
- Wittig-Reaktion 926
- zyklisch 261

Alkenmetathese 641
- Beispiele 642
- Katalysator 642
- Mechanismus 642

Alkine 372, 374, 392
- Addition von Borwasserstoff 388
- Addition von Halogenen 382
- Addition von Halogenwasserstoffe 382
- Addition von Wasser 385
- Addition von Wasserstoff 389
- Benennung 374
- intern 374
- Nomenklatur 374
- Protonen 768
- Reaktion 380
- Struktur 378
- terminal 374

Alkinmetathese 645

Alkohole 102, 326, 569, 852
- Addition an Alken 327
- E1-Dehydratisierung 580
- Eliminierungsreaktion 580
- im Blut 589
- Oxidation 586
- primäre 582
- sekundäre 580, 891
- SN2-Reaktion 571
- tertiäre 580, 891
- Überführung in Halogenalkane 575
- Überführung in Sulfonsäureester 576

alkoholische Gärung 1314

Alkoholyse 841
- Amide 857

Alkoxyradikal 668

Alkylfluoride 523

Alkylgruppen
- primäre/sekundäre 843
- tertiäre 847

Alkylierung 394, 1000
- α-Kohlenstoffatom 1000
- α-Kohlenstoffatom über Enamin 965
- β-Kohlenstoffatom 966
- β-Kohlenstoffatom über Enamin 966
- β-Kohlenstoffatom über Michael-Reaktion 967
- unsymmetrische Ketone 962

Alkylradikalstabilität 658

Alkyltosylat 577

Allene 424

allgemeine Basenkatalyse 1219

allgemeine Säurekatalyse
- Reaktionskoordinatendiagramm 1217

allosterische Aktivatoren 1325

allosterische Inhibitoren 1325

Allylgruppe 266

Allylhalogenide 543

Allylkation 426

Allylkohlenstoffatom 266, 426

Allylradikal 672
- Stabilität 672

Allylwasserstoff 266

alternierende Copolymere 1422

Amide 828, 830
- Alkoholyse 857
- Benennung 828
- Hydrolyse 856, 860
- Hydroxidionen 860
- Katalysator 857
- mesomere Grenzstrukturen 830
- proteinogener Aminosäuren 1162
- Reaktionen 854
- Reaktion mit Hydridion 902
- zyklische 828

Amidion 392
- Basizität 1084

Amine 102, 605, 853, 1080
- Basen 1084
- giftige 103
- keine Substitutions-/Eliminierungsreaktion 605
- Nucleophile 1085
- primäre 907
- reagieren als Base/Nucleophil 606
- Säure-Base-Eigenschaften 1083
- sekundäre 911
- Synthese 1086

Amininversion 209, 249
- benötigte Energie 250

Aminoacyl-tRNA-Synthetasen 1382

Aminoglycosid 1390

Aminogruppe
- Schutz 1186

Aminolyse 841

Aminopterin 1288

Aminosäureanalysator 1174

Aminosäuregemische
- Racematspaltung 1178

Aminosäuren 1158
- aminoterminale 1180
- basisch 1162
- Befestigung auf der RNA am 3′-Ende 1382
- Bestimmung Anzahl und Art 1193
- Bestimmung der C-terminalen 1195
- Bestimmung der N-terminalen 1194
- Bildung eines farbigen Produkts 1171
- Biosynthese 1326
- carboxyterminale 1180
- C-terminale 1180
- essenzielle 1163
- Hinzufügen von zweiten 1187
- Hinzufügen weiterer 1188
- Konfiguration 1164
- Limitierung der Ausbeute 1188
- mit aliphatischen Seitenketten 1162
- mit alkohol- und schwefelhaltigen Seitenketten 1162

– mit Benzolringen 1163
– mit heterozyklischen Seitengruppen 1163
– natürlich vorkommende 1159
– nichtessenzielle 1326
– Nomenklatur 1159
– N-terminale 1180
– partielle Hydrolyse 1195
– proteinogen 1162
– Säureamide 1162
– Säure-Base-Eigenschaften 1166
– Synthese 1176
– Trennung 1170
– Umsetzung mit Ninhydrin 1171
Aminosäureseitenketten 1230
Aminosäuresequenz 1193
– Ermittlung 1193
Aminosäureumwandlung 1274
aminoterminale Aminosäure 1180
Aminotransferasen 1277
Aminozucker 1145
– Antibiotika 1145
Ammoniak 1080
AMP 1302
Amphetamin 1023
Amylopectin 1141
Amylose 1141
anabole Reaktionen 1256
anabole Steroide 1361
Anabolika 1362
Anabolismus 1296, 1322
Anaerobiose 1314
Analysatorröhre 698
Anämie 1274
Anästhetika 592
Androgene 1359
angelegtes Magnetfeld 753
angeregter Zustand 431, 1445
anguläre Methylgruppen 1358
Anhydride 865
– Benennung 865
– Reaktionen 865
Anilin 434
Anionenaustauscher 1174
Anionenaustauscherharz 1174
anionische Polymerisation 1405, 1414
– Mechanismusfaktoren 1416
Annelierung 982
Anomere 1128
anomerer Effekt 1135
anomeres Kohlenstoffatom 1128
Anregung 739
antarafaciale Bindungsbildung 1456
antarafaciale Umlagerungen 1460
Anthocyane 745
anti-Addition 352, 381
antiaromatische Verbindungen 466
Antibabypille 1362
antibindendes Molekülorbital 428
Antibiotika 1066, 1388, 1390
– Aminozucker 1145
Antibiotikaresistenzen 1146
Anticodon 1381
anti-Eliminierung 531
Antigen 1149
Antihistamin 1099
Antikörper 1149
Antikrebsmittel 1288
Antioxidantien 681
antiparalleles β-Faltblatt 1202
anti-Saytzeff-Eliminierung 609
antivirale Wirkstoffe 1390
Apfelaroma 853
Apfelsäure 362
aprotisch polares Lösungsmittel 504
äquatoriale Ausrichtung 1137
äquivalente Protonen 772
Arabinose 1117
Arachidonsäure 1333
Arachinsäure 1333
Aramide 1425
Arbeitsfrequenz
– Spektrometer 755
Arendiazoniumionen 1063
Arendiazoniumsalze 1061
Arenoxid 600
– kanzerogen 602
Arginin 1162
– elektrophoretische Trennung 1170
Aromataseinhibitoren 975
aromatische Heterozyklen 467
aromatische Verbindungen 460, 465
Aromatizität 461
– Kriterien 461, 462
Arrhenius-Gleichung 291
Arylgruppe 1025
Arylhalogenide 546
Arylrest 1025
Ascorbinsäure 1147
Asparagin 1162
Asparaginsäure 1162
– elektrophoretische Trennung 1170
Aspartam 1152, 1184
Aspirin 124, 850
– Synthese 963
ASS 1347
asymmetrisch substituiertes Kohlenstoffatom 218, 220
– Nomenklatur 244
– Verbindungen mit mehr als einem 234
ataktische Polymere 1418
Atmungskette 1321
Atome
– Elektronenverteilung 42
– Struktur 40
Atomgröße 110
Atommasse 41
Atomorbitale 42, 60, 1442
– Linearkombination 1442
ATP 871, 1297, 1304, 1370
– Carboxylation aktivieren 1299
– Hydrolyse 1301
– kinetisch stabil in lebenden Zellen 1300
– molekulare Erkennung 1311
– Nucleophile 1298
– Phosphorangriff durch Enzyme 1299
– Produktion 1312
– Reaktionen 873

Atropin 1083
Aufbauprinzip 43, 428
auflösende Metallreduktion 906
Aufspaltung der Signale
– N + 1-Regel 771
– Ursache 774
Aufspaltungsbaum 786
Aufspaltungsdiagramm 786
– Dublett von Dubletts 786
– Multiplett 787
– Quartett von Tripletts 787
ausgerichtete Polymere 1432
Auswahlregeln 1453
automatisierte Festphasenpeptidsynthese 1190
automatisierte Peptidsynthese 1189
Auxochrom 743
Avidin 1272
axiale Ausrichtung 1137
Azidität 98, 391
Azobenzole 744, 1064
Azoverbindung 1064
azyklisch 261

B

β-1,4'-glycosidische Bindung 1137
β-Carotin 1349
β-Carotin 745, 928
– Verwendung 928
– Vorkommen 928
β-Diketon 953
β-D-Glucose 1127
– Strukturen 1127
β-Eliminierung 519
β-Faltblatt 1202
β-Globin 1386
β-Hydroxyaldehyd 968
β-Hydroxyketon 968
β-Ketoester 953, 976
β-Kohlenstoffatom 519
– Alkylierung 966
– Alkylierung über Enamin 966
– Alkylierung über Michael-Reaktion 967
β-Lactam 858
β-Lactam-Antibiotikum 1390
β-Methylamino-l-alanin 1165
β-Oxidation 1306
β-Peptide 1203
β-Stellung 1137
β-Spin 753
β-Spinzustand 753
Baeyer, Johann Friedrich Wilhelm Adolf von 409
Baeyer-Villiger-Oxidation 925
Bakelit 1431
Basen 96, 503, 1367
Basenkatalysator 1219
Basenkatalyse 1219
– allgemeine 1219
– intramolekulare allgemeine 1228
– spezifische 1219
basenkatalysierte Keto-Enol-Umwandlung 956
– Mechanismus 956
Basenpaarung
– DNA 1373
Basenstärke 98
Basentripletts 1383
basische Aminosäuren 1162
basischer Katalysator 1219
Basispeak 700
Basizität 98, 502, 503
– Nucleophil 503
Beer, August 741
Benennung einer Verbindung aus der Fischer-Projektion 225, 245
Benennung einer Verbindung aus der perspektivischen Formel 223, 244
Benennung von Enantiomeren 223
Benennung von Verbindungen mit mehr als einer funktionellen Gruppe 376
Benz[a]pyren 604
Benzol 460, 466, 470
– π-Molekülorbitale 466
– Bindungswinkel 410
– Kekulé 408
– Orbitale 410
– Reaktion mit einem Elektrophil 470
– Struktur 407
Benzole
– Acylierung-Reduktion 1037
– Alkylierung 1037
– Bromierung 1028
– Chlorierung 1028
– Friedel-Crafts-Acylierung 1032
– Friedel-Crafts-Alkylierung 1034
– Giftigkeit 1026
– Halogenierung 1028
– Iodierung 1029
– Nitrierung 1030
– Nomenklatur 1041
– Sulfonierung 1031
Benzolmolekül 410
– Bindungsverhältnisse 410
– Orbitale 410
Benzolring
– Oxidations- und Reduktionsreaktion 1040
– Protonen 767
– Reaktivität 1043
– Substituenten chemisch verändern 1039
– Substitutions- und Eliminierungsreaktion 1039
Benzylgruppe 1025
Benzylhalogenide 543
Benzylkation 426
Benzylkohlenstoffatom 426
Benzylradikal 672
– Stabilität 672
Benzylrest 1025
beobachtete Drehung 231
Beugungsmuster 812
Bicarbonat
– aktiviertes 1273
bifunktionelles Molekül 557
Bildung explosiver Peroxide 666
Bilirubin 1102
bimolekular 495
bindende Molekülorbitale 428, 1443

Bindungen mit hohem Gruppenübertragungspotenzial 1301
Bindungsdissoziationsenergie 64, 280, 707
Bindungslänge 64
Bindungsordnungseffekte 723
Bindungstrennung 930
Biochemie 362
biochemische Dehydratisierung 585
biogenes Reduktionsmittel 1185
biologisch abbaubare Polymere 1433
biologische Cycloadditionen 1465
biologische Membrane 1341
biologische Systeme 992
– radikalische Reaktionen 678
Biolumineszenz 1466
bioorganische Verbindungen 1112
Biopol 1434
Biopolymere 1402
Biosynthese 871
– Aminosäuren 1326
– Cholesterol 1356
– Dimethylallylpyrophosphat 1352
– DNA 1376
– Isopentenylpyrophosphat 1350
– Nucleinsäuren 1371
– Proteine 1380, 1383
– Replikation 1376
– RNA 1378
– Terpene 1350
– Transkription 1378
– Translation 1383
Biotin 1272
– Beispiele für enzymkatalysierte Reaktionen 1272
Biot, Jean-Baptiste 228, 252
Bisphenol A 1427
Bloch
– Konrad 1357
Blockcopolymere 1422
Blut 126
Blutglucosegehalt 1124
Blutgruppen 1149
Boltzmannverteilung 290
Boran 333
Boten-Ribonucleinsäure (mRNA) 1380
Bradykinin 1184
Brenztraubensäure 992, 1314
Brom 394
Brombenzolsulfonsäure 1056
Bromcyan
– Hydrolyse 1198
Bromhydrin 338
Bromierung
– Alkane 654
Bromoniumion 358
– Stereochemie 358
Brønsted-Säure 1215
Buckminsterfulleren 464
Butan 142
Butandion 885
Buttergelb 744
Buttersäuremethylester 853

C

C_{60}-Fulleren 464
^{13}C-NMR-Spektroskopie 798
^{13}C-NMR-Spektrum 800
– 2,2-Dimethylbutan 802
– 2-Butanol 801
– Ableitung chemischer Molekülstrukturen 803
– protonengekoppelt 801
Cahn-Ingold-Prelog-Nomenklatur 223
C-Aktivierung 1186
cAMP 1370
Campher 228
Capillin 372
Carbanion 54, 523
– Stabilität 523
Carbinolamin 908
Carbokationen 54, 314, 317, 512, 1036
– Bildung 321
– Neuanordnung 1413
– primäre 317
– sekundäre 317
– Stabilität 317, 512, 523
– tertiäre 317, 330
– Umlagerung 329, 1035
Carbokationenumlagerung 330
Carbokation-Intermediat 351
Carbokation-Zwischenstufe 314
Carbonsäurederivate 823, 829
– Löslichkeit 832
– Nomenklatur 824
– Reaktivität 832
– relative Reaktivitäten 835
– Strukturen 830
Carbonsäuren 102, 432, 823, 830, 852, 853, 891, 901
– aktivieren 869
– aktivieren durch lebende Zellen 871
– aktivieren durch Umwandlung 873
– aktivieren im Labor 870
– Benennung 824
– CO_2-Entfernung 985
– Halogenierung am α-Kohlenstoffatom 959
– mesomere Grenzstrukturen 830
– Nomenklatur 824
– Reaktionen 852
– Reaktion mit Hydridion 901
– Reaktion mit Lithiumaluminiumhydrid 901
– Reaktivität 832
– relative Reaktivitäten 835
– Strukturen 830
– Synthese 986
Carbonylgruppen 344, 822
Carbonylkohlenstoffatom 830
Carbonylsauerstoff 826
Carbonylsauerstoffatom 830
Carbonylverbindungen 822, 954
– Alkylierung 964
– Austausch α-Halogen 959
– beide α-Wasserstoffatome 973
– keine α-Wasserstoffatome 973
– Klasse I 899, 977
– Klasse I: Reaktion mit Hydridionen 899

– physikalische Eigenschaften 831
– Reaktionen mit Carbonylnucleophilen 890
– Reaktion mit Hydridionen 898
– relative Reaktivitäten 887
– Säure-/Baseverhalten 954
– Siedepunkte 831
Carboxylation 852
– aktivieren 1299
Carboxylgruppe 824
– Aktivierung 1187
Carboxylierung 1272
– enzymatische 1272
– Glutamat 1288, 1290
– Mechanismus 1273
Carboxylsauerstoff 826
Carboxypeptidase A 1233
carboxyterminale Aminosäure 1180
Carotinoide 1349
Cellobiose 1137
Cellulose 1143
– physikalische Eigenschaften 1143
Chain, Ernest 857
Chavin, Yves 645
C-H-Absorptionsbanden 729
C-H-azide Verbindung 951
chemisch äquivalente Protonen 758
chemischen Ionisierung (CI-MS) 713
chemische Verschiebung 760
– ^{13}C-NMR-Spektrum 799
– charakteristische Werte 764
– Näherungswerte im ^{1}H-NMR-Spektrum 764
– Näherungswerte in der ^{13}C-NMR 799
– Referenzverbindung 760
chemoselektive Reaktionen 906
Chenodesoxycholsäure 1361
Chinolin 468
Chinolon 1390
chiral 217
chirale Katalysatoren 364
chirale Sonde 253
Chiralität 217
Chiralitätszentrum 218, 238, 249, 348
– Phosphor 249
– Stickstoff 249
Chitin 1144
Chloramphenicol 247
Chlorhydrin 338
Chlorierung
– Alkane 654
Chloroniumion
– Stereochemie 358
Chlorophyll 744, 1102
Cholesterol 1358
– Biosynthese 1356
Cholin 1342
Cholsäure 1361
Chromatographie 252
Chrombasierte Oxidationsmittel 586
Chromophor 740
Chromsäure 586
Chymotrypsin 1235
CI-MS 713
cis-1,2-Diol 598
cis-Alken 389
cis-Alkene 355
cis-Diol 598
cis-Enantiomere 355
cis-Isomere 356
– Koppplungskonstanten 783
cis-trans-Isomere 209, 210
– Verbindungen mit Doppelbindungen 210
– zyklische Verbindungen 210
Citrat 1318
– Isomerisierung 1318
Citratsynthase 1318
Citratzyklus 1304
Claisen-Kondensation 976
– biologische 993
– gekreuzte 978
– intramolekulare 980
– Vergleich Aldoladdition 977
Claisen-Schmid-Kondensation 973
Claisen-Umlagerungen 1461
CoA 874, 993
CoASH 1268, 1269
Cobalamin 1102
Cocain 607
Codons 1383
Coenzym
– N^5,N^{10}-Methylentetrahydrofolat 1388
Coenzym A (CoA) 874, 993
Coenzym A (CoASH) 1269
Coenzym B_{12} 1280
– Beispiele enzymkatalysierte Reaktionen 1281
– Mechanismus eines Enzyms 1281
Coenzyme 1252
Cofaktoren 1252
Coffein 607
Cope-Umlagerungen 1461
Copolymere 1422
Cortison 1359
COSY-Spektrum 806
– Analyse 806
– Ethylvinylether 807
Crafts, James 1032
Crick, Francis 1366, 1370
C-terminale Aminosäure 1179
– Hinzufügen weiterer Aminosäuren 1190
– Hinzufügen zum Trägermaterial 1190
Cyanhydrin 896
– Verwendung in der Synthese 897
Cyanidionen
– Reaktion 896
Cycloadditionen 452, 1439, 1455
– [2 + 2] 1457
– [4 + 2] 1457
– antarafaciale Bindungsbildung 1456
– biologische 1465
– Klassifizierung 1455

- suprafaciale Bindungsbildung 1456
- Woodward-Hoffmann-Regeln 1458

Cyclobutadien 462
Cyclohexane, substituierte
- E1-Reaktionen 538
- E2-Reaktionen 535

Cyclohexanol 433
Cyclohexylamin 434
Cyclooctatetraen 462
Cyclooxygenaseaktivität 1346
Cyclopentadien 462
Cyclopentadienylanion 466
- MO-Beschreibung 466
- π-Molekülorbitale 466

Cyclopentadienylkation 462
Cytarabin 1391
Cytidin 1369
Cytochrom *c* 1192
- Evolution 1192

Cytosin 1369

D

δ-Skala 761, 762
- Arbeitsfrequenz 762

δ-Wert 762
D-Aminosäure 1164
Dacron 861, 1404
Darstellung von Strukturen 52
DBN 540
DBU 540
DCCD 1187
DDT 493
Debye (D) 50
Decarboxylase 1267
Decarboxylierung 985, 1276
- biologische 995

Deformationsschwingungen 717
- C-H-Bindungen 732

degenerierte Orbitale 42
Dehydratisierung 580, 585
- basische Bedingungen 971
- Stereochemie 584

Dehydrohalogenierung 519
Delokalisationsenergie 420
delokalisierte Elektronen 115, 406
- Reaktionsverlauf 440
- Stabilität 422

Denaturierung 1207
DEPT-^{13}C-NMR-Spektrum 805
- Citronellal 805

desaktivierende Substituenten 1044
Desaminierung 1389
Desoxyadenosylradikal 1282
Desoxyribonucleinsäure 1366
Desoxyribonucleoside 1369
Desoxyribonucleotide 1369
Desoxythymidinmonophosphat (dTMP) 1388
Desoxyuridinmonophosphat (dUMP) 1388
Desoxyzucker 1145
Detektion
- positiv geladener Fragmente 698

Detergenzien 1340
deuteriertes Lösungsmittel 796
- NMR-Spektroskopie 796

Deuterium 795
- ^{1}H-NMR-Spektroskopie 795

Dextrose 1126
DH 280
DHF-Substrat 1288
DHT 1360
Di-2-ethylhexylphthalat 1411
Diabetes 1183
diamagnetische Abschirmung 757
diamagnetische Anisotropie 766
Diamant 464
Diastereomere 235, 351, 1117
diastereotope Wasserstoffatome 789
Diazoniumgruppe 1061
- Ersetzen durch ein Wasserstoffatom 1063
- Verdrängung mit einem Iodsubstituenten 1062

Diazoniumionen 1061
- Mechanismus zur Bildung 1067

Diazoniumsalze 1061
DIBALH 901
Diboran 333
Dicarbonsäuren 868
- Dehydratisierung 869

Dicyclohexylcarbodiimid (DCCD) 1187
Dieckmann-Kondensation 980
Diels, Otto 451
Diels-Alder-Reaktion 451, 455
- Beispiele 453
- Bindungsbildung 454
- konzentrierter Verlauf 451
- Molekülorbitaltheorie 454
- Produkte 455
- retrosynthetische Analyse 459
- stereochemischer Verlauf 458

Diene 422
- Konformationen 456
- Polymerisation 1419
- Reaktionen 441
- Stabilität 422

Dienophil 451
Dihydrofolatreduktase 1286
Dihydroxyacetonphosphat 1305
Diisobutylaluminiumhydrid (DIBALH) 901
Diisopropylfluorphosphat 875
Dimere 333, 1206
Dimethylallylpyrophosphat
- Biosynthese 1352
- Reaktion mit Isopentenylpyrophosphat 1352

Dinucleotide 1371
Diole
- *cis*- 598
- *trans*- 598
- vicinal 598

Diolepoxide 604
Dipeptid 1158
Dipol 50
Dipolmomente 50
direkte Addition 442, 934
Disaccharide 1114, 1136
Disproportionierung 1406
disrotatorischer Ringschluss 1449

dissymmetrische Molekülorbitale 1445
disubstituierte Benzolderivate
– Synthese 1056
disubstituierte Benzole
– Nomenklatur 1041
Disulfid 1181
Disulfidbindung 1181
– aufbrechen 1193
– Mechanismus 1181
– Peptide/Proteine 1181
Disulfidbrücke 1181
Diterpene 1349
Di-*tert*-butyldicarbonat 1186
DNA 1101
– Basen 1367
– Basenpaarung 1373
– Biosynthese 1376
– große Furche 1375
– keine 2'-OH-Gruppe 1375
– kleine Furche 1375
– modifizieren 1378
– Replikation 1376
– Sekundärstruktur 1372
– Stränge 1372
– Thymin anstelle Uracil 1388
– Vererbung 1377
DNA-Ligase 1376
DNA-Molekül
– Basensequenz 1392
DNA-Polymerase 940, 1371
Dopamin 373, 1315
Dopingmittel 1361
Doppelhelix 1374
Dowex-1 1174
Dowex-50 1174
Dreifachbindung 379
D-Ribose 1368
dTMP 1388
Dublett 771
– Bildung 774
Dublett von Dubletts 779
– Aufspaltungsbaum 786
Dulcin 1151
dUMP 1388
Dünnschichtchromatographie 1173
duroplastische Kunststoffe 1430
Dyneema 1432

E

E-Isomer 214
E-Konfiguration 214
E1cB-Reaktion 971
E1-Dehydratisierung
– sekundäre/tertiäre Alkohole 580
– Umwandlung in E2-Dehydratisierung 585
E1-Reaktionen 526
– Cyclohexane, substituierte 538
– Geschwindigkeit 526, 527
– Lösungsmittel 551
– Regioselektivität 527
– Stereoisomere 534
– Stereoselektivität 534
E2-Dehydratisierung
– primäre Alkohole 582
E2-Mechanismus
– der Dehydratisierung eines primären Alkohols und die konkurrierende SN2-Reaktion 582
E2-Reaktionen 518
– Cyclohexane, substituierte 535
– Lösungsmittel 552
– Reaktionskoordinatendiagramm 520
– Regioselektivität 519
– Stereoisomere 530
– Stereoselektivität 530
E 605 875
Edman-Reagenz 1194
effektive Magnetfeldstärke 757
Eibe 932
Eicosanpentaensäure (EPA) 1333
Eijkman, Christiaan 1255
EI-MS 713
Einfachbindungen
– Bildung 68
Einfachbromierung
– Alkane 657
Einfachchlorierung
– Alkane 655
– Erhöhung der Ausbeute 656
einfache Kohlenhydrate 1114
einfaches Triacylglycerol 1336
einsame Elektronen 53
Einstein, Albert 42
Elastase 1235
Elastomere 1431
elektromagnetisches Spektrum 715
elektromagnetische Strahlung 714
– Charakterisierung 716
Elektronegativität 48, 108, 625
Elektronen 40
Elektronendelokalisation 114, 420, 724, 1301
– Effekt auf das Produkt einer Reaktion 440
– Effekt auf den pK_S-Wert 432
Elektronendelokalisierung 952
Elektronenentzug 1043
Elektronenionisation (EI-MS) 713
Elektronenkonfiguration
– angeregter Zustand 43
– Grundzustand 43
Elektronenschub 1043
– durch Hyperkonjugation 437
– durch Resonanz 437
– Effekt auf pK_S-Werte 438
Elektronensenke 1268
Elektronenzug
– durch Resonanz 437
– Effekt auf pK_S-Werte 438
elektronische Effekte 436
elektronischer Übergang 739
Elektrophile 270, 937
– harte/weiche 937
elektrophile Addition 272, 315, 348
– stereochemischer Verlauf 348
elektrophile Additionsreaktionen
– Carbokation-Intermediat 351
– ein Chiralitätszentrum 349
– Stereochemie 348
– zwei Chiralitätszentren 351

elektrophile aromatische Substitution 469
- Mechanismus 1026
- Reaktionskoordinatendiagramm 1027
elektrophile aromatische Substitutionsreaktionen
- Pyridin 1093
- Pyrrol 1089
Elektrophorese 1170
- Aminosäuren 1170
elektrophoretische Trennung 1170
elektrostatische Abstoßung 1301
elektrostatische Anziehung 49
elektrostatische Katalyse 1238
elektrostatische Potenzialkarten 51
elektrozyklische Reaktionen 1439, 1447
- biologische, und sigmatrope Umlagerungen 1467
- konrotatorischer/disrotatorischer Ringschluss 1449
- Produktkonfigurationen 1450
- symmetrieerlaubte/symmetrieverbotene Reaktionswege 1450
- Woodward-Hoffmann-Regeln 1452
- Woodward-Hoffmann-Regeln anwenden 1454
Eliminierungen
- anti- 530
- stereochemischer Verlauf 534
- syn- 530
- Synthese 555
- Synthese organischer Verbindungen 556
- unimolekulare 526
- zyklischer Verbindungen 535
Eliminierungsreaktion 492, 518
- Alkohol 580
- quarternäres Ammoniumhydroxid 608
Eliminierungsreaktionen
- Benzole 1039
Elternstrang 1376
Enaminbildung
- Mechanismus 911
Enamine 911
- α-Kohlenstoffatom - Alkylierung, Acylierung 965
- β-Kohlenstoff, Alkylierung 966
Enaminhydrolyse 912
Enantiomere 220
- Identifizierung 226
- Trennung 251
- Überschuss 233
- Unterscheidung durch biologische Moleküle 363
- zeichnen 221
Enantiomerenpaar 237
enantiomerenrein 233
Enantiomerentrennung 1179
enantioselektive Reaktion 365
endergonische Reaktion 277
Endiine 372
Endiolumlagerung 1119
endo-Konfiguration 457
Endopeptidasen 1235
- Hydrolyse 1196
endo-Produkt 457
endotherme Reaktion 278
Energiebarriere 290
Energiebarriere bei der Rotation 211
Energiemaximum 275
Enol 386, 934
Enolation 956
- Bildung 960
- kinetisch 963
- thermodynamisch 963
Enol-Tautomer 955
Enthalpie 278
- freie 276
Entropie 278
Entschwefelung 925
Enzyme 297, 362, 363, 992, 1159, 1230
- Spezifität 1230
Enzymhemmstoff 1287
Enzymkatalyse 297
enzymkatalysierte Reaktionen 362, 1230
- aus zwei SN2-Reaktionen 1239
- Biotin 1272
- Coenzym B12 1281
- erinnern an basenkatalysierte Endiolumlagerung 1244
- erinnern an Retro-Aldoladdition 1245
- erinnern an säurekatalysierte Amidhydrolyse 1232, 1235
- FAD 1263
- Katalyse der Reaktion 1234, 1241
- Mechanismus 1236
- PLP 1274
- Pyridinnucleotid-Coenzym 1258
- Spezifität der Serinproteasen 1235
- stereospezifisch 363
- Substrat binden 1234, 1240
- THF-Coenzym 1283
EPA 1333
Epimerisierung 1119
Epoxide 341, 355, 594
- Nomenklatur 342
- nucleophile Substitutionen 594
Epoxidharze 1427
Epoxidierung 341
Erbinformation 1377
Erdgas 653
Erythro-Enantiomere 235, 353
Erythromycin 1388
Erythrose 1116
essenzielle Aminosäuren 1163
essenzielle Öle 1349
Essigsäure 432
Essigsäureoctylester 853
Essigsäurephenylester 1228
- Hydrolysegeschwindigkeit 1228
Ester 826, 830, 852, 953
- Azidität 953
- Benennung 826
- mesomere Grenzstrukturen 830

- Reaktionen 841
- Reaktion mit Grignard-Reagenz 892
- Reaktion mit Hydridionen 900
- säurekatalysierte Hydrolyse 1215
- zyklische 827

Esterhydrolyse 1215
- Geschwindigkeitserhöhung durch Hydroxidionen 848
- Geschwindigkeitserhöhung durch Säure 845
- hydroxidionenvermittelte 848
- primäre/sekundäre Alkylgruppen 843
- säurekatalysierte 843, 1215
- tertiäre Alkylgruppen 847

Estradiol 376, 1360
Estrogene 1360
Estron 1360
Ethan 142, 657
- Bindung 71
- Mechanismus der Bromierung 657

Ethanal 883
Ethanol 432
Ethanolamin 1342
Ethen 260, 263, 391, 428, 1405
- Azidität 391
- Molekülorbitalbeschreibung 1443

Ether 327, 568, 590, 923
- als Lösungsmittel 592
- nucleophile Substitution 590
- SN-Reaktion 591

Etherspaltung 591
Ethin
- Azidität 391
- Struktur 378

Ethylacetoacetat 953
Ethylen 263, 1405
exergonische Reaktion 277
exo-Konfiguration 457
Exopeptidasen 1195
exo-Produkt 457
exotherme Reaktion 278
explosive Peroxide
- Bildung 666

Extinktion 741
- UV/Vis-Spektroskopie 745

E/*Z*-Nomenklatur 213

F

FAD 1262
- Beispiele für enzymkatalysierte Reaktionen 1263
- Mechanismen zur Oxidation 1264
- Vergleich zu NAD^+ 1265

$FADH_2$ 1304, 1320
Fahlberg, Constantine 1150
Farbigkeit 744
Farnesylpyrophosphat 1355
- Reaktion mit Isopentenylpyrophosphat 1355

faserförmige Proteine 1159
FCKW 683
Fernkopplung 776
Festphasenpeptidsynthese 1190
Fette 995, 1336
- Katabolismus Stufe 1 und 2 1304
- Umwandlung von Ölen 1337

Fette und Öle
- Oxidation 679

Fetthärtung 1337
Fettsäure 993
Fettsäureacyl-CoA 1306
Fettsäurebiosynthese 994
Fettsäuren 1304, 1333
- mehrfach ungesättigte 1334

Finasterid 1360
Fingerabdruckerzeugung 1173
Fingerprintbereich 719
Fischer, Emil 221, 853, 1116
- Biographie 1125
- Konfigurationsbeweis 1124
- Stereochemie der Glucose 1124

Fischer-Projektion 221, 236, 245, 1113, 226
- Benennung einer Verbindung 225
- Chiralitätszentrum 245

Fischer-Veresterung 853
Flavin-Adenin-Dinucleotid (FAD) 1262
Flavoprotein 1262
Fleming, Sir Alexander 857
Florey, Howard 857
Fluorchlorkohlenwasserstoff (FCKW) 683
Fluorsubstitution 1063
Folat 1283
Folsäure 1283
Formaldehyd 882, 883, 1431
- Hydratisierung 916

Formalin 917
Formalladungen 53
Fortpflanzungsschritt 656
fossile Brennstoffe 654
Fourier-Transformations-NMR 756
fouriertransformiertes NMR-Spektrum (FT-NMR-Spektrum) 756
Fragmentidentifizierung 701
Fragmentierung 700
- funktionelle Gruppen 706

Fragmentierungsmuster
- Alkohole 711
- Ether 711
- Halogenalkane 711

Fragmentionen 701
Fragmentionenpeaks 700
Franklin, Rosalind 1370
freie Aktivierungsenthalpie 287, 1212
freie Elektronenpaare 53
freie Enthalpie 276
freie Gibbs-Energie 276
freies Radikal 54, 655
Frequenz 716
Friedel, Charles 1032
Friedel-Crafts-Acylierung 1026, 1032, 1054, 1091

Friedel-Crafts-Alkylierung 1026, 1034, 1054
– biologische 1036
Fruchtzucker 992
Fructose 992, 1113
FT-NMR-Spektrometer 756
FT-NMR-Spektrum 756
Fukui, Kenichi 1441
Fullerene 464
Fumarase 362, 1318
Fumarat 362
Fumarsäure 362, 1315
fünfgliedrige Heterozyklen 1086
– relative Reaktivität 1090
funktionelle Gruppe 268
Furan 467, 1129
– Aromatizität 1086
– relative Reaktivität 1090
Furanosen 1129

G

Gabriel-Synthese 861
Galactosämie 1139
Galactose 1115
Gallensäuren 1361
Gaschromatographie und Massenspektrometrie (GC-MS) 714
Gattermann-Koch-Reaktion 1033
GC-MS 714
gefüllte äußere Schale 46
Gegensinnstrang 1379
gekoppelte Protonen 772
gekoppelte Reaktionen 280, 1312
gekreuzte Aldoladdition 972
gekreuzte Claisen-Kondensation 978
gekreuzte Kondensation 979
gekrümmte Pfeile 269, 273
gemeinsame Zwischenstufe 447
geminale Diole (*gem.*-Diole) 915
geminale Kopplung 778
geminaler Dialkyleffekt 1227
geminales Dihalogenid 382
gemischte Aldolreaktion 972
gemischtes Anhydrid 865
gemischtes Triacylglycerol 1336
Gene 1376
genetischer Code 1384
Genom 1376
– menschliches 1392
Gentamicin 1145
Gentechnik 1394
geradkettige Alkane 140
– Nomenklatur und physikalische Eigenschaften 141
Geranylpyrophosphat
– Reaktion mit Isopentenylpyrophosphat 1354
gesättigte Kohlenwasserstoffe 262, 652
Geschlechtshormone 883, 1359
Geschwindigkeit einer chemischen Reaktion 289
geschwindigkeitsbestimmender Schritt 295
Geschwindigkeitsgesetz 290, 494
Geschwindigkeitskonstante 290, 495
Gestagene 1360
Gibbs-Energie 276
Gilbert, Walter 1393
Gilman-Cuprate 629
Gleichgewicht 276
– Lage bestimmen 106
Gleichgewichtskonstanten 99, 292
globuläre Proteine 1159
Glucocorticoide 1359
Gluconeogenese 939, 992, 1322
Glucose 573, 992, 1113, 1308
– Sesselkonformation 1131
– stabilste Aldohexose 1131
– Stereochemie 1124
Glucosidasen 1143
Glutamat 1288
– Carboxylierung 1290
Glutamin 1162
Glutaminsäure 1162
Glutathion 1185
Glycerin 1304
Glycerinaldehyd 1114
Glycin 1162
Glycogen 1142
Glycol 598
– vicinal 598
Glycolyse 992, 1244, 1308
Glycoproteine 1148
Glycosidbildung 1133
glycosidische Bindung 1133, 1136
Glyphosat 1395
Goodyear, Charles 1421
Gramicidin S 1166
Graphit 464
Grenzorbitalanalyse 1457
Grenzorbitale 1446
Grenzorbitaltheorie 1441
Grignard-Reagenz 890, 936
– retrosynthetische Analyse 895
Grignard-Reagenzien 626
Grignard-Verbindung 890, 894, 936
– Reaktion mit Carbonylgruppen 936
– Vorhersage des Reaktionsproduktes 894
große Furche (DNA) 1375
Grubbs-Katalysator 642
Grubbs, Robert H. 645
Grundumsatz 1321
Grundwert 702
Grundzustand 431
Gruppenübertragungspotenzial 1301
Guanin 1369
Guanosin 1369
Gulose 1133
Gummi
– natürlicher 1419
– synthetischer 1420
Guttapercha 1420
gyromagnetisches Verhältnis 754, 799

H

^{1}H-NMR-Signale
– relative Lagen 762
^{1}H-NMR-Spektroskopie 753
– Deuterium 795

^{1}H-NMR-Spektrum 758, 759, 762, 771
- 1,1-Dichlorethan 771
- 1,3-Dibrompropan 777
- 1-Brom-2,2-dimethylpropan 761, 769
- 1-Chlor-3-iodpropan 788
- 2-*sek*-Butylphenol 796
- 3-Brom-1-propen 779
- Anzahl der Signale 758, 759
- Auflösung 796
- Beispiele 777
- Cyclohexan-*d*11 792
- Ethanol 793
- Ethylbenzol 780
- Integration der Signale 769
- Isopropylbutanoat (Buttersäureisopropylester) 778
- Lage der Signale 762
- Nitrobenzol 780
- Signalaufspaltung 771
- Signalzahl 758

Haare 1183
Halbacetale 918
- zyklische 1127

Halbketal 918
halbsynthetische Wirkstoffe 933
Halogenalkanbildung 569
Halogenalkane 515
- Eliminierungsreaktionen 518
- primäre 516
- primäre, S_N2/E2-Reaktionen 539
- Reaktion mit Nucleophil/Base 538
- sekundäre 516
- sekundäre, S_N2/E2-Reaktionen 540
- tertiäre 516
- tertiäre, E2-Reaktionen 541
- tertiäre, S_N1-/E1-Reaktionen 541

Halogene
- Addition von Alken 336

Halogenierung 654, 1026, 1053
- basenvermittelt 958
- säurekatalysiert 957

Halogenmethane
- Methylierungsreagenzien 614

Halogenwasserstoff
- Addition an Alkene 315

Halohydrin 338
Halohydrinbildung 338
Hammond, George Simms 320
Hammond-Postulat 320
Hämoglobin 1101, 1206
Hämolyse 1343
Härter 1427
Hausdacheffekt 784
Haworth-Projektion 1128
HDPE 1411, 1432
Heck-Reaktion 637
- Beispiele 637
- bevorzugtes Alken 639
- Mechanismus 637

Heck, Richard F. 645
Hefe 1314
Heisenberg'sche Unschärferelation 60
Hell-Volhard-Zelinsky-Reaktion (HVZ-Reaktion) 959
- Aminosäuren 1176
- Mechanismus 959

Hemmstoffe (Inhibitoren) 1287
- kompetitive 1288

Henderson-Hasselbalch-Gleichung 119
Heptosen 1114
HETCOR-Spektrum 808
- Analyse 808

Heteroaromaten 468
Heteroatome 467, 1081
Heterolyse 655
heterolytische Bindungsspaltung 655
heteronukleare Kopplung 801
Heterozyklen 1081
- aromatisch fünfgliedrig 1086
- aromatisch sechsgliedrig 1092
- biologisch bedeutsam 1098
- Nomenklatur 1081
- sauerstoff- und schwefelhaltig 1082
- stickstoffhaltig 1082, 1089

heterozyklische Verbindungen 467, 1081, 1257
Hexokinase 1231, 1325
Hexosen 1114
Histidin 1098, 1163
Hochfeld 762
höchstes besetztes Molekülorbital (HOMO) 431, 1445, 1446
Hodgkin, Dorothy 812, 1280
Hoffmann, Felix 850
Hoffmann, Roald 1441
Hofmann-Eliminierung 608
- E2-Reaktion 608

Holzgeist 573
HOMO 431, 496, 742
- Dienophil 454

homologe Reihe 141
Homolyse 655
homolytische Bindungsspaltung 655
homonukleare Kopplung 801
Homopolymere 1422
Hooke, Robert 723
Hooke'sches Gesetz 722
Hormone 1159, 1358
Host-guest-Komplex 599
Hückel-Regel 461
Humangenomprojekt 1392
Hund'sche Regel 44, 428
HVZ-Reaktion 959
- mit Ammoniak 1176

Hybridisierung 69, 109
Hybridisierung der Orbitale 423
Hybridorbitale 69
Hydratbildung
- Beweis 918

Hydrate 915
Hydratisierung 326, 387, 581
- von Alkinen 387

Hydrazon 908

Hydridionen 47, 936
- Reaktion mit Carbonylgruppen 936
Hydrierung 282
- Aldoladditionsprodukte 970
- katalytisch 282
Hydrierwärme 284
Hydroborierung 332
Hydroborierung-Oxidation 332, 356, 388
- Stereochemie 356
- stereochemischer Verlauf 356
Hydrogencarbonat
- aktiviertes 1273
Hydrolyse 841, 849
- Amide 857
- Ester 841
- Geschwindigkeitserhöhung durch Säuren 1216
- mit Bromcyan 1198
- mit Endopeptidasen 1196
- Phosphoanhydridbindung 1301
Hydroperoxidaseaktivität 1346
Hydroxidionen 849
Hyperkonjugation 317, 318
hypochlorige Säure
- Oxidationsreagenz 587

I

Idose 1117
Idoxuridin 1391
Imidazol 468, 1098, 1163
Imide 861
- Hydrolyse 861
Imin 907
Iminbildung 909, 910
- biochemische Reaktion 910
- Herstellung Derivate 908
- Mechanismus 908
- pH-Wert-Kontrolle 909
Iminhydrolyse 910
Indol 468
induktiver Effekt 114
induktiver Elektronenzug 112, 436
induzierte Passung 1231
infrarot-aktiv 734
Infrarotspektroskopie 697, 717
Infrarotspektrum 718
- Analyse 735
Infrarotstrahlung 718
Inhibitor, allosterischer 1325
Inhibitoren (Hemmstoffe) 1287
Initiationsschritte 655, 1405
Initiator 1406
Inklusionsverbindung 599
Innerkettendisulfidbrücke 1182
Insulin 1182
- Disulfidbrücken 1182
Integration von NMR-Signalen 769
Intermediate 294, 314
intermolekulare Reaktionen 557, 1225
- relative Reaktionsgeschwindigkeiten 1226
internes Alkin 374
Interpeptiddisulfidbrücke 1182
intra-/intermolekulare Reaktionen 1440
intramolekulare Aldoladdition 980, 981
intramolekulare allgemeine Basenkatalyse 1228
intramolekulare Claisen-Kondensation 980
intramolekulare Katalyse 1227
intramolekulare Kondensationsreaktion 980
intramolekulare nucleophile Katalyse 1227
intramolekulare Reaktionen 557, 1072, 1224
- relative Reaktionsgeschwindigkeiten 1226
Intrapeptiddisulfidbrücke 1182
Invertase 1140
Invertzucker 1140
Ion-Dipol-Wechselwirkung 505
Ionenaustauschchromatographie 1173
- Trennung von Aminosäuren 1175
Ionisationsmethoden 713
ionische Polymerisation 1405
ionische Verbindungen 49
Ionisierung 698
IR-Absorptionsbanden
- charakteristische 721
Ireland-Claisen-Umlagerung 1462
IR-Spektrometer 719
IR-Spektroskopie
- Elektronendelokalisation 724
- Wasserstoffbrücken 728
IR-Spektrum
- 1-Hexanol 727
- 2-Cyclohexanon 725
- 2-Pentanol 720
- 2-Pentanon 724
- 3-Pentanol 720
- Bereich der funktionellen Gruppen 719
- Butansäureethylester 726
- Cyclohexen 730
- Diethylether 733
- Ethylbenzol 731
- Fingerprintbereich 719
- Isopentylamin 733
- Methylcyclohexan 730
- N,N-Dimethylpropanamid 726
- Pentanal 731
- Pentansäure 727
IR-Streckfrequenzen 721
Isocitratdehydrogenase 1318
isoelektrischer Punkt (pI) 1169
Isoleucin 1162
isolierte Diene 422
- Addition 441
- Reaktionen 441
isolierte Doppelbindungen 422
Isomere 208
- mit einem asymmetrisch substituierten Kohlenstoffatom 219
- Nomenklatur 244
Isomerisierung 1280
Isopentenylpyrophosphat 1349
- Biosynthese 1350

– Reaktion mit Dimethylallylpyrophosphat 1352
– Reaktion mit Farnesylpyrophosphat 1355
– Reaktion mit Geranylpyrophosphat 1354
Isopren 1348, 1419
isotaktische Polymere 1417
Isotope 704
IUPAC 213

K

Kanzerogenität
– durch Stabilität das Carbokations 603
kataboler Stoffwechsel 1303
katabolische Reaktionen 1256
Katabolismus 1296
– die vier Stufen 1303
– Fette, Stufe 1 und 2 1304
– Kohlenhydrate, Stufe 1 und 2 1308
– oxidative Phosphorylierung, Stufe 4 1320
– Proteine, Stufe 1 und 2 1315
– Zitronensäurezyklus, Stufe 3 1317
Katalysatoren 296, 845, 1212
– Geschwindigkeitskonstante 1214
– Gleichgewichtskonstante 1214
– Veränderung 1213
– Verbrauch 1213
Katalyse 1214
– durch Metallionen 1222
– elektrostatische 1238
– in der Organischen Chemie 1214
– intramolekulare 1227
– intramolekulare nucleophile 1227
– kovalente 1221
– nucleophile 1221
– saure 1215
Katalyse biochemischer Reaktionen 1230
– Katalysieren der Reaktion 1231
– Substrat binden 1230
katalysierte Reaktion
– Reaktionskoordinatendiagramm 1213
katalytische Hydrierung 282, 353, 905
Kationenaustauschchromatographie 1175
Kationenaustauscher 1174
Kationenaustauscherharz
– Molekülstruktur 1174
kationische Polymerisation 1412
Kautschuk
– natürlicher 1419
– synthetischer 1420
Keil-Strich-Formeln 1113
Kekulé-Strukturen 57
Kekulé von Stradonitz, Friedrich August 408, 409
– Benzol 408
Kephaline 1342
Keratin 1202
kernmagnetische Resonanz (NMR) 809
kernmagnetische Resonanzspektroskopie 752
Kernresonanzspektroskopie (NMR) 697
Kernresonanztomographie 810
Kernspintomographie 810
Ketal 918
– Bildung 918
Ketamin 253
Keto-Enol-Isomerisierung 386
Keto-Enol-Tautomere 386
Keto-Enol-Tautomerie 955
Keto-Enol-Umwandlung 956
– basenkatalysiert 956
– säurenkatalysiert 956
– Vergleich mit α-Substitution 958
Ketogruppe 922
Ketone 344, 386, 561, 823, 882, 907, 915, 926
– Azidität 953
– Benennung 884
– Darstellung 561
– Halogenierung am α-Kohlenstoffatom 957
– Hydratisierung 915
– Nomenklatur 883
– phenylsubstituiert 885
– Reaktion 888
– Reaktion mit Alkohol 918
– Reaktion mit Aminen und Aminderivaten 907
– Reaktion mit Grignard-Reagenz 890
– Reaktion mit Peroxysäure 925
– Reaktion mit Phosphoniumyliden 926
– Reaktion mit Sauerstoffnucleophilen 915, 921
– Reaktion mit Schwefelnucleophilen 924
– Reaktion mit Stickstoffnucleophilen 921
– Schutz 922
– Wittig-Reaktion 926
Ketosen 1114
– Konfigurationen 1118
– zyklische Formen 1130
Keto-Tautomer 955
Kettenabbruchschritte 656, 1405
Kettenfortpflanzungsschritte 1405
Kettenfortpflanzungsstelle 1406
Kettenkombination 1406
Kettenreaktion 1404
Kettenübertragung 1406, 1407
Kettenverkürzung 1123
Kettenverlängerung 1122
Kettenwachstumspolymere 1404
– Einführung 1405
Kevlar 861, 1425
Kiliani-Fischer-Synthese 1122
Kinetik 276, 287, 494
kinetische Kontrolle 447
kinetische Racematspaltung 1179
kinetisches Produkt 445
– Identifizierung 450
kinetische Stabilität 288

kinetisch kontrollierte Reaktionen 445
kleine Furche (DNA) 1375
Knoten 60
Knotenebene 61, 428
Knotenfläche 60
Koagulation 1207, 1288
Kohlenhydrate 920, 1113
– D-/L-Nomenklatur 1114
– Katabolismus Stufe 1 und 2 1308
– Klassifizierung 1114
– Oxidation 1121
– Reduktion 1120
– Zelloberflächen 1148
Kohlenmonoxid 1102
Kohlensäure 1273
Kohlenstoff
– tetraedrischer 70
Kohlenstoffatom 624
– sp^2-hybridisiertes 213
Kohlenstoffatome
– Wanderungen 1464
Kohlenstoff-Kohlenstoff-Bindungen
– Beispiele neue Bindungen knüpfen 990
Kohlenstoff-Kohlenstoff-Doppelbindung 260
Kohlenstoff-Kohlenstoff-Dreifachbindung 379
Kohlenstoff-Kohlenstoff-Einfachbindung 424
– Länge 424
Kohlenwasserstoffe 140, 262, 379
– gesättigt 262
– physikalische Eigenschaften 379
– ungesättigt 262
Kolbe-Schmitt-Carboxylierungsreaktion 963
Kollagen 993
kompetitive Hemmstoffe (Inhibitoren) 1288
komplementäre Basenpaarung 1372
– in DNA-Molekülen 1372
komplexe Kohlenhydrate 1114
Kondensation 970
– gekreuzte 979
Kondensationspolymere 1404
Kondensationsreaktion
– intramolekulare 980
kondensierte Strukturformeln 57
Konfiguration 223
Konfigurationsisomere 208, 209, 210
Konfigurationskontrolle 1418
Konfigurationsumkehr 500
Konformationsisomere 209
– *cis-trans*-Isomere 209
– Isomere die asymmetrische Zentren (Chiralitätszentren) 209
Konjugation 741
konjugierte Addition 442, 934
– Grignard-Verbindung 934
– Hydridion 934
konjugierte Base 97, 432, 952
konjugierte Diene 422
– Addition 442
– Konformation 456
– Reaktionen 442
konjugierte Doppelbindungen 422, 442
– Additionsreaktionen 442
konjugierte Säure 97, 432
Konkurrenz
– zwischen S_N2- und S_N1-Reaktionen 515
konkurrierende Nucleophile 338
konrotatorischer Ringschluss 1449
Konservierungsstoffe 682
Konstitutionsisomere 57, 142, 208, 322, 347
Kontaktionenpaar 513
Kontrazeptivum 1362
konzertierte Reaktionen 334, 342, 452
Kopf-Schwanz-Addition 1407
Kopplung
– heteronukleare 801
– homonukleare 801
Kopplungskonstanten 782
– *cis-* und *trans*-Isomere 783
– Näherungswerte 783
Kornbrand 573
kovalente Bindungen 45, 47
– polare/unpolare 48
kovalente Katalyse 1221
Krebs 604
– Chemotherapie 1286
– Medikamente 613
Krebszyklus 1304
Kristallite 1430
Kronenether 599
kumulierte Doppelbindungen 424
künstliche Süßstoffe 1184
Kunststoffe 861, 1402
– duroplastische 1430
– thermoplastische 1430
Kupplungsreaktionen 628
– Alkylierung von Benzol 1038
– Palladiumkatalysator 632

L

L-Pyranosen
– Sesselkonformation 1133
L-Aminosäure 1164
Lactame 828
Lactamring 858
Lactase 1139
Lactone 827
Lactose 1138
– Zuckerbestimmung 1138
Lactoseintoleranz 1139, 1297
LAH 900
Lambert-Beer'sches Gesetz 741
Lambert, Johann 741
Lanosterol
– Biosynthese 1356
Latex 1419
Laurinsäure 1333
LCAO 429, 1442
LDPE 1411
lebende Polymere 1415
Le Châtelier 279, 845
Lecithine 1342

leitende Polymere 425
leitfähige Polymere 1419
Leitverbindung 607
Leucin 1162
Leukotriene 1347
Lewis-Formeln 52
Lewis-Säuren 1091, 1222
Lewis-Säuren/-Basen 126
Lewis-Strukturen zeichnen 54
Lexan 861, 1427
Lindlar-Katalysator 389, 400
Linearkombination von Atomorbitalen (LCAO) 429, 1442
linear polarisiertes Licht 228
linksdrehend 229
Linolensäure 1333
Linolsäure 1333
Lipiddoppelschicht 1342
Lipiddoppelschichtmembran 1342
Lipide 995, 1332
Lipidmembran 1341
Lipoat 1269
Lister, Lord Joseph 857
Lithiumaluminiumhydrid (LAH) 900
lokalisierte Elektronen 406
Lösungsmittel 548
- Ether 592
- Geschwindigkeitsbeeinflussung 551
Lösungsmittelpolarität
- Reaktionskoordinatendiagramm 550
Lucas-Test 572
Lufenuron 1144
LUMO 431, 454, 496, 742
- Dien 454
Luziferin 1466
Lycopin 745, 1349
Lysin 1162
Lysozym 298, 1239, 1243

M

M+1-Signal 704
M+2-Signal 704
Magnetfeld 753
- äußeres 757
- effektives 757
- lokal wirksames 757
Magnetfeld der Erde 755
Magnetresonanzbildgebung 809, 810
Magnetresonanztomographie 810
makromolekulare Chemie 1403
Makromoleküle 1402
Malat 362, 1320
Malatdehydrogenase 1318
Malathion 875
Maleinsäure 363
Malonestersynthese 986, 1002
- retrosynthetische Analyse 988
Malonsäureestersynthese 986
Malonyl-CoA 994, 1272
Malonylthioester 994
Maltose 1136
Mannose 1117
Markownikow-Regel 323
Markownikow, Wladimir Vasilewitsch 323
Massenspektrometer 699
Massenspektrometrie 697, 698
- hochauflösende 705
- Isotope 704
Massenspektrum 699
- 1-Brompropan 706
- 2-Chlorpropan 707
- Alkohole 710
- Ether 708
- Halogenalkane 706
- Interpretation 700
- Ketone 711
- Pentan 699
- Pentan und Isopentan 702
Massenzahl 41
mäßig aktivierende Substituenten 1045
mäßig desaktivierende Substituenten 1047
Matrizenstrang 1379
McLafferty-Umlagerung 711
MCPBA 341
Mechanismus
- Allgemeiner, der elektrophilen aromatischen Substitution 1027
- Allgemeiner, der nucleophilen aromatischen Substitution 1070
- der Addition von Brom an ein Alken 337
- der Aldoladdition 969
- der Alkenmetathese (Phase I) 643
- der Alkenmetathese (Phase II) 643
- der Arenoxidumlagerung 601
- der Bromierung des Benzols 1028
- der Chlorierung des Benzols 1029
- der *cis*-Glycolbildung 599
- der Claisen-Kondensation 976
- der Desulfonierung des Benzols 1032
- der Dieckmann-Kondensation 981
- der Diels-Alder-Reaktion 452
- der E1cB-Reaktion 971
- der E1-Dehydratisierung von Alkoholen 580
- der E1-Reaktion eines Halogenalkans 526
- der E2-Reaktion eines Halogenalkans 518
- der Einfachbromierung des Ethans 657
- der Einfachchlorierung des Methans 655
- der elektrophilen aromatischen Substitution am Pyridin 1093
- der elektrophilen aromatischen Substitution am Pyrrol 1090
- der Enaminbildung 911
- der Epoxidierung eines Alkens 341
- der Etherspaltung: eine S_N1-Reaktion 591
- der Etherspaltung: eine S_N2-Reaktion 591

- der Friedel-Crafts-Acylierung 1033
- der Friedel-Crafts-Alkylierung 1034
- der Glutamatcarboxylierung 1290
- der Glycosidbildung 1134
- der Halohydrinbildung 338
- der HBr-Addition an ein Alken in Gegenwart von Peroxid 667
- der Heck-Reaktion 638
- der Hofmann-Eliminierung 608
- der Hydroborierung mit BH_3 334
- der Hydroborierung mit R_2BH 335
- der hydroxidionenvermittelten Esterhydrolyse 848
- der Iminbildung 908
- der iodidionenkatalysierten Reaktion 1221
- der Iodierung des Benzols 1030
- der Nitrierung des Benzols 1031
- der *N*-Phthalimidmalonestersynthese 1177
- der nucleophilen aromatischen Substitution am Pyridin 1095
- der nucleophilen Substitution von Epoxiden unter neutralen oder basischen Bedingungen 596
- der nucleophilen Substitution von Epoxiden unter sauren Bedingungen 595
- der Oxidation eines Alkohols durch HOCl 588
- der Oxidation eines Thioalkohols zum Disulfid 1181
- der Oxidationsreaktion 336
- der Ozonidbildung 343
- der Peroxidbildung 666
- der PLP-katalysierten Decarboxylierung einer Aminosäure 1276
- der PLP-katalysierten Transaminierung einer Aminosäure 1278
- der Racemisierung einer L-Aminosäure 1277
- der Reaktion eines Esters mit einem Grignard-Reagenz 893
- der säurekatalysierten Acetal- bzw. Ketalbildung 919
- der säurekatalysierten Addition eines Alkohols an ein Alken 328
- der säurekatalysierten Addition von Wasser 326
- der säurekatalysierten Esterhydrolyse 844, 1215
- der säurekatalysierten Esterhydrolyse mit einer tertiären Alkylgruppe 847
- der säurekatalysierten Hydratbildung 915
- der säurekatalysierten Hydrolyse eines Amids 856
- der säurekatalysierten Hydrolyse von Nitrilen 863
- der S_N1-Reaktion der Alkohole 570
- der S_N1-Reaktion eines Halogenalkans 511
- der S_N2-Reaktion der Alkohole 571
- der S_N2-Reaktion eines Halogenalkans 496
- der Sulfonierung des Benzols 1032
- der Suzuki-Reaktion 634
- der Überführung eines Säureanhydrids in einen Ester (und eine Carbonsäure) 866
- der Überführung eines Säurechlorids in ein Säureanhydrid mit einem negativ geladenen Nucleophil 839
- der Überführung eines Säurechlorids in ein Säureanhydrid mit einem ungeladenem Nucleophil 839
- der Umwandlung eines Alkohols in ein Bromalkan (oder Chloralkan) durch PBr_3 (oder PCl_3) 575
- der Umwandlung eines Alkohols in ein Chloralkan durch $SOCl_2$ 576
- der Umwandlung eines Alkohols in einen Sulfonsäureester 577
- der unkatalysierten Reaktion 1221
- der Wittig-Reaktion 927
- der Wolff-Kishner-Reduktion 1038
- des säurekatalysierten Protonenaustausches 794
- durch Quecksilberionen katalysierter Hydratisierung von Alkinen 387
- einer Michael-Reaktion 967
- einer Reaktion 271
- elektrophile aromatische Substitution 471
- elektrophiler Addition eines Halogenwasserstoffes an ein Alkin 383
- für die anionische Polymerisation 1414
- für die Baeyer-Villiger-Oxidation 926
- für die basisch katalysierte Endiolumlagerung eines Monosaccharids 1119
- für die basisch katalysierte Epimerisierung eines Monosaccharids 1119
- für die Biosynthese von Terpenen 1353
- für die durch Hydroxidionen geförderte Hydrolyse eines Amids 860
- für die elektrophile aromatische Substitutionsreaktion mit einem Arendiazoniumionelektrophil 1065
- für die kationische Polymerisation 1412
- für die radikalische Polymerisation 1406

- für die Reaktion, die durch Acetyl-CoA-Carboxylase katalysiert wird 1273
- für die Reaktion, die durch den Pyruvatdehydrogenasekomplex katalysiert wird 1269
- für die Reaktion, die durch Dioldehydrase katalysiert wird 1282
- für die Reaktion, die durch Glycerinaldehyd-3-phosphatdehydrogenase (GAPDH) katalysiert wird 1259
- für die Reaktion, die durch Pyruvatdecarboxylase katalysiertwird 1267
- für die Reaktion einer Carbonsäure mit einem Hydridion 902
- für die Reaktion eines Acylchlorids mit einem Hydridion 900
- für die Reaktion eines Aldehyds oder eines Ketons mit einem Grignard-Reagenz 890
- für die Reaktion eines Aldehyds oder eines Ketons mit einem Hydridion 899
- für die Reaktion eines Esters mit einem Hydridion 901
- für die Reaktion eines N-substituierten Amids mit einem Hydridion 903
- für die Reaktion von Aldehyden oder Ketonen mit Cyanwasserstoff 896
- für die Spaltung einer Peptidbindung durch Bromcyan 1198
- für die Überführung von Isopentylpyrophosphat in Dimethylallylpyrophosphat 1352
- für die Ziegler-Natta-katalysierte Polymerisation eines substutierten Ethens 1419
- für eine Reaktion, die durch Thymidylatsynthase katalysiert wird 1285
- Reaktion eines isolierten Diens mit einem Überschuss HBr 441
- Reaktion eines konjugierten Diens mit Bromwasserstoff (HBr) 443
- säurekatalysierter Keto-Enol-Isomerisierung 386
- Umwandlung eines Alkins in ein *trans*-Alken 390
- Vorgeschlagener, für die Reaktion, die durch Carboxypeptidase A katalysiert wird 1233
- Vorgeschlagener, für die Reaktion, die durch Dihydrolipoyldehydrogenase katalysiert wird 1264
- Vorgeschlagener, für die Reaktion, die durch D- oder L-Aminosäureoxidase katalysiert wird 1265
- Vorgeschlagener, für die Reaktion, die durch Glucose-6-Phosphat-Isomerase katalysiert wird 1244
- Vorgeschlagener, für die Reaktion, die durch Lysozym katalysiert wird 1241
- Vorgeschlagener, für die Reaktion, die durch Serinproteine katalysiert wird 1237
- Vorgeschlagener, für die Reaktion, die durch Succinatdehydrogenase katalysiert wird 1264
- Vorgeschlagener, für die Reaktion, die durch von Aldolase katalysiert wird 1246
- zur Bildung eines Diazoniumions aus Anilin 1068
- zur Oxidation von Fetten und Ölen durch Sauerstoff 680

mechanistischer Enzymhemmstoff 1287
mehrfach substituierte Benzole
- Benennung 1043

mehrfach ungesättigte Fettsäuren 1334
Mehrstufensynthese 675
Meisenheimer-Komplex 1071
Melamin 1431
Melanin 1315
Melatonin 829
Melmac 1431
Membrane 1342
menschliches Genom 1376
Merrifield-Methode 1189, 1191
- Vorteil 1191

mesomere Grenzformeln 411
- Regeln für das Zeichnen 414
- Stabilität 417
- Stabilität, Einflussfaktoren 418
- zeichnen 413

mesomere Grenzstrukturen 115, 411
mesomerer Zustand 115, 411
Mesomerie 420
Mesomerieenergie 420
Mesoverbindung 240, 353
Metabolismus 1296
Metaboliten 1297
meta-dirigierend 1049
Metallionen 1222
Metallionen-Cofaktor 1252
Metallionenkatalysator 1223
Metallkatalysator 282
metallorganische Verbindung 625
Metallreduktion
- auflösende 906

Metathese 641
Methan 142
- Bindungen 68

Methanal 883
Methandrostenolon 1361
Methinproton 765
Methotrexat 1288
Methylengruppen 141
Methylenproton 765
Methylhalogenide 516
Methylierung 614
- Beispiele, biologische 615

Methylierungsreagenzien
- Halogenmethane 614
- natürliche 614
- synthetische 614

Methylketone
- Synthese 988

Methylorange 744
Methylproton 765
Michael-Reaktion 967
Miescher, Friedrich 1366
Mifepriston (RU 468) 1362
Milch 1138
Milchsäure 1116, 1433
– (*S*)-Milchsäure 230
Milchzucker 1138
Mineralocorticoide 1359
Mizellen 1339
mobile Phase 1172
molare Extinktion 741
Molarität, effektive 1225
Molekül
– bifunktionelles 557
molekulare Erkennung 297, 1112, 1230, 1261
– ATP 1311
molekulare Modifikation 607
Moleküle
– Grundzustand 1445
– unpolare 68
Molekülfragment 699
Molekülion 698
– Summenformel aus dem *m*/*z*-Wert 702
Molekülmasse 41
Molekülorbital
– antibindend 428
– antisymmetrisch 430
– bindend 428
– höchstes besetztes (HOMO) 742
– niedrigstes unbesetztes (LUMO) 742
– symmetrisch 430
Molekülorbitalbeschreibung
– 1,3,5-Hexatrien 1445
– 1,3-Butadien 1444
Molekülorbitale 62, 1442
– Analyse 1445
– Beschreibung von Ethen 1443
– bindende 1443
– bindende/antibindende 64
– dissymmetrische 1445
– höchste besetzte (HOMO) 1445, 1446
– niedrigste unbesetzte (LUMO) 1445, 1446
– symmetrische 1445
Molekülorbitaltheorie 496
Molekülorbitaltheorie (MO-Theorie) 62, 454, 1442
Molozonid 343
Monomere 861, 1206, 1402
– radikalische Polymerisation 1408
Mononatriumglutamat 233
Monosaccharide 1114
– basische Lösungen 1119
– Redoxreaktionen 1120
– zyklische Halbacetale 1127
monosubstituierte Benzolderivate
– Synthese 1056
monosubstituierte Benzole
– Nomenklatur 1024
Monoterpene 1349
– Synthese 1353
Morphin 607
MO-Theorie 427, 1442
MRI 810
MRI-Scanner 810
mRNA 1380
MRT 810
MRT-Scanner 810
Multiplett 772
– Aufspaltungsdiagramm 787
Multiplizität 772
Mutagenese
– gerichtete 1238
– ortsspezifische 1238
Mutarotation 1130
Myelinscheiden 1344
Myoglobin 1101
Myristinsäure 1333
m/*z*-Verhältnis 698

N

N + 1-Regel
– Aufspaltung der Signale 771
N-Acetylglucosamin 1145
N-Glycoside 1134
N-Phthalimidmalonestersynthese 1177
NAD^+ 1255
– Substratoxidation 1258
– Vergleich zu FAD 1265
NADH 1320
NADPH 1255
– abhängige Reduktase 1286
– Substratreduktion 1260
Näheeffekt 449
nantiotope Wasserstoffatome 789
Naproxen 234
Natriumamid 392
Natriumammoniumtartrat 252
Natriumcyclamat 1151
Natriumdampflampe 231
Natriumlactat 230
Naturgummi 1419
natürlicher Gummi 1419
natürlicher Kautschuk 1419
Naturstoffe 882
N-Bromsuccinimid (NBS) 673
NBS 673
Nebennierenhormone 1359
Negishi, Ei-ichi 645
Netropsin 1375
Neutronen 40
Niacin 1255
– Mangel 1257
nichtbindende Elektronen 53
nichtreduzierender Zucker 1136
Nicol-Prisma 228
Nicotin 607
Nicotinamid-Adenin-Dinucleotid (NAD^+) 1255
Nicotinamidadenindinucleotidphosphat (NADPH) 1255
niedrigstes unbesetztes Molekülorbital (LUMO) 431, 1445, 1446
Ninhydrin 1171
Nitrierung 1026
Nitrile 862, 953
– Benennung 863

– Reaktionen 863
– Verwendung in der Synthese 864
Nitroalkane 953
Nitrosamin 1068
Nitrosylkationen 1067
NMR 697
– Einsatz in der Medizin 809
NMR-empfindliche Atomkerne 755
NMR-Signale
– Integration 769
NMR-Spektrometer 755
NMR-Spektroskopie 752
– Zeitabhängigkeit 791
– zweidimensionale 805
NMR-Spektrum 756, 771, 784
– Lage der Signale 784
– Multiplizität 784
– Signalaufspaltung 771
– Zahl der Signale 784
N,N-disubstituierte Amide 953
Nobel, Alfred Bernhard 645
Nobelpreis 645
NOESY 809
Nomenklatur 886
– Alkene 263
– Aminosäuren 1159
– Carbonsäurederivate 824
– Carbonsäuren 824
– di- und polysubstituierte Benzole 1041
– funktionelle Gruppen 886
– für Isomere 244
– Heterozyklen 1081
– Kohlenhydrate 1114
Noradrenalin 615, 1316
Norethindron 1362
N-Schutz 1186
N-terminale Aminosäure 1179, 1180
Nucleinsäuren 1366
– Biosynthese 1371
– Nucleotiduntereinheiten 1371
– Primärstruktur 1372
Nucleobasen 1367
Nucleophile 270, 503, 937
– harte/weiche 937
– konkurrierende 338
– Organocuprate 631
– Organolithium-verbindungen 627
– Organomagnesium-verbindungen 627
– schwache Base 934
– starke Base 935
nucleophile Acylsubstitution 888, 892
nucleophile Acylsubstitutions-reaktion 834, 852
nucleophile Addition 889, 892, 934, 937
– α,β-ungesättigte Aldehyde und Ketone 934
– α,β-ungesättigte Carbonsäure-derivate 937
– α,β-ungesättigte Carbonyl-verbindungen 934
nucleophile Additions-Eliminierung 889
nucleophile Additions-Eliminierungsreaktion 834, 908
nucleophile aromatische Substitution 1069
– Beispiele 1071
– Mechanismus 1070
nucleophile aromatische Substitutionsreaktionen
– Pyridin 1095
nucleophile Katalyse 1221
nucleophiler Katalysator 1221
– Reaktionen 1221
nucleophile Substitution 569
– Epoxid 594
– Ether 590
– neutrale oder basische Bedingung 596
– Reaktionskoordinaten-diagramm 837
– saure Bedingung 595
– Vergleich mit nucleophilen Acylsubstitutionen 834
nucleophile Substitutions-reaktion 494
Nucleophilie 503
– Basizität 503
– Lösungsmitteleffekt 504
– sterische Effekte 506
Nucleosidanaloga 1390
Nucleoside 1366, 1368
Nucleosidtriphosphate 1371
Nucleotid 1256
Nucleotide 1366, 1369
nuklearer Overhausereffekt 809
Nylon 861, 1424

O

offenkettige Verbindungen 1129
OH-Gruppe
– Schutz 923
Oktettregel 45
Okular 231
Öle 995, 1336
– essenzielle 1349
– Umwandlung in Fette 1337
Olefinmetathese 641
Olestra 1338
Oligomere 1206
Oligonucleotide 1371
Oligopeptid 1158
Oligosaccharide 1114
Ölsäure 1333
Omega-Fettsäuren 1334
Opium 607
optisch aktiv 229
optisch inaktiv 229
optische Reinheit 233
Orangenaroma 853
Orbitalsymmetrie 1442
– Theorie der Erhaltung 1441
Ordnungszahl 41, 214
organische Basen 102
organische Säuren 102
organische Verbindungen 38, 472
– Reaktionen 616, 996
organische Verbindungsklassen 697
Organismus 871

Organoborverbindung 633
- Herstellung 635
Organocuprate 628, 936
- Bildung 629
Organolithiumverbindung 626
- Herstellung 626
Organomagnesiumverbindung 626
- Herstellung 626
Organometallverbindung 625
Organopalladiumverbindung 633
Ornithin 1166
ortho/para-dirigierend 1049
ortho/para-Verhältnis 1052
Östradiol 1360
Östrogene 1360
Östron 1360
Oxalessigsäure 1315
- Aminosäuren 1315
Oxidation 332, 341, 587
- Alkohole 586, 587
- Kohlenhydrate 1121
- von Fetten und Ölen 679
Oxidationsmittel
- chrombasiert 586
Oxidationsreaktionen
- Benzole 1040
oxidative Addition 635
oxidative Phosphorylierung 1304
- Stufe 4 1320
oxidative Spaltung 343
Oxim 908
Oxocarbeniumion 1134
Oxogruppe 922
Oxyluziferin 1466
Oxytocin 1184
Ozon 683
- Addition an Alken 343
Ozonloch 684
Ozonolyse 343

P

π-Bindung 66, 379
π-Komplex 380
pH-Geschwindigkeitsprofil 909
Palindrome 1392
Palladiumkatalysierte Kupplungsreaktionen 632
Palmitinsäure 1333
Palmitoleinsäure 1333
Pantothenat 1270
Papierchromatographie 1172
- Trennung von Alanin 1173
- Trennung von Glutaminsäure 1173
- Trennung von Leucin 1173
Paraffine 653
paralleles β-Faltblatt 1202
Parathion 875
para-Toluolsulfonsäurechlorid 577
Parkinson 373
partielle Hydrolyse 1195
Pasteur, Louis 252
p-Atomorbitale 61
Pauli-Verbot 44, 428
PE 1411
Penicillin 857, 859
Pentan
- Massenspektrum 699
Pentapeptid 1158
Pentosen 1114
Peptidantibiotikum 1166
Peptidbindungen 416, 1179
Peptide 1158
- automatisierte Festphasensynthese 1190
- einige interessante 1184
- Spaltung 1197
Peptidhormone 1184
Peptidsynthese
- automatisierte 1189
- Strategie 1186
perizyklische Reaktionen 452, 454, 1438
- Auswahlregeln 1469
- biologische Systeme 1465
- drei Arten 1438
- gemeinsame Merkmale 1440
Peroxid 666
- explosiv, Bildung 666
Peroxideffekt 669
Peroxycarbonsäuren 341, 355
- Addition 355
- Addition an Alken 341
- Stereochemie 355
Peroxysäure 925
perspektivische Formel 68, 235, 236
PET 1411, 1432
Petroleum 653
Pfeile
- gekrümmt 269
Pfropfcopolymere 1423
pH 99
- Aktivitätsprofil 1242
- Geschwindigkeitsprofil 1242
PHA 1434
PHB 1434
PHBV 1434
Phenol 433
Phenol synthetisieren 1063
Phenylalanin 1163, 1316
Phenylgruppe 1025
Phenylisothiocyanat (PITC) 1194
Phenylketonurie 1316
Phenylrest 1025
Pheromone 261
Phosphatase 1324
Phosphatidsäure 1341
Phosphatidylethanolamine 1342
Phosphoacylglycerole 1341
Phosphoanhydridbindung 872
- Hydrolyse 1301
Phosphofructokinase 1325
Phosphoglyceride 1341
Phospholipasen 1343
Phospholipide 995, 1341
Phosphoniumylid 926
- vorbereiten 927
Phosphortribromid 870
Phosphortrichlorid 870
Phosphorylierung
- oxidative 1320
Phosphoryltransferreaktion 1298
photochemische Reaktionen 1441
Photosynthese 1113
Phthalate 1427

pH-Wert
- Effekt auf die Struktur organischer Verbindungen 119

PITC 1194
pI-Wert 1169
- Bestimmung einer Aminosäure mit einer ionisierbaren Seitenkette 1169
- Bestimmung einer Aminosäure ohne einer ionisierbaren Seitenkette 1169

pK_S 99, 100
pK_S-Wert 435
- organische Verbindungsklassen 435

PLA 1433
Planck'sches Wirkungsquantum 716, 754
Plastik 1403
Plastikflaschen 1432
Plexiglas 1408
PLP 1274
- Beispiele enzymkatalysierte Reaktionen 1274

polare kovalente Bindungen 49
polare Reaktionen 1438
Polarimeter 231
Polarisationsebene 228
Polarisationsrichtung 228
Polarisator 228
polarisiertes Licht 228
Polyacetylen 425, 1419
Polyamide 861, 1424
Polycarbonate 1427
Polyester 1426
Polyethin 1419
Polyhydroxyalkanoate (PHAs) 1434
Polylactid (PLA) 1433
Polymerchemie 1403
Polymere 425, 557, 861, 1402
- ataktische 1418
- ausgerichtete 1432
- biologisch abbaubare 1433
- isotaktische 1417
- lebende 1415
- leitfähige 1419
- physikalische Eigenschaften 1430
- Recycling 1432
- syndiotaktische 1418
- synthetische 1402
- verzweigte 1410

Polymerisation 1402
- anionische 1405, 1414
- Diene 1419
- ionische 1405
- kationische 1405, 1412
- radikalische 1406
- Stereochemie 1417

Polymerisierung 425, 1402
Polymerkettenverzweigung 1410
Polynucleotide 1371
Polypeptide 1158
- Primärstrukturbestimmung 1193

Polypeptidkette 1180
Polysaccharide 1114, 1141
Polystyrol 1404
polysubstituierte Benzole
- Nomenklatur 1041

Polyurethan 1429
Polyvinylchlorid 1411
Porphyrin 1101
Porphyrinringsystem 1101
PP 1411
Präpolymere 1427
Praxis in der Mehrstufensynthese 675
primäre Alkylradikale 658
primäre Amine 861
primärer Alkohol
- E2-Dehydratisierung 582

primäres Carbokation 317
primäre/sekundäre Alkylgruppen 843
primäres Kohlenstoffatom 317
Primärstruktur
- Nucleinsäuren 1372

Primärstrukturbestimmung
- Polypeptid oder Protein 1193

Prinzip von Le Châtelier 279, 845
Prioritätsregeln 213
prochirales Kohlenstoffatom 789
Produkteverteilung 659
Progesteron 376, 883, 1360
Prolin 1098, 1159, 1163
Promotoren 1378
Propagationsschritte 656, 1405
Propagationsstelle 1406
Propan 142
Propen 263
pro-*R*-Wasserstoffatom 789
Prostacycline 1347
Prostaglandine 1345
- Biosynthese 1346

pro-*S*-Wasserstoffatom 789
Proteasen 1235
Proteine 250, 1158
- Biosynthese 1380, 1383
- Definition 1158
- Denaturierung 1207
- Ernährung 1164
- Evolution 1192
- faserförmig 1159
- gentechnische Methoden 1192
- globulär 1159
- hydrophobe Wechselwirkungen 1205
- Katabolismus Stufe 1 und 2 1315
- Primärstruktur 1192
- Primärstrukturbestimmung 1193
- Quartärstruktur 1192, 1206
- Sekundärstruktur 1200
- Spaltung 1197
- spiralisierte Bereiche 1203
- stabilisierende Wechselwirkungen 1204
- Strukturen 1192
- Tertiärstruktur 1192, 1204
- Translation 1383

proteinogene Aminosäuren
- Amide 1162

Proteinprenylierung 1355
protisch polares Lösungsmittel 504

Protonen 40, 47
- Aldehyde 768
- Alkene 768
- Alkine 768
- an Sauerstoff und Stickstoff gebunden 793
- äquivalente 772
- Benzolring 767

Protonenaustausch 794
Protonenmagnetresonanzspektroskopie 753
Protonenübertragungsreaktionen 97
- Vorhersage des Resultats 106

protonierter Alkohol 327
protonierte Verbindungen 102
PS 1411
Pufferlösungen 125
Purine 468, 1101, 1368
Puromycin 1388
Pyran 1129
Pyranosen 1129
- Sesselkonformationen 1132

Pyridin 467
- Aromatizität 1092
- elektrophile aromatische Substitutionsreaktionen 1093
- Nucleophil 1093
- nucleophile aromatische Substitutionsreaktionen 1095
- Reaktionen substituiertes 1096
- Säure-Base-Eigenschaften 1092

Pyridiniumion 1092
Pyridinnucleotid-Coenzym 1255
- Beispiele enzymkatalysierte Reaktionen 1258
- Struktur 1256

Pyridoxalphosphat (PLP) 1274
Pyridoxin 1274
Pyrimidine 468, 1101, 1368
Pyrosequenzierung 1393
Pyrrol 467
- Aromatizität 1086
- elektrophile aromatische Substitutionsreaktionen 1089
- relative Reaktivität 1090
- Säure-Base-Eigenschaften 1088

Pyruvat 992, 1308, 1313
- aerobe Bedingungen 1313
- anaerobe Bedingungen 1313
- Hefe 1314

Pyruvatcarboxylase 1272, 1326
Pyruvatdecarboxylase 1267
Pyruvatdehydrogenasekomplex 1268

Q

Quantenmechanik 42
Quartärstruktur
- Proteine 1206

quarternäres Ammoniumhydroxid
- Eliminierungsreaktion 608

quarternäres Ammoniumsalz 569
Quartett 771
- Bildung 775

Quartett von Dubletts 779
Quervernetzung 1421

R

Racemat 232, 252
Racematspaltung 252
- Aminosäuregemische 1178
- kinetische 1179

racemische Mischungen 232, 252, 349
- radikalische Substitution/Addition 671

Racemisierung 1277
- partielle 513
- vollständige 513

radiale Knotenfläche 60
Radikal 54, 655
Radikaladdition 667
- Alkene 667

Radikalanion 390
Radikalhemmer 681
Radikalinhibitoren 680
Radikalinitiator 666, 1408
radikalische Addition 668
- racemische Mischungen 671

radikalische Halogenierung 661
radikalische Polymerisation 1406
radikalische Reaktionen 1438
- in biologischen Systemen 678

radikalische Substitution 656
- Benzyl-/Allylwasserstoffatome 672
- racemische Mischungen 671

Radikalkation 698
Radikalketteninitiator 1406
Radikalkettenreaktion 656
Radikalkettenstarter 1406
Radikalstabilität 657
Radiostrahlung 754
Reaktion
- Ausbeute erhöhen 279
- endergonisch 277
- endotherm 278
- Energieverlauf 293
- exergonisch 277
- exotherm 278
- gekoppelt 280
- Geschwindigkeit 289
- intermolekular 557
- intramolekular 557
- Koordinatendiagramm 274
- säurekatalysierte 327

Reaktion 1. Ordnung 510
Reaktion 2. Ordnung 494
Reaktionen
- Alkene 365
- anabole 1256
- chemoselektive 906
- elektrozyklische 1439, 1447
- enantioselektive 365
- enzymkatalysierte 1230, 1232, 1258, 1263, 1272, 1274, 1281, 1283
- gekoppelte 1312
- H_2O mit HCl 106
- H_2O mit NH_3 106
- intra-/intermolekulare 1440
- intramolekulare 1224
- irreversibel 447
- katabolische 1256
- Katalyse biochemischer 1230
- katalysieren 1231
- katalysierte 1213

- kinetisch kontrolliert 445
- konzertierte 334, 342, 452
- mit Alkoholen 918
- mit Metallionen-katalysatoren 1223
- mit Wasser 915
- nucleophiler Katalysator 1221
- perizyklische 452, 1438
- photochemische 1441
- polare 1438
- primäre Amine 907
- radikalische 1438
- regioselektive 322, 347
- reversibel 447
- sekundäre Amine 911
- Stereochemie 347
- stereoselektive 347
- stereospezifisch 347
- thermische 1441
- thermodynamisch kontrolliert 445
- unkatalysierte 1213

Reaktionsgeschwindigkeit 290, 494
Reaktionsgeschwindigkeits-gesetz 495
Reaktionskinetik 275
Reaktionskoordinatendiagramm 274, 293, 446
- elektrophile Substitution 471

Reaktionsmechanismus 271, 316
- elektrophile Addition 316

Reaktivität
- Benzolring 1043

Reaktivitäts-Selektivitäts-Prinzip 661, 664
rechtsdrehend 229
Recycling
- Polymere 1432
- Symbole 1411

Redoxreaktionen
- Monosaccharide 1120

Reduktion 282
- Kohlenhydrate 1120
- mit Natriumborhydrid 899
- Zugabe Elektron, Proton, Elektron, Proton 906
- Zugabe Hydridion und Proton 904
- Zugabe zwei Wasserstoff-atome 904

Reduktionsreaktionen 904
- Benzole 1040

reduktive Aminierung 913, 1176
reduktive Eliminierung 635
Reduplikation 1376
reduzierender Zucker 1136
Referenzverbindung 760
Regel der 13 702
regioselektive Reaktion 322, 347
regioselektive Reaktionen 322
Regioselektivität 321, 322
- Grade 322

Regioselektivität der E2-Reaktionen 519
regulatorisches Enzym 1324
regulierende Stoffwechselwege 1324
Regulierungsenzyme 1324
Reinigungsmittel 1340
relative Basizität
- Bestimmung 1089

relative Reaktionsgeschwindig-keiten 1225
relative Reaktivität
- fünfgliedrige Heterozyklen 1090
- substituierte Benzole 1044

Remsen, Ira 1150
R-Enantiomere 364
Replikation
- DNA 1376
- semikonservative 1377

Replikationsgabel 1376
Resonanz 420, 455
Resonanzbildgebung 810
Resonanzenergie 420
Resonanzhybrid 115, 411
Restriktionsendonucleasen 1392
Restriktionsfragmente 1392
Retro-Aldoladdition 970
Retrosynthese 397, 561
retrosynthetische Analyse 397, 1063
- Grignard-Reagenz 895
- Wittig-Reaktion 929

Rezeptoren 250
Rhodopsin 212
Riboflavin 1262
Ribonucleoside 1369
Ribonucleotide 1369
Ribose 1117, 1129, 1145
Ribosom 1387
ribosomale Ribonucleinsäure (rRNA) 1381
Ringöffnungspolymerisation 1416
Ringschluss
- disrotatorischer 1449
- konrotatorischer 1449

R-Konfiguration 223
RNA 1101
- Aminosäurebefestigung 1382
- Basen 1367
- Biosynthese 1378
- Spaltung 1375
- Transkription 1378

RNA-Polymerasen 1371
Robinson-Annelierung 982, 1002
- retrosynthetische Analyse 984

ROESY 809
Röntgenbeugungsmuster 812
Röntgenkristallographie 811
rRNA 1381
R,S-System 223
RU-486 1362
Rückkopplungshemmer 1325
Rückseitenangriff 496, 497
Rumpfelektronen 45

S

σ-Bindung 63
Saccharin 1150
Saccharose 1139
S-Adenosylmethionin 614, 1316
Sägebock-Projektionen 531
salpetrige Säure 1061
Salz 49
SAM 615, 1316
Sandmeyer-Reaktion 1061
Sanger, Frederick 1393
Saponifikation 1339

s-Atomorbitale 60
Sättigungsgrad 261
Sauerstoffnucleophile 915
Säure 96
Säureamide 1162
saure Aminosäuren 1162
Säureanhydride 865
Säure-Base-Eigenschaften
  – Amin 1083
  – Aminosäuren 1166
  – Pyridin 1092
  – Pyrrol 1088
Säure-Base-Reaktion 97, 853
Säure-Base-Theorie 96
Säurechloride 826
  – Benennung 826
Säuredissoziationskonstante 99
Säurehalogenide 838
  – Reaktionen 838
Säurekatalysator 1215
saure Katalyse 1215
Säurekatalyse 1215
  – allgemeine 1217
  – spezifische 1217
säurekatalysierte Esterhydrolyse 843
säurekatalysierte Hydrolyse
  – Ester 1215
säurekatalysierte Keto-Enol-Umwandlung 956
  – Mechanismus 956
säurekatalysierte Reaktion 327
Säurekonstante
  – Einfluss der Struktur 108
saurer Katalysator 1215
Säurestärke 98
  – bestimmen 118
  – Einfluss von Substituenten 112
Saytzeff, Alexander 521
Saytzeff-Regel 521
  – Limitierungen 521
Schiemann-Reaktion 1063
Schiff'sche Base 907
Schlangengift 1343
Schlaufenkonformation 1203
Schlüssel-Schloss-Modell 1231
Schritte
  – bei der Umsetzung einer Aminosäure mit Ninhydrin unter Bildung eines farbigen Produkts 1171
  – der Acetessigestersynthese 989
  – der Acylierung eines α-Kohlenstoffs über ein Enamin 966
  – der Alkylierung eines α-Kohlenstoffs über ein Enamin 965
  – der Fettsäurebiosynthese 994
  – der Hell-Volhard-Zelinsky-Reaktion 959
  – der Malonestersynthese 987
  – der Robinson-Annelierung 983
  – in der automatisierten Merrifield-Festphasensynthese eines Tripeptids 1190
  – in der Biosynthese von Isopentenylpyrophosphat 1350
  – in der Biosynthese von Lanosterol und Cholesterol 1357
Schrock, Richard R. 645
Schutz der Aminogruppe 1186
Schutzgruppe
  – Entfernen am N-terminalen Ende 1188
Schutzgruppen 922
Schutzproteine 1159
schwach aktivierende Substituenten 1046
schwach desaktivierende Substituenten 1046
schweres Wasser 795
s-cis-Konformation 456
sechsgliedrige Heterozyklen 1092
Seidenproteine 1202
Seifen 1339
Seitenkette 1159
sekundäre Alkylradikale 658
sekundärer Alkohol 580
sekundäres Carbokation 317
sekundäres Kohlenstoffatom 317
Sekundärstruktur 1192
  – DNA 1372
  – Proteine 1200
Selegilin 373
Selektivität 1261
semikonservative Replikation 1377
S-Enantiomere 364
Senfgas 612
Sequenator 1195
Serin 1162, 1342
Serinproteasen 1235
  – Spezifität 1235
Sesquiterpene 1349
Sesselkonformation
  – D-Glucose 1131
  – L-Pyranose 1133
  – Pyranosen 1132
Sichelzellenanämie 1386
sichtbares Licht 739
  – Farbigkeit 744
sigmatrope Umlagerungen 1440, 1459
  – antarafacial 1461
  – Beschreibung 1459
  – suprafacial 1461
  – Woodward-Hoffmann-Regeln 1461
Singulett 771
Sinnstrang 1379
Skelettstrukturen 59
S-Konfiguration 223
S_N1-Reaktion 510, 551
  – Abgangsgruppe 514
  – Beeinflussung 514
  – Geschwindigkeit 510
  – Konzentrationsabhängigkeit 512
  – Lösungsmittel 551
  – Mechanismus 511
  – Nucleophil 515
  – Reaktionskoordinatendiagramm 512
  – sekundäre/tertiäre Alkohole 570
S_N2-Reaktion 494, 495, 496, 501, 552
  – Abgangsgruppe 501
  – Inversion 500
  – Lösungsmittel 552
  – Mechanismus 494
  – Nucleophil 503

– primäre Alkohole 571
– produktiver Zusammenstoß 496
S_N-Reaktion
– Lösungsmittel 548
– Vergleich S_N1/S_N2 515
Solvatation 548, 1301
Solvatisierung 548
Solvolyse 511
sp^2-hybridisiertes Kohlenstoffatom 213
Spektrometer
– Arbeitsfrequenz 754
Spektroskopie 714
spezifische Basenkatalyse 1219
spezifische Drehung 232
spezifische Säurekatalyse
– Reaktionskoordinatendiagramm 1217
Sphingolipide 1344
Spin 753
– α- und β- 753
– umklappen 754
Spin-Spin-Kopplung 774
Spinzustand 753
– α-Spinzustand 753
– β-Spinzustand 753
– Energiedifferenz 754
Spiralkonformation 1203
Squalen 1349
Stabilität 427
– kinetisch 288
– Molekülorbitaltheorie 427
– thermodynamisch 288
Stanozolol 1361
Stapelwechselwirkungen 1375
stark aktivierende Substituenten 1044
stark desaktivierende Substituenten 1047
Stärke 1141
– physikalische Eigenschaften 1143
Statine 1352
stationäre Phase 1172
Stearinsäure 1333
Stereochemie 347
– Dehydratisierung 584
– der elektrophilen Additionsreaktionen 348
– enzymkatalysierte Reaktion 362
– Glucose 1124
– Hydroborierung-Oxidation 356
– Peroxycarbonsäureaddition 355
– Polymerisation 1417
– Reaktionen 347
– Wasserstoffaddition 353
– zyklisches Bromonium-/Chloroniumion 358
Stereochemie der elektrophilen Additionsreaktionen
– ein Chiralitätszentrum 349
– zwei Chiralitätszentren 351
stereochemischer Verlauf
– radikalischer Substitutionen/Additionen 670
stereogenes Zentrum 220
Stereoisomere 208, 237, 347
– mögliche Anzahl 234
– von zyklischen Verbindungen 237
stereoselektiv 348
stereoselektive Reaktion 347, 354
Stereoselektivität 347
stereospezifisch 347
stereospezifische Reaktion 347
Stereozentrum 220
sterische Effekte 498
sterische Gruppenhäufung 888
sterische Hinderung 498
– Reaktionskoordinatendiagramm 499
sterische Spannung 286
Steroide 1358
– anabole 1361
– synthetische 1361
Steroidhormone 1359
Stille, John K. 645
Stoffwechsel 1296
Stoffwechselwege 280
– regulierende 1324
Stoppcodons 1384
s-trans-Konformation 456
Strecker-Synthese
– Aminosäuren 1178
Streckschwingungen 717
– C–H-Bindungen 729
Streptomycen 1378
Streptomycin 1388
Strukturen
– Benzol 407
– Darstellung 52
Strukturproteine 1159
Stufenwachstumspolymere 1404, 1423
Stufenwachstumspolymerklassen 1424
Styropor 1404
Substituenten
– aktivierende 1044
– desaktivierende 1044
– Einfluss auf die Säurestärke 112
– Elektronenabgabe durch Hyperkonjugation 1050
– Elektronenabgabe durch Resonanz 1050
– keine Elektronenabgabe durch Resonanz oder Hyperkonjugation 1051
– mäßig aktivierende 1045
– mäßig desaktivierende 1047
– schwach aktivierende 1046
– schwach desaktivierende 1046
– stark desaktivierende 1047
Substituenteneffekte 1045, 1053
– auf die Orientierung 1048
substituierte Benzole
– relative Reaktivität 1044
– stark aktivierende 1044
– Synthese mit Arendiazoniumsalzen 1061
Substitution 534, 555
– stereochemischer Verlauf 534
– Synthese 555
Substitutionsreaktionen 492
– Benzole 1039
Substrat 297, 1230
– eines Enzyms 1230

Succinatdehydrogenase 1318
Succinyl-CoA-Synthetase 1318
Sucralose 1152
Suizidhemmstoffe 1287
Sulfide 612
Sulfonierung 1026
Sulfoniumionen 569, 612
Sulfoniumsalze 612
Sulfonsäureester 569, 576
- Substitutionsreaktionen 577
Sulfonsäuregruppe 1174
Summenformel 261, 407
- Alkane 261
- Alkene 261
- allgemeine 261
suprafaciale Bindungsbildung 1456
suprafaciale Umlagerungen 1460
Süßstoffe
- synthetisch 1150
Suzuki, Akira 645
Suzuki-Reaktion 633
- Beispiele 633
- Mechanismus 634
Swern-Oxidation 588
Symmetrieebene 241
symmetrieerlaubte/-verbotene Reaktionswege 1450
symmetrische Anhydride 865
symmetrische Molekülorbitale 430, 1445
syn-Addition 352, 389
syndiotaktische Polymere 1418
syn-Eliminierung 531
Synthese 365
- Aminosäuren 1176
- mono-/disubstituierter Benzolderivate 1056
- Monoterpene 1353
- organischer Verbindungen, Eliminierungen 556
- organischer Verbindungen, Substitutionen 555
- organische Verbindungen 932
- substituierter Benzole mit Arendiazoniumsalzen 1061
- Substitutionen/Eliminierungen 555
- trisubstituierter Benzole 1059
- zyklischer Verbindungen 1072
Syntheseäquivalent 930
Synthesen
- Alkene 365
Syntheseplanung
- wichtige Faktoren 395
Syntheseplanung I
- Einführung in die Mehrstufensynthese 395
Syntheseplanung II 560
Syntheseplanung III 675
Syntheseplanung IV 930
Syntheseplanung V 990
Syntheseplanung VI 930, 1056
Syntheseplanung VII 1072
Synthetasen
- Fehlerkorrektur 1383
synthetische Polymere 861, 1402
- zwei Hauptklassen 1404
synthetischer Gummi 1420
synthetischer Kautschuk 1420
synthetische Steroide 1361
synthetische Süßstoffe 1150
Synthon 930

T

Talose 1117
Tartrate 252
Tautomere 386, 955
Tautomerie 956
Tautomerisierung 386
Teflon 1409
terminales Alkin 374
Terminationsschritte 656, 1405
Terminatoren 1379
Termitenbekämpfung 614
Terpene 1348
- Biosynthese 1350
- Klassen 1349
Terpenoide 1348
Terpentin 228
tert-Butylkation 317
tertiäre Alkylgruppen 847
tertiäre Alkylradikale 658
tertiärer Alkohol 580
tertiäres Carbokation 317
Tertiärstruktur
- Proteine 1204
Tesla 754
Tesla, Nikola 755
Testosteron 883
Tetrachlormethan 91
Tetracyclin 1388
tetraedrische Bindungswinkel 70
tetraedrischer Kohlenstoff 70
tetraedrisches Intermediat 832
tetraedrische Zwischenstufe
- Bildung 832
Tetrahydrofolat (THF) 1283
Tetramethylsilan (TMS) 761
Tetrapeptid 1158
Tetraterpene 1349
Tetrosen 1114
Thalidomid 251
Theorie der Erhaltung der Orbitalsymmetrie 454, 1441
thermische Reaktionen 1441
Thermodynamik 275
thermodynamische Kontrolle 447
thermodynamisches Produkt 445
- Identifizierung 450
thermodynamische Stabilität 288
thermodynamisch kontrollierte Reaktion 445
Thermoplasten 1430
thermoplastische Kunststoffe 1430
THF 1283
THF-Coenzym
- Beispiele für enzymkatalysierte Reaktionen 1283
Thiamin 1266
Thiaminpyrophosphat (TPP) 1266
Thioalkohol 1181
Thioester 873
Thioethanol 1291
Thioether 612
Thiolation 611

Thiole 611, 874, 1181
Thionylchlorid 870
Thiophen 467
– Aromatizität 1086
– relative Reaktivität 1090
Thorpe-Ingold-Effekt 1227
Threo-Enantiomere 236, 354
Threonin 1162
Threose 1116
Thromboxane 1347
Thymidin 1286, 1369
Thymidylatsynthase 1284
Thymin 1284, 1369, 1388
Thyroxin 1030, 1164
Tieffeld 762
TLC 1173
TMS 761
– Signal 761
Tochterstrang 1376
Tollens-Reagenz 1121
Tosylalkan 577
TPP 1266
– mechanistische Ähnlichkeiten 1270
trans-1,2-Diol 598
trans-Alkene 356, 389
Transaminierung 1277, 1315
– Aminosäuren 1315
trans-Diol 598
trans-Enantiomere 356
Transesterifizierung 847
Transfer-Ribonucleinsäure (tRNA) 1381
Trans-Fette 287
Transiminierung 1275
trans-Isomere 356
– Kopplungskonstanten 783
Transkription 1377, 1378, 1387
Translation 1378, 1383, 1387
– Ablauf 1385
Transmetallierung 628
Transmission 719
Traubenzucker 573, 992
Triacylglycerole 1336
Tricarbonsäurezyklus 1304
Trifluoressigsäure 1188
Triglyceride 1336
Trimere 1206
Triosen 1114
Tripeptid 1158
Triplett 772
trisubstituierte Benzole 1059
– Synthese 1059
Triterpene 1349
tRNA 1381
Trockeneis 901
Tropokollagen 993
Trypsin 1235
Tryptophan 829, 1098, 1163
Tyrosin 1162

U

Übergangszustand 275, 293, 294, 319
Ultraviolett- und visuelle Spektroskopie 738
ultraviolett-visuelle (UV/Vis-) Spektroskopie 697
Umesterung 841, 847
Umhybridisierung 916
– C-Atom 916
Umklappen des Kernspins 753
ungesättigte Kohlenwasserstoffe 262, 379
– physikalische Eigenschaften 379
unimolekular 511
unkatalysierte Reaktion
– Reaktionskoordinatendiagramm 1213
unpolare kovalente Bindungen 49
unpolares Molekül 68
Untereinheit 1206
unterphosphorige Säure 1063
unterschiedliche Reaktionsgeschwindigkeiten 662
Uracil 1368, 1369, 1388
Urethan 1429
Uridin 1369
UV-Bereich 739
UV-Spektrum
– Methylvinylketon 739
UV/Vis-Licht
– Elektronenanregung 739
UV/Vis-Spektroskopie 738
– Anwendungen 745

V

Valenzelektronen 45
Valin 1162
Vanillin 883
van't Hoff, Jacobus Hendricus 409
Vasopressin 1184
Verbindungen
– ionische 49
– metallorganische 625
Verbindungsklassen 697
Verbrennung 654
verbrückte bizyklische Verbindung 457
Verdauungsenzyme 1196
Vererbung 1377
Verhütungsmittel 1362
Verschiebungskorrelation
– $^{13}C-^{13}C$-Verschiebungskorrelation 809
– $^{1}H-^{13}C$-Verschiebungskorrelation 808
Verseifung 1339
verzweigte Polymere 1410
vicinal 336
Vinylanion 390
Vinylgruppe 266
Vinylhalogenide 546
Vinylkation 380
Vinylkohlenstoffatom 266, 380
Vinylpolymere 1405
Vinylradikal 390
Vinylwasserstoff 266
Vitamin B_1 1255, 1266
Vitamin B_6 1274
Vitamin B_{12} 1102, 1280
Vitamin C 1147
Vitamin D 1467

Vitamine 1252
- wasserlösliche 1253
- wasserunlösliche 1253
Vitamin E 1343
Vitamin K 1288
- Epoxid 1291
Vitamin KH_2 1289
- Mechanismus katalysierte Glutamatcarboxylierung 1289
Vollacetal 918
Vollketal 918
V/PVC 1411
VSEPR-Modell 67
Vulkanisierung 1420

W

Wachse 1335
Wasser 915
- Addition von Alken 326
Wasserenthärter 1175
Wasserstoff
- Stereochemie 353
Wasserstoffaddition 354
- stereochemischer Verlauf 353
Wasserstoffatom
- diastereotop 789
- enantiotop 789
- pro-*R*- 789
- pro-*S*- 789
Wasserstoffatome
- Wanderungen 1462
Wasserstoffbrücken
- IR-Spektroskopie 728
Wasserstoffion 47
Watson, James 1366, 1370
Weichmacher 1411
Weinsäure 246
- Mesoform 246
- Stereoisomere 246
Wellenlänge 716, 739
Wellenzahl 716
Werkstoffkunde 1403
Wilkins, Maurice 1370
Williamson, Alexander 555
Williamson'sche Ethersynthese 555
Wittig-Reaktion 926
- Alkendarstellung 928
- Bedeutung 928
- Mechanismus 927
Wohl-Abbau 1123
Wolff-Kishner-Reduktion 1037
Woods, Donald 1284
Woodward-Hoffmann-Regeln 1452
- Cycloadditionen 1458
- elektrozyklische Reaktionen 1454
- sigmatrope Umlagerungen 1461
Woodward, Robert 1441

Y

Ylid 927

Z

Zellen 871
Ziegler-Natta-Katalysatoren 1417
Ziegler-Natta-katalysierte Polymerisation
- Mechanismus 1419
Zielmolekül 560
Zielverbindung 328
Zimtaldehyd 883
Zink-(II)-chlorid 572
Z-Isomer 214
Zitronensäurezyklus
- Stufe 3 1317
Z-Konfiguration 214
Zucker
- nichtreduzierend 1136
- reduzierend 1136
Zuckeralkohol 1120
Zufallscopolymere 1423
Zufallsknäuel 1207
zweidimensionale NMR-Spektroskopie (2D-NMR) 806
zweifach substituierte Benzole
- Benennung 1041
zwei funktionelle Gruppen benennen 886
Zwischenkettendisulfidbrücke 1182
Zwitterion 1168
zyklische Amide 828
zyklische Ester 827
zyklische Halbacetale 1127
zyklischer Ether 562
- Darstellung 562
zyklisches AMP (cAMP) 1370
zyklisches Nucleotid 1370
zyklische Verbindungen 1129
- Eliminierung 535
- Synthese 1072

Gruppe I

R—CH=CH—R
Alken

R—C≡C—R
Alkin

R—CH=CH—CH=CH—R
Dien

> Dies sind Nucleophile.
>
> Sie gehen elektrophile Additionsreaktionen ein.

Gruppe II

R—X (X = F, Cl, Br oder I)
Halogenalkan

R—OH
Alkohol

R—OR
Ether

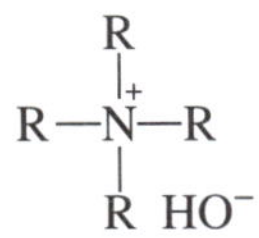

quarternäres Ammonium-hydroxid

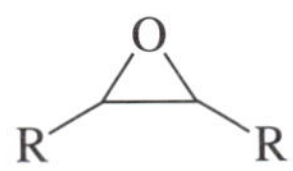

Epoxid

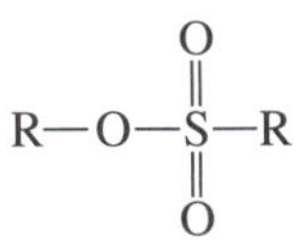

Sulfonsäure-ester

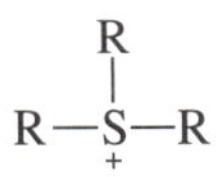

Sulfonium-ion

> Dies sind Elektrophile.
>
> Sie gehen nucleophile Substitutionen und/oder Eliminierungen ein.

Gruppe III

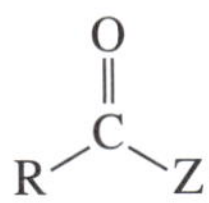

Z = ein elektro-negativeres Atom als C

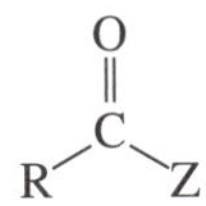

Z = C oder H

> Dies sind Elektrophile.
>
> Sie gehen nucleophile Acyl-substitutionsreaktionen, nucleophile Additionsreaktionen oder nucleophile Additions-Eliminierungs-reaktionen ein.
>
> Das Entfernen eines Wasserstoffs von einem α-Carbon bildet ein Nucleophil, welches Reaktionen mit Elektrophilen eingehen kann.

Gruppe IV

Benzol

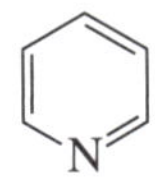

Pyridin

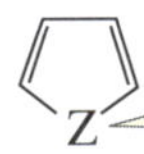

Z = NH, O oder S

Pyrrol, Furan, Thiophen

> Dies sind Nucleophile.
>
> Sie gehen elektrophile aromatische Substitutions-reaktionen ein.

> Halogensubstituierte Benzole und halogen-substituierte Pyridine sind Elektrophile.
>
> Sie gehen nucleophile aromatische Substitutions-reaktionen ein.

Häufig vorkommende funktionelle Gruppen

Alkan RCH_3

Alken 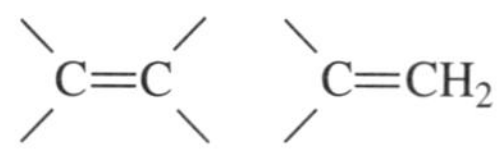

internal terminal

Alkin $RC{\equiv}CR$ $RC{\equiv}CH$

internal terminal

Nitril $RC{\equiv}N$

Ether $R{-}O{-}R$

Epoxid 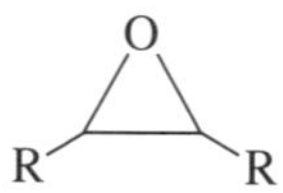

Thiol $RCH_2{-}SH$

Sulfid $R{-}S{-}R$

Disulfid $R{-}S{-}S{-}R$

Sulfoniumsalz 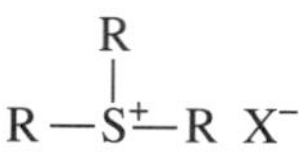

Quaternäres Ammoniumsalz 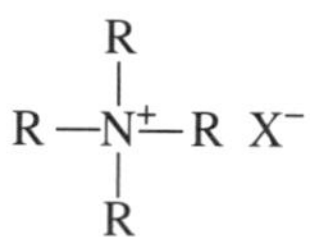

Anilin 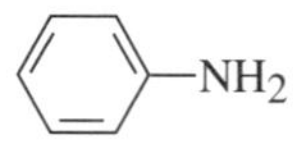

Phenol 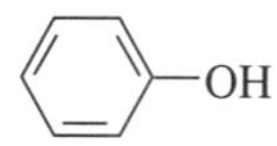

Carbonsäure 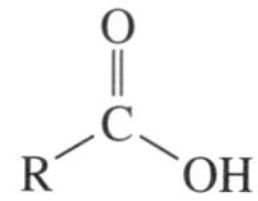

Säurehalogenid 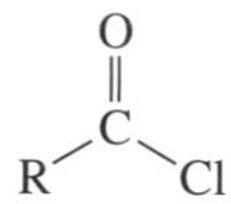

Säureanhydrid 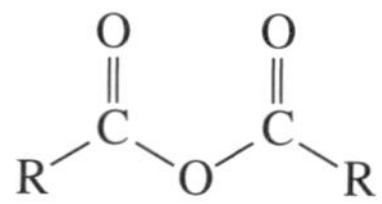

Ester 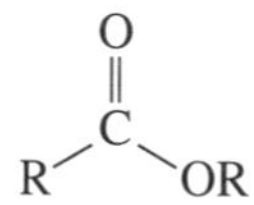

Thioester 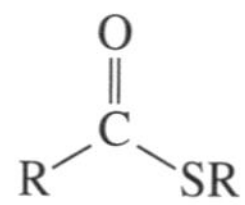

Amid 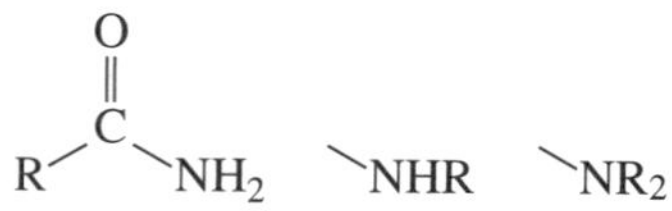

Aldehyd 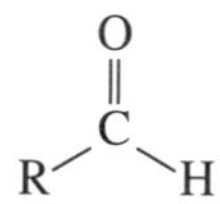

Keton 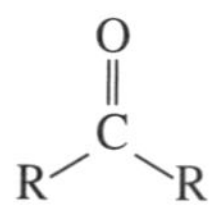

Benzol

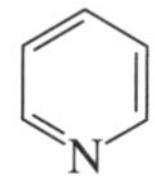

Pyridin

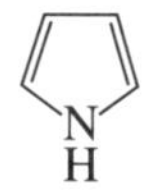

Pyrrol

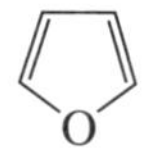

Furan

Thiophen

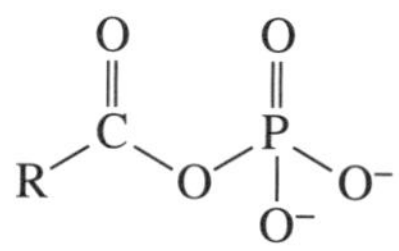

Acylphosphat

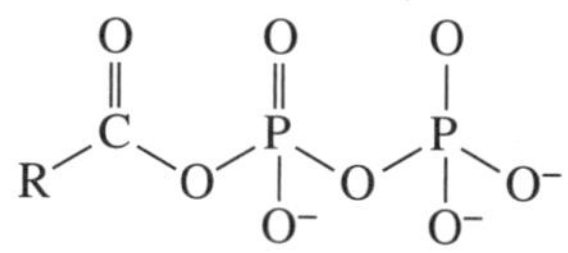

Acylpyrophosphat

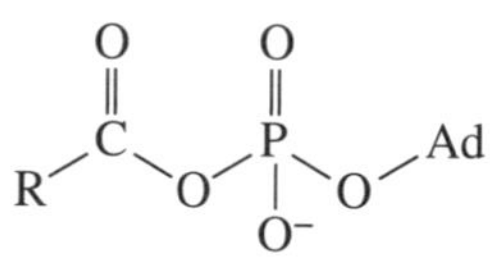

Acyladenylat
(Ad = Adenosyl)

	primär	sekundär	tertiär
Halogenalkan	$R{-}CH_2{-}X$ X = F, Cl, Br oder I	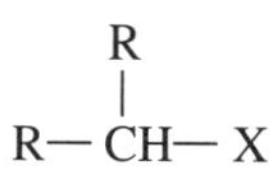	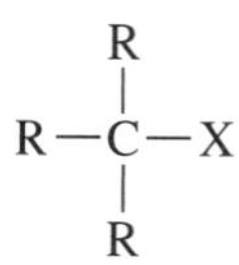
Alkohol	$R{-}CH_2{-}OH$	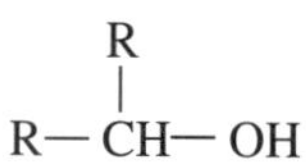	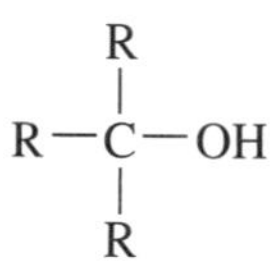
Amin	$R{-}NH_2$	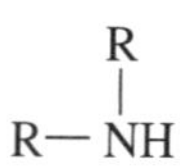	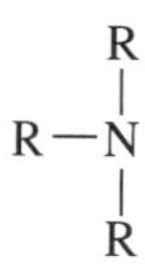